U0210098

建筑电气设计与施工

唐 海 主编

中国建筑工业出版社

图书在版编目（CIP）数据

建筑电气设计与施工/唐海主编 . —北京：中国建筑
工业出版社，2000.9
ISBN 978-7-112-04179-4

Ⅰ . 建⋯　Ⅱ . 唐⋯　Ⅲ .①房屋建筑设备：电气设
备-建筑设计　②房屋建筑设备：电气设备-工程施工
Ⅳ .TU85

中国版本图书馆 CIP 数据核字（2000）第 18285 号

　　本书全面介绍建筑供电设计、施工安装、质量管理等内容，全书共分
六篇34章，第一篇基础篇，主要介绍电气识图、高低压电气设备。第二
篇供电篇，主要内容是建筑工程供电方式、电力负荷的计算、变电所的主
结线方式、室内外配电线路、继电接触控制与保护、电力管理、变配电所
的设计与施工等。第三篇照明篇，主要介绍光度学、电光源和灯具、照明
设计计算和施工。第四篇减灾篇，主要介绍安全用电防护技术、防雷、防
火、防盗和防爆技术。第五篇信息篇，主要介绍 CATV 系统、有线通讯系
统、电声和广播系统及楼宇自动化。第六篇应用篇，主要介绍单项工程供
电设计、概算、电脑辅助设计、工程监理、施工管理、质量验收。

　　本书特点是内容丰富，文字简练，图文并茂，深入浅出，反映了国内
外建筑电气新技术、新产品、新设备，实用性强。本书可供建筑电气设计
与施工工程技术人员使用，也可供有关专业师生培训、参考。

建筑电气设计与施工

唐　海　主编

*

中国建筑工业出版社出版、发行(北京西郊百万庄)
各地新华书店、建筑书店经销
北京富生印刷厂印刷

*

开本：787×1092 毫米　1/16　印张：81½　插页：2　字数：1978 千字
2000 年 9 月第一版　　2007 年 7 月第七次印刷
印数：9401—10600 册　　定价：**106.00** 元
ISBN 978-7-112-04179-4
（9655）

前　　言

在 21 世纪，全世界的建筑市场主要在我国，这是举世瞩目的。为此，许多有识之士看好这一机遇，积极培养建筑技术人才，学习建筑设计与施工技术。

随着社会的进步，建筑工业和建筑技术正在迅速发展，建筑电气化、自动化程度越来越高，国家制定和修订了一批新的设计标准和电气施工规范。国内外的建筑电气新技术新产品和设备不断地应用于实际工程之中，因此迫切需要一本全面介绍建筑供电设计、施工安装、质量管理以及教学参考等方面的书籍。

为了满足广大建筑工程技术设计和施工人员的需要及在职建筑工程设计、教学、施工人员的需要，作者编写了《建筑电气设计与施工》这本综合性参考书。本书采用了与 IEC（国际电工委员会）一致的最新的电气图形符号及文字标注规范，以便和国际标准接轨。

本书可以作为"建筑供电设计"、"建筑电气施工"及"电气工程质量管理"等课程的综合参考书。也可以作为大学、职业高中有关专业学生的参考教材或在岗的工程技术人员的工具书使用。

本书的特点是文字简炼、图文并茂、深入浅出、理论联系实际。为了帮助读者具体掌握建筑工程技术知识，对每章重点内容编写了大量习题，并附有参考答案，所以也适合于自学参阅。

本书由清华大学建筑设计研究院唐海主编，参加编写的还有北京建筑工程学院唐定曾、清华大学钱根南、建工集团朱鲜华、北京公安交通管理局崔顺芝。

目　　录

5

第二篇　供　电　篇

第三篇　照　明　篇

第五篇　信　息　篇

20

第一篇 基 础 篇

1 入 门

1.1 电力技术的发展

1.1.1 电磁现象

自然界的电闪雷鸣很早就引起了人们的注意。在我国商代（公元前 16～公元前 11 世纪）的甲骨文中就出现了"雷"字，它是按照古人造字的象形原则，字的上半部分象形雨点，下部分象形车轮，以代表隆隆的声音。"電"字出现在周朝（公元前 1100～公元前 771 年）的青铜器上。字的上半部分代表雨点，下半部分代表闪电。英文中电字 electricity 是 16 世纪由 William·Gibert（威廉姆·吉尔伯特 1544～1603 年）提出，他是从希腊文字中的琥珀（ηλεκτ ρυγ）引伸出来的，因为这时知道摩擦琥珀可以生电。

中国古代人们对雷电的观察十分细致，在《易经》中多次记载着雷电现象，如"雷在天上"、"泽上有雷"、"雷出地"等等。雷电给人以深刻的印象，还可以从一些谚语中看到，如雷霆万钧、迅雷不及掩耳、风驰电掣等。在中国，人们认为有雷公电母这些神仙用雷电作为惩罚坏人的武器。欧洲斯堪的那维亚半岛人相信雷电是雷神（Thor）的锤子在敲打，希腊人则认为是宙斯（Zcus）发怒时的吼声和射出的箭。

雷电现象是自然界所固有的，人们能够控制并重复实现的电学现象是摩擦琥珀后使它可以吸引纸屑等微小物体。中国汉代的王充（27～107 年）在其著作《论衡》中写道："夫雷，火也。……阴阳分事则相校轸，校轸则激射，激射为毒，中人则死，中木木折，中屋屋毁。"文中的意思是说当两种因素分离的时候，有相互的作用力。这种作用是很激烈的，产生的火焰能使人死、树折、屋毁。

战国时期吕不韦（？～公元前 225 年）所著《吕氏春秋》卷九中记载："慈石召铁，或引之也。"按学者高诱的注释，作者认为磁石和铁是母子关系，因为铁是从磁铁石中提炼出来的，两者的作用如母亲召唤儿子。这种将自然现象拟人化的现象在古代是很常见的。书中磁铁的磁直接运用了慈爱的慈，还特意在注释中说明不慈的铁矿石就不能吸铁。

天上的雷电和琥珀摩擦似乎是毫不相干的事情，就力量的大小而言，一个惊天动地，一个微不足道，从现象上人们很难认为这是同一属性的东西。直到 18 世纪富兰克林（Benjamin. Francklin1706～1790）成功进行了著名的风筝试验，而另外一位科学家里希曼（G. W. Richmann 1711～1753）则在相似的雷电试验中牺牲。

科学家们所探索的电给我们今天的生活带来了巨大的实惠，也给我们建筑电气设计提供了最初的基石。

1.1.2 电力照明的发展

1802 年，俄国学者彼德罗夫（1761～1834）用伏打电堆研究放电现象。为了提高电压不断增加伏达电堆单元，最后做成了 2100 个单元的伏打电堆。电压达到 1700V，能提供的电流约 0.2A，电堆联结起来的总长度达 13m！彼德罗夫用这个装置成功地实现了放电，同时看到放电的火花不是转瞬即逝，而是成为持续的电弧，产生耀眼的白光并产生可使导线熔化的高温。若改用两个炭棒为电极，并保持一定的电压，电流就可以形成稳定的电弧。他预感到发现电弧的重大意义："电弧的光将使黑暗变成一片光明"，他还指出电弧可以使各种金属很快熔化，将在冶金中得到应用。

1840 年，英国科学家格罗夫（William Robert Grove 1811～1896）进行了一个实验。对玻璃罩内的白金丝通以电流，当电流足够大时，铂丝达到炽热而发光。但是只能维持几个小时铂丝就烧毁了。虽然还不切实用，最早的白炽灯就这样出现了。

1844 年，法国物理学家佛库特（Jean Bernard Leon Foucault 1819～1868）制成以木炭为电极的弧光灯，用于显微镜的照明。但因炭电极消耗很快，仅能维持短时间使用。1854 年，在美国的德国人戈培尔（Heinrich Gobel 1818～1893）用炭化竹丝密封在玻璃泡内制成的电灯泡，成本比较低，不过使用时间仍然不长。

1876 年，俄国出现了街道及家庭的电力照明，雅布罗奇可夫（1847～1894）采用高岭土调以镁粉的涂片代替灯丝。这种涂片在常温下并不导电，开始时玻璃管中先产生了气体放电，放电产生的热量对涂片加热使之导电并发光。

美国的发明家托马斯·爱迪生研究灯泡的故事几乎是家喻户晓，他努力收集前人研究资料，并纪录了 4 万页的笔记。他认为白炽灯构造简单易于使用，比电弧灯更有前途，关键在于用什么材料才能延长灯丝的寿命。在两年的时间内，他试验了 1600 多种材料，包括各种金属、木材、石墨、稻草、亚麻、马鬃，甚至连他朋友的胡须也用来进行了试验，都遭到了失败。在许多人对他讥笑的时候，爱迪生仍然坚韧不拔地探索，终于在 1879 年 10 月 21 日用棉纱为原料，经过炭化处理作为灯丝，并将玻璃泡抽真空再行密封。他终于成功了，灯泡连续点燃达 45 小时。他并没有就此停步，又试验了各地所产的 6000 多种植物纤维，后来选中了日本产的竹丝为原料，电灯泡的寿命可达数百或上千小时，1879 年取得美国专利。1882 年投入成批生产耐用的炭丝灯泡。与此同时，英国的 J. W. 斯旺也成功地制出耐用的炭丝灯泡，因此产生了发明权的争执。后来斯旺也与爱迪生组成联合公司解决了争端。炭丝白炽灯逐渐被人们普遍采用。1905 年以后，由于冶金技术的进步，才发展钨丝灯泡。

白炽灯泡构造看起来简单，原理也并不复杂，但是从开始研制到实用经过了几十年的时间和许多人的努力。白炽灯一直沿用至今，看起来短时间也不会被淘汰。但是，最新的理论认为：白炽灯的效率太低（电能 3% 转换为光能，其余 97% 转换为热能），不符合"绿色照明"的要求。无论怎样说，以白炽灯为标志的电力照明的出现，其社会影响十分巨大，为纪念这个伟大的发明，美国的某个大城市曾经在用电高峰的夜晚停电几分钟进行悼念爱迪生诞辰 100 周年。

1.1.3 电路理论的建立

电力装置的设计或运行都要进行计算，以了解设备上所需的电压、电流、线路上各处信号的衰减、延迟、失真等现象。这些问题有一个共同的特点，就是需要采用简捷的方法，获得所需要的定量结果。允许有一些近似，而且也不必重新研究发生的物理过程和细节。

1826 年，G.S. 欧姆提出的欧姆定律就是一个典型的理论，其定律形式：$e = IR$ 或 $u = IR$ 形式十分简单，所讨论的问题限于电流 I 及电动势 e 或电压 u，导体的作用只用一个参量 R 代表，就可以求出电流 I，而不去讨论电池或导体中发生的详细物理过程。1832 年，J. 亨利提出的电感系数 L，也具有这样的特点。他把线圈中发生的电磁感应的复杂过程，用一个参数 L 表示，即磁通量 $\Phi = Li$，所以感应电动势为：

$$e = -\,\mathrm{d}\Phi/\mathrm{d}t = -\,L\mathrm{d}i/\mathrm{d}t$$

在 1778 年，A. 伏打就提出电容 C 的概念，导体上储存电荷 $Q = CU$，而不必从整个静电场去计算，即使在充放电过程中，也可以由 $i = \mathrm{d}q/\mathrm{d}t = C\mathrm{d}u/\mathrm{d}t$ 去分析电流与电压的关系。当然，RLC 所代表的元件是理想的，各自反映了一种物理过程。但实际电气元件的物理情况不难由 RLC 的适当组合去近似地表示出来，这种组合人们称之为"电路"。

电路是实际电气器件的近似模型，反映了器件的主要性能。选定了等效的电路模型，进一步的问题就是如何才能够计算电路中各处的电压和电流了。这些关系是德国科学家基尔霍夫（Gustav Robert Kirch – hoff 1824 ~ 1887）1845 年提出的。他在深入地研究了 G.S. 欧姆等人的工作之后，提出了电路中两条基本定律：

（1）电流定律—汇集到电路的一个节点上的各电流，其代数和必为零。

（2）电压定律—沿着电路中的一个闭合回路上，电动势的代数和必须等于电压的代数和。这是根据能量守恒原理得到的推论，因为各种电源的作用已经由电动势代表，线圈上的电磁感应也只由其端上的电压、电流表示为 $u = L\mathrm{d}i/\mathrm{d}t$，元件外部仅剩下电压和电流了。根据这两条定律，可以列出有关电压和电流的方程，联立求解就可以算出回路中的电压和电流。

1847 年，基尔霍夫继续发表了一篇重要的论文，证明在复杂的电路网络中，根据前面两条定律所能列出的独立方程的个数，恰好等于支路的个数。因此如果电路中各电源的电动势及各元件的参数已知，则列出的独立方程能求解各支路电流。

按照实际器件建立电路模型，是重要的创造性的工作。英国 W. 汤姆逊就是这方面杰出的代表。1853 年，他采用 RLC 串联的电路模型，分析了充有电荷的莱顿瓶放电过程，得出了过程中电流有往复振荡和逐渐衰减的性质，并计算出振荡频率与 RLC 参数的关系。他又在 1855 年采用电容与电阻的梯形电路，代表电缆上传送信号的过程，得出了电报信号经过长距离传送所产生的衰减、延迟、失真等现象。1857 年 G.R 基尔霍夫研究了架空线路与电缆的差异，认识到架空线上的自感系数不能忽略，从而得出了完整的传输线的电压及电流方程式，人们称之为基尔霍夫方程。电路理论就这样建立起来了。

电路理论至今仍然是我们进行建筑供电设计的理论依据，没有纯熟的电路计算知识，在供电设计中会遇到相当大的困难。

1.1.4 交流电的采用及理论的进展

19 世纪 80 年代初，电机在结构上已经较为完备，进一步改善的需要促进了理论的研究。因为电源只有电池提供的直流电，当时大多数的电机仍然是直流的，供给电解、电镀等用途的发电机也必须是直流的。根据电磁感应产生的交流电，要由电机上的换向器变为直流才能应用。

最早较大规模使用交流电，是 1876 年在电力照明中的应用。俄国 H. 雅布罗奇可夫为照明建立的发电厂，发送的就是交流电。1883 年英国高拉德（L. Golard 1850～1888）和吉布斯（I. Dickson Gibbs）制成具有分接头和几个绕组的变压器，用改变接线的方法变换所需的电压，仍然用的是开放式磁路。这种变压器在英国伦敦博览会上展出，每台容量达到 5kVA。1885 年，匈牙利工程师麦克斯韦（Maxweu 1851～1934）研制出采用闭合式磁路的干式变压器，效率大为提高，并取得德国的专利。

交流电的另一个特点是由静止的线圈可以产生旋转的磁场。对后来的电机发生了重大的影响。意大利科学家费拉伊（Galileo Ferrais 1847～1897）1888 年春在都灵科学院报告，他于 1885 年发现用不同相位的交流电通向几个静止的线圈，可以产生旋转磁场。几乎同时，美籍南斯拉夫裔工程师特斯拉（Nicola Teslal 1856～1943）在美国也报道发现了旋转磁场，并在 1882 年制成了没有滑环的交流电动机。

1888 年秋，俄国年青的工程师多里沃—多布罗夫斯基（1862～1919）注意在电机的动态制动实验中，如果将电动机的电枢线圈短接，会产生很强的制动作用。由此他很快体会到如果减少电枢上线圈的电阻，使感应电流增大，不是用来制动，而是随着旋转磁场旋转，就可以提供一定的力矩。根据这种设想，他在铁柱中穿过铜条，并在端部短接做为转子，放在旋转磁场中制成鼠笼式感应电动机。

这种电动机不需要向转子引入励磁电流，从而免除了滑动触环，构造简单坚固，成本低廉，运行平稳，直到现在仍被广泛采用为动力来源。他又将二相改为三相，使电机圆周上的空间可以充分利用。三相的交流电，各自的相位互差 120 电度角，这样的三个正弦波大小相等的电流相加，恰好等于零。换句话说，供给三个线圈三相电流，不需要用六根导线，只要将线圈的另一端接到一起成为中点，这样仅需三根导线就可以了。1889 年他制成了功率为 100W 的电动机，1891 年制成的电动机达 3.7kW。

多里沃—多布罗夫斯基还制成了三相变压器。他提出几种构造都是可行的，包括铁芯为壳式、芯式、或日字形。

人们发现交流电机中能量损失的测量结果与计算结果相差很多。英国爱文（J.A.Ewing）指出这可能是由于磁滞损失未考虑在内的原因。德裔美国人司坦麦兹（Charles Proteus Steinmetz 1865～1923）给出了计算磁滞损失的经验公式，即损失正比于磁通密度 B 的 1.6～2 次方，按材料而采用不同的方式。这个公式很有效，一直应用到现在。

交流电的使用，促进了交流电路理论的发展。交流电路与直流电路有很大差别，不仅电动势及电流是随时间有正负交互的变化，而且电路中不仅有电阻的作用，还必须考虑电感和电容的影响。早在 1847 年，Y.X 楞次就发现了线圈中通过交变电流时，它与电动势的变化相位上不一致。1877 年，Π.H. 雅布罗奇可夫观察到电容上交流电压也与电流的相位不同。19 世纪 80 年代，J.C. 麦克斯韦曾提出过电路中交流的全阻抗表示。卡普

（Kingsburg Kapp 1852~1922）在 1887 年推出了计算变压器产生的感应电动势 E 平均值的公式：

$$E = 4.44wf\Phi 10^{-8}$$

式中 f 为频率，w 为匝数，Φ 为磁通量。根据这个式子可确定变压器中磁通与磁化电流的关系。M.O.多里沃—多布罗夫斯基发展了卡普的理论。1891 年，他在法兰克福电工学术会议上提出了关于交流电理论的报告："磁通是决定于所加电压的大小，而不是决定于磁阻。而磁阻的变化只影响磁化电流的大小。如果磁通的变化是正弦式的，则电动势或电压也是正弦式的，但二者相位差 90 度。"他又将磁化电流分成两个分量，即"有功分量"与"磁化分量"。他提出交流电的基本波形为正弦式，将线圈中电流分为两个分量等都为后来所沿用。

交流电路计算方法中一个重要进展，是 C.P. 司坦麦兹的复数符号法。他利用数学中的第莫威定理，用复数代表正弦量的大小和相位。在给定的频率下，三角函数的运算就简化为复数的代数运算了。他又根据瑞士数学家阿根德（Jean Robert Argand 1768~1813）在 1806 年所提出的用矢量表示复数，则又可以用平面上的矢量代表交流电的大小和相位，所以可称之为"相量"。相量概念因其直观性易懂，成为分析交流电的有力工具。

1.1.5　发电厂和电力传输

1. 发展

早期的工业生产，除人工之外只以畜力、风力或水力为动力。蒸汽机的发明，解决了动力来源的问题，最终导致了产业革命，生产力得到了巨大发展。但每个需要动力的工厂必需安装锅炉、蒸汽机、笨重的皮带轮轴传动装置，还需要自己解决燃料来源及运输等问题，仍然很不方便。

电机的进步和交流电的应用，改变了这种状况。只要有人集中建造发电厂，或者利用水力，或者统一解决燃料问题，再用导线就可以将电能送到各个工厂或千家万户。对每个用户来说，只要具有电动机，就成为动力来源了。这就为工业的高速发展创造了良好的条件。电气化的时代到来了。

1879 年，美国在旧金山建成实验电厂向用户出售电能。我国也在这一年于上海建成了一台 7.5kW 电机的发电厂，主要是供照明用户之用。英国霍尔本电厂、俄国彼德堡电厂也先后建成。

从发电厂向用户输送电能的问题，早在 1873 年法国佛泰因（Epolit Fontine）在维也纳国际博览会上用燃气发动机带动发电机，输电到 1km 以外处的电动机成功地驱动了一台水泵。1874 年，俄国的皮罗茨基（1845~1898）进行了直流输电的试验，并申请了专利。1880 年在俄国《电》杂志的创刊号上发表了 П.A. 拉契诺夫的论文，文中提出：当传输的电能增加或距离加长时必须升高电压。1881 年，这个杂志又发表了 M. 德普列（Mercel Deprez 1843~1918）长距离的电力传输的论文，也提出了相同的结论。1882 年，他在法国建造了 57 公里的输电线路，将密土巴赫水电站的电能输送到巴黎展览会现场。该系统传输功率为 3kW，始端电压为 1413V，终端电压为 850V，所用导线为 4.5mm^2，线路损失为总能量的 78%。

电力系统发展过程中出现过使用直流电还是交流电的争论。争论开始于某些著名的人，包括美国的 T.A. 爱迪生和英国的 W. 汤姆逊都是反对使用交流电的，理由是交流电不安全，当然这也是了解不够的缘故。随着电力传输的发展，交流电可以用变压器很方便地提高或降低电压，同时交流电机制造方便成本低廉，不会产生换向器故障等，这些优点终于被多数人承认，争论才逐渐平息了。

1888 年，M.O. 多里沃—多布罗夫斯基创立交流电的三相制，在 1891 年建成由法国劳奋水电站至德国法兰克福的三相交流高电压输电线路。在始端采用了 90/15200V 的升压变压器，在终端建有两座变电所将电压降低，输电效率已达到 80% 以上，经济效益比较显著，此后的交流输电就大都采用三相制了。

英国商人于 1882 年在上海开办了上海电光公司，建发电厂功率为 12kW。1888 年两广总督张之洞批准华侨黄秉常在总督衙门近旁建成电厂，供给总督衙门及一些居民照明用电。美国在 1882 年仅有发电厂 3 座，至 1902 年电厂已达 3621 座，发展十分迅速。欧洲各国兴建电厂数目也迅速增加，电力工业已经成为重要的产业部门了。

2. 断路器

随着发电厂的建立，需要有通、断大电流且耐受高压的断路器设备。20 年代最简单的断路器是金属棒与盛有水银的容器。接通时就是将金属棒插入水银中，断开时将棒提起。这种开关比较笨重，价钱也很贵，使用时要操动几次才能保证接触良好。这迫使人们寻求更好的办法。

除了在接通后开关触点要接触良好之外，随着功率和电流的增大，断路器断开时产生的火花就成为电弧了。电弧的高温可以使触点烧坏，甚至熔化，造成伤人或火灾。因此必须设法使电弧及早熄灭，使电路的分断成功。

1893 年，在美国芝加哥的世界博览会上，M.O. 多里沃—多布罗夫斯基展出了他设计的断路器，这个断路器还有过载时自动切断保护发电机的作用。可动的触头为厚的刀形铜片，片上有一根弹簧拉伸，同时有一个横担将铜刀锁住。这一过程由一个电磁铁控制，运行电流通过电磁铁的线圈，当电流超过了预先调定的限度时，电磁铁吸动将锁释放，铜刀就被弹簧的力量拉出，使电路断开，对发电机起保护作用。电弧在空气中运动而自然熄灭。自然熄弧的空气断路器，当时能承受的电压约为 15kV，电流不超过 300A。1897 年，英国工程师布朗（Charles Eugene Lancelot Brown 1863～1924）取得羊角形触头的断路器专利。羊角形放电间隙原来是用作架空线防雷之用，电弧产生后沿角形导体向上运动，使距离逐渐拉长而熄灭。

1895 年，英国费朗梯（Shebas-tian Ziani de Ferranti 1864～1930 年）取得油断路器专利，安装于迪波福特电站。油断路器是当触头分开的，使一个触头迅速浸入充满油的筒体内，以油隔断电弧通路使之熄灭。初想起来，油是易燃物，电弧又有高温，用油灭弧似乎是异想天开。但实际上只要触头动作足够快，不等到热量聚累，筒内缺少助燃的空气，油又是绝缘物，所以反而起了灭弧作用。

3. 电力传输

电力传输的技术发展，表现在电压等级的不断提高。1906 年发明了悬垂式绝缘子，它比针式绝缘子耐受的电压可以提高很多倍，而且机械强度也大为增加，可以承担更粗重的导线。分裂导线的发明使高压导线上的电晕损失减少。高压断路器亦出现多种类型，特别是灭弧技术不断改进。由自然熄弧发展为磁吹、油吹、高压空气吹弧等方法增强了断路器的分断能力。人们又研制了六氟化硫气体密封式高压电器及输电管道。这些技术使高电压及超高电压的大功率远程输电线路成为可能。

我国在 70 年代建成了西北的 330kV 线路，80 年代又建成了东北、华中、华北的 500kV 输电线，并且还在迅猛发展之中。1908 年美国开始出现 110kV 输电线路，到 1922 年又建成 150kV 线路。1923 年再将输电电压提高到 220kV。这以后欧洲许多国家也都建成 220kV 线路。20 世纪 30 年代之后，输电电压再次提高。1936 年美国建成 287kV 输电线。1959 年苏联建成 500kV 输电线。

4. 电力系统

随着电能的应用日益广泛，电力的需求不断增长形成了电力系统。因为电能供应有一个特点：发电机发出的电能必须与消耗的电能相等。人们目前还不能在工业规模上对大量电能进行储存。然而用户的用电却随着季节、日月、昼夜而不同。高峰时的负荷与平均数相差很大。因此，早期的那种单台发电机的供电方式就无法适应了，大发电机成本太高，轻载运行时效率又太低，供电的安全也差，因雷电、设备故障、开关操作所引起的过电压是不可能完全避免的。为此，通常采用多台机组，多个发电站，包括水力及火力电厂，用输电线联结成网，负荷上能互相支援，故障中有多路供电，形成了由众多发电站、输电线、变电所、配电网及广大用户组成的电力系统，使电能的供应上更为经济高效，安全可靠。

电力系统中为了减小事故造成的损失，保护人身及设备的安全，必须有保护的设施。最早的保护设备只是简单的熔断器、避雷器、断路器等。随着机组的加大和电压等级的提高，陆续研制出各种断电器及测量设备组成保护电路，"断电保护"已经发展成为电厂中的一种专门技术了。除了事故处理之外，系统的正常运行中，仍然需要进行一些调度工作，使系统的总体效率提高。这些方面已经进行了很多研究：例如电能的潮流分布、短路电流的计算、静态及动态稳定性判定、过电压分析等，又如励磁调节技术、无功功率的补偿、水电火电的配合、抽水蓄能方法、调峰技术等等，积累了很多经验。但是，因为电力系统中牵涉的环节太多，出现的情况千变万化，直到现在人们的技术水平还不能完全适应需要，包括欧美工业很先进的国家，也一再出现电力系统失控，造成大面积停电。每次故障的损失常以多少亿元计算。对电力系统稳定性的研究正在进一步发展中。

1.2　建筑用电的发展

1.2.1　建筑工程技术的发展

1. 建筑的概念

建筑不完全等于房屋，建筑是指供人们进行生产、生活或其它活动的房屋或场所。建筑一般可分为工业建筑和民用建筑，本书中的建筑主要指的民用建筑。一切生产、生活和其它活动不可能仅仅局限在一个封闭的房屋内部。1977 年 12 月国际建筑师协会利马会议文件《城市规划设计原理总结》（又称马丘比丘宪章）中指出：近代建筑的主要问题不再是纯体积的视觉表演，而是创造人们能生活的空间。要强调的不是外壳而是内容，不再是孤独美丽的建筑，而是城市空间组织结构的连续性。

空间是由物体所形成的，地面、墙壁、天花板是限定建筑空间的三要素。但建筑空间中除了地面是必须的外，墙壁和天花板要视具体情况而定。从建筑空间上看，有主从空间、重复空间、序列空间和多组空间的区分。从建筑功能上看，有服务于生产和生活的区分。从美学角度上看，不同的建筑物体现了不同的美学追求。

总之，建筑是围合空间的一种手段，它使用物理材料营造生产、生活的空间环境，并体现某一特定文化氛围和时代精神。

2. 建筑师的出现

建筑技术在美国被称为建筑工程，在英国称为建筑科学。中国的长城、故宫，埃及的金字塔都堪称世界建筑史的经典。建筑技术的历史充满了工程师们进行大胆革新的例子。中国的赵州桥，长安故宫的修建都留下了图纸。当 20 世纪的建筑师正在争论现代主义和后现代主义的区别时，一个园艺师建造了水晶宫，这到底是怎么回事？

建筑设计者和建筑施工者的分离是逐步的。Architect 一词在英语中首先出现在 1563 年 J. 舒特的著作《The First and Chief Grounes of Architect》中。中世纪英国的 mason 一词包括了建筑设计者和施工的工匠。舒特笔下的建筑师是有学识的文人，精通文学、历史和天文，并擅长绘图、测量和几何。古往今来，贵族和政客为了显示财富和身份，往往不遗余力地建造建筑。建筑师作为有技能工匠的代表，逐步开始独立出现。1615 年，英国皇家工程局有了自己的工程测量师 J.J.。早期建筑师作为了解工程、控制设计和施工进度的专业人员，他们使用的工具如图板和丁字尺至今仍然有用。

3. 建筑的分工

分工是社会进步的要求。随着建筑技术的日益复杂，作为个体的建筑师越来越难以精通甚至是了解哪怕是单体建筑物所涉及方方面面的知识，更不用说是完成所有工作了。即使作为建筑设计本身而言，也很难说仅仅是建筑师个人的作品。客观地说，某个建筑物的设计是以建筑功能的实现为核心，多方面、多专业合作的产物，是集体智慧的结晶。

（1）建筑设计与施工的分离　由于早期工业革命对新技术的需要，许多的新的专业应运而生。建造房屋的人使用钢筋、混凝土，对材料的制造和分配产生了兴趣，对新的工艺方法需要了解。1818 年英国成立了土木工程师协会，将职业类别首次写为工程师，并将工程师的技能定义为具有指导自然界巨大的动力资源为人类使用和提供便利的技术。随着建筑物复杂性的增加，出现了造价计算这一新的行业。总承包人把制图员作为基本的队伍，以绘制出施工图为目的，将图纸再分包给专门的施工队伍去干。这样一来，就切断了建筑师与其指挥下的工匠的联系。

（2）结构、设备、电气工程师的分离　如果建筑师希望采用某种新的技术和材料，往往要依靠熟悉这些材料的人，于是出现了结构工程师、设备工程师和电气工程师等具有专业技能的配套人员。各个工种的出现预示着建筑物的成熟，建筑越来越呈现出其有机整体的内涵。

我们可以把一个建筑物比喻成为一个人。建筑是肌体，结构是骨架。没有骨头是个站不起来的人，没有肌体仅仅是个空架子。但有骨头有肉还算不上一个完整的人，设备就是人的五脏六腑，就是人的经络血脉。变电所是心脏，电气管线是血管，通讯控制网络就是人的神经；通风是口鼻肺，给排水则是人的消化系统；装修则完全可以比喻为人的服饰；一个建筑物完全可以拟人化。

（3）专业的细化　各工种也随着建筑有机体的成长而逐步分化。建筑电气的强弱电专业开始分离。最初的电气设计可能仅仅是照明，有的人形容其为几个灯泡两根电线，而现在建筑电气已经分为了照明、动力、减灾、信息等不同的设计范围，其中照明专业又可以细分为普通照明、应急照明、装饰照明等；信息可细分为电视、电话、布线和楼宇自控等。与建筑电气专业类似，设备专业也逐步细化为暖气、通风、空气调节、燃气、给排水。

最富有活力的当属建筑设备电气，随着数字化生活时代的来临，大量自控要求都成为能够实现的梦想。建筑电气设备的不断更新，极大地改善了人类的生存环境与生活空间，优化了工作、生产和生活的环境质量。

（4）现代建筑行业中新的职业也不断出现，造价工程师、监理工程师、项目经理的参与，使建筑业成为了新的商业。造价工程师是指在建筑工程实际中计算工程的概预算价格。工程监理主要是代表甲方（业主），按设计图纸要求控制造价和进度。项目经理一般指施工单位的代表，全面负责工程的施工进度、质量、预算。

（5）电脑引入带来了新的变化，由于绘图软件的普遍应用和绘图技能的日趋标准化，绘图员有可能成为新的职业。

4．电脑技术对建筑的影响

（1）电脑来了　电脑是闯入建筑业中最富有竞争的技术，建筑技术由于运用了电脑，生产力获得了极大的解放。

成套的工程设计工具一直在研制和使用，尽管电脑不是那种仅仅托付设计构思就万事大吉的好助手，但它毕竟是一种相当不错的覆盖多种学科的应用技术。建筑师也许永远都不可能去潜心研究纯粹建筑艺术而忽略建筑技术。

将建筑学与建筑技术分离一直是某些人试图做到的，然而离开工程实践的图纸只可能是出色的绘画艺术，不是我们讨论的工程图纸。电脑在几乎各个方面对我们的生活进行冲击，对建筑行业的影响也日益明显，也许将潜移默化地对建筑师在设计思维和工作方式产生重要的影响。

（2）CAD技术　一个CAD系统的应用是多方位的，它不仅仅可以应用于建筑方案设计，也可以用来生成环境条件的文档资料、工程进度表和工程概算。电脑的应运为美学、图形学为基础的建筑设计和以性能数字为基础的结构设计重新实现统一带来了希望。

经济学家研究表明，工人的生产率取决于三个重要的因素：即个人的态度、训练程度和健康状况；自然资源的可利用程度；以及能够用于辅助个人完成任务的技术设备。电脑是一种工具，在某些特定情况下能够提高设计效率，能够为工程师及其组织带来明显的经济效益。电脑技术不仅仅可以用来控制制造过程，而且可以用于设计领域。

建筑物的设计，通常要经过许多具体的步骤，其中包括：原始设计；改进设计；模型研究；模型测试；最后设计；生产和建造。

在使用电脑以前，工程师们一直使用传统的手工方式制图，他们要依次画出原始草图、设计图及施工图。图纸完成后，经过论证，有可能还要对图纸进行修改。这样，所有的设计图纸都必须修改，甚至完全重画，这花费了工程师的大量时间，使他们不能在完善设计上多用精力。

如今，电脑技术的发展，工程师能够使用光笔将图纸直接输入电脑，通过执行某些程序来分析设计，并给出有关特性的报告。一旦发现问题，工程师便可以迅速而容易地改变原设计，并重新测试。设计完成后，可向电脑发出指令，让电脑根据设计方案制作施工图。也可以根据电脑指挥其他机器，根据储存在电脑的程序指挥各种设备在特定情况下完成指定的操作。

1.2.2　建筑供电的概念

随着社会的进步，电力的消耗在不断增加，电气技术上取得了惊人的进步。在公害及其它社会条件的制约下，为了能够在有限的土地资源上满足人们日益增长的物质文化要求，保证资源和能源的合理运用，必须对建筑供电进行多方面的研究。

1. 建筑电气的发展

作为国民经济支柱产业之一的建筑业，我国在九五期间，将更新、建成城市 200 个，现代化集镇 5000 个。仅城市住宅将达到 10 亿平方米。我国目前已经成立的勘察设计单位 3 万多家。有建筑就有建筑装饰，1995 年中国建筑装饰产值 800 多亿元，其中家庭装修占 40%，从业人员 400 多万，企业数量近 7 万家。下个世纪全世界建筑市场主要在中国。

建筑、建筑装饰的蓬勃发展，给建筑电气带来了机会。各类家用电器、装饰电器、照明电器、工业电器、民用电器无论数量还是种类，都有了飞跃地发展。建筑电气的发展带动了电气、电子、机械、仪器仪表、材料、光源等相关行业的发展。建筑电气行业大有可为！

2. 我们学习什么

我们是从事建筑电气工程设计与施工的，掌握本行业的知识是本分。具体的说应该掌握以下知识：

（1）掌握变配电的基本知识，能够进行建筑工程电力负荷的计算，为能从事工程施工或建筑工程电气设计奠定基础。

（2）掌握建筑工程配电线路的设计和施工要点，学会必要的计算和校核。

（3）掌握照明工程中的电光源基本知识和施工技术，为将来能从事建筑工程设计、施工打下基础。

（4）了解常用的高低压电气设备构造、工作原理和主要特征，学会选型。

（5）了解常用保护设备的构造、工作原理和选择方法。

（6）了解建筑防雷的技术。

学习供电设计的方法应该注意理论联系实际。为了适应商品经济的需要，赢得竞争的胜利，不仅建筑供电设计的技术要先进，而且要能廉价、快速建成发挥特定功能的建筑的技术。在内容充分满足需要的前提下，要努力降低成本。

1.2.3　建筑工程供电

1. 高压进线

电源进线是用两路独立的电源供电。进入高压配电所 6～10kV 高压母线，母线接出的是高压电动机。从高压母线上输出给电力变压器，供给居民小区的变电所。由这些变电所再把电压变为 220/380V 低压供给各处用户用电。一般根据进线电压在 10kV 就称为高压用户。

2. 分段隔离开关

在高压配电所内，两路高压线分别把电能送到高压母线上，这两段高压母线之间设有分段隔离开关，为用电调度时用。

3. 单母线分段制

高压母线是单母线分段制,当其中一路电源进线发生事情或故障,可以利用高压隔离开关恢复对整个配电所供电。平常只用一条电源线供电,另一条备用。

4.小区变电所

小区变电所内可设置 1～2 台电力变压器,低压母线也可以采用单母线分段制,因此对重要的用户或负荷可由两段母线交叉供电,低压侧也设有低压联络线,相互连接,以便提高供电的可靠性和灵活性。

从高压母线上可以直接给高压电动机供电,和直接接高压电容柜以改善供电线路的功率因数。在低压母线上也可以并联电容器用来补偿无功功率。

5.低压用户

在《全国供电规则》中规定一般用户设备容量在 250kW 或需要变压器容量在 160kVA 以下时,应采用低压方式供电,这样的用户称为低压用户。当用电容量超过前面的标准时,则可以直接供给高压电,这种用户是高压用户。低压电网电压常用 220V/380V,而高压用户电压就是 3kV 以上了。

当今世界电气化、自动化技术发展十分迅速,中国电力事业的发展更是举世瞩目。目前已有核电站两座,1991 年 12 月并网发电,1992 年 7 月进入高功率试运行的秦山 300MW 核电站,1993 年 8 月 31 日 21 点 26 分大亚湾核电站一号机组 450MW 并网发电成功(大亚湾共 900MW)。核能发电是一种新型能源,它不仅能量大,而且资源丰富,根据已经勘探到的铀矿和钍矿资源,按蕴藏量的能量计算,相当于地壳中有机燃料能量的 20 倍。

到 1992 年底,全世界有核电站 424 座,净发电容量 35000MW,占全世界总发电量的 20%。其中美国核发电最多(10000MW)。

1.2.4 现代建筑用电的特点

1.建筑方面的特点

(1)建筑物面积大。由单个建筑向配套的建筑群发展,建筑面积由几万到几十万 m^2。服务设施成龙配套。

(2)建筑物向高空延伸,地球的面积有限,而人类不断繁衍和活动场所不断扩大,必然要向高空发展。

(3)建筑标准不断提高。建筑材料花样翻新,造型及色彩日趋美丽。

(4)建筑照明与动力用电量日趋增大。

2.高层建筑用电设备的特点

高层建筑家电的功能、品种、规格、数量不断扩大。过去家用电表 2.5A 就够了,而且用了几十年。到 90 年代,每户最少设计 5A,而且是采用 4 倍表 5(20)A 或更大。

建筑电气的综合性增强,自动化程度日趋提高,应用技术日趋复杂。如消防设备向自动化发展,中间部位设水箱,高位水箱与低位水箱配套联网。CAD 技术的应用更加广泛。

电梯的高度和数量日趋增加,向分区运行和程控发展。

电脑监控、调度、管理将发挥更高的效益,与电话系统联网,信息将成为第四产业。

高楼顶层设有航空障碍灯、停机坪、防雷系统及电视信号接收系统。

对电气系统工作的可靠性要求越来越高,防盗系统日臻完善。电子设备的投资比例逐渐提高,目前已然超过 20%,而且有逐年提高的趋势。

3.能源标准

现代照明和其它的能源标准都在不断地提高之中，尤其是家用电器耗电量越来越大。根据建筑功能的不同，各个国家都制定了相应的参考标准，见表1-1。

建 筑 耗 电 量（W/m²）　　　　　　　　　　　　　　　表 1-1

	国　　内	港、澳	国　　外
住　宅	10~35	10~60	20~80
饭　店	60~120	60~80	120~140
办公室	100	100	100

4．电气设计节能

建筑电气设计不是用电越多越好，而应该有节能的意识。地球的资源是有限的，地下的石油仅能再用几十年了，煤再过几百年就只能去地质博物馆观看了。

电气设计节能的主要措施有：选择节能型电力变压器；选用高光效的电光源；选用高光效的照明灯具和定时开关；充分利用自然光；采用电脑控制各种电器设备运行；采用无功功率补偿；科学地、合理地、精打细算地进行建筑供电设计。

5．系统设计原则

为了选择合适的系统及其元件，系统设计者应具备或取得建筑物内设备及使用的知识。设计建筑供电系统时，电气工程师宜按照以下程序进行设计。

（1）负荷调查　先要有一张总平面布置图，以千瓦或千伏安为单位，在图中各个位置标出主要负荷，并确定近似的整个建筑物负荷。一开始不大可能得到准确的负荷数据。有些负荷如照明和空调可参照一般资料进行估算。

大部分建筑物负荷必须从工艺、设备设计者那里取得，由于工艺设计常常与电力设计同时进行，因而最初的资料常有改变。因此，不断地和其他工种配合是很重要的。例如：设备采用方案变动改变了电力需要量，很可能使用电量发生数量级的变化。这就要求对电力系统的负荷估算作不断的修改，直到工作完成为止。

（2）系统设计　研究各种类型的配电系统，选择最适合建筑需要的一个或多个配电系统。有各种各样适用于建筑配电的基本电路。根据需要，选择最好的一个系统或多个系统的组合。在一般情况下，如果元件的质量相同，则系统投资随着系统可靠性的提高而增加。

发展能源是完成工业化进程的一个十分关键和有用的方面，而工业化能够从根本上改变人们生活的方方面面。为了发现新的能源，获得用之不竭的能源支持未来的工业发展，我们需要在随时随地取得能源，将能源便利地从一种形式转换为另外一种，以没有环境污染及破坏我们大气层结构的方式取得能源。

1.3　电　力　系　统

1.3.1　电力系统的构成

1．组成

电力系统是由发电厂、电力网和电能用户所组成。它们之间的关系可以用供电系统图来表示。供电系统图是用单线条表示的系统图。从图中可以看出变配电之间的关系，高压进线路数、高压母线分段情况、变电所的容量、低压母线的配电等。

为了提高供电的可靠性和经济性，可以将许多电厂用电网连接起来并联工作。我们将由发电机、配电装置、升压变电所、降压变电所及用户所组成的统一整体称为电力系统。其中配电装置是指用来接受和分配电能的电气装置，包括开关设备、保护电器、测量仪表、连接母线和其它辅助设备。电力系统中由各级电压的输配电线路和变电所组成的部分称为电网。建筑工程供电常用高压是 10kV。

2. 发电厂

发电站在电力系统中占有核心地位。发电厂中除发电机外，还有原动机部分。按照动力来源不同，可以是水力、火力、核力所驱动的原动机。为了充分利用自然资源，近年来还对太阳能、风能、潮汐、地热等多种能源的开发进行了研究。但火力和水力仍是主要的动力来源。

水电站总是位于有水的地方，选择建立使用煤或核能燃料的蒸汽机发电厂具有更多的流动性。使用煤做燃料的蒸汽电厂一般处于冲积形成的平原或巨大的山脉附近。核电厂的潜能是非常巨大的，计划一个核电厂标志着一个庞大容量系统设计的开始。核电厂需要大量的电力长距离输送，一个水电厂可能也需要长距离传输电力，因为它们往往处在发电厂和负荷中心距离较远的地方。使用煤或石油的蒸汽机发电厂通常用于供给较短距离的负荷。

3. 电厂的种类

(1) 水力发电厂：水电站发电的容量和水电站所在地点的上下游水位差和流过水电站水轮机的水量之积成正比。所以具备高水头的地方是建立水电站的好地方。常把水电站设在坝后称为坝后式，也有设在河流末端，是用引水渠把水引来发电，称为引水式水电站。还有兼有两种因素的，称为混合式发电。

三峡水电站机组，70 万 kW × 26 台 = 1820 万 kW。

(2) 火力发电厂：我国主要是用煤，在锅炉内燃烧煤粉，用高温高压水蒸汽推动汽轮机发电。其能量转换过程是：燃料的化学能—热能—机械能—电能。现代的火电厂充分综合利用三废（即废汽、废水、废渣）除发电之外，附带供热，通常称之为热电站。

(3) 风力发电厂：我国内蒙古等地方常年刮风多，可以风力发电，容量一般较小。

(4) 地热发电厂：地下热能开发受地源所限，应用不多。

(5) 太阳能发电厂：地球的资源早晚要用完，太阳能是人类未来的主要能源。人造卫星发电站已经在研究之中。

(6) 核电站：核电是目前为止人们最有希望取得的永久能源。美国人在 1951 年在爱达荷州阿尔科的一座生产钚的反应堆上第一次发出了核电。1954 年，苏联建立了世界是第一座核电站—奥布灵斯克核电站，电功率 5000kW。1975 年法国核电站发电量占国内能源供应的 70%。截止 1994 年，世界上已经有 32 个国家和地区建立了核电站，运行的 432 套机组总发电量达到 21301.3 亿千瓦小时，占世界总发电量的 18%。

特别应该提到，人们向往已久的可控核聚变反应在 1991 年有了新的突破。因为核聚变只有在几千万度或近亿度的高温下发生，过去仅在氢弹爆炸时才出现，因而是不可控的。但是核聚变比裂变不仅给出的能量大，而且核燃料为氘及氚，在海水中含量很丰富。人们采用了多路激光会聚的方法提高温度，已经使可控聚变反应出现了。这是个重大的突破。实现最终的可控核聚变成为能源的目标已经在望，那时地球上的能源将会"取之不尽"了。

电网常用电压有：10kV、220kV、500kV 电网等。电网按供电的范围可分为区域电网和地方电网。我国大区电网如华北大电网、华东大电网等。

4. 电力系统的优点

（1）可以高效率地、合理地利用地球的资源，特别是水力资源，电网可以把电能送到几千公里远，对快速发展工农业生产十分有利。

（2）减少环境污染，发电厂可以设在产煤区，远离城市。原子能发电站自然也设计在安全可靠，不发生大地震的地方。

（3）降低工程造价，即节约投资、降低成本，用电负荷曲线是很不平滑的，大的电网可以起到较好的调剂作用，比分散发电优越得多。

（4）提高供电的可靠性，一处出事故，电网能调剂，大大地提高了承受故障的能力。许多高级建筑（一类负荷）都用两路独立电源供电，以确保供电可靠。当某个用电设备短路时，大电网可视为无限大容量。

（5）提高供电的质量，如降低电压的波动性，降低供电线路的损耗等。输送的电压越高则电流越小，损耗的电能也就越少。

（6）节约有色金属和各种电气材料。例如使用 120mm^2 截面的导线和标准电杆情况下，10kV 电压，输送距离为 10kM，输送功率为 2000kW。当输 35kV，距离为 35kM，能输送 7000kW。可见电压越高、供电距离越远则输送的电功率越大。当输送的电功率一定时，电压越高则电流越小，导线的截面就越细。

（7）可以比较容易满足高压用户的需要。如常用的 10kV 电动机，可以采用 110kV 或 220kV 的交流高压直接供电，可以减少电压损失。

（8）对于建筑物内使用直流电设备，采用交流电网供电后再整流，也比较容易，比用直流发电机合理。

5. 电能特点

电能的产生、传输、变压和电能的消费全过程几乎是在同时进行的。电能的生产全过程中的各个环节都是紧密相联系的，互相影响。因为电能的传输速度为光速，所以发电的一刻和用电的一刻几乎同时进行，而且发电量是随着用电量的变化而变化的。生产和消费始终保持着平衡。

其二是电力系统中的暂态过程是非常短促的，例如开关切换操作、电网短路过程都很快（零点几秒）内完成，所以应该有一套动作十分迅速而又可靠的保护设备，灵敏的监测仪表，还要有自动联动功能。这些只靠人的力量是不行的。

各发电厂和变电所互相联络，建立统一的电力系统有很多优点：可以大大提高供电的可靠性，在发电厂故障时，其所带的负荷可以分配给其它电厂。可以充分利用动力资源和充分发挥各类电厂的作用，如夏季是丰水期，将水利发电厂作为基本电厂，在冬季将水电厂作为峰值负荷电厂，可以减少备用容量。单独运行的电厂必须有备用机组，电厂联网后，只要系统有一定的备用机组就可以了。

构成电力系统的缺点是短路电流增加，继电保护复杂。

6. 对电力系统的基本要求

保证完成国家计划发电量和热能供应，满足预期的最大负荷；保证供电的可靠性；保证电能的质量，即供电频率和电压在允许的变动范围内，具体要求是频率波动±0.5Hz，电压波动±5%。保证运行的经济性；保证人员和设备的安全。

电力系统是一个有机的整体，任何一个环节发生改变或故障时，都牵一发而动全身，必须设置统一的调度机构掌握电力系统的合理运行。

1.3.2 额定值

1. 额定电压

发电机、变压器和用电设备的额定电压，是按照其长期工作时有最佳综合经济效益所规定的电压，从电气设备的制造、批量生产的可能性看，希望电压冬季尽可能少。从输电和配电的角度看，因不同的容量和不同的输电距离有不同的电压，所以从输电线的经济性来说，最好电压等级多一些，以便适应不同的负荷情况。但从整个电力系统看，电压等级过多，设备通用性降低，备用设备增加，而且增加了网络联系的困难和维护管理的复杂性。我国规定的电压等级见表1-2。

额定电压等级表　　　　　　　表1-2

电网和设备额定电压（kV）		发电机额定电压（kV）		变压器额定电压（kV）	
直　流	交　流	直　流	交　流	原　边	副　边
0.11		0.115			
0.22	0.22	0.23	0.23	0.22	0.23
	0.38		0.4	0.38	0.4
0.44		0.46			
	3		3.15	3/3.15	3.15/3.3
	6		6.3	6/6.3	6.3/6.6
	10		10.5	10/10.5	10.5/11
			13.8	13.8	
	(15)		15.75	15.75	
			18	18	
	(20)				
	35			35	38.5
	60			60	66
	110			110	121
	220			220	242
	330			330	363
	500			500	550

注：在／下面的电压用于接在发电机电压的变压器。

因为电网在运行中各点的电压不同，接在电网不同部位的各元件所承受的电压也不同，网络得到较好的经济效益，各种电气设备宜工作在额定电压附近。在同一电压等级中，各个元件的额定电压取值也不同，以便相互配合。

发电机总是接在线路开始的地方，其额定电压为电网的额定电压的105%。目前，1kV以下的电压仅仅用于小容量发电机；3.15kV用于6000kW及以下容量发电机；6.3kV用于750～5×10⁴kW容量发电机；10⁵kV用于1.2～1×10⁵kW发电机；13.8kV用于7.25～1×10⁵kW水轮发电机；15.75kV用于11～22.5×10⁴kW的水轮发电机及2×10⁵kW汽轮发电机；18kV用于3×10⁵kW的水轮及汽轮发电机。

变压器的额定电压以其额定变化 U_1/U_2 的形式标注，其具体意义为：当变压器原边通入 U_1 时，测得的副边的空载电压为 U_2。此电压 U_1 即变压器的原边额定电压；电压 U_2 即副边的额定电压。

1.3.3 变电所

1. 变电所的功能

变电所是变换电压和分配电能的场所。它主要由变压器和各种控制设备所组成。变电所的任务是：接受电能、变换电压和分配电能。

发电厂经常建立在自然资源丰富的地方。为了减少输电损失，常常在发电厂经过升压变压器升高电压，通过高压输电线路输送电能，在远方用户处设降压变压器，将电压降下来供用户使用。变电所按其用途可分为升压变电所、降压变电所和配电所；按其电压等级、供电范围可分为区域变电所、地方变电所和用户变电所。

变电所是连结电力系统和用户的重要枢纽是供电系统中极其重要的组成部分。它由变压器、配电装置、保护及控制设备、测量仪表及建筑物等组成。

2. 变电所的类型

变电所的类型是根据变电所的性质、所处的地位、控制方式及布置的形式不同而划分其类型。其主要特点分析如下。

(1) 按变压器的性质区分

升压变电所：通常设于发电厂内，将电厂电压升高，以便联接电力系统进行长距离的高压输电。

降压变电所：这种变电所一般分布于负荷中心，一方面联结电力系统的各个部分，同时将系统电压降低供地区用电。

开关站（即开闭所）：只是连接电力系统中的各个部分，不起升压降压的作用，是为了系统的稳定性要求而建设的变电所。

(2) 按所处的地位区分

1) 枢纽变电所：整个配电系统中汇集多个大电源和大容量联络线的枢纽点，其高压侧以交换系统间巨大的功率为主的变电所。

2) 地区变电所：能汇集两三个中小型电源，高压侧以交换功率为主，供电给中、低压侧的变电所，其电压一般为 220～330kV。

3) 用户变电所：指专门供给一个建筑物或建筑群使用的降压变电所，电压通常为 110kV～220kV。

4) 终端变电所：指处于电网终端或线路分支接入的降压变电所。其接线比较简单，位置接近用电负荷点。

3. 按控制的方式划分

(1) 有人值班的变电所：变电所内有人值班，特点是能很方便地操作或监视电气设备运行，工作方便，有利于安全。这种方式应用比较多。

(2) 遥控变电所：这种变电所内没有人值班，是由地区变电所对它进行遥控、遥测和遥信。

(3) 无人变电所：是指不在主控制室内值班，而是在所内或相邻的变电所有值班人员。

4．按变电所布置的形式区分

（1）室外变电所：除了主控制室和低压侧设备设置在室内，变电器等大部分设备设置在室外。

（2）室内变电所：指所有电压等级的配电装置都设置在室内的变电所。

（3）地下变电所：通常是在地方狭窄的水电站及大城市中心地区因为用地困难而采用的布置方式，但防火要求严格。

5．按变电所工作范围区分类型

（1）总降压变电所：总降压变电所内设有总降压电力变压器，其一次侧绕组与电力系统相连接，用以接收电能并把 35～110kV 的输电电压变换为 10kV 的配电电压，再将电能分配给连接在二次绕组中的负荷。可见，总降压变电所的功能是接受电能、变换电压等级和分配电能。总降压变电所的位置一般应尽量接近负荷中心，同时要考虑电源进线方向，根据负荷分布情况以金属耗量及线路功率损失最少的原则确定。

（2）开闭所：开闭所内没有变压器。一般是设在距总降压变电所较远的负荷集中的中心处，用以把 10kV 的电源分配给建筑物内变电所或 10kV 电压的用电设备。它只起接受电能和分配电能的作用。其位置选择也与总降压变电所所考虑的因素一样来确定。

（3）配电所：把 10kV 的配电电压变换为 380/220V 电压等级的变电所，将电能直接分配给建筑物中的用电设备。配电所设置在建筑物内或附近，其位置应靠近负荷中心、进线方便可靠、靠近电源、运输方便，并避免朝西等。有关配电所的详细讨论见本书第 14 章。

1.3.4 电力系统的发展

1．历史

美国交流电系统的发展开始于 1885 年，当时乔治·华盛顿在美国申请了交流电传输系统的专利，发展它的是 L. 格兰德和来自法国的 J.D. 吉米。威廉·斯特莱，一个华盛顿的合伙人，在位于马塞诸塞州的波士顿大街他自己的实验室做变压器的试验。就在这里，1885～1886 年的冬天，斯特莱安装了第一个交流供电系统的试验装置，它为 150 盏灯提供电能供小镇的居民使用。第一个交流电传输线路在美国被投入运行是在 1890 年，将电能从水力发电厂传输到 21km 外的威莱米特瀑布到俄勒冈州的波特兰。

起初电力传输系统是单相的，所提供的能量仅仅是专为照明。甚至最初的电动机也是单相的，直到 1888 年 5 月 16 日，尼克拉·泰森在论文中描述了两相同步感应电动机。更为先进的多相电动机很快出现了，两相交流配电系统在 1893 年芝加哥举办的哥伦比亚博览会是对公众进行了展示。从那以后，这种电能传输系统开始流行起来。特别是三相交流电系统，逐渐取代了直流系统。美国的电能传输现在几乎完全使用交流电，一个原因是很早就开始使用有变压器的交流系统，这样做可以使用较高的电压在发电厂和用户之间传输电能，对特定区域供电时可以在同样线路中获得更多的传输容量。

2．输电方式

在交流输电系统中，交流发电机通过变压器和电力整流装置支持直流电，一个电力变换装置将改变电流方向最终将其变为直流，变换后的电压将降低。直流传输只在少数地区应用，如地下电缆传输和高架电缆装置。在美国加里福尼亚，大量核电站发送出来的电能从太平洋西南到加里福尼亚南部，使用超过 500kV 交流电压沿着海岸线传输。

电力系统一直被分散成各个单元在使用，因为它们一开始就是孤立系统，然后才逐步扩大到覆盖整个国家。在某些时候，电力公司购买电力比单纯使用自己的发电机更加经济。电网的迅速扩大意味着电力可以在不同的电力公司进行交换，使许多公司成为一个更大的联合体。这种能够提供持续服务的电力系统可以依靠水电站提供所需电能中的大部分，而仅仅当水力资源缺乏时通过电网从其它系统中获得电力。

电力系统的联网带来许多新的问题，其中许多已经获得了令人满意的解决。电网的增大导致系统短路电流的增加，需要安装大容量的断路器切断短路电流。除非正确选择延时断路器切断故障点与电网的连接，否则一个电力系统意外短路的后果可能是严重的，它将迅速扩大到整个电网。不仅仅是联网的电力系统必须具有相同的频率，而且系统中的每一台机器都必须保持与系统同步。

3. 负荷研究

对负荷的研究取决于电压、电流、功率和功率因数或电网中变化点的无功功率或正常运行电网的期待条件。负荷研究是为了更好的计划未来电力系统的发展，因为令人满意的电力系统应用应是对新的负荷、新的电厂和新的传输线路全面研究的结果。

在使用巨型电脑进行负荷潮流计算以前，我们是使用计算尺来研究交流系统的。那仅仅是一种对实际电网回路中的元件和电压源所进行的小比例的、单相的模拟。对连接的电路进行判断，阅读冗长乏味、耗时的数据。电脑现在提供对复杂电力系统进行负荷潮流计算研究的结果，而且结果可以方便、迅速、经济地输出。

电力系统的规划者要考虑电力系统在未来 10～20 年的发展计划。在已经过去的十多年中，我们已经开始计划建立新的核电站并将其接入电网。一个电力公司必须考虑未来可能遇到的问题，建立新的电厂并对将电力传输到负荷中心所采用的方式做出最好的安排。

4. 负荷的经济调度

电力工业看起来是缺乏竞争的。这是因为每一个电力公司都是区域性的而不服务于其它公司。现在电力公司的竞争经济是在新的工业地区。促进电力发展的一个重要因素是当地工业的发展，尽管这个因素在有的时候是非常不重要的，如当电力价格迅速上升及电力工业发展速度赶不上经济发展周期的需要。

"经济调度"这个名字意味着分配电能的过程是不断变化电源以适应系统中变化负荷的需要，以期获得最大的运行效益。我们应该明白电力系统中所有的发电厂是受到电脑连续控制的，如果负荷情况改变，发电机情况也相应改变，以获得最佳的经济运行效率。

5. 故障计算

电线的一个缺点是任何故障都会导致正常电流值的变化。多数高电压等级传输线上的故障都是由于雷击造成绝缘体之间的飞弧而引起线路中断。一次对地电离途径的建立，其混合低阻抗接地允许通过变压器或发电机的中性点将电流能量从导体泄向大地。线间短路一般不对地发生联系。开路断路器能够在故障时隔离故障部分与系统的其余部分，中断短路电流的电离路径，允许进行重合闸操作。故障大约 20 个周波后，如果回路中没有持续电弧，断路器会再一次闭合。传输电力系统的经验表明，高速重合闸能够消除大部分故障。有关重合闸的问题见 12 章。

永久性故障一般是相线对地短路、绝缘子绳索因冰雪负荷而断裂、永久性雷击使避雷器失效。经验表明大约 70%～80% 电力传输线故障是单相对地短路，很少数量的故障，大约是 5%，包括所有的三相或成为三相短路的故障，其余故障类型是线间短路。相间短路不包括对地短路和两相对地短路。所有上述故障除了三相类型都是非对称的和导致相间不平衡。

不同的故障，电力系统中的电流将立即流向不同的部分。无论哪一边发生故障，几个周波后断路器都将断开电路。两边故障电流的范围可以很宽，甚至是稳态条件下的电流故障断路器都能够切断。正确选择回路断路器有两个重要的因素：短路后断路器必须能够承受短路电流并且必须立即切断短路电流。故障计算包括明确故障电流的不同类型和位置。从故障计算中获得的数据有助于控制电路断路器的延时时间。故障电流的计算方法见本书第 7 章。

6. 能源构成

在美国，超过 80% 的电力是蒸汽机发电厂供给的，水利发电厂供给的电力不足 20%。蒸汽机发电厂大约 50% 是使用煤作燃料的，其余部分使用的是石油、天然气和核能。许多发电厂为了减少空气污染程度，在 1970 年和 1972 年改用石油代替煤作为燃料。但石油危机的到来使导致石油价格的激增，一些发电厂开始以煤代替石油。1995 年美国不进口石油的话，将用光其所有的石油资源储备。出于对环境的考虑，所有种类的燃料在未来的发电厂中都必须减少使用，而一些初级能源必须被淘汰。太阳能可能最终占有巨大的比例，但我们最有希望的能源看起来是核能。

核电厂一个不利的地方是它们供给的负荷水平必须相当稳定。梯级水电厂是一个解决这个问题的方法，当电能负荷水平低的时候，使用水轮机将水从低处抽到高处，用这部分提升水的能量平衡减少的负荷。抽水电厂的能量用于对蓄电池充电、放电。从发电机到传输线路的电压波动水平从 110～765kV，最后可能达到的最高传输电压水平大致在 1100～1500kV。更高等级的传输电压看起来要考虑百万瓦（MVA）的线路传输容量，线路传输容量正比于传输电压的平方。

1.4 电 网 规 划

1.4.1 城市电网

1. 城市电网的概念

城市电力网络是为城市供电的各级电压的送电和配电网的总称。城市电网是系统电力网的一个主要负荷中心，它是城市建设规划中的一项重要内容，是发展国民经济的重要条件。城市电力网络的规划应当贯彻有利于生产、有利于生活、有利于环境的三项原则，不能只考虑压低造价。

城市电网是由超高压送电网络、为负荷供电的配电网络和电能用户组成的。城市电力网中配电网络是相当复杂的。根据配电网络的电压高低可分为高压配电网（110kV、66kV、35kV）、中压配电网（20kV、10kV、6kV）和低压配电网（380/220V）。城市供电部门规定：对于计算负荷超过 250kVA 的用户，宜采用 10kV 供电。

2. 城市电力网络规划

城市是城市规划的组成部分，也是电力系统规划的组成部分。城市电力网络规划应当由城市供电部门、城市规划管理部门共同负责。包括规划地段各网建设的具体供电范围，负荷密度和建设高度等控制指标，总平面布置，工程管线整体规划。这些必须在城市规划、系统电力网规划或者分区规划的基础上进行，并纳入城市电网规划。城市电网规划应根据负荷预测对电网提出具体供电需求，保证城市电网与系统电力网的衔接。

3. 电网规划的目的

电网规划是为满足城市对电力的需求，并保证供电质量符合国家规定。城市电网的编制要从实际出发，实事求是调查分析现有城市电网的情况，根据需要和可能，提出改造、更新、扩建、新建的要求。要积极采用新技术、新设备，合理利用、改造原有设备和电网结构，满足长期发展的需要，例如供电线路采用 TN—S 方式供电系统等。城市电网规划还应符合城市防火、防爆、抗震、防洪、防泥石流和治安、交通管理、人民防空建设等要求。

4. 电网规划要求

学习研究城市电网要有网的概念，着重研究电网的整体，而不仅仅是供电设备元件的简单组合。规划要从改造现有电网入手，展望远景发展，做到远近结合。还要有一定的灵活性，能适应正常运行时的各种潮流变化，以及满足故障状态下供电可靠性要求，供电容量应有必要的储备。

5. 经济效益

城市电网的规划要考虑经济效益问题。包括：规划城市供电网络的综合供电能力，每增千瓦供电能力的投资额。充分利用、改造旧设备的经济效益，提高供电可靠性水平。城市电网改造后提高供电质量和降低线路损耗的预期效益。满足城市建设和环境保护而取得的社会经济效益，如加速市政建设、节约用地、绿化等。

1.4.2 电网规划的基本要求

1. 供电的可靠性

城市电网应供电可靠，特别是防止大面积停电事故。提高供电可靠性要求相应加强电网结构，结果提高了供电成本。成本与效益的平衡是决定供电可靠性的主要依据。城市电网至少有两个电源点。当其中一个电源点因故停止供电，仍然能够维持城市电网的运行。向市区供电的二次送电网应该保证当任何一条线路或一台主变压器停运时能继续向用户供电，不过负荷，不限电。向市中心供电的高压配电线路的出口断路器停运时，通过自动或手动切换，由邻近线路保持继续向用户供电。

2. 经济技术指标分析

城市电网规划设计要求有多个方案进行比较，考察每个方案的工程投资、运行费用和综合经济效益。经济计算应从国民经济的整体利益出发，考虑到各种相关因素，如土地、拆迁、环保、新技术设备应用等。在经济比较中，建设期的投资、运行的年度费用和经济效益都要考虑时间因素。国家规定电力工业投资的年回收率为 10%，即 10 年收回投资。城市电网的经济使用年限为 20～25 年。

(1) 在供电能力、电压质量、供电可靠性、建设工期方面能同等程度地满足同一地区的电力发展需要。

(2) 在工程技术、设备供应、城市建设等方面是现实可行的。

(3) 使用同一价格指标。

(4) 满足国家环保要求。

经济分析中需要对投资、工期、电价等可能影响方案经济性较大的因素做敏感性分析。敏感性分析为根据可能的情况，对诸因素设一定的变动幅度进行计算，以便取得更多的比较数据。除货币比较外，必要时还应做实物比较，如三材用量、劳动工日、占用土地、人口迁移及其他设施数量。

3．规划的主要内容、年限

城市电网规划设计的主要内容包括城市现有状况的分析，包括存在的问题，改造和发展的重点方向。预测城市的用电水平，确定全区负荷和市内分区的负荷密度。选择供电电源点，进行电力平衡。进行网络结构设计，方案比较及有关计算，包括可靠性水平、无功电源布置、电压方案调整以及通信、远程自动化规模等。估算投资、材料和主要设备的需要量。确定变电所地点、线路走廊和分期建设步骤。综合经济效益分析。绘制城市电力网络规划的总平面图，编制规划说明书。

城市电网的规划年限与规模经济发展计划的年限一致。分为近期（5年）、中期（10年）、远期（15年）三个阶段。超过15年的规划几乎是梦想。近期规划应从现有状况出发，解决网络结构和送变配电容量配合比例问题，结合中远期负荷考虑整个电网结构，应有详细的方案论证和技术、经济比较，明确每年的改造和新建项目。中期规划应与近期结合衔接，着重将电网结构逐步过渡到规划网络，并对大型建设项目进行可行性研究。规划期间若发现电网或远期负荷有较大变动时，应予修正。远期城市规划电网主要是发展的设想，研究电网的结构，使电网有适应性和经济性。

4．负荷预测

负荷预测是城市电网规划设计的基础，应在经常性调查分析的基础上进行测算，充分研究本地区用电负荷的历史发展规律，并适当参考国内外同类型城市的历史和发展资料，进行比较分析。城市负荷预测数字应分近期、中期、远期。考虑到各种不定因素，预测数字也可以用高低两个幅度值表示，但范围不宜太大。

负荷预测需要收集下列资料：城市建设总体规划中有关人口比例、产值规划、城市居民的收入和消费指数、市区的各个街区改造和发展规划。市计划委员会和各大用户的上级主管部门提供的用电发展规划。城市电力网中发电部分的有关规划。整个城市统计的历年用电数据，典型日负荷曲线及电网潮流图。重点变电所、大用户变电站和有代表性的配电所负荷记录和典型日负荷曲线。

负荷预测可以从电量预测出发，再将电量转化为市内各分区负荷预测，或者从计算市内各区现有负荷密度着手进行预测，两种方法可互相校核。市内各区的划分应根据负荷性质、负荷密度、地理位置和城市功能分区等情况综合考虑。分区面积要充分考虑到电网结构形式，一般不超过20km^2。电量预测方法有：①产品单位耗电法；②单位产值耗电法；③用电水平法；④部门叠加法；⑤典型用户分析法；⑥回归法；⑦年平均增长率法；⑧经济指标相关分析法；⑨电力弹性系数法；⑩国际比较法等。

5．电力系统设计需要考虑的问题

（1）电压变动率　电压变动率过大对电气设备的寿命和运行不利。用电设备的电压必须在各种负荷条件下保持在设备允许范围内。

（2）维修　在设计配电系统时必须考虑到预防性维修。方便、有效、而且安全地进行检查和修理是选择设备时应考虑的重要条件。必须为检查、调整、修理工作配备清洁、采光良好、并有温度调节设施的场所。

（3）灵活性　电气系统的灵活性意味着对发展和扩建的适应性，以及为了满足建筑在服务期间各种不同的要求可以进行必要的改建。因此对建筑供电电压的选择、设备的容量、增加设备的场地和所增加负荷的容量等均须作认真研究。

（4）基建投资　虽然基建投资是重要的，但在比较方案时，还必须考虑安全性、可靠性、电压变动率、维修以及扩建的可能性，从中选出最好的方案。

1.4.3　规划设计

1. 电压等级

电压等级对城市电网的标称电压必须符合国家标准。一次送电电压220kV，二次送电电压为110kV、63kV、35kV，高压配电电压为10kV，低压配电电压为380/220V。

2. 电网分布

根据用电负荷分布地点及容量不同，长距离用高压线路供电，低压380/220V的供电距离通常在300m以内，不宜过远以免电压损失太大。

建筑供电的连续性只能依赖于可靠的配电系统。适应所有建筑的标准配电系统是没有的，因为很少有两个工程具有相同的要求。对每个建筑物的具体要求应作定性分析，使得系统设计能满足其对电气的要求。有关当前及将来的运行和负荷情况都必须给予适当的考虑。

3. 电网的设计基本要求

（1）安全性：生命安全和财产保护是设计电气系统的两个最重要的因素。人身安全一定要保证；采用最安全的系统。一定要遵照已制定的法规来选择材料和设备。在安全方面不要过于吝啬，为节约投资而将人或设备置于危险之中是不妥当的。

（2）可靠性：供电连续性的要求取决于建筑类型。有些建筑允许断电，而另一些建筑要求供电连续性很高。系统设计应按对系统干扰最小时断开故障，并在兼顾建筑要求和费用合理的情况下作到最高可靠性。

（3）操作简单：操作简单对电力系统安全可靠的运行和维护非常重要。在满足系统要求的情况下，操作应尽可能简单。

4. 电网的技术参数

需量是在指定的时间间隔内受电端的平均电力负荷。即每台设备的电力额定容量之和，就是总连续负荷，因为有些设备是在小于满负荷的条件下运行，并且有些是间歇负荷，实际由电源取得的功率比连接负荷要小。需量是用kW、kVA或其他合适的单位来表示。时间间隔一般为15min、30min或者1h。

尖峰负荷：一台设备或一组设备，在规定的时间内，使用的或出现的最大负荷。可以是瞬间的最大负荷或在指定时间内的平均最大负荷。

最大需量：在规定时间内出现的所有需量的最大值。为了计算电费起见，时间一般定为一个月。

需要系数：系统的最大需量与系统的总连接负荷之比。

不同时率：系统中各部分的最大需量总和与全系统的最大需量之比。

负荷系数：指定时间内平均负荷与该时间内出现的尖峰负荷之比。

同时需量：同时出现的需量，也就是各装置同时需要负荷量的总和。

有关各种负荷和负荷组的系数，对电力系统设计是有用的，例如在馈电线上连接负荷的总和乘以这些负荷的需要系数，就得到必须由该馈电线供电的最大需量。负荷中心或配电盘有关各回路上的最大需量的总和除以那些回路的不同时率，就得到一次侧馈电线的最大需量。使用正确的系数，就能够概略地估算出从负荷线路到电源系统各个部分的最大需量。

1.4.4　电力系统的型式

研究各种类型的配电系统，选择最适合建筑需要的一个或多个配电系统。有各种各样适用于建筑配电的基本电路。根据工艺流程的需要，选择最好的一个系统或多个系统的组合。在一般情况下，如果元件的质量相同，则系统投资随着系统的可靠性的提高而增加。

1. 工艺流程

第一步是先分析工艺流程，确定其对可靠性的要求及其在断电事故中可能受到的损失。供电中断对某些工艺流程影响不大，用简单放射式配电系统就能满足要求，另一些工艺流程即使是暂短的停电，也可能遭受长时间的损害，为了保证关键性的负荷，采用有备用电源的复杂系统更为合理。

因为连续供电的需要，而把系统设计得不能维修是不合理的。在选择设备的细节上考虑经济性，远不如正确选择系统方案更为有利。采用在备用容量和可靠性方面有某些牺牲而费用也较少的配电系统能达到降低投资的目的。

2. 网络型式

(1) 简单放射式系统：以用电设备配电电压供电。用于对一次受电设施和单台配电变压器供给所有的馈电线路。没有重复的设备，这种系统是在所有接线方案中投资最低的。

(2) 干线放射式系统：干线放射式系统的优点是可以供给较大的负荷。使用放射式一次配电系统，供给若干靠近负荷中心的成套变电站，再通过放射式二次系统供给负荷。其优缺点和简单的放射式系统相同。

(3) 一次选择式系统：采用一次选择式系统可以预防一次电源故障，每个成套变电所连接在两个独立的一次馈电线上，通过开关设备提供正常电源和备用电源，当正常电源有故障时，配电变压器就切换到备用电源上，既可以手动也可以自动切换电源，但在负荷转换到备用电源之前，有一个断电的过程。

如果两个电源在切换时可以并联运行，则在某些线路接法中，可以在少停电或不停电的情况下，进行一次侧电缆和开关设备的一些维修工作。因为一次侧有双电缆和双开关，建设费用比一般放射式系统高。

(4) 一次环形系统：此系统与一次选择式系统的优缺点相同，正常供电电源一次侧电缆故障可以被隔离开。通过分段开关来恢复供电。然而在环形线路中寻找电缆故障是困难的。因为寻找故障的最快方法是把环形线路断开和重新闭合。因为难免多次闭合在故障上，而且分断点的两端可能带电，有一定的危险。

(5) 二次选择式系统：如果一次侧馈电线路的一台变压器发生故障，受影响的变压器二次侧的主断路器立即断开，联络断路器随之闭合。正常情况下，变电站的运行与放射式系统相同。如果变电站在切换时可以并联，则一次馈电线、变压器和二次侧主断路器的检修，可能在只需要短时间停电或不停电的情况下进行。然而检修整个变电站时则需要停电。一回线的一次线路或变压器有故障时，全部负荷可由一台变压器供电，但必需加大两台变压器的容量；应急期间所使用的变压器采用强制风冷却，并切除不重要的负荷；其代价是降低变压器寿命。

装在不同地点的两个成套变电站，用联络电缆和设在每一变电站的正常断开的联络断路器连接起来，即形成一种分散型二次可选择式系统。设计者必须对装设联络断路器和电缆所增加的费用，和把变电站设在负荷中心所减少的费用进行比较。为了提高可靠性，可以将二次选择式系统和一次选择式系统结合起来，这种可靠性是用增加投资和增添某些操作上的复杂性换来的。

(6) 二次点状网络：这种系统中有两个或更多的配电变压器分别出独立的一次馈电线供电，变压器的二次侧通过特别型式的断路器，称作网络保护器，并联接到二次母线上，从二次母线分接出放射式二次馈电线向用电设备供电。

如果一次馈电线损坏，或一组一次馈电线或一台配电变压器有故障，其他变压器通过网络保护器开始向故障回路反馈，这种逆功率使网络保护器断开，将供电回路与二次母线断开。网络保护器的动作相当快，因此在二次侧设备上引起的电压降只有很短的一瞬间。

二次点状网络对大负荷供电最可靠，只有当所有的一次馈电线同时发生故障，或故障发生在二次母线上，电源才会中断。由于系统故障或大的瞬间负荷所引起的电压骤降现象大为减少。由于额外增加了网络保护器的费用及加大变压器容量的费用，这种网络投资是昂贵的。各变压器都是并联连接，因而增加了短路电流容量。

3. 设备配置

要与土建和工艺人员配合起来选择配电变压器的放置和主要用电电压控制中心的位置。一般情况下，变压器愈靠近负荷中心，配电系统的造价就愈低。

为系统的各电压级选择最合适的电压是电气工程师的职责。电压等级要根据电动机的规格、可能得到的供电电压、总负荷、扩建的可能性以及电压变动率和投资费用而定。在正常运行条件下，系统必须能在规定的电压范围内向全部设备供电。

4. 供电部门

设计工作开始，就应和供电部门协商供电问题。应向供电部门提出下列资料：(1) 标明有建筑物和其他构筑物的平面图。(2) 建筑负荷，可能的最大需量，用千伏安表示。(3) 最好的用户受电点。(4) 最好的受电电压。(5) 最好的电源方案。(6) 基建和试车投产进度表。(7) 特殊要求，例如不能装设快速重合闸装置。(8) 系统中特别大的电动机。(9) 预期功率因数。(10) 负荷性质。

供电部门将能提供如下资料：(1) 供电电压或可能提供的电压。(2) 供电点和线路路径。(3) 电费率或可能的收费率。(4) 供电变压器的所有权问题。(5) 如果由供电部门供电时，配电变电站需要的场地。(6) 如果以用电电压向建筑供电时，配电变压器需要的场地。(7) 在供电点的短路功率和系统特征。(8) 应急供电量的要求。(9) 供电系统的接地方式。(10) 与供电部门保护系统配合的要求。(11) 需要时提供供电可靠性的运行资料。(12) 需要时提供备用供电回路。

5. 发电设施

确定是否需要有发电设施，无论是并联运行、备用、还是在应急情况下发电。如需要应考虑下列问题：以 kVA 表示的发电机负荷；发电机电压；继电保护及发电机保护装置；计量；电压变动率；同步装置；接地装置；投资；维修要求；需要起动的最大电动机。如果考虑与电力系统并联运行，必须与供电部门配合设计。

6. 单线系统图

完整的单线系统图与实际配置设计结合起来，应该在图面上表示出充分的数据，以便对电力系统作出正确鉴定。单线系统图中包括有系统保护设计和故障电流分析所需要的资料，其使用的符号在国家标准中已有明确说明。在所有单线系统图上都应标示出下列各项：

(1) 电源，包括电压和可能的短路电流。

(2) 所有导线的规格、型号、载流量和根数。

(3) 变压器的容量、电压、阻抗、接线形式和接地方式。

(4) 保护装置的标志和数量（继电器、熔断器和断路器）。

(5) 仪用互感器的变化。

(6) 避雷器和电容器的型号和配置地点。

(7) 标明所有的负荷。

(8) 标明其它配电系统的设备。

在单线系统图上应表示出所建议的扩建部分，并应成为原系统设计的一部分。实际上这是原理图，应把图画得尽可能简单。应避免重复。

7. 短路分析

应计算出所有系统元件处的短路电流。

8. 保护装置

设计所需要的保护系统，必须把系统保护设计看成是设计整体中的组成部分，不能在系统设计既成事实之后再加进去。

9. 扩建

如果现有建筑要扩建，需要确定所有现有设备是否能满足所增加的负荷和短路电流的要求。要检查例如电压、遮断容量、经受短路的参数、瞬变参数、开关闭合和联锁的要求以及载流量等的额定值。调整新系统和现有系统的保护装置。仔细研究新设计，要保证能维持最大的安全水平。确定将系统的新增部分接至现有系统的最好方法是尽量减少生产损失和降低建设费用。

10. 其他

调查研究下列特殊负荷或情况：大电动机的启动要求；必须保证运行的负荷；敏感负荷，例如电脑和高增益的试验室设备，对电压和频率瞬变特别敏感，而对其他设备则并无影响；产生高噪音的设备；为降低电费而限制需要的可能性；电力系统与其他能源系统的协调。

1.4.5 电力系统的安全

保证系统的所有部分都要体现充分的安全性，生命安全和保护资产是电力系统设计中的两个最重要因素。

1. 保证安全的设备

断路器件，在可能遇到的最严重的工作条件下，必须能安全而正确地动作。必须有保护设施以防止意外地与带电导体相接触。采取将带电导体封闭起来、安装保护栅栏，或把导电体安装在足够高的地点等方法，以避免意外接触。

绝不允许带电流操作隔离开关，除非设计上允许这样做。如果切断负荷或事故接通能力不够的话，应装有联锁及警报信号。在许多情况下，常用隔离开关隔离电力断路器，此时必须先断开断路器，然后再断开隔离开关。经常用联锁设施以保证这一操作程序。

系统设计必须使指定的线路和设备在不带电和接地的情况下才能进行维修。系统设计必须为维修线路和设备设置隔离闭锁设施。在检修期间必须制定书面程序，并在标记牌上说明或把线路隔离闭锁，等工作完成后重新通电。

装有电气设备的房间，特别是装有电压在 600V 以上的设备，如变压器、电动机控制设备或电动机，必须把这些设备安装和配置在非电气维修和操作人员不需要或很少接近的地点。必须有一个方便而位置较远的出口，在危急期间能迅速离开。

为了预防突然照明故障。需要保护人身安全的地点必须装设应急照明。人员很多的地区、出入通道、生产过程的控制地点和电气开关中心等地点，尤其重要。运行和维护人员必须有完整的维护操作说明资料，包括线路图、设备的额定参数以及保护装置的整定资料，应有参数设置正确的备用开关设备。

2. 电网通讯

为保护建筑物，任何设计都应有可靠的通讯系统。可以采用自备并由自己维修的工厂内部电话和报警等设施，其中亦可包括现代化的无线电和电视设备，或者采用连接系统和现有的通讯系统接通。应装有防火、防烟报警系统，采用自备设备或接到市内报警系统。所有的安装方式应尽可能使其不受建筑物中所发生的事故和变动的影响。电路布置应对测试工作给予方便，并能把故障部分与系统分隔开。

在很多建筑中采用了监视电路，包括电视和无线电设备，可作为各监视人员及时向上级报告异常情况的便利手段。这种系统常与扩音系统和其它报警设施配合使用。可利用信号报警系统警戒关键性地区的异常情况。操作人员能迅速通知其他人员查明其控制范围内发生的事故或不正常情况，采取纠正措施。

2 建筑供电设计内容

2.1 建筑电气设计内容

2.1.1 建筑电气设计的概念

1. 设计的概念

设计是一个构思表达、再构思表达、反复推敲、不断深入发展和进行评价的过程。基本上可以概括为博览、创意、构思、表达等几个阶段。博览是博览群书，直接和间接地学习各方面的知识。通过听讲、看书、参观访问、观摩等各种方式，对各种建筑物及建筑物中的各种设备、技术规格和空间尺度要心中有数。

接到设计任务后，就要创意。只有书本知识是不够的，生活体验和设计经验往往也非常重要。在创意中要善于找出问题、揭示矛盾、分析研究、解决疑难。创意就是对具体问题提出解决的思路。创意可能是模糊的，但它对以后的设计至关重要，好的创意才能发展下去，而创意不当就会步履维艰。

好的创意不等于好的设计，因为设计中的矛盾是错综复杂的，一开始矛盾没有展开，而是随着思维的发展而逐步展开，并在展开的过程中逐一对这些问题寻找理想的解决方案。这一过程就是构思发展过程，就是从创意到成熟的过程，这个过程中很重要的就是思维的表达。

思维产生于人的头脑，是个瞬时的火花，这种印象产生后必须抓紧时间记录。好记性不如烂笔头，设计是构思的过程，也是动手的过程。思维借助语言完成，建筑工程设计语言就是图纸或模型。因此，将自己的设计构思表达成为图纸，是设计人员的基本功。

设计过程从一开始到深入下去，各阶段思维的广度、深度都不同，表达方式、工具也可能是多样化的。表达方式和工具要适应思维的速度，推动思维发展成熟。

2. 服务的对象

设计是为甲方（业主）的功能需要服务的，也是为施工单位的施工需要服务的。在满足国家有关规定的前提下，设计人员应树立服务意识、树立合作意识、树立敬业精神。对建筑电气专业的设计人员而言，妥善处理与各个专业之间的关系是十分重要的事情，在协调上所用的时间甚至可能超过埋头设计的时间。

3. 设计的内容

现代建筑趋于多元化的风格，高度大、面积大、功能复杂，电气设计内容也日趋复杂，项目繁多。建筑电气设计从狭义上仅指民用建筑中的电气设计，从广义上讲应该包括工业建筑、构筑物和道路、广场等户外工程。

传统建筑电气设计只包括供电和照明，而今天一般将其设计的内容形容为强电和弱电。将供电、照明、防雷归类在强电，而其余部分，如电话、电视、消防和楼宇自控等内容统统归于弱电。这种分类以电压的高低为依据，强调了电气设计中所增加的消防、电讯和自控内容与传统电气设计内容完全不同，容易理解，所以很快被人们所接受。

但是，这种按电压高低进行分类的方法并不严谨，如：动力设备的二次控制回路，其电压可能很低；而消防回路中的联动也不宜与配电箱完全分割开。又如人防设计、防雷设计、保安设计等功能性设计，其内容不仅仅是弱电信号的报警，也包含有动力、照明的联锁反应。又如防雷接地，强弱电都要求，而且有向等电位联结发展的趋势，实际上又很难分开。如果电气设计仅仅以电压高低进行分工，势必造成强弱两个子工种之间交叉过多，界限不清楚。

4. 电气设计的分类

本书中将尝试一种新的分类方法，就是按功能分类。既然建筑设计是为业主的功能需要服务的，将满足某一类需要的相关设计内容放在一起考虑应该是合情合理的。为此，笔者对建筑电气的要求进行了总结，提出本书的分类方法，愿意以一孔之见与各位同行做进一步的交流。考虑到防雷、消防等内容都是出于对减少建筑物灾害的功能设计，特增加了电气减灾一篇，并将保安监控、防空袭、防爆炸等内容归并其中。而电讯和楼宇集控的出现不仅仅是减灾的需要，也是人们对理想生活环境的追求。出于对信息时代不断发展的新技术考虑，建筑电气的设计内容应能扩展，而信息正是其核心词。减灾篇和信息篇中的内容多是建筑电气设计新增加的内容，而传统的供电篇和照明篇原本就有所界定。

这样分类还有另外一个原因是出于工作量的考虑。对于大型复杂建筑物，以平面图而言，传统强弱电都不只一张。由于消防、电视、广播、保安、综合布线（网络和电话）的要求并不相同，出于方便施工和报批的角度，往往要分别出图。将传统弱电改为减灾和信息，与传统强电的供电和照明并列，可以更加真实地反映出变化后的工作量，也使建筑电气的四个子专业能够大体平衡。下面将进一步叙述建筑电气四个子专业的具体设计内容。

2.1.2 供电系统

建筑供电主要是解决建筑物内用电设备的电源问题。包括变配电所的设置，线路计算，设备选择等。

1. 供电电源及电压的选择

供电设计：包括供电电源的电压、来源、距离和可靠程度，目前供电系统和远景发展情况；用电负荷的性质、总设备容量和计算负荷；变配电所的数量、容量、位置和主接线；无功功率的补偿容量和补偿前后的功率因数；备用容量和备用电源供电的方式；继电保护的配置、整定和计量仪表的配置。

为了保证供电可靠性，现代高层建筑至少应有两个独立电源。具体数量应视当地电网条件而定。两路独立电源运行方式，原则上是两路同时使用，互为备用。此外，还必须装设应急柴油发电机组，并要求在15s内走道恢复供电，保证应急照明、消防设备、电脑电源等用电。国内高层建筑大都采用10kV等级，对用电量大而且有条件的，建议采用35kV深入负荷中心供电。

2. 电力负荷的计算

电力负荷是供电设计的依据参数。计算准确与否，对合理选择设备、安全可靠与经济运行，均起着决定性的作用。负荷计算的基本方法有：利用系数法、单位负荷法等，详见第7章。

3. 短路电流计算

计算各种故障情况，以确定各类开关电器的整定值、延时时间。

4. 高压接线

好的设计能够产生巨大的效益，这是工程师设计的主要目的。如何因地制宜，保证高低压接线的安全、合理、经济、方便，是我们的一个重要课题。

现代高层建筑一般要求采用两路独立电源同时供电，高压采用单母线分段、自动切换、互为备用。母线分段数目，应与电源进线回路数相适应。只有供电电源为一主一备时，才考虑采用单母线不分段的型式。若出线回路较多时，通常考虑分段。电源进线方式多采用电缆埋地，也可架空引入。

高压配电系统及低压干线配电方式常采用放射式，楼层配电则为混合式。现代高层建筑的竖井多采用插接母线槽。水平干线因走线困难，多采用动力与竖井母线通过插接箱连接。每层楼竖井设层配电小间，经过插接箱从竖井母线取得电源。当层数较多或负荷巨大时，可按楼层分区供电或将变压器分散布置，但要进行经济分析。

5. 低压配电线路设计

首先确定进户线的方位，然后确定各区域总配电箱、分箱的位置，根据线路允许电压降等因素确定干线的走向、管材型号和规格、导线截面等，绘制平面图。

低压配电系统的各级开关，一般采用低压断路器。设计时注意选择性，保护等级不宜超过三级。重要负荷要求两路供电、末端切换，如消防电梯，要求在电梯机房设置切换装置，互为备用。配电设计包括配电系统的接线、主要设备选择、导线及敷设方式的选择、低压系统接地方式选择等。

6. 电气设备选择

现代建筑要求电气设备防火、防潮、防爆、防污染、节能及小型化。电气设备有的需要引进。设备引进是一项技术性、政策性很强的工作，对国际市场的产品动态及发展趋势都应有一定了解，具备必要的国际贸易常识。

电气设备的选择是涉及多种因素，首先要考虑并坚持的是产品性能质量。电气产品的选用必须符合国家有关规范。其次才是经济性，要根据业主功能要求、经济情况做出选择。随着人们环境保护意识的日益增加，选择环保产品、节能产品也是新的时尚，这就不仅仅是钱的问题了。

电气工程师所要选择的产品包含在每个设计子项之中，主要有电源设备、高低压开关柜、电力变压器、电缆电线、母线槽、开关电器、照明灯具、电讯产品、消防安防产品、楼宇自控产品等。

7. 继电控制与保护

没有十全十美的系统，没有100%可靠的设备，对于各种突发的意外情况，对关键点进行保护，是电力系统工程师的职责之一。

8. 电力管理

功率因数要求补偿到 0.9~0.95，可采用集中补偿或分散补偿方式。为降低变压器容量，集中补偿装置通常采用干式移相电容量，设置在低压配电柜一起。

"管理出效益"已经成为商品经济时代的共识，对电力系统进行卓有成效的管理往往能够在现有的物质条件基础上，产生出令人惊讶的潜能。有关电力管理的讨论见本书第

13 章。

9．变配电所设计

根据建筑特点，确定变电所设计是建筑供电的重点，其设计的内容主要有：变配电所的负荷计算；无功功率补偿计算；变配电室的位置选择；确定电力变压器的台数和额定容量的计算；选择主接线方案；开关容量的选择和短路电流的计算；二次回路方案的确定和继电保护的选择与整定；防雷保护及接地装置的设计；变配电所内的照明设计；编制供电设计说明书；编写电气设备和材料清单；绘制配电室供电平面图；二次回路图及其他施工图。

10．电梯

电梯按使用功能分类有：高级客梯、普通客梯、观景梯、服务梯、消防梯、货梯、自动扶梯等；按速度划分有：低速梯、快速梯、高速梯和超高速梯；按电流分为直流和交流梯。设计人员的任务是确定电梯台数和决定电梯功能。电梯的配置和选型，往往是建筑师根据建筑需要作出决定，但电气设计人员宜参与协商，与建筑师共同研究确定。为缩短候梯时间、提高运输能力，采用高速电梯、分区控制和电脑群控已经是常见的。

2.1.3 照明系统

电气照明设计包括设计说明、光源选择、照度计算、灯具造型、灯具布置、安装方式、眩光控制、调光控制、线路截面、敷设方法和设备材料表等。照明设计和建筑装修有着非常密切的关系，应与建筑师密切配合，以期达到使用功能和建筑效果的统一。绿色照明是指在设计中广泛采用新的材料、技术、方法，达到节能、高效及环保的要求。

1．电光源

选择人工光源是照明设计的第一步。从爱迪生发明白炽灯以来，电光源也几经改朝换代。了解各类电光源的特点是我们电气设计工程师的职责。

2．照明计算

照度计算是设计的理论根据，一丝不苟地进行照度计算、三相平衡计算、灯具配光曲线选择，是照明设计的基本功。有人认为，照明设计是比较容易的一部分，那是仅仅看到照明设计人员在一个又一个画灯泡的现象，而不了解照明设计所涉及的复杂理论和在实际选型中所涉及的多种因素。

3．灯具选型

根据不同的场合选择不同的灯具，以达到预期的效果，往往需要电气工程师与建筑师协商。电气工程师需要更多的考虑技术规格方面的因素，如灯具效率、照度值、功率消耗等，而某些涉及美学的问题，属于仁者见仁、智者见智，建筑师和业主往往有不同的见解。实际工作中，电气工程师有责任对建筑物的基本照明做出安排，对灯具进行选型。

4．应急照明

100%的电源迟早会出现中断，出于生理和心理的安全需要，设置应急照明是必须的。见本书第 19 章的内容。

5．环保和节能

（1）环保：环境保护的重要性不言而喻，我们只有一个地球，破坏环境无异于杀鸡取卵。增强电气工程师在设计中的环保意识，是我们应尽的责任。

（2）节电：节省能源是我国经济建设中的一项重大政策，节约用电是节约能源中的一个重要方面，它直接关系到建筑物的运行效率和其中人们的生活、工作。节电方案的设计应根据技术先进、安全适用、经济合理、节约能源和保护环境的原则确定。采用合理的配电方式，采用高效电气设备，采用无功功率补偿和电脑优化控制等措施，节约用电。

2.1.4 减灾系统

1. 安全用电

人的生命安全是我们在运行电力系统中所必须首先考虑的问题。电是双刃剑，安全使用才能带来方便和效益，我们应该牢记：安全第一。有关安全用电的知识见本书第21章。

2. 防雷

雷击是一个概率事件，设置接闪器等防雷装置增大了落雷的概率，但可以有效地控制雷击灾害。传统的防雷方法是采用避雷针、避雷带等，近年来用过的有消雷器和放射式避雷针，但在国内理论界基本是否定的。而提前放电和抗雷器等避雷方法理论界还在争论之中。本书22章有简练的综述。

3. 防火

随着建筑物的日趋复杂化，功能的多样化，防火问题变得越来越重要。由于电气原因引起的火灾也在不断上升之中。建筑防火设计包括所有的设备专业，水要有喷淋、消防泵，暖通要有防排烟，电气的火灾探测器、通讯和联动控制系统更是必不可少的。

4. 防盗

现代社会科技的发展使我们拥有了更多的手段来保证自身和设备的安全。防盗设计包括：闭路监视系统、巡更系统、传呼系统、车库管理系统等。

5. 防空和防爆

战争和意外爆炸也是设计建筑物要考虑的问题。作为电气设计工程师，在作设计绘图中要根据需要研究和落实保安措施。

2.1.5 信息系统

1. 电视

为了使用户收看好电视节目，公共建筑一般都设置共用天线电视接收系统CATV和有线电视系统CCTV。它们都是有线分配网络，除收看电视节目外，还可以在前端配合一定的设备，如摄像机、录像机、调制器，自己制作节目形成闭路电视系统进行节目的播放。

进行分配系统设计时，应合理确定电视机输入端的电平范围。视频同轴电缆、高频插接件、线路放大器、分配器、分支器的选择，应注意系统的匹配及产品的质量。天线的位置十分重要的，应该选择在没有遮挡、没有干扰、安装方便的地方。

2. 电话

电话设计包括电话设备的容量、站址的选定、供电方式、线路敷设方式、分配方式、主要设备的选择、接地要求等。

3. 广播

旅游建筑的音响广播设计包括公众广播、客房音响、高级宴会厅的独立音响、舞厅音响等。公众音响平时播放背景音乐，发生火灾时，兼作应急广播用。客房音响的设置目的是为客人提供高级的音乐享受，建立舒适的休息环境。高级宴会厅多是多功能的，必须设置专用的音响室，配备高级组合音响设施，以适应各种不同会议要求。餐厅、多功能厅、酒吧间为满足各类晚会的需要，宜配置可移动的音响设备。高级饭店前厅一般要设计音乐喷泉。

4. 网络

网络设备的出现是随着信息工业的发展而出现在建筑物中的新事物。信息时代的到来，使我们的生存成了比特的组合。

5. 电脑管理系统

电脑管理系统是指对建筑物中人流、物流进行现代化的电脑管理，如车库管理、饭店管理等子系统。

6. 楼宇自控

自动控制与调节：包括根据工艺要求而采用的自动、手动、远程控制、联锁等要求；集中控制或分散控制的原则；信号装置、各类仪表和控制设备的选择等。楼宇自控是智能建筑的基本要求，也是建筑物功能发展的时代产物。楼房不仅仅是遮风避雨的居所，也是实现梦想的舞台。

建筑电气设计是建筑工程设计的一部分，在不同的设计阶段有不同的深度要求。那种超越设计阶段的做法不是锦上添花，而是画蛇添足。

2.1.6 设计深度

1. 一般原则

设计施工中必须始终贯彻国家的有关政策和法律，符合现行的国家标准和设计规程。对于某些行业、部门和地区的工程设计任务，还应该遵守这些行业、部门和地区的有关规定。但是，在规范的前提下，应该尽量满足建设单位的需要，树立服务思想。建筑供电的设计一般原则归纳起来有以下几点。

(1) 建筑电气设计必须严格依据国家规范，这是不言而喻的。为加强对建筑工程设计文件编制工作的管理，保证设计质量，国家制订了相关标准。建筑供电设计和施工必须贯彻执行国家有关政策和法令，设计文件的编制符合国家现行的标准、设计规范和制图标准，遵守设计工作程序。

(2) 根据近期规划设计兼顾远景规划，以近期为主，适当考虑远景扩建的衔接，以利于宏观节约投资。

(3) 必须根据可靠的投资数额确定适当的设计标准：如灯光设计标准，规范只给了最低的标准。而设备档次(如灯具豪华程度、装修标准)等取决于投资数额，有多少钱办多少事。

(4) 根据用电负荷的等级和用电量确定配电室电力变压器的数量，配电方式及变压器的额定容量等。

(5) 建筑工程作为商品，必须考虑其经济效益、成本核算、用户满意程度、商品流通环节是否通畅、扩大再生产的能力等。本书第31章撰述了电气概算方法。

(6) 设计应结合的实际情况，积极采用先进技术，正确掌握设计标准；对于电气安全、节约能源、环境保护等重要问题要采取切实有效的措施；设备布置要便于施工和维护管理；设备及材料的选择要综合考虑。

(7) 建筑电气设计是整个建筑工程设计的一部分，设计过程中要与有关建筑、结构、给排水、暖通、动力和工艺等工种密切协调配合。

2. 设计步骤

在项目决策以后，建筑工程设计一般分为初步设计和施工图两个阶段。大型和重要的民用建筑工程，在初步设计之前应进行方案选优。小型和技术要求简单的建筑工程，可以方案设计代替初步设计。

当接受建筑工程设计任务时，首先应落实设计任务书和批准文件是否具备；检查需要设计的项目、范围和内容是否正确。上述手续齐备后就可办理设计委托文件。

设计人员在开展设计工作前，应进行调查研究，收集必要的资料，把有关的基本条件搞清楚，这是保证设计质量、加快设计进度的前提条件。然后，按照设计各阶段的深度要求，编制设计文件。经过审核后，报请有关主管部门审查批准，交施工单位。施工开始前，设计人员要向施工单位的技术人员或工程负责人作工程技术交底。施工过程中应对有关设计方面出现的技术问题负责处理。工程竣工后，参加工程竣工验收。

对于大型建筑工程，如果技术要求高的、投资规模较大的建设工程项目及大型民用建筑工程设计，在初步设计之前还可根据有关部门或建设单位的需要进行方案设计，对设计工程作出一个或若干个设计方案，交有关部门或建设单位，按需要进行设计，这样可避免在初步设计中一些重大原则问题上，作出较大的改动或造成返工。对于工艺上比较复杂而又缺乏设计经验的工程，可以增加工艺设计阶段。小型建设工程设计可用方案设计代替初步设计。

对于一般的工程项目，设计单位需要将编制初步设计的文件交建设单位报请上级及有关主管部门批准后，方可根据正式审批意见进行施工图设计。对于建筑电气设计有关部门一般有：城乡规划部门、供电部门、信息产业部门、消防部门、人防部门、环境保护部门和文物部门等。

3. 设计文件的编制

设计文件包括：设计说明书，图纸目录，设计图纸，主要设备及材料表，投资概预算表，计算书等。其中设计图纸的绘制，应按照 GB 和 IEC 标准执行。主要内容有外线总平面供电设计、变配电室的设计、车间动力供电设计、建筑照明设计、共用天线电视系统设计、广播和电话系统设计等。

下面将叙述有关说明书和图纸应表达清楚的内容。需要指出的是：这些内容不是详细无遗的，也不是每一个设计文件都必须包括的，每一个具体的建筑工程项目应包括哪些电气内容，应依据其特点和实际情况而定，但深度应满足要求。

4. 设计文件的具体内容

施工图设计文件主要以图纸表示，设计说明作为图纸的补充，凡是图纸上已经表示清楚的，设计说明就不必重复了。

(1) 设计说明

建筑工程项目一般都需要写一个施工总说明，给出本工程的总体概念。对于各分项工程局部问题可在其图上写出。

总说明的内容为：工程一般性介绍，如设计依据，包括根据整个工程的设计任务书与电气有关的内容；与当地的供电、信息产业部等有关部门的协商文件；本工程其他专业所提供的资料和要求。如果是改、扩建工程，应写明与原工程的关系。

初步设计图纸一般包括以下内容：供电设计总平面图、变配电所平面图、高低压供电系统图、低压及照明配电系统图、弱电布置系统图和平面图。

(2) 外线工程供电设计：主要是确定供电的形式是采用电缆供电还是架空线路供电，是用放射式线路还是树干式供电线路，计算导线的截面，绘制总平面图。

具体图纸的设计内容见前面的说明，特别需要指出的是：除了设计图纸以外，还应该有设计计算书。

2.2 建筑电气设计条件

2.2.1 设计的多样性

1. 设计内容

设计有抽象的一面，也有具体的一面。建筑工程的设计要求根据建筑的内容、目的、成本、负荷、运行条件及环境等条件进行设计，其中的电气设备是多种多样的，必须按照每一个设计来筹划不同的设备，没有千篇一律的建筑电气设计。对进行筹划、调查、计划、初步设计以及施工设计的各阶段的条件和要求都必须充分进行研究，使电气设计符合工程的要求。

一方面，在制定设备计划和建设时，许多有关人员在一个有机的组织中迅速地开展工作，这是不可缺少的。有关计划和设计方面的各种决定，要以实现设备为目的的设计说明书明确下来，并且使参与施工的全体人员彻底了解。另一方面其内容要贯穿设计、施工、验收的全过程中，并作为设备管理标准使用。

2. 设计条件

设计选型首先要考虑产品的安全，其次才是产品的实用性、先进性。电气设计选择设备还应考虑的原则有：运行的可靠程度、工作的稳定性、配置的灵活性、符合环境保护要求、是否节约能源、维护方便、经济实惠。

建筑电气设计涉及各个方面，而且又是互相关联的，所以最好制定出包括全部电气设备的设计说明书。设计说明书应包括的主要内容如下所述。

2.2.2 设计调查

1. 收集电源资料

电源资料是供电系统设计的基础资料，供电系统的设计质量与电源资料收集的深度密切相关。一般收集以下资料。

(1) 建筑物附近的变电所、发电厂和可能向本工程供电的电源单线系统图，包括地名、电压等级、主要变压器的容量、接线方式、备用及发展情况。电源对本工程的可供电量，可供出线间隔编号和可接电处的电杆编号及出线路径，电源主控制室的发展余地。应尽可能详细地收集各种可能性，以便择优选用。

(2) 各个可能的供电点的电压波动、频率波动范围，故障率及该电源点在供电系统中所处的地位、级别、运行中的切换方式等。这是为了衡量电源的可靠性和供电质量能否满足本工程的需要。

(3) 工程的接电点在系统最大运行方式和最小运行方式时的短路数据，包括近期和远期的数据。具体指：接电点的最大运行方式短路容量 S_{dmax}、短路电流 I_{dmax} 或系统标幺电抗 $X_{\sum max}$，三者知其一即可。最小运行方式短路容量 S_{dmin} 或系统标幺电抗 $X_{\sum min}$，两者知其一即可。

(4) 电力部门对继电保护的要求，供电端的继电保护方式（包括有无自动重合闸，备用电源自动投入装置等）和时限配合关系。当工程仅用线路－变压器组接线方式并且

10kV 系统用熔断器时，这些数据可不收集，但需要知道熔断器的规格及保护特性。

（5）电力部门的功率因数要求，对供电方式、供电线路及走向、截面、主要变配电设备选型的意见。根据全国供用电规程规定，用户必须满足电力系统对功率因数的要求。同时城市地区外线工程一般由当地的电力部门负责施工、维修和管理。如果电力部门的意见不能满足本工程的需要，应协商解决。

（6）当地的电力部门对计量点的要求和计费方式（包括计算方法、奖惩规定、地区电价、增容费和其他地区规定）。计量点直接涉及到供电系统的主接线，其他数据用来作技术经济分析及成本核算，都是必须要知道的。

2．电源来源

（1）市电：在对下列事项判断清楚的条件下，参考最新的数据。建筑附近状况图；所需要的电力；希望的受电连接点；希望的受电电压；希望的受电方式；施工与试运转建筑；在与受电电压有关的设备中，特别注意大型电动机的存在，预定功率因数；负荷的特性；供电电压；连接点和配电线路；电费；受电点的最大和最小短路容量与电压变动幅度；供电系统中性点接地方式；对继电器和功率计量的要求。

另外，若供电电压低，根据情况有时电力公司把二次变电所设在建筑内，以便对负荷可直接连接的低压供电。在这种情况下，要弄清楚变电所需要的占地面积，编入建筑的平面布置图中。

近年来，建筑中连续运行的设备增多，供电可靠性大大影响着生活质量，对此类建筑如果不设置自备发电设备，则应与电力公司就第二电源问题进行切实的研究。

（2）自备发电设备

建筑中设置自备发电设备时，必须对下列问题进行研究：发电容量；发电电压；配电设备的保护方式和发电机保护的关系；计量；电压调节范围；同步装置；接地装置；维修和保养方面的要求事项；所连接的大型电动机的启动。

3．收集气象及地址资料

建筑工程所在地的气象和地址资料（表2-1）是选择电气设备、线路及防雷接地的条件。

气象及地址资料内容和用途　　　　　　　　表 2-1

序	资　料　内　容	用　途
1	最高年平均气温	选变压器
2	最热月平均最高气温	选室外裸导线及母线
3	最热月平均气温	选室内导线及母线
4	土壤中 -0.7~-1m 的最热月气温	选地下电缆
5	最热月平均水温	选水冷装置和半导体元件
6	冻土层厚度	决定电缆直埋深度
7	地下水高度	决定走线方式和电缆沟的防水处理
8	年平均雷电日	决定防雷措施
9	土壤电阻率	架空线路及接地计算
10	覆冰厚度	架空线路计算
11	最大风速	架空线路计算

制定设计说明书时要确定其标题，并确定文件资料号码。说明书开始要明确表示工程名称和本说明书的适用范围，同时还要指明限定使用本说明书场所的补充说明。设计说明中应列出所考虑的法规、应参照的标准及其他说明书。

2.2.3 环境条件

作为设置建筑场所的环境条件，在进行设计的可行性研究时，进行现场调查所汇集的下列数据，要整理在"规程的初步设计数据"中。

1. 地势

建筑所占的地势是指地质、占用地的地基高度、地基承载力、地基沉降、地下水位、地下水压、地下冻结线及有无障碍物等。气象条件有气温、湿度、风向、风速、潮位、雨量、降雪量、积雪量、地震的记录震度、台风频率及洪水记录。

2. 相关条件

编制电气设备和设计说明时，对设计有很大影响的事项也应加以记载。如：环境温度（最高、最低）；相对湿度；地基标高；特殊环境条件；特别提醒注意条件。电气设计人员在工程项目早期必须抓住机会亲自收集土壤的电阻、固有热阻、高环境温度下直射阳光下的最高温度。

3. 盐害

对于盐害可以选择下列措施：采用耐盐套管；密封带电部分或安装在室内；通过冲洗装置适当清洗；涂上硅化合物。与上述电路防盐害措施对应，对设备的铁制部分必须采取镀锌或涂上防腐剂等有效措施。盐害主要出现在沿海地区。

4. 腐蚀性气体

腐蚀分为建筑中发生的腐蚀性气体的腐蚀和重工业地区的环境污染产生的腐蚀。前者必须参照专门的资料，后者办法如下：当发现环境污染引起腐蚀时，可将可能的设备转移到室内，或装在保护性外壳（箱）中。对于防腐蚀设备的措施不是万能的，应当在考虑设备的设置方法和配线方法的基础上决定采取何种措施。

5. 电压标准

（1）受电电压 承受电压按各电力公司的供电规则而定。接收 2000kW 以上的供电时，电力公司往往要增加或改装设备，要与用户进行包括电费单价在内的协商。

（2）配电电压 根据有关国家标准选择电动机等主要设备的配电电压，主要考虑负荷的输出功率，特别是大型电动机的电压如何解决。然后与下一项系统设计综合解决，需要考虑是否直接对负荷供电的一次配电电压。

（3）设备的额定电压 有时某些负载的电机是作为设备和机器的一部分交货的，这些电机与电气技术人员安排的机器应该统一。各个负载的电机额定电压应明确标志。若电动机上采用两种电压时，必须明确表示界限。

2.2.4 建筑物内电力系统的设计

1. 系统的组成

经常采用的配电方式有：放射式；树干式；一次切换方式；二次切换方式；环形供电方式；网络方式。具体采用哪一种方式，或其组合方式，要根据建筑中负荷的种类、大小、配置与重要性以及将来可能的变更等方面的因素，研究比较确定。研究此类问题时，除考虑设备成本外，还应考虑停电造成的损失。将选择结果写入说明书，同时要注意在以后的施工设计中不要失去选择该种方式的优点。

2. 保护方式

通常，系统和设备的保护对下列部分都要进行：受电回路、变压器、发电间、电动机。余下的馈线和母线，可以考虑使用过电流继电器型号的选定及分接插头、标度的适当整定来进行保护。

3. 容量的确定

电气设备的容量选择条件有：变压器的容量和阻抗。连接放射状、树干状、一次切换方式和环形供电方式的系统的变压器，其自冷连续供电容量应超过与其连接负荷的最大需要电力。连接二次切换方式和网络方式的系统变压器，其风冷容量应超过与其连接负荷的最大需要电力。

4. 开关机构

发电机用断路器的额定为发电机连续额定或长时间超负荷额定的1.05倍以上。变压器一次侧断路器和二次侧主断路器的额定，应大于变压器的风冷容量。当变压器一次侧断路器对两台以上变压器供电时，应大于组成二次切换方式和环形供电方式的变压器的风冷容量与组成放射式、树干式、一次切换方式和环形供电方式的容量之和。对馈电用断路器和母线供电的进线断路器额定值至少应等于连接其母线负荷的最大需要电力。电动机断路器的额定值，原则上为电动机满负荷电流1.15倍以上的连续额定值。

5. 电缆规格

通往母线的馈线电流容量应高于供电母线的最大需要功率。通往变压器的馈线容量应大于变压器风冷容量。馈线供给两台以上变压器电力时，应大于组成二次切换方式和环形方式变压器的风冷容量与组成放射式、树干式、一次切换方式和环形方式的变压器的自冷连续容量之和。

对于600V以上的母线或对变压器供电的馈线，应能保证耐受短路发热而不受损伤。电缆的允许电流，必须是实际配置条件下的值。即在空中架设时必须考虑环境温度和多条线路架设时的递减率基础上进行计算。在地下敷设必须考虑埋设深度、基础温度、土壤热阻和多条线路敷设时递减率的基础上进行计算。

6. 电压变动

电气设备在实际应用中能够无障碍地进行运转的电压、频率和速度的允许变动范围，在各种标准中有明确规定。另外，关于建筑广泛使用的感应电动机和电灯，考虑到其效率和寿命，推荐采用下列电压变动范围。

低压感应电动机 +9% ~ -4%；荧光灯 +6% ~ -6%；高压汞灯 +5% ~ -5%。

为了满足这些数值，可以采用负荷中心方式、设置补偿电容和增加变压器分接抽头等措施。为了发挥效率，通常是将各馈线上的电压降控制在下列数值范围内。

电动机分支回路5%；照明用馈线2%，照明分支回路3%。

7. 控制、监视、报警方式

在有自备发电厂的建筑中和以超高压受电的建筑电力系统中，要设置监视控制盘，以便在掌握设备运行情况的同时能够在发生轻微故障时早期采取措施，并能在重大故障时迅速采取切实的处理办法。确定系统的组成和变电所位置时，必须对监视控制盘的设置场所及其功能进行研究。

8. 维修用电力的保证问题

作为电力系统设计的结束部分，应研究对建筑定期维修用电如何检修配电。不研究这个问题，就会为了检修而不得不停电，或者因为不能停电而难以检修。维持原状连续运行，迟早要出问题的。

2.2.5 相关法令和各种标准

1. 电气设备的设计

作为建筑电气设备来说，使用和安全必须结合在一起考虑。随着电气工程的发展，在高电压、大容量的发展过程中，电气设备广泛加强了法制。设计要严格遵守国家强制性法规，优先采用国家、行业标准推荐做法。电气工程师需要知道有关的内容，如果不充分理解执行法规，就不可能设计和应用。

2. 设计标准

民用建筑电气设计标准正在不断颁布实施之中。这些标准中有强制性国家标准 GB、推荐性国家标准 GB/T、行业标准（中国工程建设标准化协会标准 CECS）、部颁标准（如信息产业部 YD、建设部 JGJ）、地区标准（如华北地区标准 92DQ 建筑电气通用图集）、市级标准（如北京市标准 BJ95 北京"九五"住宅建设标准）、设计院内部标准（如《电气专业技术措施》北京建筑设计研究院）。

更加详细的国家标准见附录二。

3. 施工标准

建筑电气施工需要遵循统一的标准，以便交接。如果在以下方面所执行的规范能够达成一致，计划阶段的工作可以说已经完成了一半。

（1）一般事项：范围；参考；通用设计条件；防爆区划分；电气产品的设计温度；涂漆和其他。

（2）电气系统：范围；电源；负载的划分和选择断路器系统；回路分类；电压降；保护方式；功率因数的改善；直流电源；仪表用电源；变电所；电话。

（3）电气设备：范围；变压器；高压开关柜；低压电动机控制中心；低压配电盘；户外盘；电动机；按钮开关；蓄电池和充电器；焊接电源插座；通用插座；呼叫系统；火灾报警。

（4）照明：范围；一般事项；设备；应急照明；障碍标志灯。

（5）电气设备施工：范围；参考；一般事项；电线、电缆；硬钢电缆管施工；PVC 管施工；电缆沟配线施工；电缆托架配线施工；钢带铠装电缆直埋配线施工；接地系统；电气设备现场试验。

（6）表格：照度表；电缆和电线管规格选用表；电动机及现场操作柱的配线方法等。

2.2.6 工程管理

实施建设计划的时候，在预算管理、人事管理、安全管理、技术方面的设计和制造、现场工程的竣工检查等重要事项中，工程管理都是极其重要的。各种工程、运输和安装都复杂地交织在一起，相互关联。但对于订货者来说，最重要的对应管理是预算和施工管理。在国内的采购、检查以及运输方面的供应工作都要安排好。

1. 电气工程的申报

随着电气施工的进展会有种种申报，而项目经理负责与官方联络，在电气方面的联络工作可能会比较薄弱。因此，电气技术人员要预先经常熟悉电气工程上与主管政府部门和电力公司方面的联络工作，不失时机地提出这方面的手续。

必要的手续有提交配电认可申请方案、施工报告、完工报告、检查验收、安全规程申报、事故报告；对电力公司提出用电申请、电力合同申请、共同配电申请。

2. 安全管理

施工是有很大危险性的作业，高空作业、处理重物、处理火灾等危险作业较多。对其安全管理必须细心。在进行这些管理措施时，要与有关部门商议制定操作规程，并确定负责人。应制定的规程如下：(1) 用火规则，用火申报样式；(2) 高空作业规定；(3) 危险性处理规则；(4) 电讯设备操作规程；(5) 防止触电规则；(6) 防止静电灾害规程。另外在安装施工者方面，应书面提出施工方案和确定安全负责人。

从安全的角度出发，必须建立能够进行检查以保证正常作业的体制。同时，在甲方和乙方之间必须建立安全组织，定期召开安全会议，努力防止灾害及事故。

电气承包者对于工程进度表重要项目要考虑以下情况：电气仪表施工设计开始和结束的时间，特别是电动机清单、单线图的完成时间和仪表工程进度表的完成时间；设备订货开始和交货的时间；电气仪表工程报价洽商、校核与订货时间以及上述资料的编制工作。

现场施工从临时设置的宿舍和办公室所需要的临时电源开始。土建的打桩工程多是由柴油发电机供电，但地下配管工程开工时也需要临时动力，所以电气施工者应当早期去现场工作。现场工作的顺序是：临时房屋、场地打桩、基础、结构、建筑同时进行，然后是大型设备安装、配管施工、电气仪表施工、保温涂漆施工等。

施工中要制定出详细的工序表来进行管理。其方法有关键线路进度表或计划评定检查法。电气仪表工程承担者应注意的是，当配电盘等设备交到现场时，电气室土建部分应该已经完成。为了在仪表盘达到现场的同时完成控制室，应要求与土建的进度密切配合。

在现场宜定期召开一次有甲方、工程公司、有关各工程公司参加的工程会议，总结实际成绩，研究下一步工作。根据需要加强人力。对工程有很大妨碍的是主要设备的交货迟缓和界区内外大型设备的运输安装等影响其他工程。

3. 施工管理的重要内容

如果工程进展迟缓将造成成本大幅度升高，其重要内容包括：

(1) 计划阶段—可行性研究

目标产品的市场调查；将来销售价格动向预测；工艺、回收、反应机构的初步调查；工艺、条件的初步调查，包括反应条件、运行条件、公用工程使用量、催化剂等；工艺流程和其他设备之间关系的调整；工程项目的经济性、技术性综合评价；厂址、总平面布置的初步调查；建设费用和进度的预测。

(2) 与工程公司签订合同前的工作

编制初步设计基础文件；询价书和报价资料的编制；初步设计数据表的编制；工作标准与规范的规定；有资格的卖主一览表的编制；主要设备供货可能性的事先调查；对平面布置图及有关设备同其它设备的关系进行调整；报价书的分析与价格磋商；预算申请；保密事项等的调查合同；与政府部门的交涉、探询；签订合同。

设计开始前的工作包括：用户方面和工程公司之间的业务分工与组织的确认；通信方式的确定；用户方面的基本要求、标准规范的确认；工程公司方面的项目进度计划表；文件档案系统的确定；知识产权的交接；与设计、设备订货、制造、现场安装施工有关的一切工程及成本的管理方式的确定。

（3）设计

设计工作包括：计算书、图纸、材料表、说明书等的讨论和认可；施工设计条件的说明；主要设备材料供货可能性，成本、交货期的估价评定；关于详细流程图（配管和仪表流程图）、平面布置图、工序等，与操作承担者商定；对主要设备的金属材料调查、确定；对主要设备的机械性能的调查研究；设计程序、工时管理。

（4）定货

订货、制造包括：设备和材料的成本、质量、交货日期的研究与评定；订货者的确定；各卖主的质量管理方式、成本管理；工程管理；合同检查；验收检查；所需的检查和手续的确认；货物交接手续；仓库管理；对输入产品所需要的手续。

（5）施工

现场施工包括：对施工运输承包者的选定；施工占地的调查说明；公司施工用办公室、施工场地、材料仓库用地的说明；施工用的动力和用水计划；施工、搬运作业等说明书的研究；详细施工程序的确认、现场工程会议的召开；已经建设设备的运转及其他设备相关的调整；施工指导与监督；各种设备会同试验、检查；组装调整与现场施工的误差调整。

2.3 方案和可行性研究

2.3.1 电气方案设计

建筑设计方案需要考虑技术与艺术、功能与经济、局部与整体、个性与共性、建筑与环境等一系列问题，保证方案的质量与水平是保证整个设计质量与水平的关键。方案设计应包括有关的设备内容。

电气方案设计主要内容如下：

1．方案设计的主要依据

用地环境、自然地质条件及气象资料；公用设施的利用和交通运输条件；城市规划、用地范围、环保、人防、消防、抗震、绿化等方面的要求；使用单位提出的合理要求；重要工程应有地质勘探资料；城市市政设施的现有条件或规划。

2．设计指导思想

建筑创作中有关电气构思的阐述；贯彻有关政策法令、规定等方面的阐述；采用新技术、新结构、新材料、新设备的阐述；设计中拟采用的定额、标准、技术指标等方面。

3．电力方案设计

用电负荷分级；供电电源、供配电系统及变电所；照明及线路敷设原则；应急照明；防雷及其它；新技术采用情况；总投资估算概况；本工程待解决的特殊问题。

4．弱电方案设计

电话、电传系统；闭路电视系统；消防、报警监视系统；扩声及广播系统；设备机房的面积位置及层高要求；新技术采用情况；需说明的其它问题。

2.3.2 事先调查

决定进行建筑工程的建设通常有下列几种情况：对原建筑进行改建；原建筑无扩建余

地，要选新址；为靠近市场选新址；应国外要求输出技术或资本。

1. 在国内建设

在国内建设要进行多次现场调查。要调查建筑物建成后在该地区的地位、作用、使用功能、人员状况、交通运输及有关排烟、排水和防噪声等方面的规定。这些内容虽然大多并非电气技术人员负责，但电气人员应将下列事项列入调查的内容。

(1) 电源调查根据地区不同预计供电情况，有的地方甚至连得到 $500 \sim 1000kW$ 的电源也很困难。公害也要限制，电源本身不足或输配电设备能力不够。制作设备和建筑工程也需要很长时间，用户需要充足的时间以向电力公司申请。

(2) 电费　电力公司按照每种合同所规定的电费制度，向用户收取与其使用方法和用量相应的金额。

(3) 电气技术人员应调查的其他事项　项目建设时，要调查能从当地调配电气施工队伍，从建筑物的规模来考虑是否为中心，建筑物建成后的维修工作能否从当地筹集劳动力，有无机修承包者，还要调查靠近海岸处的盐害、台风和水灾的可能性，用以作为选用施工方法的参考。其他方面，如雷电、白蚁、沙尘也需要考虑。

第一次可行性研究报告还有许多未定因素，不能准确计算电气费用。另外，由于有比电气工程费用更大的不确定因素，精确计算电气设备费用也没有意义。一般是根据以往的经验进行概算。

2. 在国外建设

在国外建设时，电气技术人员很少参加第一次现场调查，但在以后的多次调查，电气技术人员应取得下列事项的资料。

(1) 电源　调查在预定的地方能否得到所需数量的稳定的优质电力。在发展中国家，电压和频率一般变化较大，停电多，大多数情况下还难以取得所需的电量。另外，送往预定场所所需的输配电设备的费用金额巨大，需要电力用户负担。考虑到这些情况，应将应急电源设备容量与负荷的性质结合起来决定。可将全部电力都由自备电站提供。

(2) 电费　购买电力时需要向电力公司提出电力使用计划，并索取电费规程说明。各国的电费当然不同，同一国家的不同地区电费也可能不同。有按电力合同的多少来分担设备安装费用的，应认真调查。

(3) 施工用电　建设大规模的建筑施工用电是不能忽视的，建设小项目，可以使用自备柴油机发电。施工用电在时间上要先行一步，事先与供电一方联系，确认电力供应能否保证。另外，对临时宿舍用电情况进行调查。高温地带的国家还需要空调，这方面的负荷极大，需要制定详细计划。

(4) 电气标准　调查该国家是否有电气设备方面的国内标准。如果没有，则与订货人商定采用什么标准。

(5) 机械材料的供应　国家不同，对电气设备、施工材料的输入品种的限制程度也不一样，要详细了解该国产品的技术性能、质量和价格。对电压频率标准、消防法规、防爆指南、接地施工等电气技术标准，都要同订货人进行商谈。

(6) 环境条件　国外建厂应特别考虑的事项是在夏季高温国家中要注意环境温度的要求。以电动机为例，要调查当地气温，从技术上和经济上研究其安全性和耐用年限，并采取必须的措施。在冬季气温低的国家，也要研究相应对策。对于湿度要作调查报告，并根据情况制定对策，若存在盐害更需要特别研究。要研究当地国家的环境保护法规。例如，有无线电设备使用法规时，在建设施工和运转期间会妨碍场地内和宿舍区的通讯。

(7) 劳动力　调查在当地是否有足够的建设施工所需的电气技术人员、工人，工资水平、个人所得税和社会保险制度如何，此外有无特殊税收制，有无可与签订施工合同的单位，其技术和可靠性如何，有无合同税。国家有时规定有义务采用当地劳动力，或者工程承包单位要由当地企业承担。有时需要与当地厂家组成联合公司，调查建筑建成后的组织运行和维护、职员业务范围、机械设备是否能够对外委托、能否雇用到有能力的职员，是否需要进行培训。

2.3.3　选择承包商

1. 承担施工的组织

在非电气设备制造行业中，通常均设有公务部、工程部及其他机构。在小型工程中，包括编制执行性预算在内的施工业务就是由上述部门承担。一般是开发部门的初步设计计划阶段开始就要求合作。在大规模的工程建设中，原有的组织系统难以承担，这就需要组织特别班子或建立工程队伍。另外，新建筑根据建设规模可采用建设指挥部形式，在合作公司中也可以建立独立的组织。建立组织时，需要明确其职能、责任及权限，即编制预算、管理进度、采购材料、人事权、同公司内外联络权以及办理经营手续等。实际上这些工作经常由于建设繁忙期的到来没有认真研究就着手进行了。

作为合作事业制定计划时，开始双方都要建立筹备委员会，进行可行性研究。在实施阶段建立新的公司。以后通过新公司的职员向双方的总公司报告业务情况并接受管理。从电气技术人员立场需要考虑的一个问题是：合作公司之间在选择电气设备厂家、确定设备型号和施工方法等问题上的意见往往是不一致的，所以技术人员应全部由某一公司选派，以尽可能避免发生麻烦。

2. 工程承包公司

大规模工程设计通常是委托给工程承包公司的，就国内而言，由于一般企业平时不雇佣施工图设计人员，所以只进行初步设计，其余的工作交给承包公司。若当地情况不明时，应很好地利用当地承包公司的经验。若一个公司太大时，可将其有实际经验的各个部门分成若干公司，由甲方协调各公司关系。

当采用工程承包公司时，怎样划分工作范围和签订合同呢？建厂的地点不同将导致不同的设想。而且还要根据甲方的人员、预算和技术力量而变化。电气人员要充分熟悉承包业务的内容，即从初步设计到施工图设计、采购、海运、内部运输、安装、试运行中的某个阶段为止，其后只作指导工作。由于电气设备与其他部门分开后容易施工，可将其不包括在承包范围之内。

关于合同的种类，有一种所谓全面承包的总金额包干合同，甲方只负责基础工程，参加运行鉴定，从操作起才由甲方负责实施。而实报实销合同是指甲方需要听取工程承包方的费用报告而进行管理。施工费用部分的计算方法有：按日计算法；实际费用＋报酬；固定总结算付款；按工程费比例付款等。

和工程承包公司签订合同时，应从几个工程承包公司索取竞争性报价，并加以核定，在谈判的基础上决定承包公司，然后签订合同。也有根据工程公司的经验、甲方公司的资本关系等，指名索取报价、签订合同的情况。作为合同的种类除了上述包干、实报实销

（成本＋利润）合同方式外，还有最高保证合同、单价合同等方式。这些方式的选择要根据项目特点和当时市场情况决定。除了包干合同，甲方的业务都会多一些。

通常应签订合同，包括内容如下：定义与说明；买方代表；卖方代表；分摊和转借；合同范围和工作范围；履行方法；图纸和文件；采购；个别合同；检验和试验；设备的海运；保险；权力和风险的转让；专利权和其它权力的保护；关税和其它各种税负；价格；支付条件；工程的完成；承诺和保证；工程的变更，不可抗拒的灾害；工程的暂停；合同的终止；责任界限；机密情报；仲裁；全部协议；合同法；合同用语；合同生效期；保证金；备注。

供应合同的实现需要各种手续，包括文件提供；审批；调整；报告；工程变更；成本管理；进度管理；供应；催交；运送；检验；运输保险等。

对于工程建设合同，通常要包括以下内容：定义；服务与援助；赔偿；保险；施工条件；甲方的协作；偿还；关税、税金、酬金费用；法规条例和规程；保密；变更或弃权；不可抗拒的自然灾害；仲裁；依据法律及用语；注意事项；期限与终止；公证与申报。

2.3.4 建筑电气工程设计

1. 电气工程内容

建筑电气工程可分为：方案设计、初步设计和施工图设计三个阶段。通常设计由甲方委托有资质等级的建筑设计院进行。

2. 初步设计内容

包括初步设计数据的确定；仪表系统图；公用工程流程图和一览表；总平面布置图；表示电气设备等级、数量、型号、结构、板厚、配置的简图和说明书；泵的数量和基本规格；仪表的基本规格清单；电器基本规格清单；基础与框架设计用的荷载数据；建筑物的基本规格；保温、涂漆的基本规格；配管的基本规格，管道布置。

3. 施工图设计内容

包括平面和立面的详细布置图；上报政府机关的申请书；电气施工管线走向；工程图、确定计算及加工图的研究与审核。配管：配管安装平面图、系统图；材料表和采购说明书；配管热应力计算与压力损失计算；施工图说明书；配管线路一览表。建筑结构的管架设计；仪表室、电气室及其它房间的设计；电缆沟、槽架和排水沟的布置；基础设计；施工说明书。电气；危险区划分；电缆沟规划图；动力配线、接地、照明施工图；电缆数量表；电气室设备布置；广播联络设备。

2.3.5 选择施工方案

1. 工程承包公司的组织

在合同书中附带有表示工程承包公司的工程准备情况与现场施工准备情况的组织图和人事安排计划。而通常工程公司组建、发展情况千差万别，有甲方成立的独立工程部门，有设备厂家成立的独立工程部门等。此外，还有具有制造、施工、供应、代销一系列机能的工程公司和只具有工程与施工结构的工程公司。同订货者签订合同项目执行计划的组织，与这些公司发展的历史和经营范围有关。

从订货者来说，希望业务单一化，以便能够包括全部订货内容。例如，当以设备制造和施工为承包内容时，有时业务分为两部分，这对业务联系是必要的。设计阶段的负责人和现场施工负责人，将担任项目经理，继续工作，统筹整个装置的工程管理。若电气负责人发生人事变化，一定要努力地百分之百地理解设计时双方规定的事项，弄清楚设计意图。至少从现场开始施工几个月前就要先熟悉情况，留有充分理解工程内容的时间。

项目经理对于合同全部内容，或工程内容庞杂时对于其中的一部分，在订货后负有预算编审、工程质量、人事管理、报告、协商等完全责任。可以说，一个项目的完成情况与项目经理的能力有很大的关系。

2. 设备制造厂和工程公司

国内的工程一般要采用国内产品，而国外工程要对技术上能否采用、价格、交货期、产品等作充分必要的调查。另外，有时应所在国家的要求而要进行国际上的报价竞争。但如果是电气产品、仪表产品以及由它们驱动和控制的设备生产国不同，价格也不同的话，则容易发生工程事故，并且进入工地后又无法进行更换，宜向同一个国家订货。

从发电厂到最终的用电设备、照明灯，中间环节完全是用电气产品连接起来的，形成的一个系统。连发生事故都与系统的任一环节有密切的关系，为了确定事故原因，主要产品要尽量采用同一厂家的产品。关于短路配合、绝缘配合等最好也由厂家施工。但有时从成本方面来说是办不到的，另外在合办企业中，有的设备不能忽视原来厂家技术合作的历史。信誉往往比价格更重要。

小型工程有时不起用工程公司，而由甲方负责工程，起用安装单位来进行建设。在这种情况下，电气仪表承担者往往不能满足甲方的要求。这时需要电气产品公司承担有关的电气工程，由仪表公司负责有关仪表的工程。采用外国出售的产品时，除上述情况外，还应注意即使在先进国家中，也有对及时交货责任心不强的，有的产品也不符合标准，需要充分注意。

3. 工程公司

国内外的工程都一样，各工程公司都要到现场施工。在建筑工程中，大规模工程一般委托工程公司，安装合同的规定和与工程公司的支付关系，订货有时属于工程公司，有时直接订货，情况不一。电气、仪表工程中的电气工程一般独立进行，可不列入工程公司的范围。

订货者希望能有许多技术先进的工程公司而且能接收全部配管、电气、仪表、设备安装直至有关土建工程，但实际上这是非常困难的。即使是第一流的承包者也往往进行分包，这可能在经济上没有好处，但从承包企业经营上看是别无选择的。

决定国内工程要考虑到工程规模和技术上的难度，要考虑是采用建筑物所在城市的工程公司，还是由其它大工程公司来进行，也要考虑到将来所维修和是否再有小工程的出现等情况才能决定。考虑发展需要，有实力的公司最好能够培养一批面向国外的职员。

4. 咨询

虽然只是简单的咨询，但是在可行性研究阶段有时要起用咨询顾问。另外，对施工前的全部工作往往都要依靠咨询。作为承包者往往是专门的咨询公司、厂家、设备出售者、土建工程公司等，一般情况下这些承包者的电气人员是不足的，电气项目的订货必须另外考虑。对咨询公司方面所作的调查结果，要在充分研究的基础上才能使用。

灯具等通常包括在工程公司的报价中，但从维修的角度看，最好规定卖方的数量。在国外大型工程中，这些工程的容量和金额较大，电缆等有时要求使用所在国的产品。

2.3.6　制定预算

1. 经营设想

在多次现场调查之后，将设计的可行性研究结果加以整理，提出公司内部报告。由于公司不同，报告的名称也多种多样，但是要及时把大致的调查结果汇集起来，在开始执行前1～2年编制的报告称为经营设想。在执行前半年到执行前提出的申请称为经营计划。经营设想的内容大概有宗旨、目的、设置地址、进度表、所需金额（建设费、土地购置费、其它）、市场调查、销售目标、经济价值及其它内容。将上述内容汇总，待制定计划时再补充。制定企业化计划时对以上报告的内容要做进一步的调查研究，进一步提高其精确度，对建设费等要努力取得报价。

2. 索取报价

（1）设备　索取报价有两种情况，一是为订货索取报价，一是为编制预算索取报价。后者多是在尚未决定规格、容量和条件的情况下进行索取。这种情况下，一种方法是把当时已经确定的条件与设想加以整理，在此基础上索取竞争性报价，在考虑价格和技术力量的基础上指定卖方，并预先设定单价，实施时以此价格为基础，对规格有变化的部分进行价格的修正。条款有交货地点、交货期、支付条件（离岸价格、仓库、交货价格、车上交货价格或卖方指定场所交货）、运费、资料费、包装费、检验费、现场安装试运行或指导费、交货后保证、物价上涨费及其他内容。

（2）工程　编制预算阶段，由于设备规格、数量未定，因而经常不能确定精确的报价。在开始施工图设计之前已经决定承包金额，而施工费用是承包额中的一部分，两者之间的协调也是以概算金额而定的，并列入工程公司的协助事项。

工程的规格表和设备不同，施工阶段需要更加详细。按照国家规范，设备的概算成本是一定的，但施工方法对成本有很大影响。在计划大型工程设计时，对于设备、施工要重新制定公司内的标准或规范，委托报价时附上。

成本分配费用包括输出机械和现场施工两部分，其中机械输出包括：本国办公费用；计划与工程设计；筹集费用；国外渡航费；办公室费用；杂项开支与收益。

3. 编制概算的分担范围

如果不同条件、设备技术人员明确制定预算工作的分担范围，就会出现重复和遗漏。因此在出现问题之前需要准确地商定。预算的承担、技术责任、实际工程以及安装工作都由谁监督，对这些要抓得很紧，按阶段作出规定。

4. 应急费用

制定预算通常在各个阶段上要多次修改。在调查阶段不确定的因素较多，要制定精确的预算是很不容易的。随着计划的推进，各种条件确定下来，工程也在进展，因而规定容量等也确定下来。另外，制定大型计划时，准备时间长，其间物价变动较大。在今后的建设中，成本控制将更加严格，因此必须竭力禁止奢华的设计。但在工程后期往往电动设备台数增多，或者发生变化，这一切都不能说是预算外的，所以通常在计算上要加一定百分比的不可预见费。这与整个计划中的不可预见费不能相提并论。

另外，前面已经述及，在制定预算计划时需要对各方面所承担的工作进行准确的协调。通常，电气仪表工程会因建筑不同而有较大差异。整个工程建设中固定费用一般占全部工程造价的5%～10%。由于比重较低，项目经理大都不作详细说明。因土建、设备费用的预算比较粗，即使付出劳动而提高电气、仪表部分的预算精度也是没有意义的，因此要密切联系，在精度上取得一致。

5. 预算管理

以包干合同的形式承包给工程公司时，其项目经理在执行计划的过程中负完全责任。以实报实销（成本＋报酬）合同形式承包时，发包方项目经理以及进行土建、电气、仪表等横向管理时，该经理要对甲方负责。电气设备预算包括：

（1）承包方供货部分：设备有电动机、变压器、高压配电盘、低压电动机配电盘、低压配电盘、蓄电池/充电器、呼叫通讯设备、现场操作柱、特殊设备及其他；卖方提供的监控设备；其他。

（2）现场承包方供货部分：材料有电缆、电线、照明灯具及其他；现场承包方的本国办公费，施工用设备；临时设施及其他。

（3）现场承包方施工部分：现场管理业务；现场施工；临时设施；保险；税金。

对这些详细划分的项目要进行管理，如实际情况与预算比较有很大差异时，能综合平衡当然很好，如果超过总预算，则应查出原因报告上级。电气、仪表工程的详细设计往往放在整个工程的末期，预算作出后也会因为甲方的种种要求而发生变化。电气、仪表的承担者对预算管理者负有责任，包括那些多少有变更的部分。对于大型装置的变更往往不能平衡预算。

2.4　建筑电气初步设计

2.4.1　初步设计文件的内容与深度

1. 内容

初步设计文件根据设计任务书（或批准的可行性研究报告，以下同）进行编制，由设计说明书（包括设计总说明和各专业的设计说明书）、设计图纸、主要设备材料表和工程概算书等四部分组成，其编排顺序为：

封面、扉页、初步设计文件目录、设计说明书、图纸、主要设备及材料表和工程概算书。

在进行初步设计阶段，各专业应对本专业设计方案或重大技术问题的解决方案进行综合技术经济分析，论证技术上的适用性、可靠性和经济上的合理性，并将其主要内容写进本专业初步设计说明书中。设计总负责人对项目总体设计予以论述。

2. 深度

为编制初步设计文件，应进行必要的内部作业，即有关的计算书、电脑辅助设计的计算资料、方案比较资料、内部作业草图、编制概算所依据的补充资料等。初步设计文件深度应满足审批的要求，应符合已审定的设计方案；能据以确定土地征用范围；准备主要设备材料表；应提供工程设计概算，作为审批确定项目投资的依据；能据以进行施工图设计；能据以进行施工准备。

3. 初步设计任务书

根据设计任务书的要求和可行性研究报告的数据，进行负荷统计计算，确定工程用电量，确定原则性的方案，拟定主要设备的型号、材料清单，并且编制电气工程概算书，报上级主管部门审批。

初步设计资料主要包括两大部分，即：①电气设计说明书；②电气工程概算书。

初步设计需要的主要资料：

(1) 土建总平面布置图；(2) 高压线路图和相关资料；(3) 工艺流程图和各种动力设备的容量；(4) 采暖、通风、给水和排水平面布置图；(5) 建设单位用电负荷的等级、对供电的可靠性的要求、工艺允许停电的时间，建设单位对高层建筑有哪些特别要求；(6) 全厂年最大负荷利用小时数，估算全年用电量和最高需电量。

初步设计还要求向供电部门收集以下资料：①可供的电源容量和备用电源容量；②供电电源的电压和供电的方式，即是采用架空线还是电缆线，共用线还是专用线；③供电线路的回路数，导线的型号、规格、数量及方位；④供电线路上的开关容量、整定值、熔丝的额定容量和短路电流数据；⑤漏电保安器的等级、动作电流值、动作时间及其整定；⑥有关电费的计取方法；⑦电源线路的外线部分设计与施工的分工，费用的分担情况；高压用户与低压用户，功率因数的计量，奖罚条件；与供电部门办理手续内容；向供电部门提供必要的技术数据。

向当地有关部门了解气象、地质等情况，如年平均气温、最高气温、最低气温、年最高平均温度、最热的月平均最高温度、最热月平均温度、最热月地面以下 1m 处的土壤平均温度、极限最高温度和极限最低温度等，以便为选择电器产品用。海拔高度、年雷暴日、供建筑防雷设计用；土壤的性质，土壤的电阻率，当地常年主导风向、地下水位及最高洪水位等，用于选择变电所及厂房的位置；当地可能出现的地震等级，以便考虑抗震设计；当地电气工程技术经济指标及电气设备和电器材料的生产供应情况，以便编制投资概算用；交通运输情况、进货渠道；地区概算定额及有关造价管理文件和地方政策；了解当地施工单位和设计单位的情况；了解当地工程监理、工程招投标情况。

初步设计阶段，应对本工程电气部分的各个设计方案进行综合经济分析，根据工程的具体要求，选择技术上先进、可靠，经济技术上合理的方案。并根据选择的方案编制出初步设计文件。

初步设计文件的深度应满足下列要求：

(1) 经过方案比较选择，确定设计方案；

(2) 根据选定的方案，满足主要设备及材料的订货；

(3) 根据选择的方案，确定工程概算，控制工程的投资规模；

(4) 作为编制施工图设计的基础。

以方案代替初步设计的建筑工程，电气初步设计一般只编制方案说明，其要求是阐述设计方案，进行投资估算。

4. 初步设计说明书

初步设计说明书由设计总说明和各专业的设计说明书组成。设计总说明是初步设计文件的主要组成部分，是对建筑工程设计在总体设计方面的文字叙述，其内容一般包括下列几个方面：

(1) 工程设计的主要依据

批准的设计任务书文号、协议书文号及其有关内容；工程所在地气象、地理条件、建设场地的工程地质条件；水、电、气、燃料等能源供应情况，公用设施和交通运输条件。用地、环保、卫生、消防、人防、抗震等要求和依据资料；建设单位提供的有关使用要求或生产工艺等资料。

（2）工程设计的规模和设计范围

工程设计的规模及项目的组成；分期建设（应说明近期、远期工程）的情况；承担设计的范围及项目组成。

（3）设计指导思想和设计特点

设计中贯彻国家政策、法令和有关规定的情况。采用新技术、新材料、新设备和新结构的情况。环境保护、防火安全、节约用地、节约能源、综合利用、人防设置及抗震设防等主要技术措施。使用功能要求，对总体布局和选用标准的综合叙述。水、电、气、燃等能源总消耗量与单位消耗量，主要建筑材料（三材）的总消耗量。其他相关技术经济指标及分析。

（4）需提请在设计中审批时解决或确定的主要问题

有关城市规划、红线、拆迁和水、电、气、燃等能源供应的协作问题；总建筑面积、总概算（投资）存在的问题；设计选用标准方面的问题；主要设计基础资料和施工条件落实情况等影响设计进度和设计文件批复时间的问题。

2.4.2 供电初步设计内容

1. 工程概况

需要介绍总建筑情况，如建筑、功能主体分段，楼层，高度，主要电气设备用房位置，人防位置，交通状况，结构型式，消防用水情况，空调系统选择等。

2. 设计依据和范围

一般包括甲方提供的设计方案修改文件；设备专业提供的设计资料；有关设计规范；特殊工艺要求和甲方要求。

每个设计都应写明设计范围，强电设计一般包括：供电；高低配电；电气照明；强电与设备自控有关部分；建筑防雷等。

3. 负荷性质

分析建筑物的类型、用电负荷性质，是否要求双电源供电，应急照明、部分电梯、消防用电设备（包括消防水泵、送排烟设施、消防控制电源）、电话站、经营管理电脑属于一类负荷。在故障时由自备柴油发电机组供电。

4. 负荷计算

负荷分类计算包括各种用电设备的统计，一般以表格方式表达结果。要求视在功率以功率因数补偿到 0.9 计算，若功率因数不足 0.9，应列出补偿容量 Q_c。

负荷计算表中总的计算负荷不计入消防用电。消防用电负荷包括消防电梯、消防水泵、防排烟风机、电动防火卷帘门、火灾事故照明、安全疏散照明、火灾自动报警装置。例如，某工程负荷计算见表 2-2。

5. 电源电压和供配电系统

开闭所位置、10kV 电缆路由、工作情况、故障运行方式、计量方式等。低压电压等级、重要设备供电方式。

低压配电盘将分为下列各段：①正常照明负荷配电；②正常动力负荷配电；③制冷空调、泵等机械设备配电；④重要照明负荷配电；⑤重要动力负荷配电。

重要电力及照明负荷当主电源完好时，应该分别由正常照明和电力负荷母线段供电。装设两套自动切换接触器，当主电源故障时，重要照明和电力负荷供电母线将自动切换至备用柴油发电机以保证重要照明和电力负荷供电。

计 算 负 荷 表

表 2-2

编号	负荷分类	安装功率（kW）	需要系数 K_x	功率因数		计算功率	
				$\cos\varphi$	$\text{tg}\varphi$	有功（kW）	无功（kV$_{ar}$）
1	电气照明	750	0.7	0.7	1.02	525	536
2	电梯及自动扶梯	350	0.7	0.7	1.02	245	250
3	给排水泵及通风	289	0.65	0.8	0.75	188	141
4	制冷用电设备	1553	0.75	0.8	0.75	1165	873
5	锅炉房用电设备	332	0.75	0.8	0.75	249	187
6	厨房用电设备	100	0.6	0.8	0.75	60	45
7	空调系统用电设备	378	0.7	0.7	1.02	265	270
8	客房用电设备	180	0.5	0.6	1.33	90	92
9	电讯电脑用电设备	60	1	0.8	0.75	60	45
10	消防用电设备	＊618					
	总　　计	3992		0.759	0.856	2847	2439
	同时系数 $K_x = 0.85$					2420	2073
	补偿电容 kV$_{ar}$						1050
	补偿后功率因数			0.92		2420	1023
	总需求功率 kVA					2650	
	选择变压器容量					2×1000	2×800

应急电源将由柴油发电机供给在主电源发生故障后 15s 内，发电机自动启动，将应急电源送至低压盘上的重要照明及电力负荷的母线段上。

6. 导线的选择与线路敷设

一般用电设备末端配电选用 BV500 型导线穿管敷设，较大容量末端配电选用 VV-1000 型电缆穿管敷设。配电干线视情况选用封闭式母线或阻燃电缆，电缆托盘式桥架敷设。高层及超高层垂直干线均敷设在强电竖井内。消防用电设备负荷选用耐火型托盘或桥架内敷设，或选用耐火型封闭式母线明敷。

7. 变配电室

变电站及其附设配电站位置、负担用电情况。各个配电站的计算负荷数量，配电变压器安装容量、平均负载率和应急柴油发电机房位置。高低压开关柜选型、进出线方式、高压电缆型式。

8. 继电保护与计量

35/10kV 主变压器以纵联差动保护为主保护，定时限过电流为后备保护，均作用于主变压器电源侧开关跳闸。过负荷保护作用于信号，低电压保护温度作用于信号、报警或跳闸。

10/0.4kV 配电变压器以电流速断为主保护，定时限过电流为后备保护，作用于变压器电源侧开关跳闸。过负荷保护、温度保护作用于信号，报警 0.4kV 变压器主开关设无压释放线圈、分离脱扣线圈。低压开关均采用过负荷、过电流、电流速断三段式保护方式。需要自动卸掉的负荷设无压释放线圈，一般回路均设分励脱扣线圈。高压进线设电度总计量，各配电站及其低压出线视管理要求可分级、分类设适当的电度计量。高压母线设三相电压表、三相电流表、功率表、接地监视仪表，动力、照明回路设三相电流表。

过电压与接地保护宜采用统一接地系统，工频接地电阻要求小于1Ω。利用大楼钢筋混凝土基础作为接地装置，各种金属管道均与统一接地装置作等电位体联结。

大型、重要和特殊设备选型要在总说明中明确，一般设备选型在图纸中明确。

2.4.3 电气照明初步设计内容

1. 照度的选择

照度选择，各类房间的照度取值。国家规范所规定的照度标准是一个范围，具体设计中需要明确不同场所的取值。

2. 光源和灯具的选择

照明光源客房、餐厅等以白炽灯为主，办公室、商场等采用荧光灯或选用高光效电光源，以取得节能效果。入口大厅、多功能厅、舞厅的光源及灯具形式选用应与建筑艺术处理及装修密切配合。

宾馆每间客房设台灯两盏，床头壁灯两组，脚灯一个，插座两组。卫生间设镜箱灯一盏，吸顶灯一盏及电动剃须刀插座一个。由节能控制盒及钥匙牌控制。一般照明光源选用三基色荧光灯管或三基色紧凑型荧光灯，灯具选用高效型。楼梯间选用白炽灯光源吸顶安装的灯具，其它场所的光源、灯具待装修设计时再定。

地下室泵房、变配电室、冷冻空调机房、消防电梯及前室、公共走道、客房走廊以及商场营业厅、餐厅等处均设置应急照明。

疏散走道及楼梯等公共出口处诱设诱导指示路标，其电源受消防控制室控制。每间客房内的楼道的吸顶灯或嵌入灯兼做应急照明。若建筑高度超过100m，应考虑设置航空障碍灯。建筑物门外及裙楼周围设节日照明和外观主面照明。

3. 照明配电系统

配电站照明用电负荷均有专用配电干线配电，自成系统，可分区分层控制。照明配电干线为放射式，下级配电为树干式，末级配电为放射式。照明配电一般采用TN—S系统，尽量做到三相平衡。末级配电支线照明选用单相二线制，插座回路采用单相三线制。对于照明器具有接地要求的场所，照明支线也采用单相三线制。

4. 特殊照明的控制

一般照明按常规设计。商店或地下车库大面积照明一般不设照明开关，在配电箱内分路集中控制。建筑工程除一般照明外，还设有应急照明、安全疏散指示灯、诱导灯、立面照明和航空障碍灯。在不同标高的屋顶还留有广告照明的电源。

5. 导线选择和敷设

照明支路选用BV—500导线穿管敷设，应急照明（包括避难层照明）安全疏散指示灯、诱导灯、航空障碍灯选用耐火导线穿管敷设。

2.4.4 减灾系统初步设计

1. 建筑防雷

超高层建筑一般按一级防雷设计，高层建筑按二级防雷设计。防直击雷在建筑物屋顶等易受雷击部位装设避雷带，利用结构柱内主筋作引下线，屋顶上的设备一般应安装在建筑物防雷装置以下，若高出建筑物防雷装置应自设避雷接闪器，接地线应与建筑物引下线相连。防侧击雷在30m以上每三层在外墙暗装闭合金属接闪器，并与其同标高的板梁钢筋接在一起。防雷电波侵入，电缆金属外皮在入户端与接地装置相连。

建筑物防雷是利用法拉第笼原理，把整个建筑物的梁板柱基础等主要结构钢筋通过焊接，使整个建筑及每一层分别联成一个整体笼式避雷网。利用基础（桩基及底板）内钢筋做接地装置，柱内主筋做引下线，以保护建筑物及建筑物内部的人和设备。

2. 接地

接地系统包括变压器中性点接地，消防控制中心及经营管理的电脑接地，程控电话总机接地，共用天线电视系统接地，防雷接地及静电接地。接地采用联合接地系统时其接地电阻不大于 1Ω。

现在的建筑工程推荐采用 TN—S 接线，即三相五线制。保护接地线与工作零线完全分开的接线方式，以保证用电设备可靠的接地。由于采取了等电位体连接的技术措施，大大降低了触电的危险。在特殊场所，如厨房工作间等在设备末端装设漏电保护装置。

3. 消防电源及配电

大型或重要建筑物往往要求有应急电源，除双路供电外一般还设有柴油发电机机组。不同类型的消防设备均应双路供电，在末端配电箱自动切换。

4. 火灾自动报警系统

为了早期发现、早期通报火灾，及时进行扑救，重要建筑内设计有火灾自动报警系统，并与水喷洒系统相互配合。火灾自动报警系统包括：火灾探测器、手动报警按钮、报警指示灯、火警警铃、区域控制器、中心控制台、消防紧急广播等，还有水流指示器、消火栓按钮、水压力开关及水维修信号阀等干接点信号。

消防控制中心设联动控制器。火灾确认后，联动控制器直接起动消防泵、喷淋泵。中心控制室接收到火灾报警信号后，输出控制指令，通过控制总线和控制模块对其分管区域的相关部位起动正压送风机，打开送风阀；起动排烟风机，打开排烟阀；关闭新风机组，70℃防火阀自熔断关闭；给消防电梯和客梯发出火灾信号，电梯全部降至首层，消防电梯进入消防状态；防火卷帘门实行分步降，通知变配电站，切断相关层非消防电源；并按疏散程序开通消防紧急广播。扬声器平时可能作背景音乐用，火灾时强切为消防广播。

5. 保安监视电视

为了保证建筑物的人员和设备的安全，需要在建筑物中设置安全保卫系统。包括：感应探头、巡更点、摄像机、传输线、中央控制台、车库管理、门卫系统、紧急呼叫、应急照明、应急广播、楼宇控制等所有与安全有关的系统，这其中闭路电视监视系统是不可缺少的。设计电视监控系统需要指定装设摄像机的位置、中央控制台的位置及其系统类型，控制台组成、功能及操作原理。

保安监控中心可以与消防中心结合设计，也可以单独设置，这主要决定于管理的需要。设置在一起的好处是可以共享一套监视终端，便于沟通。但对于保密性有特殊要求的地方，往往有多组管理人员，需要在不同的地方监控。

2.4.5 信息系统初步设计内容

1. 电话

是否设置程控电话交换机应根据建筑物的需要。确定最大可能用户分机线数量应考虑20%备用量。设置出入中继线对数、程控电话通讯系统。系统包括自动电话交换机、话务台、配线架、传真机等，采用的设备型式需经过当地市电信局的批准接入其所属网络中。

建筑中宜设有弱电电缆竖井，敷设电话及其他的弱电线路。

2. 广播和音响

为收听调频及调幅广播节目、播放背景音乐以及紧急时向需要的地方作紧急广播，要求设置广播音响系统。客房内扬声器一般安装频道选择开关供选择播放不同的音乐节目。广播站处装有输入接口，以便插入话筒、电唱机等播放音乐的设备或广播用。

3. 电视系统

一般在屋顶架设天线以接收各种电视节目，也可以装设带调制器和多路器的录像机，播放自备电视节目。每间客房应至少安装一个电视天线插口。

4. 经营管理系统

对于经营性场所，如酒店、游乐场等，往往需要设置一套电脑系统软件供管理用。如酒店的前台管理负责接待、登记、订房、预约、查询、订票及房间状态显示，后台管理负责经济核算，编制各种统计报表，进行成本分析。酒店管理中心通常设置在总服务台后面，包括两台中央处理机，一台带屏幕的打印机输入输出的终端机。为了确保经营管理电脑设备不间断供电，要设置一套不停电电源装置（UPS）。

电气设计人员需要协助有关方面做好电源插座和信息插座的预留。

5. 综合布线系统

建筑采用结构化综合布线系统 PDS 的相关参数，支持用户需要的电话、电脑保安监控等多方面的自动化通讯服务。

工作站区信息插座一般双孔，大空间以地面型为主。插座分布密度为办公室 1 个/$10m^2$，商场 1 个/$50m^2$，或根据使用要求设置。在各楼宇首层主要出入口、商场人流要道、电梯轿厢内及避难层设置了保安闭路监控系统使用的信息插座。一般工程宜统计出信息插座总数，这代表着综合布线的规模，要求高的可以采用光缆。交通枢纽需要设置竖井，设备间之间用大对数同轴电缆或光缆。

6. 空调自控

中央控制室位置，负责对冷冻水系统、热水系统和空调机组的不同工况的运行状态以及对各类温度、流量、压力等参数进行全面的显示监视和检测，实行对冷水机组、燃油锅炉和空调机组等设备的最佳运行控制。

空调自控采用有中央控制室的中央电脑和分区电脑及分散式的 DDC 控制器相结合的分层控制方式。系统拟采用的设备型号、电源及功能要求。

2.5 电气施工图设计

在初步设计被批准后，就可以进行施工图设计，主要是绘制施工平面图、供电系统图，其次还有设计说明、二次接线图、大样图、设备和材料明细表、电气工程概算等。进行步骤是：

（1）收集设计资料；（2）明确设计意图、落实电气设计标准；（3）有关专业碰头落实各专业相关问题，取得共识；（4）绘制总平面图；（5）绘制照明和动力平面图；（6）绘制供电系统图；（7）设计弱电系统图和平面图；（8）写设计说明和电气设备材料明细表；（9）审图；（10）编制电气工程概算书。电气设计单位要编电气概算，建设方委托专业人员编标底，施工单位编施工图预算进行投标及结算。

2.5.1 施工图内容

如果说初步设计中有些内容可以以文字说明为主，那么施工图是以图形标注为主。施工图应力求准确、详细，局部内容或单一功能尽量使用同一张图纸表达，避免交叉引用。

施工图设计根据正式批准的初步设计文件进行编制，其内容以图纸为主。

施工图设计文件的深度应满足下列要求：

(1) 根据图纸，可进行施工和安装；

(2) 根据图纸，修正工程概算或编制施工预算；

(3) 安排设备、材料详细规格和数量的订货要求；

(4) 根据图纸，对非标产品进行制作。

需要增加技术设计阶段时，根据工程的特点和需要编制文件的内容与深度。在建筑工程设计中应积极推广和选用国家、部门和地方的标准设计施工图纸，必要时可以根据实际工程情况做出调整。在各设计阶段中要求文件完整，内容和深度符合规定，文字说明、图纸、计算要准确。整个文件要经过严格的审查，避免出现"错、漏、碰、缺"。

2.5.2 设计说明书通常内容

1. 建筑概况

建筑物是一个系统工程，建筑概况包括：建筑面积、建筑结构、地面做法及和电气设计有关的主要情况。概算及单项建筑工程概算等。

2. 线路情况

主要线路敷设情况；导线、电缆选择及敷设方式；说明选用导线、电缆或母干线的材质和型号；敷设方式（如竖井、电缆沟、明敷或暗敷）等。

3. 供电系统

说明电源从何处引来，电压等级和种类；配电系统形式；供电负荷容量和性质，对重要负荷如消防设备、电脑、通信系统及其他重要用电设备的供电措施。指出负荷等级，叙述负荷性质、工作班制及建筑物所属类别，根据不同建筑物及用电设备的要求，确定用电负荷等级。说明电源由何处引来（方向、距离）、单电源或双电源、专用线或非专用线、电缆或架空线、电源电压等级、供电可靠程度、供电系统短路数据和远期发展情况。备用或应急电源容量的确定和型号的选择原则。

叙述高压供电系统形式。正常电源与备用电源之间的关系，母线运行和切换方式。低压供电系统对重要负荷供电的措施，变压器低压侧之间的联络方式及容量。设有柴油发电机时应说明起动方式及与市电关系。

防雷等级、防雷接地和重复接地是否合在一起，接地电阻的要求，对跨步电压所采取的措施等。说明配电系统及用电设备的接地形式，固定或移动式用电设备接地故障保护方式，总等电位体连接或局部等电位体连接的情况。

4. 功率因数补偿方式

说明功率因数是否达到供电规则要求，应补偿容量和采取补偿的方式及补偿的结果。

5. 建筑物供电线路和户外照明

高低压配电线路形式和敷设方式，户外照明的种类（如路灯、庭院灯、草坪灯、水下照明等）、光源选择及其控制方法。

6. 建筑设备电脑管理系统

说明电脑管理系统的划分、系统的组成、监控方式及其要求。中心站硬、软件系统，区域站形式。接口位置和要求等。供电系统中正常电源和备用电源的设置，UPS 容量的确定和接地要求。

2.5.3　施工图设计出图主要内容

1. 供电总平面图

标出在总平面图中的位置、建筑物名称；变、配电站的位置、编号和容量；画出高低压线路走向、回路编号、导线及电缆型号规格、架空线路的杆位、路灯、庭院灯和重复接地位置等。

2. 变、配电站图

主要是变、配电站平面布置图，即画出高、低压开关柜、变压器、母干线、柴油发电机房、控制盘、直流电源及信号屏等设备平面布置和主要尺寸。必要时应画出主要剖面图。还有高、低压供电系统图，在图中注明设备型号、开关柜及回路编号、开关型号、设备容量、计算电流、导线型号规格及敷设方式、用户名称、二次回路方案编号。

3. 动力平面图和系统图

注明配电箱编号、型号、设备容量、干线、设备容量、干线型号规格及用户名称。在系统图中标出各类用电设备的负荷计算。

4. 照明平面布置图和系统图

在照明平面中应该标出灯具数量、型号、安装高度和安装方式。照明配电系统图中要标出控制设备的整定保护值和各支路相序，以便比较尽量使三相负荷平衡。

5. 电脑管理系统

绘出主机和终端机的方框图及系统划分图。

6. 建筑防雷平面图

画出接闪器（避雷网）、引下线和接地装置平面布置图，并注明材料规格。高层建筑要标明均压环焊接和均压带数量及作法。

7. 主要设备及材料表

列表注明设备及材料名称、型号、规格、单位和数量，以便于编制工程设计概算。

8. 大、中型公用建筑主要场所

要求照度计算，如照度标准、照度均匀度、短路电流计算等。

9. 火灾自动报警及消防联动控制系统设计

（1）系统组成及保护等级的确定。

（2）火灾探测器、报警控制器及手动报警按钮等设备的选择。

（3）火灾自动报警与消防联动控制要求、控制逻辑关系及监控显示方式。

（4）火灾紧急广播及火警专用通信的概述。

（5）线路敷设方式。

（6）消防主、备电源供给，接地方式及阻值的确定。

（7）采用电脑控制火灾报警时，需说明与保安、建筑设备电脑管理系统的接口方式及配合方式与配合关系。

10. 保安系统设计

（1）系统组成和功能要求。

（2）控制器、探测器、摄像机等保护监控及探测报警区域的划分和控制、显示、报警要求。

（3）系统设备类型、规格选择和线路敷设。

（4）系统供电方式、接地方式及阻值要求。

11．信息设计说明书要求

设计依据：摘录设计总说明所列批准文件和依据性资料中与本专业设计有关的内容、其他专业提供的本工程设计资料等。

设计范围：根据设计任务书要求和有关设计资料，说明本专业设计有关的内容。

12．通信设计：电话站设计

（1）对工程中不同性质的电话用户和专线按不同建筑分别统计其数量，列表说明。

（2）电话站交换机的初装容量与终局容量的确定及其考虑原则。

（3）电话交换机制的选择和局向情况及中继方式的确定（如系调度电话站，应说明调度方式等）。

（4）电话站总配线设备及其容量的选择和确定。

（5）交、直流供电方案，电源容量的确定，整流器、蓄电池组及交直流配电屏等的选择。

（6）电话站接地方式及阻值要求。

13．通信线路网络设计

（1）通信线路容量的确定及线路网络组成。

（2）对市话中继线路的设计分工、线路敷设和引入位置的确定。

（3）线路网络的敷设和建筑方式。

（4）室内配线及敷设要求。

14．共用天线电视系统

（1）系统规模、网络模式、用户输出口电平值的确定。

（2）接收天线位置的选择，天线程式的确定，天线输出电平值的取定。

（3）机房位置、前端组成特点及设备配置。

（4）用户分配网络及线路敷设方式的确定。

（5）大系统设计时，除了确定系统模式外，还需确定传输指标的分配（包括各部分载噪比、交互调等各项指标的分配）。

15．闭路电视系统

（1）系统组成、特点及设备器材的选择。

（2）监控室设备的选择。

（3）传输方式及线路敷设原则的确定。

（4）电视制作系统的组成及主要设备选择。

16．有线广播和扩声系统设计

（1）系统组成、输出功率、馈送方式和用户线路敷设。

（2）广播设备选择。

（3）系统组成及技术指标分级。

（4）设备选择以及声源布置等要求。

（5）同声传译系统组成及译音。

（6）网络组成及线路敷设。

（7）系统接地和供电。

17. 电脑经营管理系统设计

（1）系统网络组成、功能及用户终端接口要求。

（2）主机类型、台数的确定。

（3）用户终端网络组成和线路敷设。

（4）供电和接地。

18. 施工图设计文件的内容与深度

（1）施工图设计应根据已批准的初步设计进行编制，内容以图纸为主，应包括：封面、图纸目录、设计说明（或首页）、图纸、工程概算书等。

施工图设计文件一般以子项为编排单位，各专业的工程计算书（包括电脑辅助设计的计算资料）应经校审、签字后，整理归档。

（2）施工图设计文件的深度应满足下列要求：

能据以编制施工图预算；能据以安排材料、设备定货和非标准设备的制作；能据以进行施工和安装；能据以进行施工验收。

各弱电项目系统方框图。主要项目控制室设备平面布置图（较简单的中、小型工程可不出图）。

弱电总平面布置图，绘制出各弱电机房位置、用户设备分布、线路敷设方式及路由。大型或复杂子项宜绘制主要设备平面布置图。

电话站内各设备连接系统图。电话交换机同市内电话局的中继接续方式和接口关系图（单一中继局间的中、小容量电话交换机可不出图）。电话电缆系统图（用户电缆容量比较小的系统可不出图）。

弱电设计主要设备及材料表要求：按子项列出主要设备材料名称、型号、规格、单位和数量。计算书（供内部使用）初步设计阶段所进行的工程计算书，其主要数据和计算结果应列入设计说明书相关部分。

2.5.4 技术经济与概算

设计概算是施工图设计文件的重要组成部分。设计概算文件必须完整地反映工程项目设计的内容，严格执行国家有关的方针、政策和制度，实事求是地根据工程所在地的建设条件（包括自然条件、施工条件等影响造价的各种因素），按有关的依据性资料进行编制。

1. 设计概算文件

包括概算编制说明、总概算表、单项工程综合概算书、单位工程概算书、其他工程和费用概算书和钢材、木材、水泥等主要材料表。

2. 编制依据

（1）批准的建设项目的设计任务书和主管部门的有关规定；

（2）初步设计项目一览表；

（3）能满足编制设计概算的各专业经过校审的设计图纸（或内部作业草图）文字说明和主要设备材料表，其中：

①现行的有关其他费用定额、指标和价格；

②地区定额及工程的概、预算取费标准。

3.单位工程概预算书

单位工程概预算书是指一个独立建筑物中分专业工程计算费用的概算文件，如土建工程、给水排水工程、电气工程、采暖、通风、空调工程、动力工程的设备购置费及安装工程费的概算书。

单位工程费用由直接费、间接费、计划利润和税金组成。

4.综合概算书

综合概算书是单项工程建设费用的综合性文件，一项建筑工程的综合概算书应包括建筑工程概算汇总表、编制说明、单位工程概算表、主要建筑材料表。建筑工程概算汇总表由各专业的单位工程概算书汇总而成。

5.总概算书

总概算书是确定一个建设项目从筹建到竣工验收及使用所需全部建设费用的总文件。

习 题 2

一、思考题

1.简述水电厂、火电厂、核电厂供电系统组成环节及电能输送过程。

2.什么是电力系统？采用这一系统有什么好处？

3.电气设备的额定电压为什么要尽可能接近线路的额定电压？

4.建筑工程供电电压过低有什么不好？你有哪些改善方法？如果供电电压太高有什么不好？如何解决？

5.变压器的一次电压为什么有时高于线路电压5%，而有时又要求等于线路的电压？

6.变压器输出电压为什么有时高出线路电压10%，有时要求高5%？

7.什么是电压的质量？电压波动与电压偏移有什么区别？

8.6kV与10kV线路电压相比较，为什么常用10kV？

9.自动调压的目的是什么？

10.供电线路中的高次谐波是怎样产生的？它有什么影响？如何抑制？

11.小电流接地系统与大电流接地系统各指哪些运行方式的电力系统？

12.10kV电网架空线70km，电缆总长15km，求中性电不接地的电力系统发生单相对地时的接地电容电流，并判断此系统的中性点需不需要改为经过消弧线圈接地？

3 电 气 识 图

3.1 电气识图的基本知识

3.1.1 标准化是发展的必然

1. 图纸是我们的语言

图纸是工程师的语言，而图例符号是这种语言的基本组成元素。设计部门用图纸表达设计思想和设计意图；生产部门用图纸指导加工与制造；使用部门用图纸编制招标标书的依据，或用以指导使用和维护；施工部门要用图纸编制施工组织计划、编制投标报价及准备材料、组织施工等。建筑工程领域，任何工程技术人员和管理人员都要求具有一定的绘图能力和读图能力，读不懂图纸就和文盲一样，不可能胜任工作。

建筑设计图纸必须按照国家绘图标准绘制。中国幅员辽阔，随着建筑业的发展，建筑设计单位日益增加，全国的制图标准如果不能统一，设计出来的图纸将会是五花八门的，使建筑单位无法施工，并受到地区的限制，所以建筑工程设计图纸要求遵循统一的标准。

现在中国建筑设计执行的有两个标准。一个是中华人民共和国国家标准《建筑制图标准》GBJ104—87，从 1988 年 1 月 1 日起施行。这个标准是由中国建筑标准设计研究所会同天津市建筑设计院完成的。此标准侧重于制图。另一个标准是由国家标准局批准、发布、实施的国家标准《建筑设计图形标准符号》。这个标准分 13 个部分，从 GB4727、1—85 至 GB4728、13—85，是参照采用了有关国际标准 IEC617《绘图用图形符号》制定的。此标准侧重于专业配合。

2. 图纸的分类

图纸的种类很多，我们常见的工程图纸分两类：建筑工程图和机械工程图。建筑工程领域中使用的图纸是建筑工程图。它按专业可划分为建筑图、结构图、采暖空调图、给排水图、电气图、工艺流程图等。

建筑不同专业的图纸有其不同的表达方式和各自的特点。不同的设计单位，尤其是各大设计院，往往自成体系，存在着不同的规定画法和习惯做法。但也有许多基本规定和格式是各设计院统一遵守的，那就是国家制图标准。

施工图的任务是表达设计方便施工，因建筑专业是民用建筑的"龙头"，所以还必须为各专业开展工作创造条件。施工图的绘制必须准确表达设计人的设计意图，设计只能通过施工图来实施。"施工图"英文叫"Working drawing"，直译为"工作图"，这就说明绘图是设计工作的必要手段，一个好的设计需由娴熟的制图技巧来体现。所以说图面质量是提高总的设计质量的重要手段。

设计图纸不是图画。尽管在纸上或电脑中绘制线条就绘图技术本身而言已经非常简单，但是今天设计师图纸上的线条，就是明天建筑物上的管线，微小的笔误可能造成巨大的矛盾。设计一条线、工人一身汗。我们每个设计人员应该做到认真负责、一丝不苟，为用户、为施工负责到底，努力提高设计质量。

3.1.2 电气识图的基本概念

1. 图纸的规格

设计图纸的图幅尺寸有六种规格。对同一个工程项目尽量使用同一种规格的图纸，这样整齐划一，适合存档和使用，施工方便，应尽量避免大小幅面的图纸混合使用。图形的幅面尺寸一般不宜加长或加宽。特殊情况下，允许加长 1 ~ 3 号图纸的长度和宽度，0 号图纸只能加长长边，不得加宽。4 ~ 5 号图纸不得加长或加宽。1 ~ 3 号图纸加长后的边长不得超过 1931mm。

建筑图纸的幅面是 A 类。一般分为六种，从 0 号到 5 号，4、5 号图纸建筑设计中几乎用不到。具体尺寸见表 3-1。

建 筑 图 幅 尺 寸（单位：mm）　　　　　　　　表 3-1

图纸代号	0	1	2	3	4	5
宽×长	841×1189	594×841	420×594	297×420	210×297	148×210
边　宽	10			5		
装订宽度	25					

各种图纸一般不加宽，但是有的时候为了表达狭长的建筑，需要将某些规格的图纸加长。加长图纸不是任意的，应该按照图纸长边的八分之一的比例加长。常用的是 2 号加长图，规格为 420×822。还有一种图纸大小的分类方法，称为 B 类，有 B3、B4、B5 等，主要用于文字稿件的尺寸。如果是电脑绘图允许您自己定义纸张的大小，您可以根据自己的需要和可能定义任意大小的纸张。

2. 图标

图标相当于商品的商标或电器设备的铭牌。图标一般放在图纸的右下角，其主要内容可能因设计单位的不同而有所不同，大致包括：图纸的名称、比例、设计单位、制图人、设计人、专业负责人、工程负责人、校对人、审核人、审定人、完成日期等，均应填全。

图标一定要填写清楚。0 ~ 4 号图纸，无论采用横式或立式图幅，工程设计图标均应设置在图纸的右下方，紧靠图框线。

3. 设计中的图线

图线就是在图纸中使用的各种线条。标准实线宽度应在 0.1 ~ 1.6mm 范围内选择。对线宽基本要求是：大小配合得当、重点突出、主次分明、清晰美观。根据图形的大小比例和复杂程度来选择配线的规格。比例大的用线粗一些。一个工程项目或同一图纸内的各种同类线宽，以及在同一组视图中表达同一线型的宽度，均应保持相同。

现在设计院使用的专业描图笔不仅仅有粗、中、细三种，而按照笔尖直径尺寸划分规格，有 0.1、0.2、0.25、0.3、0.35、0.4、0.5、0.6、0.7、0.8、0.9、1.0、1.2mm 等多种规格。采用电脑绘图后，如果是用喷墨绘图仪输出，笔宽几乎是无限多种的。从最小分辨率到耗干墨盒，完全可以自由选择。喷墨绘图仪性能指标中有一个分辨率的概念，它是以 dpi 为单位的，表示能够在每英寸（2.54cm）画出的线条数量。

不同的图纸表现的重点不同。为了突出图纸中所要表达的主要内容，非本专业的线条和非重点的部分往往需要用细一些或浅一些的颜色表示，只将本专业所需要表达的内容以粗线表示。

根据不同的用途，线型可分为以下 8 种：

（1）粗实线：建筑图的立面线、平面图与剖面图的截面轮廓线、图框线等。

（2）中实线：电气施工图的干线、支线、电缆线、架空线等均用中实线画。例如电话线中间加字母 F，广播线中间加字母 S。

（3）细实线：电气施工图的底图线（即建筑平面图）要用细实线，以便突出用中实线画的电气线路。

（4）粗点划线：——·——在平面图中大型构件的轴线等处用。

（5）点划线：——·——用于轴线、中心线等，如电气设备安装大样图的中心线。

（6）粗虚线：－－－适用于地下管道。

（7）虚线：－－－适用于不可见的轮廓线。

（8）折断线：用在被断开部分的边界线。

此外，电气专业常用的线型还有电话线、接地线、电视天线、避雷线等多种特殊形式，见本书附录三。

4．字体和尺寸标注

（1）墨线图应采取直体长仿宋字。图中书写的各种字母和数字，可采用向右倾斜与水平成 75°角的斜体字。当与汉字混合书写时，可采用直体字，但物理符号推荐采用斜体字。汉字的笔划粗细约为字高的 1/15。各种文种字母和数字的笔划粗细约为字高的 1/7 或 1/8。各种字体应从左往右，排列整齐，笔划清晰。不得滥用不规范的简化字和繁体字。

值得一提的是：工程图纸不宜使用许多字体，尽管有的字体很漂亮。工程设计中规范化的要求胜过对美观的要求，我们应该遵照国家制图标准，而不要以个人的喜好而随心所欲。

（2）工程图纸上标注的尺寸通常采用毫米（mm）为单位，只有总平面图或特大设备用米（m）为单位，所以电气图纸一般不标注尺寸。

（3）比例和方位标志：图纸中的方位按国际惯例通常是上北下南，左西右东。有时为了使图面布局更加合理也有可能采用其他方位，但必须总平面图和首层平面上标明指北针。建筑设计图纸的图形比例应该遵守国家制图标准。这个标准序列为：1∶10、1∶20、1∶50、1∶100、1∶150、1∶200、1∶400、1∶500、1∶1000、1∶2000。

电气设计图纸的图形比例应遵守国家制图标准绘制。普通照明平面图多采用 1∶100 的比例，电力平面图也是这个比例。特殊情况下，也可使用 1∶50 或 1∶200。大样图可适当放大比例。电气接线图可不按比例绘制示意图。复制图纸不得改变原样比例。制图中的图例可不按比例绘制，直接使用模板即可。

（4）标高：建筑图纸中的标高通常是相对标高。一般将 ±0.00 设定在建筑物首层室内地坪，往上为正值，往下为负值。电气图纸中设备的安装标高是以各层地面为基准的，例如暗装照明配电箱的安装高度是下口距地 1.4m、明装 1.2m，都是以各层地面为准的。

室外电气安装工程常用绝对标高，这是以中国青岛市外海平面为零点而确定的高度尺寸，又称海拔高度。例如北京某室外电力变压器台面绝对标高是 46.88m。

（5）图例：为了简化作图，国家有关标准和一些设计单位有针对性地将常见的材料构件、施工方法等规定了一些固定的画法式样，有的还附有文字符号标注。要看懂电气安装施工图，就要明白图上这些符号的含义。电气图纸中的图例如果是由国家统一规定的称为国标符号，由有关部委颁布的称为部标符号。另外一些大的设计院还有其内部的补充规定，即所谓院标，或称之为习惯标注符号。

电气符号的种类很多，与电气设计有关的供电、照明、减灾、信息系统等，本书仅介绍建筑工程电气施工图中常用的一些符号，见附录三。

国际上通用的图形符号标准是 IEC（国际电工委员会）标准。我国新的国家标准图形符号（GB）和 IEC 标准是一致的，国标序号为 GB4728。这些通用的电气符号在施工图册内都有，而电气施工图中就不再介绍它们的名称含义了。但如果电气设计图纸里采用了非标准符号，那么应列出图例。

5. 平面图定位轴线及线条画法

(1) 凡是建筑物的承重墙、柱子、主梁及房架都应设置轴线。纵轴编号是从左起用阿拉伯数字表示，而横轴用大写英文字母自下而上标注。轴线间距是由建筑结构尺寸确定的。电气平面图中，为了突出电气线路，通常只在外墙外侧画出横竖轴线，建筑平面内轴线不一定画。

(2) 线条画法：图纸手工描绘，应采用墨线笔。画墨线时，笔针要紧靠尺子的边缘，并留意使笔尖和画面有一定的角度。画一条线要一次画完，保持和图纸的角度不变。绘图笔的移动速度要均匀，太快线条会变细，太慢则线条会变粗。如果线条需要几次完成时，应使接头平滑，准确地连接。画图顺序一般先曲后直，先细后粗，先上后下，先左后右，不容易弄脏图面。细线容易干，不影响上墨进度，最后画边框和写标题。如果有画错的地方，不要急于修改，应等墨干透以后，用刀片刮去，再用橡皮擦去。握笔姿势要正确，墨线笔过于外倾，线条不容易画直；过于内倾，则笔尖触到尺子，线条拉墨；中途停笔，则接头不准。使用模板要抬高一定的角度，避免拉墨。

6. 设备材料表

为了便于施工单位计算材料、采购电气设备、编制工程概（预）算和编制施工组织计划等方面的需要，电气工程图纸上要列出主要设备材料表。表内应列出主要电气设备材料的规格、型号、数量以及有关的重要数据，要求与图纸一致，而且要按照序号编号。材料表是电气施工图中不可缺少的内容。

7. 设计说明

电气图纸说明也是不可缺少的内容，它用文字叙述的方式说明一个建筑工程。电气包括的有主要设备规格型号、工程特点、设计指导思想、使用的新材料、新工艺、新技术及对施工的要求等。

图纸说明一般是讲述总的、普遍意义的或某些工程特殊做法。例如某电气工程设计说明指出：本工程采用 BV 500V 铜芯电线（即铜芯塑料绝缘线）。这样在平面图中就不必处处标注了。

3.1.3　电气工程图的分类

1. 电气设计内容

电气设备安装工程是建筑工程的有机组成部分，根据建筑物功能不同，电气设计内容有所不同。通常可以分为内线工程和外线工程两大部分。

$$\text{内线工程} \begin{cases} \text{照明系统图} \\ \text{动力系统图} \\ \text{电话工程系统图} \\ \text{共用天线电视系统图} \\ \text{防雷系统图} \\ \text{消防系统图} \\ \text{防盗保安系统图} \\ \text{广播系统图} \\ \text{变配电系统图} \\ \text{空调配电系统图} \end{cases} \qquad \text{外线工程} \begin{cases} \text{架空线路图} \\ \text{电缆线路图} \\ \text{室外电源配电线路图} \end{cases}$$

具体到电气设备安装施工，按其表现内容不同而区分为以下类型：

2. 配电系统图

它能表示出整体电力系统的配电关系或配电方案。因为在三相配电系统中，三相导线是一样的，所以系统图通常用单线条表示。从配电系统图中能够看到该项工程配电的规模、各级控制关系、各级控制设备和保护设备的规格容量、各路负荷用电容量及导线规格等。系统图是电气施工图中最重要的部分，是学习识图的重点。

3. 平面图

它表征了建筑各层的照明、动力、电话等电气设备的平面位置和线路走向。它是安装电器和敷设支路管线的依据。根据用电负荷的不同而有照明平面图、动力平面图、防雷平面图、电话平面图等。

4. 大样图

表示电气安装工程中的局部作法明晰图，例如舞台聚光灯安装大样图、灯头盒安装大样图等。在《电气设备安装施工图册》中有大量的标准作法大样图。

5. 二次接线图

它表示电气仪表、互感器、继电器及其它控制回路的接线图。例如加工非标准配电箱就需要配电系统图和二次接线图。

此外，还有电气原理图、设备布置图、安装接线图等。用在安装作法比较复杂，或者是电气工程施工图册中没有标准图，而特别需要表达清楚的地方，一般工程不一定全有。

3.2 照 明 施 工 图

照明工程图一般由照明电气系统图、平面图及照明配电箱安装图等组成。

在系统图和平面图中的图形符号及其标注符号，以前的国家标准符号采用汉语拼音字头的形式，已经淘汰。现在为了与国际社会接轨，主要采用国际电工季员会（IEC）的通用标准作为中国新的国家标准符号，采用的是英文字头表示。目前我国各省市贯彻新标注符号进度不一。

3.2.1 照明系统图

电气系统图是表示建筑物内外配电线路控制关系的线路图。根据负载性质不同有照明系统图、动力系统图和电话系统图等。系统图上需要表达的内容如下。

（1）电缆进线（或架空线路进线）回路数、电缆型号规格、导线或电缆的敷设方式及穿管管径。

【例 3-1】 某照明系统图中标注有 BV（$3 \times 50 + 2 \times 25$）SC50—FC

表示该线路是采用铜芯塑料绝缘线，三根 $50mm^2$，两根 $25mm^2$，穿钢管敷设，管径 50mm，沿地面暗设。本例中导线型号 BV 中加一个 L，成 BLV，则表示铝芯塑料绝缘电线。BX 是铜芯橡皮绝缘线，BLX 是铝芯橡皮绝缘线。电缆及导线的型号繁多，可以参见电气施工图册或产品样本。常用导线敷设方式的标注见表 3-2。管线敷设的部位见表 3-3。

导线或电缆敷设方式的标注符号 表 3-2

序号	中 文 名 称	旧代号	新代号	英 文
1	暗敷	A	C	Concealed
2	明敷	M	E	Exposcd
3	铝皮线卡	QD	AL	Alnminum Clip
4	电缆桥架		CT☆	Cablc Tray
5	金属软管		F	Flexible metallie conduit
6	厚壁钢管（水煤气管）	GG	RC	Gas tube（pipe）
7	穿焊接钢管敷设	G	SC ☆	Stccl Conduit
8	穿电线管敷设	DG	T ☆	Eletrical metallic Tubing
9	穿硬聚氯乙烯管敷设	VG	PC	Poly Chre
4	穿阻燃半硬聚氯乙烯管敷设	ZVG	FPC	Fric Poly Chrc
5	瓷瓶或瓷柱敷设	CP	K	Porcelain insulator（Knob）
6	塑料线槽敷设	XC	PR ☆	Plastic Raceway
7	钢线槽敷设	GC	SR ☆	Stcll Raccway
8	金属线槽敷设		MR	Metrallic raceway
9	电缆桥架敷设		CT ☆	Cablc Tray
10	瓷夹板敷设	CJ	PL	
11	塑料夹敷设	VJ	PCL	
12	穿蛇皮管敷设	SPG	CP	
13	塑料阻燃管		PVC ☆	

注：☆表示是重点，在建筑工程中经常用。

导线敷设部位的标注 表 3-3

序号	名 称	旧代号	新代号	英 文
1	沿钢索敷设	S	SR	Supported by messenger wire
2	沿屋架或跨屋架敷设	LM	BE	Rack Exposed
3	沿柱或跨柱敷设	ZM	CLE	Column Exposed
4	沿墙面敷设	QM	WE ☆	Wall Exposed
5	沿天棚面或顶板面敷设	PM	CE	Ceiling Exposed
6	在能进人的吊顶内敷设	PNM	ACE	Suspended ceiling Exposed
7	暗敷设在梁内	LA	BC ☆	Beam Concealed
8	暗敷设在柱内	ZA	CLC	Column Concealed
9	暗敷设在墙内	QA	WC ☆	Wall Concealed
10	暗敷设在地面或地板内	DA	FC ☆	Floor Concealed
11	暗敷设在屋面或顶板内	PA	CC	Ceiling Concealed
12	暗敷设在不能进人的吊顶内	PNA	ACC ☆	Suspended ceiling Concealed

【例 3-2】 有一栋楼，电源进户线标注是 VLV_{23}（$3 \times 50 + 2 \times 25$）SC50—BC

表示该线路是采用铝芯塑料绝缘、塑料护套钢带铠装五芯电力电缆，其中三芯是50mm²，两芯是25mm²，穿钢管暗敷设，管径50mm，暗敷设在梁内。

（2）总开关的型号规格、熔断器的规格型号。出线回路数量、用途、用电负载功率数，各条照明支路分相情况。如图3-1中C45N/1P32A表示是C45N系列小型断路器，N表示保护线路用，若是AD则表示保护电动机用，单极，额定容量32A。

（3）配电系统图上，还应表示出该工程总的设备容量、需要系数、计算容量、计算电流、配电方式等。也可以采用绘制一个小表格的方式标出用电参数。

（4）电气系统图中各条配电回路上，应标出该回路编号和照明设备的总容量，其中也包括电风扇、插座和其他用电器具等的容量。电气系统图一般都是用单线条表示，见图3-1所示。各回路的断路器型号和容量都相同时，可以只标注配电系统最上面的回路。

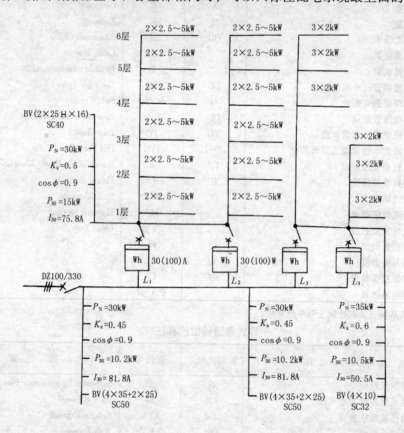

图 3-1 照明配电系统图

图3-2是一栋典型的大楼配电系统干线图，图中地下2层配电室有10面配电柜，通过立管送电到各层动力及照明配电箱。例如2层有一个配电箱标注AL—2—4，其中AL表示是照明配电箱，2层第4号箱。又如首层有一个配电箱标注AP—1—3，其中AP表示是动力配电箱，1层第3号箱。其余类推，文字符号可查相关各表，不再赘述。

3.2.2 照明平面图

在照明平面图上需要表达的内容主要有：电源进线位置、导线根数及敷设方式，灯具位置，型号及安装方式，各种用电设备的位置等。

电气照明灯具在平面图上的表示方法见图 3-3 所示。照明灯具在平面图上表示的方法往往用图形符号加文字标注。灯具的一般符号是一个圆，单管日光灯的符号是中间一竖很长的"工"字。插座符号内涂黑表示嵌入墙内安装。图例符号见上文，或国标 GB4728。

照明平面图上为了表示出不同的灯，经常是将一般符号加以变化来表示，比如将圆圈下部涂黑表示壁灯，圆圈中画 × 表示信号灯。将一个类型的灯具进行总标注。照明开关也是这样，将一般符号上加一短线表示单极翘板开关，两短线表示双联，n 个短线表示 n 联开关。写一个 t 表示延时开关，小圆圈两边出线表示双控，加一个箭头表示拉线等等。在照明平面图中，文字标注主要表达的是照明器的种类、安装数量、灯泡的功率、安装方式、安装高度等。

具体格式如下：

$$a-b\frac{c\times d}{e}f$$

其中　　a——某场所同类型照明器的套数，通常在一张平面图中各类型灯分别标注；

　　　　b——灯具类型代号，可以查阅施工图册或产品样本；

　　　　c——照明器内安装灯泡或灯管数量，通常一个或一根可以不表示；

　　　　d——每个灯泡或灯管的功率瓦数（W）；

　　　　e——照明器底部距本层楼地面的安装高度（m）；

　　　　f——安装方式代号，灯具安装方式 f 主要有下面几种形式。见表 3-4。

灯具安装方式的标注文字符号　　　　　　　　　　　　　　表 3-4

序号	名　　称	旧代号	新代号	英　　文
1	线吊式	X	CP ☆	Wire（cord）Pendant
2	自在器线吊式	X	CP	Wire（cord）Pendant
3	固定线吊式	X1	CP1	
4	防水线吊式	X2	CP2	
5	吊线器式	X3	CP3	
6	链吊式	L	Ch ☆	Chain pendand
7	管吊式	G	P	Pipe（conduit）erected
8	壁装式	B	W ☆	Wall mounted
9	吸顶式或直附式	D	S ☆	Ceiling mounted（Absorbed）
10	嵌入式（嵌入不可进人的顶棚）	R	R ☆	Recessed in
11	顶棚内安装（嵌入可进人的顶棚）	DR	CR ☆	Coil Recessed
12	墙壁内安装	BR	WR	Wall Recessed
13	台上安装	T	T	Table
14	支架上安装	J	SP	
15	柱上安装	Z	CL	Column
16	座装	ZH	HM	

【例 3-3】　某办公室照明平面中标有 $8\frac{60}{2.6}CP$

表示 8 套灯具均为 60W，安装高度 2.6m，自在器线吊式安装。

照明平面图中各段导线根数用短横线表示，如管内穿三根线，则在直线上加三小道线，两根线可以省略划道。编制电气预算就是根据导线根数及其长度计算导线的工程量。初学电气工程图时，应掌握判断各段导线根数的规律，即：

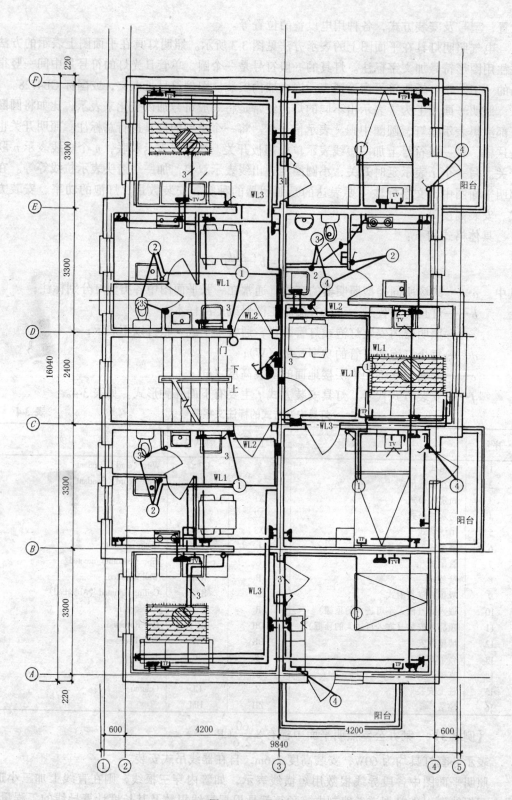

图 3-3 照明平面图

（1）各灯具的开关必须接在相线（俗称火线）上，所以无论是几联开关，只送进去一根相线，从开关出来的电线称为控制线（或称回火），n 联开关就有 n 条控制线，所以 n 联开关共有（$n+1$）根导线。见图 3-2 中的双联开关就有三根线。

（2）现行国家规范照明支路和插座支路要求分开，并且在插座回路上安装漏电保护器。插座支路导线根数由 n 连中极数最多的插座决定，如图 3-2 中二三孔双连插座是三根线。若是四联三极插座也是三根线。

常用电气设备文字符号　　　　　　　　　　　　　　　表 3-5

序	种类	名　　称	符号	序	种类	名　　称	符号
1	组件或部件	电桥	AB	34	保护器件	避雷器　☆	F
2		高压开关柜	AH	35		熔断器　☆	FU
3		低压配电屏　☆	AA	36		限压保护器件	FV
4		动力配电箱　☆	AP	37		跌开式熔断器☆	FF
5		直流配电屏	AD	38		快速熔断器	FTF
6		电源自动切换箱	AT				
7		多种电源配电箱	AM	39	接触器和	接触器　☆	KM
8		照明配电箱　☆	AL	40	继电器	中间继电器　☆	KA
9		应急照明配电箱☆	ALE	41		电流继电器　☆	KC
10		应急照明配电箱	APE	42		干簧继电器	KR
11		控制屏（箱）	AC	43		双稳态继电器	KL
12		信号屏（箱）	AS	44		极化继电器	KP
13		并联电容器屏　☆	ACP	45		逆流继电器	KRR
14		继电器屏	AR				
15		刀开关箱	AK	46	信号器件	蜂鸣器	HA
16		低压负荷开关箱	AF	47		光信号	HS
17		漏电流断路器箱	ARC	48		指示灯	HL
18		电度表箱　☆	AW	49		红色灯	HR
19		操作箱		50		绿色灯	HG
19		插座箱	AX	51		黄色灯	HY
20	电动机	电动机	M	52	电力电路	起动器　☆	QS
21		电动机（通用）	ME	53	开关	综合起动器	QSC
22		同步电动机	MS	54		星—三角起动器	QSD
23		直流电动机	MD	55		自耦降压起动器	QSA
24		绕线式转子感应机	MW	56		真空断路器	QV
25		鼠笼式电动机	MC	57		漏电流断路器	QR
26		异步电动机	MA	58		鼓形控制器	QD
27	仪表及试验设备	电流表	PA	59	变压器	电力变压器　☆	TM
28		电压表	PV	60		干式变压器　☆	TD
29		电度表	PJ	61		电压互感器　☆	TV
30		有功电度表	PW	62		电流互感器　☆	TA
31		无功电度表	PJR	63		有载调压变压器	TLC
32		最大需量表（监控）	PM	64		照明变压器	TL
33		功率因数表	PPF	65		稳压器	TS

注：☆表示是重点，在建筑工程中经常用。

（3）现在供电系统都采用 TN—S 方式供电系统，俗称三相五线制。其中有三根相线

（现行国标称 L1、L2、L3，即原来的 ABC），一根工作零线（N），一根专用保护线（PE）。图 3-2 中的进户线是单相三线，即一根相线，一根零线，一根保护线。单相两孔插座中间孔接保护线 PE，下面两孔是左接零线 N，右接相线 L1 或 L2、L3。单相两孔插座则没有保护线。

3.2.3 常用电气设备文字符号

华北地区建筑设计标准化办公室推出的《建筑电气通用图集》（简称华北标）参照国际 IEC 标准规定的文字符号见表 3-5。

例如在建筑电气施工平面图中第二层第三号照明配电箱标注为：AL—2—3。又如第一层的第六号动力配电箱标注为：AP—1—6。

3.3 外线与动力工程施工图

3.3.1 外线工程平面图

施工总平面图内绘出外线工程图，包含的主要内容有高压架空线路或电缆线路敷设方位；变电所的位置、数量、容量和形式；低压架空线路的电杆形式、编号、导线的型号截面及各回路导线的根数等。（可参见第 10 章图 10-5）。

图中有三栋新建工程是望月楼、履安饭店和康复游乐中心。高压线用铝绞线 LJ3×16，变压器采用户外杆上安装方式，S_7—315/10 表示三相油浸自冷式铜绕组电力变压器，额定容量 315kVA，高压 10kV。

配电线路主要是用绝缘线、裸线两类，在市区或居民区尽量用绝缘线，以保证安全。绝缘线按材质分又有铜芯与铝芯两种。如常用的铝芯橡皮绝缘线型号 BLX，铜芯橡皮绝缘线型号是去掉 L，就是 BX，如 BX—35（35 是标称截面，单位 mm^2）。铜、铝塑料绝缘线型号分别为 BV、BLV。玻璃丝编织铝芯橡皮绝缘线型号为 BBLX。玻璃丝编织铜芯橡皮绝缘线型号为 BBX。

低压架空线路用 TN—S 方式供电（俗称三相五线制），第一回路 1—BBX—3×50+2×25 表示采用导线是玻璃丝编织铜芯橡皮绝缘线，三根截面 $50mm^2$，二根截面 $25mm^2$。第二回路 2—BV—3×25+2×16 表示采用导线是铜芯塑料绝缘线，三根截面 $25mm^2$，二根截面 $16mm^2$。在终点杆、转角杆和分支杆处都要作拉线或戗杆。

在施工说明中表达了电杆用 15m 长的混凝土电杆。7、8 号电线杆是跨越杆，杆长 17m。履安饭店电源进线是采用低压电缆，型号 VV_{23}（3×50+2×25）SC50—FC 表示这是塑料绝缘、塑料护套铜芯钢带铠装电力电缆，三芯是 $50mm^2$，两芯是 $25mm^2$，穿钢管直径 50mm，直接埋地敷设。

横担应架设在电杆的靠负载一侧。跨越杆用双横担。

导线在横担上排列规律：当面向负载时，从左侧起为 L1、N、L2、L3、PE，动力线、照明线在两个横担上分别架设时，上层横担，面向负荷从左侧起为 L1、L2、L3；下层横担是单相照明时，面向负荷，从左侧起为 L1（或 L2、L3）、N、PE。如图 3-4（a）是架空线鸟瞰图，圆圈杆图 3-4（b）是正面图。

电杆上架线是高、低压线同杆架设时，高压在上，低压在下，而且高、低压线的垂直间距不小于 1.2m；动力与照明同杆架设时，动力在上，动力线与照明线的垂直距离不小于 0.6m；强电与弱电同杆架设时，强电在上，相距不小于 0.6m。

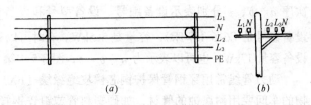

图 3-4 架空线路各条导线名称
(a) 鸟瞰图；(b) 正面图

3.3.2 电缆线路

电缆平面图比较简单，主要是对电缆型号的识别。电缆按其构造及作用不同可分为电力电缆、控制电缆、电话电缆、射频同轴电缆、移动式软电缆等。按电压可分为低压电缆（小于 1kV）、高压电缆。工作电压等级有 0.5kV、1kV、6kV、10kV 等。

1. 电缆供电的特点

（1）不受上面外界风、雨、冰雹、人为损伤，所以供电的可靠性高。

（2）材料和安装成本都高，电缆造价约为架空线的好几倍，但节省了电杆、横担和绝缘子等。

（3）供电容量可以较大，与架空线比较，截面相同时电缆导线的阻抗小。

（4）电缆埋入地下不影响地上绿化。

2. 电缆在图中的标注

电缆的型号内容包含其用途类别、绝缘材料、导体材料、铠装保护层等，见第十章。在电缆型号后面还注有芯线根数、截面、工作电压和长度。例如：

（1）$ZQ_{21}(3 \times 50)$—10—250m 表示铜芯、纸绝缘、铅包、双钢带铠装、纤维外被层（如油麻）、三芯、50mm²、电压为 10kV、长度为 250m 的电力电缆，长度和耐压可以省略。

（2）VV_{22}—$3 \times 25 + 1 \times 16$ 表示铜芯、聚氯乙烯内护套、双钢带铠装、聚氯乙烯外护套、三芯 25mm²、一根 16mm² 的电力电缆。

（3）$YJLV_{22}$—3×120—10—300m 表示铝芯、交联聚乙烯绝缘、聚氯乙烯内护套、双钢带铠装、聚氯乙烯外护套、三芯 120mm²、电压 10kV、长度 300m 的电力电缆。四川电缆厂生产的交联聚乙烯绝缘聚乙烯护套电力电缆型号为 XLPE。改型电缆有 4 + 1 芯，便于用在五线制供电系统。如 PVC 型聚氯乙烯绝缘聚氯乙烯护套电力电缆铜芯和铝芯截面有 1.5 至 400mm²。

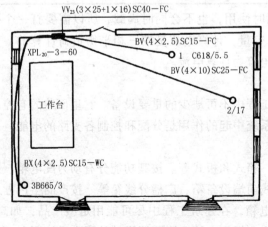

图 3-5 某动力平面图

3.3.3 动力施工平面图

建筑物的照明平面图上表示的管线一般是敷设在本层顶板中，而动力平面图中表示的管线一般是敷设在本层地板中。动力平面图是画在简化了的土建平面图上面。小圆圈表示动力出线口，它是用防水弯头与地面内伸出来的管子相连接。长方形框表示动力或电气设备的基座。动力管线要标出导线的根数及其型号。如图 3-5。

为了清楚地表示设备的安装位置、型号和容量，每个出线口旁边按规定的

次序 a、b、c 分别表示设备编号、设备型号和设备容量，即：$a\dfrac{b}{c}$，如图中编号第一路设备型号是 C616（车床），容量是 5.5kW。有时可以省去设备型号，如第二支路，主要标出设备容量 17kW。也可以表示为 $a-b-c$，图 3-5 中第 3 支路设备型号 B665（刨床）3kW。

动力管线常用穿钢管保护铜芯橡皮绝缘线（BX）或铜芯塑料绝缘线（BV），在有腐蚀物的车间要用耐腐蚀的管材，如硬塑料管或镀锌钢管等。当导线根数很多时，可用槽板配线。有的车间或体育场等需要从空间用电可以采用钢索配线或电缆托盘供电。标注的格式是：

$$a-b \ (c \times d) \ e-f$$

式中　a——线路编号或线路用途的代号；

　　　b——导线的型号；

　　　c——导线的根数；

　　　d——导线的截面（mm^2）；

　　　e——配线方式的符号及穿线保护管的标称直径（mm）；

　　　f——敷设部位的代号（见上一节新旧符号对照表）。

图 3-5 中第 2 支路是铜芯塑料绝缘线，4 根 $10mm^2$，穿钢管保护，管径 $25mm^2$，敷设于地面内。第 3 支路是橡皮绝缘铜线，4 根 $2.5mm^2$，敷设在墙内。进户线是用塑料绝缘塑料护套铠装铜芯电力电缆，3 芯 $25mm^2$，1 根 $16mm^2$，穿钢管埋地敷设。

3.3.4　动力系统图的特点

动力系统图的特点是常用图形与表格相结合的方法，便于清楚地看清系统图中各个器件的型号规格、数量，层次分明，很容易看清从进线到配电线路、启动控制设备、各种保护设备、测量仪表和受电设备等。在配电线路较多时，可以集中标注各线路的型号规格，再用细实线指向各条线路。

除此以外，在系统图的进线侧常常标注出整个系统的设备容量、需要系数、计算容量、平均功率因数和计算电流等。也可以把这些参数绘于一个小表内，如表 3-6 所示。

××建筑用电参数表 表 3-6

设备容量 P_e（kW）	需要系数 K_x	计算容量 P_j（kW）	功率因数 $\cos\varphi$	计算电流 I_{30}（A）
100	0.8	80	0.9	151

因为统计的设备容量（kW）不一定同时使用，也不会同时满载，所以需要打一个折扣，称为需要系数 K_x，它们相乘而得计算容量，计算电流是按三相平衡负荷计算的，如果是照明不平衡负荷，则按负载最大相的电流为计算电流。

3.3.5　控制屏、台、箱

控制屏、台、箱是建筑电气设备安装工程中不可缺少的重要设备。它里面装的有控制设备、保护设备和测量仪表等。它在电气系统中起的作用是分配和控制各支路的电能，并保障电气系统安全运行。

配电箱按其结构分可分为柜式、台式、箱式和板式等。按其功能分有动力配电箱、照明配电箱、插座箱、电话组线箱、电视天线前端设备箱、广播分线箱等。按产品生产方式分有定型产品、非定型产品和现场组装配电箱，在建筑工程中尽可能用定型产品，如高、低压配电柜、控制屏、台、箱。如果设计为非标配电箱，则要用设计的配电系统图和二次接线图到工厂加工订制。常用型号如下：

1. 动力配电箱的型号

配电箱的型号以前是用汉语拼音字组成。例如用 X 代表配电箱，L 代表动力，M 代表照明，D 代表电表等。XL 合在一起就代表动力配电箱，XM 代表照明配电箱。

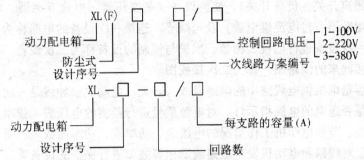

例如：XL—10—4/15 表示这个配电箱设计序号是 10，有 4 个回路，每个回路有 15 （A）。

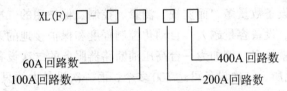

上述设计序号从 14 至 21 等，都是落地式防尘型动力配电箱。

2. 照明配电箱的型号

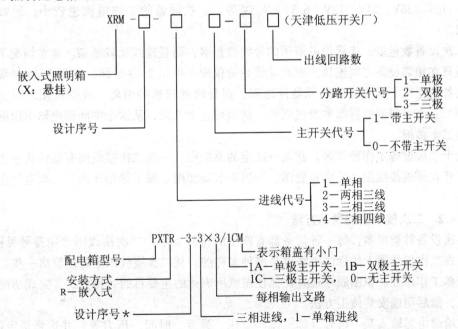

注：序列号"1"指控制单相用电设备，即每相单极开关数系列号"2""3""4""5""6""7"指控制单相、三相混合用电设备，是指每相等效的单极开关数。一个三极开关等于三个单极开关。

3.4 建筑电气工程二次接线图

建筑电气工程中的各种电气设备可分为一次设备和二次设备，其中一次设备是指各种控制设备（如隔离开关、负荷开关）、变换设备（如变压器、电流互感器、电压互感器）、保护设备（如熔断器、过电流继电器）及母线等。连接一次设备的电路称为一次线路。二次设备是指对一次设备进行监视、测量、保护与控制的设备称为二次设备。将二次设备按照一定次序连接起来的线路图，称为二次接线图。

例如某大容量电机供电线路中的电源母线、开关、电动机、导线是一次设备。二次设备有监视母线是否送电的电源指示灯、对电源质量进行监测的电压表、频率表、控制电流通断的控制设备、监视电动机工作情况的电流表、功率表、功率因数表、累计电动机消耗电能的电度表、对线路和电动机发生短路或断相等故障进行保护的设备等。

3.4.1 二次接线图的特点

二次接线图是电气工程图纸的重要组成部分，与一次线路图或电气系统图相比，往往复杂一些，因为二次设备数量多，而监视、测量、控制、保护用的二次设备和元件多达数十种。电压等级越高、设备容量越大，自动化控制程度和保护接地的系统也越复杂，二次设备的种类和数量也就越多。例如为一台高压油断路器服务的二次设备可达百余种；一座中等容量的 35kV 变电所，二次设备可达 400 多个，而一次设备大约只有 50 个。

一次设备的电压等级很少，如在 10kV 变电所，一次设备的电压等级只有 10kV 和 220/380V，但二次设备的工作电源种类有直流、交流。电压等级却可能有多种，如 380V、220V、110V、36V、24V、12V、6.3V、1.5V 等。二次设备的工作电流也较小，通常只有毫安级。

二次设备数量多，连接设备所用的导线数量多，而且连线比较复杂。通常情况下，一次设备只在相邻设备之间连接，而且导线数量仅限于单相 2~3 根线、三相 3~5 根线。而二次设备的连线不限于相邻的元器件之间，而是跨越较远的距离，或是相互之间交错相连。例如一个中间继电器除本身线圈外，接点可达十几对，从这个中间继电器引出的导线就可达二十多根。

由于二次设备工作种类多，在某一确定的系统中，一般二次接线图有整体式原理接线图、展开式原理接线图、屏面布置图、屏后安装接线图、端子排接线图、二次电缆电线布置图等。

3.4.2 二次接线图的表示方法

二次设备种类很多，每一种设备都有特定的符号表示，二次接线图常用符号见图 3-6 所示。在二次接线图上的标注方法也是多种多样的，从二次接线图中可以看出一些二次设备的简单工作原理。识图顺序适宜先抓住图纸所表达的主要目的，再分析其完成功能的动作过程，然后明确安装施工方法。

当给继电器输入某一信号（如电流、电压、温度、时间、压力等）并达到预定值时，继电器便自动接通或断开所控制的电路，以达到控制或保护电路的目的。继电器在二次接线图中的图形符号有以下两种表示方法：

1. 整体表示法

用一个长方块表示。旧符号上面配一个半圆来表示，设想方块里放着继电器线圈，半圆里是接点。整体式原理接线图如图3-6所示。继电器所反映的物理量往往是在长方块上面用几个字母表示。有电流（或有气体）时不一定闭合，只有当电流（或气体）达到某一整定值时，其常开接点才能闭合。

2. 分离表示法

二次图中常将线圈和接点分开画在不同的电路中。常见的规律是常开在下（或在左），常闭在上（或在右）。常开接点指继电器线圈无电流通过时处于断开状态的接点，常闭接点指继电器线圈无电流通过时处于闭合状态的接点。

3.4.3 二次线路原理接线图

二次线路原理接线图主要用来反映二次设备、装置和系统工作原理的图纸，通常有整体式原理接线图和展开式接线图两种。

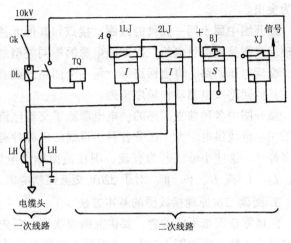

图 3-6　整体式原理接线图

1. 整体式原理接线图

将二次设备以整体形式表示，即用较为形象的整体图例标注。并按照它们之间的相互联系，将其电流回路、电压回路、直流电路等综合在一张图纸上的表达方式称为整体式原理接线图，见图3-6。

整体式原理接线图主要用于表示二次接线装置的工作原理和构成这套装置所需要的设备，在这种图上，没有给出设备的内部接线，也没有给出设备引出端子的标号和引出线的标号，控制电源仅给出极性符号，没有具体接线，对于阅读或施工都是不够的，还需要有展开式原理图。

整体式原理接线图也要画与二次接线有关的一次设备及其接线，一次设备及连线用粗实线，以区别二次连线。继电器执行元件所执行的主要任务是作用于断路器跳闸。

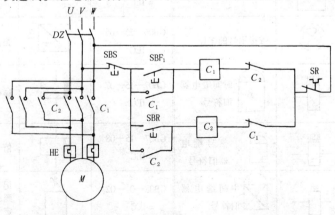

图 3-7　混凝土搅拌机正反转控制线路展开图

2. 展开式原理接线图

将仪表内的各种线圈、电器以及继电器的线圈、接点分开，画在不同的所属回路中，这种图称为展开式原理接线图，如图 3-7。展开式原理接线图接线清晰，易于阅读，便于了解整套装置的动作程序和工作原理，特别是在表现一些复杂装置的接线原理时，其优点更为突出。

展开图中属于同一元件的线圈、接点和其他元件都是标以同一个符号及数字。展开式原理接线图是根据供电给二次回路电源的不同类型划分成各自独立的部分，如交流电流回路、交流电压回路、直流回路等，每一个回路分成若干行，从上往下，交流回路按相序排列，其他回路按电器动作顺序排列。

展开图中各种独立回路的供电电源除了交流电流回路用电流互感器直接表示外，其余都采用小母线供电。为了区分各种小母线的电源种类及用途，各种小母线都有相对固定的文字符号。这些小母线若为直流，则在前面标出电源极性 ±；若为交流则在标号下注明 L_1、L_2、L_3 或 U、V、W。对于 220V 交流控制电源，其小母线也习惯标以 AN。

3. 阅读二次原理接线图的基本方法

阅读复杂图纸不能着急，要讲究阅读次序。首先了解图纸内容的目的，把握住图纸所要表现的主题。比如图 3-7 是一个混凝土搅拌机正反转控制线路展开图，它表现的主题是在搅拌机正转工作时，不允许反转接触器工作，以防止短路，是通过常闭触点 KM_1 断开而防止反转接触器工作的。必须停机后才能进行反转，反转时同理是用常闭触点 KM_2 断开不许正转接触器工作。

图形符号来源	图形符号	说　明	图形符号来源	图形符号	说　明
GB08—04—03 = IEC	 Wh	电度表（或千瓦时表）	GB06—25—03 = IEC	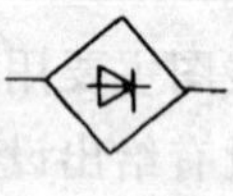	桥式全波整流
GB08—04—09 = IEC	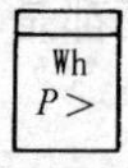 Wh P>	超量电度表	GB06—25—01 = IEC	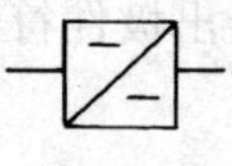	直流变流器
GB08—04—15 = IEC	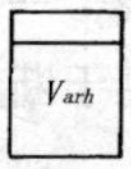 V_{arh}	无功电度表	GB06—25—04 = IEC	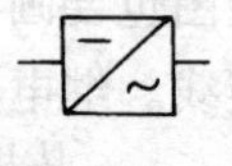	逆变器
GB11—16—12	 ⊗	带指示灯的按钮	GB06—25—05 = IEC	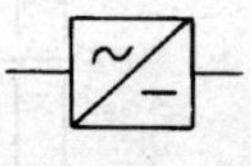	整流器/逆变器
时间继电器	 KTM t	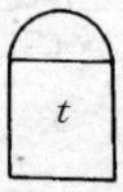 时间继电器旧符号	GB07—15—07 = IEC	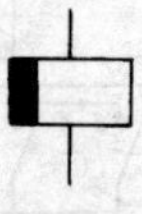	缓慢释放继电器
信号继电器	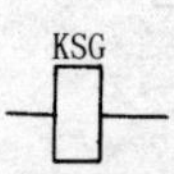 KSG	 信号继电器旧符号	GB07—15—08 = IEC	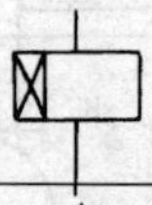	信号继电器
中间继电器	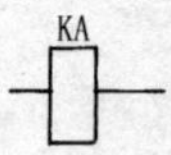 KA	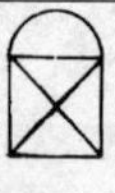 中间继电器旧符号	GB08—01—02 = IEC	 ✳	记录仪表，星号按照 GB47288—84 规定予以代替

图 3-8　二次接线图常用符号

将二次接线图的符号查对一下设备材料表，弄清楚每个设备的名称、型号、规格和具体作用。要善于将图纸上的抽象符号转化为具体设备。在阅读某一回路时，不要急于将一个线圈的全部接点找出，因为你对那些接点所处的回路并不了解，正确的方法是遇到接点找线圈，判断出接点处是通还是断。

二次接线图中，各种接点都是按照起始位置画的，例如，开关未合闸、按钮未按下、线圈未通电等状态表示的。在阅读时还要考虑到图纸上所表现内容的时序。必须在同一时序状态下，图纸上表达的内容才有意义。这就要求动态地阅读图纸。

随着图纸复杂程度的增加，阅读时更要注意阅读的顺序。先看主电路，再看二次线路，从上往下，逐行阅读，或者一部分一部分，化整为零阅读。在阅读某一电路时，可能有个别问题一时难以搞明白，不妨先留下，很可能在阅读过其他电路后就明白了。二次接线图常用符号见图3-8。

3.5 开关插座线路

3.5.1 楼梯开关电路

公共楼道照明控制可以采用两处控制，如图3-9所示。当人进入楼门以后，在首层用

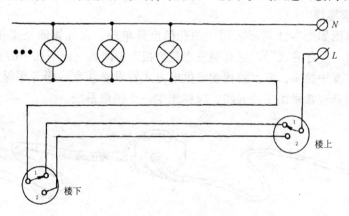

图 3-9　两处控制的开关接线原理图

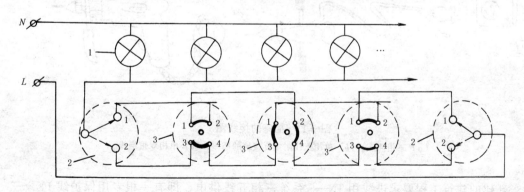

图 3-10　多处控制的开关接线原理图
1—灯具；2—双控开关；3—多控开关

开关1就可以将上层休息板上的灯点亮，人到二层以后，在二层用开关2也能将刚才开的灯关掉。反之，在楼上也可以先开灯，走到楼下再关灯，这样人走灯灭，有利于节约电能。

同样的道理，可以实现在多处控制一个灯，如图3-10所示。图中的多控开关有两个动作位置，即1、4接通或2、3接通。用的都是双控开关，每一个开关都能把原来的状态（通或断）改变过来。图中现在的位置是灯亮着，读者试将任何一个开关位置改变，就能使灯熄灭

开关有翘板式和拉线式等。拉线式没有翘板式美观，但是使用安全，常用于住宅楼内。开关的工作电压是250V，额定电流有1、2、4、5、6、10、15A等数种。建筑施工安装分明装和暗装两种情况。

楼梯的照明应单用一个支路供电。楼道和厕所也宜单设一条支路，以便于下班以后或是出事后可以拉闸断电，而只保留楼梯和楼道的照明。

建筑施工规范规定开关必须安装在相线（俗称火线）上，开关断电以后灯具上不会有电，比较安全，如果把开关安装在工作零线上，虽然也能控制灯的通断，但是灯灭了以后在灯口仍有高电位，修理灯时很危险。检修灯具时，宜先用试电笔试一下，如果试电笔的氖泡发光则表示有电，不发光或光很弱则表示开关线路接线正确。

3.5.2 插座接线

插座的接线图如图3-11所示。图中两孔插座是单相，左孔接的是工作零线，右孔接的是相线（俗称"左零右火"）。三孔插座也是单相，中间孔（或圆孔中的大孔）是接保护线的，通常是接保护接零，所以现代建筑供电方式要求必须有一根专用保护线，称为 *PE*线。电源供电线路通常采用三相五线，应称作 TN—S 供电系统。

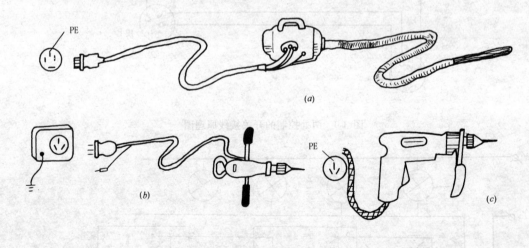

图 3-11 插座的接线图
（*a*）三相插座；（*b*）单相三线附重复接地的插座；（*c*）单相双重绝缘

新建的建筑工程要求进线用 TN—S 系统三相五线供电，即有一根专用保护线 PE，三根相线用 *L*1、*L*2、*L*3 表示。工作零线用 N 表示。常用的插座接线示意图见图3-12所示。接线的规律是"左接零，右接火"或"上接火，下接零"。四孔插座是三相用电设备使用

76

的，面向插座时，上中孔接保护线 PE，下面三个孔从左起分别为 L_1、L_2、L_3 三根相线。在建筑施工图中，插座符号不涂色为明装，涂色为暗装。

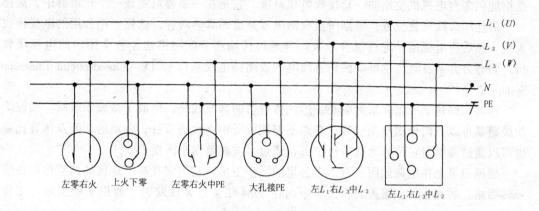

图 3-12　在 TN—S 供电系统中插座的接线示意图

以上接线正确与否非常重要，直接关系着人身安全，例如家用电冰箱的插座接线有错，误把相线与保护线接反了，则电冰箱外壳本应该接保护线 PE 的，而误接相线使人触及 220V 电压。

3.5.3　声光控制延时开关

声光控制延时开关是一种声光延时全自动控制的节电照明开关。它包括 SGK-Ⅰ型、SGK-Ⅱ型、SGK-Ⅲ型三种型号。这种开关在白天或光线强时，处于关闭状态，灯不亮。而在夜间或光线暗时，进入预备工作状态，当来人时，由于有脚步声、说话声、拍手声等声音控制，开关自动接通，灯亮。延时一段时间以后，开关自动断开，灯灭。它适用于各种建筑物的走廊、楼道、厕所等公共场所作自动开关，可实现人走灯灭、人来灯亮。该开关可不用人体接触，既方便照明、节省电能，又安全卫生，同时还能延长灯泡的使用寿命。

楼梯间的照明，现在一般都设置壁灯照明，这样检修方便，同时可以减少眩光，达到安全的目的。如果用吸顶灯，在最高层安装时，一定要安装在最高层休息平台的顶部，或者最高层楼梯的照明干脆不用其它灯具，只用壁灯。

对于宾馆的过道照明禁用光控和声控光源，此两种光源最好只用在住户内。布灯时，一定要注意均匀性。尽量缩短供电的距离，来减少电压损失，保证供电质量，但有时长距离供电又有一定的好处，供电范围大；对白炽灯来说，有一定的电压损失，可以延长其寿命。

3.6　电视系统识图

3.6.1　电视系统

近代建筑物向智能化方向发展，有线电视系统首当其冲。利用电视系统不仅传播电视信号，而且用来传递各种信息。本文简要介绍作为建筑物组成部分的最基本的共用天线电视系统图及相关的技术知识。

1. 电视系统概况

共用天线电视系统，简称 CATV 系统（即 Community Antenna Television System 的字头），是指能供多台电视机使用的一套接收电视系统。它是在一座建筑物或一个建筑群中，选择一个最佳的天线安装位置，根据所接收的电视频道的具体内容，选用一组公用的电视接收天线，然后将电视信号进行混合放大，并通过传输和分配网络送至各个用户的电视接收机。当有自办节目时，也可以称作有线电视或闭路电视系统 CCTV（Closed-circuit Television System）。

我国已经建立了以北京为中心，连同各省市的微波线路，形成了微波干线网。微波干线线路是可以双向传送电视信号，各地不但能收看中央台的节目，各地的新闻及体育比赛也可以通过通讯卫星传到北京后经中央台通过微波线路向全国播出。

通讯卫星是在距离地面三万六千公里的同步卫星，它固定在某一地区的高空作电视信号转播站，居高临下，覆盖面积大。中国在 1984 年 4 月 8 日发射了通讯实验卫星，工作良好。

2. 系统的基本组成

共用天线电视系统中的主要元器件如图 3-13 所示。

从系统图中可见主要有以下内容分述如下。

3.6.2　电视频道

电视信号是利用电磁波的形式在空中传播的，天线的作用是接收发射台的电磁波讯号，供给电视机接收端。天线是由最短振子的一端馈电，从这里起沿着分馈线有一个行波走向最长振子的一端。因为短的振子长度比工作半波长小很多，因此不起作用，所以行波继续向前而不受衰减。这个振子比较短的区域成为传输区，它的作用只是给分馈线加一个电容负载，从这里过去，进入振子长度与工作的半波长度基本可以谐振的区域，称为激励区。在长振子下集合线穿入，电缆导体与下集合线相连。不同的天线各有固定的谐振频率范围，并有一定的电平增益。

电视信号传播的速度 V 等于光速（$C = 3 \times 10^8 \text{m/s}$）。

$$V = \frac{C}{\sqrt{\varepsilon_r}} \tag{3-1}$$

式中　ε_r——媒质的相对介电系数，空气的相对介电系数稍大于 1。水的相对介电系数等于 80。

共用电视天线按频道可以分为甚高频、特高频和超高频。

1. 甚高频段

频率范围在 48.5 ~ 223MHz。即 1 ~ 12 频道，用 VHF（Very High Frequency）表示，简称 V 段，其中又可以分为 VL 段（1 ~ 5 频道）和 VH 段（6 ~ 12 频道）。在 VHF 频率范围内还包含 88 ~ 108MHz 的调频（FM）广播频段。

2. 特高频段

频率范围在 470 ~ 958MHz。即 13 ~ 68 频道，用 UHF（Ultra High Frequency）表示，简称 U 段。UHF 频率范围内还包含 470 ~ 958MHz 的调频（FM）广播频段。

3. 超高频段

频率范围在 3 ~ 30GHz。即用于卫星接收天线频段，用 SHF（Satellite High Frequency）

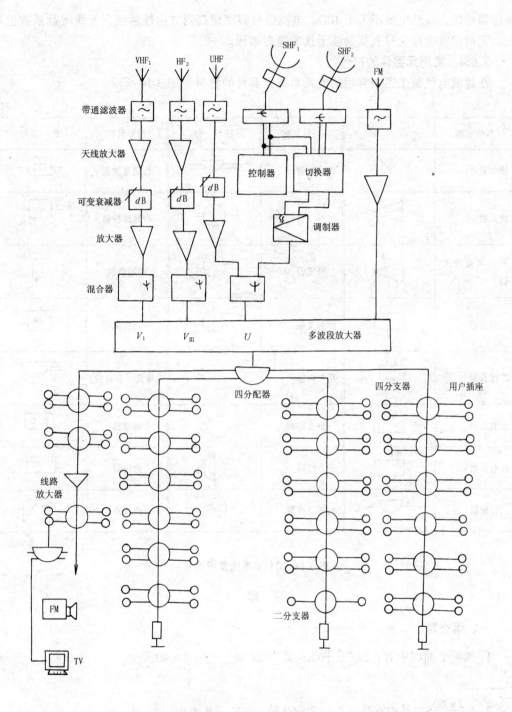

图 3-13 共用天线电视系统图

表示，简称 S 段，或称为超高频频段。

此外还有调频广播用（FM）。

3.6.3 电视天线

天线可分为引向天线、组合天线、宽频带天线等几种。天线高度达到 20m 时，应安装防雷系统，接地电阻不大于 10Ω。电视信号频率越高则方向性越强，天线增益系数也越大，定向接收电视信号及抗杂波干扰的能力越强。

3.6.4 常用元器件的符号

在建筑电气施工图中常用的电视系统元器件的符号见图 3-14 所示。

符号名称	符 号	符号名称	符 号	符号名称	符 号
接收天线		四分配器		低通滤波器	
放大器		二分支器		带通滤波器	
可调增益放大器		三分支器		终端负载	
二混合器	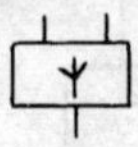	四分支器	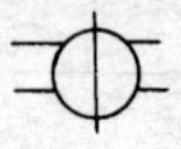	可调衰减器	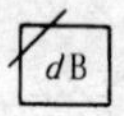
四混合器	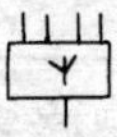	用户插座		摄像机（有云台）	
五混合器		一分支终端		录像机	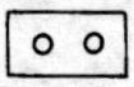
八混合器	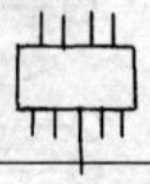	分支终端	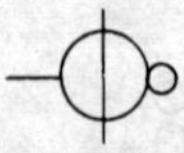	监视器	
二分配器		高通滤波器		调制器	

图 3-14　CATV 系统常用符号

习 题 3

一、填空题

1. 照明平面图中有：$24\dfrac{2\times40}{2.9}$ch；其中 24 是_____ 2×40 是_____，2.9 是_____ ch 是_____。

2. $6\dfrac{2\times60}{}$S：其中 6 是_____ 2×60 是_____，S 表示_____。

3. 动力施工图中标有 $6\dfrac{C618}{2.8}$ 其中 6 表示_____，618C 是_____；2.8 是_____。

4. 电气安装施工规范规定在平原地区避雷针的保护角是_____，在山区是_____。

5. 高层建筑防止侧向雷击的技术措施有_____、_____、_____。

80

习 题 3 答 案

一、填空题

1. 灯具套数为24，2根40W的灯管，安装高度2.9m，链吊式安装。

2. 6套吸顶灯；2个60W的灯泡。吸顶式安装。

3. 第6回路，设备型号，功率2.8kW。

4. 45°，37°。

5. 30m以上设置均压带，30m以下用均压环焊接、所有金属门窗与引下线焊接。

4 高压电器设备

4.1 建筑电力设备

建筑电力设备从电压等级的角度可分为低压设备（≤1kV）和高压设备（＞1kV）。本章主要介绍高压设备及其应用。电器工程师在为具体的电力系统选择设备时必须作出基本的考虑，如：保护、配合、包括安装在内的基建投资、维修费用、场地和运行以及满足施工进度计划的必要时间等。

4.1.1 设备安装

电器设备的周围应有足够的通道和工作场地，使之能够方便、安全地进行操作和维护工作。国家标准中规定了电器设备最小工作净距见表4-1。

电气设备前面的最小工作净距　　　　　　　　　　　　　　　　　　表 4-1

对地电压（V）	工作净距条件（mm）			对地电压（V）	工作净距条件（mm）		
	1类	2类	3类		1类	2类	3类
0～150	600	600	750	2501～9000	1000	1000	1500
151～600	600	600	1000	9001～25000	1250	1500	2250
601～2500	750	750	1250	25001～75000	1500	2000	2500

1. 施工条件

对于有触电危险的工作场所都必须使用绝缘材料妥善地加以遮挡或防护。建筑物中安装电气设备要求有适当的通道、起吊孔、墙孔等，使设备易于搬运和更换。在安装封闭式配电屏时要特别注意，应将槽钢放平找正，使其与地面齐平，防止瓷瓶和母线结构承受应力，以便于推进和移动断路器。有些成套变电站的变压器设在强迫通风的配电室外，二次侧母线连接管在该室墙上通过，一次侧连接充气的终端箱，内有15kV及以下电压的电缆，应消除终端接头。强迫通风的配电室内，除配电屏外，还可安装电动机控制中心、配电箱和其他电气设备。

2. 维修、测试和安全

设计电力系统的重要技术原则，是把维修、测试和安全，看作是在设备运行期间始终要考虑的因素。

完善的维修计划能使对建筑物中的人们生活的影响最低，保护贵重资产，减少维修时间和维修费用。为了发现可能故障的地区和对必要的计划检修提出预告，计划维修必须根据定期的维修计划表对每个单元设备进行一系列工作。坚持记录是计划维修很重要的一部分。

3. 热损失

电气设计中，必须考虑配电设备运行所产生的热量，尤其是变压器、开关设备、整流器和电机控制设备等。这些电力设备运行的损失必然以热的形式产生并扩散到建筑物内，从而增加了对成套变电站区域和建筑物的降温要求。简单地从设备装设地点抽气和允许空气通过滤网或过滤器送气不一定是最好的解决办法。封闭式电气设备内吸入大量外部冷空气时会引起结露，增加了通风用的电费和过滤器的更换，还可能在构筑物内产生危险。其他方法有通风散热、空调、将主要发热设备置于户外等。配电设备热损耗的数据可从制造厂获得。

4.1.2 电力线路的开关设备

1. 开关设备定义

开关设备是指用以断开、闭合或改变电路接线方式的电气装置。本章内的开关设备分为隔离开关、负荷开关、熔断器、断路器和接触器等。

2. 开关分类

一般用于电力线路的开关型式有隔离开关、负荷开关、600V 或功率较小的安全开关（包括螺栓压紧式开关）及应急电源的切换开关。

（1）隔离开关用于各级电压，用作改变电路接线或使线路或设备与电源隔断，它没有断流能力，只能在用其它设备将线路断开后再操作。一般带有防止开关在带负荷时误操作的联锁装置，有时需要用销子来防止在大的故障电流的磁力作用下断开开关。

（2）负荷开关，一般与一次配电系统供电的成套变电站连在一起，能在额定电压下切断不超过开关的额定连续电流。负荷开关有空气式或液浸式，通常由人工操作，备有与手柄操作速度无关的快合和快断的机械装置。负荷开关有一定的闭合和闭锁额定值，使其万一闭合在故障回路时能有最大的安全性。

限流熔断器和负荷开关的组合装置能很快切除故障，将线路隔断。如果适当地配合用以保护变压器，在开关额定值范围内切断变压器的励磁电流和负荷电流，比用断路器要经济得多。由几个制造厂制造的旋出式熔断器组合开关有如下优点：换熔体时不用断开一次回路；有在开关线路侧熔断的能力；便于接近检查和维修机械部件。

从安全的观点考虑，最理想的是把变压器的一次侧负荷开关与二次侧断路器操作联锁。当电流超过开关额定值时可减少负荷开关动作机会。但很多负荷开关的断流能力超过了变压器满负荷电流，因此联锁是不必要的。

（3）安全开关通常用于 600V 及以下供电线路，是封闭式的，备有熔断器或没有熔断器。这种型式的开关用箱罩外的手柄操作，与箱罩有联锁，只有开关打开或联锁解除时才能打开箱罩。很多安全开关有快合和快断的特性。

电动机的安全开关是以功率、电压和切断电动机最大过负荷电流的能力标定的，也就是同样功率电动机的堵转电流和在额定电压下的开关额定值。一般认为堵转电流是电机满负荷电流的 6 倍。带熔断器的封闭式开关的额定电流不能超过不带熔断器的同一开关额定值的 80%。虽然带有熔断器的安全开关的断路能力不高于熔断器，但带有限流熔断器的开关，其开关—熔断器组合的切断能力可达到 200kA。

螺栓压力式开关装有活动刀片和带有消弧触头的静触头和简单的调节机构，对铰链和夹片触头产生与母线螺栓接头相似的螺栓式压力，操作机构有一个弹簧，它由操作手柄压住，在操作冲程末期释放，起到快合、快断作用。

电动跳闸的螺栓式压力开关基本上与手动操作螺栓式压力开关一样，除了装有储能闭锁机构外，还装有释放跳闸线圈使其能自动电气跳闸。这些开关都是专为与事故接地保护设备配合作用而设计的，触头断流能力是其连续额定电流的 12 倍。

(4) 双投自动转换开关主要用于 600V 及以下的应急及备用电力系统。这些开关一般不具备过电流保护装置，开关额定容量为 30～3000A。为了可靠起见，容量在 100A 以上的大部分自动转换开关是机械保持、电动操作，把负荷从一个电源转换到另一个电源。

这些开关在电源断电时保证了连续供电。除电源断电外，下列情况也将破坏重要负荷的连续供电：在建筑区内进户线的负荷侧断路；过负荷或故障状态；建筑物内电力配电系统的电气或机械事故。所以很多工程技术人员主张在靠近负荷处多用几个电流容量小的转换开关而不在进线端用一个容量大的转换开关。

电力系统中将装有空气—电磁断路器或真空断路器的封闭式配电屏用作保护设备时，要满足人身安全、系统可靠性、灵活性、维护工作量少和总投资少。人身安全和设备可靠是用户坚持在电力系统中采用封闭式配电屏来完成保护功能的两个主要理由。

采用金属封闭式配电屏能提高系统可靠性。这是由于它的基本结构所具有的优点和主母线多种形式便于用户选用的灵活性。金属封闭式配电屏适合于多种用途，因为它易于扩建，能按所考虑的负荷位置和负荷特点拟定设计。如果金属封闭式配电屏装有抽屉式断流装置，由于绝大部分元件都可接近，便于维修，所以维修费就会降低。一般情况，金属封闭式配电屏占建厂总投资百分比很小。金属封闭式开关，一般是组装好了运至现场。

3. 设计和使用配电屏设备时的步骤

(1) 制定单线系统图，通过比较确定最佳方案。

(2) 根据供电电压、连续电流、瞬时电流和分断能力，选择合适的断路器。

(3) 选择主母线规格。

(4) 选择电流互感器。

(5) 选择电压互感器。

(6) 选择测量、继电保护和控制电源。

(7) 确定合闸、跳闸和其它控制电源的要求。

(8) 考虑特殊应用。

公认重要的母线接线方案，如放射型，双母线，一个半断路器，主母线和转换母线，分段母线，同步母线，环形母线，均可用封闭式配电屏，以保证系统的可靠性和灵活性。

根据初次投资、安装费用、适应的操作程序和总供电系统的要求选择方案。配电屏主母线的连续额定值一定不能小于断路器的最大额定电流。配电屏主母线应按规定的全电流设计而不要分级减小截面。由于供电系统的设施要增加以适应较大负荷，选择母线连续额定电流时，要适当考虑将来的发展。配电屏装置的瞬时和短时容量应当分别等于相应断路器的接通和闭锁能力及短时额定值。

电流互感器通常用于将一次电压和电流隔离而又得到与一次成比例的二次电流，提供仪表、测量和继电器应用。用在配电屏上的电流互感器，其二次侧做成单绕组或双绕组型式，也有用抽头的多级变比型式。双绕组适合于在同一地点需要两种相同变比而又有不同用途的电流互感器，优点是可节省空间。其一次电流额定值不应小于最大满负荷电流的125%。测量和继电保护对所加负荷必须能满足其要求的准确度。必须校验用于继电保护的电流互感器的准确度和励磁特性。

4.1.3 控制电源

配电屏的良好运行取决于电动操作机构有可靠的控制电源，该电源在任何时候使这类设备端电压保持在额定的操作电压范围内。

配电屏的控制电源有两个主要用途，即作为跳闸的电源和合闸的电源。因为在故障时配电屏的主开关要立即动作，其跳闸电源必须十分可靠。合闸电源必须与配电屏所接的电力系统的电压状态无关。但是，考虑到投资或维护的因素，也可以用其他方法。例如对于电压 1kV 及以下的断路器，用手动合闸，其容量达 1.6kA，并不少见。

1．四种常用的跳闸电源

（1）蓄电池直流电源；

（2）充电电容器直流电源；

（3）保护电力线路的电流互感器二次侧交流电源；

（4）一次回路的直流或交流通过直接动作的跳闸装置。

在用蓄电池作跳闸电源的地方，也可用它作为合闸电源。随着采用弹簧储能操作机构对电压 34.5kV 的断路器进行合闸出现后，蓄电池的安培—小时和冲击容量已大为降低。一般的配电系统，不论是交流或直流，均不能用作跳闸电源，因为停电总是可能发生的，当需要跳闸电源完成保护作用时，又很可能是正在发生事故。

2．选择控制电源的其他因素

（1）能否恰当地维护蓄电池和充电装置；

（2）是否具有与移动式断路器和同类其它装置互换的方便条件；

（3）电力系统断电时，断路器是否必需合闸。

如果跳闸电源不能在异常情况下断开断路器，那么最好的继电保护系统也没有用。通常要求设置跳闸电源和线路异常情况的监视警告信号设备。

标准的户外金属封闭式配电屏是装有加热器的，经常因环境温度或其它环境条件，也使得在户内式配电屏内采用加热器。当采用加热器时，则必须有交流电源经常不断地向其供电，如果可以得到交流合闸电源，而且又有足够容量供加热器最大需要电流和断路器合闸冲击电流，则加热器也可用此电源。

标准的空气电磁式或真空电力断路器是按 60Hz 标定的，也能用于低至 50Hz 而不降低容量。但用于 25Hz 时，则必须考虑断路器断流容量的降低系数。配电屏用于低频时，应与制造厂协商确定用于电力配电屏的降低系数。

金属封闭式配电屏使用于污染的环境中时，如果不采取适当措施就会产生很多问题。典型的措施有以下几种：设备装在远离污染的地方；采用空调或密封装置使设备与污染环境隔离；制定合适的维护方案；准备有足够的备件以供更换。

4.1.4 控制回路

电压 1kV 及以下的普通启动器都是由制造厂接线，线圈的额定电压和电动机相电压相同。但在很多情况下希望或必须用比电动机额定电压低的控制电路和器件。这种情况就要用控制变压器将电压降低到线圈电路所允许的电压值。控制变压器可由制造厂供给，作为装在控制器外的独立装置，也可组装在控制器内部，与电压合适的操作线圈接线。可用熔断器或其他元件保护二次侧。

为控制器选择合适的控制变压器是简单的，只要控制电路特性和变压器技术条件相配合即可。供给电动机的线电压决定了变压器一次侧的额定电压。变压器二次侧电压必须配合接触器操作线圈的控制电路电压。变压器二次侧持续额定电流值必须足够供给操作线圈的励磁电流，并且也必须能承受冲击电流。此外，控制变压器必须有足够的容量供给控制器件及其所接的特定控制回路所需功率，如指示灯、电磁线圈等。

电动机起动器可有两种控制方式：低电压释放和低电压保护。低电压释放是当电压下降低于最小整定值，或者控制回路电压发生故障，接触器就跳开，但当电压恢复时又立即重合。低电压保护是在低电压或控制回路电压有故障时会造成接触器跳开，但当电压恢复时，接触器不重合。

4.1.5　电弧

开关电器是变电站中最主要的电气设备，在运行过程中任何电路的投入和切除都要使用开关电器。在切除有电流通过的电路时，会在开关的动静触头之间产生程度不同的电弧。电弧的存在使电流得以维持，切断电流就必须要了解电弧。

1. 电弧的形成

（1）电弧概念

当用开关切除正在运行的电动机时，在开关动静触头之间会产生跳跃火花，这个火花就是电弧。电弧使电流得以维持，直到动触头拉开足够长的距离火花才会熄灭，电流才真正被切断。实验表明当电压大于 10V，通过电流大于 80mA 的条件下切断电路，就可能产生电弧。电弧具有很高的温度，其高温区域可达 5000℃以上，对电气设备有很大的危害。

（2）电弧产生的物理过程

在拉开关时，动静触头之间是空气，而空气本身是绝缘体，又怎么会出现电弧呢？这是由于切断电路时，空气由绝缘状态转变为导电状态了。

①强电场发射：开关触头是金属导体，其原子的外层电子与原子核之间仅有脆弱的联结。在触头分开的瞬间，在外电场电压的作用下，触头之间具有很高的电场强度 E（V/m）。强电场将金属原子的外层电子拉出，形成自由电子向阳极加速运动。随着触头距离的增大，场强减弱，强电场发射能力减弱。

②热电子发射：触头将分开的瞬间，由于触头之间压力和接触面积的减少，接触电阻增大。因为电流变化是连续的，在瞬间电能损耗 I^2R 增大，在阴极表面出现炽热点。金属触头在高温作用下将发射电子，形成电流。

③碰撞游离：向阳极运动的电子在电场作用下，具有很高的速度和动能。在运动过程中会撞击中性粒子（原子或分子）。如果自由电子的动能大于中性粒子的电子释放能量，就会撞击出新的自由电子。中性粒子由于失去外层电子而成为带正电的离子。由于撞击的连锁反应，两个电极之间离子浓度增加，中性粒子被击穿变为导体，在外加电场作用下开始弧光放电。

④热游离：电弧产生以后将在局部形成高温，介质粒子产生高速的不规则运动。不规则运动导致互相碰撞，形成新的离子，这一过程称为热游离。热游离使电弧在电场减弱的情况下得以继续维持，因为仅仅需要较小场强就能保证一定数量的电子沿电场方向运动。

电弧的产生和维持燃烧的过程，是电路将电能转变为热能的过程，这一过程在冶金、建筑行业得到了充分的利用。但对于开关电器而言，电弧是需要尽力熄灭的。

2. 电弧的熄灭条件

电弧是主要靠热游离维持的，而高温是导致热游离的直接原因。开关电器为了能够达到开关电路的目的，多在降低电弧温度上想办法，获得灭弧效果。去游离是指触头之间的自由电子和正离子发生的中和现象，这一现象始终与游离现象并存。

去游离方式有两种：

（1）复合：复合是指带正电的离子和自由电子重新结合成为中性粒子的过程，它与离子间的距离和速度有关。正负离子之间的距离小或者运动速度慢，复合去游离就快。增加气体压力可以缩小离子间距，加强复合。

（2）扩散：扩散是指电弧中的自由电子和正离子不断向周围介质逸出的过程。增大电弧与周围介质的温度差和浓度差，可以增强扩散作用。

电弧能否熄灭，取决于游离和去游离两者的速度差。游离速度大，电弧燃烧更加强烈；游离速度与去游离速度相等，电弧稳定燃烧；游离速度小，电弧最终熄灭。

3. 电弧的基本特征

（1）直流电弧伏安特性

由图 4-1 的实验电路，在电弧长度 L 一定时，调节电阻 R，测量电路电流 I_h 和电弧电压 U_h，就可以得到稳定燃烧的直流电弧伏安特性。曲线表明，稳定燃烧的直流电弧相当于一个非线性电阻 R_h，R_h 随电弧电流的增大而减少，并不需要多大的电压，高温就可以维持游离。R_h 与电弧长度 L 成正比，电弧越长，维持电弧所需要的电压就越高。

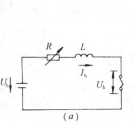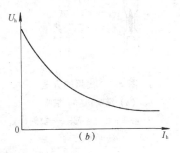

图 4-1　直流电弧的伏安特性
（a）直流电路；（b）直流电弧的伏安特性

（2）交流电弧伏安特性

对于交流电路而言，电流在每个周期将两次过零。电流过零时，电弧自然熄灭，电流反向时，电弧重新燃烧。如图 4-2 所示，（a）表示电弧电流 i_h 和电弧电压 u_h 随时间变化的曲线；（b）表示交流电弧的伏安特性。对于工频 50Hz，电流每一周期的变化时间仅仅有 0.02s，由于热惯性作用，电弧得以维持。当电流过零时，电路停止给电弧输入能量，此时是灭弧的一个机会。在电流过零时设法加强去游离，使弧隙介质强度的恢复速度大于击穿电压值的恢复速度，电弧自然就熄灭了。

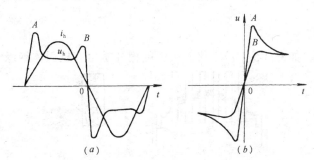

图 4-2　交流电路的伏安特性
（a）电弧电流 i_h 和电弧电压 u_h 随时间变化的曲线；
（b）交流电弧的伏安特性

（3）近极效应

电弧的另外一个重要特性是在阴极附近很小的区域内有较大的介质强度。对于直流电弧，阴极附近 1mm

厚度内聚积了大量正离子，电位急变，其大小仅仅与触头和介质材料有关，而与弧长无关。例如：铜触头在空气中电位降为 8～9V；碳触头在氮中电位降为 20V。当触头两端的外加电压小于此电压值时，电弧熄灭。

电压交流电弧，在电流过零的瞬间，阴极附近在 0.1～1.0μs 时间内立即出现 150～250V 的介质强度，此时外加电压必须大于此值电弧才能重新产生。在开关中，可以充分利用电弧的近极效应，将长弧切短，使外加电压不足以重新产生电弧。

4. 灭弧的方法

(1) 吹弧

吹弧的基本原理是利用气流或油流吹动电弧，使得电弧拉长和冷却。拉长电弧使弧电阻增大，吹入冷却流体使电弧冷却，加强去游离、增大弧隙介质强度。吹弧的方法有纵吹、横吹和混合吹三种，如图 4-3。

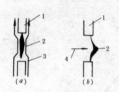

图 4-3 吹弧的方法

(a) 纵吹；(b) 横吹

1—触头；2—电弧；3—触头；
4—吹弧方向

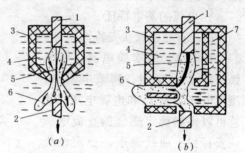

图 4-4 油断路器的灭弧方式示意图

(a) 纵吹；(b) 横吹

1—静触头；2—动触头；3—灭弧室；4—绝缘油；
5—电弧；6—气泡；7—空气垫

断路器中根据灭弧介质特性的不同，可制成不同的灭弧室。从吹弧的能源看，可分为自能灭弧和外能灭弧两种。自能灭弧是利用电弧本身的能量产生气体吹弧，如油断路器，电弧电流越大，灭弧能量越强。外能灭弧是利用外来能量灭弧，如空气断路器、SF6 断路器，都是利用机械能将空气压缩，并利用高压力的压缩空气灭弧，性能稳定。

(2) 油断路器灭弧

高压断路器中使用油断路器灭弧如图 4-4 所示，绝缘油的作用不仅是灭弧和绝缘，也能起到散热的作用。

(3) 狭缝灭弧和栅片灭弧

低压开关中也广泛采用狭缝灭弧，如图 4-5 (a)。狭缝灭弧的栅片是由有机固体绝缘

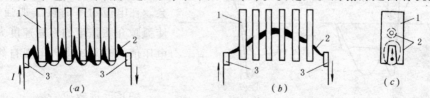

图 4-5 狭缝灭弧和栅片灭弧

(a) 狭缝灭弧；(b) 金属栅片灭弧；(c) 栅片结构

1—绝缘栅片；2—电弧；3—触头

材料制成，当触头间产生电弧后，有机固体在高温作用下分解产生气体，使电弧强烈冷却而熄灭。图4-5（b）是金属栅片灭弧，在相等的触头行程下，多断口的电弧拉长速度要快，弧隙电阻增加迅速，介质强度恢复也快。同时，加在每个断口上的电压减少，电弧不容易重新燃烧，金属栅片如图4-5（c）所示。

4.2 电力变压器

4.2.1 电力变压器简介

电力变压器是建筑供电系统中最重要的电气设备之一。文字符号用 TM 或 T 表示。对于用户来讲，电力变压器可以视为电源。

1. 电力变压器分类

变压器的分类方法很多，其中一些分类办法如下：

（1）配电和电力型。按照额定 kVA 容量，配电型变压器的范围是从 3kVA 到 500kVA，500kVA 以上的属于电力型变压器。

（2）绝缘型式。可分为液体和干式绝缘两种。液体绝缘可进一步按液体种类分为：矿物油、厄斯克尔或其它合成绝缘液。干式绝缘类分为通风式和密封充气式。

（3）变电站或成套变电站。"变电站"变压器的名称通常是指直接带有电缆或架空线终端设施的电力变压器。成套变电站的变压器通过封闭母线与一次或二次侧开关柜一起连接组成成套装置，也称为箱式变电站或组合变电站。

2. 电力变压器的构造

高低压次绕组有铜质和铝质两种线材，绕制成圆筒状。变压器线圈一般是高压侧在外，低压侧在内，高压线圈留有抽头，以便于分接开关。变压器铁芯是用 0.35～0.5mm 厚的冷轧矽钢片，用45°全斜接缝叠成，不冲孔半干性玻璃粘带绑扎。

变压器内部以前总是要充油的，其作用是散热、绝缘和灭弧。800kVA 以上的电力变压器还有瓦斯继电器、防爆管等。100kVA以下用长方形油箱配扁管式散热器，同时采用新型条形分接开关。油箱的作用是供电力变压器油有热胀冷缩的余地。侧面附有油面指示器，以便检查人员察看运行发热情况及检查是否漏油。图4-6 油浸自冷式电力变压器。

变压器设计使用寿命 20 年是按变压器内最热点温度一直维持95℃计算的，如果绕组温升达到120℃时，变压器只能运行 2.2年。根据国标 GB1094—85 规定正常环境温度条件为：最高气温为 + 40℃，最高年平均气温 + 20℃，最低气温对室外变压器为 – 30℃，对室内变压器为 – 5℃。油浸式变压

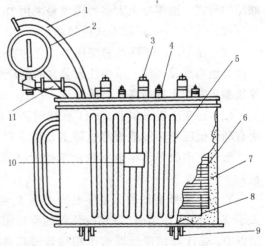

图4-6　油浸自冷式电力变压器

1—防爆管；2—油箱；3—高压端子；4—低压端子；
5—散热管；6—线圈；7—变压器油；8—铁芯；
9—轮子；10—铭牌；11—瓦斯继电器

器顶层油的温升不得超过周围气温 55℃。

3. 变压器的型号

变压器的型号有很多，一般有矿油变压器、硅油变压器、六氟化硫变压器、干式变压器及环氧树脂变压器等。前两种用油循环散热，又称油浸自冷式和油泵循环散热式变压器。

油浸自冷式电力变压器常用的型号有：S7—□/10、SL7—□/10、S9—□/10、SL9—□/10 等。型号中 L 表示铝芯线圈，没有 L 则是铜芯线圈，目前铜芯线圈居多。高压线圈的额定容量有 6kV 和 10kV 两种。S9 比 S7 系列空载损耗下降 7.1% 左右，负载损耗下降 21.37%，所以 S9 系列称为低损耗电变压器。S9 系列额定容量有 30、50、63、80、100、125、160、200、250、315、400、500、630、800、1000、1250、1600kVA。

有载自动调压变压器常用型号有：SLZ7—□/10、SZ7—□/10、SFSZ7—□/110 等。高压 10kV 系列额定容量有 200kVA、250、315、400、500、630、800、1000、1250、1600kVA。

干式三相电力变压器常用的型号有：SC—□/10、SCZ—□/10、SCL6—□/10、SC6—□/10 等。C 表示用环氧树脂浇铸。例如：SC6 干式三相电力变压器额定容量有：100、125、250、315、400、500、630、800、1000、1250、1600、2000、2500kVA。图 4-7 是环氧树脂浇铸干式电力变压器。

防火防爆电力变压器：SF6 型变压器具有防火、防爆、防潮、无燃烧危险、绝缘性能好、损耗少、噪音低和工作可靠性高等特点。由北京变压器二厂、清华大学、北京开关厂等单位横向联合共同研制成功的，如 SQ–511/10 型、SF6 气体绝缘变压器采用全封闭结构。

4. 变压器的联结组别

工程中常用的电力变压器低压 0.4kV，在 TN—C 或 TN—S 方式供电系统中，其联结组别有 Y，yno（即 Y/Y_0—12）和 D，yn11（即 △/Y_0—11）两种。我国过去普遍采用 Y，yno 联结的形式。而国际上大多数国家是采用 D，yn11 的联结方式。变压器采用 D，yn11 的联结方式，与 Y，yno 联结方式比较如下：

（1）在 D，yn11 联结的变压器，它的 $3n$ 次（n 为正整数）谐波激磁电流在其 △ 接的一次绕组内形成环流，不会注入公共的高压电网。比一次绕组接成 Y 接的 Y，yno 联结的变压器更有利于抑制高次谐波电流。

（2）当变压器采用 D，yn11 联结时，零序阻抗比 Y，yno 联结的变压器小得多，从而更有利于低压单相接地短路故障的切除。单相接地短路故障的切除与短路电流的大小有关，而这一电流等于相电压除以单相短路回路的计算阻抗（包括其正序、负序和零序阻抗）。

Y，yno 接线变压器的零序电抗 $X_2 = X_1 + X_{2\mu o}$，式中 $X_{2\mu o}$ 是变压器的激磁电抗，$X_{2\mu o}$ 远大于 X_2。所以 D，yn11 联结变压器的零序阻抗比 Y，yno 联结变压器的零序阻抗小得多，所以 D，yn11 联结变压器的单相接地短路电流比 Y，yno 接线变压器的大得多，以至 D，yn11 联结变压器更有利于低压单相接地短路故障的切除。

（3）当接用单相不平衡负载时，因为 Y，yno 联结的变压器要求中性线电流不超过二次绕组额定电流的 25%，严重限制了接用单相负载的容量，影响了变压器设备能力的充分发挥。因此单相不平衡负载比较大时，宜采用 D，yn11 联结变压器。由于其中性线电流可达相电流的 75% 以上，所以其承受单相不平衡负载的能力远比 Y，yno 联结变压器大。

　　然而 Y，yno 联结变压器高压绕组的绝缘强度要求比 D，yn11 联结变压器低，制造成本低于 D，yn11 联结变压器，而且 Y，yno 联结是我国变压器普遍生产的形式，这在当前供电系统中单相负载急剧增长的情况下，推广使用 D，yn11 联结变压器很有必要。若低压

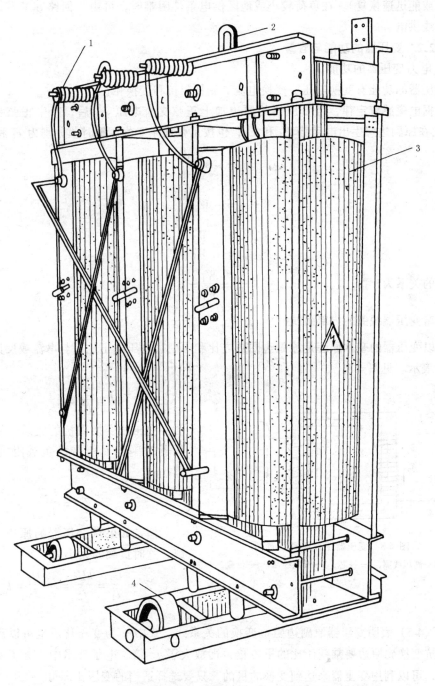

图 4-7　环氧树脂浇铸干式电力变压器

1—高压端；2—吊环；3—线圈；4—轮子

侧单相短路电流比较大时，也可以采用 Y，yno 联结的变压器。

5. 电力变压器台数的确定

一级负荷应由两个独立电源供电，有特殊要求的一般负荷应由两个独立电源点供电。二级负荷的供电系统，应尽量作到当发生电力变压器故障或电力线路故障时不致导至中断供电（或能迅速恢复）。在负荷较小或地区供电条件困难时，可由一回路 6kV 及以上的专用架空线供电。

4.2.2 变压器的功能与容量

1. 电力变压器的功能

变压器的功能有变换电压、变换电流、变换阻抗和变换相位。

根据电磁感应定律，当变压器的原边加上正弦交流电压 U_1 后，产生正弦交变磁通 Φ_m，它在原副边感生出电动势 E_1 和 E_2，也按正弦规律变化，瞬时值分别为 e_1 和 e_2。

$$e_1 = -W_1 \frac{d\varphi}{dt}$$

$$e_2 = -W_2 \frac{d\varphi}{dt}$$

$$\frac{e_1}{e_2} = \frac{W_1}{W_2} \tag{4-1}$$

有效值的关系为

$$\frac{E_1}{E_2} = \frac{W_1}{W_2} = k \tag{4-2}$$

如果忽略变压器线圈的内部阻抗

$$\frac{E_1}{E_2} = \frac{U_1}{U_2} = \frac{U_1 N}{U_2 N} \tag{4-3}$$

所以变压器的基本原理是原副边圈数之比和原副边电压成正比，与电流成反比，变压比用 k 表示。见图 4-8。

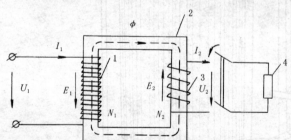

图 4-8 变压器工作原理示意图
1—高压线圈；2—铁芯；3—低压线圈；4—负载

$$k = \frac{N_1}{N_2} = \frac{U_1}{U_2} = \frac{I_2}{I_1} \tag{4-4}$$

变压器变换阻抗的关系：如果从变压器的副边看所带的负载阻抗为 Z_{2L}，即

$$Z_{2L} = \frac{U_2}{I_2}$$

但是如果从变压器的原边 AX 看负载，这时负载的大小为

$$Z_1 = \frac{U_1}{I_1} = \frac{kU_2}{\frac{I_2}{k}} = k^2 \frac{U_2}{I_2} = k^2 Z_L \tag{4-5}$$

式 (4-5) 表明变压器原副边阻抗变换的关系式。式中 k 为变压比。也可以理解为把副边阻抗变换到原边要乘变压比的平方倍，即放大了 k^2 倍。电子技术中，为了实现阻抗的匹配，可以利用变压器来达到变换的目的，只要选择适当的变压比即可。

2. 变压器的容量

变压器的容量有两种系列，旧的系列是用 R8 容量系列，即按 $R8 = \sqrt[8]{10} \approx 1.33$ 的倍数增加的。容量有：100、135、180、240、320、420、560、750、1000kVA 等。而国际通用的是 R10 系列，即按 R10 = $\sqrt[10]{10} \approx 1.26$ 的倍数增加的，容量有 100、125、160、200、250、315、400、500、630、800、1000kVA 等。我国 GB1094 规定采用 R10 容量系列。

4.2.3 电力变压器容量的选择

1. 主变压器的选型应考虑以下因素

（1）根据建筑物的使用功能要求：这要由建设单位所具备的条件决定。

（2）变电所安装场所及具体的位置：在高层建筑内为了预防火灾，一般不用油浸自冷变压器，常用在单层建筑变电室内或室外，成本较低。

（3）建筑物的防火等级：防火等级高时用成本较高的干式变压器。

（4）母线的结线方式和主要用电设备对供电的要求。

（5）当地供电部门对变电所的管理体制所决定。

电气安装工程中，三相电力变压器安装主要包含有四种类型变压器：

①油断路器操作变压器安装（如常用的型号有：S7—□/10、SL7—□/10、SL9—□/10 等。其高压断路器采用油断路器操作）。

②负荷开关操作变压器安装（如 S7—□/10、SL7—□/10、SL9—□/10 等。其高压断路器采用负荷开关操作）。

③有载自动调压变压器安装（常用型有：SLZ7—□/10、SZ7—□/10 等。型号中有 L 时，表示变压器是铝芯绕组，没有 L 表示是铜芯绕组）。

④干式三相电力变压器安装（常用的型有：SC—□/10、SCZ—□/10、SCL6—□/10、SC6—□/10 等）。

主变压器设在地下室时，根据消防要求，不得选用可燃油变压器。地下室比较潮湿，通风条件不好时，也不宜选用空气绝缘干式变压器，普通采用硅油型、环氧树脂浇铸或六氟化硫（SF6）型电力变压器。

2. 变压器台数及结构的确定

确定电力变压器的台数要根据以下主要的因素考虑。

（1）根据用电负荷等级确定：有一、二级负荷的变电所中宜至少装设两台主变压器。如果变电所可由中、低压侧电力网取得足够容量的备用电源时，可装设一台主变压器。若没有一级负荷，可以只安装一台变压器，但要求在低压侧敷设与其它变电所的联络线作为备用电源。

一般居民建筑区是三级负荷，可采用一台变压器。如果集中负荷很大，推荐用两台变压器。

（2）从经济运行考虑：对季节性负荷或日负荷变化很大时，采用两台变压器是经济的。低负荷时用一台运行，不必两台同时轻载运行，可以使整个电网的功率损耗最小。装有两台及两台以上主变压器的变电所，当断开一台时，其余主变压器的容量不应小于 60% 的全部负荷，并应保证用户的一、二级负荷。

（3）具有三种电压的变电所，如果通过主变压器各侧线圈的功率均达到该变压器容量的 15% 以上，主变压器宜采用三线圈变压器。

（4）电力潮流变化大和电压偏移大的变电所，如果经过计算普通变压器不能满足电力系统和用户对电压质量的要求时，应采用有载调压变压器。

（5）确定主变压器的台数时应该考虑发展余地。

3．临时用电三相电力变压器容量的估算方法

用电负荷的计算方法见本书第七章。可以采用利用系数法或二项式法，常用利用系数法。

变压器的额定视在功率

$$S = K_x \frac{\sum P}{\sqrt{3} \times 0.38 \times \cos\varphi} \tag{4-6}$$

根据计算结果，在变压器设备技术表中查出额定容量及变压器的型号。

10kV 有载调压电力变压器主要参数

表 4-2

序	型　　　号	空载损耗 （kW）	负载损耗 （kW）	空载电流 （%）	阻抗电压 （%）	重量 （kg）	外形尺寸（mm） 长×宽×高	轨距 （mm）
1	SZ7—200/10	0.54	3.4	2.1	4	608	1250×855×1460	550
2	SZ7—250/10	0.64	4.0	2.0	4	730	1730×1000×1490	550
3	SZ7—315/10	0.76	4.8	2.0	4	820	1800×1010×1625	550
4	SZ7—400/10	0.92	5.8	1.9	4	975	1880×1090×1620	660
5	SZ7—500/10	1.08	6.9	1.9	4	1150	1920×1110×1720	660
6	SZ7—630/10	1.40	8.5	1.8	4.5	1570	2070×1130×2000	820
7	SZ7—800/10	1.66	10.4	1.8	4.5	1860	2260×1200×2430	820
8	SZ7—1000/10	1.93	12.8	1.7	4.5	2130	2535×1310×2470	820
9	SZ7—1250/10	2.35	14.49	1.6	4.5	2350	2470×1380×2480	820
10	SZ7—1600/10	3.00	17.30	1.5	4.5	3085	2770×1520×2700	820

4．永久性建筑工程电力变压器容量的选择

（1）安装单台变压器容量的选择

主变压器的容量 S_T 应不小于全部用电负荷计算容量 S_{30}，即

$$S_T \nless S_{30} \tag{4-7}$$

【例 4-1】　今有一个居民区变电室，需要设一台电力变压器，已知用电设备总功率为 408kW，平均功率因数 0.9，利用系数 K_x 为 0.6。求其计算负荷 P_{30}、Q_{30}、S_{30}、T_{30} 及变压器的容量。

解：根据 $\cos\varphi = 0.9$，得 $\text{tg}\varphi = 0.48$

$$P_N = 408\text{kW}$$

有功计算负荷　$P_{30} = K_x \cdot \sum Pe = 0.6 \times 408 = 244.8$（kW）

无功计算负荷　$Q_{30} = Pe \cdot \text{tg}\varphi = 408 \times 0.48 = 197.6$（kvar）

视在计算负荷　$S_{30} = P_{30}/\cos\varphi = 244.8/0.9 = 272.00$（kVA）

计算电流　$I_{30} = S_{30}/\sqrt{3} U_n = 272.00/\sqrt{3} \times 0.38 = 413.27$（A）

变压器的容量　$S_N = 315$（kVA）大于 272kVA。

选择型号　S9—315/10。或 SZ7—315/10。

（2）安装两台主变压器的变电所容量的选择

每台变压器的容量 S_T 应该同时满足两个条件：

①当一台变压器单独运行时，宜满足不小于计算容量 S_{30} 的 70%。即：

$$S_T \approx 0.7 S_{30} \tag{4-8}$$

②当一台变压器单独运行时，应满足全部一、二级负荷计算容量 S_{30}（Ⅰ+Ⅱ）的需要，即：

$$S_T \not< S_{30}（Ⅰ+Ⅱ） \tag{4-9}$$

总降压变电所变压器数量及容量选择是根据变压器过负荷能力、投资、可靠性与灵活性综合考虑结果，总降压变电所中设置两台变压器是有好处的。两台变压器的备用方式有两种：

(1) 明备用：即一台工作，一台备用。两台变压器均按 100% 计算负荷选择。

(2) 暗备用：每台变压器都按计算负荷的 70% 选择。正常运行时两台变压器各承担 50% 的最大负荷；而在故障时，采用强迫风冷等手段可以短时过负荷 1.4 倍，一台变压器可承担全部最大负荷。这种备用方式既能满足正常工作时经济性要求，又能在故障情况下承担全部负荷，是较合理的备用方式。

电力变压器容量还应综合考虑发展负荷及变电所主接线方案的选择，做出几个方案进行经济比较后再作最后的决定。

4.2.4 电力变压器的过负荷能力

1. 过负荷能力

变压器绕组绝缘在长期使用中，虽然温度无显著变化，但其机械强度却逐渐降低。若遇到偶然震动，易发生破裂而被击穿。且随温度升高，绝缘的机械强度与电气强度的损伤和老化越严重。根据试验，自然循环油冷变压器的绕组温度在 95℃ 时，变压器的工作年限为 20 年。而当 120℃ 时，则为 2.2 年，若为 145℃ 时，仅能工作 3 个月。变压器铭牌标示的功率是按连续使用 20 年所能输出的最大功率。

变压器在规定的环境温度下正常工作年限为 20 年，考虑到变压器具有一定的过负荷潜力，实际使用寿命要长一些。因为变压器在运行时，负荷不可能完全都达到变压器的额定容量且保持不变，在一昼夜中，很多时间是在低于、甚至远低于额定容量值下工作。变压器运行时最高气温为 40℃，最高日平均气温 +30℃。而实际上不可能全年都固定维持在这个温度上。在变压器容量选择时，一般均考虑了系统发生故障时变压器应能过负荷运行的安全系数，正常工作时也达不到额定值。变压器过负荷能力是以变压器负荷曲线的填充系数 a 和最大负荷的持续时间为依据。

$$\beta = \frac{S_{pj}}{S_{max}} = \frac{I_{pj}}{I_{max}} = \frac{\Sigma It}{I_{max} \times 24}$$

式中　S_{pj}——实际容量平均值；

　　　I_{pj}——实际电流平均值；

　　　It——实际运行负荷曲线的安培小时数，即负荷曲线下所包围的面积；

　　$I_{max} \times 24$——按最大负荷工作 24 小时的安培小时数。

根据填充系数决定的自然循环油冷双绕组变压器过负荷能力如表 4-3。由表中数据可知：当填充系数为 0.5、最小负荷持续时间 $t = 6h$ 时，变压器过负荷能力为 20% 额定值，同样当填充系数为 0.5，$t = 4h$ 时为 24%。可见，在 4~6h 内完全可能将故障变压器更换掉或压缩次要负荷。

日负荷曲线填充系数	最　大　负　荷　运　行　时　间					
	2h	4h	6h	8h	10h	12h
0.5	28	24	20	16	12	7
0.6	23	20	17	14	10	6
0.7	17.5	15	12.5	10	7.5	5
0.75	14	12	10	8	6	4
0.8	11.5	10	8.5	7	5.5	3
0.85	8	7	6	4.5	3	—
0.9	4	3	2	—	—	—

2. 环境温度的影响

变压器正常使用的环境温度是最高气温 + 40℃，最高日平均气温为 + 30℃。室外变压器最低气温为 – 30℃，室内变压器最低为 – 5℃。而油浸变压器顶层油温规定为不超过环境温度 + 55℃。例如最高环境温度为 + 40℃时，则变压器的顶层温度为 + 95℃。如果变压器的安装地点年平均气温 $\theta_{\theta.av} = 20℃$，则每升高 1℃ 变压器的容量应该减少 1%。选择变压器时，实际容量应考虑温度校正系数 K_θ。例如室外电力变压器的容量为 $S_{外.T}$，则：

$$S_{外.T} = K_{wo} \cdot S_{N.T} = \left(1 - \frac{\theta_{\theta.av} - 20}{100}\right) \cdot S_{N.T} \tag{4-10}$$

式中　$S_{N.T}$——变压器的额定容量（kVA）。

室内电力变压器的出风口与进风口约有 15℃ 的温差，所以室内的环境温度一般比室外高出 8℃。因此，室内电力变压器的容量应减少 8%。室内变压器的容量为

$$S_{内.T} = K_{NO} \cdot S_{N.T} = \left(0.92 - \frac{\theta_{\theta.av} - 20}{100}\right) \cdot S_{N.T} \tag{4-11}$$

变压器在运行中负荷是在不断地变化的，如生产单位下班以后用电量自然锐减，而变压器的选择是按变压器在最大负荷时选择的，所以是可以让变压器在一定限度内过负荷的。图 4-9 是最大负荷持续时间曲线。

3. 变压器的允许过负荷系数 $K_{OL(1)}$

根据日负荷曲线的负荷率 β（或称为填充系数）与最大负荷持续时间 t，查图 4-9 中的曲线就可以得到负荷系数 $K_{OL(1)}$。例如当负荷率 β 为 0.6，最大负荷持续时间为 11h，查曲线可得 $K_{OL(1)}$ 为 1.10；又例如当负荷率 β 为 0.8，最大负荷持续时间为 2h，查曲线可得 $K_{OL(1)}$ 为 1.12。

变压器的过负荷与季节有关，称作季节过负荷系数 $K_{OL(2)}$。在夏季（即 6、7、8 三个月）的平均日负荷曲线中的最大负荷 S_m 低于变压器的实际容量 S_T 时，则每低 1% 就可以在冬季（12、1、2 月）也过负荷 1%，但是这项过负荷不得超过 15%，即其允许过负荷系数为：

$$K_{OL(2)} = 1 + \frac{S_r - S_m}{S_r} \leqslant 1.15 \tag{4-12}$$

如果同时考虑上面两种过负荷，则变压器的总的过负荷系数为：

$$K_{OL} = K_{OL(1)} + K_{OL(2)} - 1$$

但是对于室内变压器的过负荷不得超过20%。即 $K_{OL(2)} \leqslant 1.2$。对于室外变压器的过负荷不得超过30%。即 $K_{OL(2)} \leqslant 1.3$。所以在冬季变压器的正常过负荷能力（即最大输出）为：

$$S_{T(OL)} = K_{OL} \cdot S_T = \leqslant (1.2 \sim 1.3) \cdot S_T \qquad (4\text{-}13)$$

上式中的系数1.2适用于室内的电力变压器，系数1.3适用于室外的变压器。

【例 4-2】 有一个居民区变电室电力变压器的额定容量是500kVA。已知日平均负荷率 $\beta = 0.8$，日最大负荷持续时间为2h，夏季的平均日最大负荷为417kVA，当地的年平均气温为+15℃。求这台变压器的实际容量及冬季的过负荷能力。

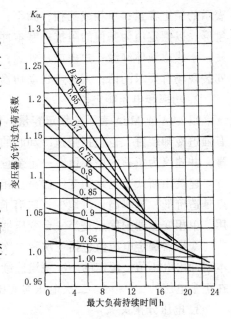

图 4-9　最大负荷持续时间曲线

解：（1）变压器的实际容量为：

$$S_{N.T} = K_{N.O} \cdot S_{N.T} = \left(0.92 - \frac{\theta_{\theta.av} - 20}{100}\right) \times 500$$

$$= \left(0.92 - \frac{15 - 20}{100}\right) \times 500 = 485 \text{（kVA）}$$

可见实际容量大于日变压器额定容量，这表明变压器是有潜力的。

（2）该变压器在冬季时的过负荷能力：根据日平均负荷率 $\beta = 0.8$，和日最大负荷持续时间为2h，查图4-9曲线可得 $K_{OL(1)} = 1.12$。根据式（4-12）得

$$K_{OL(2)} = 1 + \frac{S_r - S_m}{S_r} = 1 + \frac{485 - 417}{485} = 1.14 \quad \text{小于 1.15}。$$

所以可以按规定取 $K_{OL(2)}$ 通常不大于1.15，故取 $K_{OL(2)} = 1.15$

冬季变压器的过负荷系数为：

$$K_{OL} = K_{OL(1)} + K_{OL(2)} - 1 = 1.12 + 1.15 - 1 = 1.27$$

因为室内变压器的过负荷系数 K_{OL} 应不大于1.2。所以在冬季变压器的过负荷能力为：

$$S_{T(OL)} = K_{OL} \cdot K_{NT} = 1.2 \times 485 = 582 \text{（kVA）}$$

4．变压器的应急过负荷

当供电线路发生应急情况时，电力变压器是有一定的应急过负荷能力的，例如有两台电力变压器并联运行时，有一台被切除了，而另一台能够在短时内承受较大负荷的运行。表4-4是油浸自冷式电力变压器应急过负荷运行的允许时间。

油浸自冷式电力变压器应急过负荷运行的允许时间　　　　　　表 4-4

过负荷值（%）	30	45	60	75	100	200
允许时间（min）	120	80	45	20	10	1.5

表4-4表明过负荷越严重，则允许应急过负荷时间越短。

4.2.5　变压器参数和接线

1．技术性能

说明特定用途的变压器时，一定要包括构成变压器规格的下列项目：经 kVA 或 MVA

表示的额定容量；单相或三相；频率；额定电压值；电压分接头；绕组接线方式，三角或星形；以额定值为基值的阻抗；基本冲击电压水平；温升；构造细节的详细说明；绝缘介质，干式或液体绝缘；户内或户外式；附件；终端设备的型式和位置；噪音极限值，如果安装现场有要求的话；人工或自动切换负荷分接头；接地要求；冷却要求。

2. 功率和电压额定值

以 kVA 或 MVA 表示的额定容量，应是规定温升下的自冷时的额定容量，如果变压器有强迫冷却装置，也包括强迫冷却时的额定容量。自冷额定容量至少应等于预期的尖峰需量，并建议为负荷的增长留有一定余量。

建筑用新式变电站的变压器是三相的，与三台单相变压器大不相同。三相变压器的优点是造价低，效率高，占地少，取消了裸露的相间连接线，这些优点促使它得到广泛的采用。单相变压器的优点是当一台变压器损坏，另两台可接成开口三角形降低容量运行。

变压器额定电压值包括一次和二次在规定频率下连续工作的电压值以及每个绕组的基本耐冲击电压值。规定的一次绕组连续额定电压是供变压器的电源系统的正常电压，最好在正常电压的 ±5% 内。二次电压即变压后的额定电压值，是在空载条件下的电压值。

3. 电压分接头

电压分接头是为了补偿变压器一次电源电压上的小波动，或是为了随负荷条件的变化而要改变二次电压。普通的分接头装置是无载手动调压式，有 4 档 2.5% 分接电压。分接头位置一般从 1 至 5 档标号，第 1 档位置线圈的有效匝数最大。根据具体的输入电压，选较高电压分接头（分接头标号数较小），就得到较低的输出电压。这种分接头位置的改变只能在变压器不带电时手动进行。考虑负荷变化较大而且频繁或电压质量非常重要的场合，则可以用"有载自动调压"装置。

4. 接线方式

标准的双绕组电力变压器的接线最好一次侧用△接线，二次侧用 Y 接线。规定 Y 接线的二次侧带一中性点外引套管，有一个方便的中性点，用于系统接地或用作接相—地间负荷中性线。一次侧△接线使三次谐波电流或二次侧接地故障电流所引起的零序电流在一、二次侧两个系统间是隔开的。对有些要求用 Y/Y 接线的变压器，建议用△接线的第三绕组，并称为三次绕组，使零序电流有一低阻抗通路。因为第三绕组最小的容量一般是一次绕组容量的 35%，而电压是可选择的，因此可用于向辅助负荷供电，但三次绕组必须要有引出线设施。变压器室的平面布置见图 4-10。

4.3 高压负荷开关

建筑供电系统中，一次电路承担输送电能和分配电能的主要任务，一次电路中的所有电气设备通称为一次设备。一次设备按其功能可分为变换设备（如变压器、变流器、仪用变压器等）、控制设备（如各种高低压开关）和保护设备（如熔断器、避雷器）三大类。本节中主要介绍高压（10kV 以下）一次电路中的高压负荷开关。

4.3.1 高压负荷开关

高压负荷开关是一种结构简单具有一定开断能力的高压一次设备。负荷开关具有一定灭弧的能力。高压负荷开关的功能是分合线路的负荷电流或规定的过负荷电流，但不能断

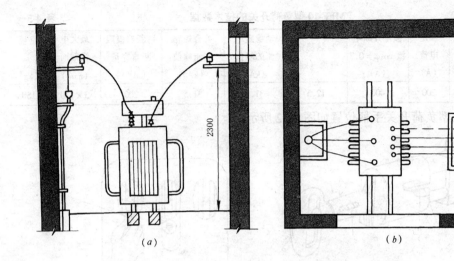

图 4-10　变压器室的平面布置图

（a）立面图；（b）平面图

开短路电流。与高压熔断器串联配合使用，可借助熔断器断开短路电流，对线路起到简单的保护作用。这种方式在容量不太大的电网中，它可以代替断路器。此外可以用负荷开关开断输电线、电容器组的电容电流和变压器的空载电流等。高压负荷开关一般多用在容量不大或供电要求不高的配电网络中。

高压负荷开关种类较多，按灭弧方法和灭弧介质分为自产气式、压气式、充油式和六氟化硫等几种；按安装条件也分为户外式和户内式两种。负荷开关与断路器一样，目前均已系列化生产。

图 4-11 是 MFF-10 型负荷开关构造示意图。它有明显的断开点。当负荷开关工作时，永久磁铁 5 和衔铁 13 吸合，动主触点 6 和静主触点 1 插接在一起，依靠动主触点上的弹簧维持主触点之间的结合。动弧触点 7 和静弧触点 2 相接触，依靠弧触点压缩弹簧 10 维持接触的压力。这时开断弹簧 9 处于预压状态。分断时，操作手柄 14 插在动触座上，向外拉出动触座时，主触点先分离，而铁和磁铁仍吸合在一起，所以动静触点仍保持接触。只有当开断弹簧 9 被压缩到极限位置时，继续向外拉动触座，主触点上的止动部分 8 将已经吸合的衔铁拉开。动弧触点在开断弹簧的作用下，以一定的速度与静弧触点分开。所以分断速度和操作者没有关系。

在动静触点分断时，其间出现电弧，灭弧管中的电弧热量使灭弧管分解出大量的气体，这股气体沿着灭弧管冲出，使电弧熄灭，负荷开关分断。高压负荷开关分断后，静止部分出现一个明显的断开点。

MFF—10 型负荷开关的技术数据见表 4-5。

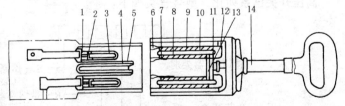

图 4-11　MFF—10 型负荷开关手柄构造示意图

1—静主触点；2—静弧触点；3—灭弧管；4—导磁板；5—永久磁铁；6—动主触点；7—动弧触点；8—止动部分；9—开断弹簧；10—弧触点压缩弹簧；11—软联结线；12—动触点座；13—衔铁；14—操动手柄

额定电压 (kV)	最高工作电压 (kV)	额定电流 (A)	额定开断电流 $\cos\varphi = 0.7$ (A)	2s热稳定电流 (kA)	动稳定电流的峰值 (kA)	关合短路电流峰值 (kA)	熔断器极限断流容量 (MVA)	最大电缆截面 (mm²)	重量 (kg)
10	11.5	200	400	12.5	31.5	31.5	200	3×120	150

MFF—10 型负荷开关手柄位置如图 4-12 所示。

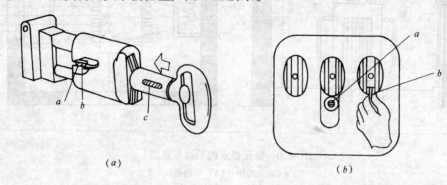

（a）　　　　　　　　　　　　　　　　　（b）

图 4-12　MFF—10 型负荷开关手柄位置示意图

（a）合闸动作；（b）断路指示器复位

FN7.5-10R 型室内压气式负荷开关的上半部分是负荷开关的灭弧室和开关的主刀闸和辅助刀闸（弧刀闸）。刀闸上端绝缘子兼作灭弧室的气缸，其内装有由操动机构驱动的活塞，绝缘子端部有一喷嘴与弧刀闸紧密接触。在断开负荷电流时，先将主刀闸断开，因弧刀闸尚未分开故不产生电弧，而后断开弧刀闸，此时在弧刀闸与绝缘子上的弧静触头间产生电弧，由于分闸时操动机构的主轴带动活塞压缩气缸内的空气从喷嘴喷出射电弧，加上分闸过程将电弧迅速拉长及电流产生的磁吹作用使电弧迅速熄灭。合闸时，先合弧刀闸，再合主刀闸。下半部分是配有 RN1 型的高压熔断器。

FN3 型负荷开关有三种型式：即无熔断器负荷开关；有熔断器（安装在开关上方）负荷开关 FN7.5—10R／S，和有熔断器（安装在开关下方）的 FN3—10R 负荷开关。

户内式负荷开关有 FN1，FN2，FN3 和 FN4 几种型号。FN1 已被淘汰；FN2 与 FN3 为同类型，FN4-10 型负荷开关是真空式开关，它具有开断电流大，真空绝缘强度高、触点距离小等优点。

4.3.2　高压负荷开关的型号

高压开关已系列化，型号含义如下：

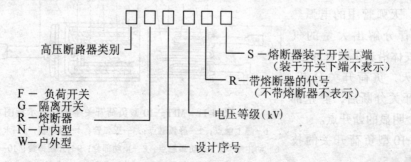

4.3.3 隔离开关

隔离开关也称为高压刀开关。它没有灭弧的装置，所以只有微弱的灭弧能力，在断电时，应首先切断负荷开关，然后再切断隔离开关。

高压隔离开关的功能主要是隔离高压电源，用以在高压装置形成一个安全检修环境，保证检修人员的人身安全。为此，用隔离开关将需要检修的高压设备与其它所有带电部分可靠的分开，要求构成明显可见的断开点，所以隔离开关的触头应暴露在空气中。

因为隔离开关无消弧装置，所以不允许用它切断负荷电流和短路电流，否则电弧将会把开关烧毁而发生短路和人身伤亡事故。因此，在运行中必须严格遵守"倒闸操作"的规定。在满足隔离开关触头上不产生电弧的条件下可以用隔离开关通断一定的小电流。例如励磁电流小于 2A 的空载变压器，电容电流小于 5A 的空载线路以及电压互感器和避雷器电路等。

隔离开关按其安装条件可分为户内式和户外式两大类；按极数可分为单极式和三极式。目前我国生产的户内式有 GN6、GN8、GN19 系列；户外式有 GW 系列，户内隔离开关多数采用 CS6 型手动操动机构。图 4-13 是有 GS6 型手动操动机构驱动的隔离开关结构外型图。图 4-14 是 GN8—10/600 型高压隔离开关结构外形图。

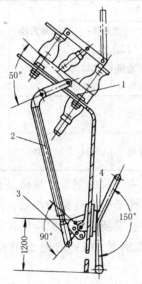

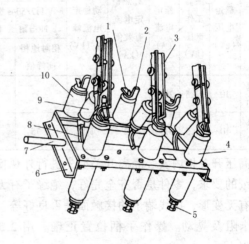

图 4-13　GS6 型手动操动机构

1—GN8 型高压隔离开关；2—φ20mm 焊接钢管；3—调节杆；4—CS6 型手动操动机构

图 4-14　GN8—10/600 型高压隔离开关

1—上接线端子；2—静触头；3—刀闸；4—套管绝缘子；5—下接线端子；6—框架；7—转轴；8—拐臂；9—升降绝缘子；10—支柱绝缘子

从经济方面考虑，在 6～10kV 的配电所，在以下情况下才允许使用隔离开关进行操作：在控制励磁电流不超过 2A 的空载变压器；控制电压互感器或避雷器的线路；控制电流不超过 5A 的电容器空载电流；控制 10kV 及以下、电流不到 15A 的线路以及电压为 10kV 及以下、环路均衡电流在 70A 以下的环路。

GN19、GN22 系列隔离开关提高了额定电流规格。JN 系列和 GN□—10D 系列接地隔离开关是金属铠装式和其他金属封闭式开关设备的主要元件之一，可以满足"五防"的要求。图 4-15 为 GN22—10 型隔离开关结构示意图，其有关技术数据见表 4-6。

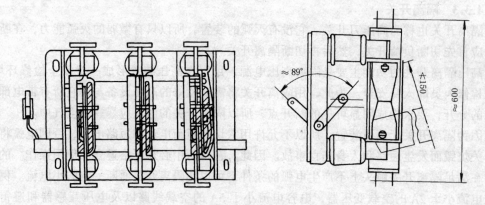

图 4-15　GN22—10 型隔离开关结构示意图

4.3.4 开关设备的安装

开关和油断路器都可以安装在墙上或金属构架上。安装在墙上时，需要预埋基础螺栓，并配置操作机构。通常隔离开关是装置在高压开关柜内。

GN22—10/2000、3150 型户内高压隔离开关技术数据　　　　　　　　　　表 4-6

型　号	额定电压（kV）	最高工作电压（kV）	额定电流（A）	Z_s 热稳定电流有效值（kA）	动稳定电流峰值（kV）	稳定绝缘水平				最大操作力矩（N·m）	断口开距（mm）
						1.2/50μs 雷电冲击耐压（kV）		工频耐压（I_{min}）（kV）			
						相对地相间峰值	断口间	相对地相间有效值	断口间有效值		
GN22—10/2000—40	10	11.5	2000	40	100	±75	±85	±30	34	145	150
GN22—10/3150—50	10	11.5	3150	50	125	±75	±85	±30	34	180	150

在高压开关柜内安装隔离开关要先进行外观检查。对隔离开关的型号、规格是否符合设计图纸的要求，零件是否齐全完好，绝缘子有无损坏，绝缘子胶合处是否松动，闸刀及静触头有无变形，接线端子的接触面是否良好等。隔离开关应安装牢固，操作机构轻便灵活，无卡阻及晃动。操作手柄位置正确。用 2.5kV 兆欧表测量 10kV 的绝缘电阻应在 800MΩ 以上。

初次操作隔离开关时，合闸和分闸应缓慢。合闸时观察动触头对静触头有无侧向撞击，如有可拆开静触头固定座的螺栓，调节固定座位置，使动触头刀片刚好插入静触头的刀口。动触头刀片插入静触头深度不应小于 90%，但也不能太大，分闸刀片冲击绝缘子。动刀片与静触头固定座的底部，要保持 4~6mm 的间隙。通过调整操作连杆的长度和操作绝缘子上的调节螺钉的长度，可使隔离开关的动静触头的距离符合要求。

隔离开关合闸时，三相触头应有同期性。三相联动的隔离开关触头接触时的不同期值应符合产品的技术规定。国家标准规定 10~35kV 的隔离开关允许的不同期误差为 5mm。否则应调整操作绝缘联接的螺钉长度。

隔离开关分闸时，触头间净距或刀片拉开角度应符合产品的技术规定。通常 GN2—6/400~600 为 41°，GN6—6/200~400~600 和 GN6—10/200~400~600 为 65℃。否则应调整操作连杆上的联接螺栓，以改变连杆长度及联动舌头在调节板上的位置。

检查动静触头的接触情况。以 0.05mm × 10mm 塞尺检查，对于线接触应塞不进去。对于面接触，其塞入深度如接触表面宽度为 50mm 以下，不应超过 4mm；在接触面宽度为 60mm 以上时，不应超过 6mm。动静触头的接触表面应保持清洁，并涂以薄层中性凡士林。隔离开关触头表面不应涂电力复合脂，这是由于触头的运动可能在触头表面使电力复合脂堆积，而电力复合脂是导电的，可能在触头部分引起放电事故。在隔离开关的设备接线端子上则应涂以薄层电力复合脂，使设备以良好的状态投入运行。

4.4 仪用互感器

当被测的电压过高，或者电流太大，常用电压互感器和电流互感器来改变被测的电量，再用普通电表测量。仪用互感器主要是指这两类互感器，它们的工作原理就是变压器的变压及变流原理。

4.4.1 仪用互感器的优点

(1) 扩大了仪表的量程，用普通电流表或电压表就可以测量很大的电流或电压。

(2) 互感器把高压电或大电流与电表隔离开，具有很好的电气绝缘的作用，所以二次线圈容易接地，有利于安全。

(3) 互感器二次可以接多个电表，只要不超过互感器的容量即可。

(4) 降低了仪表的功率损耗，有利于节能。

(5) 有利于仪表制造的标准化，如电流互感器二次用电流表标准电流为 5A，电压互感器的二次用电压表标准电压为 100V。

4.4.2 电压互感器

电压互感器简称 PT。它的二次线圈（即副边）电压一般为 100V。用在不同的量程时，其一次侧线圈（原边）匝数不同。一次侧额定电压有 110V、220V、380V、440V、500V 等。接线如图 4-16。一次线圈端子用 A、X（或 X_1、X_2）表示，二次侧用 a、x（或 X_3、X_4）表示。

电压互感器的变压比 K_u 即一、二次侧额定电压之比。

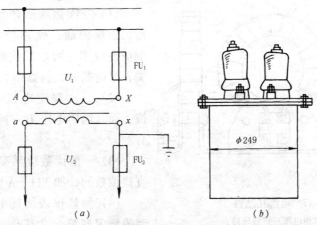

图 4-16 电压互感器

（a）单相电压互感器线路；（b）JDJ—10 型电压互感器外形

$$K_{\mathrm{u}} = \frac{U_1}{U_2} \qquad (4-14)$$

所以用电压互感器时，读数应乘 K_{u} 倍。也有的电表是直接读数的。使用电压互感器时应注意：

（1）严禁副边短路，所以副边线圈和铁芯应接地。

（2）一、二次线圈均应接熔断器，以防短路。

（3）二次线圈导线截面用不小于 $1.5\mathrm{mm}^2$ 的多股铜线。

（4）选用电压互感器的一次额定电压应大于被测电压。

（5）仪表所消耗的功率不应大于互感器的额定容量，否则误差较大。

型号举例：

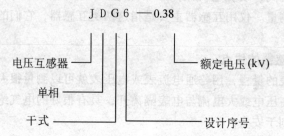

4.4.3 电流互感器

电流互感器简称 CT。它由铁芯及线圈构成，是利用变压器能改变电流的工作原理，采用 5A 的普通电流表就能测量大电流，从而扩大了量程。CT 的作用还可以接电度表或功率表的电流线圈。

工作原理是变压器原、副边的圈数与电流呈反比。所以变流比 K_i 为：

$$K_i = \frac{I_2}{I_1} \qquad (4-15)$$

二次副边电流一般定为 5A。接线图见图 4-17。其变比系列为：15、20、50、100、150、200、300、400、500、600、700、800、1000、2000……等。

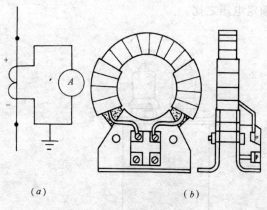

(a)   (b)

图 4-17　电流互感器
(a) 单相电流互感器线路；
(b) LDZB6 型电流互感器外形

电流互感器的应用要点：

（1）二次侧线圈严禁开路，因为开路后失去反磁通，铁芯会过度饱和而发热，能烧毁线圈，所以二次侧常常设个短路开关，平时断开，检修须要时可闭合。

（2）一次额定电流 I_{el} 应大于被测电流，而且额定电压 U_{e} 与被测电压等级相符合。

（3）一般读数应乘变流倍数 K_i，也有直接读数的，如 1T1—A 型可直读。

（4）测量仪表所耗电功不得大于互感器的额定容量，尤其是在二次侧有多个电表时，即各仪表额定电流之和应不大于互感器的额定电流。

（5）如果发现二次侧开路，一般应停电处理，不能停电时，应减少一次侧电流，再用绝缘工具在开路点前面用铜线短路，然后再接通开路点，最后拆去短路线，此举应有人监护。

型号举例：

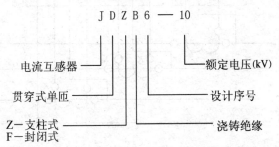

LMK—0.66 电流互感器适用于电压 660V 以下交流电路中作为电流计量、电能计和继电保护之用。其有关性能见表 4-7、表 4-8。

【例 4-3】 有一块三相四线三元件有功电度表，用电流互感器，画接线图。如图 4-18。

电流互感器额定参数 LMK—0.66—10—5000/5   表 4-7

| 额定一次电流 | 额定二次容量（VA） | | 外形类别 | 一次线应绕匝数 |
（A）	0.5级	1.0级		
5，10		2.5	A	用端子接入引出
15，30，50，75	2.5	5	A	式或母线数
100		2.5	A	
150，200	2.5	5	A，B	1
300，400	5	10	B，C	1
500，600	5	10	C	1
800，1000	10	15	D	1
1200	15	20	D	1
1500	15	20	D，E	1
2000	15	20	D，E	1
3000	15	20	E	1
4000	20	30	F	1
5000	20	30	G	1

4.4.4 钳型电流表

1. 一次线圈

电流表通常用一个万用表，放在电流量程，如果把铁芯拿下来，插上表笔就是万用表了。

钳型电流表的外形及原理图见图 4-19。

2. 使用钳型电流的注意事项

（1）测前先选好量程，不宜在实测中改变量程。

（2）被测导线应居铁芯中央，这样读数较准。

（3）当读数很小时，可以把被测导线在铁芯上绕几圈，读数再被几除。

（4）一般表只能测低压，不可冒然去测高压。

（5）不能去测裸线或母线的电流。

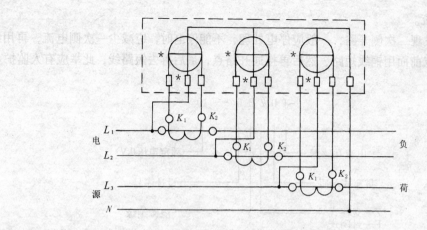

图 4-18 带互感器的三相电度表

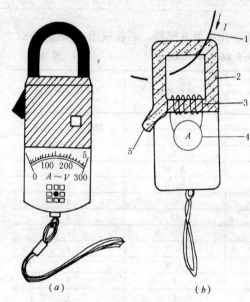

图 4-19 钳型电流表示意图

（a）外形图；（b）原理图

1—被测导线；2—铁芯；3—二次线圈；

4—电流表；5—铁芯张口按把

（6）附近不宜有强磁场，因为钳型表铁芯没有屏蔽。

（7）如果有震动，可以把表转动之，或把钳口张闭几次，稳定后再读数。

4.4.5 互感器的应用技术

1. 互感器外观检查

互感器在运输、保管期间应防止受潮、倾倒或遭受机械损伤；互感器的运输和放置应按产品技术要求执行。互感器整体起吊时，吊索应固定在规定的吊环上，不得利用瓷裙起吊，并不得碰伤瓷套。互感器到达现场后，外观检查：

（1）互感器外观应完整，附件应齐全，无锈蚀或机械损伤。

（2）油浸式互感器油位应正常，密封应良好，无渗油现象。

（3）电容式电压互感器的电磁装置和谐振阻尼器的封铅应完好。

互感器可不进行器身检查，但在发现有异常情况时，应按下列要求进行检查：

螺栓应无松动，附件完整。铁芯应无变形，且清洁紧密，无锈蚀。绕阻绝缘应完好，连接正确、紧固。绝缘支持物应牢固，无损伤，无分层开裂。内部应清洁，无油垢杂物。螺栓应绝缘良好。制造厂有特殊规定时，尚应符合制造厂的规定。

2. 安装互感器时进行的检查

（1）互感器的变比分接头的位置和极性应符合规定。

（2）二次接线板应完整，引线端子应连接牢固，绝缘良好，标志清晰。

（3）油位指示器、瓷套法兰连接处、放油阀均应无渗油现象。

（4）隔膜式储油柜的隔膜和金属膨胀器应完整无损，顶盖螺栓紧固。

油浸式互感器安装面应水平；并列安装的应排列整齐，同一组互感器的极性方向应一致。具有等电位弹簧支点的母线贯穿式电流互感器，其所有弹簧支点应牢固，并与母线接触良好，母线应位于互感器中心。具有吸湿器的互感器，其吸湿剂应干燥，油封油位正常。互感器的呼吸孔的塞子带有垫片时，应将垫片取下。电容式电压互感器必须根据产品成套供应的组件编号进行安装，不得互换。各组件连接处的接触面，应除去氧化层，并涂以电力复合脂；阻尼器装于室外时，应有防雨措施。

3. 互感器的安装

与电力变压器、电抗器、互感器安装有关的建筑物、构筑物的建筑工程质量，应符合规范中的有关规定。当设备及设计有特殊要求时，尚应符合其要求。

(1) 设备安装前，建筑工程应具备下列条件：

屋顶、楼板施工完毕，不得渗漏；室内地面的基层施工完毕，并在墙上标出地面标高；混凝土基础及构架达到允许安装的强度，焊接构件的质量符合要求；预埋件及预留孔符合设计，预埋件牢固；模板及施工设施拆除，场地清理干净；具有足够的施工用场地，道路通畅。

(2) 对高压配电屏内安装的互感器，应先检查瓷套管是否完好，有无渗油漏油现象，用手轻轻扳动套管，套管不应活动。高压柜内安装的互感器，通常采用环氧树脂浇铸成的干式电流互感器和电压互感器，结构紧凑体积小，只作外观检查。

对油浸电压互感器，油面要符合标准，互感器的外壳不应渗油漏油。同一组的互感器应有一致的极性，二次侧的接线端子要便于检查。互感器的金属外壳要可靠接地。仔细检查互感器的二次接线。电压互感器的二次绕组不能短路，电流互感器的二次绕组不能开路。接线螺钉要牢固，防止因线头松动而导致二次绕组开路。

互感器二次侧接线要注意极性。对于电度表和差动保护接线要特别注意。使用电流互感器构成差动保护时，互感器的二次侧的接地应有一个接地点，且仅在保护屏上经过端子排接地。

(3) 设备安装完毕投入运行前对建筑工程的要求：

门窗安装完毕；地坪抹灰工作结束，室外场地平整；保护性网门、栏杆等安全设施齐全；变压器、电抗器的蓄油坑清理干净，排油水管通畅，卵石铺设完毕；通风及消防装置安装完毕；通电后无法进行的装饰工作以及影响运行安全的工作施工完毕。

设备安装用的紧固件除地脚螺栓外，应采用镀锌制品。所有变压器、电抗器、互感器的瓷件表面质量应符合现行国家标准《高压绝缘子瓷件技术条件》的规定。电力变压器、电抗器、互感器的施工及验收应符合国家有关规范。

4. 有均压环的互感器

具有均压环的互感器，均压环应安装牢固、水平，且方向正确。具有保护间隙的，应按制造厂规定调好距离。零序电流互感器的安装，不应使构架或其他导磁体与互感器铁芯直接接触，或与其构成分磁回路。互感器的下列各部位应良好接地：

(1) 分级绝缘的电压互感器，其一次绕组的接地引出端子，电容式电压互感器应按制造厂的规定执行。

(2) 电容型绝缘的电流互感器，一次绕组末端的引出端子和铁芯引出接地端子。

(3) 互感器的外壳。

（4）备用的电流互感器的二次绕组端子应先短路后接地或接零（PE）。

（5）倒装式电流互感器二次绕组的金属导管。

互感器运输中附加的防爆膜临时保护应予拆除。验收时应进行下列检查：设备外观应完整无缺损。油浸式互感器应无渗油，油位指示应正常。保护间隙的距离应符合规定。油漆应完整，相色应正确。接地应良好。验收时，应移交下列资料和文件：变更设计的证明文件；制造厂提供的产品说明书、试验记录、合格证件及安装图纸等技术文件，安装技术记录、器身检查记录、干燥记录和试验报告。

5. 不需干燥的电力变压器及油浸电抗器

（1）带油运输的变压器及电抗器：绝缘油电气强度及微量水试验合格；绝缘电阻及吸收比 $R60/R15$（用摇表测量绝缘电阻时，摇 60s 时的读数与 15s 时的读数之比，称为吸收比）或极化指数符合规定；介质损耗角正切值 tgδ（%）符合规定（电压等级在 35kV 以下及容量在 4000kVA 以下者，可不作要求）。

（2）充气运输的变压器及电抗器：器身内压力在出厂至安装前均保持正压；残油中微量水不应大于 30ppm；电气强度试验在电压等级为 330kV 及以下者不低于 30kV，500kV 者应不低于 40kV。

（3）变压器及电抗器注入合格绝缘油后应该注意绝缘油电气强度及微量水含量符合产品要求。

假若保护继电器要有预见地和可靠地动作，则必须接受能准确代表系统情况的、从电路仪用互感器送来的信号。由于在某种条件下，电流与电压互感器成为显著的非线性装置，因而可能不产生在波形或者在幅值方面、精确代表电力系统情况的输出信号。畸变的程度是输入信号水平与互感器的负荷（接入的总阻抗）以及所用互感器的实际设计（准确等级）的函数。

电压互感器的运行特性是按 ANSTC57—13—1968，对仪用互感器的要求进行分类的。该标准还提供电流互感器有关负荷能力以及用于测量与继电保护的准确度的单独分类标准。应当仔细地对照所采用继电器的额定值，核对所有仪用互感器的负荷与输出要求，以保证继电器能正确运行。在某些情况下，需要从制造厂取得电流互感器的饱和曲线。

4.5 高压断路器

4.5.1 断路器

断路器广泛应用于各类电压的电力配电系统，起到开合及保护线路的重要作用。在额定值的范围内，能够在预定的过负荷电流值时自动断开线路。断路器一般不作频繁操作使用。断路器的开断电流应等于或大于所在系统的短路电流。

1. 高压断路器分类

高压断路器的功能是在电路正常状态下通断负荷电流，而在电路发生故障状态时，能在继电保护装置控制下迅速自动地切断短路电流。高压断路器按其采用的灭弧介质和绝缘介质的情况可分为充油、充气、磁吹、真空、六氟化硫等类型。断路器有各种电压等级和不同极数，可以在室内或户外使用。用于 34.5kV 及以上的断路器通常不封闭，也不宜于装设在户内。

2．高压断路器原理

超过 1kV 的断路器称为高压断路器。高压断路器的接通和闭锁能力是衡量设备能否承受最初几个周波不对称短路电流所产生的机械应力，而不致有严重的机械损坏，通常以总的有效电流值表示。不对称电流是在交流分量上叠加直流分量。直流分量随时间衰减，该时间取决于电阻和电抗或回路的 X/R 比。

电压达到 15kV 时主要采用空气磁力型电力断路器。电压超过 15kV 的断路器型式有油浸式、压缩空气式、气体式和真空式断路器。

4.5.2 油断路器

油断路器就是用油作介质，进行灭弧的断路器。根据用油量的多少，可分为多油断路器和少油断路器两种。少油式内的油只起到触点间的弧和绝缘作用，利用空气和陶瓷作带电体的绝缘介质。多油断路器则全部用油作绝缘。DW11—10 型（10kV）是户外多油断路器。可以频繁操作，合闸不弹跳，使用和维护都很方便。

例如：SN2—10G/400 的含义是：S—少油断路器；N—户内安装；2—设计序号；10—额定电压 10kV；G—改进型；400—额定电流 400A。DW11—10 型多油断路器配用 GD15—X 型直流电磁操动机构。

充油式断路器应用较广，目前 6～35kV 供电系统是民用建筑企业中多采用的断路器。多油断路器的油一方面作为灭弧介质，另一方面又作为相对地、相与相之间的绝缘介质。少油断路器的充油量少（一般只有几千克），油只作为灭弧介质用，其绝缘介质是利用空气和陶瓷材料及有机绝缘材料等，因此体积小，重量轻，所以适于在户内安装。下面主要以我国目前广泛采用的 SN10—10 型户内高压少油断路器为例介绍断路器的有关性能及特点。

4.5.3 SN10—10 型高压少油断路器

1．少油断路器的性能

SN10—10 型少油断路器是中国统一设计少油型断路器。按其断流容量 S_{oc} 分为 Ⅰ、Ⅱ、Ⅲ 型三种。SN10—10 Ⅰ 型的 $S_{oc} = 300MVA$；Ⅱ 型的 $S_{oc} = 500MVA$；Ⅲ 型的 $S_{oc} = 750MVA$。由框架、传动部分和油箱三个主要部分组成。三相各自利用一个油箱，油箱与金属框架利用绝缘子连接和支承，传动部分安装在框架上，框架固定在墙壁上。图 4-20 为 SN10—10 型少油断路器示意图。

油箱是断路器的主体。其结构如图 4-21 所示。油箱下部是由高强度铸铁制成的基座 12，其内安装有动触头转轴 10、拐臂 11、中间滚动触头等传动机构。油箱中部是高强度绝缘筒，安装有灭弧栅形成的灭弧室。油箱上部是铝帽，在铝帽内的上部安装有油气分离器，下部安装有插座式静触头。插座式静触头由耐弧材料制成的弧触片（具有一定弹性对导电杆形成紧力），保证在合闸时导电杆先与弧触片接触而在跳闸时最后离开弧触片，这样合跳闸电弧总是在弧触片与导电杆端部之间产生。为了使电弧偏向弧触片，在灭弧室上部靠近弧触片一侧嵌有吸弧铁片，利用电弧的磁效应将电弧吸向弧触片，保证不烧毁静触头中的工作触头、动触头、滚动触头到下接线端子。

灭弧室是断路器的灭弧装置。其结构如图 4-21，工作原理如图 4-22 所示。

断路器跳闸时，导电杆离开静触头时产生电弧，加热绝缘油使其分解产生大量气泡导致静触头周围油压剧增，迫使静触头内的逆止阀动作堵住中心孔使电弧在近乎于封闭的空

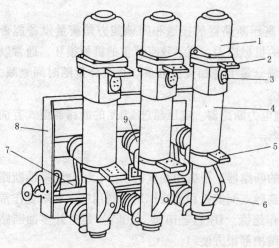

图 4-20 SN10—10 型少油断路器示意图
1—铝帽；2—上接线端子；3—油标；4—绝缘筒；5—下接线端子；6—机座；7—主轴；8—框架；9—断路弹簧

间里燃烧，使灭弧室压力迅速增加。随着导电杆下移，顺次打开一、二、三道横吹沟及纵吹油囊与导电杆下移形成了油气混合体横吹、纵吹和机械油流吹的综合作用使电弧在很短时间内被迅速熄灭。熄弧过程中产生的油气混合体经油气分离器分离后，油滴返回油箱，气体由排气孔排掉。

2.少油断路器的特点

SN10—10 型少油断路器可配用 CD10 型电磁操动机构、CS2 型手力操动机构或 CT7 型弹簧操动机构等进行操作。SN10—10 型少油断路器的油箱带电，而绝缘是靠空气、陶瓷绝缘材料等完成。其体积小、重量轻，占地面积

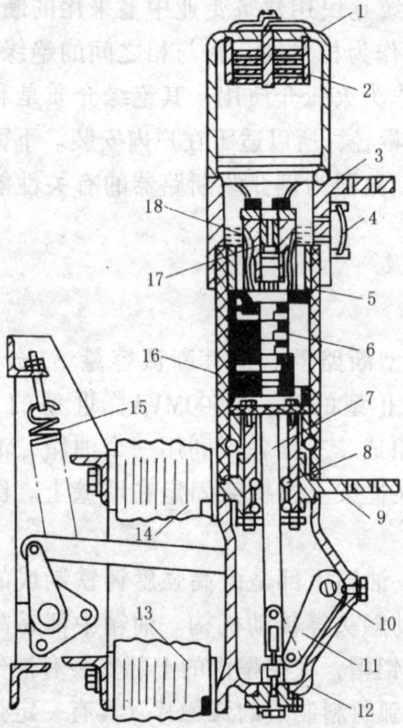

图 4-21 SN10—10 型少油断路器油箱结构
1—铝帽；2—油气分离器；3—上接线端子；4—油标；5—静触头（插座式）；6—灭弧室；7—动触头（导电杆）；8—中间滚动触头；9—下接线端子；10—转轴；11—拐背；12—基座；13—下支柱绝缘子；14—上支柱绝缘子；15—断路弹簧；16—绝缘筒；17—逆止阀；18—绝缘油

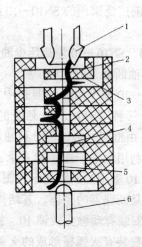

图 4-22 少油断路器灭弧装置结构
1—静触头；2—吸弧铁片；3—横吹灭弧沟（三道）；4—纵吹油囊；5—电弧；6—动触头

小，节省钢材，并且爆炸和失火的危险性较小。但不适于频繁操作。

3．少油断路器的安装

安装少油断路器，可以用支架、螺栓固定在墙上，也可固定在手车或配电柜的构架上。采用成套高压配电柜时，油断路器已由电器设备制造厂装配在配电柜的构架上。但为确保设备顺利投入运行，现场要求进行检查复核，对行程合闸同期性予以调整。

需要检查油断路器筒体是否垂直，以减少导电杆在运动中的摩擦，防止附加摩擦影响开关分合闸时间。断路器本身的筒体有少量偏斜时，可调整固定螺栓的距离、增减螺栓垫圈的数量。复核油断路器边相与中间相的中心距离，相间距离应为250mm。当偏差不大时，可变动油箱在框架上的位置予以调整。尽管断路器已经由生产厂组装调整，但由于生产水平和高压断路器本身的重要地位，国家规范还是规定对油断路器的灭弧室应作解体检查及清理复原时应安装正确。若制造厂规定不作解体，应进行抽查。

分解拆卸断路器的筒体时，要作记号，以便组装。要仔细查看有关部件有无损坏和异常。卸下的零件要放在专用铁盒内，各相零件分开放置，不能弄混。解体灭弧室要注意顺序，依次拿出部件，进行检查清理。回装时隔弧片的顺序和方向要准确。按说明书的要求校核各部分尺寸，尺寸不符合可以增减弧片之间的垫片。

检查排气孔的尺寸。当油断路器切断短路电流时，为了防止相间断路，SN10—10型少油断路器采用定向排气结构。擦净绝缘支持件，进行传动部件应注润滑油，以保持断路器动作灵活。母排与油断路器联接正确合理，螺栓紧固，接触良好，断路器不受因联接母线而增加的机械应力。

油断路器各部分密封良好，无渗油漏油现象。灌入的合格绝缘油应保持在油位指示器刻线之间，每套SN10—10型少油断路器的注油量为5～8kg。注油前先用干净的绝缘油冲洗油箱，并将脏油放干净，拧紧放油塞，加油至油位指示器的指定位置，SN10—10型少油断路器的油缓冲器在底罩下面，当油箱没有油时，油缓冲器不起作用。无油时不允许进行电动操作，进行电动操作的最少油量为1kg。

4．调整

油断路器动作应灵活。卸开绝缘拉杆，用手转动底罩上的主拐臂不应有阻塞现象。行程符合技术要求。动触头合闸的最大行程为：SN10—10/600—350型为147±1mm，SN10—10/1000—500型为160±1mm。调整总行程是通过调整分合闸限位器的垫片及绝缘拉杆的长度实现。

调整三相合闸的同期性。合闸时，当一相的动触头与静触头刚接触，其余两相动触头与静触头的最大距离即为不同期误差。SN10—10型少油断路器三相触头接触不同期性，不得大于3mm。调节绝缘拉杆的长度，可满足三相同期性的要求。为了防止不应有的冲击，三相中动触杆最高相在合闸位置上时，以及动触杆最低相在分闸位置时，都应有一定余量。

三相同期性的检查，一般采用三灯法校验。用手动发生慢慢合闸，根据灯泡发光的先后顺序就可以知道三相动静触头接触的先后顺序。调整分合闸速度，使其符合技术要求。当油断路器配CD2型直流电磁操作机构时，合闸时间不大于0.25s，固有分闸时间不大于0.06s。测量油断路器的分合闸时间应该在操作机构的额定电压液压下进行。电压等级在15kV以下断路器，速度测量只对发电机出线断路器和发电机主母线相连的断路器进行。

分合闸速度一般可调整分闸弹簧的初拉力和合闸缓冲器的压力进行调节。

4.5.4　真空断路器

真空断路器是近年来发展和应用的一种新型断路器。它是将触头安装在真空灭弧室内，无介质导电，随着触头断开电弧立即熄灭。但灭弧速率 di/dt 太大，在感性电路中会产生极高的过电压。理想的灭弧应在电流第一次自然过零时熄灭，这样燃弧时间既短又不产生过电压。真空断路器的灭弧室是基于阴极效应和等离子体扩散原理设计的，实现了上述要求。

1. 真空断路器灭弧室原理结构

真空灭弧室原理结构图如图 4-24 所示。在灭弧室内安装一对圆盘式铜—铋—铈合金触头，当触头在真空中带电分开时，因电流收缩现象在触头接触面上产生炽热的阴极点而发射出金属离子，造成触头间弧光放电（真空电弧）。因电弧温度很高，触头表面蒸发出少量金属蒸气环绕在触头之间形成了燃弧条件。随电弧电流逐渐减小，触头间的金属气体密度也逐渐减少，当电流过零时因为金属气体迅速扩散而凝聚在屏蔽罩上，触头间隙恢复了真空，电弧熄灭，且不能复燃。真空断路器燃弧时间只有半个周期。

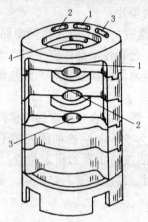
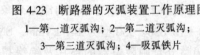
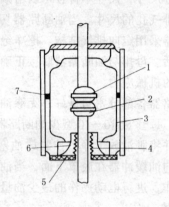

图 4-23　断路器的灭弧装置工作原理图　　　　图 4-24　真空灭弧室结构图
1—第一道灭弧沟；2—第二道灭弧沟；　　　　1—静触头；2—动触头；3—屏蔽罩；4—波纹管；
3—第三道灭弧沟；4—吸弧铁片　　　　5—与外壳封接的金属法兰盘；6—波纹管屏蔽罩；7—壳体

真空断路器具有动作快、体积小、重量轻、寿命长（比油断路器高 50～100 倍）、防火防爆、安全可靠、便于维修等优点。所以适于操作频繁、要求迅速动作的场所。其不足处主要是价格较贵。近年来真空断路器发展很快，新的型号有 ZN4、ZN5、ZN10 系列，它们在开断电流等性能有较大的提高。图 4-25 是 ZN3—10 型真空断路器。

ZN10/1250—31.5 型真空断路器配有专用弹簧储能操动机构，见图 4-26。断路器安装方式也有手车式和固定式两种，手车式用于手车式配电柜，固定式用于固定式配电柜。真空灭弧室采用了新型触头材料，静触头采用新式分裂线圈型结构，在开断电流时，形成纵向磁场，因此提高了开断电流的容量和灭弧后触头之间的绝缘强度。

真空灭弧室吊装在上接线板上。上下接线板安装在竖直的绝缘支架上，相间有绝缘隔板。三相真空灭弧室的动触头下端导电杆通过导电夹、软连接与下接线板连接。导电杆通过绝缘子与三相主轴拐臂铰连，操作机构工作推杆是通过滑块—摇杆增力结构与主轴中相拐臂铰连，这样触头在合闸过程中与操动机构输出特性能很好地配合。

2. 真空断路器的应用

真空断路器处于合闸位置时，其对地绝缘由支持绝缘子承受，一旦真空断路器所连接的线路发生永久接地故障，断路器动作跳闸后，接地故障点又未被清除，则带电母线的对地绝缘也要由该断路器断口的真空间隙承受；各种故障开断时，断口一对触头间的真空绝缘间隙要能够耐受各种恢复电压的作用而不发生击穿。

（1）真空度的表示方式

绝对压力低于一个大气压的气体稀薄的空间，称为真空空间，真空度越高即空间内气体压强越低。真空度的单位有三种表示方式：托（即 1 个 mm 水银柱高），毫巴（103bar）或帕（帕斯卡：Pa）（其中 1 托 = 133.3Pa，1 毫巴 = 100Pa）。真空灭弧室内部的真空度要达 10^{-4} 托，指灭弧室内的气体压强仅为 1/10000mm 水银柱高，亦即是 0.0131Pa。

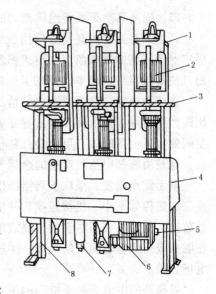

图 4-25　ZN3—10 型真空断路器

1—上接线端子（后面出线）；2—真空灭弧室；3—下接线端子（后面出线）；4—操动机构箱；5—合闸电磁铁；6—分闸电磁铁；7—断路弹簧；8—底座

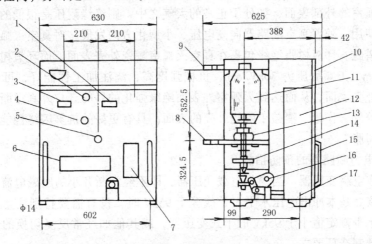

图 4-26　ZN10/1250 真空断路器结构示意图

1—储能指示；2—合闸按钮；3—计数器；4—分闸按钮；5—合分指示；6—铭牌；7—接线座；8—下接线板；9—上接线板；10—面板；11—真空灭弧室；12—操动机构；13—导电杆；14—绝缘子；15—手柄；16—主轴；17—底板

真空绝缘被破坏时，在真空灭弧室这样的空间内，气体分子的自由行程很大，不会发生碰撞分离。真空间隙在高压电作用下会击穿是因为间隙电场能量集中，在电极微观表面的突出部分发生电子发射或蒸发逸出，撞击阳极使局部发热，继续放出离子或蒸汽，正离子再撞击阴极发生二次发射，相互不断积累，最后导致间隙击穿。

（2）提高真空灭弧室绝缘能力的措施

真空断路器要向高电压使用领域发展，提高真空灭弧室断口极间绝缘耐受能力，制成额定电压较高的单独断口真空灭弧室的经济意义是巨大的，不但可减少串联断口的数量，而且使断路器结构简单，提高了设备可靠性并使设备造价降低。

真空灭弧室内部高度真空的情况下，触头间存在的气体非常稀少，一般不会受极间电压而产生游离，但极间发生击穿是客观存在，可能产生的真空绝缘破坏机理不止一种。真空间隙实际击穿时，有可能是几种机理同时发生作用，而且击穿途径中总是有游离气体存在，这是由施加电压后产生的金属气体或触头释放了所吸附的气体提供的。

基于此点出发，采取下列措施以提高真空灭弧室触头间隙的耐压性能：选择熔点或沸点高、热传导率小、机械强度和硬度大的触头材料；预先向触头间隙施加高电压，使其反复放电，使触头表面附着的金属或绝缘微粒熔化、蒸发，即所谓"老化处理"；清除吸附在触头或灭弧室表面上的气体，即进行加热脱气处理；选择合适的触头形状，改善触头的电场分布。

提高开断电流后触头极间的绝缘恢复速度，通常断路开断电流成功的关键在于电弧电流过零后，触头间隙绝缘恢复速度快于触头间隙间的暂态恢复电压速度，这样就不会发生重燃。真空灭弧室开断电流时，电弧放出的金属蒸汽在电弧电流过零时会迅速扩散，遇到触头或屏蔽罩表面会立即凝结。因此应在开断电流相应的触头尺寸、材质、形态、触头间隙以及电流开断时产生的金属蒸汽密度、带电粒子密度等影响因素下进行反复实验取得试验数据作分析研究。发现触头直径越大且触头间隙越小，电流开断后的绝缘强度恢复越快。

真空灭弧室的外部表面，如处于正常的大气之中，则绝缘耐压是很低的，不能适合高电压条件下使用，随着真空断路器向高电压、小型化方向发展，对真空灭弧室外部表面采取一些强化措施。环氧树脂绝缘包裹在真空灭弧室陶瓷外壳表面，而环氧树脂的耐冲击电压为 50kV/mm，工频耐压为 30kV/mm，机械强度高，浇注加工性能好，可以较容易成型覆盖于陶瓷外壳表面，从而达到灭弧室外表面绝缘强化的目的。户外真空断路往往采用带有裙边的硅胶外套作管，覆盖于陶瓷外壳的表面，具有更好的抗雾闪络性能，但机械强度则不如环氧树脂。

3．真空电力断路器的预防措施

（1）操作空载变压器　当操作空载变压器，即不经常断开小的励磁电流（每年操作少于 50 次），该处基本冲击电压水平大于或等于 95kV 时，没有需要特别注意的问题。对基本冲击耐压水平额定值小于 95kV 的干式变压器，或其他如经常反复切换的情况，选用时应符合变压器制造厂要求。

（2）操作带负荷的变压器　变压器经常接有 5% 或更多负荷时，不需要作特殊考虑。

（3）操作电动机　用真空电力断路器操作电动机时，必须采用电容器和避雷器组成的保护旋转电机的标准成套装置。

4．供电保护器（Service Protector）

保护器是一个快合、快断限流熔断器和非自动断路器型操作保护设备，手动或电动合闸用储能操作。供电保护器基本采用断路器原理，在正常和不正常电流高达设备连续额定电流 12 倍时允许反复操作。与限流熔断器组合能闭合和闭锁高达 200kA 对称有效值故障电流。在切断故障时保护器能承受通过熔断器电流所产生的应力。

5．选择

真空电力断路器是按照具体的连续电流和短路电流要求来选择的。但在一定条件下，真空电力断路器的特性与空气磁性断路器的不同。真空电力断路器有时在特殊场合，能在非常短的时间内断开线路，使电流过早到零。这种情况将产生比正常瞬间恢复电压高得多的电压，超过介电强度的电压将会加在所接设备上。这个电压值可能比所接的任何设备的基本冲击耐压水平高，因而引起事故。

4.5.5 六氟化硫断路器

六氟化硫断路器是近年来发展起来的新产品，燃弧时间短，开断性能好，可频繁操作，电寿命长，机械可靠性高，没有火灾和爆炸危险，可以开断异相接地故障，可以控制高压电动机等。型号如 LN2—35、LN2—10 系列高压六氟化硫断路器是全国统一设计的产品型号。LW7—35、LW—35 型户外中压六氟化硫断路器是以六氟化硫为灭弧介质，35kV级输配电的保护设备。可以频繁操作，也可以作联络断路器用，从而体现了对输配电线路设备的控制作用。

1．结构和工作原理

LN2—35/1250—16 型是户内中压六氟化硫断路器新产品，35kV，可以用于大型建筑、变电站作控制或保护，可以频繁操作，也可以作联络断路器。见图 4-27。

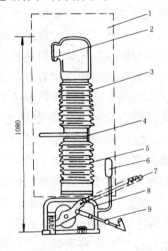

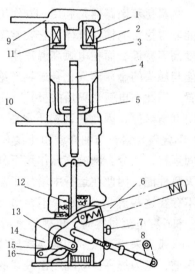

图 4-27　LN2—35/1250—16 型
高压六氟化硫断路器

1—隔板；2—上接线；3—上绝缘筒；
4—下接线；5—下绝缘筒；6—真空压力
表；7—分闸弹簧；8—箱体；9—拉簧

图 4-28　LN2—10/1250—25 型户内高压
六氟化硫断路器结构示意图

1—线圈；2—弧触指；3—环形电极；4—导电杆；
5—助吹装置；6—分闸弹簧；7—自封阀盖；8—
推杆；9—上接线座；10—静触指；11—下接线
座；12—吸附器；13—主轴；14—分闸缓冲；
15—主拐臂；16—拐臂

LN2—10/1250—25 型（图 4-28）内的三个极安装在一个箱底上，内部相通。箱内有一根三相连动轴，通过三个主拐臂，三个绝缘拉杆操动导电杆。每极分上下两个绝缘筒，构成断口和对地的绝缘，内绝缘则用六氟化硫气体。合闸时，在弹簧机构操动下，推杆8使主轴13作逆时针转动，通过主拐臂15使导电杆4向上运动，直到拐臂16上的滚子撞上合闸缓冲器为止。在分闸时，由弹簧6的作用下，主轴13作顺时针转动，使导电杆向下运动，直到拐臂16上的滚子撞到分闸缓冲器为止。分闸时，导电杆4向下移动，电弧在动静触头的弧触指之间起弧，电弧立即从弧触指移到环形电极3上，电弧电流通过环形电极流过线圈1产生磁场，磁场和电弧电流相互作用，使电弧旋转，同时加热气体，压力升高，在喷口形成气流，将电弧冷却。电流在过零时熄灭。

在切断小电流时，产生的气压可能不够，因此在动触头上安装一个小助吹装置5，由它产生的压力以提高吹弧的压力；灭弧时间短；可以频繁操作；可断开异相对地故障；可以满足失步开断的要求；可以切合电容器组；可以控制高压电机。

CT14、CT—35型是弹簧操作机构，有普通型和污秽型两种。这类产品采用气压能灭弧方式，灭弧不受电弧能量的影响，对小电流和故障电流均有良好的灭弧能力。电弧触头与通流触头分开，电寿命长。分合电容电流460A，过电压倍数不大于2.5，没有重燃的现象。断路器自带电流互感器12个，其中6个为LR—35型，精度为0.5级，可以用于计量。LRB—35型可用于保护。可以带电补充六氟化硫气体，不必停机。该断路器在出厂时已经充有0.3表压六氟化硫气体。安装时再充入六氟化硫气体至4.5表压，便可以运行。

2. 应用

六氟化硫断路器是利用SF6作绝缘和灭弧介质的一种充气式断路器。SF6是一种化学性能非常稳定的惰性气体。它在常态下具有无色、无味、无毒、不燃、无老化现象和绝缘强度高等特性；而在电弧高温作用下虽然能分解出少量有毒性和腐蚀性气体，但这种分解物能与触头的金属蒸气化合成具有绝缘性能活性杂质，同时在触头结构中设计有自动净化装置，因此在电弧熄灭后的极短（不到$1\mu s$）时间内大部分活性会还原，少数剩余杂质被吸附剂清除掉，因此在高温下既保持了高强度绝缘性能又对设备和人身不会发生危害。SF6不含碳元素，与油介质相比具有优势。因为油介质是含碳的高分子化合物，经过一段时间运行，在分合闸的高温作用下分解出碳元素使油的含碳量增高，从而降低了油的绝缘和灭弧性能，因此在运行中增加了监视油色、分析油样、更换新油等工序。六氟化硫断路器不存在这些麻烦。SF6中不含氧元素，因此对触头无氧化问题，其触头耐磨损、寿命长。SF6在电流过零时，电弧熄灭后具有迅速恢复绝缘强度的性能，使电弧难以复燃。

灭弧室采用了汽缸和活塞式压气机构，断路器分闸过程中连动活塞将灭弧室内局部气体压缩，压力提高经喷嘴喷出较强的气流，将电弧迅速熄灭。SF6断路器按灭弧室结构分为双压式和单压式两类。前者具有两个压气系统，低压系统作为绝缘之用，高压系统用来灭弧，后者只有一个压气系统，在灭弧室内外壳里SF6气体压力相同，一般为0.2～0.7MPa；跳闸时，装有动触头和绝缘喷嘴的气缸在操动机构驱动下离开静触头，形成活塞与气缸的相对运动，压缩SF6使其通过喷嘴形成气流喷吹电弧，达到灭弧目的。单压式结构简单。我国目前生产的LN1，LN2系列SF6断路器均属单压式。图4-29是LN2—10型SF6断路器的外形结构图。图4-30是SF6断路器灭弧室的工作原理示意图。

SF6断路器与充油式断路器相比具有断流能力强、灭弧速度快、绝缘性能好、检修周期长、适于频繁操作、无燃烧爆炸危险等优点；但其缺点是结构复杂，要求加工精度高，密封性能严，价格昂贵，因此不利于推广。目前主要应用于操作频繁及易燃易爆的场所。

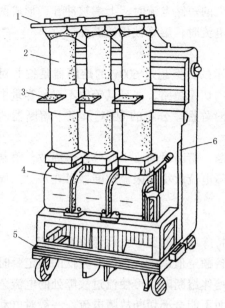

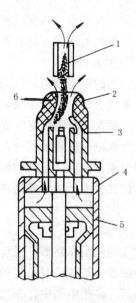

图 4-30　SF6断路器灭弧室的工作原理示意图
1—静触头；2—绝缘喷嘴；3—动触头；4—气缸（连
同动触头由操动机构转动）；5—压气活塞（固定）；
6—电弧

图 4-29　LN2—10 型 SF6 断路器的外形结构图
1—上接线端子；2—绝缘筒（内为气缸及触头系统）；
3—下接线端子；4—操动机构箱；5—小车；
6—断路弹簧

4.6　高压熔断器

4.6.1　熔断器

高压熔断器是最简单的和最早采用的一种电气保护装置，用来保护电气设备免遭过电流和短路电流的损害。当流过电气设备的电流显著地大于熔断器熔体额定值时，熔体将被熔断，从而切除故障。高压断路器由熔体支持金属体的触头和保护外壳三部分组成。使用时串接在电路之中，当电路过负荷或短路时，熔体受热熔断切断电流。

高压熔断器的功能是在发生短路故障时，切断高压电源。在长时间严重超载时，熔断器也会熔断。它不能作断路器用，但是可以与负荷开关或隔离开关配合使用，也能代替价格很贵的高压断路器。在一定的条件下可以分断或关合空载架空线路、空载变压器及小负荷电流。

在某些应用中，熔断器可用来代替断路器。熔断器的电压、电流和断流容量有各种等级、规格，有限流式和不限流式，有户内型和户外型。

4.6.2　工作原理

在 6～35kV 高压熔断器中，户内广泛采用 RN1、RN2。正常工作时，熔丝使熔管上的活动关节紧锁，熔管内衬的消弧管在电弧的作用下分解出大量气体，在电流过零时，产生强烈的去游离作用而使电弧熄灭。由于熔丝熔断，使活动关节释放熔管而跌落下垂，形成明显的断开点。熔管通常采用钢纸管—环氧树脂玻璃布复合管制成，有比较强的机械强度，能保证连续三次开断额定容量。

熔管采用逐级排气结构，在断开小的故障电流时，由于上端封闭，形成单端排气，使管内保持比较大的压力，以便熄灭电弧。在断开大的短路电流时，上端被冲开，形成两端排气，以减少管内的压力，防止在断开大的短路电流时，熔管被机械破坏。

1. 熔断器的容量

虽然已公布的额定容量是用对称电流值来表示的，但超过 600V 的熔断器是按非对称电流值标定断流容量。限流熔断器在第一个半周内切断短路，并且其等效不对称容量中包括有 1.6 倍的系数以便能适应电流的最大预期非对称性。公布的 600V 及以下熔断器的额定电流也以对称电流值表示。

当故障电流很大时，限流熔断器非常快地熔断，熔断时间小于四分之一周波，限制短路电流值，使其大大低于尖峰短路电流。根据故障电流大小非限流熔断器可在一、二周波内熔断。

2. 熔断器应用条件

采用熔断器还是断路器，设计者必须根据其特殊应用的要求全面考虑其性能。

限流熔断器，把故障时通过的电流限制在设备额定值以内，容许有较低的额定瞬时电流和分断电流。多相电路中，在故障情况，一个熔体熔断时，可使流过故障处的电流急剧下降，以致不可能再熔断回路中剩下的熔体，因而不能全部切断故障电流。一般对电动机单相故障的保护一定要用三个适当的过电流装置。双元件熔断器，具有较长的延时，允许电路电流接近熔断器额定电流，对冲击电流大的负荷有较好的过负荷保护性能。熔断器不能提供灵敏的接地故障保护。

3. 熔断器和断路器的配合

在 600V 及以下的系统中，和带瞬动元件的断路器配合是较困难的。使用保证做到不超过设备额定值，可在断路器上装设短延时跳闸元件以改善配合性能。熔断器的电流跳闸特性没有继电器控制的断路器跳闸性能精确。所以与线路保护配合的可靠性比较差。和不带短延时的断路器的配合是困难的，在过负荷和短路范围内时间—电流曲线可能有变化。

配置熔断器开关设备要占较大的空间，如果不需要操作，单独的熔断器通常比机械保护装置小。熔断器的机械操作简单，一次投资少，寿命和维修费用较低，经济。而断路器可按照不同的需要自动开合，例如遥控或接地故障保护。单独熔断器不能自动开合，但把它装在适当的分路跳闸开关内时可以有此功能。

4.6.3 结构数据

户内式型号有 RN1、RN2 型系列是高压熔断器。在工作熔体（铜熔丝）上焊有低熔点的锡球，短路或过负荷时锡球受热首先熔化在铜熔丝周围形成锡膜，铜锡互相渗透形成熔点较低的锡铜合金，使铜丝在较低温度下熔断。这种结构提高了熔断器的保护灵敏度。熔体断开时产生的电弧是靠熔管内填充的石英砂冷却而被迅速熄灭。这种填石英砂密封瓷管式结构灭弧能力很强，在短路后半个周期内即能完全熄灭电弧。

RN1 系列高压熔断器专供高压线路和设备的短路和过负荷保护之用。而 RN2 是专门作为电压互感器保护之用。图 4-31 是 RN5-6/2-75 户内型系列高压熔断器。

户外式有 RW11 型，如图 4-32 所示。它串接在线路上，既可作为 6～10kV 线路和变压器的短路保护，又可用绝缘钩捧操作接通或断开小容量的空载变压器和空载线路。按动作方式分为单次式和单次重合式两种，前者仅动作一次不能自动重合，而后者在第一根熔管跌开后，间隔 0.3s 以上可借助于重合机构将另一熔管自动重合，用以减少停电事故。

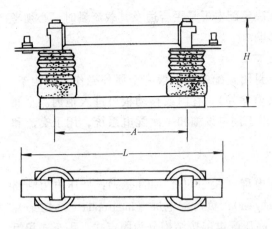

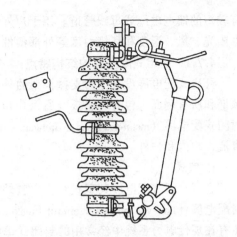

图 4-31　RN5—6/2—75 户内型系列高压熔断器　　　　图 4-32　RW11—10/100 型户外型跌开式熔断器

这种熔断器在正常运行时，其熔管下端的动触头借熔丝能力拉紧后把熔管上端的动触头推入静触头内锁紧，同时下端动静触头也互相压紧而使电路接通。当线路发生短路时，熔丝熔化形成电弧，灭弧管内因电弧燃烧分解出大量气体而使管内压力剧增，沿管道形成强烈纵吹将电弧熄灭。熔丝熔断后下动触头因失去张力而下翻，锁紧机构释放熔管，在触头弹力及自重作用下而跌开，造成明显可见的断开间隙，切断短路电流，同时起到隔离电源作用，所以跌开式高压熔断器同时兼有隔离开关的作用。

RW10 10F/100A 熔断器的性能数据见表 4-8。

RW10 10F/100A 熔断器的技术数据　　　　　　表 4-8

额定电压 (kV)	最高工作电压 (kV)	额定电流 (A)	额定断流容量 (MVA)		分合负荷电流 (次)		单相重量 (kg)
			上限	下限	100A	130A	
10	11.5	50 100	200	40	> 100	> 20	7.0

4.6.4　高压熔断器的选择

高压熔断器的选择是熔丝的额定电流 I_{FU} 大于电路的实际工作电流 I 的 1.4～2.5 倍。

$$I_{FU} \geq (1.4 \sim 2.5) I \tag{4-16}$$

式中　I_{FU}——熔丝的额定电流；

　　　I——高压线路计算电流（A）。

4.7　高压配电屏

配电柜是一个通用名称，它可以是单个的操作和断路装置，或有关的控制、测量、保护和调整设备等组合在一起的电气装置。配电柜专门用于高低压变配电室中，有时也称为配电屏，或称为开关柜，这是因为柜中主要设备为各种开关设备，在本书中统一称为配电屏。配电屏通常由一个或多个设备和主母线、内部接线、附件、支持构架和外壳组成。电力系统中配电屏主要用于进线和控制、保护电动机、变压器、电动机控制中心、配电板和其它二次配电设备。

建筑中的配电屏通常设置在户内。选择户内配置的原因是易于维护，不受气候影响和有较短的馈电电缆或母线管道。用于户外，在决定配电屏是否合适及其载流量时，必须考虑阳光、风、湿度和环境温度等外部条件的影响。

4.7.1　固定式配电屏的结构特点

开启式配电屏没有作为支撑构架的外壳。封闭式配电屏一般有金属外壳作支撑构架，顶部和所有侧面都包有金属板（通风孔和观察窗除外）。有门或移动板可进入柜内。金属封闭式配电屏（metal-enclosed switchgear）普遍用于用电设施和一次配电系统，用于交流和直流，户内和户外。

1. 型式

金属封闭式配电屏其型式有：金属外壳配电屏（metal-clad switchgear）；低压电力断路器配电屏（Low-voltage power circuit breaker switchgear）；负荷配电屏（interrupter switchgear）。还有在现代电力系统中经常用的封闭式母线。高压配电屏按结构分为固定式、手车式和组合式等类型。在一般多采用较为经济的固定式高压配电屏。

固定式配电屏内用钢板隔分开为三个部分，上部是主母线和母线隔离开关，中部为少油断路器，下部为线隔离开关，正面左上方为继电器室，下方为端子室，左侧端子板上装有油断路器、隔离开关的操作机构及其机械的电气联锁装置。高压配电屏有机械程序锁防误型，具有防止带负荷分、合隔离开关，防止操作人员误入带电间隔等，因此便于检修，保证设备和人身安全。高压柜还可以和微机控制系统的"三遥"装置（即远距离操作、测量和监视）配套使用。

2. 金属外壳封闭式配电屏的特性

（1）主回路操作和断流装置是移动式的，配有机械机构在接通和断开位置之间用人力移动，并备有自定位和自耦合的一次和二次侧的隔离装置。有两种基本设计方案，一种是断路器可水平拉动，能达到接通、试验、断开和全部拉出的位置，另一种是用垂直下降的方法断开断路器。

（2）一次回路的主要部分，如回路的操作和断流装置、母线、电压互感器和控制用的电力变压器均有接地的金属板遮隔。尤其在切断装置的前面或其一部分还有一块内部的隔板，当配电屏门打开时能保证不暴露一次回路带电部分。

（3）所有带电部分都被罩在接地的金属间隔内，当可动的元件在试验、断开或整个抽出位置时，有自动挡板防止暴露一次回路元件。

（4）当实际运行时，一次母线和接头要包上绝缘材料。这仅是母线绝缘的一小部分。

（5）装设机械联锁，保证适当和安全的操作程序。

（6）仪表、表计、继电器、二次控制设备和线路由接地的金属板与所有一次回路元件隔开，仪表互感器端子上的短线除外。

（7）回路切断装置插入柜内的那道门可用作仪表和继电器板，同时也为柜内的二次回路和控制小间提供了通道。为了安装有关的辅助设备，如电压互感器和控制用的电力变压器等可能要用辅助支架。

只有符合上述规定的封闭式配电屏才能称之为金属外壳配电屏。金属外壳配电屏中，用得最普遍的操作和断流装置是超过1000V的空气磁力断路器。

3. 金属外壳封闭式配电屏内的设备

金属封闭式的1kV及以下的电力断路器配电屏是金属封闭式电力配电屏，要求包括

1kV 及以下的电力断路器、裸母线和连接线、仪表和控制用电力变压器、仪表、表计和继电器、控制线和辅助设备、电缆和母线槽的终端设施。

1kV 及以下的电力断路器装设在接地的单独的金属小室内，遥控或在盘前操作。断路器一般是抽屉式的，但也可能不是。当采用抽屉式断路器时一定要有机械联锁来保证正当和安全的操作程序。封闭的负荷配电屏是封闭式电力配电屏，要求包括如下设备：负荷开关；电力熔断器；裸母线和连接线；仪表和控制用电力变压器；控制线和辅助装置。

负荷开关和电力熔断器可以是固定式的或移动式的。移动式的要有机械联锁来保证适当和安全的操作程序。封闭式母线是由硬母线和有关引线、接头、绝缘支持物等所组成，装在接地的金属箱壳内。母线结构的基本型式有三种：相间不分隔，相间分隔或相间绝缘。电力系统中最常用的是相间不分隔式，它的定义是"所有相导线都装在同一金属外壳内，相间无隔板"。当电压超过 1kV，金属封闭式母线与金属外壳配电屏一起使用时，一般情况，该母线与配电屏主母线具有同样连续额定电流值，其一次母线和连接线全部包上绝缘材料。

当金属封闭式母线与 1kV 及以下金属封闭式电力断路器配电屏或金属封闭式负荷配电屏一起使用时，其一次母线和连接线通常是裸露的。

4.7.2 高压配电屏的型号

1. 高压配电屏

固定式的价格较低，这种配电屏大多数都安装了防止电气误操作的闭锁装置。手车式的较贵，但是手车式的可以随时拉出检修，再推入备用的手车马上恢复供电。

为了采用 IEC 标准，中国近年设计生产了 KGN—10 型铠装固定式金属封闭式开关柜，将取代 GG—1A 等型。并将以 KYN—10 型和 JYN—10 型取代 GC—10 型。

通常从高压柜采用高压电缆出线，经过高压电缆到变压器室，在电缆头处密封防潮再接到变压器高压端子，从低压端子用低压母线经过穿墙板至低压配电柜，再用低压电缆送到各个建筑物。变压器在室内布置情况参见图 4-33。

2. 高压电度计量柜

高压电度计量柜型号为 GGJ—1，高压电容计量柜主要用于高压 3～10kV 的系统中，对建筑单位用电部门进行电度计量。这种柜是在 GG—1A 型高压配电屏的基础上作了部分改动而制成的，所以外形和 GG—1A 型一样。可以并列使用。

计量柜内的电动计量设备包括电流互感器、电压互感器、电度表、电力、电量定量器等，由供电部门进行校验、整定和调试。

4.7.3 高压配电屏的安装

成套高压配电屏的基本形式有固定式和手车式。各种配电屏的安装方法与安装步骤相同，叙述如下。

1. 基础型钢的安装

安放基础型钢是安装高压柜的基本工序。配电屏通常以 8 号～10 号槽钢为基础，槽钢可以在土建工程浇筑配电屏基础混凝土时直接埋放，也可以用基础螺栓固定或焊接在土建预埋铁件上。为了保证高压配电屏的安装质量，施工中经常采用两步安装。即土建预埋铁件，电气施工时再安装槽钢。

槽钢的安装步骤是：先将槽钢调直，除去铁锈，将其放在安装位置。使用铁水平仪和

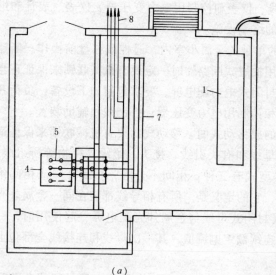

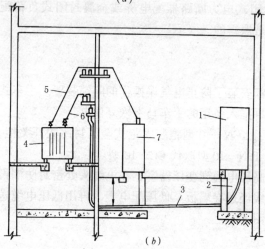

图 4-33 变配电室布置示意图

(a) 平面图；(b) 立面图

1—高压柜；2—电缆沟；3—高压电缆；4—变压器；
5—低压母线；6—高压母线；7—低压柜；8—低压输出电缆

平板尺调整槽钢水平，并两条槽钢保持平行且在同一水平面上。要求槽钢安放水平误差不超过 1mm/1m，全长不超过 5mm。施工中有时把柜后槽钢调整比柜前槽钢低 1~2mm，为的是安装配电屏后调整整体美观。

槽钢调整完毕，将槽钢与预埋件焊接牢固，以免土建二次抹灰时碰动槽钢，使之产生位移，确保配电屏安装位置符合设计要求。埋设的基础型钢与变电所接地干线用扁钢或圆钢焊接，接地点不应少于两处。槽钢露出地面部分应涂防腐漆。槽钢下面的空隙应填充水泥砂浆并捣实。

2. 配电屏的搬运与检查

高压配电屏开箱后，根据设计图纸将配电屏编号，依次搬入变电所内安装位置上。对拆开包装的配电屏，要对照设计图纸和说明书仔细核对数量、规格，检查是否符合要求，有无损坏、锈蚀情况，检查附件备件是否齐全。开箱还要检查出厂合格证、说明书和内部接线图等技术资料文件。

3. 立柜固定

配电屏安放在槽钢上以后，利用薄垫铁将高压柜粗调水平，再以其中一台为基准，调整其余，使全体高压柜盘面一致，间隙均匀。要求水平误差小于 1mm/1m，垂直误差不大于 1.5mm/1m。螺栓固定后柜之间保持 2~3mm 缝隙。安装后用拉线法检查柜子的不平度，不能超过 5mm。最后用固定螺栓或焊接方法将柜子永久固定在基础槽钢上。为了美观，电焊缝要焊在柜子内侧，且不少于四处，每处长 80~100mm。再用电焊方法固定在基础槽钢上。

4. 联接母排

高压配电屏上的主母排，仪表由开关厂配套提供，也可以在施工现场按设计图纸制作。主母排的联接及母排与引下母排的连接，仪表用螺栓联接，在母排联接面处应涂上电力复合脂，螺栓的拧紧程度以及联接面的联接状态，由力矩扳手按规定力矩值拧紧螺栓来控制。

手车式配电屏的安装与固定式柜的安装方法基本相同。为了保证手车的互换性，每个手车的动触头必须调整一致，即将动静触头中心调整一致并接触紧密，以保证互换性。检查配电屏二次回路的插头和辅助触头，焊接可靠。电气或机械闭锁装置正确，手车在合闸位置时不能拉出。安全隔板开闭灵活，能够随手车的进出而动作。手车的接地装置与配电屏固定框架间接触要良好。柜内控制电缆固定牢靠，不影响手车移动。检查配电屏五防联锁，功能齐全正确。

配电屏装置和封闭式母线的额定值，是这些设备在环境、温度、海拔高度、频率、工作制度等规定条件下运行范围内的标定值。

4.8 高压开关电器的选择

选择的高压电器，应能在长期工作条件下和发生过电压、过电流情况下保持正常运行。

4.8.1 对高压电器的要求

1. 选择设备的原则

高压设备虽然各有特点，工作环境、安装地点和运行要求亦各不相同，但在设计和选择这些设备时有共同遵循的原则。

（1）按正常工作条件选择电器设备的额定值。高压开关电器应该能够保证在正常工作电压、电流下安全可靠地运行。这就是说，回路的实际运行电压应接近电器的额定电压，回路的最高运行电压应小于电器允许电压，以保证在允许中电器的绝缘介质长期运行。同时通过回路最大长期工作电流不得超过额定电流值。

能够可靠地分合额定工作电流（隔离开关除外）和短路电流（隔离开关和负荷开关除外）。

（2）在线路发生短路故障时，能够承受短路电流的热效应和电动力，具有足够的动稳定性和热稳定性。按短路电流的热效应和电动力效应来校验电器设备的热稳定和动稳定。

（4）按安装地点、工作环境、使用要求及供货条件等来选择电器设备的适应形式。

（5）在满足工作安全可靠、运行维护方便下投资应经济合理。

按环境温度条件选择，即满足环境温度、湿度、海拔、地震等自然条件选择电器设备。按正常工作条件选择，即按工作电压、电流、频率、机械荷载等条件选择。

2. 各种高压电器的一般技术要求条件（表4-9）

选择电器的一般技术条件   表 4-9

序	电器名称	额定电压（kV）	额定电流（A）	额定容量（kVA）	机械荷载（N）	额定开断电流	短路稳定性 热稳	短路稳定性 动稳	绝缘水平
1	高压断路器	+	+		+	+	+	+	+
2	隔离开关	+	+		+		+	+	+
3	敞开式组合电器	+	+		+		+	+	+
4	熔断器	+	+		+	+			+
5	负荷开关	+	+		+		+	+	+
6	电流互感器	+	+		+		+	+	+
7	电压互感器	+			+				+
8	限流电抗器	+	+		+		+	+	+
9	避雷器	+							+
10	消弧线圈	+	+	+					+
11	封闭电器	+	+		+	+	+	+	+
12	穿墙套管	+	+		+		+	+	+
13	绝缘子	+			+			+	+

注：悬挂式绝缘子不校验动稳定。

4.8.2 选择校验条件

高压电器按照保证正常工作进行选择，按照短路状态进行校验。

1. 选择条件

选择条件是开关设备的最高工作电压 U_{max} 应大于或等于回路的工作电压。

$$U_{max} \geqslant U_g$$

开关设备的最高工作电压一般比其额定电压 U_N 高 10% ~ 15%，即 $U_{max} = (1.1 ~ 1.15) U_N$。详见表4-10。该表为 35kV 以下开关电器允许工作条件，其中 P_{kW} 为绝缘子的抗弯破坏强度 kN。

设备允许工作条件表   表 4-10

项　目	设　备	绝　缘　子		隔离开关	熔断器	断路器	电抗器
		支柱	穿墙				
最高工作电压				$1.15 U_N$			$1.1 U_N$
最大工作电流	$< \theta_N$			低1℃加 0.5%至 0.2I_N			I_N
	$> \theta_N$			$T_N \cdot \sqrt{(75 - \theta) / (75 - \theta_N)}$			I_N
环境温度（℃）	额定 θ_N				40℃		
	最高				40℃		
	最低				-40℃		
短路情况	动稳定	$0.6 P_{kW}$			if		if
	热稳定				I_t^2, t		I_t^2, t
	开断短路能力					I_d 或 S_d	

2. 电流

开关设备的额定电流 I_N 应该大于或等于所在回路的最大持续工作电流 I_g。即：$I_N \geqslant I_g$。对环境温度不是额定值的，开关设备允许工作电流应作适当修正。见表4-10。对熔断器应保证额定电流 I_N 大于或等于熔断器的熔断电流 I_r，且大于或等于所在回路的最大持续工作电流 I_g，即 $I_N \geqslant I_r \geqslant I_g$。不同回路的持续电流可按表4-11选择。高压电器没有明确的过载能力，在选择其额定电流时，应满足其各种可能运行方式下回路持续工作电流的要求。

3. 按短路条件校验电气设备的热稳定和动稳定

（1）断路器、负荷开关、隔离开关、电抗器等的动稳定性应满足下式条件：

$$I_{max} > I_{ch} \quad 或 \quad i_{max} > i_{ch}$$

式中　I_{max}，i_{max}——制造厂规定的电气设备极限通过电流的有效值和峰值；

I_{ch}，i_{ch}——三相短路时，短路全电流的有效值和冲击值。

（2）断路器、负荷开关、隔离开关及电抗器等的热稳定性应满足下式条件：

$$I_t \cdot t > I \cdot t_{ja} \quad 或 \quad I_t > I \cdot t_{ja}$$

式中　I_t——制造厂规定的电气设备在 t 秒内的热稳定电流；

I——短路稳态电流；

t——与 I_t 相对应的时间，通常为 1s、5s 或 10s；

t_{ja}——短路电流假想时间。

4. 按三相短路容量校验开关电器的断流能力

回 路 名 称		计算工作电流	说 明
出线	带电抗器出线	电抗器额定电流	
	单 回 路	线路最大负荷电流	含线路损耗和事故负荷
	双 回 路	1.2～2倍一回线的正常最大负荷电流	含线路损耗和事故负荷
	环 形 回 路	两个相邻回路正常最大负荷电流	考虑断路器故障检修全部可能负荷
	桥 型 接 线	最大元件负荷电流	外桥回路要考虑穿越功率
变压器回路		1.05倍变压器额定电流	根据在0.95额定电压以上时其容量不变;带负荷调压变压器应按变压器最大工作电流
母线联络回路		一个最大电源元件的计算电流	
母线分段回路		分段电抗器额定电流	考虑电源元件事故跳闸后仍能保证该母线负荷;分段电抗器为发电厂最大一台发电机额定电流50%～80%变电所应能满足用户的一级负荷和大部分二级负荷
旁路回路		需要旁路的回路最大额定电流	
发电机回路		1.05倍发电机额定电流	当发电机冷却气体温度低于额定值时,允许提高电流为每低1℃加0.5%,必要时按此计算
电动机回路		电动机的额定电流	

断路器、熔断器等开关设备必须具备切断故障电流的能力。制造厂一般在产品样本中均提供了在额定电压下允许的开断电流 I_{dk} 和允许的遮断容量 S_{dk}。因此，在选择此类电气设备时，必须使 I_{dk} 或 S_{dk} 大于开关电器必须切断的最大短路电流或短路容量，即：

$$I_{0.2}\ \text{或}\ I_d < I_{dk} \qquad S_{0.2}\ \text{或}\ S_d < S_{dk}$$

式中 $I_{0.2}$ 和 $S_{0.2}$ 是短路发生后0.2s时的三相短路电流和三相短路容量。

为了确保切断故障电流的安全可靠，选择时应考虑到使用条件。如将普通的断路器用于高海拔地区、矿山井下或电压等级较低的电网中时，都要适当的降低铭牌遮断容量。另外，当采用手动操动机构及自动重合闸装置时，因灭弧能力的下降，其遮断容量也相应地下降额定值的 60%～70%。

5. 校验条件

开关和熔断器的开断电流 I_k 应大于可能的短路电流 I_d。即：$I_k \geq I_d$。也可以用开断容量校验，即：$S_k \geq S_d$。对低速动作的开关，开关动作时间为0.2s，此时应保证能够切断0.2s时的短路电流或容量。

开关设备允许的极限通过峰值电流 I_f 应大于等于该开关设备的最大冲击电流 I_{ch}，即满足动稳定性。即 $I_f \geq I_{ch}$。

开关设备应满足短路时的热稳定性，即：$I_t \geq It_j$

式中　I_t——设备在短路时间内的热稳定电流（kA）；

　　　t——热稳定电流允许作用的时间（s）；

I——回路中可能通过的最大稳态短路电流（kA）；

t_j——短路电流假想作用时间（s）。

高压断路器、隔离开关、负荷开关和熔断器的选择条件见表 4-12。若海拔超过 1000m，应与制造厂商议是否需要加强绝缘。三相交流 3kV 及以上设备的最高运行电压见表 4-13。

高压电器选择校验条件   表 4-12

	断 路 器	隔 离 开 关	负 荷 开 关	熔 断 器
按工作电压选择	$U_{max} \geq U_g$			
按工作电流选择	$I_{max} \geq I_g$			$I_r \geq I_N \geq I_g$
按断流能力校验	$I_k \geq I_d 0.2$ $S_k \geq S_d 0.2$			$I_k \geq I_d$ $S_k \geq S_d d$
按动稳定性选择	$I_f \geq I_{ch}$			
按热稳定性选择	$I_t^2 \cdot t$			

三相交流 3kV 及以上设备的最高运行电压（kV）   表 4-13

受电设备或系统额定电压	供电设备额定电压	设备最高电压
3	3.15	3.5
6	6.3	6.9
10	10.5	11.5
与发电机配套的设备	13.8，15.75，18，20	与发电机配套规定
35		40.5
63		69
110		126
220		252
330		363
500		550

6. 机械荷载校验

所选电器端子的允许荷载，应大于电器引线在正常运行和短路时的最大作用力。

4.8.3 持续工作电流的计算

电动机回路持续工作电流计算时若缺乏资料时，对交流 380V 电动机可按下式估算：

$$> 3kw \quad I_g = 2P_N \text{（A）}; \quad < 3kw \quad I_g = 2.5P_N \text{（A）}$$

1. 按正常工作条件选择额定值

(1) 电气设备和额定电压

电气设备的额定电压 U_N 应符合该电气设备安装地点的电网额定电压，并应大于或等于正常时可能出现的最大的工作电压 U_g，即 $U_N > U_g$。

(2) 电气设备的额定电流

电气设备的额定电流 I_N 应大于或等于正常工作时的最大负荷电流 I_g，即 $I_N > I_g$。

我国目前生产的电气设备的设计环境温度采用 40℃，若安装地点的日最高气温高于 40℃，但不超过 +60℃，此时散热条件偏离设计值较大，因此最大连续工作电流应相应地降低，即额定电流乘以温度校正系数 K 来进行修正。

温度校正系数由下式定义：

$$K = \sqrt{\frac{Q_N - Q}{Q_N - 40}}$$ (4-17)

式中　Q——最热日平均最高温度（℃）；

　　　Q_N——电气设备的额定温度或最高允许温度（℃）。

对于断路器、负荷开关、隔离开关的工作条件由触头决定，一般触头在空气中时取 Q_N 为 +70℃；不与绝缘材料接触的载流和不载流的金属部分，Q_N 取 110℃。若环境温度低于 +40℃时，则对于高压电气设备的允许电流可比额定电流相应地增加额定电流的 0.5%，但增加的总量不得超过 20%。持续工作电流的计算见表 4-14。

持续工作电流的计算　　　　　　　　　　　　　　　表 4-14

回路名称	计算工作电流	备　注
发电机调相机	$T_g = 1.05 I_N$ $= 1.05 P_N$ $\sqrt{3}\, U_e \cos\varphi$	1.05 系数考虑在 95% 电压下以额定容量长期工作发电机冷却气体温度低于额定值时，允许提高电流为每低 1℃ 加 0.5%，必要时据此计算 I_g
变压器	$I_g = 1.05 I_N$ $= 1.05 S_N$ $\sqrt{3}\, U_N$	带负荷调压变压器应按可能的最低电压计算变压器昼夜负荷曲线的负荷率比 100%，每低 10% 可允许过负荷 3%
母线联络开关	T_g 一般等于该段母线最大一台发电机或一组变压器的计算电流	
母线分段电抗器	$T_g = T_N$	分段电抗器的选择须考虑一台发电机故障时，仍能够保证该段母线的负荷
主母线	按潮流分布情况计算	
馈线回路	$I_g = 1.05 I_N$ $= P_N / \sqrt{3}\, U_e \cos\varphi$	P 应包括线路损耗及事故转移负荷 回路装有电抗器 I_g 按照电抗器的 I_N 计算
电动机回路	$T_g = 1.05 I_N$ $= P_N / \sqrt{3}\, U_e \cos\varphi$	查产品样本

4.8.4　电气设备型式的选择

选择电气设备时，还必须考虑设备的安装地点的环境条件。由于环境条件不同，所以在制造厂把设备分为户内式和户外式两类。当户外装置的环境特别恶劣时（如煤矿，化工厂等），还需采用特殊绝缘材料及结构制造出加强型或高一级电压等级的设备，因之有普通型、防爆型、湿热型、高原型、防污型、封闭型等多种型式的电气设备，供选择时按照安装环境、运行维护操作、安全可靠等要求进行选择。

此外，根据长期设计和运行的经验证明，对于普通的 35kV 及以下的供电系统，一般在下列情况下允许对电气设备不进行动稳定和热稳定的校验，即

1. 断路器：当断流容量符合要求时；

2. 负荷开关：当供电变压器容量在 10000kVA 及以下时；

3. 隔离开关：35kV 的户内、户外式隔离开关；6～10kV 的户内隔离开关，当供电变压器的容量在 10000kVA 及以下时；10kV 户外式隔离开关在短路容量小于 100MVA 时；

6kV 户外式隔离开关在短路容量小于 60MVA 时。

4. 绝缘子，母线；

5. 电流互感器：当变比较大时（如在 75/5 以上）；

6. 电缆：当截面大于 70mm^2 以上时；

7. 用熔断器保护的电气设备；

8. 用限流电阻保护的电器及导体（如电压互感器的引线）；

9. 架空电力线路。

习　题　4

一、填空题

1. SN_{10}—10：S 表示 _____，N 表示 _____，10 表示 _____，10 表示 _____。

2. 高压断路器的功能是：

3. 高压隔离开关的主要用途是：_____，造成一个 _____ 以保障检修人员的 _____。

4. 少油断路器中变压器油只作为 ____ 之用，载流部分的绝缘是借助 ____、_____ 等材料完成。

5. 户内高压配电装置的栏杆高度不应低于：网状栏杆 ____，无孔栏杆 ____，栏杆 _____。

6. FN_3—10R 中 F 表示 _____，N 表示 _____，10 表示 _____，R 表示 _____。

7. 电流互感器的接线方式有：_____；_____；_____；_____。

二、名词解释

1. 一次电路　　　　2. 二次线路　　　　3. 一次接线

4. 变电所　　　5. 配电所　　　6. GFC—10A

7. SC_6—1250/10　　　8. SG_7—1600/10　　　9. SZ_5—630/10

三、选择题

1. 电压互感器的使用要点有：____

A. 原边有一匝线圈，二次侧不允许开路；

B. 原边有一匝线圈，二次侧不允许短路；

C. 原边有多匝线圈，二次侧不允许开路；

D. 原边有多匝线圈，二次侧不允许短路。

2. 不能切断短路电流的电器设备有：_____

A. 隔离开关；B. 断路器；C. 负荷开关；D. 熔断器；E. 接触器；F. 铁壳闸。

3. 在电气主接线中，隔离开关的作用有：_____

A. 保护线路；B. 切断短路电流；C. 防止从线路侧反送电；D. 隔离母线电源，检修断路器。

四、问答题

1. 电压互感器在安装使用中应注意哪些事项？

2.10kV 变电所的一次设备有哪些？说明其中断路器与隔离开关的操作顺序？

3．变电所与配电所有什么不同？

4．供电系统中都包括哪些高压电器设备？

5．高压负荷开关有哪些功能？它可以在什么情况下跳闸？

6．什么是限流型低压断路器？有哪些类型？

7．开关柜的五防是哪些？

习 题 4 答 案

一、填空题

1．SN_{10}—10：S 表示少油式断路器，N 表示户内安装式，10 表示设计序号，10 表示额定电压 10kV。

2．高压断路器的功能是：接通或切断负荷电流或同断规定的过负荷电流，当线路故障情况下在继电保护装置的控制下能迅速断开短路电流。

3．高压隔离开关的主要用途是：分离小电流设备、造成一个有明显的断开点的安全检修的环境，以保障检修人员的人身安全。

4．少油断路器中变压器油只作为灭弧之用，载流部分的绝缘是借助空气、陶瓷绝缘等材料完成。

5．户内高压配电装置的栏杆高度不应低于：网状栏杆1.7m，无孔栏杆1.7m，栏杆1.2m。

6．FN_3—10R 中 F 表示负荷开关，N 表示户内式，10 表示电压 10kV，R 表示熔断器位于开关的下面。

7．电流互感器的接线方式有：三相三继完全 Y 接；两相两继不完全 Y 接；两相一继叉动式接线；两相三继不完全 Y 接。

二、名词解释

1．一次电路：由各种开关、电器、变压器及母线（电力电缆）等组成的线路。

2．二次线路：由仪表、仪用互感器、继电保护元件、控制元件、操作元件等按照一定的次序连接起来的电路。

3．一次接线：是指一次电路的接线方式。

4．变电所：有变压器、接受电能、变换电压等级及分配电能的功能。

5．配电所：没有变压器、接受电能和分配电能的功能。

6．GFC—10A：高压柜，封闭式手车式，设计序号 10，结构代号 A。

7．SC_6—1250/10：三相环氧树脂铜芯绕组电力变压器，设计序号 6，额定容量1250kVA，高压 10kV。

8．SG_7—1600/10：三相干式铜芯绕组电力变压器，设计序号 7，额定容量 1600kVA，高压 10kVA。

9．SZ_5—630/10：三相有载自动调压式铜芯绕组电力变压器，设计序号 5，额定容量630kVA，高压 10kV。

三、选择题

1．D

2. A.C.E.

3. C.D.

四、问答题

1. 答：(1)在安装中一次绕组中性点不允许接地,否则发生一相触地会使互感器发热而烧毁。(2)二次绕组必须有一端接地,以防止一次绝缘击穿,高压窜入,以保障人身安全。(3)在运行中不允许二次侧发生短路,因此一、二次电路均应安装熔断器进行短路保护。

2. 答：高压进户线、避雷装置、隔离开关、断路器、变压器、电压互感器、电流互感器等。断电时应先断负荷开关,后断隔离开关。送电时,先合隔离开关,后合断路器。

3. 答：变电所有变压器,有接受电能、变换电压等级及分配电能的功能。而配电所没有变压器,只有接受电能和分配电能的功能。它们都具备防雷保护、短路保护及过载保护等功能。

4. 答：有高压避雷器、高压隔离开关、高压负荷开关（如油断路器）、高压电容柜、高压电压互感器、高压电流互感器、高压进线装置。

5. 答：高压负荷开关的主要功能是带负荷接通或切断电路,并且能在过负荷保护装置（热脱扣器）的作用下自动跳闸。其中广泛应用的压气式和产气式负荷开关还具有隔离开关隔离电源的作用,因为这种开关在断开后有明显的断开间隙。但是负荷开关的灭弧装置比较简单,不能切断短路电流。所以必须串联高压熔断器（如 RN1 型）。还有 RTO 型安装在闸刀杆上。

6. 答：限流型低压断路器是指分断能力很强,能在短路电流达到冲击值以前（即短路以后不到半个周期）完全断开电器的断路器。限流型低压断路器有很多种类型,包括限流熔断器于一般低压断路器组合而成的限流型低压断路器;由自复式熔断器与一般低压断路器组成的限流型低压断路器;由金属限流线（一种电阻温度系数很高,因而在短路电流通过时,电阻变得很大的铁基合金线）与一般低压断路器组合而成的限流型低压断路器;以及电动斥力式限流型低压断路器。

我国生产的主要是电动斥力式限流型低压断路器。它是利用短路电流强大的电动力,可以使短路电流在达到冲击电流以前就断电并灭弧。如 DWX16,DWX15C,DZX19 等。

7. 答：(1) 防止误合误跳；(2) 防止带负荷拉合隔离开关；(3) 防止带电挂接地线；(4) 防止点接地线误合高压隔离开关；(5) 防止人员误入带电间隔。

5 低压电器设备

5.1 低压断路器

5.1.1 低压断路器的分类

1. 低压电器

低压电器是指电压在 1kV 以下的各种控制设备、保护设备、各种继电器等。在建筑工程中常用的低压电器设备有刀开关、熔断器、断路器、磁力启动器及各种继电器等。低压断路器是建筑工程中应用最广泛的一种控制设备，它也称为自动断路器或空气开关。它除具有全负荷分断能力外，还具有短路保护、过载保护、失压和欠压保护等功能。断路器具有很好的灭弧能力，常用作配电箱中的总开关或分路开关。

每一种低压电器设备都可以用全型号来表示它的名称、容量、结构特点、工作性能等内容。全型号表示如下：

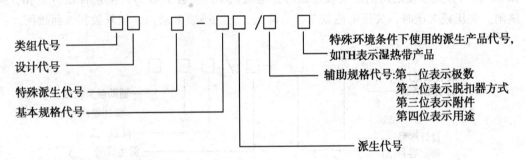

2. 低压断路器的特点

（1）具有多种保护功能（短路保护、过载保护、失压或欠压保护等），所以广泛用于建筑照明和动力配电线路。一般认为在断路器里流过的电流在额定电流的 10 倍以内时，属于过流范围。超过这个范围就被视为短路。

（2）因为是手动直接控制分断主电路，所以不宜频繁操作，适宜作照明配电箱内或其他各种不频繁操作的控制设备。

（3）有灭弧能力，各相主触头上都扣有石棉灭弧罩，各相触头被隔开，这样在断电时，电弧不致形成相间闪络。容量从几个安培到数百安培。

（4）结构紧凑，安装方便。合闸时主触头有弹簧压紧在固定触头上，在拉闸或跳闸时，动作迅速可靠，所有触点同时动作，避免了用熔断器作短路保护时，因一相熔断而带电。

5.1.2 DZ、DW 系列断路器

DZ 型即装置式空气断路器，其优点是导电部分全部装在胶木盒中，使用安全，操作方便，结构紧凑美观。缺点是因为装在盒中，电弧游离气体不易排除，连续操作次数有

131

限。DW 型即框架式低压断路器，它是开启式的，体积比 DZ 型大，但保护性好。DW 型可加装延时机构，电磁脱扣器的动作电流也可以用调节螺钉自由调节。而 DZ 型只能选择不同元件。DW 型除手动操作外还可以选择电动机或电磁铁操作。

1.DZ、DW 系列断路器的结构型号

断路器常用的结构型号：有 DZ 系列、DW 系列等，构造如图 5-1 所示。

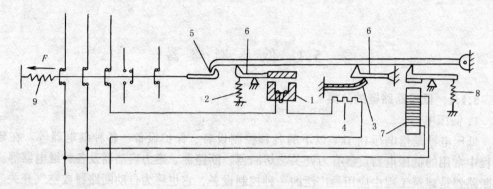

图 5-1　低压断路器原理图

1—电磁铁；2、8、9—拉力弹簧；3—双金属片；4—发热电阻；5—锁扣；6—顶杆；7—失压电磁铁

如图所示，当负载超载时，电流大，电阻 4 发热，双金属片 3 弯曲，通过顶杆顶开锁扣 5，拉力弹簧 9 使之跳闸。出现短路时，电磁铁 1 产生强大吸力，使顶杆顶开锁扣 5 而跳闸。失压或欠压时，失压电磁铁 7 吸力降低，拉力弹簧 8 动作，顶开锁扣 5 而跳闸。

DZ 型号含义如下：

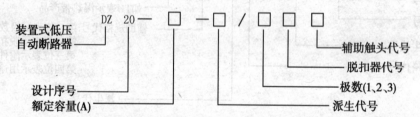

脱扣器代号：0—无脱扣器；1—热脱扣器；2—电磁脱扣器；3—复式脱扣器；4—分励辅助触头；5—分励失压；6—二组辅助触头；7—失压辅助触头。

浙江德力西集团生产的 DZ12L 漏电断路器有单极 2 线，2 极 2 线，单极 2 支路，2 极 3 线，3 极 3 线，3 极 4 线等。还有 DZ47LⅠ、DZ47LⅡ是电子式、DZ47LⅢ是电磁式漏电断路器。

2.DZ 系列和 DW 系列低压断路器的区别（表 5-1）

3. 具有漏电保护功能的 DZ 系列小型断路器

DZ47~63L，DZ30~63L 系列是高分断型小型断路器组合配套的漏电保护器，有短路、过载、漏电保护功能。漏电部分与 DZ47 断路器组合成为漏电断路器，根据需要还可以增加过电压保护。型号含义如下：

如 DZ47LⅢ3/4 表示 3 极 4 线（N 线不断开）。基本参数见表 5-2 所示。

邢台鑫明电器有限公司生产的低压电器开关有 DZ23（A）—40/□△○

其中　DZ—塑料壳式断路器；

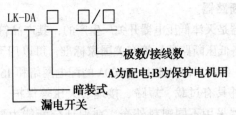

LK-DA □ □/□
极数/接线数
A为配电;B为保护电机用
暗装式
漏电开关

DZ 系列和 DW 系列低压断路器的区别 表 5-1

	DZ 断路器	DW 断路器
失压自动脱扣	无	有
结构	封闭式,手柄在外面	框架式,部件敞露
操作方式	手柄合闸	电磁铁合闸
保护方式	两段保护兼有	有非选择型及选择型两种
	热脱扣电磁脱扣和复式脱扣装置	非选择型为短路时瞬间脱扣
		选择型有两段保护式及三段保护式两种
容量规格	最大 1.25kA	4~5kA
分断能力	小	大
分断速度	较快,不大于 0.02s	比较慢,大于 0.02s
整定调整	不能	能
安装地点	只能安装在箱内或屏内	可灵活地选择地点
体积重量	小且轻	大且重

低压断路器漏电开关产品基本参数 表 5-2

额定电压 (V)	额定电流 (A)	配低压断路器额定电流 (A)	额定动作电流 (mA)	动作时间 (s)
220	≤10	1~10	30	≤0.1
	≤20	16~20		
	≤40	25~40	50, 70, 100	
	≤60	50~60		
380	≤10	1~10	30	≤0.1
	≤20	16~20		
	≤40	25~40	50, 70, 100	
	≤60	50~60		

23—设计序号;

A—表示覆盖端子式;

□—极数(1, 2, 3, 4);

△—瞬时脱扣器电流形式 ——
$\begin{cases} \text{B 型} & (>3I_n \leqslant 5I_n) \\ \text{C 型} & (>5I_n \leqslant 10I_n); \\ \text{D 型} & (>10I_n \leqslant 14I_n) \end{cases}$

○—额定电流(0.5~40A)。

额定电流:B 型—6, 10, 16, 20, 25, 32;C 型—0.5, 1, 2, 3, 4, 6, 10, 16, 20, 25, 32, 40;D 型—按用户要求定。

5.1.3 TM30 系列断路器

TM30 系列塑壳断路器是天津低压电器开关厂生产的，其产品符合 IEC947.2—2、GB14048.2《低压开关设备和控制设备低压断路器》等有关国家标准，可以用于绝缘电压 800V、额定工作电压至 690V、交流 50Hz、额定工作电流 16～2000A 的配电网络和 16～400A 的电动机保护系统中作不频繁转换之用，并具有过载、短路、接地、欠压等保护。为缩小体积，同一电流规格不同分断等级的断路器采用不同塑料外壳，在保证分断能力要求下，使分断/体积指标保持在较高的水平，降低了造价。

由于采用了复合式去游离灭弧技术，对灭弧系统进行创新，断路器 800A 以下的飞弧距离为"零"，提高了分断能力。其主要技术措施有：在灭弧室后壁设置金属网，使电弧软着陆，减少重击穿。断路器出弧口设置金属网，使带电气体冷却去游离，成为中性气体。在触头区设置产气材料，一方面吸收电弧能量，另一方面利用其在高温下产生的气体使触头区介质强度提高，同时限制弧区扩张。

配件齐全，所有壳体均具有各类辅助器件，如分励脱扣器、欠压脱扣器、辅助触头、报警触头、电动操作机构、旋转手柄、自控系统等。安装方式多样，可以后接线、插入接线、抽出接线、水平安装等。从 100A 到 2000A 壳体都提供了热磁式脱扣器，可以实现配电保护和电动机保护。TM30 断路器电动机保护数据见表 5-3。

TM30 断路器电动机保护数据　　　　　　　　　　　　　　　　　　表 5-3

型　号 （W 为无飞弧）	脱扣器瞬时额 定电流 I_n 倍数	飞弧距离（mm）	400V 短路分断能力 I_{cu}（kA）			
			S	H	R	U
TM30—100W	10	0	35	50	85	100
TM30—225W	10	0	35	50	85	100
TM30—400W	10	0	50	65	—	—
TM30—630～800W	10	0	50	65	—	—
TM30—1250	4.7	150	65	—	—	—
TM30—1600～2000	4	150	100	—	—	—

400A 以上壳体断路器具有智能化脱扣器，采用微机芯片，主电路电流信号通过电流互感器，采用数字电子技术进行数字化处理，对电流的大小、过载、短路等情况进行判断，进行有选择的三段保护。能够自诊断内部主要元件，具有通信接口。采用有效值计算，主回路与二次回路隔离，通过数字显示或测量故障电流的大小类别，对电路进行全范围的故障保护。

具有预过载报警、过载长延时、短延时、瞬动和接地故障等多种保护功能。对一般电动机，可以直接启动和运行，不必另附继电保护环节，并具有过载、短路、电动机断相、欠压等故障保护。具有通信功能，硬件为 RS485，传输波特率 300～9600。可以实现区域联锁，微机联网控制。以 TM30 系列塑壳断路器为基础开发的低压配电监控网络系统，在电网运行时根据自动化要求及时改变参数，断路器实现动态保护。TM30 短路极限能力见表 5-4。

5.1.4 C45N 系列型断路器产品

C45N 系列小型断路器，由施耐德集团天津梅兰日兰有限公司生产。该公司位于天津经济技术开发区，是法国 MG 公司、天津航空机电公司、中国航空进出口公司等合资经办

型 号 (P 为智能型)	飞弧距离（mm）	I_{cu} （kA）	I_{cs} （kA）	I_{cw} （kA）
TM30SP—250/400W	0	50	25	5
TM30HP—250/400W	0	65	32.5	5
TM30SP—630	0	50	50	8
TM30HP—630	0	65	65	8
TM30SP—800/1250	150	65	32.5	15
TM30SP—1600/2000	150	100	50	25

注：表中 I_{cu} 额定极限短路分断能力；I_{cs} 额定运行短路分断能力；I_{cw} 额定短时耐受电流。

的中法合资企业。C45N 系列小型断路器是一种具有高分断能力的限流型断路器，其分断能力为 BS3871 标准 M6（即 6kA），符合 IEC898 标准。

1. 特点

C45N 断路器有十大优点：①荣获 CCEE 质量认可证书，国内外首家达到 IEC898 标准，并符合多项国际标准；②分断能力高；③具有限流特性；④脱扣迅速；⑤电流整定精确稳定；⑥组合式设计可与其他电器（漏电开关、过压、零线保护）进行组合；⑦高阻燃及耐冲击塑料壳体及部件；⑧寿命长；⑨体积小重量轻；⑩道轨安装方便。

2. 应用

C45N 系列小型断路器特别适用于控制和保护线路及设备的短路和过载。可以广泛地用于民用建筑的各个领域。极数有单极、两极、三极和四极。多极断路器是在单极的结构的基础上将内部脱扣器用联动杆相连，手柄用联动罩联成一体，使多极动作一致。特点是体积小，保护功能多，有过载保护、短路保护及漏电保护。

（1）C45N—用于照明线路控制和保护。

（2）C45AD—用于动力线路控制和保护。在电机配电电路里，出现的短路电流很大，尽管它受到电缆和启动器的限制，仍然可能达到额定电流的 30 倍。在这样大的电流下，断路器的反应速度远比熔丝刀闸快。在这种高速分断下，热应力对有关电路、设备的影响显著减小，从而有利于对电机启动的保护。

（3）C45NVigi—有漏电保护功能的漏电断路器。额定容量有 5、10、16、20、30、50、63A。

3. C45N 主要参数

C45N 主要参数见表 5-5。

C45N 主 要 技 术 参 数   表 5-5

型 号	额 定 电 流（A）	分断能力（kA）		
		25/48V	125V	250V
C45N	1、3、5、10、16、20、25、32、40、50、60	15（1P）	20（2P）	50（4P）
C45AD	1、3、5、10、16、25、32、40	15（1P）	20（2P）	50（4P）

系统图中标注形式要有额定容量、极数等。如：C45N—32/1P、C45AD—20/3P。

Multi9 系列产品是法国梅兰日兰 MERLIN GERIN 推出的新一代模数化低压电气产品，包括了终端配电系统所有控制、测量、保护元件，功能齐全，元件可组合成各种开关功能。其中主导产品小型断路器具有脱扣特性精确、分断能力高、体积小、寿命长等优点。

4.浪涌限制器（LT）

LT用于TN系统中，跨接在终端配电箱进线端的相线、中性线与PE线之间，就能够对家用类电器产品（如电视机、音响、电脑、冰箱、微波炉）可能出现的瞬时过电压提供保护。LT额定工作电压为380V，短路极限容量为3kA（30/60μs）或6.5kA（8/20μs），剩余电压（短路容量在5kA时）为950V，响应时间25ns，级数为1P、1P＋N和3P＋N，外形与C45N完全相同。宽度为18mm、36mm、72mm。

5.DPN小型断路器

在单相回路中，如果安装单线断路器，一旦相线与中性线接反，TN—C系统设备外壳将对地带220V电压。如果单相回路接地，TT系统的中性线和TN系统的中性线、保护线都将带对地电压。为了获得可靠的电气隔离，应同时切断相线和中性线。

DPN小型断路器是专用于单相线路的断路器，相线作为有脱扣器的保护极，N线虽无保护但有分断点，一个手柄同时切断相线和N线。DPN外形宽度仅为18mm，额定电流3～20A，分断能力4.5kA。

两极断路器只要发生过流，相线、N线同时切断。配漏电保护附件后，发生对地故障时，相线N线同时切断。单级断路器经济，但对TN和TT系统，若发生接地故障只切断相线，接触N线仍然危险。DPN相对两极断路器经济，能够同时切断相线和N线，可防止发生接地故障时和相线、N线接反造成的电击事故。但是DPN仅仅是单极开关，切断的中性线是不带保护的，因此容量有限，也存在一定的安全隐患。

6.延时漏电保护

住宅的进线箱内，为防止线路发生接地故障时危及人身安全和发生电气火灾，推荐安装额定电流为300mA的延时漏电保护装置。VigiNC100延时漏电保护附件的额定电流不大于100A。漏电动作时间符合GB6829—95及IEC1009—1标准。图5-2是四极漏电短路器原理图。

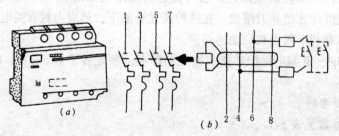

图5-2 四极漏电断路器原理图

（a）外形图；（b）原理图

动作电流和分断时间　　　　　　　　　　　　　　　　　　表5-6

动作电流（A）	1	2	5
最大分断时间（s）	0.2	0.1	0.04

住户内终端配电箱内安装的漏电保护装置为动作电流30mA瞬时动作型。

7. 推荐方案

(1) 进线采用漏电断路器，照明、插座、空调和厨房插座分回路设置，均采用 DPN 断路器。进线采用漏电断路器，照明、插座回路都用低压断路器，该方案只有一个漏电开关，不管哪个回路发生漏电，主开关都会切断电源，如果晚上插座回路漏电，照明回路也被切断，会带来不方便，但对整个回路来说，能够防止雷击和电气火灾，还是比较安全的。

(2) 进线、空调、照明采用断路器，插座回路采用漏电断路器，其中照明和空调可选用 DPN。该方案照明回路和空调回路因人接触的可能性较小，所以不设漏电保护，一旦插座回路发生漏电，照明回路不会受到影响，但万一照明回路发生漏电则无法进行保护，可能造成电击和电气火灾事故。

(3) 进线采用隔离开关，照明、空调回路采用低压断路器，插座采用漏电断路器。该方案作主开关的隔离开关能够耐 6kV 的冲击电压，有可靠的电气隔离。插座回路的漏电保护装置动作时，照明回路不会受到影响，但照明回路发生漏电，则无法进行保护，可能造成电击和电气火灾。

两极断路器只要发生过流，相线、N 线同时切断。配漏电保护附件，当发生对地漏电故障时，相线、N 线也同时切断，使用安全，价格相对较高。单极断路器（只断相线不断 N 线），万一相线与 N 线接反，TN—C 系统的设备外壳对地带 220V 电压，这是十分危险的。另外，单相回路如果发生接地故障，TT 系统的 N 线和 TN 系统的 N 线、PE 线都将带对地电压，单极断路器不能断开 N 线，人触及 N 线后仍会被电击。因此，为了获得可靠的电气隔离，应当同时切断相线和 N 线。

5.1.5 ABB 低压断路器产品

1. 概况

ABB 公司 S 系列产品为 S25—□/□。如 S25—40/3 表示额定容量 40A，3 极。1996 年在中国市场上销售量为 310 万级。采用标准化组件。ABB 微型断路器上下均可接线，分断能力不变。

2. ABB 低压断路器产品技术参数

符合标准：IEC898，GB10963；级数有：1，2，3，1＋N，3＋N。额定分断能力为 6kA（1～40A）；4.5kA（50，63A）。额定电流：1～63A。额定电压：单级 AC230/400V，DC60V。多级 AC400V，DC110V。安装位置在卡轨上，EN50022—35×7.5mm。机械寿命 20000 次。耐冲击 IEC68—2—27 标准：20 次冲击每次 12ms、10g（min）。

3. 特性及型号使用

B 特性用于控制和保护电气系统及一般用电设备。C 特性用于控制和保护高感性负载的电气设备。型号为：S25□S—□□。S25—ABB 产品系列号；□—级数；S—合资厂产品；□—B 或 C 脱扣特性；□—额定电流值 1～63A。

4. 安装与操作要点

(1) 安装：无论什么安装部位，均可敏捷地卡在 EN50022—35×7.5 安装轨上。完全独立安装。

(2) 接线：连接电缆时要求可靠连接。不能被其他物件移动或因过分振动而松动。推荐扭矩值不超过 2N·m。

(3) 操作：要闭合小型断路器是将手柄向上操作，即向标志的方向操作，在这个位置能够看到手柄上有"I"字样。如果小型断路器在分断后能够马上闭合，则分断的原因可能是过载。如果小型断路器重新闭合后立即分断，可能是短路或接地故障。所有小型断路器都装有自由脱扣机构，在故障情况下，即使人为将手柄保持在闭合位置，小型断路器照样分断。清洁：小型断路器在装入配电箱内被弄脏后，可用潮湿的或沾有肥皂水的抹布清洁，不能用有腐蚀性的或类似的溶剂擦拭。

5. SACE Isomax S 系列低压塑壳断路器

SACE 公司提供的 Isomax S 系列塑壳断路器性能优异，外形结构紧凑，通用性强，使用方法简便。S 系列塑壳断路器包括 7 种基本规格，拥有 125～1600A 额定不间断电流和16～100kA 额定极限短路分断能力。

S 系列断路器的基本参数有：B—基本分断能力 16kA；N—正常分断能力 25～35kA；S—标准分断能力 50kA；H—高分断容量 65kA；L—限流型 85～100kA。TM = 热脱扣器；µP = 微处理单元；D = 人机对话单元。S 系列开关有固定式 S1～S7；插入式 S1～S5；抽出式 S3～S7。派生规格有：带可调或不可调的漏电电流保护；带隔离开关；电动机控制断路器带可调电磁脱扣器；机床用断路器；直流断路器。

S 系列断路器采用标准模数尺寸，附件对于插入式和抽出式可带任意接线端子。S1～S5DIN 开孔尺寸为 45mm，S3～S7 为 105mm。适用于一次配电、电动机控制 MCC、二次配电、用户 DIN 安装导轨。从 S4 型 40A 起，S 系列塑壳断路器配有微处理器脱扣器，有两种：SACE PR211—带过载和短路保护；SACE PR212—带过载、短路和接地保护，该型号可配人机对话单元接入楼宇自控系统。S1～S3 断路器配有热敏电磁脱扣器。

5.1.6 ME 系列框架式断路器

这是引进德国 AEG 公司技术制造的产品。适用于交流 600V、直流 400V 以下、50Hz 或 60Hz 的电网中，作为发电机、电动机、线路的过负荷、短路、欠电压保护以及在正常条件下作不频繁启动用，特殊要求时可用 ME630、ME1000、ME1600 型断路器，额定电压可达 1000V。此外还有 AH 系列框架式低压断路器，原理相同。

3WE 系列万能式断路器是用德国西门子公司专有技术与北京大光明有限公司联合生产的产品，符合 IEC157—1 和 VDE0660—101、JB1284—85 标准。结构如图 5-3。额定电压等级 1kV。3WE 系列电子式长延时额定容量见表 5-7，短延时在 50～500A 范围内连续可调。

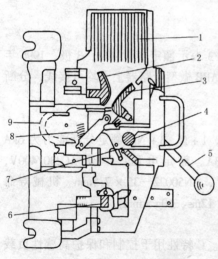

图 5-3　3WE 断路器结构示意图

1—灭弧罩；2—静触头；3—动触头；
4—大轴；5—操作机构；6—电流互感器；
7—双金属片；8—触头压紧和打开弹簧；
9—软连接

3WE 系列整定电流　　　　　　　　表 5-7

断路器型号	3WE1	3WE2	3WE3	3WE4	3WE5	3WE6	3WE7	3WE8	3WE9
整定电流（A）	200～630	200～800	200～1000	320～1250	320～1600	600～2000	800～2500	800～3150	800～4000

5.2 接触器和磁力启动器

交流接触器是用电磁力控制主电路通断的低压电器。按其电源不同而分交流接触器和直流接触器，在建筑工程中多用交流接触器。

5.2.1 接触器结构特点及型号

接触器也称为电磁开关，它是利用电磁铁的吸力来控制触头动作的。接触器按其电流可分为直流接触器和交流接触器两类，在建筑工程中常用交流接触器。如图5-4所示。

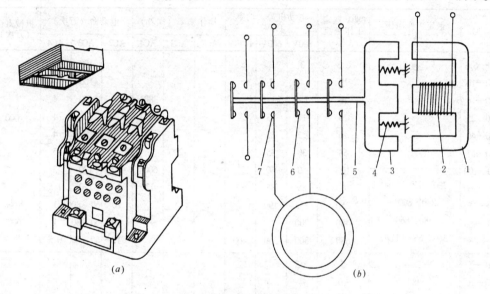

图 5-4 交流接触器

(a) 外形图；(b) 结构原理图

1—铁芯；2—线圈；3—衔铁；4—反作用力弹簧；5—绝缘拉杆；6—桥式可动触点；7—静触点

当线圈通电（被激励）后，衔铁被吸合，用拉杆把所有常开触点闭合（这时所有常闭触点断开），负载通电运行。这种切换主电路的触头称为主触头，可以通断较大电流；而切换控制电路的触头称为辅助触头，通断电流小。容量较大的接触器主触头上有灭弧罩。

接触器主要技术数据有额定电压、额定电流（均指主触头）、电磁线圈额定电压等。应用中一般选其额定电流应大于负载工作电流，通常负载额定电流为接触器额定电流的70%~80%。

CJ20 系列交流接触器（CJ20 series a. c. contactor）简介：

（1）用途：CJ20 系列交流接触器是中国统一设计的产品，主要应用在50Hz、额定电压至660V（其中个别型号可达到1.14kV），电流至630A的电力线路中，供远距离接通和分断电路，以及频繁地控制电动机之用。接触器可与热过载继电器或电子式保护装置组成电磁启动器。它具有失压、过载和断相保护的作用。

该系列的特点是：噪音低，安装面积小，动作可靠，体积小，容易保养，重量轻。CJ20系列可取代CJ8，CJ10，CJ12等系列产品。该产品符合IEC158—1，GB1497，JB2455和JB/DQ4172等标准。

（2）CJ20 系列交流接触器型号涵义。

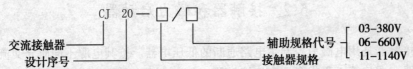

（3）接触器的规格即主触头额定电流有：10、16、25、40、63、100、160、200、400A 等。CJ20 系列交流接触器线圈的额定电压有：36、127、220、380V。

（4）CJ20 系列交流接触器的主要性能指标见表 5-8。

常用 **CJ20** 系列交流接触器的技术数据　　　表 5-8

型　号	额定工作电压（V）	380V 额定工作电流（A）	电动机最大功率（kW）			操作频率（次/h）			电寿命（万次）			机械寿命（万次）
			380V	660V	1140V	AC2	AC3	AC4	AC2	AC3	AC4	
CJ20—6.3	380	6.3	3	3						100	4	
CJ20—10		10	4	7						100	4	
CJ20—16		16	7.5	11				380V		100	4	
CJ20—25		25	11	13				300		100	4	1000
CJ20—40		40	22	22						100	4	
CJ20—63	660	63	30	35			1200			120	5	
CJ20—100		100	50	50				600V	10	120	3	
CJ20—160	380、660、1140	160	85	85	85			120	10	120	1.5	第一期指标
CJ20—250	380、660、	250	132	190					10	60~80	1	
CJ20—400	380、660	400	200						10	60~80	1	600
CJ20—630	380、660、1140	630	300	350	400				10	60~80	0.5	
CJ10—5		5	2.2								4	
CJ10—10	380	10	4									
CJ10—20		20	10									
CJ10—40	500	40	20				630			60		300
CJ10—60		60	30									
CJ10—100		100	50									
CJ10—150		150	75									
CJ12—100		100	50									
CJ12—150	380	150	75				600			15		300
CJ12—250		250	125									
CJ12—400		400	200									
CJ12—600		600	300				300			10		200

5.2.2　B 系列交流接触器介绍

1. 型号

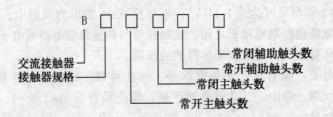

B 系列接触器的规格有 9、12、16、25、30、37、45、65、85、105、170A。

2. 特点

它可以使用下述配件扩大其工作性能。

（1）辅助触头：

CA7—用于 B9、B12、B16、B25、B30；

CA9—用于 B37、B45、B65、B85；

CA11—用于 B105、B170。

（2）气动延时继电器：TP—用于 B9、B12、B16、B25、B30、B37、B45、B65、B85。

（3）机械联锁：VB30—用于 B9、B12、B16、B25、B30。

VB85—用于 B37、B45、B65、B85。

VB170—用于 B105、B170。

（4）机械锁扣机构：WB30—用于 B9、B12、B16、B25、B30。

额定电压有：24、36、48、110、127、220 及 380V。

3. B 系列交流接触器主要技术数据（见表 5-9）

B 系列交流接触器主要技术数据　　　　　　　　　　表 5-9

序号	接触器的型号		B9	B12	B16	B25	B30	B37	B45	B65	B85	B105	B170
1	主极数			3 或 4					3				
2	最大工作电压（V）							660					
3	额定绝缘电压（V）							660					
4	额定发热电流（A）		16	20	25	40	45	45	60	80	100	140	230
5	AC—3 和 AC—4 时额定工作电流（A）	380V	8.5	11.5	15.5	22	30	37	44	65	85	105	170
		660V	3.5	4.9	6.7	13	17.5	21	24	55	55	82	118
6	AC—3 时的控制功率（kW）	380V	4	5.5	7.5	11	15	18.5	22	23	45	55	90
		660V	3	4	5.5	11	15	18.5	22	40	50	75	110
7	最多辅助触头数（对）			5			4			8			
8	机械寿命（100 万次）						10					6	
9	电寿命（100 万次）						1						
10	操作频率（次/h）						600						
11	线圈额定吸持功率（VA/W）			9.5/2.2			10/3		22/5		30/8	32/9	60/15
12	重量（kg）		0.26	0.27	0.28	0.48	0.6	1.06	1.08	1.9	1.9	2.3	3.2

4. B 系列接触尺寸（表 5-10）

B 系列接触器高、宽和厚尺寸表（mm）　　　　　　表 5-10

型　　号		高	宽	厚
B37	B45	114	83	128
B65	B85	134	94	143
B105		154	118	137
B170		165	134	152

5.2.3 真空接触器

这是一种新型控制电器，真空开关一般在 1.33×10^{-4}Pa 左右的真空状态下关合和分断电流。

1. 真空接触器主要特点

(1) 在开关分断电流时，产生的真空电弧具有电弧电压低、电弧能量少、息弧时间短、触头磨损少和动作安全可靠。

(2) 使用寿命长。如 CKJ125/1140 型的电寿命可达 6×10^4 次，机械寿命可达 1×10^6，所以宜使用于频繁控制大容量的电器设备。

(3) 由于真空接触器的绝缘强度高，灭弧能力强，触头行程小，所以体积也小，操作功率也小。

(4) 由于真空接触器的灭弧是在密封的真空容器中进行，电弧和炽热气体不会外溅，所以没有火灾爆炸的危险。适合于组成防爆开关，也不污染环境。

(5) 触头振动轻微，噪音小，真空触头不用维修，检修工作量很小。

2. 真空接触器的主要技术数据（表 5-11）

真空接触器的主要技术数据   表 5-11

参　数 　　　　型　号	CKJ80/1140	CKJ125/1140	CKJ250/1140
额定电压（V）	1140	1140	1140
额定电流（A）	80	125	250
极限分断能力及次数（A/次）	1600/3	2500/3	4500/3
额定接通能力及次数（A/次）	800/100	1250/100	2500/100
额定分断能力及次数（A/次）	640/25	1000/25	2000/25
控制电压（V）	36、110、220、	36、110、220、	36、110、220、
AC	380	380	380
电寿命（次）	6×10^4	6×10^4	6×10^4
机械寿命（次）	1×10^6	1×10^6	1×10^6
辅助触头	二常开，二常闭	二常开，二常闭	四常开，四常闭
外形尺寸（mm）	$158 \times 156 \times 133$	$158 \times 156 \times 133$	$158 \times 156 \times 133$
重量（kg）	≤6	≤6	≤8

5.2.4 直流接触器

1. 直流接触器的特点

直流接触器特点与交流接触器基本相同，主要区别是用直流电源。大、中容量的直流接触器多用单断点平面布置式整体结构，小容量的直流接触器多用双断点主体布置式整体结构。直流接触器主要用于远距离接通和分断电路之用。如冶金、机床、控制直流电机换向及反接制动等，在建筑工程中少用。

2. 常用 CZ 系列直流接触器的技术数据（表 5-12）

5.2.5 磁力启动器

1. 磁力启动器的构造

磁力启动器是用接触器、按钮和热继电器组成。按钮有启动（常开）和停止（常闭）两种。还有复合按钮是把两个按钮装在一起，一般是一个启动一个停止，上下并连，启动

型　　号	额定工作电压（V）	额定工作电流（A）	触头组合情况	操作频率（次/h）	机械寿命（万次）
CZ0—40	440	40	2 常开，2 常闭	常开 1200 常闭 600	常开 500 常闭 300
CZ0—100		100	1 常开，1 常闭，2 常开		
CZ0—150		150	1 常开，1 常闭，2 常开		
CZ0—250		250	1 常开，2 常闭		
CZ0—400		400	1 常开，2 常闭	600	300
CZ0—600		600	1 常开		
CZ0—1000	600	1000	1 常开	150	50
CZ0—1500		1500			

时，同时把停止打开。

热继电器是一种具有延时动作的过载保护器件，它的构造和原理如图 5-5 所示。

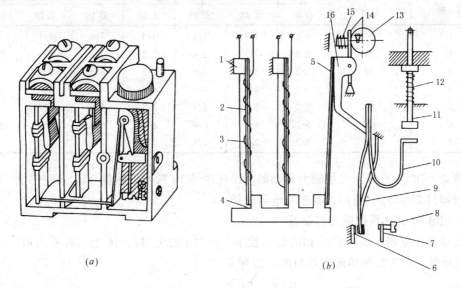

（a）　　　　　　　　　　　　　　　（b）

图 5-5　热继电器

（a）外形图；（b）结构原理图

1—外壳；2—双金属片；3—加热原件；4—导板；5—温度补偿双金属片；6—静触头（常闭）；
7—静触头（常开）8—复位调节螺丝；9—动触头；10—再扣弹簧；11—复位按钮；
12—按钮复位弹簧；13—凸轮（电流调节钮）；14—支持杆；15—弹簧；16—推杆

当负载过负荷时，电流大，发热原件（电阻丝或电阻片）发热，使双金属片向热膨胀系数小的那片方向弯曲，当达到一定限度后推动导板 4，通过补偿双金属片 5 将推力传到推杆 16，使常闭触头 6 断开，从而使控制电路断电而停车，防止了长时间过载而损坏电机。复位按钮是防止在没有排除故障的情况下盲目再启动，因为常闭触点断开后，再启动无效，必需按复位使常闭触头恢复常闭之后才能再启动。凸轮 13 可调整过载保护的程度。温度补偿双金属片 5 的作用是为了抵消环境温度升高时引起电器的误动作。

热继电器不仅可以作为磁力启动器的一个器件，也可以单独使用。

2.QC 系列磁力启动器的型号

磁力启动器的型号含义如下：

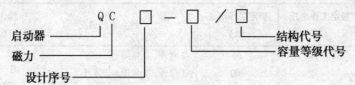

QC 系列磁力启动器容量等级代号与容量（A）的关系见表 5-13；结构代号见表 5-14。

容量等级代号与容量（A）的关系　　　　　　　　　　　　　　表 5-13

等级	1	2	3	4	5	6	7
容量（A）	5	10	20	40	60	100	150

QC 系列磁力启动器结构代号　　　　　　　　　　　　　　表 5-14

磁力启动器等级	容量（A）	开启式				保护式		
		不可逆		可逆	不可逆		可逆	
		有 JR	无 JR	有 JR	无 JR	有 JR	无 JR	有 JR
1	5	1/2	1/3	1/4	1/5	1/6	1/7	1/8
2	10	2/2	2/3	2/4	2/5	2/6	2/7	2/8
3	20	3/2	3/3	3/4	3/5	3/6	3/7	3/8
4	40	4/2	4/3	4/4	4/5	4/6	4/7	4/8
5	60	5/2	5/3	5/4	5/5	5/6	5/7	5/8
6	100	6/2	6/3	6/4	6/5	6/6	6/7	6/8
7	150	7/2	7/3	7/4	7/5	7/6	7/7	7/8

例如：QC_{10}—3/6 含义是磁力启动器，设计序号 10 系列，容量 20A，保护式，不可逆运行（即只有单方向运行），有热继电器保护。

3.DRB 和 DEB 系列磁力启动器

北京低压电器厂引进德国 BBC 公司技术生产的 DEB9、12、16 型六种磁力启动器是用 B 系列接触器和 T 系列热继电器组成。型含义如下：

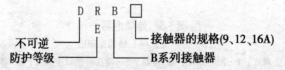

防护等级中 R 表示防护等级为 IP55 的塑料外壳防护式，E 表示防护等级为 IP55 的铁质外壳防护式。该启动器额定电压至 660V。线圈额定电压为 24、36、48、110、220、380V。电器的外形尺寸：DRB9、12、16 为高 178mm，宽 90mm，厚 123mm；DEB9、12、16 为高 160mm，宽 95mm，厚 122mm。

4.磁力启动器的特点

它具有接触器的一切特点，所不同的是磁力启动器中有的有热继电器保护，而且有的能控制正反转运行，即有可逆运行功能。

5.2.6 ABB 交流接触器

ABB 公司的接触器系列规格多样，其技术性能指标符合国际和国家有关标准，并经过许多国家检测机构和船舶分级学会的认可。

1. ABB 交流接触器的特点

（1）安装简便，能够垂直或水平安装，小型接触器可以使用螺钉固定，也可直接扣在 35mmDIN 导轨上，技术要求符合 DIN50022。B 和 EB 系列规格接触器的安装孔符合 EN50052。

（2）标记容易读懂，从正面能够看到所有标记，包括线圈标记。端子标记符合 EN50005、50012 和 NEMA 标准。交流接触器前侧面留有余地，可供用户标记。

（3）连接方便，小型断路器在供货时端子螺钉松开。螺钉装有自提升夹紧器。按照 VDE0100 连接端子具有防止意外直接接触带电部分的功能。大规格接触器连接电缆接线头或电缆夹紧器。电缆夹紧器用于连接铜质和铝质电缆。交货时，所有辅助触头和线圈端子都有开槽式端子螺钉。外加螺钉的防护等级防护 IP20。

同一系列热过载继电器可与接触器配套，小型过载继电器直接安装在接触器端子中，大型热过载继电器由电流互感器转换后以电缆或母排连接。

（4）更换线圈方便：更换线圈简便，意味着可以减少库存，只需要储藏一些工作电压常用的线圈，以备需要时更换。40kW 以上电机用接触器线圈装在加强型玻璃纤维、耐热热塑壳体中。线圈端子容易从前面接近，而不妨碍相线端子或导线，标记易读。更换线圈时，做到得到正确的标记和订货号码。

（5）附件：主要附件有附加辅助触头组，位置锁紧装置，定时器（气囊式和电子式），机械联锁装置，电涌抑制器、限制器等。小型接触器的附件容易卡装，附件通用性强，37kW 及以下电机用的所有接触器附件几乎均可通用。

2. EB 或 EH 型号说明：□□□□

□—系列号；□—规格；□—主级数；□—辅助触头数。

5.3 低压熔断器

低压熔断器是用来防止电路和设备长期通过过载电流和短路电流，有断路功能的保护元件。它由金属熔件（熔体、熔丝）、支持熔件的接触结构和瓷熔管三部分组成。也分为户内式和户外式两种。我国目前生产的熔断器已系列化，用于户内的高压熔断器有 RN1 系列、RN2 系列，用于户外的有 RW4 系列等。

熔断器是构造最简单的短路保护设备，它是利用低熔点的合金熔丝（或熔片），在电流很大时因发热而熔化，从而切断电路，以保护负载和线路。通常用它作为短路保护设备。

5.3.1 低压熔断器的结构种类及其型号

1. 瓷插式熔断器

瓷插式熔断器构造简单，如图 5-6 所示。国产熔体规格有 0.5、1、1.5、2、3、5、7、10、15、20、25、30、35、40、45、50、60、65、70、75、80、100A 等。

型号含义如下：

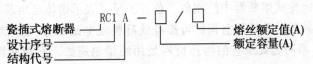

145

2. 螺旋式熔断器

其构造如图 5-7 所示。型号为 RL—1 型，内装熔丝或熔片，当熔丝熔断时，色片被弹落，使检查人员从玻璃孔中很容易发现，需要更换熔丝管。常用于配电柜中，大容量的能达到 1kA。

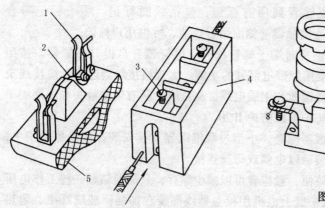

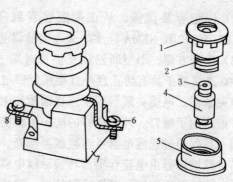

图 5-7　RL—1 型螺旋式熔断器

1—瓷帽；2—金属管；3—色片；4—熔丝管；
5—瓷套；6—上接线端；7—底座；8—下接线端

图 5-6　RC1A 型瓷插式熔断器

1—动触头；2—熔丝；3—静触头；4—瓷座；5—瓷盖

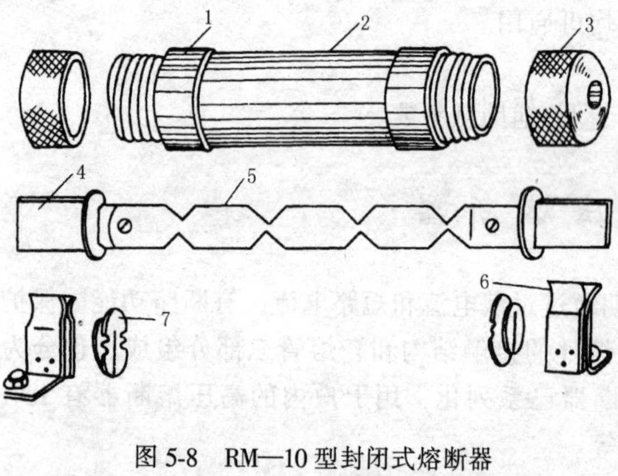

图 5-8　RM—10 型封闭式熔断器

1—黄铜圈；2—纤维管；3—黄铜帽；4—刀形接触片；
5—熔片；6—刀座；7—特种垫圈

3. 封闭式熔断器

封闭式熔断器其构造如图 5-8 所示：它用耐高温的密封保护管，内装熔丝或熔片，当熔丝溶化时，管内气压很高，能起到灭弧的作用，还能避免相间短路。这种熔断器常用在容量较大的负载作短路保护。大容量的能达到 1kA。

4. 填充料式熔断器

其构造如图 5-9 所示。这种熔断器是我国自行设计的，它的主要特点是具有限流作用及较高的极限分断能力。所谓限流是指在线路短路时，在电流尚未达到最大值时就迅速切断电流。这种熔断器用于具有较大短路电流的电力系统和成套配电装置中。

填充料式熔断器构造图中熔体 2 是用两个冲成栅状的铜片，其间用低熔点的锡桥连接，围成筒形卧入瓷管中。当发生短路时，锡桥迅速熔化，从而切断电路。铜片的作用是增大和石英砂的接触面积，让熔化时电弧的热量尽快散去，提高了灭弧的能力，显著缩短了断电时间。

熔丝指示器和螺旋式熔断器中的相似，色片不见了表示熔体已熔断。它不能光更换熔体，只能换新的熔断器。此外还有保护可控硅或硅整流电路的 RS 系列快速熔断器，结构和 RTO 系列相似，不同之处是它的熔体材料是用纯银制造的，它切断短路电流的速度更快，限流作用更好。

146

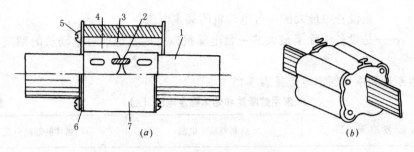

图 5-9 RTO—1 填充料式熔断器

(a) 结构图；(b) 外形图

1—闸刀；2—熔体；3—石英砂；4—指示器熔丝；5—指示器；6—盖板；7—瓷管

5. 自复熔断器

近来低压电器容量逐渐增大，低压配电线路的短路电流也越来越大，要求用于系统保护开关元件的分断能力也不断提高，为此而出现了一些新型限流元件，如自复熔断器等。图 5-10 是自复熔断器构造简图。应用时和外电路的小型断路器配合工作，效果很好。

图中 F1、F2—阀门；D1、D2 是互相绝缘的两个端子，其间用金属钠连通，在正常工作时钠电路是固体。用导热率和铝相同的陶瓷圆筒（BeO）包围在钠电路的四周，把钠电路中正常工作电流通过时产生的热量有效地传到端子，以降低钠电路的热态电阻。工作电流正常时，钠是低阻值（R_0）。

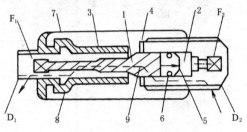

图 5-10 自复熔断器

1—钠；2—高压气体 Ar；3—陶瓷圆筒（BeO）；4—垫圈；5—活塞；6—环；7—金属外壳；8—特殊陶瓷；9—电流通路

在发生短路故障时，短路电流的热效应使钠电路变为气相，钠的气化是从狭小的截面开始。为了实现快速自复，用高压氩气（Ar）借助于活塞对钠电路施加外压。当短路电流通过时，钠快速气化形成高温等离子体，这一限流元件的电阻剧增，从而把故障电流限制在较低数值。这时钠电路的活塞向外移动，防止钠气压上升过高。此时串连在外电路上的断路器自动脱扣切断电路。随后，因为高压气体氩气使活塞恢复原位，钠电路亦快速恢复原状，电阻也恢复到 R_0，时间约 5ms。

5.3.2 熔断器的选择

1. 选择方法

选择熔丝的方法是对于照明等冲击电流很小的负载，熔体的额定电流 I_{RD} 等于或稍大于电路的实际工作电流 I。

$$I_{RD} \geqslant I \quad 或 \quad I_{RD} = (1.1 \sim 1.5) I \qquad (5-1)$$

对于启动电流较大的负载，如电动机，熔体的额定电流 I_{RD} 等于或稍大于电路的实际工作电流 I 的 $1.5 \sim 2.5$ 倍。

$$I_{RD} \geqslant (1.5 \sim 2.5) I \qquad (5-2)$$

选择多台电动机的供电干线总保险可以按下式计算：

$$I_{RD} = (1.5 \sim 2.5) I_{MQ} + \sum I_{e(n-1)} \qquad (5-3)$$

式中 I_{MQ} ——是设备中最大的一台电动机的额定电流；

$I_{e(n-1)}$——是设备中除了最大的一台电动机以外的其他所有电动机的额定电流的总和。

常用熔断器和熔体额定电流见表 5-15。

熔 断 器 型 号	熔断器额定电流	熔体的额定电流	
RC1—A	5	2、3、5	
	10	2、3、5、10	
	15	5、10、15	
	30	20、25、30	
	60	40、50、60	
	100	80、100	
	200	120、150、200	
RL1	15	2、3、5、6、10、15	
	60	20、25、30、35、40、50、60	
	100	60、80、100	
RM10	15	6、10、15	
	60	15、20、35、45、60	
	100	60、80、100	
	200	100、125	160、200（两片并用）
	350	200	225、260、300、350
	600	350、430、500、600	
RT0	50	5、10、15、30、40、50	
	100	30、40、50、60、80、100	
	200	120、150、200	
	400	250、300、350、400	
	600	450、500、550、600	

【例 5-1】 已知四台电动机的额定电流分别为 10A、16A、4.6A、2.4A。选各台电机的分保险和总保险。

解：分保险分别为 20A、40A、10A、5A。

总保险为：$2 \times 16 + (10 + 4.6 + 2.4) = 32 + 17 = 49$（A） 选 50A 即可。

应该注意熔丝的选择要和导线及断路器相配合，可参考表 5-16。

2. 熔断器概念及种类

保 护 装 置	保 护 性 质	
	过负荷保护	短 路 保 护
熔断器	$I_{ER} < 0.8I$	$I_{ER} < 2.5I$（电缆或穿管线）、$I_{ER} < 1.5I$（导线明敷）
断路器长延时过电流脱扣器	$I_{Z1} < 0.8I$	$I_{Z1} < 1.1I$
断路器瞬时，短延时过电流脱扣器	—	I_{Z2}不作规定

熔断器是一种用易熔元件断开电路的过电流保护器件，当过电流通过易熔元件时，就将其加热并熔断。根据这个定义，可以认为，熔断器响应电流，并对系统过电流提供保护。

所有熔断器应能通过连续额定电流；额定电流为 100A 及以下的熔断器，当熔体连续通过 200%～240% 额定有效电流时，在 5min 内熔断；额定电流为 100A 以上的熔断器，当熔体持续通过 220%～264% 额定有效电流时，在 10min 内熔断。

(1) 限流电力熔断器　当线路中可能达到的短路电流超过下一级设备过电流能力或普通熔断器或标准断路器等的断流容量时，可采用限流熔断器。

交流限流熔断器是一种在其额定断流范围内和限流范围内能安全断开所有有效电流值的熔断器。在额定电压下，将清除故障时间限制在等于或小于第一周全电流或对称电流的波谷期内。并限制最高允许通过电流低于用相同于熔断器的阻抗的导体代替熔断器时可能产生的峰值电流。可以用限流熔断器限制允许通过电流及发热量到一定限度，以保护设备避免受到过大的磁应力或过高发热量的危害。

在电动机启动器、带熔断器的断路器以及电动机和馈电线路的带熔断器的开关中，都广泛使用这种熔断器来保护母线和电缆。

限流熔断器的设计，使得在第一半周波预期的峰值电流达到之前，熔断熔体，在线路中形成一高电弧电阻。限流熔断器首先是与启动电动机的接触器配合使用，将短路电流限制在接触器允许值范围内，从而使其成为能用于 600V 以上系统的大断流容量启动装置。现在已广泛用于大容量建筑物或电力系统需要限制短路电流以保护设备的地方。典型应用是用来保护电压互感器及保护大容量系统中的小型负荷。限流电力熔断器的时间—电流特性曲线近似于垂直线，这使得它很难同负载侧的过电流继电器配合。

当熔断时，限流熔断器的电流强制作用在系统中产生瞬态过电压。为了适当地加以控制，可能要采用相应的防止浪涌的保护设备。加在浪涌避雷器上的负载相当大，在选择设备时，必须仔细考虑。

(2) 非限流熔断器（H 级）　这种熔断器能断开过电流达 10kA，但不能像限流熔断器那样，限制流过的电流。因此，只能应用在最大有效故障电流不超过 10kA 的电路中，而且被保护设备应完全能承受这种故障条件可能达到的故障电流峰值，除非这种熔断器作为综合设备的一部分，并经过型式试验，证明可以用于较高的故障电流水平。

(3) 双元件熔断器或延时熔断器　双元件熔断器有两种不同熔断特性的响应电流的熔体串联在一个熔管内。熔断器只能用一次，它和普通熔断器一样，快速动作元件用来作短路电流的保护。延时元件允许短时间过负荷，过负荷延续时才熔断。这种熔断器最重要的用途是用作电动机和变压器保护。该熔断器在电动机启动或变压器励磁涌流时不致断开，而又能避免电动机及分支线路受持续过负荷的危害。

(4) 消弧型熔断器　这种熔断器通常用在配电系统的熔断开关或隔离开关中。为了断开故障电流，在消弧管内装有易熔元件和消除电离的纤维衬套。在熔断器管内迅速产生的高压气体，从熔断器的一端或两端排出，成功地遮断电弧。封闭式、开启式以及敞开熔体式的灭弧型熔断器均可作熔断开关使用，封闭式熔断开关，其接线端子、熔体夹及熔断器座全部装在绝缘封闭外壳内。开启式熔断开关的这些部分全部是敞露的，无整体的熔断器座，消弧管是熔断开关的一部分。

熔断式熔断开关和隔离开关可用于户外，作为配电系统的保护，以及用于馈电电路的线路故障和过负荷保护、变压器一次侧故障保护和电容器组的故障保护。

在断路过程中，由于气体迅速释放，因此，消弧式熔断器动作时声音相当大。当消弧式熔断器像隔离开关那样装在封闭外壳内时，必须特别注意排出可能释放的电离气体，这些气体可能在各带电部件之间引起闪络。

虽然没有断流容量额定值，但该产品作过 10kA 交流短路电流试验。这三种型式为：无延时而各种规格可互换的爱迪生基座，有延时而各种规格可互换的爱迪生基座以及有三个不可互换的，规格为：0~15A，16~20A 及 21~30A 的 S 型基座。对延时旋塞式熔断器要求在 200% 额定值时，至少有 12s 的延时。

管式熔断器的熔体有可更换和不可更换两种。不可更换式熔断器是由工厂一体化装配的，而且在熔断之后必须全部更换。可更换式熔断器能拆开更换熔体。可更换式熔体通常比不可更换式熔体有较长的延时。并且有些类型在中等程度的过电流时，其延时是相当长的。

5.3.3 熔断器的选择

国家标准对各级熔断器规定额定电流、额定电压、额定频率、额定断流容量、最高允许通过电流及放出的最大热能 $0.24I^2t$。在某一过负荷值（如达到额定值的 135%~200%）时的最大断开时间、用于延时的条件及在规定过负荷百分值时的最小断开时间。根据这些参数和各种过电流试验数据由制造厂绘制成时间—电流曲线。

通常，这些曲线是以可能达到的电流有效值（仅大于 0.01s）为基准，并表示出平均熔断时间。不过，有些制造厂的曲线中还表示出最小熔化时间，最大清除故障时间或"有效"时间。在使用这些曲线时要注意，要和相应的特性一一对照。熔断器必须按电压、载流容量和额定断流容量来选择。当熔断器必须同其他熔断器或断路器配合使用时，电流—时间特性曲线、最高允许通过电流曲线和 I^2t 曲线可能很有用。

负荷特性将确定熔断器所需要的延时特性。如果熔断器在电路中串接使用，主要核实短路时的配合，即在故障时，下一级熔断器的 I^2t 清除值，应比上一级熔断器的 I^2t 清除值短。

熔断器制造厂颁发有列出熔断器选择性动作的比值表。假若使用的各种熔断器是同一制造厂的产品，利用这些表就可以进行配合，而勿需仔细分析。当上一级断路器与下一级熔断器配合时，熔断器通过的热能 $0.24I^2t$ 清除时间，一定要小于释放断路器脱扣锁定机构所要求的时间。这是许多类型断路器所不容易实现的，在电流大于断路器瞬时脱扣装置的吸合值或时间少于 0.01s 的范围内，会发生不正常的动作。

虽然正确选择保护断路器、启动器或电缆线路的熔断器，一般在故障条件下可防止设备损坏，但是某些电器的结构，实际上允许双金属片、触头及其他部件有损坏。除非组合设备已当作一个整体装置进行特定的试验，及规定其额定值外，在开关或其他可熔断装置中应用已给定断流容量的熔断器时，不要把此断流容量作为该设备的额定值。例如：一个开关，当在某一故障电流条件下，可能不能承受限流熔断器的允许通过能量。当组合设备没有标明额定值时，则应该以熔断器或装置中额定值最小的作为该设备的额定值。

熔断器的额定电压值应当按等于或高于使用熔断器的系统额定电压来选择。当将某一额定电压的高压限流熔断器用于较低的额定电压线路上时，必须考虑当遮断大故障电流时由于熔断器的零电流强制作用引起的过电压的大小与影响。实践表明，任何标明额定电压值的低压熔断器总能满意地在较低的供电电压上运行。

熔断器的额定电流值应按断开故障电流或过负荷电流来选择，而不是按涌入电流来选择。必须考虑环境温度与外壳型式对熔断器性能的影响。必须要求熔断器制造厂供给对异常环境温度的校正系数。

5.4 低压断路器的选型

5.4.1 低压断路器分类

1kV及以下的断路器称为低压断路器，分为框架式断路器、塑壳断路器和小型断路器。框架式断路器的额定容量为630～6300A、塑壳断路器为63～1600A和小型断路器为0.3～125A。

低压电力断路器采用开启式结构，组装在金属支架上，所有部件都设计成便于维护；检修及更换的，可装在配电柜间隔内或装在前面不带电的其他箱体内。跳闸元件调整范围宽广，在其框架规格范围内完全可以互换。所用跳闸元件是电磁式过电流直接动作型的，也可以是静态跳闸元件。

低压断路器可以和限流熔断器一起组装成抽屉式结构，以满足系统切断电流达到200kA（对称有效值）的要求。但这时作为断路器一部分的熔断器，与多相的机械联锁装置组合，用以消除单相运行的可能性。模铸外壳断路器是和自动保护装置组装在用绝缘材料制成的整体箱壳内的开关设备，有下列通用型式：

(1) 热磁型——具有过负荷保护用的热元件和短路保护用的瞬时电磁跳闸元件，是应用最广的模铸外壳断路器。

(2) 电磁型——只有瞬时电磁跳闸元件，用于只要求短路保护的地方。

(3) 带熔断器的模铸外壳型——该型装有保护短路和过负荷的普通热磁型保护装置，并有限流熔断器保护较大的短路故障。

(4) 高断流型——该型式与标准结构、不带熔断器的热磁型断路器比较，可用于较大短路电流的保护，也不需要增加空间。其装有坚固的触头和操作机构，并有高强度的模压箱。

1kV以下的断路器往往比高压断路器能更快地切除故障电流。目前的设计中，1kV以下的断路器触头经常在短路电流第一周中开始分断。因此，短路器必须按切断最大的第一周非对称电流值标定。但是1kV以下的断路器是以对称电流为基准标定的，在决定设备额定值时不需要乘以直流分量补偿系数，因而瞬时承受和切断容量是相同的。

断路器必须能闭合、载流，切断安装处可能发生最大故障电流。选择断路器最重要的是在电路运行电压下，断路器的遮断短路电流额定值要不小于安装处可能达到的短路电流。

大部分制造厂家都采用固态（solid-state）跳闸装置作为过电流和故障接地保护。设计人员应该要求制造厂家提供有关固态跳闸装置特性资料。固态跳闸装置特性具有敏感的接地保护特性。

5.4.2 断路器基本要求

1.市场情况

市场上推陈出新是基本的法则。只有技术先进、质量可靠的产品才能在市场上得到发展。我国技术监督部门明令于 1997.12.31 淘汰 DW10 系列框架式低压断路器，1997.6.30 淘汰 DZ10。原名空气开关、自动开关现在统一在 IEC 的大旗下，称为低压断路器。

2. 国产断路器

目前国产断路器最大额定电流可达 4000A，引进产品可达 6300A。极限分断能力可达 120~150kA。我国 80 年代开发的框架式断路器型号有 DW15、DW16 系列，在 DZ20Y、J 系列基础上又开发了高分断能力的 G 型，经济性的 C 型及无飞弧的 W 型。较新的塑壳断路器国产产品还有奇胜公司的 D 系列，天津低压电气厂的 TM30 系列。

3. 引进断路器

引进技术生产的大容量 DW914 系列、ME 系列、MasterPact 系列、F 系列、AE 系列等框架式断路器，S 系列的 ComPact 塑壳断路器。在中国市场上销售的还有西门子 3WN1（630~6300A）、海格、罗格朗、三菱（AE）、NF 系列、3VF3，3VF8 系列限流塑壳断路器等。

5.4.3 低压断路器的选择

1. 技术参数

表示断路器性能的主要指标有通断能力和保护特性。通断能力是开关在指定的使用和工作条件下，能在规定的电压接通和分断的最大电压值。制造厂通过型式试验测定极限通断能力，并作为产品的技术数据写入说明书。如 DZ20 型直流最大可达 25kA，交流 50kA。

断路器能在故障的情况下，自动地切断短路电流或过载电流，它的主要数据是额定电流、额定电压、断流能力等。选择断路器主要就是进行这几方面的计算。

低压断路器主要用在交流 380V 或直流 220V 的供电系统中，所以它的额定电压多为交流 380V 和直流 220V。按线路额定电压进行选择时应满足下列条件：

$$U_n \geqslant U_{eL} \tag{5-4}$$

式中　U_n——断路器的额定电压（V）；

　　　U_{eL}——线路的额定电压（V）。

2. 低压断路器电流的选择

（1）额定电流的选择：国产塑壳式的断路器额定电流为 6、10、16、20、32、50、100、200、250、315、400 和 600A 等。国产框架式断路器的额定电流为 200、400、600、1000、1500、2500、3200、4000A 等。当按线路的计算电流选择时，应能满足下式：

$$I_n \geqslant I_{30}$$

式中　I_n——断路器的额定电流（A）；

　　　I_{30}——线路的计算电流或实际电流，下标 30 是指电路接通后 30s 时的电流值（A）。

为了防止越级脱扣，一般应该使前级瞬时脱扣器的电流 I_{n1} 为后级的瞬时脱扣电流 I_{n2} 的 1.4 倍。当短路电流大于前级额定脱扣电流时，要想不使前级跳闸，只让后级断路器跳闸，后一级断路器应选限流型。也可以把前一级断路器选为延时型。我国生产的电器设备，设计时是取周围空气温度为 40℃ 作为计算值，如果安装地点日最高气温高于 +40℃，但不超过 +60℃ 时，因散热条件较差，最大连续工作电流应当适当降低，即额定电流应乘

以温度校正系数 K。温度校正系数 K 由下式确定：

$$K = \sqrt{\frac{\theta_e - \theta}{\theta_e - 40}} \qquad (5-5)$$

式中　θ_e——电气设备的额定温度或允许的最高温度（℃）；

　　　θ　——是最热月平均最高温度（℃）。

　　对于负荷开关和隔离开关等，根据触头的工作条件，当在空气中时，取 θ_e 为70℃。不与绝缘材料接触的载流和不载流的金属导体部分取 θ_e 为110℃。如果周围空气温度低于 +40℃时，则每低1℃允许电流比额定电流值增加0.5%。但增加总数不得超过20%。

　　3. 瞬时或短时过电流脱扣器的整定电流

　　现在我国生产的用于短路保护和过载保护的脱扣器有"瞬时脱扣器"、"三段保护特性脱扣器"和"复式脱扣器"等几种。瞬时脱扣器的安—秒特性曲线如图5-11所示。它是没有任何延时动作的脱扣器。

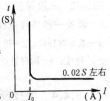

图5-11　瞬时脱扣器的安—秒特性

　　瞬时或短时过电流脱扣器的整定电流应能躲开线路的尖峰电流。在具体计算整定值时，负载是单台电动机，整定电流按下式计算：

$$I_{s.zd} \geqslant K_{h2} \cdot I_{q.d} \qquad (5-6)$$

式中　$I_{s.zd}$——瞬时或短时过电流脱扣器整定电流值（A）；

　　　K_{h2}——可靠系数，因整定也有误差，电机启动电流会有一定变化。对动作时间在一个周波以内的断路器，还应该考虑非周期分量的影响。动作时间大于 0.02s 的断路器 K_{h2} 取1.35，动作时间小于0.02s的断路器 K_{h2} 取 1.7 ~ 2.0；

　　　$I_{q.d}$——电动机的启动电流（A）。

　　当配电线路不考虑电动机的启动电流时，按下式计算整定值：

$$I_{s.zd} \geqslant K_{h3} \times I_{jf} \qquad (5-7)$$

式中　I_{jf}　——配电线路的尖峰电流（A）；

　　　K_{h3}——可靠系数，一般取1.35。

　　当配电线路考虑电动机的启动电流时，按下式计算整定值：

$$I_{s.zd} \geqslant K_{h3} I_{q.dz} \qquad (5-8)$$

式中　$I_{q.dz}$——正常工作电流和可能出现的电动机启动电流之总和（A）。

　　确定本级断路器短延时过电流脱扣器动作电流的整定，还应考虑到与下一级开关整定电流选择性的配合。本级动作整定电流 $I_{s.zd}$ 应大于或等于下一级断路器短延时或瞬时动作整定值的1.2倍。若下一级有多条分支线，则取各分支路断路器中最大整定值的1.2倍。

　　4. 长延时过电流脱扣器整定电流的确定

　　脱扣器的保护特性分为长延时特性、短延时特性、瞬时特性，其特性曲线见图5-12所示。

　　图中：I_2 是长延时脱扣器的电流整定值，其动作时间可以不小于10s；

　　　　　I_1 是短延时脱扣器的电流整定值，其动作时间可约为0.1 ~ 0.4s；

　　　　　I_0 是瞬时脱扣器的电流整定值，其动作时间约为0.02s。

　　瞬时脱扣器一般作短路保护；短延时脱扣器可以作短路保护，也可以作过载保护；而长延时脱扣器只能作过载保护。低压电器根据设计需要可以组合成二段保护（如瞬时脱扣加短延时脱扣或是瞬时脱扣加长延时脱扣），也可以只有一段保护。国产DZ系列断路器中的复式脱扣器就是具有长延时特性的热脱扣器和具有瞬时特性电磁脱扣器。其长延时脱扣时间为 2～20min，可用于过载保护。复式脱扣器具有二段保护特性。由于长延时过电流脱扣器主要用于保护线路超载，脱扣器的整定电流应大于线路中的计算电流，要满足下式：

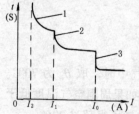

图 5-12　三段保护式脱扣器安—秒特性曲线

1—长延时特性；2—短延时特性；3—瞬时特性

$$I_{g.zd} \geq K_{hl} \times I_{js} \tag{5-9}$$

式中　$I_{g.zd}$——过电流脱扣器的长延时动作整定电流值（A）；

K_{hl}——可靠系数，一般取 1.1；

I_{js}——线路的计算电流，若是单台电动机是指电动机的额定电流（A）。

5.4.4　低压断路器选型依据

1. 选型依据

根据供电负荷级别及建筑物类别、层数、面积、高度、用电设备容量、建筑物使用性质及环境、节能指标、自动化管理程度，对选择的低压断路器作可行性研究和技术经济比较。分析研究电源距离负荷远近；电力变压器容量大小；该低压断路器负荷侧的短路电流大小等因素。

如高层民用住宅、办公楼等属于二三类建筑物内二三级用电负荷，可选 DW15、DW48、DW914 等系列断路器作为主断路器，D 系列、DZ20Y 等系列塑壳断路器作保护电动机断路器。如星级宾馆、合资工程、重点工程、广播电视台、航空港、码头、金融中心、涉外工程、超高层等一类建筑物内一级负荷的开关，宜选用 DW914、ME、MasterPact、F 系列框架式断路器作主断路器；合资产品如奇胜 E4CB、ABB 的 S、施耐德 NS，或国产 TM30、DZ20G 塑壳断路器作为二三级保护断路器。

低压断路器的选择应符合电网额定电压、额定频率、设备额定电流、故障短路时的分断能力。低压断路器应保证电力系统正常工作，电动机正常启动或短路、过载、接地故障等事故状态时的自动分断。各级断路器的瞬时或延时脱扣器/电流特性、额定电流 I_n 应优化组合选定，并且保证系统可靠运行，经济合理。配电系统的断路器设置宜尽量减少级数，一般 3 级以内为宜。断路器选型见表 5-17、表 5-18。

SC9 系列变压器低压侧主断路器的选型　　　　表 5-17

变压器容量（kVA）		315	400	500	630	800	1000	1250	1600	2000	2500	3150	4000	来源
一次电压（kV）	10	有	有	有	有	有	有	有	有	有	无	无		国标
	35	有	有	有	有	有	有	有	有	有	有	有	有	国标
框架断路器额定电流（I_{nm}）	DW15	1000	1000	1000	1000	1500	2000	2000	2500	4000	4000	无	无	国标
	DW48	630	800	800	1000	1250	1600	2000	2500	3200	无	无	无	长征
	DW914	600	600	1000	1000	1600	1600	2000	2500	3200	4000	无	无	北开
	3WE	630	800	800	1250	1600	1600	2000	2500	3150	4000	无	无	大光明
	F	1250	1250	1250	1250	1250	1600	2000	2500	3200	4000	5000	6300	ABB
	MasterPact	800	800	1000	1000	1250	1600	2000	2500	3200	4000	5000	6300	施耐德
	AE	1000	1000	1000	1000	1600	1600	2500	2500	3200	无	无	无	南洋

2. 塑壳断路器

Y 系列三相异步电动机用断路器选型　　　　　　　　　　　　　　表 5-18

额定功率 (kW)	<3	4	5.5	7.5	11	15	18.5	22	30	37	45	55	75	90	110	132	160	200
满载电流 (A)	6.4	8.2	11.1	15	21.8	29.4	35.5	42.2	56.9	69.8	84	116	139	166	203	243	292	365
DZ20Y	100/16	100/16	100/16	100/20	100/32	100/40	100/40	100/50	100/63	100/80	100/100	200/125	200/160	200/200	400/250	400/315	400/350	400/400
TM30 天津低	100/16	100/16	100/16	100/20	100/32	100/40	100/40	100/50	100/63	100/80		225/125	225/160	250/200	250/250	400/315	400/350	630/400
D 奇胜						125/40	125/40	125/63	125/63	125/80	125/100	125/125	160/160	250/250	250/250	400/320	400/350	400/400
E4CB—D 奇胜	20/15	20/15	20/20	20/20	100/30	100/40	100/50	100/60	100/75	100/100								
NS 施耐德	100/16	100/16	100/16	100/20	100/32	100/40	100/40	100/63	100/63	100/63		160/125	160/160	250/250	250/250	400/320	400/320	400/400
NC100 梅兰							100/63	100/63	100/80	100/100								
C45AD 梅兰	100/10	100/10	100/16	100/16	100/25	100/32	100/40	100/50	100/63									
S ABB	125/10	125/10	125/16	125/20	125/25	125/32	125/40	125/50	125/63	125/80	125/100	125/125	160/160	250/200	250/250	400/320	400/350	400/400
S25—C ABB	40/10	40/10	40/16	40/20	100/25	100/32	100/40	100/50	100/63									

左侧栏注：塑壳断路器额定电流 I_{nm}　I_n（表中各格上行为 I_{nm}，下行为 I_n）

3. 降低容量使用

多个断路器同时装入密闭箱体内，箱内温度相应上升，此时断路器要降低容量使用。C45N 系列乘以 0.8，Vigi 断路器乘以 0.75。不同温度时断路器的容量值见表 5-19。

不同温度时断路器的容量值　　　　　　　　　　　　　　表 5-19

型号 ＼ 温度	20℃	25℃	30℃	35℃	40℃	45℃	50℃	55℃	60℃
				额 定 电 流 （A）					
C45N—1	1.05	1.01	1.00	0.97	0.94	0.91	0.88	0.85	0.82
C45N—3	3.18	3.09	3.00	2.91	2.82	2.73	2.61	2.52	2.40
C45N—6	6.30	6.18	6.00	5.82	5.64	5.52	5.34	5.16	4.92
C45N—10	10.7	10.3	10.0	9.60	9.30	8.90	8.50	8.10	7.60
C45N—16	17.0	16.5	16.0	15.5	15.0	14.1	14.1	13.4	13.0
C45N—20	21.2	20.6	20.0	19.4	18.8	18.2	17.4	16.8	16.0
C45N—25	26.5	25.8	25.0	24.3	23.3	21.5	21.5	20.8	19.8
C45N—32	33.9	33.0	32.0	31.0	30.1	28.8	27.8	26.6	25.6
C45N—40	42.8	41.6	40.0	38.4	36.8	35.5	33.6	32.0	30.0
C45N—50	54.0	52.0	50.0	48.0	46.5	43.5	41.0	38.5	36.0
C45N—63	67.4	65.5	63.0	60.5	58.6	56.1	53.5	50.4	47.9
NC100H—50	57.5	56.0	54.0	52.0	50.0	48.0	45.5	43.5	41.0
NC100H—63	72.5	70.5	68.0	65.5	63.0	60.5	57.5	54.5	51.5
NC100H—80	92.0	89.0	86.0	83.0	80.0	76.5	73.5	69.5	66.0
NC100H—100	115	112	108	104	100	96.0	91.4	87.0	82.5

5.4.5　低压断路器的校验

低压断路器应校验其分断能力、尖峰电流、过载能力和保护线路的能力。

1. 分断能力

断路器的任务之一是切断短路电流，它切断或接通短路电流的能力是用通断能力来表示。通断能力是指断路器在规定的试验条件（如电压、频率、线路其他参数等）下，能够接通或切断短路电流的数值。通断能力用交流有效值 kA 表示。

当校验断路器的分断能力时，若分断能力不够时，可以采用一些补救措施。一般的线路可用填充料式熔断器 RTO 来替代断路器。对于特别重要的线路，用 RTO 作为线路保护时，不能保证在 RTO 动作后立刻恢复供电，此时应采用更大容量的断路器。

2. 尖峰电流

应校验在配电线路出现尖峰负荷时或电动机在启动时，长延时过电流脱扣器不应动作。这个问题取决于脱扣器在 3 倍整定值下的可返回时间，这一时间取决于线路中尖锋电流的持续时间，也就是线路最大容量异步机直接启动的持续时间。一般的情况下电动机的轻载启动时间不超过 2.5 ~ 4s，电动机满载启动时间不超过 6 ~ 8s，个别电动机重载启动时间达 15s。

例如，在某配电线路中，尖峰电流相当于长延时过电流脱扣器整定值的 3 倍，线路中的最大电机满载启动时产生尖峰电流，则选用返回时间为 15s；如果线路中最大电机轻载启动产生尖峰电流，则选用返回时间 8s 即可满足要求。可返回时间越小，说明线路电流越大于长延时脱扣器整定电流倍数越多，保护装置的动作越快。从保护线路的观点出发，这是有利的，所以平常都选取尽可能小的可返回时间。

3. 过载能力

过载能力是校验长延时过电流脱扣器在配电线路超载时是否可靠地动作。如平常用断路器对电动机进行保护时，则电动机在超载 20% 时应使保护装置动作。

4. 线路保护

断路器的容量要能保护它后面的线路，这似乎是不言而喻的，但在实际设计中往往由于各种因素放大了断路器的额定电流数值，却忽略了相应地扩大导线截面，导致线路因过载而烧焦，断路器却岿然不动的现象。断路器的容量与被保护线路最小截面的关系可参考表 5-20。

断路器的容量与被保护线路最小截面的关系　　　　　　　　　　表 5-20

小型断路器脱扣器整定电流(A)	熔断器允许额定电流(A)	民用建筑			工　业　建　筑									要求具有防爆功能设计的建筑	
		照明线路			照明线路			电　力　线　路							
		支线和干线			支线和干线			支　线			支线和干线			干　线	
		绝缘导线明设	绝缘导线穿管橡、塑电缆	纸绝缘电力电缆	绝缘导线明设	绝缘导线穿管橡、塑电缆	纸绝缘电力电缆	绝缘导线明设	绝缘导线穿管橡、塑电缆	纸绝缘电力电缆	绝缘导线明设	绝缘导线穿管橡、塑电缆	纸绝缘电力电缆	绝缘导线穿管	纸绝缘电力电缆
		配 选 最 小 导 线 截 面（mm²）													
6	6	1	1	1.5	1	1	1.5	1	1	1.5	1	—	—	1.5	1.5
10	10	1.5	1.5	1.5	1.5	1.5	1.5	1	1	1.5	1	1	—	2.5	1.5
20	15	2.5	2.5	1.5	2.5	2.5	1.5	1.5	1	1.5	1.5	1.5	—	4	1.5
25	20	4	4	2.5	4	4	2.5	2.5	1	1.5	2.5	2.5	—	4	2.5
32	25	4	6	4	4	6	2.5	4	1.5	1.5	4	2.5	1.5	4	2.5
50	35	6	10	10	6	6	4	4	2.5	1.5	4	4	2.5	10	4
80	50	10	16	16	10	10	10	6	4	1.5	6	6	4	25	10
100	80	16	25	25	16	16	16	10	4	2.5	10	10	10	35	16
125	100	25	35	35	16	25	16	16	6	4	16	16	16	50	25
160	125	50	50	50	25	35	35	16	10	6	25	25	25	70	35
225	160	60	70	70	35	50	50	25	10	10	25	25	25	95	70

5.5 低压配电屏

5.5.1 GCS型抽出式低压配电屏

GCS型低压抽出式配电屏的主要特点是电气方案灵活、组合方便、检修断电时间少、分断能力强、热稳定性能好、防护等级高。

1.GCS型抽出式低压配电屏特点

(1) 电气参数一致性，水平母线从电源柜到输出柜均达到 80kA。母线全部采用 TMY—T2 系列硬铜排，全长搪锡或用镀银铜母线。水平母线置于柜的后部母线隔室内，3150A 及以上为双层布置，2500A 以下为单层布置。每相由两条母排组成，大大提高了母线的短路强度。

(2) 主断路器用 DW914（AH）开关，装柜不降容。母线采用背后平直式，使电缆室上下均有出线通道，解决了老产品无法上出线的困难。

(3) PC 柜可以作三个回路，即三层 AH 开关，MCC 柜可以作 22 个回路抽屉。一个抽屉为一个独立功能单元。抽屉单元可以实现很方便地互换。

电气性能指标：额定工作电压 380V（660V）；额定频率 50（60）Hz。水平母线额定电流 ≤4000A。垂直母线额定电流 ≤1000A。额定峰值耐受电流 105（176）kA。额定短时耐受电流 (I_s) 50（80）kA。水平母线铜排规格见表 5-21 所示。

水平母线铜排规格 表 5-21

额定电流（A）	铜排规格（mm²）	额定电流（A）	铜排规格（mm²）
600、1250	2（50×5）	2500	2（80×10）
1600	2（60×6）	3150	2×2（60×6）
2000	2（60×10）	4000	2×2（60×10）

GCS 型低压抽出式开关柜为不靠墙式，正面操作，双面维修。

抽屉与柜体间的接地触头接触可靠，当抽屉推入时，抽屉的接地触头应比主触头先接触，拉出时相反。使用 1kV 兆欧表测量绝缘电阻不小于 1MΩ。GCS 型抽出式低压配电屏是电力工业部、机械工业部以促进中国低压配电行业的技术进步，加速低压配电成套开关设备的更新换代，保护和弘扬中国民族工业为宗旨，于 1995 年委托森源电气有限公司组织两部 GCS 型低压抽出式配电屏联合设计组完成设计和研制，目前在全国范围内已经得到初步肯定和选用。

GCS 低压抽出式配电屏的耐受短路电流从水平母线、电源柜到抽出柜均达到 80kA。首选主断路器选用北京开关厂生产的 DW914（AH）开关，装柜不降容，填补了国内空白。母线采用背后平置式使电缆室上下均有出线通道，解决了老产品无法上出线的难题。PC 柜可做三个回路，即装三层 AH 开关，MCC 柜可做 22 个回路。装置主构架采用拼装和焊接两种结构形式。主构架上均有安装模数孔 $E = 20mm$。

2.GCS型抽出式低压配电屏适用范围

GCS 适用于发电厂、变电所、石油化工部门、厂矿企业、高层建筑等低压配电系统的动力、配电和电动机控制中心、电容补偿等的电能转换、分配与控制使用。在大单机容量的发电厂、大规模石化等行业的低压动力控制中心和电动机控制中心等电力使用场合能够满足与电脑接口的特殊需要。

GCS 是根据电力部主管上级，广大电力用户及设计部门的要求，为满足不断发展的电力市场对增容、电脑接口、电力集中控制、方便安装维修、缩短事故处理时间等需要，本着安全、经济、合理、可靠的原则设计的新型抽出式低压配电屏。产品具有分断、接通能力高、动热稳定性好、电气设计方案灵活、组合方便、系列性实用性强、结构新颖、防护等级高等特点。是抽出式低压配电屏的换代产品。

GCS 型抽出式低压配电屏产品型号及含义

$$GCS—□□$$

G—封闭式配电屏；C—抽出式；S—森源电气系统；

□—主电路方案代号；□—辅助电路方案代号。

3. GCS 型抽出式低压配电屏产品使用条件

周围空气温度不高于 + 40℃，不低于 - 5℃，24h 内平均温度不高于 + 35℃。否则降容使用。户内使用地点海拔高度不得超过 2000m。周围空气相对湿度在最高温度为 + 40℃时不超过 50%，在较低温度时允许有较大的相对湿度，如 + 20℃时为 90%，应考虑到由于温度变化可能会偶尔产生凝露的影响。GCS 安装时与垂直面的倾斜度不超过 5%，且整组柜列相对平整。GCS 应安装在无剧烈振动和冲击已经不足使电气元件受到不应有腐蚀的场所。用户如有特殊要求，可以与制造厂协商解决。

4. GCS 型抽出式低压配电屏产品电气性能

基本电气参数：额定绝缘电压，AC660（1000）V；额定工作电压，主电路 AC380（660）V，辅助电路 AC380、220、24V，DC220、110V。额定频率 50（60）Hz。水平母线额定电流小于等于 4kA。垂直母线额定电流为 1kA。额定峰值耐受电压 105（176）kV。额定短时耐受电流 1s，50（80）kA。

GCS 主电路方案共 32 组 118 个规格，不包括由于辅助电路的控制与保护的变化而派生的方案和规格。主电路方案是征求了广大设计、制造、试验和使用部门的意见而选编的，包括了发电、供用电和其他电力用户的需要，额定工作电流为 4kA，适合 2500kVA 及以下配电变压器的选用。此外，考虑到提高电力因数的需要而设计了电容补偿柜，考虑到综合投资的需要而设计了电抗器柜。

5. 功能单元

一个抽屉为一个独立的功能单元。抽屉分 1/2、1、2、3 单元四个尺寸系列。回路额定电流在 400A 以下。一个单元抽屉的尺寸为：160 高 × 560 宽 × 410 深（mm），1/2 单元抽屉宽为 280mm，2、3 单元仅高度变化，其余尺寸同一单元。功能单元的抽屉可以方便互换。GCS每柜内可配置 11 个一单元的抽屉或 22 个 1/2 单元的抽屉。抽屉进出线根据回路电流大小采用不同片数的同一规格插接件，一般一片插接件不大于 200A。1/2 抽屉与电缆室的转换，采用背板式结构的转接件。单元抽屉与电缆室的转接采用棒式结构的转接件。

抽屉面板有合、断、试验、抽出等位置的明显标志。抽屉设有机械联锁装置。馈线柜和电动机控制柜设有专用的电缆隔室，功能单元室与电缆隔室内电缆的连接通过转接件或转接铜排实现。电缆隔室有 240mm 和 440mm 两个宽度尺寸，选用时视电缆数量、截面和用户要求而定。

GCS功能单元辅助接点对数一单元及以上的为32对，1/2单元为20对。能够满足自动化用户和电脑接口的需要。考虑到干式变压器实用的普遍性、安全性和油浸变压器的经济性，GCS能够方便地与干式变压器成一个组列，也可方便地与油浸变压器连接。以抽屉为主体，可以混合组合抽出式和固定式。GCS按三相五线和三相四线设计，可选用PE＋N或PEN方式。柜体防护等级有IP30、IP40两种。

6.GCS型抽出式低压配电屏产品辅助电路方案

GCS辅助电路方案是根据有关设计要求规定而编制的。共有辅助电路方案120个，分上下两册。上册交流操作部分63个方案，下册直流操作部分共有57个方案。

直流操作部分的辅助方案主要用于发电厂变电站的低压场所系统。编制时考虑到适用于200MW及以下和300MW及以上容量机组低压系统，工作备用电源进线，电源馈线和电动机馈线的一般控制方式。编制时选用了6种适用于双电源进线操作控制的组合方案。设有操作电气联锁备用自投自复等控制电路。

直流控制电源为DC220V或110V，交流控制电源为AC380V或220V，由抽屉单元组成的成套柜。220V控制电源引自本柜内专设控制变压器供电的公用控制电源。公用控制电源采用不接地方式控制变压器，留有24V电源供需要使用弱电信号灯时采用。

7. 母线

GCS为提高动热稳定和改善接触面的温升，采用TMY—T2系列硬铜排，铜排必须搪锡，推荐采用全长搪锡，也可采用全长镀银铜母线。水平母线置于柜后部母线隔离室内，3150A及以上为上下双层布置，2500A及以下为单层布置，每相由4条或2条母排组成，提高了母线短路强度。

垂直母线选择L型硬铜排搪锡母线。L型母线规格：（高×厚）＋（底×厚）（50×5）＋（30×5），单位mm。额定电流1kA。中性接地母线采用硬铜排。贯通水平中性接地线PE（N）或接地＋中性线PE＋N规格见表5-22。装置内垂直PEN线或PE＋N线规格全部选用40×5。

选用PE（N）线截面积和相导线截面关系 表5-22

相导线截面积（mm²）	选用PE（N）线截面积（mm²）
500～720	40×5
1200	60×6
>1200	60×10

8.GCS型配电屏中电器元件选择

GCS电器元件主要选择技术性能指标先进，国内能够批量生产的电器元件。主开关选用630A及以上的电源进线及馈线开关，主选AⅡ系列，国内合资生产的F系列或M系列，也可采用DW40、DW48、AE、3WE或ME系列。630A以下的馈线和电动机控制用开关，主选TG、CM1系列，塑壳开关也可选NZM、TM30系列以及国内合资生产的S系列、NS系列塑壳断路器。交流接触器主选B、LC1、3TB系列及配套热继电器、联锁机构。电流互感器全部采用森源电气有限公司与苏州吴县市低压电器厂、杭州建德电器厂联合开发的SDH、SDL、SDL1系列。熔断器选用高分断能力的Q系列刀熔和NT00系列。

为提高主电路的动稳定能力，设计了GCS系列专用的CNJ型组合式母线夹和绝缘支撑件，采用高强度、阻燃型合成材料热塑成型，绝缘强度高，自熄性能好，结构独特，只需要调整积木式间块即可适用不同规格的母线。为降低功能单元的间隔板、插接件、电缆头的温升，设计了专用的转接件。

9. 结构特点

GCS 主构架采用 8MF 型钢，构架采用拼装和部分焊接两种结构形式。主构架上均有安装模数孔 $E = 20mm$。GCS 各功能室严格分开，其隔离室有功能单元室、母线室、电缆室，各单元功能相对独立。GCS 电缆室上下均有出线通道，可以上出线。GCS 尺寸见表 5-23。

GCS 尺 寸 （mm）   表 5-23

高	宽	深
	400	800，1000
2200	600	800，1000
	800	600，800，1000
	1000	600，800，1000

5.5.2 多米诺组合式配电屏

多米诺（DOMINO）低压配电屏采用模块组合式结构，是过去固定式和封闭式低压配电屏（如 BSL、PGL）的换代产品。多米诺组合配电屏的框架是用标准的零部件用螺栓组装连接在一起的，柜体的零部件都是按模数设计的，这就提供了许多的组合方式，非常灵活，每一个电气元件占据一个独立单元隔室。适用于 600V 以下动力与照明配电系统中作为电能的分配、保护和监控之用，并能制成电机控制中心、模拟控制中心、静电控制中心、电容补偿柜、减压补偿柜及各种组合配电屏。门上设有机械或电气联锁，门上开关分合指示明显。柜体侧面设有电缆固定夹，以便电缆进出。柜体的右侧可以设垂直母线。

多米诺配电屏的最大特点是体现了现代设计思想的模块组合式结构，从而解决了传统的固定式配电屏的弊端（表 5-24）。若柜子的某一个部件损坏，立刻换上备件，不必停电。柜的母线系统采用垂直或水平布置，标准母线载流量为：垂直布置母线系统为 225～1600A，水平布置母线系统 225～7800A，并且可以按用户的要求承做更大容量的母线系统。母线的连接不用孔，而采用软连接头，不仅安装灵活，且不因热胀冷缩而变形，保证了母线的性能。柜内装有瞬时作用钮，在短路时，柜内单元中所产生的气体压力大到一定的程度后，使门自动打开 10mm 的缝隙，放出气体，防止爆炸。

多米诺配电屏与固定式配电屏的比较   表 5-24

序	项 目 指 标	DOMINO 柜	固 定 柜
1	承载电流 I_n	高达 7800A	2000A
2	额定工作电压	660V	380V
3	分断能力 I_k	高达 115kA	15～30kA
4	防护等级	IP54	IP20
5	规格容量	峰值 250kA	
6	符合标准	IEC439 BS5486 SEN382130 VDE0660 NBNC6349M156 GB	

按用户需要，多米诺低压配电屏可以按其模数任意增减单元数，设计人员能够很方便地对柜内元件的选择，缩短了设计周期、制造周期和交货期。

多米诺低压配电屏的基本模块尺寸为高172mm×宽431mm×厚250mm。多米诺低压柜的技术数据见表5-25。在这三个方向上均可以基本模数值的倍数按需要进行增减，柜体高度方向一般推荐12个模数，即12H，总高度为2165mm，最多可以设9个抽屉。DOMINO柜的外形如图5-13所示。进线方式灵活多样，可以由设计人员任意选用。也可以定作固定式或混合式。

多米诺低压配电屏的技术数据　　　　　　　　　　　　　表 5-25

额定电流 （A）	脱扣器的 额定电流 （A）	极限分断 能力代号	额定极限 短路分断 能力	瞬时脱扣器整定电流倍数		电寿命 （h）	机械寿命 （h）
				配电用	保护电机用		
100	16 ~ 100	Y, J	18, 35	$10I_n$	$12I_n$	4000	8000
200	100 ~ 225	Y, J	25, 42	5 和 $10I_n$	8 和 $12I_n$	2000	8000
400	200 ~ 400	Y, J	30, 42	$10I_n$	$12I_n$	1000	5000
630	500, 630	Y, J	30, 42	5 和 $10I_n$	—	1000	5000

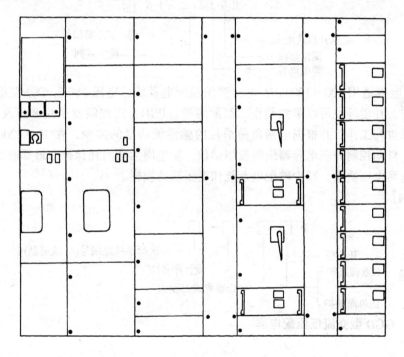

图 5-13　DOMINO 柜的外形

5.5.3　PGL 系列负荷配电屏

1. 结构特点

PGL型低压配电屏可以取代目前生产的 BSL 系列产品，分断能力比老产品高，动热稳定性能好，运行安全可靠。适用于建筑配电系统中的动力或照明。每一个主电路方案对应一个或数个辅助电路方案。设计人员可以很方便地选取主电路方案以后从对应的辅助方案选取合适的电气原理图。这种配电屏屏宽有 400、600、800、1000mm 四种。主接接地点焊接在下方的骨架上，仪表门也有接地点与壳体相连，构成完整的接地保护。

配电屏系户内安装具有开启式双面维护的低压配电装置，屏前有门，可安装仪表。组合并列后，屏之间有隔板，骨架上方装有母线保护罩，以减少恶性事故的发生及扩大。PGL改进型配电屏 PGL—□型低压配电屏主要用于1600kVA以下的电力变压器，交流380V、50Hz的电路中。主开关用 ME 系列或 AH 系列2500A 断路器，配电屏分断能力为50kA。该系列低压配电屏外形尺寸为（高×宽×厚）2200mm×400、600、800、1000mm×600mm 四种。

2. PGL配电屏的型号

低压配电屏有固定式、手车式和抽屉式三类。

【例5-2】 PGL系列型号含义：

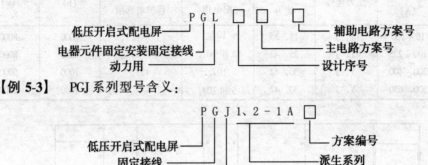

【例5-3】 PGJ系列型号含义：

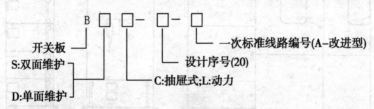

PGJ配电屏适用100～1000kVA 电力变压器配电系统。电压380V。PGJ型低压配电屏配套使用的，补偿屏也可以单独使用，双面维护。PGJ1A之控制器采用8步或10步循环投切的方式进行工作，并根据电网负荷消耗的感性无功量的多少，在10～120s可调的时间间隔内，自动控制并联电容器组的投切动作，使电网无功消耗保持在最低的状态，从而可以提高电网电压质量，减少输配电系统和变压器的损耗。

【例5-4】

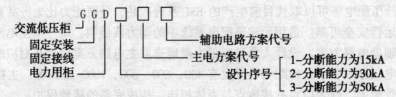

5.5.4 GGD型交流低压配电屏

1. 简介

1992年由能源部主持部级鉴定，额定工作电流达3150A，可以作动力或照明配电之用。主电有129个方案，298个规格。

2. 产品型号

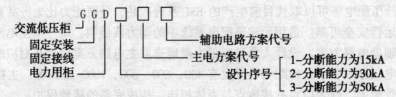

3. 主要参数

型号	额定电压（V）	额定电流（A）		额定短路开断电流（kA）	额定短时耐受电流（1s）（kA）	额定峰值耐受电流（kA）
GGD1	380	L1 L2 L3	100 600（630） 400	15	15	30
GGD2	380	L1 L2 L3	1000（1600） 1000	30	30	63
GGD3	380	L1 L2 L3	3150 2500 2000	50	50	105

4．主要特征

（1）GGD 配电屏可采用的断路器有 ME、DZ20、DW15 等。柜内的旋转式刀开关 HD_{1GBX} 和 HS_{1GBX} 是为了满足 GGD 柜独特的需要而设计的专用元件。柜内可安装其他信号的低压电器，有 20 模数的安装孔，安装排列灵活。在 1.5kA 及以下用铝母线，以上用铜母线。

（2）动稳定性较好，因为采用了 ZMJ 型组合式母线夹及绝缘支撑架，母线夹用高阻燃型高强度的铂镁合金材料热塑成型，绝缘强度很高，自熄性能好。结构上只须调整积木式间块就能方便地组合成单母线夹，或双母线夹。绝缘支撑是套筒式模压结构。

（3）柜门有山字形橡塑条，在关门时，能防碰撞，提高了门的防护等级。这种柜不靠墙，双面维护。柜面造型设计采用黄金分割比的方法设计柜体外形各部分的尺寸，美观大方。

5．主接线方案

GGD 配电屏包括了 129 个方案，有 298 个规格，其中：GGD1 型 49 个方案 123 个规格；GGD2 型 53 个方案 107 个规格；GGD3 型 27 个方案 68 个规格；详见产品样本。

举例：GGD1 型（图 5-14）

5.5.5 环网负荷配电屏

ELC—24 产气式负荷配电屏是引进 ABB 公司进口散件的基础上逐步国产化的产品，适用于 10kV 以下低压配电系统。当三台配电屏并列组成后，可用于环网供电（一台负荷开关熔断器柜，两台负荷开关柜）。当由一台负荷开关熔断器柜加一台反线计量柜，组合后即可用于终端供电。配电屏与母线之间的连接靠梅花插头插接，可以按需要组合成其他方

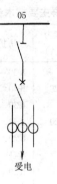 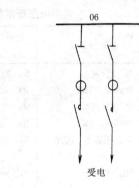 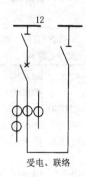 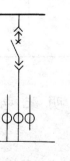 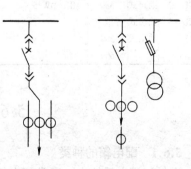

图 5-14　GGD1 型主电路方案

案。配电屏的顶部可以根据用户要求增装电表箱。负荷开关为产气式，无油、无毒，额定电流为 400A，分合闸为弹簧储能，可以电动或手动频繁操作。母线额定电流为 600A。箱

体尺寸为(高×宽×厚)$1600 \times 450 \times 955$(mm)。电表箱的尺寸为 450×450、900×260(mm)。

5.5.6 产品选型

1. 低压配电屏型号来源

低压成套配电屏主导产品型号是标定产品，在我国是由原机械电子工业部、能源部等有关国家部门设计定型，指定厂家按统一图纸生产制造。也有一些引进产品或实力厂家自己的型号。低压配电屏分类方法并不惟一，按框架结构分为组合式、抽屉式或抽出式，按维护方式分为单面和双面维护，按密闭方式可分为全封闭或开启式。

低压配电屏外壳的防护等级从 IP20～IP54，额定工作电压为 380V 或 660V，额定工作频率为 50Hz 或 60Hz。低压配电屏的分断电流能力取决于主断路器的分断能力，从 30kA 到 150kA 不等，具体设计中需要通过计算，选择具有分断最大短路电流能力以上的主断路器。

2. 选型参考因素

低压配电屏的选型应联系具体的建筑物类别、用电负荷等级、性质（阻、容、抗）、设备安装容量、近期需要系数 K_x、增容的可能性、电源情况、进线方式、馈线情况、短路电流、保护接地形式（TT、TN）、资金状况、期待效益比等多种情况，进行综合比较确定。

作为建设工程项目的设计图纸，应作出正式的配电系统图。综合各方意见后，设计图纸最终作为低压配电屏选型的惟一根据，具有相应的法律效力。对于二次原理图的设计必须服从一次配电系统的负荷特性、运行工况和工艺流程的需要。

3. 主要技术指标（表 5-27）

常用低压配电屏主要技术参数 表 5-27

成套配电屏型号、型式		额定电压(V)	主断路器型号	分断能力 I_{cs} (kA)	防护等级	外形尺寸 高×宽×深（mm）	来源
GCS	封闭式	380	M, F, ME,	50, 70, 80	IP30	2200×（400, 600, 800,	国标
	抽出式	660	DW914, 3WE	100, 120	IP40	1000）×（600, 800, 1000）	
DOMTNO		380	M, F, ME,	50, 70, 80	IP30	基本模数 172×431×250	北京
	抽出式	660	DW914, 3WE	100, 120	IP42, IP54		二开
JK, JCK	固定式	380	ME, DW15, DZ20	30, 50	IP20, IP30 IP41	2200×（400, 600, 800, 1000）×（650, 800）	国标
PGL—2	固定式	380	ME, DW15	30, 50	IP20, IP30	2200×（400, 600, 800,	国标
PGL—3	抽出式					1000）×600	
GGD—2	固定式	380	ME, DW15	30, 50	IP20, IP30	2200×（400, 600, 800,	国标
GGD—3	抽出式					1000）×600	
M35	抽出式	380 660			IP40	2280×（280, 350, 490, ～1260）×（1085, 735）	美基

5.6 照明配电箱

5.6.1 配电箱的种类

在低压配电系统中，通常配电箱是指墙上安装的小型动力或照明配电设备，而配电柜或开关柜指落地安装的体型较大的动力或照明配电设备。配电箱（柜）内装有控制设备、保护设备、测量仪表和漏电保安器等。它在电气系统中起的作用是分配和控制各支路的电能，并保障电气系统安全运行。

164

与配电屏比较而言，配电箱（柜）的功能比较单一，体积也较小，主要用于末端设备的控制。本书中所称配电箱是指完成简单功能的、设备装置在成形箱体内的末端电气控制设备，按功能可分为照明配电箱、电表箱、动力配电箱等。

配电箱按其结构分可分为柜式、台式、箱式和板式等。按其功能分有动力配电箱、照明配电箱、插座箱、电话组线箱、电视天线前端设备箱、广播分线箱等。按配电箱的材质分有铁制、木制和塑料制品，现在用铁制配电箱为多。按产品生产方式分有定型产品、非定型产品和现场组装配电箱，在建筑工程中尽可能用定型产品。如果设计为非标配电箱，则要用设计的配电系统图和二次接线图到工厂加工订制。

本节主要介绍照明配电箱和电表箱。

5.6.2 照明配电箱的型号

照明配电箱的结构大部分是采用冲压件，如冲压的流线型面板，外形平整线条分明。箱内零部件一般有互换性。箱壁进出线有敲落孔并采用长腰敲落孔，适应于中国土建工程的特点。箱两侧各有两个安装孔，可以用来并装通道箱。

1. 照明配电箱的型号：

【例 5-5】

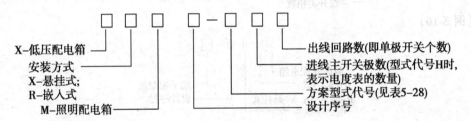

X-低压配电箱
安装方式
X-悬挂式；
R-嵌入式
M-照明配电箱
设计序号
方案型式代号(见表5-28)
进线主开关极数(型式代号H时，表示电度表的数量)
出线回路数(即单极开关个数)

方　案　型　式　　　　　　　　　　　　表 5-28

方案号	含　　　义
A	无进线主开关
B	进线主开关为 DZ47—60/2
C	进线主开关为 DZ47—60/3
D	进线主开关为 DZ20—100/3
E	带有单相电度表一只及主开关为 DZ47—60/2
F	带有三相四线电度表一只及主开关为 DZ47—60/3
G	带有三相电度表一只及主开关为 DZ20—100/3
H	单相电度表箱

【例 5-6】

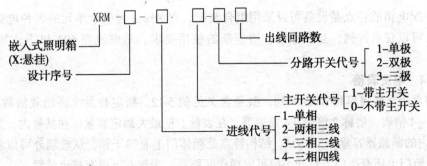

XRM-□-□　□-□□

嵌入式照明箱
(X:悬挂)
设计序号
出线回路数
分路开关代号　1-单极　2-双极　3-三极
主开关代号　1-带主开关　0-不带主开关
进线代号　1-单相　2-两相三线　3-三相三线　4-三相四线

【例 5-7】

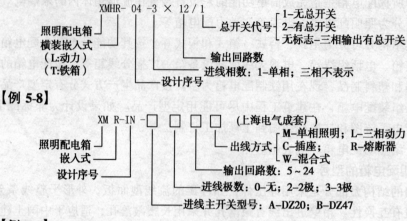

【例 5-8】

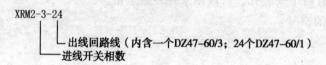

【例 5-9】

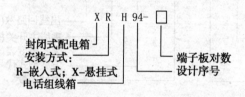

【例 5-10】

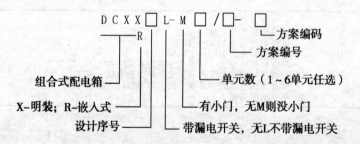

5.6.3 带漏电开关的配电箱

【例 5-11】

DCXX□L-M□/□-□
　方案编码
　方案编号
　单元数（1~6单元任选）
　有小门，无M则没小门
R 带漏电开关，无L不带漏电开关
设计序号
X-明装；R-嵌入式
组合式配电箱

　　这种配电箱的特点是设备可以采用组合装配，以 86mm 为一个单元的各种电器元件进行组装。可以任意排列，互换性强，适应新的使用要求。总电流在 60A 以下，如 DZ20—60/3。

5.6.4 电度表箱

　　目前常用电度表箱是 XDD 系列，型号含义见例 5-12。额定容量允许超载倍数为 2~8，通常是 2~4 倍表，俗称 2 倍表、4 倍表等，在表盘上把最大额定容量标在括号内，如 5 (20) A。表箱内的断路器容量 2.5~50A。结构特点是箱体门上有弹子锁，从玻璃外可以看到电度表数据。箱门上还有小门，打开小门可以操作断路器。表箱左下设有接地装置。

【例 5-12】

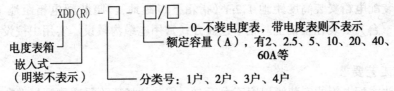

【例 5-13】

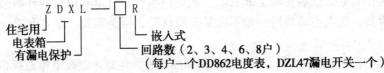

电度表箱尺寸见表 5-29。

电度表箱外形尺寸（mm） 表 5-29

电表箱分类	明　　装		暗　　装	
	A　　宽	B　　高	A　　宽	B　　高
单户箱	255	405	280	430
两户箱	425	405	450	430
三户箱	435	555	450	530
四户箱	424	684	450	710

5.6.5　三表出户计量箱

三表是指电表、水表和煤气表。新建住宅电表应该设置在户外，而水表和煤气表装在户内，为了抄表方便不扰民，利用电子技术和传感技术，在户外装设一套计量仪表，可以完成户外计量三表的工作，给物业管理提供了方便。

三表出户只是将数字显示在户外，抄表可以用人工或机器两种方式。人工抄表费用最省，但工作麻烦。若用户较多，采用机器抄表将是更加明智的选择。北京市保安电器厂设计制造的 CBB 三表出户计量箱，考虑到用户的认识过程，可以兼容考虑两种情况。人工抄表变为机器抄表时，就可以采用增加配电箱内的设备完成。

机器抄表主要是指通过数据线联网，在任意点完成全部用户的三表读数功能。这种工作方式要求每户门口安装一套 CBB 装置，其入户端接户内水表和煤气表，经过函数变换器形成特种专用信号，送入共用数据总线。再传播到接收采集器，经过函数变换还原为原形，通过打印机打印出数据。变换函数能够可靠地做到 2^{22} 户以上，不加任何信号增强器，可靠工作半径 1km 之内，如更远可加中转器或无线电传送。

用一台特殊制造的计算机在任意表箱都可以读出任意用户的三表数据，不必逐级统计上报。这种 CBB 系统能够与现有的 PC 机通信，经过专用的函数调整解调器就可以在办公室内统计完成所有联网用户的三表数据，打印收费单据，并与银行联网结算。CBB 联网主要是测控数据，能够抵抗叠加的脉冲干扰。使用 75Ω 视频同轴电缆或双绞线传输，可同时作为闭路电视、防盗对讲。CBB 测控网络对各种水电气的探头故障，管理中心都能够立即接到报警。

5.6.6　配电箱的安装

1. 安装方式

配电箱的安装分明装、暗装和落地式安装三种方式。按《电气安装工程施工图册》标准作法，明装配电箱安装高度距地1.2m（指箱下口距地）。暗装配电箱距地1.4m。落地配电箱（柜、台）安装在型钢上。柜下进线方式常用电缆沟敷设。实用中按设计安装图的要求施工。

2.安装工艺要求

（1）落地式配电箱的安装倾斜度不大于5°。安装的场所不得有剧烈振动和颠簸。明装时，常用角钢作支架，安装在墙上或柱上。从定额单价中可以看出，同样回路的配电箱明装比暗装单价高。配电箱暗装时一般不需要金属材料，但是需要一个木套箱，以便于施工时固定箱位。

（2）木制配电箱逐渐被淘汰，只在要求简陋的场所。注意木制配电箱箱板在下列情况下应包铁皮：三相380V/220V供电时，电流≥30A；单相220V供电时，电流≥100A；单相380V（电焊机等），电流≥50A。暗管向明装配电箱进线时，在明装配电箱后应加接线盒。

（3）安装时，按接线的要求先把必须穿管的敲落孔打掉，然后穿管线。注意配电箱内的管口要平齐，尤其是要及时堵好管口，以防掉进异物而严重影响管内穿线。

（4）箱内配线截面的选择见表5-30。

配电箱的内部接线导线截面选择 表 5-30

脱扣器额定电流 （A）	绝缘铜芯导线截面 （mm²）	脱扣器额定电流 （A）	绝缘铜芯导线截面 （mm²）
6	1.5	40	16
10	1.5	50	16
16	2.5	63	25
20	4	80	35
25	6	100	50
32	10	125	50

配电箱内安装的各种开关在断电状态时，刀片或可动部分均不应该带电（特殊情况除外）。装于明盘的电器应有外壳保护，带电部分不能外露。垂直安装时，上端接电源，下端接负载；横装时左端接电源，右端接负载。N母线在配电盘上应由N线端子板分路，N线端子板上分支路排列位置应该和熔断器的位置相对应。在24cm厚的墙体上安装配电箱时，其后壁应用10mm厚的石棉板及铅丝直径为2mm、网孔为10mm的铅丝网钉牢，再用1:2水泥砂浆抹平。在磁插式熔断器底座压线螺丝孔处，应该填入绝缘胶布，以防对地防电。

开启式负荷开关（即胶盖闸）已有被小型断路器取代之势，但也有人出于习惯和念其价廉而继续采用，但是开关里面的熔丝不能再用，而应在后面另装瓷插保险。多级控制和保护的配电系统中，前级的开关容量应不小于后级开关容量的1.1倍。配电箱上装有计量仪表、互感器时，二次侧的导线应使用截面不小于2.5mm²的铜芯绝缘线。

配电箱内的电源指示灯应接在总开关的前面，即接在电源侧。接零保护系统中的专用保护线PE线，在引入建筑物处应作重复接地。接地电阻不大于10Ω。在配电盘各路电器的下面应设卡片框，以便检修人员查线方便。配电箱的颜色：通常消防箱为红色，照明箱为浅驼色，动力箱为灰色，普通低压配电屏也是浅驼色。为了便于管理，对成排配电屏，应按照设计图所标注的用途，并涂上不同颜色。

配 电 屏 箱 上 的 色 标		表 5-31
配 电 箱 用 途	标 志 颜 色	
电源进线	朱红	
联络屏	桔黄	
一般配电屏	绿	

配电箱内 PE 线端子板涂黄绿双色线，工作零线涂黑色或蓝色，使用螺栓不小于 6mm。低压配电屏用于 500V 以下的简单配电装置，其中装有刀开关、熔断器、低压断路器、接触器、保护装置和测量仪表等。

组合式低压配电屏的馈电回路多、体积小，并且抽屉具有互换性，恢复供电迅速。缺点是加工精度要求高，价格贵。其设备采用钢板制成的封闭外壳，进出线回路的电器元件都安装在一个可抽出的抽屉内。配电屏的各抽屉在隔室中移动有三种位置：连接位置，即与主回路、辅助回路连接的位置；试验位置与主回路断开，只接通辅助电路；断开位置，主回路断开，与母线或静触头形成了足够的安全距离，辅助回路也断开。

为了确保安全，组合式配电屏应具有机械联锁。只有在主开关处于分断位置时才允许抽屉抽出。为防止未经允许而操作主开关，应提供带挂锁的操作机构。单元门与操作机构之间也要求相互联锁，即主开关断开后才能打开门，门关闭后才能接通主开关。以上各项联锁必须确认无误才能投入运行。

5.7 动 力 配 电 箱

5.7.1 动力配电箱的分类

为了设计、制造和安装的方便和降低成本，目前通常把一、二次电路的开关设备、操动机构、保护设备、监测仪表及仪用变压器和母线等按照一定的线路方案组装在一个配电箱中，供一条线路的控制、保护使用。

动力配电箱可分为双电源箱、配电用动力箱、控制电机用动力箱、插座箱、π 接箱、补偿柜、高层住宅专用配电柜等。

5.7.2 动力配电箱的型号

动力配电箱的型号国家有统一的标准，大型制造厂家也有各自的编号。作为电气设计施工人员，了解这些编号是必不可少的。我国动力箱编号是 XL 系列，有 10、12 型、XL—（F）14、15 型、XL—20、21 型、XLW—1 户外型等。动力配电箱适用于发电厂、建筑、企业作 500V 以下三相动力配电之用。正常使用温度为 40℃，而 24 小时内的平均温度不高于 35℃。环境温度不低于 15℃。在 +40℃时，相对湿度不超过 50%，在低温时允许有较大的湿度。如在 +20℃以下时，相对湿度为 90%。海拔不超过 2000m。

设计序号 14～21 是落地式，高 1600～1800mm，宽 600～700mm。在 XL—（14～21）系列的基础上又发展了新型 GGL 系列，除能满足防尘要求外，正面有可装卸的活门，门轴暗装。进出线的形式有上进上出、上进下出、下进下出、下进上出的电缆接线形式。箱体还可以与梯级式、托盘式、槽式箱或标准电缆桥架配套组装。箱内控制设备用最新的 DZ20 系列、TO、TG 系列、C45N 系列，接触器 CJ20 系列、B 系列作主开关。最大额定容量 630A，最大开断电流 30kA。自耦降压启动最大功率 75kW，Y/△降压启动最大功率 55kW。无功补偿最大容量 60kVar。

配电箱的型号是用汉语拼音字组成。例如用 X 代表配电箱，L 代表动力，M 代表照明，D 代表电表等。XL 代表动力配电箱，XM 代表照明配电箱。现在国标符号将照明箱标为 AL，动力箱标为 AP，但是配电箱厂家型号还是以汉语拼音为主的。

1. 一般动力箱的型号

【例 5-14】

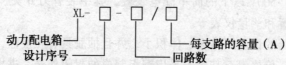

例如：XL10—4/15 表示这个配电箱设计序号是 10，有 4 个回路，每个回路有 15（A）。

【例 5-15】

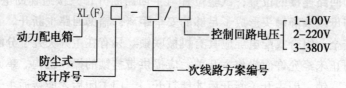

【例 5-16】

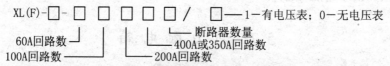

以上设计序号为 14、15、16 等，都是落地式防尘型动力配电箱。

XL（F）14、15 回路方案见表 5-32，这种配电箱是户内安装，箱壳分为保护式和防尘式，正面有门，面板上可装一块电压表，以指示汇流母线的电压。打开门，配电箱内的设备全部敞露，便于检修。通常采用电缆或管道进线。

XL（F）14、15 回路方案　　　　　　　　　　　　　表 5-32

型　　号	开关额定电流（A）	回路数	回路数×该环路额定电流（A）
XL（F）—14、15—2200	400	4	2×60+2×100
XL（F）—14、15—2020	400	4	2×60+2×200
XL（F）—14、15—0040	400	4	4×200
XL（F）—14、15—0202	400	4	2×100+2×400
XL（F）—14、15—0042	400	6	4×200+2×400
XL（F）—14、15—6000	400	6	2×60
XL（F）—14、15—0060	400	6	6×200
XL（F）—14、15—0420	400	6	4×100+2×200
XL（F）—14、15—2220	400	6	2×60+2×100+2×200
XL（F）—14、15—8000	400	8	8×60
XL（F）—14、15—0800	400	8	2×100
XL（F）—14、15—3500	400	8	3×60+5×100
XL（F）—14、15—5300	400	8	5×60+3×100
XL（F）—14、15—6200	400	8	6×60+2×100
XL（F）—14、15—6020	400	8	6×60+2×100
XL（F）—14、15—5030	400	8	5×60+3×200
XL（F）—14、15—0620	400	8	6×100+2×200
XL（F）—14、15—4040	400	8	4×60+4×200
XL（F）—14、15—4220	400	8	4×60+2×100+2×100
XL（F）—14、15—0080	400	8	8×200

【例 5-17】

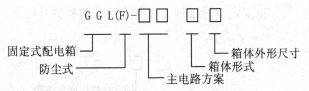

PXT—2 系列外形尺寸见表 5-33。

<table>
<tr><td rowspan="2">线路方案</td><td colspan="2">明　装</td><td colspan="2">暗　装</td><td colspan="2">箱体尺寸</td><td colspan="2">安装尺寸</td></tr>
<tr><td>宽 A</td><td>高 B</td><td>A</td><td>B</td><td>宽 L</td><td>高 K</td><td>孔距 C</td><td>孔距 D</td></tr>
<tr><td>3×4/1C</td><td>420</td><td>500</td><td>450</td><td>530</td><td>495</td><td>415</td><td>370</td><td>400</td></tr>
<tr><td>3×6/1C</td><td>420</td><td>575</td><td>450</td><td>605</td><td>570</td><td>415</td><td>370</td><td>475</td></tr>
<tr><td>3×8/1C</td><td>420</td><td>650</td><td>450</td><td>680</td><td>645</td><td>415</td><td>370</td><td>550</td></tr>
<tr><td>3×10/1C</td><td>420</td><td>725</td><td>450</td><td>755</td><td>720</td><td>415</td><td>370</td><td>625</td></tr>
</table>

PXT—2 系列外形尺寸（mm）　　　　　　　　　　　　表 5-33

2. 户外动力配电箱的型号

【例 5-18】

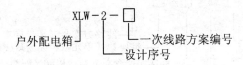

5.7.3　插座箱

1. 插座箱的型号

【例 5-19】

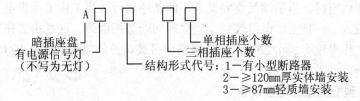

【例 5-20】

【例 5-21】

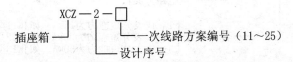

【例 5-22】

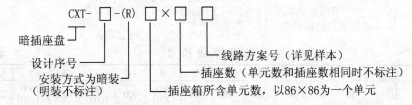

设计序号为系列"1"指插座单排排列；

系列"2"指插座双排排列，而且带主开关和信号灯。

【例5-23】

实际运行管理中，应该避免动力与照明互相影响，照明负荷与照明回路发生故障的概率较大，三相功率分配不容易平衡，而动力设备在启动时电流较大，电压明显下降。为了便于分开管理，动力配电箱和照明配电箱通常是分开的，而在一些较小的工程中也可以合在一起的。

【例5-24】

设计序号为系列"1"指插座单排排列；

系列"2"指插座双排排列，而且带主开关和信号灯。

在双路电源供电时，为了满足重要设备不间断地运行，当工作电压失电，另外一路备用电源自动地投入。一旦工作电源恢复，就立即切断备用电源，恢复由工作电源供电。双电源互投箱的工作电压为380/220V，具有短路和过载保护的功能。型号BZJ。安装方法有挂装或落地安装。

5.7.4 JK型交流低压电控设备

(1) 产品型号含义

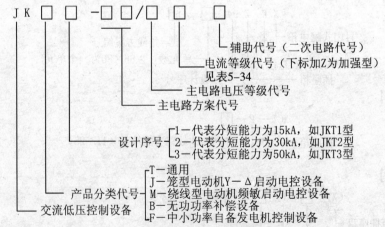

电 流 等 级 代 号　　　　　　　　　　　　　　表5-34

代号	A	B	C	D	E	F	G	H	I	J	K	L	M	N
额定电流 (A)	10	16	25	40	63	100	160	250 (200)	400	630 (600)	1000	1600 (1500)	2500	3150

（2）使用要点：在单机配套单独使用的设备，高度为 1200～1800mm。集中组合安装使用的设备，高度为 2200mm，启动 1500A 及以大电流主受电柜为抽屉插入式。控制板为 240(480)×800(mm)。每个方案均为一个独立的控制回路，可以单独控制一台电动机但不作为单独的产品，可以在 201～210 方案中任意选择 2～6 个规格组成一个控制柜。主母线最大的工作电流为 3.15kA。主母线最大短时（1s）耐受电流为 50kA。耐受峰值电流为 105kA。

JK 型产品共有 341 种线路方案、1558 个规格供选择。主开关采用 ME、DW15、DZ20 等断路器。接触器用 CJ20 及 CJZ 等系列。JK 型产品可以采用电缆或电缆桥进线两种方式。当采用电缆进线时，独立的 N 线可以和 PE 线隔离后分别装于柜底的前侧，柜底配有电缆支架。当采用母线桥进线时，进线母线通过布线桥从柜顶引入，进线母线可以采用水平排列或垂直排列都行。母线均用铜母线。

为了防止误动作，对 HD11 刀开关或抽屉式做隔离措施的主进线受电和馈电设备，还装设了防止误动作的设施，以保证只有在断路器断开以后才能分断刀开关或拉出抽屉。同时，只有在合上刀开关或推入抽屉以后才能合上断路器。为了实现准确停车和快速正反转，分别考虑了机械制动、能耗制动、反接制动（带反向启动）三种制动方式。对于 250A 以下的直接启动方式，为了便于选用灵活，还考虑了多回路（2～12 个回路）的组合方案。

5.7.5 悬挂式低压无功功率补偿箱

这种配电箱可以用于户外。目前阶段用电负荷量增长很快，电网负荷剧增，低压电网电压降过大，改善的方法除了增设变配电、缩短供电半径、调大导线截面、单相改三相供电等技术措施以外，进行无功补偿是一个重要的技术措施。

这种补偿箱有定时自动控制补偿和手动控制补偿两种方法。由于用户分散，通常采用集中补偿，可以在户外电杆上安装这种补偿箱。箱底部有电源进线孔，箱门与门框相合处有翻边防水槽，箱顶设有通风孔，上面另有斜形顶盖。箱背焊有承重横担两根，可与电杆固定。安装高度不低于 3.5m。自动定时控制器内的电池（一号或二号）1 个月更换一次。箱体应有效接地。

额定容量有 2×15，3×15，4×15（kVar）。额定电流有 43A，65A，86A。允许过电流不超过额定电流的 1.3 倍。自动定时控制范围在 24h 内，可以根据需要一次或多次"投一切"循环（时间可以任意调节）。而且有缺相保护，当有一相断电时，该电容补偿装置立即被自动切除，以防止断相过电压损坏电器。

型号含义：

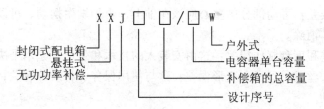

低压无功补偿箱原理方块图见图 5-15。

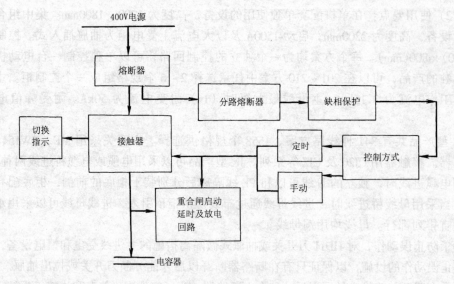

图 5-15 低压无功补偿箱原理方块图

5.8 电 工 仪 表

电工仪表计量装置在建筑工程中主要用于配电箱或变配电室，如电度表等。在建筑施工中常用的电工仪表有摇表、万用表、电压表、电流表、功率表及接地电阻测试仪等。本节侧重于仪表应用，简略地介绍原理。

电工仪表按读数方式分为直读式、数字式、记录式；按安装方式分有盘式、便携式、可移动式；按功能分有电流表、电压表、功率表、无功表、电度表、$\cos\varphi$ 表、照度计、兆欧计；按结构分有磁电式、电磁式、电动式、铁磁电动式、感应式、比流计式、数字式等。仪表的精度等级分为 7 级，即：0.1、0.2、0.5、1.0、1.5、2.5、5.0。前两种准确度高，用于校准和精密测量，0.5、1.0 和 1.5 级用于建筑工程和实验室。

5.8.1 电工仪表的误差

1. 产生误差的原因

(1) 摩擦误差：刚体支承机构可动部分与轴尖或轴承接触而产生的摩擦，与可动部分的重心 G 有关；摩擦力矩 $M_j = KG^{1.5}$。

(2) 轴承误差：由轴承的空隙造成，因为轴尖只靠一侧面，空隙越大则误差越大。

(3) 不平衡误差：可动部分的重心应该在轴上，否则发生摆动，可以调整平衡锤或其他办法，很难根本消除。

(4) 安装误差和度盘制作误差：这由安装人的技术和生产厂家水平决定。

(5) 游丝、张丝或吊丝永久变形误差：这与使用保养、材质等有关，平时操作要轻拿轻放，勿剧烈震动。

(6) 视差：读数时，人眼、表针和表盘反光镜应呈一直线，但是多少还有误差。

(7) 附近强磁场或其他因素引起复加的误差：有些仪表是在强磁场使用很不准，周围温度、仪表姿势、震动、电压频率等因素对仪表的读数都有影响。

(8) 使用误差：因为选择量程不妥等原因都可能产生误差。

174

2. 绝对误差

实测值 A_x 与真正值 A_0 之差，称为绝对误差。用 Δ 表示。

$$\Delta = A_x - A_0 \tag{5-11}$$

绝对误差也称为基本误差，它有正负之分。

【例 5-25】 甲电压表读数 220.5V，乙电压表读数为 219.2V，实际值是 220V，求它们的绝对误差是多少？

解： 甲表 $\quad \Delta_1 = U_1 - U_0 = 220.5 - 220 = 0.5(V)$

乙表 $\quad \Delta_2 = U_2 - U_0 = 219.2 - 220 = -0.8(V)$

可见，甲表绝对误差小，而且有正负之分。

【例 5-26】 有一块电压表（丙表），量程为 10V，实测读数 8.5V，真值为 8V，与例 5-25 两电压表比较哪块误差大？

解： 丙表的绝对误差为 $\Delta = 8.5 - 8 = 0.5$（V），和甲表的绝对误差一样，但是甲表测量 220V 才差 0.5V，丙表只量 8V 就差 0.5V，可见丙表误差最大。

3. 相对误差

绝对误差 Δ 与实际值 A_0 之比，用百分数表示，称为相对误差。

$$\upsilon = \frac{\Delta}{A_0} \times 100\% \tag{5-12}$$

实测中，真值 A_0 是很难找到的，一般采用实测值 A_x 来代替。

【例 5-27】 今测电流 100A，绝对误差 $\Delta_1 = 0.2A$，测 10A 时，$\Delta_2 = 0.1A$，比较其相对误差。

解：

$$\upsilon_1 = \frac{\Delta}{I_m} \times 100\% = \frac{0.2}{100} \times 100\% = 0.2\%$$

$$\upsilon_2 = \frac{\Delta}{I_m} \times 100\% = \frac{0.1}{10} \times 100\% = 1\%$$

可见后者相对误差为大。

实测中表盘各刻度处的相对误差是不同的，例如 300V 量程，实测值越小则相对误差越大。公式中的绝对误差 Δ 值不一定是最大值。一块表，不同刻度的相对误差不同，如 200V 处绝对误差 2V，相对误差 $\upsilon_1 = 1\%$，在量 100V 处，绝对误差还是 2V，而相对误差 υ_2 却是 2% 了。

4. 引用误差

仪表的绝对误差 Δ 与最大读数（量程）A_m 的百分比，称为引用误差。

$$\upsilon_m = \frac{\Delta}{A_m} \times 100\% \tag{5-13}$$

它表征一块表最小的相对误差是多少。

例如，甲电压表是 500V 的量程，绝对误差为 5V，所以相对误差为 1%；而乙电压表也是 500V 的量程，绝对误差只有 0.5V 时，则它的相对误差只有 0.1%。可见在相同的量程时，它们的绝对误差才能比较，所以比较几个电表时，常用相对误差来进行比较。

5. 准确度

它是最大的引用误差，即仪表最大的绝对误差 Δ_m 与测量上限（即量程）A_m 的百分比，称为仪表的准确度。

$$\pm K\% = \frac{\Delta_m}{A_m} \times 100\% \tag{5-14}$$

式中　K——称为仪表的准确度等级。根据国标（BG776—76）DJ 电工仪表准确度分 7 级，
其基本误差见表 5-35。

基　本　误　差　　　　　　　　　　　　　表 5-35

准确度等级	0.1	0.2	0.5	1.0	1.5	2.5	5.0
绝对误差（%）	±0.1	±0.2	±0.5	±1.0	±1.5	±2.5	±5.0

【例 5-28】　有一块 0.5 级电流表，最大量程 A_m 为 1A，求最大绝对误差。

解： $\because \quad K\% = \frac{\Delta_m}{1A} \times 100\%$

$\therefore \quad \Delta_m = \frac{0.5 \times 1}{100} = 0.005 \ (A)$

【例 5-29】　有一块 1.5 级 400V 的电压表，求绝对误差。

解： $\Delta = \frac{1.5 \times 400}{100} = \pm 6 \ (V)$

通过以上分析，使用电表时应注意：

（1）选择仪表量程不宜过大，否则误差增大。

（2）根据需要选择仪表的准确度，准确度高的 0.1 级要求条件也苛刻。

（3）常用立式和便携式。

【例 5-30】　量程选择为 300V，0.5 级电压表，最大绝对误差 $\Delta U_m = \pm 1.5V$，若读数 300V 时及 50V 时最大相对误差是多少？

解： 测量 300V 时：$\upsilon_{m1} = \frac{\Delta_U}{U_1} \times 100\% = \frac{\pm 1.5}{300} \times 100\% = \pm 0.5\%$

测量 50V 时：$\upsilon_{m2} = \frac{\Delta_U}{U_2} \times 100\% = \frac{\pm 1.5}{50} \times 100\% = \pm 3\%$

上例说明用 300V 量程量小电压时，相对误差大，所以有的仪表在度盘起点 20% 处划一个小点，提醒使用者不宜用小于这个小点以内值。还表明使用仪表时，即使用高准确度的仪表，量程没选好，误差也很大。

6. 对仪表的基本要求

绝对误差不超过准确度等级的规定；误差随时间的变动要小，即稳定性和可靠性要高；仪表的功率损耗要小；仪表的阻尼要优良；仪表内各部分的绝缘电阻要高；仪表的过载能力要强，即要有一定的过载能力；仪表耐震性能要好；仪表的价格低廉合理。

5.8.2　磁电系电工仪表

1. 磁电系仪表

（1）工作原理：从图 5-16 中可看出被测电流经过游丝到线圈，从另一游丝流出，带电流的线圈在磁场中受电磁力驱动，使指针偏转。当游丝弹簧的反作用力矩等于驱动力矩时指针稳定在某一刻度值。

$$M_{驱} = M_{反}$$

$$M_{驱} \propto BIW \tag{5-16}$$

式中　B——磁感应强度；

I——电流有效值；

W——线圈匝数。

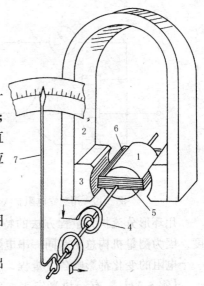

（2）磁电系仪表的特点：

①因为漏磁少，防外磁能力强，所以准确度高，一般可制成 0.1～0.2 级的仪表；②仪表灵敏度高，耗功少；③因为转矩正比于电流，所以表盘刻度均匀；④测量直流电时，与仪表的极性有关；⑤测量大量程时，仪表应另外附加分流器。

图 5-16　磁电系仪表机构

1—铁芯；2—永久磁铁；3—磁掌；

4—游丝弹簧；5—线圈；6—铝框

2. 磁电系电流表

精度比较高的电流表一般多采用磁电系仪表，如图 5-17、5-18。图中 R_g 为表头内阻，I_g 为表头最大量程。

有分流器的电路可以扩大量程。从图 5-18 可得出表头的电流为：

$$I_g = \frac{R_F}{R_F + R_g} I \qquad (5-17)$$

被测电流大部分通过分流电阻。利用这个关系可以

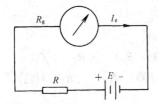

图 5-17　电流表的基本电路

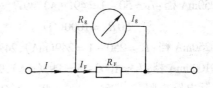

图 5-18　有分流电阻的电路

计算电流表的各个量程的分流电阻。

电表表头内阻 R_g 和分流电阻 R_F 都是常数，通过表头电流的最大满刻度值为 I_g，加上分流电流 I_F，总电流的量限为 $I = KI_g$，其中分流系数 K 为：

$$K = \frac{I}{I_g} = \frac{R_F + R_g}{R_F} \qquad (5-18)$$

【例 5-31】　已知表头内阻等于 **1000Ω**，满刻度电流为 $50\mu A$，若电流表的上限为 5.12A，求分流电阻是多少？分流系数是多少？

解：分流系数　　　　$K = \dfrac{I}{I_g} = \dfrac{2.5}{5 \times 10^{-6}} = 50000$

据式（5-18）　　　　$K = \dfrac{R_F + R_g}{R_F} = 1 + \dfrac{R_g}{R_F}$

$$\therefore \ R_F = \frac{R_g}{K-1} = \frac{1000}{49999} = 0.02\Omega$$

3. 多量限电流表

主要有两种电路，其一是用独立分流电阻扩大量程的方法如图 5-19。它的特点是：各量程互不干扰；各电阻独立分流，调整方便。其二是环形分流扩大量程，如图 5-20。

177

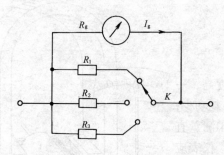

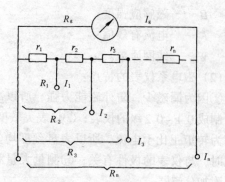

图 5-19　用独立电阻扩大量程　　　　　　图 5-20　环形分流扩大量程

用环形分流扩大量程方法的特点是转换开关和各量限的接触电阻不影响仪表的准确度，因为测量机构总是和同一串电阻呈闭合回路；仪表温度误差不随量程变化；但是任何一个电阻的变化都影响各个量程，所以调整麻烦。

【例 5-32】　有一块毫安表，表头 1mA，内阻 900Ω，求 4 档电流表：10mA、50mA、250mA、1000mA，还求环形分流电阻 r_1、r_2、r_3、r_4。

解：首先画线路图如下，设计算电阻 R_1、R_2、R_3、R_4 如图 5-22 所示。

①10mA 档：$I_F = 10 - 1 = 9(mA)$，$9R_4 = I_g \cdot R_g 900$　∴ $R_4 = 100(\Omega)$

②50mA 档：$I_F = 50 - 1 = 49(mA)$，$49R_3 = 900 + (100 - R_3)$

　　　　　　∴ 　$50R_3 = 1000(\Omega)$　　　　　∴ 　$R_3 = 20(\Omega)$

③250mA 档：$I_F = 250 - 1 = 249(mA)$，$249R_2 = 900 + (100 - R_2)$　∴ $R_2 = 4(\Omega)$

④1000mA 档：$I_F = 1000 - 1 = 999(mA)$，$999R_1 = 900 + (100 - R_1)$　∴ $R_1 = 1(\Omega)$

实际电路电阻　　　　　$r_1 = R_1 = 1(\Omega)$

　　　　　　　　　　　$r_2 = R_2 - R_1 = 4 - 1 = 3(\Omega)$

　　　　　　　　　　　$r_3 = R_3 - R_2 = 20 - 4 = 16(\Omega)$

　　　　　　　　　　　$r_4 = R_4 - R_3 = 100 - 20 = 80(\Omega)$

4. 磁电系电压表

磁电系电压表基本电路如图 5-21 所示。因为表头的电流是一定的，所以要测电压必需和表头串联一个电阻，不同的量程串不同的电阻。

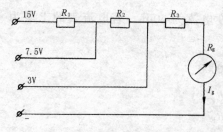

图 5-21　多量程电压表

这种电路的特点是：内阻越大，对被测电路的影响越小；各量程内阻与其电压量程比值是一个常数，单位是"Ω/V"，它是电压表的一个重要参数，称为内阻参数。

【例 5-33】　量程为 5V，内阻是 100kΩ，求内阻参数。

解：$\dfrac{100000}{5} = 20000$（Ω/V）$= 20$（kΩ/V）

【例 5-34】　有一电压表，采用磁电系表头，200μA，内阻 2kΩ，请设计一个量程为 10V、50V、100V 的直流电压表。

解：表头压降 $U_g = I_g \times R_g = 200 \times 10^{-3} \times 2 = 200mV = 0.2V$

①10V 档：$(R_1 + 2k\Omega) \times 0.2mA = 10V$，

$$0.2R_1 = 10 - 0.4$$

$$\therefore \quad R_1 = \frac{9.6}{0.2} = 48 \text{（k}\Omega）$$

②50V 档：$(48k\Omega + 2k\Omega + R_2) \times 0.2mA = 50V$

$$\therefore \quad R_2 = 250 - 50 = 200（k\Omega）$$

③100V 档：$(R_3 + 2k\Omega + 48k\Omega + 200k\Omega) \times 0.2 = 100V$

$$\therefore \quad R_3 = 500 - 250 = 250（k\Omega）$$

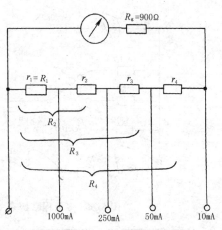

图 5-22　例 5-32 用图

5．磁电系欧姆表

原理图如图 5-23，内路内有电源（电池），被测电阻是 R_x。

磁电系欧姆表的特点是：

①当表笔短接时，电阻应为零，指针指满刻度 0Ω（若不指零可调电位器 R_W，使表针指 0Ω），这时 R_W 为 0，指针在最右端。即：

$$I_0 = I_j = \frac{U}{R_g + R + R_W}$$

实测电流

$$I = \frac{U}{R + R_g + R_W + R_x} \tag{5-19}$$

②表盘刻度不均匀，因为 R_x 和电流 I 是非线性关系。

③表内总电阻 $R_g + R + R_W = R_0$，称为中值电阻。

当 $R_x = 0$ 时，流过表头的电流指满刻度，即 $I = \dfrac{U}{R_0}$

当 $R_x = R_0$ 时，流过表头的电流指满刻度的一半，即

$$I_中 = \frac{U}{R_0 + R_x} = \frac{U}{2R_0} = \frac{I}{2}$$

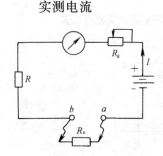

图 5-23　欧姆表电路　　此时的电阻为 R_0 称为中值电阻。

多量程欧姆表如图 5-24 所示。根据中值电阻的概念，为了共用一个刻度盘，所以各档中值电阻值必需是十进制倍数。如 $R \times 1$ 档时 $R_0 = 12\Omega$，$R \times 10$ 档为 120Ω，$R \times 100$ 档为 1200Ω，如此类推。

6．带整流器的磁电系仪表

（1）半波整流器仪表：欲测交流电流或电压应整流，如图 5-25 所示。图中 D_2 的作用是起反向保护作用，若没有 D_2，则负半周时 D_1 相当于开路，外电压几乎全加在 D_1 上了，可能把 D_1 击穿，并入 D_2 后，则此时相当于把 D_1 短路了。其刻度按交流电平均值的 2～22 倍刻度。

这种电表的工作原理是其偏转角与通过表头的电流呈正比。实测中是测得电流或电压的有效值，所以整流式仪表总按正弦情况下交流有效值来刻度。

（2）全波整流式仪表：如图 5-26 所示。其刻度按交流电平均值的 1.11 倍刻度。多量限整流式交流电压表如图 5-27 所示。

万用表就是把上述各种电路组合在一起，利用磁电系测量机构制成多功能电表，如图 5-28 所示。

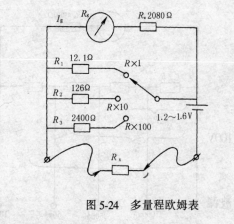

图 5-24 多量程欧姆表

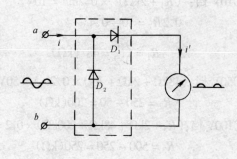

图 5-25 半波整流式仪表

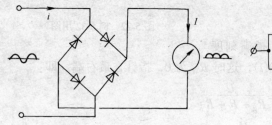

图 5-26 全波整流式仪表

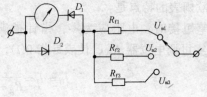

图 5-27 多量限整流式交流电压表

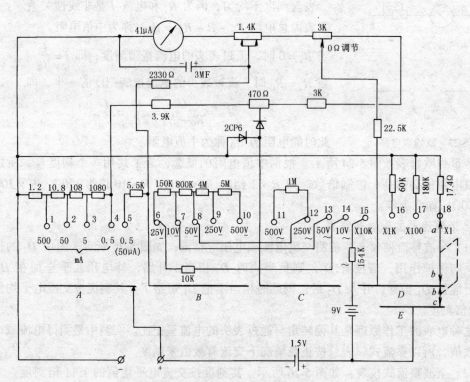

图 5-28 万用表

使用万用表应注意：①测电阻之前先调零，即调电位器使指针对0Ω，用完以后不要把波段开关放在电阻档上，以免表笔相碰使电池放电；②选择适当的量程，以保持准确度，当不知所测数范围时，可先用大量程试测，不要带电改量程；③注意仪表的正负极；④把表放平，尽量一手测量，勿触及被测物；⑤估测电容时应先把电容放电。

5.8.3 感应系仪表

1. 结构与原理

建筑工程中，计量各用户耗电量常用的电度表等多用感应系测量机构，它的构造如图5-29所示。

电压线圈和电流线圈都通电后，产生磁通穿过铝盘，在铝盘中产生感应电流，该电流在交变磁通作用下产生驱动转矩，驱动铝盘旋转，因为电流和磁通都是交变的，所以驱动力矩的方向不变。感应系仪表过载能力强；受外磁场的影响小；因为它与电流频率及电感 L 有关，准确度受到一定影响，所以只适用于工频。

2. 电度表

电度表按原理分为数字式、电解式、电气机械式三类。按机构不同可分为感应系、电动系和磁电系等。还可分为单相、三相、有功和无功等。根据被测电流大小区分有直读式和互感器式接入式。

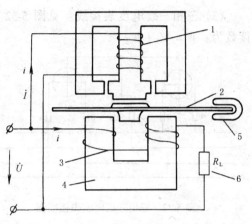

图 5-29　感应系仪表构造
1—电压线圈；2—活动铝盘；3—电流线圈；
4—铁芯；5—永磁制动件；6—用电负载

(1) 单相电度表：单相电度表的接线见图5-30。常用插入式，即1、3进线，2、4出线。也有顺入式，即1、2进线，3、4出线。有功电度表的准确度一般不低于2.0级，无功表准确度一般不低于2.5级。

它的工作原理是依据负载的电功率 P 与铝盘的转速 W 呈正比。

$$P = CW \tag{5-20}$$

若时间为 T，电能为

$$A = PT = CWT \tag{5-21}$$

式中 WT 表示在时间 T 内铝盘转过的圈数 n，所以：

电能

$$A = Cn \tag{5-22}$$

常数 C 的倒数 $1/C = N$ 称为电度表常数，即：

$$N = \frac{1}{C} = \frac{n}{W} \qquad (转数/kWh) \tag{5-23}$$

一般每一度电（即 1kWh）转 3600 圈。

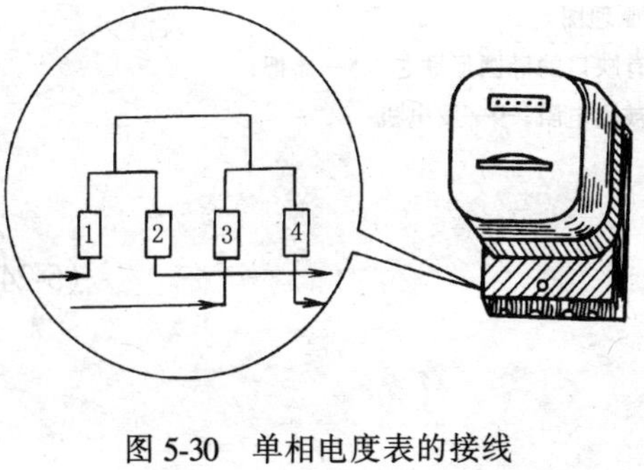

(2) 三相四线电度表的接线：如果三相负载对称，$P_{总} = 3P_{相}$，即把单相表的读数乘3就得三相电能。若三相负载不平衡，则用一块三相电度表测量，见图5-31。

图 5-30　单相电度表的接线

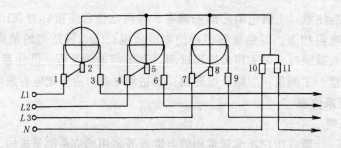

图 5-31　三相四线电度表的接线

（3）三相三线电度表接线：见图 5-32 所示。用于三相平衡负载，如三相电动机等。读数为：$W = W_1 + W_2$

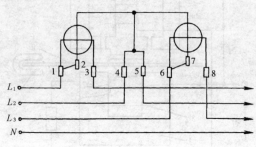

图 5-32　三相三线电度表接线图

5.8.4　比率型磁电系仪表

1.机构和工作原理

图 5-33（a）、（b）是示意图。有两个动圈在同一个轴上，一个是电流线圈，一个是电压线圈，两线圈有夹角 θ，当手摇发电机发电时，电流线圈通电后产生驱动力矩 M_1，表针转动，随之电压线圈产生的阻转矩 M_2 增大，当产生的反作用力矩 M_2 和驱动力矩相等时，表针稳定于某刻度上。

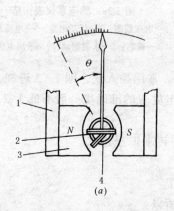
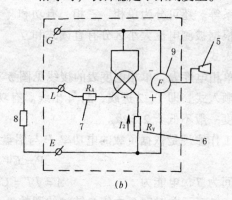

图 5-33　比率型磁电系量测机构

（a）结构图；（b）原理图

1—永久磁铁；2—活动线圈；3—极掌；4—有缺口的椭圆形铁芯；5—摇把；
6—电压回路；7—电流回路；8—被测电阻；9—发电机

电流线圈中的电流 I_1 的大小是：

$$I_1 = \frac{U}{R_A + R_Z} \tag{5-24}$$

式中　U ——发电机端电压；

R_A ——电流回路电阻；

R_Z ——负载电阻。

可见被测负载电阻越小，电流越大，偏转角度就越大。电流 I_2 的大小是：

$$I_2 = \frac{U}{R_V} \tag{5-25}$$

式中　R_V——电压回路电阻。

这两个电流相位不同，它们产生的转矩都是偏转角的函数，即：

$$M_1 = I_1 F_1 (\theta) \qquad M_2 = I_2 F_2 (\theta)$$

当　$M_1 = M_2$ 时，即：$I_1 F_1 (\theta) = I_2 F_2 (\theta)$

$$\therefore \quad \frac{I_1}{I_2} = \frac{F_2 (\theta)}{F_1 (\theta)} = F_3 (\theta)$$

$$\theta = F\left(\frac{I_1}{I_2}\right) \tag{5-26}$$

上式表明偏转角度与两个电流的比值呈正比。故称为比率表。由式（5-24）和式（5-25）可得：

$$\therefore \quad \frac{I_1}{I_2} = \frac{R_V}{R_A + R_Z} \tag{5-27}$$

上式表明：比率表的偏转角度是被测电阻 R_Z 的函数，而与电压无关，这样就可以用比率机构制成能测电阻的仪表。比率表的导电游丝没有反作用力，平时表针处在自由状态，不是指零。

2．兆欧计

俗称摇表，用它可测量电气设备的绝缘电阻。它是利用比率机构为核心，外形如图 5-34，有三个接线端子 L、G、E，一般 E 接地，L 接线路，G 是在测量电缆等绝缘电阻时接在绝缘层。兆欧表的型号有：ZC_{11}、ZC_{25}、ZC_{40} 等。

使用兆欧计时首先验表，可以把表笔短接，轻摇发电机，表针应指零，若表笔开路，表针应指无限大。单位兆欧（MΩ）。测电容时，应先把电容放电，L 接电容正极，E 接电容负极，不得接反，否则会击穿电容。被测电器设备必须先断电再测量。转速应在 120r/min 左右，摇 1min 再读数最准；表笔两根线不可拧绞；测电容时不可中途停转；表应放平，不可歪着测。用表的电压等级必须符合被测电压额定值，兆欧计的额定电压有：50V、100V、250V、500V、1000V、2500V 等。选用时可参见表 5-36。

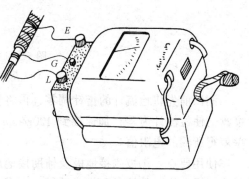

图 5-34　兆欧计

低电阻欧姆计是量程很低的欧姆表，用于测量低电阻，如电线、接头、表面接触电阻和电机绕组。该仪表不能作为高精度的试验室仪表，但对安装或检查故障等的现场试验都是有用的。

3．接地电阻测试仪

接地电阻测试仪俗称接地摇表。常用型号有 ZC28、ZC29 等。图 5-35 是接地电阻测试

被 测 电 器	电器额定电压	兆欧表额定电压
线圈绝缘	≤500V	500V
	>500V	1000V
电力变压器、电机线圈绝缘	>500V	1000~2500V
发电机线圈绝缘	<380V	1000V
电气设备绝缘	<500V	500~1000V
	>500V	2500V
瓷 瓶	——	2500~5000V

仪的外形和接线图。当手摇发电后，电流经过互感器一次线圈、接地极至大地、探针回发电机，互感器二次电流使检流计指针偏转。

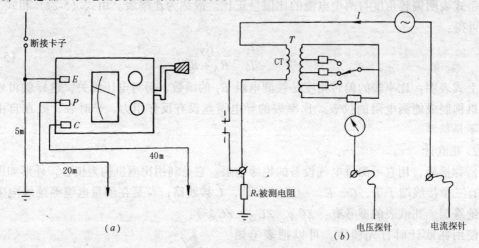

图 5-35 接地电阻测试仪

(a) 接线图；(b) 原理图

测试前先将检流计的指针调零，再将倍率标度杆置于最大倍数，慢摇，同时转测量标度盘，使检流计为零，加速摇到 120r/min 左右，再调到平衡后，读标度盘的刻度，乘倍率就得所测的电阻值。

使用要点：①被测接地极及辅助接地极的连线切勿与高压线或地下金属管道平行；②仪表不得在快速的情况下作开路试验；③若检流计的灵敏度过高，可以把中间探针 P 拔浅一点，若检流计的灵敏度过低，可以把探针 P 和 C 加水；④测电阻之前不要忘记把断接卡子和被保护的设备断开。

接地探测器用以指示不接地系统的接地通路。直接读数型可与安培计、伏特计等搭配使用。白炽灯接地检测器或直接用于低压系统或通过电压互感器用于高压系统。每当系统发生一相接地故障时，接地相的灯会熄灭或变暗，而其余两相的灯会更明亮。当接地故障的一相电阻足够低时，人眼即能看出灯的亮度变化。在电路上增装电压继电器后，一旦发生接地故障，警报器（例如电铃）即发出报警信号。

5.9 建筑工程用电动工具

5.9.1 电动混凝土震捣器

混凝土震捣器用于捣实浇筑混凝土,以消除混凝土混合物内的气孔,使其有较好的密实性、不透水和不透气性能,从而提高混凝土的强度,改善性能。用电动混凝土震捣器代替人工在达到相等强度的条件下,可以采用低流态混凝土进行浇筑。由于低流态混凝土混合物含水量少,水泥的用量也少,混凝土混合物的流动性差,捣实困难。采用电动混凝土震捣器捣实作业,在高频扰动力的作用下,低流态混凝土混合物仍然有较好的流动性,能够填充模板的每个角落。

电动混凝土震捣器捣固低流态混凝土混合物,比一般浇筑低流态混凝土混合物节约水泥用量10% ~ 15%。并且能显著提高生产率,缩短混凝土施工周期。按用途分为附着式震捣器和插入式震捣器两种。电动插入式按电动机的连线形式分为电动软插入式震捣器和电动直联插入式震捣器。

1. 附着式震捣器

附着式震捣器又称平板式震捣器、外震捣器、表面震捣器等,用于从表面振实混凝土混合物或土壤表层;装置在混凝土震捣台或震捣模板上振实混凝土;或用于冶金、矿山、化工、运输、铸造等部门中松散物料的运输中,作为震捣卸料的激荡器;或用于某些振实机械的激振器。

(1) 结构 附着式震捣器由电动机、可调偏心块、底板平板、电源连接装置组成。电动机采用全封闭自冷却式三相异步鼠笼电动机。机座、端盖均采用铝合金铸造,为全封闭结构,并且适当增大机座、端盖的壁厚,以提高强度,适用于震捣作业。电动机设计有较强的过载能力、优良的防潮性能和耐高温能力,能够在环境空气温度不超过50℃的导电作业场所工作。

通常电源线为四芯橡胶套软电缆,机座和电源插头的PE线连接。底座平板是附着式震捣器的作业工具,用专门的T型螺栓与机座连接。作用于混凝土混合物的振动力是由电动机的旋转运动驱动扇形偏心块回转时所产生的不平衡离心力得到的,在转轴上更换不同偏心矩的扇形偏心块即可获得震捣力。

如HZ—11附着式震捣器,额定电压交流380V,额定输入功率1.15kW,震捣频率2800次/min,扰动力10kN,外形尺寸 $L \times W \times H$ (360 × 255 × 230) (mm),质量36kg。

建筑工地比较潮湿,电动附着式震捣器使用必须严格遵守有关注意事项。电动附着式震捣器工作电源为三相、50Hz、380V。电动附着式震捣器电源线在进入闸刀开关之前应有安全熔断丝保护。绿、黄双色芯PE线必须可靠接地。电动附着式震捣器在使用时,电源线应保持松弛,不允许接触震捣部件,以避免擦伤软电缆。各部分连接螺栓应紧固不松动。电源线的橡胶套管软电缆应完好,不允许有擦伤、损坏。使用完毕,不能拉电源线来移动震捣器。如果使用中出现异常,应立即切断电源接线检查。

作平板震捣应根据作业需要,自制铁板或木板一块,用作底板平板。在平板上留出T型螺栓槽位置。并与机座能平整地贴合,然后用4只T型螺栓连接,夹紧成一体即可使用。

电动附着式震捣器能在任何部位安装，但必须使电动机轴心线与水平夹角小于 15°。多台电动附着式震捣器并列使用时，安装位置要交错，以免互相干扰。安装位置的最终确定与震捣体条件有关，应反复比较确定。每台电动附着式震捣器的输入电流不能大于额定电流。

（2）调整　一般可调扇形偏心块的电动附着式震捣器出厂时，扇形偏心块的扰动电力调整为 5kN。使用操作时可根据作业对象的实际需要选择不同偏心矩的扇形偏心块，以获得各种扰动力。其调整方法和步骤为：拆开机座两端的端盖，剪断偏心块上的防松电镀丝。卸下螺栓，根据铭牌数据，将扇形偏心块调换在所需要的螺孔位置。穿入防松电镀丝并拧紧，注意两端扇形偏心块位置必须同时调整在对称的相同位置后再安装端盖。调整偏心块后，电动附着式震捣器应进行试运行，以检查电动机的输入电流不能大于额定电流，否则应重新选择扰动力和重新设计震捣体，或安装位置。

（3）操作　接通电源，电动附着式震捣器应能立即进行操作。电动附着式震捣器操作前试运转时，应在与使用条件相当的地方进行，不宜在干硬的土地或其他硬质物体上作较长时间的运转，以免损坏电动机。操作时不允许用拖拉电源线的方式去移动震捣器进行振实混凝土混合物表面的施工作业。在正常操作条件下，电动附着式震捣器能在 15cm 的深度内将混凝土振实。使用完毕后，应及时清理外壳积留物，检查各部分连接螺栓是否有松动。工作半年至一年，应检查电动机、电源连接装置和电源线的电气完好性，清洗轴承，上润滑油脂。

2. 电动软轴插入式震捣器

电动软轴插入式震捣器应用在建筑、道路桥梁、港口、机场的混凝土施工中插入混凝土混合物内进行捣固作业，从而提高混凝土构件、基础的整体密实性和强度。

（1）结构　电动软轴插入式震捣器在结构上把电动机和震捣棒分成两个部分，用软轴连接起来。电动机的旋转运动用软轴传递给震捣棒，它操作灵活方便。由于橡皮软管有一定的吸振作用，震捣棒传递给操作人员的有害震捣也会大大减轻。

电动软轴插入式震捣器的激振方法分为行星滚锥式和偏心块式两种。行星滚锥插入式震捣器由三相异步鼠笼型电动机、软轴软管、震捣棒、电源转换开关和电源线等组成。电动机采用供电频率为 50Hz 的三相异步鼠笼型电动机。电动机机壳上面装有转换开关，能调整电动机的旋转方向；机壳下部装有可任意旋转的底盘。电动机的输出轴端装有软轴接头和单向旋转离合器，使转轴只能右旋。软轴接头和防逆装置有两种不同的结构形式：一种是方形接头，采用单独的防逆转装置；另一种是将防逆装置与软轴接头合成一体，用一个防逆推块来达到防逆和传递扭矩目的。防逆装置的优点是工作可靠，但由于采用了单独的防逆装置，增加了体积和质量，加工工艺较复杂。防逆装置如图 5-36 所示。

防逆推块零部件少，结构简单，电动机部分的体积和质量可减轻，已被广泛地采用。防逆推块用摆轴与电动机输出联成一体，防逆推块在摆轴上能自由转动。软轴接头与输出轴内腔用动配合连接。当电动机正转时，由于电动机的旋转速度使防逆推块尾部向外，防逆推块紧贴软轴接头缺口，从而带动软轴一起旋转。电动机反转时，由于防逆推块头部的斜面与软轴接头的斜面接触，输出轴旋转时，防逆推块绕摆轴摆动，即自行打滑。输出轴不能带动软轴旋转，从而保护软轴不扭松，同时起保护震捣棒与端塞和尾盖的螺纹连接，在电动机反向转动时不会松动。软轴软管是由钢丝绕制的软轴、具有护套的软管和起连接

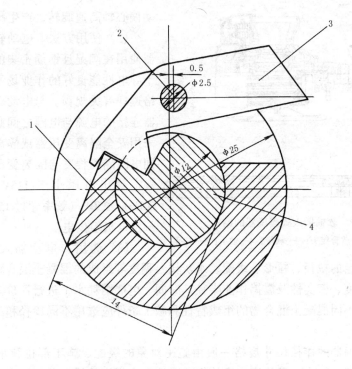

图 5-36　防逆推块防逆装置的结构
1—电动机输出轴；2—摆轴；3—防逆推块；4—软轴接头

作用的软轴接头、软管爪、锁紧套等组成。

　　电动软轴插入式震捣器软轴最外层缠绕方向为右旋，在传递扭矩中受力最大。护套采用一层钢丝编织物的橡皮护套，以克服软管在使用中伸长和折断。震捣棒由外壳、滚锥、滚道和轴承、橡胶油封等组成。转杆由专用轴向加大游隙的滚珠轴承支持，在滚道内作行星滚动，其滚动次数不等于转杆的旋转速度而与转杆直径 d、滚道内径 D 有关。

　　行星滚锥式震捣棒转杆的锥体部位和滚道处不能存在水、油等液体介质，以避免发生震捣器的停振，所以震捣棒要严格密封。异步端塞、滚道与外壳的螺纹连接处用 O 型密封圈密封后，用焊接方法使端塞、滚道与外壳连接成一体；震捣棒滚珠轴承端用带骨架橡胶油封闭，以防止润滑油进入滚道。外壳的端塞是插入式震捣器的作业部件，与混凝土混合物处于激烈的摩擦状态，极容易磨损，尤其是端塞。所以一般端塞采用合金结构钢制造并进行热处理，硬度 HRC50～55。

　　偏心块插入式震捣器由端塞、外壳、偏心轴、滚动轴承、软轴和电动机、电源开关、电源连接装置等组成，软轴插入式震捣器的结构见图 5-37。

　　偏心块插入式震捣器采用单相串励电动机为动力，以获得高频震捣。震捣棒与软轴的连接用鸭舌销套在偏心轴一端内孔中，以半圆键和紧键固定，软轴的另一端用螺纹与电动机的输出轴连接在一起。电动机置于塑料外壳内。塑料外壳既作支持电动机的结构，也是定子铁芯的附加绝缘。转子附加绝缘采用转轴绝缘，以使转子铁芯与外露的震捣棒等金属零件在电气上隔离。钢丝软轴经过特殊热处理工艺，能传递 12000r/min 的旋转速度，并具有较长的使用寿命。端塞、尾盖与震捣棒外壳以螺纹连接，用 O 型密封圈密封，以阻止混凝土混合物中的浆水进入棒内，单相串激电动机的旋转运动通过 1m 左右的软轴直接带

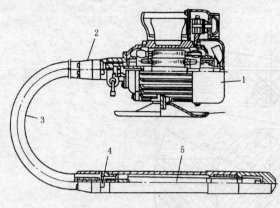

图 5-37 软轴插入式震捣器的结构
1—电动机；2—软管接头；3—软管；4—轴承；5—棒壳

动偏心轴高速旋转，产生高频扰动力。

（2）使用方法 电动软轴插入式震捣器使用在潮湿且钢筋密集的建筑工地，属于导电性能良好的作业场所，使用中应严格遵守有关规程。与电动软轴插入式震捣器连接的电源与电网之间必须隔离。一般采用安全隔离变压器或隔离变压器，或由同电网隔离程度与隔离变压器相同并具有额定输出电压小于 115V（频率不超过 60Hz）、250V（频率超过 150Hz）的电动机—发电机组供电。

（3）选用 电动插入式震捣器的效果，一般由一定的粒径、粒形、级配、水灰比、稠度等组成的混凝土混合物用震捣器捣实所能达到的强度、密实性及震捣作业半径、时间、电能消耗水平进行评价。为了获得较好的震捣效果，不同混凝土混合物的组成特性和施工条件应选用不同棒径和工作参数的震捣器。

插入式震捣器的棒径尺寸规格一般由施工对象的级配、施工部位和钢筋疏密程度而定。一般在施工空间小、钢筋密度高的作业面选用小规格的震捣器，级配大、塌落度小的塑性混凝土混合物应选用大规格，以提高生产率。插入式震捣器震捣频率和振幅与振实混凝土混合物的级配、塌落度有密切关系。级配为 3~4 级、骨料粒径为 80~150mm、塌落度为 4~6cm 的混凝土混合物，选用的插入式震捣器的震捣频率应为 4000~6000r/min、振幅值为 1~2mm；级配低于 3 级，则震捣频率相应提高到 10000r/min 以上、振幅值为 0.5~1.5mm；低流态和干硬性混凝土混合物的塌落度在 3cm 以下，甚至小于 1cm，对 3~4 级配的混凝土混合物应选用小于震捣频率为 6000~9000r/min、振幅值为 1.5mm 左右的插入式震捣器；3 级配以下的混凝土混合物应选用小于震捣频率为 10000~12000r/min、振幅值为 0.5~1mm 的插入式震捣器。

5.9.2 冲击电钻和电锤

冲击电钻和电锤用于混凝土、砖石等建筑物、构件上凿孔、开槽、打毛等作业。用电锤或冲击电钻打孔的效率可提高 15 倍以上。并可提高建筑物的施工质量。冲击电钻是一种旋转带冲击的电钻，一般制成可调节式结构。当调节在旋转无冲击位置时，装上镶有硬质合金片的钻头，就可以在砖石、轻质混凝土等脆性材料上打孔。

1. 结构

冲击电钻由电动机、齿轮减速器、齿形离合器、调节环、电源开关、机电源连接装置件等组成。冲击电钻前端装有调节环，调节环上设置钻头和锤子标志。当调节环的钻头标志调到前罩壳上的定位标记时，离合器运动件脱离离合器静止件。电动机的旋转运动经齿轮减速后，主轴上的钻头夹持钻头作单一旋转运动；当调节环上的锤子标志调到前罩壳上定位标记时，离合器运动件与离合器静止件啮合。电动机的旋转运动经齿轮减速后带动离合器，主轴上的钻库夹持钻头在外边施加的轴向力作用下作旋转带冲击的复合运动。图 5-38 是单相串励冲击电钻的结构示意图。

188

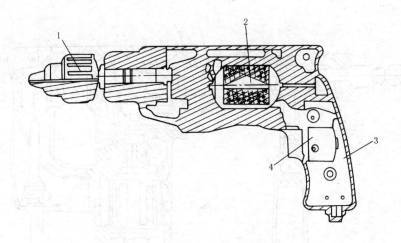

图 5-38 单相串励冲击电钻的结构示意图

1—钻库；2—电动机；3—手柄；4—开关

离合器的静止件固定在用铝合金压铸的前罩壳内，离合器的运动件与主轴连接成为一体。离合器静止件与运动件之间设置一个压缩弹簧。当电动机旋转时，经齿轮减速使主轴瞬时针旋转，离合器主动件也随着旋转。由于操作者施加轴向压力，克服弹簧力使离合器啮合。主轴的输出转矩使离合器重新啮合。离合器脱啮，而操作者继续施加轴向压力，使离合器重新啮合。于是离合器脱开、啮合，同时产生轴向往复位移，主轴就产生旋转带冲击的复合运动。

冲击电钻的冲击力大小取决于电动机的输出转矩、转速及操作者施加轴向压力的大小。一般离合器的犬牙高度为 0.8mm。犬牙之间的冲击距离为 1.6mm。离合器的犬牙齿轮数关系着冲击频率的大小。一般情况下，在输出转矩为定值时，冲击频率越高越好。冲击频率即为经减速后的主轴转速与犬牙齿轮数的乘积。

离合器犬牙在冲击电钻工作时承受了很大的接触应力，是冲击电钻质量的重要标记之一，对离合器的材料选择和热处理工艺都有较高的要求。冲击电钻有双速、无级调速等。打大孔时用低速，打小孔用高速。冲击电钻的钻头用钻库夹持。钻库与主轴用短圆锥或螺纹连接。螺纹连接钻库能保证在较强震捣情况下工作钻头不容易从冲击电钻脱离。冲击电钻设置有辅助手柄和钻孔深度定位器。其电动机采用单相串励电动机。二类冲击电钻的电动机安置在塑料外壳内。塑料外壳既作为支撑电动机的结构件，又是电动机定子铁芯的附加绝缘。转子附加绝缘采用转轴绝缘，以使转子铁芯与外露的钻库、前罩壳等金属零件在电气上隔离。冲击电钻的电源开关采用带自锁的自动复位开关。无级调速冲击电钻采用无级调节电源开关。电源开关一般设置在外壳的手柄腔内。

2. 电锤的结构

电锤由电动机、齿轮减速器、曲柄连杆冲击机构、转杆机构、过载保护装置、电源开关机电源、螺钉装置件组成。电锤具有冲击带旋转的机构，其冲击能量较大，多用于在各类混凝土构件上打孔作业。图 5-39 是单相电锤的结构示意图。

电锤一般设计有可供快速拆装钻杆的钻卡，装电锤钻头时，将钻杆 4 向孔内一塞，滚柱后退即能装入。此时钻头套 5 由弹簧自动复位，滚柱被推入钻杆小直径处，将钻杆卡住。拆卸电锤钻头卡住时，将钻头套 5 向后一拉，即可把钻杆退出。

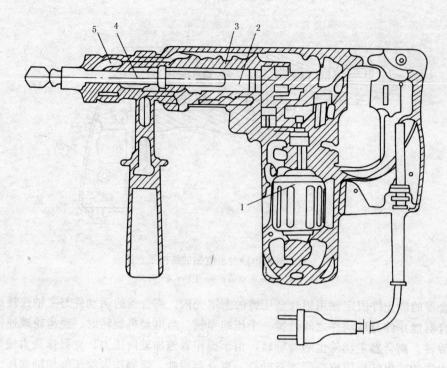

图 5-39　单相电锤的结构
1—电动机；2—冲击活塞；3—弹簧；4—钻杆；5—钻头套

电锤设计成二类电锤。对于定子的附加绝缘，大规格电锤（26mm 以上）由于电动机外壳为铝合金压铸件，采用在外壳与定子铁芯间设置绝缘衬套的结构。小规格电锤（18mm 以下）采用塑料外壳，转子附加绝缘采用转轴绝缘结构。电锤开关采用耐震的、手动式带自锁的复位开关。电源线软电缆采用橡皮套电缆，电源插头与橡皮套软电缆压塑成一体，为不可拆接电源插头。

电锤和拆接电钻的钻头统称建工钻，其切削刃采用硬质合金刀片，冲击钻采用 YG8 钨钴类硬质合金，电锤钻用 YG11 钨钴类硬质合金。对于钻体材料，冲击电钻采用 45 号钢或同等性能的其他钢材，柄部热处理一定不低于 HRC35，电锤钻采用 40Cr 钢，柄部热处理一定不低于 HRC40。

3. 电锤和冲击电钻的性能

冲击电钻按加工砖石、轻质混凝土等材料时的最大钻孔直径划分规格，电锤按加工 C30 混凝土（抗压强度为 300 ~ 350MPa）时的最大钻孔直径划分规格。

4. 电锤和冲击电钻的使用方法

选用：串励电钻以钻削为主、冲击为辅的手持式钻孔工具，由于它有较高的冲击频率而适于在砖、轻质混凝土和瓷砖上钻孔，对混凝土凿孔则应选择电锤。冲击电钻钻孔时，其规格的选择应考虑以下三条。

1）按作用对象及成孔直径选择。在室内装饰和电器布置时，一般使用尼龙膨胀螺栓，成孔直径在 6 ~ 12mm 之间，应选用 10mm、12mm 规格的冲击电钻。在建筑施工、水电设备安装和外墙装饰时，一般使用 M8 ~ M14mm 的金属膨胀螺栓，或者成孔直径在 12 ~ 20mm 之间，应选用 16mm、20mm 规格的冲击电钻。

2）按建工材质选择。10mm、12mm规格的冲击电钻频率结构，适用于结构脆性材料，如红砖、瓷砖等制品。16mm、20mm规格的冲击电钻输出功率和转矩大，适用于在红砖和轻质混凝土上凿孔。

3）按作用环境选择。10mm、12mm规格的冲击电钻可以单手操作，适用于爬高和向上钻孔作业。16mm、20mm规格的冲击电钻设置有辅助手柄和打孔深度标尺，可以双手操作，适用于地面和侧面成孔作业。

5. 冲击电钻的操作应注意事项

冲击电钻在钻孔前应空载运行1min左右。运行时应声音均匀，无异常周期性杂音，手握工具无明显麻感。然后将调节环转到锤击部位，让钻头夹顶在硬木上，此时应有强烈的冲击感，转到钻孔位置，则无冲击现象。

冲击电钻的冲击力是借助操作者的轴向进给压力而产生的，但压力不宜太大，否则会降低冲击频率，引起电动机过载而损坏电钻。对10mm、12mm规格的冲击电钻，一般轴向进给力在150～200N为宜。对16mm、20mm规格的冲击电钻，一般轴向进给力为250～300N。

在钻孔深度有要求的时候，可使用辅助手柄上的定位杆来控制钻孔深度。使用时只要将蝶形螺母拧松，将定位杆调节到所需要的长度，再拧紧螺母即可。在脆性建筑材料上钻凿较大的孔时，应注意把钻头退出凿孔数次，以避免出屑困难而造成钻头发热磨损。冲击电钻由下向上钻孔必须带防护眼镜。由于冲击电钻工作时震捣很大，内部电气接点容易脱落，要尽可能选择二类冲击电钻。

电锤以冲击为主、钻削为辅的手持式凿孔工具，由于其冲击功率较大，适用于在混凝土上凿孔，也可以在其他脆性材料上凿孔，具有较高的生产效率。电锤凿孔时，其规格的选择应考虑按作业的性质和成孔直径选择。用电锤在混凝土上凿孔，多用金属膨胀螺栓。成孔直径在12～18mm之间，应选用16mm、18mm规格的电钻，成孔直径在18～26mm之间，应选用22mm、26mm规格的电钻。在混凝土上扩孔宜选用大规格电锤。

按加工尺寸的材质选择。电锤在2级配混凝土上凿孔时，凿孔直径应选用相应规格的电锤，电锤在3级配及以上的混凝土上凿孔时，选用的电锤规格应大于凿孔直径。用电锤在红砖、瓷砖、轻质混凝土上凿孔时，应选用16mm、18mm规格的电锤。理由是小规格电锤输出功率小，冲击功率也小，但冲击频率高，能使成孔圆整光滑。按操作环境选择。10mm、12mm规格的电锤质量较轻，适用于爬高和向上钻孔作业。16mm、20mm规格的电锤质量较重，适用于地面和侧面成孔作业。

电锤的作业工具有电锤钻、凿、铲、夯板等，分别用于混凝土上凿孔、开槽、打毛、铲平及夯实作业。凿孔用电锤应保持锋利。

6. 操作注意事项

电锤是冲击型工具，工作中震捣较大，负载较重，使用前应检查各部分连接紧固可靠后才能作业。电锤在凿孔前，必须探查凿孔内是否有钢筋，避免电锤钻的硬质合金刀片在凿孔中冲撞钢筋而崩裂刀口。

电锤在凿孔时应将电锤钻顶住作业面后再启动操作，以免电锤空打，影响使用寿命。电锤在向下凿孔时，只要双手分别握紧手柄和辅助手柄，利用其自重进给，不需要施加轴向力。向其他方向，只需要50～100N轴向压力即可，压力过大反而不利于凿孔速度和使用寿命。电锤凿孔时，电锤应垂直作业面，不允许电锤钻在孔内左右摆动，这样会影响成孔质量和损坏电锤钻。在凿深孔时应注意电锤钻的排屑情况，及时将电锤钻退出。反复掘进，不可盲目冒进，以免出屑困难使电锤钻发热磨损，降低凿孔效率。

电锤在凿孔时，尤其是向下或向侧面凿孔必须佩戴防护眼镜和防尘面罩。电锤是通过电锤钻高速冲击与旋转的复合运动来实现凿孔的。活塞转套和活塞之间摩擦面大，配合间隙小。如果没有足够的润滑油供给就会产生高温和摩擦，将严重影响电锤的使用寿命和性能，电锤每工作 4 小时至少加油一次。

5.9.3 混凝土钻机

混凝土钻机是一种采用金刚石薄壁钻头间隙磨削钻孔的可移动式电动工具，适用于对混凝土、瓷砖、大理石、花岗岩、玻璃等脆性非金属材料制成的建筑构件间隙钻孔加工，具有效率高、孔壁光滑、尺寸精确、钻削时无粉尘等优点。混凝土钻机在建筑施工中能加工水电、暖气、煤气和通风管道的安装孔，或在墙上、楼板上采取排孔钻削的反复开切大型方孔，在机电设备安装中加工各种形状的地脚螺栓孔、构件吊装采用膨胀螺栓及各种加固作业用孔。此外，可在地质、非金属构件材料的研究中用来钻取岩芯和混凝土材料的芯样，以分析其结构、强度和其他性质。

1. 结构

混凝土钻机由电钻、真空吸附进给架、真空泵及空气过滤器、水桶和工作车等组成。电钻是混凝土钻机的主机，需要双重绝缘的单相串励电钻，具有两档转速。开关采用手掀式带自锁开关。电钻与真空吸附进给架设计成为拆式，使在钻削小孔或浅孔时能手持操作。此时，电钻的进水管与其连接部分可用作辅助手柄。

在水源困难的施工场地，可由供水桶供给钻机的钻孔用水。使用时，水桶内装有75%左右的水并密封，然后打气以产生水压。该水用来冷却钻头和冲洗粉尘。在用水方便的场地，可直接用自来水。工作车内装有真空泵、配电盘等。输入为三相、380V，经过配电盘供给真空泵、220V供电钻。不操作时，电钻、真空吸附进给架及供水筒均设在车内，便于保管和移动。工作车设有防雨淋罩和吊装式人工搬运提手。

2. 混凝土钻机的性能

我国生产的双重绝缘 Z1ZS—100 型混凝土钻机的技术数据如下：电钻的额定电压交流220V，输出功率 770W，额定电流 3.43A，额定转速双速 710/2200r/min，最大钻孔直径100mm，质量 5.5kg。真空吸附进给架的转动范围 60°，有效行程 350mm，真空泵额定电压为三相交流 380V。水源扬程大于 5m，流量大于 1.5L/min，钻机总功率 1kW，质量 85kg。

3. 使用方法

混凝土钻机在使用前，其工作车必须可靠地接地，并装设漏电保护器。接通电源前电钻的开关应处于关断状态。用吸附进给转轴钻机时，如遇到停电应立即扶持吸附装置，并迅速退出钻头，然后从加工部位拿下，以免吸盘失去真空吸附力后坠落而发生事故。使用中要有防止钻芯脱落发生事故的措施。

操作前应检查钻机的电源必须与铭牌相符。真空泵旋转方向应与标志箭头方向一致，否则应变换电源的相序。真空泵运转正常时只有轻微的阀门启闭声音。检查供水装置，检查吸盘、连接管和空气过滤器和吸盘的吸附力。检查金刚石空心钻头连接是否可靠并进行电钻试运转，钻头不能摆动，电钻应无异常杂音。

用吸附进给装置钻孔时，先接通真空泵电源，将吸盘吸附在被加工的墙壁或地面上，然后调整吸附位置或转动齿条来调整到加工孔位，并将各调整部位牢固可靠。掀下电钻的电源开关并锁定后，接通水源，等水进入钻头并流出后再缓慢地摇动加工手柄进行钻孔。进给力不宜过大，更不能冲击进给，以免损伤钻头。钻孔深度由进给架上的挡圈控制。严禁无水钻削。

钻削孔时，应保持电钻平稳。遇到钻头卡住时应立即停钻，排除故障后才能继续。钻孔完成退出时应慢一些，遇到卡死现象不得用力砸敲以免损坏钻头。钻削的孔洞即将穿透时更应注意节奏，减少进给力，注意钻芯脱落时的安全。此外，供水量要随时调节。如果进水孔堵塞，应停钻，拧下钻头，用钢丝通过钻头中心电动通水孔清除脏物，不得重击，以免金刚石脱落。为保证真空泵正常工作，工作车应水平放置。

电钻的维护保养和一般手持式电钻相同。如果发现电钻轴密封圈漏水应及时更换。吸附式进给装置维护保养时应注意：经常清理吸盘内附着物，但不能用汽油等对橡胶有害的溶液洗刷橡胶海绵密封圈。如果橡胶海绵密封圈损坏使吸盘吸附力不足 300N 时，应调换海绵密封圈，并将密封圈与吸盘用专用胶水粘牢。每半年清理一次抽气管路，每月清洁一次空气过滤器，每半年清洗一次进给齿轮和齿条并注入油。

真空泵使用一段时间后要及时更换真空油。调换时，要先放尽陈油，再用少量新油清洗真空泵内部并再放净，最后灌入足够的新油。真空泵一般工作 2500h 后应进行检修。

5.10 建 筑 仪 表

建筑仪表适用于建筑和工业电力配电系统中的计量。计量和检测是配电系统良好地运行必不可少的，所需计量的参数既取决于建筑的规模和复杂程度，又要考虑经济因素。为了监视建筑运行情况，收取电费和计算生产成本需要各类建筑仪表。

5.10.1 建筑仪表的基本概念

（1）仪表（instrument）定义为测量所观察的参数数量的器件，仪表可以是指示型的，或者是记录型的。

（2）积算表计（meter）定义为测量和记录对时间量积分值的器件。表计（meter）这个术语，一般习惯作为字的词尾，或者作为复合词的一部分（例如伏特计 voltmeter，频率计 frequencymeter），虽然这些装置按分类是属于仪表（instrument）一类的。

（3）交流电流、电压等仪表和积算表计是用来测量所指定的频率输入波的均方根值，并按纯正弦波标定。频率和波形的偏移会引起仪表和积算表精度的降低。

5.10.2 检测和计量的基本目的和方法

1. 检测和计量的基本目的

是帮助操作人员进行生产操作。为了正常运行，需要负荷数量、电能消耗、负荷特性、负荷系数、功率因数、电压等有关资料。在投入运行之前，应对建筑电气设备进行可靠性检查，肯定在所使用的电压下绝缘情况良好，并且接线正确。

在设备投入运行后，必须进行定期的检查，以肯定设备是处于正常运行状态。仪表和积算表计是用来完成这些及许多其他重要任务的。

2. 可采用的方法

各种各样的仪表和积算表计都可用于测量交流电流、电压、电力消耗等。在大多数情况下，电流线圈的额定电流为5A，电压线圈额定电压为220V。只要电路的电流和电压超过仪表的额定值，就需采用仪表专用的电流和电压互感器。

电流互感器用于将仪表的电路与一次电源电路隔离，并将流过仪表的电流降至仪表元件额定值范围内。电流互感器的变比选择应当尽可能低到不超过二次绕组所规定的电流。

采用的变比应使得电流的正常读数大约在仪表刻度的1/2~3/4的范围内。在三相三线电路中，用于测量，两台电流互感器就够了，虽然有时为了核定其余相的变比，要用第三台互感器。而在三相四线的接地系统中，则需用三台电流互感器。通常当二次回路断开时，由于电流互感器的匝数比会产生危险高电压。因此当校验仪表或使用插入的便携式表计时，必须用试验开关或电流插座将电流互感器二次侧短路。电流互感器二次回路必须接地。

电压互感器用于将高压电路的电压值降至仪表电压线圈额定值范围内。三相三线制电路，一般用二台单相互感器接成开口三角形。三相四线系统要求用三台电压互感器。校验仪表时应在电压互感器二次回路中用开关把仪表与互感器隔开。电压互感器的二次回路也必须接地。

直流电流或电能的测量是利用分流器承担被测量的主电流。分流器用电阻温度系数和热电效应比铜低的金属做成。将金属电阻片都焊接到铜块上，成为线路和仪表引线的端子。通常这些引线必须和其所使用的分流器一起标定。直流电流表实际上是测量跨接在分流器上的毫伏电压降，并且是用与其相连的分流器的额定电流来标定。读数在50A及以下的表计可以用内附分流器。量程达好几千安培时可以用外装分流器。

另一种测量直流电流的方法是用直流电流互感器，它是一种磁放大器或饱和电抗器。由两台双电路的互感器组成，每台的一个绕组接入直流回路，二次绕组则用交流励磁。标定有直流读数的交流仪表连接在互感器的二次绕组电路内。这个方法和分流器相比有两个明显的优点。二次回路与被测电源隔离了，用户可以在互感器的二次回路中安入一个或更多的仪表、继电器或其他电流操作装置。当测量大电流时，直流互感器比分流器具有费用低和可靠性高的优点。遥测直流大电流时，因为不需要校验引线，直流互感器特别有用。

5.10.3 主要测量仪表

建筑仪表除了以前介绍过的电流表、电压表、功率表以外，再简要介绍一些建筑工程中常用的测量仪表。

1. 功率因数计

功率因数计是指示负荷功率因数的仪表。在三相负荷和电压平衡的条件下，直接指示三相负荷功率因数。仪表由电流和电压元件组成，必要时需采用仪用互感器。仪表可指示功率因数1（在刻度中央）和其他不是1的任何超前或滞后的功率因数。通过积算式千瓦小时计与千瓦小时计的读数可以获得一定周期内，如一日、一周或一月的平均功率因数。因此，功率因数计是直接取得功率因数的便利方法。

2. 频率计

可用频率计直接测量交流电源的频率。两种常用的频率计为指针型与振簧型。指针型可直接跨接线路或电压互感器的二次侧，只需用单相连接。60Hz系统仪表的刻度范围为55~65Hz或58~62Hz。移动的指针指示出精确的数值。振簧型频率计是根据机械谐振的原理而设计的，仪表内有一列可以自由振动的簧片。和指针式一样，仪表直接跨接线路或电压互感器的二次侧。调谐到最接近线路频率的簧片将以最大的振幅指示出频率。

3. 同步指示器

同步指示器是在两台发电机或两个电力系统并车时用以指示同步的仪器。早先是用灯来指示同步，但后来已经被更精确的同步指示器代替了。同步指示器外形与开关板式仪表一样，只是指针可以在 360° 内自由转动。当频率要比同步的频率低时，指针向一个方向转动，反之，频率高时，指针向相反方向转动。当两个频率一致时指针则静止不动，而当电路处于"同相"时，指针也这样指示，系统就可以安全并车。如果开始时对相位关系已作了正确的检查，以后对旋转方向和接线又未改变，则单相同步指示器可用于三相系统。

4. 便携式仪表

大多数仪表安装在开关板上，但也有不少做成便携式的。便携式仪表用以进行特殊试验或在开关板上增添仪表时使用。仪用互感器二次侧应留有便携式仪表能接入的电路。电流插座特别适用于电流回路。当便携式仪表自身量程不能满足被测参数时，还可用便携式电流和电压互感器。

便携式安培计、伏特计和瓦特计采用指示或记录型，取决于试验的类型或所需要的数据情况。组合的交流便携式仪表，有时也叫电路分析器，适用于测量电流、电压、功率和功率因数。其他的便携式仪表用于测量电流、电压和电阻，并且可用于测量交流或者直流，为各种情况提供灵活方便的测量。钳形电流互感器带有引线和记录式的安培计，便于测定负荷电流。而测量电缆中的电流，采用线夹式仪表较钳形电流互感器更为方便。

带有止动指针的安培计，可用于测量常规仪表所不能显示的短时负荷，如电焊机负荷。止动指针仪表有制止指针回复到零的手动止动装置。指针指示值连续地升高直到浪涌电流引起指针或针尖颤动为止，于是测出实际的电流读数。如果负荷摆动周期小于 10 个周波，则止动指针仪表指示不会准确。对很短周期的摆动负荷建议用电子示波器或示波器。

5. 最大需量计

由于许多建筑功率的明显变化以及低负荷系数对电力系统成本的影响，因此以一定时间内的最大需用功率作为确定电费的一个因素，用最大需量计来测量最大需用功率，指示型和记录型两种表计都适用。

(1) 绘制曲线瓦特计记载系统的负荷—时间曲线，用所选定的需量时间间隔内的平均负荷计算最大需量。

(2) 平均累计最大需量计累计在需量时限内所用的能量，或者记录每一时限间隔内的平均需量，或者借助于最大值指示器指示出自上次读数复位后出现的最大需量。

(3) 时滞需量计通常用热时滞的方法取得需量的时限，这些仪表一般调整成：在选定的需量时限终了时，指示元件指示突然增加的最大稳定负荷值的 90%，而在随后的需量时限终了时，指示该值的 99%。

(4) 接触器操作的需量计可把接触器附装于功率表内，可按正比于仪表所接负荷的大小传送脉冲。这些脉冲驱动指示型需量计的指针需要配置驱动图示墨水笔。接触器操作的需量计与功率表和最大需量计的组合器件相比，有便于维护的优点。几条馈电线或负荷的综合最大需量可通过综合继电器动作一台需量计以获得总的需量。移相变压器和标度盘可使仪表需量以千伏安值显示。在用设备容量表示实际负荷时以千伏安表示的需量值更为有用。

（5）打印式需量计，另一种接触器操作的需量计是打印式需量计，能将所记录的每一时间间隔的需量和时间一起打印在纸带上。

6. 记录式仪表

用于直接指示的大多数仪表也可采用记录式或图示式仪表。连续记录电流、电压、功率、频率等，对于经济、统计、工程研究以及检验控制器和机器性能是需要的。记录仪是由固定于仪表指针针端的笔尖自动描绘在长条或圆形记录纸上，借用时钟机构恒速移动把图描绘成形。记录式仪表存在着指示式仪表所没有的某些设计问题。问题之一就是必须提供足够的转矩来克服笔尖的摩擦阻力，而不降低仪表的精确度。

有些记录型仪表可以调整记录纸的移动速度。要得到正常记录，其速度应与记录纸预定更换时间、型式及负荷特性相协调。特殊的试验可能需要更快的记录纸速度以取得合适的数据。因此可能需要采用像磁带记录器这样更高级的设备。

7. 其他仪表

（1）温度指示器：温度指示和温度控制设备包括液体、气体或饱和蒸汽温度计，电阻温度计，双金属温度计，辐射高温计和热电高温计。这些仪表可以是指示型或记录型。用于测量电气绕组、轴承、油、空气和导线的温度。其中有一些还带有用于警报装置或继电器电路的电气触点。高温计通常用于炉温的指示与控制。

（2）周波计数器：这类仪表通常由同步电动机及所需的离合器、抱闸、指示器共同组成，用于指示运转的周波数。周波计数器的用途之一是测定断路器和继电器的动作时间。

（3）示波器（oscillograph）：示波器是用来观察和记录短时内迅速变化的数值，如交流电压、电流、功率等的波形。示波器在工程现场有许多用处，如：确定负荷特性、波形和用指示仪表来测量显得太快的现象。示波器的频率高达 10MHz。大多数磁性示波器由检流计（其偏转精确地与电流或电压的瞬时值成正比）、光学系统（用镜面反射光束而不是普通指针）和记录装置（胶片或迅速移动的感光材料）组成。多振子示波器可同时记录几种不同的数值，如三相电流、电压、功率等。

（4）电子示波器（oscilloscope）：电子示波器是用来研究高频或短时现象的电子仪器。可用于研究电力电路中的暂态过程。这些仪器采用电子控制器和电子束，从而消除了仪器的机械惯性。用小电子束打到荧光屏上。该电子束是按所要研究的电压或电流所建立的静电场或磁场而偏转的。示波器可用于任何频率。一台照相机和示波器配合使用可以不断地记录波形。

（5）电脑测量计：它是根据预定程序输入信息完成数学运算的装置，有两种基本型式即模拟式与数字式。电脑测量计可用物理量模拟所需解决课题的状态，它能接受离散信息并借助于逻辑运算和计数，以解答课题的数学方程式。

模拟电脑测量计的精度受放大器的噪声及元件的线性所限制，而其精度只受存储器位数的限制。精度、速度及外围转换设备的发展使得电脑既能接受数字输入信号又能接受模拟信号。

电脑测量计的输入信息可以是实际的数字量，也可以是电气或机械能的模拟量，而计算结果可以是数字量，或是用于控制某些环节的电气或机械模拟量。这里要提起注意的是该系统不仅是为了解答预先收集并输入机器的课题，而且是为了实时解答运行系统送入的信息，为了监控更复杂的工业电力系统，以及为了完全自动地控制系统的最佳运行性能。现在电脑测量计已使用在电力系统，节省了人力、维护量和由于误操作所付的费用。

5.10.4　DDSY35 型电子预付费单相电能表

1．电子式电能表简介

电子式电能表是国际上 80 年代中期发展起来的，采用微电子技术成果的新一代电能计量仪表。DDSY35 型电子预付费单相电能表采用了优选和自行设计的大规模专用集成电路，应用厚膜电路、表面安装 SMT 技术、电磁兼容与电磁屏蔽等技术，电路简单，结构合理。专用电卡可以实现先付费后用电、表上无剩余电量时报警和断电等功能。独特的保密措施保证用户使用电表和电卡的安全。电能表外形采用了高强度工程阻燃塑料底壳和聚碳酸酯透明面罩及全封闭结构，造型美观，具有较高绝缘强度和耐腐蚀性，并且金属耗材低，具有防窃电、防潜动等优点。

2．工作原理

电流信号和电压信号经过取样和分压后送专用集成电路，经过一系列处理，得到频率正比于负载消耗功率的脉冲信号，该脉冲信号送至红色发光二极管以脉冲数/kWh 的速度指示出通过电表功率的大小，同时脉冲送至表内的微处理器进行处理。LED 清晰地显示出电能数值及其他相关内容；功率反向时，绿色指示灯亮，提示异常，有试图窃电行为。售电部门借助售电系统对电卡进行初始化后发给用户，并在系统内建立用户档案，用户向售电部门预购一定数量的电量，用户可以用电，此过程也叫买电。当用户表上剩余电量为购买电量的 10% 时，给出报警提示，所购买电量用完后，表内自动切断供电回路，直到用户重新买电后恢复。

3．主要技术指标

全电子式电能表；精度等级：1.0 级；规格：220V，5（30）A 或 10（60）A；启动电流：$0.4\% I_b$；脉冲常数：1600imp/kWh（5（30）A、220V 时）；自耗功率：< 1.1VA；绝缘：2000V（1min）；电能显示范围：累计电量 0～999.9kWh，剩余电量 999.9～0kWh，上次买电量 0～9999kWh；数据保存时间：大于 10 年，无需后备电池；工作储备时间：长期；使用环境相对湿度不大于 95%；工作电压范围：150～250V。

4．主要特点

准确度高，启动灵敏，DDSY35 型电子预付费单相电能表采用专用集成电路和高精度电量检测技术，具有 1.0 级以上的准确度，线性好，启动电流为 $0.4\% I_b$，更适合电力用户需要较高精度测量电能的场合。

具有平坦的过载特性，DDSY35 型电子预付费单相电能表的过载能力可达到标定电流的 6 倍以上，且过载特性曲线幅度小，适用于电力用户负载的范围宽。

自身消耗低。没有机械转动结构，无磨损，节约大量有色金属；自身消耗功率小于1.1VA，比感应式电能表低 1W 以上，全国现服役表 2 亿台，如果全部改装，节能效果可观。

谐波影响小。DDSY35 型电子预付费单相电能表高次谐波影响仅为 0.5%，而感应式电能表在三次谐波时误差为 –5%～–30%，五次谐波误差达 –80% 以上，故 DDSY35 型电子预付费单相电能表能够应用于高次谐波污染严重而又需要计量的场合。

响应速度快。感应式电能表由于圆盘的惯性，响应速度慢，不适合电功率突变的场合，如电力机械、电焊机等需要频繁启动的设备用电情况；而电子电能表是电子信号采样，能及时快速反应和正确记录真实的用电情况。

智能化程度高。由于以单片微处理器为智能处理单元，采用电卡为信息传输载体，有较高的保密性和可靠性，具有超量用电自动报警和断电功能；配合售电管理系统，大大提高了供电系统的自动化水平。

具有脉冲输出，DDSY35型电子预付费单相电能表具有光电耦合脉冲输出功率，容易实现多用户用电集中检测和中央自动控制。能够有效防止窃电。DDSY35型电子预付费单相电能表具有功率反向指示功能，输入阻抗达微欧级，对于外部电路简单的断路，电表仍然能够正确记录用电情况，有效防止和克服窃电行为。

安装简单。感应式电能表必须安装在其圆盘轴垂直水平面且不大于3°的位置上才能正常工作，而DDSY35型电子预付费单相电能表由于内部全部是电子线路，可以任意方位安装，均能够正常工作。

免维护周期长、维护成本低。感应式电能表带机械转盘，转轴部分容易磨损，从而使精度降低、误差增大，必须定期检查、校验。DDSY35型电子预付费单相电能表内部元件经过老化处理，无磨损器件。免维护周期达十年以上。

DDSY35型电子预付费单相电能表同感应式电能表的比较　　　　　表 5-37

序	比 较 内 容	感应式电能表	电子式电能表
1	准确度	2.0级	1.0级
2	自身功耗	3W	<1.1W
3	过载能力	最大4倍	6倍以上
4	曲径幅度	−0.3%	−0.4%
5	高次谐波	−5%～−3%	−0.5%
6	响应速度	有惯性，慢	电子采样，快
7	工作位置	垂直悬挂±3°	任意位置
8	防窃电	不能	能
9	智能手段	基本无	微处理器多种控制
10	成本材料	金属价格攀升	半导体价格持续下降
11	维护费用	高	低
12	维护周期	3～5年	10年以上

电能表在出厂前经过检验合格，并加有铅封，接线端子基本与感应电能表保持一致，无特殊要求，容易直接替换；或者按端子接线图或详细说明书中接线发生连接。

5.10.5　家用电器

1. 住宅建筑中家用电器

住宅建筑中家用电器用电宜用单独回路保护和控制，配电回路除具有过载、短路保护外，宜设有漏电电流动作保护和过欠电压保护。当家用电器与照明为共用回路时，也应采取上述保护方式。

家用电器的接电方式一般采用插座为电源接插件。对于电感性负载，如电动机，其插接功率应在0.25kW及以下。对于电阻性负载，如电热器其插接功率在2kW及以下。当插座不作为接电开关使用时，其插接功率不在此限。

家用电器多数为非固定安装器具，随时可以移动，根据这一特点，其接电方法一般均采用插座作为接插件接通电源，电源插座也起到了隔离电器的作用，又可兼作功能性开关。对于插座接插功率的确定，是参照 IEC 标准《建筑物电气装置》（TC—64）中有关规定。

关于插座数量、位置及型式的规定，居室中适当增加插座数量主要是考虑使用方便，减少外接线路，提高安全度。

2.电压波动范围

当家用电器的额定电压为 220V 时，其供电电压允许偏移范围为 +5%、-10%。额定电压为 42V 及以下的家用电器的电源允许偏移范围为 ±10%。

当住宅内配电有两种及以上电压等级时，应注意不得选用同一类型的插座，以防止损坏电器或发生人身安全事故。

3.插座的数量

供家用电器使用的电源插座，在住宅建筑中设置数量可按以下条件考虑：$10m^2$ 及以上的居室中应在使用家用电器可能性最大的两面墙上各设置一个插座位置；$10m^2$ 及以下居室的房间中可设置一个插座位置；厨房、过厅可各设一个插座位置。在居室中，每一个插座位置上必须使用户能够任意使用Ⅰ和Ⅱ类家用电器。

有Ⅲ类家用电器的住宅，必须设置不同于其他电压插座的符合规定的安全超低压专用插座。多处需要使用Ⅲ类家用电器的住宅，应设置安全超低压供电系统，并在各使用场所安装必要数量的安全超低压专用插座。在只有个别Ⅲ类家用电器的住宅，可采用安全隔离变压器、专用插座和 220V 插头组成一体的供电装置，不得采用 220V 插头与变压器和插座两部分分开再以导线连接的方式。

当回路上接有二个及以上插座时，其接用的总负荷电流，不应大于线路允许载流量。在可能使用Ⅰ类家用电器的场所，必须设置带有保护线触头的电源插座，并将该触头与配电线路 TT 或 TN 系统中的 PE 线连成电气通路。

插座负荷宜按下述原则确定：连接固定设备的插座，住宅建筑按每个插座 50W 计算，一般公共建筑每个按 100W 计。家用电器的电源线应采取铜芯绝缘护套软线或电缆，其长度不得超过 5m。Ⅰ类电器应采用带有专用保护线的引线，其线芯颜色应有明显区别。

4.家用电器分类

在居室中，每一插座位置上必须使用户能任意使用"Ⅰ"或"Ⅱ"类家用电器，"Ⅰ"类电器按防触电保护措施为基本绝缘加接地保护。"Ⅱ"类电器为双重绝缘不要求接地保护，为满足"Ⅰ"、"Ⅱ"类电器的使用，在每一插座位置上应设有单相两孔及单相三孔插座。家用电器按防触电保护措施共分为四类，见表 5-38。

家 用 电 器 分 类　　　　　　　　　　　　　　　表 5-38

电 器 类 别	基 本 保 护	补 充 保 护
0	基本绝缘	—
Ⅰ	基本绝缘	连接 PE 线的接地端子
Ⅱ	基本绝缘	附加绝缘，加强绝缘或等效的结构处理
Ⅲ	采用超低压	—

（1）0 类电器：依靠基本绝缘来防止触电危险的电器，它没有接地保护。

（2）Ⅰ类电器：该类电器的防触电保护不仅依靠基本绝缘，而且还需要一个附加的安全预防措施。其方法是将电器外露可导电部分与已安装在固定线路中的保护接地导体连接起来。

（3）Ⅱ类电器：该类电器在防触电保护方面，不仅依靠基本绝缘，而且还有附加绝缘。在基本绝缘损坏之后，依靠附加绝缘起保护作用。其方法是采用双重绝缘或加强绝缘结构，不需要接保护线或依赖安装条件的措施。

（4）Ⅲ类电器：该类电器依靠安全电压供电，同时在电器内部任何部分均不会产生比安全电压高的电压。

当配电支路上装有两个或多个插座时，除应按总负荷电流选择保护电器外，尚应考虑导线的允许载流量要有一定的裕度。根据规定"Ⅰ"类电器防触电保护措施为基本绝缘加接地保护，因此在有可能使用"Ⅰ"类电器的场所，必须设置带有接地保护线（PE）触头的电源插座，在安装及使用时必须留有条件。对于 PE 线与系统的连接应根据系统接地型式确定，但 PE 线不得与中性线共用。

插座计算负荷是设计中的比较重要参数，可作为选择保护电器及导线截面的依据。实际上接插的用电设备负荷有些是不止 100W，但由于考虑用户使用方便，设置插座数量较多，即使某一个插座超过了标定功率，一般情况下总负荷电流也不会超过线路允许载流量，当然随着社会的发展，居住建筑中插座标定功率也会相应的增大。

5. 家用电器的电源

住宅内插座的安装高度，也主要是从防止儿童触电考虑的，但 1.8m 的高度使用不太方便，也不美观。具体插座的型式和安装高度，应根据其周围环境和使用条件确定。干燥场所宜选用普通型插座。需要插接带有保护线的电器时，应采用带有保护线触头的插座。潮湿场所，应采用密封式或保护式插座，安装高度距地不应低于 1.5m。儿童的活动场所，插座距地安装高度不应低于 1.8m。住宅内插座安装高度大于 1.8m 可采用普通型插座。采用安全型插座且设有漏电保护装置时安装高度不受限制。带有插接电源时有触电危险的家用电器，如洗衣机，应选用带开关能够断开电源的插座。对于不同电压等级，应采用与其相应电压等级的插座，该电压等级的插座不应被其他电压等级的插头插入。

随着社会的发展，家用电器已大量进入城乡居民家庭，其种类和数量正逐年增加，因此触电伤亡事故不断发生，为了提高供、用电的安全可靠性，必须在设计与安装中给予足够的重视。

家用电器是日用电器的一部分，家用电器主要适用于居住建筑中使用的电气器具和电子器具，将插座与照明分别设单独回路保护和控制是安全必要的。为了减少触电事故保障人身安全，北京、广州、沈阳等城市已作出了在住宅中装设漏电电流动作保护的规定，收到了较好的效果，规范规定对家用电器供电支路设漏电电流动作保护也是很必要的。高级居住建筑，宜设置门铃和防盗报警装置。

家用电器的电源引线应有利于安装、使用、检修的安全要求。引线过长对等电位联结不利，所以插座的位置应该靠近用电设备。

5.11 低压电器设备选择

属于建筑物组成部分的设备有照明设备、电梯设备、给水与排水设备、制冷设备、锅炉房设备、消防设备、电话电视监控及广播系统等设备，各种各样的建筑设备大多数需要低压电气设备进行控制。

5.11.1 低压电器选择的原则

低压电器设备是指 380/220V 电路中的设备。选择低压电器设备的原则是满足安全用电的要求，保证其可靠地运行，并且在通过最大可能的短路电流时不致受到损坏，有时还需要按短路电流产生的电动力即热效应对电器设备进行校验。

1. 选择的原则

（1）电器的额定电压应与所在回路的标称电压相适应。线路电压损失应满足用电设备正常工作及启动时端电压的要求。

（2）电器的额定电流不应小于所在回路的计算电流，电器的额定功率应与所在回路频率相适应。

（3）电器应满足短路条件下的动稳定与热稳定的要求。用于断开短路电流的电器，应满足短路条件的通断能力。验算电器在短路条件下的通断能力，应采用安装处预期短路电流周期分量的有效值，当短路点附近所接电动机额定电流之和超过短路电流的 1% 时，应计入电动机反馈电流的影响。

2. 电器应适应环境条件

当维护、测试和检修设备需断开电源时，应装隔离电器。隔离电器应使所在回路与带电部分隔离，当隔离电器误操作会造成严重事故时，应有防止误操作的措施。隔离电器宜采用同时断开电源所有极的开关。

同类设备应尽量减少品种，与整个工程的建设标准应协调一致。选用新产品均应具有可靠的试验数据，并经过正式鉴定合格。选用未经正式鉴定的新产品，应该经主管上级批准。

低压配电设计执行国家技术经济政策，做到保障人身安全、配电可靠、电能质量合格、节约电能、技术先进、经济合理和安装维护方便。用于新建和扩建工程交流、工频500V 以下的低压配电设计。低压配电设计应节约有色金属，合理选用铜铝材质的导体。

5.11.2 低压电器选择的要点

对二级及以下用电负荷，当用于环网和终端供电时，在满足高压 10kV 电力系统技术条件下，宜优先选用环网负荷开关。住宅小区变电站宜优先选用户外成套变电设备。如果采用箱式变电站时，环境温度比平均温度（35℃）每升高 1℃ 则箱式变电设备连续工作电流降低 1% 使用。

低压断路器和变压器低压侧与主母线之间应经过隔离开关或插头连接。供给一级负荷的两路电源线路不应敷设在同一电缆沟内。当无法分开时，该两路电源线路应采用绝缘和护套都是非延燃性材料的电缆，并且应分别设置于电缆沟两侧支架上。

1. 选择内容

设计所选用的电器允许最高工作电压不得低于该回路的最高运行电压。设计所选用的导体和电器，其长期允许电流不得小于该回路的最大持续工作电流；对室外导体和电器尚应计及日照对其载流量的影响。验算导体和电器动稳定、热稳定以及电器开断电流所用的短路电流，应按设计规划容量计算，并应考虑电力系统的远景发展规划。

2. 确定短路电流

确定短路电流时，应按可能发生最大短路电流的正常接线方式计算。

验算导体和电器用的短路电流，除计算短路电流的衰减时间常数外，元件的电阻可略去不计。在电气连接的网络中应计及具有反馈作用的异步电动机的影响和电容补偿装置放电电流的影响。导体和电器的动稳定、热稳定以及电器的短路开断电流，可按三相短路验算，当单相、两相接地短路较三相短路严重时，应按严重情况验算。验算导体短路热效应的计算时间，宜采用主保护动作时间加相应的断路器全分闸时间。当主保护有死区时，应采用对该死区起作用的后备保护动作时间，并应采用相应短路电流值。

3. 验算电器

宜采用后备保护动作时间加相应的断路器全分闸时间。用熔断器保护的电压互感器回路，可不验算动稳定和热稳定。校核断路器的断流能力，宜取断路器实际开断的短路电流作为校验条件。验算短路条件下的通断能力，应采用安装处预期短路电流周期分量的有效值，当短路点附近所接电动机额定电流之和超过短路电流的1%时，应计入电动机反馈电流的影响。当维护、测试和检修设备需断开电源时，应装隔离电器。装有自动重合闸装置的断路器，应计及重合闸对额定开断电流的影响。

4. 用于切除电容器组的断路器

用于切合并联补偿电容器组的断路器应选用开断性能优良的断路器。裸导体的正常最高工作温度不应大于+70℃，在计及日照影响时，钢芯铝线及管形导体不宜大于+80℃。当裸导体接触面处有镀（搪）锡的可靠覆盖层时，其最高工作温度可提高到+85℃。验算短路热稳定时，裸导体的最高允许温度，对硬铝及铝锰合金可取+200℃，硬铜可取+300℃，短路前的导体温度应采用额定负荷下的工作温度。

在按回路正常工作电流选择裸导体截面时，导体的长期允许载流量，应按所在地区的海拔高度及环境温度进行修正。导体采用多导体结构时，应考虑邻近效应和热屏蔽对载流量的影响。

5. 隔离电器

隔离电器应使所在回路与带电部分隔离。当隔离电器误操作会造成严重事故时，应有防止误操作的措施。隔离电器宜采用同时断开电源所有极的开关或彼此靠近的单开关。隔断电器可采用电器：单极或多极隔离开关，隔离插头；插头与插座；连接片；不需要拆除导线的特殊端子、熔断器。半导体电器严禁做隔离电器。

通断电流的操作电源可采用下列电器：负荷开关及断路器；继电器、接触器；半导体电器；10A及以下的插头与插座。

6. 绝缘子和套管

发电厂3～20kV室外支柱绝缘子和穿墙套管，可采用高一级电压的产品。3～6kV室外支柱绝缘子和穿墙套管，可采用提高两级电压的产品。正常运行和短路时，电器引线的最大作用力不应大于电器端子允许的荷载。室外配电装置的导体、套管、绝缘子和金具，应根据当地气象条件和不同受力状态进行力学计算。其安全系数不应小于表5-39的规定。

类　别	荷载长期作用时	荷载短时作用时
套管、支持绝缘子及金具	2.5	1.67
悬式绝缘子及金具	5.3	3.3
软导体	4	2.5
硬导体	2.0	1.67

悬式绝缘子的安全系数应对应于破坏荷载，若对应于一小时机电试验荷载，其安全系数应分别为 4 和 2.5。硬导体的安全系数系对应于破坏应力，若对应于屈服点应力，其安全系数应分别为 1.6 和 1.4。验算短路动稳定时，硬导体的最大允许应力应符合表 5-40 的规定。

硬导体的最大允许应力（MPa）   表 5-40

导体材料	硬　铝	硬　铜	LF21 型铝锰合金管
最大允许应力	70	140	90

重要回路的硬导体应力计算，应计及动力效应的影响。导体和导体、导体和电器的连接处，应有可靠的连接接头。硬导体间的连接宜采用焊接。需要断开的接头及导体和电器端子的连接处，应采用螺栓连接。不同金属的导体连接时，根据环境条件，应采取装设过渡接头等措施。采用硬导体时，应按温度变化、不均匀沉降和震动等情况，在适当的位置装设伸缩接头或采取防震措施。

7. 电缆夹层

低压配电屏排列应与电缆夹层的梁平行布置。当配电屏与梁垂直布置时应满足每个屏下可进入两条电缆（三芯 240mm² ）的条件。

高低压配电屏下采用电缆沟时，不应小于下列数值：

高压配电屏线沟　深≥1.5m　宽 1m

低压配电屏线沟　深≥1.2m　宽 1.5m（含屏下和屏后部分）

沟内电缆管口处应满足电缆弯曲半径的要求；设置电缆夹层净高不得低于 1.8m。用于应急照明及消防用电设备的配电屏、箱的正面应涂以红色边框作标志。

习 题 5

一、填空题

1. 电气系统图中有两种开关设备"DW"和"HD"，合闸时应先合＿＿＿＿，拉闸时，应先拉＿＿＿＿。

二、简答题

1. RL_1—100/60：

2. RTO—100/80：

3. DZ20—100/330：

4. RC_{1A}—60/40：

5. $QC_{10}3/8$：

6. CJ_{20}—40：

7. YR—146—L—4：

8. DZ20—LC60/4：

9. JO_2—52—4：

10. Y—112—S—2：

11. C45N：

12. C45AD：

13. S25—C40：

14. 极限分断能力：

三、问答题

1. 为什么限流熔断器中要填充石英砂？为什么限流熔断器都用铜熔体？

2. 熔断器的前后级应如何保证其选择性？

3. DW 系列和 DZ 系列低压断路器有什么区别？

4. 荧光灯镇流器为什么在夜间容易损坏？

四、计算题

1. 泵房动力箱需要更换设备，拟用断路器作总闸，已知水泵铭牌总功率为 36kW，平均功率因数为 0.7，K_x 为 0.5，平均效率为 0.88，请选总闸规格和型号。

2. 有三盏 1000W 的聚光灯，均为白炽灯，接于 L1 相 220V，求总保险及各灯分保险规格。

习 题 5 答 案

一、填空题

1. HD，DW

二、简答题

1. 其中 RL 表示螺旋式熔断器，100 是额定容量，60 是保险丝的额定容量。

2. 其中 RTO 表示填充料式熔断器，100 是额定容量，80 是保险丝的额定容量。

3. 塑料壳式断路器，设计序号 20，额定容量 100A，3 极，复式脱扣器，无辅助触头。

4. 瓷插式熔断器，设计序号 1，结构代号 A，额定容量 60A，保险丝容量 40A。

5. 磁力启动器，设计序号 10，容量等级代号 3，即 15A，机构代号 8 表示防护式，可逆运行，有热继电器。

6. 交流接触器，设计序号 20，容量 40A。

7. 绕线式异步电动机，铁芯中心高 146mm，长号的铁芯，4 极。

8. 装置式断路器，设计序号 15，带漏电保安器，容量 60A，4 极。

9. 封闭式鼠笼式异步电动机，设计序号 2，机座代号 5，定子铁芯代号 2，4 极。

10. 小型鼠笼机，机座中心高 112mm，短的铁芯长度，2 极。

11. C45 系列小型断路器，梅兰日兰牌，保护照明用。

12. C45AD 系列小型断路器，梅兰日兰牌，保护动力用。

13. S25 系列小型断路器，额定容量 40A，三极。

14. 开关切断或接通的最大电流值称为这个开关的极限分断能力，单位 kA。

三、问答题

1. 答：因为石英散热快，导热性能好，绝缘性能好。电弧在石英砂中燃烧使电弧和石英砂有很大的接触面，这有利于石英砂吸热，使电弧迅速冷却，同时电弧与石英砂接触面上正负离子的复合也特别强烈，从而加速灭弧。

因为铜有良好的导电性能，热容量小，所以在相同的熔体电流规格下，采用铜熔体比较铝熔体截面小得多，比铅锡合金的截面更小。所以在金属熔化时产生的金属蒸汽大大减少。因此电弧也小得多，也有利于灭弧。由于铜的热容量小，所以铜熔体的加热熔化的速度快，这也缩短了熔体的熔断时间。用热容量更小的银当然更好。不过银太贵，所以很少用。

2. 答：前级比后级的熔断时间短 50% 即 $0.5t_1$ 大于 $1.5t_2$ 或 t_1 大于 3 倍的 t_2

t_1——在后一级熔断器出口发生三相短路时，由前一级熔断器的保护特性曲线上查得的熔断时间。t_2——在后一级熔断器出口发生三相短路时，由后一级熔断器的保护特性曲线上查得的熔断时间。如果不能满足上面的要求时，则应将前一级熔断器的熔体电流提高 1~2 级，再进行校验。

3. 答：（1）DW 系列有失压自动脱扣，而 DZ 系列没有。

（2）DW 系列是框架式结构，部件敞露，而 DZ 系列是封闭式，只有手柄在外面。

（3）DW 系列操作方式是电磁铁合闸，手柄或电动机合闸，而 DZ 系列主要是手柄，个别用电动机合闸。

（4）保护方式不同，DW 系列有非选择型及选择型两种，非选择型为短路时瞬间脱扣，选择型有两段保护式及三段保护式两种。而 DZ 系列一般是两段保护式，兼有热脱扣电磁脱扣和复式脱扣装置。

（5）容量规格不同，DW 系列容量可以达到 4000~5000A，而 DZ 系列最大 1250A。

（6）分断能力不同，在相同容量比较 DW 系列较小，大容量的比较大，总的分断能力大于 DZ 系列。

（7）分断速度不同，DW 系列比较慢，通常大于 0.02s，而 DZ 系列较快，通常不大于 0.02s。

（8）整定调整：DW 系列可以调整电流脱扣器的脱扣电流，而 DZ 系列一般不能调整，可以向厂家提出调整值的要求。

（9）安装地点不同，DW 系列可以灵活地选择地点，而 DZ 系列只能安装在箱内或屏内。

（10）体积重量不同，DW 系列大且重，DZ 系列小且轻。

4. 答：荧光灯镇流器在夜间容易损坏的原因有两点。一是由于日夜负荷变化大，电网调压手段差，导致电压波动较大，有时夜间单相电压在 240V 以上。二是荧光灯两端电压随电源电压升高而下降，使得镇流器两端电压上升，导致镇流器损坏。有资料表明：电源电压升高 9.1%，镇流器端电压升高 14.1%，工作电流增大 19.5%。

可以采用增大镇流器线径、提高绝缘等级、采用性能优良的硅钢片、更换填充材料、加装过流熔断器等措施，使镇流器在电压波动较大的场合下安全使用。

四、计算题

1. 解：$S = K_x \dfrac{\Sigma P}{1.732 \times 380 \times 0.88 \times 0.7} = 0.5 \times \dfrac{36 \times 1000}{1.732 \times 380 \times 0.88 \times 0.7} = 56.73$（A）

选用 100（A）的控制设备，如 DZ20—100/330。

2. 解：$I = (1.1 - 1.5) \times \dfrac{1000}{220} = (1.1 - 1.5) \times 4.5(\text{A})$　取 5(A)

$$3 \times 5 = 15（A）$$

答：总保险 15A 或 30A 均可，分保险 5A。

第二篇　供　电　篇

6　建筑工程供电方式

6.1　建筑供电的基本概念

当今世界电气化、自动化技术发展十分迅速，中国电力事业的发展更是举世瞩目。目前已有核电站两座，1991 年 12 月并网发电，1992 年 7 月进入高功率试运行的秦山 300MW 核电站，1993 年 8 月 31 日 21 点 26 分大亚湾核电站一号机组 450MW 并网发电成功（大亚湾共 900MW）。核能发电是一种新型能源，它不仅能量大，而且资源丰富，根据已经勘探到的铀矿和钍矿资源，按蕴藏量的能量计算，相当于地壳中有机燃料能量的 20 倍。

目前，全世界就已经有核电站 424 座，净发电容量 350000MW，占全世界总发电量的 20%。其中美国核发电最多（100000MW）。法国 53000MW，占全国发电量的 70%。

本书将贯彻新的一系列国家标准，从图形符号、文字符号、计量单位等，全面向国际电工委员会标准 IEC 靠拢。例如：照度计算使用多年的最低照度标准现在改为平均照度标准计算。对于低压电力系统，延用数十年的三相四线制体系，已经改为 IEC 标准的 TT 系统、TN 系统、IT 系统。

6.1.1　工程供电的意义

电能是工业生产的能源，是民用生活的基础。现代化的工业生产一天也离不开电。哪怕只突然停 5min 的电，全世界不知要出现多少麻烦。

"电"是一种特殊的能量，它的主要特点是：

(1) 电能传播迅速，每秒达 30 万公里；

(2) 电能很容易转换成其它形式的能量；

(3) 电能输送方便；

(4) 电能测量和控制都很方便；

(5) 电能的缺点是有触电的危险！

电力工业本身是工业，它又是其它工业的能源。电力工业一马当先，其它工业才可能万马奔腾。在各种工业当中，电费的开支只占产品成本的 5% 左右，但如果缺了这个 5%，生产产值的损失、质量的损失、安全事故的出现、设备的损坏等等就远远不止5%了。

"电"是人民生活不可缺少的能源。

"电"对国防军事活动一刻也离不开。雷达是现代的长城，雷达波本身就是电；通讯兵离不开电；导弹飞行要电；指挥系统更是离不开电。

"电"是农业、科研、教学、医疗、宇航、战争、商业、交通运输、公安保卫等都不可缺少的。

充分而可靠地供电是非常重要的。

6.1.2 供电的质量与节能

1．供电质量的内容

(1) 供电安全——把人身触电事故和设备损坏事故降低到最低的限度；

(2) 供电可靠——即供电的不间断性；

(3) 优质供电——主要是指电压和电流偏差要在允许的范围之内；

(4) 供电经济——是指供电系统的投资要少，运行费用要低，减少金属材料的消耗。

2．工程供电节能的方法

(1) 科学地进行供电设计；

(2) 充分地利用自然光；

(3) 选用高效率的电器设备，如高光效的光源、高效节能变压器；

(4) 加强管理，定期或不定期地检修电器设备和供电线路（如线路接触不良就有电阻，就会发热）；进行全面质量管理，实行岗位责任制；

(5) 及时淘汰漏电、费电、过时的劣质产品；

(6) 采用节能开关，如定时开关；

(7) 改善生产工艺流程，"削峰填谷"；

(8) 提高供电线路上的功率因数；

(9) 采用高压供电技术，供电电压越高则线路电流越小，供电线路上损耗的电能就越少。

6.1.3 电气工程在建筑中的地位

电气技术已经在建筑行业得到了广泛地运用。建筑电气由以往的初级阶段迅速向高级阶段发展。现在的建筑电气不仅有理由建立完整的理论、技术体系，建立独立的学科以适应社会发展的需要，而且在未来的总体智能建筑中，其地位与作用也日趋明显。

什么是建筑？可以简单地认为：建筑是人类用某些材料创造和限定的空间环境。顾名思义，建筑设备是在人为限定空间与环境内实现某种功能的设备和技术。而建筑电气则为：在人为限定的空间和环境内实现某种功能的电气设备和技术。如果深入一步研究以上定义并联系建筑史进行考察，则不难发现：建筑设备、建筑电气是建筑技术由初级阶段向高级阶段发展的产物。只有当建筑发展到近代建筑以后，才出现了配套的建筑设备和完整的建筑设备技术，使建筑设备技术象结构技术一样从建筑技术中分离出来，建立起独立的学科和完整的体系。随着总体智能建筑的兴起和大楼自动化技术的飞速发展，建筑电气不仅从设备中分离出来成为独立的专业，而且本身也开始分化成为不同的学科。

未来的建筑一方面在纵的方向上继承民族的、历史的、人类的文化和建筑遗产以及世界上有关的新技术成果发展建筑理论、建筑技术。同时要在横的方向上扩展吸收现代的科学技术成果和学科的精华，运用现代的给排水、空调、电气技术、现代装修、建筑材料等为人类创造出理想的生存空间和环境，即具有总体特质的建筑。另一方面，随着社会信息量的指数增长，信息处理技术不断发展和以信息量表征或评价产品和事物价值的应用与扩大，以及科学技术的高速发展，无论是以生产为主的建筑，还是以生活为主的建筑，都提出了智能化的要求，这从更高层次上对建筑和建筑电气提出了新的课题。可见，未来建筑可以说是在更高层次上的总体性智能建筑，而其中电气技术的作用必将日益显著。

6.1.4 建筑设备的分类

建筑设备包括：给排水、采暖、空调、煤气、消防、排烟、运输等设备和技术。建筑设备的性质和任务是人为地创造相对理想的空间和环境的技术。

1. 建筑设备的内容和性质有如下四点

(1) 目的性：建筑的目的决定建筑物的性质。不同的建筑目的对建筑物的功能要求不同，但对舒适性和方便性的要求却是共同的。建筑物的舒适性包括室内照明和温湿条件等，代表着居住空间的等级。建筑物的方便性体现在生产、生活、信息传递以及交通运输等环节，要选择与建筑物性质、标准等级、用户需要和投资规模等条件相应的设备和技术。

(2) 安全性：建筑物的安全性包括两个方面，一是建筑物本身的安全，当发生地震、火灾、水灾等自然灾害时，具有避难、减灾、防灾并能维持必要工作的功能。二是建筑设备和这些设备系统的安全运行。为此，必须合理选择设备自身的保护和各分支系统以及整个系统的保护方式。

(3) 管理性：为了保证整个建筑物的正常使用，要求正常发挥建筑设备的作用，保证设备的正常运行，平时要加强检修和维护，做到适时控制和有序管理。

(4) 经济性：对于建筑设备运行费用高的建筑，要谨慎地选择设备容量和提高设备效率，对同时选择使用年限差异很大的不同系统时，要综合考虑寿命周期、管理方式、节能措施和成本分析。根据日本的有关统计，一般办公楼的使用年限内建设费用约占20%，其余为维护费用。

2. 建筑设备从应用角度考虑的分类

(1) 创造、保持和改善空气和环境的设备。决定居住空间和环境的四个主要因素是空气的温度和湿度、洁净度和气味、光线、声音和振动。

(2) 创造、保持和改善空气环境。为了使室内气候不受自然条件影响，以输入能源并组成这个能源的空调系统与自然环境相对比的方式达到恒温、恒湿或用以改善温度、湿度条件。例如：英国发明了一种墙纸，不仅外观上能起到墙纸的作用，而且只要通电，就可使墙纸上的涂料转化为热能，其成本大大低于空调设备。

(3) 追求方便性的设备。如客房床头柜。

(4) 增强安全的设备。如应急照明系统，防盗保安系统。

(5) 提高控制性能设备。如楼宇自控设备。

6.1.5 建筑电气的性质和作用

建筑电气是以电能、电气设备和电气技术为手段创造、维持和改善理想空间和环境的一门科学。它作为建筑、建筑设备的重要组成部分，必然具有建筑设备所具有的性质和任务。同样，正是由于建筑电气技术在建筑和建筑设备中是最为活跃的因素，它也必然从建筑、建筑设备中分离出来，成为一个独立的体系。建筑电气具有不同于建筑、建筑设备的独特性质，本书逐步展开论述。

6.2 供电系统的电压

6.2.1 低压配电系统电压

受电电压是根据电力公司的供电规则决定的，即根据合同种类来决定供电容量及供电电压。在某些地方，即使是小容量的建筑，若该地区没有最适合的电压，有时也不得不由高压受电。这种情况下，正常电流即使是小电流，也会产生短路容量较大的问题，使电气设备的成本变高，所以要尽量选择与容量对应的电压。

建设单位与电力公司制定供电合同时，会根据供电电压及使用负荷的合同分类表进行。

1. 几种电压的区分

(1) 电网的额定电压：电网的额定电压是国家根据国民经济发展的需要和电力工业发展的水平，经过全面的技术经济分析研究后决定的，见表6-1。它是决定各种电气设备额定电压的基本依据。

我国三相交流电网及电力设备的额定电压（kV）　　　　　　　　表 6-1

分　类	电网和用电设备额定电压	发电机额定电压	电力变压器额定电压一次绕组	电力变压器额定电压二次绕组
低　压	0.22	0.23	0.22	0.23
	0.38	0.4	0.38	0.4
	0.66	0.69	0.66	0.69
高　压	3	3.15	3 及 3.15	3.15 及 3.3
	6	6.3	6 及 6.3	6.3 及 6.6
	—	13.8，15.75，18，20	13.8，15.75，18，20	—
	35	—	35	38.5

设计自用变电装置时，如果使用与本国的规格一致，采用便于使用的设备，用户就不会有生疏感，还可以减少附加设备费。调查一下各国的配电电压及配电方式（表6-2），会发现方式是多种多样的。

低压配电电压及方式　　　　　　　　表 6-2

国名	公称电压（V）	设备额定电压（V）	允许电压变动幅度	变压器二次额定电压（V）	备　注
英国	240/415	240/415	±6%	250/433 三相 △—Y	中性线多重接地
法国	220/380	220/380	±10%	231/400 三相 △—Y	中性线多重接地
德国	220/380	220/380	±5%	231/400 三相 △—Y	中性线多重接地
丹麦	220/380	220/380	±10%	231/400 三相 △—Y	中性线多重接地
挪威	230	230	±10%	230　不接地	也有 220/380
瑞典	220/380	220/380	±10%	231/400 三相 △—Y	变压器中点接地

(2) 低压标准电压见表6-3所示。

低 压 标 准 电 压 (V)

表 6-3

配电方式	JEC—158	IEC—38	ANSI—C841
单相两线	100	120	120
单相三线	100/200	120/240	120/240
三相四线	240/415	220/380	120/208
		240/415	
		277/480	277/480
三相三线	200		200
	415	660	415
		1000	

2. 配电电压的选择

建筑内部的配电电压不象受电电压那样受到外部条件左右, 可以由建筑独立选定。但是存在一个由电动机容量等因素决定的最佳电压, 以及由配电设备和连接电缆经济性、电压降、电力损失等所决定的最佳电压问题, 对此必须充分讨论后决定。

需要考虑的事项如下: 负荷容量、规格和制造界限; 送电距离、电压波动及电力损失; 受电电压及供电事项; 经济性; 安全; 标准及法规; 与原有设备的关系; 对特殊负荷的供电电压; 整流装置。

(1) 用电设备的额定电压: 图 6-1 为用电设备和发电机的额定电压。发电机输出电压通常比电气设备的额定电压 U_N 高 5%。供电到远端的用电设备电压不低于设备的额定电压 U_N 的 5%。

用电设备的额定电压是按供电线路的平均电压来制造的, 设备的额定电压规定与同级线路的额定电压相同。配电系统的型式有两个特征, 即带电导体系统的型式和系统接地的型式。而带电导体系统的型式又分为交流系统和直流系统, 其中交流系统又分为: 单相二线制、单相三线制、两相三线制、三相三线制、三相四线制及三相五线制; 直流系统: 二线制、三线制。我国常用方式为单相三线制、三相三线制、三相四线制和三相五线制。

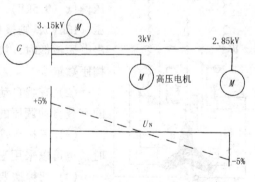

图 6-1 用电设备和发电机的额定电压

(2) 发电机的额定电压: 供电线路上允许偏移的电压不得超过额定电压的 ±5%, 也就是允许线路起点到终点共偏移 10% 的电压损耗, 为保证末端电气设备的供电电压, 发电机或变压器的二次输出电压应该高出线路额定电压的 5%。

(3) 电力变压器的额定电压: 电力变压器的一次绕组的额定电压如果和发电机直接相联结时 (如图 6-2 中的变压器 T_1), 其额定电压相等, 即高于同级电路额定电压 5%; 如果变压器不与发电机相联, 而是与供电线路相联, 如图 6-2 中的 T_2, 这时电力变压器相当于用电设备, 其一次额定电压等于电路的额定电压。

3. 电压的允许偏移

所谓电压偏移是指偏离额定电压的百分数, 即:

211

图 6-2　电力变压器的额定电压

$$\Delta U\% = \frac{U - U_2}{U_2} \times 100\%$$

式中　$\Delta U\%$——电压偏移的百分值；

　　　　U——设备的端电压；

　　　　U_2——设备的额定电压。

一般规定电动机为 ±5%；照明为 ±5%；要求比较高的室内为 +5%，−2.5%；远离变电所较小面积要求不高时为 +5%、−10%。其他电器设备无特殊要求时为 ±5%。

4．调整电压的措施

（1）变压器的分接开关（图6-3）：这种调压一般是在不许带电的情况下操作。用户用电量是变量，白天高峰负荷时电压偏低，因此将变压器抽头调整在 −5% 位置上，但到夜间轻负荷时电压就过高，这时如切除少量的变压器，改用低压联络线供电，就可以增加变压器和线路中的损耗，降低用电设备的过高电压。

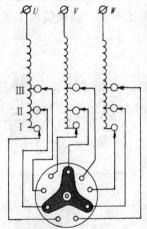

图 6-3　变压器的分接
　　　　开关接线图

在施工中常用"高进高出，低进低出"这个技术术语，其意思是如果高压进线电压为 10.5kV，接高档Ⅰ档；如果高压进线电压偏低（9.5kV），则分接开关紧接低档Ⅲ档，如果进线是标准电压（10kV），则接中档Ⅱ档。因为供电距离远等原因，变压器输出电压偏低时，接Ⅲ档输出电压最大。Ⅰ档高压线圈匝数多，Ⅲ档匝数最少。

（2）有载自动调压：在高级旅馆、电视台等常常采用不断电的有载自动调压的电力变压器设备。

（3）三相自耦调压器：可以在有载情况下调压。当电压偏高时，也可以采用三相电力调压器或用分接开关调整。

（4）切掉次要负荷，或在轻载时切断部分变压器，既降低了变压器的空载损耗，又起到了电压调整的作用。

（5）改变工艺流程，降低负荷高峰，即将负荷变化曲线"削峰填谷"。

（6）可以增加线路截面，因为供电线路上的电压损失与线路电阻成正比。

（7）尽可能缩短供电线路长度，原因同上。

（8）改善供电线路的功率因数，产生电压偏差的主要因素之一是系统滞后的无功负荷所引起系统电压损失。因此，当负荷变化时，相应调整电容器的接入容量就可以改变系统中的电压损失，从而在一定程度上改善了三相电压偏差的范围。

（9）检修线路中接触不良之处，以降低供电线路的电阻。

（10）铝线改为铜线。

（11）启动备用柴油发电机。

（12）电力变压器增容。

（13）用电缆取代架空线：因为电缆阻抗比较小，能够降低线路上的电压损耗，从而缩小电压偏差范围。

（14）在三相照明系统中如三相负荷分布不平衡，将形成零序电压，使零点移位，一相电压降低，另一相电压升高，扩大了电压偏差。由于 Y，yn0 接线变压器零序阻抗较大，不对称情况较严重，因此应尽量使三相负荷分布均匀。同样，线间负荷不平衡，则引起线间电压不平衡，增大了电压偏差。

尽量使三相负载平衡，这样中线上的电流减小，线路上的高峰电流自然降低。在技术经济合理时，宜减少变压级数。

了解系统电压的命名和配电电器，用电设备优先选用的电压，对正确地确定整个配电系统的电压是很重要的。必须认识系统的动态特性并运用电压调节的正确原则，以便在所有运行条件下，能以符合要求的电压供给所有的用电设备。

6.2.2 系统电压的命名

1. 单相系统

220 表示单相二线系统，其线间标称电压是 220V。从一相线至中性线的标称电压为 220V。实用中加上保护线 PE 即成单相三线。

2. 三相系统

380/220 表示变压器供电的三相系统。其中一相绕组的中间抽头接到中性线，三相线路提供标称电压为 380V 的三相系统。单个数字表示三相三线系统的相间标称电压。380/220V 表示变压器三相系统线电压 380V，相电压 220V。

3. 非标准系统标称电压

引起这些差别的原因要追溯到电力配电系统的发展。最初的用电设备电压是 100V。但是，为了补偿配电系统的电压降，供电电压必须提高到 110V。这使得接至靠近供电电源的设备过电压，所以用电设备的额定值也要提高到 110V。随着发电机容量的增加与输电和配电系统的发展，为了保持变压器变比为整数，促使用电设备的电压系列成为 110、220、550V；一次配电电压系列为 2200、4400、6600 与 13.2kV，输电电压系列为 22kV、33kV、44kV、66kV、110kV、132kV 与 220kV。

由于想要保持供电电压稍高于用电设备电压，供电电压再按 115V 的倍数增高，结果形成了用电设备电压新系列为 115、230、460 和 575V，一次配电电压新系列为 2300、4600、6900 与 13800V；输电电压新系列为 23kV、34.5kV、46kV、69kV、115kV、138kV 与 230kV。

由于对电压敏感的照明设备和对电压不敏感的电动机运行在同一系统上不断引起的问题，与 208V/120V 网路系统发展的结果，供电电压再度按 120V 的倍数增高，又形成新的用电电压系列为 120、208/120，240、480 和 600V，与新的一次配电电压系列为 2400、4160/2400、4800、12000 和 12470V/7200V。然而，现有的一次配电电压大多数继续在使用，而且在输电电压等级上并没有发展 120V 倍的电压。

4. 电压的调节

用配电变压器的分接头以调节用电电压的变动范围除了 50 至 100kVA 或更小的配电变压器之外，电力与配电变压器的一次绕组一般有四个 2.5% 的分接头。这些分接头可以改变变压器的变化，用以增大或缩小二次电压的变动范围，使能更符合用电设备的电压允许范围。

一般说来在选择变压器时，其一次侧铭牌额定电压值应与一次供电系统的标称电压相同，而其二次侧铭牌额定电压值应与供电系统的二次标称电压相同。应当装设 + 2.5%、5% 和 – 2.5%、5% 的分接头，使其在增高和降低两方面都能调节。

6.2.3 电压选择

1. 低压用电电压的选择

对于用单台配电变压器供电的小型建筑的用电电压，其电压的选择局限于电力公司所能供给的电压范围内。虽然每个地方不可能供给所有的电压，然而大多数电力公司可供给规范中的 380/220V 电压。多数城市市区都是从二次网络供电。

2. 从中压一次配电线供电的用户

当建筑物太大，不能从电力公司安装在室外的单台配电变压器以用电电压供电，而要从一次配电线分支引入建筑，作为配电变压器的一次侧电源。一般这些配电变压器是与一次、二次开关及保护设备组合在一起成为成套变电站。当二次电压超过 1kV 时称为一次成套变电站。当二次电压为 1kV 及其以下时，就称为二次成套配电站。也可以用一次配电电压向有多栋建筑的建筑供电。在这种情况下，建筑物间的一次配电线路可以采用架空或敷设于地下的电缆线路，向安装在室外的配电变压器，或安装在室内的成套变电站供电。

原先的一次配电电压限制在 10kV 内，但是由于负荷密度的增加，迫使电力部门要限制 15kV 以下的一次配电电压扩大发展。假使从单台一次配电变压器以用电电压供电的建筑想要扩建，但不能从现有这台变压器供电，除非当地的电气法规管理机构同意对新增负荷单独供电。总之，在准备扩建时，必须与电力部门商量新增负荷是否能由现有一次配电系统供电，或者能否将全部负荷转接到另外的系统上去。所有这些和改建有关的取费标准和建筑的投资费用都必须搞清楚。

电力公司的一次配电系统几乎总是直接接地的 Y 形接线系统，这是在设计建筑一次配电系统中必须考虑的。

3. 从中压或高压输电线供电的用户

过去常用于对大型建筑供电的输电线电压范围是 23 ~ 230kV。从 23kV 到 69kV 的范围与一次配电电压 34.5kV 是重叠的。对 34.5kV 及其以下电压倾向于划为调压的一次配电电压类型，而超过 34.5kV 的电压则倾向于划为不调压的输电线类型。输电电压限于采用本地区电力公司可能有的电压，将输电电压降到一次配电电压给建筑配电变压器供电，需要设置变电站。

(1) 由建筑自建变电站。大多数电力公司以较低的电价用不调压的输电线向建筑供电，要求建筑设置变电站。这就使得建筑设计者可以选择一次配电电压，但要求建筑承担变电站的运行和维护工作。变电站的设计者应当从电力公司取得输电线电压范围的资料和变电站变压器的变比，分接头与分接头位置，以及是否应装设电压调节装置的建议。

根据这些资料，利用输电线上的实际电压变动范围，以及计算变电站变压器、一次配电系统、配电变压器和二次配电系统的最大电压降，求得用电设备上的电压变动范围。如果电压变动范围不能令人满意，则必须采用调压装置。最好是设置在变电站变压器上，或是采用带有载调压开关的变压器。

（2）由电力公司设置变电站。大多数电力公司因为他们设置了变电站，对在一次配电电压购买电力的电价较之在输电电压购买电力的要高。一次配电电压的选择局限于各电力公司供给的电压，但电力公司有责任遵守规范规定的供电电压极限范围。

4. 低压用电设备的额定电压

（1）用电设备的定义：用电设备是用以将电能变换为其它形式的能（例如光、热或机械运动）的电气装置。用电设备都应有一铭牌，除其它参数外，必须标明其标称供电电压。

（2）额定电压：早在20世纪60年代末期，已将低压三相电动机额定电压定为220V，以便用于208和240V两种电压系统，因为大多数三相电动机都是用于大建筑，其线路相对来说是较长的，结果在线路末端电压较标称值大大降低。电力供电系统的容量也是有限的，当重载时，电压降低是很常见的。结果，加到三相电动机的平均电压接近220V铭牌额定电压。

近年来，电力公司已广泛采用较高的配电电压。负荷密度的增加使得一次配电系统线路缩短。配电变压器被迁移到室内，使其更接近负荷。二次配电系统已采用阻抗较低的配电系统。并已采用电容器来改善功率因数。所有这些变化降低了配电系统的电压降，因而提高了加到用电设备上的端电压。驱动用的标准感应电动机的额定端电压见表6-4。

标准感应电动机的铭牌额定电压（V）　　　　　　　　表6-4

系统标称电压	铭牌额定电压	系统标称电压	铭牌额定电压
单相电动机		600	575
120	115	2400	2300
240	230	4160	4000
三相电动机		4800	4600
208	200	6900	6600
240	230	13800	13200
480	460		

6.3　低压配电系统中性点运行方式

6.3.1　中性点运行方式

中性点运行方式是指中性点以何种方式与地连接。按照实际施工方法分类，有如下五种方式。

1. 中性点不接地方式

用在变压器 △—△ 接线中。这种方式包括用接地型电压互感器，将接地型电压互感器的一次侧中性点直接的方式。发生一线完全接地事故时，非故障相电压上升至线电压。但在送电电压低、线路对地静电电容小的情况下，接地电流小，接地时电弧电离空气可能性小，只要不是绝缘子破损之类的永久性接地事故，一般可自动切除，继续保持送电。该方式适合要使用低压短距离送电线的对地静电电容小的系统，但已经很少使用了。

2. 中性点电阻接地方式

在回路中设置 Y 接线，其中性点用适当电阻接地，在接地故障时限制接地电流，同时防止发生电弧接地现象，并且使接地继电器可靠动作，断开故障回路。接地电阻若足够大时与不接地系统相似，对通讯回路危害较小。其缺点在于可能出现电弧接地，继电器的动作不太可靠。因此在考虑接地电阻值时，要注意：电阻值能够防止因电弧接地现象引起的异常电压；电阻值能够使继电器可靠动作；电阻值能够限制接地电流，对邻近通讯回路不会感应出现危险电压。采用电阻接地有代替不接地系统的发展趋势。

3. 中性点直接接地方式

采用低电阻将回路中的中性点直接接地。当一线接地故障，与其他接地方式比较，另外两个非故障相的电位上升可以抑制在更低的值。本方式原来广泛应用在美国，在日本因国土狭小，送电线路与通讯线路接近的情况很多，为了防止感应，从不采用该方式。但是最近随着送电距离增大，送电电压升高，即使历来使用以消弧线圈为主的欧洲各国，对超高压线路也逐渐采用直接接地方式。

日本在187kV以上超高压线路上采用本方式，其理由如下：可降低系统的耐压水平，从而可降低线路及变电所费用。由于断路器及保护继电器装置的技术进步，事故切除的时间非常快，可能在很短的几个周波内完成。因此瞬时接地电流很大。因此即使接地电流大，但感应危害及对系统稳定性的影响都极小。通讯回路使用的避雷器更加先进。对超高压长距离送电线路使用电抗接地，对消弧考虑有一定限度。日本的超高压接地方式全部按有效接地方式设计，其他各国的直接接地方式不能说是有效接地。因此设计时要判断是否有效接地。

4. 中性点消弧线圈接地方式

送电线路的中性点具有适当电感的电抗器接地，该线路上即使发生一线接地故障，从故障点流向大地的接地电流也会大大减少，故障点再次发生电弧的可能性完全没有，即可防止异常电压的产生。用其他方式必须断开故障线路的情况，用本方式则能瞬时恢复，一般都能继续运行。

消弧线圈接地方式，如果送电线路很长，其电抗分量不可忽视，其接地电流的有效分量成为残余电流。因为电抗对它不能补偿，所以该电流值太大就不能发挥其消弧作用。另外，有将消弧线圈与接地电阻并联或串联的方式，故障时间长时将电阻投入，使继电器动作。

5. 中性点补偿电抗器接地

随着电缆系统的增加，作为对地充电电流增大的对策，采用补偿电抗器补偿对地充电电流的方法，不增加中性点电阻电流而抑制异常电压的产生。关于补偿电抗器的设置场所，在长距离单回线路的情况下最好是在送电端。一般工厂配电系统中允许电流达不到需要补偿电抗器的程度。但是当用特别高压受电并用电缆将受电电压作为工厂配电时则往往有问题，因此，采用补偿电抗器接地方式必须从保护装置及抑制异常电压两个方面去考虑。

6. 中性点接地的运行方式

（1）380/220V 的 TT 系统、TN—C 系统和 TN—S 系统电网，它的中性点是直接接地的。

（2）6～10kV 三相三线制电网，它的中性点一般均采用不接地的方式。当系统的单相接地故障电流超过30A时，应采用消弧线圈接地。

（3）35～60kV 三相三线制电网，它的中性点通常采用消弧线圈接地，以提高供电的可靠性。若系统的单相接地故障电流在10A以下，可不装消弧线圈。

（4）110~154kV三相三线制电网，一般采用中性点直接接地的方式。在雷电活动较强的山地、丘陵地区，杆型简单的电网，如果采用直接接地方式不能满足安全供电的要求和电网影响不大时，可采用中性点经消弧线圈接地的方式。

（5）220~330kV三相三线制电网，应该采用中性点直接接地的方式，并配合采用分相自动重合闸装置，以提高供电的可靠性。

其中（1）属于有效接地，也称大电流接地。（2）（3）两种属于非有效接地。

直接接地：380/220V的低压配电系统及110kV及以上的系统。

消弧线圈接地：3~10kV电流$I>30A$、20kV及以上电网接地电流大于10A时。

不接地：3~63kV。

上述不同的电压等级电网中性点接地方式的选择，应结合具体条件，综合考虑各个方面的要求。例如对供电的连续性、系统的稳定性、过电压与绝缘水平、继电保护装置以及对通讯和信号系统的干扰，保证人身和设备的安全等方面，都能获得技术上和经济上的合理兼顾。

应该注意的是，上述中性点直接接地的380/220V的TN—C或TN—S方式供电系统，可对动力和照明混合供电。在不增加变配电设备的情况下，能直接获得两种使用电压。当三相负载严重不平衡时，也不会产生中性点漂移现象，能保证负载各相电压大小相等，可防止导线对地电压的不对称。并可限制对地电压不超过250V，但是这种电压仍然属于危险电压。在TN—C或TN—S系统正常运行时，如果人体触及任何一根相线，就会发生触电危险，需要采用保安技术措施。

6.3.2 电源中性点直接接地的电力系统

1．定义：在中性点与大地之间作金属连接，如图6-4所示。

2．原理：一旦发生单相接地故障，产生单相短路电流，也称零序电流，发生故障相的电流很大，其余两相电压不受影响。

3．特点：

（1）故障时，三相线电压不再平衡，产生三相短路电流，也称零序电流，但是其余两相电压不受影响。

（2）供用电设备的绝缘只需按相电压考虑。在110kV及以上的超高压系统中，很有经济技术价值。因为绝缘问题是制造高压设备的关键。

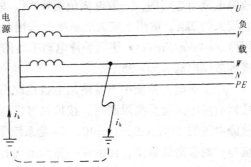

图6-4 中性点直接接地的电力系统图

（3）改善了高压电器的性能。

4．中性点接地的低压供电系统（380/220V）中，中性线的作用主要有以下几点：

（1）提供单相电压，供单相负载使用。

（2）用来传导三相不平衡电流，以及单相电流。

（3）减少负荷中性点电位的漂移。

（4）提供接零保护线及故障电流的通路，当N线与PE线共用时称为PEN线，以前称为工作零线。

在一相接地期间，其余两相线路和设备都承受73%的过电压，因此，最重要的是迅速地找到线路接地故障的位置，并在异常电压对其余电机与线路造成破坏以前，修复或排除故障。因为有对地耦合电容，当产生间歇性接地（电弧接地）或由于线地间接有大电抗，不接地系统将承受危险过电压（5倍或高于5倍正常电压）。只要系统未受到干扰，线—地电压（即使是不接地系统）稳定保持在线电压数值的58%左右。已积累的运行经验表明，在一般的配电系统中，不接地系统因过电压运行，缩短了绝缘的使用寿命，因之线路与电机发生的故障较之接地系统更加频繁。不接地系统的优点是不会因接地故障而使负荷立即断电，但可能由于忽视已产生的接地故障而让系统继续运行，直到再次发生接地造成电源中断而受到更大的损害。合适的检测系统与按程序排除接地故障等方法的配合，是不接地系统运行的主要方式。但是在直流系统运行中，没有那样多的过电压危险。

电阻接地系统是在电力系统中性点与地之间人为的接入电阻。该电阻看来是与系统对地的容抗相并联，并使电路呈现电阻特性而不是电容特性。即使接入一高电阻将足以抑制纯电容接地系统过电压产生的趋势。接入一低电阻将能硬性抑制线—地电位，而且也能得到较大的线—地接地故障电流，使接地故障继电器有选择性地动作。

高电阻接地。为了有效控制严重的瞬态过电压，应在电力系统与地之间接入电阻，它的欧姆数与系统对地总容抗值（$X_{c0}/3$）是同一数量级的（或较低一些）。这会把由一相对地的感抗或由间歇性的线对地短路所产生的过电压限制到适当的数值，它不能避免在一相发生接地故障期间另外二相将承受73%过电压，它对阻抗小的电源系统过电压没有多大作用；例如：较高电压系统的互连导线，变压器或升压自耦变压器绕组，延伸出来的输出端头的接地故障，或在串联电容焊接设备的变压器电容器间的连接线上的接地故障。

低电阻接地要求用很低的电阻与地相连接。此电阻数值是专为满足继电器动作的接地故障电流而选定的，一般电流值为400A。采用灵敏的穿圈式电流互感器接地检测继电器，直到大约2kA，适用于较大的系统，采用对接地电流敏感的继电器接于电流互感器的剩余回路（residualcircuit）。使用手持电动工具的场所，考虑到有严重的触电危险，采用更小的接地故障电流（50～25A）。

在工业电力系统中不常使用电抗接地系统。要达到没有瞬态过电压危险而又允许减少接地故障电流是受到限制的。按抑制过电压准则考虑可达到的接地故障电流不应少于三相故障电流的25%（$X_0/X_1 \leqslant 10$，X_0是系统零序感抗，X_1是系统正序感抗）。所得的故障电流能达到很高的数值，促使在故障点出现有害的电弧损伤，因而宁愿优先采用电阻接地系统，在电阻接地系统，适当地减少故障电流值是允许的，且不会有过电压的危险。

直接接地系统是最能抑制过电压的，但它产生的接地故障电流值是最高的。大接地故障电流带来了新问题并增加了设备接地系统设计的困难。直接接地系统广泛地使用在运行电压600V及以下。合适的高值接地电流保证相电流过载脱扣器或断路器能有最好的动作特性。相线对中性点间运行电压低的供电系统减少了在接地回路中出现危险电压梯度的可能性。

6.3.3 电源中性点经过消弧线圈接地的电力系统

1. 电源中性点不接地时存在的问题

当发生较大的泄漏电流时，会出现断断续续的电弧，因而使线路引发电压谐振的现象。由于线路存在电阻、电感和电容，所以在发生一相弧光放电时，可能形成 R—L—C 的串联谐振现象，从而使线路产生危险的过电压（可以到相电压的 2.5 倍～3 倍）而可能使薄弱环节绝缘击穿。为了防止产生继续电弧引起过电压，而提出电源中性点经消弧线圈接地的问题。

2. 中性点经消弧线圈接地

在单相接地电容电流大到一定程度后的电力系统中，电源中性点必须采用经消弧线圈接地的运行方式。如图 6-5（a）。

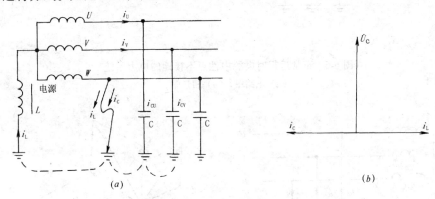

图 6-5　电源中性点经消弧线圈接地

（a）电路图；（b）相量图

3. 消弧线圈的工作原理

消弧线圈由电阻很小的铁芯线圈构成，感抗很大。当系统发生一相接地时，流过接地点的电流就是接地电容电流 I_C 和流过消弧线圈的电流 I_L 之和。见图 6-5（b）。I_C 和 I_L 反相，在接地点互相补偿。当 I_L 与 I_C 的矢量差小于发生电弧的最小电流（最小生弧电流）时，电弧就不会发生，也就不会出现谐振过电压现象。

在电源终点经过消弧线圈接地的三相系统中，与中性点不接地的系统一样，允许在发生一相对地故障时暂时继续运行两小时，设法排除故障。如果排除不成功，应将负载接到备用线路上去。

总之，一相接地，其它两相对地电压升高为原对地电压的 $\sqrt{3}$ 倍。

6.3.4　电源中性点不接地的电力系统

1. 电源中性点不接地的电力系统图：如图 6-6。

当供电距离较长时，每根导线对地都有电容，导线之间也有电容，假设三相电源和三相系统参数都是对称的，用集中电容 C 表示，而相间电容很小，可以忽略。当系统正常运行时，三个相电压对称相等，三个对地电容电流 I_{CU}、I_{CV}、I_{CW} 也相等，其矢量之和为零，地内无电流，各相对地电压为相电压。当系统中的一相接地时，若 W 相接地，如图 6-7 所示。这时 W 相对地电压为零，而 U 相对地电压为 $U_U + (-U_W) = U_{UW}$；同样，V 相对地电压为 $U_V + (-U_W) = U_{VW}$；

结论：（1）当其中的一相接地后，另外两相对地电压上升为线电压了！即比原来对地电压高了 $\sqrt{3}$ 倍。其相量图见图 6-7（b）。

（2）当 W 相碰地后，系统的接地电流 I_W 是 U、V 两相对地电容电流之和，即

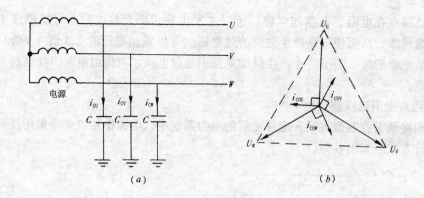

图 6-6　正常运行时电源中性点不接地的电力系统

(a) 电路图；(b) 相量图

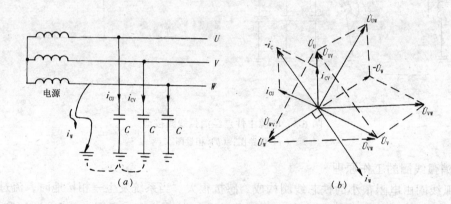

图 6-7　一相碰地时的中性点不接地的电力系统

(a) 电路图；(b) 相量图

$$I_W = - (I_{CU} + I_{CV})$$

电流 I_W 导前 $U_W 90°$。而在量值上，$I_W = \sqrt{3} I_{CU}$。

电源中性点不接地的电力系统中发生一相接地时，三相用电设备的正常工作并未受影响。这是因为线电压的相位和量值均未发生变化，三相用电设备仍然照常运行。只是不允许在一相接地的情况下长时间运行，因为如果另一相又发生接地故障时，就形成两相接地短路，它将产生很大的短路电流，烧毁电气设备。因此在中性点不接地的系统中，应该装设专门的单相接地保护或绝缘监察装置，在发生一相对地短路时，发出报警信号，提醒值班人员去处理。

规范规定在电源中性点不接地的电力系统发生一相对地故障时，允许暂时继续运行两小时。运行维修人员在此时间内排除故障，如有备用线路，则将负荷转移到备用线路上去。如果 2 小时内还没有修复，应该切断故障电路。

6.3.5　配电系统的设计

配电系统的设计应根据工程规模、设备布置、负荷性质及用电容量等条件确定。

1. 确定低压配电系统的要求

（1）满足供电可靠性的要求；

(2) 系统结线简单并要求有一定的灵活性；

(3) 操作安全，检修方便；

(4) 节约有色金属，减少电能损耗，降低运行费用。

2. 低压配电系统之间的联络线

(1) 周期性用电的科研单位和实验室；

(2) 有较大容量的季节负荷；

(3) 为节假日节电和检修的需要；

(4) 供电可靠性的需要。

3. 低压配电的级数

由变压器二次侧至用电设备点一般不超过三级。由建筑物外引来的电源线路，应在室内靠近进线点便于操作维护的地方，装设进线开关和保护设备。

4. 三相平衡

单相用电设备应均匀地分配到三相线路中，由单相负荷不平衡引起的中性线电流，对Y/YO—12接线的三相变压器，中性线电流不得超过低压绕组额定电流的25%，且其中任一相电流在满载时不得超过额定电流值。但是对于某些新型号的变压器，在其技术数据中明确提出时可不受此限制。

为了避免由于系统内线对地接地故障在发电机绕组中产生过大的电流，在三相四线直接接地配电系统的发电机中点接入电抗器是合理的。这种连接不能归为"电抗接地"方式，即使从发电机装置看来它可能是这样的。

上述例子清楚地说明需要设计上的灵活性，提出合适的系统接地方式，以适应特殊和异常的情况。然而，决定是否采用所推荐的方式，应根据具体工程的需要作出判断，而不是由于主观愿望而采用其他方式。

6.3.6 系统接地

1. 系统接地的目的

系统接地方式是根据电压的种类及各国的考虑方法不同而多少有些差异，其目的主要是：接地故障时防止产生异常电压；抑制非故障相在接地时对地电压的上升，从而可降低电气线路及设备的绝缘；保证接地电流的畅通，使继电器可靠动作；消弧线圈接地方式中，单相接地时电弧接地能够瞬时得到复原。全部满足以上条件是困难的。

系统中性点是以高阻抗接地，其系统的过渡稳定性提高、故障点的负载减少，对设备的电流冲击降低、对通讯线路的感应危害降低、接地时断路器的断路负担降低。系统中性点以低阻抗接地，能够防止产生异常电压的效果好，设备的绝缘等级可降低，继电器能够可靠动作。一般配电系统中，高压系统是以高阻抗与低阻抗接地混合使用。高低阻抗没有明显的定量差别，某些国家使用的电流达数千安培的电阻接地方式也应包括在低阻抗接地系统中。

2. 伴随接地故障而产生的异常电压

伴随送配电线路的线接地故障，在非故障相中出现两种异常电压，即由接地瞬时过渡现象产生的异常电压及持续性异常电压。由过渡现象产生的异常电压，其电压值随情况变化，在高频电弧接地情况下，非接地三相回路中理论上要上升到7.5倍电压。但过渡过程是复杂的，所以还是先考虑持续性异常电压如何受中性点接地方式的影响。

3. 建筑受配电方式与系统接地方式

用作生活动力源的电力一般是从电力配电系统受电，另外根据下一次与外电并列运行的自备发电机受电。从系统接地来看，如受配电系统中有受电变压器，则可将变压器一次线圈与二次线圈作为分界划分。即受电系统与配电系统虽然有电磁联系，但从系统接地方面（接地电流）来看，未必就有联系。因此，受电侧与配电侧可分别采取不同的系统接地方式。

接地与不接地系统的比较
表 6-5

接　地　系　统	不　接　地　系　统
接地电流大	接地电流小
异常电位升高受到抑制	异常电位升高无法抑制
相邻的接地系统可能会相互干扰	与其它系统完全隔离
能适应大规模系统	大规模系统长期维持不接地困难
接地检测容易	接地检测困难

6.4　低压电力供电方式

在建筑工程中使用的基本供电系统有三相三线制、三相四线制等，但是这些名词术语内函不十分严密。国际电工委员会有统一的规定，称为 TT 系统、TN 系统和 IT 系统，其中 TN 系统又分为 TN—C、TN—S、TN—C—S 系统。

$$
供电系统\begin{cases} TT方式供电系统 \\ TN方式供电系统 \\ IT方式供电系统 \end{cases} \begin{cases} TN—C \\ TN—S \\ TN—C—S \end{cases}
$$

6.4.1　TT 方式供电系统

1. TT 方式供电系统定义

TT 方式是指将电气设备的不带电的金属外壳直接接地的保护系统，称为保护接地系统。第一个符号 T 是表示电力系统中性点直接接地，第二个符号 T 表示设备外露不与带电体相连接的金属导电部分与大地直接连接，而与系统任何接地无关。如图 6-8 所示。

2. 特点

这种供电系统的特点是

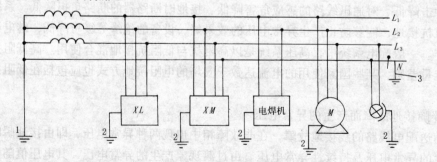

图 6-8　TT 方式供电系统
1—工作接地；2—保护接地；3—重复接地

（1）电气设备采用接地保护可以大大减少触电的危险性，因为人体电阻与保护接地电阻是并联关系，通过人体的电流远远小于通过接地电阻（4Ω）的电流。

（2）漏电设备的外壳对地电压高于安全电压，属于危险电压。

（3）漏电电流很小，熔断器不一定能熔断，断路器不一定跳闸（相线碰壳电流约为220V/8Ω＝27.5A），所以还需要漏电断路器作保护，因此 TT 系统难以推广。

（4）TT 系统的接地装置耗用的钢材多，而且难以回收，费工时、费料。

（5）在 TT 系统中的负载所有接地均称为保护接地。

3.TT 系统的应用

现在有的地方是采用 TT 系统，施工单位借用其电源作临时用电时，应作一条专用保护线，如图 6-9，以便节约接地装置。

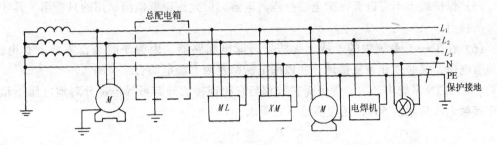

图 6-9　TT 系统在实用中的接法

图中虚线框内是施工用电总配电箱，把新增加的专用保护线 PE 线和工作零线 N 分开，其特点是：①共用接地线与工作零线没有电的联系；②正常运行时，工作零线可以有电流，而专用保护线没有电流；③TT 系统适用于接地保护点很分散的地方。当用电设备比较集中时，可以共用同一接地保护装置的所有外露可导电部分，必须用保护线与这些部分共用的接地极连接在一起，或与保护接地母线、总接地端子相连。

接地装置的接地电阻 R_a 要满足单相接地故障时，在规定时间内切断供电的要求，或使接触电压限制在 50V 以下。

6.4.2　TN—C 方式供电系统

1.TN—C 方式供电系统定义

TN 方式供电系统是将电气设备的金属外壳与工作零线相接的保护系统，称作接零保护系统，用 TN 表示。TN—C 方式供电示意图如图 6-10 所示。它用工作零线兼作接零保护线，可以称作保护性中线，用 PEN 表示。

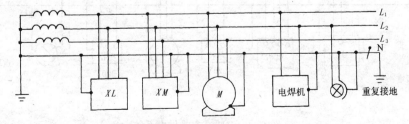

图 6-10　TN—C 方式供电系统

2.TN—C 供电系统的特点

（1）一旦设备出现外壳带电，接零保护系统将漏电电流上升为短路电流，这个电流很大，约为 TT 系统的 5.3 倍，实际就是单相对地短路故障，熔丝会熔断，断路器立即使脱扣器动作而跳闸，使故障设备断电。

（2）通常零线上有不平衡电流，所以对地有电压，保护线所连接的电器设备金属外壳有一定的电位。如果供电中线断线，则保护接零的漏电设备外壳带电。所以 TN—C 只适用于三相负载尽可能平衡的情况。

（3）如果电源的相线碰地，则设备的外壳电位升高，使中线上的危险电位蔓延。

（4）TN—C 系统使用漏电断路器时，工作零线不能作为设备的保护零线，因为保护零线在任何情况下不得断线。所以，实用中工作零线只能接漏电断路器的上侧。

（5）保护线上不应设置保护电器及隔离电器，但允许设置供测试用的只有用工具才能断开的接点。

（6）在 TN—C 系统中的干线上无法安装漏电断路器，因为平时工作零线上有电流，对地有电压，又必须作重复接地，所以漏电断路器因有漏电而合不上闸。

（7）在 TN 系统中，为了保证保护线和与它相连接的外露可导电部分对地电压不超过约定接触电压极限值 50V，还应满足下式要求

$$\frac{R_B}{R_E} \leqslant \frac{50}{U_p - 50} \tag{6-1}$$

式中　R_B——所有接地极的并联有效接地电阻（Ω）；

　　　U_p——额定相电压（V）；

　　　R_E——不与保护线连接的装置外可导电部分的最小对地接触电阻（相线与地的短路故障可能通过它发生）。当 R_E 值未知时，可假定此值为 10Ω。

如不满足公式（6-1）要求，则应采用漏电电流保护或其它保护装置。

6.4.3　TN—S 方式供电系统

1.TN—S 方式供电系统的定义

电源中性点接地，工作零线 N 和专用保护接零线 PE 严格分开的供电系统，称作 TN—S 供电系统，即俗称作三相五线制。如图 6-11 所示。

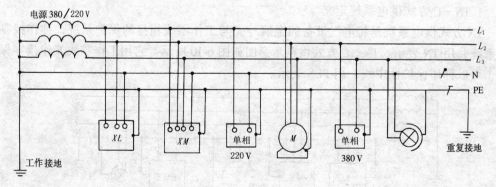

图 6-11　TN—S 方式供电系统

2.TN—S 供电系统的特点

（1）接零保护可以把故障电流上升为短路电流，使断路器自动跳闸，安全性能好。

（2）供电干线上也可以安装漏电保护器。使用漏电断路器时，工作零线 N 没有重复接地，而 PE 线有重复接地，PE 线不经过漏电断路器，所以安全可靠。

（3）系统正常运行时，专用保护线上没有电流，而工作零线上有不平衡电流。

（4）工作零线只用作照明单相负载的回线。

（5）专用保护线 PE 不许断线，所以不生产五极断路器。

6.4.4　TN—C—S方式供电系统

1.TN—C—S方式供电系统的定义

建筑供电中，如果变压器中性点接地了，但是变压器中性点没有接出 PE 线，是三相四线制供电，而到了后部分建筑物或施工现场必须采用专用保护线 PE 时，可在后部分总配电箱中分出 PE 线，如图 6-12、6-13 所示。这种系统称为 TN—C—S 供电系统。

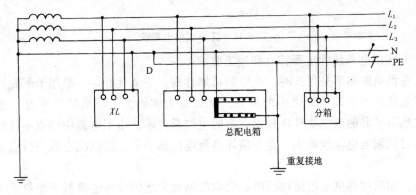

图 6-12　TN—C—S方式供电系统

2.TN—C—S 系统的特点

（1）工作零线 N 与专用保护线 PE 相连通，如图 6-12 中 ND 这段中线不平衡电流比较大时，电气设备的接零保护受零线电位的影响。D 点至后面 PE 线上没有电流，即该段导线上没有电压降，因此 TN—C—S 系统可以降低电动机外壳对地的电压，然而又不能完全消除这个电压，这个电压的大小取决于 ND 线的负载不平衡的情况及 ND 这段线路的长度。如果负载越不平衡，ND 线又很长时，则电机对地电压偏移就越大。所以要求负载不平衡电流不能太大，而且在 PE 线上必须作重复接地。

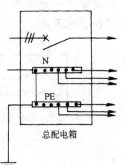

图 6-13　工地总配电箱分出 PE 线

（2）PE 线在任何情况下都不得进入漏电断路器，因为 PE 线是不许断线的。

（3）对 PE 线架设和 N 线必须严格分开，除了在总箱处以外，其它各处均不得把 N 线和 PE 线相连，PE 线上绝对不允许安装断路器和熔断器，也不得用大地兼作 PE 线。

（4）采用 TN—C—S 系统时，当保护线与中性线从某点（一般为进户处）分开后就不能再合并，且中性线绝缘水平应与相线相同。

通过上述分析，TN—C—S 供电系统是在 TN—C 的系统上临时的变通作法，当三相电力变压器工作接地情况良好、三相负载比较平衡时，用 TN—C—S 系统在施工用电实践中效果还可以。但是，在三相负载不平衡、建筑施工工地有专用的电力变压器时，必须采用TN—S方式供电系统。

6.4.5 IT方式供电系统

1. 定义

IT方式供电系统的 I 表示电源侧没有工地接地，第二个字母 T 表示负载侧电气设备进行接地保护。如图 6-14 所示。

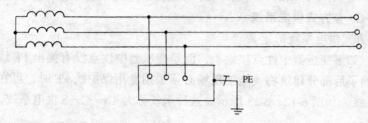

图 6-14 IT方式供电系统

2. IT方式供电系统的主要特点和施工要求

（1）在供电距离不是很长时，供电的可靠性高，安全性好。一般用于不允许停电的场所，或者是要求严格地连续供电的地方，例如电力炼钢、大医院的手术室、地下矿井等处。象在地下矿井的供电条件比较差，有时电缆易受潮，由于电源中性点不接地，一旦漏电，单相对地漏电电流也很小，也不破坏电源电压的平衡，所以比电源中行点接地的系统还安全。

但是，如果用在供电距离很长时，供电线路对大地的分布电容就不能忽视了，从图 6-15 可见：在负载发生短路故障或漏电使设备外壳带电时，漏电电流经大地形成回路，保护设备不一定动作，这是有危险的。只有在供电距离不太长时，才比较安全。这种供电方式在工地不用。

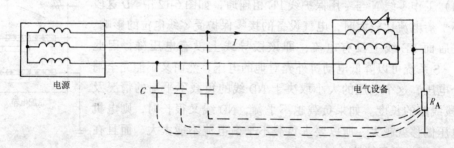

图 6-15 施工供电距离很长时情况

（2）在 IT 系统中的任何带电部分（包括中性线）严禁直接接地。IT 系统中的电源系统对地应保持良好的绝缘状态。在正常情况下，从各相测得的对地短路电流值均不得超过70mA（交流有效值）。若以连续供电为主的目的时，则以不损害设备为限度，可放宽此值。所有设备外露可导电部分均应通过保护线与接地极（或保护接地母线、总接线端子）连接。

（3）IT 系统必须装设绝缘监视及接地故障报警或显示装置。

（4）在无特殊要求的情况下，IT 系统不宜引出中性线。

226

6.4.6 供电线路的符号

1. 第一个字母

国际电工委员会（IEC）规定的供电方式符号第一个字母表示电力（电源）系统对地的关系，如：T—表示一点直接接地、I—表示所有带电部分绝缘。

2. 第二个字母

第二个字母表示用电装置外露的可导电部分对地的关系，如：T—表示设备外壳接地，它与系统中的其它任何接地点无直接关系。

3. 其他

如果后面还有字母，则表示工作零线与保护线的组合关系，C 表示工作零线与保护线是合一的，如 TN—C；S—表示工作零线与保护线是严格分开的，PE 线称为专用保护线，如 TN—S。

4. 选择

在选择系统接地型式时，应根据系统安全保护所具备的条件，并结合工程实际情况，确定其中一种。由同一台发电机、配电变压器或同一段母线供电的低压电力系统，不宜同时采用两种系统接地型式（例如在同一接地低压配电系统中，不宜同时采用 TN 和 TT 系统。在同一低压配电系统中，当全部采用 TN 系统确有困难时，也可部分采用 TT 系统接地型式。但采用 TT 系统供电部分均应装设能自动切除接地故障的装置（包括漏电电流动作保护装置）或经过由隔离变压器供电。

6.4.7 建筑工程中的供电系统

1. 用电单位有专门的供电变压器时，一律按 TN—S 系统供电。

《施工现场临时用电安全技术规范》JGJ46—88 中规定："在施工现场专用的中性点直接接地的电力线路中必须采用 TN—S 接零保护系统。电气设备的金属外壳必须与专用保护零线连接。专用保护零线（简称保护零线）应由工作接地线、配电室的零线或第一级漏电保护器电源侧的零线引出。"

实用中常用架空线五线供电的形式，也可以用五芯电缆。如果用四芯电缆，另敷一根保护线也行，但是保护线的截面应满足下面要求：

（1）当相线截面为 50mm^2 或以上时，PE 线截面不小于相线截面的一半；

（2）当相线截面为 16~35mm^2 时，PE 线截面采用 16mm^2；

（3）当相线截面为 16mm^2 以下时，PE 线截面与相线截面相等；

（4）在室内布线支路导线的 PE 线截面最细不得小于 1.5mm^2，而且必须用铜芯绝缘线。其它情况 PE 线的材质可以与相线相同。

2. 施工单位没有变压器，借用建设单位（甲方）的或是其他外供电源时，可参考以下方法实施：

（1）现借用的供电系统是 TN—S 方式供电系统时，照用即可。

（2）现借用的供电系统是 TN—C 方式供电系统时，在现场总配电箱处作一组重复接地，从零线端子板分出一根保护线 PE，形成 TN—C—S 系统，如图 6-12 所示。

（3）现借用的供电系统是 TT 方式供电系统时，在现场总配电箱处设一组保护接地，同时从总箱内引出一根专用保护线 PE 至各用电点，如图 6-13 所示，PE 线可以用单芯电缆或用 40×40 扁钢。

3. 按电压降确定低压二次配电系统电源位置。

设计二次配电系统的主要原则之一是电源位置应尽可能靠近负荷中心。这个原则适用于街道配电变压器进线、室外配电变压器或室内二次成套变电站的各种场合。经常由于建筑的美观或现有场地的需要，将二次配电系统电源安装在建筑物的边角上却不考虑这种作法对保持电压降在符合要求的范围内将要增加不少配线投资。

请注意以上结论是根据水平配线系统的线路长度得出的。而在确定供电的水平配线的同时，必须计及垂直配线部分的线路长度。

6.5　我国供用电规则

为协调独立供用电双方的关系、明确双方的责任、确立正常的供用电秩序，安全、经济、合理地使用电力资源，为社会服务。为贯彻供用电规则，电力公司应按照附录《用电监察条例》的规定，开展电力监察工作。

供用电双方应从全局出发，密切配合，供电局应严格贯彻执行原水利电力部颁发的《供电部门职工服务守则》，努力提高服务质量，更好地为用户服务。

6.5.1　供电方式

电力公司供电频率为交流 50Hz。电力公司供电额定电压为：低压供电单相 220V，三相 380V。高压供电：10、35、63、110、220、330、500kV。除发电厂直配电压可采用 3kV、6kV 外，其他等级的电压应逐步过渡到上述额定电压。

电力公司对用户的供电电压，应从供用电的安全、经济出发，根据电网规划、用电性质、用电容量、供电方式及当地供电条件等因素，进行技术经济比较后，与用户协商确定。用户用电设备容量在 250kW 或需用变压器在 160kVA 以下者，应以低压供电方式供电，特殊情况也可用高压方式供电。

1. 近距离

电力公司对距离发电厂较近的用户，可考虑以直配方式供电，但不得以发电厂的厂用电源或变电站（所）的站用电源对用户供电，已供电者应尽速改造。城市电网的建设与改造，应纳入城市建设与改造的统一规划。电力公司应与城市建设部门密切配合，以便安排供电设施的用电、线路走廊、电力隧道以及在城市大型建筑物内和建筑群中预留区域配电室和营业网点的建筑面积。

2. 农村

农村电网的建设与改造，应结合农田水利、乡镇企业、农副产品加工和农村经济发展，由电力公司统一规划。集体自筹资金兴建农村输电、变电设施时，应从全局出发，服从电网统一规划。

用户需要备用、保安电源时，电力公司按其负荷性质、容量及供电可能性，与用户协商确定。

3. 计量

电力公司不再实行包灯供电，现有包灯用户应改为按实际用电量计费。

4. 临时电源

对基建工地、农田水利、市政建设等临时用电或其他临时性用电，可供给临时电源。

使用临时电源的用户不得对外转供，也不得转让给其他用户。如果需要改为正式用电，应按新装用电办理。

5. 委托供电

电力公司在公用设施未达到地区，可以转供方式委托用户就近供电，但不得委托重要的国防、军工用户向外转供电。转供电按下列供电办理：

(1) 电力公司委托用户转供电时，电力公司、委托转供户和被转供户三方在转供电前，应就转供费用、转供容量、用电时间、用电指标、计量方式、收费方式、产权划分、维护检修、停电操作等事情签订转供电协议。

(2) 用户不得自行转供电。凡是未经电力公司委托的转供电，均属于自行转供电。现有自行转供电的用户应加强对转供电的管理，不得再扩大转供电的范围。被转供电用户应按国家规定缴纳电费，否则转供户可停止供电或解除转供电。

(3) 电力公司、转供电用户和被转供电用户应积极创造条件，改由电力公司直接供电。

6.5.2 新装、增容与变更用电

用户的用电申请报装接电工作，由电力公司用电管理部门受理，统一对外。

用户新装或增容，均应向电力公司办理用电申请手续。用户在新建项目的选址阶段，应与当地电力公司联系，就供电的可能性、用电容量、供电条件达成原则性协议，方可定址，签订项目。用户新建项目确定地址后应提供上级主管部门批准的文件及有关资料，如用电规划、用电设备容量、用电选址、负荷大小等。电力公司应密切配合尽快确定供电方案。用户未按上述规定办理时，电力公司不负供电责任。

电力公司为新装或增容的用户确定供电方案，高压的有效期为一年，低压的有效期为三个月，过期注销。用户有特殊情况，应及时与电力公司协商延长。

用户新装或增容，应按国家的有关规定，向供电部门缴纳贴费，以分担电力部门为适用用电增加而进行的输电、变电、配电工程建设或改造的部分费用。专线供电或用户已列入基建项目的工程，由用户投资建设。

1. 产权归属

用户投资建设的线路长度、变电、配电设施，建成送电后，其产权归属，按下述各款确定：

(1) 属于专用性质者，产权属于用户，由用户负责电力公司维护，如用户要求将产权交给电力公司者，经双方协商同意，应将设备、人员、备品、交通工具等一次交清，移交架空线长度达到 20km（电缆线路 5km）者（不包括农村用户）配汽车一辆，超过 20km时，每增加 50km 增加汽车一辆，并办理资产无偿移交手续。

(2) 属于公用性质者，产权属电力公司。

(3) 属于临时用电者，产权由双方协商确定。

(4) 属于乡镇集体所有者，产权属于乡镇，乡镇如愿意将产权无偿移交电力公司，由双方协商同意并报经当地人民政府批准，电力公司应予接受，保证原使用单位的使用权。

(5) 公用变电站内用户专用的开关、刀闸等设备，其产权应无偿交给电力公司。

用户提出减少用电容量，电力公司应根据用户所提出的保留期，保留其原容量，期限最长不超过二年。在保留期限内恢复用电时，不再交贴费；超过保留期要求恢复用电时，

按新装、增容手续办理。

2. 临时停电

用户办理暂停用电手续，全年不得超过二次，每次不得少于15天，累计不得超过6个月。季节性电力用户和因执行国家计划生产任务不足的用户，累计暂停用电时间可另外协商。用户连续6个月不用电，也不办理暂停用电手续者，电力公司予以销户。再用电时，按新装办理。按变压器容量计算基本电费的用户，必须停止整台或整组变压器的运行，方算暂停用电。自暂停日起，无论用户是否申请恢复用电，电力公司应收其全部基本电费。对临时用电用户，需由电力公司施工者，人工、材料耗损和运输等费用由用户负担。列入基建工程者，由用户投资备料。

3. 变更

用户变更用电性质、变更用户名称、减少用电容量、暂停或停止用电、移动表位和迁移用电地址，均应事先向电力公司办理手续。停止用电时，应将电费结清。迁移用电地址而引起供电点变更时，新址用电按新装用电办理。

用户或建设单位需要迁移电力公司的供电设施时，如电力公司的设施建设在先，由提出单位负担迁移所需的投资和材料；如提出单位的设施建设在先，由电力公司投资备料。不能确定先后者，由双方协商解决。如电力公司需要迁移用户或其他单位的设施时，也按上述原则办理。

6.5.3 设计、安装、试验与接电

1. 高压方式供电的用户，应向电力公司提供下列电气装置的设计文件和资料：（1）电气设计说明；（2）用电负荷分布图；（3）负荷组成、性质及保安电力；（4）用电功率因数的计算和无功功率补偿方式及容量；（5）高压设备一次接线方式和布置；（6）过电压保护、继电保护和计量装置的方式。

2. 低压方式供电

低压方式供电的用户应提供负荷组成和用电设备清单，100kVA（kW）及以上的低压用户，还应提供用电功率因数的计算和无功补偿资料。设计文件和资料应一式两份。电力公司负责审核，并一次提出书面意见，一份退还用户据以施工。用户若改变设计时，应将变更方案再送电力公司审核。

3. 无功电力应就地平衡

用户应考虑在提高用电自然功率因数的基础上，设计和装置无功功率补偿设备，并做到随其负荷和电压变动及时投入或切除，防止无功电力倒送。用户在当地供电局规定的电网高峰负荷时的功率因数，应达到下列规定。

高压供电的工业用户和高压供电装有带负荷调整装置的电力用户，功率因数为0.9以上。其他100kVA（kW）及以上电力用户和大中型电力排灌站，功率因数为0.85以上。趸售和农业用电，功率因数为0.8。

凡功率因数达不到上述规定的新用户，电力公司可拒绝供电。未达到上述规定的现有用户，应在2～3年内增添无功补偿设备，达到上述规定。对长期不增添无功补偿设备又不声明理由的用户，电力公司可以停止或限制供电。电力公司应督促和帮助用户采取措施，提高功率因数。电力公司会根据国家有关规定收取功率因数调整电费。

用户在电气设备安装期间，电力公司应进行中间检查，并协助用户制订操作规程。安

装竣工后，用户应向电力公司提供高压电气设备试验及继电保护装置整定记录，经电力公司检查，直到合格。用户在供电前应申请用电指标，并就供电方式、装接容量、用电时间、产权划分、调度、通讯、计量方式和电费计收等项，与电力公司签订供用电协议，电力公司即可装表接电。

用户对电气设备的试验，可委托电力公司或经电力公司认可的试验单位进行。用户冲击性负荷、不对称负荷和整流用电等对供电质量和安全经济运行有显著影响者，应采取技术措施消除影响，否则电力公司可不供电。用户流入供电网的高次谐波电流的最大允许值，以不干扰通讯、控制线路和不影响供用电设备及计量装置的正常运行为原则。造成影响的用户，必须采取措施消除，否则电力公司可不供电。

6.5.4 供电质量与安全用电

电力公司和用户都应加强供电和用电设备的运行管理，用户执行其上级主管部门颁发的电气规程制度，除特殊专用设备外，如与电力部门的规定矛盾时，应以国家、水利电力部规定为准。电力公司和用户在必要时都应制订本单位的现场教程。

电力公司供电频率的允许偏差：电网容量在300万kW以上者，为±0.2Hz；电网容量在300万kW以下者，为±0.5Hz。

在国家未颁布电力公司供到用户受电端的电压变动幅度时，按下列规定执行。

用户端的电压变动幅度，35kV及以上供电和对电压质量有特殊要求的用户为额定电压±5%；10kV及以下高压供电和低压电力用户为额定电压的±7%；低压照明用户为额定电压的5%～-10%。电力公司应定期对用户受电端的电压进行测定和调查，发现电压变动超过上述范围时，电力公司与用户都应积极采取措施，予以改善。

电力公司与用户的设备结合检修应互相配合，尽量做到统一检修。电力公司供电设施的结合检修、校验和试验工作应统一安排，需要对用户停电时，35kV及以上每年不超过一次；10kV每年不超过三次。结合检修停电应在七天前通知用户。遇到紧急检修停电时，电力公司应尽可能提前通知重要用户，用户应与配合；事故断电，应尽快恢复。

电力公司根据电力系统情况和电力负荷的重要性，编制事故停电限电序位方案，报请当地经济委员会审批或备案后执行。

用户应定期检修电气设备和保护装置的检查、检修和试验，防止电气设备事故和误动作。用户的电气设备危及人身和允许安全时，应立即检修。多路电源供电的用户应加装连锁装置，并按双方协议进行调度操作。装有自备发电机组的用户应向电力公司备案，并应采取保安措施，防止电网停电时向电网反送电。用户发生人身触电伤亡、主要电气设备损坏以及用户原因引起电网停电等事故时，应立即向电力公司报告，并应在七天内提出事故分析报告。

用户与电力系统的继电保护方式，应相互配合，并按水利电力部有关规定进行整定和检验，由电力公司整定、加封的继电保护装置及其二次回路和电力公司规定的继电保护整定值，用户不得自行改变。

电力公司对用户安全用电工作应督促检查，并积极协助有关主管部门及用户共同做好对用户电工的技术培训和管理工作，定期进行安全技术考核。电力公司和用户都应经常开展安全用电的宣传教育，普及安全用电常识。承装、承修电气设备的集体单位或个人，在技术上应取得电力公司的认可，方能工作。

凡是申请并入电网的自备电厂和电力公司地方电厂（并网后称并网电厂）应具备安全运行条件，备有调度通讯和继电保护装置，报经电力公司同意，并就运行方式、调度通讯、产权划分。有功和无功管理、电能销售、计量方式和电费计算签定协议后，方可并入电网。并网电厂的计费电度表应装在产权分界处。

6.5.5 计划用电管理

国家对电力实行统一分配的政策。各级政府的经济委员会负责本地区电力统一分配工作。各级"三电"（计划用电、节约用电、安全用电）办公室在经济委员会领导下执行日常工作。电力统一分配必须贯彻国家发展国民经济的方针政策，按照保证重点、择优供应、统筹安排的原则，向用户下达最高电力负荷、电量、规定用电时间，核定单位产品电耗定额。

1. 用户应按照"三电"办公室下达的指标，实行计划用电。"三电"办公室日常工作由电力公司用电管理部门办理。用户及其主管部门应设置专职机构或专人负责用电管理工作。电力公司根据电网发电、供电、用电平衡的情况，编制电力分配方案，报经济委员会审定，由"三电"办公室下达，实行计划供电。

电力公司应经常了解用户生产情况，掌握用户用电设备容量、用电性质、用电负荷和单位产品电耗等的变化情况，建立健全用户用电档案，为电力统一分配提供依据。用户应定期提出计划用电指标申请，内容包括：计划期间的生产任务、单位产品电耗定额、需用电量、最高电力负荷、生产班次和节约用电措施等。在水电季节性电能较多的电网，用户设备检修应尽量安排在枯水期；在农业灌溉用电比例大的电网内，当电力供应不足时，工业用户设备检修尽量安排在农业灌溉季节。

电力公司和用户都应服从电网的统一调度，严格按指标供电和用电，不得超分超用。电力公司应认真执行"谁超限谁"、"超用扣还"的原则，对超指标用电的地区和用户可实行限电、停电，但不得无故拉闸、停电。对未超指标而被限电、停电的用户，除不可抗拒的原因外，事后电力公司应补还其少量用电。

电力公司应加强对用电指标的管理，对电力用户可装设电力定量数置，用户不得拒绝。电力公司和用户都应执行电力部门颁发的有关电力定量装置管理的各项规定。电力公司可与用户或按行业与主管局签定供用电合同，明确规定双方在执行计划用电、节约用电及有关方面的权利、义务和经济责任。电力公司应做好负荷预测工作，编制调整负荷方案，经"三电"办公室批准后与用户共同执行。较大的用户应向电力公司提供代表日有功及无功电力负荷曲线等资料。用电负荷较大、开停对电网有影响的设备，其开停时间用户应提前与电力公司联系。

2. 维护管理与产权分界

电力公司与用户电气设备的维护管理范围按产权分界点划分，一般按下列原则确定：

(1) 低压供电的，以供电接户线的最后支持物为分界点，支持物属电力公司。

(2) 10kV 及以下高压供电的，以用户厂界外或变电室前的第一断路器或进线套管为分界点，第一断路器或进线套管维护管理责任双方协商确定。

(3) 35kV 及以上高压供电的，以用户厂界外或用户变电站外第一根电杆为分界点，第一根电杆属于电力公司。

(4) 采用电缆供电的，本着便于管理的原则，由电力公司与用户协商确定。

(5) 产权属于用户的线路，以分支点或电力公司变电所外第一根电杆为分界点，第一根电杆维护管理责任由双方协商确定。

电力公司和用户分工管理维护的供电、用电设备，未经分管单位同意，对方不得操作或更动。如因紧急事故必须操作或更动者，事后应迅速通知分管单位。

6.6 低压配电保护

6.6.1 一般规定

配电线路装设短路保护、过负载保护和接地故障保护，作用于切断供电电源或发出报警信号。配电线路上下级保护电器的动作应具有选择性，各级之间应能协调配合，但对于非重要负荷，可无选择性切断。

1. 配电设备布置中有危险电位的裸带电体的安全措施

在有人的一般场所，有危险电位的裸带电体应加遮护或置于人的伸臂范围以外。置于伸臂范围以外的保护仅用来防止人无意识地触及裸带电体。

(1) 裸带电体布置在有人活动的上方时，裸带电体与地面或平台的垂直净距不应小于 2.5m。

(2) 裸带电体布置在有人活动的侧面或下方时，裸带电体与平台边缘的水平净距不应小于 1.25m。

(3) 当裸带电体具有防护等级低于 IP2X 级的遮护物时，伸臂范围应从遮护物算起。

伸臂范围是指人手伸出后可能触及的区域。标称电压超过交流 25V（均方根值）容易被触及的裸带电体必须设置遮护物或外罩。

遮护物和外罩必须可靠地固定在应有的位置，并应具足够的稳定性和耐久性。当需要移动遮护物、打开或拆卸外罩时，必须使用钥匙或工具或切断裸带体的电源，且只有将遮护物或外罩重新放回原位或装好后才能恢复供电。

当裸带电体用遮护物遮护时，裸带电体与遮护物之间的净距当采用不低于 IP2X 级的网状遮物时，不应小于 100mm。采用板状遮护物时，不应小于 50mm。容易接近的遮护物或外罩的顶部，其防护等级不应低于《外壳防护等级分类》标准（GB4208—84）的 IP4X级。

当采用遮护物和外罩有困难时，可采用阻拦物进行保护，阻拦物应能防止下列情况的发生：人体无意识地接近裸带电体。操作设备过程中人体无意识地触及裸带电体。阻拦物用于防止无意识地触及裸带电体，不能防止故意绕过阻拦物而有意识地触及裸带电体。阻拦物是指栏杆、网状屏障等。

(4) 在正常工作时手中需执有较大的导电物体的场所，计算伸臂范围时应计入这些物件的尺寸。

2. 配电室通道上方裸导体距地面的高度不应小于下列数值：

屏前通道为 2.5m，当低于 2.5m 时应加遮护，遮护后的护网高度不应低于 2.2m。屏后通道为 2.3m，当低于 2.3m 时应加遮护，护网高度不应低于 1.9m。

3. 安装在生产车间和有人场所的开敞式配电设备，其未遮护的裸带电体距地高度不应小于 2.5m，当低于 2.5m 时应设置遮护物或阻挡物。阻挡物与裸带电体的水平净距不应小于 0.8m，阻挡物高度不应低于 1.4m。

6.6.2 配电线路的选择

1. 导线敷设方式不同时，最小线芯截面应该符合表 6-6 的规定。

导线敷设方式最小线芯截面 表 6-6

敷 设 方 式	最小线芯截面（mm²）	
	铜 芯	铝 芯
裸导线敷设于绝缘子上	10	6
绝缘导线敷设于绝缘子上		
室内　　 $L \geqslant 2m$	1.0	2.5
室外　　 $L \geqslant 2m$	1.5	2.5
室内、外　 $2m < L \leqslant 6m$	2.5	4
$6m < L \leqslant 16m$	4	6
$16m < L \leqslant 25m$	6	10
绝缘导线穿管敷设	1.0	2.5
绝缘导线槽板敷设	1.0	2.5
绝缘导线线槽敷设	0.75	2.5
塑料绝缘护套导线扎头直敷	1.0	2.5

注：L 为绝缘子支持间距。

2. 沿不同冷却条件的路径敷设绝缘导线和电缆时，当冷却条件最坏段长度超过 5m，应按该段条件选择绝缘导线和电缆的截面，或只对该段采用大截面的绝缘导线和电缆。

3. 导线的允许载流量，应根据敷设处的环境温度进行校正，温度校正系数可按下式计算：

（1）计算公式
$$K = \sqrt{\frac{t - t_1}{t - t_2}} \tag{6-2}$$

式中　K——温度校正系数；

　t——导体最高允许工作温度（℃）；

　t_1——敷设处的环境温度（℃）；

　t_2——导体载流量标准中所采用的环境温度（℃）；

（2）导体敷设处的环境温度，对于直接敷设在土壤中的电缆，按埋深处的历年最热月的月平均温度。敷设在空气中，按敷设处的历年最热月的日最高温度的平均值。当电缆沟或隧道内无良好通风时，按历年最热月的日最高温度值另加 5℃。敷设在空气中的裸导线及绝缘线，应按敷设处的历年最热月的平均最高温度。其中历年平均温度应取 10 年或以上的总平均值。

在三相四线制配电系统中，中性线（N 线）的允许载流量不应小于线路中最大不平衡负荷电流，而且应计入谐波电流的影响。以气体放电灯为主要负荷的回路中，中性线（N 线）的允许载流量不应小于相线截面。采用单芯线作保护中性线（PEN）干线，若截面为铜不应小于 10mm²；为铝时不应小于 16mm²。采用多芯电缆的芯线作保护中性线干线，其截面不应小于 4mm²。当保护线（PE 线）所用材质与相线相同时，保护线最小截面应符合表 6-7 的规定。

相线线芯截面 S	保护线最小截面 P
$S \geqslant 16$	$P = S$
$16 < S \leqslant 35$	16
$S > 35$	$P = S/2$

4．保护线采用单芯绝缘导线

按机械强度要求，截面不应小于下列数值：有机械保护时为 2.5mm²；无机械保护时为 4mm²。装置外导线体严禁用作保护中性线。在 TN—C 系统中，保护中性线严禁接入漏电开关设备，因为中性线末端有重复接地，会使开关自动脱扣。

6.6.3　配电线路的保护

1．配电线路的短路保护

在短路电流对导体和连接件产生热作用和机械作用造成危害之前切断短路电流。

2．绝缘导体的热稳定校验应符合下列规定

（1）当短路电流持续时间不大于 5s 时，绝缘导体的热稳定应按下式计算

$$S > \sqrt{\frac{I}{K \cdot t}} \tag{6-3}$$

式中　S——绝缘导体的线芯截面（mm²）；

　　　　I——短路电流有效值（均方根值 A）；

　　　　t——在已达到允许最高持续温度的导体内短路电流持续作用的时间（s）；

　　　　K——不同绝缘的计算系数。

（2）不同绝缘的 K 值，应按表 6-8 的规定。

不 同 绝 缘 的 K 值　　　　　　　　　　　　　表 6-8

线芯材料	聚氯乙烯	丁基橡胶	乙丙橡胶	油浸纸
铜芯	115	131	143	107
铝芯	76	87	94	71

（3）短路持续时间小于 0.1s 时，应计及短路电流的非周期分量的影响。

（4）当保护电器为低压断路器时，短路电流不应小于低压断路器瞬时或延时过电流脱扣器整定电流的 1.3 倍。

3．可不装设短路保护的情况

在线路线芯截面减少处的线路、分支处的线路，以及导体类型、敷设方式或环境改变后载流量减少处的线路，当符合下列情况之一，且越级切断电路不引起故障线路以外的一、二级负荷的供电中断，可不装设短路保护。

（1）配电线路被前段线路短路保护电器有效的保护，且此线路和其过负载保护、电器能承受通过的短路能量。

（2）配电线路的电源侧装有额定电流为 20A 以下的保护电器。

（3）架定配电线路的电源侧装有短路保护电器。

4．过负荷保护

配电线路的过负荷保护，应在过负荷电流引起的导体温升对导体的绝缘、接头、端子造成损害前切断负荷电流。但下列配电线路可不装设过负荷保护：

（1）所规定的配电线路，已由电源侧的过负荷保护电器有效地保护。

（2）不可能过负荷的线路。

（3）由于电源容量限制，不可能发生过负荷的线路。

5.过负荷保护电器动作特性

（1）过负荷保护电器宜采用反时限特性的保护电器，其分断能力可低于电器安装处的短路电流值，但应能承受通过的短路能量。

（2）过负荷保护电器动作特性应同时满足下列条件：

$$I_B \leqslant I_n \leqslant I_z \tag{6-4}$$

$$I_2 \leqslant 1.45 \leqslant I_z \tag{6-5}$$

式中 I_B——线路计算负载电流（A）；

I_n——熔断器熔体额定电流或低压断路器长延时脱扣器整定电流（A）；

I_z——导体允许持续载流量（A）；

I_2——保证保护电器可靠动作的电流（A）。当保护电器为低压断路器时，I_2 为约定时间内的约定动作电流；当为熔断器，I_2 为约定时间内的约定熔断电流。

（3）突然断电比过负荷而造成的损失更大的线路，其过负荷保护应作用于信号而不应作用于切断电源。

（4）多根并联导体组成的线路过负荷保护，其线路允许的持续载流量 I_z 为每根并联导体的允许载流量之和，且导体的型号、截面、长度和敷设方式均相同；线路全长内无分支线路引出；线路的布置使各并联导体的负载电流基本相等。

6.6.4 接地故障保护

1.一般规定

接地故障保护的设置应能防止人身间接电击以及电气火灾、线路损坏等事故。接地故障保护电器的选择应根据配电系统的接地型式；移动式、手握式或固定式电气设备的区别，以及导体截面等因素经技术经济比较确定。

防止人身间接电击的保护采用下列措施之一时，可不采用接地故障保护；采用双重绝缘或加强绝缘的电器设备（Ⅱ类设备）；采用电气隔离措施；采用安全超低压；将电气设备安装在非导电场所内；设置不接地的等电位体联结。接地故障保护的电气设备，按其防电击保护等级应为Ⅰ类电气设备。其设备所在的环境应为正常环境，人身电击安全电压极限值（U_L）为50V。

2.采用接地故障保护时应将下列导体作等电位联结。

保护线、保护中性线；电气装置接地极的接地干线；建筑物内的水管、煤气管、采暖和空调管道等金属管道；条件许可的建筑物金属构件等导电体。上述导电体宜在进入建筑物处间接向总等电位联结端子板。等电位联结中金属管道连接处应可靠地连通导电。

当电气装置或电气装置的某一部分的接地故障保护不能满足规定的切断故障回路的时间要求时，尚应在局部范围内作局部等电位联结。当难以确定局部等电位联结的有效性时，可采用下式进行校验。

$$R \leqslant \frac{50}{I_0} \tag{6-6}$$

式中 R——可同时触及的外露可导电体和装置外导电体之间，故障电流产生的电压将引

236

起接触电压的一段线段的电阻（Ω）；

I_o——切断故障回路时间不超过 5s 的保护电器动作电流（A）。

当保护电器为瞬间或短延时动作的低压断路器时，I_0 值应取低压断路器瞬间或短延时过电流脱扣整定电流的 1.3 倍。

3. TN 系统的接地故障保护

TN 系统配电线路接地故障保护的动作特性应符合下式要求

$$Z_s \cdot I_q \leqslant U_0 \tag{6-7}$$

式中　Z_s——接地故障回路的阻抗（Ω）；

　　　I_q——保证保护电器在规定的时间内自动切断故障回路的电流（A）；

　　　U_0——相线对地标称电压（V）。

相线对地电压为 220V 的 TN 系统配电线路的接地故障保护，其切断故障回路的时间对于配电干线和仅供给固定式电气设备用电的末端配电线路，不宜大于 5s。供电给手握式电气设备和移动式电气设备的末端配电线路和插座回路，不应大于 0.4s。

当采用熔断器做接地故障保护时，若要求切断故障回路的时间小于或等于 5s，I_d/I_n 的比值不应小于表 6-9 的规定。

切断故障回路的时间小于或等于 5s 的 I_d/I_n 的最小比值　　　　表 6-9

熔体额定电流（A）	4～10	10～63	80～250	250～500
I_d/I_n	4.5	5	6	7

当要求切断故障回路的时间小于或等于 0.4s，I_d/I_n 的比值不应小于表 6-10 的规定。

切断故障回路的时间小于或等于 0.4s 的 I_d/I_n 的最小比值　　　　表 6-10

熔体额定电流（A）	4～10	10～32	40～63	80～200
I_d/I_n	8	9	10	11

4. TT 系统的接地故障保护

TT 系统配电线路接地故障保护的动作特性应符合下列要求

$$R_A \cdot I_n \leqslant 50V \tag{6-8}$$

式中　R_A——外露导电体的接地电阻（Ω）。

　　　I_n——保证保护电器切断故障回路的动作电流（A）。

当采用过电流保护电器时，反时限特性过电流保护电器的 I_n 为保证在 5s 内切断的电流。采用瞬时动作特性过电流保护电器的 I_n 为保证瞬时动作的最小电流。当采用漏电电流动作保护器时，I_n 为其额定动作电流 $I_{\Delta n}$ 值。

TT 系统配电线路内由同一接地故障保护电器保护的外露可导电体，应用保护线连接至共用的接地极上。当有多级保护时，各级宜各自的接地极。

5. IT 系统的接地故障保护

在 IT 系统配电线路中，当发生第一次接地故障时，应由绝缘监视电器发出音响或灯光信号，其动作电流应符合下式要求

$$R_B \cdot I_d \leqslant 50V \tag{6-9}$$

式中　R_B——外露导电体的接地电阻（Ω）；

　　　I_d——相线和外露导电体之间第一次短路故障的故障电流（A），它计及泄漏电流和

电气装置全部接地阻抗值的影响。

IT 系统的外露可用共同的接地极接地，也可个别地或成组地用单独的接地极接地。当外露导电体为单独接地，发生第二次异相接地故障时故障回路的切断应符合 TT 系统接地故障保护的要求。

IT 系统的配电线路，当发生第二次异相接地故障时，应由过电流保护电器或漏电电流动作保护器切断故障电路，并应符合下列要求：

（1）当 IT 系统不引出中性线，线路标称电压为 380/220V 时，应符合下式要求

$$Z_s \cdot I'_d \leqslant 1.5 U_0 \tag{6-10}$$

式中 Z_s——包括相线和 PE 线在内的故障回路阻抗（Ω）；

I'_d——保护电器切断故障回路的动作电流（A）。

（2）IT 系统不宜引出中性线。如果 IT 系统引出中性线，线路标称电压为 380/220V 时，保护电器应在 0.8s 内切断故障回路，并应符合下式要求：

$$Z'_s \cdot I'_d \leqslant 0.5 U_0 \tag{6-11}$$

式中 Z'_s——包括相线、中性线和保护线在内的故障回路阻抗（Ω）。

6.6.5 低压电力配电系统基本原则

1. 一般要求

低压配电系统应满足生产和使用所需的供电可靠性和电能质量的要求，同时应注意接线简单，操作方便安全，具有一定灵活性，能适应生产和使用上的变化及设备检修的需要。

单相用电设备的配置力求三相平衡。在 TN 及 TT 系统的低压电网中，如选用 Y，yn0 接线组别的三相变压器，其由单相负荷三相不平衡引起的中性线电流不得超过 Y，yn0 接线的变压器低压绕组额定电流的 25%，且任一相的电流不得超过额定电流值。冲击负荷和容量较大的电焊设备，宜与其它用电设备分开，用单独线路或变压器供电。

配电系统的设计应便于运行、维修，生产班组或工段比较固定时，一个大厂房可分车间或工段配电；多层厂房宜分层设置配电箱，每个生产小组可考虑设置单独的电源开关。实验室的每套房间宜有单独的电源开关。在用电单位内部的邻近变电所之间宜设置低压联络线。由建筑物外引入的配电线路，应在屋内靠近进线点，便于操作维护的地方装设隔离电器。

2. 常见的低压配电系统

（1）放射式：配电箱故障互不影响，供电可靠性较高，配电设备集中，检修比较方便，但系统灵活性较差，有色金属消耗较多。一般采用在容量大、负荷集中或重要的用电设备；需要集中联锁启动、停车的设备；有腐蚀性介质和爆炸危险等场所不宜将配电及保护启动设备放在现场者。

（2）树干式：配电设备及有色金属消耗较少，系统灵活性好，但干线故障时影响范围大；一般用于用电设备的布置比较均匀、容量不大，又无特殊要求的场合。

（3）变压器—干线式：除了具有树干式系统的优点外，接线更简单，能大量减少低压配电设备。为了提高母干线的供电可靠性，应适当减少接出的分支回路数，一般不超过10 个。频繁启动、容量较大的冲击负荷，以及对电压质量要求严格的用电设备，不宜用此方式供电。

（4）链式：特点与树干式相似，适用于距配电屏较远而彼此相距又较近的不重要的小容量用电设备；链接的设备一般不超过三台，其容量不大于 10kW，其中一台不超过 5kW。

在高层建筑内，当向楼层各配电点供电时，宜用分区树干式配电；但部分较大容量的集中负荷或重要负荷，应从低压配电室以放射式配电。平行的生产流水线或互为备用的生产机组，根据生产的要求，宜由不同的母线或线路配电；同一生产流水线的各用电设备，宜由同一母线或线路配电。

3. 电气设备的防护等级（表 6-11）

防 护 等 级   表 6-11

第一位	等级说明	含 义	第二位	等级说明	含 义
0	无防护	没有特殊防护	0	无防护	没有特殊防保
1	防大于 50mm 固体物	人体某一大部分（手）固体直径超过 50mm 的无意靠近	1	防滴水	垂直滴水无害
			2	15°防滴	当外壳从正常位置倾斜 15°滴水无害
2	防大于 12mm 固体异物	人体某一部分（手指）或类似物，长度小于 80mm 固体异物直径超过 12mm	3	防淋水	当外壳从正常位置倾斜 60°淋水无害
3	防大于 2.5mm 固体异物	直径或厚度大于 2.5mm 的工具、电线等固体异物直径超过 2.5mm	4	防溅水	任何方向溅水无害
			5	防喷水	任何方向喷水无害
4	防大于 1mm 固体异物	厚度大于 1mm 的线材或片条等类似物 固体异物直径超过 1mm	6	防浪涌	猛烈海浪或强烈喷水进入水量不影响设备运行
5	防尘	不能完全防止尘埃进入，但进入量不妨碍设备运行	7	防浸水	浸入规定压力的水经规定时间进入水量不影响设备运行
6	密闭防尘	完全防止尘埃进入	8	防潜水	能按规定长期潜水

4. 特殊场所的设备选择（表 6-12）

特殊场所电气设备的选型要求   表 6-12

场所	危 害	典型举例	对电气设备要求
多尘	大量粉尘，造成设备污染，运行效率降低	水泥、面粉、煤粉的生产车间	采用 IP50 以上防护等级或开启式易维护设备
潮湿	相对湿度 95% 以上，有冷凝水出现，降低绝缘性能，发生短路、漏电、触电危险	浴室、蒸汽泵房	引线严格密封，外壳防水，材料为瓷、塑料等不易凝水的物质
腐蚀	有大量腐蚀性气体或有盐雾、SO_2 气体，对电器设备腐蚀	电镀、酸洗、铸铝车间及散发腐蚀性气体的化学车间	外壳使用防腐蚀材料，带电部位密闭隔离或采用易维护设备

场所	危　害	典 型 举 例	对电气设备要求
火灾	生产、使用、加工、储存可燃气体 H1 级场所，有悬浮或堆状可燃烧尘纤维 H2 级场所，有固体可燃物 H3 级场所	H1：地下油泵房、储油槽、变压器维修和储存间 H2：煤粉车间、木锯料场 H3：纺织品库、原棉库、图书资料、档案库房	照明宜采用冷光源或考虑散热，H1 采用保护型灯具，H2 将光源密闭，H3 场所采用开启型，与可燃材料保持一定距离，线路采用防水阻燃电缆
爆炸	空间有爆炸气体蒸汽 Q1、Q2、Q3 级和粉尘纤维 G1、G2 的场所。当介质在一定条件下（温度、有燃烧源、热点温升到闪点）能爆炸的场所	Q1：非桶装储漆间 Q2：汽油洗涤间、液化和天然气配气站、蓄电池仓 Q3：喷漆室、干燥间	采用具有防爆间隙的隔爆灯或防爆电器，限制灯具外壳温度 Q1、G1 用隔爆型灯 Q2 用增安型灯 Q3、G2 用防水防潮灯

习　题　6

一、填空题

1. 建筑供电在____ kV 及以上，而且_____时采用总降压变电所。

2. 评价供电质量的主要指标是：_____、_____、_____。

3. 突然停电将造成大量废品、大量原材料报废、大量减产的负荷，属于____级负荷。该级负荷的供电应由_____，当电源容量很小或供电距离很短时，允许由_____保证供电。

4. 电网及用电设备的额定电压等级有_____、_____、_____；发电机的额定电压有_____、_____、_____，电力变压器的一次绕组额定电压有_____、_____、_____。

5. 发电机的额定电压比电网电压高_____，是为了补偿_____。

6. 低压用户供电电压变动不超过_____%，高压用户供电电压变动不超过_____%。

7. 供电系统的频率要求变化范围不得超过_____。

8. 电力系统是由_____、_____和_____所组成。

9. 工业企业供电系统是由_____、_____、_____、_____所组成。

二、判断题

1. 在 TN—C 方式供电系统中，干线上必需安装漏电保安器。_____

2. 在 TN—S 方式供电系统中，干线上可以安装漏电保安器。_____

3. 在 TN—C—S 方式供电系统中，干线上必需安装漏电保安器。_____

4. 在 TT 方式供电系统中，支线上可以安装漏电保安器。_____

5. 满足对二级负荷供电的配电系统接线方式有：_____

A. 单回路放射式；B. 链串型树干式；C. 环状形树干式；D. 直接树干式。

6. 双母线接线方式中当母线发生故障时，两组母线同时工作方式下的停电范围较一组母线工作方式下的停电范围扩大了。_____

7. 在 TN—C 方式供电系统中，干线上必需安装漏电保安器。_____

8. 在 TN—S 方式供电系统中，干线上可以安装漏电保安器。_____

9. 在 TN—C—S 方式供电系统中，干线上必需安装漏电保安器。_____

10. 在 TT 方式供电系统中，支线上可以安装漏电保安器。_____

11. 满足对二级负荷供电的配电系统接线方式有：

A. 单回路放射式；B. 链串型树杆式；C. 环状形树干式；D. 直接树干式。

三、简答题

1. 电压偏移与电压波动；2. 独立电源；3. 母线；4. 有效值；5. 功率因数；6. TT 系统；7. TN—C 系统；8. TN—S 系统；9. TN—C—S 系统；10. IT 系统；

四、问答题

1. 对建筑供电的基本要求是什么？

2. 什么是一次能源？什么是二次能源？

3. 什么时候采用 6kV 的电压供电？

4. 电源中性点在什么情况下采用不接地的方式运行？

5. 电源中性点在什么情况下应采用消弧线圈接地的方式运行？

6. 在低压配电系统中中性线 N、保护线 PE 及保护中性线 NPE 各自的功能是什么？

7. 指出常用的母线类型有哪些？型号含义如何？它们分别适用什么场合？

8. 组成电力系统的目的或作用有哪些？

9. 某单位采用 TN—S 方式架空线供电，N 线及 PE 线较细，均被风刮断，问对三相照明和动力负荷有哪些影响？

10. 有一栋大楼，其中一个灯具短路，问对三相负荷可能会产生哪些影响？各对其它相有何影响？

11. 如何改善功率因数？

12. 建筑工地由于电气设备过多，电压偏低，造成起重设备起动困难等，你有哪些解决办法？

13. 工作零线 N 和专用保护线 PE 有什么区别？

14. 短路有哪几种形式？哪种短路形式产生的可能性最大？哪种危害最严重？

15. 如果短路电路中只有电阻，短路电流将如何变化？如果短路电路中只有电感，短路电流将如何变化？

16. 指出图中各处的电压。（见答案）。

17. 确定下面系统图中发电机和所有变压器的额定电压是多少？（见答案）。

五、计算题

1. 有一台三相异步电动机额定工作电压为 380V，额定工作电流为 27.8A，功率因数 0.85，效率为 0.9，计算这台电动机的额定功率是多少 kW？其熔断器的规格应选多大？热继电器的电流整定值应该是多少 A？

2. 计算常用 500V 绝缘导线 1/1.76 和 1/2.24 两种规格的导线截面各是多少 mm^2？

3. 拟建奥运会某工程 3 个工号，现场用电有钢筋场 108kW、搅拌站 68kW、工地动力

146kW、生活区 8kW、照明按动力 10%计算，$K_x = 0.6$，平均功率因数 0.7，求电力变压器容量。

习题 6 答案

一、填空题

1. 25，用电的容量比较大。

2. 电压偏移、电压波动、电压波形或电压对称度。

3. 二级。两回路独立电源供电，允许一路专用线路供电。

4. 220/127V、380/220V、660/380V；230V、400V、690V 等；230/133V、400/230V、690/400V。

5. 5%，供电线路上的电压损失。

6. ±5%，±5% ~ 7%。

7. ±0.5%。

8. 发电厂、输配电网（变电所、输电线路、配电所）用户所。

9. 电源、供电网、配电网、用电设备。

二、判断题

1. × 　2. √ 　3. × 　4. √ 　5. B.C. 　6. √ 　7. × 　8. √ 　9. × 　10. √
11. B.C.

三、简答题

1. 电压偏移与电压波动：用电设备实际电压偏离额定电压的百分比称为电压偏移。在电压急剧变化过程中出现的最大电压 U_{max} 与最小电压 U_{min} 之比称为电压波动。

2. 独立电源：从不同变电所引来的电源线，当其中一路电源发生故障时不影响另一路电源。

3. 母线：也称汇流排，它是汇集电能和分配电能的导体，通常用扁铜或扁铝制成。

4. 有效值：正弦交流电通过一个电阻，在一个周期内所发出的热量，与一个直流电通过同一个电阻、在相同时间内所发出的热量相等时，这个直流电的数值就是正弦交流电的有效值。

5. 功率因数:感性负载(或容性负载)电压与电流有相位差角 φ,所以功率计算时,需要把电流矢量投影到电压矢量方向上去(如果以电压矢量作为参考矢量),因此出现一个 cosφ,这个相位差角 φ 的余弦称为功率因数。也可以定义为有功功率 P 和视在功率之比。

$$\cos\varphi = \frac{P}{S}$$

6. TT 系统：表示电源中性点接地，负载金属外壳用保护接地的供电方式。

7. TN—C 系统：表示电源中性点接地，负载金属外壳用保护接零的供电方式，零线与保护线共用。

8. TN—S 系统：表示电源中性点接地，负载金属外壳用保护接零的供电方式，有专用保护线 PE 线。

9. TN—C—S 系统：表示电源中性点接地，系统的前半部是 TN—C，后半部是 TN—S 的供电系统。

10.IT 系统：表示电源中性点不接地，负载金属外壳用保护接地的供电方式。

四、问答题

1．答：安全；可靠；优质；经济。

2．答：能源就是能产生能量（如机械能、热能、电磁能、化学能、光能等）的物质资源。一次能源是指天然生成的、没有经过加工转换的资源，如煤、天然气、石油、油页岩、核原料、水能、太阳能、风能、地热能、植物支杆、海洋能、潮汐能等。二次能源是指由一次能源直接或间接转换而来的其他形式的能源，如电力、煤气、蒸汽、汽油、甲醇、蓄电池等。二次能源也称为人工能源。

3．答：（1）在附近有 6kV 的发电机，而且直接用发电机供电；

（2）本车间有 6kV 的高压电动机设备需要 6kV 的电压。

4．答：（1）3～63kV 的高压系统中，当 3～10kV 的高压系统中的单相接地电流不大于 30A 时，20～63kV 的高压系统的单相接地电流不大于 10A 时，接地规定可以采取中性点不接地的运行方式。

（2）在低压 IT 方式供电系统中的中性点不接地。这种系统一般不引出中性线 N，它属于三相三线供电系统。在我国应用甚少。

5．答：在 3～10kV 的高压系统中，单相接地电流大于 10A 时，为了消除系统单相接地点的电弧，防止发生电压谐振的现象。

6．答：N 线的功能是（1）为使用 220V 的单相设备接用电源。（2）为三相不平衡电流及单相电流提供通路。（3）用来减少负荷中性点的电位漂移。

PE 线的功能是保障人身安全，防止发生触电事故。通过公共 PE 线将设备的外露可导电部分接到电源中性点的接地点去。当发生单相接地故障时，形成单相短路，使短路保护设备动作跳闸，切去故障设备而保障人身安全。

NPE 线是兼有 N 线和 PE 线两种功能。过去称为零线，即在 TN—C 系统中有此线。

7．答：常用的母线类型有硬母线和软母线两类。矩形截面，型号的含义如下：

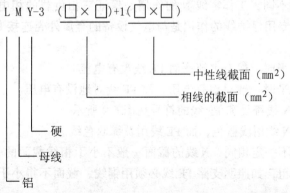

软母线采用裸绞线，如铜绞线（TJ）、铝绞线（LJ）及钢芯铝绞线（LGJ）。软母线适用于室外 35kV 及以上的户外配电线路中。

8．答：（1）把发电设备联网，增加供电的可靠性，一旦需要检修或是出现故障，不致于停电。

（2）充分利用水利资源、煤炭及石油资源，降低能源损耗，减少供电成本。

（3）不受地方负荷的限制，可以增大单位机组的容量，而大容量的机组效率比小机组明显高。

（4）合理地分配负荷，使供电系统能在最经济的条件下运行。

9．答：一般三相照明是不平衡的，零线断后，三相负载相电压不再平衡，阻抗大的那相电压高，会损坏设备，阻抗小的相，电压低，也不能正常工作。对三相动力设备运行一般无影响，但是失去了接零保护作用。

10．答：（1）首先发生短路的支路分保险丝熔断，该支路照明熄灭，对其它相无影响；（2）该相线熔丝断，则该相停电，也不影响其它相照明；

（3）若三相空气断路器跳闸，则三相停电；

（4）对三相动力负载，断一相，则不能正常运行，断三相则停车。

（5）若中线断开，由于三相负载不平衡，照明不能正常工作。

11．答：改善功率因数的方法，主要有两种途径：（1）提高自然功率因数的方法如选择电动机的容量要尽量使其满载运行。同理，选择电力变压器容量也不宜太大。合理安排工艺流程，限制电焊机和机床的空载运行。异步电动机的同步化运行，运行中可向电网输送无功功率从而改善了供电线路的功率因数。

（2）补偿法提高功率因数：就是在感性负载两端并联适当容量的电容器。

12．答：（1）切断次要负荷，使线路电流减少，电压损失也减少。

（2）调变压器分接开关：原Ⅰ档调为Ⅱ档，原为Ⅱ档调为Ⅲ档。

（3）若条件容许，将变压器增容或调来柴油发电机。

（4）改善工艺流程，增设夜班，使用电负荷曲线"消峰填谷"。

（5）缩短供电距离、增大导线截面或铝线改铜线均可降低线路损耗电压。

（6）采用三相电力调压器。

（7）检修线路，降低导线的接头电阻。

（8）提高线路的功率因数，使线路电流下降，减小线路损耗电压。

13．答（1）功能不同，工作零线 N 的作用是保证三相负载的相电压与三相电源电压对称，互不影响。而专用保护线的作用是与电气设备的金属外壳连接专门承担保护接地或保护接零。

（2）工作零线 N 平时一般有电流，而 PE 线没有电流。

（3）工作零线 N 平时一般对地有电压，而 PE 线对地没有电压。

（4）符号不同，N 线符号和 PE 线的符号见图 6-9 所示。

（5）颜色不同，N 线用浅蓝色，而 PE 线用黄绿双色线。

（6）导线的截面不一定相同，N 线的截面一般不小于相线截面的一半，而 PE 线的截面如前述，通常比较粗，如照明支路 PE 线必须用铜线，截面不得小于 $1.5mm^2$，N 线可以比 PE 线细。

（7）在安装配电箱内的端子板要求 N 端子板必须有瓷绝缘，而 PE 端子板不用绝缘，和金属外壳直接相连。

（8）N 线可以进入漏电开关，而 PE 线在任何情况下都不能进入漏电开关。

（9）在 TN—S 方式供电系统中，N 线不作重复接地，而 PE 线必须作重复接地，如在进入建筑物时、在供电线路的终点等处必须作重复接地。

14. 答：有单相短路、两相短路、两相接地短路、三相短路等。三相短路最为严重。

15. 答：如果短路电路中只有电阻，则在电力系统突然短路时，因为短路电路的电阻远比正常电路的电阻小，所以根据欧姆定律 $I = U/\sqrt{3}R$ 可知在系统电压不变时，短路电流将突然增大许多倍，而且因为没有电感，不存在短路电流非周期分量，所以短路电流 i_k 的幅值恒定不变，而且和电压的相位相同。

如果短路电路中只有电感，那么在电力系统突然短路时，其短路电流将由 $I = U/\sqrt{3}X$ 决定，增大很多倍，而由于电路中只有电感，没有电阻，所以其短路电流非周期分量 i_{np} 为一个不衰减的直流电流。i_D 与 i_{nD} 相迭加，因此其短路全电流 i_k 为一个偏轴的等幅电流曲线，而相位滞后于电压 90°。

16. 指出图中各处的电压。

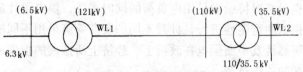

图 6-16　习题 16 用图

17. 试确定下面系统图中发电机和所有变压器的额定电压是多少？

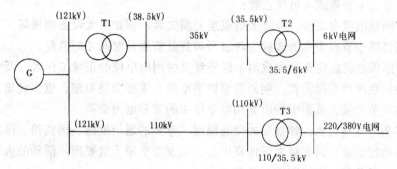

图 6-17　习题 17 用图

五、计算题

1. 解：（1）$P = \sqrt{3} \times 380 \times 27.8 \times 0.85 \times 0.9 = 14000$（W）$= 14$（kW）

（2）熔丝规格为 $(1.5 \sim 2.5) \times 27.8 = 50$（A）

（3）整定电流为 $(1.1 \sim 1.25) \cdot I_N = 1.2 \times 27.8 = 30$（A）

2. 解：（1）单芯 1.76mm 导线截面为：$3.14 \times (1.76/2)^2 = 2.43 \approx 2.5$（$mm^2$）

（2）单芯 2.24mm 导线截面为：$3.14 \times (2.24/2)^2 = 3.94 \approx 4.0$（$mm^2$）

3. 解：
$$S = Kx \frac{\sum P}{\cos\varphi} = 0.6 \times \frac{330}{0.7} = 282.85 \text{（kVA）}$$
$$Se = 1.1 \times 282.5 = 310.8 \text{（kVA）}$$

可选用 S7315/10/0.4

7 电力负荷及其计算

7.1 供电系统电源分级

7.1.1 负荷分级

电力供应不能也没必要持续满足用电负荷的同时需要，供电设计应按照电力负荷的重要性、需要程度和供电的可能性进行，针对不同的负荷等级采用不同的供电方式。在我国电力负荷根据供电可靠性及中断供电在政治上、经济上所造成的损失或影响的程度，分为一级负荷、二级负荷和三级负荷。

1. 一级负荷

(1) 中断供电将造成人员伤亡者；

(2) 中断供电将在政治、经济上造成重大损失者。例如重大设备的损坏，重要产品的报废，国民经济中重点企业的连续生产过程被打乱需要长时间才能恢复。

(3) 中断供电将影响有重大政治、经济意义的用电单位的正常工作者，及中断供电将造成公共场所秩序严重混乱者。例如重要铁路枢纽、重要交通枢纽、重要宾馆、经常用于国际活动的以及大量人员集中场所等用电单位中的重要电力负荷。

对于某些特等建筑物，如重要的交通枢纽、重要的通信枢纽、国宾馆、国家级及承担重大国事活动的会堂、国家级大型体育中心，以及经常用于重要国际活动的人员集中的公共场所等的一级负荷，为特别重要负荷。

中断供电将影响电脑、网络正常工作或中断供电后将发生爆炸、火灾以及严重中毒的一级负荷亦为特别重要负荷。

2. 二级负荷

(1) 中断供电将在政治、经济上造成较大损失者。例如主要设备损坏、大量产品报废、连续生产过程被打乱需要长时间才能恢复、重点企业大量减产等。

(2) 中断供电将影响重要单位的正常工作者。例如中断供电将造成大型影剧院、大型商场等人员集中的公共场合秩序混乱者。

3. 三级负荷

不属于一级和二级的电力负荷。

民用建筑中常用的重要电力负荷分级应符合表7-1的规定。

具有一级负荷的建筑物中电脑系统的电源和重要场所的通讯负荷为特别重要负荷。表中列为一级负荷的个人电脑，其机房及记录的媒体存放间的应急照明亦为一级负荷。当在主体建筑中有一级负荷时，与其有关的主要通道照明为一级负荷。电话站的电源为一级负荷，其交流电源的负荷等级应与该建筑工程中最高等级的电力负荷相同。表中所列主体建筑中，有大量一级负荷时，其附属的锅炉房、冷冻站、空调机房的电力和照明为二级负荷。

常用电力负荷级别　　　　表7-1

序	建筑类别	建筑物名称	电力负荷名称	负荷级别
01	住宅建筑	高层住宅	客梯、生活水泵、楼梯	二级
02	办公楼	重要办公楼	客梯、办公室、会议室、值班室、档案、楼道	一级
		省部办公楼	客梯、办公室、会议室、值班室、档案、楼道	二级
		商业写字楼	客梯、办公室、会议室、值班室、档案、楼道	二级
03	金融保险	银行	业务电脑、防盗系统	特一级
			大面积营业厅应急照明	一级
			客梯、营业厅、门厅	二级
04	旅游宾馆	一、二级旅馆	管理电脑	特一级
			宴会厅电声、新闻摄像机、宴会厅、餐厅、娱乐厅、高级客房、康乐宫、厨房、主要通道照明、地下室泵房、部分客梯、消防梯	一级
			普通客梯、一般客房、次要通道	二级
05	科研教育	重点实验室	实验设备、照明	一级
		高校高层教学楼	客梯、主要通道	二级
		市区气象站	管理电脑	特一级
			气象雷达、电报及传真、卫星云图、接收机、广播、天气绘图及预报照明	一级
			客梯	二级
		电脑中心	管理电脑	一级
			客梯	二级
		大型博物馆	防盗信号电源、珍贵展室照明	特一级
		展览馆	展览用电	二级
		重要图书馆	检索电脑	特一级
			其他用电	二级
06	文娱体育	甲级剧场	调光电脑	特一级
			舞台、贵宾室、化妆室照明、舞台机械、电声、广播及电视转播、新闻摄影	一级
		甲级电影院		二级
		重要体育馆	计分电脑	特一级
			比赛场、主席台、贵宾接待、广场照明、电声、计分牌、广播及电视转播、新闻摄影	一级
07	医疗	区县级以上医院	急诊部房、监护病房、手术室、分娩室、婴儿室、血液病房净化室、透析室、切片分析、CT扫描室、血库、高压氧仓、加速机房、治疗室、配血室电力照明、培养箱、冰箱恒温箱客梯、电子显微镜、细菌培养、放射性同位素加速电源	一级
				二级
08	商场	大型商场	管理电脑、防盗系统	特一级
			营业厅、门厅照明	一级
			客梯、扶梯电力	二级
		中型商场	营业厅、门厅照明、客梯、扶梯电力	二级
		冷库	大型冷库、有特殊要求的压缩机及附属设备、电梯、库照明	二级
09	通讯交通	广播电台	管理电脑	特一级
			直播室、控制室、微波设备机发射机房的电力及照明	一级
			主要客梯、楼梯照明	二级
		电视台	管理电脑	特一级
			直播室、演播厅、中心机房、录像室、发射机房电力及照明	一级
			洗印室、电视电影室、主要客梯、楼梯照明	二级
		市话局、电信枢纽、卫星地面站	重要枢纽站	特一级
			载波机、微波机、长话交换机、市内交换机、文件传真机、会议电话、移动通讯及卫星通讯设备的电源及房间应急照明、营业厅照明、用户电传机	一级
			客梯电力、楼梯照明	二级
		火车站	特大型站和国境站的旅客站房、站台、天桥、地道设备	一级
		民用机场	管理电脑、航行管制、导航、通讯、气象、助航灯光系统的设施和台站;边防、海关、安检设备;航班预报设备;三级以上油库;为飞行及旅客服务的办公用房;旅客用应急照明	特一级
			候机楼、外航驻机场办处、机场宾馆及旅客过夜用房、站坪照明	一级
			其他用电	二级
		水运客运站	通讯枢纽、导航设施、收发讯台	一级
			港口重要作业区、一等客运站用电	二级
		汽车客运站	一、二级站	二级
10	司法建筑	监狱	警卫照明	一级
11	公共建筑	区域采暖锅炉房	设备用电	二级

　　民用建筑中的消防水泵、消防电梯、防排烟设施、火灾自动报警、自动灭火装置、火灾应急照明、电动防火门窗、卷帘、阀门等消防用电的负荷等级，应符合国家现行的《高层民用建筑设计防火规范》和《建筑设计防火规范》的规定。对负荷等级没有规定的重要电力负荷，应与有关部门协商确定。

7.1.2 各类负荷对电源的要求

1. 一类负荷对电源的要求

(1) 应有两个或两个以上独立电源供电。

所谓独立电源是采用两个以上电源供电时，当其中任何一个电源因事故而停止供电时，若另一个电源不受影响继续供电，则每一个电源均称为独立电源。凡满足以下条件者均属独立电源：

①两个以上独立电源分别来自不同发电厂（包括自备电厂）。

②两个以上独立电源分别来自不同变电所。

③两个以上独立电源分别来自不同发电厂和不同变电所。

④两个以上独立电源分别来自不同发电厂和不同的地区变电所。

⑤来自电力系统中的不同地区变电所。

(2) 还要求增设"应急电源"以保证特别重要的电源。具体方法有柴油发电机组、干电池或蓄电池、独立于正常电源的专门供电线路。

2. 二级负荷对电源的要求

(1) 两路电源供电，要两台电力变压器，这两台变压器不一定非在一个变电室内。

(2) 当二级负荷比较小，或当地条件困难，可以只用一台变压器有高压架空线路供电，因为架空线路好修。

(3) 当从配电所引出线，应采用两根电缆，而且每根电缆都能承受全部二级负荷，而且互为备用（即同时工作）状态。

三级负荷对电源没有额外要求，通常只有一个电源供电。

3. 一级负荷电源要求

一级负荷应由两个电源供电，当一个电源发生故障时，另一个电源应不致同时受到损坏。一级负荷容量较大或有高压用电设备时，应采用两路高压电源。如一级负荷容量不大时，应优先采用从电力系统或邻近单位取得第二低压电源，亦可采用应急发电机组，如一级负荷仅为照明或电话站负荷时，宜采用蓄电池组作为备用电源。

一级负荷中特别重要负荷，除上述两个电源外，还必须增设应急电源。为保证对特别重要负荷的供电，严禁将其他负荷接入应急供电系统。

(1) 常用的应急电源有下列几种：

a. 独立于正常电源的发电机组。

b. 供电网络中有效地独立于正常电源的专门馈电线路。

c. 蓄电池。

(2) 根据允许的中断供电时间可分别选择下列应急电源：

a. 静态交流不间断电源装置适用于允许中断供电时间为毫秒级的供电。

b. 带有自动投入装置独立于正常电源的专门馈电线路，适用于中断时间为 1.5s 以上的供电。

c. 快速自起动的柴油发电机组，适用于允许中断供电时间为 15s 的供电。

二级负荷的供电系统应做到当电力变压器故障或线路常见故障时不致于中断供电（或中断后能迅速恢复）。在负荷较小或地区供电条件困难时，二级负荷可由一回专用线供电。三级负荷对供电无特殊要求。

7.1.3 高压供配电系统

1.电源要求

符合下列条件之一时，用电单位宜设置自备电源：需要设置自备电源作为一级负荷中特别重要负荷的应急电源时；设置自备电源较从电力系统取得第二电源经济合理或第二电源不能满足一级负荷要求的条件时；所在地区偏僻，远离电力系统，经与供电部门共同规划，设置自备电源作为主电源经济合理时。

应急电源与工作电源之间必须采取可靠措施防止并列运行。在设计供配电系统时，对于一级负荷中特别重要负荷，应考虑一电源系统检修或故障的同时，另一电源系统又发生故障的严重情况，此时应从电力系统取得第三电源或自备电源。

需要两回路电源线路的用电单位，宜采用同级电压供电，但根据各级负荷的不同需要及地区供电条件，也可采用不同电压供电。同时供电的两回及以上供配电线路中，一回路中断供电时，其余线路应能满足全部一级和全部或部分二级负荷的用电需要。

供配电系统应简单可靠，同一电压的正常配电级数不宜多于两级。高压配电线路应深入负荷中心。根据负荷容量和分布，宜使总变电所和配电所靠近高压负荷中心，变电所靠近各自的低压用电负荷中心。对供电电压为 35kV 且负荷小而集中的用电单位，如果没有高压用电设备，而发展的可能性小且面积受限制，在取得供电部门同意后，可采用 35/0.4kV 直降配电变压器。

室外配电线路当有下列情况之一时，应采用电缆：没有架空线路走廊时；城市规划不允许通过架空线路时；高层建筑多，架空线路的安全运行受到严重威胁时；环境对架空线路有严重腐蚀时；重点风景旅游区的建筑群；大型民用建筑。

在用电单位内部提高供电可靠性或出于节约用电及检修电源的需要，临近的变电所之间宜设置低压联络线。小负荷的用电单位宜纳入当地低压电网。

2.居住区高压配电

应根据城市规划、城市电网发展规划综合考虑近期、中期、远期的用电负荷，确定居住区的供配电方案。一般按每占地 $2km^2$ 或按总建筑面积 $4 \times 10^5 m^2$ 设置一个 10kV 配电所。当变电所在六个以上时，也可设置 10kV 配电所。

10kV 配电系统应有较大的适应性。根据负荷等级、负荷容量、负荷分布及线路走廊等情况，配电系统以环式为主，也可采用放射式或树干式，有条件也可采用格式接线。每条线路、每个变电所都应有明确的供电范围，不宜交错重叠。

对居住区内 10kV 用户变电所，可根据负荷等级、负荷容量、地理位置等情况采用不同的供电方式。对负荷等级较高的及容量较大的用户变电所宜采用双回专用线路或一回专用线路加公共备用干线或双干线方式供电；对其余用户变电所采用树干式、环式配电系统。

为了限制系统短路容量，简化继电保护，环式配电系统应采取开环方式。配变电所进出线方式宜采用电缆。配电线路的导线截面，应与城市供电部门协商确定，其中主干电缆截面应根据规划容量选定。

3.大型民用建筑高压配电

应根据用电负荷的容量及分布，使变压器深入负荷中心，以降低电能损耗和有色金属消耗。在下列情况之一时，宜分散设置配电变压器。单体建筑面积大或场地大，用电负荷分散；超高层建筑；大型建筑群。

对于负荷较大而又相对集中的高层建筑，除底层、地下层外，可根据负荷分布将变压器设置在顶层、中间层。对于空调、采暖等季节性负荷所占比重较大的民用建筑，在确定变压器台数容量时，应考虑变压器的经济运行。一级负荷中特别重要负荷宜设置专用低压母线段。高压配电系统宜采用放射式，根据具体情况也可采用环形、树干式或双干线。

7.1.4 电压选择和电能质量

用电单位的供电电压应从用电容量、用电设备特性、供电距离、供电线路的回路数、用电单位的远景规划、当地公共电网现状和它的发展规划以及经济合理等因素考虑决定。用电设备容量在 160kVA 以上者应以高压方式供电；用电设备容量在 250kW 或需要用变压器容量在 160kVA 及以下者，应以低压方式供电，特殊情况也可以高压方式供电。用电单位的高压配电电压宜采用 10kV，低压配电电压应采用 220/380V。

正常运行情况下用电设备端子处电压偏差允许值（以额定电压百分数表示）可按下列要求演算：一般电动机 ±5%；电梯电动机 ±7%；照明：在一般工作场所为 ±5%；在视觉要求较高的室内场所为 +5%、−2.5%；对于远离变电所的小面积一般工作场所，难以满足上述要求时，可为 +5%、−10%；应急照明、道路照明和警卫照明为 +5%、−10%。其他用电设备，当无特殊规定时为 ±5%。

电脑供电电源的电能质量应满足表 7-2 所列数值。

电脑性能允许的电能参数变动范围表 表 7-2

级别 指标 项目	A 级	B 级	C 级
电压波动（%）	−5 ~ +5	−10 ~ +7	−10 ~ +10
频率变化（Hz）	−0.05 ~ +0.05	−0.5 ~ +0.5	−1 ~ +1
波形失真率（%）	≤5	≤10	≤20

医用 X 射线诊断机允许电压波动范围为额定电压的 −10% ~ +10%。

计算电压偏差时，应计入采取下列措施的调压效果：自动或手动调整并联补偿电容器、并联电抗器。自动或手动调整同步电动机的励磁电流。改变供配电系统的运行方式。

10kV 配电变压器不宜采用有载调压型，但在当地电源电压偏差不能满足要求，且用电设备单位有对电压要求严格的设备，单独设置调压装置技术经济上不合理时，也可采用有载调压变压器。

为了限制电压波动和闪变（不包括电动机起动时允许的电压波动）在合理的范围，对冲击性低压负荷宜采用专线供电；与其它负荷共用配电线路时，宜降低配电线路阻抗；较大功率的冲击性负荷或冲击性负荷群与对电压波动、闪变敏感的负荷，宜分别由不同的配电变压器供电。

为控制各类非线性用电设备所产生的谐波引起的电网电压正弦波形畸变在合理的范围内。各类大功率非线性用电设备变压器的受电电压有多种可供选择时，如选择较低电压不能符合要求，宜选用较高电压。对大功率静止整流器，宜提高整流变压器二次侧的相数和增加整流脉冲数；多台相数相同的整流装置，宜使整流变压器的二次侧有相当的相角差；宜按谐波次数装设分流滤波器。

为降低三相低压配电系统的不对称度，设计 220V 或 380V 单相用电设备接入 220V 或

380V 三相系统时，宜使三相平衡。由公共低压电网供电的 220V 照明负荷，线路电流不超过 30A 时，可用 220V 单相供电，否则应以 220/380V 三相四线制供电。

7.2 电力负荷曲线

7.2.1 负荷计算

负荷计算是进行电力系统设计的基础，本章主要介绍的是计算所包括的内容和应有的深度。

1. 计算内容

(1) 计算负荷，作为按发热条件选择配电变压器、导体及电器的依据，并用来计算电压损失和功率消耗。在工程上为方便计，也可作为电能消耗量及无功功率补偿的计算依据。

(2) 尖峰电流，用以校验电压波动和选择保护电器。

(3) 一级、二级负荷，用以确定备用电源或应急电源。

(4) 季节性负荷，从经济运行条件出发，用以考虑变压器的台数和容量。

2. 负荷计算原则

在方案设计阶段可采用单位指标法；在初步设计及施工图设计阶段，宜采用需要系数法。对于住宅，在设计各阶段均可采用单位指标法。用电设备台数较多，各台设备容量相差不悬殊时，宜采用需要系数法，一般用于干线、配变电所的负荷计算。

用电设备台数较少，各台设备容量相差悬殊时，宜采用二项式法，一般用于支干线和配电屏（箱）的负荷计算。

3. 进行负荷计算时，应按下列规定计算设备功率

对于不同工作制的用电设备的额定功率应换算为统一的设备功率。连续工作制电动机的设备功率等于额定功率。断续或短时工作制电动机的设备功率，应当采用需要系数法或二项式法计算时，是将额定功率统一换算到负载持续率为 25% 时的有功功率。电焊机的设备功率是指将额定功率换算到负载持续率为 100% 时的有功功率。

4. 照明用电设备的设备功率

白炽灯、高压囱钨灯是指灯泡标出的额定功率。低压囱钨灯除灯泡功率外，还应考虑变压器的功率损耗。气体放电灯、金属囱化物灯除灯泡的功率外，还应考虑镇流器的功率损耗。整流器的设备功率是指额定交流输入功率。成组用电设备的设备功率，不应包括备用设备。

当消防用电设备的计算有功功率大于火灾时可能同时切除的一般电力、照明负荷的计算有功功率时，应按未切除的一般电力、照明负荷加上消防负荷计算低压总的设备功率，计算负荷。否则计算低压总负荷时，不应考虑消防负荷。

5. 三相负荷计算

单相负荷应均衡分配到三相上。当单相负荷的总容量小于计算范围内三相对称负荷总容量的 15% 时，全部按三相对称负荷计算；当超过 15% 时，应将单相负荷换算为等效三相负荷，再与三相负荷相加。等效三相负荷可按下列方法计算：

(1) 只有相负荷时，等效相负荷取得最大相负荷的 3 倍。

(2) 只有线负荷时，等效三相负荷为：单台时取相间负荷的 $\sqrt{3}$ 倍；多台时取最大线间

负荷的$\sqrt{3}$倍加上次大线间负荷的$3\sqrt{3}$倍。

（3）既有线间负荷又有相负荷时，应先将线间负荷换算为相负荷，然后各相负荷乘3倍作为等效三相负荷。

对用电设备进行分组计算时，对三台及以下，计算负荷等于其设备功率的总和；三台以上时，其计算负荷应通过计算确定。类型相同的用电设备，其总容量可以用算数加法求得。类型不同的用电设备的总容量应按有功和无功负荷分别相加确定。

当采用需要系数法计算负荷时，应将配电干线范围内用电设备按类型统一划组。配电干线的计算负荷为各用电设备组的计算负荷之和再乘以同时系数。变电所或配电所的计算负荷，为各配电干线计算负荷之和乘以同时系数。计算变电所高压侧负荷时，应加上变压器的功率损耗。

采用二项式法计算负荷时，应注意将计算范围内从所有电气设备统一划组，不应逐级计算。不考虑乘以同时系数。当用电设备等于或少于4台时，该用电设备组的计算负荷按设备功率乘以计算系数求得。计算多个用电设备组的负荷时，如果每组中的用电设备台数小于最大用电设备的台数 n 时，则取小于 n 的两组或更多组中最大用电设备的附加功率之和作为总的附加功率。

7.2.2　无功补偿

1. 无功补偿的要求

设计中应正确选择电动机、变压器的容量，减少线路感抗。在工艺条件适当时，可采用同步电动机以及选用带空载切除的间歇工作制设备等措施，以提高用电单位的自然功率因数。当采用提高自然功率因数措施后仍达不到下列要求时，应采用并联电力电容器作为无功补偿装置。

高压供电的用电单位，功率因数为0.9以上。低压供电的用电单位，功率因数为0.85以上。

2. 无功补偿的办法

采用电力电容器作无功功率补偿装置时，宜采用就地平衡原则。低压部分的无功功率由低压电容器补偿，高压部分的无功负荷由高压电容器补偿。容量较大、负荷平稳且经常使用的用电设备的无功功率宜单独就地补偿。补偿基本无功率负荷的电容器组，宜在配变电所内集中补偿。居住区的无功负荷宜在小区变电所低压侧集中补偿。

对下列情况之一者，宜采用手动投切的无功补偿装置。补偿低压基本无功功率的电容器组；常年稳定的无功功率；配电所内高压电容器组。

对下列情况之一者，宜采用无功功率自动补偿装置：避免过负荷，装设无功自动补偿装置在经济上合理时；避免在轻载时电压过高，造成某些用电设备的损坏（例如灯泡烧毁或缩短寿命）等损失，而装设无功功率自动补偿装置在经济上合理时；必须满足在所有负荷情况下都能改善电压变动，只有装设无功自动补偿装置才能达到要求时；在采用高、低压自动补偿装置效果相同时，宜采用低压自动补偿装置。

无功自动补偿装置宜采用功率因数调节原则，并要求满足电压变动的要求。电容器分组分布的情况下，在分组电容器投切时，不应产生谐振。适当减少分组组数和加大分组容量，应与配套设备技术参数相适应，应满足电压波动的允许条件。

接到电动机控制设备负荷侧的电容器容量，不应超过为提高电动机空载功率因数到

0.9所需的数值。电动机仍在继续运转并产生相当大的反电势时，不应再次启动。对吊车、电梯等机械负载可能驱动电动机的用电设备，不应采用单独就地补偿。对需要停电进行变速或变压的用电设备，应将电容器接在接触器的线路侧。

高压电容器组宜串联适当的电抗器以减少合闸冲击涌流和避免谐波放大。有谐波源用户，装设低压电容器时，宜采取措施，避免谐波造成过电压。

7.2.3 负荷计算目的

负荷等级不同，对电源的要求就不同，对电源变压器的容量要求也不同。为了确定电力变压器的容量，必须计算负荷的容量。

1. 电力负荷

所谓电力负荷是指流过电气设备（动力和照明等设备）的电流或功率。它是以功或热能的形式消耗在电气设备之中。建筑供电系统所需要的电能，通常是经过总降压变电所从电力系统中获得的。因此，合理地选择各级变电所中变压器容量，主要电气设备以及配电网导线规格等是保证供电系统安全可靠的重要前提。所以，建筑供电系统电力负荷计算的主要目的就是为合理地选择各级变电所中的变压器容量，各种电气设备型号及配电用导线规格等提供科学的依据。图7-1是某供电系统图，其中导线及各级控制设备容量都是经过计算而后选择的。

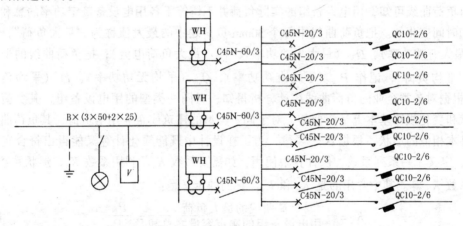

图 7-1　供电系统图

2. 负荷计算的目的

（1）计算出降压变电所的变压器和建筑物变电所变压器的负荷电流及视在功率，作为选择这两级变压器容量的依据。

（2）计算出流过各主要电器设备（断路器、隔离开关，母线、熔断器等）的负荷电流，作为选择这些设备型号、规格的依据。

（3）计算出流过各条线路（电源进线、高、低压配电线路）的负荷电流，作为选择这些线路的导线或电缆截面的依据。

（4）复查运行中电气设备安全的程度，调查事故的隐患。

（5）为了工程项目立项报告或作初步设计提供技术数据。

7.2.4 负荷曲线

1. 运行日负荷曲线

用电设备（一台或一组）的电力负荷是根据生产工艺需要而随时间变化的。把每30min 的平均功率随时间变化的曲线定义为负荷曲线。如图 7-2，根据横坐标时间的取值不同分为日负荷曲线和年负荷曲线。根据纵坐标表示的功率不同分为有功功率负荷曲线和无功功率负荷曲线。日负荷曲线是表示企业或建筑供电系统一昼夜内用电负荷值的变化情况。

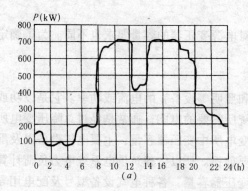 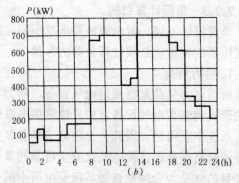

图 7-2 日负荷曲线

(a) 日负荷曲线；(b) 等效日负荷曲线

由负荷曲线可知，用电设备组的实际负荷并不恒等于各用电设备额定功率的总和 P_N，而是随时间变化的。把负荷曲线中每个 30min 负荷之中的最大值称为"最大负荷"，记作 P_{30}（最大有功功率）、Q_{30}（最大无功功率）、I_{30}（最大负荷电流）；把负荷曲线的平均值称为"平均负荷"，记作 P_{av}（平均有功功率）、Q_{av}（平均无功功率）、I_{av}（平均负荷电流）。根据对各类企业的负荷曲线统计分析得知；对同一类型的用电设备组，其负荷曲线的形状和变化规律基本上是相似的，对于同一类型的建筑或企业用电负荷，其负荷曲线也具有基本相似的形状。根据这一规律，为了在设计中既能简化计算又能得出符合实际的 P_{30} 值，定义了一系列系数，供计算中使用，如需要系数 K_x，利用系数 K_p，形状系数 K_z，附加系数 K_Σ 等。其中常用的是 K_p 和 K_x，它们的定义是：

$$K_x = \frac{负荷曲线的最大负荷}{该用电设备组的额定容量之总和} = \frac{P_N}{\Sigma P_N} \tag{7-1}$$

$$K_p = \frac{负荷曲线的平均负荷}{该用电设备组的额定容量之总和} = \frac{P_{av}}{\Sigma P_N} \tag{7-2}$$

根据 K_x 或 K_p，就可以用设备组的额定容量总和 P_N 求出负荷曲线的最大负荷和平均负荷。一般 K_x 及 K_p 都是由已建成的同类型企业及同类型的用电设备组统计得到的。常用的 K_x、K_p 等都可在有关的电力设计手册中查到。

对于日无功负荷曲线，可相似地根据无功功率表隔一段时间间隔的读数，绘制而成。可得相应公式：

无功负荷率

$$\beta = \frac{Q_{av}}{Q_{max}} \tag{7-3}$$

$$Q_{av} = \beta Q_{max} \tag{7-4}$$

有功负荷率 α 和无功负荷率 β 是反映用户有功及无功负荷变化规律的一个参数。其值越高，曲线越平，表示负载变化小。其值小，曲线起伏大表示负荷变化大。但它们总是小于 1。根据设计手册可查知一般工厂负荷率年平均值为：

$$\alpha_n = 0.7 \sim 0.75$$

$$\beta_n = 0.76 \sim 0.82$$

上述数据说明无功负荷曲线的变化，比有功负荷曲线变化平坦。除了大量使用电焊机的场所以外，β 值总比 α 值高 10% ~ 15%。

2. 运行年负荷曲线

年负荷曲线有两种，即最大负荷全年时间变化曲线和电力负荷全年时间变化曲线。

（1）年最大负荷曲线：它表示日最大负荷全年时间变动曲线，也称为运行年负荷曲线。可用日负荷曲线间接联成。

（2）电力负荷全年时间持续曲线：也称为全年时间负荷曲线，它不分日月界线，而以实际使用时间为横坐标，以有功负荷的大小为纵坐标，依次排列而制成的。它不是测得的读数，而后逐点描绘，而是近似地根据一年中具有代表性的夏季和冬季日负荷曲线进行绘制。如图 7-3。

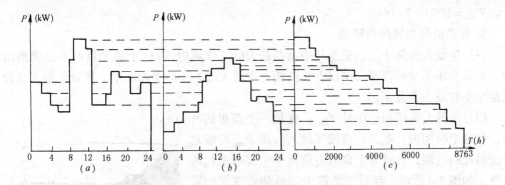

图 7-3　全年时间负荷曲线的作法

（a）冬季代表日负荷；（b）夏季代表日负荷；（c）全年负荷曲线

我国北方一般夏季按 165 天，冬季按 200 天。在夏季建筑物内空调用电比较多，日负荷曲线如图（b）所示。全年时数为 8760 小时，横坐标是一年的小时数。纵坐标是 kW 数。

全年时间负荷曲线的绘制方法是从典型夏季建筑用电负荷功率最大值开始，依功率递减的次序进行。经过夏日和冬日两条日负荷曲线再作几条水平线，如功率 P_1 所占全年时间是根据夏日负荷曲线时间 T_1 为 $t_{11} + t_{12}$ 时间的和，然后乘 165 天，

即
$$T_1 = (t_{11} + t_{12}) \times 165 \qquad (7\text{-}5)$$

而负荷功率 P_2 在年负荷曲线上的时间为 T_2，即 T_2 等于 P_2 所对应的夏日负荷曲线时间 $t_2 \times 165$ 天，加上 P_2 所对应的冬日负荷曲线的时间 $t_{12} + t_{22} \times 200$ 天。

即
$$T_2 = t_2 \times 165 + (t_{21} + t_{22}) \times 200 \qquad (7\text{-}6)$$

将 T_1 按照一定的比例在坐标标出 T_1 点，时间 T_1 和功率 P_1 交于 a 点，同样功率 P_2 占全年时间 T_2 可得坐标上 b 点。同理可以依次绘出全年时间梯形有功功率负荷曲线。

由此可知，变电所的全年时间负荷变化曲线表示该变电所一年内的各种大小不同的负荷所持续的时间。全年时间负荷曲线所包围的面积等于变电所在一年内所消费的有功电能 $W_{y.n}$（kW·h）。如在横坐标轴上取时间 T_{max}，作矩形 P_{max}——C——T_{max}——O——P_{max}，

使其面积 P_{max}，T_{max} 等于全年电能面积 $W_{y.n}$，得：

$$T_{max} = \frac{W_{y.n}}{P_{max}} \tag{7-7}$$

$$P_{max} = \frac{W_{y.n}}{T_{max}}$$

式中　T_{max}——是最大负荷年利用小时，它表明用户一年最大负荷 P_{max} 持续运行，则 T_{max}
　　　　　　小时后，就用完了全年的电量。T_{max} 反映了用户消费电能的程度。也反应
　　　　　　了用户用电的性质。

对于同一类型的建筑用户，T_{max} 是近似的，这是用电规律相似的缘故。T_{max} 由建筑设备和自动化程度不同而异。

实用中，因为画曲线麻烦，而用最大负荷年利用小时数、需要系数、利用系数、最大系数等来计算负荷曲线中的最大负荷、平均负荷、全日电能和全年电能等。

年最大负荷利用小时是反应电力负荷特征的一个重要参数，它与工厂生产班制有关。例如一班制的工厂，$T_{max} = 1800 \sim 2500h$；而两班制工厂，$T_{max} = 3500 \sim 4500h$；三班制工厂，$T_{max} = 5000 \sim 7000h$。

3. 有关负荷曲线的物理量

(1) 年最大负荷 P_{max}：是全年中负荷最大的工作班内，（这个最大负荷不是偶然出现的，而是全年至少出现两三次以上）消耗电能最大的半小时平均功率。所以年最大负荷也就是半小时最大负荷 P_{30}。

(2) 年最大负荷利用小时 T_{max}：这是一个假想的时间，在这个时间内，电力负荷按年最大负荷 P_{max} 持续运行所消耗的电能，恰好等于该电力负荷全年实际消耗的电能，如图 7-4 所示。年最大负荷 P_{max} 延伸到 T_{max} 的横线与两坐标轴所包围的矩形面积，恰好等于年负荷曲线与两坐标轴所包围的面积。也就是全年实际所消耗的电能。（$1kWh = 3.6 \times 10^6 J$；$1kvar \cdot h = 3.6 \times 10^6 J$）

所以年最大负荷利用小时就是

$$T_{max} = \frac{W_c}{P_{max}} \tag{7-8}$$

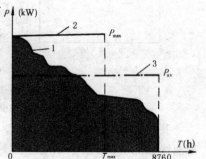

图 7-4　年最大负荷和年平均负荷
1—年负荷曲线；2—年最大负荷；
3—年平均负荷

(3) 平均负荷 P_{av}：它是指电力负荷在一定时间 t 内平均消耗的功率，也就是电力负荷在这段时间内消耗的电能 W_t 除以这段时间 t，即

$$P_{av} = \frac{W_t}{t} \tag{7-9}$$

式中 t 的单位是 h。在平均负荷线与两条坐标所围成的面积等于年负荷曲线与两轴所围的面积。一年 365 天 $\times 24h = 8760h$。若全年实际消耗电能为 W_a，则年平均负荷为

$$P_{av} = \frac{W_a}{8760} \tag{7-10}$$

(4) 负荷系数 K_L 是平均负荷 P_{av} 与最大负荷 P_{max} 的比值，即

$$K_L = \frac{P_{av}}{P_{max}} \quad (7\text{-}11)$$

一般工业用电 K_L 为 $0.7 \sim 0.75$ 左右。对用电设备而言，负荷系数是设备在最大负荷时的输出功率 P 与设备的额定容量 P_N 之比。

$$K_L = \frac{P}{P_N} \quad (7\text{-}12)$$

负荷系数也称为负荷率，对负荷曲线来说，负荷系数又称为负荷曲线填充系数。它表征负荷曲线的不平坦程度或负载变动的程度。所谓"削峰填谷"就是指此曲线。

7.3 工作制划分和暂载率的计算

7.3.1 用电设备的工作制

1. 长期连续工作制：又称连续运行工作制或长期工作制。是指电气设备在运行工作中能够达到稳定的温升。能在规定环境温度下连续运行，设备任何部分的温度和温升均不超过允许值。

例如通风机、水泵、电动发电机、空气压缩机、照明灯具、电热设备等负荷比较稳定，它们在工作中时间较长，温度稳定。

2. 断续周期工作制：即断续运行工作制或称反复短时工作制，该设备以断续方式反复进行工作，工作时间 t_g 与停歇时间 t_T 相互交替重复，周期性地工作或是经常停，反复运行。一个周期一般不超过 10min。例如起重电动机。断续周期工作制度的设备用暂载率（或负荷持续率）来表示其工作特性。

3. 短时工作制：短时运行工作制是指运行时间短而停歇时间长，设备在工作时间内的发热量不足以达到稳定温升，而在间歇时间内能够冷却到环境温度。例如车床上的进给电动机等。电动机在停车时间温度能降回到环境温度。

7.3.2 暂载率确定

1. 暂载率的定义

在反复短时工作制用电设备以断续的方式反复进行周期性的工作，其工作时间 t_g 与停息时间 t_T 相互交替，通常用暂载率的百分数来表示。用电设备在一个周期内工作时间与周期时间之比称为暂载率，用 JC（%）表示。它又称为负载持续率 ZZ（%），或称为接电率 ε（%）。

$$JC（\%）= \frac{工作时间}{工作周期} = \frac{t_g}{t_g + t_T} \times 100\% \quad (7\text{-}13)$$

工作时间加停息时间称为工作周期。根据中国的技术标准规定工作周期以 10min 为计算依据。吊车电动机的标准暂载率分为 15%、25%、40%、60% 四种；电焊设备的标准暂载率分为 50%、65%、75%、100% 四种。其中自动电焊机的暂载率为 100%。在建筑工程中通常按 100% 考虑。

2. 几个名词概念

明确了用电设备按工作制划分之后，再确定各种用电设备的设备计算容量。首先明确几个名词概念。

（1）"额定功率"——是指电气设备铭牌上的有功功率（kW）或视在功率（kVA）。用 P_N 表示。

（2）"设备容量"——是指把设备额定功率换算到统一工作制的额定功率，称为设备容量。用 P_e 表示。

（3）"计算负荷"——按照设备的热效应原理，以设备的不变负荷反映变动负荷的假想负荷。当设备只有一台时，计算负荷就是设备容量。当设备很多时，计算其总容量时还要打一系列的折扣。计算负荷用 P_c 表示。当取 30min 最大负荷为计算负荷时，用 P_{30}、Q_{30}、S_{30}、I_{30} 表示，旧的写法是 P_{js}。

7.3.3 设备容量的计算方法

对不同工作制的用电设备，其设备容量应按下述方法确定：

1. 长期工作制电动机的设备容量：电气设备的容量等于铭牌标明的"额定功率"（kW）。计算设备的容量不打折扣。

设备容量 P_e = 额定功率 P_N。

$$P_e = P_N \qquad 总容量 \ P_c = \Sigma P_N \tag{7-14}$$

计算容量 $P_c = P_e = P_N$

2. 反复短时工作制电动机的设备容量

反复短时工作制这类设备工作时间较短，它的负荷率 JC（%）是一个周期内的工作时间和工作周期的百分比。

暂载率 $$JC（\%）= \frac{t_g}{T} \times 100\% = \frac{t_g}{t_g + t_T} \times 100\% \tag{7-15}$$

式中　T——工作周期；

t_T——工作周期内的停歇时间；

t_g——工作周期内的工作时间。

7.4　利用系数法确定计算负荷

7.4.1 基本公式

用电设备组的计算负荷是指用电设备组从供电系统中取用的半小时最大负荷 P_{30}，如图 7-5 所示。用电设备组的设备容量 P_e 是指设备组内全部设备（不包括备用设备）的额定容量之和，即 $P_e = \Sigma P_N$。当设备的暂载率不是 100% 时，需要折合以后的设备容量。设备的额定容量是指设备在额定条件下的最大输出功率。实际上，当用电设备数量较多时，用电设备组的设备极少同时运行，而运行的设备也不一定是都处在满负荷运行状态下。再加上设备本身有功率的损耗和配电线路上的损耗，用电设备组的有功计算公式应考虑这些因素。图 7-5 中 K_x 称为需要系数，它由公式（7-16）中多个参数决定。

$$P_{30} = \frac{K_\Sigma \cdot K_L}{\eta_e \cdot \eta_{WL}} \cdot P_e \tag{7-16}$$

式中　K_Σ——设备组的同期系数，即设备组在最大负荷时运行的设备容量与全部设备容量之和的比值。

K_L——设备组的负荷系数，即设备组在最大负荷时的输出功率与运行设备容量之比。

η_e——设备组的平均效率，即设备组
在实际运行最大负荷时的输出
功率与取用功率之比。

η_{WL}——配电线路的平均效率，即配电线
路在最大负荷时的末端功率（设
备组的取用电功率）和首端输入
电功率（计算负荷）之比。

P_e——是指经过暂载率折合以后的计
算功率。

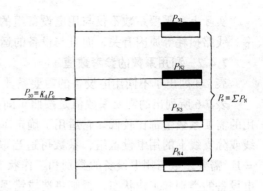

图 7-5 用电设备组的计算负荷与设备的容量

令
$$\frac{K_\Sigma \cdot K_L}{\eta_e \cdot \eta_{WL}} = K_x$$

$$K_x = \frac{P_{30}}{P_e} \tag{7-17}$$

用电设备组的需要系数，就是用电设备组在最大负荷时需要的有功功率与其设备容量
的比值，一般小于 1。由此可得按需要系数法确定三相用电设备组的有功功率的基本公式
为：

$$P_{30} = K_x \cdot P_e \tag{7-18}$$

工业用电设备组的需要系数 K_x、二项式系数 bc 及 $cos\varphi$ 值　　　　　表 7-3

| 序 | 用 电 设 备 组 名 称 | 需要系数 K_x | 二项式系数 | | 最大容量设备台数 X | $cos\varphi$ | $tg\varphi$ |
			b	c			
1	小批量生产的金属冷加工机床电动机	0.16 ~ 0.2	0.14	0.4	5	0.5	1.73
2	大批量生产的金属冷加工机床电动机	0.18 ~ 0.25	0.14	0.5	5	0.5	1.73
3	小批量生产的金属热加工机床电动机	0.25 ~ 0.3	0.24	0.4	5	0.5	1.73
4	大批量生产的金属热加工机床电动机	0.3 ~ 0.35	0.26	0.5	5	0.65	1.17
5	通风机、水泵、空压机、电动发电机组电机	0.7 ~ 0.8	0.65	0.25	5	0.8	0.75
6	非联锁的连续运输机械，铸造车间整纱机	0.5 ~ 0.6	0.4	0.4	5	0.75	0.88
7	联锁的连续运输机械，铸造车间整纱机	0.65 ~ 0.7	0.6	0.2	5	0.75	0.88
8	锅炉房、机加工、机修、装配车间的吊车 JC（%）= 25%	0.1 ~ 0.15	0.06	0.2	3	0.5	1.73
9	自动连续装料的电阻炉设备	0.75 ~ 0.8	0.7	0.3	2	0.95	0.33
10	铸造车间的吊车（JC = 25%）	0.15 ~ 0.25	0.09	0.3	3	0.5	1.73
11	实验室用小型电热设备（电阻炉、干燥箱）	0.7	0.7	0	—	1.0	0
12	工频感应电炉（未带无功补偿装置）	0.8	—	—	—	0.35	2.67
13	高频感应电炉（未带无功补偿装置）	0.8	—	—	—	0.6	1.33
14	电弧熔炉	0.9	—	—	—	0.87	0.57
15	点焊机、缝焊机	0.35	—	—	—	0.6	1.33
16	对焊机、铆钉加热机	0.35	—	—	—	0.7	1.02
17	自动弧焊变压器	0.5	—	—	—	0.4	2.29
18	单头手动弧焊变压器	0.35	—	—	—	0.35	2.68
19	多头手动弧焊变压器	0.4	—	—	—	0.35	2.68
20	单头弧焊电动发电机组	0.35	—	—	—	0.6	1.33
21	多头弧焊电动发电机组	0.7	—	—	—	0.75	0.88
22	变配电所、仓库照明	0.5 ~ 0.7	—	—	—	1.0	0
23	生产厂房及办公室、阅览室、实验室照明	0.8 ~ 1	—	—	—	1.0	0
24	宿舍、生活区照明	0.6 ~ 0.8	—	—	—	1.0	0
25	室外照明、应急照明	1.0	—	—	—	1.0	0

实际上，需要系数不仅与用电设备组的工作性质（连续运行否）、设备台数、设备效率、线路损耗等原因有关，而且与设备的运行频繁程度、供电组织等多种因素有关。

7.4.2 利用系数的参考数值

表 7-4 列出了不同用电设备的需要系数。

表 7-6 所列出的需要系数值是按照车间范围内设备台数较多的情况下确定的，所以取用的需要系数值都比较低。它适用于确定车间以上的计算负荷。如果用需要系数法计算干线或分支线上的用电设备组，系数可适当取大。当用电设备的总量不多时，可以认为 K_x =1。需要系数与用电设备的类别和工作状态有极大的关系。在计算时首先要正确判断用电设备的类别和工作状态，否则将造成错误。

照明用电设备的需要系数 K_x 表 7-4

序	照 明 类 型	需要系数	序	照 明 类 型	需要系数
	住宅建筑		18	文化场馆	0.71
1	20 户以下及单身宿舍	0.6 ~ 0.7	19	车站码头	0.76
2	20 ~ 50 户	0.5 ~ 0.6	20	机场	0.75
3	51 ~ 100 户	0.4 ~ 0.5	21	普通体育馆	0.86
4	100 户以上	0.3 ~ 0.4	22	大型体育馆	0.65
5	白炽灯安装容量 5kW 及以下	0.95 ~ 1.0	23	博物馆	0.82 ~ 0.92
6	白炽灯安装容量 5kW 以上	0.85 ~ 0.95	24	展览馆、影剧院	0.7 ~ 0.8
7	碘钨灯、霓虹灯	0.95 ~ 1.0	25	高层建筑	0.4 ~ 0.5
8	通道照明	0.95		工业建筑	
	公共建筑		26	有天然采光的厂房	0.8 ~ 0.9
9	商店	0.85 ~ 0.95	27	无天然采光的厂房	0.9 ~ 1.0
10	医院	0.5 ~ 0.6	28	2000m² 以下的工段	1.0
12	学校	0.6 ~ 0.7	29	2000m² 以上的工段	0.9
13	普通旅馆	0.7 ~ 0.8	30	安装高压水银灯的厂房	0.95 ~ 1.0
14	星级宾馆	0.45 ~ 0.65	31	锅炉房	0.9
15	餐厅、食堂	0.9 ~ 1.0	32	仓库	0.5 ~ 0.7
16	设计室、办公楼	0.85 ~ 0.95	33	办公、实验区	0.7 ~ 0.8
17	实验室、教室	0.8 ~ 0.9	34	生活、宿舍区	0.6 ~ 0.7
18	多功能厅、会议室	0.5 ~ 0.6	35	道路照明、应急照明	1.0

电 光 源 的 功 率 因 数 表 7-5

光 源 类 别	$\cos\varphi$	$\mathrm{tg}\varphi$
白炽灯、卤钨灯钨灯	1.00	0.00
荧光灯（无补偿）偿	0.55	1.52
荧光灯（有补偿）偿	0.90	0.48
高压水银灯（50 ~ 175W）	0.45 ~ 0.5	1.98 ~ 1.73
高压水银灯（200W ~ 1kW）	0.65 ~ 0.67	1.16 ~ 1.10
高压钠灯	0.45	1.98
金属卤化物灯	0.40 ~ 0.61	2.29 ~ 1.29
镝灯	0.52	1.6
氙灯	0.9	0.48
霓虹灯	0.40 ~ 0.50	2.29 ~ 1.73

7.4.3 利用系数法进行计算

根据有功计算负荷 P_{30}，可以按照下式求出其余的计算负荷。

无功计算负荷 $\qquad Q_{30} = P_{30} \cdot \mathrm{tg}\varphi$ \hfill (7-19)

视在计算负荷 $\qquad S_{30} = \dfrac{P_{30}}{\cos\varphi}$

计算电流　　$I_{30} = \dfrac{S_{30}}{\sqrt{3}\,U_N}$

民用电气设备的需要系数 K_x 表 7-6

序号	用电设备分类	K_x	$\cos\varphi$	$\text{tg}\varphi$
01	采暖通风用电设备			
	风机、空调器	0.70～0.80	0.80	0.75
	恒温空调箱	0.60～0.70	0.95	0.33
	冷冻机	0.85～0.90	0.80	0.75
	集中式电热器	1.00	1	0
	分散式电热器 < 100kW	0.85～0.95	1	0
	分散式电热器 > 100kW	0.75～0.85	1	0
	小型电热设备	0.30～0.50	0.95	0.33
02	给排水用电设备			
	水泵 ≤ 15kW	0.75～0.80	0.80	0.75
	水泵 > 15kW	0.60～0.70	0.87	0.57
03	运输电器设备			
	客梯 ≤ 1.5t	0.35～0.50	0.50	1.73
	客梯 ≥ 2.0t	0.60	0.70	1.02
	货梯	0.25～0.35	0.50	0.88
	起重机	0.10～0.20	0.50	1.73
04	锅炉房用电设备	0.75～0.85	0.85	0.62
05	消防用电设备	0.50～0.67	0.80	0.75
06	厨房卫生设备			
	食品加工机械	0.50～0.70	0.80	0.75
	电饭锅、电烤箱	0.85	1	0
	电炒锅	0.70	1	0
	电冰箱	0.60～0.70	0.70	1.02
	电热水器（淋浴用）	0.65	1	0
	电除尘器	0.30	0.85	0.62
07	其它动力用电			
	修理工具用电	0.15～0.20	0.50	1.73
	电焊机	0.35	0.35	2.68
	手移电动工具	0.20	0.50	1.73
	打包机	0.20	0.60	1.33
	洗衣房	0.65～0.75	0.50	1.73
	天窗开闭机	0.10	0.50	1.73
08	家用电器			
	电视、音响、风扇、			
	电吹风、电熨斗、	0.50～0.55	0.75	0.88
	电钟、电铃、电椅等			
	客房床头控制箱	0.15～0.25	0.60	1.33
	电脑	0.05～0.20	0.80	0.75
09	电讯设备			
	载波机	0.85～0.95	0.80	0.75
	手波机	0.80～0.90	0.80	0.75
	收讯机	0.70～0.80	0.80	0.75
	电话交换机	0.75～0.85	0.80	0.75

式中　　$\text{tg}\varphi$——对应于用电设备组的正切值；

　　　$\cos\varphi$——用电设备组的平均功率因数；

　　　U_N——用电设备组的额定电压。

如果只有一台三相电动机，其计算电流就取其额定电流

$$I_{30} = I_N = \frac{P_N}{\sqrt{3}\,U_N \cdot \cos\varphi \cdot \eta} \tag{7-20}$$

负荷计算中常见的单位

有功功率为 kW　无功功率为 kvar　视在功率为 kVA　电流为 A　电压为 kV

【例7-1】　已知机修车间的金属切削机床组，拥有电压为 380V 的三相电机 7.5kW 3 台，4kW 8 台，1.5kW 10 台。求其计算负荷。

解：此机床组的电动机总容量如下

$P_e = 7.5\text{kW} \times 3 + 4\text{kW} \times 8 + 1.5\text{kW} \times 10 = 120.5\text{kW}$

查表 $K_x = 0.16 \sim 0.2$（取 0.2）；$\cos\varphi = 0.5$；$\text{tg}\varphi = 1.73$

有功计算负荷　$P_{30} = K_x \cdot \Sigma P_e = 0.2 \times 120.5 = 24.1\text{kW}$

无功计算负荷　$Q_{30} = P_{30} \cdot \text{tg}\varphi = 24.1 \times 1.73 = 41.7\text{kvar}$

视在计算负荷　$S_{30} = \dfrac{P_{30}}{\cos\varphi} = \dfrac{24.1}{0.5} = 48.2\text{kVA}$

计算电流　$I_{30} = \dfrac{S_{30}}{\sqrt{3}\,U_N} = \dfrac{48.2}{\sqrt{3} \times 0.38} = 73.2\text{A}$

7.5　二项式法确定计算负荷

二项式法计算负荷的特点是考虑到了多台电气设备组中有少数容量特别大的设备的影响。因此在计算电气设备台数较少，而容量差别较大的低压分支线和干线时，用需要系数法计算的结果一般偏小，而用二项式方法就比较合适。

7.5.1　二项式法计算公式

$$P_{30} = b \cdot P_N + c \cdot P_x \tag{7-21}$$

式中　$b \cdot P_N$——表示用电设备组的平均负荷，其中 P_N 是用电设备组的总容量，其计算方法与需要系数法相同，是电机铭牌功率的总和。

　　　$c \cdot P_x$——表示设备组中 X 台容量最大的设备投入运行时，增加的附加负荷，其中 P_x 是 X 台最大容量的设备总容量。

　　　$b \cdot c$——是二项式系数。其中 b 是平均负荷系数；c 是最大负荷系数。

总的无功负荷（Q_{30}）、总的视在计算负荷（S_{30}）和总的计算电流（I_{30}）与需要系数法计算公式相同。

即求出有功计算负荷 P_{30} 后，可以按照下式求出其余的计算负荷。

无功计算负荷　　　　　　　$Q_{30} = P_{30} \cdot \text{tg}\varphi$　　　　　　　　　(7-22)

视在计算负荷　　　　　　　$S_{30} = \dfrac{P_{30}}{\cos\varphi}$

计算电流　　　　　　　　　$I_{30} = \dfrac{S_{30}}{\sqrt{3}\,U_N}$

式中　$\text{tg}\varphi$——对应于用电设备组的正切值；

　　　$\cos\varphi$——用电设备组的平均功率因数；

　　　U_N——用电设备组的额定电压。

在表（7-2）中可查到 b 和 c 值。总的无功负荷（Q_{30}）、总的视在计算负荷（S_{30}）和总的计算电流（I_{30}）与需要系数法计算公式相同。

7.5.2 用二项式计算的注意事项

（1）当用电设备的总台数 n 少于表7-2规定的最大容量设备台数 X 的2倍时，则其最大容量设备台数 X 也宜相应减小，建议可以用公式 $X = n/2$，而且按四舍五入的规则取整数。例如有机床电动机组的电动机数只有7台，最大容量设备台数应取 $X = 7/2 \approx 4$，查表7-2得 $X = 5$。

（2）如果设备组只有 $1 \sim 2$ 台设备时，就可以近似认为：

$$P_{30} = P_N \tag{7-23}$$

对于单台电动机，则：

计算功率 $$P_{30} = \frac{P_N}{\eta} \tag{7-24}$$

（3）在电气设备台数较少时，$\cos\varphi$ 应适当地取大一些。

（4）二项式法只适用于用电设备台数较少时，而且容量的差别又较大的低压干线和低压支线。

（5）二项式法的系数 b，c 在表7-2数据适宜于机械加工厂，对建筑工程系数根据尚不足。

【例 7-2】 采用二项式法计算例 7-1 机床组的计算负荷。

解：从表7-3中可查到 $b = 0.14$，$c = 0.4$，$x = 5$，$\cos\varphi = 0.5$，$\text{tg}\varphi = 1.73$，而设备总容量是：

$$P_N = 120.5\text{kW}$$

X 台最大容量设备的设备容量为

$$P_x = P_5 = 7.5\text{kW} \times 3 + 4\text{kW} \times 2 = 30.5\text{kW}$$

$$P_{30} = 0.14 \times 120.5\text{kW} + 0.4 \times 30.5\text{kW} = 29.1\text{kW}$$

无功计算负荷 $$Q_{30} = 29.1\text{kW} \times 1.73 = 50.3\text{kvar}$$

视在计算负荷 $$S_{30} = \frac{29.1\text{kW}}{0.5} = 58.2\text{kVA}$$

计算电流 $$I_{30} = \frac{58.2\text{kVA}}{\sqrt{3} \times 0.38\text{kV}} = 88.4\text{A}$$

比较以上两个例题的计算结果可以看出用二项式法计算的结果要大。所以计算支路线路时宜用二项式法。如果用电设备组的设备总台数 n 小于 $2x$ 时，则最大容量设备台数 $n/2$，而且按四舍五入取整数。这里的 $\cos\varphi$ 和 $\text{tg}\varphi$ 值是白炽灯照明的数值，如果是荧光灯照明，则 $\cos\varphi = 0.9$，$\text{tg}\varphi = 0.48$。如果是高压汞灯、钠灯，则 $\cos\varphi = 0.5$，$\text{tg}\varphi = 1.73$。

7.5.3 供电线路功率损耗的计算

1. 线路损耗：当线路短，电阻很小时，功率可以省略，但是变压器的损耗不能省略。

线路功率损耗 $$\Delta P_L = 3 \cdot I_{30}^2 \cdot R_\varphi \tag{7-25}$$

线路无功损耗 $$\Delta Q_L = 3 \cdot I_{30}^2 \cdot X_{L\varphi}$$

式中 I_{30}——计算电流（A）；

R_φ——每相导线的电阻，$R_\varphi =$ 导线长 L 乘单位长度的电阻 R_0；

$X_{L\varphi}$——每相感抗，$X_{L\varphi} =$ 导线长 L 乘单位长度的电感 X_{L0}；

2. 变压器的损耗估算法：

功率损耗 $$\Delta P_{\mathrm{T}} = 0.02 \cdot S_{\mathrm{NT}}$$ (7-26)

无功损耗 $$\Delta Q_{\mathrm{T}} = (0.08 \sim 0.1)\, S_{\mathrm{NT}}$$

式中 ΔP_{T}——变压器的有功损耗；

ΔQ_{T}——变压器的无功损耗；

S_{NT}——变压器的额定容量。

习 题 7

一、判断题

1. 所谓负荷就是电气设备和线路具有的阻抗值。_____

2. 总设备容量就是在统一工作制下每台用电设备额定功率之和。_____。

3. 需要系数 $K_{\mathrm{x}} = \dfrac{\text{负荷曲线有功平均最大负荷}}{\text{设备容量}}$ _____

4. 二项式法考虑了用电设备的数量和大容量用电设备对负荷计算影响的经验公式。

_____

二、填空题

1. 计算企业电力负荷的方法有 _____、_____、_____、_____

等。

2. 某工厂总的计算负荷为 S_{c}，若选用一台电力变压器，那么该变压器的额定容量应

该用 _____；若选用两台电力变压器则每台额定容量为 _____。

三、简答题

1. 明备用、暗备用；2. 电力负荷；3. 同时工作系数；

四、问答题

1. 工厂用电设备有哪些种工作制？各有什么特点？

2. 什么是暂载率？如何换算？

3. 什么是年最大负荷利用小时和年最大负荷损耗小时？各有什么用处？

4. 何谓无穷大功率电源？它应具备什么特点？

5. 什么是计算负荷？其物理意义是什么？

五、计算题

1. 电焊机 20kW，$JC = 60\%$，380V，接于 TN—S 供电系统中，计算设备折合容量是多

少？

2. 已知照明系统图（见习题答案），荧光灯的 $\cos\varphi = 0.5$ 48PKY—2×40W；白炽灯均

为 100W，计算并选择断路器的容量及型号。

3. 某工厂组装车间采用单相照明，平面图中标有 20—PKY506 $\dfrac{2 \times 40}{2.8}$Ch，今欲将功率

因数由 0.49 提高到 0.9，荧光灯的镇流器有功功率按 8W 计，求在车间配电柜中集中补偿

电容器的容量。

4. 某建材工厂有吊车功率共 50kW，铭牌暂载率为 40%，求换算到 JC 为 25% 时的设

备容量是多少？

5. 某建筑工程工地有电焊机，铭牌功率共 80kVA，$\cos\varphi$ 为 0.6。铭牌 JC 为 40%，电

焊机按换算到 $JC = 100\%$ 计算。求设备的容量是多少？

6. 今有单相电焊机 380V，3 台，$S_1 = 60\text{kVA}$，$\text{JC}_1 = 50\%$，$\cos\varphi_1 = 0.5$；$S_2 = 30\text{kVA}$，$\text{JC}_2 = 65\%$，$\cos\varphi_2 = 0.54$；$S_3 = 64\text{kVA}$，$\text{JC}_3 = 65\%$，$\cos\varphi_3 = 0.54$。求折算到 JC 为 100% 时的计算容量。

7. 海淀区新建办公楼照明设计 A 相 8kW，B 相 7.8kW，C 相 8.2kW，求设备容量是多少？如果该楼采用日光灯照明，$\cos\varphi = 0.56$，求最大负荷相计算电流是多少？选择三相照明的总断路器 C45N 的规格。

8. 某建筑工地有单相电焊变压器 380V，3 台，第一台型号 BX1—380，$S_1 = 21\text{kVA}$，$\text{JC}_1 = 65\%$，$\cos\varphi_1 = 0.5$；第二台型号 BX3—3000，$S_2 = 20.5\text{kVA}$，$\text{JC}_2 = 60\%$，$\cos\varphi_2 = 0.53$；第三台型号 BX3—500，$S_3 = 33.2\text{kVA}$，$\text{JC}_a = 60\%$，$\cos\varphi_a = 0.52$。求折算到 JC 为 100% 时的计算容量。

9. 某商场有三个新建工程，其中各号工程照明各相用电量见习题答案，求三相负荷的不平衡率 α 是多少？并计算各工号电气设备的总容量是多少？

习 题 7 答 案

一、判断题

1. ×；2. ×；3. √；4. √

二、填空题

1. 需要系数法、利用系数法、二项式法、估算法等。

2. $115\% \sim 125\% S_c$；$70\% S_c$。

三、简答题

1. 明备用、暗备用：前者是指两路电源变压器一台工作，另一台备用。两台容量都是按计算负荷 100% 确定；后者是指两台变压器都工作，两路电源变压器容量都是按计算负荷一、二级负荷确定，在建筑供电系统中变压器容量大约占全部计算负荷的 70%。

2. 电力负荷：是指流过导线或电力设备的电流或功率。

3. 同时工作系数：在一组用电设备中根据工艺过程要求有的工作，有的不工作，其定义为：同时工作系数 $K_t = $ 同时工作的电气设备功率之和/全组用电设备额定功率之和 × $100\% \leqslant 1$。

四、问答题

1. 答：（1）长期工作制：特点是负荷工作稳定，工作时间连续，设备的温升能达到稳定值。如水泵电机等。

（2）短时工作制：设备工作时间短，而停歇时间长，如机床的给进电动机。电气设备达不到稳定的温升。

（3）断续周期工作制：即反复短时工作制，工作中时停时转，工作周期一般不超过 10min。如吊车电动机及电焊机等。

2. 答：又称负荷持续率，是指在一个周期内工作时间与周期的百分比。

3. 答：这是一个假想的时间，在这个时间内，电力负荷按最大持续运行所消耗的电能，恰好等于该电力负荷全年实际所消耗的电能。年最大负荷损耗小时也是一个假想的时间，在这个时间内，供电元件（线路或变压器）中持续通过的最大负荷电流（即计算电流）所产生的电能损耗，恰好等于实际负荷电流全年在负荷系统中产生的电能损耗。

4. 答：电力系统的电源距离短路点的电气距离很大，由短路引起电源功率变化值 ΔS 很小，远小于变压器的额定容量。

其特点：ΔP 远小于 P，在短路过程中，无穷大功率电源的频率稳定。

ΔQ 远小于 Q，在短路过程中，无穷大功率电源的电压稳定。

内部 α 为零。

5. 答：定义是按发热条件选择电器设备的一个假想负荷，它产生的热效应与实际变动负荷产生的最大热效应相等。

物理意义是：设有一个电阻为 R 的导体，在某一时间内，通过一个变动负荷，使它的最高温度达到 τ 值。同样还是这个导体，在同样的时间内通过一个不变负荷，使它的最高温度达到 τ 值，那么这个不变负荷就称为变动负荷的计算负荷。

五、计算题

1. 解：
$$P_e = \sqrt{3} \times \sqrt{\frac{60\%}{JC_{100}}} \times 20 = 26.83 \ (kW)$$

2. 解：
$$I_a = \frac{P}{U \times \cos\varphi} = \frac{4800}{220 \times 0.5} = 43.6 \ (A)$$

选用 C45N—50/3p

$$I_b = \frac{P}{U \times \cos\varphi} = \frac{5200}{220 \times 0.5} = 47.3 \ (A) \qquad 选用 C45 \rightarrow C45N—50/1P$$

$$I_{c1} = \frac{P}{U \times \cos\varphi} = \frac{1800}{220 \times 0.5} = 16.4 \ (A) \qquad 选用 C45 \rightarrow C45N—20/1P$$

$$I_{c2} = \frac{P}{U \times \cos\varphi} = \frac{5720}{220 \times 1.0} = 26 \ (A) \qquad 选用 C45 \rightarrow C45N—32/1P$$

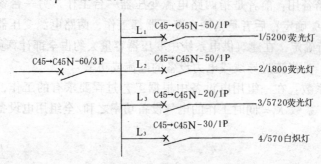

图 7-6 习题 2 用图

3. 解：$\cos\varphi_1 = 0.49$，得 $\text{tg}\varphi_1 = 1.78$ $\cos\varphi_2 = 0.9$，得 $\text{tg}\varphi_2 = 0.142$ $P = 20 \times 96 = 1920$ (W)

$$C = \frac{1920}{314 \times 220^2} = 206.81 \ (\mu F)$$

$$Q = 1920 \times 1.637 = 3.143 \ (Var) \ 取 \ 4 \ (Var)$$

4. 解：
$$P_e = \frac{\sqrt{JC}}{\sqrt{JC_{25}}} \cdot P_n = 2P_n \sqrt{JC}$$

$$= \frac{0.4}{0.25} \times 50 = 63.25 \ (kW)$$

电焊机换算到 100% 的暂载率进行换算。

$$P_c = \sqrt{JC\%}\sqrt{JC_{100}\%} \times P_n = \sqrt{JC} \times S_n \times \cos\varphi$$

5. 解：
$$P_e = \sqrt{\frac{JC}{JC_{100}}} \times P_n$$
$$= \sqrt{0.40/1.00} \times 80 \times 0.6 = 50.60 \times 0.6 = 30.36 \text{（kW）}$$

6. 解：建筑工程交流电焊机均按 JC 为 100% 计算。

(1) $$P_{e1} = S_1 \cdot \sqrt{JC_1} \cdot \cos\varphi_1 = 80\sqrt{50\%} \cdot 0.5 = 28.28 \text{kW}$$

(2) $$P_{e2} = S_2 \cdot \sqrt{JC_2} \cdot \cos\varphi_2 = 30\sqrt{65\%} \cdot 0.54 = 13.06 \text{kW}$$

(3) $$P_{e3} = S_3 \cdot \sqrt{JC_3} \cdot \cos\varphi_3 = 64\sqrt{65\%} \cdot 0.54 = 27.86 \text{kW}$$

找出相邻两相计算容量平均最大的，而后乘 3 即为三相计算容量。

$$\frac{P_{ab} + P_{ac}}{2} = \frac{28.28 + 27.86}{2} = 28.07 \text{（kW）}$$

$$\frac{P_{ba} + P_{bc}}{2} = \frac{28.28 + 13.06}{2} = 20.67 \text{（kW）}$$

$$\frac{P_{ca} + P_{cb}}{2} = \frac{27.86 + 13.06}{2} = 20.46 \text{（kW）}$$

所以计算容量 $P_c = 3 \times 28.07 = 84.21$（kW）

7. 解：三相负载不平衡容量占总容量的百分率为：

$$(8.2 - 7.8) / (8 + 7.8 + 8.2) = 0.4/24 = 0.0166 = 1.6\% < 15\%。$$

所以 $$P_e = P_N = 24 \text{（kW）}$$

如果按最大负荷相的 3 倍计算为 $8.2 \times 3 = 24.6$（kW）

计算负荷 $$P_e = 1.2 \times 8.2 = 9.84 \text{（kW）}$$

计算电流 $$I_e = \frac{9.84}{\sqrt{3} \times 0.38 \times 0.56} = 26.70 \text{（A）}$$

可以选择 C45N2—30/3。

8. 解：建筑工程交流电焊机均按 JC 为 100% 计算。

(1) $$P_{c1} = \sqrt{JC_1} \cdot S_1 \cdot \cos\varphi_1 = \sqrt{\cdot 65\%} \times 21 \times 0.5 = 8.47 \text{kW}$$

(2) $$P_{e2} = \sqrt{JC_2} \cdot S_2 \cdot \cos\varphi_2 = \sqrt{\cdot 60\%} \times 20.5 \times 0.53 = 8.42 \text{kW}$$

(3) $$P_{e3} = \sqrt{JC_3} \cdot S_3 \cdot \cos\varphi_3 = \sqrt{\cdot 60\%} \times 33.2 \times 0.54 = 13.89 \text{kW}$$

找出相邻两相计算容量平均最大的，而后乘 3 即为三相计算容量。

$$\frac{P_{ab} + P_{ac}}{2} = \frac{8.47 + 8.42}{2} = 8.45 \text{（kW）}$$

$$\frac{P_{ba} + P_{bc}}{2} = \frac{8.42 + 13.89}{2} = 11.16 \text{（kW）}$$

$$\frac{P_{ca} + P_{cb}}{2} = \frac{13.89 + 8.47}{2} = 11.18 \text{（kW）}$$

所以计算容量 $P_c = 3 \times 11.18 = 33.54$（kW）

9. 解：

不平衡度 $$\alpha_1 = \frac{14.6 - 12.4}{(12.4 + 13.1 + 14.8)/3}$$

$$= \frac{2.2}{13.43} = 0.1638 > 15\%$$

$$P_A = 3 \times 14.8 = 44.4 \ (\text{kW}) \ (\text{注意：} 3 \times \text{最大功率})$$

不平衡度
$$\alpha_2 = \frac{15.7 - 13.2}{(13.2 + 14.9 + 15.7) \ /3}$$

$$= \frac{2.5}{14.6} = 0.1712 > 15\%$$

$$P_B = 3 \times 15.7 = 47.1 \ (\text{kW}) \ (\text{注意：} 3 \times \text{最大功率})$$

不平衡度
$$\alpha_3 = \frac{16.1 - 14.6}{(14.6 + 15.8 + 16.1) \ /3}$$

$$= \frac{1.5}{15.5} = 0.096 < 15\%$$

$$P_C = 3 \times 15.5 = 46.5 \ (\text{kW}) \ (\text{注意：} 3 \times \text{平均功率})$$

将计算数字填入表中

P_A	P_B	P_C	α（%）	设备容量 P_e
12.4	13.1	14.8	16.38	44.4kW
13.2	14.9	15.7	17.12	47.1kW
14.6	15.8	16.1	9.60	46.5kW

8 短路电流的分析

本章首先介绍短路形成的原因、后果及其形式，接着分析无限大容量的电力系统发生三相短路时的物理过程和有关的物理量，然后介绍建筑工程供电中短路电流的计算。

即使是设计最完善的电力系统，也会发生短路而产生异常大的电流。过电流保护装置，如断路器和熔断器，必须在线路和设备受损最小、断电时间最短的条件下在指定地点将事故切除。系统的电气元件如电缆、封闭式母线槽以及隔离开关都必须能承受通过最大故障电流时所产生的机械应力和热应力。故障电流的大小由计算确定。根据计算结果选择设备。

系统中任何一点的故障电流受电源至故障点间的线路阻抗及设备阻抗所限制，而与系统的负载无直接关系。但是为了应付负荷的增长而增大了系统容量，虽对系统现有部分的负荷不会有什么影响，但将使故障电流急剧增大。不论是扩建原有的系统还是建立新的系统，应确定实际的故障电流以选用合适的过电流保护装置。

应计算最大的故障电流，多数情况下也需要计算最小的持续电流以校验相应的过电流保护装置的灵敏度。本章有三个目的：第一，提出故障计算的基本条件；第二，用典型例子说明故障计算的几种常用方法；第三，提供故障计算的常用数据。许多现代工业电力系统的规模和复杂性可能使故障电流的计算用普通手算法花费许多时间。常常用电脑以研究复杂事故。不论是否使用电脑，了解故障电流的特征和计算程序对进行这些分析研究是必不可少的。

8.1 短 路 现 象

8.1.1 短路的基本概念

1. 什么是"短路"？

短路是指电网中有电位差的任意两点，被阻抗接近于零的金属连通。短路中有单相短路、两相短路和三相短路。三相短路是最严重的。在一般情况下，单相短路居多。产生短路的主要原因是电气设备载流部分的绝缘受到破坏。绝缘损坏的原因可能是由于设备过电压、直接遭受雷击、绝缘材料陈旧、绝缘缺陷没有及时发现和消除等。此外，如果输电线路断线、电线杆倒伏也可能造成短路故障。

供电网络中发生短路时，很大的短路电流会使电气设备过热或受电动力作用而遭到损坏，同时使网络电压大大降低，破坏了网络内用电设备的正常工作。为了预防或减轻短路的不良后果，需要计算短路电流，以便正确地选用电气设备、设计继电保护和选用限流元件。例如断路器的极限通断能力可通过计算短路电流得到验证。

运行经验表明，在中性点直接接地的系统中，最常见的是单相短路，大约占短路故障的 65% ~ 70%，两相短路故障占 10% ~ 15%，三相短路故障占 5%。

2. 什么是"无限大容量系统"?

所谓无限大容量电力系统（electric power system with infinitely greatcapacity），这是指当这个系统中的某个小容量负荷的电流发生变化甚至短路时，系统变电站馈电母线上的电压仍维持不变。电力系统的电源距离短路故障点很远时，短路所引起的电源输出功率变化量 ΔS 远远小于电源所具有的输出功率 S，称这样的电源为无限大容量电源，或者称为广义电源。

（1）无限大容量的主要特点

①短路过程中电源的频率几乎不变。这是因为有功功率的变化量远远小于电网输出的有功功率。即：$\Delta P << P$

②认为短路过程中电压的幅度值不变。即母线电压 U_{xt} 为常数。

③无穷大电源内部阻抗为零，即：$X = 0$，所以发生短路故障时，电网波形不变。

短路电流计算中，一般将高压电网区分为"有无限大容量系统供电的短路计算"和"有有限容量系统供电的短路计算"两种。前者适用于电源功率很大，或者短路点距离电源很远的情况。建筑工程施工企业、居民楼或工业企业内部用电设备发生短路时，因为企业内所装置的元件容量远比供电系统容量小得多，而阻抗比供电系统阻抗大得多，所以这些元件、线路甚至是变压器等发生短路时，大电网系统母线上的电压变化很小，可以视为不变。即系统容量为无限大。

（2）无限大容量的判断

①供电电源内的阻抗远小于回路中的总阻抗，一般小于 10%。如图 8-1 所示。

$$X_{xt} < 10\% \ (X_1 + X_2)$$

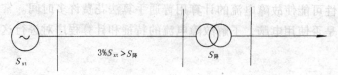

图 8-1　电网阻抗

②总变压器（降压变压器）容量小于电源容量的 3%，如图 8-2。

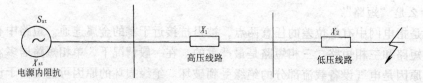

图 8-2　变压器容量小于电源容量

8.1.2　短路的原因

1. 供电系统发生短路的原因大多是电气设备的绝缘因陈旧而老化，或电气设备受到机械力破坏而损伤绝缘保护层。电气设备本身质量不好或绝缘强度不够而被正常电压击穿，也是短路的常见原因。

2. 因为雷电过电压而使电气设备的绝缘击穿等所造成短路。

3. 没有遵守安全操作规定的误操作，例如带负荷拉闸、检修后没有拆除接地线就送电造成短路。

4．因动物啃咬使线路绝缘损坏而连电，或者是动物在夜间于母线上跳蹿而造成短路，曾经有一只老鼠在配电室裸母线上造成两相短路而触电死亡，同时使一大片地区停电。

5．因为风暴及其它自然原因而造成供电线路的断线、搭接、碰撞而短路。

6．由于接线的错误而造成短路，例如低电压的设备误接入高电压电源，仪用互感器的一二次线圈接反。

8.1.3 短路的后果

供电系统发生短路后将产生以下的后果

1．短路电流的热效应：因为热量 $Q=0.24I^2RT$，即热量和电压的平方成正比。短路电流通常要超过正常工作电流的十几倍到几十倍，产生了电弧，使电气设备过热，绝缘受到损伤，甚至毁坏电气设备。

2．短路的电动力效应：巨大的短路电流将在电路中产生很大的电动力，可能引起电气设备的变形、扭曲、以至完全破坏。

3．短路电流的磁场效应：当交流电通过线路时，在线路周围的空间建立起交变的电磁场。交变的电磁场在临近的导体中产生感应电动势。当系统正常运行时，三相电流是对称的，其在线路周围产生的交变磁场互相抵消，不产生感应电动势。当系统发生不对称短路时，不对称短路电流产生不平衡的交变磁场，对附近的通讯线路、铁路信号集中闭塞系统、可控硅触发系统及其它自动控制系统就可能造成干扰。

4．短路电流产生的电压降；很大的短路电流通过线路时，在线路上产生很大的电压降，使用户处的电压突然下降，影响电机的正常工作（转速降低停转），影响照明负荷的正常工作（白炽灯变暗，电压下降5%则光通量下降18%，气体放电灯容易熄灭，日光灯闪烁）。

5．短路时要造成停电事故，一般越靠近电源，断电造成的影响范围也就越大。

6．短路现象严重还会影响电力系统运行的稳定性，例如会使并列运行的发电机组失去同步而供电系统解列。

7．单相对地短路电流会产生较强的不平衡磁场，能干扰附近通讯线路、信号系统及电子设备产生误动作。

8．当相线和N线短路，会造成后面的所有接零保护失效，而且会造成危险电位蔓延，殃及其它接零保护设备。

作变压器的短路实验或在设定的安全限度之内作局部网络短路实验，电流在可控范围之内，就不会出现不良后果。

8.1.4 短路的形式

1．单相短路

三相供电系统中，任何一个相线对地或对电网的中性点直接被导体连通称为单相短路。电气上的"地"是指电位为零的地方，在中性点接地的系统中，中性点的电位不一定是零。因为中性点处的接地电阻不可能是零，而且当三相负载不平衡或网络有高次谐波时，中性点对地是有小电流的。若相线与中性点短路，就会产生很大的短路电流。低压系统短路时电压一般是220V。单相短路的形式如图8-3中（a）、（b）所示。

2．两相短路

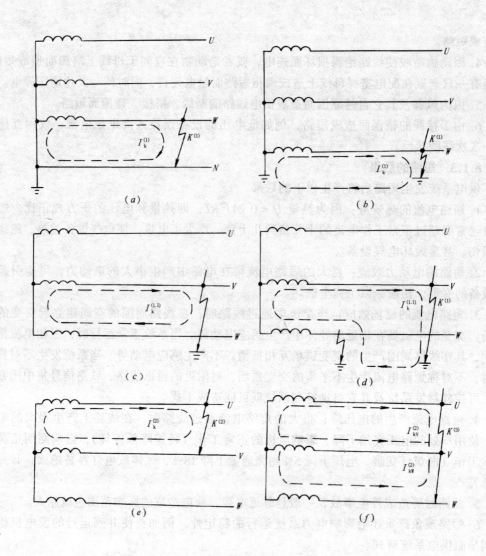

图 8-3 短路的形式

（*a*）单相短路；（*b*）单相对地短路；（*c*）两相对地短路；（*d*）两相经地短路；

（*e*）两相线短路；（*f*）三相短路

两相短路是指在三相供电系统中，任意两根相线之间发生金属性连接。这种短路是不对称故障。在低压系统中，一般是 380V。比单相短路电压高，危险性也比较大。两相短路的形式如图 8-3 中（*c*）、（*d*）、（*e*）所示。

3. 三相短路

三相短路是指三相供电系统中，三根相线同时短接。这种短路属于对称性故障，短路电流一般很大。三相短路的形式如图 8-3 中（*f*）所示。

短路故障后，短路电流以指数规律衰减到零。短路回路的电磁能量以热能的形式散发。

8.1.5 限制短路电流的措施

1. 限制短路电流的必要性

由于电力系统的发展，负荷的增大，大容量机组、电厂和变电设备的投入，尤其是负荷中心大电厂的出现以及大电网的形式，短路电流水平的增加是不可避免的，如果不采取有效措施加以控制，不但新建变电所的设备投资大大增加，而且对系统中原有变电所也将产生影响。国际上许多国家都对电网的短路水平控制值予以规定。

电网发展初期，系统容量有限，短路水平不高，对系统发展产生的短路电流增加的问题，一般可以通过更换开发设备解决，而其它设备往往有一定的余地。当系统容量进一步提高时，电网原有变电所的所有设备，包括断路器、主变压器、隔离开关、互感器、母线、绝缘子、设备基础、接地网等，也必须加强或更换。对通讯线路的个人还要通过采取屏蔽措施，甚至要采用敷设地下电缆的办法。

2．限制短路电流的方法

限制短路电流，可以从电网结构、电网运行和设备上采取措施，或装设限流电抗器、专门的限流装置；为减少单相接地短路电流，一般用限制变压器中性点接地的数目，采用中性点经过电阻或电抗器接地并限制采用自耦变压器等做法。

（1）低压电网分片运行：在高一级电压发展后将低一级电压电网解列开分片运行，这是限制短路电流的有效做法。

（2）发展高一级电压的电网：1973 年日本电力系统 275kV 电网短路电流水平增长到 50kA，接近当时开关设备的最高允许电流水平。建立 500kV 电网后，275kV 电网短路电流水平持续下降到 1985 年的 34kA。

（3）多母线分列运行或母线分段运行：可以在变电所中采用多母线分列运行的方式。如果需要并列运行，应该在母线断路器上装设最大快速解列装置，在故障时将母线断路器快速断开。

（4）采用直流联网：采用直流联网可以显著降低短路电流水平，但两端换流设备投资较大，若联络线不长、交换功率不大时，这样做弊大于利。

（5）采用高阻抗变压器限制其低压侧的短路电流是已经普遍采用的措施。采用串连电抗器相当于增加系统的阻抗，若在高压系统中采用会增加电网损耗，降低电网稳定性。使用专门的限制装置可以兴利除弊。

（6）从系统结构上采取措施：结合电网规划在结构上采用的措施有发展高一级电压的电网、选择适当地点建立开关站、合理选择电厂出线电压、建设新输电线路时考虑电网的紧密程度。

（7）限制单相接地短路电流水平的措施：减少变压器中性点接地的数目；变压器及自耦变压器中性点结构断开接地；变压器中性点正常不接地而在主变压器中性点装设快速接地开关，在主变压器跳闸前将中性点接地。发电机变压器组的升压变压器中性点不接地，但需要相应地提高变压器及其中性点的绝缘水平。

美国在一些电力系统中将一部分大容量的 Y，y，d 接线 500/230/35kV 自耦变压器的三角形侧开口运行以增加变压器的零序阻抗。加拿大 BC 水力局在 500kV 变电所采用该方法将三相短路绝缘水平由 110kV 提高到 150kV。

8.2 无限大容量电力系统的三相短路

8.2.1 短路的物理过程

图 8-4（a）是个电源为无限大容量的供电系统发生三相短路的电路图。考虑到三相

对称，可用8-4（b）的等效电路图进行分析。

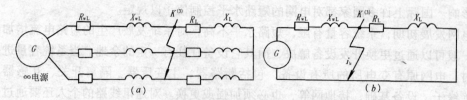

图 8-4　无限大容量电力系统中发生三相短路

（a）三相电路示意图；（b）等效为单相电路

正常运行时，电路中的电流取决于电源的电压和电路中所有元件包括负荷在内的总阻抗。当发生三相短路时，由于负荷阻抗和部分线路阻抗被短路，电路中的电流会突然增加。由于电路中还存在有电感，根据楞茨定律，电流是不能突变的，所以有一个过渡过程，称为短路暂态过程，很快短路电流就达到一个新的稳定状态。

8.2.2　短路的有关物理量

1. 短路电流周期分量 $i_{z(0)}$：

假设短路发生在电压瞬时值 $\mu = 0$ 时，负荷电流为 i_0。因为短路时阻抗锐减，电路中将出现很大的短路电流，其周期分量 i_z，如图 8-5 所示。因为短路电路的电抗一般远大于电阻，所以这个周期分量 i_z 近似滞后电压近 90°，所以 $\mu = 0$ 时，在刚短路的一瞬间（$t = 0$ 时），i_z 将突然增大到幅值，即。

$$i_{z(0)} = I_m = \sqrt{2} I_z \tag{8-1}$$

式中　I_z——短路次暂态电流的有效值，它是短路后第一个周期的短路电流周期分量 i_z 的有效值。

在无限大容量系统发生短路时，因为母线电压不变，所以短路电流周期分量的幅值和有效值在短路的全过程中维持不变。

2. 短路电流的非周期分量 i_{fi}：

刚短路时，电流不可能突然变为最大值，因为电路中存在着电感，突然短路的一瞬间，要产生一个自感电动势，以维持短路初瞬间电路内的电流和磁通不致于突变。自感电动势产生的反向电流成指数函数下降。如图 8-5 所示。

图中 1 电压变化曲线；2 电流变化曲线；3 短路冲击电流最大值 I_{sh}；4 短路电流周期分量 i_z；5 短路电流非周期分量 i_{fi}。

非周期分量的初始绝对值为

$$i_{fi(0)} = |i_0 - T_{zm}| = T_{zm} = \sqrt{2} I_{z(0)} \tag{8-2}$$

由于电路中还有电阻，非周期分量会逐渐衰减。电路中的电阻越大和电感越小，衰减越快。非周期分量按指数衰减，公式如下：

$$i_{fi} = i_{fi(0)} \cdot e^{-t/\tau} = \sqrt{2} I_z \cdot e^{-t/\tau} \tag{8-3}$$

式中　τ——非周期分量的衰减时间常数，因为在工频时，$X = 314L$ 其定义见下式：

$$\tau = \frac{L_\Sigma}{R_\Sigma} = \frac{X_\Sigma}{314 R_\Sigma} \tag{8-4}$$

其中的 L_Σ、R_Σ、X_Σ 分别为电路的总电感、总电阻、总电抗。公式表明 L_Σ 大，则 X_Σ 大，

274

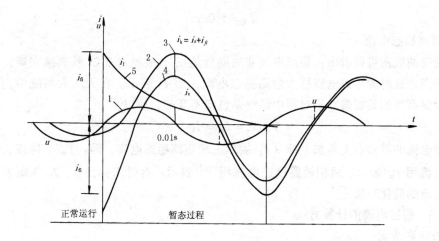

图 8-5　无限大容量发生三相短路时的 u、i 曲线

τ 亦大，衰减慢。

3. 短路全电流

任意瞬间的短路全电流 i_k 等于其周期分量 i_z 和非周期分量 i_{fi} 之和。

$$i_k = i_z + i_{fi} \tag{8-5}$$

在无限大容量系统中，由于短路电流周期分量的幅值和有效值始终不变。习惯上，周期分量的有效值就写为 I_k，即 $I_z = I_k$。

4. 短路冲击电流

由图 8-5 所示的短路电流曲线可以看出，短路后经过半个周期（大约 0.01s），短路电流的瞬时值达到最大，这一瞬时值称为短路冲击电流。用 i_{sh} 表示。

短路冲击电流的计算公式如下：

$$i_{sh} = i_{z0.01} + i_{fi(0.01)} = \sqrt{2} I_z \left(1 + e^{\frac{0.01}{\tau}}\right) = K_{sh} \sqrt{2} \cdot I_z \tag{8-6}$$

式中　K_{sh}——短路电流冲击系数，用下式计算：

$$K_{sh} = 1 + e^{\frac{0.01}{\tau}} = 1 + e^{-\frac{0.01 \cdot R}{L}} \tag{8-7}$$

当 $R_\Sigma \to 0$，$c^0 = 1$，则 $K_{sh} \to 2$；当 $L_\Sigma \to 0$，$c^{-\infty} = 0$，则 $K_{sh} \to 1$。因此，冲击系数 K_{sh} 在 1 和 2 之间。

短路全电流 i_k 的最大有效值是短路后第一个周期分量的短路电流有效值，用 I_{sh} 表示，也可称为短路电流冲击有效值。用下式计算。

$$I_{sh} = \sqrt{i_{z(0.01)}^2 + i_{fi(0.01)}^2} = \sqrt{I_z^2 + \left(\sqrt{2} I_{fi} \cdot e^{-\frac{0.01}{\tau}}\right)^2} = \sqrt{1 + 2 \left(K_{sh} - 1\right)^2 \cdot I_z} \tag{8-8}$$

在高压电路中发生三相短路时，一般可取 $K_{sh} = 1.8$，由此得高压短路电流有效值的计算公式：

$$i_{sh} = 2.55 I_z \tag{8-9}$$

$$I_{sh} = 1.51 I_z \tag{8-10}$$

如果电力变压器容量在 1000kVA 及以下，变压器二次侧及低压电路中发生三相短路时，一般可取 $K_{sh} = 1.3$。由此得到低压电流有效值的计算公式：

$$i_{sh} = 1.84 I_z \tag{8-11}$$

$$I_{\text{sh}} = 1.09 I_z \tag{8-12}$$

5. 短路稳态电流

从短路曲线图可以看出：短路电流非周期分量 i_{fi} 一般经过 0.2s 就衰减完毕，接着进入稳定状态。这时的短路电流称为短路稳态电流，用 I_∞ 表示。在无限大系统中，短路电流周期分量有效值是在短路全过程中始终是恒定不变的，所以：

$$I_z = I_\infty = I_k \tag{8-13}$$

短路电流的符号右上角加上标（3）表示三相短路稳态电流，即：$I_\infty^{(3)}$。同理，单相短路稳态电流用 $I_\infty^{(1)}$ 表示。两相短路稳态电流用 $I_\infty^{(2)}$ 表示。有时未标出 1、2、3 则表三相短路稳态电流的简化写法。

8.2.3 短路电流的计算方法

1. 方法和步骤

我们计算短路电流时，实际上只计算最大的三相短路电流。首先绘制出电路草图。在草图上标出计算短路电流所需要考虑的各元件的额定参数，并依次编号，然后确定短路计算点。短路计算点要求选择得使需要进行短路校验的电气元件有最大可能的短路电流通过。接着按所选择的短路计算点画出等效电路图，如图 8-6 所示。

（1）计算电路中各主要元件的阻抗。在等效电路图上，只需要将被计算的短路电流所流经的一些主要元件表示出来。标明序号和阻抗值。一般是分子标序号，分母标阻抗。阻抗用 $(R + jX)$ 表示。然后将等效电路化简。如果电力系统是无限大容量电源，而且短路电路也比较简单。

（2）采用阻抗串、并联方法就可以将电路化简，求出等效总阻抗。

（3）最后可计算出短路电流和短路容量。

短路电流的计算方法有许多种，常用的方法有欧姆法（又称为有名单位制法），所谓欧姆法是因为在短路计算中的阻抗都采用欧姆而定名。另一种是标幺值（又称为相对单位制法）。此外还有短路容量法（又称 MVA 法）等。

短路电流一般较大，计算单位用 kA，电压单位用 kV。短路和断路容量用 MVA，设备单位用 kW 或 kVA 表示，阻抗单位用欧姆。

2. 欧姆法计算短路电流

（1）在无限大容量系统中发生三相短路时，三相短路电流周期分量有效值可以按下式计算：

$$I_k^{(3)} = \frac{U_c}{\sqrt{3}\, Z_\Sigma} = \frac{U_c}{\sqrt{3}\sqrt{R_\Sigma^2 + X_\Sigma^2}} \tag{8-14}$$

式中　　U_c——短路点的短路计算电压（以前称平均额定电压，用 U_P 表示，实用中用 1.05 倍额定线电压计算。因为线路首端短路时最为严重，所以要按首端电压考虑。即短路计算电压取为比线路额定电压 U_N 高 5%。按我国电压标准 U_c 有 0.4、0.63、3.15、6.3、10.5、37kV…等。

Z_Σ、R_Σ、X_Σ——分别为短路电路的总阻抗、总电阻和总电抗值。

在高压电路的短路计算中，正常总电抗远比总电阻大，因此一般只计算电抗。在计算低压侧的短路时，也只有当短路电路的 R_Σ 大于 X_Σ 的三分之一时，才需要考虑电阻。如果不计电阻时，则三相短路电流的周期分量有效值为：

$$I_k^{(3)} = \frac{U_c}{\sqrt{3} X_\Sigma} \tag{8-15}$$

可得三相短路容量为：

$$S_k^{(3)} = \sqrt{3} U_c \cdot I_k^{(3)} \tag{8-16}$$

下面分别介绍供电系统中各主要元件如电力系统、电力变压器和电力线路的阻抗。至于供电系统的母线、线圈型电流互感器的一次绕组、低压断路器的过电流脱扣线圈及开关的触头等的阻抗，相对很小，在短路计算中可忽略不计。在略去一些阻抗后，计算出来的短路电流自然稍稍偏大，但更加具有安全性。

（2）电力系统的阻抗：

供电线路的电阻一般很小，可以省略。而电力系统的电抗，可由电力系统的变电站高压输电线出口断路器的断流容量 S_{oc} 来估算，这个断流容量就可看作是电力系统的极限短路容量 S_k。因此可推出电力系统的电抗：

因为
$$S_{oc} = \sqrt{3} U_c \cdot I \quad 又 \quad I = \frac{U_c}{\sqrt{3} X_s}$$

$$S_{oc} = \frac{\sqrt{3} U_c^2}{\sqrt{3} X_s} = \frac{U_c^2}{X_s}$$

所以

$$X_s = \frac{U_c^2}{S_{oc}} \tag{8-17}$$

式中 U_c——高压馈电线的短路计算电压，但是为了便于计算短路电流的总阻抗，免去阻抗换算的麻烦，此式的 U_c 可直接采用短路点的计算电压。

S_{oc}——系统出口断路器的断流容量，可查有关手册、样本或表8-1。

SN10-10 型高压少油断路器的数据　　　　　　　　　　　表 8-1

型号	开断电流 （kA）	断流容量 S_{oc} （MVA）	额定电压 U_N （kV）	额定电流 I_N （A）	热稳定电流 有效值 （kA）	极限通过电流（峰值） （kA）	固有分闸 时间 （s）	合闸时间 （s）	操作机构
SN10-10 Ⅰ	16	300	10	630 1000	16（2s）	40	0.06	0.2	CS2 CD10
SN10-10 Ⅱ	31.5	500	10	1000	31.5（2s）	80	0.06	0.2	CT7 CT9
SN10-10 Ⅲ	43.3	750	10	1250 2000 3000	43.3（4s）	130	0.06	0.2	CD10

【例 8-1】　已知武钢某工厂电力系统中变压器 S7-630/10，高压 10kV 处短路，求电力系统的电抗是多少？

解：根据电力变压器二次额定电流 I_{2N} 为

$$I_{2N} = \frac{S_N}{\sqrt{3} \cdot U_2} = \frac{630}{\sqrt{3} \times 0.4} = 909 \ (A)$$

根据 I_{2N} 确定 SN10-10-Ⅰ型高压少油断路器，断流容量 S_{oc} 为 300MVA

$$X_s = \frac{U_c^2}{S_{oc}} = \frac{(1.05 \times 10^3)^2}{300 \times 10^6} = 0.0000368 \ (\Omega)$$

（3）电力变压器的阻抗：

变压器的电阻 R_r，可以由变中器的短路损耗 ΔP_k 近似地计算。因为：

$$\Delta P_k \approx 3 I_N^2 R_T \approx \frac{3 S_N}{(\sqrt{3} U_c)^2 \cdot R_T} = \frac{S_N}{U_c^2 \cdot R_T}$$

$$P_T \approx \Delta P_k \left(\frac{U_c}{S_N}\right)^2 \tag{8-18}$$

式中　U_c——短路点的短路计算电压；

　　　S_N——变压器的额定容量；

　　　ΔP_k——变压器的短路损耗见表 8-2。

变压器的电抗 X_T，可由变压器的短路电压（即阻抗电压）$U_k\%$ 来近似地计算。

$$U_k\% \approx (\sqrt{3} I_N X_T / U_c) \times 100 \approx S_N X_T / U_c^2 \times 100$$

$$X_T \approx \frac{U_k\%}{100} \cdot \frac{U_c^2}{S_N} \tag{8-19}$$

式中　$U_k\%$——变压器的阻抗电压或称短路电压 $(U_k)\%$，可查表 8-2。

【例 8-2】 已知电力变压器 SL7-400/10，求变压器二次侧短路时的电阻及阻抗各是多少？

解：查表 8-2 得 $\Delta P_k = 5800W$

$$R_T = 5800 \times \left(\frac{0.4}{400}\right)^2 = 0.0058 \ (\Omega)$$

$$X_T = \frac{4}{100} \times \frac{0.4^2}{400} = 0.000016 \ (\Omega)$$

SL7 系列低损耗电力电力压器短路损耗　　　　　　　　表 8-2

变压器 S_N	100	125	160	200	250	315	400	500
短路损耗 ΔP_k（W）	2000	2450	2850	3000	4000	4800	5800	6900
阻抗电压 U_k（%）	4	4	4	4	4	4	4	4
变压器 S_N	630	800	1000	1250	1600	2000		
短路损耗 ΔP_k（W）	8100	9900	11600	13800	16500	19800		
阻抗电压 U_k（%）	4.5	4.5	4.5	4.5	4.5	4.5		

（4）线路的电阻 R_{WL} 可由已知截面的导线或电缆的单位长度的 R_0 值求得。

$$R_{WL} = R_0 \cdot L \tag{8-20}$$

式中　R_0——导线或电缆单位长度的电阻；

　　　L——导线的长度。注意求三相短路电流时用单方向长度，求单相短路电流时用来回长度之和。

线路的电抗 X_{WL}，可由已知截面和线距的导线或已知截面和电压的电缆单位长度电抗 X_0 值求得：

$$X_{WL} = X_0 \cdot L \tag{8-21}$$

式中　X_0——导线或电缆单位长度的电抗，如果线路的结构数据不知道时，可按照表 8-4 取其电抗的平均值，因为同类线路的电抗值变动幅度不大。

LJ 型铝绞线的 R_0 可查表 8-3。

LJ 型铝绞线的主要数据 表 8-3

额定截面（mm²）	16	25	35	50	70	95	120	150	185	240
50℃时的电阻 R_0（Ω/km）	2.07	1.33	0.96	0.66	0.48	0.36	0.28	0.23	0.18	0.14

电力线路每相的单位长度电抗 X_0 平均值（Ω/km） 表 8-4

线 路 结 构	线 路 电 压	
	220/380V	6～10kV
电缆线路	0.066	0.08
架空线路	0.32	0.38

【例 8-3】 已知电力架空线路 10kV-LJ-3×50，长 400m，求线路电阻及阻抗各是多少？

解： $R_L = 0.66$（Ω/km）$×0.4$（km）$= 0.264$（Ω）

$X_L = 0.38$（Ω/km）$×0.4$（km）$= 0.152$（Ω）

线路单位长度的阻抗值（mΩ/m） 表 8-5

截面（mm²）	120	95	70	50	35	25	16	10	6	4
铝相线	0.240	0.303	0.411	0.575	0.822	1.151	1.798	2.876	4.70	7.05
铜相线	0.146	0.185	0.251	0.351	0.501	0.702	1.097	1.754	2.867	4.30
铝 PEN 线①	0.72	0.909	1.233	1.725	2.466	3.453	5.394	8.628	14.4	21.15
铜 PEN 线①	0.438	0.555	0.753	1.053	1.503	2.106	3.291	5.262	8.601	12.9
电缆铅包 R	1.5	1.7	2.0	2.4	2.9	3.1	4.0	5.0	5.5	6.45
钢管电阻（mΩ/mm）②		0.7/65		0.8/50		0.9/40		1.3/32	1.5/25	2.5/20

①单相对地短路用；

②管径。

（5）电力变压器的阻抗变换

计算电路的短路阻抗时，如果电路中含有变压器，那么电路中各元件的阻抗都必须统一换算到短路点的计算电压标准下。如果短路点发生在变压器的低压侧，需要把变压器一次侧（高压侧）线路的阻抗换算到变压器的低压侧。阻抗等效换算的条件是元件的功率损耗不变。因此由 $\Delta P = U^2/X$ 的关系可知，元件阻抗值是与电压平方成正比的，因此阻抗换算的公式为：

$$R' = R\left(\frac{U'_c}{U_c}\right)^2 \tag{8-22}$$

$$X' = X\left(\frac{U'_c}{U_c}\right)^2 \tag{8-23}$$

式中 R、X 和 U_c——换算前元件的电阻、电抗和元件所在处的短路计算电压；

R'、X' 和 U'_c——换算后元件的电阻、电抗和短路点的短路计算电压。

就短路计算中考虑的几个主要元件的阻抗来说，只有电力线路的阻抗有时需要换算。例如计算低压侧的短路电流时，高压侧的线路阻抗就需要换算到低压侧。而电力系统和电力变压器的阻抗，由于它们的计算公式中均含有 U_c^2，因此计算时 U_c，直接代以短路点的计算电压，就相当于阻抗已经换算到短路点一侧了。

求出各元件的阻抗以后，就化简短路电路，求出短路的总阻抗，然后按式（8-14）或式（8-15）计算短路电流周期分量 $I_k^{(3)}$。

【例 8-4】 北京有一个大型公共建筑物，其电力系统如图 8-6 所示。电力变压器型号为 SZ-2000/10/0.4。求在 10kV 母线上短路点 K_1 及低压 380V 上短路点 K_2 处的短路电流和短路容量是多少？

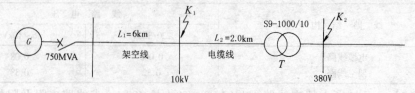

图 8-6　短路计算电路

解：该系统短路等效电路图如下：

图 8-7　[例 8-4] 用图

确定该电力系统出口断路器的断流容量（即基准容量）：根据电力变压器容量 2000kVA 可知其二次侧额定电流 $I_2 = 2000/ (\sqrt{3} \times 0.4) = 2887$（A），高压少油断路器的 SN10-10-Ⅲ，其断流容量为 750MVA，即本系统断流容量为 750MVA。

1. 先求高压（K_1 处）短路电流：该点计算电压 $U_c = 1.05 \times 10 = 10.5$（kV）

（1）电力系统的电抗 $X_1 = \dfrac{U_{c1}^2}{S_{oc}} = \dfrac{10.5^2}{750} = 0.147$（Ω）

（2）架空线路的电抗：查表 8-5 得 10kV 架空线路 $X_0 = 0.38$（Ω/km）
$$X_2 = X_0 \cdot L = 0.38 （Ω/km）\times 6 （km）= 2.28 （Ω）$$

总阻抗：　　　　　$X_{\Sigma(k1)} = X_1 + X_2 = 0.147 + 2.28 = 2.427$（Ω）

（3）三相短路电流的周期分量有效值
$$I_k^{(3)} = \frac{U_{c1}}{\sqrt{3} \cdot X_{\Sigma(k1)}} = \frac{10.5}{\sqrt{3} \times 2.427} = 24.99 （kA）（忽略电阻 R）$$

（4）三相短路容量
$$S_{k1}^{(3)} = \sqrt{3} \cdot U_{c1} \cdot I_k^{(3)} = \sqrt{3} \times 10.5 \times 24.99 = 454.26 （MVA）$$

2. 低压 380V（K_2 处）短路电流：根据 $S_{oc} = 750$MVA，$U_{k2} = 0.4$kV

（1）电力系统的电抗 $X_1 = \dfrac{U_{c2}^2}{S_{oc}} = \dfrac{0.4^2}{750} = 0.000213$（Ω）$= 2.13 \times 10^{-4}$（Ω）

（2）架空线路的电抗：这个电抗在变压器的一次侧，需要变换阻抗。

$$X_2 = X_0 \cdot L \left(\frac{U_{c2}}{U_{c1}} \right)^2 = 0.38 \times 6 \times \left(\frac{0.4}{10.5} \right)^2 = 0.0033(\Omega) = 2.76 \times 10^{-3}(\Omega)$$

（3）高压电缆电抗：查表 8-4 得 $X_0 = 0.08$ （Ω/km）

$$X_3 = 0.08 \times 2.0 \times \left(\frac{0.4}{10.5} \right)^2 = 0.000232(\Omega)$$

$$= 2.32 \times 10^{-4}(\Omega)$$

（4）电力变压器的电抗：查表 8-2 得 $U_k\% = 4.5$

$$X_4 = \frac{U_k\%}{100} \times \frac{U_{c2}^2}{S_N} = \frac{4.5}{100} \times \frac{0.4^2}{2000} = 0.0000036(\Omega)$$

$$= 3.6 \times 10^{-6}(\Omega)$$

（5）总阻抗 $X = X_1 + X_2 + X_3 + X_4$

$$= 2.13 \times 10^{-4} + 3.3 \times 10^{-3} + 2.32 \times 10^{-4} + 3.6 \times 10^{-6}$$

$$= 0.0037486 （\Omega） = 37.49 \times 10^{-4} （\Omega）$$

（6）三相短路电流的周期分量有效值：

$$I_k^{(3)} = \frac{U_{c2}}{\sqrt{3} \cdot X_{\Sigma(k2)}} = \frac{0.4}{\sqrt{3} \times 0.003749} = 61.6(\text{kA})$$

（7）三相短路容量

$$S_{k2}^{(3)} = \sqrt{3} \cdot U_{c2} \cdot I_k^{(3)} = \sqrt{3} \times 0.4 \times 61.6 = 43.42(\text{MVA})$$

8.2.4 两相短路电流的计算

1. 在无限大容量系统中发生二相短路时，其短路电流可按照下式计算

$$I_k^{(2)} = \frac{U_c}{2Z_\Sigma} \tag{8-24}$$

只计算电抗时，因为

$$\frac{I_k^{(2)}}{I_k^{(3)}} = \frac{U_c/(2Z_\Sigma)}{U_c/(\sqrt{3} \cdot Z_\Sigma)} = \frac{\sqrt{3}}{2} = 0.866$$

$$I_k^{(2)} = \frac{U_c}{2Z_\Sigma} = 0.866 I_k^{(3)} \tag{8-25}$$

2. 两相短路电流与三相短路电流的关系

一般而言，无限大容量系统中三相短路电流大于二相短路电流，在校验短路效应时只考虑三相短路电流。但是，在校验保护相间短路的继电保护装置在短路故障下能否灵敏动作时，就需要计算被保护线路末端的两相短路电流，以校验其灵敏度。

8.3 短路回路中各元件阻抗的计算

为了计算短路电流，应先求出短路点以前的短路回路的总阻抗。在计算高压电网中的短路电流时，一般只计算各主要元件（发电机、变压器、架空线路、电抗器等）的电抗而忽略其电阻，只有当架空线路或电缆线较长时，并且使短路回路的总电阻大于总电抗的三分之一时，才需要计算电阻。

计算短路电流时，短路回路中各元件的物理量可以用有名单位制表示，也可以用标幺制。本节重点介绍标幺制。在 1kV 以下的低压供电系统中，计算短路电流往往采用有名单位制，而在高压供电系统中，因为有很多高压等级，存在电抗的换算问题，所以在计算短路电流时，常常采用标幺制，可以简化计算。

8.3.1 标幺值

1. 标幺值的定义

任意一个物理量对其基准值的比值称为标幺值，使用标幺值进行短路计算的方法称为标幺制，或称为"相对单位制"。标幺值通常是用小数或百分数的形式表示。因为它是同一单位的两个物理量的比值，所以没有单位。

有名单位表示的视在功率 S、电压 U、电流 I、阻抗 Z 等物理量与相应的有名单位表示的"基准"视在功率 S_j、基准电压 U_j、基准电流 I_j、基准阻抗 Z_j 的比值，就是上述物理量的标幺值。各个字母标 $*$ 号表示标幺值。下标 j 表基准值。

视在功率标幺值 $$S^* = \frac{S}{S_j} \tag{8-26}$$

电压标幺值 $$U^* = \frac{U}{U_j} \tag{8-27}$$

电流标幺值 $$I^* = \frac{I}{I_j} \tag{8-28}$$

阻抗标幺值 $$Z^* = \frac{Z}{Z_j} \tag{8-29}$$

2. 基准标幺值表示式

根据电路基础知识得关系式：

基准电流 $$I_j = \frac{S_j}{\sqrt{3}\,U_j} \tag{8-30}$$

基准电抗 $$X_j = \frac{U_j}{\sqrt{3}\,I_j} = \frac{U_j^2}{S_j} \tag{8-31}$$

根据上述基准电量的关系和标幺值的定义，可以求得 S_j 与 U_j 表示的电流标幺值 I^* 与电抗标幺值 I^*：

电流标幺值 $$I^* = \frac{I}{I_j} = \frac{I\sqrt{3}\,U_j}{S_j} \tag{8-32}$$

电抗标幺值 $$X^* = \frac{X}{X_j} = \frac{X \cdot S_j}{U_j^2} \tag{8-33}$$

式中 S、U、I、X——分别用有名单位表示的容量［MVA］、电压［V］、电流［A］、电抗［Ω］；

I_j、U_j、S_j、X_j——分别用有名单位表示的基准容量［MVA］、基准电压［kV］、基准电流［kA］、基准电抗［Ω］。

实用中，基准值是可任意选择的，一般为了计算方便，常取基准容量用视在功率 $S_j =$ 100（MVA）；基准电压用各级线路平均额定电压，即 $U_j = U_p$。所谓线路平均额定电压，就是指线路始端最大额定电压和线路末端最小额定电压的平均值。例如额定电压为 10kV 的线路，其平均额定电压 U_p 为：

$$U_p = \frac{11+10}{2} = 10.5 \ (kV)$$

电压标幺值：
$$U^* = \frac{U}{U_j} = 10/10.5 = 0.95$$

线路的额定电压和平均额定电压对照值见表 8-6。

线路的额定电压和平均额定电压对照值　　　　　　　　　　表 8-6

额定电压 U_N (kV)	0.22	0.36	3	6	10	35	60	110	154	220	330
平均额定电压 U_p (kV)	0.23	0.4	3.15	6.3	10.5	37	63	115	162	230	345

3. 额定标幺值的表示式

在短路电流计算中，需要计算哪一级的短路就取该级的线路平均额定电压为基准电压，例如计算 10kV 线路的短路电流时，就取 10.5kV 作为基准电压。如果以视在功率 S_N、额定电压 U_N 为基准值，这时所得的标幺值称为额定标幺值。

容量额定标幺值：
$$S_N^* = \frac{S}{S_N} \tag{8-34}$$

电压额定标幺值：
$$U_N^* = \frac{U}{U_N} \tag{8-35}$$

电流额定标幺值：
$$I_N^* = \frac{I}{I_N} = \frac{I \cdot \sqrt{3}\, U_N}{S_N} \tag{8-36}$$

电抗额定标幺值：
$$X_N^* = \frac{X}{X_N} = \frac{X \cdot S_N}{U_N^2} \tag{8-37}$$

各种电器设备铭牌或产品样本中所标出的标幺值，就是指以它们的额定值为基准值的标幺值，即额定标幺值。

4. 统一基准情况下的标幺值

在采用标幺值进行短路回路的电流计算时，应把所有电气设备归算到一个同一的基准情况下的基准容量、基准电压、基准电流，在字母后面标注有 "$_j$" 表示统一基准情况下的标幺值。用字母后标注 "$_N$" 表示额定值为基准情况下的额定标幺值。不同基值的标幺值之间可用下式计算：

$$U_j^* = U_N^* \cdot \frac{U_N}{U_j} \tag{8-38}$$

$$X_j^* = X_N^* \cdot \frac{S_j U_N^2}{S_N U_j^2} \tag{8-39}$$

如果基准电压 U_j、平均额定电压 U_p 和设备的额定电压都相等时，可以把上式化简为下式：

$$U_j^* = U_N^* \tag{8-40}$$

$$X_j^* = X_N^* \cdot \frac{S_j}{S_N} \tag{8-41}$$

建筑工程或工业企业的供电系统是由变压器和各种不同电压等级的线路所组成的，所以在求短路回路总电抗时，就不能将回路内所有元件的电抗简单地相加，而应归算到同一个基准电压 U_j 下的等值电抗后再相加。通常取短路点的线平均额定电压 U_p 作为基准电压。由于三相短路电流可按一相进行，故各元件的阻抗也相应按一相来计算。

为了便于理解在多个电压等级的网络内的电抗换算问题，用单相变压器及两侧供电线路为例说明如下，见图8-8。

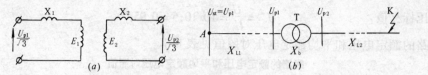

图 8-8　短路回路电抗归算原理图

(a) 变压器；(b) 多极电压的电网

图8-8是单相变压器的等值电路，其中 X_1 为变压器一次绕组的漏抗，X_2 为变压器二次绕组的漏抗，一次侧相电压为 $U_{p1}/\sqrt{3}$，二次侧的电压为 $U_{p2}/\sqrt{3}$，变压器的变比为 K。虽然变压器一次和二次两个绕组是通过磁通互相联系着，但是它们是相互独立的两个电路；在短路计算时，需要把它们归算为一个电路。如已知若将 X_2 欧姆值归算到一次侧去，需要乘以 K^2；若将 X_1 欧姆归算到二次侧去，需要乘以 $\left(\dfrac{1}{K}\right)^2$，

即：如果归算到变压器一次侧 $U_{p1}/\sqrt{3}$ 侧，$X_b = X_1 + K^2 X_2$；

如果归算到 $U_{p2}/\sqrt{3}$ 侧，$X_b = (1/K)^2 X_1 + X_2$；

如果采用标幺值 X_1^* 和 X_2^* 来表示变压器两个绕组的电抗，则在归算时，不需要乘以 K^2 或 $(1/K)^2$，相当于变压器的变比已经变成 $K=1$ 一样。也就是说，无论归算到哪一侧，变压器的电抗标幺值均为：

$$X_b^* = X_1^* + X_2^* \tag{8-42}$$

同理，如图8-8从 A 点到 K 点短路回路的总阻抗 X_Σ 的欧姆值，显然不等于 $X_{L1} + X_L + X_{L2}$，需要进行归算为等值电抗后才能相加。

如果取短路点的线路平均额定电压 U_p 作为基准电压，即 $U_j = U_{p2}$，则换算到基准电压时的总阻抗 X_Σ：

$$X_\Sigma = X'_{L1} + X'_b + X'_{L2} \tag{8-43}$$

若上式两边各乘以 S_j/U_j^2，则有

$$X_\Sigma \cdot S_j/U_j^2 = X_{L1} \cdot (U_j/U_{p1})^2 \cdot S_j/U_j^2 + X_b \cdot (U_j/U_{p1})^2 \cdot S_j/U_j^2$$
$$+ X_{L2} \cdot (U_j/U_{p1})^2 \cdot S_j/U_j^2$$

上式等号两边的每一项就是以基准容量和基准电压为基准值的电抗标幺值。

$$X_b^* = X_{L1}^* + X_b^* + X_{L2}^* \tag{8-44}$$

因此，若采用标幺值计算，短路回路中总电抗的标幺值就可以直接由各元件的电抗标幺值相加确定，从而使计算简化。下面就开始讨论供电系统中各个元件的标幺值计算。

8.3.2　线路的电抗标幺值

以 S_j 和 U_j 为基准值时，线路的电抗标幺值为：

$$X_L^* = X_L \cdot (U_j/U_p)^2 \cdot (S_j/U_j^2) = X_0 \cdot L \cdot (S_j/U_p^2) \tag{8-45}$$

式中　X_0——线路每公里的电抗值（Ω/km）；

U_p——该段线路本身的平均额定线电压（kV）；

S_j——基准容量，通常取 100（MVA）；

L——线路的长度（km）。

根据式（8-45）得知：以 S_j 与 U_j 为基准值时，线路电抗标幺值 X_L^* 与 U_j 无关，计算时仅与该线路本身的平均额定电压有关。还与基准容量 S_j 有关。X_L^* 与 L、X_0 自然有关。

每公里线路的电抗值可查阅有关手册，或者是采用表 8-4 所列的平均值。

以 S_j 与 U_j 为基准值时，线路电阻的标幺值为：

$$R_L^* = R_L \cdot (U_j/U_p)^2 \cdot (S_j/U_j^2) = R_0 \cdot L \cdot (S_j/U_p^2) \tag{8-46}$$

式中 R_0——线路每公里的电阻值（Ω/km）；

U_p——该段线路本身的平均额定线电压（kV）；

S_j——基准容量，通常取 100（MVA）；

L——线路的长度（km）。

8.3.3 变压器的电抗标幺值 X_b^*

在变压器的铭牌上通常不给电抗 X_b 值，而给短路电压即阻抗电压的百分数（$U_d\%$），可以用下述的方法直接从短路电压的百分数求出变压器电抗的标幺值。因为变压器的电阻比电抗小得多，所以变压器绕组的电阻电压降可以忽略不计，可以近似地认为变压器绕组的阻抗压降 $U_k = I_{eb} \cdot X_b$，或

$$U_k\% = \frac{I_{eb}^* \cdot X_b}{U_{eb}/\sqrt{3}} \cdot 100$$

$$\frac{U_k\%}{100} = \frac{I_{eb}^* \cdot X_b}{U_{eb}/\sqrt{3}} = \frac{S_{eb}}{U_{eb}^2} \cdot X_b = X_b^* \tag{8-47}$$

式中 $U_k\%$——变压器短路电压的百分数，即阻抗电压的百分数；

X_b——变压器绕组电抗的有名值；

I_{eb}^*——电流标幺值；

X_b^*——变压器电抗额定标幺值。

由式（8-47）求得的变压器电抗标幺值是额定标幺值，尚需要换算为统一基准电压 U_j 与基准容量 S_j 时的标幺值，根据式（8-47）换算在基准电压与基准容量情况下变压器的标幺值 X_b^*：

$$X_b^* = X_b \cdot \frac{S_j}{S_{eb}} = \frac{U_k\% \cdot S_j}{100 \cdot S_{eb}} \tag{8-48}$$

式（8-48）是我们计算变压器电抗标幺值时常用的公式，当 $S_j = 100$MVA 时，上式可进一步简化为：

$$X_b^* = (U_k\%/100) \cdot (100/S_{eb}) = \frac{U_k\%}{S_{eb}}$$

一般双绕组变压器的短路电压百分数 $U_k\%$ 见表 8-7。

8.3.4 电抗器的电抗标幺值

如果从计算等值电抗的观点来讲，电抗器的标幺值与变压器电抗标幺值的计算方法是一样的，因为电抗器的铭牌上也给出电抗的百分数 $X_k\%$，可看成是电抗器额定电抗的标幺值。

$$X_k\% = \frac{\sqrt{3}\,X_k}{U_{ek}} \cdot 100 = X_{ek}^* \cdot 100$$

双绕组变压器的短路电压百分数 $U_k\%$ 表 8-7

建筑用三相变压器			总压降占用三相变压器		
额定容量 （kVA）	一次电压 （kV）	U_k（%）	额定容量 （kVA）	一次电压 （kV）	U_k（%）
100～630	6	4.0	100～2400	35	6.5
100～1000	10	4.5	3200～4200	35	7.0
750～1000	6	4.5	5600～10000	35	7.5

所不同的是电抗器的电抗比较大，起限制短路电流的作用也大。此外，有的电抗器的额定电压与它所连接的线路平均额定电压并不完全一致（如把 10kV 电抗器装在 6.3kV 的线路上），因此不能认为电抗器的额定电压就等于线路的平均额定电压，故应根据公式（8-47）来换算基准电压在基准容量情况下的电抗器标幺值 X_k^*。

$$X_k^* = \frac{X_k\%}{100} \cdot \frac{U_{Nk}^2}{U_j^2} \cdot \frac{S_j}{S_{Nk}} \tag{8-49}$$

式中 X_k^*——电抗器的电抗百分数；

U_{Nk}——电抗器的额定电压；

S_{Nk}——电抗器的额定容量。

由于电抗器铭牌上给的是电抗器额定电压 U_{Nk}，额定电流 I_{Nk} 和电抗百分数，所以在计算电抗器的标幺值时，常把式（8-49）写成以下的形式：

$$X_k^* = \frac{X_k\%}{100} \cdot \frac{X_{Nk}^2}{U_j^2} \cdot \frac{S_j}{S_{Nk}}$$

$$= \frac{X_k\%}{100} \cdot \frac{U_{Nk}^2}{U_j^2} \cdot \frac{\sqrt{3}\,U_j I_j}{\sqrt{3}\,U_{Nk} I_{Nk}} = \frac{X_k\%}{100} \cdot \frac{X_{Nk}}{U_j} \cdot \frac{I_j}{I_{Nk}}$$

8.3.5 短路总阻抗标幺值的确定

短路点以前到电源的总阻抗 Z_Σ^* 应该包括总电抗标幺值 X_Σ^* 和总电阻标幺值 R_Σ^* 两相在内。但是当短路回路的总电阻 R_Σ^* 小于总电抗 X_Σ^* 的三分之一时，则电阻可以忽略。

即

$$Z_\Sigma^* = X_\Sigma^* \tag{8-50}$$

在导线很长时才计算电阻的影响，当电阻大于电抗的三分之一时用下式。

即

$$Z_\Sigma^* = \sqrt{R_\Sigma^{*2} + X_\Sigma^{*2}} \tag{8-51}$$

式中 X_Σ^*——等值计算电路图中的系统及各元件电抗标幺值之和；

R_Σ^*——各级线路电阻标幺值之和。

无限大容量系统中的系统电抗标幺值为 0；有限容量系统中当短路点以前的总电抗以电源容量为基准的标幺值 X_Σ^* 等于 3 时（表示电源很远），短路电流的周期性分量随时间变化很小，在全部短路过程中，它的数值可以视为不变。所以可按照无限大容量系统的计算方法来考虑。但是，还需要计算有限容量系统的电抗标幺值。

当无法得到系统的短路容量时，可以参考线路断路器的断流容量为 $S_{d \cdot xt}$ 值进行计算。

【例 8-5】   某工业厂房，其电力系统如图 8-9 所示。电力变压器型号为 SZ-2000/10/

0.4。求在 10kV 母线上短路点 K_1 及低压 380V 上短路点 K_2 处的短路电流和短路容量是多少?(用标幺值方法计算)

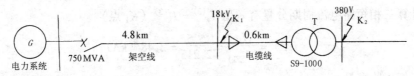

图 8-9 短路计算电路

解:该系统短路等效电路图如图 8-10 所示。

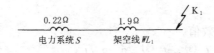

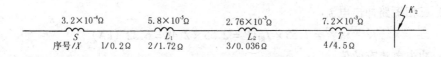

图 8-10 [例 8-5]用图

(一)先求高压(K_1 处)短路电流

1. 确定该电力系统出口断路器的断流容量(即基准容量):根据电力变压器容量 2000kVA 可知其二次侧额定电流 $I_2 = 2000 / (\sqrt{3} \times 0.4) = 2887$(A)。

高压少油断路器的 SN10-10-Ⅲ的断流容量为 750MVA,即本系统断流容量为 750MVA。系统的基准容量设定为 100MVA。

2. 基准电压:该点基准电压 $U_{c1} = 1.05 \times 10 = 10.5$(kV)

3. 基准电流:
$$I_{j1} = \frac{S_j}{\sqrt{3} \times U_{c1}} = \frac{100}{\sqrt{3} \times 10.5} = 5.5 \text{(kA)}$$

$$I_{j2} = \frac{S_j}{\sqrt{3} \times U_{c2}} = \frac{100}{\sqrt{3} \times 0.4} = 144 \text{(kA)}$$

4. 计算系统中主要元件的电抗:

(1)电力系统:

电力系统电抗
$$X_1^* = \frac{S_1}{S_c} = \frac{100}{750} = 0.13$$

(2)架空线:查表得
$$X_0 = 0.38\Omega/km$$

$$X_2^* = \frac{X_0 L S_j}{U_{c1}^2} = \frac{0.38 \times 4.8 \times 100}{10.5^2} = 1.65$$

(3)电缆线路:查表得
$$X_0 = 0.08\Omega/km$$

$$X_3^* = \frac{X_0 L S_j}{U_{c1}^2} = \frac{0.08 \times 0.6 \times 100}{10.5^2} = 0.435$$

(4)电力变压器:查表得阻抗电压 $U_k\% = 4.5$

$$X_4^* = \frac{U_k S_j}{100 S_N} = \frac{4.5 \times 100 \times 10^3}{100 \times 2000} = 2.25$$

将计算出的各电抗标于等效电路图中。

（5）求总电抗标幺值：

$$X_{\Sigma k1}^* = X_1^* + X_2^* = 0.13 + 1.65 + 0.435 = 2.215$$

5．计算三相短路电流周期分量有效值 $I_z^{(3)} = I_k^{(3)}$（K_1 点）

$$I_{k1}^{(3)} = \frac{I_{j1}}{X_{\Sigma k1}^*} = \frac{5.5}{2.215} = 2.48 \ (\text{kA})$$

6．三相短路容量：

$$S_{k1}^{(3)} = \frac{S_{j1}}{X_{\Sigma k1}^*} = \frac{100}{2.215} = 45.15 \ (\text{MVA})$$

7．其他三相短路电流：

（1）第一周期次暂态电流有效值

$$I_{0c}^{(3)} = I_{k1}^{(3)} = 2.48 \ (\text{kA})$$

（2）三相短路冲击电流

$$i_{sh}^{(3)} = 2.55 \times I_{k1}^{(3)} = 2.55 \times 2.48 = 6.32 \ (\text{kA})$$

（3）冲击电流有效值

$$I_{sh}^{(3)} = 1.51 \times I_{k1}^{(3)} = 1.51 \times 2.48 = 3.74 \ (\text{kA})$$

（二）求在 K_2 短路点的三相短路电流

1．基准电压：该点基准电压 $U_{c2} = 0.4$（kV）

2．基准电流：$I_{j2} = \dfrac{S_j}{\sqrt{3}\,U_{c2}} = \dfrac{100}{\sqrt{3} \times 0.4} = 144$（kA）

3．总电抗标幺值：$X_{\Sigma k2}^* = X_1^* + X_2^* + X_3^* + X_4^*$

$$= 0.13 + 1.65 + 0.435 + 2.25 = 4.465$$

4．三相短路电流：

$$I_{k2}^{(3)} = \frac{I_{j2}}{X_{\Sigma k2}^*} = \frac{144}{4.465} = 32.25 \ (\text{kA})$$

5．其他电流

第一周期次暂态电流有效值：$I_{0c}^{(3)} = I_{k2}^{(3)} = 32.25$（kA）

三相短路冲击电流：$i_{sh}^{(3)} = 1.84 \times I_{k2}^{(3)} = 1.84 \times 32.25 = 59.34$（kA）

冲击电流有效值：$I_{sh}^{(3)} = 1.09 \times I_{k2}^{(3)} = 1.09 \times 32.25 = 35.15$（kA）

6．三相短路容量

$$S_{k2}^{(3)} = \frac{S_j}{X_{\Sigma k2}^*} = \frac{100}{4.465} = 22.4 \ (\text{MVA})$$

8.4 短路电流的热效应

在供电系统发生短路故障时，通过导体的短路电流要比正常时大许多倍。系统中的短路保护装置虽然能动作而切断电源，从而防止电气设备的损坏，但是短路电流所产生的高温仍会烧坏电气设备。如果导体发生短路产生的高温没有超过设计规格规定的允许温度（见表 8-8），这时就认为导体对短路电流是热稳定的。所以短路计算热量的目的就是算出导体短路时的最高温度后，再与允许的温度比较，以达到校验之目的。

8.4.1 短路时导体的发热过程

在发生短路时，电流通过导体的电阻而发热，不仅电器设备或线路本身要发热，也向周围的介质散发热量。只有当导体的发热与散热的热量相等时，才能保持稳定的温度。

在供电系统发生短路故障时，如果短路设备动作，短路时间很短，一般时间只有 2 ~ 3s 以内，这时可以不考虑导体向周围散热，可认为是导体与周围介质是绝热的，短路所产生的热量只是使导体本身升温，不会伤及绝缘材料。图 8-11 是发生短路的前后导体温升的变化情况。

导体在短路时最高允许温度 表 8-8

导体种类和材料	最高允许温度（℃）
1. 硬导体：铜	300
铝	200
钢（不和电器直接连接时）	400
钢（和电器直接连结时）	300
2. 油浸纸绝缘电缆：铜芯 10kV 及以下	250
铝芯 10kV 及以下	200
铜芯 20、30kV	175
3. 充油纸绝缘电缆：60 ~ 300kV	160
4. 橡皮绝缘电缆	150
5. 聚氯乙烯绝缘电缆	130
6. 交联聚乙烯绝缘电缆：铜芯	230
铝芯	200
7. 有中间接头的电缆：锡焊接头	120
压接接头	150

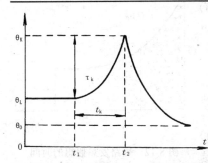

图 8-11 短路前后导体的温度变化

导体在短路以前温度为 θ_L。设在 t_1 时发生短路，导体的温度按指数规律迅速上升。在时间 t_2 时短路保护装置动作而切断电源，此时导体的温度道达到最高 θ_k。短路切除以后导体不再产生热量，因而只向周围介质按指数规律散热，一直到导体与介质温度 θ_0 相等为止。表 8-9 是导体在正常和短路时最高允许温度及热稳定系数。

例如：铝母线常温 70℃，短路时最高允许 200℃。即 $\theta_L \leqslant 70℃$，$\theta \leqslant 200℃$。

8.4.2 确定导体短路时的最高温度 θ_d

要计算短路后导体达到最高的温度，按常理应该求出短路期间实际的短路全电流 i_k 或 $I_{k(t)}$ 在导体中产生的热量 Q_k。但是 i_k 和 $I_{k(t)}$ 都是一个变动的电流，要计算 Q_k 是相当困难的，因为短路电流是短时间动态的大电流，通常采用一个恒定的短路稳态电流 I_∞ 来等效计算实际短路电流所产生的热量，故假定一个时间 t_{ima} 与实际短路电流 i_{kh} 时间 t_k 内所产生的热量相等，如图 8-12 所示。

1. 短路发热的假想时间可用下式计算

$$t_{ima} = t_k + 0.05 + (I''/I_\infty)^2 s \tag{8-52}$$

在无限大容量系统中，由于次暂态短路电流近似等于短路稳态电流，即

导体在正常和短路时最高允许温度及热稳定系数　　　　表 8-9

导体种类和材料	最高允许温度（℃）		热稳定系数 C
	正常 θ	短路 θ	
母线：铜	70	300	171
铜（接触面有锡层时）	85	200	164
铝	70	200	87
油浸纸绝缘电缆：铜芯 1～3kV	80	250	148
6kV	65	220	145
10kV	60	220	148
铝芯 1～3kV	80	200	84
6kV	65	200	90
10kV	60	200	92
橡皮绝缘导线和电缆　　铜芯	65	150	112
铝芯	65	150	74
聚氯乙烯导线和电缆　　铜芯	65	130	100
铝芯	65	130	65
交联聚乙烯绝缘电缆　　铜芯	80	230	140
铝芯	80	200	84
有中间接头的电缆（不包含　铜芯	—	150	—
聚氯乙烯绝缘电缆）　　铝芯	—	150	—

$I'' = I_\infty$，因此假想时间为：

$$t_{ima} = t_k + 0.05 s \tag{8-53}$$

上式中所有时间单位都为 s。当 t_k 大于 1s 时，可以认为 $t_{ima} = t_k$。

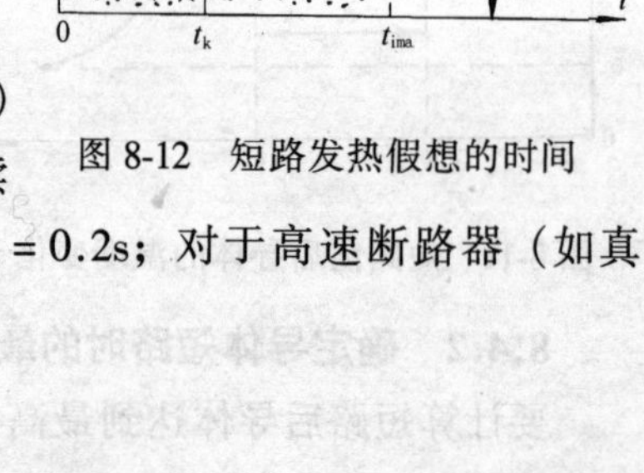

2. 短路时间与断路器断电时间的关系：

短路时间 t_k 为短路保护装置实际最长的动作时间 t_{0p} 与断路器的断路时间 t_{0p} 之和，即：

$$t_k = t_{0p} + t_{0c} \tag{8-54}$$

式中 t_{0c} 又分为断路器的固有分断时间与其电弧延续时间之和。对于一般高压断路器（如油断路器）可取 $t_{0c} = 0.2s$；对于高速断路器（如真空断路器），可取 $t_{oc} = 0.1～0.15s$。

图 8-12　短路发热假想的时间

3. 实际短路电流通过导体在短路时间内产生的热量

根据以上对时间的分析可得到短路实际发热公式为

$$Q_k = \int_0^{t_k} I_{k(t)}^2 \cdot R \cdot dt = I_\infty^2 \cdot R \cdot t_{ima} \tag{8-55}$$

根据这个热量最后可计算出导体在短路后所达到的最高温度 θ_k。但是这种计算，不仅比较复杂，而且有的系数难于准确确定，包括导体的电导率（它在短路过程中就不是一

个常数），所以计算结果与实际出入很大。

4. 短路时最高温度的确定

在工程设计中，常用图 8-13 中曲线来确定短路导体最高温度 θ_k。横坐标是导体加热系数 K，纵坐标是导体周围介质的温度 θ。

由 θ_L 查 θ_k 的步聚如下，参见图 8-14。

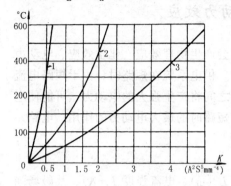

图 8-13 确定 θ_K 的曲线

1—钢；2—铝；3—铜

（1）先从纵坐标图上找出导体在正常负荷的温度 θ_L 值；如果实际温度不知道，可查阅表 8-9 所列出的正常最高允许温度。由 θ_L 向右查得相应曲线 A 点。

（2）由 A 点向下查得横坐标轴上 K_L。按下式计算加热系数：

$$K_k = K_L + (I_\infty / S)^2 \cdot t_{ima} \qquad (8-56)$$

式中　K_k——导体的加热系数；

　　　I_∞——短路电流；

　　　S——导体的截面（mm^2）；

　　　t_{ima}——假想的短路发热时间。

（3）从横坐标轴上找出 K_k 值。由 K_k 向上查得曲线上的 B 点。由 B 点向左查得短路最高温度 θ_k 值。最后再和材料数据（图 8-13）相比较，校验其热稳定。

8.4.3 短路时热稳定的校验条件

电气设备或导线载流部分的热稳定度校验，是根据校验对象的不同而采用不同的具体条件。

1. 对一般电气的热稳定度的校验条件

电器设备能承受的热能应该大于短路时间所发生的热能。电器产品样本标有热稳定试验电流和热稳定试验时间，依据这两个参数就可以计算校验了。

$$I_t^2 \cdot t \geq I_\infty^{(3)2} \cdot t_{ima} \qquad (8-57)$$

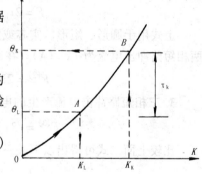

图 8-14 用 θ_L 查 θ_k 的步聚

式中　I_t——电气的热稳定试验电流；

　　　t——电气的热稳定试验时间。

以上的 I_t 和 t 均可在电器样本中查得。

2. 对母线及绝缘导线、电缆等导体的热稳定校验

这是从母线所允许的最高温度与实际短路发热温度比较，应该按照下式的条件校验其热稳定度：

$$\theta_{k \cdot max} \geq \theta_k \qquad (8-58)$$

式中　$\theta_{k \cdot max}$——导体在短路时的最高允许温度，见表 8-9。

如前所述要确定 θ_k 比较麻烦，因此也可以根据短路热稳定度的要求来确定其最小允许截面。由式（8-58）可得：

$$A_{min} = I_\infty^{(3)} \sqrt{t_{ima} / (K_k - K_L)}$$

令式中 $\sqrt{K_k - K_L} = C$，则：

$$A_{\min} = \frac{I_\infty^{(3)} \sqrt{t_{ima}}}{C} \qquad (8-60)$$

式中　$I_\infty^{(3)}$——三相短路稳态电流（A）；

　　　C——导体的热稳定系数，可查表 8-9。

8.5　短路电流的电动力效应

供电系统发生短路时，电流既然很大，那么必然会产生物理效应、化学效应、电动力效应。如发热和电动力会损坏电气设备的绝缘及机构。供电系统在短路时，由于短路电流特别是短路冲击电流是相当大的，因此相邻载流导体之间将产生强大的电动力，可能使电器和载流部分遭受严重的破坏。要使电元件能够承受短路时的最大电动力的作用，电路元件就要具有足够的电动稳定性。

8.5.1　短路时的最大电动力

1．在物理学中电动力 F（N）与通电导线的长度 L（m）、电流强度 I（A）、及磁场强度 B（Wb/m^2）等有关。方向用左手定则判断。即

$$F = BLI \cdot \sin\alpha \qquad (8-61)$$

式中 α 是导线和磁场方向的夹角。

2．如果两个平行导体同时通过电流 i_1 和 i_2，其间距为 a，相临两支点的档距为 1，则导体间的相互电磁力是 F 为：

$$F = 2i_1 \cdot i_2 \ (1/a) \ \times 10^{-7} \qquad (N/A^2) \qquad (8-62)$$

上式用于圆形、矩形、实芯或空芯均可以。例如在三相供电系统中发生两相短路时，两相短路冲击电流为 i_{sh}^2（A）。在通过两相导体时产生的电动力（N）最大，即：

$$F^{(2)} = 2i_{sh}^2 \cdot \ (1/a) \ \times 10^{-7} \qquad (N/A^2) \qquad (8-63)$$

3．三相短路冲击电流产生的电动力最大为

$$F^{(3)} = \sqrt{3} i_{sh}^{(3)2} \cdot \ (1/a) \ \times 10^{-7} \qquad (N/A^2) \qquad (8-64)$$

比较上面二式可得出以下关系，其比为：

$$\frac{F^{(3)}}{F^{(2)}} = \frac{2}{\sqrt{3}} = 1.15 \qquad (8-65)$$

4．结论：三相供电系统中发生的三相短路电动力是两相短路冲击电流电动力的 1.15 倍。因此在实用中只校验三相短路冲击电流的电动稳定度。或者校验短路后第一个周期的三相短路全电流有效值 $I_{sh}^{(3)}$。

8.5.2　短路动稳定的校验条件

不同电器稳定度的校验条件不同，如：

1．一般低压电器动稳定度的校验条件：电器设备的极限通断电流应该大于三相短路冲击电流。或用有效值表示。

$$i_{\max} \geqslant i_{sh}^{(3)} \qquad (8-66)$$

$$I_{\max} \geqslant I_{sh}^{(3)} \qquad (8-67)$$

式中　$i_{\max}$——电器设备的极限通过电流峰值；

$i_{sh}^{(3)}$——三相短路冲击电流；

I_{max}——电器设备的极限通过电流的有效值。数据可由产品样本中查得。

例如：C45-AD-60/3 极限分断能力为 40kA，校验其热稳定度实际是求三相短路电流值，然后再进行比较即可。

2. 对绝缘子电动稳定度的校验条件

应该是绝缘子的最大允许载荷大于三相短路作用于绝缘子上的力。

$$F_{al} \geq F^{(3)} \tag{8-68}$$

式中　F_{al}——绝缘子的最大允许载荷，可由产品样本查得；如果样本给的是绝缘子的抗弯破坏载荷值，则应再乘 0.6 作为 F_{al} 值。

　　$F^{(3)}$——短路时作用于绝缘子上的计算力；如果母线平放在绝缘子上，则按式（8-68）计算。若平放，则按 $F^{(3)} = 1.4F^{(3)}$ 计算。因为平放受力大。

3. 对母线等硬导体的电动力稳定校验条件：硬母线所允许的最大应力大于计算的应力。

$$\delta_{al} \geq \delta_0 \tag{8-69}$$

式中　δ_{al}——母线材料的最大允许应力（Pa），铜 137MPa，铝 69MPa；　（$1Pa = 1N/m^2$，

　　　　$1MPa = 10^6 Pa = 0.102 kgf/mm^2$）

　　δ_0——母线通过 $i_{al}^{(3)}$ 时，所受到的最大计算应力。

最大计算应力为：

$$\delta_0 = \frac{M}{W} \tag{8-70}$$

式中　M——母线通过 $i_{sh}^{(3)}$ 时，所受到的弯曲力矩（N·m），当母线的档数为 1～2 时，$M = F^{(3)}/8$；当档数大于 2 时，$M = F^{(3)}/10$。

　　W——母线的截面系数（m^3）。当母线水平放置时，$W = L^2 \cdot h/6$。L 是母线的水平宽度，h 是母线截面的垂直高度，单位都是 m。

电缆的机械强度好所以不用校验。

8.5.3　大容量电动机启动反馈冲击电流的影响

当电动机离电源比较远、电机的容量也不太大时，供电线路短路电机的启动反馈冲击电流影比较小。但是在距离在短路点附近约 20m 以内，有一台或多台容量在 100kW 以上的交流电动机运行时，应该考虑短路时电动机的端电压骤然下降，致使电动机因定子电动势反高于外加电压而向段路点反馈的短路电流，如图 8-15 所示。后果是使短路计算点的短路电流进一步增大。

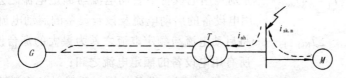

图 8-15　电动机对短路点反馈冲击电流

当交流电动机的进线端发生三相短路时，它反馈的最大短路电流瞬时值（即电动机反馈冲击电流）可按下式计算：

293

$$i_{\text{sh} \cdot \text{M}} = \sqrt{2} \cdot \frac{E_M^*}{X_M^*} K_{\text{sh} \cdot \text{M}} \cdot I_{\text{N} \cdot \text{M}}$$

$$= C \cdot K_{\text{sh} \cdot \text{M}} \cdot I_{\text{N} \cdot \text{M}} \tag{8-71}$$

式中 X_M^*——电动机次暂态电抗标幺值；

      E_M^*——电动机次暂态电动势标幺值；

      C——电动机反馈冲击倍数（见表 8-10）；

  $K_{\text{sh} \cdot \text{M}}$——电动机短路电流冲击系数对于 3～6kV 电动机可取 1.4～1.6，对 380V 的电动机可取 1。

  $I_{\text{N} \cdot \text{M}}$——电动机额定电流。因为交流电动机在外电路短路后，很快得到制动，所以它产生的反馈电流衰减很快。因此只考虑短路冲击电流的影响时才需要计入电动机反馈电流。

电动机的 E_M^*、X_M^* 和 C 值   表 8-10

电动机类型	$E'' * M$	$X * M$	C	电动机类型	$E'' * M$	$X'' * M$	C
同步补偿机	1.2	0.16	10.6	感应电动机	0.9	0.2	6.5
综合性负荷	0.8	0.35	3.2	同步电动机	1.1	0.2	7.8

8.5.4 尖峰电流的确定方法

尖峰电流是持续 1～2s 的短时最大负荷电流。它来计算电压波动，选择熔断器、自动开关，整定继电保护装置及检验电动机自动启动条件。

1. 单台用电设备尖峰电流的确定

$$I_{jf} = KI_N \quad (\text{A}) \tag{8-72}$$

式中 K——启动电流倍数，即启动电流与额定电流之比，鼠笼电机可达 6～7，绕线电动机为 2～3，直流动电机为 1～7，电焊变压器为 3 或稍大；

  I_N——电动机、电弧焊或变压器高压侧的额定电流（A）。

2. 多台用电设备尖峰电流的确定

引至多台用电设备的线路尖峰电流按下式计算

$$I_{jf} = K_\Sigma \Sigma I_{N(n-1)} + I_{q \cdot \max} \quad (\text{A}) \tag{8-73}$$

$$I_{jf} = I_{js} + (I_q - I_N)_{\max} \quad (\text{A}) \tag{8-74}$$

式中 $I_{q \cdot \max}$ 和 $(I_q - I_N)_{\max}$——分别是用电设备中启动电流与额定电流之差为最大的那台用电设备的启动电流及该台设备的启动电流之差值；

      $\Sigma I_{N(n-1)}$——将启动电流与额定电流之差为最大的那台设备除外的其它所有用电设备的额定电流之和；

        K_Σ——$(n-1)$ 台用电设备的同时系数，按台数多少来取，一般为 0.7～1；

        I_{js}——全部用电设备接入线路上的计算电流。

【例 8-6】 有一条 380V 供电线路，负载有 4 台电动机，参数见表 8-11，求线路的尖峰电流。

解：先找出启动电流与额定电流之差为最大的电动机

$$1D：I_q - I_N = 40.6 - 5.8 = 34.8（A）$$

$$2D：I_q - I_N = 35 - 5 = 30（A）$$

四 台 电 动 机 的 参 数   表 8-11

参 数	电 动 机			
	1D	2D	3D	4D
额定电流（A）	5.8	5.0	35.8	27.6
启动电流（A）	40.6	35	197	193.2

$$3D：I_q - I_N = 197 - 35.8 = 161.2（A）$$

$$4D：I_q - I_N = 193.2 - 27.6 = 166.6（A）$$

有计算结果可知 4D 的启动电流与额定电流之差为最大，因此按公式（8-6）可求得线路的尖峰电流（取 $K_\Sigma = 0.9$）为：

$$I_{jf} = 0.9 \times（5.8 + 5 + 35.8）+ 193.2 = 235（A）$$

习 题 8

一、填空题

1. 出现最严三相短路的条件为＿＿＿＿＿、＿＿＿＿＿、＿＿＿＿＿。

二、问答题

1. 如果短路电路中只有电阻，短路电流将如何变化？如果短路电路中只有电感，短路电流将如何变化？

2. 什么是短路计算电压？它和线路的额定电压有什么区别？

3. 什么是标幺值？它的基准值如何确定？

三、计算题

1. 湖北地区有一个电力系统如图 8-16 所示。该电力系统出口断路器的断流容量为 500MVA，求在 10kV 母线上短路点 K_1 及低压 380V 上短路点 K_2 处的短路电流和短路容量是多少？

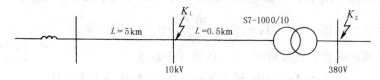

图 8-16 习题 1 用图

习 题 8 答 案

一、填空题

1. 高压网 ωL 远大于 R、短路发生在瞬时过零点、短路之前线路空载。

二、问答题

1. 答：如果短路电路中只有电阻，则在电力系统突然短路时，因为短路电路的电阻远比正常电路的电阻小，所以根据欧姆定律 $I = U/\sqrt{3}R$ 可知在系统电压不变时，短路电流将突然增大许多倍，而且因为没有电感，不存在短路电流非周期分量，所以短路电流 i_k 的幅值恒定不变，而且和电压的相位相同。

如果短路电路中只有电感，那么在电力系统突然短路时，其短路电流的周期分量 i_p 由 $I = U\sqrt{3}X$ 决定，增大很多倍，而由于电路中只有电感，没有电阻，所以其短路电流非周期分量 i_{np} 为一个不衰减的直流电流。i_p 与 i_{np} 相迭加，因此其短路全电流 i_k 为一个偏轴的等幅电流曲线，而相位滞后于电压 $90°$。

2. 答：计算短路电流时所用的电压就是短路计算电压，它比额定电压大 5%。

3. 答：所谓标幺值就是该物理量的实际值与所选定的基准值的比值。标幺值的基准值一般先确定基准容量 S_d 和基准电压 U_d。

基准容量 S_d 通常取为 100MVA。

基准电压通常取元件所在电路的短路计算电压，即取 $U_d = U_c$。基准电压按下式计算：

$$I = \frac{S_d}{\sqrt{3}\,U_d}$$

基准电抗按下式计算：

$$X_d = \frac{U_d^2}{S_d}$$

三、计算题

1. 解：该系统短路等效电路图如图 8-17。

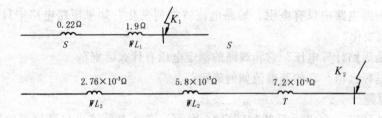

图 8-17 习题 1 解

(1) 先求高压（K_1 处）短路电流：该点计算电压 $U_c = 1.05 \times 10 = 10.5$（kV）

①电力系统的电抗 $\qquad X_1 = \frac{U_{c1}^2}{S_{0c}} = \frac{10.5^2}{500} = 0.22$（$\Omega$）

②架空线路的电抗：查表得 $\qquad X_0 = 0.38$（Ω/km）

$$X_2 = X_0 \cdot L = 0.38 \text{（}\Omega\text{/km）} \times 5 \text{（km）} = 1.9 \text{（}\Omega\text{）}$$

总阻抗： $\qquad X_{\Sigma k1} = X_1 + X_2 = 0.22 + 1.9 = 2.12$（$\Omega$）

③三相短路电流的周期分量有效值

$$I_{k1}^{(3)} = \frac{U_{c1}^2}{\sqrt{3} \cdot X_{\Sigma k1}} = \frac{10.5^2}{\sqrt{3} \cdot 2 \times 12} = 2.86 \text{（kA）}$$

④三相短路容量

$$S_{k1}^{(3)} = \sqrt{3} \cdot U_{c1} \cdot I_{k1}^{(3)} = \sqrt{3} \times 10.5 \times 2.86 = 52.0 \text{（MVA）}$$

(2) 低压 380V（K_2 处）短路电流：根据 $S_{oc} = 500MVA$，$U_{k2} = 0.4kV$

①电力系统的电抗 $X_1 = \dfrac{U_{c2}^2}{S_{oc}} = \dfrac{0.4^2}{500} = 0.00032$ （Ω）

②架空线路的电抗：

$$X_2 = X_0 \cdot L \left(\dfrac{U_{c2}}{U_{c1}} \right)^2 = 0.38 \times 5 \times \left(\dfrac{0.4}{10.5} \right)^2 = 0.00276 \ （\text{Ω}）$$

③高压电缆电抗：查表得 $X_0 = 0.08$ （Ω/km）

$$X_3 = 0.08 \times 0.5 \times \left(\dfrac{0.4}{10.5} \right)^2 = 0.000058 \ （\text{Ω}）$$

④电力变压器的电抗：查表得 $U_k\% = 4.5$

$$X_4 = \dfrac{U_k\%}{100} \times \dfrac{U_{c2}^2}{S_N} = \dfrac{4.5}{100} \times \dfrac{0.4^2}{1000} = 0.0072 \ （\text{Ω}）$$

⑤总阻抗 $X = X_1 + X_2 + X_3 + X_4$

$$= 3.2 \times 10^{-4} + 2.76 \times 10^{-3} + 5.8 \times 10^{-5} + 7.2 \times 10^{-3} = 0.01034 \ （\text{Ω}）$$

⑥三相短路电流的周期分量有效值：

$$I_{k2}^{(3)} = \dfrac{U_{c2}^2}{\sqrt{3} \cdot X_{\Sigma k2}} = \dfrac{0.4^2}{\sqrt{3} \times 0.01304} = 22.3 \ （\text{kA}）$$

⑦三相短路容量

$$S_{k2}^{(3)} = \sqrt{3} \cdot U_{c2} \cdot I_{k2}^{(3)} = \sqrt{3} \times 0.4 \times 22.3 = 15.5 \ （\text{MVA}）$$

9 变电所的主接线方式

本章主要介绍 10kV 变电所的主要设备、型号、变电所母线的主结线方式及变电所的低压系统。变配电系统涉及的技术问题广泛，本章简要介绍设计和施工安装技术知识。

9.1 变电所的形式及电压的确定

9.1.1 变电所的形式

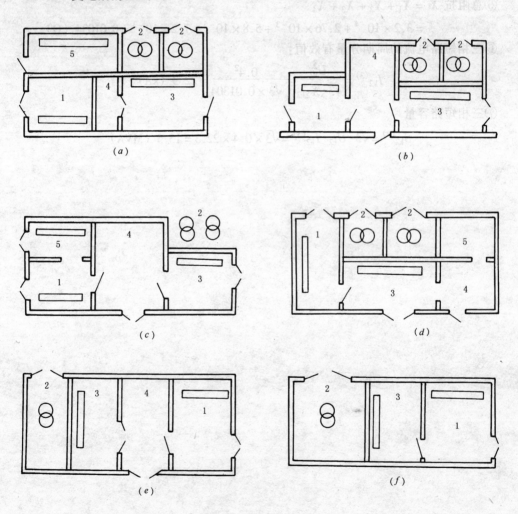

图 9-1 变电所的形式

(*a*) 带高压电容室；(*b*) 附设式；(*c*) 外附设变压器；(*d*) 小值班室；(*e*) 有值班室；(*f*) 无值班室

1—高压室；2—变压器室；3—低压配电室；4—值班室；5—电容器室

建筑供电系统变电所的形式如图 9-1 所示。其布局的规律是变压器室和其他各室用墙隔开，之间不设门；电气系统顺序是从高压配电室——变压器室——低压配电室；值班室的位置宜设计在中间，分开各室，并且和高、低压配电室有门以便进出方便；各门的开启方向应该是朝着疏散方向的，即一旦有危险时从危险大的室朝着危险小的室，例如从各室向值班室开，所有门一律向外开。

需要指出的是并不是所有供电系统都必须包括图中所有组成部分。是否需要建高压配电室以及高低压配电柜的数量等均取决于用电单位的规模、建筑物距电源的距离、负荷量、分布情况、配电方式和本地区电网条件等因素。同时，对同一组成条件又可能存在各种组合方案。方案的确定一般是采用技术经济比较优化的方法选出技术上合理、安全、可靠、经济上投资低、效益高的最佳方案。

9.1.2 变电所供电电压的选择因素

变配电电压的确定要根据当地的高压等级决定，在一般情况下常用 6kV、10kV、35kV 等。在建筑工程高压用户采用 10kV 居多。对于 6～10kV 这两种电压，从技术经济指标考虑这两种电压，在相同供电距离、输送同样的电功率时，电压越高电流就越小，所以可节约有色金属和线投资，其开关设备的投资相似，供电的可靠性也差不多，所以实用中常用 10kV，供电的距离和供电的容量都优于 6kV。

供电电压是指需经过变电所换电压等级后才能在建筑物（或厂区）内进行配电的电压。我国目前所用的供电电压是 35～110kV。

在供电电压的范围内，提高供电电压的等级可以减少电能损耗、节约金属耗量、但却增加投资等，必须进行技术经济比较。根据经验与以下因素有关：

1. 供电电压与负荷大小和距电源距离（负荷距）有关。

理论可以证明：当电压一定时，能量损耗与金属耗量均与负荷距成正比。因此，对应选用某一级供电电压，必须有一合理的供电容量和供电距离，因而规定在相应的传输容量和传输距离时选用不同电压等级是合理的。经计算分析规定如表 9-1 所示。

供电容量、线路电压和传输距离的关系　　　　　　　　　　表 9-1

序	线路电压 (kV)	线路结构	输送功率 (kW)	输送距离 (km)	分析情况
1	0.38	架空线	≤100	≤0.25	电缆容量大 75%，而且供电距离远
	0.38	电缆线	≤175	≤0.35	
2	6	架空线	≤2000	3～10	10kV 比 6kV 输送距离远，而且功率大
	6	电缆线	≤3000	≤8	
3	10	架空线	≤3000	5～15	功率 3:5，距离 1:1
	10	电缆线	≤5000	≤10	
4	35	架空线	2000～15000	20～50	电压大 1 倍，功率大 1 倍，距离远
	63	架空线	3500～30000	30～100	
5	110	架空线	10000～50000	50～150	电压大 1 倍，功率大 10 倍，距离大 3 倍
	220	架空线	100000～500000	200～300	

2. 地区原有高压等级情况

供电电压与地区原有电压情况有密切制约关系。地区原有电压已由国家的电力系统确定，因此建筑供电系统的供电电压必须符合地区原有电压等级。只有地区存在两个以上电压等级时，建筑供电系统才有选择采用哪个等级的必要性。例如当地有 10kV 的高压，但是容量不够，也可以从远处引来 35kV 高压，甚至 110kV。

3. 供电电压与供电敷设方式的关系

当线路采用架空线与电缆线路时，由于供电电压不同，输送功率与供电距离有所不同，其关系见表 9-1 中的情况分析。当采用电缆敷设方式时，在截面相同的情况下电缆输送的电功率多，而且输送的距离远。

9.1.3 低压配电电压的选择

在建筑工程中应用最多的是 380/220V。在矿井等场所当供电距离负荷中心很远时，有用 660V 或更高的电压。目的是节约有色金属和电能，扩大供电距离，减少变电点，提高供电的能力。提高供电电压有明显的经济效益，是各国研究发展的趋势。我国在石油、化工和采矿等部门有 660V 的电压等级。

1kV 以下电压，除因安全需要规定的安全电压外，供给电力用户直接使用的交流动力和照明电压，国家标准中只有 380/220V 一级。

在建筑企业安全电压分三个等级，36V 用于环境干燥，条件良好的情况；24V 用于环境潮湿的情况；12V 用于条件恶劣的场所，如在金属容器内操作。安全电压变压器的线圈有抽头，可以供选用。

1. 公用电力系统的输配电原则

大多数建筑都由当地电力公司供电，为了了解符合用电设备要求的电压调节原则，必须理解公用电力系统输配电的一般原理。大多数公用发电厂建在靠近燃料、水源方便的地方。发出的电力，除电厂自用外，一般由厂内变电站，将电压变到 10kV 或以上输送到主要负荷区。输电线属于无电压调节范畴，在发电厂内控制电压是专为保持线路电压在正常电压范围内运行以便于电力输送。

为了在用电设备端子上提供符合要求的电压，可以就在该点采取措施进行电压调节。过去的方法是在一次配电电压的变压器上装设有载调压装置，随负荷情况改变变化，以保持变电所一次配电电压的恒定，使其与输电电压的波动无关。也可采用分级的调压装置或感应调压器。

通常用补偿器进行正常的电压调节，随负荷增加提高电压，随负荷减少降低电压，以补偿一次配电系统中的电压降。

这样就保持了固定的平均电压，并且在轻负荷期间一次配电系统电压降减小时，可防止电压升高至尖峰电压值。靠近变电站的建筑承受的平均电压高于距离远的建筑所承受的电压。

建筑得到的供电电压，取决于建筑是接在配电变压器上，还是接在一次配电系统上或者接到输电电压系统上。采用何种接法，可按建筑负荷大小，依以上顺序决定。负荷为几百千伏安的小建筑和所有从低压二次网路供电的建筑都接到配电变压器上，此二次配电系统包括从配电变压器接到建筑的供电线路和建筑物内的配线。负荷为几千千伏安的中型建筑可连接到一次配电系统。

负荷超过几千千伏安的大型建筑物可连接到输电系统上，由建筑负责装设一次配电系统、配电变压器、二次配电系统，有的可能还要设置变电站。电力公司电力系统与建筑系统间的接线细则，取决于电力公司的规定。如果由自备电厂供电，当电压在600V以上时，发电机可以全部或部分取代从电力系统直到配电变压器的设施。若发电机电压为600V或600V以下，也可以取代配电变压器。

2. 系统标称电压的定义

"系统标称电压"这一名称并不只标明一个单一电压，而是标明一个电压范围，系统上任一点的实际电压可以在其范围内变化，而且还可保证连接到此系统的设备能正常运行。

在系统上任一点所测得实际电压取决于测量点的位置和测量的时间。变压器的变比使变压器产生固定的电压变化，而电压调节装置的运行也会产生电压变动。电路中电流变化则导致电源与测量点之间电压降的改变。

9.2 变电所母线的主接线类型

9.2.1 母线的概念

母线也称为汇流排，它是接受电能和分配电能的导体。在变电所中设母线的目的是汇集变压器的电能再把电能分配给各用户的馈电线路，用以提高变电所供电可靠性和运行、检修的灵活性。因为它是各条馈电线路的集中点，所以母线的结线方式直接关系着各路负荷运行的可靠、安全与灵活性。母线的材料通常采用扁铜或扁铝制成。

母线的连接要求比较严格。当铜母线与铜母线相连接时，应该首先涮锡，以防止接触不良。当铝母线和铝母线相连接时，铝母线应首先打光、除去氧化层，再涂上中性凡士林油，然后再相连接。当铜母线和铝母线相连接时，铜母线也要涮锡，铝母线应除去氧化层以后再相连接。

6～220kV高压配电装置的接线有两类

1. 有汇流排的接线：具体有单母线、单母线分段、双母线、双母线分段、增设旁路母线或旁路隔离开关等。

2. 无汇流排的接线：具体有变压器-线路单元接线、桥形接线、角形接线等。

9.2.2 单母线不分段接线

单母线结线一般是一路电源进线，引出线回路数不受限制。如某地区建筑总配电所可以输出许多回路到各小区变电所（或高压电机）。单母线不分段的接线方式，它的每条输入和输出线路中都安装有隔离开关QS及负荷开关QF，如图9-2所示。

图中负荷开关QF的作用是切断负荷电流或

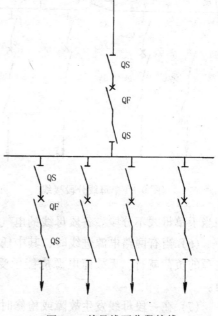

图9-2 单母线不分段接线

故障电流。隔离开关 QS 靠母线侧的称为母线隔离开关，它的作用是隔离电源与母线，检修负荷开关时使用。靠线路侧的称为线路隔离开关。它的作用是在检修线路负荷开关时防止从用户侧反向送电，或防止雷电过电压侵入线路，能保证设备和人员的安全。按有关设计规范：对 6～10kV 的引出线有电压反馈可能的出线回路及架空出线回路应安装隔离开关。

1. 单母线不分段特点

(1) 线路简单，价格低廉。

(2) 使用设备少，运行省事、发展方便。便于扩建和使用成套设备。

(3) 可靠性和灵活性较差，因为当母线或母线隔离开关发生故障或检修时，会造成全部负荷断电。

2. 应用：单母线不分段的结线方式适合于三类负荷。出线回路不超过 5 个回路，用电量也不太大的场合。

9.2.3 单母线分段接线

图 9-3 是单母线分段主线示意图，它在每一段接一个或两个电源，在母线中间用隔离开关或负荷开关来分段。引出各支路分路接到各段母线上，适用于供电容量较大的 6～10kV 的配电所。常采用两回电源进线的母线分段的方式。

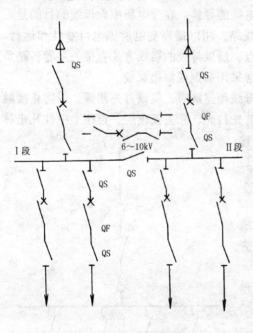

图 9-3　单母线分段接线

1. 采用隔离开关的单母线接线的特点

(1) 可靠性较高。因为当某一段母线发生故障时，可以分段检修。经过倒闸操作，可以先切除故障段，其他无故障段继续运行。用断路器分段后对重要用户可以从不同段引出；两个回路，由两个电源供电。

(2) 当一段母线发生故障时，分段断路器自动将故障段切除，保证正常段母线不间断供电，不致于使重要负荷停止供电。对于检修来说，如果是采用两个隔离开关分段，其中一个隔离开关发生故障，可在保持重要负荷工作的同时，从容检修故障。

(3) 分段隔离开关平时几乎不用，出现故障的概率不大。

(4) 负荷允许短时间停电。用于二、三类负荷。

(5) 单母线分段接线可以并列运行，此时相当于单母线不分段。各段母线的电气系统不互相影响，母线电压按非同期考虑。

(6) 当有两路电源进线时，其中任意一段电源线路发生故障时，不必停电，调整另外电源的负荷就行。无故障电源应能承受运行着的全部负荷的需要，否则应切断一部分负荷。

(7) 在一段母线发生故障或检修时，会影响正常母线段的短时间停电。

2. 采用负荷开关的单母线接线的特点

302

6～10kV母线的分段处一般装设隔离开关，但是在下列情况：事故时需要切换电源、需要带负荷操作、有继电保护要求、出线回路较多等情况时，母线之间应采用负荷开关作为联络开关使用。

(1) 无论是用隔离开关，还是负荷开关分段，在母线发生故障或检修时都不可避免地使该段母线的用户停电。

(2) 用负荷开关有继电保护功能，除能切断负荷电流和故障电流以外，还可以自动分、合闸。运行可靠性高，能自动切除故障段母线。

(3) 检修故障母线时，引起检修段母线的停电，可以直接操作分段负荷开关，拉开隔离开关进行检修，其余各段母线继续运行。

(4) 出线为双回路时，常使架空线路出现交叉跨越。扩建时需要向两个方向均衡扩建。

(5) 检修单母线结线引出线的负荷开关时，该路用户必须停电。只有在双回路供电时，才能继续工作。为此，可采用单母线加旁路母线代替引出线的负荷开关继续给用户供电。

3. 带有旁路母线的单母线接线

图9-4中第三路负荷开关 QF_3 出故障需要检修时，为了让该路负荷的工作不受到影响，而设置一个旁路母线，在旁路母线与原母线上再安装一个隔离开关 QS_{10} 和负荷开关 QF_5。在检修 QF_3 时，首先断负荷开关 QF_3，再断隔离开关 QS_3 和 QS_8，再合上开关 QS_5、QS_{10} 和 QS_{13} 及旁路负荷开关 QF_5，就可以继续给 L_3 路供电。

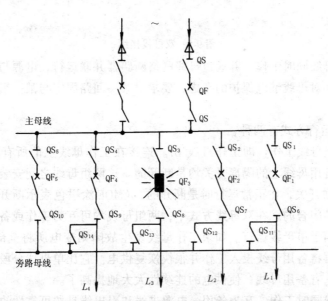

图 9-4 带有旁路母线的单母线接线

工程中常用的配电所就是把同级电压集中受电，再放射分配电能。6～10kV配电所多数采用单母线或单母线分段的接线方法。

9.2.4 双母线接线

当负荷大，一级负荷多，馈电回路数多，采用单母线分段制有困难时，则可采用双母

303

线制，常用于 35～110kV 的母线系统或有自备发电厂的 6～10kV 的重要母线系统中。图 9-5 所示是双母线接线示意图。B1 为工作母线，B2 为备用母线，连接在备用母线上的所有的母线隔离开关都是断开的。每条进出线均经一个断路器和两个隔离开关分别接到双母线上。

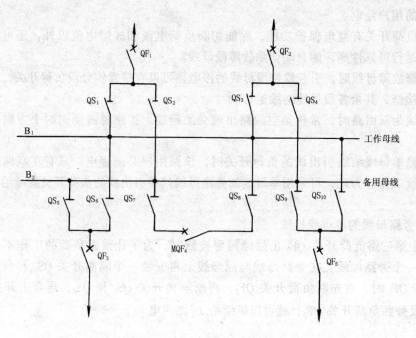

图 9-5 双母线接线

双母线两组母线同时工作，并通过母线联络断路器并联运行，电源与负荷平均分配在两组母线上。出于对母线继电保护的考虑，要求对某一回路固定与某一组母线连接，以固定方式运行。

1. 双母线的运行方式有两种：

（1）只有一组母线工作，即工作母线 B1。连接在工作母线上的所有隔离开关都是闭合的。而另一组备用母线上的隔离开关均是断开的。这两组母线之间安装有母线联络断路器 MQF，简称母联开关，在正常运行时是断开的，（MQF 涂黑色表示断开）。在 MQF 两侧的隔离开关也都是闭合的。在双母线方式中，两组母线均可互为工作或备用状态。

这种情况相当于单母线运行。如果工作母线发生故障则变电所将全部用户暂时停电，通过倒闸操作，再将备用母线投入工作并很快恢复供电。它比单母线分段的停电范围反而更扩大了。但是它有备用母线，使供电的连续性大大地提高了。

（2）两组母线同时工作，互为备用。电源进线和引出线是按可靠性的要求及电力平衡这两项原则分别接到两组母线上的，母线开关在正常时是接通的。

这种运行方式相当于单母线分段运行，所不同的是它克服了回路无法转移（即改变连接）的缺点。当任意一组母线发生故障时，仅影响该母线上的电源功率及该母线上的负荷停电。和单母线分段相比较，故障停电的范围相同，可是供电的连续性却大大地提高了，显然优于单母线。

2. 双母线的特点

(1) 优点：供电可靠，调度灵活，扩建方便，便于实验。

供电可靠。通过两组母线隔离开关的倒换操作,可以轮流检修一组母线而不会使供电中断。一组母线故障后,能迅速恢复供电。检修任何回路的母线隔离开关,只能停该回路。

调度灵活。各个电源和回路负荷可以任意分配到不同母线组，能灵活地适应系统中各种运行方式和潮流变化的需要。

扩建方便。向双母线的左右任何一个方向扩建，均不影响两组母线的电源和负荷均匀分配，不会引起原有回路的停电。当有双回路架空进线时，可顺序布置，不会出现交叉跨越。

便于实验。当个别回路需要单独进行实验时，可将该回路分开，单独接到一组母线上。

(2) 缺点：增加一组母线或回路就需要增加一组母线隔离开关。当母线段故障或检修时，隔离开关倒换操作电器，容易误操作。为了避免隔离开关误操作，需要在隔离开关和断路器之间装设联锁装置。母线隔离开关数量多，联锁机构复杂、金属耗量大、配电装置复杂，造价比较高。

3. 双母线适用范围

当出线回路数或母线上电源较多、输送和穿越功率较大、母线故障后要求迅速恢复供电、母线或母线设备检修时不允许影响对用户的供电、系统运行调度对接线的灵活性有要求时采用。

9.3 建筑变配电所高压常用的主接线

当前建筑变配电所高压常用的主接线的形式有高压侧无母线、高压单母线不分段、高压单母线分段、桥式接线等。

9.3.1 总降压变电所的主接线

1. 高压侧无母线的接线

这种形式比较简单，适用于二、三级负荷的建筑或大型机械工厂，可采用一路电源进线，只有一台变压器，如图9-6所示。

当供电线路不长时，可采用这种高压侧不装断路器的接法，而由电源侧一个断路器承担任务，优点是器件少、接线简单、费用低、施工方便。缺点是检修故障时须停电，供电的可靠性较差。

2. 桥式接线

采用双回路电源进线，要求有两台电力变压器，并使用内桥式接线，如图9-7 (a) 所示，图9-7 (b) 是外桥式。

桥式接线常用于一、二级负荷的高层建筑或大型工厂。高压进线可以采用两条独立电源进线，也可以采用单电源双回路。两条独立电源进线特点是供电可靠，当其中一个电源发生故障检修断电时，通过桥开关，不影响两台变压器的继续运行。

当供电要求较高、负荷曲线平稳、变压器不需经常切除和投入的情况，可以采用内桥式接线。内桥接线的方式有:

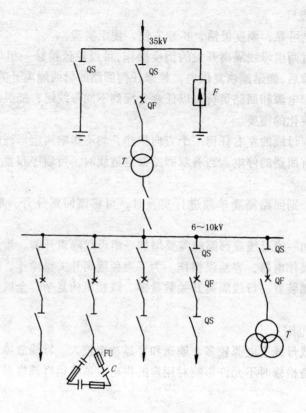

图 9-6　高压侧无母线的接线

（1）高压侧桥开关 QDL 闭合，低压侧分断开关 FDL 闭合。此时高压两回路电源线路和两台电力变压器都作并联运行。运行的可靠性高，缺点是断路电流大，继电保护装置比较复杂。

（2）高压侧桥开关 QDL 断开，低压侧分段开关 FDL 闭合。可靠性稍差，而短路电流却受到了限制，适用于高压电源来自同一个电源的双回路供电情况。

（3）高压侧桥开关 QDL 断开，低压侧分断开关 FDL 亦断开。它适用于两个未同期的独立电源。它的运行性能相当于两个互为备用的"线路—变压器组"。

在某些建筑物或工厂，当用电量很大，电力变压器多于两台时，其总降压变电所可以采用图 9-8 所示的扩大内桥接线。

9.3.2　建筑配电所的主接线

建筑配电所的主接线是根据用电负荷的级别及要求水平不同而分别采用不同的母线接线方式。标准较低时，可以采用高压侧无母线的接线方式。标准较高时，可以采用高压侧单母线的接线方式。

1. 高压侧无母线的接线方式

这种接线方式结构简单、施工方便、投资较少、维修停电。因此仅适用于小容量的三级负荷。但是，当低压侧与其他变电所有联络线时，也可以向二级负荷供电。

这种接线方式高压开关电器的选择条件取决于电力变压器的容量及变电所的结构形式。各种情况要求不同，分述如下。

(1)当变压器的容量在 630kVA 及以下的露天变电所：如室外露天变电所或一般街道电杆

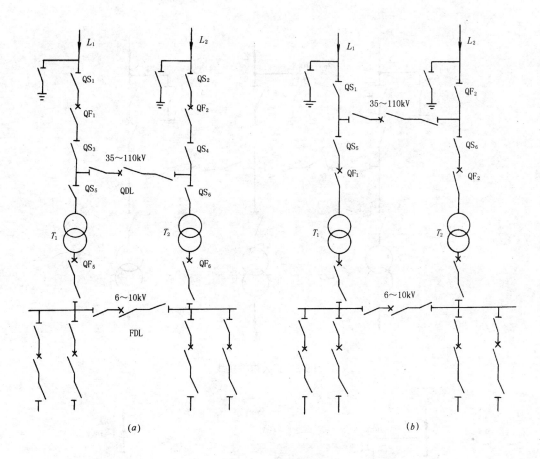

图 9-7　桥式接线

（a）内桥式；（b）外桥式

上变电所的高压侧可采用户外高压跌开式熔断器。如图 9-9 所示，这个跌落开关可起到隔离开关的作用。当变压器发生故障时，它可起到保护元件的作用，切断变压器的高压侧电源。规范允许对不经常操作的、负荷不大的、容量小于 630kVA 的电力变压器采用这种方式。

（2）变压器容量在 315kVA 以下的变电所

实用中分户内和户外两种情况。户内 315kVA 变电所如图 9-10 所示。在高压侧可选用高压隔离开关和户内高压熔断器。隔离开关的作用是在检修变压器时，切断高压电源。负荷开关的作用是在变压器低压侧发生故障时，切断电源。高压熔断器的作用是在变压器发生短路故障时，切断高压电源。低压侧采用塑壳断路器的目的是为了加强低压侧的保护。

在使用中应注意：

①高压隔离开关只能切断 315kVA 以下的变压器空载电流。

②在操作时应注意首先切断低压侧的负荷，然后才能拉高压隔离开关。

（3）变压器的容量在 630～1000kVA 时的变电所

图 9-11、9-12 中变压器高压侧除了有高压熔断器外，还有高压负荷开关，负荷开关的作用是直接操作变压器的运行。熔断器作变压器的短路保护之用。当熔断器不能满足继电保护配合条件时，在高压侧应选用高压负荷开关。

（4）变压器的容量在 1000kVA 以上时的总变电所

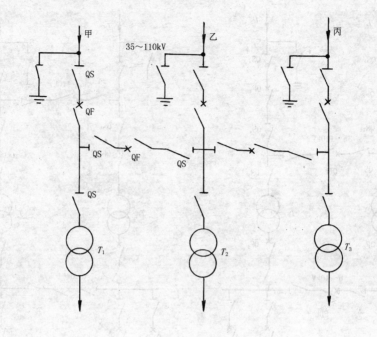

图 9-8　扩大内桥接线

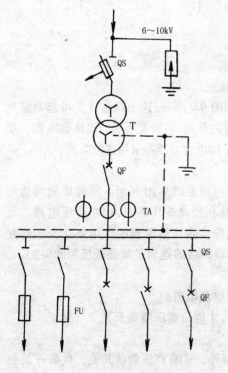

图 9-9　630kVA 及以下露天变电所的接线

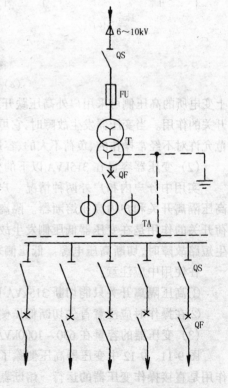

图 9-10　315kVA 车间变电所接线

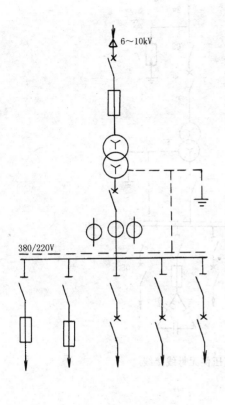

图9-11　500～1000kVA 变电所

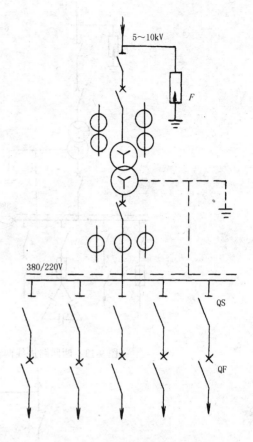

图9-12　1000kVA 以上变电所

图9-13 内，变压器的高压侧有高压隔离开关和高压负荷开关，高压负荷开关的作用是操作变压器运行之用。而隔离开关是为检修高压负荷开关或变压器时用，所以应安装在负荷开关的前面。图中避雷器的作用是为了在架空线供电时防止大气过电压的袭击。如果采用电缆进线，宜用直埋铠装电缆，长度不小于 50m。

在容量较大的一、二级负荷变电所至少要采用两回路进线，如图9-13 所示。以提高供电可靠性。

2. 高压侧用单母线接线

这种接线用于负荷要求供电可靠性高，季节负荷变化大或昼夜负荷变化大、负荷比较集中的场所。如图9-14 所示。一般使用两台或两台以上电力变压器。高压侧用单母线，低压侧用单母线分段接线。在确定变配电所的主接线时，除了满足主接线基本要求以外，还应该注意以下事项。

（1）电源的进线方式：根据当前经济发展势头及用电标准的不断提高，人们逐步更加强调供电的安全性和可靠性，采用电缆进线的方式比用架空线进线的方式要多。

（2）功率因数的补偿：对于高压用户的功率因数不应该低于 0.9，低压用户不得低于 0.85。

（3）备用电源：对于一级负荷，高压进线应有备用电源。而二级负荷应在低压侧设置备用电源。

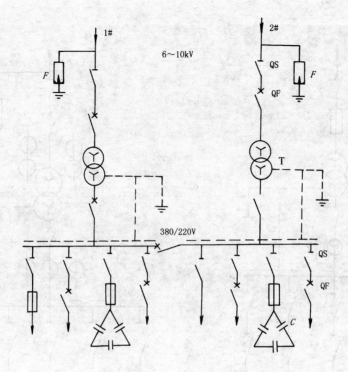

图 9-13　两回路进线两台变压器高压侧无母线接线

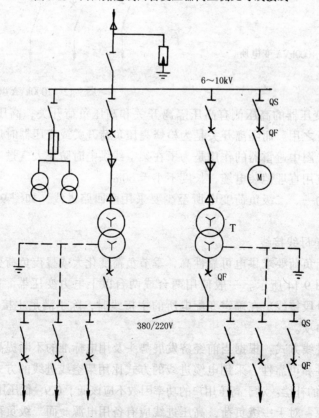

图 9-14　高压侧单母线接线

(4) 设备选择的原则：其原则是在满足安全可靠的前提下，尽量简化线路，挑选经济实用的电气设备。如果熔断器在能满足继电保护配合的条件下，1000kVA及以下的电力变压器宜采用负荷开关加熔断器的作为断路设备，以节约投资。

(5) 计量的方法：对于高压用户应采用高压计量，即所谓"高进高量"，这种情况比较多。

当变压器的容量在500kVA以下时，可以采用低压计量，即"低进低量"。当容量在750~1000kVA时，则根据具体情况，经过用电管理部门的同意可以用低压计量。

3. 采用双电源的变电所的低压母线分断方式

根据负荷的大小和性质，建筑供电电源可由本变电所或临近变电所提供，常见的方式有单电源和双电源两种。对双电源的变电所，其工作电源可以由6~10/0.4~0.23kV变电所低压母线，也可以引自临近变电所低压母线。通常备用电源引自临近380/220V配电网。如果要求带负荷切换或自动切换时，在工作电源和备用电源的进线上，均需要装设断路器。

9.3.3 变电所主接线施工图的绘制

电气系统主接线图也称变配电系统图，表达了根据用电负荷回路的情况选择的开关柜及一次元件设备。无论是高压低压配电系统图，通常都是把母线绘在上面，各种控制设备绘在下面。电气设备都表示处于无电的状态。各种设备型号、规格和容量一般用表格的形式标注于主接线图的下面。如表9-2所示。

露天变电所高压系统选择表　　　　　　　　　　表9-2

进 线 方 式	电 缆 进 线		
变电站型别	Ⅰ　型	Ⅱ　型	Ⅲ　型
接 线 系 统			
容量范围（kVA）	180~1000		180~500
配置特点	车间外附		

主 要 电 气 设 备				
设 备 名 称	设 备 型 号	设 备 数 量		
电力变压器	SJ，SJL	1	1	1
跌开式熔断器	RW4-10型			3
隔离开关	GW1-6、10；GW4-10型200A		1	
操动机构	CS8-1型、CS11-1型		1	
柱上油断路器	DW5-10G、DW7-10型			
油浸式负荷开关	FW2-10G、FW4-10型、200A			
阀型避雷器	FS1~4-6（10）型			

9.4 变电所主接线的设计

9.4.1 主接线的确定

1. 高低压主接线的选择范围

（1）单母线不分段接线：由于单母线不分段接线是一种比较简单的接线方式，使用设备少，当母线或母线隔离开关故障或需要检修时，必须断开所有的用电设备，只用于用户对供电的连续性要求不高的场合。

母线制与电源进线回路数和负荷馈线数有关。如果用电负荷比较小，只有一回路进线，在 6~10kV 输出不超过 5 回路时、35~60kV 输出不超过 3 回路时、110~220kV 输出不超过 2 回路时，常常采用单母线制。提高母线的可靠性没必要把母线制搞得很复杂。单母线制可分为分段或不分段两种。单母线分段制基本上可以满足各类负荷的供电要求，因此，广泛地应用在变电所的供电系统中。其缺点是供电功率较低；当分段母线及其母线隔离开关故障或检修时，因为只有一回路电源供电，从而使部分用户停电；当分段母线及母线隔离开关故障或检修时，其上一级用户也停止供电。

（2）单母线分段接线：单母线分段接线是根据电源的数目和功率，电网的接线情况来决定。通常每段接一个电源，引出线分接到各段上，并使各段引出线的电能分配尽量与电源功率相平衡，尽量减少各段之间的电能交换。

当出线的回路增多时，单母线分段的可靠性降低，可以采用断路器将单母线分段。适用于 6~10kV 配电装置输出超过 5 回路时、35~60kV 配电装置输出 4~8 回路时、110~220kV 配电装置输出超过 2 回路时。

（3）双母线及其分段制的选择：当负荷大，一级负荷多，或者是馈电回路太多，采用单母线分段制有困难时，则可采用双母线制，一条是工作母线，另一条是备用母线，每条进出线均经一个断路器和两个隔离开关分别接到双母线上。

双母线可以轮流检修母线而不致于停电，只需把一条母线的负荷倒闸到另一条母线上即可，可以迅速恢复供电。检修任何一个回路的隔离开关时，只停该回路。调度灵活，各个负荷及各个电源可以任意分配到某一组母线上去，有利于扩建和作某些试验。此外，还有带旁路母线的及桥式接线等接线方式。

（4）带旁路母线的单母线接线造价高，一般不用。

（5）不分段的双母线接线造价高，很少采用。

（6）内桥式或外桥式接线适用于 35kV 以上的供电系统中。

2. 高低压主接线的分析

由地区电网供电的配电所电源进线外，宜装设供计费用的专用电压、电流互感器。变压器一次侧开关的装设，以树干式供电时，应装设带保护的开关设备或跌落式熔断器；以放射式供电时，宜装设隔离开关或负荷开关。当变压器在配电所内时，可不装设开关。当属下列情况之一时，应采用断路器：出线回路较多；有并列运行要求；有继电保护和自动装置要求。

从经济性方面考虑，希望采用最简单的元件组成系统，如单母线；从可靠性方面考虑，希望不间断供电，维修安全，如双母线。经济性必须表现为投资与运行费用的总效果最为经济。

3. 运行方式的分析

从总配电所放射式向分配电所供电时，分配电所的电源进线开关宜采用隔离开关或手车式隔离触头组。配变电所 10kV 非专用电源线的进线侧，应装设带保护并能带负荷操作的开关设备。配变电所的高压及低压母线，宜采用单母线或单母线分段接线。

变配电所专用电源线的进线开关，宜采用断路器或负荷开关。当无继电器或自动装置或者出线回路较少无需带负荷操作时，也可采用隔离开关或手车式隔离触头组。采用固定式配电装置时，除装设母线隔离开关外，其负荷开关的熔断器应在电源侧。向高压并联电容器组或频繁操作的高压用电设备供电的出线开关，应采用高分断能力和具有频繁操作性能的断路器。

10kV 出线侧有反馈可能时，出线或架空回路应装设隔离开关。变配电所以树干式供电时，应装设带保护的开关设备。以放射式供电时，宜装设隔离开关或负荷开关。当变压器与高压配电室贴邻时可不装设开关，但其母线分段处装设断路器。

两配电所之间的联络线宜在供电可靠性大的一侧配电所装设断路器，另一侧装隔离开关或负荷开关。如两侧供电可靠性相同，两侧均装设断路器。配电所引出线宜装设断路器，当满足保护和操作要求时也可装带熔断器的负荷开关，但要求变压器容量不大于400kVA，电容器容量不宜大于 300kVar。

接在母线上的阀型避雷器和电压互感器，宜合用一组隔离开关。配变电所架空进、出线上的避雷回路中可不装设隔离开关。由地区电网供电的配变电所电源进线处，宜装设供计费用的专用电压、电流互感器。

变压器低压侧（电压 0.4kV）的总开关和母线分段开关（或单台变压器母线的联络开关）采用低压断路器时，在总开关的出线侧及母线分段开关（或联络开关）的两侧，宜装设刀开关或隔离开关。当低压母联断路器采用自投方式时，应装设"自投自复"、"自投手复"、"自投停用"三种状态的位置选择开关。低压母联断路器自投应有一定的延时（0～1s)，当低压侧主断路器因过载及短路故障分闸时，不允许自动关合母联断路器。低压侧主断路器与母联断路器应有电气联锁，不得并网运行。

应急电源（如柴油发电机组）接入变电所低压配电系统时，与外网电源间应设置联锁，不得并网运行。避免与外网电源计费混淆。在接线上要有一定的灵活性，以满足在非事故情况下能供给部分重要负荷用电的可能。

9.4.2 主接线的设计原则

变电所在电力系统中的地位和作用是决定变电所主接线的主要因素。变电所是枢纽变电所、地区变电所、终端变电所、企业变电所还是分支变电所。由于它们在电力系统中的地位和作用不同，对主接线可靠性、灵活性、经济性的要求也有所不同。

考虑近期和远期的发展规模。变电所的主接线设计应根据 5～10 年发展规划进行。应根据负荷大小、分布、负荷增长以及地区的网络分布和潮流分布，并分析各种可能的运行方式，从而确定所连接的电源数量和出线回路数。

考虑负荷的重要性分级和出线回路的多少对主接线的影响。对一级负荷，必须有两个独立的电源供电。当一个电源失去后，必须保证全部一级负荷不间断供电。对二级负荷，一般要求有两个电源供电，当失去其中之一时，能保证大部分二级负荷的用电。三级负荷一般只有一个电源供电。

设计中考虑主要变压器台数对主接线的影响。变电所主要变压器的台数对主接线将产生直接影响。对于大型变电所，其传输容量大，供电可靠性要求相应增加，对主接线的可靠性和灵活性要求高。设计还要考虑备用容量的有无和大小对主接线的影响。发、送、变电的备用容量是为了保证可靠的供电，以适应负荷突然增加、设备检修、故障停电等情况下的应急要求。电气主接线设计要根据备用容量的有无而有所不同。例如，当母线或断路器检修时，是否允许线路、变压器退出运行，此外当线路故障时允许切除的线路、变压器数量等因素都直接影响主接线的形式。

9.4.3 对主接线的技术要求

在进行工程设计时，对主接线有严格的要求，变电所的主接线应满足安全、可靠、灵活和经济性的要求。

1. 工作的可靠性及其措施

可靠性是指变电所的接线应能满足不同类型负荷不中断供电要求。即表现在要求供电的连续性，保证负载在各种运行方式下都能可靠地供电。为此，宜留有容量裕度、部件裕度、并联运行事故自动切除等方法以提高供电的可靠性。在实用中应尽量遵循运行设备数量少，接线力求简单实用。因为电器是电力装置中最薄弱的元件，不适当的增加电器数量等于增加了事故源，反而使供电可靠性下降。可靠性也并不是绝对的，有时在二、三级负荷是可靠的，在一级负荷的情况下就不一定可靠。所以要依据负荷等级和电源的具体情况来考虑其可靠性。在设计中，尽可能地采用新技术、新工艺、新材料是提高主接线工作可靠性的有力措施。具体方法如尽量采用放射式供电、减少断路器的级数、电源增容、备用电源自投、淘汰故障源设备、危险的负荷单独供电等。

可靠性的评价标准主要有四个方面

（1）在线路、母线、断路器进行检修或出现故障时，停运线路的回路数及停运时间的长短。

（2）能否保证重要负荷的继续工作。

（3）变电所全面停电的可能性。

（4）用每年用户不停电时间天数的百分比表示供电的可靠性。先进的指标是在99.9%以上。

2. 运行的安全性

即表现在各种正常操作和运行过程中能保障电气设备的安全及人身的安全。不能有任何隐患，以防在维护工作中突发电气事故。要满足此要求，必须按规范规定选用电气设备，采用运行时的监视系统和故障的保护系统及各种保障人身安全的技术措施。如设置屏护、栏护、监视系统吊牌、变色、继电保护等。

3. 使用的灵活性

灵活性是利用最少的设备连接切换组成多种运行方案以适应负荷变化对供电的要求。即表现在设计的主接线应便于运行管理，设备数量力求精简，切换灵活方便。能防止误动作，处理故障的能力强。还能适当考虑增加发展负荷的需要。例如，负荷不均衡时，能自动切除不需要的变压器，而在最大负荷时又能方便地投入，以利于经济运行。

评价灵活性主要有以下几个方面要求：

（1）调度要求：看变压器及供电线路能否灵活地投入或切除，以满足系统在事故运行情况下、检修方式下以及特殊运行方式下仍能满足调度要求。

（2）检修要求：能方便地停运断路器、母线及继电器等，同时不影响用户供电。

（3）扩建要求：能比较方便地从初期工程到二期工程以至终期工程，使一二次设备的改动量最小。

4．投资的经济性

经济性是在满足上述技术要求下，尽力以最小投资取得最大的经济效益、占地尽量少、能量消耗也尽可能的少。即表现在一次性投资定位在合理的标准水平上，标准过高则积压资金，若标准过低，二次改建或扩建也会造成更大的浪费。有时，一次性投资低，而运行管理费高，安全性和可靠性下降，也不一定就经济，需要综合分析，抓住其主要的矛盾。通常把安全放在首位，因为一旦出事，停工、停产、处理伤亡事故等损失极大。所以不应只考虑近期的利益或局部的利益，应全面地考虑长远的整体利益。

此外还要注意，技术越复杂也不一定就越可靠，有时极其重要的设备操作反而用手控而不用自动控制。实践表明，在主接线出现故障的概率是各组成元件出现故障概率的总和。

9.4.4　总降压变电所的主接线特点

电压为 35～110/6～10kV 总降压变电所有以下特点

（1）根据负荷重要性类型，电源进线一般采用一回路或二回路。

（2）变压器台数一般不超过两台。

（3）为节省投资、简化结构，供电线路与变压器连接成高压侧无母线的线路—变压器组。

（4）在 6～10kV 侧母线一般接成单母线制或单母线分段制。

单一路高压供电系统，从可靠性角度知可靠度最小，因此只适用对三级负荷的供电。当有重要的用电负荷时，在应用中必须考虑从变压器二次侧其他电源引进备用电源，满足重要负荷的供电要求，同时系统中必须备有用来迅速更换的变压器。当电源进线是来自两个不同独立电源，二次侧已经设有备用电源自动投入装置时，完全可以满足各种类型负荷对供电的要求。

9.4.5　建筑物变电所接线图

通常建筑物变电所是供电系统中将高压 6～10kV 降为低压 380/220V 用电设备的终端变电所，从高压侧看其主接线分为两种：一是有总降压变电所或高压配电所的建筑物变电所，其高压侧的开关电器、保护装置和测量仪表等，通常都安装在高压配电线的首端，即总变、配电所的高压配电室内，建筑物或车间变电所只设变压器室和低压配电室，其高压侧多数不装开关，或只装隔离开关、熔断器（或室外跌落式熔断器）、避雷器等，凡是高压架空进线均需装设避雷器以防雷电侵入。而高压电缆进线时，则避雷器需装在电缆首端，且与电缆金属外皮一起接地。变压器高压侧一般不再装设避雷器。

另一种是无总变、配电所，此时建筑物或车间变电所就是降压变电所，其高压侧的开关电器、保护装置和测量仪表等一般是配备齐全，因而安装在高压配电室内。在简化条件下，也可不设高压配电室，其高压开关设备就装在变压器室的室内或室外，而在低压侧计量电能的消耗量。

9.4.6 电压变化对低压用电设备的影响

当用电设备的端电压与铭牌电压有偏移时，设备的特性与使用寿命都要受到影响。影响的大小取决于用电设备的特性和与铭牌额定电压的偏移值。运行要求精确的地方，也可以采用较精确的电压调节。

1. 感应电动机

感应电动机特性的变化是所加电压的函数。当电动机受电电压低于铭牌额定电压时，将引起启动转矩减少和满负荷的温升增高。电动机受电电压高于铭牌额定电压时，则会造成启动转矩增加、启动电流增加和功率输出数降低。启动转矩增加将使连接轴和从动设备上的加速力增加。启动电流的增加，在供电电路中引起更大的电压降，使电灯与其他设备电压突降程度更严重。通常，电压比铭牌额定值稍高要比低于铭牌额定电压对电动机性能的不利影响较小。

2. 同步电动机

假定同步电动机磁场电压保持恒定，例如磁场由同轴发电机供电的那样，则除速度保持不变（频率变化除外）和最大转矩或失步转矩与电压成正比外，电压变化对同步电动机的影响和对感应电动机的是一样的。假若磁场电压随线路电压变化，就像以静止整流器为电源的那样，则最大转矩或失步转矩随电压的平方变化。

3. 白炽灯

受电电压对白炽灯的光通量输出和寿命的影响是显著的。

4. 荧光灯

荧光灯与白炽灯不同，可以在镇流器铭牌额定电压 ±10% 的范围内满意地工作。光通量输出的变化与受电电压近似成正比。受电电压增加 1%，将导致光通量输出增加 1%，反之，电压减少 1%，光通量输出也就减少 1%。电压变化对荧光灯寿命的影响要比对白炽灯的小。

荧光灯装置的电压敏感元件是镇流器，它是一个小电抗器或变压器，提供荧光灯所需要的启动和运行电压，并限制灯的电流不超过设计值。当受电电压高于额定值和工作温度高于正常时，这些镇流器可能过热，并且可能要求用带热保护装置的整体镇流器。

5. 高亮度气体放电灯

高亮度气体放电灯是指水银灯、钠灯和金属卤化物灯。使用常规的不调压镇流器的水银灯，在端电压减少 10% 时，光通量输出将减少 30%。假如用恒定瓦数的镇流器，光通量输出减少 10% 时，端电压大约下降 2%。水银灯需要 4~8min 的时间蒸发灯中的水银并达到全辉度。大约电压降低 20%，水银电弧就会熄灭，一直要等到水银蒸气凝结后，该灯才能重新启动；如果该灯没有特殊的冷却装置，这将要费 4~8min。灯的寿命与启动次数成反比，所以若在低电压时需要重复启动，灯的寿命就会减少。过高的电压会使电弧温度升高。假若温度接近玻璃软化点，则可能损坏玻璃外壳。钠和金属卤化物灯与水银灯的特性是相似的，但其启动和运行电压可能有些不同，因而灯管和镇流器可能不能互换。详细资料见制造厂的目录。

红外线加热过程虽然用在这些装置中灯内的灯丝是属于电阻型的，但输出的能量并不随电压的平方变化，因为电阻同时也发生了变化。输出的能量大致随电压的某次幂（稍小于平方）而变化。如果不采用恒温控制或其他调节方法，在加热过程中，电压变动能引起不需要的变化。

6. 电阻加热装置

电阻加热器输入的能量，也就是输出的热量，通常随所加电压的平方而变化。因此电压下降 10% 会引起输出热量降低 19%。然而这仅在运行中保持电阻基本恒定才是正确的。

7. 电子管及显像管

电压从额定值偏移严重地影响到所有电子管的载流能力和电子发射。阴极寿命曲线表明阴极电压每增加 5%，寿命即减少一半。这是由于加热元件寿命缩短和阴极表面活性材料蒸发率较高所造成的。为了得到满意的运行，保持阴极电压接近电子管额定电压是很重要的，许多情况下都需要调压电源，可以安在设备上面或设备内部，常常由具有恒定输出电压或电流的调压变压器组成。

8. 电容器

电容器输出的无功功率随所加电压的平方而变化，因此供电电压降低 10%，输出的无功功率就要减少 19%，当用户为了改善功率因数已在电容器上花了相当大的投资时，将失掉几乎 20% 的投资收益。

9. 电磁操作装置

如建筑施工用的混凝土料斗自动门用交流电磁铁的吸力近似地随电压的平方而变化。通常，设计电磁铁的正常操作条件是额定电压的 +10% 和 −15%。

9.5 柴油发电机组的选型

9.5.1 备用电源

大型建筑物的自备应急电源对保证工程在外部电源故障或意外灾害情况下，建筑物内人员和设备的安全具有重要意义。自备应急电源主要保证建筑物中的消防报警系统、灭火系统、应急照明、应急运输、智能系统等应急设备能够正常工作。作为工程的应急电源，应具有完善的自动控制和保护功能。

柴油发电机组是以柴油为动力，拖动工频交流发电机组的发电设备。因其具有结构紧凑、热效率高、启动迅速、燃料储存方便等特点，广泛运用各类建筑物中，柴油发电机组的单机容量在 1kW ~ 1MW 之间。

我国的柴油发电机组的供电参数为：输电电压 230/400V，频率 50Hz，功率因数 $\cos\varphi = 0.8$；机组转速为 1500r/min。

柴油发电机组主要由柴油机、发电机和控制盘三部分组成。这些设备可以组装在一个公共底盘上，而控制盘和其他附属设施单独设置，形成固定柴油发电机组。

9.5.2 柴油发电机组的特性

1. 负载特性

国标规定柴油机的铭牌标定功率是在标准大气压情况下连续运行 12h 的最大功率。持续长期运行的功率是铭牌功率的 90%。超过铭牌功率 10% 时可过载运行 1h（包括在 12h 以内）。国标 GB1105 规定的柴油发电机组的工作环境为：大气压 100kPa，环境温度 25℃，相对湿度 30%。柴油机是吸收外部空气运行的机组，大气中含氧量不同时，机组输出功率会有所不同。例如：在海拔 2000m，环境温度 30℃，相对湿度 60% 的情况下，柴油发电机组的输出功率为铭牌功率的71%。

2. 调压特性

发电机的调压特性是指发电机最大电压调节装置，在各种情况下调节发电机输出电压的性能，发电机的输出电压应该保持稳定，发电机各种励磁方式的调压特性有所不同。

对于静态调压，是指发电机负载由空载逐渐增加负荷至满载时，发电机输出电压的变化，一般不超过额定电压的±3%，以及发电机在满载情况下由冷却状态至发热状态其输出电压的变化，一般不超过电压额定电压的2%。

发电机的动态调压特性是指发电机负荷由空载突然增加负荷到满载或相反时发电机输出电压的最大波动值和稳定时间，以及发电机直接启动一定容量电动机时电压最大波动值和稳定时间。最大电压波动不得引起过电压动作保护，低值不得引起电磁操作设备跳闸和欠压保护动作。稳定时间为1~3s。

3. 调速特性

柴油发电机机组都装有调速机构以保证在各种情况下转速能够稳定，从而保证机组输出电源的频率恒定。柴油机调速特性的好坏直接影响到机组输出电源的质量。柴油发电机的调速特性取决于调速器的性能。机械式调速器的性能较差，但机构简单；液压式性能较好，但机构复杂；电子式的性能也不错，但可靠性不足。

柴油发电机调速特性有静态和动态两种。静态特性是指柴油机所带负载由空载逐渐满载时转速的变化，一般控制在额定转速的5%以下，且调节过程不得振荡。动态特性是指负载在空载和满载直接突然变化，这对柴油机是一个严峻的考验。其主要技术指标有：瞬时调速率—机组转速的最大变化值与机组额定转速之比；稳定时间—机组转速从自过渡过程开始至机组重新稳定在允许偏差范围以内的时间。机组瞬时最高转速不得引起机组的超速保护装置动作，稳定时间不大于7s。

4. 耗油量

柴油机的发出额定功率时的耗油量是衡量机组发电效率的主要经济指标，一般以每小时的耗油量为准。

9.5.3 自动控制的要求

社会需要促进技术的进步。重要建筑物、通讯、工业控制等实际工程的需要促使了柴油发电机的自动化技术的发展。柴油发电机的自动化技术包括控制、保护和通讯三部分。

1. 控制功能

自控就是以设备装置本身完成一些控制要求。如自启动，柴油发电机组接到正常电源事故的信号，机组要在很短的时间内自动供电。国家规范规定这个时间要不低于15s。当柴油发电机组工作时，正常电源恢复，机组应切换回正常电源，柴油机卸载冷却停机。

有多台机组并列运行要求的，由自动并车系统自动合闸并网运行。在多台机组并列运行时，需要自动检测机组的输出频率与额定频率的偏差和各机组所带负荷与额定负荷的偏差，并进行一定的调节，以保持偏差不超过允许的数值。当自控系统发生事故时，要求能够切换到手动控制状态，使机组能够继续运行。

2. 故障保护

柴油发电机组经常是应急状态下唯一的动力来源，属于特别重要设备，需要对机组本身作出完善的保护，以免故障时损坏机组。柴油发电机组分柴油机和发电机两部分，对柴

318

油机的危险主要有超速、润滑油压力低，冷却水出口温度高等，对发电机的危险主要有短路、过电压、欠电压、温度过高等。针对这些危险的保护措施一般是自动跳闸停机并发出声光报警。

3. 通讯及遥控

柴油发电机组的运行参数、设备工作状态、故障情况等信息，经过采样处理后，可通过通讯接口进行异地控制。

4. 功能选择

以上这些控制措施都需要相应的逻辑控制设备和软件完成。经过多年开发研制，自动化控制系统已经比较完善。自动化系统对于不同容量来说没有本质区别，造价取决于控制功能的多少。

9.5.4 机组的选型和运行

影响柴油发电机组选型因素主要有负荷性质、负荷大小、负荷变化情况及机组工作环境、控制要求和经济条件比较等。机组选型应包括单机容量、自控方式、备用容量、励磁方式选择等。

1. 机组容量的确定

柴油发电机组属于应急电源，所带的负荷为应急负荷，其负荷性质、容量大小应严格遵照国家有关规定计算。应能满足应急负荷中最大鼠笼电动机直接启动。机组的输出功率按环境条件修正后的数值选定。应急电站一般只设置一台自启动机组，应急情况下可分次加载。若容量不够需要一次加载多台机组，要求必须具备相关的自控功能。

2. 转速

柴油发电机组的转速取决于柴油机的转速。目前柴油机的转速有 600、750、1000、1500r/min 四种。对于相同输出功率的柴油发电机组而言，高速机要比低速机体积小、重量轻、节约土建造价。但是，高速机在同等的制造工艺条件下寿命要短，所需要的燃油质量高。

3. 机组的增压

有的柴油机带有增压设备。燃烧所需要的空气是通过增压设备后进入柴油机气缸的，空气密度要高得多。因同样的气缸可以燃烧更多的燃油，输出功率可大大提高。同样型号的增压机组可提高输出功率50%以上。

4. 发电机的结构

柴油发电机一般为卧式，按励磁方式分带直流励磁、自激恒压和无刷励磁三种。

带直流励磁的发电机有换相器和炭刷，故障多，目前也不用。自激恒压是使用大功率半导体二极管进行整流，取消了故障率高的直流换相器，是流行机型。无炭刷励磁发电机是更先进的产品，其制造工艺水平要求高，体积最小，可靠性最高。

5. 励磁方式

发电机的励磁调压方式有：碳阻式、磁放大器式、可控硅式、相复励式、三次谐波式等。碳阻调压器历史悠久，磁放大式配套于带直流励磁机，目前都已经不用。可控硅调压设备体积小、重量轻、精度高，可靠性和强励磁特性取决于可控硅质量。可控硅自恒压发电系统对弱电系统干扰较大。相复励调压装置可靠性高、过载能力强，静态指标较好，其缺点是笨重，目前运用较多。三次谐波励磁速度快、动态性能好、精巧简单，但静态指标较差，不宜并列运行，用于小容量机组。

6. 并列运行

对于负荷较大或负荷波动较大的情况下，常见的选择是多台机组并列运行。并列运行的机组有趋同性的要求，最好是选择同型号、同容量的机组，调压特性、调速特性等技术指标相同或接近，以保证合理的功率分配。还需要设置同步指示仪、自动并车装置和逆功率保护装置。

由于发电机组的容量不大，输出电压有畸变，并列运行后中性线上会有较大的谐波环流，对此应有可靠的限制措施。

7. 设备要求

柴油发电机组的控制屏宜选用独立式的，以减少机组的振动影响。控制屏可与低压配电屏并排放置，能节约空间、方便接线。而柴油发电机组的附属设备，如油箱、冷却散热器、消声器、电启动蓄电池或气启动空气压缩机和储气瓶等，可根据具体情况取舍。

习 题 9

一、填空题

1. 电网的容量大于 3000MVA 时，频率的偏移不大于 _____，而工频不大于 _____。

2. 变电所的母线制有 _____、_____、_____、_____ 及 _____。

二、问答题

1. 试分析说明变电所中采用母线制的功能，其中单母线分段制有哪几种运行方式？它们的备用电源自动装置安装在何处？变压的容量一般按何原则选择？

2. 试分析说明在小电流接地系统中，当发生一相接地时，各相对地电压及电源中性点对地电压有什么变化？是否需要立即停止供电？为什么？

3. 变压器的并列运行应满足哪些条件？

4. 在 6~10kV 变电所的母线分段开关在什么情况下采用高压断路器，在什么情况下采用高压隔离开关？

5. 在 6~10kV 变电所配电出线开关在什么情况下采用高压断路器？

习 题 9 答 案

一、填空题

1. ±0.25，±0.5

2. 单母线制、单母线分段制、双母线制、内桥式及外桥母线制。

二、问答题

1. 答：（1）高压单母线制，低压单母线制，高低压单母线制。

（2）备用电源自动装置、单母线分段制安装在备用电源断路器处，单母线分段制安装在两条母线联络处。

（3）变压器的选择：一台变压器或两台变压器一备一用，按计算容量的 100% 选择变压器，如果两台变压器互为备用，则按每台变压器容量计算负荷的 70% 选择。

2. 答：在小电流接地系统中，当发生一相接地时，接地相对中性点电压为零。其他两相对中性点的电压为额定电压的$\sqrt{3}$倍。当发现一相对地时，值班人员要用倒路或自动重合闸保护。接地故障不需要停电，1~2个小时以内寻找接地故障点，由于接地电流I_{jd}很小，对负荷而言并没有失去三相电源。

3. 答：（1）变压器的一二次额定电压必须相等。即变压比必须相等，允许差值不得超过±5%。

（2）并列变压器的阻抗电压（即短路电压）必须相等，允许误差不得超过±10%。

（3）并列变压器的联结组别必须相同。

（4）最大容量与最小容量之比不得超过3:1。

4. 答：在下列情况时采用高压断路器作母线分段开关：

（1）需要带负荷进行切换操作时；

（2）继电保护或自动装置有要求时；

（3）当高压出线的回路比较多时。

在下列情况时采用高压隔离开关作母线分段开关：

（1）不需要带负荷进行切换操作时；

（2）在事故的情况下进行手动切换电源能满足供电要求时；

（3）继电保护或自动装置无要求时；

（4）高压出线回路比较少时。

5. 答：在下列情况时采用高压断路器：

（1）配电给一二级负荷时；

（2）配电给630kVA及以上变压器时；

（3）配电给400kVar及以上电容器时；

（4）配电给高压电动机及电弧变压器时；

（5）当自动装置有要求时；

（6）对树干式配电出线的开关。

10 室外电力线路

10.1 架空配电线路

10.1.1 架空线路组成

1. 架空线路的特点

架空线路与电缆供电线路比较，架空线路需要的设备材料简单，成本低，容易发现故障，维修也方便。但是架空线路容易受到外界环境的影响，如温度、风速、雨雪、覆冰等机械损伤,供电可靠性较差，而且需要占用地表面积，影响美观。

架空线路方式过去曾被广泛应用，现在大多数场合中已被其他方式代替。但是在某些时候，可能在大面积的一次配电系统中使用。绝缘子安装在电杆上或构架上。导线可以是裸线，也可以具有防腐或耐磨的护套层。

架空线路最吸引人的优点是初次投资少，而且能够迅速查出故障点，很快修复。但在另一方面，导线容易受到机械性破坏，很容易因鸟害、动物祸害、雷击等而停电。在可能使用起重机或起重卡车的地方，危险性就更大。在一些地区，由于绝缘子的污染和导线的腐蚀，维修费用可能很高。架空线路线间跨距大，线路的电抗也大，电压降也较大。不过这个问题会随线路电压的升高和功率因数的改善而减小。裸露的架空线路比其他方式更容易遭受雷击而停电。对策是使用架空地线和避雷器。

2. 架空线路的组成

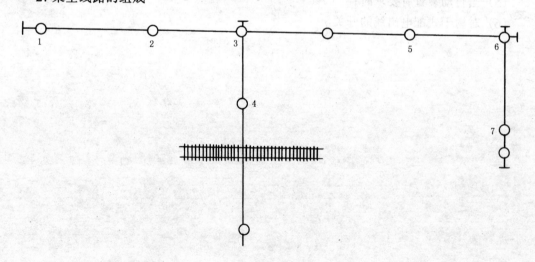

图 10-1 电杆的名称

1—终点杆；2—直线杆；3—分支杆；4—跨越杆；5—耐张杆；6—转角杆；7–戗杆

322

主要有电杆、导线、横担、瓷瓶、拉线、金具等。

(1) 电杆：电杆按材质分有：木杆；钢筋混凝土杆；金属塔杆。其中木杆用于临时供电线路，混凝土杆用于低压线路，金属杆用于高压线路。

电杆按其功能可分为直线杆、转角杆、终点杆、跨越杆、耐张杆、分支杆、钗杆等。如图 10-1 所示。电杆根部埋入地下部件有底盘及卡盘，见图 10-2。

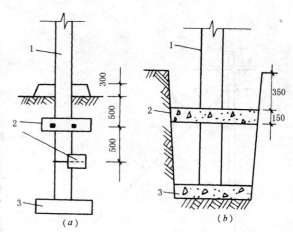

图 10-2　底盘与卡盘
(a) 预制；(b) 现浇
1—电杆；2—卡盘；3—底盘

(2) 拉线：按安装方式一般有普通拉线、水平拉线、V、Y 型拉线和弓型拉线四种，每种拉线截面有 35mm^2 和 70mm^2，见图 10-3。拉线包括制作安装、立杆、绝缘子的安装及保护管的安装等项目。

(3) 室外变台：施工图册推荐大样图内又分室外杆上变台安装和室外地上变台两种，如图 10-4 所示。

3.线路导线种类

主要是用绝缘线或裸线两类。绝缘线又分铜芯与铝芯两种。如常用的铜芯橡皮绝缘线，型号 BX-25 (25 是标称截面，单位 mm^2)。铝芯橡皮绝缘线型号 BLX。铜、铝塑料绝缘线型号分别为 BV、BLV。玻璃丝编织铝芯橡皮绝缘线型号为 BBLX。

建筑小区内低压架空线路平面示意图如图 10-5 所示。

4.架空引入线

从架空线路电杆引入建筑物电源入口的一段架空线路称为接户线，如图 10-6 所示。进线处对地距离不应低于 2.7m。接户线的长度一般不大于 25m，必须采用绝缘导线。

接户线导线跨越通汽车街道时，距地高度不小于 6m，人行小巷 3m。低压电源架空引入线应采用绝缘导线，其截面宜 ≥25mm^2，在要求美观时，可以用电缆架空引入线，如图 10-7 所示。如果建筑物太矮时，应用接户线的支持绝缘子用角钢支起，如图 10-8 所示。

接户线与建筑物的有关部分距离不得小于表 10-1 所列数值。

接户线与建筑物有关部分距离　　　　　　　　　　　表 10-1

项　目	距　离　(m)	项　目	距　离　(m)
距离接户线下面的窗户	0.3	与窗户或阳台的水平距离	0.75
接户线距上方的阳台	0.8	和墙、构架的距离	0.05

10.1.2　架空线路的一般要求

架空线路应沿道路平行敷设，避免穿过起重机频繁活动的地区，应尽可能减少同其他设施的交叉和跨越建筑物。

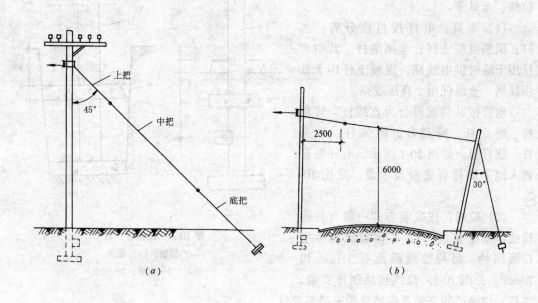

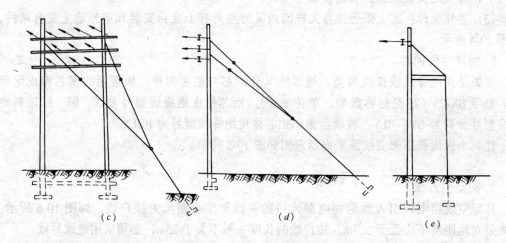

图 10-3 混凝土电杆拉线的种类

(a) 普通拉线；(b) 水平拉线；(c) (d) V 或 Y 形拉线；(e) 弓形拉线

1. 架空导线的最小截面

6～10kV 线路铝绞线　居民区 35mm^2，非居民区 25mm^2；

6～10kV 钢芯铝绞线　居民区 25mm^2，非居民区 16mm^2；

6～10kV 铜绞线　居民区 16mm^2，非居民区 16mm^2；

<1kV 线路铝绞线　16mm^2；

<1kV 钢芯铝绞线　16mm^2；

<1kV 铜线　10mm^2。

但是 1kV 以下线路与铁路交叉跨越档处，绞线的最小截面为 35mm^2。

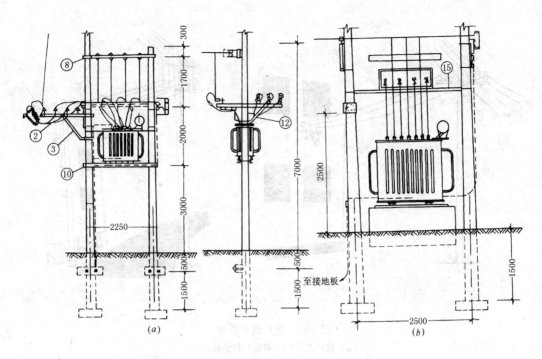

图 10-4 室外变电

(*a*) 杆上变台；(*b*) 室外地上变台

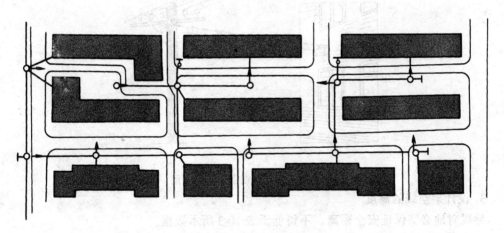

图 10-5 低压架空线路平面图

2. 低压接户线应采用绝缘导线，截面不小于表 10-2 所列数值。

低压接户线的最小截面 表 10-2

敷设方式	档 距 (m)	最 小 截 面 (mm²)	
		绝 缘 铝 线	绝 缘 铜 线
自电杆上引下	< 10	6	4
	10 ~ 25	10	6
沿墙敷设	≤ 6	6	4

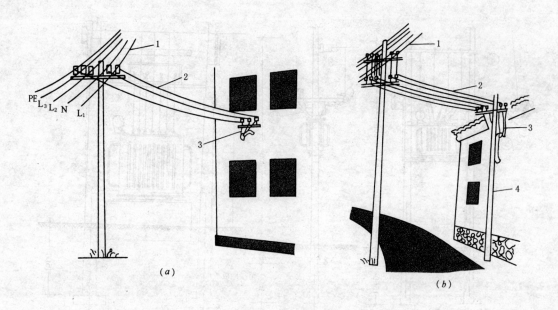

图 10-6　接户线示意图

（a）接户线；（b）有接户杆的接户线

1—架空线路；2—接户线；3—进户线；4—进户杆

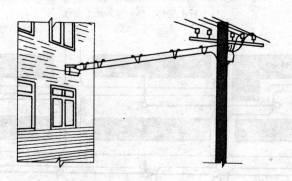

图 10-7　架空电缆引入线示意图

3. 设计架空线的高度

导线对地必需保证安全距离，不得低于表 10-3 所示数据。

导线对地的安全距离　　　　　　　　　　　　表 10-3

情　况	跨铁路、河流	交通要道、居民区	人行道、非居民区	乡村小道
安全距离（m）	7.5	6	5	4

电杆埋深为杆长的六分之一。下有底盘和卡盘，防止电杆倾斜。卡盘安装位置应沿纵向在一杆左侧，下一杆右侧，交替设置。横担应架设在电杆的靠负载一侧。建筑工地临时供电的杆距一般不大于 35m；线间的距离不得小于 0.3m；横担间的最小垂直距离不小于表 10-4 要求。

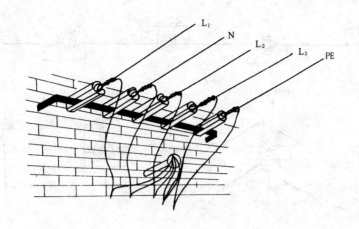

图 10-8　接户线用金属支架示意图

横担间的最小垂直距离（m）　　　　　　　　　　　　　表 10-4

排　列　方　式	直　线　杆	分支或转角杆	排　列　方　式	直　线　杆	分支或转角杆
高压与低压	1.2	1.0	低压与低压	0.6	0.3

架空线路与甲类火灾危险的生产建筑、甲类物品库房及易燃易爆材料堆放场地以及可燃或易燃气储罐的防火间距应不小于电杆高度的 1.5 倍。在距离海岸 5km 以内的沿海地区，视腐蚀性气体和尘埃产生腐蚀作用的严重程度，选用不同防腐性能的防腐型钢芯铝绞线。

10.1.3　架空线路敷设

1. 架空线路的敷设

低压电杆的杆距宜在 30～45m 之间。架空导线间距不小于 300mm，靠近混凝土杆的两根导线间距不小于 500mm。上下两层横担间距：直线杆时为 600mm；转角杆时为 300mm。广播线、通信电缆与电力线同杆架设时应在电力线下方，两者垂直距离不小于 1.5m。安装卡盘的方向要注意，在直线杆线路应一左一右交替排列；转角杆应注意导线受力方向和拉线的方向。

2. 横担

横担一般应架设在电杆靠近负荷的一侧。导线在横担上排列应符合如下规律：当面向负荷时，从左侧起为 L_1、N、L_2、L_3、PE；动力、照明在两个横担上分别架设时，上层横担，面相负荷从左侧起为 L_1、L_2、L_3；下层横担是单相三线时：面向负荷，从左侧起为 L_1、（或 L_2、L_3）、N、PE。

3. 架空线

市区或居民区必须用绝缘线。郊区 0.4kV 室外架空线路应采用多芯铝绞导线，导线截面统一选用 35mm²、70mm²、95mm²、120mm² 四种规格。同一横担上导线截面等级差不应超过三级。架空线截面在 120mm² 及以上时，终端杆、支线杆、转角杆应使用 Φ190mm 以上直径的混凝土电杆。

TN-S 供电系统架空线路，在终端杆处 PE 线应作重复接地，接地电阻不大于 10Ω。当

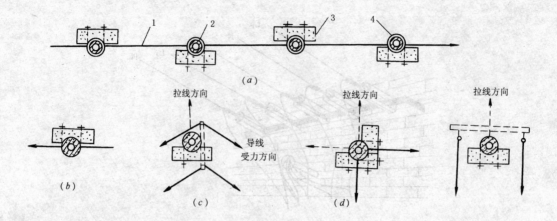

图 10-9 卡盘安装方位

1—架空线；2—电杆；3—卡盘；4—导线受力方向

与引入线处重复接地点距离小于 50m 时，可以不作重复接地。建筑工地临时供电的杆距一般不大于 35m。线间的距离不小于 0.3m。低压针式绝缘子的外形尺寸如表 10-5 所示。

低压针式绝缘子的外形尺寸（mm）　　　　　　　　　　　　　表 10-5

型　　号	长　L	高　H	上　直　径	下　直　径
PD-1T	145	80	50	80
PD-1M	220	80	50	80
PD-2T	125	66	44	70
PD-2M	195	66	44	70
PD-2W	155	66	44	70

型号说明：PD——低压针式绝缘子，T、M、W 分别表示铁横担直角、木横担直角、弯角。

10.2　室　外　电　缆　线　路

10.2.1　电缆的构造

电缆按其构造及作用不同可分为电力电缆、控制电缆、电话电缆、射频同轴电缆、移动式软电缆等。

电缆的基本结构主要由三部分组成：导电线芯用于传输电能；绝缘层保证电能沿线芯传输，在电气上使线芯与外界隔离；保护层起保护密封作用，使绝缘层不被潮气浸入，不受外界损伤，保持绝缘性能。电缆结构如图 10-10 所示。

在高层建筑、地铁、电站及重要的公共建筑物防火问题很重要，宜采用防火电缆，图 10-10 中（d）是 0.6～1kV 耐火电缆，在 950～1000℃高压火焰燃烧情况下可安全运行 3h 以上。

1. 电缆按电压等级分类

电力电缆一般是按一定电压等级制造的，电压等级依次为 0.5kV、1、3、6、10、20、35、60、110、220、330kV。其中 1kV 电压等级电力电缆使用最多。3～35kV 电压等级的电

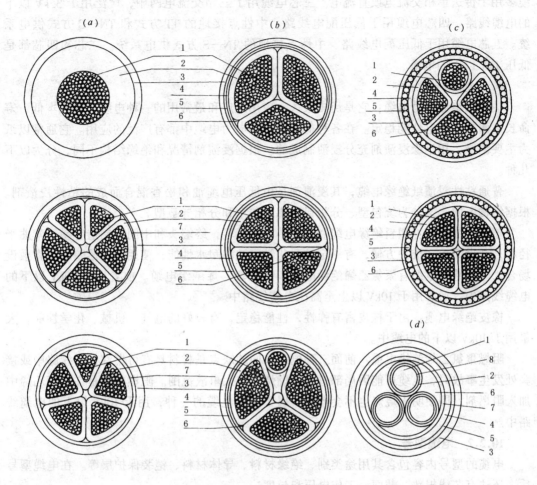

图 10-10 电力电缆的构造

(a) 无铠装; (b) 钢带铠装; (c) 钢丝铠装; (d) 耐火电缆

1—导体; 2—绝缘; 3—外护层; 4—内护层; 5—钢带; 6—填充; 7—包带; 8—耐火层

力电缆在大中型建筑内主要供电线路常有采用。60～330kV 电压等级的电力电缆使用在不宜采用架空导线的送电线路以及过江、海底敷设等场合。按电压粗分可分为低压电缆（小于 1kV）和高压电缆（大于 1kV）。从施工技术要求、电缆接头、电缆终端头结构特征及运行维护等方面考虑，也分为低电压电力电缆、中电压电力电缆（1～10kV）、高电压电力电缆。

2. 电缆按电线芯截面积分类

电力电缆的导电芯线是按照一定等级的标称截面积制造的，便于制造和设计与施工选型。我国电力电缆的标称截面积系列为 2.5、4、6、10、16、25、35、50、70、95、120、150、185、240、300、400、500、600mm²，共 19 种。高压充油电缆标称截面积系列为 100、240、400、600、700、845mm² 共 6 种。多芯电缆都是以其中截面最大的相线为准。

3. 按导线芯数分类

电力电缆导电芯线有 1～5 芯 5 种。单芯电缆用于传送单相交流电、直流电及特殊场合（高压电机引出线）。60kV 及其以上电压等级的充油、充气高压电缆多为单芯。二芯电缆多用于传送单相交流电或直流电。三芯电缆用于三相交流电网中，广泛用于 35kV 以下的电缆线路。四芯电缆用于低压配电线路、中性点接地的 TT 方式和 TN—C 方式供电系统。五芯电缆用于低压配电线路、中性点接地的 TN—S 方式供电系统。二芯和四芯都是低压 1kV 以下的电缆。

4. 按绝缘材料分类

油浸纸绝缘电力电缆：它是历史最久、应用最广和最常用的一种电缆，其成本低、寿命长、耐热、耐电性能稳定。在各种低压等级的电力电缆中都有广泛的应用。它通常以纸为主要绝缘，用绝缘浸渍剂充分浸渍制成的。根据浸渍剂情况和绝缘结构不同，分为以下几种。

普通粘性浸渍纸绝缘电缆，其浸渍剂是由低压电缆油和松香混合而成的粘性浸渍剂。根据结构不同，又分为统包型、分相铅（铝）包型和分相屏蔽型。

塑料绝缘电缆：塑料绝缘电缆制造简单，重量轻，终端头和中间头制造容易，弯曲半径小，敷设简单，维护方便，有一定的耐化学腐蚀和耐水性能，使用在高落差和垂直敷设场合。塑料绝缘电缆有聚氯乙烯绝缘电缆和交联聚乙烯绝缘电缆。前者用于 10kV 以下的电缆线路中，后者用于 10kV 以上至高压电缆线路中。

橡皮绝缘电缆：由于橡皮富有弹性，性能稳定，有较好的电气、机械、化学性能，大量用于 10kV 以下的电缆中。

阻燃聚氯乙烯绝缘电缆：前面三种电缆共同的缺点是材料具有可燃性，当线路中或接头处发生事故时，电缆可能因局部过热而燃烧，扩大事故范围。阻燃电缆是在聚氯乙烯中加入阻燃剂，即使明火烧烤也不会燃烧。属于塑料电缆的一种，用于 10kV 以下的电缆线路中。

10.2.2 电缆型号

电缆的型号内容包含其用途类别、绝缘材料、导体材料、铠装保护层等。在电缆型号后面还注有芯线根数、截面、工作电压和长度。

1. 电缆型号的含义

电缆型号含义见表 10-6，外护层代号见表 10-7 所示。

电 缆 型 号 含 义　　　　　　　　　　　　　　表 10-6

类　　别	导　　体	绝　　缘	内 护 套	特　　征
电力电缆（省略不表示）	T：铜线（可省）	Z：纸绝缘	Q：铅包	D：不滴油
		X：天然橡皮	L：铝包	P：分相金属护套
K：控制电缆	L：铝线	（X）DJJ 基橡皮	H：橡套	
P：信号电缆		（X）E 乙丙橡皮	（H）P：非燃性橡套	P：屏蔽
B：绝缘电缆		V：聚氯乙烯		
R：绝缘软缆		Y：聚乙烯	V：聚氯乙烯护套	
Y：移动式软缆		YJ：交联聚乙烯		
H：市内电话缆			Y：聚乙烯护套	

330

铠 装 层 代 号		外 护 套 代 号	
代　号	铠装层类型	代　号	外 护 层 类 型
0	无	11	裸金属护套，一级外护层（麻）
1	裸金属护套	12	钢带铠装，一级外护层
2	双钢带	120	裸钢带铠装，一级外护层
3	细圆钢丝	13	细钢丝铠装，一级外护层
4	粗圆钢丝	130	裸细钢丝铠装，一级外护层
		15	粗钢丝铠装，一级外护层
		150	裸粗钢丝铠装，一级外护层
		21	钢带加固麻被护层
		22	钢带铠装，二级外护套
		23	细钢丝铠装，二级外护套
		25	粗钢丝铠装，二级外护套
		29	内钢带铠装
		39	内细钢带铠装
		59	内粗钢丝铠装

例如：

（1）VV$_{22}$（3×25+1×16）表示铜芯、聚氯乙烯内护套、双钢带铠装、聚氯乙烯外护套、三芯 25mm²、一根 16mm² 的电力电缆。新型电缆有 4+1 芯，便于用在五线制供电系统。如 PVC 型聚氯乙烯绝缘聚氯乙烯护套电力电缆铜芯和铝芯截面有 1.5 至 400mm²。

（2）YJLV$_{22}$—（3×120）—10—300 表示铝芯、交联聚乙烯绝缘、聚氯乙烯内护套、双钢带铠装、聚氯乙烯外护套、三芯 120mm²、电压 10kV、长度 300mm 的电力电缆。四川电缆厂生产的交联聚乙烯绝缘聚乙烯护套电力电缆型号为 XLPE。

（3）ZQ21（3×50）—10—250 表示铜芯、纸绝缘、铅包、双钢带铠装、纤维外被层（如油麻）、三芯、50mm²、电压为 10kV、长度为 250m 的电力电缆。

2．五芯电力电缆

五芯电力电缆的出现是为了符合 TN—S 供电系统的需要。其型号及有关数据见表 10-8。

型　号		电 缆 名 称	芯 数	标称截面（mm²）
铜 芯	铝 芯			
VV	VLV	PVC 绝缘 PVC 护套电力电缆	3+2	4~185
VV$_{22}$	VLV$_{22}$	PVC 绝缘钢带铠装 PVC 护套电力电缆	4+1	
ZR-VV	ZR-VLV	阻燃型 PVC 绝缘 PVC 护套电力电缆	5	
ZR-VV$_{22}$	ZR-VLV$_{22}$	阻燃型 PVC 绝缘钢带铠装 PVC 护套电力电缆		

3．不同型号电缆的特点

同芯导体电力电缆：目前国内低压电力电缆都为各芯线共同绞合成缆，这种结构的电缆抗干扰能力较差，抗雷击的性能也差，电缆的三相阻抗不平衡和零序阻抗大，难以使线路保护电器可靠地动作等。江苏宝胜电缆厂研制的额定电压 0.6~1kV 及以下的铜、铝聚氯乙烯同芯导体电力电缆解决了以上问题。其型号见表 10-9。

4．交联聚乙烯绝缘电力电缆

交联聚乙烯绝缘电力电缆即 XLPE 电缆是利用化学或物理的方法使电缆的绝缘材料聚乙烯塑料的分子由线型结构转变为立体的网状结构，即把原来是热塑性的聚乙烯转变成热固性的交联聚乙烯塑料，从而大幅度地提高了电缆的耐热性能和使用寿命，仍保持其优良的电气性能。其型号及适用范围见表 10-10。

铜、铝聚氯乙烯同芯导体电力电缆 表 10-9

型　号		电　缆　名　称	芯　数	标称截面（mm²）
铜　芯	铝　芯			
VV-T	VLV-T	聚氯乙烯绝缘同芯导体电力电缆护套电力电缆，有 22 为铠装	3＋1（T）	4～300
VV₂₂-T	VLV₂₂-T		3＋1＋1	4～185
			4＋1（T）	4～185

5. 聚氯乙烯绝缘聚氯乙烯护套电力电缆技术数据

聚氯乙烯绝缘聚氯乙烯护套电力电缆长期工作温度不超过 70℃，电缆导体的最高温度不超过 160℃。短路最长持续时间不超过 5s，施工敷设最低温度不得低于 0℃。最小弯曲半径不小于电缆直径的 10 倍。聚氯乙烯绝缘聚氯乙烯护套电力电缆技术数据见表 10-11。

交联聚乙烯绝缘电力电缆 表 10-10

电　缆　型　号		名　称	适　用　范　围
铜　芯	铝　芯		
YJV	YJLV	交联聚乙烯绝缘聚氯乙烯护套电力电缆	室内，隧道，穿管，埋入土内（不承受机械力）
YJY	YJLY	交联聚乙烯绝缘聚乙烯护套电力电缆	
YJV₂₂	YJLV₂₂	交联聚乙烯绝缘聚氯乙烯护套钢带铠装电力电缆	室内，隧道，穿管，埋入土内
YJV₃₂	YJLV₃₂	交联聚乙烯绝缘聚乙烯护套细钢丝铠装电力电缆	竖井，水中，有落差地方，能承受外力

聚氯乙烯绝缘聚氯乙烯护套电力电缆技术数据 表 10-11

产　品　型　号		芯　数	标　称　截　面（mm²）
铜　芯	铝　芯		
VV/VV₂₂	VLV/VLV₂₂	1	1.5～800 2.5～800 10～800
VV/VV₂₂	VLV/VLV₂₂	2	1.5～805 2.5～805 10～805
VV/VV₂₂	VLV/VLV₂₂	3	1.5～300 2.5～300 4～300
VV/VV₂₂	VLV/VLV₂₂	3＋1	4～300
VV/VV₂₂	VLV/VLV₂₂	4	4～185

6. 电缆供电的特点

(1) 不受上面外界风、雨、冰雹、人为损伤，供电可靠性高。

(2) 材料和安装成本都高，造价约为架空线的 10 倍。

(3) 供电容量可以较大。

(4) 不占用地皮，有利于环境美观。

(5) 与架空线比较，截面相同时电缆供电容量可以较大，电缆导线的阻抗小。

10.2.3 电缆的规格

1. 额定电压

额定电压取决于该电缆系统的相间电压、系统的类型、保护设备排除故障时间等。在不接地系统中，电缆发生单相接地故障也会运行很长时间。但是会在另外两相不接地导线绝缘之间产生线间电压梯度，要求其绝缘层要更厚一些。无故障的两相之间是不可能长时间施加全部线间电压的，如果保护设备能够在 1min 内切除故障，那么在这种接地系统中可选用 100% 额定电压的电缆。对于不接地系统，当不能满足对 100% 额定电压级规定的 1min 清除时间、但能保证在 1h 内清除故障段时，则需选用 133% 额定电压的电缆。当清除接地故障段的时间相当长时，则需选用 173% 额定电压水平的绝缘。

2. 导线的选择

选择导线规格时应考虑：国家电气规范的要求、负荷电流的热效应、相互加热效应、电磁感应产生的损耗、电介质损失、负荷电流有关的指标、应急过负荷指标、电压降的限制和故障电流指标。

3. 负荷电流指标

载流量表列出了所需要的导线的最小规格。但是，在工程中选择电缆往往偏于保守，这是考虑到负荷的增长、电压降和短路电流的发热等因素。

4. 应急过负荷指标

绝缘线和电缆的正常负荷极限值是以实践经验为基础的，代表着电缆的老化速度。此种老化速度预计能使电缆的有效寿命持续 20～30 年。正常的日负荷温度每升高 8℃，则平均故障率将增加一倍，且电缆的绝缘寿命缩短一半。电缆在超过最高额定温度或额定载流量的条件下持续运行，是一种非常措施。温度的升高与导线损耗成正比，而损耗又是随电流的平方而增加的，较大的电压降可能对设备和供电的连续性产生不可预料的危险。

电缆在最高应急过负荷温度下运行，每年不应超过 100h，并且这种 100h 的过负荷期在电缆寿命期限内不应超过五次。各种绝缘电缆有短时过负荷的超载系数。将超载系数乘电缆的标称额定电流值，就能得到这种绝缘电缆的应急或过负荷电流值。

5. 电压降指标

如果供电线的截面不够大，在电路中会产生过大的电压降。电压降与线路长度成正比。考虑到电动机的正常启动和运转、照明设备以及其他有很大冲击电流的负荷，规范规定电力、电热或照明馈电线的稳态电压降不应超过 3%，包括馈电线和支线在内的总电压降不应超过 5%。

6. 故障电流指标

在短路情况下，导线的温度上升很快。但是，由于电缆绝缘、护套、被覆材料等的热特性，在短路排除以后，导线的冷却过程却是缓慢的。

不注意电缆的热稳定会由于绝缘材料的变质而造成电缆绝缘的永久性破坏，从而可能伴生烟气和可燃气体。如果有足够的热量，这些气体将点燃起火，酿成严重的火灾。即使程度不那么严重，也可能使电缆的绝缘或护套膨胀，产生空隙，导致有可能发生故障。对高压电缆，这一点格外严重。

除了热应力外，热膨胀还会在电缆中产生机械应力。由于急剧地加热，这些应力可能引起不希望有的电缆移动。不过，新式电缆加强了捆绑和护套，显著地降低了这种应力的影响。在预定的温度范围内选择和使用电缆时，一般情况下不需要注意其机械特性，除非电缆很旧或是铅包电缆。在发生短路或大的冲击电流时，单芯电缆将承受各电缆之间的互相排斥力或吸引力。为了防止由于这种移动而引起电缆的破坏，应将敷设在电缆支架或电缆桥架上的电缆固定起来。

10.2.4 电缆的使用条件

大量电缆成组敷设时，由于相互间的加热作用，降低了电缆的载流量。规格大的电缆有时候需要考虑用两根或多根较小规格的并联电缆来代替，因为大截面电缆会由于集肤效应和邻近效应使得单位截面的载流量减少。另一方面，大截面电缆的表面积对横截面积的比值减小使得大电缆散热能力差。若多根电缆并联使用时，应考虑各个电缆的相对位置，以降低电缆载流量的不均匀分布效应。

对敷设在地下管道中的电缆，当使用负荷系数时，应考虑管道及其周围土壤的平均热损失的热容量。地下部分的温度随平均热损失的变化而变化，因而可允许较高的短时负荷系数是平均负荷对尖峰负荷的比值，通常以昼夜平均负荷为基准进行测量。而尖峰负荷一般是指 24h 内出现的、0.5~1h 期间的最大负荷的平均值。

对于直埋电缆，其平均表面温度可根据土壤条件限制在 0~60℃之间，以防止土壤水分的散失和电缆热击穿。当电缆靠近其他带负荷的电缆或热源时，或者当周围环境温度超过规定电缆载流量的环境温度时，必须降低电缆的额定载流量。

电缆装置的正常环境温度是指电缆不带负荷时安装电缆处的温度。为了恰当地确定某一给定负荷所需要的电缆规格，应该透彻地了解这个温度。例如，在空气中与其他电缆隔开敷设的电缆，其环境温度是指该电缆带负荷以前的温度。对于空气中的电缆，还要假定电缆周围有足够的空间散发电缆产生的热量，并且不会提高整个房间的温度。如果规定了上述正确条件，那么，下述的环境条件就可用来计算电缆的载流量。

(1) 户内　对低压电缆来说，国家电气法规上的载流量表是以环境温度 30℃ 为基础的。但是，大部分地区夏天的月份，至少对建筑物的某些部分以 40℃ 为宜。在确定电缆载流量时必须考虑附近对电缆最不利的热源。电缆局部过热的情况可能是由蒸汽管道或靠近电缆的热源所引起的，也可能是由于电缆穿过锅炉房或其他高温的场所所致。为了避免这类问题，可能需要改线。

(2) 户外　对于安装在遮荫处的电缆，其最高环境温度一般取 40℃，而对于安装在阳光下的电缆，最高环境温度一般取 50℃。在使用这些环境温度时，假定最大负荷正好是在规定的环境温度时出现。在一天的最热时间里，或者在阳光晒得最厉害的时候，有些回路并不是在满负荷运行。在这样的条件下，采用环境温度 40℃ 对于户外电缆从安全方面来说，是比较合理的。

(3) 地下　在一个国家的不同地区，用于地下电缆的环境温度是有变化的。我国北方地区，环境温度常取 20℃，对中部地区，则常用 25℃；而对最南端和西南端，环境温度可能要取 30℃。这些环境温度的地理界线是不可能精确划定的。可在远离热源的某一点、在埋设电缆的深度处测量最高环境温度。土壤环境温度的变化会比空气温度的变化滞后几周时间。

在确定电缆的载流量时，电缆周围介质的热性能是重要的参数。埋设电缆或电缆管块的土壤种类，对电缆载流量有着重大的影响。多孔疏松土壤，例如砾石和灰渣回填土，通常要比砂土或粘土有较高的温度和较低的载流量。因此，在计算电缆规格以前，应该知道土壤的种类及土壤热阻率。

土壤的含水量对电缆的载流量也有重要的影响。在干燥地区，为了补偿由于缺少水分而使热阻增加，必须降低电缆的额定载流量，或者采取其他的预防措施。另一方面，在经常潮湿的地下或受潮水影响的地区，电缆可以通过比正常电流大的电流。对于经常潮湿或者潮湿和干燥交替出现的地方，对于有从干燥的电缆过渡到"天然屏蔽"潮湿电缆的地方，即使是高压的线路也需要屏蔽。因为在这些地方会产生电压梯度应力突变，除非是专门为此而设计的非屏蔽电缆。

直埋敷设于冻土地区时，宜埋入冻土层以下，当无法深埋时可在土壤排水性好的干燥冻土层或回填土中埋设，也可采取其他措施。直埋敷设的电缆，严禁位于地下管道的正上方或下方。用隔板分隔时可为 0.25m；用电缆穿管时可为 0.1m；特殊情况可酌减。直埋敷设于非冻土地区时，电缆埋置深度对于电缆外皮至地下构筑物基础，不得小于 0.3m。

直埋敷设的电缆与铁路、公路或街道交叉时，应穿保护管，且保护范围超出路基、街道路面两边以及排水沟边 0.5m 以上。直埋敷设的电缆引入构筑物，在贯穿墙孔处应设置保护管，且对管口实施阻水堵塞。

直埋敷设电缆的接头配置，接头与邻近电缆的净距，不得小于 0.25m。并列电缆的接头位置宜相互错开，且不小于 0.5m 的净距。斜坡地形处的接头安置，应呈水平状。对重要回路的电缆接头，宜在其两侧约 100mm 开始的局部段，按留有备用量方式敷设电缆。直埋敷设电缆在采取特殊换土回填时，回填土的土质应对电缆外护套无腐蚀性。

10.2.5 电缆外护套类型

虽然制造时应遵循国家标准，但工程实际曾有三芯电缆用于交流单相情况，因涡流损耗发热导致电缆温升过高的事例发生。裸铅包电缆直埋于潮湿土壤中出现腐蚀穿孔；外套铠装虽有一定防腐作用，但在化学腐蚀环境中时间长了也会出现锈蚀。

电缆挤塑外套常用聚乙烯 PE 或聚氯乙烯 PVC。聚乙烯 PE 不及聚氯乙烯 PVC 耐环境应力开裂性能好，聚氯乙烯在燃烧时分解的氯有助于阻燃，多采用聚氯乙烯。但 -20℃ 以下低温用普通聚氯乙烯易脆化开裂，而聚乙烯可耐 -50 ~ -60℃；对丙酮、二甲苯、三氯甲烷、石油乙醚、杂酚油、氢氧化钠等化学药物的耐受性，聚乙烯优于聚氯乙烯；燃烧时聚乙烯不像聚氯乙烯析出含有氯化氢等毒性气体，这些情况就宜采用聚乙烯作挤塑护套。

直埋敷设采用钢带铠装等的条件之一。由于重载车辆通过时传递至电缆的压力较大。借鉴日本电气设备技术标准，直埋敷设的埋深对载重车经过地段要求大于 -1.2m，只是在无重压情况下埋深可按 -0.6m，允许用无钢带铠装电缆，而对 35kV 及以下电缆的一般埋深要求为不小于 -0.7m。直埋敷设采用钢铠装也是从防止外力破坏考虑的。

统计显示直埋敷设的电缆事故较多，且属于机械性损伤的比例相当高。如某大城市

10kV 约 2200kW 供电电缆线路，1987～1991 年发生故障 588 次，外力破坏就占 242 次（见 1992 年"全国电力系统第四次电力电缆运行经验交流会"论文）。全塑电缆受鼠害而导致故障的情况屡见不鲜。统计显示，外径 10～15mm 的电缆受害比例最大。日本铁道因鼠害导致电气信号事故，1969～1984 年共发生 335 次，每年达 48～62 次之多。

水下电缆主要在水深、水下较长、水流速较大或有波浪、潮汐等综合作用的受力条件下，仅靠电缆缆芯的耐张力往往不足以满足要求，需有钢丝铠装且宜预扭或绞向相反式构造。此外，江、海等船舶的投锚和海中拖网渔船的渔具等，可能有机械损伤危及时，有时也需电缆具有适当防护特性，还可能有双层钢线铠装、钢带加双层钢丝铠装，或反向卷绕的双层钢丝、短节距离卷绕的双层钢丝，以及铠装中含有聚酰胺纤维制的承重线、碳化硅聚氯乙烯护层等多种构造类型，可以因地制宜选择。

10.3 导 线 截 面 的 选 择

从配电变压器到用电负荷的线路有架空线路和电缆线路两种形式。无论室内或室外的配电导线及电缆截面的选择方法是一样的。

10.3.1 选择导线截面的原则

1. 电力电缆缆芯截面选择的基本要求

（1）最大工作电流作用下的缆芯温度，不得超过按电缆使用寿命确定的允许值。

（2）最大短路电流作用时间产生的热效应，应满足热稳定条件。

（3）连接回路在最大工作电流作用下的电压降，不得超过该回路允许值。

（4）较长距离的大电流回路或 35kV 以上高压电缆，当符合上述条件时，宜选择经济截面，可按"年费用支出最小"原则。

（5）铝芯电缆截面，不宜小于 $4mm^2$。

（6）水下电缆敷设当需缆芯承受拉力且较合理时，可按抗拉要求选用截面。

导线截面的选择应同时满足机械强度、工作电流和允许电压降的要求。其中导线承受最低的机械强度的要求是指诸如导线的自重、风、雪、冰封等而不致断线；导线应能满足负载长时间通过正常工作最大电流的需要；及导线上的电压降应不超过规定的允许电压降。一般公用电网电压降不得超过额定电压的 5%。

电力电缆芯截面选择不当时，造成影响可靠运行、缩短使用寿命、危害安全、带来经济损失等弊病，不容忽视。

电缆缆芯持续工作温度，关系着电缆绝缘的耐热寿命，一般按 30～40 年使用寿命，并依据不同绝缘材料特性确定工作温度允许值。当工作温度比允许值大时，相应的使用寿命缩短，如交联聚乙烯工作温度较允许值增加约 8℃，对应载流量增加 7%，则使用寿命降低一半。电缆缆芯持续工作温度，还涉及影响缆芯导体连接的可靠性，需考虑工程实际可能的导体连接工艺条件来拟定。

短路电流作用于缆芯产生的热效应，满足不影响电缆绝缘的暂态物理性能维持继续正常使用，且使含有电缆接头的导体连接能可靠工作，以及对分相统包电缆在电动力作用下不致危及电缆构造的正常运行，这就统称为符合热稳定条件。否则会出现油纸绝缘铅包被炸裂、绝缘纸烧焦、电缆芯被弹出、电缆端部冒烟等故障。

"年费用支出最小"原则的评定方法,是参照原水电部82电计字第44号文颁发《电力工程经济分析暂行条例》,该文件推荐的年费用支出 B 的表达式如下:

$$B = 0.11Z + 1.11N$$

式中 Z——投资;

N——年运行费。

系数是基于取经济使用年限为25年和施工年数按一年来计算的。

限制铝芯小截面的使用,是基于过去工程实践中采用小于 $4 \sim 6mm^2$ 易出现损伤折断的缘故。对35kV以上高压单芯电缆,电缆使用方式造成附加发热,散热变差的情况,一般宜直接用计算或测试方式来确定允许载流量。

2. 电缆载流量的测试

测试应具有科学性的主要特征是:电缆在稳定地持续电流作用下,反映测试特点的条件,应足以等效于实际工况的有关影响因素,包含其环境温度应基本稳定。以 $400 \sim 500Hz$ 中频励磁系统自动调节回路用的电缆为例,计入中频情况比工频时邻近效应与集肤效应较为增大影响,要比同截面在工频时的载流量降低至 $0.68 \sim 0.99$ 倍;截面大时降低程度较显。单芯高压电缆交叉互联接地方式,其单元系统的三个区段,在工程实践中往往难以均等,一般可按下列公式计入金属护层的附加损耗影响。

$$P_s = \Delta W_s (\Delta L / L)^2$$

式中 P_s——电缆金属护层的附加损耗率;

ΔW_s——电缆金属护层两端完全接地时的金属护层环流损耗占缆芯导体损耗的比值;

ΔL——该单元系统划分三区段中最大与最小长度之差;

L——该单元系统三个区段长度之和。

塑料管较金属管的管材热阻系数大,且表面散热性差,用作电缆保护管时,对载流量的影响不容忽视。槽盒内电缆载流量校正系数 K 随盒体材料导热性、壁厚、电缆占积率和结构特征等因素而异。

料包带用于阻止电缆延燃时,覆盖层厚度一般在 1.5mm 以内,涂料、包带用作耐火防护时,或者采用石棉泥、防火包等构成较厚实的耐火层情况,伴随的热阻增大影响则不容忽视。电缆沟内埋砂时,砂的热阻系数不仅与砂粒的粗细以及其中土、细石等含量有关,还受含水量影响,但含水量不能只按初始条件,应考虑运行温度较高时的水分迁移影响。

3. 环境温度的影响

国内外工程实践都曾显示,缆芯工作温度大于70℃的电缆直埋敷设运行一段时间后,由于电缆表皮温度在约50℃情况下,电缆近旁水分将逐渐迁移而呈干燥状态,导致热阻增大,出现缆芯工作温度超过额定值的恶性循环,影响电缆绝缘老化加速,以致发生绝缘击穿事故。

直埋敷设路径位于水泥或石板的路面下,其保水性对防止土壤水分迁移有相当作用。但沿通道近旁若有植树时,树根的吸水因素又易造成土壤干燥。一般对缺乏保水覆盖层情况的防止水分迁移对策,可采取经常性浇水或并行设置冷却水管,但经济上不一定合算;也可实施换土即选用恰当比例的砂与水泥等拌合进行回填方式。

由于气象温度的历年变化有分散性，宜以不少于 10 年左右的统计值表征。环境温度不取极端最高温度，是基于电缆允许短时超过最高工作温度，具有过负荷能力，而极端最高与最热月的日最高温度平均值相差在 5～8℃ 以内，极端高温持续多不超过数小时，累积所占使用总时数的比例更微小。

因为土壤的热容性，使日温度变化显著小于气温。实测显示，地面 0.6m 以下的日温变化就不大，这与直埋敷设一般深度也相合，故对直埋时环境温度的择取，不同于空气中的要求。直埋敷设时环境温度，明确需取埋深处的对应值，是基于不同埋深温度差别较大。如某地 20 年气象记录的平均值有：最热月的地下 -0.5m、-1.0m、-2.0m 处最高月平均温度，分别比同一地面月平均气温低 3℃、4℃、7℃。在环境温度基础上要求计入实际工程环境温升的影响，非常重要。

电缆线路通过不同散热条件区段时，同一缆芯截面下各区段的缆芯工作温度可能出现差异。实践中靠近高温管道、锅炉的电缆因过热而导致局部绝缘老化或烧坏的事例不少。

照明负荷为主的供电线路，不平衡电流往往较大，应在设计中予以平衡。尤其是换流设备和电弧炉等非线性用电设备、无功补偿装置等接入电网后，产生谐波电流，其电流不平衡率往往不可忽视。

交流回路并联的电流分配，不仅与阻抗相关，还依赖于有功与无功负荷。当供电线路含有多种受电设备时，其所含有功与无功负荷的变化，在设计阶段难以把握，难以同步，若并联电缆截面不等，则难以实现合理分配。如果从安全考虑放大截面，投资过大，如果偏于紧凑，就难免出现过负荷。

电缆金属屏蔽层截面如果偏大，固然较可靠，但投资增加；如果偏小，则不安全。工程实践中，已发生屏蔽层被电流烧坏的事例；通过对中性点非直接接地系统不同地点两相接地时接地电流作用烧坏屏蔽层的事故分析，建议对 10kV、35kV 级，宜分别按 500A、2500A 作用 3s 条件来选择。

4. 电缆芯线材质

控制和信号电缆导体截面一般较小，使用铝芯在安装时的弯折常有损伤，与铜导体或端子的连接往往出现接触电阻过大，且铝材具有蠕动属性，连接的可靠性较差，故控制和信号电缆导体统一明确采用铜芯。

电力电缆导体材质的选择，既需考虑其较大截面特点和包含连接部位的可靠安全性，又要统筹兼顾经济性，宜区别对待。同样条件下铜与铜导体比铝与铜导体连接的接触电阻要小约 10～30 倍。据美国消费品安全委员会 CPCS 统计的火灾事故率，铜芯线缆与铝芯线缆故障率之比为 1:55。

此外，电源回路一般电流较大，同一回路往往需多根电缆，采用铝芯更增加电缆数量，造成柜、盘内连接拥挤，曾多次出现回路连接处发生故障导致严重事故。现明确重要的电源回路需用铜芯，可提高电缆回路的整体安全可靠性。耐火电缆需具有在经受 750～1000℃ 作用下维持通电的功能。铝的熔融温度为 660℃，而铜可达 1080℃。水下敷设比陆上的费用高许多，采用铜芯有助于减少电缆根数时，一般从经济性和加快工程来看将显然有利。

5. 电力电缆芯数

交流 1kV 及以下电源中性点直接接地系统，按设有中性线、保护接地线、中性线与保护接地线独立分开或功能合一等不同接线方式，在供电系统中已客观存在着不同类别。

故需相应明确电缆芯数的选择要求。

大电流回路采用单芯电缆，较三芯电缆可改善柜、盘内密集的终端连接部位电气安全间距；对长线路情况可减免接头，利于提高线路工作可靠性。多年电缆运行实践显示了接头故障率占电缆事故中相当高的比例，基于电缆密集汇聚于柜、盘中因电气间距等因素容易导致事故的经验教训，因而在综合评价时，不应只注意单芯与三芯的投资差异，还要注重技术安全性。

10.3.2 按机械强度选择的方法

1. 架空导线截面不得小于表 10-12 要求。

架空导线截面按机械强度选择导线截面（mm²）　　　　表 10-12

	铜　线		铝　线		
	绝缘线	裸　线	绝缘线	铝绞线	钢芯铝绞线
室外	6	10	10	25	16

接户线必须用绝缘线，铜线用截面不小于 4mm²，铝线用截面不小于 6mm²。

2. 固定敷设的导线最小线芯截面应符合表 10-13 的规定。

固定敷设的导线最小线芯截面（mm²）　　　　表 10-13

敷　设　方　式	最小线芯截面（mm²）	
	铜　芯	铝　芯
裸导线敷设于绝缘子上	10	10
绝缘导线敷设于绝缘子上：		
室内 $L \leqslant 2m$	1.0	2.5
室外 $L \leqslant 2m$	1.5	2.5
室内、外 $2 < L \leqslant 6m$	2.5	4
$6 < L \leqslant 16m$	4	6
$16 < L \leqslant 25m$	6	10
绝缘导线穿管、板敷设	1.0	2.5
绝缘导线线槽敷设	0.75	2.5
塑料绝缘护套导线扎头直敷	1.0	2.5

注：L 为绝缘子支持间距。

3. 保护线采用单芯绝缘导线时，按机械强度要求：有机械保护时为 2.5mm²；无机械保护时为 4mm²。装置外导线体严禁用作保护中性线。在 TN—C 系统中，保护中性线严禁接入开关设备。保护线（PE）最小截面应该满足表 10-14 的要求。

保护线（PE）最小截面　　　　表 10-14

相线线芯截面 S（mm²）	保护线最小截面（mm²）
$S \leqslant 16$	S
$16 < S \leqslant 35$	16
$S > 35$	$S/2$

10.3.3 按导线安全载流量选择截面

导线必需能够承受负载电流长期通过所引起的温升，不能因过热而损坏导线的绝缘。导线所允许长时间通过的最大电流称为该截面的安全载流量。同一导线截面不同的敷设条件下的安全载流量是不一样的。例如同一截面的导线作架空线敷设比穿管敷设的安全载流量大。穿管线所用的管材、穿管线的根数等都影响安全载流量。

表 10-15 是塑料绝缘线的安全载流量。表 10-16 是橡皮绝缘线的安全载流量。计算方法是先求出负载实际电流，再按电流查安全载流量表即可得导线截面。

负载的计算电流为：

$$I_{js} = K_x \frac{\sum P}{\sqrt{3}\, U_1 \cos\varphi} \quad (A) \tag{10-1}$$

式中　K_x——需要系数，因为许多负载不一定同时使用，也不一定同时满载，还要考虑
　　　　　　电机效率 η 不等于 1，所以需要打个折扣，称作需要系数；

　　　U_1——是线电压；

　　　$\sum P$——各负载铭牌功率的总和，如电动机是指机械功率；

　　　$\cos\varphi$——负载的平均功率因数。

【例 10-1】　有一个钢筋加工场，负载总功率为 176kW，平均 $\cos\varphi = 0.8$，需要系数 K_x 为 0.5，电源线电压 380V，用 BX 线，请用安全载流量求导线的截面。

解：

$$I_j = K_x \frac{\sum P}{\sqrt{3}\, U_1 \cos\varphi} = 0.5 \frac{176 \times 1000}{\sqrt{3} \times 380 \times 0.8} = 166 \quad (A)$$

查得 25℃时导线明敷设可得截面为 35mm²。它的安全载流量为 170 （A），大于实际电流 166 （A）。室内穿管线安全载流量和管内导线根数有关。室内 BV 型绝缘线穿钢管敷设时的安全载流量及钢管管径对照表见表 10-17；塑料绝缘电线空气中敷设长期负载下的载流量见表 10-18。

BV 绝缘电线明敷及穿管持续载流量　　　　　　　　　表 10-15

环境温度（℃）	30	35	40	30				35				40			
导线根数	1	1	1	2～4	5～8	9～12	>12	2～4	5～8	9～12	>12	2～4	5～8	9～12	>12
标称截面（mm²）	明敷载流量（A）			导线穿管载流量（A）											
1.5	23	22	20	13	9	8	7	12	9	7	6	11	8	7	6
2.5	31	29	27	17	13	11	10	16	12	10	9	15	11	9	8
4	41	39	36	24	18	15	13	22	17	14	12	21	15	13	11
6	53	50	46	31	23	19	17	29	21	18	16	30	20	16	15
10	74	69	64	44	33	28	25	41	31	26	23	38	29	24	21
16	99	93	86	60	45	38	34	57	42	35	32	52	39	32	29
25	132	124	115	83	62	52	47	77	57	48	43	70	53	44	39
35	161	151	140	103	77	64	58	96	72	60	54	88	66	55	49
50	201	189	175	127	95	79	71	117	88	73	66	108	81	67	60
70	259	243	225	165	123	103	92	152	114	95	85	140	105	87	78
95	316	297	275	207	155	129	116	192	144	120	108	176	132	110	99
120	374	351	325	245	184	153	138	226	170	141	127	208	156	130	117
150	426	400	370	288	216	180	162	265	199	166	149	244	183	152	137
185	495	464	430	335	251	209	188	309	232	193	174	284	213	177	159
240	592	556	515	396	297	247	222	366	275	229	206	336	252	210	189

注：额定电压 0.75kV，导体工作温度 70℃。

BX 绝缘电线明敷及穿管持续载流量　　表 10-16

环境温度（℃）	30	35	40	30				35				40			
导线根数	1	1	1	2~4	5~8	9~12	>12	2~4	5~8	9~12	>12	2~4	5~8	9~12	>12
标称截面（mm²）	明敷载流量（A）			导线穿管载流量（A）											
1.5	24	22	20	13	9	8	7	12	9	7	6	11	8	7	6
2.5	31	28	26	17	13	11	10	16	12	10	9	15	11	9	8
4	41	38	35	23	17	14	13	21	16	13	12	20	15	12	11
6	53	49	45	29	22	18	16	28	21	17	15	25	19	16	15
10	73	68	62	43	32	27	24	40	40	25	22	37	27	23	20
16	98	90	83	58	44	36	33	53	55	33	30	49	37	31	28
25	130	120	110	80	60	50	45	73	68	46	40	68	51	42	38
35	165	153	140	94	74	62	56	91	84	57	51	84	63	52	47
50	201	185	170	122	92	76	69	112	108	70	63	104	78	65	58
70	254	234	215	155	116	97	87	144	114	90	81	132	99	82	74
95	313	289	265	198	149	124	111	193	144	120	108	168	126	105	94
120	366	338	310	231	173	144	139	213	160	133	120	196	147	122	110
150	419	387	355	269	201	168	151	248	186	155	139	228	171	142	128
185	484	447	410	311	233	194	175	287	215	179	161	264	198	165	148
240	584	540	495	373	279	233	209	344	258	215	193	316	237	197	177

注：额定电压 0.75kV，导体工作温度 65℃。

室内 BV 绝缘线穿钢管敷设时的安全载流量（A）及钢管（SC）管径（mm）对照表　　表 10-17

截面（mm²）	二　根					三　根					四　根				
	25℃	30℃	35℃	40℃	SC	25℃	30℃	35℃	40℃	SC	25℃	30℃	35℃	40℃	SC
1.0	14	13	12	11	15	13	12	11	10	15	11	10	9	8	15
1.5	19	17	16	15	15	17	15	14	13	15	16	14	13	12	15
2.5	26	24	22	20	15	24	22	20	18	15	22	20	19	17	15
4.0	35	32	30	27	15	31	28	26	24	15	28	26	24	22	15
6.0	47	43	40	37	15	41	38	35	32	15	37	34	32	29	20
10	65	60	56	51	20	57	53	49	45	20	50	46	43	39	25
16	82	76	70	64	25	73	68	63	57	25	65	60	56	51	25
25	107	100	92	84	25	95	88	82	75	32	85	79	73	67	32
35	133	124	116	105	32	115	107	99	90	32	105	98	90	83	32
50	165	154	142	130	32	146	136	126	115	40	130	121	112	102	50
70	205	191	177	162	50	183	171	158	144	50	165	154	142	130	50
95	250	233	216	197	50	225	210	194	177	50	200	187	173	158	70
120	290	271	250	229	50	260	243	224	205	50	230	215	198	181	70
150	330	308	285	261	50	300	280	259	237	70	265	247	229	209	70
185	380	355	328	300	70	340	317	294	268	70	300	280	259	237	80

照明线路敷设中，相线与中性线宜采用不同的颜色：中性线应采用淡蓝色，保护地线采用绿、黄双色绝缘导线。

10.3.4　按允许电压降选择导线截面

当供电线路很长时，线路上的电压降就比较大，如果供电线路允许电压降为额定电压的 $\Delta U\%$，需要系数为 K_x，按导线材料等因素推导出公式如下：

标称截面 （mm²）	铝芯 （A）	铜芯 （A）	标称截面 （mm²）	铝芯 （A）	铜芯 （A）
0.4	—	7	10	62	85
0.5	—	9	16	85	110
0.6	—	11	20	100	130
0.7	—	14	25	110	150
0.8	—	17	35	140	180
1	15	20	50	175	230
1.5	19	25	70	225	290
2	22	29	95	270	350
2.5	26	34	120	330	430
3	28	36	150	380	500
4	34	45	185	450	580
5	38	50	240	540	710
6	44	57	300	630	820
8	54	70	400	770	1000

注：电线型号为 BLV、BV、BVR、RVB、RVS、RFB、RFS，线芯允许温度为 +65℃。

$$S = K_x \frac{\Sigma(PL)}{C \cdot \Delta U} \ (\text{mm}^2) \qquad\qquad (10\text{-}2)$$

式中 $\Sigma(PL)$ 称为负荷力矩的总和，单位是 kW·m。C 是计算系数，三相四线制供电线路时，铜线的计算系数 $C_{Cu} = 77$，铝线的计算系数为 $C_{Al} = 46.3$；在单相 220V 供电时，铜线的计算系数 $C_{Cu} = 12.8$，铝线的计算系数 $C_{Al} = 7.75$。公用电网用电一般规定允许电压降为额定电压的 ±5%，单位自用电源可降到 6%，临时供电线路可降到 8%。

【例 10-2】　有一建筑工地配电箱动力用电 P_1 为 20kW，距离变压器 200m，P_2 为 18kW，距离变压器 300m，如图 10-11 所示。$\Delta U = 5\%$，$K_x = 0.8$，按允许电压降计算铝导线截面。

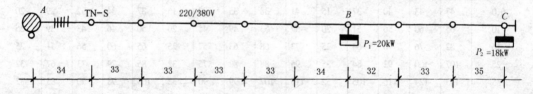

| 34 | 33 | 33 | 33 | 33 | 34 | 32 | 33 | 35 |

图 10-11　［例 10-2］用图

解： $S = K_x \dfrac{\Sigma(PL)}{C \cdot \Delta U} = 0.8 \times \dfrac{20 \times 200 + 18 \times 300}{46.3 \times 5} \approx 32.48\text{mm}^2$，选 35mm²。

【例 10-3】　亚运会有一建筑工地配电箱动力用电 P_1 为 66kW，P_2 为 28kW，如图 10-12 所示，杆距均为 30m。用 BBLX 导线，$\Delta U\% = 5\%$，$K_x = 0.6$，平均 $\cos\varphi = 0.76$，计算 AB 段的 BBLX 导线截面。

BBLX 导线安全载流量　　　　表 10-19

导线截面（mm²）	10	16	25	35	50	70
安全载流量（A）	65	85	110	138	175	220

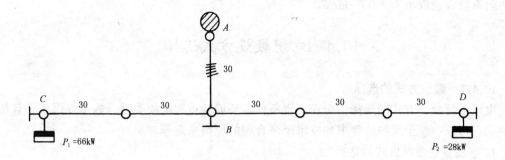

图 10-12 [例 10-3] 用图

解：
$$I_{js} = K_x \frac{\sum P}{\sqrt{3} U_1 \cos\varphi} = 0.6 \frac{(28 + 66) \times 1000}{\sqrt{3} \times 380 \times 0.76} = 112.75A$$

查表 10-19 可得截面为 35mm²。它的安全载流量为 138（A），大于实际电流 112.75（A）。

再按电压降计算：$S = K_x \dfrac{\sum (PL)}{C \cdot \Delta U} = 0.6 \times \dfrac{66 \times 90 + 28 \times 120}{46.3 \times 5} \approx 24.15mm^2$

按电压可选 BBLX—25mm²，但是按电流应选 35mm²，说明电流是主要矛盾。

答：最后确定为 BBLX（$3 \times 35 + 1 \times 16$）。

10.3.5 电缆的截面选择要点

1．最小截面考虑因素

10kV 及以下常用电缆按持续工作电流确定允许最小缆芯截面时，宜满足环境温度差异、直埋敷设时土壤热阻系数差异、电缆多根并列的影响及户外架空敷设无遮阳的日照影响。实施中因为差异比较大，酌情调整之。

2．参数选择

电缆按持续工作电流确定允许最小缆芯截面时，应经计算或测试验证，且计算内容或参数选择条件如下：

（1）中频供电回路使用非同轴电缆，应计入非工频情况下集肤效应和邻近效应增大损耗发热的影响。

（2）单芯高压电缆以交叉互联接地当单元系统中三个区段不等长时，应计入金属护层的附加损耗发热影响。

（3）敷设于塑料保护管中的电缆，应计入热阻影响；排管中不同孔位的电缆还应分别计入互热因素的影响。

（4）敷设于封闭、半封闭或透气式耐火槽盒中的电缆，应计入包含该型材质及其盒体厚度、尺寸等因素对热阻增大的影响。

（5）施加在电缆上的防火涂料、包带等覆盖层厚度大于 1.5mm 时，应计入其热阻影响。

（6）沟内电缆埋砂且无经常性水分补充时，应按砂质情况选取大于 2.0℃·m/W 的热阻系数计入对电缆热阻增大的影响。

3．缆芯工作温度大于 70℃的电缆，计算持续允许载流量时考虑因素

数量较多的该类电缆敷设于未装机械通风的隧道、竖井时，应计入对环境温升的影响。电缆直埋敷设在干燥或潮湿土壤中，除实施换土处理等能避免水分迁移的情况外，土

壤热阻系数宜选取小于 2.0℃·m/W。

10.4　电缆敷设方式选择

10.4.1　敷设方式的选择

电缆工程敷设方式的选择，应视工程条件、环境特点和电缆类型、数量等因素，且按满足运行可靠、便于维护的要求和技术经济合理的原则来选择。

1. 电缆直埋敷设方式的选择

在建筑工程中，应用最多的是直埋敷设，如图 10-13 所示。其次是电缆沟敷设方式，如图 10-14 所示。

直埋电缆必需采用铠装电缆。电缆埋置深度应符合下列要求

（1）电缆表面距地面的距离不应小于 0.7m，电缆沟深不小于 0.8m，电缆的上下各有 10cm 砂子（或过筛土），上面还要盖砖或混凝土盖板。地面上在电缆拐弯处或进建筑物处要埋设方向桩，以备日后施工时参考。电缆穿越农田时埋深不应小于 1m。在引入建筑物、与地下建筑物交叉及绕过地下建筑物处，可浅埋，但应采取保护措施。

（2）电缆应埋设于冻土层以下，当受条件限制时，应采取防止电缆受到损坏的措施。

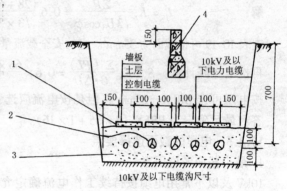

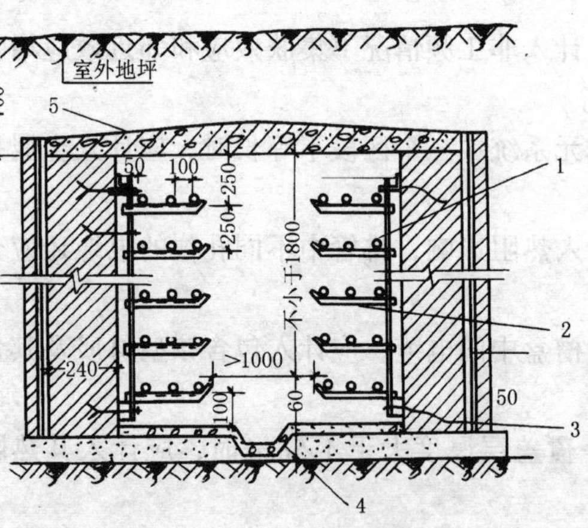

图 10-13　电缆的直埋敷设
1—盖砖或混凝土板；2—电缆；3—砂子；
4—方向桩

（3）电缆与热管道及热力设备平行、交叉时，应采取隔热措施，使电缆周围土壤温升不超过 10℃。当直流电缆与电气化铁路路轨平行、交叉其净距不能满足要求时，应采取防电化腐蚀措施。电缆与公路平行的净距，当情况特殊时可酌减；当电缆穿管或者管道有保温层等防护设施时，净距应从管壁或防护设施的外壁算起。

（4）电缆与铁路、公路、城市街道、厂区道路交叉时，应敷设于坚固的保护管或隧道内。电缆管的两端宜伸出道路路基两边各 2m；伸出排水沟 0.5m；在城市街道应伸出车道路面。直埋电缆

图 10-14　电缆沟敷设方式
1—电缆；2—支架；3—立管；4—排水沟；5—盖板

的上、下部应铺以不小于 100mm 厚的软土或砂层，并加盖保护板，其覆盖宽度应超过电缆两侧各 50mm，保护板可采用混凝土盖板或砖块。软土或砂子中不应有石块或其他硬质

杂物。直埋电缆在直线段每隔 50～100m 处、电缆接头处、转弯处、进入建筑物等处，应设置明显的方位标志或标桩。直埋电缆回填土前，应经隐蔽工程验收合格。回填土应分层夯实。

电缆明敷时，电缆与热力管道之间的净距不应小于 1m，否则应采取隔热措施。电缆与非热力管道的净距不应小于 0.5m，否则应在管道接近的电缆段上，以及由接近段两端向外延伸不小于 0.5m 以内的电缆段上，采取防止机械损伤的措施。在有腐蚀介质的房屋内明敷的电缆，宜采用塑料护套电缆。

2. 电缆沟敷设

直埋电缆一般限于 6 根以内，超过 6 根就采用电缆沟敷设方式。电缆沟内预埋金属支架，电缆多时，可以在两侧都设支架，一般最多可设 12 层电缆。如果电缆非常多，则可用电缆隧道敷设。

(1) 同一通路少于 6 根的 35kV 及以下电力电缆，在厂区通往距离辅助设施或郊区等不易有经常性开挖的地段，宜用直埋；在城镇人行道下较易翻修情况或道路边缘，也可用直埋。

(2) 在建筑物区内地下管网较多的地段或可能有熔化金属、高温液体溢出的场所、待开发将有较频繁开挖的地方等，不宜用直埋。

(3) 在化学腐蚀或杂散电流腐蚀的土壤范围，不应采用直埋。

3. 电缆穿管敷设方式的选择

(1) 在有爆炸危险场所敷的电缆，露出地坪上需加以保护的电缆，地下电缆与公路、铁道交叉时，应采用穿管。

(2) 地下电缆通过房屋、广场的区段，电缆敷设在规划将作为道路的地段，宜用穿管。

(3) 在地下管网较密的建筑物、城市道路狭窄且交通繁忙或道路挖掘困难的通道等电缆数量较多的情况下，可用穿管敷设。

4. 浅槽敷设方式的选择

地下水位较高的地方。通道中电力电缆数量较少，且在不经常有载重车道通过的户外配电装置等场所。

5. 电缆沟敷设方式的选择

有化学腐蚀液体或高温熔化金属溢流的场所，或在载重车辆频繁经过的地段，不得用电缆沟。经常有工业水溢流，可燃粉尘弥漫的房间内，不宜用电缆沟。在建筑物内地下电缆数量较多但不需要采用隧道时，城镇人行道开挖不便且电缆需分期敷设时，宜用电缆沟。有防爆、防火要求的明敷电缆，应采用埋砂敷设的电缆沟。

6. 电缆隧道敷设方式的选择

同一通道的地下电缆数量众多，电缆沟不足以容纳时应采用隧道。同一通道的地下电缆数量较多，且位于有腐蚀性液体或经常有地面水流溢的场所，或含有 35kV 以上高压电缆，或穿越公路、铁道地段，宜用隧道。受城镇地下通道条件限制或交通流量较大的道路下，与较多电缆沿同一路径有非高温的水、气和通讯电缆管线共同配置时，可在公用隧道中敷设电缆。

垂直走向的电缆，宜沿墙、柱敷设，当数量较多，或含有 35kV 以上高压电缆时，应采用竖井。在控制室、继电保护室等有多根电缆汇聚的下部，应设有电缆夹层。电缆数量较少的情况，也可采用有活动盖板的电缆层。在地下水位较高的地方、化学腐蚀液体溢流的场所，厂房内应采用支持式架空敷设。建筑物或厂区不适于地下敷设时，可用架空敷设。明敷又不宜用支持式架空敷设的地方，可采用悬挂式架空敷设。

10.4.2　水底电缆的敷设

通过河流、水库的电缆，没有条件利用桥梁、堤坝敷设时，可采取水下敷设。

1. 水底电缆敷设路径的选择

水下电缆路径选择，应满足电缆不易受机械性损伤、能实施可靠防护、敷设作业方便、经济合理等要求。电缆宜敷设在河床稳定、流速较缓、岸边不易被冲刷、海底无石山或沉船等障碍、少有沉锚和拖网渔船活动的水域。电缆不宜敷设在码头、渡口、水工构筑物近旁、疏浚挖泥区和规划筑港地带。

2. 水底电缆敷设方法

（1）水下电缆不得悬空于水中，应埋设于水底。在通航水道等需防范外部机械损伤的水域，电缆应埋置于水底适当深度，并加以稳固覆盖保护；浅水区埋深不宜小于 0.5m，深水航道的埋深不宜小于 2m。

（2）水下电缆相互间严禁交叉、重叠。相邻的电缆应保持足够的安全间距，主航道内，电缆相互间距不宜小于平均最大水深的 1.2 倍。引至岸边间距可适当缩小。在非通航的流速未超过 1m/s 的小河中，同回路单芯电缆相互间距不得小于 0.5m，不同回路电缆间距不得小于 5m。

水底电缆的敷设还应按水的流速和电缆埋深等因素确定。

（3）水下的电缆与工业管道之间水平距离，不宜小于 50m；受条件限制时，不得小于 15m。水下电缆引至岸上的区段，应有适合敷设条件的防护措施。岸边稳定时，应采用保护管、沟槽敷设电缆，必要时可设置工作井连接，管沟下端宜置于最低水位下不小于 1m 的深处。岸边未稳定时，还宜采取迂回形式敷设以预留适当的备用长度的电缆。水下电缆的两岸，应设有醒目的警告标志。

（4）水底电缆应是整根的。当整根电缆超过制造厂的制造能力时，可采用软接头连接。通过河流的电缆，应敷设于河床稳定及河岸很少受至冲损的地方。在码头、锚地、港湾、渡口及有船停泊处敷设电缆时，必须采取可靠的保护措施。当条件允许时，应深埋敷设。水底电缆的敷设，必须平放水底，不得悬空。当条件允许时，宜埋入河床（海底）0.5m 以下。

水底电缆不能盘装时，应采用散装敷设法。其敷设程序应先将电缆圈绕在敷设船仓内，再经仓顶高架、滑轮、刹车装置至入水槽下水，用拖轮绑拖，自航敷设或用钢缆牵引敷设。敷设船的选择，应符合下列条件：船仓的容积、甲板面积、稳定性等应满足电缆长度、重量、弯曲半径和作业场所等要求。敷设船应配有刹车装置、张力计量、长度测量、入水角、水深和导航、定位等仪器，并配有通讯设备。

（5）水底电缆平行敷设时的间距不宜小于最高水位水深的 2 倍；当埋入河床（海底）以下时，其间距按埋设方式或埋设机的工作活动能力确定。水底电缆引到岸上的部分应穿管或加保护盖板等保护措施，其保护范围，下端应为最低水位时船只搁浅及撑篙达不到之处；上端高于最高洪水位。在保护范围的下端，电缆应固定。

电缆线路与小河或小溪交叉时，应穿管或埋在河床下足够深处。在岸边水底电缆与陆上电缆连接的接头，应装有锚定装置。水底电缆的敷设方法、敷设船只的选择和施工组织的设计，应按电缆的敷设长度、外径、重量、水深、流速和河床地形等因素确定。水底电缆的敷设，当全线采用盘装电缆时，根据水域条件，电缆盘可放在岸上或船上，敷设时可用浮托，严禁使电缆在水底拖拉。

（6）水底电缆敷设时，两岸应按设计立导标。敷设时应定位测量，及时纠正航线和校核敷设长度。水底电缆引至岸上时，应将余线全部浮托在水面上，再牵引至陆上。浮托在水面上的电缆应按设计路径沉入水底。水底电缆敷设后，应作潜水检查，电缆应放平，河床起伏处电缆不得悬空。并测量电缆的确切位置。在两岸必须按设计设置标志牌。

水底电缆敷设应在小潮汛、憩流或枯水期进行，并应视线清晰，风力小于五级。敷设船上的放线架应保持适当的退扭高度。敷设时根据水的深浅控制敷设张力，应使其入水角为 30°～60°；采用牵引顶推敷设时，其速度宜为 20～30m/min；采用拖轮或自航牵引敷设时，其速度宜为 90～150m/min。

10.4.3　桥梁上电缆的敷设

木桥上的电缆应穿管敷设。在其他结构的桥上敷设的电缆，应在人行道下设电缆沟或穿入由耐火材料制成的管道中。在人不易接触处，电缆可在桥上裸露敷设，但应采取避免太阳直接照射的措施。悬吊架设的电缆与桥梁架构之间的净距不应小于 0.5m。在经常受到震动的桥梁上敷设的电缆，应有防震措施。桥墩两端和伸缩缝处的电缆，应留有松弛部分。

10.4.4　架空电缆

架空电缆用来代替架空线的最大好处是有更高的安全性和可靠性，所占的空间也比较小。保护完善的电缆对安全不会造成危险，也不易为偶然的碰触所损伤。但是，就垂直空间距离而论，架空电缆跟明配线有同样不够理想之处。在不需要像地下电缆管道系统那样有高度机械保护的地方，经常可用架空电缆来代替高价的地下电缆管道系统，敷设长距离的一、两根电缆，架空电缆通常比电缆桥架安装方式更为经济。

1. 架空电缆的形式

有一段电缆敷设在管道中的架空电缆，其载流量应降低到相应于管道安装条件下的载流量。架空电缆可以是柱支承的，也可以是悬索吊挂的。可以固定在电杆或构件上。用于这种场合的自支承式架空电缆有很高的抗拉强度。悬索吊挂的电缆，或者是用钢带把电缆和悬索螺旋缠绕在一起；或者是把电缆穿入挂在悬索上的环内。螺旋缠绕法多用于工厂组装的电缆，但这两种悬挂方式都适用于现场组装，有各种各样的旋绕设备可用以在现场绑扎螺旋线。

自支承电缆仅适用于档距较小的场合。悬索支承的电缆则能用于较大的档距，这取决于电缆的重量和悬索的抗拉强度，支承悬索应具有经得起气候剧烈变化和机械冲击的较高强度，也能用作电力线路中的接地导线。

2. 集束电缆

这是由一根或几根有被覆层的导线，用绝缘件互相隔开，悬挂在悬索上的电力馈电线路。这是工业设施中建筑物之间另一种架空传输电力的经济方法。在电压为 10kV 或 35kV 的三相接地或不接地系统中可以利用这种方法。绝缘的非屏蔽相线可以防止由于和地面上的设备（如消防梯、起重机臂）接触而偶然放电的危险。沿整个线路，每隔一定的距离，在导线之间设置塑料的或陶瓷的隔片，使导线间的几何位置保持不变，可以使线路的电气特性均匀。由于导线是非屏蔽的，还可以降低电缆终端的费用。

3. 直接固定电缆

在电源和负载之间有足够安装表面的地方，直接固定是一种费用低廉的安装方法。与其他方法配合使用，例如，当从电缆桥架上引出支线，或为现有设备增加新的线路时，这种方法是最有用的。在商业建筑物中通常只限于用作低压等级控制线路和电话线路。

这种方法使用多芯电缆固定在诸如建筑物的梁和立柱的表面上。在有机械损伤危险的地方，应使用有金属铠装的电缆。另外，如果地方或地区标准允许的话，使用塑料和橡胶护套电缆也能令人满意。但由于建筑上的原因，在公用服务区，悬吊顶棚或电气竖通道内限制使用。

4. 电缆绝缘水平

中性点不直接接地系统，单相故障接地时能继续运行，但伴随有其他相的电压升高，若 1min 内能切除接地故障，该电压升高对绝缘的影响一般可不计。然而，按我国系统现有自动装置和运行水平，切除含单相接地故障的馈电线路多数难在 1min 内实现。

我国 6～35kV 供电系统一般为中性点不直接接地。过去有些工程的电缆仅按额定线电压选择，实践中有些电缆"相对地"电压为额定相电压值的绝缘水平，运行时屡有绝缘击穿事故，造成巨大损失。如果采用比额定相电压高一档绝缘的电缆，可以具有相对安全性。发电机回路切除故障时间较长，电缆长度有限，宜取 173% 相电压。

直流输电系统的电缆绝缘层中最大电场强度，不仅依赖于外施电压，还与缆芯负载相关，运行中若改变电能传输方向，伴随着电缆极性倒换，其内部电场强度会显著增加。

10.4.5 保护管敷设

1. 设计要求

保护管的选择，应满足使用条件所需的机械强度和耐久性。需穿管来抑制电气干扰的控制电缆，应采用钢管。交流单相电缆以单根穿管时，不得用未分隔磁路的钢管。

部分或全部露出在空气中的电缆保护管，在防火或机械性要求高的场所，宜用钢质管，且应采取涂漆或镀锌包塑等适合环境耐久要求的防腐处理。满足工程条件自熄性要求时，可用难燃型塑料管。部分埋入混凝土中等需有耐冲击的使用场所，塑料管应具备相应承压能力，且宜用可挠性的塑料管。

地中埋设的保护管，应满足埋深下的抗压要求和耐环境腐蚀性。通过不均匀沉降的回填土地段等受力较大的场所，宜用钢管。同一通道的电缆数量较多时，宜用排管。

保护管管径与穿过电缆数量的选择，对每根管宜只穿 1 根电缆。除发电厂、高压变电所等重要性场所外，对一台电动机所有回路或同一设备的低压电机所有回路，可在每根管中合穿不多于 3 根电力电缆或多根控制电缆。管的内径，不宜小于电缆外径或多根电缆包络外径的 1.5 倍。排管的管孔内径，还不宜小于 75mm。

较长电缆管路中的下列部位，应设有工作井：电缆牵引张力限制的间距处；电缆分支、接头处；管路方向较大改变或电缆从排管转入直埋处；管路坡度较大且需防止电缆滑落的必要加强固定处。

非拆卸式电缆竖井中，应有容纳供人上下的活动空间。未超过 5m 高时，可设爬梯且活动空间不宜小于 800mm×800mm。超过 5m 高时，宜有楼梯，且每隔 3m 左右有楼梯平台。超过 20m 高且电缆数量多或重要性要求较高时，可设简易式电梯。

2. 施工要求

(1) 电缆保护管必须是内壁光滑无毛刺。切断口应平整，管口应光滑。单根管直角弯不宜多于 3 个。

(2) 地中埋管，距地面深度不宜小于 0.5m；与铁路交叉处距路基，不宜小于 1m；距排水沟底不宜小于 0.5m。并列管之间宜有不小于 20mm 的空隙。

(3) 使用排管时，管孔数宜按发展预留适当备用。缆芯工作温度相差大的电缆，宜分别配置于适当间距的不同排管组。管路顶部土壤覆盖厚度不宜小于 0.5m。管路应置于经整平夯实土层且有足以保持连续平直的垫块上；纵向排水坡度不宜小于 0.2%。管路纵向连接处的弯曲度，牵引电缆时不致损伤。管孔端口应有防止损伤电缆的处理。

(4) 敷设于电缆构筑物中时电缆构筑物的高、宽尺寸，隧道、工作井的净高，不宜小于 1.9m；与其他沟道交叉的局部段净高，不得小于 1.4m。电缆夹层的净高，不得小于 2m，但不宜大于 0.3m。在 110kV 及以上高压电缆接头中心两侧 3m 局部范围，通道净宽不宜小于 1.5m。

电缆支架的层间垂直距离，应满足电缆能方便地敷设和固定，且在多根电缆同置于一层支架上时，有更换或增设任一电缆的可能。水平敷设情况下，最上层支架距构筑物顶板或梁底的净距允许最小值，应满足电缆引接至上侧柜盘时的允许弯曲半径要求。最上层支架距其他设备装置的净距，不得小于 300mm；当无法满足时应设置防护板。

(5) 电缆构筑物应满足防止外部进水、渗水的要求。对电缆沟或隧道底部低于地下水位、电缆沟与工业水沟并行邻近、隧道与工业水管沟交叉的情况，宜加强电缆构筑物防水处理。电缆沟与工业水管、沟交叉时，应使电缆沟位于工业水管沟的上方。在不影响排水情况下，户外电缆沟的沟壁宜高出地坪。

电缆构筑物应排水畅通，电缆沟、隧道的纵向排水坡度，不得小于 0.5%。沿排水方向适当距离宜设集水井及其排水系统，必要时实施机械排水。隧道底部沿纵向宜设排水边沟。

(6) 电缆沟沟壁、盖板及其材质构成，应满足可能承受荷载和适合环境耐久的要求。可开启的沟盖板的单块重量，不宜超过 50kg。电缆隧道应每隔不大于 75m 距离设安全孔（人孔）；安全孔距隧道的首末端不宜超过 5m。安全孔直径不小于 0.7m，小区内的安全孔宜设置固定式爬梯。高差地段的电缆隧道中通道不宜呈阶梯状；纵向坡度不宜大于 15°。电缆接头不宜安设在倾斜位置上。

(7) 电缆隧道宜采取自然通风。当有较多电缆缆芯工作温度持续达到 70℃ 以上或其他影响环境温度显著升高时，可装设机械通风；但机械通风装置应在一旦出现火灾时能可靠地自动关闭。长距离的隧道，宜适当分区段实行相互独立的通风。

(8) 敷设于其他公用设施中的电缆施工要点

通过木质构造桥梁、码头、栈道等公用构筑物，用于重要性木质建筑设施的非矿物绝缘电缆，应敷设在不燃性的管槽中。

交通桥梁上、隧洞中或地下商场等公共设施的电缆，应有防止电缆着火危害、避免外力损伤的可靠措施。电缆不得明敷在通行的路面上；自容式充油电缆应埋砂敷设；非矿物绝缘电缆用在未有封闭式通道的情况，宜敷设在不燃性的管槽中。

公路、铁道桥梁上的电缆，应考虑振动、热伸缩以及风力影响下防止金属套长期应力疲劳导致断裂的措施。桥墩两端和伸缩缝处，电缆应充分松弛。当桥梁中有挠曲部位时，宜设电缆迂回补偿装置。35kV以上大截面电缆宜以蛇形敷设。经常受到振动的直线敷设电缆，应设置橡皮、砂袋等弹性衬垫。

10.5 室外电缆线路施工

近年来，电缆在安装工程施工中应用范围迅速发展，为保证电缆线路安装工作的施工质量，促进电缆线路施工技术水平的提高，确保电缆线路安全运行尤为重要。

10.5.1 电缆的敷设方式

电缆敷设的方式主要有直埋铺砂盖砖或盖混凝土板、电缆沿沟内敷设、电缆穿钢管直埋、电缆沿墙明设、电缆沿电缆托盘或电缆桥架敷设等,如上节所述。本书主要介绍施工要求。

埋地敷设的电缆应避开规划中建筑工程中需要挖掘的地方。

1. 电缆支架的加工应符合下列要求

钢材应平直,无明显扭曲。下料误差应在5mm范围内,切口应无卷边、毛刺。支架应焊接牢固,无显著变形。各横撑间的垂直净距与设计偏差不应大于5mm。金属电缆支架必须进行防腐处理。位于湿热、盐雾以及有化学腐蚀地区时,应根据设计作特殊的防腐处理。

2. 电缆支架的层间允许最小距离

当设计无规定时,可采用表10-20的规定。但层间净距不应小于两倍电缆外径加10mm,35kV及以上高压电缆不应小于2倍电缆外径加50mm。

电缆支架的层间允许最小距离值（mm）　　　　　　　　　　　表 10-20

电缆类型和敷设特征		支（吊）架	桥 架
控 制 电 缆		120	200
电力电缆	10kV 以下（除 6～10kV 交联聚乙烯绝缘外）	150～200	250
	6～10kV 交联聚乙烯绝缘、35kV 单芯	200～250	300
	35kV 三芯、110kV 以上,每层多于 1 根	300	350
	110kV 及以上,每层 1 根	250	300
电缆敷设于槽盒内		$h + 80$	$h + 80$

注：h 表示槽盒外壳高度。

3. 电缆支架安装

电缆支架应安装牢固,横平竖直；托架支吊架的固定方式应按设计要求进行。各支架的同层横档应在同一水平面上,其高低偏差不应大于5mm。托架支吊架沿桥架走向左右的偏差不应大于10mm。在有坡度的电缆沟内或建筑物上安装的电缆支架,应有与电缆沟或建筑物相同的坡度。电缆支架最上层及最下层至沟顶、楼板或沟底、地面的距离,当设计无规定时,不宜小于表10-21的数值。

电缆支架最上层及最下层至沟顶、楼板或沟底、地面的距离（mm）　　　表 10-21

电缆敷设方式	电缆隧道及夹层	电缆沟	吊 架	桥 架
最上层至沟顶或楼板	300～350	150～200	150～200	350～450
最下层至沟底或地面	100～150	50～100	—	100～150

电缆托盘、梯架布线：电缆桥架系指金属电缆托盘、梯架及金属线槽的统称。

10.5.2 电缆安装工程一般要求

1. 电缆的运输保管一般要求

电力电缆一般是缠绕在电缆盘上进行运输、保管和敷设施工的。30m以下的短段也可按不小于电缆允许的最小弯曲半径卷成圈子，并至少在四处捆紧后搬运。以前电缆托盘多为木制结构，现在基本为钢制，因钢结构牢固不容易损坏，能够保护电缆。并且钢制电缆托盘可重复使用，比较经济。在运输和装卸电缆盘过程中，关键问题是不要让电缆受到损伤、电缆绝缘遭到破坏。电缆运输前必须进行检查，电缆盘应完好牢固，电缆封端应严密并牢靠固定和保护好，如果发生问题应处理好才能运输。电缆盘在车上运输时，应将电缆盘牢靠的固定。装卸电缆盘一般采用吊车进行，卸车时如无起重设备，不允许将电缆盘直接从载重汽车上直接推下，应用木板搭成斜坡的牢固跳板，再用绞车或绳子拉住电缆盘使电缆盘慢慢滚下。电缆盘在地面上的滚动必须控制在小距离范围内，滚动方向必须按照电缆盘侧面上箭头所示方向（顺电缆缠紧方向）滚动，以防电缆松脱损坏。

2. 电缆线路安装前建筑工程应具备的条件

与电缆线路安装有关的建筑工程的施工与电缆线路安装有关的建筑物、构筑物的建筑工程质量，应符合条件如下：预埋件符合设计，安置牢固；电缆沟、隧道、竖井及人孔等处的地坪及抹面工作结束；电缆层、电缆沟、隧道等处的施工临时设施、模板及建筑废料等清理干净，施工用道路畅通，盖板齐全；电缆沟排水畅通，电缆室的门窗安装完毕。

电缆线路安装完毕后投入运行前，建筑工程应完成由于预埋件补遗、开孔、扩孔等需要而造成的建筑工程修饰工作。电缆安装用的钢制紧固件，除地脚螺栓外，应用热镀锌制品。对有抗干扰要求的电缆线路，应按设计要求采取抗干扰措施。

3. 电缆敷设前的检查

电缆通道畅通，排水良好。金属部分的防腐层完整。隧道内照明、通风符合要求。电缆型号、电压、规格应符合设计。电缆外观应无损伤、绝缘良好，当对电缆的密封有怀疑时，应进行潮湿判断；直埋电缆与水底电缆应经试验合格。充油电缆的油压不宜低于0.15MPa；供油阀门应在开启位置，动作应灵活；压力表指示应无异常；所有管接头应无渗漏油；油样应试验合格。电缆放线架应放置稳妥，钢轴的强度和长度应与电缆盘重量和宽度相配合。敷设前应按设计和实际路径计算每根电缆的长度，合理安排每盘电缆，减少电缆接头。在带电区域内敷设电缆，应有可靠的安全措施。

4. 电缆施工敷设要求

(1) 不应损坏电缆沟、隧道、电缆井和人井的防水层。三相四线制系统中应采用四芯电力电缆，不应采用三芯电缆另加一根单芯电缆或以导线、电缆金属护套作中性线。并联使用的电力电缆其长度、型号、规格宜相同。电力电缆在终端间与接头附近宜留有备用长度。电缆各支持点间的距离不应大于表10-22中所列数值。

(2) 电缆最小弯曲半径应符合表10-23的规定。全塑型电力电缆水平敷设沿支架能把电缆固定时，支持点间距离为0.8m。粘性油浸纸绝缘电力电缆的最大允许敷设位置见表10-24。

电缆各支持点间的距离（mm） 表 10-22

电 缆 种 类		水平敷设	垂直敷设
电力电缆	全塑型	400	1000
	除全塑型外的中低压电缆	800	1500
	35kV 及以上高压电缆	1500	2000
控 制 电 缆		800	1000

电缆最小弯曲半径 表 10-23

电 缆 型 式		多 芯	单 芯
控 制 电 缆		100	—
橡皮绝缘电力电缆	无铅包、铠装护套	10D	
	裸铅包护套	15D	
	钢铠护套	20D	
聚氯乙烯绝缘电力电缆		10D	
交联聚乙烯绝缘电力电缆		15D	20D
油浸纸绝缘电力电缆	铅包	30D	
	铅包有铠装	15D	20D
	铅包无铠装	20D	—
自容式充油（铅包）电缆		—	20D

注：表中 D 为电缆外径。

粘性油浸纸绝缘铅包电力电缆的最大允许敷设位差 表 10-24

电压（kV）	电缆护层结构	最大允许敷设位差（m）
1	无铠装	20
1	有铠装	25
6～10	有或无铠装	15
35	有或无铠装	5

（3）电缆敷设时的受力：电缆应从盘的上端引出，不应使电缆在支架上及地面摩擦拖拉。电缆上不得有铠装压扁、电缆绞拧、护层折裂等未消除的机械损伤。用机械敷设电缆时的最大的牵引强度宜符合表 10-25 的规定，充油电缆总拉力不应超过 27kN。

电缆最大牵引强度（N/mm²） 表 10-25

牵引方式	牵 引 头		钢 丝 网 套		
受力部位	钢 芯	铝 芯	铅 套	铝 套	塑料护套
允许牵引强度	70	40	10	40	7

（4）机械敷设电缆的速度：施工时，机械敷设电缆的速度不宜超过 15m/min，110kV 及以上电缆或在较复杂路径上敷设时，其速度应适当放慢。在复杂的条件下用机械敷设大截面电缆时，应进行施工组织设计，确定敷设方法、线盘架设位置、电缆牵引方向，校核牵引力和侧压力，配备敷设人员和机具。机械敷设电缆时，应在牵引头或钢丝网套与牵引钢缆之间装设防捻器。110kV 及以上电缆敷设时，转弯处的侧压力不应大于 3kN/m。油浸纸绝缘电力电缆在切断后，应将端头立即铅封；塑料绝缘电缆应有可靠的防潮封端。

（5）充油电缆施工：充油电缆在切断后在任何情况下，充油电缆的任一段都应有压力油箱保持油压。连接油管路时，应排除管内气，并采用喷油连接。充油电缆的切断处必须高于邻近两侧的电缆。切断电缆时不应有金属屑及污物进入电缆。

（6）施工温度：敷设电缆时，电缆允许敷设最低温度，在敷设前 24h 平均温度以及敷设现场的温度不应低于表 10-26 的规定。

电缆允许敷设最低温度   表 10-26

电缆类型	电 缆 结 构	允许敷设最低温度（℃）
油浸纸绝缘电力电缆	充油电缆	−10
	其他油纸电缆	0
塑料绝缘电力电缆	橡皮或聚乙烯护套	−15
	裸铅套	−20
	铅护套钢带铠装	−7
	其他	0
控制电缆	耐寒护套	−20
	橡皮绝缘聚氯乙烯护套	−15
	聚氯乙烯绝缘聚氯乙烯护套	−10

（7）电缆接头的布置：电缆接头的布置应符合下列要求；并列敷设的电缆，其接头的位置宜相互错开。电缆明敷时的接头，应用托板托置固定。直埋电缆接头盒外面应有防止机械损伤的保护盒（环氧树脂接头盒除外）。位于冻土层内的保护盒，盒内宜注以沥青。

电缆敷设时应排列整齐，不宜交叉，加以固定，并及时装设标志牌。如在电缆终端头、电缆接头、拐弯处、夹层内、隧道及竖井的两端、人孔井内等地方电缆上应装设标志牌。标志牌上应注明线路编号、电缆型号、规格及起止地点；并联使用的电缆应有顺序号。标志牌的字迹应清晰不易脱落。标志牌规格宜统一。标志牌应能防腐，挂装应牢固。

5．电缆固定的要求

（1）在下列地方应将电缆加以固定：垂直敷设或超过 45°倾斜敷设的电缆在每个支架上；桥架上每隔 2m 处；水平敷设的电缆，在电缆首末两端及转弯、电缆接头的两端处；当对电缆间距有要求时，每隔 5～10m 处；单芯电缆的固定符合设计要求。

（2）交流系统的分相铅套电缆固定夹具不应构成闭合磁路。

（3）裸铅（铝）套电缆的固定处，应加软衬垫保护。

（4）护层有绝缘要求的电缆，在固定处应加绝缘衬垫。

（5）沿电气化铁路或有电气化铁路通过的桥梁上明敷电缆的金属护层或电缆金属管道，应沿其全长与金属支架或桥梁的金属构件绝缘。电缆进入电缆沟、隧道、竖井、建筑物、盘（柜）以及穿管子时，出入口应封闭，管口应密封。

10.5.3　电缆的屏蔽

1．电力电缆的屏蔽定义

用导电或半导电层把电缆的电场封闭在包围着导线的绝缘层中。导电或半导电层紧紧地贴合在绝缘的内表面和外表面上。换句话说，外屏蔽把电场封闭在导线和屏蔽层之间。内屏蔽或绞合应力消除层是处在导线的电位或接近导线的电位，外屏蔽或绝缘屏蔽是为传输电容电流而设计的，在许多情况下还用来传输故障电流。

屏蔽层的导电率是由连同半导电层所采用的金属带或线的截面积和电阻率所决定的。在绝缘内表面和外表面的应力控制层，由于是紧贴着绝缘表面的光滑表面，从而减少应力集中并使间隙减到最小。在这种间隙中，空气的电离可能会使某些绝缘材料逐渐损坏，直到最后完全破坏为止。

2. 绝缘的屏蔽用途

把电场封闭在电缆内部；平衡绝缘内部的电压梯度，使表面放电减至最小；避免感应电势以更好地减少电击的危险。

非屏蔽电缆与接地平面之间的电压分配，假定从电气性能来说，空气和绝缘物是一样的，在接地平面以上的电缆就处于均匀的介电质中，因而允许用简单的图来说明与电缆有关的电压分配和电场的情况。

在屏蔽电缆内，导线和屏蔽层之间的等电位面是同心的圆柱面，电压分配按照简单的对数规律变化，而静电场则全部被封闭在绝缘层内。电力线和应力是均匀的，并且是放射的，和等电位面成直角相交，消除了绝缘中或在绝缘表面上的切线应力或纵向应力。

非屏蔽系统的等电位面是圆柱面，但不和导线同心，以许多不同的电位与电缆表面相交，对于运行高压系统的非屏蔽电缆，在电缆的各点上，对地切向漏电应力，可能是在干燥场所电缆终端的漏电距离正常值的好几倍。在这种情况下，表面的漏电痕迹、燃烧和对地的破坏性放电都可能发生。但是，在国家电气法规中所描述的正确设计的非屏蔽电缆限制了可达到的表面能量，这种表面能量是来自上述这些作用，它可能会影响电缆的正常使用。

3. 高压电缆的屏蔽

对于运行电压在 1kV 以下的电缆，一般采用非屏蔽的结构，对 10kV 以上的电缆则需要将其屏蔽以符合国家电气法规的规定。在 1～10kV 的范围内，允许使用屏蔽电缆和非屏蔽电缆，只要其结构能满足国标的要求。由于屏蔽电缆的价格一般都比非屏蔽电缆贵，同时也由于制作屏蔽电缆的终端头需要更加小心和要求留有更大的空间，所以，在 1～10kV 范围内，一直广泛地使用非屏蔽电缆，非屏蔽电缆也大量用于 10kV 电压级。但是直接埋于地下的或在电缆表面可能积集大量导电材料（盐、烟、灰、导电的穿管用润滑膏）的地方可指定使用屏蔽电缆。

4. 控制电缆及其金属屏蔽

控制电缆应避免同时受绝缘损坏、机械性损伤、着火或电气干扰等影响不能正常工作。双重化保护的电流、电压以及直流电源和跳闸控制回路等需增强可靠性的系统，应采用各自独立的控制电缆。

下列情况的回路，相互间不宜合用同一根控制电缆：弱电信号控制回路与强电信号控制回路；低电平信号与高电平信号回路；交流断路器分相操作的各相弱电控制回路。

同一电缆缆芯之间距离较小，耦合性、电磁感应强，较电缆相互间的干扰大。某电厂电脑监测系统模拟量低电平信号线与变送器电源线共用一根四芯电缆，引起信号线产生约70V 的共模干扰电压，对以毫伏计的低电平信号回路，显然影响正常工作。某超高压变电所分相操作断路器的控制回路，由于三相合用一根电缆，按相操作时的脉冲，使其他相可控硅触发，误导致三相联动，后分用独立的电缆，就未再误动。

弱电回路的每一对往返导线，宜属于同一根控制电缆。强电回路控制电缆，除位于超高压配电装置或与高压电缆紧邻并行较长，需抑制干扰的情况外，可不含金属屏蔽。弱电信号控制回路的控制电缆，当位于存在干扰影响的环境又不具备有效抗干扰措施时，宜有金属屏蔽。

控制电缆金属屏蔽类型的选择，应按可能的电气干扰影响，计入综合抑制干扰措施，满足需降低干扰或过电压的要求。位于110kV以上配电装置的弱电控制电缆，宜有总屏蔽、双层式总屏蔽。

电脑监测系统信号回路控制电缆的屏蔽选择，对于开关量信号，可用总屏蔽。对于高电平模拟信号，宜用对绞线芯总屏蔽，必要时也可用对绞线芯分屏蔽，而对于低电平模拟信号或脉冲量信号，宜用对绞线芯分屏蔽，必要时也可用对绞线芯分屏蔽复合总屏蔽。其他情况，应按电磁感应、静电感应和地电位升高等影响因素，采用适宜的屏蔽型式。

需降低电气干扰的控制电缆，可在工作芯数外增加一个接地的备用芯。控制电缆1芯接地时，干扰电压幅值可降低到50%～25%或更甚，且实施简便，增加电缆造价甚微。控制电缆金属屏蔽的接地方式，对于电脑监控系统的模拟信号回路控制电缆屏蔽层，不得构成两点或多点接地，宜用集中式一点接地。此外需要一点接地情况外的控制电缆屏蔽层，当电磁感应的干扰较大，宜采用两点接地；静电感应的干扰较大，可用一点接地。双重屏蔽或复合式总屏蔽，宜对内、外屏蔽分用一点，两点接地。两点接地的选择，还宜考虑在暂态电流作用下屏蔽层不致被烧熔。

同一往返导线如果分属两根电缆，敷设形成环状的可能性难避免，在相近电源的电磁线交链下会感生电势，其数量级往往对弱电回路低电平参数的干扰影响较大。

弱电回路控制电缆与电力电缆如果能拉开足够距离，或敷设在钢管、钢制封闭式托盘等情况，可能使外部干扰降至容许限度。否则，一般与电力电缆邻近并行敷设，或位于高压配电装置且近旁有接地干线等情况，干扰幅值往往对无屏蔽的控制电缆所连接的低电平信号回路等，将产生误动或绝缘击穿等影响。

控制电缆含有金属屏蔽时降低干扰的效果，与屏蔽构造型式相关。同时要看到屏蔽构造要求越高，相应投资也越大。有、无金属屏蔽的控制电缆造价，均增10%～20%（钢带铠装、钢丝编织总屏蔽）或更大的份额。

如电脑监测系统总投资中，信号回路等控制电缆的造价约占30%；2×30kW机组工程共需1400～1600km电缆，其中控制电缆达1200km左右，有的工程使用屏蔽电缆占50%以上。此外，晶体管保护、电脑监测系统等装置实现抗干扰已达一定水平，还将进一步完善。

选择电缆屏蔽措施应避免在降低干扰措施上的重叠、保守。高压配电装置中控制电缆，未有金属屏蔽时，经由静电、电磁感应和接地线地电位升高等作用，干扰电压往往较大。一般采用总屏蔽型，可望显著改善，但当电压较高如500kV配电装置情况，测试表明，需双层式总屏蔽才获所要求的抑制干扰效果。

电子装置数字信号回路的控制电缆屏蔽接地，应使在接地线上的电压降干扰影响尽量小，基于电脑这类仅1V左右的干扰电压，就可能引起逻辑错误，因而强调了对计算监控系统的模拟信号回路控制电缆抑制干扰的要求，应实行一点接地，而一点接地可有多种实施方式，现以电脑监测系统情况，指明是满足避免接地环流出现的条件下，集中式的一点接地。

配电装置中接地电网的电流分布，曾测得有接地电流的 13%，而 110～500kV 电压级短路电流已达 35～18kA。过去曾发生因短路电流流过接地网引起电位升高，使电缆金属屏蔽出现大的电流而烧断事例，故需避免接地环流的出现。

5. 屏蔽电缆的方法

在电缆的终端削去一段电缆屏蔽层，在导体和屏蔽层之间留出必要的漏电距离，会在暴露的电缆绝缘表面上形成纵向应力。在电缆端部终端装置上的径向和纵向电气应力的综合作用会导致在该点出现最大应力。但是，这些应力可以加以控制，并将其降低到制作终端装置材料的安全工作范围以内。降低这些应力最普通的方法是用绝缘带逐渐增加电缆终端装置的总绝缘厚度，以形成一个锥体，即应力锥。

10.6 电力线路保护

10.6.1 配电线路保护

配电线路均应装设短路保护，但下列情况例外：当长度不超过 3m（此段导线应穿入阻燃管内）且其导体载流量大于连接用电设备的负荷时；额定电流为 20A 及以下的保护电器；首端已装有短路保护的架空配电线路。

1. 下列线路应装设过负荷保护

居住建筑、办公建筑、公共建筑（商店、旅馆、影剧院、医院等）、重要仓库的照明线路。有可燃性绝缘外层的导线，敷设在易燃或难燃建筑结构的明敷线路；有专门规定的易燃易爆场所；可供临时接用的插座供电线路；可能长期过负荷使用的电力负荷。

对于消防设施突然断电将导致比过负荷更大的损失，因此其过负荷保护不宜用于切断电路而应作用于信号。

当选用的过负荷保护电器的性能符合 JB1284—85 反时限动作特性的低压断路器（如 DW12、ME、AH、F 系列、H 系列、DZ15、DZX19、DZ20、DZ25、DZ47、C45N、3VE、TO、TG 等）和 JB4011.1—85 过电流选择比为 1.6∶1 的"gG"型熔断器（如 RT12、RT14、RT15、RT17、NT、RL6 等）时，其导线允许载流量（I_z）应≥熔断器的熔体电流或低压断路器的额定（整定）值（I_n）以及线路预期负荷电流（I_B）即：

$$I_B \leqslant I_n \leqslant I_z$$

2. 接地故障保护应满足下列原则

（1）在 TN 系统中有优先采用过电流保护兼作接地故障保护，但应满足

$$Z_a \cdot I_n \leqslant 220V$$

式中　Z_a——接地故障回路电阻（Ω）；

　　　I_n——保护电器动作电流（A）。

（2）在 TT 系统中应优先采用漏电电流动作保护，当采用过电流兼作接地故障保护时应符合：

$$R_a \cdot I_a \leqslant 50V$$

式中　R_a——接地装置电阻（Ω）。

（3）当不能满足上述条件时，可采用漏电电流动作保护（漏电保护器）。

采用下列措施之一时可不再装设接地故障保护。采用双重绝缘或加强的电气设备（即

356

Ⅱ级设备），采用非导电场所的保护措施，即将有触电危险的场所绝缘。采用不接地的局部等电位体联结，采用电气隔离措施，如加装隔离电器。

3.民用建筑中下列部位的配电线或设备终端应装设漏电保护器：

(1) 客房的照明插座以及住宅、办公、学校、实验室、幼儿园、美容室、游泳池、浴室、厨房等的插座回路。为防止人身触电伤亡设置漏电保护，其动作电流不应大于 30mA，动作时间不应大于 0.1s。

(2) 在摄影棚、演播室等移动设备多，又明设在易燃建筑结构表面上，应设置防火灾事故发生的漏电保护。一般应装在干线上，其动作电流在 300～1000mA，动作时间 0.1s（延时可调）。

(3) 对于手术室插座回路等涉及用电安全而又不允许断电的配电回路，应采用不带切断电源触头漏电保护器，并可对泄露电流进行自动检测以便在超越警戒参考值时发出漏电报警信号。

(4) 在干线上装设漏电保护时，其动作电流应为正常泄漏电流的 10 倍以上。

下列设施可不装设漏电保护器，但可装漏电报警信号，应急照明、警卫照明、值班照明、障碍照明、消防水泵、喷淋泵、排烟风机、正压送风机、消防电梯、排水泵，以及在突然断电将危及公共安全或造成巨大经济损失的用电设备。

4.TN、TT 系统中，漏电保护器的应用原则

带电载流导体必须全部穿过漏电保护电器的电流互感器的磁回路。三相四线制配电系统应选用 3 极漏电保护器。严禁将 PE 线或 PEN 线穿过漏电保护器中的电流互感器的磁回路。漏电保护器所保护的线路和设备外露可导电部分应接地。

TN—C 系统的配电线路装有漏电保护器时，可将 TN—C 系统转换为 TN—C—S 系统，并在电源引入处将 PEN 转换为 PE 线和 N 线，并且 N 线与接地线或 PE 线应绝缘。装有漏电保护器的线路和设备外露部分中可导电部分的保护接地按局部 TT 系统处理。

在 TT 系统中不允许将装有漏电保护器与没装漏电保护器的设备外露可导电部分的保护接地，共用一个公共接地极。

中性线（N 线）的保护在用电负荷中含有较大量的二次谐波、单相相电压可控硅调光、大量气体放电灯和单相电焊机等用电设备的 TT、TN 系统中双电源联络线，进行电源转换联络功能性开关电器及其隔离电器应将 N 线与相线同时断开或接通。并且不应使这些线路并联运行。此种情况应选用四极漏电断路器。

TN、TT 系统中，无电源转换的三相四线配电线路上开关电器、隔离电器不应断开 PEN 线或 N 线。N 线、PE 线上严禁安装可独立操作的单极开关电器和熔断器。

三相四线制系统中的 N 线不应小于相线截面的 1/2。在单机负荷较多或含有大三次谐波负荷时，其 N 线截面应与相线截面相等。

40A 以上的交流接触器，宜采用无声运行。动力线路及三相电机的控制与保护，当采用低压断路器时，其动作特性等应符合动力配电保护使用。

10.6.2 一般规定

北京地区的环境温度可按下列数值取用：室内：+30℃，室外地上：+35℃，室外地下：+25℃。室外低压配电线路的电压降，自变压器低压侧出口至电源引入处，在最大负荷时的允许值为其额定电压的 4%，室内线路（最远至配电箱）为 3%。

室内插座回路与照明回路宜分别供电。其供电半径不宜超过 50m。不同回路不应同管敷设，确有困难时，同管敷设线路的保护开关电器应能同时切断同管敷设回路的电源。配电干线管径宜按选定导线截面加大 1~2 级考虑。

当室内装修设计难与专业施工图进度一致时，可只设计至进入厅堂第一个用电出线口或其他专用配电盘处。此时若难于估算出线回路数，宜采用预留线槽配线方式，但应为出线回路留有接续施工条件，如在穿过混凝土墙、梁双预留洞口等。线缆穿越防火分区、楼板、墙体的洞口和重要机房活动地板下的缆线夹层等应进行防火封堵，通常可采用防火枕木等无机阻火材料。

室内线路敷设应避免穿越潮湿房间。潮湿房间内的电气管线应尽量成为配线回路的终端。有条件时，可推广扁平电缆（VERSA—TRAK）布线等新技术。穿越管槽敷设的绝缘导线和电缆，其电压等级不应低于交流 500V。电气布线竖井管道间宜将强、弱电分室设置。

10.6.3 建筑小区供电线路

1. 供电干线

建筑小区外线电缆截面为规范化统一为 70、120、185mm²。电缆直埋时应在冻土层以下敷设（北京地区一般为 800mm）。在通过道路时应穿保护管。同一沟内直埋电缆不宜多于 8 根。

同一路径的电缆数量不足 20 根时，宜采用电缆沟敷设；多于 20 根时宜采用电缆隧道敷设。电缆沟、隧道应有防水措施，底部应作 5‰坡向电缆井内集水坑。电缆沟进入建筑物时应设防火墙，电缆隧道进入建筑物处应设带防火门的防火墙。隧道内每 50m 处设一防火密闭门，通过隔门电缆须作防火处理。

电缆隧道长度大于 20m 时两端应设出口（包括人孔）。当两个出口距离大于 75m 时应增加出口。人孔井的直径不应小于 0.7m。引入线穿墙过管宜不小于 φ100 钢管，供电单位维护管理时应为 φ150 钢管。

不同电压和用途的电缆应分开敷设，若必须同一桥架或线槽上敷设时应采取加隔离板或部分穿管等措施。但同一设备同一系统的电源线和控制线除外。在室内敷设的电缆不应有可燃被覆层。

2. 母线布线

（1）裸母线水平敷设时距地不应低于 3.5m，有护栏时可为 2.5m。

（2）封闭式母线水平敷设时距地不应低于 2.2m，但在电气专用房间例外。

（3）当裸母线长度大于 80m（封闭式母线超过 40m）或过建筑伸缩缝处宜增加温度补偿节。

3. 金属管布线

（1）每个灯头盒进出管路不应多于 4 根，进出线总数量不超过 12 根。每个电门盒进出管路不超过 2 根。总出线数量不超过 8 根。

（2）配线电管与热水管、蒸汽管同侧敷设时，配线电管应尽量在其下方，并与热水管间距≥0.2m，蒸汽管间距≥0.5m。

（3）当配线管暗敷于现浇混凝土楼板内时，管外径不得大于板厚的 1/3。如果需要突破此规定时，应征得结构专业负责人同意。

4．塑料管布线

（1）布线用塑料管、塑料线槽及其附件等应用难燃材料制成，其含氧指数不应低于27％。在吊顶内安装时应采用硬质塑料电线管，其含氧指数不应低于30％。

（2）塑料管暗敷或埋地敷设时，引出地面（楼面）的一段管应采用防止机械损伤的措施（如套装钢管）。

5．线槽布线

（1）同一路径的几个回路导线可敷设于同一线槽内，但强弱电应分槽（或设金属屏蔽隔板）安装。

（2）线槽在地面内安装时，槽内导线或电缆的总截面不应超过槽截面积40％。

（3）控制线或信号线等弱电线路敷设在线槽内时，总截面不应超过槽截面积50％。

6．在混凝土板孔内布线时应采用塑料护套或绝缘线穿聚氯乙烯半硬质管

地下管线之间的最小水平净距应该符合表10-27。

地下管线之间的最小水平净距（m）　　　　　　　　表10-27

管线名称	压力水管	自流水管	热力管和管沟	压缩空气管	通信电缆	电力电缆直埋≤35kV	事故排油管
压力水管	1.0	1.5	1.5	1.0	1.0	1.0	1.0
自流水管	1.0	—	1.5	1.5	1.0	1.0	1.0
热力管和管沟	1.5	1.5	—	1.5	2.0	2.0	1.0
压缩空气管	1.0	1.5	1.5	—	1.0	1.0	1.0
通信电缆	1.0	1.0	2.0	1.0	—	0.5	1.0
电力电缆直埋≤35kV	1.0	1.0	2.0	1.0	0.5	—	1.0
事故排油管	1.0	1.0	1.0	1.0	1.0	1.0	—

注：①表列净距应自管或防护设施的外缘算起。

②当热力管与直埋电缆间不能保持2m净距时，应采取隔热措施。

③同沟敷设的管线间距，不应受本表规定限制。

④压力水管与自流水管之间净距取决于压力水管的管径，管径大于200mm应取3m，管径小于200mm应取1.5m。

⑤电缆之间的净距，还应满足工艺布置的要求。

⑥如有充分依据，本表数字可酌量减小。

地下管线相互交叉或与道路交叉的最小垂直净距见表10-28。

7．建筑物、构筑物及设备的最小防火净距

相邻两建筑物的面对面外墙其较高一边为防火墙时，其防火净距可不限，但两座建筑物侧面门窗之间的最小净距应不小于5m。耐火等级为一、二级建筑物，其面对变压器、可燃介质电容器等电器设备的外墙的材料及厚度符合防火墙的要求且该墙在设备总高加3m的范围内不设门窗不开孔洞时，则该墙与设备之间的防火净距可不受限制；如在上述范围内虽不开一般门窗但设有防火门时，则该墙与设备之间的防火净距应等于或大于5m。

变电所内生活用房与油浸变压器室之间的最小防火净距，应根据最大单台设备的油量

管线名称	压力水管	自流水管	热力管	压缩空气管	通信电缆直埋	通信电缆穿管	电力电缆直埋 35kV 及以下	事故排油管	明沟沟底	道路路面
压力水管	0.15	0.15	0.15	0.15	0.5	0.15	0.5	0.25	0.5	0.8
自流水管	0.15	0.15	0.15	0.15	0.5	0.15	0.5	0.15	0.5	0.8
热力管	0.15	0.15	0.1	0.15	0.5	0.25	0.5	0.25	0.5	0.7
压缩空气管	0.15	0.15	0.15	0.1	0.5	0.25	0.5	0.25	0.5	0.7
通信电缆直埋	0.5	0.5	0.5	0.5	—	—		0.5	0.5	1.0
通信电缆穿管	0.15	0.15	0.25	0.25				0.25	0.5	1.0
电力电缆直埋 35kV 及以下	0.5	0.5	0.5	0.5	—	—		0.5	0.5	1.0
事故排油管	0.25	0.15	0.25	0.25	0.5	0.25	0.5	0.25	0.5	1.0

注：①表列净距应自管或防护设施的外缘算起。

②生活给水管与排水管交叉时，生活给水管应敷设在上面。

③管沟与管线间的最小垂直净距按本表规定采用，但穿越道路时的最小垂直净距不限。

④电缆之间的净距应按工艺布置要求确定。

⑤如有充分依据，本表数字可酌量减小。

及建筑物的耐火等级确定：当油量为 5～10t 时为 15m（对一、二级）或 20m（对三级）；当油量大于 10t 时为 20m（对一、二级）或 25m（对三级）。

10.6.4 保护的说明

（1）较长的高压电缆线路，常配置纵差保护、监测信号等需有控制电缆且紧邻并行敷设。一次系统单相接地时，感应在控制电缆上的工频过电压，可能超出常用控制电缆的绝缘水平。

我国某城市 3km 长 110kV 电缆线路旁，并行的控制电缆，在一次系统单相短路电流 15kA 作用下的工频感应过电压，即或采取备用芯接地，使电力电缆改为铅包两端接地、增设并列接地线等，经验算仍不能控制在常用控制电缆的绝缘水平，需用不低于 10kV 级的控制电缆。这种控制电缆称导引电缆，国内现已有 15kV 级产品且曾在工程中应用。

（2）高压配电装置中，空载切合、雷电波侵入的暂态和不对称短路的工频等情况，伴随由电磁、静电感应以及接地网电位升高诸途径作用，控制电缆上可能产生较高干扰电压。国内在一些 220～330kV 变电所，通过实地测试，控制电缆上的暂态干扰有的达 2500～4000V；具有金属屏蔽或备用芯接地时，则降低至 60% 以下。

工频过电压的影响往往较暂态过电压更甚。某 220kV 变电所曾在一次系统短路时，由于接地网的电位升高，导致控制电缆绝缘击穿。如果以 500kV 变电所近旁单相接地可能达 40～50kA，且变电所分配的接地电流相应达 15～20kA 的发展形势，可推算地电位升高幅值将显增，从而在邻近接地网的控制电缆上将产生较高干扰电压。

中南某水电厂 110kV 和 220kV 电缆联络线与控制电缆并行约 100m，相互间距 1.5～3m，按单相接地 12kA，算得接地网电位升高达 6.1kV。为此而设置均压线，降低对控制电缆上的干扰幅值以限制不超过约 3kV 的控制电缆工频耐压。

电气干扰影响较小的情况，如控制信号电缆具有良好的金属屏蔽，与电力电缆并行不长或相距较大，没有并行电力电缆等，工程实际中有采用 300/500V 控制电缆，或对弱电信号回路控制电缆使用 250V、100V 级额定电压等。

10.6.5 配电线路的敷设

1. 一般规定

配电线路的敷设应符合下列要求：符合场所环境的特征、符合建筑物和构筑物的特征、人与布线之间可接近的程度，由于短路可能出现的机电应力，在安装期间或运行中布线可能遭受的其他应力和导线的自重。

配电线路的敷设，应避免下列外部环境的影响：应避免由外部热源产生热效应的影响，应防止在使用过程中因水的侵入或因进入固体物而带来的影响，应防止外部机械性损伤而带来的影响。在有大量灰尘的场所，应避免由于灰尘聚集在布线上所带来的影响。应避免由于强烈日光辐射而带来的损害。

2. 绝缘导线布线

直敷布线可用于正常环境的屋内场所。直敷布线应采用护套绝缘导线，其截面不宜大于 6mm²。布线的固定间距，不应大于 0.3m。

塑料管和塑料线槽布线宜适用于屋内场所和有酸碱腐蚀介质的场所，但在易受机械损伤的场所不宜采用明敷。塑料管暗敷或埋地敷设时，引出地（楼）面的一段管路，应采取防止机械损伤措施。布线用塑料管（硬塑料、半硬塑料、可挠管）、塑料线槽，应采用难燃塑料材料，其含氧指数应在 27% 以上。穿管的绝缘导线（两根除外）总截面面积（包括外护套层）不应超过管内截面面积的 40%。

10.7　建筑施工临时供电

10.7.1　临时供电的特点及其管理

随着建筑工业的发展，对施工质量的要求越来越高，而施工供电的可靠性和安全程度就显得日趋重要了。现代化建筑施工手段日趋自动化和电气化，新型电器设备不断涌现，施工工艺复杂，一旦停电会造成很大的损失，直接影响建筑施工质量、施工进度、投资控制和人身安全。

1. 建筑施工供电的特点

（1）临时性强：这是由建筑工期决定的，一般单位建筑工程工期只有几个月，多则一两年，交工后，临时供电设施马上拆除。

（2）用电量变化大：建筑施工在基础施工阶段用电量比较少，在主体施工阶段用电量比较大，在建筑装修和收尾阶段用电量少。

（3）安全条件差：这是建筑工程施工中发生触电死亡事故的客观原因，建筑施工现场有许多工种交叉作业、到处有水泥砂浆运输和灌注、建筑材料的垂直运输和水平运输随时有触碰供电线路的可能。尤其是在地下室施工，一般都潮湿、看不清东西，更何况"电"这东西无色、无味、看不见、摸也不敢摸，所以要有科学的、可靠的临时供电设计，才能减少触电事故。

（4）随着建筑施工进度的发展，供电前端不断延伸、发展，昨天这里还没电，今天这里可能就有电了，搬运材料、走路都应注意。

（5）电源引入线受许多限制，正因为是临时供电，不可能像永久性建筑引用线那样坚固和安全。

2. 临时供电设计的内容

一般建筑施工现场用电量达到 50kW，或者是临时用电设备有 5 台以上时，就应该作临时供电施工组织设计。临时供电设计主要有以下内容：

(1) 统计、核实建筑工地的用电量，选择适当容量的电力变压器；

(2) 绘制施工供电平面布置图，其中包括初步确定电力变压器的最佳位置、供电干线的数目及其平面布局、确定各主要用电点配电箱的位置；

(3) 计算各条干线导线的截面；

(4) 绘制临时供电平面图，标出各条干线的导线截面、电力变压器的型号、配电箱编号等。

10.7.2 技术档案管理

随着现代建筑施工技术的发展，电气化、自动化水平不断的提高，对安全问题愈加重视，根据《电气装置安装工程施工及验收规范》的规定，施工现场临时用电必须建立安全技术档案，它是保证施工现场安全生产的重要手段。通过日常及时地整理技术档案资料，一旦需用时，就能很方便地查出事故隐患，防患于未然。还有助于分析事故的原因，及时采取调整措施，确保工程质量和安全生产。实践表明，建立完整细致的技术档案是文明施工的必要措施。尤其是贯彻建筑工程监理制度以后，技术档案管理更趋重要。

建筑施工临时技术档案的主要内容应该包括以下资料：

(1) 建筑施工组织设计的全部资料。其中临时用电设计是施工现场用电管理的依据，也是安全用电的基本保证资料，一般包含现场勘探的图纸、现场平面布置图、变配电室的平面图、主要电气材料和设备的规格型号。特别应注意平时改变施工组织设计的部分内容，及时整理。

(2) 建筑设计交底和施工技术交底资料。这是向在现场负责的电气技术人员、安装电工、维修临时用电工程的电工和用电人员进行交底的文字资料。具体内容应有安全用电的技术措施，防止电气火灾的措施，尤其是有设计变更或施工变更的内容一定要保管妥当，并要有有关方面的负责人签字。这是以后进行工程结算的重要依据。在技术交底的资料上还必须注明日期。

(3) 临时用电工程检查验收表。这一般由建筑公司基层安全部门组织检查验收。参加者除了公司主管临时用电安全的领导或技术人员、施工现场主管或编制临时用电的技术人员、安装电工班组长等。检查内容应包括安装质量是否符合有关规范、电气防护措施、线路敷设、接地接零及漏电保安器等的检查验收记录。还应包括定期检查记录，一般每个月自检一次，公司每季度检查一次。

(4) 合同资料。除了电气安装工程单独承发包以外，一般是由总包法人负责签署合同，包含了建筑工程中的各个专业。详尽的合同资料是办理工程索赔和反索赔的重要依据。

10.7.3 电源变压器容量的选择

施工工程供电设计内容主要有电力变压器容量的计算选择、电源位置的确定、各路供电干线的布局及其导线截面的计算，最后绘出供电平面图。

首先对施工现场的用电量进行估算，然后确定变压器的容量，要求变压器的容量应满足施工用电所需的视在功率。

施工用电主要是动力用电，照明用电较少，有时按动力用电的10%估算，通常是忽略不计，或统计在动力设备容量中依下式估算：

$$S_{动} = K_x \frac{\Sigma P_{机}}{\cos\varphi}$$

式中　$S_{动}$——动力设备需要的总容量（kVA）；

$\Sigma P_{机}$——电动机铭牌机械功率的总和（kW）；

$\cos\varphi$——各用电设备的平均功率因数；

K_x——需要系数，它的含义是因为电机不一定同时使用，也不一定同时满载，所以需要打一个折扣，称为需要系数，此外它还包含有电动机的效率、传动设备的效率等因素，见表10-29。

土建施工用电设备的功率因数 $\cos\varphi$ 和需要系数 K_x 　　　　　表 10-29

用 电 设 备 名 称	用电设备数目	需要系数	功率因数
混凝土搅拌机、砂浆搅拌机	10 以下	0.7	0.68
	10 ~ 30	0.6	0.65
	30 以上	0.5	0.5
破碎机、筛、洗石机、空气压缩机、输送机	10 以下	0.75	0.75
	10 ~ 50	0.7	0.7
	50 以上	0.65	0.65
提升机、起重机、掘土机	10 以下	0.3	0.7
	10 以上	0.2	0.65
电焊机	10 以下	0.45	0.45
	10 以上	0.35	0.4
户外照明	—	1	1
除仓库外的户内照明	—	0.8	1
仓库照明	—	0.35	1

10.7.4　电源最佳位置的选择

电源变压器的位置关系着供电的安全、可靠、节约电气材料等，一般应考虑以下因素：

（1）应尽可能靠近高压线路，不得让高压线穿过施工现场；

（2）尽量靠近负荷中心，兼顾到发展负荷中心；

（3）尽量避开危险地方，如有化学污染、开山放炮、可能有流砂或泥石流等处；

（4）当变压器低压为 380V 时，其供电半径一般不大于 700m；

（5）应选在变压器安装方便、运输也方便的地方，地基坚固，室内变压器地面宜高出室外 0.15m 以上。

10.7.5　供电线路平面布局

供电线路的布局应与施工总平面图中的各个用电中心及土建统筹考虑，一般应注意以下几点：

（1）供电架空干线应尽可能设在道路的一侧，既方便于安装路灯，又不影响道路上施工车辆的穿行；必须穿越道路时，导线距地面高度不宜低于 6m，或满足图 10-15 的要求。

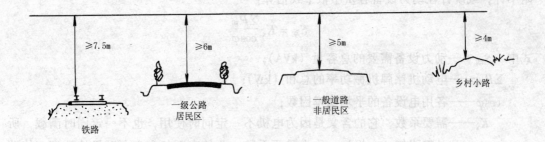

图 10-15　架空线跨越各种道路时的净高

（2）线路应尽量平坦、取直，以减少转角杆和节约导线。

（3）架空线与建筑物的水平距离应不小于 1.5m，与没有门窗之墙的水平距离不小于 1m。

（4）电杆间距一般不大于 35m，导线间距不小于 0.3m。

（5）电杆位置勿与地下电缆、煤气管道、上下水道等相矛盾。

（6）转角杆、分支杆或终点杆应设拉线。

10.7.6　绘制临时供电平面图

施工供电干线平面初步确定以后，应进行行导线截面的计算，有了导线截面以后，可以对平面布局进行调整，勿使导线截面规格过多，导线截面过大时，也宜调整。最后绘制临时供电平面图。

在总平面图中要标出变压器的位置、型号、各干线走向。并用国标符号标示出各条干线的编号、导线型号、导线根数及截面、各配电箱位置和主要照明设备的位置。各干线文字符号形式是 $a-b$（$c \times d$）。式中 a 代表干线编号；b 代表导线型号；c 代表导线根数；d 代表导线截面积。例如：3-BBLX（4×16）表示第三支路、玻璃丝编织铝芯橡皮绝缘线、四根截面都是 16mm^2。

【例 10-4】　某旅游区建筑施工工程，总平面图见 10-16 所示，一共有三个工号，一号工程是履安饭店，4688m^2，现场用电 80kW，二号工程是集美供暖中心，268m^2，现场用电 36kW，三号工程是望月楼，1888m^2，现场用电 30kW，钢筋场 127kW，生活区 28kW，混凝土搅拌站 50kW，木工场 30kW，预制构件场 46kW。需要系数 0.4，平均功率因数 0.7，线路允许电压降 5%，采用 BLX 导线，试作临时供电设计。

解：（1）估算工程用电量，选择配电变压器

$$\Sigma P_{机} = 80 + 36 + 30 + 127 + 28 + 50 + 30 + 46 = 427 \text{（kW）}$$

（2）视在功率　$S = K_x \dfrac{\Sigma P_{机}}{\cos\varphi} = 0.4 \times \dfrac{427}{0.7} = 244 \text{（kW）}$

选变压器 S_7-315/10 型电力变压器，容量 315kVA 大于 244kVA，高压亦符合当地高压等级 10kV。

（3）确定变压器的位置：根据总平面图，拟选在 94 号电杆东侧为宜。

（4）确定各条干线布局：1 路线从变压器至钢筋场，2 号线从变压器至木工场、混凝

土搅拌站、预制构件场，3 号线至北边各号工程及生活区，如图 10-16 所示。

（5）计算各路干线的导线截面如下

1 路——从变压器至钢筋场

1）按允许电流选

$$I = 0.4 \times \frac{127 \times 1000}{\sqrt{3} \times 380 \times 0.7} = 110.26 \text{（A）}$$

查表得导线截面 $S = 35\text{mm}^2$。

2）按电压降选导线截面

截面
$$S = K_x \frac{\sum PL}{C\Delta U} = 0.4 \frac{127 \times 28}{46.3 \times 5} = 6.14 \text{mm}^2$$

最后 1 路导线截面用 BLX（$3 \times 35 + 2 \times 16$），即工作零线 N 和 PE 线均用 16mm^2

2 路——变压器至木工场、混凝土搅拌站、预制构件场

1）按允许电流选

$$I = 0.4 \times \frac{(50 + 30 + 46) \times 1000}{\sqrt{3} \times 380 \times 0.7} = 109.4 \text{（A）}$$

查表得导线截面 $S = 25\text{mm}^2$。

2）按电压降选导线截面

截面 $S = K_x \dfrac{\sum PL}{C\Delta U} = 0.4 \dfrac{30 \times 120 + 50 \times 60 + 46 \times 84}{46.3 \times 5} = 18.08 \text{mm}^2$

最后 2 路导线截面用 BLX（$3 \times 25 + 2 \times 16$）

3 路——从变压器至北边各工号和生活区

1）按允许电流选

$$I = 0.4 \times \frac{(30 + 28 + 36 + 80) \times 1000}{\sqrt{3} \times 380 \times 0.7} = 151.07 \text{（A）}$$

查表得导线截面 $S = 50\text{mm}^2$。

2）按电压降选导线截面

截面 $S = K_x \dfrac{\sum PL}{C\Delta U} = 0.4 \dfrac{30 \times 123 + 28 \times 55 + 36 \times 89 + 80 + 124}{46.3 \times 5} = 31.85 \text{mm}^2$

最后 3 路导线截面用 BLX（$3 \times 50 + 2 \times 25$）

3. 高压线的截面

（1）按允许电流选择

$$I = 0.4 \times \frac{427 \times 1000}{\sqrt{3} \times 10 \times 1000 \times 0.7} = 14.09 \text{（A）}$$

查表得导线截面 $S = 1.5\text{mm}^2$。

（2）按电压降选导线截面

截面
$$S = K_x \frac{\sum PL}{C\Delta U} = 0.4 \frac{427 \times 18}{46.3 \times 5} = 13.28 \text{mm}^2$$

最后高压线截面按机械强度选用 BBLX（3×16），将以上结果标在临时供电总平面图上。

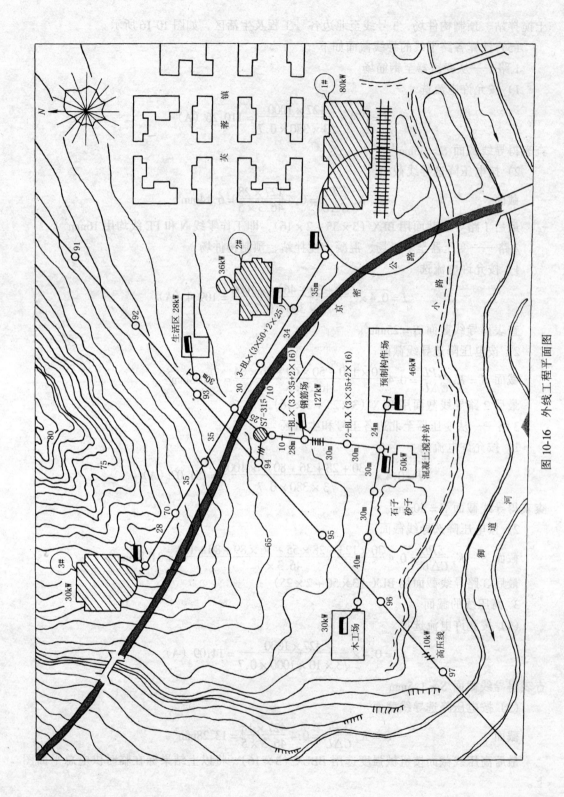

图 10-16　外线工程平面图

习 题 10

一、填空题

1. 电杆拉线的种类有_____、_____、_____及_____等。

2. 电杆按功能划分有_____、_____、_____、_____、_____、_____等。

3. 低压架空线路电杆埋设的深度是根据电杆的_____及_____的大小以及_____来确定的。

4. 架空线路的拉线与电杆的夹角不应小于_____；当受到环境限制时，也不应该小于_____。

5. 10kV 高压进线用铜绞线时，截面不小于_____ mm^2，铝线不小于_____ mm^2。距地高应大于_____ m。

6. 低压架空线路导线排列顺序是：当面向负荷时，由左至右为_____、_____、_____、_____。

7. 低压架空线路按机械强度选择导线的截面，铝绞线截面不小于_____，钢芯铝绞线截面不小于_____，铜芯绞线线截面不小于_____。

8. 橡皮或塑料绝缘铠装低压电力电缆的弯曲半径应不小于外径的_____倍。

9. 直埋电缆深度一般为_____ m，在农田为_____ m。距离建筑物水平距离不小于_____ m，直埋电缆应选用有_____和_____，并在电缆的上下各敷设过筛土或砂子。

10. 1kV 以下的电缆绝缘电阻不小于_____。

11. 低压电力电缆可以用_____ MΩ 表测量绝缘电阻，新敷设的电缆一般不得低于_____ MΩ，已经投入运行的电缆一般不得低于_____ MΩ。

二、名词解释

1. YJL$_{22}$（YJ$_{22}$）

2. YJL$_{32}$（YJ$_{32}$）

3. YJL$_{32}$FR（YJ$_{32}$FR）

4. ZLQ$_2$-3×70-SC50-FC

三、问答题

1. 选择导线或电缆截面的原则是什么？实用中有什么规律？

2. 在什么情况下应将电缆穿保护管？管径的大小是怎样确定的？

3. 什么是接户线？低压接户线的安装技术要求有哪些？

4. 低压电缆敷设前应作哪些检查？

四、计算题

1. 已知如图，采用 BLX 导线，杆距均为 40m，$\Delta U\% = 5\%$，$K_x = 0.6$，平均功率因数 0.76，问 ab 段导线截面应选多大？

导线截面（mm)^2	10	16	25	35	50	70
安全电流（A）	65	85	110	138	175	220

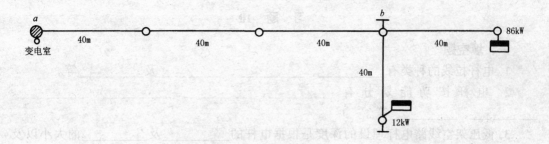

图 10-17 [习题 1] 用图

2. 建筑工地有聚光灯 9 盏，均为白炽灯，接于 TN—S 方式供电系统，电压 220/380V，求总保险及各灯分保险规格。

3. 拟建奥运会某工程 3 个工号，现场用电有钢筋场 108kW、搅拌站 68kW、工地动力 146kW、生活区 8kW、照明按动力 10% 计算，$K_x = 0.6$，平均功率因数 0.7。求电力变压器容量并挑选适当的变压器的型号。

4. 泵房动力箱需要更换设备，拟用塑料壳式自动断路器，已知水泵铭牌总功率为 36kW，平均功率因数为 0.7，K_x 为 0.5，平均效率为 0.88，请选总闸规格和型号。

5. 在某大厦建筑施工工程采用架空线供电，导线用 BLX（$3 \times 25 + 1 \times 10$），工地用电负荷总计 140kW，需要系数 0.9，平均功率因数 0.7，允许电压损失为 5%，现场情况如图 10-18 所示。电杆的间距均为 40m，请你检查有哪些问题？并计算 AB 段导线截面应该是多少？

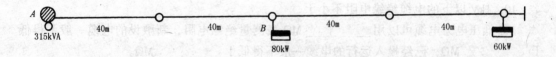

图 10-18 [习题 5] 用图

截面（mm²）	16	25	35	50	70	95	120
允许电流（A）	105	140	170	210	270	330	410

6. 林科院某实验楼用电情况如下：动力设备铭牌功率总和为 584kW，平均功率因数 0.7，需要系数 0.24，干线需要系数为 0.4。系统图如图 10-19 所示。

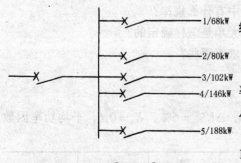

图 10-19 [习题 6] 用图

求：（1）计算设备总功率；（2）计算各条干线电流；（3）选择适当的动力配电箱。

7. 有一栋教学楼各相照明用电情况是：$P_{AN} = 9.15kW$，$P_{BN} = 8.87kW$；$P_{CN} = 9.4kW$；平均功率因数为 0.9。求负载的不平衡度是多少？计算总电流并选择总断路器的型号。

8. 图书馆楼各相照明用电情况是：$P_{AN} = 10.96kW$；$P_{BN} = 9.19kW$；$P_{CN} = 10.0kW$；平均功率因数为 0.9。求负载的不平衡度是多少？计算总电流并选择总断路器的型号。

9. 有一个车间动力用电 $\Sigma P_N = 126$（kW），平均功率因数 0.7，需要系数 0.8，欲将功率因数提高到 0.95。选择移相电容柜的型号。

10. 工厂组装车间动力用电 $\Sigma P_N = 182$（kW），平均功率因数 0.6，需要系数 0.5，欲将功率因数提高到 0.95。选择移相电容柜的型号。

11. 机修车间动力用电 $\Sigma P_N = 208$（kW），平均功率因数 0.6，需要系数 0.32，欲将功率因数提高到 0.95。选择移相电容柜的型号。

12. 某照明回路，采用单相 220V 电压供电，由总配电箱至工作照明配电箱全长 50m，采用 BV 型导线敷设。该线路允许电压降为 4%。工作照明配电箱计算负荷为 11kW，计算系数 $C_铜$ 为 12.8，$C_铝$ 为 7.75。按电压损失计算导线的截面。

13. 某钢筋加工厂用电设备总功率为 127kW，平均功率因数 0.7，需要系数 0.4，线路允许电压降为 5%，距离电源 200m，采用 BLV 导线，求架空线路导线的截面。

（已知 $C_铜$ 为 77，$C_铝$ 为 46.3）

14. 计算常用 500V 绝缘导线 1/1.76 和 1/2.24 两种规格的导线各是多少 mm^2?

习 题 10 答 案

一、填空题

1. 普通拉线、人字拉线、高桩拉线、弓形拉线

2. 直线杆、耐张杆（或称分段杆）、转角杆、跨越杆、终点杆、分支杆

3. 深度、杆距、土质的情况

4. 45°；30°

5. $16mm^2$，$25mm^2$，4m

6. L_1 相、N 线、L_2 相、L_3 相

7. $25mm^2$；$16mm^2$；$10mm^2$

8. 20 倍

9. 0.7m，1.0m，0.6m，铠装的，有麻护层的，10cm

10. $10M\Omega$

11. $1kVM\Omega$，$10M\Omega$，$1M\Omega$。

二、名词解释

1. YJL_{22}（YJ_{22}）——铝（铜）芯交联聚乙烯绝缘，聚乙烯护套内钢带铠装电力电缆。用于敷设在土壤中，能承受相当的机械拉力，但不能承受太大的拉力。

2. YJL_{32}（YJ_{32}）——铝（铜）芯交联聚乙烯绝缘，聚乙烯护套细钢丝铠装电力电缆。用于敷设在垂直或高落差处，敷设在土壤中或水中，能承受相当的机械拉力及相当的拉力。

3. $YJL_{32}FR$（$YJ_{32}FR$）——铝（铜）芯交联聚乙烯绝缘，聚乙烯护套细钢丝铠装阻燃电力电缆。用于敷设在垂直或高落差处，敷设在土壤中或水中，能承受相当的机械拉力及相当的拉力，而且能阻燃。

4. $ZLQ_2-3 \times 70$-SC50-FC：铝芯纸绝缘铅包电力电缆，3 根截面 $70mm^2$，穿钢管 50mm 直

径，沿地暗敷设。能承受机械压力，但不能承受太大的拉力。

三、问答题

1．答：导线应该能满足最低的机械强度的要求；要能满足电流发热的要求；要能满足线路电压损耗的要求。实用中当供电距离较长而用电设备容量又很大时，线路电压降是主要矛盾，而当用电容量大，供电距离比较近时，电流发热是主要矛盾。当用电量不大，距离也不远时，机械强度是主要矛盾。

2．答（1）当电缆横穿道路时；（2）当电缆穿过楼板时；（3）当电缆横穿建筑物的外墙时；（4）当电缆穿时有一定剪力作用、挤压作用、震动作用等情况时应穿钢管保护。管子的内径不得小于电缆外径的 1.5 倍。

3．答：从架空线路终端电杆到建筑物第一个支持物之间的这段导线称为接户线。要求如下：（1）距地面的垂直距离不小于 2.7m；（2）水平距离不大于 25m；（3）铜导线截面不小于 4mm²，铝线不小于 6mm²。（4）和阳台的垂直距离不小于 0.8m；（5）和窗户的垂直距离不小于 0.3m；（6）当接户线的下面是人行通道时，距离路面的垂直距离不小于 6m，距离人行小路垂直距离不小于 3.5m，小胡同垂直距离不小于 3m；（7）如果跨过建筑物时，接户线距建筑物的屋顶垂直距离不小于 2.5m；（8）在弱电上方垂直距离不小于 0.6m，在弱电下方垂直距离不小于 0.3m；（9）接户杆一般要求用混凝土电杆；（10）安装在进户横担上的绝缘子的间距不大于 150mm；（11）进户线的套管为钢管时，厚度不小于 2.5mm，为硬塑料管时，不小于 2mm，管子伸出墙外部分应作防水弯头；（12）进户线距建筑物的有关部分距离不应小于下列数值，距建筑物突出部分 150mm，距阳台或窗户的水平距离 800mm，与上方的窗户或阳台的垂直距离 2500mm。

4．答：（1）检查电缆型号、规格与设计是否相符合；（2）电缆外观有无硬伤；（3）查电缆井人孔及手孔混凝土强度是否足够；（4）电缆运输路途有无障碍物；（5）金属预埋件是否齐全。

四、计算题

1．解：$I = 0.6 \times \dfrac{(86 + 12) \times 1000}{\sqrt{3} \times 380 \times 0.76} = 115.15$（A）

查上表得截面 35mm²

$$S = 0.6 \times \frac{86 \times 160 + 12 \times 160}{46.3 \times 5} = 40.6 \text{（mm}^2\text{）}$$

答：选用截面 50mm²。

2．解：$I = (1.1 \sim 1.5) \times \dfrac{1000}{220} = (1.1 \sim 1.5) \times 4.5$（A）

取 5（A）

$$3 \times 5 = 15 \text{（A）}$$

答：总保险 15A 或 30A 均可，分保险 5A。

3．解：$S = K_x \dfrac{\sum P}{\cos\varphi} = 0.6 \times \dfrac{330}{0.7} = 282.85$（kVA）

$$S_e = 1.1 \times 282.5 = 310.8 \text{（kVA）}$$

可选用 S7-315/10/0.4

4．解：

$$S = K_x \times \frac{\sum P}{1.732 \times 380 \times 0.88 \times 0.7}$$

$$= 0.5 \times \frac{36 \times 1000}{1.732 \times 380 \times 0.88 \times 0.7} = 56.73 \text{ (A)}$$

选用 100（A）的控制设备，如 DZ$_{20}$-100/330

5．解：（1）按电流计算选择：

$$I_{js} = K_x \frac{\sum P}{\sqrt{3} U_1 \cos\varphi} = 0.9 \frac{140 \times 1000}{\sqrt{3} \times 380 \times 0.7} = 273.49 \text{ (A)}$$

查明设 25℃ 时可得截面为 95mm²。它的安全载流量为 330（A），大于实际电流 273.49（A）。

（2）按容许电压降选择导线截面：

$$S = K_x \frac{\sum PL}{C \Delta U} = 0.9 \frac{80 \times 80 + 60 \times 160}{46.3 \times 5} = 62.20 \text{mm}^2$$

答：导线采用 BLX（3×95+2×50）

（3）原供电系统不当之处有：①导线过细；②应采用 TN—S 五线供电系统；③电杆间距大于 35m。

6．解：（1）

$$P_e = K_d \cdot \sum P_N = 0.24 \times 584 = 104.16 \text{ (kW)}$$

（2）

$$I_1 = 0.4 \times \frac{68}{\sqrt{3} \times 0.38 \times 0.7} = 59 \text{ (A)}$$

$$I_2 = 0.4 \times \frac{80}{\sqrt{3} \times 0.38 \times 0.7} = 69 \text{ (A)}$$

$$I_3 = 0.4 \times \frac{102}{\sqrt{3} \times 0.38 \times 0.7} = 88.5 \text{ (A)}$$

$$I_4 = 0.4 \times \frac{146}{\sqrt{3} \times 0.38 \times 0.7} = 126 \text{ (A)}$$

$$I_5 = 0.4 \times \frac{188}{\sqrt{3} \times 0.38 \times 0.7} = 163 \text{ (A)}$$

（3）选用落地式动力配电箱 X（F）L$_{21}$-0320 型。其中有 3 个 100A 回路，2 个 200A 回路。

7．解：各相设备容量为：$P_A = K_d \cdot P_{AN} = 0.9 \times 9.15 = 8.24 \text{kW}$

$$P_B = K_d \cdot P_{BN} = 0.9 \times 8.87 = 7.98 \text{kW}$$

$$P_C = K_d \cdot P_{CN} = 0.9 \times 9.4 = 8.46 \text{kW}$$

$$\alpha_1 = \frac{8.46 - 7.98}{(8.24 + 7.98 + 8.46) / 3} = \frac{0.48}{8.226} = 0.058 < 15\%$$

总电流

$$I = \frac{0.9 \times (9.15 + 8.87 + 9.4)}{\sqrt{3} \times 0.38 \times 0.9} = 41.66 \text{ (A)}$$

选 C45N-60/3p

8．解：各相设备容量为：$P_A = K_d \cdot P_{AN} = 0.9 \times 10.96 = 9.86 \text{kW}$

$$P_B = K_d \cdot P_{BN} = 0.9 \times 9.19 = 8.27 \text{kW}$$

$$P_C = K_d \cdot P_{CN} = 0.9 \times 10.0 = 9.0 \text{kW}$$

$$\alpha_1 = \frac{9.86 - 8.27}{(9.86 + 8.27 + 9.0) / 3} = \frac{1.59}{9.04} = 0.1758 > 15\%$$

总电流

$$I = \frac{9.86 \times 3}{220 \times 0.9} = 149.39 \text{ (A)}$$

选 DZ$_{20}$-200/330

9. 解：根据功率因数 $\cos\varphi_1$ 和 $\cos\varphi_2$ 可得 $tg\varphi_1$ 和 $tg\varphi_2$ 分别为 1.02 和 0.328；

$Q_C = P_e \times (tg\varphi_1 - tg\varphi_2) = 0.8 \times 126 \times (1.02 - 0.328) = 69.75$ （kvar）

选用 DOMINO 组合电容柜 PGJ1—3 72kvar，6 步带控制器即可。

10. 解：根据功率因数 $\cos\varphi_1$ 和 $\cos\varphi_2$ 可得

$tg\varphi_1$ 和 $tg\varphi_2$ 分别为 1.33 和 0.328。

$Q_C = P_e \times (tg\varphi_1 - tg\varphi_2) = 0.5 \times 182 \times (1.33 - 0.328)$

$\quad = 91 \times 1.005 \times = 91.45$ （kvar）

选用 DOMINO 组合电容柜 PGJ1—4 96kvar，8 步带控制器即可。

11. 解：根据功率因数 $\cos\varphi_1$ 和 $\cos\varphi_2$ 可得：

$tg\varphi_1$ 和 $tg\varphi_2$ 分别为 1.33 和 0.328；

$Q_C = P_e \times (tg\varphi_1 - tg\varphi_2) = 0.32 \times 208 \times (1.33 - 0.328)$

$\quad = 66 \times 1.005 = 69.88$ （kvar）

选用 DOMINO 组合电容柜 PGJ1—1 72kvar，6 步带控制器即可。

12. 解：$S = K_x \dfrac{\sum PL}{C \cdot \Delta U} = \dfrac{11 \times 50}{12.8 \times 4} = 10.74$ （mm^2）　　选 BV- (3×16) （mm^2）

13. 解：$\qquad I = 0.4 \dfrac{127000}{\sqrt{3} \times 380 \times 0.7} = 110.26$ （A）

查表得导线截面为 35mm^2

$$S = 0.4 \frac{127 \times 200}{46.3 \times 5} = 43.88 \text{ （mm}^2\text{）}$$

答：采用 BLV $(3 \times 50 + 2 \times 25)$

14. 解：(1) 单芯 1.76mm 导线截面为：$3.14 \times (1.76/2)^2 = 2.43 \approx 2.5$ （mm^2）

(2) 单芯 2.24mm 导线截面为：$3.14 \times (2.24/2)^2 = 3.94 \approx 4.0$ （mm^2）

11 室内配电线路

室内导线敷设的方式有瓷夹板、瓷珠配线、瓷瓶配线、钢索吊线、大瓷瓶配线、管内穿线等。应用最多的是管内穿线。

11.1 室内配电线路设计

11.1.1 一般规定

1. 配电线路的敷设

(1) 符合场所环境的特征，如环境潮湿程度、环境宽敞通风情况等。

(2) 符合建筑物和构筑物的特征，如采用预制还是现浇、框架结构、滑升模板施工等情况不同则管线的设计部位不同。

(3) 人与布线之间可接近的程度，如机房、仓库、车间等人与布线之间可接近的程度显然不同。

(4) 考虑短路可能出现的机电应力，如总配电室和负荷末端用户显然不同。

(5) 在安装期间或运行中布线可能遭受的其他应力和导线的自重。

2. 配电线路的敷设，应避免下列外部环境的影响

(1) 应避免由外部热源产生热效应的影响。

(2) 应防止在使用过程中因水的侵入或因进入固体物而带来的影响。

(3) 应防止外部机械性损伤而带来的影响。

(4) 在有大量灰尘的场所，应避免由于灰尘聚集在布线上所带来的影响。

(5) 应避免由于强烈日光辐射而带来的损害。

11.1.2 室内配电线路材料

1. 常用管材

(1) 钢管：标称直径（mm）近似于内径，敷设符号 SC。钢管的特点是抗压强度高，若是镀锌钢管还比较耐腐蚀。

(2) 电线管：敷设符号 TC，标称直径近似于外径。也称薄壁铁管，抗压强度较差。

(3) 阻燃管：敷设符号 PVC，近年来有取代其他管材之势。这种管材优点如下：

PVC 管施工截断最方便，用一种专用管刀，很容易截断。用一种专用粘合剂（广州顺德市顾地防火塑料异型材厂生产）容易把 PVC 粘接起来，国产 PVC 胶亦很好用。耐腐蚀，抗酸碱能力强。耐高温，符合防火规范的要求。重量轻，只有钢管重量的六分之一，便于运输。加工作弯容易，在管内插入一根弹簧就可以煨弯成型。价格与钢管相比较低。提高工作效率，有相应的连接头配件，如三通、四通、接线盒等。

PVC 管 32mm² 以下的管子可以用冷加工方法作弯，32mm 以上的管子加热弯曲。热源可以用热气喷射、电热器或热水，但应注意不能用明火直接加热。当管子受热变软后立刻

放到适当的定型器上，慢慢地弯曲，弯曲后保持 1min 不动，定型方可，或用湿布冷却。用冷弯或热弯的弯曲半径都不小于管径的 2.5 倍。注意定型器不应用热的良导体，因为在管子尚未定型前就冷却了。管材敷设方式的标注符号见表 3-2 和表 3-3。

此外，还有阻燃型半硬塑料管 BYG、KRG，含氧指数均高于 27%，符合防火规范的要求。质地软，不宜作干线，只作支线用。硬塑料管 VG，特点是耐腐蚀性能较好。但是不耐高温，属非阻燃型管。含氧指数低于 27%，不符合防火规范的要求，逐渐淘汰。

2. 常用绝缘导线

(1) 铝芯橡皮绝缘线，型号 BLX – □ 最后的数字表导线的截面面积。

(2) 铜芯橡皮绝缘线，型号 BX – □。

(3) 铝芯塑料绝缘线，型号 BLV – □。

(4) 铜芯塑料绝缘线，型号 BV – □。

(5) 铝芯氯丁橡皮绝缘线，型号 BLXF – □。

例如电气平面图中有：BV（$3 \times 50 + 1 \times 35$）SC50 – FC 这表示铜芯塑料绝缘线，三根 $50mm^2$，一根 $35mm^2$ 导线，穿钢管 50mm，埋地暗敷设。铜芯绝缘线的截面有 1.5、2.5、4、6、10、16、25、35、50、70、95、120、150、185、$240mm^2$ 等。铝芯线最小截面 $2.5mm^2$。铝绞线的最小截面是 $10mm^2$。

11.1.3 室内管线设计要点

1. 室内管线的电压等级

绝缘导线电压等级不低于 50V。潮湿的场所应选用钢管，明设于干燥的场所可以用电线管。有腐蚀的场所应选用硬塑料管或镀锌钢管。有火灾或爆炸危险的场所用钢管。

2. 线路的共管敷设条件

不同电压、不同回路、不同电流种类的导线，不得同穿在一根管内。只有在下列情况时才能共穿一根管。

(1) 一台电动机的所有回路，包括主回路和控制回路。

(2) 同一台设备或同一条流水作业线多台电动机和无防干扰要求的控制回路。

(3) 无防干扰要求的各种用电设备的信号回路、测量回路及控制回路。

(4) 复杂灯具的供电线路。

电压相同的同类照明支线可以共穿一根管，但不超过 8 根。工作照明和应急照明不能同穿一根管。禁止将互为备用的回路敷设在同一根管内。控制线和动力线路共管时，如果线路长而且弯多，控制线的截面不得小于动力线截面的 10%。否则应该分开敷设。北京地区的环境温度室内取 +30℃，室外地上取 +35℃，室外地下取 +25℃。室外低压配电线路的电压降，自变压器低压侧出口至电源引入处，在最大负荷时的允许值为其额定电压的 4%，室内线路（最远至配电箱）为 3%。

3. 绝缘间距的要求

线路电压不超过 1kV 时，允许在室内用绝缘线或是裸导线明敷设。如果用裸导线时，距离地面的高度不得小于 3.5m，有保护网时，不得低于 2.5m。在搬运物件时，不得触及裸线。裸线不得设在经常有人进去检查或维修的管道底下。

明敷或暗敷于干燥场所的金属管、金属线槽布线应采用壁厚度不小于 1.5mm 的电线管。直接埋于素土内的金属管布线，应采用低压流体输送钢管。绝缘导线在水平敷设时，距离地面高度不小于 2.5m。垂直敷设时，不宜小于 2m。否则应用钢管或槽板加以保护。绝缘导线在室外明敷设时，在架设方法上和触电危险性方面与裸导线同样看待。16mm² 以下的导线可以沿建筑物外墙明设，但应设有能切断所有线路的总开关。

室内明设裸导线的最小间距 表 11-1

名称（当导线固定点间距为下列数值时，导线之间及导线至房屋各部分之间的距离）	最小允许距离（mm）
2m 及以下时	50
2~4m 时	100
4~6m 时	150
6m 以上时	200
导线和架线结构之间的距离	50
导线和管道、机电设备之间的距离：	
至需要经常维护的管道	1000
至需要经常维护的设备	1500
至不需要经常维护的管道	300
至可燃性气体管道	1500
至吊车的下梁	2000

4. 供电半径

室内插座回路与照明回路宜分别供电。其供电半径不宜超过 50m。不同回路不应同管敷设，确有困难时，同管敷设线路的保护开关电器应能同时切断同管敷设回路的电源。配电干线管径宜按选定导线截面加大 1~2 级考虑。当室内装修设计难与专业施工图进度一致时，可只设计到进入厅堂第一个用电出线口或其他专用配电盘处。此时若难于估算出线回路数，宜采用预留线槽配线方式，但应为出线回路留有接续施工条件，如在穿过混凝土墙、梁预留双洞口等。电线电缆穿越防火分区、楼板、墙体的洞口和重要机房活动地板下的缆线夹层等应采用耐火材料进行封堵。

5. 配线的路由要求

室内线路敷设应避免穿越潮湿房间。潮湿房间内的电气管线应尽量成为配线回路的终端。在有条件时，推荐扁平电缆（VERSA TRAK）布线等新技术。电气布线竖井管道间宜将强、弱电分室设置。

6. 标准举例

例如某照明系统图中标注有 BV（3×50+2×25）SC50-FC 表示该线路是采用铜芯塑料绝缘线，三根 50mm²，两根 25mm²，穿钢管敷设，内管径 50mm，地面暗设。本例中导线型号 BV 中加一个 L，成 BLV，则表示铝芯塑料绝缘电线。BX 是铜芯橡皮绝缘线，BLX 是铝芯橡皮绝缘线。

例如有一栋楼，电源进户线标注是 BLV23（3×50+1×25）SC50-FC 表示该线路是采用铝芯塑料绝缘、塑料护套钢带铠装四芯电力电缆，其中三芯是 50mm²，一芯是 25mm²，穿钢管敷设，管径 50mm，暗敷设在梁内。

11.1.4 配电线路的保护

配电线路保护包括短路保护、过负载保护和接地故障保护。方法是切断供电电源或发出报警信号。要求配电线路上下级保护电器的动作应具有选择性，各级之间应能协调配合，但对于非重要负荷，可无选择性切断。

（1）短路保护：配电线路的短路保护，应在短路电流对导体和连接件产生热作用和机械作用造成危害之前切断短路电流。其绝缘导体应校验热稳定性能。即当短路电流持续时间不大于 5s 时，绝缘导体的热稳定应满足下式。

$$S > \sqrt{\frac{I}{K \cdot t}} \qquad (11\text{-}1)$$

式中　S ——绝缘导体的线芯截面（mm^2）；

　　　I ——短路电流有效值（均方根值）（A）；

　　　t ——在已达到允许最高持续温度的导体内短路电流持续作用的时间（s）；

　　　K ——不同绝缘的计算系数。

不同绝缘的 K 值，应按表 11-2 的规定。

不 同 绝 缘 的 K 值　　　　　　　　　　　　　　　　　表 11-2

线芯材料	聚氯乙烯	丁基橡胶	乙丙橡胶	油浸纸
铜芯	115	131	143	107
铝芯	76	87	94	71

短路持续时间小于 0.1s 时，应考虑短路电流的非周期分量的影响。当保护电器为低压断路器时，短路电流不应小于低压断路器瞬时或延时过电流脱扣器整定电流的 1.3 倍。在线路线芯截面减少处的线路、分支处的线路，以及导体类型、敷设方式或环境改变后载流量减少处的线路，当符合下列情况之一，且越级切断电路不引起故障线路以外的一、二级负荷的供电中断，可不装设短路保护。

配电线路被前段线路短路保护电器有效的保护，且此线路和其过负荷保护电器能承受通过的短路能量。配电线路的电源侧装有额定电流为 20A 以下的保护电器。架定配电线路的电源侧装有短路保护电器。

（2）过负荷保护：配电线路的过负荷保护，应在过负荷电流引起的导体温升对导体的绝缘、接头、端子造成损害前切断负荷电流。下列配电线路可不装设过负荷保护：已由电源侧的过负荷保护电器有效地保护；不可能过负荷的线路；由于电源容量限制，不可能发生过负荷的线路。负荷保护电器宜采用反时限特性的保护电器，其分断能力可低于电器安装处的短路电流值，但应能承受通过的短路能量。过负荷保护电器动作特性应同时满足下列条件：

$$I_B \leqslant I_n \leqslant I_Z \qquad (11\text{-}2)$$
$$I_2 \leqslant 1.45 I_Z \qquad (11\text{-}3)$$

式中　I_B ——线路计算负荷电流（A）；

　　　I_n ——熔断器熔体额定电流或低压断路器长延时脱扣器整定电流（A）；

　　　I_Z ——导体允许持续载流量（A）；

　　　I_2 ——保证保护电器可靠动作的电流（A）。

当保护电器为低压断路器时，I_2 为约定时间内的约定动作电流；当为熔断器时，I_2 为约定时间内的约定熔断电流。

突然断电比过负荷造成的损失更大的线路，其过负荷保护应作用于信号而不应作用于切断电源。多根并联导体组成的线路过负荷保护，其线路允许的持续载流量 I_Z 为每根并联导体的允许载流量之和，且应符合下列要求：导体的型号、截面、长度和敷设方式均相同；线路全长内无分支线路引出；线路的布置使各并联导体的负荷电流基本相等。

（3）接地故障保护：一般规定接地故障保护的设置应能防止人身间接电击以及电气火灾、线路损坏等事故。接地故障保护电器的选择应根据配电系统的接地型式；移动式、手握式或固定式电气设备的区别，以及导体截面等因素经技术经济比较确定。

防止人身间接电击的保护采用下列措施之一时，可不采用接地故障保护。采用双重绝缘或加强绝缘的电器设备（Ⅱ类设备）；采用电气隔离措施；采用安全超低压；电气设备安装在非导电场所内；设置不接地的等电位体联结。接地故障保护的电气设备，按其防电击保护等级应为Ⅰ类电气设备。其设备所在的环境应为正常环境，人身电击安全电压极限值（U_L）为 50V。TN 系统配电线路接地故障保护的动作特性应符合下式要求：

$$Z_s \cdot I_q \leqslant U_0 \tag{11-4}$$

式中　Z_s——接地故障回路的阻抗（Ω）。

I_q——保证保护电器在规定的时间内自动切断故障回路的电流（A）。

U_0——相线对地标称电压（V）。

相线对地标称电压为 220V 的 TN 系统配电线路的接地故障保护，其切断故障回路的时间应符合下列规定：配电干线和仅供给固定式电气设备用电的末端配电线路，不宜大于 5s；供电给手握式电气设备和移动式电气设备的末端配电线路和插座回路，不应大于 0.4s。

（4）漏电电流动作保护：保护线或保护中性线严禁穿过漏电电流动作漏电电流动作保护器所保护的线路及外露可导电体应接地。TN 系统配电线路采用漏电电流动作型保护时可将被保护的外露导电体与漏电电流动作型保护器电源侧的保护线相连接。将被保护的外露导电体接至专用的接地极上。

（5）保护电器的装设位置：保护电器应装设在操作维护方便、不易受到机械损伤、不靠近可燃物的地方，应采取措施避免保护电器运行时意外损伤对周围人员造成伤害。保护电器应装在被保护线路与电源线路的连接处，为了操作和维护方便亦可设置在离开连接点的地方，但线路长度不宜超过 3m。

当将从高处的干线向下引接分支线路的保护电器，电器设在距连接点的线路长度大于 3m 的地方应满足下列要求：在分支装设保护电器前的那一段线路发生单相（或两相）短路时，离短路点最近的上一级保护电器应能保证动作；且该段分支线应敷设于不燃或难燃材料的管、槽内。短路保护电器应装设在低压配电线路不接地的各相（或极）上，但对于中性点不接地且中性线不引出的三相三线配电系统，可只在两极上装设保护电器。

当中性线截面与相线相同，或虽小于相线但已能为相线上的保护电器所保护，中性线可不装设保护电器。否则，应装设保护电器保护中性线。

中性线上不宜装设独立保护电器。当需要断开中性线时，应同时切断相线和中性线。当装设漏电电流动作型保护电器时，应将其保护的电路所有带电导线断开。在 TN—C 系统中，严禁断开保护中性线，不得装设断开保护中性线的任何电器。

塑料管暗敷或埋地敷设时，引出地面的一段管路，应采取防止机械损伤的措施。

11.1.5　电线电缆产品发展趋势

随着我国国民经济的持续、稳定发展，作为建筑基础行业之一的电线、电缆行业，发展情况也看好。"九五"期间我国电力电缆的需求量将达到186.1万公里，其中纸制电缆0.9万公里，塑料电缆98万公里，橡皮电缆56万公里，交联电缆30万公里，石油探测电缆1.2万公里。另外，控制电缆65万公里，船用电缆5.8万公里，电话电缆2.6万公里，光纤电缆45万公里。

今后我国发展的将是目前还没有广泛运用，但前景看好的一些特种电缆。

(1) 特种架空线：这类产品在国外已经被广泛采用，但是国内的产品在产量、高耐热、耐腐蚀、柔软性、高导电性、防震、防冰雪、低电晕损耗等技术指标尚需进一步改进。

(2) 核电站电缆：核电站电缆主要用于核电站中传输电子、控制、电脑、仪表等系统。一座核电站大约需要电缆1000km，对一些性能要求很高。预计2010年我国核电站发电机容量将达到2万MW。

(3) 防火阻燃电缆：无卤素电缆和防火电缆的出现表明了防火要求的提高。在某些重要场合，就是着火也要保证一段时间的供电和安全环境，如金融、电站、化工厂。

(4) 新型电话电缆：自承式、填充式、泡沫及全塑市话电缆。我国目前生产的HYA系列全塑市话电缆与国外普遍使用的泡沫绝缘、带皮泡沫、隔离型结构、自承式电缆相比，产品的耗材多、品种单一。

(5) 网络电缆：网络是智能建筑的神经，随着现代建筑功能的多样化，网络进入建筑已经是大势所趋，开发网络电缆具有良好的市场前景。

(6) 五芯低压电缆：国内生产的五芯1kV电缆，聚氯乙烯电缆占92%。随着新世纪的到来，低压交联聚乙烯电缆将逐步取代聚氯乙烯电缆。2000年取代比例为20%，达3万公里。同时，由于配电系统广泛推广TN—S，五芯低压电缆的需求量将大幅度增加。

11.2 室内布线施工

本节中所叙述的内容适用于民用建筑物室内（包括与建筑物、构筑物相关的部位）绝缘电线、电缆和封闭式母线的布线，电压范围为500V及以下。

11.2.1 室内布线敷设方式

敷设方式：

(1) 明敷设——是指采用瓷（塑料）线夹、鼓形绝缘子、针式绝缘子布线。

(2) 暗敷设——导线穿在管子或线槽等保护体内。管子常敷设于墙壁、楼板及地坪等内部，或者在混凝土板孔内敷线等都属于暗敷设。

按导线保护材料分有穿金属管敷设、硬质塑料管布线、金属线槽布线、塑料线槽布线、直接布线和钢索布线等。

布线及敷设方式应根据建筑物性质、要求、用电设备的分布及环境特征等因素确定。应避免因外部热源、灰尘聚集及腐蚀或污染物存在对布线系统带来的影响。并应防止在敷设及使用过程中因受冲击、振动和建筑物的伸缩、沉降等各种外界应力作用而带来的损害。

金属管、塑料管及金属线槽、塑料线槽等布线，应采用绝缘电线和电缆。在同一根线管或线槽内有几个回路时，所有绝缘电线和电缆都应具有与最高标称电压回路绝缘相同的绝缘等级。穿金属管或金属线槽的交流线路，应使所有的相线和中性线包围在同一外壳内。

11.2.2 线夹和绝缘子布线

1. 适用范围

瓷（塑料）线夹布线一般适用于正常环境的古建室内场所和挑檐下室外场所。鼓形绝缘子、针式绝缘子布线一般适用于室内、外场所。在建筑物顶棚内，严禁采用瓷（塑料）线夹、鼓形绝缘子及针式绝缘子布线。

2. 绝缘距离（表11-3）

绝缘电线至地面的距离　　　　　　　　　　　　　　　　　表 11-3

布　线　方　式		最小距离（m）
电线水平敷设时：	室内	2.5
	室外	2.7
电线垂直敷设时：	室内	1.8
	室外	2.7

注：导线垂直敷设至地面低于1.8m时应穿管保护。

3. 固定点间距（表11-4）

室内沿墙、顶棚布线的绝缘电线固定点最大间距　　　　　表 11-4

布　线　方　式	电线截面（mm²）	固定点最大间距（m）
瓷（塑料）线夹布线	1～4	0.6
	6～10	0.8
鼓形绝缘子布线	1～4	1.5
	6～10	2.0
	16～25	3.0

4. 室内、外布线绝缘电线的间距（表11-5）

室内、外布线的绝缘电线最小间距　　　　　　　　　　　表 11-5

绝缘子类型	固定点间距（m）	电线最小间距（mm）	
		室内布线	室外布线
鼓形绝缘子	$L \leqslant 1.5$	50	100
鼓形或针式绝缘子	$1.5 < L \leqslant 3$	75	100
针式绝缘子	$3 < L \leqslant 6$	100	150
针式绝缘子	$6 < L \leqslant 10$	150	200

5. 特殊场所

绝缘电线明敷在高温辐射或对绝缘有腐蚀的场所时，电线间及电线至建筑物表面最小净距，不应于小表11-6所列数值。

11.2.3 直敷布线

直敷布线一般适用于正常环境室内场所和挑檐下室外场所。建筑物顶棚内，严禁采用

布　　线　　方　　式	最小间距（mm）
水平敷设时的垂直间距	
距阳台、平台、屋顶	2500
距下方窗户	300
距上方窗户	800
垂直敷设时至阳台窗户的水平间距	750
电线至墙壁构架的间距（挑檐除外）	50

直敷布线。直敷布线应采用护套绝缘电线，其截面不宜大于 6mm²。直敷布线的护套绝缘电线，应采用线卡沿墙壁、顶棚或建筑构件表面直接敷设，固定点间距不应大于 0.3m。不得将护套绝缘电线直接埋入墙壁、顶棚的抹灰层内。

导线垂直敷设至地面低于 1.8m 部分应穿管保护。护套绝缘电线与接地导体及不发热的管道紧贴交叉时，应加绝缘管保护，敷设在易受机械损伤的场所应用钢管保护。

直埋敷设电缆的路径选择，宜避开含有酸、碱强腐蚀或杂散电流电化学腐蚀严重影响的地段。未有防护措施时，避开白蚁危害地带、热源影响和易遭外力损伤的区段。

11.2.4　导线穿金属管敷设

金属管布线一般适用于室内、外场所，但对金属管有严重腐蚀的场所不宜采用。建筑物顶棚内，宜采用金属管布线。明敷于潮湿场所或埋地敷设的金属管线，应采用钢管。明敷或暗敷于干燥场所的金属管布线可采用电线管。

1. 对管材的施工要求

（1）钢管在穿线之前应把管口毛刺打光，套护口，以防刮伤导线。

（2）管路暗敷设在现浇混凝土梁、柱内时，注意在封侧向模板之前下完管，否则难以插入钢筋内。明配线路施工注意与土建施工配合好，首先在结构施工中及时预埋好木砖、木橛、过墙管等，敷线时勿损坏墙面，喷完浆以后不得再拆改线路。在配电箱等处的管口一定及时用塞子塞牢，以防管内掉进异物影响以后的穿线工作。

（3）明敷管路时固定点的间距要求

金属管明敷时，其固定点的间距，不应大于表 11-7 所列数值。

金属管明敷时的固定点最大间距　　　　　　　表 11-7

金属管种类	金属管公称直径（mm）			
	15～20	25～32	45～50	70～100
	最　大　间　距（m）			
钢管	1.5	2.0	2.5	3.5
电线管	1.0	1.5	2.0	

（4）与其他设备管线的关系

电线管路与热水管、蒸汽管同侧敷设时，应敷设在热水管、蒸汽管下面。有困难时可敷设在其上面，相互间的净距不宜小于下列数值：

①当管路敷设在热水管下面时为0.20m，上面时为0.30m。

②当管路敷设在蒸汽管下面时为0.50m，上面时为1.0m。

当不能符合上列要求时，应采用隔热措施。对有保温措施的蒸汽管，上下净距可减至0.2m。电线管路与其他管道（不包括可燃气体及易燃、可燃液体管道）的平行净距不应小于0.1m。当与水管同侧敷设时，宜敷设在水管的上面。当管路互相交叉时的距离，不宜小于相应上列情况的平行净距。

（5）接线盒：金属管布线的管路较长或有弯时，宜适当加装接线盒，以免穿线困难，规定加接线盒的条件见表11-8所示。施工中管路不许有四个弯。当加装接线盒有困难时，也可适当加大管径。

加接线盒的规定 表11-8

线　形	北京地区规定（m）	线　形	北京地区规定（m）
直线	30	有两个弯	15
有一个弯	20	有三个弯	8

（6）管路穿过建筑时的要求

暗敷于地下的管路不宜穿过设备基础，在穿过建筑物基础时，应加装保护管保护；在穿越建筑物伸缩缝、沉降缝时，应采取保护措施。绝缘电线不宜穿金属管在室外直接埋地敷设。必要时对于次要用电负荷且线路较短（15m以下），可穿金属管埋地敷设，但应采取可靠的防水、防腐蚀措施。

（7）管线测试：管线施工完毕后，应作必要的检查和试验：如测试线间绝缘、测试线间电压、各支路照明试亮、动力全负荷试运行等。

2．对管内穿线的施工要求

（1）管内穿线不许有接头、背花、死扣等。金属管内不许只穿一根交流电线，否则会在管内产生感应电流。管内穿线导线总截面积不得超过管孔净面积的40%。花灯或同类照明几个回路共穿一根管时，不得超过8根。

（2）三根及以上绝缘导线穿于同一根管时，其总截面积（包括外护层）不应超过管内截面积的40%。两根绝缘导线穿于同一根管时，管内径不应小于两根导线外径之和的1.35倍（立管可取1.25倍）。穿金属管的交流线路，应将同一回路的所有相线和中性线（如果有中性线）穿于同一根金属管内。

11.2.5 硬质塑料管布线

1．硬质塑料管布线

一般适用于室内场所和有酸碱腐蚀性介质的场所，但在易受机械损伤的场所不宜采用明敷设。建筑物顶棚内，可采用难燃型硬质塑料管布线。适用于民用建筑室内（包括与建筑物、构筑物相关的外部位）绝缘电线、电缆和封闭式母线的布线。布线及敷设方式应根据建筑物性质、要求、用电设备的分布及环境特征等因素确定。应避免因外部热源、灰尘聚集及腐蚀或污染物存在对布线系统带来的影响。并应防止在敷设及使用过程中因受冲击、振动和建筑物的伸缩、沉降等各种外界应力作用而带来的损害。

布线工程中所有布线用塑料管（硬质塑料管、半硬质塑料管）、塑料线槽及附件，应采用含氧指数为27%以上的难燃型制品。

2．半硬质塑料管及混凝土板孔布线

半硬质塑料管及混凝土板孔布线适用于正常环境一般室内场所，潮湿场所不应采用。半硬质塑料管布线应采用难燃平滑塑料管及塑料波纹管。建筑物顶棚内，不宜采用塑料波纹管。混凝土板孔布线应采用塑料护套电线或塑料绝缘电线穿半硬塑料管敷设。

塑料护套电线在混凝土板孔内不得有接头，接头应在接线盒内进行。半硬塑料管布线宜减少弯曲，当线路直线段长度超过15m或直角弯超过3个时，均应装设接线盒。在现浇钢筋混凝土中敷设半硬塑料管时，应采取预防机械损伤的措施。

3．PVC管的施工安装

在PVC管上面有碎石覆盖时，应选用重型PVC管。安装PVC管的要点是先把盒子固定在模板上，并将出口对着PVC管，下管料时，管子稍长一点，一端先粘固于灯头盒内，另一端抹上胶水，并紧握管子使其弯曲，以便插入另一个盒内。PVC管操作加工示意图如图11-1。

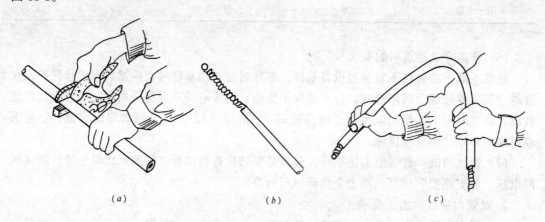

(a) (b) (c)

图 11-1　PVC管加工示意图
（a）专用剪刀；（b）穿入弹簧防扁；（c）弯之即成

11.2.6　管道配线

地面上的管道配线系统中，刚性钢管布线的机械保护性能最好。但它的费用也比较高。由于这个原因，在可能的地方，它正在被其他类型的管道系统和布线系统所代替。在合适的场合，可使用刚性铝管、半刚性钢管、薄壁电线管（EMT）、半刚性金属管、塑料、纤维及石棉水泥管等。

管道系统应具有一定的灵活性，以便用新的导线来更换原有导线。但是在应急情况下时，有可能无法抽出导线。在这种情况下就需要花费很多的费用和时间来同时更换管道和导线。火灾期间，管道还会把腐蚀性的烟气传到设备中去，可能对设备造成很大的损坏。为了防止可燃性气体越出管道，必须采取密封措施。如果采用磁性材料的导管，则每相导线的根数要相等，否则，损耗和发热量都会太高。例如，不应在钢管中敷设单芯电缆。

在需要有高度机械保护的场合，可使用地下管道。在两种情况下可以使用地下管道：一是架空管道易受严重损伤时，二是安装地下管道的费用比安装架空管道的支架费用更低时。对后一种情况来说，在某些环境中，直埋是合适的。

地下管道可以使用刚性钢管、塑料管、纤维管以及在混凝土中的石棉水泥管、或者用有严密接头的多孔混凝土预制管。在某些范围内，也可以用陶瓷管。在不需要另加混凝土保护的地方，厚壁纤维和石棉水泥管也可以像刚性钢管和塑料管那样，直接埋设。用于地下管道的电缆应适合在潮湿的场所内使用。

在进户线入口处和进户线保护装置之间的距离不可能缩短时，必须将进户线放在至少50mm厚的混凝土之下，或者放在管道或沟道内，并用不小于50mm厚的混凝土或砖封闭起来。

当预料电缆不需要在将来进行维修，也不需要用管道来保护时，可将电缆直接埋入地下。所采用的电缆必须适合于这样的用途，即能耐潮、抗压、耐土壤的污损，能防止虫害和动物的损坏，这种方法比用管块敷设所节省的费用可能相当可观。虽然这种系统不容易维修，也不易增加电缆，但是其载流量一般比穿管电缆的载流量大。直埋方式仅适用于对电缆的损伤机会较小的地方，否则必须加以保护。最近电缆故障探测设备取得了进展，修理方法和材料也有所发展，这样便减少了维修方面的问题。

11.2.7 钢索布线

钢索布线可用于屋内、外场所，在对钢索有腐蚀的场所，应采取防腐蚀措施。钢索上绝缘导线至地面的距离，在屋内时为2.5m，屋外时为2.7m。

钢索布线应符合下列要求：

（1）屋内的钢索，采用绝缘导线明敷时，应采用瓷夹、塑料夹、鼓形绝缘子或针式绝缘子固定；用护套绝缘导线、电缆、金属管或硬质塑料管布线时，可直接固定于钢索上。

（2）屋外的钢索，采用绝缘导线明敷时，应采用鼓形绝缘子或针式绝缘子固定；用电缆、金属管或硬质塑料管布线时，可直接固定于钢索上。

（3）钢索布线所用的钢索和钢铰线的截面，应根据跨距、荷重和机械强度选择。钢索固定件应镀锌或涂防腐漆。钢索除两端拉紧外，跨度大时应在中间增加支持点，中间的支持点间距不应大于12m。

（4）在钢索上吊装金属管线或塑料管布线时的要求。

钢索上吊装金属管或塑料管支持点间的最大距离见表11-9。

钢索上吊装金属或塑料管支持点的最大间距 表 11-9

布 线 类 型	支持点间距（mm）	支持点距灯头盒（mm）
金属管	1500	200
塑料管	1000	150

吊装接线盒和管路的扁钢卡子宽度不应小于20mm；吊装接线盒的卡子不应少于2个。钢索上吊装护套线时，采用铝卡子直敷在钢索上，其支持点间距不应大于500mm，卡子距接线盒不应大于100mm；采用橡胶和塑料护套线时，接线盒应采用塑料制品。钢索上吊装瓷瓶布线时，支持点间距不应大于1.5m。线间距离屋内不应小于50mm；屋外不应小于100mm。扁钢吊架终端应加拉线，其直径不应小于3mm。

11.2.8 裸导体布线

（1）适用范围：裸导体布线的规定适用于一般设备用房，不适用于低压配电室。

（2）距离要求：无遮护的裸导体至地面的距离，不应小于 3.5m；采用防护等级不低于 IP2X 的网孔遮护物时，不应小于 2.5m。裸导体与需经常维护的管道同侧敷设时，裸导体应敷设在管道的上面。裸导体与经常需要维护的管道（不包括可燃气体及易燃、可燃液体管道）以及与生产设备最凸出部位的净距不应小于 1.8m。当其净距小于或等于 1.8m 时，应加遮护物。裸导体的线间距及裸导体至建筑物表面的净距，应符合表 11-10 规定。

裸导体的线间距及裸导体至建筑物表面的净距　　　　　　表 11-10

固定点间距 L	最小净距（mm）	固定点间距 L	最小净距（mm）
$L \leqslant 2m$	50	$4m < L \leqslant 6m$	150
$2m < L \leqslant 4m$	100	$6m < L$	200

（3）动稳定性的要求：硬导体固定点的间距，应符合在通过最大短路电流时的动稳定要求。起重行车上方的裸导体至起重行车平台铺板的净距不应小于 2.3m，当其净距小于或等于 2.3m 时起重行车上或裸导体下方应装设遮护物。除滑触线本身的辅助线外，裸导体不宜与起重行车滑触线敷设在同一支架上。

（4）封闭式母线布线：封闭式母线布线宜用于干燥和无腐蚀气体的屋内场所。封闭式母线布线至地面的距离不宜小于 2.2m，母线终端无引出线引入线时，端头应封闭。当封闭式母线安装在配电室、电机室、电气竖井等电气专用房间时，其至地面的最小距离可不受此限制。

11.3　母　线　槽

11.3.1　母线槽配线

20 世纪 20 年代后期，由于底特律汽车制造工业的需要，母线槽开始作为一种架空配线系统出现。母线槽简化了电动机传动机械的电气接线，并为重新布置生产线上这些机械提供了方便条件。现代高层建筑中电气竖井面积有限，配电容量不断增加，单纯依靠电缆放射式供电已经越来越难以满足要求。母线槽作为一种新的配电方式，逐渐成为 600V 及以下配电系统的一个重要形式。

当需要许多电流分接头时，母线槽尤为优越。可以不用切断母线槽的电路，在带电的情况下，安装带断路器或熔断开关的插头。1kA 以上的电源电路采用母线槽通常比采用导管和导线更为经济，需要的空间也少。母线槽可以全部或部分拆掉和重新安装，以适应配电系统布局的变化。

1. 线槽配线

穿管线最多 8 根，当导线超过 8 根时，就用线槽配线，按材质分线槽有金属线槽和塑料线槽。型号为 PVC 编号 SA1001～1008，见表 11-11。

2. 金属线槽布线

金属线槽布线一般适用于正常环境的室内场所明敷，但对金属线槽有严重腐蚀的场所不应采用。具有槽盖的封闭式金属线槽，可在建筑顶棚内敷设。同一回路的所有相线和中性线（如果有中性线），应敷设在同一金属线槽内，以免在金属线槽内产生涡流。几个回路

产 品 编 号	规格（宽×高）	单位价格（元/m）
SA1001	15×10	2.57
SA1002	25×14	3.48
SA1003	40×18	4.75
SA1004	60×22	7.17
SA1005	100×27	9.96
SA1006	100×40	13.45
SA1007	40×18（双坑）	5.70
SA1008	40×18（三坑）	6.18

的绝缘导线或电缆也可以敷设于同一根金属线槽内。

　　同一路径无防干扰要求的线路可敷设于同一金属线槽内。线槽内电线或电缆的总截面（包括外护套）不应超过线槽内截面的 20%，载流导线不宜超过 30 根。控制、信号等线路线可视为非载流导线。控制、信号或与其相类似的线路、电线或电缆的总截面不应超过线槽内截面的 50%，电线或电缆根数不限。强弱电线路宜分槽敷设，如果敷设在同一线槽内应在两种线路之间设置金属屏蔽板。三根以上载流电线或电缆在线槽内敷设，当乘以载流量校正系数，电缆或电缆根数不限。但其在线槽内的总截面仍不应超过线槽总截面的 20%。

　　电线或电缆在金属线槽内不宜有接头。但在易于检查的场所，可允许在线槽内有分接头，电线、电缆和分支接头的总截面（包括外护层）不应超过该点线槽内截面的 75%。

　　金属线槽布线，在线路连接、转角、分支及终端处应采用相应的附件。金属线槽垂直或倾斜敷设时，应采取措施防止电线或电缆在线槽内移动。金属线槽布线，不得在穿过楼板或墙壁等处进行连接。由金属线槽引出的线路，可采用金属管、硬质塑料管、半硬质塑料管、金属软管或电缆等布线方式。电线或电缆在引出部分不得遭受损伤。

　　金属线槽敷设时，吊点及支持点的距离，应根据工程具体条件确定，一般应在下列部位设置吊架或支架：直线段不大于 3m 或线槽接头处、线槽首端、终端及进出线盒 0.50m 处、线槽转角处。

　　3. 地面内暗装金属线槽布线

　　地面内暗装金属线槽布线，适用于正常环境下大空间且隔断变化多、用电设备移动性大或敷设有多功能线路的场所，暗敷于现浇混凝土地面、楼板或楼板垫层内。同一回路的所有导线应敷设在同一线槽内。同一路径无干扰要求的线路可敷设于同一线槽内。

　　线槽在交叉、转弯或分支处应设置分线盒，线槽的直线长度超过 6m 时，宜加装分线盒。由配电箱、电话分线箱及接线端子箱等设备引至线槽的线路，宜采用金属管布线方式引入分线盒子，或以终端连接器直接引入线槽。线槽出线口和分线盒不得突出地面且应做好防水密封处理。

　　地面内暗装金属线槽布线，在设计时应与土建专业密切配合，以便根据不同的结构型式和建筑布局，合理确定线路路径和设备选型。

　　4. 塑料线槽布线

　　塑料线槽布线一般适用于正常环境的室内场所，在高温和易受机械损伤的场所不宜采用。弱电线路可采用难燃型带盖塑料线槽在建筑顶棚内敷设。强、弱电线路不应敷设于同一线槽内。电线、电缆在线槽内不得有分接头，分支接头应在接线盒内进行。

11.3.2　封闭式母线槽

为了输送很大的安全载流量，用普通的导线就显得容量不够了，常常采用母线槽的形式输送大电流（图11-2）。例如密集型插接式母线槽型为 FCM – A 型，特点是不仅输送电流大而且安全可靠、体积小、安装灵活、施工中与土建互不干扰，安装条件适应性强、效益较好，绝缘电阻一般不小于 10MΩ。

CZL3 系列插接式母线槽的额定电流为 250～2500A，电压 380V，额定绝缘电压 500V。按电流等级分有 250、400、800、1000、1250、1600、2000、2500A 等三相供电系统。

其型号含义如下：

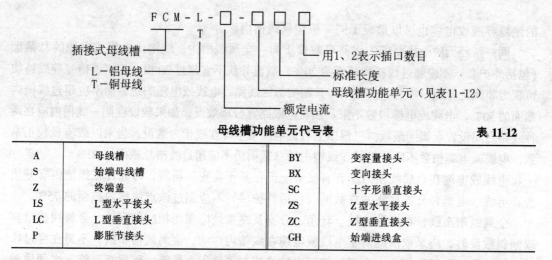

母线槽功能单元代号表　　　　　　　　　　　　　　　　　　　　　　表 11-12

A	母线槽	BY	变容量接头
S	始端母线槽	BX	变向接头
Z	终端盖	SC	十字形垂直接头
LS	L型水平接头	ZS	Z型水平接头
LC	L型垂直接头	ZC	Z型垂直接头
P	膨胀节接头	GH	始端进线盒

母线槽的另一种型号 MF1 型适用于高层建筑 2kA 以下的电力传输设备。M 表示母线，F 表示封闭式，1 是设计序号。

11.3.3　额定短路电流

母线槽中的母线可能要受到短路电流引起的相当大的电磁力的作用，每单位长度母线所产生的力与短路电流的平方成正比，与母线之间的距离成反比。利用在母线槽前面的适当整定的保护装置，在三个周波内切除短路电流，母线槽系统功率因数较低或者保护装置的切断时间较长，则可能需要降低额定短路电流值。并应与制造厂协商。

应当计算母线槽输入端连接点能达到的短路电流和 R/X 比值来确定所需要的额定短路电流值。母线槽额定短路电流值必须等于或者超过可能达到的短路电流。在母线槽的受电端安装限流熔断器，在达到最大短路电流之前将其切断，可以降低短路电流。额定短路电流值与许多因素有关，例如母线中心线间距、规格以及母线和支撑件的强度。

由于每组母线的设计额定值都不一样，应查产品样本额定值数据。额定短路电流值应包括接地回路（如果有外壳和接地母线）承载额定短路电流的能力，如果接地回路没有足够承载这一短路电流的能力，将导致在接头处产生电弧而发生火灾。接地故障电流可能低到过电流保护装置不会动作的数值，需要另加保护。

11.3.4　母线槽的选型及质量检查

1. 品种及选用

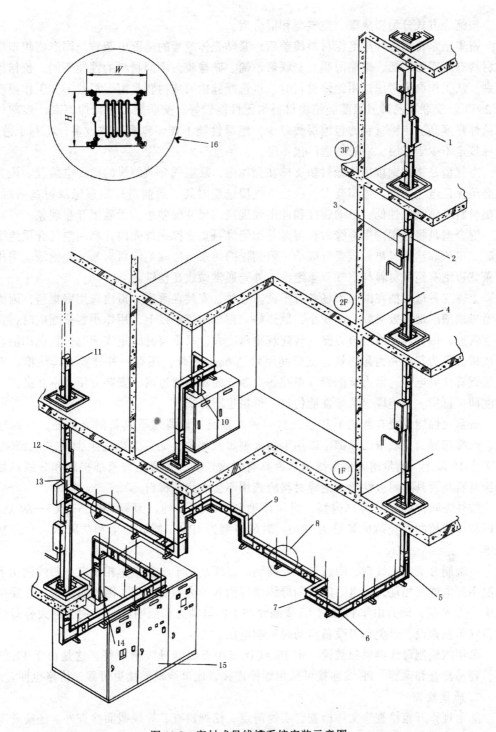

图 11-2　密封式母线槽系统安装示意图

1—膨胀节接头；2—插接口；3—插接开关箱；4—垂直安装架；5—L 型垂直接头；6—L 型水平接头；

7—Z 型水平接头；8—水平安装吊架；9—Z 型垂直接头；10—终端母线槽和层间配电箱；

11—终端槽盖；12—变容量接头（变径接头）；13—T 型水平接头；14—始端母线槽；15—配电柜；

16—密封式母线槽横切面

按绝缘方式分为密集型、空气型和混合型。

密集型是将裸铜排用绝缘材料覆盖后，紧贴壳体放置的输配电装置。国产密集型母线槽材料有聚四氟乙烯、聚酯薄膜、交联聚乙烯、硅橡胶。不同材料的性能不同，价格也有差别。从工作温度考虑选用绝缘材料时，可选择硅橡胶或树脂类阻燃材料，其工作温度可达 250℃。交联聚乙烯或聚酯类绝缘材料耐压性能较好。交联聚乙烯延伸率高，聚酯材料抗拉伸强度高。绝缘材料的包缠层数过少，绝缘性能不佳，包缠层数过多，不利于散热。国标规定不少于 2 层，一般制造厂包 4 层。

空气型是将裸铜排用绝缘衬垫支撑在壳体内，靠空气介质绝缘的输配电装置。该类产品必须保证电气间隙，体积要大一些。空气型选型时要了解制造厂制造绝缘衬垫的材料。衬垫材料应该吸湿性低、压缩强度和冲击强度高，尺寸偏差小，无破损开裂现象。

混合型是将裸铜排用绝缘材料覆盖并用绝缘衬垫支撑在外壳内，利用空气介质绝缘的同时，也依靠绝缘衬垫。该类母线槽一般铜排的两条窄边靠绝缘材料与外壳绝缘。铜排的两条宽边则有绝缘材料与空气双重绝缘，外壳通常做成瓦楞铁。

上述三种母线槽在国内市场各有千秋。通常，安装在垂直井道内选用密集型，因为密集型母线槽防烟囱效果好，体积小，散热好。在车间流水线上，用作小容量配电时，宜选用空气型，因为其配线出口方便。若建筑物跨度大，又不容易固定支架时，宜选用混合型母线槽，因为其外壳为瓦楞铁，支架间距可达 6m。另外，还有一种分置式母线槽，它采用紫铜管作导电体。因为紫铜管分布在各个独立的塑料通道内，安装方便，不必提高精确长度即可订货。其绝缘、防潮性能优良，价格也不算贵。

按耐火性能分类有普通型和耐火型两种。普通型母线槽不具备耐火性能，聚四氟乙烯、聚酯薄膜、交联聚乙烯都不能用于耐火型母线槽中。耐火型电缆至少要求在 850℃ 火中工作 1h 以上。衡量耐火型母线槽是否具有耐火性能，主要是检查插接处和分线口处的绝缘材料是否具有耐火性能。绝缘材料应选用不会炭化的材料。

按外壳防护等级分为户内型、耐风雨型和户外型三种。国标 ZBK36—003—89 规定，户内型母线槽的外壳防护等级为 IP40。耐风雨型为 IP54，能够防尘和防降水。户外型为 IP55。

按线制分类有三线制、四线制和五线制。三线制用于小容量单相配电，四线制用于三相照明配电或三相动力配电。四线制母线槽照明和动力不能混用，因为第四根下在照明系统中作为 N 线，动力中作 PE 线。五线制允许小容量动力和照明配电混用，但大容量动力设备宜单独敷设，以免动力设备启动时影响电压。

采用四线制母线再单独敷设一根 PE 线比采用五线制母线槽要好。这是由于 PE 线外露，容易检查和保养。PE 线连接可采用螺栓连接，比母线槽插接更可靠，价格也便宜。

2. 质量检查

除常规作开箱检查、文件检查、实物清点、铭牌检查、导线截面检查外，还应着重检查以下几个方面。

(1) 母线槽外观检查　外表面喷涂层颜色均匀，无皱纹、无流痕、无起泡、无透底、无伤痕。在阳光不直接照射下，距 1m 处测看不到伤痕。允许 $1m^2$ 内外表面积存在 3 个缺陷。外壳用于紧固的螺钉应有防松措施。除垫圈允许发黑处理外，其他紧固件都必须镀锌处理。螺钉应拧紧，无打滑现象，紧固后螺钉应露出螺纹 1～2 个螺距。母线槽各组单元均要求有接地端子。接地端子一般用铜制成，安装在容易接近的地方，且有牢固的接地标志。

(2) 对于母线接头，要看其冲孔、切断质量如何，其切断面应该平整，不能有毛口，孔与母线边缘的距离应一致。搪锡应均匀，搭接面应平整，绝缘包缠不能进入母线的搭接面。母线搭接孔要保证同心，便于固定。对有缺陷的母线绝缘板应予以更换，不得出现破损、脱落。

(3) 绝缘要求　每单元母线槽相线、外壳、中性线互相之间绝缘电阻都必须在 20MΩ 以上。单元母线槽上任意两个未涂漆点之间的电阻不超过 0.1Ω。不同极性裸导体间的爬电距离不小于表 11-13 规定。

爬 电 距 离 的 规 定　　　　　　　　表 11-13

额定绝缘电压 U_1 (V)	电气间隙 (mm)		爬电距离 (mm)	
	≤63	>63	≤63	>63
$U_1 \leqslant 60$	3	5	3	5
$60 < U_1 \leqslant 300$	5	6	6	8
$300 < U_1 \leqslant 660$	8	10	10	12

(4) 插接箱接地装置的检查　对于三相四线制母线槽，插接箱内必须有专用的接地螺栓，其输出回路额定电流小于 630A 时，接地螺栓为 M8，即将 M8 铜螺母焊接在配电箱外壳上。接地端子处应有接地标志，箱壳上有接地线引出孔。用低压断路器的安装底板的固定螺钉作为接地螺钉是不可靠的；在插接箱上钻孔用对接螺栓是不可靠的。对于三相五线制母线槽，配电箱内应有 PE 端子排。

无论插接箱采用何种形式，其 N 端子排必须与外壳绝缘，且接线端子不得外露。插脚弹性、间距一致，底部无毛刺，接触面平整。插接箱插入母线槽后，其插脚不得外露。插接箱与母线槽应有防反插装置，以防止电源短路。其固定由机械结构完成，且不得影响电气性能。插接箱内断路器输入线端子间宜采用软连接。

11.3.5　母线槽的结构

最初的母线槽是由支撑在无机绝缘体如瓷绝缘子上的裸铜导体，安装在不通风的钢壳内。当时这种结构型式适用于额定电流为 225～600A。由于母线槽的应用范围扩大，增加的负荷要求更大的额定电流值，在容量更大时，对母线槽外壳增加了通风以得到更好冷却条件。为了安全，把汇流母线包上绝缘，并且使相反极性的母线能靠得更近，以得到较低的电抗和电压降。

在 20 世纪 50 年代后期，将热交换的传导技术推广用于母线槽，其方法是使绝缘导体与外壳有传热接触。由于应用了热传导技术，全封闭母线槽与上述通风母线的电流密度差不多。这种型式的全封闭母线槽，不论安装在什么地方，其额定电流值是相同的。每相用一根母线的一组母线槽，其母线宽达 150mm (1.6kA)。更高的额定电流需用两组 (3kA) 或三组 (5kA)。每组母线包括全部三相和中性线，以减少线路阻抗。

早先的母线槽设计，其相邻段的导电板连接需用多个螺帽、螺栓和垫圈。最近的设计，每组母线只用一个螺栓连接。工厂出厂的母线槽段带有全部附件。安装工作量大大减少，也节省了安装费用。母线槽可用铜导体或铝导体制成。和铜相比，铝的导电率较低，机械强度小一些，当暴露于空气中时，它的表面很快形成一层绝缘薄膜。载流量相同时，铝的重量较轻，费用也少一些。由于这些理由，铝导体应有电镀的接触表面（锡或银），并在电气连接点上使用盘形弹簧和螺栓连接，以适应铝的机械性能。

铜插接式母线槽对焊接机那样的周期性负荷有更大的适应能力。通常将母线槽做成30cm为一段。因为母线槽必须与建筑物相适应，因此有弯段、T接、十字接等形式的各种组合。有引至其他电气设备例如开关板、变压器、电动机控制中心等的馈电和分接头装置。插接式母线槽用的插头使用熔断开关和模针外壳断路器。用于单相和三相的母线槽，标准额定电流为 20～5000A。

有四种形式的母线槽，连同全部配件和附件，形成一个统一的、全部封闭的母线系统：低阻抗输电用的馈电母线槽；连接方便或便于重新布置负荷用的插接式母线槽；支承荧光灯、高强度气体放电灯、白炽灯，并为其供电的照明母线槽；为电气提升机、起重机、手提式工具等"分接"移动电源用的滑接式母线槽。

1. 馈电母线槽

馈电母线槽用以传输大量的电力。有很低的和平衡的线路电抗以控制用电设备上的电压。馈电母线槽通常用在电源（例如配电变压器或进户线）和用户受电设备之间。民用建筑可使用馈电母线槽从受电设备直接向大负荷供电，并向额定电流较小的馈电式和插接式母线槽供电，然后通过电力分接器或插接装置向负荷供电。用于交流 600V 的母线槽其额定电流在 600 至 5000A 的范围内。馈电母线槽有单相的和三相的，其中性线的容量为相线的 50% 和 100%。所有规格和各种型号的母线槽都可带一根接地母线。

馈电式母线槽有户内型和户外型。在可能受水或其他液体影响的地方，应将母线槽安装在户内。户外型必须设计成能排水的，任何型式的母线槽都不能泡在水中。

2. 插接式母线槽

在高层建筑中使用插接式母线槽作为向用电设备供电的架空配电系统。插接式母线槽的作用，如同一块延长了的开关板或配电屏，备有带盖的插接孔，连续穿过所供电的区域，接近负荷处的母线槽都有插接装置。由于采用挠性母线引下软电缆，因而方便了连接插接式支线和重新布置生产线，可以最短的时间从母线槽上拆下插头以及母线引下电缆，并随负荷变化情况重新安装。

插接装置包括熔断开关、断路器、静电电压保护器、接地指示器、综合启动器、照明接触器和电容器插头。大多数插接式母线槽是全封闭的，额定电流从 100A 到 4000A。通常同一制造厂制造的超过 600A 的插接式和馈电母线槽段有配合连接的接头，因此在线路上是可以互换的。当需要分接头的时候，插接式母线槽可以插入馈电母线槽内。插接式分支接头的最大额定电流一般限制到 800A。

3. 照明母线槽

照明母线槽额定电流最大为 60A，对地电压 300V。用两根、三根或四根导线。可以用在使用荧光灯和高强度放电灯照明特殊设计。

照明母线槽向照明灯具供电，并用作灯具的机械支撑。可采用"加强杆"作为辅助支撑装置。加强杆的最大支撑间距为 4m。可将荧光灯灯具吊挂在母线槽上，可以订购带插头及挂钩的灯具，直接把灯具安装在母线槽上。也可以把母线槽隐蔽在吊顶内或者安装在吊顶的表面。照明母线槽也用来供给轻工业的动力用电。

4. 滑接式母线槽

滑接式母线槽是用来安放固定的或移动的分支装置。用在活动的生产线上，向随生产线移动的电动机或手提式工具供应电力，或者用于操作人员在 5m 范围内来回移动以完成特定操作的部位。

只能将母线槽安装在敞开和可见的地方。如果有通道并满足下列条件，则允许安装在配电屏后面。除用于单个灯具外，母线槽上不安装过电流装置。盘后的空间不用作空气调节空间。母线槽是完全封闭的非通风型。母线槽的安装，使各段之间的接头和附件便于维修。母线槽不要安装在容易遭受严重机械损伤、有腐蚀性蒸汽或起重机起卸货物的地方。为某种目的特殊制造的专用装置，母线槽可安装在危险场所、或户外、或者在潮湿的地方。母线槽的支撑间距不应超过 10m。为特殊的专用装置时，水平母线槽的支撑间距可达 25m，垂直母线槽的支撑间距可达 40m。

在通过楼板和距楼板面距离小于 15m 的地方，必须将母线槽完全封闭，适当的保护，以防止机械损伤。如果接头在墙外，可以将母线槽穿过墙。

11.3.6 母线槽应用

为了在电力配电系统中正确地应用母线槽，要考虑以下一些重要问题。

1. 载流量

应当规定温升标准，以保证安全运行、寿命长和供电可靠。不应把导线规格作为确定母线槽的唯一标准。看起来母线槽的截面积好象是合适的，然而其温升却可能高达危险值。国标规定的温升（55℃）应作为允许的最高温升。可以用大一些的截面积以获得较低的电压降和温升。

虽然温升并不随周围温度的变化而有显著变化，但温升却是影响母线槽寿命的重要因素。大多数母线槽设计的限制因素是绝缘的寿命，不同制造厂所用绝缘材料的类型范围很广。

2. 配置

必须将母线槽恰当地安装在建筑物内。一旦基本工程已经完成，并且母线槽的型式、额定电流值、极数等已经确定，除了最简单的直线段以外，对其他部分都应做放样配置。配置的第一步是标出和确定建筑物结构（墙、吊顶、柱子等）以及母线槽路线上其他设备的位置。

母线槽有很大的机械、电气的灵活性，几乎能够满足任何配置方案的要求。然而，有些用户发现将母线槽额定电流值限制到最少，并把长度尽可能保持在每段 25m 以内是很好的经验。这就可能在改变生产线等需要再次布置母线槽时，能够充分利用原有母线槽部件。

配置母线槽时，一个值得考虑的重要问题是与其他工种的配合。因为在工地测量与实际安装之间总有一个间隔时间，如果工种配合不好，则其他工种可能占用母线槽的空间。另一方面，采用标准部件是有利的。

最后，终端接头是配置母线槽要考虑的重要项目。将额定电流 600A 和以上的母线槽用母线直接连接到开关板、电动机控制中心等，可以减少安装的时间和问题。额定电流 600A 以下的母线槽用母线直接作终端装置，一般是不实用或不经济的。通常用短电缆向这些额定电流较低的母线槽供电。

11.3.7 母线槽的施工

1. 封闭式母线安装

适用于干燥和无腐蚀性气体的场所。封闭式母线水平布设时，距地面高度不应小于2.2m。垂直敷设时距地面1.8m以下部分，应采取防止机械损伤措施，但敷设在电气专用房间内（如配电室、电机室、电气竖井、技术层等）除外。

封闭式母线水平敷设支撑点间距不应大于2.5m；垂直敷设时应在通过楼板处采用专用附件支撑。垂直敷设的封闭式母线，当进线盒及末端悬空时应采用支架固定。

封闭式母线直线敷设长度超过40m时应设置伸缩节，在母线跨越建筑物的伸缩缝或沉降缝处，宜采用适应建筑结构移动的措施。封闭式母线的插接分支点应设在安全可靠及安装维修方便的地方。封闭式母线的连接不应设置在穿过楼板或墙壁处进行。在穿过防火墙及防火楼板时，应采取防火隔离措施。母线与母线间、母线与电气器具接线端的搭接面，应清洁并涂以电力复合脂。

2. 裸母线安装

裸母线跨柱、梁或屋架水平敷设时其支架间距不应超过6m，裸母线最大截面积不超过100mm×10mm。裸母线沿墙、沿梁或沿屋架水平敷设时其支架间距不超过3m，当不敷设终端拉紧装置时，裸母线应夹紧在绝缘子上。裸母线沿墙、沿梁或沿屋架水平敷设时其支架间距不超过2m，并应将母线夹紧在绝缘子上。

裸母线跨柱跨梁或跨屋架敷设时，母线在终端及中间分段处分别采用终端及中间拉紧装置，在两个安装支架之间是否需要加装固定夹板以提高短路时的动稳定由工程设计者决定。

每相母线的拉力，当支撑点的间距为6m、温度在25～30℃时、弧度为100～120mm左右、其拉力为$0.1 \times 9.8 \text{N/mm}^2$；冬天时最大拉力可增至$0.2 \times 9.8 \text{N/mm}^2$，因此弧度相应减少到60mm。母线与母线间、母线与电气器具接线端子的搭接面，应清洁并涂以电力复合脂。构件在墙上的安装固定宜与土建施工密切配合，事先预安装或预埋件避免事后剔凿。

安装母线槽很快、也很容易。与其他配电方法相比，减少母线槽的安装时间可以直接节约安装费用。

3. 安装之前的准备工作

除了最简单的母线槽配置图外，制造厂提供全部安装图纸。要仔细研究这些图纸。没有供应图纸的部分，则要自己画。对照安装图检查实际到货的部件，确认没有漏项。图中应标明部件的编号和安装位置。部件编号标在母线槽段的铭牌和硬纸标签上，也应将安装位置标在每段母线槽上。

安装之前的保管期间，应将所有部件，即使是气候防护型的，储存在干净、干燥的地方，并防止机械损伤。阅读为各个部件安装用的制造厂说明书。

4. 安装程序

几乎所有母线槽部件的两端都不一样，通常一端叫做"插栓"，一端叫"插槽"。施工中要参考安装图，正确地给每个部件定位，这是很重要的。每个新部件安装就位之后，按照制造厂的说明书，以适当的扭矩扭紧螺栓。所需的附属接合构件也要安装好。最后，安装插接式母线槽时，按照制造厂的说明书，固定插接单元并着手配线。户外母线槽，可能需要取掉"排水孔"螺丝并加上接合罩，尤其要注意安装说明书，以保证整个过程按步骤进行。

11.4 滑 触 线

11.4.1 滑触线的概念

大型房间内的天车电源和室外大型移动式电器设备常采用滑触线供电。滑触线就是把母线装在封闭或半封闭的塑料导管内，嵌入多极输电铜导轨作为输电的母线。导管内装有配合紧凑、移动灵活的集电器（或称集电器小车），能在移动受电设备的拖动下，同步移动，同时通过在集电器上配置的多极电刷在导轨上滑动接触，将导轨上的电源可靠地送至用电设备。

1.AQHX 系列安全滑触线

用于室内移动式电气设备供电，如各种中小型容量起重机、电葫芦、电动工具和娱乐设施等。AQHX 滑触线以塑料为骨架，用扁铜排作载流体，多根载流体平行分别插入同一根塑料壳的各个槽内，槽上对应每根载流体有一个开口缝，用作电刷滑行的通道。其结构紧凑，安全可靠。通常安装在混凝土梁上，如图 11-3所示。

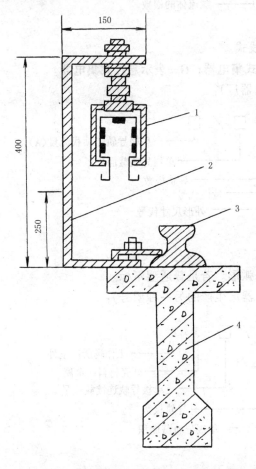

图 11-3 滑触线支架安装
1—导管；2—支架；3—铁轨；4—钢筋混凝土梁

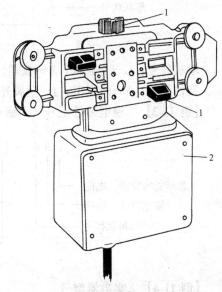

图 11-4 集电器
1—集电刷；2—接线箱

集电器的作用是通过与输电导轨滑动接触，将电能同步输送给移动受电设备。集电器分支撑式和悬挂式两种。支撑式集电器固定在移动设备上，它借助灵巧的结构来保证用电设备运行时电刷与载流体接触良好。它适用于容量较大的而且能够在轨道上行走的移动设备。集电器见图 11-4。集电器的安装应将集电器的支架安装在吊车上，支架应与滑触线垂直，支架中心至滑触线表面的距离为 95～105mm。然后将集电器安装在支架上，集电器上的电刷应该正对着滑触线的载流体为妥。

悬挂式集电器是悬挂在滑线架上，它的滚轮嵌于滑线架两侧的凹槽内，经链条由用电设备牵动。这种适用于小型及行走时摆动较大时的移动设备。如电葫芦、电动工具等。

2. 常用产品型号含义

【例11-1】 滑触线产品型号

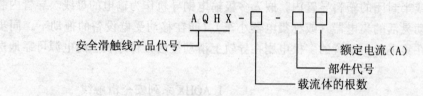

载流体的根数：3—表示三线式；4—表四线式。

部件代号：H—表示滑触线；Z—表示支持式集电器；G—表示悬挂式集电器。

【例11-2】 输电导管型号（无锡市滑导电器厂）：

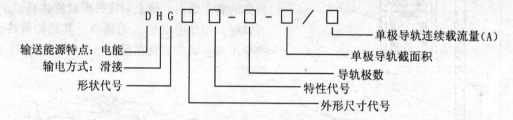

形状代号：G—导管式；B—板式。

特性代号：F—防尘型；J—金属外壳；R—弧形。若是普通型不标。

【例11-3】 输电导管型号（无锡市滑导电器厂生产的另一种型号）：

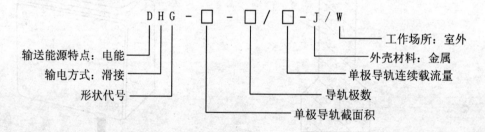

【例11-4】 集电器型号

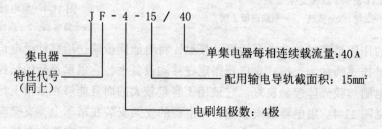

394

电刷组极数有：3 极、4 极、6 极、7 极、16 极。

连续载流量有：40A、50A、80A、100A、120A、140A、170A、210A、300A、400A 及其他规格。

导轨截面有：10、15、25、35、50、70、90、140（mm²）。

按外壳防护等级分有：IP13 级、IP23 级、IP54 级。

耐受环境性分：普通型 –15～55℃。高温型 $T \leqslant 120℃$。低温型 $T \geqslant 40℃$。

按移动轨迹分有：直线型、平面圆弧型、空间拱形。

11.4.2 滑触线主要特点

塑料壳保护型滑触线主要的特点有：运行安全，因为载流体在塑料壳内被保护着，人不容易触及带电部分。工作可靠，载流体不容易落灰尘，又没有接头。电刷是用高导电性能的金属陶瓷材料制成，阻抗低，线路损失电能少。集电器上的电刷对载流体的跟踪性能很好，定向性能优越，接触紧密，因此运行平稳可靠。节约电能，因为各相导体中相距只有 13mm，所以其交流感抗值比各种裸露的滑触线低。占用空间少，有利于车间工艺安排。节省有色金属，安装和维护均方便。

设计选用滑触线的载流量时，应不超过计算负荷。当计算负荷超过一套集电器的电流时，可以选用两套集电器并联使用。例如计算电流为 80A，则可以选用 AQHX–3H–50 型的两套集电器，其技术数据见表 11-14。DHG 系列输电导管技术数据见表 11-15。

AQHX 系列滑触线技术数据　　　　表 11-14

名　称	滑　线　架		集　电　器			
			支　撑　式		悬　挂　式	
型号 AQHX□□	3H	4H	3Z	4Z	3G	4G
线数	3	4	3	4	3	4
额定电流（A）	60、100、150	60、100、150	30、50、100	30、50、100	20	20
工作电压（V）	≥660	≥660	≥660	≥660	≥660	≥660
阻抗（Ω/km）	0.9、0.6、0.35	0.9、0.6、0.35	—	—	—	—
电刷压降（V）	—	—	≥0.5	≥0.5	≥0.5	≥0.5
轮廓尺寸（mm）	51×51	51×67	100×60	100×100	120×65	120×81
长度（mm）	3000、6000	3000、6000	410	410	85	85
重量（kg/m）	1.8	2.4	3.0	3.5	2.0	2.5

用三线还是四线要根据负荷需要而选定，如果线数很多时（即供电回路多或有控制线），可以采用多根滑线架并排安装。集电器的线数应和所选用滑触线相一致。环境应符合产品规定，如环境温度适用于 –15～50℃；相对湿度不大于 90%；海拔高度不超过 2500m。电源接线点的选择按照电压损失的情况用滑触线的端部、中部或两点供电方式。

11.4.3 滑触线安装方法

1. 滑触线安装方位

滑触线安装形式的确定要根据滑线架的走向，应该和设备的走向相一致。常用的形式有水平和垂直两种可供选用。水平安装分正装和侧装，正装时载流体的开口向下，侧装时载流体的开口向水平方向。当滑触线为直线型时，宜采用正装方式。当滑线架包括弧线段时，采用侧装的方式。

2. 固定方法

DHG 系列输电导管技术数据　　　　　　　表 11-15

序号	型　　号	截面 (mm²)	极数	电气间隙 (mm)	连续电流 40℃ (A)	爬电距离 (mm)	直流电阻 (Ω/hm)	额定电流时阻抗 (Ω/hm)	额定电流电压损失 (V/hm)	三相交流 380V 时电压降 (%/hm)	重量 (kg/m)
1	DHG－3－10/50	10	3	>21	50	40	0.18	0.193	9.8	3.55	2.0
2	DHG－4－10/50	10	4	>21	50	40	0.18	0.1925	9.8	3.55	2.0
3	DHG－6－10/50	10	6	>5.5	50	20	0.18	0.191	9.5	3.54	2.1
4	DHG－7－10/50	10	7	>5.5	50	20	0.18	0.191	9.5	3.54	2.2
5	DHG－16－10/50	10	16	>40	50	10	0.18	0.190	9.4	3.54	2.8
6	DHG－4－15/80	10	4	>21	50	40	0.12	0.138	11.58	3.4	2.1
7	DHG－3－20/100	20	3	>5.5	50	15	0.19	0.095	9.6	2.8	2.1
8	DHG－7－25/120	25	7	>11	80	20	0.072	0.081	9.9	2.93	3.8
9	DHG－3－35/140	35	3	>21	140	40	0.051	0.056	7.67	2.2	3.0
10	DHG－4－35/140	35	4	>21	140	40	0.051	0.055	7.67	2.2	3.2
11	DHG－3－50/170	50	3	>11	170	20	0.036	0.039	6.55	1.91	3.0
12	DHG－4－50/170	50	4	>15	170	15	0.036	0.039	6.55	1.91	3.2
13	DHG－6－50/170	50	6	>15	170	15	0.036	0.0385	6.55	1.91	3.8
14	DHG－7－50/170	50	7	>15	170	15	0.036	0.0385	6.55	1.91	4.0
15	DHG－3－70/210	70	3	>21	210	40	0.026	0.0285	6	1.78	4.0
16	DHG－4－70/210	70	4	>21	210	40	0.026	0.0285	6	1.78	4.5
17	DHG－6－70/210	70	6	>15	210	15	0.026	0.028	6	1.78	4.7
18	DHG－7－70/210	70	7	>15	210	15	0.026	0.028	6	1.78	4.9
19	DHG－3－95/300	95	3	>15	300	15	0.018	0.0195	5.94	1.563	3.8
20	DHG－3－140/400	140	3	>20	400	25	0.013	0.014	5.96	1.568	4.7
21	DHGR－4－15/60	15	4	>21	60	40	0.012	0.138	8.58	2.78	2.1

　　滑线架的固定方法是利用专用的螺栓安装在角钢支架上。螺栓头为不等边的平行四边形，拧紧时其短边即卡住固定槽的两边。图 11-5、11-6 表示悬吊式导管断面及安装示意图。图中 1 和 4 是专用的吊挂螺栓，安装时固定在吊挂点（即在滑触线的中部），针滑触线的塑料槽紧固在支架上，以便将滑触线定位。滑线架的支点间距不超过 1.5m，角支架用∟40×40×4 的角钢制作，并应镀锌或作防腐处理。

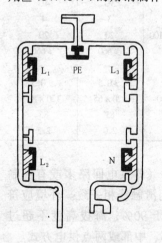

图 11-5　导管断面图

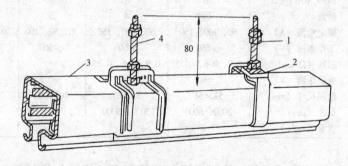

图 11-6　悬吊式导管安装示意图
1、4—吊挂螺栓；2—吊挂点；3—导管

　　3. 多根滑触线安装方法

　　多根滑触线安装方法见图 11-7。支架安装要注意横平竖直。将组装好的滑触线全线逐步提升到支架的高度，然后套入吊挂螺栓，初步固定以后就可以对滑触线进行调整。要求滑触线与吊车轨道中心高度的偏差小于 ±15mm。调整完毕，再进行固定。

　　4. 电源线进线作法

396

参见图 11-8。安装完毕要检验绝缘性能，极间、极对地电阻均不小于 10Ω，测试数据见表 11-16。一切都正常以后再通电试验运行。主要性能指标参考表 11-17。

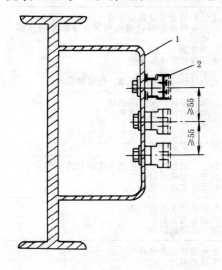

图 11-7 多根滑触线安装方法示意图

1—安装支架；2—滑线架

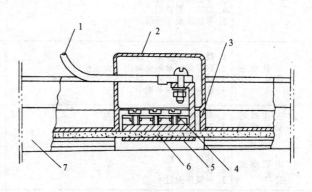

图 11-8 在中部电源进线的作法

1—电源进线；2—护罩；3—接线盒；4—接线板；

5—压板；6—导体；7—塑料槽

滑触线测试数据　　　　　　　　表 11-16

序	类　　别	指　标　值
1	极间、极对地的电阻	≤10Ω
2	绝缘介电强度试验	工频交流 300V，1min 无击穿闪烁现象
3	相比漏电起痕指数	CTI 大于 600V
4	可燃性试验	自熄
5	环境试验	1. 耐高温试验：+55；2. 耐低温试验：−20℃；3. 耐湿热试验相对湿度 95%+40℃
6	电动稳定性	50 倍 I_N，1.1s
7	电热稳定性	20 倍 I_N，1s
8	冲击耐受电压	电气间隙小于 5.5mm 时：600V，0.2s
9	耐化学腐蚀、稳定性	耐酸、耐碱、耐盐雾腐蚀
10	外壳防护等级	IP13、IP23、IP54

主要性能指标　　　　　　　　表 11-17

类　别	指　标　值
输电导轨	电阻率 $\rho \leq 0.017\Omega mm^2/m$
电刷	电阻系数：0.1~35 摩擦系数：0.2 接触电压：0.3~0.1V 运行 2000km 磨损量：小于 0.7mm 电刷有效磨损：4~6mm 有效工作压力：1.8~203N/min
集电器	牵引力：F 小于 80N 运动速度：U 小于 120m/min

11.4.4　滑触线故障处理

滑触线常见故障处理详见表 11-18。

故障现象	故障原因	处理方法
1. 断电	1. 电刷在导管中爬坡 2. 电刷磨损超过有效长度 3. 导管接头高低不平 4. 单集电器使用 5. 导轨连接不可靠	1. ①轻轻晃动集电器或导管 　②检查集电器滚轮磨损情况，更换滚轮或集电器 2. 更换电刷 3. 重新按要求连接导轨 4. 采用双集电器 5. 检查导轨连接有否松动，拧紧螺栓
2. 导管变形明显	1. 局部环境温度过高 2. 固定夹、悬吊夹间距太大或松脱 3. 浮动悬吊卡死，导管热膨胀无法延伸 4. 缺少热膨胀补偿节	1. 局部高温源，采用隔热板 2. ①增加固定夹和悬吊夹 　②悬吊时，采取"过正"校直 3. 调节浮动悬吊，使导管能自动延伸 4. 增加热膨胀补偿节
3. 工作时导管晃动很大	1. 牵引器无法吸收传动误差 2. 安装直线度不好 3. 固定悬吊夹松动	1. 修正、增加各个自由度吸收误差的环节 2. 调节导管的直线度 3. 拧紧固定悬吊螺栓
4. 电刷磨损太大	1. 接头不平整 2. 载流量过大 3. 弹簧压力过大	1. 重新按要求连接导轨 2. 增加集电器数量 3. 减少弹簧的压力
5. 电刷侧面擦伤	1. 集电器在导管定位不准确，滚轮磨损 2. 牵引器传动侧向力大	1. 更换滚轮或集电器 2. 更换牵引器
6. 电刷电接触表面有粒状凹坑	1. 电刷与导轨接触不良产生火花烧伤 2. 电流过大	1. 检查导轨接头，按工艺要求处理保证电刷与导轨接触面积 60%～70%，适当磨合 2. 增加集电器的数量
7. 集电器行走有较大声响	1. 接头不平整	1. 按接头工艺要求处理
8. 集电器外壳擦痕	1. 导管形状不正确 2. 集电器定位不好	1. 保证导管开口尺寸，增加固定夹或撬大槽口 2. 更换集电器滚轮

11.5　电　缆　桥　架

11.5.1　电缆桥架配线

电缆桥架是由金属或其他不可燃材料制造的一个单元或几个单元或几个部件以及有关零件的组合件，形成一种用于支承电缆的连续性的刚性结构。这些支承件包括梯子、托盘、电缆槽。由于下述原因，这种支承件在工业电力系统中日益普及：安装费用低，系统灵活性大，容易修理，便于增加电缆；在同一方向敷设大量线路时，和电缆管道相比，能节省空间。

有许多种型式的电缆桥架，可以用各种材料制作。为了降低安装费用，必须仔细考虑，以便适应预定的用途选择最好的系统并给出其机械荷载能力。

当需要有附加的机械保护或其中的通信线路需要有附加的电气屏蔽时，可以用通风的或不通风的槽盖。用于隔离不同电压级别电缆的隔板和用于防腐的特殊涂料或材料都可用在电缆桥架上。当穿过墙、隔墙或其他场所时可能需要密封或用防火挡板以防止火焰蔓延。

在开始设计电缆桥架系统时，应考虑一定的系数，并为系统的扩建预留一定的空间。对多层的桥架，最好的做法是把电压不同的电缆分开。在底层托盘上安装电压最低的电缆，随后从下往上，依次安装电压较高的电缆。在多相系统中，各相的导线必须成组地安装在同一托盘上。

电缆桥架配线是新型的配线方式，广泛用于建筑工程、化工、石油、轻工、机械、军工、冶金、医药等行业。如电缆通过桥梁、涵洞就常用电缆桥架配线。对于室外电视、电讯、广播等弱电电缆及控制线路也可以采用电缆桥架配线。图11-9是TJ-10型桥架。

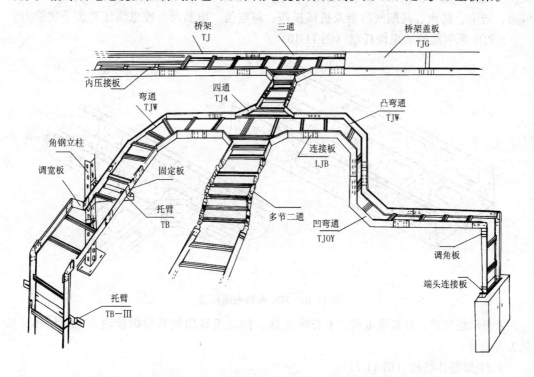

图11-9 电缆梯形桥架组装示意图（TJ）

组装式电缆托盘是国际上第二代电缆桥架产品。只用很少几种基本构件和少量标准紧固件，就能拼装成任意规格的托盘式电缆桥架，包括直通、弯通、分支、宽窄变化和爬坡等，组装工作只需拧紧螺栓和少量的锯切工作即可。组装工作可以在现场由施工人员进行，或者在制造厂的派出人员指导下进行。这将大大有利于运输和装卸，降低运输成本和减少因运输装卸造成的产品损坏。如果需要，也可以由制造厂组装好后交付使用。

1. 电缆桥架的特点

桥架结构简单，安装快速灵活，维护也方便。桥架的主要配件均实现了标准化、系列化、通用化，易于配套使用。桥架的零部件通过氯磺化聚乙烯防腐处理，具有耐腐蚀、抗酸碱等性能。国产桥架采用国内外通用型式，广泛适用于室内外架空敷设工程。

电缆桥架在我国方兴未艾，产品结构多样化，除了梯级式、托盘式、槽式以外，又发展了组合式、全封闭式。在材料上除了用钢板材外，又发展了铝合金，美观轻便。表面处理方面也有新的突破，一般通用的是冷镀锌、电镀锌、塑料喷涂，现在又发展到镍合金电镀，其防腐性能比热镀锌提高七倍。

2. QJD轻型装配电缆桥架

QJD适用于35kV以下的电缆明配线用，可供冶金、电力、石化、轻纺、机电等工矿企业和宾馆大厦室内、外电缆架空敷设或缆沟、隧道内敷设用。

QJD型电缆桥架按支架（包括立柱、横臂等组合）承载能力分为QJD－1型和QJD－2

型，前者横臂载荷为 240kg，后者横臂载荷为 360kg。按桥架形状分为梯型和槽型两种。梯形桥架是连续滚轧成形，标准长度为 6m，也可按用户要求确定长度。加工后的成品可合拢便于储运。槽型桥架采用冷轧镀锌钢板冲压折边成形，配用盖板后可组合成全封闭电缆桥架，防尘、防火、防烟气污染及机械损伤。对电信、电脑及自控电缆还有抗干扰能力。

3. ZDT 系列组装式电缆托盘（图 11-10）

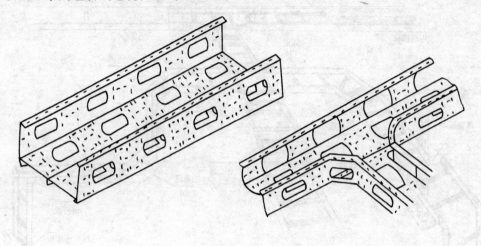

图 11-10　ZDT 系列电缆托盘

Z 表示组装式，D 表示电缆，T 表示托盘。托盘组装用的紧固螺栓均为 LI 型 M6 × 16 低方颈螺栓。

4. ZT 型整体线槽（图 11-11）

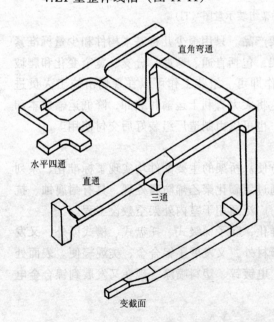

图 11-11　ZT 型整体线槽

如图 11-11ZT 型整体线槽适用于敷设电脑电缆、通讯电缆、照明电缆及其他高灵敏度系统的控制电缆等，具有屏蔽、抗干扰性能，是比较理想的配线产品。整体线槽不仅可以敷设电缆和导线，还可以安装插座、熔断器、断路器、吊装灯具等，使工程设计更为方便。线槽的表面处理有镀锌和喷塑料两种。

线槽的主体部件包括直通线槽、弯通线槽、直通盖板、弯通盖板、异径接头、终端封头、连体件以及为安装线槽而设置的各种支架。

5. XQJ 系列电缆桥架

该型号有多种型式，如梯级式电缆桥架、托盘式电缆桥架、槽式电缆桥架和组合式电缆桥架。配有水平弯通、水平三通、水平四通、垂直凹弯通、垂直转动弯通、终端封头、上弯通、下弯通、左下弯通、右下弯通、异径接头、扁型变换接头、调宽片、

400

调高片、调角片、固定压板、隔板、护罩、接头、接片、卡带、卡子等。

11.5.2 电缆桥架的配制

华北地区 1992 年 10 月编制的《建筑电气通用图集》（92DQ5）提出："电缆桥架系指金属电缆托盘，梯架及金属线槽的统称"。

电缆桥架是电缆线路常用的敷设方式之一。民用建筑设计规范 JGJ/T 16—92 对电缆桥架和金属线槽是分开写的，绝缘导线只能敷设在线槽中。钢制电缆桥架工程设计规范 CECS 31：91 把桥架分为有孔托盘、无孔托盘、组装托盘和梯架四种，宽度在 100 ~ 1200mm 之间，却未提及线槽。线槽的定义尚无规范表述，工程上通常指小于 100mm 的产品。

1. 有关设计图纸

电缆桥架的设计调整通常有桥架平面布置，桥架系统有关的剖面图。对各种设备管线比较集中的设备层和走廊上空的吊顶，最好绘制出综合管线图。电缆桥架设计应提供桥架系统所需要的直线段、弯通、附件及支架、吊架的名称、型号规格、数量的材料表及必要的说明。特殊要求应有详图。

2. 材料检查

施工队在桥架订货前仔细看图，明确实际需要的品种数量。购买电缆桥架的包装箱内应装有清单、产品合格证和出厂检验报告。进料要求进行质量验收。内容包括检查板材的厚度、焊接缝隙和防腐蚀处理情况。托盘梯架允许的最小钢板厚度见表 11-19。

托盘梯架允许最小钢板厚度 表 11-19

托盘梯架宽度（mm）	< 400	400 ~ 800	> 800
允许最小钢板厚度（mm）	1.5	2.0	2.5

焊接表面要求均匀，不得有漏焊、裂纹、夹渣、烧穿、弧坑等缺陷。防腐处理根据桥架表面处理工艺的不同，应具有以下外观要求：浸热镀锌的锌层表面均匀无毛刺、过烧、挂灰、伤痕及局部未镀锌等缺陷，不得有影响安装的锌瘤。螺纹的镀锌层应光滑，螺栓连接件应能拧入。电镀锌层表面均匀光滑、致密，不得有起皮、气泡、花斑、局部未镀及划伤。喷涂粉末表面应均匀光滑无气泡、色泽均匀一致。涂漆表面平整、均匀无气泡。电缆桥架宜存放在干燥场所，避免直接太阳照射。避免受到酸碱盐的腐蚀。各部件分类堆放，层间宜有适当软垫物隔开，避免重压。

11.5.3 电缆桥架的施工

施工时务必照图进行，电缆桥架的路由往往是经过各专业多次协商并通过会签确认下来的，任何单方无权变更。

1. 敷设高度

桥架水平敷设时距离地面高度宜高于 2.5m，垂直敷设时距地 1.8m 以下部分应加金属盖板保护，敷设在电气专用房间如配电室、电气竖井、电缆隧道、技术层内除外。桥架上部距顶棚或其他障碍物不应小于 0.3m。

多层电缆桥架层间距一般为：控制电缆不小于 0.2m，电力电缆不小于 0.3m，上层弱电电缆与下层电力电缆之间不应小于 0.5m，如有屏蔽层盖板可减少到 0.3m。几组电缆桥架在同一高度平行敷设时，相邻桥架检修距离不宜小于 0.6m。桥架上部距顶棚或其他障碍物应不小于 0.3m。电缆托盘、梯架与各种管道平行或交叉其最小净距应符合表 11-20 的规定。

电缆桥架与各种管道的最小净距 表 11-20

管道类型		平行净距（m）	交叉净距（m）
一般工艺管道		0.4	0.3
具有腐蚀性液体或气体管道		0.5	0.5
热力管道	有保温层	0.5	0.5
	无保温层	1.0	1.0

2．路由选择

电缆桥架不宜敷设在有腐蚀性的其他管道和热力管道的上方、腐蚀性液体管道的下方以及强腐蚀或特别潮湿的场所，否则应采取防腐、隔热措施。

在强腐蚀或特别潮湿的场所采用电缆托盘、梯架布线时应采用相应的防护措施。室内电缆托盘、梯架布线不应采用具有黄麻或其他易燃材料外护套层的电缆。在强腐蚀环境，宜采用热浸锌等耐久性较高的防腐处理。型钢制臂式支架，轻腐蚀环境或非重要回路的电缆桥架，可用涂漆处理。

电缆桥架在穿过防火隔墙及防火楼板时，应采取防火隔离措施，如设置防火枕。要求桥架的防火区段，可利用耐火或难燃板材构成封闭或半封闭结构，并在桥架表面涂刷防火涂层。

3．电缆桥架的连接

电缆桥架在每个支吊架上的固定应牢固，连接板的螺栓应紧固，螺母应位于桥架外侧。操作振动的场所以及桥架接地部位的连接处应装置弹簧垫圈。直线段应横平竖直无弯曲。

直线段的方向改变应用弯通实现，如水平弯通、三通、四通、上下弯通、垂直弯通、变径直通。水平弯通和上下弯通分 30°、45°、60°、90°四种。如果需要 90°以上的弯通，宜通过多个弯通分段实现。折弯弯通两条内侧直角边的内切圆半径通常为 0.3m、0.6m、0.9m。桥架转弯处半径不应小于桥架电缆上的弯曲半径的最大者。

桥架的直线段之间、直线段与弯通之间应利用附件连接，如直接板、铰接板、软接板、变宽板、变高板、伸缩板、弯接板、上下接板和终端板。金属线槽不得在穿过楼板或墙壁等处进行连接。电缆托盘、梯架经过伸缩沉降缝时电缆桥架、梯架应断开，断开距离以 100mm 左右为宜。电缆托盘、梯架上的电缆可无间距敷设，电缆托盘、梯架内的横断面的填充率电力电缆应不大于 40%，控制电缆应不大于 50%。在伸缩缝或软连接处采用编织铜线连接。

桥架的固定部件可采用膨胀螺栓或预埋铁件上焊接的方式固定。固定的部件有托臂、立柱、吊架和其他固定支架等。钢制镀锌桥架的各段（含非直线段）均采用相应配套连接附件，使用螺母、平垫、弹簧垫紧固时，桥架本体可以构成接地干线。

支架、吊架和其他所需要的附件，应按工程布置条件选择。桥架水平敷设时，宜按荷载曲线选择最佳跨距进行支撑，跨距通常为 1.5～3m 或将支撑点选择在附件的接头处。桥架宽度在 0.1m 及以下者支撑点跨距为 1.5m，吊杆选用规格不小于 φ6～φ8 圆钢；桥架宽度在 0.15m 及以上应采用双螺栓固定，支撑点跨距按设计施工。无设计数据时，电缆桥架垂直敷设时固定点跨距按 2m 选择。线槽首端、终端及距进线盒 0.5m 处均应设置支撑点。

当桥架内侧弯曲半径不大于 0.3m 时，应在距非直线段与直线段接合处 0.3～0.6m 的直线段侧设置一个支架或吊架；当半径大于 0.3m 时，在非直线段宜增设一个支架或吊架。对于采用铝合金桥架并在钢制支架、吊架上固定时，应有防电化腐蚀的措施。梯架、托盘的直线段超过下列长度时（钢质桥架 20m、铝合金 15m），应留有不少于 20mm 的伸缩缝。

4. 电缆桥架接地

电缆桥架应有可靠的接地，在电缆桥架内可以无间距地敷设电缆。若测量接头电阻值不大于 0.00033Ω，允许直接利用桥架本体构成接地干线。非地线制品的金属桥架各段的端部搭接处，采用跨距地线的连接孔及周围的绝缘涂层。另敷设接地干线。当沿桥架全长另外敷设接地干线时，桥架每段应至少有一点与接地干线连接。

在室内采用电缆桥架敷设时，其电缆不应有黄麻或其他容易燃烧的材料作外保护层。使用玻璃钢桥架，应沿桥架全长另敷设专用接地线。位于振动场所的桥架系统，对包括接地部位的螺栓连接处应装弹簧垫圈。

5. 线槽施工布线

对于电缆线槽，同一回路所有相线和中性线应敷设在同一金属线槽内。线槽内电线或电缆总截面，包括外护层不应超过线槽横断面面积的 20%，载流导线不宜超过 30 根。电线或电缆在金属线槽内不宜有接头。便于检查的地方允许线槽内有分支接头，此时电线、电缆和分支接头包括外护层的总截面积不应超过该点线槽内截面积的 75%。电缆在桥架横断面内的填充率，控制电缆不应大于 50%，电力电缆不应大于 40%。

下列不同电压不同用途的电缆不宜敷设在同一层桥架上

(1) 1kV 以上和 1kV 以下的电缆；

(2) 向一级负荷供电的双路电源电缆；

(3) 应急照明和其他照明的电缆；

(4) 强电和弱电电缆。

如受条件限制安装同一层桥架上时，应用隔板隔开。

6. 电缆在桥架内需固定的部位

垂直敷设时，电缆上端及每隔 1.5～2m 处，水平敷设电缆始末端、转弯及直线段每隔 5～10m 处。由桥架引出的电气线路根据具体情况可采用金属硬管或软管、塑料硬管或波纹管等，引出部位不得受伤。无论何种保护管，均应通过相应的接头与桥架连接。

梯架（托盘）在每个支吊架上的固定应牢固；梯架（托盘）连接板的螺栓应紧固，螺母应位于梯架（托盘）的外侧。铝合金梯架在钢制支吊架上固定时，应有防电化腐蚀的措施。当直线段钢制电缆桥架超过 30m、铝合金或玻璃钢制电缆桥架超过 15m 时，应有伸缩缝，其连接宜采用伸缩连接板；电缆桥架跨越建筑物伸缩缝处应设置伸缩缝。电缆桥架转弯处的转弯半径，不应小于该桥架上的电缆最小允许弯曲半径的最大者。电缆支架全长均应有良好的接地。

电缆桥架水平敷设应按荷载曲线选取最佳跨距进行支撑，跨距一般为 1.5～3m；垂直敷设时其固定点间距不宜大于 2m。电缆桥架在穿过防火墙及防火楼板时，应采取防火隔离措施。电缆桥架内的电缆应在首端、尾端、转弯及每隔 50m 处设有注明电缆编号、型号、规格及起止点等标记牌。

7. 电缆的支持与固定

（1）电缆明敷时，应采用电缆支架、挂钩或吊索等支持。最大跨距，应满足支持件的承载能力和无损电缆的外护层及其缆芯。使电缆相互间能配置整齐。

（2）35kV 及以下电缆水平明敷线路首、末端和转弯处以及接头的两侧应固定；且宜在直线段每隔不少于 100m 处固定。垂直敷设，应设在上、下端和中间适当数量位置处固定。当电缆间需保持一定间隙时，宜在每隔约 10m 处固定。

（3）35kV 以上高压电缆明敷时，还应符合下列规定：

①在终端、接头或转弯处紧邻部位的电缆上，应有不少于 1 处的刚性固定。

②在垂直或斜坡的高位侧，宜有不少于 2 处的刚性固定；使用网丝铠装电缆时，还宜使铠装丝能夹持住并承受电缆自重引起的拉力。

③电缆蛇形敷设的每一节距部位，宜予挠性固定。蛇形转换成直线敷设的过渡部位，宜予刚性固定。

在 35kV 以上高压电缆的终端，接头与电缆连接部位，宜有伸缩节。伸缩节应大于电缆允许弯曲半径，并满足金属护层的应变不超过允许值。未设伸缩节的接头两侧，应予刚性固定或在适当长度内电缆实施蛇形敷设。

电缆蛇形敷设的参数选择，应使电缆因温度变化产生的轴向热应力，无损充油电缆纸绝缘，不致对电缆金属套长期使用产生应变疲劳断裂。

（4）电缆支架表面光滑无毛刺；适应使用环境的耐久稳固；满足所需的承载能力；符合工程防火要求。

电缆支架除支持单相工作电流大于 1kA 的交流系统电缆情况外，宜用钢制。在强腐蚀环境，选用其他材料电缆支架，可选用耐腐蚀的刚性材料制。电缆桥架组成的梯架、托盘，可选用满足工程条件难燃性的玻璃钢制或铝合金制电缆桥架。

电缆支架的强度，应满足电缆及其附属件荷重和安装维护的受力要求，可能短暂上人时，按 900N 的附加集中荷载计。机械化施工时，计入纵向拉力、横向推力和滑轮重量等影响。在户外时，计入可能有覆冰、雪和大风的附加荷载。

电缆桥架的组成结构，应满足强度、刚度及稳定性要求。桥架的承载能力，不得超过使桥架最初产生永久变形时的最大荷载除以安全系数为 1.5 的数值。电缆支架种类的选择明敷的全塑电缆数量较多，或电缆跨越距离较大、高压电缆蛇形安置方式时，宜用电缆桥架。否则可用普通支架、吊架直接支持电缆。

电缆桥架品种的选择，在有易燃粉尘场所，或需屏蔽外部的电气干扰，应采用无孔托盘；高温、腐蚀性液体或油的溅落等需防护场所，宜用托盘；需因地制宜组装时，可用组装式托盘，否则宜用梯架。

11.6 电缆系统设计

11.6.1 电缆系统设计的内容

电缆的主要功能是在电源和用电设备之间可靠地传输能量。在传输能量时，电缆内产生的热损失必须散发出去。散发这些热量的能力取决于电缆的敷设方式，并且影响电缆的额定载流量。

选择电缆截面时需要考虑所传输的负荷电流和负荷周期，事故过负荷时的载流能力及其持续时间，清除故障的时间及电缆过电流保护装置的遮断容量或电源容量以及特殊安装条件下的电压降等。

绝缘分为固体绝缘、带式绝缘和专用的绝缘。用这些绝缘制成的电缆能适用于最高的和正常的工作温度范围，具有不同程度的弯曲性能、耐燃性、防机械损伤和耐环境影响的能力。敷设电缆要注意避免使用过大的拉力，因为拉力过大会把导线或绝缘包皮拉长，或者在拉过转弯处时把电缆外表层拉破。

电缆终端间隔必须有良好的通风，如果是完全封闭的，则应加热或保持干燥以防止水汽凝结。高压电缆终端上的冷凝水或污染可能会导致闪络而在终端的表面产生漏电痕迹。

许多用户在敷设电缆以后要进行试验，对重要回路还要进行周期性的试验。通常使用电缆制造厂推荐的、为该厂各种电缆规定的直流试验电压进行试验。一般此试验电压水平都大大低于电缆的直流耐压强度。但是，由于电压波的反射产生更高的瞬态过电压可能造成意外的闪络，从而削弱或破坏电缆的绝缘。

11.6.2 电缆的结构

常用的导线材料是铜和铝。铜一直被用以制作绝缘电缆的导线，这主要是由于铜有合乎需要的电气性能和机械性能。使用铝的主要根据是它的良好的导电率对重量之比在导电材料中是最高的，使用简便，其原生金属的价格低而稳定。

对机械挠曲性的需要，通常是决定用单股导线还是用绞线的因素，其挠曲程度是绞线总根数的函数。绞线的结构是多种多样的，如标准同心的、压缩的、密集的、绳状的和束状的等等。后两种一般用于需要弯曲的场合。

1. 铜和铝的比较

（1）铝比铜的电阻系数大，所以供同样一个负载电流需要大的导线截面。

（2）和铜等效的铝电缆在重量方面是较轻的，在直径方面是较大的。

（3）不论是铜还是铝，导线内部的潮气都可能腐蚀导电金属或破坏绝缘效果。

（4）铜和铝的热膨胀系数相差 36%，两者的氧化膜电气性质也不相同，这两点在设计连接器时需要加以考虑。新铝表面暴露在空气中就会立即形成一层氧化铝薄膜。在正常条件下，逐渐形成的氧化铝薄膜厚度在 $3 \sim 6\mu m$ 之间并稳定于此厚度。这种氧化铝本质上是一种绝缘薄膜或介电材料，并为铝提供了耐腐蚀的性能。在正常条件下，铜也在很缓慢地氧化，铜的氧化膜是导电的，在连接方面不存在实际问题。

用于铝导线的连接器主要是加大了接触面积和降低了单位应力。这些连接器具有足够的强度，能保证对铝绞线的压力超过其屈服强度，所产生的清刷作用破坏了铝的氧化膜，形成紧密的铝接触面，获得低电阻连接。

2. 绝缘材料的比较

基本绝缘材料不是有机物就是无机物。有机绝缘材料种类繁多。矿物质绝缘的电缆使用了容易得到的无机绝缘材料氧化镁（MgO）。常用的绝缘材料有：热固性化合物，固态电介质；热塑性化合物，固态电介质；层压纸绝缘带；浸漆层压布、矿物质绝缘材料，固体电介质晶粒。

大部分基本材料必须和其他材料化合或混合来改善其特性，以获得在制造、敷设、最后使用所希望和所需要的性质。把热固性或橡胶类材料按不同的比例和固化剂、催化剂、填充剂和抗氧化剂混合，交联聚乙烯就属于这种类型。一般说来，热塑性材料中只添加了比较少量的其他材料如填充剂、抗氧化剂、稳定剂、增塑剂和颜料等。

　　热、潮湿和臭氧等是对有机绝缘材料最有害的老化因素，因此需要比较是衡量绝缘材料抵抗这些有害因素和分类的尺度。

　　（1）相对的耐热性和热老化　当绝缘（或护套）在循环空气的烘箱中老化时，拉伸效应是衡量其耐热性的尺度。在一些规范中要求在121℃的温度下、在空气烘箱中所作的耐热试验是严格的，但却是确定可能用于高温导线或局部过热区的绝缘材料类别的相当快速的方法。150℃的热老化试验要比121℃的情况严重许多倍，常被用于耐热性比较优越的材料。

　　（2）抗臭氧和防止电晕放电　在强化条件下呈现较大抗臭氧能力的绝缘材料是硅酮橡胶、聚乙烯、交联聚乙烯、乙烯丙烯橡胶和聚氯乙烯。实际上在使用中，这些绝缘材料在有臭氧存在的情况下是不产生化学反应的。但是，有电晕放电时，情况就会产生化学反应。

　　在有臭氧和其他电离气体的地方，电晕放电现象产生集中的、破坏性的热效应。虽然防电晕放电是600V以上电缆的特性，但是正确设计和制造的电缆在运行电压下是不会发生电晕破坏的。比聚乙烯和交联聚乙烯更能承受这种放电作用的材料是乙基/丙烯橡胶。

　　（3）耐潮性　如交联聚乙烯、聚乙烯和乙烯丙烯橡胶等有优良的耐潮性。把这些材料放在水中，其电气稳定度是令人满意的，对潮湿不必担心。

11.6.3　电缆设计的考虑因素

1．电缆设计的考虑因素

　　（1）电气性能　确定导线的规格、绝缘类型和厚度、用于低压和中等电压的正确材料、介电强度的考虑、绝缘电阻、介电常数和功率因数等。

　　（2）热性能　适合于环境条件和过负荷条件、热膨胀、热阻等。

　　（3）机械性能　包括韧性和挠性、采用护套或销装以及抗冲击、耐磨、耐压、耐潮等。

　　（4）化学性能　材料暴露在油、火焰、臭氧、阳光、酸、碱中的稳定性。

　　低压电力电缆的额定电压一般都是600V。实际无论使用电压是120、240、277、480还是600V，选择600V的电力电缆，更着重于其物理性能，而不是电气方面的要求，电缆能承受挤压、冲击、摩擦的能力是主要考虑的因素，虽然在潮湿场所良好的电气性能也是重要的。

　　常常在600V交联聚乙烯化合物中加入一些材料（炭黑或矿物质填料）以增强普通聚氯乙烯，使其具有较好的韧性。交联聚乙烯分子加填料以后硫化可以产生优良的机械性能。硫化作用消除了聚氯乙烯熔点比较低（105℃）的缺点，600V电缆只是由导线和规定厚度挤压成型的单层绝缘组成。橡胶类绝缘，如乙烯丙烯橡胶（EPR）和丁苯橡胶（SBR），通常都有防机械损伤的聚氯乙烯、氯丁橡胶或氯化聚乙烯橡胶的外护套。

　　电缆外护层是用来保护构成电缆的组件免受环境和与安装使用场所有关安装条件的影响。在选择用于特殊使用条件的外护层时，需考虑的各种性能和绝缘是一样的，特别要考虑电、热、机械和化学方面的特性。

2．非金属护套简介

（1）挤压护套 外护层有两种，一种是热塑性材料的，一种是硫化橡胶材料的，这两种材料的外护层都可直接挤压在绝缘层或电屏蔽层的上面。电屏蔽层可能是金属套或金属带，也可能是铜编织物层，还可能是带有部分铜屏蔽线或同心螺旋铜线的半导电层，还可以把外护层直接挤压在多导线结构上。常用的材料有聚氯乙烯、NBR/PVC（丁二烯橡胶/聚氯乙烯）、聚乙烯、交联聚乙烯、聚氯丁烯（氯丁橡胶）、氯磺化聚乙烯和聚亚胺酯。虽然这些材料具体的特性可能会随各个制造厂的不同配方而有所变化，但是这些材料都有高度的耐潮、耐化学、气候防护的能力，都有较好的挠曲性，还能有一定程度的电气绝缘性能，有令人满意的机械强度，可以保护绝缘层和屏蔽层在正常工作和安装时不受损坏。材料的使用温度可从 $-550℃$ 到 $+115℃$。

（2）纤维编织层 这一类材料包括编织的、缠绕的或捆扎的合成纤维材料或天然纤维材料，是最适用于预定使用要求而选定的。虽然工业上的特殊应用条件可能要求使用编织的合成纤维或棉纤维，不过最常用的编织层材料还是石棉纤维。所有的纤维编织层都要用饱和剂、涂料、浸渍材料等处理，使其具备一定程度的耐潮性、耐溶剂性、耐磨性和耐大气条件。将石棉编织物用到电缆上，可以把火焰蔓延、发烟以及其他危险的有害燃烧产物减少到最小程度，一些挤压成形的护套材料是有可能产生这些后果的。

3．金属护套

这类材料广泛用在对组成电缆的组件需要有高度机械强度、化学或短时热保护的地方。常用的材料是链接镀锌钢铠装、铝铠装或青铜铠装，挤压铝或挤压铅，轧制的、焊接的和波纹形的钢条和铝条，螺旋缠绕的、圆的或扁平的铠装线，单独或综合使用这些材料都将减少整根电缆的弯曲性能。必须牺牲这种性能以获得其他利益。安装和运行条件可能包括：局部受到挤压、来自外力的偶然撞击、震动和可能的擦伤、来自外界的热冲击、持续暴露在化学物质中以及冷凝作用等。

（1）链接铠装（Interlocked Armor） 未加保护的链接铠装能提供高强度的机械保护，却不会显著地牺牲挠曲性。链接铠装作为短时集中受热的吸热器，能够对热冲击具有保护作用。

除机械保护之外还需要耐腐蚀和耐潮湿的地方，可以使用挤压材料的整体护套。必须避免在单芯交流电力回路中使用链接镀锌钢铠装，因为会造成大的磁滞和涡流损失。但是，这种效应在整体统包的三芯电缆上以及铝铠装单芯电缆上是很小的。常用的链接铠装材料是镀锌钢、重量较轻和耐一般腐蚀的铝。对用于强腐蚀性环境的则采用青铜及其他合金。

（2）波纹金属铝 纵向波纹金属铠装（与电缆轴线成直角的波纹管）虽然多年来已经被使用在直埋的通信电缆上，但只是在最近，才把这种保护电缆芯线的方法用在控制电缆和电力电缆上。这种铠装材料可能是铜、铝、耐腐蚀的钢或铜合金，或含有经过选择适用于使用条件的双金属组合材料。

与链接铠装相比较，波纹金属铝装虽然机械保护性能差些，但有成本较低、重量较轻和容易安装等优点。可用薄金属带、无缝管或焊接管制造的波纹金属铠装。用薄金属带要比用管能制造更长的电缆。虽然后者可利用机械连接器或接线器延长电缆的长度。金属管制造的护套有最好的耐潮湿和防液体或气体等渗透的能力，而薄带销装的电缆则有赖于整体挤压的护套来防止水汽的渗透，并固定金属带护层。

（3）铅护套　在浸水的地下人孔和隧道或地下沟道中的配电系统，为了最大限度地保护电缆，可用纯铅或铅合金作工业电力电缆的护套。虽然在耐挤压荷载方面不如链接铠装，但是铅有很高的耐腐蚀和耐潮能力，这使铅护套在上述用途上具有极大的吸引力。挤压材料的外护套能在安装过程中保护铅电缆不致被损坏。纯铅是经过硬化处理的，不能用在需要弯曲的地方。铜或锑轴承铅合金不像纯铅那样在加工中易于硬化，因此，不能用于经常弯曲的地方。

（4）铜或铝　在需要减少重量和防止水分渗透的地方可使用挤压铝或铜护套、模拉铝或铜护套。铝护套虽然比铅耐挤压，但当埋在地下时容易受电解腐蚀作用。在这种情况下，应该在外部用一层挤压护套来保护铝护套电缆。

（5）金属线销装　使用螺旋缠绕或编织的圆形钢质销装线可以得到高度的机械保护和纵向强度。这种类型的外护层常被用于海底电缆和垂直敷设的电缆以承受机械外力，正如在讨论钢链接铠装时谈到的那样，只应该在三芯电力电缆上使用这种类型的护套，以便使护套损耗减到最小。当没有适当的"锻装"时，可将螺旋缠绕的圆或扁平的镀锡铜丝护套用作直埋电缆的同轴线或中性线。在有腐蚀的环境中，应用挤压护套来保护这种电缆。

4．单芯和多芯电缆

单芯电缆和多芯电缆相比，一般都比较容易搬运，能以较长的长度供货。多芯结构和等效截面的单芯结构的电缆相比，总的尺寸较小，这在空间是重要因素的地方可能是一个优点。

11.6.4　电缆型式选择

1．下列情况的电缆芯线材质，应采用铜芯：

（1）控制电缆。

（2）移动剧烈、有爆炸危险或对铝有腐蚀等严酷的工作环境。

（3）电机励磁、移动式电气设备等需要保持连接具有高可靠性的回路。

（4）耐火电缆。

（5）重要电源、安全性要求高的重要公共设施中的电缆。

（6）紧靠高温设备配置时。

（7）水下敷设，当工作电流较大需增多电缆根数时。

2．电力电缆芯数

1kV 及其以下电源中性点直接接地时，三相回路的照明电缆芯数选择 5 芯。三相动力设备用 4 芯电缆。

1kV 及其以下电源中性点直接接地时，保护线与中性线合用同一导体时，应采用两芯电缆。保护线与中性线各自独立时，宜采用三芯电缆。

直流供电回路，宜采用两芯电缆。

3．电缆外护层类型

（1）敷设于水下的中、高压交联聚乙烯电缆还宜具有纵向阻水构造。

（2）交流单相回路的电力电缆，不得有未经非磁性处理的金属带、钢线铠装。在潮湿、含化学腐蚀环境或易受水浸泡的电缆，金属套、加强层、铠装上应有挤塑外套，水中电缆的粗钢丝铠装尚应有纤维外皮。除低温 –20℃以下环境或药用化学液体浸泡场所，以及有低毒难燃性要求的电缆挤塑外套宜用聚乙烯外，可采用聚氯乙烯外套。用在有水或化学液体浸泡场所的 6～35kV 重要性或 35kV 以上交联聚乙烯电缆，应具有符合使用要求的金属塑料复合阻水层、铅套、铝套或膨胀式阻水带等防水构造。

（3）选择自容式充油电缆的加强层类型，且当线路未设置塞止式接头的最高与最低点之间高差，应符合下列要求：仅有铜带等径向加强层，允许高差为 40m；但用于重要回路时宜为 30m。径向和纵向均有铜带等加强层，允许高差为 80m；但用于重要回路时宜为 60m。

（4）直埋敷设电缆的外护层选择，电缆承受较大压力或有机械损伤危险时，应有加强层或钢带铠装。在流砂层、回填土地带等可能出现位移的土壤中，电缆应有铠装。白蚁严重危害且塑料电缆未有尼龙外套时，可采用金属套或钢带铠装。

（5）空气中固定敷设电缆时的外护层选择

油浸纸绝缘铅套电缆直接在臂式支架上敷设时，应具有钢带铠装。小截面挤塑绝缘电缆直接在臂式支架上敷设时，宜具有钢带铠装。在地下客运、商业设施等安全性要求高而鼠害严重的场所，塑料绝缘电缆要具有金属套或钢带铠装。电缆位于高落差的受力条件需要时，可含有钢丝铠装。其他情况宜用聚氯乙烯外套。严禁在封闭式通道内使用纤维外套的明敷电缆。

（6）移动式电气设备等需经常弯移或有较高柔软性要求回路的电缆，应采用橡皮外护层。有放射线场所的电缆，应具有适合耐受放射线辐照强度的聚氯乙烯、氯丁橡皮、氯磺化聚乙烯等防护外套。敷设于保护管中的电缆，应具有挤塑外套；油浸纸绝缘铅套电缆宜含有钢铠层。

在沟渠、不通航小河等水下敷设电缆，可选用钢带铠装。江河湖海中电缆，采用的钢丝铠装型式应满足受力条件。

路径通过不同敷设条件时电缆外护套的选择，对线路总长未超过电缆制造长度时，宜选用满足全线条件的同一种或差别尽量少的一种以上型式。

11.6.5 电缆的长度

（1）电缆的计算长度，应包括实际路径长度与附加裕度。附加裕度，宜计入下列因素：电缆敷设路径地形等高差变化、伸缩节或迂回备用裕量；蛇形敷设时的弯曲状增加量；终端或接头制作所需剥截电缆的预留段、电缆引至设备或装置所需的长度。

（2）电缆的订货长度　长距离的电缆线路，宜采取计算长度作为订货长度。对 35kV 以上电压单芯电缆，应按相计；当线路采取交叉互连等分段连接方式时，应按段计。35kV 及以下电压电缆用于非长距离情况，宜考虑整盘电缆中截取后不能利用其剩余段的因素，按计算长度计入 5%～10% 的裕量，作为同型号规格电缆的订货长度。水下敷设电缆的每盘长度，不宜少于水下段的敷设长度。有困难时，可含有工厂制的软接头。

电缆敷设在有周期性振动的易振场所，应采用能减少电缆承受附加应力或避免金属疲劳断裂的措施。可在支持电缆部位设置由橡胶等弹性材料制成的衬垫。使电缆敷设成波浪状且留有伸缩节。

在有行人通过的地坪、堤坝、桥面、地下商业设施的路面或通行的隧洞中，电缆不得敞露敷设于地坪上或楼梯走道上。在建筑物的风道中、煤矿里机械提升的除运输机通行的斜井通风巷道中或木支架的竖井井筒中，严禁敷设敞露式电缆。

1kV 以上电源直接接地且配置独立分开的中性线和保护地线构成的系统，当使用独立于相芯线和中性线以外的电缆作保护地线时，同一回路的该两部分电缆敷设方式，在爆炸性气体环境，应在同一路径的同一结构管、沟或盒中敷设。否则宜在同一路径的同一构筑物中尽量靠近敷设。

11.7 室内电缆敷设

室内电缆布线，包括电缆在室内沿墙或建筑构件明敷设、电缆穿金属管埋地暗敷设、管道或沟道内的敷设、电缆桥架（托盘）和电气竖井内敷设等。电缆在室内宜采用明敷设，以便于检修。

布置配线系统时，当然首先要考虑尽可能缩短电源和负荷之间的距离。为了得到可靠性、安全性、经济性和工作效能都符合要求的费用最低的系统，除线路长度外，对于不同的敷设路径，需考虑增加的电缆和线槽的费用与增加的支撑固定费用的比较；一个方案中固有的机械保护与另一方案中要求增加机械损伤防护设施的比较；线路和设备的间距；维修或改建的要求等。

11.7.1 电缆母线

1. 应用场所

电缆母线是介于电缆桥架和母线槽之间的一种装置。它用于在较短距离内传输大量电力，是代替钢管和母线槽系统的比较经济的方法，比架空线系统或母线系统有着更大的可靠性和安全性，维修费用也比较低。

电缆母线有一个外壳，里面安装了绝缘导线，外壳有点像有盖子的电缆桥架。用一定形状的非金属间隔块按一定的间隔支持导线。电缆母线可做成在现场组装的部件供应，也可做成完全组装好的电缆母线段供应。如果敷设距离很短不需要拼接的话，最好用完全组装好的电缆母线段。如果需要用多段电缆母线连接起来，则最好用整根的导线。在确定导线间距时，要使导线的载流量能达到在空气中的最大额定值，导线也要尽量靠近，以降低电抗，使电压降最小。

2. 安装工艺

在安装线槽时必须注意，在电缆穿入时，不得有能割破或擦破电缆的锐利刃口，另一个重要的问题是，不要超过电缆的最大允许抗拉强度或侧压力。当将电缆穿入管内时，这些力和直接作用到电缆上的力有关。缩短每次拉线的距离和减少转弯的数量，可以减小这种力。在穿管的电缆上使用拉线润滑剂，并在电缆桥架中使用滚轮可以降低穿过给定长度所需要的拉力。

如果用电缆中的导线来拉电缆，或者用线夹夹住电缆的外被覆层来拉线，应对这个拉力有一定限制。对大多数护套的合理数字应该是每一线夹 500kg，但不应超过导线的计算拉力。大多数单芯电缆上的侧压力将拉力大约限制在 200kg 乘以电缆直径，再乘以弯曲半径。对于拐弯很多的管道，最好是从两端计算安装的拉力，并从拉力最小的一端开始安装。穿过较长直线段所产生的摩擦并不是造成困难的因素。每经过一次拐弯都要给拉力乘上一个系数，以把拉力限制到最小。

对金属带缠绕的电缆来说，最小的弯曲半径通常取电缆直径的 12 倍。然而，对非金属护套电缆，即使取这个数值的一半也不会损坏电缆的组件。当在潮湿的土壤中安装电缆时，必须密封电缆端头以防止潮气进入绞线。应将这些密封保持在完好状态，如果在拉线后有破裂的话，应该重做。这些密封状态应一直保持到做接头、电缆封端及试验的时候为止。推荐这一经验是为了避免过多腐蚀导线，防止在过负荷、应急过负荷或短路时产生水蒸气。

3. 电压等级

600V 及以下的电缆通常是无屏蔽、橡胶或塑料绝缘的铜芯或铝芯电缆。这些电缆的终端装置一般由接线器组成，还可能用绝缘带包缠。

600V 以上的电缆，可有铜芯或铝芯导线，其绝缘不是挤压成型的固体绝缘（如橡胶、聚乙烯等），就是层叠绝缘体系（层叠油纸带、浸漆布带等）。对额定电压为 10kV 或更高的电缆必须采用屏蔽系统。

安装要求必须按终端用途设计终端装置。对室内装置要求最低，因为在这种情况下，终端装置部件暴露在自然环境下的可能性最小。室外装置的终端装置要暴露在自然环境中，需要把终端装置部分地或完全地浸入液体或气体电介质中。

液体电介质包括绝缘油，例如变压器油，这种情况要求液体和终端装置的暴露部件（包括密封材料）之间有完全的相容性。一般说来，在和厄斯克尔直接接触的地方采用软木密封垫，但是更新的材料如四氟乙烯和聚硅酮橡胶有更好的密封性能。气态电介质可以是氮或其他带负电的气体，例如六氟化硫。

一般户外缠绝缘带的终端装置上的雨帽，将直接安装在应力锥的上面，其主要作用是使沿漏电路的电缆绝缘的某一部分始终保持干燥状态，某些装置在漏电路径中安装两个或更多的雨帽。在表面污染特别严重的地方，应当使用电缆终端套管。

11.7.2 电缆故障

1. 护皮损耗

电力导线中流过的电流，将在多点接地的电缆屏蔽层和护皮中感应出电流。此电流随电力导线间距的加大而增加，也随屏蔽层或护皮电阻的减小而增加。如为三芯电缆，这种护皮电流可以忽略不计；但如果是分开直埋或在分开的管道中敷设的单芯电缆，此电流可以是相当大的。例如，三根单芯 500 千圆密耳的电缆，平埋中心间距 250mm，有螺旋缠绕的 16 号铜屏蔽线 20 根，因屏蔽电流的影响，其载流量将减少约 20%。如在分开的管道中安装单芯铅包电缆，这个屏蔽电流是很大的，因而必须做单端接地。另一个方案是，在大约相隔 12m 的每个接头上将屏蔽层绝缘，并将其交叉连接以便护皮换位。这就抵消了护皮电流，然而仍然是两端接地。必须将护皮和跨接件绝缘，其对地电压可能在 30～50V 的范围内。

困难在于电流总是企图流过电缆的屏蔽层，而与电缆绝缘是否发生故障无关。为了防止这种情况，应将多重接地屏蔽电缆的所有接地点都接到大接地系统上。此系统要求有低阻抗的接地线，以便故障电流或雷电流流过电缆的屏蔽层。电缆的屏蔽层的接地必须连接到这个系统上，电缆电源上的接地元件也必须接在此系统上。管道敷设或直埋电缆，通常有较粗的接地线来保证这种相互连接。

2. 电缆故障的探测

在建筑物中，各种各样的电缆故障都可能发生。这些线路由于有故障，可能停电，也可能在不正常的状态下运行。不管所涉及的设备类型或故障形式如何，共同的问题是确定电缆故障的位置以便能进行修理。

电力系统中，绝大多数电缆故障都发生在导线和大地之间。大多数故障探测技术都是在电路断开的条件下进行的。但是，在不接或高电阻接地的低压系统中，单一的线对地接地故障不会使电路自动切断。因此，探测故障的过程可以在电路带电的条件下利用特殊方法来进行。

3. 接地故障电阻的影响

一旦发生线对地故障，故障电路的电阻可以从几乎是零到几百万欧的范围内变化。故障电阻值和所使用的探测方法有关。大体上说，探测低电阻的故障比探测高电阻的故障要容易些。在某些场合，采用足够高的电压使故障点破坏，产生足够的电流使绝缘碳化，采用这种方法可以减小故障电阻。这种方法所用的设备很大，费用也很高，而成功与否在很大程度上取决于绝缘类型。很多使用者都认为这种方法用在纸绝缘和合成橡胶绝缘电缆上很有效，而很少用于塑料电缆。

故障发生后的故障电阻，取决于电缆绝缘的类型和结构、故障的位置和故障的起因。浸在水中的电缆的故障所呈现的故障电阻一般是变化的，在恒定的电压下，也不会产生始终如一的电弧。处于潮湿状态的故障有类似的现象，直到潮气被蒸发完毕这现象才会消失，相反，在干燥状态下的故障一般要稳定得多，因而更容易探测出来。

对于运行中发生的故障，系统接地的类型和能达到的故障电流，以及继电保护动作的速度都将是影响的因素。由于碳化和导线的蒸发作用强，运行故障所产生的故障电阻一般比由耐压试验产生的故障电阻要低一些。

4. 探测电缆故障设备和方法

有各种各样的设备和许多不同的方法可用来探测电缆故障。用以探测电缆故障的方法取决于故障的性质、电缆型号和额定电压值、快速探测故障的价值、故障的频率、人员的经验和能力。

(1) 故障的物理迹象　放电电流通过已击穿的绝缘会产生闪光、声响或发烟等现象，一般可以从这些现象来探测电缆的故障位置。这种方法对架空电缆线路比对地下电缆线路更有可能找到故障点。电缆的燃烧或被烧坏的外表也可用来确定故障段的位置。

(2) 兆欧表试验　当故障电阻低到能用兆欧表测定时，可以把电缆分段，对每一段进行试验，以确定究竟哪一段有故障。这种办法要求，在故障段中找到故障点之前，需要在很多点把电缆线路断开。这样就要用很长时间和很多费用，还可能增加电缆接头。由于电缆接头常常是电缆线路的薄弱环节，因此，这种探测故障的方法可能导致在以后的运行中增加故障的机会。

(3) 测量导线电阻　这种方法是用"伐莱回路"（Varleyloop）或"摩利回路"（Murray-loop）试验法测量测试点到故障点的导线电阻。一旦测出故障点的导线电阻之后，应按要求进行温度校正，然后从手册上查出相应规格和型号的导线单位长度电阻值，可以把测得的电阻变换成距离。只要故障电阻很低，试验电压产生的电流能使检流计读出读数。这两种方法和故障电阻值无关而效果都很好。通常采用低压电桥来测量此电阻。

对采用有机材料绝缘电缆的配电系统，经常遇到电阻比较低的故障。对这种系统，较多应用导线电阻测量法，但在大截面导线上进行回路测试可能不十分灵敏，不能缩小故障点的范围。可用高压电桥测量高电阻故障，但这种方法有费用高、体积大的缺点，而且还需要高压直流电源。高压电桥一般能探测对地电阻达 2MΩ 的故障，而低压电桥只限于用在对地电阻为几 kΩ 或更小的场合。

（4）电容器放电法　把高电压、大电流的脉冲加到故障电缆上。用电流容量不大的电源向高压电容器充电，然后电容器通过空气间隙向电缆放电。电容器的重复放电为故障电缆提供了周期性的脉冲波。在可以接近电缆的地方，或者故障点是在可接近的地方，单凭声音就可以找到故障。

在不能接近电缆的地方，例如在电缆管道内或直埋在地下时不可能听见故障点的放电声。在这种情况下，可用探测装置来跟踪信号找到故障点。探测装置一般由磁性拾音线圈、放大器及显示信号相对幅度和方向的仪表组成。当探测装置越过故障点时，仪表的方向指示会发生变化。也可以采用音响探测装置，特别是示踪信号，对电缆外部不产生显著磁场的情况下用得更多。

在预测电阻比较高的故障时，例如在预测固体电介质电缆或者预测穿越接头和电缆终端装置的电缆膏的故障时，脉冲方法是目前最实用的方法，也是一种最常用的方法。

（5）音频信号　把一种固定频率的信号（音频范围内）加到故障电缆上，然后用探测器沿电缆路径探查，查到信号离开导线进入大地回线的地点。探测器由拾音线圈、接收器、耳机或显示装置组成。可以用在带电的线路上。这种类型的设备主要用在低电压范围内，并常用在带电的、不接地回路上探测故障。对 600V 以上的系统，由于电缆线路的电容比较大，因此采用音频信号探测电缆故障的效果一般不好。

（6）雷达系统　将持续时间短、能量低的脉冲波加到故障电缆上，脉冲传播出去，并从故障点反射回来所需要的时间可以在示波器上检测出来。然后，将此时间换算成距离，就可以找到故障点。虽然这种设备已经使用多年，但在电力部门主要还是应用在长距离的高压电缆线路上。对工业系统中比较短的电缆线路，这个方法的主要局限性是不能充分确定多接头线路上的故障点和接头的区别。这个方法的重要特点是能找到其他非故障线路中的"开路"点。

5. 判断故障方法的选择

确定哪一种方法切实可行时，必须考虑用电的规模和它所具有的备用回路数。同时也要对缩短特定回路停电时间的重要性作出评价。电缆安装和维护的实际情况、预计故障的数量和时间，将确定恰当的试验设备费用。需要很多经验、需要有操作人员为得到精确的结果而进行分析判断的设备。这对于电缆故障很频繁的地方可能是合适的，但用在故障很少、不能获得丰富经验的地方，则是不合适的。由于这些因素，许多公司和电缆故障探测服务公司签订合同。这种服务公司利用移动式的试验设备能承担广大地区的电缆维修工作。

11.7.3　电缆施工的一般要求

（1）直埋电缆的敷设：电缆线路路径上有可能使电缆受到机械性损伤、化学作用、地下电流、振动、热影响、腐殖物质、虫鼠等危害的地段，应采取保护措施。

电力电缆间及其与控制电缆间或不同使用部门的电缆间，当电缆穿管或用隔板隔开时，平行净距可降低为 0.1m。电力电缆间、控制电缆间以及它们相互之间，不同使用部门的电缆间在交叉点前后 1m 范围内，当电缆穿入管中或用隔板隔开时，其交叉净距可降为 0.25m。电缆与热管道（沟）、油管道、可燃气体及易燃液体管道、热力设备或其他管道之间，虽净距能满足要求，但检修管路可能伤及电缆时，在交叉点前后 1m 范围内，应采取保护措施；当交叉净距不能满足要求时，应将电缆穿入管中，其净距可减为 0.25m。

（2）电缆水平悬挂在索上：电力电缆固定点的间距不应大于 0.75m，控制电缆固定点的间距不应大于 0.6m。电缆在室内埋地敷设或电缆通过墙、楼板时，应穿钢管保护，穿管内径不应小于电缆外径的 1.5 倍。

（3）相同电压的电缆并列明敷：电缆的净距不应小于 35mm，并应不小于电缆外径。1kV 以下电力电缆及控制电缆与 1kV 以上电力电缆宜分开敷设。当并列明敷时，其净距不得小于 0.15m。电缆不应有黄麻或其他易燃的外护层。无铠装的电缆在室内明敷时，水平敷设至地面的距离不应小于 2.5m，垂直敷设至地面的距离不应小于 1.8m，否则应有防止机械损伤的措施。但明敷在电气专用房间（如电气竖井、配电室、电机室等）内时除外。

（4）电缆的保护：管道内电缆的敷设在下列地点，电缆应有一定机械强度的保护管或加装保护罩：电缆进入建筑物、隧道、穿过楼板及墙壁处；从沟道引至电杆、设备、墙外表面或屋内行人容易接近处，距地面高度 2m 以下的一段；其他可能受到机械损伤的地方。

保护管埋入非混凝土地面的深度不应小于 100mm；伸出建筑物散水坡的长度不应小于 250mm，保护罩根部不应高出地面。管道内部应无积水，且无杂物堵塞。穿电缆时，不得损伤护层，可采用无腐蚀性的润滑剂（粉）。电缆排管在敷设电缆前，应进行疏通，清除杂物。

（5）电缆管的内径与电缆外径之比：不得小于 1.5；混凝土管、陶土管、石棉水泥管除应满足上述要求外，其内径不宜小于 100mm。每根电缆管的弯头不应超过 3 个，直角弯不应超过 2 个。

（6）电缆管明敷时电缆管支持点间距：当设计无规定时，不宜超过 3m。当塑料管的直线长度超过 30m 时，宜加装伸缩节。

（7）电缆管的连接符合下列要求：

①金属电缆管连接应密封良好。套接的短套管或带螺纹的管接头的长度，不应小于电缆管外径的 2.2 倍。金属电缆管不宜直接对焊。

②硬质塑料管在套接或插接时，其插入深度宜为管子内径的 1.1~1.8 倍。在插接面上应涂以胶合剂粘牢密封；采用套接时套管两端应封焊。

11.7.4　电缆沟内敷设

（1）电缆排列时，电力电缆和控制电缆不应配置在同一层支架上。一般情况宜高压在下，低压在上。高低压电力电缆、强电、弱电控制电缆应按顺序分层配置。在含有 35kV 以上高压电缆引入柜盘时，应满足弯曲半径要求。

（2）并列敷设的电力电缆在支架上的敷设要求控制电缆在普通支架上，不宜超过 1 层；桥架上不宜超过 3 层；交流三芯电力电缆，在普通支吊架上不宜超过 1 层；桥架上不宜超过 2 层；交流单芯电力电缆应布置在同侧支架上。当按紧贴的正三角形排列时，应每隔 1m 用绑带扎牢。

（3）电缆与热力管道、热力设备之间的净距，平行时应不小于 1m，交叉时应不小于

0.5m，电缆不宜平行敷设于热力设备和热力管道的上部，否则应采取隔热保护措施。电缆通道应避开锅炉的看火孔和制粉系统的防爆门。当受条件限制时，应采取穿管或封闭槽盒等隔热防火措施。

（4）明敷在室内及电缆沟、隧道、竖井内带有麻护层的电缆，应剥除麻护层，并对其铠装加以防腐。电缆敷设完毕后，应及时清除杂物，盖好盖板。必要时，尚应将盖板缝隙密封。

11.7.5 电气竖井设备安装

竖井内布线一般适用于多层和高层建筑内强电及弱电垂直干线的敷设。可采用金属管、金属线槽、电缆、电缆桥架及封闭式母线等布线方式。竖井的位置和数量应根据建筑物规模、用电负荷性质、供电半径、建筑物的沉降缝设置和防火分区等因素确定。

选择竖井位置宜靠近用电负荷中心，减少干线电缆沟道的长度。不得和电梯井、管道井共用同一竖井。避免邻近烟道、热力管道及其他散热量大或潮湿的场所。在条件允许时宜避免与电梯井及楼梯间相邻。

1. 竖井内的干线

竖井内的同一配电干线，宜采用等截面导体，如需要变截面时不宜超过 2 级。竖井内的高压、低压和应急电源的电气线路，相互之间的距离应在 0.3m 以上，或采取隔离措施，并且高压线路应有明显的标志。当强电和弱电线路在同一竖井内敷设时，应分别在竖井两层敷设或采取隔离措施以防止强电对弱电的干扰，对于回路线数及种类较多的强电和弱电电气线路，应分别敷设在不同的竖井内。

2. 竖井的位置和数量

竖井的位置和数量应根据用电负荷性质、供电半径、建筑物的沉降缝设置和防火分区等因素加以确定。选择竖井应综合考虑下列因素：

（1）靠近用电负荷中心，尽可能减少干线电缆长度。

（2）不应和电梯、管道间公用一个竖井。

（3）避免临近烟囱、热力管道及其他散热量大或潮湿的设施。

（4）垂直干线与分支干线的连接方法。

3. 垂直布线的容量要求

竖井垂直布线采用大容量单芯电缆、大容量母线作干线时载流量要留有一定余量。分支容易、安全可靠、安装及维护方便和造价经济。

4. 电气竖井防火要求

井壁应是非燃烧体（耐火极限不低于 1h），竖井在每层应设有维护检修门（耐火极限应按丙级处理），同时楼层间应做好防火密封隔离，对于堵料和绝缘电线穿钢管布线时，应在楼层间预埋钢管，布线后两端管口空隙应做密封隔离。竖井内高压、低压和应急电源的电气线路相互间应保持不小于 0.3m 的距离或采取隔离措施，并且高压线路应设有明显标志。强弱电线路应分别布置在竖井两侧或采取隔离措施以防干扰。

5. 操作距离

电气竖井内宜在配电箱、端子箱体前留有不小于 0.8m 的操作维护距离。防火堵料、防火涂料应选用已经鉴定的定型产品，使用中应检查产品是否过期并严格按照厂家规定的使用要求进行配制使用。

6. 管路敷设

管路垂直敷设时，为保证管内导线不因自重而折断，敷设于垂直线管中的导线每超过下列长度在管口或接线盒内将导线固定。

(1) 导线截面在 50mm² 及以下，长度大于 30m 时。

(2) 导线截面在 50mm² 以上，长度大于 20m 时。

7. 其他

竖井内应敷设有接地干线和接地端子。竖井内不得敷设可燃性管道、上下水管道、热力管道及通风管道等通过。组装后的钢结构竖井，其垂直偏差不应大于长度的 2/1000；支架横撑的水平误差不应大于其宽度的 2/1000；竖井对角线的偏差不应大于其对角线长度的 5/1000。

11.7.6 电缆的路径选择

1. 一般规定

避免电缆遭受机械性外力、过热、腐蚀等危害、满足安全要求条件下使电缆较短、便于敷设、维护。充油电缆线路通过起伏地形时，使供油装置较合理。

电缆在任何敷设方式及其全部路径条件的上下左右改变部位，都应满足电缆允许弯曲半径要求。电缆的允许弯曲半径，应符合电缆绝缘及其构造特性要求。对自容式铅包充油电缆，允许弯曲半径可按电缆外径的 20 倍计。

2. 电缆群敷设在同一通道中位于同侧的多层支架上配置

应按电压等级由高至低的电力电缆、强电至弱电的控制和信号电缆、通讯电缆的顺序排列。当水平通道中含有 35kV 以上高压电缆，宜按"由下而上"的顺序排列。在电缆通道延伸于不同工程的情况，均应按相同的上下排列顺序原则来配置。

支架层数受通道空间限制时，35kV 及以下的相邻电压级电力电缆，可排列于同一层支架，1kV 及以下电力电缆也可与强电控制和信号电缆配置在同一层支架上。同一重要回路的工作与备用电缆需实行耐火分隔时，宜适当配置在不同层次的支架上。

3. 同一层支架上电缆排列配置方式

除交流系统用单支电缆情况外，电力电缆相互间宜有 35mm 空隙。控制和信号电缆可紧靠或多层迭置。除交流系统用单芯电力电缆的同一回路可采取品字形（三叶形）配置外，对重要的同一回路多根电力电缆，不宜迭置。交流系统用单芯电力电缆与公用通讯线路相距较近时，须采取抑制感应电势的措施。如使电缆支架形成电气通路，且计入其他并行电缆抑制因素的影响。对电缆隧道的钢筋混凝土结构实行钢筋网焊接连通。沿电缆线路适当附加并行的金属屏蔽线与罩盒等。

4. 抑制电气干扰强度的措施

(1) 与电力电缆并行敷设时相互间距，在可能范围内宜远离；对电压高、电流大的电力电缆间距更宜较远。

(2) 敷设于配电装置内的控制和信号电缆，与耦合电容器或电容电压电感器、避雷器或避雷针接地处的距离，宜尽可能远离。

(3) 沿控制和信号电缆可平行敷设屏蔽线或将电缆敷设于钢制管、盒中。在隧道、沟、浅槽、竖井、夹层等封闭式电缆通道中，不得含有可能影响环境温升持续超过 5℃ 的供热管路。有重要电缆回路时，严禁含有易燃气体或易燃液体的管道同路。

5. 爆炸性气体危险场所敷设电缆

在可能范围应使电缆距爆炸释放源较远，敷设在爆炸危险较小的场所。易燃气体比空气重时，电缆应在较高处架空敷设，且对非铠装电缆采取穿管或置于托盘、槽盒中等机械性保护。易燃气体比空气轻时，电缆应敷设在较低处的管、沟内，沟内非铠装电缆应埋砂。电缆沿输送易燃气体的管道敷设时，应配置在危险程序较低的管道一侧。易燃气体比空气重时，电缆宜在管道上方；易燃气体比空气轻时，电缆宜在管道下方。

电缆及其管、沟穿过不同区域之间的墙、板孔洞处，应以非燃性材料严密堵塞。电缆线路中间不应有接头。非铠装电缆用于下列场所、部位时，应采用具有机械强度的管或罩加以保护：非电气人员经常活动场所的地坪以上 2m 范围；地中引出的地坪下 0.3m 深电缆区段；可能有载重设备经过电缆上面的区段。

11.8 电缆的保护管与加工

11.8.1 电缆的运输

运输装卸过程中，不应使电缆及电缆盘受到损伤。严禁将电缆直接由车上推下。电缆盘不应平放运输、平放贮存。运输或滚动电缆盘前，必须保证电缆盘牢固，电缆绕紧。充油电缆至压力油箱间的油管应固定，不得损伤。压力油箱应牢固，压力指示应符合要求。滚动时必须顺着电缆盘上的箭头指示或电缆的缠紧方向。

1. 电缆及其附件到达现场后，应检查：

(1) 产品的技术文件应齐全。

(2) 电缆型号、规格、长度应符合订货要求，附件应齐全，电缆外观不应受损。

(3) 电缆封端应严密。当外观检查有怀疑时，应进行受潮判断或试验。

(4) 充油电缆的压力油箱、油管、阀门和压力表应符合要求且完好无损。

2. 电缆及其有关材料如不立即安装，应按下列要求贮存：

(1) 电缆应集中分类存放，并应标明型号、电压、规格、长度。电缆盘之间应有通道。地基应坚实，当受条件限制时，盘下应加垫，存放处不得积水。

(2) 电缆附件的绝缘材料的防潮包装应密封良好，并应根据材料性能和保管要求贮存和保管。

(3) 防火涂料、包带、堵料等防火材料，应根据材料性能和保管要求贮存和保管。

(4) 电缆应分类保管，不得因受力变形。电缆在保管期间，电缆盘及包装应完好，标志应齐全，封端应严密。当有缺陷时，应及时处理。充油电缆应经常检查油压，并作记录，油压不得降至最低值。当油压降至零或出现真空时，应及时处理。

11.8.2 电缆保护管的加工及敷设

1. 保护管加工

电缆管不应有穿孔、裂缝和显著的凹凸不平，内壁应光滑；金属电缆管不应有严重锈蚀。硬质塑料管不得用在温度过高或过低的场所。在易受机械损伤的地方和在受力较大处直埋时，应采用足够强度的管材。

电缆管的加工应符合下列要求：

(1) 管口应无毛刺和尖锐棱角，管口宜做成喇叭形。

（2）电缆管的弯曲半径不应小于所穿入电缆的最小允许弯曲半径。

（3）电缆管在弯制后，不应有裂缝和显著的凹瘪现象，其弯扁程度不宜大于管子外径的 10%。

（4）金属电缆管应在外表涂防腐漆或沥青，镀锌管锌层剥落处也应涂以防腐漆。

2. 电缆的保管

电缆及附件运到工地后一般要运到仓库保管，如作为备用件可能存放的时间比较长，必须妥善保管，以免造成损伤影响使用。电缆盘上应标注电缆型号、电压、规格和长度。电缆盘周围应有通道以便于检查，地基应坚实，电缆盘应稳固。电缆盘不得平卧放置，在室外存放时间充油电缆时，应有遮棚，避免阳光直接照射。应有防止遭受机械损伤和附件丢失的措施。因充油电缆的油压随环境温度的升降而增减，在存放的压力箱内应有一定油量，以保证电缆在环境最低温度时油压不低于 0.05MPa。为了防止电缆终端头及中间头使用的绝缘附件和材料受潮变质而失效，应将其存放在干燥室。充油电缆的绝缘纸卷筒密封应良好。存放过程中应定期检查电缆及附件是否完整，对充油电缆，还应定期检查油压，应避免电缆油压为负值，否则将吸进空气或水汽。如果已经为负压，处理前不要滚动电缆盘，以免空气和水分在电缆内窜动，增减处理难度。长期备用的充油电缆应装设油压报警装置。

11.8.3 电缆终端和接头的制作

电缆终端与接头的制作，应由经过培训的熟悉工艺的人员进行。电缆终端及接头制作时，应严格遵守工艺规程；充油电缆尚应遵守油务及真空工艺等有关规程的规定。

在室外制作 6kV 及以上电缆终端与接头时，其空气相对湿度宜为 70% 及以下；当湿度大时，可提高环境温度或加热电缆。110kV 及以上高压电缆终端与接头施工时，应搭临时工棚，环境湿度应严格控制，温度宜为 10～30℃。制作塑料绝缘电力电缆终端与接头时，应防止尘埃、杂物落入绝缘内。严禁在雾或雨中施工。在室内及充油电缆施工现场应备有消防器材。室内或隧道中施工应有临时电源。

35kV 及以下电缆终端与接头型式、规格应与电缆类型如电压、芯数、截面、护层结构和环境要求一致；结构应简单、紧凑，便于安装。两种材料的硬度、膨胀系数、抗张强度和断裂伸长率等物理性能指标应接近。橡塑绝缘电缆应采用弹性大、粘接性能好的材料作为附加绝缘。

电缆线芯连接金具，其内径应与电缆线芯紧密配合，间隙不应过大；截面宜为线芯截面的 1.2～1.5 倍。控制电缆不应受到机械拉力。

制作电缆终端和接头前，应熟悉安装工艺资料，做好检查。电缆绝缘状况良好，无受潮；塑料电缆内不得进水；充油电缆施工前应对电缆本体、压力箱、电缆油桶及纸卷桶逐个取油样，做电气性能试验并应符合标准。附件规格应与电缆一致；零部件应齐全无损伤；绝缘材料不得受潮；密封材料不得失效。壳体结构附件应预先组装，清洁内壁；试验密封。施工用机具齐全，便于操作，状况清洁，消耗材料齐备，清洁塑料绝缘表面的溶剂宜遵循工艺导则准备。必要时应进行试装配。

11.8.4 电缆的制作要求

制作电缆终端与接头，从剥切电缆开始应连续操作直至完成，缩短绝缘暴露时间。剥切电缆时不应损伤线芯和保留的绝缘层。附加绝缘的包绕、装配、热缩等应清洁。充油电缆线路有接头时，应先制作接头；两端有位差时，应先制作低位终端头。

电缆终端和接头应采取加强绝缘、密封防潮、机械保护等措施。6kV 及以上电力电缆的终端和接头，尚应有改善电缆屏蔽端部电场集中的有效措施，并应确保外绝缘相间和对地距离。塑料绝缘电缆在制作终端头和接头时，应彻底清除半导电屏蔽层。对包带石墨屏蔽层，应使用溶剂擦去碳迹；对挤出屏蔽层，剥除时不得损伤绝缘表面，屏蔽端部应平整。

三芯油纸绝缘电缆应保留统包绝缘 25mm，不得损伤。剥除屏蔽碳墨纸，端部应平整。弯曲线芯时应均匀用力，不应损伤绝缘纸；线芯弯曲半径不应小于其直径的 10 倍。包缠或灌注、填充绝缘材料时，应消除线芯分支处的气隙。

充油电缆终端和接头包绕附加绝缘时，不得完全关闭压力箱。制作中和真空处理时，从电缆中渗出的油应及时排出，不得积存在瓷套或壳体内。电缆线芯连接时，应除去线芯和连接管内壁油污及氧化层。压接后应将端子或连接管上的压接凸痕修理光滑，不得残留毛刺。采用锡焊连接铜芯，应使用中性焊锡膏，不得烧伤绝缘。

三芯电力电缆接头两侧电缆的金屏蔽层（或金属套）铠装层应分别连接良好，不得中断。直埋电缆接头的金属外壳及电缆的金属护层应做防腐处理。三芯电力电缆终端处的金属护层必须接地良好；塑料电缆每相铜屏蔽和钢铠应锡焊接地线。电缆通过零序电流互感器时，电缆金属护层和接地线应对地绝缘，电缆接地点在互感器以下时，接地线应直接接地；接地点在互感器以上时，接地线应穿过互感器接地。

装配、组合电缆终端和接头时，各部件间的配合或搭接处必须采取堵漏、防潮和密封措施。铅包电缆铅封时应擦去表面氧化物；搪铅时间不宜过长，铅封必须密实无气孔。充油电缆的铅封应分两次进行，第一次封堵油，第二次成形和加强，高位差铅封应用环氧树脂加固。塑料电缆宜采用自粘带、粘胶带、胶粘剂（热熔胶）等方式密封；塑料护套表面应打毛，粘接表面应用溶剂除去油污，粘接应良好。电缆终端、接头及充油电缆供油管路均不应有渗漏。

充油电缆供油系统金属油管与电缆终端间应有绝缘接头，其绝缘强度不低于电缆外护层。当每相设置多台压力箱时，应并联连接。每相电缆线路应装设油压监视或报警装置。仪表应安装牢固，室外仪表应有防雨措施，施工结束后应进行整定。调整压力油箱的油压，使其在任何情况下都不应超过电缆允许的压力范围。

电缆终端上应有明显的相色标志，且应与系统的相位一致。控制电缆终端可采用一般包扎，接头应有防潮措施。

11.8.5 高压充油电缆运输的要求

1. 主要要求

(1) 充油电缆出厂前，应按国家有关标准和技术条件进行出厂验收和外观检查，保证电缆运输的安全可靠，防止产品质量存在的问题进入工地。例如一个电缆盘绕有 330kV 长度为 500m 的充油电缆，其直径大约有 4m，重量大约 40t，这对于起吊、搬运都比较困难。如采用普通货车或载重车运输时要受到桥梁、涵洞高度的限制，铁路运输时要采用凹形车皮，使其高度降低。公路运输如有高度限制，要采用专门的电缆拖车，电缆盘下降后，其下皮距地应不小于 0.25m。

(2) 电缆盘应包好，避免机械损伤，盘边应垫塞牢固。电缆至压力箱之间的油管路及压力表应妥善固定和保护。电缆端头应可靠固定，以防止在运输和吊装时发生晃动、碰撞。电缆的外保护层为黑色，在太阳直接照射下将吸收热量使电缆内油压随之上升，如电缆端头护套保护不好，将破裂漏油，因此充油电缆应避免阳光直接照射。

（3）充油电缆的内部需要保持一定的油压，以防止空气和水分的浸入。油压是借助与电缆连接的压力箱实现的。运输中电缆铅护套、压力箱及其连接管路不得损坏漏油。否则将破坏电缆绝缘。在运输过程中应有专人跟车监护，按时记录油压、气温，发现问题及时处理。装卸电缆时可采用吊车。装卸时在电缆盘中心穿一盘轴，在轴两边套上钢丝绳起吊。不允许将钢丝绳直接穿入电缆盘孔中起吊，因为这样起吊电缆盘受力不均匀、钢丝绳挤压盘边，都会损坏电缆。

2. 预制应力锥

用于室内或在装置上备有作电缆终端用的、气候防护型外壳时，可以使用预制应力消除锥，最普通的预制应力锥是由两部分组成的合成橡胶组合件，下半部是半导电的应力消除锥，上半部是绝缘层。另外，有些类型的预应力锥，装在硬塑料之类的绝缘保护外壳上，这两种型式都可用在挤压成型的固体绝缘（如橡胶、聚乙烯等）屏蔽电缆上。

3. 销装终端装置和电缆终端套管

螺旋线连续焊缝或咬口的钢、铝或铜金属护套电缆，除了需要缠绝缘带的终端装置之外，还需要有处理铠装和将铝装接地的设施，适合用于这种要求的配件，一般叫做销装终端装置。这种销装终端装置能起下列一种或多种重要作用。

电缆终端套管是一种用以封闭和保护电缆端部的气密装置，由金属壳体和一个或多个瓷绝缘套管组成。壳体用来安装各种电缆的入口密封件，而瓷套管则依次用来封装若干电缆导线和架空线。在现场将这些部件组装到已经准备好的电缆端部，最后用绝缘膏浇注组装好的组合件。

电缆终端套管的额定电压可达 5kV 及以上，可适用于单芯电缆或三芯电缆，可用于户内，也可用于户外，还可用于浸入液体的场合。它的安装方式是多种多样的，可采用支架、金属板、法兰盘等安装方式。

从对电缆元件（导线、绝缘和屏蔽系统）的保护程度来看，电缆终端套管比缠绝缘带的终端装置有更高的保护性能。在环境污染严重的地方最好使用这种终端套管。对于那些浸在液体电介质中的设备，通常都采用电缆终端套管，因为可以将这种组件直接安装在设备上。

电缆终端套管大致可分成非压力型和压力型两组。大多数工业电力电缆系统都是使用固体电介质绝缘电缆的非压力型终端套管。在固体绝缘型电缆上最常用的两种终端套管是锁紧螺母密封型和焊接密封型。锁紧螺母密封的终端套管是由铸造的金属件制作的，在金属件和瓷绝缘子之间有密封垫圈。用于焊接密封的终端套管的金属件则是直接焊在瓷绝缘子上的细铜丝，这样可省去几个或全部密封垫圈。

填充电缆终端套管的电介质有沥青基材料、树脂和油，必须将沥青基材料和树脂材料加热液化，然后灌入电缆终端套管，并使其冷却。

4. 预组装终端装置

在制作单芯电缆终端工艺为减少电缆端部的准备工作而设计了几种元件，取消了为终端套管"热浇灌电缆胶的步骤"，而把合成橡胶材料直接用在电缆端部。这种型式的终端装置有两种：一种带金属瓷外壳；另一种不带这种外壳。它们仅用在固体电介质绝缘电缆上。另外还有一种型式的终端装置，它由金属瓷外壳充填类似凝胶物质组成。当把电缆装在终端套管上时，会把部分凝胶挤出套管以外。这后一种元件可以用在任何非压力型电缆上。

预组装终端装置的优点是简化了安装手续并减少了安装时间。因此，技术较低的工人就可以安装。

5．可拆式绝缘连接器

可拆式绝缘连接器是一种用来连接高压电气设备的装置，一部分是安装在高压电气设备上的绝缘套管组合件。另一部分是模压的插入式连接器，用来作绝缘电缆的终端，并把电缆系统连接到绝缘套管上。把插入式连接器组合件完全屏蔽，可使设备的正面不带电。

用于 10kV 的可拆式绝缘连接器有两种类型：一种能带负荷断开，另一种不能带负荷断开。两种类型基本上都是模压结构，可用在固体电介质绝缘电缆上，适用于水下电缆。这种装置的连接器部分配置有 90°的弯头，以简化安装、便于拆卸和节省空间。

在电气设备上可能装有仅为将来安装绝缘套管用的"万能绝缘套管板"，所安装的绝缘套管可以是带负荷断开、也可以是不带负荷断开的、正面不带电的组合件。屏蔽的弯头连接器上可能装有"电压探测分接头"，以确定电路是否带电。

6．连接装置和工艺

（1）连接装置所受到的电压梯度及电介质应力和电缆终端装置的有些不同。在接头中，就像电缆本身一样，最大的应力总是在导线和接头区的周围。在屏蔽电缆上，接头要装在电缆系统的直线段，必须有传导可能通过电缆屏蔽的接地电流或故障电流的能力。用来把电缆导线连接在一起的接头在电气上必须能不过热地输送全部额定负荷电流、事故过负荷电流和故障电流，而且在机械上应该有足够的强度，能够防止导线意外的拉脱或分开。

（2）接头的外壳或防护罩必须能可靠地保护接头。对接头应用场合的性质以及接头所处的环境条件，也应给予充分的考虑。

（3）600V 以下电缆在导线连接的地方，可用绝缘带全部包缠，以便从电气上和机械上来密封接头。这种包缠绝缘带的方法也用在电压更高的电缆上，但对电缆端部的制备工作和绝缘胶带的运用要更加精细。绝缘连接器用于必须把几根比较大的电缆连接在一起的地方。这些连接器称为"母块"（moles）或"蟹形块"（crabs），它基本上就是可以接上很多分接头的一块绝缘母线，可以用绝缘带很方便地包缠或用绝缘套罩住这些分接头。这种型式的连接器，不必像"T 型终端接续套管"（crotch）那样，需要由熟练的技术工人小心地包缠绝缘带，也不需要使用昂贵的特殊接线箱，就可以制成完全绝缘的多路连接。广泛应用的一种型式是预先绝缘的多路出线连接头。在这种接头中，是用压缩锥体和夹紧螺母对电缆进行机械连接的。另一种是更加紧凑的预先绝缘的多路连接头。用标准的挤压工具把电缆导线穿入套管压出波纹，做成电缆接头。还有一种有单独绝缘盖的排状分接器。在电缆连接好之后，即可迅速地关闭盖板，从而使接头绝缘。

绝缘连接器特别适用于地下工程和必须做大量多路连接的工业布线。

（4）600V ~ 10kV 的无屏蔽电缆的连接工作包括组装连接器，通常是将连接器焊接或压接到电缆的导线上，然后用绝缘带缠出一绝缘层，绝缘层的厚度为电缆产品本身绝缘厚度的 1.5~2 倍。

11.8.6　电缆终端装置

预组装接头如预组装电缆终端那样，工厂预制接头有好多种类型。最基本的是一种合成橡胶的组合件，有规格和所装电缆相配合的模压盒、连接导线的连接器以及把模压盒的端部和电缆护套封起来的绝缘带密封装置。其他型式的合成橡胶组合件还有一整体保护的金属外壳把接头完全封闭起来。这些预组装合成橡胶型接头有两路、三路 T 型以及用于 35kV，并能用在多数具有挤压成型的固体绝缘电缆上的多路结构。

预组装接头对电缆护套有防水密封性能，适用于水下、直埋和其他场合。在这种场合中，接头外壳对接头的保护程度必须和电缆护套系列的保护程度相同。这些预组装连接头的优点是在电缆端头加工好之后，缩短了接头的制作时间。但是，用作接头的固体合成橡胶材料必须在尺寸上和电缆的直径紧密配合。

习　题　11

一、填空题

1. 铜芯橡皮电线的型号是____，标称截面有____、____、____、____、____、____、____、____、____、____ 等。

2. 配管经过建筑物伸缩缝时，必须加置_____处理。

3. 硬母线在支架上水平敷设时，其支架间距一般不大于____ m。在支架上垂直敷设时，支架间距不大于____ m。

4. 管内穿线时，管内不得有_____和_____等。

5. 室内用钢索配线时，固定吊钩的间距不小于____ m。

6. 10kV 高压架空线用铝线截面不小于_____，铝绞线不小于_____，用铜绞线时，不小于_____，距地高应大于_____。

7. 低压架空线路电杆埋设的深度是根据电杆的_____及_____的大小以及_____来确定的。

8. 楼板上暗敷设管线时，管子保护层厚度应不小于_____。管子弯曲半径应不小于管子直径的____。弯扁度不得大于管径的_____。

9. 照明花灯所有回路及同类照明几个回路共穿一根管总根数不得超过____。

10. 钢管配线通常采用的钢管型号是____和____；它们的管壁厚度不应小于_____及_____。

11. 单相插座接线的规律是_____；_____；_____；三相插座接线的规律是_____。

12. 管线加接线盒的条件是：直管____，一个弯时____，两个弯时____，三个弯时____，四个弯时____。

13. 选择答案：在中性点直接接地系统发生单相接地故障时，____
A. 三相电源仍然对称；　　　　　　B. 相电压上升为线电压；
C. 短路电流有零序分量存在；　　　D. 中性点电压为相电压。

二、名词解释

1. VV；2. VLV$_{20}$；3. VV$_{22}$；4. VV$_{32}$；5. 4 – VV$_{23}$（$3 \times 50 + 2 \times 25$）SC – 100 – FC；

6. BV $(3 \times 25 + 2 \times 16)$ – SC50 – BC。

三、问答题

1. 某单位架空线零线被风刮断，问对三相照明有何影响？

2. 有一栋大楼，其中一个灯具短路，问对三相负荷可能会产生哪些影响？各对其他相有何影响？

3. 铜芯橡皮线的型号及标称截面有哪些？

4. 管内穿线应注意哪些问题？

5. 低压电缆敷设前应作哪些检查？

6. 什么是接户线？低压接户线的安装技术要求有哪些？

7. 在什么情况下应将电缆穿保护管？管径的大小是怎样确定的？

8. 母线与母线的连接应作哪些处理？

9. 负荷按其重要性划分几级？对电源有什么要求？

习 题 11 答 案

一、填空题

1. BX，<u>1.0</u>、<u>1.5</u>、<u>2.5</u>、<u>4</u>、<u>6.0</u>、<u>10</u>、<u>16</u>、<u>25</u>、<u>35</u>、<u>50</u>、<u>70</u>、<u>95</u>等。

2. 接线盒、补偿装置

3. 3m，2m。

4. 管内穿线时，管内不得有<u>接头</u>和<u>背花</u>等。

5. 12m

6. $25mm^2$，$16mm^2$。$16mm^2$，4m。

7. 深度，杆距，土质的情况。

8. 15mm，6倍，十分之一。

9. 8 根。

10. SC；TC；2.4mm；1.6mm。

11. 左零右火；上火下零；大眼接保护线 PE（或 NPE）；大眼或正中孔接保护线；左接 L1，右接 L2，中间接 L3。

12. 30m，20m，12m，8m，不允许。

13. C

二、简答题

1. VV——铜芯聚氯乙烯绝缘，聚氯乙烯护套电力电缆。用于敷设在室内、沟道或管子内，不能承受机械外力的拉力。

2. VLV$_{20}$——铝芯聚氯乙烯绝缘，聚氯乙烯护套裸钢带铠装电力电缆。用于敷设在室内、沟道或管子内，能承受机械压力，但不能承受太大的拉力。

3. VV$_{22}$——铜芯聚氯乙烯绝缘，聚氯乙烯护套内钢带铠装电力电缆。用于敷设在土壤中，能承受机械压力，但不能承受太大的拉力。

4. VV$_{32}$——铜芯聚氯乙烯绝缘，聚氯乙烯护套内细钢丝铠装电力电缆。用于敷设在土壤中或水中，能承受相当的机械压力，能承受相当的拉力。

5. 4 – VV$_{23}$ $(3 \times 50 + 2 \times 25)$ SC – 100 – FC：4 根电力电缆，塑料绝缘、塑料护套、铠

装、铜芯电缆，3 根截面 50mm²，2 根 25mm²，穿钢管 SC100mm 直径，沿地暗设。

6.BV（$3 \times 25 + 2 \times 16$）– SC50 – BC：铜芯塑料绝缘线，3 根 25mm²，2 根 16mm²，穿钢管直径 50mm，沿梁暗设。

三、问答题

1. 答：一般三相照明是不平衡的，零线断后，三相负载相电压不再平衡，阻抗大的那相电压高，会损坏设备，阻抗小的相，电压低，也不能正常工作。对三相动力设备一般无影响。

2. 答：(1) 首先发生短路的支路分保险丝熔断，该支路照明熄灭，对其他相无影响；(2) 该相线熔丝断，则该相停电，也不影响其他相照明；(3) 若三相空开跳闸，则三相停电；(4) 对三相动力负载，断一相，则不能正常运行，断三相则停车；(5) 若中线断开，由于三相负载不平衡，照明不能正常工作。

3. 答：型号是 BX，BBX 标称截面有：1.5，2.5，4，6，10，16，25，35，50，70，95，120，150mm²。

4. 答：(1) 钢管应套护口；(2) 管内导线不得有接头、背花、死扣等；(3) 不同电压、交流与直流，不可同穿一根管；(4) 单根交流电线不可穿钢管；(5) 管内穿线总面积不得大于管孔面积的 40%；(6) 不同回路导线不可同穿一根管；(7) 花灯或同类照明几个回路同穿一根管时，不得超过 8 根。

5. 答：(1) 检查电缆型号、规格与设计是否相符合。(2) 电缆外观有无硬伤或油污。(3) 查电缆井人孔及手孔混凝土强度是否足够。(4) 电缆运输路途有无障碍物。(5) 电缆在施工前还应该检查预埋件的数量及质量、电缆沟内金属支架的质量。(6) 测量电缆的绝缘电阻，其阻值不应该小于 10MΩ。(7) 电缆井及电缆手孔混凝土强度保养程度。(8) 检查电缆本身是否受潮（用油浸法或火烧法）。

6. 答：从架空线路终端电杆到建筑物第一个支持物之间的这段导线称为接户线。要求如下：

(1) 距地面的垂直距离不小于 2.7m；

(2) 水平距离不大于 25m；

(3) 铜导线截面不小于 4mm²，铝线不小于 6mm²。

(4) 和阳台的垂直距离不小于 0.8m；

(5) 和窗户的垂直距离不小于 0.3m；

(6) 当接户线的下面是人行通道时，距离路面的垂直距离不小于 6m，距离人行小路垂直距离不小于 3.5m，小胡同垂直距离不小于 3m；

(7) 如果跨过建筑物时，接户线距建筑物的屋顶垂直距离不小于 2.5m；

(8) 在弱电上方垂直距离不小于 0.6m，在弱电下方垂直距离不小于 0.3m；

(9) 接户杆一般要求用混凝土电杆；

(10) 安装在进户横担上的绝缘子的间距不大于 150mm；

(11) 进户线的套管为钢管时，厚度不小于 2.5mm，为硬塑料管时，不小于 2mm，管子伸出墙外部分应作防水弯头；

(12) 进户线距建筑物的有关部分距离不应小于下列数值：距建筑物突出部分 150mm，距阳台或窗户的水平距离 800mm，与上方的窗户或阳台的垂直距离 2500mm。

7. 答：（1）当电缆横穿道路时；（2）当电缆穿过楼板时；（3）当电缆横穿建筑物的外墙时；（4）当电缆穿时有一定剪力作用、挤压作用、震动作用等情况时应穿钢管保护。管子的内径不得小于电缆外径的 1.5 倍。

8. 答：（1）清除表面污物；（2）打去毛刺；（3）除去铝线表面的氧化层；（4）铜线应涮锡；（5）将母线调平整直。

9. 答：分Ⅰ Ⅱ Ⅲ三级，一类负荷要求有两路或以上独立电源供电；二类负荷要求尽可能有两路独立电源供电；而三类负荷要求有一路或以上独立电源供电。

12 继电接触控制与保护

12.1 供电系统保护基本概念

12.1.1 引言

1. 目的

电力系统的保护装置是在事故情况下使用的，在电力系统一旦出现可能导致设备损坏或系统故障的过电流或瞬时过电压的威胁时起防护作用的。本章将阐明不同系统设备的保护原则；保护装置及其应用技术；特殊问题和瞬时过电压有关的系统条件；保护装置的应用和互相配合的可靠工程技术；推荐的对线路断路和保护装置的维护制度、试验步骤等。

2. 建筑电气的运行特点

不同配电系统的复杂程度有很大的差别。小型建筑可能只是低压断路器保护的简单放射式供电系统，而大型建筑群则可能是由中压及低压配电变电所、不停电电源以及与地区电网并列运行或者单独运行的自备发电站等组成比较复杂的配电网路。在设计的早期阶段，建筑工程的代表（甲方）应和地区的供电局研究和解决建筑和公用系统双方的要求。

相当多的现代建筑物都要求电力系统具有高可靠性。已经出现采用网路系统并与公用系统并联运行的倾向，这就使电源在故障条件下有极大的过电流，并因此促进新设备标准的发展。电力配电设备的价格较高以及修理和更换损坏的设备，例如变压器、电缆、高压断路器等需要的时间较长，使得认真考虑系统保护设计显得更为必要。

不同的建筑物，由设备或系统故障引起电源中断所造成的损失是大不相同的。电源中断可能意味着产量损失、加工工具以及产品损坏造成的损失。同样，化工厂中的电源中断能导致产量损失和出现较大规模的清除恢复工作和重新启动问题。

对某些连续生产过程和高度自动化的负荷，即使电压瞬时骤降，也会像全部电源中断一样造成严重后果，而另外一些类型的负荷却又允许电源中断。因此在决定保护等级时，应考虑实际用户的电力运行特点。

12.1.2 设备能力

保护装置必须与相应的断路器协同动作，以便对电力系统中的其他设备元件提供保护。变压器、电缆、母线槽、断路器以及其他开关设备都应能承受短路电流的极限值，此值是由国家标准规定的。

当发生故障时，串联在同一回路的设备，即使不致损坏，但由于强大的短路电流流过导体会产生大量的热和严重的电磁应力。系统保护装置的重要功能是在一开始就动作该线路的断路器以切除故障，使接在同一回路的其他设备不至于承受超出其安全极限的应力。

否则开始的故障影响可能越出要切断的回路，而引起更大范围的电力中断。在系统可能遭受瞬时过电压的地方，必须了解这种扰动的性质和效应。对所有可预计到的异常现象，可以正确选用与设备耐受过电压能力相适应的过电压保护方法，把对设备的危害限制到最小程度。

设计者在研究采用的保护方案时，不只是检验对局部停电过程的灵敏度，而且必须检验所有的各个系统设备元件的性能。系统和设备的保护是系统设计最重要的项目之一，在系统设计的初期，必须在足够的时间去研究保护装置的选择和使用。

电力系统中的保护装置是保险的一种形式。没有故障和事故的长时间里是得不到任何补偿的，但当出现故障时，它可以减少和缩小电力中断的时间和范围、财产损失和人身事故的危险。就经济而言，这个预支的保险费从修理费和损失的产品价值中得到偿还。对各类使用要求结合得很好的保护装置，会节省整体造价和供电系统的投资。

继电保护装置是由各种类型的继电器、电流互感器或电压互感器等保护元件组成，它们按照一定的保护原理及保护方式连接组合成一个自动控制系统，能够在供电系统发生故障或不正常状态时，继电器动作并作用于断路器的跳闸线圈或发出警报信号，以达到对供电系统进行保护的目的。

12.1.3 对保护装置的要求

1. 选择性

继电保护装置要求有一定的选择性，它是指在供电系统发生故障时，只使电源测距故障点最近的继电保护装置动作，驱动断路器跳闸将故障切除，而距故障点稍远的非故障部分皆能继续正常工作。如图 12-1 所示。当 K_1 处发生短路时，则继电保护装置只应使断路器 QF_1 跳闸，切除变压器 T_2 而其他断路器均不跳闸；当 K_3 点处发生短路时，只应使断路器 QF_3 跳闸。

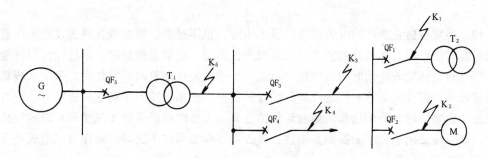

图 12-1　继电保护选择性示意图

继电保护装置的选择性是通过对安装在不同地点的继电器选取（整定）不同的动作时间实现的。一般，如图 12-1 这样单端供电系统，距离负荷端越近的断路器（QF_1、QF_2）其动作时间越短，而距电源端越近的断路器（QF_5），其动作时间比其他断路器都长。

2. 灵敏度

继电保护装置对在保护范围内发生的故障和不正常工作状态的反应能力称为灵敏性。灵敏性一般用灵敏系数来衡量。

对于过电流保护装置的灵敏系数为：

$$K_s = \frac{I_d}{I_{dz}}$$

式中　I_d——被保护区末端发生金属性短路时的最小短路电流（A）；

I_{dz}——保护装置的一次侧动作电流（A）。

对于低电压保护装置的灵敏系数为：

$$K_s = \frac{U_{dz}}{U_d^{(n)}}$$

式中　U_d——被保护区域内发生短路时，连接该保护装置的母线上的实际电压（V）；

　　　U_{dz}——保护装置的动作电压（V）。

灵敏度高的保护装置反应故障能力强，从而减少了故障对系统的影响程度和所波及的范围，但保护装置复杂，造价贵，同时因复杂又可能使可靠性降低。

3. 速动性（快速性）

速动性是指保护装置切除故障的动作时间要快速。因为当系统发生短路故障后，快速切除故障可以使电压降低时间缩短，减小对用电设备的影响，如果故障能在 0.2s 内切除，那么一般电动机不会停转，速动性还可减少故障回路电气设备遭受损坏的程度，缩小故障的影响范围，提高自动重合闸装置的成功率，提高供电系统的运行稳定性。

4. 可靠性

可靠性是指保护装置的动作必须可靠，也就是在不应该动作时不会误动作；而应该动作时不拒绝动作。可靠性一般用拒动率和误动率来衡量。可靠性是非常重要的，因为保护装置的误动作或拒绝动作都将使供电系统的事故扩大，给电力用户带来严重的损失。不可靠的因素主要是继电器质量差、安装及调试质量不高、运行维护不当、设计不合理和计算错误等。

除了上述基本要求外，保护装置还应满足投资省、易维护及调试，并兼有运行的灵活性。

建立能完全防止故障的电力系统，既不实际，也不经济。因而现代系统设计考虑有适当的绝缘、间距等，在系统的整个运行期间允许出现一定数量的故障。即使设计尽可能完善，但材料损坏随着使用时间而增加，可能产生的故障也随着时间而加多。每个系统都会遇到应被迅速排除的短路和接地故障，设计适当的保护系统需要了解这些故障对系统电压和电流的影响，因为要用这些数值制定保护方案。可靠的保护系统不仅要有合理的设计和维护，而且还必须避免不必要的复杂性，或者以不合要求或不正确的动作方式造成更多的问题。

运行记录表明，电气线路的故障大多数起源于线对地的接地故障。保护装置必须检测出三相、相间、二相对地以及单相对地短路。三相系统一般分为不接地系统和接地系统，通常用一根中性线直接接地或通过阻抗接地。

在接零保护系统中，相对地的接地故障产生很大的故障电流，会使自动保护装置迅速动作，切断故障设备的电源。而在不接地系统中，相对地的接地故障产生相当小的故障电流。中性点绝缘的小工业装置，由于电缆的对地静电电容，接地故障电流可能不大于20A。这些故障电流通常不足以使过电流继电器动作以发现和消除故障，这不仅是因为需要灵敏度极高的继电器，还因为电流流向的复杂性，这是由于接地电流"源"是未故障导线对地分布电容所引起的。

不同的系统，其故障时的电流和电压是很不相同的，取决于故障点类型、位置以及系统接地的阻抗。利用随故障而出现的电压偏移的特征，使得特殊型式的继电器能够区分电流相同而类型不同的故障。

12.1.4 分析的局限性

通常用以表示三相系统的单线图，在适当的注意到它的局限条件时，是一种非常有用的分析工具。其使用范围限于对称系统的对称的三相负荷。然而采用相—中性点的电压继电器，出现接地故障时，将发出警报，但不能指出确切的故障位置。

不接地系统的优点之一在于从找到故障到将设备停车进行修理时为止，整个系统（包括故障部分）可以一直维持供电。但由于继电保护不能自动地解除故障，很难找到故障位置，在故障点继续燃烧和危害逐步升级，未故障相的绝缘长时间承受超过正常的工作电压（完全接地故障时为 1.73 倍工作电压，断续接地故障情况下，电压可能更高）以及多处接地故障和瞬间过电压的危害，因此这些缺点必须和前述优点相权衡。

12.1.5 故障时相电压和相电流的偏移

在三相系统中，出现一相对地故障的情况时，只断开该相的保护器就改变了系统的对称性。从较精确的三相系统图上可以看出，电流仍然有可能通过负荷设备中线和相线之间连接途径，流经其他相，然后在故障点入地。在一相保护器断开之后，由于系统对称性的改变和引进了另外的变化阻抗，要定多少电流继续流到接地故障点是个复杂的问题。可是，该电流通常比相线对地初始故障流值要小，因此，有时要有其余相的保护器来检测和清除线路故障。在线路完全被切断前，在故障点能产生大量的热而带来危害。同时断开所有各相，三相对称性不变，因而上述的情况也就无须考虑。

当电力系统正常运行时，所有元件都应当具有某种形式的自动保护。然而，可有理由把某些故障的概率看作不可能证明装设专门保护所花费用是合理的。在采用这种有危险性的方案之前，也应当认真考虑可能造成的危害的程度。对经常发生但后果并不严重的故障，可能保护程度太高，而对很少发生但后果严重的却可能被忽视了。例如，变压器内部故障很少发生，但是由于这样的故障会引起火灾以及造成人身事故、损坏设备，因此其后果是十分严重的。

大多数系统在线路连接方式上具有某些灵活性。在设计保护系统时，应当考虑各种可能的接线，以便不致在无保护的情况下作应急运行。有些类型的系统有多种可能的运行方式，以致保护装置不能恰当地适应所有情况。在这种情况下，应当避免在没有适当保护的接线方式下运行。

所有过电流继电器的吸合电流或动作电流都是可以调整的。当通过继电器线圈的电流超过给定的整定值时，继电器触点闭合并使断路器脱扣装置动作。继电器通常由电流互感器二次侧电流来动作。

如果电流动作继电器没有人为延时，这种保护叫做瞬时过电流保护。像电动机的启动或某些突然产生的短时过负荷，这种瞬态性质的过电流断路器不应当断开。为此，大多数过电流继电器有延时性能，允许超过继电器整定值几倍的电流，在限定的时间范围内不闭合其触点。如果继电器动作的速度要比电流增长速度快，称为反时限特性。过电流继电器有反时限，非常反时限和极反时限几种，以满足各种应用的要求。也有定时限的过电流继电器，在达到某一电流值以后，其动作时间几乎与电流的大小无关。感应型的过电流继电器装有改变整定时间的装置，对给定的电流，能够改变动作时间。这种调节装置称作继电器的时限杆或时间整定刻度盘。

12.2　常用保护继电器

工程供电系统中的继电保护装置是由若干个继电器组成的。继电器是一种在输入信号作用下能自动输出控制动作的电器元件。这种加入一个物理量达到一定数值时，继电器开始动作的特性称为继电特性。工程中常用的继电器按其工作原理有电磁型继电器和感应式继电器两种。本节将介绍电磁型电流继电器、电磁型时间继电器、感应型电流继电器等。

12.2.1　继电器分类

1. 分类

继电器的分类方法很多，从不同角度分类则有不同名称的继电器。这里仅介绍两种方法，来说明继电器的类型。

按照继电器的功能分有：电流继电器、电压继电器、功率（中间）继电器、信号继电器、时间继电器、瓦斯继电器、温度继电器等。

按照继电器的工作原理分为电磁式继电器、感应式继电器、电动力式继电器、热力式继电器和晶体管式继电器等种类。

考虑本节内主要讨论继电保护装置在供电系统中的应用，因此以常用的电磁式和感应式两种类型介绍一些继电器有关的基本知识。

2. 继电器的型号

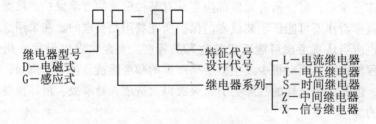

12.2.2　电磁型电流继电器

目前供电系统中常用的电磁式继电器类型有 DL 系列电流继电器，DJ 系列电压继电器，DS 系列时间继电器，DZ 系列继电器和 DX 系列信号继电器。它们都是建立在电磁感应现象原理上而结构有所不同所派生出的各种系列。

1. DL 系列电流继电器

电流继电器在继电保护装置中通常是作为从供电系统中提取动作信号的启动元件，因此要求它能准确的按照一次电路中的电流变化值动作或返回。亦称启动继电器，测量继电器。国产 DL 系列电流继电器的简单构造如图 12-2 所示。

（1）工作原理：图 12-2 中，电磁铁 2 上绕两组电流线圈 1（两线圈可以串联或并联，以改变输入电流）在磁极中有一固定在轴 4 上的 Z 形舌片 3，动触头 8 也固定在转轴上，轴上还安装有反作用弹簧，保证在线圈末通电流时触头处在断开位置，同时作为调整启动电流值之用，改变调节转杆 9，即可改变弹簧的松紧，从而改变启动电流值。

当线圈通过电流 I_j 时，若电磁铁产生的电磁吸力 F_{dc} 吸动舌片，当吸力产生的转矩 M_{dc} 大于反力弹簧的转矩时，舌片转动而带动动触头，使静触头接通，即所谓继电器动作。动作的原因是电流，所以称之为电流继电器。使继电器动作的最小电流称为继电器的启动电流，记为 I_{dzj}。

当线圈中电流逐渐减小，理论上 $I < I_{dzj}$ 时，因为舌片的电磁力小于弹簧的反力，触头断开而返回原始位置。但因继电器是器件，各部件间存在间隙，所以必然存在死区，因而使继电器返回原始位置的最大电流必然小于启动电流，称返回原始位置的最大电流为返回电流 I_f。

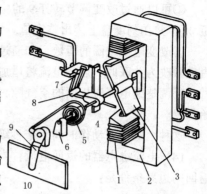

图 12-2　DL 系列电流继电器
结构示意图

1—线圈；2—电磁铁；3—钢舌片；4—轴；
5—反作用力弹簧；6—轴承；7—静触点；
8—动触点；9—启动电流调节杆；10—标度盘

启动电流 I_{dzj} 和返回电流 I_f 值不同，反映继电器动作的灵敏程度不同，因此定义其比值为返回系数 K_f 作为评价继电器质量的指标，即：

$$K_f = \frac{I_f}{I_{dzj}} \tag{12-1}$$

从式中可见：返回系数 K_f 值愈高，继电器动作质量愈好，但其值总是小于 1。DL 系列继电器的返回系数一般大于 0.85。

（2）动作特性分析：根据电磁学的原理，电磁力 F_{dc} 和磁通 Φ 的平方成正比，即：

$$F_{dc} = K_1 \Phi^2 = \left(\frac{I_j \cdot N}{R_m}\right)^2 \cdot K_1 = K_2 \cdot I_j^2 \tag{12-2}$$

式中　N——线圈的匝数；

R_m——磁阻；

$K_2 = \dfrac{K_1 N^2}{R_m^2}$ 与磁阻有关。所以，只有当空气隙不变，及电磁铁和衔铁没饱和时，它才为常数。

设衔铁的长度为 L 则衔铁的电磁转矩 M_{dc} 为

$$M_{dc} = F_{dc} \cdot L = K_2 I_j^2 \cdot L = K_3 I_j^2 \tag{12-3}$$

可见电磁力矩与线圈中的电流平方成正比。

电磁铁动作的边界条件是：

$$M_{dc} = F_{dc} \cdot L = K_1 \left(\frac{I_j \cdot N}{R_m}\right)^2 \cdot L = K_1 \left(\frac{I_j \cdot N}{R_m}\right)^2 = M_t + M_m \tag{12-4}$$

当电流 I_j 达到一定数值时，满足式（12-4）时，继电器开始动作，使继电器能开始动作的最小电流称为继电器的动作电流。用 I_{dzj} 表示。从式（12-4）移项可得：

$$I_{dzj} = \frac{R_m}{N}\sqrt{\frac{M_t + M_m}{K}} \tag{12-5}$$

从式（12-5）可得调整继电器动作电流的方法。

（3）电流继电器的动作电流 I_{dzj} 有以下调整方法

①可以通过改变调节转杆 9 的位置进行均匀的调整，即改变继电器油丝弹簧反作用力矩 M_t，并在刻度盘上读出整定值。

②改变电磁线圈的匝数，如通过两组线圈的串、并联方式也可以改变启动电流值，当由串联改为并联时，启动电流将增加一倍。

③调整继电器磁板间的空气隙，改变磁阻 R_m，如调整继电器的止档，改变衔铁的初始位置。

这种继电器的动作时间为毫秒级，可以认为是瞬时动作继电器。

（4）电流继电器的返回电流：当线圈电流小到一定程度时，电流继电器释放返回。其返回的边界条件是：

$$M_t = M_{dc} + M_m = K \left(\frac{N}{R_m} \right)^2 \cdot I_j^2 + M_m \tag{12-6}$$

当 I_j 下降到满足上式时，刚好能返回，使继电器返回到原来位置的最大电流称为继电器的返回电流。用 I_f 表示。式（12-6）移项可得

$$I_f = \frac{R_m}{N} \cdot \sqrt{\frac{M_t - M_m}{K}} \tag{12-7}$$

返回电流和动作电流之比称为继电器的返回系数。

$$K_f = \frac{I_f}{I_{dz \cdot j}} \tag{12-8}$$

通常希望提高返回系数，然而也不宜太高，否则继电器动作后触点接触的压力不够大，会抖动，工作不可靠。所以当 K_f 大于 0.9 时，就应该注意触点的压力。DL－10 系列电流继电器的返回系数不小于 0.85。

2．JT18 系列直流电流通用继电器

JT18 系列直流电流通用继电器是采用 U 形铁芯，动触杆制成 S 形，能保证接触点的接触良好。型号如下：

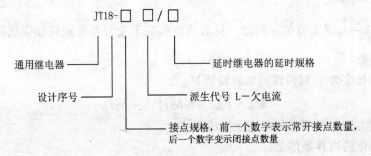

本系列继电器的型号、规格及技术数据见表 12-1。

3．JL17－5 系列交流启动用电流继电器型号

继电器类型	型　号	可调参数调整范围	延时可调范围(s) 断电/短路	标准误差	吸引线圈 额定电压或电流	消耗功率(W)	机械寿命(万次)	电寿命(万次)	重量(kg)
电压	JT18 –	吸合电压 30%～50% U_e 或释放电压 7%～20% U_e	—	重复误差 ≤±10% 整定误差 ≤±15%	直流 24,48,110,220,440V 共五种规格	19	300	50	~2.7
电流	JT18 – □L	吸合电流 30%～65% I_e 或释放电流 10%～20% I_e		重复误差 ≤±10% 整定误差 ≤±15%	直流 1.6,2.5,4,6,10,16,25,40,63,100,160,250,400,630A 共 14 种规格	19	300	50	2.5 (1.6～63A)
时间	JT18 – □/1	—	0.3～0.9 0.3～1.5	重复误差 ≤±9% 电源波动误差 ≤±15% 温度误差 ≤±20% 精度稳定性误差 ≤±20%	直流 24,48,110,220,440V 共五种规格	19	50		2.2
	JT18 – □/3	—	0.8～3 1～3.5						2.6
	JT18 – □/5	—	2.5～5 3～3.5						2.7

注：①继电器的工作制主要有 8h 工作制和反复短时工作制，反复短时工作制的额定操作频率为 1200 次/h，额定通电持续率为 40%。

②具有两个接电元件电压继电器，其吸引电压允许在 35%～50% 额定电压范围内调节。出厂试验按最低吸引电压值整定。

③具有两个接电元件电流继电器，其吸引电流允许在 35%～65% 额定电流范围内调节。出厂试验按最低吸引电流值整定。

④具有两个接电元件时间继电器，其吸引最大延时值允许降低 30%。出厂试验按最大延时值整定。

4．DJ 系列电压继电器

电磁式电压继电器有过电压继电器和欠电压继电器两种。我国目前生产的电压继电器是 DJ – 100 系列电磁式电压继电器，其结构与 DL – 10 系列电磁式电流继电器基本相同。但电压继电器是经过电压互感器与电网相联结，其输入信号是电压信号，取决于电网的电压变化值。因此，其线圈常用细漆包线绕成，匝数多，阻值大，刻度盘指示是电压值，而不是电流。

使电压继电器动作的最小电压称启动电压 U_{dzj}，使其回到原始位置的电压称返回电压 U_f，同样可用返回系数来表明继电器的灵敏程度，即

$$K_f = \frac{U_f}{U_{dzj}} \tag{12-9}$$

对过电压继电器，K_f 一般小于 1，通常 $K_f = 0.8$；而对欠电压继电器，K_f 大于 1，通常 $K_f = 1.25$。

5．电磁式时间继电器

低压电器控制的电路中常常需要延时的动作，时间继电器就是专为满足延时要求的电器。根据其结构不同有钟表式、空气式、电动式和晶体管式等。如图 12-3 所示。

其主要结构有电磁系统、工作触头和气室三部分组成。工作原理是当线圈通电后，吸下衔铁 2 及支撑杆 3 与胶木块 4 脱离，胶木块在弹簧 5 作用下使橡皮膜活塞向下徐徐移

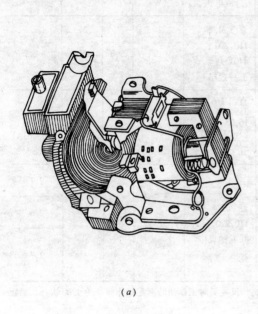

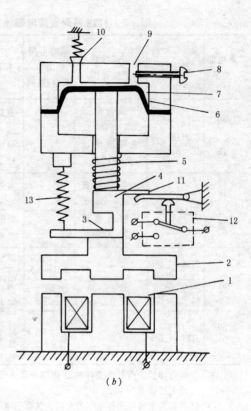

(a) (b)

图 12-3 JS7 式时间继电器

(a) 外形图；(b) 结构原理图

1—电磁铁线圈；2—衔铁；3—支撑杆；4—胶木块；5—弹簧；6—橡皮膜活塞；7—空气；

8—进气孔调节螺栓；9—进气孔；10—排气孔；11—压杆；12—触头；13—恢复弹簧

动，这时空气室 7 气压低。用螺丝刀旋转铭牌中心之螺帽，往右则进气孔 9 窄，进气慢，延时长。调节进气气隙，即可调整延时时间。JS7 - A 系列适用于交流 50Hz，电压 36V、110V、127V、220V、380V 和 440V 的自动或半自动控制系统中。延时范围 4～60s，4～180s。技术数据见表 12-2 所示。按用户需要也可以制成 60Hz。

JS7 系列时间继电器的分类及技术数据   表 12-2

型 号	延时触头的数量				不延时触头的数量		接点的额定电压、电流	线圈电压(V)	延时范围(s)	额定操作频率(次/h)	重量(kg)
	线圈通电后		线圈断电后								
	动合	动断	动合	动断	动合	动断					
JS7 - 1A	1	1					380V 5A	50Hz: 36, 110, 127, 220, 380V 60Hz: 多为 440V	4～60 4～180	600	0.43
JS7 - 2A	1	1			1	1					0.46
JS7 - 3A			1	1							0.43
JS7 - 4A			1	1	1	1					0.46

此外还有 DS - 110 系列和 DS - 120 系列两种时间继电器。它在电磁系统基础上采用了钟表机构而获得按一定时限动作的功能。其组成环节有：电磁系统、传动系统、触头系统、调整时限机构。

DS-110 为直流操作电源的时间继电器，DS-120 是交流操作电源的时间继电器，它们的延时范围为 0.1~0.9s。

12.2.3 瓦斯继电器

1. 工作原理

当电气设备内部出现短路点，会有电弧使绝缘油受热分解，油产生气体，从油箱向油枕流动，利用这个气体流速作为继电器动作原理。它常用作电力变压器本身的保护，如图12-4。

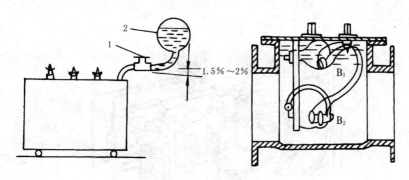

图 12-4　瓦斯继电器原理图

瓦斯继电器整定流速 $v = 0.6 \sim 1.0 \text{m/s}$；强迫油循环 $v = 1.0 \sim 1.2 \text{m/s}$。均可作内部主保护，但必须有后备保护。

12.2.4 DZ 系列中间继电器

电磁式中间继电器的特点是触头容量大，可以断开或闭合较大电流的回路；触头数目多，因此能同时断开或闭合几条独立回路。它在继电保护装置中是控制的功率元件，亦称为功率继电器。目前生产的有 DZ 系列中间继电器和 DZS 系列中间继电器。前者是瞬时动作，后者动作是有延时的。中间继电器在施工图中的标注以前用 KM，新国标为 KA。

12.2.5 DX 系列信号继电器

信号继电器在保护装置中是用来标志装置状态的元件，同时可接通灯光和声响信号回路把系统的状态通报给运行管理人员。其结构与中间继电器相同，只是多了一套信号掉牌和手动复位按钮。其动作与否可以在安装现场从外壳的信号玻璃窗中直接看到。在继电器未动作前信号牌为白色，而当动作时，信号牌因失去支持而掉落，显示红色。

信号继电器有两种：一种继电器的线圈是电压式的，并联接入电路；另一种继电器的线圈是电流式的，串联接入电路。

信号继电器新国标符号为 KS。

12.2.6 感应式电流继电器

1. 感应式电流继电器原理

我国生产的 GL－10 和 GL－20 系列感应式电流继电器如图12-5所示。它有两个系统，一个是动作具有时限的感应系统，另一个是瞬时动作的电磁式系统。

感应系统由具有短路环3的铁芯2、铝盘、框架、调节弹簧等组成。当线圈1中的电流达到启动电流的 20%~40% 时，铝盘在电磁力作用下开始转动，这时继电器并不动作。当电流达到一定值时活动框架转动通过传动机构使触头接通，即继电器动作。因为铝盘转动速度和线圈通过的电流成比例，因此电流越大，转速愈快，接通时间愈短，使感应系统具有反时限特性——即继电器的动作时间随电流的增加而缩短。

电磁系统由电磁铁及衔铁 15 组成。当线圈中电流达到整定值时，衔铁被电磁铁吸引，带动触头瞬时闭合。动作电流的整定值是改变衔铁与电磁铁间的气隙来实现。闭合时间为 0.05 ~ 1s，可认为是速动的。

继电器的时间特性如图 12-6 所示。特性共分二段；abc 为反时限特性，b'd 为速断部分，即动作时间与电流大小无关。

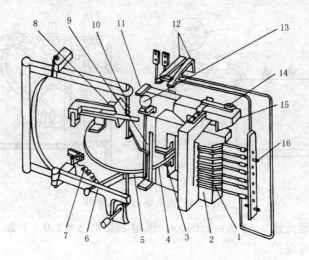

图 12-5 感应式电流继电器内部结构

1—线圈；2—铁芯；3—短路环；4—铝牌；5—钢片；6—框架；
7—调节弹簧；8—制动永久磁铁；9—扇形齿轮；10—涡杆；
11—扁杆；12—继电器触头；13—时间调节螺杆；
14—速断电流调节螺杆；15—衔铁；16—动作电流调节插销

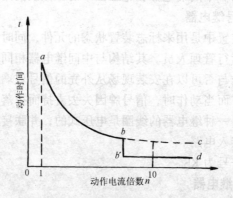

图 12-6 感应式电流继电器的动作特性曲线

abc—感应系统的反时限特征；
b'd—电磁系统的速断特性

工作中当出现电流大于感应元件的动作电流时，M_{dc} 及其对应的作用力 F_1 和永久磁铁的制动转矩 M_3 及其对应的作用力 F_2 都增大，由于 F_1 和 F_2 的共同作用，克服弹簧的反作用力，而将圆盘连同框架推出来，使螺旋杆与扇形齿轮分不同的钢片 5 更靠近磁导体，产生吸力，使螺旋杆与扇形齿轮啮合得更可靠，借助螺旋杆来抬高扇形齿轮，经过一定的时间以后，扇形齿轮上的顶杆将瞬时衔铁 15 左右的扁杆 11 抬高，使衔铁被磁导体吸下，横担冲上去使接点 12 闭合。

使螺旋杆与扇形齿轮啮合的最小电流，称为继电器感应元件的动作电流 $I_{dz \cdot j}$。螺旋杆与扇形齿轮啮合以后，如果流入继电器的电流减少，螺旋杆与扇形齿轮就要脱离，使两者再分开的最大电流称为继电器感应元件的返回电流 I_f。返回系数为：

$$K_f = \frac{I_f}{I_{dz \cdot j}} < 1 \qquad\qquad (12\text{-}10)$$

K_f 一般在 $0.8 \sim 0.9$ 之间。

2. 电磁速断元件的工作原理

电磁速断元件由导磁体 1、衔铁 10 及磁分路铁芯 20 组成。当继电器线圈内的电流超过电磁速断元件的动作电流（一般超过感应元件动作电流的 2 ~ 8 倍）时，衔铁借助于磁分路铁芯的作用被磁导体瞬时吸下，横担将接点闭合。电磁速断元件的动作电流可以利用螺丝 16 改变衔铁与磁导体之间的空气隙来调节。短路环 21 是用来消除交流电磁式继电器动作时衔铁的振动。

在继电器圆盘开始不间断地转动时的最小电流称为继电器的始动电流，其值应不大于感应元件整定电流的 40%。把感应元件整定在某一个数值下（例如整定在 2A），先将自耦调压器 B_1 调到零位，合上开关 K_1，使电流达到继电器的始动电流值，记录所得的结果。将 B_1 调节到零位，拉开刀闸 K_1，测量三次取平均值。当继电器的初始电流超过整定值的 40% 时，应检查圆盘上下轴承和轴尖是否有污垢。

3. GL—10 型电流继电器的时间特性

时间特性见图 12-7，当磁路不饱和时，磁通与电流成正比，作用于圆盘上的电磁转矩与电流的平方成正比，电流越大，电磁转矩越大，圆盘转动越快。扇形齿轮向上移动使接点闭合所需要的时间就越短，从而得到了继电器动作的时间与电流平方成反比的反时限特性部分。

当电流超过一定数值以后，因为磁路饱和，电流再继续增大时，而磁通的变化不大，电磁转矩的变化不大，圆盘的转速变化也不大。所以动作时限变化不大，从而得到了定时限部分。当电流超过感应元件动作电流 2 ~ 8 倍时，即等于或大于电流元件的动作电流时，衔铁被磁导体直接吸下，接点瞬时接通，从而得到了速断的结果。

GL 型感应式电流继电器的特点是可以用一个继电器兼作两种形式的保护，即利用感应系统特性实现反时限过电流保护，具有时限功能，而利用电磁系统实现瞬时动作的电流速断保护，具有定时限功能。因而可省一套继电器。此外，继电器本身具有掉牌信号装置，因此在保护装置可省掉信号继电器。当采用 GL - 10，GL - 16，GL - 25，GL - 26 继电器于交流操作的保护接线时，因接点容量较大，可直接驱动断路器的跳闸线圈，故又省去了中间继电器。因此，GL - 10 和 GL - 20 系列感应式电流继电器是一种结构完善的多功能继电器，在继电保护装置中广为应用。

这种继电器感应系统的返回系数为 $K_f = 0.8 \sim 0.85$；电磁系统的返回系数为 $K_f \leqslant 0.4$。

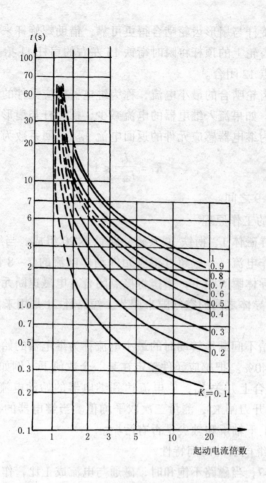

图 12-7 GL 型电流继电器的时间特性曲线

12.3 供电系统的继电保护

12.3.1 建筑供电系统单端供电网络的保护

建筑供电系统中线路常见的故障，对架空线路而言，有断线、碰线、绝缘子击穿，相间飞弧、相间短路以及杆塔倒塌等；对电缆线路来说，因其直埋或敷设在混凝土管、隧道内，受外界因素影响较小，除电缆绝缘老化外，只有在地基下沉、土壤杂质腐蚀、施工破坏等才会造成相间或相间间绝缘击穿或断裂。

建筑供电系统一般均为开式单端供电网络，供电半径较小，线路距离不长，因此线路的保护并不复杂，常用的继电保护装置有：带定时限或反时限的过电流保护；低电压保护；速断保护；单相接地保护等。

当流过被保护元件中的电流值超过预先规定的某个数值（整定值）时，就按要求使断路器跳闸或发出报警信号的自动保护装置称过电流保护装置，有定时限过电流保护和反时限过电流保护两种装置。

过电流保护装置从供电系统提取信号的设备是电流互感器，因此，在介绍保护装置之前先说明电流互感器的接线方式，即电流互感器与电流继电器之间的连接方法。电流互感器的接线方式通常有以下几种。

1. 三相三继电器的完全星形接线

如图 12-8（a）所示。其特点是每相均有一个电流互感器和一个电流继电器，接成星形。通流继电器的电流是电流互感器二次侧电流。它能保护三相短路、两相短路和单相接地短路。因此主要用于大接地电流系统中。

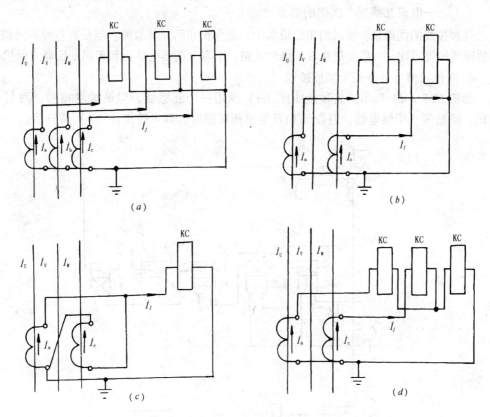

图 12-8　过电流保护装置接线方法

(a) 三相三继；(b) 两相两继；(c) 两相一继；(d) 两相三继

2. 两相两继电器不完全星形接线

如图 12-8（b）所示。其特点是流入继电器的电流就是电流互感器二次侧电流；当发生三相短路时，两继电器均流过短路电流而动作，保护装置动作；当接有互感器的一相与无互感器间发生短路时，短路电流只流过一个继电器，只有一个继电器动作；当未装互感器相发生单相接地时，故障电流不经过互感器，所以继电器不动作。

这种接线的优点是节省一套互感器和继电器，接线简单，但不能反映单相接地故障。因此，在中性点不接地的 6~10kV 供电系统中广泛采用。

3. 两相一继电器差动式接线

如图 12-8（c）所示。这种接线方式采用两个电流互感器和一个电流继电器。两个电流互感器接成电流差式，然后与继电器相连接。在正常运行和三相短路时，流进继电器的电流为 U 相和 W 相两电流互感器的相位差，即等于电流互感器二次电流的 $\sqrt{3}$ 倍。

其特点是当发生不同短路情况时，实际通过继电器的电流与电流互感器二次侧的电流是不同的。所以必须引入一个接线系数 K_f。它的定义是实际流入继电器的电流和电流互感器二次侧电流之比。即：

$$K_f = \frac{I_f}{I_2} \tag{12-11}$$

式中　I_f——是实际流入继电器的电流；

　　　I_2——电流互感器二次侧的电流。

这种接线的优点是：接线简单，设备少，能保护相间短路故障。但是对各种不同相间短路故障灵敏度不同。一般多用在 $6\sim10kV$ 线路、小容量高压电动机和车间变压器的保护。

4. 两相三继电器不完全星形接线

如图 12-8（d）所示。这种接线比（a）少用一个互感器，但灵敏度相同；而与（b）相比，虽然多一个继电器，但在 V 相发生单相短路时，其灵敏度比（b）高一倍。

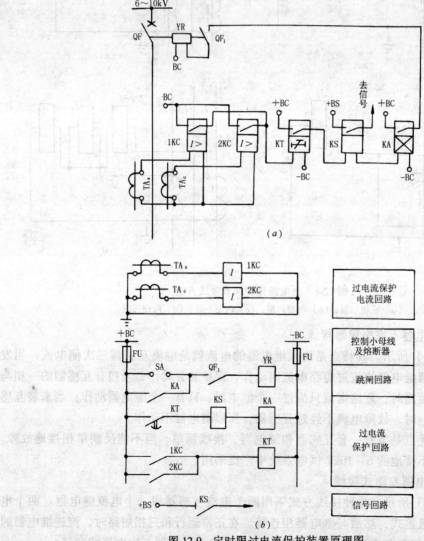

图 12-9　定时限过电流保护装置原理图
（a）原理接线图；（b）展开图

440

12.3.2 过电流保护

过电流保护电通过电流互感器把被保护线路的电流接入过电流继电器，在线路发生短路时，短路电流大于整定值，继电器动作将故障部分切除，这种装置称为过电流保护装置。按其动作时间与动作电流的关系，分为定时限与反时限两种。

1. 定时限过电流保护装置原理

定时限过电流保护装置是指电流继电器的动作时限是固定的，与通过它的电流大小无关。其接线如图 12-9 所示。它由电流继电器 1KC（或 1LJ），2KC（2LJ），时间继电器 KT，信号继电器 KS 和中间继电器 KA 组成。1KC、2KC 是测量元件，用以鉴别线路电流是否超过整定值；KT 是延时元件，它以延时的长短保证装置动作的选择性。KS 是显示元件，用以显示动作和发出报警信号。YR 是功率元件，用它驱动断路器动作跳闸。

正常运行时，1KC、2KC、KT 的触头都是断开的，断路器跳闸线圈 YR 电源断路，断路器 QF（或 KM）处在合闸状态。当被保护范围故障或电流过大时，1KC、2KC 动作其触头闭合启动 KT，经过预定延时后其触头闭合启动 YR，接通 YR 电源，QF 跳闸，KS 触头闭合发出信号。

定时限电流保护装置动作时限的配合是由电磁型过电流继电器和时间继电器配合完成的，而动作时限由时继电器来完成的，和短路电流的大小无关，所以称为定时限过电流保护装置，如图 12-10 所示。

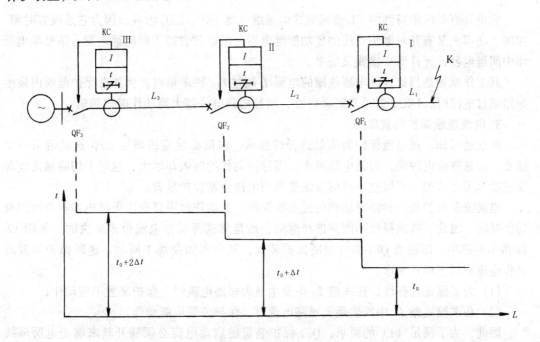

图 12-10　定时限过电流保护装置的阶梯时限特性配合

从变电所母线 W 的出线保护装 1 和 2 开始，设保护装 1 的动作时限为 t_1，则保护装 3 的动作时限应比保护装 1 的动作时限大一个时限阶段 Δt，即 $t_3 = t_1 + \Delta t$。同理保护装置 5 的动作时限应比保护装置 3 的时限大一个 Δt，即 $t_5 = t_3 + \Delta t$。以上分析表明：为了保证动作选择性，从负荷侧向电源侧数，后一级线的保护装置的动作时限应比前一级线路的保护动作时限大一个时限阶段 Δt，各段线路保护装置的时限整定是逐级提高的。一般 Δt 取 0.5～0.6s。

2. 反时限过电流保护装置原理

反时限过电流保护装置是指装置动作时间与通过继电器的电流成反比关系。其接线方式如图 12-11 所示。

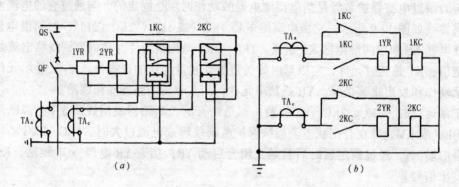

图 12-11 反时限过电流保护装置
（a）原理接线图；（b）展开图

它由具有反时限特性的 GL 型感应式电流继电器 1KC、2KC 组成。因为它是既有时限、掉牌、功率大又有几对触头系统的多功能继电器，所以就省掉了时间继电器、信号继电器和中间继电器，元件既少接线又简单。

其工作原理是当流入继电器线圈的电流 I_j 超过 $I_{dz\cdot j}$ 许多倍时，例如在保护范围内发生短路或过电流时，1KC、2KC 有瞬动特性，而且短路电流越大则动作时间越短。

3. 电流速断保护装置原理

从前述可知，过电流保护为满足选择性要求，时限必须逐级增加 Δt，这就带来一个缺点，即越靠近电源端，短路电流越大，而保护动作的时限却增大，这对于切除靠近电源端故障是不允许的。克服这一点的方法是采用电流速断保护装置。

电流速断保护是一种瞬时动作的过电流保护，其动作时限只取决于继电器本身的固有动作时间。因此，其选择性不能靠选择时限，而是靠选择动作电流值来解决的。如图 12-12 所示电路中，断路器 QF1 装有速断保护装置，其分布如曲线 1 所示。速断保护装置的动作电流有以下两点要求：

（1）为了保证选择性，在线路 L_2 中发生最大短路电流时，保护装置不应动作；

（2）在本段线路 L_1 中发生最大短路电流时，保护装置应能动作。

因此，为了满足（1）的要求，QF1 保护装置的启动电流必须躲开其末端变电所母线上 K_2 点的最大短路电流 I_{k2max}，以可靠系数 K_k 考虑，即

$$K_k = \frac{I_{dz\cdot 1}}{I_{dz\cdot max}} \tag{12-12}$$

式中　可靠系数 K_k 对于 DL 型继电器为 1.2～1.3；

　　　　　对于 GL 型继电器为 1.4～1.5。

$I_{dz\cdot max}$——是最大运行方式时，被保护线路末端短路时，最大的短路电流。

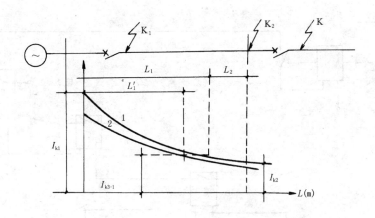

图 12-12　电流速断保护特性

1—最大运行方式下三相短路电流分布曲线；

2—最小运行方式下两相短路电流分布曲线

　　启动电流 $I_{dz \cdot 1}$ 在分布曲线上决定的对应点将线路 L 分为 L_1 和 L_2 两段。在 L_1 上发生短路时，速断装置会动作，而在 L_2 以后发生短路时装置都不动作。可见速断装置只能保护线路的一部分 L_1，而不能保护全部，保护不了的部分 L_2，称为保护死区。死区与系统的运行负荷有关，当系统从最大负荷运行方式过渡到最小负荷运行方式时，保护死区也由 L_2 增大，因此速断装置不能单独使用，必须与过电流保护装置配套使用。

　　具有电流速断和定时限保护过电流保护的原理接线如图 12-13 所示。KQ 是跳闸线圈，KM 是主电路接触器。

　　6~10kV 的建筑供电线路通常距离不长，系统简单，故障影响范围小，因此在多数情况下只装过电流保护即可满足要求。对供电给车间变电所的线路，通常馈电线与变压器共用一套过电流保护装置和一套速断保护装置相配合。

12.3.3　6~10kV 线路的单相接地保护

1. 小接地电流系统的单相接地故障分析

建筑 6~10kV 电网属小接地电流系统，即中性点不接地的系统，电网中当发生单相接地故障时，不会引起相间电压降低和电网电流的急剧增大。因此电网仍然可以继续运行一段时间（小于 2h），以便寻找故障点及采取相应的措施。为简明起见，以图 12-14 所示的单回线路讨论。

　　正常状态时，三相对称，相电压为 U_U、U_V、U_W，在线路空载时就等于电源电动势 E_U、E_V、E_W。每相导线对地电容为 C，可看成是电网的星形负载，中点为地，通过电容的电流为 I_{W0}，超前相电压 90°，是三相对称电流。因此：

　　（1）电网三相对地电压就等于相电压；

　　（2）三相电容电流向量和等于零；

　　（3）电源中性点 O 与地（D）等电位。如图中所示 O、D 重合。

　　当系统发生单相金属性接地，如图 12-14 所示 U 相接地时，U 相对地电压变为零。这相当于在接地点处加上一个与 U_U 大小相等而方向相反的电压 U_0，称 U_0 为零序电压，即 $U_0 = -U_U$。由此，各相导线对地（D 点）电压 U_U、U_V、U_W 应为 U_0 与正常状态下各相

443

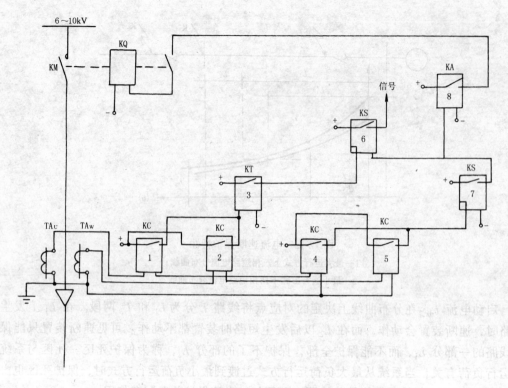

图 12-13 具有电流速断和定时限保护过电流保护的原理接线图

KM—接触器；TA$_U$—U 相电流互感器；KQ—跳闸线圈；

1（KC）、2（KC）—过电流保护的电流继电器；3（KT）—时间继电器；

4（KC）、5（KC）—电流速断保护的电流继电器；6、7（KS）—信号继电器；8（KQ）—出口中间继电器

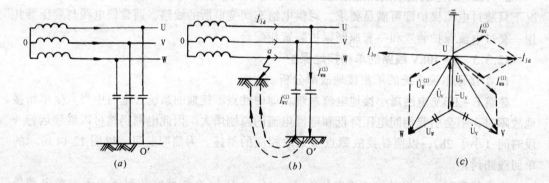

图 12-14 小接地电流系统发生单相接地短路故障

（a）正常工作情况；（b）U 相接地故障；（c）对地电压及接地电容电流相量图

对地电压 U_U、U_V、U_W 的相量和，即

$$U'_U = U_U + U_O \tag{12-13}$$

$$U'_V = U_V + U_O = U_V - U_U = U_{VU} \tag{12-14}$$

$$U'_W = U_W + U_O = U_W - U_U = U_{WU} \tag{12-15}$$

可见，小接地电流系统单相金属性接地时：

（1）接地相对地电压变为零；

444

（2）未接地相对地电压升高到线电压，是相电压的$\sqrt{3}$倍；

（3）电源中性点对地电压升高到相电压；

（4）接于电网上的用电设备的供电条件未被破坏，这一点可以由上式及向量图得到证明，即：

$$U'_{UV} = U'_U - U'_V = -U'_V = U_{UV} \qquad \text{（各 U 均为相量）} \tag{12-16}$$

$$U'_{UW} = U'_V - U'_W = -U_{VW} \tag{12-17}$$

$$U'_{WU} = U'_W - U'_U = -U'_W = U_{WU} \tag{12-18}$$

因为单相接地时电压发生变化，各相电容电流也发生了变化：U 相电容被接地短接电容电流 $I'_{UW} = 0$；V、W 两相因对地电压均升高了$\sqrt{3}$倍，因此接地电容电流 I_{VW}、I_{WW} 也增加了$\sqrt{3}$倍，分别超前 U_V 和 U_C90°，并且通过接地点构成回路，于是在接地点出现单相接地电流，见相量图，其数值为

$$I_{jd} = -(I'_{VW} + I'_{WC}) \tag{12-19}$$

即接地电容电流 I_{jd} 为正常状态时对地电容电流 I_{CO} 的三倍。一般在工程设计可由下式估算：

$$I_{jd} = |(I'_{VW} + I'_{WC})| = \sqrt{3} I'_{WC} = \sqrt{3} \cdot U_x \omega C = \sqrt{3} \cdot \sqrt{3} \frac{U_x}{\sqrt{3}} \omega C = \sqrt{3} \cdot \sqrt{3} \cdot I_{WC} = 3 I_{WC} \tag{12-20}$$

在实用工程设计中，采用下面公式计算接地电容电流。

架空线路用下式计算：

$$I_{jd} = (2.7 \sim 3.3) \cdot U_x L_V \times 10^{-3} \text{（A）} \tag{12-21}$$

电缆线路用下式计算：

$$I_{jd} = 0.1 \cdot U_x L_k \times 10^{-3} \text{（A）} \tag{12-22}$$

式中　U_x——电网的额定电压（kV）；

　　　L_V——架空线路长度（km）；

　　　L_K——电缆线路长度（km）。

在一般的情况之下，但相对地电容电流可以用下式估算。

$$I_{jd} = \frac{U_x (L_V + 35 L_k)}{350} \text{（A）} \tag{12-23}$$

$$I_{jd} = 0.1 \cdot U_x L_V \times 10^{-3} \text{（A）} \tag{12-24}$$

由以上分析知，小接地电流系统，发生单相接地时，负荷未失去电源，且接地电容电流增加的不到三倍，一般不会形成稳定电弧且能自行熄灭，此时电网可继续运行。规程中允许带故障运行 1～2h，以便寻找接地点并消除故障原因。如在此时间内消除不了故障，需将电源断开，以免再有一相接地造成两相短路而使事故扩大范围。因此，对单相接地故障，安装绝缘监视装置，对绝缘状态进行测量和监察。

2. 单相接地电容电流的分布

当供电系统有若干条线路组成，而当其中有一条线路的单相（如 L_3 相）发生单相接地时，此时整个系统的 L_1 相对地电容电流都等于零，则其余未接地相的对地电容电流都流向接地点。为讨论方便起见，假设系统由三条线路组成，接地点发生在线路上的 L_1 相上，如图 12-15 所示，则通过接地点 D 的电流 I_C。单相接地电容电流的特点是：

（1）所有未接地线路的 L_1 相对地电容电流都等于零；L_2、L_3 相有电容电流；而单相接地线路的三个相中都有电容电流，其值不相等；

（2）在接地线路的接地相 L_1 中，由接地点 D 经过母线 U 绕组 L_1 到中性点之间流过所有未接地相对地电容电流之和，方向是流向电源；而故障线路的非接地相 L_2、L_3 的电容电流方向是由母线流向线路；

（3）对接地线路三根导线而言，L_1 相中有电流 I_W 从线路流向母线，而 L_2 和 L_3 两相的 I_{jd} 从母线流向线路。

3．无选择绝缘监视装置

建筑企业变电所中常用的单相接地保护装置有：无选择性绝缘监视装置和有选择性的零序电流保护装置两种。

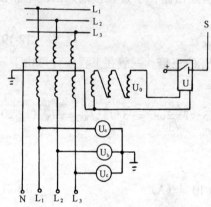

图 12-15　绝缘监视装置接线图

图 12-15 所示是绝缘监视装置的接线图。它是利用系统发生单相接地后产生了零序电压这一特点，利用电压互感器提取电压信号发出显示和报警信号的。在变电所的电源母线上安装一个三相五柱式电压互感器 TV，其二次侧有两组线圈，一组接成星形，在它的引出线上接三个电压表指示各相电压。另一组接成开口三角形，并于开口处接入一个电压继电器 KV，用以反应接地时出现的零序电压。

系统正常运行时，三相电压对称，无零序电压，故三个电压表指示值相等，继电器不动作。当任一回线路上发生单相接地时，故障相对地电压变为，此相电压表指零；其他两相对地电压升高 3 倍，两电压表指示值为线电压；因为出现了零序电压 U_0 作用于继电器，使继电器动作发出接地故障信号。

这种保护装置比较简单，但所发出的信号无选择性，值班人员为判断出哪一回线路上发生单相接地故障，需依次断开各条线路来寻找，当断开某条线路后接地信号消失，该线路就是发生接地故障的线路。由于这种判断过程繁琐，所以这种装置适用于出线回数不多、负荷电流允许短时间切断的供电系统。

由于电压互感器本身存在误差及高次谐波，所以开口三角形绕组中在正常运行时有不平衡电压输出，因此电压继电器的动作电压必须躲过这一不平衡电压，一般可整定为 15～27V，待投入运行后再经试验最后工程整定。此外，为防止一、二次间绝缘击穿高压窜入二次侧，电压互感器高压侧中性点必须工作接地；二次侧中性点必须保护接地。

4．有选择性的零序电流保护装置

这是一种利用单相接地故障线路的零序电流值较非故障电路大的特征，用电流互感器取出零序电流信号使继电器动作实现有选择性地跳闸或发出信号的保护装置。

对于架空线路，一般采用三个电流互感器接成零序电流滤过器，如图 12-16（a）所示，三相电流互感器的二次侧电流向量相加后流入电流继电器，则在正常运行时流入继电器的电流等于零，继电器不动作；发生单相接地时，出现零序电流流过继电器，使继电器动作并发出信号。

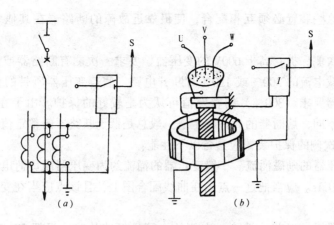

图 12-16　零序电流保护的接线方式

（a）用于架空线路；（b）用于电缆线路

对于电缆线路，一般采用零序电流互感器（零序变流器）保护。如图 12-16（b）所示，电缆穿过变流器的铁芯作为一次绕组，二次绕组绕在铁芯上并与电流继电器串联。正常运行或三相对称短路时，没有零序电流存在，继电器不动作。当发生单相接地时，有接地电容电流通过铁芯，在二次侧出现零序电流流过继电器，使继电器动作发出信号。此处必须注意，电缆头的接地引线一定要穿过零序电流互感器的铁芯，否则零序电流不穿过铁芯，因而保护装置不能动作。零序电流互感器中继电器的动作电流应满足下述条件进行速定：

由图 12-16 单相接地电容电流分布知，当其条线路发生单相（如 L_1 相）接地时，系统中的每条线路的 L_2 相和 L_3 相都出现电容电流并流向接地点 d，此时未接地线路的零电流互感器都不应动作，只能接地线路的零序电流保护动作，所以保护装置的动作电流应该躲过在其他线路上发生单相接地时在本线路中引起的电容电流，即：

$$I_{dz \cdot 1} = K_k \cdot I_{jd} \tag{12-25}$$

式中　I_{jd}——其他线路发生单相接地时，被保护也即电网中发生单相接地时，线路本身出现的接地电容电流；

K_k——可靠系数。保护装置不带时限时，$K_k = 4 \sim 5$，用以躲开被保护线路发生两相短路时出现的不平衡电流；保护装置带时限时，$K_k = 1.5 \sim 2$，这时接地保护装置的动作时限应比相间短路的过电流保护装置的动作时限大一个 t，以保证选择性。

这种保护装置适用于线路数目较多的供电系统。

12.4　电力设备的继电保护

12.4.1　保护要求

1. 研究保护配合的基本目的

目的是确定电力系统保护装置合适的额定值和整定值。必须选择保护装置使其吸合电流小及动作时间短，但又必须足以躲过系统瞬时过负荷，例如接通变压器或启动电动机时的涌流。此外，这些装置必须互相配合，使最靠近故障的断路器在其他装置之前先行断开。

如果没有二次侧保护，高于600V的变压器，要求一次侧有断路器或熔断器，分别在不大于变压器满载电流的300%或150%时断开电路。假若变压器所带的负荷性质允许的话，低于对断路器要求（300%）的整定值可认为是较好的保护。由于在过负荷范围内，电路断开的特性不同，熔断器的允许额定值一般总是低于断路器的整定值。

2. 变压器一次侧的保护装置应具备以下性能：

（1）通过变压器的励磁涌流。一般变压器的涌流约为变压器满负荷电流的8到12倍，涌流最长时间为0.1s。应当把这一点画在曲线配合图上，且该点应当在变压器一次侧保护装置的曲线下面。

（2）在变压器损坏以前，排除二次侧的金属性短路故障。根据IEEE标准462—1973设计的标准变压器要承受由于外部端于短路所引起的内应力，其极限范围如下：25倍基本电流2s；20倍基本电流3s；16倍基本电流4s；14.3倍或以下的基本电流5s。

电流水平超过满负荷电流400%~600%时，变压器过流特性约可以保守地认为是近似I^2t（发热量）常数曲线，可画成一条斜率为－2的直线，延长并最终接到上面所述的相应的短路承受点为止。对于正确的保护，变压器承受过负荷的特性曲线，应当在变压器一次侧保护装置的曲线之上。另外，要考虑到在低压侧为接线，且中性点接地的△—Y变压器中，会出现损坏点的相对偏移。单位值的二次侧单相接地故障，会在一次侧的△绕组中产生单位值的故障电流。但是在线路中，对于△绕组的保护装置，只能检测出57.8%的电流。因此，符合IEEE标准462—1973所提出的损害，且降低了星形接线中性点直接接地的二次侧的额定值，其第二个损坏点，应画在正常点的57.8%处。

3. 选择一次侧保护装置时必须了解并考虑以下内容：

（1）系统额定电压；

（2）变压器的额定负荷和励磁涌流；

（3）以kVA计的电源系统短路容量；

（4）负荷类型，恒定的、波动的或是有大型电动机、电焊机；电炉或其他有启动浪涌电流的负荷；

（5）与其他保护装置的配合。

和电力断路器结合使用的保护变压器一次回路的继电器，其时间—电流曲线形状应当和第一个下一级装置的一样。延时元件的吸合值通常为变压器一次侧满负荷额定值的150%~200%，瞬时吸合整定值应整定在二次等效最大三相对称短路电流的150%~160%，以便让过第一个半波时故障电流的直流分量。如果馈电线上接有多台变压器的话，假定变压器二次侧有保护和阻抗在6%或以下时，延时元件的吸合值不应超过最小变压器满负荷电流的600%。当用在变压器二次侧的电路中时，延时元件的吸合值也应在变压器二次侧额定满负荷电流的150%和200%之间。

（6）额定负荷中电压为600V或低于600V的馈电线或导线，除了有电动机的负荷外，允许将保护装置整定得高于导线的持续载流量，以便在故障时能够配合，或在其他负荷满载运行时启动最大的电动机，因为运行过负荷保护是由各单独回路中的过负荷装置的综合作用所提供的。在使用额定值为800A或以下的保护装置而没有与导线允许载流量相应的可调整定值时，可以使用下一个高一级装置的额定值。

额定电压高于600V的馈电线需要有短路保护，用额定值不大于该导线载流量300％的熔断器或脱扣整定值不大于导线载流量600％的断路器来保护。虽然规范并未提出要求，当按导线载流量进行过负荷保护，可改善这些回路的保护性能。

短路电流流入电力系统将对电缆、断路器、熔断器以及其他电气元件产生机械应力和热应力。因此，在短路电流通过期间，为了避免对电缆绝缘造成严重的永久性损坏，馈电线损坏特性和短路保护装置应当协调起来。馈电线损坏特性曲线可从电缆制造厂获得，此曲线应当落在馈电线保护装置的清除故障时间曲线之上面没有重叠部分。

(7) 对熔断器的选择也同样重要的是使熔断器在电流大于接触器遮断容量时较快的断开以保护接触器。而且，过负荷继电器必须在接触器遮断能力范围内，在熔断器熔断之前跳开，以避免熔断器熔断。

4. 电动机的保护

(1) 低电压　电压低了会妨碍电动机达到正常运行速度或引起过负荷，虽然热过负荷继电器会检查出低电压引起的过负荷，但仍应为大型电动机和中压电动机装设单独的低电压保护。通常用感应式低电压继电器来防止在电压低到不能接受的程度时启动电动机，并防止在电压瞬降时运行。

带负荷单相运行或三相不对称时能在电动机内引起过热，其增长率将超过热过负荷继电器能查觉的程度，即使是装在电流最大的一相中也一样。如果电机负荷不满，过负荷继电器可能根本检测不到正在发生的事故。

(2) 相位不平衡或反相序　单相（一相断开）是不能使电动机从静止状态启动的。而反相序旋转立即会对电动机或被拖动的设备造成灾害性后果。在所有这些情况下，都应采用防止单相运行和反相序运行的继电器。如果没有适当保护，当一相失压时，三相电动机是很容易受到损坏的。这种失压有许多原因，而这些原因在配电系统中到处都能发生。三相电动机单相运行造成的主要问题是过热，它会使预期概率寿命缩短或导致全部损坏。

在三相电动机上使用三个过负荷保护装置的最新措施，在大多数情况下能保证检测到单相运行故障。当在正常负荷条件下运行时，一相失压会在其他相上产生为保护装置所能检测到的异常电流。可是在某些轻负荷情况下，过负荷保护装置不动作，三相电动机在单相运行就会过热，甚至在单相运行时，电动机的负荷接近其额定功率，在常规的保护装置动作之前，电动机可能已被损坏。为了防止1000马力以上的电动机发生这种情况，应当考虑装设负序电压继电器或电流平衡继电器。

(3) 浪涌电压　浪涌电压是操作开关或雷击引起的瞬时过电压。特征是其波形有一陡峭的前沿。过电压保护装置由保护电容器和避雷器所组成，该装置应尽可能装在靠近电动机端。

(4) 重合闸和开关操作　在正常运行情况下，交流电动机本身产生的电压滞后于母线电压，感应电动机滞后的电气角度较小，同步电动机滞后25°～35°电角。在公用电力电源上重合闸或切换到备用电源的操作将使供电中断几分之一秒或更长一些时间。当电源从电动机上断开时，端电压不能马上消失，而是按电机开路时间常数（自产生电压下降到母线额定电压的37％的时间）衰减。负荷的惯性作为原动机驱使转子保持旋转。如果电动机带着很高的自感应电压重新接到母线电压上去，而且又是严重的不同相，就会给电动机加上机械和电气的两种危险应力。除了可能损坏电动机以外，过大的转矩也可能损坏电动机的联轴器。而且由电动机引起的过大电流可能使过电流保护装置脱扣。应当校验以确定重新通电是在电动机及其负荷不承受过大应力时进行。

针对这个问题可以用某种频率继电器来保护，按频率变化率的函数来操作电动机从线路上断开，另一种方法是在剩余电压衰减到安全值后才重新通电。可以装设有辅助控制的自动切换开关装置，这种辅助控制在进行切换前断开电动机，并在切换后及在剩余电压已大大地减少时再接通电动机。另一方法是在切换控制中装同相监控器，在电动机母线电压和电源接近同步后才进行切换。

（5）小型电动机　每一电动机支线必须装有隔离装置，支线保护和电动机运行的过电流保护装置。

通常将支线的隔离和保护设备合装在一个装置中，例如模压外壳断路器或带熔断器的刀开关。用过负荷继电器作电动机的过电流保护。用控制器来接通和切断电动机。这种设备可以用手动或电动操作。用过负荷继电器断开电动机的控制器作为电动机的过电流保护，装在同一外壳中的电动机控制器作为电动机支线的分断和过电流保护装置是并不罕见的。这种称为电动机组合启动器的成套设备，在作为电动机控制和过电流保护的同时也提供了电动机支线的分断和过电流保护。

电动机支线的过电流保护装置必须允许电动机启动，但必须在短路时断开。分断和过电流保护的组合装置必须在短路条件下安全地断开电路，并且在电动机满负荷运转或在堵转的情况下安全地断开电路。短路过电流保护装置必须在最大短路电流情况下有遮断电路的能力，并以此作为支线的保护。开关应能快合快断，以马力数额定其容量，并能在其安装地点可能达到的故障电流下合闸而不致损坏开关。借助于和它配合使用的熔断器，必须能承受 I_2 值及最大允许通过电流。这是在经过一段正常运行之后即将发生的故障或运行特性的改变带来的问题。

（6）需要为过负荷继电器选择适当的热元件用作过电流保护。各制造厂的热元件参数表是以与电动机和控制器在40℃或低于40℃的相同环境温度下运行为基础的。使用这些器件时必须先确定：①根据电动机铭牌确定电动机满负荷和堵转电流；②根据铭牌确定电动机的使用系数；③电动机的周围环境温度；④控制器的周围环境温度；⑤电动机的带负荷启动时间。有了这些数据，就可以确定按制造厂所建议校准过的满负荷电流，从制造厂的表格中选择适当的过负荷继电器热元件。然后，还必须验证脱扣特性能否满足启动条件。采用控制三相的电磁控制器其本身就具有低电压保护，其控制电压取自线路或控制器的线路侧。当操作线圈电压下降到其额定值的65％时，大多数电动机电磁控制器将释放。

12.4.2　变压器保护

1. 原则

变压器是供电系统中的主要设备，其故障将对电力用户生产带来严重影响，因此必须根据变压器的容量和其重要程度安装不同的保护装置。

变压器的故障分为内部故障和外部故障两大类。内部故障是指变压器油箱内发生的各种故障，包括相间短路、绕组的匝间短路和单相接地短路等；外部故障是指引出线上的绝缘套管相间短路和单相接地等故障。变压器内部故障是很危险的，因为短路电流产生的电弧不仅能破坏绕组的绝缘、烧毁铁芯，而且会由于绝缘材料和变压器油受热分解产生的大量气体，使油箱爆炸、燃烧产生严重的后果。

变压器的异常运行主要是指由于外部短路和过负荷引起的过电流；不允许的油位降低和温度升高等。

2．根据上述故障及异常运行方式，变压器一般应装置以下的保护：

（1）瓦斯保护　用此防止变压器油箱内部故障和油位降低，瞬时作用于信号或跳闸；

（2）差动保护或电流速断保护　防止内部故障和引出线相间短路，接地短路，瞬时作用于跳闸及信号；

（3）过电流保护　防止外部短路引起的过电流，作用于跳闸；

（4）过负荷保护　防止因过负荷而引起的过电流，只有变压器确实有过负荷可能时才装置，一般作用于信号；

（5）温度信号是用以监视变压器温度升高和油冷系统的故障，发生信号。

12.4.3　变压器的瓦斯保护

电力变压器的铁芯及绕组一般都是浸在油箱的绝缘油内，利用油作为绝缘介质和冷却介质。当变压器内部故障时，电弧将使绝缘材料和油分解产生大量气体，利用这种气体来实现保护的装置称为瓦斯保护装置。

瓦斯保护装置主要部件是瓦斯继电器，将它安装在变压器油箱和储油柜之间的联络管道上，使油箱内产生的气体流向储油柜必须经过瓦斯继电器。

目前使用的瓦斯继电器为干簧式瓦斯继电器（如 FJ8–80 型）具有较高的抗震能力、动作可靠等优点。它主要由两个开口油杯带动干簧式动触头，静触头固定在支架上，构成轻瓦斯和重瓦斯机构。使断路器跳闸，同时通过信号继电器发出灯光和音响信号。

12.4.4　继电器保护的设计选择

1．线路过电流保护——高压侧过电流保护装置的整定计算

启动电流满足条件：

（1）$I_{dz1} > I_{max}$正常运行，保护不应该动作

（2）保护动作后应返回原位

$$I_f = K_f \times I_{dz1} = K_f \times K_1 \times I_{dzj}/K_j = 0.8 \times 8 \times 5/1 = 32 \ （A）$$

$$I_{dzj} = K_k \times K_1 \times M_{gh} \times I_{max}/（K_f \times K_1）$$

$$= 1.2 \times 1 \times 3.5 \times 36.37/（0.8 \times 8）= 18 \ （A）$$

其中：I_{dzj}——继电器的启动电流；

$\quad\quad\ I_{dz1}$——保护装置一次侧的启动电流。

2．灵敏度的校验

最小运行方式保护区末端的两相短路电流 $I_{dmin}^{(2)}$

$$K_L^{(2)} = K_{LX}^{(2)} \times \frac{I_{d2min}^{(3)}}{I_{dz1}} \geq 1.25 \sim 1.5$$

$$= 0.87 \times \frac{1500}{144} = 9.02 \quad 满足要求$$

3．时限的确定：$t = 2 + 0.5 = 2.5s$

4．速断保护

电流速断保护是一种瞬间动作的过电流保护，其动作时间仅仅为继电器本身固有的动

作时间。它的选择性不是依靠时限，而是靠适当的动作电流来解决的。

$$I_{dz1} = K_k \times I_{d2max} = 1.25 \times 1.6 \times 10^3 = 2 \times 10^3 \text{（A）}$$

$$I_{dzj} = \frac{K_k \times I_{dz1}}{K_j} = \frac{1}{20 \times 1.2 \times 2} = 120 \text{（A）}$$

$$K_L^{(2)} = \frac{K_{LX}^{(3)} \times I_{d1min}^{(3)}}{I_{dz1}}$$

$$= \frac{1100 \times 0.866}{2000} = 4.76 \quad \text{满足要求}$$

$$I_{d1min}^{(3)} = \frac{100}{0.5 \times \sqrt{3} \times 10.5} = 11.9 \text{（kA）}$$

12.5　过　电　压

12.5.1　过电压问题

电力系统往往由于外部雷电和内部故障或操作等原因，经常会出现对绝缘有危险而持续时间较短的电压升高，这种电压升高或电位升高称为过电压。过电压的时间虽然很短，但对电力系统的正常运行和带电作业的安全性危害很大。在选择设备的绝缘配合，带电作业安全距离的选择、绝缘工具的最短有效长度以及绝缘工具电气试验标准等都必须考虑这一重要因素。

系统过电压是一个老问题。产生电网内过电压的重要因素是输电线路的电容。在高压电网中，输电线路较长，各种严重的过电压容易发生，而限制内电压有显著的经济效益。变压器励磁特性的非线性在高压大容量变压器上情况更加突出，避免过电压是电网技术中一个重要的课题。

12.5.2　内过电压

由于电网中能量的转化或传递所产生的电网电压升高称为电网内过电压。内过电压幅度值一般用电网工频相电压的倍数 K 表示，K 为内过电压倍数。在 110kV 及以下电网中，当有一般保护措施时，内过电压对正常绝缘水平一般是没有危险的，在 220kV 以上电网中，绝缘水平的选择在相当程度上是决定于内过电压。带电操作也是如此。

1. 切断空载变压器内过电压

切断电感性元件如变压器、消弧线圈的时候储存在元件中的磁场能量转变为电能，而附近没有足够的电容吸收，从而造成开关设备的强制熄弧，在系统中产生过电压。这种过电压与开关结构、回路参数、中性点接地方式、变压器接线和构造等多种因素有关。在中性点直接接地的电网中，切断 110～220kV 空载变压器时过电压一般不超过 3 倍最高运行相电压。在中性点不接地或经过消弧线圈接地的 10～35kV 电网中，不超过 4 倍最高运行相电压。

2. 切合空载线路的过电压

切合电容性元件如空载长线、电容器组的时候，由于电容的反向充放电，使开关触头间发生电弧的重新燃烧。这是因为电容电流在相位上超前电压 90°，虽然电弧在电流过零时熄灭，但电压正好是最大值。同时，若开关触头间距的绝缘还没有恢复正常，则空载线路或电容器上的电荷将在触头间产生电弧。电弧重新燃烧并构成振荡过程，理论上随电弧重新点燃次数的增加，过电压将以 3、5、7 呈现奇数倍增加。实际上在中性点接地系统中，切断空载电路所引起的过电压一般不超过最高运行电压的 3 倍。在中性点不接地系统或经过消弧线圈接地的系统中，也不超过 3～4 倍。

3. 电弧接地过电压

镀锌电弧接地引起的过电压只发生在中性点不直接接地的电网中。如一相导线对地起弧，而且接地电流较大，电弧不容易熄灭，但又不够稳定，出现熄弧与重燃交替接线的局面，引起另外两相对地点燃的振荡，出现较高的过电压。我国实际测量此类过电压最大倍数为 3.2 倍，大多数小于 3。

4. 谐振过电压

谐振过电压包括断线谐振过电压、电压互感器饱和过电压、非全相拉合闸过电压、参数谐振过电压等。其原因在于系统中出现断线、PT 饱和、非全相拉合闸等外部原因使系统的感抗和容抗相等，即 $\omega L = 1/\omega C$，也就是外加电源的频率 f 与电路固有频率 f_0 相等，电路中出现电压谐振，从而产生过电压。

研究过电压的问题，还应考虑工频电压的升高。系统突然甩负荷、空载长线的电容效应和电网单相接地都会引起工频电压升高，只是这些动态电压的升高对正常绝缘没有构成危险。但是，当工频电压升高到与内过电压同时出现时，内过电压的绝对值等于升高后的工频电压值乘内过电压倍数，这就使内过电压的绝对值增大，造成放电，轻则损坏绝缘工具，造成系统跳闸，重则造成人身伤亡。

内过电压涉及范围很广，原则上讲都会扩展到整个电网和所有三相导线。内过电压持续时间一般小于工频的半个周波。如果是发生谐振过电压，持续时间会持续零点几秒以上。对地绝缘，以设备的最高运行相电压 U 为基准，内过电压的计算倍数，3560kV 非直接接地，取 $4U$；110～154kV 非直接接地取 $3.5U$；110～220kV 直接接地取 $3U$；330kV 直接接地取 $2.75U$。相间绝缘：3～220kV 电力网相间内过电压宜取对地内过电压的 1.3～1.4 倍；330kV 电力网取 1.4～1.45 倍。切断相间绝缘时，两相的电位分别取相间内过电压的 +60% 和 -40%。带电作业最小安全距离的确定，绝缘工具最短有效长度设计，工具的耐压试验标准都是依据上述倍数确定的。

12.5.3 大气过电压

大气过电压又称为雷电过电压，是由于雷电活动而引起的电力系统中电压的升高，它对电网的安全运行特别是 110kV 及以下设备的绝缘、带电作业的安全威胁很大。雷电为什么会造成电网过电压呢？雷云放电可能是雷云之间电荷的中和，也可能是雷云与地面感应电荷的中和。对电网造成威胁的主要是后一种放电，即雷击，可能直接击中电气设备如电力线路时，强大的雷电流通过是本身或者设备接地装置入地。由于设备本身或接地装置有电感和电阻，雷电流将产生过电压，即雷击过电压。还有一种情况，雷电没有直接击中线路，而是对线路附近放电。放电前在导线上感应出大量与雷云极性相反的束缚电荷，当雷云对线路附近其他目标放电后，失去束缚，立即以光速向导线两侧传播，从而在线路上出现过电压，称为感应过电压。

所谓雷电压往往被误解为雷击某一物体时该物体上的电压。正确的理解应该是发生闪电时雷云和地面之间的电压，这一电压高达数百万到数千万伏。我们所关心的是在设备上形成的电压。例如架空线路遭受直击雷时，在架空线路上形成的电压。这个电压决定于雷电流的幅值、陡度以及杆塔的结构、高度、导线布置形式、雷击点的位置以及接地电阻等。一般需要考虑的是雷电流的陡度，即雷电流波头变化速度。线路上雷击过电压的大小受线路绝缘水平的限制，它等于绝缘子串冲击闪络电压值，所以额定电压越高的线路过电压越高。雷电流幅值与它的概率有关，幅值越大的雷电流出现的概率越少。雷电流波头长度我国取 2.6μs，对于一般线路波头形状取斜角波，设计 40m 以上高塔采用半余弦波。

线路绝缘所能承受的特定波形的直击雷而不会发生闪络的增大雷电流幅值称为该线路的耐雷水平，显然，额定电压高的线路由于绝缘水平高，相应的耐雷水平也比较高。例如 110kV 线路采用的绝缘子，冲击绝缘水平为 700kV，耐雷水平为 40～75kA；220kV 线路采用的绝缘子，冲击绝缘水平为 1200kV，耐雷水平为 80～120kA。

感应过电压幅值的大小和雷云对地放电雷电流幅值大小、雷云对地的平均高度以及线路距直接雷击点的距离有关。与直击雷比较，感应过电压的幅值要小的多，但也足以使 0.6～0.8m 的空气间隙击穿，也足以使 35kV 及以下的架空电力线路的绝缘发生闪络。当架空线路受到直击雷或感应雷后，雷电波（电流和电压）以光速沿线路向两侧流动，形成所谓雷电行进波。由于导线电阻、线间及对地间的电容、导线的集肤作用、空气介质的极化、电晕等影响，雷电波在导线传播过程中要发生变形和衰减。

12.5.4 空气的绝缘强度

空气是绝缘介质的一种，在架空线路相与相之间、相对地之间都是靠空气绝缘的，带电安全作业距离确定、保护间隙的使用都是按空气的击穿放电特性考虑的。

大气中由于含有宇宙线、红外线等各种射线、空气中的中性质点在这些射线作用下，产生电子和离子的游离过程，同时也在互相复合，所以空气并非绝对的绝缘体，在空气间隙中加上一定电压后，就会通过一定的电流。所谓气体放电也就是在一定条件下，电极旁或电极间气体导电率大大提高的现象。此时气体已失去绝缘性能，其间有一定的电流通过。影响气体放电的因素有电位间的电位差、电极的形状和大小、电极间的距离、周围气体介质的性质、环境温度、湿度、压力等。

由于条件不同，气体放电可以分为完全放电与不完全放电。空气间隙的放电以及绝缘子放电，属于完全放电；导线周围的电晕以及带电作用工具做耐压试验时在加压端出现的刷形放电，属于不完全放电。在均匀电场中放电是完全的，在不均匀电场中，是从不完全放电开始，而后才发展成完全放电。

实际高压设备中和带电作用中所遇到的大多是不均匀电场，如架空导线的相间、变压器和断路器各相套管间、带电导体对大地间、等电位作业人体对地间，电场都是不均匀的。在不均匀电场中，当电场强度不够高时，气体游离过程只限于在电场较强的电极周围，因此不完全放电只产生稳定的电晕或不稳定的火花。如果电压继续升高，使电极间达到击穿的数值，放电发展到完全放电。在均匀电场中，平均电场强度与最大的电场强度相差不大，只要在一点发生游离，此过程将很快贯穿整个间隙，发生完全放电。在不均匀电场中，起始放电电压即电晕比击穿电压低，而在均匀电场中，起始放电电压即是间隙的击穿电压。

除了室外架空线外，电力配电系统线路正常是不易受到直接雷击的。假若建筑供电的架空线遭到雷击，过电压浪涌将会加到高压线上，其幅值受架空线路的放电电位或避雷器的保护水平的限制。过电压浪涌具有陡峭的前沿波，并从雷击点沿导线两侧流动。随着浪涌电压沿导线流动，所产生的损耗使得浪涌电压的幅值不断地减少。假若电压的幅值达到了产生电晕的数值，浪涌电压会相当快地衰减，直至降到低于电晕的起始电压。过了这点，衰减就较慢了。在建筑进线端安全合适的避雷器，将会减少终端变电站电气设备承受的过电压。

在地区工厂系统的实际应用中，在降压变压器的高压侧接有敞露的高压线，并装有避雷器能得到可靠的保护。除此之外，建筑电气系统本身并不暴露在雷电下，雷电产生的过电压是十分有限和少见的。同样，由于开关操作引起的过电压，虽然很普遍，但一般并不严重。地区系统的线—地电位只是偶然地才会达到避雷器的放电电压。大量放射馈电电缆线路及其连接的大批电器，对达到所接电器的任何部分的过电压的幅值和陡度有很大的抑制作用。变压器及其他电气设备作为单一的负荷连接到线路末端是特别容易受到损害的。

异常电压梯度的出现，无论是瞬时的、短时的或是稳定的持续状态，都会导致绝缘早期失效。电气绝缘从变坏到失效，是绝缘的损害积累达到最后危险阶段的结果，此时导电通路迅速穿过绝缘层，并造成绝缘失效（短路）。大电流流过此故障通道，放出大量热量，过高的温升迅速扩大了绝缘损害范围，若不中断供电电源，整个电机会相当迅速地被破坏。

令人满意的绝缘保护系统，是由许多因素来确定的。其中最重要的是对绝缘系统耐受电压的能力及持续时间特性的了解。这些性质是用绝缘型式的名称及规定耐受高电压和冲击电压试验的能力来表示。问题的另一方面是关于对可能遭受的过电压源及可能施加于电器和电路上的过电压特性、幅值、持续时间与重复率进行鉴定。合理地使用过电压保护装置将减少其幅值与持续时间，并且是获得所要求的绝缘安全性的最有效方法。为了得到最佳的解答，对电气浪涌电压沿导线传播工况的方式必须有足够的了解。

实际上，绝缘的失效不仅是因为所加一过高幅值的过电压，而且也是因为这种过电压总持续时间累积量造成的，这就使问题复杂化。没有一个简单的装置能够正确地积算连续加上的过高过电压的积累效果。必须估计此时间因素，并在保护系统的设计和应用中加以考虑。

雷电是瞬时过电压的主要根源。许多工业企业在运行中，使用了易遭受直接雷击的架空明线，将雷电浪涌引入工业配电系统。

工厂的室外架空配线，因为附近构筑物的屏蔽作用，很少受到直接雷击。然而距直接雷击物100m以内，在架空线上能感应大的瞬时过电压，所以在接至建筑物配电线的架空线末端，必须安装避雷器。当不用电时，可能还要安装开关来断开架空线。

12.5.5 瞬态过电压保护

用于工业装置，电压达35kV的电缆，其绝缘强度要高于同样额定电压的其他电气设备。这是因为电缆的绝缘在安装时要削弱一些，同时比在不太恶劣环境中的绝缘来说，电缆的绝缘品质下降速度可能要快一些，在电缆的终端装置或接头上，根据其设计和结构情况，可能有，也可能没有这样高的绝缘强度。除电缆本身受损点外，接头或终端装置是最容易遭受雷电过电压或操作过电压影响的。没有安装浪涌电压保护的电缆终端装置，可能会由于操作瞬时过电压而闪络。在这种情况下，电缆还可能处于更高幅值电压的反射波的作用下，从而导致电缆绝缘的损坏。不过，在中等电压等级的电缆中，这种现象不太可能出现。

像其他电气设备一样，用来保护这种过电压的方法通常是安装浪涌避雷器。采用配电型或中等电压型的避雷器，将它安装在架空线路和电缆线路的连接点，也可装在开关可能断开的一端。在电缆线路的中间段上，不必像架空线那样装设浪涌避雷器。建议用最短的引线把浪涌避雷器装在导线和电缆的屏蔽系统之间，使避雷器的效果最好。另一建议是把屏蔽层和避雷器的接地线直接连接到接地系统上，以防止浪涌电流流过屏蔽层。

架空悬索支承的完全绝缘的电缆和架空间隔型的电缆容易遭受直接雷击，在这方面是有记录可查的。不过，发生这种情况的机率很低，在大多数情况下都没有加以保护。但如果为了可靠而必须防护的话，可在电杆上的电缆上方几英尺处，安装类似用于架空线那样的接地屏蔽线。电杆上引下的接地导线要在电缆悬索旁侧大约 0.5m 处绕过悬索，以防护随直击雷而产生的侧向闪络。用以支持接地屏蔽线的金属钉，距离电缆或悬索也应保持不小于 0.5m 的间距。人身与带电导体的最小安全距离见表 12-3；各种过电压下的危险距离见表 12-4。

人身与带电导体的最小安全距离　　　　表 12-3

电压等级（kV）	最小安全距离（m）	电压等级（kV）	最小安全距离（m）
< 10	0.40	110	1.00
35（20～44）	0.60	220	1.80
60	0.70	330	2.60

各种过电压下的危险距离　　　　表 12-4

额定电压（kV）	内 过 电 压		外 过 电 压	
	过电压标准（kV）	危险距离（mm）	过电压幅值（kV）	危险距离（mm）
10	26	30	50	70
35	89	200	134	200
60	153	430	227	400
110	246	520	375	700
154	344	950	575	1100
220	420	1150	664	1250
330	580	1750	820	1580

12.6　供电系统的备用电源的自动投入装置（APD）

为了保证重要负荷不间断供电，在一、二类负荷的供电系统中可以采用备用电源自动投入装置，简称为 APD 装置，以提高供电系统的可靠性，这一直是用户的自然要求。正常运行时，分段断路器是断开的，当其中一路失去电压后 APD 能自动将失压线路的断路器断开，随即将分段断路器自动投入，令非故障线路给重要负荷供电。

注：自动重合闸装置（Auto-reclosing device）简称 APD，旧符号是用 BZT 表示。

12.6.1　自动重合闸的种类

在供电系统中，像架空线路等难免会出现故障，是暂时性质的，采用自动重合闸装置可以迅速恢复供电，提高供电的可靠性。根据《继电保护和自动装设计技术规程》的规定，1kV 及 1kV 以上的长度超过 1km 的架空线路（包括电缆与架空线路混合线路），当具有断路器时，应装设自动重合闸装置。当采用高压熔断器时，一般装设自动重合熔断器。

变压器回路必要时应该装设自动重合闸。单侧电源三相自动重合闸装置，按照其特性的不同可作以下的分类：

1. 按照自动重合闸装置的合闸方式可分为机械式和电气式两种。

机械式自动重合闸装置是采用弹簧式操作机构，依靠机械储能来驱动断路器自动重合，普通用在交流操作电源的变配电所。电气式自动重合闸装置采用电磁式操作机构，依靠重合闸继电器去启动断路器自动重合，一般在有蓄电池直流操作电源或整流式直流操作电源的变配电所中应用。

2. 按照自动重合闸装置的复位方式，可分为手动复位和自动复位两种，一般采用自动复位。

3. 按照自动重合闸的重合次数，可分为一次重合闸和多次重合闸。自动重合闸的重合成功率随其重合次数增加而大大减少，而且多次重合闸线路复杂，断路器的断流容量降低较多，所以一般的配电系统中只采用一次重合闸。

4. 按照自动重合闸装置的启动方式可分为不对应启动和保护启动。一般优先采用转换开关位置和断路器为不对应启动方式，来启动自动重合闸装置。

5. 按照自动重合闸加速保护装置的时间，可分为重合闸前保护和重合闸后保护两种。当线路上装设了带时限的保护装置时，应尽可能采用重合闸后以避免线路重合在稳定性故障上，使事故范围扩大，并尽快再次断开线路。在单侧电源几条串联线路组成的线路上，为了加速断开线路故障或简化继电保护，可采用重合闸前加速保护装置。

12.6.2 APD装置的作用和要求

1. 作用

(1) 线路发生暂时短路，自动重合闸装置可以快速恢复供电，提高线路供电的可靠性。

(2) 在双电源供电的高压线路中提高并列运行的稳定性。自动重合闸装置必须与断路器配合。自动重合闸装置排除的是暂时故障。

(3) 自动重合闸装置可以纠正断路器的误动作。

2. APD装置应满足以下基本要求：

(1) 当常用电源失压时，APD应能快速将此路电源切除，切除后再将备用电源投入自动重合闸装置必须迅速动作。动作顺序：先断工作电源，再断APD。只动作一次，不应重合第二次。动作后能自动复原。

(2) 常用电源负荷侧发生故障时，APD不应动作。电压互感器熔断器熔丝熔断或其刀闸拉开时，APD不动。

(3) 备用电源无电压时，APD不应动作。

(4) APD装置只能动作一次，不应重合第二次。

(5) 电压互感器熔断器熔丝熔断或其刀闸拉开时，APD装置不应动作。

(6) 常用电源的正常停电操作时，APD装置不应动作。不允许自动重合闸装置多次重合。

(7) 当手动拉闸不可动作。手动合闸，在故障线路上也不动作。

12.6.3 APD装置的工作原理

图12-17为10kV电源互为备用时的互校装置原理接线图。其中，QF_1、QF_2为两路电

源进线的断路器，操作电源由两组电压互感器 1TV、2TV 供给。这种接线能够做到满足上述要求的两种电源互为备用和互校的功能。其动作过程如下：

假设电源甲为常用电源，QF₁ 处在合闸状态；电源乙为备用电源，QF₂ 处在分闸状态。

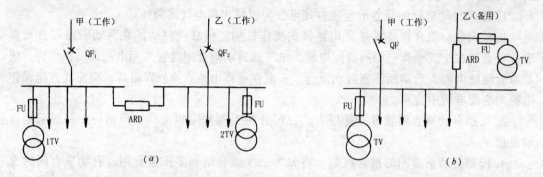

图 12-17　备用电源自动投入接线原理图
（a）装于母线分段断路器上（暗备用）；（b）装于备用进线断路器上（明备用）

正常运行时 1TV、2TV 均带电，继电器 1KV、4KV 均动作，其常闭触头打开，切断了 APD 装置启动回路中的时间继电器 1KT。采用 2 支电压继电器触头串联可以防止电压互感器一相熔丝熔断时而使 APD 误动作。

当一路电源因发生故障被线路首端切除后，则一路电源失去电压，这时电压继电器 1KV、2KV 的常闭触头接通，启动时间继电器 1KT，经过预先整定的 t 延时后 1KT 动作，通过信号继电器 1KS 接通跳闸线圈使断路器 QF₁ 跳闸，并发出信号。QF₁ 跳闸后，其常闭辅助触头闭合，通过防跳跃中间继电器 2KM 的常闭触点接通 QF₂ 的合闸线圈 2YR，使 QF₂ 合闸，二路备用电源开始供电，备用电源投入完成。QF₂ 合闸后，其常开辅助触头将 2KA 启动并使其自保持，因而保证了 QF₂ 只能合一次闸，这就是防跳跃闭锁装置。这种接线中，由于采用了交流操作电源，因此在常用电源消失而备用电源又无电压时，也就失去了操作电源，这就保证了备有电源无电压时不应动作的要求。

互投装置在两路电源上安装的元件及接线方式完全一样，所以当以二路电源为常用电源，一路电源为备用电源时，自动投入过程完全一样，只是第二套装置动作而已。

12.6.4　安装方法

自动重合闸的接线　自动重合闸装置的接线应满足下列条件：

（1）使用转换开关将断路器断开，或将断路器投在故障线路上随即由保护装置将其断开时，自动重合闸装置均不应动作。

（2）自动重合闸装置的动作次数应符合预先的规定。在任何情况下（包括装置本身的元件损坏以及继电器触点粘住和拒动），均不应使断路器重合的次数超过规定。

习　题　12

一、填空题

1. 根据继电器的功能不同种类有 _____、_____、_____、_____、_____、_____、_____ 等。

2. 继电保护装置的任务是 _____，当电路过负荷时，发出 _____，

458

当发生短路故障时，_____。

3．根据继电保护装置所承担的任务要求，它必须满足：_____、_____、_____、_____。

4．在电气施工图中继电器新的符号 KT 是_____；KA 是_____；KM 是_____；YR 是_____；TA 是_____；KT 是_____；TM 是_____；ARD 是_____。

5．标出图 12-18 各点的标准电压值，填写在方框内。

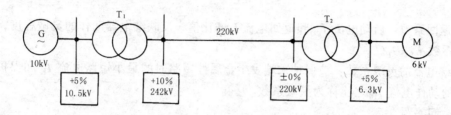

图 12-18　填空 5 用图

二、简答题

1．中间继电器；2．瓦斯继电器的功能；3．继电器与继电器保护装置；4．定时限；5．反时限；6．返回系数；7．继电器的灵敏系数。

三、问答题

1．继电保护装置在供电系统中有哪些作用？

2．按功能分继电器有哪几种？

3．瓦斯继电器保护装置能保护哪些故障？指出其保护范围。

4．继电保护装置的作用是什么？

5．对继电保护装置有什么基本要求？

6．在二次回路接线图中的标号"＝A5—W2—P3"中各符号代表什么含义？

习　题　12　答　案

一、填空题

1．中间继电器、电流继电器、电压继电器、时间继电器、信号继电器、瓦斯继电器。

2．控制继路器分离负荷电流，报警信号，自动地将故障部分切除。

3．选择性、灵敏性、速动性、可靠性。

4．时间继电器；电流继电器；中间继电器或接触器；跳闸线圈；电流互感器；时间继电器；电力变压器；自动重合闸装置。

5．（见图 12-18）

二、简答题

1．中间继电器：其作用是在主电路动作时，检出分电流启动继电器，用它来再驱动其他设备动作的继电器。

2．瓦斯继电器的功能：保护变压器的油箱内部的各种故障，可以保护匝间、相间对地等的短路故障，对油箱外的套管及引线的故障不能保护。

3. 继电器与继电保护装置

继电器是一种在输入信号（参量）作用下，输出继电特性的自动电器元件。

继电保护装置是各种继电器等元件组成的，能够反应出电气设备故障和不正常状态而作用于开关跳闸，或发出信号的自动装置。

4. 定时限：继电器的动作电流（或动作电流倍数）大小不同，而动作时间不变称为定时限。

5. 反时限：继电器的动作电流（或动作电流倍数）越大，则动作时间越小称为反时限。

6. 返回系数：启动电流 I_{dzj} 和返回电流 I_f 的比值，反映继电器动作的灵敏程度，定义为返回系数 $K_f = I_f/I_{dzj}$。

7. 继电器的灵敏系数：被保护末端发生金属性短路时的最小短路电流 I_K 和保护装置一次侧的动作电流 I_{OP} 之比称为灵敏系数。

三、问答题

1. 答：继电保护装置在供电系统中主要承担以下任务：

（1）在系统正常运行时用以分合负荷电流，并保证正常运行状态。

（2）在系统发生过负荷故障或绝缘击穿故障时，它发出故障警报信号。

（3）当系统发生短路故障时，它能自动驱动开关切除短路电流以避免事故的扩大。

2. 答：（1）过电流保护电流继电器；（2）重合闸继电器；（3）信号继电器；（4）时间继电器；（5）中间继电器；（6）高压或低压保护电压继电器；（7）瓦斯继电器；（8）温度继电器；（9）零序电流互感器；（10）变压器纵横联动继电器；（11）低周减载继电器；（12）低频继电器。

3. 答：（1）保护变压器的油箱内部的各种故障；（2）可以保护匝间、相间对地的短路故障，对油箱外部套管和引线的故障不能保护。

4. 答：（1）在系统出现短路故障时，它能使靠近故障点的断路器跳闸，使故障设备脱离电源，让系统的其他设备继续运行。

（2）当系统出现较长时间的过负荷时，能发出报警信号，提醒值班人员过来排除故障。

（3）和自动装置配合能进一步实现电力系统自动化，如实现自动重合闸（ARD）及备用电源的自动投入（APD）等。

5. 答：（1）可靠性：继电保护装置在应该动作时就动，不得有误动作。

（2）选择性：当用电设备发生故障时，要求距故障点最近的保护装置动作，而不应越级跳闸。

（3）速动性：为了防止故障扩大，要求速动即迅速切断故障设备的电源。

（4）灵敏度：它表示保护装置对保护区内的故障及不正常运行反应能力的一个参数。

6. 答："=、A5、W2、P3"中符号"="代表"高层"项目的前级符号，"A5"表示第5号"装置"（如开关柜），"—"号为"种类"项目的前缀符号，"W2"表示第二号"线路"，"P3"表示第3号"仪表"。所以"=A5—W2—P3"表示该设备为"第5号开关柜内第2号线路上的第3号仪表"。

13 电 力 管 理

13.1 电 网 的 结 构

我国已经步入了大电网、高电压和大机组的时代。实际工程中，高压大电网的问题的出现和解决，往往涉及不同专业技术领域而具有综合性。加强对电网的全局概念，分清主次，首先解决主要矛盾。

随着高电压电网的发展，超高压设备、大容量机组、长距离输电已经各种新技术引进电网，电网事故所波及的范围越来越大，短路水平越来越高。我们除了对电网进行全面的理论分析之外，也有必要针对已经发生的事故进行总结和有针对性的加强电网。

13.1.1 电网规模的增大

随着社会的不断发展，用电量需求不断增加，电力系统也日益扩大。电网已经成为当今经济的动脉。大电力系统具有明显的优越性，可以合理开发和利用能源，节约投资和运行费用，增加供电可靠性等，但其也带来了潜在的弊端，那就是事故的骨牌效应。由于影响电力系统安全运行的因素比较复杂，很可能一些偶然因素的相互叠加超出了人们的预测和控制范围。1987 年 8 月，具有六回线供电的美国纽约也发生了停电事故。

13.1.2 电力设备故障

电网是可能发生事故的，特别是大型发电机组的损坏将给电网造成巨大危害，电网实际运行中，不可避免会出现异常情况，有的直接影响电力系统的安全和大型发电机组的安全，甚至两者不能兼得。协调大型发电机组安全运行和大电网安全运行的相互适应性，是电网的重大技术政策问题，要分清主次、互相支持。电网中可能出现的四种情况如下所述。

（1）电网中出现故障不可避免，但可以控制的故障，如发生大量有功负荷消失后电网异常频率运行、三相负荷不平衡、发电机组误并联等。对付这类故障的办法是通过运行电网采取适当措施，以降低对发电机组的冲击幅值及时间，并与发电机组允许的安全值配合。

（2）电网中出现不可避免和控制故障，如在机端多相短路、电网短路、发电机升压变压器母线侧出口发生延时切除的三相短路、在不利合闸角度下对升压变压器误操作。它对发电机组影响的严重程度非人力所能避免，也无法预先或及时进行有效控制，只能通过提高发电机组对冲击的耐受能力，保证在事故发生后机组仍然可以继续安全运行，但是，这将损失机组的寿命。

（3）电网中应该避免对发电机组产生致命影响的事故，如发电机组的次同步谐振、重合闸在大型发电机组高压配线出口的三相短路及两相对地短路故障时重合。

（4）电网安全需要的非正常工作状态。如较长时间的暂稳态（发电机进相运行，汽轮机组失去励磁后异步运行)、电网的稳定措施(发电机组满负荷切除和加载,发电机组快关汽门,发电机组带励磁异步运行)。目前,国际上没有统一标准,不同制造厂应提供相应的技术说明。

解决机组安全与电网要求之间的矛盾,需要清楚特殊情况下的发电机组的极限承受能力、在安全前提下充分利用机组、从电网和发电机组本身采取适当措施降低事故影响。

13.1.3 电力系统的稳定运行

由于环境资源的限制,电厂往往需要长距离的输电线路。保证电力系统的稳定运行,是保证电网安全的前提。

电力系统的根本任务,是在国民经济发展计划的统筹规划下,合理开发能源,用综合最低成本,向国民经济各个部门和电力用户提供充足可靠而质量合格的电能。规划设计电力系统的技术标准,叫可靠性准则,包括供电的充足和安全。

安全稳定是电力系统正常运行不可缺少的基本条件。安全是指运行中的所有电力设备必须在不超过它们允许的电流、电压和频率的幅值和时限内运行;稳定是指电力系统可以连续向负荷正常供电的状态。不安全不稳定会导致电力设备损坏。其中电力系统稳定性包括三方面:同步运行稳定性、频率稳定性和电压稳定性。失去同步稳定性,电力系统将发生振荡,引起系统中枢点电压、输电设备中电流、电压大幅度地周期性波动;失去频率稳定性将导致全系统停电;失去电压稳定性将导致系统电压的崩溃。

保持电力系统的稳定性基本条件有三:合理的电网结构、事先的分析、事故后的应急措施。合理的电网结构是电网系统安全运行的客观物质基础,一个合理的电网结构,应该适应系统发展过程中可能出现的电源建设和负荷增长的某些不确定因素,应该能够在技术经济上适应电力系统发展的需要,应该能够为电力系统提供安全稳定的客观基础,也应该能够使电力系统调度运行人员容易掌握和方便处理系统的安全和稳定问题,避免整个电网系统事故的发生和发展。

合理的电网应该是分区的,一定容量的电厂应该直接接入相应一级的电压网络,以充分发挥各级电压电网的传输能力,简化电网结构并加强对高压电网枢纽点的电压支持。为了取得经济技术综合效益,宜于对受端系统、远方变电所等设备,让摄像机立刻瞄准有关部位,及时录像。同时通报有关人员及时行动。

13.1.4 电力计量

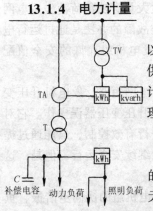

图 13-1 高压计量原理图

大电力用户指的是无公用负荷、单独装配电变压器的 6kV 及以上电压等级供电的电力用户。在大电力用户中,由 10kV 电压供电的用户最多,所占负荷比例及电费回收数量相当可观。在设计时选择合理而优化的电费计量发生,力求做到公平、准确、合理的计量和收费,无疑对供用电双方都有着重要意义。

1. 现行计量方式

(1) 高压计量 如图 13-1 所示,在受电进线侧装设计量专用的电流、电压互感器。有功、无功电能表可以将变压器的有功、无功损耗计量下来。同时,在低压照明干线上装设照明电能表。有功总电量减去照明电量和按比例应分配的变压器损耗电量,余下的电量为动力电能电费的计算电量,也是与无功电能表所计的无功总电量一起作为实行功率因数调整电费的计量电量。

目前采用高压计量方式的用户，在原设计时是按照有高压配电计量柜的用户。数量不大。

（2）低压计量　如图 13-2 所示，在低压动力干线上分别装设电能表，分别累计各自的用电量，按照有关规定要求在计算时，每月增加一固定变压器损耗值。有关损耗由动力和照明两种电量按比例分摊。作为计算功率因数调整的无功电量，则为动力干线计量的无功功率与变压器损耗之和。图 13-3 是高压计量箱原理图。

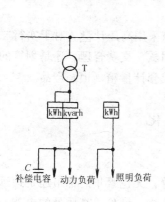

图 13-2　低压计量原理图

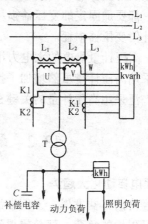

图 13-3　高压计量箱原理图

2. 变压器损耗电力

变压器投入运行后，不论是否带负荷，本身都要消耗一定的电量，由空载损耗和负载损耗组成。其中空载损耗为固定值，运行即有，负荷损耗为变化值，其大小与负荷电流的大小和用电时间有关。不同变压器有不同的损耗值，而且无功功率的损耗比有功损耗大得多。

低压计量方式中，现行电费计算所加的固定变压器损耗值是 70 年代有关部门依照多数情况下的平均负荷率（80%）和用电时间（16h/d），通常先用不同型号的变压器损耗参数以及按不同容量等级，事先计算而确定的一系列数值。实际上各个用户的情况千差万别，以固定数值计量是不能真实反映变压器的损耗，据此收费也是不公平的。

3. 电费的构成

（1）容量在 100kVA 以下的用户，收取一个有功电量电费，即动力电费和照明电费。

（2）容量在 100～315kVA 的用户，执行有功电量电费加功率因数调整加减电费。功率因数调整电费是根据用户每月的有功和无功电量计算出月平均功率因数，再对照功率因数调整电费表查出增加系数，此系数乘以动力电费来计算的。100～160kVA 功率因数标准为 0.85；160kVA 以上为 0.9。功率因数低于上述值，按调整系数进行罚款。

（3）容量在 315kVA 及以上用户，除个别单纯照明负荷外，实行二部制电价计收电费，并实行功率因数调整电费。二部制电价指的是基本电费加电量电费的收费办法。基本电费按最大需要量或变压器容量收取，电量电费按有功电量记取。功率因数调整电费根据月平均功率因数查增减系数后乘以二部电价取费。

根据有关规定：不同类别的用电负荷，其电价不同。除动力电费、照明电费外，还包括规定的加费、贴费和代收费。

(4) 问题与办法　根据某供电局一组大动力用户的计量方式、功率因数的调查表明，采用高压计量发生所占比重较小，且功率因数均较高，被罚款的很少。即使功率因数达不到 0.9，也可以通过补偿的方式达到。其原因在于可以补偿包括无功变压器损耗在内的无功损耗，使得吸取电网的无功功率很少。

采用低压计量的用户数量多，但普遍功率因数在 0.5 左右，罚款相当可观，而且无法用无功补偿的办法解决。这是由于：低压计量累计的是负荷实际使用的有功和无功功率，在计算电费时，都要加固定的变压器损耗。当月有功消耗少时，功率因数必然很低。增加无功补偿不能补偿变压器损耗。

(5) 结论　高压计量供电的大电力用户，原则上应该采用高压计量。对于实行二部制电价的用户，采用高压计量虽然增加了投资，但减少了罚款，交费合理，还是划算的。

目前没有广泛采用高压计量的关键在于没有合适的成套计量箱（柜）产品。

13.2　配　电　自　动　化

13.2.1　配电自动化大趋势

随着社会经济的日益发展，人们生活水平的不断改善，无论繁华的都市还是边远的乡村，都具有与日俱增的负荷，都希望得到充足、可靠、合格、廉价、高质量的电能，要求有现代化的配电系统与之相适应。

对城市而言，规模不断扩大，高层建筑及家用电器日益增加。北京市 $150km^2$ 的城市中心区域，1989 年 $4333kW/km^2$。日本东京 1980 年 $610km^2$ 市区负荷密度 $14600kW/km^2$，其中银座 $1.21MW/km^2$。把如此巨大的电能输送到负荷中心，然后分配给成千上万的用户，并且做到通电迅速、使用安全、供电质量高、无污染，不是一个简单的问题，它要求有现代化的配电系统设计和装备。

对农村而言，没有通电的地方要求早日通电，已经通电的地方也要求有高质量的供电水平。农村中的开发区及大量乡镇企业，有的自动化水平已经相当高，规模也日益扩大。普通农民家庭电器产品也逐渐普及，现代化的养鸡场、养鱼池、食品加工厂等生产也对供电质量提出了越来越高的要求。从长远看，城乡差别日益减少，也许区别仅仅在于负荷的密度不同。农村变电所要向小型化、低造价、安全可靠、无人值班发展。

13.2.2　配电系统的层次

自 80 年代以来，由于微处理器（micro-processor）与单片机（micro-controller）在强电领域的成功应用，使得配电自动化系统的发展十分迅速。配电层次这个术语表达着对技术集成（technology integration）的先进程度，它涉及软硬件的先进程度、系统规模、管理方式、经济利益、风险、事故范围等各个方面。

配电层次可分为四个：单体（stand-alone）、组合体（cells）、群体（linked islands）、全集成（full integration）。对配电系统而言，联网规模越大，控制管理所涉及的问题就越多。单体是指已经应用微机控制的孤立电网，其线路上有重合闸、遥控上报等智能设备。组合体对应于区域电网，电网之间的通信联系上了一个大台阶，控制和管理的目标是多方面的。电网的各种联系随时可能建立，相对单体而言要求自动化程度高了很多。

群体对应于大区电网。虽然正常运行时各电压等级呈放射式串接，但需要时电网结构可能发生较大变换。为了取得大电网的综合效益，电网供电潮流，尤其是 10kV 线路，可能要重组。全集成系统是指更大范围的国家或国际电网。要求所有联网区域内都能够各种信息的交流，而且全系统的重要设备实现自动控制。

13.2.3 配电自动化的要求

1. 故障的自动定位和切除

对配电系统实现自动化控制，就要求能够在事故发生时，能够自动识别故障的种类。若为瞬时故障，应尽快排除；若为永久故障，要迅速隔离，使故障范围限制到最小。这就要求电网中有比断路器智能更高的开关设备，如自动重合闸、自动分段器。这些设备具有一定的自检和自控能力，能够根据故障情况，不依赖继电保护装置而完成预期的动作。

现行电网是根据负荷逐步增加而形成的，多为单回线放射式供电。其中的自动重合闸只能排除瞬间故障，若为永久性故障，只能是手工排除故障后，再恢复全线供电。

能够自动恢复供电的电网系统至少要求是形成环网的系统。电网可以在平时开环运行，故障时自动投切，当然，这需要全面考虑线路长短、负荷大小、潮流及各开关设备的配合。

2. 远距离控制

远距离控制是电网自动化的必然要求，这就需要有相应的通讯能力。如信号的采集、传输、整理、发送、执行等环节，都要畅通无阻、执行无误。实现信息的传送，可以是有线或无线的。有线发生如配电线路载波、单独配置的电话专线、传输光缆等；无线传播采用超短波频率，如 900MHz。

实现远距离控制的配电系统，其系统内各种参数，如电压、电流、负荷分布、各开关状态及具体设备的参数都在主控制室内可以查看。发生故障后，自动隔离故障并将报警信号送至值班室。通过人机对话能够迅速知道故障位置、影响区域、负荷分布等电网调度的重要信息。

配电自动化要求电网系统能够自动隔离故障，进行负荷管理、实施监控和数据记录。这对设备提出了很高的要求，必须是成套的组合电器。这种组合电器既满足了电网从运行控制整体上对开关设备的要求，又考虑了开关与其他电器元件之间的相互配合，集显示、保护、监控、自诊断于一身，通过各种传感器及其它传输变换元件能够巡视主回路的温升、电压、电流、气体状态等参数并决定自身是否动作及如何动作。

3. 无油断路器

用油作绝缘和灭弧介质，时刻潜伏着火灾和爆炸危险，且检修维护工作量大，不适应故障自动定位和负荷自动调整中的频繁操作。历史上，人们在灭弧介质和熄弧方法上进行了大量探索。从在大气中灭弧的角形间隙到利用油、水、磁吹、压缩空气、产气材料、真空、六氟化硫作为灭弧介质的各种型式的开关设备。使用无油断路器是配电系统自动化的必然结果。

对于户外柱上开关设备和仅用油作介质而不作灭弧介质的装置，若造价低廉、使用过程中利大于弊时，仍然有其生命力。为了解决绝缘问题，柱上真空断路器也有将真空灭弧管浸泡在油中的结构。

13.2.4 配电自动化的设备

电力系统是发、送、变、配、用电各部分的总称，它按照电压分层、按地域分区，而开关设备在各层、各区、各线路起分隔和联络作用。就输配电电压等级的划分而言，很难一刀切。

配电自动化的设备包括各类重合闸、分段器、成套组合电器、智能型的高低压断路器、熔断器。传统开关设备与重合闸、分段器配合使用后，注入了新的活力，能够自动隔离故障区域。自动并不等于智能，智能电器是以微处理器的应用为前提的。例如重合闸，还是称为自动化开关设备为宜。

运行统计资料表明，配电系统中瞬时故障占61%，永久性故障占39%，而永久性故障中的1/3是由于瞬时故障引起的。永久性故障多为不可恢复的绝缘损坏、导线断裂、电杆倒伏等，需要人工修复。而瞬时故障多是风雨、雷电、鸟兽等偶然因素造成的线路之间、线路和大地之间的弧光放电。对于瞬时故障，只要能够瞬时断电，待电弧去游离后接通电路即可排除故障。重合闸就是为了排除此类故障而设的。第一次重合成功率为80%，二次重合增加50%，若与熔断器或分段器配合使用，成功率可达95%以上，大大增加了供电系统的可靠性。

13.2.5 保护装置及其应用

1. 保护装置的作用

电力系统的保护装置提供信息，并在系统不正常或危险的情况下使相应的线路开关设备动作。通常继电器控制额定电压为600V以上的电力断路器，而电流响应的自持元件动作于低压的多极断路器，隔离在任何一相上有过电流的回路。熔断器和单极遮断开关的功能，同样是单独的或与其他适当的装置组合在一起，将故障的或过负荷的回路切断。对其他不正常电气系统情况作出反映的特殊型式的继电器，可以使断路器或其他开关装置将有故障的设备与系统的其余部分分隔开。

2. 突然来电

导致直接触电可能的原因有二：一是由于接触有电设备，如误入有电间隔、误登有电设备及不慎与邻近带电设备发生放电。其特点是设备始终带电，由于失误而触及带电部分。另一类触电是由于停电工作的设备突然来电而导致触电事故。

已经停电的设备为什么会突然来电呢？在现实的世界真的会发生许多意外。可能的原因总结如下：

(1) 误调度、误操作，对停电设备误送电。

(2) 由于自发电、双电源用户及发电厂用变压器、电压互感器二次回路错误操作。

(3) 附近带电设备感应。

(4) 停电线路和带电线路同杆或交叉跨越，两者之间意外接触或将近放电。

(5) 停电与带电的电压网络共用零线时，由于零线断开或接地不良等因素，可能从零线窜入危险电压。甚至该电压可能向配电变压器的高压侧反馈。

(6) 雷电感应。

(7) 由于将发电厂、变电所接地网的高电位引出，或将入地电流引入使停电线路带电。

常用的保护方法是在检修线路两侧悬挂接地线。在停电线路突然来电时，接地线能够把检修设备电位控制在安全范围以内。

13.3 电 能 质 量

13.3.1 理想的供电系统

在理想的交流供电系统中，三相电流是平衡的，其均方根值和频率都是恒量，电压电流的波形为标准正弦波。理想供电系统的指标与负荷特性无关，而且用户负荷应该设计成在额定电压和频率下具有最佳的运行性能，各个负荷之间互相不干扰功率因数补偿为1。

采用三相正弦波供电的理由如下：

在电路中性线无源元件上的电流电压关系，可以简化为比例 $u = Ri$、微分 $u = Ldi/dt$、积分 $u = 1/c \int idt$ 三种。线型电路分析广泛应用叠加原理，能够将复杂的问题分解为几个简单问题。正弦周期函数在进行加减、微积分运算时能够保持其正弦函数的特性，这对于交流供电系统而言是十分有利的。对三相电压、电流的时间函数分别为：

$u_a = \sqrt{2} U_s \sin\omega t$; $u_b = \sqrt{2} U_s \sin(\omega t - 120°)$; $u_c = \sqrt{2} U_s \sin(\omega t + 120°)$

$i_a = \sqrt{2} I \sin(\omega t - \varphi)$; $i_b = \sqrt{2} I \sin(\omega t - \varphi - 120°)$; $i_c = \sqrt{2} I \sin(\omega t - \varphi + 120°)$

式中　U——相电压的均方根值；

　　　I——相电流的均方根值；

　　　φ——电流滞后电压的相角；

　　　ω——工频角频率；

　　　f——频率；

　　　T——周期。

各相的瞬时功率：

$$p_a = u_a i_a = UI\cos\varphi - UI\cos(2\omega t - \varphi)$$
$$p_b = u_b i_b = UI\cos\varphi - UI\cos(2\omega t - \varphi - 120°)$$
$$p_c = u_c i_c = UI\cos\varphi - UI\cos(2\omega t - \varphi + 120°)$$

平衡三相的瞬时总功率与其平均功率 P 相等。

$$p = p_a + p_b + p_c = u_a i_a + u_b i_b + u_c i_c = 3UI\cos\varphi = P$$

严格意义上的对称三相系统是指三相系统的全部正弦波电动势、电压和电流的大小相同，而且各相之间的相位差又都相等并相差120°。平衡三相系统是指三相系统总功率的瞬时值与时间无关。一个不对称的多相系统并不表示它是不平衡的，如由两个相位相差90°大小系统的电源组成的两相系统。

单相系统是不平衡系统的典型例子，它的瞬时总功率为：

$$p = \sqrt{2} U\sin\omega t \times \sqrt{2} I\sin(\omega t - \varphi) = UI\cos\varphi - UI\cos(2\omega t - \varphi)$$

有功功率或平均功率 $P = UI\cos\varphi$

$p_{max} = UI(\cos\varphi + 1)$, $p_{min} = UI(\cos\varphi - 1)$ ，即单相系统的瞬时视在功率在 P 之间随时间变化。

在大功率的单相负荷直接连接到三相电源时，将导致三相系统的不平衡，这时对于发电、输电和变电等设备的运行都会产生不良影响。当三相系统的电流或电压大小不等或相位差不是120°时，则次三相系统的电流或电压是不对称的，系统也是不平衡的。

如上所述，平衡的三相系统的总功率是恒定的且与时间无关，而不平衡的三相系统的总功率是在其平均值的上下脉动。因此将不平衡三相系统变换成平衡的三相系统时，在变换设备中应该设有能够暂时储存电磁能量的电感线圈和电容器类的电路元件。

在三相交流电机中，三相绕组在空间分布的电角度相差120°，而通入的三相电流时间的相位也相差120°，则它产生均匀的旋转磁场和转矩。显然用平衡的三相交流供电，在经济方面优于互不连接的三相电路，前者用三根导线代替后者用六根导线实现同容量的送电。平衡的三相供电系统还有许多优点，它是当今世界最流行的供电形式。

$\cos\varphi$ 称为功率因数，习惯上规定当电流滞后电压时，相角差为正值。三相无功功率 $Q = 3UI\sin\varphi$，三相视在功率 $S = 3UI$，功率因数 $\cos\varphi = P/S$。

电力系统在发电机输出端的电压波形通常是十分接近理想正弦波。供电系统的电流主要取决于用电的负荷。由于在电能输送过程中受到各处各种负荷用电的影响，在用户受电端的电压则会偏离正弦波而发生畸变。工程上要使供电系统能够保持三相平衡的、稳定的正弦波的供电电压，则要求用户的负荷具有正弦电流和三相平衡分配。并且能够以恒定功率用电，或者要求公共供电点具有极大的短路容量。

13.3.2 用户负荷的干扰

许多用电设备和电力装置，包括大多数新技术的设备，运行时会对电网产生干扰，降低邻近地区的供电质量，影响其他设备的运行性能。供电电能质量的衡量指标，除供电电压和频率的偏差外，还有电压正弦波畸变、三相电压不平衡、电压波动和闪变电压突然下降和中断以及电网中各种信号电压等。

判断供电质量标准：在供电点电压和频率接近额定值和稳定的程度；电压和电流偏离正弦波的程度；三相系统的电流和电压的三相平衡程度。

从干扰的角度可将供电系统的设备分为两类：发生干扰的设备可能产生干扰电压、电流或电磁场。对干扰敏感的设备受到干扰后会降低运行性能。干扰源和被干扰的设备可能是同一个。另外，电压的突然下降或中断，都是由电网中的短路故障和运行操作事故所引起的，难以预料。

正弦波畸变的原因：如果供电系统中有非线型元件和负荷，即使供电电压为正弦波，其电流波形也将发生畸变。非正弦波形的电流在供电系统中传递，由于沿途电压降低使各供电点电压波形将受其影响而产生不同程度的畸变。大量的、大功率的非线型负荷，是引起供电系统的电流、电压波形产生畸变的主要原因。供电系统的主要非线型负荷有：含半导体器件的电力电子变流设备；电弧炉、电焊机、荧光灯；电力变压器、铁芯电抗器等含有磁饱和特性的设备。

13.3.3 三相电压不平衡标准

三相电压不平衡度是电能质量的主要指标之一，随着电气化铁路、电弧炼钢炉及一些单相大容量设备，如电阻炉、工频感应炉、石墨炉，这些设备的发展使电网三相不平衡情况日益严重，需要采取相应的法规和措施加以改善。

国标规定，负序电压的不平衡率不超过2%。

同步电机承受不平衡负荷的能力在任意一相电流均不超过额定电流，其不平衡度用 I_2/I_n 表示。见表13-1。汽轮发电机不平衡运行条件见表13-2。

13.3.4 高次谐波及其抑制

根据数学分析可知:非正弦周期性函数用付里叶级数能分解为一个直流分量、基波正弦量和一系列频率为基波整倍数的高次谐波正弦量之和。因为在电力系统中存在着许多谐波源,尤其是大型变流设备和电弧炉使得高次谐波的干扰成了影响当前电压质量的一大公害。

同步电机的不平衡运行条件　　　　　　　　　　　　表 13-1

序	电 机 型 式	持续运行最大不平衡度 I_2/I_n
1	间距冷却的凸极同步电机	
	电动机	0.1
	发电机	0.08
	同步调相机	0.1
2	定子及磁场绕组直接冷却的凸极机	
	电动机	0.08
	发电机	0.05
	同步调相机	0.08
3	转子间接冷却的隐极同步电机	
	空气冷却	0.1
	氢气冷却	0.1
4	转子直接冷却的隐极同步电机	
	额定功率 125MW 及以下	0.08
	额定功率大于 125MW	见相应样本

I_n—三相额定电流; I_2—单相工作电流。

汽轮发电机不平衡运行条件　　　　　　　　　　　　表 13-2

转子冷却方式	冷却介质或功率	连续运行的最大不平衡度 I_2/I_n	故障运行最大不平衡度 $(I_2/I_n)^2t$
间接冷却	空气	0.10	30
	氢气	0.10	30
直接冷却	300MW 及以下	0.08	8
	600MW	0.07	7

1. 高次谐波的产生

在电力系统中存在着许多非线性元件。所以用电线路中就有高次谐波电流或电压产生。如荧光灯和高压汞灯等气体放电灯、交流电动机、电焊机、变压器和感应电炉等都产生高次谐波。

2. 高次谐波的危害

(1) 能使变压器的铁芯损耗增大,过热,缩短变压器的使用寿命。

(2) 高次谐 波通过交流电动机不仅使电机铁损增大,还使电机的转子振颤。严重地影响了产品的加工质量。

(3) 对电容器的影响大,因为电容器对高次谐波的阻抗小, $X_C = \dfrac{1}{\omega C}$。因此电容器过热而损坏。

（4）高次谐波会使供电线路上的电能损耗增大。

（5）使感应式仪表不准，或许多收电费。

（6）使电力系统发生电压谐振，从而在线路上引起过电压甚至击穿绝缘。

（7）使系统的继电保护和自动装置发生误动作，并且干扰附近的通讯设备产生信号干扰。

3. 谐波的性质

谐波频率是基波频率的整数倍。例如，对于 60Hz 频率的电力系统，二次谐波是 2×60，即 120Hz，三次谐波是 3×60 即 180Hz。谐波是和 60Hz 供电电源同步的，是由改变电压或电流的正常正弦波形的器件造成的。通常，包括三相绕组不完全对称的三相设备，以及例如带有铁芯线圈的励磁电流装置，当电压波动引起电流畸变时，负荷阻抗发生变化的单相及三相负荷。可以证明，畸变波是由基波和不同频率和幅值的谐波组成感抗的变化与频率成正比，故电抗电路中在给定谐波电压下，电流的减少与频率成正比。相反，容抗的变化与频率成反比，故电容电路中，在给定谐波电压下，电流的增加与频率成正比。若在感抗与容抗是相等的串联电路中则将互相抵消，而在某一谐波电压时，会有很大的电流流过。此电流的数值仅由电路中的电阻确定。这种状况就叫做谐振。以上情况在谐波频率较高时更可能发生。

4. 谐波的特性

任何电力系统存在的谐波成分和幅值都是很难预测的，并且对同一系统不同部分的影响的变化也是非常大的。因为不同频率有不同的效应。既然畸变波存在于供电系统中，则畸变波存在的任何地点就可能产生谐波效应，谐波效应的发生并不限于产生谐波装置的附近。在有整流和变频的地点，在电力变换的所有畸变的交流成分中都会有谐波存在。谐波可能通过直接连接或感应或电容耦合从某一电路或系统传送给另一电路或系统。因为 60Hz 的谐波是在音频段内，将这些传送并使用同频段的通讯、信号和控制电路中去会造成有害的干扰。此外，流过电力线路的谐波电流要减少设备载流能力和增加损失而不提供任何有用的功。

5. 产生谐波的设备

（1）电弧设备。电弧炉和电焊机具有变化的负荷特性，在每半周波期间，它需从供电系统得到谐波电流。如果这些供电线路与通讯、控制线路并不靠近，或者系统中没有大电容器组，正常时这些设备不会造成很大问题。

（2）气体放电灯。荧光灯和水银灯产生小电弧，它与镇流器组合就会产生谐波，特别是三次谐波。经验说明，相线上的三次谐波电流可高达基波的 30%，而在中性线上则达到基波的 90%，中性线上的三次谐波是各相直接相加得到的，因为它们的周期都是基波周期的三分之一。这就是为什么有关规范要求带这种类型负荷的中性线要带相线全负荷的原因。

（3）整流器。去掉了交流半波的半波整流器产生偶次与奇次两种谐波。全波整流器能消去偶次谐波并常能减少奇次谐波的幅值。主要产生谐波的是斩断交流波、特别是在周波的尖峰附近斩断交流波的可控整流器。输入和输出两者的波形取决于开始整流的控制角，所以输入和输出的波形以及谐波的频率与幅值将随控制角的整定值而变。大型整流器常常用六相与十二相变压器接线以获得较平滑的直流，它产生的谐波与用三相系统供电产生的谐波不同。

(4) 旋转电机。电动机和发电机的三相绕组正常时是对称的，由于不对称而产生的谐波电压很小，不会引起任何干扰。定子铁芯的非线性特性能产生明显的谐波，特别是磁通密度高的时候更加明显。

(5) 感应加热器。感应加热器以 60Hz 或更高频率的电源在金属中感应产生环流加热金属。感应加热器绕组中的电流和被加热金属中的环流产生的磁场相互作用产生了谐波。大型感应加热炉可能产生不能允许的谐波。

(6) 电容器。电容器不能产生谐波。然而，在有电容器的电路中，电容抵消了电感，对于较高频率来说起了放大谐波的作用。如果发生谐振，其放大量可能很大。大的谐波电流可能使电容器过热。此外，大的谐波电流可能对通讯、信号和控制回路产生影响。专用电容器可以对制造厂提出特殊要求。

6. 降低谐波的影响

在有谐波干扰的地方，通常采用的措施是增加电力线和通讯线的间距和用屏蔽的通讯线。在有电容器组放大谐波电流的地方，应将电容器改为合适的型式，或将电容器组迁移。在有谐振情况的地方，应改变电容器组的大小规格，将谐振点移到另外的频率。例如，当通过供电电源直接连接，将谐波从电力系统传至通讯、信号、控制电路时，可装设滤波器抑制谐波或谐波短路。

在与电力估算作初步接洽时，应对预计的供电电源波作出分析。从制造厂取得将要安装的、可能产生电源畸变设备的有关畸变资料。两者结合起来，考虑适当的安全系数，可以用来指导应用或编制处于谐波影响的其它设备的技术说明。

7. 高次谐波的抑制在实用中常采用以下具体措施

(1) 用三相整流变压器 Y 接，即 d (Y/△) 或 y (△/Y) 的接线方法。这种接线可以消除 3 的整数倍次的谐波，这样就使注入电网的谐波电流只有 5、7、11…等次谐波了。对于时间轴（即横轴）对称的波形根本就不存在直流分量和双次谐波分量，所以系统中所有非正弦的交流所含的谐波分量在消除 3 的整数倍次谐波之后，就只有 5、7、11…次谐波了。这种方法效果良好。这是最基本的方法。

(2) 采用增加整流变压器二次侧的相数。二次侧的相数越多，则整流波形脉波数就越多，这时次数低的谐波被消去的也就越多。例如在有 6 相时，出现的 5 次谐波电流为基波电流的 18.5%，7 次谐波电流为基波电流的 12%；如果有 12 相时，则出现的 5 次谐波电流降为基波电流的 4.5%，7 次谐波电流降为基波电流的 3%。都差不多减少了 3 倍！故效果显著。

(3) 安装分流滤波器。如图 13-4 所示。

这是用 R、L、C 等元件组成的串联谐振电路，通常采用 Y 形接法。在大型静止"谐波源"（如大容量的晶闸管变流设备等），它与电网连接处并联装设分流滤波器，使滤波器的各组 R、L、C 电路分别对需要消除的 5、7、11…次的高次谐波进行调谐，使之发生串联谐振。因为串联谐振的阻抗很小，所以能使有关次谐波电流被滤波器滤去了或吸收了，而不会注入电网。

(4) 安装静止无功补偿装置（SVC）。针对大型电弧炉和晶闸管控制的轧钢机、卷扬机等非线性设备，因为它们的负荷电流是冲击性的，而且是随机的，所以适宜装设能吸收

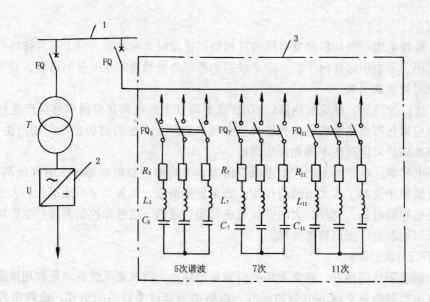

图 13-4　分流滤波器吸收高次谐波接线图

1—电网；2—干扰源；3—分流滤波器

动态谐波电流的 SVC。

　　此外，把能产生高次谐波源的设备与不能受干扰的负荷隔离开、限制电力系统接入变流设备及交流调压装置、提高对大容量非线性设备的供电电压等方法都能抑制或消除高次谐波的污染。

13.4　节　能　措　施

　　地球的资源是有限的，因此，节约能源是我国经济建设中的一项重大政策，节约使用二次能源"电能"是节约能源工作中重要的方面。

13.4.1　变配电所设备的节能

　　(1) 将轻负荷变压器停止运行，以减少铁损和铜损。具体要比较铁损和铜损，因为往往发生由于其他变压器负荷率的上升，反而引起铜损的增加。配电线路迂回也会引起线路有功功耗的增加。

　　(2) 尽可能控制变压器运行台数。

　　(3) 提高配电电压，减少配电线路的损耗。

　　(4) 改变配电方式。

　　(5) 经过技术经济比较，尽可能采用高效率的变压器，减少铁损和铜损。

　　(6) 提高供电线路的功率因数。因为功率因数与供电线路的电流呈反比。

　　(7) 加强用电管理，限制电能的浪费，施行定额管理。

　　例如充分地利用自然光；选用高效率的电器设备，如高光效的光源、高效节能变压器；加强管理，定期或不定期地检修电器设备和供电线路，如线路接触不良就有电阻，就会发热。进行全面质量管理，实行岗位责任制。

　　及时淘汰漏电、费电、过时的劣质产品；采用节能开关，如定时开关；改善生产工艺流程，"削峰填谷"；采用高压供电技术，供电电压越高则线路电流越小，供电线路上损耗的电能就越少。

13.4.2 照明设备的节能

1. 照明节能的必要性

随着社会的发展和人民生活的改善，民用电所占用电总负荷的比例逐渐提高，照明设备的节能越来越显得重要。经过技术经济比较，采用高效电光源和高效率的灯具，具体措施和效果分析如下：

JY 型高效节能荧光灯具系列产品按其相配套的双高（即高可靠性、高功率因数）组合型电子镇流器（SGZH）系列产品是按照国际 IEC 标准设计的（达到了 IEC928、IEC929 标准），是我国"八五"期间重点推广的节能产品，克服了前期生产的电子镇流器与灯管技术性能不匹配、可靠性差、缩短了荧光灯的使用寿命等缺点，所以 JY 型系列产品得到广泛采用，是节能型灯具。

JY 型系列产品技术性能主要体现在有预热起动，一次点燃，使灯管寿命更长，电子镇流器连续通断 18 万次以上灯管两端没异常现象；功率因数高，一般在 0.95 以上，这也是节能的因素之一；SGZH 型电子镇流器内有谐波滤除电路，所以高次谐波含量低，基本上消除了对电网的干扰及对射频信号的干扰；具有过电压保护功能，工作电压范围在 160～250V（国家标准是 198～242V），当电压过高时，能自动断电；电子镇流器工作频率在 25kHz 左右，消除了频闪现象，而且功率损耗少，约节能 15%～20%。

2. 采用功率因数高的设备

如热辐射光源。在不降低照度的前提下，减少照明灯具的密度。安装调光装置，在不需要高照度时调低灯具的亮度，尤其是用电量比较大的体育馆场。采用路灯自动控制系统，天亮时，路灯自动断电。照明设计合理化，尽可能用局部照明能解决的地方不用大面积整体提高照度。

13.4.3 功率因数平衡

1. 功率因数平衡难以做到的原因

功率因数取决于设备设计及运行条件。因而，往往不可能期望对一个新建筑的功率因数估算得很精确。

民用电气设备生产厂家大多数不提供设备的功率因数值，所以单相功率因数不好确定。另外像插座回路，除个别情况下指定用某种设备外，其他由用户随意使用，负荷的大小和功率因数的高低成了随机变化的数值，给功率因数平衡带来了相当大的难度。

设计时宜将不同性质的负荷分成若干个单相回路，把同一性质的负荷尽量均匀地分配到三相中去；插座与照明回路分开，插座回路应在三相中尽量均匀分配；单相回路负荷不宜过大，以回路电流不超过 10A 为宜，便于回路相序的调整。

2. 建设部标准 JGJ92 规定

"只有相负荷时，等效三相负荷取最大相负荷的三倍"，并以此为依据来选择导线和进行开关的保护整定计算。由于功率因数不同，最大相负荷不一定是最大电流相负荷，最大电流相的功率因数也不一定是三相中最小功率因数，因此所选择的导线和开关的保护整定值有可能会出现偏差。

三相负荷平衡的目的是降低中性线电流，减少零点电位漂移。三相负荷平衡包含三相电流的幅值平衡和幅角平衡两方面内容。也就是说三相负荷的大小要尽量相等，而且三相负荷的性质也要相同才能达到三相平衡的目的。在工程设计中往往只重视负荷的电流大小平衡是不够的，即使三相负荷的幅值绝对相等，由于三相负荷的性质不同即电流与电压的相位差角不同，则功率因数仍然相差较大，中性线电流仍然可能超过允许值。民用建筑中功率因数在 0.7~1.0 或 0.7~0.9 之间，前者幅角平衡起主导作用，后者幅值和幅角都有重要作用，但功率因数平衡较难做到。

将功率因数提高到 0.9 以上对电网有利，但线路中性线电流超过允许值的几率提高了许多，从而使变压器和供电线路效率降低、电能质量下降，有可能导致一些用电设备过热，缩短使用寿命。

13.4.4 家用电器的节能

电能属于二次能源。目前的一次能源结构大部分是石化燃料、水力能、核能转化而来的。电能在使用中具有转换为其他形式的能较简单、成本低、传送使用过程损耗小、可实现远距离输送且输送功率大、使用方便、易于控制和实现自动化等优点。

节电从直接的角度来看，是节省使用和合理使用电能，从广义来看就是合理利用资源。目前我国电能总消费量只占能源总消费量的 1/4 左右，缺电现象比较严重。估计每年缺电 400 多亿度，造成 20%~30% 的生产能力不能发挥，每年少生产近千亿元产值。所以，提高电能的利用率，就可以使有限的电能生产出更多的产品，创造更多的价值。搞好电能管理、努力节约电能有着极其重大的意义。

加强企业用电管理、促进企业合理地使用电能是节约电能的重要方面。要做好企业供电、电能转换为机械能的、电能转换为热能的、电能转换为化学能的和企业照明的合理化。

日常生活上节约用电也很重要，下面介绍几种家用电器的节电知识。

1. 空调机

（1）根据房间的大小选用合适的制冷量的空调机。一般可按每平方米室内面积配置 150~200kcal/h 的制冷量计算选用。如 13~15m^2 的房间可选用 2000kcal/h 制冷量的空调器。在制冷量相同的情况下，应选用功率较小的空调器。

（2）窗式空调器应安装在通风良好、没有阳光直射和不靠近有热源的地方。如果环境限制只能在向阳的地方安装（如向南的房间）则应在窗外加装遮阳板。

（3）空调器工作电流较大，启动电流更大，所以电源不应直接接在照明线路上，而需要单独专线供电，并设置 16A 的延时熔断器。

（4）使用空调器的房间必须有良好的隔热密封性能。门窗最好是双层，或者加厚门帘和窗帘。空调器运行期间门窗不应敞开。

（5）空调器所控制的温度调得越低、耗电量就越多。所以使用时应根据环境温度、房间大小、家内热源及密封的好坏等因素适当控制温度。夏天一般降至 26~28℃ 就够了。若降得太低，不仅耗电增加，而且室内外温差大，人走到室外会感到突然太热而不舒服。

（6）空调器使用过程中如需要更换室内外空气，可将"通风"拨钮推向"开"一侧。使进气门与排气门畅通，此时室外空气迅速流入室内，室内浊气排出室外。但"通风"拨钮不应处于常开状态，否则由于室内外空气对流，室内温度降不下来而增加耗电量。

2. 电风扇

（1）应尽量采用高速档启动，启动后再转换到低速档。因为风扇启动电流大，增加耗电量。如果供电电压低，又用低速档启动，会加速电机发热，严重时会烧坏电机。

（2）在满足风量的前提下尽可能使用低、中速档。因为电风扇的高速档和低速档的使用耗电量相差很大。400mm 台扇为例，高速档耗电 60W，慢档耗电 40W，可节电 30％左右。

（3）电风扇应随用随开，不用时应及时关掉。晚上睡觉时应使用定时器，预置通电时间。

3. 电冰箱

（1）尽量把食品集中一次存放，减少开门次数，缩短每次开门的时间，尽量减少开门的角度，特别要注意把门关严。

（2）不要把热的食物、热水等直接放入电冰箱。不要储入未包封的湿物品。蔬菜、水果等清洗后并抹干表面水分再放入电冰箱，以免加速结霜，增加耗电量。

（3）存放的食物不宜过多，且食物应该有规律地存放。食物与食物之间，食物与箱壁之间都应留有空隙，否则会影响冷气流动，增加耗电量。

（4）要根据食品的多少和冷藏时间，选取适当的冷冻温度，而且要尽量避免急冷档制冰。若要制造食用冰块或大量存放冷饮，最好在晚间放入电冰箱，晚上气温较低，又不开门，可减少电冰箱的负荷，节约用电。

（5）冷凝器表面沾满灰尘污垢会使散热效果变差，耗电量增加。所以应经常打扫灰尘，以利于散热，节约用电。

4. 洗衣机

（1）使用时尽可能按照洗衣机的最大洗衣量放入衣物。这样可以节约用电。若每次洗衣量远小于额定量，则不仅浪费电能，还会由于负载较轻，加剧衣物的翻滚和磨损。但也不能超过额定容量，否则会造成洗衣机疲劳甚至过负荷烧坏电动机。

（2）洗衣时要掌握适当的开机时间，这是节电的重要一环。

（3）洗衣时应按规定加适量的洗涤水。强、中、弱三档的洗涤功能其耗电量不一样，所以应根据衣料的性质和脏污程度选择适当的档位，这样可以节约用电量，又可减少衣物的磨损。

5. 电饭锅

（1）每次使用时，应把内锅安放平贴，并左右旋转几下使内锅与电热盘紧密接触，以利于提高传热效率。

（2）煮饭时，当按键开关自动跳起、指示灯熄灭，表示饭已基本煮熟。这时可拔开电源插头，利用电热盘的余热即可把饭焖熟。不拔电源插头，当锅内温度降至 70℃时还会继续通电浪费电源。

（3）如果要炖补品、煮粥等，待食物煮至合适时就得将电源插头拔起，否则会浪费电能又会把食物煮干烧焦。

（4）内锅要避免碰撞、变形，否则会增加耗电量且烧坏电热盘。

（5）内锅底和电热盘表面要保持清洁，它们之间不应附有尘埃、水滴、饭粒、砂粒等杂物。保证内锅与发热盘接触吻合，提高热效率。

13.5 功率因数分析

大多数用电设备都是感性负载，如电动机、荧光灯、变压器等。它们在运行中电流总是滞后电压一个 φ 角，这个相位角影响重大，其电流有两个电流分量。产生功率的电流或称工作电流，即通过设备能转换成有用功的电流，通常转换成热、光或机械能。这些功率的单位为 W。磁化电流，亦即无功或非工作电流，用以产生电磁设备工作所需磁通的电流。

没有这种磁化电流，能量就不能通过变压器铁芯或穿越感应电动机的气隙传送能量。无功功率的单位为 var（乏）。有功电流与无功电流的矢量和为总电流，在已知电压为 V 时，有功功率、无功功率及视在功率与电流成正比，功率的相量图与电流的相量图相似。

13.5.1 功率因数的定义

1. 功率因数定义

由于感性负载电流滞后电压 φ 角，所以功率计算时，需要把电流矢量投影到电压矢量方向上去（如果以电压矢量作为参考矢量），因此出现一个 $\cos\varphi$，这个相位差角 φ 的余弦称为功率因数。此值变化范围为 $0 \sim 1$。

实用中，功率因数也可以定义为线路内有功功率与视在功率之比值称为功率因数。

$$\cos\varphi = \frac{P}{S} \tag{13-1}$$

根据功率三角形关系，功率因数也等于有功功率与视在功率夹角的余弦值。所以有功功率等于视在功率乘功率因数。

2. 功率因数的超前与滞后

功率因数是超前还是滞后，取决于有功功率与无功功率两者输送的方向。如果输送方向相同，则在此点的功率因数为滞后；如果两个功率分量的输送方向相反，则在此基准点的功率因数为超前。因电容器是一种无功功率源，所以其功率因数总是超前的。

感应电动机是滞后的功率因数，因其需要将有功功率与无功功率同时送入电动机（方向相同）。过激同步电动机能供给系统无功功率。有功功率分量送入电动机，而无功功率则送入系统（方向相反），所以功率因数是超前的。在实际的电力系统中，即使系统中有一些超前功率因数的设备，如过激同步电动机等。系统功率因数仍可能是滞后的。

3. 功率因数的大小

根据负荷的性质决定功率因数的大小，当负荷为纯电阻时，电流和电压的相位差角为 0°，所以 $\cos\varphi = 1$；当负荷为纯电容时，电流和电压的相位差角是 90°，$\cos\varphi = 0$；而感性负荷（相当于电阻和电感串联负荷），$\cos\varphi = 0$ 和 1 之间，见图 13-5。

感性负载三个电压矢量（U、U_L、U_R）关系，可称为电压三角形。把电压三角形三个边缩小 I（电流）倍，而得到阻抗 Z、感抗 X_L、电阻 R 之间的关系，称为阻抗三角形。把电压三角形三个边扩大 I（电流）倍，而得到视在功率 S、有功功率 P、无功功率 Q 之间的关系，称为功率三角形。

从而得到功率因数大小的关系式：

$$\cos\varphi = \frac{R}{Z} = \frac{U_R}{U} = \frac{P}{S} \tag{13-2}$$

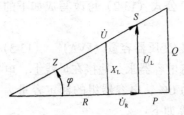

图 13-5 阻抗、电压、功率三角形

不同性质负荷的功率因数不同，也就是它们的电流与电压相位差角不同，如以电压为参考量画在水平坐标方向，有两个感性负荷功率因数角分别为 φ_1 和 φ_2。可见：在单相并联的许多负荷，若功率因数不同，则它们的总电流不能直接用算术和相加，而是用矢量加法相加。

13.5.2 改善供电线路的功率因数的意义

（1）可以充分利用现有电源的容量，或者说是可以设计比较小的电源容量。

例如现有一台电力变压器容量是 1000kVA，如果功率因数为 0.5，则只能带 500kW 的负荷，如果功率因数提高到 0.9，则能带 900kW 的负荷。同理，如果建筑用电有 500kW 的负荷，而功率因数只有 0.5，则应该选用一台 1000kVA 电力变压器。如果功率因数提高到 0.9，则选用一台 630kVA 电力变压器就足够了。

功率因数的改善，意味着"释放系统容量"，系统中的电流将减少，从而允许该系统再增加负荷。变压器、电缆及发电机等设备是有过负荷可能的。通常原动机的有效功率相应于发电机的视在功率，因而改善功率因数既能释放有效功率，又能释放视在功率。

例如某建筑物负荷为 1000kVA，功率因数为 70%，装设 480kvar 的电容器后，释放出系统容量约为 28.5%，即系统能多承担 28.5% 的负荷（功率因数为 70% 时），而不超过改善功率因数前的额定视在功率。原负荷加上增加负荷后的最终功率因数约为 90%。

（2）可以改善电压质量，减少供电线路的电压损失，保障用户得到足够的电压。例如在用户总负荷不变的前提下，提高功率因数以后，供电线路电流变小，而供电线路电阻是一定的，所以供电线路的电压损失就小了。

电流减少的百分数近似值可用下式计算：

减少的线路电流百分比 $\% \quad I = 100\,(1 - \cos\varphi_1 / \cos\varphi_2)$

式中　$\cos\varphi_1$——安装电容器前的功率因数；

　　　$\cos\varphi_2$——安装电容器后的功率因数。

虽然装设电容器可提高网络电压，但只是为了这个理由而应用电容器，那是不经济的。所以只能认为改善电压质量是一种附带的好处。从下列近似公式可看出，为了减少电压降而减少电流的无功分量的重要性：

$$\Delta U = RI\cos\varphi \pm XI\sin\varphi \tag{13-3}$$

式中　ΔU——电压升高或下降的变动率，ΔV、R、X 及 I 可用伏（V）、欧（Ω）、安（A）的绝对值计数；

　　　φ——功率因数角。公式中当功率因数为滞后时用"＋"号，超前时用"－"号。

在功率因数滞后的网络中，ΔV 通常为正值（电压降），而在功率因数超前的工业企业网络中，ΔV 通常为负值（电压升）。上述公式可以改写成：

$$\Delta V = R \times 有功功率的电流 \pm X \times 无功功率的电流$$

$$\Delta V = I\,(R\cos\varphi \pm X\sin\varphi) \tag{13-4}$$

因为无功功率所产生的电压降幅值将比有功功率所产生的电压降大好几倍。因为功率因数直接对减少无功功率起作用，所以对减少电压降是最有效的。从公式（13-2）中可看出，只需知道系统电抗及电容器容量，就可从无功功率的变动来预测电压的变动率。因此，从接入变压器二次侧母线上的电容器来求电压变动率，公式（13-2）可改写成如下的简单形式：

$$\%\Delta U = 电容器容量（千乏） \times 变压器阻抗百分数 / 变压器容量（kVA） \qquad (13-5)$$

当投入电容器时电压上升，断开电容器时电压下降。将电容器永久地接在母线上，电压将持续升高。例：当变压器额定容量为 1000kVA，阻抗为 6%，电容器组的额定容量为 300kVar 时，求母线上电压的变动率。利用公式（13-3）计算如下：

$$\%\Delta U = 300/1000 \times 6\% = 1.8\% 电压升高$$

如果电压升高过多而不适当时，应建议倒换变压器的分接头。从无负荷到满负荷的系统电压调整率，实际上不受电容器数量的影响，除非切换电容器，然而增加电容器却能提高电压水平。在大多数现代电力配电系统及单一变电系统中，由于电容器而升高的电压很少超过百分之几的。

（3）可以减少供电线路的电能损失。原因还是由于提高功率因数以后，供电线路电流变小，而供电线路电阻是一定的，所以供电线路的功率损失 $\Delta P = I^2 R$ 必然就小了。

（4）可以降低供电线路的截面及各种控制设备的规格，从而降低工程造价。

（5）可以降低电费开支。提高了供电线路的功率因数以后，虽然建筑用户的电表读数不变，但是对工厂、企业等单位电费和功率因数密切相关。

为了奖励企业提高功率因数，电力部门对大宗工业用户规定了按月平均功率因数调整电费的办法。如以 0.85 为标准，功率因数自 0.85 以下每降低 0.01 则全部电费增加 2%；因此一般工业电力应保持功率因数 0.9～0.95 左右，将无功功率降低到最小限度。应充分考虑按负荷的增减采用不同容量移相电容器补偿来改善功率因数。计测功率因数通常采用功率因数表（$\cos\varphi$ 表）。确定无功功率的补偿方案。除应进行技术经济比较外，还应考虑减少配电系统中的电压损失；无功功率减少后，增加网络供电的裕量。

水电部《供用电规则》规定用户必须保证有功功率在 0.9 以上，其它用户应保持在 0.85 以上。经努力达不到以上规定，必须装设必要的电容补偿设备。

13.5.3 用电设备的功率因数

（1）电动机 负荷低的感应电动机其功率因数是很低的，采用了适当容量的电容器后，从零到满负荷的整个范围内的功率因数得到显著改善。

（2）整流器 无相控的二极管类型、小型单相整流器满载时的功率因数约为 50%，大型多相整流器的功率因数则可达 95%～98%。晶闸管（thyristor）传动装置。功率因数大约正比于直流输出压与额定电压的比值。在负荷低时功率因数很低。

（3）电炉 电弧炉的功率因数很低，一般为 65%～75%。改善功率因数可能是一个系统问题。感应电炉的功率因数为 30%～70%，习惯于采用切换电容器的办法来调整功率因数使其始终接近于 1。

（4）电灯 白炽灯的功率因数等于 1。荧光灯及其他气体放电灯的功率因数则很低，约为 70%。采用镇流器校正后可将功率因数调整到从大约 90% 滞后到略微超前的范围内。

变压器的励磁电流与负荷无关，通常为其额定千伏安的 1%～2%。变压器的漏抗也需要无功。此无功功率随负荷电流的平方而变。在额定电流时漏电抗需要的无功功率等于变压器额定千伏安乘以铭牌上标明的百分阻抗值。

13.6 改善功率因数的方法

13.6.1 改善功率因数的方法

改善功率因数的方法主要有两种途径，分述如下。

1. 提高自然功率因数的方法

（1）选择电动机的容量要尽量使其满载：采用降低用电设备无功功率的措施，称为提高设备的自然功率因数。各工业企业所取用的无功功率中，异步电动机约占 70% 以上。因为异步电动机在轻负荷或空负荷时，功率因数很低，空负荷功率因数只有 0.2 ~ 0.3，满负荷时功率因数很高，约为 0.85 ~ 0.89。所以，要正确选择异步电动机的容量，容量不能过大，尽可能满负荷运行。

为了避免电机轻负荷运行（俗称"大马拉小车"）不合理的运行方式。现有电机又不能更换小容量的，可以改变电机定子绕组接线来降低电机运行电压，最常用的方法是"Y—Δ"法。适用于定子绕组为三角形接线，并有六个接线端，平均负荷在 40% 以下的轻载电动机。

（2）电力变压器不宜长期轻负荷运行：同理，选择电力变压器容量也不宜太大，因为对高压电网来说，变压器是高压电网的负荷，也有提高功率因数的问题。如果变压器满负荷运行，变压器一次侧功率因数仅比二次侧降低 3% ~ 5% 左右，若变压器轻负荷运行，当负荷率小于 0.6 时，一次侧的功率因数就显著下降，可达 11% ~ 18%。因此，电力变压器在负荷率为 0.6 以上时，运行才比较经济。通常在 75% ~ 80% 比较合适。如果变压器负荷率长时间小于 30% 时，宜更换较小的变压器。

（3）合理安排工艺流程：在建筑工地，用电设备多，而且运行时间安排学问不少。尤其是应限制一些电器空负荷运行时间，如采用空负荷延时断电装置来限制电焊机和机床的空负荷运行。

（4）异步电动机的同步化运行：如果负荷率不大于 0.7 及最大负荷不大于 90% 的绕线式电动机，必要时在绕线式电动机起动完毕后，向转子三相绕组中送入直流电励磁，即产生转矩把异步机牵入同步运行，运行中可向电网输送无功功率从而改善了供电线路的功率因数，所以异步电动机同步运行，起到同步补偿机的作用。

2. 补偿电容法提高功率因数：

就是在感性负载两端并联适当容量的电容器，由于电容器是储能元件，利用它的无功功率来补偿用电设备的自感无功功率，故称为补偿法提高功率因数。其原理如图 13-6 所示。

在图 13-6 中，设电压为参考矢量，画在横坐标方向，负载电流 I_{RL} 可分解为 I_R 和 I_L 两个分量。因为电容电流 I_C 导前电压 90° 所以与 I_L 反相，可以抵消一部分自感无功电流分量 I_L，剩余无功电流分量为：

$I_X = I_L - I_C$，结果线路电流 I 小于 I_{RL}，即：

$$I = \sqrt{I_R^2 + (I_L - I_C)}$$

如果并电容前的功率因数为：

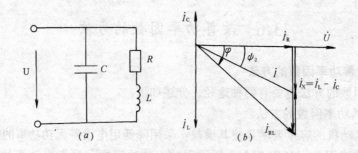

图 13-6 感性负荷与电容并联电路

(a) 线路图；(b) 矢量图

$$\cos\varphi_1 = \frac{I_R}{I_{RL}}$$

并联电容以后的线路功率因数为：

$$\cos\varphi_2 = \frac{I_R}{I}$$

因为 $I < I_{RL}$，所以 $\cos\varphi_2 > \cos\varphi_1$，功率因数提高了。

注意：所谓提高功率因数是指供电线路的功率因数，并没有改变负荷本身的性质或功率因数。对负荷的电流、电压、功率、功率因数都不变。

13.6.2 补偿电容的形式

（1）高压集中补偿　高压集中补偿是将并联电容器集中装设在高压变配电所的高压母线上，这种补偿方式只能补偿高压母线前边（电源方向）所有线路上的无功功率，而高压母线后边厂内线路的无功功率是得不到补偿的。所以这种补偿方式的经济效果较差。但这种补偿对于电力系统起了补偿作用，从电力系统的全局来看，这种补偿是必要的和合理的。而且由于集中补偿的初投资少，便于运行维护，可按实际负荷情况调节电容器的容量（也就是调节电容器投入的个数）来合理地提高功率因数，这种补偿方式用于大型变电所。

（2）低压分散补偿　低压分散补偿是将并联电容器分散地装设在各个用电设备的附近，这种补偿方式能够补偿安装部位前边的所有高低压线路和变电所变压器的无功功率，因此它的补偿范围大，效果好。但是这种补偿方式总的设备投资大，且不便维护。对于补偿容量较大的建筑，多采用高压集中补偿和低压分散补偿相结合的方式。

（3）低压成组补偿　低压成组补偿是将并联电容器组装设在变电所的低压母线上，这种补偿方式能补偿变电所低压母线前边的包括变压器和用户高压配电线在内的所有的无功功率，其补偿范围比高压集中补偿大，但比低压分散补偿的范围小。这种补偿方式的优缺点介于高压集中补偿和低压分散补偿之间。它在建筑小区或中小型工厂应用较多。

13.6.3 补偿电容的计算

1. 功率补偿的要求　经常采用低压侧分组补偿，一般要求低压侧功率因数不小于 0.85，由于采用高压计量，高压侧功率因数要求不小于 0.9，在计算低压侧分组补偿电容容量时，低压侧的功率因数先取为 0.95。

2. 功率补偿的计算　计算并联电容器的电容值，可按以下步骤进行：

（1）首先确定功率因数提高的标准。可根据供电部门规定的功率因数与电费挂勾标准

（如低压用户功率因数大于 0.85，则电费降低，功率因数低于 0.85 则提高电费。）权衡利弊，尽可能提高。

（2）计算电容 C 值

根据图 13-6 矢量图可推出电流、电容的关系：

$$I_C = I_L - I_X$$
$$= I_R \text{tg} \varphi_1 - I_R \text{tg} \varphi_2$$
$$= I_R（\text{tg} \varphi_1 - \text{tg} \varphi_2）$$
$$= \frac{P}{U}（\text{tg} \varphi_1 - \text{tg} \varphi_2）$$

$$\because \quad I_C - \frac{U}{X_C} = \omega C_U$$

$$\therefore \quad C = \frac{I_C}{\omega U}$$

$$C = \frac{P}{\omega U^2}（\text{tg} \varphi_1 - \text{tg} \varphi_2）$$

当电容的单位用 μF 时，

$$C = \frac{P}{\omega U^2}（\text{tg} \varphi_1 - \text{tg} \varphi_2）\times 10^6 \quad （\mu F） \tag{13-5}$$

式中　φ_1——提高功率因数以前的 IU 相位差角；

　　　φ_2——提高功率因数以后的 IU 相位差角。

（3）计算电容器的容量：即计算电容器的无功功率 Q_C。根据无功功率的方程式可知：

$$Q_C = I_C U = \omega C U^2 \times 10^{-3} \quad （\text{kVA}） \tag{13-6}$$

根据式（13 – 5）C 值代入式（13 – 6）得：

$$Q_C = \omega U^2 \times 10^{-3} \frac{P}{\omega U^2}（\text{tg} \varphi_1 - \text{tg} \varphi_2）$$
$$= P（\text{tg} \varphi_1 - \text{tg} \varphi_2）\times 10^{-3}$$

即：

$$Q_C = P（\text{tg} \varphi_1 - \text{tg} \varphi_2）\times 10^{-3} \tag{13 – 7}$$

【例 13-1】 已知某单相负荷 1000W，220V，$\cos \varphi$ 为 0.6，接于电源 220V，50Hz，欲将功率因数提高到 0.9，求并联电容。

解：
$$C = \frac{P}{\omega U^2}（\text{tg} \varphi_1 - \text{tg} \varphi_2）\times 10^6$$
$$= \frac{1000}{314 \times 220^2}（1.33 - 0.48）\times 10^6$$
$$= 55.93 \quad （\mu F）$$

$$Q_C = P（\text{tg} \varphi_1 - \text{tg} \varphi_2）\times 10^{-3} = 1000 \times （1.33 - 0.48）\times 10^{-3} = 0.85 （\text{kVar}）$$

13.6.4　移相电容器装置的相关设备安装

（1）电容器装置载流部分（开关设备及导体等）的长期允许电流，高压不应小于电容器额定电流的 1.35 倍，低压不应小于电容器额定电流的 1.5 倍。电容器组应装设放电装置，使电容器组两端的电压从峰值（$\sqrt{2}$ 倍额定电压）降至 50V 的需的时间，对高压电容器最长为 5min，对低压电容器最长为 1min。高压电容器组宜接成中性点不接地星形，容量较小时也可接成三角形；低压电容器组应接成三角形。

（2）高压电容器组应直接与放电装置连接，中间不应设置开关或熔断器。低压电容器组与放电设备之间，可设自动接通装置的接点。电容器组应装设单独的控制和保护装置，但为提高单台用电设备功率因数用的电容器组，可与该设备共用控制和保护装置。单台电容器应设置专用熔断器作为电容器内部故障保护，熔丝电流为电容器额定电流的 1.5～2 倍。

当装设电容器装置附近有高次谐波含量超过规定允许值时，应在回路中设置抑制谐波的串联电抗器，串联电抗器也可兼作限制合闸涌流的电抗器。

（3）装配式电容器组当单列布置时，其柜门与墙距离不应小于 1.3m；当双列布置时，与门之间的距离不应小于 1.5m。

电容器外壳之间（宽面）的净距不宜小于 0.1m，但成套电容器装置除外。成套电容器柜单列布置时，柜与墙距离不应小于 1.5m；双列布置时，高压电容器柜面之间的距离，不应小于 1.5m；低压电容器柜面之间的距离不应小于 2m。设置在民用主体建筑中的低压电容器应采用非可燃烧性油浸式电容器或干式电容器。

当装设电容器装置处的高次谐波含量超过规定允许值或需限制合闸涌流时，应在并联电容器组回路中设置串联电抗器。电容器装置应根据环境条件、设备技术参数及当地的实践经验，采用屋外、半露天或屋内的布置。电容器组的布置，应考虑维护和检修方便。

（4）室内高压电容器装置宜设置在单独房间内，当电容器组容量较小时，可设置在高压配电室内，但与高压配电装置的距离不应小于 1.5m。对于高压电容器因有爆炸和火灾危险，故一般装设在单独房间内。

低压电容器装置可设置在低压配电室内，当电容器总容量较大时，宜设置在单独房间内。安装在室内的装配式高压电容器组，下层电容器的底部距地面不应小于 0.2m，上层电容器的底部距地面不宜大于 2.5m，电容器装置顶部到屋顶净距不应小于 1.0m。高压电容器布置不宜超过三层。

由于低压电容器内部有熔丝保护，运行比较安全，只是个别有过爆炸事故，一般故障是鼓肚、渗油现象，故可安装在低压配电室内。但当低压补偿电容器容量较大时，考虑通风和安全运行，宜设置在单独的房间内。

（5）电容器外壳之间的净距及排间净距，是从改善通风条件考虑，并考虑电容器的排列及安装方便（手能进入）等要求而规定的。装配式电容器组柜门前一般没有操作元件，因此，柜门前通道只需考虑维护巡视和搬运方便。成套电容器柜前无操作元件，柜前通道只需考虑维护巡视和搬运方便。但考虑到成套电容器柜有可能布置在高压配电室内，因此双列布置时，柜面之间距离给予适当放大。低压电容器屏前有操作元件，因而通道尺寸与低压配电屏相同。

电容外壳之间（宽面）的净距，不宜小于 0.1m。电容的排间距离，不宜小于 0.2m。装配式电容器组单列布置时，柜门与墙距离不应小于 1.3m；当双列布置时，网门之间距离不应小于 1.5m。成套电容器柜单列布置时，柜正面与墙面距离不应小于 1.5m；当双列布置时，柜前之间距离不应小于 2.0m。

下层电容器的底部距地不小于 0.2m，是考虑电容器的通风散热。上层电容器底部的对地距离不大于 2.5m，是为了便于电容器的安装、巡视和搬运检修。为便于接线，三层布置是目前单相电容器在屋内的常用布置形式，对于三相低压电容器只需满足上下层电容器底部距地的规定，对层数没有要求。

13.6.5 电容器的接线和控制

(1) 电容器组应装设单独的控制和保护装置，当电容器组为提高单台用电设备功率因数时，可与该设备共用控制和保护装置。

在中性点不接地系统中，单相电容器的额定电压低于电网标称电压时，为了避免单相接地故障使电容器极对地的电压升高，故将每相支架与地绝缘，才能保证电容器安全运行。现在生产的电容器，是供 10kV 系统采用不接地星形接线的电容器组选用的电容器。其对地绝缘为 11kV，可以将电容器直接装设在接地的构架上，电容器外壳的连接线与金属构架连接。

星形（中性点不接地）接线的最大优点是当一台电容器故障时，其故障电流仅为其额定电流（相电流）的 3 倍，对三角形接线来说，其故障电流则为二相短路电流，因而星形接线对电容器运行比较安全。但星形接线也有其缺点，当一相中有一台电容器故障退出运行后，三相中电容器阻抗不平衡，可能产生比较严重的中性点位移，使尚在运行中的电容器处于长期过电压。如有过电压保护，则使整组电容器断开，会引起电压波动和缺无功补偿现象，也会影响供电质量。因此，在电容器单元容量较大，每相并联台数较少时，中性点偏移较大，在这种情况下，采用三角形接线比较合适。

(2) 单台高压电容器应设置专用熔断器作为电容器内部故障保护，熔丝额定电流宜为电容器额定电流的 1.5 ~ 2.0 倍。当电容器装置附近有高次谐波含量超过规定允许值时，应在回路中设置抑制谐波的串联电抗器。电容器的额定电压与电力网的标称电压相同时，应将电容器的外壳和支架接地。当电容器的额定电压低于电力网的标称电压时，应将每相电容器的支架绝缘，其绝缘等级应和电力网的标称电压相配合。

电容器断电后应可靠地通过放电设备进行放电，以保证安全，所以要求电容器与放电设备有可靠的连接，以避免当串接设备发生故障时影响放电，使电容器端子上长期存在电压而造成人身和设备事故。放电设备一般都是比较安全可靠的，没有单独操作的必要，故应直接固定连接。

对于低压电容器，因电压较低，相对危险性小，为节约电能，可以在电容器断电后采用自动投入的方式，但为了运行维护安全，不应采用手动投入方式。

(3) 电容器组装设单独的控制和保护装置的理由，是不会由于电容器发生故障或需进行试验、检修而影响其他电气设备的供电。从保护方面考虑，两者共用不便相互配合，使保护整定困难，选择性降低，从而起不到保护的作用。

(4) 为防止电容器爆破着火，除提高电容器质量外，还要加强运行管理和设置完善的电容器内部故障保护，在故障电容器串联元件未全部击穿以前，将其切离电源。因此，采用单台熔丝保护电容器是防止外壳爆炸，保证并联电容器组安全运行的主要措施。

由于熔断器与被保护的电容器工作在一个串联回路中，因此，高压熔断器的额定电流应与电容器的最大过电流允许值相配合，其最大过电流允许值为额定电流的 1.43 倍，熔丝应选 1.5 倍以上，一般选择熔丝为额定电流的 1.5 ~ 2.0 倍。

(5) 在电力设备中，受电网高次谐波影响最大的是并联电容器，这是因为电容器抗值与电压频率成反比 $X_C = 1/\omega C$。在高次谐波电压作用下，因电容器 n 次谐波容抗是基波容抗值的 n 分之一，即使谐波电压值不很高，也可产生显著的谐波电流，造成电容器过电流。但更多的情况是投入的电容器容抗与系统阻抗或负荷阻抗产生高次谐振，放大了高次谐波，使电容器承担超过规定值的高次谐波电流，加速了电容器损坏。消除谐振的根本办法是在电容器回路中串入电抗器，使电容器和电抗器串联回路对电网中含量最高的谐波而言成为感性回路而不是容性回路，以消除产生谐波振荡的可能性。

13.7 供电系统的维护

应对供电系统保护装置作定期检验，以保证其运行及配合，不致由于暴露在灰尘、烟尘、油污乃腐蚀性气体下受到损害；或者受到机械振动或冲撞、过高的温度、干扰或其他方式的损坏。忽视适当试验的后果，在最初看来可能无关重要，但是日积月累之后，这种忽视就会导致保护性日益遭到损失。

13.7.1 维护工作的好处

（1）维护工作的好处显然是保障供电的质量及供电的可靠性。如果建筑和电力公司线路连接，则电力公司将拥有或控制与连接点相邻的一侧或两侧的保护设备，并将为保护设备及维持向其他用户供电而自行进行必需的最初试验及定期试验。关于合理维护其他设备的职责可包括在电力公司与建筑用户之间取得的协议及合同中，但常常按照习惯和实际情况处理。最好还是用文字将电力公司与工厂的任务确定下来，以便各部门都能清楚地了解对另一方所承担的责任。

（2）需要有定期的维护计划以尽量减少无计划的停电次数。在有些工厂停电一小时的损失要比整个维护计划所花费的还要多。有效的维护计划应包括在规定期间对电气保护设备及有关设备的检查、试验及维护。

13.7.2 维护及定期试验

1. 在停产进行计划维修时，必须做好以下准备工作：

（1）选择好可以对设备断电的日期和时间。在夏天假期或者其他每年停产的时间，都是维修工作的最好时间。也可以在夜班及在周末进行维修。

（2）修正单线系统图。

（3）采用从电力公司取得系统最新的可达到的短路电流值，改进短路分析及保护设施的配合研究。

（4）由于一般都规定在最有利的时间内完成维修工作，并且必须保持停产期最短，故所需要的材料、工具、成套试验用具必须事先配备好以便使用。包括继电器成套试验用具、断路器成套试验用具、停产时必需的照明及动力电源以及清洁用具，包括干净的、白的不起毛的抹布，溶剂、真空吸尘器（带绝缘附件）及干燥压缩空气。为保证人身安全所需要的设备包括带电相位检测器、带电相位检测器的试验器、三相接地母线、橡胶绝缘垫、安全镜及安全靴、橡胶手套等。人员必须有安全的自觉性，并要求戴上不导电的硬壳帽，放下袖筒，除去手表、指环、金属及其他导电用品。

2. 推荐维护的次数及步骤：

根据以下因素，保护设备的两次试验的间隔时间是可以变动的，如：大气及周围环境的清洁程度、平均运行温度、振动和冲撞的可能性、操作人员的水平等。必须根据经验来决定各种类型设备的维护时间间隔，但大体上是在最少六个月，最多三年之间（在这期间，辅以运行检验）。

如果经过连续几次检验，没有发现恶化现象，也许可以说明试验次数过于频繁。而如果发现设备处于不起作用的情况，或有调节不灵的现象时，则说明试验时间已经拖延太长了。

除定期地进行有计划的试验外，在感到有理由怀疑保护设备可能已经损坏的时候，应做专门试验作为辅助。有能力而又忠于职守的操作人员能协助提出和报告不正常工作的迹象。如果这种协助是可靠的话，可有计划的减少定期试验的次数。必须将标准试验数值归档存查，虽然不一定把所有试验都记录下来，但发现任何缺陷的细节都必须加以记录，记录不仅仅包括继电器，而且还要包括专门试验以及周期性试验的所有保护设备。

13.7.3 检查的部件

1. 仪用互感器及配线

用目力检查设备的明显缺陷，如螺丝接头断裂、螺母脱落、绝缘损坏等。在继电器处用灯泡或电压表指示正常的电压值是验证电压互感器及线路的合适方法。如果在安装时对继电器及电流互感器组合在一起所做的检验结果和以后重复进行校验所得结果实质上一致的话，就足以证明电流互感器或其引出线没有短路。用低值电流表，在带负荷情况下与继电器串联或并联来进行校验，可验证其运行的持续性。如果设备或配线有所变动，或者电流互感器或电压互感器的负荷变动很大，则需要作较周密的检验。如果发现设备有明显不合适的性能，则应将设备完全断电，拆除保护接地连接线，并作电流、电压互感器及控制配线的绝缘试验。

2. 继电器

可临时取出保护继电器进行检查和试验。当在良好的环境及在正确的条件下运行时，继电器很精确而又可靠，则很少需要维修。每当将其从盒内取出时，应该防止灰尘、潮气进入及过度的震动。任何继电器在试验以前，应该了解其工作方式及其与系统的关系。因为金属外壳会形成涡流的通路，因而影响继电器的性能。应将过电流继电器装在继电器盒内进行试验。对于专用的继电器，制造厂的说明书提供了关于连接、调整、修理、时限数据等等有用资料。

3. 维修电气设备

维修电气设备的选择和安装，必须充分注意其性能、安全性和可靠性。为了保持这些特性，必须为各种类型的设备和特殊装置的具体部件制定恰当的维修计划，有些项目需要每天或每星期维护一次，而另一些则只需每年或多年试验和检查一次。应将维修计划的要求包括在电气设计中，以便准备维修场所、便于检查的通道、取样和试验用的设备。保护工作人员的隔离措施、照明和备用电源等。

4. 维修计划的内容：

(1) 清洁　积满了污垢和灰尘就会影响设备的通风散热，引起过热，从而缩短绝缘的寿命。污垢和灰尘堆积在绝缘子表面上，形成泄漏通道，会导致弧光放电事故，所以必须经常保持绝缘子表面清洁，以减少这些危害。

(2) 防潮　潮湿会降低许多绝缘材料的绝缘强度，应当封闭无用的孔口，在必要的孔口上装设挡板或过滤器，以防止潮湿空气特别是雪花的进入。即使设备有很好的外壳并在室内，也必须把由于天气变化所产生的冷凝水用加热的办法将其减到最低值。通常是在增大内部用电加热。当把电热装置装在每个受影响的设备底部时，按外壳表面积每平方英尺用 5~7.5W 电能就足够了。即使有加热装置来避免冷凝水损害绝缘，在室外，少量的通风换气还是需要的。

（3）通风　很多电气设备设有通风道，让空气通过绝缘体表面以散热，必须更换过滤器、检查风扇和经常清扫设备，以保持通风系统的正常运行。

（4）防腐蚀　腐蚀会损坏整个设备和外壳。一旦发现腐蚀的迹象，就应当立即采取措施，清除已受影响的表面和防止将来的损坏。

（5）导体的维护　导体表面出现的问题常常是由于过热、磨损或接触面接触不良而引起的。应拧紧螺栓、纠正过于频繁的操作。调整接触面或采用其它必要的措施来纠正这种情况。

（6）定期检查　应根据设备的需要和生产工艺的要求制定定期检查进度表。进行经常性的外部检查，可以时常在不影响生产的情况下暴露出重要的问题。然而全面的检查工作则要求在停电时进行。应根据全面检查的需要制定检修计划，以便准备在停电检修期间所需人力、工具和备品备件。

（7）定期试验　保护装置的特性，取决于敏感元件的精确性和控制电路的完整性。对这些装置以及对绝缘系统的介电强度、绝缘油的颜色和酸度等等，不能以目检来揭示其恶化情况的，应进行定期试验。以便在发生事故以前，进行必要的调整和校正。

（8）适当的记录　一套有系统的检查、维修、测试和修理记录，可为排除故障、预告设备损坏，以及选择未来的设备等打下良好的基础。

习　题　13

一、填空题

1. 分项工程质量的检验评定等级有____级；检查项目分为_____项目、_____和_____项目。

2. 电缆穿钢管保护时，管孔内径不得小于电缆外径的_____倍。混凝土管、陶土管、石棉水泥管除应满足上述要求以外，其内径尚不能小于_____mm。每根电缆管的弯头不应超过____个。直角弯不应超过____个。直埋电缆必须选用____电缆。

3. 母线间距与设计尺寸允许偏差为____；母线平弯最小弯曲半径允许偏差为____。

4. 配电柜基础型钢长度允许偏差为____；箱、盘安装每米垂直度允许偏差为____；

5. 检查绝缘电阻值时，一般低压电器为_____。低压电缆为_____，3kV电缆为_____，10kV电缆_____。

二、选择题

1. 供电局要求低压用户的功率因数为 0.85~0.9，这是指企业的：_____
A. 均权功率因数；B. 总平均功率因数；C. 最大负荷的功率因数；C. 最小负荷的功率因数。

2. 自动补偿功率因数的移相电容器其特点是：_____
A. 它消耗大量的有功功率；B. 发出有功功率来调节功率因数；
C. 可以平滑地调节无功功率；D. 有级差地自动调节无功功率。

三、问答题

486

1. 从用电设备角度考虑，节能有哪些措施？

2. 选择导线或电缆截面的原则是什么？实用中有什么规律？

四、思考题

1. 建筑工程施工现场供电电压过低，你能提出哪些改善的方法？

2. 什么是质量事故？三不放过是指的哪三不放过？你体会最深的是什么？

3. 电气安装工程施工有哪些属于隐蔽工程？隐检应该注意哪些问题？

4. 接地电阻检测不合格，你能提出哪些改善方法？

5. 灯具安装规范对灯具重量和安装方式有哪些规定？

6. 在总平面图上设计供电干线应注意什么问题？

7. 如何正确选择电源变压器的位置？

8. 选择配电线路导线截面的三原则是什么？

习 题 13 答 案

一、填空题

1. 二、基本、保证项目 允许偏差。

2. 1.5。100。3。2 个。铠装。

3. $\pm 5mm$；2δ。

4. 5mm；1.5mm；

5. 不小于 $0.5M\Omega$。不小于 $100M\Omega$，不小于 $200M\Omega$，不小于 $500M\Omega$。

二、选择题

1. A 2. D

三、问答题

1. 答：（1）选用高效电光源及高效灯具；

（2）提高线路功率因数；

（3）尽量使电气设备满负荷运行；

（4）检修或淘汰陈旧、漏电设备；

（5）选用定时或节能开关；

（6）加强用电设备管理；

（7）充分利用自然光阳光。

2. 答：导线应该能满足最低的机械强度的要求；要能满足电流发热的要求；要能满足线路电压损耗的要求。实用中当供电距离较长而用电设备容量又很大时，线路电压降是主要矛盾，而当用电容量大，供电距离比较近时，电流发热是主要矛盾。当用电量不大，距离也不远时，机械强度是主要矛盾。

14 变配电所的设计

建筑工程中的变配电所是指专门容纳电气装置的建筑物。从建筑物来看，配电室是容纳电源设备等动力源，装备有控制装置等生产生活核心设备的场所，从这个意义上说，配电室是重要的建筑物。

本章主要讲述变配电所的设计。在建筑供电设计里，工程供电是最核心的问题，而变配电所的设计，变配电站的设计是建筑供电中最具有电气专业特色的部分，也是电气工程师所要掌握的最重要的内容。

14.1 变配电所规划形式

14.1.1 变配电室种类

1. 变配电室有不同的分类方法

（1）按层数分类：按层数分为平房和楼房。平房的优点是建设费用低，较重设备的设置、配线施工等都比较容易，缺点是占地面积大。楼房占地少，但建设费用高。一般是根据总面积与占地的关系决定楼层数。

（2）按功能分

①变电所：功能是变换电压、接受电能、分配电能。主要设备是变压器、高压配电柜、低压配电柜等。

②配电所：没有变压器，只有配电柜进行接受电能和分配电能的功能。

③开闭所：没有变压器，功能是接受高压电能和分配电能。

（3）按构造分类　单元式指将运输工具使用的集装箱、铝制房屋改装并在其中设置电气部件的单元式电气室。所装设的电气部件都是在工厂装配、配线并进行试验的，可以原封不动用车辆运输。安装施工时把单元整体放在基础上，找正后用螺栓固定紧即可。顶棚、墙壁要求是全天候形式，耐腐蚀、绝热性、气密性都好。该方式专门用作小型变电所的开关室，变压器另设。

装配式变电所方式用于施工现场办公或者住宅小区。户外成套式变配电所价格低、工期短，但防尘、绝热性能差。可以在小规模而且对防火防水墙壁、美观要求不高的场所。

2. 配电室的选择

层数是根据配电室所需要面积和占地面积所决定的。在决定配电室的尺寸时，要特别注意研究电气产品的尺寸及平面布置图，否则会出现电气设备容纳不下或房间利用率太低的问题。

配电室方式取决于规模，中小规模的用装配式，建筑中对防尘或防热要求不严格时，用钢架式较多。把配电室作为建筑物的一部分。特别是对防热、防尘、隔音、防气体腐蚀等对环境要求严格的场合，多采用钢筋混凝土方式或钢架钢筋混凝土方式。

14.1.2 设计的一般要求

(1) 从配电室的规划到完成，大致步骤如下：决定尺寸大小、构造；决定设置地点；决定详细构造；检验、承认建筑图纸；施工；完成建筑验收；配电室设备施工，如照明、空调、火灾报警等；最后验收。

(2) 变电所的设计应根据工程发展规划进行，做到远、近期结合，以近期为主，正确处理近期建设与远期发展的关系，适当考虑扩建的可能。变电所的设计，必须从全局出发，统筹兼顾，按照负荷性质、用电容量、工程特点、地区供电条件和环保节能的要求进行综合考虑确定设计方案。

(3) 确定配电室的大小及构造，首先要确定配电室的功能（变电用、开关站用、控制用、多功能），其次决定设置场所。从经济性上考虑，设置场所希望在负荷中心。一般是在主要设备决定之后充分利用剩余的建筑空间，由此可得到大致的建筑设计图，但为了施工还需要详细的结构图，对该图要由电气工程师认可。建筑图完成之后就可施工，但对大型配电室要经常检查。

在混凝土基础上埋入接地极或者电气使用的金属物时，应看准时机施工。配电室的建筑部分完工后应按合同验收，然后继续进行辅助工程施工直至最后完成。

(4) 为保证电气设备的运行安全可靠，设计中所选用的产品一定要符合现行的国家或行业部门的产品标准。随着国家科学技术的不断发展和进步，电气设备和器材等电工产品变化很快，生产厂家很多，户外箱式变电站和组合式成套变电站的进出线宜采用电缆。配电所宜设辅助生产用房。

对设备选型，优先采用节能的成套设备和定型产品，是贯彻国家关于节约能源和保证设计质量的根本措施。因为生产厂通过本厂的先进设备和熟练工人的技术加工和装配，以及良好的测试条件，能保证成套设备的质量，所以选用成套设备和定型产品一般是经济合理的。

(5) 变电所的型式应根据用电负荷的状况和周围环境情况确定。对于负荷较大的建筑物，宜附设变电所或半露天变电所；但负荷分散的建筑群宜设组合式成套变电站；而高层或大型民用建筑内，宜设室内变电所或组合式成套变电站；负荷小而分散的大中城市的居民区，宜设独立变电所；环境允许的中小城镇居民区，当变压器容量在 315kVA 及以下时，宜设杆上式或高台式变电所。

14.1.3 位置选择

1. 变电室的设置地点应考虑以下因素

(1) 应接近负荷中心，配电距离越短，电力损失和电压降越小，施工费、资材费越省。

(2) 供电距离短、供电容易。当已有的建筑物或者埋地物件对施工造成障碍时，应综合考虑供电路线，研究确定配电室的位置。

(3) 周围环境好。不应设置在灰尘多的地方、高温潮湿的地方、振动大的机器旁边、设备周围盐害严重或有可能遭到潮水淹及的地方。但在不可避免时，应采用适当措施。另外不能设置在可燃性、腐蚀性气体可能发生和滞留的地方。配电室应避免设在 0、1、2 类场所，否则电气产品应是防爆结构的，或者进行防爆施工。此类地方设置的配电室从地面到一楼楼面的高度宜在 600mm 以上。

（4）设备进出容易。在设备的更新、增加、修理时，车辆应容易出入。

（5）容易扩建。考虑到将来负荷设备的增加、能力的提高，设置场所应留有扩建的可能性。

（6）应尽量避免设置在地基较差的地方，不能避免时，需要改良地基或打桩施工。另外，配电室设置的位置应对其邻接地无影响，对将来的发展没有影响。

（7）变电所不应设在爆炸危险场所以内，不宜与有火灾危险场所毗连，否则应注意防爆和防火。

2. 配变电所环境的要求

（1）配变电所为独立建筑物时，不宜设在地势低洼和可能积水的场所。高层建筑地下层配变电所的位置，宜选择在通风、散热条件较好的场所。配变电所位于高层建筑（或其他地下建筑）的地下室时，不宜设在最底层。当地下仅有一层时，应采用适当抬高该所地面等防水措施。并应避免洪水或积水从其它渠道淹渍配变电所的可能性。

（2）装有可燃性油浸变压器的变配电所，不应设在耐火等级为三级的建筑中。无特殊防火要求的多层建筑中，装有可燃性油的电气设备的配电所，可设置在首层靠阴部位，但不应设在人员密集场所的上方、下方、贴邻或疏散出口的两旁。高层建筑的配变电所，宜设置在地下层或首层，设在地下室不宜用可燃油式变压器。当建筑物高度超过 100m 时，也可在高层区的避难层或设备层内设置变电所。

一类高、低层主体建筑内，严禁设置装有可燃性油的电气设备的配变电所。二类高、低层主体建筑内不宜设置装有可燃性油的电气设备的配变电所，如受条件限制亦可采用难燃油变压器，并应设在首层靠外墙部位或地下室，且不应设在人员密集场所的上下方、贴邻或出口的两旁，并应采取相应的防火和排油措施。大、中城市除居住小区的杆上变压器变电所，民用建筑中不宜采用露天或半露天的变电所，如确因需要设置时，宜选用带防护外壳成套变电所。

（3）变电所地址的选择要节约用地，不占或少占耕地及经济效益高的土地，对于大型商业建筑通常不占用首层（黄金层）；与城乡规划相协调，便于架空和电缆线路的引入和引出；交通运输方便；周围环境宜无明显污秽；具有适宜的地质、地形和地貌条件，例如避开断层、滑坡、塌陷区、溶洞地带、山区风口和有危岩或易发生泥石流的场所。所址宜避免在有重要文物或开采后对变电所有影响的矿藏地点；所址标高宜在 50 年一遇高水位之上，否则应有可靠的防洪措施；应考虑水源条件；应考虑变电所与周围环境、邻近设施的相互影响。

（4）变电所的总平面布置应紧凑合理。变电所宜设置不低于 2.2m 高的实体围墙。变电所内为满足消防要求的主要道路宽度，应为 3.5m。主要设备运输道路的宽度可根据运输要求确定，并应具备回车条件。

（5）变电所的场地设计坡度，应根据设备布置、土质条件、排水方式和道路纵坡确定，宜为 0.5%~2%，最小不应小于 0.3%，局部最大坡度不宜大于 6%。当利用路边明沟排水时，道路及明沟的纵向坡度最小不宜小于 0.5%，局部困难地段不应小于 0.3%；最大不宜大于 3%，局部困难地段不应大于 6%。电缆沟及其它类似沟道的沟底纵坡，不宜小于 0.5%。

（6）变电所内的建筑物标高、基础埋深、路基和管线埋深，应相互配合；建筑物内地面标高，宜高出屋外地面 0.3m；屋外电缆沟壁，宜高出地面 0.1m。各种地下管线之间和地下管线与建筑物、构筑物、道路之间的最小净距，应满足安全、检修安装及工艺的要求。变电所所区场地宜进行绿化。绿化宜分期、分批进行，其规划应与周围环境相适应，并严防绿化物影响电气的安全运行。

（7）北京地区 10kV 高压设备的绝缘水平应满足：工频耐压 ≥35kV（5min）、冲击试验电压 ≥75kV；低压（380/220V）配电装置绝缘试验电压 ≥3kV（5min）。民用建筑的主体建筑物内，不宜设置装有可燃油浸变压器以及有可燃油的高压电容器和多油断路器。变压器室、电容器室不应向西设置，确有困难应采取必要措施，如加装遮阳挑檐、机械通风及种树等。

变电室设在建筑物内时，其位置不应设在厨房、厕所、浴室、水池等潮湿场所的下边，或与有剧烈振动设备的房间附近，同时不允许有与变电室无关的非电气管道穿过电气设备房间。

（8）变电室的电缆沟、隧道或电缆夹层应设有防排水设施。设在地下室的变电室，应装设通风排热设备。采用六氟化硫的配电装置和变压器房间应设有底部排风口。高压两路电源供电时宜采用两路电源同时运行互为备用的接线方式。高压三路电源供电时宜采用两用一备的接线方式。高压 10kV 采用一路电源且为单台变压器（容量在 500kVA 及以下）供电时，可将电源进线保护开关兼作变压器保护之用。变电室的高压及低压母线，宜采用单母线或单母线分段的接线方式。

（9）单层专用室内变电所应设计在与其他建筑物有一定的防火距离，窗户不要朝阳，以免阳光暴晒影响变压器散热。

3. 多层建筑物的变电所

多层建筑指九层及九层以下的住宅，其中包括底层设置商业服务网点的住宅和建筑高度不超过 24m 的其他民用建筑，以及建筑高度超过 24m 的单层公共建筑。

从安全方面考虑：高层建筑人员多，造价高，一旦发生火灾，造成的危害和损失严重。根据运行故障统计，油断路器造成爆炸或火灾都有记录，因此高层主体建筑内的变压器和高压断路应采用具有非燃性能的，如干式或六氟化硫变压器、真空或六氟断路器。

14.1.4 结构布置

目前 10kV 变电所多采用户内式结构。户内式变电所主要由高压配电室、变压器室、低压配电室、维修设备间，此外高压电容器较多时还设有高压电容器室，有人值班的变电所还要设有值班室。

（1）运行可靠性 配电装置的可靠性除了与设备选择和使用有关外与设备的安装布置有密切的关系。因此总体布置中必须考虑合理的带电体之间的安全距离、接地完善、隔离封闭（如成套配电装置）、防止灰尘及有害气体及小动物侵入等措施，以提高配电装置的可靠性。

（2）维护可能性 具备维护、检修的客观条件是安全可靠供电的环境保证，在布置上必须设有运行通道、检修通道，并保证其最小的宽度。

（3）安全性 总体布置必须保证运行人员的人身安全和防火要求，为此，除在组织上加强教育、技术培训和建全岗位责任制外，在技术上必须采取保证措施：对载流体，如母排，应设遮栏、护栏等进行隔离或将其布置在人不易接触并有一定安全距离的地方。

(4) 经济性 在保证上述要求前提下，在布置中应尽量节省器材和占地面积及工程量，以降低造价。应为变电所的发展可能留有余地。变电所一般均设计成单层建筑物，只有在用地面积受到限制或布置有特殊要求时方可采用多层建筑物，但配电所不宜超过两层。

(5) 高压配电室 户内高压配电室的安全净距是指带电体之间或带电体至地在空间所允许的最小距离。设计中需考虑意外情况而给一定裕度。

设置防火隔离板或有门洞的隔墙是为了避免当一段母线或配电柜发生故障时，影响另一段母线向一级负荷供电。向同一级负荷供电的两回电缆不应通过同一电缆沟，是为了避免当一电缆沟内的电缆发生故障或火灾时，影响另一回路电缆运行。在电缆通道安排实在有困难时，沟内的两路电缆全部采用绝缘和护套均为阻燃性电缆，如氧化镁绝缘电缆。为了防止当电缆短路放炮时可能发生的相互影响，向一级负荷供电的两路电缆应保持大于40mm 的距离，并分别置于电缆沟二侧支架上。

为减少变压器台数，单台变压器容量一般都大于 1000kVA。为限制低压侧的短路电流，正常时变压器解列运行，中间设联络开关。照明动力宜分开设置变压器，若动力变压器容量太小时可不独立设置，而在低压侧对动力负荷分类计费。

14.1.5　设备计算

1. 负荷计算的内容和目的

(1) 计算负荷也称需要负荷或最大负荷。计算负荷是一个假想的持续负荷，其热效应与某一段时间内的实际变动负荷所产生的最大热效应相等。在配电设计中，通常采用30min 的最大平均负荷作为按发热条件选择电器或导体的依据。

(2) 尖峰电流指单台或多台的用电设备持续 1s 左右的最大负荷电流。一般取启动电流的周期分量，用来计算电压的损失，电压波动，选择电器，保护元件等。在校验瞬动元件时，还应考虑启动电流的周期分量。

(3) 平均负荷为某一时间内用电设备所消耗的电能与该时间之比。一般选择有代表性的一昼夜内电能消耗最多的一个班（即最大负荷）的平均负荷，有时也计算年平均负荷。平均负荷用来计算最大负荷、电能消耗量和无功补偿装置。

2. 负荷计算的方法

(1) 需要系数法 需要系数法是把设备功率乘以需要系数和同时系数，直接求出计算负荷。当用电设备台数少而功率相差悬殊时，需要系数法的计算结果往往偏小，不适合低压配电线路的计算，而用于计算变配电所的负荷。

(2) 二项式法 二项式法指的是计算负荷包括用电设备组的平均功率，同时考虑数台大功率设备工作对负荷影响的附加功率。这种方法也比较简单，但计算结果偏大，一般用于低压配电支干线和配电箱的负荷计算。

(3) 利用系数法 利用系数法是采用利用系数求出最大负荷班的平均负荷，再考虑设备台数和对功率差异的影响，乘以与有效台数有关的最大系数得出的计算负荷。该方法准确，但复杂，不常用。

(4) 其他 单位产品耗电法，单位面积功率法，变值需要系数法等。

一般选用需要系数法计算，详见本书第 7 章。

14.1.6　操作电源

(1) 配电所所用电源的来源 一般引自就近的 220V 配电变压器。当配电所规模较大或距变电所较远时，可另设"所用变压器"，其容量不超过 30kVA。当两回所用电源时，宜装设备用电源自投装置。当电磁操动机构采用硅整流合闸时，宜设两回路所用电源，其中一种应引自接在电源进线断路器前面的所用变压器。

(2) 重要配电所当装有电磁操动机构的断路器时，宜采用 220V 或 110V 镉镍电池组作为合分闸直流操作电源；当装有弹簧储能操动机构的断路器时，宜采用小容量镉镍电池组作为分闸直流操作电源。

目前采用镉镍电池组作为操作电源的越来越多，与酸性蓄电池相比，镉镍电池体积小，重量轻，成套性强，占地面积小，安装方便，维护简单，在运行中不散发有害气体。与整流电源相比，可靠性高。由于价格昂贵，中小型配电所用的不多。此外，电池质量尚不稳定。

①当选用弹簧储能操动机构时，宜采用 110V、电池组容量≥10Ah。

②当选用电磁操动机构时，宜采用 220V、电池组容量≥20Ah。

(3) 小型配电所宜采用弹簧储能操动机构合闸和去分流分闸的全交流操作。交流操作投资省，建设快，二次接线简单，运行维护方便。但采用交流操作保护装置时，电流互感器二次负荷增加，有时不能满足要求。此外，交流断电器不配套，使交流操作的采用受到限制，同时弹簧机构比电磁机构贵，因此推荐用于能满足继电保护要求、出线回路少的一般小型配电所。

14.2　变配电所的布置

14.2.1　布置的内容

变配电所的设备布置，包括高低压配电屏、变压器室、补偿电容、控制室。着重于平面布置。控制室应位于运行方便、电缆较短、朝向良好和便于观察屋外主要设备的地方。控制屏的排列布置，宜与配电装置的间隔排列次序相对应。控制室的建筑，应按变电所的规划容量在一期工程中一次建成。

(1) 变电所内的下列元件，应在控制室内控制：主变压器；母线分段、旁路及母联断路器；65～110kV 屋内外配电装置的线路。35kV 屋外配电装置的线路。10～35kV 屋内配电装置馈电线路，宜采用就地控制。

有人值班的变电所，宜装设能重复动作、延时自动解除，或手动解除音响的中央事故信号和预告信号装置。有人值班的变电所，宜装设简单的事故信号和能重复动作的预告信号装置。无人值班的变电所，可装设当远动装置停用时转为变电所就地控制的简单的事故信号和预告信号。

断路器的控制回路应有监视信号。隔离开关与相应的断路器和接地刀闸之间，应装设闭锁装置。屋内的配电装置，应装设防止误入带电间隔的设施。闭锁联锁回路的电源，应与继电保护、控制信号回路的电源分开。

(2) 运动和通信：运动装置应根据审定的调度自动化规划设计的要求设置或预留位置。自动控制和通信内容应根据安全监控、经济调度和保证电能质量以及节约投资的要求确定。无人值班的变电所，宜装设通信、远测装置。需要时可装设遥控装置。

(3) 变电所必须建立与中央控制室可靠的联系。远动通道宜采用载波或有线音频通道。变电所应装设调度通信；变电所宜装设与内部的通信；对重要变电所应装设与当地电话局之间的专线通信。遥控和通信设备应有可靠的备用电源，其容量应满足一小时的使用要求。

(4) 多功能配电室中的电气设备是按功能分离设置的，同一功能的设备应集中。变压器、电容器等油浸设备可放在室外或半室外。配电屏的配置要考虑到配电系统和维护。

(5) 多层配电室应按功能划分楼层设备布置。首层一般设置油浸设备、配电屏，二层可放主回路盘、控制盘。高低压电缆配线槽最好分别设置，但在不可能时，可把配线槽内做上架子，以不同高度设置高低压电缆及电力、控制电缆。设置室外槽、暗沟、管路时要采取耐水、防水措施。

设计时要考虑到电缆的增设或电缆故障的处理。因此要避免把电缆槽设在配电屏的正下方。

14.2.2 变电所的建筑构造

(1) 设备进出口 设备进出口的大小取决于最大电气设备的大小，入口的有效高度最低为电气设备高度加 0.3m。由于电气设备的标准高度是 2.35m，所以入口高度最好是 2.6～3m。需要注意的是在盘上安装有风机的高度有在 2.3m 以上的。入口的宽度取决于电气设备的进深尺寸或宽度尺寸，控制盘进深尺寸最大是 1.5m，入口宽度可以为 2m。但是，有三个盘面的高压配电屏，其宽度×深度 = 2.4m×2.5m，这种情况下入口宽度需要在 2.6～3m。

设备搬运到二层有两种形式，一种是在电气室外设一个台面进行搬入，另一种是在二楼地面设置一个开口，从一楼吊装。

(2) 人员出入口 从发生火灾保证安全考虑，一个房间应设两个出入口。特别是要求气密性的配电室要考虑特殊的门斗结构。成排布置的配电屏，其长度超过 6m 时，屏后的通道应设两个出口，并宜布置在通道的两端，当出口之间的距离超过 15m 时，其间尚应增加出口。

(3) 变电室基础的构造 要注意地基的下沉，尤其是回填的地基下沉量较大，在这种地基上设置变压器或高压配电盘等较重设备时需要均匀打桩。另外，首层地面高度要比地平面适当提高一些，可防止由于下沉而有雨水进入室内。通常一楼地面高度以大地的软硬程度而不同，地面较软时要比大地高 500mm，较硬时 200mm。在混凝土基础上挖配线槽时，当其深度在大地地面以上时，可适当设置一定的斜坡或设置排水通道，以方便排水。

(4) 配线槽 在一楼混凝土基础上挖配线槽时，槽截面当然应该满足所需配线数量的要求。由于电缆不能弯曲成直角（电缆最小允许弯曲半径是电缆直径的 8～10 倍），因此弯曲部位需要一定的弯曲度。如果配线支架是多层的，在混凝土基础上要埋入支架安装用的竖向金属件，盖子用的边缘防护金属件。

(5) 安装基础 与配电柜、箱有关的安装基础可以在建筑物完工后再施工，而回转设备、变压器等较重设备则需要事先打好基础，因此需要知道详细的安装尺寸。

(6) 地面 做成何种地面，要依据配电室的种类或其它制约条件而定，地面造价一般按下述顺序降低：有色混凝土饰面、混凝土砂浆饰面、混凝土原浆抹面、乙烯基饰面活动钢板和钢板。选定地面要考虑到设备的重要程度、功能、人员出入次数等因素。

混凝土地面时，其中变压器室或配电屏室可以是混凝土原浆地面，设置控制柜或半导体设备室最好是有色混凝土饰面，这样从美感或维护角度上都比较好。乙烯基饰面活动钢板地面时，由于是在地面完成后，铺上乙烯基饰面活动钢板，电气设计的灵活性比较大。

（7）墙壁　墙壁的作用主要是防止风、雨、雪对电气设备的侵害，特别是电气设备需要充分防尘，采用混凝土防尘比较理想，但最低应是二层。在粉尘较多地方可装设暗窗或不装窗。另外，为了防止换气时灰尘进入，可以在换气扇上加防尘罩。同时也需要研究隔热与隔音的必要性。

内墙面抹灰刷白是为了配电室等环境清洁、明亮。由于配电室等房间常有裸露的带电部分，所以规定配电室、变压器室、电容器室的顶棚只刷白而不抹灰，以避免抹灰脱落造成带电体的短路。

地面采用高标号水泥抹面压光是防止地面起灰，保持室内清洁，以利电气设备的安全运行，有条件时也可采用水磨石地面。

（8）配电室　在二楼以上的楼层，配电屏下需要确保配线用空间。有效高度取决于配线架数，电缆允许的弯曲半径和配线作业的难易程度。配电屏本身的有效高度由出线回路数决定，大约是 500～2000mm。配电室比较大，而且施工时经常有人进出作业，所以需要保证高于人体的室内空间。这种方式的优点是容易配线，但建设费用较高。高度在 1.5m以上需要设置火灾报警器。另外，在防火构造上也注意。预置地面是在原建筑物打成的地面上，放置预制的带腿的地面，再在这个地面上放盘。这种地面每块 0.5m×2m，配线时可揭开需要的部分进行配线。其优点是地面安装的自由度大，也有利于防火。

（9）蓄电池室　蓄电池是应急电源或消防电源，即使发生火灾时，也要保证其功能。设置场所应设置在检查方便，并且在火灾时受害可能性小的场所。应设置在用不燃烧材料制成的墙壁、地面、天棚，而且设有窗户和出入口是甲种或乙种防火门的专用室内。

柜式以外的蓄电池设备应离开所在室的墙壁 100mm 以上，把两台以上的蓄电池设备设置在同一室内时，设备之间要保持 0.6m 以上。蓄电池应设在不会被雨水侵入，或者不会被浸透的地方，且应装设与室外相通的有效换气设备。

（10）变配电所开窗的型式，与高压配电屏在室内的布置方式有关，当配电柜为面对面布置时，在操作走道的两端或一端开设，也有在柜台上方墙上开设不能开启的高窗。当配电屏单列靠墙布置时，可在其对面墙上开设。总之，在没有特殊情况下要考虑开设采光窗。

配电室、控制室和值班室可以开窗，对采光、通风等有利。变压器室和电容器室需要有良好的自然通风，但通风、采光均必须采取防止小动物进入的措施。除门窗需防止小动物进入措施外，还应对电缆、电线用的管沟、槽等出入口处，采取防止小动物进入的措施。因为小动物进入室内会造成电气设备事故，如老鼠咬伤电缆，蛇、猫等造成电气设备短路。小动物是指麻雀、老鼠、猫、蛇等，也包括能引起电气设备故障的大型飞虫。

14.2.3　配电装置型式选择

配电设备的布置必须遵循安全、可靠、适用和经济的原则，并应便于安装、操作、搬运、检修、试验和监测。配电室内除本室需用的管道外，不应有其他管道通过。室内管道上不应有阀门和中间接头，水汽管道与散热器连接应采用焊接。配电屏的上方不应敷设管道。落地式配电箱的底部宜抬高，室内宜高出地面 200mm 以上。底座周围应采取封闭措施，防止鼠蛇等小动物进入箱内。

同一配电室内并列的两段母线，当任一段母线有一级负荷时，母线分段处应设防火隔断措施。当高压及配电设备处于同一房间内，且两者有一侧柜顶有裸露的母线，二者之间的净距不应小于2m。

配电装置型式的选择，应考虑建筑物所在市区的地理情况及环境条件，通过技术经济比较，优先选用占地少的配电装置。大城市中心地区或其他环境特别恶劣地区，110kV配电装置可采用 SF_6 全封闭组合电器 GIS。GIS 宜采用屋内布置。屋内布置的 GIS 应设置通道。其通道宽度应满足运输部件的需要，但不宜小于1.5m。

14.2.4 设备间距

(1) 通道与围栏：配电装置的布置，应便于设备的操作、搬运、检修和试验。屋外配电装置应设置必要的巡视小道及操作地坪。配电装置室内各种通道的最小宽度应符合表14-1的规定。

配电装置室内各种通道的最小宽度（mm）　　　　　表 14-1

布置方式 \ 通道种类	维护通道	操作通道	
		固定式	手车式
设备单列布置	800	1500	单车长 + 1200
设备双列布置	1000	2000	双车长 + 900

通道宽度在建筑物的墙柱个别突出处，允许缩小200mm。手车式配电屏不需进行就地检修时，其通道宽度可适当减小。固定式配电屏靠墙布置时，柜背离墙距离宜取50mm。

成排布置的配电屏，其屏前屏后的通道宽度，不应小于表14-2中所列数值。

配电屏前后的通道宽度（m）　　　　　表 14-2

装置种类 \ 布置方式 通道宽度	单排布置		双排对面		双排背对背		多排同向布置	
	屏前	屏后	屏前	屏后	屏前	屏后	屏间	屏后
固定式	1.5	1.0	2.0	1.0	1.5	1.5	2.0	—
	1.3	0.8		0.8	1.3			
抽屉式、手车式	1.8	0.9	2.3	0.9	1.8	1.5	2.3	—
	1.6	0.8	2.0	0.8			2.0	
控制屏（柜）	1.5	0.8	2.0	0.8	—	—	2.0	靠墙

第二行数字为有困难时的最小宽度。如受建筑平面限制、通道内墙面有凸出的柱子或暖气片。

变电所内通道与围栏是为了保证有一定的安全距离。露天或半露天变电所的变压器周围设立固定的围（墙）是为了人身和设备的安全。变压器外廓距围栏和建筑物外墙的净距不小于0.8m，主要是为了巡视、检修和安装的方便。变压器底部距地面不应小于0.3m，是为了防止变压器不受水冲刷，防止杂草影响及变压器放油、取油样时的方便。两相邻变压器外廓之间的净距应不小于1.5m，详见表14-3。

干式变压器在民用中已广泛采用，对非封闭式的干式变压器其接线部位为裸露带电体，距地面很低，为保护人身安全，应设固定的遮栏防护。变压器外壳与遮栏的净距

0.6m 是安装和检修的必要空间。当多台干式变压器在一起设置时，变压器之间的净距不应小于 1.0m 是考虑安全运行和检修的需要。

油浸变压器外廓与变压器室四壁的最小净距（mm）　　　　表 14-3

变压器容量（kVA）	1000 及以下	1250 及以上
变压器与后壁、侧壁之间 变压器与门之间	600 800	800 1000

（2）对于就地检修的屋内油浸变压器，变压器室的室内高度可按吊芯所需的最小高度再加 700mm，宽度可按变压器两侧各加 800mm 确定。置于屋内的干式变压器，其外廓与四周墙壁的净距不应小于 0.6m，干式变压器之间的距离不应小于 1m，并应满足巡视维修的要求。全封闭型的干式变压器可不受上述距离的限制。配电装置中电气设备的栅状遮栏高度，不应小于 1.2m，栅状遮栏最低栏杆至地面的净距，不应大于 200mm。

（3）配电装置中电气设备的网状遮栏高度，不应小于 1.7m，网状遮栏网孔不应大于 40mm×40mm。围栏门应装锁。在安装有油断路器的屋内间隔内除设置遮栏外，对就地操作的油断路器及隔离开关，应在其操作机构处设置防护隔板，宽度应满足人员操作的范围，高度不应小于 1.9m。屋外配电装置的安全净距见表 14-4。

屋外配电装置的安全净距（mm）　　　　表 14-4

符号	适应范围	额定电压（kV）					
		3~10	15~20	35	63	110J	110
A1	带电部分至接地部分之间 网状遮栏向上延伸线距地 2.5m 处 与遮栏上方带电部分之间	200	300	400	650	900	1000
A2	不同相带电部分之间 断路器和隔离开关断口两侧引线 带电部分之间	200	300	400	650	900	1000
B1	设备运输时，外廓至无遮栏防护带电部分之间； 交叉的不同时停电检修的无遮栏带电部分之间；栅 状遮栏至绝缘体和带电体间	950	1050	1150	1400	1650	1750
B2	网状遮栏至带电部分之间	300	400	500	750	1000	1100
C	无遮栏裸导体至地面之间；无遮栏裸导体至建筑 物、构筑物顶部之间	2700	2800	2900	3100	3400	3500
D	平行的不同时停电检修的无遮栏带电部分之间； 带电部分与建筑物、构筑物的边缘部分之间	2200	2300	2400	2600	2900	3000

表中 110J 第指中性点有效接地电网。海拔超过 1000m 时，A 值应进行修正。表中数值不适用制造厂的特定产品。屋外配电装置使用软导线时，在不同条件下，带电部分至接地部分和不同相带电部分之间的安全净距，应根据表 14-5 进行较验，并应采用其中最大数值。

不同条件下的计算风速和安全净距（mm）　　　　表 14-5

条 件	校验条件	计算风速（m/s）	A 值	额定电压（kV）			
				35	63	110J	110
雷电过电压	雷电过电压和风偏	10	A1	400	650	900	1000
			A2	400	650	1000	1100
操作过电压	操作过电压和风偏	最大设计风速50%	A1	400	650	900	1000
			A2	400	650	1000	1100
最大工作电压	最大工作电压短路	10m/s 风速时风偏	A1	150	300	300	450
	最大工作电压短路	最大风速时风偏	A2	150	300	500	500

在气象条件恶劣，如最大设计风速为 35m/s 及以上，以及雷暴时风速较大的地区，校验雷电过电压时的安全净距，其计算风速采用 15m/s。当电器设备外绝缘体最低部位距地面小于 2.3m 时，应装设固定遮栏。

屋内配电装置的安全净距（mm）　　　　表 14-6

符号	适应范围	额 定 电 压（kV）								
		3	6	10	15	20	35	63	110J	110
A1	带电部分至接地部分之间 网状遮栏向上延伸线距地 2.3m 处与遮栏上方带电部分之间	75	100	125	150	180	300	550	850	950
A2	不同相带电部分之间 断路器和隔离开关断口两侧引线带电部分之间	75	100	125	150	180	300	350	900	1000
B1	带电部分之间；交叉的不同时停电检修的无遮栏带电部分之间；栅状遮栏至带电部分之间	825	850	875	900	930	1050	1300	1600	1700
B2	网状遮栏至带电部分之间	175	200	225	250	280	400	650	950	1050
C	无遮栏裸导体至地面之间	2500	2500	2500	2500	2500	2600	2850	3150	3250
D	平行的不同时停电检修的无遮栏带电部分之间	1875	1900	1925	1950	1980	2100	2350	2650	2750
E	通向屋外的出线套管至屋外通道的路面	4000	4000	4000	4000	4000	4000	4500	5000	5000

（4）低压配电室通道上方裸带电体距地面高度不应低于下列数值：屏前通道内者为 2.5m，加护网后其高度可降低，但护网最低高度为 2.2m。屏后通道内者为 2.3m，否则应加遮护。遮护后的高度不应低于 1.9m。同一配电室内的两段母线，如任一段母线有一级负荷时，则母线分段处应设有防火隔断措施。

（5）屋内配电装置的各项安全净距　电器设备的套管和绝缘子最低绝缘部位距地（楼）面小于 2.30m 时，应装设固定围栏。遮栏下通行部分的高度不应小于 1.9m。屋内配电装置距屋顶的距离一般不小于 0.8m。屋内配电装置裸露带电部分的上面不应有明敷的照明或动力线路跨越，详见表 14-6。

为了操作安全，人在操作隔离开关之类的电器设备时，人双脚前后叉开的距离约

0.3m，加人手臂长（0.7m），再加上器械操作手柄长（0.3m），总约1.3m。为了安全操作，故柜（屏）后操作通道最小规定为1.5m。

14.2.5 配电室的尺寸

决定配电室大小应考虑的因素：

（1）电气设备的专有面积：计算所有电气设备的专有面积（表14-7）时，可根据其他电力系统内容、相同规模设备所用配电室面积大小推算出来。

主要电气设备尺寸 表 14-7

设 备 名 称	主 要 规 格	尺寸（宽×深×高）（mm）	重量（kg）
高压配电屏	3.6/7.2kV级断路器 2 台	700×（1900～2500）×2350	1300
高压组合启动电器	2 组 3.6/7.2kV 熔丝接触器	固定式 700×1100×2350	600
		抽出式 700×1900×2350	1000
低压负荷中心	600V，1200A 空气断路器	固定式 700×2000×2350	800
	3 台，电压互感器		
	600V，400A 配线用断路器	固定式 600×750×2350	400
	3 台，零序交流器		
变压器	3000/400，200V，1500kVA 三相	1900×2500×2000	4000
	3000/400，200V，1000kVA 三相	1700×2200×1900	3700
	3000/400，200V，750kVA 三相	1600×1800×1900	3100
	3000/400，200V，500kVA 三相	1500×1200×1800	2200
	3000/400，200V，300kVA 三相	1300×1100×1500	1500
电容器	3300，6600kV，150kVA	850×1700×2000	1000
	300kVA	870×1900×2200	1400
	400kVA	1000×1800×2800	1700
	500kVA	1000×2000×2200	1900
	630kVA	1000×2200×2300	2200
低压中心控制盘	一面的标准尺寸	600×500×2350	300
		800×800×2350	400
		1000×600×2350	400
		1200×600×2350	400

（2）露天或半露天变电所的变压器四周应设不低于1.7m高的固定围栏。变压器外廊与围栏的净距不应小于0.8m，变压器底部距地面不应小于0.3m，相邻变压器外廊之间的净距不应小于1.5m。当露天或半露天变压器供给一级负荷用电时，相邻的可燃油油浸变压器的防火净距不应小于5m，若小于5m时，应设置防火墙。防火墙应高出变压器油枕顶部，且墙两端应大于挡油设施各0.5m。

（3）设置于变电所内的非封闭式干式变压器，应装设高度不低于1.7m的固定遮栏，遮栏网孔不应大于40mm×40mm。配电装置的长度大于6m时，其柜屏后通道应设两个出口，低压配电装置两个出口间的距离超过15m时，尚应增加出口。

（4）固定式配电屏为靠墙布置时，屏后与墙净距应大于50mm，侧面与墙净距应大于200mm；通道宽度在建筑物的墙面遇有柱类局部凸出时，凸出部位的通道宽度可减少20mm。

当电源从屏后进线且需在屏正背后墙上另设隔离开关及其手动操动机构时，柜屏后通道净宽不应小于 1.5m，当屏背面的防护等级为 TP2X 时，可减为 1.3m。当建筑物墙面遇有柱类局部凸出时，凸出部位的通道宽度可减少 20mm。

（5）维修空间：在进行维修和维护的电气设备周围，需要保证一定的维修空间。标准的维修空间见表 14-8。为缩小维修空间，最好控制柜等设备做成前面检查配线式。在室内维修或存放备品、备件时也要求保留一定的空间。

电 气 设 备 维 护 空 间

表 14-8

电 气 设 备	前 面 （mm）	后 面 （mm）
高压配电屏	2000 ~ 2500	1000 ~ 1500
高压控制中心	2000 ~ 2500	1000 ~ 1000
低压控制中心	1500 ~ 2000	600 ~ 1500
控制盘	1500 ~ 2000	1000 ~ 1500
变压器	周围 700 ~ 1000	
电容器	周围 700 ~ 1000	
电抗器	周围 700 ~ 1000	

14.3 高压变配电装置的选择

14.3.1 高压配电装置

1. 配电装置的布置

应不危及人身安全和周围设备。应便于设备的操作、搬运、检修和试验，并应考虑电缆或架空线进出线方便。应用中应注意以下内容。

（1）配电装置中相邻带电部分的额定电压不同时，应按较高额定电压确定其安全距离。高压出线断路器当采用真空断路器时，为避免变压器（或电动机）操作过电压，应装有浪涌吸收器并装设在小车上。配电装置的绝缘等级，应和电力系统的额定电压相配合。高压出线断路器的下侧应装设接地开关和电源监视灯。

（2）选择导体和电器一般采用当地湿度最高月份的平均相对湿度。对湿度较高的场所，应采用该处实际相对湿度。海拔高度超过 1km 的地区，配电装置应选择适用于该海拔高度的电器产品，并具有一定的抗外部冲击能力。

2. 验算电缆热稳定时，短路点应按下列情况确定：

（1）不超过制造长度的单根电缆回路，应考虑短路发生在电缆末端。但对于长度为 200m 以下的高压电缆，因其阻抗对热稳定计算截面影响较小，可按电缆首端短路计算。

（2）有中间接头的电缆，短路发生时在每一缩减电缆截面线段的首端；电缆线段为等截面时，则短路发生的第二段电缆的首端，即第一个中间接头处。

（3）无中间接头的并列的电缆，短路发生在短路点后。

3. 并联补偿电容器组的断路器

用于切合并联补偿电容器组的断路器宜采用真空断路器或六氟化硫断路器。容量较小的电容器组，也可采用开断性能优良的少油断路器。正常运行和短路时电器引线的最大作用力，不应大于电器端子允许荷载。屋外部分的导体套管、绝缘子和金具，应根据当地气象条件和不同受力状态进行校核。导线绝缘子和穿墙套管的机械强度安全系数，不应小于表 14-9 所列数值。

500

类　　　别	荷载长期作用时	荷载短期作用时
套管、支持绝缘子、金具	2.5	1.67
悬挂绝缘子及其金具（注1）	5.3	3.3
软导体	4.0	2.5
硬导体（注2）	2.0	1.67

注：1. 悬式绝缘子的安全系数对应于破坏荷载，而不是 1h 机电试验荷载，若是后者，则安全系数分别为 4.0 和 2.5；

　　2. 硬导体的安全系数对应破坏应力，而不是屈服点应力，若是后者，则安全系数分别为 1.6 和 1.4。

装设于变配电室以外的变压器，其高压侧应设有明显的断开装置，如隔离开关、负荷开关或手车式隔离触头组。

4. 高压母线断路器自投条件

（1）一路电源停电同时另一路有电，允许启动保护，经延时断开进线断路器，再经延时自动闭合母联断路器。

（2）进线断路器因过流、速断保护动作而跳闸时，不允许自动闭合母联断路器。

（3）人为停电断开进线断路器时，母联断路器的自投装置不应动作。同时为保证操作运行安全，尚应具备下列电气闭锁：①进线隔离车与进线断路器、计量柜闭锁；②高压进线断路器与母联断路器闭锁；③在任何情况下高压供电不允许并列运行。

低压母联断路器自投应有延时，当低压侧主断路器因过电流及短路故障跳闸时，不允许自动关合母联断路器，同时低压侧主断路器与母联断路器应有电气闭锁。正常电源与应急发电机电源之间应有电气闭锁或采用双投开关。

配电装置间隔内的硬导体及接电线上，应留有安装携带式接地线的接触面和连接端子。

（4）电器设备的套管和绝缘子最低绝缘部位距地（楼）面小于 2.3m 时，应装设固定围栏。围栏向上延伸距地面 2.3m 处与围栏上方带电部分的净距。位于地面上面的裸导电部分，应有遮栏隔离，遮栏下通行部分的高度不应小于 1.9m。配电装置距屋顶（梁除外）的距离一般不小于 0.8m。

5. 选择导体和电器的环境温度一般采用表 14-10 所列数值

类　别	安装场所	环　境　温　度	
		最　　高	最　低
裸导体	屋　内	该处通风设计温度。当无资料时，可取最热月平均最高温度加 5℃	
电缆	屋外电缆沟无覆土	最热月平均最高温度	年最低温度
	屋内电缆沟	屋内通风设计温度，当无资料时，可取最热月平均最高温度加 5℃	
	电缆隧道	该处通风设计温度，当无资料时，可取最热月平均最高温度	
	土中直埋	最热月平均最高地温	
电器	屋内电抗器	该处通风设计最高排风温度	
	屋内其他	该处通风设计温度，当无资料时，可取最热月平均最高温度加 5℃	

注：①年最高（或最低）温度为一年中所测量的最高（或最低）温度的多年平均值。

　　②最热月平均最高温度为最热月每日最高温度的月平均值，取多年平均值。

6. 高压配电装置的选用

高压成套开关设备应先用具有防护措施的设备。对二级及以下用电负荷，当用于环网和终端供电时，在满足高压 10kV 电力系统技术条件下优先选用环网负荷开关。住宅小区变电站宜优先选用户外成套变电设备。

低压断路器和变压器低压侧与主母线之间应经过隔离开关或插头组连接。供给一级负荷的两路电源线路不应敷设在同一电缆沟内。当无法分开时，该两路电源线路应采用绝缘和护套都是非延燃性材料的电缆，并且应分别设置于电缆沟两侧支架上。

高低压配电屏排列应与电缆夹层的梁平行布置。当高压配电屏与梁垂直布置时应满足每个屏下可进入两条电缆（三芯 240mm²）的条件。高低压配电屏下采用电缆沟时，不应小于下列数值：

高压屏沟　深≥1.5m　宽 1m

低压屏沟　深≥1.2m　宽 1.5m（含柜下和柜后部分）

沟内电缆管口处应满足电缆弯曲半径的要求。设置电缆夹层净高不低于 1.8m。用于应急照明及消防用电设备的配电屏、箱的正面应涂以红色边框作标志。

14.3.2　电器选择

（1）选用的导体和电器，其允许的最高工作电压不得低于该回路的最高运行电压，其长期允许电流不得小于该回路的最大持续工作电流，并应按短路条件验算其动、热稳定。用熔断器保护的导体和电器，可不验算热稳定，但动稳定仍应验算。用高压限流熔断器保护的导体和电器，可根据限流熔断器的特性，来校验导体和电器的动、热稳定。用熔断器保护的电压互感回路，可不验算动稳定和热稳定。

（2）确定短路电流时，应按可能发生最大短路电流的正常接线方式，并应考虑电力系统 5～10 年发展规划以及本工程的规划。计算短路点应选择在正常接线方式时短路电流为最大的地点。带电抗器的 10kV 出线，隔板（母线与母线隔离开关之间）前的引线和套管，应按短路点在电抗器前计算，隔板后的引线和电器按短路点在电抗器后计算。

（3）导体和电器的热稳定、动稳定以及电器的短路开断电流，一般按三相短路验算。如单相、两相短路较三相短路严重时，则按严重情况验算。当按短路开断电流选择高压断路器时，应能可靠地开断装设处可能发生的最大短路电流。按断流能力校核高压断路器时，宜取断路器实际开断时间的短路作为校核条件。装有自动重合闸装置的高压断路器，应考虑重合闸时对额定开断电流的影响。验算电器短路热稳定时间，采用后备保护动作时间加相应的断路器全分闸时间。

验算短路热稳定时，裸导体最高允许温度，宜采用表 14-11 所列数值，而导体在短路前的温度应采用额定负荷下的工作温度。

裸导体最高允许温度（℃）　　　　　　　　　　表 14-11

导体的种类和材料	最高允许温度
铜	300
铝	200
钢（不和电器连接时）	400
钢（和电器直接连接时）	300

裸导体的热稳定可用下式验算：

$$S \geqslant \sqrt{\frac{Q_d}{C}}$$

式中　　S——裸导体的载流截面（mm²）；

　　　　Q_d——短路电流的热效应（A²·s）；

　　　　C——热稳定系数。

验算短路稳定时，硬导体的最大应力，不应大于表14-12所列数值。重要回路的硬导体应力计算，还应考虑动力效应的影响。

硬导体的最大允许应力（N/mm²）　　　　　表 14-12

材　　料	硬　　钢	硬　　铝	钢
最大应力	140	70	140

注：①表不适用于有焊接接头的硬导体。
　　②表内所列数值为计及安全系数后的最大允许应力。安全系数一般取1.7（对应于材料破坏应力）或1.4（对应于屈服点应力）。

（4）高压配电装置应装设闭锁装置及联锁装置，以防止带负荷拉合隔离开关、带接地合闸、有电挂接地线、误拉合断路器、误入屋内有电间隔等电气误操作事故。

（5）高压断路器的选择　高压断路器是用来断开或接通电路的高压开关，在故障情况下能迅速地断开短路电流。高压断路器按灭弧和绝缘介质情况可以分为充油、充气、磁吹、真空等类；按其油量可以分为少油和多油两类。高压断路器选择计算表见表14-13。

高压断路器的选择计算表（SN10-10型断路器）　　　　表 14-13

工作电压	10kV	最大额定电压	11.5kV
额定电流	600A	最大工作电流	36.37A
$I_{0.2}$	1.065kA	额定开断电流	17.3kA
$S_{0.2}$	27.8MVA	额定断流容量	300MVA
i_{ch}	4.1kA	极限通过电流峰值	40kA
I_∞	1.61kA	4秒通过电流峰值	17.3kA
$I_\infty^2 t_j$	1.61×0.2	热稳定容量 $I_0^2 t$	17.3×4

（6）隔离开关的选择计算表见表14-14。

隔离开关的选择（GN6-10T/200型）　　　　表 14-14

工作电压	10kV	最大额定电压	11.5kV
额定电流	200A	最大工作电流	36.37A
$I_{0.2}$	1.065kA	额定开断电流	17.3kA
$S_{0.2}$	27.8MVA	额定断流容量	300MVA
I_∞	14—7kA	极限通过电流峰值	25.5kA
热稳电流	Is14.7kA	5秒通过热稳电流	10kA
配用机构	CS6—1或者是 CS6—1T		

（7）熔断器的选择计算表见表14-15。

熔断器的选择（RN2-10/0.25型）　　　　表 14-15

工作电压	10kV	大开断容量（三相）	1000MVA
额定电流	0.5A	最大切断电流	50kA
最小熔断电流	0.6～1.8A	切断短路电流的峰值	1000kA
熔丝电阻	90Ω	过电压倍数	$\lambda < 2.5$

（8）电流互感器的计算选择表见表 14-16。

电流互感器的选择（LQJ-10 型）　　　　　表 14-16

额定电压（kV）	10	额定电流比	40/5
额定二次负荷	3 级 30	准确等级	0.5/3
10% 饱和系数	3 级 6	动稳定倍数	2.25
一秒热稳定倍数	90		

14.3.3　高压配电系统

1. 电压选择

用电单位的供电电压应从用电容量、用电设备特性、供电距离、供电线路的回路数、用电单位的远景规划、当地公共电网现状和它的发展规划以及经济合理等因素考虑决定。

2. 配电方式

（1）放射式：供电可靠性高，故障发生后影响范围较小，切换操作方便，保护简单，便于自动化，但配电线路和高压配电屏数量多而造价较高。

（2）树干式：配电线路和高压配电屏数量少且投资少，但故障影响范围较大，供电可靠性差。非专用的电源线一般为树干式供电，当发生故障时为避免扩大停电面，故在进线侧应装设带保护的开关设备。

（3）母线的操作方式：重要工程采用两路电源，双母线分段运行，手动联络。变压器回路采用三工位负荷开关、SF₆ 绝缘固定式真空断路器保护。配电装置的布置和导体、电器、架构的选择，应符合正常运行、检修、短路和过电压等情况的要求。配电装置各回路的相序排列宜一致，硬导体应涂刷相色油漆或相色标志。

只有在四种情况之一时，才应装设断路器：故障时需要切断电源；需要带负荷切换电源；断电保护或自动装置有要求；出线回路较多。

10kV 及以下配电所母线绝大部分为单母线或单母线分段。对民用建筑的配变电所，采用该方式已能满足供电要求。只有特殊要求时，才采用分段单母线带旁路母线或双母线的接线。

近来母线分段处装设断路器，是考虑可以带负荷进行转换操作。装设断路器、负荷开关或隔离开关，系保护操作和维修之需要。采用带熔断器的负荷开关代替断路器可降低造价。因此，对不太重要负荷供电的引线，在满足断流容量和保护选择性能配合的情况下，可以采用熔断器负荷开关。

（4）电气设备外露可导电部分，必须与接地装置有可靠的电气连接。成排的配电装置的两端均应与接地线相连。

避雷器一般仅在雷季节前要进行检查和试验，这些工作可趁母线停电时拉开隔离开关，取下避雷器即可，故不需要装设单独的隔离开关，目前各生产厂的产品及运行单位，凡接在母线上的避雷器都和电压互感器合用一组隔离开关。

（5）带可燃性油的高压配电装置，宜装设在单独的高压配电室内。当高压开关柜的数量为 6 台及以下时，可与低压配电屏设置在同一房间内。不带可燃性油的高、低压配电装置和非油浸的电力变压器，可设置在同一房间内。具有符合 IP3X 防护等级外壳的不带可燃性油的高、低压配电装置和非油浸的电力变压器，当环境允许时，可相互靠近布置。

IP3X 防护要求能防止直径大于 2.5mm 的固体异物进入壳内。

IP2X 防护要求能防止直径大于 12mm 的固体异物进入壳内。

(6) 室内变电所的每台油量为 100kg 及以上的三相变压器，应设在单独的变压器室内。在同一配电室内单列布置高、低压配电装置时，当高压配电屏或低压配电屏顶面有裸露带电导体时，两者之间的净距不应小于 2m；当高压配电屏和低压配电屏的顶面封闭外壳防护等级符合 IP2X 级时，两者可靠近布置。

(7) 有人值班的配电所，应设单独的值班室。当低压配电室兼作值班室时，低压配电室面积应适当增大。高压配电室与值班室应直通或经过通道相通，值班室应有直接通向户外或通向走道的门。

(8) 变电所宜单层布置。当采用双层布置时，变压器应设在底层。设于二层的配电室应设搬运设备的通道、平台或孔洞。高低压配电室内，宜留有适当数量配电装置的备用位置。高压配电柜顶为裸母线分段时，两段母线分段处宜装设绝缘隔板，其高度不应小于 0.3m。由同一配电所供给一级负荷用电时，母线分段处应设防火隔板或有门洞的隔墙。供给一级负荷用电的两路电缆不应通过同一电缆沟，当无法分开时，该电缆沟内的两路电缆应采用阻燃性电缆，且应分别敷设在电缆沟两侧的支架上。

(9) 总配电所与分配电所属于同一部门管理，在操作上可统一调度指挥。建筑物配电所一般都为电网的终端，保护时限小，从断电保护角度上考虑，即使装断路器，由于时限配合不好，也不能增设一级保护，因此，一般装设隔离开关或隔离触头，也能满足运行和检修的要求。

14.4 变压器的选择

14.4.1 变压器数量的确定

(1) 主变压器台数的确定原则是为了保证供电的可靠性。当符合下列条件之一时，宜装设两台及以上变压器。

①有大量一级负荷及虽为二级负荷但从保安需要设置时（如消防等）。

②季节性负荷变化较大时。

③集中负荷较大时。

对大型枢纽变电所，根据工程的具体情况可以安装 2～4 台主变压器。

装设多台变压器时，宜根据负荷特点和变化适当分组以便灵活投切相应的变压器组。变压器应按分列方式运行。变压器低压出线端的中性线和中性点接地线应分别敷设。为测试方便，在接地回路中，靠近变压器处做一可拆卸的连接装置。

(2) 一般三级负荷或容量不太大的动力与照明宜共负荷只用一台变压器。

(3) 当属下列情况之一时，可设专用变压器

①当照明负荷较大或动力和照明采用共用变压器严重影响照明质量及灯泡寿命时，可设照明专用变压器。

②单台单相负荷较大时，宜设单相变压器。

③冲击性负荷较大，严重影响电能质量时，可设冲击负荷专用变压器。

④当季节性负荷（如空调设备等）约占工程总用电负荷的 1/3 及以上时，宜配置专用

变压器。

14.4.2　变压器结构型式的确定与安装

（1）多层或高层主体建筑内变电所，变压器一般可采用环氧树脂浇注型铜芯绕组干式变压器并设有温度监测及报警装置。在多尘或有腐蚀性气体严重影响变压器安全运行的场所，应选用防尘型或防腐型变压器。特别潮湿的环境不宜设置浸渍绝缘干式变压器。

设置在二层以上的三相变压器，应考虑垂直与水平运输对通道及楼板荷载的影响，如采用干式变压器，其容量不宜大于 630kVA。居住小区变电所内单台变压器容量不宜大于630kVA。

（2）内设置的可燃油浸电力变压器应装设在单独的小间内。变压器高压侧间隔两侧宜安装可拆卸式护栏。

变压器与低压配电室以及变压器室之间应设有通道实体门。如采用木制门应在变压器一侧包铁皮。变压器基座应设固定卡具等防震措施。变压器噪声级应严格控制，必要时可采用加装减噪垫等措施，以满足国家规定的环境噪音卫生标准，相关的生活工作房间内白天 ≤45dB（A），夜间≤35dB（A）。

高压配电屏选用下进下出的接线方式，在高压配电室下设电缆夹层。低压配电屏采用上进上出的接线方式，在柜顶上方设电缆桥架布线。上进上出与下进下出的接线方式各有优缺点：上进上出可以省做结构层，但它需要电缆桥架。安装要求极为严格。下进下出的接法必须做结构层，不需要电缆桥架。高低压配电室均设有气体灭火和排风系统。

对于就地检修的室内油浸变压器，室内高度可按吊芯所需要的最小高度再加 0.7m；宽度可按变压器两侧各加 0.8m 确定。多台干式变压器布置在同一房间内时，变压器防护外壳间的净距不应小于表 14-17 所列数值。

变压器防护外壳间的最小净距（m）　　　　　　　　表 14-17

项目　　净距　　变压器容量（kVA）	100～1000	1250～1600
油浸变压器外廓与后壁、侧壁净距	0.60	0.80
油浸变压器外廓与门净距	0.80	1.00
干式变压器带 IP2X 防护等级的金属外壳与后壁、侧壁净距	0.60	0.80
干式变压器有金属网遮栏与后壁、侧壁净距	0.60	0.80
干式变压器带 IP2X 金属外壳与门的净距	0.80	1.00
干式变压器有金属网遮栏与门净距	0.80	1.00
变压器侧面有 IP4X 及以上防护等级金属外壳	0.00	0.00
考虑变压器外壳之间有一台拉出防护外壳	变压器宽 + 0.6	变压器宽 + 0.6
不考虑变压器外壳之间有一台拉出防护外壳	1.00	1.20

（3）当用户系统有调压要求时，应选用有载自动调压电力变压器。对于新建的电力变电所建议采用有载自动调压变压器，有利于网络运行的经济性。虽然暂时投资稍高一些，但是在短时间内就可以收回所附加的投资。

当要求有三种电压的变电所，而且通过主变压器各侧线圈的功率均达到该变压器容量的 15％以上，主变压器宜采用三线圈变压器。如 220kV、110kV、350kV 时，通常采用三绕组变压器。

（4）当出现下列情况可设专用变压器：当动力和照明采用共用变压器严重影响照明质量及灯泡寿命时，可设专用变压器。当季节性的负荷容量较大时（如大型民用建筑中的空调冷冻机等负荷），可设专用变压器。接线为 Y，yno 的变压器，当单相不平衡负荷引起的中性线电流超过变压器低压绕组额定电流的 25％时，宜设单相变压器。出于功能需要的某些特殊设备（如容量较大的 X 光机等）宜设专用变压器。

（5）当需要提高单相短路电流值或需要限制三次谐波含量或三相不平衡负荷超过变压器每相额定容量 15％以上时，宜选用接线为 D，YnⅡ型变压器。

（6）因 IT 系统的带电部分与大地不直接连接，因此照明不能和动力共用变压器，必须设专用照明变压器。

14.4.3 配电变压器容量的选用

（1）变压器的容量选择的一般原则

变压器容量应根据计算负荷选择。确定一台变压器的容量时，应首先确定变压器的负荷率。变压器当空载损耗等于负荷率平方乘以负荷损耗时效率最高，在效率最高点变压器的负荷率为 63％～67％之间，对平稳负荷供电的单台变压器，负荷率一般在 85％左右。但这仅仅是从节电的角度出发得出的结论，是不够全面的。值得考虑的重要因素还有运行变压器的各种经济费用，包括固定资产投资、年运行费、折旧费、税金、保险费和一些其它名目的费用。选择变压器容量时，适当提高变压器的负荷率以减少变压器的台数或容量，即牺牲运行效率，降低一次投资，也只是一种选择。

（2）当安装两台及以上主变时，每台容量的选择应按照其中任何一台停运时，其余的容量至少能保证所供一级负荷成为变电所全部负荷的 60％～75％，通常一次变电所采用 75％，二次变电所采用 60％。

变压器一次侧功率因数与负荷率有关，满负荷运行时一次侧功率因数比二次侧低 3％～5％，负荷率小于 60％时一次侧功率因数比二次侧低 11％～18％。负荷率高对高压侧提高功率因数有利。负荷率高，断路器容量也大，投资也会有所增加。

（3）低压为 0.4kV 变电所中单台变压器的容量不宜大于 1600kVA，当用电设备容量较大，负荷集中且运行合理时可选用 2000kVA 及以上容量的变压器。近几年来有些厂家已能生产大容量的 ME、AH 型低压断路器及限流低压断路器，在民用建筑中采用 1250kVA 及 1600kVA 的变压器比较多，特别是 1250kVA 更多些，故推荐变压器的单台容量不宜大于 1250kVA。

采用干式变压器时，应配装绕组热保护装置，其主要功能应包括：温度传感器断线报警、启停风机、超温报警/跳闸、三相绕组温度巡回检测最大值显示等。

应选用节能型变压器，对事故时出现的过负荷应考虑变压器的过负荷能力，必要时可采取强迫风冷措施。

采用非燃性油变压器，可设置在独立房间内或靠近低压侧配电装置，但应有防止人身接触的措施。非燃油变压器应具有不低于 IP2X 防护外壳等级。室内设置的可燃油浸电力变压器应装设在单独的小间内。变压器高压侧（含引上电缆）间隔两侧宜安装可拆卸式护栏。

变压器的过电流保护宜采用三相保护。当高压侧采用熔断器作为变压器保护时，其熔体电流应按变压器额定电流的 1.4～2 倍选择。变压器的低压侧的总开关和母线断路器应具有选择性。变配电室的低压侧母线应装设低压避雷器。单台变压器的容量不宜大于 1600kVA，当用电设备容量较大，负荷集中且运行合理时可选用 2000kVA 及以上容量的变压器。

(4) 变压器容量的确定

①冲击电流的因素　单台电动机、电弧焊或电焊变压器支线，其尖峰电流为

$$I_{jf} = KI_N \quad (A)$$

式中　I_N——电动机、电弧焊机或电焊变压器的高压侧额定电流；

　　　K——起动电流倍数，即起动电流与额定电流之比。

②接有多台电动机的配电线路，只考虑一台电动机起动时的尖峰电流：

$$I_{jf} = (KI_N)_{max} + I_{fs} \quad (A)$$

式中　$(KI_N)_{max}$——起动电流最大的一台电动机起动时的起动电流；

　　　I_{fs}——配电线路上除去起动电机的计算电流。

③对于自起动的电动机组，其尖峰电流为所有参与起动的电动机电流之和。变压器运行的有关技术数据见表 14-18～表 14-21。

变压器短时过负荷运行数据　　　　　　　　　　　　表 14-18

油浸式变压器（自冷）		干式变压器（空气自冷）	
过电流（%）	允许运行时间（min）	过电流（%）	允许运行时间（min）
30	120	20	60
40	80	30	45
60	45	40	32
75	20	50	18
100	10	60	5

变压器的型号和技术数据（$S = 500$kVA）　　　　表 14-19

变压器系列	U_e（kV）	空载损耗（kW）	有载损耗（kW）	U_d（%）	I_k（%）	运行方式
S6-500/10	10/0.4	1.03	4.95	4	3	Y—Y/12
S7-500/10	10/0.4	1.03	4.92	1.45	4	Y—Y/12
SL7-500/10	10/0.4	1.08	6.9	4.5	3.2	Y—Y/12
SL-500/10 EN	10/0.4	1.08	6.9	4.5	3.2	Y—Y/12
SL-500/10	10/0.4	2.05	8.2	4	6	Y—Y/12

注：U_d—变压器阻抗电压；I_k—变压器阻抗电流。

变压器的型号和技术数据（$S = 630$kVA）　　　　表 14-20

变压器系列	U_e（kV）	空载损耗（kW）	有载损耗（kW）	U_d（%）	I_k（%）	运行方式
S6-630/10	10/0.4	1.25	5.8	4.0	3.0	Y—Y/12
S7-630/10	10/0.4	1.25	5.8	5.0	0.82	Y—Y/12
SL7-630/10	10/0.4	1.30	8.1	4.5	3.0	Y—Y/12
SL-630/10 EN	10/0.4	1.30	8.1	4.5	3.0	Y—Y/12
SL-630/10	10/0.4	2.45	10.0	4.5	3.0	Y—Y/12

| 变压器的型号和技术数据 (S = 800kVA) | | | | | | 表 14-21 |

变压器系列	U_e (kV)	空载损耗 (kW)	有载损耗 (kW)	U_d (%)	I_k (%)	运行方式
S6—800/10	10/0.4	1.4	7.5	5	2.5	Y—Y/12
S7—800/10	10/0.4	1.5	7.2	5	0.8	Y—Y/12
SL7—800/10	10/0.4	1.54	9.9	4.5	2.5	Y—Y/12
SL 800/10 EN	10/0.4	1.3	8.1	4.5	3.0	Y—Y/12
SL—800/10	10/0.4	3.1	12.0	4.5	5.5	Y—Y/12

14.4.4 电力变压器的并联运行

在变电室有两台或多台变压器同时运行时，必须满足以下的条件

(1) 各变压器的一次和二次额定电压必分别相等。例如一次高压均为 10kV，低压均为 0.4kV。其误差不应大于 ±5%。如果两台变压器的变压比不同，则必然在二次绕组内产生环流，很容易导至变压器过热而烧毁。

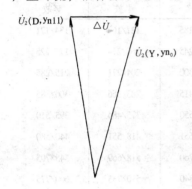

图 14-1 D，ynⅡ 连接与 Y，yn0 联结的两台变压器并联后二次侧电压相量图

(2) 并联的各变压器的短路电压必须相等。短路电压也称作阻抗电压。由于并联运行的变压器的负荷是按照其阻抗电压值成反比例分配的，阻抗电压小的变压器必然会因为分配的电压过高而损坏。通常允许差值为不大于 ±10%。

(3) 并联各变压器的联结组别必须相同。也就是各变压器的一次或二次电压的相序必须分别对应，否则根本不能并列运行。例如：当 D，ynⅡ 连接与 Y，yn0 联结的两台变压器并联了，在它们对应的二次侧将出现 30°的相位差，使二次绕组之间出现电位差 Δ 从而产生很大的环流。如图 14-1 所示。

(4) 并联的各变压器的变压器的额定容量也应该尽可能地相似，通常容量之比不宜超过 1:3。这主要是因为变压器的容量相差过大会因内部阻抗不同或其它特性不同而产生环流，而影响变压器的使用寿命。

14.5 母 线 的 选 择

14.5.1 母线介绍

母线的作用是将发电机和变压器生成的电能集中，然后再分配给用户。

1. 母线的材料

母线采用的材料为铜、铝、钢或其它金属。铜的导电性能仅次于银，在 20℃时的电阻率为 0.017Ωmm²/m，机械强度高，对大气、化学腐蚀有一定抵抗能力，是良好的导电材料。但是铜价格高，在我国的产量低，我国 1957 年曾经发布的"以铝代铜"技术政策，

推荐采用铝。

铝的导电性不如铜，在20℃时电阻率为0.029Ωmm²/m。在相同负荷情况下，铝母线截面要大，但铝的相对密度小，只有2.7g/cm³，而铜的相对密度为8.94g/cm³。铝的截面虽然大，耗材却少大约40%。铝的抗拉强度8kg/mm²不如铜22kg/mm²，且容易氧化形成氧化膜。氧化铝的电阻比氧化铜大，使得铝母线的接触电阻远大于铜。铝的耐腐蚀能力差，但其蕴藏量丰富，被广泛采用。

钢为磁性材料，其电阻率在20℃时为0.103Ωmm²/m，强度高，价格低。但采用其作为母线时，会产生一定的涡流损失，电压降较大，且容易生锈，一般不用。但在小于200A的小电流系统或工厂吊车滑动母线中也有采用。

2. 母线的载流量（见表14-22）

单条矩形母线载流量   表14-22

母线截面 (mm²)	最大允许持续载流量（A）					
	25℃		35℃		40℃	
	平放	竖放	平放	竖放	平放	竖放
15×3	156/200	165/210	138/176	145/185	127/162	134/171
20×3	204/261	215/275	180/233	190/245	166/214	175/225
25×3	252/323	265/340	219/255	230/300	204/271	215/285
30×4	375/451	365/475	309/394	325/415	285/366	300/385
40×4	456/593	480/625	404/522	425/550	375/484	395/510
40×5	518/665	540/700	452/588	475/651	418/551	440/580
50×5	632/816	665/860	556/721	585/760	518/669	545/705
50×6	703/906	740/955	617/797	650/840	570/735	600/775
60×6	826/1069	870/1125	731/940	770/990	680/873	715/920
60×8	975/1251	1025/1320	855/1101	900/1161	788/1016	830/1070
60×10	1100/1395	1155/1475	960/1230	1010/1295	890/1133	935/1195
80×6	1050/1360	1150/1480	930/1195	1010/1300	860/1110	935/1205
80×8	1215/1553	1320/1690	1060/1361	1155/1480	985/1260	1070/1370
80×10	1360/1747	1480/1900	1190/1531	1295/1665	1105/1417	1200/1540
100×6	1310/1665	1425/1810	1160/1557	1260/1592	1070/1356	1160/1475
100×8	1495/1911	1625/2080	1310/1674	1425/1820	1210/1546	1315/1685
100×10	1675/2121	1820/2310	1470/1865	1595/2025	1360/1720	1475/1870
120×8	1750/2210	1900/2400	1530/1940	1675/2110	1420/1800	1550/1955
120×10	1905/2435	2070/2650	1685/2152	1830/2340	1620/1996	1760/2170

表中参数斜线上方为铝母线载流量，下方为铜母线载流量。温度为环境空气温度。放置方式为母线安装时相对于支柱绝缘子的方向。

实际温度不是25℃时，温度校正系数 K_t 按公式计算。

$K_t = 0.15 \sqrt{70 - \theta}$ 其中 θ 为实际环境温度。

多条母线并列作为一相供电情况，由于临近效应的影响，特别是散热条件变坏，每条母线载流量会下降。载流量见表 14-23。

多条矩形母线载流量　表 14-23

母线截面 （mm²）	最大允许持续载流量（A）					
	25℃		35℃		40℃	
	平放	竖放	平放	竖放	平放	竖放
2（60×6）	1282/1650	1350/1740	1126/1452	1185/1530	1035/1340	1090/1410
2（60×8）	1596/2050	1480/2160	1460/1503	1480/1900	1291/1660	1360/1750
2（60×10）	1910/2430	2010/2560	1682/2140	1770/2250	1558/1985	1640/2090
2（80×6）	1500/1940	1630/2110	1320/1705	1433/1855	1222/1580	1330/1720
2（80×8）	1876/2410	2040/2620	1615/2117	1795/2515	1520/1950	1650/2120
2（80×10）	2237/2850	2410/3100	1950/2575	2120/2735	1809/2345	1965/2550
2（100×6）	1780/2270	1935/2470	1564/2000	1700/2170	1450/1855	1578/2015
2（100×8）	2200/2810	2390/3060	1930/2470	2100/2690	1794/2290	1950/2490
2（100×10）	2630/3320	2860/3610	2300/2935	2500/3185	2130/2735	2315/2970
2（120×8）	2440/3130	2650/3400	2140/2750	2330/2995	1985/2550	2160/2770
2（120×10）	2945/3770	3200/4100	2615/3330	2840/3620	2410/3090	2620/3360
3（60×6）	1582/2060	1720/2240	1390/1810	1510/1970	1285/1670	1390/1815
3（60×8）	2005/2565	2180/2790	1766/2255	1920/2450	1642/2080	1765/2260
3（60×10）	2520/3135	2650/3300	2215/2750	2330/2900	2050/2560	2160/2690
3（80×6）	1930/2500	2100/2720	1696/2200	1845/2390	1575/2040	1712/2215
3（80×8）	2410/3100	2620/3370	2118/2730	2300/2970	1970/2530	2140/2750
3（80×10）	2870/3670	3120/3990	2530/3230	2725/3510	2330/2990	2530/3250
3（100×6）	2300/2920	2500/3170	2030/2565	2200/2790	1880/2370	2040/2580
3（100×8）	2800/3610	3050/3930	2480/3180	2680/3460	2290/2945	2490/3200
3（100×10）	3350/4280	3640/4650	2935/3735	3190/4060	2715/3450	2950/3750
3（120×8）	3110×3995	3380/4340	2730/3515	2970/3820	2530/3260	2750/3540
3（120×10）	3770/4780	4100/5200	3320/4230	3610/4600	3090/3920	3360/4260
4（100×10）	3820/4875	4150/5300	3360/4290	3650/4670	3130/4000	3400/4350
4（120×10）	4275/5430	4650/5900	3765/4770	4090/5190	3505/4450	3810/4840

14.5.2　母线安装

1. 技术要求

施工中的安全技术措施属重要工序要求，应事先制定好安全技术措施。与母线装置安装有关的建筑物、构筑物的工程质量符合验收规范；当设计及设备有特殊要求时，尚应符合有关规定。

母线装置安装前，建筑工程应具备下列条件：基础、构架符合电气设备的设计要求；

屋顶、楼板施工完毕，不得渗漏；室内地面基层施工完毕，并在墙上标出抹平标高；基础、构架达到允许安装的强度，高层构架的走道板、栏杆、平台齐全牢固；有可能损坏已安装母线装置或安装后不能再进行的装饰工程全部结束；门窗安装完毕，施工用道路通畅；母线装置的预留孔、预埋铁件符合设计。

母线装置安装完毕投入运行前，建筑工程的预埋件、开孔、扩孔等修饰工程完毕；保护性网门、栏杆以及所有与受电部分隔绝的设施齐全；受电后无法进行的和影响运行安全的工作施工完毕；施工设施应拆除和场地应清理干净。母线装置安装用的紧固件，除地脚螺栓外应采用镀锌制品，户外使用的紧固件应用热镀锌制品。

2. 母线的质量

接地线宜排列整齐，方向一致。母线与母线，母线与分支线，母线与电器接线端子搭接时，其搭接面的处理应符合下列规定：铜与铜：室外、高温且潮湿或对母线有腐蚀性气体的室内，必须搪锡，在干燥的室内可直接连接。铝与铝：直接连接。钢与钢：必须搪锡或镀锌，不得直接连接。铜与铝：在干燥的室内，铜导体应搪锡，室外或空气相对湿度接近100%的室内，应采用铜铝过渡板，铜端应搪锡。钢与铜或铝：钢搭接面必须搪锡。封闭母线螺栓固定搭接面应镀银。

母线的相序排列，当设计无规定时应符合下列规定：上、下布置的交流母线，由上到下排列为 L_1、L_2、L_3 相，直流母线正极在上，负极在下。水平布置的交流母线，由盘后向盘面排列为 L_1、L_2、L_3 相，直流母线正极在后，负极在前。引下线的交流母线由左至右排列为 L_1、L_2、L_3 相，直流母线正极在左，负极在右。

母线涂漆的颜色应符合下列规定：三相交流母线：L_1 相为黄色，L_2 相为绿色，L_3 相为红色，单相交流母线与引出相的颜色相同。直流母线：正极为赭色，负极为蓝色。直流均衡汇流母线及交流中性汇流母线：不接地者为紫色，接地者为紫色带黑色条纹。封闭母线：母线外表面及外壳内表面涂无光泽黑漆，外壳外表面涂浅色漆。

母线刷相色漆要求：室外软母线、封闭母线应在两端和中间适当部位涂相色漆。单片母线的所有面及多片、槽形、管形母线的所有可见面均应涂色漆。钢母线的所有表面应涂防腐相色漆。刷漆应均匀，无起层、皱皮等缺陷，并应整齐一致。母线在下列各处不应刷相色漆：母线的螺栓连接及支持连接处、母线与电器的连接处以及距所有连接处10mm以内的地方。供携带式接地线连接用的接触面上，不刷漆部分的长度应为母线的宽度或直径，且不应小于50mm，并在其两侧涂以宽度为10mm的黑色标志带。

3. 硬母线加工

母线应矫正平直，切断面应平整。相同布置的主母线、分支母线、引下线及设备连接线应对称一致，横平竖直，整齐美观。矩形母线应进行冷弯，不得进行热弯。母线开始弯曲处距最近绝缘子的母线支持夹板边缘不大于 $0.25L$，但不得小于50mm。母线开始弯曲处距母线连接位置不应小于50mm。矩形母线应减少直角弯曲，弯曲处不得有裂纹及显著的折皱。多片母线的弯曲度应一致。

矩形母线采用螺栓固定搭接时，连接处距支柱绝缘子的支持夹板边缘不应小于50mm；上片母线端头与下片母线平弯开始处的距离不小于50mm。母线扭转90°时，其扭转部分的长度应为母线宽度的 2.5～5 倍。

母线接头螺孔的直径宜大于螺栓直径1mm；钻孔应垂直、不歪斜，螺孔间中心距离的

误差应为 ±0.5mm。母线的接触面加工必须平整、无氧化膜。经加工后其截面减少值：铜母线不应超过原截面的 3%；铝母线不应超过原截面的 5%。具有镀银层的母线搭接面，不得任意锉磨。

铝合金管母线的加工制作应符合下列要求：切断的管口应平整，且与轴线垂直。管子的坡口应用机械加工，坡口应光滑、均匀、无毛刺。母线对接焊口距母线支持器夹板边缘距离不应小于 50mm。

4. 硬母线安装

硬母线的连接应采用焊接、贯穿螺栓连接或夹板及夹持螺栓搭接；管形和棒形母线应用专用线夹连接，严禁用内螺纹管接头或锡焊连接。母线与母线或母线与电器接线端子的螺栓搭接面加工后必须保持清洁，并涂以电力复合脂。母线平置时，贯穿螺栓应由下往上穿，其余情况下，螺母应置于维护侧，螺栓长度宜露出螺母 2～3 扣。贯穿螺栓连接的母线两外侧均应有平垫圈，相邻螺栓垫圈间应有 3mm 以上的净距，螺母侧应装有弹簧垫圈或锁紧螺母。螺栓受力应均匀，不应使电器的接线端子受到额外应力。母线的接触面应连接紧密，连接螺栓应用力矩扳手紧固。

母线固定金具与支柱绝缘子间的固定应平整牢固，不应使其所支持的母线受到额外应力。交流母线的固定金具或其它支持金具不应成闭合磁路。当母线平置时，母线支持夹板的上部压板应与母线保持 1～1.5mm 的间隙，当母线立置时，上部压板应与母线保持 1.5～2mm 的间隙。母线在支柱绝缘子上的固定支点，每一段应设置一个，并宜位于全长或两母线伸缩节中点。管形母线安装在滑动支持器上时，支持器的轴座与管母线之间应有 1～2mm 的间隙。母线固定装置应无棱角和毛刺。

多片矩形母线间，应保持不小于母线厚度的间隙；相邻间隔垫边缘间的距离应大于 5mm。母线伸缩节不得有裂纹、断股和折皱现象；其总截面不应小于母线截面的 1.2 倍。母线长度超过 300～400m 而需换位时，换位不应小于一个循环。槽形母线换位段处可用矩形母线连接，换位段内各相母线的弯曲程度应对称一致。

重型母线的安装在母线与设备连接处宜采用软连接，连接线的截面不应小于母线截面。母线的紧固螺栓：铝母线宜用铝合金螺栓，铜母线宜用铜螺栓，紧固螺栓时应用力矩扳手。在运行温度高的场所，母线不应有铜铝过渡接头。

14.5.3 特殊母线安装

1. 封闭母线安装

封闭母线不得用裸钢丝绳起吊和绑扎，不得任意堆放及在地面上拖拉，外壳上不得进行其他作业，外壳内和绝缘子必须擦拭干净，外壳内不得有遗留物。橡胶伸缩套和连接头、穿墙处的连接法兰、外壳与底座之间、外壳各连接部位的螺栓应采用力矩扳手紧固，各接合面应密封良好。外壳的相间短路板应位置正确，连接良好，相间支撑板应安装牢固，分段绝缘的外壳应作好绝缘措施。母线焊接应在封闭母线各段全部就位并调整误差合格后进行。呈微正压的封闭母线，在安装完毕后检查其密封性应良好。

铝合金管形母线的安装，管形母线应采用多点吊装，不得伤及母线。母线终端应有防晕装置，其表面应光滑、无毛刺或凹凸不平。同相管段轴线应处于一个垂直面上，三相母线管段轴线应互相平行。

2. 硬母线焊接

母线焊接所用的焊条、焊丝其表面应无氧化膜、水分和油污等杂物。铝及铝合金的管形母线、槽形母线、封闭母线及重型母线应采用氩弧焊。焊接前应将母线坡口两侧表面各50mm范围内清刷干净，不得有氧化膜、水分和油污；坡口加工面应无毛刺和飞边。母线对接焊缝的上部应有 2～4mm 的加强高度；330kV 及以上电压的硬母线焊缝应呈圆弧形，不应有毛刺、凹凸不平之处；引下线母线采用搭接焊时，焊缝的长度不应小于母线宽度的两倍；角焊缝的加强高度应为 4mm。

焊缝表面不应有凹陷、裂纹、未熔合、未焊透等缺陷；焊缝应采用 X 光无损探伤。铝及铝合金母线，其焊接接头的平均最小抗拉强度不得低于原材料的 75%。直流电阻焊缝直流电阻应不大于同截面、同长度的原金属的电阻值。

母线焊接后接头表面应无肉眼可见的裂纹、凹陷、缺肉、未焊透、气孔、夹渣等缺陷。咬边深度不得超过母线厚度（管形母线为壁厚）的 10%，且其总长度不得超过焊缝总长度的 20%。

3. 软母线架设

软母线不得有扭结、松股、断股、其他明显的损伤或严重腐蚀等缺陷；扩径母线不得有明显凹陷和变形。采用的金具除应有质量合格证，规格应相符，零件配套齐全。表面应光滑，无裂纹、伤痕、砂眼、锈蚀、滑扣等缺陷，锌层不应剥落。线夹船形压板与导线接触面应光滑平整，悬垂线夹的转动部分应灵活。

软母线与线夹连接应采用液压压接或螺栓连接。软母线和组合导线在档距内不得有连接接头，并应采用专用线夹在跳线上连接；软母线经螺栓耐张线夹引至设备时不得切断，应成为一整体。放线过程中，导线不得与地面摩擦，并应对导线严格检查，当导线有扭结、断股和明显松股者不得使用。

新型导线应经试放，确定安装方法和制定措施后，方可全面施工。切断导线时，端头应加绑扎；端面应整齐、无毛刺，并与线股轴线垂直。压接导线前需要切割铝线时，严禁伤及钢芯。当软母线采用钢制各种螺栓型耐张线夹或悬垂线夹连接时，必须缠绕铝包带，其绕向应与外层铝股的旋向一致，两端露出线夹口不应超过 10mm，且其端口应回到线夹内压住。

软导线和各种连接线夹连接时，导线及线夹接触面均应清除氧化膜，并用汽油或丙酮清洗，清洗长度不应少于连接长度的 1.2 倍，导电接触面应涂以电力复合脂。液压压接前应先进行试压。

采用液压钳压接导线时，压接用的钢模必须与被压管配套，液压钳应与钢模匹配。扩径导线与耐张线夹压接时，应用相应的衬料将扩径导线中心的空隙填满。压接时必须保持线夹的正确位置，不得歪斜，相邻两模间重叠不应小于 5mm。接续管压接后，其弯曲度不宜大于接续管全长的 2%。压接后不应使接续管口附近导线有隆起和松股，接续管表面应光滑、无裂纹。外露钢管的表面及压接管口应刷防锈漆。

使用滑轮放线或紧线对，滑轮的直径不应小于导线直径的 16 倍；滑轮应转动灵活；轮槽尺寸应与导线匹配。母线弛度应符允许误差为 +5%、−2.5%，同一档距内三相母线的弛度应一致。直线导线的弯曲度，不应小于导线外径的 30 倍。线夹螺栓必须均匀拧紧，紧固 U 型螺丝时，应使两端均衡，不得歪斜；螺栓长度除可调金具外，宜露出螺母 2～3扣。母线跳线和引下线安装后，应呈似悬链状自然下垂。

软母线与电器接线端子连接时，不应使电器接线端子受到超过允许的外加应力。具有可调金具的母线，在导线安装调整完毕之后，必须将可调金具的调节螺母锁紧。组合导线的圆环、固定用线夹以及所使用的各种金具必须齐全，圆环及固定线夹在导线的固定位置应符合设计要求，其距离误差不得超过±3%，安装应牢固，并与导线垂直。

4. 绝缘子与穿墙套管

绝缘子与穿墙套管安装前应进行检查，瓷件、法兰应完整无裂纹，胶合处填料完整，结合牢固。安装在同一平面或垂直面上的支柱绝缘子或穿墙套管的顶面，应位于同一平面上。母线直线段其支柱绝缘子的安装中心线应在同一直线上。支柱绝缘子和穿墙套管安装时，其底座或法兰盘不得埋入混凝土或抹灰层内。支柱绝缘子叠装时，中心线应一致，固定应牢固，紧固件应齐全。无底座和顶帽的内胶装式的低压支柱绝缘子与金属固定件的接触面之间应垫以厚度不小于1.5mm的橡胶或石棉纸等缓冲垫圈。

悬式绝缘子串除设计原因外，悬式绝缘子串应与地面垂直，当受条件限制不能满足要求时，可有不超过5°的倾斜角。多串绝缘子并联时，每串所受的张力应均匀。绝缘子串组合时应完整，其穿向应一致，耐张绝缘子串的碗口应向上，绝缘子串的球头挂环、碗头挂板及锁紧销等应互相匹配。弹簧销应有足够弹性，闭口销必须分开，并不得有折断或裂纹，严禁用线材代替。均压环、屏蔽环等保护金具应安装牢固，位置应正确。绝缘子串吊装前应清擦干净。

安装穿墙套管的孔径应比嵌入部分大5mm以上，混凝土安装板的最大厚度不得超过50mm。额定电流在1.5kA及以上的穿墙套管直接固定在钢板上时，套管周围不应成闭合磁路。穿墙套管垂直安装时，法兰应向上，水平安装时，法兰应在外。600A及以上母线穿墙套管端部的金属夹板（紧固件除外）应采用非磁性材料，其与母线之间应有金属相连，接触应稳固，金属夹板厚度不应小于3mm，当母线为两片及以上时，母线本身间应予固定。充油套管水平安装时，其储油柜及取油样管路应无渗漏，油位指示清晰，注油和取样阀位置应装设于巡回监视侧。

5. 工程交接验收，应进行下列检查

所有螺栓、垫圈、闭口销、锁紧销、弹簧垫圈、锁紧螺母等应齐全、可靠。母线配制及安装架设应符合设计规定，且连接正确，螺栓紧固，接触可靠；相间及对地电气距离符合要求。瓷件应完整、清洁；铁件和瓷件胶合处均应完整无损，充油套管应无渗油，油位应正常。油漆完好，相色正确，接地良好。

14.6 变配电所的专业要求

14.6.1 变配电所的照明

变电所应设置普通照明和应急照明。照明设备的安装位置，应便于维修。屋外配电装置的照明，可利用配电装置构架装设照明器，但应设过电压保护。

在控制室主要监屏位置和屏前工作位置观察屏面时，不应有明显的反射眩光和直接眩光。铅酸蓄电池室内的照明，应采用防爆型照明器，不应在蓄电池室内装设开关、熔断器和插座等可能产生火花的电器。

变电所的照明设计对电光源要求：

（1）普通设计对变电所照明的要求不高，选用总经济效益比较好的荧光灯，如光色好、显色性好、发光效率高的荧光灯，以便能清楚地看仪表及检修。为了防止荧光灯的频闪效应，宜将荧光灯接入用三相电源。

（2）照明配电线路采用铜芯绝缘线，穿钢管暗敷设于不易燃的墙体内。在配电室内裸导体正上方，不应布置灯具和明敷线路。

（3）对电光源的要求是发光效率高、较好的显色性、长寿命。

（4）要求最小照度 30lx，取 50lx。

（5）在配电室裸导体上方布置灯具时，要考虑不停电更换灯泡时人体部位和伸臂时的安全。人的水平伸臂长度一般不超过 0.9m，且配电室是电气专用房间，更换灯泡人员为电气工作人员，因此规定灯具与裸导体的水平净距大于 1.0m 是安全的。灯具采用吊链和软线吊装易受风吹或人为碰撞而晃动，易引发短路事故，很不安全。

14.6.2 变配电所对建筑的要求

（1）配电装置对建筑物要求 长度大于 7m 的配电装置室，应有两个出口，并宜布置在配电装置室的两端；长度大于 60m 时，宜增添一个出口；当配电装置室有楼层时，一个出口可设在通往屋外楼梯的平台处。楼上、楼下均为配电室时，位于楼上的配电装置室至少应设一个出口通向室外的平台或通道。变压器室、配电装置室、电容器室等应有防止雨雪和小动物从采光窗、通风窗、门、电缆沟等进入室内的措施。

装配式配电装置的母线分段处，宜设置有门洞的隔墙。充油电气设备间的门若开向不属配电装置范围的建筑物内时，其门应为非燃烧体或难燃烧体的实体门。

（2）门窗要求 配电室的门均应单向开启，但通向高压配电室的门应为双向开启门，并装有弹簧锁，大门用轻型铁门。无人值班的变电站如采用木质门时应在外侧包铁皮。配电室和值班室的临街窗应采用铅丝玻璃等防护措施，并在玻璃窗间加装铁栅（用 $\phi 12$ 钢筋，间距 ≤ 100mm 制作）。无人值班的变电站在铁栅外应用铁板网保护。无人值班的配电室应装设通风百叶窗，有人值班的配电室门应向疏散方向开，装有电气设备的相邻房间之间有门时，此门应能双向开启或向低压方向开启，不应直通相邻的酸、碱、蒸汽、粉尘和噪声严重的建筑。配电装置室应设防火门，防火门应装弹簧锁，严禁用门闩。

高压配电室和电容器室，宜设不能开启的自然采光窗，窗户下沿距室外地面高度不宜小于 1.8m。临街的一面不宜开窗。高压开闭所的高压设备室的设备门应加纱门。

（3）变电室的栏杆高度不低于 1.2m，最低的栏杆距地面的净距离及栏杆的间距不大于 200mm。而配电装置中的栏杆高度不低于 1.7m。遮栏网孔不大于 20mm×20mm。栏杆及门需要上弹簧锁。

（4）配电装置室的耐火等级，不应低于二级。配电装置室可按事故排烟要求，装设事故通风装置。配电装置室内通道应保证畅通无阻，不得设立门槛，并不应有与配电装置无关的管道通过。变压器室、配电装置室、电容器室的顶棚及变压器室的内墙面应刷白。地板面宜采用高标号水泥抹面压光或用水磨石地面。

14.6.3 对结构的要求

（1）导线及避雷线的架设应考虑梁上作用人和工具重 2kN 以及相应的风荷载、导线及避雷线张力、自重等。

（2）根据实际检修方式的需要，可考虑三相同时上人停电检修（每相导线的绝缘子根部作用人和工具重为 1kN）及单相跨中上人带电检修（人及工具重 1.5kN）两种情况的导线张力、相应的风荷载及自重等；对档距内无引下线的情况可不考虑跨中上人。

（3）考虑水平地震作用及相应的风荷载或相应的冰荷载、导线及避雷线张力、自重等，地震情况下的结构抗力或设计强度均允许提高 25% 使用。

（4）运行情况通常取 30 年一遇的最大风（无冰、相应气温）、最低气温（无冰无风）及最严重覆冰（相应气温及风速）等三种情况及其相应的导线及避雷线张力、自重等。

（5）设计应考虑下列两种极限状态：

①承载能力极限状态：这种极限状态对应于结构或结构构件达到最大承载能力或不适于继续承载的变形。要求在设计荷载作用下所产生的结构效应应小于或等于结构的抗力或设计强度。

②正常使用极限状态：这种极限状态对应于结构或结构构件达到正常使用中耐久性能的某项规定极限值。要求在标准荷载作用下所产生的结构长期及短期效应不宜超过规定值。

建筑物、构筑物的安全等级均应采用二级，相应的结构重要性系数应为 1.0。当基础处于稳定的地下水位以下时，应考虑浮力的影响，此时基础容重取混凝土或钢筋混凝土的容重减 10kN/m³，土壤容重宜取 10～11kN/m³。屋外构筑物的基础，当验算上拔或倾覆弯稳定性时，设计荷载所引起的基础上拔力或倾覆弯矩应小于或等于基础抗拔力或抗倾覆弯矩除以表 14-24 的稳定系数。

基础上抗拔或抗倾覆稳定系数　　　　　　　　　表 14-24

计　算　方　法	荷　载　类　型	
	在长期荷载作用	在短期荷载作用
按考虑土抗力来验算倾覆或考虑锥形土体来验算上拔	1.8	1.5
仅考虑基础自重及阶梯以上的土重来验算倾覆或上拔	1.15	1.0

注：短期荷载系数指风荷载、地震作用和短路电动力三种，其余均为长期荷载。

14.6.4　对采暖通风的要求

（1）变压器室宜采用自然通风，夏季的排风温度不宜高于 45℃，进风和排风的温差不宜大于 15℃。变压器室应有良好通风装置的目的，在于排除变压器在运行过程中散出的热量，以保证变压器在一年中任何季节均能在额定负荷下安全运行和有正常的使用寿命。若周围环境污浊，宜在进风口处加空气过滤器。高压配电室装有较多油断路器时，宜装设排烟装置。装设事故排烟装置，是当油断路器发生爆炸事故时，通过排烟装置能较快地抽走烟气，便于迅速进行事故处理。

装有六氟化硫的配电装置，变压器房间的排风系统要考虑底部排风口。

（2）干式变压器、电容器室、配电装置室、控制室设置在地下层时，在高潮湿场所，宜设吸湿机或在装置内加装去湿电加热，在地下室内应有排水设施。

有人值班的配变电所，宜设有上下水设施。为了防止电缆浸水后造成事故和配电室内湿度太大，电缆沟和电缆室应采取防水排水措施。如防水层处理不好或施工时保护管穿墙处堵塞不严，地沟内很容易浸水。特别是在严寒地区，沟内浸水后，冬季基础冻胀，会造成墙体开裂。因此，应考虑地沟底有些坡度和集水坑，或采取其他有效措施，以便将沟内积水排走。

(3) 在采暖地区控制室及值班室应采暖，配电室采暖后对巡视和检修人员也有利，有条件时可接入空调系统，计算温度为 18℃。在特别严寒地区的配电装置室装有电度表时应设采暖。采暖计算温度为 5℃。控制室和配电室内的采暖装置宜采用钢管焊接，且不应有法兰、螺纹接头和阀门等。位于炎热地区的配变电所，屋面应有隔热措施。

(4) 电容器室应有良好的自然通风，通风量应根据电容器温度类别按夏季排风温度不超过电容器所允许的最高环境空气温度计算。当自然通风不能满足设备排热要求时，可采用自然进风和机械排风方式。电容器室内应有反映室内温度的指示装置。

(5) 换气原则 换气原则是用机械把一定量的室外新鲜清洁空气送入或吸入室内使室内空气经常处于卫生状态。对于配电室除上述目的外，还为了保持室内正压，防止灰尘侵入，和使室内冷却的作用。

①以卫生为目的的换气：换气量需要 $10\text{m}^3/\text{m}^2\cdot\text{h}$，换气方法有设适当气孔，仅用排风机通风及送风机与排风机并用的换气方法。若配电室面积为 $A\text{m}^2$，则换气量 $Q = 10A\text{m}^3/\text{h}$。

②以冷却为目的的换气：为防止大气设备因发热使室内温度升高，须将热量排出室外。这种情况下，下式存在：

$$1.24 \times 0.24 \times Q (t_1 - t_2) = 860P$$

其中 1.24kg/m^3——空气相对密度；

$0.24\text{kcal/kg}\cdot℃$——空气比热；

$Q (\text{m}^3/\text{h})$——换气量；

t_1——室内温度；

t_2——室外温度；

P——室内发热量（kW）。

因此需要的换气量为：

$$Q = 860P / [1.24 \times 0.24 \times (t_1 - t_2)] = 289P / (t_1 - t_2) (\text{m}^3/\text{h})$$

由上式可知，由于换气，室内温度不会低于室外温度。电气设备的发热量见表14-25。

主要电气设备的发热量   表 14-25

电气设备		发热量
继电器	小型继电器	0.2~1W
	中型继电器	1~3W 励磁线圈工作时
	功率继电器	8~16W
灯	全电压式带变压器	灯的功率数
	带电阻器	灯的功率数 + 10W
控制盘	电磁控制盘	依据继电器数量，约300W
	程序盘	500W
主回路盘	低压控制中心	100~500W
	高压控制中心	100~500W
	高压配电盘	100~500W
变压器	变压器	输出功率（1/效率 - 1）kW
电力变换装置	半导体盘	输出功率（1/效率 - 1）kW
照明灯	白炽灯或放电灯	灯功率数或 1.1 × 灯功率数

③以防尘为目的的换气：这种换气是为了防止由于室内外气压差而使灰尘进入室内。为此室内最好保持在 1～5mmHg 的正压程度。任何建筑物都有自然换气，这是通过门、窗的间隙以及门的开、闭进行的。尤其是外边风力越大，室内外温差越大，换气量也越多。设自然换气的次数为 N（次/h），室内容积为 V，则自然换气是 Q_i。

$$Q_i = NV \quad (\text{m}^3/\text{h})$$

为了防尘，从室外最好压入 $1.2Q_i$ 以上的洁净空气。自然换气次数 N 示于表 14-26。混凝土造配电室的 N 最好为 1/2。钢架、铁板造配电室的 N 值最好为 1。

自 然 换 气 次 数 N（次/h）　　　　　　　　　　表 14-26

室 的 种 类	换 气 次 数
墙壁面向大气，有窗和门的房间	1
墙壁面向大气，没有窗和门的房间	1.5
没有墙壁面向大气，有窗和门的房间	2
没有墙壁面向大气，没有窗和门的房间	1/2～3/4

（6）如何考虑换气设备　配电室若从防尘角度出发，最好保持气密性，即做成全封闭式，人进去时，启动气体处理装置即可。这种方法有利于节能。使用换气装置使大容积配电室冷却是不可能的。作为设备应设置风机或在屋顶上设风机室，用管道向各室送风。并在空气的出入口设置过滤装置净化空气。

在电气设备中，半导体设备需要空调，其它电磁继电器或开关不需要空调。为减轻空调负荷，宜把电气设备按功能分区，以减少空调区。配电装置室有楼层时，其楼层应设防水措施。配电装置室可按事故排烟要求，装设事故通风装置。

14.7　变配电所的防火

14.7.1　防火要求

（1）在防火要求较高的场所，有条件时宜选用不燃或难燃的变压器。高层民用主体建筑中，设置在首层或地下层的变压器不宜选用油浸变压器，设置在其他层的变压器严禁选用油浸变压器。布置在高层民用主体建筑中的配电装置，亦不宜采用具有可燃性能的断路器。

（2）当屋外油浸变压器之间需设置防火墙时，防火墙的高度不宜低于变压器油枕的顶端高度，防火墙的两端应分别大于变压器贮油池的两侧各 0.5m。当火灾危险类别为丙、丁、戊类的生产建筑物外墙距屋外油浸变压器外廓 5m 以内时，在变压器高度以上 3m 的水平线以下及外廓两侧各加 3m 的外墙范围内，不应有门、窗或通风孔。当建筑物外墙距变压器外廓为 10m 以内时，可在外墙上设防火门，并可在变压器高度以上设非燃烧性的固定窗。

变电所应根据容量大小及其重要性，对主变压器等各种带油电气设备及建筑物，配备适当数量的手提式及推车式化学灭火器。对主控制室等设有精密仪器、仪表设备的房间，应在房间内或附近走廊内配置灭火后不会引起污损的灭火器。

（3）主变压器等充油电气设备，当单个油箱的油量在 1t 及以上时，应同时设置贮油坑及总事故油池，其容量分别不小于单台设备油量的 20% 及最大单台设备油量的 60%。贮油坑的长度尺寸宜较设备外廓尺寸每边大 1m，总事故油池应有油水分离的功能，其出口应引至安全处所。

总油量超过 100kg 的屋内油浸电力变压器，宜装设在单独的防爆间内，并应设置消防设施。屋内单台电气设备总油量在 100kg 以上应设置贮油设施或挡油设施。挡油设施宜按容纳 20% 油量设计，并应有将事故油排至安全处的设施。当事故油无法排至安全处时，应设置能容纳 100% 油量的贮油设施。排油管内径的选择应能尽快将油排出，不应小于 100mm。

主变压器的油释放装置或防爆管，其出口宜引至贮油坑的排油口处。充油电气设备间的总油量在 100kg 及以上且门外为公共走道或其他建筑物的房间时，应采用非燃烧的实体门。

（4）3～35kV 双母线布置的屋内配电装置，母线与母线隔离开关之间宜装设耐火隔板，屋内断路器、油浸电流互感器和电压互感器，宜装在两侧有隔墙（板）的间隔内。当电压等级为 63～110kV 时，断路器、油浸电流互感器和电压互感器应装设在有防爆隔墙的间隔内。

（5）电缆从室外进入室内的入口处、电缆竖井的出入口处及主控制室与电缆层之间应采取防止电缆火灾蔓延的阻燃及分隔措施。设在城市市区的无人值班变电所，宜设置火灾检测装置并自动通知有关单位。对位于特别重要场所的无人值班变电所，可以装设自动灭火装置。

（6）有下列情况之一时，变压器的门应为防火门。

变压器室位于高层主体建筑物内；变压器室附近堆有易燃物品或通向汽车库；变压器室位于建筑二层或更高；变压器室位于地下室或下面有地下室；变压器室通向配电装置室的门；变压器室之间的门。

14.7.2 消防设备

根据配电室的规模、构造，执行消防法规相应规定。灭火器指消防设备中可搬运或可移动式的消防设备。大型灭火器是根据其功能规定的 A10、B20 以上的灭火器。适用范围因不同的防火对象而不同。

（1）总面积在 20m² 以上的配电室，其中装有发电机、变压器、电抗器、电压调整器、开关、电容等油浸设备时，需要设置固定式灭火设备。

配电室消防设备设置标准见表 14-27；配电室灭火器设置标准见表 14-28。

配电室消防设备设置标准表　　　　　　　　　　　表 14-27

设　　备	设　备　标　准
自动火灾报警设备	一般：总面积在 500m² 以上
需要设置事故电源	地下室、无窗室或三楼以上；地面面积在 300m² 以上主要构造部分不是耐火构造时，在天棚也需要
漏电火灾报警器	仅限于总面积在 300m² 以上，并且墙壁或地面或天棚使用不燃烧材料或准不燃烧材料以外的材料做成并且有钢筋的情况下总面积 500m² 以上的设置，但离消防部门的距离在 500m 以下
避难口诱导灯	地下室
通道诱导灯	无窗户
诱导标志	都需要

设置标准	总建筑面积在 150m² 以上
	如果是地下室，无窗室三楼以上，地面面积 50m² 以上
计算方法 设置台数	一般构造中，能力单位数值合计 ≥ 总面积或地面面积 m²/100m²
	主要构造部分是耐火结构，且内部装置有限制的
设置方法	在每层楼设置
	离防火对象步行距离在 20m 以下处，大型灭火器 30m 以下
限制规定	换气的有效开口部分面积为地面面积的 1/3 的地下室，无窗户室，不设卤化物灭火器，而应设置其他有效灭火器
	地面面积在 20m² 以下时，不能设置二氧化碳灭火器，卤化物灭火器，而应设置其他有效灭火器

总输出功率的计算标准：$kW = kVA \times$ 常数

小于 500kVA　　　　常数 0.8

500 ~ 1000kVA　　　常数 0.75

1000kVA 以上　　　　常数 0.7

（2）变压器室附近有易燃物品堆积的场所；变压器室下有地下室；位于民用主体建筑物内的油浸变压器应设置容量为 100% 的挡油设施或设置能将油排到安全处所的设施。

（3）对消防设施的要求　可燃油油浸电力变压器室的耐火等级应为一级。非燃（或难燃）介质的电力变压器室、高压配电装置室和高压电容器室的耐火等级不应低于两级。低压配电装置和低压电容器室的耐火等级不应低于三级。

变压器室的通风窗，应采用非燃烧材料。配电装置室及变压器室门宽度宜按最大不可拆卸部件宽度加 0.3m，高度宜按最大不可拆卸部件高度加 0.3m。

（4）配变电所中消防设施的设置：一类建筑的配变电所宜设置火灾自动报警及固定式灭火装置；二类建筑的配变电所可设火灾自动报警及手提式灭火装置。当配电装置室设在楼上时，应设吊装设备的吊装孔或吊装平台。吊装平台、门或吊装孔的尺寸，应能满足吊装最大设备的需要，吊钩与吊装孔的垂直距离应满足吊装最高设备的需要。

10kV 变压器油量在 1000kg 以下时，其外廓两侧可减为各加 1.5m。装配式配电装置的母线分段处，宜设置有门洞的隔墙。充油电气设备间的门若开向不属配电装置范围的建筑物内时，其门应为非燃烧体或难燃烧体的实体门。配电装置室应设防火门，并应向外开启，防火门应装弹簧锁，严禁用门闩。相邻配电装置室之间如有门时，应能双向开启。配电装置室临街的一面不宜装设窗户，其耐火等级不应低于二级。

14.7.3　防火等级

可燃油油浸电力变压器室的耐火等级应为一级。高压配电室、高压电容器室和非燃（或难燃）介质的电力变压器室的耐火等级不应低于二级。低压配电室和低压电容器室的耐火等级不应低于三级，屋顶承重构件应为二级。

（1）下列情况之一时，可燃油油浸变压器室的门应为甲级防火门：变压器室位于车间内；变压器室位于容易沉积可燃粉尘、可燃纤维的场所；变压器室附近有粮、棉及其它易燃物大量集中的露天堆场；变压器室位于建筑物内；变压器室下面有地下室。

变压器室的通风窗，应采用非燃烧材料。当露天或半露天变电所采用可燃油油浸变压器时，其变压器外廊与建筑物外墙的距离应大于或等于5m。当小于5m时，建筑物外墙在下列范围内不应有门、窗或通风孔：油量大于10000kg时，变压器总高度加3m及外廊两侧各加3m；油量在1000kg及以下时，变压器总高度加3m及外廊两侧各加1.5m。民用主体建筑内的附设变电所和车间内变电所的可燃油油浸变压器室，应设置容量为100%变压器油量的贮油池。

（2）在多层和高层主体建筑物的底层布置装有可燃性油的电气设备时，其底层外墙开口部位的上方应设置宽度不小于1.0m的防火挑檐。多油开关室和高压电容器室均应设有防止油品流散的设施。

设贮油池是为了当民用主体建筑物内变电所和车间内变电所的变压器发生火灾事故时，减少火灾危害和使燃烧的油在贮油池内熄灭，不致使火灾事故扩大到建筑物，故应设100%变压器油量的贮油池。贮油池的通常做法是在变压器坑内填放厚度大于250mm的卵石层，卵石层底下设置油池，或者利用变压器油坑内卵石之间的缝隙贮油。

（3）变电所电气设计耐火等级见表14-29。

变电所中建筑物中的耐火等级 表 14-29

序号	建 筑 物 名 称	火灾危险性类别	最低耐火等级
1	控制室，蓄电池室	戊	2
2	高压配电装置室：每台设备充油量为90kg以上	丙	2
	每台设备充油量为90kg以下	丁	2
3	变压器室	丙	1
4	高压电容器室（有可燃性介质的电容器）	丙	2
5	高、低压电容器室（非燃性介质的电容器）	丙	3
6	材料库和工具库（无燃料、润滑油及易爆物）	戊	3
7	电缆隧道、电缆沟		2

14.8 箱 式 变 电 站

14.8.1 箱式变电站产生背景

小容量的变电站的高压室、变压器室和低压室一般制成一体。中等容量的变电站把上述三室制成两体或三体。而大容量变电站制成切块组合式，以便于运输和安装。高低压室元件的安装方式有固定式和手车式安装。在环网供电时，争取高压不停电。

变压器应采用损耗低、体积小、适合箱体内安装的结构。根据不同用户要求，可采用油浸式、干式或气体绝缘式，无载调压式或有载调压式。变压器如有油枕，其油标应便于监视，变压器的铭牌应面向箱门一侧。容量315kVA以上的变压器要求装设电接点温度计，以监视变压器上层油温和起动通风冷却装置。

箱体根据工作人员是否在箱内操作，分为带操作走廊和不带操作走廊两种。箱式变电站可以是一个整体，也可以由几个分体组成。箱体应有足够的机械强度，在运输、安装不应发生变形。应力求外观美观、色彩与周围环境和谐。箱壳门应向外开，应有把手、暗闩和锁、暗闩和锁应是防锈。

如果采用箱式变电站时，环境温度比平均温度（35℃）每升高1℃则箱式变电设备连续工作电流降低1%使用，同时箱式变电设备的防护等级应不低于IP44。

组合式变电所是一种新型设备，它的特点可以使变配电系统统一化，而且体积小，安装方便，维修也方便，经济效益比较高。在经济发达国家已然广泛应用，中国自行设计的箱式变电站取各国之长，如ZBW系列组合式变电站适用于6～10kV单母线和环网供电系统，容量为50～1600kVA的独立箱式变电装置。它由6～10kV高压变电室、10/0.4kV变压器室和380/220V低压室组成的金属结构。适用于城市建筑、生活小区、中小型工厂、铁路、油田等部门。

箱式变电站有高压配电装置、电力变压器和低压配电装置三部分组成。其特点是结构紧凑，移动比较方便，常用高压电压为6～35kV，低压0.4/0.23kV。要求箱体有足够的机械强度，在运输及安装中不应变形。箱壳内的高、低压室均有照明灯，箱体有防雨、防晒、防锈、防尘、防潮、防凝露措施，高低压室的湿度不超过90%（25℃）。在箱式变电站门的内侧应该有主回路线路图、控制线路图、操作程序及使用注意事项。

根据用户的不同需要，电力变压器可以采用油浸式、干式或气体绝缘式，选有载调压或无载调压式。箱式变电站还能配置电力电容器，电容器的容量一般为变压器容量的15%～20%。箱式变电站可以安装高压或低压电度表。

低压配电装置一般宜简化，可以不设置隔离开关，低压出线一般不超过8回。

14.8.2 箱式变电站型号及结构形式

1. ZBW-315-630kVA袖珍式组合变电所外形图见图14-2。组合变电站的安装原理见图14-3。

2. 型号含义：

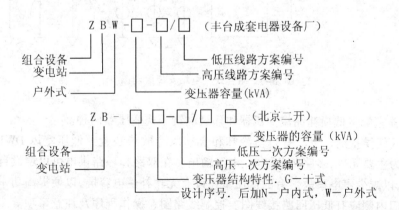

3. 按主开关容量和结构划分为以下几种：

（1）150kVA以下袖珍式成套配电站，高压室有负荷开关和高压熔断器。

（2）300kVA以下组合形式，高压室有隔离开关、真空断路器或少油断路器。

（3）500kVA以下组合形式，由多种高压配电屏组成的中型变电站，以真空断路器柜或少油断路器柜为主要元件。

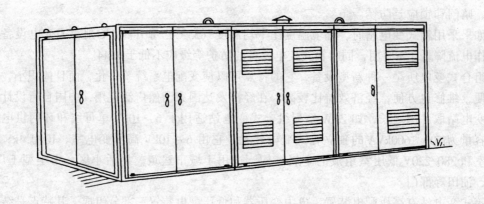

图 14-2 ZBW-315-630kVA 袖珍式组合变电所外形图

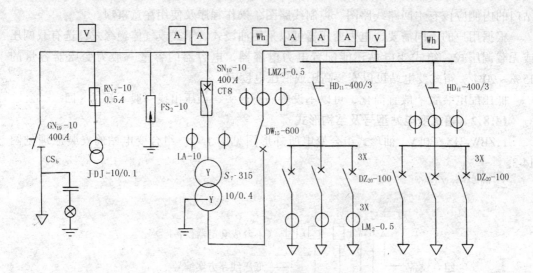

图 14-3 组合式变电站安装原理图

4. 变压器室配备低损耗油浸变压器和环氧浇筑干式变压器两种。

根据地区气候差别，生产有自然冷却和自动风冷散热装置。低压室以 DW15 和 DZ20 系列断路器为主要元件，多路负荷馈电、电缆输出。在双路和环路供电可以增设自动减载备用互投电源，以减少停电事故。有的低压室还设有无功补偿电容屏，以便提高功率因数。

低压室门内侧应有低压回路接线图、控制线路图、操作程序及注意事项等。零母线截面应不小于主母线截面 1/2；主母线截面在 $50mm^2$ 以下时，零母线取与主母线相同的截面积。根据无功补偿的需要，可以设置电力电容器，一般为变压器容量的 15%～20%。应根据电费计量需要，设置高压或低压计量表。低压配电装置侧一般不设隔离开关，回路出线不宜超过 8 路。

5. 箱式变电站技术参数

(1) 箱式变电站环境条件为海拔不超过 2000m；环境温度 - 30～40℃；风速不大于

35m/s；在安装地点没有对设备导体和绝缘有严重影响的气体、蒸汽或其它化学腐蚀物品，地面倾斜度不超过 5°。

（2）箱式变电站的额定电压高压侧为 6kV（最高工作电压 6.9kV）；10kV（最高工作电压 11.5kV）；35kV（最高工作电压 40.5kV）。低压侧为 400/230V。

（3）高压配电装置额定电流为 10、12.5、20、25、31.5、40、50、63、80、100、125、160、200、250、400、500、630、800（A）。

低压配电装置总母线开关的额定电流为、160、200、250、315、400、500、630、800、1000、1250、1600、2000、2500（A）。

低压分支额定电流 40、50、63、100、200、400、630、800、1000（A）。

高压配电装置动稳定电流为 6.3、8、12.5、16、25（kA）。

（4）变压器额定容量有 50、80、100、125、160、200、250、315、400、500、630、800、1000、1250、1600kVA。

14.8.3　箱式变电站的箱体安装

（1）箱体无论采用何种材料，箱体的金属框架均应有良好的接地，有接地端子，并标明接地符号。变电站内宜采用小型化封闭电器设备，并具有运行中不需要维修或维修量很少的特点。其高压接线应尽量简单，但要求既有终端变电站接线，也有适应环网供电的接线。

（2）高压配电装置宜采用负荷开关加熔断器组合结构，油浸变压器容量在 800kVA 及以上时，应采用能切断电源的装置与变压器瓦斯保护相配合。高压配电装置应具有防止误拉、合开关设备，带负荷拉合刀闸，带电挂地线，带地线合闸和工作人员误入带电间隔的五防措施。负荷开关和熔断器之间也应有可靠的联锁。母线一般采用绝缘导线或母线。高压进出线应考虑电缆的安装位置和便于进行试验。

（3）变压器应是自然通风为主，可以根据需要设置监视装置和自启动的通风冷却装置，以保证变压器在规定环境条件下满负荷水平运行。变压器应能从箱顶部或侧门进出。箱体变电站噪音水平不应大于规定值。

（4）成套设备的安装根据订货方案图选择适当的安装基础图。安装完毕后在运行前应作如下检查：

设备外观完整否，有无硬伤、漆皮剥落及污垢。查验出厂合格证、核对附件、钥匙、使用说明书等。测量变压器高压对低压的绝缘电阻，不小于 2MΩ。操作机构是否灵活，不应有卡住或操作费力等现象。断路器和其他各种开关通断可靠，辅助触点也动作准确。机械安装牢固，所有螺母紧固可靠。母线、绝缘子、夹持件及各种附件安装牢固，使之运行可靠。检查各电器整定值与设计图是否相符。表计和各继电器动作准确可靠。高压部分试验合格。高压配电屏相间、相对地为 42kV，变压器高压对低压 28kV，低压对地 3kV，低压柜相间、相对地 2.5kV；二次回路对地 2kV。试验时均为 1min。运行管理必须有经过考试合格的专业人员和维修人员或按程序批准的人员方可进行实操管理。

14.8.4　设计与订货内容

1. 设计完成后要求进行定货

根据计算负荷选择电力变压器的容量及各个开关规格及整定值。提供主电路方案组合。如实采用的组合变电站 ZBN—G-1-1023-315（6）kV 系统应注明，10kV 可以省略。上

述方案符号含义是:

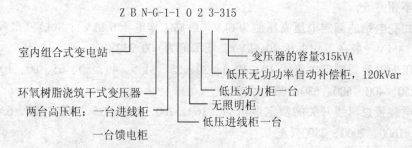

Z B N-G-1-1 0 2 3-315

室内组合式变电站 —— 变压器的容量315kVA
—— 低压无功功率自动补偿柜,120kVar
环氧树脂浇筑干式变压器 —— 低压动力柜一台
两台高压柜:一台进线柜 —— 无照明柜
—— 低压进线柜一台
一台馈电柜

当同一台柜有两台时,在方案号的后面加( ),里面注名方案号,上例中如果低压动力有2台时,标注为2(1),整个低压组合方案为102(1)3、有2台型号不同的动力柜。低压电容柜是标准产品,不用标注规格型号,可以根据kVar数写出方案号即可。

成套变电站包括下列部分:一次侧可以连接一回或多回高压进线,每回路可带或不带开关装置或开关及断流装置。变压器部分包括一台或多台变压器,可带或不带自动有载分接头调压设备。成套变电站采用有载分接头调压设备的并不普遍。二次侧可接一回或多回二次馈电回路,每回路带有开关及断流装置。

2. 型式

成套变电站各部分一般在现场进行组装和接线,通常采用下列型式的一种。适合电力系统中应用的单线系统图已在第2章中介绍。

(1)放射式:一回一次馈电线接一台降压变压器,其二次侧接一回或多回放射式馈电线。

(2)一次选择系统和一次环形系统。每台降压变压器通过开关设备接到两个独立的一次电源上,以得到正常和备用电源。在正常电源有故障时,则将变压器换接到另一电源上。

二次选择系统。两台降压变压器各接一独立一次电源。每台变压器的二次侧通过合适的开关和保护装置连接各自的母线。两段母线间装设联络开关与保护装置,联络开关正常是断开的,每段母线可供接一回或多回二次放射式馈电线。

二次点状网络。两台降压变压器各接一独立一次电源。每台变压器二次侧通过特殊型式的断路器都接到公共母线上,该断路器叫做网络保护器(Networkprotector)。网络保护器装有继电器,当逆功率流过变压器时,断路器即被断开,并在变压器二次侧电压、相角和相序恢复正常时再行重合。母线可供接一回或多回二次放射式馈电线。

配电网络。单台降压变压器二次侧通过叫做网络保护器的特殊型断路器接到母线上。网络保护器装有继电器,当变压器二次侧电压、相角、相序恢复时,断路器断开。母线可供接一回或多回二次放射式馈电线,和接一回或多回联络线,与类似的成套变电站相连。

双回路(一个半断路器方案)系统。两台降压变压器各接一独立一次电源。每台变压器二次侧接一回放射式馈电线。这些馈电线电力断路器的馈电侧用正常断开的断路器联接在一起。电力公司一次配电系统基本上都采用这种方式。

3. 选择和配置

成套变电站的选择和配置要考虑视在功率、电压等级、将来发展的裕度、外观、环境条件以及对户外与户内装置的比较。

526

工程部件由制造厂配套，减少了现场人工费用和安装时间，改善了变电站的外观，变电站的运行也较安全。由于二次馈电线路短，减少了电力损耗，这就减少了运行费用，采用成套变电站的电力系统灵活且易于扩建。

成套变电站可用于户内，也可用于户外。有时将产生热量的变压器装在户外，用金属外壳封闭的母线槽接至户内配电屏。一次成套变电站可安装在户外，当电压在34.5kV以上时更是如此。这种高压设备包括设计、所有部件、支撑构架和安装图都可以成套供应。现在的倾向是电压在34.5kV以上的成套变电站用金属封闭式设备，因为日益要求安全、配置紧凑，外观整齐和减少安装人工和时间。

大多数二次成套变电站装在户内，使变压器尽可能靠近负荷中心，以减少费用和电压损失。

4. 应用指南

变压器二次侧主断路器和连接线的额定持续电流应比变压器的额定持续电流约大25%。这是必要的，因为变压器经常出现超过铭牌额定值的短时过负荷。当选择变压器二次侧的主断路器及其连接线额定持续电流时，还应考虑是否利用或将来是否利用变压器的连续强迫风冷的容量、两种温度容量或其他方法增加的连续容量。

选用户外设备时，应考虑阳光辐射和大气环境的影响。设备外表涂漆的颜色越浅，阳光辐射的影响越小。

当变电站所接的线路要承受雷击和操作过电压时，应装设防止浪涌危险的保护装置，选择的浪涌电压极限值要低于变压器和开关设备所能承受的冲击电压值。

高层或大型民用建筑内宜采用组合式成套变电站。这是因为：

(1) 组合式成套变电站在国内已有通过鉴定的产品供货，外壳为封闭式的成大套变电站占地面积小，有利高压深入负荷中心。

(2) 当其内部配用干式变压器、真空断路器或SF6断路器、难燃性电容器等电器设备时，可直接放在车间内和大楼非专用房间内，如武汉某薄板轧制厂和上海某宾馆内的变电站等就是如此，且运行情况良好。

户外箱式变电站国内已有多家厂生产。采用这种变电站可以缩短建设周期，占地较少，也便于整体搬运。高台式变电所是指变压器置于高出地面1.5m以上的露天平台上，高压侧一般为柱上式油断路器或跌开式熔断器保护的小型变电所，设计安装时应有防止变压器滑落地面的措施。杆上式和高台式变电所，单台变压器容量宜为315kVA及以下。此规定在于运输安装方便，且目前这类安装方式的变压器绝大多数为315kVA及以下。

14.9 变配电所的增容和设计

14.9.1 现有变电所的增容

由于电力系统的发展和护大以及负荷的增加，很多电力系统都遇到需要对现有变电所进行增容改造的问题。也就是说，由于负荷电流的增加，变电所设备的原有容量及承受短路电流时的热稳定和机械稳定能力已经不够而必须增容。变电所的增容意味着对变电所各项设备机械重大改造或改建，当短路电流水平很高时更是如此。

在考虑变电所增容改建时，要进行设计和计算，主要是机械和电动力强度的计算。多数情况下由于不知道变电所的短路电流强度，需要按照原尺寸进行试验，以确定需要更换的设备。三相短路和两相短路试验都必须进行，花费比较多。

1. 母线系统增容

当短路电流和额定电流增加超过变电所原设计值时，需要采取措施，使母线适应新的需要。

对于管型硬母线，如果短路时产生的相间作用力超过允许值时，可以增大相间距离来减少作用力。为此，需要移动构架上的母线支持绝缘予以增加相间距离，若因此需要更换基础，需要承受力更大的支柱绝缘子。如果由于额定工作电流增加而必须更换母线，应对采用的母线连接方式进行经济比较。焊接比管接的时间长。应该在计算或试验短路的作用力后，需要对支架和基础进行校验。如果采用管型母线应考虑由于风力所造成的导体的振动。

采用软导线的母线系统，当短路电流增加，发生短路时作用于耐张绝缘子串及悬挂点的力将要增大，需要核算在耐张绝缘子及其悬挂用金具上的力是否超过了它们的最大允许负荷。如果超过，可以增加相间距离以减少作用力。如果采用的是复导线，可以减少导线之间距离。如果额定工作电流增加，需要更换为更大截面的导线。可以用铝代铜，因为铝的比重轻，可以增加截面而减少重量。

2. 线路和变压器间隔

变电所增容往往要增加导线载流量。如果仅仅是额定电流增加，可以更换导线，以铝代铜往往不需要更换其它机械支持设备。如果短路电流也增加，需要进行计算以校验其原有接线能否承受增加后的电动力。如果软导线不行，可更换为硬管，或者在高压设备将加装支持绝缘子。使用复导线可以减少导线间距和重组间隔，但应注意对于架构和基础的作用力。复导线之间最小距离取决于电晕电压。如果连线过长，应增加 V 形绝缘子固定悬挂。

3. 开关设备

（1）断路器　如果短路容量超过断路器的分断能力，应予以更换。某些少油断路器可以更换较大的消弧室来提高分断能力，但应更换相应的操作机构。SF6 断路器是常用大容量高压断路器，其电寿命长，维修工作量少。由于断口少，连接电缆长，作用于断路器端部连接板上的力也增大。需要注意断路器开断时需要较大的机械反作用力，基础不牢可能产生不希望的振动。

（2）隔离开关　对于母线隔离开关，对于间隔多和负荷电流接近额定值的情况，需要考虑切合环流的能力。若考虑更换为大容量隔离开关，操作机构变为电动，需要额外的费用以增加电缆、控制和信号系统。更换隔离开关应以全型试验的结果为准。

（3）接地刀闸　变电所增容后，如果短路电流大于 31.5kA，必须更换为固定式接地刀闸。更换时确保接地刀闸和接地网之间的连接可靠，满足增大的短路电流值。

对于套管式电流互感器，短路电流增加会造成互感器铁芯过度饱和而影响其准确度。对外装式电流互感器，还有动热稳定问题，往往需要更换。缩短故障切除时间可以减少短路电流对高压设备和接地网产生的热稳定问题。

变电所的接地网必须能够承受增大的短路电流。为了人身安全，必须校核接触电压和跨步电压，是否在规定的安全数值以内。变电所发生短路时，使地中电缆产生感应过电压，这将对控制电缆和二次设备产生干扰。应对电缆加以屏蔽，敷设时平行于接地网。

14.9.2 技术经济比较

对原有变电所进行增容是件复杂的事情，费用较高，可能需要更换大部分设备。对于开关站的某些办法，如基础、构架、接地网等难以增容或加强的或需要长时间停电才能更换的设备，在设计时应该按远景考虑短路容量。虽然更换母线所需的停电时间可能不长，但投资较大，应在设计时考虑较大的短路容量。在设计开关站布置时，应为增容留出余量。

14.9.3 变电所设计步骤

1．确定设计任务书，主要项目决定落实。

2．设计内容：

（1）进行设备计算，根据供电部门的要求进行功率补偿。

（2）进行变压器台数及容量的确定。

（3）高低压主接线的确定和运行方式的分析。

（4）短路电流的计算，导线电缆的选择。

（5）电气设备的选择。

（6）高低压配电柜的选择。

（7）继电器的保护计算和选择。

（8）接地电阻的计算及保护设计。

（9）直击雷的保护计算及设计。

（10）变电所的布置设计与照明设计。

（11）绘制变电所高低压主要接线图和变电所平面图。

（12）编制设备和材料表。

（13）变电所电气设备投资概算。

3．原始资料

（1）从电力系统中上级变电所向本变电所供电情况。

（2）该 35/10kV 变电所架空导线过电流保护整定时间为 2.5s。

（3）变电所低压侧 $\cos\varphi \geqslant 0.85$。

（4）电源情况，检查上一级变电所出线处的系统运行方式。

（5）确定变电所的计量方式。

（6）确定负荷等级。

14.9.4 某配电所设计举例

某大厦建筑面积约 19 万 m^2，属于综合性大楼，内有办公、宾馆、公寓等。初步设计时采用负荷密度法和单位指标法，施工图采用需要系数法计算。

负荷估算。大楼的负荷可分为动力和照明两大部分，动力负荷包括冷冻机组全系统和各类水泵、电梯、锅炉的配套动力三倍及送排风机等。照明负荷包括裙房各层、办公、客房、公寓的照明、插座，以及风机盘管和窗式、分体空调。动力取同期系数 0.5，照明取同期系数 0.44。动力总容量是根据各工种提供的动力用电量的总和，照明总设备容量是按密度法和单位指标法计算的。

大堂商场等处的照明计算负荷估计值如表 14-30 所示。

表 14-30

项 目 名 称	负荷密度（W/m²）
大 堂	120
商 场	80
餐厅、歌舞厅、证券市场	60
写字楼	40
设备房	20
库房、车库	10

宾馆客房按单位指标法估算，单位用电指标客房按 1.0～1.5kW/间，公寓兼办公按 12.5～17kW/套估算，共 468 套，每套 130～170m²，内设电热水器 4～6kW，3～4 台分体空调，照明插座按 40W/m² 计算。得出全楼照明设备容量 9101kW，动力设备容量 5499kW，总计算功率 6754kW。平均需要系数 $K_x = 0.462$，功率因数补偿至 $\cos\varphi = 0.9$，负荷容量 7505kVA。选用 $4 \times 1250 + 4 \times 1000 + 2 \times 800 = 10600$kVA，10 台电力变压器。平均变压器负荷 70.8%。

施工图按每台变压器逐台计算，总安装功率 18524kW，取同期系数 0.9 则计算功率 7898kW。功率因数补偿到 0.928，则负荷容量 8511kVA。平均变压器负荷率 80.3%，个别达 90%。全楼 19 万 m²，平均单位变压器装机容量 55.8VA/m²，因地下两层车库用电量小面积大。现代建筑采用楼宇自控能够大大降低能耗，现在设计一般为 70VA/m² 左右。

1. 变电所线路敷设

低压配电屏进出电缆有从柜顶进出的，有在柜下做电缆沟或电缆夹层的。若变配电所设在主楼中间层或设备层，做地沟困难，采用电缆托盘明装的上进上出为宜。变压器台数 4 台及 4 台以上时，电缆数量多，宜采用电缆夹层敷设电缆。若变电所在底层，可取消结构底板上的 0.6m 的垫层，再在距地板 1.8m 处做 0.1m 混凝土板作为承重板。从而形成 1.8m 夹层，对施工安装电缆十分有利。

变压器台数 3 台以下宜采用柜下做电缆沟，在底层须防止倒灌水，或采用上进上出方式。

2. 变配电设备的垂直运输

若建筑超过 45 层宜在大楼中间设置变电所，一台 800kVA 变压器重 2.5t，普通电梯无能为力。安装时一般利用电梯井道，另架工字钢，用电葫芦提升。但应将变电所所在层电梯门加宽，留出通道，考虑所经过路径的楼板荷载。

3. 变电所面积和低压柜台数的估计

高压采用手车式真空断路器柜，低压采用抽屉柜，设置一台柴油发电机机组，则每台 1000kVA 及以下变压器大约需要 90m² 面积。高压采用环网配电屏，不设柴油发电机机组，每台变压器需要建筑面积 70m²。每台变压器所配置的抽屉式配电屏数量，含电容补偿屏，大约需要 8 个。低压馈线回路的备用数为总回路的 25%～30%。

4. 变电所接地

底层变电所通常利用高低压配电室、变电所、发电机房内的接地干线通过柱子内两根主筋作为接地体的基础桩基、底盘连接。高层建筑中有许多都是一类建筑，其中一级负荷要求两路 10kV 电源，要求两路电源分别来自不同的降压站或同一降压站的不同母线。

中型用户（负荷 7000~8000kVA）采用手车式真空断路器柜，单母线或单母线分段，变压器 8 台以上宜采用单母线分段。ABB 公司的 ZS-1 型手车式真空断路器采用梅花触头，工艺独特。国产的 KYN—10（F）型金属铠装手车式真空断路器和引进西门子技术的 JYNC-10 型也值得考虑。

小型用户（负荷 3000~4000KVA）采用闭式环网结线配电。正常时降压站一路馈电，某段故障后经人工操作，隔离故障段，由另外一个电源供电。环网开关柜电源进出线间内设置负荷开关，用户出线间设负荷开关加高压熔断器。

ABB 公司的 RGC 和法国施耐德 VM6、SM6 环网柜是进口的，国产的有北京安瑞吉、浙江象山高压电器厂 HXGN1—10 环网开关柜。变压器台数多时可采用手车式和环网柜结合的方式，一台手车柜价格仅为环网柜的 20%。

变压器低压出线采用电缆，变压器位置灵活，比线槽经济，变电所内无架空线，比较美观，但要解决好与母线的连接问题。接过渡铜排，接触电阻要均匀且小。

5. 高低压主接线的确定和运行方式的分析

变配电所的主接线应根据电情况，生产要求，负荷性质，容量大小以及与临近的变配电所的联系等因素确定，力求简单可靠。变配电所中的高低压母线一般采用单母线或单母线分段。接在母线上的阀型避雷器和电压互感器，一般应合用一组隔离开关，架空进出线上的阀型避雷器不装设隔离开关。

习 题 14

一、填空题

1. 电压等级为 10kV 的户内配电装置的最小安全距离是：不同相带电部分之间为 _____ mm；带电部分至接地部分之间为 _____ mm；带电部分至栅栏之间为 _____ mm。

2. 户内高压配电装置中的栅栏高度不应低于：网状遮栏 _____ m；无孔遮栏 _____ m；栅栏 _____ m。

3. 10kV 高压变电所中变压器室的外壳距大门的净距离除了 320kVA 为 _____ 以外，其余为 _____，1250kVA 以上为 _____。变压器距墙 320kVA 及以下为 _____。

二、问答题

1. 什么是变压器的联结组？如何判别？
2. 什么是变压器的额定容量？环境温度不同时，如何计算？
3. 变压器的过负荷能力和哪些因素有关？
4. 如何确定变压器的台数？
5. 如何计算变压器的容量？
6. 电源位置的选择应尽量靠近负荷中心，如何计算负荷的中心呢？
7. 一个建筑工程平面图如图 14-7 所示，P_1 为 10kW，$x_1 = 100m$，$y_1 = 80m$；P_2 为 20kW，$x_2 = 10m$，$y_2 = 10m$，用负荷力矩法计算负荷中心的坐标。
8. 设计低压配电室平面布置有什么要求？
9. 设计变压器室走廊及门有什么要求？
10. 配电室对操作通道有什么要求？
11. 什么是过电压？它有哪几种形式？

三、计算题

1. 有一个车间变电所低压母线昼夜电压偏差范围比较大，变压器的分接开关在 0 档，白天 360V，晚上 410V，计算母线电压偏差范围百分值是多少？并提出改善措施如何。

2. 当地环境温度为 10℃，变压器的容量为 500kVA，设定在夏季变压器的最大负荷是 360kVA，日负荷率为 0.8，日最大负荷持续时间为 6h，求变压器的实际容量是多少？在冬季的过负荷能力是多少？

3. 试选择工厂某车间电力变压器的台数及容量是多少？

设定变电所电压为 10/0.4kV，总计算负荷为 780kVA，其中一二级负荷为 460kVA，当地年平均气温是 25℃，变压器安装在室内。

4. 今有一台 50kVA 的电力变压器，电源中性点要求接地，可以利用的自然接地体的电阻有 32Ω，而接地电阻要求不大于 10Ω，试选择垂直接地的管钢及连接扁钢。已知接地点的土壤电阻率为 150Ωm，单相短路电流有 2.5kA，短路电流持续时间可达 1.1s。

习 题 14 答 案

一、填空题

1. 为 125mm；125mm；875mm。

2. 1.7mm；1.7mm；1.2mm。

3. 0.6mm　0.8m，1.0m。0.6m。

二、问答题

1. 答：变压器的联结组是指变压器一、二次绕组因为采用不同的联结方式而形成变压器一、二次（或一、二、三次）侧电压之间的不同相位关系。变压器的联结组是按时钟的方式来表示一、二次侧的线电压之间的相位关系。

例如 Y，y0（过去用 Y/Y—12 表示）联结组就是三相变压器原副边均为星形接法。一次侧电压与对应的二次侧线电压之间的相位关系，如同时钟在零点（12 点）时的分针和时针的相互关系一样，在图中用 * 表示端子为对应的同名端。

又如 D，y11（过去用 △/Y—11 表示）联结组，就是三相变压器原边三角接法，副边为星形接法，变压器的一次线电压与对应的二次线电压之间的相位关系，如同时针在 11 点时的时针和分针关系一样。如图 14-4 所示。

2. 答：我国规定在露天安装时，变压器使用 20 年，所能输出的最大视在功率（kVA）称为变压器的额定功率。年平均气温按 20℃计算，若年平均气温每升高 1℃时，变压器的容量就应减少 1%。所以变压器的实际容量应按下式计算：

$$S_T = S_{N.T} \left(1 - \frac{\theta_{0.av} - 20℃}{100} \right)$$

应该注意：气象部门提供的环境温度是指室外，而室内环境温度通常高 8℃。

3. 答：（1）昼夜负荷不均匀的程度；

（2）季节性的负荷差异，都影响变压器的出力。以上两项可以叠加，但是户内变压器的总负荷不得超过变压器额定容量的 20%，户外变压器的总负荷不得超过变压器额定容量的 30%。

4. 答：（1）供给大量一二类负荷时采用两台电力变压器。

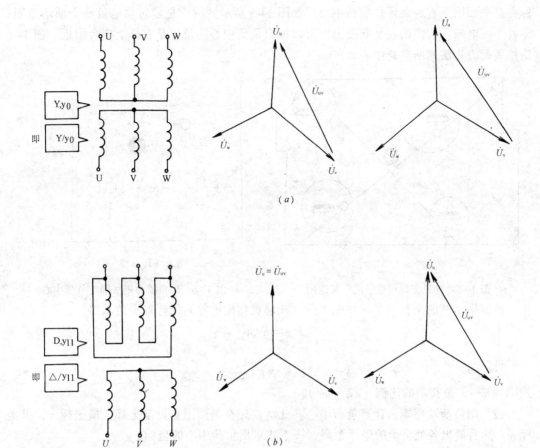

图 14-4　变压器的连接组别

(a) Y，y0 方式联接；　　(b) D，y11 方式连接

(2) 虽然是三类负荷，但是容量大而且负荷集中的变电所。

(3) 季节性负荷或昼夜负荷变化大，可以采用经济运行方式的变电所。

除了上述情况以外采用一台电力变压器。

5.答：如果只安装一台变压器，则变压器的容量 S_T 不小于全部用电设备的计算负荷 S_{30} 即可。

如果安装两台变压器，则每台变压器应满足以下两条：

(1) 任何一台变压器单独工作时，宜能满足总的计算负荷的 70% 之需要，即：S_T 为 $0.7S_{30}$

(2) 任何一台变压器单独工作时，宜能满足一二级负荷 $S_{30(1+2)}$ 之需要，即：S_T 不小于 $S_{30(1+2)}$

应注意：在车间主变压器的容量不宜大于 1000kVA，而在负荷集中的情况下可以用 1250~2000kVA 的变压器。还要考虑有一定的裕度。

6.答：可以用总平面负荷指示圆图直观地粗略地判定，也可以用负荷矩的方法计算。

(1) 用负荷指示圆图判断负荷中心：负荷指示圆图是用按一定比例采用负荷圆的形式

标在总平面图上直观地评估负荷中心。如图 14-5 所示。图中是建筑供电负荷平面示意图，将各个配电箱负荷圆画在平面图上，可以核定负荷中心的位置是在杆上变台附近。图 14-6 是用负荷力矩法判断负荷中心。

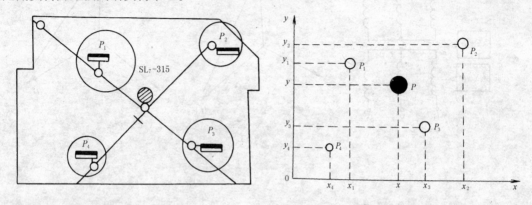

图 14-5　建筑工地用电平面负荷圆图　　　　　图 14-6　用负荷力矩法确定负荷中心

负荷指示圆的半径由车间用电负荷（或建筑物配电箱）的计算负荷求得

$$P_{30} = K \cdot \pi r^2$$

可得

$$r = \sqrt{\frac{P_{30}}{K \cdot \pi}}$$

式中　K——负荷圆的比例（kW/mm²）。

（2）用负荷功率矩法计算负荷中心：此法首先在平面图上设定坐标，横坐标 x，纵坐标 y，然后量出各处负荷的坐标距离，按下式求出负荷中心的坐标。

$$x = \frac{\Sigma\ (P_i \cdot x_i)}{\Sigma\ (P_i)}$$

$$y = \frac{\Sigma\ (P_i \cdot y_i)}{\Sigma\ (P_i)}$$

式中　P_i——各配电箱的有功计算负荷；

　　x_i、y_i——各负荷距离选定位置的坐标值；

（3）用负荷电能矩法计算负荷中心：按下式求出负荷中心的坐标。

$$x = \frac{\Sigma\ (P_i \cdot t_i \cdot x_i)}{\Sigma\ (P_i \cdot t_i)}$$

$$y = \frac{\Sigma\ (P_i \cdot t_i \cdot y_i)}{\Sigma\ (P_i \cdot t_i)}$$

式中　t_i——各配电箱负荷在同一个时期内的实际工作时间；

　　x_i、y_i——各负荷距离选定位置的坐标值。

7. 解：在平面图中设定平面坐标，如图 14-7 所示。

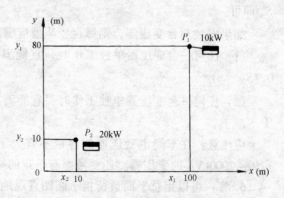

图 14-7　[习题 7] 用图

$$x = \frac{\sum (P_i \cdot x_i)}{\sum (P_i)} = \frac{1000 + 200}{10 + 20} = 40$$

$$y = \frac{\sum (P_i \cdot y_i)}{\sum (P_i)} = \frac{800 + 200}{30} = 33$$

8. 答 （1）应满足变电所主接线方案中全部低压配电装置及其进出线方式等方面的要求。

（2）按低压电气设备样本规格在平面布局。平面要适当考虑发展负荷需要增加配电箱的位置。

（3）按安全维护及检修通道等规定的最低要求，不低于规定的尺寸布局。

（4）低压配电屏下面设电缆沟，要有沟内排水通道及防水措施。

（5）低压配电室的门应直通值班室，而且门向值班室开。

（6）要有防火及隔热措施。在寒冷地区应有取暖措施。

（7）尽量采用太阳光采光。

（8）如果有高压电容器，应单独设置高压电容室，而低压电容柜可以设置在低压室，与低压柜并列。

9. 答：变压器室走廊及门的净距离按表 14-31 要求执行。

高压配电室内各种通道最小宽度按表 14-32 要求执行。

变压器室走廊及门的净距离 表 14-31

变压器的容量（kVA）	100 ~ 1000	1250 及以上
变压器外廓与后壁，侧壁的净距（mm）	800	800
变压器外廓和门的净距离（mm）	800	1000

高压配电室内各种通道最小宽度（mm） 表 14-32

通 道 种 类	维护通道	操 作 通 道		通往防爆间隔的通道
		固定柜	手车柜	
一面有开关设备时	800	1500	单车长 + 1200	1200
两面有开关设备时	1000	2000	双车长 + 900	1200

10. 答：（1）单列屏前要求不小于 1.5m，屏后操作通道 1.2m，屏后维护通道 1.0m。

（2）当配电屏对面布置时，屏前要求不小于 2.0m，屏后操作通道 1.2m，屏后维护通道 1.0m。

（3）双面抽屉单列布置时，两面的操作通道均为 1.5m。

（4）当配电屏列很长时，通道宽度适当加大。

（5）当墙体有凸起结构时，通道可以减少 0.2m。

11. 答：过电压是指在电气线路或在电气设备上出现了超过正常工作电压，称为过电压。过电压的主要形式有内部过电压和雷电过电压两种。内部过电压又分为 3 种。

（1）操作过电压：这是由于开关操作、负荷的聚变等原因而引起的过电压。例如开断空载变压器或空载线路时所引起的过电压，通常能达到为系统相电压的 3.5 倍。

（2）弧光接地过电压：在中性点不接地的电力系统中，发生一相弧光接地，由此而引起的过电压称为弧光接地过电压。弧光接地过电压能达到额定相电压的 2.5～3 倍。

（3）铁磁谐振过电压：这是由于系统中的铁磁元件在不正常工作状态时，与系统电容元件构成谐振电路而产生的过电压，这种过电压一般不超过系统相电压的 2.5 倍，个别情况能达到 3.5 倍。

雷电过电压即大气过电压，是属于外部过电压，是由于系统线路、电气设备、构筑物等遭受雷击或雷电感应而引起的过电压。雷电过电压又分为两种。

（1）直雷击过电压：是雷电流直接袭击电气线路、电器设备、建筑物或构筑物的过电压，直雷击过电压的数值可达一亿伏，其雷电流可达几十万安培。雷电流产生的热效应及机械效应有比较大的破坏作用。而且能产生很大的电磁效应或闪络放电而引起火灾等灾害。

（2）雷电感应过电压：又称感应雷，是雷电对电气线路、电器设备、建筑物或构筑物产生的静电感应或电磁感应而引起的过电压，电压值可达到几十万伏，能从室外线路传到室内对人或物放电，所以十分危险，由于雷电波的引入而造成的雷击事故占总的雷害事故的 50%～70%。

三、计算题

1. 解：白天电压偏差 $\Delta U\% = \dfrac{U - U_N}{U_N} \times 100 = \dfrac{360 - 380}{380} \times 100 = -5.26\%$

晚电压偏差 $\Delta U\% = \dfrac{U - U_N}{U_N} \times 100 = \dfrac{410 - 380}{380} \times 100 = 7.89\%$

所以电压偏移的范围是 $-5.26\% \sim 7.89\%$。建议白天把变压器的分接开关接在 -5% 档，即接在Ⅲ档，晚上接在 5% 档，即Ⅰ档。晚上也可以切除主变，投入附近车间变电所的低压联络线，改用附近的车间变电所供电。

2. 解：（1）变压器的实际容量是：

$$S_T = S_{N.T}\left(1 - \frac{\theta_{0.av} - 20℃}{100}\right)$$

$$S_T = 500\left(1 - \frac{10 - 20℃}{100}\right) = 550 \text{（kVA）}$$

（2）变压器在冬季的过负荷能力是：

考虑到昼夜负荷不均匀的允许过负荷为 $\beta = 0.8$ 和 $t = 6h$，查曲线图得过负荷系数是 $K_{OL(1)}$ 为 1.09，又考虑到夏季低负荷的允许过负荷按 1% 的规定可得

$$S_T = 1 + \frac{560 - 360}{550} = 1.35，大于 1.15，$$

按规定 $K_{OL(1)}$ 取 1.15，因此变压器在冬季的过负荷系数是

$$K_{OL} = K_{OL(1)} + K_{OL(2)} - 1 = 1.24$$

可见在冬季的过负荷能力可达 $K_{T.(OL)} = K_{OL} \cdot S_T = 1.24 \times 550kVA = 682 \text{（kVA）}$

3. 解：根据负荷的性质，应该设计两台变压器，其中每台应能满足下面两个条件：

（1）$S_T \approx 0.7 \times 780 = 546 \text{（kVA）}$

（2）$S_T \geqslant 460 \text{（kVA）}$

根据当地年平均气温是 25℃，变压器安装在室内，实际年平均气温达 25℃ + 8℃，比

规定的年平均气温是 20℃高出 13℃，所以要使变压器的实际环境温度下降 13℃，所以初步选择两台 SL7 630/10 型变压器安装在室内。变压器的实际容量为

$$S_T = 630 \times \left(1 - \frac{13}{100}\right) = 548 \text{ (kVA)} \text{ 正好满足上面两个条件。}$$

4. 解：（1）需要补充的人工接地体电阻

$$R_{E(man)} = \frac{R_{E(man)} \cdot R_E}{R_{E(man)} - R_E} = \frac{25\Omega \times 10\Omega}{25\Omega - 10\Omega} = 16.7\Omega$$

（2）初步确定接地装置方案：试用 5 根 50mm，长 2.5m，用 40mm × 4mm 的扁钢，管距 5m，查表得利用系数为 0.79 ~ 0.83，取 $\eta = 0.81$，则单根接地体的电阻为

$$R_{E(1)} = 150\Omega m/2.5m = 60\Omega$$

所以接地极的根数为

$$n = \frac{R_{E(1)}}{\eta_E \cdot R_{E(man)}} = \frac{60}{0.81 \times 16.7\Omega} = 4.4 \approx 5 \text{ 根}$$

15 建筑电梯设计与安装

15.1 电梯和自动扶梯

本章主要介绍设在工业建筑、公共建筑和住宅建筑中，载重大于 300kg 的电力拖动的各类电梯和自动扶梯的配电。各类电梯和自动扶梯的负荷分级及供电要求，参见现行国家标准《供配电系统设计规范》的规定。高层建筑中的消防电梯，参见现行国家标准《高层民用建筑设计防火规范》的规定。

电梯是随着高层建筑的兴建而发展起来的一种垂直运输工具。在现代社会，电梯已经成为人类必不可少的交通运输工具。据统计，美国每天乘电梯的人次多于乘载任何其他交通工具的人数。当今世界，电梯的使用量已成为衡量现代化程度的标志之一。

15.1.1 电梯的分类

电梯的基本规格包括电梯的用途、额定载重、额定速度、拖动方式、控制方式、轿厢尺寸门的型式等。这些方面的内容确定了电梯的服务对象、运输能力、工作性能及对井道、机房的要求，因此被称为基本规格。这些内容的搭配方式，称为电梯的系列型谱。我国标准 JB/2110—74《电梯系列型号谱》及 GB7025—86《电梯主参数及轿厢、井道、机房的型式及尺寸》中也作了相应规定。

1. 电梯按用途分

有室内电梯、矿井电梯、船用电梯、建筑施工用电梯等。室内电梯又分为载客电梯、载货电梯、医用病床电梯、杂物电梯、冷库电梯、消防电梯、观光电梯、车库电梯等。

2. 按电梯的提升速度分

(1) 低速电梯：常用的速度有 0.25、0.5、0.75、1.0m/s，主要用于货梯。

(2) 快速电梯：常用的速度有 1.5、1.75m/s，主要用于客梯。

(3) 高速电梯：常用的速度有 2.0、2.5、3.0m/s，主要用于高层建筑客梯。

3. 按电动机分类

(1) 交流电梯：交流电梯又分单速、双速、调速三种。交流电梯多用于低速和快速运行。

(2) 直流电梯：通常用于快速和高速运行客梯。常用电动发电机组或晶闸管变流器供电。直流电梯启动转矩大，而且调速性能好。

4. 按电梯操纵方式分类

(1) KB：轿厢内及手柄开关操纵，自动平层，手动开关门。

(2) KPM：轿厢内手柄开关操纵，自动平层，自动开关门。

(3) AP（XP）：轿厢内选层，自动平层，手动开关门。

(4) XPM：轿厢内按钮选层，自动平层，自动开关门。

（5）KJX：轿厢集选控制，可以有司机驾驶，也可以无司机驾驶。自动平层，自动开关门。

（6）KJQ：交流调速集选控制，可以有司机驾驶，也可以无司机驾驶。自动平层，自动开关门。

（7）ZJQ：直流快速集选控制，可以有司机驾驶，也可以无司机驾驶。自动平层，自动开关门。

（8）TS：在门外用按钮控制，属于简易电梯或有特殊用途的电梯。

5. 按有没有蜗轮减速器分类

（1）有齿轮电梯：采用蜗轮蜗杆减速器，用于低速和快速电梯。

（2）无齿轮电梯：采用曳引轮和制动轮直接固定在电动机轴上，用于高速和超高速电梯。

15.1.2 电梯的型号

电梯的型号是采用一组汉语拼音字母和数字，以简单明了的方式。将电梯的基本规格及主要内容表示出来。城乡建设环境部标准 JJ45—86《电梯、液压梯产品型号的编制方法》中规定了如下的电梯型号编制方法：

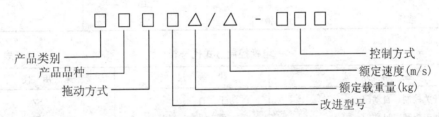

例如：TKJ1000/1.6-JX：表示交流调速乘客电梯，额定载重量 1000kg，额定速度 1.6m/s，集选控制。

THY 1000/0.63-AZ：表示液压货梯，额定载重量 1000kg，额定速度 0.63m/s，按钮控制，自动门。

TKZ 1000/1.6-JK：表示直流乘客电梯，额定载重量 1000kg，额定速度 1.6m/s，集选控制。

电梯的自动化程度主要表现在控制系统的性能上。现代电梯由原来的电磁继电接触控制发展到无触点的集成电子控制系统，利用 PLC（可编程控制器，又称工业 PC 机）控制交流双速电梯，可通过编制软件程序来控制电梯，使其达到最佳的工作效果。

15.1.3 电梯的主要参数

根据设计和施工的需要，应该了解电梯的常用参数。在编制工程概算套用定额时也必须了解电梯的常用参数，例如运行层/站数（如 26 层/站）、载重量（kg）、载客人数、运行速度（m/s）、轿厢尺寸、开门方式等。

电梯品种代号表见表 15-1。拖动方式代号见表 15-2。控制方式代号表见表 15-3 所示。

15.1.4 电梯安装施工中常见的名词术语

下列定义是用来正确表示本标准所用术语的技术含义。

1. 电梯（lift） 服务于规定楼层的固定式提升设备，包括一个轿厢，轿厢的尺寸与结构型式可使乘客方便的进出，轿厢至少部分的运行在两根垂直的或垂直倾斜度小于 15°

的刚性导轨之间。

电梯品种代号表

表 15-1

产 品 品 种	代 表 汉 字	拼 音	代 号
乘客电梯	客	KE	K
载货电梯	货	HUO	H
客货两用电梯	两	LIANG	L
病床电梯	病	BING	B
住宅电梯	住	ZHU	Z
杂物电梯	物	WU	W
船用电梯	船	CHUAN	C
观光电梯	观	GUAN	G
汽车用电梯	汽	QI	Q

电 拖 动 方 式 代 号

表 15-2

拖 动 方 式	代 表 汉 字	拼 音	采 用 代 号
交流	交	JIAO	J
直流	直	ZHI	Z
液压	液	YE	Y

电梯控制方式代号表

表 15-3

控 制 方 式	代 表 汉 字	采 用 代 号
手柄开关控制、自动门	手、自	SZ
手柄开关控制、自动门	手、手	SS
按钮控制、自动门	按、自	AZ
按钮控制、自动门	按、手	AS
信号控制	信号	XH
集选控制	集选	GX
并联控制	并联	BL
梯群控制	群控	QK

2. 曳引驱动电梯（traction drive lift）　电梯的提升绳是靠曳引机驱动轮槽的摩擦力驱动的。

3. 强制驱动电梯（包括卷筒驱动）（positive drive lift）　用链或钢索悬吊的非摩擦方式驱动的电梯。

4. 货客电梯（goods passenger lift）　以运货为主的电梯，运货时有人伴随。

5. 杂物梯（service lift）　服务于规定楼层站的运行在两列钢性导轨之间，导轨是两根垂直的或垂直倾斜度小于 15°。

杂物梯为促使不得进入的条件，轿厢尺寸不得超过：

①底板面积 $1.00m^2$；②深度 1.00m；③高度 1.20m。

高度超过 1.20m 是允许的，但轿厢必须分格，而每个小的间格满足上述要求。

6. 层/站——表示一部电梯在一次运行中（上行或下行）能够停车的站数。楼层的层数与站数不一定相等，站数最多等于层数。例如有的电梯在 1～4 层不设站。电气定额中

540

的单价都是按一层最多一站，即层数等于站数。

7. 平层——是指轿厢接近各层站时，使轿厢地面与楼层地面达到同一平面的动作，也可是以指电梯进入层站停靠时的慢速运行过程。

8. 平层区——是指轿厢停靠站附近上方和下方的一段有限距离，在这段区域内电梯的平层控制装置动作，使轿厢准确找平。

9. 平层准确度——是指轿厢到站停靠后，轿厢地面与楼层地面垂直方向上的平齐误差值，单位是 mm。

10. 提升高度——是指电梯从底层端站至顶层端站楼面之间的总运行高度。

11. 底层端站——是指楼房中电梯中最低的停靠站。当楼房有地下室时，底层端站往往不是最低层。

12. 顶层端站——楼房中电梯所能达到的最高停靠站。

13. 基站——轿厢无指令运行中停靠的层站，此层站一般面临室外街道，出入轿厢的人数最多。对于具有自动返回基站功能的集选控制电梯及并联控制电梯，合理的选定基站可以提高电梯的运行效率。

14. 消防运行——在消防情况下，普通客梯为消防人员专用时称电梯消防运行状态。它的特点是由消防员手动调节电梯的运行。

15. 限速器——限速器装设在机房内，以限制轿厢或对重铁下降的速度。当下降的速度超过规定时，减速器将线速绳夹住，使安全钳动作，将轿厢夹在导轨上，以保障人身安全。

16. 极限开关——极限开关设置在井道内，当轿厢在井道上下端站超越极限工作位置时，安装在轿厢上的撞弓使通过井道内设置的钢丝绳和碰轮装置动作，从而驱动电动机的电源。

17. 限位开关——限位开关装设在井道内上下端站处，由装设在轿厢上的限位撞弓碰撞端站限位开关，使电梯到达端站后，在正常的停站控制失灵时，自动切断控制线路，迫使轿厢停止运行。

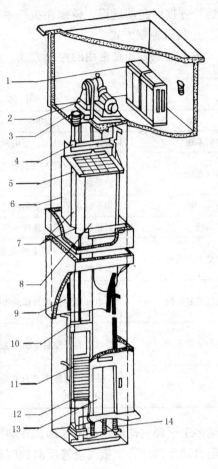

图 15-1　电梯的基本结构

1—控制柜；2—曳引机；3—限速器；4—导靴；
5—开门机；6—轿厢；7—安全钳；8—安全触板；
9—导轨架；10—绳头组合；11—导轨；
12—对重；13—厅门；14—缓冲器

15.1.5 电梯的基本结构

电梯是机电一体化的大型综合复杂产品，传统上将其分为机械和电气两部分。其中机械部分相当于人的躯干，电气部分相当于人的神经。如果按功能可划分为曳引系统，导向系统，轿厢，门系统，重量平衡系统，电气控制系统，电力拖动系统，安全保护系统等八部分。详见表 15-4 和图 15-1。

15.1.6 电梯的控制方式

1. 简易自动方式

简易自动方式是较大的自控方式。厅站只设一只控制按钮，轿厢由箱内内选按钮和厅站的外呼按钮起动运行。轿厢在执行中不再应答其它信号。常用于货梯和病床梯。

2. 集选控制方式

集选控制方式是常用的控制方式。中间层站设有上行和下行呼梯按钮，电梯能够同时

电 梯 的 功 能 和 组 成 表 15-4

类 别	功 能	组 成
曳引系统	输出、传递动力，使电梯运行	曳引机、曳引钢丝绳、导向轮反绳轮
导向系统	限制轿厢和对重的活动自由度使其只能沿导轨作升降运动	导轨、导靴和导轨架
轿 箱	用于运送乘客或货物的部件	轿厢架、轿厢体
门系统	封住层站入口和轿厢入口	轿厢门、层门、开门机、门锁装置
重量平衡系统	保持轿厢与对重的重量差，保证电梯曳引系统传动正常	对重、重量补偿装置
电气控制系统	对电梯的运行进行操纵和控制	操纵系统、位置显示、控制屏（柜）、平层装置、选层器
电力拖动系统	提供动力，控制电梯的速度	曳引电动机、供电系统、速度反馈装置、电动机调速系统
安全保护系统	防止一切危害人身安全的事故保证电梯的安全使用	限速器、安全钳、缓冲器、端站保护装置

记忆多个轿厢内选层和厅站呼梯，在顺向运行中依次应答顺向呼梯并在呼梯层停靠。在最终层自动反向运行，依次应答反向的呼梯，最后回到基站，也可将二台或三台电梯组成一组联动运行，进行集选控制。如果已经有一部电梯返回基站，其余轿厢则最终点停靠层关门待命，以防止轿厢空载运行。常用于百货商店的电梯。

集选电梯可同时设置有无司机两种控制方式。在集选内设有自锁式选层按钮，到层后电梯轿厢自动停靠和平层，司机操作手柄控制关门并起动轿厢。

3. 群控运行方式

群控运行方式是比较先进的自动控制方式，适用于大型建筑物（如大型办公楼、旅店、宾馆等）。该建筑物上下班的单行客流集中，午饭时双向客流呈现高峰，其余时间呈现一般双向客流状态。为了合理调度电梯，根据轿厢内人数、上下方向的停站数，厅站及轿厢内呼梯以及轿厢所在位置，自动选择最适宜于客流群控的输送方式。

电脑技术飞速发展，为电梯组群控提供了可靠的手段，出现了电脑群控。电脑群控电梯能够完成特殊的动作，使用更加方便灵活，对于办公楼等大型高层建筑物可使平均间隙时间缩短15%～25%，输送能力提高15%～20%。电梯群控有继电器式、顺序控制器和电脑群控式三种方式，其中电脑群控式效果最好。

当电梯在停电时，采用应急备用发电机组作为电梯的备用电源是营救轿厢内乘客的有

效措施。当出现地震、火灾等灾情时，电梯必须进行应急操作，如果采用电脑群控电梯，电梯会自动转入灾情服务。采用集选控制方式时，由于灾情期间市电总开关将被断开，建筑物由应急发电机组进行供电。除保障消防电梯连续供电外，其余电梯原则上应在备用电源的皮带回路中采取措施分批依次短时馈电，以保证它们会到指定层将乘客放出，再关门停运。上述操作在几分钟内完成，然后断开所有普通电梯电源。

电梯的电力拖动、控制方式的选择，应与其载重量、提升高度、停层方案作综合比较后确定。选择电梯或自动扶梯供电导线时，应由电动机铭牌额定电流及其相应的工作制确定，并应符合下列规定：

单台交流电梯供电导线的连续工作载流量，应大于电梯铭牌连续工作制额定电流的140%或铭牌 0.5h（或 1h）工作制额定电流的 90%。单台直流电梯供电导线的连续工作载流量，应大于交直流变流器的连续工作制交流额定输入电流的 140%。向多台电梯供电，应计入同时系数。自动扶梯应按连续工作制计。

15.2　电梯配电设计和安装施工规定

1987 年由国家标准局发布实施的《电梯制造与安全规范》（Safety rules for the construction and installation of lifts and service lifts）。该标准的目的是为乘客电梯、载货电梯和杂物电梯规定安全准则，以防电梯运行时发生伤害乘客和损坏货物的事故。用于运输货物电梯的轿厢尺寸和结构允许人员进入，它属于"电梯"而不属于"杂物梯"。

15.2.1　电梯制造与安装安全有关规定

为保证电梯电气装置的安装质量，促进安装技术进步，确保电梯安全运行，在作电梯供电设计和施工中必须按照规范要求的标准执行。国标规范通常用于额定速度不大于 265m/s、电力拖动用绳轮曳引驱动的各类电梯电气安装安装工程施工及验收。

1. 安装电梯的前期工作要点

（1）电梯电气装置的安装应按已批准的设计进行施工。

（2）设备验收检查的要求，设备验收检查的要求首先要三查：

①包装及密封应完好，在运输中没有出现外伤。

②开箱检查清点，规格应符合设计要求，附件、备件齐全，外观应完好。

③下列文件应齐全：文件目录、装箱单、产品出厂合格证、电梯机房、井道和轿厢平面布置图、电梯使用和维护说明书；电梯电气原理图、符号说明及电气控制原理说明书、电梯电气接线图、电梯部件安装图、安装调试说明书、备品及备件目录。

（3）设备和器材的运输、保管，应符合国家有关物资运输、保管的规定。当产品有特殊要求时，尚应符合产品的要求。

（4）采用的设备和器材均应符合国家现行技术标准的规定，并应有合格证件。设备应有铭牌。

（5）制定安全施工计划。对于电梯安装工程中重要工序，尚应事先制定安全技术措施。与电梯电气装置有关的建筑物和构筑物的建筑工程质量，除应符合国家现行的建筑工程施工及验收规范中的有关规定外，尚应符合现行国家标准《电梯主参数及轿厢、井道、机房的型式与尺寸》的有关规定。

15.2.2 电梯的电源及照明设计

（1）电梯电源应设置专用电源，并应由建筑物配电间直接送至机房。机房照明电源应与电梯电源分开，并应在机房内靠近入口处设置照明开关。轿厢照明和通风回路电源可由相应的主开关进线侧获得，并在相应的主开关近旁设置电源开关进行控制。

（2）每台电梯的主开关均应能够切断该电梯最大负荷电流。但是，主开关不应切断轿厢照明、通风和报警、机房通向隔层和井道照明、机房通向轿顶和底坑电源插座。主开关位置应能从机房入口处方便、迅速地接电。

（3）轿厢顶部应装设照明装置，或设置以安全电压供电的电源插座。电梯机房内应有足够的照明，其地面水平照度不应低于200lx。

（4）在同一机房安装多台电梯时，各台电梯主开关的操作机构应装设识别标志。

（5）轿厢顶部应装设检修用220V电源插座（2P+PE型）应装设明显标志。

（6）电梯电源的电压波动范围不应超过±7%。

（7）每台电梯或自动扶梯的电源线，应装设隔离电器和短路保护电器。有多路电源进线的电梯机房，每路进线均应装设隔离电器，并应装设在电梯机房内便于操作和维修的地点。

15.2.3 电梯井道照明设备

（1）电源宜由机房照明回路获得，且应在机房内设置带短路保护功能的开关进行控制。

（2）照明灯具应固定在不影响电梯运行的井道壁上，其间距不应大于7m。

（3）在井道的最高和最低点0.5m内各装设一盏照明灯。

（4）轿厢的照明电源，可从电梯动力电源隔离电器前取得，并应装设隔离电器和短路保护电器。向电梯供电的电源线路，不应敷设在电梯井道内。除电梯的专用线路外，其它线路不得沿电梯井道敷设。在电梯井道内明敷电缆应采用阻燃型。明敷的穿线管、槽应该是阻燃的。

15.2.4 电梯的配管配线要求

（1）电梯电气装置的配线，应使用额定电压不低于500V的铜芯绝缘导线。

（2）机房和井道内的配线应使用电线管或电线槽。铁制电线槽沿机房地面敷设时，其厚度不得小于14.5mm，不易受机械损伤的分支线路可使用软管保护，但长度不应超过2m。

（3）电线管、电线槽、电缆架等与可移动的轿厢、钢绳等的距离：机房内不应小于50mm，井道内不应小于20mm。

（4）轿厢顶部配线应该走线合理，要特别注意防护安全可靠。

（5）电线管安装应符合以下线路规定：

①电线管应用卡子固定，固定点间距均匀，且不应大于3m。

②与电线槽连接处应用锁紧螺母锁紧，管口应装设护口。

③安装后应横平竖直，其水平和垂直偏差在机房内不应大于0.2%，井道内不应大于0.5%，全长不应大于50mm。

④暗敷时，保护层厚度不应小于15mm。

⑤电线槽安装应牢固，每根电线槽固定点不应小于2点。并列安装时，应使槽盖便于开启。盖完盖后应横平竖直，接口严密，槽盖齐全平整无翘角。出线口应无毛刺，位置正确。

⑥金属软管安装应无机械损伤和松散，与箱、盒、设备连接处应使用专用接头。同

时，金属软管安装应平直，固定点均匀，间距不大于1m，端头固定应牢固。

⑦电线管、电线槽均应可靠接地或接零，但电线槽不得兼作为保护线使用。

⑧接线箱、盒的安装应平正、牢固、不变形，其位置应符合设计要求。当设计无规定时，中间箱应安装在电梯正常提升高度的1/2加高1.7m处的井道壁上。

(6) 电梯安装导线电缆的敷设应符合下列规定：

①线槽配线时，应减少中间接头。中间接头宜采用冷压端子，规格应与导线匹配，压接可靠，绝缘处理良好。

②敷设于电线管内的导线总面积不应超过电线管内截面积的40%，敷设于电线槽内的导线总截面积不应超过电线槽内截面积的60%。

③接地保护线宜采用黄绿相间的绝缘导线。

④电线槽弯曲部分的导线、电缆受力处，应加绝缘衬垫，垂直部分应可靠固定。

⑤配线应绑扎整齐，并有清晰的接线编号。保护线端子和电压为220V及以上的端子应有明显的标记。

⑥动力线和控制线应该隔离敷设。有抗干扰要求的线路应符合产品要求。

⑦配线应留有备用线，其长度应与箱、盒内最长的导线相同。

15.2.5 电梯的信号电路

1. 呼梯信号系统

电梯在每层都设有召唤按钮和显示运行工作的指示灯，信号控制电路如图15-2所示。

例如在二楼呼叫电梯时，按下召唤按钮2ZHA，召唤继电器2ZHJ得电接通并自锁，按钮下面的指示灯亮，同时轿厢内召唤灯箱上代表二楼的指示灯2XD也点亮，DLJ通电，电铃响，通知司机二楼有人呼梯。司机明白以后按解除按钮XJA则铃停灯灭。

2. 楼层指示装置

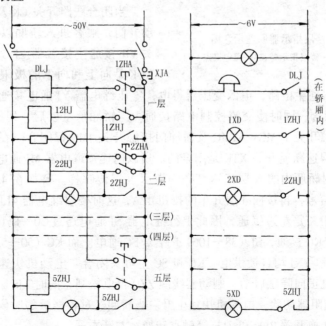

图 15-2 信号控制电路

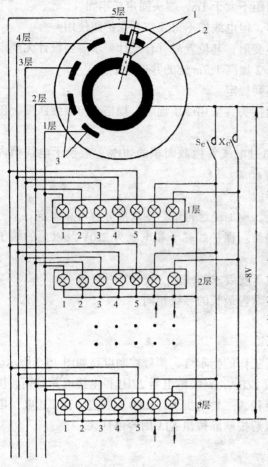

当电梯停放在 2 站以上时，应该装设层楼指示装置。将它安装在井道外面每站厅门的上方或侧旁，有时和召唤按钮安装在一起。楼层显示装置的画板上有代表停站的数字和显示电梯运行方向的箭头。有亮的数字表示轿厢所在楼层的层数，亮箭头表示轿厢运行方向。

表示楼层数的装置是一个可以转动的电刷，用链条和主曳引机伸轴相连，对应于每层楼的停站。如图 15-3 是一栋 5 层楼的层数指示装置示意图。指示器上有五个固定点（有几层楼就有几个固定点），当轿厢从一层楼达到 N 层楼时，电刷能同步从一固定点转动到代表 N 层的固定点，以接通 N 层的指示灯。根据需要可以做成多排接点，以控制每层楼所需的各种信号。例如担任召唤用的继电器到站复位的信号等。

15.2.6　电梯控制电路的控制过程

现以按钮自平式（AP）电梯控制原理图为例，简述普通电梯的工作过程。见图 15-4 按钮自平式（AP）电梯控制原理图。曳引机采用双鼠笼异步电动机。

当闭合线路开关 CK 及 1DK，由司机手动开门，乘客进入轿厢以后用电锁钥匙开关 VR 接通主接触器 ZKC 的线圈，SUK 和 XUK 是向上和向下的极限开关。正常运行

图 15-3　楼层指示器原理示意图
1—电刷；2—楼层指示器；3—固定接点

时，ZKC 通电，接通主电路，电源变压器得电，零压继电器 YJ 通电接通直流控制回路使快速继电器 1SJ 吸合，同时使交流控制电路接通。当轿厢承重以后，司机手动将门关好，使各层的厅门接触开关 1TMC～5TMC 及轿厢门接触开关 JMC 都闭合。在运行正常时，安全钳开关 AJK 及限速断绳开关 XTK 是闭合的。所以门连锁继电器 MJ 通电，交流接触器接通电源。如果此时轿厢内的 N 层指示灯亮，指示 N 层传呼梯。譬如在 4 层，司机一面按下 XJA 解除呼梯信号，再按向 4 层开车的按钮 4LA，这时楼层继电器 4LJ 通电并自锁。因为层数转换开关 4LK 是左边接通，因此上行继电器 SJ 通电通过 30—K₄106 接通，触点 SJ（24—106）闭合，KC 接通，SJ（38—106）闭合，SC 通电。而 KC（50—52）又使运行继电器 YXJ 通电，SC 和 YXJ 均自锁供电。KC 和 SC 主触头闭合。电动机快速绕组通过启动电阻器接通，电动机正向降压启动，制动器线圈 ZZD 得电松闸，同时 1JS 断电，触点延时闭合接通 KJC，将电阻器切除，电动机快速上升。当轿厢经过各楼层的时候，轿厢上的切换导板将各层楼的转换开关 2LK 和 3LK 等触点转换，左断右通。

在轿厢刚刚进入所要达到的 4 层楼的平层减速区的时候，4LK 转换使 SJ 和 KC 断电

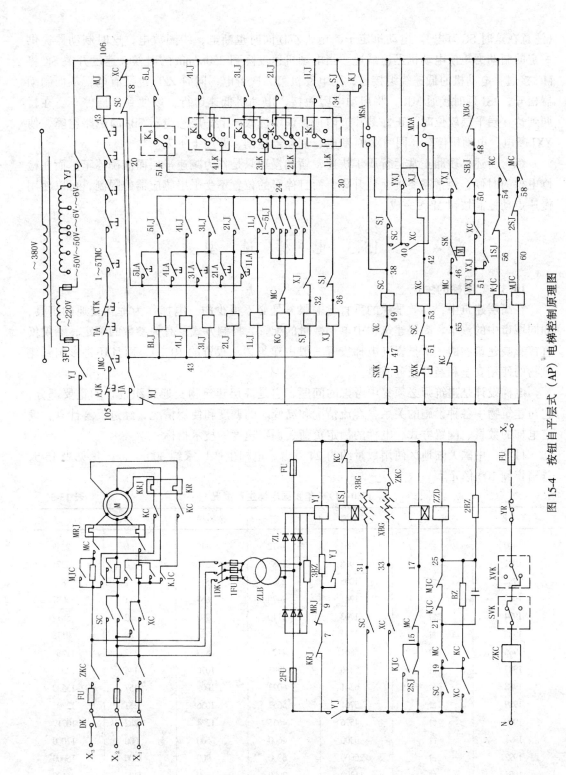

图 15-4 按钮自平层式（AP）电梯控制原理图

547

（注意在这时 SC 有电）。电动机定子断电，ZZD 同时也断电，线圈放电，这时制动器提供一定的制动力矩使电动机迅速减速。当电动机速度降到 250r/min 的时候，速度开关 SK 将 MC 接通，电动机的低速绕组接通，则电动机第二次得电，同时 ZZD 也又有电，从而制动器松开，2SJ 延时接通 MJC，将启动电阻短接，电动机低速运行，以便到平层停车。在轿厢到达 4 层平层就位时，正好是井道内顶置铁块进入向上平层感应器 SBJ 的磁路空障，使 YXJ 断电，电动机停车，同时 ZZD 断电，制动器抱闸，开门上下人。

综上所述，轿厢正常运行属于快速，轿厢慢速只是作为减速平层而准确停车。而在检修电梯的时候，经常需要慢速地升降，而且停车的位置不受平层感应器的限制，可以使用慢速点动控制按钮 MSA 完成。

15.3 电 梯 选 型

15.3.1 电梯的生产

在高层建筑中，高效平稳的垂直运输服务是必不可少的。电梯作为垂直交通的工具，如同城市中的汽车。高层建筑物中电梯数量的配置、控制方式及有关参数的确定，不仅仅直接影响建筑物的一次投资（电梯投资一般占建筑物总投资的 10%），而且还将影响到建筑物的使用安全和经营服务质量。

电梯设计是建筑师必须集中考虑的问题，它是高层建筑物交通组织设计的重要部分，它与建筑物中各种设施的关系，客流情况和高峰时的调度和使用情况，经过反复计算，确定电梯的数量、配置方式、电梯的额定负荷、额定速度等技术指标。

目前，中国大陆地区使用数量约为 24 万台，电梯生产厂家约 300 个，产量见表 15-5，总销售额 100 亿元。

1980～1995 年我国电梯生产情况　　　　　　　　　　　　表 15-5

年　份	单　位	客　梯	货　梯	杂物梯	扶　梯	合　计
1980	台	664	1472	112	0	2248
1981	台	968	1987	316	0	3271
1982	台	1005	2307	511	2	3825
1983	台	1941	2470	657	11	5087
1984	台	1703	3110	992	12	5817
1985	台	3792	4340	966	80	9178
1986	台	5861	4427	857	123	11268
1987	台	5836	4981	1070	146	12033
1988	台	6341	6023	1009	157	13530
1989	台	5761	5657	1036	251	12705
1990	台	4576	4635	1224	282	10717
1991	台	6300	4600	500	600	12000
1992	台	6800	6800	900	1500	16000
1993	台	11300	7900	1500	3400	24100
1994	台	14900	7500	1200	4300	27900
1995	台	16700	6600	1000	4600	28900

15.3.2 建筑电梯客流分析

1. 为什么要进行客流分析

建筑物的客流情况主要与建筑物的用途有关，不同性质的建筑物客流情况不同。通过分析典型建筑物的典型使用情况，可得到电梯的预期交通状况，判断电梯是否满足建筑物的使用要求。

2. 典型场所的客流分析

对于办公楼，客流高峰出现在早晨上班，其次是中午和下午下班。上班时客流基本是从一层上行到各层，5min 载客率为 15%，下班时相反。中午是双向高峰，上下行比例为 2:1，这主要是部分人员选择步行下楼。住宅楼与办公楼高峰出现时间相似，上下行客流相反。宾馆饭店与住宅相似，上下行比例为 1:1，这主要是因客人对环境不熟悉，多选择电梯的缘故。

商场客流高峰多出现在周末，而且与商场经营内容、规模和服务项目有关。因商场客流密度大，多采用扶梯。高峰时按三层以上总营业面积每小时每平方米 0.5 人考虑客流。且上下行比例为 1:1。医院客流高峰出现在午后探视时间，上下行比例为 3:2。

3. 服务质量标准

（1）五分钟载客率%

由于电梯内客流是连续且不均匀的，它具有随机性。衡量电梯是否满足建筑物客流的需要，五分钟载客率是一项重要的指标。五分钟载客率是指建筑物内五分钟内需要输送的乘客与乘梯总人数之比。用公式表示为：

$$Z = \frac{5 \times 60\ (R_1 + R_2)\cdot N}{T \times R} \times 100\%$$

其中　　Z——五分钟载客率；

R_1——电梯运行一个周期上行总人数；

R_2——电梯运行一个周期下行总人数；

N——电梯台数；

T——电梯运行一个周期的时间；

Q——使用电梯的总人数。

Z 值的一般范围是 5%～25% 之间。

（2）平均候梯时间 T_t

长久的等待容易让人心烦，心理测试表明人心烦时间与等候时间的平方成正比，超过一分钟的等待会使脉搏明显加快。从按下呼梯按钮到电梯到达的时间被称为候梯时间，很显然，这是一个随机数字，需要靠统计以确定最终的数字。但是，平均候梯时间一定是与单台电梯的运行周期成正比，与电梯总的台数成反比。

（3）平均行程时间 T_s

乘客自电梯关门启程到目标站开门的时间称为行程时间。平均行程时间的长短直接影响电梯的服务质量，它取决于轿箱的速度、层高和服务层数。增加电梯数量不一定能够缩短平均行程时间，更好的方法是电梯的分区运行或采用高速电梯。

不同建筑物的平均候梯时间和行程时间见表 15-6。

建 筑 类 型	平均候梯时间	平均行程时间
高档写字楼	20 ~ 30s	60s 以下为良好
普通办公楼	30 ~ 60s	60s ~ 75s 为较好
住宅、公寓	40 ~ 100s	75s ~ 90s 为较差
公共建筑	30 ~ 60s	90s ~ 120s 为差

(4) 可停层数

由于各类建筑物的功能差别很大，而且电梯的停靠站数、客流量均为变数，在确定可停层数时必须充分考虑到概率的因素。

$$S = n \times \left[1 - (n-1) \, P/n \right]$$
$$T = T_1 + T_2 + T_3 + T_4$$
$$E = Z/Q$$

其中　　S——可停层数；

　　　　n——建筑物区间层数；

　　　　P——基层可能进入轿箱的人数；

　　　　　　$P = P_e \times k$

　　　　P_e——电梯额定载客数；

　　　　k——系数，上行 0.8，下行 0.4。

　　　　T——运行周期；

　　　　T_1——行程时间；

　　　　T_2——开关门时间；

　　　　T_3——客人进出时间；

　　　　T_4——损失时间；

　　　　E——电梯输送比；

　　　　Q——全楼总人数。

计算电梯的台数应求出电梯可停层数 S、运行周期 T、五分钟载客率 Z 和输送比 S 等指标，再综合比较其它因素确定。

15.3.3 电梯选型的技术指标

1. 曳引机的功率

$$P_e = \frac{L_e \times V_e \times F}{102\eta} \quad (kW)$$

其中　　P_e——轿箱额定荷载（kg）；

　　　　V_e——电梯额定速度（m/s）；

　　　　F——平衡系数，客梯 0.55，货梯及商场客梯 0.5；

　　　　η——曳引机效率。

有齿轮 2:1 绕法 0.45 ~ 0.55，有齿轮 1:1 绕法 0.5 ~ 0.6，无齿轮 2:1 绕法 0.8，无齿轮 1:1 绕法 0.85。

2. 电梯机房的通风

（1）机房发热量

$$Q = W \times V \times F \times N$$

其中　Q——每小时发热量（kcal）；

　　　W——额定负荷（kg）；

　　　V——电梯速度（m/min）；

　　　N——同一机房电梯数量。

（2）通风量

$$K = \frac{Q}{C\ (T_2 - T_1)} \quad (\mathrm{m^3/h})$$

其中　K——通风量（m³/h）；

　　　Q——机房发热量（kcal/h）；

　　　C——空气比热（0.3kcal/m³·℃）；

　　　T_2——机房允许最高温度（℃）；

　　　T_1——进风口温度（℃）。

3. 数量的选择

电梯数量的选择主要是取决于对客流的估计，对不同的建筑物客流的精确分析需要大量的统计资料，这一点在目前并不具备。不同的设计人员往往会根据自己的经验进行估计，下面是一些经验值，仅供参考。

（1）住宅：塔式住宅 70 户/台；板式住宅 100 户/台；超过 20 层宜设三台电梯。

（2）宾馆：客梯数量按 100 间客房/台，服务梯数量按客梯的 1/3 考虑。

（3）办公楼：按建筑面积 5000m²/台或者按办公人数 250 人/台。

4. 速度的选择

提高电梯的速度可以缩短平均行程时间，提高电梯的服务水平，它取决于建筑物所要求的服务水平和建筑物本身的高度。速度的提高可能会使得电梯的造价大幅度提高。对于办公楼，75m 以下建筑考虑选择 2m/s 以下的低速电梯，75m～150m 建筑可按高度每增加 20m 电梯速度增加 0.5m/s 考虑。对于住宅，多层住宅一般只考虑 1m/s 的电梯，10～16 层的塔式或板式考虑 1.5m/s，16～22 层考虑 2m/s 的电梯。

5. 载重量的选择

超载是电梯所禁止的事情，而电梯的载重量就是电梯所运输的一次最大重量，该参数的选择直接制约电梯的最大服务能力。对于高层住宅、公寓，宜大于 1000kg；对于办公楼，宜大于 1350kg；对于大型商场，宜大于 1600kg。

6. 选型参数

电梯设计应明确以下参数：电梯的土建要求，如平面布置、机房位置、厅门尺寸、轿箱装饰等；电梯的用途说明，包括停层、行程、服务楼层等；电梯的台数；电梯额定参数，如额定速度、荷载、操作系统、控制系统、平层准确度等；电梯的电源要求、照明要求、通讯要求等。

电梯在并列布置时不宜超过 4 台，这是因为电梯的停层时间一般不超过 8s，乘客可能来不及进入电梯。若电梯分区设置，可按 15 层一个区域，且与不停层的井道每隔 11m 设置 600mm×1800mm 的防火门。电梯底坑深度超过 2.5m 设铁爬梯，并在坑底设检修插座和井道安全照明（36V）。对于消防电梯，电源要求双路供电，且设置有在消防状态下迫降首层的控制系统。在高档建筑物中，有时候需要对电梯轿箱和厅站作一些特殊装修，设计时应考虑预留尺寸。

15.4 传动运输系统与电梯自动扶梯安装

15.4.1 一般要求

传动运输系统一般采用电气联锁，联锁线应满足使用和安全的要求，并应可靠、简单、经济。本节适用于电动桥式起重机，电动梁式起重机，门式起重机和电动葫芦的配电。

联锁线有多种起动和停止方式。分别为：分别起动、部分延时起动、按工艺流程反方向顺序起动。同时停止、部分延时停止，从给料方向顺序停止等。起动与停止方式要符合运行需要和工艺要求及考虑节能等。

传动运输系统电动机起动时，电动机端子电压应符合要求，当多台同时起动不能满足要求时，应错开起动。传动运输系统联锁线控制方式的选择，应遵守下列规定：

(1) 当联锁机械少，独立性强时，宜在机旁分散控制。

(2) 当传动运输系统的联锁机械较少或联锁机械多但功能上允许分段控制时，宜按系统或按流程分段就地集中控制。

(3) 当联锁机械比较多，传输系统复杂时，可在控制室内集中控制，且宜采用可编程序控制器 PC 控制。

运输线的控制方式应结合工艺要求确定。可编程控制器具有较强的逻辑控制能力，可分析、判断实现顺序控制。它抗干扰能力强、价格便宜、使用方便，适用于大型复杂的传动运输系统。

控制箱（屏、台）面板上的电气元件，应按照控制顺序布置。一般控制系统宜设置显示机组工作状态的光信号；较复杂的控制系统宜设置模拟图。采用可编程控制器 PC 控制时，也可采用电子显示器。

一般设计原则是使用模拟图，便于观察，操作方便，适用于大型系统。

15.4.2 传动运输系统

同一传动运输装置系统上的电气设备，宜由同一电源供电。若传动运输系统很长，可按工艺分成多段由同一电源的多回路供电。但远离主电源的个别功率较大的电动机，可由附近电源供电。当主回路和控制回路由不同线路或不同电源供电时，应设置联锁装置。

同一系统的电气设备，如果由多电源供电，其中无论哪一个电源出现故障，都会影响整个系统的使用。

传动运输系统需要装设联系信号，并应沿线设置起动预告信号。在值班室设置允许起动信号、运行信号及事故信号。在控制箱（屏、台）面上设置事故断电开关或自锁式按钮。在传动运输系统巡视通道每隔 20～30m 或在联锁机械旁设置事故断电开关或自锁式按钮。两个及以上平行的联锁线宜合用起动音响信号，但控制室内应设置能区分不同联锁线起动的灯光显示信号。

为了防止传动运输系统发生人身、设备事故，常用措施如下：

确定预告信号，一般采用音响（电箱、电铃、喇叭）信号。当传动运输系统传输距离较长时，可沿线分段设置预告信号。在值班室要设置允许确定信号、运行信号及事故信号的目的是保障安全和随时了解设备运行状态，以加强管理。控制箱如果是就地安装宜选择在机组集中的位置并专人负责。控制箱面板上设置事故断电开关或自锁按钮。可根据情况及时断电，对事故处理，维修比较方便、可靠。当传动运输系统传输距离较长时，宜在巡视通道设置事故断电开关或自锁式按钮便于巡视人员及时处理故障。采用自锁按钮主要是为了确保安全，在故障未排除前不允许在别处进行操作。

控制室或控制点与有关场所的联系，一般采用声光信号，当联系频繁时，宜设置通讯设备。

控制室和控制点的位置宜便于观察、操纵和调度。通风采光良好、振动少、灰尘少。线路短、进出线方便，远离厕所、浴室等潮湿场所。

确定控制室位置应与工艺密切配合。移动式传输设备（图书馆运书小车，锅炉房用皮带卸料小车）一般容量不大，速度较慢，每次移动距离小，采用悬挂式较电缆供电装置简单、可靠、安装方便。受环境影响小，宜优先选用。

15.4.3 电梯和自动扶梯的安装

1. 电梯供电

电梯、自动扶梯和自动人行道的电源应由专用回路供电，并不得和其它导线敷设于同一电线管或电线槽中。配电系统的构成，应根据其负荷级别等有关原则确定。

一般客梯为二级，重要的为一级；一般载货电梯、医用电梯为三级，重要的为二级；自动扶梯和自动人行道一般为三级，重要的为二级。

电梯、自动扶梯是建筑物中重要的垂直运输设备，必须做到安全可靠。由于运输的轿厢和电源设备设置在不同的地点，维修人员不能在同时观察到二者的运行状态，为确保电梯安全及电梯间不互相影响，每台电梯应有专门的回路供电。电梯供电负荷分级，决定于电梯的重要性和使用功能。由于运输对象不同，对不同设备进行了负荷分级。其中一般客梯指高层配套住宅、办公楼、教学楼等的客梯，定为二级。重要客梯指一至三级旅馆等重要公共建筑物的部分客梯，为一级。载货电梯和医用病床梯的负荷分级一般取三级，较大型商业库房建筑货梯和较大病房楼的病床梯宜为二级。

自动扶梯、自动人行道运行速度慢，停电造成人身伤亡事故小，负荷等级为三级，但在重要场所如国际航空港、大型火车站应定为二级。高层建筑的消防电梯在《高层民用建筑设计防火规范》中有详细的规定。

每台电梯、自动扶梯和自动人行道应装设隔离电器和短路保护，并应装设在电梯机房内便于操作和维修的地点。但该隔离电气和断路器不应切断下述规定线路：轿厢、机房和滑轮间的照明和通风；轿厢顶部、坑底的电源插座；机房和滑轮间的电源插座；电梯井道照明；报警装置等。电梯的工作照明和通风装置以及各处用电插座的电源，宜由机房内电源配电箱单独规定；厅站指层器照明，宜由电梯自身动力电源供电。

2. 供电容量

电梯、自动扶梯和自动人行道的供电容量，应按它的全部用电负荷确定，即为拖动电极的电源容量与其它附属用电容量之和。对于由电动发电机组向直流曳引电机供电的直流电梯，其电动机的功率是指拖动发电机的电动机或其它直流电源装置的功率。

电梯的供电容量不仅包括曳引机的容量，而且包括电动机所属电器（控制、照明、信号等）的容量。

电梯电源设备的馈电开关宜采用低压断路器。低压断路器的额定动力应根据电梯持续负荷电流和拖动电动机的起动电流来确定。低压断路器的过电流保护装置的负荷电流—时间特性应同电梯、自动扶梯和自动人行道设备负荷—时间特性相配合。

电梯、自动扶梯和自动人行道是建筑物中一项重要负荷，作为低压馈电开关和保护电器，低压断路器的性能较熔断器更为优越。

3. 控制方式

电梯的控制方式应根据电梯的不同类别、不同的使用场所条件及配置的电梯数量等因素综合比较确定，做到操作方便、安全可靠、节约电能、技术经济指标先进。对于载货电梯和病床电梯可采用简易自动式；客梯可采用集选控制方式，但对电梯台数较多的大型建筑宜采用群控运行方式。有条件时宜使电梯具有节能控制、电源应急控制、灾情（地震、火灾）控制及做到营救控制等功能。住宅及公寓的电梯禁止使用无司机自动工作方式。

4. 防灾系统

（1）消防控制室是建筑物内防火、灭火设施显示、控制中心，是火灾时扑救指挥中心，也可兼作保安值班室。在高层建筑物中检修室内应设置与控制室及机房的通讯电话，并保持线路畅通以便事故时及时处理。

电梯井道容易成为火灾的通道，将电梯电源线路敷设在井道内不利于线路安全，电源线路本身起火也会危及电梯井道安全，因此在电梯井道内不允许敷设除电梯专用线路（控制、照明、信号及井道消防线路等）以外的其他线路。

设有消防控制室的高层建筑中，客梯的轿厢内宜设置有保安控制室及机房值班室的通讯电话，根据需要也可设置监视摄像机。

（2）当机房内气温超过电梯正常工作允许的温度时，在机房内除了自然通风外，尚应采取检修通风措施为电梯电机及电气设备通风散热。如气温低，应有采暖。在气温较高的地区，当机房的自然通风条件不能满足要求时，应采取空调或机械通风散热措施。

（3）向电梯供电的电源线路，不应敷设在电梯井道内。在井道内敷设的电缆和电线应是阻燃和耐潮湿的，穿线管槽应为阻燃型。

在轿厢顶部、机房、滑轮间、底坑应装设有 2P＋PE 型的电源插座。电压不同的电源插座，应有明显区别，并不得存在互换的可能性和弄错的危险。

（4）附设在建筑物外侧的电梯，其布线材料和方法，永久使用的电器器件均应考虑气候条件的影响，并应作好防水处理。

（5）机房、轿厢和井道中电气装置的间距接触保护，应与建筑物的用电设备采用同一接地型式保护，可不另外设接地装置。整个电梯装置的金属件，应采取等电位连接措施。轿厢接地线如利用电缆线芯时不得少于两根，采用铜芯导体每根线芯截面不得小于 2.5mm^2。

（6）高层建筑内的客梯，应符合防灾系统的设置标准，采取相应的营救操作措施：

①正常电源与防灾系统电源转换时，消防电梯应能及时投入。

②发现灾情后电梯能够迅速依次停落在指定层，轿厢内乘客能够迅速疏散。

③当消防电梯平时兼作配套客梯使用时，应具有工作时工作程序的转换装置。对于超

554

高层建筑和级别高的宾馆、大厦等大型公共建筑，在防灾控制中心宜设置显示各部电梯运行状态的模拟盘及电梯自身故障或出现异常状态时的控制盘。事故运行控制盘的内容包括：电梯异常指示器；轿厢位置指示器；轿厢起动和停止的指示器、远距离操纵装置。停电、地震、火灾时以下的指示器和操纵装置。

（7）高层建筑内的客梯，轿厢内应有营救照明（自容方式），连续供电时间不少于20min。轿厢内的工作照明灯数不应少于两个，轿厢底面照度不应小于5lx。目的是为了在正常电源中断供电时，进入厢内人员的安全及不造成混乱。

（8）《高层民用建筑设计防火规范》对高层建筑的消防电梯设置、电源等问题有明确规定。如果建筑物规模较大设有消防中心时，宜在消防控制中心监视和直接操纵各部电梯的运行。

5. 井道内应设置永久性电气照明

（1）距井道最高点和最低点0.5m以内各装一盏灯，中间每隔一定距离（不宜超过7m）分设若干盏灯。

（2）对于井道周围有最高照明条件的非封闭式井道，井道中可设置照明装置。轿厢顶部及井道照明电源宜为36V。目的是方便检修。

（3）电梯的底坑内设置插座，主要是供排除积水及检修时使用，其它部位安装的插座主要是为了检修使用。

15.4.4 电梯井道

电梯井道是指装有单台或多台电梯轿厢的井道。电梯对重应与轿厢在同一井道内。井道有以下特点。

（1）井道应有封闭性 每一电梯井道均应由无孔的墙、底板和顶板完全封闭起来，按规定只允许有下述开口：

①层门开口；②通往井道的检修门、安全门以及检修活板门的开口；③火灾情况下，排除气体与烟雾的排气孔；④通风孔；⑤井道与机房或与滑轮间之间的永久性开口。

（2）在特殊情况下不要求井道起防止火灾蔓延作用，但是要求高度如下：

①限定各墙面的高度为2.5m，以超越通常人们可能接触到的高度，除入口面外。

②井道入口面，从距层站地面2.5m高度以上，可使用网格或穿孔板。网格或穿孔的尺寸，无论水平或垂直方向均不得大于75mm。

（3）检修门、安全门以及检修活板门的特点：

①检修门、安全门以及检修活板门均应是无孔的，并且应具有与层门一样的机械强度。

②检修门、安全门以及检修活板门均不得朝井道里开启。

③门和活板门均应装设用钥匙操纵的锁，当门、活板门开启后不用钥匙也能将其关闭和锁住。检修门与安全门即使在锁住情况下，也应能从井道内部将门打开。

④只有检修门、安全门以及检修活板门均处于关闭状态时，电梯才能运行，如果这种运行需要某一器件不间断的动作（只有检修门打开才能触及到），此时允许短接检测该活板门闭合情况的电气装置。

⑤井道内任何凸出物不得大于5mm，超过2mm的凸出物应倒角，使其与水平面的夹角至少为75°。

⑥层门上装有凹进去的手柄时，在井道一侧凹孔的深度不得超过30mm，宽度不得超过40mm。凹孔的上下壁与水平面的夹角不得小于60°，最好是75°。手柄或拉杆的布置应减少钩住的危险并应防止手指在后面被卡住或挤夹。

描述的层门组合体应构成一个连续的垂直表面，由光滑坚硬的元件如金属薄板、硬贴面或摩擦阻力与其相当的材料构成。禁止使用玻璃墙或泥灰粉饰。此外，这个组合体应至少向整个轿厢进口宽度两边各延伸25mm。

⑦通往井道的检修门、安全门以及检修活板门除由于使用者的安全原因或维修的需要外，一般不准设置。检修门的高度不得小于1.4m，宽度不得小于0.6m。安全门的高度不得小于1.8m，宽度不得小于0.35m。检修活板门的高度不得小于0.5m，宽度不得小于0.5m。

⑧当相邻两层门地坎的距离超过11m时，其间应设置安全门，以确保相邻地坎间的距离不超过11m。

（4）井道的墙、底板与顶板结构应至少能承受下述荷载：由曳引机施加的，安全钳动作瞬间或轿厢中荷载偏离中心从导轨上产生的，由缓冲器动作产生的或由防跳装置施加的，由于安全钳动作或缓冲器动作的作用力。

井道的墙、底板与顶板应用坚固、非易燃材料制造，并且这种材料本身不应助长灰尘的产生。另外应具有足够的机械强度。对于无轿门的电梯，面对轿厢进口的井道壁，应具的机械强度要求当300N的力垂直作用在该面墙的任何一面位置且均匀分布于5cm²的圆形或方形面积上，井道壁能承受住且无永久变形。承受住弹性变形不大于10cm。

（5）装有从属于多台电梯或杂物梯的轿厢和对重的井道的下部，不同电梯或杂物梯的运动部件（轿厢或对重）之间，应设置隔障。这种隔障应至少从轿箱或对重行程的最低点延伸到底坑地面以上2.5m的高度。

15.5 电 梯 安 装

电梯安装实质上是电梯的总装配，这种工程必须在电梯投入运行的地方进行。安装工程质量的好坏直接决定着电梯是否能够正常运行。制造质量好的电梯若安装质量不好，也不可能正常工作，而良好的安装质量往往还能弥补或改善电梯制造中的某些缺点。电梯安装工程通常分为以下步骤进行。

15.5.1 安装的准备工作

对于交流双速信号电梯和集选控制电梯的安装，其机械部分安装工艺操作方法与其它电梯是相似的，而是它们的电路原理及安装则区别比较显著。

1. 机械安装的准备工作

安装的准备工作主要是人力准备、材料设备准备和熟悉图纸及有关电梯安装规范等。当建筑楼层在10层以下的小规模电梯安装工程配备3~4名有合格证的技术工人。并且应该配备起重工、电焊工、架子工和瓦工等辅助工种工人。其中应有中级以上电工两名作为负责人。向委托单位索取电梯随机资料，认真阅读，熟悉所装电梯的技术要求、平面图、电路、电气图纸。对机房井道的各种尺寸进行核对。检查轿厢规格尺寸、开门方式与土建配合是否正确无误，核对机房电源线用量和位置是否合适。

对建设单位提供的图纸资料要进行复核，检查有无问题，重点检查电梯层门口、牛腿、井道底坑的深度、井道顶高、机房的高度及面积、搁机大梁或工字钢的尺寸与要求是否符合实际情况等。对所发现的问题宜和建设单位研究协调解决，要把研究结果写入合同中，使之发生法定效力以备日后进行工程施工和结算。

对电梯设备开箱清点要有建设单位人员参加，校核电梯型号规格及各种配件是否齐全，对于缺欠东西要有落实办法，清点完毕要双方签字认可。

初步确定电源照明、限位开关位置、控制柜位置和机房井道和机房井道内电线管或线槽敷设方法。核定和确定限速器装置、平层转速传感器、限位开关、减速开关、井道总线箱、电缆架等在机房或井道内的具体位置。若发现实际情况与合同不符，应同委托方协商，签定补充合同。

2. 定货

对高层建筑的设备投资来说，电梯是占投资比重较大的一个。对电梯订货时除对电梯型号、产地、控制系统要求，速度、载重量、井道尺寸等与土建的配合条件应详细列出外，还应注意下面签订合同时容易忽视的几个技术问题，以避免因增加功能而追加投资。

电梯轿厢及门是整个电梯的脸面，脸面上的事情，要听自己的，其装修标准甲方往往有所要求。这些装修标准最好在订货时明确表述，以免扯皮。因多数电梯厂家要直接参与施工，所以在签订合同时明确各种安装细节的费用支付办法，如施工调试电费、井道脚手架安装费等。

3. 电梯电气装置安装前，建筑工程应必备的条件：

(1) 基本结束机房、井道的建筑施工，包括完成粉刷工作。

(2) 电梯机房的门窗应装配齐全。

(3) 预埋件及预留孔符合设计要求。

(4) 电梯的专用电气设备和继电器、选层器、随行电缆等附件更换时，必须符合原设计参数和技术性能的要求。

(5) 电气装置的附属构架、电线管、电线槽等非带电金属部分，均应满涂防锈漆或镀锌。

15.5.2　机械、电器和随行电缆安装

(1) 机械部分安装包括安装支架和导轨。安装承重梁、曳引机、导向轮或增加发电机组。组装轿厢与安全钳。安装层门与门锁。安装限速器装置。安装缓冲器和对重装置。安装曳引钢丝绳，计算长度、下料，做绳头花环结和浇铸巴氏合金，挂好曳引绳并将绳头锥套定位。

(2) 电器部分安装包括安装控制柜和井中间的接线箱。安装分接线箱和敷设电线槽或电线管。安装极限位置开关、限位开关和端站强迫减速装置。视需要安装层楼指示器和选层器。安装召唤箱、指层灯箱干簧管换速平层装置，固定电缆架、挂软电缆和配线接线。安装电气控制系统的保护接地或接零装置。

(3) 随行电缆的安装是很重要的项目，安装过程中应特别注意以下几点：

①随行电缆安装前，必须预先自由悬挂，消除扭曲。

②井道内的随行电缆安装要特别注意紧凑而安全，随行电缆两端以及不运动部分应可靠固定，如图 15-5 所示。

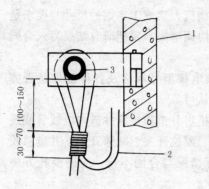

图 15-5 井道内随行电缆绑扎方法
1—井道壁；2—随行电缆；
3—电缆架钢管

③随行电缆的敷设长度应使轿厢缓冲器完全压缩后略有余量，但不得拖地。多根并列时，长度应一致。

④当设中间箱时，随行电缆架应安装在电梯正常提升高度的 1/2 加 1.5m 处的井道壁上。

⑤圆型随行电缆应绑扎固定在轿底和井道电缆架上，绑扎长度应为 30～70mm。绑扎处应离开电缆架钢管 100～150mm。轿箱底部随行电缆绑扎方法如图 15-6 所示。

⑥扁平型随行电缆可重叠安装，重叠根数不宜超过 3 根，每两根间应保持 30～50mm 的活动间距，如图 15-7 所示。扁平型电缆的固定应使用楔型插座或卡子。

⑦随行电缆在运动中可能与井道内其它部件挂碰

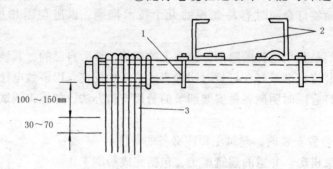

图 15-6 轿箱底部随行电缆绑扎方法
1—轿厢底部电缆架；2—电缆底梁；3—随行电缆

时，必须采取防护措施。

⑧圆形随行电缆的芯数不宜超过 40 芯。

15.5.3 配电柜、屏、箱的安装

（1）机房内配电柜、控制柜应用螺栓固定于型钢或混凝土基础上，基础应高于地面 50～100mm。

（2）屏、柜与机械设备的距离不应小于 500mm。当设计无要求时，安装位置应尽量远离门窗，其与门窗正面的尽量不应小于 600mm。

屏、柜的维修侧与墙壁的距离不应小于 600mm，其封闭侧宜不小于 50mm。双面维修的屏、柜成排安装时，当宽度超过 5m 时，两端均应留有出入通道，通道宽度不小于 600mm。

（3）电梯的控制柜（屏、箱）的安装应布局合理，固定牢固，其垂直偏差不应大于 0.15%。

15.5.4 电梯的控制设备安装

1. 选层器的安装

（1）安装要牢固，其垂直偏差不应大于 0.1%。

（2）机械选层器的安装位置要使用方便合理，而且便于维修检查。

（3）机械选层器的安装应按机械速比和楼层高度检查调整动、静触头位置，使之与电梯运行、停层的位置一致。

（4）换速触头的提前量应按电梯减速时间和平层距离调节。

（5）触头动作和接触应可靠，接触后应留有压缩余量。

2. 电梯井道和轿厢顶部传感器的安装

（1）安装后应紧固、垂直、平整，其偏差不宜大于 1mm。

（2）支架应用螺栓固定，不得焊接。

（3）应能上下左右调整，调整后必须可靠联锁，不得松动。

（4）安装位置符合图纸要求，配合间隙按产品说明进行调整。

3. 电梯层门（厅门）召唤盒、指示灯盒及开关盒的安装

（1）具有消防功能的电梯，必须在基站或撤离层设置消防开关。消防开关盒宜装于召唤盒的上方，其底边距地面的高度宜为 1.6～1.7m。图 15-8 示出电梯层门指示灯及召唤盒的安装位置。

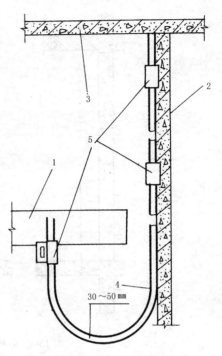

图 15-7　扁平随行电缆安装方法
1—轿厢底梁；2—井道壁；3—机房地板；
4—扁平电缆；5—楔形插座

（2）安装位置当无设计规定时，层门指示灯盒应装在层门口以上 0.15～0.25m 的层门中心处。指示灯在召唤盒内的除外。层门指示灯盒安装后，其中心线与层门中心线偏差不应大于 5mm。召唤盒应装设在层门右侧距地 1.2～1.4m 的墙壁上，且盒边与层门边的距离应为 0.2～0.3m。并联、群控电梯的召唤盒应装在两台电梯的中间位置。

（3）在同一候梯厅有两台及以上电梯并联或相对安装时，各层门对应装置的对应位置应一致，要求并联梯各层门指示灯盒的高度偏差不应大于 5mm；并联梯各召唤盒的高度偏差不应大于 2mm；各召唤盒距层门边的距离偏差不应大于 10mm；相对安装的电梯，各层门指示灯的高度偏差和各召唤盒的高度偏差均不应大于 5mm。

（4）盒体应平正、牢固、不变形，埋入墙内的盒口不应突出装饰面。面板安装后应与墙面贴实，不得有明显的凹凸变形和歪斜。

（5）层门闭锁装置应采用机械—电气联锁装置，其电气触点必须有足够的断开能力，并能使其在触点熔接的情况下可靠断开。

（6）层门闭锁装置的安装应该固定可靠，驱动机构动作灵活，且与轿门的开锁元件有良好的配合。层门关闭后，锁紧元件应可靠锁紧，其最小啮合长度不应小于 7mm。层门锁的电气触点接通时，层门必须可靠地紧锁在关闭位置上。层门闭锁装置安装后，不得有影响安全运行的磨损、变形和断裂。

15.5.5　电梯安全保护设备与接地安装

1. 接地接零保护

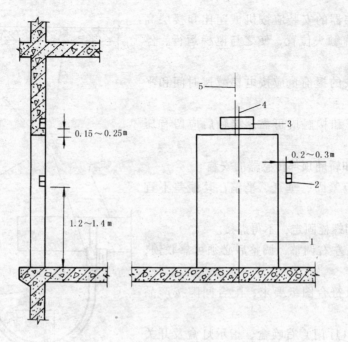

图 15-8　电梯层门指示灯及召唤盒安装位置

1—厅门；2—召唤盒；3—电梯层门指示灯；

4—层门中心线；5—层门指示灯中心线

(1) 电梯机房、轿厢的井道的接地机房和轿厢的电气设备、井道内的金属件与建筑物的用电设备采用同一接地体。轿厢和金属部件应采用等电位体连接。当轿厢接地线采用电缆芯线时，不得少于两根。

(2) 所有电气设备的外露可导电部分均应可靠接地或接零。当在 TN—S 方式供电系统中采用接 PE 线。在 TN—C 供电系统中因为保护线与中性线合用，所以应在电梯电源进入机房后将保护线与中性线分开，形成 TN—C—S 系统。其分离点的接地电阻不大于 4Ω。

(3) 在采用三相四线制供电的接零保护（即 TN—C）系统中，严禁电梯电气设备单独接地。

(4) 电梯轿厢可利用随行电缆的钢芯或芯线作保护线。当采用电缆芯线作保护线时不得少于两根。

2. 采用电脑控制的电梯，其逻辑性应严格按产品要求处理。当产品无要求时，可按下列方式之一进行处理：

(1) 接 PE 线。同上述 1 的方法。

(2) 悬空逻辑地。

(3) 与单独的接地装置连接。该装置的对地电阻不得大于 4Ω。

3. 安全保护开关的安装

(1) 与机械相配合的各安全保护开关，在下列情况时应可靠断开，使电梯不能启动或立即停止运行：

任一曳引绳断开时；电梯载重量超过额定载重量 10% 时；任一厅、轿门未关闭或锁紧时；安全窗开启时；选层器钢带（钢绳、链条）张紧轮下落大于 50mm 时，限速器配重

轮下落大于 50mm 时，限速器配重轮接近其动作速度的 95% 时，对额定速度 1m/s 及以下的电梯最迟可在限速器达到其动作速度时；安全钳拉杆动作时；液压缓冲器被压缩时。

（2）电梯的各种安全保护开关必须可靠固定，不得采用焊接固定。安装后不得因电梯正常运行时的碰撞和钢绳、钢带、皮带的正常摆动使开关产生位移、损坏和误动作。

4. 电气系统中的安全保护装置应进行下列检查：

（1）急停、检修、程序转换等按钮和开关，动作应灵活可靠。

（2）开关门和运行方向接触器的机械或电气联锁应动作灵活可靠。

（3）错相、断相、欠电压、过电流、弱磁、超速、分速度等保护装置应按照产品要求检验调整。

5. 极限、限位、缓速开关碰轮和碰铁的安装要点

（1）轿厢自动门的安全触板安装后应灵活可靠，其动作的碰撞力不应大于 5N。光电及其它型式的防护装置功能必须可靠。

（2）开关、碰铁应安装牢固。在开关动作区间，碰轮与碰铁应可靠接触，碰轮边距碰铁边不应小于 5mm。碰铁应无扭曲变形，开关碰轮动作灵活。碰轮与碰铁接触后，开关接点应可靠断开，碰轮沿碰铁全长位移不应有卡阻，且碰轮应略有压缩余量。

（3）碰铁安装应垂直，允许偏差为 0.1%，全长不应大于 3mm。碰铁斜面除外。

（4）交流电梯极限开关的安装钢绳应横平竖直，导向轮不应超过两个。轮槽应对成一条直线，且转动灵活。导向轮架加装延长杆时，延长杆应有足够的强度。上下极限碰轮应与牵动钢绳可靠固定。

牵动钢绳应沿开关断开方向在闸轮上复绕不少于两圈，且不得重叠。安装后应连续试验五次，均应动作灵活可靠。

（5）极限和限位开关的安装位置应符合设计要求。当设计无要求时，碰铁应在轿厢超越上下端站地槛 50～200mm 范围内接触碰轮，使开关迅速断开，且在缓冲器被压缩期间，开关始终保持断开状态。

6. 疏散功能及安装

电梯有一个疏散功能装置，能够在停电时自动平层开门放人，以避免关人，这一功能往往甲方是非常需要的，但该功能在合同时如不写明，有些电梯厂家会据此追加造价。

7. 视频及音频电缆监视系统

在设置有保安监控系统的大厦内，往往需要在电梯轿厢内设有摄像机。如果订货时不提及，供应商是不提供相关设备及电缆的。如电梯内摄像机要使用，只能另行敷设电缆，但该电缆的重量、材质等性能参数很可能与电梯轿厢随行电缆不匹配，有些电梯厂家也不让其敷设在随行电缆上。故应要求电梯厂家在其随行电缆中设有视频、音频电缆。

8. 楼层显示、对讲系统

这两个系统在订货时如不注明，供应商往往是不提供的，但甲方往往是需要的，如在停电或火灾情况下电梯关人时；需要在控制室控制电梯时。订货时宜要求提供这两个系统，而且要指明安装设备的地点，这就包含了从电梯机房到控制室的电缆供应、敷设相应的设备安装费用。

电梯除了设备本身的各种信号与监控装置以外，一般还应该在电梯的轿厢内设备与机房或值班室对讲的专用电话和应急通信信号设备。在设有多台群控梯群的建筑物内还经常

设有事故运行控制盘，用以监视电梯的异常情况和进行紧急操作，所有上述装置的线路都应该和电梯动力配线分开布线。

15.5.6 静态试运行

1. 做好运行前的准备工作

准备工作应包括清扫机房、层站的垃圾杂物，对机电零部件进行清洁检查。对电动机滑动轴承、减速器按规定的品种和数量换油加油，对导轨、缓冲器、限速器等部件上润滑油，清理曳引轮和曳引钢丝上油污，检查导向轮、反绳轮、限速器张紧轮等转动摩擦部位，使之处于良好的润滑状态。

使所有的电器元件保持清洁，内外配接线的焊点要求牢固可靠，压紧螺钉无松动。在底坑内将对重装置用导木支撑牢固，机房内用手拉葫芦吊起轿厢，摘除悬挂在曳引轮上的所有钢丝绳。

2. 进行静态通电试车

电梯技工两人以上共同进行，两名技工在机房。轿厢内人员按机房技工指令模拟司机或乘客的操作程序，逐项进行通电操作。机房内技工检查控制柜中各电气元件动作程序是否正常、是否符合电气控制说明和电路原理的要求、曳引电动机运转情况是否良好、运动方向是否正确，若发现问题应及时予以调整。上提限速器的钢丝绳，检查安全钳开关的联动性能是否可靠，曳引机能否制动停车。试验安全钳的杠杆系统动作是否灵敏可靠，能否将安全钳锲块正常上升。

上述工作完成后，可将曳引绳挂上曳引轮，放下轿厢撤去手拉葫芦，使各曳引绳均匀受力。然后用手轮通过松闸将轿厢下移一段距离，拆去对重的垫木，并清除井道内所有垃圾杂物，才能进行通电试运行。

3. 动态试运行及调整

(1) 在机房内用手动松闸，手轮盘车，将轿厢再下移一定距离，如情况正常才可通电试车。首先做平衡试验，将轿厢以检修速度下行到基站，向轿厢内放入标准砝码，其重量为 $K_p \times Q$。其中 K_p 为对重平衡系数，根据具体电梯要求，通常取 0.4～0.5；Q 为电梯额定载重量，单位为 kg。此时曳引轮两侧拉力基本平衡，将轿厢上升到一半行程与对重底相平。在机房内用手动松闸，手盘手轮测定曳引轮左转、右转时手感是否相同。然后在对重架上加减对重块，直到两侧手感相同，即为符合平衡要求。

可以让一名电梯技工到轿厢顶负责试运行的指挥。通过轿厢内所发慢上慢下运行指令控制电梯慢车上下往复运动，并逐层调整检查。运行指令也可由轿厢顶部的检修箱按钮发出。逐层检查的项目有：层门地坎与轿厢地坎层门锁滚轮与开门刀间隙，各层一致并符合平层要求。千簧管平层传感器和换速传感器与轿厢的间隙，隔铁板与传感器盒的凹口底部和侧面间隙符合要求。

极限开关的上下端站限位开关等安全装置应动作可靠。采用楼层指示器或机械式选层器的电梯应同时检查校正触头或托板与各层站固定触头或托板相互位置是否合适。对于双速电梯，慢车运行时间每次通电不超过 3min。

(2) 经过慢车试运行和调整没有问题以后，额定速度的试运行和调试

将轿厢内操纵箱转入额定速度运行状态。使用轿厢内指令按钮和层门召唤按钮，控制电梯上下往复快车运行。对有/无司机控制的电梯，分别进行试验。在电梯运行过程中，

通过启动、加速、平层、单层和多层运行、到站提前换速、开关门等过程，根据随梯文件和国家有关标准，全面考核电梯的各项功能、调整电梯的关门、起动、加速、换速、平层停的准确度。调整自动开门机在开关门过程中的速度和噪声水平，提高电梯运行过程中各项综合性能指标。

（3）最后进行生产前的试验和测试。根据 GB10060 电梯安装验收规范的规定，作好测试工作，写出具体报告，交付用户单位使用。

15.6　电梯的调试、安全使用和维护保养

电梯一旦投入运行，往往 24h 使用，对于其机电元件要求经常检查和维护，建立严格的管理制度，配备合格的电梯安装维修技工和司机承担有关工作，加强电梯的定期检修，积累资料指导电梯维护检修计划的制订和实施。电梯的安全使用和维护保养对电梯的使用寿命至关重要。

15.6.1　调整试车和工程交接验收

1. 试运转前应按下列要求进行检查：

（1）电气设备导体间及导体与地间的绝缘电阻值：动力设备和安全装置电路不应小于 0.5MΩ；低电压控制回路不应小于 0.25MΩ。

（2）机房温度应保持在 5～40℃之间，在 25℃时环境相对湿度不应大于 85%。

（3）继电器、接触器动作应正确可靠，接点接触应良好。

2. 检修速度调试应符合下列规定：

（1）全程点动运行应无卡阻，各安全间隙符合要求。检修速度不应大于 0.63m/s。自动门运行应平稳、无撞击。平衡系数应调整为 40%～50%。

（2）制动器力和动作行程应按设备要求调整，制动器闸瓦在控制时应与制动轮接触严密。松闸时与制动轮应无摩擦，且间隙的平均值不应大于 0.7mm。

3. 额定速度调整运行符合下列要求：

（1）轿厢内置入平衡负载，单层、多层上下运行，反复调整，升至额定速度，起动、运行、减速应舒适可靠，平层准确。

（2）在工频下，曳引电动机接入额定电压时，轿厢半载向下运行至行程中部时的速度应接近额定速度，且不应超过额定速度的 5%。加速段和减速段除外。

4. 运转试验应符合下列条件

（1）空载、半载和满载试验要求在通电持续率为 40% 情况下，往返升降各 2h。电梯运行应无故障，起动应无明显的冲击，停层应准确平稳。

制动器应可靠动作。制动器线圈温升不应超过 60℃，减速机油的温升不应超过 60℃，且温度不得超过 85℃。

（2）调整上下端站的换速、限位和极限开关，使其位置正确、功能可靠。

（3）运转功能应符合设计要求，指令、召唤、选层定向、程序转换、起动运行、截车、减速、平层等装置功能正确可靠，声光信号显示清晰正确。

5. 超载试验

应在轿厢内置入 110% 的额定负荷，在通电持续率为 40% 的情况下，往返运行各

0.5h。电梯应可靠地起动、运行。减速机、曳引电动机应工作正常，制动器动作应可靠。

6. 平层准确度符合表 15-7 的规定。

平　层　准　确　度　　　　　　　　　　　　　　　　　表 15-7

电　梯　类　别	额定速度（m/s）	平层准确度（mm）
交流双速	≤0.63	±15
交流双速	≤1.00	±30
交直流双速	≤2.00	±15
交直流双速	≤2.50	±10

7. 技术性能测试应符合下列规定：

(1) 电梯的加速度和减速度的最大值不应超过 $1.5m/s^2$。额定速度大于 1m/s、小于 2m/s 的电梯，平均加速度和平均减速度不应小于 $0.5m/s^2$。额定速度大于 2m/s 的电梯，平均加速度和平均减速度不应小于 $0.7m/s^2$。

(2) 乘客、病床电梯在运行中，水平方向的振动加速度不应大于 $0.15m/s^2$，垂直方向的振动加速度不应大于 $0.25m/s^2$。

(3) 乘客、病床电梯在运行中的总噪声不应大于 80dB。轿厢内噪声不应大于 55dB。开关门过程中噪声不应大于 65dB。

8. 在交接验收时，应提交下列资料和文件：

(1) 电梯类别、型号、驱动控制方式、技术参数和安装地点。

(2) 制造厂提供的随机文件和图纸。

(3) 变更设计的实际施工图及变更证明文件。

(4) 安全保护装置的检查记录。

(5) 电梯检查及电梯运行参数记录。

15.6.2　电梯安全使用基本常识

建立一套完备可行的管理制度是电梯安全运行的首要条件。

(1) 要求配置专门的管理人员。对有司机的电梯，应使专职司机受过技术培训，具备必要的电梯知识，能够正确操纵电梯和处理运行中出现的紧急情况，并能够排除常见故障。应有专职的维修保养人员，建立值班制度。维护人员应该受到技术培训，掌握电梯工作原理、各部分的主要构造和功能，能够及时处理和排除各种故障，对电梯进行日常性的维护保养。

(2) 建立严格的检查保养制度，定期进行日检、月检、季检、年检和各种临时检查。每天要求对机房进行清扫和巡视检查，及时发现和排除各种不正常现象。保持厅门清洁，避免门槽中落有杂物影响门的正常开合。每日司机应先试运行电梯并写好交接班记录。

每月应对电梯的主要安全装置进行检查，对各润滑部位视需要进行补油。在季度检查中，要对曳引机、导向轮、曳引绳、轿顶轮、导靴、门传动系统、电磁制动器、安全钳等限速装置、各种接触器和电路接线端子进行全面视察，进行必要的调整。如果电梯停运较长时间或发生了可能危及电梯正常运行的其它事故和灾难，也必须对电梯进行全面检查才允许投入运行。

(3) 制订维护保养的工作规程。进行季度检查和年度检查应由两人以上进行，以确保工作的安全可靠。电梯在检修和加油时，应在基站悬挂停运指示牌。在做检修运行时，不允许载客、载货。进入底坑检查时，应将底坑检修箱的急停开关断开，进行轿顶检查则需将安全钳或轿顶检修箱的急停开关断开。

检修的工作照明灯应使用安全电压。严禁维修人员在井道外探身到轿顶或处于厅门与轿门之间进行工作。在开启厅门的情况下，若轿厢以检修速度运行时其上离厅门踏板的距离不应超过 0.4m。

15.6.3 使用时要注意的问题

1. 平时使用

专职司机在开启厅门进入轿厢前，应看清轿厢是否确实停在该层。有司机操纵的电梯必须由专职司机操纵，司机离开时应关闭轿厢开关并关闭厅门。应保证电梯在额定载重范围内工作，对无超载保护装置电梯，更应小心。客梯不应做货梯使用。轿厢内不允许装运危险品，包括易燃易爆品，凶猛动物等。不要在轿厢内做各种剧烈运动，不要靠门，轿厢停靠层站时不允许停留在轿厢和厅门之间。司机在每日工作完毕后应将电梯返回基站，断开轿厢电源并关好厅门。

2. 故障状态

电梯出现不正常情况时应予足够的重视，不可粗心大意。如电梯门关闭但不能启动应首先按下开门按钮，如门打开，表示门锁未能关闭，电梯控制电路没有接通，此时可重复关门动作，如不见效果，应通知维修人员。如果不能打开电梯门，则要按急停按钮，断开电梯控制电路，用人力打开轿厢门，电梯停运并通知维修人员。

3. 危险时刻

当电梯失去控制，按下急停按钮也无济于事时，梯内人员应保持冷静，不要打开轿门，盲目跳出轿厢。如果电梯在行驶中突然停车时，轿厢内人员应用警铃、电话等联系设备通知维修人员。由维修人员在机房设法移动轿厢到附近厅门口，然后按下急停按钮，用人力开门撤离轿厢。当电梯在安全钳动作停车时，应用电话通知维修人员并按下急停按钮。在机房中用人力驱动曳引机使轿厢移动时，必须断开电动机电源。

15.6.4 电梯修理计划的制订与实施

电梯的修理目的在于恢复电梯的工作性能和各项技术指标。修理指修复电梯整机和各部分工作能力所采取的整套措施。修理时，进行个别零件和部件的修复或更换，并给予安装和校正。电梯修理分为小修、中修、大修和急修，定期检查按需修，保证电梯安全可靠运行。

项目划分为小修、中修、大修和急修四种。

例如小修是最基本的修理，其目的在于消除电梯使用过程中因零件磨损或操作保养不当造成的局部损失，从而维持电梯的正常运行。一般电梯实际运行 800～1000h 后安排一次小修，具体内容包括调整电磁制动器和减速器两方面。调整电磁制动器指合闸时闸瓦与制动轮应接触平稳无剧烈震动或颤动，松闸间隙符合要求。更换断裂的闸瓦瓦托或磨损超限的瓦衬。重新作电气调整，消除线圈过热情况，更换有裂纹的制动臂、弹簧、紧固连接螺栓等。

关于减速器要求检查减速器的蜗轮与蜗杆的啮合及磨损情况，用手感检查蜗轮齿侧间隙，检查主轴及套筒的轴向窜动，更换已经失效的端盖垫片、油封圈或油浸盘片。打开涡轮轴承盖，检查轴承保持架、滚动体，如有损坏立即更换。检查曳引轮、轿顶轮、导向轮、对重轮的绳槽磨损情况，用垫片调整各轴的水平角度或调整轴承座向安装位置，使各绳槽对中。检查曳引钢丝的磨损和断丝情况，作出详细记录。调整层门门锁的锁沟，用垫片调整间隙使门锁工作正常。若锁沟磨损过量，应补焊修锉成型或更换新钩。调整曳引绳受拉情况，使之受力均匀，必要时可截短曳引绳重做绳头。检查电动机与减速器联轴节的同轴度，对弹性联轴器应检查和更换失效的弹性圈。清洁电气元件上的灰尘，修理或更换已经烧蚀的触头和绝缘下降的导线。调整电梯的平层准确度。

15.7 典型故障排除

15.7.1 曳引机的维修

1. 曳引轮的维修

平时运行中应该保持曳引绳槽的清洁，不得将润滑油或机油上到曳引绳槽内。

各绳槽的磨损应该相同，如果发现绳槽之间的磨损深度相差达到曳引绳直径的十分之一的时候就必须检修了，将其车到深度相同为止，如图15-9所示。

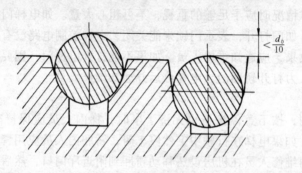

图15-9 曳引绳槽磨损限度

带缺口的半圆槽，当绳槽磨损到切口深度不到2mm时就应该重新车槽了。在车槽的时候应该注意重车完的轮缘厚度不得小于曳引绳的直径d_0。如图15-10所示。

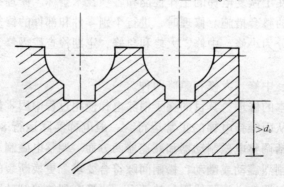

图15-10 曳引绳槽磨损允许最小厚度

2. 减速箱的维修

（1）在运行中轴承出现撞击的声音或其他噪声的时候，应该及时调整，到了无法调整的地步，必须换新的轴承，不可带病坚持运行，以免闯祸。

(2) 减速箱的油质要符合要求，保持减速箱体内润滑油的清洁，如果发现明显有杂质，则应该换新润滑油，通常用半年就换一次新油。

(3) 运行时轴承的温升通常小于 60℃，减速箱内的油温度不大于 85℃，否则应该停机检查。

(4) 蜗轮蜗杆的轴承应该保持适量的轴向间隙，在电梯换向时，如果发现蜗轮和蜗杆有明显的窜动时，应当调整减少其轴向间隙。

(5) 要定期拧紧油盅盖，通常一个月拧一次，保持润滑油脂润滑的部位。减速箱体的油应保持在油镜或油针标定的范围以内。

3．制动器的检修

(1) 制动器必须有足够的制动力矩，不得打滑，可以调整制动弹簧制止打滑。

(2) 在松开制动瓦时，制动瓦四周的间隙应该相似，最大的间隙不应大于 0.7mm，否则应予以调整。

(3) 制动器的各个环节应该洁净，动作灵活而可靠，要定期上润滑油保养。

(4) 如果制动带磨损严重而造成金属铆钉头外露，则必须更换制动带，以免出现硬伤。

(5) 对电磁铁必要时上润滑粉保养。

4．电动机及速度反馈装置的检修

(1) 电动机的绝缘强度必须保持良好，在季度检修的时候应该摇测绝缘电阻值。主极线圈绝缘电阻不小于 0.25MΩ，其它部分不小于 0.5MΩ，否则应采取相应措施。

(2) 直流测速发电机在每季度作一次检查，例如易损件炭刷，如果磨损严重应更新，并清除炭末。在轴承等处上润滑油。

(3) 当电动机劳损造成轴承磨损过度，电动机会出现过大的杂音，必须更换新的轴承。

(4) 应当经常吹净电动机内部换向器和电刷等部件的灰尘，防止水滴溅入，保持电动机的清洁。

(5) 对于用滑动轴承的电动机，要注意油槽内的油量是否达到油线，同时应该保持油线的清晰。

15.7.2 电梯常见故障和检修方法

电梯常见故障和检修方法综合见表 15-8，供参考。

电梯常见故障和检修方法　　　　　　　　　　　　　　　　表 15-8

故障现象	分　析　原　因	检　修　方　法
1. 有选层信号但是箭头灯不亮	①信号灯接触不良或烧坏 ②选层器上自动定向触头接触不良，方向继电器不吸合 ③选层继电器常开接触不良，使方向继电器不吸合 ④上、下行方向继电器回路中二极管损坏（广州梯的 FD 管，天津梯的 SJW，BJS，BJX 管）	①更换灯泡，查线路 ②用万用表查检测或用电线短接法检查并调整修复 ③调整修复 ④用万用表查二极管或更换

故 障 现 象	分 析 原 因	检 修 方 法
2. 还没有关门电梯已经运行	①门锁开关微动粘连 ②门锁控制回路接线短路	①重新开关门 ②检查修复
3. 按选层按钮后灯不亮，没信号	①按钮接触不良或断线 ②信号灯坏了或接触不良 ③选层继电器坏了或自锁触点接触不良 ④有关接线不良或松脱 ⑤选层器上的信号灯活动触头接触不良使选层器不能吸合	①修理按钮 ②换灯泡，查线 ③检查或更换选层器 ④用万用表查线路通否 ⑤调整动触头弹簧，修理触头
4. 按下关门键而门不关	①可能按钮接触不良或损坏 ②轿厢顶的关门限位开关常闭触点和开门按钮的常闭触点虚接，关门继电器不能吸合 ③关门继电器故障 ④门机电动机损坏或线断 ⑤门机传动皮带打滑	①用导线短接法检查修复，坏了更新 ②用导线短接法将门控制回路中的断点找出，修复或更换 ③修理或更换 ④用万用表查电机线路，修理或换线 ⑤收紧皮带或更新
5. 电梯已经接受选层信号，但是门关闭后不能启动	①门没关闭到位，门锁开关没有接通 ②门锁开关有故障 ③轿门闭合到位，开关不通不能吸合 ④运行继电器回路断线，运行继电器有故障	①重新开关门，还不行就调整门速 ②修理或更换 ③调整和排除 ④用万用表查断点，修复或更换继电器
6. 在基站将钥匙开关闭合后电梯门不开，或是直流电梯发电机不能启动	①控制线路保险丝熔断 ②钥匙开关接触不良 ③基站钥匙开关继电器线圈损坏或触点接触不良 ④某段线路有毛病	①先查原因，排除故障后再换熔丝 ②采用酒精清洗，调整接点弹簧片或更新 ③换新线圈，清洗触点 ④在机房有人将钥匙继电器吸合，仍不动作则查各段线路
7. 在站平层后电梯不开门	①开门电机保险丝熔断 ②轿厢顶上门限位开关闭合不良，接点断了，使门继电器不能吸合 ③开门断电器损坏 ④开门电气回路故障或开门继电器有毛病	①换熔丝或拧紧接通 ②调整接点或更新 ③更新 ④修理或更新继电器
8. 平层误差过大	①选层器的换速触头与固定触头位置不合适 ②平层感应器与隔磁板位置不当 ③制动器的弹簧太松	①调整 ②调整 ③调整
9. 开关门速度变慢	①开关门速度控制电器有故障 ②开门机皮带打滑 ③门刀碰撞门轮使锁臂脱开，门锁开关断开 ④安全钳动作	①检查低速开关门行程开关的触点是否粘连，修理 ②张紧皮带 ③调整 ④断开机房总电源，松开制动器，试轿厢上移，让安全钳楔块脱离轨道，让轿厢停在层门口，放出乘客。再合总电源，站在轿厢顶上，以检修速度检查各部分，用锉刀将轨道上的制动痕迹锉光
10. 电梯平层后又自动滑车	①制动器弹簧太松，或制动器有故障 ②曳引绳打滑	①收紧制动弹簧或修复调整制动器 ②修复曳引绳槽或更新
11. 电梯冲顶蹾底	①选层器换速触头或选层继电器故障，井道上换速开关或极限开关失灵，或选层器链条脱落 ②快速运行继电器触头粘住而造成冲顶或蹾底	①查清原因以后更换元件 ②冲顶时，因为轿厢惯性大对重被缓冲器托住，轿厢急速抖动下降会使安全绳动作，应拉总闸，用木桩支撑对重，用3t手动电葫芦吊升轿厢直至安全钳复位

故障现象	分析原因	检修方法
12. 电梯启动或运行速度明显下降	①制动器抱闸没有完全打开或局部没打开 ②有一相电源没电 ③行车上下行接触器触点接触不良 ④电源电压太低	①调整复原 ②接触不良，拧紧 ③检修接触器或更新 ④调整电源电压，不超过规定值±10%
13. 预选层站不停车	①轿厢内选层继电器失灵 ②选层器上减速动触头与预选静触头接触不良	①修理或更换 ②调整和修复
14. 未选层站停车	①快速保持回路接触不良 ②选层器上层间信号隔离二极管击穿	①检查快速回路中的继电器和接触器触点并修复 ②更换二极管
15. 电梯在运行中抖动	①曳引机减速箱蜗轮蜗杆磨损，齿侧间隙过大 ②曳引机固定处松动 ③滑动导靴的靴衬磨损大，滚动导靴的滚轮不均匀磨损 ④个别导轨架或导轨压板松动 ⑤曳引绳松紧差异大	①调整减速箱中心距或更换蜗轮蜗杆 ②查地脚螺栓、挡板、压板等，拧紧；慢速行车，在轿厢顶检查拧紧 ③更换滑动导靴靴衬，更换滚轮导靴滚轮或修理滚轮 ④慢速行车，在轿厢顶上检查拧紧 ⑤调整绳丝头套螺母，使各曳引绳拉力一致
16. 直流电梯运行忽快忽慢	①励磁柜上的可控硅插件接触不良或有关元件损坏 ②励磁柜保险丝熔断 ③励磁柜的触发器接触不良或有关元件损坏 ④励磁柜的放大器插件接触不良或有关元件损坏	①把插件轻擦干净或更换插件，修理元件 ②换熔丝 ③把插杆轻擦干净或更换插件，修理元件 ④把插件轻擦干净或更换插件，修理元件
17. 直流电梯运行中抖动	①励磁柜上的反复调节稳定不合适，有零点飘浮现象 ②测速发电机故障 ③三角皮带过松 ④发电机或电动机炭刷磨损严重，行车时有火花	①调整稳定调节电位器及放大器调零 ②修理测速发电机或更新 ③张紧三角皮带或更新 ④校正中心线，换新炭刷
18. 局部保险丝经常熔断	①该线路导线有接地点或元件有接地 ②有的继电器绝缘垫片击穿	①检查接地点，加强绝缘 ②增加绝缘垫片或更换继电器
19. 主保险片经常熔断	①保险片容量太小，压接松，接触不良 ②有的接触器接触不良或有卡阻 ③电梯起、制动时间太长	①更换合适的熔丝，并压紧 ②检查调整接触器，排除卡阻更换接触 ③调整起、制动时间
20. 在运行中听到轿厢内有摩擦的声音	①滑动导靴衬磨损严重使两端金属盖板与导轨摩擦 ②滑动导靴中卡入异物有卡阻 ③因为安全钳拉杆松动使安全钳楔块和导轨摩擦	①更换靴衬 ②检查清除异物、清洗靴衬 ③调整、修复
21. 开关轿厢门时门扇振动	①门的滑轮磨损严重 ②门锁两个滚轮和门刀没有贴紧，间隙过大 ③门的导轨变形，松动偏斜 ④门地坎的滑轮槽积土	①更新门滑轮 ②换新门锁 ③校正导轨，调整紧固导轨 ④清扫杂物
22. 轿厢门的安全触板失灵	①触板微动开关故障 ②微动开关接线短路	①排除故障或更新 ②检查线路，排除短路点
23. 轿厢或厅门有麻电现象	①轿厢或门厅接地线断开 ②接零系统零线重复接地线断开 ③线路上有漏电的现象	①检查接地线，使接地电阻小于4Ω ②检查接好重复接地线 ③检查线路绝缘，绝缘电阻应大于0.5MΩ

习 题 15

一、填空题

1. 国标规范通常用于额定速度不大于_____。

2. 电梯机房配电屏、柜与机械设备的距离不应小于_____mm。

3. 消防开关盒的安装，其底边距地面的高度宜为_____m。

4. 碰铁安装应垂直，允许偏差为_____，全长不应大于_____mm。

5. 松闸时与制动轮应无摩擦，且间隙的平均值不应大于_____mm。

6. 乘客、病床电梯在运行中的总噪声不应大于_____dB。轿厢内噪声不应大于_____dB。开关门过程中噪声不应大于_____dB。

7. 电梯修理分为_____、_____、_____和_____。

8. 检修门的高度不得小于_____m，宽度不得小于_____m。

   安全门的高度不得小于_____m，宽度不得小于_____m。

   检修活板门的高度不得小于_____m，宽度不得小于_____m。

二、简答题

1. 型号 TKJ 1200/1.6-JX；2. 型号 TKZ 1600/1.6-JK；3. 平层；4. 基站：

三、问答题

1. 电梯电气装置安装前，建筑工程应具备下列条件？

2. 电梯安装导线电缆的敷设应符合下列规定？

3. 电梯月检主要内容有哪些。

习 题 15 答 案

一、填空题

1. 2.5m/s。　　2. 500。　　3. 1.6~1.7。　　4. 0.1%，3。　　5. 0.7。　　6. 80。55。65。　　7. 小修、中修、大修，急修。　　8. 1.4，0.6；1.8，0.35；0.5，0.5。

二、简答题

1. 型号 TKJ 1200/1.6-JX：表示交流调速乘客电梯，额定载重量 1200kg，额定速度 1.6m/s，集选控制。

2. 型号 TKZ 1600/1.6-JK：表示直流乘客电梯，额定载重量 1600kg，额定速度 1.6m/s，集选控制。

3. 平层：是指轿厢接近各层站时，使轿厢地面与楼层地面达到同一平面的动作，也可是以指电梯进入层站停靠时的慢速运行过程。

4. 基站：轿厢无指令运行中停靠的层站，此层站一般面临室外街道，出入轿厢的人数最多。对于具有自动返回基站功能的集选控制电梯及并联控制电梯，合理的选定基站可以提高电梯的运行效率。

三、问答题

1. 答：（1）基本结束机房、井道的建筑施工，包括完成粉刷工作。

（2）电梯机房的门窗应装配齐全。

（3）预埋件及预留孔符合设计要求。

（4）电梯的专用电气设备和继电器、选层器、随行电缆等附件更换时，必须符合原设计参数和技术性能的要求。

（5）电气装置的附属构架、电线管、电线槽等非带电金属部分，均应涂防锈漆或镀锌。

2．答：（1）动力线和控制线应隔离敷设。有抗干扰要求的线路应符合产品要求。

（2）配线应绑扎整齐，并有清晰的接线编号。保护线端子和电压为220V及以上的端子应有明显的标记。

（3）接地保护线宜采用黄绿相间的绝缘导线。

（4）电线槽弯曲部分的导线、电缆受力处，应加绝缘衬垫，垂直部分应可靠固定。

（5）敷设于电线管内的导线总面积不应超过电线管内截面积的40%，敷设于电线槽内的导线总截面积不应超过电线槽内截面积的60%。

（6）线槽配线时，应减少中间接头。中间接头宜采用冷压端子，规格应与导线匹配，压接可靠，绝缘处理良好。

（7）配线应留有备用线，其长度应与箱、盒内最长的导线相同。

3．答：每月应对电梯的主要安全装置进行检查，对各润滑部位视需要进行补油。在季度检查中，要对曳引机、导向轮、曳引绳、轿顶轮、导靴、门传动系统、电磁制动器、安全钳等限速装置、各种接触器和电路接线端子进行全面视察，进行必要的调整。如果电梯停运较长时间或发生了可能危及电梯正常运行的其它事故和灾难，也必须对电梯进行全面检查才允许投入运行。

第三篇 照 明 篇

16 照 明 基 础

照明就是合理运用光线以达到满意的视觉效果，它归根结底是一种光线的应用技术。照明可分为天然照明和人工照明，天然照明主要是依靠天然光源，如太阳光、生物光，人工照明则主要是通过电光源来实现的。

本章开始将比较完整地介绍建筑照明。先介绍光学、电光源等基础知识，然后介绍照明设计计算的方法，主要是照度计算。最后分别叙述实用照明、应急照明和装饰照明的设计、安装技术。

良好的照明环境是保证人们进行正常工作、学习和生活的必要条件，只靠天然光是远远不够的。人工照明中的电光源技术发展是很快的，不断有新的电光源和新的灯具出现。

16.1 光 学 基 础

16.1.1 可见光

光是一种电磁波。波长范围在 $380 \sim 780 \times 10^{-9}$m 的电磁波能使人眼产生光感，这部分电磁波称为可见光。波长大于 780nm 的红外线、无线电波和波长小于 380nm 的紫外线、X射线都不能引起人眼的视觉反应。不同颜色对应不同的波长范围，但其过渡是连续的。全部可见光混合在一起就形成日光（白色光）。太阳所辐射的电磁波中，波长大于 1400nm 的被低空大气层中的水蒸气和 CO_2 强烈吸收；波长小于 290nm 的被高空大气层中的臭氧吸收。能够达到地面的电磁波正好与可见光的波长相符。这说明人眼对光的视觉反应是人类进化过程中，对地球大气层的透光效果适应的结果。

16.1.2 相对光谱、光效率

光作为电磁波的一部分，是可以度量的。但经验和试验都证明不同波长的可见光在人眼中引起的光感是不同的。这就是说，不同波长的可见光辐射的能量即使一样，看起来明亮程度也会有所不同。研究表明，人眼对波长为 555nm 的黄绿光最敏感。波长离 555nm 越远，人眼对其感光的灵敏度越差。用来衡量电磁波所引起的视觉能力的量，称布光效能。任一波长的可见光布光效能与 555nm 可见光的布光效能之比，称为该波长的相对光谱效能。

16.1.3 光通量

人眼对不同波长的可见光具有不同的灵敏度，不能直接用光源的辐射功率来度量光能量，实际中采用的是以人眼对光的感觉量为基准的基本量——光通量作为衡量的基准单位。光源在单位时间里向空间发射出使人产生光感觉的能量称为光通量，或称为发光量，用符号 Φ 表示，单位 lm（流明）。常用光源的光通量见表 16-1。

常 用 光 源 的 光 通 量 表 16-1

光 源 种 类	光通量（lm）	光 源 种 类	光通量（lm）
太阳	3.9×10^{28}	荧光灯 20W	1200
月亮	8×10^{16}	荧光灯 40W	3300
蜡烛	11.3	荧光灯 100W	9000
卤钨灯 500W	10500	汞灯 250W	10500
钠灯 60W	5000	汞灯 400W	21500
白炽灯 100W	15700	汞灯 700W	39500
白炽灯 1kW	21000	荧光汞灯 400W	21000
电石灯	11.3	荧光汞灯 700W	38500

由于人眼对黄绿光最敏感，在光学中以它为基准定义光通量，即：当发出波长为 555nm 黄绿色光的单色光源其辐射功率为 1W 时，它所发出的光通量为 680lm。计算某一波长的光源的光通量公式如下：

$$\Phi_\lambda = 680 V_\lambda P_\lambda \tag{16-1}$$

式中　Φ_λ——波长为 λ 的光源光通量（lm）；

　　　V_λ——波长为 λ 的光的相对光谱光效率；

　　　P_λ——波长为 λ 的光源的辐射功率。

只含有单一波长的光称为单色光。多数光源含有多种波长的单色光，其光源光通量为所含各单色光的光通量之和。

$$\Phi = \Phi_{\lambda 1} + \Phi_{\lambda 2} + \cdots\cdots + \Phi_{\lambda n} = \Sigma \left[680 \, V_\lambda P_\lambda \right] \tag{16-2}$$

16.1.4 发光强度

如果桌子上方有一盏无罩的白炽灯，加上灯罩后，桌面显得亮多了。同一个灯泡不加罩与加上罩，它所发出的光通量是一样的，但加上灯罩后，光线经灯罩的反射，光通量在空间分布发生了变化，射向桌面的光通量增加了。因此，在电气照明中，只考虑光源所发出的光通量是不够的，还必须了解光通量在空间各个方向上的分布情况。光源在某一方向上光通量的空间密度，称为光源在这一方向上的发光强度。即定义为单位立体角（球面度）内的光通量称为发光强度，简称光强。符号 I_θ，单位是坎德拉 cd。

$$I_\theta = \frac{\mathrm{d}\Phi}{\mathrm{d}\omega} \text{（cd）} \tag{16-3}$$

$$1\text{cd} = \frac{1\text{lm}}{1\text{Sr}} \tag{16-4}$$

式中　Φ——光源在 ω 立体角内所辐射出的光通量（lm）；

　　　ω——光源发光范围的立体角（Sr）。

立体角定义为球体表面积为半径 R^2 所对应的圆心角，球体表面积为 $4\pi R^2$，所以一个圆球有 4π 个立体角。

16.1.5 照度

光源投射到视觉作业面上的光通量 Φ 与作业面的表面积 S 之比称为该被照面的平均照度，用符号 E 表示，单位 lx（勒克斯）。严格定义表示式为：

$$E = \frac{\mathrm{d}\Phi}{\mathrm{d}S} \tag{16-5}$$

$$1\mathrm{lx} = \frac{1\mathrm{lm}}{\mathrm{m}^2} \tag{16-6}$$

所谓视觉作业面是指在工作中，必须观察的呈现在背景前的细节或目标面积。可以是工作平面，也可以是立面，所以在专业术语中有水平照度和垂直照度之分。如在书架前看书脊上的字就需要垂直照度。通常工作面是指进行工作的平面，当没有其他规定时，把室内工作面假定为距地 0.7m 的水平面。

一般人在 0.1lx 时能看见附近的东西，在满月时的地面照度为 0.2lx。建筑和市政工程电气设计规范中都规定了最低的照度标准，如教室最低照度为 100lx，一级公路最低平均照度标准为 25lx，二级公路为 15lx。一般工作场所照度为 20～500lx。人在 2000lx 时看东西最清楚，不易疲劳。在晴朗的夏日，采光良好的室内约为 100～500lx。

照度的均匀度是指给定平面照度变化的量，它有两个不同的表示方法，即最小照度和平均照度之比。另一个是最小照度和最大照度之比。通常采用第一种定义。照度比是指该表面的照度和工作面上一般照明的照度之比。

值得特别指出的是，我国是发展中国家，由于国民经济发展水平的限制和制定相应规范的延迟性，所制定的照度水平往往比发达国家要低。我们在进行照明设计时，要针对具体情况具体分析。对于某些涉外工程宜因地制宜，适当提高照度。但标准毕竟是标准，一般建筑物不宜超过标准上限，工程师照明设计水平的高低不是取决于照度水平。

16.1.6 其他

1. 亮度

亮度是一个单元表面在某一方向上的光强密度，它等于该方向上的发光强度和此表面在该方向上的投影面积之比，用 L 表示，单位 $\mathrm{cd/m}^2$（即坎特拉/平方米，或称尼特 nt）。定义如图 16-1 所示。

$$L = \frac{I}{S \times \cos\theta} \tag{16-7}$$

有的国家用亮度作为建筑照明的规范标准。它与照度的区别是与材料的反光性能有关。对于均匀漫反射体来说，亮度与被照物体的反射系数 ρ 有关。水泥地面的反射系数为 0.3～0.4，沥青路面的反射系数为 0.1～0.2。亮度与照度的关系近似为：

$$L = \frac{\rho E}{\pi} \tag{16-8}$$

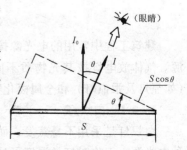

图 16-1　亮度定义示意图

2. 配光曲线

配光曲线是照明设备技术性能的一个重要概念。电光源在空间对各个方向的发光强度是不同的，在极座标图上标出各方位的发光强度值所连成的曲线就是配光曲线。图 16-2 是马路上常用的高压钠灯 GGY—400 配光曲线。从配光曲线中可以看出灯泡的 A—B 方向与 C—D 方向的光强变化不同，C—D 方向即灯泡的两侧方向光强分布较宽，从配光曲线中还可以看出最大光强角度，该图 C—D 方向最大光强在 60°处。不同的灯具配光曲线不同，配光曲线是照明布局和设计的重要依据。

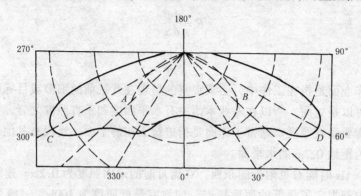

图 16-2　高压钠灯 GGY—400 配光曲线

3. 光源发光效率

光源所发出的光通量 Φ 和该光源所消耗的电功率 P 的比值称为发光效率，简称光效，用符号 $\eta_光$ 表示，单位是 lm/W。

$$\eta_光 = \frac{\Phi}{P} \quad (\text{lm/W}) \tag{16-9}$$

4. 灯具效率

灯具控照器反射光通量（Φ_1）和灯具发出的光通量（Φ_2）之比称为灯具的效率。

$$\eta_灯 = \frac{\Phi_1}{\Phi_2} \tag{16-10}$$

灯具的效率和维护有关，可以用维护系数表示。所谓维护系数是指照明设备使用一定时间后，在工作面上产生的平均照度与设备在新安装时在同样条件下产生的平均照度之比。从节能角度考虑，设计中应选用高效率光源和高效率的灯具，低效光源和低效灯具一般只用于装饰照明等特殊场合。

16.2　电　光　源

建筑工程中常用的电光源按其发光原理可分为两大类，即：热辐射光源和气体放电光源。气体放电灯按其光物质不同又可分为金属类（如低压汞和高压汞灯）、惰性气体类（如氙灯及汞氙灯）和金属卤化物灯（如钠铊铟灯）等。

16.2.1　白炽灯

白炽灯是采用不易蒸发、而且耐高温的钨丝，通电后使之发热到白炽状态而发光的一种电光源。工作时灯丝温度可达 2400～3000℃。功率大于 40W 的灯泡抽真空后充入惰性气体氩或氮等，以免灯丝气化。它的构造简单，成本低廉，使用方便。显色性好，点燃迅速，容易调光。白炽灯的功率因数近似于 1，但是它的发光效率只有 2% ~ 3%，即只有不足 3% 的电能转变为可见光。白炽灯不耐震，灯丝蒸发出的钨分子落在玻璃泡上产生黑化现象，平均寿命一般只有 1000h。

白炽灯对电压的变化很敏感，如电压升高 5%，它的使用寿命降低一半，电压降低 5%，白炽灯的光通量下降 18%。白炽灯常用在建筑室内照明及施工临时照明，如聚光灯的电光源。它的额定电压除平常使用的 220V 以外，还有 36V 安全电压，可用于地下室施工照明或手持临时照明光源。

碘钨灯也属于白炽灯的一种，灯管内充有碘，能起到减缓钨丝蒸发的程度，但因其灯泡的寿命有限，成本却比普通白炽灯贵得多，只用于舞台照明等特殊场合。

16.2.2 荧光灯

荧光灯是由镇流器、灯管、启动器和灯座等组成。灯管构造如图 16-3 所示。

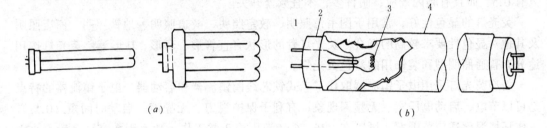

图 16-3 荧光灯管的构造
（a）节能型荧光灯；（b）普通荧光灯
1—电极；2—灯帽；3—灯丝；4—玻璃管

荧光灯管两边有钨丝电极，电极表面涂有氧化钡，使电极工作时容易发射电子。荧光灯的两个电极交替地起阳极和阴极的作用，或通称为阴极，它由螺旋状钨丝制成，引入线与灯脚相接。灯管内壁涂有荧光粉，所以称荧光灯。管内充有氩气及少量水银。启动器构造如图 16-4，启动器里面有双金属片热继电器，放在充有氖气的玻璃泡中。镇流器可以是带有铁芯的电感线圈，也可以是比较高级的电子镇流器。

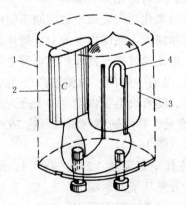

图 16-4 启动器构造
1—铝盒；2—纸介电容；
3—玻璃泡；4—双金属片

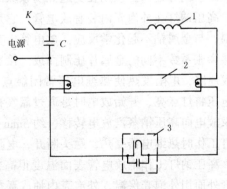

图 16-5 荧光灯电路
1—镇流器；2—灯管；3—启动器

荧光灯电路如图 16-5 所示。当接通电源后，启动器内气隙处辉光放电，玻璃泡内温度骤然升高，把弯曲的双金属片加热到 800～1000℃，使之变形伸开，从而将常开触点闭合，使电路接通。灯丝通电后预热，电极附近的氩气开始游离，水银被汽化。直到启动器触头闭合停止辉光放电，温度迅速下降，双金属片冷却恢复原状。就在触头断开的一瞬间，镇流器线圈产生很高的自感电动势，使灯管两个电极之间产生弧光放电，灯管点燃。同时，水银蒸汽游离并辐射紫外线照射到灯管内壁荧光粉而发射荧光。荧光灯是一种复合光源，荧光粉的化学成分可决定其发光颜色。

荧光灯点燃后，启动器端电压不能使其产生辉光放电而处于常开状态。启动器内的小电容作用是消除当启动器断开时产生的电磁波对周围电子设备的干扰。荧光灯的优点是光效高，是相同瓦数白炽灯的 2～5 倍，而且使用寿命达 2000～10000h。光谱接近日光，显色性好。它的表温低，表面亮度低，眩光影响小。缺点是功率因数低，未经过电容补偿的只有 0.5，而且有频闪效应，附件多，不宜频繁开关。

荧光灯的显色性好，常用于图书馆照明、教室照明、隧道照明、地铁照明、商店照明及其他对显色性要求较高的场合。荧光灯管的形状有直管形、环形、U 形等。荧光灯按用途分有普通照明型和装饰用的彩色荧光灯。

新型荧光灯采用电子镇流器取代了老式铁芯线圈镇流器和启动器。电子镇流器的特点是可以节电、启动电压宽、无频闪现象，有利于保护视力、无噪声、启动时间短（0.5s）、工作环境温度适应范围宽，可以在 -15～60℃ 范围内正常工作、功率因数高，一般不小于 0.95、灯管使用寿命比老式镇流器长一倍以上，安装也较方便。

利用电子镇流器的高效节能型荧光灯系列产品已经不断涌现，如北京照明灯饰工业公司生产的 GC 系列，北京 701 厂生产的"绿加力"系列。电子镇流器电压变化范围大约在 180～240V，电流变化小；高频快速启动，工作频率在 18kHz±2kHz，启动时间约为 1～2s；功率因数高，约 0.9（导前电压）；平均寿命 10000h；环境温度在 -15～40℃。

16.2.3 其他电光源

1. 高压钠灯

高压钠灯是广泛应用在交通照明领域的新型光源，其构造见图 16-6。

高压钠灯在外泡壳内装有放电管，它是用半透明的氧化铝陶瓷或全透明刚玉制成，耐高温，与金属钠不起化学反应。放电管内充有钠、汞和氙气。热继电器的双金属片是用两种热膨胀系数不同的金属片压制而成。接通电源后，电流通过镇流器和热继电器常闭触头形成通路，电阻发热使热继电器常闭触点断开。在断电的一瞬间，镇流器产生 3kV 的脉冲电压将灯点亮，开始放电时是通过氙气和汞进行的，随着放电管内温度的上升，从氙气和汞放电向高压钠蒸汽放电转移，约 5min 左右趋于稳定，管内钠蒸汽压力可达 26.67kPa。钠灯工作时热继电器受热，触头断开，电阻中无电流（图 16-7）。

高压钠灯工作中放电管表面温度很高，为了保持其一定温度（250～300℃），所以放电管外面用外泡壳保温，外泡壳内抽成真空，以减少外界环境的影响。

高压钠灯发光效率高，属于节能型光源。它的结构简单，坚固耐用，平均寿命长。但是，钠灯辐射光颜色单一（钠辐射 5.89×10^{-7}～5.896×10^{-7}m 的黄色光谱），显色性差。然而，由于其紫外线少，不致招引令人讨厌的飞虫。高压钠灯对供电电压的变化非常敏感，若电压突降 5% 以上，可能自行熄灭，重新启动需要 10～15min。钠灯黄色光谱透雾性能好，最适用于交通照明。光通量维持性能好，可以在任意位置点燃。耐震性能好。受环境温度变化影响小，适用于室外。功率因数低。

高压水银灯也属于气体放电灯，优点是省电、耐震、寿命长、发光强。缺点是启动慢，发光效率不如高压钠灯，因而逐步被高压钠灯所取代。

2. 金属卤化物灯

金属卤化物灯是气体放电灯中的一种，如图16-8。结构和高压汞灯相似，是在高压汞灯的基础上发展起来的，所不同的是在石英内管只充除了有汞、氩之外，还有能发光的金属卤化物（以碘化物为主），放电时，利用金属卤化物的循环作用，不断向电弧提供金属蒸气，向电弧中心扩散，因为有金属原子参加，被激发的原子数目大大增加，而且金属原子在电弧中受激发而辐射该金属特征的光谱线，以弥补高压汞蒸气放电辐射光谱中的不足。所以发光效率显著提高。由于金属激发电位比汞低，放电以金属光谱为主。如果选择几种不同的金属，按一定的配比，就可以获得许多不同颜色的光源。

金属卤化物灯的特点是：

（1）发光效率高，平均可达每瓦 70～100lm。光色接近自然光。

（2）显色性好，即能让人真实地看到被照物体的本色。

显色性是指同一个颜色的物体，在不同光谱分布的光源照射下会显出不同的颜色，即光源显现被照物体颜色的性能。通常用"显色指数"来表示。物体被光源照射显现的颜色与被太阳照射显示颜色符合的程度称为显色指数，用 Re 表示。太阳光的显色指数定为100。

（3）紫外线向外辐射少，但无外壳的金属卤化物灯则紫外线辐射较强，应增加玻璃外罩，或悬挂高度不低于14m。

（4）平均寿命比高压汞灯短。

（5）电压变化影响光效和光色的变化，电压突降会自灭，所以电压变化不宜超过额定值的 ±5%。应用中除了要配专用变压器外，1kW 的钠铊铟灯还应配专用的触发器才能点燃。

金属卤化物灯应用有钠铊铟灯（JZG 或NTY）、管形镝灯（DDG）等。主要用在要求高照度的场所、繁华街道及要求显色性好的大面积照明地方。钠铊铟灯 400W 有 60lm，显色指数 60，对电压变化适应性强，电压低到 170V 还能亮。镝灯 400W 有 72lm，显色指数达 80，电压波动不得大于 5%。氯化锡灯 400W 有 40lm，显色指数高达 95。

3. 氙灯

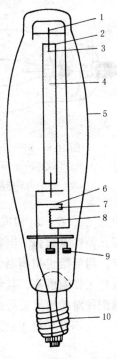

图 16-6 高压钠灯构造示意图

1—铌排气管；2—铌帽；3—钨丝电极；4—放电管；5—外泡壳；6—双金属片；7—触头；8—电阻；9—钡钛消气剂；10—灯帽

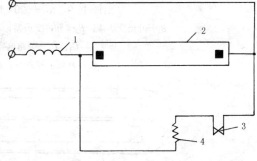

图 16-7 高压钠灯的工作原理

1—镇流器；2—放电管；3—热继电器触头；4—发热电阻

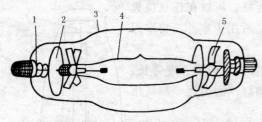

图 16-8　钠—铊—铟灯结构示意图

1—引线；2—云母片；3—硬玻璃外壳；

4—石英玻璃放电管；5—支架

氙灯是利用高压氙气的放电产生强烈白光的电光源，其发射出来光线的光谱与太阳光相似，显色性很好，发光效率也比较高，功率大，有"小太阳"的美称。

氙灯可分为长弧氙灯和短弧氙灯两种，在建筑施工现场使用的是长弧氙灯，功率甚高，用触发器启动，大功率长弧氙灯工作原理如图 16-9 所示。按下按钮 K，变压器 B_1 的次级以 $3.5 \sim 5kV$ 电压向电容 C_1 充电，当 C_1 的电压升高到火花间隙 G 的击穿电压时，即有 C_1、G、L_3 构成衰减式振荡回路，并在 B_2 的次级 L_4 上感应出 $20 \sim 30kV$ 的高频电压，使灯管起弧。电容 C_2 的作用是防止高频电压对电网的影响。它能瞬时点燃，工作稳定。耐低温也耐高温，耐震。氙灯的缺点是平均寿命短，约 $500 \sim 1000h$。价格较高。由于氙灯工作温度高，其灯座和灯具的引入线应耐高温。氙灯是在高频高压下点燃，所以高压端配线对地要有良好的绝缘性能，绝缘强度不小于 $30kV$。氙灯在工作中辐射的紫外线较多，人不宜靠得太近。氙灯适用于广场、飞机场、海港等大面积的照明。

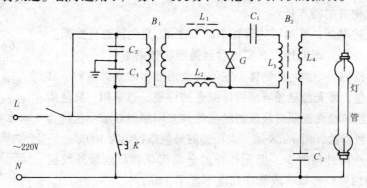

图 16-9　XC—S20A 型触发器工作线路图

B_1—升压变压器；B_2—脉冲变压器；L_1，L_2—高频扼流圈；C_1—谐振电容；

C_3、C_4—旁路电容；K—触发按钮；

C_2—高频旁路电容；G—可调式火花放电器

图 16-10　低压钠灯结构

1—外管；2—红外线反射膜；3—存钠小窝；4—发光管；

5—电极；6—卡口型灯口；7—夹具

4.低压钠灯

580

低压钠灯工作原理是通电后先在主、辅电极之间放电，而后在主电极之间形成弧光放电。不久在管壁上薄层因为固态钠蒸发，钠气压上升，发出黄光，直至稳定。启动用镇流器需要 8～10min。

低压钠灯特点是：光效高，100～150lm/W；平均寿命长，2000～5000h；显色性差；有频闪效应。如图 16-10。

常用电光源的特性见表 16-2。

常用电光源的特性表 表 16-2

光源 / 性能	白炽灯	荧光灯	碘钨灯	高压汞灯	高压钠灯	低压钠灯	管型氙灯	金属卤化物灯
额定功率范围（W）	10～1000	6～125	500～2000	50～1000	100～1000	18～180	1500～100000	400～1000
发光效率（lm/W）	6.5～19	40～120	19.5～21	35～65	90～140	140～175	20～37	60～80
平均寿命（h）	1000	3000	1500～5000	2500～5000	3000～12000	2000～5000	500～1000	2000
显色指数（Re）	95～99	70～95	95～99	30～40	20～25	—	90～94	60～95
启动时间（min）	瞬时	1～3s	瞬时	4～8	4～8	7～15	1～2s	4～8
再启动时间（min）	瞬时	瞬时	瞬时	5～10	10～20	瞬时	瞬时	10～15
功率因数（$\cos\varphi$）	1	0.4～0.6	1	0.44～0.67	0.44	0.6	0.4～0.9	0.4～0.61
频闪效应	不明显	明显	不明显	明显	明显	明显	明显	明显
表面亮度	大	小	大	较大	较大	较大	大	大
电压变化影响	大	较大	大	较大	大	大	较大	较大
环温对光通的影响	小	较大	小	较小	较小	小	较小	较大
耐震性	差	中	差	好	较好	较好	好	好
副件	无	镇流器启动器	无	镇流器	镇流器	漏磁变压器	镇流器、触发器	镇流器、触发器
色温	2400～2850	6500	2700～3400	4400～5500	1900～2100		1900～2100	5000～7000
光通量（lm）	40W～3500	40W～2400	500W～9750	400W～20000	400W～40000		400W～40000	400W～36000

表中电光源的寿命是指平均有效寿命，而全寿命是指光源不能再点燃发光的寿命，有效寿命是指光源的发光效率下降到初始值的 70% ~ 80% 时，总共点燃的时间，平均有效寿命是指批量抽样产品有效寿命的平均值。小功率管形氙灯启动用镇流器，大功率启动不用镇流器。

16.2.4 照明光源的确定

1. 一般要求

室内照明光源的确定，应根据使用场所的不同，合理地选择光源的光效、显色性、寿命、启动点燃和再启燃时间等光电特性指标，以及环境条件对光源光电参数的影响。

室内照明应优先采用高效光源和高效灯具。在有连续调光、防止电磁波干扰、频繁开闭或室内装修设计需要的场所，可选用白炽灯或卤钨灯光源。在选择光源色温时，应随照度的增加而提高。当照度低于 100lx 时宜采用色温低于 3300K 的光源。当电气照明需要同天然采光结合时，宜选用光源色温在 4500 ~ 6500K 的荧光灯或其他气体放电光源。

室内一般照明宜采用同一种类型的光源。当有装饰性或功能性要求时，可采用不同种类的光源。当使用同一种光源不能满足显色性要求时，可采用混光措施，并宜将两种光源组装在同一盏灯具内。

2. 色温的选择

在需要进行彩色新闻摄影和电视转播的场所，光源色温宜为 2800 ~ 3500K（室内），色温偏差不应大于 150K；或 4500 ~ 6000K（适于室外或者有天然采光的室内），色温偏差不应大于 500K。光源的一般显色指数大于 65。

将各种光源的光束、效率、色调进行比较，设计时应有效的利用各种光源的长处。属于室内的照明，则根据房屋的使用目的，可采用白炽灯、荧光灯以及两种并用的光源。

在建筑照明的光源中，主要采用白炽灯、荧光灯及水银灯。选择光源时，要根据作业种类、作业内容、建筑物结构和规模等选择效果最好、经济性能高的光源。

3. 不同场所的光源

各种光源的特长与适应场所 表 16-3

种　　类	规格（W）	特　　长	场　合　场　所
普通照明灯泡	10 ~ 1000	便宜，安装简单，小型	一般场所，保安使用，局部照明
耐振型灯泡	30 ~ 100	同上，耐振	上述场所中需要耐振的场所
投光灯灯泡	250 ~ 1000	投光器专用	室内、室外、高顶棚场所
反射型投光顶灯	50 ~ 1000	投光照明简便，光度降低小	尘埃多的场所，局部照明等
一般荧光灯	6 ~ 40	高效率，低亮度，光色好，耐振，寿命长	低顶棚的全面照明场所
反射荧光灯	20 ~ 40	同上，光度高，光度降低小	同上，多尘埃场所
高输出荧光灯	60 ~ 100	高效率，平均每盏灯光束大，寿命长	整个厂房
水银灯	100 ~ 1000	高效率，平均每盏灯光束大，寿命长	整个厂房
荧光水银灯	100 ~ 1000	同上，光色可改善	同上
反射型水银灯	100 ~ 1000	光通量大，光束发散小	室外投光照明，室内高顶棚照明，多尘埃场所
无镇流器水银灯	250 ~ 500	启动时间短，不需要稳压器，原设备费便宜，光色好	建筑全部，需要设备费便宜的场所

4. 照明光源的选择

宜采用荧光灯、白炽灯、高强气体放电灯（高压钠灯、金属卤化物灯、荧光高压汞灯）等。当悬挂高度在 4m 及以下时，宜采用荧光灯；当悬挂高度在 4m 及以上时，宜采用高强气体放电灯。

（1）在下列工作场所的照明光源，可选用白炽灯：

① 局部照明的场所；

② 有电磁波干扰的场所，因为白炽灯没有频闪效应；

③ 因光源频闪效应影响视觉效果的场所，如摄影、录像现场等；

④ 经常开闭灯的场所；

⑤ 照度不高，且照明时间较短的场所。

（2）应急照明应采用能瞬时可靠点燃的白炽灯、荧光灯等。当应急照明作为正常照明的一部分经常点燃且不需要切换电源时，可采用其他光源。

当采用一种光源不能满足光色或显色性要求时，可采用两种光源形式的混光光源。常用型号有：GGY—荧光高压汞灯；DDG—镝灯；KNG—钪钠灯；NG—高压钠灯；NGX—中显色性高压钠灯；ZJD—高光效金属卤素灯。

混光照明曾经流行于日本，但在国际上始终不是照明的主流，作为一种照明方式，它有着自身的优点和缺点。其主要参数有混光光通量比，是指前一种光源光通量与两种光源光通量的和之比。有关混光照明的内容可参见资料。

（3）根据工作场所的环境条件选择：

在特别潮湿的场所，应采用防潮灯具或带防水灯头的开启式灯具。在有腐蚀性气体和蒸汽的场所，宜采用耐腐蚀性材料制成的密闭式灯具。若采用开启式灯具时，各部分应有防腐蚀防水措施。在高温场所，宜采用带有散热孔的开启式灯具。在有尘埃的场所，应按防尘的保护等级分类来选择合适的灯具。在有锻锤、重级工作制桥式吊车等振动、摆动较大场所的灯具，应有防震措施和保护网，防止灯头开胶；灯泡自动松脱而掉下。在易受机械损伤场所的灯具，应加保护网。在有爆炸和火灾危险场所使用的灯具，使用防爆灯具。

灯具和镇流器表面的高温部位靠近可燃物时，应采取隔热、散热等防火保护措施。高强气体放电灯的触发器，宜装设在靠近灯具的位置。

16.3 照 明 方 式

16.3.1 照明的分类

照明分类的方法很多，可以按光源分类，按灯具分类，按高度分类，按功能分类等等。但无论何种照明，尤其是人工照明，一定是为某种照明目的服务的。本书中将照明分为实用照明、应急照明和装饰照明。其中实用照明是指普通用途使用的照明，即包括普遍照明、局部照明，也包括警卫照明、障碍照明，有关内容见第 18 章。应急照明则是指在正常照明出现事故时替用的照明，包括疏散照明、安全照明和备用照明，有关内容见第 19 章。而装饰照明主要指为了满足人们心理和美学需要的照明，有关内容见第 20 章。

本书中照明的分类总结如下

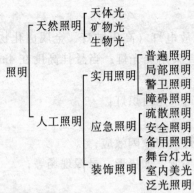

$$照明 \begin{cases} 天然照明 \begin{cases} 天体光 \\ 矿物光 \\ 生物光 \end{cases} \\ 人工照明 \begin{cases} 实用照明 \begin{cases} 普遍照明 \\ 局部照明 \\ 警卫照明 \\ 障碍照明 \end{cases} \\ 应急照明 \begin{cases} 疏散照明 \\ 安全照明 \\ 备用照明 \end{cases} \\ 装饰照明 \begin{cases} 舞台灯光 \\ 室内美光 \\ 泛光照明 \end{cases} \end{cases} \end{cases}$$

16.3.2 照明计划的制定

1. 设计的原则

确定照明计划时，首先要明确照明的目的不仅仅是为了识别物体，提高工作效率，也要为生活服务，给人以愉快的心理感觉。以白炽灯为例，如果为了提高照度而一味地加大功率，产生的热量将给人生活在蒸锅里的感觉。照明设计还必须考虑照明的经济性和维修保养等问题。

2. 照明方式

可分为一般照明、分区一般照明、局部照明和混合照明。

(1) 当不适合装设局部照明或采用混合照明不合理时，宜采用一般照明，如楼梯间、楼道、普通教室、会议室、仓库等。

(2) 当某一工作区需要高于一般照明照度时，可采用分区一般照明，如售货部。

(3) 对于照度要求较高，工作位置密度不大，且单独装设一般照明不合理的场所，宜采用混合照明，如精密加工车间的车床灯照明。

(4) 局部照明：当从事精细的工作，需要的照度较高（300lx 以上）时，多用局部照明来解决。局部需要有较高的照度；由于遮挡而使一般照明不能照射到的某些范围；数据功能降低的人需要有较高的照度；需要减少工作区的反射眩光；为加强某方向光照以增强质感时。在一个工作场所内不应只装设局部照明。如设计室内不能只有图板或桌面照明而没有整体照明。

增设局部照明从整体而言称为混合照明，而且混合照明中的一般照明的照度不低于混合照明总照度的 5% ~ 10%，并且最低照度不低于 20lx。高大房间适宜设计吊灯，低矮的房间宜用吸顶灯或嵌入式灯具。

3. 维修

作为照明方式，尽可能使灯具排列整齐是很重要的，这样不用说可以提高照明的质量，在顶棚高的情况下，就是最成问题的换灯泡等维修也是方便的，在难以搭用维修用脚手架的场所，可以设置能够在地面上使用升降的装置，如果使用带升降装置的照明灯具，无论是在安全方面还是在维修作业方面都是很方便的。

16.3.3 照明方式的选择

1. 照明方式

(1) 全面照明：采用均匀、全面的照明方式，即使室内的工作变化，也不必改变照明灯具种类和配置。所使用的灯具种类少，如果每一台的瓦数比较大，即使设置的台数少，同样可以获得理想的照明。总体上感觉良好，影像柔和。

(2) 局部照明：对必要的场所采用高照度照明方式，可以使照射方向自由。能够轻易取得高照度，使人精神集中。可以关闭不需要的灯具，节约能源。

(3) 全面照明与局部照明并用：能够充分发挥各自的长处。

(4) 直接照明：直接照明是依靠灯具的配管进行照明的方式之一，是由光源投射直接光的照明方式。可以使用反射器、下面开口式埋置灯具等。

(5) 半直接照明：这是将 10% 的光向上面照射的方式，可使用带玻璃灯泡的灯具或者带罩、带散热孔的灯具。

(6) 全面扩散照明：是把 60% 的光向下方照射，40% 光向上方照射的方式。采用这种方式可以避免眩光，使整个室内由柔光笼罩的良好效果。

(7) 半间接照明：将 40% 光向下方照射，60% 光向上方照射的照明方式。

(8) 间接照明：这是将 90% ~ 100% 的光照射到顶棚和墙壁上，依靠反射的扩散光进行照明的反射。采用这种照明反射，可以得到无强光的调和的照度。但是，受顶棚和墙壁结构及材质所限制，不是理想效果的照明反射。作为灯具可以使用不透明安装面和托架，也可以采用凹圆反射照明等方式。

2. 照明方式的设置要求

当正常照明因故障熄灭后，对需要确保正常工作或活动继续进行的场所，应装设备用照明；当正常照明因故障熄灭后，对需要确保处于危险之中的人员安全的场所，应装设安全照明；当正常照明因故障熄灭后，对需要确保人员安全疏散的出口和通道，应装设疏散照明；值班照明利用正常照明中能单独控制的一部分或利用应急照明的一部分或全部；警卫照明应根据需要，在警卫范围内装设；障碍照明的装设，应严格执行所在地区航空或交通部门的有关规定。

16.3.4 建筑照明实践

1. 日光和照明

利用天然光与人工照明互相配合需要注意不能有妨碍工作和生活的眩光；照度应尽可能均匀；一天中不能有强烈的照度变化；采光的同时不能有热量进入；应考虑室内的色彩方案来设计亮度分布。否则酌情进行补偿，使亮度均匀。

如果房间进深长，采用窗户采光会使照度不均匀，而且因气候、时间的关系照度变化大。采用天窗采光可以对室内照度比较均匀，但热量也随之进入室内。另外，如果窗户玻璃上积满了灰尘，采光效率就会降低，这样就不能充分利用日光。所以要经常清洗玻璃，以避免污垢使窗户的透明度降低。

2. 高顶棚照明

灯具的安装高度超过 10m 的高顶棚照明，用白炽灯、水银灯作光源比较适宜，而且所使用的灯具有以半直接式或直接式为佳。虽然水银灯的效率也高，而且比较经济，但存在色调欠佳和闪烁的问题。另外，即使是同样高度的顶棚，如果作业面小，就是直接式灯具，也是狭照型比较合适，但此时应缩小灯具安装间隔。

顶棚高的建筑一般多是钢筋混凝土结构和钢架结构的大开敞空间，产生振动的因素比较多，宜使用耐振型灯座或者备有耐振结构的灯具。

3. 低顶棚照明

低顶棚、安装高度在 5m 以下的普通场所的光源使用荧光灯比较合适。作为灯具使用半直接式、全面扩散式最佳。荧光灯的灰度低，效率高。如果有足够的照度，一般在色调方面是没有问题的。如果特殊要求高色调效果，则可使用天然光色型的荧光灯。另外，在眩光成为问题时，可以通过采用闪烁电路或三相电源解决。

低顶棚的建筑一般多是钢筋混凝土和灰浆抹面的。这种情况下，使用反射率高的涂料涂刷顶棚和墙壁，并充分利用室内的相互反射就可以得到扩散光。灯具排列宜采用可以有效利用荧光灯照度的直线连续排列方式。与吊式安装相比，直接连续配置可兼作配线管，又能够增强美感，是效果良好的照明方式。另外，采用直线布置对更换灯管、清扫灯管等保养也是方便的。以后改变灯具数量时，可以调整间隔，不破坏整齐的外观。

如果灯具的安装高度为 5～10m，采用 110W 高输出功率的荧光灯照明比较好。灯具适合使用半直接式的。使用水银灯要使用直接式的广照型灯具。为了防止强光，最好是带防直射灯罩的灯具。

4. 局部照明（包括辅助照明）

仅有一般照明是不够的，很多时候需要高照度的局部照明进行补充，希望仅仅在特定方向上进行照明，如台灯和商场的首饰柜台。

局部照明不仅要求明亮，看得清楚，还要求造就一个在一段时间内连续用眼而不感到痛苦或疲劳的视觉环境。因此要求视野内的照度比不能太大，不能为了适应过大的对比而引起视觉疲劳。

照明设计时要正确分析照明的目的，照明设计是为照明设计的目的服务的，宜充分理解所用光的反射、投射等各种光学特性。另外，配置的局部照明灯具除了要考虑局部不能受到眩光照射，同时也必须考虑不能使周围的相关者受到眩光照射。

作业对象的性质及表面状态、亮度、光的质量及光的照射方式对观察作业对象有较大的影响。特别是要分辨精细部分的微小差异、缺欠的检验作业之类，就是取决于这些因素、照明的好坏决定作业对象是否易于观察。

5. 室外作业场所照明

在室外作业场所进行的大多是大型作业，因此需要的照度比较低，为 10～50lx，但照明的面积大，还多是从远处照明，所以采用聚光灯照明的方法比较有利。

（1）聚光灯照明　聚光灯根据光源、反射镜、正面玻璃的种类分为远距离用和近距离用。因此，需要根据照明面积、安装高度、位置，按用途选用聚光灯。

由于建筑的室外照明有色调效果方面要求的情况比较少，所以使用效率高、寿命长的光源比较经济，如采用水银灯和高压钠灯等。中远距离用高压水银灯、高压钠灯比较适宜，近距离照明常用荧光水银灯。

（2）用反射灯照明　反射灯照明与用聚光灯照明的情况完全相同，远距离照明用配光范围狭小的聚光式反射灯，近距离用配光范围宽的散光式反射灯。

（3）建筑通道内照明　在建筑中有大大小小的通道，人员要在这些道路上通行。另外，还要经常利用这些道路运输，这些道路对生活起到重要的作用。因此，夜间的道路利用价值也是和白天一样的。为了防止发生事故和犯罪，要设置照明设备进行安全照明。

16.3.5　照明功能

1. 照明功能

照明功能种类可分为正常照明、应急照明、值班照明、警卫照明、景观照明和障碍标志灯。应急照明包括备用照明（供继续和暂时继续工作的照明）、疏散照明和安全照明。值班照明宜利用正常照明中能单独控制的一部分或备用照明的一部分或全部。

备用照明宜装设在墙面或顶棚部位。疏散照明宜设在疏散出口的顶部或疏散走道及其转角处距离地面 1m 以下的墙面上。走道上的疏散指示标志灯间距不宜大于 20m。

2. 航空标志灯

航空障碍标志灯的装设应根据地区航空部门的要求决定。当需要装设时应符合下列要求：障碍标志灯的水平、垂直距离不宜大于 45m。障碍标志灯应装设在建筑物或构筑物的最高部位。当至高点平面面积较大或为建筑群时，除在最高端装设障碍标志灯外，还应在其外侧转角的顶端分别设置，在烟囱顶上设置障碍标志灯时，宜将其安装在低于烟囱口 1.5 ~ 3m 的部位并成三角形水平排列。障碍标志灯宜采用自动切断电源的控制装置。

低光强障碍标志灯（距地面 60m 以上装设时采用）应为恒定光强的红色灯。中光强障碍标志灯（距地面 90m 以上装设时采用）应为红色光，其有效光强应大于 1600cd。高光强障碍标志灯（距地面 150m 以上装设时采用）应为白色光，其有效光强随背景亮度而定。障碍标志灯的设置应有更换光源的措施。障碍标志灯电源应按主体建筑中最高负荷等级要求供电。

3. 应急照明的照度和设置要求

（1）疏散照明的地面水平照度不宜低于 0.5lx。

（2）工作场所内安全照明的照度不宜低于该场所一般照明照度的 5%。

（3）备用照明（不包括消防控制室、消防水泵房、配电室和自备发电机房等场所）的照度不宜低于一般照明照度的 10%。

（4）影院、剧场、体育馆和多功能礼堂等场所的安全出口和疏散出口应装设指示灯。

值班照明可利用正常照明中能单独控制的一部分或全部。高层建筑物和构筑物安装设航空障碍标志照明，并应执行民航和交通部门的规定。有警戒任务的场所，应根据警戒范围的需要装设警卫照明。

16.4 照 明 质 量

为了使民用建筑照明设计符合建筑功能和保护人们视力健康的要求，做到节约能源、技术先进、经济合理、使用安全和维修方便，首先需要充分而灵活地利用现有的各种照明器具的优点，了解电光源的种类及质量标准，为照明计算和照明设计奠定基础。

16.4.1 人眼对光线的感觉

在制定照明计划时，必须了解人们在观察方面具有的普通特性，即人对明暗有适应性。当人突然进入黑暗场所时，最初的感觉是一片漆黑，过一会儿才能看清楚东西，原因是视网膜灵敏度增强了。这种现象称为暗适应。理论上完全暗适应时间为 50 ~ 60min。若从黑暗处突然来到明亮处，会感到亮度过强，眼睛被刺激得睁不开，但很快能够适应。这是由于视网膜灵敏度降低了，这种现象称为明适应。理论上明适应时间为 10 ~ 15min。因此，在研究能够适应日常的明暗变化的照明时，往往需要同时考虑人眼睛的性质，采用可缓慢改变亮度的柔和的照明。

眼睛的性质之一是恒常性。例如，远处的光斑也好，近处的光斑也好，在感觉上大小是一致的。另外，照度不同的场所放上相同的黑纸进行观望时，进入人眼睛的光通量显然不同，但对黑色的感觉并没有什么变化，这也是眼睛的恒常性之一。光线的波长是客观的，但人们对于不同颜色光线可能具有相当主观的感情，制定照明计划时应对此予以足够的重视。除了观察人的主观意愿外，还要考虑颜色本身所固有的感情效果。如伴随色彩的冷暖感情、伴随明亮程度的轻重感情、伴随色彩程度的华丽与厚重的感情、对比色产生的强弱感情、阴阳感情等。当然，一种颜色给人的感情与多种颜色调配在一起给人的感觉是不一样的。因此，了解人们对颜色所产生的各种各样的感情是进行照明计划的重要条件。

亮度要充足：一般情况下，是以国家标准中规定的照度作为基本标准制定照明计划的、亮度的均匀度要适中、无强烈的眩光、少出影子、光色和色调效果良好、灯具选用合适、考虑维修与经济性的关系、明确照明的目的、明确照明与生产率的关系、考虑照明与安全性。

16.4.2 照明质量标准

照明质量的评价除了照度值以外，还有照度的均匀度、眩光程度、显色指数、光色、频闪程度、色温、起燃时间、耐震性能、功率因数、平均寿命、电压变化的影响等。

1. 电光源功率和数量的确定应满足建筑规范规定的最低照度标准

如：（1）盥洗室、过道：5～15lm

（2）单身宿舍：30～50lm

（3）办公室、教室：75～100lm

（4）球类比赛馆：750～1000lm

（5）游泳比赛馆：1000～1500lm

对于暖色电光源，照度较低时，就能有舒适感，但是冷色调的日光灯则较高的照度才感到舒适。

2. 照度的均匀度

所谓"均匀度"是指最低照度和平均照度之比。如果平均照度合格，但是照度过于不均匀，也会影响视觉效果，尤其是公路照明，这是因为人的眼睛对亮度的变化有一段适应时间。照明亮度的推荐值如表16-4所示。

室内亮度值推荐值　　　　　　　　　　　表16-4

室　内　表　面	推　荐　值
观察对象与工作面之间（如书和桌子之间）	3:1
观察对象与周围环境之间（如书与墙壁之间）	10:1
光源和背景环境之间	20:1
视野内最大的亮度差	4:1

所以公路照明的均匀度直接影响司机判断时间，即关系着交通安全。

室内照度的均匀度也很重要，会产生生理眩光，使人不舒适。一般室内照明均匀度要求不小于0.4。办公室、阅览室等工作房间一般照明照度的均匀度不宜小于0.7。采用分区一般照明时，房间内的通道和其它非工作区域，一般照明的照度值不宜低于工作面照度值的1/5。北京亚运村运动场照度的均匀度都不小于0.66。

局部照明与一般照明共用时，一般照明的照度值宜为工作面上的总照度值的1/3～1/5，而且不低于50lx。

在体育运动场地内的主要摄像方向上，垂直照度最小值与最大值之比不宜小于 0.4，平均垂直照度与平均水平照度之比不宜小于 0.25；场地水平照度最小值与最大值之比不宜小于 0.5；体育场所观众席的垂直照度不宜小于场地垂直照度的 0.25。

根据荷兰照明专家 Fischer 等人在办公室进行的主观评价实验，局部照明与一般照明共用的房间，一般照明提供的照度占工作面总照度 1/3 以下是不能令人满意的。民用建筑照明的一般方式其照度值不宜过低，规范定为 50lx，基本保证良好的光环境。

3. 维护系数

照明设计时，应根据光源的光通衰减、灯具积尘和房间表面污染引起照度值降低的程度，除以表 16-5 中的维护系数。

维 护 系 数 表　　　　　　　　　　　　　　　　　表 16-5

环境污染特征	工作房间或场所	维 护 系 数	
		白炽灯、日光灯、高强气体放电灯	卤钨灯
清洁	住宅卧室、办公室、餐厅、阅览室、绘图室等	0.75	0.80
一般	商店营业厅、候车、船室、影剧院观众厅等	0.70	0.75
污染严重	厨房	0.65	0.70

4. 光源颜色

室内照明光源的色表可根据相关色温按表 16-6 分为三组。

光 源 的 色 表 分 组　　　　　　　　　　　　　　表 16-6

色表分组	色表特征	相关色温（K）	适 用 场 所 举 例
Ⅰ	暖	＜3300	卧室、客房等
Ⅱ	中间	3300～5300	办公室、图书馆等
Ⅲ	冷	＞5300	高照度水平或白天需补充自然光的房间

运动场地彩色转播用光源色温可根据该场所其它光源色温的特点，在 2800K 至 7000K 范围内适当选取。对颜色识别有要求的工作场所，当使用照度在 5000lx 及以下，采用光源的显色指数较低时，宜提高其照度标准值。当采用混光照明时，应避免在地面和空间产生不均匀的色斑。

5. 显色指数

室内照明光源的一般显色指数宜按表 16-7 分为四组。

光 源 的 显 色 指 数　　　　　　　　　　　　　　表 16-7

显色指数	一般显色指数 Ra	适 用 场 所 举 例
Ⅰ	$80 \leqslant Ra$	卧室、客房、绘图室等辨色要求很高的场所
Ⅱ	$60 \leqslant Ra < 80$	办公室、休息室等辨色要求较高的场所
Ⅲ	$40 \leqslant Ra < 60$	行李房等辨色要求一般的场所
Ⅳ	$Ra < 40$	库房等辨色要求不高的场所

运动场地彩色转播用光源一般显色指数 Ra 不应小于 65，否则图象色彩有明显失真。光源颜色的选择宜与室内表面的配色互相协调。各种光源的显色指数见表 16-8。

光源的显色指数（Ra）　　　　　　　　　　　　　　表 16-8

光　　源	显色指数	光　　源	显色指数
白炽灯	97	荧光水银灯	44
白色荧光灯	65	金属卤化物灯	62
日光色荧光灯	77	高显色金属卤化物灯	92
暖白色荧光灯	59	高压钠灯	29
高显色荧光灯	92	氙灯	94
水银灯	23		

6. 反射比与照度比

在办公室、阅览室等长时间连续工作的房间，其表面反射比与照度比宜按表 16-9 选取。室内顶棚、墙面和地面宜采用浅颜色的装饰。

工作房间表面反射比与照度比　　　　　　　　　　　表 16-9

表　面　名　称	反　射　比	照　度　比
顶棚	0.7 ~ 0.8	0.25 ~ 0.9
墙面、隔断	0.5 ~ 0.7	0.4 ~ 0.8
地面	0.2 ~ 0.4	0.7 ~ 1.0

16.4.3　推荐室内照明目标效能值

节能型灯具已经被广泛地采用。

1. 室内照明的室空间比应按下式计算：

$$RCR = \frac{5h \ (L + W)}{L \cdot W} \tag{16-11}$$

式中　RCR——室空间比；

　　　　h——灯具悬挂高度（m）；

　　　　L——室内长度（m）；

　　　　W——室内宽度（m）。

2. 室内照明目标效能值应按下式计算：

$$e_1 = K_1 K_2 \cdot e_2$$

式中　e_1——目标效能值（W/m²）；

　　　　e_2——实际效能值（W/m²）；

　　　　K_1——维护系数修正值，污染严重时取 1.17，除此之外取 1；

　　　　K_2——光源效率修正值。

3. 光源效率的修正

当单灯使用功率低于 400W 或混光光源功率低于 650W 时，光源效率修正值应按下列情况取值：中显色性高压钠灯、镝灯、荧光高压汞灯与高压钠灯混光为 1 ~ 1.33；高光效金属卤素灯，钪钠灯与中显色性高压钠灯混光，高光效金属卤素灯与中显色性高压钠灯混

590

光，高光效金属卤素灯与高压钠灯混光，钪钠灯与高压钠灯混光为 1~1.17。

16.4.4 眩光

1. 眩光问题

克服眩光是照明技术中的一个重要问题。所谓眩光是在视野内由于亮度的分布不均，或者视野内光线在空间、时间上存在着极端的亮度对比，以至引起人的视觉不舒服和降低目标可见度的视觉现象。眩光可分为生眩光和失能眩光。克服眩光是照明技术中的一个重要问题。照明质量和眩光的严重程度有密切关系，可参考表16-10。

2. 术语

(1) 眩光角：是指室内最远处的灯具 A 和眩光评价点 B 的连线与灯具的下垂线 h 之间的夹角 γ，当角 γ 大于或等于 45°的范围 δ 称为眩光角。见图16-11。

眩　光　等　级　　　　　　　　　　　　　　　　表 16-10

照明质量等级		眩　光　等　级
A 照明质量优良	1.15	没有眩光，或稍有感觉
B 照明质量较好	1.5	稍有眩光
C 照明质量中等	1.85	有眩光
D 照明质量差	2.2	严重眩光
E 照明质量很差	2.55	不能忍受的眩光

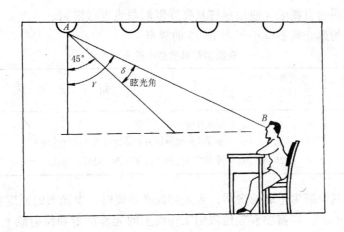

图 16-11　眩光角

(2) 眩光评价点：是指室内端墙垂直中心线上，站立时取 1.5m 高，坐位时取 1.2m 高，与墙面垂直距离 1.0m 处为眩光评价点。在一般的情况下一个房间取两个眩光评价点。

(3) 反射眩光：由视野中光泽表面的反射所产生的眩光。

(4) 光幕反射：在视野作业上镜面反射与漫反射重叠而出现的现象。

(5) 反射比：指该表面反射的光通量和入射的光通量之比。

3. 改善眩光的方法：

(1) 限制光源的亮度；

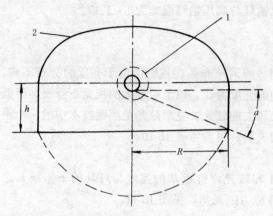

图 16-12　照明器的保护角

1—光源；2—灯具

（2）提高灯具的悬挂高度；

（3）增大灯具的保护角（图 16-12）；

（4）合理地布置光源位置；

（5）提高环境亮度，减少亮度对比；

（6）设置光栅（如电影院或剧场的照明常用）；

（7）选用漫反射光源（如磨砂玻璃灯泡）等。

（8）采用高杆组合灯具（图 16-13），即提高灯具的俯角。从图（16-14）中可以看出俯角与眩光的关系。

4. 眩光限制

直接眩光限制质量等级可按眩光程度分为三级，其眩光程度和应用场所应符合表 16-11 的规定。

直接眩光限制质量等级　　　　　　　　　　　表 16-11

质量等级	眩光程度	适 用 场 所 举 例
Ⅰ	无眩光感	有特殊要求的高质量照明房间，如电脑机房、制图室等
Ⅱ	有轻微眩光	照明质量要求一般的房间，如办公室和候车、船室等
Ⅲ	有眩光感	照明质量要求不高的房间，如仓库、厨房等

室内一般照明的直接眩光应根据灯具亮度限制曲线进行限制。

直接型灯具的遮光角不应小于表 16-12 的规定。

直接型灯具的最小遮光角　　　　　　　　　　表 16-12

灯具出光口平均亮度 L (10^3cd/m²)	眩光程度（°）			应 用 光 源 举 例
	Ⅰ	Ⅱ	Ⅲ	
$L \leqslant 20$	20	10		荧光灯管
$20 < L \leqslant 500$	25	20	15	涂荧光粉或漫反射光玻璃的高强度气体放电灯
$500 < L$	30	25	20	透明玻璃壳的高强度气体放电灯、透明玻璃壳的白炽灯、卤钨灯

直接眩光限制等级为Ⅰ级的房间，当采用发光顶棚时，发光面的亮度在眩光角的范围内不应大于 500cd/m²。在需要有效地限制工作面上的光幕反射和反射眩光的房间或场所，应采用如下措施：

①应使视觉作业避开和远离照明光源同人眼形成的镜面反射区域；

②使用发光表面面积大、亮度低、有一定上射光通量的灯具；

③视觉作业和作业房间内的表面为无光泽的表面；

④采用在视线方向发光强度小的特殊灯具。

5. 眩光质量等级

CIE《室内照明指南》和 ISO、TC—159No.74 等文件中推荐眩光等级为五级，西欧各国采用其中的二级或三级。我国在 80 年代初在《工业企业车间照明眩光评价方法及其限制标准的研究》工作中曾对国内车间照明进行过实际调查和计算，认为可以把眩光分为三

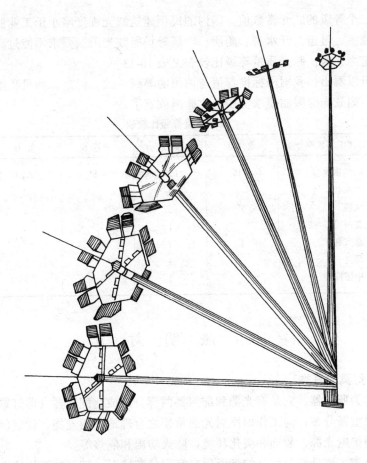

图 16-13　高杆组合灯具

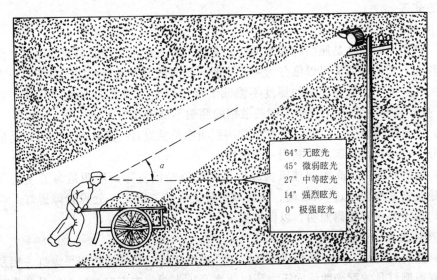

64°	无眩光
45°	微弱眩光
27°	中等眩光
14°	强烈眩光
0°	极强眩光

图 16-14　聚光灯的俯角 α 与眩光的关系

级，并给出三个等级的眩光常数值。国内的民用建筑眩光程度略小于工业照明，但是考虑健身房、储藏室、过道、开水房、厕所、广场等场所眩光限制要求不能过高，故将民用建筑眩光等级定为三级。眩光质量等级比较表见表 16-13。

从表中可以看出，我国国标推荐值与德国的等级一致。但是，如果我国采用的照度标准值较低时，则眩光的限制要求实质上比德国放宽了。

眩光质量等级比较表   表 16-13

方法	CIE 等级符号	很高 A	高 B	中等 G	低 D	很低 E
IC 法	眩光指数 G	1.15	1.50	1.85	2.20	2.55
	奥地利		1		2	
	法国	1			2	
	德国		1		2	3
	意大利	1	2			
	荷兰		1		2	
	中国标准		1		2	3

16.5 照 明 灯 具

16.5.1 灯具的分类

灯具又称为照明器，它是有光源和配照器两部分组成。配照器（即灯罩）的功能是将光源的光通量重新分布，向工作面反射光通量使之合理地利用光能，设定保护角，避免眩光，固定和保护电光源，装饰和美化环境，防火防雨和隔热等。

灯具的分类主要是按照灯具的光通量在空间分布情况、灯具的结构特点、用途及灯具的固定方式等。

1. 按用途分

（1）常用照明：这是照明的基本类型，是为了解决正常工作所需要的照度，保障安全地进行作业。常用照明又可以细分为一般照明、局部照明和混合照明三种方式。在需要持续工作的作业面上，应急照明的照度不能低于常用照明总照度的 10%。并且在室内不低于 2lx，企业场地不低于 1lx，供人们疏散用的照明不低于 0.5lx。

（2）值班照明或警卫照明：通常在常用照明中单独设计一条线路，它可以是应急照明的一部分，也可以与场区照明共用一个回路。

（3）障碍照明：在高大的建筑物或构筑物的顶端设置障碍照明是为了飞机飞行的安全。当建筑物的高度超过 100m 时，在距地三分之一或二分之一处设置障碍灯。在水运航道的两边也需要设置障碍照明，以保障安全。

2. 按灯具光线情况分类

（1）直射型灯具：特点是灯罩不透明，反光性能好，如普通搪瓷平盘灯、铝及镀铝镜面灯。直射型灯具的配光曲线向下，所以效率高，光线集中方向性好，但是产生的阴影也比较重。这种灯按配光曲线又分为广照型、均匀配光型、配照型、深照型和特深照型五种。如表 16-14。

类　型	直射型	半直射型	漫射型	半间接型	间接型
上半光通（%）	0～10	10～40	40～60	60～90	90～100
下半光通（%）	100～90	90～60	60～40	40～10	10～0
特　点	光线集中工作面照度较高	光线较集中，照度均匀，眩光小	空间照度均匀，无眩光	加强反射光，光线均匀柔和	扩散性好均匀柔和光效低
配光曲线示意图					

（2）半直射型灯具：这种灯具是用半透明的材料制成向下反光的灯罩，如玻璃碗罩灯或玻璃菱形灯等，能把大部分光照射到工作面上，而上面空间也有一定的亮度，使房间亮度的均匀度得到缓解。

（3）漫射型灯具：是采用漫透光材料制成封闭式的灯罩，光线均匀柔和，没有眩光，造型也比较美观，但是效率低，光能损失多。

（4）半间接型灯具：灯罩的上部分用透明材料，下面用漫射透光材料制成。配光曲线向上，主要靠屋顶反光而得到均匀度良好的照度，光线柔和不眩光。

（5）间接型灯具：它的配光曲线在上半球，依靠屋顶反射照亮室内，所以可以有效地克服眩光，亮度比较均匀。缺点是光能利用率低，适用于要求照明质量较高的美术馆、医院、高级会客室或剧场等。

3．按灯具的安装方式分类

按安装方式不同有吸顶式、壁式、线吊式、链吊式、管吊式、柱式、嵌入式等，各有特色，简述如下：

（1）吸顶式：如图 16-15。主要特点是照亮空间大，暗区少，使人心理感觉好，让人感到安全，所以常设计在一进家门首先需要开灯照亮的门厅灯、楼梯间、过道等处。均匀度较高；不容易受空间运动物体碰撞。缺点是地面照度低。适用于楼道、门厅、过街楼、会议厅、低矮房间、体育场等场所。

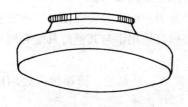

图 16-15　吸顶灯安装

（2）吊线灯：也称线吊式，它降低了灯具高度，提高了照度。灯具重量不超过 1kg 时常采用。线吊式中又分自在器线吊式、固定线吊式、防水线吊式、吊线器式等。在潮湿场所应采用防潮防水的密封型灯具。在可能有受水滴侵蚀的场所，宜采用带防水灯头的开启式灯具。吊线器式广泛用于居室照明。吊线灯具体又分自在器吊线、固定吊线、防水吊线和吊线器式，如图16-16（a）~（d）所示。灯具重量不超过1kg时采用。

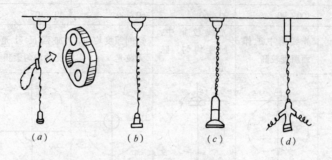

图16-16　吊线式安装

（3）链吊式：当灯具重量超过1kg，小于3kg时，常用链吊式。照度高，使用方便。如日光灯等，广泛用于商店、办公室、教室等。当重量超过3kg时，应预埋螺栓或铁件安装。如图16-17。

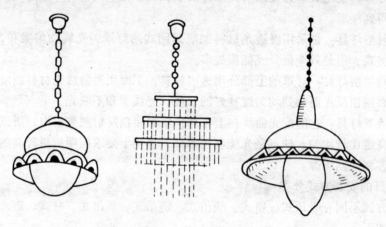

图16-17　链吊式安装

（4）嵌入式：嵌入式是安装于屋顶板或吊顶内，也可以嵌入在墙内，用于浴室、高级宾馆、医院、电影院等处。为避免眩光，嵌入墙内时，宜用漫射光灯具或用毛玻璃封挡。嵌入屋顶内时，如影剧院，常用光栅防止眩光。其特点是不占用室内空间，简捷明快，减轻较低屋顶的压抑感。灯具嵌入墙内适用于澡堂等特别潮湿的场所。

（5）壁式：壁式安装在墙上或门柱上，属于辅助照明，或作为装饰用。一般安装高度低，容易产生眩光，所以常用小功率或漫反射灯具。壁灯适用于与其他灯具配合照明，如剧院、厕所、大门等场所。见图16-18。

（6）投光灯及轨道灯：如图16-19所示。适用于商店、展览馆、博物馆等处用以突出被照物体，满足装饰功能的需要。

4. 按灯具结构分类

（1）开启式灯具　特点是光源和外界空气相通，所以通风散热好，效率比较高。

（2）保护式灯具　如球形灯具等，有闭合的灯罩，但仍能透气。特点是常用漫反射灯罩可以显著减少眩光。

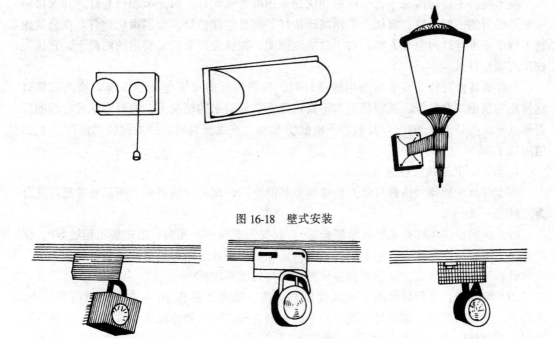

图 16-18 壁式安装

图 16-19 轨道式灯具

（3）密闭式灯具 这种灯具的光源和外界隔离，有防水防尘的功能，常用于潮湿场所。

（4）防爆式灯具：实际是起隔爆作用，防止火花引燃易燃易爆物质。常用于有易燃易爆物质的场所。如图 16-20。

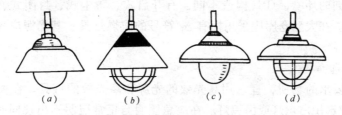

（a） （b） （c） （d）

图 16-20 管吊式防爆灯

此外，按灯具的用途分类还可以分为功能性灯具、装饰用灯具、临时手持式移动灯具等。

16.5.2 照明灯具选择

民用建筑照明中无特殊要求的场所，宜采用光效高的光源和效率高的灯具。开关频繁、要求瞬时启动和连续调光等场所，宜采用白炽灯和卤钨灯光源。高大空间场所的照明，应选用高光强气体放电灯。大型仓库应采用标有符号的防燃灯具，其光源应选用高光强气体放电灯。潮湿场所，应采用防潮防水的密闭型灯具。可能受水滴浸蚀的场所，宜选用带防水灯头的开启式灯具。

在要求限制眩光的场所，宜选用漫反射灯具或嵌入式灯型。

选型还必需考虑经济性及艺术性，以满足建设单位的要求。

技术经济上合理情况下，一般房间优先采用细管荧光灯、稀土节能荧光灯。高大房间和室外场所的一般照明，宜优先采用高压钠灯、高显色性钠灯、金属卤化物灯。在公共建筑工程中不推荐灯内混光方案。对于功能性照明，在符合照明质量要求的前提下，宜优先选用直接型灯具。

当建筑装修有特殊要求而选用暗槽灯时，顶棚的反射率不应低于50%。嵌入式筒灯宜使用在顶棚高度较低、顶棚反射率不高或建筑装修要求的情况下，筒灯宜配置合理的反射器（下反射灯泡除外），灯具效率不应低于50%，在无资料时，一般照明用筒灯的 L/H 值可取1.0。

1. 根据配光曲线特性选择灯具

由于灯具配照器（俗称灯罩）构造和形状的不同，配光曲线不同，所以通常把灯具分为三种：

（1）深照型（也称截光形或窄配光形）：其配光曲线最大光强位值一般不超过60°，保护角大，不容易产生眩光。用于厂房、室内运动场、高速公路等要求照度较高的地方。一般灯具数量多、密度大，这样才能保证照度的均匀度要求。

（2）配照型：这种灯具配光曲线比较宽一些，最大光强在70°左右，照射面积较大，适用于一般室内照明，如果灯具高度和平面布局合理，可以避免眩光。适用于中等照度的房间。应用最广。

（3）广照形：照明器基本裸露，如秃灯头、搪瓷平盘灯等，光照面积大，适用于要求照度低的场所，如楼梯间、厕所等处。

此外，还有一种能把光线聚中远射的投光灯，适用于建筑施工现场等处照明。一般容量较大，容易产生眩光，故常高灯远照，增大照射角。

2. 根据环境条件选择

为了适应不同的环境，灯具构造不同，有开启式、防尘式、封闭式、防爆式、防水式、保护网式等。在大型仓库应采用标有 Δ_F 符号的防燃灯具，其光源应采用高光强的气体放电灯。

3. 电光源的选择

在没有特殊要求的场所，宜采用高光效的光源和高光效的灯具。在要求速燃的场所（如应急照明）应选用白炽灯或卤钨灯。在应急照明与正常照明不出现同时断电时，应急照明可以选用其它光源。在高大的房间宜选用高强气体放电灯。

在选择灯具时，应根据环境条件和使用特点，合理地选用灯具的光强分布、效率、遮光角、类型、造型尺寸以及灯具的表现颜色等。灯具的遮光格栅的反射表面应选用难燃材料，其反射系数不低于70%，遮光角宜为25°~45°。对于功能性照明，宜采用直接照明和选用敞开式灯具。

高空间安装的灯具，比如楼梯大吊灯、室内花园高挂灯、多功能厅组合灯以及景观照明和障碍标志灯等不便检修和维护的场所，宜采取延长光源寿命的措施。公共建筑中的门厅、大楼梯厅等处，可采用较高亮度的灯具。灯具表面以及灯具附件等高温部位靠近可燃物时，应采取隔热、散热等防火保护措施。选择灯具时，应考虑灯具的允许距高比。

16.5.3 灯具选型与安装场所的环境条件

在要求显色性好的环境，应选用显色指数大于90的荧光灯或白炽灯（当然碘钨灯也属于白炽灯的一种）。潮湿场所应选用防潮型灯具，如开水间、大厨房、居住建筑中带有淋浴的卫生间等。灯具距喷头水平距离应大于1m，且应选用Ⅱ类灯具（安装高度超过2.25m时，不受此限制）。公共浴室要用防水型灯具。

一般大型厅堂的照明应有部分回路为分散控制。有天然采光的住宅公共走道、楼梯间、书架局部照明等，应优先采用短延时控制方案。以天然采光为主，人工照明为辅的工作房间，如普通办公室、教室等照明控制区域的划分应结合天然采光变化曲线决定。

灯具安装高度低于2m时，应采用50V以下电压供电，但灯具装有保护罩者除外。当导轨灯具的底层距地面高度低于2.4m，且电压为220V，应选用带保护地线的导轨电源装置，否则应采用安全电压供电。应优先选用经国家有关部门检测通过，并经实际运行可靠的低损耗镇流器。高强气体放电灯宜采用电子触发器。不允许将室内灯具安装在易受雨淋的室外场所。

室外金属灯杆、草坪灯的金属部分应可靠接地。

水平电视摄像机的照明，应选择波长集中在520nm附近的光源，如碘化铵灯，在灯具结构上应装设使光集中辐射的反射镜。工程的方案和初步设计阶段；暂时工程场所的一般照明，建筑装修暂不能决定厅堂照明和以局部照明为主而对照明质量无特殊要求的场所的照度计算，可采用单位容量法进行。在选择光源功率时，允许采取较计算光通量不超过±10%幅度偏差。气体放电灯无功功率补偿宜采用末端分散补偿方式。补偿后功率因数不应低于0.9。

16.5.4 对灯具的一般要求

1. 一般灯具的选择

要求具有经济性和合理性的建筑照明，在选择光源的同时，更重要的因素之一是选择能够充分发挥电源特长、最适合其建筑的可行的照明灯具。

在建筑全面照明中，主要采用直接照明敷设，其中也有反射罩的。由于荧光灯的光源大，不容易进行配光控制，所以作为全面照明用的反射罩只限于广照型。而容易进行配光控制的白炽灯、水银灯用的反射罩有许多种，其配光的范围比较宽。特别是水银灯照明时，其光束大，为了得到设定的照度所使用的水银灯数少，如果不是根据顶棚的高度、照度选用适当的灯具，则有时会使亮度不均，或者使光散射到不需要的地方。

一般来说，特广照型灯具的光扩散面积大，能够使宽敞场所的光度均匀，适合顶棚较低和需要照度较低的场所，或者水平作业面和垂直作业面都需要照明的场所，狭照型有聚光、照射作业面效果好的特点，适合于顶棚高的场所，要求有较高的全面照度或局部照度的场所。另外，广照型、中照型是使用范围最广的灯具。

2. 特殊灯具的选择

在湿度大、有腐蚀性气体发生、处理爆炸性气体等特殊环境中使用的灯具有下面几种。

（1）湿度大的场所：在有潮气的场所使用的灯具具有密闭防潮型和耐水防潮型两种。密闭防潮型的结构是用灯具本体以及玻璃、塑料等透明材料把灯座、灯泡或镇流器等封闭起来，开关部位有橡胶密封，以防止潮气侵入。耐水防潮型和像荧光灯那样的大灯具只是把灯座、稳定器等带电部分做成防水结构的。该类灯具即使有潮气侵入也没有影响。

（2）有腐蚀性气体发生的场所：如在有酸、碱等腐蚀性气体或溶液的场所使用的灯具，其灯具主体、反射罩等使用聚氯乙烯、脲醛树脂、铝合金等耐腐蚀材料制造。同时，灯头、灯座等带电部分有防止腐蚀性气体侵入的防护罩。在选择灯具时要针对气体的种类、浓度、环境温度等，确认所使用材料的耐腐蚀性。

(3) 有爆炸性气体发生的场所：照明灯具是生产活动所不可缺少的。在有爆炸性气体发生的场所，为了防止在处理爆炸性气体的场所因照明灯具而引起的爆炸事故，这种场所设置的照明灯具应具有防爆结构，并具有防爆性能。

(4) 振动大的场所：在振动大的场所，为了防止因振动造成灯泡接触不良及灯泡脱落等事故，应当使用夹持力大的耐振型灯座，或者采用能够使振动减少的耐振结构的吊灯。另外，白炽灯泡的灯丝耐震能力差，所以最好选择耐震灯泡。

(5) 温度低的场所：白炽灯、水银灯即使在低温场所使用也不会发生问题。而在要求光照效率高的地方，或者发热量会有影响的地方，例如冷冻室等使用荧光灯灯具时，由于点灯会使灯具周围温度提高，所以要用球形容器罩起来。再就是考虑使用高输出功率的荧光灯。

3. 除有装饰需要外，应优先考虑选用直射光通比例高、控光性能合理的高效灯具。室内用灯具效率不宜低于 70%（装有遮光格栅时不低于 55%），室外用灯具效率不应低于 40%，但室外投光灯灯具的效率不宜低于 55%。根据使用场所不同，采用控光合理的灯具，如多平面反光镜定向射灯、蝙蝠翼式配光灯具、板块式高效灯具等。装有遮光格栅的荧光灯灯具，宜采用与灯管轴线相垂直排列的单向格栅。在符合照明种类要求的前提下，选用光通利用系数高的灯具。选用控光器变质速度慢、配光特性稳定、反射或透射系数高的灯具。

灯具的结构和材质应易于维护清洁和更换光源。采用隔离损耗低、性能稳定的灯用附件。直流型荧光灯使用电感式镇流器时，能耗不应高于灯的标称功率的 20%；高强度气体放电灯的电感式触发器能耗不应高于灯的标称功率的 15%。高光强气体放电灯宜采用电子触发器。

4. 照明方案对灯具的考虑

(1) 照明与室内装修设计有机结合，避免片面追求形式和不适当地选取照度标准及照明方式，在不降低照明质量的前提下，应有效地控制单位面积的安装功率。

(2) 在集中空调而且照明容量较大的场所，宜采用照明灯具与空调回风口结合的形式。

(3) 当条件允许时，可采用照明灯具与家具组合的照明形式。

(4) 正确选择照明方案，优先采用分区一般照明方式。

(5) 室内表面宜采用高反射率的装饰材料。

(6) 对气体放电光源，宜采取分散进行无功功率补偿。

(7) 合理选择照明控制方式，充分利用自然光并根据自然光照度的变化，决定电气照明点亮的范围。根据照明使用特点，可采用分区控制灯光或适当增加照明开关点。

(8) 采用各种类型的节电开关和管理措施，如定时开关、调光开关、光电自动控制器、节电控制器、限电器、电子控制门锁节电器以及照明自控管理系统等。公共场所照明、室外照明，可采用集中遥控的管理方式或采用自动控光装置。低压照明配电系统设计，应便于按经济核算单位装表计量。

习 题 16

一、填空题

1. 高压钠灯主要特点是_____、_____、_____、_____等。

2. 按发光原理区分，电光源可分为_____和_____。

3. 室内照明专用保护线 PE 线应用_____，而且截面不得小于_____ mm^2。

4. 评价电光源质量，通常看其特性，主要是_____、_____、_____、_____等。

5. 根据配光曲线特性区分灯具配照器（俗称灯罩）构造和形状的不同灯具分为三种：即_____，_____和_____。

6. 电气照明设计的原则是_____、_____、_____、_____。

二、名词解释

1. 显色性和显色指数；　　2. 灯具效率；　　3. 直接眩光；

4. 灯具遮光角（保护角）；　5. 光幕反射；　　6. 反射眩光；

7. 相对照度系数；　　　　8. 照度均匀度；　9. 维护系数；

10. 明适应时间；　　　11. 暗适应时间；　12. 一般照明；

13. 分区一般照明；　　14. 局部照明；　　15. 混合照明；

16. 正常照明；　　　　17. 应急照明；　　18. 备用照明；

19. 安全照明；　　　　20. 疏散照明；　　21. 工作面；

22. 平方反比律。

三、问答题

1. 什么是"眩光"？如何克服眩光的影响？

2. 可见光是如何规定的？它的波长是多少？

3. 氙灯有哪些特点？在使用中应注意什么？

4. 节能是照明设计的基本原则，在不降低作业的视觉要求的前提下，有哪些节能措施？

习 题 16 答 案

一、填空题

1. 发光效率高、平均寿命长、显色指数低、功率因数低。

2. 热辐射光源、气体放电光源。

3. 绝缘铜线，1.5mm^2。

4. 发光效率、平均寿命、显色性、功率因数。

5. 深照型（也称截光型或窄配光型），配照型和广照型。

6. 安全、适用、经济、美观。

二、名词解释

1. 显色性和显色指数：被照物体颜色被光照后所显示的真实程度称为显色性，用显

色指数 Ra 表示，通常把太阳的显色指数 Ra 定为 100，其它光源与太阳显色指数相附合的程度就是该光源的显色指数 Ra。

2. 灯具效率：在规定条件下测得的灯具发射光通量（流明）Φ_1 与灯具内的全部光源按规定条件点燃时发射的总光通 Φ_2 之比。

3. 直接眩光：由视野中高亮度或未曾充分遮蔽的光源所产生的眩光。

4. 灯具遮光角（保护角）：光源最边缘的一点和灯具出口的连线与裸光源发光中心的水平线之间的夹角。

5. 光幕反射：在视觉作业上镜面反射与漫反射重叠出现的反射现象。

6. 反射眩光：由视野中光泽表面的反射作用所产生的眩光。

7. 相对照度系数：在试验光源照明和标准光源照明下，达到颜色识别能力相当时，所需要的照度之比。

8. 照度均匀度：表示给定平面上照度变化的量，具体又分平均均匀度和最低均匀度。平均均匀度定义为最小照度（E_{min}）与平均照度（E_{av}）之比，称为平均均匀度。最低均匀度定义为最小照度（E_{min}）与最大照度（E_{max}）之比。常用平均均匀度。

9. 维护系数：照明设计时，应根据光源的光通衰减、灯具积尘和房间表面污染引起照度值降低的程度，维护系数通常为 0.7。

10. 明适应时间：人眼从黑暗处突然转入明亮的环境，瞳孔稍有缩小，到完全适应所需要的时间称为明适应时间。约为 5~10min。

11. 暗适应时间：人眼从明处突然转入黑暗的环境，瞳孔稍有放大，到完全适应所需要的时间称为暗适应时间。约为 50~60min。

12. 一般照明：不考虑特殊部位的需要，为照亮整个场地而设置的照明方式。

13. 分区一般照明：根据需要，提高特定区域照度的一般照明方式。

14. 局部照明：为满足某些部位（通常限定在很小的范围内，照度工作面）的特殊需要而设置的照明方式。

15. 混合照明：一般照明和局部照明组成的照明。

16. 正常照明：永久安装着的人工照明。

17. 应急照明（事故照明）：因正常电源发生故障而启用的照明，也称事故照明。

18. 备用照明：作为应急照明的一部分，用以确保正常活动的继续进行。

19. 安全照明：作为应急照明的一部分，用以确保处于潜在危险之中的人员安全。

20. 疏散照明：作为应急照明的一部分，用以确保安全出口通道能被有效地辨认和应用，使人们安全撤离建筑物。

21. 工作面：通常指在其上面进行的工作的平面。当没有其它规定时，一般把室内照明的工作面假设为离地面 0.75m 高水平面。

22. 平方反比律：由点光源所产生的照度与其在一定方向上的光强成正比，与被照表面和光强之间距离的平方成反比，可称为平方反比律。

$$d\varphi = I d\omega = \frac{I d S \cos\beta}{D^2}$$

三、问答题

1. 答：由于光直射人的眼睛，使人视觉功能下降，而且使人产生不舒服的现象称为

602

眩光，在需要有效地限制工作面上的光幕反射和反射眩光的房间或场所，应采用如下措施：

(1) 提高灯具悬挂高度，即增大照射角度；

(2) 设置光栅，遮挡直射光；

(3) 采用漫反射光源，如磨砂灯泡等；

(4) 减小灯具功率，布局合理，限制光源亮度；

(5) 提高环境亮度，减少亮度对比；

(6) 选择保护角大的灯具。

(7) 应使视觉作业避开和远离照明光源同人眼形成的镜面反射区域；

(8) 使用发光表面面积大、亮度低、有一定上射光通量的灯具；

(9) 视觉作业和作业房间内的表面为无光泽的表面；

(10) 采用在视线方向发光强度小的特殊灯具。

2. 答：光就是波长很短的电磁波，波长从 380nm ~ 780nm。

紫色光波长——380 ~ 430nm

蓝色光波长——430 ~ 450nm

青色光波长——450 ~ 490nm

绿色光波长——490 ~ 570nm

黄色光波长——570 ~ 600nm

橙色光波长——600 ~ 640nm

红色光波长——640 ~ 780nm

红外线波长—— > 780nm 人眼睛看不见。

紫外线波长——10 ~ 380nm 人眼睛看不见。

3. 答：它能瞬时点燃，工作稳定。耐低温也耐高温，耐震。氙灯的缺点是平均寿命短，约 500 ~ 1000h。价格较高。由于氙灯工作温度高，其灯座和灯具的引入线应耐高温。氙灯是在高频高压下点燃，所以高压端配线对地要有良好的绝缘性能，绝缘强度不小于 30kV。氙灯在工作中辐射的紫外线较多，人不宜靠得太近。

4. 答：(1) 照明设计应选用效率高的光源及选用利用系数高、配光合理、保持率高的灯具。在保证照明质量的前提下，应优先采用开启式灯具，并应少采用装有格栅、保护罩等附件的灯具。

(2) 确定合理的照度标准值。根据视觉作业要求，选用合适的照明方式，并符合下列规定：

①要求照度标准值较高的场所，可增设局部照明；

②在同一照明房间内，当工作区的某一部分或几个部分需要高照度时，可采用分区一般照明方式。

③大面积使用气体放电灯的场所，宜装设补偿电容器，低压用户功率因数不应低于 0.85。高压用户不小于 0.9。新建工厂功率因数达不到 0.9 则不予供电。

(3) 对照明线路、开关及控制宜采取下列节能措施：

①在楼梯同等公共用电场所尽可能选用节能开关（即定时开关、声控开关、双控开关等）。

②室内照明线路宜分细，多设开关，一般一个灯一个开关，位置适当。

③为了充分利用天然光，在近窗的灯具单设开关，白天可以关灯。

④大型车间内可以按工段分区设置开关。

(4) 户外照明宜采用自动控制，如光电控制。

(5) 道路照明宜分组布置，宜采用半夜节能控制方式。

17 照 明 计 算

17.1 照 明 设 计 基 础

17.1.1 照明设计的目的

曾几何时，人们日出而作，日落而息，如今的城市，缺少了夜生活几乎是不能想象。这其中，人工照明技术做出了不可替代的贡献。照明一般分为天然照明和人工照明两类。天然照明受自然条件的限制，不能根据人们的要求得到随时可用、明暗可调、光线稳定的光源。为了某种特定的气氛，往往需要采用人工照明方法。人工照明能够保证人们从事稳定的生产、生活，延长人们活动的时间。

照明设计的基本原则是实用、经济、安全、美观。

(1) 通过科学的设计，以尽可能地满足安全标准的各项要求，例如公路照明经过科学的设计，可以降低交通事故发生的概率。

(2) 满足规范最低的照度要求，有利于提高产品质量、提高生产效率，也有利于身心健康。

(3) 满足建筑功能对照明的要求，例如显色性、亮度、光色、耐震性能、平均寿命、透雾性能等。

(4) 确定高低压电器规格和导线材料规格。

(5) 确定合理的工程造价标准，有利于节约能源，一般要对几个方案比较择优。

(6) 建筑照明是城市艺术和建筑装修的组成部分，应满足人们一定的艺术欣赏要求。

电气照明设计应根据视觉要求、作业性质和环境条件，使工作区或空间获得良好的视觉功效、合理的照度和显色性、适宜的亮度分布以及舒适的视觉环境。在确定照明方案时，应考虑不同类型建筑对照明的特殊要求，处理好人工照明与天然照明的关系，合理使用建设资金与采用节能光源高效灯具等技术。

总之，照明设计目的是人的视觉功能要求，提供舒适明快的环境和安全保障。设计要解决照度计算、导线截面的计算、各种灯具及材料的选型，并绘制平面布置图、大样图和系统图。建筑照明设计还可以烘托建筑造型、美化环境，体现时代精神。

人工照明有利于人活动的安全、舒适和正确识别周围环境，防止人与光环境之间失去协调性。重视空间的清晰度，消除不必要的阴影，控制光热和紫外辐射对人和物产生的不利影响。创造适宜的亮度分布和照度水平，限制眩光减少烦躁和不安。处理好光源色温与显色性的关系、一般显色指数与特殊显色指数色差关系，避免产生心理上的不平衡不和谐感。有效利用天然光，合理选择照明方式和控制照明区域，降低电能消耗指标。

电气照明具有方便、干净、美观等许多优点，不仅能够创造良好的光环境，使人们舒适、高效地从事视觉工作，从而提高生产效率、产品质量、减少避免事故，而且利用光照的方向性和层次性渲染建筑，使用照明器烘托环境气氛，创造美妙的光环境。电气照明设计已经成为现代建筑中有机组成部分，并对人们的生产和生活产生出越来越广泛的影响。

17.1.2 电气照明设计的组成

1. 电气照明组成

电气照明是由照明供电和灯具设计两部分组成。照明供电包括电能的产生、输送、分配、控制。它由电源、导线、控制和保护设备和用电设备组成。照明灯具设计包括光能的产生、传播、分配（折射、反射和透射）和消耗吸收。它由电光源、灯具、室内外空间、建筑物表面和人工作面组成。

2. 电气照明设计的内容

建筑电气照明供电设计包括确定电源和供电方式，选择照明配电网络形式、选择电气设备、导线和敷设方式。照明灯具设计应包括的内容有：选择照明方式、选择电光源、确定照度标准、选择照明器并进行布置、进行照度计算，确定电光源的安装功率。建筑电气照明设计的最终结果要求以施工图的形式表达。

（1）在制定设计计划之前，要认真调查照明场所的情况。搞室内照明必须事先将房屋正面宽度、进深、顶棚高度、周围装修状况、所在场所的作业性质、配线和器具安装以及维修的难易程度和建筑物的情况调查清楚，同时需要照明的作业状况、照明的方位，电杆和铁塔的设置场所、配线和维修的难易及照明场所的情况等。

（2）根据国家照明标准决定需要的照度。

（3）关于照明方式有：全面照明、全面照明与局部照明并用、局部照明或直接照明、半直接照明、全面扩散照明、半间接照明、间接照明以及多种形式并用的照明方式等。可以从中选择最佳的照明方式。

（4）照明灯具的选择。光源可以从荧光灯、水银灯和白炽灯等种类中选择。

（5）根据各种已知条件进行设计计算，决定光源位置、灯具数量和排列方法。

3. 电气照明设计的原则

电气照明设计的原则是"安全、适用、经济、美观"。这就是说，电气照明设计首先要考虑的是安全、运行可靠、安装和维护方便。适用是指能够提供必要的照明质量，以满足工作、生活和学习的需要。经济性包含两方面，是采用先进的科学技术，充分发挥照明设备的效益，以较少的费用获得较大的照明效果；另一方面是要符合中国国情，就是要考虑到电力供应、设备和材料方面的生产水平。照明灯具有装饰房间、美化环境的作用，应结合建筑风格和室内设计做出合理的安排。

17.1.3 照明设计步骤

照明设计是利用现代照明技术及照明设备来实现使用人的要求，是设计师具有创造性的活动过程。它的内涵非常广泛，通常按以下步骤进行设计。

（1）了解建设单位的使用要求，如投资水平、豪华程度、照明标准等。明确设计方向。

（2）收集有关技术资料和技术标准。了解土建等专业情况，如建筑平面图、立面图、电源进线的方位、结构情况、空间环境、潮湿情况、灯具样本、设备及有无易燃易爆物品等。

（3）确定照度标准，首先遵照国家规定的照度标准范围，再参照用户的要求取上限或下限等。

(4) 根据建设单位和工程的要求，选择各种电光源设备、设计照明方式、确定灯具种类、安装方式、灯具部位并确定其安装方法。

(5) 进行照度计算，确定灯具的功率，调整平面布局。计算照明设备总容量，以便选择电度表及各种控制设备和保护设备。

(6) 比较复杂的大型工程进行方案比较，评价技术和经济情况，确定最佳方案。

(7) 进行配电线路设计，分配三相负载，使其尽量平衡。计算干线的截面、型号及敷设部位。选择变压器、配电箱、配电柜和各种高低压电器的规格容量。

(8) 绘制照明平面图和系统图，标注型号规格及尺寸。必要时绘制大样图，注意配电箱留墙洞的尺寸要准确无误。

(9) 绘制材料总表。按需要编制工程概算或预算。

(10) 编写设计说明书。主要内容是建筑概况、进线方式、主要材料的规格型号及作法等。

17.1.4 照明设计要求

照明设计是建筑电气设计的重要部分，其设计质量的优劣直接关系到人们工作效率、工作质量、身体健康和精神情绪等。现代照明设计还能烘托建筑物的造型、美化环境，更充分地发挥建筑的功能，体现建筑艺术。

1. 平面布灯要点：平面布局合理可节省照度要求及照度的均匀度要求，尽量减少灯具数量和眩光，便于维修。大房间一般采用均匀布灯，例如可以采用正方形、矩形、菱形等形式。边灯距墙为相邻二灯距离的一半。灯具高度低于 2.4m 时灯具外壳应接保护线。如果局部照明设备与人体经常接触，则应采用安全电压照明。

灯具间有利的相对距离可参考表 17-1。

灯具间有利的相对距离 表 17-1

灯具的形式	相对距离 (L/h)		宜采用单行布置的房间高度
	多行布灯	单行布灯	
乳白玻璃圆球灯、散照型 防水防尘灯，天棚灯	2.3~3.2	1.9~2.5	1.3H
无漫透射罩的配罩型灯	1.8~2.5	1.8~2.0	1.2H
搪瓷深罩型灯	1.6~1.8	1.5~1.8	1.0H
镜面深照型灯	1.2~1.4	1.2~1.4	0.75H
有反射罩的日光灯	1.4~1.5	—	—
有反射罩的日光灯，带栅格	1.2~1.4	—	—

如果采用矩形或菱形布灯时，L 值可按图 17-1 及表 17-1 核算。当房间面积不大时，也可以布置几盏灯以消除阴影。

2. 灯具的高度设计

在高大的建筑房间布灯可以采用顶灯和壁灯相结合的方法以提高垂直亮度，如锅炉房及大型影剧院等。一般不宜单纯用壁灯，这样会使房间显得昏暗。荧光灯的安装高度可以参考表 17-2。

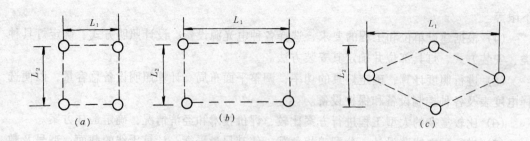

图 17-1 均匀布灯平面 *L* 核算值

(*a*) 方形布灯；(*b*) 矩形布灯；(*c*) 菱形布灯

荧光灯的安装最大允许距高比值　　　　　　　　　　　　表 17-2

名　　称		型　号	灯具效率 (%)	最大允许距高比		光通量 (lm)	荧光灯的纵轴与横轴
				A—A	B—B		
筒式荧光灯	1×40W	YG1—1	81	1.62	1.22	2400	
	1×40W	YG2—1	88	1.46	1.28	2400	
	2×40W	YG2—2	97	1.33	1.28	4800	
密闭型荧光灯 1×40W		YG4—1	84	1.52	1.27	2400	
密闭型荧光灯 2×40W		YG4—2	80	1.41	1.26	4800	
吸顶式荧光灯 2×40W		YG6—2	86	1.48	1.22	4800	
吸顶式荧光灯 3×40W		YG6—3	86	1.5	1.26	7200	
嵌入式荧光灯 3×40W (塑料格栅)		YG15—3	45	1.07	1.05	7200	
嵌入式荧光灯 2×40W (铝格栅)		YG15—2	63	1.25	1.20	4800	

3. 每个回路设计灯具的套数

规范要求每个回路的灯具不宜超过 25 个，多管荧光灯、节日灯、花灯等回路除外。如果其中一个灯具容量很大（达到 10A），则最多只能设计 20 个灯，一般都不超过 20 个灯为宜。工作电流不超过 15A。但花灯、彩灯、多管荧光灯除外。对于高压气体放电灯供电回路电流最多不能超过 30A。建筑物轮廓装饰灯每一单相回路不超过 100 个。插座回路必须和照明回路分开，因为插座回路上必须安装漏电开关。

4. 插座容量及同时使用系数

民用建筑中的插座在无具体设备连接时，每个按 100W 计算安装负荷。一个房间的插座宜由一个回路配电。潮湿房间（住宅中厨房除外）内不允许装设一般插座，但可设置有安全隔离变压器的插座。备用照明、疏散照明的回路上不应设置插座。多个插座计算容量时，按表 17-3 查阅需要系数。

计算插座容量的同时使用系数　　　　　　　　　　　　表 17-3

插座的数量（个）	4	5	6	7	8	9	10
需要系数（Kx）	1	0.9	0.8	0.7	0.65	0.6	0.6

5. 相线干线和回路支线截面要求

照明灯具如果用气体放电灯，因为有三次谐波，所以中性线的截面和相线的截面相同。如果三相负载很不平衡，中线电流大，中线截面应该选用等于相线中最大的截面，一般情况下中线的截面不小于相线截面的一半。

6. 线路的保护

所有照明线路都应该设短路保护，而且各级断电次序应有选择性。在下列情况下还应该设计过载保护：

(1) 公共建筑物、居民住宅、商店、试验室及重要的仓库等。

(2) 有火灾危险的房间或有爆炸危险的供电线路。

(3) 绝缘导线敷设在易燃体的或有高温的建筑结构上面时，应该设计过载保护。线路保护装置电流的选择按照表 17-4 选用。

线路保护装置电流的选择　　　　　　　　　表 17-4

保护装置类型	白炽灯、卤钨灯、荧光灯	高压汞灯、金属卤化物灯	高压钠灯
带热脱扣器的低压断路器	I_e	$1.1I_e$	I_e
带复式脱扣器的低压断路器	I_e	I_e	I_e
熔断器 RL1 型	I_e	$(1.3 \sim 1.7)I_e$	$1.5I_e$
熔断器 RC1A 型	I_e	$(1.0 \sim 1.5)I_e$	$1.1I_e$

表 17-4 中 I_e 表示线路工作电流。当选用高压汞灯时、金属卤化物灯的容量在 400W 及以上时取上限。125W 及以下时，取下限。175W 和 250W 时，取中间值。

与土建、水暖的设计施工配合一体化，一定要会审图纸，将问题消灭在图纸中。

17.1.5　照明供电

1. 供电线路设计方法

(1) 照明负荷应根据其中断供电可能造成的影响及损失，合理地确定负荷等级，并应正确选择供电方案。电压波动不能保证照明质量或光源寿命时，在技术经济合理的条件下，可采用有载自动调压电力变压器、调压器或照明专用变压器供电。

(2) 民用建筑照明负荷计算宜采用需要系数法。计算照明分支回路和应急照明的所有回路时需要系数均应选择 1。照明负荷的计算功率因数白炽灯为 1，荧光灯带功率补偿时取 0.95，不带功率补偿取 0.5。高强度气体放电灯带有无功功率补偿装置时取 0.9，不带补偿取 0.5。在公共建筑物内应设置带无功功率补偿的荧光灯。

(3) 三相照明线路各相负荷的分配，宜保持平衡，在每个分配电盘中最大与最小相的负荷电流差不宜超过 30%。特别重要的照明负荷，宜在负荷末级配电箱采用自动切换电源的方式，也可采用由两个专用回路各带 50% 照明灯具的配电方式。

(4) 备用照明应由两路电源或两回线供电。当采用两路高压电源供电时，备用照明的供电干线应接自不同的变压器。当设有自备发电机组时，备用照明的一路电源应接自发电机作为专用回路供电，另一路可接正常照明电源，如为两台以上变压器供电时，应接自不同的母线干线上。

在重要场所，尚应设置带有蓄电池组供电的备用照明，作为发电机组投运前的过渡期间使用。当采用两路低压供电电源时，备用照明的供电应从两段低压配电干线上分别接引。当供电条件不具备两个电源或双回线时，备用照明宜采用有蓄电池组的应急照明灯。备用照明作为正常照明的一部分同时使用时，其配电线路及控制开关应分别装设。备用照明仅在正常照明故障情况下使用的时候应自动投入工作。

疏散照明采用带蓄电池的应急照明灯时，正常供电电源可接自本层或本区的分配配电盘的专用回路上，或接自本层或本区的防灾专用配电盘。在照明分支回路中应避免采用三相低压断路器对三个单相回路进行控制和保护。当照明回路采用遥控方式时，应同时具有解除遥控的可能性。重要场所和负载为气体放电灯的线路，其中性线截面应与相线规格相同。

（5）为改善气体放电灯的频闪效应，可将其同一或不同灯具的相邻灯管分接在不同相别的线路上。不应将线路敷设在高温灯具的上部。接入高温灯具的线路应采用耐热导线配线或采用其他隔热措施。观众厅、比赛场地等处的照明灯具，当顶棚内设置有人检修通道及室外照明场所，宜在每个灯具处设置单独的保护。

对高强气体放电灯的照明，每一单相分支回路的电流不宜超过 30A，并应按启动及再启动特性，选择保护电器和验算线路的电压损失值。对气体放电灯宜采用电容补偿，以提高功率因数。

对于气体放电灯供电的三相四线照明线路，其中性线截面应按最大一相电流选择。在气体放电灯的频闪效应对视觉作业有影响的场所，其同一或不同一灯具的相邻电光源宜分别接在不同相位的线路上。

（6）建筑物照明电源线路的进户处，应装设带有保护装置的总开关。厂区道路照明除回路应有保护装置外，每个灯具宜有单独保护装置。装有单独补偿电容的灯具应装设保护装置，其值应按改善功率因数后的电流进行整定。由公共电网供电的照明负荷，线路电流不超过 30A 时，可用 220V 单相供电，否则，应以 380/220V 三相四线供电。照明用电应单独计量。

2. 照明设备的安全电压

对于容易触及而又无防止触电措施的固定式或移动式灯具，其安装高度距地面为 2.2m 及以下或手持照明灯具应用安全电压。当环境干燥、条件良好时，一般采用 36V。在特别潮湿的场所、高温场所、具有导电灰尘的场所或具有导电地面的场所使用电压不应超过 24V。

工作场所的狭窄地点，且作业者接触大块金属面，如在锅炉、金属容器内等，使用的手提行灯电压不应超过 12V。42V 及以下安全电压的局部照明的电源和手提行灯的电源，输入电路与输出电路必须实行电路上的隔离，即采用双圈变压器。

3. 应急照明的电源

应急照明的电源应区别于正常照明的电源。不同用途的应急照明电源，应采用不同的切换时间和连续供电时间。应急照明的供电方式，宜按下列之一选用：①独立于正常电源的发电机组；②蓄电池；③供电网络中有效地独立于正常电源的馈电线路；④应急照明灯自带蓄电池；⑤当装有两台及以上变压器时，应与正常照明的供电干线分别接自不同的变压器；⑥仅装有一台变压器时，应与正常照明的供电干线自变电所的低压屏上（或母线上）分开。建筑物内未设变压器时，在电源线进户处与正常照明回路分开，并不得与正常照明共用一个总开关。

重要场所的应急照明供电方式宜选用可靠的备用电源。若作为正常照明的一部分同时使用时，应有单独的控制开关。不作正常照明的一部分同时使用时，若正常照明故障，应急照明电源宜自动投入。

4. 节能标准

节能是照明设计的基本原则之一，应是保证不降低作业的视觉要求，最有效地利用照明用电。例如高大空间中宜采用高光效、长寿命的高强气体放电灯或混光照明，不宜采用卤钨灯、白炽灯、自镇流式荧光高压汞灯。

(1) 照明设计应选用效率高的光源及选用利用系数高、配光合理、保持率高的灯具。在保证照明质量的前提下，应优先采用开启式灯具、定向照明灯具，并不宜用装有格栅、保护罩等附件的灯具。这主要是为了更有效地利用电光源发射光线。

(2) 确定合理的照度标准值。根据视觉作业要求，选用合适的照明方式及照度值是照明设计所需要完成的任务。照度标准值较高的场所可增设局部照明；在同一照明房间内，当工作区的某一部分或几个部分需要高照度时，可采用分区一般照明方式。大面积使用气体放电灯的场所，宜装设补偿电容器，低压用户功率因数不应低于 0.85。高压用户不小于 0.9。新建筑物功率因数达不到 0.9 则不予供电。

(3) 对照明线路、开关及控制，宜在楼梯间等公共用电场所选用节能开关（即定明开关、声控开关、双控开关等）。对于室内照明线路宜分组设开关，如一灯一个开关。为了充分利用天然光，在近窗的灯具单设开关，白天可以关灯。

(4) 道路照明和户外照明节能措施

①户外照明和道路照明，均宜采用高压钠灯。

②户外照明宜采用自动控制，如光电控制。

③道路照明宜分组布置，宜采用半夜节能控制方式。

17.2 照度定律和照明线路计算

17.2.1 照度定律

照明技术实质就是光的应用技术，要研究电气照明就要掌握好光学的基本知识。以照明计算为例，光学成套计算方法就数千种之多，比较有权威的有国际照明协会的 CIE 法、球带法、带域空腔法、逐点计算法等。

1. 照度定律：点光源在被照面元 dS 和立体角元 dω 的关系如图 17-2 所示。

从图中可见：
$$d\omega = \frac{I \cdot \cos\beta}{L^2}$$

式中　β——表面元的法线与光强方向的夹角；

　　　L——点光源 A 与表面元 dS 间的距离；

据光强的定义，照射到面元 dS 上的光通量为：
$$d\varphi = I d\omega = \frac{I d S \cos\beta}{L^2} \tag{17-1}$$

式中　I——是点光源 A 在面积元 dS 方向上的光强。

根据照度的定义，dS 上的照度为：
$$E = \frac{d\varphi}{dS} = \frac{I\cos\beta}{L^2} \tag{17-2}$$

上式表明两个基本定律：

(1) 由点光源所产生的照度与其在一定方向上的光强成正比，与被照表面和光强之间距离的平方成反比，可称为平方反比律。

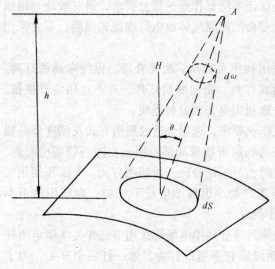

图 17-2 照度定律

(2) 照度与光线射向被照面的角度的余弦函数成正比。可称为余弦定律。

当有多个点光源照在某工作面上时，它的总照度为：

$$E = E_1 + E_2 + E_3 + \cdots \qquad (17\text{-}3)$$

17.2.2 照明技术常用名词

(1) 视觉作业：在工作和活动中，必须观察的呈现在背景前的细节或目标。

(2) 工作面：通常指在其上面进行的工作的平面。当没有其他规定时一般把室内照明的工作面假设为离地面 0.75m 高水平面。

(3) 维护系数（照度补偿系数）：照明设备使用一定时期后，在工作面上产生的平均照度与设备在新安装时在同样条件下产生的平均照度之比。

(4) 水平照度：水平面上一点的照度。即在单位水平面上得到的光通量。

(5) 垂直照度：垂直面上一点的照度。即在单位垂直面上得到的光通量。

(6) 照度均匀度：表示给定平面上照度变化的量，具体又分平均均匀度和最低均匀度。平均均匀度定义为最小照度（E_{min}）与平均照度（E_{av}）之比，称为平均均匀度。最低均匀度定义为最小照度（E_{min}）与最大照度（E_{max}）之比。常用平均均匀度。

(7) 直接眩光：由视野中高亮度或未曾充分遮蔽的光源所产生的眩光。

(8) 眩光评价点：室内端墙垂直中心线上，站位时取 1.5m 高，坐位时取 1.2m 高，与墙面垂直距离 1.0m 处为眩光评价点，一般情况下，一个房间取两个眩光评价点。

(9) 反射眩光：由视野中光泽表面的反射所产生的眩光。

(10) 光幕反射：在视觉作业上镜面反射与漫反射重叠出现的现象。

(11) 直接型灯具（截光型灯具）：光强分布为 90%～100% 的发射光通量直接向下达到无限大的假定工作面上的灯具。

(12) 遮光角（保护角）：光源最边缘的一点和灯具出口的连线与裸光源发光中心的水平线之间的夹角。

(13) 横向观看：长条型灯具的灯管与视线垂直的方向。如图 17-3 某甲的视线。

(14) 纵向观看：长条型灯具的灯管与视线平行的方向。如图 17-3 某乙的视线。

(15) 反射率（反射系数）：反射率是指该表面反射光通量与入射光通量之比。

(16) 照度比：照度比系指该表面的照度（局部）与工作面一般照明的照度之比。

(17) 灯具效率：在规定条件下测得的灯具发射光通（流明）Φ_1 与灯具内的全部光源按规定条件点燃时发射的总光通 Φ_2 之比。

(18) 照明方式：照明设备按其安装部位和使用功能而构成的基本制式。

(19) 一般照明：不考虑特殊部位的需要，为照亮整个场地而设置的照明方式。

(20) 局部照明：为满足某些部位（通常限定在很小的范围内）的特殊需要而设置的照明方式。

图 17-3　横向观看与纵向观看

（21）正常照明：永久安装着的人工照明。

（22）应急照明：因正常电源发生故障而启用的照明，也称事故照明。

（23）疏散照明：作为应急照明的一部分，用以确保安全出口通道能被有效地辨认和应用，使人们安全撤离建筑物。

（24）安全照明：是应急照明的一部分，用以确保处于潜在危险之中的人员安全。

（25）备用照明：作为应急照明的一部分，用以确保正常活动的继续进行。

（26）混合照明：一般照明和局部照明组成的照明。

（27）混光：在同一场所内，采用两种及两种以上的光源照明，此时的光称混光。

（28）安全出口：疏散楼梯或直通室外地面的门。

（29）疏散出口：安全出口和房间连通的疏散走道或过厅的门。

（30）高杆照明：一组灯具安装在高度大于 20m（含 20m）的灯杆上进行大面积照明的一种方式。

（31）频闪效应：在以一定频率变化的光的照射下，观察到的物体运动显现出不同于其实际运动的现象。

（32）显色性和显色指数：被照物体颜色被光照后所显示的真实程度称为显色性，用显色指数 R_a 表示，通常把太阳的显色指数 R_a 定为100，其他光源与太阳显色指数相附合的程度就是该光源的显色指数 R_a。

（33）相对照度系数：在试验光源照明和标准光源照明下，达到颜色识别能力相当时，所需要的照度之比。

17.2.3　照明计算方法

1. 分支线路负荷

照明负荷计算功率的计算

$$P_{30} = \Sigma P_z (1 + \alpha) \quad (\text{kW}) \tag{17-4}$$

式中　P_{30}——照明计算负荷（kW），即全年中 30min 最大平均负荷；

　　　P_z——正常照明（或事故照明）装置的容量（kW）；

　　　α——镇流器及其他附件损耗系数，热辐射光源 α 为 1，气体放电光源 α 为 0.2，表示对气体放电灯应增大 20% 的容量。

2. 照明主干线路负荷

$$P_{30} = \Sigma K_x P_z (1 + \alpha) \quad (\text{kW}) \tag{17-5}$$

式中　K_x——照明装置需要系数，进户干线的需要系数比较低，见表 17-5 建筑照明负荷的需要系数。

建筑照明负荷的需要系数　　表 17-5

建筑类别	需用系数 K_x	备　　注
住宅楼	0.4~0.6	单元式住宅，两室，6~8 个插座，装户电表
办公楼	0.7~0.8	标准单间，2 个灯，2~3 插座
科研楼	0.8~0.9	标准单间，2 个灯，1~2 插座
教学楼	0.8~0.9	标准教室，6~8 个灯，1~2 插座
商店	0.85~0.95	有举办展销会的可能时

室内照明总干线负荷需要系数就稍高一些，见表 17-6。

照明装置需要系数（K_x）　　表 17-6

工 作 场 所	正常照明	应急照明
主厂房、运煤系统	0.9	1.0
主控制楼、室内配电装置	0.85	1.0
化学水处理室、中心修配厂	0.85	—
办公楼、试验室、材料库	0.8	—
室外照明	1.0	—

3. 三相负荷不平衡分布时的负荷

$$P_{30} = \Sigma K_x \cdot 3 P_{zd} (1 + \alpha) \quad (\text{kW}) \tag{17-6}$$

式中　P_{zd}——三相负荷中最大一相照明装置的容量（kW）

三相不平衡度通常不得大于 15%，所谓不平衡度的定义是：三相中负荷最大的一相容量和最小相的容量之差与三相总功率之比。

$$\alpha = \frac{P_{\max} - P_{\min}}{P_{sz}} \not> 15\%$$

4. 照明变压器容量的选择

$$S_t \geqslant \Sigma \left(K_t P_z \frac{1 + \alpha}{\cos\varphi} \right) \tag{17-7}$$

式中　K_t——照明负荷同时系数，见表 17-7。

5. 按线路电流选择导线截面

$$I_{aq} \geqslant \Sigma I_{30} \tag{17-8}$$

式中　I_{aq}——导线允许持续安全载流量（A）；

　　　I_{30}——照明线路计算电流（A）。

导线按单相照明线路的计算电流选择截面。

工作场所	正常照明	应急照明	工作场所	正常照明	应急照明
汽车房	0.8	1.0	室外配电装置	0.3	—
锅炉房	0.8	1.0	辅助生产建筑物	0.5	—
主控制楼	0.8	0.9	办公楼	0.7	—
运煤系统	0.7	0.8	道路及警卫照明	1.0	—
室内配电装置	0.3	0.3	其他露天照明	0.8	—

$$I_{30} = \frac{P_{30}}{U_p \cos\varphi} \tag{17-9}$$

式中　U_p——照明线路额定相电压（V）；

　　$\cos\varphi$——照明负载功率因数，气体放电灯按 0.6，用电子镇流器时取 0.9，白炽灯及碘钨灯为 1.0。

当照明负荷为两种光源时，线路计算电流可以按式（17-10）计算。

$$I_{30} = \sqrt{(I_{301} \cdot \cos\varphi_1 + I_{302} \cdot \cos\varphi_2)^2 + (I_{301} \cdot \sin\varphi_1 + I_{302} \cdot \sin\varphi_2)^2} \tag{17-10}$$

式中　若 $\cos\varphi_1$ 气体放电灯按 0.6，$\sin\varphi_1$ 为 0.8，$\cos\varphi_2$ 是白炽灯及碘钨灯为 1.0，$\sin\varphi_2$ 为 0，则

$$I_{30} = \sqrt{(0.6 I_{301} + I_{302})^2 + (0.8 I_{301})^2}$$

式中　I_{301}，I_{302}——两种光源的计算电流（A）；

　　$\cos\varphi_1$，$\cos\varphi_2$——两种光源的功率因数。

6. 单相线路按电压损失计算导线截面：

$$\Delta U\% = \frac{200}{U_p} \Sigma (R_0 \cdot \cos\varphi + X_0 \cdot \sin\varphi) \cdot L \tag{17-11}$$

式中　$\Delta U\%$——线路电压降的百分率；

　　R_0、X_0——线路单位长度的电阻和电抗（Ω/km）；

　　L——线路长度（km）；

　　U_p——线路额定相电压（V）；

　　$\cos\varphi$——线路的功率因数。

线路单位长度的电抗 X_0 可以按下式计算。

$$X_0 = 0.145 \lg \frac{2L'}{D} + 0.0157\mu \tag{17-12}$$

式中　L'——导线之间的距离（m），对三相线路为导线间的几何均距，380V 及以下的三相架空线路可取 L' 为 0.5m；

　　D——导线的直径（mm）；

　　μ——导线相对导磁率，有色金属 $\mu = 1$，铁导线 $\mu > 1$，并与负载电流有关。线路按电压计算导线截面的简化方法见本书第十章，计算公式设定 $\cos\varphi$ 为 1。

17.3　利用系数法计算平均照度

照度的计算方法主要有三种方法，即利用系数法计算平均照度、逐点计算法和单位容

量法。所谓利用系数 μ，是指电光源的光通量通过直射、经墙反射、经屋顶反射等达到工作面 S 后，能够利用到的光通量 Φ_1 和电光源发出的光通量 Φ_2 之比。利用系数法适用于均匀布灯的一般室内照明设计计算。

根据已知的建筑面积 S、灯具悬挂高度 h、屋内墙面反射率、电光源的光通量等因素计算平均照度。

17.3.1 利用系数定义

$$\mu = \frac{\Phi_1}{\Phi_2} \tag{17-13}$$

如漫射光源利用系数约为 0.3，直射光和半直射光约为 0.5，如果是旧墙还要再乘 0.9。实用中需要分别考虑墙面、地面及屋顶材料的反射系数、灯具悬挂高度和室空间比等因素。

根据墙面材料反射率及室空间比时，利用系数见表 17-8、17-9。

配照灯（500W）白炽灯的利用系数 μ 表 17-8

顶棚反射率 ρ_c（%）	70	50	30	10	0
墙反射率 ρ_w（%）	70 50 30 10	70 50 30 10	70 50 30 10	70 50 30 10	0
1	.88 .84 .80 .77	.84 .80 .77 .75	.80 .77 .75 .72	.76 .74 .72 .70	.63
2	.81 .75 .70 .66	.77 .72 .68 .64	.74 .69 .66 .63	.79 .67 .61 .61	.59
3	.75 .67 .61 .59	.71 .64 .59 .55	.67 .62 .57 .54	.64 .60 .56 .53	.51
室 4	.68 .60 .53 .48	.65 .57 .52 .47	.62 .56 .50 .46	.59 .54 .49 .46	.44
空 5	.63 .53 .46 .41	.60 .51 .45 .40	.57 .50 .44 .40	.54 .48 .43 .39	.38
间 6	.58 .47 .40 .35	.55 .46 .39 .35	.52 .44 .39 .31	.50 .43 .38 .34	.32
比 7	.53 .42 .35 .30	.50 .41 .34 .30	.48 .39 .34 .29	.45 .38 .33 .29	.28
8	.49 .38 .31 .26	.46 .37 .31 .26	.44 .36 .30 .26	.42 .35 .30 .26	.24
9	.45 .31 .27 .23	.43 .33 .27 .23	.41 .32 .27 .23	.39 .31 .26 .22	.21
10	.42 .31 .25 .20	.40 .30 .24 .20	.38 .29 .24 .20	.36 .29 .24 .20	.18

配照灯（GGY—400W）、高压汞灯的利用系数 表 17-9

顶棚反射率 ρ_c（%）	70	50	30	10	0
墙反射率 ρ_w（%）	70 80 30 10	70 50 30 10	70 50 30 10	70 50 30 10	0
1	.83 .79 .75 .72	.79 .75 .73 .70	.75 .72 .70 .63	.71 .69 .67 .66	.64
2	.76 .70 .65 .60	.72 .67 .63 .59	.68 .64 .61 .58	.65 .62 .59 .56	.55
3	.69 .61 .55 .51	.66 .59 .54 .50	.62 .57 .52 .49	.59 .55 .51 .48	.46
室 4	.63 .55 .48 .43	.60 .53 .47 .42	.57 .51 .46 .42	.59 .49 .45 .41	.40
空 5	.58 .48 .42 .36	.55 .47 .41 .30	.52 .46 .40 .35	.49 .44 .39 .35	.34
间 6	.53 .43 .36 .31	.55 .41 .35 .31	.48 .40 .35 .30	.45 .39 .34 .30	.29
比 7	.48 .33 .31 .26	.46 .37 .31 .26	.43 .36 .30 .27	.41 .35 .30 .26	.24
8	.45 .34 .28 .26	.42 .33 .27 .23	.44 .32 .27 .23	.38 .31 .26 .23	.21
9	.41 .31 .24 .20	.33 .30 .24 .20	.37 .29 .24 .20	.36 .28 .23 .20	.18
10	.38 .28 .22 .18	.36 .27 .21 .17	.38 .27 .21 .17	.33 .26 .21 .17	.16

平均照度

$$E_{av} = \frac{\Phi N \mu M}{SZ} \tag{17-14}$$

式中　Φ——每套电光源的光通量，由光源的类型、功率决定，可查产品样本，即（17-13）式中的 Φ_2。如40W单管日光灯的光通量3300lm，双管灯为6600lm。

　　　μ——灯具光通量的利用系数，可以查有关的表得到。

　　　M——是减光系数，一般取0.7。

　　　S——室内地面净面积（m^2）。

　　　N——灯具套数，不是指一套灯的火数，如9火灯也算一套。

　　　Z——是不均匀度系数，即均匀度的倒数，其值为 E_{av}/E_{vw}，一般取1.2。

17.3.2　室空间比

室空间比是由灯具的悬挂高度 h 及房屋面积（长×宽 = $A \times B$）决定的，用 RCR 表示，定义为：

$$RCR = \frac{5h\,(A + B)}{A \cdot B} \tag{17-15}$$

式中　A——房间的长度；

　　　B——房间的宽度。

根据灯具悬挂高度及室空间比从表17-8和表17-9中可以查出不同灯的利用系数。

17.3.3　影响灯具利用系数 μ 的因素

（1）主要由电光源的发光效率、灯具的效率、灯具的形式决定。实用中常选用效率高的光源以外，深照型的灯罩的形状使光通量比较集中，所以利用系数高。

（2）灯具的安装高度 h 越低，室空比小，则利用系数就越高。同理，当高度一定时，房间面积越小，室空比大，则利用系数就越低。

（3）减光系数，它取决灯泡或灯管新旧程度及卫生情况，显然新灯尘土少则利用系数大。

（4）室内墙壁材料的反射系数。

【例17-1】　某工厂组装车间长60m，宽12m，高8m，结构梁的间距为6m，灯具悬挂高度为6m，采用500W白炽灯和GGY—400W高压汞灯两种灯混光照明，窗户面积占两侧墙面积的55%，而山墙不开窗户。设定车间需要照度标准是100lx，求用利用系数法计算灯具的数量及平面布灯方案。

解：（1）确定房间材料反射系数：查有关资料见表17-10。

室内顶棚、墙面及地面材料反射率　　　　　　　　　　　　　表17-10

材　料　特　征	反射系数 ρ
白色顶棚、白色墙壁或有白色窗帘	70%
混凝土顶板、白色而潮湿的顶板或无窗帘的白色墙壁	50%
混凝土墙、糊纸的墙壁、木天花板及混凝土地面	20% ~ 30%
清水砖墙、有色墙纸、有色地面、多尘屋顶	10%
透明玻璃	9%

设定屋顶及墙面材料反射系数 $\rho_c = 50\%$；

地面材料反射系数 $\rho_d = 20\%$；

玻璃材料反射系数 $\rho_p = 9\%$；

室内墙整体面积反射系数 ρ

$$\rho = \frac{0.5 \times 60 \times 8 \times 2 \times (1-0.55) + 0.5 \times 12 \times 8 \times 2 + 0.0}{(60+12) \times 8 \times 2} = 31.20\%$$

（2）计算室空间比：

$$RCR = \frac{5h \ (A+B)}{A \cdot B} = \frac{5 \times 6 \ (60+12)}{60 \times 12} = 3$$

（3）计算利用系数：按顶棚 $\rho_c = 50\%$ 及 $\rho_w = 31\%$ 查表 17-8 及表 17-9 得

$$\mu_{白} = 0.59, \quad \mu_{汞} = 0.54。$$

（4）计算灯的数量：设定两种灯各占一半，即各提供 50lx，白炽灯的光通量为 7680lm，400W 高压汞灯的光通量为 20000lm，则

$$N_{白} = \frac{E_{av}SZ}{\Phi\mu M} = \frac{50 \times 60 \times 12 \times 1.2}{7680 \times 0.59 \times 0.7} = 13.62 \ (盏) \quad 取 14 \ (盏)$$

$$N_{汞} = \frac{E_{av}SZ}{\Phi\mu M} = \frac{50 \times 60 \times 12 \times 1.2}{20000 \times 0.54 \times 0.7} = 5.71 \ (盏) \quad 取 6 或 7 \ (盏)$$

（5）布灯方案见图 17-4 所示。

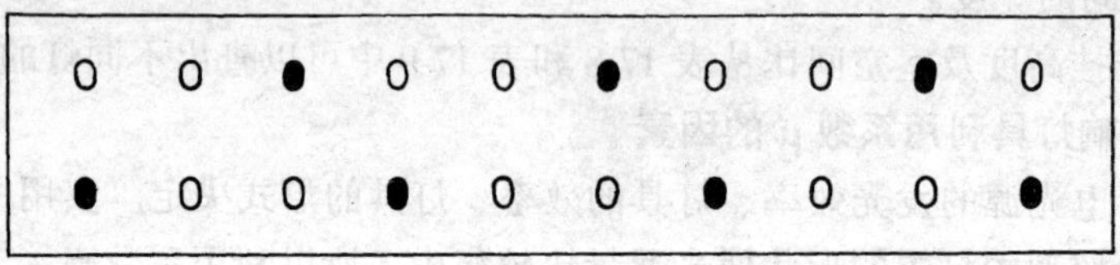

图 17-4 车间平面布灯方案
（●—表示高压汞灯，○—表示白炽灯）

灯的纵向间距 6m，端灯距山墙 3m，灯的横向间距 6m，距墙也 3m。灯具安装于两梁之间的板中间，即每开间两盏灯。

（6）验算车间平均照度：

$$E_{av} = \frac{\Phi N\mu M}{SZ}$$

$$= \frac{(7680 \times 14 \times 0.59 + 20000 \times 7 \times 0.54) \times 0.7}{60 \times 12 \times 1.2}$$

$$= 112.65 \ (lx)$$

大于 100 （lx）

（7）设计最低照度：

如果照度的均匀度按 1 比 3，即 E_{min}/E_{av}，可得：

$$E_{min} = 112.65/3 = 37.55 \ (lx)。$$

17.3.4 照度计算说明

（1）圆形发光体的直径小于其至受照面距离的 1/5 或线形发光体的长度小于照射距离的 1/4 时，可视为点光源。当发光体的宽度小于计算高度的 1/4，长度对于计算高度的 1/2，发光体间隔较小（发光体间隔小于 $h/4\cos\theta$）且等距的成行排列时，可视为连续线光源。其中 h 为灯具在计算点上的垂直高度；$\cos\theta$ 指受照面法线与入射光线夹角的余弦值。

（2）面光源系指发光体的形状和尺寸在照明场所中占有很大比例，并且超出点线光源

所具有的形状概念。单位容量法等简化计算方法只适用于方案或初步设计时的近似计算。

（3）点照度计算适用于室内照明，如体育场馆的直射光对任意平面上一点照度的计算，其中点光源点照度计算可采用平方反比法。线光源点照度计算可采用方位系数法。面光源点照度计算可采用形状因素法，或称为立体角投影率法。当室内反射特性较好时，尚应计及相互分量对照度计算结果产生的影响。

（4）平均照度计算适用于房间长度小于宽度的4倍、灯具为均匀布置以及使用对称或近似对称光强分布灯具时的照度计算，可采用利用系数法。平均球面照度（标量照度）和平均柱面照度计算，适用于在有少量视觉作业的房间如大门厅、大休息厅、候车室、营业厅等的照度计算，可采用流明法。

（5）由于光源的光通衰减、灯具积尘和房间表面污染而引起的照度降低，在计算照度时应计入表17-11所列的维护系数表。

维 护 系 数 表 表17-11

环境特征	房间和场所示例	维 护 系 数	
		白炽灯、日光灯、高强气体放电灯	卤钨灯
清洁	卧室、客房、办公室、阅览、餐厅、绘图室、病房	0.75	0.80
一般	营业厅、候车室、展厅、影剧院、观众厅等	0.70	0.75
污染严重	锅炉房	0.65	0.70
室外	室外庭院灯、体育场	0.55	0.60

注：①在进行室外照度计算时，应计入30%的大气吸湿系数。

②当维护系数用减光补偿系数表示时，应按表中所列系数的倒数计算。

选用光源功率时，允许采取较计算光通量不超过±10%幅度的偏差。一般建筑照明的测量方法应符合现行的室内照明测量方法标准的规定。

根据视觉工作要求，应考虑照明装置的技术特性及其最初投资与长期运行的综合经济效益。对于光源一般房间优先采用荧光灯。在显色性要求较高的场所宜采用三基色荧光灯、稀土节能荧光灯、小功率高显钠灯等高效光源。高大房间和室外场所的一般照明宜采用金属卤化物灯、高压钠灯等高强度气体放电光源。当需要使用热辐射光源时，宜选用双螺旋（双绞丝）白炽灯或小功率高效卤钨灯。

17.4 逐点计算法计算照度

当电光源的尺寸远小于它和被照表面的距离时，可视光源为一点，一般光源尺寸为其到计算点距离20%，其计算误差在5%以下。逐点计算法计算比较准确，可计算一般照明、局部照明和室外面照明，适用于大型体育馆、大空间照明等场所。但不适用于计算周围材料反射系数很高场所的照度计算。

逐点计算法适用于水平面、垂直面和倾斜面上的照度计算。从计算方法上分，有相对照度计算和等照度计算两种。以下所述大部分为等照度计算法。道路照明因 $L:h$ 值相差较大，采用相对照度计算法。逐点计算法又分点光源、线光源、面光源三种情况。

17.4.1 利用配光曲线计算点光源的水平照度和垂直照度

在照度计算方法中，逐点法是利用光源照度的平方反比定律求出每个照明器对某点的照度，各个照明器对该点产生的照度总和即为计算点的照度。非点光源用此法计算容易产生误差，当光源的尺寸远小于被照面时就可以视为点光源。

根据点光源照度的平方反比及余弦定律，水平面照度 E_h 及垂直面照度 E_v 计算式为：

$$E_h = \frac{I_e \cdot \cos\theta}{L^2} = \frac{I_e \cdot \cos^3\theta}{h^2} \qquad (17-16)$$

$$E_v = \frac{I_e \cdot \sin\theta}{L^2} = \frac{I_e \cdot \cos^2\theta \cdot \sin\theta}{h^2} \qquad (17-17)$$

17.4.2 水平照度和垂直照度的关系

E_v 与 E_h 的关系式如下：

$$E_v = \frac{I_e}{L^2} \cdot \sin\theta = \frac{I_e}{L^2} \cdot \cos\theta \, \frac{\sin\theta}{\cos\theta} = E_h \mathrm{tg}\theta \qquad (17-18)$$

如图 17-5 所示 θ 为照明器对计算点的入射角，I_θ 为入射角方向的光强。

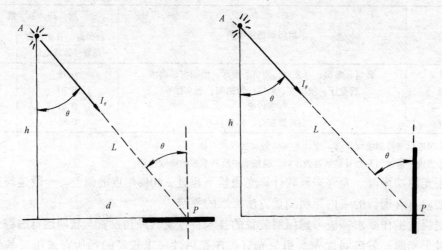

图 17-5　水平照度与垂直照度的计算

17.4.3 平方反比定律直角坐标计算式

从图 17-6 中可导出平方反比定律直角坐标计算式

$$E_{hp} = \frac{I_\theta \cos\theta}{L^2} = \frac{I_\theta \cdot h}{L^2 \cdot L} = \frac{I_\theta \cdot h}{L^3}$$

$$\because \quad d^2 = \sqrt{x^2 + y^2}$$

$$\therefore \quad L = \sqrt{d^2 + h^2} = \sqrt{x^2 + y^2 + h^2}$$

$$\therefore \quad L^3 = (x^2 + y^2 + h^2)^{3/2}$$

$$\therefore \quad E_{hp} = \frac{I_e \cdot h}{(h^2 + x^2 + y^2)^{3/2}} \qquad (17-19)$$

式中　I_θ——电光源配光曲线中在 θ 角的发光强度（cd）；

　　　h——灯具悬挂高度（m）；

　　　L——点光源到工作面的距离（m）。

【例 17-2】　有一间办公室净高 **3.2m**，采用两盏塘瓷罩吸顶灯，内有 100W 白炽灯，

620

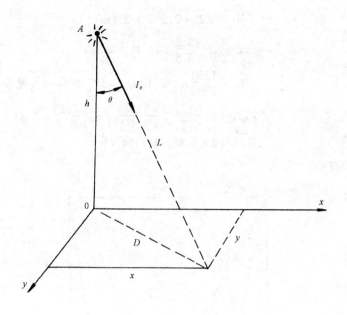

图 17-6　平方反比定律直角坐标关系

如图 17-7。用逐点计算法计算 A 点和 B 点的水平照度是多少？

解：1. 求 A 点的照度

（1）查表 17-12 可知白炽灯的光通量为 1250lm。

常用电光源的光通量（lm）　　　　　　　　　　　　　　　　　　表 **17-12**

光源功率	普通白炽灯	碘钨灯	普通荧光灯	高压汞灯	自镇流高压汞灯	高压灯	镝灯	钠铊铟灯
15	110		400					
20			790					
25	220							
30			2000					
40	350		3300					
60	630							
85			4900			7500		
100	1250							
125			7000	4750				
150	2000							
160					2560			
200	2920							
250			10500		4900	20000	18000	
300	4610							
400			20000			26000	35000	28000
450					11000			
500	7680	9750						
1000	18600	21000					76000	70000
1500		31500						
2000		42000						

（2）求配光曲线在 θ 角的发光强度：从图 17-7 中得：

$$d_1 = \sqrt{2^2 + 2.5^2} = 3.2 \ (\text{m})$$

$$\theta_1 = \text{tg}^{-1}\frac{3.2}{3.5} = 42.4°$$

$$I_{\theta1} = \frac{1250}{1000} \times 142 \ (\text{cd}) = 177.5 \ (\text{cd}) \ (见表 17-13)$$

$$E_{\text{M·A}} = \frac{177.5 \times 3.5}{(2^2 + 2.5^2 + 3.5^2)^{3/2}} = \frac{621.25}{106.7} = 5.82 \ (\text{lx})$$

$$\Sigma E_{\text{A}} = 2 \times 5.82 = 111.54 \ (\text{lx})$$

2. B 点的照度：

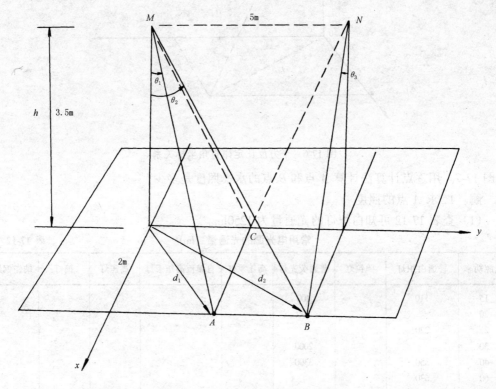

图 17-7　[例 17-2] 用图

$$d_2 = \sqrt{2^2 + 5^2} = 5.4 \ (\text{m})$$

$$\theta_2 = \text{tg}^{-1}\frac{5.4}{3.5} = 57°$$

根据角度查配光曲线得相应的发光强度：$I = 117 \ (\text{cd})$

$$I_{\theta2} = \frac{1250}{1000} \times 117 \ (\text{cd}) = 146.25 \ (\text{cd})$$

$$E_{\text{M·B}} = \frac{146.25 \times 3.5}{(2^2 + 5^2 + 3.5^2)^{3/2}}$$

$$= \frac{511.88}{265.0} = 1.93 \ (\text{lx})$$

N 灯在 B 点：$y = 0$，$x = 2$，$h = 3.5$，

$$\theta_3 = \text{tg}^{-1}\frac{2}{3.5} = 30°$$

（3）计算实际光强 $I_{\theta 3}$：

因为配光曲线是按 1000lm 绘制的，实际光源是 1250lm，所以：

$$I_{\theta 3} = \frac{1250}{1000} \times 155\,（\text{cd}）= 193.8\,（\text{cd}）（见表 17-13）$$

（4）计算指定点的照度：

N 灯在 B 点的照度 $\quad E_{\text{N·B}} = \dfrac{I_{\theta 3}\cos^3\theta_3}{L^2}$

$$= \frac{193.8 \times \cos 33°}{2^2 + 3.5^2} = 10.00\,（\text{lx}）$$

$$\Sigma E_B = E_{\text{M·B}} + E_{\text{N·B}} = 1.91 + 10.00 = 11.93\,（\text{lx}）$$

搪瓷广照型灯发光强度表

表 17-13

有效棚顶反射率（%）		70				50				30			
墙的反射率（%）		70	50	30	10	70	50	30	10	70	50	30	10
室空间比 RCR	1	0.83	0.79	0.75	0.72	0.79	0.75	0.73	0.70	0.75	0.72	0.70	0.63
	2	0.76	0.70	0.65	0.60	0.72	0.67	0.63	0.59	0.68	0.64	0.61	0.58
	3	0.69	0.61	0.55	0.51	0.66	0.59	0.54	0.50	0.62	0.57	0.52	0.49
	4	0.63	0.55	0.48	0.43	0.60	0.53	0.47	0.42	0.57	0.51	0.46	0.42
	5	0.58	0.48	0.42	0.36	0.55	0.47	0.41	0.36	0.52	0.46	0.40	0.36
	6	0.53	0.43	0.36	0.31	0.50	0.41	0.35	0.31	0.48	0.40	0.35	0.30
	7	0.48	0.38	0.31	0.26	0.46	0.37	0.31	0.26	0.43	0.36	0.30	0.27
	8	0.45	0.34	0.28	0.23	0.42	0.33	0.27	0.23	0.40	0.32	0.27	0.23
	9	0.41	0.31	0.24	0.20	0.39	0.30	0.24	0.20	0.37	0.29	0.24	0.20
	10	0.38	0.28	0.22	0.18	0.36	0.27	0.21	0.17	0.35	0.27	0.21	0.17

3. 同理可求得 C 点的照度：

$$d_2 = 2.5$$

$$\theta_4 = \text{tg}^{-1}\frac{2.5}{3.5} = 35.5°$$

根据角度查配光曲线得相应的发光强度：$I = 154\,（\text{cd}）$

$$I_{\theta 2} = \frac{1250}{1000} \times 154\,（\text{cd}）= 193.00\,（\text{cd}）（见表 17-14）$$

$$E_{\text{M·C}} = E_{\text{N·B}} = \frac{193 \times 3.5}{(2.5^2 + 3.5^2)^{3/2}} = \frac{675.5}{79.53} = 8.50\,（\text{lx}）$$

$$\Sigma E_c = E_{\text{M.C}} \times 2 = 8.5 \times 2 = 17\,（\text{lx}）$$

【例 17-3】 某低压电气工厂组装车间长 60m，宽 12m，高 8m，结构梁的间距为 6m，灯具悬挂高度为 6m，采用 500W 白炽灯和 GGY—400W 高压汞灯两种灯混光照明，平面布局如图 17-8。求用逐点计算法计算 A、B 和 C 点实际照度值是多少？

解：（1）查白炽灯的光通量为 7680lm，高压汞灯的光通量为 20000lm。

（2）从 A 点至各灯的水平距离 L 为：

$L_1 = 4.2\text{m}$，$L_2 = 9.4\text{m}$，$L_3 = 15\text{m}$，$L_4 = 21\text{m}$，$L_5 = 27\text{m}$，填于表 17-14 中。

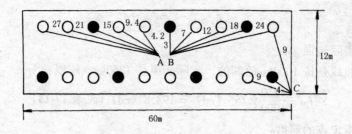

图 17-8　车间平面布灯方案

（●—表示高压汞灯，○—表示白炽灯）

（3）灯具安装高度 h 为 6m 时，查等照度曲线照度值填于表 17-14 中。

计　算　结　果

表 17-14

水平距离 L（m）	灯具数量 （$n_{白}$）	对应照度 $E_{i白}$	灯具数量 （$n_{汞}$）	对应照度 $E_{i汞}$	照度之和 ΣE_i
$L_1 = 4.2\text{m}$	3	3.5	1	3.4	13.9
$L_2 = 9.4\text{m}$	2	0.72	2	0.86	3.16
$L_3 = 15\text{m}$	3	0.15	3	0.2	0.65
$L_4 = 21\text{m}$	3	—	1	—	—
$L_5 = 27\text{m}$	2	—	2	—	—
照度总和		12.0		4.46	

（4）计算 A 点照度值：

$$E_{A白} = \frac{M \cdot \Phi \cdot \Sigma E_i}{1000} = \frac{7680 \times 12.0 \times 0.7}{1000} = 64.5 \text{（lx）}$$

$$E_{A汞} = \frac{M \cdot \Phi \cdot \Sigma E_i}{1000} = \frac{20000 \times 4.46 \times 0.7}{1000} = 74.4 \text{（lx）}$$

$$E_A = 33.56 + 89.2 = 122.76 \text{（lx）}。$$

（5）计算 B 点照度值：

计　算　结　果

表 17-15

水平距离 L（m）	灯具数量 （$n_{白}$）	对应照度 $E_{i白}$	灯具数量 （$n_{汞}$）	对应照度 $E_{i汞}$	照度之和 ΣE_i
$L_1 = 3.0\text{m}$	1	1.6	1	4.3	1.6
$L_2 = 7\text{m}$	3	0.66	1	1.4	0.7
$L_3 = 12\text{m}$	3	0.9	1	0.4	0.3
$L_4 = 18\text{m}$	2	—	2	—	—
$L_5 = 24\text{m}$	3	—	1	—	—
照度总和		8.7		6.1	

$$E_{B白} = \frac{M \cdot \Phi \cdot \Sigma E_i}{1000} = \frac{7680 \times 8.7 \times 0.7}{1000} = 46.8 \text{（lx）}$$

$$E_{B汞} = \frac{M \cdot \Phi \cdot \Sigma E_i}{1000} = \frac{20000 \times 6.1 \times 0.7}{1000} = 85.4 \text{（lx）}$$

$$E_B = 46.8 + 85.4 = 132.2 \text{（lx）}。$$

（6）计算 C 点照度值：

计 算 结 果

表 17-16

水平距离 L（m）	灯具数量 （$n_白$）	对应照度 $E_{i白}$	灯具数量 （$n_汞$）	对应照度	$E_{i汞}$照度之和 ΣE_i
$L_1 = 9m$	2	0.5	1	3.5	
$L_2 = 4m$	1	0.15	1	0.35	
照度总和		1.15		3.85	

$$E_{c白} = \frac{M \cdot \Phi \cdot \Sigma E_i}{1000} = \frac{7680 \times 1.15 \times 0.7}{1000} = 6.18 \text{（lx）}$$

$$E_{c汞} = \frac{M \cdot \Phi \cdot \Sigma E_i}{1000} = \frac{20000 \times 3.85 \times 0.7}{1000} = 53.9 \text{（lx）}$$

$$E_c = 6.18 + 53.9 = 60.0 \text{（lx）} 可见 C 点很暗。$$

【例 17-4】 有一教室，面积 $60m^2$，用 12 盏 40W 日光灯，查表知每个日光灯光通量是 3300lm，计算该教室平均照度。

$$E = \frac{3300 \times 12 \times 0.5}{60 \times 1.4 \times 1.2} = 196 \text{（lx）}$$

【例 17-5】 如果已知某会议室面积为 $60m^2$，用日光灯，要求最低照度为 100lx，求需要多少光通量？用几盏灯？

解：N 盏灯的总光通量 $N\Phi$ 为：

$$N\Phi = \frac{ESKZ}{\mu} = \frac{100 \times 60 \times 1.4 \times 1.2}{0.5} = 20160 \text{（lm）}$$

$\because$ 一盏灯的光通量为 3300lm

$\therefore$ $N = 20160 \div 3300 \approx 7$（盏）

结论：

（1）逐点计算法比较准确，但是当灯具多时计算麻烦，通常计算结果稍大于利用系数法，采用利用系数法公式中考虑有不均匀度系数 Z 以后就好一些。

（2）在逐点计算法中白炽灯在 20m 以外的作用就很小了，可以忽略不计。

（3）通过例题可以看出发光效率高的气体放电灯起了关键的作用，所以在照明设计中宜尽可能采用高强气体放电灯。

17.5 民用负荷估算法

17.5.1 单位面积负荷估算法

对于住宅电气设计标准，首都规划建设委员会办公室和北京市城乡规划委员会于 1996 年颁布的首规办规字第 206 号文件，《关于颁布住宅电气设计通用标准的通知》是为了进一步完善和规范我市住宅设计，经专家组研究，将北京市建筑设计研究院《住宅电气设计通用标准》作了补充，参考表 17-17。随着社会的发展，单位面积负荷标准会逐步提高，此表仅作参考。此方法的特点是不再按灯具和插座的容量逐一统计，简单方便。应该考虑每户两台小型空调器。

住宅每户用电标准 表 17-17

居室类别	户　型	建筑面积 （m²）	用电负荷标准 （W/m²）	每户用电负荷 （kW）	电度表规格 （A）
丙	1室	40～50	38～30	1.5	5（20）
乙	2室	60～65	33～31	2.0	5（20）
乙	3室	70～73	36～35	2.5	5（20）
甲	3室	90～93	39～38	3.5	10（40）

　　住宅总表的容量可以参考表 17-18，每户按两室考虑。当户数为 25～100 户时，需要系数取 0.4；当户数为 101～200 户时，需要系数取 0.33；多于 200 户时，取 0.26；当户数少于 3 户时，需要系数取 1；当户数为 19～24 户时，取 0.45。

　　电表按 DD862—4 型单相电度表标注的。当采用气体放电灯、电子镇流器、电视机、录像机以及整流设备的使用，即使三相负载平衡，还应该考虑非正弦电路中高次谐波的影响，因此通常工作零线的截面和相线的截面相等。用户平均功率因数一律按 0.9 计算。电表通常采用四倍表，即为额定电流的四倍。起转电流不大于额定电流的 0.5% 时，采用 DD86Ia—4 型表的数据。

不同住宅类别组合用电量参考表 表 17-18

户　　数	1 户	6 户	12 户	18 户
设备容量	2.5kW	15kW	30kW	45kW
需要系数	1	0.75	0.5	0.45
计算容量	2.5	9	15.0	20.25
功率因数	0.9	0.9	0.9	0.9
计算电流	12.6A	56.8A	75.8A	102A
安装电度表规格	30（100）A	30（100）A	30（100）A	30（100）A
导线截面（mm²）	16（BV）	16（BV）	25（BV）	35（BV）
低压断路器（A）		60	80	100

17.5.2　民用小负荷估算法

　　为简化计算可参照下列数值作用电量统计依据。

　　一般民用建筑插座：100W 计（含一个面板上有二孔、三孔者），数量通常是起居室两个，居室各两个，厨房两个。

　　一般直流环形荧光灯（配电感镇流器）：40W 按 50W 计，30W 按 40W 计，20W 按 25W 计。

　　稀土节能灯（配电感镇流器）：灯功率×1.2 倍后取整。

　　各类高强度气体放电灯：（配电感镇流器）灯功率×1.2 倍后取整。

　　一般风机盘管小于 100W 时按 100W 计。烘手器和公共场所清洁用吸尘器按 2kW 计。

　　照明系统中每一单相回路，一般不超过 16A 灯具，出线口数量不宜超过 25 个。大面积建筑组合照明系统每一单相回路不应超过 25A，光源数量不宜超过 60 个，每一回路插座出线口数量不宜超过 10 个。

　　照明与插座回路宜分设支路配电。在个别情况下，照明与插座回路为同一支路配电时，总数量不宜超过 20 个。连接插座数量不宜超过 5 个。住宅单元不受上述限制。

　　住宅、办公楼等公用房所插座，宜设置在不同墙面上，且每个面板上宜有二、三孔组合插座。不同电压的插座插孔型式应有所区别。公共走道、托幼活动场所以及人可能接触的部位所安装的插座应选用保护型产品。在瓷砖、装饰面砖等墙面上装设电器装置件时，应与装修分格尺寸或砖型密切配合，尽量减少砖体的破损量。当集中控制高压气体放电灯时，因考虑启动电流等因素，保护设备可按表 17-19 选择。

气体放电灯的配电线路，其中性线截面应与相线规格相同。灯具应方便检修。当在吊顶内更换光源时，应预留有检修条件。有固定座椅或地面有坡度时，灯具应在吊顶内（上部）检修。

高大房间，如锅炉室、冷水机房，灯具宜安装在钢索或金属线槽上，或采用壁灯方式，灯具高度宜在 5m 以下。设有吊车的厂房，灯具应高出梁下皮（下弦）以上。无吊车的厂房和其他高大房间，灯具应能通过钢丝绳升降检修或者设马道检修的条件。20m 以下的高杆灯具可以采用人工检修方式，20m 以上宜选用电动升降方式检修。

重点街道上建筑物应设计或预留景观照明电源，宜采用集中供电的专用回路。景观照明的设计应突出重点部位，并且无论采用何种安装方式均应设有检修条件。

保护设备额定电流的选择 表 17-19

保护设备类别	白炽灯 卤钨灯 荧光灯	高强度气体放电灯
熔断器（熔体）	$I_{F·e} \geq I_{js}$	$I_{F·e} \geq 1.2 I_{js}$
带有热脱扣器的低压断路器	$I_{Q·e} \geq I_{js}$	$I_{Q·e} \geq 1.3 I_{js}$
带有复式脱扣器的低压断路器	$I_{Q·e} \geq I_{js}$	$I_{Q·e} \geq 1.3 I_{js}$

注：表中　$I_{F·e}$——熔体的额定电流（A）；

$\qquad I_{Q·e}$——低压断路器脱扣器额定电流（A）；

$\qquad I_{js}$——负荷计算电流。

习　题　17

一、简答题

1. 照度定律的关系式是：

2. 照度计算中所谓利用系数 μ 的含义是什么？

3. 逐点计算法的含义是什么？

二、问答题

1. 照度标准等级是如何确定的？

三、计算题

1. 有一教室，面积 60m^2，用 12 盏 40W 日光灯，查表知每个日光灯光通量是 3300lm，计算该教室平均照度。

2. 如果已知某会议室面积为 60m^2，用日光灯，要求最低照度为 100lx，求需要多少光通量？用几盏灯？

3. 某会议室面积长 10m，宽 8m。装饰照明拟用吸顶花灯，功率 40W，光通量为 3300lm，利用系数为 0.3，减光系数为 0.7，不均匀系数 1.2，照度标准采用 150lx，计算需要吸顶灯的数量是几套？

习 题 17 答 案

一、简答题

1. 答：

$$E = \frac{\mathrm{d}\varphi}{\mathrm{d}S} = \frac{I\cos\beta}{l^2}$$

2. 答：是指电光源的光通量通过直射、经墙反射、经屋顶反射等达到工作面 S 后，能够利用到的光通量 Φ_1 和电光源发出的光通量 Φ_2 之比，称为利用系数。利用系数法适用于均匀布灯的一般室内照明设计计算。

3. 答：逐点计算法是利用光源照度的平方反比定律求出每个照明器对某点的照度，各个照明器对该点产生的照度总和即为计算点的照度。

二、问答题

1. 答：照度标准值是指工作或生活场所参考平面上的平均照度值。民用建筑照明照度标准值应按以下系列分级：0.5、1、2、3、5、10、15、20、30、50、75、100、150、200、300、500、750、1000、1500 和 2000lx。即如下表。

0.5	1	2	3	5	10	15	20
		30	50	75	100	150	200
		300	500	750	1000	1500	2000

三、计算题

1. 解：$E = \dfrac{3300 \times 12 \times 0.5}{60 \times 1.4 \times 1.2} = 196$（lx）

2. 解：用公式（3-11）可得 N 盏灯的总光通量 $N\Phi$ 为：

$$N\Phi = \frac{ESKZ}{\mu} = \frac{100 \times 60 \times 1.4 \times 1.2}{0.5} = 20160 \text{（lm）}$$

∵ 一盏灯的光通量为 3300lm

∴ $N = 20160 \div 3300 \approx 7$（盏）

3. 解：采用平均照度计算法计算

$$N = \frac{E_{av}SZ}{\Phi\mu M} = \frac{150 \times 10 \times 8 \times 1.2}{3300 \times 0.35 \times 0.7} = 17.8 \text{（盏）} \quad \text{取 18（盏）}$$

18 实 用 照 明

18.1 绿 色 照 明

18.1.1 绿色照明的概念

随着人类社会的发展，对环境污染日益重视，对建筑照明工程也提出所谓"绿色照明工程"。1992年10月美国政府对能源的利用公布了有关政策条例，美国议会对节约能源形成了方案。随后，美国政府环境保护署正式提出了"绿色照明工程"（Green Lighting Enginering）计划。其具体内容为：采用高效少污染的光源，提高照明质量、劳动生产率和能源有效利用水平，节约能源、减少照明费用、减少火力发电工程、减少有害物质的逸出和排放，达到保护人类生存环境的目的。美国专家预测，如果顺利实施绿色照明工程，一方面可以改善照明质量，一方面可以节约50%的照明用电量。

1995年我国国务院已经草拟了节约能源法，同年5月正式提交人大常委会审议。据悉，我国国内由国家经贸委牵头，由国家计委、国家科委、电力部、电子部、建设部、轻工总会、中国照明电器协会、中国照明协会、国家计委能源研究所、清华大学、北京电光源研究所、电力部龙源公司组成专家组，正式开始中国绿色照明工程筹划工作，并首先在广东、上海由建设部组织试点。

1. 绿色照明工程中的电光源

推广采用第三代光源中的金属卤化物灯和高压钠灯，逐步淘汰高压汞灯，取消混光照明灯具的生产和使用。

第三代电光源是指高强度气体放电光源HID，其发光效率在80～130lm/W之间，其中金属卤化物灯具具有全波长光谱，光色好，显色指数为60～95，色温3000～5000K，寿命10000h以上。高压钠灯光效特高，为80～140lm/W，寿命24000h，其黄白色光透雾性强，是显色指数要求不高的道路、港口、码头、隧道、矿山、仓库作一般照明的经济光源。

第二代电光源高压汞灯由于光效低（40～60lm/W），显色指数差，寿命短（4000～6000h），因此在被淘汰之中。高压钠灯和高压汞灯组合的混光照明，由于光线互相遮蔽阻挡，且高压汞灯寿命短，运行效果不好，用金属卤化物灯代替混光灯已成趋势。

2. 发展和推广新型光源

（1）选用细管荧光灯

荧光灯的发展对比，详见表18-1。

推荐使用T8（直径26mm）管径的荧光灯（36W，18W）管代替目前使用的T12（直径38mm）、T10（直径32mm）的灯管（40W，20W）。

（2）推广采用单端荧光灯，即紧凑型荧光灯，简称节能灯，代替白炽灯。

（3）推荐采用PAR型卤化物灯，采用厚玻璃抛物面反射器和经过特殊设计的光学透镜使发出的光分布合理。

荧 光 灯 的 发 展 对 比 表 18-1

对比内容	第一代 38mm 中管荧光灯	第二代 26mm 细管节能型	第三代 26mm 三基色荧光灯
功率 W	40	36	36
光通量 lm	2200	2500	3500
光效 lm/W	55	69.4	97
显色指数 Ra	70	72	85 ~ 95
有效寿命 h	5000	8000	8000
8000h 电费 元	160	144	144
运行情况	两端发黑	不发黑	不发黑

3. 目前的趋势

淘汰碘钨灯，因其光效低，寿命短，属高能耗产品。限制光效低的白炽灯的产量及其单个功率。使用电子镇流器代替电感镇流器。户外照明采用光电控制开关。户内过道照明采用触摸式延时开关，人走灯灭，达到节能目的。如果照明设备具有能够感知人体的存在而提供照明，在一般场合节能潜力在 50% 以上。电光源及照明电器应选用国家电光源监督检验中心抽测合格，而不是送检合格，并具有使用许可证的产品。

18.1.2 绿色照明节能的目的和手段

绿色照明设计的主要内容包括：根据视觉工作需要，决定照度水平；得到所需要的照度的节能光源；在考虑显色性的基础上采用高光效的光源；采用不产生眩光的高效率节能灯具；室内表面采用高反射率的材料；照明与空调系统的热结合；设置不需要时能关灯或灭灯可能的可变装置；不产生眩光差异的人工照明同天然光的综合利用；定期清洁照明灯具和室内表面，建立换灯和维修制度。

自然光的利用和人工照明的控制都有利于节能。在办公空间、大开敞空间，原来是白天也全部开灯，现在是窗户边上白天灭灯、走廊减少灯具数量，这基本上是固定下来了。目前，利用光传感器掌握来自窗户光线的变化，对窗户边的空间照明进行自动控制已经是可行的办法。也使用定时器对照明方式进行时间控制。

对于走廊灭灯，设计时应考虑使走廊的照度标准为相邻房间的 1/3 为宜，如果再减少照度，明暗对比就会过大，会令人不快。与减少灯具数量的方法相比，采用省电型光源，如省电型灯泡、荧光灯、荧光高压水银灯，还可以采用装水银灯稳定器的金属卤化物灯、高压钠灯，都不会降低照明的质量。

省电光源一览表见表 18-2；节能型荧光灯一览表见表 18-3，控制节能效果见表 18-4。

18.1.3 镇流器

推广"绿色"照明工程比较现实的两个做法一是使用节能灯具，另一个就是使用高效镇流器，提高照明的功率因数。白炽灯之所以迟迟不能被荧光灯所代替，其重要原因之一就是荧光灯不可靠。而荧光灯不能及时点燃的原因多数是由于镇流器不行。早期，驱动荧光灯的电感镇流器自身需要消耗大量功率，工作温度高，有噪声，且灯管工作时要闪烁容易对眼睛造成伤害。高品质电子镇流器自身能耗低、灯管工作时无闪烁、温升低及节电等优点逐渐被人们接受。

表 18-2

省 电 光 源 一 览 表

型 式	功率(W)	灯光	光通量(lm)	电灯效率(lm/W)	最大光强(cd)	光束开度	平均寿命(h)
1. 白炽灯							
LW100V19W（20—W型）	19	E26	175	9.2			1500
LW100V38W（40—W型）	38	E26	485	12.8			1000
LW100V57W（60—W型）	57	E26	810	14.2			1000
LW100V95W（100—W型）	95	E26	1520	16.0			1000
2. 高亮度灯							
LH100V20W	20	E26	180	9.0			1500
LH100V40W	40	E26	500	12.5			1000
LH100V60W	60	E26	835	13.9			1000
LH100V100W	100	E26	1570	15.7			1000
3. 氪灯							
KW100V36W	36	E26	450	12.5			2000
KW100V54W	54	E26	700	13.9			2000
KW100V90W	90	E26	1400	15.5			2000
4. GW 系列							
GW100/110V38W（40—W）	38	E26	420	11.1			2000
GW100/110V57W（60—W）	57	E26	705	12.4			2000
GW100/110V95W（100—W）	95	E26	1345	14.2			2000
5. 椭圆反射聚光灯泡							
RS110V50W—ER	50	E26	450		650	35	2000
RS110V75W—ER	75	E26	800		1500	30	2000
6. 反射型聚光灯泡							
RS110V38WM	38	E26	380		200	60	1500
RS110V50WM	50	E26	620		330	60	1500
RS110V95WM	95	E26	1260		960	45	1500
7. 冷光源 CRF 系列							
CRF110V68W（75W型）	68	E26	280		1800	30	2000
CRF110V90W（100—W型）	90	E26	380		2600	30	2000
CRF110V135W（150W型）	135	E26	580		3600	30	2000
8. 冷光源 NCF 系列							
NCF110V68W（75W型）	68	E26	210		1300	30	2000
NCF110V90W（100—W型）	90	E26	285		1900	30	2000
NCF110V135W（150W型）	135	E26	450		2800	30	2000

表 18-3

节能型荧光灯一览表

型式	种类	功率(W)	灯头	灯泡电流(A)	总光通量(lm)	电灯效率(lm/W)	平均寿命(h)
1.FL 系列预热启动式							
FL20S.D/19	日光	19	G13	0.360	1070	56	9000
FL20S.W/19	白色	19	G13	0.360	1230	65	9000
FL40S.D/19	日光	38	G13	0.420	2700	71	12000
FL40S.W/19	白光	38	G13	0.420	3100	82	12000
2.FCL 系列环形							
FCL30D/28	日光	28	G10q	0.610	1450	52	9000
FCL30W/28	白色	28	G10q	0.610	1670	60	9000
FCL32D/30	日光	30	G10q	0.435	1780	59	9000
FCL32W/30	白色	30	G10q	0.435	2050	68	9000
FCL40D/38	日光	38	G10q	0.610	2440	64	9000
FCL40W/38	白色	38	G10q	0.610	2800	74	9000
3.FLR 系列快速启动							
FLR40S.D/M37	日光	37	G13	0.440	2610	71	12000
FLR40S.W/M37	白色	37	G13	0.440	3000	81	12000
FLR110H.D/A/102	日光	102	R17D	0.825	7800	76	10000
FLR110H.W/A/102	白色	102	R17D	0.825	8960	88	10000
4.FL 系列高效预热							
FL20S.W—DL.E/19	特白	19	G13	0.360	1230	65	9000
FL40S.W—DL.E/38	特白	38	G13	0.420	3100	82	12000
5.FCL 系列环形							
gd \ 16—7.gdL.E/28	特白	28	G10q	0.610	1670	60	9000
FCL32W—DL.E/30	特白	30	G10q	0.435	2050	68	9000
FCL40W—DL.E/38	特白	38	G10q	0.435	2800	74	9000

1. 电感镇流器

电感镇流器经过了几十年的应用，证明其结构简单、性能良好、运行可靠、使用寿命长，到目前仍然是应用最为广泛的镇流器。但是，电感镇流器仍然有其自身难以克服的缺点。

电感镇流器自身消耗的功率大。直管荧光灯整流器的功率消耗为灯管功率的 25%，高压钠灯、金属卤化物灯的镇流器功率消耗为灯管功率的 15%。电感镇流器的功率因数低，其用于气体放电灯的功率因数不足 0.5，大大增加了电网的无功功率负担。由于其功耗大，导致工作温度偏高，容易造成线圈老化和火灾隐患。

控 制 节 能 的 效 果

表 18-4

功　能	效　果	使用场所	节电百分率
人体感知传感器	可以感知是否有人存在，有人在时开灯，否则熄灯	走　廊	10% ~ 30%
光传感器	当照度到达某种照度后熄灯	路灯	10% ~ 30%
时间程序控制	按不同时间段的要求使用电脑程序控制不同区域不同照度的照明	酒店，广场会堂	15% ~ 20%
模式控制	按运用状态及空间等参数决定照明模式按不同模式进行相应控制	剧场	40% ~ 50%
窗边控制	自动检测日光入射窗户照度，可熄灭临窗灯或使用分段调光控制	办公室	20% ~ 30%
人工遥控	对有人驻留的房间，可提高遥控手段，人工控制光线的强弱	居室	10%

电感镇流器的这些缺点导致了对新方法的寻找。我国 80 年代生产的低功耗电感镇流器只占灯管功率的 15%，但成本较高。灯管镇流器在近期仍然是市场主导产品，尤其在气体放电灯领域，电子镇流器还在研制阶段。但是从绿色照明的角度来看，电子镇流器才是希望所在。

2. 电子镇流器

电子镇流器工作频率大约在 25 ~ 45kHz 之间，具有明显的提高光效率和节能的效果，而且在高频工作下工作稳定无闪烁，有利于保护眼睛。电子镇流器的频率超过音频，几乎没有噪声，功率因数达 95% 以上，不需要额外的补偿元件。灯管在高频下工作，通过灯管的电流要小，光通量的衰减比工频要满，相当于延长灯管使用寿命 50%。电子镇流器的使用使得荧光灯能够进行调光，实现智能控制。点燃迅速可靠，完成无闪烁点燃。特别是能够在环境温度较低的情况下工作，如 0 ~ -25℃，可用于冷库或室外等特殊场合。

使用电子镇流器时，电源电压的偏移对光通量的输出影响较小，提高了照度的稳定性，对照明配电线路允许的电压损失可适当放宽。而且电子镇流器重量轻，可以节约金属材料。

(1) 补偿作用　我国生产的荧光灯管差异较大，工作时表现为不同频率下不同响应。实际上就是同一规格型号的灯管，在同一只镇流器的灯电压、灯电流的离散性也相当大。由于荧光灯是感性负载，必须进行某种形式的补偿才能工作在最佳状态。要想达到最佳补偿效果，首先应该提高电子镇流器的可靠性，延迟电子镇流器和灯管的使用寿命；其次保证荧光灯长期稳定工作在额定状态，尤其是要避免电压的大范围波动。

不同灯管的发光特性及各种内在特性是有很大的差异，电子镇流器并不是通用产品。

如果不加限制地使用，电子镇流器的在开关运行时 dv/dt 和 di/dt 值较大，瞬时的过电流脉冲功耗相对集中，极大地降低了电子镇流器的使用寿命。为减少高频寄生电容和电感，适当降低电流和电压的变化率，选择合格的启动电容，保持合适的灯丝电压，平衡灯丝温度，可大大延长灯具的使用寿命。

(2) 预热和异常保护　电子镇流器必须对灯管提供足够的预热后启辉，提供完善的保护功能。这主要是因为：如果对灯丝预热不充分，启动灯管需要一个很高的电压击穿灯管内的气体；在高电压产生的同时阴极电压降增加，阳极发射物质过分蒸发，降低灯管开关寿命。中国电子器件工业深圳公司生产的 CDZ 系列开关寿命在 10 万次以上，能够有效满足频繁开关使用。

灯管严重发黑后不能启动工作或由于运输过程中受损、安装时接触不良、灯丝老化而断裂，电子镇流器应能够提供完善的异常保护，直到故障排除。老式电子镇流器质量不过关的原因之一就是满意预热和异常保护电路，在频繁开关的场合，灯丝容易烧断，或发生异常情况不能保护而烧坏电子镇流器，也容易诱发其他故障。

(3) 波峰系数的影响　电子镇流器根据国家标准荧光灯灯管的电流波峰系数小于1.7，其波峰系数是指灯管电流的包络波形的峰值和有效值之比。荧光灯的寿命主要由阴极的发射能力决定的，正常情况下，阴极压降及热点的适当温度就可使足够量的电子摆脱逸出功而发射出来成为阴极电流。若波峰系数较大，就意味着电流峰值较大，阴极热点过高，电子过分蒸发，导致阴极发射能力下降，从而导致电流密度减少。阴极位降的增加会加剧离子流的溅射，大大降低了荧光灯的使用寿命。而且，波峰系数大的荧光灯在波谷时发光效率低。

(4) 电磁兼容性　电子镇流器的频率一般在 20kHz～100kHz 之间，谐振电路的器件大电流开关运行特性，高频寄生耦合电容和电感，瞬时的毛刺或尖峰会产生电磁干扰。为保证现代社会的大容量信息设备的频繁传递的准确无误，对各种用电设备所发出的电磁干扰，如辐射干扰、传导干扰，国际上如 FCC 和 VDF 都有明确规定。对于电子镇流器 FCC 标准规定用于工业照明灯应达到 A 级，民用建筑达到 B 级。

电子镇流器的体积小，外壳要求密封，导致其内部热阻大，要注意其防火问题。

18.2　商场照明设计

商场照明对于吸引顾客、促进商品销售方面起着重要作用，同对于为顾客创造购货的环境，帮助顾客正确辨认商品也有着重要意义。因此，合理的照明设计对于扩大影响，促进商品购销，保证安全都很重要，以下就商场照明设计的几个认识问题进行探讨，讨论的重点是大中型商场的营业场所。

18.2.1　商场照明的意义和要求

1. 意义

市场经济条件下，商场的根本目的就是为顾客购物提供良好服务，以推销商品，增加销售额，近十几年来我国大中城市商场数量大大增加，内外装饰和照明的作用更显重要，其意义在于：

吸引顾客注意力。一是要有具吸引力的店名广告牌和霓红灯广告牌，有对比的色彩和动感，衬托出热烈的气氛；二是商场临街的橱窗照明要有足够的亮度，布置的新颖独特性；三是商场进门处的一般照明应具有足够的照度和空间亮度。

建立良好的视觉环境，使进入商场的顾客产生一种心理舒适感，愿意在店内多走走看看，以吸引购买更多商品。

视觉引导作用。运用不同的亮度、照明方式和手法，引导顾客走向着重推销的商品和贵重商品柜台。

2. 对商场照明质量要求

从商场照明角度要求，除了要求包括良好的颜色显现，合理的限制眩光等以外，为了尽可能留住顾客的脚步，就是留住顾客的钱袋，商场才能有生存的可能。因此，吸引顾客、渲染商品特色都需要良好的照明设计。另外应确保使用安全，包括防止照明系统运行引起火灾和电击事故，以及紧急情况下时保证人员疏散所必需的照明。

商店照明应该具有足够的灵活性，以适应商场内部营销策略变化、商品变换、季节更替等引起的对照明的相应变化。节约能源：从使用高效光源、灯具和设计手法、运行管理等多方面采取措施，在满足视觉条件前提下使照明耗电量最小。

18.2.2　商场照明方式

商场照明并不是越亮越好，兴趣产生于对比，而不仅仅是刺激的强烈。商场常用的照明方式有两种，即一般照明和重点照明。

1. 一般照明

任何商场的营业场所都必须装设一般照明，它除了为顾客购货提供足够照度外，还需要在整个场所呈现明亮的空间亮度，使进入商场的顾客有一个明快舒适的感觉。

营业场所的一般照明通常采用线光源（用直管形荧光灯）规则地布置在顶棚下或嵌入顶棚内，可以布置成带状，也可以组成方块、方格或其他图案。这种规则的布置为场所提供均匀的照度。

对于贵重豪华商品，一般照明使用点光源作均匀布置，更能显示商品的特色和华贵。这种点光源可以用低压卤素灯或小功率高压气体放电灯，也可用紧凑型荧光灯。

2. 重点照明

重点照明的主要目的是为了建立展示商品的造型，表达展示品的构造、质地和颜色形成与周围环境更强烈的对比。良好的重点照明能使展品看起来很有光泽，产生一种闪闪发光的效果，使商品富有吸引力。

动用定向的重点照明灯具，对展品、时装模特正面以更高亮度，造成一定阴影，形成特有的造型。展示品阴影强弱，取决于其正面亮度与其邻近环境或背景亮度之比，该比值越大，则阴影强烈，造型效果越好。一般说，该亮度比至少应为 2～3 倍，甚至达到 20～30 倍。注意，这里指的是亮度而不是照度之比。阴影造型适用于橱窗，商场内部由于背景不宜太暗，一般不做强烈的阴影造型。

商场重点照明应该是局限在不大的范围，主要是由商品的贵贱程度、豪华程度和其自身的特殊质地决定的。华丽、贵重的商品，如珠宝、金银首饰、高级时装、贵重的工艺美术品等，需要运用重点照明，以显示其表面光泽和闪烁，或优良的质地，造成艺术性效果。

3. 商场照度

国标《民用建筑照明设计标准》（GBJ133—90）和建设部标准《民用建筑电气设计规范》（JGJ/T16—92）中，规定商场营业厅一般区域的平均照度为 75～100～150lx，柜台货架面为 100～150～200lx，自选商场营业厅为 150～200～300lx。这个标准制定已几年，已经不能完全满足当前发展的需要。欧美发达国家商场照度也相差甚远。因此，宜按以下三类不同地区和城镇分别确定照度标准：

（1）大城市及沿海发达的大中城市，如京、沪、津、广州、深圳等；

（2）中等城市，主要是省会和一部分省辖市；

（3）小城市，包括县级及镇级城镇。

对于第一类大城市，确定商场营业厅的照度标准应考虑以下因素：

①当今商业竞争的需要。照度提高是商场竞争的重要手段，如近几年来，京、沪等城市新建商场的建筑标准、装饰条件及照明等越来越高，老商场也在不断改造和重新装修，以适应市场竞争之需要。

②商品高档化。为适应国际交往、旅游的需要及部分有钱人的需要，大城市商场商品档次不断提高，进口高档时装、鞋帽、首饰等大大增加。

③考虑我国当前电力状况，要求节约能源；还必须计及商品价值、营业利润与能耗费用的比较。

④大城市商场营业厅，除少数面积外，都是无天然采光场所。从这点出发，其照度应适当提高。

考虑到以上因素，结合近两年北京、上海等城市的实践，对于大城市商场一般照明的照度参照国际照明委员会（CIE）推荐的商店一般照明照度值是适当的。CIE 标准《室内照明指南》（第二版）推荐值为：大型商业中心、超级市场和特级商场为 500～750lx，其他任何地段 300～500lx，我国大城市商场一般照明的平均照度按 300～500～750lx，推荐值 500lx。

以上照度是对综合性大型商场而言，而不同商品的专卖店，按商品条件而有所区别。价值高的商品、时装、首饰等售货场所，照度应高些，而粗制低值商品、蔬菜日常生活食品等销售区，照度可低些。大型商场内的顾客通道也不要求与商品展示、售货柜台一样的照度。而商店陈列货架时装展示架等则要求有一定的垂直照度。大型商场的营业厅，除考虑商品展示货架、柜台、售货场所的工作面照度外，还要注重整个空间的亮度，特别是商场入口的营业厅，应使整个空间包括顶棚具有较高的亮度，给进入商场的顾客一种明亮舒畅的感觉，并且也有利于白天进入商场的顾客眼睛的暗适应，从而可以大大提高顾客"逛商场"的欲望。

4. 商场照明质量

对于商场来说，良好的照明质量比其他建筑更显重要。它给顾客以舒适的视觉环境和心理感觉，同时对于渲染和表现商品特色、质地，对正确辨认商品颜色和品质，都具有重要作用。

18.2.3 商场照明光源的颜色特征

第一是光源的色表。它用相关色温表述，对于商场，通常应选用暖色温（3300K 以下）或中间色温（3300～5300K）为宜。在较低照度的环境下，需要暖色温；对处于中等照度水平的大多数商场，选用 3500～4000K 左右中间色温较合适；对于展示在迅速活动条件下的商品，应选用冷白光的中间色温，并有较高照度；而有些商品需要表现价值高的印象，创造一个更高照度，如1000lx或以上，则应选用冷色（5300K以上）光源。必须提及的是，一个区域同样光源（如直管荧光灯）的色温宜一致，避免色温相差太大的灯管混用。

第二是光源的显色指数（Ra）。大多数商品都要求有很好的颜色显现。按CIE《室内照明指南》的建议，商场照明的显色指数应为1B级（即$Ra \geq 80$）。这对于顾客正确辨别商场颜色和质地，从而挑选符合自己心愿的商品是十分必要的，如果光源显色指数太低，选购的商品必将失去其颜色和特性的真实感，购买后的天然光下发现其颜色、质地远不是在商场所看到的那样，可能导致退货或对该商场失去信任感，将影响商场的竞争地位。

然而，从我国当前的光源实际状况看，要完全达到这个要求是较困难的。目前，商场使用最多，价钱比较适宜而节能效果很好的光源是直管形荧光灯，而我国生产的这种灯管的Ra值多在65～70左右，南京飞东、上海亚明以及广东等合资企业或引进技术，生产$Ra > 80$的细管径直管荧光灯，将成为商场的理想光源，至于低压卤素灯，其$Ra = 100$，显色性十分理想。对于服装、纺织品、画制品等售货、展示区域，应使用$Ra \geq 80$的光源。

有一些商品不仅不要求光源具有高显色性，甚至在低显色灯或具有某种特定颜色光下，显得更生动。如出售鲜猪肉、牛羊肉的商店（或柜台），使用红光成分较多的光源，使鲜肉看起来显得更鲜红；而青菜（菠菜、韭菜、芹菜、油菜等）市场，在青绿色成分较多的光源下，看起来显得更翠绿，从而起到了吸引顾客购买的欲望。

18.2.4 眩光的限制

商场营业厅照明应限制眩光，以免使顾客头晕目眩。商场营业厅眩光限制质量等级属Ⅱ级，即中等质量（有轻微眩光感）。对于某些销售条件，如春节、圣诞节中，为了创造热烈气氛，可以运用有一定眩光感的灯光；对某些特定销售区，如电动玩具、音响设施等，可以使用一定眩光的照明。

商场的橱窗、陈列柜和摆设商品的柜台内照明，应该有更严格的眩光限制等级，即按国家标准的Ⅰ级质量（无眩光感）要求完全遮蔽柜内光源，使顾客在任何方向都看不到灯管（泡），避免任何直射眩光。对于商场临街的陈列橱窗，除照明眩光限制外，还要严格限制阳光照射到玻璃上产生的反射眩光，应与建筑装饰设计共同采取有效措施解决，如橱窗玻璃前上方装设遮光挑檐，或将玻璃倾斜装设，采用曲面玻璃等。

照明均匀度在整个大商场内，通常不必强调照明的均匀度，而仅仅在各个售货区域范围内的一般照明应考虑一定均匀度。大型商场内情况千差万别，有贵重商品和一般低值商品的不同，有精品和粗制品的差异，有顾客流动通道和商品摆放、售货场地的区别，所以，就整个商场而言，非均匀照明更切合实际需要。完全的均匀照度，显得太平铺直叙，平淡无奇，重点不突出，对顾客缺乏吸引力。从顾客视野看，进商场入口处照度宜高一些，而营业大厅最深处墙面亮度要高一些，便于引导顾客深入里面；从营销手法看，重点推销商品（如展销等）区应有较高亮度，以烘托热烈气氛，渲染促销。对于豪华贵重商品，往往增设重点照明，以突出其地位。此外，顾客通道的照度可以低于商品销售场地，允许为后者照度的1/3～1/4，展示橱窗内的照度应高于营业场所。同样是顾客通道，也有所区别，需要引导顾客"走去"的地段，照度要高些，需示意"顾客止步"之处，灯光要暗。

18.2.5 光源和灯具

1. 商场照明光源选用应考虑以下要求

（1）显色性好；（2）光效高，有利于节能；（3）安全、可靠、寿命长；（4）初建费及运行费综合经济指标合理。按这些要求和当前光源现状，商场一般照明首选光源是细管径（φ26）直管荧光灯，如南京飞东生产的 TLD36W/33 型，36W 灯管光效达 83.3lm/W，$Ra = 63$，色温 4100K，能满足一般商品显色性要求，节能效果好，寿命长，比现在使用最多的粗管径（φ38）荧光灯光效高得多，近两年已得到广泛应用。

对显色要求高（$Ra > 80$）的场所，应选用 TLD36W/84 型（或 58W，或"83"颜色）细管荧光灯，其 $Ra = 85$，灯管光效达 96lm/W，是商场理想的光源。需要使用点光源的地方，如贵重豪华商品的展示和销售区，以及重点照明等，可使用低压卤素灯，其特点是尺寸小，显色性高（Ra 达 100），暖色调，光束比较集中，节能效果优于白炽灯，但不如气体放电灯。

2. 商场照明灯具选用应考虑以下要求

（1）配光性能好，灯具效率高；

（2）简单、适用、适合该商场的装修水平，考虑必要的美观；

（3）安全可靠、维护方便。

首先是配光特性适合。大中型商场营业厅的面积大，高度较低，其室空间比（RCR）值较低，多在 1～3 之间。因此一般照明的灯具应选用宽配光，最适宜的是使用大开间办公场所用的蝠翼式配光，具有利用系数高，照度均匀，而且对陈列货架，及至售货员、顾客面部产生的垂直照度也较高，视看效果好。

其次是灯具的型式。对于装修标准高的高等级商场，一般照明用荧光灯时，宜使用嵌入式格栅灯具，并使用大格栅片，灯具效率应达到 0.60～0.65，不宜使用有扩散玻璃、胶片等作散光器的灯具，其灯具效率低、维护性能不佳。对于装修标准一般的普通商场，除上述格栅灯外，也可使用无格栅荧光灯具或吸顶筒式荧光灯具，后者光效高、简单、造价低，但没有眩光限制措施。

至于重点照明灯具，不能用宽配光，而应使用光束角较小的聚光灯，投向预定的目标。

18.2.6 橱窗的陈列柜架照明

1. 橱窗照明

作为商场的门面，宣传的窗口，橱窗照明要具有吸引力。首先是照度要高，与商场的地位适应，给街道来往人们产生一种新颖、明亮感。一般橱窗内的照度应相当于营业场所照度的 2～3 倍，并考虑白天和夜晚的不同照度要求，实行分组控制。

橱窗使用的光源，对于金属器件可运用扩散性好的直管形荧光灯；对于时装、鞋、帽等类商品应采用线光源和聚光灯结合，即荧光灯和低压卤素灯结合方式；对于珠宝、手表、玻璃器皿，则用聚光的低压卤素灯为好。任何情况下，光源应该隐蔽，使橱窗前面的人们不能看到光源。橱窗内照明灯具的装设应当有足够的灵活性，以适应展示商品更换、季节变化带来的照明变更。常采用在电力导轨上安装聚光灯的方式，能变更灯具的位置、投射方向和灯具类型。

2. 柜台照明

一般商品的陈列柜台（往往兼作售货柜台）可不单独装设照明，而贵重商品的陈列柜台，为了突出商品价值和华丽的质地，应增设重点照明。可以在柜台上方从顶棚下装设窄配光灯具直射柜台面，更多的是在柜台内装设照明灯。这种照明通常是在商场装饰设计中完成，并且在营业使用中，根据柜台布置及商品变更而改变。工程设计中应考虑足够的电源点和容量。

柜台内照明通常使用小功率细管径直管荧光灯，装在靠顾客通道一侧的角上，灯管应充分遮蔽，使顾客看不见光源。对于金银手饰、珠宝等商品，则宜用低压卤素灯和小型灯具，从顾客通道一侧直接投向展品，顾客看不见光源。对于贵重商品，还可以采用各种色彩的灯光，运用与商品颜色相衬托的背景色，使商品更增辉。

3. 商品陈列架照明

一般销售区域柜台后都有陈列架（即货架），其正面需要有一定垂直照度。对于普通商品，依靠一般照明蝠翼式灯具和合理装设位置，使之获得较好的垂直照度。对于贵重商品，需要渲染和突出其价值，可增设必要的重点照明，从柜台正前方面棚下安装低压卤素灯具，以一定角度投向陈列架立面，增加其垂直照度。将这种灯具安装在电力导轨上，则具有更大的灵活性。

18.2.7 商场外照明

商场外根据所在建筑物特征及其在城市所处的位置来决定其外部应装设哪些照明设施，主要有以下几种：

1. 商场门前街道和广场照明

大型商场街道照明应具有商业街的气氛，其照明应比城市一般街道明亮，灯具要华丽一些。这些往往不是商场设计决定的，而是由城市建设统一考虑。商场门前的广场或场地设置与商场建筑相协调的照明，照度要高于街道，灯饰要华丽，以显示热闹气氛和竞争力。

2. 商店招牌和广告牌照明

在大中城市，招牌和广告牌是让顾客知道所销售商品的内容，建立繁华的商业气氛，从而吸引顾客的必要手段。因此，应使之有足够的表面亮度。一般动用霓虹灯，也可以采用泛光灯投射照亮。霓虹灯具有多种彩色、活动和变化的画面、文字，有较强的吸引力，但必须可靠运行和良好的维护，避免断笔、残缺。

3. 建筑景观照明

也是增加渲染力的手段。是否要设，用什么方式，应该根据所在建筑物的建筑立面条件、高度和所处环境等因素决定。

4. 商场的应急照明

商场需要应急照明，首先是从保证人员安全出发，其次是为了保持商场信誉和高营业之需要。应急照明按分类包括疏散和备用照明。

（1）商场疏散照明。大中商场营业厅人员众多，顾客不熟悉建筑环境，处于无组织状态，一旦发生电源故障特别是火灾事故又停电时，无组织的顾客处于黑暗中，容易发生混乱，因此，疏散照明是十分重要的。疏散照明应保证两点：

第一是装设出口标志灯，并使顾客在营业厅各通道处能看见，如果由于拐弯、遮挡或距离太远而看不见出口标志时，应在疏散通道的适当位置装设指向标志灯，把顾客引向出口。第二是主通道装设疏散照明灯，达到规定的 0.5lx 照度，保证顾客看得见出口疏散。

（2）商场备用照明。备用照明是在电源故障导致正常照明熄灭时能点亮，在商场具有以下三个作用：①能继续营业，以保证商场的销售收入；②使带着购货任务到商场的顾客得到满足，不致因停电空跑一趟，从而提高商场声誉；③防止商品被偷窃，特别是开放售货的商场更为必要。对于大中城市的商场营业厅，备用照明是必要的，但主要是依据商场售货方式和营业需要，按业主的意愿决定，并非火灾事故所要求。因为商场发生火灾时，营业场所很难继续营业。至于为商场服务的消防控制中心、消防泵房、消防电梯等场所的备用照明，则应按消防要求而设置。

营业厅备用照明的照度，为了继续营业的需要，最好不低于正常照度的一半，如备用电源容量有限时，可不低于 1/3。电源故障照明熄灭，备用照明点亮的时间一般不应大于 15s；考虑防止商品不致被偷窃，点亮时间最好不超过 5s；对于收款台和贵重商品场地，要求不大于 1.5s。

（3）应急照明的关键因素：是要有可靠的应急电源。对于大中型商场应由两个独立的市电供给，或有一个与正常电源独立的应急电源（市电）供给一定容量。如不具备这个条件，要考虑设置应急发电机，但是必须与整个建筑的其他需要，特别是消防需要统一设计。对于重要场所，如收款处，可设自带蓄电池的应急灯。

18.2.8 商场照明的用电安全防护

1. 安全第一

现代化商场中，照明及其相应的电器附件、线路深入到各个角落，在商场中发挥着重要作用。但如果设计、安装、维护、使用不当，也容易发生不安全因素，就是引起触电和火灾危险。特别是照明和电气引起的火灾，近年来已越来越严重地威胁商场的安全。由于商场中存放的易燃材料特别多，如纸张、文具、布料、服装、床上用品、商品包装盒等，充满各处，加之近年来商场装修材料有的并非耐火或阻燃材料，容易引起火灾，而商场内放置的商品多，价值高，一旦发生火灾，造成的损失，比其他建筑火灾更为严重，因此不能不引起各方面的重视，采取更为严格的防范措施。

2. 照明设施引起火灾的主要原因

（1）灯具内散热不良，灯泡与灯座接触不好，致使灯泡灯头表面温度高，加之离易燃材料太近，以至烤焦易燃材料而起火。

（2）气体放电灯的电器附件（如镇流器）由于散热不好或短路故障等因素而过热，引起靠近的易燃材料着火。

（3）用电线路加灯泡而过载，因导线绝缘陈旧而短路，或因导线连接不好而过热，而线路保护电器设计不当，过载或短路时不能适时切断故障电路，特别是电弧性接地故障，保护电器不易切断电路，更存在导致火灾的危险。

3. 防火措施

为此，必须从设计上严格防范，从施工安装、使用维护等各方面加强管理，建议采取以下措施：

（1）灯具及电器附件应是非燃烧体或难燃烧体材料制作，商场的库房应使用 60W 以下的白炽灯，当采用气体放电灯时，使用防电燃灯具。

（2）商场吊顶材料及安装灯具、电器的底板应使用非燃烧体或难燃烧体材料。

（3）灯具、灯炮与易燃材料应相互远离，其间距不宜小于 500mm。

（4）照明分支线路建议采用铜芯导线，具有不延燃的绝缘层，其额定电压不低于 500V。在吊顶内敷线应套钢管。导线应有可靠的连接和封端，并符合施工验收规范的要求。

（5）配电线路保护设计应符合国标《低压配电设计规范》（GB50054—95）的规定，正确、合理地设计短路、过载和故障保护。照明分线路建议采用剩余电流动作保护；有条件时，商场配电线路首端装设接地故障保护，对保护电气火灾有较大作用，但切断电路应有较长延时，或只发出故障报警。

（6）良好的运行维护管理。定期检查电器和线路状况，及时更换陈旧的线路；不得任意增加负荷，随意引接临时线、临时灯，需要时，应经主管部门统一安排，在符合设计和规范要求下进行；有条件的，应定期检查接地回路阻抗，运用红外线检测仪器等手段检测导线过热，以及时发现隐患，及早修理，更换、防患于未然。

18.3 住 宅 照 明

18.3.1 设计的依据

根据建设单位项目建议书所确定的建筑功能、建筑等级标准、建筑面积、规划部门批准的建设范围、建筑物高度的限定。根据投资金额的多少确定电气设备选型标准。根据建筑材料来源、质地、品种、产地、建设单位对材料的希望要求。在可行性研究报告中验证得到的各项指标或结论。

该建筑在总平面图中的方位，对充分利用阳光的条件。根据当地居民风俗习惯及民族信仰。依据当地的气候和水文地质条件。住宅是供居民长时间生活的地方，大部分人是不懂电的，安全第一是设计者选择各种电气设备和材料的依据，万不可为了节省投资而选用伪劣产品，资金不到位不得开工。应根据当地建筑施工单位的技术水平和机具设计施工。

18.3.2 住宅照明设计的要点

住宅照明设计容量计算中住宅楼的需要系数一般按 0.6 为宜。当设计一个小区时，住宅楼的负荷计算需要系数和住宅楼的数量有关，首先求出每一栋楼的计算负荷，2～5 栋楼时，需要系数取 0.4～0.5。6～10 栋楼时，需要系数取 0.3～0.4。10 栋楼以上时，需要系数取 0.2～0.3。

住宅灯具安装方式采用自在器吊线式。厨房、厕所采用防水吊线式。门厅、过道采用吸顶式灯具。吸顶式灯具的照亮空间面积大、暗区小，尽可能选用节能型灯具。家用电器的插座与照明的支路要求分开，其中插座回路要求设置漏电断路器，而照明支路可以不装。

照明回路的出线口一般不大于 25 个或不超过 15A。插座支路不超过 20A。插座选用二三孔组合插座，最好选用扁孔和圆孔两用型，以方便使用。插座支路导线截面最小用 2.5mm²，照明支路导线截面铜线最小用 1.5mm²。

住宅中公共走廊或楼梯间的公共照明由于无人管理收电费，设计时不得不考虑在楼内每户门上设一盏灯，用于自己家中电度表计量。结果在晚间各家门上的灯平时都不开，使楼梯间一片黑，给客人来访带来不便，这与小康住宅文明程度不相符合。建议每单元楼梯间公共照明仍单设一块电度表计量，各楼层灯由物业管理部门管理和统一收费。

电气设计要方便于使用和维修管理。例如楼梯间顶层的吸顶灯就不好换灯泡，用壁式就容易换灯炮。住宅煤气管线与电气管线之的距离应不小于 10cm。插座的位置也要这个距离要求。

18.3.3 照明灯具的设计选择

首先应按每个房间的功能要求设定电光源的类型，特别是高标准住宅，这个房间是作什么用的？对照度有什么要求？对光色、显色性、亮度、均匀度、局部照明等有没有特殊要求，要首先调查清楚，进行有的放矢的设计。

厕所兼浴室的灯具一定要用防水防潮型，插座也要用防潮型。尤其是用电热淋浴设备要谨防漏电伤人。厕所兼浴室的照明容量也不宜太小，有的老人洗澡因有雾汽看不清地面积水而滑倒摔残。有梳装镜处，可以安装桃形罩壁灯。

书房写字台等处的局部照明（台灯）用距地 0.3m 的插座供电。客厅或居室灯具如果用金属罩吊灯，安装高度低于 2.4m 时，金属罩应作接零保护。PE 线截面最小用 2.5mm²，而且必须用铜芯线。

住宅（公寓）照明宜选用以白炽灯、稀土节能荧光灯为主的照明光源。住宅（公寓）中灯具，可根据厅室情况选用升降式灯具。起居室的照明宜考虑多功能使用要求，如设置一般照明、装饰台灯、落地灯等。高级公寓的起居室照明宜采用可调光方式。可分隔式住宅（公寓）的布灯和电源插座的设置，宜适应轻墙任意分隔时的变化。可在棚顶上设置悬挂式插座，采用装饰多功能线槽将照明灯具以及电气装置件与家具、墙体相结合。

厨房的灯具应选用宜于清洁的类型，如玻璃或搪瓷制品，灯罩配以防潮灯口，并宜与餐厅或方厅照明光源显色性一致或近似。卫生间的灯具位置应避免安装在便器的上面及其背后。开关如为翘板式开关时宜设置在卫生间外，否则应采用防潮防水型面板或使用绝缘绳操作的拉线开关。高级住宅（公寓）中的方厅、通道和卫生间等，宜采用带指示灯的翘板式开关。

高标准住宅照明应设计应急照明，采用独立支路供电且该支路上不得安装漏电断路器。疏散通道的照度标准最低不得小于 0.5lx。如果用蓄电池作临时供电，要求蓄电池一次放电时间不少于 20min。

小康住宅内设计推荐三基色照明灯具。起居室推荐双 D 管圆球灯，在方厅采用双 D 管的方罩吸顶灯，在厨房采用防油烟的 U 型管小圆球节能灯，在卫生间采用双 U 磨砂球型防水灯，在餐室采用拉杆伸缩带罩吊灯。三基色高效节能灯具有光线柔和悦目，无频闪、保护视力，并具有多种色温，从温和 2799K 到冷白的 6400K 等。在同等照度下，该高效节能灯所相当的白炽灯炮瓦数如下：7W→60W、15W→150W、18W→200W，寿命是白炽灯的 5 倍。节能的效果非常显著。

推广采用电子镇流器等代替电磁型镇流器。在相同的光通量下可降低功率 10% ~ 20%，同时功率因数可达 0.9 以上，最高可达 0.99。具有无噪声、无频闪，并可取代启辉器。不需要功率补偿。

旅馆客房在客厅及过道中距地 0.5m 宜设计夜灯。考虑夜间起床开其他灯影响别人休息，同时避免造成光线反差大，影响以后睡眠。夜灯可采用对人体无害的浅颜色冷光源。

同时要求发光柔、均匀（面光源）、体热小（薄平极式），全固体化（强度高）、光效高（14lm/W）、视角大（达160°）、耗电小（1.2mA/cm），使用寿命＞2万小时。

小康住宅中不少住户要进行室内装修，客厅往往需设豪华吊灯来装饰。此灯通常用多盏白炽灯组成。来客人时主人会将灯全部打开显得房间豪华气派。没客人来访，主人进此房打开多盏灯又浪费电。建议设计客厅时针对住户的心理，考虑实用又节能，应设二级开关，其中一级开关控制多盏灯，另一极单控花灯中的一盏灯。另外在客厅房间灯也可设调光开关。

在住宅公共走廊中及楼梯间，应推广红外感应灯。该产品采用了红外线接收的先进技术，收集人体本身发出的红外线作为感应信号。白天，环境照度达到一定时，光控电路会自动关闭灯泡电源，即使有人灯也不亮，实现全自动照明。

18.3.4 住宅建筑的照度标准

其照度标准值详见表18-5。

卧室、起居室、餐厅一般活动照明的照度标准定为30lx。经实测调查可知，目前卧室中一般照明值在20～50lx之间，加权平均值为29lx。起居室和厅一般照明的照度值在20～53lx，加权平均值为25lx。这些照度值反映了中国目前住宅中一般照明的水平。多数住户认为，只有当照度值达40lx以上时才感到舒适。照度标准定为30lx是符合中国国情的，也能在一段时间内满足视觉工作的需要。

住宅建筑照明的照度标准值 表18-5

类　别		参考平面及其高度（m）	照度标准值（lx）		
			低	中	高
起居室 卧　室	一般活动区	0.75水平面	20	30	50
	书写	0.75水平面	150	200	300
	床头阅读	0.75水平面	75	100	150
	精细作业	0.75水平面	200	300	500
餐厅或方厅、厨房		0.75水平面	20	30	50
卫生间		0.75水平面	10	15	20
楼梯间		地面	5	10	15

书写、阅读及精细工作面的照度标准值分别规定为200lx和300lx；范围分别是150～200～300lx和200～300～500lx。书写、阅读及精细工作面的照度值应由局部照明来达到。住宅中的主要工作面（书写、阅读、绘图和缝纫）均设有局部照明。经实测绝大多数人员工作面的平均照度值为223lx，且在150～300lx之间。所以规范将书写、阅读工作面的照度值定为200lx，范围150～200～300lx，反映了中国住宅中主要工作面的照明水平。

床头阅读照度标准为100lx，范围75～100～150lx。床头阅读值可设床头灯等局部照明来满足。大多数住户有睡前作短时间阅读的习惯，在床头均设有局部照明（台灯、壁灯、落地灯）。经实测统计床头照度的平均值为74lx，范围40～150lx。

厨房的照度标准值为50lx。目前我国厨房的照度低并且不平衡，住户反映照度太低，其原因有二：一是原设计功率小、发光效率低的白炽灯照度偏低，二是厨房无排油烟设施，污染严重。厨房属于精细视觉操作，设计中照度宜提高一些。

18.4 办公室照明

办公建筑照明是建筑中常见的一种照明。

18.4.1 办公楼照明设计要点

1. 照度与阅读速度的关系

照度与阅读速度的关系为单递增函数。对于屏幕而言，照度与识别速度为单递减函数。因此在确定照度的标准时，应该综合考虑文本和屏幕的共同效果。实验表明具有屏幕显示设备的场所其照度范围是 215 ~ 839lx，同时要限制屏幕上的垂直照度在 150lx 以下。所以在做设计时，电光源不宜设在屏幕的正前方，或屏幕不要放在光源的正下方。

2. 照度要求

办公室或教室之类的工作房间要求有足够的照度和照度均匀度，最底照度和平均照度之比不宜小于 0.7。因为长时间在办公室工作，照度均匀可以减轻疲劳，使人舒适，提高工作质量。

在白天，晴朗天气室外照度一般达 100000lx，而办公室最舒服也不过 1000lx，照度相差 100 倍，所以靠窗处宜采取措施减少亮度对比，不大于 40:1 为宜。以减轻工作人员的疲劳。

3. 电源插座

楼内的会议室、报告厅、贵宾室等可以选用华丽的灯具，与建筑装饰融为一体。而且需要有足够的电源插座以便供扩音器、录像、幻灯等电器设备用电。办公室和图书馆的插座从安全及办公自动化要求应选用单相三孔有保护接零或接地的插座。注意电视机的电源插座距离天线插座不能太远，因为设计绘图时电视的动力和信号插座往往不在同一张图纸上，容易忽略。

在高大的阅览室应设置局部照明。灯具的位置设置在书的正上方，也可以把灯直接设置在书架上。

4. 供电要求

由于办公室通常是在白天使用，设计时宜充分利用自然光，以利节能。平面布灯时应单灯单控，在白天阳光充足时，可以不开靠窗户的灯。照明应单用一个支路供电。楼道和厕所也宜单设一条支路。以便于下班以后或是出事后可以拉闸断电，而只保留楼梯和楼道的照明。

要求进线用 TN—S 系统三相五线供电，如果当地是 TN—C 系统，应在总配电箱处工作零线分出一根专用保护线，即成为 TN—C—S 系统供电。选用低亮度的灯具或上射灯具。在视觉作业的附近及房间装修表面材料宜选用无光泽的装饰材料。营业柜台或陈列区域可以增设局部照明。

5. 亮度

按照目前我国光源和灯具的水平计算，采用荧光灯照明的普通办公室，平均照度为 150lx，所需要的照明安装容量为 6 ~ 8W/m²。这符合我国 90 年代电力消费水平。根据视觉实验和实际经验，室内环境在与视觉作业相邻近的地方，其亮度应尽可能的低于视觉作业的亮度。屋顶的反射系数应尽可能的提高，以避免顶棚的亮度太暗而形成黑顶棚的隧道效应。办公楼的照度标准见表18-6。

6. 其他国家的照度标准

普通办公室——IEC标准为300～500～750lx；英国500；德国250～500～1000lx；澳大利亚400～600lx；美国200～300～500lx；日本300～500～750lx。年代不同时其标准有所调整变化。

日本标准：

雕刻、造型——1000～1500lx	重点展室——2000lx
教室、绘画——300～750lx	收款、电梯口——750～1000lx
小会议室、工艺品——150～300lx	接待室——200～300lx
标本、食堂、走廊、电梯——75～150lx	仓库——30～75lx
映像——5～30lx	

18.4.2　关于照明灯具的设计选择

（1）通常采用荧光灯，因为荧光灯的显色性好、发光效率高、色温也高，适宜于办公或学习。应能单灯单控，人少时，可以少开灯，距离窗户较远处可以较长时间用灯，这样有利于节能，提倡使用节能型日光灯。

办公楼的照度标准（GBJ 133—90）　　　　　　　　表 18-6

类　　别	参考平面及其高度（m）	照度标准值（lx）		
		低	中	高
办公室、报告厅、会议室、接待室、陈列厅、营业厅	0.75 水平面	100	150	200
有视觉显示屏的作业	工作台平面	150	200	300
设计室、绘图室、打字室	实际工作面	200	300	500
教室、装订、复印、晒图、档案室	0.75 水平面	75	100	150
值班室	0.75 水平面	50	75	100
门厅	地面	30	50	75

注：（1）有视觉显示屏的作业，屏幕上的垂直照度不应大于150lx。

（2）办公室视觉作业的照度标准规定为150lx，照度范围为100～150～200lx。

其根据如下：

①根据调查，办公室的视觉作业的视目标大部分为视角 α = 4′ 的大对比度目标。可按《中小学校教室采光和照明卫生标准》GB7793—87 和《中小学校建筑设计规范》GBJ99—86 的规定，平均照度为150lx，取上下限照度范围为 100～150～200lx。

②根据我国视功能实验结果计算，当照度为150lx（背景反射系数为0.82），α = 4′ 时，临界对比度为0.068。又根据 Hendersen 等人的调查，办公室视觉作业的最小对比度70%以上在 1.4～1.0 之间，平均值为0.654。这样可见度水平就可以达到9.6，完全能够满足办公作业的视觉需要。

③按照目前我国光源和灯具的水平计算，采用荧光灯照明的普通办公室，平均照度为150lx，所需的照明安装容量为 6～8W/m²，这符合我国近期电力消费水平。

（2）楼梯间、门厅及厕所宜用白炽灯，能瞬燃，适应于楼道灯频繁开关，没有频闪效应。楼道等宜用定时开关或延时开关。灯具安装方式以吸顶式居多，吸顶式灯照射空间大，适用于楼梯间等场所整体照明。日光灯不宜频繁开启，每开一次相当于使用两个小时。

（3）灯具安装方式以链吊式居多，灯具重量超过 1kg 时要用链吊式，若超过 3kg 则应预埋螺栓。不足 1kg 时，可以用线吊式安装。

（4）吊顶灯具的安装要注意散热和防火问题，因为一般吊顶的龙骨用木材或其他有机材料居多。可以采用石棉垫隔热，如果能用通风系统配合散热则效果更好。有空调设备的房间，宜将照明灯具的选择和空调设备一体化设计。在图书馆易燃品极多，所以不宜选用高温的碘钨灯或其他大功率高温灯具。

18.4.3 门厅的照明设计

大门和门厅照明是一栋建筑的脸面，用灯光把它打扮成什么样子是设计师需要好好考虑的问题。但一定要和该办公楼的功能性质相协调，如果是商业性的办公楼，倾向于豪华、繁荣、壮丽；如果是执法部门的办公楼（公安、法院等）则宜设计得庄严、肃穆、明快、给人以充满正义的气氛；若是文化艺术部门的办公楼则宜设计得欢快、活泼、轻松；如果是一般行政办公大楼也应大方、庄重得体。

门厅照明常常选用有装饰性的灯具，如用壁式、吸顶式或吊式安装形式，应注意灯具的色调与楼内整体照明相协调，照明环境气氛相呼应，勿过于追求外表豪华，进楼之后很简陋寒酸，反差太大也不好。

门厅照明和节日灯配合为一体，相呼应、相衬托，门厅灯光应起到画龙点睛的作用。

18.4.4 工作场所照度值的确定

以下场所与办公室和中小学教室视觉为同一视觉等级，因照度标准均参照办公室作业和中小学校视觉作业制定的照度标准值，平均照度为 150lx，照度范围为 100～150～200lx。诸如办公建筑的会议室、报告厅、接待室；图书馆建筑的装裱修整间，美工室；商店建筑的柜台、货架；影剧院建筑中的售票房、声光控制室，旅店建筑中的客房写字台、小买部；铁路港口客运站中的售票工作台、检票处、结帐交接台、海关检查厅、护照检查室等。

而在具有屏幕显示设备场所的照度标准值为 200lx，范围为 150～200～300lx。在电脑机房、视听室等场所，都有屏幕显示设备，操作时要兼顾屏幕、文本和键盘。视线在三者之间往返移动。对于文本而言，照度与阅读速度的关系为单递增函数。

根据现场调查，目前不必要达到较高的照度值。许多照明设备可以达到较高照度的场所，只开一部分照明灯。这也是由于目前国内办公室照度较低，而且相应的电脑显示屏的房间也不必过高。考虑到特殊视觉作业的操作者负担较重，而且文本字迹常常是手写的，清晰度不高，所以将特殊作业场所的照度值比办公室提高一级，照度范围 150～300lx。同时又限制屏幕上的垂直照度在 150lx 以下。

18.5 路 灯 照 明

随着国民经济的发展，公路交通系统的作用日趋重要，而道路隧道照明直接关系到交通流的速度和安全。本节从设计与安装施工的角度作一个简要介绍。

路灯的平面设计主要考虑照明灯具的选择、灯具的平面布局、灯具的安装高度、照度计算及绘制平面施工图等。

18.5.1 室外照明的一般要求

1. 路灯种类

路灯照明灯具要求灯具必须能防水、防风雪、冰雹或其他机械损伤。路灯照明光源宜采用高压钠灯、高压汞灯、白炽灯等。在交通量比较大的一级公路通常采用高压钠灯或高压汞灯。庭院照明用光源宜采用小功率高显色高压钠灯、金属卤化物灯、高压汞灯和白炽灯。室外照明宜选用半截光型或非截光型配光灯具。由于高压钠灯发光效率高、平均寿命长、透雾性好，被国际公认为道路照明用灯具的发展方向。尤其是在高速公路照明为首选灯具。常用灯具如图 18-1 所示。图中（a）~（c）是控照式灯具，效率比较高。（d）~（f）是乳白色漫反射灯具，效率低，但是可以有效地避免眩光，没有明显的阴影，照明均匀度好，适用于公园、庭院及要求舒适的旅游场所。

2. 路灯照明安装高度

为了避免眩光，可以选用漫反射灯如 18-1 中（d）、（e）、（f），路灯的安装高度不宜小于 4.5m。路灯杆间距离可为 25~30m，进入弯道处的灯杆间距应适当减少。当道路宽度为 B 时，庭院灯的高度可按 0.6B（单侧布灯）~1.2B（双侧对称布灯）选取，但不宜高于 3.5m。庭院灯杆间距可为 15~20m。

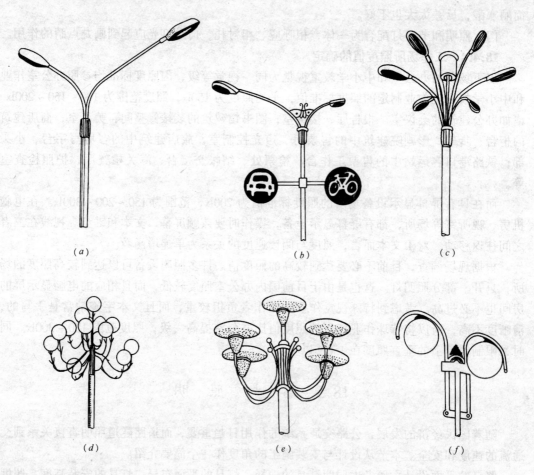

图 18-1　路灯的形式

（a）快慢车道兼用；（b）机动车和自行车兼用；（c）广照灯；（d）、（e）、（f）漫反射灯

路灯伸出路缘石宜为 0.6～1m,路灯的水平线上的仰角宜为 5°,路面亮度不宜低于 1cd/m²。室外照明宜在每灯杆处设置单独的短路保护。最小照度与最大照度之比,宜为 1:10～1:15之间。

室外照明宜在值班室或变电室进行遥控,并在深夜可关掉部分灯光。室外照明采用三相配电时应在不同控灯方式中保持三相负荷平衡。室外停车广场灯杆的配置位置不得影响交通。停车广场照明可采用显色性高、寿命长的光源。

高杆照明应采用轴对称配光灯具,灯具安装高度 H 可由下式确定:

$$H \geqslant 0.5R$$

R 为被照明范围的半径,单位为 m。高杆照明宜采用可升降式灯盘。

18.5.2 路灯的平面布局

路灯的平面布局受到许多客观条件的限制,要考虑许多的因素,这些因素又互相影响、彼此制约。诸如道路的等级、交通流量、速度、路宽、路面结构、灯具的功率、安装高度及交叉路口等条件不同则平面布局各异。

1. 一般道路的布灯方式

图 18-2 为路灯的排列方式。当道路的宽度不超过 15m 时,通常采用单侧布灯方式。

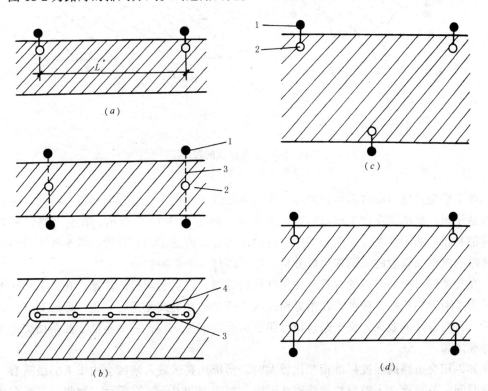

图 18-2 路灯的排列方式

(a) 单侧布灯;(b) 中心线布灯;(c) 两侧交叉布灯;(d) 两侧对称布灯

1—灯杆;2—路灯;3—钢索;4—隔离带

当道路两侧有商店或橱窗照明度比较高时,可以采用中心布灯的方式。在比较宽的高速公路上或有上、下分车道时，也可以采用中心布灯的方式。如果道路两侧都有电杆，可以拉钢索，把灯具吊装在道路的中心线上方。也可以在隔离带上拉钢索布灯。道路的宽度在 12～15m 的二、三级公路，常采用中心线布灯。优点是照度比较均匀。缺点是灯具在道路中心维修不太方便。当路面的宽度大于 15m 时，而且车辆及行人比较多，又强调美观时，则可以采用两侧交错布灯或两侧对称布灯，如图 18-2（c）、（d）所示。

在实际作设计时，往往会受到许多客观条件的限制，例如路面较宽而只能单侧布灯时，可以增大灯具的仰角，一般可以增大到 15° 角。如果仰角过大则灯具的发光效率降低，而且容易产生眩光。

2．交叉路口的布灯

如果是丁字路口，最好将灯具设在道路尽端的对面，这样不但可以有效地照亮路面，而且有利于司机识别道路的尽头，如图 18-3（a）所示。

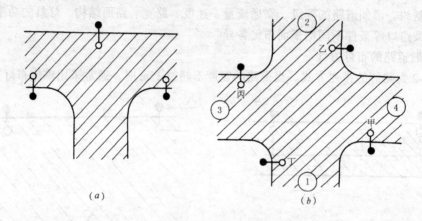

图 18-3　交叉路口的布灯
（a）丁字路口布灯；（b）十字路口布灯

在十字交叉路口布灯间距宜减小，路灯最好设置在汽车前进方向司机视线的右侧，这样容易使司机看清横穿交叉路口的行人或车辆，如图 18-3（b）所示。在交叉路口的各个灯具都有相应的主要功能，例如图中甲灯的作用是由道路①向右转弯的汽车和由道路④向左转弯的汽车而设置的。同理可以分析乙灯、丙灯、丁灯的功能。

在交叉路口中心悬挂的灯具往往用红色的灯罩，以引起司机的注意。在复杂的交通路口，为了引起司机提早注意，在附近路段改变灯具的种类或光源的种类（即改变灯具的光通量）也有良好的效果。交叉路口设计照度标准要求高一些，一般不低于几条相交道路照度标准之和。

如果相交道路的照度标准相差比较大时，司机从亮区驶入暗区会由于人的眼睛有"暗适应时间"关系而使人的视觉功能骤然下降，如图 18-4 中（a）所示。为此，需要在比较暗的路口设置过渡地段，如图 18-4 中（b）所示。过渡段的长度一般不少于 100m。

3．人行横道的布灯

人行横道的布灯对司机安全行车非常重要，尤其是在道路狭窄的地方，司机看不清楚想要横过马路的人。一旦看清楚了，行人已经走到马路上了，这就增加了危险性，因此需要增加人行横道外面下部空间的照度。在行人穿过比较多的地方宜种高杆的树种，并及时

648

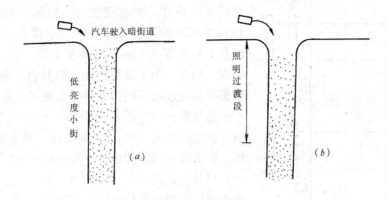

图 18-4　亮度相差较大时道路照明的过度段

(a) 无照明过渡段；(b) 有照明过渡段

剪枝。为了避免眩光，不宜把灯具设置在人行横道的正前方，我国规定车辆靠右边行驶，因此灯光宜从左方照射。人行横道附近的照度也要加强，一般人行横道前后 50m 之间的平均照度大于 30lx 为宜。

4. 弯道的照明布局

当弯道半径小于 1000m 时，照明就要按照曲线处理，一般在弯道侧布灯。这样从远处就能以灯光的亮点辨别出路线是弯道，越靠近弯道中心部分的灯具距离越密，如图 18-5 所示。如果弯道的半径比较小时，应减少灯具的纵向间距，以增大路面的照度。

5. 坡道的照明布局

当车辆通过陡坡变坡点时，车辆前灯的照明效果变差，因此应该提高路面的照度，即减少灯具的间距。

6. 与铁路平交路口的布灯

为了能够清楚地识别道杆和铁路，就要选择能同时照射到道杆和铁路口两个方向的配光

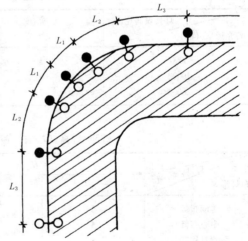

图 18-5　弯道布灯

的照明点，灯具不宜设在司机行进方向的正前方，以免产生眩光，见图 18-6。路灯距离活动栏杆的水平距离 L 为 3.5～4m。道杆外侧的照度宜大于 5lx，铁道路口的照度宜大于 10lx。

总之，路灯平面布局首先要考虑到功能的需要，既要有足够的照度，又要避免眩光。为了确保安全往往要从技术和经济指标反复比较才能确定出最佳方案。

18.5.3　路灯的安装

灯具的高度及纵向间距是照明设计中需要解决的数据。研究的主要目的是限制眩光、改善照度的均匀度。只有灯高与间距很好地配合才能发挥好灯具配光曲线特性，以便产生

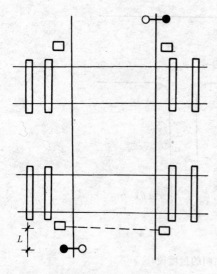

图 18-6 铁道路口的布灯

良好的视觉效果或经济效益。

北京市主要街道一般采用 250~400W 高压水银灯或高压钠灯。安装高度 7~12m。一般的道路用 150~250W 的高压水银灯，安装高度 6~8m。小胡同灯具安装高度 5~6m。灯具安装低一些，光能利用率高，但是，为了避免眩光，灯具也不能安装过低，根据灯具亮度的不同推荐路灯安装高度见表 18-7。

近年来，因为不断地改善气体放电光源，所以道路照明的发展方向是向大功率、高光效、提高高度、扩大纵向间距和改进立体布局的方向发展。

灯具的纵向间距一般为 30~50m。当有电力线杆或无轨电车架空电杆时，间距为 40~50m。尽量将供电电杆与照明电杆合杆，以节约投资。如果采用地下电缆供电，间距宜小，有利于照度的均匀度，间距通常为 30~40m。路灯的纵向间距、灯具的配光种类和灯具的安装高度三者有着密切的关系，根据北京市调查资料，推荐表 18-8 作参考。

路 灯 最 低 安 装 高 度 (m)　　　　　　　　　　　表 18-7

灯具表面亮度 灯具光通量（lm）	低亮度 < 3sb	中亮度 3~10sb	高亮度 > 10sb
5000	5	6	7
10000	6	7	8
20000	7	8	9

灯距/灯高（L/H）路宽/灯高（B/H）推荐值　　　　　表 18-8

比值 灯具配光 布灯形式	L/H		B/H	
	A	B	A	B
单侧布灯	5	7	1.5	2
中心布灯	5	7	2.5	3
两侧对称布灯	5	7	4	5
两侧交错布灯	7	10	2.5	3

注：（1）灯具配光中 A 是指有配光（即截光或半截光）；B 是指宽配光灯具。
　　（2）以上比值可以根据具体情况扩大到 20%。

为了提高光通的利用率，设置灯具一般都伸进车道一定的长度（oh）称为悬挑长度，如图 18-7 所示。通常 oh 为 3~4m。这样，在一定的程度上还避免了树枝对灯光的遮挡。

当需要大面积照明或层次复杂的空间照明时（例如立交桥、交通枢纽、体育场等），通常采用高达 15~30m 的高杆照明，如图 18-8 所示。其特点是眩光少，照明空间大，耗电量也大，维护困难一些，目前已经大量使用。

图 18-9 是我国第一座快慢车分行的北京建国门立交桥组合灯照明示意图。图 18-10 是其接线图及镇流器盘面大样图，该配电盘安装在灯座方墩内。

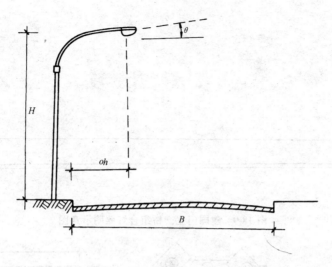

图 18-7　灯具外伸与仰角

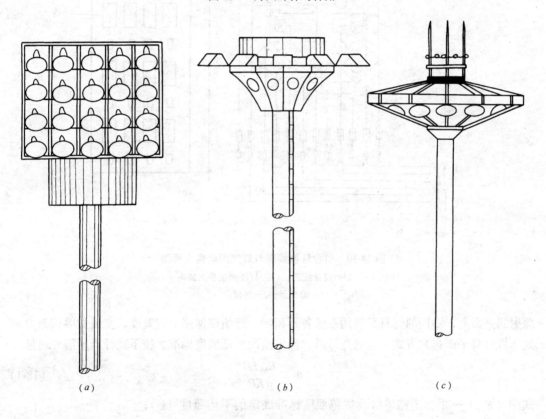

图 18-8　高杆组合照明

（*a*）体育场高杆灯；（*b*）中型高杆灯；（*c*）盘形高杆灯

18.5.4　路灯照明设计计算

1. 平均照度计算法

道路照明通常采用利用系数法计算平均照度。利用系数是指电光源的光通量只有一部分

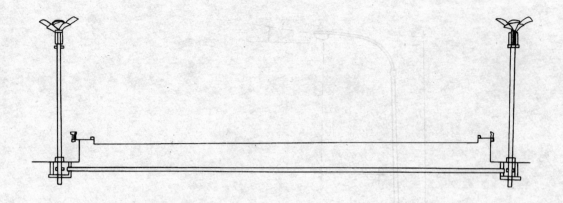

图 18-9　建国门立交桥组合灯照明示意图

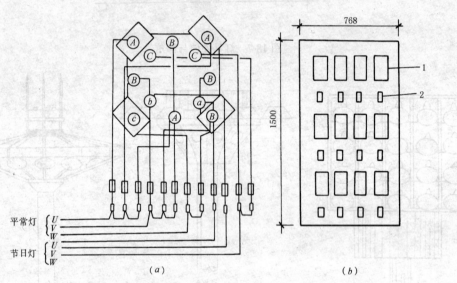

图 18-10　组合灯接线图及灯座配电盘大样图

（a）组合灯接线图；（b）灯座配电盘大样图；

1—镇流器；2—插保险

照射到路面上，不同的灯其利用系数各不相同。开始根据路面的宽度、交通量等因素合理地布置灯具平面排列方式，再选用灯具，确定路面最低照度标准，按下式计算所需光通量。

$$\Phi = \frac{E_{av}LB}{\mu KP} \tag{18-1}$$

式中　E_{av}——根据道路等级及规范照度标准确定的平均照度（lx）；

　　　L——相邻灯具纵向间距（m）；

　　　B——路面宽度（m）；

　　　μ——利用系数；

　　　K——维护系数，一般取 0.65～0.7；

　　　P——与排列方式有关的数值，一侧排列及交错排列时，取 $P=1$，相对排列时取 $P=2$。

将计算所需要的照度与灯具的光通量不适应时，可以调整灯距、电光源的功率、灯具安装的高度等参数。平均照度法的精度不如逐点计算法精确，例如没有考虑道路宽度及灯具悬挑长度的影响。但是平均照度法方法简便，经常采用，完全能满足工程之需要。

【例 18-1】 某道路宽 13m，要求平均照度不低于 5lx，试选择电光源的功率、灯具的安装高度及灯具的间距。

解：根据已知条件，采用单侧布灯（$N=1$）。试选用 GGY—400W 高压汞灯，灯具的仰角为 15°，维护系数为 0.7。参考表 18-8，设 H 为 7m，取 L/H 为 5，$5 \times 7 = 35$m。取 B/H 为 13/7＝1.86，查表 18-9 利用系数 u 为 0.186。按光通量公式（18-1）：

$$\Phi = \frac{E_{av}LB}{\mu KP} = \frac{5 \times 35 \times 13}{0.186 \times 0.7 \times 1} = 17500 \ (\text{lm})$$

查表 17-8 得 400W 高压汞灯光通量为 21500lm。大于所需要的 17500lm，完全能满足需要。从节约能源的角度可以修正所设定的值，如果将灯具的距离改大为 40m，则

$$\Phi = \frac{5 \times 40 \times 13}{0.186 \times 0.7 \times 1} = 20000 \ (\text{lm})$$

这时路面实际平均照度为

$$E_{av} = \frac{\Phi \mu KP}{LB} = \frac{21500 \times 0.186 \times 0.7}{40 \times 13} = 5.4 \ (\text{lx})$$

计算结果大于所要求的 5lx。如果修订灯高 H 值也可以，设计活动余地比较大，可以考虑若干个方案作技术经济比较，择优而定。

高压汞灯利用系数表   表 18-9

灯具型号	灯具仰角	利用系数 B/H	0.5	1	1.5	2	2.5	3	3.5	4	4.5	5	5.5	6	6.5	7	7.5
GGY125	车道侧	15°	.108	.185	.225	.253	.266	.275	.282	.286	.29	.293	.265	.295	.298	.299	.3
		5°	.12	.193	.225	.245	.156	.263	.266	.27	.273	.275	.277	.279	.281	.282	.283
	人行道	5°	.035	.125	.155	.168	.177	.184	.186								
		15°	.075	.11	.157	.15	.156	.16	.164								
GGY250	车道侧	15°	.106	.165	.198	.217	.228	.237	.243	.247	.25	.253	.255	.257	.258	.259	.26
		5°	.1	.155	.185	.202	.212	.219	.188	.226	.229	.23	.233	.234	.235	.236	.237
	人行道	5°	.09	.137	.163	.174	.182	.156	.158	.19							
		15°	.08	.12	.136	.147	.153	.156	.164	.158							
GGY400	车道侧	15°	.084	.135	.156	.186	.2	.208	.213	.217	.22	.222	.224	.226	.228	.229	.23
		5°	.076	.132	.162	.18	.19	.198	.203	.206	.208	.21	.212	.213	.214	.215	.215
	人行道	5°	.076	.128	.154	.167	.175	.179	.182								
		15°	.075	.12	.139	.148	.154	.156	.158								

2. 逐点照度计算法

可以在路面上挑选几个有代表性的点，计算其照度，方法复杂一点，而计算精度高。实用中通常只计算照度最高和最低的点。如图 18-11 计算 AB 两点的照度。A 点的照度值与光源在 PA 方向光强的分量成正比，和距离 PA 的平方成反比，即

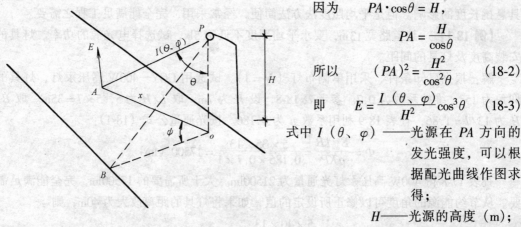

$$E = \frac{I(\theta 、 \varphi)\cos\theta}{(PA)^2}$$

因为　　$PA \cdot \cos\theta = H$,

$$PA = \frac{H}{\cos\theta}$$

所以　　$(PA)^2 = \dfrac{H^2}{\cos^2\theta}$　　(18-2)

即　　$E = \dfrac{I(\theta 、 \varphi)}{H^2}\cos^3\theta$　　(18-3)

式中 $I(\theta 、 \varphi)$ ——光源在 PA 方向的发光强度，可以根据配光曲线作图求得；

H ——光源的高度（m）；

θ ——光源到地面的垂线与 PA 的夹角。

图 18-11　计算 A、B 点的照度

上例中若求灯具对地面 B 点的照度（图 18-11 中虚线所示），在直角三角形 BOP 中，找出 $\angle BPO$，则：

$$\text{tg}(90° - \angle BPO) = \frac{H}{B} = \frac{7}{13} = 0.54$$

可求出 $\angle BPO = 62°$，$\cos\angle BPO = \cos 62° = 0.47$

然后根据灯具 DDY400 的配光曲线查出 B 点的光强 I（或者从等光强曲线图查出）。从曲线图中查出 $\angle BPO = 62°$ 时的光强为 66cd。因为这个配光曲线图是按光源光通量为 1000lm 作出的曲线，而我们选用的光源 GGY400 的光通量为 21500lm，所以 66cd 还要乘上 21.5 倍。因此 B 点的照度为

$$E = \frac{I(Q、\varphi)}{H^2} \cdot \cos^3 Q = \frac{I}{H^2} \cdot \angle BPO = \frac{66 \times 21.5}{7^2} \times 0.47^3 = 6.40 \text{（lx）}$$

3. 路灯照明的控制

路灯照明一般都有专用变压器，由操作站控制各供电点路灯专用变压器副边的接触器。各供电点接触器可以串联相控，如图 18-12 所示。

路灯照明的控制也可以采用光敏电阻元件制成自动开关器。光敏电阻值随自然光线的强弱而变化，天亮时电阻值小，使发热线圈电流增加，继电器动作，使双金属片弯曲，切断路灯电路。傍晚光线弱到一定程度时，能自动接通路灯控制电路。

18.5.5　广场照明

1. 广场照明布灯

城市需要建筑，城市也需要广场。作为人们集会、休闲、娱乐的场所，广场建筑是民用建筑的重要组成部分。广场对电气设计部分而言，重点是照明。广场照明不仅仅是电气问题，也是建筑问题，需要相关专业人员密切配合，共同完成。

2. 投光照明

广场照明是要创造一个光学环境，要满足基本的亮度要求。投光照明就是满足广场基本照度要求的主要手段。广场灯杆配置如图 18-13 所示。

654

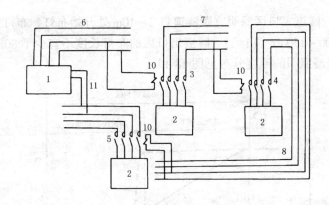

图 18-12　道路照明用接触器远距离控制

1—操作站；2—供电点；3、4、5—末端接触器；

5、7、8—道路照明网；9—串接末端照明网；

10—操作线；11—信号线

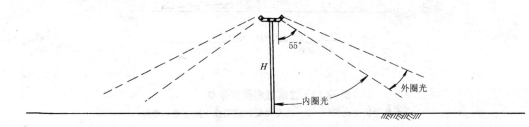

图 18-13　广场灯杆配置

若高杆照明高度为 H，有效面积为 55°，以外则称外围光，照度较差，需要由另一高杆照明覆盖为宜。

3．电脑灯

类似于舞台灯光照明，在节日时，广场需要一种热烈的气氛，可以采用电脑投照灯解决。

4．草坪灯

庭院草坪灯的间距宜为 3.5～5.0H。H 为草坪灯距地安装高度（m）。草坪灯的设置应避免直射光进入人的视野。当沿道路或庭院小路配置照明时，宜有诱导性排列，如采用同一侧布灯。

5．水池灯

大型广场中间往往设置有喷泉水池，设置一定数量的水下灯，有着特殊的烘托效果。

18.6　隧　道　照　明

18.6.1　隧道照明设计概要

（1）城市道路中的隧道照明可选用荧光灯、低压钠灯，在隧道出入口处的适应性照明宜选用高压钠灯或荧光高压汞灯。

655

（2）单向通行隧道入口区照明宜距隧道口 5~10m 处开始布灯，布灯长度不少于 40m，起始照度宜为 1000~1500lx（白天）。隧道出口区的布灯长度不宜少于 80m，照度不宜低于 500lx（白天）。隧通照明的照度分布见图 18-14。

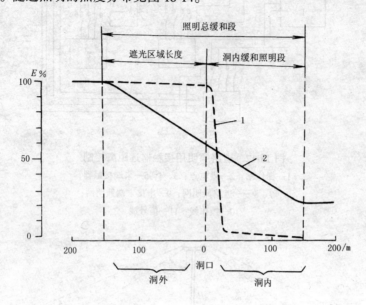

图 18-14　隧道照明照度分布
1—天然照度变化曲线；2—遮光和缓和照明综合照度变化曲线

（3）隧道内夜间照明的照度可为白天照度的二分之一，出入口区的照度可为 1/10，并宜采用调光方式。

（4）隧道内照明灯具的安装高度 H 不宜低于 4m 并宜采用连续式光带布灯。当采用非连续光带布光灯时，灯间距离 S 可按下式确定：

两侧对称式布灯：$S \leqslant 2.5H$；两侧交错式布灯：$S \leqslant 1.5H$。

为避免出现频率 2~10Hz 时的频闪现象，此时：

$$V/18 \geqslant S \geqslant V/36$$

式中　V——行车速度（km/h）；

H、S 单位为（m）。

（5）隧道内应设置应急照明。隧道内避难区照度应为该区段照度的 1.5~2 倍。

（6）隧道内的标志照明，如应急照明设备处、不允许变线等标志灯，应设置在易于寻找和观察的明显部位。隧道照明的控制可采用定时器、光电控制器、电视摄像监视等方式。

（7）隧道照明应采取两路电源供电。应急照明应由备用电源（如自备发电机组）独立系统供电。

18.6.2　隧道照明遮挡天然光的措施

在白天，隧道洞口外面的照度较高，大约几千至几万 lx，通常比隧道内高数百倍以至数千倍。由于人的眼睛的暗适应时间比较长（理论上为 50min~1h），眼睛不能立刻适应亮度的骤然变化，因而视觉功能骤然变差，这种现象称为黑洞效应，对司机行车安全影响极大，有时能造成交通事故。通常采用的办法是在洞外遮挡天然光，在洞内增加照度。

656

在洞外遮挡天然光使之降到只有洞内亮度的 10 倍左右，而洞口内照明过渡段的长度不宜小于 50m。在洞外通常采用的遮挡天然光的方法如图 18-15 所示。

当采用百叶天棚的方法时，越接近洞口处应该越密，以尽量降低洞口的亮度，这样可以降低洞口内电光源的功率，节约能源。采用锯齿墙的方法比较简单、坚固，有时可以与挡土墙结合起来，其缺点是靠近洞口处光照衰减的不够理想。在洞外两侧植树是比较经济的方法，越靠近洞口植树越密，树冠也越大，使之更好地遮挡天然光。有些国家还采用提高洞口高度或在洞口的周围涂以低反射率的材料，而在洞内使用高反射率的材料，或作成弯曲的入口等措施都是行之有效的方法。

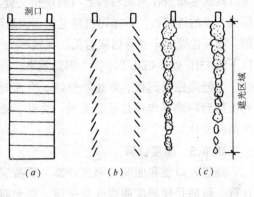

图 18-15　洞外通常采用的遮挡天然光的方法
(a) 百叶天棚；(b) 锯齿墙；(c) 植树

18.6.3　隧道内照明缓和段长度的确定

如果隧道或立交桥洞的长度小于 40m 时，可以不设照明缓和段。当长度超过 100m 时必须设置照明缓和段。照明缓和段的长度主要取决于隧道内外亮度之差。还与车速、洞外光环境（如树木高矮、树叶品种等）、季节变化、纬度、洞内照度标准等因素有关。

照明缓和段的长度也就是视觉适应的距离。通常设定视觉暗适应时间为 3～10s，再根据设计车速乘以暗适应时间就等于视觉适应距离。视觉适应距离即是需要照明缓和段的需要距离。车速和视距的关系见表 18-10。

视觉适应距离的照度值随着距离的增加而逐渐减少。具体数值可以参考表 18-11 所示，这是一些国家推荐的照度值。因为各国规范确定的照度值不尽相同，所以推荐值也不同。

因为人类的眼睛明适应时间很短一般只有 1s 左右，所以当车辆单方向行驶时，隧道出口可以不考虑视觉适应距离设计。

在夜晚，供白天使用的缓和照明需要自动切除，洞内的照度一般可减少到白天的一半，或四分之一。同时要求道路照度比洞内的照度不低于两倍。因此，往往还需要适当提高洞外（即遮光区域长度范围内）路段的照度。

车 速 和 视 距 的 关 系　　　　　　　表 18-10

车速（km/h）	20	40	60	80	100	120
视距（m）	—	40	80	120	160	260

注：此表暗适应时间为 3.6～6s 范围。

18.6.4　隧道光源的选择和布灯

隧道照明光源常常选择大功率日光灯，低压钠灯及高压水银灯。日光灯用于隧道照明主要优点是表面发光面积大，照度均匀度好，最适合作缓和照明光带用。要求环境温度最好在 18～25℃。

低压钠灯常用在长隧道或汽车排烟雾较多的地方。自镇流式和外镇流式高压水银灯可用于烟雾较少的地方。

布灯还要考虑易于检修或更换灯具，要考虑隧道及立交桥洞结构形式与安全。立交桥洞下灯具通常布置在两侧的墙上与洞顶相交处。隧道内采用点光源时，布灯的距离尽可能小，形成光点的连续性，否则司机感觉光点闪跳而妨碍视觉极不舒服。实践表明，闪光频率与灯距、安装位置、车速等因素有关。在频率为 5～10Hz 时，对人的眼睛影响最严重，在 2.5Hz 以下或 13Hz 以上则几乎不发生闪光效果。所以设计灯距要避免产生闪光的频率范围。

当隧道路线起伏、弯道、分流、合流时，由于路面的视线受到了限制，这时灯具的排列所起到的诱导作用是很必要的。为此，要研究灯具的安装间距、形状等，使司机能分辨出路线变化趋势，如图 18-16 所示。

18.6.5 照度计算

隧道入口缓和照明的照度计算主要按照白天司机暗适应距离考虑，在不同的距离分别计算。目的是使照度曲线变化平缓。缓和照明段以内的照度计算又分为白天中部照度计算和夜间照度计算，后者照度标准比前者低二分之一至三分之一。

部分国家推荐的隧道照明照度值　　　　表 18-11

	墙 壁 亮 度 或 路 面 的 亮 度					备　注
	白天入口附近部位			白天中间部位		
反射率 ρ	0～70mm	70～140mm	140～210mm			
法 国 0.7	590lx	340lx	90lx	40～50lx		设计车速: 50km/h
0.6	680lx	400lx	105lx	50～60		
0.4	1020lx	590lx	160lx	70～90		室外亮度: 2000～3000 cd/m²
0.3	1360lx	785lx	210lx	100～120		
	130cd/m²	75cd/m²	20cd/m²	9～11cd/m²		
美 国 0.7	540lx	320lx	120lx	54lx		设计车速: 48km/h
0.6	650lx	380lx	130lx	65		
0.4	920lx	540lx	190lx	97		
	120cd/m²	71cd/m²	25cd/m²	11cd/m²		
荷 国	0～100m	150m	200m	300m后		
8000cd/m²	1000cd/m²	100cd/m²	30cd/m²	10cd/m²		设计车速: 78km/h
1000	130cd/m²	13cd/m²	10cd/m²	10		
100	13cd/m²	10cd/m²	10cd/m²	10		
40	10cd/m²	10cd/m²	10cd/m²	10		
澳大 利亚	75m 以内为 205cd/m²			20cd/m²		设计车速: 64km/h
日 本 高速公路	10m	40m	75m			设计车速: 72km/h
	850lx	415lx	230lx	50lx		
一般车道				20lx		

通常仍按利用系数法计算平均照度。有的国家采用视觉感受到的亮度为标准计算。路

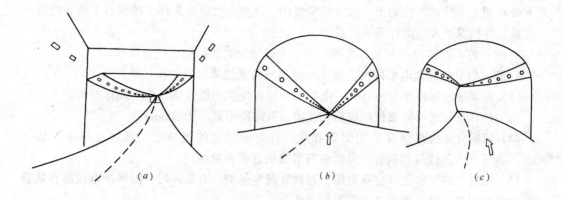

图 18-16　用灯光的排列起到的诱导作用
(*a*) 隧道变坡；(*b*) 直隧道；(*c*) 隧道拐弯

面的平均亮度随路面的材料种类、使用状态、气候及照明本身条件等因素而变化。有的国家从实践中得到的平均照度与亮度之间换算系数如表 18-12 所示。

平均照度换算系数　　　　　　　　　　　表 18-12

路　　　　　　　面		平均照度换算系数
亮　　度	种　　　　类	(lx/nt)
暗　　的	细粒沥青混凝土、粗级配沥青混凝土	16 ~ 19
中等亮度	加入 30%白云石粉细粒沥青混凝土	12 ~ 16
亮　　的	水泥混凝土	9 ~ 11

表中的系数随路面被使用磨光程度而变小。表中系数随照明器具的配光而变，一般按截光、半截光、不截光的顺序变小。

习　题　18

一、思考题

1. 路灯的平面布局排列方式有哪几种？

2. 隧道照明有哪些特点？隧道内照明缓和段长度如何确定？

二、问答题

1. 何谓"绿色照明工程"？

2. 什么是混光照明？它有哪些特点？

3. 商业照明防火措施主要有哪些？

三、计算题

1. 某道路宽 18m，要求平均照度不低于 8lx，试选择电光源的功率、灯具的安装高度及灯具的间距。

习　题　18　答　案

二、问答题

1. 答：绿色照明工程是指采用高效少污染的光源，提高照明质量、劳动生产率和能

659

源有效利用水平达到节约能源、减少照明费用、减少火力发电工程、减少有害物质的逸出和排放，达到保护人类生存环境的目的。

2. 答：将不同结构的电光源共同用作一个建筑物的照明称为混光照明。

3. 答：(1) 灯具及电器附件应是非燃烧体或难燃烧体材料制作。

(2) 商场吊顶材料及安装灯具、电器的底板应使用非燃烧体或难燃烧体材料。

(3) 灯具、灯泡与易燃材料应相互远离，其间距不宜小于 500mm。

(4) 照明分支线路建议采用铜芯导线，具有不延燃的绝缘层，其额定电压不低于 500V。在吊顶内敷线应套钢管。导线应有可靠的连接和封端。

(5) 配电线路保护设计应有短路、过载及漏电保护。有条件时，商场配电线路首端装设接地故障保护，对保护电气火灾有较大作用。

(6) 良好的运行维护管理。定期检查电器和线路状况，及时更换陈旧的线路；不得任意增加负荷，及时发现隐患，及早修理，更换，防患于未然。

三、计算题

1. 解：根据已知条件，采用双侧布灯（$N=2$）。试选用 GGY—400W 高压汞灯，灯具的仰角为 15°，维护系数为 0.7。参考表 18-8，设 H 为 7m，取 L/H 为 5，$5 \times 7 = 35$m。取 B/H 为 $18/7 = 2.57$，查表 18-9 利用系数 u 为 0.186。按光通量公式（18-1）

$$\Phi = \frac{E_{av} LB}{\mu KP} = \frac{8 \times 35 \times 18}{0.186 \times 0.7 \times 2} = 19354.84 \ (\text{lm})$$

查表 17-8 得 400W 高压汞灯光通量为 20000lm，大于所需要的 19355lm，能满足需要。从节约能源的角度修正所设定的值，如果将灯具的距离改大为 40m，求实际照度是多少？

$$\Phi = \frac{8 \times 40 \times 18}{0.186 \times 0.7 \times 2} = 22120 \ (\text{lm})$$

当灯距加大到 40m 时，路面实际平均照度为

$$E_{av} = \frac{\Phi \mu KP}{LB} = \frac{22120 \times 0.186 \times 0.7 \times 2}{40 \times 18} = 8 \ (\text{lx})$$

计算结果路面实际照度为 8lx，符合要求。

19 应 急 照 明

19.1 基 本 概 念

19.1.1 应急照明的分类

应急照明是现代民用建筑的重要组成部分。当正常照明因故障、检修或紧急事情熄灭后，提供使用的照明称为应急照明。应急照明包括备用照明、安全照明及疏散照明，也称为事故照明。应急照明在发生火灾、地震、防空等紧急情况下，正常电源故障失电或人为断电时，是一种保障人身安全、减少财产损失的安全措施。如果建筑物内部突发灾难性事故时伴随着电源的中断，此时应急照明对人员的疏散、消防救援工作、重要生产的继续进行或必要的操作和处理，有着极其重要的作用。

我国随着高层公共建筑物的不断增加和涉外建筑物的出现，应急照明的作用也日益突出，引起了消防部门和广大设计单位的重视。但目前我国还缺乏完善而详细的标准规范，现行的《民用建筑照明设计标准》和《工业企业照明设计标准》只有一些原则性的规定。1993 年中国照明协会发布了《应急照明设计指南》，吸收了国际上先进的经验，总结了中国的实际，有一定的指导作用。

国外一些发达国家和国际照明委员会（CIE）对应急照明都提出了很高的要求和制订了详细的规定。例如现行国际通用标准是 CIE 第 49 号技术文件《建筑物内部的应急照明指南》等。

从 50 年代以来，中国一直采用"事故照明"这个名词。为了和国际照明委员会和英美等国通用的"emergency lighting"对应，并考虑到更为确切、更符合实际，90 年代颁布的国家标准都使用了"应急照明"。名词的变化同时伴随着内容、技术要求的变化。比如原来将事故照明分为两类，即疏散用的和继续工作用事故照明；而新的标准规定的应急照明分为三类，即疏散照明、安全照明、备用照明。

1. 疏散照明

紧急情况下将人安全地从室内撤离所使用的应急照明。用以确保安全出口及通道能被有效地辨认和使用，使人们能安全地撤离建筑物；其照度不得小于 0.5lx。按安装的位置又分为：①应急出口（安全出口）照明；②疏散走道照明。要求沿走道提供足够的照明，能看见所有的障碍物，清晰无误地沿指示的疏散路线，迅速找到应急出口，并能容易地找到沿疏散路线设置的消防报警按钮、消防控制设备和配电箱。

2. 安全照明

它是用来确保处于潜在危险之中人员的安全而设置的一种应急照明。正常照明发生故障时，保证操作人员或其他处于危险情况下人员的安全而设的应急照明，例如使用电锯、热处理金属作业、手术室等处所用的安全照明。其照度值不应低于正常照度的 5%，特别危险的作业应为10%，为满足特殊需要也可提供更高的照度。

3．备用照明

是在事故情况下确保照明功能持续进行活动的一种应急照明。

目前世界上对应急照明的分类方法并不统一，如荷兰和CIE相同，而美国的《人身安全法规》分为四类，又将疏散照明分为两类，俄国和英国仍然分两类。

每一类照明的定义、作用和设计方法各有所别。特别是疏散照明的作用。应急照明应为疏散通道提供出口方向行走所必要的照度，使安全出口能有效地被识别，并在正常或应急的整个期间能安全可靠地使用。根据这些功能，疏散照明又可以分为两类，一是疏散照明灯，它能为疏散通道提供必要的照度；二是疏散标志灯，为标志和指示出口方向用。这两类灯的作用不同、形式不同、安装位置不同，不能混淆。尤其是疏散标志灯，有国际上许多的通用表达方式和技术要求。见图19-1所示。

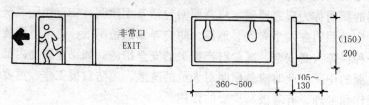

图 19-1　应急照明的标志

19.1.2　应急照明灯具类别

应急照明灯具产品按结构不同分为以下五类。

1．持续式应急照明：在需要正常照明或应急照明的整个期间，灯具的应急照明光源始终与电源接通。

2．非持续式应急照明：只有当正常照明的电源发生故障时，灯具中的应急照明光源才工作。

3．复合型应急灯具：具有两个或多个光源的应急照明灯具，其中至少有一个光源是用应急照明电源供电，其他光源由正常照明电源供电。复合型应急照明灯具可以是持续式或非持续式。

4．自容式应急照明灯具：持续式或非持续式应急照明灯具中所有的元件、设备都包容在灯具之中或灯具附近（0.5m内）。

5．中心供电灯具：由一个中心应急电源系统供电的灯具，用于持续式或非持续式工作方式，电源不在灯具内。

如果经济上造成损失越大，对供电要求越高，对应急照明灯的功能也越细。应急照明并不仅仅用于消防，它是一项综合安全措施。因此，做建筑物内部应急照明设计时，应考虑充分发挥其多种功能和不同的控制方式。

19.1.3　灯具的基本数据

目前应急照明灯具厂家提供的数据有：名称、型号、规格、光源功率（含平时使用及应急使用）、电压及应急照明时间等。有的厂家还给出接线方法及灯内导线色彩，为用户提供使用指南。根据灯具制造标准和为用户提供选择的依据，至少包含以下内容。

1．疏散照明灯具

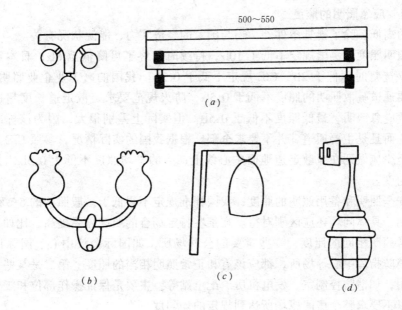

图 19-2 应急照明灯具产品

(a)明虎牌应急灯；(b)BYD—2×8W；(c)ZYD—1 背挂式；(d)FYD22—1 型

其中包括出口标准灯和出口方向标志灯，要求使用安全色和安全图形标志。灯具和安全图形的几何尺寸和视距的关系，应符合国家标准规定。

2. 灯具的光度数

用于照明的应急照明灯应有配光曲线与电池寿命结束时的最小光通量；用于疏散标志的应急照明灯，为提高辨认效果和清晰度，CIE—49 推荐图形文字的亮度大于 $15cd/m^2$，小于 $300cd/m^2$，并要求标志面最高与最低亮度比以 1:10 为宜。

3. 灯具的工作状态显示

除中心供电的灯具外，其余应急照明灯应指示：（1）电源接通；（2）电池充电（用镉镍电池充放电可以达到 80 次）；（3）线路通过灯丝连通，启动时间不超过 2s。

4. 灯具外壳的防护等级

用于消防的应急照明灯要考虑灭火进行时环境的影响，建议灯具外壳符合 IP44 等级要求。

5. 应急电源

自容式应急照明灯应采用封闭式电池，灯具上应清楚地标明电池的型号，制造标准规定至少正常工作 3 年。电池与应急照明光源之间除了转换装置外，不可设置开关。

6. 产品说明书

产品说明书中应有测试参数、使用和维护指南。

19.2 应急照明的参数

根据新的民用照明设计标准对照度有原则性的规定。实际设计中存在着一些问题。应急照明的照度标准一般是比较低的，均匀度要求也不高，平均照度与最小照度的差别太大。另外，要求整个场所或是某些区域具有规定的照度。

19.2.1 应急照明的照度

照度的高低，除了视觉条件外，还与国家的经济实力、能源状况有关。

疏散照明照度，美国规定不低于 10lx，持续时间终了可降低至 6lx；日本规定不小于1lx，使用荧光灯时不低于 2lx；CIE 规定不低于 0.2lx。我国的《工业企业照明设计标准》规定，主要通道疏散照明的照度不低于 0.5lx，防火规范要求疏散走道长度超过 20m 的走道内应设置应急照明，最低照度不低于 0.5lx。但实际上差别很大，因为该标准使用的是平均照度，而且是主要通道，并不要求全部。根据我国的实际情况，参照 CIE 及英国的规定，建议至少应做到在疏散走道地面中心线上产生的平均照度不低于 0.5lx，并注意保持较好的均匀度。

至于安全照明和备用照明的照度，我国标准规定不得低于一般照明的 5% 和 10%，这是通用原则，具体问题还应区别对待。在某些特定场合的照度需要提高，比如手术台，应保持和正常照明相同的照度；一些重要的公共场所，如国际会议中心、国际比赛体育馆等，还有消防指挥中心等场所，都应该有和正常照明相当的照度。第二是某些场所的备用和安全照明，如消防控制室、发电机房、配电站等，主要是保证操作部位和工作所需要的照度，可以不要求整个房间或场所达到规定的均匀度。

19.2.2 应急照明的转换时间

1. 应急照明的转换时间

当正常照明发生故障后接通应急照明的时间，称应急照明的转换时间，它是选择应急照明灯具的一个重要参数。用直管荧光灯光源作的应急照明，常说为瞬间启动，但也需要一定的时间。CIE 推荐转换时间如下：

(1) 疏散照明，不应大于 15s，这是考虑了适应应急发电机自启动条件，如使用其他应急电源，应争取更短。

(2) 安全照明不宜大于 0.5s，因为涉及人身安全，要求比较高。应急电源只能使用电网线路自动转换或者采用蓄电池。

(3) 备用照明不应大于 15s。对于有爆炸危险的生产场所等，应视生产工艺特点，按需要确定用更短的时间。对于商场的收银台，转换时间不应大于 1.5s，以防止混乱。各类应急照明对电源切换时间的要求见表 19-1。

应急照明对电源切换时间的要求   表 19-1

应急照明种类	备用照明	安全照明	疏散照明
切换时间	≤15s	<0.5s	≤15s
持续供电时间	按要求定	20min	20min

2. 应急照明的连续供电时间

应急照明灯的连续供电时间越长，成本越高，但时间过短，又达不到其应起的作用。防火规范规定为不应小于 20min。确定合理的限量时间，要综合考虑人员在紧急状态下各种情况，比如人员拥挤、标志灯位置的选择、路途障碍的多少、人员年龄、心理素质等，应取平均因素推荐一个疏散区最远点的人常速步行至安全区的时间作为应急灯连续供电时间。

(1) 疏散照明时间，不应小于 30min。主要应考虑发生火灾或者其他灾难时，人员的疏散、在建筑物内搜寻人员、救援等所需要的时间。对于超高层建筑、规模特大的多层建筑、大型医院等，应考虑更长的持续时间，如 45、60、90min。

(2) 安全照明和备用照明，应视生产或工作的特点及持续时间长短确定。特别重要的公共建筑物，如通讯中心、广播电台、电视台、发电及配电中心、交通枢纽等场所，应长时间持续工作。

19.2.3 应急照明的配电线路

应急照明的配电线路属于消防配电线路的一部分，要求相同。主要有：

1. 选用耐热配线

当导线穿钢管也可用耐热温度大于 105℃ 的非延燃型导线。如 BV—105 采用绝缘和保护套为非延燃烧材料型电缆时，可不穿金属管保护，但要敷设在电缆井内。强电和弱电电缆共用一个竖井时，应将其分敷于井的两侧。交叉时，应穿钢管保护。竖井内每隔 3 层要设阻燃材料作的隔离板，并将上下通孔堵死。

配管若用非金属管材时，应该选用非延燃材料。并敷设于不能燃烧的墙体结构内。在沿海有盐雾地区应选用防腐钢芯铝绞线。

2. 线路的共管敷设

不同系统、不同电压、不同电流类别的线路不可穿在同一个管内或同一个线槽的同一槽孔内。不同电压、不同电流类别的线路在配电箱内的端子板要分开隔离，而且应标注清楚。不同防火区的线路也不能共穿一根管。

3. 穿管的截面面积要求

穿管的绝缘导线或电缆的总截面积不得大于管孔净截面积的 40%。敷设于封闭或线槽内的导线或电缆的总截面不应大于线槽净截面积的 60%。

4. 线路必须使用铜芯电线或电缆的场所

(1) 需要长时间运行的重要电源、重要的操作回路、二次线路、电机的励磁、移动设备的线路以及有剧烈振动的线路。

(2) 有爆炸危险的场所、有火灾危险或是有特殊要求的场所。

(3) 对铝有严重腐蚀而对铜的腐蚀比较轻微的场所。

(4) 高温设备附近，如铸造车间、锅炉房等。

(5) 特别重要的公共建筑物内，如国家博物馆等。

(6) 消防系统及应急照明线路。

(7) 军用重要线路及通讯指挥系统。

近年来，绝缘铜线的应用范围日趋广泛，一般情况下常用塑料铜线。而橡皮铜线的弯曲性能好，而且耐寒。乙丙橡胶绝缘电缆具有优异的电气、机械特性，即使在潮湿的环境中也有耐高温性能，线芯长期工作允许温度可达 90℃。采用氯磺化氯乙烯护套的乙内橡皮绝缘电缆可以满足阻燃的场所。

5. 疏散指示照明

疏散指示照明和应急插座线路要分开敷设，如图 19-3 所示。

图 19-3　线路敷设中疏散指示与应急插座

接线盒板的防火不好解决时，宜将钢管直径加大而不用接线盒，分支盒改为双管。

19.3 应急照明电源

19.3.1 一般要求

运行经验表明，电气故障是无法限制在某个范围内部的，电力部门从未保证过供电不中断，很多情况下供电中断的损失需要用户自行承担。为保证重要负荷的可靠运行，用户应急电源的设置常常是必要的，而且用户应急电源应是与电网在电气上独立的电源，如蓄电池、柴油发动机等。供电网络中有效地独立于正常电源的专用的馈电线路即是指保证两个供电线路不大可能同时中断供电的线路。

应急电源的类型，应根据一级负荷中特别重要负荷的容量、允许中断供电的时间以及要求的电源为交流或直流等条件来进行。由于蓄电池装置供电可靠、稳定、无切换时间、投资少，所以凡是允许停电时间为毫秒级，且容量不大的特别重要负荷，可采用直流电源者，应由蓄电池装置作为应急电源。若特别重要负荷要求交流供电，允许停电时间为毫秒级，且容量比较大，可采用静止型不间断供电装置。若特别重要负荷中有需要驱动的电动机负荷，启动电流冲击负荷较大的，又允许停电时间为毫秒级，可采用机械储能电机型不间断供电装置或柴油机不间断供电装置。若电动机负荷允许停电时间为 15s 以上的，可采用快速自启动的发电机组，这是考虑一般快速自启动的发电机组一般在 10s 左右。对于带有自动投入装置的独立于正常电源的专用馈电线路，是考虑到自投装置的动作时间，适用于允许中断供电时间大于自投装置的动作时间者。

中心供电型应急照明灯的电源，当由应急柴油发电机供电时，以 10s 能完成自启动并优先保证应急照明电源。对安全照明和部分备用电源，满足不了转换时间的要求，它不能作为这类应急照明的电源。当由蓄电池组供电时，要求中心应急电供电的灯具系统中一个或几个灯具发生故障，应不影响其他灯具工作，也就是说每个灯具均需要加保护，可靠性并不高。另外一个办法是采用小容量分散蓄电池供电方案，对应急照明时仍保证正常照度的场所比较适用。比如，消防控制室（可利用消防电池组）、消防水泵房、配电室和自备柴油发电机室等。

对于二级负荷，由于其停电造成的损失较大，且其包括的范围一般也比一级负荷广，其供电方式的确定，如能根据供电费用及供配电系统停电机率所带来的停电损失等综合比较来确定是否合理。

对二级负荷的供电方式，因其停电的影响还是比较大的，应由两回线路供电。供电变压器亦应有两台（两台变压器不一定在同一变电所）。只有当负荷较小或地区供电条件困难时，才允许由一回 6kV 及以上专用架空线供电。这点主要是考虑到故障后有时检查故障点和修复时间较长，而一般架空线路修复方便。当线路自配电所引出采用带来线路时，必须要采用两根带来组成的电缆线路，其每根电缆应能承受的二级负荷为 100%，且互为热备用。线路故障不包括铁塔倒塌或龙卷风引起的自然灾害。

19.3.2 解决应急照明电源的方法

作为应急照明的电源主要有以下几类：

1. 照明与电力负荷在母线上分开供电，如图 19-4 所示。应急照明与正常照明分开。

即来自同一电网与正常电源分开。

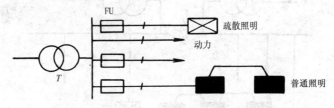

图 19-4　一台电力变压器时的应急照明线路

2．应急照明的电源来自备用电源，如图 19-5 所示。

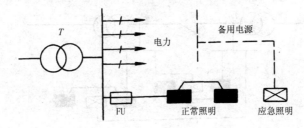

图 19-5　应急照明的电源来自备用电源

3．应急照明的电源来自蓄电池组，如图 19-6 所示。

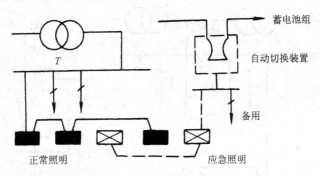

图 19-6　应急照明的电源来自变压器以外的蓄电池组

4．应急照明的电源来自另一台变压器，在母线上分开供电，正常照明和应急照明电源来自不同的变压器，如图 19-7 所示。

5．应急照明的电源来自两台变压器，在母线上有联络断路器，正常照明和应急照明电源来自相邻的变压器，应急照明由两段干线交叉供电，如图 19-8 所示。

6．应急照明的电源来自第三电源，设有自动投入装置（BZT），如图 19-9 所示。第三电源也可以视为发电机组或蓄电池等小型电源。

应急照明的电源设置形式有三种：集中设置、分区设置、应急灯自带蓄电池。

19.3.3　备用电源特点和应用

1．当工作电源停电时，备用电源能自动投入

不间断电源装置（UPS）是一种集中或者分区集中设置的蓄电池供电方式，其各项性

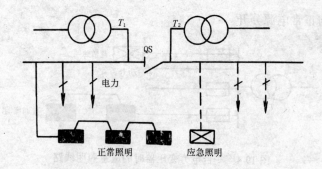

图 19-7 应急照明的电源来自另一台变压器

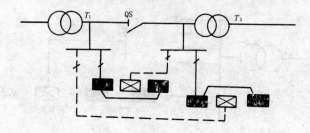

图 19-8 应急照明的电源来自两台变压器

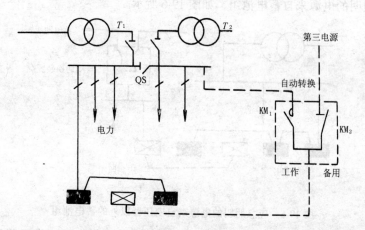

图 19-9 应急照明的电源来自第三电源

能指标都很高，但是价格也很高，普通应急照明不宜选用。但是，像电脑机站等建筑内已有 UPS，而容量能满足要求时，可以利用 UPS 供给本场所内的应急照明是适宜的。采用来自电网的备用电源转换快、可靠，持续时间长。在大中城市或建筑群往往比较容易取得这种电源。

如果应急照明在正常电源断电后，其电源转换时间应该满足：疏散照明不大于 15s，备用照明也不大于 15s，安全照明不大于 0.5s。

2. 用来自电网的备用电源的容量及供电时间

用来自电网的备用电源的容量及供电时间容易得到满足。当工作电源出现故障或容量不够时，必须能保证消防设备能够正常地工作。备用电源的容量不应小于正常照明容量的50%，同时对全部音响设备必须满足 10min 的供电需要。一般情况公共建筑内，由于生活及安全需要，在具有备用电源时，首先应利用它保证应急照明之需。但实际上专门为应急照明设置电源不够经济合理，所以设计时应统一安排电力设备和应急照明的电源。对于继续维持生产的备用照明，消防水泵房的备用照明，应与生产电力设备和消防水泵共同使用一个备用电源时，一般都用电网为备用电源。

3. 备用电源的配线应该采用耐热措施

备用电源的配线应该采用耐热措施，而当备用电源管线设置在电气设备内时才可以不考虑耐热措施。

4. 应急发电机组作备用时的特点

电源停电后，应急发电机投入运行需要较长的时间，经常处于备用状态的机组从停电时间到启动时间，大约需要 15s，因此只能作为疏散照明和备用照明的应急电源，而不能单独用于安全照明。专为应急照明设置发电机组，通常是不够经济合理。在高层建筑往往是为了消防要求而设置，如香港规定八层以上的公共建筑应设置发电机组作为应急照明。在某些工业生产厂房、交通中心，也往往是和生产、运行的电力设备之需要一起考虑。

5. 用蓄电池作备用电源的特点及要求

蓄电池的可靠性高，转换迅速，能适应各类应急照明电源的需要。要求蓄电池组能自动充电，充电电压要高于额定电压的 10% 左右，要保证正常充电。蓄电池组还应该有防止过电压的装置。蓄电池设备应设有自动及手动控制，并能比较容易地进行均等充电的装置，如果设备稳定、性能正常则不受此限。蓄电池组到火灾自动报警系统的消防设备线路应设开关及过电流保护装置。要有显示电流及电压的仪表。

蓄电池缺点是容量小，持续时间较短，需要经常检查维护。在重要的公共建筑或重要的地下建筑，有时和其他应急电源配合使用。在小型公共建筑，如小旅馆，取得电网备用电源有困难时，采用蓄电池比较合算。中心变配电所设置有蓄电池直流屏时，可以利用其供给本所内的备用照明。

6. 组合电源的应用特点

同时设置有两种以上的应急电源称为组合电源，它的可靠性要更高，但是投资也更加大，一般只是在重要的公共建筑物和高层建筑物中采用。一般来说，设置几种电源是根据该建筑的生产和消防电力设施的要求而确定的。专为应急照明设置的并不多。

使用复合型应急照明灯具及中心供电时，均需要单独设计应急照明配电系统。选用其他类型应急照明灯有电源信号线和正常照明配电系统相连，此时应急照明系统不应跨越防火分区规划的配电系统，同时要考虑线路防火问题。

7. 采用非持续式应急照明电源的灯具还应能耐振

采用非持续式应急照明电源的灯具还应能耐振，并且在防空等紧急情况时的控制及移动方便。对断电时维修应急照明的措施也要落实。

例如华北电力生产指挥中心是专业办公大楼，供电的可靠性要求很高，以保证专业用电，因此设有四台 80kW 的不间断电源（UPS），每台互为备用。按应急照明的要求分别取自两台不同母线变压器的出线，装置设有互投（互投装置只动作一次），能保障应急照明供电。

19.3.4 自带电源型应急照明的技术要求

自带电源型应急灯除了具有光源、灯具外，还应包括蓄电池组、逆变器、充电电路及控制保护电路等。可以用作各类应急照明灯，更多地用于疏散标志灯。其主要技术要求如下：

固定型铅蓄电池故障排除方法　　　　　　　　　　　表 19-2

现象	故障特征	分析原因	检修方法
1. 容量降低	①第十次循环达不到额定容量 ②容量逐渐降低 ③容量突然降低 ④电池效率太低 ⑤充电末期电池冒气不剧烈	①初充电不足或长期充电不足 ②电液相对密度低或液温低 ③局部作用或是漏电 ④电液使用日久，有杂质 ⑤极板硫酸化或隔板电阻大 ⑥内部或外部短路、正负极板损坏、负极板收缩 ⑦电表没有校正好 ⑧长期浮充几次未进行放电活性物质凝结、性能衰退、极板钝化	①采用均衡充电法改进运行方法 ②调整电液相对密度及室温 ③全面清洁以加强绝缘 ④检查电液，必要时更新 ⑤消除硫化调整隔板 ⑥检查原因，排除之 ⑦重新校正电表 ⑧进行几次充放电，必要时进行过充过放电，并以后进行定期充放电
2. 电压异常	①开路电压低或充放电时电压都偏低 ②少数电池电压偏低或偏高 ③充电时电压过高，放电时电压下降很快 ④线路电压降大，内有个别电池反极 ⑤端电压在 3V 以上负隔极电压在 -0.6V 左右	①内部或外部短路 ②落后电池没有及时纠正 ③管式电池电压在充电时比涂膏式的高 ④极板硫化或接头接触不良 ⑤过量放电 ⑥极板大量脱粉或正极板已经断裂 ⑦电压表不准 ⑧长期浮充，未定期充放电，使活性物质钝化	①消除短路 ②均衡放电 ③消除硫酸化 ④检查接头进行拧紧或焊好 ⑤补充充电，并避免两次发生 ⑥更换或修补极板 ⑦检查调整电压表 ⑧反复充电或过充电，以后进行定期充放电
3. 冒气异常	①冒气太少 ②少数电池冒气 ③冒气太早 ④放电时冒气 ⑤浮充电时冒气大	①充电电流太小或太大，或还没有充足 ②内部短路 ③极板硫酸化 ④充电后未静置马上放电或电液中有杂质	①改正电流，继续充电 ②消除短路 ③消除硫酸化 ④充电后要搁置 2～4h 再放电 ⑤检查电液，必要时更新
4. 相对密度异常	①充电时相对密度上升小或不变 ②浮充电时相对密度下降 ③搁置时相对密度下降大 ④放电时相对密度下降快 ⑤长期浮充时电解液相对密度上下不一	①电液中可能有杂质 ②浮充电流过大 ③自放电或漏电 ④极板硫酸化 ⑤长期充电不足 ⑥加水过多或加了浓硫酸 ⑦比重表不准确	①检查电液，必要时更新 ②加大浮充电流 ③搞好清洁，加强绝缘 ④消除硫酸化 ⑤均衡充电，改进运行方式 ⑥充电 2 小时前调整比重上下层相对密度不同，充电混匀 ⑦调整比重表
5. 电液温升	①初充电前电液温度降不下来 ②正常充电时电液温度过高 ③个别电池温度比一般高	①负极板已经氧化 ②充电时电流过大或内部短路 ③室温过高，降温设备不良 ④硫化现象 ⑤温度表不准	①浸酸以后电液温度降不下时，可用小电流充电 ②减少正常充电电流或消除短路 ③添置降温设备 ④消除硫酸化 ⑤校正温度表
6. 电液不清	①补充电时电液表面有泡沫 ②电液呈现青绿色 ③电液呈现微红色 ④电液有气味 ⑤电液混浊不清	①极板处理不当 ②极板干燥时可能用直接炭火烘烤 ③电液中可能含有锰或铁 ④木隔板处理不当 ⑤极板脱粉或盖板没盖好落入灰尘杂质	①检查电液如果杂质过量，应该更换电液 ②改进运行方式，盖好盖板，必要时更换隔板
7. 弯曲开裂	①极板弯曲 ②极板上有裂纹 ③极板上活性物质部分脱落	①制造极板时涂的不匀或保管不当受潮，安装不当 ②过量放电内部硫酸铅膨胀 ③大电流充放电各部作用不匀 ④高温放电作用深入内部膨胀	①以后防止重犯 ②改进运行方法 ③充放电后取出用同面积木板压平，或更换极板增添降温qd设备
8. 膨胀脱粉	①容量降低 ②板栅在长度或宽度上伸长或弯曲 ③负极板膨胀或呈瘤状 ④沉淀多或电液混浊	①充放电流过大或过量充放电，长期过放电 ②电液不纯或温度高（化成式极板容易伸长） ③放电时外电路发生短路 ④极板硫酸化或已经腐蚀断裂	①改进运行方法 ②检查电液温度高的原因并排除，增加降温设备 ③检查短路点后排除 ④修补或更换极板

（1）蓄电池要求使用全封闭、免维护、尺寸小的充电型电池，一般应采用镉镍电池，

条件比较优越，也可采用铅酸电池，但尺寸大、寿命短。不应使用汽车蓄电池和原电池。蓄电池在正常放电条件下工作寿命大约是 4~5 年。全充放电循环不少于 400 次，对于铅酸电池，不少于 200 次。电池再充电时间不应大于 24h。

(2) 应有逆变、控制、保护及充放电等环节。一般设有过充电保护。对于铅酸蓄电池必须设置过放电保护，至于镉镍电池，过度充放电的影响相对不大。

(3) 逆变电路应保证一定的流明效率。即从正常电源供电转换到蓄电池供电后，光源输出的光通量的比例。对于非持续运行应急灯，转换到蓄电池供电 5s 后的光通量技术要求不得低于其额定光通量的 80%。这个数值各国的规定是不同的，有的国家规定应由生产厂家给出，甚至允许为 50%。照明设计中应特别注意的是，不能按光源的额定光通量计算应急照明照度，要根据生产厂家的数据进行计算。

(4) 电池放电结束时的电压不应低于其额定值的 80%。放电结束是指应急灯规定的应急持续时间的终结。

(5) 应急照明灯内的电池组和光源之间不应装设手动开关。应急照明灯的正常电源侧应装短路保护；另外还应有充电指示灯和试验按钮。

19.3.5　蓄电池

蓄电池常见故障及其处理方法：

固定型铅蓄电池故障排除方法，可参考表 19-2。

19.4　应 急 照 明 设 计

19.4.1　哪些建筑应该设置应急照明

应急照明应该根据建筑物的层数、规模大小、复杂程度、建筑物内停留和活动的人员多少、建筑物的功能、生产或使用特点等因素确定。一般认为应该着重考虑以下几点。

第一是高层或多层建筑；第二是在建筑物内活动的人员不熟悉建筑物内的情况；第三是建筑物内人员众多。

根据这些原则，应该设置应急照明的建筑主要有：人员众多的公共建筑，如大会堂、剧场、文化宫、体育场馆、旅馆、候机楼、展览馆、博物馆、大中型商场等；地下建筑，如地铁站、地下商场、旅馆、娱乐场所等；特别重要的大型工业厂房。对于一般的办公楼，9 层以下的普通住宅，一般工业厂房考虑我国目前经济情况，可以暂时不设置。

应急照明按其功能可以分为两个类型：一是指示出口方向及位置的疏散标志灯；二是照亮疏散通道的疏散照明灯。

19.4.2　应急照明设计常规作法

1. 应急照明每一回路灯数

应急照明每一回路不宜超过 15A。灯和插座的数量不宜超过 20 个（最多不得超过 25 个），但花灯或彩灯等大面积照明除外。

2. 平面布局

在需要设置疏散照明的建筑物内，应该按以下原则布置：即在建筑物内，疏散走道上或公共厅堂内的任何位置的人员，都能看到疏散标志或疏散指示标志，一直到达出口。为此应该在疏散出口附近设置出口标志，而疏散走道内不能直接看到出口的地方还应该设置指向标志，以指示出口的方向，照度不低于一般照明值的50%。

平面布置设计分均匀布置、选择布置，关键是灯距 L 及灯高 h 的比例，L/h 小则照度均匀度好，而经济性差。L/h 大则相反。当选用反射光或漫射光时，除了要考虑最佳距离比以外，还应该注意灯具和顶棚的距离，通常这个距离为顶棚距工作面距离的 1/4 ~ 1/5 比较妥当。

3. 应急出口（安全出口）及标志指向灯的布置和安装

应急出口及疏散走道的应急照明灯都属于标志灯，在紧急情况下要求可靠、有效地辨认标志，如图19-10所示。

安全出口
EXIT

图 19-10　安全出口标志灯外形

安全出口标志灯应该布置在通向室外的出口和应急出口；多层建筑物内各楼层通向各楼梯间或防烟楼梯间前室的门上；大面积厅、堂、馆通向室外或疏散通道的出口处。出口标志应该安装在出口门内侧，不应该装在楼梯间一侧，其标志面应朝向疏散走道，并尽量与走道轴线垂直。通常安装在门上方，也可以安装在门的一侧或门的上方顶棚下，距地的高度以 2.0 ~ 2.5m 为宜。过低对安全不利，远处也不便看清楚；过高则在火灾时烟雾可能遮蔽光线，而看不见。标志灯可以明装或嵌墙暗装，也可以按建筑装饰要求而定。当出口门位于疏散走道的侧面时，应伸出墙面或挂在门上方的顶棚下，以便于走道中的人员看得见。当出口门的两侧都有疏散走道时，应设置双面都有图形或文字的出口标志灯。

指向标志灯布置在以下的地方：疏散走道拐弯处；疏散走道直线距离出口20m以上。这也就是说在疏散走道内，任何地方都应该看到出口标志或出口指向标志，视线距离不超过20m。

指向标志灯一般安装在走道的侧墙上，距离地面的高度小于1m。低位安装主要是防止烟雾遮挡。国外也有安装在走道边地面上的例子。位置较低时应该考虑防止触电。从便于看到的角度来说，一般不嵌入墙内暗装。普通的作法是采用嵌墙但突出墙面 30 ~ 40mm。突出的透光照应该使用不碎的玻璃或胶片，并不应该有尖锐的棱角和固定件。需要高位安装时，在墙上高出地面 2 ~ 2.2m，如图 19-11 所示。

4. 应急照明灯的布置和安装

应急照明灯应沿疏散走道均匀布置，注意走道拐弯处、交叉处、地面高度变化处和火灾报警按钮等消防设施处有必要的照度。经常设有疏散照明灯的地方有疏散楼梯间、防烟楼梯间及其前室、电梯候梯厅等处；人员众多的大中商场、展览馆、体育场馆、剧场、大会议厅内。

应急照明灯通常是用正常照明的一部分，如二分之一或三分之一，其间距不宜太大，并选用沿走道纵向具有宽配光的灯具，以提高均匀度。诱导灯垂直下方应在 0.5m 位置的地面上要有 1lx 以上的照度，如图 19-12 所示。

5. 标志灯的选择

灯具及上面的标志图形的几何尺寸和视距有关，建筑物内最常见的是长方形标志灯，应符合下列关系式。

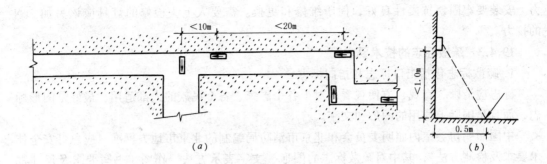

图 19-11　应急照明安装位置

（a）安装在通道分叉拐弯处；（b）安装在墙面上

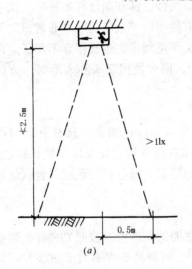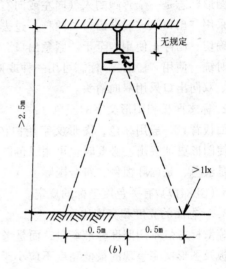

图 19-12　应急照明位置设计

（a）吸顶式；（b）管吊式

短边　　　b_1 最大不超过 285mm

长边　　　$a = 2.500 b_1$

设定　　　L 为观察视距（m）　　　$b_1 = 0.014L$

GB2894—82 规定的长方形标志灯尺寸见表 19-3。

长 方 形 标 志 灯 尺 寸　　　　　　　　　　　　　表 19-3

视距 L（m）	10	15	20
$b_1 \cdot l_1$（mm）	140×350	210×525	285×713

6. 标志灯选择要求

对标志灯的选择，除灯具的几何尺寸和视距外，要求醒目、清晰。清晰度取决于大小、亮度、对比和位置。标志灯中的图形、文字大小至少应该是预定观看距离的 1/300，标志面的受照面和标志背景之间的亮度对比，要求使标志容易看见，但没有眩光。疏散标志的位置应与人的视线垂直并能引导疏散方向。

勿设计在高温设备的表面，有防火隔热措施。吊链能承受灯具重量的 5 倍以上的拉力。安装要牢固，抗震性良好，便于维修和更换。需要人上去检修的灯具应该另加 2kN 的拉力。

19.4.3 疏散标志的技术要求

1. 疏散标志包括出口标志和指向标志

标志应清晰、直观、方便观看；对于各个国家、各个民族的人都适用，最好是图形标志，而且是国际上通用的图形和文字。

中国照明协会室内照明委员会和北京市消防局编制的北京市地方标准《应急灯安全技术要求及检测方法》，其中对疏散标志的图形、文字表示方法，作图、书写要求及尺寸都做出了相应的规定。1990 年颁布后，统一了北京各个生产厂家的产品。其他地区的一些生产厂家现在也开始按这个标准进行生产。

图形标志是一个奔跑的人（向左或向右）和箭头两种，都和国际标准统一。文字标志统一采用"出口"、"安全出口"两种。过去有些地方使用的"太平门"、"非常口"等标志都不确切，已停止使用。至于"紧急出口"的部分文字笔划多，也被摒弃不用了。用英文标志时统一使用"EXIT"。标志可用一种或两种图形，同时使用箭头和人形时，方向必须一致。双向出口只用双向箭头。

2. 标志面板和图形文字的颜色

面板背景一般用绿色，图形文字用白色。深色背景和浅色图形，具有更高的可辨认性，使图形更加突出。必要时也可用绿色图形文字和白色背景。安全出口使用绿色标志，而不是红色，是国际惯例，符合国际上《安全色》的规定。绿色和白色应符合《灯光信号颜色》（GB8417）有关色度坐标的规定。

3. 标志面的亮度和亮度比

疏散标志灯不用照度标准衡量，而是考核其标志面的亮度值。按照 CIE 有关规定，标志面板及图形文字呈现的最低亮度不应小于 $15cd/m^2$，而最高亮度不大于 $300cd/m^2$。同一标志亮度比不应大于 1:10。规定下限是为了能看清楚，上限是限制眩光。用于影剧院和娱乐场所，标志面亮度宜取下限值。

4. 对电压的要求

一般采用 220V 的电压，要求应急照明线路电压降不得超过额定电压的 5%。对于安全电压 12~36V 的照明不低于其电压值的 90%。采用直流电源时，可根据其容量的大小及使用要求确定。

19.5 安全照明设计

19.5.1 安全照明的设置

1. 需要设置安全照明的场所

安全照明是指在正常照明熄灭时确保处在潜在危险中的人的安全而设置的。强调极快的提供照明以保证人的安全。它和应急照明不同，后者是在灾害发生时，保证人员安全撤离建筑物之用。以下几类场所设有安全照明：

（1）因为照明熄灭在黑暗中可能导致人员创伤、灼伤等严重危险的生产场所，如刀具裸露的圆盘锯等。

(2) 照明熄灭将延误工作和操作时间，如医院中的手术室、急救室等。

(3) 人员密集而又不熟悉建筑物内的环境，照明熄灭容易引起惊恐和导致伤亡的场所，如难以和外界交流的电梯内。

(4) 其他特殊场所。

2. 安全照明的布置

安全照明多数不要求照亮整个的房间，或不要求规定的均匀度，可以只照亮一个或几个工作面。而且常常要求有一定的方向性的照明，可以装设定向性的灯具，有的可以利用工艺设备局部照明灯。

19.5.2　备用照明的设置

1. 需要备用照明的场所

备用照明应该根据生产、工作和运行的特点而设定，各种行业有自己的特殊要求，以下举几类需要备用照明的场所。

(1) 断电后需要有照明进行必要的操作和处置，不然就可能发生爆炸、火灾、中毒等事故的生产场所，或造成生产流程被破坏或混乱、加工处理的贵重部件损坏的场所。

(2) 照明熄灭会造成系统运行、操作或工作无法继续运行，从而导致很大的经济损失或不良影响的场所，如通讯中心、电视台、广播电台、铁路或航空枢纽、发电站、中心变电站、重要的动力供应站、城市供水设施、会议中心、高级宾馆和国际比赛中心等。

(3) 照明熄灭将妨害消防工作的消防控制中心或指挥中心、消防设备间等。

(4) 重要的地下建筑物，如地铁车站及运行室、地下旅馆、商店、娱乐中心等。

(5) 照明熄灭将造成现金或贵重物品被窃的场所，如商店的贵重商品售货区、收银台、自选商场、银行出纳台等。

2. 备用照明的布置

(1) 备用照明应和正常照明进行统一布置，以求经济合理、整体协调。

(2) 断电后要求继续坚持工作或需要进行必要的操作处置的场所，备用照明灯要布置在需要操作工作的主要部位。

(3) 照明熄灭后整个场所都需要继续工作的，应利用正常照明的一部分作备用照明。当备用照明要求与正常照明保持相应照度的重要公共建筑应利用正常照明的全部灯具，而不另外安装灯，仅在正常照明电源故障时转换到应急电源供电。

19.5.3　消防照明的设计要求

(1) 消防照明一般包含安全照明和疏散照明两部分，采用蓄电池作备用电源，连续供电时间不应小于 20min。

(2) 高层民用建筑内的消防用应急照明的设置地点：

①疏散楼梯（包括防烟楼梯间前室）、消防电梯及其前室。

②配电室、消防控制室、消防水泵房和自备发电机房。

③观众厅、展览厅、多功能厅、餐厅和商场营业厅等人员密集的场所。

④公共建筑内的疏散走道和居住建筑内长度超过 20m 的内走道。

(3) 建筑物（二类建筑除外）的疏散走道和公共出口处应设疏散指示标志。

(4) 疏散照明其最低照度不应低于 0.5lx。消防控制室、消防水泵房、配电室和自备发电机房的应急照明，仍应保证正常照明的照度。

（5）安全照明灯宜设在墙面或顶棚上。疏散指示标志宜设在太平门的顶部、疏散走道及其转角处距地 1m 以下的墙面上。走道上的指示标志间距不宜大于 20m。安全照明和疏散照明，应设玻璃或其他非燃材料制作的保护罩。

（6）灯具隔热问题：照明器表面的高温部分靠近可燃物时，应采取隔热、散热等防火措施。卤钨灯和额定功率为 100W 及以上的白炽灯泡的吸顶灯、槽灯、嵌入式灯的引入线应采用瓷管、石棉、玻璃丝等非燃材料作隔热保护。

超过 60W 的白炽灯、卤钨灯、荧光高压汞灯（包括镇流器）等不应直接安装在可燃装修或可燃构件上。可燃物品库房内不应设置卤钨灯等高温照明器。

公共建筑物和乙丙类高层厂房的下列部位，应设应急照明。观众厅每层面积超过 1500m² 的展览厅、营业厅，建筑面积超过 200m² 的演播室，人员密集且建筑面积超过 300m² 的地下室，按规定应设置封闭楼梯间或防烟楼梯间建筑的疏散走道。影剧院、体育馆、多功能礼堂、医院的病房，其疏散走道和疏散门，均应设置灯光疏散指示标志。

习　题　19

一、填空题

1. 疏散照明点燃时间，不应大于_____。疏散照明时间，不应小于_____。

2. 安全照明点燃时间不宜大于_____。

3. 备用照明点燃时间不应大于_____。

4. 穿管的绝缘导线或电缆的总截面积不得大于管孔净截面积的_____。敷设于封闭或线槽内的导线或电缆的总截面不应大于线槽净截面积的_____。

5. 应急照明每一回路不宜超过_____。灯和插座的数量不宜超过_____，最多不得超过_____，但花灯或彩灯等大面积照明除外。

6. 公共建筑物和乙丙类高层厂房的下列部位，应设火灾应急照明，观众厅每层面积超过_____的展览厅、营业厅，建筑面积超过_____的演播室，人员密集且建筑面积超过_____的地下室。

7. 应急照明应选用电光源有_____、_____等，不宜采用_____、_____等。

8. 照明方式可分为_____、_____、_____和_____。

9. 照明种类可分为_____、_____、_____和_____。

10. 应急照明应采用电光源能_____或_____等。

11. 应急照明，常说为瞬间启动，但也需要一定的时间，疏散照明，不应大于_____；安全照明不宜大于_____，要求比较高。备用照明不应大于_____。对于有爆炸危险的生产场所等，应视生产工艺特点，按需要确定用更短的时间。对于商场的收银台，转换时间不应大于_____。

二、名词解释

1. "疏散照明"：

2. "安全照明"：

3. "备用照明"：

4. 持续式应急照明：

5. 非持续式应急照明：

6. 复合型应急灯具：

7. 自容式应急照明灯具：

8. 中心供电灯具：

三、问答题

1. 应急照明的电源供电方式有哪些？

2. 应急照明的配电线路属于消防配电线路的一部分，要求主要有哪些？

3. 必须使用铜芯电线或电缆的场所有哪些？

4. 解决应急照明电源的方法有哪些？

5. 需要设置安全照明的场所有哪些？

6. 需要装设备用照明的场所有哪些？

7. 高层民用建筑的哪些场所应设置火灾事故照明。

8. 线路的保护有什么规定？

习 题 19 答 案

一、填空题

1. 15s，30min； 2. 0.5s； 3. 15s； 4. 40%，60%； 5. 15A，20 个，25 个；

6. 1500m², 200m², 300m²；

7. 白炽灯、碘钨灯，高压水银灯、高压钠灯；

8. 一般照明、分区一般照明、局部照明和混合照明；

9. 正常照明、应急照明、备用照明、警卫照明和障碍照明；

10. 瞬时可靠点燃的白炽灯，荧光灯；

11. 15s；0.5s；15s；1.5s。

二、名词解释

1. "疏散照明"：在紧急情况下将人安全地从室内撤离所使用的应急照明。用以确保安全出口及通道能被有效地辨认和使用，使人们能安全地撤离建筑物，其照度不得小于0.5lx。

2. "安全照明"：它是用来确保处于潜在危险之中人员的安全而设置的一种应急照明。正常照明发生故障时，保证操作人员或其他处于危险情况下人员的安全而设的应急照明，例如使用电锯、热处理金属作业、手术室等处所用的安全照明。

3. "备用照明"：是在事故情况下确保照明功能持续进行活动的一种应急照明。

4. 持续式应急照明：在需要正常照明或应急照明的整个期间，灯具的应急照明光源始终与电源接通。

5. 非持续式应急照明：只有当正常照明的电源发生故障时，灯具中的应急照明光源才工作。

6. 复合型应急灯具：具有两个或多个光源的应急照明灯具，其中至少有一个光源是用应急照明电源供电，其他光源由正常照明电源供电。复合型应急照明灯具可以是持续式或非持续式。

7. 自容式应急照明灯具：持续式或非持续式应急照明灯具中所有的元件、设备都包容在灯具之中或灯具附近（500mm内）。

8. 中心供电灯具：由一个中心应急电源系统供电的灯具，用于持续式或非持续式工作，该电源不在灯具内。

三、问答题

1. 答：①独立于正常电源的发电机组；②蓄电池；③供电网络中有效地独立于正常电源的馈电线路；④应急照明灯自带直流逆变器；⑤当装有两台及以上变压器时，应与正常照明的供电干线分别接自不同的变压器；⑥仅装有一台变压器时，应与正常照明的供电干线自变电所的低压屏上（或母线上）分开。

2. 答：（1）选用耐热配线，当导线穿钢管也可用耐热温度大于105℃的非延燃型导线。如BV—105采用绝缘和保护套为非延燃烧材料型电缆时，可以不穿金属管保护但是要敷设在电缆井内。强电和弱电电缆共用一个竖井时，应将其分开于井的两侧。交叉时，应穿钢管保护。竖井内每隔3层要设阻燃材料作的隔离板，并将上下通孔堵死。

（2）配管若用非金属管材时，应该选用非延燃材料。并敷设于不能燃烧的墙体结构内。

（3）不同系统、不同电压、不同电流类别的线路不可穿在同一个管内或同一个线槽的同一槽孔内。不同电压、不同电流类别的线路在配电箱内的端子板要分开隔离，而且应标注清楚。不同放火区的线路也不能共管。

（4）穿管的绝缘导线或电缆的总截面积不得大于管孔净截面积的40%。

（5）敷设于封闭或线槽内的导线或电缆的总截面不应大于线槽净截面积的60%。

（6）在沿海有盐雾地区应选用防腐钢芯铝绞线。

3. 答：（1）需要长时间运行的重要电源、重要的操作回答、二次线路、电机的励磁、移动设备的线路以及有剧烈振动的线路。

（2）有爆炸危险的场所、有火灾危险或是有特殊要求的场所。

（3）对铝有严重腐蚀而对铜的腐蚀比较轻微的场所。

（4）高温设备附近。

（5）特别重要的公共建筑物内。

（6）消防系统及应急照明线路。

（7）军用重要线路。

4. 答：（1）一台电力变压器时的应急照明线路与电力负荷在母线上分开供电。

（2）应急照明的电源来自备用电源。

（3）应急照明的电源来自蓄电池组。

（4）应急照明的电源来自另一台变压器，在母线上分开供电，正常照明和应急照明电源来自不同的变压器。

（5）应急照明的电源来自两台变压器，在母线上有联络断路器，正常照明和应急照明电源来自相邻的变压器，应急照明由两段干线交叉供电。

（6）应急照明的电源来自第三电源，设有自动投入装置（BZT）。第三电源也可以视为发电机组或蓄电池等小型电源。

5. 答：（1）因为照明熄灭在黑暗中可能导致人员创伤、灼伤等严重危险的生产场所，如刀具裸露的圆盘锯等。

(2) 照明熄灭将延误工作和操作时间，如医院中的手术室、急救室等。

(3) 人员密集而又不熟悉建筑物内的环境，照明熄灭容易引起惊恐和导致伤亡的场所，如难以和外界交流的电梯内。

(4) 其他特殊场所。

6. 答：(1) 断电后需要有照明进行必要的操作和处置，不然就可能发生爆炸、大火、中毒等事故的生产场所，或造成生产流程被破坏或混乱、加工处理的贵重部件损坏的场所。

(2) 照明熄灭会造成系统运行、操作或工作无法继续运行，从而导致很大的经济损失或不良影响的场所，如通讯中心、电视台、广播电台、铁路或航空枢纽、发电站、中心变电站、重要的动力供应站、城市供水设施、会议中心、高级宾馆和国际比赛中心等。

(3) 照明熄灭将妨害消防工作的消防控制中心或指挥中心、消防设施间等。

(4) 重要的地下建筑物，如地铁车站及运行室、地下旅馆、商店、娱乐中心等。

(5) 照明熄灭将造成现金或贵重物品被窃的场所，如商店的贵重商品售货区、收银台、自选商场、银行出纳台等。

7. 答：(1) 疏散楼梯（包括防烟楼梯间前室）、消防电梯及其前室。

(2) 配电室、消防控制室、消防水泵房和自备发电机房。

(3) 观众厅、展览厅、多功能厅、餐厅和商场营业厅等人员密集的场所。

(4) 公共建筑内的疏散走道和居住建筑内长度超过 20m 的内走道。

8. 答：所有照明线路都应该设短路保护，而且各级断电次序应有选择性。在下列情况下还应该设计过负荷保护：

(1) 公共建筑物、居民住宅、商店、试验室及重要的仓库等。

(2) 有火灾危险的房间或有爆炸危险的供电线路。

(3) 绝缘导线敷设在易燃体的或有高温的建筑结构上面时，应该设计过负荷保护。在插座支路应设置漏电开关保护。

20 装饰照明

装饰照明在现代设计中越来越重要，运用人工光源渲染建筑物的各部分空间，使其产生动静、虚实、显隐、扬抑的变化，运用不同的控制投光角度建立光环境的构思、创造理想的气氛、形成特定的室内或室外光环境，产生了建筑装饰照明这一新的照明领域。建筑装饰照明的特点是采用电光源，色彩明亮、覆盖面积大、能与建筑装饰有机地融为一体，把照明功能和装饰功能合二为一。例如用灯光创造透明发光的天棚、光带、光梁、光柱等，多是将电光源隐蔽在装饰材料内。也可以利用有色灯光直接照射装饰材料使其反光，如光檐、建筑外立面装饰照明，使城市夜景壮丽辉煌。装饰照明可以改善建筑空间比例、塑造空间形象、强调趣味中心、增加空间层次、明确空间导向。

商业、服务业建筑物的入口门厅、休息厅、咖啡厅、餐厅等建筑可以配合霓虹灯图案、投光灯、射灯、筒灯等多种形式的灯具。建筑物室内装饰需要设置装饰照明有多种形式，常见的有彩色投光灯、彩色荧光灯、格栅灯、光带等等花样无穷。

20.1 光的色彩和混光照明

20.1.1 灯光色彩对人的生理感受

1. 色彩的生理效果

首先表现在对视觉的影响，不同的光色会给人以不同的感受效果。例如红色使人产生兴奋、舒适，能增进食欲。红、橙、黄等暖色使人充满活力和人情味。而冷色如白色、灰色、蓝色、青色会使人冷静、清醒、沉稳等。深色调会使人感到空间狭小，浅色调却能使人感到开阔或舒展。

不同的光色会给人以不同的视距效果，例如红色使人产生火热的感觉，使人感觉距离近一些，而冷色的光使人感觉距离远一些。深的光色使人感到沉稳、庄重，如穿着黑色的鞋或裤会使人感到稳重。暖色的物体能使人感觉大一些，而冷色的东西会使人感觉小一些。

设计者通常的作法是把被照物体的补色作为背景颜色，提高对比度，使观察者容易看清楚或容易看明白，尽量减轻或消除视觉干扰，减轻疲劳，有益于身心的健康。例如冷色（淡蓝色等）的气氛使人宁静，有助消除紧张情绪，精神容易集中，适用于医院治疗室（如拔牙时照明用冷色比暖色好）、教室、阅览室等。绿色的气氛平和，能促进心境平衡，有助于消化。而暖色如红色等容易使人兴奋、加速血液循环、情绪饱满，但是时间长了会很容易疲倦，所以暖色适用于单纯娱乐场所，如卡拉 OK 厅等照明。

在炎热的地区作照明设计时，可以设计冷色调的灯光，创造冷的气氛用以缓解炎热。冷饮餐馆内采用冷色光为宜，而红色光会使人感觉更热，也许能促销，但是令人不舒服。

2. 颜色的对比

颜色的对比对人的视觉有明显的影响，直接关系到建筑装饰照明的效果。对颜色效果的评价是由电光源的显色性、环境、色温及人们对色彩爱好等多种因素决定。在相同的照度情况之下，显色指数高的光源使人感觉明亮一些。电光源的色温不同能使人产生冷或暖的不同感觉，例如色温大于5300K的冷色灯光使人感觉阴凉，促使人冷静。而色温小于5300K的暖色灯光使人感觉温柔舒适。在选用冷色光源时（如高压汞灯）应该适当提高照度的标准。当建筑装饰需要真实反应被照物体的颜色时，应该选用显色指数高的白炽灯、金属卤化物灯、三基色的荧光灯。

3. 色彩的标志作用

在国际上习惯用法是把红色用来表示防火、禁止、停止或有危险！黄色表示警戒、警告。

20.1.2 混光照明

装饰照明可以采用混光照明。传统的照明是采用单一种类的光源照明，这种照明方法有时不是照度低就是光色不好，或者是为了求得高照度照明需要安装较大或数量较多的灯具，从而消耗多的电能。国际上从70年代起，高强度气体放电灯发展迅速，如高压钠灯和金属卤化物灯。这些灯单独用于照明时，有的光色不好，光效也不太高，如高压汞灯光色发青，显色指数一般只有30~40，发光效率只有30lm/W；高压钠灯光效较高，一般为100lm/W以上，但光色发黄；金属卤化物灯光色偏冷，缺乏红光，对人的肤色显色不利。而混光照明可以使这些高效光源得到广泛的应用，特别是在室内照明，能充分发挥其各自的优点，克服其缺点，从而获得高照度、良好的光色和显色性，节约照明用电，形成良好的光环境。

1. 国际上混光照明的情况

混光照明开始于1973年发生世界性能源危机之后，当时国际上为了寻求解决能源和改善光色的途径，开创了混光照明新技术，特别是在日本获得了广泛的应用。

（1）从混光光源的种类上看，两种不同光源的混光种类增加，例如70年代初多采用白炽灯和高压汞灯的混光照明，到80年代前后出现高压汞灯和高压钠灯、高压钠灯和金属卤化物灯、卤钨灯和金属卤化物灯等的混光照明，甚至出现了以上三种光源的混光照明。

（2）从混光照明的应用范围上看，已从室外照明发展到室内照明。如过去多用于室外体育设施、广场和码头等，今已应用于室内体育馆、候机候车大厅、高大的工业厂房、商店等照明工程中。

（3）从照明灯具上看，开始只是将单一光源安装在各自相应的灯具内并按不同的方式布置，即在室内混光布置。后来逐渐发展到将两种不同的光源安装于同一个灯具内，即混光照明灯具内，从而更便于应用，混光效果也好。日本的东芝、松下和岩崎电气公司、比利时的斯来得公司均生产和出售混光灯具。这些混光灯具也可以供装饰照明设计选用。

（4）从混光的配比上，一些公司也提出了混光比的建议，目前正处于迅速发展之中。

2. 混光照明光源的特点

单一光源有一定的局限性，不能适合各种场合。白炽灯和卤钨灯应用虽然广泛，但寿命短，光效低，难以用于高要求场所。高强度气体灯光效虽然高，可光色不行，如高压钠灯光色发黄，感觉昏暗，高压汞灯光色发青，看人感觉好像有病，都不能满足一般场所使用要求。

为了发挥单一光源各自的优势，提高光效，改善光色，达到节能和扩大使用范围的目的。可以根据不同的光源混光和合理的混光比来满足照明工程的需要。混光照明设计需要考虑的方面有光源的光效、色温、显色指数、优选指数及色识别效果，而生产这些具有不同特色的混光灯才能满足装饰照明的需要。目前常采用的单一光源搭配的方法如下：

(1) 荧光灯和白炽灯的混光；

(2) 高显色荧光灯和日光色荧光灯的混光；

(3) 高压汞灯和白炽灯；

(4) 高压汞灯和高压钠灯。

20.2 装饰照明器具——霓虹灯

20.2.1 霓虹灯的构造和工作原理

德国盖斯勒（Hcinrich Gcisslcr 1815～1879）用细长的玻璃管，充以各种气体，在管的两端加以高电压使其放电，管中气体出现美丽的颜色，所充气体不同则颜色也不同，曾经用作庆祝维多利亚女皇寿辰的展览品。虽然这种灯管亮度不大，寿命亦较短，但成为后来广泛使用的霓虹灯的开始。

霓虹灯是用一种特制的辉光放电光源，它用又细又长的玻璃管煨成各种图案或文字。常常用它作为装饰性的营业广告或作为指示标记用最为合适。其原理图见图 20-1 所示。霓虹灯是用特殊设计的漏磁式霓虹灯专用变压器供电。

霓虹灯的主要特点是高电压、小电流，是通过漏磁式变压器给霓虹灯供电。霓虹灯用单相变压器把 220V 电压变为 15kV 高压当电源。当电源接通后，变压器次级的高电压使管内的气体电离而发出彩色的荧光。

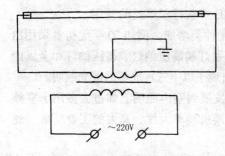

图 20-1 霓虹灯的工作原理示意图

霓虹灯的玻璃管抽成真空后，充入少量的氖、氦、氩和汞等气体，在管的内壁有时还涂上某种颜色的荧光粉或其他透明的颜色，能使荧光灯玻璃管发出各种鲜艳的颜色，见表 20-1。

霓虹灯的玻璃管直径有 6～20mm，它越细，则需要电压越高，因为阻抗大，例如上述变压器带的玻璃管直径 6～10mm 时，其长度只能为 8m。例如某霓虹灯管长度为 10m，玻璃管的直径 12mm，用电的容量有 450VA，高压电流只有 0.03A，一次侧低压电流为 2.05A。

霓虹灯的色彩和玻璃管内的气体及玻璃管颜色的关系　　　　表 20-1

灯光色彩	管内气体	玻璃管或荧光粉颜色	灯光色彩	管内气体	玻璃管或荧光粉颜色
红色 桔黄色 桔红色 玫瑰色	氖	无色 奶黄色 绿色 蓝色	白色 奶色 玉色 淡玫瑰红	氩、少量汞	白色 奶色 玉色 淡玫瑰红
蓝色 绿色	氩、 少量汞	蓝色 绿色	金黄色 淡绿色		金黄管加奶黄粉 绿白混合粉

霓虹灯的玻璃管内抽成真空以后，充入少量的氩、氖、氩、氦等惰性气体和少量的

682

汞。这些气体在放电时会发出不同颜色的光。如果在玻璃管内涂有不同颜色的荧光粉或用不同颜色的玻璃管就能发出各种鲜艳的色彩来。

霓虹灯的启动电压和灯管的长度成正比，与管的直径成反比。霓虹灯管内充不同的气体，管径及每单位长度所需要的电压不同，如表20-2所示。

霓虹灯管径每单位长度所需要的电压（V/cm）　　　　　表20-2

气体种类	氖	氩	汞＋氩
管径/电压	45 ~ 50	120 ~ 140	约30

霓虹灯管的直径和发光效率的关系见表20-3。

霓虹灯管的直径和发光效率的关系　　　　　　表20-3

色彩	灯管直径 （mm）	电流 （mA）	每米灯管光通量 （lm/m）	每米灯管消耗功率 （W）	发光效率 （lm/W）
红	11	25	70	5.7	12.2
	15	25	36	4.0	9.0
蓝	11	25	36	4.6	7.5
	15	25	18	3.3	4.7
绿	11	25	20	4.6	4.3
	15	25	8	3.8	2.1

从安全考虑，变压器的次级的空载电压不应大于 15kV，次级短路电流比正常工作电流高 15% ~ 25%。

20.2.2 霓虹灯的控制电路

在霓虹灯的电路中接入控制装置，就可以得到循环变化的彩色图案和自动明灭的照明效果，造成多种生动活泼的气氛。

霓虹灯的控制电路原理图见图20-2。图中高压转机接在霓虹灯变压器的高压回路，其功能是控制用一台变压器供电的小型简单画面的变换。

大型的或较复杂的画面则需要多台霓虹灯变压器供电，这时需要在电源变压器的低电压线路中接入低压滚筒，用以控制由好几台变压器控制的大型画面图案的变化，如图20-3所示。

霓虹灯的高压转机和低压滚筒控制相配合，就可以导演出许多变化复杂的装饰图案。

【例 20-1】　某商店拟用 ϕ11mm 红、蓝、绿三色霓虹灯管，长度均为 16m，求（1）变压器的容量是多少？（2）总光通量是多少？（3）光照面积为 80m² 时的照度是多少？

解：（1）（5.7 + 4.6 + 4.6）× 16 = 238.4（W）
设定功率因数 $\cos\varphi$ 为 0.3，变压器的效率 μ 为 0.6。则视在功率

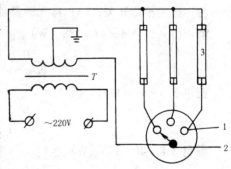

图20-2　霓虹灯的高压转机控制原理图
1—高压转机固定触头；
2—高压转机接触片；3—霓虹灯管

$$S = \frac{P}{\cos\varphi \cdot \mu} = \frac{238.4}{0.3 \times 0.6} = 1324 （VA）$$

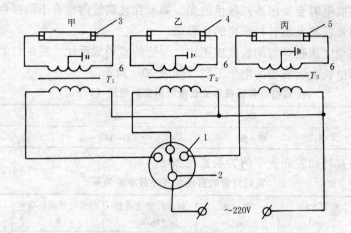

图 20-3 低压滚筒控制原理图

1—低压滚筒固定触头；2—低压滚筒活动导片；3—霓虹灯管甲图案；
4—霓虹灯管乙图案；5—霓虹灯管丙图案；6—漏磁变压器

选 1.5kVA 的变压器

(2) 光通量 $\varphi_1 = 70 \times 16 = 1120$ （lm）

光通量 $\varphi_2 = 36 \times 16 = 576$ （lm）

光通量 $\varphi_3 = 20 \times 16 = 320$ （lm）

总光通量 $\varphi = 1120 + 576 + 320 = 2016$ （lm）

(3) 照度 $E = \dfrac{\varphi}{S} = \dfrac{2016}{80} = 25.2$ （lx）

【例 20-2】 某霓虹灯拟用 $\phi15mm$ 红 47m、蓝 49m、绿 46m 三色霓虹灯管，设定功率因数 $\cos\varphi$ 为 0.3，变压器的效率 μ 为 0.7。用低压滚筒方案。求（1）变压器的容量是多少？（2）选三相总开关；（3）总光通量是多少？（4）光照面积为 $120m^2$ 时的照度是多少？

解：(1) 红色 $4 \times 47 = 188$ （W）

$$S_1 = \frac{P}{\cos\varphi \cdot \mu} = \frac{188}{0.3 \times 0.7} = 895 \text{（VA）}$$

蓝色 $3.3 \times 49 = 161.7$ （W）

$$S_1 = \frac{P}{\cos\varphi \cdot \mu} = \frac{162}{0.3 \times 0.7} = 771 \text{（VA）}$$

绿色 $3.8 \times 46 = 175$ （W）

$$S_1 = \frac{P}{\cos\varphi \cdot \mu} = \frac{175}{0.3 \times 0.7} = 833 \text{（VA）}$$

变压器均选 1kVA，三台，三相供电。

(2) $I = \dfrac{S}{U} = \dfrac{1000}{220} = 4.5$ （A）

选 C45N4—10/6 小型断路器。

(3) 光通量 $\varphi_1 = 36 \times 47 = 1692$ （lm）

光通量 $\varphi_2 = 18 \times 49 = 882$ （lm）

光通量 $\varphi_3 = 8 \times 46 = 368$ （lm）

总光通量 $\varphi = 1692 + 882 + 368 = 2942$ （lm）

(4) 照度 $E = \dfrac{\varphi}{S} = \dfrac{2942}{120} = 24.5$ （lx）

20.2.3 霓虹灯照明设计与安装

(1) 霓虹灯变压器容量的估算方法：首先设计确定需要霓虹灯灯管总的长度，再定变压器的台数，各台变压器容量的总和就是霓虹灯的电源容量。一般 3kW 以下的霓虹灯采用单相供电，3kW 以上则采用 TN—S 系统三相五线供电。

(2) 霓虹灯变压器的安装位置宜在紧靠灯管的金属支架上固定，有密封的防水小箱保护，与建筑物间距不小于 50mm。与易燃物的距离不得小于 300mm。霓虹灯管路、变压器的中性点及金属外壳要可靠地与专用保护线 PE 相焊接。

(3) 霓虹灯一次线路可以用氯丁橡胶绝缘线（BLXF 型）穿钢管沿墙明设或暗设。因为二次线路电压高，所以应用裸线穿玻璃管或瓷管保护。电线的支持点间距不大于 lm，电线间距不小于 60mm。电线距墙不小于 30mm。灯管不能和建筑物接触。灯管距电线或其他管线的距离不小于 15cm。

(4) 由于霓虹灯变压器的电抗大，功率因数很低，只有 0.2 ~ 0.5 左右，所以应并联适当容量的电容器，以改善线路的功率因数。

(5) 霓虹灯在安装中应注意变压器次级电压高达 6 ~ 10kV，要求次级线路所有金属支架绝缘良好。

20.2.4 霓虹灯常见的故障

霓虹灯常见的故障及检修见表 20-4。

霓虹灯常见的故障及检修　　　　　　　　　　　　表 20-4

故障现象	主要原因	检修方法
灯管接入电源后有一段不亮	不亮的一段灯管漏气或图案叠台部分漏气	更换该段灯管
	变压器的高压线圈烧断	更换变压器或修线圈
	电源开关损坏或熔丝断	更换开关或熔丝
	电源线路的故障	修理电源线路
电极附近发黑	新管就发黑是电压过高	设法降低电源电压
	灯管的寿命将终止	换新管
变压器过热	变压器受潮所致	烘干变压器
	高压回路有导电物接触而造成过载	清除异物
	变压器超载	减少变压器负荷或换大变压器
灯光闪烁	电压太低、变压器超载	调整电源电压，换大变压器

20.3　舞台灯照明

舞台照明设计需要解决正面光、侧面光、顶光及各种移动光或闪动光等等，种类繁多。

20.3.1 舞台聚光灯

舞台聚光灯是舞台照明的重要灯具,其镜片有凸透镜(聚光镜)、螺纹透镜、各色滤光镜等。舞台聚光灯常用的型号有上海耀光灯具厂生产的 WJG2—2,220V,1000W;WJG2—3,220V,1000W;WJG3—3,220V,1000W。

例如北京蓝天灯具厂生产的舞台聚光灯有 881 系列型号,见表 20-5。适用于中远程照明用,铝合金结构,有手动、杆控、机械三种形式。901 系列适用于体育场照明,防水防腐蚀。LT946 型追光灯用石英卤钨灯为光源,通过滑动变焦光学系统,不用预热。901 系列追光灯能用一个清亮的圆光斑追踪照明,以突出人物造型艺术效果,适用于室内色温 3200K 的灯光摄影、舞台演出、电视演播、体育表演等照明。

舞台聚光灯 881 系列型号及技术数据 表 20-5

型 号	外形尺寸 (mm)			重量 (kg)	配用灯泡型号	色温 (K)	光度性能参考值			
	L	B	H				距离 (m)	光束	中心照度 (lx)	光斑直径 (m)
JGD—500W	220	200	300	2.0	LJS 220V 500W	3200	3	Flood	2500	2
								Spot	3000	1.5
JGD—750W	330	243	350	4.5	LJS 220V 750W	3200	5	Flood	3500	3
								Spot	4100	2
JGD—1000W	350	276	370	5.5	LJS 220V 1000W	3200	6	Flood	1800	4
								Spot	2600	3
JGD—2000W	400	323	413	9.0	LJS 220V 2000W	3200	8	Flood	2500	5
								Spot	3200	4

北京蓝天灯具厂生产的 872 系列灯具分柔光灯,无透镜反射灯,有近、中、远、超远程变焦成像灯,适用于大、中、小剧场或演播室照明,其型号数据见表 20-6。

872 系列灯具分柔光灯型号数据 表 20-6

型 号	外形尺寸 (mm)			重量 (kg)	配用灯泡型号	色温 (K)	光度性能参考值			
	L	B	H				距离 (m)	光束	中心照度 (lx)	光斑直径 (m)
BZD—1000W	1300	235	445	19.5	110LJS 110V1000W	3200	20	Flood	1600	6
								Spot	2200	3
BZD—2000W	1830	286	530	33.5	110LJS 110V2000W	3200	50	Flood	1400	6
								Spot	2050	4
BZD—5000W	2350	388	700	50.8	110LJS 110V5000W	3200	100	Flood	1450	10
								Spot	2100	6

北京利源丰演艺器材公司生产的四联转动投光方案等如图 20-4 所示。近代各国发展各种舞台照明灯具品种繁多,不少电脑系列产品争相上市,如长沙市艾普科技灯光有限公司及北京市新立影视器材公司生产的程控十字电脑灯、程控图案八爪鱼、中央电脑图案灯等等。

20.3.2 舞台柔光灯

舞台柔光灯的镜片常常采用多环螺纹镜,可以使光线均匀柔和。可以用舞台柔光灯作

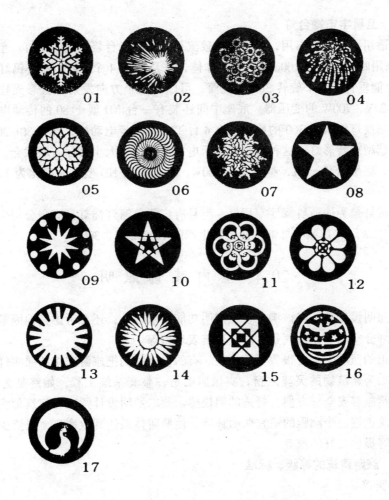

图 20-4 投光方案

侧面灯光照明。舞台柔光灯的型号有 WRG1—220V，500W；WRG2—220V，1000W；WRG3—220V，2000W；生产厂有上海耀光灯具厂；上海三箭演出器材制造有限公司生产的声控八爪灯 BZY—8 型、300W 镝灯，用作中央主灯，八道光束（四色及向光四图案），光束随着声音控制运动，从起辉到全功率放电需要 2min。断电后 5min 才能再启动。

20.3.3 散光灯

在电视演播室及电影摄影棚等处用到散光灯，它还可以用作大面积的建筑装饰泛光照明之用。其特点是投射光面积大，照度均匀，能使建筑物在夜间被彩色电光照明，装饰效果胜过白天。型号有上海耀光灯具厂生产的 DSD—3，110V，4×1000W 四联散光灯；DSD—4，110V，6×500W 六联散光灯；WTD—9，110V，5000W 碘钨散光灯。

20.3.4 舞厅灯——水晶镜面反射球

外形如同一个大圆球，表面有许多块水银玻璃或电镀反光片镜嵌而成，用小型电动机带动它旋转。它本身并不发光，当用聚光灯照射它时，旋转的水晶镜面反射球就会反射出五彩缤纷的光线，用以活跃舞台的气氛。型号有广州晶莹装饰有限公司生产的 CH9210，直径规格有 254、305、356、406、457mm，电动机为 220V、15W。

20.3.5 卫星宇宙舞台灯

这种灯适用于文娱演出用，是目前比较流行的一种舞台装饰照明用灯。型号有 WW—521，灯具采用四组半径为 100mm 的半圆球体，并且配备 4 个 150W 的溴钨灯泡，每组球体上有 13 个能垂直或水平旋转 360°的镜筒，可以向各个方向发射出五彩光柱。本灯具的底座有一个 24V、700W 的变压器。底座中间还装有一台 ND 型 1:80 的传动电动机，用电机带动电刷轴使灯作水平 360°的旋转。有 4 台 TZC 型同步电动机，转速 30r/30min。

十头蘑菇型旋转彩灯。这种灯也适用于电视演播室、大小舞厅、联欢会、各种形式的文艺演出会。型号 WM—101，整机功率 500W。电动机用 ND 型，速度比为 1:75，上海长宁教学仪器厂生产。

聚光旋转灯是为迪斯科舞厅专用灯，型号有广州黄河灯饰灯具有限公司生产的 PAR—064，220V，1kW。北京照明灯饰工业公司生产的 HD822 型，300W。

20.4 室内装饰照明

旅馆的照明设计除了应该满足视觉照明功能要求以外，还要考虑其他因素，如装饰功能、引导、划分空间、创造气氛、增强建筑表现力等。

旅游宾馆的照明工程占很重要的地位。有的设计师们把旅游宾馆的照明灯饰当作建筑的眼睛，比喻为建筑物的灵魂之窗；宾馆照明是一整套系统工程，始终是为旅游客户服务，首先要给旅客安全、方便、舒适的明快感。要求照明设计师应与建筑师密切配合，共同为宾馆建筑创造一个幽雅的适宜照明环境，使照明体系达到效率高、投资少、效果佳的水平，为旅客提供良好的服务。

20.4.1 旅游建筑的等级、标准

1. 旅游宾馆等级

由于旅游宾馆所处地区及建筑形式的不同，有高层旅馆、假日酒店、海滨度假村、汽车旅馆等，国外是按"星"级标准分类的，其标准是按豪华程度及宾馆内的陈设、服务内容、服务水平分为一至五星。我国国家计委在 1986 年颁发的《旅游旅馆设计暂行标准》中规定了宾馆的四个等级，一级最高，主要是对宾馆中的陈设内容划分的，也包括电器和照明内容。

2. 旅游宾馆建筑的电气照明设计标准

可根据下列我国现行电气规范和标准进行设计：

(1)《民用建筑电气设计规范》（JGJ/T—16—92）

(2)《高层民用建筑设计防火规范》

(3)《民用建筑照明设计标准》（GBJ133—90）

(4)《应急照明设计指南》1993 年，中国照明协会第 1 号技术文件

可供参考的国外有关宾馆照明设计标准：①《日本国国家照度基准》（JISZ9110），其中住宿设施的旅馆、酒店部分。②《美国喜来登旅馆指南》（设计标准），其中推荐的《喜来登照明体系及标准》。我国香港地区：规定按单位建筑面积的耗电量来决定照度水平（平均 VA/m²）。

3. 旅游宾馆建筑照明的设计原则

（1）应按宾馆内不同类型的房间和场所的区别。

（2）不同的照明光源，不同的照度场所之间，对人的视觉适应。

（3）主要出入口和各种服务台要有明显的照明。

（4）考虑住宿客人在相邻区域之间经过时的照度过渡。

（5）前台（住宿客人居住及活动区）与后台（本店工作及服务人员地区）的照度有所区别。

（6）照明负荷的线路设计，应留有适当余地，以备发展及改建。

旅馆客房、会议室、公共建筑物室内照明根据功能的要求不同，可以采用各种各样的设计方案。

20.4.2 天棚装饰照明

图 20-5 所示的发光天棚适用于对防止眩光要求十分严格的场所，灯光透过有色玻璃，发光面积很大、气氛安逸而宁静、照度均匀、可以调光等。缺点是需要光源功率较大，检修不太方便，造价较高。为了节能，也可以考虑采用节能型电光源，如图 20-5（b）。

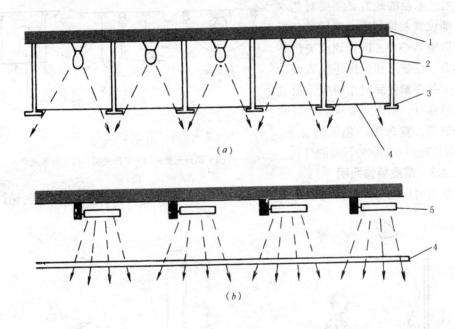

图 20-5　发光天棚

（a）方案一；（b）方案二

1—楼板；2—灯泡；3—吊顶；4—天棚；5—光源

图 20-6 为光柱头照明配置图；图 20-7 为光梁照明配置图。

20.4.3 展室墙面装饰照明设计要点

观众或顾客看墙面的展览品，要求光线不可直射或通过展品反射到人的眼睛来，要有足够的照度，均匀度较好，显色性好，不能有任何眩光（失能眩光或生理眩光），没有频闪效应等，如图 20-8（a）。图 20-8（b）中可以看出，该儿童的眼睛处在灯光反射区内，尤其是有玻璃橱窗平面反射，所以很不舒服。

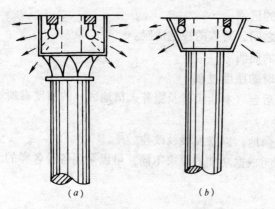

图 20-6 光柱头
(a) 方形柱头；(b) 坡形柱头

20.4.4 营业性餐厅装饰照明

营业性餐厅照明与内部职工食堂照明的要求显然不同，内部职工食堂照明的要求比较简单，能满足基本照度要求就可以了。而对外营业的餐厅照明功能要求就很多了。当然营业性餐厅的级别高低不同，对照明的要求和装修标准亦不同，设计技术大有用武之地。

餐厅照明的要求是气氛雅静，光色温馨而愉悦，能使人增加食欲，适宜品味佳肴，电光照明能创造出良好的气氛。

在餐厅的主要入口处宜设计装饰照明，并设有供霓虹灯或节日彩灯用的电源插座。

在有陈列艺术品的地方必须要对艺术品的局部设置装饰照明，常用彩色投光灯来渲染其造型，以强调或突出其艺术魅力。在餐厅和厨房还应该设计灭蝇灯。在冷荤食品制作间应该设置紫外线消毒灯。制作间要求照明灯的显色指数高，宜选用冷色调的光源。在炉灶处应选用专用的防污型的灯具。

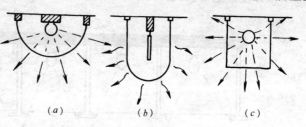

图 20-7 光梁
(a) 圆形光梁；(b) U形光梁；(c) 方形光梁

20.4.5 商业装饰照明

商业照明应选用显色性高、光束温度低、寿命长的光源，如荧光灯、高显色钠灯、金

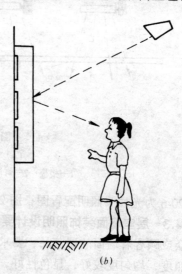

图 20-8 墙面投光照明
(a) 无眩光；(b) 有眩光

690

属卤化物灯、低压卤钨灯等，同时宜采用可吸收光源辐射热的灯具。营业厅照明宜由一般性照明、功能性照明（要求与柜台布置协调）和重点照明组成，不宜把装饰商品用照明兼作一般照明。营业厅功能性照明设计宜采用非对称配光灯具，并应适应陈列柜台布局的变动。一般可选用配线槽与照明灯具相结合并配以导轨灯或小功率聚光灯的设计方案。

营业厅照明中一般照明按水平照度设计，但对布匹、服装以及货架商品则应考虑垂直照度。当显示在天然光下使用的商品时，以采用高显色性 $Ra > 80$ 光源、高水平照度为宜；而在显示室内商品时，可采用荧光灯、射灯或其他混光照明。

对于玻璃器皿、宝石、贵重金属等类陈列柜台，应采用高亮度光源。对于布匹、服装、化妆品等柜台宜采用高显色性光源。但由一般照明和局部照明所产生的照度不宜低于500lx。对于肉类、海鲜、水果等柜台，则宜采用红色光谱较多的白炽灯。在自选商场中，可采用固定安装的一般照明，其光源应以荧光灯为主。

重点照明的照度应为一般照明照度的 3～5 倍，柜台内部照明的照度宜为一般照明的2～3 倍。对于导轨灯的容量确定在无确切资料时，可每延长米按 100W 计算。橱窗照明宜采用带有遮光隔栅或漫反射型灯具。当采用带有遮光隔栅的灯具安装在橱窗顶部距离地面高度大于 3m 时，灯具的遮光角度宜在 45°以上。室外橱窗照明的设置应避免出现镜像，陈列品的亮度应大于室外景物亮度 10%。展览橱窗的照度宜为营业厅照度的 2～4 倍。

营业厅面积每层超过 1500m² 时应设置应急照明。灯光疏散指示标志宜设置在疏散通道的顶棚下和疏散出入口的上方。商业建筑的楼梯间照明宜按应急照明设计要求并与楼层显示数结合。对于珠宝首饰等贵重物品营业厅宜设置值班照明和备用照明。大营业厅照明应采取分组、分区或集中控制的方式。

20.4.6 旅游宾馆建筑装饰照明设计要求

1. 裙房厅室照明（包括屋顶旋转餐厅）

(1) 大门厅：要求庄重、亲切、明朗的气氛，门厅沙龙设台灯，提高门厅国际钟的照明。大门厅的照明关系到旅游宾馆顾客的初始印象，比较重要。

(2) 四季厅：玻璃顶可以设置射灯，下部水池、喷泉设置水下灯照明。

(3) 多功能大厅：照明应为能适应灵活可变动的布置，必要时设吊杆插座箱，以备接临时灯具。

(4) 商业：要求五光十色的灯光气氛，常采用轨道灯和霓虹灯。

(5) 餐厅：照明灯具应体现不同的风格和趣味，创造出轻松愉快的光环境，通常在饭桌上的气氛要比谈判桌上的气氛优越得多。

(6) 旋转餐厅：靠观光窗侧宜设壁灯，以补充局部照明的不足。

(7) 会议厅（室）：大、小会议室照明宜与会议桌结合，并设地板线槽内插座箱。

(8) 美容厅：设荧光灯照明，要求光源的显色指数要高。

(9) 桑拿浴、健身房必须设自带防水防潮灯（浴室）。

(10) 游泳池：设水下灯。

以上房间的照明，除荧光灯、霓虹灯外，其他光源均需调光。

2. 客房、写字间的装饰照明

(1) 总统级套房应设较贵重的花灯、吊灯、壁灯，与装修设计配套。有专用小灶厨房时，需留电灶电源，并有较多的电插座。

（2）普通套间客房卧室同单间客房，外客厅设有吊花灯、壁灯，另设较多的墙插座。单间客房（带卫生间）一般室内无固定吊灯，床头板上设可转动壁灯、通过插座接台灯、立灯、茶几灯等活动灯，室内照明灯均通过床头柜的控制面板开关各处照明，床头柜下设有夜灯。客房卫生间设镜箱荧光灯，顶棚设红外线加温灯，一般每盏250W功率。

（3）出租写字间照明基本同客房标准，另设有供电传、复印机、小型电热水器等电源插座。

3．宾馆内部业务用房的照明

（1）电脑机房，程控电话交换机房，通讯（广播、音响、电视、卫星电视接收）、防灾控制室等，除应满足同类机房照明要求外，需设继续工作用的应急照明，并由应急电源供电。

（2）餐厅的厨房、冷库、食品制作间等，如设在大厦地下层时，其照明的照度应比规定照度高一级。并应按防火分区划分照明系统，便于控制。还应设有火灾时疏散用的应急照明，设疏散指示标志和诱导灯。

（3）洗衣机房、中央空调机房、消防及生活泵房、电梯机房、变电站、自备发电机房等，除一般照明外，应设置检修灯。

4．宾馆庭院和建筑外部装饰照明

宾馆庭院和建筑外部照明应包括的内容有建筑立面照明及装饰灯、店标灯、高层宾馆建筑屋顶的障碍灯、庭院的草坪灯、喷水池的水下彩灯、汽车库、室外停车场照明。室外照明视宾馆的场地情况，按不同建筑布局、客流、车辆行驶路线等因素布置室外照明并应考虑以下问题：

（1）庭院灯杆，建筑立面照明等照射方向应尽量避开各层客房的外窗，避免在夜间影响客人休息。庭院内没有机动车时，宜设计暖色为主的光源，以利于创造幽雅的光环境。

（2）建筑物上设置的障碍灯，按国家有关规定设计，并应取得当地民航局的同意。

（3）室外灯柱、音乐喷泉的水下彩灯等，均需有防水措施，做好保安接地，严防漏电出事，并应该便于维修。

（4）汽车库、停车场等应考虑汽车司机的视觉过渡。优先选用高压钠灯照明。

（5）考虑消防车的行驶路线，设夜间室内照明，并做好对消防车用水泵接合器（一般设于建筑物外墙的底部）处的照明。以上部分的照明线路，还应纳入应急照明电源，以备在夜间作业。

5．宾馆建筑照明的防火

除对照明灯具的设计与选型，要求紧密结合建筑装修，以满足功能要求外，还要求灯具装置具有防火和隔热措施。对装有白炽灯的吸顶灯具或暗灯，嵌入式的装饰灯具等需执行北京市消防局制定的规范《建筑内装修设计防火暂行规定》的要求。

照明电气系统的划分，应与防火分区统一，便于火灾事故时按区切除电源。

在考虑灯具的防火时，灯泡、灯管产生的热量指标（参考值）为：

白炽灯：55kcal/1000lm。荧光灯：15kcal/1000lm。

6．特种照明效果灯

商业街推荐采用导轨灯；卡拉OK可以采用专用配套灯具；音乐喷泉可以采用程控器控制的水下彩灯；保龄球房球道顶部宜为锯齿形状，约每10m一道暗槽灯，其照度需达

200lx。

还应考虑增设供客房卫生间洗澡取暖用的红外线加温灯设备，其功率的确定可参照下列公式计算：

$$P = \frac{M \cdot C \cdot T}{860 \eta} \tag{20-1}$$

式中　P——需红外灯泡的功率（W）；

　　　η——效率，可取 0.4~0.6；

　　　C——加热物密度；

　　　M——单位时间的加热量（kcal/h）；

　　　T——加热温度（℃）。

7. 照明的基本要求

（1）对照明的要求，主要是由要照明的环境内所从事的活动决定的，最重要的是根据视觉工作的性质使工作面上获得良好的视觉条件。

（2）一个良好的照明设计应当做到尽可能经济合理地使用资金和节约能源。

（3）照明方式通常采用一般照明，是指不需要考虑特殊局部的需要、为照亮整个工作面而设置的照明。它是由若干灯具对称地排列在整个顶棚上组成的，因而可以获得必要的均匀度。

20.4.7　宾馆建筑照明设计要求

旅馆照明设计应满足视觉功能和非视觉功能（如引导人流、划分空间、创造气氛、增强建筑的表现力等）方面的要求。客房、餐厅、休息厅、酒吧间、咖啡厅和舞厅等场所宜采用低色温的光源，且宜增设调光装置。

1. 宾馆照明设计内容和要求

旅馆类型建筑物主要由接待处、会客厅或会议厅、客房、餐厅、理发室、工作人员办公室、变配电室、后勤辅助建筑物等组成。设计准备阶段要了解各部分建筑规模、服务对象、建设单位的要求、照度标准、建筑物外装修情况等。然后用单位面积容量法或均匀照度法确定灯具的容量和个数。具体设计应注意以下几点：

旅馆的照明应给予人"宾至如归"的光学气氛，温暖而不喧哗，因此，旅馆的招牌要醒目，能把寻求住处的旅客招来，使旅途劳累的顾客得以歇息。门厅照明宜豪华、热列，一般选用高标准的好灯具，也应与内部照明标准相协调，但物极必反，也要注意莫把投资都用在门脸上，如果让人在大门感到豪华，房间内部就会感到寒酸，反差太大也不会让人有好印象。

门厅柜台是顾客登记、付款、问事、收发的地方，要求照度较高，而且不能有眩光，可以用较好的壁灯，配备遮光良好的灯罩，加强局部照明，以提高工作效率。

客房照明宜创造出一个舒适、安静、安全的光环境，照度不宜太高，一般用小功率的白炽灯或日光灯作光源。如灯具安装方式可以用壁式、自在器式或能自由升降的灯具、床头灯、吸顶式、夜间灯、台灯和落地灯等各种安装方式，这样可以适应不同民族、不同习惯人们的需要。床头灯的开关宜伸手能触及。客房照度 10~12W/m² 白炽灯，约 100lx。

对于大型旅馆饭店，各种客房功能要求不同，设计以前一定要调查清楚，如专作少数民族祈祷的地方就不宜太亮。

旅馆的走廊或过道照明宜用吸顶式安装方式,因为吸顶灯照射的空间最大。照度应该比较高,要求暗区尽可能少,以增强人的安全感。如果走廊很高,也可以用壁灯配合照明,照度宜均匀,使人在行走过程中亮度变化小而提高舒适安稳的感觉。

2. 旅馆建筑照明的照度标准值

旅馆建筑照明的照度标准值应符合表 20-7 的规定。北京几座大饭店及使馆的照明示例见表 20-8。

宾馆的收银台、邮局及其他公共服务性质的工作台均应设置局部照明。灯光布局宜有利于顾客视觉感受效果,最好起到一定的诱导作用。

宾馆食堂操作间属于潮湿场所,而且有油烟,选择照明灯具应注意用防水防尘灯。吊装方式宜用管吊式,用白炽灯泡作光源较好。配电箱就近安装在操作间比较方便。操作间要设有排风扇及排油烟罩,灯具的安装高度应考虑到油烟罩的高度再决定。厨房的照明灯具采用普通的塘瓷平盘灯或防尘灯具即可。火房的吹风机一般用 0.2～1kW 的容量,选用保护式的磁力启动器控制为宜。

旅馆建筑照明的照度标准值 表 20-7

类 别		参考平面及其高度 单位(m)	照度标准值(lx)		
			低	中	高
客 房	一般活动区	0.75 水平面	20	30	50
	床头	0.75 水平面	50	75	100
	写字台	0.75 水平面	100	150	200
	卫生间	0.75 水平面	50	75	100
	会客间	0.75 水平面	50	75	100
梳妆台		1.5 高处垂直面	150	200	300
主餐厅、客房服务台、酒吧柜台		0.75 水平面	50	75	100
西餐厅、酒吧间、咖啡厅、舞厅		0.75 水平面	20	30	50
大宴会厅、总服务台、主餐厅、 柜台、外币兑换处等		0.75 水平面	150	200	300
门厅、休息厅		0.75 水平面	75	100	150
理发		0.75 水平面	100	150	200
美容		0.75 水平面	150	200	300
邮电		0.75 水平面	75	100	150
健身房、器械室、蒸汽浴室、泳池		0.75 水平面	30	50	75
游艺厅		0.75 水平面	50	75	100
台球		台面	150	200	300
保龄球		地面	100	150	200
厨房、洗衣房、小卖部		0.75 水平面	100	150	200
食品准备、烹调、配餐		0.75 水平面	200	300	500
小件寄存处		0.75 水平面	30	50	75

注：①客房无台灯等局部照明时,一般活动区的照度可提高一级;

②理发栏的照度值适用于普通招待所和旅馆的理发厅。

1～3 级旅馆照明宜选用显色性较好的白炽灯、低压卤钨灯和稀土节能荧光灯光源,4级以下旅馆可选用荧光灯光源。大厅照明应相应提高垂直照度,并宜随室内照度(受天然光线影响)的变化而调节灯光或采用分路控制方式。门厅照明应满足客人阅读报刊所需要的照度要求。

694

序	建筑名称	房间	建筑面积（m²）	光源	灯具型式	用电指标（W/m²）	最高照度（lx）	最低照度（lx）
1	43#使馆	宴会	91	白炽	乳白玻璃吸顶灯	20.5	89	42
2	北京饭店	宴会	1850	白炽	有机玻璃罩乳白玻璃罩吸顶宫灯	36	112	50
3	杭州饭店	宴会	277.2	白炽	乳白玻璃荷花灯乳白碗罩壁灯	39.8	140	
4	华都饭店	宴会	864	白炽	水晶球大吊灯自反射乳白嵌入式圆筒灯	26	170	55
5	43#使馆	餐厅	24.5	白炽	丝纱罩内乳白玻璃罩吊灯	20.4	198	95
6	北京饭店	餐厅	517	白炽	透明玻璃罩吊灯墙灯	19	55.3	35.9
7	北京饭店	餐厅	179	白炽	乳白玻璃罩吊灯吸顶灯	38.5	525	49.9
8	新桥饭店	餐厅	480	白炽	乳白玻璃圆筒吊灯壁灯	14	27.2	15.1
9	43#使馆	门厅	32.9	白炽	乳白玻璃罩吊灯	21	136	100
10	北京饭店	门厅	513	白炽	磨砂玻璃宫灯	11.6	14.3	11.8
11	华都饭店	门厅	415	白炽	两个圆形漫反射光环、自反射镀白筒形吸顶和嵌入式灯	31	16	50

3. 旅馆内建筑艺术装饰品的照度选择

当装饰材料反射系数大于 80% 时为 300lx；当反射系数在 50% ~ 80% 时为 300 ~ 750lx。大宴会厅照明应采用调光方式，同时宜设置小型演出用的可自由升降的灯光吊杆。灯光控制应在厅内和灯光控制室内两地操作。

设置有舞池的多功能厅，宜在舞池区内配置宇宙灯、旋转效果灯、频闪灯等现代舞用灯光及镜面反射球。舞台灯光宜采用电脑声光控制系统，并可与任何调光器配套联机使用。设有红外无线同声传译系统的多功能厅照明，如采用热辐射光源时，其照度不宜大于 500lx。

酒吧、咖啡厅、茶室、牛排餐厅等照明设计，宜采用低水平照度并可调光光源，在餐桌旁宜设置电蜡烛台灯，收款处应提高区域一般照明的照度水平。屋顶旋转厅的照度，在观景时不宜低于 0.5lx。旅馆照明灯具宜选用下射灯。当厅高度超过 4m 时宜配有大型建筑组合灯具。餐厅和多功能厅的布灯应结合建筑分隔使用的特点。

等级标准高的客房可不设一般照明，客房床头照明宜采用调光方式，客房通道上设置备用照明。客房照明应防止不舒适的眩光和光幕反射，设置在写字台的灯具亮度不应大于 510cd/m²，也不宜低于 170cd/m²。客房穿衣镜和卫生间内化妆镜的照明，其灯线布置应在立体视野角 60° 以外，即水平视线与镜面相交一点为中心，半径大于 300mm，灯具亮度不

大于 $2100cd/m^2$。当用照度计的光检测器贴靠在灯具上测量，其照度不宜大于 6500lx。邻近化妆镜的墙面反射系数不宜低于 50%。卫生间照明的控制宜设置在卫生间门外。

4. 插座选择

客房内插座宜选用两孔和三孔安全型双联面板。当卫生间内设有 220/110V 刮须插座时，插座内 220V 电源侧应设有安全隔离变压器，或采用其他保证人身安全的措施。除额定电压为 220V 以外的各种插座，应在插座面板上标刻电压等级或采用不同的插孔形式。卫生间内如需要设置红外或远红外设施时，其功率不宜大于 300W，并应配置 0~30min 定时开关。

5. 开关选择

客房进门处宜设置切断除冰柜、通道灯以外的电源开关，且面板上带有指示灯，或采用节能控制器。客房床头设置控制板时，在控制板上可设电视机开关电源、音响选频及音量调节开关、风机盘管风速高低控制开关、客房灯开关、可两地控制的通道灯开关、床头照明调光开关、夜间照明灯开关等，有条件的尚可设置写字台台灯、沙发落地灯等开关，等级标准高的客房的夜间照明灯用开关宜选用可调光方式。

旅馆的公共大厅、门厅、休息厅、大楼道厅、公共走道、客房层走道以及室外庭院等场所的照明，宜在总服务台或相应楼层的服务台集中进行遥控，客房层走道的照明可就近控制。健身房照明宜在男女服务间分别设置遥控开关。旅馆的疏散楼梯间照明应与楼层层数标志灯结合设计，并宜采用应急照明灯。旅馆的休息厅、餐厅、茶室、咖啡厅、牛排餐厅等宜设置地面插座及灯光广告用插座，客房层走道应设置清扫用插座。

6. 旅游宾馆灯具选择

(1) 餐厅照明：当建筑的层高比较高时或标准较高的可以选用吊花灯。当层高不高时，常选用嵌入式吸顶灯与吊灯配合，光色以暖色为宜，采用白炽灯与荧光灯混光照明效果较好。

(2) 旅馆的潮湿房间如厨房、开水间、洗衣间等处，应采用防潮型灯具。

(3) 机房照明可采用荧光灯，布灯时应避免与管道安装矛盾。地下车库出入口应设适应区照明。

(4) 保龄球室照明应避免眩光，宜采用反射型白炽灯或卤钨灯所组成的光檐照明。高尔夫球模拟室可采用荧光灯组成的光檐照明并在房间四周设置。室外网球场或游泳池，宜设有正常照明同时设置杀虫灯或杀虫器。

(5) 光檐照明应垂直于通道方向布置。每道光檐照明的间距宜在 3.5~4.0m 之间。

20.5 建筑物立面装饰照明

大型建筑物的外观照明通常称为立面照明，属于装饰照明的范畴。一般采用大功率聚光灯布置于建筑物的外周，在底层地面向上照射。也有根据楼房的高度不同，采用在裙房上布灯或在建筑物轮廓、中间层小平台上布灯，形成多层次的外观照明。

在夜晚，为使建筑物（如商业建筑、办公大楼、宾馆饭店、纪念馆等）产生魅力动人的艺术效果，往往采用立面照明方法来实现，通常也可以称为夜景照明。其目的是为在城市居住的人、在街上行走的人以及旅游观光的人们创造一个美丽而舒适的气氛或环境，产生美好的印象，尤其是在商业区，使人获得美的享受。

20.5.1 建筑立面照明的作用和形式

1. 建筑立面照明的作用

（1）突出表现公共建筑物的特征，树立建筑物的功能形象，方便人们使用公共建筑物。

（2）提高安全感，减少交通事故和各种不应该发生的事情，使人们得到安全太平和松心愉快的享受。

（3）增加街道的照度，美化环境，使夜晚的城市夜生活生机勃勃，使人民得到健康、舒适的光环境。

（4）起到商业广告作用，表现出商业建筑物、公共建筑物的特征，方便顾客，促进商品流通。

2. 建筑立面照明常用形式

（1）建筑轮廓照明：常用串灯照明。一般适合于低标准的建筑物或立面对称且较低的建筑物，缺点是平面没有色彩而且耗电量大，已然逐渐淘汰。有时用小功率彩色串灯装饰建筑轮廓也可以。

（2）投光灯照明：一般适合于现代高楼大厦、商业建筑和塔式建筑物等。特点是立体感强，效果显著，节能。

（3）激光灯照明：常用于商业建筑，将广告（包括文字与图案）等投射在建筑物上。

（4）室内泛光照明：常用于窗户有规律的办公楼等，照明光线有规律地从窗户透出，亦美观大方、特征突出，而且节约电能。

20.5.2 立面照明设计程序

（1）现场调查研究及环境分析：设计对象在城市中所处的地理位置，要调查它和周围建筑、道路、桥梁、绿地的相对空间关系。地形地貌情况，了解建筑物及周围的地形地貌，研究选择最佳视点位置、视线方向，确定视距。观察建筑白天的形象和艺术效果。在现实环境中加深对设计对象的感性认识，了解夜间室外的光环境，即其周围建筑的照明水平高低及特色。依照建筑物的性质和周围环境，确定所希望的艺术效果。例如天安门人民英雄纪念碑夜间照明采用浅淡绿光，使英雄纪念碑夜间更显得肃穆和雄伟。

（2）建筑外观形象构思：根据建筑物的风格和形象特征、造型、体量、饰面颜色和材料、装饰细部的特点，分析建筑物照明的重点，形成夜景照明形象的多个初步构思方案，并比较构思方案，寻找实际可行的布灯方案。

（3）确定设计标准：依照有关规范及建筑物的表面材料、位置、环境等因素和艺术效果的要求，确定建筑物各个立面的照度值和色表。建筑物立面亮度是最直接的夜景照明标准，CIE推荐在昏暗、中等、明亮的夜视环境中，主要立面的平均亮度为4、6、12cd/m^2。按我国推荐照度标准一般不超过30lx。

（4）确定灯位：依照建筑物的体形、周围条件，确定灯具的位置。还有考虑光影造型要求和现场调查资料选择的布灯地点，大型高层建筑要在不同高差位置布灯。

（5）选择光源和灯具：依照确定的灯位，选择光源的种类和灯具的种类。光源的选择要考虑其光效、光通量、色表与显色性能及寿命等因素。对灯具要求效率较高，配光性能适用、合理，结构小巧紧凑，有可靠的防尘性能，便于安装调试和维修。

（6）检验照度的均匀性：应避免一块受照面积上明暗悬殊、光影凌乱，那样将歪曲建筑物的整体形象。

（7）计算照度，确定灯具的数量、距离、容量和投射方向。

（8）绘制安装细部的大样图。

（9）灯具选型并列出设备和材料表，作这部分工程概算，计算比较投资费用和耗电量。

20.5.3 建筑物立面照明设计要点

（1）创造建筑外观特色，用灯光重新塑造建筑物的形象。古代哥特式建筑及宗教建筑都各有特色，而在夜间照明就要重新塑造建筑物的形象，建筑装饰照明就好像是给建筑物设计夜晚穿的时装。比较在白天自然光和夜晚灯光照明的条件是不同的，白天自然光是方向性较强的光线和天空漫反射光的组合，日光的色调基本是暖色，而天空漫反射光偏冷。日光从上而下照耀建筑物，产生的阴影被天空漫反射光弱化，大多数日子里影子并不突出，而是稍微发亮略带蓝色。日光投射方向和强度一年四季不同，从早到晚不断变化，通常只能平射或者自上而下照射。由于以上诸多因素，灯光照射的强度和颜色不可能和自然光完全相同，设计夜景照明应立足用光和影为建筑物塑造出一个与白天完全不同的形象，而不是单纯模拟自然光。

完美的造型立体感是建筑夜景照明所追求的基本目标。此外，建筑物在灯光下呈现出的形象应反映其功能性质和艺术风格与白天比较是不同的。反过来说，在设计建筑物立面时，应该考虑到夜间照明对建筑立面线条凹凸的要求。

（2）重视实用，避免眩光。泛光照明用的投光灯功率是很大的，亮度也高，又布置在建筑物的周围地点，容易给附近行人造成眩光。如图20-9中光源1所示，而光源2对行人就不会产生眩光。尤其是玻璃幕墙，不仅对行人产生眩光，对临近建筑物内的用户也会有光线的干扰。因此，夜景照明灯具的布置应隐蔽起来，避免人的目光直接看到，只能看到光斑，则立面效果更好。从设计思想上防止华而不实或造成光污染。

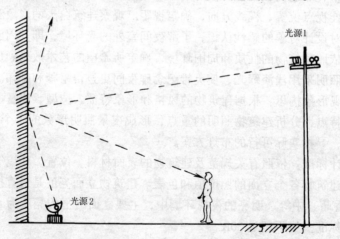

光源1

光源2

图 20-9　投光灯光线反射使人产生眩光

（3）注意安全，如灯具防雨、防火、防爆炸、防触电。主要要求灯具和供电电缆要能防水防潮。同时也要确保照明功能可靠，避免影响观瞻，还要便于维修。

（4）大型建筑宜突出重点，主次分明。建筑物夜景照明的基本目的在于显示被照明对象，要在深入研究其与周围环境的基础上，借助照明手段，恰当地突出和表现被照明主体在环境中的地位，要有层次感，明暗相协调。对于被照明主体应采用重点布光，加强关键部位和装饰细部的照明，如人民大会堂照明的重点是国徽和立柱，依一定的层次变化，以突出重点，同时显示出高耸的立柱的雄伟。建筑物立面亮度的变化应过渡自然、层次分明，比周边其他照明要显眼。单调平淡均匀地投光在艺术上是不可取的，而在经济上也都是不可取的。

（5）确定合理的照度标准，分级控制，节约电能，降低造价。夜景照明要消耗可观的电能，应有一定的功率限制。目前尚没有规范限定。为了节约电能，除了采用高效灯具以外，还应特别注意选用合理的照明手段。例如，对反射比在 0.2 以下的深色表面要想用投光照明达到理想的效果，不可能有好的经济和节能办法，类似这样的情况应更换照明方案。整个建筑物或构筑物受照面上半部的平均亮度宜为其下部的 2 ~ 4 倍。例如深圳某大楼在首层和第 40 层设置两圈，每圈 8 套聚光灯向上照射。

（6）大型建筑物夜景照明要分级控制，使得平时、深夜仅开少数灯表现建筑物特色，保持完整的艺术效果。

（7）选择光色力求淡雅，少用彩光。淡雅的光环境能使人产生"宁静而致远、淡泊以明志"的感觉和心态。例如首都图书馆淡雅的光环境能使人清心，效果良好。目前夜景照明采用的白炽灯、卤钨灯和高压钠灯色温低，色表偏暖；金属卤化物灯和高压汞灯的色温高，色表偏冷。

设计时应根据建材颜色来选择光源，以加强照明效果，创造出特有的情调。对同一建筑物不同的部位投射色表不同灯光可以强调建筑物层次，彩光宜少用，这是因为单一的彩光在增强某一色彩的同时也改变了建筑物立面上其他颜色的色调，引起色彩失衡。相邻不同方向表面投射不同颜色的光线可以活跃气氛，但色差过大，将损害造型的立体感。一般彩色光用于短时间、小面积照明。

（8）光源的位置尽可能隐蔽起来，在大街上如果把灯组放在人行道旁太显眼，也不一定安全，可以隐藏在树丛和护栏之间比较安全的地方，如图 20-10 所示。图中灯位的布置是采用以竖线阴影条为主的方案。

图 20-10　灯具位置的布置以竖向阴影为主

光源与灯具的选择，适合的立面照明光源见表 20-9。

光　源	再触发时间	效率	显色性	寿命	初期投资价格
白炽灯	0	很低	极好	短	低
卤钨灯	0	低	极好	中等	相当低
金属卤化物灯	4~5min	高	良好	较长	高
高压钠灯	<1min	很高	不好	很长	高
低压钠灯	7~12min	极高	不好	很长	高

20.5.4　立面照明设计方法

1. 确定照明方式

建筑立面照明方式通常有泛光照明、轮廓照明和利用建筑物内部透出的灯光三种方式。

（1）泛光照明是利用单个或成组的投光灯照射建筑立面，使其亮度高于环境，引起对建筑物的注意，塑造出优美造型。泛光照明能够显示出建筑物的全貌，包括体形、层次、材料质感、颜色及装饰细部，它是现代夜景照明中最基本、最有效的照明方式。

（2）轮廓照明是利用单个的白炽灯或灯串、霓虹灯管勾画出建筑物的外形。一般来说，单个轮廓灯在立面上没有照明，不能产生动人的光影效果，只适合于辅助照明手段，装点建筑物的外形轮廓，从而丰富建筑物。

（3）利用建筑物内部透光将窗户照亮，使建筑物在夜间富有生气。设计大玻璃或玻璃幕墙的现代建筑采用这种"内透光"照明方式可能比室外泛光照明的效果要好，同时也节约投资、便于维修。建筑物重点部位透出的灯光还能加强装饰效果。例如，廊柱灯光展现出建筑主体和廊柱之间的空间层次，使柱子产生剪影印象。

2. 研究照明方案

分析环境与背景，环境与背景决定观看建筑物立面的效果。首先观看建筑物有不同的观看方向，但通常有一个主要的观看方向。根据观看的主要方向，确定照明方向，使建筑物在大多数人看上去生动美妙。为了突出建筑物的形象，如果建筑物的环境背景很暗，那么只需要少量的光就可以使建筑物比背景亮。若建筑物临近有其他建筑，晚上室内灯亮着，亮背景就需要较多的光线投射到建筑物上，才能产生突出的效果。如果周围有较亮的光环境，就需要更多的光线照射，或采用艺术手法使效果突出。当在旷野景点需要照明渲染时，不妨将局部树木照亮也能取得一定的层次和立体感。如图20-11所示是以横线条阴影为主的照明。

3. 确定照明标准

CIE推荐的建筑物立面平均亮度标准在照明实践中往往用照度标准代替，这样做计算方便。对于无光泽饰面材料两者的关系为：

$$E = \frac{L \cdot \pi}{\rho} \text{ 或 } L = \frac{E \cdot \rho}{\pi} \tag{20-2}$$

式中　E——表面照度；

　　　L——表面亮度（cd/m²）；

　　　ρ——表面反射系数。

应指出：对于玻璃、磨光大理石等有规则反射特性的材料，不适用上式计算照度。当投光灯自上而下照射时，由于镜面反射将大部分灯光投向天空，使其表面亮度显著减小，需要提高照度。建筑物夜景照明推荐照度见表 20-10。

荷兰、加拿大及日本等国推荐 20~800lx，范围很宽。

4. 确定投光灯位置

投光灯位置可以选择在电杆上、建筑物本身周边、附近地面或四周邻近的建筑物上面。与建筑物的水平距离要适当，过近则容易出现扇贝状光斑，使立面亮度的反差过大，不容易体现好整体效果。

（1）当灯具设置在建筑物本体上时，投光灯距外墙 0.3~1.0m 时，宜用散光灯，而且加大布灯密度。否则照度的均匀度比较差。当距离大于 1.0m时，注意尽量减少在灯具附近出现的暗区。在建筑物外墙边沿安装泛光灯的参考间距见表 20-11 所示。

（2）当灯具布置在建筑物以外时，其与建筑物的水平距离和建筑物的高度之比不小于 1:10（d/h）才能得到比较均匀的照度。

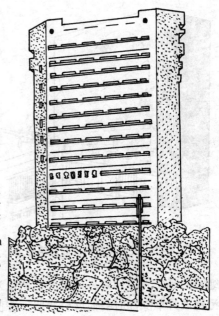

图 20-11　以横线条阴影为主的照明

投光灯位置和主投射方向与主视线方向之间有一定的对应关系，主投光方向与主视线方向之间的夹角宜大于 45°、小于 90°。为了获得良好的光影造型，针对不同体形建筑物及形状各异的建筑部件应采用相应的最佳投射方式。

建筑物夜景照明推荐照度（lx）　　　　　　表 20-10

建筑物的表面颜色	建筑材料反射系数	环 境 亮 度			说 明
		暗	一 般	明 亮	
白色	0.7	20	30	75	深色墙的反射系数小，费电
浅色	0.5	30	50	100	
深色	0.3	50	75	150	

在建筑物外墙边檐安装泛光灯的参考间距　　　　　　表 20-11

建筑高度（m）	光束类型	灯 具 间 距（m）	
		灯伸出建筑物（m）	灯伸出建筑物 0.75m
25	窄	0.6~0.7	0.5~0.6
20	窄或中	0.6~0.9	0.6~0.7
15	窄或中	0.7~1.2	0.6~0.9
10	窄中宽	0.7~1.2	0.7~1.2

（3）立方体组合：投光灯布置在平面对角线两侧，如图 20-12。建筑两个相邻侧立面上能取得适当亮度对比，增强立体感。倾斜的入射角能使建筑物材料的质地和建筑立面上的竖线条看上去更加清晰。

当投光灯与被照建筑物的距离较近时，建筑物高处的平台、挑檐、凹廊等凸凹部位会因遮光产生过大或过重的阴影，破坏建筑物的整体形象。此时可以采取的补救措施为使用辅助光源，淡化阴影。

图 20-12　光源设在附近的建筑物上

5. 障碍物的处理方法

建筑物周围环境的障碍物可能遮挡投射光线，也可以隐蔽灯具，要正确处理灯具与障碍物的关系。围绕建筑物的树木、栅栏和篱笆可以形成立面照明的装饰。在树木、栅栏、篱笆后面设置灯具有以下好处。

灯具不会被看见；树木和栅栏能够突出立面的光背景轮廓，增强深度效果，这是最能引人注意的办法之一。

建筑物临近的水面，如水池、湖泊、沟槽、人工河等可使被照明的建筑物在水中映出倒影，水面成为一面镜子。布置光源时应注意以下问题。光线不能布置得与水面接触，水面必须保持绝对的暗。光源设置尽可能低，使得光束平射或向上斜射。水必须清洁干净，水面上如有污物或野草漂浮时会使反射变弱，并使反射的形象变形。

6. 投光灯的性能选择

（1）光度特性：光束的轴向光强，光束角小，光强分布曲线窄，灯泡的额定光通量大，灯具光输出效率高。

有些投光灯具可以通过简单移动光源在光学系统中的位置来改变光强分布，扩大或减少光束角，尽管这种调节是有限的。灯具效率是指投光灯发射出的有效光通（光束角内光通）与投光灯内灯泡额定光通之比。良好的光学系统设计可以获得较高的灯具效率。反映灯具光学性能的上述数据应由厂家委托计量认证部门测量后提供给用户，作为设计夜景照明选用灯型的依据。

（2）机械特性：夜景照明灯具长年暴露在室外，对其机械性能有比较高的要求，有良好的密闭性，ISO 标准高于 IP55。防腐性能良好，能承受气候剧烈变化及雨、云、雾和有害气体腐蚀。具有灵活准确的双向调节瞄准机构、牢固可靠的锁紧装置。体积小、重量轻，灯箱和支架结构便于安装检修。

20.5.5　照明计算

1. 计算需要灯具光通量：

根据设定的平均照度标准计算总光通量 Φ。

$$\Phi = \frac{E \cdot S}{K} \tag{20-3}$$

式中　Φ——全部灯具的总光通量（lm）；

　　　E——设定建筑立面的平均照度（lx）；

　　　S——需要设计照明的建筑立面总面积（m²）；

　　　K——照明系统的利用系数，一般取 0.25～0.35。

2. 聚光灯的台数 N 计算：

$$N = \frac{\Phi}{\Phi_N} \tag{20-4}$$

式中　Φ——全部灯具的总光通量（lm）；

Φ_N——一套灯具的额定光通量（lm）。

3. 光柱轴向方向垂直照射建筑立面需要发光强度 I 的计算：

$$I = E \cdot d^2 \quad (\text{cd}) \tag{20-5}$$

式中　E——设定建筑立面的平均照度（lx）；

d——灯具与建筑立面的水平距离（m）。

4. 光柱轴向方向斜照射建筑立面，而且光轴与建筑立面法线在同一平面上需要发光强度 I 的计算，如图 20-13 所示。

$$I = \frac{E_v \cdot d^2}{\cos^3 \beta} \tag{20-6}$$

上式表明需要的光强和距离的平方成正比，与设计照度成正比，而与仰角余弦成反比关系。

式中　I——投光灯的轴向发光强度 I（cd），查配光曲线，按 β 角查得 I（cd）；

E_v——建筑立面 A 点的设计平均照度（lx），由设计设定值；

d——灯具与建筑立面的水平距离（m），由设计设定值；

β——灯具的仰角，或称投射角。

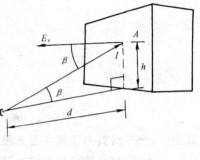

图 20-13　斜照射建筑
立面与法线同方向

5. 光柱轴向方向斜照射建筑立面，而且光轴与建筑立面法线不在同一平面上需要发光强度 I 的计算，如图 20-14 所示。

$$I = \frac{E_v}{d^2} \cos^3 \gamma = \frac{E_v}{d^2} \cos^3 \beta \cos^3 \alpha \tag{20-7}$$

上式表明需要的光强和距离的平方成反比。

式中　I——投光灯的轴向投照建筑 A 点方向的发光强度 I（cd）；

E_v——建筑立面 A 点的设计照度（lx）；

d——灯具与建筑立面的水平距离（m）；

γ——A 点的高度角（°）；

β——灯具光轴的仰角，或称投射角（°）；

α——光柱轴线与通过灯位的立面法线之间的夹角（°）。

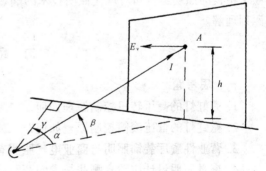

图 20-14　斜照射建筑立面与法线不同方向

6. 光照面积的计算目的是检验光分布的均匀性。光照面积的计算见图 20-15。

投光灯的照射面积 $S = \frac{\pi}{4} h \cdot W$

式中　h——椭圆形光照面积长轴的长度（m）；

W——椭圆形光照面积短轴的长度（m）。

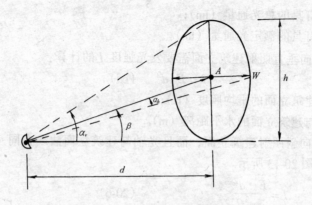

图 20-15 光照面积的计算

$$h = d\left[\text{tg}\left(\beta + \frac{\alpha_v}{2} \right) - \text{tg}\left(\beta \frac{\alpha_v}{2} \right) \right]$$ (20-8)

$$W = 2d \cdot \sec\beta \cdot \text{tg}\frac{\alpha_h}{2}$$

式中　d——灯具与建筑立面光照点的水平距离（m）；

　　　β——灯具的仰角，或称投射角（°）；

　　　α_v——投光灯光柱在高度方向的光束角（°）；

　　　α_h——投光灯光柱在水平方向的光束角（°）。

　　光是艺术的生命，光是夜晚的画笔。夜景照明对建筑形象进行再创造，楚楚动人的建筑夜景是艺术与技术的结晶，但很大程度上属于艺术创造的成果。完美的建筑夜景创作依赖于精良的照明器材和对现代照明技术的娴熟运用，更根植于丰富的艺术修养和对建筑的深刻理解。

习　题　20

一、思考题

1. 霓虹灯的高压转机控制原理如何？

2. 霓虹灯的低压滚筒控制原理如何？

3. 营业性餐厅装饰照明与商业电气照明有什么不同？

4. 夜景照明设计应注意哪些技术问题？

二、问答题

1. 建筑照明设计的目的和意义是什么？

2. 建筑物立面照明设计原则有哪些？

三、计算题

1. 某会议室面积长 10m，宽 8m。装饰照明拟用吸顶花灯，功率 40W，光通量为 3300lm，利用系数为 0.3，减光系数为 0.7，不均匀系数 1.2，照度标准采用 150lx，计算需要吸顶灯的数量是几套？

2. 有一商店要求用红、绿、蓝三色三套霓虹灯，直径 11mm，各色长度均为 36m。霓虹功率因数为 0.3。变压器的效率是 0.6。霓虹灯的技术数据见表 20-3。求（1）用一台变压器的容量应该用多少 kVA？（2）霓虹灯总光通量是多少？（3）当照明利用系数为 0.5，面积为 80m² 时平均照度是多少 lx？

3. 今有一栋三星级饭店，要求用红、绿、蓝三色三套霓虹灯，直径 11mm 和 15mm 两种方案，绿色长度为 36m，其余均为 28m。设定霓虹灯的功率因数为 0.3。变压器一次侧功率因数是二次侧的功率因数的一半，变压器的效率是 0.6。霓虹灯的技术数据见表 20-3。求（1）要求用一台变压器或三台变压器使三种颜色的霓虹灯轮流发光，计算需要电源的容量应该各用多少 kVA？（2）直径 11mm 霓虹灯总光通量是多少？（3）直径 11mm 方案当照明利用系数为 0.5，被照面积为 80m² 时平均照度是多少？

习 题 20 答 案

二、问答题

1. 答：（1）通过科学的设计，以尽可能地满足安全标准的各项要求，例如公路照明经过科学的设计，可以把交通事故降低 30%～70%。

（2）满足规范最低的照度要求，有利于提高产品质量，提高生产效率，既有利于提高生产力，也有利于健康。

（3）满足建筑功能对照明的要求，如显色性、亮度、光色、耐震性能、平均寿命、透雾性能等等。

（4）确定高低压电器规格和导线材料规格。

（5）确定合理的工程造价标准，同时也有利于节约能源。

（6）建筑照明是城市艺术和建筑装修的组成部分，应满足人们一定的艺术欣赏要求。照明设计的基本原则是实用、经济、安全、美观。

2. 答：（1）创造特色，重新塑造建筑物的形象。

（2）突出重点，主次分明。恰当地突出和表现被照明主体在环境中的地位，要有层次感，明暗相协调。依一定的层次变化，以突出重点。

（3）重视实用，避免眩光。同时也要避免影响观瞻，还要便于维修。

（4）慎用彩光，淡雅为上。彩色光用于短时间、小面积照明，在永久性的建筑物设施中不采用。

（5）确定合理的照度标准，分级控制，夜景照明要消耗可观的电能，应有一定的功率限制。节约电能。

（6）注意安全，如灯具防雨、防火、防爆炸、防触电，确保电气安全。

三、计算题

1. 解：采用平均照度计算法计算

$$N = \frac{E_{av} S Z}{\varPhi \mu M} = \frac{150 \times 10 \times 8 \times 1.2}{3300 \times 0.35 \times 0.7} = 17.8 \text{（盏）} \quad \text{取 18（盏）}$$

2. 解：（1）$P = （5.7 + 4.6 + 4.6）\times 36 = 536.4$（W）

$$S = \frac{P}{\cos\varphi \cdot \mu} = \frac{536.4}{0.3 \times 0.6} = 2980 \text{（VA）}$$

选用变压器容量 3.0kVA。

（2）光通量 $\varphi_1 = 70 \times 36 = 2520$（lm）

光通量 $\varphi_2 = 36 \times 36 = 1296$（lm）

光通量 $\varphi_3 = 20 \times 36 = 720$（lm）

总光通量 $\varphi = 2520 + 1296 + 720 = 5368$（lm）

（3）照度 $E = \dfrac{\varphi \times \mu}{S} = \dfrac{5368 \times 0.5}{80} = 28.35$（lx）

3. 解：方案一：用 11mm 霓虹灯方案

（1）$P = 5.7W \times 28 + 4.6 \times 28 + 4.6 \times 36 = 159.6 + 128.8 + 165.6 = 454$（W）

$$S = \frac{P}{\cos\varphi \times 0.5 \times \mu} = \frac{454}{0.3 \times 0.5 \times 0.6} = 5044 \text{（VA）}$$

以较大的容量为标准，$165.6 \div (0.3 \times 0.5 \times 0.6) = 1840$（VA）三倍之为 5520VA。

需要电源容量 5520VA。

（2）红光光通量 $\varphi_1 = 70 \times 28 = 1960$（lm）

蓝光光通量 $\varphi_2 = 36 \times 28 = 1008$（lm）

绿光光通量 $\varphi_3 = 20 \times 36 = 720$（lm）

用一台变压器时总光通量 $\varphi = 1960 + 1008 + 720 = 3688$（lm）

（3）照度 $E = \dfrac{\varphi \times \mu}{S} = \dfrac{3688 \times 0.5}{80} = 23.05$（lx）

方案二：用 15mm 霓虹灯方案

（1）$P = 4.0W \times 28 + 3.3 \times 28 + 3.8 \times 36 = 112.0 + 92.4 + 136.8 = 341.2$（W）

$$S = \frac{P}{\cos\varphi \times 0.5 \times \mu} = \frac{341.2}{0.3 \times 0.5 \times 0.6} = 3791.1 \text{（VA）}$$

三台时：$S_{单} = \dfrac{P}{\cos\varphi \times 0.5 \times \mu} = \dfrac{136.8}{0.3 \times 0.5 \times 0.6} = 1520$（VA）

需要电源容量 $1520 \times 3 = 4560$VA。

（2）红光光通量 $\varphi_1 = 36 \times 28 = 1008$（lm）

蓝光光通量 $\varphi_2 = 18 \times 28 = 504$（lm）

绿光光通量 $\varphi_3 = 8 \times 36 = 288$（lm）

总光通量 $\varphi = 1008 + 504 + 288 = 1800$（lm）

（3）照度 $E = \dfrac{\varphi \times \mu}{S} = \dfrac{1800 \times 0.5}{80} = 11.25$（lx）

第四篇 减 灾 篇

自然界中的一切物质都处于运动变化之中。物质的运动和变化，释放出巨大的能量，取之有道，造福人类，取之无德，祸及子孙。建筑物一旦落成，就会面临一系列的考验。危及人类生命和财产安全的自然灾害有风、旱、涝、洪水、冰雹、冰雪、雷电、地震、风暴潮、滑坡、泥石流、火山爆发等。人为灾害有纵火、爆炸、战争、盗窃、触电等。作为人类的基本生存条件之一的房屋必须具有一定的抵御自然灾害和人为灾害的能力，以保证人们的生命和财产安全。减少各种灾难对人类的损害是建筑设计中必须要充分重视的问题。从21章至25章将针对各种灾害，提出一些在建筑电气设计、施工中所采取的措施。

我们应该牢记：安全第一。

21 触 电

21.1 触电事故及救护

21.1.1 触电及对人体的伤害形式

触电的类型和案例有时候很奇怪，对人体的伤害触目惊心。一般将对人体的伤害方式归纳为两种：电击和电伤。

(1) 电击是电流流过人体时反应在人体内部造成器官的损伤，而在人体外表不一定留下电流痕迹，这种触电现象叫做电击。电击的危险性最大。一般死亡事故都是出于电击。

(2) 电伤是由于电流的热效应、化学效应、机械效应以及在电流作用下，使烤化和蒸发的金属微粒等侵袭人体皮肤，使局部皮肤受到灼伤、烤伤和皮肤金属化的伤害，严重的也可以致人死亡。电伤一般不会将人体内部器官损伤。

电击的形式可分三种。第一种形式是单相触电。在低压系统中，人体触电是由于人体的一部分直接或通过某种导体间接触及电源的一相线，人体的另一部分直接或通过导体间接触及大地，使电源和人体及大地之间形成了一个电流通路，这种触电方式为单相触电，见图21-1。

第二种形式是两相触电。在低压系统中，人体两部分直接或通过导体间接分别触及电

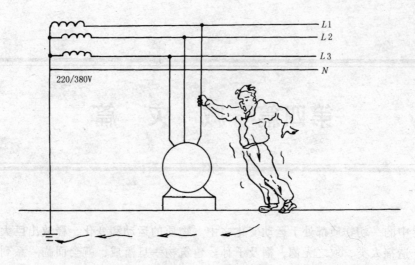

图 21-1　单相触电

源的两相，在电源与人体之间构成了电流通路，这种触电方式称为两相触电或双线触电。在低压系统中，不管是单相触电或是双相触电，如果电流通过人体心脏，都是非常危险的触电方式。两相触电方式见图 21-2。

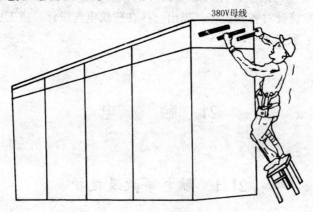

图 21-2　两相触电方式

　　第三种形式是跨步电压触电。当接地短路电流通过接地装置时，大地表面形成分布电位，在地面上离设备水平距离为 0.8m 处与沿设备外壳或构架离地面垂直距离 1.8m 处两点之间的电位差，称为接触电势；人体接触该两点时所承受的电压称为跨步电压。在地面上距离接地点越远则电位越低，在接地点附近，电位曲线很陡，距接地点 1m 约下降68%，距离接地点 20m 约为 0V。其电位曲线如图 21-3 所示。

　　在高压系统中，由于电压高，相线之间、相线与地之间距离到达一定范围之内时，空气就被击穿。所以，在高压系统中，除了人体触及电源会发生触电以外，当人体直接或通过导体间接接近高压电源之间距离太近，电源与人之间介质被高压击穿而导致触电。人体在高压电源周围发生触电的危险间距与空气介质的温度、湿度、压强、污染以及电极形状和电压高低有关。

21.1.2　影响触电严重程度的因素

　　(1) 影响触电严重程度的因素主要是电流。电流的大小取决于人体的电阻及触电电

708

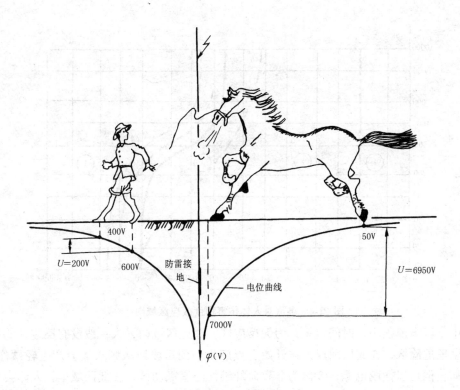

图 21-3 跨步电压触电

压。每个人体的电阻各有不同，人体各部位的电阻也不相同，如人体的皮肤、脂肪、骨骼和神经的电阻大，肌肉和血液的电阻小。一般情况下，人体的电阻为 1～2kΩ，由人的年龄、职业、性别、体形高矮胖瘦等条件所决定。

人体的电阻不是一成不变的，而是随着皮肤的状况（潮湿或干燥）、接触电压高低、接触面积大小、电流值及其作用时间的长短而变化着的。皮肤越潮湿，人体电阻越小；接触电压越高，人体电阻越小；接触面积越大，人体电阻越小。人体电阻还与温度气候季节有关，寒冷干燥的冬季，人体电阻大；夏季和雨季，气温潮湿，人体电阻小。

当人体接触电气设备或电气线路的带电部分而有电流流过时，人体将会因电流的刺激而产生危及生命的医学效应，将产生生理变化。当触及不大于 36V 的安全电压或小于 10mA 的安全电流，对人是不会造成生命危险的，触电者可能感觉麻木，但自己能够摆脱电流。而电流大于 10mA 时，人的肌肉就可能发生痉挛，时间一长，就有伤亡的危险。国际上公认，触电时间与流入人体的电流之乘积如果超过 30mAs，就会丧失摆脱电源的能力，因而发生人体触电事故。

（2）触电的时间：电击伤害的轻重，还与电流通过人体的时间有关，如图 21-4 所示。这主要是一方面电流通过人体的时间越长，人体电阻越低，另一方面人的心脏每收缩扩张一次，中间约有 0.1s 的间歇，这 0.1s 内人对电流最敏感，假如这一瞬间电流通过心脏，即使电流很小也会引起心室纤维性颤动，乃至人窒息或身亡。如果电流不在这一瞬间通过心脏，即使电流较大，也不会使人窒息死亡。人的心脏跳动一般在 60～90 次/min，可见，人体触电时间在 0.1s 上也是人体的生死关。

图 21-4 所示为电流对人体伤害程度效应区域图。

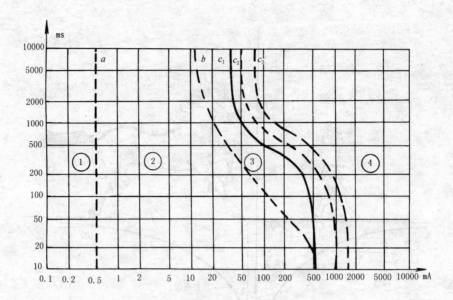

图 21-4 电流对人体伤害程度效应区域图

图中①区电流很小，时间也短，为无反应区，在此区域内，人一般没有反应，②区为无有害生理危险区，在此区前段人体开始有点麻木，到后段区域则人体会产生轻微痉挛，麻木剧痛，但可以摆脱电源；③区为非致命纤维性心室颤动区，在此区域里，人体会发生痉挛，呼吸困难血压升高，心脏机能紊乱等反应，此时摆脱电源能力已较差；④区为可能发生致命的心室颤动的危险区，在此区域内，人已无法脱离电源，甚至停止呼吸，心脏停止跳动。

（3）电流的频率：国际电工委员会（IEC）的标准明确指出，人体触电后的纯医学效应与触电电流的种类、大小、频率和流经人体的时间有关。在交流供电系统中，低频比高频危险，而 50Hz 属于低频。

（4）电流的路径：电流通过心脏部分越多，情况自然越严重，一般从右手到左脚至地最严重，从手指头经过手掌到该手的另一指头则较轻。

（5）周围的环境潮湿情况及摆脱电源的空间大小也有关，特别是在金属容器中工作，人的脚直接踩在金属容器上，这时电流很容易通过人体，所以在金属容器中用"手把灯"照明应把电压调在 12V。

（6）触电部位的压力。压力越大，则接触电阻就越小，因此触电的危险性就越大。

（7）人体健康情况及精神状态。很显然，人体的心脏如果有病，承受电击的能力就差，危害的程度也就越严重。

21.1.3 触电的规律

触电也是有规律的，统计资料表明：

（1）一般是年轻人居多，老年人很少，这是由于生产第一线主要是年轻人，容易毛手毛脚。年岁大的人经验多，办事稳重，事故自然少。

（2）触电有季节性，雨季触电事故多，如 6、7、8、9 月份触电事故占全年 80％以上。因为气候潮湿造成绝缘电阻下降，人体电阻也降低。

（3）低压电比高压电触电概率多，有的资料表明在 16 人触电死亡中，有 11 人是触的低压电，低压占 68.7%，高压占 31.3%。

(4) 从行业上看，冶金、建筑、建材、矿山等行业居多，这些行业属于劳动密集型产业，这些行业手持电动工具多，漏电触电的机会多，工人简单培训后就上岗，甚至不经培训就上岗。

(5) 非电工触电事故多，北京地区电工触电死亡人数占 13 分之 3。如大红门一居民住户，儿媳妇触电了，婆婆去拉，两人全被电死，女儿因为抱着孩子没过去才幸免，她们都不知道电的基本规律。

(6) 单相触电多，如在翠微路吊装圆孔板，吊车臂碰到高压线，站在地面上拣拾木头的人扶了一下圆孔板而被电死，站在混凝土板上的人未被电死。又如电器设备外壳漏电，电死挂钩工都是单相触电。

21.1.4　触电的原因

(1) 统计资料表明违反安全用电规则是发生触电事故的主要原因。如"一闸多用"、带电拆改线路、私拉电线、在高压架空线下面吊卸构件、非电工操作、无证上岗、拉闸没有挂牌或上锁等等。

(2) 电气设备绝缘损坏，造成外壳或其他不该带电的部分带电了，尤其是不合格的电器产品或是早就应该淘汰的漏电的设备凑合使用，一旦出现事故，似乎是意外，实际是必然的结果。

(3) 不懂电气技术，如接线错误，没有验电就干活，把插座中应该接 PE 线的误接成相线了，误入高压接地点附近而遭受跨步电压的伤害以及手持电动工具绝缘损坏了，突然触电时手摆脱不了；拉闸后没挂牌也没上锁，而用保险丝封上了，其他人来合闸被熔丝烧伤手腕；在金属油罐内焊接，穿着绝缘鞋（耐压 2500V），但他的后背靠了一下罐壁而触电身亡；高压断头落地，因站在附近被跨步电压伤害；拉闸姿势应该脸朝外，有人面对着闸近看而被电弧意外伤害等。

(4) 管理不善，如在高压线附近施工没有采取安全防范措施；临时供电布线太低；设备漏电或带电部分外露未及时检修；插座盖碎了，铜活外露还用；修天车时，委托别人在下面拉闸，没给拉而触电。

(5) 设计不合理造成触电，如大厦的照明开关设在配电箱旁边，人摸翘板开关时摸着了带电的断路器而触电。

(6) 施工不负责任，偷工减料，搞突击会战。

(7) 意外遭受雷击；或到高压断线处去看热闹而遭到跨步电压触电。

21.1.5　触电急救

一旦发生触电事故首先应切断电源，如拔掉电源插头，在找不到电源开关或距电源距离太远时，可用绝缘好的钳子剪断电源线，或用干木柄斧子砍断电源线，也可以用干木棒挑开触电者身上的电线或电气工具，或将木板垫于身下，使伤员迅速脱离电源，不得采用人为方法制造短路迫使断路器跳闸。如果触电者在高处，还须防止伤员在脱离电源时从高处掉落下来摔伤。

当触电者脱离电源之后，迅速抢救，在 1min 之内立即抢救一般都能救活。如果触电者神智清醒、心慌、四肢无力，可将触电者抬到通风阴凉处休息（夏季），冬季应注意防寒，可抬到温暖而空气流通的地方休息。

如果触电者神智不清、无知觉、呼吸暂时停止，则立即进行人工呼吸。如果触电者心脏停止跳动、呼吸暂时停止，这时，要人工呼吸和心脏按摩法同时或交替抢救，具体方法是：

1. 人工呼吸法

将触电者平卧于硬板床上，使头部后仰，鼻孔朝天，使呼吸道通畅，使舌根不致阻塞气道，并迅速将衣领、上衣扣、裤带等解开，用适当的工具将触电者嘴撬开，取出嘴中的异物，清除粘液，此时可按以下步骤进行。

（1）用一只手捏紧触电者的鼻子，救护人员深呼一口气后紧贴触电者的口吹气约 2s，使触电者胸部扩张。

（2）吹完气之后，立即放开触电者的鼻子，让其胸部自然地缩回呼气约 3min。反复进行，直至触电者能自行呼吸为止。如触电者为儿童，应小口吸气，防止肺泡破裂。人工呼吸法必须坚持较长时间，当触电者没有呈现出最终的死亡症状以前，一定要坚持进行。

2. 胸部挤压法

将触电者平放在木板或较坚定的地上仰卧，头部稍低一点，救护者站在触电者一侧，将两只手掌重叠，掌根放在触电者胸骨心脏部位，依靠救护者的体重，向触电者胸骨下端用力往下压，使其陷下 3cm 左右，立即放松；让触电者胸部自动弹起，血液充入心脏，这样有节奏地挤压，每分钟约 60 次左右。若触电者为儿童，可用力小一点，每分钟次数可稍快一点。

21.2 安全用电防护

安全用电技术是由于工人在生产中处于不同的环境、使用不同的工具而存在着不安全的因素，为了预防触电事故的发生，应当采取的电气技术措施、组织措施及行政管理措施等。

21.2.1 常用的防护方法

1. 采用护栏或阻拦物进行保护

阻拦物必须防止如下两种情况之一发生：

（1）在正常工作中设备运行期间无意识地触及带电部分。

（2）身体无意识地接近带电部分。

在有裸露的高压带电体旁应设置护栏或标志，以防止人畜走近而遭受跨步电压的伤害。标志的形式有用红色灯泡、挂牌（牌上写"高压危险，请勿靠近！"）或画有 ⚡ 符号（也可以用提醒符号配以相关文字）。设置护栏的距离可以参考表 21-1。

<table>
<tr><td colspan="6" align="center">护 栏 的 距 离</td><td align="right">表 21-1</td></tr>
<tr><td colspan="2">外线电压（kV）</td><td>1～3</td><td>6</td><td>10</td><td>35</td></tr>
<tr><td rowspan="2">线路至护栏
安全距离（m）</td><td>室内</td><td>0.825</td><td>0.85</td><td>0.875</td><td>1.05</td></tr>
<tr><td>室外</td><td>0.95</td><td>0.75</td><td>0.95</td><td>1.15</td></tr>
</table>

2. 使设备置于伸直手臂范围以外的保护

（1）凡是能同时触及不同电位的两部位间的距离严禁在伸臂范围以内。在计算伸臂范围时，应按手持较大尺寸的导电物体（如手持大号扳子）考虑。

（2）施工操作应保持安全距离，见表 21-2 所示。

施 工 操 作 安 全 距 离　　　　　　　　　　表 21-2

电 压（kV）	1 以下	1～10	35～110
最小操作距离	4m	6m	8m

（3）架空线路应保持最小的垂直安全距离，见表 21-3。

架空线路应保持最小的垂直安全距离　　　　　　　表 21-3

外线电压（kV）	1 以下	1～10	35
最小垂直距离	6m	7m	7m

3．间接接触保护可采用下列方法

（1）用自动切断电源的保护（包括漏电电流动作保护），并辅助以总等电位连接。

（2）使工作人员不致同时触及两个不同电位点的保护（即非导电场所的保护）。

（3）使用双重绝缘或加强绝缘保护。

（4）用不接地的局部等电位连接的保护。

（5）直接接触与间接接触兼顾的保护，宜采用安全电压和功能超低压的保护方法来实现。使用安全电压的设备外露可导电部分严禁直接接地，或构成其他保护线连接回路一部分，通过其他途径与大地连接。

21.2.2　建立完善的安全管理制度

为确保安全用电，防止触电事故发生，必须建立安全管理制度或规则。凡一切属于电气维修、安装的工作，必须由电工来操作，严禁非电工进行电工作业。电工必须持证上岗。

电气操作人员要严格执行各级主管机关制定的电工安全操作规程，对电气设备工具要定期进行检查和试验，凡不合格的电气设备、工具应停止使用。一切手持电动工具必须符合国家标准，产品专业标准及安全规程要求。加强检查、维修等环节的科学管理，采取保护接零、设置漏电保护器等保护。

严禁空手触摸一切带电的绝缘导线。所有用电设备的金属外壳，均要可靠接地或接零（由设计来定），并应定期检查是否接触良好。

尽量不要带电作业，特别的危险场所（如工作场地狭窄，工作场地有对地 220V 以上的导体等），禁止带电作业，特殊情况需要带电作业时，应作临时接地线，设专人监视，并严格遵循有关的"带电作业规则"。

所有电气设备必须按规格加装保险丝，在插座支路或手持电动工具的电源应安装漏电保安器。

管理制度重在对领导人应严格要求，如某建筑公司安全规则有：违章指挥或无改进措施，或隐瞒错误 15 天交罚款，拖欠一个月追加 20%。建立奖惩标准，如有的死一人罚几万元，重伤罚若干元。按管理级别不同而定期一周、一月、一季度检查一次。

21.2.3 对电气设备绝缘的要求

绝缘电阻有气态、液态和固态类。要求介质损耗要小，泄漏电流越小越好。

(1) 电阻率在 $10^7\Omega$ 以上才称为绝缘材料。

(2) 常用绝缘电阻值的规定每 1000V 一个 $M\Omega$（即 1V1000Ω），所以 500V 以下的一般低压电器设备绝缘电阻为 $0.5M\Omega$；1kV 以下的低压电缆 $10M\Omega$；3kV 为 $200M\Omega$；6kV 为 $400M\Omega$；10kV 为 $500M\Omega$，在实际检验电气产品时还要考虑实测环境温度。

(3) 绝缘材料的极限温度见表 21-4。

绝缘材料的极限温度　　　　　　　　　　　表 21-4

绝缘级别	Y	A	E	B	F	H	C
极限温度（℃）	90	105	120	130	155	180	>180

21.2.4 安全电压

1. 安全电压的定义

人体不戴任何防护设备，也没有任何防护措施，直接接触带电体，而对人体没有任何伤害的电压称为安全电压。安全电压因人而异，而且还和环境有关，见表 21-5。

安全电流及安全电压　　　　　　　　　　　表 21-5

	人体电阻（Ω）	安全电流（mA）	安全电压（V）
环境条件良好	1700	30	50
有危险处，出汗	1200		36
潮湿场所	1200		24
特潮，窄，金属内	1200		12
在水中，空中	500	5	2.5

如果工频时有生命危险的电流按 0.01A 为安全上限，潮湿时的安全电压为：$U = 0.01 \times 1200 = 12$（V）。我国安全电压规定为五个等级，即 42V、36V、24V、12V 及 6V。我国建筑业安全电压规定为三个等级，即 36、24 和 12V。凡移动式照明，必须采用安全电压。当环境干燥时用 36V，在潮湿场所用 24V，特别潮湿或在金属容器内用 12V。

外国的规定各不相同，如法国、瑞典、荷兰规定为 24V；俄罗斯是 30V；美国是 40V；英国、瑞士、捷克是 50V；德国、奥地利是 65V。外国规定的安全电流允许值也不同，见表 21-6。

外国规定的安全电流允许值　　　　　　　　　　　表 21-6

荷、瑞典	法国	俄罗斯	美国	英、波、捷	德、奥
25mA	25mA	30mA	40mA	50mA	50mA
24V	24V	30V	40V	50V	65V

2. 几个极限值

1A——心脏停止跳动　　　　250mA——无可挽回心脏破裂极限

30mA——呼吸瘫痪的极限　　10mA——肌肉抽搐，没有危险

0.5mA——有感觉的极限

IEC 规定 10mA 为摆脱阈值，50V 为交流安全电压。

21.3 接地与接零保护

21.3.1 接地的种类

1. 什么是"地"？

电气上所谓的"地"指电位等于零的地方。一般认为，电气设备的任何部分与大地作良好的连接就称为接地。接地点与真正的零电位之间的电压称为接地电压。而接地短路电流是指设备的绝缘损坏，外壳对地短路以后，经过短路点入大地的电流。单相短路电流大于500A称为大接地短路系统，小于500A称为小接地短路电流系统。变压器或发电机三相绕组的连接点称为中性点，如果中性点接地，则称为零点。由中性点引出的导线称为中线或工作零线。

接地电阻是指电流从接地极向周围流散所受的阻力，如图21-5所示。

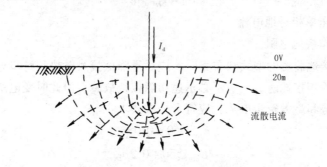

图 21-5 接地电阻示意图

2. 接地的种类

用电设备的接地一般可区分为保护性接地和功能性接地。保护性接地又可分为接地和接零两种型式。

接地的种类按其作用不同可分为以下几种。

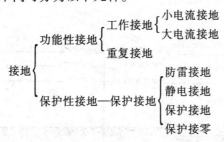

21.3.2 工作接地

（1）工作接地的定义：由于电气系统运行的需要，在电源中性点与接地装置作金属连接称为工作接地。

（2）工作接地的意义：有利于安全，当电气设备有一相对地漏电时，其他两相对地电压是相电压，如果没有工作接地，有一相故障接地则其他两相对地电压是线电压。在高电压系统，有中性点接地可以使继电保护设备准确地动作，并能消除单相电弧接地过电压。中性点接地可以防止零序电压偏移，保持三相电压基本平衡。在低压系统可以很方便地取出相电压。可以降低电气设备的绝缘水平。一旦高压窜入低压，当接地电阻小于4Ω时，

715

中性点对地电压不大于120V。以前高压输电可以用一相工作接地，能把大地当做一根导线，节省材料，现在规范不允许。

中线对地电压　当工作接地系统出现一相碰地时，中线的对地电压为U_0，见图21-6。

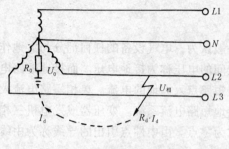

图 21-6　中线对地电压

$$U_0 = I_d \cdot R_0 = \frac{R_0}{R_0 + R_d} U_{相}$$

式中　R_0——工作接地电阻；

　　　R_d——接地短路电阻；

　　　I_d——接地短路电流；

　　　$U_{相}$——相电压。

当高压窜入低压线时，中线对地的电压如图21-7。

$$U_0 = I_{gd} \cdot R_0$$

式中　I_{gd}——高压单相对地电流；

　　　R_0——工作接地电阻。

确定变电所接地装置的型式和布置时，应尽量降低接触电势和跨步电势。在小接地短路电流系统发生单相接地时，一般不必迅速切除接地故障，但此时变电所、电力装置的接地装置上最大电势和最大跨步电势，应符合公式要求：

$$E_{jm} \leqslant 50 + 0.05\rho_b$$

$$E_{km} \leqslant 50 + 0.2\rho_b$$

式中　E_{jm}——接地装置的最大接触电势（V）；

　　　E_{km}——接地装置的最大跨步电势（V）；

　　　ρ_b——人站立处地表面土壤电阻率（Ω·m）。

在条件特别恶劣的场所，最大接触电势和最大跨步电势值宜适当降低。当接地装置的最大接触电势和最大跨步电势较大时，可考虑敷设高电阻率路面结构层或深埋接地装置，

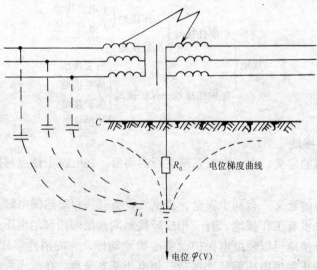

图 21-7　当高压窜入低压时中线对地电压

716

以降低人体接触电势和跨步电势。

直接接地或经消弧线圈接地的变压器、旋转电机的中性点与接地体或接地干线连接时，应采用单独接地线。变电所的接地装置，除利用自然接地体外，还应敷设人工接地体。但对10kV及以下的变电所，若利用建筑物基础做接地体，其接地电阻值能满足规定值时，可不另设人工接地体。人工接地网外缘应闭合，外缘各角应做成弧形。对经常有人出入的走道处，应采用高电阻率路面或其他均压措施。

非沥青地面的居民区内3~10kV高压架空配电线路的钢筋混凝土杆宜直接接地，金属杆塔应接地，接地电阻值不宜超过30Ω。电源中性点直接接地系统的低压架空线路和高低压共杆的线路，其钢筋混凝土杆的铁横担或铁杆、钢筋混凝土电杆的钢筋宜与PE线连接。

三相三芯电力电缆的两端金属外皮均应接地，变电所内电力电缆金属外皮可利用主接地网接地。当采用全塑料电缆时，宜沿电缆沟敷设1~2根两端接地的接地线。

21.3.3 重复接地

1. 定义

在工作接地以外，在专用保护线PE上一处或多处再次与接地装置相连接称为重复接地。在供电线路的终端或供电线路每次进入建筑物处都应该作重复接地。

2. 作用

一旦中性线断了，可以保护人身安全，大大降低触电的危险程度。它与工作接地电阻相并联，降低了接地电阻的总值，使工作零线对地电压漂移减小。增大故障电流，使自动脱扣器动作更可靠。当三相负载不平衡时，能使三相负载相电压更稳定平衡。

3. 应用要点

重复接地电阻一般规定不得大于10Ω，当与防雷接地合一时，不得大于4Ω。在TN—C供电系统中如果干线上有4极漏电开关时，工作零线不能作重复接地，因为漏点开关不允许后面的中线有重复接地，在TN—S供电系统中的PE线存在重复接地，而在TT供电系统中有保护接地，也有重复接地。

在常用的TN—S供电系统中，在总配电箱、供电线路终点及每一个建筑物的进户线都必须作重复接地。在装有漏电电流动作保护装置后的PEN线也不允许设重复接地，中性线（即N线），除电源中性点外，不应再重复接地。

21.3.4 保护接地

1. 定义

保护接地将用电设备与带电体相绝缘的金属外壳和接地装置作金属连接称为保护接地。如图21-8所示。在IT供电系统中当供电距离比较长，线路对地的分布电容较大时，人体触及带电的设备外壳时，也有危险。

2. 施工中注意要点

（1）在电源中性点有工作接地的供电系统中，保护接地并不可靠。因为相线碰设备金属外壳时的电流为：

$$I = \frac{220}{4+4} = 27.5 \text{（A）}$$

所以当断路器容量较大时，并不一定跳闸。

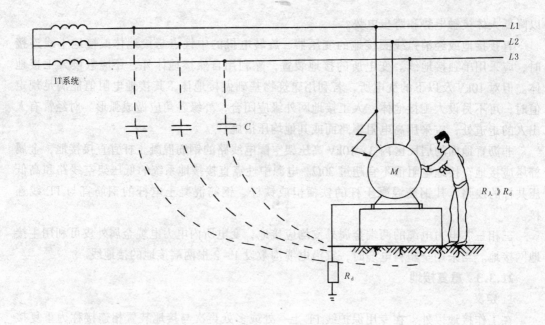

图 21-8　保护接地

（2）在 1kV 以上的供电系统中不管电源中性点接地与否，一律采用保护接地。因为在高压系统中熔断器工作不一定可靠，会有电弧，难以可靠地断电，而且熔丝延时断电也不好。

（3）在保护接地的系统中，要注意高压窜入低压的问题，为此可以把星接的负载或三角接的一相通过击穿保险器与接地装置作金属连接，而且电阻不大于 4Ω。在高压窜入时对地电压不大于 120V。大大降低了危险性。

（4）在 380/220V 供电系统中，当电力变压器的额定容量小于 100kVA 时，接地电阻不大于 10Ω。当电力变压器的额定容量大于 100kVA 时，接地电阻不大于 4Ω。

（5）不同用途和不同电压等级用电设备的接地（包括保护性接地和功能性接地），除另有规定者外，宜采用一个总的共用接地装置。对其他非电力设备（电讯及其他电子设备），除有特殊要求者外，也可采用共用接地装置，接地装置的接地电阻应符合其中最小值的要求。

设计接地装置时，应考虑土壤干、湿、冻结等季节性变化对土壤电阻率的影响。在 10kV 及以下电力网中，严禁利用大地作相线或中性线。

3. 高层民用建筑接地的特点

一般采用框架结构钢筋作为接地体，利用桩基钢筋或地基钢筋作为接地板（国外称为 UFFER），接地电阻可以达到 1Ω，分流作用相当好。但是高层建筑的地下室有严密的防水层时，地基钢筋不能泄漏电流，必须在防水层外面另作接地装置。在高层建筑内难作接地，故常采用 TN—S 供电系统，接在 PE 线上即可，在楼内不要求接地，在楼内与防雷接地分开。当发生相线碰壳短路而又未及时断电可能会危及整个接地风管及金属构件等，改善的方法是把钢管两头接地，而且在管里面另穿一根 PE 线，不可用钢管兼作接地线，这样既满足接地又满足屏蔽的要求。

低压配电屏和照明箱内必须分设工作接地母线和保护接地母线，不能混用，这样才能使楼内的防雷接地、工作接地及保护接地分开。

4. 高层建筑接地的措施

防止高电位的引入方法：

全部采用电缆进线，有困难时，电缆不小于 50m，而且在电杆换线处安装避雷器。铠装电缆的金属外皮与架空线的绝缘子铁脚、避雷器均作接地，冲击电阻不大于 10Ω。进入高层建筑的其他低压线宜用两头接地的电缆，最好直埋，电缆直埋从电网边缘算起不小于 10m，也可以穿钢管埋地。

进入建筑物的架空金属管道应该接地。并把所有的配电金属管、水管、暖气管、煤气管、空调风管等一切金属管路和防雷引下线焊接，形成等电位体，在伸缩缝处，用两根软电线把两边的结构主钢筋连接起来，保证接地回路畅通。

总等电位联结主母线的截面不应小于装置最大保护截面的一半，但不小于 6mm²，如果是采用铜导线，其截面可不超过 25mm²；如为其他金属时，其截面应能承受与之相当的载流量。

高层建筑电缆布线应在屏蔽的竖井内，各层紧相连，从平面图看竖井宜居中，因为平面中心场强最弱。例如设计在电梯井旁边或楼梯间的两侧。

5. 有关接地的规定

(1) 人工接地极可分为打入地下的接地极，埋地金属带或绞线、栅网、埋地金属板和地网。选择的型式决定于所遇见的土壤类型和其可以埋没的深度。当岩石在地下 1.5m 或更深一些时，通常采用打入地下的接地极是比较满意和经济的，而栅网、埋地金属带或绞线则优先用于埋置深度较浅的地点。栅网经常用于发电厂或变电站，使整个电站形成等电位区，由于这些场所涉及生命和财产的安全，即使投资高一些也是合理的。也要求每姆欧接地电导需要的埋地材料数量最少。近年来已不广泛采用埋地金属铜板，因为与埋地棒或带相比，造价要高。而且当用量少时，又是人工接地极中可靠性最低的。接地网是埋地接地极的一种，通常仅限于在土壤电阻率高的地方使用，如沙或岩石地区，采用其他接地方法满足不了要求。

交流电力装置的接地体，在满足热稳定条件下，应充分利用自然接地体。在利用自然接地体时，应注意接地装置的可靠性，并不因某些自然接地体的变动（如自来水管系统）而受到影响。但可燃液体或气体、供暖系统管道等禁止当作保护接地体。

(2) 人工接地体可采用水平敷设的圆钢、扁钢，垂直敷设的角钢、钢管、圆钢，也可采用金属接地板。一般优先采用水平敷设方式的接地体。人工接地体的最小尺寸见表 21 - 7。

人工接地体的最小尺寸（mm）　　　　　　　　　　表 21-7

类　　别		最 小 尺 寸
圆钢（直径）		10
角钢（厚度）		4
钢管（壁厚）		3.5
扁钢	截面（mm²）	100
	厚　　度	4

接地装置宜采用热镀锌等防腐措施。在腐蚀性较强的场所，应适当加大截面。

在地下禁止用裸铝线作接地体或接地线。交流接地装置的接地线应符合热稳定要求。但当保护线按表 21-8 选择截面时，则不必再对其热稳定校核。而埋入土内的接地线在任何情况下，均不得小于表 21-9 所列规格。

保护线最小截面（mm²） 表 21-8

装置的相线截面 S	接地线及保护线最小截面
$S \leqslant 16$	S（和相线截面相同）
$16 < S \leqslant 35$	16
$S > 35$	$S/2$

注：①表中数值只在接地线与保护线的材料与相线相同时才有效；
②当保护线采用一般绝缘导线时，其截面不应小于表 21-9。

埋入土内的接地线最小截面（mm²） 表 21-9

有 无 防 护	有机械损伤保护	无机械损伤保护
有防腐蚀保护的	按热稳定条件确定	铜 16、铁 25
无防腐蚀保护的	铜 25	铁 50

（3）对接地线及保护线应验算单相短路时的阻抗，以保证单相接地时保护装置动作的灵敏度。

（4）装置外可导电部分严禁用作 PEN 线（包括配线用的钢管及金属线槽）。PEN 线必须和相线具有相同的绝缘水平，但成套开关设备和控制设备内部的 PEN 线可除外。

不得使用蛇皮管、保温管的金属网或外皮以及低压照明网络的铅皮作接地线和保护线。在电力装置需要接地的房间内，这些金属外皮也应通过金属跨接线与总保护接地线连接，并应保证全长为完好的电气通路，线路应采用低温焊接或螺栓连接。

（5）凡需要进行保护接地的用电设备，必须用单独的保护线与保护干线相连或用单独的接地线与接地体相连。不得把几个应予保护接地部分互相串联后，再用一根接地线与接地体相连。

（6）保护线及接地线与设备、接地总母线或总接地端子间的连接，应保证有可靠的电气接触。当采用螺栓连接时，应设防松螺帽或防松垫圈，且接地线间的接触面、螺栓、螺母和垫圈均应镀锌。保护线不应接在电机、台扇的风叶壳上。

（7）当利用电梯轨道（吊车轨道等）作接地干线时，应将其连成封闭的回路。当变压器容量为 400～1000kVA 时，接地线封闭回路导线一般采用 40×4 扁钢；当变压器容量为 315kVA 及以下时，其封闭回路导线采用 25×4 扁钢。

（8）接地线与接地线，以及接地线与接地体的连接宜采用焊接，如采用搭接时，其搭接长度不应小于扁钢宽度的 2 倍或圆钢直径的 6 倍。接地线与管道等伸长接地体的连接应采用焊接，如焊接有困难，可采用卡箍，但应保证电气接触良好。

（9）接地干线应该在不同的两点或两点以上与接地网相连接。自然接地体也应该在不同的两点以上与接地干线或接地网相连。

21.3.5 保护接地的范围

1. 下列电力装置的外露可导电部分，除另有规定外，均应接地或接零：

（1）电机、变压器、电器、手握式及移动式电器。

（2）电力设备传动装置。

（3）室内、外配电装置的金属构架、钢筋混凝土构架的钢筋及靠近带电部分的金属围栏等。

（4）配电屏与控制屏的金属框架。

（5）电缆金属外皮及电力电缆接线盒、终端盒。

（6）电力线路的金属保护管、各种金属接线盒（如开关、插座等金属接线盒）、敷线的钢索及起重运输设备轨道。

（7）在非沥青地面场所的小接地短路电流系统架空电力线路的金属杆塔。

（8）安装在电力线路杆塔上的开关、电容器等电力设备及其支架等。

2．在使用过程中产生静电并对正常工作造成影响的场所，宜采取防静电接地措施。

3．下列电力装置的外露可导电部分除另有规定者外，可不接地或接零：

（1）在木质、沥青等不良导电体的干燥房间，交流额定电压380V以下。直流额定电压400V及以下的电力装置。但当维护人员可能同时触及电力装置外可导电部分和接地（或接零）物件时除外。

（2）在干燥场所，交流额定电压50V及以下，直流额定电压110V及以下的电力装置。

（3）安装在配电屏、控制屏已接地的金属框架上的电气设备，如套管等。

（4）当发生绝缘损坏时不会引起危及人身安全的绝缘底座。

（5）额定电压为220V及以下的蓄电池室内支架。

4．下述场所电气设备的外露可导电部分严禁保护接地：

（1）采用设置绝缘场所保护方式的所有电气设备及装置外可导电部分。

（2）采用不接地局部等电位连接保护方式的所有电气设备及装置外可导电部分。

（3）采用电气隔离保护方式的电气设备及装置外可导电部分。

（4）在采用双重绝缘及加强绝缘保护方式中的绝缘外护套物里面的可导电部分。

5．接地要求和接地电阻：

小接地短路电流系统的电力装置，小接地短路电流系统的电力装置的接地电阻，应符合下式要求：

高压与低压电力装置共用的接地装置

$$R \leqslant \frac{120}{I} \tag{21-1}$$

仅用于高压电力装置的接地装置

$$R \leqslant \frac{250}{I} \tag{21-2}$$

式中　R——考虑到季节变化的最大接地电阻值（Ω）。

　　　I——计算用的接地故障电流（A）。

对装有消弧线圈的变电所或电力装置的接地装置，计算电流等于接在同一接地装置中同一电力网各消弧线圈额定电流总和的1.25倍。对不装消弧线圈的变电所或电力装置，计算电流等于电力网中断开最大一台消弧线圈时最大可能残留电流，但不得小于30A。

确定接地故障电流时，应考虑电力系统5～10年发展规划以及本工程的发展规划。在土壤电阻率高的地区，当使用接地装置的接地电阻达到上述规定值而在技术经济上很不合理时，电力设备的接地电阻可提高到30Ω，变电所接地装置的接地电阻可提高到15Ω。

低压电力网中，电源中性点的接地电阻不宜超过4Ω。由单台变压器容量不超过100kVA或使用同一接地装置的接地电阻不宜大于10Ω。土壤电阻率高的地区，当达到上述接地电阻值有困难时，可采用具有等电位作用的网式接地装置。

6. 对安全电压使用的插头及插座在构造上必须遵守下列要求：

(1) 安全电压插头不能插入其他电压系统的插座；

(2) 安全电压插座不能被其他电压系统的插头插入；

(3) 安全电压插头不应设置保护线触头。

7. 移动式电力设备的接地：

由固定电源或由移动式发电机供电的移动式用电设备的外露可导电部分，应与电源的接地系统有可靠的金属连接。在中性点不接地的电力网中，可在移动式用电设备附近设接地装置，以代替上述金属线连接，如附近有自然接体则应充分利用。

21.3.6 保护接零

1. 定义

在TN供电系统中受电设备的外露可导电部分通过保护线PE线与电源中性点连接，而与接地点无直接联系。电力系统中性点直接接地，其保护的实质是把故障电流上升为短路电流，使断路器跳闸，或熔断器熔丝熔断而使故障设备脱离电源。

2. 应用要点

手持电动工具如果有漏电电流，是毫安级，断路器不会跳闸，应该安装漏电开关进行保护。一类手持电动工具（电压220V）必须作接零保护，二类手持电动工具是加强绝缘线，可以不作接零保护，但是应选用防溅型漏电保安器。三类手持电动工具是安全电压，当环境潮湿时，可以作接零保护，当环境干燥良好时，可以不作接零保护。在建筑施工中如果是在金属构架上或潮湿场所工作不得选用一类手持电动工具。

使用振动的工具时，保护接零应不少于两点。临时井字架、塔吊等电器设备除了要作接零保护以外，还要作接地保护，接地电阻不大于4Ω。钢管本身不能兼作接地极，在管内应另穿一根PE线。在同一个系统中，不允许有的设备只作保护接地，有的只作保护接零。用断路器作保护时，要求单相短路电流是断路器瞬时或延时动作电流的1.5倍。

21.4　漏电开关的原理和安装

21.4.1　安装漏电开关的目的要求

我国每年电气事故死亡人数不少。其中有死于洗衣机边的妇女，电视机旁的儿童，游泳中因触及漏电电机而死亡，更多的是因手持电动工具，比如电钻、振捣器、水磨石机、电焊机、电源线漏电而殉职。

1983年国际电工委员会（IEC）颁布《剩余电流动作装置的一般要求》（IEC755—1983），建议带有插座的家庭安装动作电流小于30mA的漏电开关。工业、农业用电小于32A的电路亦应有同样的要求。我国劳动人事部制定的《手持电动工具的管理、使用、检查和维修安全技术规程》，要求Ⅰ、Ⅲ类手持电动工具应安装漏电保护开关。

国家标准《漏电保护器安装和运行》已经由国家技术监督局 1992 年 12 月以技监国发〔1992〕314 号文发布。标准编号为 GB13995—92，该标准为强制性标准，自 1993 年 5 月 1 日起实施。

在建筑施工现场临时供电设施安装漏电保护器的必要性更是显而易见的，因为建筑工地供电的特点是移动性大、有临时性、各个工种立体交叉作业互相影响大、用电容易乱、随意性多、手持电动工具多。

21.4.2 漏电开关的种类及工作原理

1. 种类：从名称上有"触电保安器"、"漏电开关"、"漏电继电器"等。凡称"保安器"、"漏电器"、"开关"者均带有自动脱扣器。称"继电器"者则需要与接触器配套使用，间接动作。IEC 和英国称为"剩余电流动作保护器"（Residual current operated protective device），美国称为"接地故障断路器"（Groundfault-Interrupter）。

(1) 按工作类型划分有：开关型、继电器型、单一漏电保安器、组合型漏电保安器。

(2) 按相数或极数划分有：单相两线（相、零），常用于单相照明支路；单相一线（相）；三相三线，用于三相电动机；三相四线，动力与照明混合用电的干线。

(3) 按结构原理划分有：电压动作型、电流型、兼相型和脉冲型。

国产漏电开关与漏电断路器产品一览表见表 21-10。

国产漏电开关与漏电断路器产品一览表　　　　　　　　表 21-10

序号	漏电保护器的型号	配用的小型断路器型号	脱扣器的额定电流(A)	额定漏电动作电流 $I_{\Delta n}$(mA)	极　数	类型	生产厂家
1	SO60L	SO60(B)	1,2,3,4,6,10,20,25,32,40	30,50	1	电子型	北京低压电厂
2	K2 系列	K2	0.5,1,2,3,4,5,6,10,16,20,25,32,40,50	30,50	1,2,3,4	电子型	北京双菱电子电器公司
3	C45NLE	C45N	1,3,5,10,15,20,25,32,40,50,60	30,50,100,300	1,2,3,4	电子型	上海航空电器厂
4	C45ADLE	C45AD	1,3,5,10,15,20,25,32,40	30,50,100,300	1,2,3,4	电子型	
5	C45NGL—60	C45N	1,3,5,10,15,20,25,32,40	30, 50, 75, 100,300,500	1,2,3,4	电子型	天津机电公司
6	DZ47L—AC	45N 或 C45AD	1,3,5,10,15,20,25,32,40	30,50,75,100	1,2,3,4	电子型	常州东方电器厂
7	DZ47L—2	C45N 或 C45D	1,3,5,10,15,20,25,32,40	30,50,75,100	1,2,3,4	电子型	常州德州电子公司
8	E4CB		10,16,20,32	30	2	电子型	奇胜电器
9	C45NL—60	C45N	1,3,5,10,15,20,25,32,40	30, 50, 75, 100,300,500	1,2,3,4	电磁型	天津航空机电公司
10	E4EL	(开关)	30,40,63,80,100	30,300	2	电磁型	奇胜电器工业公司
11	E4EL	(开关)	20,40,63	30,100,300	4	电磁型	
12	FIN 型		20,40,63	30,100,300,500	2,4	电磁型	嘉兴电控厂
13	Vigi	C45N 或 C45AD	1,3,5,10,15,20,25,32,40	30	2,3,4	电磁型	天津梅兰日兰有限公司

2. 电压型漏电保安器的工作原理

图 21-9 是电压型漏电保安器工作原理图，它适用于电源中性点不接地的时候，而且只能作低压总保护，不能作分保护。电动机上用的电压型漏电保安器见图 21-10 所示。当电机的绝缘损坏时，电压达到一定值，使继电器 J 吸合，常闭触点断电，停车。其缺点是当电压不够大时，J 不动作，可靠性差，所以逐步淘汰。

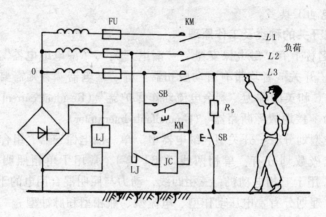

图 21-9　电压型漏电保安器

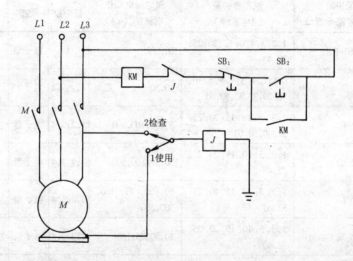

图 21-10　电动机上用的电压型漏电保安器

3. 电流型漏电保安器的工作原理

电流型漏电保安器可分为电磁式和电子式两种。电磁式：可靠性好；有死区电流；一般动作电流不小于 30mA。电子式：可以把检测到的漏电电流放大，驱动快速跳闸，灵敏度高；动作电流可以小于 30mA；缺点是有时间死区；可能出现误动作；集成电路有抗干扰能力，广泛采用。

（1）工作原理：见图 21-11。

在正常工作时，磁通 $\Phi = \mu HS$

单相负荷时：$H = H_1 + H_2$

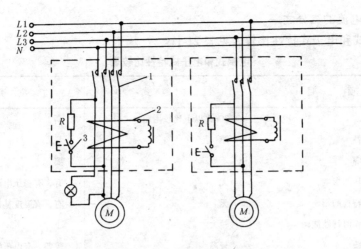

图 21-11 电流型漏电保安器

$$= \frac{n_1 I_1}{L_1} + \frac{n_2 I_2}{L_2}$$

$$= \frac{n}{L} (I_1 + I_2) = 0$$

副边无输出。如果不等于 0 表明有漏电电流。

三相负荷时：$H = H_1 + H_2 + H_3$

$$= \frac{n_1 I_1}{L_1} + \frac{n_2 I_2}{L_2} + \frac{n_3 I_3}{L_3}$$

$$= \frac{n}{L} (I_1 + I_2 + I_3)$$

$n_1 = n_2 = n_3 = n;$ $\qquad L_1 = L_2 = L_3 = L$（电感系数相等）；

当三相负荷平衡时，三相电流相量相等：$\dot{I}_1 + \dot{I}_2 + \dot{I}_3 = 0$

当三相负荷不平衡时，只要不漏电，输出就为 0。

当有漏电时，$\qquad\qquad H = \frac{n}{L} \cdot I_0$

磁通 $\qquad\qquad\qquad\qquad \Phi = \mu H S$

感应电动势 $\qquad\qquad\qquad E = n_2 \frac{\mathrm{d}\varphi}{\mathrm{d}t}$

(2) 电磁式工作过程：

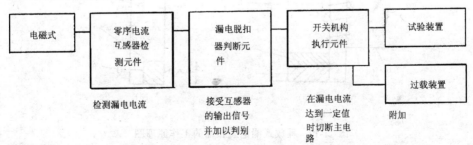

(3) 动作特性：电子式动作电流可以调整，15～100mA，时间不大于 0.1s。出厂时已经调好，标注于铭牌上。动作特性是动作电流 × 动作时间，一般是 30mAs。不动作电流不

725

大于额定动作电流的二分之一。

(4) 电磁式和电子式特性比较表见表 21-11。

电磁式和电子式特性比较表   表 21-11

序	项　目	电　磁　式	电　子　式
1	灵敏度	30mA 以下比较困难	高
2	延时特性	难	易
3	辅助电源	不要	要
4	电源电压的影响	无	有，有稳压电路则无
5	温度对特性的影响	无	有，有温度补偿则无
6	重复操作时特性波动	较大	小
7	耐压试验	较高	较差，有电压吸收电路强
8	耐感应雷的性能	强	较差，有过电压吸收电路
9	耐机械冲击性能	一般	强
10	可靠性的关键	加工精度	电子元件质量及可靠性
11	对零序电流互感器的要求	高	低
12	制造技术工艺	精密、复杂	方便、简单
13	成本	高	较低
14	抗干扰的能力	强	较弱
15	绝缘性能	好	差
16	实现延时	难	容易
17	断电后漏电保护特性	好	极差

4. 释放式漏电脱扣器的工作原理（图 21-12）

图中分磁极的作用是防止反向分磁，当磁场弱时尚能增强磁场。永久磁钢的作用是产

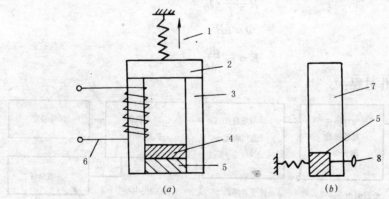

图 21-12　释放式漏电脱扣器的工作原理图
（a）正面；（b）侧面
1—拉簧；2—衔铁；3—磁轭；4—分磁板；5—永久磁钢；
6—脱扣线圈；7—调节灵敏度；8—调节钮

生直流磁通，用稀土钴材料。漏电脱扣器在超净化车间装配。

梅兰日兰公司（中法合资）生产的 C45N 加漏电开关均有滤波装置，可防瞬间电压及浪涌电流引起的误动作。

5．漏电开关的分级保护：系统图见图 21-13。

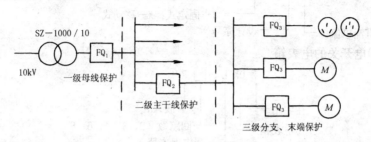

图 21-13　漏电开关的分级保护

动作电流的关系：一级保护动作电流一般为 50~100mA。末级保护动作电流一般为 30mA。

21.4.3　漏电开关的型号

1．上海立新

DZ15L—60/3　L 是电磁式漏电开关，C 表示集电路式，E 表示电子式；60 是壳架等级额定电流，还有 40A 等；3 是极数。

例：

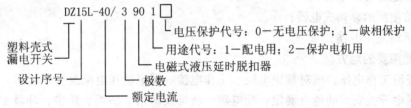

DZ18~20 是电子式，都有两种保护。

例：立新产品

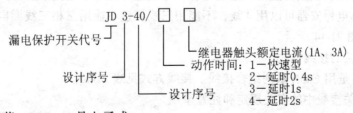

2．北京双菱：LDB—1 是电子式。

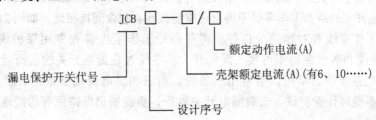

例：

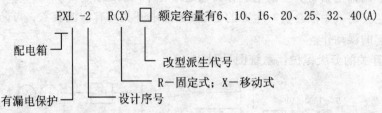

例：有漏电开关的电表箱

21.4.4　漏电开关的安装与接线

1．接线前的检查内容

（1）检查被保护设备相数、线数。

（2）TN 系统和 TT 系统在下列场所应安装漏电保安器：

①Ⅰ、Ⅲ类手持电动工具；

②建筑工地施工机具电器；

③电气实验室实验台；

④潮湿地方使用电器；

⑤宾馆使用的移动式电器；

⑥生活理发用电器；

⑦其他需要的地方。

（3）查清工作电压，核对额定电压、工作电流、漏电动作电流及分断时间。

（4）漏电开关安装的地点确定：配电箱、板等要防雨、防潮、防尘，环境温度不大于 40℃，避开强磁场，距离铁芯线圈电器不小于 30cm。

（5）工作零线和相线勿混淆，上接电源，零线应穿过零序电流互感器。

（6）单相漏电保安器可以用 4 线，不能用三线，也不能用三相三线漏电开关代替四线漏电开关。如图 21-14 所示。

2．漏电开关的接线方法

如图 21-15 是用 C45N 系列组合接线。接线方式见表 21-12。

3．漏电开关接线中的有关规定和注意事项

电流动作型漏电开关必须用在电源中性点直接接地或经过消弧线圈（阻抗线圈）接地的系统。电流型漏电开关的后面工作零线不得出现重复接地。包含间接接地。如图 21-16 所示。

必须保证工作零线 N 对地绝缘良好。即务必把工作零线 N 和专用保护线 PE 严格分开。而且 PE 线或 PEN 线绝对不可接入漏电开关。零线 N 在漏电开关的前面可以接地。因此在 TN—S 供电系统中的单相供电要用三条线，而三相供电要用五条线。经过漏电保护器的工作零线不得再作保护线。安装漏电开关以后，负荷端仍保持原有的接地保护线路系统不变。

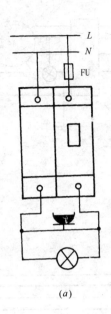
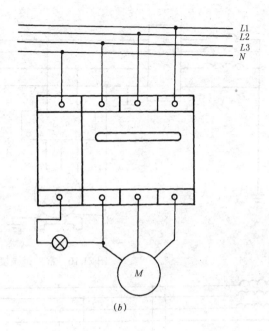

(a)   (b)

图 21-14 漏电开关接线示意图

(a) 单组两线；(b) 三极四线

供给负荷的全部工作电流应全部进入漏电开关，无论是流入或流出，这样才不会产生误动作，惟独 PE 线不准进入漏电开关。对接零保护系统的规定：在电源进线的地应作重复接地。而在负荷侧仍保持接零系统不变。

漏电开关的输入、输出端的接线，应保证其自身检验装置能正常工作。零序电流互感器与继电器之间的导线：当距离小于 10m 时，用绞合线或屏蔽线，大于 10m 时用屏蔽线。安装漏电保安器与没安装的电器设备不可公用一根接地极。因为没有装漏电保安器的设备一旦漏电外壳带电，会使有漏电保安器设备的外壳带电，如图 21-17 所示。

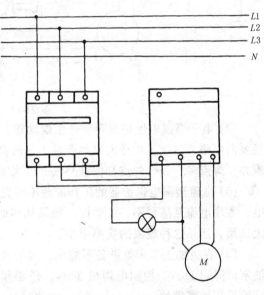

图 21-15 用 C45N 系列组合接线

解决的方法是：①在漏电开关的输出端 N 线用绝缘线，N 与 PE 线严格绝缘；

②在四线制系统中 N 线必须穿过漏电开关，采用四极漏电开关；

③只在 TN 系统中公用 PE 线接地。

21.4.5 漏电开关存在的问题

(1) 分级保护的问题尚未解决，现在是按 mA 分级，运行中并不可靠，选择性不理想。如越级跳闸，造成无故障设备也停电。大容量的延时效果不理想。

729

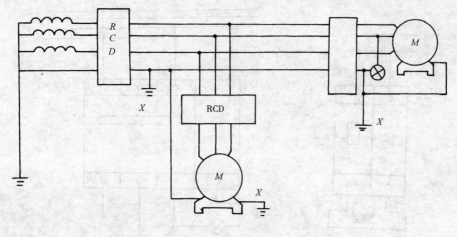

图 21-16　常见错误接法

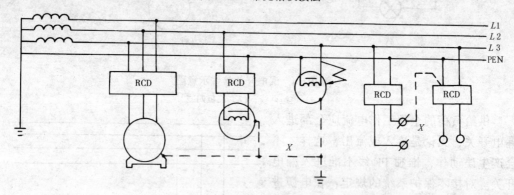

图 21-17　错误接线

（2）电子型漏电保护器容易产生误动作，有时荧光灯启动也会引起漏电开关动作，可能要向电磁型过渡。生产电磁型要求工艺较高。如：DZ15L 有时拒动。电子式的温度系数难办。焊点多，每个焊点都保证 99% 的可靠性，则整机可靠性不过 80%。

（3）电流型漏电保护器的工作原理不够完善，例如当三相电流不平衡时，三相同时漏电，零序电流互感器不一定动作。如果从相线间零线漏电，$I_入 = I_出$ 仍成立，怎么办？尚无良策，当然这种现象的概率很小。

（4）在机加工车床等设备不能用，因为控制电路 380V 电源，降两次压，车床灯 220V，油泵再降到 110V，控制电焊机 380V，还必须引入工作零线 N，车床的 N 线只作保护用，接地采用地脚螺丝。

（5）产品的质量仍存在问题，有关安全的器件生产要强制性认证，认证费用较高，不应送验，应是抽查检验。工作中，每个班组接班都要试验一下漏电保护开关，比较麻烦。

21.5　漏电保护应用技术

21.5.1　漏电开关的应用技术

1. 漏电开关合不上闸的原因

常用接线的方法

表 21-12

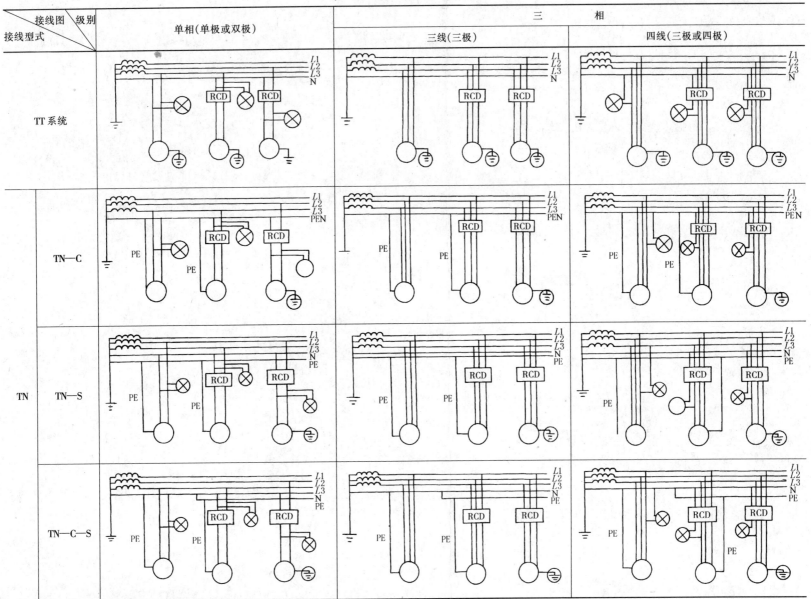

接线图级别 接线型式	单相(单极或双极)	三　　相	
		三线(三极)	四线(三极或四极)
TT 系统			
TN	TN—C		
	TN—S		
	TN—C—S		

注:①L1、L2、L3 为相线,N 为中性线,PE 为保护线,PEN 为中性线和保护线合一;RCD 为漏电保护器;⊕有圆圈表示不与系统中性接地点相连的单独接地装置,作保护接地用。两个接地点相距 5m 以上为不相连。

②单相负荷或三相负荷在不同的接地保护系统的接线方式图中,左侧设备为未接有漏电保护器,中间和右侧为接有漏电保护器的接线图。

③在 TN 系统中使用漏电保护器的设备,其外露可导电的部分的保护线可接在 PEN 线,也可以接在单独接地装置上而形成局部 TT 系统,如 TN 系统接线方式图中的右侧设备的接线。

（1）漏电开关的输出 N 线与地已经严格绝缘了，只是在输入端接地，这时断电的原因可能是前级有漏电开关，相当于前级漏电开关输出端接地了。

（2）在 TN—C 系统中，接零保护设备的金属外壳碰地，如振捣棒触及混凝土中钢筋就跳闸。这相当于工作零线 N 接地了。

（3）漏电开关的质量不好。

2．在以下场所不得安装漏电开关

消防水泵的电源；防盗系统的电源；公共场所的照明线路，以防断电引起其他问题或次生灾害；建筑物内不允许断电的线路上；当照明与插座支路分开时，在插座支路上可以安装，在照明支路上不安装。当用安全电压，而且环境干燥时，可以不安装漏电保护开关。

在 TT 系统中必须安装漏电保安器，因为接地保护系统中一旦设备漏电，漏电电流不大，不能可靠地切断电源，会造成危险电位的蔓延。在 TN 系统中，安装漏电开关是起后备保护作用，不能取代其他保护措施。

3．安装漏电开关的条件

（1）外磁场的场强不大于 5 倍地磁场；

（2）环境温度在 -25~40℃；

（3）环境相对湿度在 90% 以内；

（4）海拔高度在 200m 以下；

（5）没有明显振动的场所；

（6）有带短路保护的漏电开关电源处会喷电弧，应保持飞弧距离；

（7）Ⅱ类手持电动工具安装漏电开关的漏电动作电流不大于 15mA。

21.5.2　漏电开关的选型

1．结构形式的选择

（1）集成电路优于分励元件。

（2）磁性材料宜用坡莫合金、非晶态铁合金。不宜用硅钢片。

（3）宜用组合式，即开关电器和漏电保护单元组合在一起。如 DZ20 + 漏电元件；CJ20 + 漏电元件。

（4）家庭用漏电开关可以选用 JL—1 型（其中 J—家用；L—漏电；1—设计序号），有 30mA、6A 和 16A。

农用有 AB62—16 型（A—低压电器其他类；B—保安器；6—农用；2—序号；16—壳架电流等级，6A，10A，16A）。

组合式常用 DZ15L—40：壳架电流等级"40"中有 10、16、20、25、32、40A。壳架电流等级"63"中有 25、32、40、50、63、75、100A。

DZ10L—100 型：漏电动作电流 75mA，I_n 为 100A，保护型，三相四线，作总体保护用。

2．漏电动作电流的选择

（1）漏电电流的等级有 6、10、15、30、50、75、100、200、500mA，1、3、5、10、20A 等。

（2）按漏电动作电流选择：首先确定分几级保护，前级可以选用 50~300mA。一般分两级保护，一级动作电流大，对150A以下的主干线，可以选用100mA。大于150A时，可以选择300mA动作电流，动作时间小于0.1~0.2s。二级及末级支路一般选用漏电动作电流30mA以下，而且具有反时限特性的漏电保安器。

漏电动作电流在15mA以下用在：电动工具或移动式电器；潮湿的地方；人站在金属容器上、坑道内时；有可能造成二次伤害。医疗电器设备用6mA、0.1s的漏电保安器。

若接地困难用15~30mA动作电流。住宅供电干线全面保护用大于30mA的动作电流。

中灵敏度大于30mA，用于容量较大的设备（高速型），可以提高接地保护的效果。

（3）泄漏电流的影响：任何绝缘都是有限度的，要考虑电气设备泄漏电流的影响。在单相用电回路：

$$I_{\Delta n} \geqslant I_n / 2000$$

对于三相设备

$$I_{\Delta n} \geqslant I_n / 1000$$

式中　$I_{\Delta n}$——保护装置漏电电流（mA）；

　　　I_n——最大负荷电流。

①单机配电时：动作电流小于$I_{\Delta n}$，大于4倍$I_{泄漏}$。

②分支电路动作电流：应大于2.5倍$I_{泄漏}$，同时大于其中一台最大设备的$I_{泄漏}$。

③对于主干线或全网络保护：$I_{\Delta n}$大于2倍$I_{泄漏}$。

3. 漏电开关工作电流的选择

漏电开关工作电流的等级有：（IEC标准）6、10、16、20、32、40、50、63、100、200、400A等。

漏电开关额定电流大于负载计算电流或电机额定电流即可。

有短路保护时，应校验极限通断能力，漏电开关的极限通断能力应大于计算的短路电流有效值。通断能力最小值规定见表21-13。通常通断能力最小值I_Δ为漏电断路器动作电流$I_{\Delta n}$的10~30倍。

通断能力最小值规定（A）　　　　　　　　　　　　　　　表21-13

$I_{\Delta n}$	通断能力最小值 I_Δ
≤10	300
>10，≤50	500
50~100	1000
150~200	2000
200~250	3000

4. 断电时间的选择

断电时间一般都是不超过0.1s。快速动作时间与动作电流的关系见表21-14。

快速动作时间与动作电流的关系　　　　　　　　　　　　表21-14

动作电流 $I_{\Delta n}$	$I_{\Delta n}$	$2I_{\Delta n}$	$5I_{\Delta n}$
快速动作时间	≤0.2s	≤0.1s	≤0.04s

当有多台电气设备用一个漏电开关时，可以选择延时型，而且带报警装置的漏电开关。延时型额定延时动作时间见表21-15。

额定延时时间（s）	0.4	1.0	2.0
$I_{\Delta n}$延时范围	< 0.6	< 1.2	< 2.2
$5I_{\Delta n}$延时范围	< 3.0	< 6	< 11

漏电开关特性的选择参见表 21-16。

动 作 特 性 的 选 择   表 21-16

预期接触交流电压（V）	< 50	50	75	90	110	150	220	380
最大分断时间（s）	∞	5	1	0.5	0.2	0.1	0.05	0.03

手持式电动工具、移动电器、家用电器插座回路的设备应优先选用漏电动作电流不大于 30mA 快速动作的漏电保护器。安装在游泳池、喷水池、水上游乐场、浴室的照明线路，应选用漏电动作电流为 10mA 快速动作的漏电保护器。

单台电机设备可选用额定动作电流为 30mA 及以上，100mA 以下快速动作的漏电保护器。有多台设备的总保护应选用额定漏电动作电流为 100mA 及以上快速动作的漏电保护器。

医院中的医疗电气设备安装漏电保护器时，应选用漏电动作电流为 10mA 快速动作型的漏电保护器。安装在潮湿场所的电气设备安装漏电保护器时，应选用额定动作电流为 15 ~ 30mA 快速动作的漏电保护器。

在金属体上工作，操作手持式电动工具或行灯时，应选用额定动作电流为 10mA 快速动作漏电保护器。带有架空线路的总保护应选择中、低灵敏度及延时动作的漏电保护器。

5. 额定电压的选择

用于低压配电系统 380/220V。对脉冲电压不动作型的漏电开关规定，峰值 7kV 不发生误动作。连接室外架空线路的电气设备应选用冲击电压不动作型漏电保护器。

6. 极数的选择

要看负荷情况，单相负荷用 1 ~ 2 极，三相用 3 ~ 4 极。动力用 3 极。电焊机用三相漏电断路器代替。动力与照明混合用 4 极，实际保护用 3 极。

7. 保护种类的选择

(1) 单纯的漏电保安器；

(2) 漏电保护加短路保护；

(3) 漏电保护加短路保护加过荷保护，常用自动断路器组合；

(4) 漏电保护加短路保护加过荷保护加失压欠压保护，用几种电器组合而成。

动作形式有两种，冲击波不动作型及冲击波动作型。

21.5.3　漏电开关的故障分析

1. 漏电开关的常规故障

(1) 无法投入运行：原因可能是①有自然泄漏，或有漏电点。②漏电开关质量有问题。③接线有错误，大部分的原因是在工作零线 N。④有外界干扰因素，尤其是电子型可能出现电 LC 振荡。⑤电冰箱或荧光灯启动时的干扰。

(2) 漏电开关本身的质量有问题。要提高鉴别伪劣产品的能力，采购真正的名牌产品。

(3) 选择要点：尽量用名牌优良产品，价格低或高的都存在伪劣产品。不要轻信广告。

2. 产生误动作的原因

(1) 因为接线错误：如接零保护和漏电电流都经过漏电开关零序电流互感器，故有漏电也不动作。

(2) 因为接地不当：三相动力接地灯线经过电机外壳接地。

(3) 因为过电压引起：如雷电过电压的影响。分布电容增大。

(4) 电压波动的影响：当大功率电动机启动时引起电压波动，漏电开关跳闸，这时可以先启动电机，而后再使漏电保护器投入运行。

(5) 因为电磁感应：周围环境磁场强度大于 5 倍地磁强度。

(6) 工作零线的绝缘电阻降低而引起误动作，尤其是负荷很不平衡，中线的电流很大，中线上线路电压损耗大，对电源变压器中性点有电压降。

漏电电流 $$I_漏 = \frac{U_0}{R_{01} + R_{02}} = \frac{I_g \times R_c}{R_{01} + R_{02}}$$

式中 R_{01}——电源中性点接地电阻；

R_{02}——零线对地电阻；

I_g——工作电流；

R_c——零线电阻。

例：漏电电流 $$I_漏 = \frac{10 \times 2.5}{5 + 3} = 3.125 （mA）$$

3. 维修

开关合不上：有以下几种情况：因为手柄中心脱落，把中心销放正即可。应垂直安装。脱扣器拨杆未调好。接线有问题，有漏调现象。按试验按钮不跳闸：因为按钮簧片接触不良，或是脱扣机构损坏，检查试验电阻值，未按按钮时电阻为无限大，按下时电阻为 $R = R_试$。

灵敏度失调：漏电动作电流应等于 $I_{N漏动}$，过大过小都可以调整，如 DZ15L 调脱扣器永久磁钢的位置即可，用 10 天以后复调。

21.5.4 电源中性点接地系统开关特性

(1) 容易实现高灵敏度；

(2) 容量大；

(3) 成本低廉；

(4) 适合用总体保护：

保护效果次序：

①绝对安全（12V，等电位，不带电）；

②漏电开关 30mA 以下；

③双重绝缘；

④漏电开关 30mA 以上；

⑤隔离变压器；

⑥接地与接零保护。

21.5.5　漏电开关的检验

每月试验一次，试验装置的故障占 30% 以上。查 R 数值，试验电阻：

$$R_{试} = \frac{U_{相}}{(2 \sim 2.5)\ I_{N漏}} = \frac{220}{(2 \sim 2.5)\ I_{\Delta n}}$$

动作电流增大可以调整灵敏度，往里用改锥拧，使磁钢和磁扼接触面减少，动作电流下降，反之动作电流上升。但是调节范围有限。不动作可能是拉簧损坏，磁铁与磁扼粘合，研磨剂渗出。厂家出厂常规试验的内容主要有：

(1) 外观检验——外观质量、主标牌要有名称、型号、规格、额定电流、电压、频率、额定漏电动作电流、额定漏电不动作电流、额定动作时间、额定通断分断能力（如 380V、5kA），符合标准号 GB6829—86，IEC755，出厂年月日、编号、制造厂名称或商标。副标牌要有分合标制，中性级应标注 N 等，电气间隙，380V 大于 5.5mm，220V 大于 3.3mm。

爬电距离：380V 6.3mm，220V 5.6mm　　　触头压力：1kg/100A

(2) 试验装置检验：两次 0.85 倍 U_n、$1.1U_n$，按钮能承受 100N，按钮用浅颜色，不能用红绿。开关断开时操作试验装置不应对被保护的线路供电。

(3) 漏电特性试验：$+40℃$ 带负荷，$-2.5℃$（$-5℃$）不带负荷，$+25℃\pm5℃$，带和不带负荷。

(4) 工频耐压试验：50Hz 2500V（有效值），1min 出厂试验允许 1s。施加部位：相与相之间、相与壳之间、相与地之间、断开后同相。

(5) 过负荷特性试验：电动机保护和配电保护试验。

(6) 合闸性能检验：用万用表 $R \times 1$ 档测漏电开关电源侧与负载侧之间应通电。

(7) 通电后或使用中用试电笔试相线，或测各相的电压。

(8) 查检验按钮，动作要可靠，定期查按，每周查一次。如果按之不跳闸，也可能是检验电路断电，人为制造漏电再试。

(9) 额定电流的检验：用电阻端导线一端接地，或漏电开关上端 N，另一端接开关下端相线，应动作。

$$R_{试} = \frac{U_{相}}{I_{N漏动}} = \frac{相线对中线的电压}{额定漏电动作电流} \tag{21-3}$$

$$R_{试} = \frac{相线对地的电压}{额定漏电动作电流} \tag{21-4}$$

上式表明，试验电阻一端接中性线时，按（21-3）式计算；一端接地用（21-4）式计算。

$I_{N漏动}$ 试验用电阻值表见表 21-17。

$I_{N漏动}$ 试验用电阻值表　　　　　　　　　　　　　　表 21-17

$I_{N漏动}$（mA）	6	10	30	50	75	100	300	500
试验用电阻值（Ω）	36	22	7.5	4.3	3	2.2	0.75	0.43

(10) 额定漏电不动作电流的检验：

IEC 规定——$I_{N漏不动} = 0.5 I_{N漏动}$，其实电阻可以按表 21-17 增加一倍。为了试验的可靠动作，试验电阻的功率可以按下式计算：

$$P_{js} = (2 \sim 2.5) \, I_{\Delta N} U$$

式中　$I_{\Delta N}$——额定漏电电流。

$$P_{漏} = (0.2 \sim 0.25) \, P_{js} = (0.2 \sim 0.25) \, I_{\Delta N} U$$

$$R_{试} = \frac{相线对地的电压}{(2 \sim 2.5) \, 额定漏电动作电流} \tag{21-5}$$

21.6　特殊装置或场所接地

21.6.1　特殊场所危险分类

所谓特殊场所指的是直流电力设备的接地、土壤电阻率高地区的电力装置接地、医疗电气设备接地、手握式电气设备的接地等。

1. 一般规定

在澡盆、淋浴盆、游泳池、涉水池和水池及其周围，由于身体电阻降低和身体接触地电位而增加电击危险。保障安全的保护应包括用于正常工作的保护及用于故障情况下的保护。

2. 直流电力设备的接地

能与大地构成闭合回路且经常流过电流的接地线，应沿绝缘垫板敷设，不得与金属管道、建筑物和设备的构件有金属性的连接。经过有电流的接地线的接地体，除应符合载流量和热稳定要求外，其地下部分的最小规格不小于：圆钢直径 10mm，扁钢厚度 6mm，钢管管壁厚度 4.5mm。接地装置宜避免敷设在土壤中含有电解时排出活性物质或各种溶液的地方，必要时可采用外引式接地装置，否则应采取改良土壤的措施。

3. 土壤电阻率高的地区电力装置接地

在土壤电阻率高的地区，为降低电力装置工作接地和保护接地的电阻值，可采用下列措施：在电力设备附近电阻率较低，可敷设外引接地体。经过公路的外引线，埋设深度不应小于 0.8m。若地下较深处土壤电阻率较低，可采用井式或深钻式接地体，填充电阻率低的物质，换好土或用降阻剂处理。但采用的降阻剂，应对地下水和土壤无污染，以符合环保要求。敷设水下接地网。

在永冻土地区，可采用下列措施：将接地装置敷设在融化地带的水池或水坑中。敷设深钻接地体，或充分利用井管或其他深埋在地下的金属构件作接地体。在房屋融化盘内敷设接地装置。除深埋式接地体外，还应敷设深度约为 0.6m 的伸长接地体，以便在夏季地表化冻时起散流作用。在接地体周围人工处理土壤，以降低冻结温度和土壤电阻率。

4. 医疗电气设备接地

医疗及诊断用电气设备，应根据使用功能要求采用保护接地、功能性接地、等电位体接地或不接地型式。

使用插入人体内接近心脏或直接插入心脏内的医疗电气设备的机械，应采取防微电击保护措施。防微电击保护措施宜采用等电位接地方式，并使用Ⅱ类电气设备供电。防微电击等电位联结，应包括室内给排水管、金属窗框、病床的金属框架及患者有可能在 2.5m 范围内直接或间接触及到的各部分金属部件。用于上述部件进行等电位体联结的保护线

（或接地线）的电阻值，应使上述金属导体相互间的电位差限制在 10mV 以下。在电源突然中断后，有招致重大医疗危险的场所，应采用设备电力系统不接地（IT 系统）的供电方式。

凡是设置保护接地的医疗设备，如低压系统已是 TN 型式，则应采用 TN—S 系统供电，并装设漏电电流动作保护装置。医疗电气设备功能性接地电阻值应按设备技术要求决定。在一般情况下，宜采用共用接地方式。手术室及抢救室应根据需要采取防静电措施。

重复接地和防雷接地不能利用同一钢筋接到基础框架上。若某根钢筋混凝土柱子内的主钢筋作为防雷引下线，则此柱子内其他钢筋不得作为重复接地引下线，以避免雷击时雷电流传至设备处，引起危险。同样道理，某钢筋混凝土柱子内的钢筋作为重复接地引下线时，就不要用作防雷引下线了。

5. 手握式电气设备的接地

手握式电气设备应采用专用保护接地（接零）芯线，此芯线严禁用来通过工作电流。当发生单相接地时，自动断开电源的时间不超过 0.4s 或接触电压不应超过 50V。手握式电气设备的保护线，应采用多股软铜线。

手握式电气设备的插座上应备有专用的接地插孔，而且所用插头的结构应能避免将导电触头误作接地触头使用。插座和插头的接地触头应在导电触头接通之前连通并在导电触头脱离后才断开。金属外壳的插座，其接地触头和金属外壳应有可靠的电气连接。

对安全电压使用的插头及插座在构造上必须遵守下列要求：安全电压插头不能插入其他电压系统的插座；安全电压插座不能被其他电压系统的插头插入；安全电压插头不应设置保护线触头。

6. 移动式电力设备的接地

由固定电源或由移动式发电机供电的移动式用电设备的外露可导电部分，应与电源的接地系统有可靠的金属连接。在中性点不接地的电力网中，可在移动式用电设备附近设接地装置，以代替上述金属线连接，如附近有自然接地体则应充分利用。移动式用电设备的接地应符合要求，但对于非爆炸危险场所的电力设备，下列情况下可不接地：

（1）移动式用电设备的自用发电机设备直接放在机械的同一金属支架上，且不供其他设备用电时。

（2）不超过两台用电设备由专用的移动发电机供电，用电设备距移动式发电机不超过 50m，且发电机和用电设备的外露可导电部分之间有可靠的金属连接时。

21.6.2 均压服

1. 均压服概念和种类

我国自从 1958 年起采用不同型式的均压方式进行等电位作业。均压服是使用金属材料，间隔一定距离制成的不完全的法拉第笼，并且穿金属鞋垫，用沿裤缝的两根铜线把金属鞋垫连接到腰间铜线上，再用等电位线夹与高压带电体等电位。上述等电位方式存在一些缺点：首先需要等电位线转移电位，工作不方便。尤其在小距离作业容易发生触电事故。其次，等电位电工与零电位电工用绝缘操作杆传递金属部件时，要用等电位金属线接触金属，转移其上的电荷，等电位电工才能接触金属部件。

目前我国各地使用的均压服可分为两类：一类是用各种纤维与单股、双股或多股金属丝拼织成的均压布缝制的均压服，其纤维有防火和不防火之分。另一类是棉布服经化学镀银。防火纤维金属均压服相对于镀银均压服来说，具有载流量大、遇到电弧后无明火、不阴燃、仅碳化的优点。但存在铜丝容易折断，夏天使用太热的缺点。镀银均压服具有屏蔽效果好、柔软、夏天不热的优点。但缺点是防火性能差、载流量不大，作业过程中由于汗水腐蚀使具有电阻加大，同时银粉附着力不强。

均压服是保证带电作业人员安全进入高压电场必不可少的设备，其作用有三：屏蔽作用，能大大减弱人体表面电流。分流作用，能分流人员在转移电位时流经人体的暂态电容电流和在作业时的稳态电容电流。在某些事故情况下，在一定程度上保护人身安全并减少烧伤面积。

合格的均压服必须符合以下四个指标：良好的屏蔽效果。一般均压服内的电场强度与均压服外电场强度之比的百分数表示，又称穿透率，一般不大于 1.5%。应有较大的载流容量。载流容量的大小是保证作业人员安全的关键，对在配电线路上所使用的均压服，最少应满足本系统单相接地时电容电流数值，良好的符合性能。在电弧下均压服应不着火蔓延，且不阴燃。服装性能好，穿着舒适，经久耐用。

线间和对地距离较大，不易造成短路时，如在 110kV 及以上电压等级的输电线路作业时可用镀银服和 $1 \times \phi 0.05\text{mm}$ 铜丝均压服。线间和对地距离较小，如在配电线路和变电站作业时，必须使用载流量大而且具有防火性能的 $2 \times \phi 0.05$ 或 $3 \times \phi 0.05\text{mm}$ 铜丝均压服。

使用均压服必须指定专人保管。不管镀银均压服还是铜丝均压服，在使用一段时间后都不可避免地出现银粉脱落或铜丝折断、电阻增加的情况。目前，均压服的电阻测量还没有准确可靠的方法。在使用前必须通过观察及手感的粗略方法进行检查。使用时各部分之间的连接必须牢固可靠接触良好。冬季均压服必须套在棉衣外面。穿镀银均压服要采取措施防止银粉脱落在工具上，使工具绝缘性能下降。均压袜外可套穿导电鞋。

在线间和对地距离较大的线路上作业，等电位人员应穿夏布内衣，否则应穿具有防火能力的内衣。均压服并非万能保护服，作业中不允许造成对地和相间短路。洗涤时用50～100 倍于均压服重量的水，在 50～60℃ 水温度下浸泡 15min，以溶解汗水，然后用流动清水冲洗，自然晾干，洗涤时不应过分折皱、揉搓。干净的均压服应卷成筒状放在木箱内，不得压实，以防止断丝。

2. 防火导流均压服研制总结报告摘要

试验表明使用 5 号铜合金（铜 99.55%，锆 0.3%，砷 0.15%）与防火纤维（苯酚或经过防火处理的纤维）拼捻织成的均压布，加入加强筋制成的均压服，在 38A 电流下试验动物是安全的。短路电流 1680A、跳闸时间 0.6s，以及短路电流 1800A，跳闸时间 0.1s 试验动物也是安全的。这种均压服有良好的抗氧化、抗腐蚀、良好的服用性能（耐折、耐磨、透气、柔软性、密实性等）和一定的防火能力。

在正常情况下均压服只起屏蔽电场作用，但在事故下，均压服也能防止电弧燃烧蔓延和导通一定数值的电流。因此要求均压服中金属丝能导通电流、抗氧化、抗弯曲疲劳性好，而且有较高的熔点。对纤维丝要求有一定的防火能力，着火后仅碳化，不蔓延不产生明火。

根据均压服原用紫铜丝具有良好的导电性能好、来源方便的优点，增加适当的其他金属，合金熔化后在保持原有良好导电性能基础上，提高其耐折、耐磨和抗弯曲疲劳性能，延长其使用寿命。

综合比较认为，合金丝比紫铜丝性能好。尽管成本高一些，但权衡利弊，特别是制作容易、断头少、耐弯曲、疲劳性能好，结论是使用合金仍然是合算的。

电弧温度是很高的，弧柱温度可达 6000~12000K，现实中没有一种纤维能耐受如此高温，为了防止操作人员因电弧后着火蔓延而造成大面积烧伤，要尽可能限制均压服的碳化穿孔面积，以减少对人体的分流。从这个要求出发，对植物纤维、动物纤维作化学防火处理和一些合成纤维，包括玻璃纤维等材料进行了明火燃烧试验，并考虑到货源、成本和今后的实用价值，选择出苯酚、聚四氟乙烯、恶二唑、蚕丝防火处理后的纤维等四种材料经过捻织成布后再经过小样热稳定、短路、接地试验，这才确定用苯酚或经防火处理蚕丝的质量。

为保证在不接地系统中作业人员的安全，要求均压服有较大的载流量，相应增加铜丝最小截面积，但均压服还要求穿着轻便和一定的柔软性，铜丝又不宜过多。为此，对实用铜丝根数和总截面积、配织的纤维根数、捻度、经纬密集度等有关问题作了一些试验，结论如下：

铜丝截面和根数选择 $3 \times \phi 0.05$mm 铜丝。纤维支数和根数选择既能保护铜丝、穿着柔软，又能在遇到电弧时起到防火作用，选择 $3 \times \phi 0.05$mm 铜丝用 42 支/2 纤维拼捻，$1 \times \phi 0.05$mm 铜丝用 42 支/1 纤维拼捻。铜丝与纤维拼捻在一起，其捻度应适当。捻度过多不但影响拼捻后单丝的强度，电阻值也增加，过少则制作困难。试验结论是铜丝本身不加捻，铜丝与纤维捻在一起为佳，捻度是 3.5 个/cm。织物的经纬密度是根据载流量和使用性能来选择的。从试验结果可以看出，平纹均压布比斜纹均压布的接触电阻小，但斜纹结构对铜丝的弯曲损伤小，且穿着柔软，所以选用双面斜纹结构，其经向密度为 61 根/英寸，纬向密度 54 根/英寸。

均压服既要考虑增加载流量，又要考虑穿着柔软透气，为此设计了两种新结构。底组织为 $3 \times \phi 0.05$mm 合金铜丝与 42 支/2 苯酚纤维拼捻，加 $\phi 0.091$mm 铜丝编织的扁线，每英寸 12 根，其铜丝截面为原织物的 0.6、0.8、1.0、1.2 倍。经过试验比较载流量，结论是选择 0.6 或 0.8 倍是合适的。此种织物称为假纱罗。

均压服的缝制裁剪应以经向为纵向，特别是袖子、裤筒部件。各部分连接必须重叠紧密，尽量减少接缝电阻，试验表明采用互相勾搭为好，搭接宽度 12mm，针缝 3 道。均压服的尺寸应比穿着者大一定的裕度，以形成间隙电阻，可减少事故时的烧伤和流经人体的电流。

21.6.3 防静电

控制静电不仅是为了安全，附带目的还可能改进产品质量，例如在研磨运行中，静电电荷可影响成品达到优良质量，或者在有的纺织厂运行中，静电电荷可造成纤维竖直而不平卧，结果产生次品。众所周知，用溜槽或管道运输物料要积蓄静电荷，造成材料粘附在溜槽或管道的内壁上，这样会造成堵塞。

1. 最小发火能量

静电的放电引起的火灾或爆炸灾害，是可燃性混合气体中发生的放电能变换为热能，使可燃气体温度上升，超过发火温度的结果。使温度上升到该发火温度的最小能量称为最小发火能量，以该值作为防止发生爆炸、火灾的一个界限。

2. 防止静电灾害的对策

静电灾害是由于具备了电荷的产生、电荷的积蓄、放电现象、可燃性物质存在这四个条件而发生的。因此，如果消除这些条件的一个就可以防止灾害的发生。重要的是应该准确地判断制止这四个条件中的哪一个，并采取适当的对策。作为防止静电灾害的基本措施，拟从防止、抑制带静电的观点出发介绍其具体方法。

(1) 抑制静电的产生：由于静电的发生源是物体之间的摩擦或分离作用等，因此要尽可能抑制这些作用。例如，在液体管路输送、粉尘物空气输送或者塑料的挤压等作业中，最好的方法是降低速度。实际上这样会影响作业效率。石油类的安全流速在 1m/s 以下。静电由于物质的不同而带电量或极性不同。因此可行的措施是避免使用容易带电的绝缘物，而使用通过组合难以产生静电的材料。

(2) 促使发生电荷的泄露：在灾害对策中，最简单的方法是进行接地。该方法是通过金属导体使发生电荷迅速消失到大地中。但是，采用这种方法，如果带电体是导体可以简单地消除，而塑料或化纤类、石油类等绝缘物，由于带电部分的电荷难以移动，效果不大。

另外，还有在物体内附加导电性物质而使电荷泄漏的方法。这其中包括在轮胎或操作人员的靴子以及化工厂的地板材料中加入金属粉末或碳黑，在化纤类或塑料类中使用亲水性油剂，以防止带电。如果提高空气中的相对湿度，则会在物体表面形成吸水层而增强导电性，在 80% 以上的相对湿度下几乎不会带电。为此在有带电可能的场所，可以采用加湿器提高湿度或撒水等方法提高湿度。但问题是如果湿度太大使人感觉不适，或对设备和产品的绝缘不利。

(3) 消除带电的电荷：在即使抑制电荷发生、促使电荷泄漏，仍然带静电的情况下，应该积极地消除带有的静电。对此可使用除静电器，目前有各种除静电器在开发和销售。目前开发的除静电装置是利用离子进行除电。按离子的生成方式分类有自放电式除电器、电压附加式除电器、放射性同位素式除电器三种。

3. 静电保护接地

在处理熔剂、粉状物质或其他易燃产品的地方，常存在有危险电位，因为静电积累在设备上、处理的物料上、甚至在操作人员身上。静电电荷对地或其他设备放电，遇着易燃或爆炸物质的时候，必然引起火灾与爆炸，造成每年有许多人伤亡和带来大量财产损失。

21.6.4 等电位联结

低压配电系统中，电路故障是三相短路、两相短路及接地故障。为了防止电器短路故障使电器设备金属外壳带电，发生触电事故和设备损坏，所有电器设备通常都装有熔断器、低压断路器等保护电器。

我国 1996 年 6 月 1 日开始实行的国家标准《低压配电设计规范》GB50054—95 的第四章全面采用了国际电工委员会标准，明确规定采用接地故障保护时，应实施总等电位联结。采用低压断路器、熔断器等保护电器实施自动切断电源时，尚应在建筑物内实施总等电位联结。

· 1. 漏电与等电位的关系

在配电线路中已经选用漏电保护 RCD 后是否还需要等电位联结？回答是肯定的。RCD 大大提高了安全用电水平，但其只是自动切断电源保护的一种补充。一般而言，RCD 的功能是提供间接接触保护，即提供由于人体接触了因绝缘失效产生故障电压的电器装置外露可导电部分而触电的保护措施。只有当 RCD 额定漏电动作电流不大于 30mA，其动作时间不大于 0.2s 时，且在其他直接接触保护方式失效时，RCD 也可以提供直接接触保护，即对人体直接接触带电设备造成的触电进行保护。但 RCD 的应用也有一定的局限性。

在 TN 系统中，因某种原因 PEN 线断线，使得中性点对地电压升高，断线点后面 PEN 线上的高电位通过 PE 线传送到所有与其相连的外露可导电部分，造成触电伤亡事故。此时，即使装设了 RCD，也起不到保护作用。这是因为，RCD 测量的是 L1、L2、L3、N 线中的电流是否漏电，PE 线不在保护范围。

高层建筑中，往往将高低压配电屏及变压器一起设置在地下设备层。高低压配电屏金属外壳、变压器外壳及有关金属构件均要求保护接地。低压配电系统 0.4/0.23kV 电源侧需要设置工作接地。通常上述两种接地都是以建筑物基础作为接地装置，其接地电阻要求不大于 4Ω。在我国，10kV 配电系统中性点不接地。这样的话，若高压配电屏相线碰外壳，考虑电容电流 30A，则外壳带 120V 危险电压。此危险电压通过 PE 线传播，对人身安全造成极大危险，而 RCD 对此无能为力。即使采用联合接地，接地电阻大于 1Ω，危险电压也是不能忽视的。若 N 与 PE 线接错，RCD 保护也会失效。

综上所述，采用等电位联结是必然的安全措施。

2. 等电位联结的目的和作用

(1) 等电位联结目的：等电位联结的目的不是缩短保护电器的动作时间，而是将接触电压降低到安全值以下。IEC 规定在正常条件下安全电压值为 50V，在潮湿环境下为 25V，对于特殊环境或特殊设备，IEC 标准为 6V。

常用等电位联结有总等电位连接 MEB 和局部等电位联结 SEB 两种。总等电位联结是指将 PE 干线、电器装置接地极的接地干线、建筑物内各种金属管道（水、煤气、暖通）和建筑物金属构件全部连接所构成的等电位。

局部等电位联结是指在一个局部范围内，将同时能够触及的所有外露可导电部分和装置外可导电部分连接，使其在局部范围内处于同一电位。在总等电位联结起作用范围以外的区域，可能需要采用其他保护措施，特别是对于由插座供电的电气设备。对于这些设备可以采用的措施有：设置单独的接地极以形成局部 TT 系统，由隔离变压器供电，采用附加绝缘。

(2) 等电位联结的作用：实施等电位联结可以将接地预期接触电压消除或降低从建筑物外部窜入的危险电压，减少保护电器动作不可靠带来的危险。

由于种种原因，有外部故障电压沿 PE 线窜入户内，即使户内设置了 RCD，由于其故障电压不在漏电保护范围之中，危险依旧。外部故障电压的消除只能依赖于总等电位联结。电位相同，触电事故自然不会发生。使用熔断器或低压断路器自动切断电源的保护措施不是绝对可靠的，这是可能由于：电器元件被不同参数的元件代替；回路阻抗随环境变化；接地故障发生在距离系统较远的地方。

等电位联结有利于消除外界电磁场的干扰，从而改善等电位保护范围内部电子设备的电磁兼容性。

3. 等电位联结的做法

一般可将总等电位联结盘设置在地下设备层的配电室内。具体做法是在设置变配电室相关层的电气竖井内设置接地钢板，尺寸为 $160 \times 160 \times 6$（mm），该钢板与竖井内或竖井附近的结构柱或剪力墙的两根竖钢筋焊接，通常作为接地装置的建筑物基础。然后将黄铜板制做的总等电位盘螺栓固定或焊接在接地钢板上。等电位盘上设 M10 螺栓若干，供等电位联结使用。

总等电位联结的主母线截面应不小于该装置最大保护线截面的一半，但不小于 $6mm^2$。若采用铜线不大于 $25mm^2$，其他金属截面应能够承受相应的载流量。局部等电位联结必须包括固定设备的所有能够同时触及的外露可导电部分。等电位系统必须与所有设备的保护线连接。

接地故障保护的电气设备，按其防电击保护等级应为 I 类电气设备。其设备所在的环境应为正常环境，人身电击安全电压极限值（U_L）为 50V。采用接地故障保护时应将下列导体作总等电位联结：保护线、保护中性线；电气装置接地极的接地干线；建筑物内的水管、煤气管、采暖和空调管道等金属管道；条件许可的建筑物金属构件等导电体。

上述导电体宜在进入建筑物处间接向总等电位联结端子板连接。等电位联结中金属管道连接处应可靠地连通导电。

习 题 21

一、思考题

1. 接地极的材料规格如何？在施工安装中对埋深及间距有什么规定？

2. 施工验收发现接地电阻数据不合格，你有哪些改善方法？而不应该采用什么方法？

3. 在同一个供电系统中，为什么不允许有的设备接地有的设备接零？

4. 名词解释：（1）工作接地；（2）保护接地；（3）重复接地；（4）静电接地；（5）防雷接地；（6）安全电压。

5. 上面各种接地电阻值有什么规定？

6. 为什么不把所有电气设备的工作电压都按安全电压设计？

7. 在三相四线供电系统中干线上安装漏电保安器有什么问题？

8. 漏电开关接线应注意哪些问题？

9. 在应用中安装漏电保安器应注意哪些实际问题？

10. 把 PE 线穿入零序电流互感器有哪些后果？

11. 漏电开关产生误动作的原因有哪些？

12. 选择漏电断路器应考虑哪些技术参数？

13. 名词解释及型号解释：

（1）漏电动作电流；（2）极限分断能力；（3）额定电流；（4）额定分断时间；（5）最大分断时间；（6）组合式漏电开关；（7）零序电流互感器；（8）PE 线；（9）工作接地；（10）重复接地；（11）保护接地；（12）防雷接地；（13）静电接地；（14）保护接零；（15）DZ15L—60/330；（16）DZZL18—20；（17）PXL—2R；（18）LDB—1；（19）JD3—40/23；（20）JCB—1。

二、填空题

1. 漏电开关的漏电动作电流等级有：____；____；____；____；____；____；____；____；____；____；____；____。

2. 漏电开关的额定工作电流等级有（按 IEC）：____；____；____；____；____；____；

；　　 ；　　 ；　　 ；　　 等。

3．（在__内填√或×）：四极漏电开关的前面工作零线可以接地，而后面的工作零线不得接地。____

三、问答题

1．简述电流型漏电保安器的工作原理？

2．什么是跨步电压？图21-3中造成马死亡的因素有哪些？在供电设计规范中与跨步电压有关的规定你知道哪些？图中人和马的跨步电压各是多少？

3．指出下面漏电保安器接线图中有哪些错误？在错误之处打×并改正。

（图在答案中）

4．漏电开关合不上闸的原因主要有哪些？

5．在潮湿或在金属结构上工作必须用几类电动工具？为什么？用什么样的漏电开关？

习 题 21 答 案

二、填空题

1．6mA；10mA；15mA；30mA；50mA；75mA；100mA；200mA；500mA；1A；3A；5A；10A；20A。

2．漏电开关的额定工作电流等级有（按 IEC）：6A；10A；16A；20A；32A；40A；50A；63A；100A。

3．√。

三、问答题

1．答：当出现漏电现象时，穿过零序电流互感器的电流与流回去的电流如果不相等了，则在互感器中感生电流，通过放大器放大，驱使脱扣器动作而跳闸，从而使故障设备脱离电源。

2．答：（1）人的两脚踩在不同电位点时人体所承受的电压称为跨步电压。

（2）因素有①马的跨步越大越危险；②距离高压接地点越近，电位梯度越陡，越危险。

（3）接地极距建筑物的外墙不小于3m；接地极间距不小于5m；接地极不得设在楼门

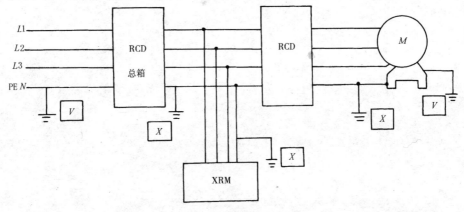

图 21-18　　[习题3] 用图

口和人行道下面。

3. 答：（见图21-18）

4. 答：（1）工作零线 N 的重复接地没有拆除；

（2）工作零线与地绝缘不良；

（3）在 TN—C 供电系统中设备外壳碰地（如振捣棒铁壳碰到钢筋）；

（4）配电箱分箱或开关箱的 N 和 PE 线连电；

（5）漏电开关设备质量不好；

（6）有外界强电磁干扰；

（7）接线错误（如把 PE 线接入零序电流互感器）；

（8）选型不当。

5. 答：必须用Ⅱ类手持电动工具，因为有加强绝缘（双重绝缘），Ⅰ类手持电动工具没有加强绝缘，而且是高电压。要用防溅型漏电保安器。

22 建筑工程的防雷系统

22.1 雷 电 现 象

雷电是一种壮观的自然现象，目前人类尚未掌握和利用它，还处于防范它造成危害的阶段，全世界每一年都因为雷电灾害造成了巨大的经济损失。1989 年 8 月，我国山东 2.3m 直径的油罐被雷击中爆炸损失八千万元人民币。在美国曾经因雷电引发三枚火箭盲目升空，造成巨大的经济损失。高层建筑因为高度很高，落雷容易，发生雷害的危害性更大，有一家 10 岁男孩因手接触防盗门时，正巧被落雷引入的高电压击中身亡。所以在设计高层建筑物时，应该具备有效的避雷措施，从人员的安全和建筑物的保护来说都是非常重要的。

22.1.1 雷电现象

大气流动摩擦水蒸汽形成雷云，随着雷云下部负电荷的积累，其电场强度增加到极限值时，于是开始电离并向下方梯级式放电，称为下行先导放电。当这个先导逐渐接近地面物体并达到一定距离时，地面物体在强电场作用下 产生尖端放电形成向上的先导，并朝下行先导发展，两者汇合形成雷电通路，并开始主放电过程，发出明亮的闪电和隆隆的雷声。这种雷击称为负极性下行先导雷击，大约占全部雷击现象的 90%。其余的还有正极性下行先导雷击、负极性上行先导雷击和正极性先导雷击。

一般认为当先导从雷云向下发展的时候，其梯级式跳越只受周围大气的影响，没有一定的方向和袭击对象。此时地面上可能有不止一个物体，比如建筑物、树木、行人等在雷云电场影响下都可能产生上行先导，趋向下行先导并汇合。在被保护的建筑物上安装接闪器，就是产生最强的上行先导与雷云的下行先导抢先汇合，使得雷电能量通过引下线和接地装置安全地散发到大地中，从而防止建筑物非预期部分遭到雷击。

最后一次跳越距离称为闪击距离。从接闪器的角度来说，它可以在这个距离之内把雷吸引到自己的身上，但对此距离之外的雷则无能为力。闪击距离是一个变量，它和雷电流幅值有关，幅值大则相应的闪击距离大，反之，闪击距离小。接闪器把较远的强大闪电引向自身，实际上是起着招雷的作用。

22.1.2 落雷的分类及危害

多数放电在雷云之间发生，只有少数放电发生在雷云和大地之间，只有落地雷可能对设备和人员造成危害。落地雷具有很大的破坏性，其电压可达数千万伏特，雷电流达数百千安，但持续时间只有 $50 \sim 100 \mu s$，平均每微秒承受 30kA 电流。

1. 直击雷

带电荷的雷云直接与地面上的物体之间发生放电，产生雷击破坏现象称为直击雷。直击雷的破坏作用是雷电直接击在建筑物上因雷电的热效应产生高温而引起建筑物的燃烧。

在雷电流的通道上，物体水分受热汽化膨胀，产生强大的机械力，使建筑物遭到机械力的破坏。

典型的雷击如图 22-1 所示。

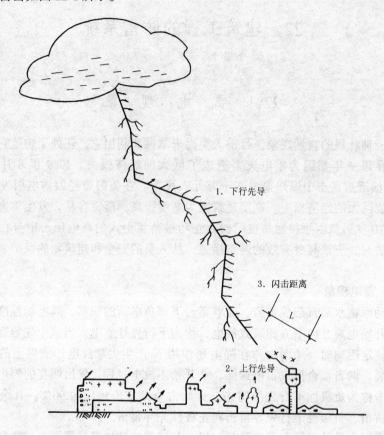

图 22-1　负极性下行先导雷击发展示意图

直击雷的选择性：

（1）常选择在土壤电阻率小的地方，如有地下金属矿床、河岸、山坡与稻田交界处、不同电阻率的交界处等。

（2）在湖泊、低洼地区及地下水位高的地区。我国东南山坡多于西北山坡。

（3）地面上有突起的建筑物、构筑物、大树、旗杆等。尤其是在旷野中的突起物（含人、牲畜）。

（4）排放烟尘的厂房、废气管道、烟囱上的烟柱、含有大量导电质点和游离分子的气团。

（5）建筑物内金属结构多或金属屋顶。

（6）地理位置属于雷暴走廊、风口、顺风的河道等处也容易遭受雷击。

（7）共用电视天线、输电导线也容易遭雷。

2. 感应雷

在直击雷放电时，由于雷电流变化的梯度大而产生强大的交变磁场，使得周围的金属构件产生感应电动势，容易形成火花放电，这种现象称为感应雷。它造成的灾害主要是火灾或附近的电气设备遭受电磁力而损坏。另外，在直击雷放电时，架空输电线路上的束缚电荷以极快的速度向两侧扩散，当高压流动波沿架空线侵入室内，也会击穿设备的绝缘或造成人身伤亡，这种现象称为高电位反击。

3. 球形雷

在雷雨季节偶尔会出现球状发光气团，称作球雷，它是一种橙色或红色似火焰的发光球体，多数火球直径在 10~100cm 之间，也有黄色、蓝色或绿色。出现在强雷暴时的天空普通闪电最频繁的时刻。球雷在空中漂移的时间大致几秒到几分钟，速度 1~2m/s，距地面 0.5~3m，有时会从开着的窗户飘然而入，如果击之，会释放出能量造成伤害。为防止球雷的侵入，可把门窗的金属框架接地和加装金属网。这种球形雷的机理尚未研究清楚。

4. 雷电危害

人体直接遭受雷击的后果不堪设想，而能够存活的例子凤毛麟角。但多数雷电伤害事故是由于反击或雷电流引入大地后，在地面上产生很高的冲击电流，使人体遭受冲击跨步电压或冲击接触电压而造成电击伤害。"反击"是指建筑物遭受雷击后，雷电流通过建筑物流入大地，在路径上产生很高的冲击电位，可能对其他物体发生放电而造成危害。

22.1.3 常用名词

1. 雷电日：在一年中，能听到雷声的总天数称为雷电日。我国按雷电日划分为四个区，根据气象部门统计资料绘制的雷电日分布图见图 22-2。北京地区为 30~50 个雷电日。

2. 接闪器：最先接受雷电的避雷针、避雷带、避雷线、避雷网以及用作金属屋面和金属构件等均称为接闪器。

3. 引下线：连接接闪器和接地装置的金属导体。

4. 接地体：埋入土壤中或混凝土基础作散流用的导体称为接地体。

5. 接地线：从引下线断接卡或换线处至接地体的连接导体。

6. 接地装置：接地体和接地线的总称。

7. 耐雷水平：设备能承受的最大雷电流冲击而不致于损坏，该电流称为耐雷水平。它的单位是 kA。

8. 均压环：在建筑外墙圈梁中，将钢筋焊接闭合环，并与引下线焊接称为均压环。

9. 均压带：在建筑外墙圈梁中，放入扁钢，并与引下线焊接称为均压带。

10. 过电压保护器：用来限制存在于某两种物体之间的冲击过电压的一种设备，如放电间隙、阀型避雷器或半导体器具。

22.1.4 关于防雷的思考

雷击是一个概率事件，它的发生取决于多种条件，造成的损失也可大可小，没有保险公司肯为其投保。在建筑物上采取防雷措施，是一个必须谨慎处理的问题，不能认为采取了防雷措施就万事大吉了，甚至不能说采取了防雷措施就一定比不采取防雷措施好。如果不恰当地采用防雷措施，其结果必将事与愿违。

建筑物一般采用避雷带等作为防雷装置，避雷带和避雷针都属于防雷装置中的接闪器，而接闪器其实是一种引雷装置。安装接闪器使建筑物成为了一个更容易受到雷击的东西，在同样自然条件下，增加了本建筑物落雷的概率。但是，如果不采取防雷措施，发生雷击后果可能是严重的。我们在建筑物上正确装设防雷装置后，落雷的概率是增加了，但雷击的危害是减少了。

原则上凡是有可能遭受雷击的建筑物均应装设防雷装置。如孤立旷野的低矮建筑物、

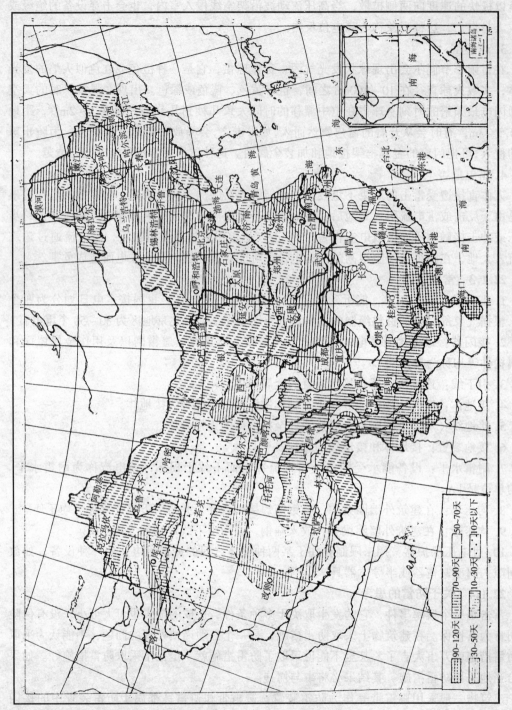

图 22-2　全国年平均雷暴日数区划图（单位：天）

90~120天　70~90天　50~70天
30~50天　10~30天　10天以下

檐高一般大于 25m 的建筑物、地下有导电矿藏的建筑物、建筑物内部有大型金属物均应考虑设置防雷。建筑物群或复杂外形建筑物难以恰当分类时宜将建筑物分解为单体建筑物分别考虑防雷装置。若建筑物群在某一个或几个地方考虑防雷就能够保护其他建筑物时，落雷危险性不大的建筑物可以不设置防雷装置。

22.2 建筑物的防雷等级和有关规定

建筑物应根据它的重要性、使用性质、发生雷电事故的可能性和后果确定其防雷的等级，根据民用建筑物和工业建筑物的要求，防雷等级各分为三级。为使建筑物或构筑物减少雷击所发生的人身伤亡和文物、财产损失，做到安全可靠、技术先进、经济合理，在作建筑物防雷设计时，应在细致调查土壤、气象、环境以及被保建筑物情况，确定防雷装置的形式及其布置。

22.2.1 预计雷击次数的计算

1. 防雷等级

根据建筑物所在地区的年雷电日及建筑物的重要性设定建筑物的防雷等级。如省级重要的民用建筑物和构筑物，当预计雷击次数大于 0.06 次/a 时，属于二级防雷建筑物。当预计雷击次数小于或等于 0.06 次/a 而大于 0.012 次/a 时，属于为三级防雷建筑物。小于 0.012 次/a 时可以不必设置防雷。

对于住宅、办公楼等一般性民用建筑物，当预计雷击次数大于 0.3 次/a 时属于为二级防雷建筑物，当预计雷击次数小于或等于 0.3 次/a 而大于或等于 0.06 次/a 时，属于为三级防雷建筑物。预计雷击次数小于 0.06 次/a 时不设防雷。

2. 建筑物年预计雷击次数计算公式

$$N = kN_g A_e \tag{22-1}$$

式中　N——建筑物预计雷击次数（次/a）；

　　　k——校正系数，一般取 1，位于旷野孤立的建筑取 2；金属屋面的砖木结构取 1.7；在河流、湖边、山坡下或山区土壤电阻率小的地区、地下水露头的地方、土山顶部、山谷风口等处的建筑物以及特别潮湿的建筑物取 1.5。

　　　N_g——建筑物所处地区雷击大地的年平均密度〔次/（km²a）〕；

　　　A_e——与建筑物接收相同雷击次数的等效面积（km²a）。

3. 雷击大地的年平均密度计算公式

$$N_g = 0.024 T_d^{1.3} \tag{22-2}$$

式中　T_d——年平均雷暴日，根据当地气象台资料确定（d/a）。

4. 建筑物的等效面积 A_e 应该是实际面积向外扩大以后的等效面积。

（1）当建筑物的高度 H 小于 100m 时，其每边的扩大宽度和等效面积应按下列公式计算：见图 22-3。图中虚线内面积就是建筑物平面面积扩大以后的面积 A_e。

$$D = \sqrt{H(200 - H)} \tag{22-3}$$

$$A_e = \left[LW + 2(L + W) \cdot \sqrt{H(200 - H)} + \pi H(200 - H) \right] \times 10^{-6} \tag{22-4}$$

式中　D——建筑物每边的扩大宽度（m）；

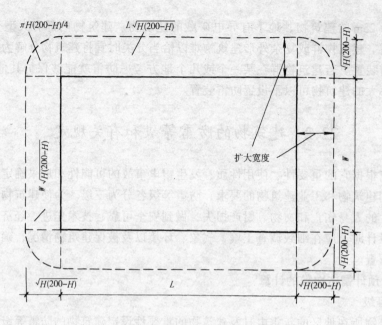

图 22-3　建筑物的等效面积

L、W、H——分别为建筑物的长、宽、高（m）。

（2）当建筑物的高度 H 大于或等于 100m 时，其每边的扩大宽度应该按等于建筑物的高度 H 计算；建筑物的等效面积应按下式计算：

$$A_e = \left[LW + 2H(L + W) + \pi H^2 \right] \times 10^{-6} \tag{22-5}$$

（3）当建筑物各部位的高度不同时，应沿建筑物周边逐点计算出最大的扩大宽度，其等效面积 A_e 应按每点最大扩大宽度外端的连接线所包围的面积计算。

5. 年计算预计雷击次数 N 的经验公式

$$N = 0.022nk(L + 5h)(W + 5h) \times 10^{-6} \tag{22-6}$$

式中　n——年平均雷暴日数，根据当地气象台站的资料确定。

L、W、h——建筑物的长、宽、高。

k——雷击次数的校正系数，普通取 1，在下列情况可取 1.5～2；位于旷野孤立的建筑取 2；金属屋面的砖木结构取 1.7；在河流、湖边、山坡下或山区土壤电阻率小的地区、地下水露头的地方、土山顶部、山谷风口等处的建筑物以及特别潮湿的建筑物取 1.5。

【例 22-1】　已知北京、山东等地区年平均雷暴日数 n 分别为 38、30、88、100，建筑物长、宽、高均为 40、20、16 等，详见表 22-1 中数据，属于省、部级重要的公共建筑物，校正系数为 1 及 1.5 等（见表 22-1），计算雷击次数 N 分别是多少？是否需要设置防雷？将计算结果填入表 22-1 后部分。

解：据公式 $N = 0.022nk(L + 5h)(W + 5h) \times 10^{-6}$

$N1 = 0.022 \times 38(40 + 5 \times 16) \times (20 + 5 \times 16) \times 10^{-6} = 0.01$

$N2 = 0.022 \times 38(40 + 5 \times 20) \times (20 + 5 \times 20) \times 10^{-6} = 0.014$

$N3 = 0.022 \times 30(40 + 5 \times 20) \times (12 + 5 \times 20) \times 10^{-6} = 0.0103$

$N4 = 0.022 \times 88 \times 1.5(40 + 5 \times 10) \times (12 + 5 \times 10) \times 10^{-6} = 0.0162$

$$N5 = 0.022 \times 100 \times 2\ (40 + 5 \times 20)\ \times\ (20 + 5 \times 20) \times 10^{-6} = 0.0739$$

表 22-1

已　　知	n	L	W	h	k	雷击次数 $N1 \sim N5$	结　　果
北京	38	40	20	16	1	$0.01 < 0.012$	可不设置防雷
北京	38	40	20	20	1	$0.014 > 0.012$	属于 3 级防雷
山东	30	40	20	20	1	$0.0103 < 0.012$	可不设置防雷
福建	88	40	12	10	1.5	$0.0162 > 0.012$	属于 3 级防雷
海南	100	40	20	20	2	$0.0739 > 0.06$	属于 2 级防雷

22.2.2　民用建筑物的防雷分类

民用建筑物的防雷分为三类：

(1) 第一类防雷的民用建筑物指的是具有特别重要用途的属于国家级的大型建筑物、如国家级的会堂、办公建筑、博物馆、展览馆、火车站、国际航空港、通讯枢纽、国宾馆、大型旅游建筑、超高层建筑、国家重点保护文物类的建筑物和构筑物等。

(2) 第二类防雷的民用建筑物指的是重要的或人员密集的大型建筑物，如省部级办公楼，省级大型集会、展览、体育、交通、通讯、商业、广播、剧场建筑等。省级重点文物保护的建筑物和构筑物；19 层及以上的住宅建筑和高度超过 50m 的其他建筑物。

(3) 第三类防雷的民用建筑物：

①建筑群边缘地带的高度为 20m 以上的建筑物，在雷电活动强烈地区高度可为 15m 以上，雷击活动比较弱的地区其高度为 25m 以上。

②高度超过 15m 以上的烟囱、水塔等孤立的建筑物或构筑物，在雷电活动比较弱的地区，其高度可为 20m 以上。

③历史上雷害事故比较多的建筑物。

22.2.3　工业建筑物的防雷分类

工业建筑物根据其生产性质、发生雷电事故的可能性和后果，按对防雷的要求分为三类（主管部门另外有规定的除外）。

(1) 第一类工业建筑物

①凡建筑物中制造、使用或储存大量爆炸物质，如炸药、火药、起爆药、军工用品等，因电火花而引起爆炸，会造成巨大破坏和人身伤亡者。

②工业企业内有爆炸危险的露天钢质封闭气罐。

③Q—1 级或 G—1 级爆炸危险场所。

(2) 第二类工业建筑物

①凡是建筑物中制造、使用或储存爆炸物质，但电火花不易引起爆炸或不致于造成巨大破坏和人身伤亡者。

②Q—2 级或 G—2 级爆炸危险场所。

③预计雷击次数大于或等于 0.06 次/a 的一般性工业建筑物。

④根据雷击后对工业生产的影响及产生的后果，并结合当地气象、地形、地质及周围环境等因素，确定需要防雷的 21 区、22 区、23 区火灾危险环境。

⑤在平均雷暴日大于 16d/a 的地区，高度在 15m 及以上的烟囱、水塔等孤立高耸建筑

物；在平均雷暴日小于 15d/a 的地区，高度在 20m 及以上的烟囱、水塔等孤立的高耸建筑物。

(3) 第三类工业建筑物

①根据雷击后对工业生产的影响，并结合当地气象、地形、地质及周围环境等因素，确定需要防雷的 Q—3 级爆炸危险场所或 H—1、H—2、H—3 级火灾危险场所。

②历史上雷害事故较多的地区建筑物。

③高度在 15m 以上的烟囱、水塔等孤立的高耸建筑物，在年雷暴日数少于 30 的地区，其高度可为 20m 以上。

22.2.4 公共建筑物防雷的分类

1. 第一类公共建筑物

(1) 国家级重点文物保护的建筑物。

(2) 国家级的会堂、办公建筑物、大型展览馆和博览建筑物、大型火车站、国宾馆、国家级档案馆、大型城市的重要给水水泵房等特别重要的建筑物。

(3) 国家级计算中心、国际通讯枢纽等对国民经济有重要意义且装有大量电子设备的建筑物。

(4) 预计雷击次数大于 0.06 次/a 的部、省级办公建筑物及其他重要或人员密集的公共建筑物。

(5) 预计雷击次数大于 0.3 次/a 的住宅、办公楼等一般性民用建筑物。

2. 遇下列情况之一时，应划为第二类防雷建筑物：

(1) 省级重点文物保护的建筑物及省级档案馆。

(2) 预计雷击次数大于或等于 0.012 次/a 且小于或等于 0.06 次/a 的部、省级办公建筑物及其他重要或人员密集的公共建筑物。

3. 三类防雷建筑物：

需要设置防雷系统，而不属于一二类的防雷建筑，则称为三类防雷建筑。

22.2.5 第一类防雷建筑物的防雷措施

(1) 装有防雷装置的建筑物，在防雷装置与其它设施和建筑物内人员无法隔离的情况下应采取等电位联结。例如一级防雷建筑物架空避雷网的网格尺寸不应大于 5m×5m 或 4m×6m。

(2) 排放爆炸危险气体、蒸汽或粉尘的放散管、呼吸阀、排风管等管口外以下空间应处于接闪器的保护范围内：当有管帽时，应按表 22-2 确定；当无管帽时，应为管口上方半径 5m 的半球体。接闪器与雷闪的接触点应在上述空间之外。

有管帽的管口外处于接闪器保护范围的空间 表 22-2

装置内的压力与周围空气压力的压力差 (kPa)	排放物的相对密度	管帽以上的垂直高度 (m)	距管口处的水平距离 (m)
<5	>空气	1	2
5~25	>空气	2.5	5
≤25	>空气	2.5	5
>25	≠空气	5	5

排放爆炸危险气体、蒸汽或粉尘的放散管、呼吸阀、排风管等，当其排放量达不到爆

炸浓度、长期点火燃烧、一排放就点火燃烧及发生事故时排放量才达到爆炸浓度的通风管、安全阀，接闪器的保护范围可仅保护到管帽，无管帽时可仅保护到管口。

独立避雷针的杆塔、架空避雷线的端部和架空避雷网的各支柱处至少设一根引下线。独立避雷针和架空避雷线（网）的支柱及其接地装置至被保护建筑物及与其有联系的管道、电缆等金属物之间的距离如图22-4，应符合下列表达式的要求，但不得小于3m。

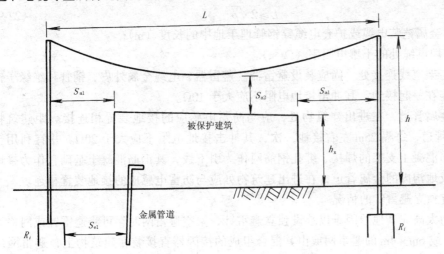

图 22-4 防雷装置至被保护建筑物的距离

地上部分：　　　　当 $h_x < 5R_i$ 时，$S_{a1} \geqslant 0.4\,(R_i + 0.1h_x)$　　　　　(22-7)

当 $h_x \geqslant 5R_i$ 时，$S_{a1} \geqslant 0.1\,(R_i + 0.1h_x)$　　　　　(22-8)

地下部分：　　　　　　　　$S_{e1} \geqslant 0.4R_i$

式中　　S_{a1}——空气中距离（m）；

S_{e1}——地下距离（m）；

R_i——独立避雷针或架空避雷线（网）支柱处接地装置的冲击电阻（Ω）。

h_x——被保护物或计算点高度（m）。

（3）独立避雷针、架空避雷线或架空避雷网应有独立的接地装置，每一引下线的冲击接地电阻不宜大于10Ω。在土壤电阻率高的地区，可适当增大冲击接地电阻。

（4）第一类防雷建筑物防雷电感应的措施

①建筑物内的设备、管道、构架、电缆金属外皮、钢屋架、钢窗等较大金属物和突出屋面的排放管、风管等金属物，均应接到防雷电感应的接地装置上。金属屋面周边每隔18～24m采用引下线接地一次。现场浇制的或由预制构件组成的钢筋混凝土屋面，其钢筋宜绑扎或焊接成闭合回路，并应每隔18～24m采用引下线接地一次。

②平行敷设的管道、构架和电缆金属外皮等长金属物，其净距小于100mm时应采用金属线跨接，跨接点的间距不应大于30m；交叉净距小于100mm时，其交叉处亦应焊接。当金属弯头、阀门、法兰盘等连接处的过渡电阻大于0.03Ω时，连接处应用金属线跨接。对有不少于5根螺栓连接的法兰盘，在非腐蚀环境下，可不跨接。

③防雷电感应的接地装置应和电气设备接地装置共用，其工频接地电阻不应大于10Ω。屋内接地干线与防雷电感应接地装置的连接，不应少于两处。

（5）第一类防雷建筑物防止雷电波侵入的措施

①低压线路宜全线采用电缆直接埋地敷设，在入户端应将电缆的金属外皮、钢管接到防雷电感应的接地装置上。当线路全部采用电缆有困难时，可采用钢筋混凝土杆和铁横担的架空线，并应使用一段金属铠装电缆或护套电缆穿钢管直接埋地引入，其埋地长度应符合下式的要求，但不应小于15m。

$$L \geqslant 2\sqrt{\rho} \tag{22-9}$$

式中　L——金属铠装电缆或护套电缆穿钢管埋于地中的长度（m）；

　　　ρ——埋电缆处的土壤电阻率（Ω·m）。

在电缆与架空线连接处，尚应装设避雷器。避雷器、电缆金属外皮、钢管和绝缘子铁角、金具等连在一起接地，其冲击接地电阻不应大于10Ω。

②架空金属管道，在进出建筑物处，应与防雷电感应的接地装置相连接。距建筑物100m以内的管道，每隔25m左右接地一次，其冲击接地电阻不应大于20Ω。并宜利用金属支架或钢筋混凝土支架的焊接、绑扎钢筋网作为引下线，其钢筋混凝土基础宜作为接地装置。埋地或地沟内的金属管道，在进出建筑物处应与防雷电感应的接地装置相连。

（6）没有独立避雷针的情况

当建筑物太高或其他原因难以装设独立避雷针、架空避雷网时，可将避雷针或网格不大于5m×5m或6m×4m的避雷网或由其混合组成的接闪器直接装在建筑物上，避雷网应沿屋角、屋脊、屋檐和檐角等易受雷击的部位敷设。

①建筑物应装设均压环，环间垂直距离不应大于12m，所有引下线、建筑物的金属结构和金属设备均应连到环上。均压环可利用电气设备的接地干线环路。

②防直击雷的接地装置应围绕建筑物敷设成环形接地体，每根引下线的冲击电阻不应大于10Ω，并应和电气设备接地装置及所有进入建筑物的金属管道相连，此接地装置可兼作防雷电感应之用。

③防直击雷的环形接地体：当土壤电阻率 ρ 小于500Ω·m 时，对环形接地体所包围的面积的等效圆半径 $\sqrt{A/\pi}$ 大于或等于5m 的情况，环形接地体不需补加接地体；对等效圆半径 $\sqrt{A/\pi}$ 小于5m 的情况，每一引下线处应补加水平接地体或垂直接地体。当补加水平接地体时，其长度应按下式确定：

$$r = 5 - \sqrt{\frac{A}{\pi}} \tag{22-10}$$

式中　r——补加水平接地体的长度（m）；

　　　A——环形接地体所包围的面积（m²）。

当补加垂直接地体时，其长度应按下式确定：

$$L_v = \frac{5 - \sqrt{\dfrac{A}{\pi}}}{2} \tag{22-11}$$

当土壤电阻率 ρ 为500Ω·m 时，对环形接地体所包围的等效圆半径 $\sqrt{A/\pi}$ 大于或等于 $(11\rho - 3600)/380$（m）的情况，每一引下线处应补加水平或垂直接地体。当补加水平接地体时，其总长度应按下式确定：

$$L_x = \frac{11\rho - 3600}{380} - \sqrt{\frac{A}{\pi}} \tag{22-12}$$

当补加垂直接地体时，其总长度应按下式确定：

$$L_v = \dfrac{\dfrac{11\rho - 3600}{380} - \sqrt{\dfrac{A}{\pi}}}{2} \tag{22-13}$$

注：按本方法敷设接地体时，可不计冲击接地电阻值。

在电源引入的总配电箱处宜装设过电压保护器。当树木高于建筑物且不在接闪器保护范围之内时，树木与建筑物之间的净距不应小于5m。

22.2.6 第二类防雷建筑物的防雷措施

1. 第二类防雷建筑物防直击雷的措施

宜采用装设在建筑物上的避雷网（带）或避雷针或由其混合组成的接闪器。避雷网（带）应沿屋角、屋脊、屋檐和檐角等易受雷击的部位敷设，并应在整个屋面组成不大于10m×10m 或 12m×8m 的网格。所有避雷针应采取避雷带相互连接。

突出屋面的放散管、风管、烟囱等物体，排放爆炸危险气体、蒸汽或粉尘的放散管、呼吸阀、排风管等管道应与防雷装置连接。排放无爆炸危险气体、蒸汽或粉尘的放散管、烟囱，1区和2区爆炸危险环境的自然通风管，装有阻火器的排放爆炸危险气体、蒸汽或粉尘的放散管、呼吸阀、排风管，金属物体可不装接闪器，但应和屋面防雷装置连接。

2. 引下线

引下线不应少于两根并应沿建筑物四周均匀或对称布置，其间距不应大于18m。当仅利用建筑物四周的钢柱或柱子钢筋作为引下线时，可按跨度设引下线，但引下线的平均间距不应大于18m。每根引下线的冲击接地电阻不应大于10Ω。防直击雷接地宜和防雷电感应、电气设备等接地共用同一接地装置，并宜与埋地金属管道相连；当不共用、不相连时，两者间在地中的距离应符合公式22-14的要求，但不应小于2m。

$$S_{e2} \geqslant 0.3 K_c R_i \tag{22-14}$$

式中　S_{e2}——地中距离（m）；

　　　K_c——分流系数，单根引下线为1，两根引下线及接闪器不成闭合环的多根引下线应为0.66，接闪器成闭合环或网装的多根引下线应为0.44。

3. 接地体

在共用接地装置与埋地金属管道相连的情况下，接地装置宜围绕建筑物敷设成环形接地体。

利用建筑物的钢筋作为防雷装置时建筑物宜利用钢筋混凝土屋面、梁、柱、基础内的钢筋作为引下线。当基础采用硅酸盐水泥和周围土壤的含水量不低于4%及基础的外表面无防腐层或有沥青质的防水层时，宜利用建筑内钢筋作为接地装置。敷设在混凝土中作为防雷装置的钢筋或扁钢，当仅一根时，其直径不应小于10mm。被利用作为防雷装置的混凝土构件内有箍筋连接的钢筋，其截面面积总和不应小于一根直径为10mm 钢筋的截面积。

利用基础内钢筋网作为接地体时，在周围地面以下距地面不小于0.5m 每根引下线所连接的钢筋表面积总和应符合下表达式的要求：

$$S \geqslant 4.24 K_c^2 \tag{22-15}$$

式中　S——钢筋表面积总和（m²）。

当在建筑物周边的无钢筋的闭合条形混凝土基础内敷设人工接地体时，接地体的规格尺寸不应小于表 22-3 的规定。

第二类防雷建筑物环形人工基础接地体的规格尺寸　　　　　　　表 22-3

闭合条形基础的周长（m）	扁钢（mm）	圆钢，根数×直径（mm）
≥60	4×25	2×ϕ10
≥40 至 <60	4×50	4×ϕ10 或 3×ϕ12
<40		钢材表面总和≥4.24m^2

注：①当长度相同、截面相同时，宜优先选用扁钢；
　　②采用多根圆钢时，其敷设净距不小于直径的 2 倍；
　　③利用闭合条形基础内的钢筋作为接地体时可按本表校验。除主筋外，可计入箍筋的表面积。

构件内有箍筋连接的钢筋或成网状的钢筋，其箍筋与钢筋的连接，钢筋与钢筋的连接应采用土建施工的绑扎法连接或焊接。单根钢筋或扁钢或外引预埋连接板、线与上述钢筋的连接应焊接或采用螺栓紧固的卡夹器连接。构件之间必须连接成电气通路。

当土壤电阻率 ρ 小于或等于 3kΩ·m 时，在防雷的接地装置同其他接地装置和进出建筑物的管道相连的情况下，防雷的接地装置可不计算接地电阻值。防直击雷的环形接地体的敷设应符合土壤电阻率 ρ 的适用范围小于或等于 3kΩ·m。利用槽形、板形或条形基础钢筋所包围的面积大于或等于 80m^2 可不另加接地体。

低压架空线应改换一段埋地金属铠装电缆或护套电缆穿钢管直接埋地引入，其埋地长度不应小于 15m。入户端电缆的金属外皮、钢管应与防雷的接地装置相连。在电缆与架空线连接处尚应装设避雷器。避雷器、电缆金属外皮、钢管和绝缘子铁脚、金具等应连在一起接地，其冲击接地电阻不应大于 10Ω。

平均雷暴日小于 30d/a 地区的建筑物，可采用低压架空线直接引入建筑物内，但在入户处应装设避雷器或设 2~3mm 的空气间隙，并应与冲击接地电阻不应大于 5Ω。入户处的三基电杆绝缘子铁脚、金具应接地，靠近建筑物的电杆，其冲击电阻不应大于 10Ω。其余两基电杆不应大于 20Ω。

当低压电源架空线路转换金属铠装电缆或护套电缆穿钢管直接埋地引入时，其埋地长度应大于或等于 15m。当架空线直接引入时，在入户处应加装避雷器，并将其与绝缘子铁脚、金具连在一起接到电气设备的接地装置上。架空和直接埋地的金属管道在进出建筑物处应就近与防雷的接地装置相连。当不相连时，架空管道应接地。

有爆炸危险的露天钢质封闭气罐，当其壁厚不小于 4mm 时，可不装设接闪器，但应接地，且接地点不应少于两处；两接地点间距不宜大于 30m，冲击接地电阻不应大于 30Ω。

22.2.7　第三类防雷建筑物的防雷措施

（1）第三类防雷建筑物防直击雷的措施，宜采用装设在建筑物上的避雷网（带）或避雷针或由这两种混合组成的接闪器。避雷网（带）应沿屋角、屋脊、屋檐和檐角等易受雷击的部位敷设，并应在整个屋面组成不大于 20m×20m 或 24m×16m 的网格。平屋面的建筑物，当其宽度不大于 20m 时，可仅沿周边敷设一圈避雷带。

（2）建筑物宜利用钢筋混凝土屋面板、梁、柱和基础的钢筋作为接闪器、引下线和接地装置，利用基础内钢筋网作为接地体时，在周围地面以下距地面不小于 0.5m。每根引下线所连接的钢筋表面积总和应符合下列表达式的要求：

$$S \geqslant 1.89 K_c^2 \qquad (22\text{-}16)$$

（3）当在建筑物周围的无钢筋的闭合条形混凝土基础内敷设人工基础接地体时，接地体的规格尺寸不应小于表 22-4 的规定。

第三类防雷建筑物环形人工基础接地体的规格尺寸 　　　　表 22-4

闭合条形基础周长（m）	扁钢（mm）	圆钢、根数×直径（mm）
≥60		$1 \times \phi 10$
≥40 至 <60	4×20	$1 \times \phi 8$
≤40		钢材表面积总和 $\geqslant 1.89 m^2$

当长度相同、截面相同时，宜优先选用扁钢；采用多根圆钢时，其敷设净距不小于直径的 2 倍；利用闭合条形基础内的钢筋作接地体时可按表 22-4 校验。除主筋外，可计入箍筋的表面积。

（4）砖烟囱、钢筋混凝土烟囱，宜在烟囱上装设避雷针或避雷环保护。多支避雷针应连接在闭合环上。当非金属烟囱无法采用单支或双支避雷针保护时，应在烟囱口装设环形避雷带，并应对称布置三支高出烟囱口不低于 0.5m 的避雷针。钢筋混凝土烟囱的钢筋应在其顶部和底部与引下线和贯通连接的金属爬梯相连。高度不超过 40m 的建筑物可只设一根引下线，超过 40m 者应设两根引下线。可利用螺栓连接或焊接的一座金属爬梯作为两根引下线用。金属烟囱应作为接闪器和引下线。

引下线应沿建筑物周围均匀或对称布置，其间距不大于 25m。当仅利用建筑物四周的钢柱或柱子钢筋作为引下线时，可按跨度设引下线，但引下线的平均间距不应大于 25m。防止雷电流流经引下线和接地装置时产生的高电位对附近金属物或线路的反击，表达式相应按下式计算。

当 $L_x < 5R_i$ 时，　　　　　　$S_{a3} \geqslant 0.2 k_c (R_i + 0.1 L_x)$ 　　　　（22-14）

当 $L_x \geqslant 5R_i$ 时，　　　　　　$S_{a3} \geqslant 0.05 k_c (R_i + L_x)$ 　　　　（22-15）

$$S_{a4} \geqslant 0.05 k_c \cdot L_x \qquad (22\text{-}17)$$

式中　　S_{a3}——空气中距离（m）；

　　　　R_i——引下线的冲击接地电阻（Ω）；

　　　　L_x——引下线计算点到连接点的长度（m）。

（5）一、二、三类防雷建筑物的划分：在一座防雷建筑物中兼有一、二、三类防雷建筑物时，其防雷措施宜符合下列规定：当一类防雷建筑物的面积占建筑总面积的 30% 及以上时，该建筑物宜确定为第一类防雷建筑物。当一类防雷建筑物的面积占建筑总面积的 30% 及以下，且二类防雷建筑物的面积占建筑物总面积的 30% 及以上时，或当这两类防雷建筑物面积均小于建筑物总面积的 30%，但其面积之和又大于 30% 时，该建筑物宜确定为第二类防雷建筑物。但对第一类防雷建筑物的防雷电感应和防雷电波侵入应采取第一类防雷建筑物的保护措施。当第一、二类防雷建筑物面积之和小于建筑物总面积的 30% 且不可能遭受直击雷时，该建筑物可确定为第三类防雷建筑物。

22.3 建筑物防雷系统

对于较高的建筑物，预防雷电破坏十分重要。预防的方法有"抗"和"泄"两种，而现阶段主要是用"泄"。防雷系统就是由三部分组成的泄电回路，即由接闪器、引下线和接地装置三部分组成。其作用是把雷电流泄入大地，避免直接雷击造成机械破坏、电磁力破坏或热效应破坏。

22.3.1 接闪器

根据被保护物体形状的不同，接闪器的形状不同，避雷针、避雷网、避雷线等都是接闪器。

（1）避雷针：适用于保护细高的建筑物或构筑物，如烟囱和水塔等。可以用圆钢或钢管制成，在顶端磨尖，以利于尖端放电。避雷针的形状由设计人员确定，如图 22-5 所示。其中法国"依丽达提前放电避雷针"实际上还是一种接闪器，有提前放电（μA 级）的作用。各种接闪器都只能招雷，而不能消雷。被保护的建筑物也是招雷的，而接闪器的作用是以尽可能高的概率首先承受主放电，将雷电流经过引下线和接地装置泄掉。

图 22-5 避雷针的形状

（1）一般避雷针；（2）北京展览馆；（3）埃菲尔铁塔；（4）莫斯科红场；（5）美国国会大厦；（6）应县大塔；（7）石山大塔；（8）波斯宫遗址；（9）北京英东体育馆；（10）法国依丽达提前放电避雷针

避雷针引雷，只是改变了落雷点的分布，不会增大落雷率。提前放电避雷针在雷云电场作用下产生的尖端放电电流远不能中和雷云中电荷，作用极其有限。

避雷针的数量与烟囱规格的关系见表 22-5。

避雷针的数量与烟囱规格的关系   表 22-5

烟囱内径（m）	烟囱高度（m）	避雷针（根）
1	15～30	1
1	31～50	2
1.5	15～45	2
1.5	46～80	3
2.5～3	31～100	3

注：①针长 1m 以内用圆钢 ϕ12mm 或钢管 SC20mm。
　　②针长 1～2m 以内用圆钢 ϕ15mm 或 SC25mm。
　　③烟囱上的避雷针通常用圆钢 ϕ20mm。

独立的避雷针适应于保护较低矮的建筑物，特别适用于那些要求防雷导线与建筑物内各种金属及管线隔离的场合，过去曾用保护角表示避雷针的保护范围。一定的雷击距离 h_r 时的避雷针高度不同，其保护角是不同的。较低避雷针的保护角较大，高架避雷针的保护角较小。如果固定以保护角表示避雷针的范围，则高架避雷针的相对保护范围是减少的，用滚球法计算避雷针保护范围时，可以明显地发现这个问题。装设避雷针和避雷网是民用建筑物防雷的主要形式，大屋顶结构的古建筑在房角设置短针防雷效果也较好。屋顶上部的机电设备和出气管等可作为短针、避雷带或避雷网作接闪器。

(2) 避雷网和避雷带：在建筑物顶部及其边缘处装设明装避雷带、网是为了保护建筑物的表层不被击坏。适用于宽大的建筑物，如一般需要设置防雷的工业与民用建筑物。一般用 $\phi 8$ 的镀锌圆钢或扁钢。避雷网的安装方法有明装和暗装，一般建筑物都用明装，古典建筑为了美观，在大屋脊瓦内暗装，如在屋脊兽头等装饰陶瓷制品上预留眼孔，以便施工。

(3) 避雷线：适用于长距离高压供电线路的防雷保护。

(4) 避雷环：在烟囱或其他建筑物顶上用环状金属作成接闪器。

(5) 放射状避雷针：也称为海胆式避雷针，如北京亚运村英东游泳馆用的接闪器就是，每座避雷针顶端有 12 根针，见图 22-5（9）。

(6) 避雷针、网、带、线的规格：避雷针宜采用圆钢或焊接钢管制成，其直径不应小于下列数值：

针长 1m 以下　　圆钢 12mm，钢管 20mm。

针长 1～2m　　圆钢 16mm，钢管 25mm。

烟囱顶上的针　　圆钢 20mm，钢管 10mm。

避雷网和避雷带宜采用圆钢或扁钢，优先选用圆钢。圆钢直径不应小于 8mm。扁钢截面不应小于 12mm²。扁钢厚度不应小于 4mm。当烟囱上采用避雷环时，其圆钢直径不应小于 12mm。扁钢截面不应小于 100mm²。架空避雷线和避雷网宜采用截面不小于 35mm² 的镀锌钢绞线。

除第一类防雷建筑物外，金属屋面的建筑物宜利用其屋面作为接闪器，对金属板之间采用搭接时，其搭接长度不应小于 100mm；金属板下面无易燃物品时，其厚度应不小于 0.5mm；金属板下面有易燃物品时，其厚度：铁板不小于 4mm，铜板不应小于 5mm，铝板不应小于 7mm。金属板无绝缘被覆层。

薄的油漆保护层或 0.5mm 厚沥青层或 1mm 厚聚氯乙烯层均不属于绝缘被覆层。

(7) 屋顶上永久性金属物（如旗杆、栏杆、装饰物等）宜做为接闪器，但其各部件之间均应能连成电气通路，要求钢管、钢罐的壁厚不应小于 2.5mm，但钢管、钢罐一旦被雷击穿其介质对周围环境造成危险时，其壁厚不得小于 4mm。

(8) 除利用混凝土构件内钢筋作为接闪器外，外露接闪器应热镀锌。在腐蚀性较强的场所，尚应加大其截面或其它防腐蚀措施。

(9) 不得利用安装在接收无线电视广播的共用天线的杆顶上的接闪器保护建筑物。而应把天线纳入建筑物防雷系统，并与防雷系统的引下线焊接。

22.3.2 滚球法

在 60 年代，英国人 Golde 等人提出"雷击距离"的理论，证明了传统的采用避雷针和避雷网这两种接闪器对直雷击能起到接闪的功能，保护的概率是非常高的。滚球法是依据雷电闪击距离为理论基础，用来确定避雷针、网的保护范围。当雷击先导达到接闪器的放电距离以前，其闪击点有一定的选择范围，被保护建筑物的接闪器就会有相迎接的若干上行先导，最后在最容易击穿的路径形成主放电。避雷针、网正好设置在被保护物上闪击点概率较高的各个部位。

滚球法是设定以 h_r 为半径的一个球体，沿需要防直击雷的部位滚动，当球体只触及接闪器、被利用作为接闪器的金属物或地面，而不触及需要保护的建筑物的各部分时，则建筑物各部分就得到接闪器的保护，见图 22-6。图中 D、C、A 点应该设置避雷针、网保护。布置接闪器时，可单独或任意组合，采用滚球法可以检查被保护的情况。根据被保护建筑物防雷级别的不同，滚球半径亦不同，滚球半径及避雷网网格尺寸见表 22-6。

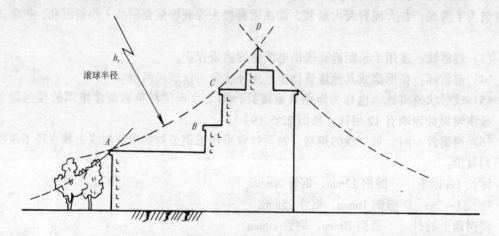

图 22-6　滚球法示意图

按照防雷级别布置接闪器（m）　　　　　　　　表 22-6

建筑物的防雷级别	保护角　滚球半径	避雷针高				避雷网网格尺寸
		20	30	45	60	
I	20	25				5
II	30	35	25			10
III	45	45	35	25		10
IV	60	55	45	35	25	20

22.3.3　引下线的设计要点

1. 引下线的材料

引下线通常是采用结构柱钢筋作引下线。钢筋直径不小于 12mm。装设在烟囱上的引下线的尺寸若用明装引下线则可以有 φ8 的镀锌钢筋。若用暗装引下线则可以用 φ12 的镀锌钢筋。金属烟囱本身也可以兼作引下线。

实践证明，引下线可专门敷设，也可利用建筑物的金属构件。目前高层建筑中有采用专门的扁钢作为引下线的，但是这不是一个好的作法。一则敷设困难，二则专用引下线的数量较小，流过的雷电流较大，容易因高电位引起反击事故。比较好的作法是利用建筑物固有的金属构件，对于采用钢筋混凝土构件的建筑物，最好利用柱内的主筋作引下线。

760

IEC规范指出："通常不需要装设连接各引下线的专用环形导体，因为钢筋混凝土圈梁内连接的钢筋能够实现这个功能"。

当利用建筑物的钢筋或钢结构作为引下线，同时建筑物的大部分钢筋、钢结构金属物与被利用的部分连成整体时，金属物或线路与引下线之间的距离可不受限制。

2. 引下线的数量

设置防雷引下线的数量关系到反击电压的大小，所以引下线的根数和布置应按防雷规范确定，引下线数量以适当多些为好。高层建筑物在屋顶装设避雷网和防侧击的接闪环（或均压环）应和引下线连接成一体，以减少整体防雷引下线的电感，利于雷电流的分流。引下线与各楼层的等电位联结母线相连，可以使室内反击电压显著降低。暗装引下线应引出明显的测量接点，以备检测。

垂直敷设的金属管道和金属物的顶端及下端也应该和防雷系统相焊接，也能起到引下线分流的作用。

22.3.4 接地装置设计要点

接地装置的作用是承担防雷系统中最重要的泄流环节，是防雷效果的关键，在文革时期北京西直门内某工厂曾因接地装置与引下线脱焊断开，结果避雷针把雷电引到院内打了一个响雷。所以如果接地装置不可靠，即使用高价买最新式的避雷针，能把雷电提前招来而又不能可靠地泄掉，等于招事。

1. 垂直埋设的接地体

圆钢或扁钢的尺寸一般采用 $\phi19$ 或 $\phi25$mm；管钢 SC50mm；角钢用∟$40 \times 40 \times 4$ 或∟$50 \times 50 \times 5$（mm）。通常 2～5 根为一组，每根长 2.5m，每两根之间距离 5m。也可以沿建筑物四周砸一圈垂直接地体，再用扁钢作接地母线将其焊接。如图 22-7。

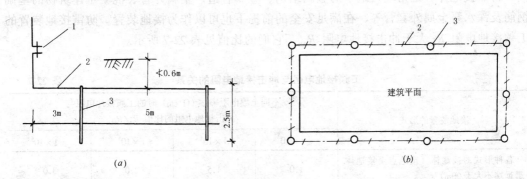

图 22-7　垂直接地装置作法

（a）垂直接地体；（b）周围地极平面图

1—断接卡子；2—接地母线；3—接地极

2. 水平接地体和连接条

水平接地体和连接条通常采用扁钢焊接。如图 22-8 所示。

对伸长形接地体，冲击接地体的有效长度（从接地体和引下线的近接点算起）应按下式计算：

$$L = 2\sqrt{\rho}$$

式中　L——有效长度（m）；

图 22-8　水平接地体平面图

ρ——接地体周围的介质的电阻率（Ωm）。

例如当接地体周围的介质的电阻率 ρ 为 16Ωm 时，接地体的有效长度 L 为 8m。

3. 跨步电压

为了防止跨步电压对人的伤害，接地体距离建筑物外墙距离不得小于 3m，接地极之间的距离不得小于 5m。接地极不得设置在楼门口、人行通道及地面上有人活动的地方。当接地极距建筑物外墙小于 3m 或不能满足上述要求时，应该在地面下埋设沥青层，厚度不小于 8cm。

实践证明，采用建筑物的基础主筋作接地体效果很好，不仅节省钢材，而且接地电阻小。条型基础或满堂红基础都可以，尤其是满堂红基础的主筋作接地体效果很好，不存在距离建筑物 3m 的问题。

4. 自然接地体

自然接地体，是指埋入地下的金属结构、金属管道、金属井管、混凝土建筑物的基础钢筋及深水泵金属外套管等，在满足安全的前提下也可以作为接地装置。防雷接地装置的工频接地电阻 R_n 大于冲击接地电阻 R_{ch}，它们的比值见表 22-7 所示。

工频接地电阻与冲击接地电阻的关系　　　　　　　　　　　　　　表 22-7

接地装置的形式	不同土壤电阻率 ρ（$\Omega \cdot cm$）时的工频接地电阻与冲击接地电阻的比值 R_n / R_{ch}			
	$\leqslant 1 \times 10^4$	1×10^4	1×10^5	$\geqslant 1 \times 10^5$
各种形式的接地体（接地点至接地体最远端不大于 20m）	1.0	1.5	2.0	3.0
环绕房屋的接地环路	1.0	1.0	1.0	1.0

防雷接地应尽量利用自然接地体作为防雷接地，有条件允许优先利用建筑物的基础（高层建筑物的桩基础、箱形基础等）作接地装置，这些基础连成的接地网有较大的电容，其冲击阻抗是很小的。规范中规定利用建筑物基础钢筋作接地装置的条件是以硅酸盐为基料的水泥和周围土壤的含水量不低于 4%。对于建筑物基础处于地下水位很低，其含水量达不到 4% 的地区，则应做补充接地装置。有的地区水位虽高，但基础包裹在防水层（如油毡）内，这样的基础是不能作为接地装置的，应该另外做防雷接地装置。

钢筋混凝土建筑物本身就有良好的防雷性能，容易达到等电位联结的作用。在建筑物防雷设计中应优先考虑利用钢筋混凝土结构和基础作为防雷装置的一部分。

规范中规定的接地装置离开建筑物外墙 3m 以外，这是针对独立的垂直接地体而言，当围绕建筑物作周圈式接地带时就不一定必须离开 3m 以外，而以靠近建筑物基础沟槽的外沿敷设为合理。因为它与基础内的钢筋距离较近，能够发挥均衡电位的效果。而且，利用土建施工的基础沟槽可以埋深一些，有利用接地电阻值的稳定，也不必再挖专用的深沟，节约土方工程量。

防雷系统的各种钢材必需采用镀锌防锈钢材，连接方法要用焊接。圆钢搭接长度不小于 6 倍直径，扁钢搭接长度不小于 2 倍宽度。

22.3.5 防雷系统施工

1. 不加接地体的条件

对 6m 柱距或大多数柱距为 6m 的单层工业建筑物，当利用柱子基础的钢筋作为防雷的接地体并同时符合下列条件时，可不另加接地体。

(1) 利用全部或绝大多数柱子基础的钢筋作为防雷的接地体。

(2) 柱子基础的钢筋网通过钢柱、钢屋架、钢筋混凝土柱子、屋架、屋面板、吊车梁等构件的钢筋或防雷装置互相连接成整体。

(3) 对每一根柱子基础内，在周围地面以下距地面不小于 0.5m 深度的钢筋表面积总和应大于或等于 $0.82m^2$。

建筑物内的设备、管道、构架等主要金属物，应就近接至防直击雷接地装置或电气设备的保护接地装置上，可不另设接地装置。建筑物内防雷电感应的接地干线与接地装置的连接不应少于两处，防止雷电流流经引下线和接地装置时产生的高电位对附近金属物或电气线路的反击。

在电气接地装置与防雷的接地装置共用或相连的情况下，当低压电源线路用全长电缆或架空线路换电缆引入时，宜在电源线路引入的总配电箱处装设过电压保护器，当 Y，yn0 或 D，yn11 接线的配电变压器设在本建筑物内或附设于外墙处时，在高压侧采用架空进线的情况下，除在高压侧装设避雷器外，还宜在低压侧各相上装设避雷器。

2. 接地方式的选择和布置

接地装置的优劣不仅与接地电阻有关，还与接地方式有关。周圈式接地方式优于独立式接地方式。周圈式接地的冲击电阻小于独立式接地的阻抗，并有利于改善建筑物内的地电位分布，减少跨步电压。此外，周圈式接地体便于与各种入口金属管道相连，并可利用自然接地体降低综合的接地电阻。所以建筑物防雷接地应以周圈式接地为优选方案。

防雷电波侵入的措施，当低压线路全长采用埋地电缆或敷设在架空金属线槽内的电缆引入时，应符合在入户端应将电缆金属外皮、金属线槽接地。防雷接地装置的施工质量非常重要，如防雷系统的各个部分都要使用镀锌钢材，以防锈蚀。

3. 接闪器施工要求

避雷针适用于细高的建筑物，如烟囱、水塔等，避雷针的保护角在平原地区为 45°，山区为 37°，而避雷网适用于宽大的建筑物。通常避雷网两侧不考虑 45° 保护角的问题，施工中质量管理部门要求按"保外不保内"要求，即在避雷网外侧建筑部分应在 45° 保护角以内，在避雷网内侧建筑部分不考虑。施工作法见《电气安装施工图册》。避雷针的施工安装应距离易燃易爆的管道 5m 以上，并高出 3m 以上。节日彩灯钢索或金属管道应与避雷网焊接。水平避雷线应高于节日灯 30cm。垂直串灯接地点应该尽量远离人行道。

4. 引下线施工要求

引下线用圆钢时，明装直径不小于 8mm，距地 2m 应用竹管保护。暗装时圆钢直径不小于 12mm。现在定额推荐的是用柱筋焊接兼作引下线，这样既节约钢材，而且引下线有混凝土保护，效果良好。

引下线施工不得拐急弯，与雨水管相距较近时可以焊接在一起。高层建筑引下线应该与金属门窗焊连在一起。由两根主钢筋双面焊接，长度不小于直径的 6 倍。再由该两根主筋向上引线，最好利用柱筋做接地体。

5. 接地极施工要求

接地极埋深不小于 0.6m，垂直接地体长度不小于 2.5m，其间距不小于 5m，接地体距建筑外墙不小于 3m，而且应避开人行通道不小于 1.5m。接地体的连接必需用焊接，不可用铆接或螺栓连接。防雷接地电阻一般不大于 10Ω。防雷与保护接地合一时，接地电阻不大于 4Ω。防雷接地属于隐蔽工程，施工时要注意作好隐蔽工程验收记录。防雷接地属于保护接地的一种。

施工现场高于 20m 的井字架、塔式起重机、高大机器、烟囱、水塔等都应作防雷装置。大模板施工中，模板就位后，要及时用导线将建筑物和接地体联为一体。塔吊一般应作两组接地，当塔吊轨道很长时，每隔 20m 作一组接地装置。这时接地电阻不大于 4Ω。施工现场设置防雷接地的规定见表 22-8。超过这一标准时就应设防雷装置。

机械设备高度与雷电日的关系　　　　　　　　　　　　　　　　　　表 22-8

地区平均雷电日（天）	机械设备高度（m）
< 15	> 50
> 15，< 40（北京）	> 32
> 40，< 90	> 20
> 90 及严重雷害区	> 12

北京地区雷电日为 30 ~ 40 天，高于 32m 时必须设防雷，通常超过 20m 就设置防雷装置了。

6. 阀型避雷器

它由火花间隙和非线性电阻组成。阀型避雷器常用型号有高压 FZ—□，耐压有 3.6、10kV；FS—□，有 3、6、10、15、20、35、40、60kV 等；低压 FS—□，耐压有 0.22、0.38、0.5kV 等。

施工时先检查瓷体有无裂纹、底座与盖板之间封闭应完好，摇之无声；安装时，上端接母线，下端接地线。进户架空线与室外电缆连接处，还应该装设阀型避雷器，并与电缆金属外皮和绝缘子铁脚连在一起接地，接地电阻不大于 10Ω。接地装置绕建筑物呈闭合回路，冲击接地电阻小于 5Ω。小于 5Ω 有困难时，可采用接地网均衡电位，网孔尺寸不大于 18m × 18m。

22.4　高层建筑及架空线路防雷

高层建筑的特点是建筑面积大，一般有几万至几十万 m²；高度高，通常是几十米，

764

甚至一二百米以上（我国通常将 24m ～ 100m 称为高层建筑，100m 以上称为超高层建筑）；而且多半设有地下若干层；高层建筑电梯多、可燃气管线多、电气管网多、消防设备多。高层建筑物一旦被雷电袭击或起火，损失将很严重，救助也很困难，所以高层建筑的防雷系统的可靠与否是极为重要的。

高层建筑物上的接闪器和一般的建筑物相比，由于建筑物高，闪击距离因而增大，接闪器的保护范围也相应增大。高层建筑物上的避雷带可以把 100m 处的 50kA 的雷击先导吸引到引雷空域（D_1）而通过避雷系统泄电，使建筑物不受雷电流的袭击。但是对于一个距离只有 50m 的 10kV 的雷击先导，由于超过了相应的 40m 的闪击距离，当建筑物的高度比闪击距离还要大时，对于弱雷下行先导时，建筑物上的接闪器可能处于它的闪击距离之外，例如在建筑物高 60m 处的侧面金属窗框，处于该先导的闪击距离（D_2）之内，于是受到侧雷击，如图 22-9 所示。

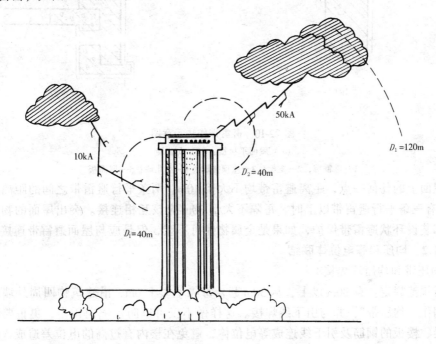

图 22-9　高层建筑物防侧雷击示意图

22.4.1　高层建筑防直击雷的常用措施

据 80 年代统计资料表明在高层建筑的侧面有遭到雷击的记录。但是不一定很严重，因为侧击具有较短的吸引半径，即小的滚球半径 h_r，其相应的雷电流比较小（10kA 左右）。根据实验资料，一般建筑材料能承受 9kA 的雷电流而不会遭受严重损坏。再者侧雷击的记录很少，从窗户飘入球雷的概率更小。因此许多国家防雷规范并没有防止侧向雷击的规定。我们认为：随着高层建筑的不断增高，要求安全保障体系日趋严格，还是需要采取技术措施的。

接闪器的部位：

一般在建筑物容易遭受雷击的部位装设避雷带作为接闪器。避雷带略突出于建筑物外檐，如图22-10所示。而高层建筑物顶部不宜用暗设钢筋作接闪器，因为一旦雷击击碎表层混凝土，碎块飞落下来动量（mV）很大，易砸伤行人，在莫斯科就有一次不大的碎块砸在下面一位学者的肩膀而使上肢脱臼。而屋顶的钢筋可以与防雷装置连接作为屏蔽和后备接闪器用。

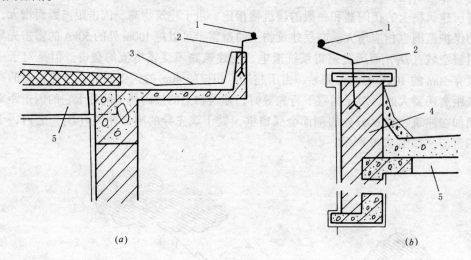

图 22-10 避雷带作法示意图

（a）屋面平挑檐；（b）女儿墙

1—避雷带；2—支架；3—屋顶挑檐；4—女儿墙；5—屋面板

在屋面上的任何一点，距离避雷带均不大于10m。两条平行避雷带之间的距离不大于10m。当有三条平行避雷带以上时，每隔不大于30m应该互相连接。突出屋面的物体，可沿其顶部装设环状避雷带保护，如果是金属物体可不装，但是应与屋面避雷带连接。

22.4.2 均压和等电位体联结

1. 均压带和均压环焊接

防雷规范规定：自30m以上，从30m起，每隔不大于6m、沿建筑物四周外墙的圈梁内用扁钢作"均压带"，并与引下线焊接。这样做不仅可以防范侧向雷击，更重要的是将楼内圈梁、楼板的钢筋及引下线连成等电位体，避免在楼内有过高的电位差造成人或设备事故。在美国某大楼内一名10岁男孩在开防盗门时，外面打了一个雷，造成楼内高电位差而电死，可见楼内部的高电位差比侧雷击还危险。

在30m以下的地方，每隔三层沿建筑物四周圈梁内的主筋焊接起来，并与引下线焊接。称为"均压环焊接"。采用均压环和均压带因有电容，也可以减少引下线的电感，从而降低泄流阻抗。均压环和均压带固然能防范侧向雷击的作用，更重要的是促成楼内的等电位更可靠。

2. 外墙所有金属门窗进行等电位联结

一般需要将高层建筑外墙所有金属门窗及阳台等与引下线焊接起来。整个建筑金属管道、金属构件、金属线槽、铠装电缆等部分或全部焊接成一个整体，称为"法拉第笼"，可以很好地防止直击雷、球形雷、绕雷及侧雷的袭击。北京人民大会堂工程施工中将基础钢筋、柱筋、圈梁钢筋、现浇楼板钢筋都焊连成一体，是一个很好的等电位体的结构实例。

766

高度超过45m的属于二级防雷钢筋混凝土结构、钢结构建筑物，规范规定为防侧雷击，等电位体的措施是将钢结构和混凝土的钢筋应互相连接，利用钢柱或柱子钢筋作为防雷装置引下线。应将45m及以上外墙的栏杆、门窗等较大的金属物与防雷装置连接。竖直敷设的金属管道及金属物的顶端和底端与防雷装置连接。

3. 地板、墙板和金属管线的等电位联结

为了保证建筑物内部不产生反击和危险的接触电压、跨步电压，应当使建筑物的地面、墙板和金属管、线路都处于同一个电位。因此，钢筋混凝土建筑物应当在各层的适当位置预埋与房屋结构内防雷导体相连的等电位联结板，以便于和接地主干线相连。这有利于微电子设备防止雷电波的电磁脉冲干扰。防雷设计时，必须考虑在建筑物伸缩缝、沉降缝和抗震缝等处做防雷跨越导线。

22.4.3 建筑物的防雷技术要求

1. 防直击雷技术要求

(1) 装设独立避雷针或者避雷带作保护对排放有爆炸危险的气体、蒸汽或粉尘的管道，其保护范围高出管顶不应小于2m。

(2) 独立避雷针应有独立的接地装置，冲击电阻 R_{ch} 宜 $\leqslant 10\Omega$。

(3) 独立避雷针及其接地装置，距离被保护建筑物及其有联系的金属物（如管道、电缆、防雷电感应的接地装置等）之间的距离，在空气中距离应 $\geqslant$ $(0.3R_{ch}+0.1h_x)$ (m)，地中距离应 $\geqslant 0.3R_{ch}$ (m)，但是都不得小于3m。

2. 防雷电感应的技术要求

(1) 为了防止静电感应产生火花，建筑物内的金属物（如设备、管道、构架、电缆外皮、钢窗等较大金属构件）和突出屋面的金属物（如放散管、风管等）均应接地，金属屋面和钢筋混凝土屋面（其中钢筋宜绑扎或焊接成电气闭合回路）沿周边每隔18~24m应用引下线接地一次。

(2) 为了防止电磁感应产生火花，平行敷设的长金属物如管道、构架和电缆外皮等，其相互间净距小于100mm时，应每隔20~30m用金属线跨接，净距小于100mm的交叉处及管道连接处（如弯头、阀门、法兰盘等），应用金属线跨接，用丝扣紧密连接的φ25及以上的管接头及法兰盘，在非腐蚀环境中可不跨接。

(3) 防雷电感应的接地装置，其接地电组 $R \leqslant 10\Omega$。并且应该和电器设备的接地装置共用，屋内接地的干线与接地装置的连接不得小于两处。

3. 防雷电波侵入及感应雷

低压线路宜全线采用电缆直埋敷设，在进入建筑物处应与防雷电感应的接地装置连接。当全线采用电缆有困难时，在入户端可以采用一段铠装电缆引入，直接埋地的长度不应小于50m。在电缆与架空线连接处，还应该装设阀型避雷器。避雷器、电缆金属外皮和绝缘子铁脚应连接在一起接地，其冲击接地电阻应小于10Ω。

建筑内微电子设备尽可能远离供电线路；在垂直敷设的主干道金属管道，尽量设置在建筑物中部屏蔽的竖井，电缆竖井等尽可能远离引下线并布置在大楼靠中心的位置，故有"核心筒"之称；建筑物内的电气线路采用钢管敷设；垂直敷设的电气线路，在适当部位装设带电部分与金属外壳之间的击穿保护装置；除了特殊保护的接地之外，各种接地与防雷接地装置共用。

架空、埋地或地沟内的金属管道，在进入建筑物处应与防雷电感应的接地装置相联。距建筑物100m以内的架空管道还应每隔25m左右接地一次，冲击接地电阻小于20Ω，金属或钢筋混凝土支架的基础可作为接地装置。

4．充分利用人工接地体

在高层建筑的四周距离建筑不远的地方，一边或多边常常设有护坡桩，建筑物完工以后护坡桩就没用了，其槽钢或圆钢是很好的人工接地体，将其顶端外露的钢材与建筑物的基础主筋连接。敷设在土壤中的裸钢材不需要镀锌，而用1:3的水泥砂浆保护即可。如果用镀锌钢材反而容易被腐蚀，因为在混凝土中的钢筋平衡电位为 $-0.1 \sim -0.35V$（用铜/硫酸铜标准电极测量），而土壤中镀锌钢材的平均电位为 $-0.7 \sim -1.0V$，当将它们连接起来以后就形成原电池的作用。其电压能达到 $0.35 \sim 0.9V$。原电池电流从敷设在土壤中的镀锌钢材中流出来进入大地，并通过混凝土流入钢筋，最终将镀锌层腐蚀掉，进而继续腐蚀钢材。用水泥砂浆保护效果良好。

在建筑物顶部及其边缘处装设明装避雷带、网是为了保护建筑物的表层不被击坏。屋顶上部的机电设备和出气管等可作为短针、避雷带或避雷网作接闪器。

对于大面积单层厂房之类的建筑物，每根钢筋混凝土柱子的基础一般是独立的，在地中不互相连接。当利用柱内主筋作为引下线，而且基础用作接地体时，应另做周圈式接地带并与柱内钢筋焊接，周圈式接地带紧靠基础，就不一定必须离开3m以外。因为它与基础内的钢筋距离较近，能够发挥均衡电位的效果。而且，利用土建施工的基础沟槽可以埋深一些，有利于接地电阻值的稳定，也不必再挖专用的深沟，节约土方工作量。接地装置必须离开建筑物3m以外，一般认为这是针对独立的垂直接地体而言的。只有在柱基相距很大或有必要时再做均压接地网，以减少接触电阻和跨步电压。

总之，应该看到防雷系统是一个多方面的措施相联系的整体，除了"接闪器"、"引下线"、"接地装置"这三部分作为主体以外，还包含"等电位联结"、"加速泄流措施"、"金属管网屏蔽"、"接地效果"、"合理布线"和"阀型避雷器"等重要因素。各种措施的联合才能可靠地防雷，单一措施是难以奏效的。

22.4.4 架空线路防雷

1．我国架空绝缘配电线路的防雷现状

我国城市电网架空绝缘配电线路目前尚无可靠的防雷措施，雷击断线事故时有发生。我国现有架空绝缘配电线路不少是从原裸导线线路改造而来的，其防雷措施均与原裸导线线路的防雷措施相同，只在杆上开关、变压器、变电站处采用避雷器，在线路上没有采取任何措施，这样一旦线路两相或三相落雷，断线事故很难避免。

对于我国东北电网使用的紧凑型架空绝缘 电线，雷击电线事故比较少，这可能是由于紧凑型三相绝缘电线固定在按比例配置的绝缘支架上，绝缘支架顶端挂在承载钢索上，承载钢索在每电杆处接地，相当于一根避雷线。

2．防止雷电波侵入的措施

对电缆的进出线，应在进出端将电缆金属外皮、钢管等与电气设备接地相连。当电缆转换为架空线时，应在转换处装设避雷器。避雷器、电缆金属外皮和绝缘子铁脚、金具等连接在一起接地，其冲击接地电阻不宜大于30Ω。对低压架空进出线，应在进出处装设避雷器并与绝缘子铁脚、金具连在一起接到电气设备的接地装置上。当多回路架空进出线时，可仅在母线或总配电箱处装设一组避雷器或其它型式的过电压保护器。但绝缘子铁脚、金具仍应接到接地装置上。进出建筑物的架空金属管道冲击接地电阻宜小于30Ω。

3. 架空电线雷击断线的分析

(1) 绝缘线雷击闪络的多发部位在电杆上导线的固定部位。有关平行导线预放电的理论对此的解释为当雷击平行导线时，在平行导线间电势差产生特别强烈的预放电电流，由于预放电电流分配于广大范围的导线区间，放电时间较长，可能雷击线路电杆之间的部分冲击波前进到最近电杆，在电杆上电极经过同平行导线形成的电极结构特性不同，其各自产生的强度等值预放电也不同，闪络的延迟在电杆部分上比在电杆之间要短的多。于是雷击电杆之间部分时，闪络往往发生在电杆导线的固定部位。

(2) 绝缘线的绝缘被直击雷或感应雷击中发生闪络而击穿，如果发生闪络时通过的电流很大，但时间很短，则雷击闪络只能引起绝缘层的击穿而不会引起导线熔化断线。当相电压加在闪络回路时，流过接地电流，对于中性点不接地系统，电流较小不会引起断线，线路对地侧金属附件的绝缘可在瞬间恢复。如果雷击闪络发生在两相或三相之间，不一定是同一电杆，工频电弧电流数千安培集中在绝缘层的破坏部位，可能在断路器跳闸前断线。

(3) 雷击裸导线时，电弧点靠电磁力作用而沿导线迅速推移并经开关或变压器设备处的避雷设备接地，或在工频电流烧断导线之前引起断路器跳闸。雷击绝缘线时，绝缘层对电弧形成移动屏障，使电弧移动较慢，工频电流集中在绝缘层的破坏点，能够导致导线熔断。

4. 国外架空配电线路的防雷措施

芬兰22kV架空绝缘配电线路SAX系统。绝缘线的悬挂线夹和耐张线夹上有压上去的闪络保护器，能够防止工频电流烧断电线。施工中架设绝缘线时，悬挂线夹处绝缘层被剥除，悬挂线夹和耐张线夹围绕电线部分比较厚实，足以防止电流电弧根部的燃烧效应。闪络短路时工频电弧在线夹的厚实部分之间燃烧，直到开关跳闸从而保护导线。

瑞典12kV、24kV架空绝缘配电线路BLX、AXUS系统。瑞典规定绝缘线跨越公路、铁路及在空旷地区要有防雷措施。具体作法是在单根绝缘导线线路BLX系统，用足够重量的金属线夹夹在导线上，伸出绝缘子300mm，原理与芬兰SAX系统相同。或者在绝缘子中装设氧化锌避雷器。集束无金属屏蔽自支撑架空绝缘电缆线路AXUS系统在绝缘子上并联一个空气间隙，我国南京、常州等地有应用。或者使用氧化锌避雷器。

22.5 特殊建筑物和构筑物的防雷

22.5.1 特殊建筑物的防雷

1. 建筑物航空障碍灯及外观灯、节日灯的防雷

建筑物外观节日灯、航空障碍灯及其他设备的线路，应根据建筑物的重要性采取相应的防止雷电波侵入的措施。无金属外壳或保护网罩的用电设备宜处在接闪器的保护范围内，不宜布置在避雷网之外，并不宜高出避雷网。从配电箱引出的线路宜穿钢管。钢管的一端宜与配电箱外壳相连；另一端宜与用电设备金属外壳、保护罩相连，并就近与屋顶防雷装置相连。当钢管因连接设备而中断时宜设跨接线。配电箱内，宜在开关的电源侧与外

壳之间装设过电压保护器。

2. 露天油罐的防雷

(1) 易燃液体，闪点低于或等于环境温度的可燃液体的开式储存罐，正常时有挥发性气体产生，是属于第一类防雷构筑物，应设置独立的避雷针，保护范围按敞开面向外水平距离 20m，高 3m 计算。对露天的注送站，保护范围按注入口以外 20m 以内的空间进行计算，独立避雷针距离敞开面不小于 23m，冲击接地电阻不大于 30Ω。

(2) 要求可燃液体储存罐的壁厚不小于 4mm，属于三类防雷构筑物，不设置避雷针，只作接地冲击接地电阻不大于 30Ω 的接地装置。

(3) 浮顶油罐，球形液化气储存罐的壁厚大于 4mm 时，只接地，并将浮顶为罐体用 25mm² BV 导线可靠连接。

(4) 埋地式油罐，通常覆盖土 0.5m 以上，所以可不考虑防雷措施。如果有呼吸阀引出地面需要作局部防雷接地连接。

(5) 带有呼吸阀的易燃液体储存罐，罐顶钢板厚度不小于 4mm，属于二类防雷构筑物，可在罐顶直接安装避雷针，但和呼吸阀之间的距离不小于 3m。要求保护范围高出呼吸阀 2m 以上，冲击接地电阻不大于 10Ω，罐上接地点不应少于两处，两接地点相距不大于 24m。

22.5.2 构筑物的防雷

1. 烟囱的防雷

一般的烟囱属于第三类防雷构筑物。砖烟囱和钢筋混凝土烟囱，用设置在烟囱上的避雷针或环形避雷带作保护，多根避雷针应在烟囱顶上用避雷带连接成闭合环。接地装置的冲击接地电阻不大于 30Ω。

烟囱的直径小于 1.2m、高度小于 35m 时，应该采用一根 2.2m 高的避雷针；当烟囱直径小于 1.7m，高度小于 50m 时用两根 2.2m 以上的避雷针；烟囱的直径大于 1.7m，高度大于 70m 时，采用环形避雷带保护，烟囱顶部设置的环形避雷带和烟囱各抱箍应与引下线相连接；高度 100m 以上的烟囱在距离地面 30m 处往上每 12m 加装一个均压环并与引下线焊接。

烟囱高度不超过 40m 时只设置一根引下线，40m 以上设置两根。可以利用铁扶梯作为引下线，钢筋混凝土应用两根主筋作引下线，在烟囱顶部和底部与铁扶梯连接。

2. 水塔的防雷

水塔也是细高构筑物，它的防雷按第三类构筑物考虑。通常利用水塔顶上周围的铁栅栏作为接闪器，或装设环形避雷带保护水塔边缘，并在塔顶中心设置一根 1.5m 高的避雷针。冲击接地电阻不大于 30Ω。引下线不少于两根，间距不大于 30m。如果水塔周长和高度均不超过 40m 可以只设置一根引下线，可利用铁爬梯作引下线。避雷针、塔顶金属网、金属栏杆、金属通风帽、爬梯扶手、广告牌等铁件均应焊接在一起，并和防雷引下线焊接成一体，如图 22-11。

3. 粮、棉及易燃物大量集中的露天堆场的防雷

粮、棉及易燃物大量集中的露天堆场，不存在感应雷问题，只考虑防直击雷措施。当其年计算雷击次数大于或等于 0.06 次/a 时，宜采取独立避雷针或架空避雷线防直击雷。独立避雷针和架空避雷线保护范围的滚球半径 h_r 可取 100m。在计算雷击次数时，建筑物

的高度可按堆放的高度计算，其长度和宽度可按可能堆放的面积长宽计算。在独立避雷针、架空避雷线（网）的支柱上严禁悬挂电话线、广播线、电视接收天线及低压架空线等。

4.户外架空管道的防雷

（1）户外输送可燃气体、易燃或可燃液体的管道，可在管道的始端、终端、分支处、转角处以及直线部分每隔100m处进行重复接地，每处的接地电阻不大于30Ω。

（2）上述管道在与有爆炸危险厂房平行敷设而间距小于10m时，在接近厂房一侧每隔30～40m应接地，接地电阻不大于20Ω。

（3）当上述管道连接点（包括弯头、阀门、法兰盘等），不能保持良好的电气接触时，应用金属线跨接。

（4）接地引下线可利用金属支架。如果是活动金属支架，在管道与支持物之间必须增加敷设跨接线。如果是非金属支架，必须另作引下线。

（5）接地装置可利用电气设备保护接地。

22.5.3 微波站及卫星地面站的防雷

1.微波天线塔的防雷方法

微波天线塔的防直击雷的避雷针通常直接固定安装在天线塔上，塔的金属结构也可以兼作为接闪器和引下线。可用塔基做成闭合环形并与接地体连接，塔的接地电阻一般不大于4Ω。

微波塔上的照明灯电源线一般采用金属外皮电缆，或将导线穿入金属管。电缆金属外壳金属管道至少应在两端与塔身连接，并水平埋

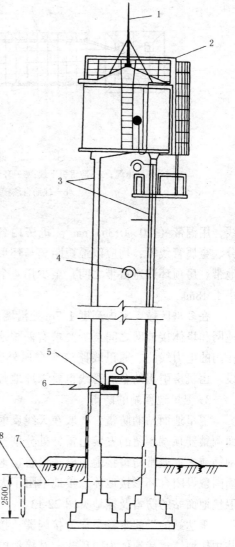

图22-11 水塔防雷示意图

1—避雷针；2—金属护栏；3—引下线；4—照明电缆；5—配电箱；6—竹管保护；7—接地母线；8—接地极

入地中，埋地长度要求10m以上再引入电梯机房、配电装置或配电变压器。塔上所有的金属器件，例如航空障碍信号灯具，天线的支架或框架，反射器的安装框架等，都必须和铁塔的金属结构用螺栓焊接。波导管或同轴电缆传输线金属外皮和敷设电缆的金属管道，应该在塔上下两端及每隔12m处与塔身金属结构连接，在机房内应与接地网连接。

2.微波机房防雷

图22-12是微波站防雷接地示意图，微波机房一般处在天线塔避雷针保护范围之内，若不在保护范围之内，则应该沿房顶周围敷设闭合环形避雷带，钢筋混凝土屋面板和柱子的钢筋可作为引下线。

在微波机房外应围绕机房设置闭合水平接地体。在机房内应该沿墙壁敷设环形接地母

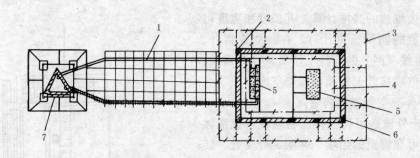

图 22-12　微波站防雷接地示意图

1—照明电缆；2—防雷引下线；3—环形水平接地体；4—室内接地线；5—电气设备；

6—柱筋自然接地体；7—天线塔及其基础

线，用铜带（120×0.35）mm^2。机房内各种设备外壳、电缆金属外皮、不带电的金属部分、金属管线等，均应以最短距离与环形接地母线连接。室内环形接地母线、室外闭合接地带、房顶环形避雷带之间，至少用 4 个对称布置的连接线互相连接，相邻连接线的距离小于 18m。

在多雷区域，室内高度 1.7m 处沿墙应设置一圈均压环，并与引下线相连。机房的接地网和塔体接地网之间至少要求有两根水平接地体连接，总接地电阻不超过 1Ω。引向机房内的电力线路、通讯线路应有金属外壳、屏蔽层或敷设在金属导管内，并要求埋地敷设。由机房引出的金属管线也要求埋地敷设，机房外埋地长度大于 10m。

3. 卫星地面站的防雷

卫星地面站的防雷，一般在天线反射体抛物面骨架顶端，也可以利用独立避雷针或幅面调整器顶端预留的安装避雷针处分别安装避雷针。引下线可利用钢筋混凝土构件内部的钢筋兼之。通常防雷接地、电子设备接地、保护接地应共用接地装置。最好在围绕建筑物周围敷设闭合环形接地体，接地电阻不大于 1Ω。机房防雷与微波站机房的防雷要求相似。卫星地面站的防雷及接地见图 22-13。

雷达站的天线本身可作为接闪器；接闪器和支撑架直接接地，可与雷达主机工作接地共用接地体；接地体为闭环式。其接地电阻不大于 1Ω。引入雷达主机的电源线、伺服机构电源线、天线的馈线、控制线均需要埋地敷设。

在雷达测试实验现场中要求埋设临时的环形水平接地极，接地电阻不大于 4Ω。可以采用垂直接地极组，用接地母线相连。如图 22-14 所示。如果当地土质不良，也可以加石墨或直埋紫铜板。在地面上应留出接地端子以便与各种车辆的金属底座用软铜线相连。各种专用车辆的工作接地、保护接地、电源电缆外皮及馈线屏蔽外皮，均用接地线以最短的路径与接地端子连接。

22.5.4　防雷系统诸因素的关系分析

通过上述各种特殊建筑物和构筑物的防雷情况，可以分析出在各种特殊建筑防雷系统中诸因素的辩证关系，通常接地装置泄电的能力是第一位的，接闪器并不一定重要，例如在建筑群中的城市金属雕塑，一般没有必要设置接闪器，如果在广场或平原，其防雷的关键是做好泄电的接地装置，这些金属物体本身就具有优良的导电性能，尤其是象颐和园的铜亭，有四根大铜柱作引下线，这可能是世界上最好的引下线了，所以这些古代文物根本

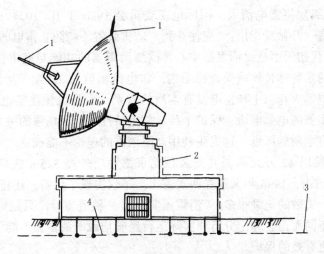

图 22-13　卫星地面站的防雷及接地

1—接闪器；2—引下线；3—自然接地体；4—环形水平接地体；

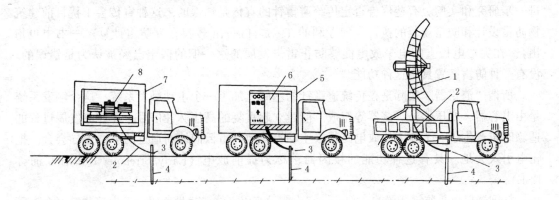

图 22-14　测试调试场防雷接地示意图

1—天线；2—接地引下线；3—接地端子；4—接地装置；

5—主机车；6—主机；7—电源车；8—柴油发电机

不需要设置接闪器去招雷反而更安全，更不需要设置先进的、能主动招雷的接闪器，不然这些文物就仿佛成了作高压试验的金属球了。

飞机的防雷系统就不存在接地装置了，宜用等电位的方法及金属屏蔽方法防止雷击伤害。所以在防雷系统许多因素中的关系是辩证的、矛盾是有转化的，有的工程接地装置是主要矛盾，换一种环境就不一定了。防雷系统是由许多有机联系的技术措施所组成的统一体，其中有一个环节有问题，就可能埋下隐患。

22.5.5　关于"消雷器"的争论

关于"消雷器"的宣传很多，展览会、展销会和广告宣传已经沸沸扬扬，在许多建筑设计部门引起不同的看法。

美国在 30 年前也"火爆"过一阵，由于在运行中的消雷器仍频繁遭雷击，美国政府经过调查以后就把消雷器否定了。由于雷电闪电的电流强度在 20～200kA，消雷器不能靠微弱的放电（μA 级）将雷电消灭，国际电工委员会 1990 年 IEC1024.1 建筑物防雷标准第一部分通则导言一开始就指出："应注意到，防雷装置不能防止雷电的形成。"

我国在 80 年代初于西昌火箭发射中心曾围绕消雷器的功能与避雷针的区别作了多年对比试验，当时的半导体长针遭受直接雷击，雷电流幅值为 22kA，为上行雷。经过两年的对比试验证明电晕火花与中和雷电没有本质的联系，而且机械性能也不如传统避雷针。综合分析认为消雷器的电晕电流、保护半径、放电特性与地面场强的关系等均与普通避雷针基本一致，没有本质的区别。这表明利用高阻消雷的理论不能成立。

1993 年中科院以 12 万元购买并安装在北京德胜门外高 325m 铁塔上的 19 针 SLE，1995 年两次遭受雷击，1996 年又遭受两次雷击，不仅击毁了设备，还将铁塔上的一根 BP 机天线也赔上了，失败的记录很多。"消雷器实际是一种避雷针，只是端部的形状和材料与常规的避雷针不同而已。理论分析和实际运行经验均说明消雷器不能消雷，也不能提供比等高的避雷针更有效的保护。"

实践证明：以避雷针为基础的防雷技术是有效的，我国建筑物防雷规范是正确的和先进的，应该作为防雷设计的准则。各种所谓新型避雷针和消雷器都是研制中的技术，需要进一步研究和实验。有些广告否定传统避雷针的宣传是错误的，这种宣传会干扰目前建筑物防雷设计和防雷规范的执行。匈牙利的 Tibor Horvath 教授在《防雷计算》一书中也指出："在尖端电极上的电晕放电能够防止雷击发展的这一旧的假定已经被认为是错误的。没有一种防雷装置具有这种功能。"

所谓"消雷器"实际是在传统避雷针的基础上加了一个主动触发系统，这个触发系统是由电容器、变压器、震荡器等组成，能建立起重复的高压脉冲信号，在放电发展过程的适当时机产生了一个连续的放电路径去主动提前地与雷云向地面逼近的下行先导会合，把雷电引入大地。具有这种功能的接闪器被称为提前放电（Early Streamer Emission 简称 ESE）。

接闪器仅仅是防雷装置的一部分，它不能没有引下线、接地装置、等电位联结、金属管网屏蔽、加速泄电的接地措施、合理布线等所组成的完整防雷系统。有些广告把这种接闪器称为"消雷器"，利用的是我国推荐标准《半导体少长针消雷装置使用的安全要求》GB/T16438—1996 作为根据。近十年的统计表明，已经推向市场并用于工程的消雷器已经给工程安全造成了极大的隐患，其产品事故率已经达到 3% ~ 10% 左右。国家科委负责同志在 1996 年 2 月全国科学普及工作会议开幕式讲话中指出："任何科学假说和命题在未经得到科学验证之前，都不能作为国家政策和法令的依据，不能作为领导作出决策的依据"。

澳大利亚南端有一个哈里特岛，有家工厂专门生产消雷器，我国专家去参观，问到消雷器在澳大利亚使用的情况，他们说："我们澳大利亚不用这东西，这是专门为中国生产的，有些中国人喜欢这个东西"。该公司可以免费给作防雷设计，只要有建筑物顶层平面图。

"消雷器"的功能实际和一般的接闪器一样，只要其热容量能承受强大雷电流而不被击毁就还能当接闪器用，它只是一个针状接闪器而已。如果去安装这种接闪器也无不可，如图 22-5 所示避雷针就有各式各样的，用金属塑像可以，用金属饰物可以，用黄金宝顶也行。但是接闪器没有消雷作用，不能取代防雷系统的其他部分。本书认为：应该以强制性国家标准 GB50057—94 作为防雷设计、施工和教学的依据。

结论是：避雷针（带、网）的防雷效果是不应怀疑的，设计人员不应受商业宣传，选择价格昂贵的接闪器。防雷设计和安装应全面地考虑，贯彻适用、经济、美观的方针。

22.6 防雷设计的主要因素

国际电工委员会标准 IEC1024—1 把建筑物防雷装置分为外部和内部两类。建筑防雷设计中应将两部分作为整体考虑。

外部防雷装置由传统的避雷装置接闪器、引下线和接地装置组成。建筑物上部的接闪器（避雷针、避雷带、避雷网）遭受雷击，由接闪器和引下线将雷电流泄到接地装置，通过接地装置散流到大地。设计应根据建筑物的防雷等级、使用性质和形状决定防雷装置，确定接闪器保护范围有保护角法、折线法、网络尺寸法和滚球法。

除外部防雷装置外，所有附加措施为内部防雷装置。内部防雷装置用来减少楼内雷电流和所产生的电磁效应。主要措施有：采用等电位联结、屏蔽和加装避雷器等措施，以减少反击、接触电压、跨步电压等次生灾害和雷电脉冲造成的危害。

22.6.1 接闪器的选择和布置

独立避雷针适应于保护较低矮的库房和厂房，特别适用于那些要求防雷导线与建筑物内各种金属及管线隔离的场合，过去曾用保护角表示避雷针的保护范围，至今也有设计人员采用这种办法。但是，用保护角的作法忽略了雷击距离对避雷针保护范围的影响。在一定的雷击距离 h_r 时的避雷针高度不同，其保护角是不同的。较低避雷针的保护角较大，高架避雷针的保护角较小。如果固定以保护角表示避雷针的范围，则高架避雷针的相对保护范围是减少的，用滚球法计算避雷针保护范围时，可以明显地发现这个问题。建筑物上设置长针不美观，消耗钢材较多，增加建筑物造价。

按照雷击建筑物的规律装设避雷针和避雷网是民用建筑物防雷的主要形式，有些大屋顶结构的古建筑在房角设置短针防雷效果较好，也不影响美观。但是，有的古建的防雷只在屋脊正中竖立一根避雷针，它违背了建筑物被雷击的规律，既不安全也不美观。钢筋混凝土一般无需安装特殊的接闪器和消雷器，因为它本身就有较好的防雷性能。在建筑物顶部及其边缘处装设明装避雷带、网是为了保护建筑物的表层不被击坏。屋顶上部的机电设备和出气管等可作为短针、避雷带或避雷网作接闪器。

22.6.2 引下线的分流性能

设置防雷引下线的数量关系到反击电压的大小，所以引下线的根数和布置应按防雷规范确定，引下线数量以适当多些为好。高层建筑物在屋顶装设避雷网和防侧击的接闪环应和引下线连接成一体，以减少整体防雷引下线的电感，利用雷电电流的分流。引下线与各楼层的等电位联结母线相连，可以使室内反击电压显著降低。暗装引下线应引出明显的测量接点，以备检测。

用同轴电缆作引下线是不能解决隔离问题的。这是因为同轴电缆的外屏蔽层对地的分布电容远小于在地面敷设电缆的对地电容，在接闪时电缆线芯会产生很高的电压降，不能避免芯线对屏蔽层的闪络放电。另外，用同轴电缆作引下线时，其屏蔽层必须与建筑物的钢筋相连，由于雷电流的集肤效应，大部分电流仍然是通过建筑物的钢筋。结论是用同轴电缆作引下线费钱而无效。

利用建筑物结构的主筋作为暗装引下线的规定是根据通常这类建筑物的柱子有很多根，而且每根柱子的钢筋数量有许多的不同因素确定的。如果建筑物只有四根柱子，那么柱子内的钢筋必须焊接。如果要测量接地电阻，从预埋连接板处接线就可以了。外引预埋连接板（线）与防雷导体的连接应采用焊接或螺栓紧固的卡夹器连接。明装引下线在靠近地面的一端应盖以角钢或套硬塑料管以防止机械损伤。但是，引下线不应套钢管，以免接闪时感应涡流和增加引下线的电感，影响雷电流的顺利通过。

22.6.3　防雷接地施工

（1）防雷接地应尽量利用自然接地体作为防雷接地，有条件允许优先利用建筑物的基础（高层建筑物的桩基础、箱形基础等）作接地装置，这些基础连成的接地网有较大的电容，其冲击阻抗是很小的。规范中规定利用建筑物基础钢筋作接地装置的条件是以硅酸盐为基料的水泥和周围土壤的含水量不低于 4%。对于建筑物基础处于地水位很低，其含水量达不到 4% 的地区，则应做补充接地装置。有的地区水位虽高，但基础包裹在防水层（如油毡）内，这样的基础也不能作为接地装置的，应该另外做防雷接地装置。

（2）规范中规定，接地装置必须离开建筑物 3m 以外，一般认为这是针对独立的垂直接地体而言，当围绕建筑物作周圈式接地带时就不一定必须离开 3m 以外，而以靠近建筑物基础沟槽的外沿敷设为合理。因为它与基础内的钢筋距离较近，能够发挥均衡电位的效果。而且，利用土建施工的基础沟槽可以埋深一些，有利用接地电阻值的稳定，也不必再挖专用的深沟，节约土方工作量。

（3）当建筑物的防雷接地与电气设备的接地无法隔离时，一般的做法是连成统一的接地系统，其共用接地电阻按其中最小值的要求选定。上述以接地电阻值作为设计指南的做法现已经改为以接地目的为设计指南。防雷和电力设备接地的目的均以安全为主，其手段是降低接地阻抗和维持等电位。防雷接地的阻抗必须考虑冲击阻抗，尽量采取环网的接地形式。凡是能够与防雷共用接地的电气设备均宜直接将两个系统的接地导体相连，这是维持等电位的最好方法。

（4）微电子系统的接地目的应兼顾防干扰和安全，在平时正常工作状态下不可将微电子设备接地与防雷接地系统相连，以防止杂散信号侵入。具体做法是在底层将两接地系统之间用低压避雷器或电器连接起来，以求在雷击时自动连接，防止闪络和击穿放电。

22.6.4　合理布线与进线保护

为达到防雷目的，我们认为建筑物内非防雷系统的各种电气线路宜采用金属管穿线，因为金属管屏蔽效果最好，防止反击事故能力强，适用于各种建筑结构。垂直敷设的金属管线和金属槽敷线的干线集中于建筑物的中心部位，如电梯井的一侧。穿线铁管和线槽都应与各楼层的等电位连接板和接地母线相连接，以达到良好的屏蔽效果。

应当注意由室外引来的电源线、电话线、共用电视天线、屋顶彩灯、航空指示灯等线路的引入做法，防止雷电波引入。

除考虑布线部位和屏蔽外，还需要在一些线路上安装避雷器、压敏电阻、齐纳二极管等过电压保护器。

建筑物内部防雷措施大致可分为安全距离和等电位联结两类。安全隔离距离指在需要防雷的空间内两导体之间不会发生危险火花放电的最小距离。等电位联结的目的是使内部防雷装置所保护的各部位减少或消除雷电流引起的电位差，包括靠近进户点的外来导体也不产生电位差。一般木结构、砖混结构采用安全距离，钢筋混凝土、钢结构采用等电位联结。

22.7 防雷屏蔽与电脑机房的接地

灵敏电子设备和电脑机房设备会受到人和自然的各种电磁波的干扰，尤其是在雷电流放电的变化瞬间产生很强的干扰磁场。人为故意干扰源和无线通信、广播电视、无线电雷达、导航系统、瞬态开关、换向装置、电晕放电、气体火花放电、交流信号源等也都会产生干扰磁场。这些电磁干扰通过空气中电磁场辐射耦合及金属管线电路传导耦合到灵敏的电脑电路中，导致数字门电路该翻转的数字脉冲没有翻转，不该翻转的数字脉冲发生了翻转等，造成电脑的误动作、输出数据错误，这种错误又不易被发现，即使发现了也难以查出原因，可能会在经济上造成巨大的损失或造成医疗事故。

22.7.1 屏蔽的目的

建筑物中做屏蔽的目的是对微电子设备的保护。雷电的电磁辐射可以影响到 1km 以外的微电子设备，沿电气线路传播的雷电波影响更强更远，所以无论是本建筑遭到雷击、远处的建筑物或空中发生雷击，都会有雷电磁脉冲侵入建筑物。因此，有必要对有大量微电子设备的房间采取屏蔽措施，保证仪器处于无干扰的环境中。

屏蔽的有效性不仅与房间加装的屏蔽网和仪器外壳——屏蔽体本身有关，还与微电子设备的电源线和信号线接口的防过电压、等电位联结和接地措施有关。这一系列的措施都需要专门设计和施工，有关的技术已经成为一个新兴产业，即雷电电磁脉冲的防护（LEMP）。

22.7.2 雷电电磁脉冲

雷电电磁脉冲 Linghting Electro Magnetic imPulse LEMP 的干扰主要是指以下三种情况：自然界天空中雷电波的电磁辐射对建筑物内部电气设备的电磁干扰。当建筑物的防雷装置接闪后，强大的雷电流对内部电气设备的电磁干扰。由外部的各种架空或电缆线路引来的电磁波对内部电子设备的干扰。

现代平顶建筑多采用避雷带而较少使用避雷针，是因为避雷带有利于敷设多根引下线、有利于形成等电位联结、有利于建筑物的外观。避雷装置只对建筑物进行外部保护以防止直接雷击，笼式避雷网具有一定程度的屏蔽电场均匀作用，是作为第一道防线。对于内部敏感电子设备应采用屏蔽、均压、过电压保护、接地等综合措施。

雷电电磁脉冲的防护是一项新技术。建筑物防雷设计应为它提供基础条件。防雷技术仍在发展之中。

22.7.3 屏蔽方法

1. 法拉第笼

根据法拉第笼原理，封闭的金属笼内电场强度近似于零，对其金属笼内部屏蔽信号源的辐射信号有较大的衰减作用，这样就可以防止磁场干扰，同时也有利于保密。可以采用低电阻的金属材料或磁性材料做成六面封闭体。

LEMP 理想的建筑物防雷设计方案首先是采用法拉第笼，将各种电子设备置于笼内，由于建筑物金属结构遍及各处，皆可作为零伏电位的基准点，电子设备的屏蔽是对 LEMP

的主要防护措施。屏蔽对建筑物内部的分流和均压也能够达到良好的效果。屏蔽的具体做法应根据电子设备的特殊要求确定,或将房间之间屏蔽,或将设备之间屏蔽,或将设备本身屏蔽。

LEMP 对室内布线的要求非常重要。作为引下线的钢筋混凝土柱子内钢筋和全楼的屏蔽网都在外墙处,外墙雷电流密度大,周围磁场强,因此大楼主弱电干线宜设置在中心部位,使用金属管保护或采用双层屏蔽电缆及同轴电缆,特殊线路电源侧加隔离变压器、稳频、稳压装置或设备本身加滤波装置。注意不要使用铜材,铜不能屏蔽磁场。

LEMP 对接地要求严格。电子设备的低频信号干燥接地应采用单点接地,在全楼内应是树干式布置,各层或各段的低频信号工作接地均应直接接到单点接地极上,使之不成环路。单点接地系统不应与作为分流引下线的柱子平行,以防止强电磁干扰。建筑物使用结构柱钢筋作为屏蔽时应采用联合接地,即将防雷接地、电源工作接地、各种装置外壳、铁管外皮和高频电子设备的信号接地统一接到联合接地的基础上或室外接地装置上。为避免杂散电流,单点接地要求使用绝缘线,并将其主接地板放在大楼最底层,直接与基础或室外接地装置连接。单点接地与联合接地连接时,中间加装不大于 DC300V 的放电管或压敏电阻。联合接地接地电阻要求 1Ω 以下。

2. 屏蔽的种类

屏蔽的种类如表 22-9 所示。

屏 蔽 的 种 类

表 22-9

分类形式	屏蔽种类	作 用 说 明	是否接电	备 注
按屏蔽的目的分类	被动屏蔽室	防止外界电磁场干扰室内灵敏电子设备或电脑正常工作而设置的屏蔽室	不需接地	① 接地电阻 ≤ 4Ω ② 一般屏蔽多指电磁屏蔽
	主动屏蔽室	为了防止室内设备辐射电磁干扰影响周围环境及信息泄漏而设置的屏蔽室	接地	
按屏蔽的原理分类	静电屏蔽室	防止静电场的影响,消除两个电路之间因分布电容耦合产生的干扰,屏蔽体采用金属材料	接地	
	电磁屏蔽室	为了防止高频电磁场的影响而设置的屏蔽室,屏蔽体采用金属材料	必须接地	
	磁屏蔽室	为了防止低频磁场干扰而设置的屏蔽室,屏蔽体采用高导磁率的磁性材料	接地	
按屏蔽的材料分类	板式屏蔽室	屏蔽体采用镀锌钢板、铜板或坡莫合金等板式金属材料	不需接地	
	网式屏蔽室	屏蔽体采用铜网组成的屏蔽室,用在音频、超高频等范围	接地	经济,但是永久性差
	薄膜式屏蔽室	屏蔽体采用塑料制品上镀一层金属,或由金属及塑料组成的塑料制品	接地	逐渐代替金属材料
按施工的方法分类	建筑式屏蔽室	将屏蔽体金属材料埋入墙体中由建筑专业现场施工	—	
	装配式屏蔽室	屏蔽体由专门的生产厂家生产成品,在现场组装	—	

3．屏蔽设计方法

（1）利用建筑物原有墙体钢筋增加密度，形成网状封闭体，并可靠地接地。特点是简单易行，但是效果取决于增设的钢筋密度。如图 22-15 所示。

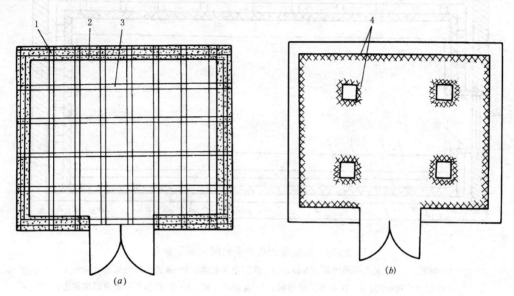

图 22-15　增设钢筋屏蔽平面图

（a）无柱子的平面图；（b）有柱子的平面图

1—剪力墙内的竖向钢筋或墙内增设的钢筋；2—墙内增设的横向钢筋；3—楼板内的钢筋；4—屏蔽体

（2）采用紫铜板完全封闭：可以采用 0.5mm 厚的紫铜板，接缝一般可以采用焊接、铆接、卷边搭接或螺钉固定的方法。这种屏蔽方法不仅可以防止室外电磁干扰，还可以防止室内的电磁辐射被室外收录而泄密。当室内有柱子的时候，一定要将柱子也用铜板密封起来，与屏蔽室焊连成为封闭而贯通的等电位体。施工中务必注意铜板连接要清除污迹、防腐层、油迹、氧化物等，先将铜板整平，防止翘曲。采用螺栓连接时，螺栓间距不得大于 10mm。图 22-16 所示是某电脑机房屏蔽做法示意图。

22.7.4　电脑机房的接地

为了防止雷击电压对电脑系统设备产生反击，防雷装置与其它接地物体之间保持足够的安全距离，但在工程设计中很难做到。如多层建筑的防雷接地一般是利用钢筋混凝土中的钢筋作为接地线和接地体，无法满足与其它接地体之间保持安全距离的要求，可能产生反击现象，而采用共用一组接地体，降低了雷击时相互之间的电位差，能够防止这种反击现象，保证人员和电脑设备的安全。共用接地装置的接地电阻应按最小的一种要求确定。

1．机房接地的种类

（1）交流工作接地：也称功率接地，是指除了电脑数字电路以外的其它交流电路的工作接地。例如电脑或电子设备外壳上的断电器、指示灯、风机等交流电源的接地。

（2）逻辑接地：也称信号接地，为了确保电脑内部数字电路具有稳定的基础电位而设置的接地称为逻辑接地，即直流接地。

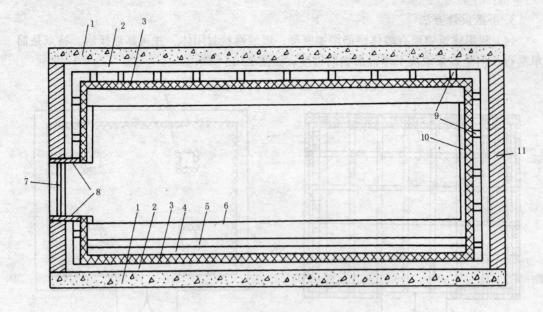

图 22-16 采用紫铜板完全封闭立面示意图

1—楼板；2—聚氯乙烯绝缘板（2mm）；3—紫铜板屏蔽体；4—聚氯乙烯绝缘板（2mm）；
5—电脑逻辑接地网；6—防静电活动地板；7—屏蔽滤片窗；8—屏蔽体与屏蔽窗焊接相连；
9—屏蔽体骨架；10—装饰面板；11—墙体

（3）保护接地：是为保证人身及设备安全的接地。将电器设备与带电体相绝缘的金属外壳、机壳或面板和接地装置的金属连接。

（4）屏蔽接地：是为了防止干扰磁场与电子线路发生电磁耦合而产生相互影响，故将设备内外的屏蔽线及屏蔽房间的屏蔽体进行接地，称为屏蔽接地。

（5）静电接地：导静电地面、活动地板、工作台面和坐椅垫套必须进行静电接地。静电接地的连接线应有足够的机械强度和化学稳定性。导静电地面和台面采用导电胶与接地导体粘接时，其接触面积不宜小于 $10cm^2$。静电接地可以经限流电阻及自己的连接线与接地装置相连，限流电阻的阻值宜为 $1M\Omega$。

接地系统的形式一般可根据接地线长度和电子设备的工作频率来确定。当 $L < \lambda/20$，$Z \approx R_{rf}$，频率在 1MHz 以下时，一般采用辐射式接地系统。辐射式接地系统，即把电子设备中的信号接地、功率接地和保护接地连接在一起，再引至接地体。当 $L > \lambda/20$，频率在 10MHz 以上时，一般采用环（网）状接地系统。环（网）状接地系统即将信号接地、功率接地和保护接地都接在一个公用的环状接地母线。环状接地母线设置的地点视具体情况而定，一般可设在电源处。

当 $L = \lambda/20$，频率在 1～10MHz 之间时，采用混合式接地系统。混合式接地系统，即为辐射式接地与环状接地相结合的系统。

上述几种接地系统的选用可根据高频阻抗及射频电阻计算结果决定：

$$Z = R_{rf}\sqrt{1 + (tg2\pi L/\lambda)^2}$$

$$R_{rf} = 0.26 \times 10^{-6}\sqrt{\mu f/Gf \cdot L/b}$$

式中　　L——从仪表或设备至环状接地体的接地引线长度（m）;

　　　　b——接地引线宽度（mm）;

　　　　λ——波长（m），其值为 $3 \times 10^8/f$;

　　　　μ——接地引线相对铜的导磁率;

　　　　G——接地引线相对铜的导电率;

　　　　f——设备工作频率（Hz）;

　　　　Z——接地引线的高频阻抗（Ω）;

　　　　R_{rf}——接地引线表面的射频电阻（Ω）。

　　但无论采用哪种接地系统，其接地线长度 $L = \lambda/4$ 及 $\lambda/4$ 的奇数倍的情况应避开。电子设备接地电阻值除另有规定外，一般不宜大于 4Ω 并采用一点接地方式。电子设备接地宜与防雷接地系统共用接地体。但此时接地电阻不应大于 1Ω。若与防雷接地系统分开，两接地系统的距离不宜小于 20m。电子设备应根据需要决定是否采用屏蔽措施。

　　大、中型电子设备应有以下三种接地：直流地（包括逻辑及其它模拟量信号系统的接地）;交流工作地;安全保护地。以上三种接地的接地电阻值一般要求均不大于 4Ω。通常情况下电脑的信号系统不宜采用悬浮接地。

　　电脑的三种接地可分开设置。如果采用共用接地方式。其接地系统的接地电阻应以诸种接地装置中最小一种接地电阻值为依据。若与防雷接地系统共用，则接地电阻 ≤1Ω。对于接地线，无论电脑直流接地采用何种方式，在机房不允许与交流工作接地线相短接或混接。交流线路配线不允许与直流地线紧贴或近距离地平行敷设。电脑机房一般要求采取防静电措施。

　　2. 接地系统的选择

　　电脑各种不同机型对直流工作接地电阻值及接地方式的要求各异。为了避免对电脑系统的电磁干扰，宜采用将多种接地的接地线分别接到母线上，由接地母线采用一根接地线单点与接地体相连接的单点接地方式。由电脑设备至接地母线的连接导线应采用多股编织铜线，且应尽量缩短连接距离，并采取格栅等措施，尽量使各接地点处于同一等电位上。

　　机房接地是一个比较复杂的问题，直接关系着抗干扰的效果。具体形式如下：

　　（1）一点接地系统：将电脑柜中的接地信号到机房内活动地板下的铜排网上，再将铜排网单点与总接地装置或接地端子箱作金属连接称为一点接地系统。其特点是有统一的基准电位，相互干扰减少，而且能泄漏静电荷，容易施工又经济，所以规范推荐这种一点接地系统。

　　多个电脑系统中的接地系统，除各电脑系统单独采用单点接地外，也可共用一组接地装置。为避免互相干扰，应将各电脑系统的接地母线分别采用接地线直接与共用接地装置的接地体相连接。

　　（2）混合接地系统：在微电脑内部的逻辑地、功率地、安全地在柜内已经共同接到一个端子上了，所以在设计时，只将此端子和接地装置作金属连接即可。

　　（3）悬浮接地系统：电子设备或电脑内部部分电路之间依靠磁场耦合（例如变压器）来传递信号，整个电脑设备外壳都与大地相绝缘，也就是悬浮。或电脑内部各信号地接至机房活动地板下与建筑绝缘又不与接地体相连的铜排网上，安全地接至总接地端子或接到专用保护线 PE 上。

悬浮接地的抗干扰性能比较差，所以新规范电脑信号系统不宜采用悬浮接地。从电脑至铜排网的这一段母线很重要，通常设计为 $100 \times 10 mm^2$ 的薄铜排比较合适。

电脑的逻辑接地系统与防雷接地分开作应该相距 20m 以上，这是很困难的，因为建筑物供电系统重复接地和防雷接地一般是合一的，推荐电阻不大于 1Ω。防雷接地通常有许多组接地装置，相距不过 20m，建筑物密度往往也比较大，所以很难把电脑的逻辑接地系统与防雷接地分开做。

基本工作间不用活动地板时，可铺设导静电地面，导静电地面可采用导电胶与建筑粘牢，导静电地面的体积电阻率均应为 $1.0 \times 10^7 \sim 1.0 \times 10^{10} \Omega \cdot cm$，其导电性能应长期稳定，且不易发尘。主机房内采用的活动地板可由钢、铝或其他阻燃材料制成。活动地板表面应是导静电的，严禁暴露金属部分。主机房内的工作台面及坐椅垫套材料应是导静电的，其体积电阻率应为 $1.0 \times 10^7 \sim 1.0 \times 10^{10} \Omega \cdot cm$。主机房内的导体必须与大地作可靠连接，不得有对地绝缘的孤立导体。

3. 接地电阻的掌握

交流工作接地、安全保护接地、直流工作接地、防雷接地的四种接地宜共用一组接地装置，其接地电阻值按其中最小值确定。若防雷接地单独设置接地装置时，其余三种接地宜共用一组接地装置，其接地电阻不应大于其中最小值，并要求采取防止反击措施。

对直流工作接地有特殊要求需单独设置接地装置的电脑系统，其接地电阻值及与其他接地装置的接地体之间的距离，应按电脑系统及有关规范的要求确定。电脑系统接地应采取单点接地不宜采取等电位措施。

当多个电脑系统共用一组接地装置时，宜将各电脑系统分别采用接地线与接地体连接。

习　题　22

一、填空题

1. 高层建筑防止侧向雷击的技术措施有 ＿＿＿＿＿＿＿＿、＿＿＿＿＿＿＿＿、＿＿＿＿＿＿＿＿
＿＿＿＿＿＿＿＿＿＿＿＿。

2. 防雷系统的金属材料必需＿＿＿＿＿＿，其连接的方法应该采用＿＿＿＿＿＿的方法。

二、问答题

1. 什么是过电压？它有哪几种形式？

2. 什么是折线法和滚球法？

3. 用滚球法如何计算单根避雷针保护范围？

4. 利用建筑物的钢筋混凝土基础主筋作为自然接地体有什么好处？在什么情况时不能作为接地体？

5. 什么是工频接地电阻？什么是冲击接地电阻？它们的关系如何？

三、计算题

1. 有一个车间变电所低压母线昼夜电压偏差范围比较大，变压器的分接开关在 0 档，白天 360V，晚上 410V，计算母线电压偏差范围百分值是多少？并提出改善措施。

2. 当地环境温度为 10℃，变压器的容量为 500kVA，设定在夏季变压器的最大负荷是 360kVA，日负荷率为 0.8，日最大负荷持续时间为 6h，求变压器的实际容量是多少？在冬季的过负荷能力是多少?

3．试选择工厂某车间电力变压器的台数及容量是多少?

4．今有一台 50kVA 的电力变压器，电源中性点要求接地，可以利用的自然接地体的电阻有 32Ω，而接地电阻要求不大于 10Ω，试选择垂直接地的管钢及连接扁钢。已知接地点的土壤电阻率为 150Ωm，单相短路电流有 2.5kA，短路电流持续时间可达 1.1s。

5．已知山东省某城市雷击日为 51 天，新建建筑物的长度为 40m，宽度为 12m，求避雷针的高度?

6．根据表中设定的各种雷击日 N 和给定建筑物的高 h、宽 W、长 L 等条件（见表 22-11），均属于省市级重要的公共建筑物，计算雷击次数 N 各是多少?

7．用计算年预期雷爆日确定建筑物防雷等级，与采用滚球法确定设置防雷接闪器这两种方法有什么关系?

习 题 22 答 案

一、填空题

1.30m 以上设置均压带、30m 以下用均压环焊接、所有金属门窗与引下线焊接。

2．镀锌，焊接。

二、问答题

1．答：过电压是指在电气线路上或在电气设备上出现了超过正常工作电压，称为过电压。产生过电压的主要形式有内部过电压和雷电过电压两种。内部过电压又分为 3 种。

(1) 操作过电压：这是由于开关操作、负荷的聚变等原因而引起的过电压。例如开断空载变压器或空载线路时所引起的过电压，通常能达到为系统相电压的 3.5 倍。

(2) 弧光接地过电压：在中性点接地的电力系统中，发生一相弧光接地，由此而引起的过电压称为弧光接地过电压。弧光接地过电压能达到额定相电压的 2.5~3 倍。

(3) 铁磁谐振过电压：这是由于系统中的铁磁元件在不正常工作状态时，与系统电容元件构成谐振电路而产生的过电压，这种过电压一般不超过系统相电压的 2.5 倍，个别情况能达到 3.5 倍。

雷电过电压即大气过电压，是属于外部过电压，是由于系统线路、电气设备、构筑物等遭受雷击或雷电感应而引起的过电压。雷电过电压又分为两种。

(1) 直击雷过电压：是雷电流直接袭击电气线路、电器设备、建筑物或构筑物的过电压，直击雷过电压的数值可达一亿伏，其雷电流可达几十万安培。雷电流产生的热效应及机械效应有比较大的破坏作用。而且能产生很大的电磁效应或闪络放电而引起火灾等灾害。

(2) 雷电感应过电压：又称感应雷，是雷电对电气线路、电器设备、建筑物或构筑物的产生静电感应或电磁感应而引起的过电压，电压值可达到几十万伏，能从室外线路传到室内对人或物放电，所以十分危险，由于雷电波的引入而造成的雷击事故占总的雷害事故的 50%~70%。

2．答：折线法就是避雷角按 45°，在避雷针高度 h 的一半作一水平线，与圆锥面的交点再与地面上距中心 1.5h 远处的连接点就是保护范围。

滚球法是参照 IEC 标准用来确定接闪器的保护的范围的方法，这种方法是用一个半径

为 h_r 的球体，沿着需要保护的建筑物的部位滚动，如果球体只接触接闪器及地面，而不触及被保护物，则球没有压到的地方都是能保护到的。滚球法半径的确定见表 22-6。

3. 答：如下图，以滚球半径 h_r 作一平行线平行于地面，再以避雷针 E 为圆心，画圆弧交水平线于 A、B 两点，再分别以 A、B 为圆心，以 h_r 为半径画圆弧而得避雷针的保护范围。如果建筑物 DG 设有避雷网，则以 D 和 E 分别为圆心画圆弧相交于 C 点，再以 C 点为圆心画圆弧 ED，可见建筑物的 F 点在保护范围之内。如果将 FQ 增设避雷网，同理作图可知避雷针可以再降低一些。

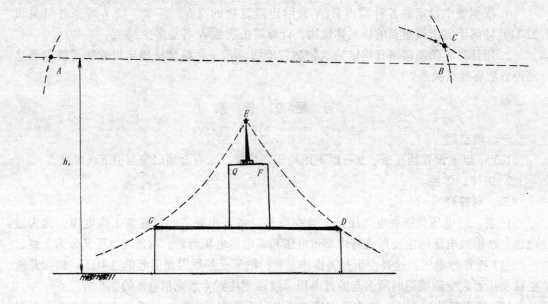

图 22-17　用滚球法验算单根避雷针保护范围

4. 答：优点是（1）可以节约大量钢材，降低成本；（2）与地接触面积大，接地电阻小；（3）钢筋分布广，形成等电位，防止了跨步电压；（4）有混凝土保护，防腐效果好；（5）埋得深；（6）不需要维修。但是在下列情况时不能作为接地。

（1）基础底部和外围设有绝缘良好的防水层（如油毡）时；（2）基础的材料为防水混凝土或其他导电不良的材料；（3）基础中有断裂带或属于不连续的结构；（4）基础中钢筋的热稳定度不高，如果发生接地短路会使温升太高（大于 80℃）时均不宜采用基础主筋作接地极。

5. 答：工频接地电阻是指工频接地电流经过接地装置泄放到大地所呈现的电阻。它包括接地线电阻及地中散流电阻。接地电阻远小于流散电阻，所以可以忽略，因此工频接地电阻就认为是接地流散电阻。

冲击电阻是指瞬时的雷电流经接地装置泄入大地所呈现的电阻，强大的雷电流会使土壤被击穿而产生火花，具有高频特性，使接地线的感抗增大，总的接地阻抗比流散电阻小，其关系是：

$$R_{ch} = \beta \cdot R_g$$

式中　β——换算系数，见表 22-10。

接地网中接地点至最远端的长度（m）	土 壤 电 阻 率（Ωm）			
	≤100	500	1000	≥2000
20	1	0.67	0.5	0.33
40	—	0.8	0.53	0.34
60	—	—	0.63	0.38
80	—	—	—	0.43

三、计算题

1. 解：白天电压偏差 $\Delta U\% = \dfrac{U - U_N}{U_N} \times 100 = \dfrac{360 - 380}{380} \times 100 = -5.26\%$

晚电压偏差 $\Delta U\% = \dfrac{U - U_N}{U_N} \times 100 = \dfrac{410 - 380}{380} \times 100 = 7.89\%$

所以电压偏移的范围是 $-5.26\% \sim 7.89\%$

建议白天把变压器的分接开关接在 -5% 档，即接在Ⅲ档，晚上接在 5% 档，即Ⅰ档。晚上也可以切除主变，投入附近车间变电所的低压联络线，改用附近的车间变电所供电。

2. 解：(1) 变压器的实际容量是：

$$S_T = S_{N.T} \cdot \left(1 - \frac{\theta_{o.av} - 20}{100}\right)$$

$$S_T = 500 \cdot \left(1 - \frac{10 - 20}{100}\right) = 550 \text{（kVA）}$$

(2) 变压器在冬季的过负荷能力是：

考虑到昼夜负荷不均匀的允许过负荷由 $\beta = 0.8$ 和 $t = 6h$，查手册曲线图得过负荷系数 $K_{OL(1)}$ 为 1.09；又考虑到夏季低负荷的允许过负荷按 1% 的规定可得

$$S_T = 1 + \frac{550 - 360}{550} = 1.35，大于 1.15$$

按规定 $K_{OL(1)}$ 取 1.15，因此变压器在冬季的过负荷系数是

$$K_{OL} = K_{OL(1)} + K_{OL(2)} - 1 = 1.24$$

可见在冬季的过负荷能力可达 $K_{T(OL)} = K_{OL} \cdot S_T = 1.24 \times 550\text{kVA} = 682 \text{（kVA）}$

3. 解：根据负荷的性质，应该设计两台变压器，其中每台应能满足下面两个条件：

(1) $S_T \approx 0.7 \times 780 = 546 \text{（kVA）}$

(2) $S_T \geqslant 460 \text{（kVA）}$

根据当地年平均气温是 25℃，变压器安装在室内，实际年平均气温达 25℃ + 8℃，比规定的年平均气温是 20℃ 高出 13℃，所以要使变压器的实际容量下降 13℃，所以初步选择两台 SL7—630/10 型变压器安装在室内。变压器的实际容量为

$$S_T = 630 \times \left(1 - \frac{13}{100}\right) = 548 \text{（kVA）} \quad 正好满足上面两个条件。$$

4. 解：(1) 需要补充的人工接地体电阻

$$R_{E(man)} = \frac{R_{E(man)} \cdot R_E}{R_{E(man)} - R_E} = \frac{25\Omega \times 10\Omega}{25\Omega - 10\Omega} = 16.7\Omega$$

(2) 初步确定接地装置方案：试用 5 根 50mm，长 2.5m，用 40mm × 4mm 的扁钢，管距

5m，查表得利用系数为 $0.79 \sim 0.83$，取 $\eta = 0.81$，则单根接地体的电阻为

$$R_{E(1)} = 150\Omega\text{m}/2.5\text{m} = 60\Omega$$

所以接地极的根数为

$$n = \frac{R_{E(1)}}{\eta_E \cdot R_{E(\text{man})}} = \frac{60}{0.81 \times 16.7\Omega} = 4.4 \approx 5 \text{ 根}$$

5. 答：根据雷击次数的经验公式：$N = 0.022nK \times (L + 5h) \times (W + 5h) \times 10^{-6}$

雷击次数的校正系数 K 为 1，楼长 L 为 40m，宽 12m，代入公式

$$N = 0.022 \times 51 \times (40 + 5h) \times (12 + 5h) \times 10^{-6}$$

设定雷击次数为 0.01 以上为三类防雷建筑。

$0.01 = 1.1 \times (40 + 5h) \times (12 + 5h) \times 10^{-6}$ 得 $h = 14$ （m）

6. 解：$N1 = 0.022nK (L + 5h)(W + 5h) \times 10^{-6}$

$\qquad = 0.022 \times 33 (40 + 5 \times 16) \times (20 + 5 \times 16) \times 10^{-6} = 0.0087$

$\quad N2 = 0.022 \times 36 (40 + 5 \times 20) \times (20 + 5 \times 20) \times 10^{-6} = 0.0133$

$\quad N3 = 0.022 \times 41 (40 + 5 \times 16) \times (12 + 5 \times 16) \times 10^{-6} = 0.00996$

$\quad N4 = 0.022 \times 92 \times 1.5 (40 + 5 \times 10) \times (12 + 5 \times 10) \times 10^{-6} = 0.0169$

$\quad N5 = 0.022 \times 112 \times 2 (40 + 5 \times 10) \times (12 + 5 \times 10) \times 10^{-6} = 0.0275$

计算结果填写在表 22-11 中。

表 22-11

地区	雷电日 n	楼长 L（m）	楼宽 W（m）	楼高 h（m）	校正系数 K	计算雷击次数 N	结　论
廊坊	33	40	20	16	1	0.0087	不设防雷
天津	36	40	20	20	1	0.133	三类防雷
保定	41	40	12	16	1	0.0996	三类防雷
长沙	92	40	12	10	1.5	0.0169	三类防雷
海口	112	40	12	10	2	0.0275	三类防雷

7. 答：举两个极端的例子说明：在平地上建筑一个鸡窝，高 1.6m，采用滚球法，无论半径多大，滚球总会触及鸡窝的屋檐和屋顶，似乎要设接闪器，而采用计算法根据鸡窝的高度、宽、长代入公式。其预计年雷爆日远小于需要设防雷系统的标准，所以鸡窝根本不用设置防雷。另一个极端的例子是一栋超高层建筑，高 180m，把它比作一个"巨人"，采用滚球法在相当于巨人的肩膀和头顶都会触及滚球，所以应该设置接闪器，而在相当于巨人衣领处，滚球触及不到，所以在相当于"衣领处"不必设置接闪器，采用计算法在相当于衣领处的高度及建筑的宽、高计算结果显然应该设置接闪器。结论是计算法和滚球法的关系是"与"的关系，而不是"或"的关系，即是两者都需要设置接闪器时才设置。还说明滚球法不适用于比较低矮、用计算法不需要设置防雷的建筑物。

23 电气防火减灾

23.1 建筑物防火

随着社会需求多样化的发展，建筑物也呈现出多种多样的形式。不仅建筑物的外形日趋庞大，其内部设施也日趋复杂。一旦发生火灾，生命财产的损失都将是巨大的。因此，从设计，施工到使用者都必须具有减灾意识，将火灾隐患消灭在萌芽状态。为了发生火灾时能在初期自动察觉并灭火，人们在需要的建筑物中设置火灾自动报警和联动控制系统。

火灾是概率事件，在设置火灾自动报警系统时，常见的两个偏激：一是没有足够的防火意识，投资能省就省、设计因陋就简、施工偷工减料、验收马马虎虎；二是追新求奇、超等级设防，对先进性的要求超过了对可靠性的要求。两者间平衡的尺度就是国家和地方的有关建筑物消防的标准、法规。具体操作之中，必须坚持国家标准作为最低的保证要求，千方百计予以满足，而不是应付规范。

23.1.1 建筑物防火要求

随着建筑物标准的提高和财富的积累，建筑防火问题越来越重要，尤其是高层建筑物。据公安部消防局统计，1993 年是建国以来火灾最为集中、损失最严重的一年，全年共发生火灾 3.8 万起，造成 2467 人死亡，5977 人受伤，直接经济损失 11.2 亿元，共烧毁大中型商场 39 家、仓库 24 座、工厂车间 75 个、宾馆舞厅 34 家。如 2.14 河北唐山林西百货大楼；8.5 深圳清水河仓库爆炸；8.12 北京隆福大厦火灾。进入 1994 年形势更加严峻，1 月就发生大火 22 起，直接经济损失 0.25 亿。年底连续发生成都峨眉贸易公司自行车仓库大火、阜新艺苑歌舞厅火灾、新疆克拉玛依友谊宾馆火灾损失都极其严重。

据北京日报 1996 年 2 月 5 日报道："北京近三年来发生火灾 555 起，损失近 3 千万元。在火灾原因调查中，电气类引起火灾占第一位。"具体是由于超负荷运行及短路事故所致。

1. 高层建筑的特点及预防火灾的重要性

对于高层建筑的定义各国有所不同。美国在 1972 年宾西法尼亚州伯利恒市召开的国际会议提出高层建筑的分类和定义：第一类高层建筑是 9～16 层（最高 50m）；第二类高层建筑是 17～25 层（最高 75m）；第三类高层建筑是 26～40 层（最高 100m）；超高层建筑是 46 层以上（高度 100m 以上）。

国标规定：建筑总高度超过 24m 的非单层民用建筑和 10 层及 10 层以上的住宅建筑（包含底层设有商业服务网点的住宅）称为高层建筑。高层建筑物一般建筑面积大，有几万至几十万平方米；空调电气设备多，用电量大。中国内地高层住宅为 10～35W/m²，香港地区 10～60W/m²，其中有空调的为 70～120W/m²，无空调的为 30～60W/m²，国外旅游宾馆一般为 70～80W/m²，高级的为 100～140VA/m²。高层建筑动力设备要大大多于多层建筑物，如增加了电梯（客梯、消防电梯）；消防水泵及消防洒水设备多。因水压关系

（一般只喷射 24m 高），多数在中间层设有水泵站。高层建筑物需要设置航空障碍灯及防雷装置，电子设备增加，也相应地增加了火灾的隐患。标准高的建筑物楼内财产价值也高，对供电可靠性要求也高，一旦失火损失也大。

高层建筑一旦发生火灾比多层建筑更为严重，这是由于高层建筑往往有类似烟囱拔风的作用，所以火势蔓延较快。对于人员和设备的威胁增加，救灾的难度也相应增加，比如消防的水压要高，要有消防专用电梯等。而地下室发生火灾也非常危险，可燃物质发生分解，缺乏氧气，尚未充分燃烧，一旦打开入口通道，会产生火焰轰燃，危害很大。高层建筑及地下室一旦发生火灾，救助都比较困难。

建筑的装饰材料大多数是化学合成物质，燃烧时放出毒气，会对人造成次生灾害，甚至致命。统计资料表明，在建筑火灾中因烟气窒息和中毒死亡的人数远远大于被烧死的人数，所以早期报警极为重要，还特别需要自动报警和自动灭火，以期迅速灭火，减少损失。

2. 发生火灾的主要原因

根据统计资料，人为火灾以及电气火灾是造成火灾的主要原因，约占 60% ~ 70%。电气火灾的发生原因主要是乱接线、乱接插座、长期过负荷、线路或电器设备受潮、绝缘老化、漏电导致短路、电器设备或电热设备靠近易燃物等。

3. 从设计角度减少火灾危害的办法

设有火灾自动报警装置和自动灭火装置的建筑，宜设消防控制室。独立设置的消防控制室，其耐火等级不应低于二级。附设在建筑物内的消防控制室，宜设在建筑物内的底层或地下一层，应采取耐火极限分别不低于三小时的隔离墙和两小时的楼板，并与其他部位隔开，设置直通室外的安全出口。

下列民用建筑需要设置火灾报警与消防联动控制系统：

（1）高层建筑是防火的重点。对于 10 层及 10 层以上的住宅建筑，包括底层设置商业服务网点的住宅、建筑高度超过 24m 的其他民用建筑、与高层建筑直接相连且高度不超过 24m 的裙房。

（2）低层建筑是指建筑高度不超过 24m 的单层及多层公共建筑。单层主体建筑高度超过 24m 的体育馆、会堂、剧院等公共建筑。

火灾报警系统是按层、段划分为若干个消防区域，并设消防中心。每个消防区域安装区域报警器，从区域报警器中又引出许多支路到各个房间部位的探测器上。探测器能把感知的信号传到区域报警器上。通过电气联动装置发出指令使消防水泵启动、关闭送风机和通风阀、开启排风机和排烟阀、开启干粉灭火装置、切断火灾区域电源、关闭防火卷帘门、回降电梯等。高层建筑配电系统设计应采用 TN—S 配电系统，有专用的保护线 PE 线。

4. 高层建筑消防系统的组成

对防火设备而言，可靠性的要求是压倒一切的。高层建筑消防系统主要由三个系统组成，即火灾自动报警系统、湿式消防系统和干式消防系统。有的高层建筑房间内不能用湿式消防系统时则可用干式消防系统。

火灾实例：

1. 巴西圣保罗焦玛大厦火灾：焦玛大厦是一座包括地下车库、商场、写字楼的综合性建筑，高 25 层。1974 年 2 月 1 日发生火灾，造成 179 人死亡，近 300 人受伤。

2. 韩国汉城大然阁旅馆火灾：1970 年 6 月建成的 21 层大厦 1971 年 11 月 25 日因液化石油气泄漏而引起火灾，死亡 136 人，受伤 60 人，旅馆内仅 62 人生还。

3. 中国哈尔滨天鹅饭店火灾：1985 年 4 月 19 日，住在 11 层的客人酒后在床上吸烟引起火灾，因深夜未能及时扑救，火势蔓延达 500m²，9 人跳楼身亡，1 人被烧死。

23.1.2 建筑物的防火等级

有关防火设计及民用建筑物的防火等级划分方法是根据高层民用建筑使用性质、火灾危险性、疏散和扑救难度等进行分类。高层民用建筑的耐火等级应为一级，二类建筑物的耐火等级不应低于二级。与高层主建筑相连接的附属建筑，其耐火等级不低于二级。建筑物地下室的耐火等级应为一级。

火灾报警与消防联动控制系统的设计应针对保护对象的特点，做到安全可靠，技术先进，经济合理，维护管理方便。民用建筑应根据其使用性质、火灾危险性、疏散和扑救难度等进行防火等级的分类（表 23-1）。

建筑物耐火等级表见表 23-2。

建 筑 物 分 类 表 表 23-1

名　称	一　　类	二　　类
居住建筑	高级住宅 19 层及其以上的普通住宅	10～18 层普通住宅
高层建筑	高度超过 100m 的建筑物 医院病房楼 每层面积超过 1000m² 的商业楼、展览楼、综合楼 每层面积超过 800m² 的电信楼、财贸金融楼 省（市）级邮政楼、防灾指挥楼 大区级、省（市）级电力调度楼 中央、省（市）级广播电视楼 高级旅馆 每层面积超过 1200m² 的商住楼 藏书超过 100 万册的图书楼 重要的办公楼、科研楼、档案楼 建筑高度超过 50m 的教学楼和普通旅馆、办公楼、科研楼等	除一类建筑以外的商业楼、展览楼、综合楼、商住楼、财贸金融楼、电信楼、图书馆建筑高度不超过 50m 的教学楼和普通旅馆、办公楼、科研楼 省级以下的邮政楼 市级、县级广播电视楼 地市级电力调度楼、地市级防灾指挥调度楼
低层建筑	电子计算中心 300 张床位以上的多层病房楼 省（市）级广播楼、电视楼、电信楼、财贸金融楼 省（市）级档案楼、博物馆 藏书超过 100 万册的图书楼 3000 座以上的体育馆 2.5 万以上座位的体育场 大型百货商场 1200 座以上的电影院、剧场 三星级以上旅馆 特大型和大型铁路客站 省（市）级及重要开放城市航空港 一级汽车及码头客运站	大、中型电脑计算站 每层建筑面积超过 3000m² 的中型百货商店 藏书超过 50 万册的图书楼 市（地）级档案楼 省级以下的邮政楼 800 座以上的中型剧场

注：1. 本表未列出的建筑物，可参照本条分类标准确定其相应等级。

2. 本表所列之市指：一类包括省会所在市及计划单列市。二类的市指地级以及以上的市。

名　　称	一　　类	二　　类
居住建筑	高级住宅 19 层及以上的普通住宅	10～18 层普通住宅
高层建筑	高度超过 100m 的建筑物 医院病房楼 每层面积超过 1000m² 的商业楼、展览楼、综合楼 每层面积超过 800m² 的电信楼、财贸金融楼 省（市）级邮政楼、防灾指挥楼 大区级、省（市）级电力调度楼 中央级、省（市）级广播电视楼 高级旅馆 每层面积超过 1200m² 的商住楼 藏书超过 100 万册的图书楼 重要的办公楼、科研楼、档案楼 　建筑高度超过 50m 的教学楼和普通旅馆、办公楼、科研楼等	除一类建筑以外的商业楼、展览楼、综合楼、商住楼、财贸金融楼、电信楼、图书馆建筑高度不超过 50m 的教学楼和普通旅馆、办公楼、科研楼 省级以下的邮政楼 市级、县级广播电视楼 地市级电力调度楼 地市级防灾指挥调度楼
低层建筑	电子计算中心 300 张床位以上的多层病房楼 省（市）级广播楼、电视楼、电信楼、财贸金融楼 省（市）级档案楼、博物馆 藏书超过 100 万册的图书楼 3000 座以上的体育馆 2.5 万以上座位的体育场 大型百货商场 1200 座以上的电影院、剧场 三星级以上旅馆 特大型和大型铁路客站 省（市）级及重要开放城市航空港 一级汽车及码头客运站	大、中型电脑计算站 每层建筑面积超过 3000m² 的中型百货商店 藏书超过 50 万册的图书楼 市（地）级档案楼 省级以下的邮政楼 800 座以上的中型剧场

　　表 23-2 中高级旅馆是指建筑标准高、功能复杂、装修可燃物多、设有空调系统的旅馆。高级住宅是指建筑标准高、装修可燃物多、设有空调系统或空调设备的住宅。重要的办公楼、科研楼、图书楼、档案楼系指性质重要，建筑标准高，设备、图书、资料贵重、火灾危险性大、发生火灾后损失大、影响大的办公楼、科研楼、图书楼、档案楼。

　　建筑物内存放图书、资料、纺织品等可燃物的平均重量超过 200kg/m² 的房间，如果不设置自动灭火设备，其梁、楼板和隔墙的耐火极限应按表 23-3 提高半小时。

　　高层民用建筑的耐火等级分为一、二级。其构件的燃烧性能和耐火极限应不低于表23-3 的规定。

　　预制钢筋混凝土构件的节点缝隙或金属承重构件节点的外露部分，必须加设防火保护层，其耐火极限不应低于表 23-3 相应构件的规定。二级耐火等级建筑中面积不超过 100m² 的房间隔墙，如执行表 23-3 有困难时，可采用耐火极限不低于 0.5h 的难燃烧体或耐火极限不低于 0.3h 的非燃烧体。与二级耐火等级高层主体建筑相连的附属建筑不上人的屋顶，其承重构件可采用耐火极限不低于 0.5h 的非燃烧体。

建筑构件的燃烧性能和耐火极限　　　　　　表 23-3

燃烧性能和 耐火极限 h 构件名称		耐火等级	一 级	二 级
			非燃烧体	非燃烧体
墙	防火墙		4.00	4.00
	承重墙、楼梯间、电梯井、住宅之间的单元墙		3.00	2.50
	非承重墙、疏散走道两侧隔墙		1.00	1.00
	房间隔墙		0.75	0.50
柱			3.00	2.50
梁			2.00	1.50
楼板、疏散楼梯、屋顶承重构件			1.50	1.00
吊顶，包括吊顶阁楼			0.25	0.25

23.1.3　保护等级与保护范围的确定

1. 民用建筑保护等级分类原则

超高层为特级保护对象，应采取全面保护方式。高层中的一类建筑为一级保护对象，应采取总体全面保护方式。高层中的二类和低层中的一类建筑为二级保护对象，应采用区域保护方式；重要的也可采用总体保护方式。低层中的二类建筑为三级保护对象，应采用场所保护方式；重要的也可采用区域保护方式。

2. 火灾探测器在建筑物中部位

在超高层建筑物中，除不适合装设火灾探测器的部位外，如厕所、浴室，均应全面设置火灾探测器。对于一级二级保护对象，应分别在下述部位装设火灾探测器：走道、大厅；重要的办公室、会议室及贵宾休息室；可燃物品室、空调机房、自备发电机房、配变电室、UPS 室；地下室、地下车库及多层建筑的超过 25 台底层汽车库；具有可燃物品的技术层；重要的资料、档案库；前室，其中包括消防电梯、防排烟楼梯间及合用的前室。

电子设备的机房，如电话站、广播站、广播电视机房、中控室等；电缆隧道和高层建筑的垃圾井前室、电缆竖井；净高超过 0.8m 具有可燃物闷顶，但设有自动喷洒的可不装；电脑机房的主机室、控制室、磁带库；商业和综合建筑的营业厅、可燃商品陈列室、周转库房；展览楼的展览厅、报告厅、洽谈室；博物馆的展厅、珍品储存室；财政金融楼的营业厅、票证库；三级及以上旅馆的库房、公共活动用房和对外出租的写字楼内主要办公室。

3. 三级保护对象

应在下列部位装设火灾探测器：电脑机房的主机室、控制室、磁带库；商店的营业厅、周转库房；图书馆的书库；重要的资料及档案库、陈列室；剧场的灯控室、声控室、化妆室、道具和布景室；根据火灾危险程度及消防功能要求需要设置火灾探测器的其他场所。

报警区域应按防火分区或楼层划分。一个报警区域宜由一个防火分区或同各层的几个防火分区组成。探测区域应按独立房间划分。一个探测区域面积不宜超过 $500m^2$。从主要入口能看清其内部，且面积不超过 $1000m^2$ 的房间，也可划分为一个探测区域。

符合下列条件之一的非重点保护建筑，可将数个房间划分为一个探测区域。相邻房间不超过 5 个，总面积不超过 400m^2，并在每个房间门口设置灯光显示装置。相邻房间不超过 10 个，总面积不超过 1000m^2，并在每个房间门口均能看清其内部，并在门口设置灯光显示装置。

下列场所应分别单独划分探测区域：敞开或封闭楼梯间；防烟楼梯间前室、消防电梯前室、消防电梯与防烟楼梯间合用的前室；走道、坡道、管道井、电缆隧道；建筑物闷顶、夹层。

火灾自动报警部位的显示，一般是以探测区域为单元，但对非重点建筑当采用非总线制式，也可考虑以分路为报警显示单元。

4．与防火设备的关系

火灾自动报警设备是防火设备的一部分，并不是单独使用的，应该将火灾早期发现、报警、灭火设备、防排烟装置的启动运转，避难导向装置及紧急通信装置的动作指令等，火灾报警系统—消防系统—避难系统全包括在内，作为综合防火系统加以运用。

23.2 火灾报警系统的有关知识

23.2.1 火灾报警系统常识

防范胜于救灾，隐患险于明火，火灾报警系统在建筑物的防火系统中位置非常重要。火灾报警系统通常以保护生命作为其前期的任务，因为它可以防患未然，并能更好发挥防火系统的功效。

火灾报警系统有手动和自动两种类别，要求与灭火系统相联系。火灾报警系统被引入到消防中心的监控点，监控点可分为专控站、辅助站和遥控站。火灾报警系统在救火行动中所以显得重要，因为它能使引召而来的消防人员明白它所标明的地点等情况，使营救工作有的放矢、有条不紊。

任何主管部门都可以决定火灾报警系统具有什么样的外表，然而对外表、功能和内部特点最好是决定于国家标准。国家标准是由国内最优秀的设计人员、工程技术人员和使用者共同探讨，对有关火灾报警特性取得共识的结晶。

1．地方消防管理

如果地方消防当局颁布的一些技术标准中关于警报系统或防火设备距离国家标准太远时怎么办？我们的回答是，应向国家标准靠拢。制订地区标准的主要危险在于：首先制订者不具备全面的专业知识，不熟悉警报系统的工作情况或其他防火系统的情况；其次在于制订者可能忘记或忽略一种防火系统与另一种防火系统的关系。这将使设计人、施工人、设备厂家和工程业主甚至地方官员无所适从。

对决定技术问题缺乏经验不是羞耻之事，考虑到防火涉及领域的广泛性，建筑规范规定 40％以上是将建筑作为一个整体受到火灾威胁时考虑的。国家性防火规范在制订时往往经过很多专家进行了大量的研究讨论，地方当局必须严格遵守。国家标准是制造业的统一尺度。地方当局不应制定低于国家标准的地方法规。

2．专业知识的范围

对于火灾警报系统做出的决定，涉及系统设计、组件设计、检查和测试设计。防火设计工程师、生产厂家组件的设计者以及施工公司人员都对防火系统起主导作用。

将会有许多部门参加设置建筑物内的火灾报警系统和防火系统来保护生命财产的安全、每个部门都应该坚守自己专业知识范围内对系统的设计、组件安装、系统运行表达意见和制订政策，以及采取实际的措施来不断完善和改进现行的标准和规范。公共消防服务管理部门如果缺乏固有的知识，不清楚系统和组件应用的限制和其真正用途，而为火灾报警系统确立地方性法规将是危险的。

火灾报警系统在应用上是一个完整的体系，与建筑物的设备和管理人员都密切相关。没有哪一种防火系统能够独立地解决防火问题，即使是自动喷水灭火系统也不是万能的。要理智地考虑建筑物的结构形式、行业类别以及火灾报警系统。在防止火灾、保护生命财产的过程中，要求采用系统的方法去解决问题。组件工程师、生产者、系统设计者和地方当局在防火过程中都起着重要的作用，大家应该互相协作，才能发挥先进消防系统的功能。

3. 消防人员对火灾报警的心态

消防人员对火灾报警系统可能产生的麻烦和难以理解尽管口头上不说什么，但当他们应报警系统之召，满以为会面临一场紧张局面，而结果确可能是虚惊一场，内心的疑惑也就可想而知了。当他们看到报警控制板上出现的奇妙的标志灯号闪烁不定，而又不知从何下手，甚至连什么情况引起了报警也莫明其妙，往往只好在事故报告上把各种类似的情况列为误报或系统误动作。

许多报警系统的设计者和安装人员没有跟上报警系统技术的发展，其结果导致系统在设计、安装、调试上存在不同程度的毛病。等到他们离开了，公众、消防机构和建筑业主只好与有问题的消防报警系统打交道了。另一方面，消防人员也应具备报警系统的初级知识，才能不被迷惑。

4. 什么情况下需要安装报警系统？

国家和地方的建筑防火规范和标准都规定了什么样的使用场所需要安装火灾报警系统，很多地方的公安局结合建筑规范作出了相关的规定。火灾报警系统只是指被国家核定的系统，其部件均须通过国家标准的测试。

5. 局部火灾报警系统的主要组件

(1) 火灾报警控制板：它是手动或自动火灾报警系统的头脑或中央处理装置。手动的系统具有需要人为干预的启动装置，把信息送入火灾报警控制板，而自动的启动装置则不需人为干预。中央处理装置内装有电源控制器以及一个或几个区域储存片，它能告知每条线路上正发生的情况。对启动装置和信号电路的供电都来自火灾报警控制板。

(2) 系统启动装置：这个概括的名称包括多种探测器和启动按钮，感温、感烟探测器，手动报警箱和诸如水龙，二氧化碳，干粉灭火系统都可作被启动的装置；这些装置可分区布置，一个区一条电路。

(3) 信号设施：火灾报警的信号设施分为可听的和可见的两类，它们包括喇叭声、频闪灯、闪光灯、谐音钟声、警笛声和指导撤退的语言声，这些信号也可分区布置，是较为简单的电路。

安装何种信号设施要看使用场所性质而定。譬如喇叭声的信号适宜布置于建筑物内，但不适宜医院。医院里的火警信号的声响必须与其他内部信号不一样，但也不要使病人吃惊。在常满座的戏院内，如用警笛声作为警报信号将引起恐慌，宜用较温和的信号来促使人们注意。可见性的信号也一样，必须根据使用场所的性质来选用。闪光信号适用于大多数的情况，但对视力不佳，耳聋的人们采用强力的频闪光较为适宜。对作业中有用闪光作为其他指示时，则用更强频闪光作为火警信号。

（4）紧急广播警报通讯设备。建筑规范对某些使用场所要求安装广播疏散信号系统。这种常见于人员聚集场所，由预先录制的磁盘或由火灾指挥员通过广播疏散系统的扩音机播放。有些系统在房屋内有人活动的时间内专设一个有人值班的房间。可以在必要时通过扩音系统指示内部人员采取救生的行动。在人员较多的场所，这种系统要比警笛声、喇叭声、铃声等较少引起恐慌。

（5）自动喷水灭火系统。这种系统有别于火灾报警系统，其主要任务在于灭火。然而作为一项辅助任务，洒水头可兼作感温探测器来使用。当喷水头的易熔金属受到火灾热气流作用而溶解，机械部件脱离时，水流便从喷口流出，同时策动一个电钮，向火警控制板发出一个信号，这个电气信号发出疏散警报的响声，构成报警系统的一个组成部分。

自动喷水灭火系统有其自身的声响报警设施，然而它的铃声并不是向屋内的人们提供撤散的信号，而仅告知人们自动喷水灭火系统内的水正在流动，让人们去通知有关管理人员。

（6）火警信号盘：这是一个远距离显示火警控制板上信号的便利装置。火灾报警控制板一般不设置在消防人员进入建筑后便于看到的地方，而火警信号盘使消防人员能很快看到警报发生地点和性质。火警信号盘不像火警控制板那样，它不能对火灾报警系统产生控制的作用。

23.2.2 远距离报警信号

有些报警系统只向本区输送信号，但也有将信号向受保护房屋以外的地方输送的，叫做出区报警。作为本区报警应用的例子的一栋具有 12 个单元的公寓，其手动报警箱启动设施向火警控制板报警。公寓区域内的声响和可见的报警信号全将动作。一个医院可能安装出区报警和本区报警两种装置。

1. 消防中心

消防中心不只位于房屋内，技术上不限制距离多远，常有位于另外一个城市的例子。信号是用专用无线电传或电话传达的。

火警系统必须将火警监控和故障信号传送给发送器。火警信号表示发生了火警或其他紧急事故，需要立即行动和响应，其来自手动报警箱、水流报警器或其它自动的紧急系统。监控信号表示需要行动，一般来自在场的工作人员如保安、警卫人员，自动喷水灭火或其他灭火系统或设备，或保护系统的维护设施。故障信号是由系统本身发生的电气或实际问题报与监控人员的。

远距离的中心站通过电子设备常常检查传输设施是否运行正常。这种检查即所谓监控。中心站的监控点经常有训练合格的操作人员值班。当他看到来自受保护区域的信号时，立即按照预定的步骤行事，包括通知消防员。

2. 专用监控系统

这个监控系统位于受保护建筑内的一个坚固又安全的房间里面。监控人员或机构对被保护房产在保安和安全方面拥有某些财产或经济的利益。这种系统一般不止监控一所建筑物，也许是整个建筑群的一部分房屋。作为专用监控系统的一个好例子是地下建筑的保安系统。在主要的保安办公室内总有受过训练的人员监控着火警信号盘。当收到信息后立即派人去检查问题，同时用电话或无线电话通知市消防队。

3. 远距离监控系统

这种系统监控许多建筑物或一个场所内的所有的作业场所，但它与系统的关系是公共消防部门的派出机构，它负责监控管辖区域的所有火灾报警系统的状况。如果公共消防部门不在其管区提供监控设施，则由委派的远距离监控部门在接到火警信号时利用电话或无线电向消防队报警。

4. 辅助监控系统

如果城市有火灾报警系统，就可能设置辅助监控系统。辅助监控系统包含一个位于被保护房产内的局部火警系统，它与设置在街道上的公共报警系统连接。公共报警系统不一定由电线网络构成，位于街隅的无线电报箱也可作为辅助监控系统的一部分。设想一个学校设有局部火警系统，它包含遍布于校内的手动报警箱和感温火灾探测装置。如果其中一个启动装置被启动，那么在火灾报警控制板上的一组触点就会动作。这组触点通过附近的报警箱与市火警系统连接。

消防人员如果对一些较新型的系统不熟悉，对警报的真正原因就不能很快地分辨出来。他们只能把那些不明缘故的警报列入"虚警"或"设备不良"的结论。其实系统的报警总是有缘故的。对新技术多了解有助于提高对火警的反应智商。

23.2.3　电气火灾的原因

现代社会的发展离不了电气化，电气化的普及和深入，带来了电气事故和火灾，如何防止火灾的发生和火灾后如何补救，是我们电气设计人员需要好好考虑的问题。由电火种引起火灾的条件是：电火种有足够的点火能量，足以引燃可燃物；电火种有足够的持续时间；在极限距离内有容易引燃的物质；有助燃物氧气的存在。

属于电气事故引起火灾的直接原因有：

(1) 电气焊接　在焊接时由于迸发火星引起火灾，引起周围可燃物燃烧。尤其危险的是在焊接油罐或可燃气体瓶时，可能引起爆炸火灾。

(2) 电气装置设计不当　有腐蚀性气体的场所未采用相应要求的设备，以致绝缘破坏，短路引起火灾；防爆场所未安装防爆电器；线路载流量超过允许值导致电器设备长期超负荷运行，造成设备过热引起火灾。雷击场所未设置合理的防雷措施，或防雷装置失效，由雷电流热效应引起火灾。

(3) 安装不规范　导线连接处采用缠绕连线，时间久了由氧化引起接触电阻增大，接头过热引起火灾。断路器、接线端子板、插保险的熔丝、设备连接螺钉等处，长期运行或经过震动连接不牢。接触电阻增大引起火灾。灯具不按规范要求安装，对于白炽灯产生的热量无有效措施，以致烤燃周围易燃物。

(4) 静电感应　易燃液体或粉尘在管路中流动，会产生静电火花而着火。

(5) 线路延燃　对线路的过负荷保护、短路保护措施不当；线路老化，使用超过30年；超负荷运行；机械损伤；离热源过近。

23.2.4　火灾危险环境

1. 应进行防火电力设计的危险环境

在火灾危险环境中能引起火灾危险的可燃物质为下列四种：可燃液体：如柴油、润滑油、变压器油等。可燃粉尘：如铝粉、焦炭粉、煤粉、面粉、合成树脂粉等。固体状可燃物质：如煤、焦炭、木等。可燃纤维：如棉花纤维、麻纤维、丝纤维、木质纤维、合成纤维等。

对于生产、加工、处理、转运或贮存过程中出现或可能出现下列火灾危险物质之一时，应进行火灾危险环境的电力设计。闪点高于环境温度的可燃液体；在物料操作温度高于可燃液体闪点的情况下，有可能泄漏但不能形成爆炸性气体混合物的可燃液体。不可能形成爆炸性粉尘混合物的悬浮状、堆积状可燃粉尘或可燃纤维以及其他固体状可燃物质。

2. 火灾危险区域划分

火灾危险环境应根据火灾事故发生的可能性和后果，以及危险程度及物质状态的不同，按规定分三个区。21 区：具有闪点高于环境温度的可燃液体，在数量和配置上能引起火灾危险的环境。22 区：具有悬浮状、堆积状的可燃粉尘或可燃纤维，虽不可能形成爆炸混合物，但在数量和配置上能引起火灾危险的环境。23 区：具有固体状可燃物质在数量和配置上能引起火灾危险的环境。

3. 火灾危险环境的电气装置

火灾危险环境的电气设备及其线路，应符合周围环境内化学的、机械的、热的、霉菌及风沙等环境条件对电气设备的要求。在火灾危险环境内，正常运行时有火花的和外壳表面温度较高的电气设备，应远离可燃物质。在火灾危险环境内，不宜使用电热器。当生产要求必须使用电热器时，应将其安装在非燃材料的底板上。

电压为 10kV 及以下的变电所、配电所，不宜设在有火灾危险区域的正上面或正下面。若与火灾危险区域的建筑物毗连时，电压为 1~10kV 配电所可通过走廊或套间与火灾危险环境的建筑物相通，通向走廊或套间的门应为难燃烧体。变电所与火灾危险环境建筑物共用的隔墙应是密实的非燃烧体。管道和沟道穿过墙和楼板处，应采用非燃烧性材料严密堵塞。

在易沉积可燃粉尘或可燃纤维的露天环境，设置变压器或配电装置时应采用密闭型的。露天安装的变压器或配电装置的外廓距火灾危险环境建筑物的外墙在 10m 以内时，火灾危险环境靠变压器或配电装置一侧的墙应为非燃烧体的。在变压器或配电装置高度加 3m 的水平线以上，其宽度为变压器或配电装置外廓两侧各加 3m 的墙上，可安装非燃烧体的装有铁丝玻璃的固定窗。

火灾危险环境电气线路的设计和安装，可采用钢管配线明敷设。在火灾危险环境 21 区或 23 区内，可采用硬塑料管配线。在火灾危险环境 23 区内，当远离可燃物质时，可采用绝缘导线在针式或鼓形瓷绝缘子上敷设。沿未抹灰的木质吊顶和木质墙壁敷设的以及木质闷顶内的电气线路应穿钢管明设。火灾危险环境内，电力、照明线路的绝缘导线和电缆的额定电压，不应低于线路的额定电压，且不低于 500V。在火灾危险环境内，当采用铝芯绝缘导线和电缆时，应有可靠的连接和封堵。

23.2.5 火灾自动报警设备的结构及功能

1. 构成

火灾自动报警设备是自动捕捉火灾发生时的烟或热从而发出警报的设备，由接收机、报警器、发送器、音响装置、中继器及指示灯和配线构成。其目的就是尽早发现火灾，按顺序有效地使防灾系统动作，保护生命财产安全，帮助尽快消灭火灾。

2. 探测器

探测器相当于火灾自动报警设备的眼睛和耳朵，会自动地察觉火灾的发生。按其结构和方式分为以下种类：

（1）感温式探测器：分为定温式和差动式两种。定温式探测器是在一定温度以上（例如75℃）时动作。动作原理是利用探测器内部设置的双金属片，由于温度上升瞬间使接点闭合。

差动式分布式探测器是根据大范围内的热的累计效果，待温度上升率达到一定值以上时进行动作的探测器。从动作原理上分有空气管式和热电偶式两种。

空气管式在室内将细铜管（外径约2mm的中空管）挂满顶棚四周，将末端接在探测器上。火灾发生时由于温度急剧上升，空气管内空气膨胀，因而与空气管连接的探测器膜片被管内空气推开，使接点闭合，接收机动作。由于气候及室温缓慢变化时，会从泄漏孔中泄漏一点空气，以防止误动作。

热电偶式由探测热量并产生热电动势的热电偶和检测热电偶产生热电动势的检测构成。热电偶线是由两种金属组合成的，将这种线挂满顶棚四周。火灾发生时热电偶受到温度急剧上升的影响，在两种金属之间会由于热容量差而产生温度差，通过赛贝克效应产生热电动势。如果超过一定的电压，检测器动作，发出火灾信号。而平时室温升高速率慢，热电偶几乎不会产生温差，所以检测器不动作。

差动式点式探测器是在分布式探测器铜管周围预先设置气室，发生火灾时其中的空气受到温度急剧上升的影响，会推动其内部设置的膜片关闭接点，使接收机动作。室温升高缓慢时，通过泄漏气阻泄漏少量空气，使膜片平衡，不至于误动作。与分布式比较，这种探测器适用于比较狭窄的房间。

（2）感烟探测器：分为光电式和离子式两种。

光电式感烟探测器：如果火灾的烟雾进入探测器，那么发出红外线的发光二极管的光就会因碰到烟中含有各种各样的粒子而发生散射。捕捉这种光元件的变化，变换成电信号，使接收机动作。

离子式探测器的动作原理是放射源放射的放射线（特别是α射线）产生离子（正离子及负离子），离子移动产生离子电流，烟粒吸附离子或吸收α射线，妨碍了离子正常流动，结果离子电流减少，探测器发出报警信号。

23.2.6　防火区域的划分

1. 按照建筑的平面图、剖面图划分警戒区

根据各室的用途、间隔及顶棚结构等，设计各种探测器有效的报警区域作设备布置图。决定发送机的设置场所，标志板或指示灯与发送机设置在同一地点。确定警铃的设置位置，通常水平距离每25m一个，与发送机设置在同一地点。

确定消火栓启动盘位置、计算配线、配管及所需要的电线根数。在设备布置图上加上警戒区域边界线及警戒区域编号，绘制电路系统图。

2. 警戒区域的设定方法

一个警戒区域的一边长为50m以下；一个警戒区域面积为600m² 以下，但是从该防火对象的主要出入口可以瞭望其内部时，其面积可以为1000m² 以下；一个警戒区域不能包括防火对象两个以上的楼层。

3. 免设探测器的场所

探测器应设置在能够有效动作的场所，在下列场所可以不设：探测器的安装面的高度在 20m 以上的场所；在顶棚里面，顶棚和上层地面之间的距离小于 0.5m 的场所；棚屋及其他外部气流流通的地方，通过探测器不能有效地察觉该处发生火灾的前兆，厕所、浴室及与此类似的场所。在壁橱等处可以不设或少设探测器。着火的可能性很小的部位，火灾不可能蔓延的部位及不能充分保持探测器功能的场所。

对于感烟探测器除前面各项记载的场所外，还包括下列场所：尘埃、微粉或水蒸气大量滞留的场所。可能产生腐蚀性气体的场所。在正常时有烟滞留的场所。明显高温的场所。有难以探测的乙醇、丙酮等的燃烧生成物发生的地方。风速经常在 5m/s 以上的场所。

4. 接收机设置

接收机应设置在警卫室等经常有人的场所，若有中央控制室时应该设在中央控制室。接收机的操作开关设置在离地面高度 0.8m 以上的地方。在有接收机的场所应备有警戒区域一览图。一个防火对象物设置 2 个以上接收机时，在有这些接收机的场所应装设相互之间能够同时通话的设备。电源是蓄电池或交流低压室内干线，在电源的配线途中不要分支其他的配线。

5. 探测器设置

探测器的设置场所及安装方法遵照消防规范进行。差动式分布式探测器的暴露部分在每个探测区域为 20m² 以上时，探测器设在安装面下方 0.3m 以下，在距探测区域的安装面各边 1.5m 以内的位置上。探测器的水平相互间隔，在主要结构部分为耐火结构的防火对象或其它部分时为 9m 以上。接于一个探测器的空气管的长度为 100m 以下。探测器的检测器不能倾斜 5° 以上。若探测区域的规模或形状能够有效地报告火灾发生时不在此限。

6. 发送机设置

发送机的安装选择走廊、楼梯、出入口附近等许多人易看到的地方，设置在易操作的场所。区域报警器在各楼层的地面面积为 1000m² 以下时在各层设置 1 个，当超过 1000m² 时每 1000m² 或其零头设置 1 个。二楼以上的建筑物，当各层的地面面积为 200m² 以下时，每二层设 1 个，并应设在下面的一层。在距建筑物的各部分实际距离为 75m 以内的室外地点设置发送机时符合下述规定的：二层以下的建筑物，一层部分的地面面积为 1000m² 以下的，在一层可以省略设置。超过 1000m² 的每超过 1000m² 或其零头各设置 1 个以上。二层的建筑物，一层的地面面积为 1000m² 以下，二层的地面面积为 200m² 以下时，该建筑物可以省略设置。

7. 火灾报警音响的设置

报警装置在距离所安装的音响装置的中心 16m 的位置上，音量应在 90dB 以上。在楼梯或倾斜通道上设置的情况除外，可设置与探测器的动作同步的音响装置。除地下室以外五层以上的建筑物各层面积的总和超过 3000m² 的防火对象或其一部分，着火在二层以上时，限于向着火层及其上一层发出警报。着火层在一层时限于着火层、及其上一层以及地下室发出警报。着火层在地下室时限于向着火层，及其上一层以及地下室发出警报。在每一层，从该层的各部分到一个地区音响装置的水平距离为 25m 以下。报警音响应与其他声音有明显区别。

8. 指示灯及标记板的设置

指示灯用于发送器附近没有长明灯的场所，并设置在发送器的上方。指示灯有圆形及方形两种，根据用途进行选定。标记板用于发送器附近有长明灯的场合，并安装在长明灯上方。在红底上用白字表示"火灾报警器"。在标记板上用红底白字表示"火灾警报接收台"并安装在设置接收机的房间出入口。指示灯设置在与发送器的同一地方。

9. 配线要求

对于平时为开路式的配线来说，为了能够容易进行通电试验，应在其线路末端设置发送器、按钮、终端电阻等。探测器线路的配线为馈电回路。

电源回路的电路与大地之间或配线相互之间的绝缘电阻是用直流 250V 的绝缘电阻测量器测定的值。电路的对地电压 150V 以下时为 0.1MΩ 以上；否则为 0.2MΩ 以上。火灾自动报警设备配线中使用的电线不能和其他电线设置在同一管槽或同一接线盒中。但是，60V 以下的弱电流电路中使用的电线不在此限。对探测器回路的配线，设置公共线时，其公共线每 1 根为 7 个警戒区以下。探测器回路电阻应在 50Ω 以下。从应急电源线路及接收机到地区音响装置线路的配线必须进行耐热保护，见表 23-4。

消防常用导线的耐热性能比较 表 23-4

种　类	耐　火　性	耐　热　界　限
M1 电缆	铜 + 氧化镁制成，不燃烧	长时间使用的环境温度 250℃ 发生火灾短时间加热，在 600～700℃ 之间使用
耐热乙烯绝缘电缆 氯磺合成聚乙烯电线 四氟乙烯电线特氟龙	难燃，温度上升软化，炭化 接触火焰就炭化 接触火焰就燃烧，炭化	环境温度 65℃，可使用导体最高温度 95℃ 环境温度 65℃，可使用导体最高温度 95℃ 环境温度 220℃，可使用导体最高温度 250℃ 发生火灾短时间加热，在 300～350℃ 之间使用
漆玻璃丝带绝缘电线 石棉绝缘电线	接触火焰漆皮就燃烧，炭化 接触火焰电缆芯绝缘的可燃烧材料就炭化	可使用导体最高温度 90℃ 硅酮涂料浸泡使用导体最高温度 150℃ 一般漆料可使用到 95℃

23.3　电气线路的防火

随着社会的发展，用电量不断增长，电气火灾的百分比呈上升趋势。以北京为例，1998 年玉泉营环岛家具城和 1997 年北京化工厂火灾都造成了巨大的经济损失。重视安全用电，特别是消除电气线路火灾隐患，对保证经济的健康发展、安全和人民生活有着极其重要的意义。

北京电气事故引起火灾的统计表 表 23-5

年　份	1981	1982	1983	1984	1985	1986	1987	1988	1989	1990
火灾次数	772	762	765	692	674	791	554	334	218	533
电气火灾次数	123	80	103	111	107	119	97	78	52	125
电气火灾%	15.9	10.5	13.5	16	15.9	15	17.5	23.4	23.8	23.5

从表中数可知电火的比例逐年有所上升。在电气火灾，据近 5 年来的统计与电气线路火灾有关的短路（包括接地故障短路）、过负荷、接触不良等原因所占的百分比较大，大约 60%，其统计见表 23-6。

北京地区电气火灾原因比例 表 23-6

序　号	原　　因	次　　数	%
1	短路	212	44.3
2	过负荷	44	9.2
3	接触不良	34	7.0
4	忘记断电	110	23.0
5	其他	79	16.5
	总计	429	100

火灾的发生需要具备三个条件是氧气、可燃物质和热源。电气线路附近的纸张、棉布、油类、木材等材料都是可燃物质，而电气线路不正常的高温和电弧、电火花则构成热源。我们习惯上将电气线路的火灾原因概括为短路、过负荷、接触不良、接地故障。分述如下。

23.3.1 短路造成火灾情况

所谓短路是指电气线路中不同电位的两点或多点通过较小的阻抗连接。短路将产生很大的短路电流，通过线芯时将产生高温。短路处产生电弧、电火花都能引燃附近的可燃物质，导致火灾。为了防止短路，线路上一般都设有熔断器、断路器作为保护。但即使设有保护，短路引起的火灾仍不时发生。

1. 要求

电气线路在短路时要能满足热稳定要求，就不会发生火灾，即线路绝缘应能经受住线芯高温的热作用。IEC 标准规定的热稳定要求如下

$$S \geqslant \frac{I}{K \cdot \sqrt{t}} \tag{23-1}$$

式中　S——线芯截面（mm^2）；

　　　t——短路电流持续的有效时间（s）；

　　　I——已经达到允许最高持续工作温度的线路内，持续作用时的短路电流（A）；

　　　K——与线芯和绝缘材料有关的计算系数。

2. 短路时间限定

式（23-1）不适合短路时间超过 5s 的情况，因为要考虑热量散失对线路的温升的影响。式（23-1）也不适合短路时间小于 0.1s 的情况，因为这时初始短路电流的非周期分量对温升的影响应该计入。IEC 规定短路时间 t 小于 0.1s 时，线路的热承受能力应大于制造厂提供的保护电器切断短路电流时通过的 I^2t 值。

$$K \cdot S^2 \geqslant I^2 t \tag{23-2}$$

公式（23-2）已经计入非周期分量，在某些情况下就要增大导线截面，以满足热稳定的要求。

作为线路的短路保护，熔断器熔体的额定电流 I_n 不应大于电缆或穿绝缘导线允许载

流量的 2.5 倍，或明敷绝缘导线允许载流量的 1.5 倍。对于带有长延时脱扣器的低压断路器，其长延时脱扣器的整定电流不大于载流量的 1.1 倍。

我国现有的线路经常采用 RTO 型熔断器。取系统的短路容量为 350MVA，变压器容量为 1000kVA，通过计算可知如果发生短路，即使熔体熔断仍可能发生火灾。新型产品的 k 值为 75，可保证长距离的线路热稳定，但不能保证短距离线路的热稳定。在线路设计中对靠近大容量变压器的较小截面的导线应注意热稳定的校验。对于不能满足热稳定要求的导线，应放大导线截面。

上述分析为短路点阻抗小，短路电流大的金属性短路。另外一种短路是阻抗大，短路电流小的电弧短路在发生电弧短路时，由于电弧本身的大阻抗限制了短路电流，使得保护电器不能动作或不能及时动作。电弧的局部温度能达几千度，完全可以引燃有机物起火，比金属性短路更加危险。

3. 避免短路的具体措施

(1) 供电线路应远离热源或采取隔热措施。

(2) 正确选用保护电器设备的容量，尤其是确定整定电流值不可太大。

(3) 供电线路的敷设应符合安装要求，线路的截面应满足机械强度的要求。

(4) 应根据不同的环境条件，举例来说，潮湿、腐蚀、高温、机械损伤等，选用适合类型的电缆。

(5) 在 TN、TT 系统电线电缆的相对地及相对相额定电压不应低于 300/500V，而在 IT 系统不应低于 450V/750V。

23.3.2 在 TN—S 系统接地故障情况下的电气火灾分析

接地故障实质上也是一种短路，但它专指相线和设备外壳、敷线钢管、线槽以及水暖等金属管道和大地之间的短路。各种接地系统引起的电气火灾的危险情况不尽相同。

电气线路火灾的起因不外是故障电流引起导线发热产生的高温和故障电压引起的电弧、电火花引起周围的易燃物质。它和接地的形式有关，也和选用的保护电器类别、PE (PEN) 线的截面以及接地回路是否导电良好有关。

(1) 特点　TN 系统的接地故障电流通常为数百以至数千安培，这样大的电流能够使当作过电流保护的熔断器、断路器动作，迅速切断电源，防止电气火灾的发生。但是，如果 PE 线截面过细、过电流保护电器选择不当，不能及时切断电源，将使导体产生高温，既能使线路绝缘熔化燃烧，也能引燃周围的可燃物质，导致火灾。

(2) 要求　保护电器必须在不大于 5s 时间内切断接地故障才能防止火灾事故的发生。PE 截面应足够大，以保证其热稳定，即在切断故障电流的时间内保证线路绝缘能承受高温而完好无损。如果故障点处引燃了电弧，则成为电弧短路。电弧的高阻限制了故障电流，即使过电流保护电器选择正确，也不能及时动作，难以阻止火灾的发生。TN 系统中如果过电流保护电器的灵敏度不能保证在 5s 内切断接地故障，则只能装设漏电保安器。

(3) 分析　①任何一种 TN 系统如果某一相线回路对大地短路，例如架空线路某一相线坠落于接地良好的金属管道上，则其故障电流很大，如图 23-1 所示。

②电源中性点电位分析，假设图中 TN—S 系统的工作接地电阻 R_0 为 4Ω，金属管道对地电阻 R_d 为 6Ω，则其故障电流如下：

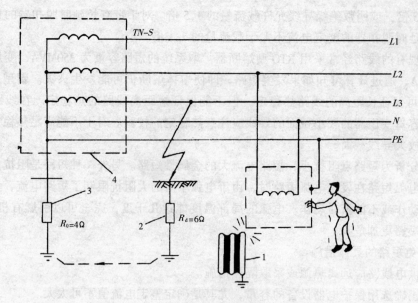

图 23-1　在 TN—S 方式供电系统相线对地短路

1—暖气或其它接地金属；2—相线接地短路电阻；3—工作接地电阻；4—三相电源

$$I_d = \frac{U_0}{R_d + R_0} = \frac{220}{6 + 4} = 22A$$

电源中性点电位升高为：

$$U_k = I_d \cdot R_d = 22 \times 6 = 132V$$

在这个危险电位沿 PE 线进入电气装置传导至外露导电部分上，自动断路器不一定跳闸，所以可引起人身触电，也可对距离很近的金属产生电弧火花而引燃易燃物。

23.3.3　TN—C 和 TN—C—S 系统接地故障情况下的电气火灾事故分析

TN—C 和 TN—C—S 系统发生接地故障的情况与 TN—S 系统故障电流大等特点是一致的，现对其不同特点进行分析如下。

1．故障情况分析

（1）中性点电位漂移：TN—C 系统正常工作时因为通过三相不平衡（I_U、I_V、I_W 不相等）电流而产生的电压降 $\Delta U = I_n \cdot Z_{pen}$。尤其是在有多次谐波电流的时候，中线电流比较大，电压降更明显。如图 23-2 所示。这样就会使所有作接零保护的电气设备外露导电部分带有一定的电压。

如果外露导电部分与水暖管道、建筑结构等导电良好的接地体相接触，极容易产生电火花、引燃电弧、甚至引起火灾。由于两带电导体之间击穿电场强度为 30kV/cm，而维持电弧的电场强度为 20V/cm，只有 2～20A 的电弧电流就可能产生 2000～4000℃的高温，如果附近有可燃性物质，完全可能因烤燃而引起电气火灾。在 TN—C—S 系统电源线路中的 PEN 线上也产生电压降，但其值较小。

（2）断零至灾：因为在 TN—C 和 TN—C—S 系统的工作零线 N 和保护线 PE 是共用的一根 PEN 线，当 PEN 线完好时，负荷侧中性点电位接近电源中性点电位和地电位，但是一旦 PEN 线断线也能够产生火灾危险。PEN 线断线俗称断零，断零以后，负荷侧各相电压按照各相负荷的阻抗分配，阻抗大的相电压高。如果三相负荷严重不平衡，负荷侧的中

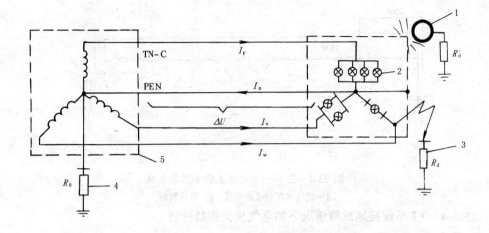

图 23-2 在 TN—C 方式供电系统相线对地短路

1—金属管；2—照明负载；3—短路接地电阻；4—工作接地电阻；5—三相电源

性点电位将发生漂移，与 PEN 线相连的电气装置外露导电部分的对地电位随之增高。当到达一定的危险值时，可能电击伤人或引起电气火灾。图 23-3 是 TN—C 或 TN—C—S 方式供电系统在故障时具有火灾隐患示意图。

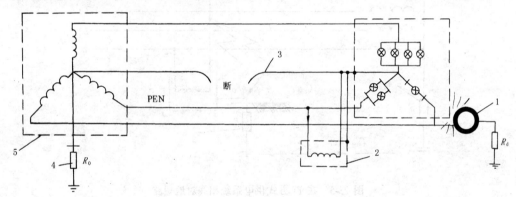

图 23-3 TN—C 或 TN—C—S 系统 PEN 线断线

1—金属管；2—单相负载；3—中性线 PEN 断线；4—工作接地电阻；5—三相电源

（3）单相断零：有些小型建筑采用单相两线电源线路供电时，如果 PEN 线断线称为单相断零，这时设备不能形成回路而不能工作。但 220V 电源的相线对地电压却通过设备内的绕组传导到外露导电部分上，使电气设备金属外壳带有很高的电压，触电的危险更大，一旦发生火灾也更为严重！如图 23-4 所示。

2. 改善方法

（1）PEN 线断线后带来的危险很大，必须采取措施提高 PEN 线的机械强度和采用机械保护装置来解决。所有 TN 系统的接地故障电流大，如果选用 PE 线或 PEN 线的截面过小，线芯将过热，烤燃周围可燃物。

（2）将各种金属作等电位连接，PEN 线上的电压降，不再在建筑物内形成电压降，正常工作时引起的火灾危险可以消除。

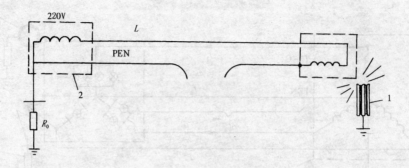

图 23-4　在 TN—C 单相系统 PEN 线断线
1—暖气或其它接地金属；2—单相电源

23.3.4　TT 系统接地故障情况下的电气火灾事故分析

1. 特点

TT 系统故障电流小。图 23-5 所示为 TT 系统回路的工作接地和保护接地这两个相串联的接地电阻限制了故障电流，所以不存在如 TN 系统电流过大故障电流引起的火灾危险。但故障电流小也带来新的缺憾，即这个故障电流不一定能使过电流保护电器及时动作。

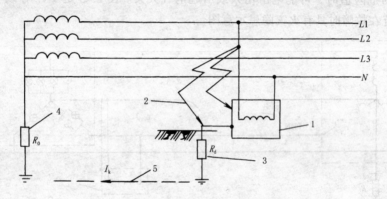

图 23-5　在 TT 方式供电系统相线对地短路
1—用电设备金属外壳；2—相线对地短路或相线碰壳短路；3—接地短路电阻；
4—工作接地电阻；5—短路电流

例如工作接地和保护接地电阻都是 4Ω，则短路电流为

$$I_K = \frac{U_相}{R_d + R_0} = \frac{220}{4 + 4} = 27.5A$$

所以当自动断路器的动作电流大于 27.5A 时就不一定跳闸。一般来说，0.5A 的电流已经足以使电弧产生高温，引起火灾。

2. 解决方法

为了防止 TT 系统配电线路和设备引起接地故障而产生火灾，必须安装额定动作电流不大于 0.5A 的漏电断路器，其保护范围应包括全部电气装置。我国现在的设备还不能满足这个要求。

此外，在 IT 供电系统中，IT 系统第一次接地故障电流更小，所以电气火灾的危险性也小，安全性能好，适用于医院或有易燃易爆的场所。但如果第一次接地故障不能及时排

804

除，又发生第二次异相接地故障，从而形成两相短路，则更大的短路电流将成为引火源。所以在 IT 系统中应重视绝缘监视系统的设置和管理，以保证发出第一次短路信号，避免火灾发生。

23.3.5 过负荷致灾分析

1. 情况分析

线路内通过的实际电流超过其安全载流量时，称为该线路过负荷。虽然过负荷并不马上引起火灾，但是它经常损坏线路绝缘，间接引起火灾。

为了安全地使用电线电缆，保证其使用寿命，产品标准规定了绝缘持续工作的温度，如对聚氯乙烯绝缘规定为 70℃，此温度指环境温度加负荷电流引起的温升。电线电缆的允许载流量即是在不超过此温度运行条件下允许持续通过的电流。很短时间内一定的过负荷例如电动机的启动则无妨。

熔断器、断路器不能对线路的轻度过负荷起保护作用。熔体的额定电流定义为"在长时间通电而不熔化的最大电流"。例如使用额定电流为 60A 的熔体保护载流量为 60A 的电线时，当负荷电流为 60A 时，熔体永远不熔断，通常实际电流达到熔体额定电流的 2 倍左右才熔断。长时间轻度过负荷将缩短电线的使用寿命。

2. 改善方法

由于线路过负荷能间接引起火灾，我国设计规范规定低压配电线路都应设置保护来切断过负荷配电线路。但是这个规定有几个例外，比如给消防泵供电的配电线路，宁可线路过负荷也要保证消防用电不间断；又如电铃变压器、干电池供电的配电线路，由于容量小、工作时间短，不可能使线路过热，所以无须使用过负荷保护装置。

(1) 我国规范参照 IEC 标准规定的过负荷保护应同时满足两个条件。

① $I_{30} \leq I_n \leq I_z$

② $I_{rd} \leq 1.45 \cdot I_z$

式中　I_{30}——计算负荷电流（A）；

$\quad\quad I_n$——断路器长延时整定电流或熔体电流（A）；

$\quad\quad I_z$——电线电缆安全载流量（A）；

$\quad\quad I_{rd}$——熔体约定时间内的熔断电流或断路器约定时间内动作电流（A）。

(2) 我国产品标准为

① 采用熔断器保护：当熔体电流 $I_n \geq 25A$，$I_n \leq I_z$；

$\quad\quad\quad\quad\quad\quad\quad$ 当熔体电流 $I_n < 25A$，$I_n \leq 0.85 \cdot I_z$。

② 采用断路器保护：断路器长延时整定电流 $I_n \leq I_z$

现行规范规定无论是采用熔断器还是断路器，都取 $I_n = 0.8 \cdot I_z$。

两者比较，新规范取较大的 I_n 值，线路载流量得到比较充分的利用，消耗较少的有色金属。这与我国电器质量的提高有关。例如将聚氯乙烯绝缘的持续允许温度自 65℃ 提高为 70℃，保护电器的产品采用 IEC 标准后质量也有了提高。

现行采用较多的是一种无产品标准的熔体，比如瓷插保险，它不能依据上式选择。保险丝额定电流 $I_n \leq 0.7 I_z$。

上式电线安全载流量 I_z 因敷设方式不同而有差别，同一敷设条件还因具体条件不同而采用不同的校正系数。绝对控制过负荷是很困难的。

23.3.6 接触不良致灾分析

线芯与线芯之间，线芯与设备之间，插头与插座之间等两个导体之间的接触如果存在氧化膜，形成的接触电阻过大，则通过工作电流时的局部温度过高，而温度过高又使氧化膜增厚，这样正反馈引起的热量足以熔化线路绝缘，造成短路电气火灾。如果接触处连接不紧密而存在空隙，则电流通过时伴随火花的发生，局部温度可达数千度，能直接引起火灾。

1. 在线路接触不良而引起的电气火灾中，铝线接头起火最为常见。原因有四：

（1）铝表面极易氧化，在施工接头时氧化层虽被刮净，但在几秒钟之内又能迅速形成新的氧化层。氧化层的厚度尽管只有 $3 \sim 5\mu m$，却有较高的电阻，大电流通过时会产生高温，引燃可燃性物质。此高电阻增加了回路阻抗，减小了短路电流，妨碍了过电流保护电器的快速动作，增加了起火的危险。

（2）铝和铜的膨胀系数的差异，当将铜端子用于铝线的连接时，因为铝的膨胀系数比铜大36%，在通过负荷电流时，铝线比铜端子膨胀的多，铝线受压。切断电流后，接线端子冷却，铝线和铜端子之间连接较前相比变得松弛。由于空气乘虚而入，铝线表面又被氧化，这些都使接触电阻增加。通过电流时，发热更剧烈，形成恶性循环。

（3）铝和铜的电解作用：铜为2价，铝为3价，铝比铜价高。如果铜铝接触的地方进入潮气，形成局部电池，发生电解作用，结果铝被腐蚀。形成的铜盐也能腐蚀铝，最终造成接触电阻的增加。

（4）氯化氢的产生和影响：因线路过载或上述连接不良的原因，铝线连接处的温度可能超过75℃。如果此温度持续时间过长，铝线聚氯乙烯绝缘将分解出氯化氢气体，此气体能腐蚀铝线表面，从而增加接触电阻。

2. 为了防止接触不良引起火灾的改善措施

（1）在敷设电气线路前，必须先将线路连接处表面清除干净，不应存在氧化层或杂质尘土。连接处应紧密可靠，导电良好，不能松动。连接铝线时清除表面后应立即连接，大截面铝线应用压接、熔焊等连接方法。

（2）铜导线和铝导线之间的连接应采用铜铝过渡接头。10mm² 以下的小截面连接可采用塑料压接帽。其中的钢丝弹簧将绞紧的连接处箍紧，无论线芯热膨胀或冷收缩均可使线芯处于压紧状态，防止进入空气和潮气。

（3）在爆炸和火灾危险场合以及手提式、移动式设备和工作时有振动的设备上采用铜芯的电线、电缆。经常对线路连接处的温度进行检查，根据不同情况可采用手感，也可采用放置试温片或涂变色漆等。

（4）在电气工程设计中应尽量减少不必要的开关层次，在开关电器上只设置必要的刀极。开关电器的刀及触头是电气线路中的活动连接点，其接触不良同样会产生高温、电火花、电弧，但其引起火灾的机理要复杂得多。PE线和PEN线上绝对不设刀极，中性线上刀极的设置根据开关电器的用途和接地系统的类别而定。在三相四线系统运行中相线上的刀极接触不良较难发现，引起电气火灾的危险性也较大，因此对中性线上是否设置刀极应该谨慎考虑。

3. 常见的防止火势蔓延的方法

（1）设计时尽量缩短可燃线的长度，避免不同通道间的线路互相交错并列，以免火苗蔓延。

(2) 将管线敷设或全封闭在不燃的建筑材料中，管材尽可能采用钢管。但是钢管超过 30mm 以上时已经难以限制火势蔓延。套管直径大于 30mm 时，管内也要求用和建筑材料同一防火等级的材料堵严。

(3) 线路穿过地板、墙壁、天花板、隔板等建筑构件时应注意将过孔的空隙用消防枕（砂袋）堵死塞实，封堵材料也和建筑材料属于同一防火等级。

(4) 采用氧指数高的阻燃型电线电缆。但这种电缆往往由于种种原因不能广泛采用。比如，聚四氟乙烯和聚酰亚胺都有良好的阻燃性，但前者燃烧有毒气，后者造价太高。对于一般场所，切实可行的办法是采用普通电线电缆，在线路敷设上想办法阻止火势蔓延。

23.4 电 缆 防 火

23.4.1 电缆火灾的危险性

电缆火灾的发生，有电缆过热、短路、绝缘老化或绝缘性能变坏等内因，也有煤粉或油漏经高温引燃、电焊渣等可燃物着火等影响下的外因，统计显示内、外因几乎各占一半，分析认为难以仅凭加强管理来完全防范，工程建设时创造利于电缆防火、阻止延燃的条件，就有减灾的积极意义。

统计分析表明，各类建筑设施中几乎都有电缆火灾的例子，电缆火灾的概率分布，主要在含有煤灰、油等可燃质和高温环境的火电厂、钢铁、石化企业以及电缆群密集的沟道等场所，火电厂中以锅炉房、汽机房发生概率最高，且主要在制粉系统防爆门、炉体和高温管道、油管路近旁的部位。而 300MW 及以上机组火电厂的区域性供电范围较大，一旦电缆火灾带来社会经济损失和影响严重，况且，该场所电缆密集，常处于火灾概率较高的范围。

电缆着火后的蔓延程度及其危害各不相同。明敷电缆数量较少时可能不形成延燃而自熄；密集敷设电缆，尤其在沟道、竖井等情况火势发展迅猛。有些场所或回路，电缆火灾损失不大，有时如涉及重要回路或场所，即或少量局部电缆着火，却导致大范围断电或事故恶性影响。至于在密集电缆群的隧道中，或外部电缆着火通过未封堵孔洞延燃至控制室电缆层等情况，不乏烧毁汇聚其间众多电缆的破坏性事例。

值得注意：使用难燃电缆并不能避免电缆着火，现行标准考核通过的难燃性，往往不足以等价工程条件的有效阻止延燃，故电缆着火延燃可能依然存在，为限制事故扩大且考虑到投资增加有限，因而把适当的阻火分隔是必要的措施。

电缆可能着火蔓延导致严重事故的回路、易受外部影响波及火灾的电缆密集场所，应有适当的阻火分隔，并按工程重要性、火灾概率及其特点和经济合理等因素，确定采取安全措施。

电缆火灾属偶然性，相应投资则属必然性。实现减灾的目的是为了谋求社会经济效益，需要对增加投资的总和有所估价，从这一意义出发，宜有适度的投资以免去重大的损失，如同防洪投资意义相同，虽然不能绝对免灾，总可减灾。

23.4.2 线路安全措施

各种安全措施都是为了保证人身和设备的安全，有效地实施安全措施能够大大降低火灾的危险。对易受外部影响着火的电缆密集场所或可能着火蔓延而酿成严重事故的电缆回路，必须按设计要求的防火阻燃措施施工。电缆的防火阻燃尚应采取下列措施：

1. 主要措施是采用耐火或阻燃型电缆

防火阻燃材料必须经过技术或产品鉴定。在使用时，应按设计要求和材料使用工艺提出施工措施。涂料应按一定浓度稀释，搅拌均匀，并应顺电缆长度方向进行涂刷，涂刷厚度或次数、间隔时间应符合材料使用要求。包带在绕包时，应拉紧密实，缠绕层数或厚度应符合材料使用要求。绕包完毕后，每隔一定距离应绑扎牢固。

2. 阻火分隔方式的选择应符合下列规定：

电缆构筑物中电缆引至配电柜、盘或控制屏、台的开孔部位，电缆贯穿隔墙、楼板的孔洞处，均应实施阻火封堵。在隧道或重要回路的电缆沟中下列部位，宜设置防火墙。如公用主沟道的分支处、多段配电装置对应的沟道适当分段处、长距离沟道中相隔约 200m 或通风区段处、至控制室或配电装置的沟道入口、厂区围墙处。

3. 阻火层

在竖井中，宜每隔约 7m 设置阻火隔层。实施阻火分隔的技术特性，应采用阻火封堵、阻火隔层的设置，还可采用防火堵料、填料或阻火包、耐火隔板等；在楼板竖井孔处，应能承受巡视人员的荷载。阻火墙的构成宜采用阻火包、矿棉块等软质材料或防火堵料、耐火隔板等便于增添或更换电缆时不致损伤其他电缆的方式，避免积水浸泡或鼠害。

除通向主控室、厂区围墙或长距离隧道中按通风区段分隔的阻火墙部位应设防火门外，有防止窜燃措施时可不设防火门。防窜燃方式、可在阻火墙紧靠两侧不少于 1m 区段所有电缆上施加防火涂料、包带，或设置挡火板等。阻火墙、阻火隔层和封堵的构成方式，均应满足按等效工程条件下耐火极限不低于 1h，且耐火温度不宜低于 1000℃。电缆的耐火性，过去长时期按 IEC331—1970 标准试验考核，特点是耐火焰高温 750℃作用 3h。在电力电缆接头两侧及相邻电缆 2～3m 长的区段施加防火涂料或防火包带。

4. 明敷电缆

在火灾概率较高、灾害影响较大的场所，有时候也需要采用明敷电缆。对于单机容量为 300MW 及以上机组火电厂的主厂房和燃煤、燃油系统以及其它易燃、易爆环境，宜采用具有难燃性的电缆。对于地下的客运或商业设施等人流密集环境中需增强防火安全的回路，宜采用具有低烟、低毒的难燃型电缆。其他重要的工业与公共设施供配电回路，当需要增强防火安全性时，也可采用具有难燃性或低烟、低毒的难燃性电缆。

5. 其他

对重要回路的电缆，可单独敷设于专门的沟道中或耐火封闭槽盒内，或对其施加防火涂料、防火包带。也可增设自动报警与专用消防装置。

23.4.3 难燃电缆的选用要求

1. 密集电缆

多根密集配置时电缆的难燃性，应按"成束电线电缆燃烧试验方法"，以及电缆配置情况、所需防止灾难性事故和经济合理的原则选用。

（1）同一通道中，不宜把非难燃电缆与难燃电缆并列配置。

（2）在外部火势作用一定时间内需维持通电的场所明敷的电缆应实施耐火防护或选用具有耐火性的电缆。如消防、报警、应急照明、断路器操作直流电源和发电机组紧急停机的应急电源等重要回路；电脑监控、继电保护、保安电源等双回路电源电缆。

2. 明敷电缆实施耐火防护方式

电缆数量较少时，可用防火涂料、包带加于电缆上或把电缆穿于耐火管中。同一通道中电缆较多时，宜敷设于耐火槽盒内。电力电缆宜用透气型式。在无易燃粉尘的环境可用半封闭式，敷设在桥架上的电缆防护区段不长时，也可采用阻火包。

在油罐区、重要木结构公共建筑、高温场所等耐火要求高且安装和经济性能可接受的情况下，可采用不燃性矿物绝缘电缆。自容式充油电缆明敷在公用廊道、客运隧洞、桥梁等要求实施防火处理的情况，可采取埋砂敷设。靠近高压电流、电压互感器等含油设备的电缆沟，该区段沟盖板宜密封。

3. 密集场所

在安全性要求较高的电缆密集场所或封闭通道中，应配备适于环境可靠动作的火灾自动探测报警装置。明敷充油电缆的供油系统，应设有能反映喷油状态的火灾自动报警和闭锁装置。地下公共设施的电缆密集部位，多回路充油电缆的终端设置处等安全性要求较高的场所，可装设水喷雾灭火等专用消防设施。

国内外电缆火灾均屡有发生，美国 1965～1975 年电线电缆的火灾共 1000 余次，直接损失上亿美元；日本某火电厂 600MW 机组一次电缆火灾，就损失 3000 万美元；我国近 10年有两个大型化工厂先后出现供电电缆着火，一次烧毁 40 余公里电缆，各因停电 1 次均损失产值 3000 万。火电厂的电缆火灾事故更为频繁，损失严重。据不完全统计，我国近20 年已出现 200 余起电缆火灾，全国累计直接损失近亿元，影响国民经济间接损失估计约超过数十亿元。

23.4.4 设计与施工中防火问题

1. 维修问题

过去设计阻火墙有用普通砖砌、在电缆贯通孔洞部位用板结状材料封堵的方式，虽可能满足阻火性，但在运行中更换或增添电缆时，由于不便拆装且常易碰伤其它电缆，也因而往往未及时封堵处理，导致延燃发展的事故。矿棉、岩棉或泡沫石棉块等软质材料构成阻火墙，经多次试验和应用实践，可避免上述缺点。

2. 施工问题

施工隧道中不设防火门辅以防止窜燃措施的好处是，避免因关闭防火门造成正常运行方式下的通风不良，或开启门运行担心一旦发生火灾时自动关闭装置失灵不可靠。

3. 材料问题

设计采用聚氯乙烯等含卤化物材料构成电缆虽有助难燃性提高，但电缆着火时析出卤化氢气体，含有毒性和较浓烟气，危及人的生命，不少电缆火灾事故教训屡有昭示，故对人流云集的场所，采用难燃电缆时还需兼有低烟、低毒性。

4. 充油电缆

充油电缆着火烧损引起燃油流溢，采取埋砂敷设，是一种较妥善对策。我国水电厂尤其在洞内等廊道中的充油电缆，已较普遍地实践。日本在隧道、桥梁上也较广泛地采取埋砂敷设充油电缆，且多以玻璃纤维增强塑料制轻型槽盒内埋砂方式，近年在 500kV 充油电缆沿 8km 跨海桥梁上敷设也用此法。

5. 特种电缆

金属管氧化镁等矿物绝缘电缆，简称 MI 电缆，具有高耐火性和耐高温、防机械力损伤特性。但有造价相对稍贵、又不像通常电缆具有的挠曲性特点。国内外已有较广泛应用，被认为是可靠的防火电缆。

高压电流、高压互感器包括电容式电压互感器以及耦合电容器，构造上存在易进潮气的弱点。曾多次因进潮导致爆炸溢油、流入近旁电缆沟的燃油使电缆着火。过去在潮湿的隧道中装设报警用探头，常因湿气影响误动而不受欢迎，以致停用。如果缺乏自动报警，就不能及时发觉实施消防灭火，造成事故扩大。防潮型探头、感温报警线可避免上述缺点。

6. 电缆设计的防火措施

（1）在有火灾危险的场所，明敷设电缆时穿过墙要有金属套管，如使用塑料管时，应选用难燃自熄型管材。电缆桥架也要用耐燃型或用金属桥架。

（2）在有火灾危险或有爆炸危险的场所，采用非密封电缆沟时，应在沟内充砂，使电缆上下各有 20cm 黄砂。

（3）在消防、报警、应急照明及直流电源双重化继电保护等重要的公用回路，应急照明电缆和其他电缆一起敷设时，应在电缆上敷设防火涂料，并用耐火隔离板使其保证耐火性能。

（4）在电缆竖井穿过楼板的部位应作防火封堵，每三层一封堵。

23.5　火　灾　探　测　器

23.5.1　探测器简介

火灾探测器俗称探头，有二十多种，通常分为四类，即感烟式火灾探测器、感温式火灾探测器、光电式火灾探测器、可燃气体式火灾探测器等。它们都是把烟雾浓度、温度、光亮度等物理量转变为电的信号，通过导线传到控制机构。

1. 感烟式火灾探测器简介

感烟式火灾探测器也称为燃烧烟雾探测器，它的工作原理如图 23-6 所示。

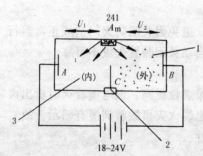

图 23-6　离子式感烟火灾探测器示意图
1—检测室；2—开关电路；3—标准室

离子式感烟探测器核心是用放射性元素镅（Am241）、电池、标准室、检测室组成。当烟雾进入检测电离室时，因为镅放射出 α 射线，使得标准室和检测室空气均电离，平时这两室的电阻都相等（$R_{AC} = R_{CB}$），当检测室进烟后，吸收了电子，使电阻增大，电流、电压发生了变化，两室电压失去平衡（即 $U_{CB} > U_{AC}$），使电子线路导通发出电的信号而起动报警系统。平时，没有报警情况时电路中有一个小的工作电流 I_B。

特点是灵敏度高、不受外面环境光和热的影响及干扰、使用寿命长、构造简单，价格低廉。

2. 感温探测器简介

感温探测器按其原理可分为电子定温组合式、电子差温组合式、机械差温组合式、分布式和定温差式等。定温差式探测器的敏感原件是用双金属片、低熔点合金等。当温度上升时，熔丝熔化，使双金属片弯曲而触发电路。差动式感温探测器的工作原理是用膜片和双金属片作敏感元件，当温度变化达到一定限度时，触及电路导通工作。

3. 光电式火灾探测器

它的工作原理是利用光发出的红外线或紫外线作用于光电管，如图 23-7 所示。内部光源（灯泡）发出的光，通过透镜聚成光束照射到光敏元件上转换为电的信号，电路保持正常状态。当有一定浓度的烟雾挡住了光线时，光敏元件立刻把光强变弱的信号传给放大器放大，电路得电动作而发出报警信号。信号的光源是内置式，组装于设备一体，因结构不同可分为遮光型和散射型。

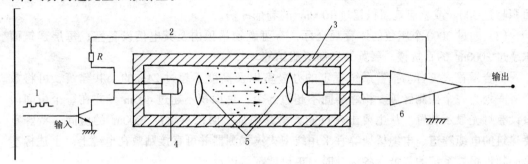

图 23-7　遮光型光电感烟探测器
1—脉冲信号；2—电源；3—暗箱；4—发光二极管；5—光学透镜；6—放大器

光电式特点是灵敏度较高，适用于火灾危险性较大的场所，如有易燃物的车间、电缆间、电脑机房等。

4. 可燃气体探测器简介

它是利用对可燃气体敏感的元件来探测可燃气体的浓度，当可燃气体超过限度时则报警。此外还有激光感烟探测器，它的原理和光电式相似，应用尚少。

5. 一氧化碳火灾报警器

这是最近新研制成功的一种防火自动报警器。这种一氧化碳报警器，可以在物质还没有完全燃烧时便发出报警。例如被褥刚被燃烧或配电盘刚冒烟等，在尚未出现火苗之前就产生了一氧化碳，利用一氧化碳和水发生反应时产生的电子为传感信号，并利用大规模集成电路技术将信号放大，使这种新型火灾报警器具有感知面广、灵敏度高、耗电量低等特点。与传统的报警器相比，报警时间比较早，不会因为有人抽烟或澡堂内水蒸汽多而误报。

23.5.2　自动报警装置

1. 区域报警器

区域报警器的作用是把探测器发来的信号接收后，用声音、光、数字等显示出火灾的区域、房间号码，同时把信号转送给集中报警器。它的功能还可以设有控制各种消防设备的输出接点，可以和其他的消防设备联动，以达到报警和灭火之目的。自动报警装置内装有镍镉电池，平时向电池组浮充电。当市电停电时，它能自动接通应急电源。在一个大型的公共建筑物内可以设置若干个区域报警器，由一个集中报警器指挥。

2. 集中报警器

集中报警器的工作原理和区域报警器一样，所不同的是它可以对外和市消防中心取得联系，它设置电话机。还可以接通消防水泵等与灭火设备联动，实现自动控制。集中报警器通常还和录像机、自动记录器等联网以便日后分析火灾情况。

23.5.3 火灾报警装置设置地点

1. 按照建筑规范，公共建筑物以下部位必需设置火灾自动报警装置。

(1) 中型电脑机房；特殊重要的机器仪表、仪器设备室；贵重物品库房；每座占地面积超过 $1000m^2$ 的棉、毛、丝、麻、化纤及其织物库房；有卤代烷、二氧化碳等固体灭火装置的其它房间；广播电信楼的重要机房、火灾危险性大的重要实验室。

(2) 图书、文物珍藏库，每座藏书超过 100 万册的书库，重要的档案、资料库，占地面积超过 $500m^2$ 或总建筑面积超过 $1000m^2$ 的卷烟库房。

(3) 超过 3000 个座位的体育观众厅，有可燃物吊顶内及其电信设备室；每层建筑面积超过 $3000m^2$ 的百货楼、展览馆和高级旅馆等

符合设置火灾自动报警系统规定的办公室以及高度不超过 24m 的公共建筑，可将数个房间划为一个探测区域。相邻房间不超过 5 个，总面积不超过 $400m^2$，并在每个房间门口设有灯光显示装置。从主要出入口能看清其内部，面积不超过 $1000m^2$ 的房间。特殊重要建筑的电缆隧道、电缆桥架等宜采用线型火灾探测器并可直接贴敷在电缆上。上述标准是必须设报警系统的，低于各标准时，想设就都可以设。

2. 高层民用建筑的下列部位应设有火灾自动报警装置：

(1) 一类高层建筑（住宅除外）的走道、门厅、可燃物品库房、空调机房、配电室、自备发电机房；净高超过 2.6m 且可燃物品较多的地下室和设有机械排烟的地下室。高级旅馆以及建筑高度超过 50m 的普通旅馆的客房和公共活动用房。医院病房楼的病房、贵重医疗设备室、病历档案室、药品库。

(2) 一类电信财贸金融建筑（每层面积超过 $800m^2$ 的电信财贸金融楼）的办公室、重要机房以及一、二类财贸金融楼的营业厅、票证库。一类办公建筑（中央级和涉外出租办公楼以及建筑高度超过 50m 的办公楼、科研楼、教学楼）的办公室、会议室、档案室以及有火灾危险的实验室。

(3) 一类广播电视建筑（中央和省级含计划单列市的广播电视楼）演播室、播音、录音室、节目播出技术用房、道具布景可燃物品库房。一类指挥调度建筑（大区级和省级含计划单列市的电力调度楼、防灾指挥调度楼）的微波机房，电脑机房、控制机房、重要动力机房。一、二类电脑机房建筑（价值超过 100 万的大中型电脑机房的主机室、控制室、纸库、磁带库）和贵重设备间。建筑高度超过 100m 的高层公共建筑，除小于 $5m^2$ 的厕所、卫生间以外的所有房间。

(4) 电影院建筑的主体结构耐久年限超过 50 年并且观众厅容量在 801 座及以上（即甲等大型及特大型电影院，其下列部位宜设置火灾自动报警装置。观众厅、放映室、配电室、发电机房和空调机房等。汽车停放在 26 辆以上的地下停车库，多层停车厅、底层停车库宜设置自动报警装置。

当旅馆、办公楼、综合楼的门厅、观众厅、已设有自动喷水灭火系统时，可不设自动报警系统。

(5) 火灾自动报警系统应有自动和手动两种触发装置。建筑中的重点部位最底限度应设有手动火灾报警装置或有相应的报警措施。

23.5.4 探测器的保护范围设计

当无特殊要求时，可按下列原则确定火灾探测器的布局：探测区域内的每个房间至少应设置一只探测器。感烟、感温探测器的保护面积和保护半径，应按表23-7确定。

探测器的保护范围　　　　　　　　　表 23-7

种　类	安 装 位 置	保 护 半 径
感烟探测器	安装高度 $H \leqslant 6m$	$R \leqslant 5.8m$
感烟探测器	安装高度 $H \leqslant 12m$	$R \leqslant 6.6m$
感温探测器	安装高度 $H \leqslant 8m$	$R \leqslant 4.4m$
气体探测器	探测气体比密度 $< 1m$	$R < 8.0m$

23.5.5 探测器的选型

1. 按探测器灵敏度选型

探测器按灵敏度可以分为三级。感烟探测器的灵敏度级别应根据初期火灾燃烧特性和环境特征等因素正确选择。

(1) 一级灵敏度的探测器一般是绿色，灵敏度最高。用于禁烟的场所、电脑机房、仪表室、电子设备机房、图书馆、票证库和书库等。当房间高度超过 8m 时，感烟探测器灵敏度级别应取 1 级。

(2) 二级灵敏度的探测器是黄色，用于一般客房、宿舍、办公室等。

(3) 三级灵敏度的是红色，用于可以抽烟的地方，如走廊、通道、楼梯间、吸烟室、会议室、大厅、餐厅、地下层、管道井等处。

2. 差、定温探测器动作温度的选择

差、定温探测器动作温度的选择不应高于最高环境温度 20 ~ 35℃，且应按产品技术条件确定其灵敏度。一般可按下述原则确定：

(1) 定温、差温探测器在升温速率不大于 1℃/min 时，其动作温度不应小于 54℃，且各级灵敏度的探测器的动作温度应分别大于下列数值：

1 级—62℃；2 级—70℃；3 级—78℃。

(2) 定温式探测器的动作温度在无环境特殊要求时，一般选用 2 级。

3. 火灾探测器类型的选择：

根据产生火灾燃料等情况的不同，应分别选用探测器的方式。

(1) 在火灾初期有阴燃阶段，这时如果产生大量的烟和少量的热、很少或没有火焰辐射，如电子设备机房、配电室、控制室等处，宜采用感烟探测器，或选光电感烟式探测器。例如棉被、衣服及木器家具等一般不能迅速而充分地燃烧，因而先呕烟，待热量积蓄到一定程度时，才会出现明火。如果单纯用于报警，则可以采用不延时的工作方式，只要烟雾达到一定的浓度就立即发出警报。在智能大楼通常选用与自动灭火系统联动的方式，这时应该选用延时工作方式的探测器。

感烟式探测器还广泛应用在办公楼、教学楼、百货楼的厅堂、办公室、库房、饭店、旅馆的库房、电脑机房、通讯机房、书库、档案库、空调机房、防排烟机房及有防排烟功能要求的房间、重要的电缆竖井、楼梯间前室和走廊通道、电影及电视放映室等。

不宜选用离子感烟探测器的场所有相对湿度长期大于 95%；气流速度大于 5m/s；有

大量粉尘、水雾滞留；可能产生腐蚀性气体；在正常情况下有烟滞留；产生醇类、醚类、酮类等有机物质。

(2) 感温探测器常用于相对湿度经常高于95%；可能发生无烟火灾；有大量粉尘；在正常情况下有烟和蒸气滞留；厨房、锅炉房、发电机房、茶炉房、烘干房等；汽车库；小会议室、吸烟室；其他不宜安装感烟探测器的厅堂和公共场所。

常温和环境温度梯度较大、变化区间较小的场所，宜选用定温探测器；常温和环境温度梯度较小、变化区间较大的场所，宜选用差温探测器；若火灾初期环境温度难以确定，宜选用差定温复合式探测器。垃圾间等有灰尘污染的场所，亦宜选用差定温复合式探测器。如果火灾发展迅速，产生大量的烟、热和火焰辐射，可选用感温探测器、感烟探测器、火焰探测器或其组合。

从火灾初期开始，就会发生大量火焰及烟雾，同时有很高的温度时，宜选用感烟、感温及火焰探测器混合并用。

可能产生阴燃火或者如发生火灾不及早报警将造成重大损失的场所，不宜选用感温探测器；温度在0℃以下的场所，不宜选用定温探测器；在电缆托架、电缆隧道、电缆夹层、电缆沟、电缆竖井等场所，宜用缆式线型感温探测器。在库房、电缆隧道、天棚内、地下车库以及地下设备层等场所，可选用空气管线型差温探测器。

不宜选用光电感烟探测器的场所有：可能产生黑烟；可能发生无烟火灾；有大量粉尘；在正常情况下有烟滞留；存在高频电磁干扰；大量昆虫充斥场所。

(3) 火焰探测器的选择：在一开始，火灾发展就很快，例如易燃 易爆材料，能迅速产生强烈的火焰辐射，起火时有强烈的火焰辐射和少量的烟、热，火灾发展迅速，或无阴燃阶段的火灾需要对火焰作出快速反应，应选择火焰探测器。大型无遮挡空间的库房，宜采用红外光束感烟探测器。在散发可燃气体、可燃蒸气和可燃液体的场所，宜选用可燃气体、可燃液体探测器。火灾形成特点不可预料，可进行模拟试验，根据试验结果选择探测器。

火焰探测器有紫外线式和红外线与紫外线复合式两类。其光学灵敏度用45mm的火焰高度为标准烛光，在相距0.5~1.0m就能触发探测器输出，时间不大于1s。

下列情况的场所，不宜选用火焰探测器：可能发生无烟火灾；在火焰出现前有浓烟扩散；探测器的镜头易被污染；探测器的视线易被遮挡；探测器易受阳光或其他光源直接或间接照射；在正常情况下有明火作业以及X射线、弧光等的影响。

(4) 在火警初期容易发生一氧化碳可燃气体、易燃液体蒸汽时，可以选用可燃气体方式的探测器。

(5) 在火灾情形难以预料时，可以采用模拟试验的方法，进行可行性研究之后再确定探测方式。以尽可能不产生误报或漏报。

(6) 对不同高度的房间，按表23-8选择。

4．探测器数量的确定

一个探测区域内所需要设置的探测区数量，按下式计算：

$$N = \frac{S}{K \cdot A} \tag{23-3}$$

式中 N——一个探测区域内所需要设置的探测器数量，N 取整数；

S——一个探测区域的面积（m^2）；

A——探测器的保护面积（m^2）；

K——校正系数，重点保护建筑取 $0.7 \sim 0.9$，非重点保护建筑取 1。

根据房间高度选择探测器 表 23-8

房间高度 h（m）	感烟探测器	感温探测器			火焰探测器
		一 级	二 级	三 级	
$12 < h \leqslant 20$	不合适	不合适	不合适	不合适	合适
$8 < h \leqslant 12$	合适	不合适	不合适	不合适	合适
$6 < h \leqslant 8$	合适	合适	不合适	不合适	合适
$4 < h \leqslant 6$	合适	合适	合适	不合适	合适
$h \leqslant 4$	合适	合适	合适	合适	合适

在梁突出顶棚的高度小于 200mm 的顶棚上设置感烟、感温探测器时，可不考虑梁对探测器保护面积的影响。如果梁突出顶棚的高度在 $200 \sim 600$mm 的顶棚上设置感烟、感温探测器时，应考虑梁对探测器保护面积的影响和一只探测器能够保护的梁间区域的个数。当梁突出顶棚的高度超过 600mm 时，被梁隔断的每个梁间区域至少设置一个探测器。当被梁隔断的区域面积超过一只探测器的保护面积时，则应将被隔断的区域视为一个探测区域，并按规定计算探测器的设置数量。

23.5.6 探测器的施工安装

1. 探测器安装要点　探测器安装地点的确定因素很多，主要有以下七点：

（1）从预报火灾的角度考虑，应把探测器设置在最能反应出火灾迹象的地方，但又不能影响人们工作活动和便于安装，通常安装在室内屋顶上容易检测到烟气或高温的地方。不宜设在连烟气也难扩散到的屋角旮旯。一般距墙不小于 0.5m。大梁净高超过 0.6m 时也视为隔墙，水平距离不宜大于 0.5m。当梁净高小于 0.6m 时，可以装在梁下皮。

（2）在楼道、走廊、过道等处可以设在顶部中轴线上。

（3）在空调机送风口处，因为烟气被快速吹跑了，所以探测器宜远离送风口 1.5m 以上。

（4）在管道、竖井内宜装在顶部，因为一般烟气、热气都往上走。

（5）探测器的导线用铜芯线，截面不小于 0.75mm^2，用多股或单股都可以。

（6）感温探测器通常使用的三色线是红色接电源，棕色接信号，绿色是检查线。

（7）可燃气体探测器的气体比空气重时，安装的高度不大于 0.3m。

2. 区域报警器的安装　一般都采用壁式安装方法，用螺栓固定，30kg 以上用 $\phi10 \times 120$，小于 30kg 时用 $\phi8 \times 120$。

3. 集中报警器的安装　通常采用落地安装方法。用两根基础型钢。系统接地电阻不大于 4Ω。

4. 探测器的接线方法

（1）探测器的接线：探测器的接线见图 23-8。

（2）几个探测器的安装位置见图 23-9。

（3）并联使用底座出线见图 23-10。

（4）探测器的位置见图 23-11。

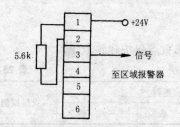
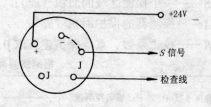

图 23-8 探测器的接线端子

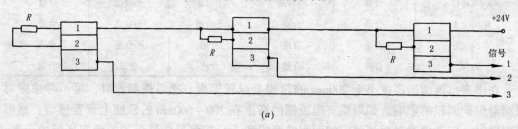

(a)

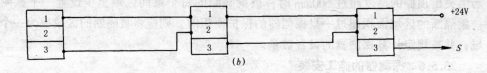

(b)

图 23-9 几个探测器的接线

(a) 几个探测器报警回路; (b) 并联使用底座出线

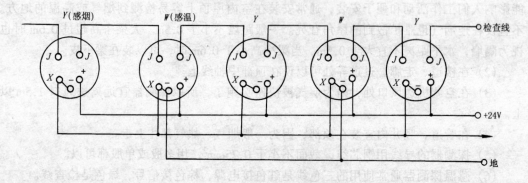

图 23-10 探测器的并联接线图

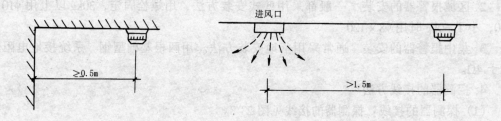

图 23-11 探测器的位置

5. 探测器安装的高度 可参考表 23-9。

房间高度（m）	感烟探测器	感温探测器 1级 2级 3级			火焰探测器
13~20	×				√
9~12	√				√
7~8	√	√			√
5~6	√	√	√		√
h<4	√	√	√		√

6. 顶棚上探测器的设置

为了使探测器及时探到可靠的情况，设置在探测器周围 0.5m 以内不应有遮挡物，如书架文件柜等。探测器距墙壁、梁边或防烟通道垂壁的净距不应小于 0.5m。距防火门、防火卷帘门的距离为 1~2m。距顶棚多孔风孔口的净距不应小于 0.5m，距圆形、方形（矩形）和条形送风口边缘的净距不应小于 1.5m。

在与厨房、开水间或浴室等房间的通道上安装探测器时，应避开房间入口边缘 1.5m 以上。当梁间净距小于 1m 时，可视为平顶棚、探测器宜安装在梁下。

装有大于 100mm×100mm 格栅吊顶时，探测器可安装在吊顶上侧。但安装在吊顶上侧的探测器距格栅吊顶下表面的距离不宜大于 1m。距暗装灯具的净距不应小于 0.2m。感温探测器距高温灯具，比如采用卤钨灯或光源功率大于 100W 的白炽灯，净距不应小于 0.5m。

距装扬声器的净距不应小于 0.1m。距自动喷水灭火喷头的净距不应小于 0.3m。净高 ≤2.2m 且面积不大于 10m² 的狭小房间，应将探测器安装在入口附近。

23.6 火灾报警系统设计

合理地设计火灾自动报警系统，能够尽早发现和通报火情，防止和减少火灾危害，保护人身和财产安全。火灾自动报警系统的设计基本原则是安全可靠，但也要照顾到使用方便、技术先进、经济合理。

23.6.1 火灾自动报警系统分类

1. 工程设计采用区域报警系统时

(1) 火灾探测器宜选用不带地址编码底座的普通型火灾自动报警探测器。

(2) 探测区域小于 200 点时，宜采用多线传输方式，即硬线连接方式。

2. 工程设计采用集中报警系统时

(1) 火灾探测器可采用少线制，选用有地址编码底座与无地址编码底座的火灾自动报警探测器。

(2) 区域报警器与火灾探测器可采用软线连接，与集中报警控制器之间采用巡回检测控制方式为主。

(3) 系统较复杂时可配 CRT 图形显示器，显示层和探测区域号。

3. 工程设计采用控制中心报警系统时

它除具备一般区域报警控制器功能之外，可采用编码传输系统控制设备。区域报警控制器与控制中心报警系统控制器之间宜采用数字编码传输控制方式。可配备 CRT 图形显示器、显示层和探测区域号。在技术经济条件允许的前提下，尽量采用集散控制系统（主机—分控机），主机可采用双机动态备用方式。

（1）一类建筑的可燃物品库、空调机房、配电室。

（2）高级旅游宾馆的客房和公用活动房、百货商品楼、财贸金融楼的营业厅、展览馆厅等。

（3）电信楼、广播楼、省级邮政楼、重要的机房或房间。

（4）重要的图书、资料、档案库、贵重设备间、大中型电子计算机和火灾危险大的实验室。

4. 报警区域划分

报警区域应按防火分区或楼层划分，一个报警区域应由一个防火分区或同楼层的几个防火分区组成。探测区域则按独立的房间划分。一个探测区域的面积通常不超过 500m²。从主要出入口能看清其内部、且面积不宜超过 1000m² 的房间，也可划分为一个探测区域。这表明一个报警号不宜控制过大的区域面积。

符合下列条件之一的非重点保护建筑，可将数个房间划分为一个探测区域。相邻房间不超过 5 个，总面积不超过 400m²，并在每个房间门口设置灯光显示装置。相邻房间不超过 10 个，总面积不超过 1000m²，并在每个房间门口均能看到其内部，并在门口设置灯光显示装置。

有些场所应分别单独划分探测区域，如敞开或封闭式楼梯间；防烟楼梯间前室、消防电梯前室、消防电梯与防烟楼梯间合用的前室；走道、坡道、管道井、电缆隧道；建筑物闷顶及夹层。

5. 防火阀的设置

采用易熔合金式防火阀时，该防火阀可做为定温式报警器接入区域控制器，一个防火分区内有数个防火阀时，每一个报警号所连接的防火阀不宜超过 4 个。防火卷帘门除应在消防控制室联动控制开门关门外，尚应在就地具有手动开门和自动延时关门的功能，手动开门装置设计在门内、外两侧。

在具有火灾应急广播系统的建筑，可不再设警铃，由应急广播系统播放事先录制的警铃声音，并及时播放疏导注意事项。手动报警按钮应设置与消火栓位置配合或组合为一体。手动报警按钮处宜同时设置对讲电话插孔。在消防控制中心报警系统中，消防泵的控制应在消防控制室设有手动/自动控制转换功能，并应有消防泵工作状态灯光显示。消火栓处只设手动报警按钮，不直接启动消防泵。

6. 手动启动消防泵

在没有值班室的区域火灾报警系统中，消防泵应由设在消火栓处的手动报警按钮直接启动泵，并配有启动水泵灯光显示信号显示泵的工作状态。无人值班的区域报警系统中，喷水泵应自动启动，手动停止，在泵房有启泵灯光显示喷水泵工作状态。当柴油发电机房或燃油锅炉房等设有卤代烷灭火系统时，宜选用成套灭火及控制设备。并可设置在机房的值班室内，其动作信号应反馈至消防控制室。一类防火建筑中的程控电话机房、电脑机房、通讯机房、电视广播机房、干式变压器和 10kV 真空开关室等，无特殊要求时，可不设固定灭火设备。

火灾自动报警系统装备标准除依照建筑防火等级等条件外，应优先采用经消防部门检测合格的国内优质设备。火灾自动报警系统的方块图组成如图23-12所示。

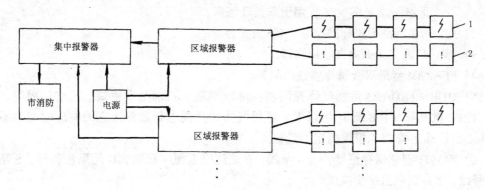

图 23-12　火灾自动报警系统的方块图
1—感烟探测器；2—感温探测器

23.6.2　火灾报警系统的工作原理

　　火灾自动报警系统中的探测器根据其逻辑电路的设计，目前可分为开关量和模拟量两种。采用开关电路原理的火灾探测器，火灾报警信号由各个探测器发出。每个探测器都有自己的报警阈值，当环境变化达到所设定的阈值时，开关电路动作，发出火灾报警信号。控制器收到信号后进行确认，发出声光报警并显示报警部位。这种火灾报警系统工作原理相对简单、造价较低，但存在先天性缺陷。如固定的报警阈值不能随自然环境的变化而自动调整，遇到高温、潮湿环境误报率就增高，用户不能掌握探测器技术状态的变化，环境适应能力差。

　　模拟量火灾自动报警系统，探测器无报警阈值。探测器把检测到的烟雾密度或温度转化为数据，传输给控制器。控制器分析、处理、存储在电脑内部，由探测器发回的烟量或热量发展状态的大量数据，根据烟雾的浓度、烟雾浓度的变化量、烟雾浓度的变化速率等判断是否发出相应的信号，如预报信号、火灾报警信号及故障信号。当火灾发生后，值班人员不仅能及时得知火灾的发生，而且能够准确地指出火灾位置和报警前后火灾蔓延情况。模拟量火灾探测器可设置成不同的灵敏度等级以适应不同环境监测点的需要。

　　在正常环境中，物理参数变化的速率是缓慢的，而火灾发生时物理、化学的变化速率是快速的。即火灾时发生的变化要比环境自然的变化快得多。因此利用控制器内自动调整监视灵敏度，对自然变化进行补偿，这是传统火灾报警系统不可比拟的。模拟量系统的报警信号可分为预备和火灾两个阶段。环境变化数值超出一定范围时发出预警，如火情不发展就停止报警，若变化速率继续加快，就转入火警。电脑系统可以巡回检查每个探测器的地址、状态和所处的环境变化。

　　总之，模拟量火灾自动报警系统能够显著降低环境温度、湿度等因素的干扰，大大提高了系统的可靠性与稳定性，降低了误报率，使用方便，维修成本低。

23.6.3　探测器的型号及选择

1. 探测器的型号

　　（1）FJ—2701型离子探测器：电源24V，安装高度4m时保护面积100m^2，如果高度小于4m时，保护面积减小。监测电流1mA，报警电流10mA。

灵敏度：Ⅰ级—减光率10%，用于禁烟场所。

      Ⅱ级—减光率20%，用于居室等场所。

      Ⅲ级—减光率30%，用于非禁烟场所。

（2）JTY—LZ型是国家标准型号，40s内报警。

（3）JW—是温差式火灾自动探测器。

（4）FJ—2704型是双金属片感温探测器。

（5）JTQB—2700/683可燃气体探测器：可以对液化石油气、甲烷、乙烷、丙烷、丁烷、汽油、氨气等（ⅡB级T₂组以下）可燃气体的泄漏进行监测。它的响应时间为不大于20s。出厂标定按75%甲烷测定。

（6）ZA1911型感烟探测器：有4条线，P是红线电源+极线，G是黑色负极，S是绿色信号线，T是黄色阻抗变换线。

2．区域报警器的型号

JB—QG20 J报警；B表示防爆型；Q表示区域；G表示柜式，若T表示台式，B表示壁挂式。电压24V，基本容量50路，每路一个探头，可以扩至100路。壁式的大小为460mm×720mm×120mm（宽×高×厚），20kg。一般35VA，最不利时小于20VA。

23.6.4　湿式消防系统

1．湿式消防系统的组成

主要由消火栓泵、管网、高位水箱、室内消火栓箱、室外露天消火栓箱、水泵接合器等组成。为了防止消防水泵加压时破裂，有的还在管网上设置安全阀。如图23-13所示。

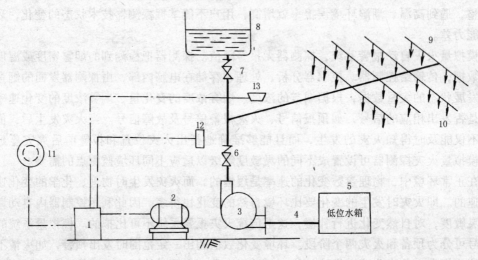

图23-13　自动喷水灭火系统

1—控制箱；2—水泵电机；3—水泵；4—进水管；5—低位水箱；6—干管；7—单向阀；8—高位水箱；
9—配水管；10—喷头；11—警铃；12—压力开关；13—水流指示器

2．湿式消防设备的应用

（1）室外消火栓位置应便于消防车使用。

（2）室内消火栓的位置宜在各层中间，人员取用方便的地方，如楼梯、走廊或大厅人口处。

(3) 在下列建筑内应设置消防给水：在六层或六层以上的住宅及民用建筑；5000m² 以上的火车站、展览馆、商店、医院；800 个以上座位的电影院、体育馆、1200 座位的礼堂；重要的厂房和库房。

(4) 在电影院的舞台与观众之间或两个车间之间可以采用水幕消防给水系统。

3. 不能采用湿式消防系统的场所

如图书库房、精密仪器室、档案资料库房、水泥库房、柴油机房、变压器室、中央控制室、通讯机房、可燃气体或易燃等场所。这些地方宜用干式消防系统。

23.6.5 消防控制室

消防控制室的门应向疏散方向开启，并应在入口处设置明显的标志。消防控制室内应有显示被保护建筑的重点部位、疏散通道及消防设备所在位置平面图。消防控制室的送、回风管，在其穿墙处应设防火阀。消防控制设备根据需要可由线路部分或全部控制装置组成。

1. 消防控制室的功能

(1) 接收火灾报警，发出火灾声光信号，应急广播和安全疏散指令等。

(2) 控制消防水泵、固定灭火设备、通风空调系统、开启防排烟设施、关闭电动防火门、防火阀、防火卷帘、防排烟设施等。

(3) 显示电源及各种消防用电设备的工作状态及显示电源运行情况等。

(4) 设有火灾自动报警和自动灭火或设有火灾自动报警和机械防烟、排烟设施的建筑，应设消防控制室。

2. 消防电源及其配电

消防用电设备应采用单独的供电回路，其配电设备应有明显的标志。消防用电设备的配电线路应采用穿金属管保护，不包括火灾自动报警系统传输线路，暗敷时应敷设在非燃烧体结构内，其保护厚度不应小于 3cm；明敷时必须在金属管上采取防火措施。采用绝缘和护套为非延燃性材料的电缆时，可不采取穿金属管保护，但应敷设在电缆井内。

高层民用建筑的消防控制室、消防水泵、消防电梯、防排烟设施、火灾自动报警、自动灭火装置、应急照明、疏散指示标志和电动的防火门窗、卷帘、阀门等消防用电设备门之类建筑按现行的规范规定的一级负荷要求供电，二类建筑的上述消防用电应为二级负荷的两回线方式供电。火灾应急照明和疏散指示标志灯，可采用蓄电池作备用电源，但其连续供电时间不应小于 20min，超高层建筑不应小于 30min。

建筑物、储罐、堆场的消防用电设备，建筑高度超过 50m 的乙丙类厂房和丙类库房，其消防用电设备应按一级负荷供电。下列建筑物、储罐、堆场的消防用电设备应按二级负荷供电：室外消防用水量超过 30L/s 的地方；室外消防用水量超过 35L/s 的易燃材料堆场、甲类和乙类液体储罐或储罐区、可燃气体储罐或储管区；超过 1500 个座位的影剧院、超过 3000 个座位的体育馆、每层面积超过 3000m² 的商场、展览楼和室外消防用水量超过 25L/s 的其他公共建筑。对一级负荷供电的建筑物，在供电不能满足要求时，应设自备发电设备。

下列建筑物、储罐和堆场的消防设备可采用三级负荷供电。

(1) 室外消防用水量不超过 25L/s 的公共建筑物。

（2）室外消防用水量不超过 25L/s 的工厂、仓库以及丙类液体储罐或储罐区、可燃气体储罐或储管区、可燃材料露天堆场。

3. 接地

消防控制室的工作接地电阻值应小于 4Ω。采用联合接地时，接地电阻值应小于 1Ω。当采用联合接地时，应用专用接地干线由消防控制室引至接地体。专用接地干线应用铜芯绝缘导线或电缆，其线芯截面积不小于 25mm²。由消防控制室接地板引至各消防设备的接地线，应选用铜芯绝缘软线，其线芯截面积不小于 4mm²。

23.7　高层火灾报警系统设计

高层建筑的防火设计，因其楼层较高必须遵循国家的有关方针政策，针对高层建筑发生火灾时的特点，采用可靠的防火措施，做到保障安全、方便使用、技术先进、经济合理。本节内容适用于 10 层及以上的住宅建筑，包括首层设置商业网点的住宅和建筑高度超过 24m 的其他民用建筑物及相连的附属建筑。不适用于建筑高度超过 100m 的民用建筑和单层主体建筑超过 24m 的体育馆、会议厅、剧院等公共建筑以及高层建筑中的人民防空地下室。

23.7.1　火灾自动报警系统设计要求

工业与民用建筑的火灾自动报警系统的设计，应按国家现行的有关建筑设计防火规范的规定执行。

（1）火灾自动报警系统可选用下列三种基本形式：①区域报警系统；②集中报警系统；③控制中心报警系统。高层建筑规模比较大时，宜采用后两种。

（2）区域报警系统的设计，一个报警区域宜设置一台区域报警控制器，系统中区域报警控制器不应超过三台。当用一台区域报警控制器警戒数个楼层时，应在每层楼梯口明显部位设置识别楼层的灯光显示装置。区域报警控制器安装在墙上时，其底边距离地面的高度不应小于 1.5m，靠近其门轴的侧面距墙不应小于 0.5m，正面操作距离不应小于 1.2m。区域报警控制器宜设置在有人值班的房间或前室。

（3）集中报警系统的设计，系统中应设有一台集中报警控制器和二台以上的区域报警控制器。集中报警控制器需从后面检修时，其后面板距墙不应小于 1m；当其一侧靠墙安装时，另一侧距墙不应小于 1m。集中报警控制器的正面操作距离，当设备单列布置时不应小于 1.5m，双列布置时不应小于 2m；在值班人员经常工作的一面，控制盘距离墙壁不应小于 3m。集中报警控制器应设置在有人值班的专用房间或消防值班室内。

（4）控制中心报警系统的设计，系统中至少设置一台集中报警控制器和必要的消防控制设备。设在消防控制室以外的集中报警控制器，均应将火灾报警信号和消防联动控制信号送至消防控制室。

（5）从配电箱至各设备应用放射式配电，每个回路保护设备分开，互不影响。配电电源不得设置漏电保护，当电源发生接地故障时，可以设单相接地报警装置。消防用电设备的两个电源、两个回路或供电线路应在末端切换。有火灾时温度高，导线电阻大，导线截面适当放宽。消防配电应按消防区进行，配电箱和器件要用耐热型，如果在有防火措施的室内可用一般配电箱。管线应用耐火的钢管和导线。

23.7.2 自动报警系统设计要点

（1）**消防中心控制室的位置**　消防中心控制室设在首层，最好设在配电室旁边。不宜设在不好找到的死角。高层建筑玻璃幕墙多数为非防火材料，在设备层的外墙改用防火玻璃材料封闭避难层，或设置窗间墙及水幕保护。高层自动扶梯为了防止烟囱效应，宜在五层以上错开立面位置，用防火材料封闭之。或设置防水幕帘、自动卷帘，在顶部要设置探测器。还要设置喷水系统。

（2）**沉降缝的处理**　高层建筑在与群楼相接的沉降缝或新旧大楼之间通廊两侧设置防火门。垂直电缆井设防火门，绝不可用木门，而且在楼层间用防火材料封堵。吊顶内的管子用金属管或阻燃管 PVC 正品管。不能用明敷设，也不能用软塑料管。

（3）**工程设计为区域报警系统时**火灾探测器宜选用不带地址编码底座的普通型火灾自动报警探测器。探测区域小于 200 点时，宜采用多线传输方式，即硬线连接方式。

（4）**商品的摆放**　商品的摆放时宜将不易燃商品插在中间，如陶瓷用品和金属商品。感温探测器适宜设在建筑物吊顶的下面，不要设在上面。

23.7.3 等电位联结

等电位联结的作用在于降低建筑物内间接接触电击的接触电压和不同金属部件之间的电位差，还能从建筑物外面经过电气线路或各种金属管道引入的危险的高电位的威胁。等电位联结对建筑物电气装置防接触电击、防接地故障引起的爆炸、减少电气火灾及防雷均具有现实意义。

等电位联结的实施是通过进线配电箱近旁的等电位联结端子板（接地母排）将一些相关的电气设备、金属管线、插座的 PE 端子、浴池及建筑物的金属结构等作互相用金属连接。各等电位联结端子板与总等电位联结端子板互相连接。图 23-14 是某医院手术室局部等电位联结示意图。图 23-15 是其平面图。

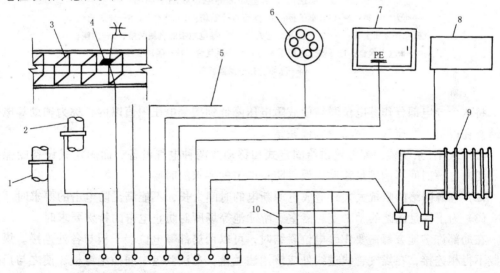

图 23-14　某医院手术室局部等电位联结示意图

1—水管；2—氧气管和真空管等；3—建筑物钢筋；4—预埋件；5—防电子干扰的金属屏蔽层；6—安全电压手术灯；7—分配电箱；8—非电手术台；9—暖气管；10—导电地板的金属网格

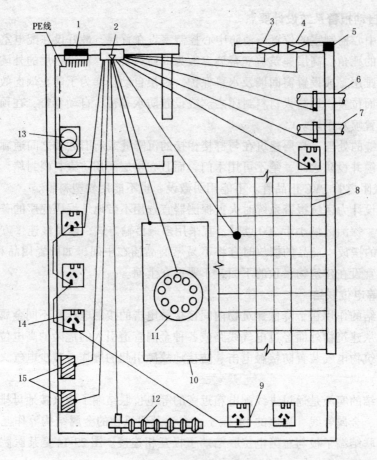

图 23-15　某医院手术室局部等电位联结平面图

1—动力配电箱；2—LEB 端子板；3—无影灯控制箱；4—手术台；5—建筑物钢
筋；6—金属水管；7—氧气管及真空管等；8—导电地板的金属网络；9—插座；
10—非电手术台；11—安全电压手术灯；12—暖气管；13—隔离变压器；
14—冰箱；15—保温箱等

　　将两个导电部分作等电位联结使故障电压降低到接触电压限值以内，称为辅助等电位
联结。在以下情况应该作辅助等电位联结：

　　(1) 从 TN 系统统一配电箱供给固定式和移动式两种电气设备，而固定式设备的保护
电气切断电源时间不能满足移动式设备防止电击的要求的时候。

　　(2) 电源网络的阻抗太大，造成电源断电的时间太长，不能满足防电击的要求时。

　　(3) 为了满足医院的手术室、浴室、游泳池等场所对防止电击的特殊要求时。

　　在局部许多地方都需要作等电位联结时，可以用局部等电位端子板与各处连接。煤气
管线不得相连接，在煤气管线进线处应该用法兰盘，在法兰盘中间插绝缘板，使之与户外
埋地的煤气管线隔离。

　　等电位联结导线的截面考虑到防雷电流的需要，铜线截面不小于 $6mm^2$，铝线截面不
小于 $10mm^2$，钢线截面不小于 $16mm^2$。详见表 23-10。

　　等电位联结线应用黄绿双色线，等电位联结端子板刷黄色底漆，并标记黑色符号▼。

等电位联结导线的截面 表 23-10

类别取值	总等电位连接	局部等电位连接	辅助等电位联结	
一般值	≥0.5×PE（PEN）进线截面	≥0.5×PE截面①	两电气设备外露导电部分间	1×较小PE线截面
			电气设备与装置外导电部分之间	0.5×PE线截面
最小值	6mm² 铜线或相同电导值的导线②		有机械保护时	2.5mm² 铜线或4mm² 铜线
			无机械保护时	4mm² 铜线
	热镀锌钢 圆钢 φ10 扁钢 25×4mm		热镀锌钢 圆钢 φ8 扁钢 20mm×4mm	
最大值	25mm² 铜线或相同电导值的导线②		—	

①局部场所内最大PE线的截面。
②不允许采用没有机械保护的铝线。

23.7.4 减灾照明设计

1. 应急照明和疏散指示标志

高层民用建筑的下列场所应设置火灾应急照明。疏散楼梯（包括防烟楼梯间前室）、消防电梯及其前室。配电室、消防控制室、消防水泵房和自备发电机房。观众厅、展览厅、多功能厅、餐厅和商场营业厅等人员密集的场所。

建筑物下列部位应装设疏散照明：影剧院、体育馆、多功能厅、礼堂、医院病房楼以及装有备用照明的展览厅、营业厅、演播室、地下室、地下停车库、多层停车库等的疏散楼梯口、厅室出口和公共建筑内的疏散走道和居住建筑内长度超过20m的内走道。

疏散用的应急照明其最低照度不应低于0.5lx。消防控制室、消防水泵房、配电室和自备发电机房的火灾应急照明，仍应保证正常照明的照度。应急照明灯宜设在墙面或顶棚上。疏散指示标志宜设在太平门的顶部、疏散走道及其转角处距地面1m以下的墙面上。走道上的指示标志间距不宜大于20m。应急照明和疏散指示标志，应设玻璃或其他非燃材料制作的保护罩。

2. 照明防火

照明器表面的高温部分靠近可燃物时，应采取隔热、散热等防火措施。卤钨灯和额定功率为100W及以上的白炽灯的吸顶灯、槽灯、嵌入式灯的引入线应采用瓷管、石棉、玻璃丝等非燃材料作隔热保护。闷顶内有可燃物时，其内的配电线路应采用穿金属管保护。超过60W的白炽灯、卤钨灯、荧光高压汞灯（包括镇流器）等不应直接安装在可燃装修或可燃构件上。可燃物品库房内不应设置卤钨灯等高温照明器。

应急照明灯宜设在墙上或顶棚上。疏散指示标志宜放置在太平门的顶部或疏散走道及其转角处距地面高度1m以下的墙面上，走道上的指示标志灯间距不宜大于20m。应急照明和疏散指示标志应设在玻璃或其他非燃烧性材料制作的保护罩。

3. 电源

火灾自动报警系统的主电源可采用集中供电的独立交流电源。其直流备用电源宜采用火灾自动报警控制器的专用蓄电池。应急照明的应急电源可采用灯具自带蓄电池（自带电源型应急灯）或集中供电的独立电源（如备用发电机、蓄电组、不间断电源装置以及工程建筑防火分类相适应采用两回路或两回线供电的交流电源。

当正常电源断电后，应急照明电源转换时间应满足：疏散照明、备用照明≤15s（金融交易场所≤1.5s），自带电源型应急灯≤5s；安全照明≤0.5s。

应急照明（含消防用电的分散设备——如防火卷帘门等）的正常供电电源和应急电源可采用数层或按防火分区设置一个自动切换盘，但每个切换盘的容量不宜大于6kW。疏散照明的持续工作时间不应小于30min，超过100m的高层建筑，不应小于1h，备用照明和安全照明应不小于2h。

4. 火灾探测器的传输线路

可按一般配线方式敷设。连接手动报警器（包括起泵按钮）、消防启动控制装置、电气控制回路、运行状态反馈信号、灭火系统中的电动控制阀门、水流指示器、应急广播等线宜采用耐热配线。工程中非全白天工作，如夜间、假日定期无人工作或使用而仅由值班或警卫管理时，疏散照明供电宜采用三线式配线。

由应急电源引至第一设备（如应急配电装置、报警控制器等）以及从应急配电装置至消防泵、喷水泵、排烟机、消防电梯、防火卷帘门、疏散照明等的配电线路，宜采用耐火配线。

5. 应急广播的设置

设有控制中心报警或集中报警系统的宾馆、饭店、办公楼、商业楼、综合楼等公共建筑，应设应急广播。应急广播用扬声器的设置，以本层任何部位到扬声器的距离不超过25m。除旅馆客房外，每个扬声器的额定功率不应小于3W。走道上装设的扬声器距离1～1.5m处的声强不应低于90dB，在房间内装设时不低于65dB，同时扬声器应在80℃的气流中放置30min，箱体不变形扭曲，其工作不应出现异常。有条件时可根据设备功能、安装部位的不同，有区别的规定。

6. 设备选型

防火设计所选用的设备和器材必须符合防火设计要求的合格产品。建设单位应对消防设计进行审核。国家和本市重点建设工程的防火设计，应由市消防机关实施监督，建设单位应将防火设计交市消防监督机关审核。当变更设计时，应由市原审批消防监督机关批准。

所谓重点工程是指中央或本市确定的重要工程、交通枢纽（如火车站、飞机场、电话局等）、高层建筑（二类住宅除外）、民用建筑面积超过1000m^{2}的公共建筑、综合建筑和外资、合资、合作设计的工程项目。

面积超过500m^{2}的甲、乙类库房，停放100辆以上机动车的车库。含容量超过5000m^{3}的可燃气体液体储罐、2000m^{3}的可燃和助燃气体储罐的工业项目。城市的液化石油气及汽油加油站等的规划设计。对工程的隐蔽部分，必须严格检查测试，做好记录，作为竣工验收的依据。

23.8 消防联动控制和电源

23.8.1 火灾报警和联动系统的电源设备

电源有常用电源、应急电源和备用电源三种。作为应急电源，如果设置应急电源专用受电设备，则可省略常用电源。备用电源的容量可以有效地使相应的设备动作时，可以省略应急电源。但此时不能省略常用电源。使用蓄电池设备作为常用电源时可以省略应急电源。

1. 常用电源

消防用电应有两个电源或两回线，应在最末一级配电箱处自动切换。自备发电设备，应设自启动装置。常用电源有交流电源和蓄电池直流电源。

(1) 交流电源是交流低压配电室内的干线，消防设备用电在到达电源的途中不能分支其他配线，在断路器上应标明"火灾自动报警设备用"。

(2) 蓄电池设备电源在到电源的配线途中不能有其他配线分支，在断路器上应标明火灾自动报警设备用。

(3) 作常用电源用的蓄电池应具备不充电即可持续监视 24h 以上，其后还可以继续进行 20min 动作以上的容量。

2. 应急电源

应急电源是常用电源停电时的后备设施，应急电源是指利用专用受电设备或蓄电池设备作电源。但是，接收机的备用电源的容量超过作为应急电源需要的容量时可省略应急电源。

(1) 应急电源专用受电设备是指通过该专用设备的变压器进行受电或从受电设备的主变压器的二次侧通过直接专用的开关进行受电的设备。且火灾报警回路的断路器有过载或短路的时限保护。

(2) 用于应急电源的蓄电池设备，在从蓄电池到火灾自动报警设备接收机的配线途中设置开关及过电流断路器。蓄电池应具有不充电即可持续监视 24h 以上，其后还可以放电 10min 以上的容量。

3. 备用电源

备用电源是常用电源故障或容量不足时，为了保证所需要的最小限度的机能，在检验标准上规定的备置在接收机上的。这种情况下的备用电源是密封式蓄电池。

常用电源停电时可自动切换成备用电源，在常用电源恢复供电时应能自动切换成常用电源。备用电源的容量等于或大于事故期间所需要的容量。备用电源的容量等于或大于应急电源所要求的容量，在对备用电源的配线采取耐热措施时，可以省略应急电源。但是，对于内装备用的电源则不需要对作为应急电源的配线采取耐热措施。另外，即使应急电源的容量足够也不能省略备用电源。

4. 消防用电设备供电等级

(1) 按一级负荷供电的消防设备有高层民用建筑的消防控制室、消防水泵、消防电梯、防排烟设施、火灾自动报警、自动灭火装置、火灾应急照明、疏散指示标志和电动的防火门窗、卷帘、阀门等。建筑高度超过 50m 的乙、丙类厂房和丙类库房，其消防用电设备应按一级负荷供电。按一级负荷供电的建筑物，当供电不能满足要求时，应设自备发电设备。

(2) 下列建筑物、储罐、堆场的消防用电设备应按二级负荷供电：

①室外消防用水量超过 30L/s 的工厂、仓库。

②室外消防用水量超过 35L/s 的易燃材料堆场、甲乙类液体储罐或储罐区、可燃气体

储罐或储管区。

③超过 1500 个座位的影剧院、超过 3000 个座位的体育馆、每层面积超过 3000m² 的商场、展览楼和室外消防用水量超过 25L/s 的其他公共建筑。

（3）下列建筑物、储罐和堆场的消防设备可采用三级负荷供电：

①室外消防用水量不超过 25L/s 的公共建筑物。

②室外消防用水量不超过 25L/s 的工厂、仓库以及丙类液体储罐或储罐区、可燃气体储罐或储罐区、可燃材料露天堆场。

5. 线路保护

消防用电设备的配电线路应采用穿金属管保护（不包括火灾自动报警系统传输线路），暗敷时应敷设在非燃烧结构体内，其保护厚度不应小于 3cm；明敷时必须在金属管上采取防火措施。采用绝缘和护套为非延燃性材料的电缆时，可不采取穿金属管保护，但应敷设在电缆井内。

23.8.2　系统供电电源设计要点

（1）电源等级：消防控制室、消防水泵、消防电梯、防排烟设施、火灾自动报警、自动灭火装置、火灾应急照明和电动防火门窗、卷帘、阀门等消防用电，一类建筑应按现行国家电力设计规范规定的一级负荷要求供电；二类建筑的上述消防用电，应按二级负荷的两回线要求供电。

（2）供电方式：火灾消防及其他减灾系统用电，当建筑物为高压受电时，宜从变压器低压出口处分开自成供电体系，即独立形成减灾供电系统。一类建筑物的消防用电设备的两个电源或两回线路，应在最末一级配电箱处自动切换。火灾自动报警系统应设有主电源和直流备用电源。

（3）供电时间：火灾自动报警系统的主电源应采用消防电源，直流备用电源宜采用火灾报警控制器的专用蓄电池。当直流备用电源采用消防系统集中设置的蓄电池时，火灾报警控制器应采用单独的供电回路，并能保证在消防系统处于最大负荷状态下不影响报警控制器的正常工作。各类消防用电设备在火灾发生期间的最少连续供电时间可参照表 23-11。

消防用电设备在火灾发生期间的最少连续供电时间　　　　　　表 23-11

序　　号	消防用电设备名称	保证供电时间（min）
01	火灾自动报警装置	< 10
02	人工报警器	< 10
03	各种确认、通报手段	< 10
04	消火栓、消防泵及自动喷水系统	> 60
05	水喷雾和泡沫灭火系统	> 30
06	CO_2 灭火和干粉灭火系统	> 60
07	卤代烷灭火系统	> 30
08	排烟设备	> 60
09	火灾广播	> 20
10	火灾疏散标志照明	> 20
11	火灾暂时继续工作的备用照明	> 60
12	避难层备用照明	> 60
13	消防电梯	> 60
14	直升飞机停机坪照明	> 60

（4）二类建筑的供电变压器：当高压为一路电源时宜选用两台，只在能从另外用户获得备用低压的情况下，方可只选用一台变压器。配电所应设专用消防配电盘，若有条件时，配电室尽量贴邻消防控制室布置。

（5）对容量较大或较集中的消防用电设施：如消防电梯、消防水泵等，应自配电室采用放射式供电。对于火灾应急照明、消防联动设备、火灾报警控制器等设置专用消防柜。

（6）自动切换：在设有消防控制室的民用建筑物中，消防用电设备的两个独立电源或两回线路，宜在下列场所的配电屏处自动切换：消防控制室；消防泵房；消防电梯机房；防排烟设备机房；火灾应急照明配电箱；各楼层消防配电箱。

（7）消防联动控制装置的直流操作电源电压：应采用24V。火灾背景控制器的直流备用电源的蓄电池容量应按火灾报警控制器在监视状态下工作24h后，再加上同时有两个分路报火警30min用电量之和计算。专供消防设备用的配电箱、控制箱等主要器件及导线等宜采用耐火、耐热型。当与其他用电设备合用时，消防设备的线路应作耐热、隔热处理。而且消防电源不应受别处故障的影响。消防电源设备的盘面应加注"消防"标志。

（8）供电要求：消防用电的分支线路不应跨越防火分区，分支干线不宜跨越防火分区。消防用电设备的电源不宜装设漏电保护，当线路发生接地故障时，宜设置单相接地报警装置。消防用电设备的自备应急发电设备，应设有自启动装置，并能在15s内供电。当由市电切换到柴油发电机电源时，自动装置应执行先停后送的程序，并应保证一定的时间间隔。在接到市电恢复信号后延迟一定时间，再进行柴油机对市电的切换。

23.8.3　火灾报警系统设计要点

火灾自动报警与消防联动控制系统设计应根据保护对象的分级规定、功能要求和消防管理体制等因素综合考虑确定。火灾报警及联动控制系统，应包括自动和手动两种触发装置。

火灾自动报警与消防联动控制系统有下列四种基本型式：①区域系统；②集中系统；③区域—集中系统；④控制中心系统。

（1）区域系统：保护对象仅为某一局部范围或某一设施。应有独立处理火灾的能力。在一个建筑物内只能有一个这样的系统。报警控制器应设在有人值班的房间或场所内（如保卫、值班室等部门）。

（2）集中系统：适应于保护对象较少且分散，或保护对象较多但没有条件设区域报警控制器的场所。当规模较大，保护控制对象较多时，选用由微机构成报警控制器时，宜采用总线方式的网络结构。

采取总线方式的网络结构时，报警宜采用总线制，消防联动控制系统可采用按功能进行标准化组合的方式。现场设备的操作与显示，全部通过控制中心。各设备之间的联动关系由逻辑控制盘确定。如有条件，报警和联动装置皆通过总线的方式。部分就地，大部分由消防控制中心输出联动控制程序。

集中系统用的报警控制器，对于一个建筑物内的消防控制室，设置数量不宜超过2台。应在每层主要楼梯口明显部位，装设识别火灾层的声光显示装置。有条件时可在各楼层消防电梯前室设火灾部位复示盘。当每层面积较少，房间布局规整而无复示盘时，可在布局单元门口设置火警显示灯。集中报警控制器应设在有专人值班的消防控制室内。

（3）区域—集中系统：适应于规模较大、保护控制对象较多；有条件设置区域报警控制系统；需要集中管理或控制的场合。系统中应设有一台集中报警控制器和二台及以上区域报警控制器。

当控制点数较多，有条件宜采用上、下位机总线制微机报警控制方式，其功能要求为：下机位（区域机）：接收火灾报警信号后，能输出控制程序，启动各消防设施的联动装置。上位机（集中机）：能显示全系统中各火灾探测区、联动控制装置和各区域机的工作状态；当需要时，亦可直接发出动作指令通过区域机启动所需要起动的消防设施。集中报警控制器应设置在有专人值班的消防控制室内。

(4) 控制中心系统：

①本系统适应于规模大，需要建筑管理的群体集中及超高层建筑。

②系统能显示各消防控制室的总状态信号及能负担总体灭火的联络与调度职能。

③宜通过 BAS 或作为其一个子系统，实现报警、自动灭火的各相功能。当管理体制上有问题时，宜单独组成系统。

④消防控制中心宜与主体建筑的消防控制室结合。

⑤一般不宜超过二级管理。

(5) 保护措施：当采用总线方式网络结构时，应有断路和短路故障保护措施。对于断路故障宜采用环形总线结构；对于短路故障宜针对工程重要程度和条件，采取在总线适当部位措施插入隔离器或选用带隔离器的探测器等措施。超高层建筑火灾自动报警及控制系统的设计除满足一类高层建筑的各项要求外，各避难层内的交流、直流电源，应按避难层分别供给，并能在末端自动互投。

(6) 应急照明系统：各避难层内应有可靠的应急照明系统，其照度应小于正常照度的50％。各避难层内应设独立的火灾应急广播系统，该系统宜能直接接收消防控制中心的有线和无线两种广播信号。

(7) 呼救通讯：各避难层应与消防控制中心之间设独立的有线和无线呼救通讯。在避难层应每隔一定距离（如步行 20m）设置火警专用电话分机或电话插孔。超高层建筑中的电缆竖井，宜按避难层上下错位设置，有条件时竖井之间的水平距离至少相隔一个防火分区。

(8) 灯光标志：在屋顶设消防救护用直升飞机停机坪时，为保证在夜间（或不良天气）飞机能安全起降，应根据专业要求设置灯光标志。停机坪四周应设置航空障碍灯，障碍灯光采用能用交、直流电源供电的设备。在直升飞机着陆区四周边缘相距 5m 范围内，不应设置共用电视天线杆塔、避雷针等物。从最高一层疏散口（疏散楼梯、电梯）至直升飞机着陆区，在人员行走的路线上应有明显的诱导标志或灯光照明。直升飞机的灯光标志应可靠接地，并应有防雷击措施。屋面应有良好的防水措施。防止雨水进入灯具或管路内。设置消防电源控制箱。与消防控制中心有通讯联络措施。

23.8.4 手动火灾报警按钮的设置

(1) 手动火灾报警按钮：报警区域内每个防火分区，应至少有一只手动火灾报警按钮。从一个防火分区内的任何位置到最邻近的一个手动火灾报警按钮的步行距离，不宜大于 30m。

(2) 手动火灾报警按钮装设部位：各楼层的楼梯间、电梯前室；大厅、过厅、主要公共活动场所出入口；餐厅、多功能厅等处的主要出入口；主要通道等经常有人通过的地方。

（3）手动火灾报警按钮的操动报警信号安装：火灾手动报警按钮应在火灾报警控制器或消防控制值班室的控制、报警盘上专用独立的报警显示部位号，不应与火灾自动报警显示部位号混合布置或排列，并应有明显的标志。

手动火灾报警按钮的操动报警信号安装在区域—集中系统中。当区域机能直接进行灭火控制时，可进入区域机。当区域机不能直接进行灭火控制时，可不进入区域机而直接向消防控制室报警。手动火灾报警按钮系统的布线宜独立设置。手动火灾报警按钮安装在墙壁上的高度为 1.3～1.5m，按钮盒应具有明显的标志和防止误动作的保护措施。

23.8.5 消防联动控制

1. 一般要求

消防联动控制对象应包括以下的内容：灭火设施；防排烟设施；防火卷帘；电梯；非消防电源的断电控制。

消防联动控制应根据工程规模、管理体制、功能要求合理确定控制方式，一般可采取集中控制或集中控制与分散控制相结合。无论采取何种控制方式，应将被控对象执行机构的动作信号，送至消防控制室集中管理。

容易造成混乱带来严重后果的被控对象，如电梯、非消防电源及警报等，应由消防控制室集中管理。

2. 灭火设施

设有消火栓按钮的消火栓灭火系统，消火栓按钮控制回路应采用 50V 以下安全电压。当消火栓设有消火栓按钮时，应能向消防控制室发送消火栓工作信号和启动消防水泵。消防控制室内，对消火栓灭火系统应有下列控制、显示功能：

（1）控制消防水泵的启、停。

（2）显示消防水泵的工作、故障状态。

（3）显示消火栓按钮的工作部位。当有困难时可按防火分区或楼层显示。

3. 消防中心

仅有火灾报警系统且无消防联动控制功能时，可设消防值班室。消防值班室宜设在首层主要出入口附近，可与经常有人值班的部门合并设置。

设有火灾自动报警、自动灭火或有消防联动控制设施的建筑物应设消防控制室。具有两个及以上消防控制室的大型建筑群或超高层，应设置消防控制中心。

（1）消防控制中心的位置选择：消防控制室应设置在建筑物首层，距离通往室外出入口不应大于 20m。内部和外部的消防人员能容易找到并可以接近的房间部位。并应设在交通方便和发生火灾时不容易延燃的部位。不应将消防控制室设于厕所、锅炉房、浴室、汽车库、变压器室等的隔壁和上下层相对应的房间。有条件时宜与防灾监控、广播、通讯设施等用房相邻近。应适当考虑长期值班人员房间的朝向。

（2）消防控制室应具有接受火灾报警、发出火灾信号和安全疏散指令、控制各种消防联动控制设备及显示对应运行情况等功能。消防控制设备根据需要可由下列部分或全部控制装置组成：集中报警控制器；室内消火栓系统的控制装置；自动喷水灭火系统的控制装置；泡沫、干粉灭火系统的控制装置；卤代烷、CO_2 等管网灭火系统的控制装置；电动防火门、防火卷帘的控制装置；通风空调、防排烟设备及电动防火阀的控制装置。电梯的控制装置；火灾事故广播设备的控制装置；消防通讯设备等。

根据工程规模的大小，应适当考虑与消防控制室相配套的其他房间，如电源室、维修室和值班休息室。应保证有容纳消防控制设备和值班、操作、维修工作所必要的空间。消防控制室的门应向疏散方向开启，且控制室入口处设置明显的标志。

（3）消防控制设备的布置：盘前操作距离，单列布置时不小于1.5m，双列布置时不小于2m；但在值班人员经常工作的一面，控制屏（台）到墙的距离不宜小于3m。盘后维修距离不宜小于1m。控制盘的排列长度大于4m时，控制盘两端应设置宽度不小于1m的通道。

消防控制室内设置的自动报警、消防联动控制、显示等采用不同电流类别的屏台，宜分开设置。若在同屏台内布置时，应采取安全隔离措施和将不同用途的端子板分开设置。消防控制室内不应穿过与消防控制室无关的电气线路及其他管道，亦不可装设与其无关的其他设备。

为保证设备的安全运行，室内应有适宜的温、湿度和清洁条件。根据建筑物的设计标准，可对应地采取独立的通风或空调系统。如果与邻近系统混用，则消防控制室的送回风管在其隔墙处应设防火阀。消防控制室的土建要求，应符合国家有关建筑防火规范的规定。消防控制室内应有显示被保护建筑的重点部位、疏散通道及消防设备所在位置平面图或模拟图等。

23.8.6 消防专用通信

（1）消防专用通信应为独立的通信系统，不得与其它系统合用。选用电话总机应为人工交换机或直通对讲电话机。消防通信系统中主叫与被叫用户间（或总机值班员与用户通话方式）应为直接呼叫应答，中间不应有转接通话。呼叫装置要求用声光信号。

（2）消防火警电话用户话机或送受话器的颜色宜采用红色。火警电话机挂墙安装时，底边距地高度为1.5m。消防通信系统的供电装置应选用带蓄电池的电源装置，要求不间断供电。要求火警电话布线不应与其他线路同管或同线束布线。

（3）消防控制室或集中报警控制器室应装设城市119专用火警电话用户线。建筑物内消防泵房、通风机房、主要配变电室、电梯机房、区域报警控制器及卤代烷等管网灭火系统应急操作装置处，以及消防值班、保卫办公用房等处均应装设火警专用电话分机。

23.8.7 消防设计中的专业配合

消防设计是建筑等各专业的整体设计，只有互相配合，才能提高综合消防水平，保证设计质量。消防中大多数设备都要求要有一定程度的自动控制，而这其中多数穿针引线的工作需要电气专业完成。在消防设计规范中，涉及电气专业的内容最广，对电气专业的综合要求也是最高的。

进行消防设计的电气工程师必须熟悉相关专业的内容，知道自己所要控制东西的内容和意义，以便实现联动控制要求。向各专业虚心学习、互相配合，就成为搞好消防设计的必然途径。

1. 与建筑专业的配合

与建筑专业的配合应该在初步设计时就开始，宜尽快确定消防控制室的位置；了解防火分区和防烟分区的划分范围；防火卷帘的位置、功率大小、控制要求；消防电梯、疏散通道的设置。

2. 与给排水专业配合

（1）消火栓系统：要求了解给排水专业消火栓的位置、消防泵的控制要求、功率大小、位置。

（2）水喷洒系统：喷洒头、水流指示器、压力开关的位置；喷洒泵的控制要求、功率大小、位置。

（3）水幕系统：水幕位置、控制要求；水流指示器、电磁阀位置及联动控制要求。

（4）气体灭火系统：灭火系统设置位置、分区及控制要求；灭火区域设置的风阀对风机的控制要求。

3. 与暖通专业的配合

（1）防排烟系统：了解防排烟系统的组成及工作原理、分区情况及联动控制要求；各类防火阀、排烟阀、风口位置及控制要求；有关风机的控制要求、功率大小、位置。

（2）集中空调系统：空调在消防情况下往往有联动控制的要求。

4. 电专业内部协调

（1）动力系统：联动所需控制的各类设备往往要通过控制动力箱的断路器完成，需要在相应的断路器上加装分励脱扣装置，因此要了解控制箱的位置及控制方式、原理接线。消防情况下往往要求切除非消防电源，这主要是为了保证消防设备的用电。这就要求在消防设计时要了解负荷的分布情况，非消防负荷控制箱的位置，断电控制点、继电器的位置等情况。

各类风机、水泵、空调机的控制原理图需要熟悉，因为这是我们实现自控要求的基础，制造厂及施工人员将根据这些图纸完成实际中的联动要求。这当然极大地增加了电气设计人员的工作量，好在现在已经有了大量的标准图，特殊控制要求往往需要与厂家和有经验的安装人员直接配合实现。

（2）照明系统：消防情况下一般要启动应急照明系统，应急照明系统尽管是属于照明系统中的，但消防设计人员应该了解其组成和分布情况，电源路由及正常照明的切断控制点。

（3）安全保障系统：电气消防系统不仅仅是联动控制，还包括本身的探测器报警系统、应急广播和消防通讯系统。在智能建筑中，还要求与保安监控系统、电缆电视系统联锁行动。这些课题都是电气消防设计人员所必须考虑的。

了解各专业条件后，与各专业充分讨论所提要求的现实性，确定控制方案及返回信号的方式，同时给动力专业提出用电要求，协商确定机房接地方式，给结构提出留洞条件。最后汇总各专业要求，完成消防控制系统的总体说明、平面图和系统图。

23.9 智 能 防 火

消防自动化是以预防为主，及时发现并报告火情才能控制火灾的发展。消防自动化系统（FAS）采用智能火灾监控技术是涉及火灾监控各个方面的一项综合性消防技术，是现代化电子工程和电脑技术在消防中应用的产物，也是现代化消防技术的重要组成部分和新兴技术学科。智能防火技术研究的主要内容是火灾参数的检测技术、火灾信息处理、自动报警技术、消防设备联动与协调控制技术、消防系统的电脑管理技术、火灾监控系统的设计和管理使用等。

智能防火系统可以避免漏报和误报，通过自动灭火装置把火灾消灭在萌芽状态，智能防火系统是能最大限度地减少火灾危害的有力工具。随着社会财富的增长及高层现代化大型建筑的兴起，对智能防火技术要求越来越迫切了，也就越发显现出智能防火技术的重要性。

智能防火技术可以和建筑的灯光、配电、广播、音响、电梯等装置，通过中央监控系统实现联动控制。还可以进一步和整个大楼的通讯、办公、保安等系统联网，以实现大楼的智能化。

23.9.1　典型的火灾特点

现代大型建筑充分具备燃烧所需要的燃料、温度和氧气。燃烧的过程中必然要释放出热量，这是燃烧的最基本特征。火焰是物质在燃烧时所产生炽热发光的气体部分，是物质的全燃阶段。这时物质燃烧放热提高了本身的温度，促使部分分子内电子能级的跃迁，因而放出有许多不同波长的光，因此火焰及光是探测火灾的重要参数。

在燃烧刚开始阶段一般比较长，通常先释放出一氧化碳，还有二氧化碳等气体及悬浮在空气中的未燃烧的物质微粒组成。微粒通常为 $0.01\mu m$ 左右，称为气溶胶。根据光学散射原理，人眼所能看到的烟雾是直径在 $0.03\sim10\mu m$ 的液态或固态的燃烧生成物，当其直径大于被反射光的波长时，能产生反射光。在火灾初始阶段燃烧不充分，往往会产生烟雾，如能探测出烟雾的浓度，是早期预报的重要参数。

烟雾具有流动性，而且有毒，根据统计资料，在火灾中死亡人数中70%是由于烟雾造成窒息而亡的。火焰燃烧中还能产生许多波长的光，并辐射出大量的红外线及紫外线，这是早期探测的重要物理量。尤其是汽油等易燃品起火燃烧很快，能迅速达到完全燃烧阶段，形成明火，因此从光学角度探测尤其重要。

23.9.2　自动报警系统的要求

火灾自动报警系统可以自动报警，也可以用手动的方式将信息输出到区域火灾报警控制器。一个大型的建筑物可以划分为若干个火灾控制区域。火灾集中报警控制器的功能是将各个分区送来的信息显示给值班人员并自动启动消防系统。

1. 对火灾自动报警系统的要求

（1）能在早期探测到火灾前兆，全面地获取相关信息，并能准确处理模拟信息后自动报警而不误报，做到有灾必报，无灾不报。

（2）系统各器件工作可靠性高，不受环境温度、湿度、噪音、磁场等因素的影响。

（3）系统各器件工作灵活性好，器件兼容性及互换性好，安装灵活方便。

（4）系统各器件工作应变能力强，调试、管理、维修容易。

（5）系统联动控制方式有效，具有多样性。

（6）一、二类高层建筑要求电源要采用双回路独立电源供电，而且能自动投入装置（BZT）。

（7）系统各器件价格合理，性能价格比高。

2. 智能集中报警系统与传统（非智能）报警系统的区别

智能防火系统的火灾探测器主要有各种探测器（相当于人的五官）、信息分析环节（相当于人的大脑思维）和执行机构（相当于人的手）。

（1）智能防火系统将火灾前期可能出现的信息以模拟电信号，而传统是开关量的形式输出到区域火灾报警控制器。

（2）智能集中报警系统全总线是数字量，是数字化的模拟量。传统用绝对值。

（3）过程不同，智能防火系统是通过电脑分析再下传报警信号，有信息处理环节。传统的是接到信号不加处理就报警，没有脑子，谈不上智能，不可一夜之间把现有的所有元件都称为智能的。

（4）智能集中报警系统灵敏度可以调节，例如晚上无人时可以调高灵敏度。

（5）智能集中报警系统能自身监视或最低监视，定时检测本系统各探测器有无毛病。平时探测器在工作中要有红灯显示。

23.9.3　智能建筑消防系统的类型

在智能建筑中的智能火灾监督控制系统的类型有两类，其一是主机智能系统，其二是分布式智能系统，也称为全智能系统，它包含主机智能和探测器智能两部分的组合。

主机智能系统是将探测器的阈值比较电路取消，使探测器成为火灾传感器。主机智能系统不论烟雾的影响大小，探测器本身并不报警，而是将烟雾的影响转变为电流或电压信号，再通过编码电路及主线传递给主机，由主机内的软件将探测器输出的信号与火警的典型信号相比较，根据其速率的变化等因素可以判断出信号的类型，能正确区分出是火灾信号还是杂波干扰信号，并且提高速率的变化、连续变化量、时间变化及阈值等各种参数的修正。只有当信号特征与电脑内置的典型火灾信号特征相符合时才会报警，这样就显著提高了预报的准确性。

1. 主机智能系统的主要特点

（1）主机智能系统的信号特征模型灵敏度是可以调整的，可以根据环境情况设定，因此能补偿环境灰尘及其它干扰因素而影响其灵敏度。

（2）能够检测环境污染的程度，并以信号显示出来。

（3）主机智能系统可以通过软件编辑实现图形显示、翻译、键盘控制等高级扩展功能。但是由于探测的信息量大，软件程序比较复杂。

（4）主机智能系统的主机采用微处理技术，具有自检联动、联网、密码、存储等多种管理功能。

（5）探测器的巡回周期长，所以探测点大部分时间失去控制，使系统的可靠性降低。

2. 分布式智能系统

分布式智能系统是在上述基础上改进而形成的。分布式智能系统将主机智能系统中对探测信号的处理和判断功能由主机返回到每个探测器，使探测器具有真正的智能功能。从而显著减少了现场大量的信号处理工作。提高了系统的可靠性及稳定性。

23.9.4　楼宇火灾自动报警系统

为了提高防灾和减灾的能力，使火灾造成的损失减小到最少，火灾自报警系统（Fire Alarm System）在现代化大厦中起着极其重要的安全保障的作用。这种系统是 BMA 系统的一个十分重要的子系统、整个 FAS 应能通过 BMA 网络实现集成二次监控和管理。发挥 BMA 以至 IBMS 整体的综合管理能力。同时 FAS 又能够完全脱离其他系统或网络的情况下独立的正常运行和操作。完成自身所具有防灾和灭火的能力。

1. 火灾报警系统的功能

火灾报警系统的功能主要有以下三点：

（1）火灾报警功能；（2）自动喷淋灭火功能；（3）报警联动功能等。

先进的火灾报警系统应采用模块化结构的控制主机，并运用双 CPU 技术，大大提高了系统的可靠性，同时控制主机的大液晶显示屏，提供信息量大，操作方便，系统应可以纳入最新型的 MSR 智能探测器，烟温复合探测器等，具有大容量软地址设定的功能，采用智能型数据总线技术提供报警的精确性，并具有可通过控制主机通讯接口与 BMA 系统集成系统联网的能力。

2. 火灾报警系统组成

火灾报警系统按照我国现行的规范要求，其系统的组成应为一个独立的系统。由独立的火灾监控管理中心、控制主机、探测器、控制模块等组成。火灾报警系统具有自己的网络系统和布线系统。以实现在任何情况下，该系统都可以独立的操作、运行和管理。随着电脑及网络技术的发展，现在人们已经可以做到独立设置的火灾报警系统与楼宇监控管理系统联网，达到对火灾报警的二次监视和信息共享；并提供综合保安管理系统（SMS）、楼宇设备自控系统（BAS）、广播系统（PA），以及有线/无线通讯系统等在发生火灾时提供相应的联动功能，以提高防范火患、抵御火灾和减少损失的能力。因此现代化先进的火灾报警系统应具有联网和提供通讯接口界面的能力。一般联网的方式是有关网络提供与 BMA 网络的联接和协议的转换。以实现火灾监控管理工作站与 BMA 系统工作站同处在同一并行处理分布式电脑网络中，通过 BMA 系统的工作站 CRT 图形控制器上适时显示火灾报警信号的位置和状态，并提供 BMA 系统以至 IBMS 的集成联动功能。因此我们可以视 BMA 系统监控管理中心是火灾报警系统（FAS）的二次监控中心。

3. 火灾报警系统（FAS）总线结构

先进的火灾报警系统（FAS）应采用智能型数据总线结构，以提供系统报警信息的准确性和适时性。同时可以传送系统所有的操作数据、程序和指令，以及探测器状态分析数据资料。其总线提供系统的探测器和控制模块的二线制连接，同时传输工作电压和数据通讯。智能型数据总线的特点如下：

（1）地址模块电流消耗小，与总电流相比可以忽略不计。

（2）真正的二线数据总线线路，工作电压和数据通讯由同一对导线传输。

（3）较低的波特传输率保证数据的可靠信息传递以及抗外界的电磁干扰和静电干扰的影响。

（4）每个单元可以对探头进行地址判定，数据采集，分析判断及控制。

（5）在每判定单元内可以方便的变化成为带环形数据总线的探头座组成的环形数据二总线，保证当每一探头在总线某点发生短路或断路时不会影响任何探测器的工作，不丢失一个探头的信息。

4. 火灾报警系统（FAS）硬件及配置要求

（1）控制主机：火灾报警系统控制主机是由微处理器控制的，模块化可扩展的火灾报警系统控制主机，其电脑控制板应采用节能的 CMOS 工艺制造，利用 8Bit 微处理器实现监控和管理的功能，控制器应提供一个非易失存储器，以实现功能数据自由编程，可方便的通过编程实现对探测器群相互作用，报警中间存储，报警持续时间等功能。主机可周期性进行自检，连续不断的检测系统软件和硬件的状态，任何故障（线路的短/断路，探头的断线和脱落，电网的波动，程序执行错误等）可立即识别，利用其事件存储器记录下来，并报警显示以提示火灾监控管理中心值班人员进行主机复位或线路检修。即使软件或中央设备故障时，主机中因具有双 CPU 备用电路，仍能保证探测和信息传递到报警中心和消防队。控制主机应提供最佳的可靠性和有效性。

（2）控制主机的内置功能：可在现场直接通过操作及信息单元对控制中心进行编程；设置事件存储器；计时钟；报警/控制继电器。远程报警功能，即自动利用电话或数据网络方式向消防局或消防中心报警；灭火控制，配合联动控制柜自动或手动进行消防联动；通讯接口，用于主机和智能设备接口之间的通讯连接；网络接口，用于控制主机与 BMA 网络的连接。

（3）智能型火灾报警探头：最新设计的新一代分布式智能型火灾报警探头，其最大的特点是自带 CPU，具有智能。能够独立的自行根据火灾的特点和特征与探头内存预置的火灾特性曲线参数进行比较，准确地判断如下的状态：火灾报警（非误报）干扰（例如：污染）有探头/无探头；诊断方式中的趋势判定，控制单元的选择控制状态。

由于智能探头自带 CPU，因而能准确的测量和判断，从而保证了探头最大的可靠性和恒定的反映灵敏度，最大的稳定性和对火灾特性的无误报检测及不受环境影响。智能探头持续不断地测量它所处条件下的主要物理量和环境条件。所有数据和参数均送入到 CPU。在与设定值有偏差时，CPU 就能相应地计算出它的最佳设定值，并修正它的反应值。因为干扰因素具有暂时性与内存的火灾特性有明显的不同，干扰效应和因素可以按照给定的结构和算法进行测定，目的在于消除它们。

如果智能探测器超出允许工作范围时，它能自动发送出一个识别信号到火灾报警控制主机上。智能探测器最重要的优点是它能适应周围环境变化的反应。智能探测器能提高或降低其反应界限，以便保证在一个很广宽的范围内，测量的信号和反应值之间的电压差保持恒定。所以较准的反应灵敏度，甚至在延长运行时期之后，仍保持它的原始值。当环境条件变化时智能探测器的反应性能也不会变化。

所有的智能探测器均应具有为实现远距离查询和诊断的智能化算法。在诊断方式中，可以预选一个独特的火灾探测器，在火灾报警控制主机上以数字形式进入到探测器地址，以便进行一个独立的功能性试验。

23.9.5 火灾报警功能

1. 火灾报警显示

火灾控制主机从下列四种设备中接收报警信号：火灾自动探测器（感烟、感温等）；手动报警按钮；监视模块；主模块（输入模块）。当上述四种设备出现故障时，报警信号通过总线送到火灾控制主机，火灾控制主机即在相关显示单元上显示报警信号，并通过其主机显示屏显示出报警信息或由打印机打印出报警信息，同时火灾楼层的楼层显示器会显示报警信号，指示疏散路线及安全出入口。火灾控制主机的报警有两种方式，即手动报警和自动报警。手动报警方式是在操作人员确认有火灾的情况下人工操作火灾控制主机进行报警及进行灭火设备控制。

通常楼层显示器是挂在总线上的，它占用总线中的一个地址，总线与探测器并接在探测器线路上，此种方式使布线灵活，直接查询方便，工作可靠。有故障或火警可自检显示。有备用电源，音响报警等指示，每台显示器最少可显示 128 个部位的报警情况楼层显示器与总线上的。

2. 消防电话

消防通讯设备采用专用的二总线消防用对讲主机，并在每个楼层设置相应的对讲电话插孔，采用单独布线方式。

3. 火灾报警联动控制功能

对消防广播的切换，警铃开启，楼层非消防电源及空调风机电源切除及打开楼层送风阀及排烟阀，关闭防火卷帘门、电梯，开启送风及排烟机，以及气体和泡沫自动灭火设备、消防泵等采用总线联动集中控制，即采用总线联动控制方式控制。采用此种联动方式，具有集中、直接、高效稳定、无误动作联动控制等特点。

4. 消防设备联动控制的手动和自动方式

手动控制是由操作人员通过火灾控制主机或设备联动柜对设备进行人工控制。自动控制方式，又分为火灾确认前自动控制和火灾确认后自动控制。确认前的自动控制主要包括停止有关部位的空调风机，关闭防火阀，并接收其反馈信号；启动有关部位的送风及排烟风机，并接收其反馈信号。

确认后的自动控制主要包括关闭有关部位的防火卷帘门，并接收其反馈信号；迫降电梯于首层，并接收其反馈信号；启动泡沫或气体自动灭火装置，并接收其反馈信号；接通相关楼层警铃及火灾应急照明等和疏散指示灯；切断有关部位的非消防电源，并接通消防广播。

联动控制总线及联动控制柜。总线联动控制是利用控制主机、报警器、总线联动柜组成的控制二总线控制方式，通过总线联动控制柜管理系统连接的控制接口，以联动设备。总线联动控制柜受控制主机的管理，按其指令进行工作，并负责管理设备控制接口，对其进行巡检。除可显示动作信息和报警外，还要将信息传递到控制主机。总线联动控制柜可分成多组输出，至少应可连接 127 个控制接口。

5. 总线控制接口

总线控制接口连接在总线联动控制柜上，向联动设备传送动作给相应的控制模块，向报警中心反馈联动设备动状态作信息。受总线联动控制柜控制，总线方式，编码开关可设置接口的二进制地址。每个接口有一组转换触点输出和一路反馈信号输入。通过总线联动控制柜的现场编程，可以使控制接口与报警探测器等器件组成一定的联动关系。

6. 消防紧急广播的切换及警铃的开启

在每层楼的控制总线上分别设置一个控制接口，控制两个具有八个开关量的继电量，四路广播和一路走廊背景音乐广播紧急切换成消防广播。同时利用此控制接口直接控制本层警铃的开启。

7. 非消防电源的切除

楼层中非消防电源分为两组，即照明组和动力组，采用两个具有自动切断功能的空气开关，利用本层中 A 区的控制总线上一个控制接口即可实现上述功能要求。由于非消防电源的切除与广播系统都是在火灾确认后同时动作，故这两种控制共用一个控制接口。

8. 送风阀及排烟阀开启控制及空调风机电源切除

通过控制接口控制两种电磁阀，控制方式与警铃开启一样，即直接用一个控制接口控制本层内送风阀和排烟阀。若阀门数量较多，控制模块的输出容量不够时，需相应加配。

838

发生火灾时，防火卷帘门所隔断的防火区域的感烟探测器报警时，向控制该卷帘门的控制接口（安装在每层的控制箱内）输送下降信号，卷帘门下降至1.8m。当感温探测器报警后，下降至底。同时在总线联动柜上显示卷帘门的运行、半降、全降状态防火卷帘门在现场设有手动控制盒，能人工现场控制门的起降和停止，也可在中心控制室的总线联动控制柜上进行上述手动操作。

9．排烟及正压送风机控制

大楼内所有的排烟机和正压送风机都由总线控制柜通过控制接口控制。发生火灾时，总线联动控制柜开启着火区相关楼层的排烟阀和送风阀，及排烟和送风机。也可在中心控制室手动启、停排烟机和送风机。

10．电梯控制

发生火灾时，总线联动控制柜发出电梯下降至首层的控制信号，电梯控制柜控制多部电梯迫降至大楼首层，并切断非消防电梯电源。

23.9.6　对智能的理解

1．探测智能

智能位于探测部位，控制部分为开关量信号接收型控制器。探测器中的智能根据环境的变化而改变自身的探测零点（探测零点是指探测器在无任何补偿的情况下输出的基值），对自身进行补偿，并对自身能否真实可靠地完成探测做出判断。在确定自身不能可靠工作时给出故障信号。系统中的一般接收开关信号的控制器，对火灾探测过程不产生作用。这种系统由于成本、探测器体积的限制智能程度及可靠性不高。

2．监控智能

智能集中于控制部分，探测器输出模拟信号，这是发展方向。探测器本身相当于传感器，将其探测的参数以模拟量传递给控制器，由控制器进行处理，判断是否发生火灾。这类系统的智能程度和可靠性都有所增加。

3．综合智能

探测部位和控制部分均具有智能，这使得系统可靠性和造价都大大提高。这类系统中传输的信号为数字化信号，由探测器和控制器分工进行信号的采集和处理，可以像人的感觉器官一样高可靠地探测火灾，实现全天候连续监控。

23.10　调试和验收

23.10.1　概述

火灾自动报警系统的施工，必须受公安消防监督机构监督。系统在交付使用前必须经过公安消防监督机构验收。

本节内容只适用于工业与民用建筑设置的火灾自动报警系统的施工及验收。而不适用于生产和储存火药、炸药、弹药、化工品等有爆炸危险的场所设置的火灾自动报警系统的施工及验收。

23.10.2　系统的施工

1．一般规定

火灾自动报警系统施工前，应具备设备布置平面图、接线图、安装图、系统图以及其他必要的技术文件。火灾自动报警系统的施工应按照设计图纸进行，不得随意更改。办理洽商时要经过四方签字（甲方：建设单位，乙方：施工单位，丙方：设计单位及监理单位）。

火灾自动报警系统竣工时，施工单位应提交：竣工图；设计变更文字记录；施工记录（包括隐蔽工程验收记录）；检验记录（包括绝缘电阻，接地电阻的测试记录）；竣工报告。

2. 布线

火灾自动报警系统布线时，应根据现行国家标准《火灾自动报警系统设计规范》的规定，对导线的种类、电压等级进行检查。管内或线槽内的穿线，应在建筑抹灰及地面工程结束后进行。在穿线前，应将管内或线槽内的积水及杂物清除干净。

不同系统、不同电压等级、不同电流类别的线路，不应穿在同一管内或线槽的同一槽孔内。导线在管内或线槽内，不应有接头或扭结。导线的接头，应在接线盒内焊接或用端子连接。敷设在多尘或潮湿场所的管路的管口和管子连接处，均应作密封处理。

管子入盒时，盒外侧应套锁母，内侧应装护口，在吊顶内敷设时，盒的内外侧均应套锁母。在吊顶内敷设各类管路和线槽时，宜采用单独的卡具吊装或支撑物固定。线槽的直线段应每隔 1.0 ~ 1.5m 设置吊点或支点，在下列部位也应设置吊点或支点：线槽接头处；距接线盒 0.2m 处；线槽走向改变或转角处。装线槽的吊杆直径不应小于 6mm。

管线经过建筑物的变形缝（包括沉降缝、伸缩缝、抗震缝）处，应采取补偿措施，导线跨越变形缝的两侧应固定，并留有适当余量。

火灾自动报警系统导线敷设后，应对每回路的导线用 500V 兆欧表测量绝缘电阻，其对地绝缘电阻不应小于 20MΩ。

3. 智能火灾探测器的安装

探测器的底座应牢固，其导线连接必须可靠压接或焊接。当采用焊接时，不得使用带腐蚀性的助焊剂。探测器的 + 线应为红色， − 线应为蓝色，其余线应根据不同用途采用其他颜色区分。但同一工程中相同用途的导线颜色应一致。

探测器底座的外接导线应留有不小于 15cm 的余量，入端处应有明显标志。探测器底座的穿线孔宜封堵，安装完毕后的探测器底座应采取保护措施。探测器的确认灯应面向便于人员观察的主要入口方向。探测器在即将调试时方可安装，在安装前应妥善保管，并应采取防尘、防潮、防腐蚀措施。

在宽度小于 3m 的走道顶棚内设置探测器时，宜居中布置。感温探测器的安装间距不应超过 10m；感烟探测器的安装间距不应超过 15m。探测器距端墙的距离不应大于探测器安装间距的一半。探测器宜水平安装，当必须倾斜安装时，倾斜角度不应大于 45 度。

线型火灾探测器和可燃气体探测器等有特殊安装要求的探测器，应符合现行有关国家标准的规定。

4. 手动火灾报警按钮的安装

手动火灾报警按钮应安装在墙壁上距离地面高度 1.3 ~ 1.5m 处。手动火灾报警按钮应安装牢固，不得倾斜。火灾报警按钮的外接导线，应留有不小于 10cm 的余量，且在其端部应有明显标志。

5. 火灾报警控制器的安装

火灾报警控制器在墙壁上安装时，其底边距地板高度不应小于 1.5m。落地安装时，其底宜高出地平 0.1～0.2m。控制器应安装牢固，不得倾斜。安装在轻质墙上时，应采取加固措施。

引入控制器的电缆或导线应配线整齐，避免交叉，固定牢靠；电缆芯线和所配导线的端部，均应标明编号，并应与图纸一致，字迹清晰不易褪色；端子板的每个接线端，接线不得超过两根；电缆芯和导线应留有不少于 20cm 的余量；导线应绑扎成束；导线引入线穿线后，在进线管处应封堵。

控制器的主电源引入线，应直接与消防电源连接，主电源应有明显标志，不得使用电源插头。控制器的接地应牢固，标志要明显。

6. 消防控制设备的安装

消防控制设备在安装前，应进行功能检查，不合格者不得安装。消防控制设备的外接导线，当采用金属软管作套管时，其长度不宜大于 2m，且应采用管卡固定，其固定点间距不应大于 0.5m。金属软管与消防控制设备的接线箱、盒连接，应采用锁母固定，并应根据配管规定接地。

消防控制设备外接导线的端部应有明显标志。消防控制设备盘、柜内不同电压等级、不同电流类别的端子应分开，并有明显标志。

7. 系统接地装置的安装

工作接地线应采用铜芯绝缘导线或电缆，不得利用镀锌扁钢或金属软管。由消防控制室引至接地体的工作接地线，在通过墙壁时，应穿入钢管或其他坚固的保护管。工作接地线与保护接地线，必须分开，保护接地导体不得利用金属软管。接地装置施工完毕后，应及时作隐蔽工程验收。验收包括下列内容：测量接地电阻，并作记录；查验提交的技术文件；审查施工质量。

23.10.3 系统的调试

1. 调试前的准备

火灾自动报警系统调试前应具备所需文件。调试前应按设计要求查验设备的规格、型号、数量、备件等。对属于施工中出现的质量问题，应会同有关单位协商解决，并有文字记录。对于错线、开路、虚焊和短路等应进行处理。

调试应在建筑物内部装修和系统施工结束后进行。调试负责人必须由有资格的专业技术人员担任，所有参加调试人员应职责明确，并应按照调试程序工作。

2. 调试

火灾自动报警系统调试，应先分别对探测器、区域报警控制器、集中报警控制器、火灾报警装置和消防控制设备等逐个进行单机通电检查，正常后方可进行系统调试。

火灾自动报警系统通电后，应对报警控制器进行下列功能检查：火灾报警自检功能；消音、复位功能；故障报警功能；火灾优先功能；报警记忆功能；对于自动转换和备用电源的自动充电功能；备用电源的欠压和过压报警功能。

检查火灾自动报警系统的主电源和备用电源，其容量应分别符合现行有关国家标准的要求，在备用电源连续充放电 3 次以后，主电源和备用电源应能自动转换。

应采用专用的检查仪器对探测器逐个进行试验，其动作应准确无误。应分别用主电源和备用电源供电，检查火灾自动报警系统的各项控制功能和联动功能。火灾自动报警系统应在连续运行 120h 无故障。

23.10.4 系统的验收

1. 火灾自动报警系统验收准备

建设单位应向公安消防机构提交验收申请报告，并附下列技术文件：系统竣工表；系统竣工图；施工记录，包括隐蔽工程验收记录；调试报告；管理、维护人员登记表。

火灾自动报警系统竣工验收，应在公安消防监督机构监督下，由建设主管单位主持，设计、施工、调试等参加，共同进行。

火灾自动报警系统验收前，公安消防监督机构应对操作、管理、维护人员配备情况进行检查。

火灾自动报警系统验收前，公安消防监督机构应进行施工质量复查。

2. 火灾自动报警系统验收内容

（1）火灾自动报警系统装置，包括各种火灾探测器、手动报警按钮、区域报警控制器和集中报警控制器。火灾探测器的类别、型号、适用场所、安装高度、保护半径、保护面积和探测器的间距等。

（2）灭火系统控制装置，包括室内消火栓、自动喷水、卤代烷、二氧化碳、干粉、泡沫等固定灭火系统的控制装置。

各种控制装置的安装位置、型号、数量、类别、功能及安装质量。火灾应急照明和疏散指示控制装置的安装位置和施工质量。电动防火门、防火卷帘控制装置。

（3）通风空调、防烟排烟及电动防火阀等消防控制装置。

（4）火灾应急广播、消防通讯、消防电源、消防电梯和消防控制室的控制装置。

（5）火灾应急照明及疏散指示控制装置。

（6）火灾自动报警系统的主电源、备用电源、自动切换装置等安装位置及施工质量。

（7）消防用电设备的动力线、控制线、接地线及火灾报警信号传输线的敷设方式。

3. 系统竣工验收

消防用电设备电源的自动切换装置，应进行3次切换试验，每次试验均应正常。

火灾自动报警控制器应按照下列要求进行功能抽测：实际安装数量在5台以下者，全部抽测；实际安装数量在6~10台者，抽测5台；实际安装数量超过10台者，抽测30%~50%，且不小于5台。抽测时每个功能应重复1~2次。

火灾探测器（包括手动报警按钮），应按下列要求进行模拟火灾响应试验和故障报警抽测：实际安装数量在100只以下，抽测10只；超过100只，按实际数量的5%~10%的比例，但不小于10只。被抽测探测器的试验均应正常。

室内消火栓的功能验收应符合下列要求：工作泵、备用泵转换运行1~3次；消防控制室内操作启停泵1~3次；消火栓处操作启泵按钮按5%~10%的比例抽测。以上控制功能应正常，信号应正确。

自动喷水灭火系统的抽测，要求抽测下列控制功能：工作泵、备用泵转换运行1~3次；消防控制室内操作启停泵1~3次；水流指示器、闸阀关闭器及电动阀等按实际安装数量的10%~30%的比例进行末端放水试验。上述控制功能、信号均应正常。

卤代烷、泡沫、二氧化碳、干粉等灭火系统的抽测应在符合现行各有关规范的条件下按实际安装数量的20%~30%抽测下列功能控制：人工启停和紧急切断试验1~3次；与固定灭火设备联动控制的其他设备，包括关闭防火门窗、停止空调风机、关闭防火阀、落下防火幕等试验1~3次；抽测一个防护区进行喷放试验，卤代烷系统应用氮气等介质代替。上述试验控制功能、信号均应正常。

电动防火门、防火卷帘的抽测，应按实际安装数量的10%～20%抽测联动控制功能，其控制功能、信号均应正常。通风空调和防排烟设备（包括风机和阀门）的查验，应按照实际安装数量的10%～20%抽测联动控制功能，其控制功能、信号均应正常。消防电梯的检验应进行1~2次人工控制和自动控制功能检验，其控制功能信号均应正常。

火灾应急广播设备检验，应按实际安装数量的10%～20%进行下列功能检验：在消防控制室选层广播；共用的扬声器进行切换试验；备用扩音机控制功能试验。上述功能应正常，语音应清楚。

消防通讯设备的检验，应符合下列要求：消防控制室与设备间所设的对讲电话进行1~3次通话试验；电话插口按实际安装数量的5%～10%进行通话试验；消防控制室的外线电话与119台进行1~3次通话试验。上述功能应正常，语音应清楚。

各种检查项目当有不合格者时，应限期修复或更换，并进行复验。复验对有抽测比例要求的，应进行加倍试验。复验不合格者不能通过验收。

23.10.5 消防系统运行

1. 火灾自动报警系统投入运行前，应具备下列条件：

火灾自动报警系统的使用单位应有经过专门培训、并经过考试合格的专人负责系统的管理操作和维护。火灾自动报警系统正式启用时，应具有下列文件资料：系统竣工图及设备的技术资料；操作规程；值班员职责；值班记录和使用图表。应建立火灾自动报警系统的技术档案。火灾自动报警系统应保持连续正常运行，不得随意中断。

2. 火灾自动报警系统的定期检查和试验

每日应检查火灾自动报警系统控制器的功能，并应按表格填写系统运行和控制器日检登记表。每季度应检查和试验火灾自动报警系统的下列功能，并应按一定格式填写季度登记表。采用专用检测仪分期分批试验探测器的动作及确认灯显示。试验火灾报警装置的声光显示。试验水流指示器、压力开关等报警功能、信号显示。对备用电源进行1～2次充放电试验，1~3次主电源和备用电源的切换试验。

使用自动或手动检查下列消防控制设备的控制显示功能：防排烟设备（半年检查一次）、电动防火阀、电动防火门、防火卷帘等控制设备；室内消火栓、自动喷水灭火系统的控制设备；卤代烷、二氧化碳、干粉等固定灭火系统的控制设备；火灾应急广播、火灾应急照明灯及疏散指示标志灯。

强制消防电梯停于首层试验。消防通讯设备应在消防控制室进行对讲通话试验。检查所有转换开关。强制切断非消防电源功能试验。

3. 消防系统年检

每年对火灾自动报警系统的功能应进行下列检查和试验：每年用专门检测仪对所安装的探测器试验1次。试验火灾应急广播设备的功能。

探测器投入运行2年后应每隔3年全部清洗一次，并做响应阈值及其他必要的功能试验，合格证方可继续使用，不合格者严禁重新安装使用。

习 题 23

一、填空题

1．常用的探测器有：_____；_____；_____；_____四种

2．保护电器必须在不大于_____时间内切断接地故障才能防止火灾事故的发生。

3．感烟式探测器的特点是：_____、_____、_____、_____、_____。

4．安装在顶棚上的探测器的设置应符合下列规定：在探测器周围_____以内不应有遮挡物。探测器距墙壁、梁边或防烟通道垂壁的净距不应小于_____。距顶棚多孔送风口边缘的净距不应小于_____。距防火门、防火卷帘门的距离为_____。

二、简答题

1．区域报警器：

2．应急电源：

3．备用电源：

三、问答题

1．国际上是如何定义"高层建筑"的？

2．如果高层建筑物一旦发生火灾，为什么会很严重？有哪些次生灾害？

3．何谓"单相断零"？有什么危险？

4．报警系统的设计应该注意哪些问题？

5．湿式消防系统由哪几部分组成？

6．自动灭火系统对供电有什么要求？

7．智能防火技术研究的主要内容是什么？

习 题 23 答 案

一、填空题

1．感烟式探测器；感温式探测器；光电式探测器；可燃气体式探测器

2．5s

3．灵敏度高、不受外面环境光和热的影响及干扰、使用寿命长、构造简单，价格低廉、对人体不会有放射性伤害。

4．0.5m，0.5m。1.5m，1～2m。

二、简答题

1．区域报警器：它的作用是把探测器发来的信号接收后，用声音、光、数字等显示出火灾的区域、房间号码，同时把信号转送给集中报警器。它的功能还可以设有控制各种消防设备的输出接点，可以和其它的消防设备联动，以达到报警和灭火之目的。

2．应急电源：应急电源是常用电源停电时的措施，应急电源是指利用专用受电设备或蓄电池设备作电源。但是，接收机的备用电源的容量超过作为应急电源需要的容量时可省略应急电源。

3．备用电源：备用电源是常用电源故障或容量不足时，为了保证所需要的最小限度的机能，在检验标准上规定的设置在接收机上的。这种情况下的备用电源是密封式蓄

844

电池。

三、问答题

1. 答：国标规定上通常将建筑总高度超过24m的非单层民用建筑和10层及10层以上的住宅建筑（包含底层设有商业服务网点的住宅）称为高层建筑。

2. 答：(1) 高层建筑一旦发生火灾，比多层建筑更为严重，这是由于高层建筑往往有类似烟囱拔风的作用，所以火势蔓延较快。

(2) 高层建筑的装饰材料大多数是化学合成物质，燃烧时放出毒气，对人造成二次灾害，甚至致命。

(3) 高层建筑一旦发生火灾救助也比较困难。

3. 答：在TN—C和TN—C—S系统的N线和PE线是共用的一根PEN线，一旦PEN线断线俗称断零。其中单相负荷PEN线断线俗称"单相断零"。

有些小型建筑采用单相两线电源线路供电时，如果PEN线断线称为单相断零，这时设备不能形成回路而不能工作。但220V电源的相线对地电压却通过设备内的绕组传导到外露导电部分上，使电气设备金属外壳带有很高的电压，触电的危险更大，一旦发生火灾也更为严重！

4. 答：系统中至少设置一台集中报警控制器和必要的消防控制设备。设在消防控制室以外的集中报警控制器，均应将火灾报警信号和消防联动控制信号送至消防控制室。从配电箱至各设备应用放射式配电，每个回路保护设备分开，互不影响。配电电源不得设置漏电保护，当电源发生接地故障时，可以设单相接地报警装置。消防用电设备的两个电源、两个回路或供电线路应在末端切换。

有火灾时温度高，导线电阻大，导线截面适当放宽。消防配电应按消防区进行，配电箱和器件要用耐热型，如果在耐火的室内方可用一般配电箱。管线应用耐火的钢管和导线。消防用电设备应采用单独的供电回路，配电设备应有明显的标志。消防用电设备的配电线路应采用穿金属管保护，不包括火灾自动报警系统传输线路，暗敷时应敷设在非燃烧体结构内，其保护厚度不应小于3cm；明敷时必须在金属管上采取防火措施。采用绝缘和护套为非延燃性材料的电缆时，可不采取穿金属管保护，但应敷设在电缆井内。消防控制室的工作接地电阻值应小于4Ω。采用联合接地时，接地电阻值应小于1Ω。

5. 答：主要由消火栓泵、管网、高位水箱、室内消火栓箱、室外露天消火栓箱、水泵接合器等组成。

6. 答：(1) 采用放射式供电线路；(2) 在选择导线规格从宽，一般大一号；(3) 自动灭火的供电线路上不得安装漏电开关，如果发生漏电宜用声、光报警；(4) 平时应该注意检查电气系统的可靠性，保障一旦出事能可靠地启动水泵电机等；(5) 消防照明供电要可靠，其照度不小于正常照度的一半。

7. 答：火灾参数的检测技术、火灾信息处理、自动报警技术、消防设备联动与协调控制技术、消防系统的电脑管理技术、火灾监控系统的设计和管理使用等。

24 防 盗

24.1 智能保安系统

24.1.1 智能保安系统主要功能

现代智能保安是利用电子技术产品取代往日的围墙、电网、警卫及无数的锁和钥匙。智能保安管理系统的主要监控功能包括：防盗报警与监听监控功能、出入口监控功能、闭路电视监视功能、应急报警联络功能、巡更管理功能等。

智能保安系统是综合保安管理系统（Security Management System-SMS）的一个十分重要的子系统，是确保建筑内人身和财产安全的重要手段。智能保安系统是智能建筑必须具备的功能之一。它性能可靠性很高，是高度文明和高度自动化的产品。综合保安管理系统的设计应该是综合一体化的实现对智能建筑内各种保安防范措施和功能的集成监控管理、报警处理和联动控制。智能保安系统一般由探测器、信号传输系统和控制器组成，如图 24-1 所示。

为了防止失窃或泄密，现代化高层建筑内的机要地方应设置专门的防盗保安装置。需要放置防盗装置的地方如银行、金库、出纳、购物处、机密档案室等。防盗侦察器与管理设备的电脑相连，根据不同场合，可选用机械式、电子式红外线装置或微波雷达等侦察器。有非工作人员进入监视区，立即向管理中心报警，并记录在案。值班人员马上通知保安人员采取相应行动，同时通过闭路电视系统进行跟踪录像。侦察器一般隐蔽安装，工作人员进入不能发出报警。中国大酒店首次采用。

综合保安管理系统应为多层结构可独立运行的分布式系统，系统的任何一个组成部分发生故障时，不应影响整个系统的运行。

保安管理工作站属于第二层次的网络集成界面。现场信息可以通过系统通讯与数据网关传送给中央管理工作站，并通过系统的各种外围设备，如 CRT、彩色图像终端、打印机、模拟显示屏等显示给操作员。另一方面，现场监控信息也传送给数据服务器加以处理后，提供给系统共享。

1. 对综合保安管理系统的具体要求

（1）要求在智能建筑中的人身安全有可靠保障，它是防止治安问题的第一道防线，坏人或无意识的好人都不可能进入智能建筑的大门、窗户、通风孔、电缆沟、上下水道等。

（2）要求智能建筑内要有分区保护的功能，例如犯罪嫌疑人如果出现在智能建筑的内部，监控系统能立即向控制中心通报情况，以便作出相应的反应，以缩小监督控制搜捕的范围。其目的在于危害发生之前就获得监控，得到必要的记录和证据，掌握破案的最佳时机。

（3）应有特定具体目标的监视和保护功能，以保障本建筑内部各个部门人员及财产安

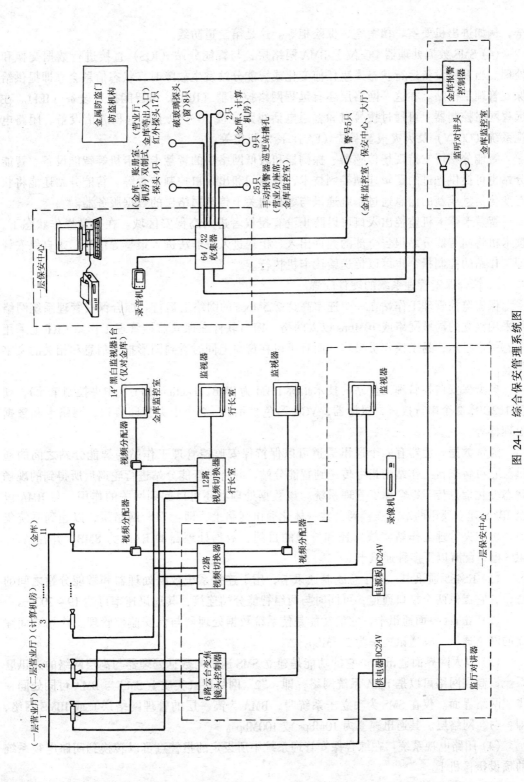

图 24-1　综合保安管理系统图

金属防盗门
防盗机构

破玻璃探头
（窗）8只

2只
（金库、计算机房）

9只
手动报警器 巡更站插孔
（营业员座席、
金库监控室）

25只

警号5只
（金库监控室、保安中心、大厅）

（金库、账册室、
机房）双制式
探头4只

（营业厅、
金库等出入口）
红外探头17只

金库报警
控制器

监听对讲头

金库监控室

64/32
收集器

录音机

一层保安中心

14′黑白监视器1台
（仅对金库）

金库监控室

监视器

行长室

监视器

视频分配器

视频分配器

12路
视频切换器

行长室

视频分配器

12路
视频切换器

视频分配器

监视器

录像机

电源板 DC24V

一层保安中心

（金库）Ⅱ

（二层营业厅）（计算机房）

3

6路云台变焦
镜头云台控制器

2

供电板 DC24V

监厅对讲器

继电器 DC24V

（一层营业厅）（二层营业厅）
1

847

全，例如进出机要室、档案室、保险柜等。这是第三道防线。

（4）SMS 数据处理器 DG 位于 BMA 网络层，与智能分站（IOS）直接进行数据交换和处理。当系统设备运行状态发生任何变化或智能分站发生故障时，状态信息会立即提供给保安管理工作站。在这一网络层还有远程网络控制器（RNC）和智能接口设备（IEI）。在远程网络控制器上可通过拨号盘和普通电话线路连接 20 个以上的远程通信设备、闭路电视系统（CCTV）及火灾报警系统（FAS）冷水机组等。

智能分站可支持现场传感器、探测器和较低网络层的智慧卡读卡机等智能设备。智能分站也可提供先进的逻辑连锁控制技术，控制门和出入口控制装置等。智能分站还能将状态变化信息或新的信息通过系统通讯与数据网关上传至网络层的数据服务器。

智慧卡读卡机监控出入口可以防止没有授权者进入高保安区域。在正常操作状态下，读卡机将向智能分站报告全部的允许出入、拒绝进入及非法进入报警等信号。来自保安管理工作站的控制指令也可以传送给读卡机执行。

2. 综合保安管理系统的硬件配置

保安监控管理工作站在一个速率高达 2.5Mbps 的网络上运行。综合保安管理系统网络可采用独立的局域网络或 10Mbps 以太网络。窗口软件在保安监控管理工作站 CRT 上采用动态图形显示，易于操作员操作，而且可以在窗口上同时看到图形报警信息和相关的文字信息。

典型保安监控管理工作站的技术指标 RAM 为 8MB，Pentium CPU（中央控制单元），硬盘 1.2GB，2 个串行接口，鼠标器，VGA 彩色显示器，2 个中央打印接口，网络卡和数据处理器等。

通常数据处理器有多个通讯通道可以保持保安监控管理工作站与智能分站之间的通讯。它可将来自工作站的指令传送到智能分站，并将对智能分站进行轮巡后所得到的现场状态变化信息传至综合保安管理系统。该数据处理器还可以起到网关的作用，与 BMA 以至 IBMS 建立通讯网络。连接到公共一体化通讯网络上，即："1" 网络层，以达到系统集成，由中央管理工作站实施监控和管理的目的，数据处理器的 RAM 为 8MB，并在 AT—BUS 槽口配有以下多种通讯卡。

（1）RS485 通讯卡 属于总线制通讯卡，用于连接系统数据处理器和智能分站之间的通讯，它提供两个接口通道，可同时与两组智能分站连接，其通讯速率可达 19～200bps。

（2）Arcnet 界面通讯卡 它的功能是使系统数据处理器与保安监控管理工作站之间建立的网络通讯，其通讯速率为 2.5Mbps。

（3）以太网界面通讯卡 它的功能是建立 SMS 通讯与数据处理器与高层网络的通讯联系。该高层网络可以是 BMA 系统网络，即："2" 网络层（实质上 SMS 与 BMA 可同处同一集成网络界面。仅在 SMS 为独立子系统时，BMA 为高一层的管理网络层）或 IBMS 网络，即："1" 网络层。其通讯速率为 10Mbps 或 100Mbps。

（4）闭路电视系统：在综合保安管理系统中所设定的报警点可以转换到闭路电视系统的预设摄像机上。

（5）远程网络控制器（RNC）：远程网络控制器的中央控制单元的 RAM 为 8MB。每个远程网络控制器可经普通电话线或拨号装置连接 4 个远程通讯网络，所连接的每个远程通讯网络都有唯一的密码，防止非授权者进入该远程通讯网络。

(6) 智能设备接口 (IEI)：智能设备接口的中央控制单元的 RAM 为 4MB，它与有关系统建立界面接口通讯协议。

24.1.2 系统组成

1. 在智能建筑中居住的每一个人都持有一个具有独立密码的磁卡。人离开或磁卡丢失则磁卡作废，密码很容易取消，不可能复制，不会像丢钥匙那样着急。

2. 智能建筑的管理人员很少，只在控制中心值班即可，工作效率很高，整个智能建筑中的信息尽在掌握之中。

3. 磁卡可以具有远红外线检测功能，客人离开智能建筑乘车驶出大门时，门警不必令客人拿出证件或交出磁卡。如果账单等结清无误，系统不会报警，保卫人员可以敬礼放行，即礼貌又体面。

4. 磁卡可以记录持有者的所有交费、出勤、外出时间等详细情况，电脑有详细记录，并可以随时显示或打印出来，以供分析用。

5. 根据职工级别或工作性质而预先设定进入智能建筑某区、某房间的优先权或准入权。还可以人员不同的需要而利用程序设定密码使用时间或次数等，以便规范所有人的活动范围。

综合保安管理系统 SMS 与 BMA 系统可以同处于一个网络系统中，对于那些商业性大厦的保安管理工作站，可由 BMA 系统的监控管理工作站所代替。对于那些需要高保安系统的银行大厦、博物馆等，应可以独立设置保安管理工作站，并采用独立的网络结构体系。是否与 BMA 系统联网可由业主自行决定。如果需要采用系统集成监控管理，只需将保安管理工作站与 BMA 系统监控管理工作站同处于一并行处理分布式电脑网络系统中，运行相同的监控管理软件。这样 SMS 的监控管理中心和 BMA 系统的监控管理中心可以成为统一的管理中心。

24.1.3 综合保安管理系统 (SMS) 结构

保安系统出入口的控制部分组成如图 24-2 所示。在首层有直接和工作人员接触的设备，如有读卡机、电子门锁、出口按钮、报警传感器及报警喇叭等。其功能是接受工作人员输入的信息，然后转换为电的信号送到控制器中，同时完成开锁及闭锁的工作。

智能控制器的功能是将首层出入口送来的信息和设备本身储存的信息进行比较，并且作出判断，同时发出指令信息。

电脑中存储有与大门警卫系统有关的软件，它可以管理许多同样的控制器，对各个控制器进行设置，同时也能接收控制器发送来的各种信息，并作出科学的分析或处理，打印等输出设备提供书面资料作证据等用。

24.1.4 智能保安系统出入口的电脑管理

这主要是利用电脑软件进行自动化管理的系统。可以根据需要自行编制或请专业部门按要求编制的软件，通常有以下几个部分。

1. 数据库的管理：这是指对系统内所记录的各种数据进行转存、备份、存档及读取等处理事宜。

磁卡级别的设定：根据管理部门的设定，在所有注册的磁卡中允许通过的各道门及不许通过的门均在磁卡中事先设定密码，用以管理工作人员或顾客的行动范围。对于电脑的操作也设定密码，限定使用人员的范围，以便不同级别的人员各得其所。

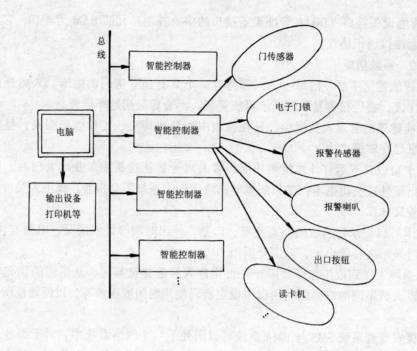

图 24-2　保安系统出入口的控制部分的组成

时间的管理：这是指在磁卡中设定在什么时间能够让持卡人通过各个门，在什么时间不让通过这道门。

事件记录：这是指对日常有必要记录的种种事宜进行录像或录音。尤其是对异常事件及处理方式进行记录是十分必要的，以备日后查证。

2．网间通信

这是指本系统和其他系统的横向传递信息。例如有人突然非法闯入时，需要向电视监视系统发出信息，让摄像机立刻瞄准有关部位，及时录像。同时通报有关人员及时行动。

24.1.5　防盗报警系统实例

防盗报警系统的组成如图 24-3 所示。与火灾报警系统相似，也是许多分布在各个需要警戒的地方所设置的探测器、手动按钮、触点、警号等获得报警信息，将信息送到所在分区的区域控制器，同时将信息送到集中控制室。当出现匪情时，能以声、光、闪电等方式显示出出事的地点，并由值班人员酌情处理。

探测器本身也能起到报警的作用，但是要根据需要进行设定，当有人出现在探测器附近时，不需要报警，称为撤防，当无人值班时就需要探测器报警，称为设防。如果有人对防盗报警系统进行破坏，如使线路短路或剪断线路，则线路电流的变化就立刻使报警器报警，值班人员得以及时抓住嫌疑犯。

24.1.6　激光技术及应用

激光是受激发光的简称，是 20 世纪中期以后兴起的一项新技术，其应用范围十分广泛。在建筑领域，可以应用于保安监控。

量子力学表明能量是表征一些粒子（包括电子、原子和分子）的基本物理量之一。因

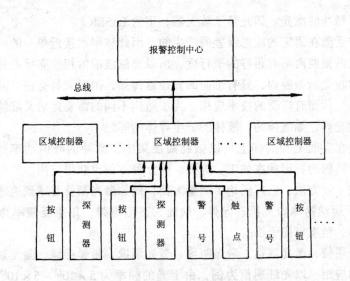

图 24-3　防盗报警系统的组成方块图

为能量是量子化的，表现为一些不连续的能态。粒子在不同能态之间的跃迁，就要吸收或发射出光子。由低能态向高能态跃迁时吸收，而由高能态向低能态跃迁时发射。

1917 年爱因斯坦提出发射光子时的两种情况：一种是自发辐射，粒子无规则地由各高能态变到各低能态，例如白炽灯的发光，其中包含各种频率的光；另一种是受激辐射，粒子在低能态受到外来光子的激发跃迁到高能态，而高能态与低能态的级差恰好为光子的能量，从而产生了第二个光子。这样对其他粒子产生了连锁反应，成为量子放大器。

爱因斯坦还证明：在含有大量原子或分子的系统中，吸收或者发射光子哪一种占优势，决定于高能态与低能态中的粒子相对多少，粒子多的向粒子少的跃迁概率就大一些。而在热平衡条件下，各能级中的粒子数服从玻尔兹曼分布定律，最低能级的基态的粒子数较多，因此通常发生的是光子被吸收，而不是产生受激发射。如果希望产生受激发射必须使高能态中的粒子增多，称为"粒子数反转"。

1956 年布隆贝根（N.Bloembergen）提出三能级激光器的概念。他的方案是选择一个合适的三能级系统，按照玻尔兹曼分布，每个能级上粒子数从低到高依次减少。再选择频率合适的光子使低能态的粒子吸收并跃迁到顶部能态中去。由于吸收与发射的概率相等，当顶部与底部能态中粒子数相等时系统仍然是稳定的。第三个能态即中间的能级经过精心的挑选，则可能使中间能态的粒子数多于最低能态中的粒子数，实现粒子数的反转。

同一年贝尔实验室的斯可维耳（H.E.D.Scovil）、费尔（G.Fe-her）和赛德尔（H.Seidel）按照上述原理，制成第一台量子放大器。所用的硫酸乙酯钆中的钆离子，材料保持在 1.2K 低温及 2850 奥斯特的磁场中，抽运光子至高能级的频率为 17500 光赫，在 9060 光赫上得到的微波量子放大作用，简记为 MASER。

1958 年沙洛（A.L.Schawlow）和汤斯（Charles Hard Towns 1915～）提出激光的谐振腔概念，用分离的平行平面镜，使轴向传播的光在其间往返传播，传播中光强不断增大，从平面镜中的一个有半透过性处射出。1960 年休斯实验室（Hughes Laboratory）的迈曼（Theodore Horold Maimen 1927～）用红宝石晶体为工作物质，将其两端磨平并平行到弧度 1 分以内及镀铝，一端接近全反射，另一端约可透过 10% 供输出之用。这个装置在 6943A

的波长处得到了脉冲的激光。即光量子放大器，记为 LASER。

激光是粒子受激在固定的能态级差间产生的，因此频率很接近单一的，这称为时间相干性；又由于光谐振腔两端有很好的平行度，所以光波波前的相位亦接近相同，这称为空间相干性。同时在光谐振腔内，只有轴向的光往返传播，因而又具有很好的方向性。由于激光的这些特性，从而有广泛的技术应用。为了适应不同的需要此后又陆续研制出不同工作物质的多种激光器，如气体的、液体的、半导体的等。

激光的能量在空间上和时间上可以做到高度集中，脉冲的峰值功率达 $10^{12} \sim 10^{13}$ W，是其他方法难于达到的，因此在加工、焊接、医疗等方面也获得应用。利用激光的相干性及方向性及光波干涉方法，已广泛用于测量方面，例如激光测量月球到地球的距离，可准确到 15cm。对于运动物体如飞机、导弹、航艇、甚至炮弹，用重复频率为 $2 \sim 40$Hz 脉冲激光器测定距离，精度可优于 1m。

激光在光纤通信、激光雷达、激光制导、激光录像、激光存储、激光显示、激光电脑等方面有重要的应用。以光纤通信为例，由于光的频率为 $5 \times 10^{13} \sim 5 \times 10^{15}$Hz，若仅实现 0.1% 的调制，则传送电话路数可达到 10^8 路，若传送电视亦可达 10^5 路。除通信容量大之外，同时光纤光缆体积小重量轻易于运输及施工，抗干扰能力强，保密性能好，并且光纤的原材料远较铜线易得和便宜。因此光纤通信发展十分迅速，我国的光纤通信亦已投入运行。利用法拉第发现的磁光效应，又可用激光通过有磁场处偏振面的转动，进行非接触的大电流测量；利用电光效应可测量高电压等。

24.2 防盗报警系统设备

24.2.1 防盗报警系统设备的分类和主要指标

1. 防盗报警系统是通过电脑和相关设备及通讯系统联网组成以实现其功能。报警设备的分类见表 24-1。

报 警 设 备 的 分 类　　　　　　　　　　　表 24-1

按传感器种类所探测的物理量	按警戒区域	按传输方式
开关报警器		本机报警系统
振动报警器	点控制型	
超声波报警器	报警器	
次声报警器	面控制型	有线报警系统
红外报警器	报警器	
微波报警器	线控制型	
激光报警器	报警器	无线报警系统
视频运动报警器	或户内户外	
复合报警器		

2. 技术要求

立体空间报警器大类中，被动红外防盗报警探测器应具有防遮拦报警和温度补偿，采

852

用多元或交叉 S 型红外器件，逐步向智能化发展。超声波报警器收发在一元化、小型化和不断扩大作用范围。复合报警器对其可靠性的要求也在不断升级，正在逐步向智能化发展之中。

从点、线、面防盗探测器的分类中，各类磁控开关能够连续工作 6 万次以上无故障。主动红外探测器室外全天候双束的探测距离在 600m 以上。次声波探测器可与碎玻璃组成复合探测器，以提高探测范围。

24.2.2 探测器

常用探测器的种类有以下几种。

1. 遮光式探测器

其原理是用红外线发射器和红外线接收器对射，有盗匪来犯而遮挡了射线时立即输出报警信息。利用激光作为光束则抗干扰性能好，可以组成激光交织保护网，比一道激光效果强得多。这种探测器成本比较高一些。

2. 热感式红外线探测器

人体红外线波长为 $10\mu m$ 左右，它是利用非法入侵者体温感应而使探测器发出信息。这种探测器不需要反射器。按其原理不同，热感式红外线探测器可分为量子型和热型两种。量子型红外线探测器的灵敏度好，响应速度也比热型的好。目前用的最多的是焦电式热感式红外线探测器，它有 $7 \sim 15\mu m$ 的带通滤波器，用来屏蔽非人体发出的红外线光源，而只有接近人体的温度时才能发出信息，焦电式热感式红外线探测器内有一个或两个探测元件，装两个元件能利用其差动效应更能抗干扰，提高工作的稳定性。这种焦电式热感式红外线探测器的缺点是对慢动作（小于 0.1m/s）灵敏度降低，因为感应不出人体温度的变化。如果非法入侵者有意降低体温的热辐射也影响其灵敏度。

3. 微波物体移动探测器

这是利用微波（超高频的无线电波）对目标进行探测的。从微波物体移动探测器发出微波，同时也能接收反射波，当被探测区内的物体移动时，反射波与发射波产生频差，测量这种频差就可以发出报警信号。因为微波的穿透力很强，能穿透建筑墙体而探测到室内情况，也容易引起误报问题，通常只适用于室外。

4. 超声波物体移动探测器

它是利用多普勒效应原理制成的移动探测器。与微波物体移动探测器所不同的是波长不同。当频率在 20kHz 以上时，通常称为超声波。这种探测器容易震动，安装时应该牢固。缺点是容易受到相似的超声波的干扰而影响准确性。

5. 侦光式物体移动探测器

这是在有一定光强的环境中使用的物体移动探测器。里面由两个光电晶体或光电池组成的差动式探测器。它不需要发送能量，但是需要有背景光源，如电光源作背景。这种探测器的缺点是会受到其他光源干扰。

6. 接近探测器

它的特点是只能探测距离有十几厘米以内的近距离的情况，有的甚至只能探测 1cm 以内的动态，所以通常用在工业生产的自动化检测。接近探测器根据其结构不同可分为电磁式、电容式接近探测器及光电式接近探测器等几种。

电磁式是利用电磁振荡在不同物质中的衰减不同，进行探测。电容式是利用高频振荡电路的一部分接到探测地点，如果物体接近这点在物体表面和探测点的表面引起分极现象，所以它能探测金属或非金属，也无论固态或是液态，任何介质都可以检测。光电式接近探测器是利用红外线光线照射到被测物体反射回来的光线强弱作出判断，用它来检测能反射红外线的物体，通常用于防盗系统，可以定点观测，例如监视保险柜门的拉手、监视门窗等可能过人的地方。

7. 振动探测器

为了防止门窗及其他贵重的东西被触动或移动，可利用振动探测器。它的工作原理有利用机械惯性式或压电效应原理两种形式。机械惯性式探测器是软弹簧片终端的重锤受到振动产生惯性摆动而触及旁边的金属片而报警。机械惯性式体积大，而逐渐被压电效应式所代替。压电效应式是利用压电材料因受振动而产生机械变形，因而产生电特性的变化而报警。

8. 玻璃破碎探测器

这也是利用压电材料制成的，当窃贼砸玻璃产生高频破碎声进行有效的检测，而不会因为玻璃本身的振动而受到影响。尤其适用于玻璃门窗防护系统。

尽管有各种各样的探测器进行监测，还需要有人在智能建筑内进行巡更，并建立巡更系统，如果巡更人没有按时按地点提供信号，系统就会立即报告值班人员进行检查，确定巡更人员是否有意外、甚至被害，这就使智能建筑中的保安系统非常可靠。

9. 磁控开关式探测器

设于门窗缝隙处，对门窗非正常开启进行报警，价格便宜，误报率低。

10. 被动红外线探测器

根据不同场所的需要，可选用点式、帘幕式、长廊和空间式探测器，对点、线、面及空间进行警戒。空间式探测器的扇面探测范围可达 15m × 15m，长廊式探测距离可达 25 ~ 50m，而帘幕式的警戒宽度可达 10m，范围还是比较大的，可以应付绝大多数场所的探测需要。

目前市场上生产的有一种双束信号处理的红外线探测器，在探测感应区域设正负两极，只有出现特定的干扰方式才发出报警，减少了由于热辐射等外界干扰可能产生的误报。

11. 微波感应探测器

这是一种空间感应式探测器，它比红外探测器的警戒范围还要大。无论入侵者从门、窗、天花板、墙壁、地下侵入，只要是在警戒范围之内都会发出报警，而且不受非金属遮挡物的影响，几乎没有盲区。一般设在平时没有移动物体的房间内。

12. 双制式探测器

此类探测器采用两类不同原理组合而成，能够取长补短，减少误报，但可能漏报。目前有红外—微波、红外—超声波、红外—碎玻璃、红外—振动感应。

13. 碎玻璃探测器

对玻璃幕墙和玻璃窗进行警戒，对碎玻璃时产生的特定高频进行报警，范围可从 30 ~ 60cm² 不同档次，24h 监控。

14. 振动感应报警器

如果嫌疑犯对墙体产生持续冲击性破坏时，振动感应报警器因振动而报警，适用于金库等重要房间的外墙警戒。

15. 脚踏式或手动式报警器

设于有人工作的场合，用于营业柜台、出纳室、金库保安室等处，工作人员对突发事件即时进行报警。

16. 读卡锁

设在重要场所或房间的出入口，对出入人员的授权情况进行纪录。

17. 监听器

对重要区域的声音信号进行监听。

18. 巡更点站

19. 警报器

发出足够的报警叫声，不仅仅能够起到报警作用，也对罪犯有一定震慑力。

在智能建筑保安系统中，电视监视技术发展很快，这使大楼的管理人员在控制室中就能查看到楼内各个重要地点的情况，为保安工作人员提供了直观效果。同时，为楼内的消防监督、行政管理、设备运行等配备了可靠而文明的手段。

探测器对于环境的适应能力见表 24-2。

探测器对于环境的适应能力　　　　　　　　表 24-2

环 境 因 素	红外线探测器	微波探测器	超声波探测器
振　　动	4	1	4
门窗晃动	4	1	3
水在塑料管中流动	4	3	4
猫、鼠、鸟的活动	3	3	3
在薄墙或玻璃外侧	4	2	4
温度变化	1	4	4
湿度变化	4	4	1
风口、空气流动	4	1	1
阳光、车大灯	2	4	4
荧光灯	4	3	4
加热器	2	4	2
机械转动	3	2	2
电子干扰	3	3	4

注：4—适合；3——般能用，偶尔不行（过于靠近，过热气流，过强干扰）

　　2—有条件使用（安装位置）；1—不适合。

24.2.3　电视监控

1. 发展

（1）摄像机的固体化。普通黑白和彩色摄像机将全部固体化，并以 CCD 摄像为主机。特种摄像机也逐步固体化，摄像管式摄像机将被淘汰。固体化后的摄像机将向高灵敏度、高清晰度、数字化方向发展。摄像机由分离走向统一，一体化、小型化、多功能已经是大势所趋。

（2）图象、声音、数据和控制信息的传输趋向综合化、数字化，系统构成了网络，电脑技术应用也越来越普及。信息传输方式由一对一的到一对多、多对多的网络集控，传统的同轴电缆已经不能满足需要，光纤成为新的传输介质。

（3）保安系统的设备逐步模块化、标准化，便于电脑集成控制。操作也由以人手控为主逐步向智能化、自动化方向发展。

（4）高清晰度电视、智能终端和生物识别等最为先进的技术都将在保安系统中得到应用。

2. 摄像探测器

这种探测器也是作为移动探测器，主要利用类比对数位转移器，能把图象的图素转换为数字存在存储器中，然后和后面的每一副图象比较，视其差异的大小以检测移动的物体。摄像探测器可分为摄像管和固态摄像探测器两种，也称为视觉探测器。摄像管用作闭路电视监视用，因为真空摄像管体积太大，将逐渐被淘汰，目前逐渐用电荷耦合器件 CCD 所替代。CCD 的体积小、寿命长、重量轻、抗震性能好、工作稳定性能好、不怕外磁场干扰、灵敏度高、分辨率也高、高阻抗、省电。一般黑白摄像机比彩色摄像机的灵敏度高，对环境亮度要求不高，广泛适用于智能建筑保安监视系统。摄像机的制式与电视机相同，有 PAL 制和 NTSC 制等，我国采用的是 PAL 制。PAL 制式的清晰度为 400 行。

CCD 摄像机扫描有效面积也称为"靶面"，是由它的直径决定的，通常有 1/3、1/2、2/3in 数种。

24.2.4 智能保安系统读卡部分

读卡就是利用读卡机识别出磁卡中的密码，经过解码后再送到控制器进行判断。从读卡机到控制器的近距离连接可以采用 RS—232 通信设备，100m 以上远距离连接可以采用 RS—322 或 RS-485 等方式。读卡的方式除了滑道式以外，还有远红外线读卡，依靠感应技术结合指纹识别（生物识别中的一种）技术使得智能保安系统工作更为准确可靠。

老式的光学磁卡是采用硬纸或塑料打孔，通过光学与机械系统来读卡，这种读卡方式容易复制，所以已然被淘汰。现代化的读卡根据磁卡的材料和工作原理区分有以下几种。

（1）磁矩阵磁卡：这是把磁性物质按矩阵的方式排列在塑料卡片的夹层中，通过读卡机能读出信息。这种磁卡比较简单，还是能够被改变或复制的。

（2）磁码磁卡：这种磁卡是将磁性物质贴在塑料卡片上而成。它可以随时改写密码，也可以随时更改内容，这种磁卡价格便宜，如用作食堂餐票等最普通的磁卡，缺点是容易被磨损或消磁。

（3）条码磁卡：这种磁卡如同一般商品上所贴的条码，是在塑料卡片上印上黑白相间的条码，这种条码最大的缺点是容易用复印机复印，所以在智能保安系统出入口中已然淘汰。

（4）红外线磁卡：这种磁卡是用特殊的方法在卡片上设定密码，然后可以用红外线读卡机阅读，其缺点是容易被复制，也容易损坏，所以在智能保安系统中也被淘汰。

（5）铁码磁卡：它是采用极细的金属线来排列编码，是用金属磁扰的原理研制成功的。其优点是很难复制，安全性好。卡片内的特殊金属不会被磁化，读卡机也不是用磁的方式读卡，因此这种磁卡使用方便。不用防磁、防水、防尘。这种磁卡是当前使用很广泛的一种。缺点是不得受机械力的破坏。当然，什么东西也不能承受强力的机械力损坏。

（6）感应式磁卡：这种磁卡是采用感应线圈及电子线路制成，能在读卡机上产生特殊的振荡频率，即当磁卡进入读卡机本身的能量范围内时会产生共振，感应电流促使电子回路发射信号到读卡机，然后读卡机又将信号转换为卡片资料送到控制器进行对比。其优点是接近式感应卡不必在磁槽内刷卡片，使用便捷。感应式电子线路不容易伪造或仿制。不用换电池，防水性能好。

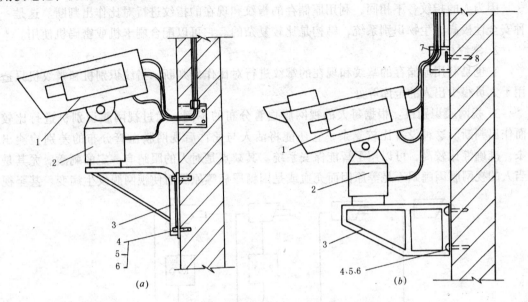

图 24-4　摄像机带云台在墙上安装大样图

（a）室内安装；（b）室外安装

1—摄像机；2—电动云台；3—支架；4—膨胀螺栓；5—螺母；6—垫圈；7—塑料胀管；8—木螺丝

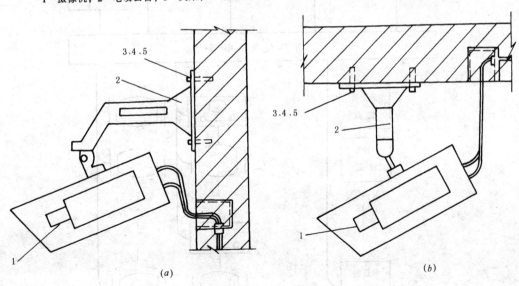

图 24-5　摄像机在墙上或顶棚上安装大样图

（a）壁式安装；（b）吊式安装

1—摄像机；2—支架；3—膨胀螺栓；4—螺母；5—垫圈

24.2.5 生物识别系统

生物识别系统是一种安全性极高的生物识别系统，几乎不可能复制，所以常常用在重要的智能建筑、智能保安系统中，如重要的大银行、国防军事机要部门、其它特别重要的部门等。其识别机主要有以下几种。

1. 指纹识别机

因为人的指纹各不相同，利用原储存的指纹和现在的指纹进行对比作出判断。这是一种安全性极高的生物识别系统，结构是比较复杂的。它可以配合刷卡机或密码机使用。

2. 掌纹机

它也是利用原储存的掌纹和现在的掌纹进行对比作出判断。指纹识别机和掌纹机只适用于人员很少出入的金库等处。

3. 视网膜识别机：根据每人的视网膜血管分布的不同，通过视网膜识别机进行比较而作出判断。这种设备比较复杂，它还能将活人与死亡后视网膜血管分布的差别检测出来，准确性比较高，可以用于智能保安系统。其缺点是对人的眼睛有一定的刺激。尤其是当人的视网膜因睡眠不足等原因而充血或是因糖尿病等原因而使视网膜发生病变、甚至视

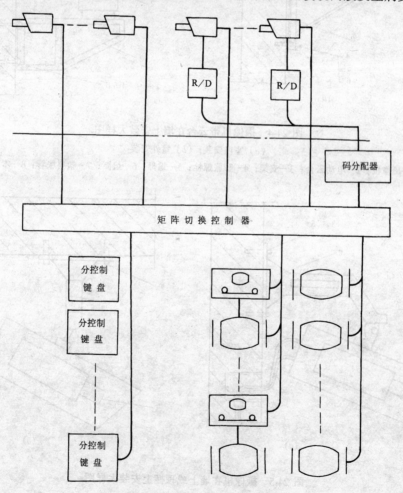

图 24-6 大型保安监视系统设备

网膜脱落时，就丧失对比能力了。

4. 声音识别机：它是利用人们说话声音的差别及说话人指令的不同而加以比较，然后作出判断。不足之处是人说话的声音是能够模仿的，这就影响了判断的准确性。而且，人的声音也会因感冒等原因而发生变化，这也影响判断的准确性。

24.2.6 摄像机云台

摄像机在室外安装高度一般为 3.5 ~ 10m，不得低于 3.5m 为宜。摄像机云台安装见图 24-4 所示。在室外安装用明管保护，下端应用接线盒固定，云台可以通过远距离控制其仰角或水平角。

摄像机在顶棚上安装时见图 24-5 所示。壁式安装时，支架距屋顶为 1.5m 左右。吊式安装适用于建筑物的层高比较矮时用，如层高有 2.5m 以下的场所。

大型保安监视系统主要设备是在各个需要监控的地方设置云台摄像机、解码器（R/D）、码分配器、分控制键盘、电视机和录像机等，如图 24-6 所示。

24.3 智能保安系统设计

24.3.1 保安系统的组成

1. 可视对讲防盗系统

访问者在进入建筑物之前，需要在门口机播通有关用户分机，住户摘机后与访问者可双向对讲，配接可视对讲分机的住户还可以在分机屏幕上看到访问者。以此判断是否接受访问，确保建筑物内部安全。

2. 报警求助

每个住户分机可配置报警控制器，它能接门磁、烟感、报警、玻璃击碎、红外等不同探头，这些探头可接到不同的防区。管理机在任何状态下都能接收到报警，管理机还可与电脑连接，运行专门小区安全管理软件，住户一旦报警，可在电子地图上直观看出报警地址、位置、报警住户资料，方便物业管理人员采取相应措施。

3. 通讯联网

管理中心机可带 248 个门口机和 6 个副管理机，管理中心机与副管理机及用户分机可进行双向对讲，实现通讯联网。

4. 监视监控

住户按室内分机监视键即可监视大楼门口情况，管理中心可拨号选通各门口机监视建筑物或建筑群的相应地方。

5. 人口资料管理

一般保安管理系统都配置有专门开发的管理软件，能够进行多种物业查询和管理。软件一般能够通过输入小区的原始建筑文字资料及图纸、有关设计单位、施工公司、主管部门等资料，方便物业管理。

24.3.2 基本要求

当现代化建筑具有一定规模时，均设有保安监视系统，由保卫部门 24h 监视。常用保安闭路电视录像系统，即由摄像头、传输线路、显示器、录像机及监视控制设备组成。

一般可将大厅分为不同的监视区域，每一监视区内设 8 ~ 12 个摄像头共用一个荧光屏，超过 12 个摄像头时应增加监视分区，每一分区设一个监视荧光屏。

例如在下列场所需要装设摄像头：楼门入口、主要楼梯口、重要走廊、电梯门厅、电梯轿厢、银行、金库、结账处、餐厅、舞厅、酒吧间、咖啡馆、宴会厅、超级市场、游泳池、天台屋面。

根据被监视点的环境，可分别选用固定式摄像头、固定式广角摄像头、水平摇摆式摄像头、垂直摆动摄像头、水平垂直摇摆摄像头和可变焦距摄像头。为了降低工程成本，通常采用黑白摄像显示系统。

保安监视系统是用视频采用同轴电缆直接传输的。摄像机的摇摆伸缩控制，用普通铜芯塑料线，穿管暗敷。保安闭路电视通常和设备管理电脑放在同一房间内，由值班人员统一管理。例如中国大酒店的保安电视系统是与消防控制中心放在一起的，有 15 个监视分区，每区不超过 8 个摄像头，可自动或手动选择画面。若遇到情况，可进行跟踪录像，并自动打印相关情况。监视显示荧光屏用 12 英寸黑白电视机，另设一台监视机为 18 英寸，供录像监视用。

另外在高级宴会厅与餐房备餐厅之间也应装设专用闭路电视，以备不时之需。通常选用的闭路电视管理系统（称为 CCTV 系统）应是一种电脑控制的图象距阵交换系统，利用 CCTV 系统控制台，操作人员可以选取各种摄像机，将其图象显示在所用的图象监视器上。

闭路电视监视的主要功能是辅助保安系统对于建筑内的现场实况进行实时监视。通常情况下多台电视摄像机监视楼内的公共场所，例如营业大厅、地下停车场、重要的出入口等处的人员活动情况，当保安系统发生报警时会联动摄像机开启并将该报警点所监视区域的画面切换到主监视器或屏幕墙上，并且同时启动录象机记录现场实况。

闭路电视监视系统中，如果摄像机镜头具有推拉、转动等遥控功能（PTZ），操作人员可以通过操纵杆或控制台上其他按键遥控摄像机和录像机。图像分割器及图像处理设备均可接入本系统并通过闭路电视控制台遥控。

CCTV 系统应可以自动地管理外部报警信号，也可以由选定的监视器依照程序进行显示。系统能够监视摄像机的图象信号电平，如果摄像机出现故障，CCTV 系统应及时作出报警反应并记录下故障情形。CCTV 系统的外围设备应可以通过系统辅助通讯接口进行联动控制。例如门禁、广播系统等都可以直接由 CCTV 系统控制台控制，系统的设计应能适应各种场合的应用，包括智能保安管理系统联网完成联锁联动或与其他的一些系统如防火系统等联网。

闭路电视监视系统应该能配置多台 CCTV 附控制台，它们可以同时一起操作，也可以将各环节独立操作。

24.3.3 防盗报警与监听监控功能

在白天上班时间防盗报警系统的公共场所的双鉴探测器处于抑制状态，以防止不必要的误报警，而各种紧急按钮和脚踏开关处于警戒状态，当商场收银处、仓库、值班室遇到突发事件时，可以触动身边的应急报警手掣或脚踏开关向监控管理中心工作站发出报警信号。夜间或节假日在仓库、财务等重要部位的双鉴式防盗探测器，可设定在警戒状态，在规定时间内对上述地区实施全方位封锁，如有目标进入该防范区，立即向监控管理中心发出报警信号，并联动 CCTV 系统进行实时录像将该警报区域摄像机的图象送至监控室主监视器上。在报警后，监控管理中心可以通过 CCTV 闭路电视监视系统对报警区域进行观察，以便采取相应措施。

监视环节包括布防的各种报警探测器，门禁开关等报警信号。控制环节有门禁电控、车辆闸门开关。联锁控制：报警信号与门禁系统、闭路电视系统、监听系统、联锁、执行联动程序。显示与打印环节显示报警信息、状态、报警点地址动态平面区域图由信息页打印按时间为序的滚动报警信息。

当一些值班室和重要部门发生紧急情况时值班人员可以触发紧急按钮，以通知保安监控管理中心或联动应急程序，保安监控管理中心值班人员也可以通过紧急直通对讲机装置监听现场情况并互通话。

1. 主要环节

(1) 监视环节：图象画面、视频失落报警、视频设备故障报警。

(2) 控制环节：图象自动切换、图象手动选择、云台、镜头的遥控。

(3) 联锁控制：摄像机与报警信号的联锁控制。录像机按程序联动的控制。在无人值守的情况下，也可以通过自动拨号装置向保安监控管理中心自动播放报警录音信息。

(4) 显示与打印：图象画面显示、联锁控制记录画面和打印地址、状态。

2. 巡更管理功能

建筑内的巡更管理的主要功能是保证保安值班人员能够按时顺序地对建筑内的各巡更点进行巡视，同时保护巡更人员的安全。通常在巡更的路线上安装巡更开关，巡更保安人员在规定的时间区域内到达指定的巡更点，并且用专门的钥匙开启巡更开关，向系统管理中心发出"巡更到位"的信号，系统管理中心同时记录下巡更到位的时间、巡更点编号。如果在规定的时间内，指定巡更点未发出"到位"的信号，该巡更点将发出未巡视状态信号，并记录在系统管理中心，并向联动摄像机监视巡更点状态。

3. 综合保安管理系统与独立设置的消防系统的信息交换功能

建筑内的综合保安管理系统可以通过智能设备接口界面，与独立设置的消防系统建立通讯网络。保安监控管理中心值班操作人员，可以从中心的监控管理工作站 CRT 上显示的火灾报警点位置平面图以及图上表示相应的报警点状态。得到火灾报警的有关信息，并通过打印机打印输出，同时这些报警资料也会记录储存在系统数据库中，系统可以联动闭路电视监控系统的摄像机，进行为火灾报警点的图象复核，以帮助值班人员观察火情、确定火势；系统也可以联动保安系统的出入通道控制以及楼宇自控系统，作出相应的防火措施逻辑控制。

因此，保安系统与消防系统的联网，将有利于充分利用这两个系统的软硬件资源，充分发挥整个 BMA 系统的潜能。

4. 下列场所宜设置防盗报警装置

金融建筑中的金库、财务、金融档案房，现金、黄金及珍宝等暂时存放的保险柜房间。省市及以上级博物馆、展览馆的展览大厅和贵重文物库房。省市及以上级档案馆内的库房、陈列室等。省市及以上级图书馆、大专院校规模较大的图书馆内珍藏书籍室、陈列室等。市、县级及以上银行营业柜台、出纳、财会等现金存放、支付清点部位。钞票、黄金货币、金银首饰、珠宝等制成或存放房间。

重要办公建筑物内的机要档案库房。自选商场的营业大厅或大型百货商场的营业大厅等。

其他根据需要应设置报警的房间或场所。防盗报警应按工艺性质、机密程度、警戒管理方式等因素组成独立系统，宜设专用控制室。若无特殊要求时，可与火灾报警系统合用并组成综合型报警系统。防盗报警系统的探测、遥控等装置宜采用具有两种传感功能组成的复合式报警装置，以提高系统的可靠性和灵敏度。

防盗报警系统的触发装置应考虑自动和手动两种方式，在建筑物内安装时应注意隐蔽和保密性。特别重要的场所及自选商场和大型百货商场营业厅，在防盗报警系统中宜设置闭路电视监视系统和自动长时限录像装置、自动顺序图象切换显示装置及手动控制录像装置等。有条件时可装设远红外等微光摄像机。

防盗报警的布线宜采用钢管暗敷设。若采用明管敷设时，敷设线路应隐蔽可靠、不易被人发现和接近的地方。管线敷设不应与其他不同系统的管路线槽或电缆合用。

24.3.4 保安探测器选型

防盗保安系统的设计可繁可简，因功能不同系统的价格、设计与安装相差很大。保安器材最重要的部分是探测器，其灵敏程度和稳定性决定系统是否能够及时报警而又不发生误报。有的只能用于室内环境，有的在一般条件下工作，也有的能在室外严酷的环境条件下工作。对于入侵探测器而言，其正常条件下平均无故障时间 1000～60000h 之间。

1. 入侵探测器的选择

振动探测器能够探测出人的走动、门窗移动以及撬动保险柜发出的振动，可以用于背景噪声较大的场所。振动探测器有机械式、电动式和压电晶体三种形式。其中电动式灵敏度最高、探测范围大、可用于室外埋地，能探测周围的入侵情况。

红外探测器有主动式和被动式两种，主动式探测器属线型探测器，控制范围为一个狭长的空间，有较好的隐蔽性；被动式一般为空间探测器，可用于室内立体防范，隐蔽性更强。

激光入侵探测器适用于远距离的直线型。电场畸变探测器主要用于户外的边界防范。声音控制探测器属于空间控制器，用于核实防范报警信号。可采用一定频率以避开室外的噪声。

次声波是频率低于 20Hz 的不可见的电磁波，可用于密封空间。超声波探测器可探测到空间移动的物体，按其结构和安装方法的不同又分为声场型和多普勒型。前者用于密封的室内空间，后者用于探测一定空间内是否有运动的物体。微波探测器用于防范一定空间内的任何运动物体，又分为雷达式和墙壁式。

开关式探测器特点是结构简单、使用方便，它通过各种类型开关的闭合和断开来控制电路，发出报警信号。这种类型的探测器包括磁控开关、微动开关、压力垫或金属丝作感应元件的开关。

2. 复合探测器

单一功能的探测方法在某些情况下误报率相当高，从提高产品的性能入手只是问题的一个方面，从另一个角度看，采用两种或两种以上的探测手段则更加容易降低误报率。

采用两种或两种以上的探测手段组成的探测器称为复合探测器，采用相与的关系触发报警。试验表明，微波—红外复合探测器是一种比较理想的组合方式，它必须同时感应到入侵者的体温和移动才发出信号报警。有的还加有温度自动补偿电路及抗射频干扰能力，并会失效自动报警。

24.3.5 电视监控系统选型

1. 监控系统的组成形式

(1) 单头单尾系统：即在一个地方连续监控一个固定目标，系统由摄像机、传输电缆和监视器组成。

(2) 多头单尾系统：使用一个监视器监控多个目标，比单头单尾系统多一个切换控制器，用来切换不同摄像机传输来的信号。

(3) 单头多尾系统：在多处监控同一个移动目标，由摄像机、传输光缆、视频分配器组成。

(4) 多头多尾系统：多处监控多个目标，由摄像机、传输光缆、切换分配器和视频分配器组成。

视频报警器是将电视监控技术与报警技术相结合的一种安全防范设备，它使用摄像机作为探测传感器，检验移动目标进入监视范围所引起的电视图象的变化。视频报警器可分为模拟和数字两种形式，前者是通过检测被监控目标的亮度电平变化来触发报警信号的，后者是通过监控图象信号与存储图象进行即时处理，一旦发现物体位移即发出报警信号，并存储有关图象。

2. 监控系统的设计

为保证监控的质量，摄像机和监视器的比例一般为 4:1，并设置即时动作的录像机。电视监控系统目前选用黑白电视的为多数，这主要是因为黑白与彩色摄像机的性能有较大差异的缘故。彩色摄像机能够提供比黑白摄像机更多的信息，这一点是毫无疑问的，但由于其灵敏度较低，需要较好的工作条件，而且价格高出许多，非必须场合很少应用。选择摄像机应考虑体积、重量、寿命等因素。

电荷耦合器件 CCD 固体摄像机有取代摄像管的趋势。监控系统的摄像机至少采用 2:1 隔行扫描，固体摄像机的水平清晰度不小于 420 线，信噪比应大于 45dB，并宜采用具有自动增益功能的摄像机。摄像机正常工作的最低照度应作为一个主要参数在选型中予以重视。为确保图象的清晰，工作照度应比摄像机的最低摄像照度高一个数量级。

摄像机的镜头焦距应视镜头与监控目标的距离而定。对于固定目标，定焦距镜头要经济的多。望远镜头适合远距离监控，广角镜头适合小视距、大范围的场所，如电梯轿箱内的监控镜头需要水平视角不小于 70°。对于大范围画面的监控，如商场大厅，宜选取全景云台摄像机及 6 倍以上的电动遥控变焦镜头。对于需要隐蔽安装的场所，可以选用针孔式或棱镜镜头，普通人绝难发现。

24.4 安全防卫子系统

24.4.1 巡更系统

现代化大型高层建筑，面积大，出入口多，往来人员复杂，要求有专人巡查，以保障建筑的安全运行。比较重要的地方应设巡更站，定期进行巡视。现代化的巡更系统，已经完全电脑化，利用电脑管理技术可减少巡更员失职，迅速处理事故。

巡更系统可以用微处理机做成独立系统，也可纳入楼宇自动化控制系统。设计时应根据预先拟定的巡更程序路线，按巡更点编制出巡更程序软件，输入电脑。巡更员应按巡更程序所规定的路线和时间到达指定巡更点，不能迟到，不能绕道，每到一点，及时按下巡更按扭，向电脑中心报告。电脑中心可通过巡更信号箱上的指示灯呼叫巡更员。巡更员发现情况，也可以用自带耳机，通过信号箱上的对讲通讯插座与电脑中心联络。巡更员因故不能及时到达，巡更程序自动记录备案。

巡更程序的设计应具有一定的灵活性，对巡更路线，行走方向及各巡更点的到达时间，应能方便地进行调整。为使巡更工作具有保密性，应经常变更巡更路线。

24.4.2 出入口管理系统

1. 出入口监控功能

建筑内对重要的通行门、出入口通道、电梯等进行出入的监视与控制。第一种方式，是在通行门门上安装门磁开关（如：办公室门，通道门，营业大厅门），当通行门开/关时，系统管理中心将门开/关的时间、状态、门地址记录在系统电脑硬盘中。我们也可以利用时间引发程序命令，设定某一时间区间内（如：上班时间 8:00 ~ 18:00）被监视的门开/关时，无需向系统管理中心报警和记录，而在另一时间区间（如：下班时间 18:00 ~ 8:00）被监视的门开/关时向系统管理中心报警，同时记录。第二种方式，是在需要监视和控制的门（如：楼梯间通道门，防火门）上，除了安装门磁开关以外，还要安装电动门锁，系统管理中心除了可以监视这些门的状态以外，还可以直接控制这些门的开启和关闭，也可以利用时间引发程序命令，设某一时间段内门处于打开的状态，当下班时间以后，门处于闭锁状态，也可以利用事件引发程序命令，当发生火警时，联动相应楼层的防火门立即自动打开。第三种方式，是在需要监视、控制和通行证识别的门或者是有通道门的高保安区，除了装门磁开关、电控锁，还要安装智能卡读卡机，在上班时间可以设定为只用一张卡开门的方式，而在下班时间需要一张卡另一组密码或两张卡加两组密码等方式开门。

2. 电梯运行监控功能

在建筑内的部分电梯上安装智能卡读卡机，可根据持卡人的级别来控制电梯的升降楼层，在正常上下班时间电梯由电梯本身的控制系统自行控制，在下班时间和节假日电梯控制权由智能卡电梯控制器控制，持卡人进入电梯后将卡插入读卡机中，然后按下要去的楼层按钮，如果智能卡的级别允许，电梯将会送持卡人至该楼层，如果智能卡级别不允许，电梯将不动作，同时监控管理中心将记录下电梯使用者的姓名、时间、楼层等资料，并与CCTV闭路电视监视系统联动，监视电梯内的情况，防止有人搭乘电梯，以确保整个建筑的高度安全性。

监控功能有电梯的启/停状态、运行状态、读卡机工作状态、读卡机报警和电梯故障报警。控制功能有读卡面控制方式，电梯手动控制运行。联锁控制包括读卡机读卡报警和电梯故障报警与电梯内 CCTV 摄像机联锁。

显示与打印包括显示读卡机控制与读卡机状态。电梯启/停与运行状态动态运行图由信息页打印，按时间为序的滚动电梯读卡记录、报警信息。

3. 智能保安系统出入口的控制部分

保安系统出入口的控制部分组成如图 24-7 所示。在首层有直接和工作人员接触的设备，如有读卡机、电子门锁、出口按钮、报警传感器及报警喇叭等。其功能是接受工作人员输入的信息，然后转换为电的信号送到控制器中，同时完成开锁及闭锁的工作。

智能控制器的功能是将首层出入口送来的信息和设备本身储存的信息进行比较，并且作出判断，同时发出处理指令。

电脑中存储有与大门警卫系统有关的软件，它可以管理许多同样的控制器，对各个控制器进行设置，同时也能接收控制器发送来的各种信息，并作出科学的分析，打印等输出设备提供书面资料作证据等用。

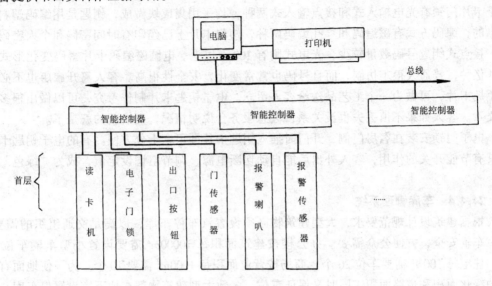

图 24-7　保安系统出入口的控制部分的组成

4. 智能保安系统出入口的电脑管理

这主要是利用电脑软件进行自动化管理的系统。可以根据需要自行编制或请专业部门按要求编制软件，通常有以下几个部分。

(1) 数据库的管理：这是指对系统内所记录的各种数据进行转存、备份、存档及读取等处理事宜。

(2) 磁卡级别的设定：根据管理部门的设定，在所有注册的磁卡中允许通过的各道门及不许通过的门均在磁卡中事先设定密码，用以管理工作人员或顾客的行动范围。对于电脑的操作也设定密码，限定使用人员的范围，以便利于不同级别的人员各得其所。

(3) 时间的管理：这是指在磁卡中设定在什么时间能够让持卡人通过各个门，在什么时间不让通过这道门。

(4) 事件记录：这是指对日常有必要记录的种种事宜进行录像或录音。尤其是对异常事件及处理方式进行记录是十分必要的，以备日后查证。

(5) 网间通信：这是指本系统和其他系统的横向传递信息。例如有人突然非法闯入时，需要向电视监视系统发出信息，让摄像机立刻瞄准有关部位，及时记录。同时通报有关人员及时行动。

24.4.3　公寓传呼系统

高级公寓为避免陌生人进入，保证用户安全，需要在公寓总入口门厅与各住户单元之间，设置传呼系统。公寓的大门平时是锁着的，客人不能进入。有客来访，需要先按下大厅传呼机上的房间号码，向主人发出呼叫信号，主人听到铃声，可以从屏幕上观察来访者，如同意接见，可使用传呼机回话，遥控开门，否则可以不与理睬或报警。

门厅的摄像头，用同轴电缆经调制解调器调制后混合接入共用电视天线系统，将家用电视机兼做监视荧光屏使用。要求电视机留出一个频道，供电视监视使用。传呼机的对讲系统线路是公用的，用脉冲编码方式取得选择性，用户之间不会发生干扰。

使用电子卡片门锁，可以提高客房的保密性，减少失窃事故，特别适用于旅游建筑。电子卡片门锁有光电输入式和接点输入式两种，均采用集成块做成，钥匙是用编码塑料卡片做的，编码方式有磁编码和穿孔编码两种，塑料卡片上已经印有时间密码和个人密码。

接点式钥匙号码数量较少，光电式则有 100 万以上。电脑磁编码卡片密码变化形式多达 4 亿种，普通人很难仿制，而且号码也常常变化，安全性很高。客人离开旅店也不必交回钥匙卡片，可做为一个工艺品送给客人留念。电子钥匙卡片制作考究，可以做出很多商业文章。客人如果不慎丢失也没关系，去总服务台说明情况，更换新的就是了。

电子门锁安装在客房门侧，开门时插入钥匙卡片即可，十分方便。有的电子钥匙卡片还具有节能开关的作用，客人外出后能自动切断电源，调节空调设定值，成为"绿色"旅店。

24.4.4　车库管理系统

根据建筑设计规范要求，大型建筑物必须设置汽车停车库，以满足交通组织的需要，保障车辆安全，方便公众需要。办公楼按建筑面积每 $10000m^2$ 需要设置小型车辆车位 50 个。住宅每 100 户需要车位 20 个。商场按营业面积每 $1000m^2$ 需要 10 个。为了使地面有足够的绿化面积和道路面积，同时又保证车位，多数大型建筑物都在地下室设置停车库。车位超过 50 个，需要考虑车位管理系统，以提高车库管理的质量、效益与安全性。

1. 功能

停车库管理系统如图 24-8 所示。车辆驶入时，可以看到停车场指示标志。标志显示入口方向与车库内空余车位状况，若车位已满，将拒绝车辆入库。若车库未满，允许进入，但必须购票。经过验票读卡机确认后，入口处的电动栏杆升起放行该车辆。

车库入口处设有彩色摄像机将车辆信息摄像采集并传送到数据处理器，同时采用多媒体技术对采集到的信息进行数字化处理。车票、停车卡验读机带自动发售功能，车牌数据、车形颜色和停车凭证数据（如凭证类型、编号、进库日期、时间）一齐储存到电脑内部。进库车辆在停车引导灯指挥下，驶入规定位置，此时管理系统中该车位将显示已占用。

车辆离库时，汽车驶进出口电动栏杆处出示停车凭证，经过验票读卡机检验和电脑系统的检验和计费，管理人员确定车辆情况后放行。电动栏杆放行落下后，车库中停车数量减一，停车信息刷新。车辆管理系统在入口处按有无人员值班可分为全自动或半自动管理系统。出口收费、验票机带自动收银功能。

停车库自动管理系统本身是一个分布式的集散控制系统，如图 24-9 示意，具体系统可能会有所不同。

2. 主要设备

（1）出入口票据检验设备　由于停车人情况的不同票据应有所区别，如临时停车、定期租用和车位主人。停车库的票据卡有条形码卡、磁卡、IC 卡三种类型，其读码器也相应分为三种。但无论采用哪一种方式，功能都是类似的。

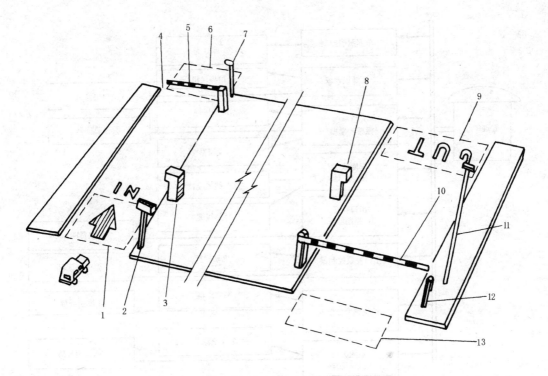

图 24-8　停车库管理系统示意图

1—入口车辆探测器线圈；2—车辆泊位状态显示器；3—车票、停车卡验读机；4—支架，带有光电装置以测定入口
电动栏杆是否关闭；5—入口电动栏杆；6—用于自动放下入口电动栏杆的车辆探测器线圈；7—用于拍摄车辆图像
的摄像机；8—出口收费、验票机；9—出口车辆探测器线圈；10—出口自动栏杆；11—监视出口车辆的摄像机；

12—支架，带有光电装置以测定入口电动栏杆是否关闭；13—用于自动放下电动栏杆的车辆探测器线圈

驾驶员将票据插入读码器，读码器根据票据卡上信息，判断卡的有效性。读码器将有效卡打上车辆入库时间，并将票据卡类别、编号、停车位置信息输入电脑。自动启动电动栏杆，放行车辆后将栏杆放下，阻止下一辆车驶入。若票据卡无效，将拒绝车辆出入并报警。某些读码器还兼有发售临时票据的功能。

车辆驶出时驾驶员将票据卡插入读码器，读码器检验后将车辆出库时间打入有效卡，同时计算费用，待驾驶员交费后启动电动栏杆放行该车辆。若票据卡非法，即立即报警。不交费也走不了。

(2) 电动栏杆　电动栏杆一般由读码器控制。若栏杆被冲撞，立即报警。栏杆受车辆碰撞后会自动落下，一般不会损坏。栏杆长度为 2.5～3m，铝合金或橡胶栏杆。有些车库入口处高度受到限制，可将栏杆制造为可伸缩的或折叠的，以减少升起时的高度。

(3) 自动计价收银机　自动计价收银机根据票据卡上的数据自动计价或由管理中心取得计价信息，并向驾驶员显示。车辆驾驶员应该根据显示价格投入钱币或信用卡。付费完毕后应能够给出收据。

(4) 车位调度器　当停车库规模较大时，尤其是多层车库，实行车位优化调度，使车位占用动态均衡，是一件很有意义的工作。为实现优化调度，可以在每个车位及主要车道设置探测器，以检测车位和道路占用情况，然后根据电脑软件的优化排序，以确定新入库车辆的车位。然后在入口处与车道沿线引导车辆到位。

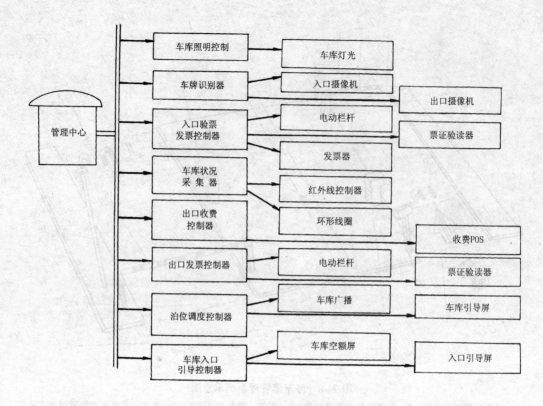

图 24-9　停车库管理系统结构示意图

（5）电脑中心　防盗识别器是为了防止丢车而设置的保安系统中。当车辆驶入时，摄像机将车辆信息保存，待出行时对比车辆信息。对比过程可由电脑完成，也可由人工完成。

电脑中心是由功能较强的 PC 主机和打印机等外部设备组成。可作为一个服务器与下属设备以 RS485 等通讯接口连接，交换信息。电脑中心对停车库的运营数据自动统计，归档保存，对账目进行自动管理。若人工收费则监视每个收款员的密码输入，打印出收费报表。在电脑中心可以确定计时单位和计费单位，并且设置有密码阻止非法侵入。

电脑中心监视屏幕具有强大的图形显示功能，能够完整地显示车库平面图、车位占用情况、出入口开闭情况及通道使用情况，方便调度。

3. 车库管理系统的选择

为了保证车库内人员和车辆的安全，车库管理系统的软件往往要与全楼的消防、保安等楼宇自控系统（BA）联网。车库内车位和车道使用情况要求送往消防中心，同时能够接受消防中心的消防疏散命令，以便在紧急情况下，统一指挥。车库管理系统与保安系统的摄像系统联网，可以对库内车辆碰撞、交通情况进行监视，及时处理意外事故。

车库管理系统作为楼宇物业管理的一个子系统，其工作情况要受到设备管理中心的监督，某些 BA 系统的设备要与处理子系统设备联动。如车库照明控制可按车辆行使需要开启相应区域，通风系统可按车库内一氧化碳浓度和停车数量启停。

在设计选型时，可以参考流行于我国的车库管理系统有：美国 ANDOVER 公司的 IN-FINITY 系统、HONNEWELL 公司 EXCELL 系统、JOHNSON 公司的 METASYS 系统、加拿大

CPE 公司、德国 S&B 公司、日本 ACE 公司及上海计算机研究所的产品。各家公司的产品都能够完成基本的车库管理功能，如出入口的读卡、打卡、计费，电动栏杆的起落，只是在车牌识别、车位调度、设备寿命等方面各有千秋。

制定车辆管理系统方案时，主要考虑的是停车库的规模、使用者要求和车库的管理模式。如果车库规模不大，又不对外开放，只考虑电动栏杆与读码器联动就可以了。若车辆管理以人工为主，就可以只采用半自动化的方式，由人工进行收费和车辆检验。当车位超过 100，而且对外开放，临时停车数量较多时，应考虑采用自动化管理模式，以通过出入口车辆通过的速度。并宜在出口栏杆前设置回车道以免造成意外堵车。

车库管理系统是机电一体化的电脑集散控制系统，为了实现安全、高效的自动管理，采用一些具有人工智能的方法和设备，现在已经是比较成熟的技术。随着智能建筑在我国的发展，汽车作为日常交通工具也逐渐普及，车库管理系统将车位智能建筑中楼宇自控系统中一个不可缺少的子系统。

4. 停车场（库）计费管理系统设计要求

停车场（库）用电脑管理系统包括下列工作范围：停车场（库）车辆状况的监测；车辆的系列服务管理；停车场地环境状况监视；计时与收费管理。

需要配置电脑工作的主要部位包括：停车场（库）出入车辆管理，车辆系列服务场，计时与收费处，自动计时收费场。

5. 电脑选型原则

确定电脑规模时应考虑提高场地使用率，减少差错；综合服务系列化。

根据停车场位置及规模选择机型：对于饭店、宾馆等地下车场及存放车辆少于 300 辆的停车场宜采用电脑管理。若车辆出、入口分别在两处时，宜采用两台电脑联机运行管理。地上大型停车场用电脑管理应配置容量不少于 10MB 的硬磁盘系统。市区特设的单台机动车停车场宜用自动计时收费管理。

选择电脑接口宜包括：与磁卡识别装置联机接口；与光—电扫描装置联机接口；与安全报警联机接口；与其他电脑通信接口；具有连接车辆定位逻辑装置接口。

供电要求与建筑物最高等级一样，并宜另设独立的不停电电源。

识别车辆进、出的传感器应设在车辆入口及出口处，且不应受杂光、无线电波等干扰。车辆位置识别装置、电脑、监视设备、信号电缆等应不受车辆移动或压力的损坏。

据停车场出、入口的 20～50m 处宜装设联机的业务指示牌。电脑工作响应时间应小于 10s。电脑工作位置宜设于车辆出口和入口附近，工作环境应不受废液、废气的污染。

停车场用电脑宜包括下列软件：具有汉字处理功能的操作系统；程序设计语言；数据库管理系统；检索系统；车辆计时收费管理；车辆综合服务管理；环境监测管理。

25 防空与防爆

25.1 人防及地下室电气设计

为保证人民防空地下室设计符合全面规划、突出重点、平战结合、质量第一的方针，使防空地下室符合坚固、适用、经济、合理的要求，保障人的生命安全，促进生产建设的发展，充分发挥其战备效益、社会效益、经济效益，本节内容用于新建或改建的普通民用防空地下室的设计。

25.1.1 人防工程的电源

1. 供电系统的设计应符合以下规定：

(1) 内部电源与外部电源应分列运行，以外部电源供电为主。当内部电源有两台或两台以上发电机组同时运行，并且为同型号同容量时，可采用并列运行。分列运行的各电源之间应有防止误并列运行的可靠措施。

(2) 低压母线一般采用单母线或单母线分段的接线方式。当采用单母线分段时要求设置分段母线开关。

(3) 应保证重要负荷供电的电源切换和次要负荷的减负荷装置。

(4) 通讯负荷不宜和动力负荷共用一个回路。

(5) 单相用电设备尽量均匀分布在三相回路中。

2. 防空地下室内部用电负荷　应根据用电设备对供电可靠性的要求和停电后可能造成结果的严重程度，分为重要负荷和次要负荷。

重要负荷指的是停电后将严重影响作战指挥和通讯联系的正常工作、危及人员安全或重要机械设备遭到损坏者。例如：指挥所、通讯工程、医院等类防空地下室中的重要房间的照明、通讯设备、警报器、过滤式通风机、柴油机冷却水泵等用电负荷。

次要负荷指的是除了以上负荷的其他负荷。

3. 防空地下室内应就近引接外部电源　全国人防重点城镇和直辖市的区以上指挥所、通讯工程和医院，应设置独立的内部备用电源。其他类型的防空地下室，引接人防工程的区域性备用电源。

对于不设置内部备用电源的防空地下室，但其地面建筑物平时设有 120kW 以下的柴油发电机组时，在设计中应考虑战时能将该机组转为地下。

4. 防空地下室内部供电、照明电压不大于 1kV。电气设备、电缆、电线的选用和安装应满足防火、防潮及抗震的要求。

25.1.2 人防工程电力线路及敷设

1. 电缆电线采用全塑型电缆和塑料绝缘导线或塑料护套线。

2. 电力线路采用铝导线时，其截面不小于 2.5mm²，属于下列情况用铜导线。

（1）控制盘的二次结线和控制电缆。

（2）移动设备的电缆或导线。

（3）易燃、易爆或有腐蚀性介质的房间。

3．电缆敷设应符合下列规定：

（1）宜沿防空地下室顶部、侧墙或沿风管支架明敷设。

（2）绝缘导线宜采用塑料夹、瓷夹或瓷柱明敷设。在有腐蚀性介质的地方或者工作电压大于等于220V，其敷设高度低于2.0m时，应尽量采用穿管敷设，塑料护套管除外。

（3）导线穿管时，管口应密封和采取便于定时更换的措施。

（4）敷设导线或电缆的管材、支架及附件，采用耐腐蚀的材料。如果是用金属，一定要进行防锈处理。

4．绝缘导线的接头采用压接或焊接，接头处要求采用防腐、密闭处理。

5．穿过防护密闭隔墙的电气管线和预留的备用管孔，也要做好防护密闭处理。管材一律采用镀锌钢管。

25.1.3　人防工程电力、照明设计要点

1．动力、照明用配电箱，除发电机房外，均应设置在清洁区，尽量靠近负荷中心和便于维护操作的地方。配电箱采用塑料板制作，箱内也应有防潮措施，如设置白炽灯，经常加热去潮。

2．信号的设置应符合下列规定：在设置了清洁式、过滤式和隔绝式三种通风方式的防空地下室，在发电机房或控制室、风机室、主要出入口的最后一道密闭门内侧设置通风方式的信号装置。其控制开关一般在指挥室内或值班室内。

3．从防空地下室内部引出的防护密闭门以外的照明回路，应在防护门内单独设置熔断器保护。

4．防空地下室的照明灯具一般采用白炽灯。对于照度要求比较高的场所或较大的房间，可采用荧光灯或其他灯具。

5．白炽灯采用带磁质灯头的开启式灯具。荧光灯采用简易型灯具。在易燃、易爆或有腐蚀性介质的房间，采用防爆型或安全型灯具。

6．灯具的安装方式，一般采用线吊或链吊式，而不采用其他形式，这是为了避免剧烈振动时灯具破碎。防护门以外的灯具不在此列。

7．防空地下室的内部，采用瓷质插座和瓷质拉线开关，开关拉线采用尼龙绳。

8．照明电源的电压一般是交流220V。当灯具距离室内地面高度低于2.0m，且无安全保护措施时，电压不超过36V。

9．医院手术室应设置应急照明专用直流电源。有关房间设置电筒、矿灯等专用照明器具。

10．照度标准：见表25-1。

25.1.4　人防工程接地和接零系统

1．防空地下室内部电气设备的金属外壳以及靠近带电部分的金属管道、构架、门、栏杆和安全变压器的低压引出线的一端等，均采用接零保护。

2．接地电阻值的规定

（1）低压发电机采用中性点直接接地方式。当发电机并联运行，总容量小于等于100kVA时，接地电阻小于等于10Ω；大于100kVA时，接地电阻值小于4Ω。

名　　称	最低照度	名　　称	最低照度
指挥室	100	控制室	75
主要办公室	75	柴油机房	50
一般人员办公室	50	人员掩蔽室	10
医疗手术室	75	盥洗室	10
医务室	50	出入口	50
通讯室	50		

（2）外电源架空接户线的绝缘子铁脚和接户线的零线，应与防空地下室出入口部接地的钢筋网连接，接地电阻值小于 10Ω。

（3）发电机房的储油罐防静电的接地电阻应小于 30Ω，其接地体可与防空地下室其他非电讯类的接地体共用。

3. 防空地下室的室内接地体，可充分利用结构钢筋网。例如出入口通道结构、主体结构底板等结构的钢筋网。作为接地体的钢筋网，在主筋交叉的地方一般是采用焊接并在适合位置预留出和主钢筋网焊接的钢筋头。如果实际测量值不能满足要求，应在室内的渗水井、储水池、污水池中设置人工接地体。

4. 接地线一般采用 25mm×4mm 的镀锌扁钢或直径 12mm 的镀锌圆钢。

25.1.5　柴油发电机组的选择和配置

1. 防空地下室内选用自动调压方式的柴油发电机组，不采用汽油发电机组。机组的单台机组容量不大于 120kW。柴油发电机房内运行机组的总容量，应根据用电设备的最大计算负荷和每台机组的持续功率确定。

2. 内部单独设置备用电源的防空地下室，其柴油发电机组选用 2～3 台，当其中一台发生故障时，其他机组也可以满足全部重要负荷的供电要求。如果接入区域性备用电源作为重要负荷的备用电源时，机房也可直设置一台机组。

3. 柴油发电机组一般采用电启动或气启动。如果采用的是气启动，要求有空气压缩机，每台机组有储气瓶。启动和充气管道应互为备用。管道材料选用无缝钢管，管路端头设置放气阀。

4. 发电机房和控制室分开布置，如果是小容量发电机的控制，也可合并设置。当机房和控制室分开设置时，它们之间应该设置运行联络信号；合并设置时，在发电机房和主体工程之间也要设置互相联系的电话和灯光信号。

5. 柴油发电机房的燃料油储存量一般为其满载运行一至两个星期的燃油。燃料油可采用油箱、油罐或储油池，数量不小于 2 个。

6. 卸油接头井的位置布置在地面建筑物倒塌范围以外，且距地面建筑物的防火距离不小于 15m，卸油管进入防空地下室的内侧，要求设置公称压力不小于 1MPa 的阀门。此阀门只有在卸油时打开，平时关闭。

25.2　人防防火规范要点

为了在平战结合的人民防空工程中贯彻"预防为主，防消结合"的消防工作方针，防止和减少火灾对人防工程的危害，必须按照相关规范进行设计和施工。

国内外地下建筑、人防工程的火灾事例告诉我们，如果在工程建设中对防火设计缺乏考虑或考虑不周，一旦发生火灾，往往造成人身伤亡和巨大的经济损失，有的还会带来不良的政治影响。如西班牙隆拉戈隆布的罗娜阿都肯旅馆，由于地下餐厅、厨房防火设计不合理，又没有自动消防设备。1979.7.12厨房发生火灾，很快蔓延至地面层，又经电梯间一直烧到第11层客房及办公室，伤亡85人，建筑全部烧毁。目前国内人防工程很多没有充分考虑防火，火灾事故时有发生。1976.5.13，北京火车站地下室空调机房发生火灾，两台空调机通风管道保温材料全部烧毁，损失五万元，当天正欢送外国总理，由于火灾，列车提前发车，影响较大。

25.2.1 应用范围

人防工程的防火设计，必须遵循国家的有关方针、政策，针对人防工程发生火灾的特点，采取可靠的措施，做到保证安全，技术先进，经济合理，使用方便。适用于新建、扩建和改建供平时使用的下列用途的人防工程，而地下铁道、公路隧道及剧场等工程另有更严格的规定。

1. 商店、医院、旅馆、餐厅、展览厅、电影院、礼堂、旱冰场、体育馆、舞厅、电子游艺场、图书资料库、档案库等。

2. 按火灾危险性分类属于丙、丁、戊类的生产车间和物品库房等。

人防工程的防火设计，应符合国家现行的有关标准和规范的规定。人防汽车库按《汽车库设计防火规范》的规定执行。

25.2.2 消防电源及其配电

消防用电应按二级负荷要求供电。火灾应急照明和疏散指示标志灯可用蓄电池作备用电源，但其连续供电时间不应小于30min。

消防用电设备的两路电源或两回路供电线路应在末级配电箱处自动切换。当采用柴油发电机组做备用电源时，应设自启动装置。

消防用电设备应采用单独的供电回路。

设在人防工程内的电力变压器宜采用干式变压器。变压器的门、窗、孔、洞应设置防止动物进入的措施。人防工程内的消防配电设备及其电缆、电线等宜采用防潮防霉型产品；电缆电线应选用铜芯线；蓄电池应采用封闭型产品。

消防用电设备的配备线路应穿金属管保护，暗敷设时应敷设在非燃烧体内，其保护层厚度不应小于3cm，明敷设时必须在金属管外壁上采取防火措施，采用非延燃性绝缘、护套电线时，可直接敷设在电缆沟（槽）内。电缆、电线管穿过墙、板的孔、洞应用非燃烧材料堵塞。

消防按钮（包括手动报警按钮、水泵启动按钮等）应有防止误操作的保护措施。消防用电设备、消防配电箱及控制箱应有明显的标志。

25.2.3 人防工程照明

火灾应急照明和疏散指示标志灯：

人防工程的下列部位应设置应急照明：疏散走道及安全出口，疏散楼梯间；值班室、消防控制室、消防水泵房、消火栓处、变配电室、柴油发电机室、通讯机房、通风空调及排烟机房等；观众厅、展览厅、餐厅、医院、旅馆、商场营业厅等人员比较密集的场所。

火灾应急照明灯在疏散走道上的最低照度应不低于5lx。消防控制室、消防水泵房、柴油发电机室、变配电室、通风空调、排烟机房等房间的应急照明，应保持最低工作照明的照度。

疏散走道及其交叉口、拐弯处、安全出口等处应设置疏散指示标志灯。疏散指示标志灯的间距应不大于 10m，距地面高度应为 1~1.2m。标志灯正前方 0.5m 处的地面照度不应低于 1lx。

火灾应急照明和疏散指示标志灯工作电源断电后，应能自动投合，照明和疏散指示标志灯应采用玻璃或其他非燃料制作的保护罩。

人防工程内潮湿场所应采用防潮型灯具；柴油发电机房的油库、蓄电池室等房间应采用密闭型灯具。灯具的安装方式宜采用链吊式或线吊式安装，不应用粘结方式固定灯具。

卤钨灯、高压钠灯（含镇流器、整流器）、白炽灯不应直接安装在可燃装修和可燃构件上。卤钨灯和额定功率 100W 以上的白炽灯泡的吸顶灯、槽灯、嵌入式灯的电源引入线应采用瓷管、石棉等非燃材料作隔热保护。灯具的高温部分靠近可燃物时应采取隔热及通风散热等防火措施。

可燃物品库房内不应设置卤钨灯等高温照明器。

25.2.4 火灾自动报警装置和消防控制室

1. 下列人防工程或房间应设置火灾自动报警装置

(1) 使用面积超过 1000m² 的商店、医院、旅馆、展览厅等。

(2) 使用面积超过 1000m² 的丙丁类生产车间、丙丁类物品库房。

(3) 电影院和礼堂舞台、放映室、观众厅、休息室等火灾危险性较大的部位。

(4) 大中型计算机房、通讯机房、变压器室、柴油发电机室及重要的实验室、图书、资料及档案库等。

2. 火灾自动探测器的安装高度低于 2.4m 时，应选用半埋入式探测器或外加保护网。设有火灾自动报警装置和固定灭火设备或机械排烟设备的人防工程，应设置消防控制室。消防控制室可与地面建筑消防控制室或人防工程内的值班室、通讯机房、配电室等房间合用。

3. 控制设备一般应具有以下功能：

(1) 接收火灾报警，显示火灾报警部位。

(2) 发出火灾信号和安全疏散指令。

(3) 启动消防水泵、固定灭火设备；控制通风、空调系统；开启防排烟设施；关闭电动防火门、防火阀、防火卷帘等。

(4) 显示电源及各种消防用电设备的工作状态。

(5) 消防控制室应设置报警电话。

25.2.5 人防工程火灾的特点

1. 能见度低。普通人防工程，不能自然采光，人工照明照度也比较低，有些工程没有应急照明和疏散指示灯，只要发生火灾或断电，室内一片漆黑，人们很难逃离现场。

出现火灾时烟雾阻挡光线，影响视线，使人看不清楚疏散通道。楼梯间如遇火灾，很快就会被烟火封锁成为烟囱。

地下室一旦发生火灾，与地面建筑相比，烟热排除较困难，高温浓烟将很快充满整个地下空间，而且燃烧持续时间长，因此规定地下室耐火等级为一级。人防工程与地下室类似，在火灾时，对烟和热气的排出更加困难。

2. 疏散困难。尤其是使用旧工事改造而成的人防工程，安全疏散方面均不能满足要求。人防工程出口少，通道窄，疏散距离长。在多层、深埋、坑道工事内安全疏散更加困难。

人防的出入口地面建筑是工程的一个组成部分，它是人员出入工程的咽喉要地，它的防火安全性，将直接影响工程主体内人员的疏散安全。如果按地面建筑的耐火等级对出入口建筑耐火等级来划分，则三级和四级的出入口建筑，均有燃烧体构件，一旦着火，对工程内人员的疏散安全会造成一种威胁。出入口数量越少，威胁越大。出入口建筑应使用非燃烧材料，必须达到规范要求。

3. 救助困难

地下火灾比地面火灾扑救要困难得多。具体表现在以下方面：

(1) 指挥员决策困难。地面火灾，建筑物结构、形状、着火部位一目了然，而地下火场情况复杂，不能直接看到，需要经过详细的询问和调查才能做出决策，时间长，难度大。

(2) 通讯指挥困难。地面上，有线、无线、通讯器材均可使用，有时打个手势就能解决问题。对地下火场只能靠人传递信息，速度慢，差错多。

(3) 消防员进入火场不易。对地面火场，从四面八方都能进入，雨水管、阳台也能上去；对地下火场只有人员疏散口一条路，当有人员疏散时，必然受阻。

(4) 烟雾和高温影响灭火工作。对地下火场的高温、浓烟，消防员不戴氧气面罩无法工作，戴上则行动不便。

(5) 灭火设备和灭火场地受限制。地面火灾能调动各种设备，而地下火灾就不方便了。根据人防工程平时适用情况和火灾的特点，在新建、扩建、改建时要作好防火设计，采取可靠的措施，利用先进技术，预防火灾事故发生。一旦发生火灾，做到立足于自救。即由内部人员利用自动报警、自动灭火、消防水源、防排烟设施、应急照明等条件，完成疏散和灭火任务，把火灾扑灭在初期阶段。

4. 人防工程封闭结构厚，着火后，烟大温度高，例如洞库火灾，温度高达1000℃，能把石灰石烧成了石灰，对外孔洞小，烟不易排出，火灾延烧时间长。人防工程因战时要求能够抗核武器冲击波，其结构多为钢筋混凝土，完全可以满足耐火等级为一级、对构件燃烧性能和耐火极限的要求。

5. 次生灾害严重。烟气中的一氧化碳等有毒气体，造成次生灾害，现场人员很容易中毒或窒息身亡。

25.2.6 专业名词解释

1. 坑道工程——利用自然岩土层作防护层的筑城工程。在我国习惯上将构筑在山体内的工程，称为坑道工程。

2. 地道工程——利用自然岩土层作防护层的筑城工程。在我国习惯上将构筑在平坦地形上的工程，称为地道工程。

3. 人民防空地下室——构筑在地面建筑下面，有防护功能的地下室。

4. 使用面积——系指工程各口最后一道密闭门（或防护门）以内的建筑面积中，除去工程结构面积外的净面积。

5. 安全出口——凡是符合设计规范的疏散走道、楼梯间、通向相邻防火单元和直通地面的门都可以称为安全出口。

6. 疏散走道——安全出口和房间之间用于人员疏散的步行走道。

25.3 防 爆 电 器

在爆炸和火灾危险环境中，电力装置设计和安装所要贯彻的方针是预防为主，保障人身和财产的安全，因地制宜地采取防范措施，做到技术先进、经济合理、安全适用。下面内容主要是介绍在生产、加工、处理、转运或贮存过程中可能出现爆炸和火灾危险环境的新建，扩建和改建工程的电力安装工程中的保安技术。

25.3.1 一般规定

1. 对于生产、加工、处理、转运或贮存过程中出现或可能出现下列爆炸性气体混合物环境之一时，必须进行爆炸性气体环境的电力设计。对用于生产、加工、处理、转运或贮存过程中出现或可能出现爆炸性粉尘、可燃性导电粉尘、可燃性非导电粉尘和可燃纤维与空气形成的爆炸性粉尘混合物环境时，也应进行爆炸性粉尘环境的电力设计。

2. 爆炸性气体环境中产生爆炸必须同时存在以下条件：

(1) 存在易燃气体、易燃液体的蒸气或薄雾，其浓度在爆炸极限以内。

(2) 存在足以点燃爆炸性气体混合物的火花、电弧或高温。

例如大气条件下、易燃气体、易燃液体的蒸气或薄雾等易燃物质与空气混合形成爆炸性气体混合物；闪点低于或等于环境温度的可燃液体的蒸气或薄雾与空气混合形成爆炸性气体混合物；在物料操作温度高于可燃液体闪点的情况下，可燃液体有可能泄漏时，其蒸气与空气混合形成爆炸性气体混合物。

3. 在爆炸性粉尘环境中粉尘应分为下列四种。

(1) 爆炸性粉尘：这种粉尘即使在空气中氧气很少的环境中也能着火，呈悬浮状态时能产生剧烈的爆炸，如镁、铝、铜等粉尘。

(2) 可燃性导电粉尘：与空气中的氧起发热反应而燃烧的导电性粉尘，如石墨、炭黑、焦炭、煤、铁、锌、钛等粉尘。

(3) 可燃性非导电粉尘：与空气中的氧起发热反应而燃烧的非导电性粉尘，如聚乙烯、苯酚树脂、小麦、玉米、砂糖、染料、可可、木质、米糠、硫磺等粉尘。

(4) 可燃纤维：与空气中的氧起发热反应而燃烧的纤维，如棉花纤维、麻纤维、丝纤维、毛纤维、木质纤维、人造纤维等。

爆炸性气体环境中应使产生爆炸的条件同时出现的可能性减到最小程度。工艺设计中应采取消除或减少易燃物质的产生及积聚的措施。在工艺流程中宜采取较低的压力和温度，将易燃物质限制在密闭容器内。工艺布置应限制和缩小爆炸危险区域的范围，并宜将不同等级的爆炸危险区，或爆炸危险区与非爆炸危险区分隔在各自的厂房或界区内。在设备内可采用以氮气或其他惰性气体覆盖的措施；宜采取安全联锁加入聚合反应阻聚剂等化学药品的措施。

4. 防止爆炸性气体混合物的形成，或缩短爆炸性气体混合物滞留时间，宜采取下列措施：工艺装置宜采取露天或开敞式布置；设置机械通风装置；在爆炸危险环境内设置正压室；对区域内易形成和积聚爆炸性气体混合物的地点设置自动测量仪器装置，当气体或蒸气浓度接近爆炸下限值的 50% 时，应能可靠地发出信号或切断电源。在区域内应采取消除或控制电气设备线路产生火花、电弧或高温的措施。

5. 防止产生爆炸的基本措施，应是使产生爆炸的条件同时出现的可能性减小到最小程度。爆炸性粉尘混合物的爆炸下限随粉尘的分散度、湿度、挥发性物质的含量、灰分的含量、火源的性质和温度等而变化。

6. 在工程设计中应先采取下列消除或减少爆炸性粉尘混合物产生和积聚的措施：工艺设备宜将危险物料密封在防止粉尘泄漏的容器内；宜采用露天或开敞式布置，或采用机械除尘或通风措施；宜限制和缩小爆炸危险区域的范围，并将可能释放爆炸性粉尘的设备单独集中布置；提高自动化水平，可采用必要的安全联锁；爆炸危险区域应设有两个以上出入口，其中至少有一个通向非爆炸危险区域，其出入口的门应向爆炸危险性较小的区域侧开启；应定期清除沉积的粉尘；应限制产生危险温度及火花，特别是由电气设备或线路产生的过热及火花。应选用防爆或其他防护类型的电气设备及线路；可增加物料的湿度，降低空气中粉尘的悬浮量。

25.3.2 爆炸性气体环境危险区域划分

1. 爆炸危险区域的划分应按释放源级别和通风条件确定，首先应按下列释放源的级别划分区域：存在连续级释放源的区域可划为 0 区；存在第一级释放源的区域可划为 1 区；存在第二级释放源的区域可划为 2 区。其次应根据通风条件调整区域划分；当通风良好时，应降低爆炸危险区域等级；当通风不良时应提高爆炸危险区域等级。局部机械通风在降低爆炸性气体混合物浓度方面比自然通风和一般机械通风更为有效时，可采用局部机械通风降低爆炸危险区域等级。在障碍物、凹坑和死角处，应局部提高爆炸危险区域等级。利用堤或墙等障碍物，限制比空气重的爆炸性气体混合物的扩散，可缩小爆炸危险区域的范围。

2. 符合下列条件时，可划为非爆炸危险区域；没有释放源，而且不可能有易燃物质侵入的区域；易燃物质可能出现的最高浓度不超过爆炸下限值的 10%；在生产过程中使用明火的设备附近，或炽热部件的表面温度超过区域内易燃物质引燃温度的设备附近；在生产装置区外，露天或开敞设置的输送易燃物质的架空管道，其阀门处按具体情况而定。

3. 释放源应按易燃物质的释放频繁程度和持续时间长短分级。连续级释放源是指预计长期释放或短时频繁释放的释放源。下列情况为连续级释放源：没有用惰性气体覆盖的固定顶盖贮罐中的易燃液体的表面；油水分离器等直接与空间接触的易燃液体的表面；经常或长期向空间释放易燃气体或易燃液体的蒸气的自由排气孔和其他孔口。

(1) 第一级释放源：预计正常运行时周期或偶尔释放的释放源。类似下列情况的，可划为第一级释放源：正常运行时会释放易燃物质的泵、压缩机和阀门等的密封处。在正常运行时，会向空间释放易燃物质，安装在贮有易燃液体的容器上的排水系统。正常运行时会向空间释放易燃物质的取样点。

(2) 第二级释放源：预计在正常运行下不会释放，即使释放也仅是偶尔短时释放的释放源。类似下列情况的，可划为第二级释放源，如：正常运行时不能释放易燃物质的泵、压缩机和阀门的密封处。正常运行时不能释放易燃物质的法兰、连接件和管道接头。正常运行时不能向空间释放易燃物质的安全阀、排气孔和其他孔口处。正常运行时不能向空间释放易燃物质的取样点。

（3）多级释放源：由上述两种或三种级别释放源组成的释放源。

爆炸危险区域内的通风，其空气流量能使易燃物质很快稀释到爆炸下限值的 25% 以下时，可定为通风良好。采用机械通风在下列情况之一时，可不计机械通风故障的影响；对封闭式或半封闭式的建筑物应设置备用的独立通风系统；在通风设备发生故障时，设置自动报警或停止工艺流程等确保能阻止易燃物质释放的预防措施，也可以先将电气设备断电，再进行检查。

25.3.3 爆炸危险区域范围

1. 爆炸性气体环境危险区域的范围应按下列要求确定：根据释放源的级别和位置、易燃物质的性质、通风条件、障碍及生产条件、运行经验，经技术经济比较综合确定。在建筑物内部，宜以单体房间为单位划定爆炸危险区域的范围。

当房间内具有比空气重的易燃物质时，通风换气次数不应少于 2 次/h，且换气不受阻碍；厂房地面上高度 1m 以内容积的空气与释放至厂房内的易燃物质所形成的爆炸性气体混合浓度应小于爆炸下限。当厂房内具有比空气轻的易燃物质时，厂房平屋顶平面以下 1m 高度内，或圆顶、斜顶的最高点以下 2m 高度内的容积的空气与释放至厂房内的易燃物质所形成的爆炸性气体混合物的浓度应小于爆炸下限。

设计工作中要考虑释放至厂房内的易燃物质的最大量应按 1h 释放量的 3 倍计算，但不包括由于灾难性事故引起破裂时的释放量。相对密度小于或等于 0.75 的爆炸性气体规定为轻于空气的气体；相对密度大于 0.75 的爆炸性气体规定为重于空气的气体。

当易燃物质可能大量释放并扩散到 15m 以外时，爆炸危险区域的范围应划分附加 2 区。在物料操作温度高于可燃液体闪点的情况下，可燃液体可能泄漏时，其爆炸危险区域的范围可适当缩小。

2. 当易燃物质重于空气，释放源在封闭建筑物内，通风不良且为第二级释放源的主要生产装置区，其爆炸危险区域的范围划分：封闭建筑物内和在爆炸危险区域内地坪下的坑、沟划为 1 区；以释放源为中心，半径为 15m，高度为 7.5m 的范围内划为 2 区，但封闭建筑物的外墙和顶部距 2 区的界限不得小于 3m，如为无孔洞实体墙，则墙外为非危险区；以释放源为中心，总半径为 30m，地坪上的高度为 0.6m，且在 2 区以外的范围内划为附加 2 区。图 25-1 是易燃物质重于空气、释放源在封闭建筑物内通风不良的生产装置区爆炸危险区域的范围划分。

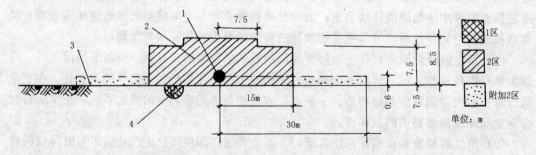

图 25-1　释放源在封闭建筑物内通风不良的生产装置区危险区域的范围划分
1—第二级释放源；2—2 区；3—地坪；4—地坪下的坑或沟

3. 对于易燃物质重于空气的贮罐，其爆炸危险区域的范围划分：固定式贮罐，在罐体内部未充惰性气体的液体表面以上的空间划为 0 区，浮顶式贮罐在浮顶移动范围内的空间划为 1 区。以放空口为中心，半径为 1.5m 的空间和爆炸危险区域内地坪下的坑、沟划为 1 区。距离贮罐的外壁和顶部 3m 的范围内划为 2 区。当贮罐周围设围堤时，贮罐外壁至围堤，其高度为堤顶高度的范围内划为 2 区。

4. 易燃液体、液化气、压缩气体、低温度液体装载槽车及槽车注送口处，其爆炸危险区域的范围划分：以槽车密闭式注送口为中心，半径为 1.5m 的空间或以非密闭式注送口为中心，半径为 3m 的空间和爆炸危险区域内地坪下的坑、沟划为 1 区。以槽车密闭式注送口为中心，半径为 4.5m 的空间或以非密闭式注送口为中心，半径为 7.5m 的空间以及至地坪以上的范围内划为 2 区。

5. 对于易燃物质轻于空气，通风良好且为第二级释放源的主要生产装置区，其爆炸危险区域的范围划分：当释放源距地坪的高度不超过 4.5m 时，以释放源为中心，半径为 4.5m，顶部与释放源的距离为 7.5m，及释放源至地坪以上的范围内划为 2 区。

6. 无释放源的生产装置区与有顶无墙建筑物且有第二级释放源的爆炸性气体环境相邻，并用非燃烧体的实体墙隔开。当易燃物质重于空气时，以释放源为中心，半径为 15m 的范围内划为 2 区；当易燃物质轻于空气时，以释放源为中心，半径为 4.5m 的范围内划为 2 区；与爆炸危险区域相邻，用非燃烧体的实体墙隔开的无释放源的生产装置区，门窗位于爆炸危险区域内时划为 2 区，门窗位于爆炸危险区域外时划为非危险区。

第一级释放源上方排风罩内的范围划为 1 区；当易燃物质重于空气时，1 区外半径为 15m 的范围内划为 2 区；当易燃物质轻于空气时，1 区外半径为 4.5m 的范围内划为 2 区。

对工艺设备容积不大于 95m^3、压力不大于 3.5MPa、流量不大于 38L/s 的生产装置，且为第二级释放源，按照生产的实践经验，地坪下的坑、沟划为 1 区；以释放源为中心，半径为 4.5m，至地坪以上范围内划为 2 区。

7. 爆炸性气体环境内的车间采用正压或连续通风稀释措施后，车间可降为非爆炸危险环境。通风引入的气源应安全可靠，且必须是没有易燃物质、腐蚀介质及机械杂质。对重于空气的易燃物质，进气口应设在高出所划爆炸危险区范围的 1.5m 以上处。爆炸性气体环境电力装置设计应有爆炸危险区域划分图，对于简单或小型厂房，可采用文字说明表达。易燃液体、液化易燃气体、压缩易燃气体及低温液体释放源位于户外地坪上方。

25.3.4 防爆灯具的选择

举出下面几种类型的防爆电气设备供选型时参考。

1. 防爆安全型（标志 A）：是指在正常工作中不产生火花、电弧或危险的温度，以提高安全程度的电气设备。例如防爆安全型高压水银荧光灯。

2. 隔爆型（标志 B）：是指在电气设备内部发生爆炸时，不至于引起外部爆炸性混合物爆炸的电气设备，例如隔爆形照明灯。

3. 防爆充油型（标志 C）：是指能产生火花、电弧或危险温度的带电部件，浸在变压器油中，使其不引起油面上爆炸性混合物爆炸的电气设备。

4. 防爆通风充气型（标志 F）：是指向外壳内通入新鲜空气或通入惰性气体并使其保持正压，以阻止外部爆炸性混合物进入外壳内部的电气设备。防爆通风型的电气设备应保证先启动通风设备，然后再启动电气设备，而切断电源时的顺序则相反。

5.防爆安全火花型（标志 H）：是指在电路系统中，在正常或故障情况下产生的电火花，都不至引起爆炸性混合物爆炸的电气设备。它是按最小引爆电流分为Ⅰ、Ⅱ、Ⅲ三级。这种防爆设备的电流限制得很小，所以只适用于电工仪表或通讯电气设备。

6.防爆特殊型（标志 T）：是指结构上不属于以上各种类型，而采用其他防爆措施的电气设备。例如设备中填充石英砂等。

施工中对各种灯具、电气设备、油泵、防爆开关等都需要检查产品合格证书。加油棚顶的照明开关应设置在室内，距离现场易挥发油汽处越远越好。通常设置在值班室内。加油设备的照明开关也宜设置在室内。防爆灯所使用的灯头盒、接线盒都应配套使用防爆型产品。

25.3.5 爆炸性气体环境的电气装置

1.对爆炸性气体环境进行电力设计，宜将正常运行时发生火花的电气设备布置在爆炸危险性较小或没有爆炸危险的环境内。如将防爆开关设置在防爆区以外，在满足工艺生产及安全的前提下，应减少防爆电气设备的数量或使用混凝土防爆墙进行隔离。爆炸性气体环境内设置的防爆电气设备，必须是符合现行国家标准的产品。不宜采用携带式电气设备。

爆炸性气体环境电气设备的选择应根据爆炸危险区域的分区、电气设备的种类和防爆结构的要求进行选择。选用的防爆电气设备的级别和组别，不应低于该爆炸性气体环境内爆炸性气体混合物的级别和组别。当存在有两种以上易燃性物质形成的爆炸性气体混合物时，应按危险程度较高的级别和组别选用防爆电气设备。

电抗起动器和起动补偿器采用增安型时，是指将隔爆结构的起动运转开关操作部件与增安型防爆结构的电抗线圈或单绕组变压器组成一体的结构。电磁摩擦制动器采用隔爆型时，是指将制动片、滚筒等机械部分也装入壳体内者。在 2 区内电气设备采用隔爆型时，是指除隔爆型外，也包括主要有火花部分为隔爆结构而其外壳为增安型的结构。

2.当选用正压型电气设备及通风系统时，应符合下列要求：通风系统必须用非燃性材料制成，其结构应坚固，连接应严密，并不得有产生气体滞留的死角。电气设备应与通风系统联锁。运行前必须先通风，并应在通风量大于电气设备及其通风系统容积的 5 倍时，才能接通电气设备的主电源。在运行中，进入电气设备及其通风系统内的气体，不应含有易燃物质或其他有害物质。在电气设备及其通风系统运行中，其风压不应低于 50Pa。当风压低于 50Pa 时，应自动断开电气设备的主电源或发出信号；

通风过程排出的气体，不宜排入爆炸危险环境；当采取有效地防止火花和炽热颗粒从电气设备及其通风系统吹出的措施时，可排入 2 区空间；对于闭路通风的正压型电气设备及其通风系统，应供给清洁气体；电气设备外壳及通风系统的小门或盖子应采取联锁装置或加警告标志等安全措施。电气设备必须有一个或几个与通风系统相连的进、排气口。排气口在换气后须妥善密封。

充油型电气设备，应在没有振动、不会倾斜和固定安装的条件下采用。采用非防爆型电气设备作隔墙机械传动时，应符合的要求是：安装电气设备的房间，应用非燃烧体的实体墙与爆炸危险区域隔开。传动轴传动通过隔墙处应采用填料密封或有同等效果的密封措施；安装电气设备房间的出口，应通向非爆炸危险区域和无火灾危险的环境；当安装电气设备的房间必须与爆炸性气体环境相通时，应对爆炸性气体环境保持相对的正压。

3．变、配电所和控制室的设计应符合下列要求：变电所、配电所（包括配电室，下同）和控制室应布置在爆炸危险区域范围以外，当为正压室时，可布置在1区、2区内。对于易燃物质比空气重的爆炸性气体环境，位于1区、2区附近的变电所、配电所和控制室和室内地面，应高出室外地面0.6m。

4．爆炸性气体环境电气线路的设计和安装应符合下列要求：

(1) 电气线路应在爆炸危险性较小的环境或远离释放源的地方敷设。电气线路宜在有爆炸危险的建、构筑物的墙外敷设。当易燃物质比空气重时，电气线路应在较高处敷设或直接埋地；架空敷设时宜采用电缆桥架；电缆沟敷设时沟内应充砂，应宜设置排水措施。当易燃物质比空气轻时，电气线路宜在较低处敷设或电缆沟敷设，电缆沟盖板缝要作防水处理，强电和弱电要隔开，如图25-2所示。电缆检修井作法如图25-3所示。

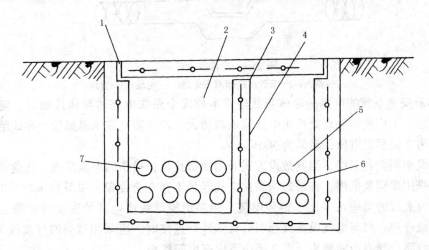

图 25-2　防爆电缆安装大样图

1—防水填充；2—电缆沟；3—充填；4—隔离板；
5—河砂；6—弱电电缆；7—强电电缆

(2) 敷设电气线路的沟道、电缆或钢管，所穿过的不同区域之间墙或楼板处的孔洞，应采用非燃性材料严密堵塞。

(3) 当电气线路沿输送易燃气体或液体的管道栈桥敷设时，要求沿危险程度较低的管道一侧。当易燃物质比空气重时，在管道上方；比空气轻时，在管道的下方。敷设电气线路时宜避开可能受到机械损伤、振动、腐蚀以及可能受热的地方，不能避开时，应采取隔离措施。

(4) 在爆炸性气体环境内，低压电力、照明线路用的绝缘导线和电缆的额定电压，必须不低于工作电压，且不应低于500V。工作中性线绝缘的额定电压应与相线额定电压相等，并应在同一护套或管子内敷设。在1区内单相网络中的相线及中性线均应装设短路保护，并使用双极开关同时切断相线及中性线。

(5) 在1区内应采用铜芯电缆；在2区内宜采用铜芯电缆，当采用铝芯电缆时，与电气设备的连接应有可靠的铜—铝过渡接头等措施。选用电缆时应考虑环境腐蚀、鼠类和白蚁危害以及周围环境温度及用电设备进线盒方式等因素。在架空桥架敷设时宜采用阻燃电缆。对3～10kV电缆线路宜装设零序电流保护；在1区内保护装置宜动作于跳闸；在2区内宜作用于信号。

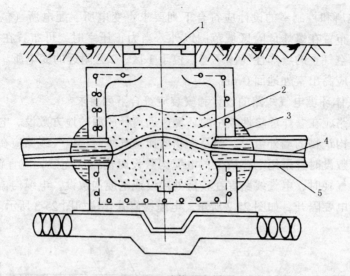

图 25-3　检修井大样图

1—检修孔；2—河砂；3—纤维等密封；4—电缆；5—管路

5. 本质安全系统的电路的导体与其他非本质安全系统电路的导体接触时，应采取适当预防措施。不应使接触点处产生电弧或电流增大、产生静电或电磁感应。导线绝缘的耐压强度应为 2 倍额定电压，最低为 500V。

明敷设塑料护套电缆，当其敷设方式采用能防止机械损伤的电缆槽板、托盘或桥架方式时，可采用非铠装电缆。在易燃物质比空气轻且不存在会受鼠、虫等损害情形时，在 2 区电缆沟内敷设的电缆可采用非铠装电缆。铝芯绝缘导线或电缆的连接与封端应采用压接、熔焊或钎焊，当与电气设备（照明灯具除外）连接时，应采用适当的过渡接头。在 1 区内电缆线路严禁有中间接头，在 2 区内不应有中间接头。

6. 钢管应采用低压流体输送用镀锌焊接钢管。为了防腐蚀，钢管连接的螺纹部分应涂以铅油或磷化膏。在可能凝结冷凝水的地方，管线上应装设排除冷凝水的密封接头。与电气设备的连接外宜采用挠性连接管。在爆炸性气体环境 1 区、2 区内钢管配线的电气线路必须作好隔离密封，且应符合下列要求：

(1) 爆炸性气体环境 1 区、2 区内，下列各处必须作隔离密封：

当电气设备本身的接头部件中无隔离密封时，导体引向电气设备接头部件前的管段处；直径 50mm 以上钢管距引入的接线箱 450mm 以内处，以及直径 50mm 以上钢管每距 15m 处；相邻的爆炸性气体环境 1 区、2 区之间；爆炸性气体环境 1 区、2 区与相邻的其他危险环境或正常环境之间。进行密封时，密封内部应用纤维作填充层的底层或隔层，以防止密封混合物流出，填充层的有效厚度必须大于钢管的内径。

(2) 供隔离密封用的连接部件，不应作为导线的连接或分线用。

10kV 及以下架空线路严禁跨越爆炸性气体环境，架空线路与爆炸性气体环境的水平距离，不应小于杆塔高度的 1.5 倍。在特殊情况下，采用有效措施后，可适当减少距离。

7. 爆炸性气体环境应进行接地：在不良导电地面处，交流额定电压为 380V 及以下和直流额定电压为 440V 及以下的电气设备正常不带电的金属外壳。在干燥环境，交流额定电压为 127V 及以下，直流电压为 110V 及以下的电气设备正常不带电的金属外壳。安装在已接地的金属结构上的电气设备。

在爆炸危险环境内，电气设备的金属外壳应可靠接地。爆炸性气体环境1区内的所有电气设备以及爆炸性气体环境2区内除照明灯具以外的其他电气设备，应采用专门的接地线。该接地线若与相线敷设在同一保护管内时，应具有与相线相等的绝缘。引入爆炸性气体环境的金属管线，电缆的金属包皮等，只能作为辅助接地线。爆炸性气体环境2区内的照明灯具，可利用有可靠电气连接的金属管线系统作为接地线，但不得利用输送易燃物质的管道。

接地干线应在爆炸危险区域不同方向不少于两处与接地体连接。电气设备的接地装置与防止直接雷击的独立避雷针的接地装置应分开设置，与装设在建筑物上防止直接雷击的避雷针的接地装置可合并设置；与防雷电感应的接地装置亦可合并设置。接地电阻值应取其中最低值。

爆炸性粉尘环境应根据爆炸性粉尘混合物出现的频繁程度和持续时间进行分区。10区指连续出现或长期出现爆炸性粉尘环境；11区是有时会将积留下的粉尘扬起而偶然出现爆炸性粉尘混合物的环境。

8.符合下列条件之一时，可划为非爆炸危险区域：装有良好除尘效果的除尘装置，应该除尘装置停车时，工艺机组能联锁停车；设有为爆炸性粉尘环境服务，并用墙隔绝的送风机室，其通向爆炸性粉尘环境的风道设有能防止爆炸性粉尘混合物侵入的安全装置，如单向流通风道。区域内使用爆炸性粉尘的量不大，且在排风柜内或风罩下进行操作。

为爆炸性粉尘环境服务的排风机室，应与被排风区域的爆炸危险区域等级相同。防爆电气设备选型时，除可燃性非导电粉尘和可燃纤维的11区环境采用防尘结构（标志为DP）的粉尘防爆电气设备外，爆炸性粉尘环境10区及其他爆炸性粉尘环境11区均采用尘密结构（标志为DT）的粉尘防爆电气设备，并按照粉尘的不同引燃温度选择不同引燃温度组别的电气设备。

9.防爆炸性粉尘环境电气线路的设计和安装电气线路应在爆炸危险性较小的环境处敷设。敷设电气线路的沟道、电缆或钢管，在穿过不同区域之间墙或楼板处的孔洞，应采用非燃性材料严密堵塞。敷设电气线路时宜避开可能受到机械损伤、振动、腐蚀以及可能受热的地方，如不能避开时，应采取预防措施。爆炸性粉尘环境10区内高压配线应采用铜芯电缆；爆炸性粉尘环境11区内高压配线除用电设备和线路有剧烈振动者外，可以采用铝芯电缆。

爆炸性粉尘环境10区内全部的和爆炸性粉尘环境11区内有剧烈振动的，电压为1kV以下用电设备的线路，均应采用铜芯绝缘导线或电缆。爆炸性粉尘环境10区内绝缘导线和电缆的导体允许载流量不应小于熔断器熔体额定电流的1.25倍，和断路器长延时过电流脱扣器整定电流的1.25倍；电压为1kV以下鼠笼型感应电动机的支线的长期允许载流量不应小于电动机额定电流的1.25倍；电压为1kV以下的导线和电缆，应按短路电流时进行热稳定校验。

爆炸性粉尘环境内，低压电力、照明线路用的绝缘导线和电缆的额定电压必须不低于网络的额定电压，且不应低于500V。工作中性线绝缘的额定电压应与相线的额定电压相等，并应在同一护套或管子内敷设。

第五篇 信 息 篇

26 有 线 通 讯 系 统

有线通讯系统和无线通讯系统是进行电子通讯的两种手段，它们都是利用电子技术来传送语言、文字、图象或其他信息的各种通讯方式总体。电子通讯的具体任务应该是使任何两地的用户，不受距离的限制，能够进行良好的信息传递。为了能够完成这个任务，要求有相应的通讯网络。使任何建筑内的电话能通过市话中继线连接全国乃至全世界的电话网络。

我国信息产业部（原邮电部）是通讯业务的主管部门，各类建筑内的通讯设施，在技术上应接受其领导，施工方面也要接受它的监督。信息产业部所颁布的有关设计规范和技术标准是我们从事建筑供电设计的依据之一。

26.1 通 讯 系 统 概 述

26.1.1 电报的发明

通讯是人们交际的要求，随着商品经济的发展，这种要求越来越迫切了。在 18 世纪中期就有人尝试用电进行通讯。1753 年摩立逊（Morrison）和 1774 年勒沙格（Lesage）都曾有多根导线在一端用静电起电机供电，使另一端吸动纸片或出现火花以传递信息的实验，不过传送的距离太短了。当伏打电堆发明以后，西班牙工程师萨尔瓦（Don Fransisco Salva 1751～1828）又尝试用导线传送电流到另一端使水分解，以气泡的有无为信号。1809年德国索莫林（Thomas Sommering 1755～1830）进行了类似的实验，仍需用 20 多条导线，而且速度太慢。在奥斯特发现电流生磁之后，安培首先提出可以利用电流使磁针摆动以传递信息。1829 年俄国希林格（1786～1837）制成用磁针显示的电报机，用 6 根线传送信号，一根线传送开始时的呼叫，还有一根供电流返回的公共导线。6 个磁针指示的组合表达不同的信息。

在这一段时间内，有不少著名的科学家也都研究过电报通讯。例如德国的大数学家 C.F.高斯，物理学家韦伯（Wilhelm Eduard Weber 1840～1891）（他的名字命名为磁通单位），法国的布列奎（Fransis Cleman Brequet 1804～1883）等人，但是他们的电报机都难于满足实用的要求。

最早实用的电报机是 1837 年英国的科克（William Cooke 1806 ~ 1879）和惠司通（Charles Wheatstone 1802 ~ 1877）制成的双针电报机，并实际应用在利物浦的铁路线上为火车的运行服务。俄国的雅可比（1801 ~ 1874）发明了电磁式电报记录仪，改变由人直接观察磁针摆动的接收方式，增加了收报的可靠性。但这些电报机有一个共同的致命弱点：即只能传送电流的"有"或"无"两个信息，如果用多根导线不仅太复杂了，而且线路的成本也太高，难于应用。

莫尔斯（Samuel Finley Breese Morse）对电报通讯的贡献，莫尔斯原来是一个画家，在从法国到纽约的旅途中，在邮船"萨丽"号上，他听了一位医生向旅伴们介绍奥斯特电流生磁和安培关于电报的设想的讲演，产生了很大兴趣，下决心研究电报。下船时，他对船长说："先生，不久你就可以见到神奇的'电报'啦，请记住，它是在您的'萨丽'号上发明的！"

事情远不如想象的那样简单，画家必须对电学从头学起，他刻苦自学，还逐一分析了已有电报机的优缺点。三年过去了，还一无所成。积蓄用完了，只能还从事绘画维持生活，用业余时间研究电报。他终于抓住了关键所在，即怎样才能够传送复杂信息的问题。

他考虑到有电流是一种符号，有电流的时间长一些是另一种符号，没有电流也是一种符号，把它们组合起来，可以构成数字和字母，复杂的内容就能够通过导线传送了。他规定了点划组合所代表的字母，这就是著名的莫尔斯电码，直到现在人们还在使用。在 1837 年，收、发电码的电报机终于诞生了。

莫尔斯申请了专利，并为理想将要实现而高兴。他带着电报机四处奔走，企图说服企业家进行投资，而得到的回答不是冷淡就是讥笑。他的机器确实也比较粗糙，传递信息的距离不过十几米远。不过这些没有使他丧失信心。他忍饥挨饿不断改进自己的机器。这时有一个青年机械师盖尔自愿做他的助手，他们反复试验，通过增加电池组、加大电磁铁的线匝，使通讯距离逐渐增大。他们完成最后的试验时，已经是第一台机器诞生四年之后了。

他带着改进后的电报机，离开纽约去华盛顿，说服了几位议员向国会提出一个议案：拨款 3 万美元在华盛顿与巴尔的摩 64km 之间建立一条实验性电报线路。不料国会经过激烈辩论，议案没有通过。莫尔斯伤心地回到纽约时，口袋里只剩下几十美分了。此后一年里他贫病交加，实验中断了，重新拿起画笔但笔墨生疏，作品也卖不出去，看来他处于绝境之中。

通讯技术的进步是生产发展中的社会需要。一天，他突然收到参议院的通知，国会重新讨论了修建电报线路的拨款提案，终于获得通过。1844 年，世界上第一条商用电报线路建成并正式通报了。

莫尔斯的电码和电报机，以其实用性陆续地被欧洲各国采用，各地的电报线路也不断增加和扩建。1850 年建成连接英国和法国的多弗尔海峡的海底电缆，1852 年伦敦和巴黎间实现直接通报。1855 年建成地中海到黑海的海底电缆，完成了英、法、意直到土耳其的电报通讯线路。

26.1.2 通讯系统的分类

自从 1876 年美国人贝尔发明了电话以后，经过一百二十多年的不断发展，已然形成不同类别的通讯系统。在现代建筑设计内容中，电话及广播等通讯系统已经成为必需设置的弱电系统，这是由于在信息时代，联络手段的先进与否在各种竞争中起着十分重要的作用。

通讯系统按信息源不同可分类为电话、电报和广播三种。

1. 人工交换机原理

电话通讯乃是常用的主要联络手段。有许多企业都设有电话交换机、会议电话、调度电话、内部对讲机等。人工电话交换机的简单原理如图26-1所示。

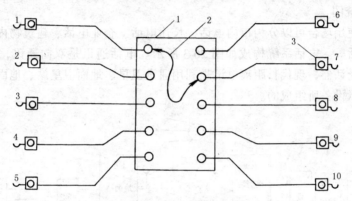

图 26-1 人工交换机原理图
1—人工交换机；2—绳塞；3—用户

1889年美国人斯特劳杰发明了一种自动电话交换机，它是以一位号码为一级，用步进选择器按照主叫用户所拨号码，一步一步选择，故称为步进交换机。1919年瑞典人贝塔兰德发明了纵横交换机，其公共控制电路是纵横接线器，即一组交叉点矩阵。自动交换机的简单原理如图26-2所示。

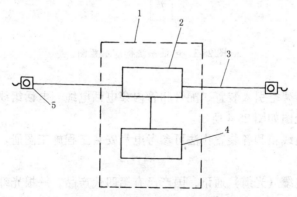

图 26-2 自动交换机原理图
1—自动交换机；2—接续部件；
3—线路；4—控制部件；5—用户

2. 程控交换机

现代常用的是程控交换机也称电子交换机，有布线逻辑控制（WLC）及存储程序控制（SPC）两种。所谓逻辑控制就是根据一定的逻辑要求，采用电子元件构成逻辑电路，并且根据逻辑电路输入状态的变化，产生一定的输出信号来控制交换动作。而存储程序控制就是将预先编好的程序存储在交换系统的存储器中，处理机按照预定的程序及一定的数据进行工作，产生输出信号来控制交换动作。存储器是可读写存储器，即随机存储器（RAM）。通话时，先将输入信号按照输入时间次序写入存储器的各存储单元，然后在控制电路的控制下，按需要的时间次序读出存储器相应存储单元的内容而实现数字交换。它是电脑技术和脉冲编码调制（PC—M）技术巧妙的结合。

26.1.3 电话系统组成

1. 电话系统图

电话按其使用场合可以分为市内电话、长途电话、企业电话、建筑物内部电话、调度电话及对讲电话等。电话系统构成如图 26-3 所示。电话通讯是双向通讯，每部电话都必须有送话器和受话器，现代长距离电讯是利用通讯卫星、地面卫星站、地面微波站收发及配套的载波通讯设备所组成的。

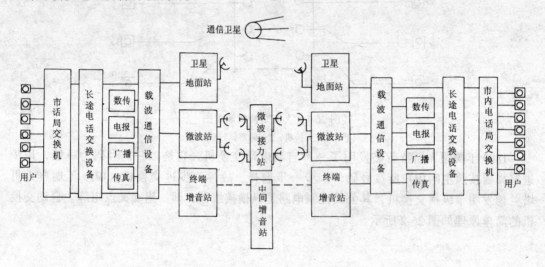

图 26-3　电话系统构成示意图

2. 电话装置

电话主要装置有架空引入装置、配管和管内穿电话电缆、电话组线箱、电话端子板和电话出线。电话系统图如图 26-4 所示。

电话系统中的组线箱和各装置作法可参考电气安装工程施工图册。

3. 光纤电缆

利用光导纤维电缆（光缆）通讯，国产已有第四代产品，一根光纤可传送 150 万路电话，2000 路电视，每公里光纤只损耗 0.2dB，其重量只有 2.7g，抗电磁干扰性能好，防潮、防震、防腐蚀，还具有传输频带宽、节能、材料资源丰富等特点。

26.1.4 电话机上的标记和符号

1. 通用标记　电话机上的常用英文标记如表 26-1 所示。

2. 常用符号　现代电话系统常用符号见附录三。

26.1.5 有线电话及无线电通讯

1. 通讯方式的分类

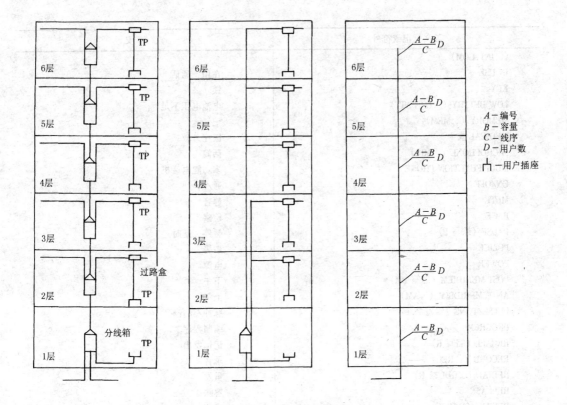

图 26-4 电话系统图

(1) 有线通讯：采用电话电缆、架空线及光纤电缆等。

(2) 无线通讯：它是利用电磁波的形式在空中传播信息。

电话机上的常用英文标记   表 26-1

英文标记或符号	意　　义
ALARM	闹铃
ANSWER（..ANS）	应答
AUTOMATIC DIAL（.AUTO DIAL）	自动拨号
BATTERY	电池
CALL	呼叫
CHECK	检测
CHARGE	充电
CORDLESS PHONE	无绳电话机
DIALING MODE	拨号方式
DISPLAY PHONE	液晶显示电话机
DO NOT DISTURB（..DND）	勿打扰
DOCTOR 或 +	医疗急救
EMERGENCY CALL	紧急呼叫
FLASH（..F）	闪跳
FIRE	火警
HANDFREE（..H-FREE）	免提
HOLD 或 MUSIC HOLD	音乐保持
INDEX	索引
INTERIOR COMMUNICATION	内部联络

889

英文标记或符号	意　义
（..INT.COM）	
IN USE	在用，通话
KEY	锁
LOW BETTRY（..LO BATT）	电池电压不足
MEMORY（..MEM）	记忆
MEDICAL 或 +	医疗急救
MICROPHONE（..MIC）	话筒
MULT-FUNCTION PHONE	多功能电话机
ON/OFF	通/断
MUTE	静音
PAGE	检索
PAUSE（缩写 P）	暂停，延时
POLICE	盗警
POWER	电源
POST MERIDIEM（缩写 PM）	下午
ANTE MERIDIEM（..AM）	上午
PULSE/TONE（缩写 P/T）	脉冲/双音频
PROGREM	编制程序
RECALL（缩写 R）	记忆发出
RECORD（..REC）	录音
REDIAL（..RDL 或 R）	重发
RELEASE	解除
REPEAT（..REP）	复位
RESET	重设，挂机
RINGER（HI/LO）	铃声（高/低）
RUBBER ANTENNA	橡皮天线，手机天线
SAVE	储存
SPEAKER-PHONE（..SP PHONE）	扬声器通话
START	开始
STORE（..S）	储存
TALK/STAND	通话，等候
TELESCOPIC ANTENNA	拉杆天线，座机天线
TIMER（..T）	计时器
TIMESET	时间调整
VOLUME（..VOL）	音量
*	星符键

（3）电报：电报是一种直接用文字符号或图片传递信息的系统。它可以分为直流电报（即编码电报）、载波电报和传真电报等。

（4）广播：广播是把信息向没有严格限定接收对象的一种较大范围的通讯方式。它可分为声音广播和图像广播（如电视及传真）两种。

2. 通讯事业发展简史

从 1856 年起，准备建设连接英国和美国的海底电缆，成立了大西洋海底电缆公司。英国的 W. 汤姆逊当时在电学上已有成就，不过在公司中仅是普通的董事。原来负责工程设计的电气工程师在开始铺设施工的时候，突然拒绝出海，临时由 W. 汤姆逊接替他的工作。因为原设计中的许多错误，铺设工作几经失败。经过十年之久，在汤姆逊的许多创造付诸应用之后，如镜式检流计、双臂电桥、累计功率计等等，终于在 1866 年实现了英、美间的越洋通报。到 1869 年又铺设完成太平洋、印度洋的海底电缆，实现了全球范围的海底电缆。W. 汤姆逊由于他的贡献后来被英国封为开尔文爵士（Lord Kelvin）。1870 年从上海至香港的海底电缆，由大北公司进行铺设，1872 年用莫尔斯电码组成中文代码，也正式通报了。

电报的成功促进了电话的发明。1861 年德国人莱斯（Johann Philipp Reis 1834～1874）制作了金属屑话筒，将声音转变为电流的变化，再用这个电流使铁线磁化，这种磁化可以传播一小段距离。接收器的簧片因磁化而产生振动，可以辨识单音，成为电话的萌芽。

贝尔（Alexander Graham Bell 1847～1922）出身于语言学世家，大学毕业后随父亲从英国迁居北美。他的父亲是当时著名语音学者，父子二人经常接受邀请到各地讲演，帮助聋哑人辨别声音和发声，很受欢迎。1869 年贝尔才 22 岁就受到聘请，成为波士顿大学的语音学教授。他研究怎样从波形识别声音时，在实验中发现当一个螺管线圈接通电流或断开，有"嗞嗞"的声音，这本是平常的事，也许由于专业习惯的原因，使他想到用电流传送声音，他多方请教，1873 年去华盛顿找到电学家 J. 亨利，亨利对贝尔父子对聋哑人成功的教学早已知道，接待了他。贝尔讲了自己的想法，亨利鼓励他干。贝尔担心不懂电学，这位大科学家的回答是："那就去掌握它！"这句话使贝尔终生难忘。他下决心从事电话的研究，干脆辞去了教授职务。在青年电气工程师沃森（Thomas Watson）的协助下，他和沃森继续对电话不断改进，又采用了 1877 年爱迪生（Thomas Alva Edison 1847～1931）发明了阻抗式送话器，使话音效果大为改善。1878 年，贝尔在纽约与波士顿之间进行了通话试验，两地之间相距达 300 公里。同年美国和英国都有商业电话投入使用。此后发展十分迅速，两年后在美国已有 48000 部电话。

电报和电话通讯已经在全球范围形成了庞大而重要的产业部门，它不仅在工业生产、商业贸易上发挥巨大作用，而且对军事、政治乃至气象、文化交往、人民生活都产生了重大影响。

电报和电话统称为有线通讯。它们都需要有传送电讯的传输线，而架设及维护线路的费用占总投资中很大比重。特别是对于游动目标，如海上船只等，就更无能为力了。

1890 年法国布冉利（Edouard Branley 1844～1910）在重复赫兹的电磁波实验中发现电磁波使玻璃中铁屑的总电阻力大为减小。因此他制成了金属屑检波器，用以探察电磁波的出现。1893 年美国 N. 特思拉发表了接收电磁波的调谐原理，进行了用无线电磁波的遥控实验，成功地启动了百米外的电灯。1894 年英国的洛吉（Oliver Joseph Lodge 1851～1940）改进了金属屑检波器，加上了一个敲击装置，使金属屑可以恢复高电阻的状况，能再次起接收作用。用这个装置他进行了用电磁波传送莫尔斯电码的试验。同一年，俄国的波波夫（Akachp Ct 1859～1906）在电磁波接收器上加上两根伸展的直导线以增加接收的灵敏度，这成为最早的天线，能够接收远处雷电产生的电磁波。

1895 年夏，意大利的马可尼（Guglieimo Marchese Marconi 1874～1937）在家中的花园里用电磁波启动电铃成功。到秋天他又进行一次试验，这次是将火花式射机安置在村外的小山顶上，把较长的天线挂在一棵大树上，接收机安放在家中的三楼。一个同伴在小山顶上发报，他在家里接收，实验取得了成功，距离为 2600m。马可尼向意大利政府邮电部请求资助，但是遭到拒绝。他只能到英国寻到机会。1896 年 6 月他取得英国政府关于无线电通讯的专利，并介绍他去找英国邮电局总工程师普利斯博士。在普利斯的帮助下，在邮电总局大楼与银行大楼之间成功地进行了通讯实验，两楼相距300m。不久又在索尔兹伯里平原进行了收发试验，通讯距离达8km。1897年他又在英国布里斯托海湾进行跨海无线电通报取得成功，成立了无线电通讯公司，1898年投入商用。1900年他又取得调谐回路的专利。1903年实现了英国与加拿大之间的远距离商用无线电通信。

当时的无线电通讯只限于电报，进行无线电话通讯的试验却都失败了。失败的原因是由于当时产生无线电波的方法是采用火花放电的振荡器，这种振荡噪音是很大的，无法从中辨别清楚语言。

无线电传送电报实现之后，人们一直希望用无线电传送语言。1906年美国的费森登（Reginald Aubrey Fessenden 1866~1932）进行了无线电话的试验，但是所用的火花式振荡器电池中噪音太大，难于实际应用，试验失败了。1913年德国的麦思纳（Alexander Meis-ner 1883~1958）根据三极管的放大作用，使三极管的输出信号又送回输入端制成了振荡器，可以产生不衰减的高频振荡。同时利用三极管的放大作用，可以控制高频振荡振幅大小，称为调制。无线电话可以实现了。

有线电报或电话只能向传输线所通向的接收站发送，而无线电波是广泛传播的。电波所到之处，只要有接收机，任何人都可收到。这个特点对无线电通讯的保密性是不利的，但是它可以向广大范围传送新闻或公告，或者音乐等文化教育节目，这就是无线电广播。1919年美国匹茨堡建成KDKA广播电台，正式向公众播送语言新闻及音乐。

用无线电波传送图象的设想，是1908年英国的坎贝尔—斯温顿（A.A.Campbell Swinton）提出的。1925年美国的贝尔德（John Logic Baird 1888~1946）发明了机械扫描电视。装置比较简单，用一个带有许多小孔的盘，盘转动时使小孔依次对准画面上不同部位，再有光敏电池和受控的可变强弱的光源。同时接收机也要类似的设备，并保持盘的转动与发送同步就可以了。1929年他在英国广播公司开始播送每帧图象分解为30行的机械扫描电视。

26.2 通讯系统设备

26.2.1 概述

电信电话公司在全国形成了庞大的用户电话网络，除部分地方外，无论向全国的哪个地方都能用拨号盘立刻挂电话。公司提供电话服务的基本设备由传送通话的传输线路，连接通话的交换机，设置在用户家内的电话机等构成。

1. 电话的种类

电话设备有以下几种。其中，设置在建筑物内的主要是专用交换电话（PBX）。直通电话——由1台电话机和局交换设备及电话线路等构成（住宅电话等）。共线电话——具有2台以上的电话机和局交换设备及共用部分的电话。专用交换电话——通过局线和内线的接续交换，由交换机、中继台、内线电话机及电话线路等构成，通称PBX。

集团电话——是为了谋求一个集团内部高效电话服务而开发的，由本电话机，集中交换设备（许多用户共同使用）及电话线路构成，通称为大厦电话。

2. 经营方式

电话设备的经营有以下三种方式。

(1) 直接经营方式：由公司经营的方式，由公司承租所有的设备。

(2) 独立经营方式：由用户买入一套电话设备进行经营的方式。

(3) 委托经营方式：用户买入一套电话设备，委托公司经营的方式。

3．交换方式

电话机的交换方式大致有四种，各自的特征见表 26-2。

电话交换方式的比较　　　　　　　　　　　　　　　表 26-2

	项　　　目	自动式专用交换电话	手动式	按键电话	集　团　电　话
设备条件	用户的范围	相同用户			相同建筑物内或周围的相同用户及有关企业用户
	电话机设置场所	同设置专用交换设备的内部及半内部场所			管辖设置交换设备的建筑物的电话局所属区域内
	交换设备场所	用户的建筑物内			用户建筑物内或电话局内
	同一交换设备容纳的电话机设置规模	没有限制		最高30部	主电话机 100 部以上
		与规模无关	淘汰中	小规模	大规模
通信连接	内线相互通话	相同用户			相同用户团体主电话机间
	收信连线	由中继台连接			度盘式连接或由接收机连接
	内线代表	没有特殊功能			有功能要求
	加入权限	只限于局线			各个电话主机
	费用统计	只限于局线的电话码			各个电话主机分别统计
	号码簿刊登	按局线统计			原则上刊登所有电话主机
	服务时间区域	通常夜间停止 PBX		24h	24h
		将局线切换到内线			

26.2.2　专用交换电话设备的构成

专用电话交换设备由专用交换机、电力设备、保护装置、主配线、端子箱、辅助设备及其相互之间的连线组成。

1．专用交换机　是由交换机主体、局线中继台及具有部分交换功能的附加机器构成的。

(1) 交换机的种类　交换机的种类见表 26-3，目前主要流行的是纵横制。最近开始使用电子交换机进行与按键式电话机组合运算及缩短拨号等服务的同时，PBX 也开始使用。另外，交换机的形式根据装机形式不同分为架式（大容量时）和摇臂式（小容量时）。交换机可以附加特殊功能（表 26-4）。

(2) 中继台：在专用交换设备中为了将来自局线的信息接往内线，需要有与自动交换机并用的中继台。中继方式有以下三种类型：

中继台方式是通过专门的操作员进行与外线的应答、向内线的连接等操作。发送时由各自的内线，使用拨号盘直通也可以发送。

交 换 机 的 种 类　　　　　　　　　　　　　　　　表 26-3

方　式	功　能	名　　称	电　源	备　　注
手动		共电磁石	共用电池局部电池	淘汰中
自动	步进式	H型（西门子） A型（史端桥）	共用电池	
	共用控制	纵横式		现在 PBX 设备的主流
	存储程序	电子交换式		作为 PBX 设备安装的不多

交 换 机 的 特 殊 功 能　　　　　　　　　　　　　　表 26-4

功　能	说　　明
室内线等级电话号码组	指对每个内线或每组内线，赋予各种功能时划分的等级是纵横式交换机的特殊装置，与交换机的内线容纳位置无关，可以自由安排内线号码和内线等级
特殊供电	是指使用带按键的电话机，拿起送受话器时，通过按键操作，可作为自由式电话机或共电式电话机，直接与交换台连接
逆向呼叫	通过内线使用者的操作，将通话中的线路暂时原封不动地保留，使用该内线与其他内线联络，能再次与原来的线路通话
转送装置	通过通话中的内线使用者的操作，将通话地方转给其他内线，该功能往往与逆向呼叫并用
指名呼叫	是指对在非特定地点人进行指名呼叫，在想要通过电话联系的人不在时，拨特殊号码使用话筒传呼。被传呼者通过附近的内线电话机，拨特殊号码即可与传呼者通话
优先控制中断	内线互相连接时，在特定的呼叫者和被呼叫者之间，被呼叫者讲话时可中断通话
临时插入	被呼叫者线路即使占线，通过呼叫者特定的操作，可使其通话中断并立即自动输出传呼信号进行通话，连续呼叫有来自中继台和内线两种情况
连续呼叫	想在中继台将公务线依次连接在许多内线上时，通过中继台的按键操作，在结束通话时即使放下电话，内线也不会让公务线恢复原状，会自动将呼叫返回中继台
缩号拨号	为了省略拨号次数，如果拨特定的缩位号码，将其存储交换对于局线来说，通过输出正规的拨号脉冲，使之呼叫被呼叫者
留守电话	人不在时通过操作电话机上附加的按键，自动向预先规定接收其以后的信息的电话机或中继台传送
夜间传送	夜间中继台操作员不在时，在简单的操作台处理来自局线发送的发送信息
集中应答	使用转换器等将许多切换收容于交换台，可在一处集中进行应答，除应答功能外往往还可以进行通信、保留等
简单会议	内线人员通过拨号盘呼叫其他内线人员，可以进行三人通话
步进呼叫	遇到对方内线通话时，不再拨其他号码，如果只拨相连电话的末一位数字，就像重播所有号码一样，可连续呼叫
线路闭锁	长时间摆下电话听筒或线路发生故障的情况下，自动从设备侧断开其线路

功　能	说　　明
一齐指令	紧急时或往往同时与业务特定的许多部门联系时，在指令场所设操作台，通过按键操作与所属一组或分组或单个呼叫通话
有声服务	将灾害等产生情况或其他信息录到磁带上，无论从内线哪一处只要拨特定号码都可以收听情报
便携通信机	让频繁开关并且重要联系人多的内线人员携带，如果从其他内线或中继台拨特定号码，便携通信机会发出呼叫。可通过特定号码自动查询呼叫者并与其通话
琴键式电话	可用按琴键式电话机代替拨号盘式电话机
会议电话	通过各自的电话机召开电话会议，一般 5～10 人
内线代表	将同一区域内几部电话的内线编为一组，向该区域挂电话时，闲置的任何一部电话都可以连接呼叫

　　分散中继方式是一种不设置专用的中继台，把中继台的任务分散到部分内线电话的方式。把具有中继台结构的电话机称为主电话机。不需要专门的操作员，从外线接来的电话无论从哪个内线都能够进行应答。但本方式限制条件如下：内线数量在 100 以下；需要有确认局线信息的接收显示盘；对来自局线的信息进行应答的机器（主电话机）需要有与局线数相同或其以上的线数。

　　切换方式：兼有中继台和分散方式，白天可切换成中继台，晚间、休息日和操作员不在时可切换为分散式。中继台有使用拨号盘进行操作的无软线式和使用插座和软线进行的有软线方式，其性能比较见表 26-5。

中 继 台 方 式 的 比 较　　　　　　　　　　表 26-5

项　目	种　类	有 塞 绳 式	无 塞 绳 式
外观	台的形式	插座面连接塞绳的限制大，看不见前面	只有电键灯等，小型灵活，开放式
操作	操作台感觉	连接塞绳交叉，感觉乱	按键操作，轻松自如
	操作员的工作量	用连接塞绳操作，量大，通话结束需要拔掉插头	按键操作，简单量小，通话结束无需拔插头
	内线号码的记忆	根据插座位置记忆，容易和用户内线号码一致	要求记忆号码和用户
	通融性	对异常操作有一定通融性	无
	对方号码判断	立即判定	不能判定
安装	安装	在背面安装继电器组、插头、复式电缆，复杂	继电器安装在交换机主体上，不需要插座
	容纳线路数量	因需要手动接线，范围不宜过大，上限为 1000 左右	无限制
维修	连接塞绳插座	需要保养	不需要
	继电器线路	继电器种类少，维修容易	继电器多，需要技术

2. 主配线盘 MDF

所谓主配线盘是指容纳接入局线的进线电缆终端及到达专用程控交换机的局线回路及内线回路的局内电缆，以及到达内线电话机的专用通信线路等，并通过跨接线使它们之间互相连接。MDF 由安装在座上的需要数量的端子板、试验弹簧、避雷弹簧构成。另外避雷器弹簧在局线引入线是埋设的情况下（地下电缆）不必安装，而在下列场合要安装避雷弹簧：局线引入线架空挂设；在工厂场地内线由于架空而延长时。

26.2.3 电源装置

1. 电源构成

电话设备使用的标准电源是直流 48V，由市电等交流电源变换成直流的整流器和停电时使用的蓄电池构成。整流器目前多使用静止型的硅整流器。蓄电池使用铅蓄电池及碱蓄电池。选择蓄电池需要知道每天平均消耗的电力，估算公式如下：

$$A = ITC + P;$$

$$T = 最频繁时呼叫量合计 \div 最频繁时呼叫量 \times 100 \div 3600$$

式中　I——各种连接平均消耗电流；

　　　C——一天总的呼叫次数；

　　　P——话务员线路、其他线路的消耗量。

2. 中间配电盘 TDF

中间配电盘在专用交换设备中用于自动式交换机中继线的分配、负荷的平均等。设置在线路开关和一次选择器的中间或者局线中继器和局线中继台中间等处。其结构大致与主配线盘相同，纵架及横架都安装有端子板，为整理并保护转换使用的跨接线，可以使用整理板及配线圈。

3. 转换接线端子板、室内终端盒

转换接线端子板像小容量的专用交换设备那样，需要安装的线路数少，并且在不需要试验弹簧的情况下可当作主配线盘使用。容量上有 10 个线路到 100 个线路的多种。结构上是在钢板箱子内部，容纳 2 个端子 10 个线路的端子板，将端子的一头使用软线焊接，另外一头是螺钉接线，用于跨接线的安装。螺钉接线容易进行配线的转换及端子连接的断开。室内终端盒是小型的转换接线端子板，主要用于室内线的连接。另外，转换接线端子板及室内终端盒分别有挂墙及嵌入两种。

用户保护装置：在室外线路引入室内时使用。用于保护人及设备，免遭雷击及电力线路感应，避免与电力线的混触造成的危害。主要部件是避雷器、熔断器、接地棒。避雷器以交流 300～500V 放电。另外，对于雷电感应电压、电流来说，对上升 $10\mu s$、脉冲宽度 $20\mu s$、峰值 200A 的脉冲，有 20 次的重复特性。熔断器在通过 6A 电流时 10s 内熔断，通过 4A 电流不熔断。如果长时间通过熔断器熔断电流以下的电流，电话机部件就要烧坏，所以在 MDF 上插上热熔线圈，使之在 160mA 以上的电流通过 210s 情况下动作。为了使避雷器放电，接地要用接地棒。

转换器主要是在用户住宅内由人操作进行磁石式、共电式及自动电话机的线路转换。电缆端子箱是使用电话用架空电缆与引入线的连接处，由箱体端子板、端子固定架、端子箱安装部件组成。端子板用于交换机、配线盘及架类等电缆的跨接线相互连接。

26.2.4 电话机

1. 按键电话

以前即使是小容量的交换设备，也需要一套交换设备，而技术的发展随着按键电话的普及，在普通单位作为最简单的交换设备最方便的是按键电话。

按键电话是电话机附加的设备。用电话机的按键可以选择线路、保留线路、显示通话、内线相互通话等，并且作为特殊功能可以附加局线秘密通话，保留声音的输出等。其不需要专门的交换操作员和交换室。

按键电话有直接经营和独立经营两种方式。电话装置由主装置、连接器、电缆及按键电话机组成。

2. 集团电话

以前的电话交换的主体是专用交换电话，而最近根据企业合理化、人手不够、人事费用的提高等社会形势的要求，公司开发了交换系统。该方式是通过与内线电话的自动连接以取得交换操作业务合理化，同时将原来每个用户设置的交换机集中到每个大楼（单位）从而谋求经济化的系统。

26.3 通讯系统设计

电话通讯系统设计的根据《北京市住宅区及住宅建筑电信设施设计技术规定》（即GBJ01—601—92）是北京电信管理局在1992年2月1日颁布的标准。此标准是根据北京城市建设总体规划及邮电部的有关规定，由三委一局（市建委、市规划委、市政委和市电讯管理局）共同制定的。

26.3.1 设计技术规定总则

电信设施是指住宅区规划用地红线内的电信支线管道及外线引入的人（手）孔和住宅建筑内的电话管线、组线箱及交接间。

电信设施所选用的设备器材应该是定型产品，未经鉴定合格的产品不得在工程中使用。在现场自制场组装接线箱的方式已然淘汰。电信设施应该和住宅区建筑同时设计、同时施工、同时竣工验收。

计划管理部门在编制下达的住宅建设项目计划中应该含有电信设施配套建设的投资费用。设计单位应严格按此规定把好关。电信管理部门负责按此规定对电信施工质量进行监督和验收。竣工档案资料应送交电信管理部门。

26.3.2 设计步骤和内容

通讯设计一般与项目设计的各单位工程设计同步进行，也分为初步设计和施工图设计两个阶段。

1. 初步设计

开展初步设计之前，应根据工程的规模确定通讯系统的组织模式，即通讯的体系、工作方式、设备运行程序、设备容量及与当地邮电部门的联系方式。通讯系统的组织原则应尽早确立，这需要与建设单位共同研究决定。

因为建筑工程的性质、规模以及对通讯的要求千差万别，所以在接受通讯设计任务时，要明确建设单位的使用要求，以便设计选用合适的通讯模式。

设计开始要向当地的邮电部门咨询以下情况：

（1）当地的通讯模式如何。

（2）当地邮电部门至设计工程所在地的线路敷设情况，有无现成的线路可供使用，能否与其他单位共同投资修建通讯线路，线路敷设采用何种方式，这些都直接与投资有关。

（3）电话站的容量、供电方式和中继方式的选择，与当地电话部门的线路配合，服务范围、传输分配、中继线对数和敷设方式等问题，在初步设计时应取得邮电部门的认可。

（4）了解业务主管对本工程有哪些指导或要求。落实将来电话安装调试及竣工试验环节各种细节，以便得到业务主管部门的协调和帮助。

（5）落实电讯工程初步设计图纸的会审，使之与当地发展规划相协调一致。

2．施工图设计

初步设计经过会审后，根据修改意见及要求作审批结论，而后再进行施工图的设计。施工图设计的内容如下：通讯模式、电话机总容量、电话站的位置、平面布置、用户分布、供电设施、界区外线、中继线进出的位置、方式及有关专业分工配合内容等。

26.3.3 电信设施设计技术规定

室内的电讯管线应采用暗敷设，引出楼外应建地下支线管道，与主干道相联。

目前住宅建筑每户按一对电话设置（特殊情况另行确定）。对本市住宅区内的公共建筑也可以这个规定执行。电话号码向 8 位数字发展，北京在 1996 年 5 月 16 日改为 8 位数字后容量大增，每户装机数已经不限。

建筑施工中，应在电缆的保护管内布放一根直径为 1.5mm 的镀锌铁线。在建筑施工时，应在布放电话线的暗管内布好电话线，中间不得有接头，住户内出线口处应安装室内电话机插座。

电话机插座应设在每套住宅的起居室或主要卧室。电话线应采用双股多芯塑料绝缘铜线。每股导线总截面积不得小于 $0.2mm^2$，在出线口处预留裕度不少于 0.3m，并连接于电话机插座。在电话组线箱内导线预留长度为箱内壁的周长。

当住宅建筑面积在 10 万 mm^2 以下的住宅区，每 1000 户左右应设置一个电话专用交接间。交接间应靠近所辖区的中心位置，其作用是检查、维修、联络。一般设在首层，也可以与其他公共建筑合建，其使用面积不小于 $12m^2$。交接间室内应干燥通风良好，应设采暖和照明等设备，还应设有市电插座。在交接箱内应引入专用保护线 PE。接地电阻不大于 10Ω。

住宅建筑物内暗管系统组织方式见图 26-5 所示。

26.3.4 住宅区支线管道电信设施

住宅区支线管道电信设施设计要点如下：

（1）从楼内引出的电缆支线管道在楼外应设手孔，在管孔内穿一根直径为 2.0mm 的镀锌铁线，以便施工时作电话电缆牵引线。由交接间引出的支线管道在楼外应设小号直通人孔，如果拐弯用三通形人孔。人（手）孔的大样图可由北京市电信规划设计院提供。

（2）沿住宅道路的支线的平面位置应在住宅电话用户多的一侧。

（3）从楼内电话组线箱到楼前手孔的支线管道宜采用钢管或硬质 PVC 管。管孔直径应不小于 80mm。当采用钢管时，其壁厚为 4.0mm，PVC 管的壁厚为 4.5mm。

（4）由交接间引出的支线管道或住宅区内的其他支线管道，宜采用混凝土预制管、钢

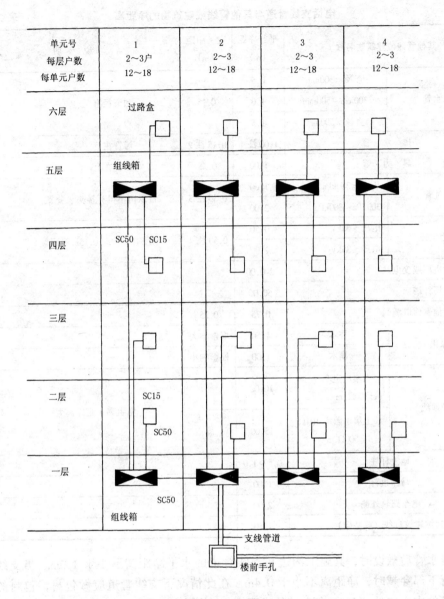

单元号	1	2	3	4
每层户数	2～3户	2～3	2～3	2～3
每单元户数	12～18	12～18	12～18	12～18

图 26-5　电话管线组织

管或 PVC 管，管孔的直径不小于 90mm。当采用钢管时，壁厚为 4.0mm，用 PVC 管的壁厚为 5.0mm。

（5）支线管道埋深不小于 0.8m。当采用钢管时，应作防腐处理。管内刷漆，不得只涂管口。

（6）从电话组线箱引出的支路管道，其管孔数量不得少于两个孔。从交接间引出的支线管道或住宅区内其他部分的支线管道，其管孔数不小于 6 孔。如果采用 6 孔以上的混凝土预制管，应根据需要按 6 的整倍数取定。

（7）电话支线管道与其他管线或建筑物的净距离见表 26-6。

其他管线或建筑物名称		平行净距（m）	交叉净距（m）	说　明
给水管	直径≤300mm	0.5	0.15	和管径有关
	300mm～500mm	1.0		
	直径>500mm	1.5		
排　水　管		1.00 注1	0.15 注2	污管在下
热　力　管		1.00	0.25	热管在上
煤气管	压力≤300kPa	1.00	0.30 注3	2m 以内不得有接头、分支
	300kPa～800kPa	2.00		
电力电缆	电压>35kV	0.50	0.50 注4	电缆有保护时 0.15m 净距
	电压≥35kV	2.00		
发电厂或变电站		200.00		
高压杆塔		50.00		
其他通信电缆		0.75	0.25	
绿化	乔木	1.50		根影响大
	灌木	1.00		根影响小
保护地线	土壤电阻率 $\rho \leq 100\Omega \cdot m$	10.00		电阻率大则距离大
	土壤电阻率 $101\Omega \leq \rho \leq 500\Omega \cdot m$	15.00		
地上杆柱		0.5～1.0		
马路边石		1.00		
电车路轨外侧		2.00		
房屋建筑红线（或基础）		1.50		

主排水管后敷设时，其施工沟边与支线管道的水平净距离不小于 1.5m。当支线管道在排水管下部穿越时，净距离不小于 0.4m，在此情况下支线管道应做包封，包封的长度自排水管的中心向外伸 2m。在交越外净距离 2m 范围内，煤气管不应做接合装置或附属设备。如果电力电缆加保护时，净距离可以减至 0.15m。

26.3.5　住宅建筑内暗管系统电信设施

1. 系统的组成：住宅建筑内暗管系统由电缆竖井、电缆暗管、电话线暗管、组线箱、过路箱（盒）及出线口组成。

2. 暗管设置的原则

（1）多层住宅建筑，当用户在 90 户以下时，宜按一处进线组织暗管系统。用户在 90 户以上时，按一处以上组织暗管系统。

（2）塔式高层住宅楼，宜按一处设计暗管系统。

（3）板式高层住宅楼，如果用一处进户线的长度超过 30m 或暗管必拐弯时，可设置一处以上。情况特殊时，可以另选一处进线，设分组线箱和过路箱（盒）。

（4）高层住宅也可以采用电缆竖井的方式组织暗管系统。

（5）组线箱宜在电话相对集中且暗管敷设方便的地方设置。

3. 暗管设置的具体要求

暗管直线长度超过 30m 时，中间应设过路箱，电话暗管中间应设过路盒。当暗管有弯时，长度应小于 15m，而且不得有 S 弯。若超过两个弯时，应设过路箱（盒）。管弯应尽量少，而且设在管端为宜，弯曲角度不小于 90°。

电缆管路的弯曲半径不得小于管外径的 10 倍，电话管路为 6 倍管外径。在组线箱之间或电缆竖井至组线箱之电缆暗设钢管内径不小于 50mm。从组线箱到各用户出线口的管线应用钢管或 PVC 管。当电话线少于 3 对时，管径 15mm；4～6 对时，管径不小于 25mm；多于 6 对时，应增加暗管管路数。有特殊屏闭要求时的电缆或电话线，应用钢管，而且将钢管接地。

4. 电缆竖井

电缆竖井的宽度应大于 600mm，进深应在 300～400mm 之间。竖井外壁每层都应装设操作门，门高不低 1850mm，宽度与井宽等。在竖井的后背墙上应设电缆固定爬架，其上下间隔一般为 400～500mm，每层应固定一块 1000mm×500mm×20mm 规格的油漆木板。

交接间、电缆竖井、组线箱、过路箱（盒）的操作门（口）宜设置在建筑内的公用部位，并且便于维修的地方。水平方向敷设的暗管应尽量不跨越建筑物的伸缩缝，不可避免时，应在墙两端设过路盒。两个盒之间做成通道方式直接相通。组线箱暗装于墙内，规格见表 26-7。

组线箱的规格　　　　　　　　　　　　　　　　　　　表 26-7

型　号　规　格	嵌装尺寸（mm）（长×宽×深）	接线对数（对）
STO—10	280×200×120	10
STO—30	650×400×160	30
STO—50	650×400×160	50
STO—100	900×400×160	100

过路盒及出线口内部尺寸应不小于 86mm（长）×86mm（宽）×90mm（深）。出线口内应装电话机插座（符合 GB10753—89 的规定），其型号为 SZX9—06。组线箱和过路箱的安装高度一般为底边距地 300～600mm. 过路盒及电话插座的安装高度一般为距地 200～300mm。暗管及其他管线间最小净距离应不小于表 26-8 所示。

暗管及其他管线间最小净距离最小值　　　　　　　　　　表 26-8

其他管线 关系	电力线路	压缩空气管	给水管	热力管 （不包封）	热力管 （包封）	煤气管
平行净距（mm）	150	150	150	500	300	300
交叉净距（mm）	50	20	20	500	300	20

26.3.6　电话站的容量和通讯模式的确定

电话总站容量的确定方法：

（1）民用电话总站容量的确定方法：主要根据民用建筑的性质及电话门数来确定，可参考表 26-9。

民用电话总站容量选择参考表 表 26-9

用户数量 名称	旅馆或饭店		住　宅		
	50～100 间	100～200 间	50～100 户	100～200 户	200～500 户
每户（室）电话数	1①	1	1	1	1
电话站容量（门）	100～150②	200～300	100～150	150～300	300～600

①表中每户应按发展需要而增加，例如电脑联网也需要电话线，不宜限制。
②电话容量包含有公用设施、管理部门装机数和总的装机系数。

（2）建筑电话总站容量的确定方法：主要根据工程功能性质、电话分布情况、线路的距离及预期统计的电话门数来确定。根据不同建筑物要求应考虑调度电话、对讲电话、专线电话及无线电话（数量不包含在总的容量之中）。

（3）其他特定场所电话容量的确定方法：根据建设单位的特点，有时需要安装内部电话以便经常召开电话会议或部门之间需要频繁联络则按需统计容量。

有个别远距离岗哨、水泵站、危险品仓库等地需要电话，距离总机较远，宜优先考虑安装市内电话，不得已再考虑安装专线电话。

（4）电话站程式的确定方法：电话站程式的确定通常是根据建设单位的要求标准、投资情况和对自动化要求等而定。交换机程式的选择可参见表 26-10。

交换机程式的选择表 表 26-10

容量 名称	50 门以下	50 门～100 门	200 门～300 门	200 门～400 门
交换机型号及程式	1. HJ262 磁石式交换机 2. JGL—8 共电式交换机 3. NH 型内部电话 4. JZX—2 型纵横自动交换机	1. JGL—8 式共电交换机 2. JZX—2 型纵横自动交换机	1. JFL—2 复式共电交换机 2. HJ905 纵横自动交换机 3. 22SA 型程控交换机	1. HJ905 纵横自动交换机 2. JZHQ: 纵横制自动交换机 3. 22SA 型自动交换机

注：①当总机容量在 50 门以下时，一般选择 JCL—8 型 50 门共电式人工交换机，在没有交流电源保证的地区可以采用磁石制总机；当采用 NH 型内部电话时，只适用于内部通信，在资金允许时，建议采用 JZX—2 型纵横自动交换机。
②JCL—8—100～150 门共电式人工交换机有单座和双座两种，当话务量比较大而且集中，初装容量达到 75% 时，应选择双座式。
③JFL—2 复式共电共电交换机最大的容量可以达到 500 门，当容量达到 200 门时，可以采用 HJ905 型纵横自动交换机为宜。

26.3.7 会议电话、调度电话

要求设置会议电话专用设备的建筑物，当设有具有会议功能的程控交换机时，可利用程控交换机的功能兼顾功能，但参加会议的各主要电话用户应增设专用用户电话。

会议电话一般采用一级汇接方式。会议电话室的位置应选择在尽量减少外来噪声干扰和防止泄密的房间。会议电话室内混响时间一般宜为低频 0.35s，中频 0.40s，高频 0.45s，误差为 ±0.05s。

会议电话室的面积在 $20m^2$ 以下时，一般不外接扬声器箱，可利用会议电话的终端机或扩音调度电话机内附扬声器；反之可在会议电话室墙壁上设置功率不大于 2VA 的扬声

器箱。

在旅馆、宾馆或其它高层民用建筑工程中，当电话交换机不具备有会议或调度功能时，各层服务台与经理室及各业务管理部门之间的业务联系可采用扩音调度电话。如果会议调度用户较少（2～4个）亦可采用直通对讲电话。

剧院、大型会场、体育馆等建筑工程中的业务指挥调度系统，宜采用下列方式：

(1) 调度用户是固定岗位，则宜采用带有扩音的专用有线调度电话。

(2) 调度用户是流动岗位且业务联系较为频繁，则可采用无线调度电话。

26.4 电话系统的安装施工

26.4.1 电话分线箱的安装施工

电话系统中的组线箱和各装置作法可参考《电气安装工程施工图册》。电话分线箱及分线盒的安装形式分墙上暗装或明装两种。

1. 暗装

把电话分线箱暗装、电话电缆接头箱及过路箱的暗装盒统称为"壁龛"，如图26-6。

暗装电话分线盒的安装高度一般为0.3m。电话分线箱及分线盒的安装形式无论暗装或明装，均应标记该箱的线区编号、箱盒的编号以及线序，和图纸上的编号一致，以便日后检修方便。电话分线箱及分线盒内只有接线端子板。

2. 明装

明装的作法大样图如图26-7所示。箱背靠墙装于木背板上，木背板的尺寸比箱（盒）四边均大20mm。木背板用膨胀螺栓（最少3个）固定于墙上。明装箱（盒）距离地板高度为不低于2.5m。如果住宅室内净高不够时，可以酌情降低。高位安装的目的是不影响人们活动，并保证安全。

3. 在电杆上安装分线箱

电话分线箱的安装在电杆上的方位一定朝电话局的方向一侧。在混凝土台上安装如图26-8。

应注意：无论混凝土杆或木杆，装分线箱的电杆（图26-9）都要安装接地线，一般采用7/1.0或7/1.2的铜绞线。多用镀锌铁线，则截面不小于4mm。在距地2m用角钢或竹管加以保护。

4. 分线盒的安装

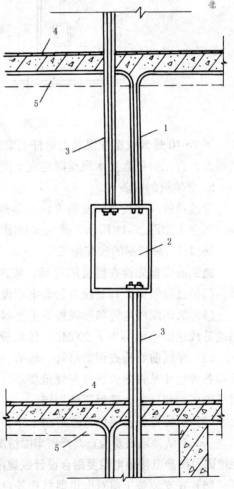

图26-6 电话分线箱在墙上暗装

1—用户管线；2—壁式分线箱；3—上升电缆管线；

4—楼地板；5—圈梁

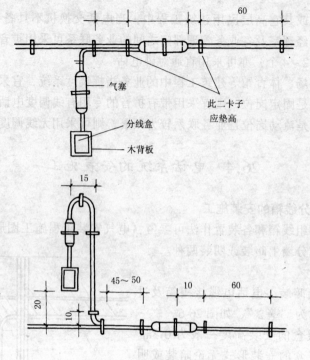

图 26-7　明装的做法大样图

图 26-10 是分线箱在混凝土电杆上安装，木背板用 U 形抱箍固定在混凝土电杆上适当的地方，再把分线盒用木螺丝固定在上面，电缆尾巴要用铅皮卡子固定于木板上。

5. 交接箱的安装

交接箱的尺寸较大，安装方法有落地式和架空式两种，架空式又分单杆与双杆式两种。架空式如图 26-11 所示，落地式如图 26-12 所示。

26.4.2　总机房的安装施工

施工前应首先检查机房的过道、室内外墙壁及地面土建施工已经完毕，而且墙体干燥，门锁已经管好，具备没有妨碍电话设备施工的条件方可开始动工。

（1）机房配线电缆和接线板等主要器材的电气性能应该抽样测试，用 250V 摇表测试电缆芯线绝缘电阻不小于 200MΩ，接线板相邻端子绝缘电阻不小于 500MΩ。

（2）穿线前要检查预留暗管、地槽、接线箱盒及各孔洞的数量是否与设计相一致。位置和各种尺寸是否附合设计与规范要求。电源已经接好，电压正常，不同电压的插座应有明显的区别和标志，确保不能用错。

（3）机房空调及通风管道清扫干净，通风运行良好。

（4）对活动地板要检查其严密牢固情况，每平方米误差不超过 2mm。地板接地良好，接地电阻及防静电接地电阻要附合设计或规范要求。

（5）在安装施工前对电讯器材作外观和合格证检查，核对、数量及规格。如有不同程度的损坏要作记录。

（6）施工现场应配备消防设备，最好应有防火自动报警设备。在机房内严禁存放易燃易爆物品。

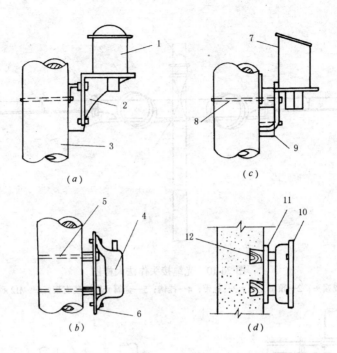

图 26-8　电话分线箱安装在电杆上大样图

1—XF—601 分线箱；2—丁字板；3—混凝土电杆；

4—WE—1 分线箱；5—U 形抱箍；6—扇形板；

7—WFB—1 分线箱；8—穿钉；9—丁字木；

10—NF—1 分线箱；11—木背板；12—预埋木砖

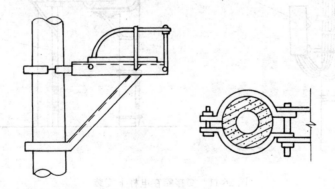

图 26-9　分线箱安装

26.4.3　设备计划及施工

电话设备的计划必须在综合研究操作时的设备、未来的设备、工厂的特殊性及运用方面的情况后制定。在技术和材料方面尽可能采用新技术和新材料，例如尽量采用光导纤维电缆（光缆）通讯。

1. 设备设计

设备决定是通过综合研究通信量、局线数及附加功能而决定。三种经营方式比较见表26-11。独立经营方式比直接经营更具有灵活性，而委托经营方式适用于没有专门技术人员的情况。

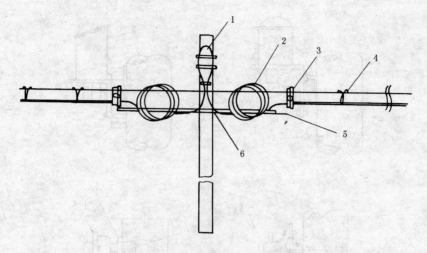

图 26-10　光缆接头作法大样图

1—光缆接头；2—预留光缆；3—扎带；4—挂钩；5—金属光缆安装支架；6—M12×40穿钉

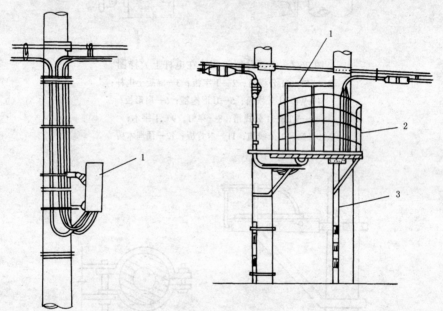

图 26-11　交接箱在电杆上安装

1—交接箱；2—护栏；3—保护管

电话机的经营方式

表 26-11

种类	设备	管理	特点
直接经营	公司	公司	基本建设费用低，运转费高，附属设备比独立经营差
独立经营	用户	用户	基本建设费高，运转费低，附属设备一般
委托经营	用户	公司	基本建设费高，运转费中含管理费，附属设备一般

　　内线数量的计算，可根据其建筑物的耐用年限、容纳人数、业务内容、面积、扩展可能性等种种条件而决定。按工作人员数量决定：一般按领导一个号码，普通人员四个人一个号码安排内线数量，也可根据需要增减。按建筑物规模、种类计算：重要建筑物宜设置

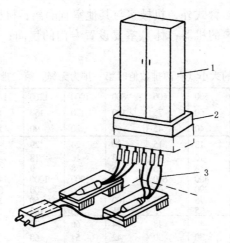

图26-12　交接箱在地面上安装

1—交接箱；2—机座；3—电缆

紧急用电话。没有特殊要求时，按有效建筑面积平方米（除厨、厕、走廊、库房等）的十分之一设置内线电话数量。引入线的数量是根据预测通信量决定的，由于行业不同，使用情况差别很大，见表26-12。

不同行业内线与局线数量比　　　　　　　　　　　　　　　　表 26-12

行　　业	内线 100 时局线数量
制造业	20
建筑业	24
商业	24
金融保险	15
陆地运输	25
海上运输	27
仓库业	27
服务业	6
其他	16

超过 100 条内线时可按每增加 100 个内线减少 5% 的比例递增。由于组织规模和信息时代的要求，电话机有必然增加的趋势，要充分调查建筑物中人员的组织、职务的特点，考虑与其对应的服务。

2. 施工注意事项

专用交换机设备所需要的房间因设置不同的交换机种类而不同，详见表26-13。

交换机的种类和需要的房间　　　　　　　　　　　　　　表 26-13

交换机种类	需要的房间				备　　注
	中继台	机械	蓄电池	休息	
共电式内线 < 10	X	X	X	X	选择安静的地方
共电式内线 < 40	√	X	X	√	中继台室容纳全部设备
A50 型自动交换机	√	X	X	√	中继台室容纳全部设备
A100 型自动交换机	√	√	X	√	柜式蓄电池装在其他室内
小容量纵横式 < 100	X	√	X	X	柜式蓄电池装在其他室内
中容量纵横式 < 300	√	√	X	√	摇臂交换机不需要机械室
中容量纵横式 < 600	√	√	X	√	摇臂交换机不需要机械室
大容量纵横式 > 600	√	√	√	√	架式

交换机室应考虑：除摇臂式外，机械室与其他室宜隔离；机械室、中继台室内不附设电传打字机等可能产生噪声的机器；休息室要设置专门的房间；要采取防鼠、防虫措施。见表 26-14。

交换机室的大小（有两排数值时第一排为无绳，第二排为有绳）　　　　　表 26-14

项目	名称	内线	400	500	600	800	1000	1200	1500	2000	2500	3000
		局线	50	60	75	100	120	150	180	240	300	360
		单位	30	40	45	60	80	90	120	160	200	240
机器构成	架	架	11	13	15	20	24	29	35	51	62	71
		架	9	10	10	13	16	18	25	32	39	49
	中继台	台	3	4	5	6	8	9	12	16	20	24
	蓄电池	Ah	210	400	600	700	900	1000	1400	1800	2500	2500
		Ah	210	290	500	500	600	700	800	1200	1600	1800
	整流器	A	50	75	75	100	100	100	150	200	300	300
		A	50	75	75	75	100	100	150	150	300	200
所需面积	机械室	m²	36	42	48	54	66	72	90	120	150	180
		m²	30	30	30	42	54	60	78	90	120	150
	中继台	m²	18	18	21	24	24	36	36	48	60	66
	蓄电池	m²	15	18	21	24	27	33	42	54	66	72
		m²	12	12	12	18	18	24	24	24	27	27
	维修工	m²	12	12	18	18	18	18	18	24	24	24
	休息室	m²	12	18	18	30	30	36	42	54	60	72
		m²	9	9	12	15	18	18	18	24	30	36
	无绳合计	m²	87	99	112	141	156	180	210	270	327	381
	有绳合计	m²	78	87	99	129	147	165	198	246	300	354

地面荷载	机械室 中继台 蓄电池 维修工 整流器	kg/m²	400 100/300 600 300 1000/1000		有效高度	机械室 中继台 蓄电池 维修工	m	>2800 >2100 >2100 >2100
小型交换机	1~200门 201~400门 401~600门	面积 m²	3.5×5.0=17.5 6.0×7.0=42.0 6.0×9.0=54.0		有效高度		2.7m	

安装时应考虑设备之间间隔及墙柱等的间隔对施工、维修、使用没有障碍。安装交换机时，应安装在容易进行检修、维修的地方；应准确地进行水平及垂直找正；在安装及搬入设备时要小心，避免因振动、冲击发生故障及受损；采取防地震措施，如底座焊接在楼板上，用金属器件补强，防止设备翻倒。

3. 配线

配线设计考虑到将来增设的因素，求出每个建筑物、各房间及各区域所需电话机数及线路数；考虑将来的增设因素，决定配线系统及配线型式。配线系统从电话局引入的电缆接在局线用端子箱上；来自局线端子箱的电缆分支到主端子箱、中间端子箱；来自中间端子箱的电缆分支到各室内端子箱；从室内端子箱通过室内线向各个电话配线。

配线型式的局线用端子箱、主端子箱、中间端子箱的电缆配线为单独式。中间端子箱和室内端子箱的电缆配线采用单独配线、复式配线、递减式配线三种或其组合。单独配线是指每个端子箱直接配线的形式，适用于所需电话局数量多的地方。复式配线是为了增加配线的灵活性，使端子箱相互串联配线，适用于换形及转换频繁的场合。递减式配线为串联端子箱配线，依次减少电缆对数，适用于一般场合。

4. 配管

配管的原则是一根电缆配一根管。应考虑在主端子箱之间及局线用端子箱和主端子箱之间设置备用管；在中间端子箱之间设连接管；从主端子箱或中间端子箱向室内大小的配管为每个室内端子箱单独配管，或者在室内端子箱不超过三个时进行串联配管。电话配管与电力线、水管、煤气管的间距见表 26-15。

电话配管与高低压线路的间距　　　　　　　　　　　　表 26-15

电力线的种类				间距
低压电缆	电力线是绝缘电线或电缆，且装在合成树脂管或接地的金属管槽内			不直接接触
	电力线为橡皮绝缘软线或电缆，且不装在管道内			不直接接触
	其他	300V 以下	遮蔽场所	> 120mm
			易见场所	> 600mm
			设有绝缘间隔	不直接接触
			瓷管内	不直接接触
		300V 以上	遮蔽场所	> 300mm
			易见场所	> 150mm
高压	电力线非电缆	高压 > 300mm，超高压（> 7kV）> 600mm		
	电力线为电缆	不直接接触		

配管的最小弯曲半径　　　　　　　　　　　　表 26-16

管径 d（mm）	曲率半径 d（mm）
28	15
54	50
82	100

电线管不要直接与水管、煤气管和冷暖气管接触。特别是硬质乙烯树脂电线管应尽量与发热体（暖气管）隔离。地下电缆引入要尽量避免使配管弯曲，不得已时应避免 S 弯曲，且弯曲半径符合表 26-16 规定。多数配管应考虑将来的增设，应将备用配管计算在内。配管穿过建筑物的地方要有防水措施。对于 10kV 以下的低压电力线最小间隔为 300mm，大于 10kV 最小间隔为 600mm。与煤气、自来水、下水管道交叉时不低于 150mm，平行时不低于 300mm。埋设深度一般在 1m 以上，否则宜采用混凝土保护。

5．接地施工

用户使用保安器采用 1.6mm² 以上接地线，其接地电阻值为 100Ω 以下；专用交换电话设备采用 1.6mm² 以上的接地线，其接地电阻值因使用设备种类而不同，应与公司协商。电气设备保护用接地按标准施工。接地极的埋设深度，用户用保护器为地面下 0.5m 以上，专用电话交换设备为 0.75m 以上。接地极原则上要与避雷针用接地极隔开 5m 以上，与其他接地极离开 2m 以上。接地线要使用 600V 乙烯绝缘导线，颜色为绿色。将接地线搭在建筑物的外墙上敷设，而且有可能损坏绝缘时，该部分要用绝缘保护罩或硬质乙烯管进行保护。

电话进户线做法见图 26-13 所示。接地线要有余量。

26.4.4　电话站设备布置

电话站内设备布置应符合以近期为主、远近期相结合的原则，安全适用和维护方便；便于扩充发展；整齐美观。

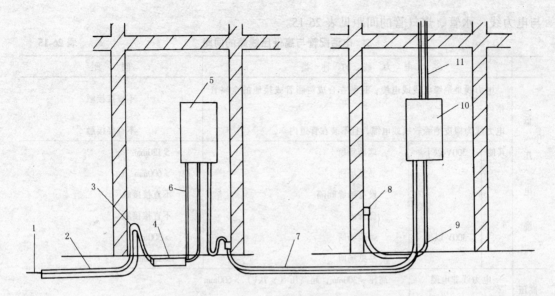

图 26-13　住宅楼电话地下进户管引入方式

1—主干电话电缆；2—地下进户管；3—接地线；4—气塞或成端接头；5—交接箱；6—接地连线；7—电缆管；
8—用户出线盒；9—用户线管；10—壁龛式分线箱；11—电缆管

话务台室宜与电话交换机室相邻，话务台的安装宜能使话务员通过观察窗正视或侧视到机列上的信号灯。总配线架或配线箱应靠近自动电话交换机；电缆转接箱或用户端子板应靠近人工电话交换机，并均应考虑电缆引入、引出方便和用户所在方位。

电话站交换机容量在 200 门及以下（程控交换机 500 门及以下），总配线架（箱）采用小型插入式端子箱时，可置于交换机室或话务台室；当容量较大时，交换机话务台与总配线架应分别置于不同房间内。

容量在 360 回线以下的总配线架落地安装时，一侧可靠墙；大于 360 回线时，与墙的距离一般不小于 0.8m。横列端子板离墙距离一般不小于 1m，直列端子板离墙不小于 1.2m，挂墙设的小型端子配线箱底边距地 0.6m。电话站内机架正面宜与机房窗户垂直布置。

如生产厂成套供应自动电话交换机的安装铁件、列间距应按生产厂的规定，否则机列净距为 0.8m，如机架面对面排列时，净距为 1~1.2m。机架与墙间作为主要通道时，净距为 1.2~1.5m；机架背面或侧面与墙或其他设备的安装净距不宜小于 0.8m；当机架背面不需要维护时可靠墙安装。

电话站内机架、总配线架、整流器和蓄电池等通信设备安装应采取加固措施。当有抗震要求时，其加固要求应按当地规定的抗震烈度再提高一度考虑。配线架与机列间的电缆敷设方式宜采用地面线槽或线架。交直流线路可穿管埋地敷设。

26.5　电　脑　网　络

电脑网络成为衡量现代化水平的标志之一。设计人员在工程设计中开始采用 PDS 构成电脑网络。事实上，构成电脑网络的方法很多，各种网络各有优缺点，宜区分不同工程情况和环境条件下设计。

网络的好处在于使用者能够从中受益，受益的东西并非有形的物质、而是无形的信息。信息的价值在于使用者的应用水平，网络建设就是提供一种基础的平台，让使用者能够快速、方便、大量的找到所需要的信息。

在建筑工程设计领域，提供交换信息的可能逐渐成为建筑的基本功能设备，了解和懂得网络基本知识，并且与专业人员配合进行网络建设逐渐成为电气工程师的专业任务之一。

26.5.1 电脑网络的基本概念

1. 电脑网络概念

电脑网络这一术语，至今没有一个精确的定义，且其内涵随着电脑技术和通讯技术的发展而变化。网络是电脑和通讯技术结合的产物，是按照一定的协议，将地理上分散的且独立自主的电脑互相连接的集合。连接介质可以是电缆、双绞线、光纤、微波或卫星。联网的电脑不仅仅地理上可能是分散的，而且功能是独立的。网络具有共享硬件、软件和数据的能力，具有共享集中数据处理的管理和维护能力。

电脑网络就是通过一定方式，将处于不同地理位置具有独立功能的若干台个人电脑连接起来，使它们按照规则通讯，实现信息资源共享，发挥出更大的潜力和作用。网络与个人电脑最大的不同可能就在于信息的通讯。

SUN 公司提出了一个响亮的口号"网络就是电脑！"这是一个日益被广泛接收的事实。从传统观念的角度，电脑网络长时间被称为电脑通讯网络。而今天电脑网络已经成为电脑工业的一部分。新一代电脑已经将网络接口集成到主板上，网络功能也嵌入到最新的操作系统中，智能建筑的兴建已经和网络布线同时进行。新世纪是电脑网络的时代，甚至不进入网络的电脑，就不能称为电脑！"网络就是电脑"这样的概念正反映了信息时代的飞速发展。

2. 网络形式

电脑网络可按照网络拓扑结构、网络范围和互连距离、数据传输、系统所有者、服务对象等不同标准进行划分。由于所处角度不同，对网络采取不同的分类办法。最流行的是按照网络服务范围将网络划分为：局域网 LAN（Local Area NetWork）、城域网 MAN（Metropolitian Area NetWork）、广域网 WAN（Wide Area NetWork）。

局域网的地理范围一般在 10km 以内，是小范围部门或单位内。其组建方便、使用灵活，是目前网络中最活跃的分支。广域网涉及范围大，例如一个城市、国家和大区，范围在几百到几万公里。广域网的传输装置和介质一般由电信部门提供，能够实现较大范围的资源共享。城域网介于 LAN 和 WAN 之间，范围在一百公里以内。

3. 网络的优势

（1）资源共享：资源共享是建立电脑网络的核心。连入网络的用户，无论是谁，无论在哪里，无论什么时候，都可以使用网络中的数据、程序和设备。网络环境从根本上改变了人们传统的生活和工作方式，人们可以不拘泥于形式取得和利用信息资源。

（2）通信与合作：网络的出现提供了强大的通信手段，使合作有了更广泛的可能，大大密切了合作者之间的关系，提高了合作的效率。

（3）提高了资源的可靠性：电脑网络使信息资源得到了更加广泛的应用，同样的文件可以保存多个副本在不同的地方，提高了可靠性。对军事、金融、航空等部门意义重大。

26.5.2 网络的拓扑结构

为了有效地分析网络，可采用拓扑学中的方法将网络单元定义为节点，节点之间的连线称为链路。这样从拓扑学的角度看,电脑网络由节点和链路组成,节点和链路组成的几何图形就是网络的拓扑结构,如星型、树型、总线型、环形和网状拓扑结构,见图 26-14。

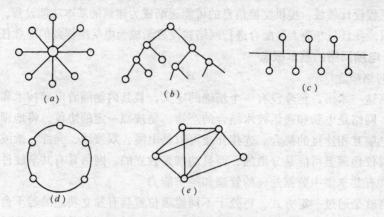

图 26-14　电脑网络的拓扑结构
(a) 星型;(b) 树型;(c) 总线型;(d) 环形;(e) 网状

网络中的节点有转接节点和访问节点两类。通讯处理机、集线器和终端控制器等属于转接节点,在网络中仅仅是转接信息。主电脑和终端电脑是访问节点,是信息传送的来源和目标。

1. 星型

星型结构由中心站点、分站点和它们之间的链路组成。目前较为流行的是在中心站点配置集线器。然后伸出多条分支电缆,每个入网设备提供分支电缆连接到集线器上。信号经过设备通过分支电缆连接到集线器上,再传送到其他设备上。星型网络采用集中通讯的办法,集线器具有一定的智能,能够执行网络管理协议 SNMP。

目前智能建筑综合布线常采用双绞线,一般是在每个楼层设置集线器,以连接足够数量的站点设备。楼层集线器再通过总集线器连接起来。采用双绞线的以太网络,绝大部分采用星型结构。星型网络的主要优点在于维护、管理容易,重新配置灵活,故障检测、隔离容易。缺点是安装工作量大,依赖于中心站点,可靠性较差。

2. 树型

树型网络结构是分层的,具有根节点,是星型结构的扩充,适用于分级管理和控制系统。树型网络的主要优点是容易进行扩展和故障隔离,但是根节点若出现故障,全网将遭殃。

3. 总线型

总线型结构以公共总线作为传输介质,各站点都通过相应的硬件接口直接连入总线,信号沿介质进行全方位传播。总线制共享无源总线,通信处理是分布式控制。

总线型的优点是安装布线容易,所有站点都接到总线上,容易维护、安装费用低。总线为无源介质,可靠性高,增加和删除站点方便。总线型采用分布式控制,故障检测、隔离较困难。

4. 环形

环形网络是一个环形连接的总线,具有总线型的全部优点,而且故障定位准确。这是因为各站点是通过中继器连接入网的,入网站点具有一一对应的地址,信息单向沿环路逐

912

点传送。环形网络是点对点的单向传输，适合光纤连接。

环形网络一般是采用单环、单向，出现任何故障都将导致网络的瘫痪，而且重新配置困难。环网中增加、删除、变更站点都不容易实现，灵活性差。

5. 网状

网状结构主要应用于广域网，是投入和受益都较高的方式。网状结构的优点在于信息传输线有冗余，容错性能较好，而且故障诊断准确。缺点在于安装、配置困难，而且信息传输有延时。

26.5.3 网络屏蔽

现代网络采用屏蔽元器件应该是唯一的选择。

1. 干扰是网络的大敌

电缆和设备通常会干扰网络中的其他部件、或者被其他干扰源所影响，从而破坏数据的传输，严重时会导致整个网络的瘫痪。可能的干扰源有：电网潮流变化；荧光灯照明；无线电传输设备（手机、广播电台、电视台）；非屏蔽电缆 UTP 之间；办公设备（复印机、打印机、传真机、电脑、碎纸机等）；航空雷达；工业电机（电动机、发电机等）；电子照明设备。

非屏蔽的绞线只能保护电缆不受磁场干扰，但不能使其不受电场干扰。许多干扰源发射的是电场或电磁场（辐射场），因此只有屏蔽场才能保证网络不受所有干扰源的影响。

对于高于 10Mb/s 的高速传输频率需要，数据传输越灵敏，屏蔽性能就越重要。机械地限制绞合长度会使绞合的效果减弱。绞合仅仅能够有效地适合 30~40MHz 的数据传输。由于安装过程中对电缆的拉力和其他弯曲半径等因素，会使非屏蔽双绞线 UTP 的均衡绞合都遭到破坏。然而屏蔽可以补偿这种影响，屏蔽可以被视为一种电磁的和机械的保护。

2. 窃听

潜在的窃听者、骗子和黑客在不断增加之中，它们可能拦截非屏蔽电缆上传输的信息，引起严重的破坏和损失。使用屏蔽电缆可以显著降低周围环境中的电磁能发射水平。

如果没有物理连接，仅仅将非屏蔽电缆 UTP 当作传送天线，那么其中传播的信息是很容易被拦截的，屏蔽双绞线由于其较低的散射而不容易被拦截。如果数据传输过程中没有特别的保护措施，窃听者仅仅需要一部雷达接收机，电子信号发生器和一台便携式电脑，在几公分至几百米的距离内，都可以进行数据拦截。

加密和解密是保护网络数据的另外一种选择，但需要较大的网络发射工具，且其配套设备相对高昂。因为加密必然导致总信息量的增加。选择加密的费用将比选择屏蔽电缆的费用高出许多，而且不安全的感觉总是存在。

3. 屏蔽的实施

屏蔽必须是从传送器到接收器的全程屏蔽。安装电缆终端电源插座、接线板和连接电缆等，所有的线路元件都必须屏蔽。包括工作区和设备电缆在内的所有线路元件都应该仔细地挑选、正确安装和连接。

单独的绞合线对或四线组可有一个金属屏蔽层。屏蔽旨在增加与电磁化外界的间距。就屏蔽本身而言，可将线对或四线组自身之间的串音减少到最低程度。这将根据集肤效应由反射和吸收来完成。其中反射是指金属屏蔽能够有效地反射来自内外的大量入射电磁场。集肤效应是指在一定的频率下，屏蔽能够在需要的信息和外界干扰之间提供近乎完美的间距。集肤效应保证了干扰电流只是在屏蔽层外通过，因为它不能透过屏蔽层并有一段短的距离。上述间距的频率根据屏蔽层的材料和厚度不同而不同。

数据的散射越强，就越容易被中途阻断。实验表明：减弱来自外界的干扰信号同减弱来自线缆自身的散射一样，线缆的屏蔽层是十分有效的。为了保护数据安全和数据的传输质量，屏蔽元件是必须的。

26.5.4 网络的未来

电脑网络是信息社会的基础设施，必将日益受到社会各方面的广泛关注。

1. 高速交换式网络

现有的局域网以共享媒体为主，网上的工作站点共享同一频宽，虽然光纤环网 FDDI 相对于一般局域网传输速度高了一个数量级，但始终没有摆脱共享型局域网的束缚，且光纤网络与各局域网之间需要靠路由器实现，网络运行速度慢。高速交换式网络通过网段微化技术并通过在网段间建立多个并行连接，为每个单独的网段提供专用频带以满足信息高速传输的社会需要。

2. 网络的综合服务

窄带综合业务数字网（ISDN）将得到进一步的发展。需要实现信息传输的数字化，将需要的模拟传输逐步过渡到数字传输，能够在网络上同时传输语音、数据和图形等多媒体信息。

ATM 是实现宽带综合业务数字网（BISDN）的有效交换与传输方式，能够传播从音频到视频信号的宽带信号。同步光纤网（SONET）可作为一种宽带传输介质支持多路层次结构，速度达 2.4GB/s。预计 ATM 会成为 21 世纪的电话网。

3. 移动通信技术

人总是越来越忙，便携式电脑也许更加流行。对可移动的无线通讯网络的需求将大大增加。无线数字网络类似于蜂窝电话网，人们随时随地可将电脑通过拨号的方式接入网络，发送和接收信息。目前蜂窝电话是建立在模拟广播技术基础上的，需要调制解调器进行交换。

4. 网络智能

网络智能主要是网络管理方面的智能化。操作一个大型电脑网络是十分复杂的，当网络中设备数量增加，复杂程度按指数上升，使得检测和修复故障都十分困难。网络智能管理就是将专家系统引入网络，使网络自动进行故障检测、诊断和排除。网络智能化还表现在网络进行高级通信及业务处理，如通讯介质变换和自动翻译。

5. 网络标准

国际标准化组织 ISO 制定的开放系统互连 OSI 参考模式是国际上公认的开放系统结构，是实现网络互连的基础。OSI 解决了分布计算环境的连接性和协议的互操作性。开放系统环境除了 OSI 通讯要求外，还包括标准数据交换格式、标准操作系统接口、公共接口、图形接口、标准应用程序接口 API、公共数据模型和存储、标准目录、管理和安全方法等。标准化是网络发展的必然趋势。

26.6 光　缆

26.6.1　传输介质——激光

激光是受激发光的简称，是 20 世纪中期以后兴起的一项新技术，其应用范围十分广泛。现在可以断定，激光技术对今后科学技术的发展将有极其重要的作用。

量子力学表明：能量是表征一些粒子（包括电子、原子和分子）的基本物理量之一。因为能量是量子化的，表现为一些不连续的能态。粒子在不同能态之间的跃迁，就要吸收或发射出光子。由低能态向高能态跃迁时吸收，而由高能态向低能态跃迁时发射。

1917 年，A·爱因斯坦提出发射光子时的两种情况：一种是自发辐射，粒子无规则地由各高能态变到各低能态，例如白炽灯的发光，其中包含各种频率的光；另一种是受激辐射，粒子在高能态受到外来光子的激光跃迁到低能态，而高能态与低能态的级差恰好为光子的能量，从而产生了第二个光子。这样对其他粒子产生了连锁反应，成为量子放大器。

爱因斯坦还证明：在含有大量原子的系统中，吸收或者发射光子哪一种占优势，决定于高能态与低能态中的粒子相对多少，粒子多的向粒子少的跃迁概率就大些。在热平衡条件下，各能级中的粒子数服从玻尔兹曼分布定律，最低能级的基态的粒子数较多，因此通常发生的是光子被吸收，而不是产生受激发射。如果希望产生受激发射必须使高能级中的粒子增多，称为"粒子数反转"，这只有创造不平衡的条件，使玻尔兹曼定律不再适用。

1956 年布隆贝根（N.Blocmborgon）提出三能级激光器的概念。他的方案是选择一个合适的三能级系统，按照玻尔兹曼分布，每个能级上粒子数从低到高依次减少。再选择频率合适的光子使低能态的粒子吸收并跃迁到顶部能态中去。由于吸收与发射的概率相等，当顶部与底部能态中粒子数相等时系统仍然是稳定的。第三个能态即中间的能级经过精心的挑选，则可能使中间能态的粒子数多于最低能态中的粒子数，实现粒子数的反转。

激光是粒子受激在固定的能态级差间产生的，因此频率很接近单一，这称为时间相干性；又由于光谐振腔两端有很好的平行度，所以光波波前的相位亦接近相同，这称为空间相干性。同时在光谐振腔内，只有轴向的光往返传播，因而又具有很好的方向性。由于激光的这些特性，从而有广泛的技术应用。为了适应不同的需要，此后又陆续研制出不同工作物质的多种激光器，如气体的、液体的、半导体等。

激光的能量在空间上和时间上可以做到高度集中，脉冲的峰值功率达 1kW，是其他方法难以达到的，因此在加工、焊接、医疗等方面也获得应用。利用激光的相干性及方向性及光波干涉方法，已广泛用于测量方面，例如激光测量月球到地球的距离，可准确到 1.5mm。对于运动物体如飞机、导弹、航艇、甚至炮弹，用重复频率为 2～40Hz 的脉冲激光器测定距离，精度可达 1m。激光还用于全息摄影技术、工程校直、印刷、微加工、传感技术等方面。

激光还在一些与传统的电工技术密切相关的领域中起着重要作用。如光纤通信、激光雷达、激光制导、激光录像、激光存储、激光显示、激光电脑等。以光纤通信为例，由于光的频率为 5（10^{13}Hz～10^{15}Hz），若仅实现 0.1% 的调制，则载波的电话路数可达到 108 路，若传送电视亦可达 105 路。除通信容量大之外，同时光纤光缆体积小重量轻易于运输及施工，抗干扰能力强，保密性能好，并且光纤的原材料远较铜线易得和便宜。因此光纤通信发展十分迅速，我国的光纤通信亦已投入运行。利用法拉第发现的磁光效应，又可用激光通过有磁场处偏振面的转动，进行非接触的大电流测量；利用克尔的电光效应，又可测量高电压等。

26.6.2 光纤电缆

1930年出现了像头发丝一样的玻璃光纤，1970年通过去除玻璃杂质研制出传光效率很高的光纤，直到1980年以后才普及使用。光导纤维用于通讯传输，因其保密性强、体积小、抗干扰能力强、通讯信息量大、距离远等优点，得到了迅速发展。

1．光纤电缆

光导纤维是一种崭新的信号传输材料，它是利用激光通过超纯石英或特种玻璃拉制成的光导纤维进行通信。用多股光纤、铜导线、护套等组成光缆，它即可长途干线通信，传输上万路电话或若干套电视节目以及高速数据，又可以用于中小容量的短距离市内通信。应用在局间中断、市局间交换机之间以及闭路电视、电脑终端网络的线路中。光纤电缆断面示意图如图26-15所示。

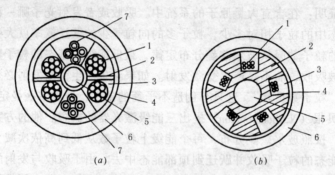

图26-15　光纤电缆断面示意图

（a）光缆Ⅰ断面；（b）光缆Ⅱ断面

1—紫外线照射光纤；2—塑料骨架；3—胶状混合物；
4—绕包带；5—中心加强构件；6—PE护套；7—钢线四芯组

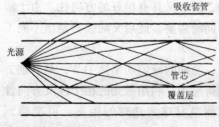

图26-16　光纤内部反射传播

光纤是利用光的全反射原理来传递光信号，带有光码信息的光束在光纤中不断地全反射，把信息从一端传递到另一端，如图26-16所示。带有光码信息的光束在介质光束边界的入射角大于某个临界值的时候光线就会全部在介质内部反射，需要外部包层光纤折射率低于传输纤维的折射率，就能产生内部全反射。

光源通常有两种，一种是发光二极管LED，它通过电流的时候则发光，LED可以工作在温度范围大，价格低。另一种是注入型发光二极管ILD，它是激励量子电子效应来产生一个窄带宽的超辐射光束。ILD效率高，能有很高的数据传输率。在光纤接收端有一个检波器，它将光能转回为电能，目前常用的检波器有PIN检波器和APD检波器，后者灵敏度比较高，用的是雪崩光电二极管。

光纤电缆通信容量很大、中继距离长，而且性能稳定，通信可靠。光缆芯细，重量轻、挠性好，便于运输和施工。可以根据用户需要插入不同信号线或其他线组而组成综合光缆。光缆的标准长度为 $1000 \pm 100m$，具体的长度也可以与厂家定货决定。

2. 光纤材料的分类

（1）光纤按材料质地分为玻璃光纤、石英光纤和塑料光纤。玻璃光纤出现最早，因为它的熔点低为 1300℃，拉制比较容易。结构玻璃光纤耗损较大，几个 dB/km，但造价低。石英光纤的熔点较高，大约是 1900℃，工艺较复杂，传输耗损 0.2dB/km，能够远距离传输信息。塑料光纤是最新产品，多是聚苯乙烯或聚丙烯材料，耗损在 20dB/km 以下，但可以做出较粗（$1 \sim 2mm$）的柔软光纤。窗户玻璃的传送耗损大约是 1000dB/km。

（2）光纤按其折射率特性可分为多模光纤（阶跃型、渐变型）和单模光纤两种。按传输特性可分为长波（波长 $1.32 \sim 1.55\mu m$）和短波（波长 $0.8\mu m$）两种。多模光纤芯线较粗，典型值为内径 $50 \pm 3\mu m$、外径 $125 \pm 3\mu m$。多模光纤的传输原理与传输微波的玻导管相同，越粗效果越好。由于多模光纤传输光模式多，光信号的损耗较大，短波损耗为 $2.2 \sim 3.5dB/km$，长波 $0.8 \sim 1.2dB/km$，适用于带宽 $400 \sim 800MHz$、距离 10km 以内的小型系统。

光纤的种类与特点见表 26-17 所示。

光 纤 的 种 类 与 特 点 表 26-17

种　　类	折射率构造	特　　点	用　　途
多模光纤	突变折射率 Step Index	光纤芯线粗，发光元件容易与其连接	短距离
		模离散大，传输频带窄，不常用	频带几十 MHz/km
单模光纤	渐变折射率 Graded IndexSI 与其他	芯线直径与 SI 相同比 SI 模离散小，传输频带较宽	短、中距离 几十～几百 MHz/km
		不产生离散，频带宽	中、长距离几十 GHz/km
		芯线细，与发光元件连接精度要求高	

3. 光纤的光学特性

光纤按折射率与传输模式可分为：

（1）芯线折射率从中心轴向外层逐渐减少的梯度形光纤。光在芯线中呈曲线向中心集束传输。

（2）光纤芯线的折射率恒定，但外层相对折射率只有 1%，光线在芯线中全反射呈现锯齿形前进。由于入射角不同，会出现光群速度差引起的模式色散。以上两种光纤均为多模光纤，直径在 $10 \sim 50\mu m$。在光纤截面的电场分布是周期重复的，其特征频率 V 表达式如：

$$V = \frac{2\pi a n_1 \sqrt{2} \cdot (n_1 - n_2)}{\lambda \quad n_1}$$

n_1、n_2 分别为光纤内外层的折射率，a 为光纤半径，λ 为传输光线的波长。一般 V 值小于 2.405 时，光纤中仅仅能够通过一个波峰，称为单模光纤，它的直径仅有 $3 \sim 10\mu m$，色散很小。影响光纤传输频带宽度的是各种色散，单模光纤在这方面具有优势。但是，单模光纤连接困难，光源只能使用激光。

光纤用于传输能量时，单位时间内光功率 $p = hvn$，其中 h 为普郎克常数，v 为光频率，n 为导光体的光粒子数量。要传输更多的能量就必须增加光的强度 vh，但这会引起线路发热的问题。$1mm^2$ 的石英光纤能输送 100kW 的功率。

光纤传输的波长见表 26-18 所示。

光 纤 传 输 的 波 长

表 26-18

名　　称	波　　长	特　　点	用　　途
短波	0.8μm	损耗：3dB/km；便宜，耗损大	低速度、短距离传输高速度
	1.3μm	损耗：0.5dB/km；频带宽，无离散波长	
长波	1.55μm	损耗：0.2dB/km；损耗低	中、长距离

4. 光缆分类的代号

GY——通信用室外光缆，用于室外直埋、管道、槽道、隧道架空以及水下敷设的光缆。

GR——通信用软光缆：具有优良的曲挠性能的可移动电缆。

GJ——通信用市内光缆：适用于市内敷设的光缆。

GS——通信设备内光缆：适用于设备内部布放的光缆。

GT——通信用特殊光缆：除了上述分类之外作特殊用途的光缆。

26.6.3　光缆传输系统

电缆随着传输距离的增加和频率的提高，其衰减量也相应增加。所使用的干线放大器数量也要增加，其结果必然影响到系统的载噪比、交调比和互调比等。一般情况下，电缆干线的传输距离在 10km 时，干线放大器不宜超过 15 只。为解决远距离干线传输问题，可采用光缆传输和多频道、多点微波分配系统 MMDS。光纤用于电视等弱电系统中还是近几年的事情，主要原因是大功率光电发射机和高灵敏度光电接收机的研制成功。特别是与同轴电缆系统接口兼容的传输系统的研制成功。目前我国用于电视工程主要是单模传输系统。

1. 光缆系统的主要优点

(1) 频带宽。一根单模光纤就可达到 1GC 的带宽，可容纳全部电视频道信号，也不存在均衡问题。

(2) 传输损耗低。目前所采用的波长 1.3 ~ 1.5μm 传输时，光缆损耗为 0.2 ~ 0.05dB/km，短波 0.8μm 时，衰减为 3dB/km，而且光缆衰减带宽基本不随周围温度变化。采用 AM—VSB 技术的光缆，在传输 450MHz 时，可无中继传输 20km 以上。

(3) 光缆直径小，重量轻。目前单根光纤直径 9 ~ 10μm，外径 125μm，安装方便。

(4) 光缆传输不受环境的影响。因为光纤导光不导电，不怕雷击，而且能够抗电磁干扰。

(5) 光纤的化学材料为石英玻璃 SiO_2，自然界中含量丰富。

(6) 提高了系统的可靠性，改善了信号质量。与同轴电缆相比，影响信号传输质量的因素要少。

2. 光纤的传输原理

电磁波在介质中传输有两个重要分支，一是电磁波在介质中传输，如微波波段在聚四氟乙烯介质中传输可以构成移相器、介质导天线等。二是光波在介质中传输，如在石英玻璃纤维中传输，称为光纤或光缆。

光纤传播的原理可以用光学反射原理解释。光线在界面处一部分透射、一部分反射。

若界面处光线的入射角大于临界角时，光线会全部反射出去。全反射的光线条件是折射率 n_1 必须大于 n_2 且入射角大于 Q_c。Q_c 与 n_1、n_2 有关，即由光线的数值孔 NA 径决定光纤入射光的能力。入射角 Q 等于 Q_c 时，$NA = n_1 (n_1 - n_2) / n_1$。

光纤传输系统由光发射机、光缆、光中继器和光接收机组成，光波信号是通过光发射机的调制器将电信号调制在光波上获得的，即进行电—光转换。光信号通过传输介质和接收装置最终送到用户端并进行光—电转换，还原为点信号。

光发射机是由光源（如激光二极管）、激励器、调制器（编码器）等组成，其作用是将电信号调制在光信号上送到光缆中进行传输。光中继站是由光纤、光放大器、光分支器等组成。当系统传输距离超过几十公里，光损耗达几十 dB 时，才需要设置中继站对光信号予以补偿。光接收机是由光放大器、检光器和电信号放大器组成。其作用是进行光—电转换，将信号恢复为原来的电信号。

26.6.4 光纤的应用

光纤具有良好的抗电磁干扰能力，可以广泛地应用于建筑物的各类系统中，如楼宇自控、办公室自动化、保安监控、电视、电话、电脑网络通讯。

光纤的应用频带宽损耗低。单模光纤是专门按照某种传输模式制作，长波损耗在 0.5dB/km 以下，可长距离传输。单模光纤芯线较细（3~10μm），其连接工艺要求高。光缆传输系统可以提供更高的速率，传输更多的信息量。

长距离线路传输。当综合布线系统需要在一个建筑群之间的长距离线路传输，建筑内线路将电话、电脑、集线器、专用交换机和其他信息系统组成高速率网络，或者外界与其他网络特别是与电力网络一起敷设时应有抗电磁干扰，宜采用光缆数字复用设备作为传输媒介。光缆传输系统应能满足建筑环境对电话、数据、电脑、电视等综合传输要求。

光纤适用于大规模的综合布线系统。目前已能提供实用的光缆传输设备、器件及光缆。综合布线系统中传递的各种信息通过光缆可以大大增加传输距离，其本身就是光缆和铜缆组成的集成网络系统。光缆传输系统可组成抗电磁干扰的网络。

1. 光纤损耗

光纤损耗的原因：光纤提炼的纯度不够，含有杂质；对红外线和紫外线的吸收；光纤表面散射；光纤弯曲和结构不完善等引起的反射和散射。

光纤传输频带主要取决于光波在光纤中的散射或离散。离散可分三种，一种是模式离散，主要是单模在光纤中运动方向和速度不同所致；二是材料离散，即不同波长的光在同一材料里面折射率不同；三是构造离散，即在一条芯线内，虽然光信号是沿芯线前进的，但总有部分能量离散到光纤以外。由于构造引起的折射率不一样，波长越长越容易离散，越容易穿过折射率小的地方。

2. 光缆连接器

光缆传输系统应使用标准单元光缆连接器，连接器可端接光缆交接单元，陶瓷头的连接应保证每个连接点的衰减不大于 0.4dB。塑料头的连接器每个连接点的衰减不大于 0.5dB。

对于陶瓷头的连接器，每 1000 次重新连接所引起的衰减变化量小于 0.2dB。对于塑料头的连接器，每 200 次重新连接所引起的衰减变化量小于 0.2dB。无论哪种型号的连接器，安装一个连接器平均时间为 16min。同时安装 12 个连接器平均安装时间为 6min。

综合布线系统的交接硬件采用光缆部件时，设备间可作为光缆主要交接场的设置地点，带状干线光缆从这个集中的端接和进出口点出发延伸到其他楼层，在各楼层经过光缆及其连接装置沿水平方向分布光缆。

综合布线系统宜采用光纤直径 62.5μm 光纤包层直径为 125μm 的缓变增强型多模光缆，标称波长 850nm；也可采用标称波长为 1300nm 的单模光缆。单模光缆用于长距离传输。

26.6.5 对光纤的要求

1. 光缆数字传输系统的数字系列比特率、数字接口特性，布线应符合国家标准 GB4110—83 "脉冲编码调制通信系统系列" 的规定，见表 26-19。

系 列 比 特 率   表 26-19

数字系列等级	基 群	二 次 群	三 次 群	四 次 群
标称比特率（kbit/s）	2048	8448	34368	139264

数字接口的比特率偏差、脉冲波形特性、码型、输入口与输出口规范等，必须符合国家标准 GB7611—87《脉冲编码调制通信系统网络数字接口参数》的规定。

2. 光缆种类

光缆传输系统宜采用松套式或骨架式光纤组合光缆，也可用带状光纤光缆。布线敷设宜采用地下管道布线敷设。穿过管道或直接放在干线通道、天花板、墙壁或地板上非强制通风环境的建筑物光缆应具有防火标志 UL 的套管。放在回风巷道（强制通风）环境的建筑物应具有防火标志 UL 的含氟聚合物套管。光缆和铜缆一样，也有铠装、普通和填充等类型。

3. 光缆传输系统设备

光缆传输系统中标准光缆连接装置 LIU 硬件交接设备，除应支持连接器外，还应支持束状光缆和跨接线光缆。各种光缆的连接应采用通用光缆盒，为组合光缆、带状光缆或跨接光缆的接合处提供可靠的连接和保护外壳。通用光缆盒提供的光缆入口应能同时容纳 4 根带状光缆，8 根组合光缆和 8 根束状建筑物光缆。

当带状光缆互连时，必须使用陈列接合连接器。如果一根带状光缆中的光缆要与一根室内非带状光缆互连，应使用增强型转换接合连接器。

4. 光缆布线网络

光缆布线网络可以安装于一建筑物或建筑群环境中，而且可以支持在最初设计阶段没有明确的各种带宽通信服务。这样的布线系统可以用作独立的局域网 LAN 或各种电话会议、监视电视等局部图像传输网，也可连接到公用电话网。

5. 光缆有线电视

由于光缆传输频带宽，可容纳 59 路电视模拟电视节目，包括 22 个标准电视频道和 39 个增补频道。光缆传输能够有效地克服空间电磁波的干扰，使得电视图像更加清晰稳定，而且解决了由于空间阻挡造成的重影、雪花等物体问题。使用光缆传输，信号的衰减小、失真小，能够保证信息的传输质量，有效地降低故障率。

光缆电视传输的节目增加，使用了相邻频道，如果电视机性能不好，会造成信号的邻频干扰。光缆电视终端口输出电平不能过高，应在 60～68dB，若一个输出口并联两台电视，会造成信号电平低、阻抗不匹配，使电视画面出现重影或雪花。光缆电视使用了增补频道，无 CATV 接收功能的电视机将无法收看增补频道的节目。

26.7 电 话 站 设 计

26.7.1 一般规定

电话设计必须做到技术先进、经济合理、灵活畅通和确保质量，并应符合市话通信网条件及技术要求。电话用户线路的配置数量应满足建设单位提供的要求，并结合实现办公现代化、吸引和提高电话普及率等因素综合确定，一般可按初装电话机容量的 130% ~ 160% 考虑。

当电话用户数量在 50 门以下，而市话局又能满足市话用户需要时，可直接入市话网。电话站初装机容量按电话用户数量和近期发展容量之和再计入 30% 的备用量进行确定。若选用程控交换机时，用户板的备用量可按 10% 考虑。

电话站交换机程式的选择，对宾馆、饭店、大型公用建筑、高层办公楼等宜采用程控式交换机。一般单位如条件不允许，对于 100 门及以下者可选用人工电话交换机或纵横式自动电话交换机。

如选用程控式交换机其容量小于 250 门及以下且无数字交换功能要求时，可选用空分式程控交换机，否则选用 PCM 数据交换程控交换机。

26.7.2 对市内电话局的中继方式

电话用户交换机进入市内电话局中继接线，一般采用用户交换机的中继方式，中继方式设计宜符合下列规定：交换设备容量在 50 门以下，采用双向中继方式；交换设备容量在 50 门及以上，采用单向中继或部分双向、部分单向混合的中继方式。交换设备容量在 500 门以上，或中继线大于 37 对时，采用单向中继方式。

交换机中继线安装数量需根据当地市内电话局的有关规定和中继话务量大小等因素确定。一般可按照交换设备容量的 8% ~ 10% 考虑。交换机进入市内电话局的中继接线宜符合下列规定：

1. 一 ~ 三级旅馆、饭店及办公现代化水平较高的高层建筑、大型商业金融中心、特大型企业等单位，当交换机容量较大又有数字传输要求时，宜采用全自动直拨中继方式，即 DOD1、DID 方式或 DOD2、DID 方式，如图 26-17 和图 26-18 所示。

2. 三级以下旅馆、饭店等高层民用建筑，当交换机容量较小或特殊要求时，宜采用半自动单向中继（DOD2、BID）方式，如图 26-19 所示。

3. 企事业单位办公楼等一般民用建筑，用户交换机容量较小时，可采用半自动单向中继（DOD2、BID）方式或半自动双向中继（DOD2、BID）方式，如图 26-20 所示。

4. 自动交换机与磁石或共电式交换机与市话局接口时，可采用人工中继方式，特殊情况下与人工市话局接口时也可采用如图 26-21 所示的方式。

5. 三级以上的旅馆、饭店及对中继方式有特殊要求或者容量较大的交换机，从公用网来的中继线，可根据分机用户的性质采用部分全自动直拨 DID，另外一部分为半自动接续 BID 的混合进网中继方式，以增加中继系统连接的灵活性和可靠性，如图 26-22。

电话站用户交换机至长途电话局的长途话务宜经市话局转接，如特殊需要，取得市话

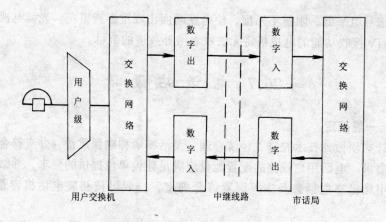

图 26-17 全自动直拨中继方式（一）

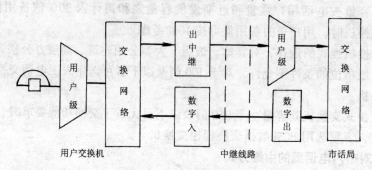

图 26-18 全自动直拨中继方式（二）

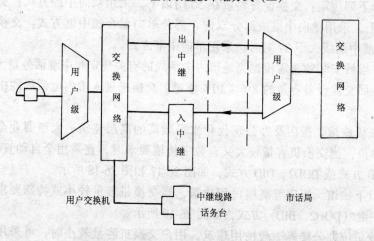

图 26-19 半自动单向中继（DOD2、BID）方式

局同意后，长途话务量较大的用户也可采用长途直拨的中继方式。

旅馆、宾馆等建筑物内设有邮电代办所时，电话站可把邮电代办所作为电话站用户考虑，其用户线数量一般为 5～10 对用户电缆。当邮电代办所通信业务量较大时，可直接向市话局长途台挂号或采用长途自动计费。

电话站用户号码编制宜采用统一位数的号码，并按一定规律排列，宾馆、饭店的客房号码宜与房间号码相同。一般单位及办公楼等用户，首位号宜为"2～8"，"0"、"9"可作

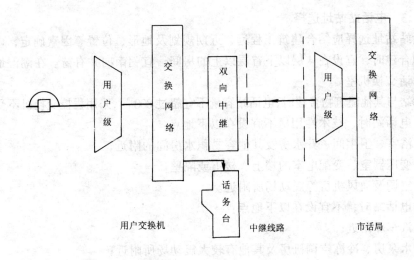

图 26-20　半自动双向中继方式

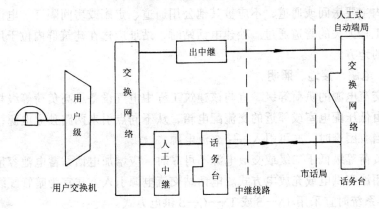

图 26-21　人工中继方式

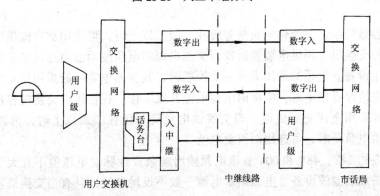

图 26-22　混合进网中继方式

市话和长途自动拨出局引示号，"1"作为内部特殊服务首位引示号。

电话站交换机特殊业务号码，宜与邮电常用特殊号码一致。

26.7.3 电话站站址选择

电话站站址选择应结合建筑工程远、近期规划及地形、位置等因素确定，电话站与其他建筑物合建时，宜设在 4 层以下首层以上的房间，宜朝南向并有窗。在潮湿地区，首层不宜设电话交换机室。

电话站与其他建筑物合建时，电话站容量不宜超过 800 门，采用程控交换机不受此限制。

合建电话站时，技术性用房不宜设在以下地点：

（1）浴室、卫生间、开水房及其他容易积水房间的附近；

（2）变压器室、变配电室的楼上、楼下或隔壁；

（3）空调及通风机房等震动场所附近。

独建电话站时，不宜设在以下地点：

（1）汽车库附近；

（2）水泵房、冷冻空调机房及其他有较大震动场所附近；

（3）锅炉房、洗衣房及空气中粉尘含量过高或有腐蚀性其他、腐蚀性排泄物等场所附近；

（4）变配电所附近。

电话站内主要房间或通道，不应被其他公用通道、走廊或房间隔开。电话站内不宜有其他与电话工程无关的管道通过。独建电话站时，站址应选在建筑群内位于用户负荷中心配出线方便的地方。

26.7.4 电源、接地、照明

电话站交流电源的负荷等级，宜与该建筑工程中电气设备最高负荷等级相同。电话站交流电源可由低压配电室或邻近的交流配电箱，从不同点引来两路独立电源，并采用末端自动互投。当有困难时，亦可引入一路交流电源。

当供电负荷等级低于二级或交流电源不可靠时，应增加电话站蓄电池容量，延长放电小时数，采用浮充供电或充放电方式。电话站交流电源引入方式宜为暗管配线。引入交流电源当为 TN 系统时宜采用 TN—S 或 TN—C—S 供电方式。

交直流两用的通信设备可采用交流供电，但不允许中断通信的设备仍应配装备用直流电源。

电话站容量较小，交流供电负荷等级在二级及以上时，可采用交直流供电方式。交流电源引入程控交换机专用供电装置前或当交流电源的电压波动值超过正常工作范围时，应采用交流稳压设备。电话站采用纵横制交换机时，其直流电源一般采用浮充供电方式。当采用两组蓄电池浮充供电时，应将两组蓄电池并联工作。程控用户交换机容量较大时，直流供电方式宜采用全浮充制供电。当交流供电负荷等级在二级以上时，可选用一组蓄电池；为三级供电负荷时，可选用两组蓄电池。

电话站内的 24V、48V 和 60V 直流电源输出端杂音计脉动电压值不宜大于 2.4mV，超过此限值时需加装滤波设备。电话站蓄电池一般不设尾电池，只有当交换机容量较大且交流供电负荷等级在二级及以下时，可考虑设置尾电池。

蓄电池组的电池个数可按下列原则确定：

（1）酸性蓄电池放电终期端电压一般取为 1.80～1.90V，浮充电压取为 2.15～2.20V。

（2）碱性镉镍电池放电终期电压一般取为 1V，浮充电压取为 1.40～1.50V。

（3）当不采用尾电池时，24V、48V 及 60V 酸性、碱性蓄电池每组的个数一般可按照

924

表 26-20 取定。

蓄电池组的电池个数　　　　　　表 26-20

电压种类（V）	电压变动范围（V）	浮　充　制	直　供　方　式
24	21.6 ~ 26.4	12（24）	13（26）
48	43.2 ~ 52.8	24（48）	26（52）
60	56 ~ 66	30（60）	32（64）

注：（）内数据为碱性蓄电池的个数。

电话交换机的蓄电池容量按下式计算：

$$C = K \times I$$

式中　C——蓄电池容量（Ah）；

　　　K——计算系数，见表 26-21；

　　　I——近期通信设备忙时平均耗电电流（A）。

蓄电池容量的计算系数　　　　　　表 26-21

	T（H）	4	5	6	7	8	9	10	11	12	13	14	15	20
K	15℃	5.50	6.52	7.33	8.29	9.35	10.1	10.9	11.9	13.0	14.1	15.1	16.3	21.7
	5℃	6.03	7.15	8.03	9.08	10.2	11.9	11.1	13.1	14.3	15.5	16.7	17.9	23.8

注：电池室内有暖气设备时用 15℃ 的 K 值，无暖气时用 5℃ 的 K 值。

T 为蓄电池组供电小时数，按表 26-22 选择。

蓄电池组供电小时数 T 值　　　　　　表 26-22

直流供电方式　　交流负荷等级	浮充式	直供方式
一级、二级负荷	4 ~ 6	10 ~ 15
三级负荷	10	20

采用交直流供电方式的电话站，应设备用蓄电池组，且整流器应有稳压和滤波性能。交直流配电屏的容量应根据全站的远期最大容量确定。直流配电屏的容量应根据通信设备繁忙时最大电流确定。一般 200 门及以下的电话站，可不装设直流配电屏，但必须考虑直流供电线路的保护措施。

电话站当受建筑条件限制时，蓄电池可选用密封防爆型酸性蓄电池组或碱性镉镍蓄电池组。电话站的电力室应靠近主机房负荷中心，电池室应与电力室相邻。直流配电屏宜装于蓄电池室一侧，交流配电屏宜靠近交流电源线引入端。小容量电话站的配电屏和整流器屏，可与通信设备合装在一个房间内。配电屏和整流器屏的正面距墙或其他设备间的净距不宜小于 1.5m。

配电屏和整流器屏的两侧，当需要检修时与墙的净距不应小于 0.8m；如为主要走道时净距不应小于 1.2m。当需要检修时背面至墙壁的净距不应小于 0.8m。台式整流器和墙挂式直流配电箱可不受此限制。墙挂式直流配电箱和整流器的安装高度，即设备下端至地面距离一般为 1.4m。

蓄电池组的布置应符合下列要求：

（1）蓄电池台（架）之间的走道宽度不应小于 0.8m。

（2）蓄电池台（架）的一端应留有主要走道，其宽度一般为 1.5m，但不宜小于 1.2m，另外一端与墙的净距应为 0.1 ~ 0.3m。

（3）同一组蓄电池分双列平行安装于同一电池台（架）时，列间的净距一般为 0.15m。

（4）双列蓄电池组与墙间的平行走道宽度不应小于 0.8m，单列蓄电池组可靠墙安装，蓄电池组与墙壁间的距离一般为 0.1～0.2m。

（5）蓄电池与采暖散热器的净距不宜小于 0.8m，蓄电池不得安装在暖气沟上面。

蓄电池台的高度一般为 0.3～0.5m。蓄电池排列不宜采用双层（房间面积受到限制除外）。直流馈电线总电压降系指繁忙小时内直流馈电线全程的最大电压降，对 60V 的电源一般可取 1.6V；对 24V 电源一般取为 0.8～1.2V；对 48V 电源一般取为 1.4V。

直流电流小于 50A 的电话站，馈电线各段的电压降可采用固定分配方法。各种直流配电设备及线路的电压降分配如下：

（1）直流配电屏 0.3V；（2）电源架（或总熔丝盘）0.2V；（3）列架保险及馈电线 0.2V。

在总电压降中减去上列有关电压降后，剩余的电压降可分配在蓄电池至列架（或机台）间的各段馈电线上。直流馈电线截面的计算公式如下：

铜线：$\qquad S = I \times L / 54.4 \Delta U$

铝线：$\qquad S = I \times L / 34 \Delta U$

式中 $\quad I$——馈电线的忙时最大电流（A）；

$\quad L$——正负极馈电线的总长度（m）；

$\quad \Delta U$——分配给计算段的允许电压降（V）；

$\quad S$——馈电线导线截面（mm^2）。

电话站通信用接地包括：直流电源接地，电信设备机壳或机架和屏蔽接地，入站通信电缆的金属护套或屏蔽层的接地，明线或电缆入站避雷器接地等。上述几种接地均应与全站的通信接地装置相连。电话交换机供电用直流电源，无特殊要求时宜采用正极接地。

电话站交流配电屏、整流器屏等供电设备的外露可导电部分，当不与通信设备在同一机架（柜）内时，应采用专用保护线（PE 线）与之连接。整流屏的外露可导电部分，当通过加固装置在电气上与交流配电屏、整流器屏的外露可导电部分互相连通时，应采用专用的保护线（PE 线）与之相连；当不连通时，应采用接地保护，接到通信接地装置上。

交直流两用通信设备的机架（机柜）内的供电整流器盘的外露可导电部分，当与机架（机柜）不绝缘时，应采用接地保护，接到通信接地装置上。

电话站通信接地不宜与工频交流接地互通。当电话站内有专用交流供电变压器或位于有专用交流供电变压器的建筑物内时，其通信接地装置可与专用交流变压器的中性点的接地装置合用。此时各种需要接地的通信设备应设专用保护干线（PE 干线）引至合用接地体或总接地排。不应采用有三相不平衡电缆通过的接零干线与之相连。

电话站与办公楼或高层民用建筑合建时，通信用接地装置宜与建筑物防雷接地装置分开设置；如因地形限制等原因无法分设时，通信用接地装置可与建筑物防雷接地装置以及工频交流供电系统的建筑装置互相连接在一起，其接地电阻值不应大于 1Ω。

不利用大地作为信号回路的机电制电话交换机、载波机、调度电话总机、会议电话汇接机或终端机等通信设备的接地装置，其接地电阻值：直流供电的通信设备其接地电阻不大于 15Ω；交流供电或交直流两用的通信设备的接地电阻值，当设备的交流单相负荷小于或等于 0.5kVA 时，不应大于 10Ω；大于 0.5kVA 时不应大于 4Ω。

程控式交换机的接地电阻值一般不大于5Ω。当电话站的接地同时又作为外线电缆防止交流电气化铁道干扰影响的终端防干扰接地时，其工频接地电阻不应大于1Ω。

电话站通信设备接地装置如与电气防雷接地装置合用时，应用专用接地干线引入电话站内，其专用接地干线应采用截面不小于25mm²的绝缘铜芯导线。电话站内各通信设备间的接地连接应采用铜芯绝缘导线。

电话站宜设工作照明及应急照明。当电话站设有蓄电池时，应急照明宜由蓄电池供电。采用直供式稳压整流供电的小容量电话站一般不设继续工作应急照明，可设壁挂自容式应急灯。200门及以上的电话站交换机室、话务室、电力室应设应急照明。电话站的工作照明，除蓄电池室外一般采用荧光灯，布置灯位应使各机架、台面达到规定照度标准。电话站蓄电池照明灯具应采用防爆安全灯，灯位应避免布置在蓄电池正上方。开关等电气设备不应安装在蓄电池室内（采用镉镍电池组蓄电池室除外）。电话站机房照明的照度标准见表26-23。

电话站机房照明的照度标准 表26-23

序	名　称	照度标准值（lx）	计算点高度（m）	照　度　方　式
1	自动交换机室	100～150～200	1.40	垂直照度
2	话务台	75～100～150	0.80	水平照度
3	总配线架室	100～150～200	1.40	垂直照度
4	控制室	100～150～200	0.80	水平照度
5	电力室配电盘	75～100～150	1.40	垂直照度
6	蓄电池表面、电缆进线室、电缆架	30～50～75	0.80	水平照度
7	传输设备室	100～150～200	1.40	垂直照度

26.7.5　房屋建筑

独建电话站时，建筑物耐火等级应为二级，抗震设计按站址所在地区规定烈度提高一度考虑。电话站与其他建筑物合建时，200门及以下自动电话站宜有交换机室、话务室和维修室等，如有发展可能则宜将交换机室与总配线架室分开设置。

800门及以上（程控交换机1000门及以上）电话站应考虑有电缆进线室、配线室（包括传输室）、交换机室、转接台室、电池室、电力室及维修器材备件用房、办公用房等。

电话站各技术用房的配置及总面积可参照表26-24。

电话站技术用房及面积（m²） 表26-24

名称 \ 类型	电话站交换机程式及容量			
	人工1000门以下	自　动		
		200门以下	200～800	800门以上
交换机室	0	0	0	0
话务台室		0	0	0
配线室	0	0	0	0
蓄电池室		0	0	0
电力室			0	0
电缆进线室				0
备件维修室、值班室	0		0	0
总面积	20～40	90～120	120～260	260以上

注：800门以上可根据需要确定房间面积；表中0表示应配置的房间；电话站选用程控式交换机时，房间面积可根据需要考虑。

200 门及以下，程控交换机 500 门及以下电话站，当采用直供方式供电时，如选用镉镍电池组作备用电源，则可不单独设置蓄电池室。新建工程机房的面积应满足终期容量需要。机房温、湿度条件应符合表 26-25 的要求。

机房温、湿度条件　　　　　　　　　　　　　表 26-25

房间名称	温度（℃）		相对湿度（%）	
	长期工作条件	短时工作条件	长期工作条件	短时工作条件
交换机室	18～20	10～30	50～55	30～75
控制室	18～20	10～30	50～55	30～75
话务员室	10～30	10～30	50～75	50～75
传输设备	10～30	0～30	20～80	10～85
传输模块	10～30	0～32	20～80	10～85
配线室	10～30	10～30	20～80	20～80

单建电话机房净高、地面荷载和地面面层材料应符合表 26-26 的要求。

程控用户交换机的低架是指低于 2.4m 的机架，一般为 2～2.4m。高架是指 2.6m 或 2.9m 的机架；活动地板或塑料地板应能防静电并阻燃；凡采用活动地板的机房，其空调要求宜采用下送上回的方式，进风口在活动地板下。

电话机房净高、地面荷载和地面面层材料　　　　表 26-26

机房名称		房屋净高（m）梁下或风管下	楼层地面等效均布活荷载（N/m²）	地面面层材料
程控用户	高架	3.0	4500	活动地板或
交换机房	低架	3.5	6000	塑料地面
控制室		3.0	4500	活动地板或塑料地面
话务员室		3.0	3000	
传输设备室		3.5	6000	
总配线室每列回线数	100 或 200	3.5	4500	塑料地面
	202	3.5	4500、7500 架下部	
	600	3.5	7500、10000	

交换机房防尘应符合表 26-27 的规定。

允许尘埃数　　　　　　　　　　　　　　表 26-27

灰尘颗粒最大直径（μm）	0.5	1	2	5
灰尘颗粒最大浓度（颗粒数/m³）	1.4×10^7	7×10^5	2.4×10^6	13×10^5

灰尘颗粒应是不导电、非铁磁性和非腐蚀性的。

电话站的技术用房，室内最低高度要求一般应为梁下 3m，如有困难也应保证梁的最低处距机架顶部电缆走架应有 0.2m 的距离。电话站与其它建筑物合建时，宜将位置选择在楼层一端组成独立单元，并要求与建筑物内其他房间隔开。电话站交换机室与转接台室之间，宜设玻璃隔断。若无条件时可设玻璃观察窗，一般窗长 2m，高 1.2m，底边距地为 0.8m。

电话站技术用房的地面（除蓄电池室），应采用防静电的活动地板或塑料地面。有条件时亦可采用木地板。酸蓄电池室必须做耐酸处理和采取排气措施。程控用户交换机的装设位置宜离开场强大于 300mV/m 的电磁干扰源。电话站交换容量大于 200 门时，宜设专用的卫生间。

27 电 视

27.1 基 本 概 念

27.1.1 设计基础

1. 电视信号的组成

电视信号是将电视屏幕上的每一幅画面分成许多象素，然后从左到右、从上到下进行扫描，将每个象素点按不同颜色和亮度送出去。从左到右的扫描称为行扫描，从上到下的扫描称为场扫描。行扫描的逆向过程是被消隐的，即屏幕上看不见，消隐时间一般为扫描时间的一半。象素点的亮度取决于信号电平的高低，高电平为白色，低电平为黑色，消隐电平则更低。每两次场扫描称为一帧，即一幅画面。

2. 电视的制式

我国电视制式规定（PAL—D），一次场扫描为 20ms，一帧 40ms，一次行扫描 60μs，场消隐时间为 16ms，行消隐时间 12μs。以 25 行屏幕计算，一帧包含 625 行。色度信号也随象素点送出，叠加在黑白信号图像上形成彩色图像。色度信号是用一个频率为 4.43MHz 的副载波传送的。

3. 图像的传送

图像传送时，为了能够恢复原来的图像，接受端必须和发射端同步。这就要求信号中要有传送同步信息的信号，包括行同步信息和场同步信息，是用负脉冲实现的。行消隐上的 4.43MHz 的色同步信号是为了接收端再现彩色时作为基准信号用的。色度信号按象素的位置叠加形成完整的电视信号。电视信号的宽度为 6MHz，而音频信号是调制在频率为 6.5MHz 伴音副载波信号上的。音频和视频信号是混合传输的，到接收端后再用滤波器将信号分离。

4. 调制解调

将电视信号用射频传送到用户接收端，首先要将电视信号调制在射频上，这个过程称为载波。调制时载波信号的幅度随电视信号的变化而变化。为了节约频带，采用残留边带调幅。我国电视信号调幅后要占用 6MHz 带宽，残留边带中有一部分不发射，即将 fv 信号 6～1.25MHz 截除。调制后的载波规定以同步信号的顶端电平为 100%，也就是载波电平。残留的载波为 12.5%，定义调幅为 87.5%，有线电视信号为 80%。

声音载波频率为 fa，但声音调制时不采用调幅而是调频，因为调频的声音质量好。调频信号所占的带宽比调幅要宽，所以对于最高频率成分为 15kHz 的伴音来说要占据 25MHz 的频谱。声音载波和图像载波相隔 6.5MHz，混合后形成一个总带宽为 8MHz 的信号，这个合成信号就是全部的电视信号。图像载波的频率不同国家的规定有所不同，形成不同的电视频带配置表，其中各频道中间图像和伴音载波之间都有着固定的关系。

5. 电视频道

声音载波和图像载波相隔 6.5MHz，混合后形成一个总带宽为 8MHz 的信号，这个合成信号就是全部的电视信号。我国电视频道划分及频率分配的情况见表 27-1。

我国电视频道划分及频率分配表　　　　　　　表 27-1

频 道	频 率 范 围 （MHz）	中 心 频 率 （MHz）	中 心 波 长 （m）	伴 音 载 频 （MHz）	图 像 载 频 （MHz）
1	48.5～56.5	52.5	5.71	66.25	49.75
2	56.5～64.5	60.5	4.96	64.25	57.75
3	64.5～72.5	68.5	4.38	72.25	65.75
4	76～84	80	3.75	83.75	77.25
5	84～92	88	3.41	91.75	85.25
6	167～175	171	1.75	174.75	168.25
7	175～182	179	1.68	182.75	176.25
8	183～191	187	1.60	190.75	184.25
9	191～195	195	1.54	198.75	192.25
10	299～207	203	1.48	206.75	200.25
11	207～215	211	1.42	214.75	208.25
12	215～223	19	1.37	222.75	216.25
13	470～478	474	0.633	477.75	471.25
14	478～486	482	0.622	485.75	479.25
15	486～494	490	0.612	493.75	487.25
16	494～502	498	0.602	501.75	495.25
17	502～510	506	0.593	509.75	503.25
18	510～518	514	0.584	517.75	511.25
19	518～526	522	0.575	525.75	519.25
20	526～534	530	0.566	533.75	527.25
21	534～542	538	0.558	541.75	535.25
22	542～550	546	0.549	549.75	543.25
23	550～558	554	0.542	557.75	551.25
24	558～566	562	0.534	565.75	559.25
25	606～614	610	0.492	613.75	607.25
26	614～622	618	0.485	621.75	615.25
27	622～630	626	0.479	629.75	623.25
28	630～638	634	0.473	637.75	631.25
29	638～646	642	0.467	645.75	639.25
30	646～654	650	0.462	653.75	647.25
31	654～662	658	0.456	661.75	655.25
32	662～670	666	0.450	669.75	663.25
33	670～678	674	0.445	677.75	671.25
34	678～686	682	0.440	685.75	679.25
35	686～694	690	0.435	693.75	687.25
36	694～702	698	0.430	701.75	695.25
37	702～710	706	0.425	709.75	703.25
38	710～718	714	0.420	717.75	711.25
39	718～726	722	0.416	725.75	719.25
40	726～734	730	0.411	733.75	727.25
41	734～742	738	0.407	741.75	735.25
42	742～750	746	0.402	749.75	743.25

频　　道	频率范围 （MHz）	中心频率 （MHz）	中心波长 （m）	伴音载频 （MHz）	图像载频 （MHz）
43	750 ~ 758	754	0.398	757.75	751.25
44	758 ~ 766	762	0.394	765.75	759.25
45	766 ~ 774	770	0.390	773.75	767.25
46	774 ~ 782	778	0.386	781.75	775.25
47	782 ~ 790	786	0.382	789.75	783.25
48	790 ~ 798	794	0.378	797.75	791.25
49	798 ~ 806	802	0.371	805.75	799.25
50	806 ~ 814	810	0.370	813.75	807.25
51	814 ~ 822	818	0.367	821.75	815.25
52	822 ~ 830	826	0.363	829.75	823.25
53	830 ~ 838	834	0.360	837.75	831.25
54	838 ~ 846	842	0.356	845.75	839.25
55	846 ~ 854	850	0.353	853.75	847.25
56	854 ~ 862	858	0.350	856.75	855.25
57	862 ~ 870	866	0.345	869.75	863.25
58	870 ~ 878	874	0.343	877.75	871.25
59	878 ~ 886	882	0.340	885.75	879.25
60	886 ~ 894	890	0.337	893.75	887.25
61	894 ~ 902	898	0.334	901.75	895.25
62	902 ~ 910	906	0.331	909.75	903.25
63	910 ~ 918	914	0.328	917.75	911.25
64	918 ~ 926	922	0.325	925.75	919.25
65	926 ~ 934	930	0.322	933.75	927.25
66	934 ~ 942	938	0.320	941.75	935.25
67	942 ~ 950	946	0.317	949.75	943.25
68	950 ~ 958	954	0.314	957.75	951.25

甚高频段的频率范围在 48.5 ~ 223MHz，即 1 ~ 12 频道，用 VHF（Very High Frequency）表示，简称 V 段。其中又可以分为 VL 段（1 ~ 5 频道）和 VH 段（6 ~ 12 频道）。电气定额中把 1 ~ 5 频道和 6 ~ 12 频道分别按两类不同的单价划分。在 VHF 频率范围内还包含 88 ~ 108MHz 的调频（FM）广播频段。特高频段是频率范围在 470 ~ 958MHz，即 13 ~ 68 频道，用 UHF（Ultra High Frequency）表示，简称 U 段。UHF 频率范围内还包含 470 ~ 958MHz 的调频（FM）广播频段。U 段天线为带角形反射器的 20 单元振子天线，重量约为 4.5mg，天线总长约为 2140mm，最大振子长度为 360mm。超高频段是频率范围在 3 ~ 30GHz。即用于卫星接收天线频段，用 SHF（Satellite High Frequency）表示，简称 S 段，或称为超高频频段。

此外还有调频广播用（FM）。U/V 表示由特高频转换为甚高频的转换器。S/V 表示由超高频转换为甚高频的转换器。

27.1.2　共用天线电视系统

共用天线电视系统，简称 CATV 系统（即 Community Antenna Television System 的字头），是指能供多台电视机使用的一套接收电视系统。它是在一座建筑物或一个建筑群中，选择一个最佳的天线安装位置，根据所接收的电视频道的具体内容，选用一组公用的电视接收天线，然后将电视信号进行混合放大，并通过传输和分配网络送至各个用户的电视接收机。也称作有线电视或闭路电视系统。

我国已经建立了以北京为中心，连同 27 个省市、自治区的微波线路，沿途设立了二百多个微波站，形成了微波干线网。微波干线是可以双向传送电视信号，各地不但能收看中央台的节目，各地的新闻及体育比赛也可以通过通讯卫星传到北京后经中央台通过微波线路向全国播出。

通讯卫星是在距离地面三万六千公里的同步卫星，它固定在某一地区的高空作电视信号转播站，居高临下，覆盖面积大。中国在 1984 年 4 月 8 日发射了通讯实验卫星。北京地区有线电视采用多路微波分配服务系统（MMDS）组建全市性电视网。采用 AS—VSB 标准，PAL—D 制式。无线覆盖有线分配入户或直接入户。

到 1998 年我国卫星接收天线生产企业 60 多家，其中取得生产许可证的只有 38 家，以大、中型企业居多。问题不少，前景看好。

1.CATV 系统的特点

（1）同轴电缆屏蔽效果好，防止杂波进入，图像清晰；采用消重影天线，还能有效地消除因电磁波的反射造成的图像重影。电视信号绕过砖墙时，衰减 10～20dB；绕过混凝土时，衰减 20～30dB。所以电视天线架设应尽可能高一些；

（2）可以接收的节目多，如立体声广播、卫星转播节目、闭路放录像、自办的电台节目，互不干扰，随意选用；只使用了一套天线，节约金属材料和设备；

（3）全自动开关机或半自动开关机，能够实行无人管理；系统内的分配器、分支器均为无源元件，不用维修，使用寿命长；可以具有编辑功能，可自行剪辑编排节目；

（4）能和外界的电化教学联网，并留有补充接口，与电话联网可以扩大信息的来源，与电脑联网，调用数据库的资料，潜力无穷。

2．系统的基本组成

共用天线电视系统中的主要元器件如图 27-1 所示。

27.1.3 电视频道

电视信号是利用电磁波的形式在空中传播的，它在空间的传播是有一定的变化规律的，这种现象称为电波的极化。电波的极化形式是由电场方向所在的平面来决定的，电波的电场方向若垂直于地面称为垂直极化波。接收垂直极化波时，要求天线垂直于地面，以减少工业频率的干扰，所以天线振子用水平安装。一般声音广播用垂直极化波，而电视用水平极化波。

电视信号传播的速度 V 等于光速（$C = 3 \times 10^8 \text{m/s}$）。

$$V = \frac{C}{\sqrt{\varepsilon_\gamma}} \tag{27-1}$$

式中　ε_γ——媒质的相对介电系数，空气的相对介电系数稍大于 1。水的相对介电系数等于 80。故在水中的传播速度是光速的十分之一。

$$V = \frac{3 \times 10^8}{\sqrt{80}} = 0.3 \times 10^8 \ (\text{m/s})$$

在电缆中的传播速度是光速的三分之二。

$$V = \frac{3 \times 10^8}{2.4} = 2 \times 10^8 \ (\text{m/s})$$

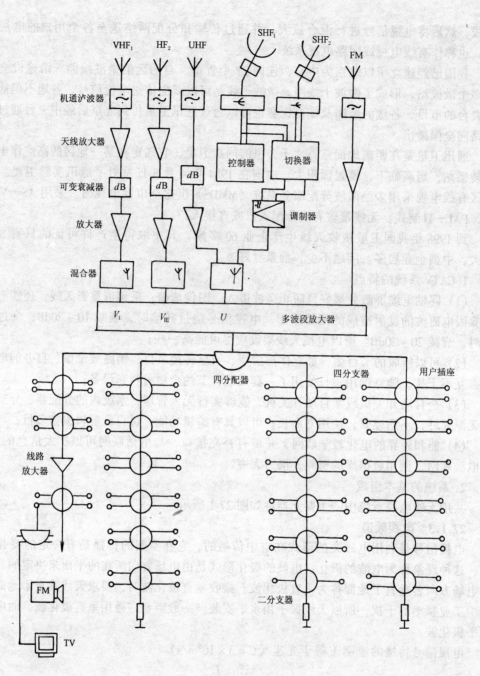

图 27-1 共用天线电视系统图

同一频率的电波，在不同的媒质中传播时，因为传播的速度不同，所以波长也不同，例如频率为 52.5MHz 的电波在 SYV—75—9 的同轴电缆中传播，其波长为

$$\lambda = \frac{V}{f} = \frac{2.01 \times 10^8}{52.5 \times 10^6} = 3.83 \ (\text{m})$$

可见电视信号在电缆中的波长是在空气中传播时波长的 2/3。电视信号的波长在 0.1 ~10m 之间，又称为米波。

934

27.1.4 电视信号与场强

电视信号是用电磁波的形式在空中传播。对于 VHF 及 UHF 波段的电波具有光波的性质，所以只有在肉眼视线可以直接看到的方向传播，称为直线波。在接收点可以收到从地面反射的电波与直线波的合成波，如图 27-2。

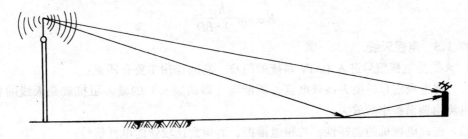

图 27-2　直射波和反射波

1. 天线信号发射的直线距离如图 27-3。

$$BC = \sqrt{(h_1 + R)^2 - R^2} = \sqrt{2Rh_1 + h_1^2}$$

因为 R 远大于 h_1，h_2 可以忽略不计。

所以 $BC = 3.57h_1$（km）

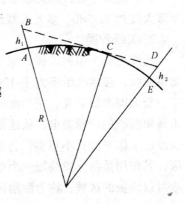

图 27-3　天线信号发射的直线距离

$\because h_1 \ll BC$，$\therefore$ 弧线 $BC \approx BC$；$\therefore h_1$ 越高，服务范围越大。

设接收天线的高度为 h_2，同理 $DC = 3.57\sqrt{h_2}$

$\therefore BD = BC + CD = 3.57\left(\sqrt{h_1} + \sqrt{h_2}\right)$（km）

由于大气有折射作用，所以实际距离大于上述距离。

$$BD = 4.12\left(\sqrt{h_1} + \sqrt{h_2}\right) \quad (km)$$

实际弧线距离 $AE = BD = 4.12\left(\sqrt{h_1} + \sqrt{h_2}\right)$（km）

【例 27-1】　某城市电视发射天线高 400m，接收天线高 100m，求电视信号直线距离是多少？

解： $BD = 4.12\left(\sqrt{h_1} + \sqrt{h_2}\right) = 4.12\left(\sqrt{400} + \sqrt{100}\right) = 123$（km）

2. 场强和天线高度的关系

图 27-2 表示在 VHF 频道范围内，天线越高则场强也强，而在 UHF 频道范围中就不一定。

3. 场强的估算

场强的大小和发射台功率、电视发射天线高为 h_1、接收天线高为 h_2 及电视信号的波长为 λ 等因素有关，关系式如下：

$$E = 2180\,\frac{\sqrt{P\,(kW) \cdot G \cdot h_1 h_2 \cdot m}}{\lambda \cdot R^2} \quad (\mu V/m)$$

式中　P——发射台功率一般大城市 10kW，中等城市 5kW，县插转台 1～5kW；

　　　G——发射天线增益系数，通常大于 3，大城市可以取 6～10；

　　$h_1 h_2$——发射台与接收台天线高度（m）；

　　　R——发射台与接收台的距离（km）；

m——校正系数，地面弯曲、散射的影响，当 h_1 为 50m 时，$m = 1 \sim 3$；当 h_1 为 100m 时，$m = 3$；当 h_1 为 150m 时，$m = 4$；当 h_1 为 200m 时，$m = 5$。

当电视发射天线高为 h_1，接收天线高为 h_2，电视信号的波长为 λ，距离为 BC 时，场强为：

$$E \propto \sin \frac{\pi h_1 \cdot h_2}{\lambda \cdot BD}$$

27.1.5 电视天线

1. 天线是电视信号进入 CATV 系统的门户，它的作用主要有四点：

（1）将电视信号转换为高频电流，调谐器（即高频头）的输入阻抗就是天线的负载。高频电流由调谐器中频放大；

（2）提高电视机的选择性，与频道谐振，而得到比较强的电视信号；

（3）可以提高抗干扰的能力，能抵制杂波的干扰，排除重影；

（4）提高电视机的灵敏度，即对微弱的信号有一定的放大作用，拉杆天线约 1.17dB。半波天线约 2.15dB。多元天线约 3~4dB。高频头的增益 20dB，中放增益 55~60dB。

2. 天线种类

天线可分为引向天线、组合天线、宽频带天线等几种。天线高度达到 20m 时，应设防雷系统，接地电阻不大于 10Ω。图 27-4 是半波振子天线。由 1925 年八木秀次先提出，宇田新太郎参加研究，在二次世界大战时英国人用于雷达天线，有八木天线之称。天线是由最短振子的一端馈电，从这里起沿着分馈线有一个行波走向最长振子的一端。因为振子长度比工作半波长小很多，行波继续向前而不受衰减。这个振子比较短的区域成为传输区，其作用是给分馈线加一个电容负载。从这里过去，进入振子长度与工作的半波长度基本可以谐振的区域，称为激励区。不同的天线各有固定的谐振频率范围，并有一定的电平增益。

1951 年八木秀次再次研究电视天线，改进后的天线主要由三部分组成，如图 27-5 所示。图 27-6 是 U 段抛物线形反射器定向天线，可以提高天线的增益。

电视信号频率越高则方向性越强，天线增益系数也越大，定向接收电视信号及抗杂波干扰的能力越强。部分天线的技术数据见表 27-2。

天 线 的 技 术 数 据   表 27-2

天 线 型 号	接 收 频 道	单 元 数	增 益（dB）	驻波比	前 后 比（dB）
GT—TV1	1	5	≥8	≤2.5	≥10
GT—TV2	2	5	≥8	≤2.5	≥10
GT—TV3	3	5	≥8	≤2.5	≥10
GT—TV4	4	5	≥8	≤2.5	≥10
GT—TV5	5	5	≥8	≤2.5	≥10
GT—TV6	6	8	≥9	≤2.5	≥10
GT—TV7	7	8	≥9	≤2.5	≥10
GT—TV8	8	8	≥9	≤2.5	≥10
GT—TV9	9	8	≥9	≤2.5	≥10
GT—TV10	10	8	≥9	≤2.5	≥10
GT—TV11	11	8	≥9	≤2.5	≥10
GT—TV12	12	8	≥9	≤2.5	≥10

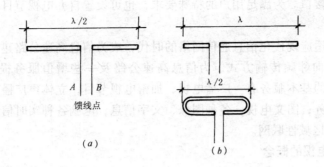

图 27-4　半波振子天线
(a) 一式 (b) 二式

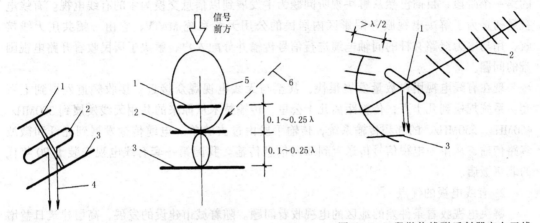

图 27-5　三单元半波振子天线
1—引向器；2—轴射器；3—反射器；
4—馈线；5—场强曲线；6—干扰波

图 27-6　U 段抛物线形反射器定向天线
1—聚焦点；2—引向器；
3—抛物线形反射器

3. 卫星接收天线

可与 VHF、UHF、FM 天线设在同一个屋面，但后者不应阻挡前者，而且两者之间的距离应大于 10m。电视电缆的屏蔽网应采用整体刷锡。当选用单屏蔽电视电缆时应穿入金属管内敷设（选用双屏蔽电视电缆时可不穿管）。用于室外的电视电缆应采用抗老化剂的聚乙烯电视电缆。两楼之间的电视信号传输线路应避免架空安装，不应敷设在暖气沟道或电力电缆隧道内，抗干扰性强的双屏蔽电缆可与通讯电缆共用多孔管块内敷设。

27.1.6　卫星与共用天线电视系统（MATV 或 CATV）

卫星与共用天线电视系统（Central Antenna Television—CATV）是现代化建筑所必不可少的一个子系统。该电视系统的信号源通常由卫星电视节目、开路电视节目、电缆电视节目和自办电视节目来提供。

考虑到用户对信息的需求是国际性的，故对卫星地面接收站的设施应能接收到国际卫星，如亚洲卫星一号、百合三号、泛美四号等，并且设置二个电控制装置，以适应所收卫星的可变性。另外除接收当地的开路电视节目、立体声调频广播节目，还留有与其他城市有线电视台联网的接口。为满足用户的特殊要求，也可设置自办电视节目，并可对其实施加密传输。

为使电视系统适应现代化信息通信网络的时代，成为信息高速公路建设的典范，系统采用 5～750MHz 双向邻频传输方式，为信息高速公路及一些增值服务提供一良好平台。网络建成后可提供的基本服务有：广播电视、加密电视节目，立体声广播节目；点播式的收费电视；电话服务；图文电视，各种图像、文字信息；电脑各种实时信息的查询；留有 ATM 接口，可进行区域性联网。

27.1.7　有线电视的概念

1. 有线电视产生

有线电视是指用电视电缆进行传播的电视系统。共用天线电视系统只是有线电视发展的第一个阶段，目前已然从解决视听问题为主发展到以信息交换为主的有线电视。有线电视最初是为了解决电视服务阴影区内居民的公用天线系统 MATV，它由一幅共用天线接收，用与电力线路共杆的同轴电缆进行信号传输并分配入户、解决了居民收看开路电视困难的问题。

现在有线电视用户数量发展很快，甚至与无线电视观众接近，接收频道发展到上百套，系统规模到几十万，传输距离几十公里，传输技术从原来的共用天线发展到 300MHz、450MHz、550MHz、的邻频传输系统，传输手段由过去的单一电缆传输发展到光纤和微波多路传输，从单一电视信号传送直到双向信息传输。我国第一套有线电视安装于 70 年代的北京饭店。

2. 有线电视的优点

解决电视收看条件差的地区的电视收看问题。随着城市建设的发展，高层建筑日益增加，钢筋水泥的森林之中阴影区的存在几乎是必然的。在崇山峻岭之间、在地下，在水底的世界，一个地方的电视塔再高，它的服务区域也是有限的。有线电视正好可以克服开路电视这个缺点。

解决重影、电磁波干扰。开路电视信号再到用户接收天线的传输过程中往往要经过多次反射，并受到路径中电器杂波的干扰，造成重影等问题，使得信号质量变差。

节约投资，美化环境。开路电视的每个用户都需要安装天线，要有好的接收效果，天线往往要安装在室外，这样一来，电视天线林立，影响美观。而安装有线电视，电视信号通过电缆送至千家万户，仅仅需要一幅天线就可以了。节约了资金。

可收看频道多，节目丰富多彩。由于城市间可供使用的频道资源有限，开路电视不宜过多，一般只允许 5～6 个。而有线电视频道资源非常丰富，如 300MHz 邻频传输系统可传送 28 套节目，450MHz 可传输 47 套，550MHz 可传输 57 个。节目来源也多种多样，可以通过地面卫星接收站收转卫星电视节目；可利用微波系统接收微波电视；可利用高增益天线，接收附近城市的开路电视信号；也可自办节目，如电教、录像、调频广播和图文电视等。

有线电视可以进行综合利用。信息时代的到来，使得有线电视网络不仅仅可以用于收看电视节目，也可以开展多种信息交流活动。所具备的功能有：双向通讯、可视电话、图文传输、进行单路载波电话通讯、进行电视购物、股票交易、防盗监视与报警、家用多媒体电脑。

3. 前端机房和自办节目站

有自办节目功能的前端，应设置单独的前端机房。播出节目在 10 套以下时，前端机房的使用面积宜为 20m²。播出节目每增加 5 套，机房面积宜增加 10m²。

具有自制节目功能的有线电视台，可设置演播室和相应的技术用房。演播室天幕高度宜为 3.0 ~ 4.5m。室内噪声应小于 25dB。混响时间为 0.35 ~ 0.8s。室内温度夏季不高于 28℃，冬季不低于 18℃。演播区照度不低于 500lx，色温为 3200K。

使用频道的选择和数量应根据电视广播、调频广播、卫星接收微波传输、自办节目等信号源的现状、发展和经济条件确定。宜预留 1 ~ 2 个频道；宜避免各种频率的组合干扰或采取变换频道等措施。传输发生的确定，当传输干线的衰减（以最高工作频率下的衰减值为准）小于 100dB 时，应采用甚高频 VHF、超高频 UHF 直接传输方式；传输干线的衰减大于 100dB 时，应采用甚高频 VHF 或邻频传输方式。

系统模式应根据信号源质量、环境条件和系统的规模及功能等因素确定，前端宜设置在覆盖区域中心，当接收信号场强小于 57dBμV 时可采用增设远地前端等措施。同一系统工程中选用的主要部件和材料，其性能、外观应一致；选用的设备和部件的输入、输出标称阻抗、电缆的标称特性阻抗均应为 75Ω。

4. 目前发展概况

（1）发展双向电缆电视系统，并与卫星接收、电视微波及电视机数据库相联系，其中收费的有线电视在北京已经普及。

（2）扩大频道容量，目前已经能容纳 70 多个频道的节目，其中采用了相邻频道传输技术、传输技术以及频率相关技术等。

（3）增大传输距离，因为采用了 AGC 和 ASC 干线放大器以及前馈放大技术，电缆传输距离可以达到几十公里，并且已经采用光缆数字传输技术，在加拿大已经建立了 2000km 以上的传输线路。

（4）电视卫星情况：卫星节目频段用 SHF 表示。

C 波段：美国星　NTSC—M　国际 5 号星；　　C 波段：俄国星　SECAM—D·K 制；

C 波段：中国星　PAL—D·K 制；　　C 波段：亚洲一号星　PAL—D·K 制；

K 波段：日本星　NTSC—M 制

注：接收传送国外节目应向有关部门申报批准后方可接收。

5. 制式

卫星节目和自制节目设备选型应符合中国彩色电视广播制式——PAL 制，符合黑白电视机标准 D·K 制。天线位置对于 VHF、UHF、FM 天线可安装在同一支撑杆上或铁塔上。天线应对准反射台且距离最近。天线所在位置反射体和干扰源最小并有足够的场强和良好的信噪比。

6. 信号分配系统

信号分配系统宜采用分支—分配方式。当电视输入端口多、系统容量大（系统覆盖面积大）时，宜采用邻频前端系统。计算电视信号终端电平时，系统输出电平至少预留 15dB，以方便插入新台。电视信号终端电平范围：VHF 段 57 ~ 83dBμF；UHF 段 60 ~ 83dBμF；FM 段单声道 37 ~ 80dBμF；立体声 47 ~ 83dBμF；载噪比 $C/N \geq 43$dB；信噪比 $S/N \geq 49.4$dB。

27.2 电视系统器件

本节主要介绍在 CATV 系统中主要器件的用途、特性及相关的基础知识。

27.2.1 电视天线设备

1. 天线的作用

天线是一种能够辐射或接收载有图像和声音信息的高频电磁波能量的装置。将高频电流转换成电磁波向周围空间辐射的天线称为发射天线，将接收的电磁波转换成高频电流送入接收机的天线称为接收天线。天线具有互异性。天线具有选择电视信号的作用，只有在设计的特定频道上的信号，天线才会有最大的感应电压，才能选择出所需要的电视信号。

通常接收天线的增益是指相对增益，天线的增益和振子的单元数有关，天线的单元数越多增益也就越高，如图 27-7 所示。振子数越多则天线的方向性越强，场强曲线就越窄，杂波方向不同就不容易接收。另外，天线频段越宽增益越低。

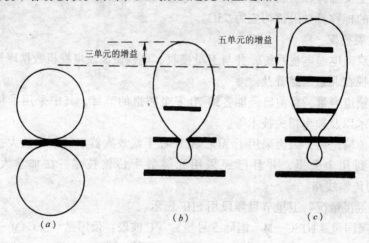

图 27-7　天线单元数与增益
(*a*) 一振子；(*b*) 三振子；(*c*) 五振子

2. 天线辐射电磁波的基本原理

对称振子由于两导线上电流方向相同，两导线产生的感应电动势方向相同，因而辐射能力较强。当导线的长度增加到可与波长比较时，导线上的电流就大大增加。

3. 天线的主要参数

天线的主要参数是指能够表明天线性能优劣的数量指标。电视接收天线应有足够的天线增益、合适的带宽、方向性良好。

(1) 天线的方向性　它是指天线向一个方向辐射电磁波的能力。它可以用数量表示天线向某一个方向集中辐射电磁波的能力，用字母 D 表示。D 值越大表示天线定向接收能力越强。

(2) 天线的增益　可定量说明天线的方向性。

(3) 天线的频带宽度　是指天线的各种电气性能，比如增益、驻波比、方向性系数等，满足一定要求的频率范围。天线的频带宽度应大于 8MHz。

(4) 天线的阻抗　包括输入阻抗和辐射阻抗。输入阻抗与天线的结构及接收波长有关。基本半波振子的输入阻抗为 75Ω，折合半波振子输入阻抗为 300Ω。为了使馈线与天线严格匹配，在架设天线时需要通过测量，适当调整天线的结构或增加匹配装置。辐射阻抗也与天线的结构及接收波长有关，基本半波振子辐射电阻为 73.1Ω。

27.2.2　放大器

放大器可分为天线放大器、频道放大器、线路放大器、分配放大器等。放大器的作用是放大电视信号，用于因电视电缆太长、补偿分配器或分支器的损耗。

1. 天线放大器

距电台远、磁场弱的时候使用。放大器是用来放大弱信号的，所以也称为低电平放大器。目的在于提高接收的信号电平，减少杂波干扰。一般规定场强不得低于 50dBμV/m，场强在 50～80dB 范围内被视为低、中场强区，当信号场强小于 80dBμV/m 时，应加天线放大器。天线放大器的输入电平通常为 50～60dBμV，噪声系数较低，约为 3～6dB。它是用密封的防雨铁盒保护，宜装在天线杆上，一般安装在距天线 1～1.5m 处。天线放大器由前端箱供给 24V 直流电压，用同轴电缆兼作电源线。天线放大器内的二极管可以对雷电等强浪涌起削波作用，以保护放大管。里面还有若干个三极管起放大信号的作用。

2. 频道放大器

它又分单频道放大器和宽频道放大器。单频道放大器是用来放大某一频道全电视信号的放大器。所以它的带宽只要求满足电视频道带宽 8MHz 就可以了。它在系统的前端，增益较高，它的自动增益控制一般是将输出信号的一部分由定向耦合器耦合起来，经过适当的处理后去处理放大器的增益，它后面是混合器。

宽频道放大器是把几个天线接收到的各频道讯号经过混合器后一同放大。特点是频道范围宽，节省了放大器的个数，但是要求输入的各频道讯号强度相差不宜太大。当用户很多，范围较大时，线路损耗较大，可用线路放大器提高增益。宽频带放大器的增益是用最高频道的增益来表示。增益一般在 35dB 以上。

优良的放大器还有自动增益控制功能。常用简单的平均值式 AGC 电路，即从末级经过定向耦合器取出一部分信号，经过高放、检波，滤除高频成分，得到平均值，然后通过直流放大后去控制放大器。通常是控制放大器的第二级，这种控制一方面可以得到比较大的增益调整量，而又不会因自动增益而影响放大器的各项指标。

3. 干线放大器

干线上的能量损耗需要放大器予以补偿，这种放大器称为干线放大器或线路放大器。它的频率特性是指与其串联电缆加在一起的振幅频率特性。其最高频道增益一般为 22～25dB。有时在干线上用多个放大器和电缆串接，所以干线放大器应该具有自动增益控制及自动斜率控制的性能。

4. 分配放大器

在系统的末端，为了提高信号电平以满足分配器及分支器的需要而设置分配放大器。它是宽频带高电平输出的一种线路放大器，输出电平约为 100dBμV。分配放大器的增益就是在任何一个输出端的输出电平和输入电平之差。

5. 线路延长放大器

线路延长放大器是补偿支干线上分支器的插入损耗及电缆损耗的放大器。它只有一个输入端和一个输出端，常安装在支干线上。其输出端不再有分配器，输出电平只有 103 ~ 105dBμV。

27.2.3　混合器与分波器

在 CATV 系统中，常常需要把天线接收到的若干个不同频道的电视信号合并为一个送到宽频带放大器去进行放大，混合器的作用就是把几个信号合并为一路而不又不产生相互影响。而且是能阻止其他信号通过的滤波型混合器。它也可以把多个单频道放大器输出的不同频道的电视信号合为一路再传输，到各电视用户供选用。

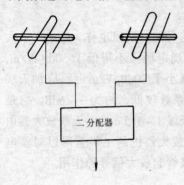

图 27-8　用二分配器进行混合

如图 27-8。

混合器有以下四种组合形式：

（1）VHF/NHF　混合；（2）VHF/VHF　混合；（3）UHF/UHF　混合；（4）专用频道混合。

而分波器与混合器相反，它是将一个输入端的多个频道信号分解成多路输出，每一个输出端覆盖着其中某一个频段的器件。把混合器的输入及输出反过来使用就成了分波器了。

以上都是无源混合器，另有一种有源混合器电路是由混合与放大两部分组成，是非线性的有源电路，这种混合器不能反过来使用。二混合器也可以用二分配器进行混合，

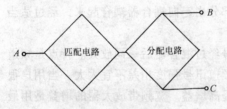

图 27-9　二分配器的组成

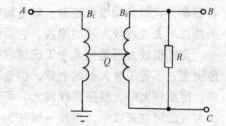

图 27-10　二分配器的工作原理

27.2.4　分配器

分配器是分配高频信号电能的装置。作用是把混合器或放大器送来的信号平均分成若干份，可以送给几条干线，向不同的用户区提供电视信号，并能保证各部分得到良好的匹配，同时保持各传输干线及各输出端之间的隔离度（因为电视机本身振荡辐射波或发生故障产生的高频自激振荡对其他输出接收机有影响，要求隔离度在 20dB 以上）。它本身的分配损耗约为 3.5dB，频率越高则损耗越大，在 UHF 频段约为 4dB。实用中按分配器的端数分有二、三、四及六分配器等。最基本的是二、三分配器，其他分配器可以用其组合而成。

1. 二分配器的组成及工作原理

要求分配器的输入及输出阻抗都是 75Ω。如图 27-9 及图 27-10 所示。图中 $B1$ 是匹配变压器，它构成阻抗匹配电路，分配变压器 $B2$ 和 R 组成分配电路。电视信号从 A 点输入，经过变压器 $B1$ 之后到 Q 点，再有分配变压器 $B2$ 平均地将信号能量分配给两个输出端 B 和 C。

2. 三分配器

三分配器的工作原理图见图 27-11 所示。B1 是匹配变压器，B_2、B_3、B_4 是分配变压器，把信号均等地分配给 B、C、D 三个输出端。

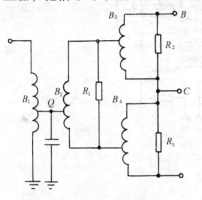

图 27-11　三分配器工作原理图

图 27-12　一分支器的作用

按其频率划分有 VHF 频段分配器和 UHF 频段分配器。按安装场所分有户内型及户外型。任何一种分配器都可以当作宽频带混合器使用（但是选择性差，抗干扰能力比带通滤波器弱），只要把它的输入与输出端互调即可，而且可以在 VHF 或 UHF 频段工作都行，在其输入端对频率不受限制。其型号含义如下：

理想的二分配器的衰减约为 3dB，实际是 3.5～4.5dB。理想四分配器的衰减为 6dB，实际是 7～8dB。分配器的频率范围应包含 1～68 频道和调频广播（FM）的频段，即 48.5～223MHz 及 470～958MHz。

27.2.5　分支器

1. 分支器的功能

分支器是在高电平馈电线路传输中，以较小的插入损失，从干线上取出部分信号分别送给各用户终端。如图 27-12 所示。常用二分支和四分支器。

信号从 A 端进入，从主干线 B 输出，C 是分支端输出。大部分信号是从 B 输出，小部分分给 C 至用户插座。在一分支的支路输出端接二分配器就成为二分支器，接上四分配器就称为四分支器。分支器的频带宽度 45～240MHz，当考虑到 UHF 频段时，则带宽为 45～960MHz。

2. 分支器的结构

分支器的结构图见图 27-13。分支器通常由变压器型定向耦合器和分配器组成。变压器型定向耦合器的功能是以较小的插入损耗从干线取出部分信号功率，经过衰减以后由分配器分配输出。

3. 分支器的插入损失 L

插入损耗是指从分支器的输入端输入的信号电平转移到输出端后，信号电平的损失，如图 27-14 所示。如二分支器的损耗有 8、12、16、20、25、30dB；四分支器的损耗有 10、

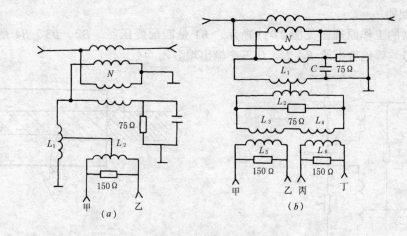

图 27-13　分支器的结构图

(a) 二分支器；(b) 四分支器

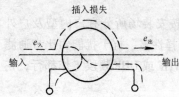

图 27-14　分支器的插入损失

13、16、20、25、30dB 等，其作用是通过设计各楼层用不同的分支损耗以达到使各层楼的电视机都得到理想的电平信号。分支器本身的插入损耗是很小的，约为 0.5～2dB 左右。

$$L = e_入 （dB） - e_出 （dB）$$

如果输入、输出电平分别用电压 $U_入$ 和 $U_出$ 表示：

$$L = 20 \lg \frac{U_入}{U_出} （dB）$$

分支器的"反向隔离"也称为反向衰减或反向损失，当分支端出现无用信号倒流时，则在输出端形成干扰，反向隔离度大才好，表示抗干扰能力强。分支器的工作频率范围与分配器完全相同，种类也与分配器相似。

4．分支器的技术数据

分支器的技术数据参见表 27-3。部分常用分支器技术性能和规格见表 27-4。

分 支 器 的 技 术 数 据　　　　　　　　　　表 27-3

分支器型号	标称阻抗输入输出及分支	分支数	分支衰减 (dB)	插入损耗 (dB)		反向隔离 (dB)		相互隔离 (dB)		电压驻波比	
			VHF—VHF	VHF	UHF	VHF	UHF	VHF	UHF	VHF	VHF
Y3708—8dB	75	1	8±2	4	4.5	26	24	—	—	1.4	2
T3708—14dB	75	1	14±2	1.4	2	26	24	—	—	1.4	2
T3708—17dB	75	1	17±2	1.4	2	26	24	—	—	1.4	2
T3708—20dB	75	1	20±2	1.4	2	26	24	—	—	1.4	2
T3708—24dB	75	1	24±2	1.4	2	26	24	—	—	1.4	2
T3709—7dB	75	2	7±2	4	4.5	24	20	20	18	1.4	2
T3709—14dB	75	2	14±2	1.5	2.5	24	22	20	18	1.4	2
T3709—17dB	75	2	17±2	1.4	2	24	20	20	18	1.4	2
T3709—20dB	75	2	20±2	1.4	2	26	24	20	18	1.4	2
T3709—24dB	75	2	24±2	1.4	2	26	24	20	18	1.4	2

名 称	型 号	使用频率范围 (MHz)	分支耦合衰减 (dB)	插入损失 (dB)	反向隔离 (dB)	输入输出阻抗 (Ω)	电压驻波 比	分支隔离 (dB)
串接一分支	SCF—0571—D	48.5～223	5	≤4	>27	75	≤1.6	
	SCF—0971—D	48.5～223	9	≤2	>27	75	≤1.6	
	SCF—1571—D	48.5～223	15	≤0.9	>27	75	≤1.6	
	SCF—2071—D	48.5～223	20	≤0.6	>27	75	≤1.6	
	SCF—2571—D	48.5～223	25	≤0.6	>27	75	≤1.6	
二分支器	SFZ—1072	48.5～223	10	2	25	75	1.6	20
	SFZ—1372	48.5～223	11	1.0	25	75	1.6	20
	SFZ—1672	48.5～223	16	1.0	25	75	1.6	20
	SFZ—2072	48.5～223	20	0.7	25	75	1.6	20
	SFZ—2572	48.5～223	25	0.5	25	75	1.6	20
	SFZ—3072	48.5～223	30	0.5	25	75	1.6	20
四分支器	SFZ—1074	48.5～223	10	4	25	75	1.6	20
	SFZ—1474	48.5～223	14	2.5	25	75	1.6	20
	SFZ—1774	48.5～223	17	1.6	25	75	1.6	20
	SFZ—2074	48.5～223	20	1.0	25	75	1.6	20
	SFZ—2574	48.5～223	25	1.0	25	75	1.6	20
	SFZ—3074	48.5～223	30	1.0	25	75	1.6	20

【例 27-2】 如某 CATV 系统中的一个分支器线路如图 27-15 所示,从放大器送来的电平为 92dB,已知电缆支线 SYV—75—5 长度均为 4m,干线 SYV—75—9 长度均为 3m,其损耗为 0.1dB/m。二分支器的插入损耗是 2.5dB,分支衰减是 11dB。求 A 点的电平是多少?

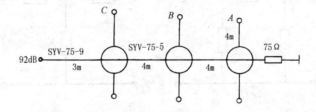

图 27-15 [例 27-2] 用图

$$U_A = 92 - (3 \times 0.1) - (2 \times 2.5) - (8 \times 0.2) - 11 = 74.1 \ (dB\mu V)$$

即 $U_A = U_总 - \sum 线损 - \sum 前面的各分支器的插入损耗 - 本级耦合衰减$

27.2.6 用户插座和串接单元

1. 用户插座

电视机从这个插座得到电视信号,用户电平一般设计在 (73±5) dB。安装高度一般距地 0.3m 或 1.8m。与电源插座相距不要太远。它是用户唯一能看得见的器件,颜色要和墙壁协调。在用户插座面板上有的还安装一个接收调频广播的插座。其安装方法有明装和

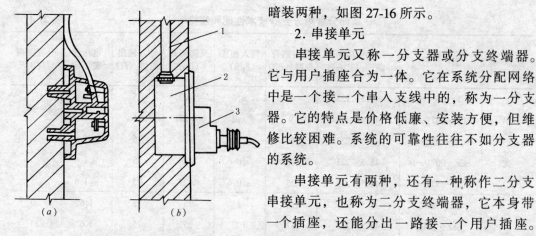

图 27-16　用户插座

(a) 明装　(b) 暗装 (扩展盒)

1—保护管；2—单孔用户盒；3—护展盒

暗装两种，如图 27-16 所示。

2. 串接单元

串接单元又称一分支器或分支终端器。它与用户插座合为一体。它在系统分配网络中是一个接一个串入支线中的，称为一分支器。它的特点是价格低廉、安装方便，但维修比较困难。系统的可靠性往往不如分支器的系统。

串接单元有两种，还有一种称作二分支串接单元，也称为二分支终端器，它本身带一个插座，还能分出一路接一个用户插座。实用中应注意：一分支器不宜串联很多；它的输出、输入端不能接反。电气概算定额中它和用户插座的单价一样。插入损耗见表 27-5。

27.2.7　其他电视系统设备

1. 衰减器

衰减器通常接在放大器的输入或输出端，它的作用是控制放大器的输入、输出信号电平和改善放大器的输入、输出阻抗特性。通常接在放大器的输入或输出端。在分支器中为了得到适当的分支耦合衰减量也可用衰减器，衰减比用 dB 表示。通常使用的衰减器是无源元件，因为无源元件简单、可靠性高、成本低。

常用的固定衰减器有对称 T 型和对称 π 型两种。如图 27-17。衰减器的输入输出阻抗都是 75Ω。衰减器的电阻值见表 27-5。

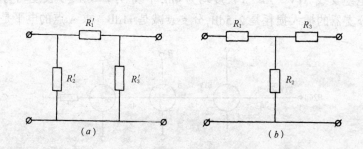

图 27-17　衰减器的电路原理图

(a) π 形线路；(b) T 形线路

2. 频率变换器

频率变换器的作用是用来将一个或多个信号载波频率变换到其他载波频率的装置。在距离发射台较近或场强很高的地方，电磁波信号会直接穿过电视机的外壳而进入它的内部，比 CATV 系统送到的信号早，从而在图像左面形成重影，这种重影无法靠天线来解决。解决办法是在前端进行频道变换处理，让直接信号与转换后的频道不同而被电视机的高放、中放等有关电路滤掉。

衰减量（dB）	T 型		π 型	
	R_1	R_2	R_1	R_2
0.5	2.16	1300	4.32	2710
1.0	4.32	560	6.68	1305
1.5	6.46			
2.0	8.6	323	17.4	6.52
3.0	12.8	212	27.4	438
4.0	16.3	157	35.8	331
5.0	21.0	124	45.5	277
6.0	24.9	100	55.9	227
7.0	28.6	83.2	67.1	100
8.0	32.3	71	79	174
9.0	35.8	60.8	92.2	157
10.0	38.9	52.6	106.5	144.2
12.0	44.9	40.2	—	125
14.0	50	31	181	112
16.0	54.3	24.3	230	103
18.0	58.2	19	292	96.5
20.0	61.2	15.2	371	91.6

传输 300MHz 信号的大系统中，前端常用 U/V 转换器把 U 段信号转换成 300MHz 内的某一频道的信号，然后按转换后的信号进行处理。

3. 调制器

调制器是用来将各种信号调制成特定频道的设备。例如 MD 电视调制器可以将彩色或黑白视频信号及音频伴音信号转换成高频全电视信号，频率符合我国现行广播电视标准规定。它在由闭路电视分配系统的混合器到最远一台电视机的高频电缆损耗不大于 10dB，可以带 60 多台电视接收机。

MD 型电视调制器的工作原理是两级音频放大（带预加重），调频振荡器伴音混频器、视频放大器、视频调幅器图像载频电路（振荡、倍频、放大等）及 +9V 稳压电源等部分组成。

4. 滤波器

滤波器主要用于电缆电视系统中起滤波作用。它是一种有选择性的四端网络，它能在给定的频带内有很少的衰减，而在此带以外（称为阻带）具有很大的衰减以阻挡其通过。位于通带及阻带频率界限上的频率称为截止频率。根据通带范围划分，滤波器种类有低通、高通、带通和带阻滤波器等。在 CATV 系统中常用的滤波器是带通滤波器，如常用的 CTLD 系列型单频道滤波器是一种 LC 通滤波器，它的频带宽度和电视频道的带宽相同（8MHz）。

滤波器的主要技术指标有输入输出阻抗（75Ω）、插入损失（与频率成正比）、频率范围、驻波比（一般应小于 2）等。当接收点有同频或邻频干扰时，利用滤波器可以滤掉。滤波器有单个成品按频道论个出售的，也有的将滤波器装在放大器的输入端，以提高放大器的选择性及质量。V 段低通滤波器通带是 45～92MHz，高通滤波器通带是 160～230MHz。

5. 变频器

变频器分下变频器和上变频器两种。下变频器的作用是可以把 VHF 频段的电视信号变换成中频电视信号输出。其图像载频为 37MHz，伴音载频为 30.5MHz 变换成 VHF 频段的电视信号输出。它可以有效地消除强场强区在共用天线电视系统中产生的重影，保证良好的收视效果。通过 12 个下变频器和 12 个上变频器就可以实现 V 段电视广播在任意频道之间的转换，即实现 V/V 转换，U/V 转换能使黑白电视机收看 U 段节目。

变频器的作用是将输入的中频电视信号，其图像载波频率为 37MHz 伴音载波频率为 30.5MHz 变换成 VHF 频段的电视信号输出。它可以实现将 U 段的电视信号变换到 V 段，这样用户只具有 VHF 频段的电视接收机就能接收 UHF 频段的节目。

在特大型 CATV 系统中，还有寻频信号发生器。寻频信号发生器用于改善线路的温度频率特性的设备。此外还有自办节目用的摄像机、录像机、话筒、编辑机和视频切换机等。CATV 小型系统 100 户以下，中型系统 100～400 户，大型系统 400～1000 户或更多。小型系统经济上不合算。邻频传输前端机柜常用型号见表 27-6。

落地式邻频传输前端机柜常用型号　　　　　表 27-6

序 号	型号 项目	LH—2000B	SQD—V	SQD—ⅢD	SQD—ⅣD
1	输入频道频端范围	Ⅰ、Ⅲ、Ⅳ、Ⅴ、FM	Ⅰ、Ⅲ、Ⅳ、Ⅴ、FM	Ⅰ、Ⅱ、Ⅲ、Ⅳ、Ⅴ、FM	
2	输出频道频端范围	45～300MHz	45～450MHz	45～300MHz	
3	输出频道数	28	16（单）47（扩充）	28	
4	输入端子数	12		12	15
5	输出端子数	1		4	
6	外形尺寸（mm）		560×560×2000	640×540×1240	560×560×2000
7	电源（V）	AC 220±10%	AC 220±10%	AC 220±10%	
8	功率（W）		220	70	105
9	安装方式	柜式、落地式	柜式、落地式	柜式、落地式	
10	重量（kg）		300	180	205

27.3　电视系统技术指标

27.3.1　放大器的功率增益和电压增益

1. 放大器的电压增益

放大器的电压增益表示放大器的放大程度，即定义为放大器输出信号电压对输入信号电压的倍数，可用公式表示：

$$G_V = 20\lg\frac{U_{OC}}{U_i}\quad(dB)\tag{27-2}$$

2. 功率放大倍数

电视术语中常用分贝来表示放大倍数的大小，例如一个放大器的输出功率为 P_0，输入功率为 P_1，则其功率放大倍数为：

$K_P = \dfrac{P_0}{P_1}$，而用分贝表示的功率放大倍数为

$$G_D（dB）= 10\lg\frac{P_0}{P_i} = 10\lg K_p\quad(dB)\tag{27-3}$$

948

式中　lg——是以 10 为底的对数。当 P_0 大于 P_1 时有增益状态，当 P_0 小于 P_1 时是衰减
状态。

3. 用分贝（dB）表示方法的优点

用分贝表示可以简化计算过程，例如场强用 0dB＝1μV/m 为标准，称为微伏分贝每
米。又称为基准场强。用分贝（dB）表示方法符合人的听觉效果，人的听觉效果和功率
放大倍数 K_P 不是线性关系，而是对数关系，如功率放大 100 倍，听觉效果只是 20 倍。用
电平表示信号电压方便，1μV 很小，用 G_V（dB）表示可以相对于基准电平的增益，当 G_V
大于 1 是在增益状态。

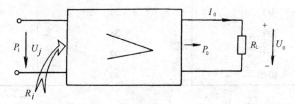

图 27-18　放大器的增益计算

如图 27-18 所示，当放大器的输入功率为 $P_1＝1$（mW），输出功率为 $P_0＝1$（W），则
用分贝表示的功率放大倍数为 K_P（dB）$＝10\lg\dfrac{1}{10^{-3}}＝30dB$。如果 $P_0＝P_1$，则功率的增益
为 0，用分贝表示更符合人的实际听觉效果。为了和功率放大倍数 K_P 相区别，常把用分
贝表示的 K_P（dB）称为"功率增益"，用符号 G_P 表示。因此功率增益可以表示为

$$G_P＝10\lg\frac{\dfrac{U_0^2}{R_L}}{\dfrac{U_i^2}{R_i}}＝20\lg\frac{U_0}{U_i}＋10\lg\frac{R_i}{R_L}\quad dB$$

因为 $\dfrac{U_0}{U_i}$ 是放大器的电压放大倍数 K_u，所以把 $20\lg\dfrac{U_0}{U_i}$ 称作放大器的电压增益，用 G_u
表示

$$G_u＝20\lg\frac{U_{OC}}{U_i}＝20\lg K_u dB$$

而
$$G_P＝G_u＋10\lg\frac{R_i}{R_L}\quad dB$$

从上式可见，只有在 $R_i＝R_L$ 的情况下，$10\lg\dfrac{R_i}{R_L}＝0$（dB），这时功率增益才等于电压

增益，即 $G_P＝G_u$，如果 $R_i\neq R_L$，则它们之间相差一个因数 $10\lg\dfrac{R_i}{R_L}$。

【例 27-3】　某放大器输入信号为 40μV，输出信号为 4000μV，求放大器的增益是多少
分贝？

解：$G_u＝20\lg\dfrac{4000}{40}＝20\lg100＝40$（dB）

【例 27-4】　某 CATV 系统天线输入信号电压为 100μV，天线至放大器的线路损耗为
3dB，放大器的增益为 24dB，由放大器到用户插座线路损耗为 9dB，则用户插座处得到的
信号电压为 400μV，天线处到用户插座处的总增益是：3dB＋24dB－9dB＝12dB。天线电平

$100\mu V = 40dB\mu V$，所以用户电平为 $40 + 24 - 3 - 9 = 52$（$dB\mu V$）

表 27-7 为分贝（dB）与电压比（U_0 / U_i）对照表。

分贝（dB）和电压比（U_0 / U_i）对照表

表 27-7

分贝（dB）	电压比（U_0 / U_i）	分贝（dB）	电压比 U_0 / U_i
1	1.1/1	24	15/1
4	1.6/1	30	30/1
6	2/1	33	45/1
12	4/1	36	60/1
14	5/1	38	75/1
18	8/1	39	90/1
20	10/1	40	100/1

4. 参考电平

参考电平分贝数只是一个比值量。它并不能表示一个信号电平的高低，如果设定输入信号 U_i 为一个标准电平通常设定标准电平为 $1\mu V$，这时分贝数就可以相对地表示出输出信号 U_0 电平的大小。在 CATV 系统中，在 75Ω 条件下，当输出电平也是 $1\mu V$ 时，则称为 0 分贝，写作 $0dB\mu V$。若输出电平为 $10\mu V$ 时，则称为比标准电平提高了 10 倍，称为 20 分贝的增益，这个 $10\mu V$ 可以表示为 $20dB\mu V$ 的增益。dB 与 $dB\mu V$ 是不同的，dB 数表示一个比值，而 $dB\mu V$ 则表示一个信号电平。在电路系统中任何一个点都可以用 $dB\mu V$ 值来判断信号电平的大小。表 27-8 示出 $dB\mu V$ 与电平的对照关系。

$dB\mu V$ 与电平对照表

表 27-8

$dB\mu V$	电 平	$dB\mu V$	电 平
0	$1\mu V$	40	$100\mu V$
6	$2\mu V$	60	$1mV$
10	$3\mu V$	80	$10mV$
14	$5\mu V$	100	$100mV$
20	$10\mu V$	120	$1V$

27.3.2 技术参数和技术术语

1. 频率响应

频率响应表示在频带内频率特性的不平坦程度，即在频带内高增益与低增益之差。一般小比较好。

2. 噪声系数

噪声系数因为放大器内部的杂音造成输出信噪比较低，这一降低的比例称为噪声系数，用分贝表示，符号 NF。表示式为：

$$NF = \frac{\text{信号输入功率}（S_入）/\text{输入端噪声的功率}（N_入）}{\text{信号输出功率}（S_出）/\text{噪声输出功率}（N_出）}$$

显然，噪声系数 NF 越小越好。

3. 载波互调比（或称互调干扰）

各种频道的高频载波互相组合差拍，形成新的高频成分，当它进入某一个工作频道，就会产生一个与该频道的固有图像中频差拍的信号，在图像屏幕上呈现网状干扰，这种现象称为互调干扰。互调干扰的定义是载波电平对稳定互调产物或产物的混合物之比。用 I_M 表示。

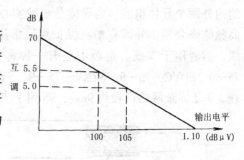

图 27-19　互调特性与输出
电平的关系

$$I_M = 20\log \frac{载波电平有效值}{互调产物有效值} \quad (\text{dB})$$

我国规定 I_M 不小于 54dB。一般输出电平多少 dB，互调就变坏多少 dB，如图 27-19 所示。互调特性主要决定于两个频道，而频道数的增加互调特性不再有明显的恶化。

4. 调制交扰比

调制交扰比被测载波上想要的调制电压的峰值对在被测载波上不想要的峰值之比。

$$M_C = 20\log \frac{被测载波上想要的调制电压的峰值}{被测载波上不想要的调制电压的峰值} \quad (\text{dB})$$

5. 阻抗

阻抗在 CATV 系统内，为了获得稳定的信号电平和良好的阻抗匹配，系统中采用所有部件的输入阻抗和输出阻抗都采用 75Ω。

6. 交流声

交流声电视信号受电源信号调制的程度。

$$M_n = 20\log \frac{所需的调制的峰值}{交流声调制的峰值} \quad (\text{dB})$$

7. 波速因数

波速因数是信号在馈线中传播速度比在自由空间传播速度慢，因此馈线中的信号波长 λ 小于空气中的波长 λ_0，其比值称为波速因数 k。

$$k = \frac{\lambda}{\lambda_0}$$

例如 SYV 型的 $k = 0.66$，而扁馈线的 $k = 0.83$。

8. 参考电平

参考电平分贝数只是一个比值量，它并不能表示一个信号电平的高低，如果设定输入信号 U_i 为一个标准电平通常设定标准电平为 $1\mu V$，这时分贝数就可以相对地表示出输出信号 U_0 电平的大小。在 CATV 系统中，在 75Ω 条件下，当输出电平也是 $1\mu V$ 时，则称为 0 分贝，写作 $0dB\mu V$。若输出电平为 $10\mu V$ 时，则称为比标准电平提高了 10 倍，称为 20 分贝的增益，这个 $10\mu V$ 可以表示为 $20dB\mu V$ 的增益。dB 与 $dB\mu V$ 是不同的，dB 数表示一个比值，而 $dB\mu V$ 则表示一个信号电平。在电路系统中任何一个点都可以用 $dB\mu V$ 值来判断信号电平的大小。

27.3.3　射频同轴电缆

1. 构造

射频同轴电缆如图 27-20 所示。它的作用是在电视系统中传输电视信号。它是由同轴的内外两个导体组成，内导体是单股实心导线，外导体为金属编织网，内外导体之间充有高频绝缘介质，外面有塑料保护层。常用型号有 SYV—75—9、SYV—75—5，前者用于干线，后者用于支线。定额中还有一种称作藕心同轴电缆，型号 SBYEV—75—5、SDVC—75—9、SDVC—75—9、SYKV—75—9、SYKV—75—5、SYWV—75—5 等。规格—9 用于干线，9 是屏蔽网的内径约 9mm；95 用于支线，95 是屏蔽网的内径约为 5mm。

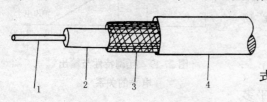

图 27-20　射频同轴电缆

1—单芯（或多芯）铜线；2—聚乙烯绝缘层；
3—铜丝编织（即外导体屏闭层）；4—绝缘保护层

2. 同轴缆的特性阻抗 Z

$$Z = \frac{138}{\sqrt{\varepsilon}} \lg \frac{D}{d} \ (\Omega)$$

式中　D——金属屏蔽网的内径（mm）；

　　　d——芯线的外径（mm）；

　　　ε——导体间绝缘介质的介电常数。

上式表明同轴电缆的特性阻抗和导体的直径、导体的间距及绝缘材料的介电系数有关，而和馈线的长短、工作频率以及馈线终端负荷的大小无关，例如 SYV—75—9、SYV—75—5 的铜网内径分别为 9mm 和 4.6mm，芯线的外径 d 为 1.37mm 和 0.72mm，ε 为 2.27，计算它们的特性阻抗：

SYV—75—9：$Z_1 = \dfrac{138}{\sqrt{22.61}} \lg \dfrac{9}{1.37} = 26 \ (\Omega)$

SYV—75—5：$Z_2 = \dfrac{138}{\sqrt{2.27}} \lg \dfrac{4.6}{0.72} = 74 \ (\Omega)$

评价好的射频同轴电缆是电视信号衰减少，温度系数较小，抗干扰性能好，即尽可能不接收杂散的干扰信号、机械弯曲特性好、价廉。另一种电视电缆是扁馈线，即 SBVD 型 300Ω 扁馈线，因损耗大，100MHz 信号通过 50m 将衰减一半，若用还须加阻抗变换器，不常用。

3. 对射频同轴电缆的基本要求

（1）损耗要低，即对系统内的电视信号衰减少，传输效率高。衰减常数与电缆的长度、信号频率的增大而增大，因此应合理布局，尽量缩短长度。衰减常数的单位是 dB/m 或 dB/100m。

（2）稳定性好，寿命长，不因年久而生变。电缆的温度系数要小，在不同的季节温度中，电缆的特性没有明显的变化。

（3）抗干扰性能好，尤其是在工业区电波干扰多或在强场强区，射频同轴电缆的屏蔽性能好，能够防止杂波干扰。

（4）电缆电压驻波比低，因为电缆的电压驻波比太高容易引起图像重影和色调失真，直接影响收视质量（电压驻波比 $\text{VSWR} = U_{max}/U_{min} > 1$）。

（5）要求电缆的机械性能好，尤其是屏蔽网的机械强度和性能要好，不至于因施工安装过程中电缆变形而影响信号的传输质量。

（6）外观美观，无划伤、油垢和死弯。

（7）要求电缆的价格合理，尽可能降低成本。

同轴电缆主要性能参数见表 27-9。

电缆型号	线芯外径 d (mm)	铜网内径 d (mm)	电缆外径 D (mm)	特性阻抗 Z (Ω)	衰减常数 (dB/100m)		
					45MHz	100MHz	300MHz
SYV—75—5—1	0.72	4.6 ± 0.2	7.3 ± 0.4	75 ± 3	8.2	11.3	20
HTA—75—3	0.6	3.1 ± 0.2	6.0 ± 0.2	75 ± 3	7.1	11.0	20
SDV—75—5—4	1.13	4.6 ± 0.2	7.0 ± 0.3	75 ± 3	6	9	16
SYV—75—9	1.37	9.0 ± 0.4	13.0 ± 0.8	75 ± 3	4.8	7	13
SDV—75—7—4	1.74	7.3 ± 0.25	10.0 ± 0.35	75 ± 3	3.7	6.1	12
HTA—75—7	1.2	7.3 ± 0.3	10.7 ± 0.6	75 ± 3	3.2	4.8	8.4

常用电视电缆结构性能见表 27-10。

【例 27-5】 某别墅有 21 个电视插座，系统图如图 27-21 所示。从前端设备箱出口电平为 96.32dBμV，分支器的型号为 SFZ—2072、SFZ—2074、SFZ—2071；其插入损失/耦合损失分别为 0.7/20、1.0/20、0.6/20。同轴电缆损耗 SYV—75—9 为 0.13dB/m，SYV—75—5 为 0.2dB/m。求用户插座 a、b、c、d、e 的电平是多少？

答：$\varphi_a = 96.32 - 0.13 \times 4 - 0.2 \times 4 - 20 = 75$（dBkμV）

$\varphi_b = 96.32 - 0.13 \times 4 - 0.2 \times 3 - 20 = 75.2$（dBkμV）

$\varphi_c = \varphi_d = 96.32 - 0.13 \times 7 - 0.2 \times 8 - 20 - 0.7 = 73.11$（dBkμV）

$\varphi_e = \varphi_f = 96.32 - 0.13 \times 7 - 0.2 \times 3 - 20 - 0.7 = 74.11$（dBkμV）

$\varphi_g = 96.32 - 0.13 \times 10 - 20 - 0.7 - 1.0 = 73.32$（dBkμV）

4. 产品说明

美国生产的射频同轴电缆 QR540 使用相当广泛，主要的特点是外导体采用高频感应焊接光铝管，管壁比同类产品薄，所以弯曲半径小，约为外径的 8 倍，安装使用很方便。在 UHF 频段的衰减要比化学发泡电缆低得多。QR 电缆的内导体用铜包铝芯线，它是把铜层紧密地包裹在铝芯上制成的双金属导体，由于集肤效应，高频电流仅在外表层通过，导电特性和铜一样，但相对密度小，可以节省 20% 的金属材料。

美国 T10—500 系列电缆特点是外导体采用拉拔光铝管，是整根铝管拉拔而成，不用任何焊接工艺，所以屏蔽效果好，抗干扰能力强，其它性能和 QR 电缆相同。芬兰 NOKIA 电缆公司生产的 SM 系列电缆在世界有较高的信誉，内导体是单铜线，绝缘结构也用气体发泡技术，形成泡沫带皮的双重绝缘，机械强度大大提高，外导体用 0.2～0.4mm 厚的铜纵包后经氩弧焊接成光铜管，再压成环状皱纹管，以增加机械强度及提高弯曲特性，因为内外都用铜材，质量优良。上海生产的 SYKV—75—12 用铜单内导体，纵孔半空气聚乙烯绝缘，铝箔纵包铜丝复合外导体，聚氯乙烯单护套，性能也能满足要求，价格只有进口美国货的三分之一。

今后长距离的超干线或主干线将用光缆承担。光缆的成本和同轴电缆相似，但是相关设备的商品化程度还不高，总价很贵，目前不能全部采用光缆。

表 27-10

常用电视电缆结构性能表

电缆类别	电缆型号	结构尺寸		性能指标					
		内导体直径 (mm)	外径不大于 (mm)	特性阻抗 (Ω)	绝缘电阻不小于 (MΩ/km)	绝缘试验电压 (kV)	衰减常数不大于 (dB/100 m)		
							30MHz	20MHz	80MHz
聚乙烯泡沫绝缘电缆	SYFV—75—5—4	1.0	7.2	75±3	1000	1	5.0	14.0	32.0
	SYFV—75—7—4	1.6	10.2	75±3	1000	1	3.6	11.6	24.1
	SYFV—75—9—4	1.9	12.4	75±3	1000	1	3.0	8.8	21.1
聚乙烯纵孔绝缘电缆	SYKV—75—5—7	1.0	7.5	75±3	1000	1	4.0	10.8	22.9
	SYKV—75—7—7	1.6	10.3	75±2.5	1000	1	2.6	7.1	15.2
	SYKV—75—9—7	2.0	12.4	75±2.5	1000	1	2.1	5.7	12.5
	SYKV—75—12—7	2.6	15.0	75±2.5	1000	1	1.6	4.5	10.0
纵孔埋地电缆	SYKG—75—9—7	2.0	15.0	75±2.5	1000	1	2.1	5.7	12.5
	SYKG—75—12—7	2.6	15.4	75±2.5	1000	1	1.6	4.5	10.0
竹节型电缆	SYDV—75—5—6	2.2	11.4	75±2	1000	1	1.7	4.7	9.2
	SYDV—75—12—6	3.0	14.4	75±2	1000	1	1.2	3.2	7.1
聚乙烯螺旋绝缘电缆	SDV—75—5—3	1.13	7.0	75±2	1000	1	3.6	9.5	20.0
	SDV—75—7—3	1.74	10.2	75±2	1000	1	2.4	6.3	13.5
	SDV—75—9—3	2.14	12.4	75±2	1000	1	1.93	5.2	11.3
	SDV—75—15—3	3.8	20.0	75±2	1000	1	1.11	3.1	6.1
	SDV—75—23—3	6.0	30.0	75±2	1000	1	0.77	2.7	4.7
	SDV—75—37—7	10.0	45.0	75±2	1000	1	0.4343	143.2	243.7

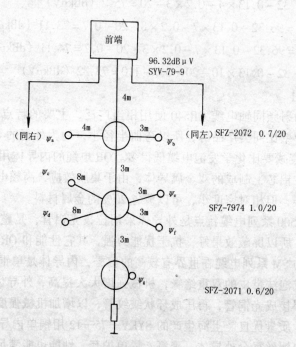

图 27-21 [例题 27-5] 用图

27.3.4 名词术语

1. 电压驻波比：电视信号通过互相平行的两根导线到负载 R，一部分信号被负载吸收，另一部分被负载反射，结果使导线上的电压分布如图 27-22（a），其波峰与波谷的位置是固定的，这种状态称为驻波。如果传输线上的阻抗等于负载电阻时，高频电视信号能量全部被负载吸收，在传输线上不存在反射，处处电压都相同，撤为行波状态，如图 27-22（b）。

在传输线上由于入射波和反射波的叠加而产生驻波，驻波电压的最大值与最小值之比称为电压驻波比，用 VSWR 表示，它表示着天线、馈线、接收机之间阻抗匹配程度的一个物理量。

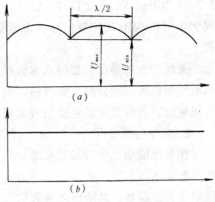

图 27-22　驻波与行波
（a）驻波；（b）行波

$$VSWR = \frac{天线的阻抗}{馈线的阻抗} = \frac{馈线的阻抗}{接收机的输入阻抗} = \frac{U_{max}}{U_{min}}$$

其数值的大小是衡量各种部件的阻抗偏离 75 Ω 标称阻抗大小的重要数据，当阻抗匹配时，VSWR = 1；不匹配时，VSWR 大于 1。电压驻波比越接近于 1 越好。若偏大则会使所传输的电讯号在内部形成反射，造成重影，直接影响电视收看效果。分支器的驻波比表明它的输入端和各输出端阻抗的准确程度，其驻波比一般小于 2。

2. 自动增益控制（AGC）：自动增益控制表示当输入信号在一定的变化范围内，使输出信号基本保持不变的辅助控制作用电路，用 AGC 表示。

3. 插入损失：在系统传输线中，插入器件前和插入器件后，在同一个标准负载上功率 dB 数的差值。

4. 分配损失：分配器在进行功率分配时，输出功率与输入功率之 dB 差。

5. 分支损失：分支器的输入端信号电平与输出端信号电平之 dB 差。

6. 分支隔离：任意两个分支器端电平之间的衰减量。

7. 反向隔离：分支器端对本器件输出端的衰减量。

8. 天线的方向性：即方向角 α，在天线极坐标图上从 0° 主轴上最大感应电动势下降 3d 的夹角。

9. 天线的前后比：F/B　正方向 E_{max} 与 180 ± 60° 范围内的最大电动势之比。

27.4　电视系统前端设计

共用天线电视系统的设计的技术指标应符合国家现行《30MHz ~ 1GHz 声音和电视信号的电缆分配系统》标准参数要求。进入系统前端的电视信号质量，不宜低于五级质量标度的 2.75 级。系统对所传电视信号的损伤（不包括天线及其馈线），不应使信号变坏（对任一单项电性能）至五级损伤标度的四级以下。

27.4.1　设计的原始资料

1. 卫星电视地面接收站

通常在国内的卫星电视接收系统建立卫星地面接收站三套。架设口径分别为 4.5m 的 C 波段卫星接收天线一副，接收东经 105.5° 亚洲一号卫星电视节目。架设口径为 6.0m 的 C 波段卫星接收天线一副，接收东经 68.5° 泛美四号卫星电视节目。架设口径为 6.0m 的 Ku 波段卫星接收天线一副，接收东经 110° 百合三号卫星电视节目。由天线所接收的 C 波段

3.7～4.2GHz、Ku 波段 11.7～12.2GHz 的卫星电视节目信号，经低噪声下变频器 LNB 转换成 950～1750MHz 的中频信号，由低噪声卫星线路放大器 LNA 放大后，用卫星电视专用电缆。

架设带抛物形反射器的八木天线、接收当地的电视节目。所接收的电视信号由电缆传送至前端机房，经分波、滤波后，由变频外差式处理器转换至与当地有线电视台相对应的电视频道。若所接收的电视信号太弱，可考虑采用低噪声天线放大器进行放大。

2. 自办电视节目

在系统前端机房设置磁带录像机、兼容 VCD/LD 镭射影碟广播节目。架设 FM 天线接收当地立体声调频广播节目，所接收的信号经电缆送至调谐器、磁带录音机、CD 唱机、话筒等音源设备，其输出之音频信号经立体声调制器调制至相应频率。立体声调频广播信号在与电视信号混合之前，应经 87～108MHz 带通滤波器滤波，以提高带外抑制能力，防止干扰。

3. 可寻址系统

系统设置可寻址系统，除完成对部分节目进行加密传输外，还可扩展为单向或双向的即兴点播和电脑收费管理系统。系统可配置寻址控制器、数据调制器和可寻址变换器。各路电视广播信号，用宽带混合的方法，经混合器混合输出。信号混合输出后应设置信号检测点和电视接收机对播出信号进行监视。考虑到日后与有线电视台的联网，前端应配置干线放大器和集中供电装置。

4. 前端设备配置

（1）卫星接收机：将所接收的卫星电视信号，解调成系统所需的基带信号。

（2）电视信号解调器：将所接收的电视信号，解调成基带信号，并进行相应的处理。

（3）电视信号调制器：将基带信号放大，滤波，调制至所需的电视频道。

（4）FM 信号处理器：对所接收的 FM 信号进行处理，并转频至所需的频率。

（5）立体声 FM 信号调制器：将立体声音频信号调制到所需的频率上。

（6）集中混合器：将许多路的电视信号混合输出。

5. 明确用户（电视插座）的数量及系统规模，确定电视机的平面位置

（1）场强的测试或计算：在某个接收点电磁波的强度称为场强。单位是 mV/m，或是 μV/m，还常用 dBμV（即分贝微伏）表示。并规定 1μV/m 为 0dB，记为：

$$1\mu V/m = 0dB\mu$$

所以用 dB 表示场强时，E （dB） $= 20\lg \dfrac{E \ (\mu V)}{1 \ (\mu V)} = 20\lg E \ (\mu V)$

在 CATV 系统中用 75Ω 的负载上产生 1μV 的电压作为标准电压，规定为 0dB，例如在电视用户终端插座电压为 1mV，可以计算出电平为：

$$电平数值 = 20\lg \frac{所给电压}{标准电压} = 20\lg \frac{1 \times 10^3 \mu V}{1 \times 11 V} = 60dB$$

用电平表示具体的场强是因为事先决定了参考电平，在计算或查阅电平数值时，应该注意所选用的参考电平。电视频道的场强，当场强在 45dB、信噪比达 37 可以采用常规 CATV 收视 4 级以上。能满足设计用户电平在 73±5dBμV。

（2）电场强度的计算方法：

956

$$E = \frac{2.18 \sqrt{P \cdot D} \cdot h_1 \cdot h_2}{L^2 \cdot \lambda} \quad (\text{mV/m})$$

式中　P——发射机送到接收天线的实际功率（kW）；

　　　D——发射天线的增益；

$h_1 \cdot h_2$——分别为发射及接收天线的高度（m）；

　　　L——发射台和接收点的距离（km）；

　　　λ——所选用接收频道的波长（m）。

上式使用的条件是 $h_1 \cdot h_2$ 小于 $\lambda L/18$。

【例 27-6】　电视发射机的功率为 10kW，发射天线用 SYV—75—18 型电缆，发射天线高 380m，为三层蝙蝠翼天线，其增益 D 是 3.3，接收天线的高度为 10m，工作在 2 频道。求 10km 处的电场强度是多少？

解： 查手册得 SYV—75—18 型电缆每 100m 衰减 3dB，送到天线后功率约损耗一半，为 5kW。2 频道的波长：因为频率是 60MHz，所以 $\lambda = 5$（m）。

$$E = \frac{2.18 \sqrt{P \cdot D} \cdot h_1 \cdot h_2}{L^2 \cdot \lambda}$$

$$= \frac{2.18 \sqrt{5 \times 3.3} \times 380 \times 10}{10^2 \times 5} = 14.2 \quad (\text{mV/m}) = 83 \text{（dB）}$$

同理，在距离为 20、30、50km 时，可计算出各场强分别为 70、65 及其 50dB。距离越远则显然信号越弱。在北京等大城市可以查阅电视场强分布平面图。

（3）电视接收距离

电视接收距离可以通过计算或查阅有关的资料确定。VHF 和 UHF 电波和光波都是沿直线传播的，它不能依靠电离层的反射传播，也不能依靠地面波传播。原因是频率高，超短波的波长很短，地面波衰减很大，所以只能在可视的直线范围内传播。这个直视距离与发射天线的高度及接收天线高度有密

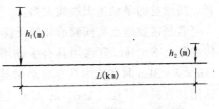

图 27-23　电视信号接收距离

切的关系，大气对超短波也有折射的作用，在正常折射时，有效传播的距离要大一些，可以近似地认为地球的等效半径为实际半径的 1.33 倍，所以有效传播直视距离可见图 27-23，距离 L 按下式计算。

$$L = 4.12 \times (\sqrt{h_1} + \sqrt{h_2}) \quad (\text{km})$$

式中　L——实际直视距离（km）；

　　　h_1——发射台的高度（m）；

　　　h_2——接收天线的高度（m）。

【例 27-7】　北京电视发射台的高度为 380m，接收天线的高度分别为 5m 和 24m，求实际直视距离各是多少？

解： $L_1 = 4.12 \times (\sqrt{h_1} + \sqrt{h_2}) = 4.12 \times (\sqrt{380} + \sqrt{5}) = 89.53$（km）

　　　$L_2 = 4.12 \times (\sqrt{h_1} + \sqrt{h_2}) = 4.12 \times (\sqrt{380} + \sqrt{24}) = 100.48$（km）

可见接收天线越高，收视距离越远。

（4）场强划分及其距离的关系：场强划分及其距离的关系见表 27-11。

场强划分及其距离的关系

表 27-11

场　强　（dBμV）		距　离　（km）		
		10kW	5kW	3kW
强	$E > 94$	≤10	≤7	≤3
中	$94 \geqslant E > 74$	≤30	≤21	≤10
弱	$74 \geqslant E > 54$	≤60	≤50	≤30
微	$E < 54$	>70	>50	>30

表中距离是指共用电视天线与发射台间的直线公里数。场强值指 VHF 频段。10kW、5kW、3kW 是指反射台辐射功率千瓦数。当频道发射机辐射功率大于 10kW 时，上表中的距离与场强关系将不再适用，应按实际测量接收点场强为准。根据场强划分表，当场强 E 大于 94dBμV 时，前端系统可不加天线放大器和单频道放大器；当 94dBμV > E > 74dBμV 时可加单频道放大器或频道放大器；当 74dBμV > E > 54dBμV 应加天线放大器；当 E < 54dBμV 时只宜设闭路电视系统或卫星地面站。当 E > 100dBμV 时，为了防止重影应加频道转换器（V/V、V/U 或 U/V）。

如果接收地点地形复杂、周围高层建筑较多、无规则反射和吸收现象严重，甚至有其他电磁波造成的天线接收阴影，在这种情况下宜采用下列措施：在场强区应选用方向性强的单频天线窄带滤波器；在中弱场强区除采用方向性强的单频道接收天线外还应选用低噪音、高增益的单频道天线放大器。

若是接收地点有同频或邻频干扰，宜选用邻频滤波器天线阵或移相器来抑制干扰。当传输距离 S > 1km 宜选用具有手动增益控制（MGC）加上增益温度补偿干线放大器；当 1km < S < 3km 时宜选用具有自动增益控制（AGC）的干线放大器；当 3km < S < 6km 时宜选用具有斜率补偿（ASC）的 AGC 干线放大器。

当用户是距离电视发射台很远的偏僻地区时，就需要建立电视差转台，在电视差转台配合小型卫星地面接收站又可以进行来自卫星上的电视节目的转播。附加功能 FM 套数，控制方式。选定产品系列，留有一定的裕度，考虑发展，选用标准通用产品。系统的设计宜从下至上进行。即首先选定系统终端用户的电平，然后反推到控制器的输出端。选定设计用户网络以后再设计前端及信号源部分。

27.4.2　系统设计

1. 设计的内容

共用天线电视系统可由天线、前端、线路分配、用户分配等部分组成。

规划设计应包括下列内容：用户数预测、区域划分；转播广播电视节目数套以及传送其他信息的计划；自办节目需设置录像播放室、电视站的要求及发展计划；系统的组成、天线架设及信号远程传输方案；设备选型；建立共用天线系统所需要的建筑物及建筑面积；供电方案；建设顺序；投资及效果预测。

共用天线电视系统是一种主要用于传输和分送无线电广播电视信号的电缆分配系统。习惯上主要用于传输并分送电视及其伴音信号的电缆分配系统，也称为电缆电视系统。电缆电视系统主要用同轴电缆传输信号、并用同轴电缆向用户分送信号，系统工作在 38MHz

~1GHz 频域内。大型系统在长距离传输路上由于其他原因需要时，也采用微波、光缆等其他手段传输信号。

用同轴电缆分送信号的电缆分配系统，工作频带宽，连接千家万户。容易形成多种业务的电信传输网。除了分配电视和声音信号外，可以开发用于传送话音、数据以及除广播电视外的其他图像信号。利用共用电视天线系统的电缆分配网，也可分送商品音像制品的重放信号（放录像）。

用户电平是计算电视系统网络的依据，用户电平合适才可能把电视质量调试到优良的效果。

2. 系统划分

CATV 系统工程规模的划分，可按其容纳的用户输出口数量分为四类：

A 类　10000 户以上；

B 类　2001 ~ 10000 户；B1 类　5000 ~ 10000 户；B2 类　2001 ~ 5000 户；

C 类　301 ~ 2000 户；

D 类　300 户及以下。

3. 技术要求

系统规模、用户分布及覆盖区域的建筑物平面。信号源（广播电视、调频广播、卫星接收、微波接收）和自办节目的数量、类别和其他有关参数。接收天线设置点的实测电视信号场强或理论计算的信号场强值。接收天线设置点建筑物周围的地形、地貌（附近高大建筑物、构筑物的反射遮挡情况等）以及干扰源、气象和大气污染状况。系统发展规划（结合城市广播电视发展规划）以及被遮挡区输出干线预留的要求。

4. 性能指标

CATV 系统应满足下列性能指标：载噪比≥44dB；交扰调制比≥47dB；载波互调比≥58dB。无干线传输的分配系统见图 27-24。其设计值宜按表 27-12 所列系数分配。

无干线传输系统系数分配表　　　　　　　　　　　　　表 27-12

项目　　　　　　　　　　　　部分 　　　　　　　分配系数	前　端	分　配　网　络
载噪比　C/N	0.8	0.2
交扰调制比　CM	0.2	0.8
载波互调比　IM	0.2	0.8

本地前端传输分配系统，见图 27-25。

5. 系统设计值

当传输干线总衰耗小于 100dB 时，宜按表 27-13 所列系数分配。

衰耗＜100dB 时系数分配表　　　　　　　　　　　　表 27-13

项目　　　　　　　　　　　部分 　　　　　　分配系数	前　端	传　输　干　线	分　配　网　络
载噪比　C/N	0.7	0.2	0.1
交扰调制比　CM	0.2	0.2	0.6
载波互调比　IM	0.2	0.2	0.6

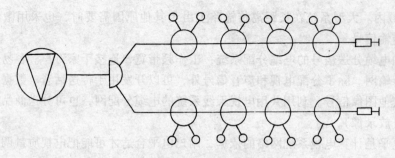

图 27-24　无干线传输系统

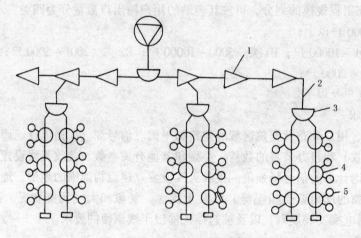

图 27-25　本地前端系统

1—放大器；2—干线；3—二分配器；4—二分支器；5—插座

当传输干线总衰耗大于 100dB 时，其设计值宜按表 27-14 所列系数分配。有中心前端系统系数分配表见表 27-15。

当衰耗大于 100dB 时系数分配表　　　　　　　　　　　　　　表 27-14

项目　　　　　部分　　　　　分配系数	前　　端	传 输 干 线	分 配 网 络
载噪比　C/N	0.5	0.4	0.1
交扰调制比　CM	0.1	0.5	0.4
载波互调比　IM	0.1	0.5	0.4

有中心前端系统系数分配表　　　　　　　　　　　　　　　表 27-15

项　目　　　　部分　　　　分配系数	本地前端	远地前端中心前端	本地干线超干线	中心干线	分配网络
载噪比　C/N	0.25	0.25	0.2	0.2	0.1
交扰调制比　CM	0.05	0.05	0.25	0.25	0.4
载波互调比　IM	0.05	0.05	0.25	0.25	0.4

有远地前端的传输分配系统，见图 27-26。

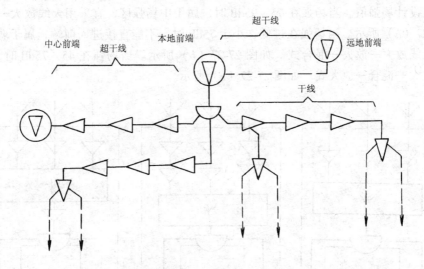

图 27-26　有远地前端系统

6. CATV 系统的信号传输频段

应根据信号源的现状和发展、系统的规模和覆盖区大小进行设计。对 B2 类及以下的小系统或干线长度不超过 1.5km 的系统，可保持原接收频道的直播，采用全频道电视信号传输方式。B1 类及以上的较大系统、干线长度超过 1.5km 的系统或含有超过 10 个频道节目的系统，宜采用 VHF 频道信号（节目多时可采用邻频传输）传输方式（对 UHF 的广播电视频道采用 U/V 变换方式），或采用 300MHz 增补频道系统。

7. 频道安排

宜保持原接收频道的直播。改变强场广播电视频道的载频频率为其他频道信号。配置受环境电磁场干扰小的频道，变换或增设频道时，系统中任两频道的频率之和或频率之差不得落入另一频道的频带；任两频道不得呈现 ±9 个频道或 ±4 个频道的间隔关系。当信号源超过 7 个，并在经济、技术指标适宜的情况下，可采用邻频传输方式。当接收采用变换器时也可采用增补频道系统。

系统用户终端的电视信号输出电平，宜在 60 ~ 80dBμV 之间，设计计算的控制值对强场区取 73 ± 5dBμV，弱场区取 70 ± 5dBμV，为电视图像信号；取 65 ± 5dBμV 为立体声调频广播信号；取 58 ± 5dBμV 为单声道调频广播信号。相邻频道和采用邻频传输的系统，其系统输出电平差，不应大于 2dB。

27.4.3　电视天线设计

接收无线电视节目每一频道宜设一副专用接收天线。在无线广播电视服务范围内。无线广播电视接收场强，可采用以下方法预测：平原地区，无线电波传播距离小于 30km，宜按空间波场强的计算。在大、中城市及其周围地区，无线电波的传播距离小于 10km，电波传播路径无遮挡，但射线下方地面有密集的建筑物，宜按自由空间辐射场强的计算场强用相对于 $1\mu V/m$ 的分贝比表示时：

$$[E] = 20\lg 10E$$

场强预测值，宜取低于空间波公式估算所得值 3dB 或低于自由空间波公式估算值 6dB 的数值。如有条件，宜现场测量拟建天线位置附近的空间场强，并结合计算结果分析比较，取定设计场强值。当场强在 75～95dB 时，属于中场强区，宜采用天线放大—混合式。如图 27-27 (a) 所示。当场强在过低，小于 75dB 时，不能直接进入前端，属于弱场强区，宜采用天线放大—放大—混合式。如图 27-27 (b) 所示。当场强在 45～75dB 时，可以采用天线放大—混合—放大式，如图 27-27 (c) 所示。

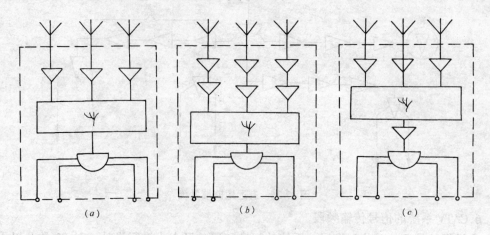

图 27-27　放大与混合的方式
(a) 放大—混合；(b) 放大—放大—混合；(c) 放大—混合—放大

天线应架设在广播电视信号场强较强、电波传播路径单一的地方，并宜靠近前端箱，但应避开风口及架设困难的地方。天线宜设置在建筑物的高处或专用铁塔上。天线及其支承杆、安装支架、铁塔应具有足够的承受积雪、裹冰、攀登、吊装构件等额外负载的承载能力，并应具有与环境相适应的抗风、抗腐蚀能力。设计取定的基本风压不得小于 300Pa（30kg/m²）。

架设接收天线应注意避开电气机车、汽车等各种电火花源。天线与汽车车道间的干扰保护距离设计取值不宜小于 20m。接收不同信号的两副天线叠层架设，两副天线间的垂直距离，不应小于波长较长的天线工程波长的 1/2，并不宜小于 1m。宽频带或全频带天线电平差小，用于强场强。而单频道天线用于低场强、干扰大的场所。接收不同信号的两副天线在同一水平面内架设，两副天线相互靠近的边沿间距与叠层架设的要求相同。

CATV 系统工作设计的接收信号场强，宜取自实测数据（若干次实测记录平均值）。若取得实测信号有困难时，可按理论计算方法计算场强值。在新建和扩建小区的组网设计中，应以一个本地前端组网。当用一个本地前端统辖所有用户，不能确保最远端系统输出口的信号指标时，应增设中心前端，以分区传输方式组成网络系统。设计和规划高大建筑物的系统时，应考虑被其遮挡的低矮建筑物接入系统的可能性，即留有引出干线的条件。

接收天线应具有良好的电气特性，其机械性能应能适应当地气象和大气污染的要求。接收天线可按下列原则选定：每接收一个电视频道信号，宜选用一副相应频道的接收天线。当各地电视频道信号源处于同一方位时，可选用频段天线。

若接收天线的输出电平低于公式计算值，必须选用高增益天线和加装低噪声天线放大器。接收信号的场强较弱或环境反射波复杂，使用常规天线不能保证前端对于信号质量的要求时，可采用特殊型式的天线，如组合天线、抗重影天线等。接收卫星广播电视的天线

962

增益，必须满足卫星信号接收机对于输入信号的质量要求。

$$S_{min} \geqslant (C/N)_h + F_h + 2.4$$

式中　S_{min}——接收天线的最小输出电平（dB）；

$(C/N)_h$——分配给前端的载噪比（dB）；

F_h——前端的噪声系数（dB）；

2.4——75Ω 噪声源内阻上 $B = 5.75MHz$ 时的等效噪声电平（dBμV）。

使用宽频带组合天线时，其天线或天线放大器的输出端，应设置分频器或所接收电视频道信号的带通滤波器。接收天线的位置选择，可按下列原则进行：选择在广播电视信号较强、电磁波传输路径单一的地方，宜靠近前端并避开风口。天线朝向电视发射台的方向不应有遮挡物和可能的信号反射，并尽量远离汽车行驶频繁的公路、电气化铁路和高压电力线等。群体建筑系统的接收天线，宜选用建筑群中心附近较高的建筑物上。

独立杆塔接收天线的最佳高度可由下式计算确定：

$$h_j = \lambda \cdot d / 4h_1$$

式中　h_j——天线安装的最佳绝对高度（m）；

λ——该天线接收频道中心频率的波长（m）；

d——天线杆塔至电视发射塔之间的距离（m）；

h_1——电视发射塔的绝对高度（m）。

广播电视信号接收场强实测有困难时，场强估算宜按下列原则处理：如在平原地区无线电波传播距离小于 30km，可由空间波场强计算公式估算；如在大中城市及周围地区，无线电波的传播距离小于 10km，可由自由空间辐射场强计算公式估算。

前端设施应设置在用户区域的中心部位，宜靠近接收天线和自办节目源。前端设备应根据节目源、输入前端的电平值、信号质量、前端的输出电平及其传输信号频段等要求配置。

1. 频道放大器输出型前端最大输出值

$$U_0 = U_{0max} - 3$$

式中　U_0——专用频道放大器输出电平最大可用值（dBμV）；

U_{0max}——专用频道放大器标称最大输出电平（dBμV）；

3——设计余量。

2. 宽频带放大器输出型前端最大输出值

采用邻频道传输的前端设备，设备应具有 60dB 以上的邻频信号抑制特性。频率稳定度在 VHF 频段应 ≤20kHz。调整图象、伴音功率比范围应大于 17dB。系统使用 5 频道时，自办调频广播的使用频率应高于 92MHz。具有自办节目功能的前端，使用视频设备的信噪比不应低于 45dB。

前端输出的系统传输信号电平，对于 CD 类小系统或采用 VHF 频段信号传输的系统可采用各频道电平值相一致的输出方法。对于 AB 类大系统或采用全频道信号传输的系统，可采用高位频道高电平、低位频道低电平的输出方式。

放大器的选择应能满足工作频带、增益、噪声系数、最大输出电平等项指标的要求。放大器类型宜根据其在系统中所处的位置正确选择。单频道接收天线放大器和前端专用频道放大器应采用相应的单频道放大器。当各频道的信号电平基本一致，即邻近频道的信号电平差不超过 2dB 时，可采用频段放大器或多波段放大器。宽频带放大器的频率特性应与其传输频段相适应。干线放大器应具有自动电平控制 ALC 和自动斜率控制 ASC 的功能。强场区选用输出电平较高的放大器，弱场区应选用低噪声系数的放大器。

3. 接收天线

接收天线安装位置在较高处，避开接收电波传输方向上的阻挡物和周围的金属构件，并应远离公路、电气化铁路、高压电力线以及工业干扰等干扰源。接收天线安装位置的信号场强可根据实际测试结果和主观视听效果综合确定。实际测试时，宜选择不少于三个测试点，而且每个测试点上测试所有频道的信号场强、频带内和频带外的干扰场强。

接收天线和天线放大器每接收一个电视频带信号，应采用一副相应频道的接收天线。两个或两个以上电视广播信号源处于同一方位时，可共用一副宽频带天线。接收到的每一个频道的信号质量应满足系统前端对信号质量的要求。当接收信号场强较弱、反射波较多或干扰较大时，普通天线不能保证前端对输入信号的要求，可采用高增益天线、加装低噪声天线放大器或采用特殊的天线。

接收天线与天线竖杆应能承受设计规定的风荷载和冰荷载。天线与天线竖杆应具有防潮、防霉、抗盐雾、抗硫化物腐蚀的能力。用金属构件时，其表面必须镀锌或涂防锈漆。天线在竖杆上调整时，应能转动和上下移动，其固定部位应方便、牢靠。天线、竖杆、拉线与支撑、附件应组装方便，固定可靠。安装在室外的天线馈电端、阻抗匹配器、天线避雷器、高频连接器和放大器等应具有防雨措施。

接收天线采用拉线竖杆的安装方式，拉线不得位于接收信号的传播途径上。竖杆和抛物面天线的安装应按照生产厂提供的资料和要求设计。天线放大器应安装在竖杆上。天线至前端的馈线采用屏蔽性能好的同轴电缆，其长度应小于 20m，并不得靠近前端输出口和干线输出电缆。两副天线的水平或垂直间距应大于较长波长天线的工作波长的 1/2，且应大于 1m。最底层天线与支撑物顶面的间距应大于其工作波长。

4. 频道天线送至前端的最小输入电平计算

$$Shi_{mim} = [C/N]h + Fh + 2.4$$

式中　　Shi_{mim}——天线送至前端的最小输入电平（dBμV）；

　　$[C/N]h$——分配给前端的载噪比（dB）；

　　　　Fh——前端的噪声系数（dB）；

前端输出电平的设计值应按下式计算：

采用频道放大器输出型前端：

$$Sh0 = Sh0_{max} - 3$$

式中　　$Sh0$——频道放大器输出电平值（dBμV）；

　　$Sh0_{max}j$——频道放大器标称最大输出电平值（dBμV）。

采用宽带放大器输出型前端：

$$S'h0 = S'h0_{max} - 7.5\lg(N-1) - (1/2)(CMh - 47)$$

式中　　$S'h0$——宽带放大器每个频道输出电平设计值（dBμV）；

　　$S'h0_{max}$——宽带放大器标称最大输出电平设计值（dBμV）；

964

N——系统传输的频道数目；

CMh——分配给前端的交扰调制比（$dB\mu V$）。

具有自办节目功能的前端，采用视频设备的信噪比不应小于45dB。采用相邻频道传输的前端设备，应具有60dB以上的邻频信号抑制特性；频率偏移在甚高频段不应大于20kHz；图象伴音功率比调整范围应为10~20dB。

27.4.4 电源

不设演播室的系统，前端机房宜采用50Hz、220V单相交流电源，并应有独立的供电回路。设置演播室的系统宜采用50Hz、380/220V电源，并应从总配电箱引入独立的供电回路。演播室灯光与技术设备的供电，应分别设置回路供电，并应采用相应的防干扰措施。

前端机房和演播室的设备供电电压波动超过+5%~-10%范围时，应设置电源稳压装置。干线放大器的供电应采用芯线馈电方式，电源插入器宜设置在桥接放大器处。当供给供电器的电力线路与电缆同杆架设时，供电线路材料应采用绝缘导线，并应架设在电缆的上方，与电缆的距离应大于0.6m。

共用天线电视系统应采用50Hz、220V电源作为系统工作电源。工作电源宜根据系统分布情况及规模，从企业内相关地区的变电所、配电站的低压配电屏或照明总配电箱上直接分回路引电。

电视站所需的50Hz、三相四线380V电源，应按企业内重要负荷向企业供电部门申请供电。电压波动超过用电设备正常工作允许范围时，应采取稳压或调压措施。电视站的站内配电，应按动力、一般照明、演播照明及设备用电等分别设置供电回路，分开供电。

27.5 电视系统线路设计

27.5.1 传输与分配网络

干线放大器在常温时的输出电平最低极限值应按下式计算：

$$Sia = （C/N）_a + 10\lg n + F_a + 2.4$$

式中 Sia——干线放大器在常温时的输出电平最低极限值（$dB\mu V$）；

（C/N）$_a$——分配给干线部分的载噪比（dB）；

n——干线上串接放大器的个数；

F_a——单个放大器的噪声系数（dB）。

干线放大器在常温时的输出电平最高极限值应按下式计算：

$$Soa = So_{max} - 10\lg n - 7.5\lg （N-1） - 1/2（CMa - 47）$$

式中 Soa——干线放大器在常温时的输出电平最高极限值（$dB\mu V$）；

So_{max}——干线放大器的标称最大输出电平（$dB\mu V$）；

CMa——分配给干线部分的交扰调制比（dB）；

N——系统传输信号包含的频道个数。

干线放大器在常温时的输入电平和输出电平设计值，应根据干线长度、选用的干线电缆特性、选用的干线放大器特性和数量等因素，并留有一定余地进行选择。通常对于设有

ALC 电路的干线系统：

$$S'ia = Sia + （2~4） \qquad S'oa = Soa - （2~4）$$

对于未设 ALC 电路的干线系统：

$$S'ia = Sia + （5~8） \qquad S'oa = Soa - （5~8）$$

式中　$S'ia$——干线放大器输入电平的设计值（dBμV）；

　　　$S'oa$——干线放大器输出电平的设计值（dBμV）。

同一传输干线，干线放大器设置在其设计增益略大于等于（2dB 内）前段传输损耗的位置。采用低噪声、低温漂、中低增益的干线放大器。有条件时，可采用导频控制电路。采用低损耗、稳定性好的电缆。有条件时，宜将电缆穿管道或直接敷设。采用桥式放大器或定向耦合器向用户提供分配点。减少干线在传输中的插入损耗（如插入分支器、分配器等）。

分给分配网络部分的交扰调制比和载波互调比的指标，宜在分配网络部分的桥接放大器和延长放大器上均等分配。将传输信号合理地分配给各用户终端，并使其满足设计控制值。用户分配网络宜以分配—分支、分支—分支、串接单元等方式向用户终端馈送信号。不得将干线或支线的终端直接作为用户终端。分配设备的空闲端口和分之器干线输出终端，均应接 75Ω 终端电阻。相邻频道间的信号电平差不应大于 3dB。

在双向传输系统中，宜将正向放大器和反向放大器按固定比数配置，并且反向放大器和正向放大器应在同一处安装。双向传输系统的单一高频段线路放大器的输入、输出槽，均须加设高、低通滤波器，并将两侧低通直线连通。

27.5.2　线路及敷设

1. 路径选择

室外电缆线路路径的选择，应以现有的地形、地貌、建筑设施和建筑规划为依据。线路宜短直，安全稳定，施工和维修方便。线路宜避开容易使电缆受到机械或化学损伤的路段，减少与其他管线等障碍物的交叉跨越。CATV 系统的信号传输线路，应采用特性阻抗为 75Ω 的同轴电缆。必要时选择光缆及转换设备。采取直埋电缆敷设方式时应采用允许直埋的电缆，架空敷线宜采用自承式电缆。

2. 室外线路敷设方式的选择

用户的位置和数量比较稳定，并要求线路隐蔽时，可采用直埋电缆敷设方式。具有可供利用的管道时，可采用管道电缆敷设方式，但不得与电力电缆共管孔敷设。具有可供利用的架空线路时，可同杆架空敷设，其同电力线（≤1kV）的间距不应小于 1.5m，同广播线间距不应小于 1m，同通信线间距不应小于 0.6m。线路上有建筑可供利用时，可采用墙壁架空电缆敷设方式。

3. 室内线路敷设方式

新建或有室内装饰的改建工程，采用暗管敷设方式；在已建建筑物内，可采用明敷方式。明敷的电视电缆同照明线、低压电力线的平行间距不应小于 0.3m，交叉间距不应小于 0.3m。不得将电视电缆与照明线、电力线同线槽、同出线盒（中间有间隔的除外）、同连接箱安装。在强场区，应穿管并宜沿背电视发射台方向的墙面敷设。

27.5.3　干线放大器

1. 干线放大器的分类

干线放大器是用来控制干线上信号传输的电平值，它是电视系统中最关键的设备，种类很多，价格差异也有一个数量级的差别。按控制电平的能力分为以下五类：

（1）手控放大器 该类输入端有两个插件，即均衡器插件和衰减器插件。均衡器的作用在于补偿电缆衰减的频率特性，衰减器的作用在于使放大模块的输入电平达到额定值。

（2）温控放大器 该类放大器中的均衡器和衰减器的电阻用热敏电阻代替，当温度变化时放大器的输出电平和频率响应能得到一定程度的补偿而趋于稳定。

（3）AGC放大器 该类放大器又称为自动增益控制干线放大器，使用时需要在其前端设置一个导频信号发生器。导频信号是一个频率和幅度都比较稳定的信号，用其来表征电缆对信号的衰减，从而控制放大器的增益，维持一定的输出电平。

（4）斜率自动补偿AGC放大器 AGC放大器中可以增加斜率自动补偿电路。该种放大器前端也只有一个导频信号，但这个导频信号是建立在增益和斜率两个物理量的有机联系之上的。如夏天电缆衰减量大，高频尤其突出，此时放大器应提高增益，同时适当增大高频的增益，即提示同时增加增益和斜率，冬天则相反。

（5）ALC干线放大器 前端有两个导频信号，包括自动增益控制和自动斜率控制两个功能，价格增加很多。

按斜率划分：平坦输出型、全倾斜型和半倾斜型。倾斜是指放大器输出端高频道的电平比低频道的电平高，倾斜有利于非线性失真的改善，但调整不如平坦型方便。

按输出能力划分：推挽输出型、功率倍增型和前馈放大型。

按输出频带宽度划分：450MHz、550MHz和750MHz。

按功能划分：单向和双向放大器。

按输出端口划分：干线放大器、桥接放大器。

2．干线放大器的参数计算

（1）干线放大器在常温下输入和输出电平的设计值

设有自动电平调节ALC的干线系统：

$$S'ia = Sia + （2\sim4）; \qquad S'oa = Soa - （2\sim4）$$

没有自动电平调节ALC的干线系统：

$$S'ia = Sia + （5\sim8）; \qquad S'oa = Soa - （5\sim8）$$

（2）干线传输部分的设计 当干线衰减不大于88dB时，可采用斜率均衡和手动增益调节的放大器。当干线衰减大于88dB小于220dB时，必须采用自动增益调节（AGC）的干线放大器。当干线衰减超过220dB时，必须采用自动电平调节干线放大器。当传输干线中需要提供分配点时，宜采用桥接放大器或定向耦合器。

（3）分配网络 分配给网络部分的交扰调制比、载波互调比的指标，宜在分配网络部分的桥接放大器和各延长放大器上均等分配。分配网络中的分配器的空余端和最后一个分支器的主输出口，必须接75Ω终端电阻。

3．干线放大器的选型

如果系统是双向传输系统，应选择双向放大器。放大器的选型要根据传输距离的远近决定，Ⅰ类放大器的前馈放大器传输距离可达10km，ⅡA类推挽干线放大器传输距离为5km，ⅡB类推挽干线放大器传输距离为3km，Ⅲ干线放大器传输距离为1km，当然它们的价格也依次降低。

用户放大器又称楼头放大器,在邻频系统中宜选用推挽输出型放大器,而不要选择价格较低的单端放大器。这是因为单端放大器的二次互调失真严重,容易造成画面的网纹干扰和背景不干净。

27.5.4 线路设计

高层建筑线路放大器、模块分配器放在中心层。

1. 分配线路　常见有 8 种形式,如图 27-28 所示。

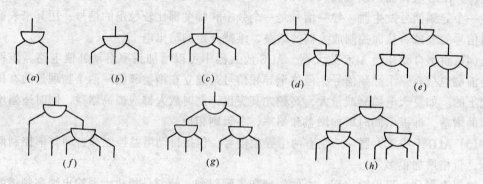

图 27-28　分配线路的形式

(a) 二分配;(b) 三分配;(c) 四分配;(d) 四分配;

(e) 五分配;(f) 五分配;(g) 六分配;(h) 八分配

2. 分支线路　常见有 6 种形式,如图 27-29 所示。

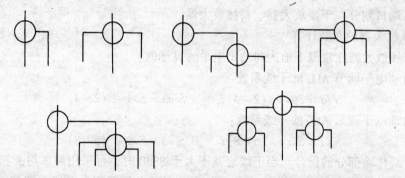

图 27-29　分支器常见的形式

3. 放大器出线的增益

放大器增益一般为 105dB 以下,太高了调试不方便,而且可以采用通用产品,降低造价。非线性失真使增益降低,降低量为

$$\Delta E_n = 7.5\lg (n - 1) \qquad (\text{dB}\mu\text{V})$$

式中　n——是频道数。

放大器的最大输出电平　　$E_n = E1 - \Delta E_n \qquad (\text{dB}\mu\text{V})$

式中　E_1——单台线路放大器最大输出电平,E_1 由样本给定。

968

当频道数一定时，干线放大器最大输出电平不大于 E_n。

$$E_n = E_1 - 10\lg n \quad (\text{dB}\mu\text{V})$$

其输出电平 $E'_n = F + S/N + 10\lg n + 2.6$ （dBμV）

式中　　F——噪声系数；

S/N——系统信噪比。

放大器的增益为：$G = E_n - E'_1$

4. 网络的计算

图 27-30 是以二分支器为例计算用户电平分配的方法。

图中有两个二分支器为甲、乙、丙、丁四个用户提供电视信号。设定前端设备箱出口 A 点电平为已知数，减去干线电缆 L_1 损耗的分倍数就得二分支器 b_1 输入端 B 点的电平。甲、乙两用户插座的电平为 B 点电平减去二分支器 b_1 的耦合损耗及电缆支线 L_3 及 L_5 的损耗。二分支器 b_1 的插入损耗对甲、乙两用户没有影响，但对下面二分支器 b_2 的输入电平有影响。二分支器 b_2（D 点）的输入电平为 B 点电平减去二分支器 b_1 的插入损耗再减去干线电缆 L_2 损耗的分倍数即可。丙、丁两用户插座的电平分别为 D 点电平减去二分支器 b_2 的耦合损耗再减电缆支线 L_4 及 L_6 的损耗。依次类推可以得到各用户插座的电平。

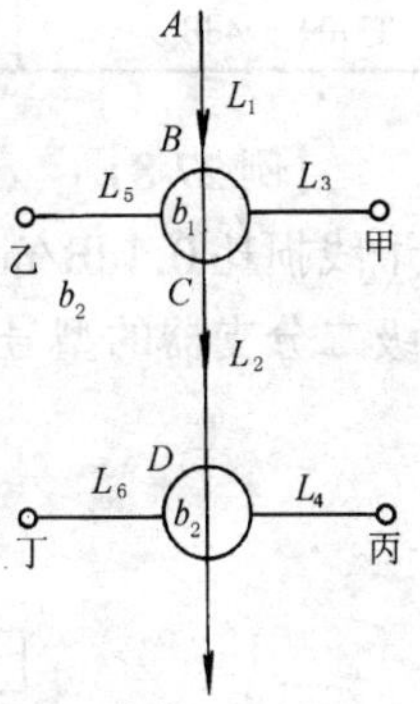

设二分支器 b_1 的耦合损耗为 f_{11}，二分支器 b_1 的插入损耗为 f_{12}，二分支器 b_2 的耦合损耗为 f_{21}，二分支器 b_2 的插入损耗为 f_{22}；则用户插座的电平为：

图 27-30　局部用户网络

$$U_{用} = UB - f_{11} - r_1 L_3 \quad (\text{dB}\mu\text{V})$$

式中　UB——二分支器的输入电平（dBμV）；f_{11}——分支器 f_1 的插入损耗（dB）；

r_1——单位电缆支线长度的损耗量，亦即电缆损耗常数（dB）；

L_3——电缆支线的长度（m）。

上式中忽略了用户插座的损耗，因为很小，一般只有 1dB，如果再减去这 1dB 就是电视用户得到的电平了。下一级二分支器的输入电平为：

$$U_D = U_B - f_{12} - r_2 L_2 \quad (\text{dB}\mu\text{V})$$

式中　U_B——上级二分支器的输入电平（dBμV）；

f_{12}——上级分支器 f_1 的插入损耗（dB）；

L_2——电缆干线的长度（m）；

r_2——单位电缆支线长度的损耗量，亦即电缆损耗常数（dB）。

为了使用户得到 73 ± 5dBμV 的电平，就应该选择适当的分支器损耗，对于高层建筑，顶层用户距离天线近，选择分支器的损耗大一些，大楼靠底层损耗应小一些。分支衰减应在不同电平的主线上使之大致相等。分支器的技术数据见表 27-16。

如果采用一分支串接单元，计算方法一样，只是少了一段从一分支到用户插座的一段电缆损耗。实用中计算往往是从网络的末端用户开始向前端计算，这样反复计算的工作量比较小。还要注意对高频道和低频道分别计算，以满足最高的要求。

分 支 器 的 技 术 数 据 表 27-16

分支器型号	标称阻抗 输入输出及分支	分支数	分支衰减 (dB)	插入损耗 (dB)		反向隔离 (dB)		相互隔离 (dB)		电压驻波比	
			VHF—UHF	VHF	UHF	VHF	UHF	VHF	UHF	VHF	UHF
T3709—7dB	75	2	7±2	4	4.5	24	20	20	18	1.4	2
T3709—14dB	75	2	14±2	1.5	2.5	24	22	20	18	1.4	2
T3709—17dB	75	2	17±2	1.4	2	27	24	20	18	1.4	2
T3709—20dB	75	2	20±2	1.4	2	27	24	20	18	1.4	2
T3709—24dB	75	2	24±2	1.4	2	27	24	20	18	1.4	2

【例 27-8】 已知如图 27-31，从前端箱输出电平为 91dBμV，各段导线长度均为 3m，干线损耗 0.1dB/m。支线损耗为 0.2dB/m。求 a、b、c、d 用户插座的电平是多少？选各级二分支器的型号。

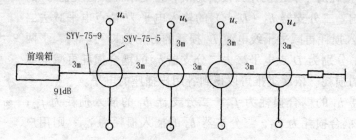

图 27-31 【例题 27-8】用图

解： $u_a = 91 - 0.1 \times 3 - 0.2 \times 3 - 17 = 73.1$ dBμV

$u_b = 91 - 0.1 \times 6 - 0.2 \times 3 - 1.4 - 17 = 71.4$ dBμV

$u_c = 91 - 0.1 \times 9 - 0.2 \times 3 - 1.4 \times 2 - 17 = 69.7$ dBμV

$u_d = 91 - 0.1 \times 12 - 0.2 \times 3 - 1.4 \times 3 - 14 = 71.0$ dBμV

选三个分支器型号为 T3709—17dB，插入损耗为 1.4dB，耦合损耗为 17dB。末端选用一个 T3709—14dB 耦合损耗 14dB。最后一个选 T3709—14dB，插入损耗为 1.5，耦合损耗为 14dB。

【例 27-9】 某大学学生宿舍楼是 3 层砖混结构，CATV 系统方案如图 27-32，d_1 是二分配器，分配器的衰减为 3.7dB，d_2 是四分配器，其分配衰减为 7.5dB，b_1、b_2、b_3 为三个二分支器，它们的损耗各为 14dB、14dB、17dB，它们的插入损耗均为 1.4dB，$u_1 \sim u_2$ 是 6 个用户终端盒，其插入损耗为 1dB。要求用户电平不小于 63dBμV，求各用户插座的电平是多少？

解： 根据系统方案图从用户末端开始计算电平，设定末端电平不小于 63dB。从电缆样本技术参数表查得 SYV—75—9 在传输 8 频道信号时，损耗为 0.1dB/m，SYV—75—5 在传输 8 频道信号时，损耗为 0.2dB/m。

分支器 b_1 的输入电平 = 分支衰减（或称耦合衰减）+ 线路损耗 + 用户终端盒的插入损耗 + 用户电平 = 14 + 1.2 + 1 + 63 = 79.2（dBμV）

分支器 b_2 的输入电平 = b_1 的输入电平 + 线路损耗 + b_2 的插入损耗 = 79.2 + 0.6 + 1.4

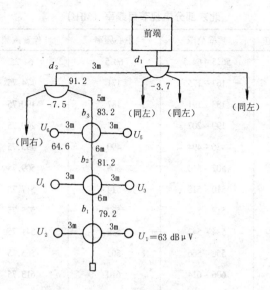

图 27-32 [例 27-9] 用图

= 81.2（dBμV）

分支器 b_3 的输入电平 = 81.2 + 0.6 + 1.4 = 83.2（dBμV）

分支器 b_2 的输入电平 = b_3 的输入电平 + 线路损耗 + b_2 的分配衰减 = 83.2 + 0.5 + 7.5 = 91.2（dBμV）

输出端电平 = 分配器 d_1 的输入电平 = d_2 的输入电平 + 线路损耗 + d_1 的分配衰减 = 91.2 + 0.3 + 3.7 = 95.2（dBμV）。同理可以求出各用户的电平值。例如出户 u_6 的电平 = 分支器 b_3 的输入电平 − b_3 的分支衰减 − 线路损耗 − 用户终端盒的插入损耗 = 83.2 − 17 − 0.6 − 1 = 64.6（dBμV）。

【例 27-10】 某 CATV 系统天线输入信号电压为 100μV，天线至放大器的线路损耗为 3dB，放大器的增益为 24dBμV，由放大器到用户插座线路损耗为 9dB，则用户插座处得到的信号电压为 400μV，天线处到用户插座处的总增益是多少？插座处的电平是多少？

解： 增益为　 − 3 + 24 − 9 = 12（dBμV）

插座电平为　40 + 24 − 3 − 9 = 52（dBμV）

或 $20\lg 400/1 = 20 \times 2.6 = 52$（dB）

5. 前端机房和自办节目站

有自办节目功能的前端，应设置单独的前端机房。播出节目在 10 套以下时，前端机房的使用面积宜为 20m²。播出节目每增加 5 套，机房面积宜增加 10m²。

具有自制节目功能的有线电视台，可设置演播室和相应的技术用房。演播室的工艺设计宜符合下列要求：演播室天幕高度宜为 3.0～4.5m。混响时间为 0.35～0.80s。室内温度夏季不高于 28℃，冬季不低于 18℃。演播室演播区照度不低于 500lx，色温为 3200K。

6. 频道选择

北京电视节目频率见表 27-17。图象扫描 625 线，频率宽度 8MHz，伴音载频和图象载频相隔 6.5MHz。一般 5～65MHz 为上行多功能带，65～87MHz 为保护带，87～550MHz 为下行电视信号，750MHz 以上频率尚待开利用。

台	频　道	频率范围	中心频率	伴音载频	图像载频
CCTV—1	2	56.5~64.5	60.5	64.25	57.75
BTV—1	6	167~175	171	174.75	168.25
CCTV—2	8	183~191	187	190.75	184.25
河北	10	199~207	203	200.75	200.25
CCTV—3	15	486~494	490	493.75	487.25
BCV—1	17	502~510	506	509.75	502.25
CCTV—6	18	510~518	514	517.75	511.22
BCV—3	19	518~527	522	525.75	519.25
BTV—2	21	534~542	538	541.75	535.25
BCV—2	24	558~566	562	565.75	559.25
山东	25	606~614	610	613.75	607.25
BTV—3	27	622~630	627	629.75	623.25
CCTV—8	29	638~646	642	645.75	639.25
CCTV—7	30	646~654	650	653.75	647.25
CCTV—5	31	654~662	658	661.75	655.25
CCTV—4	32	662~570	666	669.75	663.25
CCTV—5	33	670~687	674	677.75	671.25
浙江	59	878~886	882	885.75	879.25
四川	60	886~894	890	893.75	887.25
云南	61	894~902	898	104.75	895.25

27.5.5　馈线种类

馈线是连接天线和电视机输入端的导线通常称为馈线或者传输线，它是用来传送高频电视信号。

1. 馈线的种类

（1）平行扁馈线，没有屏蔽作用，辐射损失较大，特性阻抗为 300Ω。CATV 系统中，只在电视机和共用天线电视插座之间使用。

（2）同轴电缆馈线，具有良好的屏蔽作用，抗干扰能力较强，辐射损失也小，但是它的柔韧性较差。CATV 系统中适用于作干线或悬空电缆线用，特性阻抗为 75Ω。常用的是 SYV 型聚乙烯绝缘同轴电缆，例如：SYV—75—9，SYV—75—5—1。

2. 馈线的主要参数

特性阻抗：当馈线为行波工作状态时，馈线上任意一点的阻抗均为 Z_c 值，即特性阻抗值。

衰减常数：单位是 dB/m。不同型号的电缆具有不同的衰减常数，电阻损耗和介质损耗随馈线的增加和工作频率的增高而增加。因此应合理布局，尽量缩短馈线的长度，以利于减少衰减。

3. 馈线的匹配

CATV 系统中，凡是采用馈线连接的各个部件，都要求达到匹配。馈线的匹配就是将不等于馈线特性阻抗的负荷，转换成等于馈线特性阻抗的负荷。

4. 对馈线的要求

电气方面要求馈线损失小，即在相同条件下能够减少放大器的数目；传输稳定性好，即要求馈线特性不随时间和气候的变化或变化不大；抗干扰能力强，以防止干扰信号窜入电视机高频头；驻波系数小。机械方面要求柔韧性良好，这样安装时耐弯曲，不至于因风压等负荷作用而变形，否则会引起馈线特性变坏，耗损量增加。

27.6 电视系统工程设计

27.6.1 一般规定

关于使用频道的选择和数量应根据电视广播、调频广播、卫星接收微波传输、自办节目等信号源的现状、发展和经济条件前端，并应符合下列要求：宜预留 1～2 个频道；宜避免各种频率的组合干扰。对无法避免的干扰，应采取变换频道等措施。

传输发生的确定，当传输干线的衰减（以最高工作频率下的衰减值为准）小于 100dB 时，可采用甚高频 VHF、超高频 UHF 直接传输方式；传输干线的衰减大于 100dB 时，应采用甚高频 VHF 或邻频传输方式。

系统模式应根据信号源质量、环境条件和系统的规模及功能等因素确定，前端宜设置在区域中心，当接收信号场强小于 $57dB\mu V$ 时可采用增设远地前端等措施。按系统模式应对前端、干线和分配网络进行主要技术指标的分配和计算。

设备、部件及材料的选择：产品性能符合现行国家有关标准的规定，并经过国家规定的质检部门测试认定；在同一系统工程中选用的主要部件和材料，其性能、外观应一致；选用的设备和部件的输入、输出标称阻抗、电缆的标称特性阻抗均应为 75Ω。系统设施的工作环境温度：寒冷地区室外工作的设施为 -40～+35℃；其他地区室外工作的设施为 -10～+55℃；室内工作的设施为 -5～+40℃。

27.6.2 系统的基本模式

1. 系统模式　系统可采用无干线系统、独立前端系统、有中心前端系统、有远地前端系统四种基本模式，并宜符合下列要求：

(1) 无干线系统规模很小，不需要传输干线，由前端直接引至用户分配网络。图 27-33。

(2) 独立前端系统模式是典型的电缆传输分配系统，由前端、干线、支线及用户分配网组成。图 27-34。

(3) 有中心前端的系统模式规模较大，除具有本地前端外，还应在各分散的覆盖地域中心处设置中心前端。本地前端至各中心前端可用干线或超干线相连接，各中心前端再通过干线连接至支线和用户分配网络。图 27-35。

(4) 有远地前端的系统模式，其本地前端距信号源太远，应在信号源附近设置远地前端，经超干线将收到的信号送至本地前端。图 27-36。

2. 系统载噪比、交扰调制比和载波互调比的设计值见表 27-18。

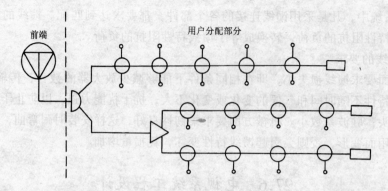

图 27-33　无干线系统模式

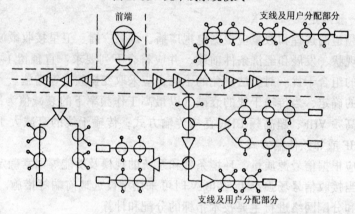

图 27-34　独立前端系统模式

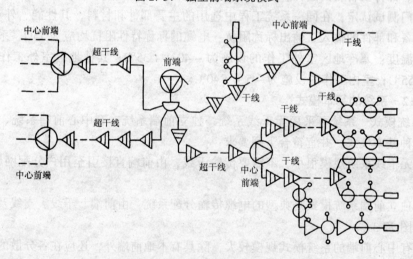

图 27-35　有中心前端的系统模式

系统载噪比、交扰调制比和载波互调比的设计值（dB）　　　表 27-18

项　　目	设　计　值
载噪比 C/N	44
交扰调制比 CM	47
载波互调比 IM	58

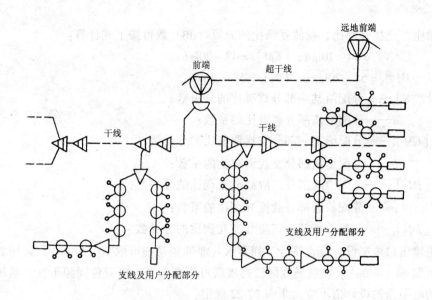

图 27-36　有远地前端的系统模式

3. 分配系数

各种系统模式的前端、干线和分配部分的主要技术指标的分配系数应符合下列规定：无干线系统的指标分配系数应符合表 27-19 规定。

无干线系统的指标分配系数　　　　　　　　　　　　　表 27-19

项　　目	前　　端	分 配 网 络
载噪比 C/N	4/5	1/5
交扰调制比 CM	1/5	4/5
载波互调比 IM	1/5	4/5

4. 独立前端系统指标分配系数

应根据干线的衰耗值 A（dB），按表 27-20 选取。

独立前端系统指标分配系数　　　　　　　　　　　　　表 27-20

项　　目	前　　端		干　　线		分 配 网 络	
	$A < 100\text{dB}$	$A \geqslant 100\text{dB}$	$A < 100\text{dB}$	$A \geqslant 100\text{dB}$	$A < 100\text{dB}$	$A \geqslant 100\text{dB}$
载噪比 C/N	7/10	5/10	2/10	4/10	1/10	1/10
交扰调制比 CM	2/10	1/10	2/10	5/10	6/10	4/10
载波互调比 IM	2/10	1/10	2/10	5/10	6/10	4/10

5. 具有中心前端和远地前端系统指标分配系数应按表 27-21 选取。

中心前端和远地前端系统指标分配系数　　　　　　　　表 27-21

项　　目	本地前端	远地前端 中心前端	本地前端 超干线	中心干线	分配网络
载噪比 C/N	2.5/10	2.5/10	2/10	2/10	1/10
交扰调制比 CM	0.5/10	0.5/10	2.5/10	2.5/10	4/10
载波互调比 IM	0.5/10	0.5/10	2.5/10	2.5/10	4/10

载噪比、交扰调制比、载波互调比的分贝（dB）数可按下式计算：

$$[C/N]_x = 44 - 10\lg a; \quad [CM]_x = 47 - 20\lg b;$$

$$[IM_2]_x = 58 - 20\lg c; \quad [IM_3]_x = 58 - 20\lg c$$

式中　$[C/N]_x$——分配给某一部分载噪比的分贝数；

　　　　a——分配给该部分载噪比的系数；

　　　$[CM]_x$——分配给某一部分交扰调制比的分贝数；

　　　　b——分配给该部分交扰调制比的系数；

　　　$[IM_2]_x$——分配给某部分二阶载波互调比的分贝数；

　　　　c——分配给该部分载波互调比的系数；

　　　$[IM_3]_x$——分配给某部分三阶载波互调比的分贝数。

系统输出口电平设计值宜符合下列要求：非邻频系统可取 $70 \pm 5\mathrm{dB}\mu\mathrm{V}$；采用邻频传输的系统可取 $64 \pm 4\mathrm{dB}\mu\mathrm{V}$。在强场地区较高楼层可提高电平，以避免同频干扰。系统输出口频道间的电平差的设计值不应大于表 27-22 规定。

系统输出口频道间的电平差（dB）　　　　　表 27-22

频　　道	频　　段	系统输出口电平差
	超高频段	13
任意频道	甚高频段	10
	甚高频中段任意 60MHz 内	6
	超高频段中任意 100MHz 内	7
相邻频道		2

27.6.3　电视系统的设计举例

1. 原始资料

建筑物基本情况，如楼层，要求接受 10 个频道的电视节目。包括 6 个频道电视台发射的节目，2 个卫星节目，2 个自办节目。甲方提供建筑平面图。甲方提出的设计要求。

2. 设计内容

根据甲方要求，设计各层用户终端的布置平面图；根据用户终端数量及分布图，以及用户终端所要求到达的电平值，设计出 CATV 系统图。对系统的各项指标进行设计，达到图象质量的输出要求。解决防雷问题，确保安全。

3. 步骤

甲方要求；系统整体方案的确定；前端箱的确定，分配网络的确定。甲方要求是设计的一个重要条件，本建筑物是商业中心，1～2 层为商业城，3～6 层为宾馆，7～16 层为公寓。甲方要求接收 6 个频道电视台发射的节目，分别为 2、6、8、15、21、27ch。2 个卫星节目，2 个自办节目。设计中只考虑了 6 个公用电视频道。

当地各个频道的场强数据见表 27-23。

各　频　道　场　强　　　　　表 27-23

2ch	6ch	8ch	15ch	21ch	27ch
73.4dB	63.7dB	65dB	70.1dB	72.2dB	73.7dB

CATV 系统设计的计算过程：计算当地的场强，根据当地场强选择合适的天线，前端箱的设计过程以及各种设备的选型，干线传输系统的设计，分配网络的设计。

CATV 系统的安装，天线的安装、前端箱的安装、分配系统的安装。CATV 系统的调试，天线的调试、前端箱的调试、分配系统的调试。CATV 系统调试。发射天线的位置位于该建筑物的西南方向，偏离正西向南25°，收发距离为15km。由于直线距离中有高大建筑物的阻拦，该建筑物处在弱场强区。

甲方提供的用户终端数量为701户。天线安装在建筑物的顶层，前端箱安装在8层。用户电平要求为75dB±5dB。

4. 整体方案的确定

(1) 前端类型的确定：根据系统的工作频率在57.75MHz～623.25MHz，用户数701户，要求有播放录像、接收卫星节目，采用前端类型为高电平混合式前端。分配网络的确定。分配网络的确定要根据具体的建筑物结构。本系统的分配网络选用的是分配—分支网络。

(2) CATV 系统的设计计算：计算场强，设计前端，选用适合设备，设计干线传输系统，设计分配网络。计算场强：场强实际测量值如上。根据当地的场强选择合适的电视天线，此系统选择了连云港无线电厂的天线。2 频道选用的天线是 GT—2—1/5 型，单元数为5，增益为6dB。6 频道、8 频道选用的天线是 GT—2—6/12 型，单元数为8，增益为6dB。15 频道、21 频道选用的天线是 GTT—U2 型，单元数为27，增益为10dB。27 频道选用的天线是 GTT－U2 型，单元数为27，增益为10dB。

根据以上选型，可以计算出天线的输出电平值。天线安装在楼顶层，而前端箱安装在8层，层间距离为3m，所以天线到前端箱的距离为30m。从天线到前端箱选择 SYKV—75—9—7 型同轴藕芯电缆，其衰减量在 V 段是 5.7dB/100m，在 U 段是 12.5dB/100m。所以从天线到前端箱的损耗为：

U 段 $L_f = 30 \times 12.5/100 = 3.75\text{dB}$ ， V 段 $L_f = 30 \times 5.7/100 = 1.71 \text{ dB}$

天线输出电平由下式确定：

$$S_a = E + 20\lg\lambda/\pi + G_a - L_f - L_m - 6$$

5. 电视设备箱

(1) 前端设备箱宜设置在用户中心，并靠近节目源。

(2) 欲使调频广播进入本系统，必须增加调频接收天线、调频放大器和混合器等。电视分配网络不变。终端必须使用分频器，使调频和电视分开输出。

(3) 当交流供电或交直流两用供电的工业电视设备的交流单相负荷小于或等于0.5kVA 时，接地电阻值不应大于 10Ω；大于 0.5kVA 时，不应大于 4Ω。

27.6.4　我国能够接收的卫星

世界各国发射的通讯卫星有 100 多颗，我国可良好接收的有十几颗。随着时间的推移，新卫星数量会有所增加，老卫星也会被逐渐淘汰，卫星转播的节目内容也会有所调整。近期我国可接收的通讯卫星如下：

(1) 东方红 2 号甲 87.5 度 E 中国卫星。工作频段为 C 波段，发送三套 PAL 制式节目，波束在甘肃省境内，可以覆盖全国。信号强度大于 33dBW。使用直径 4m 以上的抛物面接收天线，就可以收到良好的效果。并可直接进入电缆电视网做为转播节目。使用 2m 天线也可以接收到清晰的图像和伴音。

（2）亚洲一号 105.5 度 E（亚洲）卫星。分为南北两个波束，覆盖全亚洲，是区域性卫星，其中北波束覆盖我国，共有 24 个 C 波段转发器。我国大部分等效全辐射功率大于35dBW，最低不小于 30dBW。使用 3m 以上抛物面天线可得到良好的接收效果。单接收可使用 2m 天线。

（3）BS—2 110 度 E（日本）。Ku 波段，制式为修正的 M 制式（NTSC 制式的一种）。数字式伴音，信道功率为 100W，波束重点对准日本本土，采用的是高指向性的辐射天线。我国东南沿海地区可接收到良好的信号。通常采用 4m 抛物面天线，北京地区要用 6m 天线，采用 Ku 波段接收机。

（4）IS—V66 度 E 国际卫星。属于国际通讯卫星组织所有，向有关国家出租。C 波段共有 6 套 PAL 制式节目。我国教育台一套、二套节目使用该卫星播出。我国大部分地区使用 4m 抛物面天线可接收到良好的效果。

（5）静止 6 号 90 度 E（俄罗斯）卫星。目前有两套节目，SECAM 制式，针对俄罗斯国内，以文艺、体育、教育为主。我国西北地区使用 4m 以上板状或网状天线可接收。

（6）静止 T99 度 E（俄罗斯）卫星，又称荧光屏卫星。工作在分米波段（L 波段），工作频率 702 ~ 726MHz，反射功率 200W。采用直播卫星方式（DBS），直接向用户播放。卫星地面站要求不高，螺旋接收天线就可以了。

（7）Pa、La、PA—B113 度 E 卫星。有五套节目，分为 PAL 和 NTSC 制式，由泰国、马来西亚、菲律宾播出，以体育、娱乐节目为主。我国南方部分地区可接收到。

（8）179 度国际卫星，C 波段，有美国 CNN 新闻节目。北京地区使用 4.5m 抛物面接收天线可收到。

27.7 电视系统设备安装

27.7.1 系统的工程施工

1. 系统的工程施工应具备的条件

施工单位必须持有电视系统工程的施工执照。设计文件和施工图纸齐全，并已经会审批准。施工人员应熟悉有关图纸并了解工程特点、施工方案、工艺要求、施工质量标准等。施工所需的设备、器材、辅材、仪器、机械等应能满足连续施工和阶段施工的要求。新建建筑系统的工程施工，应与土建施工协调进行；预埋管线、支撑件，预留孔洞、沟槽、基础、楼地面等均应符合设计，而且保证施工区域内的施工用电。

2. 施工前的调查

施工区域内建筑物的现场情况；使用道路及占用道路的情况；允许同杆架设的线路及自立杆线路的情况；敷设管道电缆、直埋电缆和各种管道的路由状况及预留管道的情况；施工现场影响施工的各种障碍物的情况。

3. 施工前的检查

按照施工材料表对材料进行清点、分类。各种部件、设备的规格、型号、数量应符合设计要求。产品外观应无变形、破损和明显的脱漆现象。有源部件均应通电检查。

27.7.2　天线安装要点

1. 接收天线的位置的确定

接收天线的位置选择尽量在接收电平最高的位置。选择在空旷处架设电视天线，避开电波传播方向的遮挡物。一般架设在建筑群的最高点或者山区的山头上。

选择在远离干扰源的地方，例如不要离公路太近，避开大型金属物，远离电梯机房、电力线路等。应避免天线的相互干扰，干扰将使天线的增益下降，并使图像上出现脉冲斜条纹等干扰现象。

2. 天线杆基础安装

电视天线的基座应离开建筑物边缘 3m 以上。一般天线基座设置在靠墙处比较坚固，多为固定式。CATV 系统希望尽可能将天线的安装位置选择在整个系统的中间，所以天线的位置在建筑平面宜适中以便于向四周敷设干线，减少干线的长度。基础大样如图 27-37 所示。

3. 天线杆的安装

一根天线杆可以分为竖杆、横杆，拉线及底座四个部分。天线竖杆的高度通常在 6m 至 12m 之间，一般为圆形钢管。竖杆可以由分段连接的方式组成。等直径的钢管节段之间用法兰盘连接，不等直径的钢管节段采用焊接的方式连接。钢管直径在 40mm ~ 80mm 之间，天线竖杆上应焊上脚蹬。竖杆拉线地锚必须与建筑物连接牢固，不得将拉线固定在屋面透气管、水管等构件上。安装时应使各根拉线受力均匀。

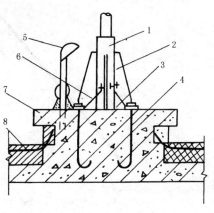

图 27-37　天线杆基础做法
1—预埋套管；2—肋板；
3—底板；4—地脚螺栓；
5—防水弯头；6—接地引下线；
7—混凝土基础；8—镀锌铁皮或油毡防水层

4. 天线应水平安装

每根天线杆可装 3 ~ 5 副天线，最下层的天线距屋顶不小于 3m，上下天线间距不小于 1.5 ~ 2m。一个天线架上或在天线支线杆上架设两组以上天线时，天线之间的距离值如表 27-24。

5. 天线振子高度的确定

振子平行的天线架设构件、与天线振子间的距离不小于波长 λ_0 的一半，λ_0 是两个天线中低频道中心波长。通常电视频道低的天线振子（V 段）安装在天线杆的下方，频段高（U 段）的天线振子安装在上方，也有把场强弱的天线放在杆上端。如图 27-38 所示。

天 线 之 间 的 距 离 值　　　　　　　　　　　　　　　　表 27-24

接收天线的频带	平行距离	层间距离
VHF（1 ~ 3ch）	2.25m	1.5m
VHF（4 ~ 12ch）	1.5m	0.75m
VHF（1 ~ 12ch）	2.25m	1.5m
VHF（13 ~ 62ch）	0.6m	0.6m

6. 天线振子方位

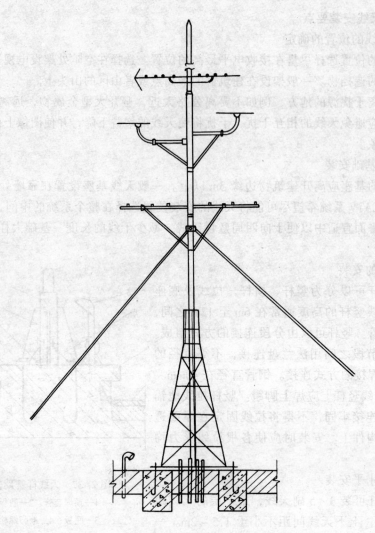

图 27-38　天线安装示意图

应将天线最大接收方向朝向电视台，有时为了避开干扰可以灵活调整，应在不同的位置反复调整，甚至可以接收反射波，以求最佳效果为目的。场强图越窄则方向性越强。安装电视天线以前，应利用场强仪实际测量场强值的大小，选择天线安装的最佳方位，结合收测和观看，确定天线的最优方位后，将天线固定。几种天线可共杆架设，也可以单独敷设。

7. 天线放大器（或称前置放大器）

适宜安装在天线杆上，距天线 1.5～2.0m。它是密封能防雨。放大器的电源在室内前端设备箱中，电源线就是用射频同轴电缆，这种电缆能兼容工频电流和射频电流。主放大器、分配器、分支器等主要安装部件采用成品塑料配电箱或塑料接线盒塑料管暗敷设。前端设备箱的安装高度一般距离顶层顶板 0.5m。线路放大器、分配器及线路分支器的配电箱下皮距地 0.3m。同一系统图中同轴电缆的屏蔽层和放大器、分配器、分支器等的金属外壳应连成一体，并在天线杆处接地。

8. 天线的防腐

980

天线装配好以后，固定部分为了防止腐蚀生锈，要求做涂漆处理。与同轴电缆结合的部位，采用自粘胶带做防水处理。同轴电缆在距离天线架0.5m处要求用绝缘线绑紧，或者用传输固定器、不锈钢带等固定。注意不得给电缆造成机械损伤。

27.7.3　干线架设

1. 架空电缆架设

应先将钢丝吊线用夹板固定在电缆杆上，再用电缆挂钩把电缆卡挂在吊线上。挂钩的间距宜为0.5～0.6m。根据气候条件，每一档均应留出余量。在新杆上布放和收紧吊线时，要防止电杆倾斜和倒杆；在已经架有电信、电力线的杆路上加挂电信时，要防止吊线上弹。

2. 架设墙壁电缆

应先在墙壁上装好墙担，把吊线放在墙担上收紧，用夹板固定，再用电缆挂钩将电缆卡挂在吊线上。墙壁电缆沿墙角转弯，应在墙角处设转角墙担。

3. 电缆直埋方式

电缆采用直埋方式，必须使用具有铠装的能直埋的电缆，其埋深不得小于0.8m。紧靠电缆处要用细土覆盖10cm，上压一层砖石保护。在寒冷地区应埋设在冻土层以下。

电缆采用穿管敷设时，应先清扫管孔，并在管孔内预设一根铁线，将电缆牵引网套绑扎在电缆头上，用铁线将电缆拉入到管道内。敷设较细的电缆可不用牵引网套，直接把铁线绑扎在敷设的电缆上。

当架空电缆和墙壁引入地下时，在距地面不小于2.5m的部分应采用钢管保护；钢管应埋入地下0.3～0.5m。布放电缆时，应按个盘电缆的长度根据设计图纸各段的长度选配。电缆需要接续时应严格按电缆生产厂家提出的步骤和要求进行，不得随意续接。

4. 安装干线放大器

安装干线放大器应在架空电缆线路中，干线放大器应安装在距离电杆1m的地方，并固定在吊线上。在墙壁电缆线路中，干线放大器应固定在墙壁上。吊线有足够的承受力，也可固定在吊线上。在地下穿管或直埋电缆线路中干线放大器的安装，应保证放大器不得被水浸泡，可将放大器安装在地面以上。干线放大器输入、输出的电缆，均应留有余量；连接处应有防水措施。

5. 光缆施工

光缆敷设前，应使用光时域反射计和光纤衰耗测试仪检查光纤。架空光缆可不留余兜，但中间不应紧绷。断点，衰耗值应符合设计要求。核对光缆长度，根据施工图上给出的设计敷设长度来选配光缆。配盘时应使接头避开河沟、交通要道及其他障碍物处；架空光缆的接头与杆的距离不用大于1m。

布放光缆时，光缆的牵引端头应作技术处理，并应采用具有自动控制牵引力性能的牵引机牵引；其牵引力应施加于加强芯上，并不得超过150kg；牵引速度宜为10m/min，一次牵引的直线长度不宜超过1km。布放光缆时，其弯曲半径不得小于光缆外径的20倍。光缆的接续应由受过专门训练的人员来操作，接续时应采用光功率计或其他仪器进行监视，使接续损耗达到最小；接续后应安装光缆接头护套。

架空光缆敷设时端头应采用塑料胶带包扎，接头处的预留长度宜大于8m，并将余缆盘成圈后挂在杆的高处。地下光缆引上电杆必须用钢管穿管保护；引上杆后，架空的始端可留余兜，如图27-39。

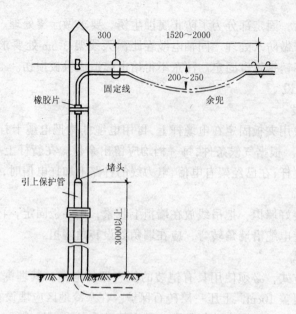

图 27-39　地下光缆引出时的保护及余兜做法

　　管道光缆敷设时,无接头的光缆在直道上敷设应由人工逐个人孔牵引;预先作好接头的光缆,其接头部分不得在管道内穿行。在桥上敷设光缆时,宜采用牵引机和中间人工辅助牵引。光缆在电缆槽内部分不宜过紧,在桥身伸缩接口处应做 3～5 个 S 弯;每处宜预留0.5m。当穿越铁路桥面时,应外加金属管保护。光缆经过垂直走道时,应绑扎在支撑物上。

　　6. 选择线路敷设

　　电视电缆线路路由上如有通信管道,可利用管道井敷设电视电缆。但不宜和电话通信电缆共管孔敷设;电视电缆线路路由上如有电力、仪表管线等综合隧道,可利用它们的隧道敷设电视电缆;电视电缆线路路由上如有架空通信电缆,可同杆架设。电视电缆线路沿线有建筑物可供使用,可采用墙壁电缆;如要求电视电缆线路安全隐蔽,可采用埋式电缆线路。

　　电视电缆线路如易受外界损伤的路段、穿越障碍较多而不适合直线敷设的路段及电视电缆线路沿易爆、易燃装置敷设,应采用明管保护。新建筑物内敷设电视电缆,宜采用暗线方式。同轴电缆不得拐死弯,一般规定弯曲半径不小于 10 倍电缆直径,而且不得超过2 个弯。在强场强区或干扰严重的地区宜选用金属管,而且接头处应焊跨接线,在干扰不严重时可用塑料管。

　　天线应架设在天线专用竖杆或专用铁塔上,其机械承载能力应能适应当地气象条件,一般基本风压不小于 300Pa。安装两根以上的竖杆时,各杆不得相互影响其电视接收信号路径,两杆间最靠近的间距(竖杆或振子)不应小于 3m。最低层天线与承载建筑物顶面的间距,不小于 2m。多副天线叠层安装,其两副天线间的垂直距离不应小于 1m。

　　两副天线在同一水平面架设,两天线相互靠近的边沿水平距离,不应小于较长工作波长,且不得小于 1m。天线竖杆周围的范围内应为净空。在净空范围内,不得有除天线及天线架设构件外的其他金属物体。天线竖杆采用拉线固定方式。拉线不得位于接收信号分传输路径上,拉线强度计算安全系数不小于 3。拉线地锚应与建筑物钢筋焊接。位于净空范围内的拉线,应有绝缘子将其分隔成小段,每段长度应小于其相邻天线工作波长的 1/4。

天线放大器安装在竖杆(架)上。天线至前端的馈线不得靠近前端输出口和干线输出电缆。天线杆高度较高或处于航线下面时,应与当地民航管理部门协调是否需设航空障碍灯。

前端设备应组装在结构坚固、防尘、散热效果好的标准机柜内,并要留有增容两个以上频道部件的空余位置。有自办节目的前端机柜(台),正面与墙的净距应大于1.5m;背面需检修时不应小于0.8m;侧面距墙在主走道不应小于1.2m,在次走道不应小于0.8m。

前端机房内的布线,宜以地槽为主,也可采用暗管、电缆架、槽等。当采用电缆架时,宜按出线顺序排列电缆线位。传输分配设备的部件,宜具备防电磁波辐射和电磁波侵入的屏蔽性能,在室外使用的部件应满足环境要求。设备、部件不得安装在高温、潮湿或易受损伤的场所,如厨房、厕所、浴室、锅炉房等处。器件和电缆的连接,应采用高频插接件,其规格应与电缆的规格相适应。

电缆采用穿管敷设时,应先清扫管孔,并在管孔内预设一根铁线,将电缆牵引网套绑扎在电缆头上,用铁线将电缆拉入到管道内。敷设较细的电缆可不用牵引网套,直接把铁线绑扎在敷设的电缆上。当架空电缆和墙壁引入地下时,在距地面不小于2.5m的部分应采用钢管保护;钢管应埋入地下0.3~0.5m。

27.7.4 支线和用户线

采用自承式同轴电缆作支线或用户线时,电缆的受力应在自承线上,如图27-40所示。把电杆或墙担处将自承线或电缆连接的塑料部分切开一段距离,并在切开处的根部缠扎三层聚氯乙烯带,并应缩短自承线,用夹板架住使电缆产生余兜。

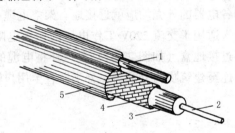

图 27-40　自承式同轴电缆
1—自承线;2—导体;3—聚乙烯介质;
4—铜编织线;5—聚乙烯外护套

采用自承线电缆作用户引入线时,在其下线时,在下线端处应用缠扎法把自承线终结做在下线钩、电杆或吊线上。用户线进入房屋内可穿管暗敷,也可用卡子明敷在室内墙壁上,或布放在吊顶上。在室内墙壁上安装的系统输出口用户盒,应做到牢固、美观、接线牢靠。接收机至用户盒的连接线应采用阻抗为75Ω,屏蔽系统系数高的同轴电缆,其长度不宜超过3m。

27.7.5 防雷和接地

天线杆本身就是避雷针,如天线架设在房屋等建筑物顶部,天线的防雷与建筑物的防雷应纳入同一防雷系统。天线杆、塔的防雷引下线及金属杆、塔的基部,均应与建筑物顶部的避雷网可靠连作金属连接,并至少应有2个不同方向的泄流引下路由。接地电阻不大于10Ω。

独立建筑的天线杆塔和其相关的前端设备所在建筑物间,应有避雷带,将两方防雷系统连成一体。从天线杆、塔引向前端的馈线电缆,应穿金属管道或紧贴避雷带布放。金属管道及天线馈线电缆的外层导体，应分别与杆、塔金属体（或避雷引下线）及建筑物的避雷系统引下线（或避雷带）间有良好的电气连接。

天线杆、塔及相关建筑物，宜按第 2 类工业建筑和构筑物防雷要求统一设计防雷系统。雷击区、敷设在外墙上的同轴电缆线路，宜有接地的金属管保护。

共用天线电视系统对于户外设备，应具有防雨、雪、冰凌的性能，或安装在箱、罩内。天线杆、塔高于附近建筑物、地形物时，或航空等部门如有要求，应安装塔灯。塔身应涂颜色标志。在城市及机场净空区域内建立高塔，应征得有关部门同意。

户外架空线路进户，应有不短于 50m 的吊挂钢绞线或避雷带保护。同一个共用天线电视系统的户内防雷系统与户外电缆线路以及户外电力线路的避雷装置，均应合用同一防雷接地系统的接地装置。如建筑物本身设有避雷系统，应与建筑避雷系统合用同一防雷接地装置。

新建工程防雷和弱电系统接地装置的埋设宜与土建施工同时进行，对隐蔽部分应在覆盖前及时会同有关单位检查验收。

天线竖杆应与接闪器同在地面组装，接闪器长度应按设计要求确定，并应大于 2.5m；直径应大于 20mm。接闪器与竖杆的连接宜采用焊接；焊接的搭接长度宜为圆钢直径的 10 倍。法兰连接时另加横截面不小于 48mm^2 的镀锌圆钢焊接。避雷引下线宜采用 25mm × 4mm 扁钢或直径为 10mm 圆钢。引下线与天线竖杆应采用电焊连接，其焊接长度应为扁钢宽度的 3 倍。引下线与接地装置必须焊接牢固，任一焊接处均应涂防锈漆。

干线放大器的外壳和各电器的外壳均应就近接地。架空电缆中供电器的市电输入端的相线和零线，对地均应接入适用于交流 220V 工作电压的压敏电阻。重雷区架空引入线在建筑物外墙终结后，应通过接地盒（如图 27-41）在户外将电缆的外屏蔽层接地。用户引入线户外连接经过接地盒连至建筑物内分配器、分支器直至用户输出口。接地盒户外作法如图 27-42 所示。

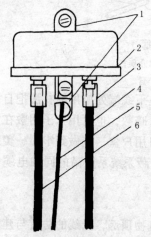

图 27-41　接地盒构造
1—固定螺丝；2—房屋接地盒；
3—F 型接头；4—至墙上插口；
5—接地线；6—从配线电缆来

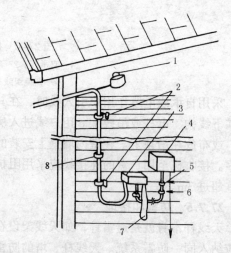

图 27-42　接地盒户外连接
1—下线钩；2—E 型夹板；3—接地盒；
4—保安器；5—地线卡钉；6—地线；
7—室内同轴线；8—钉入式线环

在施工过程中，应测量所有接地装置的电阻值。当达不到要求时应在接地极回填土中加入无腐蚀性的长效降阻剂。电缆架空敷设如图 27-43 所示。架空电缆终端紧固作法如图 27-44 所示。

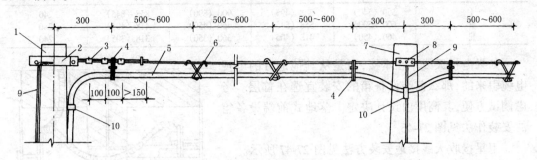

图 27-43　电缆架空敷设

1—终端杆；2—抱箍；3—U 型卡子；4—电缆挂带；5—同轴电缆；
6—电缆挂钩；7—中间电杆；8—三眼单槽夹板；9—接地线；10—铅皮卡子

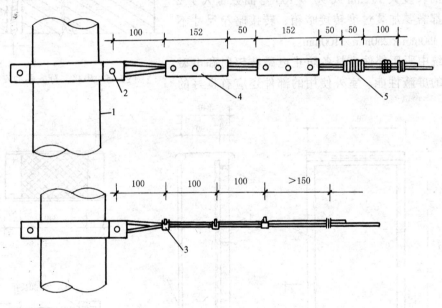

图 27-44　架空电缆终端紧固作法

1—电杆；2—抱箍；3—U 型钢绞线卡子；
4—三眼双槽夹板；5—绑线

分支器安装：打开盒盖，将电缆线接在"入"、"分"相应的端子上和分支器连接的同轴电缆线外壳的穿孔中（敲落相应的孔盖），紧压在压线夹上，屏蔽铜网不得与芯线或接线柱短路。应将屏蔽向上翻回一小段再压线。有的二分支器本身带有一个用户插座，另分出一个用户插座，称为二分支串接单元或串接二分支器，串接二分支器的安装见图 27-45 所示。可以满足墙的两侧用户需要。

前端设备箱的安装一般安装在建筑物最高层距离顶板 0.5m 高的地方，以尽量缩短引入电缆的长度。前端箱安装尺寸见表 27-25。

985

前端箱型号	前端箱明（暗）装的尺寸（mm）				
	洞宽 H	箱宽 B	洞高 L	箱高 A	箱厚 C
Ⅰ	550（540）	508（495）	900（890）	858（845）	240
Ⅱ	600（590）	558（545）	460（450）	418（405）	240
Ⅲ	460（450）	418（405）	360（350）	318（305）	240

如果电视天线不在本楼,而是从其他地方的电视电缆引来的,那么前端设备箱的安装宜选在首层。考虑调试方便,其高度由设计决定。落地式前端设备箱的安装作法见图 27-46。

卫星接收天线接地安装方法见图 27-47 所示。

电缆穿过建筑物伸缩缝(也称为沉降缝)的时候,需要加装专用过渡暗箱,具体做法如图 27-48 所示。

配管的弯曲半径应不小于配管直径的 6～10 倍。当管子的长度大于 25m 或 90°～105° 弯曲数量大于 2 个时,都需要加装过度转接暗箱,转接暗箱尺寸不得小于 350mm×250mm×100mm。

系统中所用部件应具备防止电磁波辐射和电磁波侵入的屏蔽性能。室外使用的部件还应有良好的

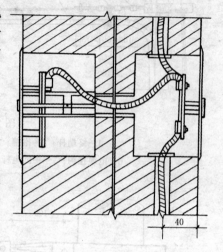

图 27-45　串接二分支器的安装

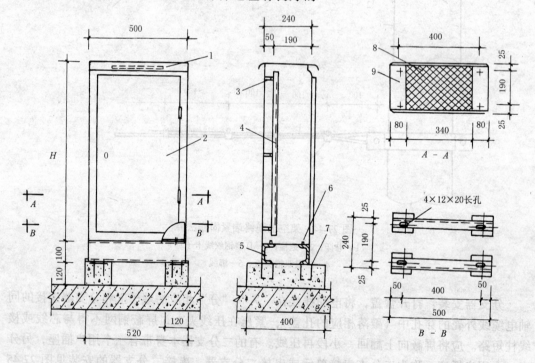

图 27-46　前端设备箱的安装

1—散热孔；2—箱体；3—角板；4—盘面板；5—槽钢；
6—螺栓；7—预埋铁件；8—钢丝网；9—压条

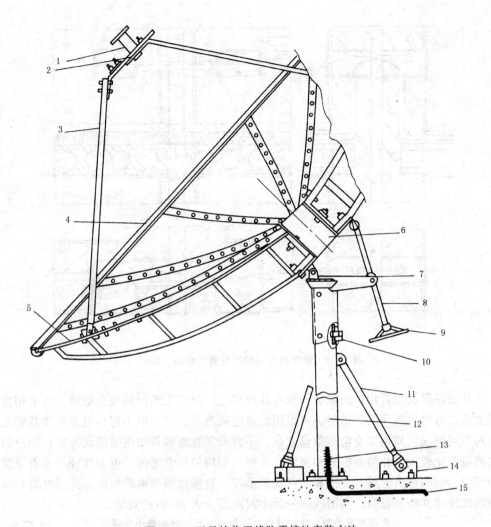

图 27-47　卫星接收天线防雷接地安装方法

防潮、防雨和防霉措施。在有盐雾、硫化物等污染区使用的部件，尚应具有抗腐蚀能力。部件及其附件的安装应牢固、安全并便于测试、检修和更换。应避免将部件安装在厨房、厕所、浴室、锅炉房等高温、潮湿或易受损伤的场所。在室内安装系统输出口用户面板，其下沿距地面的高度应为 0.3m 或 1.4m。

　　前端设备应组装在结构坚固、防尘、散热良好的标准箱、柜或立架中。部件和设备在立架中应便于组装、更换。立架中应留有不少于两个频道部件的空余位置。固定的立柜、立架背面与侧面离墙面净距不应小于 0.8m。

　　前端机房和演播控制室宜设置控制台。控制台正面与墙壁的净距不应小于 1.2m，侧面与墙壁的或其他设备的净距，在主要通道上不应小于 1.5m，在次要通道是不应小于 0.8m。演播控制室、前端机房内的电缆敷设宜采用地面线槽。对改建工程或不宜设置地面线槽的机房，也可采用电缆桥架，并设置于机架上方。采用电缆桥架敷设时，应按分出线顺序排列线位，并绘制出电缆排列端面图。

　　电缆（光缆）线路路由设计，应使线路短直、安全、稳定、可靠，便于维修、检测，并应使线路避开易受损场所，减少与其他管线等障碍物的交叉跨越。

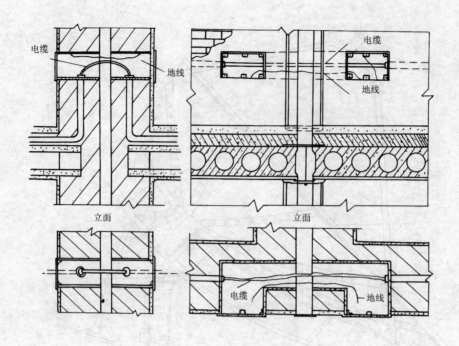

图 27-48　建筑物伸缩缝暗配管线做法大样图

　　室外线路敷设时若用户的位置和数量比较稳定，要求电缆线路安全隐蔽，可采用直埋电缆方式。有可供利用的管道时，可采用管道电缆敷设方式，但不得与电力电缆共管孔敷设。对下列情况可采用架空电缆敷设方式：不宜采用直埋或管道电缆敷设方式；用户的位置和数量变化较大，并需要扩充和调整；有可供利用的架空通信、电力线杆。当有建筑物可利用时，前端输出干线、支线和入户线的沿线，宜采用墙壁电缆敷设方式。电缆与其他架空明线线路共杆架设时，其两线间的最小间距符合表 27-26 的规定。

电缆与其他架空明线线路共杆架设时两线间的最小间距　　　　　表 27-26

种　　类	间　距　（m）	种　　类	间　距　（m）
1kV～10kV 电力线	2.5	广播线	1.0
1kV 及以下电力线	1.5	通信线	0.6

　　分配放大器、分支、分配器可安装在楼内的墙壁和吊顶上。当需要安装在室外时，应采取防雨措施，距地面不应小于 2m。

27.8　电视系统的质量和验收

27.8.1　一般规定

　　在系统的工程竣工运行后两个月内，应由设计、施工单位向建设单位提出竣工报告，建设单位应向主管部门申请验收。系统工程验收应由系统管理部门、设计、施工、建设单位的代表组成验收小组，按竣工图进行验收，并应做记录、签署验收证书、立卷和归档。

　　系统验收前，首先应由施工单位提供测试记录。系统的工程验收内容应包括系统质量的主观评价；系统质量的测试；系统工程的施工质量；图纸、资料的移交。

系统分工程验收合格一年内，因产品或设计、施工质量问题造成系统工作的异常，设计、施工单位应负责采取措施恢复系统的正常工作。系统规模根据其容纳的输出口数可按表 27-27 规定分四类。

系 统 的 验 收 分 类 表 27-27

系统类别	系统所容纳的输出口数量	系统类别	系统所容纳的输出口数量
A	10000 以上	C	300 ~ 2000
B	2001 ~ 10000	D	300 以下

系统主观评价和客观测试用的测试点应视为标准测试点。标准测试点应是典型的系统输出口或其等效终端。系统的工程验收测试所必须的仪器，应附有计量合格证。等效终端的信号必须和正常的系统输出口信号在电性能上相同。标准测试点应选择噪声、互调失真、交调失真、交流声调制以及本地台直接窜入等影响最大的点。

不同类别的系统标准测试点的最小数量应符合下列规定：对 AB 类系统，每 1000 个系统输出口中应有 1~3 个标准测试点，且至少有一个位于系统中主干线的最后一个分配放大器之后的点；对于 A 类系统，其系统设置上相同的标准测试点可限制在 10 个以内。对于 C 类系统不得少于 2 个标准测试点，并至少有一个接近主干线或分配线的终点。对于 D 类系统，至少有一个标准测试点。

27.8.2 系统质量的主观评价

系统图象质量的主观评价应符合下列规定：

1. 图象质量　图象质量采用五级损伤评分分级，见表 27-28。

2. 主观评价项目

图象和伴音质量损伤的主观评价项目应符合表 27-29 的规定。

3. 系统质量主观评价

图象质量五级损伤评分分级 表 27-28

图象质量损伤的主观评价	评 分 分 级
图象上不觉察有损伤或干扰存在	5 分
图象上有稍可觉察的损伤或干扰，但不讨厌	4 分
图象上有明显的损伤或干扰，令人讨厌	3 分
图象上损伤或干扰较严重，令人相当讨厌	2 分
图象上损伤或干扰极其严重，不能观看	1 分

输入前端的射频信号源质量不得低于 4.5 分。当信号源质量在 4.5 分以下时，可采用标准信号发生器或高质量录像信号代替。电视接收机应采用符合现行国家标准的彩色全频道接收机。观看距离应为荧光屏面高度的 6 倍，室内照度应适中，干线柔和。视听人员不应少于 5 名，专业人员和非专业人员比例由验收小组确定。视听人员首先应在前端对信号源进行主观评价，然后在标准测试点视听，独立评价打分，并应取平均值为评价结果。按表 27-30 项目进行主观评价，每个频道的得分均不低于 4 分时，系统质量的主观评价为合格。

项　　目	损伤的主观评价现象
载噪比	噪波，即雪花干扰
交扰调制比	图象中移动的垂直或斜图案，即窜台
载波互调比	图象中的垂直、倾斜或水平条文，即网纹
载波交流声比	图象中上下移动的水平条文，即滚道
同波值	图象沿水平方向分布在右边一条或多条轮廓线，即重影
色/亮度时延差	色、亮信息没有对齐，即彩色鬼影
伴音和调频广播声音	背景噪声，如丝丝、哼声、蜂声和串音

4. 主观评价中每个频道的得分均不低于 4 分时，系统质量的主观评价为合格。

27.8.3　系统质量的测试

在不同类别的系统的每个标准测试点上必须测试的项目见表 27-30。

必 须 测 试 的 项 目　　　　　　　　表 27-30

项　　目	类　　别	测试数量及要求
图象和调频载波电平	ABCD	所有频道
载噪比	ABC	所有频道
载波互调比	ABC	每波段一个频道
载波组合三次差拍比	AB	所有频道
交扰调制比	AB	每波段一个频道
载波交流声比	AB	任选一个频道
频道内频响	AB	任选一个频道
色/亮度时延差	AB	任选一个频道
微分增益	AB	任选一个频道
微分相位	AB	任选一个频道

对于不测的每个频道也检查有无互调产物；在多频道工作时，允许折算到两个频道来测量。主观评价中，确认不合格或争议较大的项目，可以增加另外的测试项目，并以测试结果为准。系统质量参数要求和测试方法，应符合现行国家标准《30MHz～1GHz 声音和电视信号的电缆分配系统》的规定。

27.8.4　系统的工程施工质量

系统的工程施工质量应按照施工要求进行验收，检查的主要项目和要求应符合表 27-31 规定。

27.8.5　验收文件

1. 系统的工程验收文件应包括的内容

(1) 基础资料：接收频道、自播频道与信号场强；系统输出口数量，干线传输距离；信号质量（干扰、反射、阻挡等）；系统调试记录。

(2) 系统图：前端及接收天线；传输及分配系统；用户分配电平图。

(3) 布线图：前端、传输、分配各部件和标准测试点的位置；干线、支线路由图；天线位置及安装图；标准层平面图，管线位置、系统输出口位置图；与土建工程同时施工部分的施工记录。

项　　目		检 查 要 求
接收天线	天线	振子排列、安装方向正确； 各固定部位牢固； 各间距符合要求
	天线放大器	牢固安装在竖杆架上； 防水措施有效
	馈线	应有金属管保护； 电缆与各部件接点正确、牢固、防水
	竖杆及拉线	强度符合要求； 拉线方向正确，拉力均匀
	避雷针及接地	避雷针安装高度正确； 接地线符合要求； 各部位电气连接良好； 接地电阻不大于 4 欧姆
前端		设备及部件安装地点正确； 连接正确、美观、整齐； 进出电缆符合设计要求，有标记
传输设备		符合安装设计要求； 各连接点正确、牢固、防水； 空余端正确处理，外壳接地
用户设备		布线整齐、美观、牢固； 输出口用户盒安装位置正确、平整； 用户接地盒、避雷器符合要求
电缆及插接件		电缆走向、布线和敷设合理、美观； 电缆弯曲、盘接符合要求； 电缆离地高度以及与其他管线间距符合要求； 架设、敷设的安装附件选用符合要求； 插接部件牢固、防水、防腐蚀
供电器、电源线		符合设计、施工要求

（4）主观评价打分记录。

（5）客观测试记录：包括测试数据、测试方框图、测试仪器、测试人和测试时间。

（6）施工质量与安全检查记录：包括防雷、接地设备、器材明细表。

（7）其他文件。

2. 系统工程验收合格后，验收小组应签署验收证书。

27.8.6　系统的调试

系统的工程各项设施安装完毕后，应对各部分的工程状态进行调试，以使系统达到设计要求。

1. 前端

前端部分的调试应检查前端设备所使用的电源参数，要符合设计要求。在各电视台正常播出的情况下，在各频道天线馈线的输出端测量该频道的电平值，应与设计要求相符。在前端输出口测量各频道的输出电平，包括调频广播电平，通过调节各专用放大器的衰耗器使输出口电平达到设计规定值。

2. 放大器输出电平

放大器输出电平的调整应使放大器的供电电源符合设计要求。应测量其高低频道的电平值，调整干线放大器内的衰耗均衡器，使每个干线放大器的输出端或输出电平测试点输出电平达到设计要求。

各用户端高低频道的电平值，在一个区域内（一个分配放大器所供给的用户）多数用户的电平值偏离要求时，应重新对分配放大器进行调整，使之达到设计要求。当系统较大，用户较多时，可只抽测 10%～20% 的用户。

3. 平面定位

前端设备与控制台的安装按机房平面布置图进行设备机架与控制台的定位。机架和控制台到位后，均应进行垂直度调整，并从一端按顺序进行。几个机架并排在一起时，两个机架之间的缝隙不得大于 3mm，机架面板应在同一平面上，并与基准线平行，前后偏差不应大于 3mm。对于相互有一定间隔而排成一列的设备，其面板前后偏差不应大于 5mm。

4. 电缆敷设

当采用地槽布放机房电缆时，电缆最好由机架底部引入。应将电缆顺着所盘方向埋直，按电缆顺序放入槽内，顺直无扭绞，不得绑扎。电缆进出槽口时，拐弯处应成捆绑扎，并应符合最小弯曲半径的要求。当采用架槽时，电缆在槽架内布放可不绑扎，并宜留有出线口。电缆应由出线口从机架上方引入；引入机架时，应成捆绑扎。当采用电缆走道时，电缆也应从机架上方引入。走道上布放的电缆，应在每个梯铁上进行绑扎。上下走道间的电缆或电缆离开走道进入机架时，应在距起弯点 10mm 处开始，每隔 100～200mm 空绑一次。采用活动地板时，电缆应顺直无扭绞，不得使电缆盘结；在引入机架处应成捆绑扎。

电缆的敷设在两端应留有余量，并标志明显永久性标记。各种电缆插头的装设应按照产品特性的要求，应做到接触良好、牢固、美观。

机房内接地母线的路由、规格应符合设计规定。接地母线表面应完整，并应无明显锤痕以及残余焊剂渣；铜带母线应光滑无毛刺。绝缘线的绝缘层不得有老化龟裂现象。接地母线应铺放在地槽和电缆走道中间，或固定在架槽的外侧。母线应平整，不歪斜、不弯曲。母线与机架或机顶的连接应牢固端正。铜带母线在电缆走道上应残余螺丝固定。铜绞线的母线在电缆走道上应绑扎在铁梯上。

电缆从房间出入时，在入口处要加装防水罩。电缆向上引时，应在入口处做成滴水弯，其弯度不得小于电缆的最小弯曲半径。电缆沿墙壁上下引时，应设支撑物，将电缆固定（绑扎）在支撑物上。支撑物的间距可根据电缆数量确定，但不得大于 1m。在有发送机和接收机的机房中，端机上的光缆应预留 10m 余量。余缆应盘成圈妥善放置。

5. 安装测试

天线组装完毕以后，用万用表 R×1K 档测量电缆输入端，不应短路。绝缘电阻应近似于无限大。如果用 500MΩ 摇表测量，电阻应不小于 10MΩ。

振子和馈线连接处要接触牢固，电阻应为零，这是电视信号收不到的常见故障点之一。各层天线振子都要水平，而且之间的安装距离不小于 1.5m。天线的位置应远离高压线、公路、各种高频电气设备和强磁场。

992

习　题　27

一、计算题

1. 某放大器输入信号为 $40\mu V$，输出信号为 $4000\mu V$，求放大器的增益是多少分贝？

2. 某 CATV 系统天线输入信号电压为 $100\mu V$，天线至放大器的线路损耗为 3dB，放大器的增益为 $24dB\mu V$，由放大器到用户插座线路损耗为 9dB，则用户插座处得到的信号电压为 $400\mu V$，天线处到用户插座处的总增益是多少？插座处的电平是多少？

3. 电视发射机的功率为 10kW，发射天线用 SYV—75—18 型电缆，发射天线高 380m，为三层蝙蝠翼天线，其增益 D 是 3.3，接收天线的高度为 10m，工作在 2 频道。求 10km 处的电场强度各是多少？

4. 北京电视发射台的高度为 380m，接收天线的高度分别为 5m 和 24m，求实际直视距离各是多少？

5. 北京电视发射台的高度为 380m，接收天线距离发射台 60km。求接收天线最低的高度是多少？

6. 已知条件参考图 27-29，参数有所不同，从前端箱输出电平为 $92dB\mu V$，各段导线长度均为 3m，干线损耗 0.1dB/m，支线损耗为 0.2dB/m。求 a，b，c，d 用户插座的电平是多少？选各级二分支器的型号。二分支器的技术参数见表 27-18。

7. 某大学学生宿舍楼是 3 层砖混结构，CATV 系统方案参考图 27-32，d_1 是二分配器，分配器的衰减为 3.7dB，d_2 是四分配器，其分配衰减为 7.5dB，b_1、b_2、b_3 为三个二分支器，它们的损耗各为 14dB、14dB、17dB，它们的插入损耗均为 1.4dB，$u_1 \sim u_6$ 是 6 个用户终端盒，其插入损耗为 1dB。要求用户电平不小于 $63dB\mu V$，求各用户插座的电平是多少？

8. 某 CATV 系统天线输入信号电压为 $100\mu V$，天线至放大器的线路损耗为 3dB，放大器的增益为 24dB，由放大器到用户插座线路损耗为 9dB，则用户插座处得到的信号电压为 $400\mu V$，天线处到用户插座处的总增益是多少？

9. 电视发射机的功率为 10kW，发射天线用 SYV—75—18 型电缆，发射天线高 380m，为三层蝙蝠翼天线，其增益 D 是 3.3，接收天线的高度为 10m，工作在 2 频道。求 10km 处的电场强度各是多少？

10. 北京电视发射台的高度为 380m，接收天线的高度分别为 5m 和 24m，求实际直视距离各是多少？

11. 北京电视发射台的高度为 380m，接收天线距离发射台 60km。求接收天线最低的高度是多少？

习　题　27　答　案

一、计算题

1. 解：$20lg - \dfrac{4000}{40} = 20lg100 = 40$（dB）

2. 解：增益为 $-3 + 24 - 9 = 12$（$dB\mu V$）

插座电平为 $40 + 24 - 3 - 9 = 52dB\mu V$ 或 $20lg\dfrac{400}{1} = 20 \times 2.6 = 52dB$

3. 解：查手册得 SYV $-75-18$ 型电缆每 100m 衰减 3dB，送到天线后功率约损耗一半，为5k。2频道的波长：因为频率是60MHz，所以 $\lambda = 5$（m）。

$$E = \frac{2.18\sqrt{P \cdot D} \times h_1 \cdot h_2}{L^2 \cdot \lambda}$$

$$= \frac{2.18\sqrt{5 \times 3.3} \times 80 \times 10}{10^2 \times 5} = 14.2\text{mV/m} = 83\text{dB}$$

4. 解：$L_1 = 4.12 \times (\sqrt{h_1} + \sqrt{h_2}) = 4.12 \times (\sqrt{380} + \sqrt{5}) = 89.53$（km）

$L_2 = 4.12 \times (\sqrt{h_1} + \sqrt{h_2}) = 4.12 \times (\sqrt{380} + \sqrt{24}) = 100.48$（km）

5. 解：$60 = 4.12 \times (\sqrt{h_1} + \sqrt{h_2}) = 4.12 \times (\sqrt{380} + \sqrt{h_2})$

$$= 80.31 + 4.12\sqrt{h_2}$$

$$\sqrt{h_2} = \frac{80.31 - 60}{4.12} = 4.93$$

$$h_2 = 24.3 \text{（km）}$$

答：接收天线最低的高度是24.3km。

6. 解：$U_a = 92 - 0.1 \times 3 - 0.2 \times 3 - 17 = 74.1$　dBμV

$U_b = 92 - 0.1 \times 6 - 0.2 \times 3 - 1.4 - 17 = 72.4$　dBμV

$U_c = 92 - 0.1 \times 6 - 0.2 \times 3 - 1.4 \times 2 - 17 = 70.7$　dBμV

$U_d = 92 - 0.1 \times 9 - 0.2 \times 3 - 1.4 \times 3 - 14 = 72.0$　dBμV

选三个分支器型号为T3709—17dB，插入损耗为1.4dB，耦合损耗为17dB。末端选用一个T3709—14dB 耦合损耗14dB。

最后一个选 T3709—14dB，插入损耗为1.5，耦合损耗为14dB。

7. 解：从系统图用户末端开始计算电平，设定末端电平不小于63dB。从电缆样本技术参数表查得 SYV—75—9 在传输8频道信号时，损耗为0.1dB/m，SYV—75—5 在传输8频道信号时，损耗为0.2dB/m。

分支器 b_1 的输入电平 = 分支衰减（或称耦合衰减）+ 线路损耗 + 用户终端盒的插入损耗 + 用户电平 = 14 + 1.2 + 1 + 63 = 79（dBμV）

分支器 b_2 的输入电平 = b_1 的输入电平 + 线路损耗 + b_2 的插入损耗 = 79.2 + 0.6 + 1.4 = 81.2（dBμV）

分支器 b_3 的输入电平 = 81.2 + 0.6 + 1.4 = 83.2（dBμV）

分支器 b_2 的输入电平 = b_3 的输入电平 + 线路损耗 + b_2 的分配衰减 = 83.2 + 5 + 7.5 = 95.7（dBμV）

输出端电平 = 分配器 d_1 的输入电平 = d_2 的输入电平 + 线路损耗 + d_1 的分配衰减 = 95.7 + 0.3 + 3.7 = 99.7（dBμV）。

同理可以求出各用户的电平值。例如出户 u_6 的电平 = 分支器 b_3 的输入电平 - b_3 的分支衰减 - 线路损耗 - 用户终端盒的插入损耗 = 83.2 - 17 - 0.6 - 1 = 64.6（dBμV）。

8. 解：$-3\text{dB} + 24\text{dB} - 9\text{dB} = 12\text{dB}$。

9. 解：查手册得 SYV—75—18 型电缆每100m衰减3dB，送到天线后功率约损耗一半，为5k。2频道的波长：因为频率是60MHz，所以 $\lambda = 5$（m）。

$$E = \frac{2.18\sqrt{P \cdot D} \times h_1 \cdot h_2}{L^2 \cdot \lambda}$$

$$= \frac{2.18\sqrt{5 \times 3.3} \times 80 \times 10}{10^2 \times 5} = 14.2\text{mV/m} = 83\text{dB}$$

10. 解：$L_1 = 4.12 \times (\sqrt{h_1} + \sqrt{h_2}) = 4.12 \times (\sqrt{380} + \sqrt{5}) = 89.53$（km）

$L_2 = 4.12 \times (\sqrt{h_1} + \sqrt{h_2}) = 4.12 \times (\sqrt{380} + \sqrt{24}) = 100.48$（km）

11. 解：$60 = 4.12 \times (\sqrt{h_1} + \sqrt{h_2}) = 4.12 \times (\sqrt{380} + \sqrt{h_2}) = 80.31 + 4.12\sqrt{h_2}$

$$\sqrt{h_2} = \frac{80.31 - 60}{4.12} = 4.93$$

$$h_2 = 24.3 \text{（km）}$$

答：接收天线最低的高度是 24.3km。

$$\frac{U[\sqrt{8\times 3.2}\times 80]\times 10^{-6}}{10^{-3}}=250mV/m=63dB$$

$$I_0=L_1+L_2$$

$I_1+L_2=[X]_d[X_a]+[Y]_b[Y_a]=[80(V)+5]=85(33)(mV)$

$L_f=L_f+L_{fh}=[X_f]_d[X_{fh}]+[Y_f]_b[Y_{fh}]=100.43(mV)$

$I_f=60+[X]_d+[X]_b+[Y]_b[Y_a]=[80(V)+5]=80.31+4.12V$

$$\frac{80.31\times 100}{4.12}$$

$\Delta u_{(2)}=\frac{[100]}{4.12}$

28 电声和广播系统

28.1 声 学 基 础

28.1.1 分贝的概念

在无线电技术中，经常用到分贝这个词，它是用来表达两个量之间的倍数关系。当倍数相差悬殊时，用分贝表示就很方便，避免了许多个零。例如有两个电阻都是 100Ω，但它们的功率不同，一个 $100W$，另一个 $1W$，即功率相差 100 倍，而用分贝表示是：$10\times lg(P_2/P_1)$ $=10\times lg(100/1)=20(dB)$。两个电阻的端电压不同也可以用分贝来表示，如两个电阻的端电压分别为 $100V$ 和 $10V$，即相差 10 倍，或是说相差 $10\times lg$ $(U_2/U_1)=10$ (dB)。由此可见，在同一个电路中功率的分贝值和电压的分贝值是不同的，通常在不作说明的情况下分贝是指功率之比。即当参考的电阻值相同时，功率分贝的计算公式为：

$$分贝值 = 10\times lg\ (P_2/P_1) = 20\times lg\ (U_2/U_1)$$

常用的对应关系见表 28-1 所示。

功率分贝的对应关系   表 28-1

分贝值	$-n\times 10$	...	-30	-20	-10	-7	-6	-3	0	3	6	10	20	30	...	$n\times 10$
功率比	10^{-n}	...	$1/1000$	$1/100$	$1/10$	$1/6$	$1/4$	$1/2$	1	2	4	10	100	1000	...	10^n

在实用中应记住：倍数相乘，相当于相对应的分贝数相加。例如某定向天线的方向增益是 26 分贝，可以分解为：$20dB+6dB$，而对应的放大倍数为 $100\times 4=400$ 倍。得知该天线向前辐射的电磁波能量密度比向后的反射辐射大 400 倍。

28.1.2 人的听觉特性

1. 频响特性

当输入不同频率的电压时，扬声器发出的声压或声强的变化称为扬声器的频响特性。

2. 音调

表示声音高低，人的耳朵对声音频率生理感受的表象。声音频率越高，音调越高。但是音调还与波长的大小、声压的大小有关，正常人的耳朵对音调感知范围是 16Hz ~ 20000Hz（音频），低于 16Hz 是次声，高于 20000Hz 是超声。一般人对 1000Hz 的声音最敏感，因此以 1000Hz 为界，大于 1000Hz 称为高频段，小于 1000Hz 称为低频段。

3. 响度

它表示声音的强弱、音量的大小、人的耳朵对声压生理感受的表征。一般声压越大则响度就越大，但也不是正比例关系，它与人的生理特性有关，人的耳朵对声压相同，而频率不同的声音的响度感觉（灵敏度）是不同的，通常在 1 ~ 4000Hz 之间最敏感，响度最响，在音频范围以外的次声或超声波段，即使声压很强，人的耳朵也听不见，即这时声音

996

的响度为零。

4. 音色

它表示声源所发声音的特色，是人的耳朵用于区分相同响度和音调的两种声音的独特的声生理感受。

5. 时间差回声

一般人的耳朵能区分大于 50ms 的时间差，而先后到达的两个声音的直射声与回声时间差可达几十 ms 至几百 ms。当小于 50ms 时，人的耳朵区分不出来，但是可以感受到音色和响度。

6. 方位感

人是通过双耳来定位的，用以判断声音的来源。人对水平方向的分辨能力强，能分辨出 15° ~ 50°范围内的声源。人的耳朵对纵向分断能力比较弱，一般为 60°以上才能区分出来。为了保证视听方向的一致性，应该使扬声器在水平方向上尽可能靠近声源。

7. 噪声

人们愿意接收的声音称为信号，信号以外的杂乱声音称为噪声。噪声对信号的妨碍程度称为掩蔽效应，它不仅取决于噪声的总声压级的大小，还取决于噪声的频谱分布，信号与噪声频率越接近，噪声的掩蔽作用就越大。

8. 混响和混响时间

当人耳朵接收到声源发出的直射声音后，还能陆续听到从四面八方反射回来的声音，在 50ms 以内，到达的反射声即早期反射声，是人的耳朵不能区分的，它增加了直射声的响度，可视为直射声的一部分。同时，它也增加了音节的清晰度，因而是有益的，称为有效反射声。而于 50ms 以后陆续不断到达的反射声，使得声音在室内的传播产生延续，即所谓交混回响现象，简称混响，将对后到的直射声产生掩蔽，从而降低了音节的清晰度，这一部分称为无效反射声。用回响时间来表示。

9. 回响时间

它是从声源停止发声开始，在室内可以连续听到声音的时间，将声源停止发声后，平均声压级由发声时的原始值衰减 60dB 所需要的时间规定为回响时间。用 T_{60} 表示。

$$T_{60} = \frac{0.164V}{A}$$

$$A = Sa$$

$$a = \frac{S_1 a_1 + S_2 a_2 + \cdots + S_n a_n}{S}$$

式中　V ——房间体积（m^3），剧院包含舞台体积，而音乐厅不包含舞台体积；

　　　A ——室内噪声容量（m^2/s）；

　　　S ——房内各部分表面积的总和（m^2）；

　　　a ——各种表面吸声体的吸声系数（m/s）。

各种不同建筑物的回响时间见表 28-2。

28.1.3　公共广播的概念

共用广播系统（Public Annoucement）是在建筑物中传播实时信息的一个重要手段，它属于智能建筑中的一个子系统。公共音响广播系统的主要涉及到的有以下几种形式：共用广播可以按功能划分为公共区域消防广播、公共区域紧急广播、公共区域背景音乐广播、酒店客

997

各种不同建筑物的回响时间（s）　　　　表 28-2

建筑物的用途	回 响 时 间	说 明
电影院	1.0~1.2	中等回响
立体声宽银幕电影院	0.8~1.2	
演讲、话剧、戏剧	1.0~1.4	
音乐厅、歌舞厅	1.5~1.8	
多功能厅	1.5	
多功能体育场	≤2	可以长
语言录音	0.4~0.5	语音短脆
音乐录音	1.2~1.5	

店广播、会议室音响和多功能厅（歌舞厅和卡拉 OK 厅）音响。

公共广播设置于公众场所，在平时播放背景音乐，可自动回带循环播放。当发生火警时，则立即切换为消防广播，指挥人员的疏散。通常公共广播扬声器应设置于公众场所的走廊、电梯门厅、电梯桥厢、公众卫生间、大厅入口处、餐厅、咖啡厅、歌舞厅、卡拉 OK 厅、商场、写字间等。由于公共广播系统有消防广播和背景音乐广播的双重功能。因此在系统设计上要与火灾报警系统的设计相配合，并应符合消防规范要求。

公共广播实行分区控制，分区的划分与消防分区相一致，根据报警的要求，某区某层发生火灾时，则该层上下和相邻层均应报警。公共广播也必须与此相适应进行分组。这样每一消防分区内，根据楼层的不同组合，可分成许多消防报警及应急广播动作区。当事故发生时，采用电脑处理达到分区自动选择。公共广播的每一分区均设有调音控制板，可根据需要调节音量或切除。一些公共场所的公共广播，集控板上还设有自动转接插座，可进行节目自播及演讲。

28.2　公共广播系统设计

28.2.1　概述

广播音响系统是设置在现代化建筑物的独立有线广播系统，它为人们提供各种信号及优美动听的背景音乐，使我们的工作、生活有一个温馨的环境。建筑物内的广播系统主要包括广播分线箱、配管配线、输出变压器和扬声器等。这些都是建筑物的组成部分。至于广播扩大机、录音机、受话器等则不属于建筑施工范围。常用导线型号有 RVS、RVB（旧型号称 HPV）铜芯塑料绝缘线。

1. 广播音响系统的分类

广播音响系统的分类主要是根据建筑物的规模、使用性质和功能要求进行分类的，一般可分为专业广播系统、事务广播系统和应急广播系统。专业广播系统又可分为同声传译、舞台音响、医院传呼和广播扩声等。事务性广播又可分业务性广播和服务性广播两种。其中业务广播适用于办公楼、航空航海车站、银行、工厂中，广播的内容以行政业务为主；服务广播适用于宾馆客房、商场、娱乐设施、公共场所等处，内容以背景音乐为主，兼有导购、寻人等信息服务内容。火灾应急广播适用于当火灾发生时，由消防中心专业人员指挥疏散一般公众。

2. 设计标准

卫星电视接收和有线电视广播系统在规则设计、设备与器材的选用、安装调试的工艺操作等，都必须严格按下列标准和规范。常用的规范如下：

中华人民共和国行业标准《民用建筑电气设计规范》JGJ 16—92中第21章"有线广播"

中华人民共和国国家标准《火灾自动报警系统设计规范》GB 50116中有关规定。

（1）GB 6510—86《30MHz～1GHz声音和电视信号的电缆分配系统》

（2）GB 11318—89《30MHz～1GHz声音和电视信号的电缆分配系统设备与部件》

（3）GB 50200—94《有线电视系统工程技术规范》

（4）GY/T 106—92《有线电视广播系统技术规范》

（5）GBJ《民用建筑电缆电视系统工程技术规范》

（6）《上海市有线电视工程工艺、安全和施工规范》

3. 系统组成

广播音响系统的由信号源、功放设备、监听设备、分路广播控制设备、应急广播切换装置、用户设备及广播线路组成。其中信号源包括激光唱片机、磁带录放机、调频调幅收音机、传声器，功放设备包括前置放大器、功率放大器和扩音机，用户设备包括音箱、声柱、客房床头控制柜、音量开关。

广播音响系统的传输方式主要是有线广播，即 PA（Public Amnouncement）

28.2.2 公共广播系统组成

1. 组成

公共广播系统主要由扬声器与公共广播系统控制中心相连的聚氯乙烯（PVC）电缆所组成。公共广播系统控制中心由多个传声器、波段开关、功率放大器、混频器、调频/调幅装置、调频/调幅天线、光盘唱机、双卡录音机、谐音器、区间波段控制板和聚氯乙烯电缆配线线路等设备组成，以完成所需要的功能。公共广播系统的聚氯乙烯（PVC）电缆配线线路与消防控制中心相连，以便发生紧急情况时发出紧急通告；紧急情况时的广播状态切换由区间继电器激活。消防控制中心的控制台上有一个传声器和数控式磁带录放机。同时公共广播系统应具有多路广播通道向酒店客房播放音乐的能力。

2. 公共广播系统的功能要求

扬声器的数量与布局及音量大小有关，在具体实施的所需区域内应能够清楚地听到。任何一个扬声器所输出的最大音量在距扬声器方圆1m的位置将不超过90dB，但也不能低于10dB，至少要高于外界噪音的音量。应急广播扬声器要求大于背景噪音15dB。

按着设计要求可以将扬声器分组，以便控制器由楼区和楼梯口控制，实现分散的和集中的控制。扬声器具有当线路短路时，自动切断与功率放大器连线的功能，同时在控制台产生报警信号，表明电路发生故障。专门设定用于封闭式讲话环境的传声器，具有自动消除杂音的功能，其响应频率是一致的，从100Hz～10000Hz。

功率放大器应使用完全的固态电路，这种设计保证在断开式电路环境中的运行，也不会有危险。采用晶体管化的保护电路也是可行的，晶体管化的保护电路应具有能够使功率放大器在短路或者是超负荷被拆除的情况下，1ms之后便可完全恢复工作状态。

扬声器、线路放大器、预先放大器和调频器等所有设备，都是采用模块化结构形式，一旦有部分模块发生故障，可以很容易地将其拆除或用新的替换。整个系统都是由模拟控制板进行监控的，以反映电路短路、开路和接地故障情况以及每个扬声器电路组件的状况。主要是监控扬声器配件线路和功率放大器的运行情况。

备用电池用于当公共广播系统正常供电中断时使用。该电池应与自动充电器连接在一起，能够满足整个系统运行不少于 2h。当火灾报警系统被激活时，必须按程序切断音响系统，而实施消防紧急广播的工作程序。

28.2.3 公共广播系统硬件配置

公共广播系统所有的设备，如功率放大器及其辅助设备，应安装在 19 寸的设备支架上。所有的输入设备都以可变换的模块形式分别安装在混频器或混频功率放大器内。使整个系统及外围设备以简洁而又精巧的方法很好地组装在一起。

公共广播系统硬件配置技术指标要求传声器系统配有内置式压缩预先放大器，以消除因超负荷而引起的声音失真；一个检测输出等级的音量单位计和一个指示其他具有较高优先等级的传声器正在使用的指示灯。按动前面控制板上的按钮便可进行操作。当操作按钮按下时，中央处理器便可自动确定优先等级、衰减信号音调类型及输出路径。

有一路交流电源供电的工程，宜由照明配电箱专路供电，当功放设备容量在 250W 及以上时，应在广播控制室设置电源配电箱。有两路电源供电的工程宜采用两回路电源在广播控制室互投供电。

广播电源容量的计算按广播设备交流电源耗电容量的 1.5~2 倍计算。

28.2.4 广播系统设计的技术要求

1. 扩声控制室的位置应能通过观察窗直接观察比赛舞台活动区、主席台和大部分观众席，具体位置可按下述原则设置：

(1) 场类建筑，宜设在观众厅后部。

(2) 体育场馆类建筑，宜设在主席台一侧。

(3) 会议厅、报告厅类建筑宜设在厅的后部，即靠近会议主持人的一侧。若采用电视监视系统时可不受此限制。

2. 控制室对土建的要求见表 28-3。

控制室对土建的要求 表 28-3

房间名称	净高（m）	楼、地面等效均匀荷载（N/m²）	地面层材料	空调设施
录播室	≥2.8	2000	地漆布	独立式空调设备（符合噪音限制要求）
机房	≥2.8	3000	地漆布 木地板	视设计标准定

注：(1) 楼板、地面等效均匀荷载应根据工程实际情况进行校核。

(2) 当配线较多时，机房宜采用防静电活动地板。

(3) 机房设备的周围铺设胶垫或塑料垫等绝缘材料。

公共建筑物宜单独设置广播控制室。当建筑中的咖啡厅、餐厅、多功能厅等场所单独设置广播系统时，应采取线路转换装置。

广播系统的功率放大设备宜选用定电压输出（输出电压宜采用 70V、100V、120V）。

功率放大设备的容量可按下述公式计算：

$$P = K_1 \cdot K_2 \cdot \sum \rho_0$$

式中 P ——功率放大设备输出总功率（W）；

K_1 —— 线路衰减补偿系数，衰减 ≤1dB 时，取 1.26，2dB 时取 1.58；

K_2 —— 老化系数，1.2 ~ 1.4；

ρ_0 —— 每分路同时广播时最大电功率，$\rho_0 = K \cdot \rho_y$；

K —— 每分钟的同时需要系数。餐厅、旅馆、展厅等的背景音乐系统 $K = 0.5 \sim 0.6$；办公、院校等的业务性广播系统 $K = 0.7 \sim 0.8$；火灾应急，广播系统 $K = 1$；

ρ_y —— 每分路设备的额定容量。

28.2.5 扬声器的选择

1. 原则

民用建筑选用的扬声器应满足语言及音乐播放效果的要求，通常可以按下列原则进行选择：门厅走道及公共活动场所的背景音乐，宜采用 3 ~ 5W 扬声器；标准教室等宜采用 3W 扬声器；办公室、生活间等，采用 1 ~ 2W 扬声器；用于火灾应急广播（包括兼作背景音乐使用时），采用 ≥3W 扬声器；大空间的厅堂，宜采用声柱（组合音响）；在噪声高、潮湿等以及室外场所，宜采用号筒扬声器并应有防潮保护。

2. 间距

用于背景音乐的扬声器在顶上安装时可参照表 28-4 选择其间距。

扬 声 器 间 距   表 28-4

房 间 名 称	扬声器间距（m）
会议厅，餐厅，多功能厅	1 ~ 1.5H
门厅、电梯厅、休息厅	2 ~ 2.5H
通道	3 ~ 3.5

注：表中 H 系指扬声器位置至地面的垂直距离（m）。

3. 室内扩声系统

扬声器位置的选择可根据下列原则确定：

(1) 扬声器至最远听众的距离不应大于临界距离的 3 倍。

(2) 扬声器至任意一只传话器的距离宜大于临界距离。

(3) 扬声器的轴线不应对准主席台或其他有传声器的地方，对主席台上空附近的扬声器宜单独控制，以减少声反馈。

(4) 当声像要求一致时，扬声器位置应与声源的视觉位置一致。

4. 安装

扬声器需要明装时，箱底安装高度不宜低于 2.2m。扬声器的输出，宜就地设置音量调节装置或分路控制开关。与火灾应急广播合用的背景音乐扬声器，现场不宜装设调节器或控制开关，否则应采取快速强制措施接通并全音量广播措施。

同一供声范围的不同分路扬声器不应接至同一功率单元，避免功率放大器故障时造成大范围失声。大宴会厅（或多功能厅）、礼堂、报告厅等均应采用独立扩声系统并可向每一个可分隔或独立的地区单独广播。

扩声系统宜兼作火灾应急广播或与火灾应急广播的联网，其广播分路应满足火灾应急广播和分区广播的需要。功率馈送回路应采用二线制。馈电线宜采用聚氯乙烯绝缘双芯绞合的多股铜导线，截面 $\geqslant 2 \times 1.0\text{mm}^2$ 穿管或线槽敷设。自功率放大设备输出至最远扬声器的导线中衰减不应大于 0.5dB。

采用可控硅调光设备的场所，传声器线路应采用四芯金属屏蔽绞线（对角线对接）并穿金属管敷设。调音台（或前级控制台）的进出线路均应采用屏蔽线。

28.2.6 广播系统的电源

广播系统的交流电源电压偏移值一般不宜大于 10%。当不能满足要求时，应装设自动稳压装置。

广播用交流电源容量一般可按终期广播设备的交流耗电量的 1.5~2 倍计算。广播系统工作接地如为单独装设的专用接地装置时，其接地电阻不应大于 4Ω。当广播系统接地与建筑物防雷接地、通信接地、工频交流供电系统接地共用一组接地网时，广播系统接地应以专用线与其可靠连接。接地网接地电阻应 ≤1Ω，广播系统工作接地应为一点接地。

广播控制室宜设置在靠近宣传业务部门（如办公室）或与电视播放合并设置（如旅馆、饭店）。当在铁路、港口码头等交通运输客运站设置广播控制室时，宜靠近调度室。广播系统交流电的负荷等级可按工程最高的供电等级要求供电。并且扩声设备的电源宜由不带可控硅调光负荷的变压器供电。当需要在室外架设广播线路时，宜采用控制电缆。

业务广播的音量在 1000Hz 频率时不大于 2dB，服务广播不大于 1dB。采用定压输出的线路，输出电压可采用 70V 或 100V。

28.3 应急广播系统

自从 70 年代起，火灾应急广播系统（VFAS）在高层建筑和大型公共场所中得到了广泛的应用。我国在区域—集中和控制中心系统都应设置火灾应急广播，在集中系统内宜设置火灾应急广播。当今，国外许多建筑规范也规定有火灾应急广播系统的要求，如美国消防协会（NFPA）101 标准《生命安全规范》也要求在一些建筑中安装火灾应急广播系统。

28.3.1 应急广播系统的要求

1. 设置地点

设有控制中心报警或集中报警系统的宾馆、饭店、办公楼、商业楼、综合楼等公共建筑，应设应急广播。从某层的各部分到一个扬声器的距离应小于 25m。在走道、大厅、餐厅等公共场所，扬声器的设置数量，应能保证从本层任何部位到最近一个扬声器的步行距离不超过 15m。在走道交叉处、拐弯处均应设置扬声器。走道末端最后一个扬声器距离墙不大于 8m。

2. 功率要求

除旅馆客房外，在走道、大厅、餐厅等公共场所装设的扬声器，额定功率不应小于 3W，实配功率不小于 2W。走道上装设的扬声器其轴 1~1.5m 处的声强不应低于 90dB。

设置在房间内的扬声器额定功率不应小于 1W。在房间内装设时不低于 65dB，同时扬声器应在 80℃ 的气流中放置 30min，箱体不变形扭曲，其工作不应出现异常。扬声器中心 1m 的位置上扬声器的输出音量为 90P 以上。扬声器在 80℃ 的气流中放置 30min 应没有异常。

设置在空调、通风机房、洗衣机房、文娱场所和车库等处，有背景噪声干扰场所内的扬声器，在其播放范围内最远的播放声压级，应高于背景噪声 15dB，并据此确定扬声器的功率。

3. 计算要求

火灾应急广播系统宜设置专用的播放设备，扩音机容量宜按扬声器计算容量的 1.3 倍确定，若与建筑物内设置的广播音响系统合用时，应符合下列要求：

(1) 火灾时应能在消防控制室将火灾疏散层的扬声器和广播音响扩音机，强制转入火灾应急广播状态。

(2) 床头控制柜内设置的扬声器，应有火灾广播功能。

(3) 采用射频传输集中式音响播放系统时，床头控制柜内扬声器宜有紧急播放火警信号广播。如床头控制柜无此功能时，设置在客房外走道的每个扬声器实配功率不应小于 3W，且扬声器在走道内的设置间距不宜大于 10m。

(4) 消防控制室应能监控火灾应急广播扩音机的工作状态，并能遥控开启扩音机和用传声器直接播音。

(5) 广播音响系统扩音机，应设火灾应急备用扩音机，备用机可手动或自动投入。备用扩音机容量不应小于火灾应急广播扬声器容量最大的 3 层中扬声器容量总和的 1.5 倍。

4. 声音的质量

音级是火灾应急广播系统设计的一个重要因素。即使没有背景噪声和混响，语音的清晰度也依赖于音级，它是火灾警报设计的基础，音级在 70 到 90 分贝之间最易听清楚，低于或高于这个范围的声音清晰度都会下降。这要求设计者应根据这个范围选择多个扬声器来代替高音喇叭。在大型办公楼中如只在走廊中设计扬声器，设计者必须考虑能让办公室的工作人员能听到广播。频率和音调同样会影响声音的清晰度，男女声在音调和频率上有区别，而现在往往采用一种性别的声音来广播，这就忽略了从心理上来考虑的客观效果。年轻人和老年人对声音的理解性也取决于频率和音级。研究表明，12 岁以下的孩子和 50 岁以上的老年人，他们的听力不如普通成年人，而老年人听力的下降会导致他们对语言理解能力的降低。

设计人员在设计房间以阻止噪声干扰时，要考虑推荐的噪声标准。一般来讲信号与噪声比超出 25 分贝时，对信号的清晰度几乎没有影响。而火灾应急广播系统的音级通常设计比预定的噪声标准高出 15 分贝。因此，火灾信息广播的声音与背景太接近会影响信息的清晰度。

5. 报警信号的发出

有火灾应急广播的系统中，一般可不再设警铃，由火灾应急广播系统播放警铃声音，然后播放疏导注意事项。手动报警按钮设置宜与灭火栓位置配合或与灭火栓组合为一体。手动报警按钮处宜同时设置对讲电话插孔。

根据对人的心理研究提出在广播灾害信息时，预先采用警报信号以引起大家的注意，然后再用男女声重复广播，这样比用一个声音翻来复去地讲话效果要好。

6. 其他因素

另外一些需要考虑的因素扬声器的工艺质量将影响声音的传播，尺寸大的扬声器的声音清晰度比小的好。扬声器的形状和设置均对声音清淅度产生影响，扬声器按照音级和以下间距设置，如每 100m^2 设一个扬声器，这样设置就太简单化了。在水平通道的一些门洞处设置扬声器，其设计必须使在两侧的人们都能听清楚。

28.3.2 应急广播系统的线路

1. 线路要求

火灾应急广播应分路输出，按疏散顺序控制，播放疏散指令的楼层按顺序控制。例如2层及2层以上楼层发生火灾，宜先接通火灾层及其相邻的上下层。首层发生火灾，宜先接通本层、2层及地下各层。地下室发生火灾，宜先接通地下各层及首层。若首层与2层有共享空间时应包括2层。而不一定要全楼同时广播造成混乱。

2. 火灾应急广播分路配线应按疏散楼层或报警区域划分以放射式分路配线。各输出分路，应设有输出显示信号和保护控制装置等。当任一分路有故障时，不影响其他分路的正常广播。

3. 火灾应急广播线路不能与其他的线共同使用一根配管。例如与火警信号、联动控制等线路同管或同线槽槽孔敷设，以免相互影响。

4. 火灾应急广播扬声器不得加开关，尤其是教室或人员多而且声音杂乱的公共场所可能因为开关处在断开状态，造成他们听不到火灾应急广播内容而出事。如加开关或设有音量调节器时，则应采取三线式配线强制火灾应急广播开放。但是，在音量调整器装在扬声器内不易操作。

5. 火灾应急广播馈线电压不宜大于100V。各楼层宜设置馈线隔离变压器。

6. 从操作部位或启动装置到扬声器或音响装置，或者从放大器或操作部位到遥控操作器的配线，按如下要求进行：

(1) 使用具有600V耐热乙烯绝缘电线或耐热性与此相同或更好的耐热电线。

(2) 通过金属管施工，电线软管施工、金属槽施工或电缆施工（限于敷设在不燃性槽内）进行设置。

(3) 线路电压在150V以下绝缘电阻为0.1MΩ，超过105V时为0.2MΩ以上。

(4) 由于火灾，一个楼层的扬声器断续或短路，也不能影响对其他楼层的火灾通报。

7. 连接手动报警器（包括启泵按钮）、消防启动控制装置、电气控制回路、运行状态反馈信号、灭火系统中的电控阀门、水流指示器、应急广播等导线宜采用耐热配线。而火灾探测器的传输线路可按一般配线方式敷设。

8. 应急广播与公共广播音响系统合用时，应能在消防控制室将火灾疏散层的扬声器和广播音响扩音机强制转入应急放广播状态。床头控制柜内设置的扬声器，应有火灾应急广播功能。消防控制室应能显示应急广播扩音机的工作状态，并能用话筒播音。

28.3.3 漏电报警器及电源的设置

由于配电线对地短路，接地电流流向建筑物，漏电火灾报警器就是为了防止由此而引起的火灾的报警装置。

1. 设置条件是对报警电路的额定电流超过60A的电路要设置1级漏电火灾报警器；对60A以下的电路要设置1级或2级的漏电火灾报警器。

2. 音响装置设置的地点在警卫室等经常有人的地方，有中央控制室时设置在该中央控制室。

3. 音响装置的音量及音色要与其他机械的噪声有明显区别。

4. 应急报警设备在建筑物的高层化、大型化时代，确定了防灾体制，为了更准确通信、疏散，需要设置广播设备。

5. 应急电源应该按如下要求设置：

（1）从常用到应急电源应是自动切换。

（2）应具有能广播 10min 的容量。

（3）应不能用其他设备的开关断开。

6. 由应急电源引至第一设备（如应急配电装置、报警控制器等）以及从应急配电装置至消防泵、喷水泵、排烟机、消防电梯、防火卷帘门、疏散照明等的配电线路，宜采用耐火配线。

28.3.4 应急播音装置的功能及设置场所

1. 应急播音装置的功能及设置场所

（1）紧急时应能中断业务播音，对火灾或其他威胁（如地震、炸弹威胁等）提供紧急准确的预警播音。对着火层及其上一层应都能进行播音。

（2）到开始广播所需要时间应在 10s 以内。

（3）在播音之前，先发出 10s 以上的报警音，引起建筑物中人员的注意，然后再播送信息。

（4）在操作装置的前面设置能监视主回路电源电压的电压表、操作指示灯及监视器用的扬声器或电平表。

（5）紧急播音装置设置在警卫室等经常有人的场所。由人直接播放指示来取代或解除自动的播音。

（6）根据不同的需要，为建筑物中不同的地方传送各种指示。扬声器位置应方便听者，并且采取了有效防火措施。设置扬声器的数量和种类由建筑物的内部结构决定。

（7）设置紧急播音转换开关及其显示装置。手动或自动火警触发装置均能自动广播出有关不同情况的具体录音信息，并能够更改或修正信息。

2. 火灾警报信息的清晰度

所以要求把扬声器设置的部位设在对听者最有效的地方。因为语音的清晰度取决于信号大小，背景噪声和混响这三个要素，其中尤以混响火灾警报信息的清晰度影响最大。例如，若火灾信息在一个开敞的没有停车的停车场中广播，声音就与在停满汽车的车库中的不同。因为后者有较多的面积改变声音。又如进行内装修的场所试验应急广播系统，墙和楼板未装修也会改变声音。办公室内如装有家具，语音的清晰度会改变。反射、折射、衍射和环境因素如风和温度，也会影响声音的传播。

背景噪声对火灾警报信息的清晰度的影响，如正常的谈话、机器声、空调系统和交通噪音是火灾应急警报系统设计者需要考虑的另一个问题。建筑师在设计房屋时为了达到隔音目的，通常在门内和墙内采取措施。而系统的设计必须能使火灾警报信息穿过这些屏障，这就要求把扬声器设置的部位设在最佳的地方。

综上所述，需要将防火技术、声学技术和火灾报警技术综合来解决火灾应急广播系统。

28.4 扩 声 系 统

28.4.1 扩声系统概念

1. 扩声系统的确立

建筑物内的扩声系统应根据建筑物的使用功能、扩建规划、建筑和建筑声学设计等因素确定。扩声系统的设计应与建筑设计、建筑声学设计同期进行，并应与其他有关专业密切配合。

除专用音乐厅、剧院、会议厅外，其他视听场所的扩声系统宜按多功能要求设置。专用的大型舞厅、娱乐厅应根据建筑声学的设计条件，设置相应的固定扩声系统。如建筑声学条件合适，在发音者距听者大于 10m 的会议场所设语言扩声系统。

2. 扩声系统的技术指标

扩声系统的技术指标分级应根据建筑物用途类别、质量标准、服务对象等因素确定。根据使用要求，视听场所的扩声系统一般分为：语言扩声系统；音乐扩声系统；语言和音乐兼用的扩声系统。

28.4.2 扩声系统设计

建筑物内扩声系统应根据设计任务书、建筑声学设计资料、使用功能要求等因素进行设计。

1. 室内、外扩声设计的声场计算

室内声场计算采用声能度叠加法，计算时考虑直达声和混响声的叠加，尽量增大 50ms 以前的声能密度，减弱声反馈，提高清晰度。有条件时采用电脑作辅助计算。室外扩声应以直达声为主，尽量控制在 50ms 以后出现的反射声。

扩音室的用电量，通常按照设备功率的两倍计算。

2. 功放设备的单元划分应满足负荷分组的要求。平均声压及所对应功率的储备量，在语言扩声时一般为 5 倍以上；音乐扩声时为 10 倍以上。扩声用功放设备应设置备用单元，其数量按重要程度确定。

3. 扩声系统中的传声器的选用

扩声系统中的扬声器的选用应根据声场要求及扬声器布置方式合理选用扬声器或扬声器系统。设置扩声系统的场所，宜同时设置无线联络设备。

(1) 选用有利于抑制声反馈的传声器。

(2) 应根据扩声类别的实际情况合理选用传声器的类别，满足语言或音乐扩声的要求。

(3) 传声器的电缆线路超过 10m 时，应选用平衡、低阻抗型传声器。

(4) 扩声系统的前端设备（包括前级增音机、调音控制台、传译控制台等），应满足话路、线路输入、输出的数量要求，并要求具有转送信号的功能。

4. 扩声控制室

扩声控制室的网状应能通过观察窗直接观察到舞台活动区和大部分观众席，宜设在下列位置：剧院类建筑，宜设在观众厅后部。体育场、馆类建筑宜设主席台侧。会议厅、报告厅类建筑设在厅的后部。若采用电视监控系统时，均不受此限制。

扩声控制室不应与电气设备机房（包括灯光控制室），特别是设有可控硅设备的机房毗邻或上下层重叠设置。扩声控制室内的设备布置控制台宜与观察窗垂直布置。功放设备较少时，宜布置在控制台操作人员能直接监视到的部位，功放设备较多时，应设置功放设备室，并将有关信号送到控制台或其他便于监视的部位。

5. 电源与接地

体育场（馆）、剧院、厅堂等重要公共活动场所的扩声系统，应从变配电所内的低压配电屏（柜）供给二路独立电源，于扩声控制室配电箱（柜）内互投。配电箱（柜）对扩声用功放设备采用单相三线制（L+B+PE）放射式供电。

扩声设备的电源应由不带可控硅调光负荷的照明变压器供电。当照明变压器带有可控硅调光设备时，应根据情况采取下列防干扰措施：可控硅调光设备自身具备抑制干扰波的输出措施，使干扰程度限制在扩声设备允许范围内。引至扩声控制室的供电电源干线不应穿越可控硅调光设备的辐射干扰区。引至调音台或前级控制台的电源应插接单相隔离变压器。

引至调音台（或前级信号处理机柜）、功放设备等交流电源的电压波动超过设备规定时，应加装自动稳压装置。

播音室的配电箱底口距地高度为1.5m。所有广播设备均应作接地或接零保护。

6. 扩声设备的选择

扩声系统的设备性能应符合设计选定的扩声系统特性指标的要求。扩声系统的设备间互连时，阻抗、电平及输出状态（即平衡）等方面应满足要求。

28.4.3 扬声器的布置方式

对扬声器的布置方式应满足扩声的功能要求，并根据建筑物分的功能、体型、空间高度及听众席的设置等因素确定其方式。主要有三种方式，即分散布置方式、集中布置方式和混合布置方式。

1. 集中布置方式

为了减少扬声器的声音正反馈，或是受建筑体型限制不宜分散布置时，通常采用扬声器集中式布置，如图28-1所示。扬声器系统采用集中布置方式的特点是有舞台，并要求视听效果一致者；听众区的直达声较均匀，并能尽量减少声反馈。

对于比较小的运动场地或周围环境对体育场的噪声限制要求不高时，扬声器组合设备宜集中设置。集中布置时，应合理控制声线投射范围，并尽量减少声音外逸，降低对周围环境的噪声干扰。

在厅堂类建筑物集中布置扬声器时，扬声器至最远听众的距离不应大于临界距离的3倍。扬声器之间直接的距离宜大于临界距离。扬声器的轴向不应对准主席台（或其他设有传声器之处）；对主席台上空附近的扬声器应单独控制，以减少声音反馈。扬声器位置应和声源的视觉位置尽量一致。

2. 分散布置方式

下列情况的扬声器宜采用分散布置方式。建筑物内的大厅净高较低、纵向距离长或者大厅可能被分隔成几部分使用，不宜采用集中布置者。厅内混响时间长，或扬声器系统不宜采用集中布置者。

分散布置的方法是将小声柱或扬声器安装在厅堂的两侧，其角度向同一方向稍微倾斜向下，安装的高度为3m左右，扬声器的间隔由设计决定。如图28-2所示。

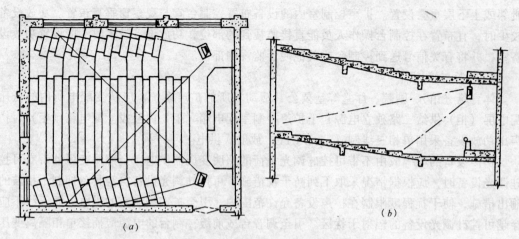

图 28-1 扬声器集中式布置示意图

(a) 平面图；(b) 剖面图

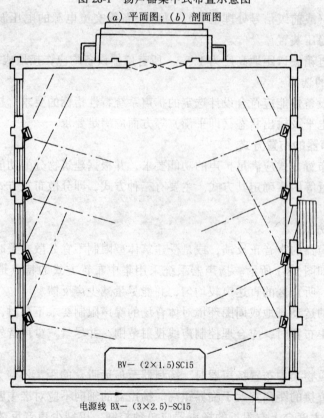

图 28-2 扬声器分散式布置示意图

　　声柱的安装必须竖方向，不可横方向安装。因为水平安装时的方向性太强，会引起厅内声场不均匀，而且容易使声音入射讲台授话器而产生正反馈啸叫。分散布置时，尤其是应控制靠近讲台第一排扬声器的功率，尽量减少声反馈。为防止听众区产生双重声现象，必要时可在不同通路内采取适当的相对时间延迟措施。

　　例如体育场扩声扬声器组合设备的设置当周围环境对体育扬的噪声限制指标要求较高而难以达到时，观众席的扬声器宜分散布置。

3. 混合布置方式

下列情况的扬声器宜采用混合布置方式：

(1) 挑台过深或设楼座的剧院等，宜在被遮挡的部分布置辅助扬声器系统。

(2) 对大型或纵向距离较长的建筑大厅，除集中设置扬声器系统外，应分散布置辅助扬声器系统。

(3) 各方向均有观众的视听大厅，混合布置应解决控制声程差和限制声级的问题。在需要时应加延时措施，避免双重声现象。

凡是需要设置扩声的场所，应根据要求的直达声供声范围、扬声器的指向特性合理确定扬声器的声辐射范围的适当重叠，使在辐射区域内其轴向辐射声压及辐射角内声压级，满足声场均匀度的要求。

广场类室外扩声，扬声器的设置满足供声范围内的声压及声场均匀度的要求。扬声器的声辐射范围应避开障碍物。控制反射声或因不同扬声器的声程差引起的双重声，应在直达声后 50ms 内达到听众区。

28.4.4 同声传译

经常需要将一种语言同声翻译成两种及以上语言的会议厅、堂应设同声传译设施。同声传译的信号输出方式，可按下述原则确定：

1. 同声传译的信号输出方式一般分为有线、无线或两者结合，具体选用宜符合下列规定：

(1) 设置固定座席并有保密要求的场所，宜采用有线式。在听众的座席上应设具有耳机插孔、音量调节和分路选择开关的收听盒。

(2) 不设固定座席的场所，宜采用无线式。当采用感应式同声传译设备时，在不影响接受效果的前提下，天线宜沿吊顶、装修墙面敷设，亦可在地面下或无抗静电措施的地毯下敷设。

(3) 特殊需要时，宜采用有线和无线混合方式。

2. 同声传译系统的设备及用房宜根据二次翻译的工作方式设置，同声传译应满足语言清晰的要求。

3. 同声传译宜设专用的译音室

(1) 靠近会议大厅（或观众厅），译音员可以从观察窗清楚地了望主席团（或观众席）的主要部分。观察窗应采用中间有空气层的双层玻璃隔声窗。

(2) 译音室与机房间设联络信号，室外设译音工作指示信号。

(3) 译音员之间应加隔音板，有条件时设隔音间，噪声不应高于 NR20。

(4) 译音室应设空调设施并作好消声处理。

(5) 译音室应作声学处理并设置带有声锁的双层隔声门。

28.4.5 舞厅扩声系统设计

舞厅扩声系统的各项声学指标与舞厅本身的声学特性密切相关，根据建筑声学、电声学专家对厅堂扩声系统的声学特性测试和实际效果的调查研究，提出以下的指标供设计参考。

1. 传输频率特性

传输频率特性的高频宜平直，对声音的清晰度、音质的改善都有好处。根据测试，中频响应下降量改善 5dB，音质质量指标可以提高一级。将频率展宽到 100～6300Hz，不均匀度允许 ±4dB 以内，音质提高明显。一级音乐扩声系统频率取 50～10000Hz，不均匀度允许 +4dB ～ -12dB，其中 100～6300Hz 的不均匀度在 ±4dB 以内。二级音乐扩声系统频率取 63～8000Hz，不均匀度允许 +4dB ～ -12dB，其中 5～4000Hz 的不均匀度在 ±4dB 以内。

传声增益：参照多功能厅扩声系统传声增益的平均值，在 7～10dB 范围内。舞厅歌手采用的传声器应选用指向性强的动态传声器，传声增益能够满足舞厅声乐指标。

2. 最大噪声声压级，准峰值

舞厅播放迪斯科舞曲时，舞池中心最大声压级为 110dB，舞池边缘为 95～100dB，休息席 80～60dB。交谊舞全场最大声压级为 90～100dB。

背景噪声级：多功能厅的噪声等级为 NC—30，舞厅噪声均超过。可作为背景噪声级。主要噪声源为风机、空调，外界传入噪声一般不起主导地位。混响声能：演员发声和回音时间差应在 50ms 以内，混响设计空场时间为 1.25s，满场为 1.1s。以伴唱和重放舞曲为主的扩声系统，要求平坦的频率特性。

扩声系统控制室与灯光控制室应分别设置在小舞台两侧，这在视觉和听觉的覆盖面上都是合理的，并使音响、灯光操作人员及时了解整个舞场的实况。

扬声器、声柱应根据不同的现代舞进行布置。迪斯科等现代舞的扬声器、声柱应在舞池上空四角对称位置布置。舞厅内声压级，从舞池中心逐渐向外衰减，不同区域的座席具有不同的声压级。交谊舞的扬声器、声柱应在舞台两侧适当高度布置，使舞厅基本处于同一声压级。

3. 空调与卫生

舞厅内除设置空调外，宜设置足够的新风换气设备。舞厅可以喷洒带有香味的干冰。舞池地面宜打蜡，不得使用滑石粉。舞厅内的温度与相对湿度见表 28-5。

舞厅内的温度与相对湿度 表 28-5

季 节	舞 厅 内	温度（℃）	相对湿度（%）
夏季	起舞	23	65
夏季	休息	26	60
冬季	起舞	18	50
冬季	休息	23	40

4. 安全

舞厅内的装修应与建筑声学有机地结合。因装修材料多数是易燃物，火灾危险性很大。舞厅的安全出口应不少于两个，设置出口标志灯，通道应设置疏散指示灯，点燃时间为 30min。

电气设备、开关、电线、电缆必须选择技术先进、经济、适用的定型产品。照明箱采用薄钢板，电缆电线进出口应装护套。配电箱箱门外露，不允许遮盖。电气线路选用铜芯绝缘线缆，穿金属管保护。金属蛇皮软管只允许作为分线盒至灯头盒的保护管，且长度小于 1m，并做好跨接。舞池上空电源线应用阻燃软电缆、电线。由铁制跳线箱引出。

舞厅装修设计应核实负荷增加量，确保安全用电。接地型式采用 TN—S，TN—C—S 系统。舞厅宜做总等电位联结或局部等电位联结。可控硅调光装置的照明线路宜采用等截面单相配电，采用三相四线中性线截面面积应不小于相线截面面积。舞厅内设置固定或非固定的灭火装置及火灾自动报警系统。大厦内做舞厅时，消防应联网。

28.4.6 影剧院的声控设计要点

扬声器的布置分为集中式和分散式两种，集中式常用音柱的结构形式，扬声器纵向排列，声柱在垂直的方向上有比较强的方向性。声柱对观众的距离以及声柱的主轴和观众席所形成的角度就决定了具有一定均匀度的声柱覆盖范围。扬声器集中布置方式通常可以将声柱布置在舞台前的两侧或上方，声柱的主轴线指向观众席的后排为宜。如对着观众席纵向长度的三分之二至四分之三处，声音均匀，方位感强，常用于大中型剧场。而分散式布局适用于小型剧场或屋顶比较低的场合，效果没有集中式好。图28-3所示为某剧场声柱方向剖面示意图。图中 YZX20—4 型等为灯柱的型号。图28-4所示为某剧场声柱方向平面图。

在建筑物声学体型设计中要求尽量避免产生声焦点和声哑点。所谓声焦点就是从建筑物内各部分墙、板、柱、地等声音反射作用而聚焦于一点，从而音量大增。所谓哑点是指各部分反射的声音均达不到，造成声音很小。当建筑物体型对声学设计不利的时候，要采取有效的措施设置声扩散体或反射板等构件，以便消除哑点和声焦点。

为了减少大厅后墙上的反射回到话筒而产生正反馈啸叫声，最好设计的后墙呈斜面或在墙上作必要的吸音处理措施。在安装声柱的时候，要与建筑装饰施工密切配合，选择最有利的安装位置。声柱可以安装在镜框式台口正中上方或台口的两侧与眉幕上端对齐处。

舞厅环境工程属于建筑体系范畴，不仅为发挥建筑功能创造条件，而且充分利用环境技术协助解决建筑艺术或环境艺术中的若干舞厅。舞厅环境设计以相关学科在基础，依靠设计师的工程经验、生活和艺术修养等方面的知识进行舞厅环境设计。

28.4.7 舞台建筑的音质设计

舞台建筑音质设计涉及生理学、语言学等基础学科，并与建筑声学、电声学、建筑学、美学等学科有广泛联系。

矩形舞厅选择腰圆舞池不仅舞程合理，而且音质容易达标。舞池长宽比按 1.5:1 或 2.5:1 的指标是合理的。舞厅应避免采用声学上有缺陷的体形，如圆形、椭圆形，容易使声音强度分布不均，产生聚焦。扇形、钟形产生混响的时间短。

舞厅做到体型和容积满足声学要求，音质设计合理，反射处理得当，混响时间长短适宜，可提高舞厅各部分声压等级。舞厅是公共娱乐场所，不同于报告厅、音乐厅那样安静，需要足够的声压级。需结合混响处理及扬声器、声柱的布置考虑，其音质要求低于音乐厅。

舞厅装修设计和施工在考虑建筑艺术前提下，材料宜选择具有吸音和低反射特性，可以增加音质的丰满程度。活动幕布具有一定厚度，并且多折，对中高频具有一定消声能力。通过幕布的开闭调节消声量是一种最简便的处理方法。

28.4.8 宾馆和医院讯号装置设计

1. 宾馆的讯号装置

在宾馆、旅馆或招待所的讯号装置主要有呼应信号系统和对讲机系统等。当客房有人呼叫服务人员时，在服务台上面会有声、光等信号显示，让服务员知道是哪个房间在呼叫。

比较简单的讯号系统由扩音机、扬声器和管线组成。扩音机放在服务台上，各个房间

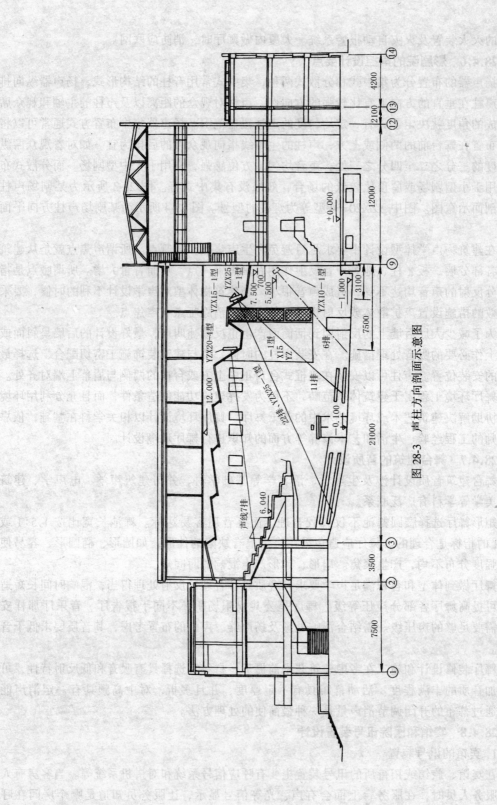

图 28-3 声柱方向剖面示意图

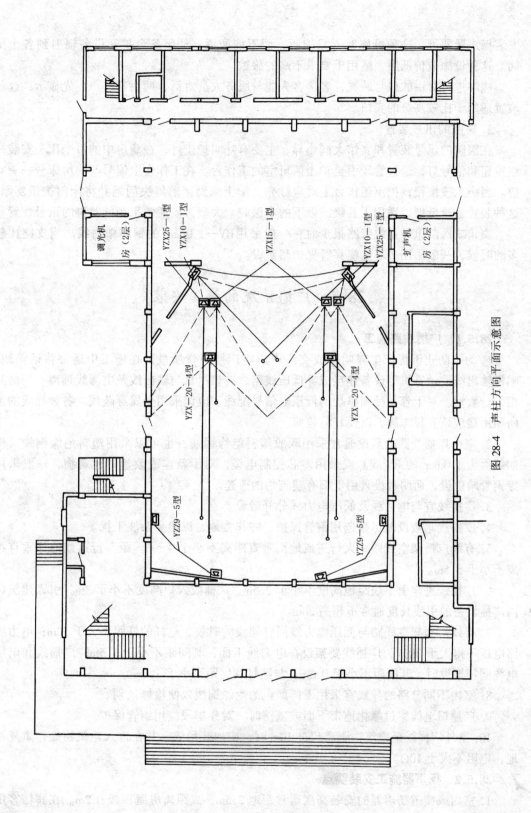

图 28-4 声柱方向平面示意图

调光机
房（2层）

YZX25—1型
YZX10—1型

YZX15—1型

YZX10—1型
YZX25—1型

扩声机
房（2层）

YZX—20—4型

YZX—20—4型

YZZ9—5型

YZZ9—5型

安装扬声器即可，这种设施客人只能听，而不能回话。从服务台扩音设备辐射到各个房间。这种设施造价低廉，适用于要求不高的旅馆。

能够进行对讲的讯号装置，客房客人能与服务人员对话，两头都有声、光显示，这种装置适用于比较高级的宾馆。

2. 医院的讯号装置

在医院的讯号装置和宾馆大同小异，主要有呼叫护士灯，在病房中的每个床头安装一组按钮和信号灯，通过管线引至护士值班室的工作台。在工作台上编号与病房床号一一对应。当病人按按钮，护士工作台上对应灯亮，护士来到床前解决问题并将床前按钮复原。这种装置造价低廉，适用于县级或以下的小医院。大型医院通常采用能对讲的讯号装置。

宾馆或医院讯号系统管路很少时，一般采用BV—1.0mm² 的铜芯塑料线。当支路比较多的时候，一般采用多芯电缆穿管保护暗敷设。

28.5 广播系统的施工安装

28.5.1 广播线路施工

1. 为了防止干扰产生啸叫声或交流声影响广播声音质量，在施工中通常将话筒线、唱机输出线、录音机等设备连接成等低压线路，应该尽量与输出线及电源线远离，切勿互相平行敷设。对于容易受到串扰的低压电信号配线，应该采用金属屏蔽线。各种导线的走向和用途应该有标志牌，以便日后检修。

2. 室内广播线路的敷设通常采用双股塑料绝缘铜线，也可以采用塑料绝缘铜线（例如截面为 1.0mm² 的 BV 线）或采用多芯控制电缆。对于新建或改建的建筑物，一般采用穿钢管暗敷设，而明敷设只用于旧有建筑物的改建。

3. 广播线宜与电话线及低压电力线分开敷设。

4. 广播线暗敷设时尽量选用钢管保护，并作接地，以避免杂波干扰。

5. 有线广播架空线路距人行道或地面垂直距离不小于 4.5m。距车行道或地面垂直距离不小于 5.5m。

6. 广播线进户引下线距地高度不小于 2.5m。广播线入户高度不小于 3m。引入建筑物内广播设备的引线长度通常不超高 20m。

7. 有线广播架空线路与低压电力线同杆架设的时候，电杆的杆距不大于 50m；电力线路电压不得大于 380V，广播线要架设在电力线下面，其间距不小于 1.5m，广播线和电话电缆同杆架设时，其间距不小于 0.6m。与路灯线同距不小于 1.0m。

8. 室内不同分路的导线宜采用不同颜色的绝缘铜线以便检修区别。

9. 广播馈电线穿过绿化地带下面或道路时，对穿越段应用钢管保护。

10. 室外广播线至建筑物距离超过 10m 时，应加装吊线，并在进入建筑物处作重复接地，电阻不大于 10Ω。

28.5.2 扬声器施工安装要点

1. 室内或楼道扬声器的安装高度通常距地 2.5m，或距离房屋顶板 0.2m。在宾馆客房或大厅内安装可以暗装在顶棚墙内。在工厂车间或食堂安装扬声器距地 3～5m 左右，可根据具体情况而定。在室外扬声器的安装高度通常为 4～5m。

2. 扬声器的方位一般宜向下倾斜。高音扬声器轴线宜指向最远的听众。1.5m 长的音柱倾斜角一般为 3°，下端距地约 2m。扬声器应安装稳固，不应发生脱落或因震动产生机械噪声。暗装时的开口净尺寸应满足扬声器的水平及垂直方向调节的需要，开口尚应采用透声材料装修，在控制的频率范围内开口及装饰引起的各 1/3 倍频带的声压级降低应小于或等于 2dB。

3. 扩声系统抑制声反馈措施：

(1) 宜减少同时使用传声器的数量。当确实需要多只传声器同时工作时，应控制离传声器较近的扬声器或扬声器系统的功率分配。

(2) 扩声系统至少要有 6dB 的稳定度。

(3) 室内声场应尽可能扩散，以缩短混响时间。

4. 传声器的设置：

(1) 传声器应远离可控硅干扰源及其辐射范围。

(2) 传声器的位置与扬声器的间距宜大于临界距离，并且位于扬声器的辐射角范围以外。

(3) 当室内声场不均匀时，传声器应避免设在声级高的部位。

5. 对于会议厅、多功能剧场、体育场馆等不同场所，应按需要合理配置不同类型的传声器，包括无线电传声器设备，并在可能使用的适当位置预留传声器插座盒。

6. 扩声系统的扬声器系统应采取分频控制，其分频控制方式宜按下列要求处理：

(1) 一般情况下，可选用内带无源电子分频器的组合扬声器箱的后期分频控制。

(2) 要求较高的分单元式扬声器，可采用前期分频控制方式，有源电子分频器应接在控制台与功放设备间。分频频率的选取可参照产品生产厂家的各类扬声器推荐值。

(3) 扩声系统的功率馈送宜对厅堂类建筑采用定阻输出。体育场、广场类建筑，当传输距离较远时，采用定压输出。馈电线宜采用聚氯乙烯绝缘双芯绞合的多股铜芯导线穿管敷设。自功放设备输出端至最远扬声器的导线衰耗在 1000Hz 时不应大于 0.5dB。

(4) 扬声器系统的功放单元应根据需要合理配置，对前期分频控制的扩声系统，其分频功率输出馈送线路应分别单独分路配线。同一供声范围的不同分路扬声器不应接至同一功率单元，避免功放设备故障时造成大范围失声。

7. 采用可控硅调光设备场所，扩声线路的敷设应采取下列防干扰措施：传声器线路宜采用四芯金属屏蔽绞线，对角线并接穿钢管敷设。调音台（或前级控制台）的进出线路均采用屏蔽线。

扩声系统兼作火灾应急广播或与火灾应急广播联网时，其广播分路应满足火灾应急广播和分区广播的控制要求。

28.5.3 绝缘电阻及接地接零的测定

1. 绝缘电阻的测定

通常采用 500V 兆欧计测量线间和线与地之间的绝缘电阻，绝缘电阻值不得小于 0.5MΩ。具体操作是将广播线的接线端子处拆开，分路依次测之，填写记录作为施工验收原始记录。

2. 接地电阻的测量

使用接地电阻测试仪在广播室接地装置实测，一般要求电阻不大于 4Ω。但是接到公共接地网时要求电阻不大于1Ω。如果能和防雷接地电阻分开施工时，均不大于10Ω就可以了，通常很难分开做，所以一般仍然和防雷接地装置取得等电位连通而要求电阻不大于4Ω。

3. 广播系统的开通实验

在绝缘电阻及接地接零的测定合格以后，进行广播系统的开通实验，即将区分设备，逐台进行实验，以便确保广播系统工作正常。

一般是先断开全部输出电路、将所有输入信号插头拔掉，再将扩音机音量调节钮旋至最小，扩音机通电，观看信号显示是否正常，听不到杂音为好。然后再开通前级放大器、音量、广播电台调节等实验。

28.5.4 声柱的制作经验

由于声柱比单个扬声器的低频辐射效率高得多，所以低频响应丰富，从而音色更美好。声柱的指向性随着频率的降低而减弱，因此安装声柱时，应该改善音柱的指向性，让高频的指向性减弱，增强低频率的指向性，可以把音柱分为高低频段，接以分频网络，让长声柱发低频，短声柱发高频，以改善音质。在音柱面板上贴上能吸收高频的吸音材料，如玻璃丝棉，而且在声柱上下两头加厚，中间减薄，这样的长音柱相当于对高频成分缩短，而对低频成分音柱变长，从而改善了音柱的音质。

把音柱的几何形状改成凹曲线形或凸曲线形，可以让高频主声束散开，曲线的半径越小，则高频束散开角度越大，可以让曲线半径 R 等于音柱长度的两倍左右为宜。

根据声波绕射的原理，把音箱面板上的扬声器通气孔做成细长缝，可以改善高频波段的水平指向。

29 智能建筑

29.1 智能建筑的构成

29.1.1 智能建筑的概念

第一幢智能型建筑于 1984 年在美国哈特福德市建成。1985 年日本东京也出现了智能大楼。智能建筑是建筑技术与信息技术相结合的产物，随着高新科学技术的发展，智能建筑的大量涌现是一个必然的趋势。近年来，世界大型建筑有一半在中国。从发展的眼光看，下个世纪智能建筑市场重点是在中国。

智能化现代建筑的定义目前尚无统一的公认的定义，美国智能建筑学会（ATBT, American Intelligent Building Institute）概括地定义为"智能建筑"是将结构、系统、服务、运营及其相互联系全面综合与设备系统组合为一体，并作出最佳的组合，以达到高效率输出、高功能及高标准舒适性的建筑。

根据我国《民用建筑电气设计规范》（JGJ/T 16—92）的精神，对"智能建筑"就其含义而言，只是比普通的建筑多了各种电脑自动化系统，实现了综合管理。"智能建筑"里面有电脑化通信设备，以满足信息社会的发展需要。本书认为没有必要渲染智能建筑的"智商"或局限于某一种严格的定义和标准。"智能"只是一个大众化的形容词，既不宜将广告式的宣传掩盖了建筑物的实际功能，也不应该因为目前建筑物的"智能"还处在启蒙时期就不承认其存在。实现"智能建筑"是一个渐进的过程。

现在所谓"智能建筑"是包容有信息科学、控制科学、系统科学、电脑科学等多学科、多技术系统综合集成的特点。智能建筑是利用系统集成方法将智能型电脑技术、通讯信息技术与建筑技术有机地结合。具有能对各种设备的自动监控信息进行分析、正确判断和处理的能力。对信息资源的管理及对用户信息服务等以达到安全、高效、方便舒适、灵活和投资合理的现代建筑。所以智能型建筑更能体现出科学技术就是生产力。

智能建筑常常被称为"3A 建筑"。如图 29-1 所示比较概括地表示了现代建筑所提供的主要性能。图中一个 OAS 是 Office Automation System 的缩写，表示办公自动化系统。BAS 是 Builbing Automation System 的缩写，表示建筑设备自动化。CAS 是 Communication Automation System 的缩写，表示通讯自动化系统。故简称 3A 建筑。SCS 是 Structured Cabing System 缩写，为结构化综合布线系统。它包含综合布线系统 PDS（Premises Distribution System）。

对建筑物智能的要求导致设备系统日趋复杂，对建筑结构提出了新的要求，如电气管线大量敷设在地板内，所以地板结构加厚。为了房间大小能灵活调整，建筑物的非承重墙移动方便，墙内不宜安装管线，许多插座也在地面上，因此建筑承重墙跨度会加大，一般不小于 8m，用户再用轻体材料分割房间。在智能住宅内可以实现在家上班，使人的生活质量进一步提高。除了调温、调湿要求外，还要求调 CO_2、O_2 浓度及感冒病毒含量等。所

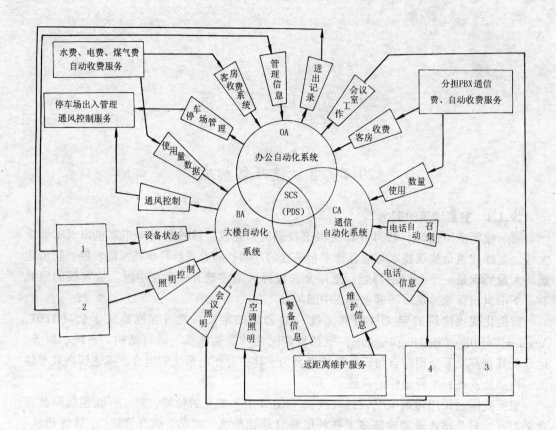

图 29-1 智能建筑所提供的主要性能

以智能建筑是理想的办公和生活的场所，能帮助人很方便地学习到大量的新东西，能完成许多高难的科研及设计工作，对商业贸易获得更大经济效益。智能型建筑的构成也会随着建筑工业的发展而不断地丰富其内含。

29.1.2 智能建筑的优势

（1）为实现高效率办公提供了大量的信息环境。在智能建筑中，用户通过国际电脑网络，共享最新信息。电子邮件、电视会议、直拨电话、信息检索与统计分析手段及国际智能型建筑能提供高效率工作所不可缺少的公用信息处理系统。

（2）提供了安全而舒适的环境。因为智能建筑中有先进的防盗系统，远红外线验证既体面又无懈可击。环境舒适，任意选择好听的背景音乐，空气新鲜，香味宜人，使人心旷神怡，自然有利于健康长寿。

家务劳动也能实现自动化，自动烹调、水电煤气自动调节运行、自动计费、不出门自动购物、医务护理用电脑、自己检测健康情况、人工模拟日照、气味、鸟鸣、雨声等，使人如同置身于大自然中。

（3）有利于节能。空调用电量比较大，约占大楼用电量的 70%，智能建筑有先进的调节系统，明显节能，降低运营成本。

（4）智能建筑能满足各种用户的不同要求，例如改变电脑终端位置、房间大小开间的调整、能迅速重新规划建筑平面、室内的各种弱电插座只要改变跳接线就能变化插座的功能，十分灵活。

（5）随着科学技术的发展，智能型建筑的比例增加，将成为国民经济的支柱型产业。如此，建筑设计院只需完成总体方案与系统设计，将建筑结构设计与自动化系统集成。而弱电设计面比较广，要了解常用各种弱电系统模块的性能，并解决好与其他各专业设备及其管线间的配合。

29.1.3 现代建筑的趋势

组成智能型建筑的三大要素：楼宇自动化系统 BAS；通信自动化系统 CAS；办公室自动化系统 OAS。以上三个系统简称 3A 系统。办公自动化、楼宇自动化和信息交换系统三部分通过结构化的综合布线完成。如图 29-2 所示。

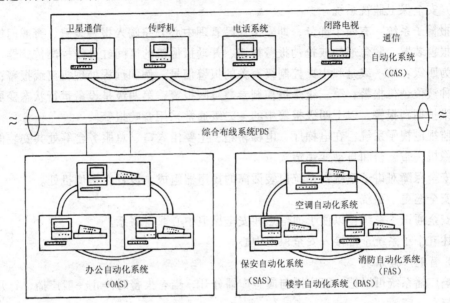

图 29-2　智能建筑的组成

1. 楼宇自动化系统 BAS

楼宇自动控制系统（Building Automation System），简称 BAS。它是采用具有高信息处理能力的微处理机对整个建筑物的空调、供热、给排水、变配电、照明、电梯、消防、广播音响、闭路电视、通讯、防盗、巡更等进行全面监控。BAS 涉及到数字量控制技术、模拟量控制技术、数/模转换技术、通讯技术、远控技术。

BAS 性能的好坏是衡量高层建筑现代化管理水平的重要标志之一。国外重要的高层建筑物都采用了 BAS，我国也逐步有了一些，例如上海的金茂大厦。

BAS 主要任务是采用电脑对整个建筑内多而分散的建筑设备实行测量、监视和自动控制。BAS 的中央处理机通过通信网络对电力、照明、空调、给排水、电梯和自动扶梯、防火等数量众多的设备，通过各子系统实施测量、监视和自动控制。各自系统之间可互通信息，也可以独立工作，实现最优化的管理。BAS 目的在于提高系统运行的安全可靠性，节省人力、物力和能源，降低设备运行费用，随时掌握设备状态及运行时间，能量的消耗及变化等。

2. 通信自动化系统 CAS

通信自动化系统 CAS 是智能型建筑物的"中枢神经"，可延伸的建筑物的每个角落。

CAS 包括通信网络、电缆电视、安全保卫监视、音响广播系统。

（1）通信网络系统　智能型的通信网络是以数字程控交换机 PABX 为核心，以语言信号为主兼有数据信号、传真、图像资料传输的通信网络。通信网络不仅能够保障建筑内的语言、数据、图像的传输，而且能与建筑外的通信网络（电话网、用户电报网、传真网、公用数据网、卫星通信网、无线电话网及各种电脑网络）相通，与国内外各地互通信息、查询资料、实现信息共享。

（2）电缆电视系统　在屋顶设电视接收天线及卫星接收天线。电视信号采用放大—混合—分配串接分支方式传输到各客房、公寓、餐厅、娱乐中心、办公室等处的电视终端。

（3）安全保卫监视系统

①报警子系统：有四个部分，即安全保障管理中心分路闯入报警装置、警戒门钥匙分路闯入报警装置、紧急通知或抢劫报警按钮、开动摄像机的区间红外线探测传感器。报警可以分为四级：第一级是和中央控制级有关的报警信号，例如远程处理机离线报警；第二级是各种液位越位报警；第三级是被控制参数越限报警；第四级是设备运行状态变更和动力设备维护期到报警。以上四级报警中的一二级通常采用音响报警。

②监视电视子系统：在电梯厅、电梯轿箱、主要出入口、总服务台等处共安装低照度黑白摄像机，带云台和自动变焦镜头。

③安全保障对讲子系统：系统由装话筒的扬声器组成，设置在摄像机处。

④安全巡更子系统。

⑤安全通讯子系统：以便于通信点和安全保卫中心取得联系。

上述五个子系统全部接入安全保卫中心。

（4）音响广播系统

音响广播系统可以把一般广播与应急广播分开，当有火警时停止一般广播，打开应急广播系统。

3. 办公自动化系统 OAS

智能建筑中完整的办公自动化系统必然要完成信息的准备及输入、信息的保存、信息的处理、信息的分发和传输等基本环节的功能，能以最便捷的方式向各层次办公人员提供所需要的信息，尤其是对决策层人员提供管理控制信息，以便作出技术或战争的正确决策。决策支持应用软件能以最优化的管理和最高的社会经济效益为目标，用智能化的方式提供专家咨询及决策模型多种方案答案供选择。

办公自动化系统综合了人、机器和信息三者的关系。人既是指挥者又是享用者。人才的素质是决定性的因素。办公自动化系统是多种学科的综合。

办公自动化系统一般由电话机、传真机、PC 机、文字处理机、声像存储各类终端等各种办公所需的设备和相应的软件构成。办公自动化系统具有图文处理、文档管理、电子收银等基本功能，显然可以提高办公效率与经营管理水平。

电子邮件像是给每个用户面前提供一个邮箱，海内外发送过来的信息瞬间存入自己的信箱里了，在自己方便的时候查阅。其优点是信息传输迅速，任何时候都可以打开电脑看自己的电子信箱。能在同一个时刻与许多地方的人通信，还可以想电话会议提供必要的数据。电视远程会议室如图 29-3 所示。

光盘是用来存储数字信息的非磁性抛光金属盘，它能通过光学扫描器读出。其中扫

图 29-3 电视远程会议室示意图

1—摄像机；2—扬声器箱；3—光学辅助设备；4—显示屏幕；

5—话筒；6—传真设备；7—控制台

器是由一种高亮度的光源构成，如激光、反射镜等，采用激光技术提供高密度的数据或图像存储能力。

电脑处理功能越来越强，已然覆盖了目前办公所需要的各种信息，随着电脑成本价格迅速下降，很快将进入到无纸办公和绿色办公。实现无纸办公尚需要更完备的应用软件和网络才能实现。我国正在进行的"三金工程"其结果之一就是实现无纸办公，如"金卡"的实施可以不用带现金购物和旅游，存款直接从银行划帐，不再用存折了，利用磁卡已经能完成许多工作了，而目前又新出现新型电子卡即"IC"卡，其集成系统更安全，成本更低。带 CPU 的"IC"卡，它相当于一个极其精巧的终端，里面有钱包、票据、证件、资料应有尽有，人的生活方式将有很大的变化。

29.1.4 智能建筑的设计

1. 智能建筑的设计应提供的具体内容

智能建筑是信息技术与建筑技术结合的整体，因此为智能化提供优良环境是智能建筑设计的首要任务。

（1）为各智能化系统提供所需要的房间及符合要求的室内照明、空调、电源、接地线等，设计的系统能缩小短路故障的检查范围。例如采用隔离模块以缩小短路故障的检查范围，图 29-4 为短路故障示意图。

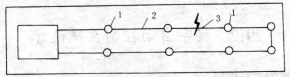

图 29-4 用隔离模块缩小短路故障范围

1—隔离模块；2—线路；3—短路点

（2）智能型建筑内的电力、通信、控制等网络的线路很多，为它们设立垂直井道和水平托架或线槽非常复杂，而且以后变更或增加设备时更是一个棘手的问题，所以在智能型建筑中要改变这种传统的敷线方式。目前推出的综合布线系统对传统的布线方式进行了彻底的改革，它将各种语言、数据、视频图像信号综合在一个布线系统上，并在各处配置信息插座，根据各自需要通过综合布线系统进行信息传输。

（3）建筑设计应考虑智能建筑对音响环境及视觉环境的要求。电力、空调、给排水、防火、垂直运输等系统对智能型建筑是密切相关的。为此，建筑设备各系统在智能型建筑中的地位和作用越来越重要，其设计应纳入楼宇自动化系统。

2. 建筑的 BAS 监控功能

BAS 采用的是直接数字控制技术，由区域级和中央级通过现场和区域、区域和中央之间的传输线路而组成的两级监控系统。中央为中央处理机、总线桥、控制软件及其外围设备，区域级为远程处理机，便携式终端和现场设备。现场设备包括执行机构和传感器（包括温度、湿度、流量、压差、液位、功率传感器）。中央级主要是管理功能，包括设备运行状态、参数及各种报警的显示和打印；各种管理文本的编制打印；监控软件的修改；动力设备的起停；负责完成被控制参数的数据采集、发出控制指令、维持系统正常运行等功能。

对温度、湿度、压差等参数进行控制和监视。对各种动力设备进行启停控制，可采用自动与手动两种方式。自动控制包括按时间启停、温控启停、液位启停和冷负荷总量启停等控制方式。每一系统均设有彩色流程图，图中被控制参数、设备运行状态的显示能够具有动态特性。通过观察流程图可以监视系统的运行。

报警：各种被控制参数超过极限数值、设备运行状态变更、设备达到维修期限等均发出报警信号。报警形式为屏幕显示和打印输出同时进行。数据采集；根据管理工作的需要，随时可以对监控参数进行数据采集，以曲线的形式或报表形式打印输出。能源管理：对电量、水量、冷量按月进行统计，以报表的形式和柱形图方式打印输出。

操作级别：根据操作人员的不同职务，给予不同的操作权力，分配不同等级的密码给各个操作人员。操作人员表明身份密码后，打印机便打印出使用人的姓名和使用时间等信息备查。

3. 建筑 BAS 节能技术措施

空调系统室内送风和回风温度及热水交换送水温度按室外温度进行补偿。实际设定值随室外气温变化而变化。即所谓的设定值再设功能。冷源动力设备台数控制。在冷源中根据送回水温差和液量计算冷负荷，与设备额定总制冷量进行比较，给出应开冷机数指标，使设备运行与负荷相匹配，达到合理运行节约能源的目的。机组运行时间积累，通过对机组运行时间积累，可以确定各机组的运行时间，为维修人员有计划地安排维护保养提供了可靠数据。

29.2 楼宇自动控制系统设计

29.2.1 控制系统的主要内容

楼宇自动控制系统（BAS）是当代高层大型民用建筑中一项重要的电气控制系统。现代往往用几个 A 来衡量一栋建筑的现代化水平，在些 A 表通讯自动化、办公自动化、楼宇自动控制、火灾自动报警、警卫自动监视、防盗自动报警等。

随着现代科学技术的发展，特别是电脑和数字传输技术的发展，楼宇控制系统也发展到了一个全新的直接数字控制（DDC）阶段。楼宇控制系统早已存在，不过都是以分散的、个别的控制系统为主。现代智能建筑将空调系统控制、给排水系统控制、电气照明控制、冷热源控制、能源管理与计费、设备维修管理等多方面内容综合到一个系统中。因此楼宇自动控制系统往往又称为大楼自动管理系统，因为它除了各种控制功能以外，还具有各种管理功能。控制系统的主要内容有：

（1）空调系统、供排水系统、冷热源、供电系统等的参数调节控制监视和设备运行状态的监测。

（2）各种设备按规定时间起停控制，以达到节约能源的目的。

（3）各种设备运行时间积累和维修期限到达报警，以便及时更换或维修服役期满的设备，延长设备的使用寿命，提高服务质量。

（4）根据建筑实际需要的冷负荷，自动控制冷水机组投入运行的设备台数，达到最佳的运行方式。

（5）根据设备运行时间自动更换工作和备用设备，延长设备的使用寿命。

（6）对各种能源消耗进行计量和计费。

（7）各种文本的自动生成和打印。

29.2.2　主要设备和系统构成

建筑可以采用两级监控系统的结构方式，即由分步在建筑各处的 31 个远程处理机 RPU 和中央处理机系统设备（SYSTEM—MICRO—7）组成。联系方式是通过总线桥（Peer-Linc Bridgc）进行信息交换，整个系统成为一个透明统一的系统，见图 29-5。

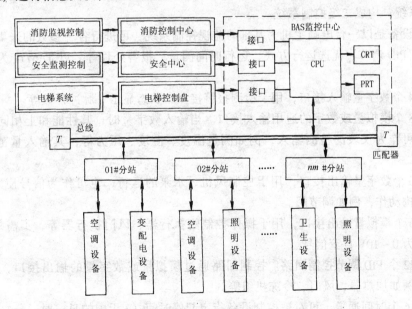

图 29-5　监控系统的组成

1. 中央处理机系统设备

建筑的中央处理机系统由操作键盘、彩色显示器、打印机、中央电脑、数字化仪等组成。

(1) 操作键盘除了一般电脑键盘功能以外，增加了 17 个预定编辑的功能键和 4 个备用功能键。操作键盘可设置最多 99 个密码等级，每一个密码不超过 10 个字符。每一个监控点能够给出一个特定的名字，操作员可以根据其操作。

(2) 彩色显示器：彩色显示器画面上方有三行提示，用来指示报警、日期、时间、彩色图像名称、操作员发出的指令等。显示器可显示功能图像、动态图像、柱状图和曲线图等多种图像。功能图或动态图可以一定的时间间隔变化，显示出最新信息。柱状图和曲线图能够显示能源的实际消耗与预算的比较，使空调系统的能源消耗和室外天气情况关系变得清晰明了。

(3) 打印机当发生故障时，能将报警点的编号、设备名称、时间、日期、序号等所需要的信息即刻输出。如果需要，也可以将显示屏幕画面内容直接打印，输出系统报告文件，包括状态报告、指令报告、能量及计费报告等。

(4) 中央电脑的控制功能主要有：不小于 100 张功能及动态图像；彩色功能动态图像从指令发出 15s 内完成；20 个假期时间程序；冬夏时间自动交换；储存能量资料二年以上；能量记录通道不小于 16 条；事故记录；操作员进入/退出系统；全系统参数给定值的输入。

2. 远程处理机 RPU

智能建筑可以采用两种型号的 RPU 设备，即 TA6711 和 TA6585 型。这两种型号的 RPU 功能基本一致，区别在于其输入输出接口的配置不同。另外，TA6585 可安装一个扩展模块，增加输入输出口的数量。RPU 也可单独使用或通过各种设备组合经过总线桥接到 M7 中央系统，构成二级控制系统。

例如设备是以一台电脑主机为基础的监视控制系统，可进行各种参数的采集（通过测量元件）、PID 调节、优选运行方式、运行时间测量、报警处理等。以 TA6711 为例，其性能如下：

(1) 4 个数字量输入接口，用于检测报警接点、状态显示、脉冲计数等。

(2) 8 个模拟量或数字的通用输入接口。当输入数字量时，其性能和上相同；输入模拟量时，可作为仪表的检测输入，例如测量温度、湿度、压力等，其输入量范围是 0 ~ 20mA。

(3) 6 个数字量输出接口，用于控制风机、水泵的运行，也可作为信号使增/减量型的执行机构动作，例如调节阀。

(4) 6 个模拟量输出接口，用于操作控制阀执行器、风门执行器等，不需外部电源，输出信号为 0 ~ 10V 直流信号。

(5) 12 个 PID 调节控制回路。控制回路通过模拟量或数字量的输出接口，可用于顺序控制，例如加热器、风门、冷冻机组等。

(6) 16 个时间通道，可对被控制设备指定起停时间（7 天内的日、时、分）。

(7) 4 个优选程序，当启动一个装置时，RPU 计算出在一个给定的时间内达到预定温度，对外温度、建筑物的热容量、建筑物较长时期不用等有关因素进行自动补偿。

(8) 4 位数值的长项采集，是全部 M7 系统用于存储全年能量消耗、温度、日温等能量管理软件包的一部分。

(9) 4 位数值的或逻辑量的短项采集，以分秒为单位对装置进行统计、运转、故障探测等进行采集，这种采集可以间隙进行。

(10) 8 个运行时间测量，能够对设备超过设置运行时间后发出解除服务的信息。

(11) 报警信号：报警信号可以来自接触器、开关等报警器，也可以从模拟量输入端输入模拟量和预定的极限值进行比较，当超出时给出报警信号。设备中具有一个可选时间继电器，以防止偶然负荷或尖峰负荷产生误报警。

(12) 可通过 PLB 与中央系统进行通讯。

(13) 可与便携机进行通讯。

3. 总线桥（PLB）

PLB 是一个用于二级控制系统的通讯网微处理器。它有 8 条通讯线路，每条通讯线路可连接 30 个区域控制器（ZC）及 10 个 RPU，其基本功能如下：

(1) 分布式通讯网络控制，区域控制器或远程控制设备（RPU）利用标准屏蔽的无极性双线与 PLB 连接，进行总线通讯。同一条通讯线上的任何两个设备都可进行直接的信息交换。通讯线路的长度可达 1km。

(2) 区域控制器群的编程。

(3) 控制器的资料统计，可将不同控制器的温度、湿度、空气流量、风门大小、状态等资料组合成群，用来对主空调器进行控制。统计资料可在中央处理机的显示屏幕上显示，也可在便携终端上显示。

(4) 报警状态缓冲，PLB 对所有被接收设备的报警功能均支持，报警可用终端就地接收和观察，也可送往中央处理机。PLB 装有报警继电器，在与中央处理机通讯中断时，也可以继续工作。

(5) 具有和中央处理机和便携终端的连接口。

(6) 保护存储器，PLB 具有备用电池，可在断电时保护存储的内容。备用电池可以工作一年。

4. 测量元件和控制元件

通常 BAS 采用的测量元件有各种型号的温度传感器、湿度传感器、液位传感器、压差传感器、流量传感器、功率变换器等。控制器件包括各种型号的带执行机构的二通阀、三通阀和直流 24V 的继电器等。

29.2.3 BAS 的监视控制内容

智能建筑 BAS 监视控制内容如下：

(1) 对温度、湿度、压差等参数进行控制和监视。

(2) 对各种动力设备进行启停控制，可采用自动与手动两种方式。

(3) 每一系统均设有彩色流程图，图中有被控制参数、设备运行状态等。

(4) 能量管理及计费系统：对电量、水量、冷量逐月统计，以报表形式输出，并对水电费按月统计计费，打印计费单。

(5) 报警：各种被控制参数超过极限位置，设备运行状态变更前设备达到维修期限等均发出报警信号。报警分四级。

（6）数据采集，根据管理工作的需要，随时可以对监控参数进行数据采集，以曲线的形式或报表形式打印输出。

（7）节能控制：空调系统的室内温度、送风和回风温度及热水交换送水温度按室外环境温度进行补偿，即实际设置值将随室外气温的变化而自动修正（设定值再设）。对冷水机组的运行台数控制。给出应开冷机数指标，使设备运行与负荷相匹配，达到合理运行节约能源的目的。

29.2.4　各类控制系统的介绍

1. 空调机组的监视控制

建筑被控的空调机每套的监控内容如下：

（1）风机按时间程序自动起停，运行时间进行积累。

（2）温度控制：根据测量送风温度和设置值（20℃）的偏差，经 PID 调节冷热水阀门的大小，使送风温度维持这设置范围内。设置温度根据室外环境温度变化自动调节补偿。

（3）检测送风温度、回风温度、室内温度、供回水温度、流量等信号。供回水温度可按机组测量，也可按区域测量。

（4）计量及计费：根据供回水温度差及冷水量（或热水量）计算出能量消耗，按单位能量消耗的费用计算出所需要的费用。

（5）报警：温度超过设置极限报警。

（6）显示打印：参数、状态、报警、动态、流程图，并带有设置值、测量值和状态。

（7）温度控制：建筑有一台空调机设有湿度控制。夏季根据室内温度与湿度的测量值和设置值（一般为 $t = 20℃$，$\varphi = 60\%$）的偏差，调节冷水阀门和电加热器的启停。

2. 冷冻水系统的监视控制

（1）运行台数的控制，建筑一共设有四套冷水机组。通过测量供水总管温度及流量，计算出即时负荷与设置值比较，当负荷达到给定值的 25% 时，第二台机组投入运行（平时至少有一台投入运行）。当负荷达到 50%，第三台投入；75% 时，第四台投入。反之，当负荷降至 70% 时，第四台泵停止运行；45% 时，第三台停止运行；20% 时，第二台停止运行。

（2）设备均匀运行，四台机组编号顺序由 BAS 定期轮换，以保证四台机组有相近的运行时间。

（3）机组投入运行顺序控制：每套冷水系统包括有制冷机组、冷冻水泵、冷却水泵、冷却塔等设备。为了保证安全运行，每套冷冻系统投入/退出运行时，均应按照一定顺序进行。开机顺序为：冷却塔风机→冷却水泵→冷冻水泵→冷水机组，停机顺序相反。

（4）压差控制：测量供回水总管之间的压差值与设置值比较，调节供水分配器之间的旁通管上调节阀的大小，使供回水系统的压差稳定在允许的范围内。

（5）温度、压差、液位的超限报警。

（6）对所有设备运行状态进监测，并对设备运行时间进行积累。

（7）显示打印参数、状态、报警、动态流程图（设置值、测量值、状态）。

3. 热水系统的监控

测量热交换器供热水管出口温度与给定值进行比较，经 PID 调节控制蒸汽管上的调阀，控制供水温度。

4. 给排水系统的监控

建筑内设置有生活水池、循环水池、高区给水箱、低区给水箱、积水坑等需要液位控制与报警的给排水设施 18 处，计量计费等均由 BAS 集中控制和管理。

（1）高低液位控制与报警：与设置在水池内的液位传感器（浮球开头）在设定的高低水位进行报警并控制电动阀门（如生活消防水池）或水泵（如高压低区给水箱）或排水泵（如积水坑）。

（2）高低警戒水位的监视报警：建筑内的生活消防水池，高低区给水箱等供水设施，除了设置有高低液位报警外，还设置了高低警戒水位，以保证建筑的消防用水量。高低警戒水位是虚拟的，意思是说当水位上升到高水位或降低到低水位值后，在设置的时间内，如果水位未恢复正常，则由 BAS 发出警戒信号。

（3）给水系统的计量计费由装置在给水管道上的水流量传感器进行测定，建筑是按照适用功能分区分片进行计量和计费的。

5. 对照明系统的监视控制

（1）高压进线柜的有功无功电量计量。

（2）高压进线开关及联络开关状态监视。

（3）立面照明及道路照明定时启停。

电量计量由装置在进线柜上的功率变换器进行测量，开关状态有高压开关的辅助触头提供信号，立面照明及道路照明由 BAS 的计时系统定时控制。

29.2.5 BAS（楼宇自动控制系统）设计要点

1. RPU（远程处理机）的设计

由于 RPU 的价格较贵，其输入输出接口都是固定的。因此在配置时尽量予以充分的运用。BAS 与各 RPU 之间的通讯是透明的，可利用不同线路相同的 RPU 完成同一个控制系统。一般而言，BAS 系统大量监控的是空调机组，所以将 RPU 布置在机房之中或附近，把空调机组控制系统使用后剩余的输入输出接口用于连接附近的水流量计、水位信号、照明控制等。为了将来可能的发展，RPU 的接口要留出 20%～30%为宜。

2. 线路

在 BAS 进行布线时，要注意某些线路需要专门的导线，如 BAS 的通讯线路、温度湿度传感器线路、水位浮子开关线路、流量计线路等。它们一般需要屏蔽线，或者由制造商提供专门的导线。

3. BAS 设计的特点

BAS 的监控程序是由电脑按照编制好的程序进行的，设计工程大大简化，不需要进行各种设备的电气联锁控制调节原理图等，只需要简单的监控原理图就可以满足要求。但设计人员必须编制较为详细的监控说明书以及各 RPU 输入输出接点使用一览表，以便制造商为 BAS 编制控制说明软件。另外还要向制造商提供各测量元件、控制器使用的条件清单，如管道规格、流体名称、压力、温度、流量等，以便制造商选用各种元件规格。设计人员一般只提供主要元件的规格和数量，供制造商提出报价。

29.3 综合布线系统设计

当今社会，信息已经成为一种关键性的战略资源，为了使这种资源能充分发挥其作用，信息必须迅速而精确地在各种型号的电脑、终端机、电话机、传真机和通讯设备之间传递。为此，不同政府部门和企业根据不同专业需要，设置了各自的布线系统。然而，它们彼此互相不能够兼容，设施也多有重复，浪费的很。

建筑物与建筑群综合布线系统 PDS（Premises Distribution System）是一种利用高质量双绞线和光纤以及各相关的部件组成的建筑物传输网络，它不仅可在建筑物内部传输语言、数据，图像等信息，而且可以与外部通讯网络相连接，能够适应未来综合业务数字网（ISDN）的需要而设计的布线系统。

29.3.1 综合布线系统概念

什么是综合布线系统？建筑物综合布线系统是指建筑物或建筑群内的传输网络，它既使话音和数据通讯设备、交换设备和其他信息管理系统彼此相连，也使这些设备与外部通信网络相连接。它包括建筑物到外部网络或电话局线路上的连线点与工作区的话音或数据终端之间所有电缆及相关部件。

综合布线系统是把三大要素 BAS、CAS、OAS 有机地联系在一起，以实现信息、数据、图像等的快速传递，是智能型现代建筑三大支柱之间不可缺少的传输网络。

建筑物内同一传输网络应当多重复使用，既可传输语音，也可以用来传输数据、文本、图像，同时也可用于 BAS 的分布控制，并且与建筑物内外的信息通信网络相连。布线网络传输的对象是：①模拟与数字语音信号；②高速与低速的数据信号；③传真机、图像终端、绘图仪等需要图像资料信号；④电视会议、安全监视、电视的视频信号；⑤安保系统信号；⑥防火系统信号；⑦楼宇自动化系统的信号。

楼宇自动化系统、通信自动化系统、办公室自动化系统通过综合布线系统把现有分散的设备、功能、信息等集中到一个相关联的、统一的、协调的系统之中，用于综合建筑各个环境。智能型建筑各系统的集成有以下好处：①提高用户人机界面一致性；②提高资源共享；③提高管理水平；④使运行设备多功能化；⑤提高各系统层次及多重使用程度；⑥提高各系统运行安全可靠性、节省电能。

为按规划布局建造的建筑物或建筑物群提供服务的系统既不包括电话局网络设备，也不包括连接到布线系统的交换装置，如专用小型交换机、数据分组交换设备或终端设备本身。

布线系统由不同系列的部件组成，包括：传输介质、线路管理硬件、连接器、插座、插头、适配器、传输电子线路、电气保护设备和支持硬件。这些部件用来构建各种子系统，它们各有不同的具体用途，不仅容易实施，而且能随通讯要求的改变平稳过渡到增强型布线技术。一个设计良好的布线系统对其服务的设备有一定的独立性，并能互连不同的通讯设备，如数据终端，模拟式和数字式电话机、个人电脑和主机及公共系统装置。PDS设计者应全面评估用户要求，不要把布线系统的设计超出用户需要。

为了适应现代化城市建设、工业企业与通信发展需要，使通信网向数字化，综合化、智能化方向发展，搞好建筑与建筑群的电话、数据、会议电视等综合网络建设。

近十几年来，城市建设及企业的通信事业发展迅速，现代化的智能楼、商住楼、办公楼、综合楼已经在设计建设之中。在过去是大楼内部的语音及数据线路时，会使用不同的传输线、配线插座及接头。例如用户电话交换机使用双绞电话线、电脑网络系统使用同轴电缆，而局域网 LAN 使用双绞线或同轴电缆。不同设备使用不同传输线构成各自网络，同时，连接这些设备的布线插头、插座、配线架构不能兼容，造成浪费。

将所有语音、数据、电视（会议电视、监视电视）设备的布线组合在一套标准的布线系统中，并且将各种设备的终端插头插在标准插座内在技术上已经可能。美国 AT&T 公司的综合布线系统 PDS 就是这样的一个布线系统。当终端设备需要变动位置时，只须拔出插头，然后插入新地点的插座，再做一些简单的跳线即可，不必布置新的电缆和插孔。

使用综合布线系统时，电脑系统、用户交换机系统已经局域网系统的配线是使用一套由共用配件组成的配线系统综合在一起同时工作。不同制造部门的语音、数据、电视设备，综合布线系统均可兼容。其开放的结构可作为不同工业标准的基础，不必为不同设备准备不同配线零件及复杂的线路标志与管理线路图表。配线系统具有更大的适应性、灵活性，可以利用最低成本在最小干扰下进行工作地点上终端设备的重新安排与规划。

综合布线系统以一套单一的配线系统，可综合几个通信网络，可解决所面临的有关语音、数据、电视设备的配线上的不便，并为未来的综合业务数字网络 ISDN 打下基础。综合布线需要采用模块化灵活结构，除连接语音、数据、电视外，还能用于智能建筑中楼宇自动化，如监控（包括采暖、通风与空调的控制）、消防、保安、通道控制、流程控制及模块系统等信息服务。

29.3.2 综合布线系统（PDS）组成

综合布线系统可划分为六个子系统：工作区子系统；配线（水平）子系统；干线（垂直）子系统；设备间子系统；管理子系统；建筑群子系统。

通讯和数据处理系统的各种需求确定了所需要的子系统。从理论上讲，大型通讯系统可能需要用铜介质部件把上述子系统集成在一起。综合布线 PDS 组成示意图见图 29-6 所示。

1. 工作区子系统

工作区布线子系统由终端设备连接到信息插座的连线（或软线）组成，它包括装配软线、连接器和连接所需的扩展软线，并在终端设备的输入/输出之间搭桥，相当于电话配线中连接话机的用户线及话机终端部分。在智能大楼布线系统中工作区用术语服务区 Coveragearea 代替，通常服务区大于工作区。在进行终端设备和输入输出连接时，可能需要某种传输电子装置，但是这种装置并不是工作区子系统的一部分。例如，有限距离调制解调器能为与其他设备之间的兼容性和传输距离的延长提供所需的转化信号。有限距离调制解调器不需要内部的保护线路，但一般的调制解调器有内部的保护线路。

2. 管理子系统

管理子系统由交连、互连和输入输出组成。管理点为连接其他子系统提供连接手段。交连和互连允许将通讯线路定位到建筑物的不同部分，便于方便的管理通讯线路。输入输出设在用户工作区和其他房间，使用户在移动终端设备时能方便的进行插拔。

使用跨接或插入线时，交叉连接允许将端接在单元一端的电缆线上的通讯线路连接到单元另一端电缆线路上。跨接线是一根很短的单根导线，能将交叉连接处的两条导线端点

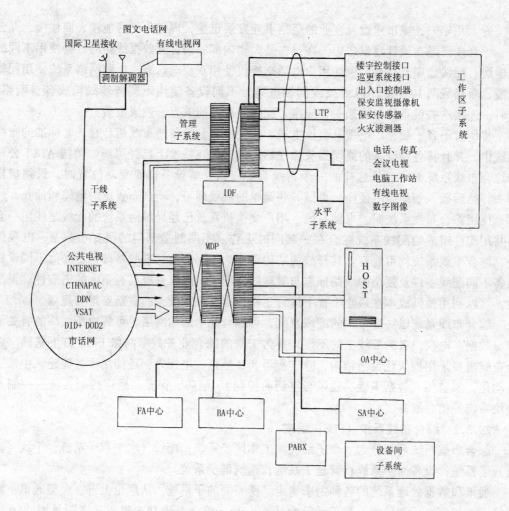

图 29-6 综合布线 PDS 组成示意图

连接起来。插入线则包含几根导线，而且每根导线末端均有一个连接器。插入线能够为重新安排线路提供一种简易方法，而且不需要安装跨接线的专用工具。互连完成交叉连接的同样目的，但不使用跨接线，只使用带插头的导线、插座和适配器。

交叉和互连均使用于光缆。光缆交叉连接要求用光缆专用的插入线——在两端都有光缆连接器的短光缆。根据布线安排和管理信息以适应位置变化需要，灵活选用。通常，在中继线交叉连接处、补线交叉处和干线接线间内使用已装好的硬件。在卫星接线区如安装在墙上的布线区可不要插入线。

3．水平布线子系统

水平布线子系统是整个布线的一部分，它将干线子系统线路延伸到用户工作区。水平布线子系统与干线子系统的区别在于水平布线子系统是在一个楼层上，并直接接到信息插座上。在现有的建筑物内，子系统由 25 对线电缆组成。在综合布线系统中将上述电缆数字限制为 4 对非屏蔽双绞线（UTP），它们能支持大多数现代通讯设备。在需要宽频带应用时，可采用光缆。从用户区信息插座开始，水平布线子系统在交连处端接；在小型通讯系统里，可以在卫星接线间、干线接线间或设备间等处进行互连。在设备间当终端设备位

1030

于同一楼层时，水平布线子系统将在布线交连处端接。在上面的楼层将干线接线间或卫星接线间的交叉连接处端接。

4．干线子系统

干线子系统是整个建筑物综合布线系统的一部分。它提供建筑物的干线电缆路由，一般在两个单元之间，特别位于中央点公共系统设备处，提供多个线路设施。该子系统由所有的布线电缆组成，或由导线和光缆以及将此光缆连到其他相关支持硬件组合而成。传输介质可能包括一幢多层建筑物的楼层之间垂直布线的内部电缆或从主要单元（如电脑机房、设备间和其他干线接线间）来的电源。为了与建筑群其他建筑物进行通讯，干线子系统把设备间中继线和布线交叉连接点与建筑物设施相连，以组成建筑群子系统。

5．设备间子系统

设备布线子系统由设备间电缆、连接器和相关支持硬件组成，它把公共系统设备的各种不同设备连接起来。该子系统将中继线交叉连接处和布线交叉连接处与公共系统设备（如PBX）连接起来。该子系统还包括设备间和邻近单元（如建筑物入口区）中的导线。这些导线将设备或雷电保护装置连接到建筑物接地点。

6．建筑群子系统

建筑群子系统将一个建筑物中的电缆延伸到建筑群的另外一些建筑物中的通讯设备和装置上。它包括传输介质，是整个布线系统的一部分，支持并提供楼群之间的通讯设施所需的硬件，其中有导线电缆、光缆和防止电缆浪涌电压进入建筑物的电气保护设备。

29.3.3　综合布线系统的等级

为了使综合布线系统的应用更加具体化，我们将定义三种不同的布线系统的选件：基本型、增强型和综合型。这些布线系统能随客户需求的变化转向更高级功能的布线系统。多数经济有效的方案均能支持话音或综合型话音、数据产品，并能全面过渡到数据或综合布线系统。

1．基本型配置

每个工作区有一个信息插座，每个工作区有一个水平布线（4对UTP）系统。完全采用110A交叉连接硬件，并与未来附加的硬件设备兼容。每个工作区的干线电缆至少有两对双绞线。

2．增强型配置

完美的配线系统布置方案不仅具有增强功能，而且可以提供发展余地。它支持话音和数据应用，并可按需利用接线板进行管理。

增强型配置包括每个工作区有两个以上的信息插座，每个信息插座均有独立的水平布线（4对UTP）系统。具有110A或110P交叉连接硬件。每个工作区至少有三对双绞线。

增强型配置每个工作区最少有两个信息插座，任何一个信息插座都可提供话音和高速数据应用，十分灵活，功能齐全。如果需要的话，客户可利用接线板进行管理。成为不同厂商环境服务的经济有效的布线方案。

3．综合型配置

将双绞线和光缆纳入建筑物综合布线系统，从而形成综合型系统配置。它具有增强型配置的全部优点，在设计组合上更加灵活。一般包括：在建筑群、干线或水平布线系统配置 $62.5\mu m$ 光缆。在每个工作区的建筑群电缆内配置有 2 对双绞线，干线电缆中有 3 对双绞线。

三种配置的比较见表 29-1。

三 种 配 置 比 较   表 29-1

PRS 工作区 干线	PRS 工作区 水平布线	设 备 间	接 线 间	信息插座
≥2 对	4 个/输入输出口	110A 系列	110A 系列	1 个/工作区
≥3 对	4 个/输入输出口	110P	110P	>2 个
		110A	110A	/工作区
≥4 对	4 个/输入输出口	110P	110P	>2 个
—PLUS—		110A/110P	110A/110P	/工作区
光纤		LCU/LIU	LIU	

29.3.4 设计内容

在建筑物综合布线系统（PDS）的设计中，某些主要步骤要求建筑物综合布线系统设计时应满足要求：

(1) 评估客户的通信要求。

(2) 评估安装设施的实际建筑物或建筑群环境。

(3) 确定合适的通信网络设计和将要使用的介质。光缆/铜缆（综合型）；光缆（单一）；铜缆（单一）。

(4) 将初步的系统设计和估算成本通知客户或最终用户单位。

(5) 在收到最后合同批准书后，完成含有以下系统配置的细节的最终布局及记录蓝图。这些内容包括：电缆路由文档、光缆分配及管理、布局及接合细节、光缆线（链）路和损耗预算、施工许可证或土地使用权、订货信息等。

应始终确保已经完成合同规定的光缆（链）路一致性测试，而且光缆（链）路损耗是可以接受的。如同任何一个工程一样，记录和施工图纸的详细程度将随工程项目而异，并与合同条款、可用资源及工期有关。设计文档应该是齐全的，以便能够检测指定的综合布线系统的设计等级。

当代社会发展以信息作为衡量标准的时代，国内外现代化城市建设工业企业信息业务发展很快。国外先进电话业务以趋向饱满而非话务业务仍然迅速发展。国内电话业务和非话务业务的发展速度均远远高于国民经济发展速度。人们对信息的要求越来越高，这一愿望极大地促进了信息业的发展。人们希望在任何时间、任何地点、任何空间都能够及时地找到任何对象并传递任何信息。这一愿望促进和推动信息的载体——有限通信与无线通信的发展，使得通信网向数字化、综合化、智能化发展，即向综合业务数字网 B—ISDN 发展。该网络能够通过窄带和宽带的业务，例如 100Mbit/s 以上的高速数据业务和高清晰度电视业务。

29.3.5 电气防护及接地

1. 屏蔽接地

当综合布线系统周围环境存在电磁干扰时，必须采用屏蔽保护措施以抑制外来的电磁干扰。电磁干扰（EMI）源是电子系统辐射的寄生电能，这里的电子系统也包括电缆。这种寄生电能可能在附近的其他电缆或系统上造成失真、干扰或危险影响。

电缆是 EMI 的主要发生器，也是主要接收器。作为发生器，它辐射电磁噪声场；灵敏的收音机、电视机、个人电脑、通信系统和数据系统会通过它们的天线、互连线和电源接收这种电磁噪声。电缆也能敏感地接收从其他邻近干扰源所发射的相同噪声，为了成功地抑制电缆中的电磁干扰，必须采取屏蔽保护措施。

综合布线系统如采用电缆屏蔽层组成接地网，各段的屏蔽层必须保持连通并接地。屏蔽层接地线应焊接到近处不超过 6m 的接地点处。在需要屏蔽的场合采用非屏蔽双绞线穿钢管或金属桥架敷设时，各段钢管或金属桥架应保持电气连接并接地。

如果屏蔽层的接地连续性得不到保证，应该在每一个非屏蔽双绞线或非屏蔽电缆的路由旁布置一条接近电缆屏蔽层电阻值的直径为 4mm 铜线的接地干线。接地干线所起的作用与电缆屏蔽层相同。接地干线应该像电缆屏蔽层一样接地。

在建筑物入口处，在高层建筑物的每个干线交接间里，以及在矮宽建筑物的每个二级交接间里都应该提供合适的接地端。建筑物入口处的接地端应该用接地板焊接在一起。

干线交接间必须把电缆的屏蔽层连至合格的楼层接地端。屏蔽层在楼层的接地，在导体进入或离开屏蔽的干线电缆之处，应采用直径为 4mm 铜线把干线电缆的屏蔽层焊接到合格的楼层接地端。从建筑入口处至干线交接间或二级交接间的楼层接地端之间的连续电缆屏蔽层可用作接地线。接地线焊接到接地端；在网络接口处，接地线焊接到终端处。

干线电缆的位置应该接近垂直的接地导体（如建筑物的结构钢筋）并尽可能位于建筑物中心部分。在建筑物的中心部分附近雷电的电流最小，而且干线电缆与垂直接地导体之间的互感作用可最大限度地减少通信线对上感应生成的电势。应避免把干线安排在外墙，特别是墙脚，这是为了避免雷电流。

当电缆从建筑物外面进入建筑物内部容易受到雷击、电源接地、电源感应电热或地电势上浮等外界影响时，必须采用保护器。所有保护器及装置都必须有 UL 安全标记。

2. 过电压保护

在下述的任何一种情况下，线路均属于处在危险环境之中，均应对其进行过压过流保护。雷击引起的危险影响；工作电压超过 250V 的电源线路碰地；地电势上升到 250V 以上而引起的电源故障；交流 50Hz 感应电压超过 250V。

满足下列条件，遭受雷击危险可不考虑。该地区年雷暴日不大于五天，而且土壤电阻系数小于 100Ω·m；该建筑物之间的直埋电缆小于 42m，而且土壤的连续屏蔽层在电缆两端处均接地；电缆完全处于已经接地的邻近高层建筑物或其他高构筑物所提供的保护伞之内，且电缆有良好的接地系统。

综合布线系统的过电压保护宜选用气体放电管保护器。气体放电管保护器的陶瓷外壳内密封有两个电极，其间有放电间隙，并充有惰性气体。当两个电极之间的电位差超过 250V 交流电源或 700V 雷电浪涌电压时，气体放电管开始出现电弧，为导体和地电极之间提供一条通道。固态保护器适合较低的击穿电压 60~90V，它对数据或特殊线路提供了最佳保护。

电流保护宜选用能够自复的保护器。这是因为电缆的导线上可能出现这样或那样的电压，如果连接设备为其提供了对地的低阻通路，它就不足以使过压保护器动作。而产生的电流可能会损坏设备或着火。比如，220V 电力线可能不足以使过电压保护器放电，有可能产生大电流进入设备，因此，必须同时采用过电流保护器。为了便于维护规定采用能够自复的过电流保护器，目前有热敏电阻和雪崩二极管可供选择，便宜的有热线圈或熔断器。后两种保护器具有相同的电特性，但工作原理不同。热线圈在动作时将导体接地，而熔断器在动作时将导体断开。

线通道中垂直布线的光缆或铜缆布线有防火铠装；当这些电缆线被布置在不可燃管道中，或者每层楼都采用了隔火措施时，则可以没有防火铠装。

3. 联合接地

凡综合布线系统有关的有源设备的正极或外壳，干线屏蔽电缆层及连通接地线均应接地，宜采用联合接地方式，如同层有避雷带及均压网时应与此相接，使整个大楼的接地系统组成一个笼式均压体。

采用联合接地方式当大楼遭受雷击时，楼层内各点电位分布比较均匀，工作人员和设备的安全将得到较好的保障。同时，大楼框架式结构对中波电磁场能提供 10～40dB 的屏蔽效果。联合接地容易获得较低电阻值，节约金属材料，占地少。综合楼的接地电阻值不宜大于 1Ω。当楼内设备有更高要求时，或邻近有强电磁场干扰，而对接地电阻提出更高要求时，应取其中的最小值作为设计依据。

29.3.6 应用与设施

(1) 综合布线系统目前应能支持电话、数据、电视服务以及适用于每一方案所要求的有关信息。综合布线系统还能用于智能大楼的图像、楼宇自控如监控、消防、保安通道控制、灯光控制、流程控制等信息服务。

(2) 综合布线系统可采用适配器的非屏蔽双绞线方案，数据速率 2.36Mbit/s，直径为 0.5mm 铜芯双绞线最长传输距离 305m；或者可采用光缆，数据速率 2.36Mbit/s，最长传输距离 2100m，用以支持 IBM3270 主机的连接。

(3) 综合布线系统可采用适配器将不平衡信号转换成能够在非屏蔽双绞线上传输的平衡信号，传输速率为 1.0Mbit/s 时可支持 IBM 系列 36/38/AS400 主机和 IBM5250 系列工作站所构成的点对点或多点系统，直径为 0.5mm 铜芯双绞线最长传输距离应符合表 29-2 的规定。

加适配器后非屏蔽双绞线的最长传输距离　　　　　　　　表 29-2

桥接的工作站数量	从主机端口到工作站的距离（m）	桥接的工作站数量	从主机端口到工作站的距离（m）
1	914.4	5	426.7
2	701.0	6	365.7
3	579.1	7	309.9
4	487.7		

(4) 综合布线系统可采用保护适配器以支持异步 RS—232 系统，采用直径为 0.5mm 铜芯双绞线的最长传输距离见表 29-3。

采用非屏蔽双绞线时数据速率与距离的关系　　　　　　　　表 29-3

数据速率（kbit/s）	最长距离（m）
19.2	91
9.6	183
≤4.8	305

综合布线系统如果是 RS—232 信号与话音信号在同一线束中传送时，应使用异步数据单元 ADU，其传输距离应符合表 29-4 的要求。

数据速率 （kbit/s）	直径 0.5mm 铜芯双绞线 最长传输距离（km）	数据速率 （kbit/s）	直径 0.5mm 铜芯双绞线 最长传输距离（km）
19.2	0.6	2.4	3.6
9.6	1.6	1.2	6.1
4.8	2.1	0.3	12.0

（5）综合布线系统采用异步传输非屏蔽双绞线方案，当其传输距离不能满足要求时，可采用光缆传输，62.5/125μm 光缆，数据速率19.2 kbit/s，最长距离可达 2.5km。综合布线系统可采用同步数据单元 SDU，在非屏蔽双绞线这传输同步数据，速率可在 1.2kbit/s～19.2kbit/s 之间选择。在数据速率为 9.6kbit/s 及以下时，用直径 0.5mm 铜芯双绞线最长传输距离为 5km，在数据速率为 19.2kbit/s 时，用直径 0.5mm 铜芯双绞线最长传输距离为 3km。

（6）综合布线系统可支持 1Mbit/s 星型局域网，直径 0.5mm 铜芯双绞线节点间最长传输距离为 244mm。综合布线系统可支持 10Mbit/s 星型局域网或 IEEE802.3.10BASE—T 局域网，用直径 0.5mm 铜芯双绞线，同轴适配器间、节点插孔间三类线允许 100m，五类线允许 150m。所连接的光缆适配器间、节点插孔间三类线允许 15m，五类线允许 22.5m。如果铜芯双绞线不能满足传输要求时可采用光缆，光缆适配器间无桥接点时可达 2027m。

综合布线系统可支持 4Mbit/s、16Mbit/s 标记环局域网 LAN 的应用，单个标记环可以支持 250 个工作站、16 个集中器。每个集中器可以将标记环、以太网 Ethernet 光缆分布数据接口 FDDI 以存取方法组合在一起。

综合布线系统可支持各类电脑系统及设备。数据速率 4.27Mbit/s，直径 0.5mm 铜芯双绞线环境中，最长传输距离为 213m。综合布线系统可支持光缆分布数据接口 FDDI 及异步传送模式 ATM，其网络标准允许节点距离为 2km。综合布线系统可通过集中器 HUB 支持以太网 Ethernet 电脑网络系统。

综合布线系统五类线连接应能支持双绞线介质的传送模式 TP—PMD/铜芯电缆分布数据接口 CDDI 100Mbit/s 信号及异步传送模式（ATM）155Mbit/s/622Mbit/s 系统达 100m 以上。综合布线系统应能提供多媒体连接器件，以支持光缆到桌面 FTTD 及多媒体电视会议系统等。

综合布线系统可支持监视电视系统的基带视频信号传输，使用适配器在 75Ω 同轴电缆与非屏蔽双绞线之间进行转换。综合布线系统可使用适配器，传送模拟基带视频信号和以 600Ω 终接的音频信号，但不允许通过两条指定的音频信号线传送其他信号。输入摄像机动作所用的电压控制信号的传输距离符合表 29-5。

非屏蔽双绞线传送基带视频信号的最长距离　　　　　　　表 29-5

非屏蔽双绞线类别	彩　色（m）	黑　白（m）
3	365	670
5	457	762

（7）综合布线系统可使用适配器，传送以 75Ω 终接的 RGB 三基色视频信号，不允许通过三根指定的 RGB 视频接线中任意接线传输组合基带视频信号，其传输距离 3 类线 100m，5 类线 152m。综合布线系统采用非屏蔽双绞线，其最高传输频率 3 类线为 16MHz，

4 类线为 20MHz，5 类线为 100MHz。

29.4 综合布线系统实施

29.4.1 布线的方式

1. 预埋管线布线方式

采用金属钢管或 PVC 塑料管预埋在现浇楼板中。钢管或塑料管由竖井内配线箱处直接引至墙面或柱面接线盒处，也可与地面出线盒配合使用。这种方式具有节省材料、配线简单、技术成熟等优点。其局限性在于建筑楼板的厚度可能不够。现浇楼板厚度一般在 80～120mm 之间，SC20 外径 26.25mm，SC25 外径 32.00mm。如果发生管线交叉，只能牺牲建筑层高。随着建筑房间的加大，需要大量的电源和信息源的导线，预埋管也随之增加。因此，该种布线方式一般用于房间小或信息点少的地方。有经验认为：信息点多于 $5m^2/$ 个，预埋管方式就不适宜了。

2. 地面线槽的布线方式

线槽安装在现浇楼板或建筑找平层中。一般线槽高度为 20～25mm，宽度为 25～75mm，出线盒高度为 45～75mm，设计者可根据产品规格和建筑情况合理选用。这种布线方式的优点是：节省空间、使用美观、出线灵活，适用于新建的办公自动化设备密度较高的中高级办公建筑。

地面线槽的现场施工需要一系列的质量保证措施。首先，对于预埋在现浇楼板中的线槽，为防止土建筑工机械操作振动影响线槽定位，需要在线槽两边加固定。其次，为防止杂物进入线槽造成堵塞，在线槽的分线盒、出线口处需要采用密封保护措施。第三，保证建筑找平层厚度，正确有效地测出标高。施工前应清理地面，修整地平，这样才能保证预埋线槽与地面齐平，防止地面开裂。

地面线槽方式的不足在于：增加造价、局部利用率不高。由于线槽的容积率不宜大于 40%，对于通信线路要预埋较大的线槽。对强电而言，即使使用最小的 20mm×25mm 的线槽，穿 4 根 $2.5mm^2$ 的铜线，其利用率不足 6%。

3. 网络地板布线方式

网络地板是基于架空地板方式下发展起来的大面积、开放性地板。网络地板从下至上由网络状阻燃地板、线路固定压板、布线路罩三大部分组成，可上铺地毯。一般地板高度在 45～120mm 之间，各种线路可以任意穿连到位，保证地面美观。这是一个设计者喜欢的方案，但真正成功的例子不多。

主要原因是钱。地板布线每平方米造价 400 元人民币到 800 美金，而在同样面积内敷设线槽造价不到人民币 100 元，钢管不超过 10 元。而且，敷设地板必然损失层高，建筑层高增加造价要相应增加，投资商也会有所考虑。另外一个原因是，现代网络设备的增加和改造，采用线路调整的方式已经很难实施。多采用综合布线和不同的集线器等网络设备变更。

4. 吊顶内布线

随着中央空调的普及，走廊吊顶甚至办公室吊顶都变得必不可少。各类电气线路同样可以利用吊顶空间使用线槽进行敷设。引至用户端的出线可以穿钢管或线槽沿柱或隔墙引下，这一般作为地面走线补充方式，一般 100mm×50mm 的线槽可容纳直径为 5mm 的用户线 75 根，50mm×25mm 线槽可容纳 20 根。

5. 地毯下布线

地毯下布线是采用厚度薄，性能好的扁带式电缆直接明敷设在地毯下。这种方式施工方便、灵活，在不同空间布置适应性强，有利于加快土建工期。限制其广泛应用的原因可能也是因为钱，其造价一般为绝缘导线的 10 倍，其分支和引出线路的配件特殊，对室内温度，湿度也有一定要求，故总体造价较高。现在仅仅用于局部改建项目中。

29.4.2 配线电缆

配线子系统电缆在地板下安装方式，应根据环境条件选用地板下桥架布线法、蜂窝状布线法、高架活动地板布线法、地板下管道布线法等四种安装方式。配线子系统电缆宜穿钢管或沿金属电缆桥架敷设，并应选择最短路径。建筑物内暗配线一般可采用塑料管或薄壁钢管。

干线子系统垂直通道有电缆孔、管道、电缆竖井等三种方式可供选择，宜采用电缆孔方式。水平通道可选择管道方式或电缆桥架方式。电缆孔方式通常用一根或数根直径 10cm 的金属管预埋在地板内，金属管高出地平 2.5cm 到 10cm，也可直接在地板上预留一个大小适当的长方形孔洞。在原有建筑物中开电缆井很费钱，且难于防火，如果在安装过程中没有采取措施去防止损坏楼板支撑件，则楼板的结构完整性将被破坏。干线水平子系统可以用管道或电缆桥架两种方式。管道井对电缆起机械保护作用，但难于重新布置，灵活性差，造价高。

通常一根管子穿设一条综合布线电缆，允许一根管子最多穿设三根非屏蔽双绞线。管内穿设电缆时，直线管路的管径利用率一般可为 50%~60%，弯管路的管径利用率一般可为 40%~50%。非屏蔽双绞线不作为电缆处理。允许综合布线电缆、电视电缆、火灾报警电缆、监控电缆合用金属桥架，但要求同电视电缆宜用金属隔板分开，以防电磁干扰。

建筑物综合布线系统：一种建筑物或建筑群内的传输网络。它既使话音和数据通信设施、结合设备和其他信息管理系统彼此相连，又使这些设备与外部通信网络相连。它包括建筑物到外部网络或电话局线路上的连接点与工作区的话音或数据终端之间的所有电缆及相关的布线部件。

29.4.3 安装工艺要求

1. 设备间

设备间设计应符合下列要求：

(1) 设备间应处于干线综合体的最佳网络中间位置，通常位于地下室的干线通道底部或 1~2 层楼上。

(2) 设备间应尽可能靠近建筑物电缆引入区和网络接口。电缆引入区和网络接口的相互间隔不宜小于 15m。

(3) 设备间的位置应便于接地装置的安装。

(4) 设备间室温应保持在 10℃至 27℃之间，相对湿度应保持在 60%至 80%之间。

(5) 设备间安装应符合法规要求的消防系统，应使用防火防盗门，至少能够耐火 1h 的防火墙。

（6）设备间内所有设备应有足够的安装空间，其中包括：程控数字用户电话交换机，电脑主机，整个建筑物用的接近设备等。长期工作条件的温度湿度是在地板上 2m 和设备前方 0.4m 处测量的数值；短期工作为连续不超过 48h 和每年累计不超过 15 天，也可按生产厂家的标准要求。短时工作条件可适当降低。

设备间的室内装修、空调设备系统和电气照明等安装应在装机前进行。设备间的装修应满足工艺要求，经济适用。容量较大的机房可以结合空调下送风、架间走电缆和防静电等要求，设置活动地板。

设备间应防止有害气体（如 SO_2、H_2S、NH_3、NO_2）侵入，并应有良好的防尘措施，允许尘埃含量参考表 29-6。

允许尘埃限值表   表 29-6

灰尘颗粒的最大直径（μm）	0.5	1	2	3
灰尘颗粒的最大浓度（粒子数/m^3）	1.4×10^7	7×10^5	2.4×10^5	1.3×10^5

灰尘粒子应是不导电的、非铁磁性和非腐蚀性的。至少应为设备间提供离地板 2.55m 高度的空间，门的高度应大于 2.1m，门宽度大于 0.9m，地板的等效均布活荷载应大于 5kN/m^2。凡是安装综合布线硬件的地方，墙壁和天棚应涂阻燃漆。设备间的一般照明，最低标准应为 150lx。规定照度的被照面，水平照度指距离地面 0.8m 处，垂直照度指距离地面 1.4m 处。

2. 交接间

确定干线通道和交接间的数目，应从所有可用楼层空间来考虑。如果在给定楼层所要范围的信息插座都在 75m 范围以内，宜采用单干线接线系统，或者采用经过分支电缆与干线交接间相连接的二级交接间。

干线交接间兼作时，其面积不应小于 10m^2。干线交接间的面积为 1.8m^2 时（1.2m×1.5m）可容纳端接 200 个工作区所需的连接硬件和其他设备。如果端接的工作区超过 200 个，则在该楼层增加一个或多个二级交接间，其设置要求宜符合表 29-7 的规定，或根据设计需要确定。

交接间设置表   表 29-7

工作区数量	交接间数量和大小（个/m^2）		二级交接间数量和大小（个/m^2）	
≤200	1	≥1.2×1.5	0	
201~400	1	≥1.2×2.1	1	≥1.2×1.5
401~600	1	≥1.2×2.7	1	≥1.2×1.5
>600	2	≥1.2×2.7	最大二级交接间数量为 2	

（1）基本型：适用于综合布线系统中配置标准较低的场合，用铜芯电缆组网。基本型对非屏蔽双绞线 UTP；完全采用夹接式交接硬件；每个工作区的干线电缆至少有 2 对双绞线。

基本型综合布线系统支持话音/数据，是一种富有价格竞争力的综合布线方案，能够支持所有话音和数据的应用。主要应用于话音、话音/数据、高速数据。便于技术人员管理，采用其他放电管式过压保护能够自复的过流保护。能够支持多种电脑数据的传输。

（2）增强型：适用于综合布线系统中中等配置标准的场合，用铜芯电缆组网。增强型系统配置为：每个工作区有两个以上的信息插座；每个工作区的配线电缆为两条以上的 4

对非屏蔽双绞线 UTP；采用夹接式或插接式交接硬件；每个工作区的干线电缆至少有 3 对双绞线。

增强型布线系统能够提供发展余地，支持话音、数据应用，可根据需要利用端子板进行管理。增强型布线系统每个工作区有两个信息插座，不仅机动灵活，而且功能齐全，任意一个信息插座都可提供话音和高速数据应用。增强型布线采用统一色标，按需要利用端子板进行管理，是一个能够为多个数据设备创造部门环境服务的经济有效的综合布线方案。也采用气体放电管式过电压保护和能够自复的过流保护。

（3）综合型：适用于综合布线系统中配置标准较高或规模较大的智能大楼，用光缆和铜芯电缆混合组网。综合型系统配置为：在基本型和增强型综合布线系统的基础上增设光缆系统；在每个基本型工作区的干线电缆中至少配置 2 对双绞线；在每个增强型工作区的干线电缆中至少配置 3 对双绞线。

非屏蔽双绞线是指有特殊基础方式及材料结构的能够传输高速数字信号的双绞线，不是普通电话电缆双绞线。夹接式硬件系统指夹接、绕接固定连接的交接设备如 110A；插接式交接硬件指插头、创造连接的交接设备如 110P。

综合布线系统应能满足所支持的数据系统的传输速率要求，并应选用相应等级的缆线和传输设备。

综合布线系统应能满足所支持的电话、数据、电视系统的传输标准的要求。综合布线系统所有设备之间连接端子、塑料绝缘的电缆或定型、电缆环箍应有色标。不仅各个线对是用颜色识别的，而且线束组也使用同一色标，有利于设备维修。

3．工作区子系统

（1）一个独立的需要设置终端设备的区域宜划分为一个工作区、工作区子系统应由水平配线布线系统的信息插座延伸到工作站终端设备处的连接独立及适配器组成。一个电话机及电脑终端设备的服务面积可按 $5 \sim 10 m^2$ 设置，或按用户要求设置。工作区可支持电话机、数据终端，电脑、电视机及监视器等终端设备的设置和安装。

工作区子系统包括办公室、写字间、作业间、技术室等需用电话、电脑终端、电视机等设施的区域和相应设备的统称。

（2）工作区适配器的选用宜符合下列要求：

①在设备连接器处采用板条信息插座和连接器时，可以采用专用电缆或适配器。

②当在单一信息插座上进行两项服务时，宜用 V 型适配器。

③在水平配线子系统中选用的电缆类别（介质）不同于设备所需的电缆类别（介质）时，宜采用适配器。

④在连接使用不同信号的数模转换或数据速率转换等相应的装置时，宜采用适配器。

⑤对于网络规程的兼容性，可用配合适配器。

⑥根据工作区内不同的电信终端设备，如 ISDN 终端，可配备相应的终端匹配器。

4．配线子系统

配线子系统宜由工作区用的信息插座、每层配线设备至信息插座的配线电缆和终端匹配器等组成。

（1）配线子系统应根据每层需要安装的信息插座数量及其位置，终端将来可能产生移动、修改和重新安排的详细情况确定。

（2）配线子系统宜采用 4 对非屏蔽双绞线。配线子系统在有高速率应用的场合，宜采用光缆，配线子系统根据整个综合布线系统的要求，应在二级交接间、交接间或设备间的配线设备上进行连接，以构成电话、数据、电视系统并进行管理。

（3）配线电缆宜按下列原则选用：普通型宜用于异步通讯场所。填充型实芯电缆宜用于有空气压力的场所。其结构见表 29-8。

配 线 电 缆 的 结 构 表 29-8

代号	结　　　　　构
1010	非实芯电缆采用塑料 PVC 绝缘的 0.5mm 裸实芯铜质导体组成，并扭绞成线对。将双绞线装入电缆芯，并采用塑料 PVC 外包层
2010	实芯电缆采用 1010 类似设计，外有塑料 ECTFE 绝缘层和塑料 ECTFE 护套组成
1061	采用 0.5mm 裸实芯铜质导体，并用聚乙烯和阻燃聚乙烯进行双层绝缘。绝缘导体扭绞成一线对，以灰色阻燃聚乙烯作护套
2061	采用聚四氟乙烯绝缘的 0.5mm 裸实芯铜质导体。双绞线电缆芯用白色含氟聚合物作护套。可以安装在压力通风系统和干线用于场合

（4）综合布线系统的信息插座选用：

①单个三类线连接的 4 芯插座宜用于基本型低速率系统。

②单个五类线连接的 8 芯插座宜用于基本型高速率系统。

③双个三类线连接的 4 芯插座宜用于增强型低速率系统。

④双个五类线连接的 8 芯插座宜用于增强型高速率系统。

⑤一个给定的综合布线系统设计可采用多种类型的信息插座。

⑥配线子系统电缆长度宜为 90m 以内。

⑦信息插座应在内部做固定线连接。

5．干线子系统

干线子系统应由设备间子系统或管理子系统与配线子系统的引入口之间的连接电缆组成。在确定干线子系统所需要的电缆总对数之前，必须确定电缆中话音和数据信号的共享原则。对于基本型每个工作区可选定 2 对，对于增强型和综合型每个工作区可选定 3 对非屏蔽双绞线。

应选择共享电缆最短，最安全和最经济的路由。宜选择带门的封闭型通道敷设干线电缆。

（1）建筑通道　建筑物有两大类型的通道，封闭型和开放型。封闭型通道是指一连串上下对齐的交接间，每层楼都有一间，利用电缆竖井、电缆孔、管道电缆、电缆桥架等穿过这些房间的地板层。每个交接间通常还有一些便于固定电缆的设施和消防装置。开放型通道是指从建筑物的地下室到楼顶的一个开放空间、中间没有任何楼板隔开，例如，通风通道或电梯通道，不能敷设干线子系统电缆。

（2）干线电缆连接　干线电缆可采用点对点端接，也可采用分支递减以及电缆直接连接的办法。点对点端接是最简单、最直接的接合方法，干线子系统每根干线电缆直接延伸到指定的楼层和交接间。

分支递减端接是用一根大容量电缆足以支持若干个小电缆，它们分别延伸到每个交接间或每个楼层，并端接于目的地的连接硬件。而电缆直接连接方法是特殊情况使用的技术。一种情况是一个楼层的所有水平端接都集中在干线交接间，另一种情况是二级交接太小，在干线交接完成端接。

如果设备间与电脑机房处于不同的地点，而且需要把话音电缆连接至设备间，把数据电缆连接至电脑机房，则宜在设计中选取干线电缆的不同部分来分布满足不同路由话音的需要。

(3) 设备间子系统　设备间是在每一幢大楼适当地点设置进线设备、进行网络管理以及管理人员值班的场所。设备间子系统应由综合布线系统的建筑物进线设备，电话、数据、电脑等各种主机设备及其保安配线设备等组成。设备间子系统的电话、数据、电脑主机设备及其保安配线设备有两种设置方法，一是电话主机即程控交换机及电脑主机房分地点设置，另一种是合设在一个机房。

设备间内所有进线终端设备宜采用色标表示：绿色表示网络接口的进线侧，即中继/辅助场（表示在配线设备上，使用不同颜色区分各种不同用途线路的区域，例如白色表示干线电缆）、总机中继线。紫色表示专用交换设备端接口（端口线路中继线等）。黄色表示交换机的用户引出线。白色表示干线电缆和建筑群电缆。蓝色表示设备间至工作站或用户终端的线路。橙色表示来自多路复用器的线路。

设备间位置及大小应根据设备的数量、规模、最佳网络中心等内容，综合考虑确定。

(4) 管理子系统　管理子系统设置在每层配线设备房间内。管理子系统应由交接间的配线设备，输入/输出设备等组成。管理子系统提供了与其他子系统连接的手段。交接使得有可能安排或重新安排路由，因而实现综合布线系统的管理。

管理子系统宜采用单点管理双交接。交接场的结构取决于工作区、综合布线系统规模和选用的硬件。在管理规模大、复杂、有二级交接间时，才设置双点管理双交接。在管理点，宜根据应用环境用标记插入条标出各个端接区。

单点管理位于设备间里面的交换机附近，通过线路不进行跳线管理，直接连至用户房间或服务接线间里面的第二个交接区。双点管理除交接间外，还设置第二个可管理的交接，有二级交接设备。在每个交接区实现线路管理的方式是在各色标场之间接上跨接线或插接线，这些色标用来分别表明该场是干线电缆、配线电缆或设备端接点。这些场通常分别分配给指定的接线块，而接线块则按垂直或水平结构接线排列。

交接区应有良好的标记系统，如建筑物的名称、建筑物的位置、区号、起始点和功能等标志。综合布线系统使用了三种标记：电缆标记、场标记和插入标记。其中插入标记最常用。这些标记通常是硬纸片，由安装人员在需要时取下来使用。

交接间及二级交接的色标　宜符合如下规定：在交接间内白色表示来自设备间干线电缆端接点；蓝色表示连接交接间输入/输出服务的线路；灰色表示至二级交接间的连接电缆；橙色表示来自交接间多路复用器的线路；紫色表示来自系统公用设备（如分组交换集线器）的线路。二级交接间：白色表示来自设备间干线电缆的点对点端接；蓝色表示连接交接间输入/输出服务的线路；灰色表示连接交接间的连接电缆；橙色/紫色与交接所述线路类型相同。

交接设备的连接方式对楼层上线路不进行修改、移位或重新组合时，宜使用夹接线方式。在经常需要重新组合线路时宜采用插接线方式。在交接场之间应留出空间，以便容纳未来扩充的交接硬件。

6. 建筑群子系统

建筑群子系统由两个及以上建筑物的电话、数据、电视系统组成一个建筑群综合布线系统，其连接各建筑物之间的缆线，组成建筑群子系统。

建筑群子系统宜采用地下管道敷设方式。管道内敷设的铜缆或光缆应遵循电话管道和人孔的设计规定。此外安装时最少应余留 1~2 个备用管孔，以备扩充用。建筑群子系统采用直埋沟内敷设时，如果在同一沟内埋入了其他的图像、监控电缆，应设明显的共用标志。

电话局来的电缆应进入一个阻燃接头箱，再接至保护装置。管道内敷设能够提供最佳的机械保护，任何时候都可以敷设电缆，电缆的敷设、扩充比较容易，能保持道路和建筑物的外貌整齐。但敷设需要挖沟、开管道，建设时一次投资较高。

直埋敷设提供某种程度的机械保护，保持道路和建筑物的外貌整齐，初次投资低。扩容和更换道路时会破坏道路和建筑物外貌。

架空敷设如果敷设在原有电杆上，则成本最低。但没有机械保护，安全性差，影响建筑物美观。

29.5 多 媒 体

29.5.1 电子技术新进展

1. 电子及电真空器件

电子的发现可以追溯到 1874 年，斯通尼（George Johnstone Stoney 1826~1911）根据法拉第的电解定律和阿佛伽德罗定律，认为存在着"基元电荷"，并计算出其数值。1891 年他提出"电子"这个名词用来表示基元电荷，从理论作出了推测。1897 年 J.J. 汤姆逊（Joseph John Thomson 1856~1940）用阴极射线示波管及外加电场或磁场使射线偏转的方法，测定电子的电荷与质量之比，简称电子的荷质比，证明电子确定存在。

电子的发现将人们对物质构造的认识引向更深的层次，有重大的理论意义。同时可以说明过去不能解释的一些现象，并为以后电子器件的发明开辟了道路。

早在 1883 年，T.A. 爱迪生为了研究白炽电灯泡中灯丝的蒸发情况，在灯泡内安装了一个小金属板以取得蒸发的沉淀物。在实验中他发现一个现象：如果将小金属板的引出端接到一个电源的正极，并将正在通电的灯丝一端接到电源的负极，就发现这个电路中有电流，而电流是经过电灯泡的。这个现象被称之为"爱迪生效应"。

在 J.J. 汤姆逊发现电子后，这个效应就容易说明了。灯丝受热发出电子，小金属板与灯线间的电压使电子向正极板流动形成电流。所以看起来是真空的电灯泡，实际上有肉眼看不见的电子流动。

美国人德弗莱斯持（Lee de Forest 1873~1961）1905 年在二极管中灯丝与板极之间加装了金属栅制成了三极管。三极管有一个重要的特点，即改变栅极与灯丝之间的电压，则板极与灯丝之间的电流发生较大的变化。换句话说三极管有放大信号的作用。美国电话公司不久即采用三极管放大制成长途电话的增音器。

各种电子器件继三极管之后蓬勃发展。出现了四极管、五极管、多极管及复合管。随着无线电技术向高频方面发展，电子器件中亦出现了微波电子管，如磁控管、速调管、行波管等。利用聚集电子束的器件亦多种多样，如示波管、摄像管、显像管、存储管、各种专用的显示管等。还有其他的一些电子管，如光电管、倍增管、充气管等层出不穷，以适应各种不同的用途。

电子电路亦随着电子器件的增加而发展。除早先的整流及放大电路之后，人们研究了振荡、检波、调制、解调、混频、触发等电路，又由于对电信号加工的需要，又出现记录、存储、整形、限幅、变换、显示等多种有关的电路和器件。无线电技术的应用远不限于通讯、广播及电视。还陆续发展了导航、测距、雷达、遥感、射电天文、高频加热、以及医疗卫生等多方面的用途。

2. 半导体器件及集成电路

20 世纪开始不久，物理学中就发生了两项重大突破，即相对论原理的提出和量子力学的建立。相对论不仅对物理学有重大意义，仅就其质能关系公式而言，就已经为原子能的利用提供了依据，为人类开辟了新的能量来源。量子力学将人们的认识推向微观世界，为许多新技术的产生奠定了基础。

1930 年德国莱比锡大学的里林费尔德（J. Lilienfeld）仿照电子管作用的原理，申请了一项专利。他所描述的器件是用电场去控制氧化铜薄膜中的电流，以起放大作用。肖克莱的设想采用四价硅晶体的 P—N 结，同时用另一个电极靠近 P—N 结，隔着绝缘薄层使这个电极的电场影响 P—N 结中的电流，同样发现仅有很小的放大作用，并限于很低的频率。后来取消了隔着的绝缘层，采用有整流作用的金属接触点为另一个电极，在锗半导体的 P—N 结上试验获得了放大作用。贝尔实验室于 1948 年 6 月宣布了这个发明。

1949 年，肖克莱提出了结型晶体管的理论。这种晶体管由冶金或化学的方法制成 PNP 或 NPN 型半导体，中间一层很薄，称为基极，两边的称为发射极及集电极，因此上面有两个 P—N 结，基极起少数载流子的注入作用，而在发射极与集电极之间获得放大了的电流。1950 年结型晶体管制造成功了。结型晶体管比点触式晶体管有许多优点，例如构造简单可靠，噪音小，并适合大批量生产，很快地得到广泛应用。1952 年肖克莱重新研究了场效应晶体管的理论，1953 年终于制成了结型场效应管，简记为 JFET，实现了最初的设想。

此后半导体器件和工艺迅速发展，1959 年发明了金属—氧化物—半导体结构，简记为 MOS。在 1962 年制成场效应管（MOSFET）在集成电路中大量采用。1938 年德国肖特基（Walter Schottky 1886～1976）提出金属与半导体分界面的势垒理论，可以解释这种分界面的非线性阻抗特性等。1966 年利用肖特基结制成 MES 场效应管。此后半导体器件的类型日益增多，例如单结晶体管，双极晶体管，PNPN 闸流管、以及各种特殊用途的二极管等等，不胜枚举。

集成电路简记为 IC，美国基尔比（J.S.Kilby）1959 年申请了专利。专利申请中说明："本发明的首要目的就是利用一块包含扩散型 P—N 结的半导体材料，制备一种小型化电子电路，在其中所有电路元件全部集成在这块半导体材料之中。"此后，集成电路迅猛发展，到 1968 年左右更进入大规模集成阶段。特别是在电脑的应用上占有突出的地位。例如 1960～1975 年，集成度提高了 64000 倍，集成密度提高了 32 倍！

集成电路及大规模集成电路是高、新技术密集型产品，从单晶生产、拓扑布线设计、摄影掩膜，光刻涂覆、扩散控制、密封安装、诊断测试等等一系列高难工艺过程，已经不是小规模生产所能胜任的了。例如在 $3.4mm^2$ 面积上能够集成 3.5 万多个或更多的元件，元件之间联线的宽度从 $3\mu m$ 逐渐降到 $0.5 \sim 1\mu m$。在超大规模集成电路上，单个晶片上的集成度已达到 60 万个元件以上。结果确实是惊人的，这就极大地促进了电脑的发展，使信息交换在近代社会上占据了突出地位。

集成电路的发展为楼宇自控提供了可能性，这一领域目前仍然是建筑电气设计的前沿，处于不断发展之中，新的技术、材料、方法不断涌现。

29.5.2 多媒体的含义

多媒体技术是近年来电脑应用技术发展最快的内容。一台多媒体电脑将电话、电视、音响、传真、录像等功能溶为一体。使人们的家庭生活、学习、通讯、娱乐、工作等等起到了极大的变化，其影响深远。例如互联网络上的电子邮件、电脑会议系统、远距离医疗、电子出版物、交互式电视、信息查询服务等，它还可以提供家庭购物、远距离学习、数字多媒体图书馆、交互式电子游戏、财务处理等服务。

人类所接受的所有信息中，有 80% 来自视觉，而交流信息却依靠听觉和语言来表达。记忆功能很强的电脑与电视（视觉画面）、音响（听觉）等联为一体就可能使电脑接近人的智能水平。因此，多媒体技术综合处理画面、文字和声音信息，成为人们交流信息的多媒体。

29.5.3 虚拟现实

1. 什么是虚拟现实？

虚拟现实 Virtual Reality 系统（VR）是从英文一词中翻译过来的，Virtual 是虚假，Reality 是真实，就是说本来没有的事情通过各种技术虚拟出来，让人感觉跟真的一样。用严格的语言说就是要创建一个高度逼真的模拟自然环境，为使用者提供各种手段，使之参与到这个合成环境中，并得到身临其境的体验。对 VR 系统而言，首先要求电脑能够生成一个逼真的三维视、听、触觉等虚拟感觉世界，使得参与者能够沉浸与这个虚拟的环境中，得到"真实"体验。其次，它能够为参与者提供专用的感觉装置，对虚拟环境中的对象进行交互操作，如对物体的抓取，与对象交谈等，而这些物体与对象能够对参与者的操作做出实时反应。

虚拟现实其实算不上什么新鲜事物，它实际上是由 50 年代的军用飞行模拟器演化而来的。广义的虚拟现实离我们也并不遥远。近年来流行的一些好莱坞大片，都让我们能一睹虚拟现实的精彩。例如在《侏罗纪公园》中栩栩如生的恐龙；在《阿甘正传》中阿甘与几个已经不在人世的总统握手；《泰坦尼克号》中超级轮船的颠覆；《真实的谎言》中导弹拖着人飞行……这些亲眼所见的"真实"的的确确是真实的谎言，但这些还不是真正意义上的虚拟现实！

传统的人机界面将屏幕与观众、电脑与人分割成为了两个独立的主体，而虚拟现实将我们投入到三维空间之中，与环境融为一体。虚拟现实是综合了多种新技术的一个新的领域。它包括有人工智能、电脑图形学、传感器技术、并行实时电脑技术及人机接口技术等。一个 VR 系统的设计就是要完成软、硬件机构体系及人机交互手段的设计，并利用现有的技术去实现。VR 系统是一个正在发展的领域，被认为是新的技术增长点。

2. 虚拟现实的硬件体系

硬件体系由虚拟环境产生器及支持各种感觉交互操作的装置所组成。虚拟环境产生器是一个高性能的电脑系统，能够高速生成三维动态图像，实时地响应参与者对系统的交互操作，对现实进行仿真。由于 VR 对三维、动态图像及实时性有较高的要求，电脑硬件必须具有强大的计算能力，以支持感知系统功能的实现。其次，它有支持感觉系统的庞大实时数据库，快速地将数据转换成为现实世界的对象或情景。最后，它还需要有同时使用多种输入/输出设备的接口，以提供丰富的交互手段。一般采用多处理器及并行计算技术来实现。如 SGI 公司的 Reality Engine 工作站。

目前作为视觉子系统的典型设备是头盔显示器。它有两个显示源作为两个眼睛来显示不同的画面，同时具有大角度的视野，即一般水平视野大于 110°，垂直视野大于 60°。另外，应配置有光学器件，用以消除视觉产生的误差，产生立体效果。能够根据图像与参与者的距离来调整图像的大小及清晰度。视觉子系统应该有头部和眼睛跟踪系统，参与者使用视觉子系统进入虚拟环境中，只要头部或眼睛运动，其视野中的图像立即更新。要求不能有跳动的感觉，目前正处于研究中。

听觉子系统包括立体声的合成、语音的识别以及声源定位等功能。语音合成能够合成出现实世界中各种声音，还要处理声音反射、多声源等问题，以达到三维听觉效果。语音识别是支持参与者和虚拟环境进行交流的重要交互手段，使参与者能够使用声音。听觉定位系统要使参与者感觉到声音的远近、声源方向，从而产生位置感。拟音还要求与视觉子系统同步，这可不是一件简单的事情。

触觉子系统首先要提供触觉的反馈功能。当参与者接触到某一物体时，应提供物体的触觉刺激，同时对表面的纹理能够理解其材质。其次，要考虑到物体的反作用力，使人能够感觉到其作用。可以通过含有压力传感器的数据手套完成。有的数据手套还提供手语功能，可以通过手语在虚拟现实中表达命令。

以上三个系统称为感知系统，它们是与虚拟现实交互的重要手段。显然，真实数据的感觉系统研究还不完善，对其虚拟更是有明显的差距。这些子系统的不断研究发展是 VR 硬件发展的最直接的表现。

3. 虚拟现实的软件体系

VR 要求能够创建出虚拟环境下感知高度逼真的大小并实时跟踪其动态变化，要求能够与多种复杂的输入输出外设接口并提供自然方式的交互手段。因此，VR 操作系统要比系统操作系统复杂的多，要求能够支持三维图像和各种感觉，需要庞大的大小数据库系统来描述相关对象的静态、动态信息。为了支持感觉子系统，需要大量的、面向特定应用的软件包，如三维建模、实时仿真、人工交流界面等。同时需要编制相应的函数库以减少编程工作量。目前已经实现的 VR 系统多是某一特定环境的模拟。

29.5.4 多媒体技术在建筑中的应用

虚拟现实有着广泛的应用前景。其实现技术正迅速发展成为科学家和工程师们的重要工具。在试验不可能现实进行或试验过程过于危险或耗资巨大时，电脑就有了用武之地。超级电脑对现实世界的模拟几乎可以乱真，原子弹爆炸、宇宙中的银河、未来气候变化，一切都可在屏幕的方寸之间得到生动的展示。以前，一些复杂的演变过程只能被简化成二维模式加以运算，今天电脑不仅仅可以模拟三维，甚至引入了时间变量。不管您是否愿意接受，虚拟的东西变得越来越现实。

1. 设计

VR 技术可用于室内装修设计、建筑设计、广告设计及电脑辅助制造等。在建筑行业中，虚拟现实技术将能够显示出巨大的潜力。一个建筑物在没有落成前就能够通过电子手段进行模拟，使参观者能够自由穿行其间，使建筑师和用户能够感知其结构，漫游其间、抚摸墙壁、甚至动手模拟在厨房中做饭。有不满意的地方随时提出修改。这样将可以节约大量的费用。如果将其应用在市区的规划，设计师可以直观考察自己的设计结果，将非常有利于设计质量的提高。类似的软件系统的在市场上已经可以找到，虚拟现实在建筑领域已经越来越真实。

2. 可视化计算

对各种枯燥的科学试验进行形象模拟，将数据转换为可视的界面。

受技术水平的限制，虚拟现实目前只能达到部分真实感的程度。虚拟现实的理论研究集中在感知系统和行为系统方面。在硬件方面，人们开发出相应的并行处理器，探索行为系统的实现，如姿态、走动、方向、表达、语义等行为的实现，以完善人机的自然交融。在支持软件方面，主要是解决虚拟环境的建模工具，软件建模技术及应用系统的生成工具等。

29.6 办公自动化

随着社会生产力的不断发展，办公室业务信息量急剧增加。传统的办公方式，主要依靠领导口授、秘书手抄、打字员打印，再通过邮递员传递或电话通知等工作方法，效率低下，已经不能满足现代办公的需要。作为主管办公业务的经理人员，用于打电话和通信业务处理的时间越来越长，影响去做其他事情。所以，为了提高工作效率，必然要实现办公室自动化。

29.6.1 办公自动化系统（OA）的概念

办公自动化系统（OA）在智能建筑物管理系统（IBMS）中具有十分重要的地位，是IBMS集成 3A 系统中的其中一个 A 系统，我们在这里提到的办公自动化系统（OA）是指广义上办公自动化系统，即包括办公自动化（OA）、决策支持系统（DSS）和办公自动化系统（OA）。

办公室自动化实质上是把基于不同技术的办公设备，用联网的方式集成为一体，将语言、数据、图像、文字处理等功能组合在一个系统中，使办公室具有处理和利用这些功能的能力，来提高综合管理的科学化和高效率。办公自动化是人们为提高生产力的一个辅助手段，因此办公自动化的目标不仅仅是尽可能地借助于这些办公设备来完成常规的办公事务处理，更主要的是通过办公自动化，为领导者提供决策所需的信息，而这些信息的提供是建立在系统一体化信息集成和信息管理系统（MIS）数据库的基础之上的。

美国开始搞办公室自动化时，初期仅仅用于财会统计，随后扩展到文秘等方面。电脑网络的蓬勃发展大大推动了办公室自动化的发展，而办公室自动化的需求也成为推动网络发展的动力。办公室自动化是把电脑技术、通讯技术、系统科学及行为科学，应用于传统的数据处理技术所难以处理的现代信息的办公事物中。

广义上的办公自动化系统（OA），是由狭义的办公自动化系统（也可称文字处理系统）、决策支持系统（DSS）和管理信息系统（MIS）的综合系统集成。建立在管理信息系统各类数据库基本上的各种决策模型在通过办公自动化的先进多功能设备而获得最终的实际应用。

智能大厦的管理信息系统应是建立在客户/服务器（Client/Server）结构上的网络办公自动化和决策支持系统。它通过建立在网络互连基础上的信息共享、电子邮件、事务处理、工作组协同工作，为智能大厦的管理者提供一套完整的办公自动化与决策支持环境，从而使得大厦各部门能够按统一规范协同工作，并且使大厦各部门能方便快捷地从 Internet 上取得所需信息或将信息发布到 Internet 上，大厦的管理者和使用者也能通过该系统方便有效地共享公共信息。同时系统设计应具有高度可靠性和安全性，易于管理与维护。所有用户在系统提供的集成环境下即可完成所需工作。

29.6.2 办公自动化系统（OA）软件平台

软件平台（Lotus Notes）。Lotus Notes 是先进的通信软件和群件产品之一，它全面实现了对非结构化信息的管理和共享，以及对工作组协同工作的有效支持，其安全可靠性和开放的体系结构使其唯一地成为各类信息的存取中心。Notes 意味着高效地协同工作和战略级的解决方案。

文档数据库系统：

Lotus Notes 是一个分布式的多媒体文档数据库管理系统。Notes 数据库的基本元素就是文档，它可以同时包含结构化和非结构化信息，可以用于高效地存储、传播、分配和管理如表格（也许是从某个关系数据库或电子表软件中得到的）、文本、WWW 的页面、图形、OLE 对象，或者象扫描的图像以及传真件、声频或视频信号这样的多媒体信息。这使得 Notes 可以成为企业信息管理的基本平台，成为企业的信息存取中心。

Lotus Notes 内置的全文搜索引擎，可以允许用户按自己设置的查询条件对文档进行索引和查找。Notes 将符合条件的全部文档按相关次序或用户预设的次序显示出来。

为记录不同用户对同一文档所作的不同修改，Notes 提供了版本管理功能。自动的版本记录可以在同一表单中实现，每一个编辑或被视为一个主文档或被视为对原文档的应答。这样，一个用户对文档的修改不至于被另一用户的修改所覆盖。Notes 的版本管理足以适应各类工作组的需要。

Lotus Notes 也是一个基于超文本的系统，所以 Notes 文档中可以包含一个指向任一文档的指针，后者可以位于任何一个 Notes 数据库中，甚至还可以位于 WWW 上。用户操作时只需按一下鼠标就可以直接存取所链接的信息。

邮件和通信机制　作为工作流应用系统的关键成分和工作组日程规划和进度安排的平台，Notes 邮件处理和通信机制具有重要的作用，它既可以用于个人之间的通讯，也可以用于支持工作组成员的协同工作。

Notes 给初学者提供了一个非常简单易学的邮件系统，它也可使熟练用户快速地调用邮件管理工具来处理和组织大量的邮件。Notes 邮件系统包含了有力的邮件编辑能力，支持创建格式文档，可以用字型、色彩和众多的格式属性修饰邮件。

Lotus Notes 还可以提供给用户以直观和高效的协同工作手段和工作流支持。例如，创建了供评议的文档后，可以向所有的评阅者发一个邮件使之包含一个指向评议文档的文档指针。评阅者收到邮件后，只需在文档指针上击鼠标就可调出该文档。这样，每个人看到的都是同样的文档，并且是最新版本。而且，假设 24h 以后，某些文档未被处理，Notes 将可以自动向主管或上一级领导发邮件告知此事。

29.6.3 安全机制

许多企业正在构建自己的包容企业各个部门乃至供应商和客户的群件应用系统。尽管个人、部门和整个企业都已认识到信息的宝贵价值和专有性，但商业上的竞争环境迫使机构必须打破原有的界限，在企业内和企业之间共享更多的信息，只有这样，才能缩短处理问题的时间，并且在协同工作的环境中孕育出更多的革新和创造性。这样，系统的安全性就显得尤为重要。

在这方面，Lotus Notes 提供了坚固的安全措施以保护关键的商业数据。Notes 通过提供四级安全措施：验证、存取控制、字段级加密和电子签名来保障系统的安全性。

（1）验证：验证是保障某一用户身份被可靠认定的手段。在 Notes 中，验证过程是双向进行的：服务器要检验用户的身份，用户也要检验服务器的身份。无论何时用户和服务器或两个服务器之间开始通讯之前，系统都需要进行验证。

（2）存取控制：存取控制表（ACL）规定了什么人可以以什么方式（例如，创建、读、写、删除等）访问什么样的资源。ACL 控制的资源包括服务器、数据库、数据库内的文档和文档的字段。

（3）字段级加密：有时用户需要将文档的某些字段与一部分用户共享而限制另一部分用户对这些字段的访问。加密采用了编码技术使得非授权用户无法理解该文档相应字段的意义。

（4）电子签名：用户希望他们收到的邮件确为邮件上的作者所发出，电子签名可以确保这一点。这是一种用户对用户的授权机制。这种机制还保证了邮件在传输过程中未被篡改。

29.6.4 对 Internet 的支持

Notes 同时也是一个完备的 Internet 应用平台。Notes 目前采用 SMTP/MTA 附加软件来提供与其他基于 Internet 的电子邮件系统互换信息。这样就可以用 Notes 邮件系统直接接收或发送 Internet 邮件。

利用 Lotus 提供的 InterNotcs Web Navigator，Notes 用户能够对 Internet 上存在的大量信息进行有效的访问。作为群件产品，Notes 和 InterNotes Web Navigator 自然而然地从群件的角度开发 Web 浏览器，把原本是属于单个产品的功能转换成群件的整体功能的一部分，比如提交和传送（通信），研讨数据库和资料数据库的共享（协作），以及客户代理与应用开发（协调）。就象其他的 Notes 应用一样，InterNotes Web Navigator 也充分支持无连接使用。

利用 InterNotes Web Publisher，用户可以很方便地将 Notes 数据库中的数据发表到 Internet 上。特别是随着 Notes Domino 的推出，Notes 即可直接作为一个 Web 服务器，从而使得 Notes 与 Internet 能够更好地相结合。

29.6.5 决策支持系统（DSS）

决策是人们对出现的问题和要求去寻求对策或办法，是普遍存在的思维活动，它根据该问题先前所占有的数据、资料、模型、案例和经验等作为分析推理的基础，该问题的具体要求作为综合或选择的条件，去得出解决问题的对策或办法。

办公自动化系统中除了低层次的事务处理以外，原则上都存在决策活动，系统中具有辅助决策能力的高低反映了该系统水平的高低。原有概念下的办公自动化系统以及管理信息系统是以数据库为基础的，当然它也是决策支持系统的基础。但是作为一个较高水平的决策支持系统单以数据库为基础还是不够的，同时还应以模型库、方法库为基础。对决策的问题类型从结构化问题上升到半结构化问题。决策支持系统的进一步发展必将通向具有指定范围的知识库系统、专家系统。

1. 方法库和方法库管理系统

在智能建筑的内决策支持系统的方法库中收集的是该建筑物内的各种数值方法或非数值的方法或算法。在决策支持系统中，其方法库上通常存储的方法有线性规划、整数规划、动态规划、排序算法、分类算法、回算法、蒙特卡罗算法、最小生成树算法、最短路径算法、方差分析算法、计划评审技术（PERT）和组合算法等等。

方法库管理系统主要是解决方法的描述、方法的纳入、方法存储、方法的修改及方法的连接等问题。

原则上讲方法库中存储的方法可表示成内决策参数作为变元的程序模块，更具体地说，它可以表示成附有描述说明的过程子例程（Subroutine）和函数，去应付一般结构化的决策问题，所得到的决策结果是确定的，其优选的决策方案是可实施的。

方法库中所存储的方法中原则上是不包含待处理的数据，其数据要依赖于数据库来提供，因此数据库和方法库之间的接口要依赖于该范围的决策支持系统的应用程序去解决。

2. 模型库和模型库管理系统

在智能建筑内决策支持系统的模型库是关于各种模型的程序模块的集合。模型库是决策支持系统中的核心部件，其目的是为决策支持提供模拟决策各估计决策效果的程序模块。为此，在模型库中要存储有关决策内容的模拟模型、各种类比此模型、独立类比此模型、独立决策模型、各种相关决策模型、各种预测模型，判定表模型以及各种比较模型等等。

模型库管理系统是实现对模型的定义、模型输入、模型的操作、模型管理和模型的维护。

3. 决策支持系统的软件体系

（1）如果说汇编语言是第一代电脑程序语言，一般的高级程序设计语言如 Nasic For-tran、Pascal，C 等为第二代电脑程序设计语言，而数据库语言如 QUEL 查询语言、宿主语言为第三代电脑程序语言，作为高水平决策支持系统的应用软件的书写用上述几种语言都将是不合适的，应该采用更高级的程序语言，即决策支持语言，属于第四代语言，它是一种非过程化的接近自然语言，更适合于非专业的决策人员使用。例如一个工资程序，只需 1～2 页纸即可。

由第四代程序语言编写决策支持的应用软件，通过预编译以后，生成常规的电脑程序。当然一般的决策支持系统采用第二、第三代语言来编写决策支持系统的应用软件也是可取的。

（2）决策支持系统按其应用的深度和用户介面大致可以分为五个概念层次。

第一个层次，对于用户没有设计特殊的用户介面，决策活动通过查阅存于电脑内的表格模型而得到支持。

第二个层次，设计了复杂度相当高的模型或者备有用于特殊决策目的的模型，如统计分析、风险分析，数据库的管理以及合并等模型，但是对用户介面也来作特殊的设计。

第三个层次，决策针对集成化系统，或要求把几个相关联的模型结合在一起，或要用到大量的控制，或数据要求相互通信的系统。

第四层次，对上述层次一、二、三中的模型或要求决策的问题设计了自动化的用户介面，台面采用菜单、提示、命令自动传送、窗口界面等，友好的用户界面深受未经训练的决策人员所欢迎。

第五层次，大型、复杂的决策活动一般都要在大型管理信息系统去支持，除了具有上述各层次的功能以外，作为第五层的 DSS 其一切决策活动都在决策人员的工作站进行。开发决策应用软件采用决策支持语言。

应注意：决策支持系统是以关系型数据库、方法库和模型库的支持为基础的，它只是辅助决策人员提高决策速度。因此，这一类型的决策支持系统也称为辅助决策系统。当系统具有逻辑推理、判断和自学习的功能时，才可以称之为真正的决策支持系统。如何组织 DSS 的体系结构差别是很大的，有的人把方法库和模型库不加区分，而统称为模型库，也是可以的。

4. 管理信息系统（MIS）

管理信息系统（MIS）是各类办公自动化系统中的基础系统，从原则上讲，任何一个中、大型的管理系统都可以是管理信息系统，通常管理信息系统可以根据不同的应用场合来进行分类。例如：有用于生产管理、企业管理、人事管理、酒店管理和物业管理等，智能建筑的管理信息系统应该是一个大型的综合动态数据语言、图像及管理信息系统。

智能建筑管理信息系统的目标是提供建筑物内全面、完整的综合信息，在优化处理的基础上由领导者进行预测计划和决策，使管理达到先进科学化的高水准。提供建筑物内各智能单元和设备之间信息和资源共享，促进生产效率和经营效益的提高。同时也降低大厦的运行成本。

29.6.6 电子邮件系统（E—Mail）

1. 电子邮件的概念

电子邮件系统（Electronic Mail System 简称 E—Mail）是用电子信函的方式代替邮局的一种信息时代的通讯系统。其信函包括数字、文字、语音和图像等各类多媒体信息，可用电子手段传送到一处或多处。局域网是构成现代电子邮件系统的基础。局域网也可以通过网络服务器与广域网连接，极大地扩展了电子邮件的传送范围，缩短了传送时间。

电子邮件系统综合了电话和邮政投递的特点，既具有电话传递速度快，信件信息量大、准确的特点。电子邮件可以直接传递到收信人的信箱内，减少了大量纸面工作，在收信人需要时，才复制到个人电脑或输出到纸张上。

2. 内容

从电子邮件的内容上看，目前应用最多的是文字邮件传送，称为电子信件。电子信件主要在两台文字处理终端设备之间进行，类似于传真（仅仅是路由不同）。语音也可以作为电子邮件传送，但信息量较大，30s 的语音信息需要 2MB 的存储量。图像信息也不是禁区，电脑可以将图像转化为数字信号进行传递，一页 A4 格式的印刷品需要 100KB 的储存量。需要解决的问题主要是数据压缩、识别和大容量储存。

3. LOTOUS 的电子邮件功能

利用 Notes 本身提供的功能强大的邮件系统，可以在建筑物管理部门、员工之间，建筑内部与外界之间非常方便地相互传送任意类型的信息（如文本、二进制、图形、图像、语音等），用户对邮件可以进行电子签名及加密，并能设置其优先级和感情色彩等。

同时，电子邮件系统也是实现日常事务管理中协同工作和工作流处理的关键部件。例如在文件会签系统中，业务部门就是通过电子邮件来通知有关部门及总裁办公室有新的业务需要处理，他们可直接通过邮件中的文档链进入文件会签数据库中进行相应处理。

4. 综合办公

现代办公追求的是一体化的办公系统，包括数据处理、管理信息系统和决策支持系统。因所传送的信息为多媒体信息，要求通讯网络具有综合传输、处理和服务能力。宽带网络的应用前景十分广泛，例如召开电视会议，能够大量节约时间和经费。

5. 电子交易

传统的商品进出口需要报关，要求以报单形式向海关办理各种手续。其他如税单、汇款单、保险单、定单、发票、许可证、装箱单和提货单等，大都利用邮件、传真或快递方式，在相关各方之间互相邮递，手续繁琐。而电子交易 EDI（Electronic Date Interchange）是将贸易、运输、保险、银行和海关等行业的信息使用国际标准格式，通过电脑网络实现相关各方的数据交换，完成贸易全过程。目前通行的 EDI 标准是 UN/EDIFACT。

29.7 建筑物自动化系统

29.7.1 一般规定

本节适用于对建筑物（或建筑群）所属各类设备的运行、安全状况、能源使用状况及节能等实行综合自动监测、控制与管理（以下简称监控）的"建筑物自动化系统（简称 BAS 或 BA 系统）"的规划与设计。这里涉及的主要内容是具有分布式电脑监控与管理功能的，应用局域网络技术的 BA 系统的规划与设计；不涉及用于经营管理的办公自动化系统和针对个别对象而设计的独立的控制系统。

1. 原则

BA 系统的采用与规划设计必须考虑国情，从具体工程实际出发，持慎重态度，在充分调研的基础上，细致地进行可行性论证，避免盲目性。

可行性论证必须包括技术上的可行性分析、经济上的可行性分析和管理体制上的可行性分析。

2. 作为可行性论证的依据

（1）特别重要，而且具有一定规模的建筑，为保证其所属设备及安装系统具有较高的可靠性要求时宜采用自动化系统。

（2）BA 系统的一次投资能控制在建筑总投资的 2% 以下时可采用。

（3）由于采用优化控制及能量管理程序，对于能耗较大的（如数万平方米以上的）全空调建筑，若初投资的回收期低于 5 年时宜采用。全空调建筑采用能量管理程序每年节省运行费用可按 10%～15% 计算。

（4）多功能的大型租赁建筑宜采用。

（5）当设备的控制与管理工作程序复杂，难以用人工—手动方式完成，而必须依赖电脑程序完成时宜采用。

3. 规划与设计 BA 系统

规划与设计 BA 系统时所纳入的服务功能必须与管理体制相适应。当将某些要求"独立设置"的系统，尤其是安全系统作为子系统综合在 BA 系统之内时，须注意在结构上满足管理体制的要求，并应征得业务主管部门的认可。

BA 系统的硬件和软件的组成可试具体情况选用国际、国内已推出的系列产品，或者自行开发设计。也可将已逐步建立的、各自独立分散型电脑控制系统有机的综合为 BA 系统。整个系统亦可考虑合理规划、分期建立。

无论采用哪种组建方案，均需具有一定的可变性，即：系统功能扩展的可能性与适应性；控制与管理方案改变时编程的易行性；硬件与软件进入或退出系统的方便性。

4.BA 系统规划、设计与建造必须具有下列各种"保证"：

(1) 组织保证：该系统必须实现人—机联系。对系统的操作员必须提供操作员手册，而且所设计的系统应提供菜单显示，实现交互工作方式，使操作员的日常性操作能依据屏幕上的"操作指示"在键盘上进行，且应提供脱机练习的功能。

对系统的程序员必须提供程序员手册，详细说明应用软件的修改与开发方法，并且应提供开发使用的设备和操作指南，一般至少应有一种高级语言能为系统开发所使用。

(2) 信息保证：技术信息（包括设备运行状态、技术参数、报警信号等）必须有统一的表示方法，报文应有清晰统一的格式，而且应提供建立信息库的工具和方法。

(3) 技术保证：系统硬件的组成（包括电脑及其外部设备，检测与执行元件和其他配套硬设备，以及将这些设备按一定网络结构连接为整体的物理介质）必须为 BA 系统对设备实现监控功能提供物质基础。系统及主要部件应具有可维修性。

(4) 数学保证：在应用软件中应提供必要的数学方法、数学模型和控制算法。

(5) 程序保证：除必备的系统软件外，还必须提供保证功能实现的足够数量的应用软件。

(6) 语言保证：系统中使用的技术术语应有一定的规定。

分布式系统系按把分散组建的分散式系统连网组成的方案构成时，最初的规划即应保证各分散系统使用统一的汇编语言与高级语言。

报警及状态显示与打印所用的自然语言宜采用汉字与英文兼容任选方式。如受条件限制允许只用英文。

(7) 法律保证：系统中各子系统的建立与运行规则必须符合已经生效的国家和地方的规定、规程、规范与法规。

(8) 工效学保证：系统的运行应保证人在系统中的活动效率最高、不出差错、并有益于人的身心健康。

(9) 系统的可靠性保证：系统必须有保证可靠运行的自检试验与故障报警功能，必须有交流电源故障报警；通信故障报警；接地故障报警；外部设备控制单元故障报警。所有报警均应在中央站的主操作台 CRT 屏幕上给出标准格式报告（时间、代码、文字描述短语以及处理指示），并附有必要的声或光显示，故障消除后应给出恢复正常的标准格式报告。

29.7.2 系统的服务功能

1.BA 系统的基本服务功能

(1) 确保建筑物内环境舒适。

（2）提高建筑物及其内部人员与设备的整体安全水平和灾害防御能力。

（3）通过优化控制提高工艺过程控制水平、节省能源消耗、减轻劳动强度。

（4）提供可靠的、经济的最佳能源供应方案，实现能源管理自动化。

（5）不断地、及时地提供设备运行状况的有关资料或报表，进行集中分析，作为设备管理决策的依据，实现设备维护工作的自动化。

2．在系统规划与设计中，必须强化节能意识。

3．BA 系统服务功能的规划

BA 系统服务功能的规划，应具体分析，内容包括基于技术发展水平考虑的可实现性，基于投资能力考虑的可支持性和基于管理体制考虑的可接受性。

4．基于可实现性原则。BA 系统宜区分为两个子系统。

每个子系统可包括若干受监控的对象，依此分别规划其具体服务功能，并在此基础上协调各对象系统之间的联系。两个子系统及其所属的对象系统为：

（1）设备运行管理与控制子系统，包括：

①供热、通风及空气调节（HVAC）系统。

②给水（含冷水、热水、饮用水）与排水系统。

③变配电与自备电源等电力供应设备系统。

④照明设备系统。

⑤其他一切需要纳入系统实现集中监控的对象系统。

凡已设置的独立系统，如电梯控制系统、广播系统、电缆电视系统等，宜根据需要将工作状态监视及紧急状态下的越级控制权赋予 BA 系统的监控中心。

（2）防火与保安子系统，包括：

①火灾报警与消防控制系统；

②人员出入监控系统；

③保安巡更系统；

④防盗报警系统；

⑤其他一切需要保安监控的系统（如抗震、防冻等）。

5．防火与保安宜独立构成系统，专设"控制中心"

防火与保安隶属于专管部门时，可按下列规定的三种方法之一处理：

（1）防火与保安子系统按有关防火规范单独设置，不纳入 BA 系统，但在设计上必须协调，避免在防火与保安发生异常情况时，对某些设备的控制指令不一，发生干扰。

（2）在防火与安全业务主管部门同意且经济上可行的条件下，可以将防火与保安子系统纳入 BA 系统，使之真正具有综合监视、控制与记录功能。为满足管理体制上的需要，该子系统应具有外观上和使用管理上的独立性，具体技术措施是：

①在"消防控制中心"等专管部门设置专用终端（二级操作站或远方操作站），提供专用的显示、打印与操作终端设备；

②事先编程，将管理体制上要求属于某些主管部门的全部监控点，安排为该部门专设终端的分离点；

③赋予对所属分离点的最高操作级别进行数据访问、子系统自检、数据存取和修改、接受报警或联络信号和发出远动操作指令。

（3）防火与安全系统仍作为独立系统设置，只在其中心与 BA 系统监视控制中心建立信息传递关系，使两者同时具有监视状态；一旦发生灾情或盗情等异常情况，按约定实现操作权转移。

大型建筑群防火与系统也可单独组成局域网络，并与 BA 系统局域网络互联，组成多域网。

6. 对象系统的各监控点均应明确地进行类型划分

依据监控性质，监控点宜划分为如下三类：

（1）显示型

①设备即时运行状态检测与显示（包括单检、单显和巡检、连显），含模拟量数值显示及开关量状态显示。

②报警状态检测与显示，含运行参数越限报警、设备运行故障报警及火灾、非法闯入与防盗报警。

③其他需要显示监视的情况。

（2）控制型

①设备节能控制运行。

②直接数字控制 DDC，包括各种简单的、高级的、优化的、智能的控制算法的选用。

③设备投入运行程序控制，含按日、时、分、秒数值的设备运行、关断的时间控制程序；按工艺要求或能源供给的负荷能力而数值的顺序投运/控制程序及设备的启/停的远动控制。

（3）记录型

①状态检测与汇总表输出，应区分为：只有状态检测，并在"状态汇总表"上输出；只进行"正常"或"报警"检测，并在"报警/正常汇总表"上输出及同时进行状态与是否报警检测，如检测到"报警"状态，则在上述两个汇总表中输出。

②积算记录及报表生成。含：运行趋势记录输出，积算报表形成。包括运行时间记录、动作次数积算记录、能耗（电、水、热）记录等。显示监视中发现的有价值的数据与状态的记录及需要生成的日报、月报表格的生成。

③巡更过程的记录。某些监控点，具有两种以上监控需要，则化归为"复合型"，对复合型监控点的监控功能须按显示、控制、记录三种类型分别规划，需要时分别计算点数。

7. 系统的网络结构的规划

（1）系统的网络结构的规划应符合以下规则：满足集中监控的需要；与系统规模相适应；尽量减少故障波及面，实现危险分散；减少初期投资；系统扩展易于实现。

（2）BA 系统划分按下区分其规模。小型系统：40 点以下；较小型系统 41～160 点；中型系统 161～650 点；较大型系统 651～2500 点；大型系统 2500 点以上。

凡是可实现集中监控的系统均为可用系统。中型以上系统首先考虑选用功能分级、软件与硬件分散配置的集散型系统 TDS，实现监控管理功能集中于中央站和有相当操作级别的终端，实时性强的控制和调节功能由分站完成。中央站停止工作不影响分站功能和设备运行，对于局部网的通讯控制业不应因此而中断。

（3）BA 系统宜优先考虑采用共享总线型的网络拓扑结构。环形及多总线结构为可选结构。大型和较大型系统的分站,必须:将分站设置在其所属受控制对象系统的附近,使之成为现场工作站;以一台微处理机为核心,按其规划实现全部监控功能;与中央站之间实现数据通信,分站之间也应实现直接数据通信。对于统一管理的建筑群或特大建筑物,当其设备数量极多,而配置又极为分散时,宜采用多个微型中心站并通过网关或网桥进行互连,组成多域网。

(4) 中型系统和设备布置分散的较小系统宜采用分级分布式监控系统。但当受到投资、使用、维护水平的限制时,亦可采用集中式结构。即:中央站采用电脑控制,分站不设 CPU;分站采用功能模件式结构,以完成数据采集、转换与传递功能为主;可具有对所属设备进行起/停控制和参数调节的功能。

小型分布系统和布置比较集中的较小型系统宜采用集中式结构,即仅设一台微电脑(不设分站)对现场的多种装置实现控制,组成单机多回路系统。

习 题 29

一、思考题

1. 智能建筑与传统建筑的区别?

2. "3A 建筑"的含义是什么?

二、填空题

1. 综合保安管理系统的主要监控功能包括_____、_____、_____、_____、_____等。

2. 火灾报警系统(FAS)通常具有:_____、_____、_____、_____等。

三、名词解释

1. 智能建筑;2. 建筑物综合布线系统;3. 电梯联锁控;4. 多媒体技术;

四、问答题

1. 楼宇自动控制包括哪些系统?

2. 防盗报警与监听监控功能有哪些?

3. 大厦内对重要的通行门、出入口通道、电梯等进行出入的监视与控制的方式有哪几种?

4. 闭路电视监视功能主要是什么?

5. 巡更管理功能是什么?

6. 最新设计的新一代分布式智能型火灾报警探头,其最大的特点是什么?

7. 什么是综合布线系统?

8. 智能保安系统磁卡有哪几种?

9. 生物识别系统有哪些内容?

习 题 29 答 案

二、填空题

1. 防盗报警与监听监控功能、出入口监控功能、闭路电视监视功能、紧急报警功能、巡更管理功能等。

2. 火灾报警功能、自动喷淋灭火功能、报警联动功能。

三、名词解释

1. 智能建筑是利用系统集成方法将智能型电脑技术、通讯技术、信息技术与建筑技术有机地结合，通过对设备的自动监控、对信息资源的管理及对用户信息服务等以达到投资合理、适合信息社会需要、具有安全、高效、方便舒适和灵活的现代建筑。

2. 建筑物综合布线系统是一种建筑物或建筑群内的传输网络。它既使话音和数据通信设施、结合设备和其他信息管理系统彼此相连，又使这些设备与外部通信网络相连。它包括建筑物到外部网络或电话局线路上的连接点与工作区的话音或数据终端之间的所有电缆及相关的布线部件。

3. 电梯连锁控制与消防信号联锁，使电梯降到第一层，与其他信号联锁，使电梯停至程序控制指定层。

4. 多媒体技术是近年来电脑应用技术发展最快的内容。一台多媒体电脑将电话、电视、音响、传真、录像等功能溶为一体。使人们的家庭生活、学习、通讯、娱乐、工作等等起到了极大的变化，其影响深远。例如互联网络上的电子邮件、电脑会议系统、远距离医疗、电子出版物、交互式电视、信息查询服务等，它还可以提供家庭购物、远距离学习、数字多媒体图书馆、交互式电子游戏、财务处理等服务。

四、问答题

1. 答：楼宇自动控制系统（Building Automation System），简称 BAS。它是采用具有高信息处理能力的微处理机对整个建筑物的空调、供热、给排水、变配电、照明、电梯、消防、广播音响、闭路电视、通讯、防盗、巡更等进行全面监控。BAS 涉及到数字量控制技术、模拟量控制技术、数/模转换技术、通讯技术、远控技术。

2. 答：在白天上班时间防盗报警系统的公共场所的双鉴探测器处于抑制状态，以防止不必要的误报警，而各种紧急按钮和脚踏开关处于警戒状态，当商场收银处、仓库、值班室遇到打劫等突发事件时，触动身边的应急报警手挚、脚踏开关向监控管理中心工作站发出报警信号。夜间或节假日在仓库、财务等重要部位的双鉴式防盗控测器，可设定在的警戒状态，在规定时间内对上述地区实施全方位封锁，如有目标进入该防范区，立即向监控管理中心发出报警信号，并联动 CCTV 系统进行实时录像将该警报区域摄像机的图像送至监控室主监视器上。在报警后，监控管理中心可以通过 CCTV 闭路电视监视系统对报警区域进行观察，以便采取相应措施。

当一些值班室和重要部门发生紧急情况时，值班人员可以触发紧急按钮，以通知保安监控管理中心或联动应急程序，保安监控管理中心值班人员也可以通过紧急直通对讲机装置监听现场情况并互通话。在无人值守的情况下，也可以通过自动拨号装置向保安监控管理中心自动播放报警录音信息。

3. 答：第一种方式，是在通行门门上安装门磁开关（如：办公室门，通道门，营业大厅门），当通行门开/关时，系统管理中心将门开/关的时间、状态、门地址记录在系统电脑硬盘中。我们也可以利用时间引发程序命令，设定某一时间区间内（如：上班时间 8:30～18:30）被监视的门开/关时，无需向系统管理中心报警和记录，而在另一时间区间（如：下班时间 18:30～8:30）被监视的门开/关时向系统管理中心报警，同时记录。第二种方式，是在需要监视和控制的门（如：楼梯间通道门，防火门）上，除了安装门磁开关以外，还要安装电动门锁，系统管理中心除了可以监视这些门的状态以外，还可以直接控制这些门的开启和关闭，也可以利用时间引发程序命令，设某一时间区间（如：上班时间 8:30～18:30），门处于理启的状态，当下班时间以后，门处于闭锁状态，也可以利用事件引发程序命令，当发生火警时，联动相应楼层的门（特别是防火门）立即自动开启。第三种方式，是在需要监视、控制和身份识别（或通行证）的门或者是有通道门的高保安区（如财务室、控制室、经理室等），除了装门磁开关、电控锁，还要安装智慧卡读卡机，在上班时间可以设定为只用一张卡开门的方式，而在下班时间需要一张卡另一组密码或两张卡加两组密码等方式开门。

4. 答：闭路电视监视的主要功能是辅助保安系统对于建筑内的现场实况进行实时监视。通常情况下多台电视摄像机监视楼内的公共场所（如：营业大厅、地下停车场）、重要的出入口处（如：电梯口、楼层通道）等处的人员活动情况，当保安系统发生报警时会联动摄像机开启，并将该报警点所监视区域的画面切换到主监视器或屏幕墙上，并且同时启动录像机记录现场实况。

5. 答：建筑物内的巡更管理的主要功能是保证保安值班人员能够按时顺序地对大厦内的各巡更点进行巡视，同时保护巡更人员的安全。通常在巡更的路线上安装巡更开关，巡更保安人员在规定的时间区域内到达指定的巡更点，并且用专门的钥匙开启巡更开关，向系统管理中心发出"巡更到位"的信号，系统管理中心同时记录下巡更到位的时间、巡更点编号。如果在规定的时间内，指定巡更点未发出"到位"的信号，该巡更点将发出未巡视状态信号，并记录在系统管理中心，并可联动摄像机监视巡更点状态。

6. 答：最新设计的新一代分布式智能型火灾报警探头，其最大的特点是自带 CPU，具有智能。能够独立的自行根据火灾的特点和特征与探头内存预置的火灾特性曲线参数进行比较，准确地判断。

由于智能探头自带 CPU，因而能准确的测量和判断，并从而保证了探头最大的可靠性和恒定的反映灵敏度，最大的稳定性和对火灾特性的无误报检测及不受环境影响。智能探头持续不断地测量它所处条件下的主要物理量和环境条件。所有数据和参数均送入到 CPU。在与设定值有偏差时，CPU 就能相应地计算出它的最佳设定值，并修正它的反应值。因为干扰因数具有暂时性与内存的火灾特性有明显的不同，可以按照给定的结构和算法进行测定，目的在于消除它们。

如果智能探头超出允许总的工作范围时，它能自动发送出一个识别信号到火灾报警控制主机上。

智能探头最重要的优点是它能适应周围环境变化的反应。

智能探头能提高或降低其反应界限，以便保证在一个很广宽的范围内，测量的信号和反应值之间的电压差保持恒定。所以校准的反应灵敏度，甚至在延长运行时期之后，仍保持它的原始值。

智能探头的反应性能，甚至当环境条件变化时也不会变化。

所有的智能探头均应具有为实现远距离查询和诊断的智能化算法。在诊断方式中，可以预选一个独特的火灾探测器，在火灾报警控制主机上以数字形式进入到探测器地址，以便进行一个独立的功能性试验。功能性试验包括下列二项：

信号微处理器和鉴定电子元件的电气和逻辑功能试验。

工作范围的完整性试验，以及由此非直接地对污染和老化程度的试验。

探测器在正常工作状态下，如有干扰和污染时，就能立即起反应作用。但在诊断方式中，探测器可预示它的未来。它能对进一步可能发展的情况向火灾报警控制主机发出信号，它也有能力知道探测器的污染度和老化程度是否已远远超过规定值，对火灾探测器进行预防性的更换或掌握情况将是有意义的。诊断方式以应二线数据母线作为先决条件。

以上采用最现代化的微电子技术，制作的 CMOS 信号微处理器与一个实用的鉴定—算法相联合，表征了新一代智能探头的优越性。

7. 答：建筑物综合布线系统是指建筑物或建筑群内的传输网络，它既使话音和数据通讯设备、交换设备和其他信息管理系统彼此相连，也使这些设备与外部通信网络相连接。它包括建筑物到外部网络或电话局线路上的连线点与工作区的话音或数据终端之间所有电缆及相关部件。

综合布线系统是把三大要素 BAS、CAS、OAS 有机地联系在一起，以实现信息、数据、图像等的快速传递，是智能型现代建筑三大支柱之间不可缺少的传输网络。建筑物内同一传输网络应当多重复使用，既可传输语音，也可以用来传输数据、文本、图像，同时也可用于 BAS 的分布控制，并且与建筑物内外的信息通信网络相连。布线网络传输的对象是：①模拟与数字语音信号；②高速与低速的数据信号；③传真机、图像终端、绘图仪等需要图像资料信号；④电视会议、安全监视、电视的视频信号；⑤安保系统信号；⑥防火系统信号；⑦楼宇自动化系统的信号。

8. 答：（1）磁矩阵磁卡：这是把磁性物质按矩阵的方式排列在塑料卡片的夹层中，通过读卡机能读出信息。这种磁卡比较简单，还是能够被改变或复制。

（2）磁码磁卡：这种磁卡是将磁性物质贴在塑料卡片上而成。它可以随时改写密码，也可以随时更改内容，这种磁卡价格便宜，如用作食堂餐票等最普通的磁卡。缺点是容易被磨损或消磁。

（3）条码磁卡：这种磁卡如同一般商品上所贴的条码，是在塑料卡片上印上黑白相同的条码，这种条码最大的缺点是容易用复印机复印，所以在智能保安系统出入口中已然淘汰。

（4）红外线磁卡：这种磁卡是用特殊的方法在卡片上设定密码，然后可以用红外线读卡机阅读，其缺点是容易被复制，也容易损坏，所以在智能保安系统中也被淘汰。

（5）铁码磁卡：它是采用极细的金属线来排列编码，是用金属磁扰的原理研制成功的。其优点是很难复制，安全性好。卡片内的特殊金属不会被磁化，读卡机也不是用磁的方式读卡，因此这种磁卡使用方便。不用防磁、防水、防尘。这种磁卡是当前使用很广泛的一种。缺点是不得受机械力的破坏。当然，什么东西也不能承受强力的机械力损坏。

（6）感应式磁卡：这种磁卡是采用感应线圈及电子线路制成，能在读卡机上产生特殊的振荡频率，即当磁卡进入读卡机本身的能量范围内时会产生共振，感应电流促使电子回路发射信号到读卡机，然后，读卡机又将信号转换为卡片资料送到控制器进行对比。其优点是接近式感应卡不必刷磁槽内刷卡片，使用便捷。感应式电子线路不容易伪造或仿制。不用换电池，防水性能好。

9. 答：生物识别系统是一种 安全性极高的生物识别系统，几乎不可能复制，所以常常用在重要的智能建筑智能保安系统中，如重要的大银行、国防军事机要部门、其他特别重要的部门等。其识别机主要有以下几种。

（1）指纹识别机：因为人的指纹各不相同，利用原储存的指纹和现在的指纹进行对比作出判断。这是一种安全性极高的生物识别系统，结构是比较复杂的。它也可以配合刷卡机或密码机使用。

（3）掌纹机：它也是利用原储存的掌纹和现在的掌纹进行对比作出判断。这是一种安全性极高的生物识别系统，结构是比较复杂的。指纹识别机和掌纹机只适用于人员很少出入的金库等处。

（3）视网膜识别机：根据每人的视网膜血管分布的不同，通过视网膜识别机进行比较而作出判断。这种设备比较复杂，它还能将活人与死亡后视网膜血管分布的差别检测出来，准确性比较高，可以用于智能保安系统。其缺点是对人的眼睛有一定的刺激。尤其是当人的视网膜因睡眠不足等原因而充血或是因糖尿病等原因而使视网膜发生病变、甚至视网膜脱落时，就丧失对比能力了。

（4）声音识别机：它是利用人们说话声音的差别及说话人指令的不同而加以比较，然后作出判断。不足之处是人说话的声音是能够模仿的，这就影响了判断的准确性。而且，人的声音也会因感冒等原因而发生变化，这也影响判断的准确性。

第六篇 应 用 篇

30 单项工程电气设计

30.1 建筑电气设计分类

30.1.1 建筑电气设计分类

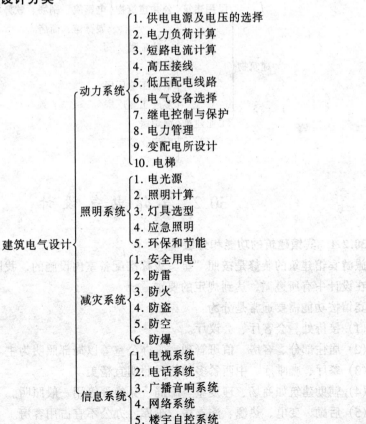

建筑电气设计
- 动力系统
  1. 供电电源及电压的选择
  2. 电力负荷计算
  3. 短路电流计算
  4. 高压接线
  5. 低压配电线路
  6. 电气设备选择
  7. 继电控制与保护
  8. 电力管理
  9. 变配电所设计
  10. 电梯
- 照明系统
  1. 电光源
  2. 照明计算
  3. 灯具选型
  4. 应急照明
  5. 环保和节能
- 减灾系统
  1. 安全用电
  2. 防雷
  3. 防火
  4. 防盗
  5. 防空
  6. 防爆
- 信息系统
  1. 电视系统
  2. 电话系统
  3. 广播音响系统
  4. 网络系统
  5. 楼宇自控系统
  6. 电脑管理系统

30.1.2 建筑物的分类

从广义上说，建筑物是人通过一定建筑手段营造出来的空间组合，用来满足人们的某种物质或精神的需要。

与电气设计相关的分类：

1. 电气专用工程：电网规划、小区配电、消防控制中心、电话站。

2. 电气配套工程：

(1) 住宅类：低层商住楼、高层商住楼、别墅、公寓、旅店。

(2) 商店类：零售店、百货店、商厦。

(3) 办公类：办公楼、写字楼。

(4) 公益类：纪念馆、医院、寺庙、图书馆、展览馆、学校。

(5) 工艺类：锅炉房、冷冻站、厂房、油库、实验室。

(6) 娱乐类：影剧院、歌舞厅、园林。

(7) 体育类：田赛场馆、竞赛场馆。

3. 供电设计的分类

建筑物是工业或民用建筑功能不同可以分为：

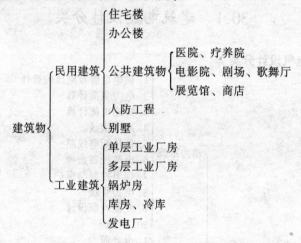

30.2 宾馆电气设计

30.2.1 宾馆建筑的功能和分级

旅游宾馆建筑的装修是按照"星"级标准配备室内设施的，我国按等级标准配备，使我们在设计中有所遵循，达到规定的要求。

宾馆按功能需要通常是分为：

(1) 接待处、会客厅、会议厅。

(2) 居住部分、客房、值班管理室、办公室等以局部照明为主。

(3) 餐厅、咖啡厅、中西餐多功能厅照明宜精美。

(4) 辅助建筑如商场、理发室、邮局、兑换处等用一般照明。

(5) 后勤、变电、热源、洗衣房、车库、办公不宜占用客房。

宾馆按舒适程度的不同分为 1~5 星级，另外还有超星级。5 星级的如北京的长城饭店，4 星级的如广州白天鹅，要物能自动送入室内，一次结帐。3 星级如北京饭店。无星级是指普通的饭店。捷克是按 A.B.C. 特级。意大利按 1.2.3.4. 级。

按规模分：大规模是大于 600 间，或 3 万 m^2 以上。中规模是 200～600 间，如北京建国饭店。按功能分还有季节性宾馆，较少。

30.2.2 电力负荷的计算

电力负荷是供电设计的依据参数，计算的准确度对合理选用设备及日后安全、经济运行，有决定性影响。然而计划往往赶不上变化，在设计阶段几乎不可能精确预测，通常只要不影响设备的选型，有一些误差是允许的。如果过分追求计算的准确度，必然导致计算方法的复杂化，在实际应用中意义不大。

具体的负荷估算方法有：负荷密度法、单位指标耗电法、需要系数法、二项式法、数理统计分析法等。每一种方法都有其理论根据，力求以最简单的手段达到所需要的精度。就现代高层旅游建筑而言，由于增加了许多现代化的服务设施，电气化程度相当高，用电设备的种类繁多，用电规律难以掌握。现在一般在方案设计阶段采用负荷密度法估算总容量，选择变压器。初步设计阶段用需要系数法复核。这种设计思路是工程师从实际工程中总结出来并行之有效的，它是建立在统计学的基础上的。

中国大酒店的设计，在方案设计阶段，是采用负荷密度法，以 $80VA/m^2$ 的指标进行估算的，变压器总容量为 12800kVA，初选 8 台 1600kVA 变压器进行供电设计。在设备选型招标订货阶段，各专业用电条件已经提出，使用需要系数法复核，取同期需要系数 0.65，补偿后平均功率因数按 0.9 计算，总计算容量为 9600kVA，按初选 8 台 1600kVA 变压器，负荷率 75%，仍然属于经济运行范围。后因建筑修改，将部分写字间改为公寓，负荷增加到 18600kW。因此增设一台 2000kVA 变压器一台，调整配电系统后，变压器负荷率为 83%，负荷密度为 $93VA/m^2$。

使用单位密度法估算，需要系数法复核，其最大优点是简单实用，能否满足精度要求的关键在于选择需要系数。现在高层宾馆建筑同期需要系数取 0.6～0.7，负荷密度在 50～100VA/m^2，这些参数的大小与建筑规模、标准、管理方法、有无空调等多种因素有关，只有进行大量的调查和数理统计，才能取得有价值的参数选择表。根据旅馆的建筑等级、规模的不同，用电负荷分为三级。用电负荷等级见表 30-1；电力负荷需要系数和功率因数见表 30-2。

用 电 负 荷 等 级						表 30-1
负 荷 名 称 ＼ 建 筑 等 级	1	2	3	4	5	6
电子计算机房、电话、电声及录像设备电源、新闻电源、部分电梯、地下室污水泵、雨水泵、宴会厅、餐厅、康乐设施、门厅及高级客房等场所的照明设备	1	1	2	3	3	3
其他用电设备	2	2	3	3	3	3

30.2.3 宾馆建筑照明设计与计算

1. 宾馆建筑照明分类

（1）基础照明：即普通照明，是主要部分，设计的重点。

（2）局部照明：即重点照明，要求光源的显色指数高，要有足够的照度，宜用光效高的灯具。

序　号	负荷名称	需要系数 K_x		功率因数 $\cos\varphi$	
		平　均　值	推　荐　值	平　均　值	推　荐　值
1	总负荷	0.45	0.40 ~ 0.50	0.84	0.80
2	总电力负荷	0.55	0.50 ~ 0.60	0.82	0.80
3	总照明负荷	0.40	0.35 ~ 0.45	0.90	0.85
4	制冷机房	0.65	0.65 ~ 0.75	0.87	0.80
5	锅炉房	0.65	0.65 ~ 0.75	0.80	0.75
6	水泵房	0.65	0.60 ~ 0.70	0.86	0.80
7	通风机房	0.65	0.60 ~ 0.70	0.88	0.80
8	电梯	0.20	0.18 ~ 0.22	DC0.50、AC0.80	DC0.40、AC0.80
9	厨房	0.40	0.35 ~ 0.45	0.70 ~ 0.75	0.70
10	洗衣机房	0.30	0.30 ~ 0.35	0.60 ~ 0.65	0.70
11	窗式空调器	0.40	0.35 ~ 0.45	0.80 ~ 0.85	0.80
12	同时使用系数	0.92 ~ 0.94			

（3）装饰照明：要显示空间的层次，宜有个性。

（4）辅助照明：如应急照明，引导照明，夜间照明，标志照明，要求电光源能瞬燃，寿命长，工作可靠。

2．照明设计步骤

（1）方案阶段：确定宾馆的规模，工艺要求，注意服务对象，明确顾主意图，汇集有关资料，落实资金，确定电光源标准及灯具类型。

（2）初步设计阶段：确定宾馆立面造型，结构特点，绘初步设计图，室内外装饰，确定经济指标，确定 W/m²（照明、动力、制冷各占三分之一），报告审批。在初步设计阶段就可以编制工程概算。

（3）技术设计阶段：采用对厅、馆分别用单位面积容量法或均匀照度法确定电灯的数量，有五条标准可供参考。

①技术的合理性；　　②使用的安全性；　　③经济的合理性；

④施工的可行性；　　⑤维修的方便与否。

在技术阶段出草图。

（4）施工图阶段：绘制平面图及配电系统图，工作量最大。

3．单位容量法计算照明容量：即按每单位面积被照面积的灯具计算安装功率。

$$\omega = \frac{\Sigma P}{W} \qquad (\text{W/m}^2)$$

单位容量 ω 的大小取决于下列因素：

①该建筑物按功能所需要的照度值。

②所选用照明灯具的形式。

③房间计算高度及灯具的悬挂高度。

④建筑物房间的使用面积。

⑤房间天花板、墙壁、地面材料的反光系数。

⑥减光补偿系数等因素。

4. 均匀照度法：这种方法多用于基础照明。一般布灯整体照明用墙和天花板及地面作为反光反射场所。也可以参照下式计算最低照度值。

$$E = \frac{F \cdot n \cdot \eta}{KZS}$$

式中　F——每只灯泡的光通量（lm）；

　　　E——最小照度值（lx）；

　　　K——减光补偿系数；

　　　S——房间居住面积（m²）；

　　　n——照明灯具数量（套）；

　　　η——光通利用系数；

　　　Z——最小照度系数（E_{av}/E_{min}）。

（1）均匀照度法首先应确定室形参数 C_i

$$C_i = \frac{A \cdot B}{H（A + B）}$$

式中　A、B——房间的长度和宽度（m）；

　　　H　——照明灯具的计算高度（m）。

（2）选好光通利用系数 η

（3）确定最小照度系数 Z

灯具最好均匀布置，E_{max}/E_{min}不大于 3。我国目前采用的照度标准比 60 年代水平有明显的提高，但是与 IEC 或经济发达国家相比还是偏低的。北京照明学会照明指南中推荐旅游旅馆建筑照度见表 30-3。

推荐旅游旅馆建筑照度　　　　　　　　　　　　表 30-3

推荐照度（Lx）	房　间　名　称	
10 15	储藏室、楼梯间	客房过道、库房、冷库
20 30	衣帽间、车库、厕所	客房、电梯间、台球房地球房
50 75	厨房制作间、客房卫生间、邮电、电影院	酒吧间、咖啡厅、游艺厅、会议厅、游泳池
100 150 200	餐厅、小卖部、休息厅、网球场、外币兑换、储藏室、楼梯间	大门厅、大宴会厅
300 500	多功能厅、总服务台	——

实用中常用每平米 10～20W 白炽灯，照度约 100lx。

30.2.4　旅馆建筑的照度标准值

中国国家标准编制组对北京、上海、广州、深圳等 16 个城市的 70 多个旅馆包括高级宾馆和一般招待所进行了测试调查，得到的结论如下。

一般照明的普通客房当照度为 40lx 时，能满足客房中浏览书报等各种活动的需要，当低于 30lx 时，室内有暗的感觉，因此这类客房照度应不低于 30lx。

标准较高的客房多是以局部照明为主，一般照明只是满足行走等需要。加上这类房间内部装修较好，低照度可以造成光线柔和的气氛，适宜人们休息，因此照度标准取低值30lx。

旅馆建筑中，档次的高低也反映在卫生设备及其清洁程度上。为了能使旅客信得过并感到卫生间清洁明亮，也为了服务员能清扫干净，因此客房卫生间的照度值标准较高。根据调查结果，认为较满意的照度范围为50~75~100lx。

大厅休息厅是旅馆的枢纽，承担着接待、分配和输送等多项任务，是给旅客留下印象的关键场所。调查结果表明，平均照度在75~200lx范围内。当照度100lx以上时，能满足要求，当低于60lx时感觉昏暗。所以国家标准规定为50~75~100lx，此值也可以增加局部照明来满足。

大厅服务台是新来客人的第一个目的地，因此在视觉上必须明显。同时大厅需要备简单书写条件。根据调查大厅服务台的照度为大厅平均照度2~4倍时能得较好的效果。其照度值为75~200lx。因此照度标准为75~100~150lx。设计者可以根据服务台的位置明显程度来选取不同的照度值，位置明显可取低值。

标准较高的旅馆餐厅分主餐厅、中餐厅及西餐厅，对主餐厅及中餐厅的调查表明，80%的照度值在40~150lx之间，没有不好的反应，近来有些西欧人对80lx的中餐厅认为太亮。因此主餐厅的照度应在50lx以上。此值对普通旅馆的餐厅也适合。西餐厅、酒吧间及咖啡厅的照度应适应西方人进餐习惯，照度不宜太高，并采用低色温灯。为5~66lx，有的只是点燃蜡烛进餐。

宴会厅要求气氛比较热烈，在所有餐厅中级别最高。宴会厅活动一般都是统一的，整个厅内照度比较均匀。照度在60~240lx之间，国家标准规定为100~150~200lx，并要有调光装置。

高级宾馆中的理发室照度要求较高，可达到640lx（感觉稍亮），因此照度标准定为200~300~500lx，但不适用普通旅馆。为区别于普通旅馆的理发室，对高级宾馆的理发室在国家标准中称美容室。

国家标准所定的标准值及国内外标准值列表如表30-4。旅馆建筑中各活动场所的照度值应统一考虑，因此设计各场所的取值高低应有利于突出重点，有利于引导人流、划分空间及创造气氛等，可使设计者根据整个旅馆的设计要求合理选择。

国内外住宅建筑照度标准值比较表 表30-4

类　　　别		国家标准值	国　内　实　测		国　外　照　度		
			平　均	范　　围	英国	CIE1983	澳 1976
起居室卧室	一般作业	20~30~50	29	20~55	50		
	看电视					屏不反射	
	书写阅读	150~200~300	223	150~300	300	200~300	300
	床头阅读	75~100~150	74	40~150	150	150~200	
	精细作业	200~300~500	273	150~500	300	300~500	
餐厅	一般作业	20~30~50	25	20~50			
	餐桌面					100~200	200
	厨房	30~50~75	10	6~29	300	300~500	
	卫生间	10~15~20	7.2	6~13	100	100~200	200
	通道、楼梯	5~10~15	7.3		150		

炊事机具设备的选择可参考表30-5。

序号	炊具机械名称	型 号	产地	电压（V）	功率（kW）	类别	控制设备
1	合面机	WTA—81 型	江苏	380	2.2	主食	另设
2	合面机	HW—25 型	陕西	380	2.2	主食	另设
3	合面机	HB—Ⅰ型	上海	380	2.2	主食	另设
4	合面机	W60—2 型	哈尔滨	380	1.5	主食	另设
5	包饺子机	HA81—3B 型	哈尔滨	380	1.5	主食	有
6	馒头机	M—750B 型	陕西	380	4	主食	有
7	馒头机	铁狮牌 M—4 型	河北	380	3	主食	有
8	台式切肉机	J741—A 型	江苏	380	0.55	副食	有
9	绞肉机	G12 型	广东	380	0.45	副食	有
10	绞肉机	G22 型	上海	380	1.5	副食	有
11	切菜机	V 型	沈阳	380	0.37	副食	另设
12	土豆去皮机	DQ—40 型	沈阳	380	0.8	副食	没有
13	食品搅拌机	TJ—680 型	上海	380	3	副食	有
14	磨豆浆机	6JMZ—21 型	河北	380	5.5	副食	有
15	磨豆浆机	MJ—250、150	山东	380	0.75、1.5	副食	有
16	切面机	64—2 型	河北	380	2.2	副食	没有
17	红外线电镗灶	DC/YHW—A 型	天津		14.4	电热	有
18	远红外线烤炉	ZH—9—C 型	云南	220/380	18	电热	有
19	远红外线烤箱	AB/81—3 型	上海	220/380	6	电热	有
20	远红外线烤箱	三喜牌 HX80	上海	220/380	13.9	电热	有
21	活动冷库	珠峰牌 CB—10/4 型	江苏	380	3	制冷	自动控温
22	冷藏箱	珠峰牌 CB—10/1.7	江苏	380	1.1	制冷	自动控温
23	冷藏箱	珠峰牌 CB—10/2.5	江苏	380	3	制冷	自动控温
24	冷藏箱	CB—600、1000	南京	380	1.1	制冷	自动控温
25	冷藏箱	CB—1500	南京	380	1.1	制冷	自动控温
26	冷藏箱	CB—3000	南京	380	3	制冷	自动控温
27	三用棒冰机	BJ—Ⅲ型	江苏	380	3	制冷	有
28	棒冰机	BJ—Ⅰ、Ⅱ	江苏	380	1	制冷	有
29	打蛋机	FF—55 型	赣州	380	1	副食	有

30.3 住宅电气设计

住宅是人民生活重要的物质条件，是衣、食、住、行这四大国计民生当中解决了温饱之后最重要生存条件。因此住宅建设是人们最关心的问题之一。住宅电气设计要求：安全、适用、经济，且符合规划要求、与周围环境协调、考虑进行改造的可能。

30.3.1 住宅楼的划分

我国通常按下列规定划分住宅楼：

(1) 低层住宅为 1~3 层。　　(2) 多层住宅为 4~6 层。

(3) 中高层住宅为 7~9 层。　　(4) 高层住宅为 10~30 层。

随着经济持续稳定的发展，国家也把住宅的建设放在重要的发展方向。高科技的发展使家用电器不断推陈出新，相应的高科技产品也必然进入家庭。科技发展离不开电气现代化，从某种意义来讲，建筑物电气化程度决定了建筑物现代化程度。对设计工作者来说，掌握住宅中建筑电气的发展趋势，了解现代化住宅内的电气设施标准，已成为一项刻不容缓的任务。让未来的现代化住宅中的电气设施标准更完善，同时又要体现科技含量，有超前性。

住宅楼可按装修档次分为普通住房、公寓和别墅。其中普通住宅是指一般居民所住，从单身宿舍到三室两厅，建筑面积在 100m² 以下的单元房。公寓是指档次较高的或涉外非宾馆类住宅，一般不低于二居室，建筑面积 60m² 以上。别墅是指档次更高的单体或联体住宅，一般有两层以上的空间，面积 100m² 以上。

30.3.2　住宅供电

调查资料显示三室户和四室户的住房间数和面积不同，而住户的家用电器拥有量相似，用电负荷也差不多，即每户计算负荷为 4～5kW。对于两室户除空调器拥有量应少一台外，其他用电设备也相差不多，对二室户的计算负荷宜取 3～4kW。而一室户的计算负荷宜取 2～3kW 以上。

住宅用电负荷水平与住户的经济水平、当地能源结构、气象条件、生活习惯等诸多因素影响，宜根据各地情况在上述数据基础上取一适当值。如某些电业职工的住宅区，电能是他们唯一的能源，每户负荷水平达 8～9kW。

电能是一种清洁但相对昂贵的能源，生活用能尽可能优先实现燃气化。电能主要供各种家用电器用。家用电器中除电热水器、电炊具和电热取暖器等属于电阻性负荷外，其他大部分是电感性的，而且功率因数很低。宜进行无功功率补偿。

住宅区及住宅单元均是三相配电方式配电。由于各种家用电器设备均是单相用电设备，若小区采用三相配电，向住宅单元的配电方式采用单相，在变电所的三相不平衡度可高达 65%，这对 Y/y 结线的变压器安全运行极其不利。住宅配电变压器应采用 D，ynll 结线方式。即使小区和单元均采用三相配电方式，其三相不平衡度也达 35%，也超过了 Y/y 结线变压器的规定。住宅小区配电变压器应采用 D，ynll 结线方式。

住宅用电负荷的季节变化很大，夏季降温负荷增加导致全年负荷差别的加大。这对供电系统极其不利。解决办法是在变电所设两台变压器，春秋季只运行一台，夏季两台同时运行。在进行住宅变配电系统设计时，对于住宅内部的配电系统一次到位。对于室外线路和变配电所宜分步实施，但变配电所的土建尺寸应留有足够的发展余量。

1. 路灯照明

一般采用单相架空线路供电方式，统一控制。电光源可以采用高压水银灯或白炽灯，推荐采用高压钠等或金属囟化物灯，以利于节能，发光效率也高。灯具安装高度 5～6m，间距 30～50m。电杆距离路边 0.5～1m。

2. 供电系统

居民小区供电容量大于 30A 时，一律采用 TN—S 三相五线制供电系统，零线 N 及保护线 PE 的截面不小于相线截面的一半。如果负荷很小，不大于 15A 时，可以采用单相三线方式供电。当相线为 16mm² 以下时，相线、零线和保护线的截面都相同。在居民区架空线距地高度不低于 6m，以不影响下面车辆通行，保障安全。居民区属于三类负荷，通常都用一路电源供电，如果小区中有二类负荷可以采用两路电源供电。

低压架空线路的档距在城区一般为 30～45m，在郊区为 40～60m。当接户线的长度超过 25m 时，应设接户杆，其档距不大于 40m。

架空线路导线之间距离与电杆的距离有关，当杆距为 40m 时，线距为 0.3m；当杆距为 50m 时，线距为 0.4m；当杆距为 60m 时，线距为 0.45m；当杆距为 70m 时，线距为 0.5m；而且靠近电杆的两根导线间距不小于 0.5m；低压接户线的间距不小于 0.15m。接户线必需采用绝缘线。接户线距地高度不小于 2.7m，高压接户线距地高度不小于 4.5m。

3. 同一电杆上架线横担间距

高压线与高压线垂直距离不小于 0.8m；高压线与低压线垂直距离不小于 1.2m；低压线与低压线垂直距离不小于 0.6m。分支或转角杆的高压线与高压线垂直距离为 0.45m ~ 6m；高压线与低压线垂直距离为 1m；低压线与低压线垂直距离不小于 0.3m；通讯电缆与高压线路同杆架设时，垂直距离不小于 2.5m；广播明线及通讯电缆与 380V 以下低压线路同杆时，垂直距离不小于 1.5m。

4. 住宅保安

为防范而设置有监视器时，其功能宜与单元通道照明灯和警铃联动。公寓中的楼梯灯应与楼层层数显示结合，公用照明灯可在管理室集中控制。高层住宅楼梯灯如选用定时开关，应有限流功能并在事故状态下强制切换到点亮状态。住宅每户用电负荷标准进行设计，不再按插座或灯具的容量逐一计算。

5. 需要系数的选取

由于电器设备的增多，容量也在增多，如何确定设备容量和计算容量两者的关系，合理采用照明的需用系数也至关重要。如系数选择过大，干线与断路器有时难以配合，如系数选择过小，干线随之也小，难以满足负荷需要，安全供电不能得到保证。

以两室户单相负荷（即每相所供电的户数）为例。户数为 25 ~ 100 户时，需要系数取 0.4；101 ~ 200 户时取 0.33；多于 200 户时取 0.26；少于 3 户时取 1；19 ~ 24 户时取 0.45。由于气体放电灯电子镇流器、电视机、录像机以及整流设备的使用，即使三相负荷对称，也应考虑非正弦电路中高次谐波的影响。中线截面不小于相线截面。

用电负荷的标准除设计中每个房间设置的灯具及插座以外，已经考虑了使用家用小型电器及 2 台小型空调器。考虑家用电器的特点，用电设备的功率因数按 0.9 计算。电度表规格按选用过负荷能力为 4 倍额定电流（俗称 4 倍表），起转电流不大于额定电流的 5% 时的数据，根据括号内电流系数表示该型号电度表可以使用在电气回路的最大值。

电度表的规格是按采用 DD862—4 型单相电度表时标注的，括号内的数字是表示可以使用的最大电流。若使用其他型号的电度表应注意电流允许范围。因为气体放电灯、电子镇流器、电视机、录像机及整流设备的使用，即使三相负荷对称也应该考虑高次谐波的影响，工作零线的截面不应小于相线的截面。

30.3.3 照明设计

1. 照明开关

单相开关通常选用工作电压 250V，额定电流 10A。其结构形式通常采用有搬把式、翘板式、拉线式、双控式、定时开关、带氖泡指示灯的开关。按安装方式分有明装、暗装（即嵌入式）和附装式等。

设计时注意，拉线开关通常用在楼道、门厅人流密集的场所。由于其安全性好，常用于居民楼室内。安装高度距屋顶 20cm。翘板式开关安装高度为 1.2 ~ 1.5m，距门框 20cm。在潮湿场所应选用防水型开关，即在按手部位镶罩透明橡胶，面板的四周垫橡胶圈以防水入盒。

2. 常用导线　常用导线名称及主要用途见表 30-6。

常用导线名称及主要用途　　　　　　　　　　表 30-6

导线型号	导线名称	主要用途
BX（BLX）	铜（铝）芯橡皮绝缘线	明敷设或穿管暗设
BXF（BLXF）	铜（铝）芯氯丁橡皮绝缘线	主要户外，户内明暗均可以
BV（BLV）	铜（铝）芯聚氯乙烯绝缘线	明敷设或穿管暗设
BV—105	耐热 105℃铜（铝）芯橡皮绝缘线	温度较高的场所，如消防线路
BVV（BLVV）	铜（铝）芯聚氯乙烯护套聚氯乙烯绝缘线	用于直接贴墙明敷设
BXR	铜芯橡皮绝缘软线	250V 以下移动电器
RV	铜芯聚氯乙烯绝缘软线	250V 以下移动电器
RVB	铜芯聚氯乙烯绝缘扁平软线	250V 以下移动电器
RVS	铜芯聚氯乙烯绝缘软绞线	250V 以下移动电器
RVV	铜芯聚氯乙烯绝缘聚氯乙烯护套线	250V 以下移动电器
RV—105	铜（铝）芯聚氯乙烯绝缘线	250V 以下移动电器

30.3.4　存在的问题

随着社会的发展、人民生活水平的提高在促使家用电器不断地增长。住宅内原有的电度表容量、导线截面、布线方式、插座的安装位置及数量、三表的收费办法等已远远满足不了实际生活的需要，在装修方面也带来了不少安全隐患，在进户的接地系统中也存在不同作法。这些都是目前面临要解决的问题。

（1）用户住宅内布线一般为 BLV—500V，$2 \times 2.5m^2$，导线穿管暗敷。根据目前的发展，如选择三台家电同时使用：例如空调器 2 台（每台容量为 1.5kW），加上电淋浴器、按摩冲浪浴盆（每台容量 1.8～2kW）或电饭煲（容量为 0.8kW），再加上部分灯具使用，根据 500V 芯绝缘导线长期连续负荷允许载流量 $2.5mm^2$，单股在 25A 时，三根线穿阻燃塑料管时为 16A。在电阻性负荷时最大容量能承受 3.52kW，每户一条回路导线显然过负荷了，这就增加了不安全隐患。另外导线也会因过负荷发热。

（2）如果居室只设一组插座，满足不了多种家电的同时使用，不少住户只得将几种家用电器同时插在一个"多用插座"上。这种方法带来的弊端很多。"多用插座"和导线都有一定的容量限度，几种家用电器同时使用，会造成电压下降，影响它们的正常工作。如电压降低 10%，荧光灯亮度约降低 10%，寿命缩短 10% 以上；如电压降低 20% 荧光灯就不能启动。荧光灯等启动频繁，使用寿命缩短。

设计插座位置不当或数量不够，住户们势必私自拉线去接所需的电气设备。然而采用的导线大部分是橡皮多股或塑料 $0.75mm^2 ～ 1mm^2$ 多股软线，到处扯线既不安全又不美观。

家庭电脑的普及，保证供电也显得尤其重要。有些住宅中使用电脑时，电脑用的电源与其他电器共用一组插座。当多用插座上出现故障时，会直接影响电脑的正常使用，正在工作的电脑输入的数据会全部丢失。

（3）设计配电箱宜尽量选用定型配电箱和电表箱，因为定型产品是经过统筹研究而定型的，应该是符合有关安全规范和电气规范的，维修更换元件也方便。没有合适的定型配电箱时，设计者要绘出配电箱大样图，按电气系统图各器件尺寸标出配电箱的高、宽和厚度。

设计配电箱应注意城市住宅居民用电早已实行按户计量用电量，总表设在总配电箱内，通常设在首层中单元的门厅内。户表集中暗设在各层分配电箱中，一般安排在楼梯间，便于查表和管理。电度表的容量一般选用 5A 的 4 倍表，即 5（20）A。总表的容量由计算确定。每户表前线应采用不小于 $10mm^2$ 绝缘铜芯导线。户内电路按照明、空调及其他家用电器插座分三路以上设计，各支线均采用 BV—$2.5mm^2$ 绝缘铜芯导线。单相户表应采用双极开关，各用户必须采用接地保护，以确保人身安全。

室内配电箱、电度表箱、电话总线箱和前端设备箱等一般采用暗装。安装高度是组线箱距地 30mm；其他暗箱距地 1.4m；明装时距地 1.2m。配电箱在平面上的布局应尽量靠近电源近一些。室外配电箱一般采用明设，并有防雨措施。各层配电箱宜设在平面图的同一位置，以便于施工时立竖管。

（4）未来的现代化型住宅节能是一项重要内容。我国人口众多，能源紧张。"九五"计划期间建设城市住宅 12 亿 m^2，加上村镇住宅 27.6 亿 m^2。住宅节能潜力是非常可观的。

空调器做为高档消费品必将进入到各家庭里。在南方家庭中普及率很高。由于生活节奏的加快，空调温度有时过高过低，人们很容易忘记去调节。此时不必要温度耗电是很大的，可研制仿智逻辑体感控制空调器。在空调里加入敏感元件，记忆您所感觉舒适的水平。

30.3.5 住宅安全

1. 进户线及防雷设施

进户线的地方是可能遭受雷击的重点。住宅进线方式要求采用 TN—S，PE 线必须作重复接地。架空进户线距离室外地面 2.7m。高压进户线不低于 4.5m。通常进户线采用铜芯橡皮绝缘线，室内通常采用铜芯塑料绝缘线。穿钢管或阻燃型塑料管暗敷。进户线及干线截面的选择应该留有适当的余量。进户线及干线的穿管管径应按放大一级截面选择。

住宅建筑物高度超过 20m 时，应设置防雷装置。经常采用的建筑结构柱筋作引下线。如果附近有高大的建筑物，住宅在其避雷保护伞以内则可以不设防雷装置。

2. 住宅防火

目前国内高层建筑防火规范，对住宅内设火灾自动报警装置无要求。但随着高层建筑的增多，居民住房也向多元、高层小区型发展，一家一户紧密相连，人走楼空之后，一旦发生火警就会"株连"楼群，因此火灾自动报警装置会慢慢走向千家万户。

3. 住宅安全

城市住宅等普遍采用了煤气，为防止煤气泄漏，建议制订标准时，应考虑在现代化住宅里设燃气报警器。煤气比重大于空气，设计应统一考虑安装位置，并与主机相连，可向室内及物业管理中心同时报警。

为防范而设置有监视器时，其功能宜与单元通道照明灯和警铃联动。公寓中的楼梯灯应与楼层层数显示结合，公用照明灯可在管理室集中控制。高层住宅楼梯灯如选用定时开关，应有限流功能并在应急状态下强制切换到点亮状态。

在设计住宅电气时应考虑在每个单元前设对讲电话及可视对讲电话。另外各家还可设防盗门报警装置，在各家门上警示灯直接与小区内治安值班室相连，加强防范措施。解决水、电、气抄表不再进户，通过信号采集器连接小区电脑，统一由物业管理部门收费。以小区住宅为单位，协调各项工程之间关系。

30.3.6 住宅电讯

一幢住宅建筑能有几十年的服务期，而在一段时间内，家用电量的发展突飞猛进，住宅用电量提高很快，为了适应社会的发展，避免断路器掉闸、线路过热等一系列不安全的现象，设计容量宜适当考虑发展负荷的需要。

每户用电负荷标准，不应再沿用统计照明及插座的容量计算，而是用在一定建筑面积的户型采用一定的用电量（kW）计算。这样做优点在于：设计人员无需再为插座和灯头假设一个容量和需用系数煞费苦心，而这些假设并不能真正反映居民用电设备的水平和用电量。其二，按建筑平米计算用电量，也是国际上许多国家所推行的方法。

1. 北京所处的地理及气候条件

北京是我国的首都，地处北纬 40°左右，东距渤海 150km，是典型的温暖带半湿润大陆性季风气候，夏季炎热多雨，冬季寒冷干燥，春秋短促。年平均温度 10~12℃，1 月最冷平均 -10~-4℃，7 月最热 26~32℃，极端最冷 -27.4℃（1996 年 2 月 22 日），极端最高为 40.6℃（1961 年 6 月 10 日）。西北部为山区，东南部为华北平原的北端，冬季取暖期为 11 月 15 日到来年 3 月 15 日，空调制冷期 6 月到 8 月。

2. 居民用电量分析

由于居民的用电负荷是由居民的所有用电量所决定的，而反映这个负荷的最重要的指标就是各类家用电量的普及率（即平均每百户居民对某类家用电器的拥有量），它是居民生活水平的直接体现。它的基值决定了现在的居民用电负荷，它的发展速率则决定了未来的用电负荷量。

家用电量的普及率也有着科学的发展规律。我们可以认为它有三个台阶：第一台阶（也称为Ⅲ类家用电器）是高普及率的（如电视机、电冰箱等）；第二台阶（也称为Ⅱ类家用电器）是中普及率类的（如电饭锅等）；第三台阶（也称Ⅰ类）是低普及率类的（如电取暖等）。而每户的用电计算容量：

$$Pj = Kz Ⅲ × Kj Ⅲ z × Pe Ⅲ + Kj Ⅱ × ΣPe Ⅱ + Kz Ⅰ × Kj Ⅰ ΣPe Ⅰ$$

Kz（Ⅲ、Ⅱ、Ⅰ）为Ⅲ、Ⅱ、Ⅰ类电器的计算需要系数。

Kj（Ⅲ、Ⅱ、Ⅰ）为Ⅲ、Ⅱ、Ⅰ类电器的计算普及率。

$ΣPe$（Ⅲ、Ⅱ、Ⅰ）各类电器设备的设备标称容量（kW）。

为了便于参考，表 30-7 中列了各类电量（按 75~80m² 建筑面积考虑）：

（1）Ⅲ类长期使用容量：$Pj Ⅲ = Pj Ⅲ × Kx × Kj = 3130 × 0.6 × 100\% = 1878W$

最大计算电流按交流 220V 单相电源计：

$Ij Ⅲ = Pj Ⅲ / (U × cosφ) = 1878 / (220 × 0.9) = 9.5A$

（2）Ⅲ类长期最大使用容量：$Pj Ⅲ = Pj Ⅲ × Kx × Kj = 5510 × 0.5 × 100\% = 2755W$

最大计算电流按交流 220V 单相电源计：

$Ij Ⅲ = Pj Ⅲ / (U × cosφ) = 2755 / (220 × 0.9) = 14A$

（3）Ⅱ类长期使用容量：$Pj Ⅱ = Pj Ⅱ × Kx × Kj = 6700 × 0.5 × 20\% = 670W$

$Ij Ⅱ = Pj Ⅱ / (U × cosφ) = 670 / (220 × 0.9) = 3.38A$

（4）Ⅰ类暂不考虑，$Kj = 0$。

（5）计算容量 $Pj = 3425W$。

建议对于 75~80m²，3 室户按相近的 2.5kW 用电量（即工作电流为 12.6A）进行设计。按上述计算套数选电表 DD861a—4 型额定电流为 5A，最大使用电流为 20A。当然，从计算参数看选择 10A 的电度表更妥一些，但目前管理单位尚不能同意，所以用 4 倍或 6

项　目　名　称	容　量 W	台　数（套）	分　　类	备　　注
照明	200	1	Ⅲ	＊
彩色电视机	100	2	Ⅲ	＊
音响	200	1	Ⅲ	＊
电冰箱	100	2	Ⅲ	＊
洗衣机	150	1	Ⅲ	＊
电风扇	40	2	Ⅲ	
电熨斗	1000	1	Ⅲ	
小食品机	300	1	Ⅲ	
电微波炉	900	1	Ⅲ	
排气扇	250	3	Ⅲ	含排油烟机
录像机	80	1	Ⅲ	
其他电器	300	1	Ⅲ ＊	含电话机、充电器、吸尘器
电脑	200	1	Ⅲ	含打印机
空调器	750	2	Ⅲ	
电饭锅	800	1	Ⅱ	＊
电水壶	900	1	Ⅱ	
电洗碗机	1000	1	Ⅱ	
电烤箱	1000	1	Ⅱ	
电淋浴器	1000	1	Ⅱ	
电化妆器	2000	1	Ⅱ	
电热洗衣机	3000	1	Ⅰ	
电取暖器	2000	2	Ⅰ	
电红外医疗	1000	1	Ⅰ	

注：＊为长期使用者。

倍表来放宽最大使用电流。表下的断路器的电流亦应定为 20A 或 30A。折成建筑平米的电力指标为：$75m^2$ 为 $33.3W/m^2$。$80m^2$ 计为 $31.25W/m^2$。变压器的负荷率为 75% $\cos\varphi = 0.9$ 需用系数为 0.26，折算到每建筑平米变压器的容量占有率为 $12.8VA/m^2 \sim 13.7VA/m^2$。

我们统计中的户数是指单相线路中所带的用户数，如是三相四线制（或五线）供电系统中则要以最大单相负荷用户数计算。如果三室及以上的户数比较多，而一、二室户比较少的供电线路，需用系数可选稍偏小者；而小室户数较多时，需要系数也选稍偏大者。需要系数的选择主要是为了确定变压器的容量，尽管有些推荐数值，设计中的灵活性还是较大的，不同的建筑物往往需要根据不同情况进行调整。

居民用电负荷通常只包括居民的屋内用电，而不包括公用电力负荷的用电量。而公用负荷（如走道灯、热力点、消防及生活水泵、地下室照明等）则需要另作计算。

以三室户为例，它应有一个起居厅，一个主卧室，二个次卧室，一个厨房，一个卫生间。每个房间皆按表中所列电气出口数量设计。厨房中除排气扇外，另设二个二、三孔插座，分别设在二个墙面上。一个设在操作台与吊柜中间的墙面上（距地约1.1m）。一个在其对面墙上（距地1.8m）。厨房的排气扇电源包括供排风道出口风机及排油烟机。每户电话出线口是二个，由于电脑联网的发展，外接电话线不再限制。

现代化住宅智能化发展，电话及有线电视、公用电视、卫星电视接收系统及防盗报警及燃气报警和火灾报警器相继要进入每个家庭与国际网络接轨。

针对未来现代化住宅容量增大，进户线及各单元干线都应很大。建议进户线采用全塑电缆穿钢管埋设。高层住宅内竖向采用电缆竖井配线，多层住宅各单元之间的横干线及竖干线采用线槽嵌入式敷设方式。线槽盖与墙面相平，线槽盖的颜色根据墙面颜色而定。

3．住宅线槽配线

一般多层住宅北方走廊内墙为 370mm，南方走廊内墙为 240mm。如果按常规埋设钢管，影响承载力，结构专业不允许。而采用线槽配线方式，可采用各种规格，既可解决导线多，又不易削弱墙断面问题。采用线槽配线有利于导线的敷设，给施工带来极大方便。有利于导线故障时查找和维修。有利于住宅内负荷的增长变化，增大更换导线截面，便于调整。

4．住宅插座设计

建筑户型对住宅里要增加插座数量。每面墙设为二组（每组为二孔加三孔），在居室距两端墙一米处设置插座。根据使用功能插座回路应单独配线，每户分成三条回路：第一路供居室、方厅、会客室、厨房、卫生间等照明；第二路供厨房区域及居室中的插座；第三路供居室中靠窗侧的空调专用及卫生间的电器设备使用。第二路和第三路的划分主要考虑这两区用电量大，这样配线系统，有利于分流，确保导线不过负荷。

供家用电器使用的电源插座，在住宅建筑中设置数量可按以下条件考虑：10m^2 以上的居室中应在使用家用电器可能性最大的两面墙上各设置一个插座位置。10m^2 以下的居室的房间中可设置一个插座位置。在居室中，每一个插座位置必须使用户能任意使用Ⅰ和Ⅱ类家用电器。

每户内的一般照明与插座宜分开配线，并且在每户的分支回路上除应装设有过负荷、短路保护外，应在插座回路中装设漏电保护和有过、欠电压保护功能的保护装置。单身宿舍照明光源宜选用荧光灯，并宜垂直于外窗布灯。每室插座不应小于两组。条件允许时可采用限电器控制每室用电负荷或采用其他限制用电措施。在公共场所亦应设置插座。

30.3.7 未来的住宅

信息时代里住宅智能化是发展方向。由电脑推动"信息社会"的形成将从根本上改变世界传统经济结构。

现代化住宅电脑多媒体公益网以与 21 世纪全球信息高速公路接轨为目标，采用最先进的电脑网络通信及多媒体技术，实现小区内所有机构、居民家庭的全面联网，提供联通世界的网络和信息服务。一场由电脑科技的飞速发展所带来的信息革命正在向人类逼近。随着多媒体技术的应用会带动更多的科技产品问世，如：住宅中的各种安全传感器、火灾报警感器、煤气报警传感器、破窗传感器、推窗传感器、紧急报警按钮、可视对讲电话、无源传感器、电磁门锁、破门传感器、红外传感器、门口警示灯、控制盘及卫星电视、图文电视、双向购物电视等。这些产品都与建筑电气设计息息相关。

伴随社会与经济的高速发展及科学技术日新月异地发展，利用现代高新技术把 90 年代的科技含量大的产品运用到现代化住宅是必然发展方向。如何根据气候、温度、湿度及风力等情况自动调节冷热空调器。若看电视时，电话铃响了，则电视音量会自动降低。夜间的家庭影院或立体声音响过大，会发出警告，煤气泄漏了或发生火灾，各种探测器及时报警。

为加强卫生保健，解决"纸擦不净、水冲得净"。厕所中也可开发科技含量的产品，如洁身器。群众的保健意识也正在提高，这种产品可接上水、电之后即可实现座圈加热，温水冲洗，流动水按摩，暖风烘干等功能。它彻底省去了传统上厕所用手纸的烦恼，并具有良好的卫生保健作用。人要下班回来可预先打个电话来启动电饭煲、微波炉、电炒锅，准备好饭和菜，回家后可以就餐。如果上班却忘记关灯，这时可通过电话进行无线遥控关掉灯开关。

若有陌生人进入住宅，探测器会发出报警，家中无人，有小偷侵入窗或门，通过各种传感器发出信号同时通过电话到你的传呼机或手持机或报警公安部门。

信息高速公路的实现，将把人们带到更新的世界。它标志着人类真正进入信息时代。它将给金融、科技、文化、卫生保健和商业带来革命，对人们的生活、工作方式产生巨大影响。通过它将政府、企业、学校、银行、商店、医院、办公及每家每户都联系起来。通过使用多媒体技术进行文字、声音、图像的传输和交换，彼此进行信息共享。届时，大多数人每天再也不用因单位离家远而疲于奔波。人们可坐在家里办公，做公文起草下发等工作。多媒体电视会议，使处在不同地方的人"聚"在一起开会，做到既闻其声又见其人，节省了出差所花费的时间和金钱。还可以在家里进行股票行情了解，在家中也可通过电脑进行股票交易和妙股，完成与银行间的资金清算。

把高清晰度的 X 光片或其他扫描图像从一个医生处传到另一个医生处，可使诊断得到权威人士的确定。大城市的医生不必远涉就可以为缺医生地区的病人看病，而且还能通过医疗专家系统获得最新治疗方法的电视资料从而接受专家指导。

通过多媒体公众信息咨询系统，看到图文并茂的内容，不用去商店就可清楚地了解到每种货物的价格，亦可以在瞬间从这个商店转向另一个商店了解商品信息。随着信息量不断增加，日常生活中遇到的许多问题，它都可以当"顾问"，诸如伪劣烟怎样鉴别，彩电各家商店价格等等。

使用电脑网络功能给远在国外的亲属和朋友写信。10min 内便可互通信息，交流感情。家庭中的电子邮件使这个"梦想"已在国内不少地方成为现实。家庭电脑可通过光纤通讯与世界大多数国家进行信息交流。

住宅智能化系统涉及到高频、视频、音频、数字信号的传输，涉及到传输网络，涉及到住宅小区物业管理中心或服务中心，涉及到家庭设备与电气控制性能及接线方式、标准化等广泛的技术问题。

30.4 商店类照明设计

随着国民经济的发展，商业建筑必将如雨后春笋般地发展。商业建筑主要是指百货商店、饮食餐馆、农贸市场及其他商业性质的建筑物等，是范围极广、数量很大、花样繁多的建筑群，与人民的生活息息相关。为了创造一个良好的购物环境，商业照明起着越来越重要的作用。从电气设计角度看商业照明也有其独特的要求。

30.4.1 商业建筑特点和照度标准

商业照明共同目的是要体现出繁荣华丽、招引顾客、突出广告、促进生意。商业建筑也是钱物交换的场所，为了鉴别或挑选商品也需要有足够的照度。照度值是以商品所处的平面来衡量的，可以是水平面，也可以是垂直面或是其他斜面。

我国照度标准按《建筑电气设计规程》GBJ133—90，将商店类型分为三类，规定在

0.8m 水平面上达到 75 ~ 500lx 的照度值。《民用建筑照明设计指南》则按商店类型分为两类，要求 0.8m 水平面上达到 75 ~ 200lx 的照度值。这两个文件都规定垂直照度不低于 50lx。如表 30-8 所示。

商业建筑照度标准 表 30-8

类 别		参考平面及其高度单位 (m)	照度标准值 (lx)		
			低	中	高
一般商店营业厅	一般区域	0.75 水平面	75	100	150
	柜台	柜台平面	100	150	200
	货架	1.5 垂直面	100	150	200
	陈列柜、橱窗	货物所处面	200	300	500
室内菜市场营业厅		0.75 水平面	50	75	100
自选商场营业厅		0.75 水平面	75	100	150
试衣室		试衣位置 1.5 垂直面	50	75	100
收款处		收款台平面	50	75	100
库房		0.75 水平面	50	75	100

商店建筑照明设计应防止货架、柜台和橱窗的直接眩光和反射眩光；商店营业厅照明装置的位置和方向宜考虑变化的可能；照明立体展品（如服装模特等）灯具的位置应使光线方向和照度分布有利于加强展品的立体感。公用场所照明的照度标准值应符合表 30-9 的规定。商店各房间的照度标准见表 30-10。

公用场所照明的照度标准值 表 30-9

类 别	参考平面及其高度单位 (m)	照度标准值 (lx)		
		低	中	高
走廊、厕所	地面	15	20	30
楼梯间	地面	20	30	50
盥洗间	0.75 水平面	20	30	50
储藏室	0.75 水平面	20	30	50
电梯前室	地面	30	50	75
吸烟室	0.75 水平面	30	50	75
浴室	地面	20	30	50
开水房	地面	15	20	30

商店各房间的照度标准 表 30-10

序	房 间 名 称	推 荐 照 度 (lx)
1	公共卫生间、楼梯间、储藏室	10 ~ 20
2	客房走道、衣帽间、库房冷库	15 ~ 30
3	客房、楼厅、台球房、地球房、健身房、桑拿浴	30 ~ 75
4	屋顶转厅、小舞厅、保龄厅	50 ~ 100
5	客房卫生间、洗衣间、邮电厅	75 ~ 150
6	茶室、酒巴、咖啡厅、游艺厅、电影厅、游泳厅	100 ~ 200
7	大宴会厅、大门厅、厨房	150 ~ 300
8	餐厅、小卖部、休息厅、会议厅、外币兑换厅	100 ~ 200
9	多功能大厅、总服务台	300 ~ 750

30.4.2 商店门脸照明设计

商店入口照明效果是给顾客的第一印象，不单纯是为了招引顾客，而且具有美化城市、体现文化及文明程度的意义。商业门脸的照明功能要能突出该商店的性质，让顾客首先知道此处是卖什么的，避免让顾客走进门，看到了商品以后才发现自己走错了商店。门脸照明光色要有特点，避免千篇一律，使老顾客走过了门。所以在街道较拥挤时，可以用霓虹灯作店牌照明，效果较好。

商店门脸和橱窗照明应富有吸引力，唤起顾客愉快的心情，是表现该商店特色的第一形象。橱窗照明宜醒目而不扎眼、健康而不呆板、美丽而不妖艳。

商店门脸照明设计首先要根据建筑物的形式、装饰材料、周边环境相协调。在灯光的颜色和亮度应与建筑装饰材料色彩相协调，使建筑更美丽。同时要能体现出本商店的特色。因此，在作商店门脸照明设计的时候宜尽可能和建筑装饰设计工程师一起研究。

通常在单层层高低于 5m 的情况下商店门脸照明，宜采用吸顶式或嵌入式安装方式。当单层高于 5m，或装饰后的高度超过 5m 时，商店门脸照明宜采用吊式或大型而且高度比较高的吸顶灯安装方式。不然灯具显得轻飘不够厚重，与高大的商店门脸建筑不够协调。当商店门脸很宽大时，可以增加灯的数量，采用组合型灯具或采用设计非标灯具预订制作。

商店门脸照明的照度标准不宜超过场内的照度，让顾客越往里走越亮堂，心理上舒坦。但是商店门脸的照度也不能太低，应高于街道照度的 5 倍以上为宜，有利于吸引顾客。

30.4.3　橱窗照明设计的几种常用方式

在划分商业照明功能分区上，国外大多数是突出橱窗，而且给以很高的照度值。考虑到经济条件和供电可能和商店现状，我国照明标准没有将橱窗单独列出，而是与重点照明列为一类，给予较高的照度。陈列柜和橱窗是指展出重点、时新商品的展柜和橱窗。橱窗照明是由基本光和加强光两部分组成。

（1）对需要突出的展品采用投光灯加强照明。将顾客的注意力诱导到主题上来。同时，使展品的阴面产生亮度对比，以体现其立体感。

（2）采用有色电光源对商品进行装饰照明，目的是让商品光彩夺目，透出诱人的媚力，令顾客喜欢。如图 30-1 所示。

（3）采用调光的方式，不断变换明亮情形，使之更富有吸引力。

同理，在商店内对展品的照明也可以采用这些方式。在刚走进商店的前厅，照度不宜太亮，最好越往里走越亮堂，在放商品的地方最亮，能使顾客心理舒服，提高购物欲望。

30.4.4　商店内部照明设计

如果是小型商场，柜台及商品货架都是固定的，那么灯具也应采用固定式安装方式为宜。如果是大型商场，柜台及货架不时会有变动，这时宜采用均匀的吸顶式布灯作为一般照明，只要满足水平照度和一定的垂直照度即可。当柜台需要特殊照明时，可以增加一部分局部特色照明，而不影响整体照明的基本格调。

商店内部照明设计灯具的选择宜尽量选用高显色性的灯具，让顾客能准确地鉴别和挑选商品，以免在商店看得不错，拿回家一看颜色不一样了而造成麻烦。为了减少在商业活动繁忙时更换损坏了的灯具，应选用寿命长、光效高的金属卤化物灯 ZJD 和显色改进型高压钠灯 NGX 型灯具。ZJD 型灯具的光源光效不小于 80lm/W，显色指数为 65 左右，平均寿命在 1 万小时，色温约 4300K。NGX 型灯具的光源光效在 80lm/W 以上，显色指数为 60 左

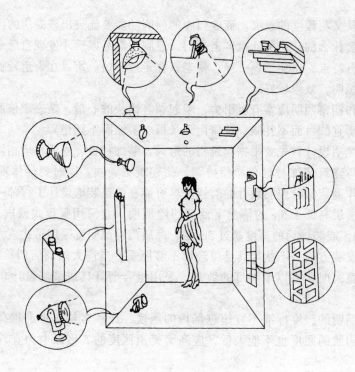

图 30-1　橱窗照明方式举例

右，平均寿命约 1.2 万小时，色温约 2300K。以上两种光源功率有 75～1000W 多种规格。

如果商店内净高大于 5m 时，可以选用深照型灯具，功率在 150～450W 比较大一些的灯具。安装方式可以采用吸顶式或嵌入式。因为净空高，尽量不用白炽灯或碘钨灯，要注意防火。

30.4.5　商业照明设计中应注意的问题

1. 大型商场要多设置插座，尤其是在家电商品需要试用接通电源，还要为"彩电墙"提供许多固定的电源插座，尽量不要临时拉电线板，以防人多手杂而触电。所有电源插座要有专用开关控制，以便下班时拉闸断电，防止意外电气火灾的发生。

2. 商业照明灯具的选择应与建筑物内装修色彩及商品在空间布局等统一协调，巧妙地配合起来，以提高立体感和节奏感。所以光源的位置宜仔细推敲。

要满足顾客心理和生理（如食欲、购买欲、求知欲、爱美欲、表现欲、得胜欲、健康欲等等）合理的要求。在各个出入口、自动扶梯等处要有明显的灯光标志，有利于人员流动速度和提高安全感。自选商场的照度标准宜比推荐值高出一级。卖冷饮的商店宜用冷色光照明，而卖烤鸭的店铺宜用暖色。

3. 对电光源普通要求显色性好，即显色指数高，能真实地显示出商品本来具有的色彩。在货架、柜台和橱窗的照明必须防止眩光。货架上的照明不得低于 50lx。柜台内照明宜为营业场垂直照明标准的 2～3 倍。橱窗的照度为营业厅照度的 2～4 倍。

4. 收款处要进行大量现金、票据工作，要求工作精神集中，不允许有差错，一般要求较高的照度，推荐采用冷色光源。有些国家未明确提出要求，这是因为店内已有很高的照度。日本则无论什么商店的出纳台都采用同一标准，它的值高于商店内一般照明。俄国也有类似的规定。我国标准采用比销售区高一级的照度值。

5. 试衣间是顾客最后做出是否购买商品决定的场所，故应具有比销售区更高的照度，以便更细致地鉴赏细部。美国是分为换衣处和穿衣镜前两部分，前者给低于销售区的照度，而后者却给以近似展示区的照度。我国标准考虑试衣间较小，统一规定销售区和陈列区橱窗的照度，并规定为试衣人离地 1.5m 处（能看清全身）的照度。

6. 当商店的进深比较深时，宜在尽头设置重点照明，日光灯横向布置比较好。当商店层高比较低时，宜选用嵌入式吸顶灯。而多层百货大楼的照明宜将底层的照度适当地提高。

7. 在商店建筑吊顶内的管材应尽可能选用金属管或阻燃管，不得采用普通塑料管。导线应采用绝缘铜线，不宜用铝线。

8. 商业建筑是人多而且人员流动性大的公共建筑，要求通风良好，尤其是大型宾馆饭店要设通风系统。商业照明灯具的选择主要根据该商业建筑功能的需要，创造出光学环境，突出商业气氛。店内照明布局要体现出商品的层次，不要显得呆板，使顾客感到精神、舒服。

30.4.6 餐饮食堂的电气设计

1. 照明效果

中国饮食文化讲究色、香、味，这都与灯具照明效果有着密切地关系，尤其是具有艺术造型的菜肴，配以显色指数高和温暖轻松的光环境，可以大大提高食欲，所以餐饮饭店常选用小功率的白炽灯作光源，以利用白炽灯的优点。显色指数大于 95，发出光色温暖而柔和。也可以辅以荧光灯调整光线的色温，尤其是冷饮餐店。当然，也有从另一个角度考虑问题，选用暖色调的红色，让顾客感到干渴难忍，从而促销冷饮。

2. 人们进食时，一般需要安静、放松、愉快的氛围，灯具照度不一定要求太高，比较讲究的餐厅照明可以采用漫反射光源或用遮光面很大的光栅及水晶灯罩。

3. 眩光是一种能够影响人情绪的不良现象，餐馆饮食店照明要格外防止眩光，这需要在灯具的布局和灯具控照器的选择等方面进行综合考虑，能有效地避免眩光。

30.4.7 商业建筑消防报警系统

由于商业建筑内开市以后往往人员很多，而且流动性大，一旦发生火警容易拥挤不堪，容易踩伤人，尤其是商业建筑内装修材料多为有机化学品，燃放出有毒的气体很容易使人窒息，次生灾害严重，所以预报火灾前兆就显得十分重要。

从设计上应设置烟感探测器、温感探测器和湿式消防灭火系统。严格按照"消防设计规范"各条执行。消防设备和器材一定要选用国家定点生产的优良产品，严防伪劣产品误事。

30.4.8 商店照明设计标准

商店建筑照度标准的规定。商店照明所需照度值的规定方法，各国有其自己的特点。大致可分为简单和详细两大类。

简单类：德国 DIN5035 只列出百货商店、超级市场和橱窗，分别要求在 0.85m 水平面上达到 500、700 和 1000lx。澳大利亚 AS1680~1976 只提出商店内一般照明、商店陈列二项，要求前者在 0.85m 水平面上达到 300lx，而对后者只提出希望增加局部照明，而没有提具体值。英国 CIBS1984 年规定，将常规售货方式和超级市场分列，但照度值要求 500lx。只是前者是指 0.8m 水平面，后者是指 1.5m 高的垂直面。

详细类：日本 JISZ9110（1979），不但将营业厅照明按功能分为店内一般照明、一般陈列、重点陈列和橱窗四部分，而且按商店性质，如日杂、超级市场、百货等八类，分别提出不同的照度范围。四部分的照度比例，不同商店略有不同。如百货公司为1:2:3:6；高级品专卖店，如珠宝、艺术品等为1:3:5:10。有的商店还因楼层不同（大百货公司）、商店所处的位置（市中心或郊区超级市场）而规定不同的照度值，照度均以0.85m水平面为准。

这类的另一个典型是美国，它根本不考虑商店性质，而是考虑营业厅内不同的功能要求，将其划分为流动区（非展出、挑选和出售商品的区域）、销售区（包括柜台、货架和供顾客品评、挑选、购买货物的区域）、特殊展示（展出新、特殊商品，吸引顾客注意处）和橱窗四部分，分别规定不同的照度范围，这四部分的照度比值为1:3:15:20。1966年是按售货方式（即店员服务或自取），1976年改成按交易的快慢程度（即顾客对商品的熟悉程度）来确定所定照度范围中的某一值，照度是以商品所处平面来衡量。既可以是水平面，也可以是垂直面或其他倾斜面。

中国《建筑电气设计技术规程》JGJ16—83是按商店类型分为3类，规定在0.8m水平面达到50~200lx的照度值。《民用建筑照明设计指南》则按商店类型分为2类，要求在0.8m水平面达到75~200lx的照度值。这两个文件都规定垂直货架照度不低于50lx。

综上所述，商店照明标准的制定格式上有很大的不同。对于具体照度值，大多数国家都以0.8~0.85m水平面作为规定照度值的基准面，这一高度可视为柜台面。国外的要求大致在150lx（日本低限）、200（俄国低限）至1000lx（日、美国高限）之间，差别还是很大的。

商店照度范围为100~150~200lx。所提照度标准的范围，按《商店照明设计规范》中规定的商店重要程度分为不同等级，按它来划分不同的照度要求。这样更能反应中国经济状况。实际调查的商店现状也表明，行业之间差别不大，差别主要反映在城市的大小上，见表30-11。

不同行业商店平均照度值调查情况比较表　　　　　　　表30-11

行　　业	照　　　　度			单位面积功率（W/m²）
	走　道	货　架	货柜面	
金　　饰	153	219	264	25.6
花　　布	126	144	176	18.2
百　　货	146	164	175	16.4
自选商店	149	123	144	19.1
药　　店	89	147	135	16.8
五　　金	131	147	167	21.3
茶叶店	41	78	98	16.8
日　　杂	156	212	220	17.9
书、文具	103	110	147	19.4
合　　计	123	140①	173	19.7

注：①系货架上、中、下三点所测照度平均值。

从表30-11可以看出，茶叶店、药店所测照度特别低。这并不意味着这类商店要求照度低。而是它们都属于旧店，照明设施陈旧，实际上已不能满足要求，顾客和工作人员均反映照明不足。

从表30-12可以看出，城市规模不同影响到商店的照明好坏，当然也包括对旧有商店的改造速度。这方面大城市总是走在前面，而改造后的照明水平肯定较前提高一大步，所以考虑到商店所处的位置和重要程度是必要的。

不同城市商店平均照度比较表 表 30-12

城　　　市	照　度（lx）			单位功率面积（W/m²）
	走　道	货　架	柜　台	
重　庆	116	141	151	20.94
广　州	224	263	289	22.93
昆　明	84	79	120	10.5
湘　潭	53	50	77	7.5

销售区规定平面为二个。一个是离地面 0.9m 的水平面，它代表柜台高度，这与 IEC 的规定不一致，但接近中国现有柜台 0.8～1.0m 的平均值。另外还规定 1.5m 高的垂直货架，这一高度各国均一致，是货架最容易达到的位置，也是眼睛自然视看的高度。

自选商店（超级市场）由于它的销售方式、陈列方法和布置形式都不同于一般商店，故大多数国家将其单独列出，并给以较高的照度，还对照射平面做出规定。仓库在功能上与销售区有关，但照度要求较低。美国规定仓库照度比销售区低 1～3 级，俄国规定低 4 级。考虑到商店的大小，使用繁忙程度有很大区别（有附在营业厅的中转仓库，有独立设置的专用仓库）。考虑到中国仓库常有天然光线补充，故取较低值，比销售区低 4 级。仓库中的商品放在架子上，计算平面定在 0.75m 水平面。

30.5 电 脑 机 房

电脑机房包括主机房、基本工作间、第一二三类辅助用房。电脑机房设计应确保电脑系统稳定可靠运行及保障机房工作人员有良好的工作环境，做到技术先进、经济合理、安全适用、确保质量等。

30.5.1 电脑和人需要的环境

1. 问题的提出

办公室、商店和工厂信息技术的飞速发展为建筑师提出了一套新的问题，直到 80 年代初期，设计建筑物时想到用的只是电话电视，对电脑的复杂需要想得很少。而今天，这些需要将不再被忽视。用户要求建筑师熟悉由于使用电脑而提出的要求。我们将讨论引入电脑后与建筑物设计配合的一些问题。这不仅仅涉及建筑师安装电脑系统，而且与建筑师对用户提出的建议有关。

信息技术对建筑设计所起的作用将具有深远意义。办公室机构将小型化和分散化，集中在办公室工作也许不那么重要了。整个办公楼布局将更加多元化。个人办公的空间变大，记录存储空间变小。信息交流通过电子邮件完成。存储文档记录将只占用一个小空间。办公室的一半空间可能用于会议或接待。建筑设计的规则将有所变化，设备要求和建筑管理的要求变得越来越重要。普遍地使用综合布线系统，在增加电缆时也许不用增加空间，空间的划分将越来越灵活。建筑电气专业将成为突出的行业。

建筑设计中不能仅仅考虑设备而忽略操作、维护设备人员的活动空间。安装一个好的电脑机房系统必须考虑人类工程学内容并在设计时提供。

2. 电脑的需要

电脑系统要求安装在与其相适应的环境中。大型机和小型机往往要求安装在专门的机房中。机房中安装有能够消除机器工作时散发的热量和吸收工作时的噪声。电脑制造厂经常随机附有对电器插头的要求，而且对地板结构、通风、机房家具和照明等提出严格规定，如果忽略了这些要求，厂家也许会拒绝保修。

任何电脑都怕突然断电和电压不稳定，这对其他电器设备也许并不那么重要。电源质量往往只能使用仪器测量。空调设备的开启往往造成电压不稳，机房的空调设备往往另外安装线路供电。大型电脑系统中，稳定电力系统应有其专用配电箱，且专路供电，还应该留有备用回路。

电脑系统中对不间断电源的要求是严格的。不间断电源由正常电源供电给其蓄电池设备，电脑由蓄电池供电。普通蓄电池可以让电脑在主电源断电后使电脑保持工作几个小时。如果需要工作更长的时间，往往要求启动发电机。

电脑的外围设备，特别是磁盘驱动器和绘图仪对潮湿特别敏感。硬盘驱动器必须是尺寸稳定并保持严格的公差等级，绘图纸容易受潮，从而影响绘图质量。湿度最好保持在40%～60%，干燥的空气会增加静电。静电对人可能有一点刺激，对磁盘介质和电路的打击可能是致命的。每个工作站四周需要防静电的地毯，电脑机房应有良好的接地。不宜使用金属家具。

3. 人的需要

经常在屏幕前工作的人员大多抱怨过头痛、疲劳、肩周炎、重复的紧张、头晕、恶心。尽管不能证明 X 射线、紫外线、红外线辐射甚至那些已经损坏或陈旧的显示器的危险性，但这些仍然是一个神秘的领域。可以肯定的是，单调的环境和乏味的工作是重要的原因。

可以做到的事情是为操作人员安排一个好的工作环境。电脑操作人员应该尽可能了解系统，了解屏幕出现的信息是从何而来，输入信息会得到什么样的结果，如何处理各种问题。所有这些知识帮助操作员提高自信，电脑仅仅是工作的辅助手段，而不是工作的主宰。

实际工作与工作站的设计有关。在开阔的空间里，照明往往是均匀布置，这对电脑操纵者是不利的。屏幕反光将严重影响工作情绪，在工作台表面的文件与屏幕之间光强差别太大。安装台灯也是个办法，但这样做将减少工作台面积。

比较合理的办法是采用保护色和漫反射器或能够将眩光限制在90°锥体内的透镜作照明装置的挡板，但缺点是顶棚变暗，显得阴森森的。最好采用向上的间接照明，尽管这样做牺牲了光效率。地板下提供电源，向上照明与机房家具组合在一起，要求顶棚有较高的反射率。

把电脑操作者关在没有窗户的房间里是不妥的。机房中大尺寸表面应该采用粗糙的和中性、柔和的色彩或灰色，这当然也包括电脑桌。工作表面应有大约30%的折射率；顶棚的折射率为80%～90%；较下部的墙折射率为15%～20%；上部墙折射率为40%～70%；地板折射率为20%～40%。顶棚和墙不宜使用具有深灰色调的绿、蓝、红、棕等色。

噪声是一个小问题，但可能带来大麻烦。产生大量噪声的大型电脑应与所连接的外部设备一起放置在单独的房间中。办公室中唯一有噪声的设备可能是打印机。欧洲标准打印机的最大噪声为55~60dB。为打印机加隔声罩能够解决噪声问题。喷墨打印机和激光打印机的噪声比较小。通常认为50dB的噪音会使人不容易集中注意力，是与人交谈的地方最大的噪声限度。

发热是维修机房是要考虑的大问题。每台电脑产生的热量相当于1.5个人。多台电脑同时工作可能会使通风系统负荷加大，容易产生局部风不通畅。机房散热问题应予以考虑。

30.5.2 电缆和供电

电脑设备较多的事务所出现了电缆布线的问题。电脑中心经常需要所有人员访问的数据电缆，一些用户要求数据电缆出口距离中心2m。一个问题是电缆布置的灵活性和为今后设备电缆扩充留有余地。因为一个具有电脑系统的建筑物在其使用期间，可能要完成彻底更新电脑设备多次，也许只有综合布线系统能够提供部分解决方案。

电缆的总数量取决于实现系统的种类。大型电脑系统传输介质有三种形式：环网、总线和星型网络。环网中由单根电缆连接网络中的每一部分到另一个电脑设备。电缆使用同轴电缆或多芯电缆。一个总线网络将一根电缆迂回取道通过建筑物，并提供电缆接头用类似电缆到每一根电脑终端。以上两种网络扩充余地不可预测，但电缆一定是从终端到大型电脑主机之间。有可能中央机房的电缆十分拥挤。

光纤有可能成为有力的竞争者。铜线电缆对电流干扰非常敏感，应加套管并与电力线路分开敷设。如果信号电缆一定要与电力电缆交叉，应用直角交叉。对数据电缆，使用套管是很好的办法。在楼层或墙壁之间的管线应该提供不小于200mm的开孔，设计的管线应有100%~200%的裕量。为长期考虑，需要预留孔洞。电缆在拐弯处需要一定的弯曲半径，一般同轴电缆的弯曲半径是25mm，粗包电缆要求600mm的弯曲半径。

使用正常的服务管道，垂直分布相对容易，水平分布就有一些困难。对一般场所设备电源和电话电缆简单沿地敷设，但电脑设备经常需要多根电缆，明敷在地板上也许是危险的。

硬件插入法是最简单的体系，在顶棚空隙处装设管道布置电缆，沿墙暗敷设到所需要的地方。在地板以上100~300mm留出插座。这种体系是最便宜的，但非常不灵活，难以改变布线的走向。柔性插入线的方法用于顶棚空隙处或在通道地板处。各个设备之间使用简单连接，提供适当的分线盒和连接箱，通常仅限于电力和照明线。组合顶棚敷设是将分布管线设在顶棚空隙，而垂直管道设在夹墙内。与硬件插入法比，该方法增加了夹墙。

对于钢结构，常采用多孔地板。结构钢板中混凝土板也用于分布电缆。出口管线预埋在中心位置，与楼面齐。使用扁平电缆是一种新的解决方法，扁平电缆的厚度只有几个毫米，敷设在地毯下面就行了，值得在改建中推荐。最好的解决办法是使用活动地板。尽管增加了不少的造价，但带来的好处是显而易见的。目前仅仅应用在新建的各类电脑中心机房。扩充设备所受到的限制最小。

30.5.3 工作站的设计

电脑工作站的设计应该考虑很多因素。一台典型的个人微机要占用一半的写字台面积。而写字台的其余部分往往堆积着许多应该放在其他地方保管的东西，比如象手册、文具、磁盘、色带等，这显然不妥。设计工作站应该提供文件储存柜。

流行的电脑工作站设计为 L 型或 U 型，矩形写字台可能已经过时。标准电脑桌设计有两个平面，一个放显示器，一个放键盘。键盘和显示器的高度应该是可调的。显示器应该能够调整倾斜度。椅子也是一个问题，它通常应该适合除去 5% 最高的男人和 5% 最低的女人。椅子的高度和靠背的倾斜度应该是可调的，最好有一个可以放脚的地方。

工作站的设计目的在于使操作人员保持一个良好的操作姿势，即坐、靠、胳膊支撑等。上臂应直立，胳膊肘内合，前臂能够水平放置，键盘应在胳膊肘高度下方以便放手掌，座椅高度应在腿部压力下自然落地。设计师有责任了解并应用这些原理到设计中去，并对自己的设计作出解释。

电脑工作站的位置确定应该防止眩光和反光。操作人员不应面对窗户，也不应背对窗户。如果是顶棚照明，照明装置应垂直于荧光屏表面。最大水平照度应在 500 ~ 700lx 之间。多台电脑并排使用，最大水平照度应减少到 300 ~ 400lx。宜使用屏幕保护装置。

30.5.4 电脑机房的平面布局

电脑房在多层建筑或高层建筑物内宜设于第二、三层或更高，以尽量减少尘土等污染。

1. 电脑房位置选择的要求　水源充足，电力比较稳定可靠，交通通信方便，自然环境清洁。远离产生粉尘、油烟、有害气体以及生产或储存具有腐蚀性、易燃、易爆物品的工厂、仓库、堆场等。远离强振源和强噪音源。避开强电磁场干扰。

2. 电脑房组成　按电脑运行特点及设备具体要求确定，一般宜由主机房、基本工作间、第一类辅助房间、第二类辅助房间、第三类辅助房间等组成。电脑房的使用面积应根据电脑设备外形尺寸布置确定。

3. 电脑房的使用面积　主机房面积可按下列方法确定：

（1）当电脑系统设备已选型时，可按下式计算：

$$A = K\Sigma S$$

式中　A ——电脑主机房的使用面积（m^2）；

　　　K ——系数，. 取值为 5 ~ 7；

　　　S ——电脑系统及辅助设备的投影面积（m^2）。

（2）当电脑系统的设备尚未选型时，可按下式计算：

$$A = KN$$

式中　K ——单台设备占用面积，可取 4.5 ~ 5.5（m^2）；

　　　N ——电脑主机房内所有设备总台数。

（3）要求：基本工作间和第一类辅助房间面积的总和，宜大于或等于主机房面积的 1.5 倍。同时，上机准备室、外来用户工作室、硬件及软件人员办公室等可按每人 3.5 ~ 4m^2 计算。

（4）设备布置　电脑设备宜采用分区布置，一般可分为主机区、存储器区、数据输入区、数据输出区、通讯区和监控调度区等。具体划分可根据系统配置及管理而定。需要经常监视或操作的设备布置应便于操作。产生尘埃及废物的设备应远离对尘埃敏感分设备，并宜集中布置在靠近机房的回风口处。

4. 主机房内通道与设备间的距离

两相对机柜正面之间的距离不应小于 1.5m。机柜侧面（或不用面）距墙不应小于

0.5m，当需要维修测试时，则距墙不应小于1.2m。走道净宽不应小于1.2m。

主机房——电脑主机、操作控制台和主要外部设备（磁带机、磁盘机、软盘输入机，激光打印机、宽行打印机、绘图仪、通信控制器、监视器等）的安装场地。基本工作间——用于完成信息处理过程和必要的技术作业的处所。其中包括：终端室、数据录入室、通信机室、已记录磁介质库、已记录纸介质库等。

第一类辅助房间——直接为电脑硬件维修、软件研究服务的处所。其中包括硬件维修室、软件分析修改室、仪器仪表室、备件库、随机资料室、未记录磁介质库、未记录纸介质库、软件人员办公室、硬件人员办公室、上机准备室和外来用户工作室等。

第二类辅助用房——为保证电脑机房达到各项工艺环境所必需的给公用专业技术用房。其中包括：变压器室、高低压配电间、不间断电源室、蓄电池室、发电机室、空调器室、灭火器材室和安全保卫控制室等。

第三类辅助用房——用于生活、卫生目的的辅助用房。包括更衣室、休息室、缓冲间和盥洗室等。

5. 平面布局

电脑机房的建筑平面和空间布局应具有适当的灵活性，主机房的主体结构内宜采用大开间大跨度的柱网，内隔墙宜具有一定可变性。主机房净高，应按机柜高度和通风要求确定，宜为2.4～3m。电脑房的楼板荷载可按5.0～7.5kN/m²设计。电脑房的主体结构应具有耐久、抗震、防火、防止不均匀沉陷等性能。变形缝和伸缩缝不应穿过主机房。主机房内各种管线宜暗敷，当管线需要穿过楼层时，宜设技术竖井。

室内顶棚上安装的灯具、风口、火灾探测器及喷嘴等设备应协调布置，并应满足各专业技术要求。机房围护结构的构造和材料应满足保温、隔热、防火等要求。电脑房各门的尺寸均应保证运输方便。

6. 人流及出入口

电脑机房宜设置单独的出入口，当与其他部门共用出入口时，应避免人流、物流的交叉。机房建筑的入口至主机房应设通道，通道净宽不应小于1.5m。电脑机房宜设置门厅、休息室和值班室。人员出入主机房和基本工作间应更衣换鞋。主机房和基本工作间的更衣换鞋间使用面积应按最大班人数的每人1～3m²计算。当无条件单独设更衣换鞋室时，可将换鞋、更衣柜设于机房入口处。

7. 防火和疏散

电脑房与其他建筑物合建时，应单独设置防火分区。专用电脑机房的安全出口不应少于两个，并宜设于机房的两端。门应向疏散方向开启，走廊、楼梯间应畅通并有明显的疏散指示标志。主机房、基本工作间及第一类辅助房间的装饰材料应选用非燃烧材料或难燃烧材料。

30.5.5 机房要求的环境条件

1. 静态条件

电脑机房空调系统处于正常运行状态，电脑系统已安装，室内没有生产人员的情况。

电脑系统停机条件下——主机房内空调系统和不间断供电电源系统均正常运行，而电脑系统不工作的状态。

2. 温度和湿度

主机房、基本工作间的温、湿度必须满足电脑设备的要求。电脑房内温湿度应满足下列要求：

（1）开机时电脑房内的温湿度，应符合表 30-13 的规定。

开机时电脑房内的温湿度　　　　　　　　　　　　　　表 30-13

级别 项目	A 级		B 级
	夏季	冬季	全年
温　　度	23 ± 2℃	22 ± 2℃	18 ~ 22℃
相对湿度	45% ~ 65%		40% ~ 70%
温度变化率	< 5℃/h 不结露		< 10℃/h 不结露

（2）停机时电脑房内的温湿度，应符合表 30-14 的规定。

停机时电脑房内的温湿度　　　　　　　　　　　　　　表 30-14

项目 级别	A 级	B 级
温　　度	5 ~ 35℃	5 ~ 35℃
相对湿度	45% ~ 70%	20% ~ 80%
温度变化率	< 5℃/h 不结露	< 10℃/h 不结露

开机时主机房的温湿度应执行 A 级，基本工作间可根据设备要求按 A、B 两级执行，其他辅助房间应按工艺要求确定。常用记录介质的温湿度应与主机房相同。其他记录介质的要求按表 30-15 采用。

记录介质的温湿度　　　　　　　　　　　　　　表 30-15

品种 项目	卡片	纸带	磁带		磁盘	
			长期记录	未记录的	已经记录	未记录的
温　　度	4 ~ 40℃		18 ~ 28℃	0 ~ 40℃	18 ~ 28℃	0 ~ 28℃
相对湿度	30% ~ 80%	40% ~ 70%	20% ~ 80%	20% ~ 80%	20% ~ 80%	20% ~ 80%
磁场强度			< 3200A/m	< 4000A/m	< 3200A/m	< 4000A/m

（3）主机房内的空气含尘浓度，在静态条件下测试，每升空气中 ≥ 0.5μm 的尘粒数，应小于 18000 粒。噪声、电磁干扰、振动及静电。主机房内的噪声，在电脑系统停机条件下，在主操作员位置测量应小于 68dB（A）。主机房内无线电干扰场强，在频率为 0.15 ~ 1000MHz 时，不应大于 126dB。主机房内磁场干扰环境场强不应大于 800A/m。在电脑系统停机条件下主机房地板表面垂直及水平向的振动加速度值不应大于 500m/s^2。主机房内绝缘体的静电电位不应大于 1kV。

30.5.6　电脑机房的电源

1. 电压允许偏移范围

电脑供电电源质量根据电脑的性能、用途和运行方式（是否联网）等情况，电压允许偏移范围可划分为 ABC 三级。见表 30-16。

电脑机房供配电系统应考虑电脑系统有扩展、升级的可能性，并应预留备用容量。电脑机房宜由专用电力变压器供电。机房内其他电力负荷不得由电脑主机电源和不间断电源系统供电。主机房内宜设置专用动力配电箱。当电脑供电要求具有下列情况之一时，应考虑交流不间断电源系统供电。

电脑供电电源电压允许偏移范围分级 表30-16

内　容　等　级	A	B	C
稳态电压偏移范围（%）	±2	±5	+7　−13
稳态频率偏移范围（Hz）	±0.2	±0.5	±1
电压波形畸变率（%）	3～5	5～8	8～10
允许断电持续时间（ms）	0～4	4～200	200～1500

（1）对供电可靠性要求较高，采用备用电源自动投入方式或柴油发电机组应急自启动方式等仍不能满足要求时。

（2）一般稳压稳频设备不能满足要求时。

（3）需要保证顺序断电安全停机时。

（4）电脑系统实时控制时。

（5）电脑系统联网运行时。

2. 当机房容量较大时，用专用电力变压器

电脑机房属于工业建筑工程，其用电负荷等级较高。为了防止其他负荷对电源的干扰，及维护运行管理上的方便，当机房容量较大时，用专用电力变压器。容量较小时，也可采用专用低压馈电线路供电。如空调器、通风机、吸尘器、电梯、电烙铁、电焊机、维修电动工具等。为了防止它们对电脑的干扰，保证电脑电源系统不受污染，应严禁使用电脑房内电源供电，更不得接入交流不间断电源系统供电。机房一般照明和应急照明均应由单独的低压照明线路供电。为便于维护管理和安全运行，机房内一般设置专用动力配电箱。

3. 采用静态交流不间断电源设备时应采用限制谐波分量措施

当城市电网电源质量不能满足电脑供电要求时，应根据具体情况采用相应的电源质量改善措施和隔离防护措施。电脑房低压供配电系统应采取 TN—S 或 TN—C—S 系统。频率50Hz、电压 220/380V 电脑主机电源系统应按设备的要求确定。

当城市电网电源质量不能满足要求时，应根据具体工程情况经过技术经济分析，采取一种或几种组合的、有针对性的电源隔离防护措施。例如滤波器能滤除掉电源中某些高频噪声，浪涌吸收器能吸收浪涌电压，隔离变压器能隔离除去一个持续时间非常短的高频瞬变信号，铁磁稳压变压器具有稳压和滤波的功能，涡轮发电机组可有效消除大部分瞬变信号和短时电压偏差。最完善可靠的办法是选用交流不间断电源设备。它能够使电脑负荷或其他重要负荷与城市电网隔离开，消除电压和频率的偏差及各种干扰。

主机房内活动地板下部的低压配电线路宜采用铜芯屏蔽导线或铜芯屏蔽电缆。活动地板下部的电源线应尽可能远离电脑信号线，并避免并排敷设。当不能避免时，应采取相应的屏蔽措施。

4. 尽量保证电源运行时三相平衡

为了保证电源运行时三相平衡，设计时应尽可能将单相负荷平均分配在各相上。电脑机房低压配电系统的三相负荷不平衡度应控制在 5%～20%。为减少线路压降，减少线路干扰和便于维护管理，电脑电源设备（如交流稳压器、电源滤波器、隔离变压器、不间断电源、蓄电池等）除各种发电机组外，均应靠近主机房布置。

5. 防止电源过电压

为防止闪电雷击及操作过电压对设备造成的危害，电脑房电源进线宜采用地下直接埋设电缆。当采用架空进出线时，在低压架空电源进线处或专用电力变压器低压母线配电母线处应装设低压避雷器。主机房专用动力配电箱内低压配电母线上宜装设浪涌吸收装置（如压敏电阻），以消除线路上产生的瞬间高压尖峰脉冲。分别设置测试与维修用插座的目的是为了避免维修用手动工具误插入测试插座内影响电脑正常运行。主机房内低压配电线路供电可靠性和抗干扰性要求较高，一般采用铜芯屏蔽电缆或导线。

30.5.7 电脑机房的照明

1. 电脑机房照明的照度标准值

(1) 主机房平均照度可按 200、300、500lx 取值。

(2) 基本工作间、第一类辅助用房的平均照度可按 100、150、200lx 取值。

(3) 第二、第三类辅助房间应按现行照明设计标准规定取值。

2. 电脑机房照度标准的取值

(1) 间歇运行的机房取低值；(2) 持续运行的机房取中值；

(3) 连续运行的机房取高值；(4) 无窗建筑的机房取中值或高值。

3. 电脑机房眩光限制标准：可按表 30-17 分为三级。

眩 光 限 制 等 级　　　　　　　　　　　　　　表 30-17

眩选限制等级	眩 光 程 度	适 用 场 所
Ⅰ	无眩光	主机房、基本工作间
Ⅱ	有轻微眩光	第一类辅助间
Ⅲ	有眩光感觉	第二、三类辅助房间

直接型灯具的遮光角不应小于表 30-18 的规定。

直接型灯具的最小遮光角　　　　　　　　　　表 30-18

光 源 种 类	光源平均亮度 1 ($\times 10^2$cd/m²)	眩光限制等级	遮光角
管状荧光灯	1 < 20	Ⅰ	20°
		Ⅱ、Ⅲ	10°
透明玻璃白炽灯	1 < 500	Ⅱ、Ⅲ	20

4. 照明的均匀度

主机房、基本工作间宜采用下列措施限制工作面上的眩光和作业面上的光幕反射。使视觉作业不处在照明光源与眼睛形成的镜面反射角上。也可采用发光表面积大、亮度低、光散性能好的灯具。或者视觉作业处家具和工作房间内应采用无光泽表面。

工作区内一般照明的均匀度（最低照明与平均照度之比）不宜小于 0.7。非工作区的照度不宜低于工作区平均照度的 1/5。电脑机房内应设备用照明，其照度为一般照明的 1/10。备用照明宜为一般照明的一部分。电脑房应设置疏散照明和安全出口标志灯，其照度不应低于 0.5lx。电脑机房照明线路宜穿钢管暗敷或在吊顶内穿钢管明敷。大面积照明场所的灯具宜分区、分段设置开关。

30.5.8 消防安全

1. 消防设备

电脑主机房、基本工作间应设二氧化碳或卤代烷灭火系统，并应按现行有关规范的要求执行。报警系统和自动灭火系统应与空调、通风系统联锁。空调系统所采用的电加热器，应设置无风断电保护。电脑用于非常重要的场所或发生灾害后造成非常严重损失的机房，在工程设计中必须采取相应的技术措施。

2. 消防设施

凡是设置 CO_2 或卤代烷固定灭火系统及火灾探测器的电脑房，其吊顶的上下及活动地板下，均应设置探测器和喷嘴。主机房宜采用感烟探测器。当设有固定灭火系统时，应采取感烟、感温两种探测器的组合。当主机房内设置空调设备时，主机房内电源切断开关应靠近工作人员的操作位置或主要出入口。

3. 安全措施

主机房出口应设置向疏散方向开启且能自动关闭的门。并保证在任何情况下都能从机房内将门打开。凡设有卤代烷灭火装置的电脑房，应配置专用的空气呼吸器或氧气呼吸器。电脑房内存放废弃物应采用有防火盖的金属容器。电脑房内存放记录介质应采用金属柜或其他能防火的容器。根据主机房的重要性，可设警卫室或保安设施。电脑机房应有防鼠、防虫措施。

30.6 图 书 展 览 建 筑

图书馆阅览室的照明特点是应考虑读者长时看书眼睛容易疲劳，因此要有较高的照明质量，显色性也要良好，照度高而且光线要均匀柔和，这样才可能减轻读者的视觉疲劳。常采用日光灯与白炽灯相混合配光，以改善光色。

个别桌面可以设置局部照明，来供给视力差的老者或视力有残疾者使用。一般阅览室有整体照明就可以了，也可以多设置一些插座，供临时台灯及收录音机使用。

30.6.1 图书馆阅览室的照明设计要点

1. 图书馆建筑照明设计

存放或阅读书本、舆图、图件等珍贵资料的场所，不宜采用具有紫外光、紫光和蓝光等短波辐射的光源。书库照明宜选用配光适当的灯具。灯具与书架位置应准确配合。书库地面宜采用反射比较高的材料。一般阅览室、研究室、装裱修整间、出纳厅增设局部照明。老年读者阅览室、善本和舆图阅览室、缩微阅览室宜增设局部照明及调光装置。

2. 办公楼照明设计

对有长时间连续工作的办公室、阅览室、电脑显示屏等工作区域，宜控制光幕反射和反射眩光。在顶棚上的灯具不宜设置在工作位置的正前方，宜设在工作区的两侧，并使灯具的长轴方向与水平视线相平行，以便减少光幕反射和反射眩光；视觉作业的邻近表面以及房间内的装修表面宜采用无光泽的装饰材料；营业柜台或陈列区域宜增设局部照明。

3. 灯具和灯位设计

一般采用荧光灯，而且最好选用半直接照明灯具，使小部分光照射到顶棚空间，以改善室内光亮度分布，还能把大部分光集中到桌面上来。在视听室要放广播和电视等，这时电光源不宜选用气体放电灯，以防杂波干扰，应该选用白炽灯或卤钨灯等。书库的照明要根据书架平面图来安排灯具的位置，常采用吊链式安装，让光线能照到书架两侧，保证有良好的垂直照度，能清楚地看清图书目录。

4. 垂直照度和水平照度的标准见表 30-19。

中国图书馆书库照度定为 30~50lx，日本是 200~270lx，美国是 200~500lx。

图书馆、办公室及同类视觉作业照度标准值的确定。

在长时间阅读的视觉工作场所——阅览室照度标准值定为 200lx，照度范围为 150~200~300lx。图书馆书架垂直照度推荐距地 0.2m 高处为 20lx。目前水平照度与垂直照度之比为 1:0.2，地面的反射系数为 0.25，若照度用 30~50lx，则垂直照度只有 0.05，显然是太小了。所以这样的图书馆适宜于只在白天开馆，借助于自然光或用手电筒辅助照明。现在设计一般书库与阅览室照度相同，为 150~300lx。

图 书 馆 的 照 度 标 准   表 30-19

类　　　别	参考平面及其高度单位（m）	照度标准值（lx）		
		低	中	高
一般阅览室、少年儿童阅览室、研究室、装裱修整间、美工室	0.75 水平面	150	200	300
老年读者阅览室、善本书和舆图阅览室	0.75 水平面	200	250	500
陈列室、目录厅（室）、出纳厅（室）、视听室、缩微阅览室等	0.75 水平面	75	100	150
读者休息室	0.75 水平面	30	50	75
书库	0.25 垂直面	20	30	50
开敞式传输传送设备	0.75 水平面	50	75	100

5. 阅览室照明的现状分析

根据对 12 个城市的 30 个图书馆的 75 个场所进行了照明现状调查实测，阅览室照度平均加权值为 160lx。考虑到现状的照度水平偏低和今后发展的需要，故规定阅览室水平照度为 200lx，照度范围为 150~200~250lx，这是符合中国国情的。

阅览室的照度标准，应区别读者年龄、读物的精细程度和阅读时间长短，而选用相宜的照度值。对以老年人或残疾人为主的阅览室应取照度上限。短时间浏览或以中青年为主要读者时，可取下限。另外还要根据建筑物等级和重要程度选取照度值的上中下限。

6. 实验分析

(1) 汉字阅读的视度测验：在实验室里对精细阅读的视觉活动进行视度实验。采用 5 号和 6 号两种识别视角的铅字。其对比度为 0.32，0.48，0.79 和 0.92 四种。当照度为 200lx 时，其可见度值为 2.92~4.28，因此基本满足视觉要求。

(2) 相对可见度水平：分析图书馆的精细阅读条件，取最小分辨角为 α=1.5′；加权平均取其对比度为 0.5；在照度为 150~200~300lx 时，其相对视度值为 0.6、0.64、0.71（最大相对视度水平为 1.0）。从以上数值可知，这一照度范围基本满足精细视觉阅读的需要。

(3) 根据视觉满意程度实验：在照度为 10~5000lx 范围内取 7 个照度等级，用一定的心理量表，定量地评价各种照度等级条件下视觉心理满意程度。统计分析结果表明，对荧光灯而言，为 1000~1700lx；对白炽灯而言，为 750~1000lx。当照度为 150~200~300lx 时，对荧光灯而言，满意度为 47~60；对白炽灯而言为 52~63（最高满意度为 100）。因此可以说 150~200~300lx 基本满足视觉心理的要求。

根据日本印东与河合悟所做的汉字阅读实验得到的易读度与照度关系可知：当照度为 150~200~300lx 时，易读程度为 45~46~48。根据该公式所求得的易读范围为 40~55 时，可读程度仅为"微细之处，看不完全"，这是较低的程度。故日本一般阅览室照度为 200~700lx。在特殊阅览室规定照度为 300~1500lx。

阅览室视觉劳动的照度值为 200lx，范围为 150～200～250lx 基本满足视觉要求。

7. 设计图中的标注

系统图中应标出各级开关的型号容量、配电箱之间管线的规格、电能表的型号容量、漏电开关的型号容量、配电箱的尺寸等。在照明平面图中应标出各支路的编号。

8. 楼内电话设计

如果电话超过 5 对，应用电话电缆传输信号。不足 5 对时，用普通绝缘线即可。电话插座的平面布置最好经过调查研究确定，最好设在靠窗户的墙上，办公桌也靠窗户放置，以利于充分利用自然光。各层楼平面电话插座的位置尽可能一致，以便于施工。电话数量上通常要留有一定的裕度，以适应通讯事业发展的需要。

30.6.2　安全防火问题

1. 防火要点

照明电源配电箱位置要便于下班时拉总闸，以防电气火灾。书库用白炽灯作移动式局部照明时，应注意光源勿烤坏书籍。重要的书库如应设置感烟和感温探测器，并设置干式自动灭火系统。不能用湿式灭火系统。集中报警器一般设置在值班室或者警卫室。在存放或阅读善本书、舆图、图件等珍贵资料的场所，不宜采用有紫外光、紫光和兰光等短波辐射的光源。书库地面宜采用高反射系数的材料。

进户线一般采用 TN—S 三相五线供电，架空进线用铜芯橡皮绝缘线，室内穿管线用铜芯塑料绝缘线。防火系统的线路可以采用专用的防火电缆或耐高温线。用架空线方式比电缆进线方式的造价低得多，如何选择取决于投资及是否需要用铠装直埋电缆作进户线来起防雷的作用。

管材一般用钢管 SC、电线管 TC、耐燃型硬塑料管 PVC、耐燃型半硬塑料管及耐燃型可挠塑料管。而流体管 RVG 和普通硬塑料管 VG 因为含氧气指数低于 27%，不符防火规范的要求。

2. 重复接地和建筑防雷问题

在进户线进入建筑物时应把 PE 线作重复接地，一般可以把重复接地和防雷接地合在一起。CATV 系统的防雷接地也都焊连在一起。接地电阻不大于 4Ω。有一种理论认为 CATV 系统的接地与其他接地要严格分开，但施工中很难分开，合在一起也没出现击毁电视机的事故。从等电位原理分析，市电插座与电视天线同时有高电位，比分开后只有一方有高电位而产生电位差要安全。

如果用 TN—C—S 系统供电，则只允许在总配电箱处 N 线和 PE 线相连接，其他各分箱一律不能再相连，但要求在工程进线处接地及在供电终端作重复接地。

3. 防潮问题

重点是地下书库及长期不去人的书库，图书容易发霉生虫，应定时通风换气，不可只靠用灯具的热量驱潮。

30.6.3　照明配电箱的选择

近年来低压电器发展很快，小型断路器普遍采用，取代了开启式负荷开关（俗称胶盖闸）。尽可能选用定型产品，如果没有合适的定型产品，可以按系统图在低压电气厂去订做。

电表箱也有定型产品，也可以按计算电流选择。办公室内的吊扇、空调及排风扇等都属于照明用电，用照明电度表计量。只有三相容量较大的电动机才算动力用电。电动表箱的安装高度距地 1.8～2.2m。一般照明配电箱安装高度为 1.4m。

所有插座支路应设置漏电保安器，装于配电箱中。插座的安装高度一般为距地 0.3m 或 1.8m。如果高度低于 1.8m，则必须选用安全型的插座。总配电箱至各分配电箱宜采用放射式配电。

30.6.4 博物馆、展览馆电气照明

博展馆的照明设计有以下主要特点：

（1）照明质量要求高，指光源的显色性和光色应接近天然光；合理的色彩指室内色彩宜接近无彩色无光泽；防止镜面映像，利用光影效果有良好的实体感，限制紫外线对展品的不利影响。对于照明光源可采用三基色荧光灯、金属卤化物灯和有紫外滤光层的反射型白炽灯。当采用卤钨灯时，灯具应配以抗热玻璃或滤层以吸收波长小于 300mm 的辐射线。

壁挂式展示品，在保证必要照度的前提下，应使展示品表面亮度在 2cd/m² 以上，同时应使展示品表面照度保持一定的均匀性，通常最低照度与最高照度之比应大于 0.75。对于有光泽或放入玻璃镜框内的壁挂式展示品，为减少反射眩光及防止镜面映像，应使观众面向展示品方向的亮度与展示品表面亮度之比小于 0.5。

（2）对于具有立体造型的展示品，为获得实体质感效果，宜在展示品的侧前方 40°～60°处设置定向聚光灯，其照度宜为一般照度的 3～5 倍，当展示为暗色时则应为 5～10 倍。陈列橱窗的照明应注意灯具的配置和遮光板的设置，防止直射眩光。通常可将光源设置在橱柜内顶部并加装遮光板，也可以根据橱窗尺寸和展示品的内容，设置导轨灯。

（3）对于在灯光作用下易变质褪色的展示品，应选择低照度水平和采用可过滤紫外线辐射的光源；对于机器和雕塑等展示品，应有较强的灯光以显示其特征。通常情况下弱光展示区应设在强光展示区之前，并应使照度水平不同的展厅之间有适宜的过渡照明。展厅灯光宜采用光电控制的自动调光系统，随天然光的变化自动控制或调节照明的强弱，保持照度的稳定和节约能源。同时，考虑特殊情况下采用程序控制各展厅照明的亮灭，以方便参观时的灯光管理。

（4）当无具体展品布置要求时，在展厅地面可按每 3～5m² 方格的交点设置三相和单相地面插座，其配线方式宜采用地面线槽。展厅的每层面积超过 1500m² 时应设置应急照明，重要藏品库房宜设有警卫照明。博物展览馆照度见表 30-20。

博物馆、展览馆照度

表 30-20

场　　　　所	照度值 (lx)	备　　　　注
藏品库房	30～50～75	对光特别敏感的展品应选用白炽灯
复制室、电梯厅	75～100～150	
纸制书画、邮票、树胶彩画、水粉素描画、印刷品、纺织品、染色皮革、植物标本等展厅	50～75～100	可设置重点照明；光源色温 ≤2900K；展品采用悬挂方式，照度值指垂直照度
漆器、藤器、木器、竹器、石膏、骨器制品以及油画、壁画、天然皮革、动物标木等展厅	150～200～300	可设置重点照明；光源色温 ≤4000K；展品采用悬挂方式，照度值指垂直照度
玻璃、陶瓷、珐琅、石器、金属制品等展厅	200～300～500	可设置重点照明；光源色温 ≤6500K；展品采用悬挂方式，照度值指垂直照度

30.7 学校建筑电气设计

学校的建筑电气设计，应满足教学功能的要求，有利于学生身心健康。学校的电气设计应根据各地区的气候和地理差异、经济技术的发展水平、各民族生活习惯及传统因素，因地制宜进行设计。

30.7.1 基本要求

学校各建筑的电源引入处应设电源总开关。当为多层建筑时除首层设电源总开关外，各层均应设置分开关。建筑的照明总配电箱的位置应便于管理和进出线方便。室外线路应保证安全，维护方便。配电装置的位置和构造，应格外注意安全可靠，防止学生意外触电措施。室内宜采用暗线敷设。

1. 配电系统支路的划分原则

(1) 教学用房照明支线控制范围不宜过大，以 2~3 个教室为宜。教学用房和非教学用房的照明线路应分设不同支路。门厅、走道、楼梯照明线路应单独设支路。视听桌上除设置有电源开关外还宜设有局部照明。

(2) 总配电箱至各分箱宜采用放射式供电关系。中小学教学楼配电箱应上锁。

(3) 普通教室及合班教室的前后墙上应各设置一组电源插座。物理实验室讲台上应设置三相 380V 电源插座。语言、电脑教室在学生座位上设三个 50W 容量的电源插座，宜采用地面线槽配线。供盲人使用的书桌上宜设安全型电源插座。

(4) 实验室内的教学用电应设专用线路，电源侧应设置切除保护措施的配电装置。应安装漏电断路器。

(5) 语言教室和电脑机房，应根据设备性能及要求，设置电源及安全工作接地。

2. 容量计算

实用中，教室的一个插座按 100W，双管荧光灯按 100W，每个回路用电需要系数 K_x 一般取 0.7~0.9。风机的负荷率可取 0.75~0.85，水泵的负荷率可取 0.7~0.8。电度表可以分教室单独计量，以便评比和管理。

3. 对照明设备的要求

教室是教师和学生授课与学习的场所，需要安静、明快的光环境，宜选择冷色调的光源，通常都采用日光灯作光源，色温 4500K~5000K，发光效率高，发光面积大，眩光较少，显色指数也高（在 95 以上）。教室的前后门宜都设开关，单灯单控或一个开关控制一对灯、一条灯或一个光带。采用暗装翘板开关时，可集中在教室前门黑板一侧。楼梯间灯具宜采用双控。

4. 要有足够的照度和均匀度

教室照明要充分利用自然光，太阳是最好的光源，如大型合班教室宜开侧窗、天窗和楼道亮子。夜间照明采用日光灯时，平均照度应不低于 75~100lx。在长时间阅读的视觉工作场所——阅读室的照度标准值定为 200lx，照度范围为 150~200~300lx。设计应充分重视青少年视力的发育。用双管 40W 的控照式日光灯，链吊式安装就可以基本满足要求。用控照式灯具吊链式安装是为了提高桌面上的照度，如果教室有吊顶，也可采用吸顶式安装。

照度的均匀度 $a = \dfrac{E_{\min}}{E_{cp}}$ 不小于 0.5，用光带的效果比较好。

学校用房的平均照度如表 30-21 所示。

30.7.2 布灯方法

1. 黑板照明设计

学校用房的平均照度 表 30-21

房　间　名　称	平　均　照　度	规　定　照　度　面
普通教室、书法教室、语言教室	150lx	课桌面
音乐教室、史地教室、合班教室	150lx	课桌面
实验室、自然教室	150lx	实验桌面
电脑机房	200lx	机台面
琴房	150lx	谱架面
舞蹈教室	150lx	地面
美术教室、阅览室	200lx	课桌面
风雨操场	100lx	地面
办公室、保健室	150lx	桌面
厕所、楼道、饮水处	20lx	地面

（1）黑板照明的垂直照度应该比教室平均水平照度（75～150lx）高，不低于水平照度的 1.5 倍为宜。通常垂直照度平均值不低于 200lx，黑板面上平均照度均匀度不应低于0.7。在黑板一侧可以设置容量为 5～10kW 的配电箱。

（2）学生看黑板视角低，很容易产生眩光，可以选用遮光良好的日光灯，设在黑板的上沿。可以选用只照射黑板的斜照式投光灯，主要是让学生不受到黑板的反射眩光，也不要遭受黑板灯光的直接照射而产生眩光。

（3）老师在黑板上写字或面向学生时，都不能遭受眩光的影响。

（4）黑板照明对学生视力影响很大，设计主要选好灯位，以防光幕反射。图 30-2 中在 a 至 b 范围内不宜布灯，因为容易对老师写字有眩光，c 点以后对学生有光幕反射，学生的视角 1 和视角 2 都不太大，所以黑板等应有灯罩避免对坐在后面的学生产生眩光，c点以后的灯对老师有直射眩光，直射光在 45°角以内所以应用灯罩。所以黑板灯适宜布置在 55°以内。

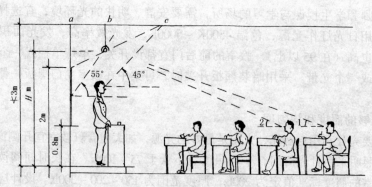

图 30-2　黑板灯立面布局

（5）黑板灯照明开关宜单独设置，走廊照明宜在上课后可关掉其中部分灯具。教室照明的控制应平行于外窗方向顺序设置开关。

2. 教室、办公室布灯平面

（1）教室、办公室等都是脑力劳动的场所，为了提高精神减轻疲劳，应该在照明设计上提供尽可能舒适的光学环境，如没有眩光、照明的均匀度良好、光色使人镇定融洽适宜于办公和读书。常选用蝙蝠翼形状的配光曲线，如图 30-3，发光强度最大的地方是在荧光灯纵方向的两侧，所以在教室、报告厅等公共建筑内适宜按图 30-4 布置。荧光灯的布局应注意教室两边靠墙课桌的照度，教室边灯距离墙 L_1 为两灯间距 L_2 的 1/3 或 1/1.25。

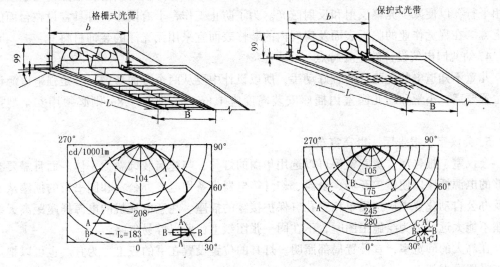

图 30-3　蝙蝠翼形状的配光曲线

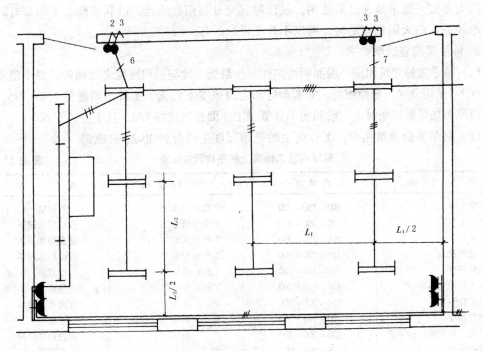

图 30-4　教室或报告厅的布灯平面

（2）在有显示屏的教室，要控制光幕反射和反射眩光，灯具的位置不宜在工作位置的正前方，应设置在工作区的两侧，并且使灯具长轴方向与人的视线平行，以减少光幕反射及反射眩光。所以常选用低亮度的灯具或上射灯具。在视觉作业的附近及房间装修表面材料宜选用无光泽的装饰材料。营业柜台或陈列区域可以增设局部照明。

3. 专用美术教室布灯要求

专用美术教室要求照明灯具的显色指数比较高，可以配备组合光源和投光灯。对于需长时间连续工作的房间及电脑显示屏等工作区域宜控制光幕反射和反射眩光。在顶棚上的灯具不宜设置在工作位置的正前方，宜设在工作区的两侧，并使灯具的长轴方向与水平视线相平行，以便减少光幕反射和反射眩光。为了防止工作台上有阴影，灯具宜设在台面的正上方。在视觉作业的临近表面及房间内的装修表面宜采用无光泽的装饰材料。

4. 幼儿园电气设计的主要特点

儿童不知道电的危险，而且好动手，所以设计中要从两个方面考虑，一是强电电源设置位置要高，小学和幼儿园室内插座安装高度应1.8m，若低于1.8m则必须用安全型插座。

5. 会议室、报告厅、贵宾室布灯

会议室、报告厅、贵宾室等可以选用华丽的灯具，与建筑装饰融为一体。而且需要有足够的电源插座以便供扩音器、录像、幻灯等电器设备用电。办公室和图书馆的插座从安全及办公自动化要求应选用单相三孔有保护接零的插座。注意电视机的电源插座距离天线插座不能太远，因为绘施工图时，不在同一张图纸上，所以容易忽略。

在高大的阅览室，宜设置局部照明。灯具的位置设置在书的正上方为宜。也可以把灯直接设置在书架上。

因为办公室通常是在白天使用，设计时宜充分利用自然光，以利节能。平面布灯时应单灯单控，在白天阳光充足时，可以不开靠窗户的灯。

6. 科学实验室照明要求

(1) 科学实验建筑用房一般照明均匀度，按最低照度与平均照度之比确定，最小值不宜小于0.7。采用分区一般照明时，非实验区和走道照度不宜低于实验区照度的1/3～1/5。采用一般照明加局部照明时，一般照明不宜低于工作面总照度的1/3，且不应低于50lx。

(2) 科学实验建筑用房，工作面上的平均照度应符合表30-22的规定。

科学实验工作面上的平均照度标准   表30-22

房 间 名 称	平均照度（lx）	工作面及高度（m）	备 注
通用实验室	100～150～200	实验台面 0.75	一般照明
生物培养室	150～200～300	工作台面 0.75	宜设局部照明
天平室	100～150～200	工作台面 0.75	宜设局部照明
电子显微镜室	150～200～300	工作台面 0.75	宜设局部照明
谱仪分析室	100～150～200	工作台面 0.75	一般照明
放射性同位素实验室	100～150～200	工作台面 0.75	一般照明
研究工作室	150～200～300	桌 面 0.75	宜设局部照明
学术报告厅	100～150～200	桌 面 0.75	一般照明
设计室、绘图室、打字室	200～300～500	桌 面 0.75	宜设局部照明
管道技术层	30～50～75	地 面	一般照明

高等学校普通教室的照度值宜为150～200～300lx，照度均匀度不应低于0.7。教室照明宜采用蝙蝠式和非对称配光灯具，并且布灯原则应采取与学生主视线相平行、安装在课

桌间的通道上方，与课桌面的垂直距离不宜小于 1.7m。光学实验桌上、生物实验室的显微镜实验桌上，以及设有简易天象仪的地理教室课桌上，宜设置局部照明。

（3）科学实验室需要有效限制工作面上的光幕反射和反射眩光的实验室，宜使视觉作业不处于室内光源与眼睛形成的镜面反射角上。采用光扩散性能好、亮度低、发光表面积大的灯具。增设局部照明。实验室内表面及室内设备表面为无光泽表面。

实验室（暗室除外）不宜用裸灯。通用实验室宜采用开启或带格栅直配光型灯具。开启型灯具效率不宜低于 0.7，带格栅型灯具效率不宜低于 0.6，实验室灯具格栅、反射器不宜采用全镜面反射材料。通用实验室宜采用荧光灯，层高大于 6m 的实验室宜采用高强度气体放电灯。

（4）对识别颜色有要求的实验室，宜采用高显色性光源。电磁干扰要求严格的实验室，不宜采用气体放电灯。潮湿、有腐蚀性气体和蒸汽、火灾危险和爆炸危险等场所，应选用具有相应防护性能的灯具。重要实验场所应设置应急照明灯。暗室、电镜室等应设置单色（红色或黄色）照明。入口处宜设置工作状态标志灯。生物培养室宜设置紫外线灭菌灯，其控制开关应设在门外与一般照明灯具的控制开关分开设置。

照明负荷宜由单独的变压器、单独的配电装置或单独回路供电，应设单独开关和保护电器。照明配电箱宜分层或分区设置。大面积照明场所宜分段、分区设置灯控开关。管道技术层内应设照明并由单独支路或专用配电箱（盘）供电。

（5）《民用建筑照明设计标准》及 CIENo. 29/2《室内照明指南》对工作面取距地面 0.75m 作参考平面与国际标准一致，照度标准值为平均维护照度值。

照度标准值不取单一值而取范围值，并分为三档，是依据现行的《民用建筑照明设计标准》并参照先进国家的标准制订的。其目的是使设计人员依据实际情况更合理地选择，有利用节能并考虑未来的发展。一般可取中间值可依据下列条件更合理地选择，建筑物的重要性、建设地点、视觉作业时间的长短、特点（识别难易、速度、准确度及造成的后果等）、工作人员年龄及经济条件等。

（6）实验室面积较大时，宜采用分区一般照明方式，有利于节能。非实验区和走道区内的照度可适当降低。考虑空间视觉舒适性，故规定其照度不宜低于实验区照度的 1/3～1/5。当采用一般照明加局部照明时，根据国标规定，一般照明提供的照度占工作面上总照度的 1/3 以下是能令人满意的。实验室照度不宜过低，一般照明不低于 50lx。

（7）视觉作业存在光幕反射、工作位置固定、工作持续时间长的实验室，光幕反射不仅影响工作效率也使人不舒适，应有限制措施。

实验室采用荧光灯较节能，但 6m 以上高度的实验室如采用荧光灯，灯具数量多、维护不方便，推荐采用高强气体放电灯。当照明负荷容量大、条件又允许时，宜单独设置变压器提供负荷照明。照明负荷容量不大或条件不允许时，可与其他负荷共用变压器，但应单独设置配电装置或回路供电并设有单独保护电器和开关。楼层面积不大时，照明配电箱宜分层设置，面积大时尚应分区设置。

要求进线用 TN—S 系统三相五线供电，如果当地是 TN—C 系统，应在总配电箱处工作零线分出一根专用保护线，即成为 TN—C—S 系统供电。

30.7.3　实验室照明系统设计

（1）实验室的电源应有 2～3 级保护设备，除了常用的短路保护用的保险丝以外，还应该有灵敏的过载保护和漏电保护。学生作实验的每一条支路上都要设漏电断路器。

（2）每个实验室都设置一个配电箱，位置显眼，操作方便，最好在讲台一侧，并应有总的负荷开关，便于人走拉闸。如果实验室设备有恒温箱或电冰箱等不能断电时，应设独立回路。

（3）学生作实验用的电源要根据实验室的不同而不同，共性的要求是要用有 PE 线的单相三极插座，以保障安全。根据需要还可以设置三相电源和 36V 安全电压电源。像电工、物理等常用强电的实验室，地面上还要铺设有绝缘垫。

（4）在化学实验室容易产生有害的气味，窗户或外墙上应设排风扇，室内可以安装吊扇，根据需要也可以设空调系统。实验用的电源插座容量单相不小于 6A，三相不小于 15A。耐压分别为 250V 和 500V。每个实验台上都应该设置总开关，以便应急拉闸断电。实验室配电导线一律用铜芯绝缘线，穿钢管保护，插座线最细不低于 2.5mm²。实验室内的金属容器、动力设备的金属外壳、铠装电缆外层、金属管线等一律和 PE 线焊连在一起，防止因火花放电或静电放电而引起火灾。

30.7.4　学校弱电系统的设计

（1）教学用房和辅助教学用房内均应设置广播扬声器。安装的高度距屋顶 0.3～0.5m 为宜。教室和楼道的扬声器宜用 3W 中低音扬声器。教室和办公室、教研室的广播回路要分开设置，方便于使用。播音系统中兼做播送作息时间的扬声器应设置在教学楼的走道、校内学生活动的场所。广播室内应设置广播线路接线箱，穿线暗管。广播扩音设备电源应以独立回路供给。扩音设备的电源侧，应设电源开关。

（2）各个教室的广播、电视、电铃、电话等弱电管线一定要和强电管线分开。平行敷设时，其间距应不小于 0.3m。室外敷设时尽量不与电力线路同杆敷设。如必须同杆敷设，应采用电缆，并架设在电力线路下方 1.5m 以上。广播线与通讯线同杆敷设，通讯线在广播线下方 0.6m 以上。

（3）教学楼内一般每个楼梯间附近安装一个电铃，或两个电铃间的距离不超过 5 个教室。室内电铃可选择直径 100mm，楼外选用直径 200mm。音乐教室专设电铃。电铃控制开关一般在传达室，电铃导线穿管应独立。

（4）强弱电管线分别设置管道井。当在同一管道井内敷设时，应敷设在管道井内或两侧。

30.7.5　供配电源

科学实验建筑的用电负荷分级及供电要求，应根据其重要性及中断供电在政治、经济、科学实验工作上所造成的损失或影响程度分类。城市电网电源质量不能满足用电要求时，应根据具体条件采用相应的电源质量改善措施（如滤波、屏蔽、隔离、稳压、稳频及不间断供电等）。学生活动区与教师活动区宜分开配电。

1. 对电源的各种要求

（1）用电负荷具有下列情况之一时，宜采用交流不间断电源系统供电：

①当采用备用电源自投入 BZT 或柴油发电机组应急自启动等方式仍然不能满足要求时。

②当采用一般稳压稳频电源设备仍然不能满足对稳压、稳频的精度要求时。

③当实验或设备需要保证顺序断电操作安全停机时。

④当停电损失大于不间断电源设备购置费用和运行费用的总和时。

交流不间断电源装置是设在正常电源和负荷之间的隔离缓冲设备，其蓄电池容量一般按维持满负荷供电 10～15min 考虑配置。交流不间断电源除具有短时缓冲作用外，还能改善电源质量起隔离防护作用并能消除干扰，起净化电源作用。

低压配电系统接地型式宜优先采用 TN—S 或 TN—C—S，可避免杂散电流等噪声对用电仪器设备的干扰。实验室负荷对供电电源质量和可靠性有一定的要求，当负荷容量较大时，宜设专用的变压器供电，既可避免其他负荷的干扰，同时也便于维护管理和运行。负荷容量较小时，可共用变压器，设低压专用馈电线路供电。

(2) 在同一科学实验建筑（室）内设有两种及以上不同电压或频率的电源供电时，宜分别设置配电保护装置并有明显区分或标志。当由同一配电装置保护时，应有良好的隔离。不同电压或频率的线路应分别单独敷设，不得在同一管内敷设。同一设备或实验流水线设备的电力线路和无防干扰要求的控制回路允许同一管内敷设。

(3) 实验负荷可由专用变压器供电，也可由共用变压器敷设专用的低压配电线路供电。冲击性负荷、波动大的负荷、非线性负荷、较大容量的单相负荷和频繁启动的设备等，应由变压器低压母线处用单独的馈线回路供电或由单独的变压器供电。

(4) 在潮湿、有腐蚀性气体、蒸汽、火灾危险和爆炸危险的场所，应选用具有相应防护性能的供配电设备。

实验室供配电线路较多的多层科学实验建筑，垂直线路宜采用管道井敷设。

(5) 季节性运行的空气调节、采暖等负荷占较大比重时，变压器容量与台数的确定应考虑变压器的经济运行。通用实验室的用电设备可由在实验台或靠近实验台的固定电源电源插座或插座箱供电。电源插座回路应设有漏电断路器。各实验室电源侧应设置独立的保护断路器。

(6) 书库照明用电源配电箱应有电源指示灯并设置在书库之外，书库通道照明应设置独立的开关，在通道两端可设两地控制的开关。

2. 克服电源"污染"的方法

由于一些非线性负荷的影响不断增多，反馈到交流电源而造成一定的影响，好像电源受到了污染。当城市电网电源满足不了要求时，应根据负荷特点及要求并结合当地条件经技术经济比较，而有针对性的采取一种或几种电源质量改善措施。例如：滤波器能滤除掉某些高频噪声；浪涌器能吸收电压；隔离变压器可隔离掉高频瞬变信号；铁磁稳压器具有稳压和滤波功能；飞轮发电机组可清除大部分瞬变信号和短时的电压偏差。上述措施只能分别解决部分电源干扰问题。完善可靠的办法是采用不间断电源装置，它可使负荷与电源隔离并能限制电压和频率的偏差及各种干扰，但其购置与维护费用昂贵，应根据情况慎重选择。

对冲击性型负荷、波动性较大的负荷、非线性负荷、较大容量的单相负荷和频繁启动设备等应由变压器低压母线处用单独馈线回路供电。当负荷容量较大时，可由单独的变压器供电，目的是为了提高供电质量和可靠性。

30.7.6 办公楼电气照明

办公室、打字室、设计绘图室、电脑机房等宜采用荧光灯，室内装饰及地面材料的反射系数宜满足：顶棚 70%，墙面 50%，地面 30%。若达不到上述要求，宜采用上半球光通量不少于总光通量 15% 的荧光灯灯具。办公室房间的一般照明设计在工作区的两侧，采用荧光灯时宜使灯具纵轴与水平视线平行，不宜将灯具布置在工作区的正前方。大开间的办公室宜采用与外窗平行的布灯方式。

难于确定工作位置时，可选用发光面积大、亮度低的双向蝙蝠式配光灯具。出租办公室的照明和插座，宜按建筑的开间或根据大厦办公基本单元进行布置，以不影响分隔出租使用。

在有电脑终端设备的办公用房，应避免在屏幕上出现灯具、家具、窗的影像，通常应限制灯具下垂线成 50° 角以上亮度不大于 $200cd/m^2$，其照度可在 300lx（不需要阅读文件）至 500lx（需要阅读文件）。当电脑机房设有电视监视设备时，应设置值班照明。

在会议室内放映幻灯或电影时，其一般照明宜采用调光控制。会议室照明设计一般可采用荧光灯（组成光带或光檐）与白炽灯或稀土节能形荧光灯（组成下射灯）相结合的照明方式。

以集会为主的礼堂舞台区照明，可采用顶灯配以台前安装的辅助照明，其水平照度宜为 200~300~500lx，并使平均照度不小于 300lx（指舞台台板上 1.5m 处）。同时在舞台上应设有电源插座，以供移动式照明设备使用。多功能礼堂的疏散通道和疏散门，应设置疏散照明。

在有电视教学的报告厅、大教室等场所，宜设置供记录笔记用的照明，如设置局部照明和非教学使用的一般照明，一般照明宜采用调光方式。演播室的演播区，推荐垂直照度在 2000~3000lx，文艺演播室在 1000~1500lx。演播用照明用电功率初步设计时可按照 0.6~0.8kW/m² 估算。当演播室高度在 7m 及以下时宜采用轨道式布灯，高于 7m 可采用固定式布灯。演播室面积超过 200m² 应设置应急照明。

书库照明宜采用窄配光或其他配光适当的灯具，灯具与图书等易燃品的距离应大于 0.5m。地面宜采用反射系数较高的建筑材料，以确保书架下层必要的垂直照度。对于珍贵图书和文物应选用有过滤紫外线的灯具。重要图书馆应设置应急照明、值班照明和警卫照明。图书馆内公共照明与工作区照明宜分开配电和控制。书库照明的控制宜用可调延时时间的开关。

30.7.7　接地

科学实验建筑中的各种接地推荐采用共用一组接地装置。其原因是由于场地及空间的限制，很难将各种接地系统有效地分开。特别是防雷保护接地多利用建筑物钢筋混凝土中的钢筋作为接地线或接地体，安全距离更难保证。当采用共用一组接地体时，可降低雷击时的电位差、防止高电位反击，无特殊要求时接地电阻值不大于 4Ω，有特殊要求的时候不大于 1Ω。

实验室内的单台设备、仪器的工作接地可仅引一条接地干线与接地装置连接。多台设备仪器或多个实验的工作接地，应按使用性质、干扰等因素分组汇接到不同的接地干线后分别与接地装置连接，实现单点接地，避免接地干线构成回路产生干扰。接地干线采用绝缘导线（电缆）穿钢管敷设的目的是为防止干扰和地电位升高时高电位引入。实验室保护接地宜采用等电位体联结措施。

30.8 医院电气设计

30.8.1 医院供电设计的技术规定

1. 医院照明要求

(1) 一般照度标准：手术室 200lx、医疗 100lx、病房 30~50lx、过道和车库 30lx。

(2) 每个病床有床头灯，照度不宜太亮。在病房及病房区应设夜间照明灯。

(3) 护士站有呼叫对讲机，每个病房和卫生间均设有按钮。可以呼叫对讲，在重病号房间有优先呼唤权。对讲机属于医院的设备，一般不列入建筑工程成本。

(4) 楼道夜间照明宜用地灯照明，以免夜间灯光从窗亮子射入而影响病人休息。

(5) 在手术室、隔离特护室、检查室、换药室等房间要设置紫外线消毒灯。

(6) 在楼道、医疗病房等处设置应急照明。

2. 电源及线路特点

(1) 在电源突然中断后，有招致重大医疗危险的场所，应采用设备电力系统不接地 (IT 系统) 的供电方式。凡是设置保护接地的医疗设备，如低压系统已是 TN 型式，则应采用 TN—S 系统供电，并规定装设漏电电流动作保护装置。

(2) 在手术室、隔离特护室、配电室、火灾报警等重要的房间照明用电，均应双电源末端互投的供电方式。

(3) 手术器械电源线路上必须安装漏电保安器。

(4) 要求备用柴油发电机基础应安装减震、排烟管设消烟器、墙面应设置吸音处理设施。

(5) 在脚病治疗室要有 24~36V 的电源插座。安全变压器金属外壳要作保护接零或保护接地。

3. 安全要求

(1) 在手术室及心电图室，为了防止电磁波对仪器的干扰，医疗设备的金属外壳均作等电位联结，手术室设置防静电接地。

(2) 防雷接地和其他接地合用时，接地电阻不大于 1Ω。

(3) 病房各床位与护士值班室之间设呼叫对讲线路系统。

30.8.2 医院电气照明

1. 医院照明光源及照度设计

(1) 医院电气照明设计应合理选用光源和光色，对于诊室、检查房和病房等场所宜采用高显色光源。诊室、护理单元通道和病房的设计，宜避免卧床病人视野内产生直射眩光，护理单元的通道照明宜在深夜可关掉其中一部分或采用可调方式。护理单元的疏散门、疏散通道应设置灯光疏散标志。

(2) 病房照明设计宜与居室照明设计接近。在可能时，宜以病床床头照明为主，另设一般照明，要求灯具亮度不大于 $2000cd/m^2$。采用荧光灯时宜采用高显色性光源，但精神病房不宜选用荧光灯。

(3) 在病房床头设置多功能控制板时，其上宜设置床头照明开关、电源插座、呼叫信号、对讲电话插座及接地端子等。单病房的卫生间内宜设置紧急呼叫信号装置。

（4）病房内宜设置夜间照明，在病床床头部位的照度不宜大于 0.1lx，儿科病房可为 1.0lx。手术室内除设有专用手术无影灯外，宜设置另外的一般照明，其水平照度不低于 500lx，垂直照度不低于 250lx。手术室一般照明宜采用调光方式。手术室专用无影灯，其照度应在 $2 \times 10^4 \sim 1 \times 10^5$ lx，胸外科为 $6 \times 10^4 \sim 1 \times 10^5$ lx，口腔科无影灯为 1×10^4 lx。进行神经外科手术时，应减少光谱区在 $800 \sim 1000$ nm 的辐射能照射在病人身上。

（5）医疗建筑照明的照度值见表 30-23。

医疗建筑照明的照度值 表 30-23

场　　　　所	照度值（lx）	备　　注
病房、监护病房	15～20～30	监护病房夜间守护用照明照度值宜大于 5lx
诊断室、急诊室，处置室、药房、化验室、同位素室、生理检查室（脑电、心电、视力）护士、值班室	75～100～150	诊断室作局部检查时的照度宜为 200～500lx，护士夜间值班照明照度值不宜低于 30lx
候诊室、消毒室、理疗室、麻醉室、病案室、保健室、康复健身、血库	50～75～100	
X 光透视室、暗室（照像）、更衣室污物处理室、动物房、太平间	30～50～75	
钴 60 治疗室、加速器治疗室、CT 检查室、核磁共振检查室、手术室	100～150～200	手术专用无影灯距手术床 1.5m 直径 30cm 的手术范围内照度在 $2 \times 10^4 \sim 1 \times 10^5$ lx

2. 医院照明电源

（1）每个手术室应有独立的电源控制箱，手术室的电源宜设置漏电检测装置及接地端子等。候诊室、传染病医院的诊断室和厕所、呼吸器科、血库、穿刺、妇科冲洗、手术室等场所应设置紫外线杀菌灯。如为固定式安装应避免直接照射到病人的视野之中。

（2）医院的下列场所和设施宜设置有备用电源：急诊室的所有用房、监护病房、产房、婴儿室、血液病房的净化室、血液透析室、手术部、CT 扫描室、加速器机房和治疗室、配血室、培养箱、冰箱、恒温箱以及必须持续供电的精密医疗装备；消防和疏散设施。成人病房和护士室之间应设置呼叫信号装置，教学医院宜有闭路电视设施。

（3）放射科、核医学科、功能检查室等部门的医疗装备电源，应分别设置有切断电源的开关电器。X 线诊断室，加速器治疗室，核医学扫描室和 γ 照相机室等的外门上宜设置有工作标志灯和防止误闯入的安全装置并可切断机组电源。

（4）儿科门诊和儿科病房内的电源插座和照明开关，设置高度不应低于 1.5m，距病床水平距离不应小于 0.6m。

3. 医疗手术照明灯

医疗手术灯亦称无影灯，是医院作外科手术用的重要电光源。常用的有冷光束 12 孔无影灯。它采用真空镀膜工艺的反光罩，能把电光源中的红外线反射出去，将可见光以最大限度地反射到手术工作面上来，它比普通无影灯的亮度高一倍左右。在灯体旁装有小型排风扇，以驱散热气，对手术面的温度影响很小。医疗手术灯能在直径 2.5m 的范围内转动或定位，高低调节范围有 450mm 左右，倾角 150°，前后倾斜 160°。

医疗手术灯的型号有上海医疗器械五厂生产的 YS01A—01。其照度有 30000～70000lx，电压 220V，功率 12×25W。751D 型冷光单孔医疗手术灯是立地移动式，用于泌尿科、耳鼻喉科、妇产科或其他手术辅助照明用，采用脚踏式开关，安装在底座上，电压 220V，功率 25W。KQD—1 型是口腔医疗手术灯，220V，150W。

需要在病人体内深部作手术时，其照明灯具可以采用 YS06—01 型，照度 5000～15000lx，可以得到光照均匀而清楚的圆形光斑。天津医用光学仪器厂及张家口医疗器械厂生产。

30.8.3 常用医疗灯具——紫外线灯

紫外线灯所用的电光波长为 10～40 埃（1 埃＝10^{-10}m，用 Å 表示）。其工作原理、所用附件、工作线路都和荧光灯相同。紫外线杀菌灯是一种低压汞蒸汽气体放电灯，放电时产生 25.37Å 的紫外线辐射，这种波长接近于杀菌效率最高的波长。用作蔬菜消毒时，可以选用 $5\mu W/cm^2$；一般的家庭可以选用 $2～3\mu W/cm^2$；在条件很差时可以选用 $10～15\mu W/cm^2$。紫外线灯广泛用于医院门诊部、食品加工厂、制药厂、学校、办公室、居室等场所，可以用来预防感冒、肺结合等传染病的地方。紫外线灯在消毒时需要安装的灯数与房间宽度等因素有关，见表 30-24 所示。

灯数与房间宽度的关系   表 30-24

房间宽度 (m)	灭菌灯规格 (W)	房间长度 (m)				
		3～4	4.1～5.5	5.6～7.5	7.6～9.5	9.6～12
		灯 数				
3～4	15	2				
	30	1				
4.1～5.5	15	2	3			
	30	1	1			
5.6～7.5	15	2	3	4		
	30	1	1	2		
7.6～9.5	15	3	4	5	6	
	30	1	2	2	3	
9.6～12	15	5	6	7	8	10
	30	2	3	3	4	5
12.1～14.5	15	6	7	9	10	12
	30	3	3	4	5	6
14.6～17.5	15	8	9	11	12	14
	30	4	4	5	6	7

紫外线保健灯所产生的 28～32Å 的中波紫外线可以促进人体的消化作用，增强人的体质。也可以用在长期见不到太阳的地下矿井、净化车间、无窗的工作场所等作为保健紫外线的补偿照射光源。

30.8.4 医疗电气设备接地和等电位连接

（1）医疗及诊断电气设备，应根据使用功能要求采用保护接地、功能性接地等电位体接地或不接地型式。

（2）使用插入人体内接近心脏或直接插入心脏内的医疗电气设备的机械，应采取防微电击保护措施。防微电击保护措施宜采用等电位接地方式，并使用Ⅱ类电气设备供电。防微电击等电位联结，应包括室内给排水管、金属窗框、病床的金属框架及患者有可能在 2.5m 范围内直接或间接触及到的各部分金属部件。用于上述部件进行等电位体联结的保护线（或接地线）的电阻值，应使上述金属导体相互间的电位差限制在 10mV 以下。

（3）手术室及抢救室应根据需要采取防静电措施。

（4）在土质电阻率比较高的地方可以采用下面方法：

在电力设备附近如电阻率较低，可敷设外引接地体。经过公路的外引线，埋设深度不应小于 0.8m，如地下较深处土壤电阻率较低，可采用井式或深钻式接地体。填充电阻率低地的土地，换土或用降阻剂处理。但采用的降低剂，应对地下水和土地无污染，以符合环保要求。

30.9 锅炉房和浴池

30.9.1 锅炉控制设备概况

1. 锅炉控制台产品型号

例如锅炉电气控制台 QXW4.2—1.0/115/70—AⅢ QXW360—10/115/70—AⅢ（北京市嘉龙电器设备厂四季青锅炉一厂）WWW2.8、QXW4.2 型加热锅炉控制台是按照国家热水锅炉监查规程中有关的规定和要求进行设计制造的。

控制台主要用于发热量为 2.8、4.2MW 人热水锅炉的电气控制系统。并具有减压启动可直接控制 13kW 以上电机运行而不需要再配减压启动设备。

根据国家对热水锅炉的安全规定，控制台具有比较理想的自动运行和自动保护功能，从而为热水锅炉的正常运行和工作人员的安全操作创造了有利条件。

2. 锅炉控制台主要功能

控制台能控制水泵、引风机、鼓风机、炉排、补水泵、出渣机以及上煤车等九台电动机运行，并设有短路保护过载保护装置。当锅炉达到极限温度时能自动报警，与此同时并自动停止燃烧系统运行。

当循环水压力降低时能自动发出光报警，与此同时将自动启动补水泵工作（补水时间在180s 内自行调节），如果在限定时间内压力仍不足时，将自行发出声报警。在炉排自动控制状态下其运行和停止的时间，可由用户自行调节，当设定时间调好后，将自动驱使炉排重复运行。本控制台的报警系统共一个电铃，并设有消音按钮，待故障排除后自行复位。

30.9.2 锅炉供电设计要点

（1）锅炉的容量在 6t 以上时，应设计配电室，选用成套配电设备。配电屏和控制台设在配电室内，便于操作管理。如果没有配电室，配电屏、台应设计在距锅炉不远的控制室内，隔玻璃窗能看到各台锅炉。因为锅炉房属于多尘高温环境，所以值班室要求有封闭隔离措施。

（2）引风机及鼓风机的容量一般都比较大，当容量在 10kW 以上时，都要安装降压启动设备。安装地点在风机旁边为宜。选用成套设备时，可以不用画设备接线图。

（3）配电管线应采用暗敷设，用金属管保护。电线管路尽量和热水管线远一些，不能沿锅炉、热管、烟道及其他热源表面敷设。

（4）室外地下电缆线路不要设计在储煤场下面，以防意外火灾，也为了电缆检修方便。

（5）在锅炉房内应设计安全照明插座，以便于检修时使用。

30.9.3 锅炉房工程照明设计

1. 电光源选择

一般锅炉房多尘和高温，所以应该选用封闭式玻璃罩的防尘灯或矿山灯。光源可以采用高压水银灯、白炽灯、卤钨灯或金属卤化物灯。灯具安装高度 3～3.5m，常用大功率气体放电灯。

2. 照明设计要点

(1) 锅炉房的整体照明灯具位置应尽可能兼顾到锅炉上观看压力表、水位表及除渣地方等，否则应设置局部照明。锅炉的平台照明应该采用耐热型 BV 绝缘线，穿电线管延平台外侧明设，要尽量离开高温炉体。锅炉的底层要用防水防尘灯。灯具的开关要设置在入口处或楼梯间。

(2) 为了减少眩光，灯具可以安装高一些，如 4～5m，但更换灯泡不方便，宜用能升降的灯具为好。安装高度低于 2.4m 时，要设置接零保护 PE 线。

(3) 每两台引风机安装一个应急照明灯。锅炉房的应急照明设置在送风机处、出灰口、磨煤机和排污平台上。在装设送风机、附属设备、除灰设备及磨煤机的附近要设置密封式电源插座。

(4) 为了检修需要，在四周墙上设密封插座，220V，供临时照明用。通常用 BV 型导线穿电线管敷设，支路要与照明支路分开。也可以设在柱子上、墙上或地上。

(5) 在设有皮带机的地方要考虑防尘及防爆问题。

在引风机室设计照明灯具位置宜设在墙上 3～4m，用装配型灯具，以便维修。灯位间距和柱子的间距一样。

(6) 当锅炉房的烟囱高于 50m 时，应设置标志灯，选用专门供建筑用的红色防水标志灯。如果烟囱很高，可以设置三组标志灯，用铠装电缆穿钢管分别供电，如果一组灯坏了，可以再开另一组灯。

(7) 锅炉房的控制室或值班室照明可以选用荧光灯，应急照明选用荧光灯或白炽灯，工作零线截面和相线相同。

30.9.4 锅炉电气主要技术参数

1. 报警标准

超温报警及自动保护温度 $T \geqslant 95℃$。超压报警及自动保护压力 P_1 比锅炉安全阀工作压力值小 0.02、0.005MPa 的压力值。自动补水及保护压力 $P_2 < N$ 值，N 值就是低于运行压力 0.02、0.005MPa 的压力值。

2. 安装使用条件

电源电压 380V/220V + 5% - 10%，50Hz 三相四线制供电。

环境温度不高于 40℃，不低于 - 10℃。

相对湿度不大于 80%。禁止多台电机同时启动，但可以同时运行。

安装场地应无强烈振动，无易燃、易爆气体，空气中无导电尘埃，并相应采取防尘措施，以免因粉尘过大而损坏内部机件。

3. 设备安装

(1) 按照安装基础的尺寸要求，将控制台安装在便于工作人员操作、维修以及易监视锅炉运行的地方。

(2) 根据锅炉房的整体布局及配电线路的走向，将电源的总隔离开关安装在便于操作的位置上。

(3) 将电接点温度计安装在锅炉壁面易于观察的地方，其温包安装在出水口处，与锅炉自备的温度表处于一位置上。

（4）将电接点压力表 PJ 安装在锅炉自备压力表三通的一端。按照电气施工的要求，将电源、仪表、开关以及各台电机的连接线准确无误地装接到本控制柜的内部接线端子上。

（5）煤车的上、下行程是由煤车的开关和行程开关两部分组成。如果不用行程开关时，应将控制台内部接线端子板上的相应两组端子分别短接。

30.9.5 锅炉电气调试方法

在经过专职检验人员的检查和鉴定，对控制台各路电气设备与本控制台所规定的连接方法和位置确认无误后，方可做以下各项的调试工作：

1. 电路的测定

先闭合电源的总隔离开关，此时面板上的三相指示灯均亮即表示三相电源已接通。然后依次闭合各电路的空气开关，同时观察有无异常现象的发生，如无异常，将面板上的各操作开关置于启动和开的位置上，并观察各电路电机的运行停止，以及相应指示灯的显示。再拨动水泵开关，观察换泵情况及相应的显示。启动上煤车时，应注意行程开关动作情况，并随之观察煤车的运行状况，不得有失误和失控现象发生。以上电路检查，测定完毕后随即停止其运行。

2. 检测仪表的调试

（1）极限压力保护调试：调试可在检查水压调试安全阀时，同时调试 PJ 的上限值（极限压力值），调试时，用专门工具将 PJ 的上限调到低于安全阀工作压力 0.02～0.05MPa 的压力值上。当炉压达到上限时，控制台应发出声光报警，此时再检查一下 PJ 的动作指示值是否相同，若不同时应按锅炉压力表的指示进行校准。

（2）循环水压力保护的调试：调试前，先将采暖系统加满水，然后启动水泵取出循环水的正常压力值，这时 PJ 的下限接点调到低于正常循环水压力 0.01～0.05MPa 处。例如正常压力为 0.27MPa 时，将 PJ 的下限值要调到 0.23MPa 处，此压力值，即是循环水压力保护值。然后将补水泵开关置于自动检测位置，人为放掉一部分水，使循环水压力降到低于正常压力的某点上，这时控制台应显示光报警，同时补水泵将自动投入运行，当补水时间不大于 3min 时，应能达到循环水的正常压力值，此时补水泵自动停止运行，光报警灯自灭。补水泵的运行时间（即补水泵时间）可调整补水泵的时间继电器，在调整时应反复进行，使之在补水时间不大于 3min 内将循环水恢复到正常压力值上。

（3）极限温度保护的调试：将电接点温度计的上限接点调到 50℃，并使燃烧系统投入运行。当锅炉出水口温度达到 50℃时，应立即停止引风、鼓风的运行，同时发出声光报警信号。经上述调试，TJ 的作用已实现即可投入试运行，对 TJ 的上限温度值可在 85～90℃之间调节，但不应大于 95℃，调试时可选用较小温度值进行模拟调试，调试正常后，再调整到额定的工作温度范围内。

（4）功能调用：当上述功能调试正常后，可参照原理图和主要功能条款进行功能统调。当所述功能均达到指标和要求后，控制台即可投入正式调试。

30.9.6 锅炉电气设备维修及注意事项

（1）在锅炉采暖使用期间，除检修外，不可切断电源的总隔离开关和控制台内的各空气开关，确保电源电路的接通。温度计和压力表应根据国家有关规定，定期进行计量，以确保量值的准确，避免事故的发生。

（2）控制台内各开关的保护值，不可随意调整，以免因失去控制而引起事故。控制台

1106

的保护地线必须确切的接好，以免因漏电而发生人身事故。控制台对 13kW 以上电机采用星—三角启动，在电机启动后应注意观察电流表及指示灯的显示情况，防止其星形接法下运行。电机的启动时间在出厂时调在参考值上，用户可根据实际情况进行修正。

（3）冷态启动引风机时，应关闭烟气调节门，以减轻启动的负荷，而且冷态运行时间不宜过长。值班人员必须严守岗位，密切监视锅炉的运行及控制台上各仪表和指示系统的显示情况，发现问题应立即通知人员进行处理。

（4）控制台应保持清洁，防止受潮。控制台内部各电器元件应由专职人员作定期检查和维修。在长期停炉期间，应将控制台进行保养后封装，切勿受潮。在长期停用后再次启动时，需要按照使用说明书中的规定重新复检，以确保锅炉的安全运行。

30.9.7 浴池

（1）浴池的照明灯具、开关应选择防水防潮密封型，开关通常都设在浴室门外的更衣室内。如果一定要设在浴室内则必须选用防水型密封暗装开关。

（2）浴池排风换气的问题，可以选用轴流风扇或空调系统。窗式排风扇要有自动挡风板，即在排风扇关闭时，挡风板自动封闭，当排风扇工作时，挡风板自动打开。

（3）美容室电源插座要有安全电压和单相带PE 线保护的三极插座。

（4）配电管线和热力拐线要保持安全距离。

（5）脚病治疗室和按摩室的电源插座应选择安全型、密闭型、单相三极插座。

（6）浴室灯的位置不宜设在浴池的上方。如果安装壁灯时，应该安装在和窗户垂直的墙面上，以免在玻璃窗上有反射阴影。

30.9.8 水塔电气设计要点

1. 水塔照明

水塔内的照明灯具常用马路弯灯，可以设在塔内距地 2m 高，壁式安装，便于使用和检修，如图 30-5 所示。塔内导线敷设可以用瓷夹板明敷设，瓷夹板间距 0.8m。室外引上导线用瓷柱配线。室内用塑料绝缘线，而室外用橡皮绝缘线。配电系统见图 30-6。

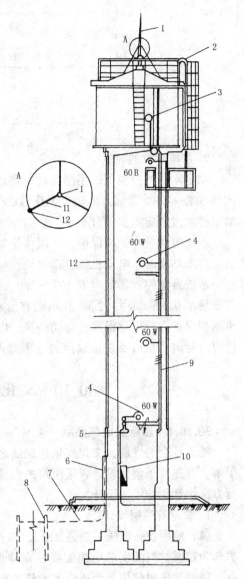

图 30-5　水塔照明示意图

1—避雷针；2—金属护栏；3—水位浮球；
4—壁灯；5—电源引入线；6—竹管保护；
7—接地母线；8—接地板；9—照明管线；
10—配电箱；11—A 点支架；12—引下线

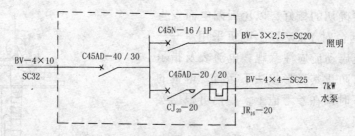

图 30-6　水塔配电系统图

2. 水塔水位的控制

水塔水位的控制可以用浮漂继电接触控制，水泵可以自动开停。水塔自动控制器的型式如 SZK—WB，主触点的额定电压 500V，额定电流 6A，控制范围 0.1m～12m，可以完成给水排水过程定点水位自动控制。防止水溢出，也有利于节能和节水。

水泵电动机有断相保护，超限位报警，若运行中电动机发生故障能自动启动备用电动机。当水枯竭时，电动机能自动停机，延时开机。

水塔自动控制器型号有 SZK—WB（河南东郊玻璃仪器厂生产），额定电流 6A，控制范围最小 0.1m，最大 12m。其功能有给水与排水过程的定点水位自动控制，而且有电动机断相保护、超限位报警、自动停机、电机故障自动更换启动备用电机、水源枯竭时自动停机、延时开机以及 3km 以内的远距离自动控制。

30.10　文化娱乐建筑电气设计

30.10.1　影剧院电气照明

随着社会的发展，文化娱乐建筑随之迅速发展。其照明设计特点应为电气设计人员所了解。首先要了解所设计娱乐建筑的负荷等级及规模，功能上有什么特别要求。然后再进行方案设计和施工图设计。

1. 影剧院照明设计

（1）照明设备电压一般是 220V，舞台和观众厅照明线路应采用铜芯导线穿金属管或护套为难燃材料的铜芯电缆配线。在伸出式舞台上空，顶棚或吊顶内应预留电动吊钩电源，以备演出时使用。为适应多种使用功能的需要，宜在门厅配置预留电源供举办展览临时照明需要。

（2）影剧院观众厅在演出时的照度可根据视觉适应所要求的照度及变化，宜为 2～5lx。影剧院的观众大厅的照明应该比舞台暗，以免影响舞台表演的艺术效果。所以观众厅照明应设置调光装置，明暗变化不能太大。观众厅照明应采用平滑调节方式并应注意防止不舒适的眩光，选用低亮度光源并使光源处于观众视野之外，不致妨碍正常放映影片，并容易从顶棚内维修灯具。当使用调光式荧光灯时，光源功率宜选用统一规格。

当需要设置电视转播或拍摄电影等用电电源时，宜在观众厅两侧装设容量不小于 10kW、电压为 380/220V 三相五线制固定供电点。

（3）观众厅照明应根据使用需要可多处控制，如在灯光控制室、放映室、舞台口以及前厅值班室等处控制，并宜设有值班清扫用照明，控制开关宜设在前厅值班室。影剧院前厅、休息厅、观众厅和走廊等直接为观众服务的房间，其照明控制开关应集中在前厅值班室或带锁的配电箱内控制。

(4) 演员化妆室照明宜选用高显色性光源、高效灯具。光源的色温应与舞台照明光源色温接近。化妆台宜设有安全电压 36V 以下的照明电源插座，也可与化妆镜组成镜箱照明形式。化妆室选用白炽灯或三基色荧光灯，以满足显色性要求。声控、灯光控制室选用白炽灯，可连续调光。

(5) 休息台上设置小型台灯，在台桌上空设置低压卤素灯，照射桌面上摆设的鲜花，格调高雅具有浪漫色彩。酒吧服务台等处宜增加广告灯，如霓虹灯、米粒灯。

(6) 观众较多的场所要设计通风系统，保持新鲜的空气。

2. 影剧院应急照明

观众厅及出口、疏散楼梯间、疏散通道以及演员和工作人员的出口，应设有应急照明和各通道重要部位要有疏散方向指示照明。观众厅出口的安全标志灯宜选用可调节式，在正常演出时减光 40%，正常进出观众时减光 20%，需要应急照明时全亮，不会妨碍观众正常欣赏。

在影院剧场的观众席座位为甲乙等级的观众厅应设置座位排号灯。采用安全电压 12 ~ 36V，并可利用座位排号灯兼作疏散标志灯。

3. 影剧院安全

(1) 大型公共娱乐场所必须设计火灾自动灭火系统。探测器常用感烟式或感温式探测器预报火警。灭火系统选用湿式消防灭火系统。

(2) 舞台上的各种照明器具（尤其是动力设备）一定要设接地及接零保护线。

(3) 影剧院按二类防雷标准设计。

(4) 弱电（广播、电视及电话系统）的线路宜采用屏蔽线穿金属管保护。尽量避免与照明线路平行，以提高抗干扰能力。

4. 影剧院信号控制

在前厅、休息厅、观众厅和后台应设置开幕信号，其信号控制应设在舞台监督控制调度台上。

30.10.2 舞台照明灯具的功能

舞台灯光非常复杂，为了不同演出的需要，需要考虑的因素很多。舞台照明的主要手段如下：

1. 面光灯

面光照明的主要的作用是供舞台人物造型用，增强舞台人物立体效果，面光是体现演员表情效果的主要光源，其功率占照明总容量的 10% ~ 15%。常采用 1kW ~ 2kW 的聚光灯。光柱中心线射到大幕中心点与舞台地板水平线的夹角在 45° ~ 50° 为宜。面光灯可以调节焦距，个别采用回光灯，并且有装追光灯的可能。安装在舞台大幕外面，观众前面高灯照射舞台表演区如图 30-7 所示。面光灯分第一道面光灯和第二道面光灯，最多三道或更多，最少一遍。在后面的楼厢照明及中部的聚光灯也能起到面光照明的作用。

2. 顶灯

顶灯是设置在大幕后顶部的聚光灯，安装在可以升降的吊桥或吊杆上。主要功能是满足演员上部需要强烈照明时用，可以分别从前部、上部或后部照射，按需要时间定位方向、光柱或孔径。所以顶灯照射舞台的中后区，从台前向台后方向排列称为二顶光、三顶

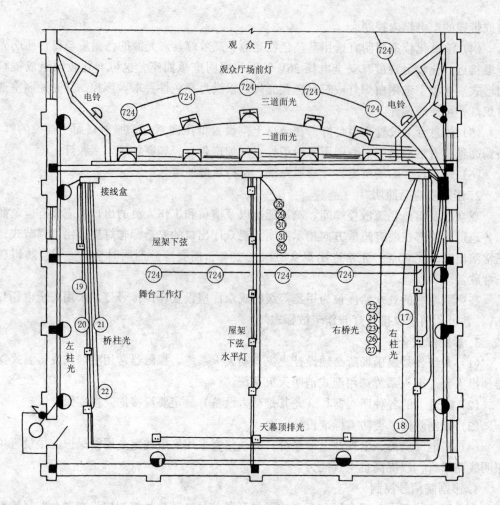

图 30-7　舞台面光灯及顶灯

光及四顶光。安装时，可以夹在管子上面某处定位，也可以装在吊杆上跟踪移动。

3. 顶排灯

这种灯设置在舞台上部每道檐幕后面的吊杆上或灯光渡桥上。形成 3~6 排条灯，称作一排光、二排光、三排光等。其功能是给舞台提供均匀的照度，使表演空间及布景有适当的视觉效果，尤其是能表现出千变万化的天空景色。平时在开会时，给主席台提供足够的照明，所以排光照明是不可缺少的照明。灯型可以选用小型聚光灯、条灯或散光灯。

4. 侧光灯

在观众厅的两侧上方设置，从侧面照射舞台表演区，用以补充演员面部照明，加强立体感，能更好地表现布景的层次效果。它是面光灯的补充照明。灯型也采用投光灯为宜。

5. 耳灯

设置在大幕外面两侧靠近台口的位置。分为左耳光和右耳光（左右的定位是以人站在舞台上面向观众时的左侧为左耳灯），从左右交叉照射表演区，每边设置 1~3 道，用以加强舞台布景效果。尤其可以进行舞台追光，紧迫演员动作。这种灯能照射到舞台的各个部分。耳灯也采用投光灯或回光灯。功率为 500W、750W、1000W、2000W 不等。

6. 柱光照明灯

又称梯子光、内侧光或耳光。这是设在舞台大幕内两侧，安装在立式铁架上或伸缩活动台口上面的灯具，光线是从台口内侧射向表演区。按顺序分为二到柱光、三道柱光等。柱光照明的作用是补充面光之不足，也可以更换色片或作追光灯使用。

7. 脚光

安装在大幕两侧外台唇部的条灯，提供脚光照明，补充地面照明的不足，如使人的鼻子下面不出现暗影。加强表演区的下层亮度，弥补顶光和侧光的不足。根据剧情需要加强下部空间的亮度，在闭幕时光线投入大幕的下部以改变色光调节气氛，让人静然回味剧情。

灯具选择以球面、抛物面或椭圆面放射器的中小型聚光灯，也可以选用散光照明灯具。功率有 60～100W 即可，组成排灯。

8. 桥灯

也称为侧灯。安装在舞台两侧天桥上的灯具，从高处照射下来，可称为一道侧光、二道侧光和三道侧光，也可称为左侧光和右侧光。其功能是加强布景的层次，改善演员面部照明效果。灯型采用聚光灯。

9. 排灯

排灯是安装在专设的地沟内或天幕前台地板上，光线向上照射天幕，如果天幕是半透明的材料，也可以从反面逆光照射天幕。距离天幕 3～4m，可以用来表现高山日出、日落、地平线远景、雾景、云彩变换、天崖远景等。采用泛光照明灯具。

天排灯是设置在天幕前，舞台上部的吊杆灯，是一种专门俯射天幕用的灯具。用作天空布景照明，安装在特制的天幕顶光桥上距天幕水平距离约为 3～6m，要求灯具功率较大，光色有多种变化，而且照度均匀，所以常常采用多排多层布灯。灯具选用泛光照明灯，投光角较大。

10. 谱架灯

舞台还设置有谱架灯，采用安全电压供电，供乐队演奏者读谱。

11. 流动灯

安装在能移动的台架上的灯具，高约 2m。常布置在舞台的侧翼边幕，灵活机动，用以加强或烘托气氛，照射特殊的效果。由地面插座供电，灯具功率较大。常用聚光、回光灯或柔光灯照明。

30.10.3 影剧院的照度标准

影院剧场建筑照明的照度标准值应符合表 30-25 的规定。

影院剧场建筑照明的照度标准值　　　　　　　　表 30-25

类　　　　别		参考平面及其高度 (m)	照度标准值（lx）		
			低	中	高
门厅		地面	100	150	200
门厅过道		地面	75	100	150
观众厅	影院	0.75 水平面	30	50	75
	剧场	0.75 水平面	50	75	100
观众休息厅	影院	0.75 水平面	50	75	100
	剧场	0.75 水平面	75	100	150
化妆室	一般区域	0.75 水平面	75	100	150
	化妆台	1.1 高处垂直面	150	200	300

类　　　别		参考平面及其高度（m）	照度标准值（lx）		
			低	中	高
放映室	一般区域	0.75 水平面	75	100	150
	放映	0.75 水平面	20	30	50
贵宾室、服装室、道具间		0.75 水平面	75	100	150
演员休息室		0.75 水平面	50	75	100
排演厅		0.75 水平面	100	150	200
声、光、电控制室		控制台平面	100	150	200
美工室、绘景室		0.75 水平面	150	200	300
售票房		售票台平面	100	150	200

表 30-26 为调查实测的照度范围，并经主观评价（使用者、演员、测试者）认为可以或满意的照度范围与中国目前影剧院照明设计推荐值基本符合，与其他国家标准值也比较接近。

国内外影剧院建筑的标准值比较表（lx）　　　　　　表 30-26

类　　　别	本 标 准 值	国内实测可以或满意照度	英国 IES 1984	苏俄标准 1979	澳大利亚 1976	日本资料 1979	建筑电气设计技术 JGJ16—83
门　　厅	75～100～150	40～141	75	150	100		50～100
剧场观众厅	50～75～100	30～139	100	300		150～300	20～50
影院观众厅	30～50～75	30～139	50	75	50	150～300	20～50
观众休息厅	75～100～150	112		75		150～300	75～150
观众休息厅	50～75～100	112		50		150～300	75～150
贵　宾　室	75～100～150	135					
演员休息室	50～75～100	42～112		00			
排　演　厅	100～150～200						75～150
服　装　室	75～100～150						
道　具　间	75～100～150	133					
化　妆　台	150～200～300	台面 315～495 垂直 154～354					
化　妆　室	75～100～150		200		200		50～100
放　映　室	75～100～150	50～172	150			75～150	20～50
放　映　时	20～30～50					10～30	
声光电控制室	100～150～200	100～375	150				
美工、绘景室	150～200～300	500			400		75～150
售　票　房	100～150～200	72～319	300			300～700	
治安办公室	75～100～150						

30.10.4　主要电气设备

影剧院的主要电气设备有调光器、电动拉幕机、影片提升机等。常用的型号、电压、功率、控制方式等技术数据参见表 30-27。

表 30-28 中的 KTC 型可控硅调光器获得 1981 年、1982 年文化部三等科技成果奖，1983 年获国家经委颁发的优秀新产品证书。CFK 型可控硅调光器 1979 年获浙江省科学大会科技成果奖。表中价格是 1988 年的价格，仅作参考。

舞台照明的调光器主要分为三种，即自耦变压器调光、电阻调光和可控硅调光。前两种比较笨重，而可控硅调光准确，自动化程度高，在操作台上操作轻便，其调光回路完全

表 30-27

影剧院的主要电气设备技术数据

序号	设备名称	型号	交流输入 相数	电压(V)	标称输入量 回路	容量	输出(kW) 总容量	控制方式 单控	集控	场数	段数	外形尺寸(长×宽×高)mm 控制台尺寸	单机调光柜尺寸	参考价格(元)	说明
1	单机类调光设备	CFK1—10	1	220	1	10	10	1					120×120×220	390	用于追光及独立控制之处
2	单机类调光设备	CFK3—10/1	3/1	220/380	3	10	10	1					420×225×450	1200	多台集控出用接线柱
3	单机类调光设备	CFK3—10/2	3/1	220/380	3	10	10	1					420×225×520	1300	用5个接线柱开关
4	单机类调光设备	CFK3—10/3	3/1	220/380	3	10	10	1					420×225×520	1300	输出用涌孔,其余同1型
5	单机类调光设备	CFK3—10/4	3/1	220/380	3	10	10	1					420×220×520	1400	每路加5个开关,余同3型
6	单机类调光设备	CFK3—40	3/1	220/380	3	40	120	1					570×285×420	2400	控制方法同1型
7	观众席调光设备	CFK1—10/C	1	220	1	10	10	1					340×180×270	700	多处距离调光升降
8	观众席调光设备	CFK3—10/C	3/1	220/380	3	10	30	1					400×180×270	1900	可以任意调速
9	小型控制台	CFG0—6	1	220	1			6	1			235×160×350		540	能控制6个回路
10	小型控制台	CFG0—9	1	220	1			9	2			520×210×330		810	能控制9个回路
11	小型控制台	CFG0—12	1	220	1			12	2			650×210×330		1080	能控制12个回路
12	小型控制台	CFG0—15	1	220	1			15	2			750×220×350		1350	能控制15个回路
13	小型控制台	CFG0—18	1	220	1			18	2			750×220×350		16200	每路有抽屉和预选控制台
14	调光设备	KTC—Z—45	3	380	45	6	270	45×2	9	8	2	1260×1250×870	52×1580×520	25000	一个控制台三个开关柜
15	调光设备	KTC—Z—60	3	380	60	6	360	60×2	9	8	2	800×1410×900	520×1580×520	37000	一个控制台三个开关柜
16	调光设备	KTC—Z—90	3	380	90	6	540	90×2	9	8	2	1140×1410×900	520×1580×520	54000	一个控制台三个开关柜
17	调光设备	KTC—Z—120	3	380	120	6	720	120×2	9	8	2	1140×1410×900	520×1920×550	69000	一个控制台三个开关柜
18	灯光记忆控制台	ST—40	1	220	40			40		4		1050×1040×780		8400	电影摄影棚灯光控制
19	有线对讲机	DJ—9型	1	220	9	>250M	3A时					250×200×120		280	各部门通话对讲联络用
21	应急灯	YD301—3	1	220									110×45×140		灯泡6V8W×2时间1小时
22	舞台灯具接线箱	H—2,H—4											400×160×100 / 200×200×160		
23	舞台灯具接线箱	H—6											270×200×160 / 270×200×160		
24	电动拉幕机	DM—2—12(2速)	1	220		1.43						1220×1475×740		3000	幕机宽度10,12,14三种
25	闸刀式可控硅调光设备	GTCK—A45	3	380	45	4	180	12	2			1400×1475×740		6000	75A可控硅12个,闸刀控制
26	闸刀式可控硅调光设备	GTCK—A60	3	380	60	4	240	12	2					8700	100A可控硅12个,闸刀控制
27	电影放映机	松花江牌5505										1620×1891×500			35mm固定式机座
28	电影放映机	东风II型													35mm固定式机座

用电的联系。可控硅调光是改变可控硅的导通角以变换电压来达到调光的目的。可以用换场开关和调光控制电位器进行场次及灯光控制。用预选盘确定不同的场次及灯位。

可控硅调光设备包括电源配电屏、可控硅调光柜、预选系统及控制台四部分。影剧院照明的回路数设计分配原则是供电可靠、安全、使用方便。

舞 台 调 光 分 配 表　　　　　　表 30-28

剧场种类	面光	耳光	柱光	侧光	流动光	一顶排光	二顶排光	三顶排光	四顶排光	天排光	脚光	特技	直放	天幕地排	合　计
小型	14	6	6	5	3	4	2	—		6	—		7	20	60
中小	18	8	8	8	4	9	3	2	2	8	3	—	7	30	90
中型	20	10	10	8	4	14	9	5	2	10	3	3	7	40	120

表中的耳光、柱光、侧光、流动光均为左右两面的回路数。

30.10.5　现代舞厅建筑设计

现代生活中的营业性舞厅多数属于多功能厅范畴。舞厅大多是以交谊舞为主，兼顾现代舞、时装表演、杂技、魔术及舞蹈表演等。

1. 舞厅规模

舞厅规模由占地面积及容纳人数确定。舞池容纳 100 对以下为小型，100~200 对为中型，200 对以上为大型。交谊舞为双人舞（对子舞），舞蹈时沿逆时针方向运步。为舒展舞姿、避免碰撞，舞池面积按 $1.5~2m^2$ 计算是合理的。座席、走道及辅助用房面积宜 3~$4m^2$/对舞伴。

2. 舞池做法

舞厅跳舞场地和四周供休息场地处于同一高度时，为舞场；跳舞场地低于休息场地 15mm 以上为舞池；高于四周休息场地为舞台。

舞池的做法和材料的选择是一个重要的问题。很多舞池采用大理石、花岗岩、地面砖、不锈钢板、地面玻璃砖等，这些材料质地比较硬，脚感差，舞蹈时间长会腿脚不适。比较好的舞厅是弹簧地板再拼贴花地板打蜡，此时舞者脚下腾云，不滑不涩，大胆运步跳出优美的舞姿。

舞池平面最好是椭圆形，两侧有较长的舞程，没有死角被浪费。也可以采用其他几何对称图形，如圆形、六角形。

30.10.6　舞厅灯光设计

1. 创造适宜的光环境

舞厅属于公共娱乐场所，建筑内部空间基本采用人工照明形成的光环境。光环境是色彩环境的基础，光与色彩密不可分。根据心理学观点，光环境中灯影闪烁，是能够激发人的情绪，如迪斯科舞蹈。播放和演奏交谊舞舞曲时，灯光色彩宜随舞曲音乐节拍情绪不断变化，但不宜过明过暗。明亮适当和鲜明色彩的烘托会给人以美的享受。

2. 灯光设计的要求和布置

（1）指示灯灯牌、灯箱：在演奏和表演舞台一侧适当高度设置舞曲指示灯灯箱，灯箱一般为透明表面，不同颜色灯光提示不同舞曲步伐，提示舞者见色起步。常见白色表示准备，黄色表示布鲁斯慢四，浅蓝色表示快三，红色表示狐步舞快四，绿色表示探戈。

（2）暗槽灯带：将舞池上空四周顶棚装修成为暗槽，暗槽内为连续变换的各色霓虹灯，形成舞厅多姿多彩、温柔可人的光环境。

（3）交谊舞布光：交谊舞源于欧洲，舞姿端庄、高雅、优美，舞步飘逸潇洒。光环境应与之协调。

（4）矩阵灯：将舞池区顶棚吊架上均匀布置带有不同色片的矩阵灯，根据舞曲节拍预先编制好程序，应用电能和特制的调光设备使灯光变化与音乐舞曲节拍变化同步，从而获得声、光、色的综合艺术效果，具有强烈的感染力，让您心动，让您身动。

（5）舞池轮廓灯：在舞池四周池壁上安装嵌入式低压灯串，作为舞池界标，以免舞者出格。

（6）紫光灯：舞池上空顶棚适当设置一些紫光灯，当舞厅灯全部关闭时，只点燃数盏紫光灯。对服装，特别是白色服装呈现出特有的蓝紫色，视觉效果良好。

现代舞的特点是热情奔放、欢快活泼、舞步轻盈、灵活多变，多使用闪烁灯。这类灯光通过控制设备可以实现灯光随乐曲节奏不断闪烁，令人心动。由于激光灯明暗对比强烈，现代迪斯科舞厅中广泛地用作闪烁灯，给人一种扑朔迷离的幻觉。但闪烁灯过多，也容易产生刺激和压迫感，不利于身心健康。

（7）旋转灯、扫描灯：旋转灯、扫描灯的种类繁多，什么狮子头、卫星灯、多头旋转灯、半头旋转灯、扫描灯、镜面反射球等。镜面反射球通过各色投光灯束照射到反射球下半部，雪花向舞池旋转。投射灯安装高度宜适当，否则头晕。旋转灯、扫描灯是通过彩色光的旋转和位移，产生多方位的表现能力，如强弱、对比、层次、韵律等。旋转和位移的彩色光线给人以多种感觉，创造出各种各样的光环境艺术氛围。

（8）观赏灯：舞厅也可以设置观赏灯，如飞碟莲花灯、电子光束灯等，以供欣赏。舞台是提供乐队、歌手、演员表演节目的场所。为了满足各种表演功能和背景，利用光和色彩创造出所要求的舞台效果。舞台效果灯光通常采用白炽灯光源，以便舞台调光。舞台设有顶光、顶排光、面光。

（9）辅助光：舞台布光的主光有较高的聚光灯、造型灯、回光灯等硬光灯具，以揭示演员的外部特征。辅助光用来辅助和修饰主光，歌舞厅常采用泛光灯做辅助光。背景灯用来形成逆光，其光强低于主光，高于辅助光，用来勾画人物轮廓，增加人和背景的对比度。

30.11 体育场馆电气设计

体育场馆照明设计人员应了解一定的体育知识，了解运动项目的危险程度。知道运动员、裁判、工作人员和观众的要求，要考虑电视转播的要求（例如足球比赛要求照度一般 200~400lx，而有电视转播则要求 800~1500lx）；灯具的布局与体育场馆的总体规划、看台结构、照明设备的维修有关，还要考虑体育照明与建筑物风格的统一等问题。

30.11.1 一般体育场馆照度标准

一般体育场馆照度标准取决于运动项目的特点、比赛等级、观众与运动场的距离以及电视转播要求等。

1. 体育场馆照度标准确定的因素

根据我国体育场馆调查资料的照度数值如下。

（1）运动员教练员的评价：一般训练照度应在 150lx 以上，比赛照度应在 500lx。

（2）场地有经验管理人员的多年经验照度：训练照度范围为 145~422lx，平均 239lx，比赛照度为 275～535lx，平均为 422lx。

2. 体育场馆照度标准

根据以上现场测量和评价结果可知，就一般蓝排球训练照度而言，150lx可能是最低的

房 间 或 场 地 名 称	推荐照度（lx）
库房	10～20
衣帽间、浴室、主楼梯间	15～30
运动员休息室、更衣室、播音室、灯光控制室	30～75
运动员餐厅、观众休息厅、大门厅	50～100
健身房、大会议室、观众大厅	100～200
篮排球场、网球场、举重、田径馆	150～300
棒球场、足球场、游泳场、冰球场	200～500
羽毛球、篮排球、乒乓球、手球、技巧体操、击剑、艺术体操、网球、冰球、冰上舞蹈、台球	200～500
水球、游泳、跳水、花样游泳（水上芭蕾）场地	300～750
拳击、摔跤、柔道厅、综合性正式比赛大厅	750～1500
国际比赛用足球场	1000～1500

体育运动场地照度标准值　　　　　　表 30-30

运 动 项 目		参考平面及其高度	训练照度标准（lx）			比赛照度标准（lx）		
			低	中	高	低	中	高
篮球、排球、羽毛球、网球、手球、田径（室内）、体操、艺术体操、技巧、武术等		地面	150	200	300	300	500	750
棒球、垒球		地面	—	—	—	300	500	750
保龄球		地面	150	200	300	200	300	500
举重		地面	100	150	200	300	500	750
击剑		台面	200	300	500	300	500	750
柔道、中国摔跤、国际摔跤		地面	200	300	500	300	500	750
拳击		地面	200	300	500	1000	1500	2000
乒乓球		台面	300	500	750	500	750	1000
游泳、蹼泳、跳水、水球		水面	150	200	300	300	500	750
花样游泳		水面	200	300	500	300	500	750
冰球、速度滑冰、花样滑冰		冰面	150	200	500	300	500	750
围棋、中国象棋、国际象棋		台面				500	750	1000
桥牌		桌面	—	—	—	100	150	200
射击	靶心	靶心垂直面	1000	1500	2000	1000	1500	2000
	射击房	地面	50	100	150	50	100	150
足球	观看距离　120m		—	—	—	150	200	300
曲棍球	160m	地面	—	—	—	200	300	500
	200m					300	500	750
观众席		座位面				50	75	100
健身房		地面	100	150	200	—	—	—
消除疲劳用房		地面	50	75	100			

注：①篮球等项目的室外比赛应比室内比赛照度标准值降低一级；

②乒乓球赛区其他部分不应低于台面照度的一半；

③跳水区的照明设计应使观众和裁判员视线方向上的照度不低于200lx；

④足球和曲棍球的观看距离是指观众席最后一排到场地边线的距离。

满意照度值。实际设计时应略高于该数值。国际比赛照度定为500lx，范围为 300 ~ 500 ~ 750lx。

体育建筑照明的照度标准值应符合表 30-29，表 30-30。体育运动场地转播电视需要照度标准值见表 30-31。

运动场地彩电转播照明的照度标准值　　　　　　　　表 30-31

项　目　分　组	参考平面及其高度单位 (m)	照度标准值 (lx) 最大摄影距离 (m)		
		25	75	150
A组：田径、柔道、游泳、摔跤	1.0m 垂直面	500	750	1000
B组：篮球、排球、羽毛球、网球、手球、体操、花样滑冰、速滑、垒球、足球等	1.0m 垂直面	750	1000	1500
C组：拳击、击剑、跳水、冰球、乒乓球等	1.0m 垂直面	1000	1500	—

对于一个特定的运动场地，所需要的照度取决于所进行比赛的等级、球或其他运动物体的速度和比赛期间运动员之间、运动员和球之间的最大距离。

对于大都数体育运动，观众的视线来自各个主面，水平照度和垂直照度都要求考虑，特别是需要转播彩色电视时，更是如此。但是由于各方面的原因，实际体育照明中所规定的照度值是水平的照度值。垂直照度与水平照相接近为宜，通常：

$$E_{水平} \not> 2E_{垂直}$$

$$E_{观众} \not< 20\% E_{场地}$$

3. 国外有关标准

欧洲彩电和体育照明与均匀度的参考值详见表 30-32。

欧洲彩电和体育照明与均匀度的参考值　　　　　　　　表 30-32

	比　赛　场　地　照　度		观众席 E_s
	垂直面 E_v	水平面 E_h	
需　要　照　度	1000 ~ 1500	1 ~ 2E_v	0.5 ~ 0.5E_v
均匀度 E_{min}/E_{man}	1:2 ~ 1:4	1:1.5 ~ 1:3	—
变　化　率	5% ~ 8%	4% ~ 6%	< 10%

$$变化率 = \frac{E_1 - E_2}{E_1 \Delta_x} \cdot 100\%$$

式中　$E_1 > E_2$；Δ_x 为 E_1、E_2 两侧点之间的差距。

国际上有的资料认为，对于大多数体育运动，大约 500lx 对于运动员就可以了，如果观众比较多，才需要增加照度。各国体育馆照度标准参考表 30-33。

各国体育馆照度标准参考表（lx）　　　　　　　　表 30-33

		英　国	日　本	美　国	德　国	法　国	意大利
篮排球	1	750	500	800	400	500	300
	2	500	200	540	—	—	200
	3	300	100	320	200	200	100
羽毛球	1	500	200				
	2	200					
	3	200	100				

		英 国	日 本	美 国	德 国	法 国	意大利
乒乓球	1	500	1000	540	600	700	500
	2	300	500	320	250	250	200
	3	200	200	220	—	—	—
体操	1	400	500	540	300	400	200
	2	—	200	320	120	200	—
	3	—	—	—	—	—	—
冰球	1	750	1000				
	2	500	500	—	—	—	—
	3	300	200				
拳击	1	2000	3500	5400	3500	3000	5000
	2	1000	500	2200	1500	500	2000
	3	300	100	1100	800	—	1000

注：1——正式比赛；2——一般比赛；3——训练或娱乐。如果一般比赛用1，正式比赛可以取2~4倍，训练用0.3~0.7倍。

节能的原因是新光源光效高，缺点是一次性投资高，但长时间使用，节电费不但可弥补支出，而且有明显的节能效果。国内已经有优质的同类产品。

中国象棋、国际象棋比赛场所的照度标准值，定为750lx，照度范围500~750~1000lx。根据对中国棋院和北京棋院的国际比赛照度进行现场实测结果，其桌面上的平均照度可达1000lx左右。场地管理人员一致反映，此项活动单调，运动员精力集中，只有高照度才能满足要求。室外场地上，视觉容易适应随时间变化的光线，故照度低一级。

30.11.2 照明要点

1. 电光源的选择

（1）体育场地照明用光源宜选用金属囟化物灯、高显色高压钠灯。同时场地用直接配光灯具宜带有格栅，并附有灯具安装角度指示器。比赛场地照明宜满足使用的多样性。室内场地采用高光效、宽光束、与窄光束配光灯具相结合的布灯方式或选用非对称配光灯具。

（2）室内拳击、摔跤、柔道等场地照明宜采用可吸收光源辐射热的灯具。

（3）场地照明的边缘灯具宜选用窄光束配光，1/10峰值光强与峰值光强的夹角不宜大于15°。室内天棚和墙面的反射系数宜大于50%，地面宜为20%，同时应采用无光泽饰面。对于综合性体育场的场地照明宜采用调光方式并设有多种比赛用灯方案。常用灯具光强见图30-8所示。

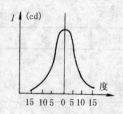 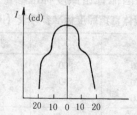 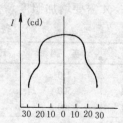

图 30-8　常用灯具及其光强分布
（a）窄配光；（b）中配光；（c）宽配光

2. 综合运动场布灯要点

(1) 室内排球、羽毛球、网球、体操等场地的照明，宜采用侧向投光照明，篮球、手球、冰球等宜在场地上空均匀布置再配以侧向投光照明。侧向投光照明其灯具的最大光强与场地水平夹角不应小于 45°。

(2) 综合大型体育场宜采用光带式布灯或与塔式布灯组成的混合式布灯形式。两侧光带式布灯，其在罩棚（灯桥）上的布灯长度宜超过球门线（底线）10m 以上，如有田径比赛场地时，每侧布灯总长度不宜小于 160m 或采取环绕式分组布灯。

(3) 室内游泳池的照明采用直接照明时，应控制光源透射角在 50° 范围内的亮度，同时使天棚的反射系数大于 60%、墙面的反射系数不低于 40%。当采用间接方式照明时，应配有水下照明。室外游泳池侧面照明，宜使用光源最大光强射线至最远池面的夹角在 50° ~ 60°。

游泳池内设置水下照明时，应设有安全接地保护等保安措施。水下照明可参照下列指标设计：室内池面 1000 ~ 1100lm/m^2；室外池面 600 ~ 650lm/m^2。水下照明灯上口距水面宜在 0.3 ~ 0.5m；灯具间距浅水部分宜为 2.5 ~ 3m，深水部分为 3.5 ~ 4.5m。场地照明应以垂直照度为设计依据，其检测点为场地区域距地 1m 的高度；垂直照度值选取方向宜平行于场地的边线。体育场的疏散通道和疏散门宜设置灯光疏散标志。

3. 足球运动场布灯要点

(1) 四角式塔式布灯的灯塔位置，宜选在球门的中线与场地底线成 15° 角，半场中心线与边线成 5° 角的两线延长相交后与延长线所夹的范围以内，并宜将灯塔设置在场地对角线上。灯塔最低一排灯组至场地中心与场地水平面的夹角宜在 20° ~ 30°。

(2) 室外足球场地应采用窄光束配光，1/10 峰值光强与峰值光强的夹角不宜大于 12° 的泛光灯具。同时应有效地控制眩光、阴影和频闪效应。室外足球训练场地可采用两侧多杆（4、6 或 8 根灯杆）塔式布灯，灯杆高度不宜低于 12m。泛光灯的最大光强射线至场地中线与场地水平面夹角不宜小于 20°，至场地最边线与场地水平面的夹角宜在 45° ~ 75°，采用 6 灯杆式时夹角可为 45° ~ 60°，采用 8 灯杆时夹角为 60° ~ 75°。灯杆应在场地两侧均匀布置。

(3) 比赛场地内的主要摄像方向上，场地水平照度最小值与最大值之比不宜小于 0.5；垂直照度最大照度与最小照度之比不宜小于 0.25。体育场观众席的垂直照度不宜小于场地垂直照度的 0.25。对于训练场地的水平照度均匀度，水平照度的最小值与平均值之比不宜大于 1:2。其中手球、速度滑冰、田径场地照明可不大于 1:3。

(4) 足球与田径比赛相结合的室外场地，应同时满足足球比赛和田径场地的照明要求。场地光源色温宜为 400 ~ 6000K。光源的一般显色指数不应低于 65。

(5) 泛光灯的最大光强射线至场地中线与场地水平面的夹角宜为 25°，至场地最近边线（足球场地）与场地水平面夹角为 45° 至 70°。

30.11.3 体育照明常用灯具及改善眩光的方法

灯光设计应用不当时，直射光或反射光使运动员产生眩光。所以在体育照明设计中应尽量降低光源对运动员和观众产生的眩光，这可以从灯具安装位置、安装高度和灯具本身的设计几个方面加以解决。

1. 关于眩光的控制

现在对于眩光控制，没有定量的表示方法。主观评价测验和定量测量的关系，这种关系可以作为推荐的依据主观评价可以分为9级，1级感觉不到眩光，1~5级可接受，9级为不可忍受。现场测量可使用亮度计测量观察方向的总光幕的亮度。

（1）高灯远照：较大的体育场馆，比如足球场、网球场和排球场，可以采用高杆侧面照明，沿着场地的两侧将光源排列成行，可降低眩光的危险，同时提供必要的照度，保证良好的立体感。如图30-9所示。这类体育场都有主运动方向，因此沿着场地长度方向有一个主视线方向。施工中应对角度进行调整。

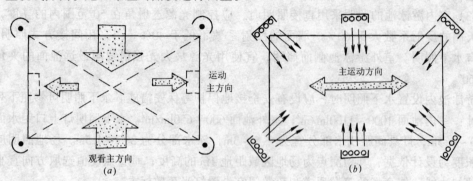

图 30-9 高杆照明平面布置

（a）4组高杆照明；（b）多组高杆照明

（2）灯塔的高度 h 由入射角度及距离 L 决定（图30-10）。考虑运动员运动的角度，采用45°投射光束方法为宜。观众的视角也采用45°，如图30-10（a）所示。灯塔射到场外的余光要进行遮挡，以免影响观众或居民，也浪费光通量。在纵向光斑水平边角有5°即可，在横向光斑水平边角不宜超过20°，如图30-10（b）所示。摄像机的方向不宜和灯的光线平行（会产生极强眩光，呈现光斑）。

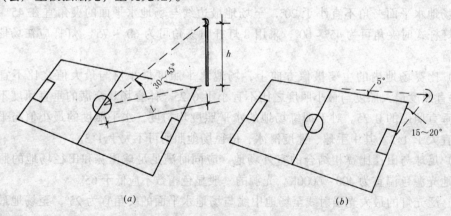

图 30-10 灯塔光线照射角度

（a）垂直照射角；（b）水平照射角

（3）地板应尽量用不反光的涂料。与土建工程合作才能较好地解决眩光问题。

30.11.4 设计注意事项

1. 体育场馆照明设计通常作法

（1）灯具的色温为冷色有利竞技时的头脑清醒，而有录像转播时的色温应为 3200K 为宜。

（2）设计体育馆内部照明要兼顾到文艺演出、放电影、集会、电视转播等的需要。尤其是观众席要特别注意防止眩光，室内屋顶灯经常采用嵌入式或设置光栅以克服眩光。文艺演出需要有追光灯具，设计时要预留有伺服电机控制的彩电追光灯、旋转灯光位置及释放烟雾的设备以方便于操作。水平灯具向下倾斜，要有遮光灯罩，如图 30-11 所示。

（3）照度的均匀度目前尚无严格的标准，这与运动项目的需要而不同，主要取决于运动的速度、器材的尺寸、颜色、视距、周围环境的亮等因素。例如乒乓球比赛时，照度的均匀度影响运动员判断小球的运动方向。一般要求最大照度与最小照度之比应小于 3，水平或垂直照度都应该附合下式。训练场地照度的均匀度也不宜过大。

图 30-11　表演场灯光布置

$$\frac{E_{max}}{E_{min}} < 3$$

（4）灯具的选择为了满足显色指数 R_a 在 85 以上，并兼顾亮度，可以选用混合光（灯内混合或灯外混合）的方法。

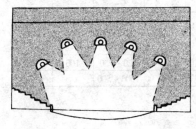

（5）体育场馆的照明灯具控制可以用两种方法，一是比赛等级控制法，按不同的比赛等级开关照明灯具。另一种是运动项目控制法，设计时是根据不同的运动项目来布灯，实用中很方便。

（6）设计自行车竞赛场馆要注意有足够的垂直照度，同时要兼顾对观众避免眩光。如图 30-12 所示。

（7）拳击、摔跤和相扑运动场要求照度高，而且能从多方位角度照明，照明宜增设局部照明。使裁判能比较

图 30-12　赛车道灯光布置

容易做出正确的判断。可以采用专用升降架的方法解决。

2．足球场灯具平面布置的形式

（1）多塔式布灯：如图 30-13。灯具布置于场外上空，以侧光为主，特点是照度均匀度好，没有明显眩光，耗电量比较大。

（2）光带式布灯：如图 30-14。特点是均匀度好，阴影少，功率需要较多。

图 30-13　多组高杆照明

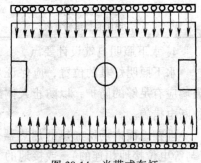

图 30-14　光带式布灯

（3）混合式布灯：如图 30-15。特点属上面二者中间。

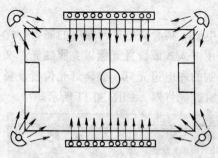

图 30-15　混合式布灯

（4）均匀布灯：适用于低空间运动场所照明，经济实用。缺点是垂直照度和水平照度相差比较大，阴影反差大，立体感稍差一些。

3. 游泳场馆的照明设计

（1）游泳场馆的照明设计内容主要有跳水、游泳、水球、水上芭蕾等。其特点是在水下要有一定的照度；灯具的防水防潮问题；为了观众和裁判能看清运动员连续的动作，要严格避免眩光，照度标准较高；要能满足电视转播的灯光要求。

（2）游泳比赛和训练场地照明灯具的布置宜沿游泳池长边的两侧排列。

（3）花样游泳照明设计应增设水下照明装置。水下照明应按灯具的光通量计算，每平方米水面的光通量不宜小于 1000lm。

（4）游泳池的照度标准：目前尚无统一标准，可以参考表 30-34。

游 泳 池 的 照 度 标 准　　　　　　　　　　表 30-34

照 明 分 类	美 国		俄 国		英 国		德 国	日 本	法 国
	室 内	室 外	室 内	室 外	室 内	室 外	—	—	—
正式比赛 (lx)	540	220	水平 150 垂直 750	水平 100 垂直 50	水平 500 垂直 150	150	200～400	500	300
练习用 (lm)	320	110			水池 300		120～250	100	150
水下照明 (lm/m²)	1100	650	1000	1000	50(W/m²)		1000～500		

为了满足电视转播的要求，可参考表 30-35。

电视转播的照明要求　　　　　　　　　　表 30-35

建议的参数及光源	彩 电 转 播
水面上 1～2m 高的垂直平均照度 (lx)	1000
垂直照度均匀度 (Emin：Ecp)	1:3
跳水区垂直照度 (lx)	1000
水面上平均水平照度 (lx)	1000
水平照度均匀度 (Emin：Ecp)	1:2
靠近游泳池区的平均照度：(lx)	500
光源	金属囟化物灯
光源色温 (K)	6000°±500
照明装置维修系数	1:3

4. 水下照明电气设计要点

水下照明灯具的位置，应保证从灯具的上部边缘至正常水面不低于 0.5m。面朝上的玻璃应有足够的防护，以防止人体接触。对于浸在水中才能安全工作的灯具，应采取低水位断电措施。

埋在地面内场所加热的加热器件，可以装在 1 及 2 区内，但它们必须要用金属网栅（与等电位接地相连的），或接地的金属网罩罩住。喷泉、喷水池、装饰展览池等亦应采取安全保护措施。

30.12 公用设施设计

30.12.1 铁路、港口

1. 铁路、港口照明设计一般要求

(1) 铁路、港口照明一旦建成，就会长期使用，对灯具的要求主要是寿命长，维修方便，能够保障公共场所有一定的照度，满足查看票据和治安管理的要求。

(2) 对于一、二等型站的有棚站台宜采用高光效电光源及配套的防震灯具，如采用日光色镝灯或高压钠灯。而无棚站台（三级及以下均属无棚站台）可以采用白炽灯，主要是考虑其价格低廉。但白炽灯寿命短、照度低，不是发展方向，在投资允许时应该选用寿命长的高光效灯具，有利于提高照度。

(3) 客运站的进站大厅、候车室、贵宾室等公共场所不宜采用封闭不严的花纹玻璃灯罩，因为容易招引飞虫或积存灰土树叶而影响照明。应该容易清洗和维修。宜选用大方明快，有足够亮度的灯具。

(4) 室外宜采用高杆照明，覆盖面积大，暗角少，用高光效的高压钠灯为宜。

(5) 在港口的栈桥长廊，不宜采用白炽灯或日光灯，宜用光效高的气体放电灯。

(6) 在候船室，一般空间高大，应选用大功率高光效的灯具才能保障足够的亮度和安定舒适的气氛。

2. 照度标准

据有关部门对8个铁路局管辖内的39个客运站（其中特等站7个，一等站16个，二等站7个，三等站5个，四等站及承降所各2个）的照明状况，包括光源、灯具、照明方式、照明质量、照明供电等进行了调研，对其照度进行了实测。从实测照度的数据中可得出现有照度水平，结合新光源的推广并与国外数据对比，推荐适合中国应用的照度值。铁路旅客站建筑照度标准值见表30-36。某些项目对视觉要求较高的如售票室、广播室、问讯处等，使用性质相同的仅举一例说明。

(1) 铁路旅客站建筑照明的照度标准见表30-36。

铁路旅客站建筑照明的照度标准值　　　　　　　　　表 30-36

类　　别	参考平面高度 (m)	照度标准值（lx） 低	中	高
普通候车室、母子候车室、售票室	0.75 水平面	50	75	100
贵宾室、软卧候车室、售票厅、广播室、调度室、行李计划室、海关办公室、公安验证处、问讯处、补票处等	0.75 水平面 0.75 水平面	20 75	30 100	50 150
进站大厅、行李拖运和领取处、小件寄存处等	地面	50	75	100
检票处、售票工作台、售票柜、结账交班台、海关检验处、票据存放室(库)等	0.75 水平面	100	150	200
公安值班室	0.75 水平面	50	75	100
有棚站台、进出站地道、站台通道	地面	15	20	30
无棚站台、人行天桥、站前广场	地面	10	15	20

(2) 港口旅客站建筑照明的照度标准值见表30-37。

类 别	参考平面高度 (m)	照度标准值 (lx)		
		低	中	高
检票口、售票工作台、结账交接班台、票据存放库、海关检查厅、护照检查室等	0.75 水平面	100	150	200
贵宾室、售票厅、补票处、调度室、广播室、问讯处、海关办公室等	0.75 水平面	75	100	150
售票室、候船室、候船通道、迎送厅、接待室、海关出入口等	0.75 水平面	50	75	100
行李托运处、小件寄存处	地面	50	75	100
栈桥、长廊	地面	20	30	50
站前广场	地面	10	15	20

（3）检票处、检票口、护照检查处等处要求看清票面最小的字，要迅速辨认无误，以提高工作效率，减少旅客等待时间，因此必须有良好的照明，故按办公室照明要求。经分析实测的照度，现推荐的照度标准值为 100～150～200lx。售票工作台为 150lx，照度范围为 100～150～200lx。客运站的售票处除一般照明外在售票工作台设有局部照明，一般均采用荧光灯。

在检票处、售票工作台售票柜、结帐交班台、海关检验处和票据存放室（库）宜增设局部照明。

（4）行李托运和小件寄存处：平均照度为 26～53lx，除汕头港外普遍反映这照度低。但汕头平均 186lx 也是较高的了。国家标准推荐 50lx，照度范围 30～50～70lx。这种照度水平是不高的，仅仅能够满足一般需要。

（5）候船室、进站大厅、迎送厅、候船通道、接待室、海关入口处：这是旅客必经之处，应给人以明亮、舒适之感。但除上海和汕头外，其他港口一致反映照度不足，尤其是旅客反映强烈。这些场所除等候、休息外应可读一些书报，为此推荐照度为 75lx，照度范围为 50～75～100lx。

（6）广播室、问讯处、调度室、结帐、交接班台、贵宾室，则考虑长时间阅读多些，定为 100lx，照度范围为 75～100～150lx。特大型及大中型客运站均设有广播室及问讯处，特大型站（如北京站、上海站）始发及到达的车次多，广播基本是连续性的，问讯的旅客是连续不断的，因此工作的连续性强。夜间工作范围内要明亮，但不能有直接眩光以减少视觉疲劳。实测照度为 80～120lx，85% 的站都大于 100lx，个别小站小于 100lx，因此推荐标准值为 75～100～150lx。这些照度值不是国内最高值，是比现状平均值略高一些，基本能满足视觉要求。

（7）有棚站台：特大型及大中型客运站均为有棚站台，旅客上车前须验票，要看清票面上的字有一定的视觉要求，站台要明亮，实测值为 20lx。随着新光源的普遍推广今后将会不断改善照明状况，因此推荐值为 15～20～30lx。

无棚站台：二等以下的客运站均为无棚站台，已逐渐使站台不验票，基本适应要求。个别特等站（如丰台第一站台）也是无棚的，采用高压钠灯时实测照度为 15lx。照度标准推荐值为 10～15～20lx。

（8）栈桥和长廊：大连港 12m 宽 150m 长的栈桥最高照度为 14lx，平均 9lx。旅客和工作人员反映很暗，完成任务很勉强，惧怕发生危险。烟台港长廊平均照度 16lx，旅客反映稍暗。因此国标确定照度 30lx，照度范围 20～30～50lx。

（9）站前广场：特大型及大中型车站均设有站前广场门是旅客进出站、中转签字、暂时停留的场所。现在各站逐渐使用高效光源，装在建筑物最高处，比灯柱的效果要好，实测照度为 5~10lx。个别站（如太原、广州）站前设高杆照明，夜间明亮感强，实测照度值 30lx，旅客流动情况观察容易看清。高杆照明装置仅个别站有，不普遍。

（10）照度标准值的确定：测量时采用网络布点法，一般距地 0.75~0.8m，工作台和办公室测量工作的台面上照度为准。大连、青岛、汕头、上海是近年新建的旅客站，而烟台、南京等是旧旅客站。新建港口中上海和汕头照明较好，其装修材料的反射率和颜色也符合照明要求，其他港口有采用深色反射墙面（青岛）。对旧有的港口，由于维护清扫不善，反射条件不好，照明不足。再加上受用电量的限制，形成较暗的照明环境。工作效率受到较大的影响，急需改进照明以保证安全工作。总之，港口照明设计要充分考虑到各方面的因素，提出合理的设计方案。

3. 车站照明设计要点

（1）大型车站是交通枢纽，通常属于一类负荷，供电设计要有双路独立电源供电，或设置柴油发电机组，以防在停电事故时混乱，管理不方便。车站问事处的窗口应设置明显的照明标志，以减少旅客到处询问寻找时间，尽可能减少人流量。车站照明线路宜用铜芯绝缘线，穿钢管暗敷设于不可燃的墙体内。

（2）大型公共建筑人流量和车流量都很大，发生火灾后果严重，一般要求设计火灾自动灭火系统。

（3）车站候车室的建筑层高比较高，通常有 7m，而且有吊顶。照明设计宜采用光带形式以提高照度，同是在内墙设置壁灯以补充亮度的不足，壁灯距地 2~1.5m。壁灯的作用不仅可以减少顶灯的数量，也起到装饰作用。为了减少候车室的眩光，可以选用铝隔栅灯具。光源可用混光照明，以荧光灯为主。

（4）由于候车室人多，大厅应设排风扇。在检票口门上方应设置嵌入式玻璃灯箱，让顾客能清楚地看到站台号和发车时间及发车所去地点等。高度应尽可能让大量旅客都能看到。车站一般都设置广播室，内有广播分线箱、组合音响设备、扩音喇叭及录像设备等。不宜设高音喇叭。

30.12.2 加油站

1. 电气设计要点

（1）汽车加油站属于有易燃、易爆的场所，加油站的电气设计是属于特殊场所的工程设计。要求比较严格，应考虑防火防爆的问题。因此，油库及附近场所的照明灯具应选用防爆型，因为火灾和爆炸是相关联的，所以汽油加油站的照明应用防爆和隔爆型的灯具。

（2）汽油库的电气设计应按防火一级考虑。根据火灾危险场所的分级，汽油库属于 H—1 级 "可燃气体的闪点高于其生产、使用、加工、储存的温度或环境温度，在数量和配置上，能引起火灾危险的场所"。

（3）加油站一般是平房建筑，从建筑物的高度方面考虑不一定要设置防雷，而从加油站防火和防爆的严重性考虑，必须根据当地的情况研究和考虑防雷问题。

（4）油罐是加油站不可缺少的储油设施，预防静电问题也是作电气设计时必需注意的主要问题之一。注意油品的闪点：不同的油品引燃火情的程度不同，其中主要是油品的闪点。油品的闪点越小，则越容易引燃。常用的油品闪点见表 30-38 所示。

序　号	油　品	闪　点　（℃）	自　燃　点　（℃）	沸　点　（℃）
1	汽油	45～10		50～150
2	煤油	28～45		150～300
3	柴油	＞45		280～365
4	重油	90～130	300～320	300～350
5	渣油	＞200	270～280	＞520

从表 30-38 中可以看出汽油的闪点比柴油低，所以汽油更容易点燃，造成火灾的危险性就更大。作电气设计时，要根据不同油品的加工生产和储存中选取不同的材料。闪点或沸点越低，则越容易蒸发，空气中所含易燃易爆物扩散的范围更大，选用防爆灯具房间的范围也就应该扩大。

2．加油站的配管配线

防爆灯具的配管一律采用防爆钢管，施工中应作密封试验。有利于防火和安全。管内穿线的工作零线截面应与相线的截面相同。在要求标准较高时，宜选用防火耐高温的导线或防火电缆，价格高。钢管及其他所有不带电的金属管网均需要可靠地接地，不分其电压的大小或安装位置的高低。接地的目的是大大降低电气管网漏电造成的危害。加油站的电源进线最好用使用铠装直埋电缆进线，长度不小于 50m，这样可以防止感应雷及高电位的引入。

30.12.3　静电保护设计

1．静电的概念

不同物体相互摩擦都会产生静电，所以平常许多物体都不同程度带有静电，失去电子的物体带正电，得到电的物体带负电，这种电荷平静地存在于物体的表面，所以称为静电。当两种不同的物体相接触时，只要接触面积在 $25 \times 10^{-8} cm^2$ 以下时，其中一种物体就会把电子传递给另一种物体，获得电子的物体带负电，失去电子的物体带正电。汽油、柴油、重油、煤油都属于低导电性物质，当这些油品在管道内流动摩擦就会产生静电。

储油罐内的油品在注入或抽取时必然要造成的磨擦运动而产生静电，当静电积累到一定程度时就会对不同电位点的物体形成火花放电而引燃油品造成爆炸！

2．静电的防护方法

为了预防静电的危害，通常在油罐区的四周作静电保护接地装置。每一处接地电阻都不得大于 10Ω，接地电阻总值一般不超过 4Ω。

作静电保护接地就是防止静电的积累，所以静电接地安装必须从严要求，一定要采用镀锌钢材。接地极与其他保护接地材料规格要求一样。当接地极和防雷接地分开作时，接地极与油罐的距离没要求，因为只是泄漏静电电荷而已，不会引入雷电高电位。

电气设备、储油罐、机组和输油管道的防静电接地应单独与接地母线相连，不得利用这些设备金属相串联。即电气设备的金属外壳不能作为接地母线的一部分。

当油罐的体积大于 50m³ 时，接地点不得少于两处，这两处接地点之间的距离不能大于 30m。而且每一个油罐最少要有两处与接地母线焊连，以防万一其中一处脱焊而酿成追悔莫及的火灾。油罐接地示意图如图 30-16。

接地极的平面布局应在与油罐底部四周围相对称的地方。接地母线要成为一圈环形闭合导体，避免有产生火花间隙的可能。

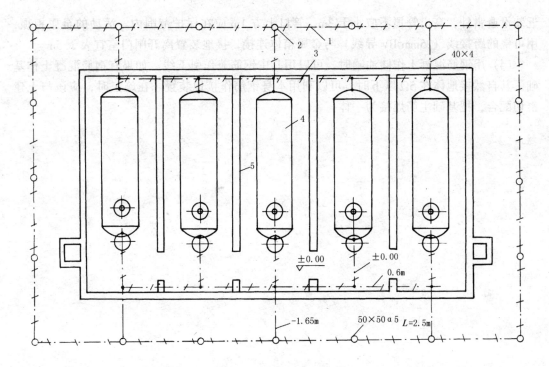

图 30-16 油罐接地示意图

1—室外接地母线；2—接地极；3—室内接地母线；4—油罐；5—墙体

凡是引入危险场所的金属管线或铠装电缆的金属外皮都应该焊连并在进口处接地。当管线长度在 300m 以上时，每隔 300m 就再作一次接地。如果有两根或多根金属管线平行，而且相距不足 10cm 时，应每隔 20m 左右用 φ8 圆钢焊跨接线一次。

3. 静电保护与防雷的关系

静电保护接地不得轻易与防雷接地连通，以防止引入高电位。

(1) 目前所采用的防雷技术主要是泄电，而不是抗雷或从根本上消灭雷电的发生。因此在一定程度上防雷设施也是召来雷电而泄之。如果设计不当，反而会带来危险。通常加油站是设置在临街的平房建筑物，如果附近有许多高大的建筑物，加油站在避雷针的保护范围之内，加油站就不一定非要设置防直击雷系统。

如果加油站附近没有高大的建筑物，虽然加油站本身的建筑物不高，但是挥发性很强的可燃汽体一旦招来闪电，后果就很严重。因此应该设置防雷装置。当防雷装置单独作业时，接地电阻不得超过 10Ω。

(2) 对于浮顶油罐，一般不作防雷，只作静电接地保护即可。因为罐内并没有空隙，只是在顶盖和罐檐接触之处有很小的气隙漏少量的气。

如果油罐埋在地下，上面有 50cm 以上的土层，则可以不设防雷。若在地面上留有呼吸阀，则需要在呼吸阀处作局部防雷处理。但是只要静电接地与防雷接地相连接，接地极与油罐要保持 3m 以上的距离。

(3) 球形液化气油罐的壁厚一般都不小于 5mm，可以只作接地埋地式油罐。露天可燃气体储存罐的壁厚大于 4mm 时，一般不设置接闪器，但应接地。罐壁上接地点不应少于两处，其间距不大于 30m，冲击接地电阻不大于 30Ω。对于散热管和呼吸阀宜在管口或附近装设避雷针，高出管顶不应小于 3m，管口上方 1m 应在保护范围内。活动的金属柜顶，用可挠的跨接线（25mm²BV 导线）与金属箱体连接，接地装置离开闸门室宜大于 5m。

（4）用钢筋混凝土作储油罐时，可以用其中钢筋兼作引下线。如果有钢筋混凝土作基础，其自然接地体在 5Ω 以下时，可以利用本身钢筋作接地装置。在施工时，应该与土建密切配合，把基础主筋焊接为一体。

31 建筑电气概算

为了实现使建筑业逐步成为国民经济的支柱和逐步实现建筑产品商品化，需要引入竞争机制，其主要形式是实行工程招投标。而"工程概算"是进行工程招投标的关键，是贯彻监理工程师管理体制和控制工程造价的有力手段，用新的概算方法进行投标报价有利于普及电脑应用和造价管理。因此，近年来学习建筑工程概算已经成为建筑业的热点问题。

改革开放以来，建筑工业得到迅速的发展。为了更好地进行投资控制、加强建筑企业经济管理，北京地区率先采用概算作为工程结算和投资控制的手段，而预算只供施工企业内部管理用，所以把北京地区使用新的概算体系进行具体编制概算的方法编成本章内容，对全国各省市在改革概预算体制及改进工程量计算方法可能也有一定的参考作用。

本章内容是遵照北京地区现用 1996 年概算定额内容和取费标准为基础编写的。

31.1 变配电工程概算

主要介绍建筑工程常用的室内变配电系统变压器及高低压配电柜等项目的安装，着重了解变配电工程常用设备的型号、施工要点、定额项目的划分、工程直接费的计算方法。

31.1.1 定额内容

电气设备安装工程定额中的第一章就是变配电工程定额。这章定额主要内容有三相电力变压器安装、高压架空引入装置、开关柜的安装、硅整流柜的安装、高低压母线桥及保护网制作安装等九节，共有 110 个子目。

(1) 工程项目

变配电工程主要项目"三相电力变压器安装"有四种变压器安装子目，分别是：

①油断路器操作变压器安装（如常用的型号有：S_7—□/10、SL_7—□/10、SL_9—□/10 等。其高压断路器采用油断路器操作。）；□内数字表示变压器容量（kVA）。

②负荷开关操作变压器安装：（如 S_7—□/10、SL_7—□/10、SL_9—□/10 等。其高压断路器采用负荷开关操作）。

③有载自动调压变压器安装（常用型号有：SLZ_7—□/10、SL_7—□/10 等。型号中有 L 时，表示变压器是铝芯绕组，没有 L 表示是铜芯绕组。）

④干式三相电力变压器安装。（常用的型号有：SG—□/10、SGZ—□/10、SCL_2—□/10、SC_3—□/10 等。C 表示环氧树脂真空浇铸）。在型号中□表示容量。

例如：SC_{10} 干式三相电力变压器额定容量有 100、125、250、315、400、500、630、800、1000、1250、1600、2000、2500kVA。定额按变压器的容量区分子目。

通常在有高压配电柜时采用油断路器操作变压器安装项目。没有高压柜时，进户线直接到变电室，采用负荷开关操作变压器安装项目，一般用在小型变电室。有载自动调压变压器安装项目常用在对电气质量标准要求高的大饭店、大医院或电视台等重要场所。

干式变压器的绝缘材料性能好，体积小、噪音低，适合用于楼内安装，干式三相电力变压器的安装适用于高层建筑等场所。干式变压器安装单价比其他变压器安装单价低，因为干式变压器安装没有一、二次母线，而是采用封闭式母线槽。

（2）油断路器操作变压器安装项目综合的工程内容：从定额中可得知此项工程内容已经综合了许多辅助项目，除包含变压器安装以外，还综合了变压器轨道制作安装、抗震加固、一二次侧母线、高低压绝缘子、低压穿墙板、金属支架、室内接地系统及空载试运行等。"室内接地系统"适用于各种变电室的室接地系统。但对室外接地极应另列项目。

其他类型变压器安装项目中所综合的内容大同小异。但是，负荷开关操作变压器安装的内容中还包含有负荷开关及操作机构的安装。

"轨道制作安装"是指用槽钢或用两根圆钢焊于扁钢上，土建已安装有预埋铁件。变压器安装项目包含了室内接地母线，但是不包括接地母线沿墙明敷设及室外接地装置。而配电室内没有变压器，所以室内外接地系统应另列项。

"抗震加固"是指在变压器的基础大梁上用 U 形抱箍将变压器紧固在一起。"系统调试"是指一二次试压、测绝缘电阻、接地电阻、耐压试验、油的纯洁度测试等。但不包括变压器的吊芯检查项目，变压器安装一般也不需要作吊芯检查，只有在变压器运输过程中有碰撞现象时，确实需要作吊芯检查时，才可另行计算。

（3）"配电柜的安装"这项工程内容已经综合了基础型钢、母线、盘柜配线、接线和调试。在预算中，上述各项是单独列项的，而在概算时就只能列配电柜安装一项。这个项目的划分是以铜母线和铝母线及不带母线来划分的，在铜或铝母线内又按母线的截面区分子目。配电柜是设备，设备费中已包含二次回路接线及全部元器件。基础型钢如果长于配电柜的总宽，也不调整。

（4）在"低压开关柜"的安装工程内容中，除定额中所列的内容以外，还包含屏边及零母线的安装，但不包含屏边的主材（应由设备带）。还不包含二次回路所用的控制电缆和管、线。如果订货时柜顶上没有绝缘子，可以另列项。

（5）"落地式配电箱"的安装不能套用本章"配电柜"安装，而应套定额第五章"落地式配电箱的安装"。因为"配电箱"与"配电柜"这两个名词概念是不同的。

（6）本章定额中未包含的项目有：配电室内一、二次所有电缆、管、线。这些项目应套用其他章中的有关项目。

（7）"高低压母线桥制造安装"这项是指两排高压柜或两排低压柜之间用金属构架相连接，母线从这个桥上通过，故称作母线桥。如图 31-1 所示。定额单价已含桥体制作安装、母线和绝缘子的制作安装等全部内容。

（8）高压架空引入线装置这项工程内容包含有：高压进户线横担、高压绝缘子、跌落式熔断器、避雷器、高压穿墙板制作与安装、金属支架、接地接置和试验。若引入线的长度不大于 15m 时，首末端可采用针式绝缘子固定，但定额不作调整。

（9）"变压器安装"工程内容中不包含吊芯检查，因为一般不需要。只有在下面情况时才由建设单位提出作吊芯检查。

①变压器出厂在一年以上，放置时间较长；②在运输途中出现异常情况。

（10）新增变电系统调试费，这项包含变压器、断路器、互感器、隔离开关、风冷油循环装置等一、二次回路的调试、空投试验以及开关、控制设备试验。

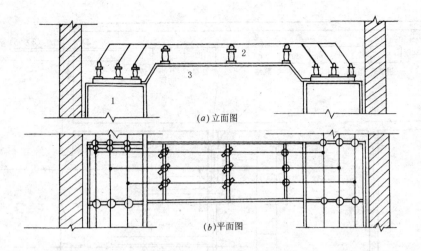

图 31-1　母线桥示意图
1—开关柜；2—绝缘子；3—母线桥架

（11）变压器保护罩的安装，定额是按随设备带来安装的，需要单独列项。

（12）三相电力变压器安装不适用于单相变压器安装或组合式变电站安装工程。

31.1.2　工程量的计算方法

1. 工程量的单位及其确定方法

变压器安装的工程量是按照母线的材质和变压器的容量以台为单位计算的。其中铜或铝制主母线的工程量是综合测算的。高压母线是从高压电缆头到变压器的绝缘瓷套管。低压母线是从变压器的低压瓷套管到低压配电柜之间的所有母线，如果设计图纸中的主母线很长，也不得调整定额。

关于定额损耗量，在定额中有明确的规定，除了人工费、材料费和机械费以外，还规定有辅助材料的施工损耗量。例如母线桥项目中，主要材料表中高压绝缘子含量是 9.05 个，其中 0.05 表示 9 个高压绝缘子的定额损耗量。定额里规定了 5‰ 的合理损耗，9 乘以 5‰ 得 0.045，四舍五入后取 0.05。如果实际损耗不等于 5‰，也不作调整，其意义在于鼓励减少损耗。如果超过了损耗标准，施工单位就亏了。

2. 概算中应注意的问题

本章定额内变压器的安装和各种配电柜的安装都是属于设备安装，按照图册说明第四条所述执行，即"定额概算单价不包含设备本身的价值，其设备费需要单独列项"。

三相电力变压器的安装机械费是按照半机械化吊装编制的。容量在 200kVA 以上的变压器是按照起重机械吊装编制的。如果实际采用了其他安装机械，也不能调整。

某配电工程，平面图如图 31-2 所示，要求列出概算项目，并计算各项工程量。已知三相电力变压器型号为 S_7—630/10，高压开关柜共九台，其中：油断路器柜 GG—1A—30（出线柜）2 台；GG—1A—46（进线柜）2 台；GG—1A—54（互感器、避雷柜）2 台；GG—1A—34（联络柜）1 台；GG—1A—107（计量柜）2 台。低压柜共 8 台，其中 PGL—06.07 有 7 台；电容柜 BJ（F）—3—03 有 1 台。其高低压主母线均采用铜母线，250mm²。平面图中的电缆和管线暂不列项。

经过列项、套定额和查电气设备概算单价可得表 31-1 中所列的结果。

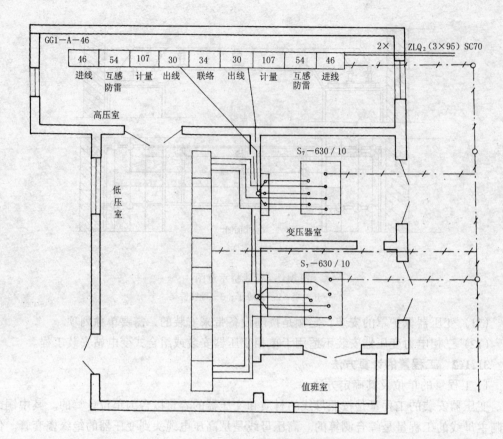

图 31-2 某配电室工程平面图

某配电室工程概算项目　　　　　　　　　　　表 31-1

序号	定额编号	工程或费用项目	单位	数量	概算价值（元）			
					概算单价	合价	其中人工	人工合价
1	1—9	变压器安装	台	2	10383.20	20766.40	1178.16	2356.32
2	3900013	S7—630/10 设备	台	2	55489.00	110978.0	—	
3	1—56	高压开关柜安装	台	9	924.10	8316.90	258.91	2330.19
4	4000026	高压柜设备（36）	台	9	21740.0	195660.0	—	
5	1—65	低压开关柜安装	台	7	1363.67	9545.69	275.25	7618.91
6	4000061	低压柜设备费	台	7	15235.00	106645.0	—	
7	1—70	电容器柜安装	台	1	565.87	565.87	233.87	332.00
8	4000104	电容柜设备费	台	1	19628.00	19628.00	—	

注：①表中括号中数字是高压柜一次线路方案编号。

②本例题未考虑"变压器保护罩安装"和"设备系统调试费"。

31.2　电缆工程概算

从建筑业蓬勃发展形势看，越来越多的工矿企业和建筑工程采用电缆供电，其工程造价虽然比架空线路高一些，但是供电可靠性增加，环境更加美丽。

31.2.1　电缆安装定额主要内容

本章定额内容主要有电缆沟铺沙盖砖（或盖混凝土板）、密封式电缆保护管、高压电缆终端头、电缆沟支架的制作和安装、电缆梯架的制作和安装、电缆敷设、电缆托盘安装及防火枕安装等，共九节 228 个子目。

电缆沟铺沙盖砖或混凝土板项目综合了电缆沟挖填土、铺沙、盖砖或混凝土保护板、埋设标志桩等。其中土方的土质及工程量已经作了综合考虑，除遇有流沙、岩石地带及对电缆的埋设深度有特殊要求以外，一般不得调整定额。按照新的规定，直埋电缆尽量采用铺砂盖混凝土板。在直线段每隔 40～50m 处设置标志桩，在中间接头处、入户处及拐弯等处设置方向桩。

电缆沟支架制作安装用于电缆根数较多时（6 根以上），目前常用的支架刷漆已不符合规范的要求，应该采用镀锌金属支架。电缆敷设定额适用于四芯、五芯及其他各种电缆敷设。"电缆敷设"项目综合了局部钢管保护、局部开挖路面、电缆中间头、低压电缆终端头、电缆头支架、保护盒制作安装等。

在 1kV 以下内低压电缆敷设综合了电缆终端头和中间头，而高压电缆没有综合终端头，应另套高压电缆头制作安装项目。高压电缆敷设项目包含了中间头的制作安装，无论采用普通型，还是采用热缩型的中间头，均不得调整定额。

在高压电缆敷设和高压电缆头的制作安装中，耐压试验均已包含在各项设备调试中，不得另列项计算。室内高压电缆头的形式常用预制壳式，即环氧树脂浇铸。另一种是橡塑绝缘电缆，又称干式电缆。电缆梯架的制作安装的定额删去了现场自制，是按购买定型成品编制的，应按设计图纸的要求执行定额，已经包含主材费。电缆梯架和电缆托盘的制作安装，都是定型产品。

密封保护管敷设只是电缆进出建筑物的外墙时才列项，目的是为了防止室外潮气侵入，电缆经过建筑物内部隔墙时不用密封保护管。密封电缆保护管是按 1.8m 长度测定的，密封保护管规格由设计图决定。

31.2.2 电缆安装工程量计算方法

电缆敷设工程量除平面图中实际测量出的工程量以外，还应考虑在各部位的预留长度。其预留长度见表 31-2。垂直部分按电缆沟深、井深如实计量。

预 留 长 度 表　单位：(m)　　　　　　　　　表 31-2

敷 设 方 式	进建筑物	中 间 头	进低压柜	进高压柜或进电缆井	终端头或进配电箱	垂直到水平或过伸缩缝
直埋电缆	2.3	5.0	3.0	2.0	1.5	0.5
电缆沟敷设	1.5	3.0				

【例 31-1】　某电缆敷设工程，采用电缆沟直埋铺砂盖砖，3 根 VV22（$3 \times 50 + 1 \times 16$），进建筑物时电缆穿管 SC50，电缆室外水平距离 100m，中途穿过热力管沟，需要有隔热材料，进入 1 号车间后 10m 到配电柜，从配电室配电柜到外墙 5m，（室内部分共 15m，用电缆穿钢管保护，本例暂不列项）如图 31-3 所示。试列出概算项目、计算工程量、套定额计算工程直接费。

解：电缆沟铺砂盖砖工程量：100m，每增加一根的工程量：$100 \times 3 = 300m$

电缆敷设工程量：$(100 + 10 + 5 + 2.3 \times 2 + 1.5 \times 2 + 3 \times 2 + 0.5 \times 2) \times 4 = 518.4$（m）

电缆主材费已经包含在定额单价中了，所以不再计算。

概算项目、工程量、定额单价和计算出的工程直接费列于表 31-3 中。

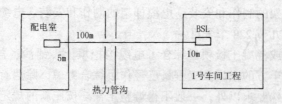

图 31-3 【例 31-1】用图

表 31-3

序	定额号	工 程 项 目	单位	工程量	单价（元）	合价（元）	人工单价（元）	人工合价（元）
1	2—1	电缆沟铺砂盖砖	m	100	13.76	1376	7.78	778
2	2—2	每增加一根	m	300	4.83	1449	2.52	756
3	2—6	密封式保护管安装	根	8	88.96	712	15.09	121
4	2—15	电缆敷设	m	518.4	109.44	56734	2.60	1348
5	合计					60271		3003

电缆敷设项目包含了局部保护隔热等，所以不用另列项。室内的 15m 暂时没按电缆穿钢管埋地敷设列项，待介绍完定额第六章后再加列两个项目："钢管埋地敷设"，"电缆穿保护管敷设"。电缆敷设工程量中要考虑电缆在各处的预留长度，而不考虑电缆的施工损耗。

密封保护管的工程量按实际的电缆根数统计，如果有备用的密封保护管也应如实计入工程量，只是不穿电缆而已。工程量的单位是根，按照管径区分子目。保护管径不得小于电缆外径的 1.5 倍。电缆沟支架的制作安装项目是按照沟内单边安装编制的。如果设计是双边安置时，其工作量乘以 2。

【例 31-2】 某电缆工程采用电缆沟敷设，沟长 100m，共 16 根电缆，分四层，双边，支架镀锌，VV_{29}（$3 \times 120 + 1 \times 35$），试列出项目和工程量。

解：电缆沟支架制作安装工程量：$100 \times 2 = 200$（m）

电缆敷设工程量：$(100 + 1.5 + 1.5 \times 2 + 0.5 \times 2 + 3) \times 16 = 1736.00$（m）

注：电缆进建筑 1.5m，缆头两个 1.5m×2，水平到垂直两次 0.5m×2，低压柜 3m，4 层，双边，每边 8 根。

表 31-4

工 程 项 目	单 位	数 量	单 价（元）	说 明
电缆沟支架制作安装 4 层	m	200.00	80.88	双边 100×2=200
电缆沿沟内敷设	m	1736.00	167.56	不考虑定额损耗

3. 电缆工程概算中应注意的问题

当电缆工程中各段电缆的敷设方式不同时，应该分别套不同的敷设项目，各段工程量分别计算。定额不仅规定了人工费、材料费、机械费，还规定了质量标准，尤其是电缆施工要点与概预算有着密切的关系。电缆的施工方法与电缆密封保护管列项有关，当电缆直埋敷设时，进入室内电缆沟，必需设电缆密封保护管；如果室内外都是电缆沟时，则建筑外墙不设电缆密封保护管，但是应该设金属网以防止小动物进入室内。室内外都是穿金属保护管时，也不设电缆密封保护管，而且计算钢管的工程量时不扣除电缆密封保护管所占的长度。

在寒冷地区电缆埋深应在冻土层以下，北京地区的埋深不小于 0.7m，农田不小于 lm。如果无法做到时，应该采取保护措施保护电缆不受损坏。一级负荷供电的双路电源电缆应尽量不敷设在同一沟内，否则应该加大电缆之间的距离。电缆通过有振动和承受压力的下列各地段，施工时应穿管保护，如电缆引入和引出建筑物（构筑物）的基础、楼板及过墙等处；电缆通过铁路、道路和可能承受到机械损伤的地段；垂直电缆在地面上 2m 至地下 0.2m 处和行人容易接触处及可能受到机械损伤的地方。

电缆与建筑物平行敷设时，电缆应埋设在建筑物的散水坡外。电缆进入建筑物时，所穿的保护管应该超出建筑物的散水坡以外 0.1m。直埋电缆与道路、铁路交叉时，所穿保护管应伸出 lm。电缆与热力管沟交叉时，如电缆穿石棉水泥管保护，其长度应伸出热力管沟两侧各 2m；用隔热保护层时，应超过热力管沟和电缆两侧各 1m。埋地敷设的电缆，接头盒下面必须垫混凝土基础板，其长度应伸出接头保护盒两侧大约 0.6~0.7m。

在电缆沟支架上敷设电缆时，控制电缆在下层，电力电缆在上层。低压电缆可并列敷设。当两侧均有支架时，1kV 以下的电力电缆和控制电缆应尽量和 1kV 以上的电力电缆分别敷设在不同侧的支架上。电缆的支架长度不大于 350mm，在隧道内不大于 500mm。支架水平间距或固定点距离为电力电缆 1m，控制电缆 0.8m，钢带铠装电缆 3m。电缆沟及其砖墙的砌筑项目归土建定额范围。防火枕的安装已经综合了填充防火忱数量及型钢的数量，不论楼板的厚度有多少，预留孔洞多大，均不得调整。

31.3 架空线路工程定额使用要点

31.3.1 架空线工程项目

"立混凝土电杆"这一项工程内容综合了挖填土方、立电杆、撑杆、撑杆金具、底盘、卡盘制作安装和电杆厂区内外运输等项目。定额是按电杆高度划分子目的。电杆的卡盘安装数量在转角杆是两块。其他直线杆、终点杆等均为一个卡盘，当设计与此不同时，一般不得调整。

拉线安装方式一般有普通拉线、水平拉线、V 型和 Y 型拉线和弓型拉线四种，每种拉线截面有 35mm² 和 70mm²。电杆拉线的制作和安装定额综合了挖填土方、拉线制作安装、立杆、绝缘子的安装及竹管保护管的安装等。

"导线架设工程"内容中除综合了横担、绝缘子、厂内外的运输以外，还包含了导线的主材。进户线路的架设也套用导线架设相应截面的定额子目，定额没区分。

"室外变台组装"定额又分室外杆上变台安装和室外地上变台两种。工程内容已经包括了挖填土方、立电杆、变压器安装、跌落式熔断器、避雷器、隔离开关安装、绝缘子、母线、横担、金属支架、穿墙板和接地系统的安装全部项目。而定额中又另设有杆上跌落式保险器的安装、阀型避雷器的安装、隔离开关的安装等，这些器件的安装只限于单独安装列项时使用。

31.3.2 工程量计算方法

电杆拉线按拉线截面以组计算。人字型拉线可以套用普通拉线定额，但是工程量要乘以 2。

导线架设以 m 为单位计算。定额里面已经考虑了 30% 的预留长度，计算导线工程量时不要再加各处的预留长度和弧度。定额是按单根导线确定的单价，架设工程量按照导线不同的截面区分，每单线长度乘以导线根数，即为导线架设的总工程量。

这一章定额是以北京平原地区的施工条件为准。如果是在丘陵地带施工，可以把架空线工程人工费的总和乘上系数1.15作为补偿。如果在山区或沼泽地区施工，则人工费要乘以系数1.6。另外，本章定额是按5根以上施工工程量情况测算的，如果实际情况是5根或不足5根时，由于施工效率降低，需要补偿外线的全部人工费的30%。具体方法就是把以上人工费的总和再乘以系数1.3。

【例31-3】 有一架空线路工程共有4根电杆，人工费合计为800元，是在山区施工，求人工增加费是多少？

解：
$$800 \times 1.60 \times 1.3 - 800 = 864.00 （元）$$

值得注意的是当这两种系数都要考虑时，其人工费是累计计算的，而不是分别都用800作为基数；另一点是在实际作概算时，常常是另列一项人工增加费，只算出增加的价差即可，所以式中要减去原人工费800元。这笔人工增加费还应计入工程直接费。

31.3.3 概算中应该注意的问题

(1) 定额规定："五根电线杆以内，应增加人工费"。这五根杆不包含撑杆和水平拉线所用的电杆，也不包含杆上变台的三根电杆。例如外线工程有9根电线杆，其中5根直线杆，一根水平拉线电杆，室外变台3根电杆，这时也应考虑人工增加费。

(2) 立电杆及电杆拉线项目中，土方的土质及工程量已经做了相应的综合，定额是按照坚土综合计算的；除遇有流沙、岩石地带以外，一般不得调整定额。

(3) 架空线路定额中的导线架设、杆上变台安装等项目已经考虑了高空作业，不得再计取操作超高人工增加费。

(4) 低压导线架设中，当截面超过70mm²，定额已经按照高压绝缘子考虑，使用定额时不得调整定额中的含量。唯独导线材质不同时，可以换算主材价格。

(5) 柱上变台定额里包含三根电杆和变压器的抬架（槽钢），而变压器本身属于设备费，不在其中。柱上配电箱和箱内的电器设备，以及进出管线等项目另行列项。

(6) 立电杆的施工机械是按比较先进的汽车吊施工方法测算的，如果实际是用人力、半机械或其他机械施工组立电杆，都套用此定额，不再调整。

【例31-4】 今有一外线工程，平面图如图31-4所示。电杆高10m，间距均为40m，山区地区施工，室外杆上变压器容量为315kVA，变台杆高15m。求：（1）列概算项目；（2）写出各项工程量；（3）计算外线工程直接费。

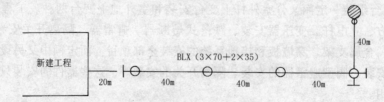

图31-4 某外线工程平面图

解： 70mm²的导线长度：$180 \times 3 = 540$ （m）

35mm²的导线长度：$180 \times 2 = 360$ （m）

人工费小计：2814.27 元

人工增加费：2814.27 × 1.6 × 1.3 − 2814.278 = 3039.41（元）

概算项目及工程直接费列在表 31-5 中。

表 31-5

序号	定额编号	项　　　目	单位	数量	单价(元)	合价(元)	人工单价(元)	人工合价(元)
1	3—4	立混凝土电杆	根	4	761.45	3045.80	122.72	489.68
2	3—8	普通拉线制作安装	组	3	244.17	732.51	57.59	172.77
3	3—18	进户线铁横担安装	组	1	374.29	374.29	69.14	60.14
4	3—82	杆上变台组装 315kVA	台	1	8642.51	8642.51	1701.08	1701.08
5	3—49	导线架设 70mm²	m	540	10.67	5761.80	0.47	253.80
6	3—47	导线架设 35mm²	m	360	7.13	2566.80	0.38	136.80
7		人工增加费				3039.41		3039.41
8		合计				22363.12		5053.68

说明：①序号 1～6 人工费小计为 2814.27 元。人工增加费 3039.41 元在直接费合计中也要计入，如序号 7 所示。

②人工增加费的计算基数是外线工程的全部项目的人工费，包括室外变台安装等大的项目。而变压器设备费另计，不影响人工增加费的计算。

31.4　建筑防雷定额使用要点

本章定额主要内容包括接地装置安装、接地母线敷设、避雷针、网制作安装、引下线敷设和烟囱、水塔的避雷装置的安装等五节，有 49 个概算子目。

31.4.1　列项要点

"接地装置安装"项目中已经综合了挖填土方、接地极、接地母线、接地电阻测试、断接卡子、局部保护管等。注意接地装置综合的接地母线只到断接卡子为止，从断接卡子到配电箱柜之间如果还有接地母线，则另套"接地母线项目"。这一段接地母线一般是套沿砖混结构敷设，如果接地母线是重复接地，而且不作断接卡子，则测量接地电阻时在配电箱处把接地母接断开测。断接卡子的一般安装高度为 1.5～1.8m。

接地母线敷设这个项目适用于①从断接卡子到配电箱的一段接地母线；②环墙接地线；③高层建筑为了防侧向雷击在圈梁内敷设的避雷带（套接地母线沿砖、混凝土结构内敷设）；④直埋在土壤中的水平接地体和带状接地体，即不带重直接地体的装置。图 31-5 是断接卡子与接地极大样图。

"避雷针、网安装"项目已经综合了针体在平面屋顶上安装所需的钢板底座、混凝土块的制作安装和接地线跨接等。如果在墙上安装避雷针，应该包含垂直屋面上安装的金属支架。

避雷针安装定额项目已经综合了高空作业因素，不得另计超高人工费用。

烟囱、水塔、避雷装置安装项目，综合了挖填土、避雷针、避雷网、引下线、接地装置安装及接地电阻测试等全部项目，它是以"座"为单位的，按高度区分子目。这个项目仅适用于砖混结构的烟囱或水塔，不适用于金属钢板制造的烟囱。因为这种烟囱本身兼作引下线，需要另套避雷针安装和接地装置安装项目。

关于高层建筑均压环焊接，从第三层开始，每三层焊接一圈，并与引下线焊连定额上称为"均压环焊接"。30m 以上每不超过 6m，在外墙圈梁内加 50×4mm 扁钢，也和引下线

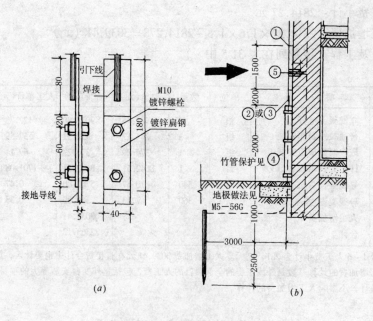

图 31-5　断接卡子与接地极

（a）断接卡子连接；（b）断接卡子位置

焊连，称作"匀压带"。见图 31-6。

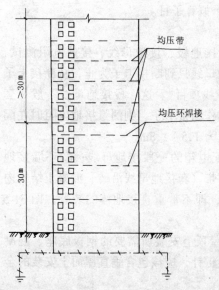

图 31-6　均压环与均压带

工程验收时，避雷网要求直线横平竖直，卡子间距一般不超过 1m。焊缝均匀。所以一般不采用 φ8 而采用 φ10 的镀锌圆钢。

每处的引下柱筋长度为檐高加室内外高差值。其中檐高指从室外地坪至顶层屋面板的高度。如果屋顶上有女儿墙，则应计算到女儿墙的顶端，即应符合引下线的实际长度为准。

施工规范中规定室外断接卡子高度为 1.5 ～ 1.8m，电气安装图册规定是 2m，华北标准是 0.5m。凡是室外人工接地体每一组接地装置均应设立断接卡子。

烟囱、水塔避雷针装安装适用砖砌成的烟囱，但不适用于铁烟囱。铁烟囱可用其本体，钢板厚度应不小于 4mm。

31.4.2　工程量计算方法

1. 高层建筑为了防止侧向雷击，要求从首层起向上至 30m 以下，每三层将圈梁水平钢筋与引下线焊接在一起，如图 31-6 所示。上述焊接工作称为"均压环焊接"。一、二、三级防雷建筑及高层建筑均要做均压环，每 3 层一圈。

钢窗按樘计算，但遇钢门时算一樘。钢门窗接地必须要有两点焊接，长度不少于钢筋直径的 6 倍。

【例 31-5】 有一高层建筑物层高 3m，檐高 96m，外墙轴线总周长为 86m，求均压环焊接工程量和设在圈梁中的均压带的工程量。

解：因为均压环焊接每三层焊一圈，即每 9m 焊一圈，因此 30m 以下可以设 3 圈，即 $3 \times 86 = 258$（m）

30m 以上每不超过 6m 设均压带，30m 为第一圈，工程量为：

$(96 - 30) \div 6 = 11$（圈） $86 \times 11 = 946$（m）

注意：此例中均压带制造安装项目套用砖混结构接地母线埋设子目。这项和楼顶上的避雷网安装项目不同。

2.建筑基础周圈接地极工程量的计算方法：当建筑物的接地极不是按"组"设计，而是沿建筑物的基础周圈连成闭环接地母线时，一般每 5m 设一个接地极，这时将接地极总数除以 3，作为套定额"三根地极"的工程量。用 3 除不尽的余数套定额"每增加一根"的工程量。

【例 31-6】 某建筑物地基周圈接地极用 14 根 φ25 钢筋，接地极，试列项并计算工程量。

解：$14 \div 3 = 4$ 余 2

表 31-6

定 额 编 号	工 程 项 目	单 位	工 程 量
4—5	φ25 三根地极安装	组	4
4—6	每增一根地极	根	2

31.5 动力和照明定额使用要点

31.5.1 定额主要项目

各种配电箱、柜都属于设备，列项时要单独列项，以便于汇总设备费用。列项时，注意各种配电箱、柜都是定型产品。定额中各种开关、熔断器、启动器、断电器等只适用于单个电器的安装。

配电箱的安装分为落地式、悬挂式、嵌入式三种，按配电箱的回路数划分子目。各种配电箱、柜、台等，定额中已经综合了盘柜配线和焊压接线端子等；暗装配电箱施工安装中，需要先将木套箱砌筑于墙体内，定额中还综合了木套箱的制做和安装，不得再另行列项。

实用中一般都采定型箱，即成套配电箱。如果各种箱柜不是定型产品或外加工订货的非标产品，而是在施工现场组装的，那么应该按照电气系统图中各种控制设备、保护设备、测量仪表设备等套用以上单项器件安装子目。建筑新规范不允容现场组装。

电表箱、板的安装内容应包括电度表、瓷闸盒、漏电保安器及木套箱等。电表箱套用照明配电箱定额子目。

插座箱的安装不分明装和暗装，也不区分建筑结构，都是一个单价。不得因为安装难度不同而调整安装费。

"液位自动控制装置安装"这项定额不包含控制管、线的敷设。应另套第六章定额相关子目。

31.5.2 工程量计算方法及注意事项

配电箱安装子目是按回路数目划分的,落地式有4、9回路以内两种,悬挂式有4、8回路以内两种,嵌入式有4、8、12回路以内三种。回路数是指除主开关回路以外的其他回路及备用回路。若大于表内所列回路时,属于定额缺项,可以编制补充项目报上级机关批准,送交造价管理处备案。实际编制补充项目时是找出两个级数的差价后,将差价除相应的回路数,加上该价差。若回路数还要多,可再加上相应的差额数。

户表箱以台为单位计算;插座箱以个为单位计算;控制屏、台、箱以台为单位;各种低压电器按电流区分子目,以个为单位计算;自耦降压启动器、Y—△启动器按功率区分子目,以台为单位计算。

【例31-7】 某车间平面图上有三台配电箱,型号分别为 XL(F)—15—0600 两台,XL(F)—15—0202 一台。请列出概算项目,并查定额单价计算安装直接费用。

解:根据配电柜型号可知,这三台都是落地式防尘配电箱,两台是有6个回路200A,可以套定额9回路,另一台有100A两个回路,400A也是两个回路,共4个回路,可以套定额4回路。列项及计算见表31-7。

表31-7

序	定额编号	项目	单位	数量	单价(元)	合价(元)	其 中	
							人工单价(元)	人工合价(元)
1	5—2	落地式配电箱安装(6路)	台	2	520.97	1041.94	136.32	272.64
2	5—1	落地式配电箱安装(4路)	台	1	382.53	382.53	104.34	104.34
3	设4000142	XL(F)—15—0600设备费	台	2	2551.00	5102.00	—	—
4	设4000147	XL(F)—15—0202设备费	台	1	2151.00	2151.00	—	—
5		合 计				8677.47		376.98

31.6 管线工程定额使用要点

配管配线工程的内容包括属于干管和干线安装施工工程的全部项目,具体有各种钢管、电线管、塑料管、线槽、防爆钢管敷设以及管内穿各种型号截面的导线。

31.6.1 工程项目要点

1.管路敷设

本章定额中的各种钢管、电线管敷设与建筑结构有关,对于砖混结构、混凝土结构、预制框架结构、钢结构等不同建筑结构,定额均单独列项。但是凡有吊顶的金属管路敷设一律套用砖混结构明敷设的相关子目。

钢管埋地敷设项目不分室内、室外。当钢管埋设于混凝土下面的土壤内时,也套用钢管埋地敷设。施工中钢管要求作防腐处理,且在管子周围用混凝土保护,保护层的厚度不小于50mm。有些工程虽然地表面为混凝土,但是因为钢管埋设较深,其钢管的全部或下半部分实际已经敷设在素土中,这时也执行埋地这项子目。

防爆钢管敷设是依据国家标准《爆炸和火灾危险场所电力装置设计规范》编制的,按建筑物结构划分定额项目。工程的内容,除了包含配管、接线箱、盒、支架以外,还包含试压。对于"防爆钢管敷设"项目中管径在20mm以上的子目,定额均不包括接线箱、接线盒本身的价值,但是已经包括了其安装费,接线箱、盒的材料费另列项计算。其他各种管路敷设项目，定额都综合了配管、接线箱、接线盒、支架、刷漆等内容。所有的钢管，按现行施工规范必须刷漆。

2. 导线敷设

管内穿屏闭铜芯塑料线 BVP 时，导线比普通塑料铜线 BV 贵 10%，安装费不动，将主材费提高 10%。

车间带形母线安装定额是以母线材质及母线安装方式划分项目的。车间带型母线安装与敷设形式有关，分为："沿屋架、梁、柱、墙安装"和"跨屋架、梁、柱、墙安装"。工程内容综合了绝缘子灌注、支架安装、母线架设、伸缩装置和刷分相漆等。如图 31-7 所示。

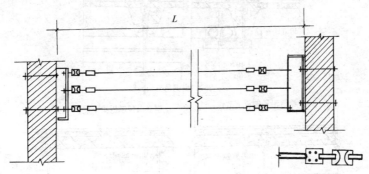

图 31-7　母线工程量单根长度计量

"电话线和广播线"项目是按导线的根数和线径区分子目的。管内穿线的种类有普通电话广播线（RVS、HPV）和屏蔽软线（RVP）两类。如 24/0.2 表示 24 股细铜丝，每根直径 0.2mm，即一对多股电话线，0.5mm²，施工图中常标注为 RVS2×0.5。

3. 统计计算电气工程量

工程量的计算方法要依据设计文件和定额有关规定进行。应注意概算工程量并不一定等于施工实际的工程量，这是经过和综合、包含许多工序的用量，平常称作定额用量。在测量干管的长度时，也不一定完全照图纸量，有时为了绘图方便、美观而画成曲线，实际可能走直线或直角，因此概预算人员务必要了解电气安装工程施工知识。

31.6.2　定额各项的适用范围

（1）管路敷设：砖混结构明配管路定额适用于以下三种情况，如图 31-8，图 31-9，图 31-10 所示。

砖混凝土暗配管线施工应用很多，图 31-11 是砖混结构暗配管示意图。图 31-12 是沿混凝土地面暗敷设作法的大样图。

一般预制框架结构的梁、柱是在预制构件厂内生产的，施工现场只是吊装工作。例如，暗敷设钢管在碰到预制梁时就必须绕梁敷设，见图 31-13。定额针对这种不利因素适当地增加了一些人工工日。

（2）塑料线槽安装：适用于沿墙或顶板的表面明敷设。

（3）防爆钢管敷设：适用于有易燃气体、蒸汽、粉尘、含纤维易爆炸性混合物和其他有火灾危险的场所的线路敷设工程。不适用于储存爆炸物质（如火药、炸药、起爆药等）场所的电气设备安装工程。

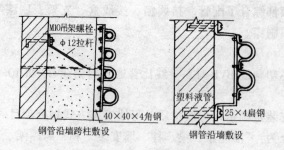

钢管沿墙跨柱敷设　　　　　钢管沿墙敷设

图 31-8　沿墙作金属支架配管

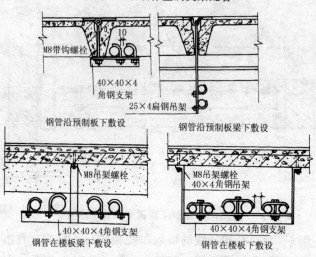

钢管沿预制板下敷设　　　　　钢管沿预制板梁下敷设

钢管在楼板梁下敷设　　　　　钢管在楼板下敷设

图 31-9　沿顶板作金属支架配管

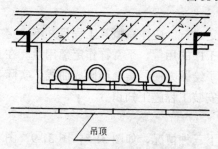

图 31-10　吊顶内作金属支架配管

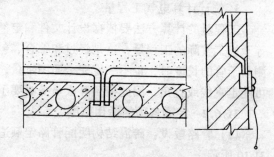

图 31-11　砖混结构暗配管示意图

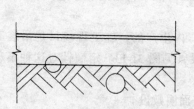

图 31-12　沿混凝土地面暗敷设

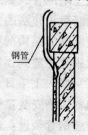

图 31-13　预制框架结构暗配管

（4）管内穿线：这部分项目主要适用于绝缘线在管内或线槽内敷设。

普通导线适用于一般动力和照明工程的干线敷设，也可以用于各种控制线的敷设。耐高温导线适用于高温场所以及在高温下必须保证工作的线路，例如建筑物中的火灾自动报警线路。

（5）鼓形绝缘子配线：适用于沿墙明敷设以及沿支架在梁、墙或顶板上明敷设，见图31-14和图31-15。

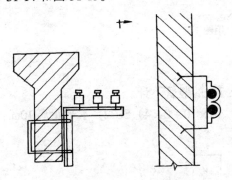

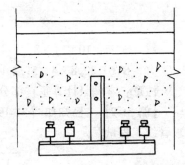

图 31-15　跨顶板或梁敷设

图 31-14　沿梁、墙或柱敷设

（6）车间带型母线安装：适用于大型车间的主要配电干线。分沿墙、屋架、梁、柱及跨屋架、梁、柱两种。安装方式分别见图31-16和31-17。

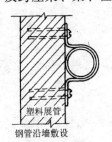

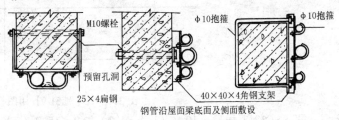

图 31-17　跨梁敷设

图 31-16　沿墙敷设

31.6.3　工程量的计算规则

原则上当管线沿墙敷设时，按照建筑平面图的轴线延长米计算，向土建的轴线靠拢。目前不沿墙的平面斜线仍然采用比例尺测量的方法。

计算工程量时，不能扣除中间配电箱、接线箱、接线盒所占用的长度。但是埋入地面0.5m以内部分及引出地面以上不超过0.5m以内部分，都已经综合在定额内了，不再计算这部分长度。而地面上或地面下超过0.5m的垂直部分按实际长度计算，不再减去0.5m。

在"管内穿线"项目中，导线在各处的预留长度已经按30%包括在定额中了，不得另行增加预留长度。

在作概算中计算管线的工程量时，应先测量出管的工程量，再计算导线的工程量。管内穿线工程量的计算公式为：

$$L = L_\mathrm{G} \times N \ \text{（m）} \tag{31-1}$$

式中　L——导线长度（m）；

L_G——管长（m）；

N——导线根数（根）。

【例31-8】 已知如图31-18，层高2.8m，配电箱安装高度1.4m，求管线工程量。

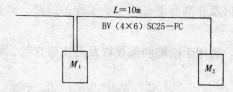

图31-18 【例31-8】用图

解：SC25：$10 + (2.8 - 1.4) \times 2 = 12.8$（m）

　　　　BV6：$12.8 \times 4 = 51.2$（m）

注意：本例只计算垂直部分SC25两根管，进入M_1的竖管不计。

【例31-9】 已知如图31-19，已知管线采用BV（$3 \times 10 + 2 \times 4$）SC32，水平距离10m。求管线工程量？

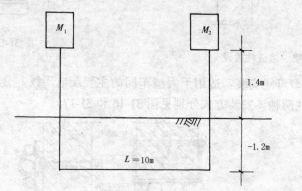

图31-19 【例31-9】用图

解：SC32工程量 $= 10 + (1.4 + 1.2) \times 2 = 15.2$（m）

　　　BV10工程量 $= 15.2 \times 3 = 45.6$（m）

　　　BV4工程量 $= 15.2 \times 2 = 30.4$（m）

如果上例配电箱M_2的安装高度改为0.4m，求管线工程量。

　　　SC32工程量 $= 10 + 1.4 + 1.2 \times 2 = 13.8$（m）（注意：0.4m从略）

　　　BV10工程量 $= 13.8 \times 3 = 41.4$（m）

　　　BV4工程量 $= 13.8 \times 2 = 27.6$（m）

【例31-10】 某塔楼18层，层高3m，配电箱高0.8m，均为暗装且在平面同一位置。立管用SC32，求立管工程量。

解：SC32工程量为 $= (18 - 1) \times 3 = 51$（m）

"车间带形母线安装"已经考虑了高空作业，相线是按三相延长米计算的，计算工程量时按单根长度计算，不用再乘以三倍。工作零母线却是按单根编制的，定额采用的是钢母线。各种母线工程量的计算均不扣除双边拉紧装置所占用的长度，计算时从固定支架的一端计算到另一端，也就是两墙内侧的净跨度。

31.6.4 定额使用中应注意的问题

1.电缆穿管引入建筑物有密封保护管时，室内钢管的工程量从墙内皮算至配电箱为止。架空引入线时，室内干管应从墙外 15cm 算起。

2. 塑料线槽型号为：VXC—30（60，80，100，120 等）系列，数字表示槽的宽度。定额是按两侧无孔的定型产品编制的，以线槽宽度划分子目。

【例 31-11】 针式绝缘子配线，BX（$3 \times 10 + 1 \times 6$），长 200m，水平安装高度为 6m，求人工增加费是多少？

解： 根据手册说明，室内线路操作高度与超高系数的关系见表 31-8。

室内线路操作高度与超高系数 表 31-8

操作高度（m）	≤10	≤20	>20
超高系数	1.25	1.4	1.6

查定额可知针式绝缘子安装人工费单价，计算结果见表 31-9。需注意的是人工增加费的基数只能用实际超高项目的人工费。

表 31-9

定额编号	项目	单位	数量	人工单价（元）	合价（元）
6—318	针式绝缘子导线安装 BX10	m	600	2.18	1308
6—305	针式绝缘子导线安装 BX6	m	200	2.01	402
	人工费小计				1710
	人工增加费 = 1710 × 0.25				427.5

31.7 支路管线定额内容及应用要点

31.7.1 动力支路管线

（1）"动力支路管线"定额综合了管、线、电机检查接线等，工程量按动力出线口统计即可，不再按管线长度测量了，非常简便。

但是在下述情况不得执行动力支路管线定额，应该套用定额第六章干线定额或者其他章节的相关相目。

①高压电动机（3kV，6kV）、防爆电动机（如 YB 系列）及容量大于 75kW 的普通电机、调速电机的管线，这些管线规格比较大或导线数量多，比一般动力支路管线成本高，所以应按实际尺寸计量。

②如果动力支路管线是电缆时，应套用电缆定额和第六章配管配线定额，原因也是电缆成本比导线高。

③主回路与控制回路同时穿过一根管时，一般按干线对待。原因在于动力支路管线中不包含控制回路管线敷设，应按实际计算。

④动力线用直流电时，应该按照实际量。

⑤用塑料管走电缆桥架时，也是因为造价偏差太大，不按支路管线考虑。

⑥动力设备的控制线路、消防按钮、电机旁边的控制按钮、讯号线路、监测线路等应按实际长度计算。电磁阀也不能按动力支路管线定额。

⑦穿过不同楼层的垂直部分应按实际长度计算。因为定额是按在同一楼层的情况编制的。注意除了垂直部分应按实际长度计算以外，该支路水平部分仍按一个支路管线计算。

⑧仪表回路及其他二次回路应按实际长度计算工程量。

⑨单根专用保护接地线或保护接零线，因为没有管子保护，所以也按照干线对待。

⑩连接电缆线槽或连接滑触线的管线，虽然形式上是动力支路管线，也按实际长度计算。

凡是由于上述的原因而不能执行"动力支路管线敷设"项目时，应该按实际计量长度。干管或干线工程内容中没包含电动机检查接线，应另列"电动机检查接线调试"项目。

（2）接风机盘管的管线属于支路管线，从风机至多速开关的管线属于干线，套用第六章定额。

31.7.2　照明支路管线

1. 照明支路管线敷设的内容已经包含了从配电箱、柜、盘至出线口的全部管线，还综合了其中有关的灯头盒、接线盒、局部支架、管路保护、灯具金属外壳接地线、开关盒及灯与开关之间的管线。小型空调风机支路可以用照明支路管线定额。工程量是统计灯具出线口。

2. 下述情况不得执行照明支路管线定额，应该套用定额第六章配管配线或者其他章节的相关子目。

①照明管线是采用耐高温线或双层护套线。

②防爆钢管施工比较费工，需要试压，造价高，不按一般照明支路管线列项。

③照明线支线用瓷夹板、瓷珠明设时，不按照明支路管线定额。

④大瓷珠配线套第六章定额相关子目。

⑤钢索吊线照明线路。

⑥节日灯、彩灯支路管线。

⑦室外路灯支路。

⑧容量在 30A 以上的照明支路管线，或导线截面在 $4mm^2$ 及以上时。

3. 照明支路管线敷设定额分每个灯具所控制的面积在 $20m^2$ 以下和 $20m^2$ 以上两个档次，其分档计算公式为：

$$控制面积 = \frac{单位工程建筑总面积（m^2）}{灯具（含电铃电扇）出线口（个数）}$$

注意：是单位工程的总面积除以总的灯具出线口，不能用一个大房间的面积除本室的灯数。

【例 31-12】　某车间有 6 套高压水银灯，使用镀锌电线管暗设，穿塑料铜线，车间面积为 $180m^2$，问应该套用哪项定额？如果使用 10 盏灯，套哪项定额？

解： 单灯控制面积 = 180 ÷ 6 = 30（m^2）

套用定额编号 7—268，$20m^2$ 以上，单价 153.77 元。

10 盏灯时：单灯控制面积 = 180 ÷ 10 = 18（m^2）

套用定额编号 7—267，单价 95.89 元

4. 照明支路管线的敷设，其导线截面是综合编制的。如果和设计不相符合时，一律不得调整定额。而且定额中还包含了照明灯具安装所需的保护接零或接地使用的铜芯导线，这些内容都不得另行计算。

5. 插座支路管线的敷设

（1）插座支路管线项目已经综合了配管、配线、接线盒、局部支架、管路保护接地、接零保护用的铜线等项目。工程量按出线口统计。注意多联插座，用一个插座盒按一个出线口统计。

（2）如果照明支路中同时包含有插座，那么除了套用照明支路管线敷设项目外，再套用一次插座支路管线敷设项目。出线口按照灯具或插座分开计算工程量。

（3）当三相插座容量超过 20A 时，按干线用第六章定额。管路中使用地面接线盒或插座箱时，不执行支路管路敷设，应该套用定额第六章配线配管项目。当采用地面插座时，地面插座盒的材料费另列项计算。

31.8 照明定额使用要点

这一章定额内容综合了全套的灯具、灯泡、配件、吊线或吊链、灯座、金属软管及管内穿线、支架等。其他开关、插座等综合了接线、插座盒、接线盒的安装。

31.8.1 灯具安装定额项目

（1）灯具安装各定额项目所综合的内容，除考虑了灯具安装共同需要的配线、灯口、灯泡或灯管、吊线或吊链、配件组装等以外，吊花灯安装还包含了金属软管、管内穿线、支架和刷漆；日光灯还包含电容器和熔断器的安装等，如果日光灯实际没有安装电容器，也不许调整安装人工费，定额无形中也起到鼓励安装电容器以提高供电线路的功率因数。

（2）碘钨灯和投光灯的安装高度，定额是按 10m 以下高度编制的，其他照明器具的安装高度是按 5m 以下高度编制的。当实际安装高度超过这个高度时，则按定额手册说明超高系数增加人工费（系数是：10m 以下 1.25；20m 以下 1.4；20m 以上是 1.6）。

（3）"挂式彩灯安装"包含了钢丝绳、硬塑料管、塑料铜线、防水吊线灯具及灯泡。座式彩灯安装包括配管、配线、防水彩灯灯具及灯泡。

挑臂梁及底把安装已经包含制作、安装、拉紧装置、底把、底盘及挖填土方。适用于屋顶女儿墙、挑檐上及建筑物表面和垂直悬挂。灯泡间距按照 0.6m 一个，即 100m 线路长度内有 167 套灯具。

（4）开关及按钮开关、插座安装等项目的单价均按普通型编制的，如天坛、鸿雁、东升牌等。如果设计选用了其他型号的电器装置件时，可以自行换算主材费。

（5）"安全变压器安装"项目已经包含了支架的制作安装，如果变压器装于箱内，可以另计箱体的制作安装或按照明配电箱套定额。

（6）本章的灯具安装不包含全负荷运行（已含测绝缘电阻及试亮）。如果建设单位需要系统调试，则另作补充定额。

（7）嵌入式筒灯执行在吊灯上吸顶灯安装单罩子目，即（8—23 子目）。

【例 31-13】 亚运村某楼欲装节日彩灯，其中水平座式彩灯安装 100m，垂直用挂式彩灯安装 320m，挑臂梁 4 套。求这部分电气设备安装工程安装直接费。

解：直接费计算见表 31-10。

（8）开关及按钮开关、插座安装等项目的单价均是按普通型编制的，如天坛、鸿雁、东升牌等。如果设计选用了其他型号的电器装置件时，可以自行换算主材费。

定额编号	工程项目	单位	数量	单价（元）	合价（元）	人工单价（元）	人工合价（元）
8—114	座式彩灯安装	m	100	70.70	7070.00	12.51	1251.00
8—113	挂式彩灯安装	m	320	25.80	8256.00	5.66	1811.20
8—115	挑臂梁安装	套	4	232.32	929.28	71.40	285.60
	合　计				16255.28		3347.80

（9）"安全变压器安装"项目已经包含了支架的制作安装，如果变压器装于箱内，可以另计箱体的制作安装或按照明配电箱套定额。

31.8.2　工程量计算要点

"普通灯具安装"项目中不再区分灯具的式样了，因为区别不大。"壁灯安装"中属于大型壁灯是以重量大于 7kg 为界限，小于 7kg 均为普通壁灯。

灯算灯具安装人工增加费时，不能直接用超高系数 1.4，而应用 0.4。还要注意人工费的基数不是全部工程的人工费，只是超高项目的人工费。

【例 31-14】　有四套 48 火的吊花灯，安装高度 12m，求超高人工增加费。

解：根据定额 8—22 灯具单价 2729.70 元，其中人工费 455.71 元。

人工增加费 = 455.71 元 × 4 × 0.4 = 729.14（元）

31.8.3　灯具安装概算注意事项

（1）在确定平均每个灯具的控制面积时，如果有一部分灯具是光带，应先将其乘系数（白炽灯为 0.3，日光灯为 0.5）再加其他灯具的套数。有的场合在照明平面图中虽然也称为光带，而出线口很少，例如某设计院设计室照明只有 3 个出线口，每个出线口有 6 个日光灯组成的光带，室内面积 20m²，这时应按灯具的实际套数乘系数。

【例 31-15】　某工程建筑面积 1600m²，共有灯具 90 套，其中有 40 套是属于光带，平均每套灯的控制面积为：

$$1600 / (90 - 40 + 40 \times 0.5) = 1600/70 = 22.8 \text{m}^2/\text{灯}$$

此例表明平均每套灯具控制的面积大于 20m²。在套照明支路管线定额时，用 20m² 以上的单价。此例如果忽略光带的折合系数，其结果就不同了。

1600/90 = 17.7（m²/灯）这时就应该套 20m² 以内的单价了。

（2）嵌入式筒灯执行在吊顶上吸顶灯安装单罩子目，即定额编号（8—23）。

31.9　弱 电 工 程 概 算

电气概算定额中，弱电这一章的主要内容有共用天线电视系统、电话、广播和火灾自动报警系统等，共 4 节，有 97 个子目。

31.9.1　CATV 系统的干线与支线的划分方法

弱电系统和照明管线类似，弱电管线中也有干线和支线的区分。凡是属于干线的，套用第六章配管配线定额；属于支线的则套用第七章支线管线敷设定额。支线以出线口个数为工程量单位，不必再用比例尺丈量支路管线的长度。

从图 31-20 是"串联电路"，从前端箱至第一个用户插座盒的管线为干线。其他为支线。如果该系统中是用二分支串接单元（即二分支器本身带有电视插座，另外再引出一个电视插座），则也应视为"串联系统"。图 31-21 是"并联系统"，干线是从前端箱引出至现场分线箱或末端四分支器盒为止，其余为支线。如果该系统中是用二分支器（二分支器本身不带有电视插座，引出两个电视插座），则也视为"并联系统"。

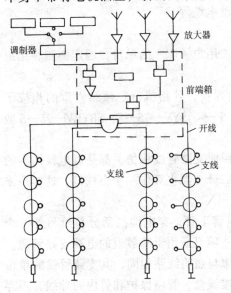

图 31-20　共用天线电视系统串联系统

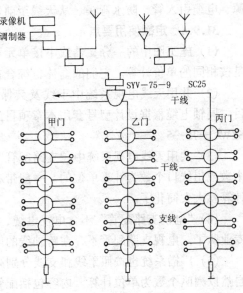

图 31-21　共用天线电视系统并联系统

31.9.2　电话系统的干线与支线的划分方法

电话系统管线可以区分为"串联形式"和"并联形式"两种。所谓"串联形式"是指若干电话线共穿在同一根管内，而"并联形式"是指电话线呈放射形式，即每根管内仅穿一对电话线。

在"串联形式"电话系统中，从电话组线箱到第一个电话插座这段管线称为干线，其余称为支线。在最后的电话组线箱以前的管线均称为干线。

在"并联形式"的电话系统中，从电话组线箱到各电话插座均称为支线，而电话组线箱以前的线路称为干线。"并联形式"的电话系统的支路管线存在跨轴线的问题。即有跨5m 以上和跨 5m 以下的补偿项目。因为在"并联形式"的电话系统中，放射形的支路管线材料用量多，如果支线长了应该给予补偿。而在"串联形式"的电话系统不予补偿。广播系统的管路干线与支线的划分方法与电话系统相同，只是不存在跨轴线的补偿问题。

31.9.3　定额主要项目

（1）"电话支路管线敷设"项目是按照管材不同而划分子目的。其工程量内容包括支路管线、接线盒、管路保护、出口面板等。这一项的工程量计算是以电话出线口的个数为单位，具体指的是整个单位安装工程的全部电话机及分机的总数。而电话干线则按图测量，例如电话线 4 对，管长 12m，则电话线长 48m。

注意在量干线尺寸时是量到第一个用户盒，而在计算电话支路管线工程量时则仍要计算第一个电话出线口，即包括并联形式电话系统距电话组线箱最近的第一个电话插座。

（2）"电话组线箱安装"定额中均为定型电话组线箱的制作安装，它的工程量内容包含箱体的制作安装、端子板安装、刷漆、接线及木套箱的制作安装。

（3）共用天线电视系统各项仅适用于一般的共用天线电视系统的安装，对于带自插和卫星接收系统的闭路电视只适用于其支路管线敷设、管缆敷设等项目,其他设备安装,凡是定额暂时没有列项的,可另行编制补充项目。

(4)电视前端设备箱的制作安装在定额内容已经包含了设备箱的箱体固定、设备箱电源、电缆引入管、防水弯头、从天线至前端箱的同轴电缆等。

31.9.4 定额使用要点

(1)施工图中的一分支器或串接单元可以套用"用户插座"的单价,因定额测算结果是按相同的单价计算。它们的盒体也综合在内。

(2)共用天线电视系统中干线及其保护管分别列项,管路执行定额第六章的相应子目。同轴电缆根据设计型号套用本章项目的 SYV—75—9、SYV—75—5、SBYEV—75—5 或 SYWV—75—5。

(3)共用天线电视系统中"支路配管"项目与照明支路管线相仿,都是以电视插座的个数或出线口个数为计算单位的。一般带有插座的二分支器也算作一个出线口,这样一来计算就大大简化了。

(4)"电视支路配管"不含电视电缆,施工时只管下管,穿电缆的活分包给另外一个专业队了。电视支路配管不存在跨轴线的问题。这一项只适用于暗敷设的电视支路管缆。

(5)广播系统也按照干线和支线分别列项,规律与照明线路相同,其支路管线的单位自然以喇叭个数为单位计算。内容包括配管配线、接线盒、管路保护和管内的导线,不存在跨轴线的问题。

扬声器箱的安装分木箱和定型扬声器箱安装两种,适用于简易广播系统扬声器的安装,不适合于高级建筑物内的无线传声器及多功能的扩音系统。如果有这些系统,可以另作补充项目。木制扬声器箱不属于设备,单价为完全价。而成套扬声器箱属于设备,需要另列设备费。

(6)"火灾自动报警装置"这一部分定额适用于中小型消防报警系统,不适合用于大型建筑物中与自动消防系统联网的情况,可编制补充项目。使用这部分定额中要注意以下问题:

①感温、感烟探测器及集中报警器等均属于设备,定额单价里仅仅是其安装费,设备费要单独列项。此项安装适用于各种探测器。

②报警器安装项目中列有 50 点、110 点和 225～400 点三个子目。实用中取其上限。工程内容包括盘柜配线、接线、金属软管、金属支架和调试。适用于明装于墙上或支架上。

③火灾自动报警系统也区分干线和支线,以简化概算。支路管线敷设定额中已经综合了配管、配线、探测器专用接线盒、金属支架的制作安装、刷漆等全部细节。单位是以探测器个数为准,不区分探测器的规格种类。但是支路管线与建筑结构有关,单价有明显的区别,在吊顶内敷设时单价较高。火灾报警系统的管材均采用金属管,以便承受较高的温度。

(7)从前端箱到四分支器装箱、中间箱之间的管线是干线。

【例 31-16】 北京地区某办公楼共用电视天线系统如图 31-22 所示,试列项目并算工程量。图中天线符号上的数字表示北京地区目前能够接收到的电视频道。其中 10 频道河北台因距离城区稍远,所以增加一个天线放大器。前端设备箱是采用现场组装。干管总长68m,天线杆采用两根。

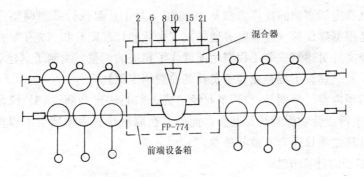

图 31-22 某办公楼共用电视天线系统图

该办公楼共用天线电视系统概算列表如表 31-11。

表 31-11

序　号	定　额　号	概　算　项　目	单　位	数　量
1	9—66	天线安装 2 频道	副	1
2	9—67	天线安装（6，8，10 频道）	副	3
3	9—68	天线安装（15，21 频道）	副	2
4	9—65	天线杆的制作安装	套	2
5	9—64	天线底座的制作安装	套	2
6	9—62	前端箱（木制）	套	1
7	9—69	天线放大器的安装	台	1
8	9—73	混合器的安装	个	1
9	9—74	宽频带放大器的安装	台	1
10	9—79	四分配器的安装	个	1
11	9—27	钢管暗配 SC40 镀锌	m	68
12	9—84	射频同轴电缆	m	68
13	9—91	支路配管	个	18
14	9—82	用户插座安装	个	18

这个例题表明电视电缆的工程量和钢管的工程量一样，因为定额中已经综合了 20% 的电缆长度了。支路配管的工程量是指所有的电视插座，包括二分支器本身所带的插座。而用户插座只能按单个的插座统计。这个例题是组装的前端设备箱，列项中有各个器件，不存在设备费。串接二分支器的单价按串接一分支器或与用户插座一样。所以在序号 14 将其合并，数量为 18。

31.10 其他直接费和取费计算

31.10.1 取费的基本概念

1. 取费内容的特点

取费的各项内容不构成工程实体，不在任何工程项目中列出，因此都不按照分项工程量确定其具体的耗用量，也难以确定或审查其单价。这些内容有限定的条件，有的只是发生才计取费用，不发生则不得计取费用，有的内容无论发生与否均应计取。根据不同地区、不同承发包方式，计取不同的费用。取费内容一般采取百分比费率进行计算，分摊到各个项目，即首先规定取费基数，然后乘以相应的费率。

2. 取费项目介绍

北京地区概算定额取费的计算方法从 1996 年 4 月 1 日起执行新的调整后的内容及费率。主要精神是根据建设部《企业财务通则》、《企业会计准则》和《施工、房地产开发企业财务制度》等文件对建筑安装工程费用项目作了相应的调整，编制了《建设工程其他直接费补充定额》及《建设工程企业经营费及其他费用定额》。

取费共有四项内容，分别是（1）企业经营费；（2）法定利润；（3）税金（包含两税一费）；（4）建筑行业劳动保险统筹基金。此外，在取费计算表中属于工程直接费而按百分比费率进行计算的项目还有其他其接费。

3．其他直接费的计算方法

电气安装工程其他直接费有脚手架费、中小型机械费、材料二次搬运费、高层建筑超高费、生产工具使用费、材料检验试验费、点交及竣工清理费、冬雨季施工费八项，此外还有新并入的临时设施费及现场经费。

在 1996 年 4 月 1 日北京造价管理部门出台《建设工程间接费及其他费用定额》规定其他直接费中新增加了人工费，详见表 31-12。在取费表中以人工费作基数的，应该将其他直接费中的人工费纳入。

其 他 直 接 费   表 31-12

定额编号	项 目		合计（%）	其 中（%）			内 容							
				人工费	材料费	机械费	①脚手架使用费	②中小型机械使用费	③材料二次搬运费	④高层建筑超高费	⑤冬雨季施工增加费	⑥生产工具使用费	⑦材料检验试验费	⑧点交及竣工清理费
12—1	住宅	建筑物檐高	25m 以内	19.0	1.6	5.5	10.9	—	7.2		—			
12—2			45m 以内	21.9	3.9	5.5	12.5				3.9			
12—3			80m 以内	25.3	6.0	5.5	13.8				7.3			
12—4			80m 以外	28.7	8.0	5.5	15.2				10.7			
12—5	公共建筑		25m 以内	28.9	2.2	8.1	18.6				—			
12—6			45m 以内	32.8	4.5	8.1	20.2				3.9			
12—7			80m 以内	36.2	6.6	8.1	21.5	3.2	14.9	1.8	7.3	2.9	4.8	0.7	0.6
12—8			80m 以外	30.6	8.6	8.1	22.9				10.7			
12—9	电梯			33.3	3.6	13.7	16.0	10.2	12.3		—			
12—10	其他			25.7	1.6	5.5	18.6	—	14.9		—			

施工水电费一般不列入电气概算，由土建专业统一计取，由施工单位必须单独安装水表和电表，施工中凡是超量用水用电均应由施工单位负担，这部分费用不列入工程成本。

现场经费的计算费率与建筑物的情况有关，见表 31-13 所示。

电气安装工程现场经费的取费基数及费率   表 31-13

定 额 编 号	项 目			取 费 基 数	费 率（%）
13—2	住宅	建筑物檐高	45m 以上	定额工资	23.2
13—3			45m 以下		21.1
13—4			25m 以下		16.8
13—5	公共建筑		45m 以上		25.8
13—6			45m 以下		23.5
13—7			25m 以下		18.8
13—8	其他（架空线路、路灯工程及电缆敷设）				19.9

高级建筑装饰工程的现场经费的计算基数也是用工程直接费，但是不包括设备费、卫生洁具、高级灯具本身的价值。高级装饰工程按檐高 45m 以上套用费率。

31.10.2 取费计算方法

1. 企业经营费

这是指企业经营管理层对建筑、安装、市政施工管理部门在经营中所发生的各项管理费用和财务费用。具体的内容包括：工作人员工资及工资附加费；办公费；旅差交通费；固定资产使用费；低值易耗品的摊销费；职工教育经费；工作人员劳动保护费；劳动保险费；职工养老保险，住房积累基金；税金；其他费用。

企业经营费的计算方法如下：

企业经营费 = 定额工资 × 费率%

企业经营费的费率与建筑物的性质、檐高等因素有关。见表31-14。

1996 年取费各项费率表　　　　　　　　　　　　　　表 31-14

序号	费率(%) 取费 工程类别		费用项目 基数	企业管理费 工资	利润 工资	综合费率 工资	税金 直接费+企业管理费+利润	上缴建筑行业劳保统筹基金 工程造价（%）	建材发展补充基金
21 22 23	电气、给排水、采暖	住宅	建筑物檐高	45m 以上	112	60	17		
				45m 以下	103	50	153		
				25m 以下	94	42	136		
24 25 26		其他		45m 以上	134	63	197	1	2
				45m 以下	120	55	175		
				25m 以下	103	46	149	3.4%	
27		变配电、架空线路、路灯及电缆敷设			116	55	171		

使用上表时注意：在高级装饰工程无论其檐高是多少，均按 45m 以上去套各种费率。表中按 1992 年定额企业经营费应该加养老保险金及住房基金 8%，如果采用 1996 年的费用定额则不再加 8%，因为新的费用额费率中已经含了。

2. 利润

计算利润的基数是定额工资的总值，包含其他直接费中的工资。计算公式：

计划利润 = 定额工资 × 计划利润费率%

3. 税金

税金也称为两税一费，开始执行的时间是 1987 年 1 月 1 日。北京市国营建筑施工企业和集体建筑施工企业均要上税，并列入建筑工程概算成本。

税金包括三项：

①新开征的建筑施工企业营业税：　　费率 3.09% ⎫
②城市维护建设税：　　　　　　　　费率 0.22% ⎬ 合计 3.4%
③教育附加费：　　　　　　　　　　费率 0.09% ⎭

税金的计算方法：

基数是：工程直接费的总和（包含其他直接费中的临时设施费和现场经营费）+ 企业经营费 + 计划利润。

税金 = （直接费总和 + 经管 + 计划利润）× 3.4%

注意：计算基数中不包含劳保统筹基金。

4. 建筑行业劳动保险统筹基金

按照规定向有关部门交纳的劳动保险统筹基金、退休养老基金、待业保险基金及劳保统筹部门拨付给企业的劳保统筹基金等，计算公式：

$$建筑行业劳动保险统筹基金 = 工程造价 \times 1\%$$

工程造价这个基数除了劳动保险基金以外，包括了各项取费。即：

$$工程造价 = 直接费总和 + 企业经营费 + 利润 + 税金$$

劳动保险统基金都不报统计完成工作量，不提工资含量。

5. 取费计算表

1996年《安装工程概算程序表》统一格式作了简化，见表31-15

安装工程概算程序表

表31-15

序　号	费　用　项　目	计　算　公　式　及　费　率	金　　额
1	直接费	（含其他直接费、现场管理费）	
2	其中：人工费		
3	其中：设备费		
4	其中：暂估价		
5	企业经营费	（5）＝（2）　　×％	
6	利润	（6）＝（2）　　×％	
7	税金	（7）＝［（1）＋（5）＋（6）］×3.4％	
8	工程造价	（8）＝（1）＋（5）＋（6）＋（7）	
9	劳动保险统筹基金	（9）＝（8）×1％	
10	概算工程总价	（10）＝（8）＋（9）	

直接费内包含其他直接费。其中人工费也包含其他直接费中的人工费。按照规定：电梯安装工程税金计算基数中应减去电梯设备费。配电箱工厂的产品已经上过税了，施工单位把这个电气设备安装到建筑物内再次计取税金这并不是重复上税，因为我国税法规定就是分别上税法，各自都上较低的税率，所以上表中税金的基数应该包含电气设备费。

31.10.3　1996年费用定额关于建筑材料、构配件及设备计价问题

（1）在建筑材料、构配件价格上采取"指导价"和"指定价"相结合的方式。取消承发包双方以发票结算的"差价"的方式，对建筑材料、构配件实行三个层次的价格管理。

①对指导价中的钢材、木材、水泥、混凝土构件、沥青混凝土、预拌混凝土、木门窗实行最高限价。凡施工单位采购价格超过规定的最高限价其差价由施工单位自行负担。（以防止施工单位购买高价材料收取回扣等）。

②对指导价中除了最高限价以外的材料，承发包双方在北京市建筑工程造价管理处发布的《北京工程造价信息》的基础上，共同协商确定价格。

③定额中的指定价（即定额指导价以外的材料），与市场采购价发生差价时，由北京市建设工程造价管理处统一调整。除了另有规定外，不得自行调整。

（2）凡是实行指导的材料、构配件，办理竣工结算时，其指导价的供应价与市场的供应价发生正负差价时，不得计取费用，只计取税金，列入工程造价。

（3）任何单位不得要求施工单位到指定厂家或供销部门等单位采购材料、构配件，凡是指定采购的价格差价由指定方负担。

（4）设备价格（生活设备）。编制标底或概算时，可以按北京市建设工程材料预算价格中相应设备价格执行，该价格与实际价格发生差价时，其差价应计取税金，并列入工程造价。

31.10.4　关于北京市外资（合资、合作）建设工程概算编制办法要点

（1）工程直接费按1996年北京市《建设工程概算定额》（含单位估价表）的有关规定

和设计图纸确定工程量及人工、材料用量。

（2）工资单价按市场价格计算，承发包双方参照开工期《北京工程造价信息》发布的市场人工价格信息双方议定。

（3）材料价格按市场价格计算，一次包定。

（4）机械费按1996年《北京市建设工程概算定额》中的机械费计算。

（5）定额中以费用形式出现的项目，由双方根据市场价格自行协商调整。

（6）企业管理费及其他费用，按1996年颁发的费用定额标准及有关规定执行。

（7）不执行竣工期调价的办法。对施工期间市场价格的变化，双方可以协商风险系数，列入工程造价。

（8）北京市外资（合资、合作）建设工程原则上执行北京市现行的《北京市建设工程工期定额》。

31.10.5 装饰工程概算编制办法

凡是新建、扩建及更新改建工程，其装饰工程单独招标由另一个装饰施工单位承包装饰工程应该实行定额量、市场价、采取一次包定的方式。所谓定额量是按设计图纸和概算定额确定的人工工日及主要材料使用量。

所谓市场价包含以下5点：工资单价和材料价格按市场价格计算，承发包双方参照开工期《北京工程造价信息》发布的信息价，由双方议定；定额中以元的形式出现的费用，双方根据市场价格行情自行调整；其他直接费、现场管理费以装饰工程直接费为其基数乘以6.14%计取；间接费及其他费用按1996年《北京市建设工程间接费及其他费用定额》及有关规定执行；装饰工程不执行竣工期调价办法，对施工期间的市场价格变化，双方可以协商确定风险系数，列入工程造价中。

凡是新建、扩建工程，由总包施工企业承建装饰工程部分（含总包自行分包装饰工程）仍按1996年北京市《建设工程概算定额》并入土建工程概算，执行竣工期调价系数。整体更新改造工程的装饰工程执行文件汇编中1996—5号文中第一条的规定，其原地面、墙面、顶棚的拆除等，应按有关规定另行计算。灯具、卫生洁具安装仍按电气、给排水、采暖、煤气定额执行，不执行装饰工程概算编制办法。

如果概算定额缺项，双方根据实际情况进行补充，并报北京市建设工程造价管理处审定备案。为了统一工程造价编制程序，凡是执行本办法的装饰工程，应按表31-16编制工程造价。

装饰工程概算编制程序表　　　　　　　　　　　　　　　　　　　　表31-16

序　号	项　目　名　称	计　算　公　式　及　费　率	金　　额
1	直接费		
2	其中：定额人工费		
3	其中：材料费		
4	其中：机械费		
5	其他直接费	（1）×6.14%	
6	企业管理费	［（1）＋（5）］×相应费率	
7	利润	［（1）＋（5）］×相应费率	
8	风险费用	（按双方议定计算）×（1＋3.4%）	
9	税金	［（1）＋（5）］×3.4%	
10	工程造价	（1）＋（5）＋（6）＋（7）＋（8）＋（9）	

31.11　工程结算书的编制

31.11.1　几种价格的定义和计算方法

1. 材料原价：就是材料的出厂价，是指市区或外地厂家的出厂价格。在概算书中很少直接使用，它是各种材料价格的基本成份。

2. 供应价：在市内采购时，材料原价加上供销部门的手续费和包装费就成为供应价了。例如在本市采购的发货票单据的价格就相当于供应价。如果是在外地采购，还应加上外地运杂费。若有包装回值应减去。

供应价 = 材料原价 + 供销部门手续费 + 包装费 + 外地运输及杂费。

例如：定额第五册灯具价格本（60 页）中，马路弯灯的供应价格 100 元，预算价格 104.00 元。即 $100 \times 1.03525 = 103.525 \approx 104$ 元。

3. 预算价：预算价格是在供应价格的基础上再加上市内运费和采购保管费。市内运费是按照设定的运输条件测算的，一般不得调整。采购保管费也是按规定的条件和合理的库存保管损耗给定计取费率。

预算价 = 供应价格 + 市内运费 + 采购保管费

（1）市内运费的计算方法：电气设备的运费有以下几种费率，计算公式如下。

① 电杆的运费 = 供应价 × 8%

② 电气、木、塑制品运费 = 供应价 × 2.5%

③ 电缆、电线、灯具、插座、电表、变压器、配电柜、电动机、开关、电梯、控制电器、绝缘材料等的运费 = 供应价 × 1%

④ 路灯的运费 = 供应价 × 1.5%

（2）采购和保管费的计算方法：无论是那种电气设备或电器材料的采购和保管费，一律按供应价加市内运费以后，再乘 2.5% 的费率。

采购保管费 = （供应价 + 市内运费）× 2.5%

【例 31-17】　采购荧光灯，发票单价 48 元一套，求预算单价。

解：供应价格 48 元一套，加上市内运费和采购保管费就是预算价。

预算价 $= 48 \times 1.01 \times 1.025 = 48 \times 1.03525 = 49.69$（元）

31.11.2　关于指导材料价的管理办法

为了规范建筑市场，适应工程造价动态管理的需要，北京市 1996 年的概算定额规定：指导价材料实行按市场信息价确定价差的方式（下线 = 0），具体方式如下：

1. 定额指导价材料分为最高限价材料和非限价材料两类。

（1）最高限价材料

①对钢材、木材、水泥、混凝土构件、沥青混凝土、预拌混凝土及钢、木门窗实行最高限价。最高限价可见《北京工程造价信息》杂志，由北京市建委建设工程造价管理处出版。

②实行最高限价的材料，按定额的材料分析用量（即包含定额规定的施工损耗量），根据工程开工期季度的《北京工程造价信息》发布的相应材料的市场供应价最高限价以内议定差价。

计算公式：最高限价（即《北京工程造价信息》中的供应价）－定额中材料分析价格（即定额中材料栏中有编号的材料与"材料选价汇编"中相应编号的供应价）×定额量×（1＋3.4%）。定额材料栏中没有编号的材料按材料调价系数计算。

③预拌混凝土按承发包双方议定的数量，根据《北京工程造价信息》发布的预拌混凝土最高限价以内议定差价，其水泥用量应从工程材料分析总用量中扣除，不得重复计算水泥差价。

④承发包双方在签定施工合同时，应确定最高限价材料的差价。对于施工期间市场价格的变化，承发包双方根据工期和材料用量，可以协商确定风险系数并列入工程造价中。

⑤施工期间发生的设计变更，除了双方另有约定以外，其材料用量按变更以后的数量调整，差价仍按开工期确定的价格计算。

（2）非限价材料

最高限价材料以外的其他指导价材料，按定额的材料分析用量，参加材料采购期的《北京工程造价信息》发布的市场供应价，承发包双方协商确定材料差价列入工程结算中。

2. 凡是执行北京1996年《建设工程概算定额》的工程取消承发包双方按发票结算定额指导材料差价的方式。实际施工中定额指导价材料的市场采购价与双方已经协商议定的价格发生的差价不得调整。《北京工程造价信息》中未包括的材料，承发包双方根据市场价格协商确定差价。定额指导价材料的差价仅计税金，不计取其他费用。差价和税金均列入工程造价中。注意在2000年4月1日以后新开工程将不再使用"最高限价"。

31.11.3　结算书的编制

1. 工程结算的具体内容

编制说明：概算书的说明内容一般应该包括：①电气施工图的设计单位和工程编号；②采用的定额、材料价格表和有关文件；③承发包方式；④材料价款结算方式；⑤供货方式及价款的处理方法；⑥结算内包含的工程变更洽商记录；⑦其他需要说明的事项。

工程各项费用明细表：表内还有历次增减直接费、暂估价差的结算、进口材料价差的结算、竣工期材料调价、参考预算价差的结算等。

工程直接费计算表：因为室内电气安装工程和室外电气安装工程的材料调价系数不同，所以室内外工程直接费应分开计算。各种设备费也应该单独列项，并作小计，以便计算材料调价基数时使用。

补充项目：对于因定额缺项而自己编制的补充定额，按规定需要报主管部门批准。换算项目的单价的构成应作为附件放在概算书的后面。此外，工程量计算草稿、工程变更洽商记录、各项政策性调价计算草稿等也应附在后面。

2. 材料调价的计算方法

材料调价这项费用是属于工程直接费的范畴。因为建筑材料的价格是动态的，是随着许多客观制约因素而波动的。而定额中所采用的材料单价是静态的，不能随便更改的，因此在编制电气概算书时，需要用费率计算的形式给以调整。调整后的金额纳入工程直接费。

管、电、通安装工程材料调价虽然是工程直接费，但是材料调价基数不得包含设备费，即1996年定额规定属于设备的24种电器应从材料调价基数中减去。"暂估价"也不得列入材料调价基数。综上所述，现在材料调价系数的计算公式为：

竣工系数调价 =（工程直接费 – 设备费 – 暂估价）×（材料调价系数）

【例 31-18】 今有一配电室，用铜母线。砖混结构。1996 年二季度开工，1996 年四季度竣工。工程直接费是 10112.00 元，其中定额人工费 1448 元，设备费 4336 元，求其他直接费是多少元？求材料调价金额是多少？

解： 其他直接费中的人工费 = 1448 × 1.6% = 23.17 元

人工费合计 = 1448 + 23.17 = 1471.17 元（以后用作取费基数）

从定额中查得其他直接费费率为 25.7%，临时设施费 14.7%，现场经费 19.9%。

其他直接费 = 1448 × 25.7% + 1471.17 ×（14.7 + 19.9）%

= 372.14 + 509.02 = 881.16 元

查得 1996 年四季度材料调价系数 25.24%

材料调价金额 =（10112 + 881.16 - 4336）× 25.24% = 1680.27 元

3. 暂估价的调整方法

暂估价或称为暂定价，一般指的是现行的《材料预算价格》或《定额》中没有的材料或设备单价，开工时以暂估价列入概算。在结算时作定额补充项目，对该项调整差额，列入工程直接费。如果结算时已经把这项价差列入增减直接费中了，那么竣工结算时就不再重复列这些项暂估差额了。

计算方法是把实际采购价格按《材料预算价格》组成的各项费用规定计算出补充预算价格（即把供应价换算成预算价），然后按照预算价格与暂估价格之差计算差价。计算公式：

结算暂估价差 = 概算数量 ×（补充预算单价 – 暂估价）

【例 31-19】 某照明灯具，共有 48 套，原概算按暂估价 100 元一套。结算时，需要编制补充项目，根据市场单价为 82.34 元，求预算单价及结算其价差是多少？

解： 预 算 价 = 82.34 × 1.01 × 1.025 = 85.24 元

暂估价差 = 48 × 1.01 ×（82.34 × 1.01 × 1.025 - 100）

= 48 × 1.01 ×（82.34 × 1.03525 - 100）

= - 715.44（元）

上式中市场价（即发票价格）乘以 1.03525 就是预算单价，然后才能与暂估价（即预算单价）相减。再乘以 0.01 表示工程量中应该包含定额损耗 1%。负号表示原暂估价估计多了，结算时属于减账。

4. 设备价格的调整

电气安装工程中设备概算价格与实际价格发生的差额，无论是建设单位或施工单位订货，在结算中调整设备费的价差与计算暂估价差的方法一样。列入工程成本。在操作中要特别注意一定要按照定额材料指定价格和最高限价，只有在定额缺项时才允许作补充定额单价。凡是执行北京 1996 年《建设工程概算定额》的工程取消承发包双方按发票结算定额指导材料差价的方式。实际施工中定额指导价材料的市场采购价与双方已经协商议定的价格发生的差价不得调整。不得任意用发票价实报实销的方法提高建筑造价。

【例 31-20】 某工程在 1995 年第三季度竣工，该工程电气直接费 123456 元，历次增加直接费 7890 元，设备费 4321 元，竣工季度调价系数 2.36%，求竣工材料调价。建筑檐高等于 20m 以下的办公楼。

解：竣工季度调价金额 =（123456 + 7890 − 4321）× 2.36% = 2997.79（元）

5. 指导价格的结算方法

电气安装工程的材料指导价格，在结算时按供应价格调整价差。按实际市场供应价格与指导价格的供应价之差。

结算指导价差 = 概算数量 ×（市场实际供应价格 − 概算指导价格）

使用这个公式时应注意：

（1）按规定既然是按供应价计算差价进行调整，所以中间环节的费用——诸如市内运费和采购保管费，就不再调整了。这也就是说，必须按照供应价差进行调整，而不能用预算价差调整。

（2）实际采购的发货票价格就相当于供应价格，不能用供应单价和预算单价相减，只能用都是供应价才能相减。

（3）结算的时候按分部、分项工程造价表逐项调整差价，调整后的增减合计纳入结算费用表中。

（4）该差价不得纳入结算内的历次增减直接费，即这项价差不能作贷款利息的计算基数。但是可以做为税金基数。

（5）如果差价是负值，只向建设单位退还供应价差。

（6）公式中的概算数量等于工程实际数量乘（1 + 定额损耗率）。

31.11.4 结算费用表

将上述各项结算内容按照一定的次序排列为表 31-17。序号 8 工程造价这项是为了给建筑行业劳动保险统筹基金作基数。第 9 项不上税，所以放在后面。

1. 结算费用表

《安装工程结算计算程序表》　　　　　　　　　　　　表 31-17

序　号	费　用　项　目	计　算　公　式　及　费　率	金　　额
1	直接费	（含其他直接费、现场管理费）	
2	其中：人工费		
3	其中：设备费		
4	其中：暂估价		
5	企业经营费	（5）=（2）　　×%	
6	利润	（6）=（2）　　×%	
7	税金	（7）=［（1）+（5）+（6）］×3.4%	
8	工程造价	（8）=（1）+（5）+（6）+（7）	
9	劳动保险统筹基金	（9）=（8）×1%	
10	概算工程总价	（10）=（8）+（9）	

2. 工程实例

【例 31-21】　今有一栋新建办公楼工程，檐高 36m。原概算电气工程直接费为 795600 元，其中人工费 15450 元。施工过程中变更洽商调增直接费为 6240 元，其中人工费 550 元（含其他直接费中的人工费）。暂估设备费 6500 元，实际在本市采购发票价 6455 元。本工程竣工季度材料调价系数设定为 5.92%。求结算总价是多少？

解：查定额得知各项费率，见表 31-18。

材料调价 =（801840 − 45500 − 500）× 5.92% = 44746 元

设备暂估价的价差按预算价计算，将现在实际预算价减去原来暂估价，也就是发票供

表 31-18

名称	其 它 直 接 费			企业管理费	材料调价系数 1996—4 季度	利润
	其他直接费	临时设施费	现场经费			
费率	32.8%	14.7%	23.5%	120%	5.92% （设定）	55%
	共 71.00%					

税金	建筑行业劳 保统筹基金	建材发展 补充基金	市内运费	采购保管费
3.4%	1.0%	2%	1.0%	2.5%
			合计：1.03525%	

应价换算成预算价，再减去暂估价即：

$6455 \times 1.01 \times 1.025 - 6500 = 6683 - 6500 = 183$ 元。

计算各种价差时，有正、负值之别。被减数必须用现在价，减数是原来暂估价。

例 31-22《安装工程结算计算程序表》　　　　　　　　　表 31-19

序 号	费 用 项 目	计 算 公 式 及 费 率	金 额
1	直接费（含其他直接费）	795600 + 6240 = 801840	801840
2	其中：人工费	15450 + 550 = 16000	16000
3	其中：设备费		6500
4	材料调价	(4) = ［(1) － (3) － (4)］× 调价系数	33746
5	设备暂估价差	实际预算价 － 暂估预算价	183
6	企业管理费	(7) = (2) ×120%	19200
7	利润	(8) = (2) ×55.00%	8800
8	税金	(9) = ［(1) + (4) + (5) + (6) + (7)］×3.4%	29368
9	工程造价	(9) = (1) + (4) + (5) + (6) + (7) + (8)	893137
10	劳动保险统筹基金	(10) = (9) ×1%	8931
11	概算工程总价	(11) = (9) + (10)	902068

习 题 31

一、填空题

1. 北京市招投标试行文件规定：在北京建设的建筑面积在_____ m² 以上，或投资在_____万元以上的工程项目，必须实行招标与投标。

2. 电气定额中规定室内电器安装高度超过_____时，安装人工费可以乘超高系数，超高系数规定为：10m 以上_____，20m 以上_____，20m 以上_____。

3. 钢管在吊顶内敷设，应执行_____。

4. 电缆沟长 100m，其中 20m 为两侧安装支架，其余是单侧安装支架，其电缆沟支架制作安装工程量为_____。

5. 在计算干线其工程量时，不扣除配电箱、接线箱、盒所占的长度，但埋入楼地面_____ m 以内部分，引出楼地面_____ m 以内部分，均以综合在定额中，不得另行计算。

6. 某工程防雷引下线采用结构柱筋，共用 6 根柱子，每根柱子焊接 2 根柱筋，建筑的檐高 25m，引下线的工程量为_____。

7. 日光灯光带，灯具数乘_____；白炽灯光带，灯具数乘_____；白炽灯间距小于_____视为光带。

8. 概算定额的工效是按照建筑物檐高＿＿＿＿＿＿＿＿＿＿＿编制的。

9. 定额指导价材料价差是指＿＿＿＿＿＿＿＿＿＿＿＿＿＿＿＿＿＿＿＿＿＿。

10. 能执行跨轴线的支路管线有＿＿＿＿＿＿＿＿＿＿＿＿、＿＿＿＿＿＿＿＿＿＿＿、

＿＿＿＿＿＿＿＿＿＿＿、＿＿＿＿＿＿＿＿＿＿＿＿＿＿＿＿＿＿。

11. 不能执行跨轴线的支路管线有＿＿＿＿＿＿＿＿＿＿＿、＿＿＿＿＿＿＿＿＿＿＿、

＿＿＿＿＿＿＿＿＿＿＿、＿＿＿＿＿＿＿＿＿＿、＿＿＿＿＿＿＿＿＿＿＿＿＿、

＿＿＿＿＿＿＿＿＿＿＿。

12. 生产工人的工资单价中包括＿＿＿＿＿＿＿＿＿、＿＿＿＿＿＿＿、＿＿＿＿＿＿＿、

＿＿＿＿＿＿＿。

二、问答题

1. 编制电气工程概（预）算的依据是什么？

2. 什么是招标？它和概算有什么关系？

3. 什么是投标？它和概算有什么关系？

4. 工程直接费是有哪几部分组成？

5. 施工预算定额具有哪些作用？

6. 概算定额具有哪些作用？

7. 什么是材料指导价和指定价？

8. 指导价和指定价的差价（正负之差）计算方法如何？

9. 材料预算价格的定义及组成如何？

10. 市内运输费及采购保管费的计算方法如何？

11. 预算价格、定额选价、市场价格三者关系如何？

12. 在昌平丘陵地带进行外线施工，安装 5 根混凝土电杆，杆高 15m，外线全部人工费 320 元，应考虑哪些人工增加费？增加费是多少？

13. 什么是跨轴线？哪些支路管线有跨轴线的问题？哪些支路管线不存在这个问题？

14. 在照明支路，概算和预算有什么不同？

15. 电动机检接线这项何时用？

习 题 31 答 案

一、填空题

1. 2000m²，50。　　　2. 5m，1.25，1.4，1.6。

3. 明配管敷设。　　　4. 120。

5. 0.5，0.5。　　6. 150m。

7. 0.5；0.3；50cm。　　8. 25m 以下。

9. 实际供应价格与材料指导价中的供应价之差。

10. 动力支路管线、三相插座支路管线、并联电视支路管线、放射式电话支路管线（电话线不共管）。

11. 照明支路管线、单相插座支路管线、广播支路管线、串联电话支路管线、探测器支路管线、电梯井道照明支路管线。

12. 基本工资、辅助工资、工资性津贴、交通补贴。

二、问答题

1.答：(1) 施工图纸；(2) 电气施工及验收规范，质量评定标准，地区性文件规定；(3) 电气工程概（预）算定额；(4) 材料预算价格表；(5) 有关取费定额费率标准；(6) 合同或协议书；(7) 设计和施工变更洽商记录；(8) 施工组织计划或有关参考方案；(9) 造价管理部门随时颁布的指导性文件和材料调价系数等；(10) "建筑电气安装施工图册"。

2.答：招标是指建设单位把拟建的建设项目情况写成"标书"，内容包括：工程项目内容、主要材料清单、材料供应方式、工程量、付款方式、材料价差接算方式、所需要的资金等，然后通过招投标主管部门按一定程序进行招标。招标是采用标价这一经济手段择优选定承包商，实现购买物美价廉的建筑商品的一种行为。

3.答：工程建设投标是指施工企业（即承包商或商品生产者，也是卖方）在同意"标书"公布的条件前提下，对招标工程进行估价概算，并写出工程质量保证措施，然后按规定的投标时间和程序，利用投标这一经济手段向招标者提出承包价（即报价）以完成预定商品的一种行为。

4.答：指施工过程中耗费的构成工程实体或有助于工程形成的各项费用，如人工费、材料费、机械费等。另一部分是不好用定额单价计算而采用百分比费率进计算的工程其他直接费，包含临时设施费和现场经费。在结算中的材料调价、暂估价差等也属于工程直接费。

5.答：(1) 编制施工预算，统计实物量，工程量的依据。

(2) 作为组织生产，签发施工任务书，考核工效的依据。

(3) 作为施工企业内部经济核算和项目经理承包的依据，仅作为企业内部使用，不能对外报价。

6.答：(1) 编制标书，报价和签定建筑安装工程承包合同工期依据。

(2) 是拨付工程款的依据。

(3) 工程结算，计算竣工期调价和各种价差的依据。

(4) 是编制投资估算指标的基础。

7.答：(1) 定额主要材料一栏中有材料代号者为指导价材料，没有代号为指定价材料。(2) 定额指导价材料分为：最高限价材料和非限价材料

①最高限价材料：钢材、木材、水泥、混凝土构件、沥青混凝土、预拌混凝土、钢木门窗。实行最高限价的材料，按定额材料分析用量，根据工程开工期季度的《北京工程造价信息》发布相应材料的市场供应价最高限价以内议定差价。承发包双方在签订施工合同时，应确定最高限价材料的差价。对于施工期间市场价格变化，承发包双方根据工期和材料用量可协商确定风险系数，并列入工程造价中。

②非限价材料：最高限价以外的其他指导价材料。非限价材料，按定额材料分析用量，根据材料采购期的《北京工程造价信息》发布的市场供应价，承发包双方协商确定材料差价列入工程结算中。

8.答：指导价差价＝市场供应价－指导价供应价；指导价总差价＝单位工程某种材料定额分析用量总和×指导价差价；指定价差价＝竣工期调价系数所调整的差价；指导价差价只能计取税金，指定价差价可以计取各项费用。

9.答：(1) 定义：建筑材料的成品、半成品等由产地或物资供应部门运到施工现场

或施工单位指定地点的全部费用。

(2) 材料预算价格组成是由供应价、市内运费、采购保管费组成，供应价由出厂价、包装价、外省运费、供销手续费组成。

出厂价的来源：A.国家和部委确定价格。

　　　　　　　B.市场的采购价格。

　　　　　　　C.企业自产自销价。

10.答：采购保管费计算方法：（供应价＋市内运费）×2.5%

预算价格计算法：（供应价＋市内运费）×（1＋2.5%）

11.答：三者关系：（1）材料的预算价格是编制定额选价的基础，定额的选价是对材料预算价格直接选定或综合。

(2) 市场价格反应报告期的价格，预算价格和定额选价基期价格，预算价格和定额选价的对比反应出材料的差价。

三者区别：①预算价格作为定额选价依据，不能作为承发包双方进行材料结算依据。②定额选价是确定承发包经济关系依据。③市场价格在选价管理中有两条含义，首先指导价是管理处定期公布的市场价格，其次，广义上市场价格，市场价格实际反应承发包双方拟定材料价格的参考，一但承认价格，它就成为调整差价依据。

12.解：$320×1.3×1.15-320.00=478.40-320.00=158.40$（元）

13.答：跨轴线的支路管线工程量计算的规定：当支路管线较长时，按出线口计算工程量就显得不公平了，为了缓解这一矛盾，需要给予适当的补偿。动力支路管线、三相插座支路管线、电话放射形支路管线等三部分存在跨轴线的问题。因为定额是按支路管线在同一轴距内编制的，如果上述支路管线在平面图中跨过了横轴或竖轴，则应予补偿，补偿方法是按定额增补一项"跨轴距"子目。

不考虑跨轴线问题的支路管线有：照明支路管线、广播支路管线、串联型电话支路管线、探测器支路管线等。

定额关于跨轴距问题规定如下：

(1) 定额项目中分跨小轴距和跨大轴距，如果两轴相距在6m以内称为小轴距，6m以上称为大轴距。只有从大轴距到大轴距时才算跨大轴距，其他从小轴距内到小轴距、或从小轴距到大轴距、从大轴距到小轴距都称为跨小轴距。

(2) 一个支路跨过几次轴线，工程量就按照几次进行计算，按跨大、小轴分别统计工程量。

(3) 如果出线口在轴线上，则不视为跨轴距。

(4) 当轴线的间距不足1m时不计算。

(5) 在平面图中，如果支线是跨半轴；不算跨轴距。

14.答：（1）预算按图纸比例量；　　　　（2）预算未综合灯盒，接线盒，开关盒；

(3) 预算导线有预留长度，定额没综合；　　（4）预算管长要扣除箱高。

15.答：凡是动力支路管线中的各种特别情况而不能套用动力支路管线时，均应要电动机检接线这项。

32 电脑辅助电气设计

32.1 电脑常识

随着电脑工业的发展，"电脑是什么"越来越成为一个问题。当我们能够用一个掌上工具计算 + − × ÷ 时，我们都十分清楚电脑指的是什么。而今天，电脑已经能够在一些棋类运动中战胜人类最优秀的棋手，给电脑下定义变得让专家们犹豫了。

32.1.1 电脑伟大的基础

电脑世界丰富多彩，电脑世界变化多端，我们从外部看上去，电脑不过是一些零件和连线。其中大致有显示器，电脑主机，键盘或鼠标，及打印输出设备。这些都是我们很容易看得见的电脑元件，摸上去硬绷绷的，我们就称为硬件。打开这些电脑元件，我们会发现许多更为基本的物理元件，比如打开显示器，我们会发现有荧光屏、集成电路板、导线和螺丝钉等许多小东西。从理论上说，物质是无限可分的，而我们把无限可分的这些组成电脑的物质统统称为电脑硬件。那么电脑软件又指的是什么呢？

电脑软件是指组合电脑元件的方法和人们所规定的电脑的理解能力。电脑软件通常使用电脑语言编写，而电脑语言是人们在长期科学实践中形成的一些卓有成效的"指挥"机器的方法，它不仅能够被人所理解和编写，也能为电脑所"理解"和执行。电脑语言看起来只不过是一连串的 0 和 1，它们是如何起作用的呢？

电脑元件在微观的一些组合，是人类发明的一些具有简单逻辑功能的方法。它们构成了电脑的伟大基础。最简单也最伟大的是门电路和二进制。自然界有一类半导体的物质，比如硅（砂子中最主要的成分就是硅），它们在正反通电时的电阻差别极大，而且在一定范围十分稳定，于是人们规定了有限的有效的一些组合来表示不同的逻辑关系，比如将二极管导通规定为 1，不导通规定为 0，将两个二极管串联在一起表示"与"的关系，即 $1 + 1 = 1$，只有在两个管子都导通的前提下，整个电路才导通。其中，$1 + 1 = 1$ 就是二进制，二极管的组合就是门电路。正是这样简单的逻辑关系在充分复杂化以后，我们看到电脑变得神奇了，一粒砂子中出现了天堂的光芒。

32.1.2 电脑元件

电脑硬件设备的完整定义是：组成电脑的具有特定功能的分离元部件。它具体包括以下的设备。

1. 输入输出设备

一个完整的个人电脑系统至少有一个键盘，通常配置一个定位设备，如手持式鼠标器、光笔或触摸式屏幕。手握鼠标器，在平面上移动，平面上的光标点会随着移动。光笔是像钢笔一样的定位设备，使用时将光笔接触屏幕。触摸式屏幕用起来更加简单，只需要用手在屏幕上指指点点就行了。显示屏是必须的，这是最基本的输出设备。另一个输入设备是数字化仪，由一个平板和触笔组成，可以用来精确地输入图形数据。这些设备使人能够与电脑对话，如果把它们组织在一起，就形成了工作站，如图 32-1 所示。

图 32-1　典型工作站

为了永久性输出，电脑系统必须配置用于文本输出的打印机和进行图形输出的绘图机。键盘、显示器、打印机等设备不直接参与电脑内部工作，所以称其为外部设备。

2．中央处理器

电脑内部有许多固定在纤维板上的黑色方块，其中最大的一块就是中央处理单元 CPU。它是电脑的大脑，控制所有其它元件。各类电脑中都有许多微处理器和其他许多辅助功能的芯片。时钟芯片 CLOCK 的功能是发送 16MHz～1000MHz 的时钟信号，控制电脑全部元件的基本工作节奏。直接存储处理器 RAM 负责记录最新的磁盘信息和与磁盘驱动器交换数据。此外还有控制显示器、硬盘驱动器、软盘驱动器、键盘、打印机、多媒体等不同设备的芯片。

3．内部存储器

内部存储器保存微处理器直接相关的所有数据和程序。某种意义上说，只有中央处理器可以直接访问的存储器才是内部存储器。除了程序及其数据外，内部存储器存放着运行程序所需要的大量信息，如用于显示的数据。电脑用 CPU 来计算，用内存来临时储存信息。

4．外部存储器

外部存储器是用于永久性保存信息的存储设备。常见的有硬盘、软盘、光盘、磁带。软盘像磁盘，是用来记录信息的媒体。硬盘是叠放在一起的一组磁盘。软盘硬盘按直径和密度划分了不同的规格。其中 5.25 英寸的软盘占有市场时间最长，3.5 英寸软盘占有市场份额最多，光盘最有发展前途。

32.1.3　电脑语言

信息的基本单位是比特 bit，是指二进制系统一个码位所承载的信息量。8 个码位称为一个"字节"。一个字节可存储 0～255 之间的任何数字，或者说可以储存 256 个字符。字符集中的一个字节，如果约定一种表示方法，一个字节的值可以被解释成一个特殊字符。获得广泛认可的美国标准信息交换码 ASCII 是很好的一个例子。例如，数字 32，其 8 位二进制代码形式为 00100001，代表的符号是惊叹号"！"。在全部 128 个被定义的字符中，有 30 个控制字符，它们只是产生某种动作，如 bs（back spacc）将光标回退一个字符。虽然可以用 8 位表示 256 个字符，但 ASCII 字符集只有 128 个，这意味着字节中有一位从不使用。有时将该位用于数据传输的效验位。传输前，电脑检查被传输数据的值，如果是奇数，置效验位为 1，是偶数则置为 0。这样被传输的数据一定是偶数，如果接收装置发现收到一个字符为奇数的代码，就知道有问题了。

一位存储的信息只有 0 或 1，一个字节的信息也不过是 8 个 0 或 1 的组合，它们究竟是什么意思，电脑中有相应的解释。当然，这个解释是人为的，但一旦规定了这种解释，电脑就只能按照这种解释理解。这一长串 0 和 1 可能是一个数字，一个字符，或是一个机器指令。几乎所有的电脑都不处理单个字节，而是处理称为"字"的几个字节。也就是说电脑系统中，"字"是作为一个信息量的基本单位。字的码位长度在不同机器上是不一样的，它是标志电脑性能的一个主要指标。一个"字"在小型机上是 8 ~ 32 位的，在大型机上是 64 ~ 128 位的。如今个人电脑从 8 位到 64 位字长的都有。电脑的存储器被组织为若干字节，无论是内存还是外存，单位从小到大依次为字节 B，千字节 kB（1kB = 1024B），兆字节 MB（1MB = 1024kB），千兆字节 GB（1GB = 1024MB），吉字节 TB（1TB = 1024GB）。

32.1.4 电脑软件

电脑软件是指使用电脑语言编写的具有实践意义的，人们在电脑上运行的程序。如果说电脑是大地，电脑软件是耕耘的工具，那么我们将成为手握鼠标的农民。电脑软件在发展到一定程度后，形成了通用软件包。除了基础的操作系统软件外，在商业界有五个软件包已经得到了广泛承认。它们是字处理程序、电子报表、商业图形软件、数据库管理软件和电子通信软件。

1. 字处理程序

1970 年一个小型企业的标志是使用机械打印机，而到了 80 年代，使用打字机成为了小型商业的标志。人们普遍认为，一旦字处理器进入我们的生活，我们就再也离不开它了。当然，这不是说打字机已经毫无用处。这好比我们决不会因为买了汽车就不再步行了，在很多情况下步行可能会更有效。

所有的字处理程序可以通过查找行修改单词、插入新内容和任意移动整块文字的方法来建立和编辑文稿。还可以用它来确定某个单词或短语的位置，或者把文稿中出现的某个短语改变成另一个。WORD 是今天最好的字处理软件，其余的诸如 WPS 也都相当不错。它们都可以产生标准的信封，可以填写保存在另一个文件中的姓名和地址，继续处理其他文件或将其它文件插入到当前文件中来。这些都是字处理程序的标准功能。

常见的字处理软件有 word、wps。

2. 电子报表程序

电子报表对数字进行的处理如同字处理软件对文件的处理相似，其形式如同一个二维表格。表中有若干个方框，可以在上面输入数字或公式。电子报表程序相当直观和方便，若对一行或列的数字求和就可以将类似"SUM（C）"的公式输入一个方框，马上就可以计算出结果。而且公式通常是隐含的，数据发生变化时，结果也随之变化。电子报表的展开页大约是 100 列 × 500 行，当然，屏幕上只能显示一部分。

常见的电子报表软件有：excel、lotus。

3. 图形系统软件

产生图形一直是电脑应用的领域，其中机械制图发展的最早，而建筑绘图的历史还不长。图形系统是专门用来把数字信息转换为图形的软件。它利用简单的制图方法和复杂的计算机算法实现图形的自动生成。

常见的绘图软件有 microstation、AutoCAD。绘图软件中还包括有一些专门用于制作效果图的软件，如 photoshop、cordraw、3DS。

4. 数据库管理软件

建筑业中，信息的查找和收集往往要花费大量的时间，常用的设计手册、有关规范、产品样本和许多杂乱无章的资料。工程师必须将这许多信息整理成一些明确的文字和图形，告诉建筑工人如何建立一个能够有人活动的围合空间。

数据库这个术语适合于任何结构化的信息，这些信息能够存储在电脑中并具有适合电脑处理的形式。这是一个很大的应用领域，包含着人类许多的数学成就和技术成果。数据库常用的类型有关系型、层次型和网状型。

常见的数据库软件包有：dbase、foxpro、access。

5. 网络传播

电子邮件的温度随着新世纪到来变得炙手可热。《数字化生存》一书连续登上各书商的销售排行榜，被翻译成 30 种文字就是一个信号。电脑网络是当前的第一热门，梦想一网打世界的人也越来越多，我们热切地希望着更多的实际利益。

常见的网络软件包有：netware、IE。

32.1.5 电脑辅助设计

随着电脑应用的普及，许多企事业单位纷纷购买电脑，希望从事电脑辅助设计工作。在电脑上应用 CAD 工作有两个途径：一是购置现有的专业软件；二是本单位在通用软件环境中进行二次开发。第一种途径的软件费用一次性支出较大，而且并不象某些宣传那样，买之即来，一学就会，一用就灵。其实对于任何一种商业性软件，因其使用对象是一批要求相似的用户，而不是某个具体的用户，就必然存在着人员培训及必不可少的（或许是少量的）二次开发工作。以适应具体用户甚至是某个人的需要。

电脑 CAD 软件提供了强大的绘图功能，但命令的功能主要集中在点线面块等最基本的图形元素的建立和管理方面。如果我们仅根据这些命令完成自己所需要的图纸，那也是相当需要的耐心。我们平时所实际使用的图纸，往往是由相当多的基本元素组成。通常在某一专业领域内的图纸绝大多数都是由几种或几十种相似的有一定复杂程度的图形元件组成，我们这里称其为图元，其重复使用率相当高。

某一类图元是由外观上基本相似或本质上有一定联系的一组点线面块的集合，只是存在着尺寸、形状、颜色等参数的差异。我们完全可以自己动手，开发自动绘制这样图元的程序，使其成为扩展命令。对图形进行统一的管理，要求文件名称和图元名称标准化。用户可以通过扩充命令在执行过程中对参数进行问询或在一个图形参数数据库中检索得到参数，一个复杂的图元就立即自动生成在指定位置。这样的图元日积月累，您就自然拥有一个专业化作图工具了。

进一步考虑我们所理想的是建立一个真正的智能软件。对于图元及文件的管理主要是从方便作图的角度出发，对图元及局部图形进行编辑，所管理的只是图元的外观形状信息。如果我们能够在每个图元建立后，将其类型、位置等相关数据合并成为一个图元表，该图元表还可扩充包括有关图元性能的数据，那么对图形的管理就抽象成为了对图元表的管理。我们可以直接使用由数据符号表和图形文件集合所构成的图形数据库。

我们对设计的评价不能只凭借一个图形符号表，往往需要综合多个文件中的数据，这就要求我们在存储一个图形文件时，也同时在另外一个相应文件中存储该文件的数据符号表。如果用户提出要对设计对象的整体评价时，例如统计材料表，系统应该能够调用到所有的图形数据进行分析。这就需要一个比较完善的数学模型，将有效的分析方法转换为相应的有效程序。

一个图元往往含有众多的数据，我们可以在程序设计中引入相应的结构数据类型。应用面向程序的设计方法，我们可以在建立对象时，将该对象所对应的数据表作为其对象的并列表存储起来。由于设计对象是有限的，我们可以重复使用建立好的图元数据表作为设计依据。

每次设计都会有一些成功的地方，将这些经验加以确认，以灵活的方式对结构数据进行有机的改造，即确认能够围绕设计目的由设计人所做出的成功组合方式，并进行存储。当未来用户提出相似的设计目的时，能够自动显示已经存在的数据并快速生成模型，要求用户加以确认或修改。在成功使用相当的次数后，随着学习功能的相应完善，电脑就能够在更大的程度上辅助设计。

32.2 CAD 常 识

32.2.1 电脑的引进

20世纪，人类最伟大的技术发明莫过于电脑，它已经渗透到当今社会人们工作和生活的各个领域。电脑在工程设计领域的广泛应用，正彻底改变着我们的设计手段和方式。可以断言：在不远的将来我们会彻底甩掉图板，甩掉设计手册、资料样本、舒适地坐在电脑前，只凭借嘴巴和鼠标，就能够轻松而且高质量的完成方案设计、工程计算、施工图绘制、材料表统计、工程信息提取、系统分析、多专业会签等全部设计工作。通过网络，秀才不出门，便知天下事，在电脑中我们完全能够进行材料的收集、设计交底、工地服务。电脑系统将成为工程设计的载体，与工程师一起构成工程生产的要素。无论主动还是被动，也许您终将离开图板，开始与电脑的交流。也许您不得不改变自己的某些习惯而适应电脑的工作方式。电脑技术正在引起工程设计方式的革命。

CAD 是英文"Computer Aided Desigh"的缩写，翻译为电脑辅助设计。从20世纪60年代起，以电脑图形学为基础的电脑辅助设计技术的问世，至今已经接近30余年了。CAD作为电脑的一个应用领域，其最初的发展是十分缓慢的。主要是受到电脑硬件设备的限制，基本是处于研究的阶段。直到80年代初，工程 CAD 技术才在少数发达国家进入实用阶段。特别是由于直到今天还在飞速发展的硬件设备为 CAD 应用提供了广阔的空间。从开始的二维制图到三维模型，从单色图到追求色彩和质感的效果图，从静态观察到动画，从单一绘图到大型数据库的应用，CAD 成为强大的智能设计系统。而电脑价格的大幅度下降，便宜到可以进入普通家庭，CAD 的普及推广成为自然而然的事情。

开始，CAD 软件供应商分为两类。第一类提供解决问题的一揽子方案，即包括硬件、软件平台、专业软件等所有相关的东西。这当然是指财大气粗的国际知名公司，一般独立开发相关设备及软件，代表业界的尖端水平，如 INTERGRAPH 公司。第二类是小公司集团，以少数公司提供软件平台，而其它公司作为注册开发商进行二次开发到各个实用领域。最为著名的当然是 Autodesk 公司的 AutoCAD。由于软件精巧实用、价低兼容，获得了极大的市场占有量。

进入 90 年代，个人微机的许多性能指标已经超过了以前的图形工作站。大型软件商已经开始将目光定位在微机市场，而原来的工作站软件也下嫁到微机。MicroStation 就是其中的一例。竞争促进了技术进步，由于工作站软件的设计思想与 PC 不同，CAD 系统出现了多面孔。

从 1986 年起，各设计院都陆续开发了单一内容或综合性的电气设计软件，由于条件限制，没有做到商品化。1991 年华远公司推出的 E91 开了电气设计 CAD 软件商品化的先河，随后，博超公司的 EES、浩辰公司的 INTER – DQ、建研院的 ABD – E 等十余种电气CAD 软件纷纷问世，为电气设计工程师提供了选择的余地。

博超公司的 EES 电气设计软件采用国际流行的视窗界面、全汉化、具有智能设计功能和一定的专业深度，基本代表了国内 CAD 软件水平，也是唯一获得国际银奖和中国勘察设计协会推荐的电气软件。本书将对其做进一步的介绍。

建筑设计院使用电脑后，只要正确发挥其作用，整个设计院的工作方法都将发生变化。一台电脑的作用可能有限，但形成网络的电脑其潜力无法估量。在建筑设计行业引入电脑辅助绘图和设计将导致这一行业生产力的巨大发展，设计房屋已经不是只有少数专家旷日持久才能做的事。几个人再加上电脑，用不了几个月甚至几天，就能够完成原来几十个人几年才能完成的工作。这是一个奇迹！

没有电脑应用经验的用户在购买电脑系统的时候，考虑价格的因素比较多。有经验的用户则是将性能要求放在首位。而有预见性的经理则会比较性能、价格和未来。操作电脑工作的人员，经常能够直接体会到性能的重要性。他们对可靠性和售后服务的要求往往是合情合理的。

装备电脑的首要条件是领导重视。具有决策权、实施权的人物如果下定决心，就会给整个设计院带来福音。但是，如果让没有专业知识的领导与操作电脑的程序管理员一起决策，结果往往是不幸的。这主要的原因可能是领导为了显示权威而削减了也许非常有意义的配件，或者增加了不必要的配件。

第二位的因素是购买电脑应该有一个明确的计划。对于让电脑做什么和如何使电脑适用于设计院应该有所计划，没有明确的思想认识就购买大型电脑系统注定要失败。系统的选择和系统的合理使用是两件事，如果您的设计院管理混乱，再好的电脑也无能为力。重要的是有严格执行的制度，使用电脑必须按照其自己的逻辑，这给管理带来了希望。

第三个要求是要有一定的时间，了解系统是必须的。将电脑和自己的日常工作结合起来思考是天经地义的。一般而言，设计院管理人员熟悉相关软件要几周的时间，熟悉一个辅助绘图系统大约要几个月左右。

最后一点也是必不可少的，那就是资金。没有钱办不了事，购买电脑当然需要一定的资金，据欧洲、澳洲调查，电脑的首次投入成本大约占设计院年产值的 1% ~ 3%，这些投资的效益将会慢慢地显示出来。

32.2.2 购买电脑需要取得帮助

没有全知全能的人，无论是经理还是设计师，对电脑的了解都不能算专业。建筑师作为各自为政的个人，在独立处理问题上表现出刚愎自用。尽管有大量现成的信息可用，他们也希望自己去寻找。他们会直接问卖方，通过简单的接触，他们自以为能够从卖方天花乱坠的宣传中知道真实的信息，结果只能似是而非。附有漂亮小姐在工作站前专心致志操作的照片不能证明什么。

宣传品是为了宣传优点设计的，买主不太可能从中找到问题，最保险的办法是自学。在购买之前，应该对现在市场上的基本情况有比较深入的了解。有两个经常犯的错误应该引以为戒。第一号错误是将首次见到的某类成品的一些特性当作唯一的，这一点卖方是不会提醒您的。卖方会强调其产品的卖点，让买方相信其产品的先进性。一个汽车推销商如果发现您是山里人，也许会向您称四个轮子是他们所销售汽车独一无二的创造。我在选择软件产品的时候，几乎每一个卖方都称自己采用某种独一无二的技术。而实际上，竞争的市场中，技术很难垄断。第二号错误是卖方用一些的的确确出类拔萃的技术蛊惑人心，而实际上这些东西的优越性往往极少用得上。

选择电脑系统的基本原则是：

(1) 向已经使用该产品的用户询问。

(2) 查阅产品手册，而不是宣传手册，了解产品的性能指标。

(3) 查询权威人士的书面意见。

(4) 货比三家。

32.2.3 选择电脑软件

1. 我们需要的是解决问题的手段

我们需要的不是作为硬件设备的电脑，而是让我们更好地解决问题的手段。问题的关键不在于什么品牌的硬件，而是能够运行的软件包。电脑是解决我们问题的一种手段，购买什么样的电脑要看我们准备用它解决什么样的问题。那么，我们的问题是什么呢？

字处理是常见的，作为日常工作的一部分，我们总是在与各种文本打交道。而报表、材料分析、预算需要电子表格软件。而具体的环境分析、项目管理，需要用到数据库管理软件。电脑还可以作为一种交流信息的网络工具。当然，我们用的最多的可能还是辅助绘图和建筑设计。

解决不同问题需要不同的软件，不同的软件对电脑硬件设备的要求当然也不尽相同。杀鸡用不着宰牛刀，宰牛也不能用铅笔刀。根据您的需要采购硬件是值得好好考虑的一件事。一般而言，结构计算更需要更快的 CPU，建筑渲染更需要更多的内存。而作为基础运行的 CAD 软件，各专业的开销是一致的。

2. 为什么买软件？

获得软件最简单的办法是购买现成的软件包。但可以考虑另外三种方法。购买一种工具软件，使用它来编制自己需要的特定程序。采用这一方法的优点在于不用从零开始，缺点在于需要一定的编程技巧，而且设计出来的程序运行速度慢、操作不便。第二种方法是从零开始编程序。编程可不是一种轻松的事情，正如编写建筑设计手册一样困难重重，人们常说：一个程序很快就能完成 90%，但永远只能完成 90%。第三种办法是委托软件公司修改现有的软件包或开发真正适合自己的软件。这样做的结果往往是精力和费用都大大超出预算。

3. 买什么样的软件？

那么，买什么样的设计软件呢？选择软件的矛盾通常表现在以下 6 方面。

（1）最新版本问题。买正式发布的最新版本。如果您需要又没有现成的软件，那就马上买。不用等更新的版本，软件开发者为了生存下去或有事情可做，总会不断推出新版本的。

（2）长期兼容问题。NO1 原则。选择市场占有量最大的软件！而且只选择市场占有量最大的软件。这样做风险可能是最小的。

（3）卖方的售后服务。具体的服务也许很难比较，遇到问题时已经无法后悔了。听一听该软件使用者，尤其是与您未来的使用情况相似者的意见往往是非常有效的。货比三家，多听多看，而不要仅仅和卖方接触。

（4）系统规模的决策。我的建议是好用、够用就可以了。使用要求的升级往往跟不上软件、硬件的发展速度，追求多少年不落伍也许仅仅是一种豪言壮语。

（5）价格决策。好东西肯定不是最便宜的。我的建议是：买能够买的起的最好的东西。这样做后悔的几率可能是最小的。不要吝啬在软件上的投资！正常的硬件和软件的一次性投资比应该是 1:1，长期来看，软件投资要大大多于硬件！

（6）我们的权力。购买软件应该明白自己的权力。我们有权获得软件的培训、升级、答疑。我们购买正版软件的是花了钱的，应该是物有所值。

32.2.4　电脑辅助设计系统的实现

有些人认为成功的关键是充分地利用系统，其实并不总是这样。我们的目标应该是质量而并在数量。让电脑长期工作没有什么难的，打开它就行，而输出高质量的图纸才是我们所希望做的事情。对电脑寄予过高的期望往往会失望。

让电脑立即见到效益需要很大的压力，虎头蛇尾也并非少见。大型电脑系统安装后一年内能够见到效益就算不错。即使像文字处理这样的软件，掌握它也需要一个过程。我们必须进行新的学习，系统越复杂，需要学习的东西越多。

现在并不要求每个设计师学习电脑语言和硬件管理，需要的是了解的是电脑在什么情况下能够做什么。一个设计院至少应该有一个人具备日常维护电脑的知识和能力。

电脑系统一直存在利用率低和性能利用不充分的问题。其中许多问题是手册太厚的问题。没有人看过全部手册，如果绘图仪拒绝工作或文件找不到了，就没有人会处理这些问题。读懂手册不比我们正在从事的工作复杂，一般问题我们完全能够自己解决。我常常遇到满头大汗工程师向我求助，问题却并不复杂。心理的压力往往使我们对专业知识的划分不敢越雷池半步，实际上对电脑一般常识就够了。这一般常识具有的标准就是能够自己解决日常工作中遇到的大部分电脑问题。如电脑的日常维护，了解清洗屏幕、鼠标的方法，整理硬盘及工作软件的操作等。

设置系统管理员对电脑进行管理是非常必要的。系统管理员应该负责；对长远规划和预算提出建议；培训和招收电脑绘图员；保管使用日常消耗品；设置计算机的工作环境；控制用户访问系统和软件的时间；熟悉系统的方方面面；与卖方和外部用户保持联系；进行日常维护和管理；回答用户的一般性提问并帮助解决问题；制订操作规范；定期备份；确保电脑房的整洁；收集电脑用户的反馈意见。

32.3 辅助电气设计软件介绍

32.3.1 电气 CAD 系统的组成

CAD 软件系统一般由图形库、数据库和设计程序几部分组成。其中图形库是指储存电气设计所需要的图形。小到一个电气符号，如灯具；大到一个组件，如 GCK 配电盘；甚至可以把一个标准图存入数据库供设计绘图使用。图形库是工程绘图的重要手段。数据库是指储存产品型号、规格、设计规程规范，常用技术数据，是工程设计的重要资源。设计程序是 CAD 系统的主体，是用来进行工程计算、数据储存、绘图、统计、系统分析、智能推理等工作。

电气工程设计内容众多，其软件组成也较复杂，不同公司开发的专业软件组成也不同，EES 功能模块组成见图 32-2。

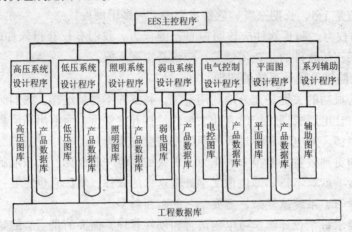

图 32-2　EES 功能模块组成框图

32.3.2 当代 CAD 软件的技术特点

电脑技术发展日新月异，软件作为支持 CAD 系统的基础，直接决定着一个 CAD 系统的生命力。今天，先进的 CAD 软件技术究竟是什么样子呢？我们可以从 EES 软件中看到大致的情况。

1. 视窗技术

视窗技术是当前电脑软件技术划时代的突破，彻底改变了人们对电脑的操作方式。由于其显著的特点，问世不久就成为软件技术的主流。几乎所有的流行软件，都采用了视窗技术，其界面友好：一般工程软件都采用多层次的以缩写文字表达的下拉或条形菜单，操作命令隐藏在多极选择之后。其缺点在于命令表达复杂、操作速度慢，要求记忆上百条英文命令，因而难学难用。EES 采用视窗图形界面，将操作命令以形象的图标和简单的汉字表达。对于需要参数配合的操作，菜单中明确给出所需要操作的参数。设计如同看图识字，因图标菜单的直观形象，操纵者几乎不用记忆操作命令。一看就懂，一学就会。

2. 多任务

传统 CAD 软件，一次只能执行一条命令，完成并退出一个命令后才能执行下一个命令。在各个命令程序之间来回切换要花费一些时间，工作效率低下。视窗技术可以同时执行多个任务，命令管理器可根据各个命令的优先级别自动协调作业。例如：当您正绘制一条动力线，并且在屏幕上给定画线的起点，忽然发现应该画一条接地线。此时，不必中断画线命令，直接在菜单上的线路类型选项中选择接地线，然后在屏幕上确定画线终点。这样在改变线路类型的同时，不会中断或作废已经完成一半的画线命令。

3. 多视图显示操作

与传统的图板比较，屏幕总是不够大。在不同的视野直接来回切换往往浪费了许多时间。EES采用多视图技术，能够同时打开 8 个视图，而且支持双屏幕显示。与 AutoCAD 中的鹰眼和多视图功能相比，MicroStation 的多视图技术要强大的多，这是工作站的优势。

32.3.3 专家智能系统

目前我国电脑在工程设计领域的应用基本停留在辅助绘图的阶段，而 CAD 真正的意义在于辅助设计。电脑应该支持设计工作的全过程，即包括设计方案的产生与优化、工程参数选定、施工图绘制、工程材料统计和图档管理等。电气工程师之所以能够完成复杂的设计任务，是由于长期设计实践的积累和总结，掌握了大量的工程经验知识。在设计时，人们首先依据已经掌握的材料、数据在电脑中寻找相似的模型，提出若干个可供实施的方案，再依据规范，确定优化的设计方案。

1. "专家"

专家一直是我们钦佩的大人物。从作为计算工具的计算机到作为具有广泛用途的电脑，电脑的概念正在发生变化。电脑成为专家成为了一个新的具有诱惑力的科研领域—知识工程。

知识工程试图把知识，而不仅仅是事实和过程在电脑程序中表达，形成了极富魅力的两个前沿课题：人工智能和专家系统。

从作为计算资源的电脑到作为知识资源的电脑，电脑的概念发生了翻天覆地的变化，这一新的领域被称为知识工程，这是个充满诱惑的课题，专家系统把知识的内涵（智力、知识、经验）与工程的内涵（控制、强度、结构）结合在一起。事实上，知识工程就是试图把知识，而不仅仅是事实，告诉电脑，让电脑具有人工智能。顾名思义，人工智能就是使机器具有人类的某些智慧，包括理解自然语言和进行语言交流的能力，而专家系统就是模拟某一领域内人类专家行为的电脑程序。

2. 专家知识与专家系统

三百六十行，行行出状元，无论哪一个行业，专家知识一直是其行业的风水宝地。但是，随着电脑行业的蓬勃兴起及其巨大的渗透力，电脑竟然逐步跻身于越来越多行业中专家圣地，这事实本身就足以令人慨叹和深思。医生了解人体构造，建筑师知道建筑物，而电气工程师熟悉电流电压，任何领域的专家都拥有渊博的知识。这些知识，有的受益于教育，有的取之于资料，更主要的在于工作经验的积累。新知识获取与原有的知识有关，这是一个非常复杂，至今还没有完全搞清楚的心理过程。

知识的分类。我们也许可以把知识分为事实，关系和自学习三种。其中最简单的一种知识就是各种事实本身，它通常是一种陈述性知识，或称为语义知识、语言信息。例如，屋子有顶，车有轮子，张三有麻子。而关系指的是此物与彼物的联系，它不仅仅是静态的、位置上的联系，还包括动态的、逻辑上的一种过程中的联系。自学习是一种元知识，它是指了解自身知识态势（我何时是权威？我何时是白痴？）以及寻找新知识方面的本领。

事实可以在数据库中进行编码，但关键是在浩如烟海的资料中进行选择。关系如果能使用简单合理的算法表述，我们就能够将其翻译成电脑所理解的程序。倘若过程无法转化为算法，同时，与关系和推理相关的大多数知识也无法转化为算法，电脑程序肯定无能为力。

按学习时原先的样子回忆出来的都属于陈述性知识。程序性知识又称为办事方法与操作步骤的知识。策略性知识时指人们应用一定的操作步骤或规则来控制和调节自身的认知过程，以提高学习记忆和思维等认知活动效率的知识。

知识的表征信息是在电脑中呈现和记载的方式称为知识的表征。陈述性知识在电脑中以命题网络的形式表征和存储。程序性知识在人脑中是以产生式规则的形式表征和储存，以如果/则的形式表示。

人类知识并不仅仅在于机械的搜索现成的数据库，从中找到与我们身边完全相同的条款。当出现新情况，变通工具和方法也是人类基本的知识。自学习指的就是这样一种知识，它从现有事实推断出新的事实，从现有技术获得新技术。一个专家的技能并不在于他知道所有问题的答案，而在于专家能够准确的理解问题、进行推理、解释结论。

3. 专家系统的特点

专家系统指的是能够体现人类专家解决特定领域中实际问题所使用的知识的计算机程序。通常专家系统根据用户的提问提出一个或几个建议。系统问题的可能要求使用比较专业的语言，用户也需要有机会询问为什么。现有的专家系统是针对专家知识的学科而独立开发的，如医疗诊断、化学分析、地质勘探和集成电路设计。

提出的建议可能是对故障原因的分析，可能是对行为的要求或一整套具体的行动方案，可能是一种建筑类型判断，也可以是一篇说明文字。专家系统的突出特点在于存储在数据库中的知识和推理机制是互相独立的两个部分。其中的难点在于推理，能够从知识库中得到结论，推导出新的知识，从而提出专家建议或解决办法，这是很了不起的事情。

专家系统应该使用与人类专家相似的方式处理其基本知识，也就是说，专家能够从一个或多个专家处获得新知识，必须能够在电脑中以推理形式表述知识。专家知识作为经验的产物，它的基本知识可以修改和加工。良好的人机界面，如同专家会诊。专家系统必须能够对推理过程进行解释。CAD专家智能系统由知识库和推理机制组成，它的工作原理模拟人类解决问题的方法，将长期设计实践中总结积累的大量工程设计经验，抽象成为知识资源，存入相应的数据库。通过推理机制，选择归纳出优化的方案和参数。具有专家智能系统的CAD系统，不仅仅是出色的制图员，更是优秀的工程师。

专家系统必须能够进行交流，即从另外的专家系统或知识源处获得信息，从而丰富自己。专家系统应该能够在电脑中以推理的形式表达知识。作为经验的产物，它的基本知识应该是便于修改和加工的。另外，专家系统与用户之间的界面应该是友好的，如同人与人之间的自然交往一样。专家系统还被要求对形成结论作出解释，以便于验证。

对于某个专家知识，在初始状态完成后，基本知识的增加并不容易。一般而言，专家们很难将其拥有的知识设计成便于装入电脑的程序代码，带一个便携机再容易也比不上带着自己的脑袋。专家们很难对教导一个机器超过自己有始终的热情。对于能够形成规则的知识，如A真则B假，电脑学习起来并不困难。困难在于知识的不确定性。人类专家经常采用可能、很可能一类的词汇，而不是50%可能这类的定量词汇来描述可能性的大小的。对这类或然性的问题进行推理是专家系统的难点。采用数学的方法能够解决相当多的问题，但不是全部！指定一些常数往往要经过长时间科学统计。

4. 语言和接口

专家系统理想的方式是通过对一些特殊的例子进行观察、分析、归纳、推理，从而自己获得知识。可以采用"教导"方式，让专家提问，专家系统进行回答，专家对回答进行补充并进行解释。让电脑获得知识的最好方法可能就是让专家和专家系统之间不断进行交流、分析。

我们最好采用自然语言作为通讯的基础，我们希望与专家系统打交道就向与专家谈话一样自然。在这方面，电脑实践还很不成熟。但新的理论不断出现，让我们觉得可能采用有限的词汇、语法能够实现人与电脑的交流。一个有限的语言可以避免多义性和语法错误的干扰。

5. 基于知识的设计方法

CAD系统中的知识。普通电脑辅助设计工具中也含有基于专家系统的编码，这样，建筑施工图绘制系统也就知道了一些把建筑物装配在一起的方法，并利用这些知识半自动地绘制出普通施工大样图。

这并不玄妙。其实，任何一个以设计为目的的电脑程序也都包含有隐性知识，计算某值的程序当然知道计算某值的方法，同样，电脑模拟建筑物系统，在组织建筑描述数据库和修改立面图或剖面图以适应平面图的变化时，也利用了建筑物基本特点的知识。比如，地板是平的，墙是垂直的，建筑物是由一些水平楼层组成的。更进一步讲，有的绘图系统还根据关于立柱间距和处理节点与门窗的预制规则，使板条隔墙的立柱和板条布置过程自动化。一旦回答了系统提出的诸如楼层，门位置，材料，地区等必要信息后，系统就能够产生典型的大样图。设计师们仅仅需要少量修改就可以达到工程需要。

这类程序的最大问题在于，知识直接体现于程序本身。如果，对某一典型问题有了新的看法或处理方法，则必须重新编写程序。在应用中，往往软件包的开发比不上新技术发展的速度，这也许是相当多的二次开发的程序远不如基础平台本身普及的原因。理想的原则是：知识必须保持独立，要显式表达更多信息，这样才可能在局部对系统程序进行修订。

知识丰富的CAD软件包应含有关于用户可能遇到的多种实践信息，它的效率要比一般CAD高得多。对于电脑辅助建筑设计领域，二次开发程序通常要有效和直接的多。但是，大多数设计师们忙于工程，几乎无暇顾及并且熟悉开发商们推出的一个又一个可能很快过时软件包。

专家系统是作为一种合成工具而被需要的。我们应该将主要精力放在高层次的设计描述工作上，而把低层次上的合成工作交给电脑完成。工程师完成一个设计通常先画草图，再进行造型设计，然后进行详图设计。在进行草图和造型设计时，认为细节部分以后可以再设计，也就是认为自己或其他人有设计完成详图的全部知识。如果将细节储存于电脑，这部分应该可以全部交给电脑完成。

这也许是关系将来而不是针对现在。电脑应该在更多更大范围内满足人的实际需要，适应人类的工作方式。当然，要使电脑成为能够解决大多数建筑问题的第一知识寻源，尚需相当的时间。

32.3.4 电气设计软件 EES 特点

1. 已经具备的专家特点

EES 的供配电专家设计系统，可以在很短的时间内完成负荷计算，变压器选择，无功功率补偿、配电元件的整定及配合效验、线路效验、短路电流效验、线路压降效验、起动压降效验等全套设计。配电元件整定保证系统正常运行及启动要求、在上下级保护配合及保护线路之间的配合关系，保证能够分断最大短路电流及在最小短路电流情况下可靠动作；线路整定保证线路正常运行，并保证启动和运行状态下母线及末端用电设备的电压水平满足工程要求。EES 达到了熟练电气工程师的水平。

2. 模糊定位

工程图纸必须精确，传统 CAD 软件总是要求用户准确地定位每一步操作。由于是靠人来手工定位，操作速度慢，图纸精度差，容易让人身心疲惫。EES 具有模糊定位功能，用户在屏幕上绘图时不需要准确定位，只要定位在大体的位置上就可以了。软件将用户的每一步模糊操作自动转换为准确位置，自动完成精确绘图。这样，即使您的眼睛不好，操作不熟练，设计出来的图纸依然精确无比，速度倍增，工作会变得越来越轻松。

3. 动态可视

采用动态可视化技术其本身就是一个创造。从工程设计的过程来看，就是一个不断构思、实践、比较、修改不断反复的过程。EES 的动态可视功能就是为了满足这一设计特点而开发的。如在布置灯具时，您可以预先看到每一盏灯的位置、形式、布置角度及数量，并可用光标动态拖动调整直到满意。这样的操作一目了然、一步到位，几乎不需要再修改，大大提高了设计速度和质量。

4. 开放性

EES 具有全面的开放性，它的与众不同在于它的灵活性。在给用户提供配套的电气设计功能的同时，其图形库、数据库、甚至菜单都可以根据用户需要随意扩充修改。方法简单，完全不需要电脑知识就可以把我们提供给您的 EES 变为您自己的 EES! 因此，当您使用 EES 时会明显感觉到它比想象的更方便、更高效、更实用。

5. 动态数据库

工程数据库是智能软件的基础，设备参数的储存、工程信息的交换、计算整定、材料统计、系统分析等功能无不依赖于工程数据库的支持。工程数据库的所谓动态，是指数据库中的数据纪录是随着工程文件中相关图形符号的操作同步变化的，保证统计数量与绘图文件一致，这是正确统计材料的前提。遗憾的是，国内采用工程数据库的 CAD 软件还很少，而且采用的多是在图形文件之外挂接数据文件的简单办法。这样做的缺点在于绘图文件与外挂数据库不能同步操作，若图形变化，数据库就需要重做。动态数据库是将图形文件的电气符号与其名称、型号、功率等工程参数纪录在一起，在设计中被同时放置、移动、删除和修改，完全能够保证材料统计的准确性。

6. 良好的兼容性

工程软件市场日趋繁荣，软件的兼容性也就显得越来越重要了。AutoCAD 兼容性不好，某些版本开发的电气软件不能使用其他建筑软件绘制的建筑平面，这给用户带来了很大的麻烦。EES 的文件转换功能解决了这一难题，可以不分版本地读取 MicroStation 或 AutoCAD 的图形文件及图形中的各种中英文字体。用户可以利用建筑或工艺专业所提供的平面进行各种电气平面的设计。它可以方便地与 ABD、AEC、HOUSE、APM、天正、建筑之星等所有建筑软件相连接。无论建筑专业购买的是任何公司、任何版本、任何支持环境的软件，其提供的平面图 EES 都可以直接调用。

7. 网络应用

电脑联网运行，可以最大限度地节约硬件资源、数据共享，便于多工种同步作业，这也是电脑发展的必然方向。EES 是一个真正的网络软件，它可以单机运行，也可以直接安装在网络上。单机版本和网络版本的通用是其突出的一个特点。

8. 动态存盘

人们最怕误操作、掉电和死机，这将使您因为来不及存盘而丢失图形文件，令您的工作前功尽弃。后来，有的软件采用每隔一段时间自动存盘的方法。但这样做其实是将所有的图形信息重新储存一次，占用了过多的机时，而且两次存盘之间的内容还是会丢失。EES 解决这个问题的办法是动态存盘，即在完成一步操作后，利用与下一次操作的间隙，自动储存刚做过的内容。由于仅仅储存一步操作，所用时间几乎感觉不到。

9. 汉化技术

EES 具有领先一步的汉化技术。一般工程软件的汉化是在中文操作系统下完成的，由于内存占用的冲突，使原来的软件运行效率降低，容易死机。而且仅仅汉化了菜单符号，对于操作提示却无能为力，这是一种不彻底的汉化。EES 采用纯西文环境下的汉化方式，符合汉化技术的发展方向，其优点是能够避免内存冲突，而且 EES 将所有菜单和操作提示都进行了汉化，屏幕上完全是汉字！这对于中国的工程师，无疑是个好消息。

EES 是行家写给行家的软件。它的研制以电气设计人员为主，通过自身丰富的设计经验，保证软件功能准确细腻地表达电气设计人员的需要，并使操作步骤最简。参照电气工程师的思维方式和作业流程设计大大意识流操作，充分体现了工程设计的灵活性和工程师个人的创造性。再辅助以友好的人机界面和先进的汉化技术，使 EES 特别容易使用，出图效率比手工作业提高效率 6~8 倍，实用效果突出。

EES 符合国家电气有关标准，其功能覆盖常规电气工程设计的全部内容。具体来说包括图纸目录、说明书、设备材料等；高低压供配电系统；照明系统；消防、电话、广播、共用天线、公寓对讲及综合布线等全部弱电系统；高压二次接线图；控制原理图；盘箱面布置；建筑平面；高低压变配电室布置及条件图；动力、照明、消防、广播、电视等工程图纸的设计，并将常用工程设计手册中的有关内容输入到电脑中去，使工程师能够在甩掉图板的同时，甩掉手册，在电脑上完成全部工作！

32.4　轻松设计——EES 软件实例入门

本节以 EES 软件为例子介绍 CAD 软件在电气设计中的应用。电气设计内容很多，限于篇幅，仅仅介绍最常用的照明设计。EES 已经不仅仅是一个辅助制图程序，而是一个从照度计算开始，到设备、线路布置、赋值及自动标注、生成材料表、自动提取照明系统及系统合理性分析，是一个完整的具有一定专家智能的照明工程设计系统。

32.4.1　进入照明设计环境

将光标移到下拉菜单【EES】处按下 D 键在【EES】下方的【平面图】右边的【照明

平面】处松手，弹出【照明】对话框如图 32-3

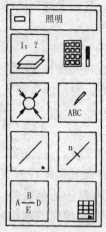

图 32-3 照明主
对话框

从照明设计主对话框中可以看到，照明平面设计由以下 8 个部分组成：设定基本参数、照度计算、布置灯具、灯具赋值、布置线路、线路赋值及标注、灯具标注和材料统计。选择比例按钮弹出设定比例/显示层对话框，如图 32-4。

【比例】是选择按钮，按住此钮上下移动，可选择不同的建筑比例，一般设置为 1:1。【楼层高度】域：键入当前楼层的高度，用于自动统计线路的垂直长度。【设置显示层】选项提供建筑、动力、照明、消防、弱电五项内容的状态按钮。状态按钮为黑色，显示该层内容；为灰色表示不显示该内容。在绘制照明平面图的过程中，不必显示其它平面内容。该功能将不同电气内容的图纸分层表达，共享一个建筑平面，节省了磁盘空间，出图也比较灵活，设备布置复杂的平面，各专业分别出图，而简单平面可以几个子项同时出在一张图纸上。

32.4.2 照度计算

按照度计算按钮，通常【照度计算】主对话框如图 32-5。

EES 采用利用系数法进行照度计算，用户需要确定必要的房间参数和灯具参数，软件将自动计算出所需的灯数量、设计照度和最大允许距离比。

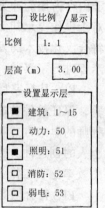

图 32-4 设定比例/
显示层对话框

1. 房间参数

（1）定义房间参数

设定照度标准、房间尺寸、反射系数、窗墙比例等房间系数，这些参数是正确计算照度必不可少的。在【照度标准】域，允许键入房间所采用的照度。一般情况下，您不能准确地给出需要的照度值，按【>】钮，弹出【选择照度标准】对话框，如图 32-6。

对话框上部是建筑类型选择区，下部是房间照度选择区。在建筑类型选择区中可以用鼠标选择诸如宾馆、办公楼等不同类型的建筑。每当选择好一种建筑类型，在房间照度选择区就会列出该类建筑中不同房间类型。选择好房间类型，在对话框底部的【照度标准】栏就会显示出该类房间的照度推荐值。通过按动其后的 + - 按钮，可以在标准值的基础上增减照度值，该值将作为照度计算的依据。例如：建筑类型为办公楼，房间类型为办公室，选择照度标准为 150lx。

（2）房间尺寸

【长度】栏：键入房间的长度，单位是米（m）

【宽度】栏：键入房间的宽度，单位是米（m）

【高度】栏：键入房间的高度，单位是米（m）

例如：房间长度为 12m，宽度为 5m，高度为 3.2m。注意，键盘键入后应按回车键表示输入完毕。

（3）反射系数

在【顶棚反射系数】栏应键入顶棚的反射系数。当估计不出建筑物的反射系数时，按

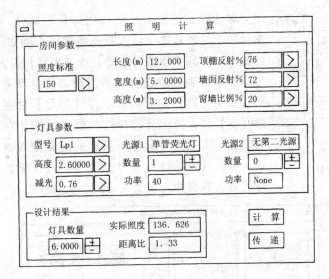

图 32-5　照度计算主对话框

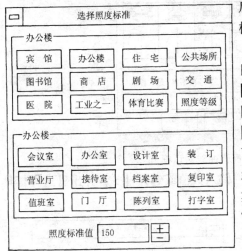

图 32-6　选择照度标准对话框

后面的【＞】按钮，弹出【顶棚反射系数】对话框如图 32-7。

对话框中显示出常用的建筑装饰材料，使用鼠标点击电气建筑材料，如必要还应该在下部的【选择顶棚颜色】组框内选择采用的颜色，则不同材料、不同颜色的顶棚反射率显示在右下角的【反射率％】栏。通过按动其后面的 ＋ － 按钮，可以手工图纸反射率数值。反射率结果值同时显示在主对话框的【顶棚反射％】栏，作为照度计算的依据。例如：顶棚为粉刷，白色，反射率为 76％。墙面反射率的设定与顶棚反射率相同。例如：墙壁为壁纸，浅黄色，反射率为 72％。

（4）窗墙比例

在【窗墙比例％】栏，键入房间开窗面积与墙壁面积的比例。可以选择后面的【＞】按钮，弹出【窗墙比例％】对话框如图 32-8。窗墙比例将影响到墙面的反射系数，一般该值可定为 20％。

2. 灯具参数

（1）灯具参数：灯具参数在不同的对话框中也是可以选择的。【型号】栏允许键入采用的灯具型号。通常选择后面的【＞】按钮。弹出【选择灯具型号和配光曲线】对话框，如图 32-9。

其中列表框中显示出系统通过的常见灯具型号，您可以用鼠标点击设计所需要的灯具型号，不同型号对应不同的配光曲

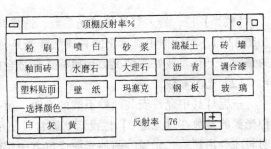

图 32-7　顶棚反射率选择对话框

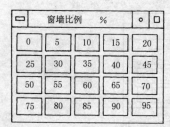

图 32-8　选择窗墙
比例％对话框

线。对话框右侧显示出所选用灯具的型号、光源类型、配光曲线和上下球效率、最大距离高度比。例如选择双管荧光灯，如图 32-9。您必须按【接受】或【拒绝】告诉软件您的意见。

如果列表框中没有您所需要的灯具型号，按【拒绝】返回【照明计算】主对话框。在【型号】栏键入新型号，然后按【>】钮，弹出【选择灯具配光曲线】对话框。该对话框右侧显示出该类灯具可能具有的配光曲线以供选择。如果必要，可按【选择灯具型号】下面的【添加】按钮，新灯具型号将进入数据库，供下次使用。

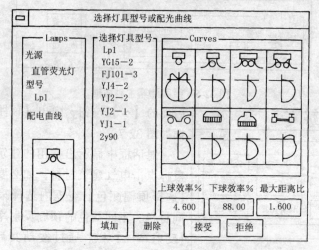

图 32-9　选择灯具型号和配光曲线对话框

对话框上将显示出常用的安装高度值，在该栏键入数值或选择【>】弹出【选择灯具安装高度对话框】如图 32-10。例如：2.6m。

选择灯具安装高度				
2.0	2.1	2.2	2.3	2.4
2.5	2.6	2.7	2.8	2.9
3.0	3.1	3.2	3.3	3.4
3.5	3.6	3.7	3.8	3.9

32-10　选择灯具安装高度对话框

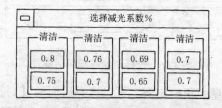

图 32-11　选择减光系数对话框

【减光】栏，键入灯具的减光系数。选择其后面的【>】将弹出选择减光系数对话框如图 32-11。对话框中显示出四种典型减光条件：清洁、一般、污染和室外。上行是较差的情况，下行是较好的情况，用鼠标选择适合的系数，如 0.76。

（2）光源参数

一盏灯具中允许安装两种不同的光源。第一种光源的参数在【光源 1】栏设定，第二种光源的参数在【光源 2】栏设定。通常只使用一种光源，即第一种光源，只有在混光照明时才会用到第二光源。两种光源设定方法相同。

【光源 1】是选择按钮，上下移动光标选择不同的光源类型。【数量】栏键入一盏灯内的光源 1 的数量，然后按 + − 钮可以增减光源数量。选择【功率】按钮将弹出选择光源功率对话框，如图 32-12。使用鼠标点取需要的功率即可。例如：选择单管荧光灯，光源数量为 1，功率 40W。

（3）计算

选择【计算】按钮，软件将安装您所设定的条件计算所需要的灯具数量和允许的距离高度比。通常计算出来的灯具数量不是一个整数，您可以选择 + − 按钮将该数值上下取整。同时，相同在【实际照度】栏中显示出当前的设计照度值。例如：房间需要安装 6 盏荧光灯，设计照度为 132lx。如果对计算结果不满意，可以调整前面的参数，重新计算。

图 32-12　选择光源功率对话框

过去，计算一个房间的照度需要查阅大量图表，步骤烦琐，采用 CAD 软件后，仅仅需要鼠标点取，其轻松可想而知。即使不懂得计算原理，记不住公式也没有关系。

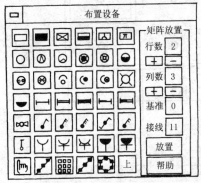

图 32-13　布置设备对话框矩阵放置

32.4.3　设备布置

按设备布置按钮就会 弹出【布置设备】对话框，如图 32-13。上面显示照明平面布置所使用的电气符号。

首先必须选择要放置的灯具，然后选择布置方式。设备布置方式可以采用以下五种：自由、动态、矩阵、沿墙、环形。在照明平面布置时，我们最关心的是灯具放置的位置、数量、角度是否合适。为了取得满意的效果，常常需要边画边改，反复调整，操作繁复，效率低下。EES 采用崭新的动态布置方法，在布置设备的同时动态地看到结果，同步调整各个布置参数，直到满意。这样可视化操作使 得设计一步到位，很少需要修改。

现在我们结合一张建筑平面图实例，讲述各种布置设备的方法。

按【上】、【下】按钮可以上下翻页，查找所需要的设备符号。

1. 大型房间灯具宜采用矩阵布置

按矩阵布置按钮，弹出矩阵布置对话框。在对话框中的【行数】、【列数】栏键入所需要的行列数。行列数可通过 + − 按钮动态调整。图 32-14 为实例布置设备图，其左下角房间尺寸为 12m × 5m × 3.2m，由上面的照度计算结果，需要 6 盏单管荧光灯，设行数为 2，列数为 3。按【基准角】按钮可以选择矩阵布置时的基准角度。如果房间是水平的，选择 0；如果房间是倾斜的，选择 2pt，即两点定义房间的基准角。按【进行方式】可以选择三种接线形式。【＝】表示水平接线，布置设备之间横向连线；【∥】表示垂直连线；【不】表示不接线。选择垂直接线，用 P1 点确定灯具布置矩阵的一角，用 P2 点定位对角点，P3 点定位开关，则在指定房间水平布置 2 行 3 列 6 盏单管荧光灯。

2. 采用动态调整方式布置灯具

在狭长走道上布置灯具时，您没有把握布置几盏灯合适，就可以采用 EES 中的动态布置。按动态布置按钮，弹出矩阵放置对话框。在【数量】栏键入动态布灯数量，按缓慢的 + − 按钮可以增减灯具数量。【接线】按钮灰色时无效，在放置的设备之间不连线；点黑有校，设备之间自动连线。

P1 点确定第一盏灯的位置，P2 点确定最后一盏灯的位置。第一盏灯的位置确定后，使用光标拖动最后一盏灯，看到所有灯具位置在 P1、P2 点之间动态地调整，直到满意。

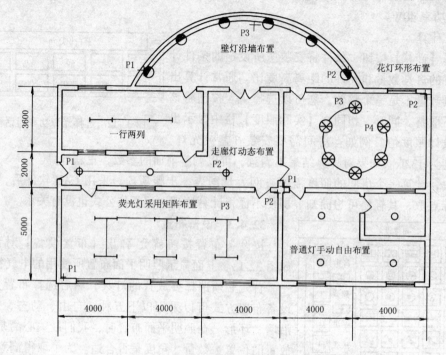

图 32-14　实例布置图一

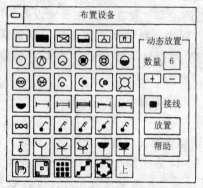

图 32-15　布置设备对话框动态放置

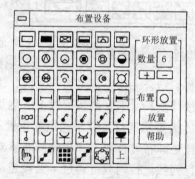

图 32-16　布置设备对话框环形放置

3. 环形布置

建筑物举例图中右上角的房间采用了环形布置灯具。按环形布置按钮，弹出【环形放置】对话框。

在【数量】栏键入环形放置设备的数量，按 ÷ － 钮可以增减数量。按【布置方式】钮可以选择采用圆形或椭圆形布置方式。P1、P2 点确定房间对角位置，P3 确定环形布灯轨迹及第一盏灯位置，P4 点以拖动方式沿环形轨迹动态第一最后一盏灯的位置。

4. 沿墙布置

要在建筑的弧线墙上布置灯具，可以采用沿墙布灯方式。按沿墙布灯按钮，弹出【沿墙放置】对话框，如图 32-17。

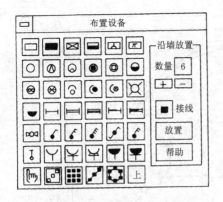

图 32-17　布置设备对话框沿墙放置

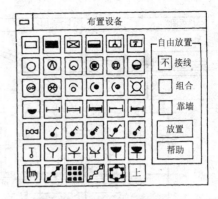

图 32-18　布置设备对话框自由放置

在【数量】栏键入沿 墙布灯的数量，按 + - 钮可以增减数量。按【接线】状态钮灰色，沿墙灯具之间不连线；黑色表示灯具之间自动连线。在墙壁上用 P1 确定第一盏灯位置，P2 点确定最后一盏灯的位置，P3 点确定灯具布置在墙壁的哪一侧。

5. 手工自由布置

零星的灯具、开关、插座等设备，布置灵活，宜采用手工布置方式。按手工布置按钮，弹出【自由放置】对话框，如图 32-18。按【接线】可选择三种不同接线方式。【／】表示在放置设备之间以直线连线；【（】在放置设备时以弧线连接；【不】表示在放置设备时不连线。

【组合】钮为灰色时，每次只放置一个设备，即最后选择的设备；为黑色表示可以连续在对话框上选择若干个设备，将它们作为一个整体，组合放置，这就解决了多个设备并排放置的问题。例如，在对话框上点取一个单相插座，再点取一个单相接地插座，它们就作为一个二三孔组合插座被整体使用。

【靠墙】钮为灰色时，设备随光标自由拖动位置；为黑色时，不用准确定位，设备会自动找到最近的墙壁，调整适宜的角度靠墙放置。开关、插座常用这种方式放置。

32.4.4　线路布置

如何在形状、大小不一的设备之间准确地连续，是一个很困难的问题。以前，为了接线，总要不断地缩放屏幕，依靠手工操作光标，仔细确定每一个接线点。手眼非常疲劳，速度也很慢。由于不可避免的手工操作误差，图面不美观。EES 具有模糊接线功能，在选择设备时不必精确确定接线点，只要随便点在设备的任何部位或设备附近，就会按计算的最佳方式自动接线。接线结果精确到完全满意误差，速度成倍增加。

按拖动按钮，拉出【布置线路】对话框，一共有 12 个布置线路功能，见图 32-20。每种接线功能都能够解决工程中的一类问题。

32.4.5　线路赋值及标注

作为智能型 CAD 软件，不仅具有很强的绘图功能，还要有很强的设计功能。要想完成诸如自动标注、材料统计、系统生成等智能性工作的前提是解决工程参数的赋值问题。

为了统计及标注，每段线必须要赋予七项参数以确定线路及保护管的型号、规格等。若一张照明平面图画了 200 条导线，为了完整赋值，您必须键入 1400 个参数！EES 采用线路同步赋值的功能将这个问题大大简化了。能够根据您的工程设计习惯，在布置线路的同时，软件自动把您希望的线路参数赋值给线路。对于特殊线路，利用【线路赋值及标注】

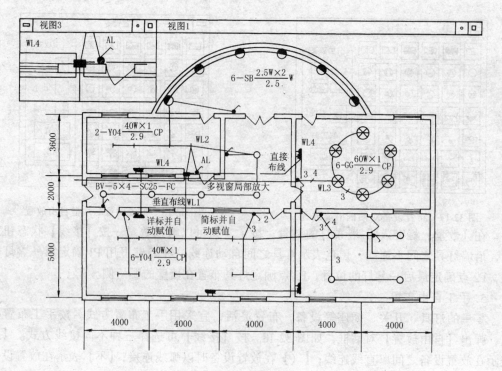

图 32-19 实例布置图二

对话框中提供的赋值及标注功能，给线路赋予新的参数，并同步完成各种形式和进一步的标注。按标注钮弹出【线路赋值及标注】对话框，如图32-21。

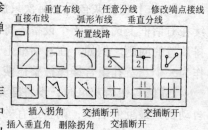

图 32-20 布置线路

1. 定义当前线路型号

用户在此处定义当前线路型号的数值，以后的操作将当前线路型号自动赋值给被操作的线路。图 32-21 中【线路编号】等七个选项，意义十分明确，各栏都可以用键盘输入。每个选项后面都有【>】钮，点取该钮则弹出相应的子对话框，如图 32-22，显示可能的选项。使用光标选择所需要的数值，该值就填写在它前面的栏目内。这样，您不用查样本、手册，也不用在键盘上输入一大堆字母，只要用鼠标点取，就可以完成线路的赋值。

如果子对话框中没有想要的型号，可在【型号】域中键入新的型号，然后点取子对话框中的【添加】，将新型号增加到图形数据库中供以后使用。若某型号已经被淘汰，用鼠标点取子对话框中该型号，使其变黑，再点取【删除】钮，该型号被删除。通过这项功能可以很容易地对数据库内容进行增减，使软件适合自己的设计习惯。

2. 标注内容的选择

在不同场合，您可能希望标注的内容有所不同。在每栏前面都有一个状态钮，可以用来选择线路标注的内容。具体方法是将状态钮点黑表示有效，在进行线路标注时标注这一内容。灰色表示无效。

3. 赋值方式的选择

按【赋值方式】按钮，它提供了两种选择：单独赋值和同步赋值。单独赋值是指对平

1184

面图中已经连接好的线路进行一段一段的赋值。同步赋值是指在平面图中绘制线路的同时将 设定好的当前导线规格赋值给线路。一般将赋值方式设置为【同步赋值】，即在布线的同时将线路赋值。若有特殊需要，再选择【单独赋值】进行修改。

4．赋值及标注

线路参数、标注内容确定后，就可以进行赋值及标注了。按【简标】按钮，用光标在要被赋值的线路上点一下，设定线路参数就被赋予该线路了，同时以设定内容以简单标注形式进行线路标注。若选择【详标】则对线路进行详细标注。

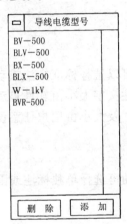

32.4.6 设备赋值及标注

为了统计材料，每个设备必须被赋予名称、型号等六项参数。

图 32-21 线路标注及赋值对话框

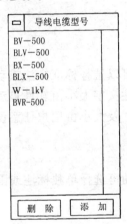

图 32-22 线路型号子对话框

按设备赋值按钮，弹出【设备型号赋值】对话框，如图 32-23。

1．设置当前设备型号

首先设置设备赋值参数。【编号】栏定义设备的线路编号。注意，该编号不是设备的编号，而是设备回路的编号。这个编号是非常重要的，它是自动提取照明系统的主要依据。用户可根据设计需要给每个设备指定相应的回路编号。【型号】等其余五项参数基本相同，它们是软件中掌握的每个设备基本情况。

一般而言，您必须逐项输入这六个

参数，尤其是在 名称栏，还要输入汉字，查阅手册。EES 智能赋值对解决该问题进行了有益的尝试。当用光标选择一个要赋值的设备，相同自动 判别设备类型，并根据工程设计经验及本人设计习惯，从产品数据库中找出相应的产品，将其参数显示在【设备型号赋值】对话框中。这将大大方便了设计。

如果自动选择的参数不符合您的相应，点取其后面的【＞】钮，会弹出相应的子对话框。上面列出各种常用参数，光标点取即可。若没有需要的参数，可在【型号】栏中键入新型号，按【添加】钮增减。配合【删除】选项，也可以方便地对数据库进行更

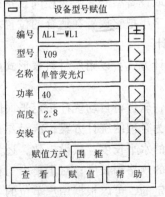
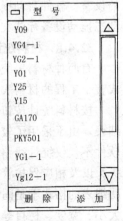

图 32-23 设备型号赋值对话框

新换代。

　　2.选择赋值方式

　　按【赋值方式】选择钮,它提供了三种选择。单独赋值、同步赋值和围框赋值。前两种我们已经介绍过了。围框选择是指对平面图中已经布置好的同类设备使用围框围起来同时赋值的一种赋值方法。它被设置为缺省值。

　　3.赋值

　　按【赋值】钮,软件将按照指定的赋值方式对设备进行赋值。

　　4.查看设备型号

　　按【查看】钮选择需要查看的设备,则该设
备全部参数显示在【设备赋值】对话框中相应的栏目中。作为当前型号,它们可以被赋予其它设备。如没有赋值,则相应位置为空白。

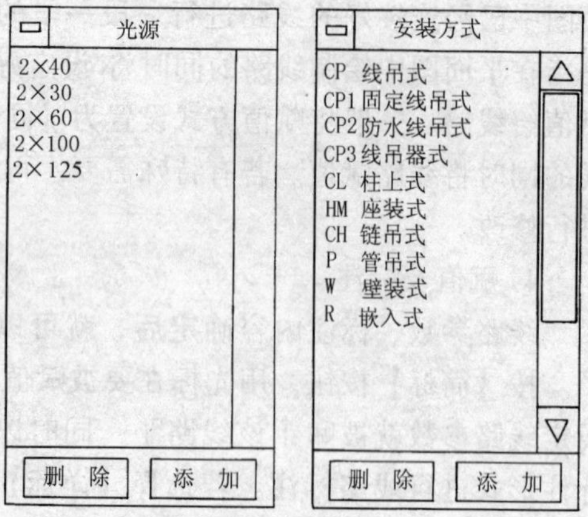

图 32-24　设备赋值子对话框

32.4.7　设备标注

　　按设备标注按钮,弹出【设备标注】对话框,如图 32-25。

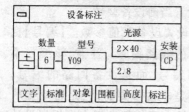

图 32-25　设备标注对话框

　　1.选择文本放置方式

　　按【文字】选择钮,上下移动可以选择标准标注或动态标注方式。其中标准标注是指标注文字大小由软件自动设置,动态标注是指标注文字的位置及大小由用户任意设定。

　　2.选择标注的方式

　　按下【对象】选择钮,上下移动可选择单独标注或围框标注。

　　3.标注设备型号

　　标注设备型号可以采用围框方式或单独标注,围框标注是常用的。用光标当前要标注的设备,软件自动提取设备型号参数及相同设备的数量,显示在对话框中。您可以用光标动态拖动设备标注文字串把它放置在适合的位置。

32.4.8　材料统计

　　有两种材料表统计方式:以附属材料表形式生成本图形的材料表;以 A4 纸张大小生成整个工程的材料表。

　　按材料统计按钮,软件将自动统计指定平面图的照明设备,并按类别顺序生成设备明细表。由于采用了较为合理的统计方案,统计结果准确符合工程要求。例如,对于线路,软件不仅仅统计线路的水平长度、敷设根数,还考虑到垂直长度和每个灯具、开关的接线头,以及相应保护管的规格和长度;对于整个工程,考虑到相同标准层的设备统计。生成明细表的格式不是固定的,可以根据用户单位的习惯进行调整,以保证明细表的格式(如大小、宽度、栏目等)与用户要求的一模一样。

　　EES 采用动态工程数据库的处理技术,图面设备的图形符号与其产品数据被同步操作,使得图面设备与工程数据库中的记录同步一致,从而保证材料统计的正确性。

32.4.9 照明系统图的生成

1. 自动生成照明系统

选择【照明系统】下的【自动提取】命令，弹出【定义—生成照明系统】对话框，在上面选择提取系统图的目录及文件，然后定义配电箱编号、回路编号、保护元件、计量元件、需要系数和备用回路数等六项参数，它们确定了将要生成的 配电箱基本模型。

软件将从指定的工程目录及平面图文件中提取您定义的所有配电箱各个回路的相关信息，自动进行负荷计算、保护计量元件整定、导线及保护管选择，自动生成全部配电箱的系统图。示例 见图 32-26。

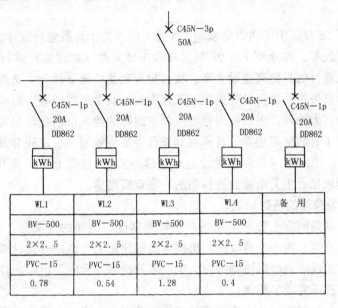

图 32-26 照明系统图举例

2. 合理性分析

自动生成的配电系统图的结果不一定都是合理的，软件将按照规范和您的设计思想对生成的系统图在以下四个方面进行系统合理性分析：1. 各个回路三相负荷是否平衡；2. 每个回路所带设备是否超过规范允许的数量；3. 设备及线路布局是否符合您的设计思想；4. 接线是否有错漏。

选择【照明系统】下的【系统分析】命令，弹出【照明系统报告】对话框，如图 32-27。还可以选择对哪个配电箱系统进行分析，平面图中属于该配电箱的全部设备将变为玫瑰红色，使您一目了然配电箱的配电范围。该对话框中列出当前查看的配电箱每条回路的编号、灯具、插座数量和功率。由此报告看到每条回路设备数量是否超过规范规定，各个回路是否三相平衡。您可以提供照明系统报告调整平面图中不合理的地方，以满足设计规范的要求。

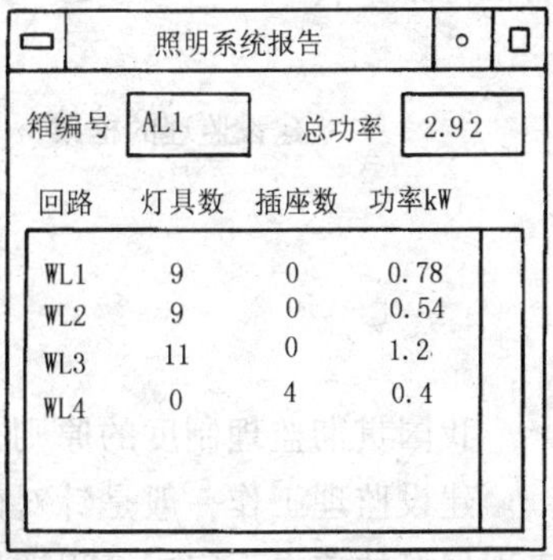

图 32-27 照明系统报告

这样，仅用一个鼠标在几分钟内，您就可以轻松完成一个计算准确、绘图精确、统计正确、系统合理的高水平的、完整的照明设计。

33 建设监理制度与施工管理

33.1 建设监理概念

1988 年 7 月 25 日，中国建设部颁布 124 号文件《关于开展建设监理制度的通知》，明确提出这一重大改革。1989 年 7 月 28 日发布 367 号文件《建设监理试行规定》可称为法律性的文件。主要目的是提高建设水平，提高投资效益，建立社会主义商品经济的良好秩序。这是防止投资失控、投资目标失控、工期失控、质量失控的有力措施；为开拓国际市场，进入国际经济大循环，促进我国建设体制与国际的建筑市场接轨起着重要的作用。

1993 年 2 月 1 日北京市建委、首都规划建设委员会规划办公室联合发出（93）京建法字第 029 号通知，颁发了《北京市建设监理管理办法》，这是北京市深化建筑业的改革，完善工程建设领域社会主义市场经济体制的一项重要措施。

33.1.1 建设监理的基础知识

建设监理制度是国际上普遍采用的一种管理制度。监理的定义是："依据方针政策、法律、法规、标准等，由一个有权威的机构对工程建设的主体——建设单位进行建设行为的规范并协助它通过规划组织协调控制，采取各种措施（合同、组织、经济措施）在合理地实现目标的前提下完成工程项目"。

建设监理是一种制度，是必需遵循的规程和准则，自成一个建设管理系统。建设监理的框架如下：

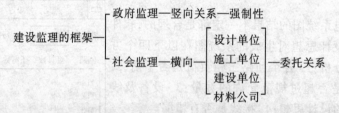

我国贯彻监理制度的原则是："参照国际惯例，结合中国国情"。

建设监理工作一般是针对建设单位的建设行为。目的是规范建设行为，协助建设单位实现目标的前提下完成工程项目。

建设监理与其他部门的合同关系和监理关系如图 33-1 所示。

33.1.2 建设监理工作的依据

建设监理工作是通过监理工程师去具体执行法规体系。

（1）法规体系——如工程建设法、城市规划法、市政管理法、住宅法、名胜古迹保护法等。

在建设工程法中又包含——建设监理条例、建设工程质量管理条例、建设市场管理条例、建设工程招投标管理条例、建设工程勘察设计合同管理条例、建设工程安装承包合同条例等。

部门的规章——如建设监理条例实施细则、社会监理单位管理办法、建设监理工程师注册管理办法、中国建设监理单位在中国承担监理管理办法等。

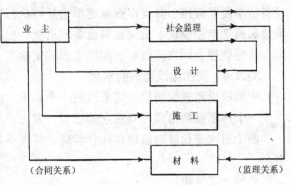

图 33-1　合同和监理的关系

（2）现行的工程建设设计、施工规范、电气设备安装标准和质量检验标准等。

（3）经上级主管部门批准的工程项目建议书、可行性研究报告、初步设计概预算书、建设计划、设计图纸和其他有关文件。

（4）依法签定的工程合同——业主与勘察设计单位的合同、与材料设备供应单位的合同、与工程建设单位的合同、与社会监理单位的合同等。

（5）设计与施工招投标文件。

33.1.3　对监理工程师的要求

（1）知识结构：在技术上是专业工程师、建筑师；在经济上是经济师，精通法律，懂管理和动态控制知识。

（2）能力：有公关能力、组织能力、辩论能力。

（3）道德：有高尚的品德、团结协作的情操、履行保密义务、正直公正、遵守公共关系准则、不侵犯专利权。

33.1.4　建设监理的机构

（1）政府监理机构：中央部门——建设部及国务院工业交通部门根据需要设置或指定的机构。如建设部监理司、交通部工业建设监督总站。

地方部门——各省、市、自治区、县建设管理部门。

（2）社会监理机构：社会监理单位——工程建设监理公司。

（3）监理工程师资质审批机构：由政府主管部门批准发放资格证书。一般由政府监理机构监管。

33.1.5　建设监理工作范围

1. 政府监理

制定法规、规定、办法、细则；审批社会监理单位；审核监理工程师资格；参与审批开工报告、竣工验收；参与重大事故处理。基本职能是监管建设单位行为。

2. 社会监理

基本建设的各个阶段都参与管理。

（1）前期阶段——参与可行性研究、设计书的编制。

（2）在设计阶段——协助业主审查概算、选择设计和承包单位、对投资进度、质量跟踪控制。

（3）在招投标阶段—审查标书、选择承包方式、商签承包合同。

（4）在施工阶段—协助编写开工报告、审查施工组织设计、审查建设单位提出的材料设备清单质量规格、督促审查承建单位严格执行工程承包合同和工程技术标准、调解建设单位和施工单位争议、检测材料设备的质量、检查施工进度和施工质量、签署工程付款协定、督促整理合同文件资料、组织工程竣工验收、审查竣工结算、做好监理记录。

33.1.6 我国建设监理的格局

中国建设监理的格局总的来讲是一个体系、两个层次、多种方式。

一个体系就是指监理有独立的思想、方法、组织手段。

两个层次是指政府监理和社会监理，监理不是业主的仆人，不受各方的干扰，依法办事。

多种方式是指：

(1) 本系统相对独立的监理班子——自行监理。

(2) 委托社会监理——社会化、专业化，这是重点发展的方式。

(3) 自行监理——这要受到限制，因为根本起不到监理的作用。

33.1.7 有关监理的权限

建设监理的工作权限除了上述业务权限以外，还有其它许多内容，摘要如下：

在监理过程中，未经建设单位授权，监理单位无权变更建设单位与施工单位签定的工程承包合同。如果合同中确有问题的，应及时向建设单位提出建议，协助其协商变更施工承包合同。

当建设单位、施工单位、设计单位在整个工程实施项目过程中发生争执时，由总监理工程师协调。总监理工程师接到协调要求后 20 天内，应将处理意见书面通知争议双方。若仍有不同意见，可由总监理工程师在 15 日内提请上级主管部门调解，再无效则可到法院起诉。

监理单位不得监理与本单位有同一行政隶属关系的设计单位和施工企业承建的工程，也不能与被监理工程的设计、施工和材料供应等单位有经营业务联系。监理单位可以由建设单位委托或竞争获得监理业务。

对中外合资的建设项目、外国贷款、赠款的工程项目，中国监理能够监理的不应委托外国监理单位承担监理，但可根据需要引进与建设项目有关的监理技术和向外国监理单位进行技术、经济咨询。如国外贷款或赠款单位要求外国监理时，一般可以以中国监理为主进行合作监理。

33.2 监理制度的运行

33.2.1 电气工程质量评定等级区分标准

1. 分项工程

合格标准的保证项目是必须符合相应质量检验评定标准的规定。基本项目是凡抽验的处、(件) 应附合相应质量检验评定标准合格的规定。允许偏差项目有抽检的点数中，有 80% 及以上的实测值应在相应的质量检验评定标准的允许偏差范围之内。

优良标准的保证项目是必须附合相应质量检验评定标准的规定。基本项目是凡抽验的处、(件) 应附合相应质量检验评定标准合格的规定，其中有 50% 及以上处 (件) 附合优良规定，该项即为优良，优良项目应占检验项目的 50% 及以上。允许偏差项目是检验的点数中，有 70%及以上的实测值应在相应的质量检验评定标准的允许偏差范围之内。

2. 分部工程

合格：所有含分项工程质量全部合格；优良：所含分项工程质量全部合格，其中有50%及以上为优良。

3. 单位工程

合格：所含分部工程质量全部合格，质量保证，资料齐全，观感质量评定得分率在70%及以上；优良：所含分项工程质量全部合格，其中有 50%及以上为优良。质量保证，资料齐全，观感质量评定得分率在 85%及以上。

33.2.2　办理工程洽商

凡是影响工期或有其他重大问题时，应由总工或技术队长批准后再办洽商。设计变更内容达三分之一时，应绘图明确表示。及时调整合同中的有关条款，以避免工程竣工后被索赔。注意有关土建、水暖等其它专业有关的内容，必须与有关专业人员联系，取得同意认可。洽商记录必须编号，而且不得有漏号或重号，以便审查。洽商内容不得有违反规程、增加建筑面积、改变重要结构、超出投资控制标准，若有这些内容，施工单位可以拒绝执行。投资包干的工程洽商，已经包死，不能再提高标准突破投资。要及时办理，专人会签。

33.2.3　质量检验常用工具

1. 关于 1kV 以下的电气设备进行绝缘电阻测量

首先应注意应选用哪一级的电表，测电动机时，额定电压在 500V 以上时用 1kV 摇表，500V 以下时用可用 500V 的摇表。

使用摇表应注意首先要验表，如把表笔短路，稍摇之，表针指零，或表笔开路摇之，电阻无限大为好，不用时，表针处在自由状态；表笔线不可拧绞在一起；表放平，转速应达到每分钟 120 转；测电容时，应先把电容放电；测电缆时，摇表 L 端接电缆金属芯，E端接地即铠装外皮，G 端拉电缆绝缘层；被测电气设备必须断电，严禁带电摇测；摇表的电压等级必须与被测电气设备耐压等级相适应，如用高压摇表测低压晶体管容易击穿晶体管；测电缆时，不得中途停转；人体不得触及任何带电部分；摇测时间不要小于 1min。

2. 施工时注意几条控制线

(1) 水平线：吊顶下皮线、门中线、墙面线、地面标高线、隔断的边线等。用水平线解决箱、盒、消防设备距离地面高度，如常用的距地高 0.3、1.0、1.2、1.4、1.8m 等。在抹灰前办好隐检，抹灰后不检。

吊顶线：是解决嵌入式灯具位置。有土建、通风误差一边倒，电气施工需要配合调整。门中线：是解决开关的位置，距离门框 15～20cm。注意门的开启方向，不要把翘板开关安装在门后。墙面线：土建贴膏药、冲筋等需要找出墙面平整度，就要大面积抹灰，这时电气安装中的箱、盒要注意里出外进。隔断墙的边线：电工要等、看、瞧在先则主动。

(2) 轴线：在图纸上最清楚。作防雷引下线用，下管也用，甩上管不要太长，容易碰吊车。墙体严禁剔横槽。在有吊顶的房间勿将管路作在上层的混凝土内，否则接管太麻烦。有吊顶的房间分隔梁很大时，应在中预埋过管，以便走电源管，预留预埋一定要按图作好。各种隐检、交接检手续及时作好，及时办洽商。

抹灰前要安装好配电箱，复查预埋砖等是否符合图纸。电气工长应检查预留箱盒灰口、孔洞准确，如果发现墙面不平或有偏差应及时和土建工长联系，及时修好，否则不准安装各种器具。喷浆前应检查配电箱和盒的灰口，卡架、套管等是否齐全，需要开孔洞处理时应提前交代，可采用石棉隔板，检查管路是否齐全，应已经穿完管线，焊接好了包头，把没有盖的箱、盒堵好。

防雷引下线敷设在柱子混凝土中或利用柱子主筋焊接。并作好均压环焊接及金属门窗接地线的敷设。

为灯具安装、吊风扇安装及箱柜安装作预埋吊钩和基础槽钢。

3. 装修阶段主要项目

在装修段电气施工项目主要有（1）吊顶配管、轻隔墙配管。（2）管内穿线、摇测绝缘、接焊包头、封闭好等。（3）明配管的木砖、勾钉吊架作好。（4）各种箱、盒稳装齐全。在喷浆前所有的电气安装管路必须安装完毕，配电箱贴脸门等也安装完毕，如果发现与墙面不平或有缺欠应及时修补。

喷浆后和贴完墙纸再安装灯具、明配管线施工、灯具、电门、插座及配电箱安装，要注意保持墙面清洁，配合贴墙纸。此后原则上不再办理洽商，竣工后再办洽商，这时不许再剔槽、拆御电器，有特殊情况也必须请示批准后再做，否则受罚。一定按施工程序走，这是技术考核的依据，也是争取全优的关键。

4. 与土建配合的项目

（1）暖卫、煤气、上下水工程：电气安装设计会发生矛盾，如配电箱与消火栓箱位置、电气管线和煤气管线的安全距离能否满足、厕所插座与淋浴、厨房灯位、插座与煤气管道等要配合好。

（2）通风工程：通风管道在吊顶内与嵌入式灯具安装的空间位置要配合好。火灾探测器与通风口的位置、灯具排列位置与通风口的位置要配合好。

土建工程：在吊顶内的接线盒、吊顶门打开与灯位相碰否、打混凝土时绑钢筋没给时间插电气管、合模（即侧模）打混凝土时没和电工打招呼、打混凝土打坏了管子等现象都属于一不留神就会发生矛盾的地方。

33.2.4 装饰工程中的电气监理

建筑装饰工程是建筑物的一个重要方面，电气系统的安装质量直接关系到装饰效果和使用效果。

1. 参与图纸会审和图纸交底

监理有设计监理和施工监理两部分，施工监理主要是依据图纸监督施工，对图纸中表达不清楚的问题与设计人员协调。参与图纸会审和图纸交底是重要的环节。对于大型室内工程项目，其装饰工程相当复杂，照明、电力、采暖、空调、消防、通讯、上下水、音响、电视等各种管线往往都有安装要求。由于在设计时，这些装置往往都独立设计或不同时设计，设计人员之间缺乏必要的沟通，在实际工程，尤其是装修工程中，往往出现问题。

这就需要在施工前各方面认真核对图纸，在交底时明确设计意图和要求，在图纸上解决错、漏、碰、撞。比较好的做法是：对于管道密集的地方，如走廊吊顶，宜由设计院或施工单位对管线进行汇总，制定统一的标高，绘制管线布置剖面图。制定可行的施工工序及搭接方案，并考虑到使用方便、安全可靠、能够维修。监理工程师有责任认真把握好交接协调的质量关。

2. 管线敷设

由于管线多敷设在吊顶、隔墙及管道井内，如有差错，返工困难，必须严格监控施工质量。

(1) 管线敷设：要求管子材质、规格必须符合设计，不得任意变化材质和管径。配管及其支架应平整牢固、排列整齐，按规范要求设置固定卡子和接线盒。

顶棚内金属灯头盒至照明灯具之间的导线要用包塑金属软管保护，否则外壳应接地。软管长度不超过2m，并留有适当余量。与灯头盒连接参与软管专用接头，导线不能外露。

(2) 导线电缆应符合设计要求，在防火等级较高的工程项目中应选用金属管或阻燃管。管子内穿线要留有余量，导线在管子内不允许有接头。施工中，监理要采用工地巡视、现场观察、拉线、吊线、尺量、检查安全记录等部分确保管线施工质量。敷设管线时，各工种应相互配合，监理须及时协调处理。

(3) 线路绝缘：导线敷设后要求进行绝缘电阻的测试。导线在金属管内或金属线槽内敷设时，除测量导线之间的绝缘外，还应测量导线与金属管之间的绝缘。要求绝缘电阻值大于 $0.5M\Omega$。

线路敷设后绝缘测试合格，并不保证接线后绝缘合格，因为在接线过程中存在着使导线绝缘下降甚至短路的可能性，因此要求接线后再测试绝缘。一般在配电箱内进行。切断电源，闭合所有灯具开关，解开总 N 线，逐相测量相线对地、N 线对地电阻，要求阻值大于 $0.5M\Omega$。

3. 灯具和配电箱

大型灯具安装使用的吊钩预埋件必须牢固，灯具的接地保护措施必须有效。暗装的开关、插座安装位置正确、外观良好。成排灯具中心对齐。吊顶中的灯头盒应避开风管、水管，并利用软管使灯具居中。

配电箱安装位置正确，部件齐全，无破损，暗装箱紧贴墙面。N 线 PE 线分接各支路时，宜设分接端子排，其连接清楚，无绞接。配电箱各出线回路均应编号并标示正确。

33.3 施 工 组 织 设 计

33.3.1 概述

无论大中小型工程在开工以前必须编制施工组织计划。编制施工组织设计的意义是合理地组织施工人力和物力，加快施工进度。提高工程质量、控制投资、节约资金和降低工程成本。

施工组织设计的内容有通常包括：简述电气安装工程概况，工程特点、内容、主要电气设备型号、材料和作法。落实施工方法和技术措施，如和土建等其它专业交叉作业配合等，尽量采用新方法、新工艺、新技术。质量保证措施，优质措施。

按合同工期编制施工进度计划，画网络图，确定施工程序、内容、步骤。编制劳动力、主材、机具和材料计划。设备和预制构件供应计划。安全措施，有安全防护系统、安全制度、组织落实。绘制施工布置平面图，落实空间布局，如材料占地、地皮租金、加工地点、水电消防布局等。成文、配制图表，上报审批执行。

1. 施工组织设计的程序

编制施工组织设计的程序是首先熟悉电气施工图纸，检查图纸中问题，提出需要设计变更的内容。查阅地质资料，看看有没有与电气设备安装有关系的情况。做材料计划和成品及半成品计划，如各种配电箱的加工订货、了解库存电气材料情况、材料采购计划表等。根据现场情况及施工技术等情况确定施工方法。绘制施工现场总平面布置图。编制进度计划，绘制工程进度计划表。提出质量、安全措施。最后成文。

2. 编制施工组织设计的依据和原则

编制施工组织设计的依据是：

(1) 施工图是编制施工组织计划的主要依据。

(2) 依据限定的工期和本企业年度计划，坚持按照建设程序办事。在限定的工期内合理排序，充分利用空间和时间控制施工进度，争取最大的综合经济效益。

(3) 综合平衡人力物力，使之均衡施工，文明施工。统一安排，合理布局，见缝插针。及时反馈质量问题并及时调整，确保工程质量标准，力求作到全优。

(4) 国家和本地区规定、规范、规程。

(5) 劳动定额、预算定额及施工预算。

(6) 本施工单位的技术水平，尽量采用新材料、新工艺、新技术（三新）。例如配电箱采用定型产品或到专业厂家加工订货。采用旧的落后工艺容易窝工、生产次品甚至容易出现事故。采用流水作业法比人海战术省工省料。

(7) 施工机具及自动化技术水平，例如尽可能充分利用机械化、电气自动化的先进技术以提高生产效率，同时也提高工程质量。

3. 施工技术组织方面的具体措施

目的主要是为了提高生产率，加快工程进度措施；提高工程质量措施；保障安全生产措施；文明施工，节约材料，降低成本措施；加强设备管理，提高机械、机具完好率的措施等。关键是确保进度和质量。具体措施应做到：

分工抓新技术，负责质量、安全和节约。各口分别落实计划和措施。完善管理制度，使之经常化，制度化，有布置、有检查、有讲评、有监督、有改进，能够不断总结推广，可以发简报。随时调整进度计划，人工安排，保证合同进展。

4. 施工组织计划的主要内容

(1) 工程概况说明，主要是电气安装工程概况、工程的特点、工程内容、主要电气设备、材料种类、作法、有哪些新技术等。

(2) 重点项目的施工方法和技术措施。对样板间事宜安排。

(3) 进度计划和工期，根据工人素质及数量安排日、旬、月、季、年度计划。计划画工程进度流水排序表或单代号（双代号）网络图。

(4) 施工布置、机具的安排：绘制施工现场总平面布置图。通常工程用电在 50kW 以上须要作供电组织设计，计算供电导线截面、确定材料堆放场地、消防布局及加工棚。

(5) 施工顺序：如打混凝土梁预埋铁件、先下管后绑钢筋，防止交叉拆筋加工。非标配电箱等应尽早订货，以防预留孔洞尺寸与实际箱体不符合而凿洞影响承重墙结构。

(6) 编写施工组织计划成文。上报、审批、修改及执行。

33.3.2 流水作业法

流水作业法的条件是建立在大批量重复性生产基础上的分工合作施工方法。

1. 组织流水作业法需要具备以下的条件：

(1) 能够把建筑物的整个建筑过程分解为若干个施工工序或过程，每个施工工序分别由固定的工作队负责完成。划分施工工序过程的目的就是为了组织专业化施工，也是对建筑物的解剖只有进行了专业的解剖才能进行专业施工。

(2) 能够把建筑物划分为劳动量大致相等的施工（区）段。其目的是把庞大的建筑产品划分成批量的"假定产品"，这样才能实行流水施工法。

(3) 能明确各施工队在各施工（区）段上的工作时间，称作"流水节拍"，用 t 表示。它表示施工的节奏性。需要用工程量、配备适当的人数、确定工作效率（或定额规定在单位时间的人均产量）这三个因素进行计算。

(4) 各个施工队按照一定的施工工艺、配备必要的机具，依次地、连续地由一个工（区）段到另一个工（区）段，反复地完成同类的工作。即对"假定产品"进行连续加工生产。因为建筑物的"假定产品"是固定的，所以是工作对在"流水"，围绕着"假定产品"转。这点不同于工业厂房内的流水作业。

(5) 能够把不同的工作队完成工作时间适当地搭接起来。所以流水作业的实质就是连续作业。通过适当的搭接以求节省时间，通过计算而争取最佳的效果。而搭接的前提是分段是否合理。

2. 流水作业的好处

(1) 可以充分发挥利用工人的工作时间，减少窝工，提高生产效率。

(2) 节省建筑施工的时间，在关键工序节省了时间就缩短了工期，有重要的经济意义。

(3) 可以实现有节奏的均衡施工。有节奏、有规律、均衡地投入人力、机械和物资供应，以求得最佳的劳动秩序及最佳的经济效益。

3. 流水作业法的组织要素

采用流水作业法编制施工组织计划必须对其组织要素进行认真地研究分析，通过仔细地计算才能使流水能运转起来，这些要素也称为"流水参数"。

(1) 工艺参数 N：是指流水施工过程个数，或是指若干个小施工过程组合成比较大的过程个数。在划分施工过程时，只有那些对工程施工过程具有直接影响的部分才予考虑并组织到流水中。当专业队（组）的数目与组入流水的施工过程数目一致时，工艺参数就是施工过程数。当组入流水的施工过程数目由两个或两个以上的专业队（组）施工时，工艺参数以专业队（组）的数目计算，计算以 N 表示其个数。

(2) 空间参数 M：流水（区）段数就是组织流水的空间参数，用 M 表示。当施工工程是多层建筑时，流水段数是一层的段数和层数的乘积。为了不发生窝工现象，应使空间参数 M 大于或等于工艺参数 N。当组织解体流水施工时，通常以区代段。

(3) 时间参数 t：流水作业的时间参数包括"流水节拍"和"流水步距"。"流水节拍"是表示某个专业队（组）在一个施工段（区）上的施工作业时间，可以用 t 表示。专业队组号用 i 表示，流水区段数用 j 表示。则流水节拍的表达式为

$$t = \frac{Q}{SR} = \frac{P}{R}$$

式中　Q——是一个施工段的工程量；

　　　S——产量定额，即单位工日（或台班）完成的工程量；

　　　R——拟配备的人数（或一个作业队、组的人数）；

　　　P——劳动量（工日）或机械台班量（台班）。

（4）流水步距 K：是指两个相邻的两个施工队（组）开始投入流水作业的时间间隔，用符号 K 表示。i 工作队和 i 加 1 工作队开始投入流水作业的时间间隔。流水步距数等于施工队数减是1。

4.流水作业的组织方式

流水作业的组织方式基本上有三种，即等节奏流水、异节奏流水和无节奏流水。

（1）等节奏流水：也称为"全等节拍流水"。它的特征是只有一个流水节拍。即各施工队在各施工段上的流水节拍相等。在可能的情况下，应该尽量采用这种流水方式。因为这种流水方式最能够保证工作队（组）的工作连续、均衡、有节奏，从而最理想地达到组织流水作业的目的。

在多层建筑施工时，空间参数 $M=$ 工艺参数 N 最好。因为这样不仅工作连续，而且工作面也没有停工现象，时间与空间都能得到充分的利用。如果 M 大于 N，效果稍差，这时工人的工作可以连续，而工作面却有停歇，即空间利用不好。当 M 小于 N 时，工人因为缺乏足够的工作面，所以工作不能连续，应该避免这种现象。

在计算总工期时，如果没有技术间歇或人为的工作停歇，则流水步距 K 等于时间参数 t。有停歇时，K 大于 t。有时还可以使工作队的工作在某个段上有搭接。

（2）异节奏流水：它有节奏，但是流水节拍不同，一般指一个施工队只有一种流水节拍，而不同的施工作业队的流水节拍有可能不相等。

（3）无节奏流水：是指流水节拍没有规律时组织的流水作业。是采用分别流水法。分别流水法的实质是各个工作队连续工作，而工作队开始工作的时间间隔是经过计算求得，使得各工作队在一个施工段上不互相干扰，（不提前，但有滞后的现象）。所以组织这种流水的关键是正确地进行流水步距的计算。

5.常用几种具体方法的特点

（1）顺序施工法：如图 33-2。

	工　作　日　（天）														
	1	2	3	4	5	6	7	8	9	10	11	12	13	14	15
构件 1	—	—	—												
构件 2				—	—	—									
构件 3							—	—	—						
构件 4										—	—	—			
构件 5													—	—	—

图 33-2　顺序施工法

（表中时间参数 $t=3$ 天，工艺参数 $N=5$ 个，空间参数 $M=5$ 的倍数）

顺序施工法的主要特点是工期长，用人少，例如单件用 3 天。

顺序施工法工期 $T = nt = 5$（件）×3 天。

（2）平行施工法：如图 33-3。

	工作日		
	1	2	3
构件 1	—	—	—
构件 2	—	—	—
构件 3	—	—	—
构件 4	—	—	—
构件 5	—	—	—

图 33-3　平行施工法

平行施工法的主要特点是工期短，用人多，要求材料供应集中。

例如单件用 3 天。平行施工法工期 $T = nt = 1$（件）×3 天 = 3 天。

（3）流水作业法：如图 33-4。

	工作日						
	1	2	3	4	5	6	7
构件 1	—	—					
构件 2		—		—			
构件 3			—		—		
构件 4				—	—	—	
构件 5					—	—	—

图 33-4　流水作业法

流水作业法的主要特点是不同的工作平行前进。工期短，$t = 3$ 天，用人少，材料供应均衡。

例如流水作业法单件用 3 天。流水作业法工期 $T = nt = 7$ 天。

【例 33-1】有四栋新建工程，电工班分成三个小组，每组 2 人，共 6 人，施工段为 $m = 3$ 段，流水节拍 $t_i = 4$（天），流水步距为 $K = 1$ 天。见图 33-5 所示。

	工作日（天）					
	1	2	3	4	5	6
一栋	—	—	—			
二栋		—	—	—		
三栋			—	—	—	
四栋				—	—	—

图 33-5　例题用图

总工期　　　$T = T_1 + (n - 1)$

$= 4 + (3 - 1) = 6$ 天

式中　T_1——是一个专业班组经过所有施工段所需要的时间；

n——班组数，或施工过程数。

6.流水施工按组织流水作业的范围不同而有以下概念：

（1）细部流水：一个班组用同一工具，依次不断地施工各段任务（如各楼层装灯）。

（2）专业流水：为了完成一部分结构部件，把若干个相关细部流水组合而成。如水电各专业。

（3）工程对象流水：为了完成单位工程，全部专业流水的总和。

（4）工地工程流水：为了完成建筑群全部工程对象的流水。

按组织流水作业方法不同可分为：

（1）流水段法：划分施工段，各段的劳动量大致相同，依次投入，重复进行。

（2）流水线法：各班组以不变的速度沿线性工程长度前进，用于修路等。

（3）分别流水法：分别组织各工艺组合成为独立的流水，各流水的参数不一定相同，然后将各流水依次搭接之。

紧前工序及紧后工序：紧前工序是指本工序相联的前一道工序。紧后工序是指本工序相联的后一道工序。

33.3.3 网络图法编制施工计划介绍

上述横道计划的优点是容易编制、简单、明了、直观、容易懂。因为有时间坐标，各项工作的起止时间、作业持续时间、工作进度、总工期以及流水作业的情况等都表示得很清楚，一目了然。它的缺点是不能全面地反映出各工序相互之间的关系及影响，不便于进行各种时间计算，不能客观地突出工作的重点（如影响工期的关键工序），也不能从图中看出计划中的潜力在哪里，不能电算及优化。

1965 年我国数学家华罗庚在人民日报上发表用网络法（当时称统筹法）的文章，并在北京举办我国第一个统筹法训练班。

网络计划的优点是能把施工过程中的有关工作组成了一个有机的整体，因而能全面而明确地反映出各工序之间的相互制约及相互依赖的关系，提供的信息量大。它可以进行各种时间计算，能在工序繁多、错综复杂的计划中找出影响工期的关键工序，便于施工管理，便于抓住主要矛盾，避免盲目抢工，从网络图中能看出各工序的机动时间，可以更好地调整人力和机械设备加快工程进度。缺点是不容易看出流水作业的情况，也难以一般的网络图计算出人力及资源需要量的变化情况。

1. 双代号网络图的构成及基本符号

这种网络图是用箭线（即有箭头的实线）和两个节点（圆圈）组成，用来表示一个工序，两个节点内标有代号，故称为双代号。箭线表示一道工序、（或称工作、作业、活动），例如挖电杆坑、立电杆及架线等，它所包含的内容可大可小。凡是占有一定时间的过程都应视为一道工序，如混凝土的养护。箭线的形状可以随便画，斜线也行，就是不能中断。箭线的方向表示工序进行的方向，箭线的起点就是工序的开始，箭线的终点就是工序的完成。一条箭线表示了工序的全部内容。工序的名称标注于箭线的上方，作业的时间标注在箭线的下方，如图 33-6 所示。

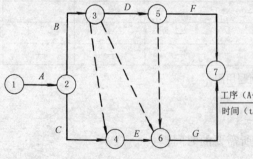

图 33-6　双代号网络图

图中靠其后面的工序称为紧后工序，

靠其前面的工序称为紧前工序，与其平行的工序称为平行工序。虚箭线表示虚工序，是虚拟的，实际工程并不存在，不占用时间，不消耗物资，它只表示工序之间的关系。当有两道或两道以上工序同时开始或同时结束时，必须引入虚工序以免造成混乱。

节点是两道工序之间的连接点，用圆圈表示，它表示上一道工序的结束，下一道工序的开始，它不消耗时间及物资。图 33-7 是某工程部分双代号网络图

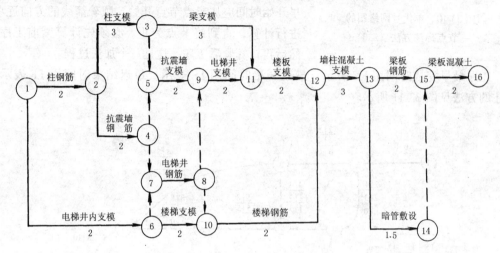

图 33-7　某工程部分双代号网络图

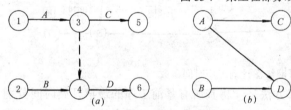

图 33-8　双代号网络图与单代号网络图比较
(a) 双代号网络图；(b) 单代号网络图

2. 单代号网络图

单代号网络图的节点表示工序，而箭线只是表示工序之间的逻辑关系，所以单代号网络图又称节点网络图。单代号网络图中没有虚箭线。其特点是便于检查、修改，所以应用甚广。它与双代号网络表示形式不同，例如同一件事，用两种方式表示，如图 33-8 所示。

从图 33-8 可以看出单代号网络图的优点是逻辑关系容易表示，节点是单代号网络图的主要符号，它可以用圆圈或方块表示。节点表示工序的名称，持续时间及代号都标注在圆圈内，有的甚至把时间参数也标注在圆圈内，如图 33-9。

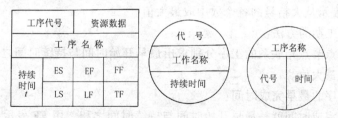

图 33-9　单代号网络图的节点标注方法（一）

箭线仅仅表示工序之间的逻辑关系，不占用时间，也不消耗物资。箭头表示工作前进的方向，箭头指向紧前工序，箭尾是紧后工序。例如有一道工序是管内穿电线，单代号网络代号是 3，持续时间是 12 天，下道工序 4 是灯具安装 26 天，如图 33-10 所示。

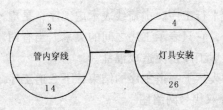

图 33-10 单代号网络图的
节点标注方法（二）

3. 网络图中时间的表示

（1）计算工序的最早开始时间：它表示一个工序在具备了一定的工作条件和资源条件后可以开始工作的最早时间。在网络图中用 ES 表示。在工作程序上，它要等紧前工序完成以后才能开始工作。计算工序最早开始时间应从起点节点开始，顺着箭线的方向逐项进行计算，直到终节点为止。必须先计算紧前工序，然后再计算紧后工序，这是一个加法过程。

工序最早完成时间用 EF 表示。最迟开始时间用 LS 表示。最迟结束时间用 FF 表示。标注的方法见图 33-11 所示。

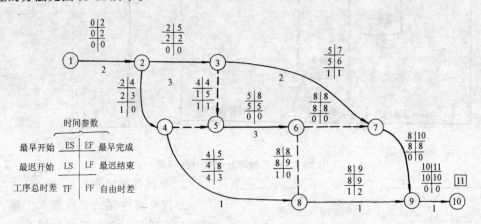

图 33-11 双代号网络图计划工序时间参数

所有其他工序的最早开始时间的计算方法是：将其所有紧前工序的最早开始时间分别于各该工序的作业持续时间相加，然后再从这些相加的和数中选出最大的一个数，这就是本工序最早开始时间，用公式表示为：

$$SE_{ij} = \max \left(ES_{hi} + t_{hi} \right)$$

式中　SE_{ij}——本工序最早开始时间；

　　ES_{hi}——紧前工序的最早开始时间；

　　t_{hi}——紧前工序的作业持续时间；

　　max——表示从大括号的各个数中取最大值。

（2）计算总工期的方法：

将所有与终点节点相联系的工序分别求出最早开始时间与持续时间之和，其值之最大者即为本计划的最大值。

（3）计算工序的最早完成时间：

工序的最早完成时间就是最早开始时间与持续时间之和。用 EF 表示。本工序最早开始时间也就是紧前各工序最早完成时间的最大值，公式为：

$$SE_{ij} = \max \left(ES_{hi} + t_{hi} \right) = \max EF_{hi}$$

（4）计算工序的最迟开始时间：

工序的最迟开始时间是指一个工序在不影响总工期完成的条件下最迟必须完成的时

间，它必须在紧后工序开始之前完成。

最后工序的最迟开始时间等于其完成时间减本身持续时间。所有其他工序的最迟开始时间计算方法是：将各紧后工序最迟开始时间的最小值减本工序的作业持续时间。各紧后工序最迟开始时间的最小值，其实就是本工序的最迟完成时间 LF_{ij}，所以本工序的最早开始时间也可以用本工序的最迟完成时间减持续时间求得，公式为

$$LS_{ij} = \min LS_{jk} - t_{ij} = LF_{ij} - t_{ij}$$

式中　LS_{ij}——为本工序最迟开始时间；

　　　LS_{jk}——为紧后工序的最迟开始时间；

　　　t_{ij}——为本工序的持续时间。

　　　$\min$——表示从 LS_{jk} 的各值中取其最小者。

33.3.4　施工计划的执行与检查

1. 按组织机构层层落实、审查，检查。施工计划执行、调整方块图见图 33-12。解决问题方块图见图 33-13。

2. 根据实际情况及时进行调整

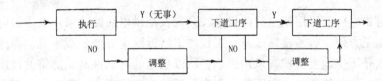

图 33-12　执行施工组织计划方块图

图 33-13　解决问题方块图

3. 检查要点

安全：保护接地与接零的情况、导线接头的牢固及绝缘包扎情况。

隐患：重点是隐蔽工程的材料质量、施工工艺标准。

冬雨季节检查：如防火设备、电器设备绝缘电阻的测试、防潮防雨措施。

焊点的检查：搭接焊接的长度是否合格（圆钢的搭接长度不小于直径的六倍，扁钢的搭接长度不小于其宽度的二倍）。

33.4　施 工 技 术 管 理

33.4.1　电气安装施工准备内容

建筑工程项目经过报批手续以后，正式开工前首先进行三通一平，即路通、电通、水通及现场平整完毕。这是保障施工安全而顺利地进行的前提。其中电通按电气施工规范规

定要采用 TN—S 方式供电系统，俗称三相五线制。详见第一章第六节所述。

施工技术准备工作一般有以下几项常规内容。

(1) 会审电气施工图。了解设计意图、工程材料及设备的安装方法、发现施工图中的问题、有哪些新技术、新的作法等。以便在进行设计技术交底时提出来解决。了解各专业之间与电气设备安装有没有矛盾？在会审图纸时尽快解决。为施工单位内部进行施工技术交底作好准备。

(2) 落实材料、加工订货、组装配电箱及材料和设备进厂时间、复查材料质量、钢材防腐等准备工作，提出预埋件加工计划。签订定货合同务必注意找信誉高、质量好而且价格合理的工厂订货。把好材料质量的第一关。

(3) 落实施工机具、仪器仪表、消防设备。主要是检查手持电动工具完好程度，若有问题则提前解决，以免影响施工。

(4) 根据电气安装工程量及土建工程进度安排劳动力计划，向电工班组下达任务书，进行安全和质量交底。进行工程样板交底，下达班组落实施工任务。

(5) 落实电源及临时供电线路、落实施工用水、施工作业棚及其他暂设及落实材料堆放场地。

施工临时用电一般采用架空线路供电，只有长期供电线路才采用电缆供电。用架空线路的优点是施工方便、容易检修故障、工程竣工后拆除也方便、成本低。而用电力电缆输送电能的优点是不受地上机械、风雨影响，所以供电的可靠性高、防雷的性能好、线路有分布电容，可以改善线路的功率因数、不容易受外面环境影响，事故少、不占用地表面的有效面积。缺点是电缆投资高、线路分支比较困难、电缆头施工比较复杂、一旦发生故障，检修比较困难。电缆方式供电常用于要求比较高的场合。

电缆施工前应检电缆的型号、规格与设计相符否；检查电缆的外观，看有硬伤否；用 1kV 摇表测绝缘电阻；用火烧法或油浸法查电缆是否受潮。

当采用 TN—S 方式低压供电系统时，应用五芯电缆，如果现有四芯电缆，则应另敷一根专用保护线 PE。如果采用低压三相四线供电，而现有三芯电缆，另加一根导线当零线是不可以的，因为三相四线供电的负荷会有不平衡电流在电缆外面，而电缆内的电流会在铠装中产生感应电流，降低电缆的载流能力；同时电流从大地流过零线电流，干扰通讯信号。

33.4.2　安装施工技术管理

电气施工图的构成通常有八部分：电气施工图纸目录、施工说明、施工图例，施工平面图、系统图、施工总平面图、二次接线图、大样图。其中平面图和系统图最为重要，是电气线路安装工程主要图纸。

1. 线路施工技术要求

室内电气线路施工安装方式主要有明敷设和暗敷设两类。明配线作法与导线的线径是有关系的，当导线截面在 $4mm^2$ 及以下，用夹板固定；在 $10mm^2$ 及以下用瓷珠固定；多股导线截面及 $16mm^2$ 及以上者用针式或蝶式绝缘子固定。

明配线导线的间距有如下规定：夹板—0.6m；瓷珠—1.5～2.5m；瓷瓶—6m；铁板瓶、勾瓶—3m。对导线接头时，必须遵守的三个要素是：不降低导线的机械强度、不增大导线的电阻、不降低导线的耐压等级。

暗配线工程施工是先把保护管敷设在墙体内、地板内、现浇混凝土梁板中、土中或沿着预制混凝土板缝中等。接地线不应敷设在白灰、焦渣层内，如无法避开时，应用水泥砂浆全面保护。

　　2. 外线及电缆工程施工技术要求

　　直埋电缆在经过下列地方时应该穿保护管：如穿过道路、进入建筑物处、引入引出地面时、在距地面下 0.15～0.25m 处至地上 2m 处、各种管道、沟道相交处、电缆可能受到机械损伤处等地方需要穿保护管。

　　电缆穿管的直径要求：当电缆长为 30m 以内时，管的内径不小于电缆外径的 1.5 倍；电缆长为 30m 以上时，管的内径不小于电缆外径的 2.5 倍。三芯电缆当一根用不行，因为在电缆的金属铠装中会产生感应电流，发热损耗很大。

　　混凝土电杆起吊部位规定应从杆顶端三分之一至二分之一这端起吊，或从根部二分之一至三分之二处起吊；另外在顶部 0.5m 处拴三根调整绳，这样才能保证重心稳定。

　　3. 照明设备安装

　　照明支路每个支路的负荷量不得超过 15A，出线口不得超过 20 个，但支路总电流不超过 10A 时，出线口不得超过 25 个。

　　照明灯具安装要求注意问题有：导线应采用绝缘导线。防火隔热，如碘钨灯距易燃物不小于 3m。灯高不低于 2.4m，否则应作保护接地或接零。注意眩光，如增高安装高度，加大灯具的保护角等。三相负载尽可能平衡。室外要用防水灯头，并有防雨措施。聚光灯每一盏灯都应安装熔断器。螺丝灯头必须把螺丝口接零线。大型灯具的金属外壳必须接地。事故照明要用专用线路，而且要有标志。易燃易爆的地方，必须用防爆灯。应有足够的照度，尤其是在有危险的地方或需要辨别细微物体的公共场所。

　　4. 动力设备安装技术要求

　　电动机在接线前必须核对接线方式、并测试绝缘电阻。40kW 及以上电动机应安装电流表。如果控制设备比较远，在电动机近处应设紧急停车装置。动力设备必须单机单闸，不得一闸多用。动力设备要有接地或接零保护。控制设备要有短路保护、过负荷保护、断相保护及漏电保护。机械旋转部分应有防护罩。

　　安装电动机时，在送电前必须用手试转，送电后必须核对转向。

　　施工用正反转电路，正转时正常，反转时刚按按钮就停车了，而且电路的两相熔断器熔断，分析原因并检修？这是因为没有互锁，电动机突然反转使调线的那两根相线短路而造成熔丝熔断。

　　5. 竣工验收前与土建施工配合

　　竣工验收前的自检格外重要。和土建施工配合得默契才能避免返工，以保证施工质量。例如在喷浆前电工应检查预埋木砖、卡具、预埋铁螺栓等。

　　电气安装工程质量验评等级划分为优良、合格、不合格三等。

　　在接地极施工回填土以前测量接地电阻，如果接地电阻不合格，降低接地电阻的方法有增加接地极、增加埋深、采用紫铜板作接地极、加化学降阻剂、换好土、引入人工接地体、利用建筑基础主筋等。

33.4.3　安全施工技术管理

从安全角度对录用电工的个人条件不得有心脏病、色盲、精神病、血压高、不得饮酒等。应穿紧袖口的工作服。

对高空作业的要求是应戴安全带或系安全绳、一般不许带电作业、单梯角度为 60°~70°、梯子根部要垫防滑物或有人扶、不使用探头脚手板、操作高压跌落开关要用绝缘杆、高空带电作业要穿等电位服、单线操作。

在裸线架空线路的下面不得用吊车，也不应把预制构件堆放在裸线下面。

影响触电严重程度的因素主要有电流、时间、电压、触电路径、电流的频率、人体素质、环境条件等。所以在管理工作中尽量作到经常检查线路及电气设备的绝缘，以防止电流通过人体。一旦发生触电，要尽快拉闸断电，争分夺秒地抢救，在一分钟之内抢救有99％都能救活。

电气设备的绝缘电阻要求如下：一般灯具及插座不小于 0.5MΩ；电动机不小于 1MΩ；1kV 以下电缆不小于 10MΩ；10kV 电力变压器的一次侧不小于 500MΩ；10kV 电力变压器二次侧不小于 10MΩ；高压电缆 3kV 不小于 200MΩ；高压电缆 10kV 不小于 40MΩ。

施工管理工作中要建全安全管理制度，实行岗位责任制，分工负责。在平常经常检查的基础上定期进行全面检查，查出隐患，以预防为主。重点是手持电动工具和临时供电线路的安全保障情况。

施工规范中规定供电线路应采用 TN—S 方式供电系统，即负载采用接零保护。而且有一条专用的保护线 PE，一旦用电设备绝缘金属外壳带电，将会使自动开关跳闸，切断故障设备的电源。在接零保护系统中保护线 PE 上作了重复接地后，保护线对地电阻降低（因为重复接地电阻与工作接地电阻相当于并联），如果重复接地有问题，则供电干线 PE 线一旦断线将使所有电气设备的保护接零丧失，这是很危险的。

接地体和接地线总称为接地装置。接地网是多组接地体按一定次序排列，而且必须连成网络。接地装置的作用是把电气设备不带电的金属外壳与接地装置连接，以防人身触电或设备漏电的保护装置。接地网是较单独的接地装置更具有可靠性，使用更方便而灵活。保护接地电阻一般不大于 4Ω。防雷接地与重复接地分开时，接地电阻一般不大于 10Ω，要求接地装置相距不小于 20m，一般比较难作到，所以防雷接地与重复接地通常合在一起，接地电阻一般不大于 4Ω。

33.4.4 技术交底与工程洽商

施工中发现问题应改变作法时，应先办理洽商，然后再实施，以免产生看法不一致而造成麻烦。

1. 设计交底的参加人

设计交底的内容和注意事项的主持人应是建设单位主管负责人，参加人有设计工程师、施工单位项目经理、专业工程师、预算员等。设计工程师交待设计意图、技术要求、注意事项等。解答施工单位提出的所有问题。落实图纸中的不详之处，以便作出准确的概算。尽可能地作出一次性的工程洽商。

2. 施工技术交底的参加人

施工技术交底的内容和注意事项的主持人应是总工程师、主任工程师和专业工程师，参加人有班组长，会后传达到工人讨论。明确施工工艺特点、技术要求、难点及做法，提出质量标准，让大家心中有数。提出非标做法的要求。要有安全技术措施的交底。新材料、新技术、新工艺的施工要点。解答各专业会审图纸时提出的各种问题。明确奖、罚条件，争取全优工程。讲清岗位责任制，持证上岗。发扬民主，献计献策，提倡主人翁精神。

3. 办理工程洽商的原因

主要有设计图纸的错误；材料代用；地质出现新情况；施工条件困难。自然灾害。建设单位提出新的要求，如降低标准、增加或减少项目、调整投资。施工图纸不完整；电气设计与土建、水暖、煤气设计发生矛盾。设计采用的主要设备和大宗器具无法采购等其他原因。

4. 办理施工洽商的程序和注意事项

凡是发生洽商事宜，由施工队项目经理、技术负责人或有关法人负责办理，还必须由四方（建设单位、设计监理和施工单位）签字。凡因变更洽商涉及到工期、材料、设备、土建、水暖等，主办人应和有关部门或人员联系，以便得到确认。变更洽商不得提高设计标准。

变更洽商的内容应及时修改合同。变更洽商不得增加建筑面积，不得违反规范，否则施工单位可以拒绝实施。当涉及内容较多（如达到图面的三分之一）时，应画补充施工图。办理洽商要及时，不得先施工后补洽商。洽商记录注意内容明确，用词准确，简洁明了，不得有涂改内容。洽商记录必按顺序编号，不得出现漏号、重号或错号。

5. 办理工程洽商的作用，目的或内容

工程洽商是施工图的补充，与施工图有同等的作用，因此可以代替施工图并作为施工的依据，及时研究和更正设计中的问题，如图中尺寸不符、无法施工、缺项等。拟出文字洽商记录以便施工单位作概算或作工程结算增减账的依据。解决施工中的问题，例如电气图中电气设备和管线与水暖、煤气管线发生矛盾，两者之间尺寸不符合安全距离等。

做洽商记录是建设单位做工程决算的依据。做洽商记录是审查工程投资控制的依据。做洽商记录是评估优质工程的依据。据此调整合同，明确问题的责任和付账方式等。解决建设单位提出的工程变更意图。由于材料型号或品种的改变，出洽商作为执行的依据。洽商记录是绘制竣工图的依据。

习　题　33

一、填空题

1. 设备额定电压在 500V 以上时用＿＿ V 摇表，500V 以下时可用＿＿ V 的摇表测量。

2. 施 工 组 织 计 划 内 容 主 要 有：＿＿＿＿＿＿＿＿、＿＿＿＿＿＿＿＿＿、＿＿＿＿＿＿＿＿＿＿＿＿、＿＿＿＿＿＿＿＿＿、＿＿＿＿＿＿＿＿＿＿＿、＿＿＿＿＿＿＿、＿＿＿＿＿＿＿、＿＿＿＿＿＿＿。

3. 编制施工组织计划的目的是＿＿＿＿、＿＿＿＿、＿＿＿＿、＿＿＿＿。

4. 电动机在接线前必须核对＿＿＿＿、并测试＿＿＿＿＿＿＿＿＿。

5. 对电气工程上的导线接头时，必须遵守的三个要素是＿＿＿＿＿＿＿、＿＿＿＿＿＿＿＿＿＿、＿＿＿＿＿＿＿。

6. 接地线不应敷设在＿＿＿＿、＿＿＿＿＿＿＿，如无法避开时，应用＿＿＿＿＿＿＿＿。

7. 电气施工图的构成有八部分：＿＿＿＿＿＿＿＿＿、＿＿＿＿、＿＿＿＿、＿＿＿＿＿＿＿、＿＿＿＿、＿＿＿＿＿＿。

8. 降低接地电阻的方法有＿＿＿＿、＿＿＿＿、＿＿＿＿＿＿、＿＿＿＿、＿＿＿＿、＿＿＿＿等。

9. 检查电缆受潮的方法有＿＿＿＿、＿＿＿＿。

10. 喷浆前电工应检查＿＿＿＿、＿＿＿＿、＿＿＿＿等。

11. 施工中发现问题应改变作法时，应先＿＿＿＿，然后再＿＿＿＿。

12. 编制施工组织计划的目的是＿＿＿＿，三原则是＿＿＿＿、＿＿＿＿、＿＿＿＿得到控制。

13. 管路在地内敷设弯曲半径不小于＿＿＿＿倍管径，在墙内时不小于＿＿＿＿倍管径，明敷设时不小于＿＿＿＿倍的直径。

14. 埋地钢管的直径不得小于＿＿＿＿mm。

15. 在耐高温的场所，应用＿＿＿＿管，而且应敷设于＿＿＿＿。

16. 对重点工程和关键项目、新技术项目，除了文字交底以外，尚需要（1）＿＿＿＿交＿＿＿＿；（2）＿＿＿＿；（3）＿＿＿＿。

17. 建筑安装工程施工过程包括三个阶段：（1）＿＿＿＿；（2）＿＿＿＿；（3）＿＿＿＿。

18. 凡是期限超过＿＿＿＿的施工现场、生活设施及加工厂地的供电工程均称为正式工程安装。

19. 使用高凳超过＿＿＿＿高度时，应加护栏或挂好安全带。

20. 在高空焊接如果风力超过＿＿＿＿或以上时，应停止作业。

二、简答题

1. 网络图；2. 单代号网络图；3. 流水段法；4. 流水线法；5. 分别流水法；6. 误操作；7. 吸收比；

三、问答题

1. 施工组织设计的程序如何？

2. 编制施工组织设计的依据是什么？

3. 施工技术组织有哪些方面的措施？

4. 施工准备工作一般有哪些？

5. 把下述施工项目按常规施工顺序重新排列。

6. 设计交底的内容和注意事项？

7. 施工技术交底的内容和注意事项？

8. 办理工程洽商的原因有哪些？

9. 办理施工洽商的程序和注意事项有哪些？

10. 办理工程洽商的作用、目的或内容是什么？

11. 直埋电缆在什么地方需要穿保护管？

12. 电缆穿管的直径有什么要求？

习 题 33 答 案

一、填空题

1. 1k，500。

2. 工程概况说明、进度计划和工期、落实施工方法和技术措施，尽量采用新方法、新工艺、新技术、施工布置、机具、设备和预制构件供应计划、质量保证措施，优质措施、安全措施有安全防护系统、安全制度、组织落实、绘制施工布置平面图，落实空间布局，如材料占地、地皮租金、加工地点、水电消防部局等。

3. 均衡生产，三原则是进度、质量、投资得到控制。

4. 接线方式，并测试绝缘电阻。

5. 不降低导线的机械强度、不增大导线的电阻、不降低导线的耐压等级。

6. 白灰、焦渣层内，如无法避开时，应用水泥砂浆全面保护。

7. 电气施工图纸目录，施工说明，施工图例，施工平面图，系统图，施工总平面图，二次接线图，大样图。

8. 增加接地极、增加埋深、加化学降阻剂、换好土、引入人工接地体、利用建筑基础主筋等。

9. 火烧法、油浸法。

10. 预埋木砖、卡具、预埋铁螺栓等。

11. 办理洽商，然后再实施。

12. 均衡生产，进度、质量、投资。

13. 10、6、4。

14. 20mm。

15. 钢，冷结构中。

16. 样板交底；会议交底；口头交底。

17. 施工组织；进度安排；质量检验评定。

18. 半年。

19. 2m 高度时，应加护栏或挂好安全带。

20. 4 级或以上时，应停止作业。

二、简答题

1. 网络图是编制生产计划的一种网状的图形，可用节点、箭线表示工序、工期、各种时间参数和各工种之间的相互关系。

2. 单代号网络图用节点及其编号表示工作，以箭线表示各项工作之间逻辑关系的网络图形。

3. 流水段法划分施工段，各段劳动量大致相等，依次投入，重复之。

4. 流水线法各班组以不变速度沿线性工程长度前进。

5. 分别流水法组织各工艺组合成为独立的流水，各流水参数不一定相等，然后将各流水依次搭接之。

6. 误操作是指没有按操作规程或运行程序的错误操作，这会造成事故或停工。

7. 吸收比用摇表测量绝缘电阻时，摇 60s 时的读数与 15s 时的读数之比，称为吸收比。

三、问答题

1. 答：先熟悉电气施工图纸，检查问题，提出需要设计变更的内容；查阅地质资料；做材料计划和成品及半成品计划；确定施工方法；绘制施工平面布置图；编制进度计划和质量、安全措施。

2. 答：①施工图是编制施工组织计划的主要依据；②依据限定的工期和本企业年度计划，合理排序，控制施工进度；③综合平衡人力物力，使之均衡施工，文明施工，以策安全；④国家和本地区规定、规范、规程；⑤劳动定额、预算定额及施工预算；⑥本施工单位的技术水平,尽量采用新材料、新工艺、新技术(三新);⑦施工机具及自动化技术水平。

3.答:目的主要是为了提高生产率,加快工程进度措施;提高工程质量措施;保障安全生产措施;文明施工,节约材料,降低成本措施;加强设备管理,提高机械,机具完好率的促措施等。关键是确保进度和质量。具体措施应做到:

(1)分工抓新技术,负责质量、安全和节约;

(2)各口分别落实计划和措施;

(3)完善管理制度,使之经常化、制度化,有布置、有检查、有讲评、有监督、有改进,能够不断总结推广,可以发简报;

(4)随时调整进度计划,人工安排,保证合同进展。

4.答:(1)会审电气图,了解设计意图,进行设计交底,施工技术交底;

(2)落实材料、加工定货、组装配电箱及材料和设备进厂时间,复查材料质量、钢材防腐等;

(3)落实施工机具、仪器仪表、消防设备;

(4)安排劳动力计划,向班组下达任务书、安全和质量交底;

(5)提出预埋件加工计划;

(6)落实电源及临时供电线路;(7)落实施工用水;(8)建施工作业棚及其它暂设;

(9)落实材料堆放场地;(10)进行工程样板交底,下达班组落实施工任务。

5.答:①地面挖槽②打接地极③焊接接地母线④摇测接地电阻⑤焊接主筋引下线⑥安装避雷针

6.答:(1)主持人应是建设单位主管负责人,参加人有设计工程师,施工单位项目经理、专业工程师、预算员等;

(2)设计工程师交待设意图,技术要求、注意事项等;

(3)解答施工单位提出的所有问题;

(4)落实图纸中的不详之处,以便作出准确的概算;

(5)尽可能地作出一次性的工程洽商;

7.答:(1)主持人应是总工程师、主任工程师和专业工程师,参加人有班组长,会后传达到工人讨论;

(2)明确施工工艺特点、技术要求、难点及做法,提出质量标准,让大家心中有数;

(3)提出非标法做法的要求;

(4)要有安全技术措施的交底;

(5)新材料、新技术、新工艺的施工要点;

(6)解答各专业会审图纸时提出的各种问题;

(7)明确奖、罚条件,争取全优工程;

(8)讲清岗位责任制,持证上岗;

(9)发扬民主,献计献策,提倡主人翁精神;

8.答:①设计图纸有错误;②材料代用;③地质出现新情况;④施工条件困难;⑤自然灾害;⑥建设单位提出新的要求,如降低标准、增加或减少项目、调整投资;⑦施工图纸不完整;⑧电气设计与土建、水暖、煤气设计发生矛盾;⑨因为设计采用的主要设备和大宗器具无法采购;⑩其它原因。

9. 答：①凡是发生洽商事宜，由施工队项目经理、技术负责人或有关法人负责办理，还必须由三方（建设单位、设计和施工单位）签字；

②凡属于经济事项，不涉及设计或施工技术问题，可由行政队长或项目经理办理，只要双方签字即可；

③凡因变更洽商涉及到工期、材料、设备、土建、水暖等，主办人应和有关部门或人员联系，以便得到确认；

④变更洽商不得提高设计标准；

⑤变更洽商的内容应及时修改合同；

⑥变更洽商不得增加建筑面积，不得违反规范，否则施工单位可以拒绝实施；

⑦当设计内容较多（如达到图面的三分之一）时，应画补充施工图；

⑧办理洽商要及时，不得先施工后补洽商；

⑨洽商记录注意内容明确，用词准确，简洁明了，不得涂改内容。

⑩洽商记录必按顺序编号，不得出现漏号、重号或错号。

10. 答：①工程洽商是施工图的补充，与施工图有同等的作用，因此可以代替施工图并作为施工的依据，及时研究和更正设计中的问题，例如图中尺寸不符、无法施工、缺项等；②拟出文字洽商记录以便施工单位作概算或作工程结算增减账的依据。③解决施工中的问题，例如电气图中电气设备和管线与水暖、煤气管线发生矛盾，或者是之间尺寸不符合安全距离等。④做洽商记录是建设单位做工程决算的依据。⑤做洽商记录是审查工程投资控制的依据。⑥做洽商记录是评估优质工程的依据。⑦据此调整合同，明确问题的责任和结账方式等。⑧解决建设单位提出的工程变更意图。⑨由于材料型号或品种的改变，写出洽商作为执行的依据。⑩洽商记录是绘制竣工图的依据。

11. 答：(1)在进入建筑物处；(2)穿过道路；(3)引入引出地面时,在距地面下 0.15~0.25m 处至地上 2m 处；(4)与各种管道、沟道相交处；(5)电缆可能受到机械损伤处。

12. 答：电缆长为 30m 以内时，管的内径不小于电缆外径的 1.5 倍。

电缆长为 30m 以上时，管的内径不小于电缆外径的 2.5 倍。

34 质 量 验 收

34.1 电气安装工程验评方法

电能是一种通用的能源，也是一种特殊的商品。建筑供电就是提供电能商品给用户。商品应讲求质量和信誉，应有严格的质量标准。电能质量不好，如低周波、低电压、电压波动、波形畸变、长期或短期断电等都会影响用户用电，甚至损坏相关设备，成为电气公害。

34.1.1 验评标准的演变过程

1966 年 5 月由建设部批准的《建筑安装工程质量评定标准试行办法》只有 7 条。1974 年 6 月修订了《建筑安装工程质量评定标准》，其内容开始细化。1985 年 9 月完成了《建筑安装工程检验评定统一标准》讨论稿，1987 年 3 月审定，批准为国家标准，1989 年 9 月 11 日开始执行。从 90 年代起，国家陆续发布一系列强制性的国家级施工验收标准，以取代原推荐性标准和各部委、各地方的法规。这一过程正在进行中，电气工程师应密切注意有关信息，不断学习，以使自己的水平保持先进。

相关国家标准中用词有严格的界限，采用"应"与"不应"用词的条文有允许偏差的范围，按合格率确定质量级别。质量等级有"优良"和"及格"两个，工程划分有分项、分部、单位工程等三级划分。其中分项工程由保证项目、基本项目、允许偏差项目三部分组成。要求全国建筑业要达到一定的优良率，企业达到 100％优良的工程称为全优工程。

现行检验评定的统一标准如下：

（1）统一标准不适用于机械设备安装工程及管道设备工程的安装，目前尚难以统一起来，所以只适用于工民建和建筑设备安装工程，而且建筑设备安装工程只限于与建筑有关的采暖卫生、电气安装工程、通风与空调工程和电梯安装工程。不包括以往的通用机械设备安装、容器、工业管道、自动化仪表安装、工业窑炉砌筑等工程。对室外工程也不包括生产设备和管道工程的安装。还不包括由生产厂家提供的构件、配件的质量评定，此部分只按其出厂质量等级验收后使用。电梯安装工程单独列为单位工程的一个组成部分，以便于单位工程竣工验收评定。

（2）对于超高层建筑以及新材料、新技术、新结构建筑工程、应按照新标准的分项工程验评有关规定，结合这类工程的特殊要求，制定地区分项工程验评标准或经当地建设主管部门认可的企业质量验评标准，以验评分项工程的质量等级，并参加分部工程的质量评定。对电气设备安装工程中弱电集中共用电视天线和火灾自动报警等工程也按上述办法处理。

34.1.2 建筑工程的划分

1. 划分的目的

根据全面质量管理的精神，一个建筑物的建成，其工程质量是由施工准备到竣工交付使用，要经过许多工序、若干工种的配合施工，工程质量取决于各个施工工序和工种的质量，所以为了便于控制、检查和评定每一个施工工序和工种的质量，就把这些工序或工种称作"分项工程"。

　　分项工程范围不能太大，工种比较单一，不能反应工程质量的全貌，所以又按建设工程的主要部位、用途划分为分部工程来综合分项工程的质量。

　　2. 基本建筑工程项目的划分

　　基本建设工程项目是一个完整配套的综合型产品，它由许多不同功能的建筑物所组成，并形成具有独立生产能力和社会效益的物质实体。其中每个具体的建筑因地点不同，其价值也不相同。对这庞大而复杂的整体工程进行概算，确定工程的造价，是一项很复杂的工作。因此必需对基本建设工程分解成许多单项工程及单位工程，才能便于进行工程概算工作。

　　图 34-1 表示一个基本建设项目与分项工程的层次关系。

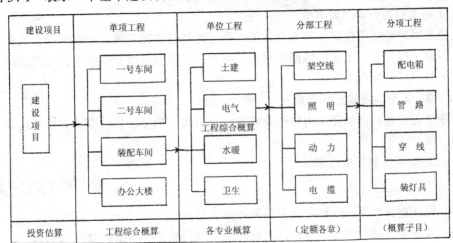

图 34-1　建设项目的分解

　　（1）建设项目：它是基本建设的第一道程序，"项目建议书"所包含的内容是统一工程。它具有明确的总体设计意图和总体设计，它由若干个单项工程组成。例如在北京召开的第十一届亚运会工程这一个建设项目中包含多个单项工程，诸如游泳馆、棒球馆等。通常一个建设项目是指一个企业、事业单位或是独立的工程均可成为一个建设项目。它在初步设计阶段以建设项目为对象编制投资估算或总概算。

　　（2）单项工程：它是指具有独立的施工图设计文件，可以独立施工，建成后可以独立发挥生产能力或效益的工程。例如某工业建设项目单项工程是指车间建设工程。单项工程产品的价格，它由编制单项工程综合概算来确定的。

　　（3）单位工程：它也是可以独立设计、独立施工的工程，但它是不能独立发挥效益的工程。从建筑工程方面划分有下列单位工程：

　　①土建工程：即一切建筑物或构筑物的结构工程和装饰工程。

　　②电气设备安装工程：即室内外照明、动力安装工程、外线工程等强电工程和共用天线电视系统等弱电安装工程。

③水暖设备安装工程：它包括了给水、排水管道工程、卫生器具和采暖通风工程、锅炉安装等。

④工业管道及机械设备安装工程：是指工厂用蒸汽、煤气、工业动力管道、工艺管道、各种工艺机床等生产设备的安装工程。

这些单项工程再细分则称为分部工程。

（4）分部工程：这是按施工部位、设备种类或材料不同而划分的。如土建单项工程有可分为土石方工程、基础工程、砖石工程、钢筋混凝土工程、装修工程等。电气单项工程又可分为外线工程、电缆工程、变配电工程、照明工程、动力工程、电话系统、防火系统安装工程、共用天线电视系统、电梯工程等。

（5）分项工程：这是分得最细的简单施工过程，有特定的计量单位，通过简单的施工就可以完成，例如外线工程中的"立电杆"、"导线架设"、"拉线安装"、"杆上变电设备安装"等。这些项目一般是概算定额的各子目，可以分别查出它们的单价（包含安装人工费、机械费和主材费）。

3. 土建工程的分部工程划分

土建工程的分部工程划分有6个分部工程：地基与基础工程；主体工程；地面与楼面工程；门窗工程；装饰工程；屋面工程。从事电气安装施工质量检验工作者应该对土建情况有所了解，以便配合工作。

34.1.3 工程质量等级评定标准

分项工程质量的检验评定内容包含评定标、等级、项目、表格等，表格由业务主管部门印制，简介如下。

1. 分项工程质量等级标准

合格

（1）保证项目必需附合相应质量检验评定标准；

（2）基本项目抽检的处（件）应附合相应质量检验评定标准的合格规定；

（3）允许偏差项目抽检的点数中，建筑工程有70%及以上、设备安装工程有80%以上的实测值应在相应质量检验评定标准允许偏差范围之内。

优良

（1）保证项目必需附合相应质量检验评定标准的规定；

（2）基本项目抽检的处（件）应附合相应质量检验评定标准的合格规定，其中有50%以上的处（件）附合优良的规定，该项即为优良，优良项数应占检验项数的50%以上。

（3）允许偏差项目抽检的点数中，有90%及以上的实测值应在相应质量检验评定标准允许偏差范围之内。

分项工程由保证项目、基本项目和允许偏差项目三部分组成，在保证项目附合规定以后，基本项目和允许偏差项目达到合格的规定时，分项工程才能评为合格。当基本项目和允许偏差项目都达到优良规定时，分项工程才能评为优良，其中只要基本项目或允许偏差项目有一个达不到优良规定时，分项工程只能评为合格。

2. 评定符号

优良符号：√　　合格符号：○　　不合格符号：×

3. 单位工程三级划分、三级评定、两个质量等级的评定系列

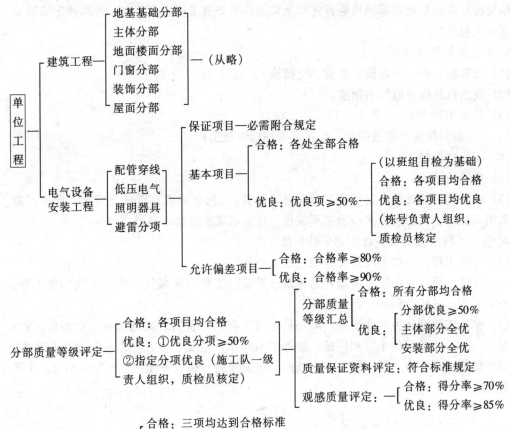

34.1.4 电气质量检验内容

电气材料和设备的检验内容很多，尤其是电气安装工程中的隐蔽工程项目，隐蔽工程项目例如直埋电缆工程、暗配管线、接地极和接地线、大型灯具的预埋件、不进人吊顶内的管线敷设、利用钢结构钢筋的避雷引下线、高层建筑中的均压带等。

1. 电气材料和设备的检验

首先要把好进货关，对电气设备如高低压开关柜的检验内容有：外包装、内包装、外观、数量、质量、出场合格证，高压柜要有耐压实验报告；对钢材应检查材质证明和测试记录；高压设备的耐压测试记录；各种材料和设备型号与施工图是否相附合；数量核实，对各种附件也要核实；各种电气元器件（如管、线、灯、电门、插座等）的出厂证书、检验单、或产品合格证，并作抽样检查，例如耐燃管燃烧试验离火即灭。作签证记录；对伪劣商品要作专题文字记录；查试电气保护设备的动作可靠否，如漏电开关、熔断器等应断电可靠。对动力设备如电动机要通电试转。对不合格的产品要更换。

2. 质量检验评定的程序和组织

分项工程质量评定是在班组自检的基础上，由单位工程负责人组织有关人员进行评定，由专职质检员校验；分部工程质量评定由相当于队一级的技术负责人组织企业有关部

门负责人进行检验评定，并将有关资料报当地主管部门校定；单位工程由企业技术负责人组织有关部门进行检验评定，并报质监站校定；如果单位工程由几个分包单位施工时，各分包单位按相应质量评定标准检验评定所承包的分项分部工程质量等级，并将评定结果及资料交总承包单位。

3. 关于质量管理制度

（1）三检制：即——→自检、互检、交接检；

（2）发放质量隐患通知书制度；

（3）落实 TQC 制度，（即人、机、环、材）；

（4）"三按"制度，即按图纸、按工艺、按标准施工；

（5）实行样板制；

（6）质量回访制；

（7）在质量事故处理中实行"三不放过"制度，（包含原因，责任，措施。即原因责任未查明不放过，类似隐患未检出来不放过，措施制度未出来不放过。）

4. 电气工程的质量检验评定划分的方法

（1）分项工程：一般工种及设备组别等来划分；

（2）分部工程：一般按专业划分为建筑、采暖、给排水、煤气工程、电气安装工程、电梯安装工程、通讯工程和空调工程等；

（3）单位工程可分为两种情况：第一是建筑工程和设备安装共同组成一个单位工程；第二是新（扩）建的居住小区和厂区。室外的给排水、供热、煤气等组成一个单位工程，采暖卫生组成一个单位工程。室外架空线路、电缆线路、路灯等建筑电气安装组成一个单位工程。

34.2 室内配线工程

34.2.1 金属管道安装工程的质量问题

1. 常见问题

锯金属管管口不齐、套丝乱扣、管口插入箱、盒内的长度不一致、管口有毛刺、弯曲半径太小、金属管有扁、凹、裂现象。楼板面上焦渣层内敷设管路、水泥砂浆保护层或垫层素混凝土太薄、造成地面顺管裂缝。保护层应大于 20mm。

2. 主要原因

锯金属管管口不齐是因为手工操作，手持钢锯条和金属管不垂直所致。套丝乱扣原因是板牙掉齿或缺乏润滑油。管口插入箱、盒内的长度不一致，是由于箱盒外边未用锁母（纳子）或护圈帽固定，箱盒内又没有设挡板而造成。管口有毛刺是由于锯管后未用锉刀光口。弯曲半径太小是因为煨弯时出弯过急。弯管器的槽口过宽也会出现管径弯扁、表面凹裂现象。楼板面上敷管后，如果垫层不够厚实，地面面层在管路处过薄，当地面内管路受压后，产生应力集中，使地面顺管方向出现裂纹。

此外，金属管配线数量多于高标准工程，宿舍工程应用比较少，施工人员缺少操作经验，基本功不过硬，也是锯管不齐、套丝乱扣的原因。

3. 施工要点

(1) 锯管时人要站直，持钢锯的手臂和身体成 90°角，手腕不颤抖，这样锯出的管口就平整。如果出现马蹄口，可用板锉锉平，然后再用圆锉锉出喇叭口。

(2) 使用套丝板时，应先检查丝板牙。管口入箱、盒时，可在外部加锁母，吊顶棚、木结构内配管时，必须在箱盒内外用锁母锁住。配电箱引入管较多时，可在箱内设置一块水平挡板，将入箱管口顶在板上，待管路用锁母固定后拆去此板，管扣入箱方向一致，作法见图 34-2。

(3) 管子煨弯时，用定型煨管器，将管子的焊缝放在内侧或外侧，弯曲时逐渐向后方移动煨管器。对于管径在 25mm 以上的管子，应采用分离式液压煨管器或灌砂火煨。暗配管时，最小弯曲半径应是管径的 6 倍；明配管时，最小弯曲半径应是该管直径的 4 倍（只有一个弯）。

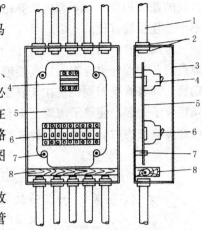

图 34-2　配电箱入管作法
1—管；2—锁母；3—箱；4—总闸；
5—绝缘板；6—分路断路器；
7—螺栓；8—木挡板

(4) 在楼板或地坪内敷管时，要求线管面上有 20mm 以上的素混凝土保护层，防止地面产生裂缝。

(5) 仔细会审图纸，特别是注意建筑做法，如垫层不够厚时，应减少交叉铺设的管路，或将交叉管处顺着楼板煨弯，作法见图 34-3。

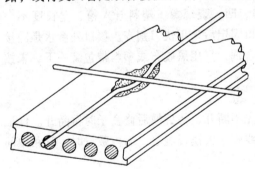

图 34-3　楼板面上交叉管路的作法

焊接面过小，达不到质量标准。

4. 改善方法

管口不齐用板锉锉平，套丝乱扣应锯掉重套。弯曲半径太小，又有扁、凹、裂现象，应换管重做。管口入箱、盒长度不一致，应用锯锯齐。顺管路较大的裂缝，应凿去地面龟裂部分，用高标号水泥砂浆补牢，地面抹平。

34.2.2　金属线管的保护地线和防腐质量问题

1. 常见问题

(1) 金属线管保护接地线的截面不够大，焊接面过小，达不到质量标准。

(2) 煨弯及焊接处刷防腐蚀油有遗漏，焦渣层内敷管未用水泥砂浆保护，土层内敷管混凝土保护层做得不彻底。

2. 主要原因

金属线管敷设焊接地线时，往往未考虑与管内所有穿导线截面积的关系。金属线管埋在焦渣或土壤层中未做混凝土保护层，有的虽然做了保护层，但未将管四周都埋在水泥砂浆或混凝土层内。浇筑混凝土前，没有用混凝土预制块将管子垫起，造成底面保护不彻底。对焊接地线的做法和重要性认识不清楚。对金属线管刷防锈漆的目的和部位不明确。

3. 施工要点

金属线管连接地线在管接头两端应用 φ4 镀锌铅丝或 φ6 以上的钢筋焊接。干线管焊接地线的截面积应不小于管内所穿相线截面的一半，支线时为三分之一，地线焊接长度要求不小于连接线直径的 6 倍。

金属线管刷防腐漆（油），除了直接埋设混凝土层内的可免刷外，其它部位均应涂刷，地线的各焊接处也应涂刷。直接埋在土壤内的金属线管，管壁厚度须是 3mm 以上的厚壁钢管，并将管壁四周浇筑在素混凝土保护层内。浇筑时，一定要用混凝土预制块或钉钢筋楔将管子垫起，使管子四周至少有 5cm 厚的混凝土保护层，作法如图 34-4 所示。金属管埋在焦渣层内时必须做水泥砂浆保护层。

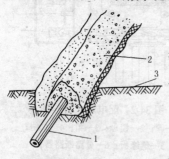

图 34-4　埋地线管
混凝土保护层

1—线管；2—混凝土保护层；
3—土层

4. 改善方法

当发现接地线截面积不够大，及时按规定重焊。线管煨弯及焊接处发现漏刷腐油，应用樟丹或沥青油补二道。发现土层内的管子没有保护层者，应打 100 号素混凝土保护层。

34.2.3　硬塑料管和聚乙烯软线管敷设质量问题

1. 常见问题

塑料管接口不严密，有漏、渗水情况。煨弯处出现扁裂、管口入箱、盒长度不齐。塑料线管敷设错误地采用铁皮接线盒。在楼板及地坪内无垫层敷设时，普遍有裂缝。大模板现浇混凝土板墙内配管时，盒子内有口脱掉，造成剔凿混凝土墙找管口的后果。

2. 主要原因

硬塑料管煨弯时加热不均匀，即会出现扁、凹、裂现象。塑料管入箱、盒长度不一致，是因管口引入箱、盒受力后出现负值。管口固定后未用快刀割齐。接口处渗水是因接口处未加套管，或承插口做得太短，又未涂粘合剂，只用黑胶布或塑料带包缠一下，未按工艺规定操作。

3. 施工要点

聚乙烯管穿过盒子敷设的管路，通常尽量先不断开，待拆模后修盒子时再断开。保证浇筑混凝土时管口不从盒子内脱掉。聚乙烯软线管在大模板混凝土墙内敷设时，管路中间不准有接头。

若聚乙烯软线管必须接头时，一定要用大一号的套管，套管长度不小于 6cm。接管时口要对齐，套管各边套进 3cm。硬塑料管接头时，可将一头加热胀出承插口，将另一管口直接插入承插口。在接口处涂抹塑料粘合剂，则防水效果更好。

硬塑料管和聚乙烯软线管必须配用塑料接线盒。硬塑料管煨弯时，可根据塑料管的可塑性，在需要煨弯处局部加热，即可以手工操作煨弯成所需要的度数成型。较大规格的塑料管煨弯时，可采用甘油加热，即用薄钢板自制一槽形锅或用铝锅将甘油锅置于电炉上，加热至 100℃ 左右，另用小勺舀甘油浇烫硬塑料管需煨弯的部位，待塑料管加热至可塑状态时，放在一平面工作台上煨弯。这样煨出的弯不裂、不断，并保持了塑料管的表面光泽。硬塑料管煨弯，也可以用自制电烤箱加热进行。较小的管径可用电炉子加热砂子，再煨弯。

34.2.4　闸具电器安装质量问题

1. 常见问题

有的导线插孔堵塞，压线及分支端子板连接不牢固。DZ20 断路器和多股铝导线压头，误用开口铜线接线端子。多个闸具排列不整齐，安装不够牢固或瓷质闸具的铜接线柱松动，瓷闸盒装在暗配电箱内，安装熔丝较困难。

2. 主要原因

箱内安装的瓷闸盒一般都靠箱体右边，瓷闸盒熔丝的螺丝距箱边过小，操作时改锥（旋凿）下不去。使用开口铜接线端子时没有线接出铜线。闸盒安装前未曾划线打眼，单个螺丝安装插保险容易转动。闸具铜活件松动，安装时未修整。工作零线分支在盘后用并头连接（鸡爪线）封死。

3. 施工要点

（1）小型断路器要压接多股铝导线时，应在配电箱后面，将一段铜线经过涮锡后和铝线用铝套管过渡压接，然后再将所接出的铜线用断路器内配装的开口鼻子（铜接头）砸紧后，经过涮锡压于断路器的接线端子上。配电盘（二层板）装闸前，排列方式通常是电度表在左上方，总闸在左下方，或者在电度表位的右边，量好尺寸，留出二层带的边缘，先画线再打眼。对于单螺丝固定的瓷插保险，可在其背面抹一层环氧树脂或乳胶，再用螺丝钉拧紧固定。有的闸具顶丝过短，芯线由过细压不紧，应将导线折几下再压头。断路器接线端子应该涮锡，见图 34-5 所示。

（2）工作零线分接各支路时，必须在盘面上加装接线端子板。

（3）闸具安装要做到上、下、左、右四周尺寸均匀，留有余地，以便更换熔丝时能下工具。如瓷闸盒不能装熔丝时，可建议改用胶盖闸。

（4）配电盘（板）内干线连接点，最好用双臂电桥测定其接触电阻。接触电阻应不大于该导线同一长度的电阻。测定接触电阻的方法如图 34-6。

4. 改善方法

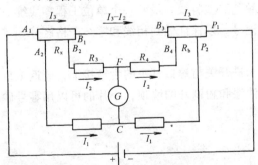

图 34-6 双臂电桥测量电阻接线图

图 34-5 断路器接线端子涮锡
1—熔化锡；2—接线端子涮锡；
3—锡锅；4—电炉

（1）配电箱内发现零线共用并头连接（鸡爪线）分支的，应改用端子板。

（2）瓷闸盒已经装过小的配电箱内，无法用工具装熔丝，可改用胶盖闸。

配电箱、盘（板）安装质量标准见表 34-1 所示。闸具、电器安装质量标准见表 34-2。

34.2.5 管内穿线质量问题

1. 常见问题

管内穿线导线背扣或死扣，损伤绝缘层。先穿线后截护口，或者根据不戴护口而刮伤导线的绝缘。相线未进开关（电门），且未接在螺口灯头的舌簧上。穿线过程中弄脏已经油漆、粉刷好的墙面和顶板（棚）。

2. 主要原因

配电箱、盘（板）安装质量标准
表 34-1

操 作 项 目	质 量 要 求
配电箱（盘）的安装	1. 电表板（盘）明装时距地 1.8～2.2m 2. 配电箱暗装时，底口距地不应低于 1.4m，明装不低于 1.8m，特殊情况下不低于 1.2m 3. 电度表板（盘）箱的木板厚不应小于 20mm，金属板厚度不小于 2mm，绝缘板厚度不应小于 8mm 4. 木箱门的宽度超过 0.5m 时应做双扇门 5. 木材要求干燥、不劈、不裂、不腐
铁箱盘接地木铁制配电箱防腐	箱体应刷防腐漆，铁箱做保护接地，墙内暗装时箱体外壁刷沥青，明装时箱体里外均刷油漆

闸具、电器安装质量标准
表 34-2

操 作 项 目	质 量 要 求
闸具安装 熔断器安装 接线端子板	低压电器（闸具）应安装牢固、整齐，其操作位置应考虑操作检修方便 接触点应接触良好（保险丝应牢固安装，防止起弧） 配电盘内多支路的地线（零线）分支必须用端子板、胶盖闸、瓷闸盒可以和相线同时断开

在穿线开始放线时，将整盘线往外抽拉，引起螺旋形圈后生拉硬拽而出现背扣；导线任意在地上拖拉而被弄脏；操作人员手脏，穿线时蹭摸墙面、顶棚，穿完线后箱、盒附近被弄脏。相线和零线因使用同一颜色的导线，不易区别，而且断线、留头时没有严格做出记号，以致相线和零线混淆不清，结果相线未进开关，也未接在螺丝口灯头的舌簧上。

3. 施工要点

在穿线之前应一定戴好护口，管口无丝扣的可戴塑料内护口；放线时应用放线车。将整盘导线放在线盘上，并在线轴上做出记号，自然转动线轴放出导线，就不会出现螺圈，可以防止背扣和电线拖地弄脏。

为了保证相线、零线不混淆，可采用不同颜色的塑料线。最好一个单位工程零线统一用黑色或淡蓝色，或者在放线车的线轴上做出记号，以保证做到相线和零线严格区分。

4. 改善方法

穿线后发现漏戴护口，应全部补齐。相线未进开关与螺口灯头的舌簧接上，应返工重新接线试灯，作到完全一致。对穿线时弄脏的油漆和粉刷好的墙顶，小片的可以用零号砂纸轻轻打磨一下，当面积较大时，让油漆工修补好。

34.2.6 瓷夹板及导线配线质量问题

1. 瓷夹板配线

影响瓷夹板牢固程度的主要原因瓷夹板粘结不牢固，配线绷不紧，横平竖直误差大，瓷夹板间距不均匀，距离圆木不一致，而且不易成直线。

预制混凝土楼板表面粘结瓷夹板时，未将楼板表层灰浆刷净，粘结剂配方不准，原料过期，操作时室内温度太低，紧固瓷夹板的机螺丝机油未洗净，墙面紧固木砖时没有浇水。

放线时没有用放线车或整盘导线加以拉伸，而是边配线边放线，导线出了扭弯，就不容易调直绷紧。弹线时未用靠尺和线锤，配线达不到横平竖直，分档时又未能按整段均分挡距，出现段内挡距不均匀。先配线后打楼板眼安装灯具,就容易产生导线与灯位圆木不对直。

施工要点是采用环氧树脂和聚酰胺树脂做复合粘合剂时,可按下列比例配方:环氧树脂6101号100%;聚酰胺树脂651号34%~45%;高标号水泥325~425号300%。如采用聚醋酸乙烯乳胶粘合,其配合为乳胶加425号水泥,拌至胶糊状即可使用,但乳胶只适用于干燥场所,因为乳胶容易水解。

粘结瓷夹板时,室内温度至少要在+5℃以上,先用钢丝刷将粘接处的表面灰浆去掉,然后用少量粘合剂在表面打底子。为了将机螺丝表面油污去掉,可采用镀锌机螺丝,穿进经过挑选的线槽一致的瓷夹板,先在底板抹上粘合剂,贴于粘结面上(塑料夹板不用机螺丝,直接粘结在楼板上),顺手将四周挤出的粘合剂刮去。配线时,先将整盘导线顺圈放开,将100m一盘的塑料线两端拉住,加以拉伸,再盘成1m的大圈,注意不出弯曲。

改善方法是如果瓷(塑)夹板因粘结不牢而掉落,应凿毛楼板粘合表面,再用环氧树脂、聚酰胺树脂复合粘料重新粘合。

2. 导线连接常见的质量问题

常见问题是在剥除绝缘层时损伤芯线,焊接头时焊料不饱满,接头不牢固;铜、铝线连接时未做过渡处理,多股导线连接设备、器具时未用接线端子,压头时不满圈,没有用弹簧垫圈,造成压接点松动。

主要原因是在用刀刃直角隔断导线绝缘层时伤及芯线。连接铜线时表面清理不彻底,焊接不饱满,表面无光泽。焊接铝线时,未清除三氧化二铝表层。铜铝连接未采用过渡段,不符合质量标准。导线与设备、器具压接时,压头不紧,不加弹簧垫圈。对于各种导线的接头,没有严格进行过接触电阻的测定。

施工要点:剥切导线塑料绝缘层时,应该采用专用剥线钳。剥切橡皮绝缘层时,刀刃切忌直角切割,应以斜角剥切,如图34-7所示。

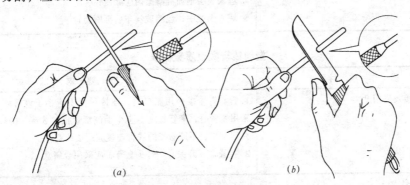

图 34-7 用电工刀剥切导线绝缘层
(a) 错误;(b) 正确

铝芯绝缘导线并头连接时,4mm² 以下的导线,采用螺旋压接帽拧紧连接;6mm² 以上的铜导线,用铝套管压接,或用气焊连接。气焊焊接如用铝焊粉,则在焊好后趁热用清水将残留的焊药洗净,擦干冷却后再包缠绝层。

铝导线与铜导线接头 2.5mm² 单股铝线与多股铜芯软线接头,铜软线涮锡后缠绕在铝线上,缠 5 圈后将铝线弯曲 180°,用钳子夹紧。或与软铜导线涮锡后,采用瓷接头压接。2.5mm² 铝线与 2.5mm² 铜线连接,可采用端子板压接,或者将铜线涮锡后缠绕相连,也可采用螺旋压接帽压接。多股铝导线与多股铜导线连接时,可先将铜线涮锡用铝套管压接。

多股铝线接至设备电器时,均采用铜铝过渡端子压接。如确无铜铝过渡端子,可暂用铝接线端子代替,但与设备电器接触处要垫一层锡箔纸,以减少电化腐蚀作用,而且压接螺丝必须加弹簧垫。不允许将多股铝线自身缠圈压接。导线对接或导线与设备连接好后,应用双臂电桥测定连接点的接触电阻。接触电阻不应大于该段导线本身的电阻值。

3. 改善方法

导线芯线被削伤,因将已削伤的线头剪掉一段,重新削头、接头。导线接头接触电阻超过限度时,应再增加接触面或重新接头测定。

室内配线工程质量标准见表 34-3 ~ 表 34-7 所示。

金属线管敷设质量标准 表 34-3

操 作 项 目	质 量 要 求
铁管煨弯铁管连接	弯曲半径不应小于该管外径的 6 倍;明敷不小于该管外径 4 倍 铁管锯口应平正、光滑、无毛刺裂缝

金属线管的接地线与防腐蚀质量标准 表 34-4

操 作 项 目	质 量 要 求
金属线管接地线截面积	1. 铁线(铅丝)最小直径为 φ4,钢筋为 φ6 2. 接地干线不小于管内所穿相线截面积的 1/2;支线不小于 1/3 3. 金属线管与管、盒的连接处,应用导线焊成一整体接地
金属线管及其支持物等的防腐	1. 明敷时刷油漆; 2. 埋入砖墙内时刷红樟丹油; 3. 埋入焦渣层内时,用水泥砂浆全面保护; 4. 埋入底层地面混凝土内应除锈; 5. 埋入土壤中,包缠玻丝布后再刷沥青

塑料线管敷设质量标准 表 34-5

操 作 项 目	质 量 要 求
塑料线管连接及采用盒类	1. 管与管连接采用胀口时,连接长度不应小于该管外径 1.5 倍;采用套管时,套管长度不应小于该管管径的 3 倍,接口处应用粘合剂粘牢,不同管径的线管连接应用接线盒 2. 接线盒、开关盒、灯头盒等不应采用金属盒

管内穿线质量标准 表 34-6

操 作 项 目	质 量 要 求
管内导线绝缘电气照明装置支持物距离	导线在管内不准有接头,绝缘不应有损坏 照明灯具采用螺口灯头,相线应接灯口舌簧,开关应能断相线
线路敷设	1. 支持点最大允许距离为 0.6m; 2. 线路分支、转角至电门、灯具圆木等处支持点距离 6cm;线路需横平竖直,每米误差不超过 3mm

操 作 项 目	质 量 要 求
导线连接	1. 导线本身自缠不应小于 5 圈 2. 铝线之间焊接，端部熔焊连接长度：截面积 4mm² 以下 25mm；10mm² 以下 40mm；25mm² 以下 70mm；50mm² 以下 90mm；95mm² 以下 120mm
铜铝导线连接点	1. 在干燥的室内可涂锡连接； 2. 在室外和潮湿的室内应采用铜铝过渡接头； 3. 多股导线与设备连接时，应用接线卡子压接； 4. 铜软线与设备或灯具连接时，线头应涮锡成一整体后再连接

34.3　建筑电气安装工程质量验评标准

百年大计，质量第一！建筑电气安装工程质量检验评定标准是创全优工程标准之一。为了统一建筑电气安装工程质量检验评定方法，促进企业加强管理，确保工程质量，制定了许多有关的国家标准。

由于建筑电气安装工程设备、器具、材料和原料的质量均应符合国家现行有关技术标准。使用引进装置或器材的工程，以及利用旧设备、旧器材的拆建、改建工程，其工程质量的检验和评定，可根据具体情况参照验评标准执行检验。

34.3.1　架空线路和杆上设备验评

1. 保证项目

高压绝缘子的交流耐压试验结果和高压电气设备的试验调整结果必须符合相应高压等级标准。电气设备的瓷件全数检查线路绝缘子抽查不少于 10%，重点检查承力杆上的绝缘子。

检验方法：首先进行外观检查，高压瓷件表面严禁有裂纹、缺损、瓷釉烧坏等缺陷。观察检查和检查安装记录。导线连接必须紧密、牢固，连接处严禁有断股和损伤；导线的接续管在压接或校直后严禁有裂纹。检查绝缘子耐压试验记录和电气设备试验调整记录。

钢圈连接的钢筋混凝土电杆，钢圈焊缝的焊接必须符合施工规范的规定。焊接后，电杆的弯曲度不超过其长度的 2/1000。检查数量：抽查 10%，但不少于 5 支。检查方法，观察检查、检查焊接记录或实测。

2. 基本项目

横担和绝缘子及金具安装应符合合格标准，即横担与线路中心线的角度正确，平整、牢固，黑色金属零件防腐保护完整。优良标准是在合格基础上，横担与电杆间接触紧密，连接螺栓螺纹露出螺母 2～3 扣。黑色金属零件镀锌层良好，无缺陷。抽查 10%，但不少于 5 处，手扳检查。

拉线及撑杆安装合格标准为位置正确，金具齐全，连接牢固，同杆的各条拉线均受力正常，无松股、断股和抽筋现象。优良是在合格基础上，拉线（撑杆）与电杆的夹角正确，拉线（撑杆）坑填土防沉台尺寸正确，导线紧线后电杆梢无明显偏移。抽查 10%，但不少于5组，手扳检查。

导线架设合格标准是导线与绝缘子固定可靠，导线无断股、扭绞和死弯；超量磨损的线段和有其他缺陷的线段修复完好。优良：在合格基础上，导线没有因施工不当造成加固或修复。查线路档数的10%，但不少于5档观察检查和检查安装记录。

线路的跳线、过引线和引下线布置合格：导线间及导线对地间的最小安全距离符合施工规范规定。优良是在合格基础上，导线布置合理、整齐，线间连接的走向清楚，辨认方便。对杆上跳线处、拉线穿过导线处、引下线与架空线交叉处和横担间的过引线处全数检查。

杆上电气设备安装合格标准为位置正确、固定牢靠、部件齐全，操动机构动作灵活、准确，导线与设备端子连接紧密可靠。优良是在合格基础上，安装平整、成排的排列整齐、间距均匀、高度一致。应全数检查，观察和试操作。

路灯安装合格应灯位正确、固定牢靠，杆上路灯的引线应拉紧；庭园路灯的灯柱稳固垂直，其根部接线箱盖板齐全、防水措施良好。优良是在合格基础上，灯具清洁；成排安装的排列整齐。按灯具型号或类别不同各抽查10%，但不少于10套。

电气设备、器具和非带电金属部件的接地（接零）保护线敷设合格标准为连接紧密、牢固，保护线截面选用正确，需防腐的部分涂漆均匀无遗漏。优良是在合格基础上，线路走向合理，色标准确，涂刷后不污染设备和建筑物。抽查5处观察检查。

3. 允许偏差项目

电杆组立、导线弛度允许偏差和检验方法　　　　　　表34-8

项　次	项　　目		允许偏差	检验方法
1	电杆组立	直线单杆和组合双杆中心横向位置偏移	50mm	用水准仪经纬仪或拉线和尺量检查
		组合双杆两杆高度差	20mm	
		电杆垂直度（即杆梢倾斜位移）	0.5D	
2	导线弛度	实际与设计值差	±5%	尺量检查
		同一档内导线间弛度差	50mm	

注：D为电杆梢径。

电杆组立、导线弛度的允许偏差和检验方法应符合表34-8的规定。检查数量：电杆抽查10%，但不少于5基；导线抽查5档。

34.3.2 电缆线路工程验评

1. 保证项目

检查试验记录，电缆的耐压试验结果、泄漏电流和绝缘电阻必须符合施工规范规定。检查数量要全数检查。

电缆敷设必须符合以下规定：电缆严禁有绞拧、铠装压扁、护层断裂和表面严重划伤等缺陷；直埋敷设时，严禁在管道的上面或下面平行敷设。检查数量：全数检查。检验方法是观察检查和检查隐蔽工程记录。

电缆终端头和电缆接头的制作、安装必须符合下列规定：封闭严密，填料灌注饱满、无气泡、无渗油现象；芯线连接紧密，绝缘带包扎严密，防潮涂料涂刷均匀；封铅表面光滑，无砂眼和裂纹。交联聚乙烯电缆头的半导体带、屏蔽带包缠不超越应力锥中间最大处，锥体坡度匀称，表面光滑。电缆头应固定牢靠，相应正确，直埋电缆接头保护措施完整，标志准确清晰。按不同类别的电缆头各抽查 10%，但不少于 5 个，观察检查和检查安装记录。

2．基本项目

电缆支、托架安装合格标准为位置正确，连接可靠，固定牢靠，油漆完整，在转弯处能托住电缆平滑均匀的过渡，托架加盖部分盖板齐全。优良标准是在合格基础上，间距均匀，排列整齐，横平竖直，油漆色泽均匀。应该按照不同类型的支、托架各抽查 5 段，观察检查。

电缆保护管安装合格标准为管口光滑，无毛刺，固定牢靠，防腐良好。弯曲处无弯扁现象，其弯曲半径不小于电缆的最小允许弯曲半径；出入地沟、隧道和建筑物的保护管口封闭严密。优良是在合格基础上，弯曲处无明显的折皱和不平；出入地沟、隧道和建筑物，保护管坡向及坡度正确。明设部分横平竖直，成排敷设的排列整齐。按不同敷设方式、场所各抽查 5 处，观察检查。

电缆敷设合格的标准为：坐标和标高正确，排列整齐，标志桩、标志牌设置准确；有防燃、隔热和防腐蚀要求的电缆保护措施完整。在支架上敷设时，固定可靠，同一侧支架上的电缆排列顺序正确，控制电缆应放在电力电缆的下面，1kV 及其以下的电力电缆应放在 1kV 以上电力电缆的下面；直埋电缆的埋设深度、回填土要求等规定。优良是在合格基础上，电缆转变和分支处不紊乱，走向整齐清楚；电缆的标志桩、标志牌清晰齐全；直埋电缆的隐蔽工程记录齐全。按不同敷设方式各抽查 5 处，观察检查和检查隐蔽工程记录及简图。

3．允许偏差项目

明设电缆支架安装允许偏差、电缆最小弯曲半径和检验方法应符合表 34-9 规定。

支架安装允许偏差、电缆弯曲半径和检验方法　　　表 34-9

项　次	项　　目			允许偏差或弯曲半径	检查方法
1	明设成排支架相互间高低差			10mm	拉线和尺量
2	电缆最小允许弯曲半径	油浸纸绝缘电力电缆	单芯	≥20d	尺量检查
			多芯	≥15d	
		橡皮绝缘电力电缆	橡皮或聚氯乙烯护套	≥10d	尺量检查
			裸铅护套	≥15d	
			铅护套钢带铠装	≥20d	
		塑料绝缘电力电缆		≥10d	
		控制电缆		≥10d	

注：d 为电缆外径。

34.3.3　配管及管内穿线工程验评

1．保证项目

导线间和导线对地间的绝缘电阻值必须大于 0.5MΩ。抽查 5 个回路实测或检查绝缘电阻测试记录。薄壁钢管严禁溶焊连接。塑料管的材质及适用场所必须符合设计要求和施工规范规定。按管子不同材质各抽查 5 处，明设的观察检查；暗设的检查隐蔽工程记录。

2. 基本项目

管子敷设合格标准是连接紧密，管口光滑，护口齐全；明配管及其支架平直牢固，排列整齐，管子弯曲处无明显折皱，油漆防腐完整；暗配管保护层大于15mm。盒（箱）设置正确，固定可靠，管子进入盒（箱）处顺直，在盒（箱）内露出的长度小于5mm；用锁紧螺母（纳子）固定的管口，管子露出锁紧螺母的螺纹为2~4扣。在合格基础上，线路进入电气设备和器具的管口位置正确者为优良。检查数量：按管子不同材质、不同敷设方式各抽查10处。检验方法是观察和尺量检查。

管路的保护合格为：穿过变形缝处有补偿装置，补偿装置能活动自如；穿过建筑物和设备基础处加套管保护。优良是在合格的基础上，补偿装置平整，管口光滑，护口牢靠，与管子连接可靠；加套的保护管在隐蔽工程记录中标示正确。全数观察检查和检查隐蔽工程记录。

管内穿线应符合以下规定合格：在盒（箱）内导线有适当余量；导线在管子内无接头；不进入盒（箱）的垂直管子的上口穿线后密封处理良好；导线连接牢固，包扎严密，绝缘良好，不伤芯线。优良标准是在合格的基础上，盒（箱）内清洁无杂物，导线整齐，护套线（护口、护线套管）齐全，不脱落。检查数量为抽查10处。检验方法：观察检查和检查安全记录。金属电线保护管、盒（箱）及支架接地（接零）支线敷设的检验和评定应按上述标准规定进行。

3. 允许偏差项目

电线保护管弯曲半径、明配管安装允许偏差和检验方法应符合表34-10的规定。按不同检查部位、内容各抽查10处。

明配管安装允许偏差和检验方法 表34-10

项次	项 目			弯曲半径允许偏差	检验方法
1	管子最小弯曲半径	暗配管		≥6D	尺量检查及检查安全记录
		明配管	管子只有一个弯	≥4D	
			管子两个弯以上	≥6D	
2	管子弯曲处的弯偏度			≤0.1D	尺量检查
3	明配管固定点间距	管子直径（mm）	15~20	30mm	尺量检查
			25~30	40mm	
			40~50	50mm	
			65~100	60mm	
4	明配管水平、垂直敷设任意2m段内		平直度	3mm	拉线、尺量检查
			垂直度	3mm	拉线、尺量检查

注：D为管子外径。

34.3.4 线路工程验评

1. 配线工程

（1）保证项目：导线间和导线对地间的绝缘电阻值必须大于0.5MΩ。检查数量为抽查5个回路。检验方法是实测或检查绝缘电阻测试记录。导线严禁有扭绞、死弯和绝缘层损坏等缺陷。

（2）基本项目：瓷件及其支架安装合格标准为安装牢固，瓷件无损坏，瓷瓶不倒装，瓷件固定点的间距正确，支架油漆完整。优良是在合格的基础上，瓷件排列整齐，间距均匀，表面清洁。按不同瓷件检查 10 处，观察和手板检查。

导线敷设应平直、整齐，与瓷件固定可靠；穿过梁、墙、楼板和跨越线路等处有保护管；跨越建筑物变形缝的导线两端固定可靠；并留有适当余量。导线连接牢固，包扎严密，绝缘良好，不伤芯线；导线接头不受拉力。优良是在合格的基础上，导线进入电气器具处绝缘处理良好；转弯和分支处整齐。按不同瓷件敷设的线路各抽查 10 处，观察和手板检查。

(3) 允许偏差项目：配线的允许偏差和检验方法符合表 34-11 的规定。

配线的允许偏差和检验方法　　　　　　　　　　　表 34-11

项 次	项　　　目		允许偏差（mm）	检查方法
1	瓷夹配线线路中心线	水平线路	5	拉线、尺量检查
		垂直线路	5	吊线、尺量检查
2	瓷柱（珠）、瓷瓶配线线路中心线	水平线路	10	拉线、尺量检查
		垂直线路	5	吊线、尺量检查
3	瓷柱（珠）、瓷瓶配线线间距离	水平线路	10	拉线、尺量检查
		垂直线路	5	吊线、尺量检查

注：以上项目按不同瓷件敷设的线路各抽查 10 处。

2. 护套线配线工程

(1) 保证项目：导线间和导线对地间的绝缘电阻值必须大于 0.5MΩ。

检查数量为抽查 5 个回路。检验方法是实测或检查绝缘电阻测试记录。导线严禁有扭绞、死弯和绝缘层损坏和护套断裂等缺陷。塑料护套线严禁直接埋入抹灰层内敷设。以上检查要求抽查 10 处。

(2) 基本项目：护套线敷设合格者平直、整齐，固定可靠；穿过梁、墙、楼板和跨越线路等处有保护管；跨越建筑物变形缝的导线两端固定可靠；并留有适当余量。优良是在合格的基础上，导线明敷部分紧贴建筑物表面；多根平行敷设间距一致，分支和弯头处整齐。抽查 10 处观察检查。

护套线的连接应符合以下规定：合格标准是连接牢固，包扎严密，绝缘良好，不伤芯线；接头设在接线盒或电气器具内；板孔内无接头。优良是在合格的基础上，接线盒位置正确，盒盖齐全平整，导线进入接线盒或电气器具时留有适当余量。抽查 10 处观察检查。

(3) 允许偏差项目：护套线配线允许偏差弯曲半径和检验方法应符合表 34-12 的规定。

护套线配线允许偏差弯曲半径和检验方法　　　　　　　　　　表 34-12

项 次	项　　　目		允许偏差或弯曲半径	检验方法
1	固定点间距		5mm	尺量检查
2	水平或垂直敷设的直线段	水平度	5mm	拉线、尺量检查
		垂直度	5mm	吊线、尺量检查
3	最小弯曲半径		≥3b	尺量检查

注：b 为平弯时护套线厚度或侧弯时护套线宽度。

3. 槽板配线工程

（1）保证项目：导线间和导线对地间的绝缘电阻值必须大于 0.5MΩ。抽查 10 个回路，实测或检查绝缘电阻测试记录。

（2）基本项目：槽板敷设合格标准位为紧贴建筑物表面，固定可靠，横平竖直，直线段的盖板接口与底板错开，其间距不小于 100mm，盖板锯成斜口对接；木槽板无劈裂，塑料板无扭曲变形。优良是在合格的基础上，槽板沿建筑物表面布置合理，盖板无翘角；分支接头做成丁字三角叉接，接口严密整齐；槽板表面色泽均匀无污染。抽查 10 处，观察检查。

槽板线路保护应符合以下规定：合格标准是线路穿过梁、墙和楼板有保护，跨越建筑物变形缝处槽板断开，导线加套保护软管并留有适当余量，保护软管与槽板结合严密。优良是在合格的基础上，线路与电气器具、木台连接严密，导线无裸露现象。抽查 10 处，观察检查。

导线的连接合格：连接牢固，包扎严密，绝缘良好，不伤芯线；槽板内无接头。优良是合格的基础上，接头设在器具或接线盒内。抽查 10 处，观察检查。

（3）允许偏差项目：槽板配线允许偏差弯曲半径和检验方法应符合表 34-13 的规定。检查数量为抽查 10 段。

槽板配线允许偏差弯曲半径和检验方法 表 34-13

项 次	项 目		允许偏差（mm）	检验方法
1	水平和垂直敷设的直线段	平直度	5	拉线、尺量检查
2		垂直度	5	拉线、尺量检查

4. 配线用钢索工程

（1）保证项目：终端拉环必须牢固，拉紧调节装置齐全；钢索端头用专用金具卡牢，数量不少于 2 个。抽查 5 条，观察检查。

（2）基本项目：钢索的中间固定的合格标准是中间固定点间距不大于 12m；吊钩可靠地托住钢索，吊杆或其他支持点受力正常；吊杆不歪斜，油漆完整。优良是在合格的基础上，吊点均匀，钢索表面整洁，镀锌钢索无腐蚀，塑料护套钢索的护套完好。固定点间距相同，钢索的弛度一致。抽查 5 段，观察检查。

（3）允许偏差项目：钢索上配线的允许偏差和检验方法应符合表 34-14 的规定。检查数量：按不同配线类别抽查 10 处。

钢索上配线的允许偏差和检验方法 表 34-14

项 次	项 目		允许偏差（mm）	检验方法
1	各种配线支持件间的距离	钢管配线	5	拉线、尺量检查
2		硬塑料管配线	5	拉线、尺量检查
3		塑料护套线配线	5	拉线、尺量检查
4		瓷柱配线	5	拉线、尺量检查

34.4　低压电器安装工程

低压电器安装工程的质量直接影响电器设备的使用。如果因安装质量不过关造成人员伤亡、经济的损失，严重者要受到法律的制裁。

34.4.1　硬母线安装工程

硬母线安装所用的高压瓷件表面严禁有裂纹、缺损和瓷釉损坏等质量问题。

1. 母线安装应符合以下规定：

（1）平直整齐，刷相色漆正确；母线搭接用的螺栓和母线钻孔尺寸正确。

（2）多片矩形母线片间保持与母线厚度相等的间距，多片母线的中间固定架不形成闭合磁路；封闭母线外壳连接紧密，导电部分搭接螺栓的扭紧力矩符合产品要求，外壳的支座及端头固定牢靠，无摇晃现象；采用拉紧装置的车间低压架空母线，拉紧装置固定牢靠，同一档内各母线弛度相互差不大于10%。优良：在合格的基础上，使用的螺栓螺纹均露出螺母2～3扣；搭接处母线涂层光滑均匀；架空母线弛度一致；相色涂刷均匀。检查数量为按母线不同安装方式或结构类别各抽查10处。检验方法是观察检查和检查安装记录。

2. 母线连接施工质量标准

（1）母线连接使用搭接（包括与设备的搭接）时，接触面间隙用0.05mm×10mm塞尺检查；线接触的塞不进去；面接触的，接触面宽56mm及以下时，塞入深度不大于4mm；接触面宽63mm及以上时，塞入深度不大于6mm。

（2）母线焊接，在焊缝处有2～4mm的加强高度，焊口两侧各凸出4～7mm；焊缝无裂纹、未焊透等质量问题，残余焊药清除干净。

（3）不同金属的母线搭接，其搭接面的处理符合施工规范规定。检查数量按不同种类的接头各抽查5个。检验方法是观察检查和实测或检查安装记录。母线弯头处严禁有缺口和裂纹。检查数量是抽查5个弯头。检验方法：观察检查。

（4）基本项目：母线绝缘子及支架安装合格的标准是位置正确，固定牢靠，固定母线用的金具正确、齐全，黑色金属支架防腐完整。优良是在合格的基础上，安装横平竖直，成排的排列整齐，间距均匀，油漆色泽均匀，绝缘之表面清洁。检查数量为抽查10处。检验方法是观察检查。

3. 允许偏差项目

母线安装允许偏差、弯曲半径和检验方法应符合表34－15的规定。检查数量为线间距离抽查10处，弯头按不同形式各抽查5个。

34.4.2　滑触线软电缆安装工程

1. 保证项目

滑触线和移动式软电缆的相间或各相对地间的绝缘电阻值应全数检查。检验方法是实测或检查绝缘电阻测试记录。

型钢滑触线的中心线与起重机轨道的实际中心线的距离和同一条型钢滑接线的各分支型钢间的水平或垂直距离必须保持一致，其最大偏差值严禁超过施工规范的规定值。检查数量为抽查5条。检验方法是实测或检查安装记录。

项 次	项 目			允许偏差及弯曲半径（mm）	检验方法
1	母线间距与设计尺寸间			±5	
2	母线平弯最小弯曲半径	$B \times \delta \leqslant 50 \times 5$	铜	$> 2\delta$	尺量检查
			铝	$> 2\delta$	
		$B \times \delta \leqslant 125 \times 5$	铜	$> 2\delta$	
			铝	$> 2.5\delta$	
3	母线立弯最小弯曲半径	$B \times \delta \leqslant 50 \times 5$	铜	$> 1B$	尺量检查
			铝	$> 1.5B$	
		$B \times \delta \leqslant 125 \times 5$	铜	$> 1.5B$	
			铝	$> 2B$	

注：B 为母线宽度；δ 为母线厚度；单位为 mm。

滑触线在绝缘子上固定可靠；滑接线连接处平滑，滑接面严禁有锈蚀；在滑触线与导线端子连接处必须作镀锌或镀锡处理。检查数量：每条抽查 5 处。检验方法：观察检查。

2. 基本项目

绝缘子和支架安装合格标准是绝缘子无裂纹和缺损，与支架间的缓冲软垫片齐全；支架安装平整牢固，间距均匀，油漆完好。优良是在合格的基础上，绝缘子清洁，支架油漆色泽均匀，连接用的螺栓螺纹露出螺母 2～3 扣。每条抽查 5 处，观察检查。

滑触线安装合格标准为变形缝和检修段处留有 10～20mm 的间隙，间隙两侧的滑触线端头圆滑，滑触线面间高差不大于 1mm。自由悬吊滑线的弛度，相互间的偏差不大于20mm。非滑触线部分的油漆完整，警戒色标正确；滑触线指示灯指示正常。优良是在合格的基础上，起重机运行时，滑块或其它受电器在全程滑行中平稳，无较大的火花。每条抽查 5 处，观察和通电试运行检查、检查安装记录。

移动式软电缆安装合格标准为软电缆的滑轨或吊索终端固定牢靠，吊索调节装置齐全。软电缆的悬挂装置沿滑轨或钢索滑动时平稳灵活，无卡阻现象。电缆移动段长度比起重机移动距离长 15%～20%；如设计无特殊要求，移动段长度大于 20mm 加装牵引绳。优良是在合格的基础上，电缆退扭良好，运行时不打扭；黑色金属部件防腐完整。抽查 5 处，观察和通电试运行检查、检查安装记录。

滑触线安装合格标准为接触面平整光滑，与滑触线接触可靠，滑触线的中心线（宽面）不越出滑触线的边缘，绝缘部件完整齐全。优良是在合格的基础上，导线引线固定牢靠，滑块可移动部分灵活无卡阻。抽查 5 处观察和通电试运行检查。

34.4.3 电力变压器安装工程

1. 保证项目

电力变压器及其附件的试验调整和器身检查结果必须符合有关规范规定。检查数量是全数检查。检验方法为检查安装和调试试验记录。并列运行的变压器，必须符合并列条件。全数实测或检查定相记录。

高低压瓷件表面严禁有裂纹、缺损和瓷釉损坏等质量问题。全数观察检查。

2. 合格标准

合格标准是位置正确，注油量、油号准确，油位清晰；油箱无渗油现象；装有气体继电器的变压器顶盖，沿气体继电器气流方向有 1% ~ 1.5% 的升高坡度。优良是合格的基础上变压器表面干净清洁，油漆完整。全数观察检查实测或检查安装记录。

滑触线安装合格标准与油箱直接连通的附件内部清洗干净，安装牢固，连接严密，无渗油现象；膨胀式温度计毛细管的弯曲半径不小于 50mm，且管子无压扁和急剧的扭折现象，毛细管过长部分盘放整齐，温包套管充油饱满。

有载调压部分的传动部分润滑良好，动作灵活、准确。优良是在合格的基础上，附件与油箱间的连接垫圈、管路和引线等整齐美观。应全数检查。检验方法是观察检查和检查安装记录。

变压器与线路的连接合格标准连接紧密，连接螺栓的锁紧装置齐全，瓷套管不受外力。零线沿器身向下接至接地装置的线段，固定牢靠。器身各附件间连接的导线有保护管、保护仓、接线盒固定牢靠，盒盖齐全。优良是在合格的基础上，引向变压器的母线及其支架、电线保护管和接径线等均便于拆卸，不妨碍变压器检修时的搬动；各连接用的螺栓螺纹露出螺母 2~3 扣，保护管颜色一致，支架防腐完整。

34.4.4 配电箱、盒安装质量问题

现浇混凝土墙内箱、盒位移位；安装电器后箱、盒内脏物未清除。

装木、铁箱、盒时，未参照土建装修预放的统一水平线控制高度，尤其是在现浇混凝土墙、柱内配线管的模板无水平线可找。铁箱、盒用电、气焊切割开孔，致使箱、盒变形，孔径不规矩。木箱、盒开孔用钢锯锯成长方口，甚至敲掉一块箱子板。土建施工时模板变形或移动，而使箱、盒移位，凹进墙面。土建施工抹底子灰时，盒子口没有抹整齐，安装电器时没有清除残存在箱、盒内的脏物和灰砂。

预防措施：稳装箱、盒找标高时，可以参照土建装修统一预放的水平线，一般由水平线以下 0.5m 为竣工地平线。在混凝土墙、柱内稳箱、盒时，除参照钢筋上的标高点外，还应和土建施工人员联系定位，用经纬仪测定总标高，以确定室内各点地平线。稳装现浇的混凝土墙板内的箱、盒时，可在箱、盒背面加设 φ6 钢筋套子，以稳定箱、盒位置，如图 34—8 所示。这样使箱、盒能被模板紧紧地夹牢，不易移位。

箱、盒开眼孔，木制品必须用木钻，铁制品开孔如无大的钻头时，可以自制开孔的划刀架具，先在需要开孔的中心钻个小眼，然后将划刀置于台钻孔，保证箱、盒眼孔整齐。

穿线前，应先清除箱、盒内灰渣，再刷二道防锈漆。穿好导线后用接线盒盖将盒子临时盖好，盒盖周边要小于圆木或插座板、开关板，但应大于盒子。待土建施工装修喷浆完成后，再拆去盒子盖，安装电器、灯具，这样可以保证盒子内干净。

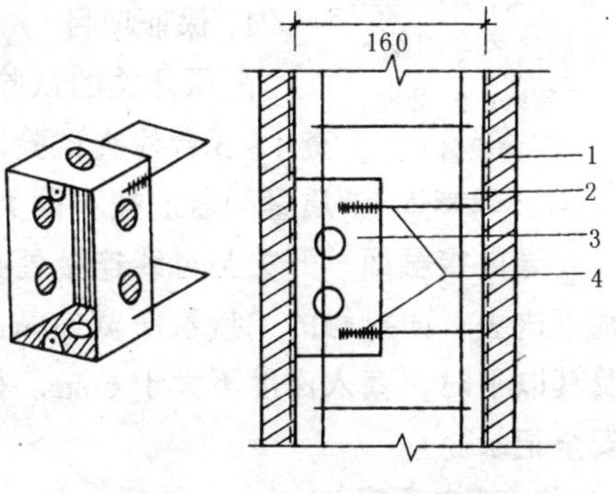

1. 配电箱、板安装质量问题

主要问题是箱体不方正、贴脸和门扇变形、贴脸门和木箱的深浅不一、明闸板（盘）木质太次、距地高度不一致、铁箱盘面接地位置不

图 34-8　混凝土墙内箱盒定位
1—钢模板；2—主筋；3—盒；4—φ6 钢筋套

明显、预留墙洞抹水泥不规格；在24cm砖墙或16cm混凝土墙内安装配电箱，墙背面普遍裂缝。

原因分析：箱体制作时未噙口、校正。贴脸和门用黄花松制作或者木材厚度太薄，在运输、堆放、保管过程中受损、受潮，时间一长造成变形。稳装箱体时与装修抹灰层厚度不一致，造成深浅不一。明闸板（盘）距地高度不一致，是因为预下木砖没有测准标高线，安装时又观察不细致。

铁箱盘面接地线装在盘背面，没有装在盘面上，没有很好地掌握安装标准；预留墙洞抹水泥时，没有掌握尺寸。在24砖墙或混凝土墙内暗装铁木配电箱，因墙体薄，箱体背面又未钉钢板网，抹灰层不粘结，致使墙面普遍出现裂缝。

2. 技术要求

贴脸门扇木料选用干燥的红白松，木板厚度不小于2cm。成批配电箱应如成品库，运输、保管时要防止受潮变形。稳装木配电箱时应凸出墙1~2cm，在预下配电板（盘）木砖时一定要看准标高，在抹灰前钉好标志钉，便于安装，保证质量。铁箱铁盘面都要严格安装良好的保护接地（接零）线。箱体盘面的保护接地线必须做在盘面的明显处。为了便于检查测试，不准将接地线压在配电盘盘面的固定螺丝上，要专开一孔，单压螺丝，如图34-10所示。

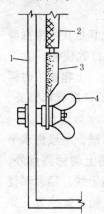

图34-9 配电箱压接地线的专用螺丝
1—箱体；2—导线；
3—接线端子；
4—元宝螺丝

在24cm厚砖墙内做配电箱时，箱体厚度要小于22cm，保持背面缩进墙内2~4cm，先在背面两边钉木条，然后再钉钢板网。对于16cm厚的混凝土墙内的暗配电箱，为了保证安装电度表，必须正面突出墙面。盘面前应至少有12cm空间距离（电度表厚度为11cm）。一般正面做箱套加厚，以增加它的厚度。砖墙留洞后，在抹水泥砂浆前，应预埋好木砖，钉好钢板网和二层板的木带，以便装贴脸门窗所示。

3. 治理方法

木质配电箱缩进墙体太深，应用同样厚的木板条钉在木箱帮上，使箱体口与灰面一平。配电箱背面已经出现裂缝，应将龟裂的抹灰层凿去，重新钉钢板网，以高标号水泥砂浆填补，白灰膏罩面抹平。

34.4.5 开关柜安装工程

1. 保证项目

高压开关的试验调整结果必须符合施工规范规定。按不同类型各抽查1~3台检查试验调整记录。瓷件表面严禁有裂纹、缺损和瓷釉损坏等质量问题。按不同类型各抽查1~3台。

导电接触面、开关与母线连接处必接触紧密，用0.05mm×10mm塞尺检查：线接触的塞不进去；面接触的，接触面宽50mm及以下时，塞入深度不大于4mm；接触面宽60mm及其以下时，塞入深度不大于6mm。按不同类型各抽查1~3台。检验方法：实测和检查安全记录。

2. 基本项目

开关安装合格者位置正确，固定牢靠，部件完整，操动部分灵活、准确，充油部分油号、油位正确清晰，无渗油现象。支架、连杆和传动轴等固定连接可靠，油漆完整。优良是在合格的基础上，操动部分方便省力，空行程少，分合闸时无明显振动。按不同类型各抽查 1~3 台观察、试操作检查。

3．成套配电柜（盘）及动力开关柜安装工程

高压瓷件表面严禁有裂纹、缺损和瓷釉损坏等质量问题，低压绝缘部件完整。按不同类型各抽查 1~3 台。

柜（盘）组安装合格者应与基础型钢间连接紧密，固定牢固，接地可靠，柜（盘）间接缝平整。盘面标志牌、标志框齐全、正确并清晰。小车、抽屉式柜推拉灵活，无卡阻碰撞现象；接地触头接触紧密、调整正确，投入时接地触头比主触头先接触，退出时接地触头比主触头后脱开。小车、抽屉式柜，动、静触头中心线调整一致，接触紧密、二次回路的切换接头或机械、电气联锁装置动作正确、可靠。优良是在合格的基础上，油漆完整均匀，盘面清洁，小车或抽屉互换性好。单独安装的抽查 1~5 台，成排安装的抽查 1~3 排，观察检查。

柜（盘）内设备及接线合格：完整齐全、固定牢固，操动部分动作灵活、准确。有二个电源的柜（盘），母线的相序排列一致；相对排列的柜（盘），母线相序排列对称，母线色标正确。二次结线准确、固定牢靠，导线与电器或端子排的连接紧密，标志清晰齐全。优良是在合格的基础上，盘内母线色标均匀完整；二次结线排列整齐，回路编号清晰齐全，采用标准端子头编号，每个端子螺丝上接线不超过两根。柜（盘）的引入引出线路整齐。检查数量为单独安装的抽查 1~5 台，成排安装的抽查 1~3 排。检验方法：观察和试操作检查。

4．允许偏差项目：柜（盘）安装的允许偏差和检验方法应符合表 34-16 的规定。检查数量为按柜（盘）安装的不同类型各抽查 5 处。

柜（盘）安装的允许偏差 表 34-16

项　次	项　目		允许偏差（mm）	检验方法
1	基础型钢	顶部平直度　每米	1	拉线、尺量检查
		全长	5	
2		侧面平直度　每米	1	
		全长	5	
3	柜盘安装	每米垂直度	1.5	吊线、尺量检查
4		盘面平直度　相邻两盘	2	直尺、塞尺检查
		成排盘顶部	5	拉线、尺量检查
5		盘面平整度　相邻两盘	1	直尺、塞尺检查
		成排盘面	5	拉线、尺量检查
6		盘间接缝	2	塞尺检查

合格标准为：部件完整，安装牢固、排列整齐，绝缘器件无裂纹、缺损；电器的活动接触导电部分接触良好，触头压力符合电器技术条件；电刷在刷握内能上下活动；集电环表面平整清洁。电磁铁芯的表面无锈斑及油垢，吸合释放正常，通电后无异常噪声；注油的电器油位正确，指示清晰，油试验合格，储油部分无渗漏现象。优良者电器表面整洁，固定电器的支架或盘板平整，电器引出导线整齐、固定可靠，电器及其支架油漆完好。按不同类型各抽查 5 台（件）。观察和试通电检查，检查安装记录。

电器的操动机构应动作灵活，触头动作一致，各联锁、传动装置位置正确可靠。优良者操作时无较大振动和异常噪声，需润滑的部位润滑良好。按不同类型各抽查 5 台（件）观察和试操作检查。

电器的引线焊接合格：焊缝饱满，表面光滑，焊药清除干净，锡焊焊药无腐蚀性。优良者在防腐和绝缘处理良好，引线绑扎整齐，固定可靠。抽查 10 处观察检查。

5. 蓄电池安装工程

（1）保证项目：蓄电池的电解液配制，首次充放电的各项指标均必须符合产品技术条件及施工规范规定。检查数量：全数检查。检验方法为检查充放电记录。

蓄电池组母线对地的绝缘电阻值 110V 的蓄电池组不小于 0.1MΩ；220V 的蓄电池组不小于 0.2MΩ。检查数量是全数检查。检验方法是实测或检查绝缘电阻测试记录。

（2）基本项目：蓄电池台架合格标准是木台架干燥、光滑，无活厄和劈裂；台架尺寸正确，防酸处理完整。优良木台架平直整齐，水泥台架耐酸衬砌平整。抽查 10 处，观察检查和检查安装记录。

电池安装合格：稳固、垫平，排列整齐；标准正确、清晰、齐全；绝缘子、绝缘垫板等无碎裂和缺损。容器内无严重的沉淀或其它杂物，容器本体无渗露。优良是在合格的基础上，表面清洁，容器内的有关表计清晰可见，电解液液位正确。

34.4.6 避雷针（网）及接地安装工程

1. 保证项目

接地装置的接地电阻必须符合设计要求。检查数量为全数检查。检验方法：实测或检查接地电阻测试记录。接至电气设备、器具和可拆卸的其它非带电金属部件接地（接零）的分支线，必须直接与干线相连，严禁串联连接。检查数量是抽查设备、器具总数的10%。检验方法为观察检查和检查安装记录。

2. 基本项目

（1）避雷针（网）及其支持件安装合格为位置正确，固定牢靠，防腐良好；针体垂直，避雷网规格尺寸和弯曲半径正确；避雷针及支持件的制作质量符合设计要求。设有标志灯的避雷针，灯具完整，显示清晰。优良为避雷网支持件间距均匀；避雷针针体垂直度偏差不大于顶端针杆的直径。全数观察检查和实测或检查安装记录。

（2）接地（接零）线敷设合格：平直、牢固，固定点间距均匀，跨越建筑物变形缝有补偿装置，穿墙有保护套管，油漆防腐完整。焊接连接的焊缝平整、饱满，无明显气孔、咬肉等质量问题；螺栓连接紧密、牢固，有防松措施。防雷接地引下线的保护套管固定牢靠，断线卡设置便于检测，接触面镀锌或镀锡完整，螺栓等紧固件齐全。优良是在合格的基础上，防腐均匀，无污染建筑物。应全数检查。

（3）接地体的安装应位置正确、连接牢固，接地体埋深距地面不小于 0.6m。优良者隐蔽工程记录齐全、准确。全数检查隐蔽工程记录。

3. 允许偏差项目

接地（接零）线焊搭接长度规定和检验方法见表 34-17。

检验工具包括：经纬仪、水准仪、兆欧表 500V、2500V、万用表、相序表、接地电阻测试仪、试电笔、放大镜、望远镜、水平尺铁 $L = 400mm$、钢板尺 300mm、钢卷尺 2m、钢卷尺 20m、50m、宽座角尺、塞尺 1 号、焊接检验尺、小手锤、磁性线坠、线坠、游标卡尺、活扳手。

项　次	项　目		规定数值	检验方法
1	搭接长度	扁钢	≥2b	尺量检查
		圆钢	≥6d	
		扁钢和圆钢	≥6d	
2	扁钢搭接焊的棱边数		3	观察检查

注：b 为扁钢宽度；d 为圆钢直径。

34.5　电气设备交接试验

为了适应电气装置安装工程电气设备交接试验的需要，促进电气设备交接试验新技术的推广和应用，从 1992 年 7 月 1 日开始实施 GB 50150—91《电气装置安装工程电气设备交接试验标准》，本节重点叙述其实用技术。

34.5.1　交接试验的范围

交接试验的范围适用于 500kV 及以下新安装电气设备的交接试验，不适用于安装在煤矿井下或其它有爆炸危险场所的电气设备。

高压电气设备应进行耐压试验，但对 110kV 及以上的电气设备，当试验标准条款没有规定时，可不进行交流耐压试验。交流耐压试验时加到试验标准电压后的持续时间，无特殊说明时，应为 1min。耐压试验电压值以额定电压的倍数计算时，发电机和电动机应按铭牌额定电压计算，电缆可按电缆额定电压计算。

非标准电压等级的电气设备，其交流耐压试验电压值，当没有规定时，可根据试验标准规定的相邻电压等级按比例采用插入法计算。

34.5.2　绝缘试验

进行绝缘试验时，除制造厂装配的成套设备外，宜将连接在一起的各种设备分离开来单独试验。同一试验标准的设备可以连在一起试验。为便于现场试验工作，已有出厂试验记录的同一电压等级不同试验标准的电气设备，在单独试验有困难时，也可以连在一起进行试验。试验标准应采用连接的各种设备中的最低标准。

1. 绝缘电阻测量时间及吸收比

根据试验标准中所列的绝缘电阻测量，应使用 60s 的绝缘电阻值。吸收比的测量应使用 60s 与 15s 绝缘电阻的比值。极化指数应为 10min 与 1min 的绝缘电阻值的比值。多绕组设备进行绝缘试验时，非被试绕组应该短路接地。

油浸式变压器、电抗器及消弧线圈的绝缘试验应在充满合格油静置一定时间，待气泡消除后方可进行。静置时间接产品要求，当制造厂无规定时，对电压等级为 500kV 的，须静置 72h 以上；200~330kV 的为 48h 以上；110kV 及以下的为 24h 以上。

2. 兆欧表的电压等级选择

(1) 10V 以下的电气设备或回路，采用 250V 兆欧表；

(2) 100V 以上到 500V 的电气设备或回路，采用 1kV 兆欧表；

(3) 500V 以上到 3kV 的电气设备或回路，采用 1kV 兆欧表；

（4）3kV 以上到 10kV 的电气设备或回路，采用 2.5kV 兆欧表；

（5）10kV 以上 100kV 及以下的电气设备或回路，也采用 2.5kV 或 5kV 兆欧表。

当电气设备的额定电压与实际使用的额定工作电压不同时，若采用额定电压较高的电气设备在于加强绝缘时，应按照设备的额定电压的试验标准进行；采用较高电压等级的电气设备在于满足产品通用性及机构强度的要求时，可以按照设备实际使用的额定工作电压的试验标准进行；采用较高电压等级的电气设备在于满足高海拔地区要求时，应在安装地点按实际使用的额定工作电压的试验标准进行。

34.5.3 温度及湿度试验

进行与温度及湿度有关的各种试验时，应同时测量被试物温度和周围的温度及湿度。绝缘试验应在良好天气且被物温度及仪器周围温度不宜低于 5℃，空气相对湿度不宜高于 80% 的条件下进行。

试验时，应注意环境温度的影响，对油浸式变压器、电抗器及消弧线圈，应以变压器、电抗器及消弧线圈的上层油温作为测试温度。标准中使用常温为 10～40℃；运行温度为 75℃。

34.5.4 电力变压器试验

1. 电力变压器的试验项目

测量绕组连同套管的直流电阻、检查所有分接头的变压比、检查变压器的三相结线组别和单相变压器引出线的极性、测量绕组连同套管的绝缘电阻、吸收比或极化指数、测量绕组连同套管的直流泄漏电流、绕组连同套管的交流耐压试验、绕组连同套管的局部放电试验、测量与铁芯绝缘的各紧固件及铁芯接地线引出套管对外壳的绝缘电阻、非纯瓷套管的试验、绝缘油试验；有载调压切换装置的检查和试验、额定电压下的冲击合闸试验、检查相位、测量噪音。

（1）测量绕组连同套管的直流电阻

①测量应在各分接头的所有位置上进行。

②1600kVA 及以下三相变压器，各相测得值的相互差值应小于平均值的 4%，线间测得值的相互差值应小于平均值的 2%；1600kVA 以上三相变压器，各相测得值的相互差值应小于平均值的 2%；线间测得值的相互差值应小于平均值的 1%。

③变压器的直流电阻与同温下产品出厂实测数值比较，相应变化不应大于 2%。

（2）检查所有分接头的变压比，与制造厂铭牌数据相比应无明显差别，且应符合变压比的规律；绕组电压等级在 220kV 及以上的电力变压器，其变压比的允许误差在额定分接头位置时为 ±0.5%。

（3）检查变压器的三相结线组别和单相变压器引出线的极性，必须与设计要求及铭牌上的标记和外壳上的符号相符。

（4）测量与铁芯绝缘的各紧固件及铁芯接地线引出套管对外壳的绝缘电阻，应符合下列规定：进行器身检查的变压器，应测量可接触到的穿芯螺栓、轭铁夹件及绑扎钢带对铁轭、铁芯、油箱及绕组压环的绝缘电阻。采用 2500V 兆欧表测量，持续时间为 1min，应无闪络及击穿现象。当轭铁梁及穿芯螺栓一端与铁芯连接时，应将连接片断开后进行试验。铁芯必须为一点接地；对变压器上有专用的铁芯接地线引出套管时，应在注油前测量其对外壳的绝缘电阻。

2. 有载调压切换装置的检查和试验

（1）在切换开关取出检查时，测量限流电阻的电阻值，测得值与产品出厂数值相比，应无明显差别。

（2）检查切换装置在全部切换过程中，应无开路现象；电气和机械限位动作正确；在操作电源电压为额定电压的 85% 及以上时，其全过程的切换中应可靠动作。

（3）在变压器无电压下操作 10 个循环。在空载下按产品技术条件的规定检查切换装置的调压情况，其三相切换同步性及电压变化范围和规律，与产品出厂数据相比，应无明显差别。

（4）在额定电压下对变压器的冲击合闸试验，应进行 5 次，每次间隔时间宜为 5min，无异常现象；冲击合闸宜在变压器高压侧进行；对中性点接地的电力系统，试验时变压器中性点必须接地；发电机变压器组中间连接无操作断开点的变压器，可不进行冲击合闸试验。

（5）检查变压器的相位必须与电网相位一致。电压等级为 500kV 的变压器的噪音，应在额定电压及额定频率下测量，噪音值不应大于 80dB（A）。

34.6　电器产品的检测

建筑物采用的所有电器产品必须通过国家有关部门的质量认可。

34.6.1　低压电器检测

（1）低压电器的试验项目：测量低压电器连同所连接电缆及二次回路的绝缘电阻；电压线圈动作值校验；低压电器动作情况检查；低压电器采用的脱扣器的整定；测量电阻器和变阻器的直流电阻；低压电器包括电为 60~1200V 的刀开关、转换开关、熔断器、断路器、接触器、控制器、主令电器、起动器、电阻器、变阻器及电磁铁等。

（2）测量低压电器连同所连接电缆及二次回路的绝缘电阻值：不应小于 1MΩ；在比较潮湿的地方，可不小于 0.5MΩ。

（3）电压线圈动作值的校验：线圈的吸合电压应大于额定电压的 85%，释放电压不应小于额定电压的 5%；短时工作的合闸线圈应在额定电压的 85%~110% 范围内，分励线圈应在额定电压的 75%~110% 的范围内均能可靠工作。

（4）低压电器动作情况的检查：对采用电动机或液压、气压传动方式操作的电器，除产品另有规定外，当电压、液压或气压的额定值的 85%~110% 范围内，电器应可靠工作。

（5）低压电器连同所连接电缆及二次回路的交流耐压试验：其试验电压为 1kV。当回路的绝缘电阻值在 10MΩ 以上时，可用 2500V 兆欧表代替，试验持续时间为 1min。

34.6.2　隔离开关、负荷开关及高压熔断器的检测

1. 隔离开关、负荷开关及高压熔断器的试验项目

测量绝缘电阻；测量高压限流熔丝的直流电阻；测量负荷开关导电回路的电阻；交流耐压试验；检查操动机构线圈的最低动作电压；操动机构的试验。

2. 交流耐压试验

三相同一箱体的负荷开关，应按相间及相对地进行耐压试验，其余均按相对地或外壳

进行。对负荷开关还应按产品技术条件规定进行每个断口的交流耐压试验。

3. 操动机构的试验

动力式操动机构的分、合闸操作，当其电压或气压在下列范围时，应保证隔离开关的主闸刀或接地闸刀可靠地分闸和合闸。电动机操动机构：当电动机接线端子的电压在其额定的电压的 80%～110% 范围内时；压缩空气操动机构：当气压在其额定气压的 80%～110% 范围内时；二次控制线圈和电磁闭锁装置：当其线圈接线端子的电压在其额定电压的 80%～110% 范围内时。隔离开关、负荷开关的机械或电气闭锁装置应准确可靠。具有可调电源时，可进行高于或低于额定电压的操动试验。

34.6.3 电力电缆的检测

粘性油浸纸绝缘电力电缆的产品型号有 ZQ，ZLQ，ZLL 等。不滴流油浸纸绝缘电力电缆的产品型号有 ZQD，ZLQD 等。塑料绝缘电缆包括聚氯乙烯绝缘电缆、聚乙烯绝缘电缆及交联聚乙烯绝缘电缆。聚氯乙烯绝缘电缆产品型号有 VV，VLV 等；聚乙烯绝缘及交联聚乙烯绝缘电缆的产品型号有 YJV，YJLV 等。橡皮绝缘电缆的产品型号有 XQ，XLQ，XV 等。充油电缆的产品型号有 ZQCY 等。交流单芯电缆的护层绝缘试验标准，可按产品技术条件的规定进行。

1. 电力缆试验项目

测量绝缘电阻、直流耐压试验及泄漏电流测量、检查电缆线路的相位、充油电缆的绝缘油试验、测量各电缆线芯对地或对金属屏蔽层间和各线芯间的绝缘电阻、直流耐压试验及泄漏电流测量，应符合直流耐压试验电压标准。

2. 试验电压时限

试验电压可分 4～6 阶段均匀升压，每阶段停留 1min，并读取泄漏电流值。测量时应消除杂散电流的影响。粘性油浸纸绝缘及不滴流油浸纸绝缘电缆泄漏电流的三相不平衡系数不应大于 2；当 10kV 及以上电缆的泄漏电流小于 20μA 和 6kV 及以下电缆泄漏电流小于 10μA 时，其不平衡系数不作规定。

3. 电缆的泄漏电流

具有下列情况之一者，电缆绝缘可判定有缺陷：泄漏电流很不稳定；泄漏电流随试验电压升高急剧上升；泄漏电流随试验时间延长有上升现象。应找出缺陷部位，并予以处理。检查电缆线路的两端相位应一致并与电网相位相符合。

34.6.4 避雷器的检测

1. 避雷器的试验项目

测量绝缘电阻、测量电导或泄漏电流，并检查组合元件的非线性系数、测量磁吹避雷器的交流电导电流、测量金属氧化物避雷器的持续电流、测量金属氧化物避雷器的工频参考电压或直流参考电压、测量 FS 型阀式避雷器的工频放电电压、检查放电记数器动作情况及避雷器基座绝缘。

2. 测量绝缘电阻，应符合下列规定

阀式避雷器（如 FZ 型）、磁吹避雷器（如 FCZ 及 FCD）型和金属氧化物避雷器的绝缘电阻值与出厂试验值比较应无明显的差别；FS 型避雷器的绝缘电阻值不应小于 2500MΩ。

3. 测量电导或泄漏电流，并检查组合元件的非线性系数

FCZ3—34 在海拔 4000m 及以上时，直流试验电压值应为 60kV。FCZ3—34L 在海拔

2000m 以上时，直流试验电压值为 60kV。FCZ—30DT 适用于热带多雷地区。FS 型避雷器的绝缘电阻值不小于 2500MΩ 时，可不进行电导电流测量。同一相内串联组合元件的非线性系数差值不应大于 0.04。

测量时若整流回路中的波纹系数大于 1.5% 时，应加装滤波电容器，电容值可为 0.01 ~ 0.1μF，试验电压应在高压侧测量。测量电压为 110kV 及以上的磁吹避雷器在运行电压下的交流电导电流，测得数值应与出厂试验值比较无明显的差别。检查放电记数器的动作应可靠，避雷器基座绝缘应良好。

4. 二次回路测量绝缘电阻，应符合下列规定：

小母线在断开所有其它并联支路时，不应小于 10MΩ；二次回路的每一支路和断路器、隔离开半的操动机构的电源回路等，均不应小于 1MΩ，在比较潮湿的地方，可不小于 0.5MΩ。

5. 交流耐压试验，应符合下列规定：

试验电压为 1000V。当回路绝缘电阻值在 10MΩ 以上时，可采用 2500V 兆欧表代替，试验持续时间为 1min；48V 及以下回路可不作交流耐压试验；回路中有电子元器件设备的，试验时应将插件拔出或将其两端短接。

二次回路是指电气设备的操作、保护、测量、信号等回路及其回路中的操动机构的线圈、接触器、继电器、仪表、互感器二次绕组等。

34.6.5　配电装置和馈电线路的检测

1. 1kV 以下配电装置和馈电线路检测

配电装置及馈电线路的绝缘电阻值不应小于 0.5MΩ；测量馈电线路绝缘电阻时，应将断路器、用电设备、电器和仪表等断开。

动力配电装置的交流耐压试验，试验电压为 1000V。当回路绝缘电阻值在 10MΩ 以上时，可采用 2500kV 兆欧表代替，试验持续时间为 1min。检查配电装置内不同电源的馈线间或馈线两侧的相位应一致。

2. 1kV 以上架空电力线路的检测

1kV 以上架空电力线路的试验项目：测量绝缘子和线路的绝缘电阻；测量 34kV 以上线路的工频参数；检查相位；冲击合闸试验；测量杆塔的接地电阻。测量并记录线路的绝缘电阻值。测量 34kV 以上线路的工频参数可根据继电保护、过电压等专业的要求进行。检查各相两侧的相位应一致。额定电压下对空载线路的冲击合闸试验，应进行 3 次，合闸过程中线路绝缘不应有损坏。有条件时，冲击合闸前，34kV 以上线路宜先进行递升加压试验。

34.6.6　断路器的检测

1. 油断路器的检测

油断路器的试验项目，应包括测量绝缘拉杆的绝缘电阻、测量 34kV 多油断路器的介质损耗角正切值 tgδ、测量 34kV 以上油断路器的直流泄漏电流、交流耐压试验、测量每相导电回路的电阻、测量油断路器的分合闸时间、测量油断路器的分合闸速度。

测量油断路器主触头分、合闸的同期性、测量油断路器合闸电阻的投入时间及电阻值、测量油断路器分、合闸线圈及合闸接触器线圈的绝缘电阻及直流电阻；油断路器操动机构的试验、断路器电容器试验、绝缘油试验、压力表及压力动作阀的校验。

测量断路器分、合闸的线圈及合闸接触器线圈的绝缘电阻值不应低于 10MΩ，直流电阻值与产品出厂试验相比应无明显差别。

直流或交流的分闸电磁铁，在其线圈端钮处测得的电压大于额定值的 65% 时，脱扣操作应可靠地分闸；当此电压小于额定的值的 30% 时，不应分闸。对于延时动作的过流脱扣器，应按制造厂提供的脱扣电流与动作延时的关系曲线进行核对。另外，还应检查在预定时延终了前主回路电流至返回值时，脱扣器不应动作。

2. 空气及磁吹断路器的检测

空气及磁吹断路器的试验项目，内容应包括测量绝缘拉杆的绝缘电阻、测量每相导电回路的电阻、测量支柱瓷套和灭弧室每个断口的直流泄漏电流、交流耐压试验、测量断路器主、辅触头分、合闸的配合时间、测量断路的分、合闸时间、测量断路器主触头分、合闸的同期性、测量分、合闸线圈的绝缘电阻和直流电阻、断路器操动机构的试验、测量的断路器的并联电阻值、断路器电容器的试验、压力表及压力动作阀的校验。

电机励磁回路的自动灭磁开关，要求试验：常开、常闭触头分、合切换顺序、主触头和灭弧触头的动作配合、灭弧栅的片数及其并联电阻值、在同步发电机空载额定电压下进行灭磁试验。空气断路器应在分闸时各断口间及合闸状态下进行交流耐压试验、磁吹断路器应在分闸状态下进行断口交流耐压试验。压力表指示值的误差及其变差，均应在产品相应等级的允许误差范围内。

3. 真空断路器的检测

(1) 真空断路器的试验内容应包括测量绝缘拉杆的绝缘电阻、测量每相导电回路的电阻、交流耐压试验、测量断路器的分合闸时间、测量断路器主触头分合闸的同期性、测量断路器合闸时触头的弹跳时间、断路器电容器的试验、测量分合闸线圈及合闸接触器线圈的绝缘电阻和直流电阻、断路器操动机构的试验。

(2) 应在断路器合闸及分闸状态下进行交流耐压试验。试验中不应发生贯穿性放电。测量断路器的分、合闸时间，应在断路额定的操作电压及液压下进行，断路器合闸过程中触头接触后的弹跳时间，不应大于 2ms。测量分、合闸线圈及合闸接触器线圈的绝缘电阻值，不应低于 10MΩ；直流电阻值与产品出厂的试验值相比应无明显差别。

4. 六氟化硫断路器的检测

六氟化硫 (SF_6) 断路器试验项目，应包括测量绝缘拉杆的绝缘电阻、测量每相导电回路的电阻、耐压试验、断路器电容器的试验、测量断路器的分、合闸时间、测量断路器的分、合闸速度、测量断路器主、辅触头分、合闸的同期性及配合时间、测量断路器全闸电阻的投入时间及电阻值、测量断路器分、合闸线圈绝缘电阻及直流电阻、断路器操动机构的试验、套管式电流互感器的试验、测量断路器内 SF_6 气体的微量水含量、密封性试验、气体密度断电器、压力表和压力动作阀的校验。

测量断路器的分、合闸时间，应在断路器的额定操作电压、气压或液压下进行。实测数值应符合产品技术条件的规定。测量断路器的分、合闸速度，应在断路器的额定操作电压、气压或液压下进行。测量断路器分、合闸线圈的绝缘电阻值，不应低于 10MΩ，直流电阻值与产品出厂试验值相比应无明显差别。

断路器内 SF_6 气体的微量水含量与灭弧室相通的气室，应小于 150ppm；不与灭弧室相通的气室，应小于 500ppm；微量水的测定应在断路器充气 24h 后进行。上述 ppm 值均为体积比。

密封性试验可采用下列方式进行：采用灵敏度不低于 1×10^{-6}（体积比）的检漏仪对断路器各密封部位、管道接头等处进行测量，检漏仪不应报警；采用收集法进行气体泄漏测量时，以 24h 的漏气量换算，年漏气率不应大于 1%；泄漏值的测量应在断路器充气 24h 后进行。

5. 六氟化硫封闭式组合电器的检测

六氟化硫封闭式组合电器的试验项目包括测量主回路的导电电阻、主回路的耐压试验、测量六氟化硫气体微量水含量、封闭式组合电器内各元件的试验、组合电器的操动试验、气体密度继电器、压力表和压力动作阀的校验。

测量主回路的导电电阻值，不应超过产品技术条件规定值的 1.2 倍。主回路的耐压试验程序和方法，应按产品技术条件的规定进行，试验电压值为出厂试验电压的 80%。密封性试验可采用灵敏度不低于 1×10^{-6}（体积比）的检漏仪对各气室密封部位、管道接头等处进行检测时，检漏仪不报警；采用收集法进行气体泄漏测量时，以 24h 的漏气量换算，每一个气室年漏气率不应大于 1%；泄漏值的测量应在封闭式组合电器充气 24h 后进行。

六氟化硫气体微量水含量，应有电弧分解的隔室，应小于 150ppm；无电弧分解的隔室，应小于 500ppm；微量水含量的测量应在封闭式组合电器充气 24h 后进行。上述 ppm 值均为体积比。

34.6.7 电力变压器的检测

检查铭牌上的技术参数与图纸上的要求是否一致，尤其是电压、额定容量、结构形式等。检查变压器外观有无硬伤，有没有渗油之处，渗油处容易招土，很容易查出检查变压器高低压套管是否牢固、无裂纹、无油污或其它缺陷。检查变压器油箱和散热器油漆保护层，不能有锈蚀。必要时，检查变压器内部铁心和线圈，即所谓"吊芯检查"。检查变压器一、二次绕组的相间绝缘和对外壳的绝缘，10kV 的变压器一次侧 $R \not< 500M\Omega$，二次侧 $R \not< 10M\Omega$。

变压器进行吊芯检查应在干燥清洁的室内进行。铁芯在空气中可放时间不得超过 16h。要紧固所有的螺栓；铁芯不得有任何变形；引出线的绝缘包扎应牢固，没有破损。电压切换装置各分接点无破损，焊接良好；分接开关动作可靠；严格进行绝缘电阻试验和耐压试验，其吸收比应大于 1.3。

34.7 照明电器安装质量

照明电器安装在建筑工程中最显眼、和人们生活关系密切，因而对质量的要求特别突出。

34.7.1 自在器吊线灯安装质量问题

1. 常见问题

灯头吊盒内保险扣太小不起作用。灯口内的保险扣余线太长，使导线受挤压变形。吊盒与圆木不对中，灯位在房间内对中。软线涮锡不饱满，灯口距地太低，竣工时灯具被喷浆玷污。楼梯间吸顶灯维修不方便等。

2. 主要原因

导线截面太细，如采用 $0.5mm^2$ 软塑料线取代双股编织线做吊灯线，使保险扣从吊盒眼孔内脱出，压线螺丝受压力。安装时不细心，又无专门工具，全凭目测，安装后吊盒与圆木不对中。工种之间工序颠倒，或装上灯后又修补浆活，特别是采用喷浆，而造成灯具污染。

3. 施工要点

吊灯线宜选用双股编织花线，若采用 0.5mm² 软塑料线时，应穿软塑料管，并将该线双股并列挽保险扣。如图 34-10 所示。不使吊盒内的压线螺丝受力。

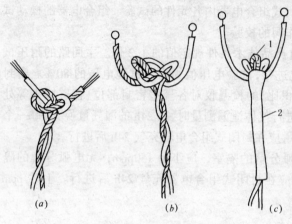

图 34-10　灯头保险扣

(a) 单保险扣；(b) 双保险扣；(c) 套塑料管

1—热封口；2—套软塑料管

在圆木上打眼时，预先将吊盒位置在圆木上划一圈线，安装时对划好的线拧螺丝，使吊盒装在圆木中心。预制圆孔板定灯位时，由于板肋的影响，灯位可往窗口一边偏移 60mm。吊灯软线涮锡时，宜先将铜芯线挽成圈再涂松香油，焊锡烧得热一点即可焊好。在安装灯口吊盒时，将已涮锡的线圈用钳口夹扁，然后再往螺丝上拧，保证螺丝压接严密，接触良好。在计算、断开吊灯线长度时，应将各部位长度都计算在内，根据房间的不同层高来确定。吊灯线放直后，灯泡应距地面至少 0.8m。

4. 治理方法

发现保险扣从吊盒眼孔掉下，应重新挽大保险扣再安装，如图 34-10 (b)，若吊盒不在圆木中心，返工重新安装。

34.7.2　吊式荧光灯的安装质量问题

1. 常见问题

成排成行的灯具不整齐，高度不一，吊链上下档距不一致，出现梯形。距地 2.4m 以下的灯具金属外壳未做保护接地（零）。灯具喷漆被撞坏，外观不整洁。

2. 主要原因

暗配线、明配线定位灯未弹十字线或中心线，也未加装灯位调节板。吊灯装好后未拉水平线测量定出中心位置，使安装的灯具不成行，高低不一致。采用空心圆孔板的房间受到板肋的影响，造成灯具档距不一致。金属灯具须做保护接地的规定不明确。灯具在储存、运输、安装过程中未妥善保管，同时过早拆去包装纸。

3. 施工要点

成行吊式荧光灯安装时，如有三盏以上，应在配线时就弹好十字中线，按中心线定灯位。如果灯具超过十盏时，即要增加尺寸调节板，用吊盒的改用法兰盘，尺寸调节板如图 34-11 所示。这种调节板可以调节 30mm 幅度。如果法兰盘增大时，调节范围可以加大。

成排成行吊式荧光灯吊装后，在灯具端头处应再拉一直线。统一调整，以保持灯具水平一致。为了上下吊距开档一致，若灯位中心遇到楼板肋时，可用射钉枪射注螺丝，或者统一改变荧光灯架吊环间距，使吊链高度相同。管吊式荧光灯时，铁管上部可用锁母、吊钩安装，使垂直地面，以保持灯具平正。批量灯具应进入成品库时，设专人保管，建立责任制度，不得过早地拆去包装纸。

4. 治理方法

灯具不成行，高度不齐、档距不一致超过允许限度时，应用调节板调整。2.4m以下的金属灯具没有保护接地（零）线时，一律采用2.5mm² 的软铜线保护连接。

34.7.3 花灯及组合式灯具的安装

1. 常见问题

在木结构吊顶板下安装组合式吸顶灯会因为防火处理不好，有烤焦木顶棚的现象，甚至着火。花灯金属处壳带电；花灯不牢固甚至掉下；灯位不在分格中心或不对称；吊灯法兰盖不住孔洞，影响了室内整齐美观。

2. 主要原因

没有考虑吊钩长期悬挂花灯的重量，预设的吊钩太小，没有足够的安全系数，造成后期掉灯事故。灯具质量不良，因为灯具温度高而造成灯头和灯泡脱胶而使灯泡坠落。高级花饰灯具，灯头多、照度大、温度高，使用中容易将导线烤老化，致使绝缘损坏而金属外壳带电。在安装灯具时，未接保护地（零）线，所以花灯金属构件即使长期带电，也不熔断保险丝或使自动空气开关动作。

在有高级装修吊顶板和护墙分格的工程中，安装线路确定灯位时，没有参阅土建工程建筑装饰图，土建、电气会审图纸不仔细，容易出现灯位不中不正，灯距不对称。装饰吊顶板留灯位孔时，测量不准确。在木结构吊顶板下安装吸顶灯未留气孔，开灯时间一长，灯泡产生的温度越积越高，使灯泡粘胶融化或使木材炭化，达到340℃时即起火燃烧。

3. 施工要点

一切花饰灯具的金属构件，都应做良好的保护接地（零）。花灯吊钩加工成型后全部镀锌防腐，并需能悬挂花灯自重6倍的重量。特别重要的场所和大厅中的花灯吊钩，安装前应请结构设计人员对它的牢固程度做出技术鉴定，作到绝对安全可靠。

采用型钢做吊钩时，圆钢最小规格不小于φ12mm；扁钢规格不小于50mm×5mm。在配合高级装修工程中的吊顶施工时，必须根据建筑物吊顶装修图核实具体尺寸和分格中心，定出灯位，下准吊钩。对大的宾馆、饭店、艺术厅、剧场工程的花灯安装，要加强图纸会审，密切配合施工。

在吊顶夹板上开灯位孔洞时，应先用木钻钻一个小孔，小孔对准灯头盒，待吊顶夹板钉上后，再根据花灯法兰盘大小，扩大吊顶夹板眼孔，使法兰盘能盖住夹板孔洞，保证法兰、吊杆在分格中心位置。凡是在木结构上安装吸顶组合灯、面包灯、半圆球灯和日光灯等灯具时，应在灯抓子与灯顶直接接触的部位，垫3mm厚的石棉布（纸）隔热，防止火灾事故发生。在顶棚上安装灯群及吊式花灯时，

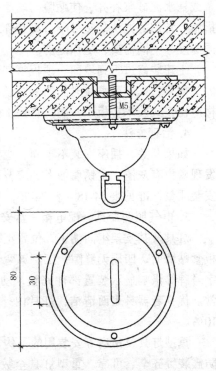

图 34-11　灯位调节板

应先拉好灯位中心线、十字线定位。

4. 治理方法

如果金属灯具外壳带电，必须检查相线绝缘，重新连接良好的保护接地或零线。花灯因吊钩腐蚀而掉下，必须凿出结构钢筋，用不小于 φ12mm 镀锌圆钢重新做吊钩挂于结构主筋上。分格吊顶高级装饰的花灯位置开孔过大，灯位不居中，应换分格板，调整灯位，重新开孔装灯。

34.7.4 开关插座安装质量问题

1. 常见问题

安装圆木或上盖板后，四周墙壁仍有损坏残缺而影响外观质量。暗开关、插座芯安装不牢固。金属盒子生锈腐蚀，插座盒内不干净有灰渣，盒子口抹灰不平整。安装好的暗开关板、插座盖板被喷浆弄脏。

2. 主要原因

工序颠倒，没有喷浆先安装电器灯具，使开关板、插座板、电器具被喷浆弄脏。各种铁制暗盒子，出厂时没有做好防锈处理。抹灰时只注意大面积的平直，忽视盒子口的修整，抹罩面白灰膏时仍未加以修整，待喷浆时再修补，由于墙面已干结，造成粘结不牢并脱落。

3. 施工要点

在安装开关或插座时，应先扫清盒内灰渣脏土。铁开关、灯头和接线盒，应先焊接好地线，然后全部进行镀锌。安装铁盒如出现锈迹，应再补刷一次防锈漆，以确保质量。各种箱、盒的口边最好用水泥砂浆抹口。如箱子进墙面较深时，可在箱口和贴脸之间嵌以木条或抹水泥砂浆补齐，使贴脸与墙面平整。对于暗装盒子较深于墙面内的应采取其他补救措施。常用的办法是垫弓子（即以 1.2 ~ 1.6mm 的铅线缠绕一长弹簧），然后根据盒子不同深度，不同需要，随用随剪。

土建装修进行到墙面、顶板喷完浆活时，才能安装电气设备，工序绝对不能颠倒。如因工期紧，又不受喷浆时间的限制，可以在暗开关、插座装好后，先临时盖上铁皮盖。规格应比正式胶木盖板小一圈。直到土建装修全部完成后，拆下临时铁盖，方可正式盖板。

4. 治理方法

如果开关、插座安装不牢固，应拆下重新垫弹弓子装牢固。开关、插座装好后，抽查发现盒内有灰渣、生锈腐蚀者，应普遍卸下盖板，彻底清扫，并补防锈漆两道。灯具电气安装质量标准见表 34-18 ~ 表 34-20；开关、插座安装质量标准见表 34-21。

5. 电气照明器具、配电箱、盘安装

灯具及其支架牢固端正，位置正确，有木台的安装在木台中心。暗插座、暗开关的盖板紧贴墙面，四周无缝隙；工厂罩弯管灯、防爆弯管灯的吊攀齐全，固定可靠；电铃、光字号牌等讯响显示装置部件完整，动作正确，讯响显示清晰；灯具及其控制开关工作正常。优良者器具表面清洁，灯具内外干净明亮，吊杆垂直，双链平行。抽查器具总数的10%。

重型灯具及吊扇等安装用的吊钩、预埋件必须埋设牢固。吊扇吊杆及其销钉的防松、防震装置齐全、可靠。重型灯具全数检查，吊扇抽查 10%，但不少于 5 台。观察检查和检查隐蔽工程记录。

操 作 项 目	质 量 要 求
软线吊灯安装	1. 在吊盒及灯头内应做结扣，装自在器时应装软塑料管，灯口应用安全灯口 2. 软线吊灯带升降器的灯具，吊线展开后距地面不应小于 0.8m

吊式日光灯安装质量标准   表 34-19

操 作 项 目	质 量 要 求
金属外壳接地	灯具的外壳必须接地或接零时，应有接地螺栓与接地网连接
成排成行安装	吊式日光灯应垂直，吊线开档一致，成排成行在一条线上，并且每盏灯都吊在一个水平线上

花灯、组合吸顶灯安装质量标准   表 34-20

操 作 项 目	质 量 要 求
预埋吊钩	1. 灯具重量超过 3kg 时，应固定在预埋的吊钩或螺栓上 2. 吊钩成型后要完全镀锌，钢材不得小于：圆钢 Φ12mm；扁钢 50mm×5mm
防火隔热	各式灯具装在易燃结构部位或暗装木制吊顶内时，在灯具周围应做好防火措施
灯位安排	灯群灯位必须形成直线在同一个中心位置和分格中心

开关、插座安装质量标准   表 34-21

操 作 项 目	质 量 要 求
安装开关插座	1. 暗开关、插座的盖板应端正，严密，并与墙面取平 2. 明、暗装的开关、插座都要牢固，开关需断相线

照明器具、配电箱（盘、板）安装允许偏差   表 34-22

项 次	项 目		允许偏差（mm）	检验方法
1	箱、盘、板垂直度	箱（盘、板）体高 < 50cm	1.5	吊线、尺量检查
		箱（盘、板）体高 ≥ 50cm	3	
2	照明器具	成排灯具中心线	5	拉线、尺量检查
3		明开关、插座的底板和暗开关、插座的面板 并列安装高差	0.5	尺量检查
		同一场所高差	5	
4		面板垂直度	0.5	吊线、尺量检查

配电箱（盘、板）安装应位置正确，部件齐全，箱体开孔合适，切口整齐；暗式配电箱箱盖紧贴墙面；零线经汇流排（零线端子）连接，无绞接现象；箱体（盘、板）油漆完整。优良是在合格的基础上，箱体内外清洁，箱盖开闭灵活，箱内接线整齐，回路编号齐全、正确；管子与箱体有专用锁紧螺母。抽查 5 台观察检查。

导线与器具连接合格者连接牢固紧密，不伤线芯。压板连接时压紧无松动，螺栓连接时，在同一端子上导线不超过两根，防松垫圈等配件齐全。螺口灯头相线接在中心触点的端子上；同样用途的三相插座接线，相序排列一致；单相插座的接线，面对插座，左端接零线，右端接相线；单相三孔、三相四孔插座的接地（接零）线在正上方；插座的接地（接零）线单独敷设，不与工作零线混同。优良是在合格的基础上，导线进入器具的绝缘保护良好，在器具、盒、箱内的余量适当。吊链灯的引下线整齐美观。按不同类别器具各抽查 10 处观察、通电检查。

检查数量：配电箱（盘、板）抽查 5 台，器具抽查总数的 10%，但不少于 10 套（件）。照明器具、配电箱、盘、板的安装允许偏差以及检验方法应符合表 34-22 规定。

34.8 电缆工程质量检验

34.8.1 电缆线路质量检验

1. 验收要求进行检查的项目

电缆规格应符合设计规定，排列整齐，无机械损伤。标志牌应装设齐全、正确、清晰。电缆的固定、弯曲半径、有关距离和单芯电力电缆的金属护层的接线、相序排列等应符合要求。电缆终端、电缆接头及充油电缆的供油系统不应有渗漏现象。

接地应良好。电缆终端的相色应正确，电缆支架等的金属部件防腐层应完好。电缆沟内应无杂物，盖板齐全，隧道内应无杂物，照明、通风、排水等设施完整。

直埋电缆路径标志，应与实际路径相符。路径标志应清晰、牢固、间距适当。水底电缆线路两岸，禁锚区内的标志、夜间照明装置及防火措施符合要求。

2. 验收提交文件

隐蔽工程应在施工过程中进行中间验收，并作好签证。在验收时，应提交下列资料和技术文件：电缆线路路径的协议文件、设计资料图、电缆清册、变更设计的证明文件和竣工图。

直埋电缆输电线路的敷设位置图，比例宜为 1：500。地下管线密集的地段不应小于 1：100，在管线稀少、地形简单的地段可为 1：1000；平行敷设的电缆线路，宜合用一张图纸。图上必须标明各线路的相对位置，并有标明地下管线的剖面图。制造厂提供的产品说明书、试验记录、合格证件及安装图纸等技术文件。

隐蔽工程的技术记录、电缆线路的原始记录如电缆的型号、规格及其实际敷设总长度及分段长度，电缆终端和接头的型式及安装日期。电缆终端和接头中填充的绝缘材料名称、型号、试验记录。

34.8.2 电力电缆测试

（1）电力电缆试验项目包括测量绝缘电阻、直流耐压试验及泄漏电流测量、检查电缆线路的相位、充油电缆的绝缘油试验。

（2）测量各电缆线芯对地或对金属屏蔽层间和各线芯间的绝缘电阻。

（3）直流耐压试验及泄漏电流测量。

粘性油浸纸绝缘电力电缆的产品型号有 ZQ、ZLQ、ZLL 等。不滴流油浸纸绝缘电力电缆的产品型号有 ZQD、ZLQD 等。塑料绝缘电缆包括聚氯乙烯绝缘电缆，聚乙烯绝缘电缆及交联聚乙烯绝缘电缆。聚氯乙烯绝缘电缆产品型号有 VV、VLV 等；聚乙烯绝缘及交联聚乙烯绝缘电缆的产品型号有 YJV、YJLV 等。橡皮绝缘电缆的产品型号有 XQ、XLQ、XV

等。充油电缆的产品型号有 ZQCY 等。交流单芯电缆的护层绝缘试验标准，可按产品技术条件的规定进行。

试验时，试验电压可分 4～6 阶段均匀升压，每阶段停留 1min，并读取泄漏电流值。测量时应消除杂散电流的影响。粘性油浸纸绝缘及不滴流油浸纸绝缘电缆泄漏电流的三相不平衡系数不应大于 2；当 10kV 及以上电缆的泄漏电流小于 20μA 和 6kV 及以下电缆泄漏电流小于 10μA 时，其不平衡系数不作规定。

如果泄漏电流很不稳定、泄漏电流随试验电压升高急剧上升或泄漏电流随试验时间延长有上升现象时，应查电缆绝缘有缺陷，应找出缺陷部位，并予以处理。

34.8.3　电缆和绝缘子套管安装

应在安装前测量电容型套管的抽压及测量小套管对法兰外壳的绝缘电阻，以便综合判断其有否受潮，测试标准是参照原水电部《电气设备预防性试验规程》的规定。规定使用 2.5kV 兆欧表进行测量，主要考虑测试条件一致，便于分析。大部分国产套管的抽压及测量小套管具有 3kV 的工频耐压能力，所以使用 2.5kV 兆欧表不会损坏小套管的绝缘。

在多元件支柱绝缘子的每层浇合处是绝缘的薄弱环节，往往在整个绝缘子交流耐压试验时不易发现，而在分层耐压试验时引起击穿，为此规定应按每个元件耐压试验电压标准进行交流耐压试验。

套管中的绝缘油质量好坏是直接关系到套管安全运行的重要一环，但套管中绝缘油数量较少，取油样后可能还要进行补充。

34.8.4　定额对电缆线路敷设质量的要求

1. 一般规定

北京地区的施工定额是按环境温度，可按下列数值取用：室内为 +30℃；室外地下为 +34℃；室外地上为 +25℃。电缆直埋时应在冻土层以下敷设（北京地区冻土深度一般为 800mm 以内）。在通过道路时应穿保护管。

室外低压配电线路的电压降，自变压器低压侧出口至电源引入处，在最大负荷时的允许值为其额定电压的 4%，室内线路（最远至配电箱）为 3%。穿越管、槽敷设的绝缘导线和电缆，其电压等级不应低于交流 500V。

不同电压和用途的电缆应分开敷设，若必须在同一桥架或线槽上敷设时，应采取加隔离板或部分穿管等措施，但同一设备同一系统的电源线和控制线除外。在室内敷设的电缆不应有可燃被层。

2. 电缆线路截面

小区外线电缆截面已规范化，统一为 70、120、185mm²。电缆沟、隧道应有防水措施，底部应作 5‰坡度将水导向电缆井内的集水坑。电缆沟进入建筑物时应设防火墙，电缆隧道进入建筑物处应设带防火门的防火墙。隧道内每 50m 处设一防火密闭门，通过隔门的电缆须作防火处理。电缆隧道长度大于 20m 时两端应设出口（包括人孔），当两个出口距离大于 75m 时应增加出口。人孔井的直径不应小于 0.7m。引入线穿墙过管宜不小于 φ100 钢管，供电单位维护管理时应为 φ150 的钢管。

34.8.5　电缆线路的施工质量标准

埋地敷设的电缆应避开规划中需要挖掘的地方，使电缆不至受到损坏及腐蚀。在平面设计时，尽可能选择短而直的路径。尽量避开和减少穿越地下各种管道、公路、铁路和通讯电缆。室内电气管线与其他管道之间的最小距离见表 34-23。

室内电气管线和电缆与其他管道之间的最小距离（m）   表 34-23

敷设方式	管线及设备名称	管线	电缆	绝缘导线	裸导母线	滑触线	插接母线	配电设备
平行	煤气管	0.1	0.5	1.0	1.5	1.5	1.5	1.5
	乙炔管	0.1	1.0	1.0	2.0	3.0	3.0	3.0
	氧气管	0.1	0.5	0.5	1.5	1.5	1.5	1.5
	蒸气管 上	1.0	1.0	1.0	1.5	1.5	1.0	0.5
	下	0.5	0.5	0.5			0.5	
	热水管 上	0.3	0.5	0.3	1.5	1.5	0.3	0.1
	下	0.2		0.2			0.2	
	通风管		0.5	0.1	1.5	1.5	0.1	0.1
	上下水管	0.1	0.5	0.1	1.5	1.5	0.1	0.1
	压缩空气管		0.5	0.1	1.5	1.5	0.1	0.1
	工艺设备				1.5	1.5		
交叉	煤气管	0.1	0.3	0.3	0.5	0.5	0.5	
	乙炔管	0.1	0.5	0.5	0.5	0.5	0.5	
	氧气管	0.1	0.3	0.3	0.5	0.5	0.5	
	蒸气管	0.3	0.3	0.3	0.5	0.5	0.3	
	热水管	0.1	0.1	0.1	0.5	0.5	0.1	
	通风管		0.1	0.1	0.5	0.5	0.1	
	上下水管		0.1	0.1	0.5	0.5	0.1	
	压缩空气管		0.1	0.1	0.5	0.5	0.1	
	工艺设备				1.5	1.5		

电气管线与蒸汽管线不能保持表中的距离时，可以在管子之间加隔热材料，这样平行净距离可以减至 0.2m，交叉处只考虑施工维修方便。电气管线与热水管线不能保持表中的距离时，可以在热水管线外面加隔热层。裸母线和其他管道交叉不能保持表中的距离时，应在交叉处的裸母线外面加装保护网或保护罩。

对电缆敷设方式的选择，一般要从节省投资、施工方便及安全运行三个方面考虑。电缆直埋敷设施工最方便，造价最低，散热较好，应优先选用。在确定电缆构筑物时，应该结合扩建规划预留备用支架及孔眼。在电缆沟内敷设时的支架间距应满足表 34-24 的要求。

电缆支架固定点间的最大距离（m）   表 34-24

敷 设 方 式	塑料护套铅铝包铠装		钢丝铠装电缆
	电力电缆	控制电缆	
水平敷设	1.0	0.8	3.0
垂直敷设	1.5	1.0	6.0

1. 电缆在隧道或电缆沟内敷设时的净距不得小于表 34-25 数据。

电缆在隧道或电缆沟内敷设时的净距最小值（mm）　　　　　　　表 34-25

敷 设 方 式		电缆隧道 高度≥1800mm	电 缆 沟	
			深≤0.6m	深＞0.6m
两边有电缆架时架间水平净距（沟宽）		1000	300	500
一边有电缆架，架与壁通道净距		900	300	450
电缆架层间的垂直净距	电力电缆	200	150	150
	控制电缆	120	100	100
电力电缆间的水平净距		34，但不小于电缆外径		

2. 室外电缆和其他管道的安全距离应不小于表 34-26 的规定。

室外电缆和其它管道安全距离的规定（m）　　　　　　　表 34-26

类 别	接近距离	交叉垂直距离
电缆与易燃管道	1	0.5
电缆与热力管	2	1
电缆与电杆	0.5	—
电缆与树林	1	—

3. 电缆敷设的路由

电缆在以下各处敷设应预留长度：进出建筑物处、电缆中间头、终端头、由水平到垂直处、进入高压柜、低压柜、动力箱处、过建筑物伸缩缝、过电缆井等处。电缆直埋时还得预留"波纹长度"，一般按 1.5%，以防热涨冷缩受到拉力。对于电话电缆和射频同轴电缆的预留长度，电气安装工程定额也已经预留了 20%的裕度。

一级负荷供电的双路电源电缆应尽量不敷设在同一沟内，否则应该加大电缆之间的距离。在室处明敷设时，不宜设计在阳光曝晒的地方。单芯电缆通交流电时，不得穿钢管敷设，也不应该用铠装的电缆。应采用非金属管敷设。单芯电缆在敷设时要使并联电缆间的电流分布均匀；接触电缆的外皮时，应没有危险；不得使附近的金属部件发热。

室外电缆沟在进入厂房时，入口处应该设防火隔墙。电缆沟的盖板采用钢筋混凝土盖板，两人能抬得动，不宜超过 50kg。室内常用钢板盖板。电缆沟的敷设应采用分段排水，每隔 50m 左右，设集水井。电缆沟底的坡度不小于 0.5%。室内电缆敷设线路平面设计应把高压电缆与低压电缆分开，并列间距不小于 150mm。电压相同的电缆净间距不小于 30mm。在电缆托盘内则不受此限，非铠装电缆水平敷设时，距离室内地面高度不小于 2.5m。垂直敷设高度在 1.8m 以下时，应有防机械损伤的措施。但是明敷设在电缆专用房间时，不受此限。

34.8.6　电缆施工安装要点

1. 电缆检查

施工前应查电缆受潮否，用火烧法（从电缆上撕下一点绝缘纸，用火烧之有"呲、呲"声则受潮了）或油浸法（撕下纸后浸入热沥青油中听声音）。用兆欧计摇测电缆的绝缘电阻，低压电缆正常值应大于 10MΩ。

高压电缆的绝缘电阻为：3kV 电力电缆——200MΩ；6kV 电力电缆——400MΩ；10kV 电力电缆——600MΩ。

2. 电缆拐弯

电缆不得拐急弯，一般弯曲半径不小于电缆外径的 10～20 倍。（控制电缆、塑料电力电缆、橡皮绝缘或塑料护套电力电缆不小于 10 倍；油浸纸绝缘电力电缆、橡皮绝缘、裸铅包电力电缆不小于 15 倍；橡皮绝缘铅包铠装电缆不小于 20 倍。电缆敷设的弯曲半径与电缆外径的比值不应小于表 34-27 中的规定。多芯电缆比单芯电缆弯曲半径小，无铠装比有铠装电缆弯曲半径小。

电缆敷设的弯曲半径与电缆外径的最小比值 表 34-27

电 缆 护 套 类 型		电力电缆		其它多芯电缆
		单　芯	多　芯	
金属护套	铅	25	15	15
	铝	30	30	30
	皱纹铝套和皱纹钢套	20	20	20
非 金 属 护 套		20	15	无铠装 10、有铠装 15

3. 埋深的要求

在寒冷地区电缆埋深应在冻土层以下，北京地区电缆的埋深应不小于 0.7m，农田内应不小于 1m。如果无法做到时，应该采取保护措施保护电缆不受损坏。

4. 施工时电缆穿管保护

电缆通过有振动和承受压力的下列各地段，电缆引入和引出建筑物（构筑物）的基础、楼板及过墙等处；电缆通过铁路、道路和可能受到机械损伤的地段；垂直电缆在地面上 2m 至地下 0.2m 处，和行人容易接触，可能受到机械损伤的地方。

电缆与建筑物平行敷设时，电缆应埋设在建筑物的散水坡外。电缆进入建筑物时，所穿的保护管应该超出建筑物的散水坡以外 0.1m。直埋电缆与道路、铁路交叉时，所穿保护管应伸出 1m。电缆与热力管沟交叉时，如电缆穿石棉水泥管保护，其长度应伸出热力管沟两侧各 2m；用隔热保护层时，应超过热力管沟和电缆两侧各 1m。

埋地敷设的电缆，接头盒下面必须垫混凝土基础板，其长度应伸出接头保护盒两侧大约 0.6～0.7m。在电缆沟支架上敷设电缆时，控制电缆在下层，电力电缆在上层。低压电缆可并列敷设。当两侧均有支架时，1kV 以下的电力电缆和控制电缆应尽量和 1kV 以上的电力电缆分别敷设在不同侧的支架上。电缆的支架长度不大于 340mm，在隧道内不大于 500mm。在盐雾地区或有腐蚀性地区的支架应涂防腐漆或用混凝土材料制作。

直埋电缆施工时应剥去麻层。无铠装的电缆在引出地面以上 1.8m 的高度应穿金属管保护，以防机械损伤。室外电缆沟的盖板应高出地平 100mm。如果影响地面的排水，则应采用有覆盖层的电缆沟，可以低于地平 300mm。室内电缆敷设凡是穿过楼板或墙体时均应有局部穿管保护。电缆的中间头应该设在电缆井内，在电缆头盒的周围要有防止引起火灾的措施。

34.9 架空线路工程质量

34.9.1 架空线路电杆常见问题

1. 常见问题

杆位组立不直；水泥电杆未作底盘；卡盘（也称夹盘或地横木）位置摆放位置有误；电杆有裂缝；钢绞线拉线未套心形环；普通拉线角度不准，用料太长。

2. 主要原因

肉眼测量杆位有误差，在挖坑时未留余量，立电杆的程序不对，造成杆位不成直线。对水泥电杆作底盘的重要性没认识，往往在电杆坑内用脚踩平就完事。作卡盘的走向没有按照在一根电杆的左侧，下一根电杆在右侧，卡盘距地面太浅或太深。水泥电杆在运输中因为应力面产生纵横裂缝，影响了电杆的强度。

3. 施工要点

（1）电杆的测量定位应该在距电杆中心的某处设置标志桩，以便在挖完杆坑以后仍可校验杆位，标致桩不应该在施工中被挖掉。在挖电杆坑的长向应与电线走向垂直，如图34-12所示，以便调整杆位。立电杆时应先立1号、5号杆，然后再立3号、4号电杆，以便纵向校直。

（2）水泥电杆的底盘可以用现浇或预制混凝土制作。在安装预制混凝土卡盘时，在终端杆设在电杆受力的内侧，中间电杆应设在电杆的受力边侧。用现浇混凝土卡盘时，可以在电杆根部65cm处，挖出以电杆为中心，直径1m的圆坑，浇筑150号厚15cm的素混凝土，待保养达到强度以后回填土夯实。见图34-13。

（3）拉线的截面积应根据架空导线选择，一般拉线的承拉荷载应大于电杆上架空线导线

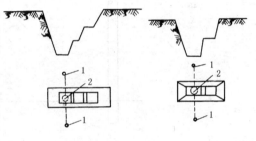

图34-12 电杆坑的挖法
1—方向桩；2—杆位

全部拉力的总和。当用镀锌钢绞线作拉线时，其接触拉线抱箍和底把部位必须加套心形环，以防止单股受力。根据电杆不同的高度用直角三角形法则，可以求出各段铅丝的长度，预求上把的长度，则b边等于a边乘以$\sqrt{2}$，即2000×1.414，若要计划断铅丝，还应该加上两头的缠绕线。所以要求上把的长度，可以按下述经验公式计算：$(2000 \times \sqrt{2}) + (2 \times 1200)$即加上两端的缠绕线。拉线除了经常采用$\phi 4mm$（8号）铅丝外，现在普通采用7股$34mm^2$镀锌钢绞线。底把则采用$\phi 16mm$圆钢制作，如图34-14所示。

10kV架空线路采用水泥电杆时，可以免去拉线的中、上把之间的绝缘球。500V以下的低压架空线仍旧应安装绝缘球。

（4）水泥电杆长距离运输要用拖挂车，

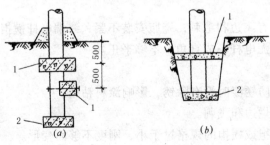

图34-13 预制混凝土卡盘作法
（a）预制；（b）现浇
1—卡盘；2—底盘

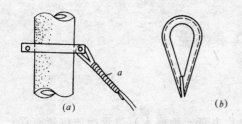

图 34-14 钢绞线拉线套心形环

（a）拉线；（b）心形环

现场短距离要用两辆小平板车支起电杆的上下段，而且运输必须把电杆捆牢切勿在地上拖拉滚摔。

4. 预防措施

（1）杆位不成直线，应在打卡盘时挖出部分填土，在坑内校正。

（2）发现未作卡盘时，应在杆坑内挖65cm深，打 1m 直径×0.15m 深的 150 号素混

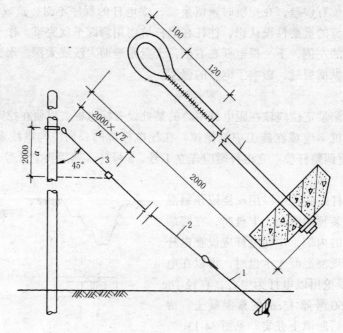

图 34-15　铅丝拉线各部分

1—底把；2—中把；3—上把

凝土卡盘。

（3）卡盘的位置摆错了，应及时纠正。

34.9.2　铁横担组装常见问题

1. 常见问题

角钢横担的铁件防腐做的不彻底；打眼有飞边和毛刺；瓷瓶安装不紧；终端电杆横担有变形；抱箍的螺丝不配套，角钢横担与水泥电杆不成直角，不够平正。

2. 主要原因

（1）横担及铁活的镀锌防腐未彻底，刷防锈漆时没有除锈，影响涂料粘结。

（2）角钢横担用电、气焊切割开孔造成烂边和飞刺。

（3）终端杆的横担没有作加强型的双横担或横担的规格过于小，刚度不够而变形。

（4）横担抱箍加工的时候，没有按水泥杆的拔梢锥度计算直径，结果抱箍螺丝过长，使用时只能势钢管头。

（5）横担与电杆间没有装 M 形垫铁。

3. 施工要点

（1）外线用角钢横担、铁活，应该于加工成型后，全部采用镀锌防腐。在施工中，局部磨损掉的镀锌层，在竣工前应全部补刷防锈漆。

（2）角钢横担开眼孔，必须在台钻上进行，或用"漏盘"砸（冲）眼孔。水泥电杆横担 M 形垫铁，如图 34-16。

（3）预防措施：架线完成以后，发现横担等镀锌防腐作得不彻底，应补刷灰色防锈漆两道。横担眼孔有飞边、毛刺，应在台钻上用锉刀镗孔。横担安装不平整，应该选择配套的抱箍、M 形垫铁重新安装。

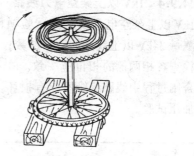

图 34-16 水泥电杆横担 M 形垫铁

1—电焊镀锌；2—18×34 长孔

34.9.3 导线架设的常见问题

1. 常见问题

导线出现背扣或死弯，多股导线松股、抽筋、扭伤；电杆档距内导线松弛度不一致；导线接头没有测定接触电阻；裸导线绑扎有伤痕。

2. 分析原因

（1）在放整盘导线时没有采用放线架或其它放线工具，而生拉硬拽。

（2）在电杆上放线拉线，会使导线磨损、蹭伤，严重时，造成断股。

（3）导线接头未按标准制作，工艺不正确。

（4）绑扎裸铝导线时，没有缠铝带。

（5）在同一档距内架设不同截面的导线时，紧线的方法不妥，出现松弛度不一致。

3. 预防措施

（1）整盘导线开放时，必须用放线架，如图 34-17 所示。也可以用手推车的轮子竖起来放线，如图 34-18。

图 34-17 用放线架

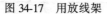

图 34-18 用小车轮子放线

（2）架设裸铝导线时，可以在角钢横担上挂开口滑轮车，如图 34-19 所示。放线时将铝导线穿于滑轮内，由地面上人员用大绳从这一档电杆内到另一档电杆，一档一档地拉至终端杆。

（3）导线的接头一般不应该在电杆档距之内，尤其是普通铝导线不应在档距内有接头，以免因受拉力而在接头处断线，所以应尽量在电杆横担上搭弓子跨接，铝导线常用并沟线夹压接或铝套管压接，如图 34-20 所示。如果档距之内必须有接头时，应用钢芯铝绞线加铝套管抱压接头。

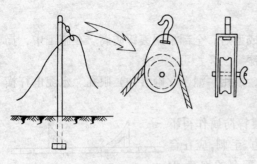

图 34-19 用滑车放线

裸铝导线与瓷瓶绑扎时，要缠 1mm × 10mm 的小铝带，保护铝导线。高、低压线同杆架设时，高压线应在上层，低压线在下层；架设低压线时，动力线在上，照明线在下，路灯线在最下层。在同一档距内，不同规格的导线，先紧大号线，后紧小号线。这样可以使松弛度一致，断股铝线不能作架空线。

4. 改善方法

导线出现背扣、死弯、松股、抽筋、扭伤

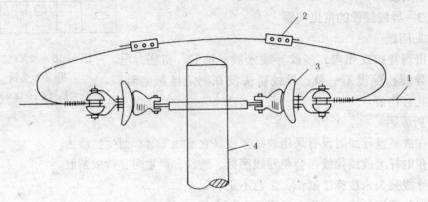

图 34-20 电杆上搭弓子接头

1—架空线；2—并沟线夹；3—陶瓷拉合；4—电杆

严重者，应换新导线。架空线松弛度不一致时，应重新紧线校正。水泥电杆拉线的质量标准见表 34-28。角钢横担安装质量标准见表 34-29。架空导线架设质量标准见表 34-30。

34.9.4 1kV 以上架空电力线路

1kV 以上架空电力线路的试验项目，应包括下列内容：测量绝缘子和线路的绝缘电阻；测量 34kV 以上线路的工频参数；检查相位；冲击合闸试验；测量杆塔的接地电阻。

检查各相两侧的相位应一致。在额定电压下对空载线路的冲击合闸试验，应进行 3 次，合闸过程中线路绝缘不应有损坏。有条件时，冲击合闸前，34kV 以上线路宜先进行递升加压试验。

水泥电杆拉线的质量标准 表 34-28

操 作 项 目	质 量 标 准
水泥电杆裂纹检查	按规定支点放置，横向裂纹宽度不可超过 0.2mm，长度不超过周长的一半
卡盘位置设置	10kV 以下电杆基础应符合下面标准： 1. 埋设在地面以下 50cm； 2. 直线杆与线路平行，顺次在电杆的左、右交替埋设； 3. 承力杆埋设在承力侧
拉线	1. 镀锌铅丝直径不小于 4mm，股数不少于 3 股（中把）； 2. 绞谷应均匀，受力相等，不应出现抽筋的现象； 3. 拉线的两端应设心形环

角钢横担安装质量标准   表 34-29

操 作 项 目	质 量 标 准
横担防腐	各种类型的铁塔及横担部件，应进行防腐处理，用镀锌型钢
横担安装	安装应平直，误差不大于下列数值： 1. 水平上下歪斜 3cm； 2. 横担线路方向扭斜 5cm

架空导线架设质量标准   表 34-30

操 作 项 目	质 量 标 准
导线质量	1. 不应有松股、交叉、折迭、硬弯、断裂及破损等； 2. 铝导线不应有严重腐蚀现象； 3. 导线截面损坏 15%以内时，允许修整，用相同规格的导线在损坏处缠绕，缠绕长度应超出损坏部分两端各 3cm
导线架设	1. 放紧导线过程中，应通过滑车； 2. 弧垂度的误差不应超过设计误差的 ±5%； 3. 裸铝导线在绝缘子上固定时，应加绕铝带，缠绕长度应超出绑扎部分的 3cm

1. 悬式绝缘子和支柱绝缘子

悬式绝缘子和支柱绝缘子的试验项目应包括测量绝缘电阻；交流耐压试验。

绝缘电阻值规定：每片悬式绝缘子的绝缘电阻值，不应低于 300MΩ；34kV 及以下的支柱绝缘子的绝缘电阻值，不应低于 500MΩ；采用 2500kV 兆欧表测量绝缘子绝缘电阻值，可按同批产品数量的 10%抽查；棒式绝缘子不进行此项试验。

2. 低压电器

低压电器的试验项目，应包括下列内容：测量低压电器连同所连接电缆及二次回路的绝缘电阻；电压线圈动作值校验；低压电器动作情况检查；低压电器采用的脱扣器的整定；测量电阻器和变阻器的直流电阻；低压电器包括电压为 60~1200V 的刀开关、转换开关、熔断器、自动开关、接触器、控制器、主令电器、起动器、电阻器、变阻器及电磁铁等。

测量低压电器连同所连接电缆及二次回路的绝缘电阻值，不应小于 1MΩ；在比较潮湿的地方，可不小于 0.5MΩ。电压线圈动作值应进行校验，线圈的吸合电压应大于额定电压的 85%，释放电压不应小于额定电压的 5%；短时工作的合闸线圈应在额定电压的 85%~110% 范围内，分励线圈应在额定电压的 75%~110% 的范围内均能可靠工作。

低压电器动作情况要进行检查，对采用电动机或液压、气压传动方式操作的电器，产品另有规定除外，当电压、液压或气压在额定值的 85%~110% 范围内，电器应可靠工作。低压电器采用的脱扣器的整定，各类过电流脱扣器、失压和分励脱扣器、延时装置等，应按使用要求进行整定。

习 题 34

一、填空题

1. 分项工程质量的检验评定等级有_____级；检查项目分为_____项目、_____和_____项目。

2. 电缆穿钢管保护时，管孔内径不得小于电缆外径的__倍。混凝土管、陶土管、石棉水泥管除应满足上述要求以外，其内径尚不能小于____mm。每根电缆管的弯头不应超过__个。直角弯不应超过__个。直埋电缆必须选用_____电缆。

3. 母线间距与设计尺寸允许偏差为____；母线平弯最小弯曲半径允许偏差为____。

4. 配电柜基础型钢长度允许偏差为____，箱、盘安装每米垂直度允许偏差为____。

5. 检查绝缘电阻值时，一般低压电器为不大于_____。低压电缆为不大于_____，3kV电缆为_____，10kV电缆_____。

6. 对电气工程上的导线接头时，必须遵守的三个要素是_____、_____、_____。

7. 接地线不应敷设在_____、_____，如无法避开时，应用_____全面保护。

8. 喷浆前电工应检查____、____、_____等。

9. 施工中发现问题应改变作法时，应先_____，然后再_____。

10. 管路在地内敷设弯曲半径不小于__倍管径，在墙内时不小于__倍管径，明敷设时不小于__倍的直径。

11. 埋地钢管的直径不得小于____。

12. 使用高凳超过__高度时，应加护栏或挂好安全带。

13. 在高空焊接如果风力超过__或以上时，应停止作业。

14. 在从事焊接作业时，氢气瓶乙炔瓶与明火相隔的距离不应小于__m。

二、选择题

1. 供电局要求低压用户的功率因数为 0.85~0.9，这是指企业的：

A. 均权功率因数；　　　B. 总平均功率因数；

C. 最大负荷的功率因数；　　　D. 最小负荷的功率因数

2. 自动补偿功率因数的移相电容其特别是：____

A. 它消耗大量的有功功率；　　　B. 发出有功功率来调节功率因数；

C. 可以平滑地调节无功功率；　　　D. 有级差地自动调节无功功率

三、问答题

1. 某一个单位施工验收应具备什么条件？

2. 竣工验收的主要内容有哪些？

3. 质量检验评定的程序和组织如何？

4. 质量管理制度有哪些？

5. 电气工程的质量检验与评定的依据是什么？

6. 电气安装工程中有哪些隐蔽工程项目？

7. 电缆施工前应检验什么？

8. 电气材料和设备的检验内容？

习题 34 答案

一、填空题

1. 3；基本、保证和允许偏差。　　　2. 1.5　100mm；3；2；铠装。

3. ±5mm；2δ。　　　4. 5mm；1.5mm；

5. 不小于 0.5MΩ，不小于 10MΩ，不小于 200MΩ，不小于 500MΩ。

6. 不降低导线的机械强度、不增大导线的电阻、不降低导线的耐压等级。

7. 白灰、焦渣层内，水泥砂浆。　　　8. 预埋木砖、卡具、预埋铁螺栓。

9. 办理洽商，实施。　　　10. 10，6，4。

11. 20mm。　　12. 2m。　　13. 4级。　　14. 10m。

二、选择题

1. A　　　2. D

三、问答题

1. 答：（1）在预检时提出的各种问题全部解决了，该修理的都已修好；

（2）达到水通、灯亮、庭院道路畅通，具备使用条件；

（3）有关工程技术资料齐全，均已整理装订成册，达到移交建设电单位的程度。

2. 答：（1）检查电气设备和材料的合格证，施工单位应事先把合格证贴好；

（2）检查隐检记录、试验调整记录；（3）接地电阻测试记录；

（4）检查施工组织计划设计；（5）班组自检记录及预检记录；

（6）质量验评评比情况，尤其是返工复验情况；（7）查验施工记录，主要是有变动之处；（8）检查洽商记录；（9）填竣工验收单；（10）绘制竣工图。

3. 答：（1）分项工程质量评定是在班组自检的基础上，由单位工程负责人组织有关人员进行评定，由专职质检员校验。

（2）分部工程质量评定由相当于队一级的技术负责人组织企业有关部门负责人进行检验评定，并将有关资料报当地主管部门校定。

（3）单位工程由企业技术负责人组织有关部门进行检验评定，并报质检站校定。

（4）如果单位工程由几个分包单位施工时，各分包单位按相应质量评定标准检验评定所承包的分项分部工程质量等级，并将评定结果及资料交总承包单位。

4. 答：（1）三检制：即→自检、互检、交接检。（2）发放质量隐患通知书制度。

（3）落实 TQC 制度，（即人、机、环、材）。（4）"三按"制度，（即按图纸、按工艺、按标准施工）。（5）实行样板制。（6）质量回访制。

（7）在质量事故处理中实行"三不放过"制度，即原因责任未查明不放过，类似隐患未检出来不放过，措施制度未出来不放过。

5. 答：（1）国家颁布的技术标准和建筑安装工程施工及验收规范。

（2）《建筑电气安装工程质量检验评定标准》等为依据。

6. 答：例如电缆工程、暗配管线、接地极和接地线、大型灯具的预埋件、不进人吊顶内的管线敷设、利用钢结构钢筋的避雷引下线、高层建筑中的均压带等。

7. 答：（1）检查电缆的型号、规格与设计相符否。

（2）检查电缆的外观，看有硬伤否。

（3）用 1000V 摇表测绝缘电阻。

（4）用火烧法或油浸法查电缆是否受潮。

8. 答：（1）对电气设备如高低压开关柜的检验内容有：外包装、内包装、外观、数量、质量、出场合格证，高压柜要有耐压实验报告；

（2）对钢材应检查材质证明和测试记录；

（3）高压设备的耐压测试记录；

（4）各种材料和设备型号与施工图是否相符合；

（5）数量核实，对各种附件也要核实；

（6）各种电气元器件（如管、线、灯、电门、插座等）的出厂证书、检验单、或产品合格证，并作抽样检查，例如耐燃管燃烧试验离火即灭；

（7）作签证记录；

（8）对伪劣商品要作专题文字记录。

附录

附录一 现行国家规范

1. 强制性国家标准

《全国供用电规则》1983　GB1983

《电气图用图形符号》　GB4728—85

《电气制图标准》　GB6988—86

《建筑工程设计文件编制深度的规定》建设部　GB1992

《电梯制造与安装安全规范》　GB7588

《漏电保安器安装和运行》　GB13955

《城镇燃气设计规范》　GB50028

《工业企业照明设计标准》　GB50034—92

《人民防空地下室设计规范》　GB50038—92

《高层民用建筑设计防火规范》　GB50045—95

《供配电系统设计规范》　GB50052—95

《10kV 及以下变电所设计规范》1994.11.1　GB50053—94

《低压电气设计规范》　GB50054—95

《通用用电设备配电设计规范》　GB50055—93

《电热设备、电力装置设计规范》　GB50056—93

《建筑物防雷设计规范》　GB50057—94

《爆炸和火灾危险环境电力装置设计规范》　GB50058—92

《35～110kV 变电所设计规范》　GB50059—92

《3～110kV 高压配电装置设计规范》　GB50060—92

《电力装置的继电保护和自动装置设计规范》　GB50062—92

《汽车库、修车库、停车场设计防火规范》　GB50067—97

《住宅设计规范》　GB50096—99

《人民防空工程设计防火规范》　GB50098—98

《火灾自动报警系统设计规范》　GB50116—99

《电气装置安装工程电气设备交接试验标准》　GB50150—91

《火灾自动报警系统施工及验收规范》1993.7.1　GB50166—92

《电气装置安装工程电缆线路施工及验收规范》　GB50168—92

《电气装置安装工程接地装置施工及验收规范》　GB50169—92

《电气装置安装工程旋转电机施工及验收规范》　GB50170—92

《电气装置安装工程盘、柜及二次回路结线施工及验收规范》　GB50171—92

《电气装置安装工程蓄电池施工及验收规范》　GB50172—92

《电气装置安装工程 35kV 及以下架空电力线路施工及验收规范》 GB50173—92

《电子计算机机房设计规范》 GB50174—93

《民用建筑热工设计规范》 GB50176—93

《城市居住区规划设计规范》 GB50180—93

《电气装置安装工程电梯电气装置施工及验收规范》1994.2.1 GB50182—93

《民用闭路监视系统工程技术规范》 GB50198—94

《有线电视系统工程技术规范》1994.11.1 GB50200—94

《电力工程电缆设计规范》1995.7.1 GB50217—94

《人民防空工程设计规范》 GB50225—95

《火力发电厂与变电所设计防火规范》1997.1.1 GB50229—96

《电气装置安装工程低压电器施工及验收规范》1997.2.1 GB50254—96

《电气装置安装工程电力变流设备施工及验收规范》1997.2.1 GB50255—96

《电气装置安装工程起重机电气装置施工及验收规范》1997.2.1 GB50256—96

《电气装置安装工程爆炸和火灾危险环境电气装置施工及验收规范》1997.2.1 GB50257—96

《电气装置安装工程 1kV 及以下配线工程施工及验收规范》1997.2.1 GB50258—96

《电气装置安装工程电气照明装置施工及验收规范》1997.2.1 GB50259—96

《电力设施抗震设计规范》1997.3.1 GB50260—96

《城市工程管线综合规划规范》1999.5.1 GB50289—98

《建筑与建筑群综合布线工程设计规范》2000.8.1 GB50311—2000

《建筑与建筑群综合布线工程施工及验收规范》2000.8.1 GB50312—2000

《电梯制造与安装安全规范》 GB7588

《附设式电力变压器室布置图》 GB97D267

《智能建筑弱电工程设计施工图集》 GB97X700—98

《等电位联结安装》 GB97SD567—98

《建筑工程质量管理条例》国务院令 279 号

　　2. 推荐性国家标准

《旅游涉外饭店星级的划分及评定》 GB/T14308—93

《电能质量—三相电压允许不平衡度》 GB/T15543—95

《工业电视系统工程设计规范》 GBJ115—87

《工业企业通信设计规范》 GBJ42—81

《火灾自动报警系统设计规范》 GBJ116—88

《工业企业共用天线电视系统设计规范》 GBJ120—88

《电气装置、电气测量仪表装置设计规范》 GBJ63—90

《民用建筑照明设计标准》 GBJ133—90

《架空线路、变电所对电视插转台、转播台无线干扰防护间距标准》 GBJ143—90

《电气装置安装工程高压电器施工及验收规范》 GBJ147—90

《电力变压器、油浸电抗器、互感器施工及验收规范》 GBJ148—90

《电气装置安装工程母线装置施工及验收规范》 GBJ149—90

《建筑设计防火规范》修订版　GBJ116—87

《110～500kV架空电力线路施工及验收规范》　GBJ23390

《建筑电气安装工程质量检验评标准》　GBJ30388

《高层建筑防火规范（试行）》　GBJ45—82

《电力装置的电测量仪表装置设计规范》　GBJ63—90

《汽车库设计防火规范》　GBJ67—84

《冷库设计规范》　GBJ72—84

《洁净厂房设计规范》　GBJ73—84

《石油库设计规范》　GBJ74—84

《工业企业通信接地设计规范》　GBJ79—85

《人民防空工程设计防火规范》　GBJ98—87

《中小学校建筑设计规范》　GBJ99—86

　　3. 建设部标准

《民用建筑电气设计规范》　JGJ/T16—92

《档案馆建筑设计规范》　JGJ25—86

《宿舍建筑设计规范》　JGJ36—87

《民用建筑设计通则》　JGJ37—87

《图书馆建筑设计标准》　JGJ38—87

《托儿所、幼儿园建筑设计规范》　JGJ39—87

《疗养院建筑设计规范》　JGJ40—87

《文化馆建筑设计规范》　JGJ41—87

《施工现场临时用电安全技术规范》　JGJ46—88

《商店建筑设计规范》　JGJ48—88

《综合医院建筑设计规范》　JGJ49—88

《剧场建筑设计规范》　JGJ57—88

《电影院建筑设计规范》　JGJ58—88

《公共汽车客运站建筑设计规范》　JGJ60—89

《旅馆建筑设计规范》　JGJ62—90

《饮食建筑设计规范》　JGJ64—89

《博物馆建筑设计规范》　JGJ66—91

《办公建筑设计规范》　JGJ67—89

《科学实验建筑设计规范》　JGJ91—91

《老年人建筑设计规范》　JGJ122—99

　　4. 中国工程建设标准化协会标准

《钢制电缆桥架工程设计规范》　CECS31—91

《并联电容器用串联电抗器设计选择标准》　CECS32—91

《并联电容器装置的电压、容量系列选择标准》　CECS33—91

《工业企业调度电话和会议电话工程设计规范》　CECS36—91

《工业企业通信工程设计图形及文字符号标准》　CECS37—91

《地下建筑照明设计标准》　CECS45—92

《建筑与建筑群综合布线系统设计规范》　CECS72—95

《建筑与建筑群综合布线系统设计规范修订本》　CECS72—97

《建筑与建筑群综合布线系统工程施工及验收规范》　CECS89—97

　　5. 信息产业部（原邮电部）标准

《城市道路照明设计标准》　CJJ45—91

《市内通讯全塑电缆线路工程设计规范》　YDJ9—90

《城市住宅区和办公楼电话通讯设施设计标准》　YDT2008—93

《市内电信网光纤数字传输系统工程设计暂行技术规定》　YDJ13—88

《通信局（站）接地设计暂行技术规定》　YDJ13—89

　　6. 地方标准

《华北地区标准》　92DQ

《北京市住宅区及住宅建筑电信设施设计技术规定》　DBJ01—601—99

《北京市九五住宅建设标准》　BJ95

《北京市新建改建居住区公共服务设施配套建设指标》　BJ95—24

《电气专业技术措施》北京建筑设计研究院 1993.9　1～12章

《小康型住宅厨房卫生间设计通则》　BK—94—21

《智能建筑设计标准》上海标准　DBJ08—47—95

《智能化建筑设计标准》江苏标准　DB32—181—1998

附录二 各国标准化机构代码

ISO 国际标准化组织

IEC 国际电工组织

CISPR 国际无线电特别委员会

OTML 国际法定度量衡组织

IMCO 政府间海事协商组织

ASAC 亚洲标准化咨询委员会

COPANT 泛美标准化委员会

TCAITI 中美洲工业研究与技术学会

CARICOM 加勒比海共同体

CEN 欧洲标准化委员会

CENELEC 欧洲电气标准化委员会

CEE 欧洲电气设备统一安全标准委员会

EURONORM 欧洲钢铁共同体标准

UIC CODE 国际铁路联盟标准

FEPA 欧洲研磨材料工业联合会标准

CMEA 欧洲经互会常设标准化委员会

ASMO 阿拉伯标准化计量机构

ARSO 非洲地区标准机构

S.I. 以色列标准

ISTRI 伊朗标准

IOS 伊拉克标准

IBR 印度锅炉规范

IRSS 印度铁路标准规范

IS 印度标准

I.S.D./D.G.I 和 S./D.S 及 D 印度尼西亚规范

NI 阿曼规范和测量通用标准

KR 韩国注册

KS 韩国标准

CSK 朝鲜规范

KSS 科威特标准规范

SASO 沙特阿拉伯标准化组织

S.S 新加坡标准

SLS 斯里兰卡标准

TIS 泰国工业标准

TS 土耳其标准

PRSS 巴基斯坦铁路标准规范

PS 巴基斯坦标准

BDSI 孟加拉国标准协会

PLS 菲律宾标准

MS 马来西亚标准

L.S.S 约旦标准

L.S 黎巴嫩标准

GB 中国国家标准

STC 香港地区标准

CNS 台湾地区标准

CR 台湾地区标准

AA 美国铝协会

AAR 美国铁路协会

AASHTO 美国州属公路和运输公职人员协会

AATCC 美国纺织品化学师和染色师协会

ARS 美国航运局

ACI 美国混凝土协会

ACS 美国化学协会

AEIC 爱迪生照明公司协会

AFBMA 抗磨轴承制造商协会

AGA 美国煤气协会

AGMA 美国齿轮制造协会

AHAM 美国家庭用具制造商协会

AISC 美国钢结构协会

AISE 美国钢铁工程师协会

AISI 美国钢铁研究所

AMCA 空气流通与调节协会

ANSI 美国国家标准协会

AOAC 美国正式分析化学家协会

APHA 美国公共保健协会

API 美国石油协会

AREA 美国铁道工程协会

ARI 空调与制冷协会

ASHRAE 美国采暖、制冷与空调工程师协会

ASME 美国机械工程师学会

ASNT 美国无损检测学会

ASTM 美国试验与材料学会

AWS 美国焊接学会

AWWA 美国自来水厂协会

CDA 钢开发协会

CFR 联邦准则规程

CGA 美国压缩气体协会

CMAA 美国起重机制造商协会

DOT 美国运输部

EIA 美国电子工业协会

EPA 美国环境保护局

FCC 联邦通讯委员会

FDA 食品与药品管理局

FMVSS 联邦汽车安全标准

FS 联邦规范与标准

HEI 美国热交换学会

HEW 卫生、教育与福利部

HI 水利学会

ICBO 建筑公职人员国际会议

IEEE 电机和电子工程师学会

IFI 工业用结合件学会

IPCEA 绝缘电力电缆工程师协会

ISA 美国仪表学会

JIC 联合工业理事会

MIL 美国军事规范和标准

MSS 阀门和配件工业制造商标准化协会

NAS 国家航空与航天标准

NASA 美国航空与航天管理局

NBS 国家标准局

NENA 全国电气制造商协会

NFPA 全国消防协会

OSHA 安全和卫生局

RMA 橡胶制造商协会

SAE 汽车工程师学会

SSPC 钢结构涂漆理事会

TAPPI 纸浆与造纸工业技术协会

TEMA 列管式换热器制造商协会

TRA 轮胎和轮圈协会

UL 保险商实验室

USCG 美国海岸警卫队

3—A 美国卫生标准

CGA 加拿大瓦斯协会

CGSB 加拿大政府规范

CSA 加拿大标准

SCC　加拿大标准委员会

ULC　加拿大保险商实验室

NC　古巴标准

JS　牙买加标准

COPANIT　巴拿马工业与技术标准委员会

DGN　墨西哥国家标准局

IRAM　阿根廷标准研究所

UNIT　乌拉圭技术标准所

TCONTEC　哥伦比亚标准

NCH　智利标准

NP　巴拉圭标准

COVENIN　委内瑞拉标准

DGNT　秘鲁国家技术标准

I.S　爱尔兰标准

BSA　阿尔巴尼亚国家标准

BEAB　英国家用设备电气审定委员会

BS　英国国家标准

DEF　英国国防规范

DTD　英国技术发展管理局

IEE　英国电气工程师学会

IP　英国石油协会

LR　劳氏船级社船级社

SMMT　英国汽车制造商和贸易商学会

A.N.C.C　意大利国家燃烧控制协会

CEI　意大利电气协会

IMQ　意大利质量标准协会

UNI　意大利国家标准局

KEMA　荷兰电工材料检验所

NEN　荷兰国家标准

ONORM　奥地利标准

OVE　奥地利电工标准

NHS　希腊共和国工业部标准化司

EHE　希腊电机联合会

SEV　瑞士电工协会

SNV　瑞士工业标准协会

YSM　瑞士机械制造商协会

SIS　瑞典标准化委员会

SEMKO　瑞典电工材料管理机构

UNE　西班牙标准

CSN 捷克斯洛伐克国家标准

DS 丹麦标准

DEMKO 丹麦电工材料管理机构

AD 德国储压容器协会

DIN 德国工业标准

GL 德国船级协会

TRA 德国起重设备规则

TRBF 德国易燃液体技术规则

TRD 德国蒸汽锅炉技术规程

TRG 德国压缩气体技术规则

VDE 德国电气工程师协会

VDEH 德国炼钢工程师协会

TGL 原东德国家标准

NEMKO 挪威电工材料管理机构

NS 挪威标准

NV 挪威船级社

MSZ 匈牙利国家标准

SFS 芬兰标准协会标准

EI 芬兰电工检验局

BNA 法国汽车标准局

BV 法国船级社

NF 法国标准

UIE 法国电工技术联合会

BDS 保加利亚标准

CEB 比利时中央电力委员会

IBN 比利时标准化学会

PN 波兰标准

NP 葡萄牙标准

S.O 马耳他标准规范

JUS 前南斯拉夫标准

STAS 罗马尼亚国家标准局

ГОСТ 前苏联国家标准

INAPI 阿尔及利亚国家标准

FS 埃及国家标准

ES 埃塞俄比亚国家标准

GS 加纳标准

KS 肯尼亚标准

ZS 赞比亚标准

SS 苏丹标准

NIS　尼日利亚标准

NM　马达加斯加标准

MBS　马拉维标准局

SABA　南非标准局

SARS　南非铁路规范

SNIMA　摩洛哥工业标准化局

IS　利比亚标准

ADR　澳大利亚设计标准

SA　澳大利亚国家标准

NZS　新西兰标准

附录三 常用电气图形符号

序 号	新 图 例	名 称	说 明	来 源
001		一般配电箱.柜		GB4728—11.15.01
002		直流配电盘		GB4728—11.15.07
003		交流配电盘		GB4728—11.15.08
004		应急照明配电箱		GB4728—11.15.05
005		电话交接箱		GB4728—11.15.04
006		一般配电箱.柜	AH * 高压柜　　AA * 低压柜	GB4728—11.15.01
007		电源切换箱		GB4728—11.B1.11
008		多种电源配电箱		GB4728—11.15.06
009		动力配电箱		GB4728—11.15.02
010		照明配电箱		GB4728—11.15.04
011	UPS	不间断电源配电箱		GB97×700—4
012		电动机启动器		GB97×700—4
013		信号箱		GB4728—11.15.02
014	G	发电机		GB97×700—4
015	M	电加热器		GBJ114—8.4
016		电热水器		GB4728—11.17.08
017		窗式空调器		GBJ114—8.9
018		风机盘管		GBJ114—8.8
019	AC	分体式空调器		HBB—92DQ1—40
020		风机		HBB—92DQ1—40
021		水泵		HBB—92DQ1—40
022		排气扇		HBB—92DQ1—40
023		向上配线	方向不得随意旋转	GB4728—11.06.01
024		向下配线	宜注明箱线编号及来龙去脉	GB4728—11.06.02
025		垂直通过		GB4728—11.06.03

序 号	新 图 例	名 称	说 明	来 源
026		由下引来		CECS3791—17—09
027		由上引来		CECS3791—17—10
028		由上引来向下配线		CECS3791—17—11
029		由下引来向上配线		CECS3791—17—11
030	⊗	灯、信号灯的一般符号	RD—红色　YE—黄色 GN—绿色	GB4728—8.10.01
	⊗		BU—蓝色　WH—白色	
			Ne—氖　YE—白炽 FL—荧光	
			Na—钠　FL—电光 IR—红外线	
			Hg—汞　ARC—弧光 UV—紫外线	
			Xe—氙 1—碘　LED— 发光二极管	
031	⊛	灯具一般符号 * = A ~ Z	灯具型号,需补充说明规格	HBB—92DQ1—26
032	⊗	投光灯	用于室外泛光照明	GB4728—11.19.02
033	⊗	聚光灯		GB4728—11.19.03
034	⊗	泛光灯		GB4278—11.19.04
035		单管格栅灯		
036		双管格栅灯		
037		单管荧光灯		GB4728—11.19.07
038	*	多管荧光灯	* = A ~ Z	HBB—92DQ1—26
039		双管荧光灯		
040		三管荧光灯		GB4728—11.19.08
041	5	五管荧光灯		GB4728—11.19.09
042		防爆荧光灯		GB4728—11.19.10
043		专线应急照明灯		GB4728—11.19.11
044		应急灯	自带电源	GB4728—11.19.12
045		深照型灯		GB4728—11.B1.19

序 号	新 图 例	名 称	说 明	来 源
046		广照型灯		GB4728—11. B1. 20
047		防尘防水灯		GB4728—11. B1. 21
048		球形灯		GB4728—11. B1. 22
049		局部照明灯		GB4728—11. B1. 23
050		矿山灯		GB4728—11. B1. 24
051		安全灯		GB4728—11. B1. 25
052		隔爆灯		GB4728—11. B1. 26
053		天棚灯		GB4728—11. B1. 27
054		花灯		GB4728—11. B1. 28
055		弯灯		GB4728—11. B1. 29
056		壁灯		GB4728—11. B1. 30
057		疏散指示灯		HBB—92DQ1—28
058		疏散指示灯		HBB—92DQ1—28
059		安全出口标志灯		HBB—92DQ1—28
060		导轨灯,槽灯		HBB—92DQ1—28
061		落地灯		
062		柱灯,草坪灯		
063		台灯		
064		路灯 一个灯头		
065		路灯 三个灯头		
066		高杆照明灯		
067		光纤灯		
068		地面灯,树灯		
069		射灯		
070		筒灯 d = *	注明直径 d = 60,80,100,120	
071		花灯 * = A ~ Z	不同花灯型号,需补充说明规格	
072		壁灯 * = A ~ Z	不同壁灯型号,需补充说明规格	

序　号	新　图　例	名　　称	说　　明	来　　源
073		光带		
074		旋转灯		
075		开关一般符号		GB4728—11.18.22
076		单极开关		GB4728—11.18.23
077		暗装单极开关		GB4728—11.18.24
078		密闭(防水)开关		GB4728—11.18.25
079		防爆开关		GB4728—11.18.26
080		双极开关		GB4728—11.18.27
081		暗装双极开关		GB4728—11.18.28
082		密闭(防水)开关		GB4728—11.18.29
083		防爆开关		GB4728—11.18.30
084		三极开关		GB4728—11.18.31
085		暗装三极开关		GB4728—11.18.32
086		密闭(防水)开关		GB4728—11.18.33
087		防爆开关		GB4728—11.18.34
088		暗装单极拉线开关		GB4728—11.18.35
089		暗装双控拉线开关		GB4728—11.18.36
090		暗装单极时限开关		GB4728—11.18.37
091		暗装双控开关,单极三级		GB4728—11.18.38
092		具有指示灯的开关		GB4728—11.18.39
093		多拉开关		GB4728—11.18.40
094		中间开关		GB4728—11.18.42
095		调光器		GB4728—11.18.43
096		钥匙开关		GB4728—11.18.44
097		"请勿打扰"门铃开关		HBB—92DQ1—25
098		风扇调速开关		HBB—92DQ1—25

序号	新图例	名称	说明	来源
099		风扇调速开关,带指示灯		HBB—92DQ1—25
100		温度控制开关		HBB—92DQ1—40
101		三速开关		HBB—92DQ1—40
102		温度与三速开关		HBB—92DQ1—40
103		多联单极开关		HBB—92DQ1—25
104		多联开关	具有指示灯的多联开关	HBB—92DQ1—25
105		双控开关	具有指示灯的多联双控开关	HBB—92DQ1—25
106		单相插座		GB4728—11.18.02
107		暗单相插座		GB4728—11.18.03
108		密闭防水单相插座		GB4728—11.18.04
109		三孔单相插座		GB4728—11.18.08
110		暗装三孔单相插座		GB4728—11.18.07
111		三相四孔插座		GB4728—11.18.10
112		暗装三相四孔插座		GB4728—11.18.11
113		防爆单相插座		GB4728—11.18.05
114		防爆三孔单相插座		GB4728—11.18.09
115		插座箱(板)		GB4728—11.18.14
116		带保险单相插座		GB4728—11.18.21
117		架空线路		GB4728—11.05.04
118		管道线路		GB4728—11.05.05
119		管道线路	6孔	GB4728—11.05.06
120		电缆铺砖保护		GB4728—11.08.10
121		地下线路		GB4728—11.05.02
122		水下线路		GB4728—11.05.03
123		电缆穿管保护		GB4728—11.08.11

序 号	新 图 例	名 称	说 明	来 源
124		电缆预留		GB4728—11.08.14
125		电缆线路中间接线盒		GB4728—11.08.18
126		电缆线路分支接线盒		GB4728—11.08.19
127		线路一般符号	两根导线	GB4728—03.01.01
128		线路一般符号	三根导线	GB4728—03.01.02
129		线路一般符号	三根导线	GB4728—03.01.03
130		接地一般符号		GB4728—02.15.01
131		接地端子版	明装	HHB—92DQ1—30
132		接地端子版	暗装	HHB—92DQ1—30
133		等电位		GB4728—02.15.06
134		强电电缆井	* = 1,……∞	
135		弱电电缆井	* = 1,……∞	
136		应急照明线路		GB4728—11.05.17
137		低压电力线路	<50V	GB4728—11.05.18
138		控制线路		GB4728—11.05.19
139		线路一般符号	* = AC,DC 交流,直流	GB4728—11.05.22
140		滑触线		GB4728—11.05.26
141		中性线		GB4728—11.05.27
142		保护线		GB4728—11.05.28
143		保护和中性线共用		GB4728—11.05.29
144		三相五线配线		GB4728—11.05.30
145		线槽配线	注明回路号及电线根数及截面	HBB—92DQ1—19
146		桥架配线	注明回路号及电缆根数及截面	HBB—92DQ1—19
147		伸缩缝,沉降缝穿线盒		HBB—92DQ1—19
148		避雷线		HBB—92DQ1—29
149		避雷针		GB4728—11.B1.10

序 号	新 图 例	名 称	说 明	来 源
150		避雷器		GB4728—07.22.03
151	F	电话线路		GB4728—10.01.01
152	T	电报和数据传输线路		GB4728—10.01.02
153	V	视频通路及电视线路		GB4728—10.01.03
154	S	声道(电视或无线电广播)		GB4728—10.01.04
155	FS	火灾报警信号		HBB—92DQ1—31
156	FC	火灾报警控制		HBB—92DQ1—31
157	VC	摄像机控制		HBB—92DQ1—31
158	m	话筒线路		HBB—92DQ1—31
159	L1,L2,L3	单相线路		HBB—92DQ1
160		变压器		GB97×700—4
161		变压器		HHB—92DQ1—2
162		变压器		HHB—92DQ1—2
163		双绕组电压互感器	V—V 接法	HHB—92DQ1—2
164		双绕组电压互感器	Y—Y 接法	HHB—92DQ1—2
165		三绕组电压互感器		HHB—92DQ1—2
166		电抗器		GB4728—06.19
167		电流互感器		GB4728—07.15.21
168		蓄电池组		GB4728—07.15.21
169		多级开关一般符号	动合(常开)触点	GB4728—07.02.01
170		动断(常闭)触点	水平方向上开下闭,垂直左开右闭	GB4728—07.02.03
171		先断后合的转换触点		GB4728—07.02.04
172		中间断开的双向触点		GB4728—07.02.05
173		动合触点 形式一	操作器件被吸合时延时闭合	GB4728—07.05.01
174		动合触点 形式二		GB4728—07.05.02
175		动合触点 形式一	操作器件被释放时延时断开	GB4728—07.05.03
176		动合触点 形式二		GB4728—07.05.04

续表

序号	新图例	名称	说明	来源
177		动断触点　形式一	操作器件被释放时延时闭合	GB4728—07. 05. 05
178	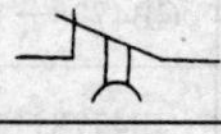	动断触点　形式二		GB4728—07. 05. 06
179		动断触点　形式一	操作器件被吸合时延时断开	GB4728—07. 05. 07
180		动断触点　形式二		GB4728—07. 05. 08
181	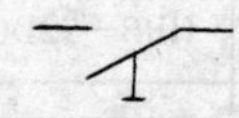	手动开关		GB4728—07. 07. 01
182		按钮开关		GB4728—07. 07. 02
183		接地开关		HBB—92DQ1—4
184		漏电保护器		HBB—92DQ1—4
185		带漏电保护的断路器		HBB—92DQ1—4
186		断路器一般符号		GB4728—07. 13. 07
187	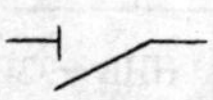	隔离开关一般符号		GB4728—07. 15. 21
188		负荷开关一般符号		GB4728—07. 13. 10
189		接触器一般符号		GB4728—07. 13. 06
190		热继电器一般符号		GB4728—07. 15. 21
191		有功功率表		GB4728—08. 04. 03
192		无功功率表		GB4728—08. 04. 15
193		接触器一般符号	在非动作位置触点闭合	GB4728—07. 13. 06
194		接触器一般符号	自动释放	GB4728—07. 13. 05
195		箱式变电站		GE11—02
196		多级开关一般符号	单线表示	GB4728—07. 13. 02
197	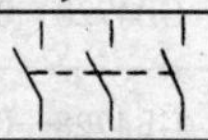	多级开关一般符号	双线表示	GB4728—07. 13. 03
198	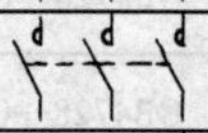	接触器一般符号	多线表示	
199	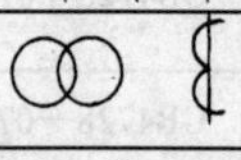	电流互感器	LT	GB4728—06. 23. 09
200		电压互感器	PT	

序 号	新 图 例	名 称	说 明	来 源
201		熔断器一般符号	RD	GB4728—07.21.01
202		继电器一般符号	KM	GB4728—07.15.01
203		继电器	缓慢释放线圈	GB4728—07.15.08
204		继电器	缓慢吸合线圈	GB4728—07.15.07
205		电视天线一般符号	VHF，UHF，FM	GB4728—10.04.01
206		抛物面电视天线	d = 1 ~ 5m	GB4728—10.05.13
207		卫星电视天线		HBB—92DQ1—32
208		有线电视天线		GB—97×700—2
209		放大器一般符号		GB—97×700—2
210		放大器	具有反向通路(可控制反馈器)	GB4728—11.10.04
211		放大器	带自动增益或自动斜率控制	HBB—92DQ1—32
212		放大器	具有反向通路并自动补偿	HBB—92DQ1—32
213		放大器	多频道	HBB—92DQ1—32
214		放大器	具有混合功能的单频道放大器	HBB—92DQ1—32
215		放大器	桥式放大器	GB4728—11.10.01
216		放大器	干线桥式放大器	GB4728—11.10.02
217		放大器	支路或线路末端放大器	GB4728—11.10.03
218		放大器	可调放大器	GB4728—10.15.06
219		二分配器		GB4728—11.11.01
220		三分配器		GB4728—11.11.02
221		四分配器		CECS—37.91
222		二分支器		CECS—37.91
223		四分支器		CECS—37.91
224		系统出线端		GB4728—11.12.02
225		混合器	五路输出	GB4728—10.16.19
226		混合器	五路输出(有源)	SJ2708—5.2

序　号	新　图　例	名　　称	说　　明	来　　源
227	PBX	程控交换机		GB—97×700—2
228		主配线架　MDF	系统图用	GB—97×700—2
229		分配线架　IDF	系统图用	GB—97×700—2
230		主配线架	平面图用	HBB—92DQ1—39
231		分配线架	平面图用	HBB—92DQ1—39
232	LIU	光纤配线设备		GB—97×700—2
233	HUB	集线器		GB—97×700—2
234		双口信息插座		GB—97×700—2
235		单口信息插座		GB—97×700—2
236		电脑		GB—97×700—2
237		电话机实装		GB—97×700—2
238		保安探测器		
239		监示器		GB—97×700—2
240		切换器		GB—97×700—2
241	LAM	适配器		GB—97×700—2
242		电信插座一般符号		GB4728—11.18.20
243	★	TP 地面安装电话插座		HBB—92DQ1—39
		PS 直通电话插座		HBB—92DQ1—39
		TV 电视插座		HBB—92DQ1—39
244		传声器		GB—97×700—2
245		吸顶式扬声器		GB—97×700—2
246		壁挂式扬声器		GB—97×700—2
247		高音扬声器		GB—97×700—2
248		扩大机		GB—97×700—2
249	LAM	广播接线箱		GB—97×700—2
250		音量控制器		GB—97×700—2

序 号	新 图 例	名 称	说 明	来 源
251		火灾报警控制器		GB—4728.7.2
252	※	火灾报警及控装置	＊＝B　火灾报警控制器	GB—97×700—2
253			＊＝B—Q 区域火灾报警控制器	GB—97×700—2
254			＊＝B—J 集中火灾报警控制器	GB—97×700—2
255			＊＝LD　联动控制器	GB—97×700—2
256			＊＝GE　气体灭火控制盘	GB—97×700—2
257		楼层显示装置		GB—97×700—2
258	FS	火警接线箱		GB—97×700—2
259		感烟探测器		GB4728.8.2
260		非编码感烟探测器		GB—97×700—2
261		烟温复合探测器		
262		感温探测器		GB4728.8.1
263		非编码感温探测器		GB—97×700—2
264		火焰探测器		GB4728.8.3
265		可燃气体探测器		GB4728.8.4
266		手动报警装置	带电话插孔	GB4728.8.8
267		红外线光束感烟探测器	发射部分	HHB—92DQ1
268		红外线光束感烟探测器	接收部分	HHB—92DQ1
269		水流指示器		HHB—92DQ1
270		火灾报警电话插座		HHB—92DQ1
271		防火阀	70℃熔断关闭	GB—97×700—2
272		防火阀	DC24V 电控 70℃温控关闭	GB—97×700—2
273		防火阀	280℃熔断关闭	GB—97×700—2
274		防火排烟阀		GB—97×700—2
275		应急广播扬声器		GB4728.9.3
276		火灾警铃		GB4728.9.1
277		声光报警装置		

序　号	新　图　例	名　　称	说　　明	来　　源
278		维修阀		GB—97×700—2
279		压力报警阀		HBB—92DQ1—38
280	C	控制模块		GB—97×700—2
281	DM	防火门闭门器		GB—97×700—2
282	D	编码模块底座		GB—97×700—2
283	I	短路隔离器		GB—97×700—2
284	P	压力开关		GB—97×700—2
285	Fd	正压送风口		HBB—92DQ1
286	Fe	排烟口		HBB—92DQ1
287	⊗	消火栓按钮	直接启动消防泵	GB—97×700—2
288	M	防火卷帘电机		
289	RS	防火卷帘控制箱		GB—97×700—2
290	LT	电梯控制箱		GB—97×700—2
291		摄像机	一般符号	GB—97×700—2
292		摄像机	彩色	
293		摄像机	固定角度	GB—97×700—2
294		摄像机	带旋转云台	GB—97×700—2
295		磁带录像机		GB—97×700—2
296		监示器		GB—97×700—2
297		切换器		GB—97×700—2
298		调制器		GB—97×700—2
299	M	混合器		GB—97×700—2
300	Al	线路补偿放大器		GB—97×700—2
301	n	频道放大器		GB—97×700—2
302	B	宽带放大器		GB—97×700—2
303	CPU	电脑		GB—97×700—2
304		传声器		GB—97×700—2

序 号	新 图 例	名 称	说 明	来 源
305	〔⊐〕	监听器		GB—97×700—2
306	◉	区域防盗报警器		GB4728—11.20.01
307	◉	防盗报警探测器		GB4728—11.20.02
308	◎	防盗报警控制器		GB4728—11.20.03
309	PT	巡更报警点		GB—97×700—2
310	CL	通信接口		GB—97×700—2
311	PBX	程控交换机		GB—97×700—2
312	DMZH	对讲门口主机		GB—97×700—2
313	DMD	对机门口分机		GB—97×700—2
314	KVD	可视对讲门口主机		GB—97×700—2
315	☎	按键式自动电话机		GB—97×700—2
316	DZ	室内对讲机		GB—97×700—2
317	DF	室内对讲分机		GB—97×700—2
318	KVDZ	可视室内对讲机		GB—97×700—2
319	KVDF	可视室内对讲分机		GB—97×700—2
320	KV	层配线箱		GB—97×700—2
321	⊖	电控锁		GB—97×700—2
322	CRT	显示器		GB—97×700—2
323	PRT	打印机		GB—97×700—2
324	VPRT	视频打印机		GB—97×700—2
325		温度传感器		GBJ114—10.1
326		压力传感器		GBJ114—10.2
327		流量传感器		GBJ114—10.3
328		湿度传感器		GBJ114—10.4
329		液位传感器		GBJ114—10.5
330	—Ⓜ	电磁执行机构		GBJ114—9.9

参 考 文 献

1　刘介才．工厂供电问答500问．兵器工业出版社，1994

2　丁毓山．10～220kV变电所设计．辽宁科学技术出版社，1993

3　电气标准规范汇编．中国计划出版社，1993

4　本手册编写组．电气工程标准规范应用手册．中国建筑工业出版社

5　刘思亮．建筑供配电．中国建筑工业出版社，1999

6　电气标准规范条文说明汇编．中国计划出版社，1993

7　陈一才．建筑电工手册．中国建筑工业出版社，1992

8　建筑电气通用图集92DQ1～13．华北地区建筑标准化办公室，1992

9　唐海．AutoCAD建筑工程设计绘图．清华大学出版社，1998

10　龚顺镒、施启达．安装与维修电工技术．机械工业出版社，1995

11　史信芳等．电梯技术．电子工业出版社，1989

12　电梯安装维修工（中级）．中国劳动出版社，1994

13　沈恭主编．上海八十年代高层建筑设备设计与安装．上海科学普及出版社，1994

14　王厚余．电气线路防火．北京电气情报网刊，1993

15　本手册编写组．工厂常用电气设备手册补充本．水利电力出版社，1993

16　陈一才．装饰与艺术照明设计安装手册．中国建筑工业出版社，1993

17　林敦等．共用电视天线系统及其设备．中国建筑工业出版社，1989

18　唐定曾．建筑工程电气技术．海洋出版社，1993

19　李东明．建筑弱电工程安装调试手册．中国物价出版社，1993

20　上海同济大学．工厂供电．中国建筑工业出版社，1990

21　苏文成．工厂供电．机械工业出版社，1994

22　刘介才．工厂供电．机械工业出版社，1991

23　朱庆元．商文怡．建筑电气设计基础知识．中国建筑工业出版社，1993

24　陈一才．高层建筑电气设计手册．中国建筑工业出版社，1990

25　电气工程标准规范综合应用手册．中国建筑工业出版社，1994

26　工业与民用建筑配电手册．水利电力出版社，1994

27　建筑物综合布线系统设计和工程．SYSTIMAX PDS AT&T　公司出版物

28　变配电所设计．辽宁科学技术出版社，1993.10

29　日本电气学会编．张新译．工厂配电设计施工手册．机械工业出版社，1990

30　美　Public Technology Inc．US Green Building Council　王长庆等译　龙惟定审校．绿色建筑技术手册．中国建筑工业出版社，1999

31　美国电气和电子工程师协会编．有色冶金研究院电力室译．工厂配电，1982

32　唐定曾　唐海主编．建筑电气技术．机械工业出版社，1997

33　Elements of Power System Anslysis．WILLIAM D．STEVERSON，JR.　1975

34　唐定曾　唐海编著．建筑工程电气概算（第三版）．中国建筑工业出版社，1997

35　室内照明指南（第二版）．CIEpubl．No29/2，1986

36　应急照明设计指南．中国照明学会第1号技术文件，1993

37　Philips Lighting Manual，Fifth edition，1993

38　航空工业设计院．照明工程设计手册．天津科技出版社，1983

39 建筑物综合布线系统设计和工程 .SYSTIMAX PDS AT&T 公司

40 孙树勤、林海雪 . 干扰性负荷的供电 . 中国电力出版社，1996

41 王章启、顾霓鸿 . 配电自动化开关设备 . 水利电力出版社，1995

42 王先冲 . 电工科技简史 . 高等教育出版社，1995

43 陈宗晖　陈秉钊 . 建筑设计初步 . 中国建筑工业出版社，1982

44 王梅义、吴竞昌、蒙定中 . 大电网系统技术 . 中国电力出版社，1995.6

45 汤之申 . 电气保安技术 . 水利电力出版社，1989

46 王同胜、杨丽英、翁瑞琪 . 计算机网络技术 . 国防工业出版社，1996

47 中国建筑电气设备选型年鉴 . 城市出版社，1998

48 现代住宅电气设计（论文集）. 北京电气情报网，1998